Gesamtverzeichnis des deutschsprachigen Schrifttums (GV) 1700 – 1910

Bearbeitet unter der Leitung von
Hilmar Schmuck und Willi Gorzny
Bibliographische und redaktionelle Beratung:
Hans Popst und Rainer Schöller

22

Bul - Bz

K · G · Saur München · New York · London · Paris 1980

Redaktion:

Monika Eichler, Ursula Geier, Robert Mittelstaedt, Sabine Nebinger, Hildegard Roßberg, Hermann Schrott, Brigitte Semmler, Eva von Troschke, Helga Werner, Gabriele Winter

CIP-Kurztitelaufnahme der Deutschen Bibliothek

Gesamtverzeichnis des deutschsprachigen Schrifttums :
(GV). – München, New York, London, Paris : Saur.
Bd. 1 – 6 bearb. unter d. Leitung von Peter Geils
u. Willi Gorzny.
ISBN 3-598-30000-X

1700 – 1910 / bearb. unter d. Leitung von Hilmar
Schmuck u. Willi Gorzny. Bibliograph. u. red.
Beratung: Hans Popst u. Rainer Schöller

NE: Schmuck, Hilmar [Bearb.]

22. Bul – Bz. – 1980.

Techn. Realisierung und Druck: Norbert Gärtner, Mainz-Kastel
Binden: Karl Schaumann, Darmstadt
Printed in the Federal Republic of Germany
ISBN 3-598-30000-X (Gesamtwerk)

Bula, Joh. Frdr., ist die Bibel Gottes Wort? Aus ihr selbst beantwortet. gr. 8. (127 S.) Basel 872. Schneider in Comm. n. 1. 35

Bula, J. Fr., die heil. Taufe, mit besond. Berücksicht. der Kindertaufe. 71 Stn. 8. Basel, in Commiss. bei F. Schneider. 1872 1. –

— die Versöhnung d. Menschen m. Gott durch Christum od. die Genugthuung. Nebst e. Anh. 1. üb. die ewige Erwählg., 2. üb. Christi Höllenfahrt. Aus der heil. Schrift dargestellt. gr. 8. (XXIX, 439 S.) Ebend. 874. n. 5. -

Bulach, HZ de, l'impôt sur le tabac. 8. (15) Strassb. 79, (Noiriel). n. — 40

Bulach. Wilhelm [aus Undingen]: Über Para-nitrobenzylidenchinaldin und einige Derivate desselben. . . . München, k. Hof- u. Univ.-Buchdr. v. Dr. C. Wolf & Sohn, 1890: 24 S. 8°
Erlangen, Phil. Fak., Inaug.-Diss. v. 1890

Bülach. (Njbl. Stadtbibl. Winterthur 1831) s. [Hegner, Ulrich].

Bülach. [Winterthur 1831.] V: *Hegner*, *Hs Ulr.* (Cat. d. Stadtbibl. Zürich. Zürich 1864—97.)

Bulang, A., Sursum corda! Ein vollständiges katholisches Gebetbuch. Neisse 856. Hennings in Comm. 8. (VIII, 468 S. u. 1 Lithogr,) n. 15 ngr

Bulang, A, sursum corda! Kath. Gebetb. 8. (468) Neisse 56, Huch. n. — 15

Bulang, A., sursum corda! Ein vollständiges katholisches Gebetbuch. 2. verm. u. verb. Aufl. Breslau 868. Aderholz in Comm. 8. (XII, 448 S. u. 1 Lithogr.) 18 ngr

Bulanow, Die Lage der Arbeiter und die Staatsordnung. (In russ. Sprache.) 8°. 1907.

Bulard, F.A.: Ueber die orientalische Pest nach in Alexandrien, Kairo, Smyrna, Konstantinopel in den Jahren 1833, 1834, 1835, 1836, 1837 und 1838 gesammelten Materialien. (De la Peste orientale, d'après les matériaux recueillis à Alexandrie, au Caire, à Smyrne et à Constantinople pendant les années 1833 - 1838. Dt.) Übers.von Herrmann Müller. 328 S., gbd.

Leipzig: Michelsen 1840

Bulard, (F.A.): Vorschläge und Ansichten über die Natur, Contagiosität, Heilung und Verhütung der Pest. 7 S., gbd.

Wien: typ.Sollinger 1839
aus: Dr.Beer's Gesundheitszeitung, (Jg.1839)

Bülard, des Bürgers, Elementarlehre der Moral; aus d. Franzöf. 8. Manh. 797. Schwan u. Göz. 12 kr

BULAT, G. F.
Die Sprachenfrage im Königreiche Dalmatien. Aufzeichnungen und Belege. Von Dr. G. F. Bulat. Deutsche Uebertragung. Wien. 1900. [In Comm.] Hölder. Lex.-8°. 24, XXIX S. K 1.—

Bulat-Königsklee, Irma, Signora Ischariot u. andere Geschichten, s.: Viktoria-Bibliothek.

— Konglomerat. (120 S.) 8. Leipzig 909. Modernes Verlagsbureau. 1. 50

Bulatow-Eichenholz, J. W., Neues Lehrbuch d. russischen Sprache f. Deutsche. Leichte prakt. Methode f. Schul-, Privat- u. Selbst-Unterr. 1. Kurs. A. u. d. T.: Prakt. Elementarbuch d. russ. Sprache f. Schule u. Haus. 1. Thl. 2., verm. Aufl. Lex.-8. (160 S.) St. Petersburg 896. (Eggers & Co.) Geb. n. 3. 60

Bülau, Eug., „der alte Fritze". Leben u. Thaten d. grossen Königs Friedrich II. v. Preussen. Patriotische Festschrift zur 100jähr. Gedächtnissfeier. Mit 6 Abbildgn. Dem deutschen Volke gewidmet. 8. (48 S.) Stuttgart 886. Levy & Müller. n. -- 40

Bülau, F., die lutherische Geistlichkeit Sachsens vom 16. bis ins 18. Jahrh., s.: Mittheilungen der deutschen Gesellschaft zur Erforschung vaterländ. Sprache u. Alterthümer.

Bülau, Frz. Adf., aus stillem Hause. Drei Sonettenkränze. gr. 16. (IV, 57 S.) Bern 870. Huber & Co. geb. m. Goldschn. n. 2. —

Bülau, Dr. Franz Adolf, Aus stillem Hause. Drei Sonettenkränze. 52 Seiten. kl. 8. 1871. Eleg. Relief-Einband. Bern, Huber & Comp. 2. 50
1871

Bülau, F. A., De Aeschyli Persis. Diss. 1866. 86 S.

Bülau, Frz. Adf., Schiller's Gräfin Terzky, ein merkwürdiges Doppelwesen. Ein historisch-kritischer Beitrag zu Schillers Wallenstein. Hamburg 867. W. Oncken. 16. (52 S.) n. 6 ngr

—— Vortrag zum Andenken an den 100jährigen Todestag Christian Fürchtegott Gellerts. Gehalten am 13. Decbr. 1869 zu Bern. gr. 8. (31 S.) Bern 870, Huber und Comp.

Bülau, Franz Wolfgang, Referendar in Hamburg: Der Realvertrag. Hamburg 1906: J. H. Lührs. (70 S.) 8° [F.]
Rostock, Jur. Fak., Ref. Bernhöft, Diss. v. 25. April 1906
[Geb. 18. Mai 83 Hamburg; Wohnort: Hamburg; Staatsangeh.: Preußen; Vorbildung: Wilh.-Gymn. Hamburg Reife M. 01; Studium: Leipzig 2, München 2, Berlin 1, Kiel 1 S.; Rig. 27. Juli 05.]

Bülau, Friedrich, s. Architektur, Die.

Bülau, Fr., die Behörden in Staat u. Gemeinde. Beiträge zur Verwaltungspolitik. gr.8. Leipz.836. Göschen. 2 rß

— Bemerkungen über d. Zeitbewegungen. Gust.-Adolf-Verein. Deutsch-Katholiken. Lichtfreunde. Polen. Holstein-Schleswig. Rupp'sche Angelegenheit. Generalsynode. Eisenbahnen. Geldklemme. Getreidetheuerung. (Aus den Jahrb. der Gesch. und Politik abgedr.) gr. 8. Leipzig 846, Hinrichs. 6 ngr

Bülau, Friedr., Bemerkungen über die Zeitbewegungen. Gustav-Adolph-Vereine. Teutsch-Katholiken. Lichtfreunde. Polen. Holstein, Schleswig. Rupp'sche Angelegenheit. Generalsynode. Eisenbahnen. Geldklemme. Getreidetheuerung. gr. 8. (32 S.) Leipzig 847, Hinrichssche Buchh.
Aus: Neue Jahrbücher der Geschichte und Politik, besonders abgedruckt.

—— Sr. Maj. des Königs Johann von Sachsen Besuch der Universität Leipzig, s. Johann, König von Sachsen.

(—) Sr. Majestät des Königs Johann von Sachsen Besuch der Universität Leipzig am 4., 5. u. 6. Aug. 1857. Nebst einer Darstellung der Anstalten u. Sammlungen der Universität. Nach amtlichen Quellen bearb. Leipzig 858. Hirschfeld. Lex.-8. (IV, 132 S. u. 1 lith. Taf.) 1 rß

Cagliostro. Der Graf von St. Germain. Hrsg. von Friedrich Bülau. Leipzig: Reclam o. J. 46 S., 8°.

—— Chronik der Tagesbegebenheiten, s. Chronik.

— Darstellung der Verfassung u. Verwaltung des Königr. Sachsen. Aus staatsrechtl. u. polit. Gesichtspunkte. 1r Thl. A. u. d. T.: Verfassung u. Verfassungsrecht des Königr. Sachsen. gr.8. Leipzig 833. Göschen. 1¼ rß

Bülau, Fr., Darstellung der Europäischen Verfassungen, s. Pölitz.

Bülau, Friedrich, ordentl. Professor der Politik an der Universität Leipzig, Der Eintritt Gesammtösterreichs in den deutschen Bund. Ein publicistisches Votum. Leipzig, J. C. Hinrichs, 1851. 43 S. 8°.

Bülau, Friedrich, s. Einverleibung, Die, von Krakau.

Bülau, F., Professor. Die Einverleibung von Krakau und die Unterzeichner der Schlussacte des Wiener Congresses [illegible]
8. Leipzig 1847.

Bülau, Fr., Encyklopädie d. Staatswissenschaften. gr. 8. Leipz. 832. Göschen. 1 ß 6 gr Schrbp. 1 ß 18 gr

Bülau, Friedr., Encyklopädie der Staatswissenschaften. 2., vielfach umgearb. Ausg. gr. 8. (VIII und 463 S.) Leipzig 855(56,) Kollmann.

Bülau, Friedr., Erläuterung d. weltgeschichtlichen Original-Compositionen von Alf. Rethel, s. Illustrationen.

— Erörterungen über die Grundsteuerfreiheit und deren Aufhebung im Herzogth. Sachsen-Altenburg. Leipzig 855. T. O. Weigel. gr. 8. (128 S.) n. 20 ngr

Bülau, Friedrich [Hrsg.] s. Fessler, Ingnatius: Rückblicke aus einer siebzigjähr. Pilgerschaft.

— — Ad lectionem aditialem publicam in aula acad. Lips. Lpz. (Friedr. Nies) 26. VII. 1843. 19 Seiten. (4.—) 4525
De forma reipublicae e pluribus civitatum modis aequata et temperata.

Bülau, Friedrich, s. J. F. G. Freiesleben: Darstellung d. sächs. Bergwerksverfassung — Der Staat u. d. Bergbau.

— allgemeine Geschichte d. Jahre 1830—1838. Ergänzungsband zur Weltgeschichte von Karl Heinr. Ludw. Pölitz. gr. 8. Leipzig 838. Hinrichssche Buchh. 1 ß

—— die deutsche Geschichte in Bildern, nach Originalzeichnungen deutscher Künstler, mit erklärendem Texte. 1. Bd. 1—8. Lfg., 2. Bd. 1—6. Lfg. und 3. Bd. 1—6. Lfg. qu. gr. 4. (à 8 S. mit 4 Holzschnt.) Dresden 855—56, Meinhold und Söhne. Volksausgabe à Lfg. 7½ Ngr.
Prachtausgabe à Lfg. 12 Ngr.

Bülau, Friedr., die deutsche Geschichte in Bildern, nach Originalzeichnungen deutscher Künstler, mit erklärendem Texte. 1. Bd. 9—14. Lfg., 2. Bd. 7—12. Lfg. und 3 Bd. 7—13. Lfg. (à Lfg. 8 S. mit 4 Holzschnt.) qu. gr. 4. Dresden 857—60, Meinhold und Söhne. Separat-Conto.
Volksausg. à Lfg. 7½ Ngr.
Prachtausg. à Lfg. 12 Ngr.
1. Bd. 1—8. Lfg., 2. Bd. 1—6. Lfg. und 3. Bd. 1—6. Lfg. Ebendas. 1855,56. 5 Thlr.; Prachtausg. 8 Thlr.

—— dass. — Fortgesetzt von H. B. Chr. Brandes. 2. Bd. 13—16. Lfg. und 3. Bd. 14—16. Lfg. qu. gr. 4. (56 S. mit 24 Holzschnt.) Ebendas. 860. Volksausg. à Lfg. 7½ Ngr.
Prachtausg. à Lfg. 12 Ngr.

—— dass. — Fortgesetzt von H. B. Chr. Brandes und Th. Flathe. 1. Bd. 15—19. Lfg., 2. Bd. 17—21. Lfg. und 3. Bd. 17—18. Lfg. qu. gr. 4. (XVI und 115 S. mit 52 Holzschn.) Ebendas. 861. Volksausg. à Lfg. 7½ Ngr.
Prachtausg. à Lfg. 12 Ngr.

Geschichte D[illegible] 1830 v. Friedrich Bülau. Hamburg 1842. = [illegible] europäischen Staaten. Hrgg. v. Heeren u. Ukert. [illegible]

— Geschichte Deutschlands v. 1806—1830, s. Geschichte d. europ. Staaten, 19. Lfg.

Bülau, Friedrich Geschichte Deutschlands 1806—1830. Zugleich als Forts. [illegible] Pfisters Geschichte der Teutschen. (Aus: „Geschichte der europäischen Staaten von Heeren und Ukert"; siehe auch Pfister.) 8. Hamburg 1842.

— die Geschichte des Europäischen Staatensystems. Aus d. Gesichtspunkte der Staatswissenschaft bearb. 1r Thl. Bis zu dem Westphälischen u. Pyrenäischen Frieden. gr. 8. Leipzig 837. G. J. Göschen. 2½ ß Velinp. 3½ ß — 2r Thl. Bis zu dem Ausbruche der franz. Revolution. gr. 8. Ebd. 838. 2¼ ß Velinp. 3 ß — 3r Thl. Bis auf die neuesten Zeiten. gr. 8. Ebd. 839. 2¾ ß Velinp. 3¾ ß (1—3. 7½ ß Velinp. 10¼ ß)

—— Geschichte des sächsischen Volkes und Staates, s. Gretschel, C.

Bülau, Friedr. Geheime Geschichten u. rätselhafte Menschen, s. Universal-Bibliothek Nr. 2740, 2959.

Bülau, F: Geheime Geschichten u. rätselhafte Menschen (6. Bdchn: Die Signora v. Monza). s.: Universal-Bibliothek.

— geheime Geschichten u. räthselhafte Menschen. Sammlung verborgener u. vergessener Merkwürdigkeiten. 1—4. Bd. 8. (1: XII u. 504 S. 2: VI u. 438 S. 3: VI u. 532 S. 4: VI u. 492 S.) Leipzig 850—52, Brockhaus. (à n. 2½ ß) n. 10 ß

— geheime Geschichten und räthselhafte Menschen. Sammlung verborgener od. vergessener Merkwürdigkeiten. 5—10. Bd. Leipzig 854—58. Brockhaus. gr. 12. (4 Bl., 615; 4 Bl., 496; VI, 498; 3 Bl., 512; 3 Bl., 468; 3 Bl., 462 S.) Jeder Bd. n. 2 ß 15 ngr

—— geheime Geschichten und räthselhafte Menschen. Sammlung verborgener oder vergessener Merkwürdigkeiten. 8—12. Bd. gr. 12. Leipzig, Brockhaus. à Bd. * 2 Thlr. 15 Ngr. *

Inhalt:

Bd. 8. 1. Anton v. Schlieffen und Adam v. Schleben. 2. Die Herzogin v. Chevreuse. Frei nach Cousin von Ed. Köhler. 3. Die Gräfin v. Berlepsch. 4. Der Großkanzler Beichling. Nach Familienpapieren und zeither meist ungedruckten Actenstücken. 5. Grafen Lynar. 6. General Tottleben. 7. Jean André Venel, Leben eines Arztes. Von Ed. Köhler. 8. Jean François Henri Venel. Leben eines Pädagogen. Von Ed. Köhler. Miscellen. Nachträge und Berichtigungen. (V und 512 S.) 857.

„ 9. 1. Aus dem Hause Medici. 2. Ein gefährlicher Ring. Aus der dänischen Hofgeschichte. 3. Wolf v. Selmnitz. 4. Die Signora v. Monza. Nach den von T. Dandolo veröffentlichten Processacten bearb. von Placidus Plattner. 5. Marie v. Hautefort. Frei nach Cousin von Ed. Köhler. 6. Heinrich v. Uechteritz. 7. Die Gräfin v. Allstädt. Nebst andern Zügen aus der Familiengeschichte der Koskoth. 8. Graf Ostermann. 9. Der zweite Herzog v. Marlborough. Miscellen. (VI und 468 S.) 858.

„ 10. 1. Wolfgang v. Berbisdorf. 2. Sächsische Staatsgefangene. 3. Friedrich v. Körbitz und seine Vettern. 4. Joseph Pignata. Seine Gefangenschaft in den Kerkern der römischen Inquisition und seine Flucht aus denselben. Von Schweizer in Stuttgart. 5. Julius Ernst v. Tettau. 6. Feldmarschall Münnich. 7. Lord Camelford und Lord Digby. 8. Lord Rokeby. 9. General Wintzingerode. 10. General Thielmann. Miscellen und Nachträge. (VI und 462 S.) 858.

„ 11. 1. Antonio Perez. 2. Eduard Fortunat von Baden. 3. Ein Hexenprozeß in Welsch-Tirol. Nach den von Graf T. Dandolo veröffentlichten Actenstücken deutsch bearb. von Placidus Plattner. 4. Vesler-Orfnré. 5. Ferdinand Stücker. Ein Lebensbild aus den Revolutionskriegen. 6. Christian v. Rother. 7. Die Manharter im Brixenthale. 8. Der Bauer Martin. Eine Visionsgeschichte aus den Zeiten der Französ. Revolution. Miscellen. (V und 503 S.) 859.

12. 1. Anhaltinische Geschichten. 2. Hans v. Schlnitz. 3. Meinhard Schwallinger. 4. Hugo de Groot als schwedischer Gesandter am französ. Hofe, von C. L. Klose. 5. Die Grafen v. Königsmark. 6. Madame de Geoffrin und ihre Tochter. 7. Noch einmal über General Thielmann. 8. Ein armes Fräulein. 9. Reisebriefe eines Hofmeisters. (1671—73.) 10. Die v. Allnpeck. Miscellen. (V und 442 S.) 860.

Bülau, Friedr., geheime Geschichten und räthselhafte Menschen. Sammlung verborg. und vergeff. Merkwürdigkeiten. 2. Aufl. 12 Bde. 12. (LIX und 5951 S.) Leipzig 863,64, Brockhaus. à Bd. * 1 Thlr. *

BÜLAU, Friedrich. Geheime Geſchichten und räthſelhafte Menſchen. Sammlung verborgener oder vergeſſener Merkwürdigkeiten. 2. Aufl. 12 Bde. Leipzig, F. A. Brockhaus, 1863/64. 8°.
Hayn-Gotendorf I, 498 führt nur die Originalausgabe an. Dieſe wichtige, geſuchte und reichhaltige Sammlung iſt vollſtändig ſehr ſelten.

— — Geheime Geſchichten und rätſelhafte Menſchen. Sammlung verborgener oder vergeſſener Merkwürdigkeiten. Auswahl in 6 Bänden. Leipzig 1887. 8°.
Hayn I, 498 kennt nur 4 Bände.

Bülau, F., Geheime Geschichten und rätselhafte Menschen. Band 5. Katharina I, Kaiserin von Russland. (85 S.) Leipzig 1895. Reclam. —.20

Bülau, Fr. Handbuch der Staatswirthschaftslehre. gr. 8°. Leipzig, Göschen, 1835.

Bülau. Friedrich, s. Hausbibliothek, Historische.

— das Jahr 1848. [Aus d. Jahrg. 1849 der „Neuen Jahrbücher für Geschichte u. Politik."] gr. 8. (57 S.) Leipzig 849, Hinrichs. n. ⅓ ß

Bülau, Friedrich, ordentlicher Professor der Staats- und Kammeralwissenschaften an der Universität zu Leipzig, Das Jahr 1849. Eine politische Darlegung und Betrachtung. Leipzig, J. C. Hinrichs, 1850. 48 S. 8°.

—— das Jahr 1850. Zeitbetrachtungen. 1. und 2., unveränd. Aufl. gr. 8. (56 S.) Leipzig 851, Hinrichssche Buchh. *

—— das Jahr 1851. Zeitbetrachtungen. gr. 8. (40 S.) Leipzig 852, Hinrichs'sche Buchh.

—— neue Jahrbücher d. Geschichte u. Politik, s. Jahrbücher.

Bülau, Fr. (Hrsg.), s. Jahrbücher, Neue, der Geschichte, der Staats- und Cameralwissenschaften. . .

— **Friedrich**, Nonnulla de dynastis in Saxonia regia. Dissert. Lpz. (Staritz) 31. VII. 1833. 32 S. (4.—) 4521

Bülau, Friedrich, s. Pölitz, K. H. L.: Das europ. Staatsrecht.

Bülau, Friedrich, ordentlicher Professor der Staats- und Kameralwissenschaften an der Universität zu Leipzig. Zur teutschen Reichsverfassung. Aus dem Jahrgange 1848 der „Neuen Jahrbücher für Geschichte und Politik". Leipzig, J. C. Hinrichs, 1848. 23 S. 8°.

— die Rittergüter und ihre Stellung zu Staat und Gemeinde. Mit besonderer Rücksicht auf die Verhältnisse des Großherzogth. Sachsen-Weimar-Eisenach. Leipzig 857. T. O. Weigel. gr. 8. (208 S.) n. 1 Thlr

Buelau, Friedr. u. **Ant. Westermann** (Lpz.), Quaedam de re familiari civitatis administranda sententiae. Quaest. polit. Lpz. (Staritz) 11. IV. 1829. 63 S. (4.80) 4523
Gew.: Carl Buelau (Vater).

Bülau, Friedrich, s. K. Sidori: Geschichte der Juden in Sachsen.

— der Staat u. die Industrie. Beiträge zur Gewerbspolitik u. Armenpolizei. gr. 8. Leipzig 834. Göschen. $1^1/_2$ Thlr

Bülau, Fr.,
Der Staat und der Landbau. Beiträge zur Agriculturpolitik. gr. 8⁰. Leipzig, Göschen, 1834.

Bülau, Friedrich, s. A. Thiers Geschichte des Consulats etc.

Bülau, Fr. (Hrsg.), s. Vaterland, Das, . . .

—— die europäische Verfassungen, s. Pölitz, Carl, Heinr. Ludw.

—— Wahlrecht und Wahlverfahren. Ein praktischer Leitfaden für Alle, welche Wahlgesetze und Statuten für Staat, Gemeinden, Corporationen zu entwerfen, oder zu berathen haben. gr. 8. (VIII und 210 S.) Leipzig 849, Hinrichs'sche Buchh.

Bülau, Friedrich, ordentlicher Professor der Staats- und Kameralwissenschaften an der Universität zu Leipzig, Wie verhält sich der berliner Vertrag vom 26. Mai 1849 und der an ihn geknüpfte Verfassungsentwurf zu den deutschen Bundesrechten? „Aus den Jahrbüchern 1849 für Geschichte und Politik abgedruckt." Leipzig, J. C. Hinrichs, 1849. 17 S. 8°.

—— Zeitereignisse aus dem J. 1847. gr. 8. (50 S.) Leipzig 848, Hinrichs'sche Buchh.
Aus: Neue Jahrbücher der Geschichte und Politik, besonders abgedruckt.

Bülau, Fr., Zeitfragen aus d. Gebiete d. Politik u. Volkswirthschaft. Eine Auswahl gesammelter Aufsätze. gr. 8. Leipzig 846, Hinrichs. $1^1/_2$ Thlr

Buelau, Gustavus: De angina Hippocratis. Halae (1822): Schimmelpfennig. 61 S. 8°
Halle-Wittenberg, Med.-Diss. v. 29. Juni 1822
Geb. Hamburg 6. 9. 1799.

(**Bülau**, Gustav): Das hamburgische allgemeine Krankenhaus. Hamburg: Perthes & Besser 1830. XVIII. 86 S. 4⁰.

Bülau, Johann Jakob

Bülau, **Jh. Jak., († d. 11. Mai 1774.) s. M. H.** *Griebner*, principia jurisprudent.

Bülau, K., s. Marryat, Masterman Ready.

Bülau, Theod., die gothische Architectur, s. Architectur.

Bülau, Theodor: Die Architectur d. Mittelalters in Regensburg, s. Popp, Justus

Bülau, Th., das Haus der patriotischen Gesellschaft in Hamburg, oder: Einiges üb. einen Neubau. [Mit 35 erläut. Lith.] gr. 4. (IV u. 47 S.) Hamburg 849. (Herold.) n. 4 Thlr

Bulawa, Ernest, krople czary. Poezye. Leipzig 865. Rhode. (Posen, Leitgeber.) 8. (79 S.) n. 16 ngr.

— **szkice helweckie i talia.** Ebend. 868. 8. (IV, 248 S.) n. 1 Thlr 10 ngr.

Bulbena s.: Carreras y Bulbena.

Bülbring, Karl Daniel

Altenglisches Elementarbuch von Dr. Karl D. Bülbring, Prof., Bonn. T. 1. *Heidelberg: C. Winter 1902.* 8°
= Sammlung germanischer Elementarbücher. Reihe 1, Bd 4.

Bülbring, Karl Daniel, über Erhaltung des altenglischen kurzen u. langen æ-Lautes im Mittelenglischen, s.: Beiträge, Bonner, zur Anglistik. 16. Hft.

Bülbring, K. Forewords to Daniel Defoe's hitherto unpublished Work The Complet English Gentleman. Hab. Heidelberg 1890. 76 S. Progr.

Bülbring, KD, Geschichte d. Ablaute d. starken Zeitwörter innerhalb d. Südengl., s.a. Quellen u. Forschgn. z. Sprach- u. Culturgeschichte d. german. Völker.

Bülbring. Karl D. [aus Voerde in Westfalen]: **Geschichte der Ablaute der starken Zeitwörter** innerhalb des Sudenglischen . . . . Bonn, Buchdr. Jos. Bach Wwe., 1888, 1 Bl. + 34 S. + 1 Bl. 8°
Bonn, Phil. Fak., Inaug.-Diss. v. 6. Jun. 1888

Bülbring, Karl D., Geschichte der Ablaute der starken Zeitwörter innerhalb des Südenglischen. Diss. Bonn 1888, Emil Strauss. 8°. 34 S.

Karl Daniel **Bülbring**: Die Schreibung des eo im Ormulum. Bonn: P. Hanstein 1905. (S. 51–82.) 8°
= **Beiträge**, Bonner, z. Anglistik. H. 17, [2.]

— Sidrac in England. gr. 8. (36 S.) Halle 902. M. Niemeyer. n. 1. 20
Sonderabdruck aus: „Beitr. z. roman. u. engl. Philol. Festschrift f. W. Foerster".

Bülbring, K. D., s.: Studien, Bonner, zur engl. Philologie.

Bülbring, Karl D., Wege u. Ziele der englischen Philologie. Rede. gr. 8. (38 S.) Groningen 893. J. B. Wolters. n. 1. —

Ferdinand Schrey der Wegweiser zur Erreichung der deutschen Einheitskurzschrift (Stolze-Schrey-Roller). Von Johannes **Bulck** Berlin: Roller [um 1910]. 31 S.

Welche Stenografie ist wirklich die beste? Wodurch erreicht Rollers Weltkurzschrift ihre Einfachheit u. prakt. Kürze gegenüber den Systemen Gabelsberger u. Stolze-Schrey? . . . beantw. von Johannes **Bülck**. [Berlin, Roller 1910.]

Bulcke, Carl, Gedichte. (VI, 132 S.) 8. Stuttgart 905. J. G. Cotta Nachf. n. 2. —; geb. in Leinw. n. 3. —

Bulcke, Carl, E. altes Haus. E. Blatt d. Erinnerg. 12. (79 S.) Dresden 898. E. Reißner. n. 1. —; geb. n. 2. 50

Bulcke, Carl: Der Kampf d. Landrichters Kummacher. Roman. (336) 8° Dresd., C Reissner '12. 4 —; geb. 5 — d

Bulcke, Carl, Silkes Liebe. Roman. gr. 8. (342 S.) Dresden 902. E. Reißner. n. 4. —; geb. n. 5. —

— Silkes Liebe. Roman. 2. Aufl. (2. u. 3. Taus.) (392 S.) 8. Dresden 906. C. Reissner. n. 4. —; geb. n. 5. —

— Die süsse Lilli. — Der Trauerflor. 2 Novellen. (198) 8° Lpzg, B Elischer Nf. ('11). 3 —; L 4 —

Bulcke, Carl, die Reise nach Italien od. Die drei Zeitalter. Ein Roman. 1. u. 2. Aufl. (Je 404 S.) 8. Dresden 907. C. Reissner. 4.—; geb. 5. —

— Irmelin Rose. Roman. (Umschlag u. Einbd. v. Henry van de Velde.) (270 S.) 8. Ebd. 908. 4.—; geb. 5. —

— das Tagebuch der Susanne Övelgönne. Eine Novelle 1. u. 2. Aufl. (1.—3. Taus.) (à 259 S.) 8. Ebd. 905. 906. n. 3. —; geb. n. 4. —

— Das Tageb. d. Susanne Övelgönne. Roman. 4. Afl. (262) 8° Dresd., C Reissner '12. 3 —; geb. 4 —

Die Töchter der Salome. Gedichte von Carl Bulcke. *Stuttgart: J. G. Cotta Nachf. 1901.* (VII, 166 S.) 8° [F.]

— Triebsand. Roman. 8. (189 S.) Dresden 900. C. Reißner. n. 3.—; geb. n. 4. —

Bulcke, Carl, die Trostburgs. Ein Roman. (367 S.) 8. Leipzig (910). B. Elischer Nachf. 4.—; geb. in Leinw. 5. —

Bulcsu: Bruchstück aus dem Nibelungenliede. XXII. Wie Chriemhilde von den Hunnen empfangen wurde. (Ung.).
Progr. Kecskemét 1858.

Buldmann, C., Sammlung von Aufgaben aus der Buchstabenrechnung und Algebra. In systemat. Folge bearb. für Lehrer-Seminare, Mittelschulen und verwandte Lehranstalten. 8. (56 S.) Leipzig 884, Peter's Verlag. * 40 Pf.; geb. *
—— dass. — Resultate. 8. (16 S.) Ebendas. 884.

Buldmann, H, u. R Brückmann: Deut. Sprachlehre f. Mittelsch. 3 Hefte. 8° Lpzg, J Klinkhardt ('12). d
I. 2—4. Schulj. (56) — 30 ‖ II. 5—6. Schulj. (51) — 30 ‖ III. 7—9. Schulj. (84) — 40

Büldt, Hermann, Referendar in Altona a. E.: Der Nießbrauch an verbrauchbaren Sachen nach gemeinem Recht und dem Recht des Bürgerlichen Gesetzbuchs. Blankenese 1904: J. Kröger. (VIII, 46 S.) 8° [F.]
Leipzig, Jur. Fak., Diss. v. 4. Jan. 1905
[Geb. 2. Aug. 79 Gievenkop; Wohnort: Altona; Staatsangeh.: Preußen; Vorbildung: Gymn. Glückstadt Reife O. 98; Studium: Heidelberg 3, Berlin 1, Kiel 2 S.; Rig. 20. Juli 01.]

Bueler, F., s.: Archiv f. Unfallheilkunde, Gewerbehygiene u. Gewerbekrankheiten.

Bueler). F[ranz] J[oseph]. Geschichte von Salomon Geßnres Denkmal In den Alpengebirgen des Canton Glarus. In einem Sendschreiben von F* J** B** [Mit 1 Tafel und einigen Vignetten.] 8. Bregenz 1789.

Buletinulu guberniului provinciale Wojwodatului serbiku si a Benatului Timisiauu. (Landes-Regierungsblatt für die serbische Wojwodschaft und das Temeser Banat.) Zwei Abtheilungen. Aus der k. k. Filial-Staatsdruckerei in Temesvar. 4. Zwangloses Erscheinen. (Romanisch u. deutsch.) 1855

Buley, Wilh., Eisenstab-Uebungen für Turnvereine, Mittelschulen u. Lehrerbildungs-Anstalten. Hrsg. vom Kreisturnrathe der Turnvereine Deutsch-Oesterreichs. gr. 8. (III, 80 S.) Leipzig 881. Heitmann in Comm. n. 1. —

Buley, Wilhelm (Mitarb.), s. Entwurf zu einem Turnlehrplan ...

—— und Karl Vogt, Handbuch für Vorturner, umfassend Uebungsfolgen für das Geräthеturnen in Turnvereinen und in den oberen Classen der Mittelschulen, in vier aufsteigenden Stufen bearb. 12. Wien, Pichler's Wwe. und Sohn. [1. Stufe. (IV, 58 S. mit 12 Fig.) 1885; 2. Aufl. (VIII, 64 S. mit 19 Fig.) 888. * 60 Pf.; 2. Stufe. (82 S. mit 13 Fig.) 886. * 75 Pf.; 3. Stufe. (79 S. mit 8 Fig.) 886. * 75 Pf.; 4. Stufe. (62 S. mit 10 Fig.) 886. * 75 Pf.] *

— u. K. Vogt, Handbuch f. Vorturner. 1. Thl. Uebungsfolgen f. das Geräthеturnen in Turnvereinen u. in den oberen Classen der Mittelschulen in 4 aufsteigenden Stufen. 1.—3. Stufe. 12. Wien, Pichler's Wwe. & Sohn. n. 2. 15
1. (VIII, 64 S. m. 19 Fig.) 2., verb. Aufl. 888. n. — 60
2. (III, 87 S. m. 15 Fig.) 2., verb. Aufl. 890. n. — 80
3. (III, 88 S. m. 25 Fig.) 2., verb. Aufl. 890. n. — 75

Buley, Wilh., u. Karl Vogt, Handbuch f. Vorturner. II. Thl. Uebungsfolgen aus dem Gebiete der Ordnungs-, Frei-, Hantel-, Keulen- u. Stabübgn. in Turnvereinen. In 4 aufsteig. Stufen bearb. 12. Wien, A. Pichler's Wwe. & Sohn. n. 4. —; geb. n.n. 4. 60
1. (IV, 106 S. m. 63 Fig.) 889. n. 1. 20. — 2. (100 S. m. 43 Fig.) 890. n. 1. 20. — 3. (104 S. m. 73 Fig.) 891. n. 1. 20. — 4. (88 S. m. 68 Fig.) 892. n. 1. —.

— u. Karl Vogt, Handbuch für Vorturner. I. Thl. Uebungsfolgen für das Geräthеturnen in Turnvereinen. 4 Stufen. 12. Ebd. n. 3. —; geb. n.n. 3. 60
1. 3., verm. Aufl. (VIII, 64 S. m. 19 Fig.) 892. n. — 60
2. 2., verm. Aufl. (III, 87 S. m. 13 Fig.) 890. n. — 80
3. 2., verm. Aufl. (III, 88 S. m. 25 Fig.) 890. n. — 80
4. 2. Aufl. (71 S. m. 17 Fig.) 892. n. — 80

— u. Karl Vogt, Handbuch f. Vorturner. I. Thl.: Übungsfolgen f. d. Turnen a. Geräthen in Turnvereinen. In 4 aufsteig. Stufen bearb. 1., 3. u. 4. Stufe. 12. Wien, A. Pichler's Wwe. & Sohn. n. 2. 45; erm. Pr. n. 2. 15; in 1 Bd. geb. erm. Pr. n. 3. 20
1. 4. Aufl. (X, 84 S. m. 33 Fig.) 898. n. — 65
3. 3., verm. u. verb. Aufl. (III, 108 S.) 896. n. 1. —; erm. Pr. n. — 85
4. 3., verm. u. verb. Aufl. (III, 79 S. m. 12 Fig.) 897. n. — 80; erm. Pr. n. — 65

— — dasselbe. II. Thl. 1. Stufe. 12. Ebd. 897. n. 1. 40; erm. Pr. n. 1. 20
Uebungsfolgen aus d. Gebiete d. Ordnungs-, Frei-, Hantel-, Keulen-, Stabübgn. u. d. Turnspiele in Turnvereinen u. in d. oberen Classen d. Mittelschulen in 4 aufsteig. Stufen bearb. 1. Stufe. 2. Aufl. (V, 132 S. m. 77 Fig.)

Buley, Wilh., u. Karl Vogt, Handbuch f. Vorturner. II. Thl. 2. Stufe. 12. Wien, A. Pichler's Wwe. & Sohn. n. 1.—
Übungsfolgen aus dem Gebiete der Ordnungs-, Frei-, Hantel-, Keulen- u. Stabübungen in Turnvereinen u. in den oberen Classen der Mittelschulen. In 4 aufsteig. Stufen bearb. 2. Stufe. 2. Aufl. (III, 96 S. m. 42 Fig. (902.)

— u. Karl Vogt, Handbuch f. Vorturner. II. Tl. 3. Stufe. kl. 8. Ebd. 906. n. 1. —
Übungsfolgen aus dem Gebiete der Ordnungs-, Frei-, Hantel-, Keulen- u. Stabübungen in Turnvereinen u. in den oberen Klassen der Mittelschulen. In 4 aufsteig. Stufen bearb., durchgesehen v. Karl Vogt. 3. Stufe. 2. Aufl. Mit 72 Fig. (101 S.)

Buley, Wilh., u. Karl Vogt, Handbuch f. Vorturner. I. u. II. Tl. kl. 8. Wien, A. Pichler's Wwe. & Sohn. 1. 45
I. Übungsfolgen f. das Geräteturnen in Turnvereinen. In 4 aufsteig. Stufen bearb., durchgesehen v. Karl Vogt. II. Stufe m. 15 Fig. 4., verb. Aufl. (III, 88 S. m. Abb.) 909. — 65
II. Übungsfolgen aus dem Gebiete der Ordnungs-, Frei-, Hantel-, Keulen- u. Stabübungen in Turnvereinen u. in den oberen Klassen der Mittelschulen. In 4 aufsteig. Stufen bearb. Durchgesehen v. Karl Vogt. 4. Stufe. 2. Aufl. Mit 68 Fig. (87 S.) 908. — 80

Buley, Wilhelm, u. Karl Vogt

— — Katechismus f. Vorturner. M. bes. Berücksicht. d. Prüfungsordng. f. Gauvorturner d. XV. Turnkreises bearb. gr. 8. (VI, 113 S. m. 144 Fig.) Ebd. 897. n. 1. 60; geb. n. 1. 80

Buley, Wilhelm

ausgeführte Lehrpläne für das Turnen der Knaben u. Mädchen an Volks- u. Bürgerschulen Oesterreichs. Mit 109 Fig. gr. 8. (IV, 107 S.) Wien 878. Pichlers Wwe. & Sohn. 1. 20

—— ausgeführte Lehrpläne für das Turnen der Knaben und Mädchen an Volks- und Bürgerschulen Oesterreichs. 2. verb. Aufl. gr. 8. (111 S. mit 109 eingedr. Fig.) Wien 880, Pichler's Wwe. und Sohn. *

Buley, W., ausgeführte Lehrpläne f. das Turnen der Knaben u. Mädchen an Volks- u. Bürgerschulen Österreichs. 3., verb. Aufl. Mit 109 Fig. gr. 8. (108 S.) Wien 887. Pichler's Wwe. & Sohn. n. 1. 20

Buley, Wilh., Ausgef. Lehrpläne f. d. Turnen d. Knaben u. Mädchen a. Volks- u. Bürgerschulen Österreichs. 4., unveränd. Aufl. gr. 8. (108 S. m. 109 Fig.) Wien 897. A. Pichler's Wwe. & Sohn. n. 1. 20; geb. n. 1. 50

Buley, Wilh., ausgeführte Lehrpläne f. das Turnen der Knaben u. Mädchen an Volks- u. Bürgerschulen Österreichs. 5., unveränd. Aufl. (108 S. m. 109 Fig.) 8. Wien 905. A. Pichler's Wwe. & Sohn. Geb. in Leinw. n. 1.20

— u. Frz. Bammer, Liederreigen für das Schulturnen. Mit 179 (eingedr. Holzschn.-) Fig. gr. 8. (V, 195 S.) Ebend. 877. 2. 40

Buley, Wilh., Liederreigen f. das Schulturnen. Mit 236 Fig. 2. verm. u. verb. Aufl. gr. 8. (VI, 238 S.) Wien 886. Pichler's Wwe. & Sohn. n. 3. —

Buley, W, Liederreigen f. d. Schulturnen. 3. Afl. 8° (236 m. Fig.) Wien 93. A Pichler's Wwe & S. 3 —

Buley, Wilh., Liederreigen f. d. Schulturnen. 3. Aufl. gr. 8. (VI, 236 S. m. 236 Fig.) Wien 894. A. Pichler's Wwe. & Sohn. n. 3. —

— Methodik d. Turnunterrichtes, s.: Vogt, K.

Buley, W.: Die wichtigsten Ordnungs-, Frei-, Hantel- u. Eisenstabübungen mit deren Befehlsweisen f. d. 15. Turnkreis, n. Anh. d. Prüfungsordnung f. Gauvorturner dieses Kreises. Wien 1887. 32 S. m. Abb.
— — 2. Aufl. 1891.

— die wichtigsten Ordnungs-, Frei-, Hantel- u. Eisenstab-Uebungen m. deren Befehlsweisen f. den XV. Turnkreis, nebst Anh. der Prüfungsordng. f. Gauvorturner dieses Kreises. Hrsg. im Auftrage der Gauturnwarte der Turnvereine Deutsch-Österreichs. 2. Aufl. 16. (32 S. m. 26 Fig.) Ebd. 891. n. — 40

Buley, Wilhelm: Theoret.-prakt. Turnbuch..., s. Vogt, Karl

Buley, Wilhelm, u. Karl Vogt

das Turnen in der Volks- u. Bürgerschule, sowie in den Unterclassen der Mittelschulen. Mit Berücksicht. der Lehrpläne sämmtl. Volksschulen insbesondere f. Lehrer u. Lehrerinnen an den Volks- u. Bürgerschulen Österreichs, sowie zum Gebrauche f. Turnlehrer an Mittelschulen u. ähnl. Anstalten. 2 Thle. gr. 8. Ebend. 885. n. 3. —

1. Das Turnen in den ersten 5 Jahren der Volksschule. Mit 50 Fig. (IV, 108 S.) n. 1. 20
2. Das Turnen im 6., 7. u. 8. Schuljahre. Mit 69 Fig. (IV, 158 S.) n. 1. 80

— — das Turnen in der Volks- u. Bürgerschule f. Knaben u. Mädchen, sowie in d. Unterklassen d. Mittelschulen. Mit Berücksicht. der Lehrpläne sämmtl. Volksschulen. 1. Thl. Das Turnen in den ersten 5 Schuljahren der Volksschule. Mit 68 Fig. 2. Aufl. gr. 8. (VIII, 116 S.) Ebd. 888. n. 1. 40

— — das Turnen in der Volks- u. Bürgerschule für Knaben u. Mädchen, sowie in d. Unterclassen d. Mittelschulen. 2. Thl. Das Turnen im 6., 7. u. 8. Schulj. 2., verb. Aufl. gr. 8. (VIII, 185 S. m. 81 Fig.) Ebd. 892. n. 2. — (1. 2.: n. 3. 40)

— — d. Turnen i. d. Volks- u. Bürgerschule f. Knaben u. Mädchen sow. in d. Unterclassen d. Mittelschulen. 1. Thl. D. Turnen in d. ersten 5 Schuljahren. 4. Aufl. gr. 8. (VIII, 154 S. m 85 Fig.) Wien 896. A. Pichler's Wwe. & Sohn. n. 2. —

— — das Turnen in der Volks- u. Bürgerschule f. Knaben u. Mädchen sowie in den Unterclassen d. Mittelschulen. II. Thl. Das Turnen im 6., 7. u. 8. Schuljahre. 3. Aufl. gr. 8. (VIII, 198 S. m. 167 Fig.) Ebd. 898. n. 2. —; geb. n. 2. 40

— — das Turnen in der Volks- u. Bürgerschule für Knaben u. Mädchen sowie in den Unterklassen d. Mittelschulen. Durchgesehen v. Karl Vogt. I. Tl. Das Turnen in den ersten 5 Schuljahren. 6. Aufl. (VIII, 151 S. m. 85 Fig.) 8. Ebd. 906. n. 2. —

— — Das Turnen in der Volks- u. Bürgerschule f. Knaben u. Mädchen sowie in den Unterklassen der Mittelschulen. Durchgesehen v. Karl Vogt. II. Tl. Das Turnen im 6., 7. u. 8. Schulj. 4. Aufl. (X, 198 S. m. 167 Fig.) 8. Ebd. 908. 2. —

Buley, Wilh., u. Karl Vogt: Das Turnen in d. Volks- u. Bürgersch. f. Knaben u. Mädchen sowie in d. Unterkl. d. Mittelsch. Durchgesehen v. Karl Vogt. I. Tl. Das Turnen in d. ersten 5 Schulj. 7. Afl. (10, 151 m. Fig.) 8° Wien, A Pichler's Wwe & S. '10. L 2 — d

Buley, Wilhelm: Theoretisch-praktischer Turnleitfaden..., s. Vogt, Karl

Wegweiser durch das Gebiet der Geräthübungen insbes. behufs Einführung e. einheitl. Turnsprache auf diesem Gebiete im XV. Turnkreise. Mit 33 Fig. 12. (VII, 48 S.) Ebd. 887. n. — 60

— — Wegweiser durch d. Gebiet d. Geräthübungen, insbes. behufs Einführg. e. einheitl. Turnsprache auf diesem Gebiete im XV. Turnkreise hrsg. 2. Aufl. 12. (VII, 48 S. m. 32 Fig.) Ebd. 897. n. — 60

Bulffer, Gervas., Chronologia sacra oder Auszug aus der hl. Schrift. Konstanz. 1771. 4°, 307 S.

Bulffer, Gervas, (†...) chronologia sacra, od. kurz. Ausz. a. d. heil. Schrift. 4. Const. 771. (Doll in Augsb.) 1 fl 4 kr

— Gesch. der Apostel, wie sie d. heilige Lukas beschrieben. 8. Augsb. 770. Rieger. 10 kr

— kleine Handbibel, od. himmlische Lehre, e. vollkommenes Leben einzurichten. 8. Augsb. 765. N. A. Ebd. 785. Rieger. 12 kr

— Handb. des Landpfarrers, in 40 Predigten. 8. Const. 773. (Doll in Augsb.) 20 kr

— Katechismus historicus, oder Grundsätze d. christl. Glaubens, in Exempelpredigten. 2 Bde. 8. Const. 769.

— evangel. Kaufmann, od. Sonn- u. Feiert.-Predigten. 4 Jahrgänge. 4. Augsb. 760—76. Rieger. 5 fl 18 kr

BULFFER, GERVAS: Auserlesene Lob-Reden auf die Festtäg verschiedener Heiligen, welche in Ungarn, Böhmen, und in ganz Deutschland als ausserordentliche Schutzpatronen verehret werden ... Auf inständiges Begehren einer Hochwürdigen ungarischen Geistlichkeit von Gervas Bulffer. Augsburg 1768: M. Rieger u. Söhne 14.951. 13 S. - 8°

— Negociator evangelicus, oder kurze Sonn- u. Feiertägl. Predigten. 4 Thle. 8. Augsb. 757—63. N. A. 8. Ebd. 771.

— geheime Offenbarung Johannis, m. Erklär. 8. Ebend. 773.

— Sendschreiben der Apostel mit Erklär. u. Register. 8. Ebend. 772.

— s. Testament, d. Neue.

— das N. Testam., od. Erklär. d. Evangel. 8. Ebend. 769.

— einzige Weissagung des neuen Test. 8. Augsb. 773. Rieger. 6 kr

Bulfinger, Jo. Wend., Fibra matrix animata, sive diss. acad. de medio motus animalis. 20 pp. Tüb. 4°. 1716

Bülfinger, Georg Bernhard, s.a. Bilfinger, Georg Bernhard

Büllinger, Georg Bernhard (Canstad) u. (Respond.) Joh. Albert Mez (Ludwigsburg), De cultu dei rationali. Disp. theol. Tübing. (Jos. Sigmund) 25. VI. 1731. 38 S. (5.—) 4527

— dilucidationes contractae. 8. Tübing. Cotta et Heerbrand. 743.

Bülfinger, Ge. Bernh., dilucidationes philos. de deo, anima hum. etc. 4. Tüb. Cotta. 768.

— elementa physices etc. 8. Lps. (Academ. Buchhdl. Jena) 742.

Epistolae amoebaeae de harmonia praestabilita inter virum clar. Georg Bernh. Bülffinger et Sam. Christ. Hollmann junctim editae. Frkft. u. Lpz. 1738. 72 S. (5.—) 4526

Bulfinger, Ge. Bern., De harmonia animi et corporis humani praestabilita. Tub. 1721. Frcf. 1743. Lüb. 1741. 8°. Haller, Bibl. anat. II, 154.

— de harmonia animi et corporis humani praestabilita ex mente illust. Leibnitii. 8. Tüb. Cotta et Heerbrand. 741.

— de origine et permissione mali praecipue moral. 8. Tüb. Cotta et Heerbrand. -

— praecepta logica etc. c. Vellnagel. 8. Ienae. 742. -

— de progressionibus localib. ed. Hauff. 4. Lips. (Krieger, M.) 794. -

— Rede von d. Merkwürdigkeit d. Stadt Petersburg. Fol. 731.

— Samml. ein. klein. Schriften u. Reden. 8. Stuttgart, Erhard. 745.

— Sermones petropol. 4. Petrb. 725.

— specimen doctrinae veter. sinarum moral. et politicae. 8. Frankf. Andreae. 724. -

Wilhelmi Ludov. Oettinger Diss. hist. catoptr. de Speculo Archimedis, quo classem Marcelli dicitur incendisse, Praes. Ge. Bernh. *Bülfingero*. Tubing. 4 Bog. mit Holzschnitten. 1725

— Varia fasc. collecta. 8. Stuttg. Erhard. 743.

Bulgare. Ein B' über die Schweiz s. (D[imitroff], S[amuel]).

Bulgarenmädchen, das, Erzählung aus d. 13. Jahrh., und der Wald bei Straßburg, romant. Gemälde. Mit 4 Kupf. 12. Wien 841, v. Mayregg. n. 5/12 ℛ

Bulgari, Nicol. Timoléon, les Sept-Iles Ioniennes et les traités qui les concernent. Leipzig 859. Brockhaus. gr. 8. (74 S.) n. 16 ngr.

Bulgarien (Sachl. Ordnungswort)

Bulgarien. Zollgesetz vom 19. II./4. III. 1906 unter Berücksicht. der im J. 1907 veröffentlichten Ändergn. u. Ergänzgn. (Bulgarische Staatszeitg. vom 2./15. III. 1906 u. vom 22. II./7. III. 1907.) [Aus: „Deut. Handels-Archiv".] (90 S.) 8. Berlin, E. S. Mittler & Sohn. 1907 1. —

Bulgarien. Gesetz, betr. die öffentlichen Unternehmungen. Vom 6./19. II. 1908. (24 S.) 8. Berlin 908. E. S. Mittler & Sohn. — 40

Bulgarien u. d. bulgar. Fürstenhof. Politisch-feuilletonist. Aufzeichngn. (1879—1895.) (Von Bresnitz v. Sydačoff.) 2. Afl. 8° (136) Lpzg 96, F Luckhardt. 2 —
Neue Asg. s. u. d. T.: Bresnitz v. Sydačoff.

Bulgarien nach d. Sturze Stambuloffs. 8° (112) Wien 95, C Konegen. 2 —

Bulgarien (Schlagwort)

Bulgarien, s.: Balkan-Halbinsel, Scheda & Steinhauser. — Eisenbahnkarten.

— s.: Eisenbahnkarten. Österreich-Ungarn. — Hand- u. Reisekarten. 48.

— s. a.: Generalkarten. Flemming.

Bulgarien. Handtke, F., General-Karte v. Bulgarien u. Ost-Rumelien. 1 : 1,600,000. 4. Aufl. Farbendr. 62×82,5 cm. Glogau 891. (C. Flemming.) n. 1. 50

— Krywoschiew, A., Karte v. Bulgarien u. der angrenzenden Länder. Nach der russ. u. österreich. Generalstabskarte zusammengestellt. (In bulgar. Sprache.) 1 : 420,000. 10 Bl. (9 Bl. à 42×62 cm., 1 Bl. 31×48 cm.) Farbendr. Philippopel 892. (Wien, G. Freytag & Berndt.) Auf Leinw. n.n. 26. —; m. Stäben n.n. 30. —; in einzelnen Blättern auf Leinw. nn. 30. —

Bulgarien. Peucker, Karl, Karte von Bulgarien m. Ostrumelien u. türk. Thrakien. 1 : 864,000. Mit kartograph. u. statist. Beiträgen zum Verständnis der oriental. Krise. 61×82,5 cm. Farbdr. Wien 903. Artaria & Co. n. 1. 80

Bulgarien. Peucker, Karl, Generalkarte d. Königr. Bulgarien u. Türkisch Thrakien. Auf Grundlage von Scheda II. Ausg. bearb. 1 : 864,000. 2. erweit. Ausg. Mit Tabellen: Landeseinteilung u. Bevölkerg. Eisenbahnwesen. Landesverteidigung. Geschichte. Unter Benützung v. Orig.-Materialien bearb. 61×86 cm. Farbdr. Wien 909. Artaria & Co. In Karton-Decke 2. 50

Bulgarien, Rumelien u. Macedonien. Generalkarte von, bearb. v. A. Steinhauser. Im Massstabe 1 : 864.000. Gr.-Qu.-Fol. Wien Artaria & Co. Mit Terrainangabe 1 fl. 30 kr., ohne dieselbe 90 kr. 1885

Bulgarien. — Übersichtskarte, politisch-ethnograph., v. Bulgarien, Ost-Rumelien u. d. benachbarten Balkanländern. 1:3,000,000. Chromol. Weimar: Geograph. Inst. 1885. Fol.

[Bulgar.] **Bŭlgarin** v Germanija. Naj prostata i naj lekata metoda za skoro izučenie na nĕmskij ezik s pomošč na dobro proiznošenie. Bonn: K. Georgi [1900]. (33 S.) 8° [Umschlagt.]
[Der Bulgare in Deutschland.]
= **Kuntzé**, Méthode Polyglotte. [31.]

Bulgarin, Thaddäus, s.a. Boulgarine, Thaddäus

Bulgarin, Thaddäus

— Archippe Thadéewitch. III Vols. 8. St. Petersb. 830. Briefe. 4 ℛ 12 gK

de **Bulgarine**, Thadée, le faux Démétrius, ou l'Imposteur. Trad. du Russe par Victor Fleury. IV Tom. gr. in-12. St. Petersb. 832, 33. Briefl. (Leipz., Weygand.) 3 1/4 ℛ

— Gemälde des Türkenkrieges im J. 1828. Aus d. Russ. übersetzt v. A. Oldekop. 8. St. Petersb. 828.

— Gilblas, der russ., od. abentheuerl. u. romant. Geschichte d. Iwan Wischyghin; deutsch herausgg. v. A. Kaiser. 3 Thle. 8. Leipz. 830. Hartmann. 2 ℛ 8 gK

—— Peter Iwanowitsch. Russ. Charaktergemälde als Forts. des: „Iwan Wyschighin" od.: Der russ. Gilblas. Uebertr. v. F. Nork. 3 Bde. 8. (37 3/4 B.) Leipzig 834, Hartmann.

Bulgarin's, (Thaddäus v.), Memoiren. Abrisse von Geschehenem, Gehörtem und Erlebtem. Aus dem Russ. übers. von E. v. Reinthal und H. Clemenz. 10 Lfgn. gr. 8. Jena, Mauke. [1. Lfg. (1. Bd. XII und 172 S.) 858., 2—4. Lfg. (2. Bd. 180 S. und 3. Bd. 204 S.) 859., 5. und 6. Lfg. (4. Bd. IV und 196 S.) 860., 7. und 8. Lfg (5. Bd. 175 S.) 860., 9. und 10. Lfg. (6. Bd. 160 S.) 861. 1—7. Lfg. à * 10 Ngr., 8—10. Lfg. 20 Ngr.] *

— Rußland in histor., statist., geograph. und literar. Beziehung dargestellt. Ein Handbuch für Gebildete jeden Standes. Mit Genehmigung u. unter Mitwirkung d. Verfassers aus d. Russ. übersetzt von H. von Brackel. 1e—4e Lfrg. Geschichte. 1r Bd. Mit 2 Karten, 1 Abbildungs- u. Schrifttafel. — Statistik. 1r Bd. Mit 3 Karten. gr. 8. Riga 839. Frantzens Buchh. n. 4 ℛ

Bulgarin, Thaddäus, Rußland in historischer, statistischer, geographischer und literarischer Beziehung dargestellt. Ein Handbuch für Gebildete jeden Standes. Mit Genehmigung u. unter Mitwirkung des Herrn Verfassers a. d. Russ. übers. v. H. v. Brackel. (3. Bd.) Geschichte. 2. Bd. Mit 1 Karte u. 3 Zeichn. gr. 8. Riga 841, Frantzen's Buchh. n. 2 ℛ (1—3: n. 6 ℛ)

Bulgarin, Thadd., Rußland in histor., statist., geograph. u. literar. Bezieh. dargestellt. Ein Handb. f. Gebildete jed. Standes. Mit Genehm. u. unt. Mitwirk. d. Verf. a. d. Russ. übers. v. H. v. Brackel. 1—3. Bd. gr. 8. Riga, [Kymmel.] à * 2 Thlr. Thlr. *
Bd. 1. Geschichte. 1. Bd. (31 1/2 B. u. 2 lith. Karten.) 839.
" 2. Statistik. 1. Bd. (29 B., 3 1/2 B. Tab. u. 3 lith. Karten.) 839.
" 3. Geschichte. 2. Bd. (27 1/2 B., 1 lith. Karte u. 3 Zeichn.) 841.

Bulgarin, Thadd., sämmtl. Werke. Aus d. Russ. übersetzt v. Aug. Oldekop. 1r—4r Bd. Mit 1 Bildn. 8. St. Petersb. 828. Briefe. (Gnobloch in Leipz.) 4 ℛ

— Iwan Wuishigin; übers. v. A. Oldekop. 4 Bde. 8. St. Petersb. 829. Briefe. 5 ℛ

Bulgarin, Thadd., Iwan Wuischigin, od. der russ. Gilblas; e. moral.-satyr. Roman; aus d. Russ. übers. v. A. Oldekop. 4 Thle. 8. Leipz. 830. (Cnobloch). 3 ℔ 6 gr

—— Iwan Wuishigin, moral.-satyr. Roman. A. d. Russ. übers. v. A. Oldekop. 4 Bde. 8. (59 B.) St. Petersburg 830, Brieff. (Leipzig, Cnobloch.)

—— dass. (u. d. T.:) Abenteuerl. u. romant. Geschichte d. Iwan Wischyghin, od. d. russ. Gilblas. Deutsch hrsg. v. A. Kaiser. 3 Thle. gr. 12. (27¼ B.) Leipzig 830, Nauck.
Vgl. Boulgarine.

Bulgarisch (für Deutsche). Mit genauer Angabe d. Aussprache. Bonn, Leipzig: C. Georgi [1897]. (30 S.) 8° [Umschlagt.]
— Kuntze, Polyglott. [13.] [95. 834

Bulgari ad digestorum titulum de diversis regulis juris antiqui commentarius et Placentini ad eum additiones sive exceptiones. Edid. Fr. Guil. Cr. Beckhaus. Bonnae 856. Henry u. Cohen. Lex.-8. (XXIV, 164 S.) 1 ℔ 15 ngr

Bulghar-ili's und Rum-ili's; — Karte von einem Theile der Walachey — zur Uebersicht der Kriegsoperationen zwischen den Russen und den Türken. Berlin 1829. g. g. Sp. K. von der Wallachey. 1 : 840,000.

Bulgrin, Aug., ut de Grot-Justin'sche Eck. Lire ut Hinnepommern. (107 S.) 8. Leipzig 907. Modernes Verlagsbureau. 2. —

Bulhak, Edmund. Ueber Verknöcherung und Verirdung des Muskel- und Sehnengewebes. Diss. Dorpat. 8°. 48 pp. mit 1 lithographirten Tafel. 1860

Bulhart Vinzenz: De Danaide, Achilleide, Prometheide, Aeschyli trilogiis.
H. 1908 PN 2452 Diss. Wien, Univ.

Buliard, der Vogelsteller. Oder: Das Ganze des Vogelfanges für Jagdfreunde u. Dilettanten. Nach der 9n Aufl. bearbeitet. Mit vielen Taf. Abbildd. auf 3 lithogr. Bog., welche die nöthigen Geräthschaften, Fallen, Netze rc. darstellen. 8. Quedlinb. 840. Basse. $^7/_{12}$ ℔

Bulić, F., Inscriptiones quae in c. r. Museo Archaeologico Salonitano Spalati asservantur.
I. Pr. 1886. 84 S. 2.—
— — II. Pr. 1887. 162 S. 3.50
— — III. Pr. 1888. 88 S. 2.—

Bullsius, Christoph Gottfried (Wittenberg), De confessione extorta. Präs. Aug. v. Leyser. Wittbg. (J. F. Schlomach) Nov. 1741. 16 S. (5.—) 4662
Widm. v.: Heinr. Brokes, Gottfr. Wagener (dtsch.), Dan. Neumann (Haynewald./Lausitz, dtsch.), Joh. Ehrenfried Quandt (dtsch.), Wilh. v. Leysor (Helmstedt, dtsch.), Christian Michael Drossel (Zittau, dtsch.), Joh. Sam. Sibold (Gohl. Misn., dtsch.).

— — Dasselbe. Ohne Widm. (4.20) 4663

— — Dasselbe. 1753. Mit Widmung. (5.—) 4664

— **Georg Christian u. Jo. Gottlieb Sorge**, Inclytae Wittebergensis academiae monumenta publica sive conspectus dissertationum programmatum aliorumque scriptorum 1761 in tabulis publ. proposit. access. nomina doctorum licentiatorum et magistr. eod. a. ibi renunt. Wittbg. (E. G. Eichsfeld). 10 Blatt mit zahlr. Namen. (4.50) 4665

— **Johann Conrad u. Georg Christian Bullsius**, Conspectus dissertationum et programmatum Vitembergae 1749 in tabulis publ. proposit. access. nomina doctoris licentiati et magistrorum eod. anno ibi renunc. Wittbg. (E. G. Eichsfeld). 16 S. mit zahlr. Namen. (4.50) 4666

— **Joh. Ephraim Friedr.**, De insana sanitate. Präs. Chn. Gottfr. Stentzel. Wittenbg. (E. G. Eichsfeld) 17. VIII. 1740. 62 S., z. Tl. dtsch. (5.—) 4667

Bulitschef, J., Reise in Ostsibirien. Aus dem Russ. von W. Baumgarten. 1. Bd.: Jakutskischer Kreis, Ochotskischer Landstrich. Leipzig 858. Schlicke. gr. 8. (VIII, 143 S.) 22½ ngr

Bulius, e. Fahrt durch d. Kaiser-Wilhelm-Kanal, d. neue Wasserstraße zw. d. Nord- u. Ostsee. 8. (15 S. m. 1 farb. Karte.) Breslau 895. J. Max, Verl. n. — 40

Aus d. Freiburger Frauenklinik. Angiodystrophia ovarii. Von Privatd. Dr. med. Gustav Bulius ... zu Freiburg i. B. u. Dr. med. Carl Kretschmar, z. Z. Assist. ... zu Kiel. M. 3 Taf. in Farbendr. *Stuttgart: F. Enke 1897.* (3 Bl., 65 S., 3 Taf.) 1 Bd 8. [97. 1404

Bulius, Gustav [app. Arzt aus Wittenberg]: Zur Genese der uniloculären Eierstockscysten. ... (Aus: Zeitschr. f. Geburtshülfe u. Gynäkol. Bd. XV. Stuttgart. Druck v. Gebr. Kröner. 1888; 2 Bl. + 19 S. + 1 Bl. u. 1 Taf. 8°
Freiburg i B. Med. Fak., Inaug.-Diss. v. 1888

Bulius, Herbert, Referendar: Die Sachlegitimation des bisherigen Gläubigers nach erfolgter Abtretung der Forderung. Breslau 1908: A. Stenzel. (27 S.) 8°
Breslau, Jur. Fak., Ref. Schott-Meyer, Diss. v. 15. Juli 1908
[Geb. 13. Aug. 85 Ernsdorf, Kr. Reichenbach; Wohnort: Breslau; Staatsangeh.: Preußen; Vorbildung: König-Wilhelms-Gymn. Breslau Reife O. 04; Studium: Freiburg i. B. 1, München 3, Breslau 2 S.; Rig. 19. Juni 08.]

Bulius, Wilhelm, aus Hannover: Zur Klinik und Diagnostik der Tuberculose im ersten Lebensjahr. *Leipzig 1899: B. G. Teubner.* (37 S.) 8° • [Aus: Jahrbuch f. Kinderheilkunde, N. F., Bd 40.]
Berlin, Med. Diss. v. 14. März 1899

Bulk, Karl (Netphen)
Ueber Crotonsäure.
[In: Annalen d. Chemie u. Pharmacie Bd 139 (1866) 62.]
Dr. phil. Giessen 6.7.1867.

Bulk, Walter, Referendar: Die Aufnahme in eine Gesellschaft des Bürgerlichen Gesetzbuches. *Rostock 1903: C. Hinstorff.* (112 S.) 8°
Rostock, Jur. Diss. v. [30. Mai] 1903

Bulk, Wilhelm (Netphenensis/Westf.), Nonnulla de exostosi addita historia morbi (cum tabula lithogr.) Diss. med. Halle (Ploetz) 21. X. 1863. 30 S. mit Biogr. (M.: H. Diez.) (4.—) 4668
Oppon.: A. Rochell, O. Risel. — Krankengesch. d. Aug. Schade.

Bulkley, Julia Ellen, aus Chicago: Der Einfluss Pestalozzis auf Herbart. Zür. F. Schulthess Dr. 1896. 4 Bl., 129 S., 1 Bl. 8°
Zürich, Phil. Diss. [v. 22. Juli 1896].

Bulkley, L. Duncan, üb. die Beziehungen d. Ekzems zu Störungen d. Nervensystems, s.: Monatshefte f. praktische Dermatologie.

— dasselbe, s.: Studien, dermatologische.

Über die Beziehungen von Krankheiten der Haut zu inneren Störungen mit Bemerkungen über Diät, Hygiene u. allgem. Therapie. Von L[ucius] Duncan Bulkley, New-York. Ins Deutsche übertr. von Priv.-Doz. Dr. Karl Ullmann, Wien. Berlin, Wien: Urban & Schwarzenberg 1907. (XV, 111 S.) 8° [07. 17077

John Bull beim Erziehen. Briefe von Anhängern und Gegnern der körperlichen Züchtigung und der Corsett-Disciplin im englischen Erziehungswesen. Aus dem „Family Doctor" übers. v. E. Neumann. 3 Bde. Leipziger Verlag, G. m. b. H., Leipzig, 1900—1. 8°. (Mk. 15—.) (8 Mk. F. Waldau, 1908; 12 Mk. H. Barsdorf, Berlin, 190*.)
— — Neue Folge. Aus der „Society" übers. von E. Neumann. 4 Bde. Leipziger Verlag, G. m. b. H., Leipzig. (Bd. 1—3 à Mk. 4—; Bd. 4 Mk. 3—.)

Bull, John, beim Erziehen. Eine Sammlg Briefe v. Anhängern u. Gegnern d. körperl. Züchtigg u. d. Korsett-Disciplin im engl. Erziehgswesen. Aus d. „Family Doctor“ übers. v. E Neumann. 8° (104) Dresd. 1900, HR Dohrn. || Neue Folge, 1. Bd. Aus d. „Society“ übers. v. E Neumann. (160) 01. à 4 —

Bull, John, beim Erziehen. Eine Sammlg Briefe v. Anhängern u. Gegnern d. körperl. Züchtigg u. d. Korsettdisciplin. Aus d. „Society“ übers. v. E Neumann. Neue Folge. 2—4. Bd. 8° Dresd. Lpzg, Leipz. Verl. 11 — (Vollst.: 19 —) d 2. (170)'01. 4 — || 3. (150)'01. 4 — || 4. (80)'02. 3 —

Bull, Ole, eine biograph. Skizze v. H. B. (Allen Musikfreunden Deutschlands gewidmet. — Verfaßt u. gezeichnet v. H. Biow.) Mit Bildn. 4. Hamburg 838. (Altona, Aue.) n. 2/3 ₰

Sitting **Bull**, der letzte Häuptling der Sioux-Indianer. Bd 1. (Berlin: Verlagshaus f. Volkslit. u. Kunst 1906.) 8° [F.] [07. 1960]

Bull, Heedelberger Schbreech. gr. 8. (32 S.) Mannheim 887. (Heidelberg, C. Winter'sche Sortimentsbuchh.) *

Bull, Alb. E., die Efeuvilla, s.: Kriminal-Romane aller Nationen.

BULL, BENJ. S. Zur Kenntniss der Hexahydroanthranilsäure und über Hexahydroorthophenyldiamin. München, 1896. Diss.

Bull, George: Warum ich katholisch wurde. Uebertr. v. Frdr. Maurer. (9, 104) 16° Trier, Petrus-Verl. ('12). 1.20

Bull, H. J., Südwärts! Die Expedition von 1893—1895 nach dem südl. Eismeere. Autoris. Übersetzg. aus dem Norweg. v. Margarethe Langfeldt. Mit 18 Vollbildern, 1 Text-Illustr. u. 8 Plänen. (VI, 234 S.) 8. Leipzig 904. H. Haessel Verl. n. 4. —; geb. n. 5. —
Ladenpreis aufgehoben.

Bull, J. A., deutsche Vorschriften f. Jünglinge, die sich d. Handlung widmen. 4. Nürnb., Campe. 16 ₰

— deutsche Vorschriften f. Schulen. 12 Bl. gr. 4. Ebd. 16 ₰

— engl. Vorschriften f. Schulen. 6 Bl. gr. 4. Ebd. 8 ₰

Bull, Max, aus Berlin: Die französischen **Namen der Haustiere** in alter und neuer Zeit mit Berücksichtigung der Mundarten. *Berlin (1902): H. Mitsching.* (80 S.) 8° (Enthält nur T. 1 d. eingereichten Arbeit; T. 2, die Vögel behandelnd, wird gesondert erscheinen.)
Berlin, Phil. Diss. v. 2. Juli 1902

Bull, Ole, Perimetrie. gr. 8. (VI, 218 S. m. 174 Fig.) Bonn 895. F. Cohen. Geb. in Leinw. n. 8. —

Bull, Ole, Klinische Studien üb. die Krankheiten der Retinalgefässe. Mit 41 Sehfeldschemata u. 30 Taf. (V, 82 S.) 4. Leipzig 903. Voit & Co. n. 24. —

Bull, Ole B., chromatoptometrische Tabelle. Fol. (1 schwarze Taf. m. eingesetzten farb. Papierecken. 1 Steintaf. u. 4 S. schwed., engl., deutschen u. franz. Text.) Christiania 882. Leipzig, Twietmeyer in Comm. n. 15. —

Bull, P: Die Emaille-Fabrikation. Hamburg-Bergedorf 1895

Bull, S. W., die universelle einheitliche Philosophie od.: Naturwissenschaft u. Religionswissenschaft in vollkommener Uebereinstimmg. gr. 8. (VII, 211 S.) Leipzig (900). W. Friedrich. n. 4. —

Bull, Sarah C., Ole Bull, der Geigerkönig. Ein Künstlerleben. Frei nach dem Original bearb. von L. Ottmann. 8. (235 S. mit Stahlst.-Bild.) Stuttgart 886, Lutz. *
geb. *

(Bull, Thomas): Die Mutter. Eine allgemein faßliche, natürliche Darstellung aller sowohl auf die Erzielung einer glücklichen Entbindung, als auch auf die erste Pflege des Neugebornen einwirkenden Verhältnisse, nebst einer Berichtigung der gewöhnlich in Bezug auf diesen Gegenstand herrschenden volksthümlichen Irrthümer. Eine Belehrung für junge Mütter. (Hints to mothers, for the management of health during the period of pregnancy, and in the lying-in room... Dt.) Übers.und bearb. von Georg Preyß. 165 S., gbd., 1 Tab.

Wien: v.Mösle & Braumüller 1839

Büll, Heinrich, Gerichtsref.: Der Einfluß persönlicher Eigenschaften und Verhältnisse auf Thäterschaft und Teilnahme. *(Bonn [1902]: J. Bach Wwe.)* (66 S.) 8°
Rostock, Jur. Diss. v. [30. Aug.] 1902

Bulla. —

Aurea bulla, ex archetypo Francofurtensi. *Frcf.* 614. fol. (728. fol.)

— sec. exemplar originale Francofurtense. *Frcf.* Multz. 742. 8.

Aurea Bulla Caroli IV. *Lipsiae.* 833. 8maj. (Güntz.)

Bulla aurea Rudolphi I., quae Blassenb. in Archiva Brandenb. asservat. descr. a Spies. 4. maj. Bayr. Lübeck. 774. •

Bulla Pii papae X. (v. 1. 11. '11). (12) Lex8° Ratisbonae ('12). Regensbg, F Pustet. — 30; Ausg. in kl8° (24) — 30

Bulla, Die, Unigenitus, oder Clementis XI. Constitution wider die Anmerkungen P. Quesnel ... Ulm 1717. Ü: *Hecking, Gottfried.* (BB)

Bulla (Verfasser)

Bulla, C. F., von Pflichten der Wirthschaftsvorsteher. 8. Prag 796. Widtmann. 10 ₰

BULLA Carl F [ ]. Versuch einer systematischen Landpolizey f. Böhmen. Prag 1789.

Bulla, Const., kurze Geschichte der Stadt Brieg, s.: Adreßbuch f. d. Stadt u. d. Landgerichtsbezirk Brieg.

Bulla, Const., neuer Hausarzt, s. Universal-Bibliothek Nr. 1846.

Bulla, Const. Heiterkeits-Brevier. Lustige Vorträge f. gesell. Kreise. 1.—4. Bd. gr. 8. (XV, 189; XV, 173; XII, 196; IV, 152 S.) Schweidnitz 889—92, Brieger. à Bd. * 1 —; * 4 —

Bulla, C., der Liebe-Verein, s. Universal-Bibliothek Nr. 2446.

Bulla, C., der Pfefferkuchenmann, s.: Bloch's, E., Dilettanten-Bühne.

BULLA, Franciscus: De axiopistia actuum apostolorum. — (1893) 144 S. 4° (Handschr.) Diss. Wien Univ. Diss. 482

Bulla, Rudolf, appr. Arzt aus Oppeln: Eine sarkomatöse **Mischgeschwulst** der Parotis. *Würzburg 1893 [richtig 1901/02]: Becker.* (31 S.) 8°
Würzburg, Med. Diss. v. 1893

Bullarium sacro-sanctae Basilicae vaticanae coll. III Tmi. Fol.

Bullarium diplomatum et privilegiorum s. romanorum pontificum. Taurinensis editio locupletior facta collectione novissima plurium brevium, epistolarum, decretorum actorumque s. sedis a S. Leone Magno usque ad praesens cura et studio Aloysii Tomassetti antist. dom. Pontif. et collegii adlecti Romae virorum s. theologia et ss. canonum peritorum etc. Tom. I. a S. Leone M. (a. 440) ad Nicolaum II. (a. 1061.) (In 18 Heften.) — Tom. II. ab Alexandro II. (a. 1061) ad Alexandrum III. (a. 1581). (In 23 Heften.) Augustae Taurinorum 857. (München, Franz.) gr. 4. (VIII, 722; 911 S.) Jedes Heft nn. 8 ngl

Bullarium Franciscanum sive romanorum pontificum constitutiones, epistolae, diplomata tribus ordinibus Minorum, Clarissarum, Poenitentium a seraphico patriarcha sancto Francisco institutis ab eorum originibus ad nostra usque tempora concessa. Tom. V. Benedicti XI, Clementis V, Ioannis XXII monumenta iussu atque auspiciis reverendissimi P. M. Laurentii Caratelli de Signia totius ordinis Minorum S. Francisci conventualium post seraphicum patriarcham ministri generalis CVI a Conr. Eubel, eiusdem ordinis alumno, digesta. Fol. (XLII, 634 S.) Romae 898. (Leipzig, O. Harrassowitz.) n.n. 35. —
Vol. I—IV erschienen: 1759, 61, 65 u. 68.

Bullarium Franciscanum sive romanorum pontificum constitutiones, epistolae, diplomata tribus ordinibus Minorum, Clarissarum, Poenitentium a seraphico patriarcha sancto Francisco institutis ab eorum originibus ad nostra usque tempora concessa. Tom. VI. Benedicti XII, Clementis VI, Innocentii VI, Urbani V, Gregorii XI documenta iussu atque auspiciis reverendissimi P. M. Laurentii Caratelli de Signia, totius ordinis Minorum S. Francisci conventualium, post seraphicum patriarcham ministri generalis. CVI a Conr. Eubel, eiusdem ordinis alumno, digesta. Fol. (LXIV, 687 S.) Romae 902. (Leipzig, O. Harrassowitz.) n.n. 40. —
V. Ebd. 898. n.n. 35. —.

Bullarium Franciscanum sive romanorum pontificum constitutiones, epistolae, diplomata tribus ordinibus Minorum, Clarissarum, Poenitentium a seraphico patriarcha sancto Francisco institutis ab eorum originibus ad nostra usque tempora concessa. Tom. VII, Romanorum pontificum vel eorum, qui durante schismate occidentali in sua obedientia pro romanis pontificibus habebantur, scilicet Urbani VI, Bonifatii IX, Innocentii VII, Gregorii XII, Clementis VII, Benedicti XIII, Alexandri V, Ioannis XXIII, Martini V documenta iussu atque auspiciis reverendissimi P. M. Laurentii Caratelli de Signia, totius ordinis Minorum S. Francisci conventualium, post seraphicum patriarcham ministri generalis CVI a Conr. Eubel, eiusdem ordinis alumno, digesta. (LVIII, 774 S.) Fol. Romae 904. (Leipzig, O. Harrassowitz.) n.n. 46. —

Bullarii Franciscani epitome sive summa bullarum in eiusdem bullarii quattuor prioribus tomis relatarum, addito supplemento in quo tum gravissima illorum quattuor voluminum diplomata verbotenus recepta tum nonnulla quae in eis desiderantur documenta sunt inserta. Iussu atque auspiciis reverendissimi patris magistri Dominici Reuter, totius ordinis minorum S. Francisci conventualium post seraphicum patriarcham ministri generalis CVII, a Conrado Eubel, eiusdem ordinis definitore generali, redacta. (VIII, 349 S.) 40×27 cm. Apud Claras Aquas 908. (Leipzig, O. Harrassowitz.) nn 25. —

Bullarium *magnum* **romanum** (Continuatio) Summorum Pontificum Clementis XIII. et XIV., *Pii VI.* et *VII.*, *Leonis XII.* et *Pii VIII.* (usq. ad Gregorium XVI); quas collegit Andr. Advocat. Barbieri, indicibus opera et studio Comitis Alex. Spetia, ICti. Fol. Romae 1835—47. Für Deutschland in Commiss. bei der Mechitar. B. in Wien. (Paris bei Renouard, Mailand bei Wolke, Tendler.) Fascic. 1—125. seu Vol. I—VII. (1843), Volum. VIII., IX. et seqq. seu Fascic. 126—167 (neulich erst erschienen). Fascikel à ⅔ Thlr. — 1 fl. 12 kr. n°. compl. 111⅓ Thlr. — 200 fl. 24 kr. n°.

Magnum Bullarium Romanum a beato Leone Magno usque ad Benedictum XIV. Opus absolutissimum Laertii Cherubini, ab Ang. Maria Cherubino ... deinde ab Ang. a Lantusca et Joh. Paulo a Roma ... ill. et auct. Ed. nov. Luxemburgi.
T. 1–19. 1742–58.
T. 7–19. Continuatio ... Bullarii, p. 1–13.

Bullarium Romanum, magnum, summorum Pontificum Clementis XIII., Clementis XIV., Pii VI., Pii VII., Leonis XII. et Pii VIII. Constitutiones, literas in forma Brevis, epistolas ad principes viros et alios, atque allocutiones complectens habita temporum ratione cum suis appendicibus, et summariis, accedit cujusque Pontificis vita et imago. Opus Andr. Barbèri. Tom. I. Fasc. 1—4. Fol. maj. (40 B. u. Clemens XIII. Bildn.) Viennae 834, (Mechitaristen-Congreg.-Buchh.) à 16 Gr.

Bullarium Romanum, magnum, summorum Pontificum Clementis XIII., Clementis XIV. Pii VI. Pii VII. Leonis XII. et Pii VIII. Constitutiones, literas in forma Brevis, epistolas ad principes viros et alios, atque allocutiones complectens habita temporum ratione cum suis appendicibus, et summariis, accedit cujusque Pontificis vita et imago. Opera et studio Andreae Barbèri. Fasc. I—LIII. Fol. maj. Wien 835. Mechitaristen-Congregat.-B. n. 41⅓ ℛ

Bullarium Romanum, magnum, etc. Opera et studio Andreae Advocati Barbèri. Fasc. LIV. — LX. Fol. maj. Romae 840, 41. (Wien, Mechitaristen-Congreg.-Buchh.) à n. ⅚ ℛ (I — LX: n. 47 5/12 ℛ)

Bullarium Maronitarum complectens bullas, brevia, epistolas, constitutiones aliaque documenta a romanis pontificibus ad patriarchas antiochenos Syro-Maronitarum missa. Ex tabulario secreto s. sedis, bibliotheca vaticana, bullariis variis etc. excerpta et juxta temporis seriem disposita cura et studio Tob. Anaissi. (8, 579) Lex8° Romae '11. Rom, M Bretschneider. nn 12 —

— ordinis minorum S. P. Francisci Capucinor. VI Tomi. Fol.

Bullarium ordinis FF. Minorum S. P. Francisci Capucinorum seu Collectio bullarum, brevium, decretorum, rescriptorum etc., quae a Sede Apostolica pro Ordine Capucino emanarunt, jussu reverendissimi patris Aegidii a Cortona, totius dicti ordinis ministri generalis, variis notis elucubrata a Petro Damiani a Münster, ejusdem ordinis definitore generali. Continuationis Tom. I, totius operis Tom. VIII, continens constitutiones, brevia, decreta etc. sub pontificatu Benedicti XIV. et Clementis XIII. edita. Fol. (XL, 403 S.) Innsbruck 883, (Wagner'sche Universitäts-Buchh.)
—— dass. — Tom. II, totius operis Tom. IX, continens constitutiones, brevia, decreta etc. sub pontificatu Clementis XIV., Pii VI., Pii VII. et Leonis XII. edita. Fol. (XXXVIII, 427 S.) (Ebendas.) 884.

Bullarium ordinis FF. Minorum S. P. Francisci Capucinorum seu collectio bullarum, brevium, decretorum, rescriptorum etc., quae a Sede Apostolica pro Ordine Capucino emanarunt, sub gubernio reverendissimi patris Bernardi ab Andermatt, totius dicti ordinis ministri generalis, variis notis elucubrata a P. Petro Damiani a Münster, ejusdem ordinis exdefinitore generali. Continuationis tom. III, totius operis tom. X, continens constitutiones, brevia, decreta etc. sub pontificatu Pii VIII., Gregorii XVI. et Pii IX. edita. Fol. (XLVIII, 807 S.) Innsbruck 881, (Wagner'sche Universitäts-Buchh.) *
Tom. I. II. Ebendas. 1883,84. *ℳ 38.50.

Bullarium, Römisches, od. Auszüge d. merkwürd. päpstl. Bullen, aus authent. Quellen, durch alle Jahrh. bis auf die neueste Zeit, übersetzt u. mit fortlauf. histor., archäolog. u. a. nöthigen Anmerkk. versehen von L. M. Eisenschmid. 1r u. 2r Bd. Vom Jahre 453 — 1830. gr. 8. Neust. 831. Wagner. 5 ℛ 18 gl

Bullarium Trajectense. Romanorum pontificum diplomata quotquot olim usque ad Urbanum Papam VI [an. 1378] in veterem episcopatum Trajectensem destinata reperiuntur, collegit et ed. G Brom. (In 8 fasciculis.) Tom. I. Fasc. 1—4. 8° (480) Haag 91.92, M Nijhoff. ‖ Tom. II. Fasc. 1—3. (334 u. 28) 93.95. à 5.70 (Tom. I. kplt: 22.80

Bullarium Trajectense. Romanor. pontificum diplomata quotquot olim usque ad Urbanum Papam VI [an. 1378] in veterem episcopatum Trajectensem destinata reperiuntur, collegit et ed. G Brom. Tomi II. fasc. 4. 8° (335—426 u. 29—80) Hag 97. M Nijhoff. nn 5.70 (Kplt: nn 45 —)

Bullart, Is.

— Leben des Erasmus. Aus dem Franz. mit Berichtigungen von Henke. Halle 782. 2 B. 8. 1 rthl. 20 gr.

— Leben des Grotius. Aus dem Franz. Leipz. 755. 8. 12 gr.

Bulle. –

Bulle, die, in coena domini. Vom Papst Paul III., im J. 1636. Aus d. Latein. übers. 4. Bresl. 769. W. G. Korn. 2 gr.

Bulle, Entlarvte, P. Sylvesters II., die er an den heil. Stephanus König in Ungarn abgeschickt haben soll . . . Rinteln 1778. V: *Schwarz, Gtfr.* (Holz)

Bulle, Die goldene, Kaiser Karls IV. v. J. 1356, übers. v. Herb. Koch, s: Sammlung, Schwann'sche, geschichtl. Quellenschriften.

Bulle, die güldene, Kais. Carl IV. übers. m. K. 8. Frft. Brönner. 741.

Die Güldne Bull Kayser Carl des IV. Nach dem Zu Franckfurt befindlichen Lateinischen und Teutschen Original In einer Neuen Übersetzung ... mit Anmerckungen, auch beygefügten andern Reichs-Grund-Gesetzen, Als I. Constitutione Caroli IV., de Regno Bohemiae. II. Dem allgemeinen Churfürstlichen Verein. III. Der Succession der beyden Chur-Häuser Pfaltz und Sachsen [von J. M. von Loen]. Frankfurt a. M., J. F. Fleischer, 1741. 8°. *Frontispiz. I. M. Eben sc.*, 7 Bl. 390 S. 4 Bl. (Bücherverzeichnis), 1 Bl. (Anweisung) und *2 Kupfertafeln.* Pbd. d. Z.

Zweispaltiger Paralleldruck des latein. und frühneuhochdt. Textes, daneben eine gute neudeutsche Übersetzung mit zahlr. gelehrten Anmerkungen.

— die güldene, Papst Clemens XIV., wegen Unterdrückung d. Gesellschaft Jesu. 8. Prag 773. (Gerold in Wien). 3 gr.

Bulle, die päpstliche, zur Aufhebung des Jesuitenordens vom 21. Juli 1773. Darmstadt 866. Zernin. 8. (41 S.) n. 4 ngr.

Bulle, die päbstliche, d. d. Rom d. 16. Juli 1821, mit d. Cabinetsordre v. 23. Aug. 1821, enth. d. Königl. Sanction. (Text.) Berlin 821.

Bulle, Die, Paul II. an Erzbischof Ruprecht von Cöln . . . Bonn 1789. V: *Hedderich, Philipp.* (MGT)

Bulle, Sr. Heiligkeit Papst Pius IX., über die dogmatische Definition der unbefleckten Empfängniß der Jungfräulichen Gottesmutter. Anhang zur 1. Aufl. der Lehre von der unbefleckten Empfängniß der seligsten Jungfrau Maria. Von Denzinger. Würzburg 855. Stahel. 8. (27 S.) n. 2 ngr.

Bulle des heil. Vaters Pius VI. an seinen hochgeliebten Sohn in dem Hrn. Karl Theodor Kurfürst von der Pfalz und Herzog zu Bayern, wegen Aufhebung der Mönche; ein Beytrag zu den modernen überflüssigen Staatsgrübeleyen im Jahr 1787. V: *Blumenschein, M. G.* (KY 4/353) (Retzek S. 32) (BiblPort)

Bulle Unigenitus, defensa per dissertationes historico-polemicas. Augsburg 1717. 4.

Bulle (Verfasser)

Der Doppelgeburtstag. Eine Rede, gehalten den 10. Nov. 1842 im Or. zu Minden am Stiftungsfeste der ger. und vollk. St. Joh. Loge Wittekind zur Westph. Pforte und zur Nachfeier des Geburtstages Sr. Majestät unsers Allergnädigsten Königs [Friedrich Wilhelms IV von Preussen] von dem Br [Albert Konstantin] **Bulle.** Minden [1842]: Bruns. 15 S. 8° [Umschlagtit.]
Der Kölner Dom, ein Bild der Königlichen Kunst.

Bulle, A. C., die Reorganisation der Volksschule. Eine Denkschrift der Hohen constituirenden National-Versammlung in Berlin überreicht von den Volkslehrern der Kreise Minden, Herford, Bielefeld, Halle u. Wiedenbrück im Regier.-Bezirk Minden. gr. 8. (51 S.) Gütersloh 848, Bertelsmann. 1/6 rf

Ursachen der Lauheit. (Bruchstück einer Rede des B.·. [Albert Konstantin] **Bulle** am Johannisfest 1847.) o. O. 1847. 2 Bl. 4° [Kopftit.]
Abgedr. in: Die Loge Wittekind, Minden am 25. Juni 1847 Bl. 2—3.
In Hauptsache Hindeutung auf die Schwierigkeiten, die sich beim Halten mrischer Reden dartun.

Bulle, Constantin

Bulle, C., 1871—1885. Geschichte der letzten 15 Jahre. [Sonderausg. d. 4. Bds. der „Geschichte der neuesten Zeit (1815—1885)".] gr. 8. (III, 507 S.) Leipzig 887. Veit & Co. n. 8. —

—— 1871—1885. Geschichte d. letzten 15 Jahre. 8. (507) Berl. 87, Simion. n. 8. —

Bulle, Const., offener Brief an Herrn Pastor Dr. Schwalb. 8. (32 S.) Bremen 872. Tannen. – – 60

Bulle, Const., zum Gedächtnis Kaiser Friedrichs III. Vortrag in der Versammlung im Casino zu Bremen, veranstaltet von dem Verein der deutschen freisinnigen Partei in Bremen am 18. Octbr. 1888. gr. 8. (23 S.) Varel 888, (Bültmann und Gerriets Nachf.) *

Bulle, Constantin (Hrsg.), s. Gerichtszeitung, Leipziger.

—— Geschichte der Jahre 1871—1877. 2 Bde. gr. 8. Leipzig 878, Duncker und Humblot. à Bd. * M. 5. * à Bd. geb. * M. 6,40.; geb. in 1 Bd. *
Inhalt:
Bd. 1. Frankreich. — Deutschland. (VIII, 421 S.)
" 2. Das übrige Europa. Mit Register für beide Bde. (IV, 331 S.)

Bulle, Const. Geschichte d. zweiten Kaiserreichs u. d. Königr. Italien, s. Geschichte, allgemeine, in Einzeldarstellungen.

—— Geschichte d. neuesten Zeit 1815—1871. 1. Bd. Von 1815—1848. 8. (372) Brem. 75, nordwestdeut. Volksschriften-V. n. 6. —

—— Geschichte d. neuesten Zeit. 1815—1871. 2. Bd. Von 1848—1871. 8. (839) Lpzg 76, Veit u. Co. n. 12. — (cplt.: n. 18. —; geb. n. 21. —)

Bulle, Const., Geschichte der neuesten Zeit. 1815—1885. 2. umgearb. und bis auf die Gegenwart fortgeführte Aufl. 20 Lfgn. oder 4 Bde. gr. 8. (IV, 376; IV, 403; IV, 400; III, 507 S.) [Leipzig 886,87, Veit und Comp.] Berlin, Simion. à Lfg. * M. 1.—. * geb. in 2 Halbfrzbde. *

Bvlle, Constantinvs (geb. am 30 März 1844 in Minden Westf.): De Pindari sapientia ... Bonnae, typ. Carthavsianis (1866). 2 Bl., 59 S. 8.
¶ In Komm. bei Cohen & Sohn in Bonn.
Bonn, Phil. Fak., Diss. v. 18 Dez. 1866

Bulle, Const., de Pindari sapientia. Dissert. philolog. Bonn 867. (Cohen & S.) gr. 8. (60 S.) n. 10 *ngr.*

— lateinisches Uebungsbuch für Anfänger. Bremen 869. Gesenius. gr. 8. (IV, 203 S.) n. 20 *ngr.*

—— und Carl Wagener, lateinisches Uebungsbuch für Anfänger. 2. Aufl. gr. 8. (III, 214 S.) Bremen 876, Heinsius. geb. *

— u. Carl Wagner, lateinisches Uebungsbuch für Anfänger. 3. Aufl. gr. 8. (216 S.) Bremen 881. Heinsius. n. 2. 50

— u. C. Wagener, lateinisches Übungsbuch f. Anfänger. 4. Aufl. gr. 8. (216 S.) Bremen 887. Heinsius. geb. n.n. 3. —

Bulle, Eduard (Red.), s. Theater-Herold.

Bulle, Ernst, Pascal. Eine Schutzrede mit polemischen Anmerkungen. Bremen 863. Gesenius. gr. 8. (50 S.) 9 *ngr.*

Bulle, Ernst, Predigten. Mit einer Biographie des Verstorbenen. Neue Ausg. 8. (194 S.) Bremen (875)887, Rousseau. cart. *

Bulle, Ernst, 19 ausgewählte Predigten. Mit e. Biographie d. Verstorbenen. gr. 8. (III, 193 S.) Bremen 875. Heinsius. n. 3. 50

Bulle, Ferd.: Franziskus Hemsterhuis u. d. deut. Irrationalismus d. 18. Jahrh. (95) gr8° Jena. E Diederichs '11. 1.50

Bulle, Heinr., Klingers Beethoven u. die farbige Plastik der Griechen. gr. 8. (48 S. m. 14 Abbildgn.) München 903. Verlagsanstalt F. Bruckmann. n. 1.50

Bulle, Heinr., s.: Einführung in d. kgl. Gemäldegalerie Erlangen.

Bulle, Heinr., Der schöne Mensch in d. Kunst d. Alterthums, s.: Stil, der, i. d. bild. Künsten u. Gewerben.

— Orchomenos. I. Die älteren Ansiedelungsschichten. (V, 128 S. m. 38 Abb. u. 30 Taf.) Lex. 8. München 907. (G. Franz' Verl.) 14. —
Sonderabdr. aus „Abhandlgn. der bayer. Akad. d. Wiss."

Bulle, Heinrich: Die Silene in der archaischen Kunst der Griechen ... Muenchen, Th. Ackermann, kgl. Hof-Buchh., 1893; VI S., 1 Bl., 77 S. 8.
München. Phil. Fak., Inaug.-Diss. v. 1892

Bulle, Heinrich: Griechische Statuenbasen. Skizze zu einer Entwickelungsgeschichte der antiken Postamentformen. *München: A. Buchholz 1898.* (40 S.) 8°
München. Phil. Hab.-Schr. v. 1898

— s.: Stil, der, in d. bild. Künsten u. Gewerben.

Bulle, Hermann [pract. Arzt in Cuxhaven]: Beiträge zur Anatomie des Ohres .... Rostock, Univ.-Buchdr. v. Adler's Erben, 1886; 47 S. u. 1 Taf. 8°.
Rostock, Med. Fak., Inaug.-Diss. v. 10. Jan. 1887.

Bulle, Hermann, Beiträge zur Anatomie des Ohres. Diss. Rostock 1887, G B. Leopolds Univ.-Buchh. 8°. 47 S. mit einer Taf.

Bulle, Lina, Ernst Bulle, † Pastor am St. Petri-Dom in Bremen. Erinnerungsblätter, gesammelt u. hrsg. Mit dem (Lichtdr.-)Bildniß Ernst Bulle's. gr. 8. (VIII, 172 S.) Bremen 887. (Schünemann.) n. 2. 50; cart. n.n. 3. —; geb. n.n. 3. 50

Bulle, O. (Hrsg.), s. Zeitung, Allgemeine.

Bulle, Osk. Dante's Beatrice im Leben und in der Dichtung. 8. (VII, 140 S.) Berl. 890, Hüttig. * 2 50

Nuovo dizionario italiano-tedesco e tedesco-italiano di Oskar **Bulle** e Giuseppe Rigutini. Vol. 1. 2. Leipzig: Tauchnitz, Milano: Hoepli 1900–07. 4°(8°)
[Nebent.:] Neues ital.-deutsches u. deutsch-ital. Wörterbuch von Oskar Bulle u. G. Rigutini.
1. Italiano-tedesco. 4. ed. ster. 1907.
2. Deutsch-Italienisch. 3. ed. ster. 1906. [10. 10587 2

Die italienische Einheitsidee in ihrer litterarischen Entwicklung von Parini bis Manzoni. Von Oskar **Bulle**. *Berlin: P. Hüttig 1893.* (XII, 345 S.) 1 Bd 8. [97. 158a

Bulle, Oscar. Johanna Spyri s. Spyri. Johanna Sp[yri] und ihre Schriften. Gotha 1885.

Bulle, Osk., neues italien.-deutsches u deutsch-italien. Wörterbuch, s. a. Rigutini, Giuseppe.

Wörterbuch, Neues italienisch-deutsches und deutsch-italienisches. Von O. Bulle und G. Rigutini. 3. Ausg. Leipzig und Mailand
Bd 1. Jtalienisch-Deutsch. 1902

Bulle, Osk., u. Giuseppe Rigutini, neues italienisch-deutsches u. deutsch-italienisches Wörterbuch. 4. Ster.-Ausg. 1. Bd. Italienisch-Deutsch. (XII, 919 S.) Lex. 8. Leipzig 907. B. Tauchnitz. 9.—; geb. in Leinw. 10. —

Bulle, Osk., u. Gius. Rigutini: Neues italien.-deut. u. deutsch-italien. Wörterb. 4. Ausg. 2. Bd. Deutsch-Italienisch. (12, 1040) Lex8° Lpzg, B Tauchnitz '11. (je) 9 —; L b (je) 10 —; in HMarokko (je) 11.50 d

Bullemer, Karl: Präparation zu Curtius, Gesch. Alexanders d. Gr. — Präparation zu d. C Sallustius Crispus Schrift üb. d. catilinar. Verschwörg, s: Präparationen z. griech. u. latein. Schullektüre.

Bullemer, Karl, Dr.: Quellenkritische Untersuchungen zum 1. Buche der Rhetorik Melanchthons. (T. 1.) *Würzburg 1902: C. J. Becker.* (55 S.) 8° ¶ [Erschien vollst. als phil. Diss. Erlangen 1902.]
Würzburg, k. altes G, P 1902*

Bullen, Anna. Ein deutsches Originaltrauerspiel in Versen, von fünf Aufzügen. Wien 1771. V: *Weidmann, Paul.* (GGr) (WBl.)

Bullen und Breven aus italienischen Archiven. 1116–1623. Hrsg. von Caspar Wirz. *Basel: Basler Buch- u. Antiquariatshandl. 1902.* (CXIII, 654 S.) 8°
= Quellen z. Schweizer Geschichte. Bd 21. [03. 06.8

Bullen, die päpstlichen, üb. d. Blutbeschuldigung. 8. (151 S.) München 900. A. Schupp. — 60

Bullen, die päpstlichen, zur Errichtung des Erzbisthums zu Freiburg im Breisgau, u. d. oberrhein. Kirchen-Provinz. (Lateinisch u. deutsch.) 2e Aufl. gr. 4. Frburg 827. Herder. 8 gr.

Die päpstlichen Bullen wider die Freimaurer. Nebst einigen Bemerkungen über die Erstern, insbesondere die Wirkung derselben den Letztern gegenüber. Hrsg. von W. E. M. Heiligenstadt: Delion 1863. 38 S. 8°
cf. DrL. 36 (1905—1906) S. 291 (E. Denecke). Enth. die 4 von 1738—1825 von Päpsten gegen die Frmr erlassenen Bullen.

— zwei, der berühmtesten päpstl., in coena domini u. unigenit. A. d. Latein. 4. Leipz. 781. (W. Vogel). 4 gr.

The Cruise of 'Cachalot'. Round the world after Sperm Wales. By Frank T[homas] Bullen, first mate. Copyright ed. In 2 vol. Vol. 1. 2. Leipzig: Tauchnitz 1899. 8°
(Collection of British authors. Tauchnitz Ed. Vol. 3385/6.)

Bullen, Frank T., the cruise of the „Cachalot" round the world after sperm whales, s. a. Collection of British authors.

Bullen, Frank T., cut off from the world, s.: Unwin's library.

Bûllen, Johannes: Die Perforation des lebenden und absterbenden Kindes. Nach d. Beobachtungen d. deutschen geburtshülfl. Klinik in Prag vom 1. Apr. 1903—1. Okt. 1907. (Geldern [1909]: Schaffrath.) 38 S. 8° [Umschlagt.]
Gießen, Med. Diss. v. 15. Juni 1909, Ref. v. Franqué
[Geb. 15. Sept. 80 Sevelen; Wohnort: Gießen; Staatsangeh.: Preußen; Vorbildung: Gymn. Kempen a. Rh. Reife O. 03; Studium: Bonn 1, Marburg 4, Bonn 1, Gießen 4 S.; Coll. 24. Juli 08; Approb. 19. Mai 09.] [U 09. 1101

Bullenprocess. Der B.-Prozess, dargestellt nach den über denselben ergangenen Iudikaten. 8. Bern 1844.

Buller, Arthur Henry Reginald, B. Sc. (Lond.) aus Birmingham (Engl.): Die Wirkung von Bakterien auf tote Zellen. Mit 3 Fig. im Text. *Leipzig-R. 1899: O. Schmidt.* (46 S.) 8°
Leipzig, Phil. Diss. v. [12. Jan.] 1900

Büller, C.: Die Haftung d. Commanditärs. Diss. (lat.) Göttg. 1837.

Büller, C. W., u. O. Voges, Engelmann's Rache, s.: Universal-Bibliothek.

Büller, Ernst v., k. General-Major und Commandeur der Fuss-Art.-Brig. Die militärischen Strafanstalten. Vortrag, gehalten in der Militärischen Gesellschaft München am 5. December 1885. Als Manuscript gedruckt. (Aus: „Jahrbuch der Milit. Gesellschaft München" 1884/85.) 8. München 1886.

Bueller, E. v. Die Waffe der Fuß-Artillerie u. ihre künftig hohen Kriegsaufgaben. München 1883. 27 S.

Büller, Fritz [Dr., K. B. Assistenzarzt im III. Jäger-Bataillon]: Die Ursachen und Folgen des Nichtstillens bei der Bevölkerung Münchens .... Leipzig, Druck v. B. G. Teubner, 1887; 30 S. 8°.
Würzburg, Med. Fak., Inaug.-Diss. v. 1887.

Büller, Fritz, die Ursachen und Folgen des Nichtstillens bei der Bevölkerung Münchens. Diss. Würzburg 1887, Stahelsche Univ.-Buchh. 8°. 30 S.

Büller, Jos., bacteriologische u. klinische Beobachtungen üb. Natrium chloro-borosum als Antisepticum, s. a. Abhandlungen, Münchener medicinische.

Büller, Joseph [app. Arzt aus München]: Bacteriologische und klinische Beobachtungen über Natrium chloro-borosum als Antisepticum ... München, J. F. Lehmann, 1892; 1 Bl., 49 S. 8.
München, Med. Fak., Inaug.-Diss. v. [17. Juni] 1892

Büller, M. v., das Leben d. Christen in Vereinigung m. Maria, der gebenedeiten Mutter d. Herrn. Von e. Missionär Unserer lieben Frau v. La Salette. Autoris. Uebersetzg. 8. (IV, 172 S.) Mainz 874. Kirchheim. n. 1. 25

Büller jun., William, Schwiegermama, s. a. Bloch's, Eduard, Theater-Korrespondenz. Nr. 339.

Schwiegermama. Lustspiel in 1 Akt von William Büllor jun. *Berlin: E. Bloch (1903).* (43 S.) 8° [F.]
= Theater-Korrespondenz, Eduard Blochs. No 339.

Bullerdieck, Adolf, aus Schledehausen: Gültigkeit des Massenwirkungsgesetzes für starke Elektrolyte. *Göttingen 1903: E. A. Huth.* (79 S.) 8°
Göttingen, Phil. Diss. v. [4. Sept.] 1903

Bullerdieck, Adf., Gültigkeit des Massenwirkungsgesetzes f. starke Elektrolyte. Diss. (78 S.) gr. 8. Göttingen 903. (Vandenhoeck & Ruprecht.) n. 1. 80

Bullerkotte, C., Des Glaubens Sieg, s.: Theater, kleines.

Bullermann, Gerard, (geb. Meurs 1823): De varicocele. Berolini (1846). (31 S.) 8°
Berlin, Med. Diss. v. 22. Sept. 1846

Bullermann, H., die Buch-, Kassen- u. Rechnungsführung bei Kleinbahnen. Unter Beigabe der sämtl. erforderl. Formulare systematisch dargestellt u. erläutert. (VII, 69 S.) 32,5×23,5 cm. Berlin 909. C. Heymann.
Geb. n 5. —

Bullermann, H., Hilfsbuch zur Ausführung d. Kommunalabgabengesetzes vom 14. Juli 1893 in kleinen Landgemeinden. Mit Protokollmustern u. Formularen. 1.—4. Aufl. gr. 8. (67 S.) Berlin 894. C. Heymanns Verl. n. — 80; geb. n. 1. —

Bullermann, H., Hilfsbuch z. Ausführg. d. Kommunalabgabengesetzes v. 14. Juli 1893 in kleinen Landgemeinden. M. Protokollmustern u. Formularen. 5. Aufl. gr. 8. (67 S.) Berlin 894. C. Heymann's Verl. n. — 80; geb. n. 1. —

Bullermann, H: Die Realgemeinden in d. Prov. Hannover auf Grund d. Gesetze v. 5.VI.'88 u. v. 2.IV.'87. Mit Musterstatuten f. Realgemeinden. 8° (63) Berl. 96, C Heymann's V. 1 —

Bullet, Auguste, med. pract. aus Estavayer (Fribourg): Aus dem Kinderspital und dem Hygiene-Institut Zürich. Über Lungenabscesse im Kindesalter. Zür. Orell Füssli Dr. 1896. 42 S. 8°.
Zürich, Med. Diss. [v. 26. Sept. 1896].

Bullet, Jean-Baptiste

Bullet, J. B., Kritische Beantwortung der vorzüglichsten Einwendungen, welche von den Glaubensfeinden über verschiedene Stellen der heil. Schrift vorgetragen werden. Übers. von M. Lory. Köln 1784, gr. 8°, 3 Bde.
Réponses critiques à plusieurs difficultés proposées par les nouveaux incrédules sur divers endroits des livres saints. Paris 1773—5, t. 3, 12°; 1826.

Bullet, M., Beantw. d. Einwendung. üb. Stellen der heil. Schrift. 3 Bde. gr. 8. Cöln, (Loffler, Mannh.) 784—87.

Buller, M., krit. Beantwortungen der vorzügl. Einwendungen über Stellen der heil. Schrift. Aus d. Französ. v. M. Lori. 3 Bde. gr. 8. Köln 785. (Löffler in Manh.) 3 Thlr 8 gr.

Bullet, Joh. Bapt., Geschichte der Gründung des Christentums, aus jenen jüdischen und heidnischen Schriftstellern zusammengetragen, welche einen gründlichen Beweis für die Wahrhaftigkeit dieser Religion darbieten. Aus dem Französ. übertragen von P. S. Weckers. Mainz, Kirchheim, 1830, gr. 8°, 3,50 Mk.

— Gesch. der Gründung des Christenthums, nach jüdischen u. heidnischen Berichten. Aus d. Französ. v. P. J. Weckers. gr. 8. Mainz 830. Müller. 1 Thlr 16 gr.

Bullet, Joh. B., Gott bewiesen aus den Wundern der Natur. Aus dem Französischen übersetzt von Mich. Lory. Augsburg, Wolff, 1795, 8°.
L'existence de Dieu demontrée par les merveilles de la nature. Paris 1768, 12°; 1773.

Bulletin (Sh)
④ Schleitheimer Bote ⑤ 1868—1869 ⑦ Monatsblatt ⑧ Schaffhausen: Gelzer'sche Buchdruckerei ⑨ Anton Pletscher, Heinrich Stamm, Heinrich Wanner, Geometer Bächtold von Schleitheim ⑫ Anzeigeblatt ⑬ BGSZ: 1053.

Bulletin (Zh, Ge)
⑤ 1901—1902 (3 Nummern) ⑥ Zürich oder Genf ⑩ Auslandsliga der russischen revolutionären Sozialdemokratie ⑪ revolutionär; gegen die Gruppe der Zeitung «Rabočoje Dělo», zur Unterstützung der «Iskra»-Gruppe ⑬ W. I. Lenin sämtl. Werke 4. Bd., 2. Halbbd. p. 19—20, 372 (Anmerkung 7) ⑮ In russischer Sprache, vervielfältigt.

Bulletin de l'Académie Impériale des Sciences de St.-Pétersbourg. Tome I—VI. St.-Pétersbourg 860—63. — Leipzig, Voss. gr. 4. Jeder Bd. (à 36 Bgn.) n. 3 ℛ

Bulletin de l'académie impériale des sciences de St. Pétersbourg. Tome V—XII. (à Tome 36 Bog. mit Stnt.) Imp.-4. St. Pétersbourg. Leipzig 862—68, Voss. à Tome * 3 Thlr. *

Bulletin de l'Académie impériale des sciences de St.-Pétersbourg. Tomes XIII—XX. Imp.-4. (à Bd. 36 Bog. mit eingedr. Holzschn. und Kpfrt., theilweis in Buntdr.) St.-Petersburg 868—74. Leipzig, Voss. à Jahrg. *

Bulletin de l'acad. imp. des sciences de St.-Pétersbourg. Tome XXI. 4. (Feuilles 1—11. 176 Sp. m. 1 Taf. in Auberdr.) St.-Pétersb. 76. Lpzg, Voss' S. || Tome XXII. (Feuilles 1—20. 320 Sp. m. 8 L.) 77. || XXIII. (Feuilles 1—11. 175 Sp.) 77. XXIV. (Feuilles 1 et 2. 336 Sp.) 78. || XXV. (Nr. 1 et 2. 221 Sp.) 79. || XXVI. (Nr. 1. 128 Sp.) 80. à Tome n. 9. —

Bulletin de l'Académie impériale des sciences de St.-Pétersbourg. Tome XXVI—XXIX. Imp.-4. (à Bd. ca. 36 Bog.) St.-Pétersbourg 880—84. (Leipzig, Voss' Sortiment.) à Bd. *

Bulletin de l'académie impériale des sciences de St.-Pétersbourg. Tome XXX—XXXII. (à Bd. ca. 36 Bog.) Imp.-4. St.-Pétersbourg 885—88. (Leipzig, Voss' Sortiment.) à Bd. *

— dasselbe. Nouvelle série, tome I [XXXIII]. hoch 4. (Nr. 1: 156 S.) Ebd. 889. n. 9. —

— de l'académie impériale des sciences de St.-Pétersbourg. Nouvelle série, tome II—IV. [XXXIV—XXXVI.] hoch 4. (à Bd. ca. 36 Bog. m. Taf. u. Fig.) St.-Pétersbourg 891—894. (Leipzig, Voss' Sort.) à n. 9. —

— de l'académie impériale des sciences de St.-Pétersbourg. 5. série, tome I. 4 Nrn. hoch 4. (IV, 394 S. m. Fig. u. 21 Taf.) St.-Pétersbourg 894. (Leipzig, Voss' Sort.) à Nr. n. 2. 50

— dasselbe. 5. série, tome II. 5 Nrn. hoch 4. (CXXX, 657 S. m. Fig. u. 9 Taf.) Ebd. 895. à Nr. n. 2. 50

— dasselbe. 5. série, tome III. 5 Nrn. hoch 4. (XI, LXVI, 498 S. m. 23 Taf. u. 1 Karte.) Ebd. 895. à Nr. n. 2. 50

— dasselbe. 5. série, tome IV. 5 Nrn. hoch 4. (LXXXVII, 501 S. m. Abb. u. 19 Taf.) Ebd. 896. à Nr. n. 2. 50

— dasselbe. 5. série, tome V. 5 Nrn. hoch 4. (XII, LXXVI, 394 S. m. Abb. u. 2 Taf.) Ebd. 896. à Nr. n. 2. 50

— dasselbe. 5. série, tome VI. 5 Nrn. hoch 4. (XII, XLIII, 545 S. m. 17 Taf.) Ebd. 896. 897. à Nr. n. 2. 50

— dasselbe. 5. série, tome VII. 5 Nrn. hoch 4. (XI, LVIII, 485 S. m. Abb. u. 2 Taf.) Ebd. 897. 898. à Nr. n. 2. 50

— de l'académie impériale des sciences de St.-Pétersbourg. V. série. Tome VIII. Nr. 5. hoch 4. (S. LXVIII—LXXIX u. 313—398 m. 4 Taf.) St.-Pétersbourg 898. (Leipzig, Voss' Sort.) n. 2. 50

— dasselbe. V. série. Tome IX. 5 Nrn. hoch 4. (LVIII, 464 S. m. 11 Taf. u. 2 Tab.) Ebd. 898. à Nr. n. 2. 50

— dasselbe. Tome X. Nr. 1—3. hoch 4. (XXXII, 335 S.) Ebd. 899, à n. 2. 50

— der Königl. Akademie der Wissenschaften. Jahrgang 1846—1850. 1853. 6 voll. München.

Bulletin d'Alsace-Lorraine, s. Blätter, Elsaß-Lothringische.

Bülletin, Amtliches stenographisches, der schweizer. Bundesversammlung Juni 1891: Centralbahnverhandlungen. Gr. in-4°. 362 S. Bern, Comm.-Verlag von Schmid, Francke & Co. 1 25
1891

Bulletin, amtliches stenographisches, der schweizerischen Bundesversammlung. Jahrg. 1—4. 1891—95. Bern. fol.

— amtliches, d. schweiz. Bundesversammlung. — Bulletin sténographique officiel de l'assemblée fédérale suisse. 5.—8. Jahrg. 1895—1898. 4. (822, 806, 1376 u. 552 S.) Bern (Jent & Co.). à Jahrg. f. d. Schweiz (nur bei d. Post) n.n.n. 1. 60; f. d. übrige Postvereinsgebiet n.n.n. 3. 20
Erscheint in zwanglosen Nummern.

Bulletin. Amtliches stenographisches Bülletin der schweizerischen Bundesversammlung. — Bulletin sténographique officiel de l'Assemblée fédérale suisse. Jahrg. 11 — 1901 — 11e année. Sessionen März, Juni und Dezember — Sessions de mars, juin et décembre. (47 Nos.) VI + XII + 793 S. 4. Bern, Jent & Co. (Abt.: Jährlich fr. 2. — für die Schweiz, fr. 4. — für das Postvereinsgebiet)
XII S.: Inhaltsverzeichnis zu den ersten 10 Jahrgängen 1891/1900... — Régistre alphabétique décennal....

Bulletin. Amtliches stenographisches Bülletin der schweizerischen Bundesversammlung = Bulletin sténographique officiel de l'Assemblée fédérale suisse. Jahrg. 12 — 1902 — 12e année. Sessionen März, Juni, Oktober und Dezember = Sessions de mars, juin, octobre et décembre. (54 Nos.) IV + 792 S. 4. Bern, H. Jent. (Abt.: Jährlich fr. 2. — für die Schweiz, fr. 4. — für das Postvereinsgebiet)

Bulletin. Amtliches stenographisches Bülletin der schweizerischen Bundesversammlung. — Bulletin sténographique officiel de l'Assemblée fédérale suisse. Jahrg. 12 — 12e année. April — 1902 — Avril. (Nos 1—11. II + 133 S. 4. Bern, Jent & Co. (Abt.: Jährlich fr. 2. — für die Schweiz, fr. 4. — für das übrige Postvereinsgebiet)

Bulletin. Amtliches stenographisches Bülletin der schweizerischen Bundesversammlung = Bulletin sténographique officiel de l'Assemblée fédérale suisse. Jahrg. 13 — 1903 — 13e année. Sessionen März, Juni, Oktober/November und Dezember.... (52 Nos.) IV + 932 S. 4. Bern, H. Jent. (Abt.: Schweiz fr. 2. —, Postvereinsgebiet 4. —)

Bulletin. Amtliches stenographisches Bülletin der schweizerischen Bundesversammlung = Bulletin sténographique officiel de l'Assemblée fédérale suisse. Jahrg. 14 — 1904 — 14e année. Sessionen April, Juni und Dezember.... (43 Nos.) IV + 632 S. 4. Bern, H. Jent. (Abt.: Schweiz fr. 2. —, Postvereinsgebiet 4. —)

Bulletin. Amtliches stenographisches Bülletin der schweizerischen Bundesversammlung = Bulletin sténographique officiel de l'Assemblée fédérale suisse. Jahrg. 15 — 1905 — 15e année. Sessionen März-April, Juni, September-Oktober und Dezember.... (69 Nos.) VIII + 1426 S. 4. Bern, H. Jent. (Abt.: Schweiz fr. 2. —, Postvereinsgebiet 4. —)

Bulletin. Inhaltsverzeichnis zu den Jahrgängen 1891—1905 des amtlichen stenographischen Bulletins der schweizerischen Bundesversammlung = Bulletin sténographique officiel de l'Assemblée fédérale suisse. Répertoire alphabétique de 1891 à 1905. XVII S. 4. [Bern, H. Jent, 1906.]

Bulletin. Amtliches stenographisches Büllетin der schweizerischen Bundesversammlung = Bulletin sténographique officiel de l'Assemblée fédérale suisse. Jahrg. 16 – 1906 – 16e année. Sessionen März, Juni, November und Dezember.... (73 Nos.) VIII+1627 S. 4. Bern, H. Jent. (Abt.: Jährlich Schweiz fr. 2.—, Postvereinsgebiet 4.—)

Bulletin. Amtliches stenographisches Büllеtin der schweizerischen Bundesversammlung = Bulletin sténographique officiel de l'Assemblée fédérale suisse. Jahrg. 17 — 1907 — 17e année. Sessionen April, Juni, September und Dezember.... [2 Abteilungen.] 4. Bern, H. Jent. (Abonnemente: Jährlich Schweiz fr. 2. —, Postvereinsgebiet 4. —)

[Abtlg. 1:] Nationalrat = Conseil national. (48 Nos.) VI + 874 S.
[Abtlg. 2:] Ständerat = Conseil des Etats. (37 Nos.) VI + 591 S.

Bulletin. Amtliches stenographisches Büllеtin der schweizerischen Bundesversammlung = Bulletin sténographique officiel de l'Assemblée fédérale suisse. Jahrg. 18 — 1908 — 18e année. Sessionen März/April, Juni, September/Oktober und Dezember.... [2 Abteilungen.] 4. Bern, H. Jent. (Abonnemente: Jährlich Schweiz fr. 2. —, Postvereinsgebiet 4. —)

[Abtlg. 1:] Nationalrat = Conseil national. (38 Nos.) IV + 721 S.
[Abtlg. 2:] Ständerat = Conseil des Etats. (28 Nos.) IV + 399 S.

Bulletin. Amtliches stenographisches Büllеtin der schweizerischen Bundesversammlung = Bulletin sténographique officiel de l'Assemblée fédérale suisse. Jahrg. 19 - 1909 - 19e année. [2 Abteilungen.] 4. Bern, H. Jent & Co. (Abonnemente: Jährlich Schweiz fr. 2. —, Postvereinsgebiet 4. —)

[Abtlg. 1:] Nationalrat = Conseil national. (39 Nos.) VIII + 858 S.
[Abtlg. 2:] Ständerat = Conseil des Etats. (25 Nos.) IV + 450 S.

Bulletin. Amtliches stenographisches Büllеtin der schweizerischen Bundesversammlung = Bulletin sténographique officiel de l'Assemblée fédérale suisse. Jahrg. 20 — 1910 — 20e année. [2 Abteilungen.] 4. Bern, H. Jent & Co. (Abonnemente: Jährlich Schweiz fr. 2. —, Postvereinsgebiet 4. —)

[Abtlg. 1:] Nationalrat = Conseil national (32 Nos.) IV + 604 S.
[Abtlg. 2:] Ständerat = Conseil des Etats. (25 Nos.) IV — 299 S.

Bulletin. Inhaltsverzeichnis zu den Jahrgängen 1891—1910 des amtlichen stenographischen Bulletins der schweizerischen Bundesversammlung = Bulletin sténographique officiel de l'Assemblée fédérale suisse. Répertoire alphabétique de 1891 à 1910. XXVIII S. 4. [Bern, H. Jent & Co., 1911.]

—— annuel des finances des grandes villes. 1re—5e année 1877—1881. Publié sur le vœu de la commission permanente du Congrès international de statistique. Rédigé par Jos. Körösi. Lex.-8. (39; 47; 89; 39; 69 S.) Budapest, Ráth. 1.—4. Jahrg. à * 5. Jahrg. *

— annuel des finances des grandes villes. 4. année: 1880. Contenant les villes de: Paris, Berlin, Vienne, St. Pétersbourg, Varsovie, Budapest, Turin, Copenhague, Munich, Bordeaux, Washington, Stockholm, Lille, Prague, Leipsic, Trieste, Venise, Cologne, Königsberg, Francfort s M., Bologne, Christiania, Stuttgard, Riga. Publié sur le voeu de la commission permanente du congrès international de statistique. Rédigé par Jos. Körösi. Lex.-8. (39 S.) Budapest 882. Ráth. n. 2. —

— dasselbe. 5. année: 1881. Augmenté d'un exposé comparatif et des tableaux synoptiques pour la période quinquennale de 1877 à 1881. Lex.-8. (69 S.) Ebend. 883. n.n. 3. —

Bulletin d'apiculture pour la Suisse romande. 2e année. 1880. Par an 12 numéros. Nyon. (Genève, H. Georg). Par an pour la Suisse 4 20
1880

Bulletin d'apiculture pour la Suisse romande, 1881. Réd.: Ed. Bertrand. 12 numéros par an. Nyon. (Bâle, H. Georg). Par an pour la Suisse 4 —
1881 Pour l'étranger 4 50

Bulletin der Arbeiter-Union
⑤ 1893—? ⑥ 4° ⑧ Bern ⑩ politisches Komitee der Arbeiter-Union Bern ⑫ sozialdemokratisch ⑭ Be: L (Nr. 11, 16. 6. 1893).

— des internationalen Arbeitsamts. 1. Bd. 1902. 12 Nrn. (VI, 746 S.) gr. 8. Jena 902. G. Fischer. n. 7.50

Bulletin des internationalen Arbeitsamts. 2.—5. Bd. 1903.—1906. à 12 Nrn. (2.—4. Bd. CX, 785, LII, 620 u. LXXVIII, 488 S.) gr. 8. Jena, G. Fischer. à Bd. n. 7.50

— des internationalen Arbeitsamtes. 6.—9. Bd. 1907—1910. à 12 Nrn. (6. Bd. LXVIII, 723 S.) gr. 8. Jena, G. Fischer. à Bd. 7.50

— d. internat. Arbeitsamtes. 9—11. Bd '10—12 je 12 Nrn. (9. Bd: 152, 560; 10. Bd: 396, 174; 11. Bd, Nr 1 u. 2: 106) gr8° Jena, G Fischer. je 7.50

— neun u. zwanzigstes, der großen Französ. Armee, mit Anmerkk. e. Russ. Kriegers. 8. Berl., Achenwall. 2 ℛ

Bulletin d. kais. Russ. Armee. Nr. 1—35. gr. 8. Berl. 813. Wittich. 8 ℛ

Bulletin de l'Assemblée nationale de la République de la Rauracie
⑤ 1792 ⑥ in-2° ⑧ Porrentruy: J. J. Goetschi, imprimeur national ⑬ BGSZ: 973 ⑮ 36 numéros; nos. 1—21 texte français et allemand, nos. 22—34 et no. 36 en français, no. 35 en allemand.

Bulletin de l'association des actuaires suisses, s.: Mitteilungen der Vereinigung schweizer. Versicherungsmathematiker.

Bibliographisches Bulletin der Schweiz. Hrsg. von d. Schweiz. Landesbibliothek zugleich als Verzeichnis ihres neuen Zuwachses. Bulletin bibliogr. de la Bibliothèque nat. suisse. Jg. 1. Bern: A. Benteli 1901. 8°
Anf. s. u. d. T.: Bibliographie d. Schweiz. [08. 6697

— bibliograph., d. schweiz. Landesbibliothek. — Bulletin bibliograph. de la bibliothèque nationale suisse. 1. u. 2. Jahrg. 1901 u. 2 je 12 Nrn. (471 u. 496) 8° Bern, A Benteli. Je 2.40; einz. Nrn — 30 || 3. u. 4. Jahrg. 1903 u. 4 je 4 —; beschnitten je 5.50 || 5. Jahrg. 1905. 5 —; einseitig bedr. u. beschnitten 6 — *Bildet zugl. Ersatz f. d. Bibliographie u. litterar. Chronik d. Schweiz.*

— bibliographisches, der schweizerischen Landes-Bibliothek. — Bulletin bibliographique de la bibliothèque nationale suisse. 7.—10. Jahrg. 1907—1910. (505, 364, 272 u. 412 S.) gr. 8. Bümplitz-Bern, Buch- u. Kunstdr. Benteli. à Jhrg. 5.—; einseitig bedr. u. geschnitten 6. —

Bulletin du bibliophile belge, publié par J.-M. Heberlé. Sous la direction de M. le baron de Reiffenberg. Tome VII à 12 Nrs. Tome VIII et IX à 8 Nrs. Avec planches et vignettes. gr. 8. Cologne 850 — 52, Heberle. à n. 3 ℛ 6 ℊ

Bulletin du bibliophile belge, fondé par M. le baron de Reiffenberg, publié par J.-M. Heberlé sous la direction de M. Ch. de Chênedollé. Tome IX. 8 Nrs. gr. 8. (Nr. 1. S. 1—96.) Avec planches et vignettes. Cologne 852, Heberle. *

Bulletin de la Classe physico-mathématique de l'Acad. Imp. des sciences de St.-Pétersbourg. Tome I—VI. à 24 Nres. gr. in-4. St.-Pétersbourg 842—47. (Leipzig, Voss.) à * 2 Thlr. *

Bulletin de la classe physico-mathématique de l'Académie imp. des sciences de St. Pétersbourg. (Nr. 145—240.) Tome VII — X. à 24 Nrs. (Bog. mit Kpfrn.) gr. 4. St. Pétersbourg 848—51. (Leipzig, Voss.) [Tome VII. * 2 Thlr., Tome VIII — X. à * 3 Thlr.] *
Tome I—VI. Ebendas. 1842—47. * 12 Thlr.

— de la classe physico-mathématique de l'académie impériale des sciences de St.-Pétersbourg. Tome XI—XV. à 24 Nrs. (Bog. mit Kpfrn.) gr. 4. St.-Pétersbourg 853—56. (Leipzig, Voss.) à Tome * 3 Thlr. *
Tome I—X. Ebendas. 1842—51. * 23 Thlr.

— de la classe physico-mathématique de l'académie impériale des sciences de St.-Pétersbourg. Tome XVI et XVII. à Tome 24 Nrs. (Bog. mit Kpfrn.) gr. 4. St.-Petersburg 857, 58. Leipzig, Voss. à Tome * 3 Thlr. *
Tom. I—XV. Ebendas. 1842—56. * 38 Thlr.

— de la Classe des sciences historiques, philologiques et politiques de l'Acad. Imp. des sciences de St.-Pétersbourg. Tome I—IV. à 24 Nres. gr. in-4. St.-Pétersbourg 842—47. (Leipzig, Voss.) à * 2 Thlr. *

— de la classe des sciences historiques, philologiques et politiques de l'Académie Imp. des sciences de St. Pétersbourg. Tome V—X. à 24 Nrs. (Bog. mit Kpfrn.) gr. 4. St. Pétersbourg 848—51. (Leipzig Voss.) [Tome V. * 2 Thlr., Tome III—X. à * 3 Thlr.] *
Tome I—IV. Ebendas. 1842—47. * 8 Thlr.

— de la classe des sciences historiques, philologiques et politiques de l'académie impériale des sciences de St.-Pétersbourg. Tome XI—XIV. à 24 Nrs. (Bog. mit Kpfrn.) gr. 4. St.-Pétersbourg 853—56. (Leipzig, Voss.) à Tome * 3 Thlr. *
Tome I—X. Ebendas. 1842—51. * 25 Thlr.

— de la classe des sciences historiques, philologiques et politiques de l'académie impériale des sciences de St.-Pétersbourg. Tome XV et XVI. à Tome 24 Nrs. (Bog. mit Kpfrn.) gr. 4. St. Petersburg 858,59. Leipzig, Voss. à Tome * 3 Thlr. *
Tom. I—XIV. Ebendas. 1842—56. * 37 Thlr.

Bulletin Commercial et Industriel suisse
v. Schweizerische Handels-Zeitung — Bulletin Commercial et Industriel suisse.

— de la commission pénitentiaire internat. IV. série. Vol. I. et II à 5 livrs; vol. III et IV à 4 livrs; V. série. Vol. I—IV à 3 livrs et vol. V, 4 livrs. 8° Budap. (Bern, Stämpfli & Co.) Die Lfg nn 2 —
IV, 1 et 2. (704 u. 808) 1896—1900. ‖ III.IV. (624 u. 800) 1900. ‖ V,1. (400 m. 1 Bildnis.) '04. ‖ V,2. (510) 04.05. ‖ V,3. (528) '05. ‖ V,4. (391) 01. ‖ V,5. (500) '06.

— de la commission pénitentiaire internat., 6. série. 15 livrs. '10. (4, 158; 128; 127; 126; 126; 132; 127; 4, 134; 128; 125; 128; 4, 138; 4, 121) gr8° Chicago '10. Bern, Stämpfli & Co. je nn 2 —

Bulletin du congrès de la paix 1. 4. 6 -14 (1889—1909.) Versch. Druckorte.
Dabei einige weitere pazifistische Schriften. — Geschenk des Bureau internat. de la paix in Bern und des Nat. peace council in London.

Bulletin des délibérations de l'assemblée fédérale relatives à la révision de la constitution. 1871—72. in 8. Berne. 1872

— démographique et sanitaire suisse, s.: Wochenbulletin, sanitarisch-demographisches, der Schweiz.

— de droit pénal, s. Mitteilgn. d. krim. Vereinig.

— des internationalen Eisenbahn-Kongress-Verbandes. (Deutsche Ausg.) 21.—24. Bd. 1907—1910. 1.—4. Jahrg. der deutschen Ausg. à 12 Nrn. (24. Bd. Nr. 1. 455 S. u. 12 Bl. m. Abbildgn.) gr. 8. Brüssel, (C. Muquardt.) à Bd. nn 24. —

— d. internat. Eisenbahn-Kongress-Verbandes. (Deut. Ausg.) 24. u. 25. Bd '10 u. '11. 4. u. 5. J. d. deut. Ausg. Jo 12 Nrn. (25. Bd, Nr 1: 103 u. 12 Bl. m. Abb.) gr8° Brüss., (C Muquardt). je nn 24 —

Bulletin des eidgenössischen Freischießens 1842. Chur, 1842.

Bulletin des eidgenössischen Freischießens in Solothurn, redigiert vom Verfasser des Distelikalenders. Nr. 1—11. Solothurn, 1840.

Büllerin des eidgenössischen Freischießens in Solothurn. Redigirt vom Verfasser des Distelikalenders. Mit 4 in Kpfr. radirten Zeichnn. v. M. Disteli. gr. 8. Solothurn 840. Jent u. Gaßmann. 5/6 ₰

— der internationalen Gesellschaft f. psychische Forschung. Red.: Frz. J. Hering. 1. Jahrg. Juni 1909—Mai 1910. 8 Nrn. (à ca. 12 S.) Lex. 8. Leipzig, Theosoph. Verlagshaus. 4. —

Bulletin der Gesellschaft ehemaliger Studierender des eidgen. Polytechnikums in Zürich. 1—34. 1870—94. Zürich.

Bulletin. 40. u. 41. Bulletin der Gesellschaft ehemaliger Studierender des Eidgenössischen Polytechnikums in Zürich. Dezember 1902 u. Juni 1903. 8.
40. Bulletin.... Dezember 1902. 56 S. [Zürich, Juchli & Beck, 1903.]
41. Bulletin.... Juni 1903. ([Nekrolog etc. von] † Heinrich Paur. Mit einer [Porträt-]Tafel. — Sonder-Abdruck aus der »Schweiz. Bauzeitung« Bd. 41 Nr. 23.) 8 S. [Zürich, Zürcher & Furrer.]

Bulletin. ... B' der Gesellschaft ehemaliger Studierender des Eidgenössischen Polytechnikums in Zürich. 8. [Zürich, Juchli & Beck.]
42. Bull' .... Dezember 1904. 71 S. — Beilage zum 42. Bull' der G' e' St' der Eidg. polytechnischen Schule in Z': Zur Reorganisation des eidg. Polytechnikums. (Aktenstücke, 1903—1904 November.) 39 S.
43. Bull' .... Dezember 1906. 63 S.
44. Bull' .... Dezember 1907. 23 S.

Bulletin. 45. B' der Gesellschaft ehemaliger Studierender des Eidgenössischen Polytechnikums in Zürich. Dezember 1908. [Mit Porträt-Tafel.] 69 S. 8. [Zürich, Juchli & Beck.]

Bulletin. 46. B' der Gesellschaft ehemaliger Studierender des Eidgenössischen Polytechnikums in Zürich. November 1909. [Mit Porträt-Tafel.] 83 S. 8. [Zürich, Juchli & Beck.]

— d. Gesetze u. Dekrete d. Königr. Westphalen, französ. u. deutsch. 4 Bde. gr. 8. Cassel ... 2e Aufl. 811. Luckhardt. 10 ₰ 16 gr.

Bulletin hebdomadaire de statistique internationale. Publié en vue des décisions du IX-me Congrès international de statistique. Rédigé par Jos. Körösi. 1re—5e année 1878—1882. Lex.-8. (à Jahrg. ca. 112 S.) Budapest, Ráth. à Jahrg. +

— hydrographique pour les années juillet '08—juin '10. (Continuation du bulletin trimestriel des résultats acquis pendant les croisières périod. et dans les périodes intermédiaires, parties A, B, C publié par le bureau du conseil permanent internat. pour l'exploration de la mer.) (Text in deut. u. engl. Spt.) 33×27,5 cm. Kopenh., AF Høst & S. je nn 13.80
'08—09. (18, 46, 58, 4 u. 9 m. 20 z. Tl farb. Taf.) ('10) ‖ '09—10. (16, 83, 54 u. 12 m. 18 z. Tl farb. Taf.) ('11)

Bulletin de l'Institut géographique international fondé à Berne le 1er octobre 1880. Ire année, 1881. In-4°. Berne, Institut géograph. international. 1881 Par an 10 —

Bulletin de l'Institut international de statistique.
Tome XIV. 3me livraison. Berlin 1905.
» XVIII. 1re & 2e livraison. La Haye 1910.

Bulletin de l'Institut national genevois. Tome XVI. (1869—70). 382 pp. in-8. Bâle et Genève, H. Georg (Imprim. Vaney à Genève.) 6.
Principaux articles de ce volume: Olivet, la réforme orthographique. Janin-Bovy, rapport sur les engrais. Duchosal, les engrais chimiques. J. Vuy, sur un livre imprimé à Genève dans le 15me siècle. Fontaine-Borgel, notice sur la bourgade lacustre de Versoix. Thioly, les sculptures de la première époque du fer dans la vallée du Rhône. C. Vogt, l'université fédérale.
Les ts. I. à XV. ont parus en 1853 à 1868, tomes I. à VIII., XI., XII., XIV., XV. à frs. 6. —, tomes IX, X. à frs. 3. —, tome XIII. à frs. 4. —
1871

Bulletin de l'Institut national genevois Tome XIX 418 pp. in-8. Genève et Bâle. H. Georg. 6. —

Sommaires: 1875

Discours prononcé par le Prof. Ch. Vogt — Rapport — Six semaines à Hydra, souvenirs d'un séjour en Grèce par Duvillard — Les roses des alpes, étude botanique par Bouvier — Tablettes d'un Précepteur p. Dubois.

— — de l'Institut national genevois. Travaux des cinq sections. Tome XX. 304 pp. in-8. Genève et Bâle, H. Georg. 6. — 1875

*** Le tome XIX. paraîtra plus tard.

de l'Institut national genevois. Tome XXII. In-8°. 416 p. Genève et Bâle, H. Georg. 6 — 1879

Bulletin de l'institut national genevois. Travaux des cinq sections des sciences physiques et naturelles, des sciences morales et politiques, d'archéologie et d'histoire, de littérature, des beaux-arts, d'industrie et d'agriculture. Tome XXIII. In-8°, 536 p. avec un portrait de F. Diday. Genève et Bâle, H. Georg. 1880 6 —

Contenu: Discours prononcé par Charles Vogt, président, à l'ouverture de la séance générale du 21 mai 1877. — Origine des idées politiques de Rousseau, par Jules Vuy. — La famille de Jean-Jacques, par Eugène Ritter. — Deuxième description de cent médailles genevoises inédites, par Charles Roumieux. — Rapport du Jury sur le concours de topinambours en 1877. — La mélodie populaire dans l'opéra Guillaume Tell, de Rossini, par Edmond van der Straeten. — Note sur la conservation des substances alimentaires par l'emploi de la Salubrine de Ch. Perrot, par L. Michaud. — Variétés industrielles, agricoles et littéraires, par L. Cochard. — Rapport statistique sur l'Agriculture et l'industrie du canton de Genève pendant les années 1876—78, par Louis Faton. — Rapport sur le concours de Fribourg, par Louis Faton. — Etude sur William Pitt, par Emile Sigogne. — Discours prononcé par Charles Vogt, président à la séance publique du 27 mai 1879. — Discours du président de la section de littérature (H. F. Amiel) à la séance générale du 27 mai 1879. — La situation actuelle en Grèce, par J. Duvillard. — Egine, par J. Duvillard. — Notice biographique sur F. Diday, avec portrait, par S. Delapeine. — Poésies des XIVe et XVe siècles, publiées d'après le manuscrit de la Bibliothèque de Genève, par Eugène Ritter. — Rapport sur la marche de l'Institut pendant les années 1877—79. — Comptes de l'exercice de 1879—80.

Bulletin de l'Institut national genevois. Travaux des cinq sections: 1° des sciences physiques et naturelles; 2° des sciences morales et politiques, d'archéologie et d'histoire; 3° de littérature; 4° des beaux-arts; 5° d'industrie et d'agriculture. Tome XXIV. In-8°, 606 p. Avec 2 portraits et 4 pl. de médailles. Genève, Bâle et Lyon, H. Georg. 1882 6 —

Contenu: Discours prononcé par *Ch. Vogt*, président, à l'ouverture de la séance générale du 16 Avril 1880. — Essai d'un traité de la science politique d'après la théorie de Charles-Louis de Haller, par *John Grand-Carteret*. — Rapport concernant la Loi fédérale sur un nouveau tarif des péages fédéraux, par *Challet-Venel*. — Rapport sur les poteries artistiques de M Schwartz par *Ch. Menn*. — Rapport sur un modèle de fourneau potager. — Louis Sismond, littérateur, ancien maire de Versoix, etc., notice bibliographique, par *C. Fontaine-Borgel*, avec portrait par *U. Burillon*. — Louis-Auguste Brun, bourgeois de Rolle au pays de Vaud, artiste-peintre attaché à la cour de Louis XVI., etc, notice par *C. Fontaine-Borgel*, portrait par *U. Burillon*. — Discours prononcé par *Ch. Vogt*, président, à l'ouverture de la séance générale du 4 Avril 1881. — Origine des idées politiques de Rousseau, 2e mémoire par *Jules Vuy*. — Lettres inédites de Sismond: à Ch. de Constant, par *Henri Fazy*. — Rapport du jury chargé par la Section des Beaux-Arts de juger le concours pour un projet de diplôme, par *A. Bourdillon*. — Description d'une troisième série de cent médailles genevoises inédites, par *Ch. Roumieux*, avec 4 planches. — Communication sur les tramways en opposition au chemin de fer à voie étroite pour l'exploitation des lignes de Fernex-Genève-St-Julien, par *Challet-Venel*. — Procès de sorciers à Viry, baillage de Ternier, de 1534 à 1548, documents recueillis par *César Duval*, avec introduction par *Eloy Duboin*. — Discours d'ouverture prononcé par *Eug. Ritter*, président, à la séance publique de la Section de Littérature du 20 Décembre — Notice sur Alb. Richard, par *Jules Vuy*. — Rapport sur le concours de poésie ouvert par la Section de Littérature, par *J. Duvillard*. — La Reine de Saba, poésie par *Alf. Dufour*. — Les Noces, poésie par *Laurent fils*. — L'Amant de Nine, poésie. par *Labaigt*. — Stances à Alexandre Calame, par *Emile Julliard*. — Deux sonnets par l'abbé *O. Roussel*. — La grêle, ses relations avec le sol et les forêts en Argovie, extrait d'un travail de Ryniker, par *A. Rochat-Maury*. — Compte-rendu des travaux de l'Institut pendant l'année 1880. Comptes de l'exercice de 1880.

— de l'Institut national genevois. Tome XXIX. In-8°. 516 p. Genève, Bâle, Lyon, H. Georg. 1889. 6 —

— — Tome XXX. In-8°. 476 p. Ibd. 1890. 6 — 1891

Bulletin de l'Institut national genevois. Tome XXXI. In-8°. 482 p. Genève, Bâle, Lyon, H. Georg. 1892 6 —

Bulletin de l'Institut national genevois. Travaux des cinq sections. Tome XXXV. In-8°. 457 p. Genève, Henry Kündig. 1900 6 —

Bulletin de l'Institut National Genevois. **Travaux des cinq Sections: 1° des sciences naturelles, physiques et mathématiques; 2° des sc' morales et politiques, d'archéologie et d'histoire; 3° de littérature; 4° des beaux-arts; 5° d'industrie et d'agriculture. Tome36.** (N°55.) IV + 566 p. 8. Genève, H. Kündig, (1900—)1905. [fr. 6. —]

Bulletin international de l'académie des sciences de Cracovie, s.: Anzeiger der Akademie d. Wissenschaften in Krakau.

— — **international des sociétés de secours aux militaires blessés publié par le comité international. Nr. 23 Juillet 1875.** Genève et Bâle. H. Georg. **Par an 4 cahiers.** 6. —

Bulletin international des sociétés de secours aux militaires blessés publié par le Comité international de la croix rouge. XIIe année 1881. In-8°. Genève (Bâle, H. Georg). 1881 Par an (4 Nos) 6 —

— international des Sociétés de la Croix-rouge, publié par le Comité international. 20e année, 1889. 4 Nos in-8° (Nos 77 à 80). Genève, Imprimerie B. Soullier. Par an 6 — Un numéro 1 50

Bulletin des j u g e m e n t s du tribunal de révision rendus en matière civile. Sammlung der Urtheile des Revisions-Gerichts in bürgerlichen Sachen. No 1–15. (Trier.)
(Enth. die Urteile des für die 4 neuen Departments des linken Rhein-Ufers zu Trier niedergesetzten Revisions-Gerichts vom 17. Frimaire an VIII bis zum 27. Fructidor an X.)

Landlord's Bulletin: 1880–1881.
Semi-monthly. Published in English and German. Small folio, each 4 pages. Published by Block & Co. Cincinnati, OH

— **littéraire et scientifique suisse.** Revue mensuelle. Rédacteur: Antoine Henseler. Ve année 1881. In-4°, avec planches. Fribourg, au bureau. Par an pour la Suisse 8 —
Fait suite à la: „Revue scientifique suisse".

Bulletin littéraire et scientifique suisse. Revue mensuelle. Rédacteur: Antoine Henseler. VIe année 1882. In-4°, avec planches. Fribourg, au bureau. 1882 **Par an pour la Suisse 8 —**

Bulletin. Norddeutscher Lloyd Bulletin. Vol. 11, No. 2. 12 p. 4. New York and Bremen, March, 1901.

Bulletin des lois, décrets et ordonnances du canton de Berne. Arrêté au 31 décembre 1900. (Traduction du texte allemand.... 17 tomes *et* Table générale....) 8. Berne, Impr. coopérative, 1904—1910. [*en 15 volumes, à* fr. 4. —]

(Tome 1er: Organisation. ⟨Lois concernant l'administration en général. Constitution.⟩) XXVIII + 364 p. 1904.
(Tome 2: Intérieur.) X + 459 p. 1905.
(Tome 3: Affaires sanitaires.) VIII + 186 p. 1905.
(Tome 4: Justice. 1er volume ⟨1740—1857⟩.) XXII + 463 p. 1904. — (2e volume ⟨1858—1900⟩.) X + 400 p. 1906. — (3e volume: Code civil et Code de procédure civile.) XXVIII + 532 p. 1908 — (4e volume: Code pénal et Code de procédure pénale.) XX + 285 p. 1909.
(Tome 5: Police. — Tome 6: Militaire.) X + 466 p. 1905.
(Tome 7: Finances.) VIII + 396 p. 1906.
(Tome 8: Instruction publique) VIII + 275 p. 1907.
(Tome 9: 1re partie: Travaux publics; 2e partie: Affaires cadastrales. — Tome 10: Chemins de fer) X + 437 p. 1906.
(Tome 11: Forêts. — Tome 12: Chasse et Pêche. — Tome 13: Mines. — Tome 14: Agriculture.) XII + 385 p. 1905.
(Tome 15: Assistance publique.) XIV + 172 p. 1904.
(Tome 16: Affaires communales. — Tome 17: Cultes.) X + 336 p. 1906.
(Table générale. 1re partie: T^e chronologique des matières; 2e partie: T^e alphabétique des mat^s.) 221 p. 1910.

Bulletin des lois, décrets et ordonnances du canton de Berne. ([Avec] Appendice: Lois et ordonnances fédérales.) ... Tome 1er—7 de la Nouvelle Série. 8. Berne, Büchler (**Tome 6 et s.:* Buchler) & Cie.

Année 1901. Tome 1er de la N^e S^e. [Avec 3 tableaux.] VIII + 96 + *Appendice* 197 p. [1901.]
Année 1902. Tome 2 de la N^e S^e. X + 143 + *Appendice* 169 p. [1902.]
Année 1903. Tome 3 de la N^e S^e. [Avec des figures et 9 tableaux.] XII + 64 + *Appendice* 224 p. [1903.]
Année 1904. Tome 4 de la N^e S^e. XII + 83 + *Appendice* 135 p. [1904.]
Année 1905. Tome 5 de la N^e S^e. XII + 183 + *Appendice* 264 p. [1905.]
Année 1906. Tome 6 de la N^e S^e. XII + 160 + *Appendice* 366 p. [1906.]
Année 1907. Tome 7 de la N^e S^e. [Avec 5 tableaux.] XVI + 240 + *Appendice* 487 p. [1907.]

Bulletin des lois, décrets et ordonnances du canton de Berne. Année 1908. Tome 8 de la Nouvelle Série. ([Avec] Appendice: Lois et ordonnances fédérales.) XII + 132 + *Appendice* 850 p. 8. Berne, Buchler & Cie, [1909].

Bulletin des lois, décrets et ordonnances du canton de Berne. Année 1909 *et* 1910. Tome 9 *et* 10 de la Nouvelle Série. ([Avec] Appendice: Lois et ordonnances fédérales.) 8. Berne, Buchler & Cie.

Année 1909. Tome 9.... [Avec 11 tableaux.] XII + 298 + 556 p. [1910.]
Année 1910. Tome 10.... [Avec des figures et 12 tab^x.] XII + 137 + 776 p. [1911.]

Bulletin des lois du Grand-Duché de Berg. Gesetz-Bulletin des Großherzogthums Berg. Série 1. Düsseldorf 1810. 8. — Supplement. Ibid. eod. 8. — 2. série: Bulletins No. 1—52 (6 vol.). Düsseldorf. 8.

Bulletin des lois du Royaume de Westphalie. Cont. les Decrets rendus depuis le 1 Déc. 1807, jusqu'au (11 Sept. 1813). Cassel 1808–13.
(Nebentit.:) Gesetz-Bülletin des Königreichs Westphalen usw.

– Dass. 2. éd. offic. (u. d. Tit.:) Bulletin des lois et décrets du Royaume de Westphalie. (Enth. die Gesetze vom 1. Dez. 1807–25. Dez. 1809.) Nebst Répertoire. Cassel 1810. 11.
(Nebentit.:) Bülletin der Gesetze u. Decrete des Königreichs Westphalen.

„Bulletin des lois du royaume de Westphalie Nr. 6. Organisation d'une administration générale des mines, usines et salines, établissements minéralurgiques etc. du royaume de Westphalie". o. Druckort 1809. —

Instituts Solvay ⟨Parc Léopold, Bruxelles⟩. Institut de sociologie. **Bulletin** mensuel. No 1. Bruxelles & Leipzig: Misch & Thron [usw.] 1910. 8° [10. 1761]

Société des Naturalistes luxembourgeois... Gesellschaft Luxemburger Naturfreunde... **Bulletins** mensuels. Monats-Berichte. N. S. Année 1. N. F. Jg. 1. Luxembourg (1907): Worré-Mertens. 8°
Ant. s. Recueil des mémoires et des travaux publ. p. la Société de botanique... de Luxembourg ... 1874–1907.
(Publications de la Société botanique de Luxembourg. Nr 17) [10. 35, 9

Petersburg, Physikalisches Central-Observatorium, Meteorologisches Bulletin des — für 1888—93. St. Petersburg. Fol.

— du musée histor. de Mulhouse. I—VI, VIII—XX, et XXIX —XXXI. Lex8° Mühlh. i/E. (Lpzg, C Beck.) nn 50 —
I. Année 1876. (21, 40 u. 17 m. 1 Pl.) 1876. nn 4 — ‖ II. Année 1877. (119 m. 1 Taf.) 1877. nn 4 — ‖ III. Année 1878. (188 m. 2 Taf. u. 1 Pl.) 1878. nn 4 — ‖ IV. Année 1879. (148 m. 3 Taf.) 1879. nn 2 — ‖ V. Année 1880. (128 m. 3 Taf.) 1880. nn 2 — ‖ VI. Année 1881. (167 m. 3 Taf.) 1881. nn 2 — ‖ VIII. Année 1883. (109 u. 65—96 m. 2 Taf.) 1883. nn 2 — ‖ IX. Année 1884. (193 u. 145—192 m. 2 Taf.) 1884. nn 2 — ‖ X. Année 1885. (67 u. 193—264) 1885. nn 2 — ‖ XI. Année 1886. (103 m. 1 Bildn.) 1886. nn 2 — ‖ XII. Année 1887. (137 m. 3 Taf. u. 1 Tab.) 1887. nn 2 — ‖ XIII. Année 1888. (127) 1889. nn 2 — ‖ XIV. Année 1889. (115 m. 4 Taf.) 1890. nn 2 — ‖ XV. Année 1890. (60 u. 48 m. 1 Taf.) 1891. nn 2 — ‖ XVI. Année 1891. (87 u. 49—80 m. 1 Taf.) 1893. nn 2 — ‖ XVII. Année 1892-93. (175 u. 81—112 m. 2 Taf.) 1894. nn 2 — ‖ XVIII. Année 1894. (91 u. 113—208) 1894. nn 2 — ‖ XIX. Année 1895. (87 u. 209—285 m. 2 Taf. u. 1 Tab.) 1895. nn 2 — ‖ XX. Année 1896. (63 u. 19 m. 1 Taf.) 1896. nn 2 — ‖ XXIX. Année '05. (145 m. 1 Taf. u. 1 Tab.) '06. nn 2 — ‖ XXX. Année 06. (155 m. 3 Taf.) '07. nn 2 — ‖ XXXI. Année '07. (150 m. 2 Taf.) '08. nn 2 —

—— du Musée historique de Mulhouse. 5e—9e année 1880—1884. gr. 8. (à Jahrg. ca. 170 S. mit Taf.) Mülhausen i. E., (Detloff's Buchh.) à Jahrg. **

— du musée historique de Mulhouse. XXI. année 1897. Lex.-8. (107 S. m. 9 Taf.) Mülhausen i/E. 897. (C. Detloff.) n.n. 5. —

— du musée historique de Mulhouse. XXII. et XXIII. année 1898 et 1899. Lex.-8. (187 S. m. 2 Taf. u. 93 S. m. 2 Taf.) Ebd. 899. à Jahrg. n. 4. —

— du musée historique de Mulhouse. XXIV—XXIX. année 1900—1905. Lex.-8. Mülhausen i/E., Leipzig, C. Beck. à n.n. 3. 50; erm. Pr. à n. 2. —; (I.—XXIX. zusammenbezogen n.n. 42. —)
XXIV. (94 S. m. 1 Taf.) 900. — XXV. (115 S.) 901.
XXVI. (113 S. m. 7 Taf.) 903. — XXVII. (122 S. m. 3 Taf.) 904.
XXVIII. (173 S. m. Abb.) 905.
XXIX. (145 S. m. 1 Taf. u. 1 Tab.) 906.

— du musée histor. de Mulhouse. 32—35. Années '08—11. Lex8° Mulhouse. Mülhausen i/E., Histor. Verein. (Nur dir.)
32. '08. (161) '09. nn 2 — ‖ 33. '09. (127) '10. nn 2 — ‖ 34. '10. (181 m. 2 Bildn. u. 14 Taf.) '11. nn 5 — ‖ 35. '11. (115 m. 4 Taf.) '11. nn 5 —

— des Neuesten u. Wissenswürdigsten aus d. Naturwissenschaft, so wie den Künsten u. Manufakturen &c. von S. Fr. Hermbstädt. 15 Bde. Mit 40 Kpf. gr. 8. Berl. 809—13. Amelang. 40 ß Hbg. Pr. 20 ß baar. Fortsetzung, s. Museum.

— officiel du IVme congrès universel de la paix, tenu à Berne (Suisse) du 22 au 27 août 1892. Rédigé et publié par les soins du bureau international de la paix à Berne. gr. 8. (238 u. Résolutions 28 S.) Bern 892. (St. Gallen, Busch & Co.) n. 3. —

Bulletin officiel du 14e Congrès universel de la Paix, tenu à Lucerne du 19 au 23 septembre 1905. Publié par les soins du Bureau international de la Paix à Berne. [Avec 1 planche.] 196 p. 8. Berne, Büchler & Co., 1905. fr. 2. —

Bulletin officiel du 15e Congrès universel de la Paix, tenu à Milan du 15 au 22 septembre 1906. Publié par les soins du Bureau international de la Paix à Berne. [Avec 1 planche.] 247 p. 8. Berne, Büchler & Co., 1906. fr. 2. —, port compris

Bulletin officiel des lois, decrets etc. du ct. de Fribourg. Vol. 7. 20—40. 44—54. 56. 57. Fribourg 1812—88. Repert. 1860—86.

Bulletin officiel des lois, décrets, arrêtés et autres actes publics du gouvernement du Canton de Fribourg. Vol. 47. 1878. In-8°. Fribourg, impr. L. Fragnière. 1879

Bulletin officiel des lois, décrets, arrêtés et autres actes publics du gouvernement du canton de Fribourg. 48. vol. In-8°, 367 p. Fribourg, Imprimerie L. Fragnière. 1880

— officiel des lois, décrets, arrêtés et autres actes publics du gouvernement du Cant. de Fribourg. 49e volume. In-8°, 288 p., avec plusieurs tableaux. Fribourg, impr. Fragnière. **1881**

Bulletin officiel des lois, décrets, arrêtés et autres actes publics du gouvernement du canton de Fribourg. 51me volume. In-8°, 430 p. Fribourg, impr. L. Fragnière, 1882. **1883**

— officiel des lois, décrets, arrêtés et autres actes publics du gouvernement du canton de Fribourg. In-8°. 210 p. Fribourg, impr. S. Fragnière. **1884**

Bulletin officiel des lois, décrets, arrêtés et autres actes publics du Gouvernement du canton de Fribourg. 54e vol. In-8°, 327 p. Fribourg, imprimerie du Chroniqueur suisse. **1886**

Bulletin officiel des lois, décrets, arrêtés et autres actes publics du Gouvernement du canton de Fribourg. 56e vol. 1887. In-12°, 560 p. et 1 tabl. Fribourg, Imprimerie catholique suisse. **1889**

Bulletin officiel des lois, décrets, arrêtés et autres actes publics du gouvernement du canton de Fribourg. 57e vol. In-8°. 321 p. Fribourg, Impr. cathol. suisse. **1889**

Bulletin officiel des lois, décrets, arrêtés et autres actes publics du Gouvernement du canton de Fribourg. 69e vol. 310 p. 8. Fribourg, Imp. catholique suisse, 1901. [fr. 1.50]

Bulletin officiel des lois, décrets, arrêtés et autres actes publics du Gouvernement du canton de Fribourg. 70e vol. [Avec un annexe.] 320 p. [+ *Annexe* 8 p. fol.] 8. Fribourg, Impr. catholique suisse, 1902. [fr. 1.50]

Annexe: Résultat des élections du 1er décembre 1901... au Grand Conseil [du] Canton de Fribourg. [8 p. fol.]

Bulletin officiel des lois, décrets, arrêtés et autres actes publics du Gouvernement du canton de Fribourg. 71e volume. [Avec un Annexe.] 284 + *Annexe* 14 p. 8. Fribourg, Impr. catholique suisse, 1903. [fr. 1.50]

Annexe: Résultats des élections du 26 octobre 1902 pour le ... Conseil National [dans le] Canton de Fribourg.

Bulletin officiel des lois, décrets, arrêtés et autres actes publics du Gouvernement du canton de Fribourg. 72e volume. 177 p. 8. Fribourg, Impr. catholique suisse, 1904.

Bulletin officiel des lois, décrets, arrêtés et autres actes publics du Gouvernement du canton de Fribourg. 73e volume. 204 p. 8. Fribourg, Impr. de l'œuvre de Saint-Paul, 1905.

Bulletin officiel des lois, décrets, arrêtés et autres actes publics du Gouvernement du canton de Fribourg. 74e volume. [Avec un Annexe.] 275 + *Annexe* 15 p. 8. Fribourg, Impr. de l'œuvre de Saint-Paul, 1906.

Annexe: Résultat des élections du 29 octobre 1905 pour le ... Conseil National [dans le] Canton de Fribourg.

Bulletin officiel des lois, décrets, arrêtés et autres actes publics du Gouvernement du canton de Fribourg. 75e *et* 76e volume. 8. Fribourg, Impr. Saint-Paul.

75e volume. [Avec une Annexe.] 303 [+ *Annexe* 8] p. 1907. — *Annexe:* Résultats des élections du 2 décembre 1906 ... au Grand Conseil [du] Canton de Fr'. [8 p. fol.]
76e volume. 249 p. 1908.

Bulletin officiel des lois, décrets, arrêtés et autres actes publics du Gouvernement du canton de Fribourg. 77e volume. 301 p. 8. Fribourg, Impr. Saint-Paul, 1909.

Bulletin officiel des lois, décrets, arrêtés et autres actes publics du Gouvernement du canton de Fribourg. 78e volume. 209 p. 8. Fribourg, Impr. Saint-Paul, 1910.

— **officiel** des Séances du Grand Conseil du canton de Fribourg. 1880. Tome XXXII. In-4°. Fribourg, Imprimerie Fragnière. **1881**

Officielles Bulletin des eidgenössischen Freischießens in Luzern 1853. Luzern, 1853.

Bulletin pédagogique publié sous les auspices de la Société Fribourgeoise d'éducation. (12 Nrs.) in-8. Fribourg, impr. M. Lipp, rue de Romont. **1872**

Bulletin pédagogique publié sous les auspices de la Société Fribourgeoise d'éducation. (12 Nrs.) in-8. Fribourg, impr. L. Lipp. **1873** 2. —

Bulletin pédagogique publié sous les auspices de la société Fribourgeoise d'Education. 3. année. 1874. (12 Nrs.) in-8. Fribourg, impr. catholique suisse. 2. —

— — **pédagogique** publié sous les auspices de la société Fribourgeoise d'Education. 4. année. 1875. (12 Nrs.) in-8. Fribourg, Impr. catholique suisse. 2. —

— **pédagogique, le,** publié sous les auspices des sociétés fribourgeoise et valaisanne d'éducation. Réd.: Prof. R. Horner. Dixième année 1881. Par an 12 numéros de 32 p. in-8°. Fribourg, Imprimerie catholique suisse. **1881** Par an pour la Suisse 2 —

Le **Bulletin** pédagogique et le Moniteur de l'exposition permanente de Fribourg. 20e année. 1891. (12 Nos). Réd. par *R. Horner.* No 1. In-8°. 24 p. Fribourg, Imprimerie catholique suisse. Par an 3 —

Bulletin photoglob. (In französ. u. deutscher Sprache.) Red.: Osw. Schroeder. 1. Jahrg. 1896. à 12 Nrn. (à ca. 1 Bog.) gr. 8. Zürich (Leipzig, C. Güttich.) n.n.n. — 60

— dasselbe. 2. u. 3. Jahrg. 1897—1898. à 12 Nrn. (à ca. 1 Bog.) gr. 8. Ebd. à Jahrg. n.n.n. 1. 60

— photoglob. (In französ. u. deutscher Sprache.) Red.: Osw. Schroeder. 4. u. 5. Jahrg. 1899 u. 1900. à 12 Nrn. 4. (à ca. 8 S.) Zürich. (Leipzig, C. Güttich.) à Jahrg. n.n.n. 1. 60

— Photoglob. Zeitschrift für Amateurphotographie. Red.: Rud. Goldlust. 9.—11. Jahrg. 1904—1906. à 12 Nrn. (228, 308 u. 296 S. m. Abbildgn.) 4. Zürich, Polygraph. Institut. à Jhrg. n. 6. 50; halbjährlich n. 3. 50; vierteljährlich n. 2. —

— Photoglob, Fortsetzg., s.: Photographie, die.

— planktonique pour les années '08—11. (Continuation du bulletin trimestr. des résultats acquis pendant les croisières périod. et dans les périodes intermédiaires, partie D.) (Conseil permanent internat. pour l'exploration de la mer.) (Publié par le bureau du conseil avec l'assistance de CH Ostenfeld.) I. partie, contenant les listes plankton. des croisières périod. pour '08—11. (In deut. u. engl. Spr.) (62) 33×27 cm. Copenhague ('12). Kopenhagen, AF Høst & S. nn 6.90

Bulletin polytechnique. Lo Chemin do fer, voir: *Eisenbahn.*

Bulletin des Schweizerischen Republikaners
⑤ 27. 2. 1839—5. 3. 1839 ⑥ 4° und 8° ⑧ Zürich: Geßnersche Buchdruckerei, Fr. Schultheß ⑩ die Drucker ⑪ Dr. L. Snell ⑫ republikanisch ⑬ BGSZ: 841 ⑭ Zh: Z.

Bulletin über die Rot-Kreuz-Sammlung für Süditalien
① Im Auftrag der Direktion des Schweizerischen Roten Kreuzes herausgegeben von der Hauptsammelstelle Bern (Zentralsekretariat des Roten Kreuzes) ⑤ 15. 1. 1909—15. 2. 1909 (3 Nummern) ⑥ 8° ⑦ monatlich 2× ⑧ Bern: Genossenschafts-Buchdruckerei ⑩ Hauptsammelstelle Bern ⑭ Be: L.

— **der Runkelrüben-Zuckerfabrikation. 4 Nrn. (à 1 B.) gr. 8. Altona 830, Hammerich.** *
Aus dem: Eisenbahn-Journal, abgedruckt.

Bulletin der eidg. Sanitätskommission. 1—13. 1831—32.
Luzern: Meyer

Bulletin des eidgen. Schützenfestes Zürich 1872. Zürich, 1872.

Bulletin des sciences géographiques etc., economie publique; voyages. Sixième édition du bulletin universel des sciences et de l'industrie, publié sous la direction de M. le b^on de Ferussac. (Bde. 9—11 und 16 fehlen.) (28 Bde) 8. Berlin 1821—1831.

— des sciences physiques et naturelles en Néerlande, rédigé par F. A. W. Miquel, G. J. Mulder et W. Wenckebach. Année 1838. 26. Nov. (Feuil'les) gr. in-4. Leyde, van den Heuvell. (Leipsic, Weidmann; T. O. Weigel) n. 4 2/3 ₰ Année 1839. Rotterd., Bädeker. n. 2 ₰ Année 1840. 6 Livr. gr in-8. Utrecht, Nathan. n. 4 ₰

Bulletin scientifique, publié p. l'Académie Impér. des sciences de Saint-Pétersbourg. Tom. I — X. à 24. Nos. (Feuill.) gr. in-4. St. Pétersbourg 830 — 42. (Leipzig, Voss.) à T. *

Bulletin des séances du Grand Conseil du canton du Valais. Session ordinaire de novembre 1900 et Session extraordinaire de février 1901. 151 p. 8. Sion, Kleindienst & Schmid, 1901.

Bulletin des séances du Grand Conseil du canton du Valais. 8. Sion, Kleindienst & Schmid.
Session ordinaire de Mai 1901 et Session prorogée de Juin 1901. 86 + III p. 1901 (**Umschlag:* 1903).
Session ordinaire de Novembre 1902. 233 + IV p. 1903.
Session ordinaire de Mai 1903. 299 + IV p. 1903.

Bulletin des Séances du Grand Conseil du canton du Valais. Session prorogée de Mai et S' ordinaire de Novembre 1903. [2 parties.] II + 287 + VI p. 8. Sion, Kleindienst & Schmid, 1904.
[1re partie:] Session prorogée de Mai 1903. 45 p. 1904.
[2e partie:] Session ordinaire de Novembre 1903. p. 47—287. 1904.

Bulletin des Séances du Grand Conseil du canton du Valais. 8. Sion, Kleindienst & Schmid.
Session ordinaire de Mai 1904 et S' extraordinaire de Juillet 1904. [2 parties,] *je u. bes. T.* II + 194 + 23 p. 1904.
Session prorogée de Mai 1904. 229 + II p. 1905.
S' ordinaire de Novembre 1904. 250 + III p. 1905.
S' ordinaire de Mai 1905. 101 + III p. 1905.

Bulletin der naturwissenschaftlichen Section der Schlesischen Gesellschaft für Vaterländische Cultur (herausgegeben von Steffens und Müller.) (im Jahr) 1821: 1–10; im Jahr 1822: 1–11; im Jahr 1823: 1–11; im Jahr 1824: 1–10; im Jahr 1825: 1. und Nachricht aus dem 2. Bulletin. (Ohne bes. Titelblatt.) 8°.
Die anderen Bulletins aus dem Jahre 1825 und die aus den Jahren 1826–1832 sind, zum Theil mit verändertem Titel, als ausserordentliche Beilage der Breslauer Zeitung Jahrg. 1825–1832 ausgegeben worden.

Bulletin de la Société d'Anthropologie de Lyon, fondée le 10 février 1881. Tome V, 1886. In-8°, 260 p., av. planches et gravures dans le texte. Lyon, Genève, Bâle, H. Georg. 15 —
1887

Bulletin de la Société d'Anthropologie de Lyon, fondée le 10 février 1881. Tome VI. 1887. In-8°, 216 p., av. 10 pl. Lyon, Bâle et Genève, H. Georg. **1888** 15 —

— de la Société d'Anthropologie de Lyon. Tome VII. 1888. Avec 8 pl. In-8°, 220 p. Bâle, Genève, Lyon, H. Georg. **1889** 15 —

Bulletin de la soc. botan. suisse, s.a. Berichte d. schweiz. botan. Gesellsch.

Bulletin de la Société botanique suisse. Livr. 1. — Berichte der Schweizer. botanischen Gesellschaft. Heft 1. Red. von *E. Fischer.* Mit 3 Taf. (in-4° und in-fol.). In-8°. 164 S. Basel, Genf, Lyon, Comm.-Verlag von H. Georg. **1891** 4 —
Inhalt: Potamogeton javanicus Hassk. und dessen Synonyme, von *H. Schinz.* Der gegenwärtige Standpunkt der Torfforschung, von *J. Früh.* Kleine Beiträge zur Schweizerflora, von *H. Christ.* Ueber das Verhältniss von Chlorodictyum foliosum J. Ag. (Caulerpeen) und Ramalina reticulata (Noehden) Krplhb. (Lichenen), von *C. Cramer.*

Bulletin de la Société botanique suisse. Réd. Dr. *Ed. Fischer.* Berne. Tome II. Gr. in-8°. 154 p. Bâle et Genève, H. Georg. **1892** 3 —

— de la société pour la conservation des monuments historiques d'Alsace, s.a. Mittheilungen d. Gesellsch. f. Erhaltg. d. geschichtl. Denkm. im Elsass.

Bulletin de la société pour la conservation des monuments histor. d'Alsace. 1. série. vol. 3, 4. 1860-61. 2. série. vol. 1-5, 7-15. Strasb. 1863-92. Roy. 8. Vom 14. Bd. an mit dem Doppeltitel: Mittheilungen d. Gesellschaft für Erhaltg. d. geschichtl. Denkmäler im Elsass.

BULLETIN DE LA SOCIÉTÉ POUR LA CONSERVATION DES MONUMENTS HISTORIQUES D'ALSACE. — A. u. d. T.: MITTHEILUNGEN DER GESELLSCHAFT FÜR ERHALTUNG DER GESCHICHTLICHEN DENKMÄLER IM ELSASS.
Série 2. — Vol. 14. Avec 9 planches. ib. 1889. — Folge 2. — Bd. 14. Mit 9 Tafeln. ib. 1889. Strassburger Druckerei & Verlagsanstalt vorm. R. Schultz & Co.
Série 2. — Vol 15. Avec 2 planches. ib. 1892. — Folge 2. — Bd. 15. — Mit 2 Tafeln. ib. 1892. —
Série 2. — Vol. 16. Avec 12 planches. ib. 1893. — Folge 2. — Bd. 16. Mit 12 Tafeln. ib. 1893. —
Série 2. — Vol. 17. Avec 35 planches. ib. 1895. — Folge 2. — Bd. 17. Mit 35 Tafeln. ib. 1895. —
Série 2. — Vol. 18. Avec 12 planches et un Supplément avec une carte. ib. 1897. — Folge 2. — Bd. 18. Mit 12 Tafeln und einer Beilage mit Karte. ib. 1897. —
Série 2. — Vol. 19. Avec 12 planches. ib. 1899. — Folge 2. — Bd. 19. Mit 12 Tafeln. ib. 1899. —
Série 2. — Vol. 20. Avec 26 planches. ib. 1902. — Folge 2. — Bd. 20. Mit 26 Tafeln. ib. 1902. —
Série. 2. — Vol. 21. Avec 15 planches. ib. 1906. — Folge 2. — Bd. 21. Mit 15 Tafeln. ib. 1906. —
Série 2. — Vol. 22. Avec 3 planches. ib. 1908. — Folge 2. — Bd. 22. Mit 3 Tafeln. ib. 1908. —
Série 2. — Vol. 23. Avec 3 planches et 2 plans. ib. 1909. — Folge 2. — Bd. 23. Mit 3 Tafeln und 2 Plänen. ib. 1909. —
MITTEILUNGEN DER GESELLSCHAFT FÜR ERHALTUNG DER GESCHICHTLICHEN DENKMÄLER IM ELSASS.
Folge II. — Bd. 24. Mit 28 Tafeln, 86 Abbildungen im Text und 1 Lichtdruckkarte. ib. 1915. —

— de la société entomologique suisse, s.: Mitteilungen d. schweiz. entomolog. Gesellschaft.

— de la société pour l'étude de la flore franco-helvétique, s.: **Memoires de l'herbier Boissier.** Nr. 20.

—— de la **Société** d'études **scientifiques** de Lyon. Nr. 1. Juillet 1874. gr. 8. (64 S.) Lyon 874. (Basel, Georg.) *

— de la Société d'études scientifiques de Lyon. Tome V. Année 1879. In-8, 91 p. Lyon & Bâle, H. Georg. 1880

Bulletin de la Société fribourgeoise des Ingénieurs et Architectes. Volume 1... *et* 2.... 8. Fribourg ⟨Suisse⟩, Fragnière Frères.

Volume 1: Historique — Procès-verbaux des séances de 1880 à 1889 inclusivement. II + 188 p. 1905.
Volume 2: Pr·v· des s· de 1890 à 1899 incl·. 105 p. 1910.

Bulletin de la Société fribourgeoise des Sciences naturelles. Première année. Compte-rendu 1879 à 1880. In-8°, XI et 117 p. Fribourg, Imprimerie Ant. Henseler. 1881 2 50

Bulletin de la Société fribourgeoise des sciences naturelles. Deuxième année. Compte-rendu 1880—1881. In-8°, 103 p. et 2 pl. Fribourg, A. Henseler.

*** **Sommaire:** Compte-rendu annuel du président, par le Dr. *F. Castella.* — L'emphysème infectieux du bétail (l'attaque, le tourment, le quartier), par M. *Strebel*, vétérinaire. — Un cas d'ectrodactylie des deux pouces, par le Dr. *F. Castella.* — Notice historique sur le Musée cantonal de Fribourg, par *L. Grangier* et M. *Musy*, professeurs. — Les galets perforés de nos lacs et de nos cours d'eau, par *A. Gremaud*, ingénieur. — Liste des membres de la Société fribourgeoise des sciences naturelles.

1882

Bulletin de la société Fribourgeoise des sciences naturelles. Troisième et quatrième année. Compte-rendu 1881—83. In-8°, 111 p. et 4 planches. Fribourg, impr. A. Henseler. 1884

Bulletin de la Société fribourgeoise des sciences naturelles. Cinquième à huitième année. Compte-rendu 1883—87. In-8°, 164 p., 2 tableaux et 3 planches. Fribourg, imprimerie Alfred Henseler. 1888 2 50

Bulletin de la Société fribourgeoise des sciences naturelles. 8e à 11e année. Compte-rendu 1887—1890. Gr. in-8°. LXII, 376 p. Fribourg, Impr. Fragnière. 1892

Bulletin de la Société fribourgeoise des Sciences naturelles. Compte-rendu 1900-1901. Vol. 9. IV + 92 p. 8. Fribourg, Fragnière Frères, 1901.

Bulletin de la Société fribourgeoise des Sciences naturelles. Compte-rendu 1901-1902. Vol. 10. IV + 52 p. 8. Fribourg, Fragnière Frères, 1903 (**Umschlag:* 1902). (fr. 1.20)

Bulletin de la Société fribourgeoise des sciences naturelles. Compte-rendu 1902-1903. Vol. 11. Avec deux portraits [-planches]. 84 p. 8. Fribourg, Fragnière Frères, 1903. (fr. 2.—)

Bulletin de la Société fribourgeoise des sciences naturelles. Compte-rendu 1903-1904. Vol. 12. Avec deux portraits (trois grandes planches hors texte [et un tableau]). 126 p. 8. Fribourg, Fragnières Frères, 1904. (fr. 3. —)

Bulletin de la Société fribourgeoise des sciences naturelles. Compte-rendu 1904-1905. Vol. 13. Avec un portrait et un graphique. 96 p. 8. Fribourg, Fragnière Frères, 1905. (fr. 2.—)

Bulletin de la Société fribourgeoise des sciences naturelles. Compte-rendu.... 8. Fribourg, Fragnière Frères. (fr. 3.50)

... 1905-1906. Vol. 14. (Avec un portrait, cinq autotypies et deux graphiques.) IV + 150 p. 1906.
... 1906-1907. Vol. 15. [Illustré.] IV + 136 p. 1907.

Bulletin de la Société fribourgeoise des sciences naturelles. Compte-rendu 1907-1908. Vol. 16. (Avec 1 gravure et 4 graphiques.) IV + 128 p. 8. Fribourg, Fragnière Frères, 1908. (fr. 3. 50)

Bulletin de la Société fribourgeoise des sciences naturelles. Compte-rendu 1908-1909. Vol. 17. (Avec 36 figures et 2 graphiques.) IV + 163 p. 8. Fribourg, Fragnière Frères, 1909. (fr. 3.50)

Bulletin de la Société fribourgeoise des sciences naturelles. Compte-rendu 1909—1910. Vol. 18. Avec 1 portrait [hors texte] et 5 graphiques. IV + 116 p. 8. Fribourg, Fragnière Frères, 1910. (fr. 2. 50)

Bulletin de la Société générale des Prisons. Revue pénitentiaire. Berlin. Abonnement annuel (de janv. à déc.)

—— de la **Société de géographie** de Lyon. No. 1—15. Avec cartes. gr. 8. Lyon 875—79. (Basel, Georg.) à Nr.

— de la Société de géographie de Lyon, N° 19 (juillet, août et septembre 1880). Bâle, Genève et Lyon, H. Georg. 1881 3 50

— de la Société de Géographie de Lyon. N° 22, avril à septembre 1881. (Tom. IV, N° 2.) In-8°, p. 97—192. Lyon, Bâle, Genève, Dépot chez H. Georg. 1882

Bulletin de la société de géographie de Lyon, tome V. 5° livraison (juillet—août). In-8°. Bâle et Lyon, H. Georg. 1884 1 50

Bulletin de la Soc. de géogr. de Lyon. Tome V, N° 6. In-8°. Bâle, Genève, Lyon, Georg. 1 50

Sommaire: La Chine militaire, par M. le Lieut.-Col. *Debize.* — Obock et l'Ethiopie méridionale, par *Paul Soleillet.* — La civilisation européenne en Chine depuis le XIIIe siècle, par *Val. Graffier.* — Programme d'un concours pour 1885. 1885

Bulletin de la Société de géographie de Lyon. Tome VI. Ire livraison.

Sommaire. Le canal de Panama. Etat des travaux, par M. *Simonin* (avec une carte). — Renouvellement partiel du comité. — Rapport de M. *Didelot* sur les cours et les concours. — Proclamation et distribution des récompenses. — Situation financière, par M. *Ducurtyl.* — Liste des membres au 1er janvier 1886.

Bulletin de la Société de géographie de Lyon (première société provinciale). Tome 7. 5e livraison (Juillet-août 1888). Gr. in-8°, p. 437 à 511 et 2 cartes. Lyon, Bâle, Genève, H. Georg. 2 — 1889

BULLETIN DE LA SOCIÉTÉ D'HISTOIRE NATURELLE DU DÉPARTEMENT DE LA MOSELLE.

(1re Série) Cahier 2—12. (Mit Tafeln und Tabellen.) ib. 1844—1870. —

— de la Société Impér. des Naturalistes de Moscow. Publié, par le Directeur de la Société G. Fischer de Waldheim. Tom. I—VI. Accomp. de 44 Planches. gr. in-8. Moscow. 829—33. (Leipz., Voss.) 17 1/2 ß

—— de la **Société Impér. des Naturalistes** de Moscou. Année 1837 et 1838. à 8 Nrs. (Cahs.) Avec plchs. gr. in-8. Moscou 840. (St. Pétersbourg, Eggers et Cp.) à * 3 1/3 Thlr. *
T. I—VI. Moscou. (Leipzig, Voss.) 1829—33. * 17 Thlr. 12 Gr.

— de la **Société Impériale des Naturalistes de Moscou.** Année 1830—1844 . . . Tom. XVIII. Année 1845. No. 1—3. Avec 15 planches et 2 Cartes. gr. in-8. Moscou 845. (Severin,) pr. I—IV. n. 6 1/3 ß

— de la société Impériale des naturalistes de Moscou. (Sous la direction de Renard.) Tome XIX—XXI. Années 1846—48. à 4 Nrs. (à ca. 18 Bog. mit Stnt. und Karten.) gr. 8. Moscou, (Arlt.) à Jahrg. *

— de la Société Impériale des Naturalistes de Moscou publié sous la direction de Rénard, Anné 1847. Tome XX. Nr. III. u. IV. oder II. partie. Flora baicalensi-dahurica seu descriptio plantarum in regionibus cis-et trans-baicalensibus atque in Dahuria sponte nascentium auct. Nic. Turczaninow. — Lepidoptera quaedam nova Rossiae et Sibiriae indigena descripsit et delineavit Eduard Eversmann. C. Glabb. — Orthothrix v. (Hanns Bruno) Geinitz. — Note sur le genre Agra et description de plusieurs espèces nouvelles par le Baron de Chaudoir. — Beschreibung der in der grossen Knochen-Höhle Tennessee (Nord-America) gefundenen fossilen Knochen des Megalonyx laqueatus v. R. Harlan, verdeutscht durch Charles Cramer. — 4. Beitrag zur Dipterologie Russlands v. B. A. Gimmerthal. — Ueber salpetersaure Magnesia u. die „Alkoholate" genannten Verbindungen v. Paul Einbrodt. — Antwort an Gebler auf einige seiner Bemerkungen in Nr. II. dieses Bulletins (1847) v. Vict. Motschulsky. (Ueber einige Sibir. Käfer.) — Beiträge u. Ergänzungen zu den geologischen Verhältnissen des Orenburgischen Gouvernements u. der westl. Ural-Seite, insbesondere über Saurier-Reste im westuralischen Kupfersandsteine u. im Bergkalke v. Wangenheim v. Qualen. Mit 1 Taf. (in Holzschn. im Text.) — Bemerkungen über das Schädelfragment, welches Herr Wangenheim v. Qualen in dem West-Ural entdeckt hat v. G. Fischer v. Waldheim. (Mit 1 Taf.) — Recherches sur la vésiculation du lait par G. Gros. — Sur l'âge relatif des grès verts du Gouvernement de Moscou par Vict. Catala. — I. Nachtrag z. Infusorienkunde Russlands v. (Ed.)v. Eichwald. Mit 2 Taf. — Beiträge u. Ergänzgn. zu d. geologischen Verhältnissen des Orenburgischen Gouvernements. II. Artikel. Von Wangenheim v. Qualen. — Verzeichniss der im Kolywano-Woskresenskischen Hüttenbezirke Süd-West-Sibiriens beobachteten Kaefer m. Bemerkungen u. Beschreibungen v. Friedr. Gebler. (Fortsetzung.) — Note sur les plantes fossiles du système permien recueillies et communiquées à la Société par Planer par G. Fischer de Waldheim. — De la génération spontanée ou primitive en général et en particulier des Helminthes par G. Gros. Av. 2 pl. — Nouvelle. — Observations météorologiques faites à l'Observatoire astronomique de l'Université Impériale de Moscou par Spassky. — Séances de la Société Impériale des Naturalistes de Moscou. gr. 8. (587 S. m. 12 lith. Taf., wovon 5 color.) Moscou 847, Arlt en comm. No. I—IV. n. 6 ₰

Bulletin de la Société Impériale des Naturalistes de Moscou. Sous la direction du Dr. Rénard. Tome XXI. 1848. No. I—IV. (od. 2 parties.) 1. partie. Mémoire sur la famille des Carabiques par le Bar. de Chaudoir. — Uebersicht der Land- u. Süsswasser-Mollusken Livlands v. Schrenk. — Einige Beiträge zur Mammologie u. Ornithologie des Russ. Reichs v. Ed. Eversmann. Mit 1 Taf. — De Mutillis nonnullis rossicis auct. J. v. Baer. C. 1 tab. — Chilanopsis nov. gen. testarum e familia helicum icone et descriptione illustratum auct. G. Fischer de Waldheim. C. tab. 1. — Notice sur quelque fossiles de la Russie par G. Fischer de Waldheim. Av. 2 planches. — Asclepiadeae aliquae indescriptae auct. Nic. Tourczaninow. — Explication des planches appartenant aux études progressives sur la géologie des environs de Moscou par Charles Rouillier et A. Vosinsky. — Observations météorologiques faites à l'Observatoire astronomique de l'Université Imp. de Moscou par Spassky. — Séances de la Société Imp. des Naturalistes de Moscou. — Verzeichniss der im Kolywano-Woskresenskischen Hüttenbezirke Süd-West-Sibiriens beobachteten Kaefer m. Bemerkgn. u. Beschreibgn. v. F. Gebler. (Forts.) — Grundriss für e. Geschichte der Malakozoographie Russlands v. A. Th. v. Middendorff. — Note sur le spermatophores de la seiche par G. Gros. — Antwort an Gebler auf einige seiner Bemerkgn. in No. II—IV dies. Bullet. [1847.] (Forts.) v. Vict. v. Motschulsky. — Notice sur les restes des crustacés fossiles du Jura de Moscou par A. Vosinsky. Av. 1 pl. — Synopsis aller bisher in Europa entdeckt. Arten der Gatt. Corisa v. Franz Xav. Fieber. Mit 1 Taf. — Note sur la Glycia virgata m. et le genre Blechrus m. par Vict. de Motschoulsky. — Kritische Beurtheilung von Erichson's Naturgesch. der Insecten Deutschland's u. einig. anderen entomolog. Schriften in monograph. Zusammenstellung u. besonder. Berücksichtigung der in Russland vorkommenden Arten v. Vict. Motschulsky. — 2. Partie. Decades IV. et V. generum (plantarum) adhuc non descriptorum auct. Turczaninow. — Nouvelles. Notice sur quelques ossemens fossiles du Gouvernement d'Orel par Borissjak. — Verzeichniss der im Kolywano-Woskresenskischen Hüttenbezirke Süd-West-Sibiriens beobachteten Kaefer m. Bemerkgn. u. Beschreibgn. v. Friedr. Gebler. (Schluss.) — Flora baicalensi-dahurica s. descript. plantarum in regionibus cis-et trans-baicalensibus atque inDahuria sponte nascentium. Auct. N. Turczaninow (Contin.) – Notice sur quelques céphalopodes du calcaire de montagne de Kalouga et de Moscou par G. Fischer de Waldheim. Av. 1 pl. — Ueb. d. Saurier d. kupferführenden Zechsteins Russlands v. E. Eichwald. Mit 4 Taf. — Beschreibg. einiger neuen Falter Russlands v. Ed. Eversmann. — Ueb. die Zersetzung d. Spatheisensteins in höherer Temperatur v. Ed. Glasson. — Notice sur la Saussurea Karelinii par S. Stchegleéw. — Die Brutstelle des Peloponeus destillatorius Illig. Dahlb. v. Ed. Eversmann. — Ueber eine arithmet. Controle v. Analysen u. daraus abgeleiteten Formeln v. Paul Einbrodt. — Annotationes botanicae auct. (C. ab) Steven. — Nouvelles. Lettre de M. de Volkoff. — Observations météorologiques faites à l'Observatoire astronomique de l'Université Imp. de Moscou p. Spassky. — Anatomische Untersuchung der gemeinen (Galeodes aranoides) u. der furchtlosen (Galeodes intrepida) Solpuga v. Modest Kittary. Mit 3 Taf. — Beiträge u. Ergänzungen zu den geologischen Verhältnissen des Orenburgischen Gouvernements u. der westl. Uralseite; v. Wangenheim v. Qualen. Mit 2 Taf. — Description d'une espèce nouvelle de Cicindèle trouvée en Russie et de quelques Carabes inédits de Russie et du Nord de l'Anatolie p. le Bar. M. de Chaudoir. — Notice sur quelques fossiles du Gouvernement d'Orel par G. Fischer de Waldheim. Av. 1 pl. — Flora baicalensi-dahurica s. descriptio plantarum in regionibus cis-et trans-baicalensibus atque in Dahuria sponte nascentium. Auct. N. Turczaninow (Contin.) — Auszug aus Schtschurowsky's geologischen Reise nach dem Altai im J. 1848 mitgetheilt v. Verf. — Ueb. d. Torfbiber v. G. Carl Eigenbrodt. — Analyse de la Glaucolithe Fischer par Giwartowsky. — Nouvelles. — Observations météorologiques faites à l'Observatoire astronomique de l'Université Impériale de Moscou p. Spassky. — Séances de la Société Imp. des Naturalistes de Moscou. — gr. 8. (2 parties. I.: 597 S. m. Tabellen u. 10 lith. Taf. in 8. u. qu. Fol. II.: 575 S. m. 11 lith. Taf.) Moscou 848, Arlt en comm. n. 6 ₰

Bulletin de la Société Impériale des naturalistes de Moscou. Tome XXII. Année 1849. No. I—IV. 1. partie. Etudes progressives sur la géologie de Moscou par Ch. Rouillier. Av. 1 pl. — Die Staphilinen-Fauna des Kaukasus u. Transkaukasiens bearbeitet v. Joh. Heinr. Hochhuth. — Notice sur le Crioceras Voronzovii de Sperk par G. Fischer de Waldheim. Av. 1 pl. — Insectes coléoptères de la Sibérie orientale, nouveaux ou peu connus, décrits par le Comte Mannerheim. — Ueb. d. im August 1847 entdeckten Kometen v. G. J. Schweizer. — Note sur deux arraignées venimeuses de la Russie méridionale qu'on croit être le Tchim des Kalmouks par Vict. de Motschoulsky. Av. 1 pl. — Quelques mots sur le Daphnés russes et description d'une nouvelle espèce p. Joan Kaleniczensko. Av. 1 planche. — Untersuchungen verschiedener Mineralien v. R. Hermann. — Nouvelles. — Observations météorologiques faites à l'Observatoire astronomique de l'Université Impér. de Moscou par Spassky. — Etude progressive sur la géologie de Moscou par Ch. Rouillier. Av. 4 pl. [Suite.] — Zweiter Nachtr. z. Infusorienkunde Russlands v. (Ed.) v. Eichwald. Mit 1 Taf. — Fragments d'helminthologie et de physiologie microscopique par G. Gros. Av. 2 pl. — Notice biographique sur M. C. J. Schönherr par le Comte Mannerheim. — Notizen über den neulich, am $\frac{11.\ \text{April}}{30.\ \text{März}}$ 1849 in Moskau entdeckten Kometen v. G. Schweizer. — Description d'une nouvelle variété d'ammonite du terrain jurassique de Moscou par le Comte Hutten Czapsky. Av. 1 pl. — Auszug aus Schtschurowsky's geologischen Reise nach d. Altai im Jahre 1844 mitgetheilt v. Verf. — Observations météorologiques faites à l'Observatoire astronomique de l'Université Imp. de Moscou par Spassky. — Séances de la Société Imp. des Naturalistes de Moscou. — 2. Partie: Decas VI. generum plantarum hucusque non descriptorum, adjectis descriptionibus specierum nonnullarum, auct. Tourczaninow. Cum tab. 2. — Abhandl. üb. eine neue Daphnienart, Daphnia aurita u. über die Daphnia laticornis Jurine mit Zeichnungen nach der Natur begleitet v. Sebast. Fischer. Mit 2 Taf. — Coléoptères reçus d'un voyage de M. Handschuh dans le midi de l'Espagne, énumerées et suivis de notes par Vict. de Motschoulsky. — Lepidopterenverzeichniss d. Umgegend v. St. Petersburg v. J. H. Fixsen. — Der Krater bei Sall auf der Insel Oesel, von Wangenheim v. Qualen. Mit 1 Taf. — Monographie des Essigälchens v. Czernay. Mit 1 Taf. — Observations sur la Floraison de quelques plantes cultivées, faites à Moscou pendant les années 1844—1848 par Annenkow. — Flora baicalensi-dahurica s. descriptio plantarum in regionibus cis-et trans-baicalensibus atque in Dahuria sponte nascentium. Auct. N. Turczaninow (Cont.) — Fauna hymenopterologica volgouralensis. Auct. Ed. Eversmann. — Orthoptères observés dans les steppes des Kirguises par P. Wagner et Kittary en 1846, déterminés et decrits par Modeste Kittary. Av. 2 pl. — Beitrag zur Naturgesch. u. Anatomie der Gatt. Lycosa von Kessler. — Nachricht über die Käfersammlung des Grafen Georg Mniszek v. H. Hochhuth. — Sur l'Embryogénie du Mélèze par N. Gélóznoff. Av. 2 pl. — Observations faites à Moscou sur l'électricité pendant l'épidémie cholérique par Guivartowsky. — Nouvelles. Lettre de M. Gros, Flora Mosquensis exsiccata par Annenkoff et lettre de M. Spassky. — Observations faites à l'Observatoire astronomique de l'Université Impér. de Moscou par Spassky. — gr. 8. (I.: 673 S. m. 12 lith. Taf. in 8. u. qu. Fol. wovon 1 color. II.: 639 S. m. 11 lith. Taf. in 8. 4. u. qu. Fol. wovon 3 color.) Moscou 849, Arlt en comm. n. 6 ℔

— de la Société Impériale des Naturalistes de Moscou. Tome XXIII. Année 1850. No. I—IV. (od. 2 parties.) 1. Partie: Mémoire sur la famille des Carabiques par le Baron de Chaudoir. — Notice sur quelques corps fossiles recueillis aux environs de Symphéropol et envoyés à la Société par Arndt. Av. 1 pl. — Ueber die Bildung u. Entwicklg. des Embryos bei Gasteropoden v. Nic. Alex. Warneck. Mit den Taf. II—IV. — Kritische Beurtheil. v. Erichson's Naturgesch. der Insekten Deutschlands v. Vict. v. Motschulsky. — Observations sur les terrains erratiques du Gouvernement de Moscou par Al. Vosinsky. — Sur un poisson fossile de la Grèce par G. Fischer de Waldheim. Av. 1 pl. — Noch einige Worte üb. d. Krater v. Sall v. F. Wangenheim v. Qualen. — Notiz üb. den Halo vom $^{13}/_{25}$. Novemb. 1849. v. G. Schweizer. — Nouvelles. — Observations météorologiques faites à l'Observatoire astronomique de l'Université Impér. de Moscou par Spassky. — Séances de la Société. Impér. des Naturalistes de Moscou. — Mémoire sur la famille des Carabiques par le Bar. M. de Chaudoir. — Le Calcaire jurassique du bassin de Moscou par Emeric Comte de Hutten Czapski. Av. 2 pl. — Ist die aus d. Dotter des Tergipes, unbeschadet dem Tergipes-Embryo sich entwickelnde Cosmella hydrachnoides ein selbstständiges Thier? v. Alex. v. Nordmann. — Orthotètes, genre de la famille des Brachiopodes restitué par G. Fischer de Waldheim. Av. pl. X. — Flora baicalensi-dahurica s. descriptio plantarum in regionibus cis- et trans-baicalensibus atque in Dahuria sponte nascentium. Auct. N. Turczaninow (Cont.) — Euceraе rossicae in districtu Romen gubernii Poltavici captae, descriptae et icone illustratae auct. J. Baer. Cum tab. XIII. — Nomina et descriptiones nonnullarum plantarum in gubernio Permensi collectarum auct. J. A. Weinmann. — Geognostische Beschreib. d. Nerineen-Kalkes v. Inwald u. Roczyny v. Zeuschner. M. Taf. XIV. — Monstrositäten in den maennlichen Kätzchen v. Ostrya vulgaris u. virginica beobachtet v. C. E. v. Mercklin. M. Taf. XV. — Beiträge zur Fauna des Charkowschen u. der anliegenden Gouvernements v. A. Czernay. A. Ornithologische Beobachtungen gesammelt auf Reisen im Charkowschen und in den anliegenden Gouvernements. — B. Ichthyologische Beobachtungen gesammelt auf Reisen im Charkowschen etc. — Note sur les Corallines par le Comte Vict. B. A. Trévisan. — Ueber eine Missbildung an Taraxacum dens leonis v. C. E. v. Mercklin. — Bericht über das am 12. Oct. 1849 in Sympheropol gefeierte Jubilaeum des funfzigjährigen Staatsdienstes Sr. Exc. des wirkl. Staatsraths u. Ritters Dr. Christ. v. Steven v. Theod. Basiner. — Jupitersbedeckg. am Sonntag des $^{19}/_{7}$. Mai 1850. v. G. Schweizer. — Nouvelles. — 2. partie: De oxygenii et azoti, quae tempore cholerico in aëre inest, copia, auct. Nic. Laskowski. — Supplément à la faune des Carabiques de la Russie par le Bar. de Chaudoir. — Rechtfertigung gegen Herrn Chodnew in dessen Beiträgen zur Kenntniss der Alkoholate und der salpetersauren Magnesia v. Paul Einbrodt. — Astur brevipes, nouvelle espèce Russe observée par N. Severzow. Av. 3 pl. — Remarques sur le terrain plutonique du Sud-Ouest de la Russie par Andrzejowski. — Untersuchungen über die Zusammensetzung der Tantalerze v. R. Hermann. Mit 1 Taf. — De Ascalaphis nonnullis Rossiam incolentibus auct. Ed. Eversmann. C. tab. I. — Nouvelles. — Observations météorologiques faites à l'observatoire astronomique de l'Université Impér. de Moscou et communiqués par Spassky. — Recherches anatomiques sur les poissons du genre Acipenser par Modeste Kittary. Av. 2 pl. — Prodromus florarum Tschernigovianae, Mohilewianae, Minskianae nec non Grodnovianae auct. Ed. A. Lindemann. — Nachrichten über drei pharmakologisch-wichtige Pflanzen u. üb. die grosse Salzwüste in Persien v. F. A. Buhse. — Einige Beiträge zur Ornithologie Russlands v. Ed. Eversmann. Mit 1 Taf. — Nécrologie sur M. F. Gebler par le Comte Mannerheim. — Ueber die Polhöhe der Sternwarte in Moskau, v. G. Schweizer. — Correspondance. — Séances de la société. Tafeln enthaltend Beobachtungen und die daraus entspringenden Rechnungsmomente über die Polhoehe in Moskau. — gr. 8. (1. partie: 682 S. m. 16 lith. Taf. in 8. 4. u. qu. Fol. wovon 3 col. — 2. partie: 714 u. L S. m. 8 lith. Taf. in 8 u. qu. Fol. wovon 5 col.) Moscou 850, Arlt en comm. n. 6 ℔

Bulletin de la Société Impériale des naturalistes de Moscou publié sous la rédaction du Dr. Rénard. Année 1851. Tome XXIV. No. I—IV. (od. 2 parties.) 1. Partie: Beiträge zur nähern Kenntniss der Rüsselkäfer Russlands v. J. H. Hochhuth. — Beiträge u. Ergänzungen zu den geologischen Verhältnissen des Orenburg. Gouvernements, insbesondere über die Gebirgskette des Obscho - Syrts u. dessen nähere Beziehung zu der Central-Axe des Urals als gemeinschaftlicher Wasserscheider der europäischen u. asiatischen Gewässer, über Hebungsperioden des südl. Urals u. pliocene od. postpliocene Ablagerungen etc. IV Artikel v. Wangenheim v. Qualen. Mit 1 Karte in 4. — Synanthereae quaedam hucusque indescriptae auct. Nicol. Turczaninow. Av. 3 pl. — Description d'un nouveau genre de limaces de la Russie méridionale par Jean Kaleniczensko. Av. 2 pl. — Observation sur les plantes indigènes des environs de Moscou faites pendant les années 1844 — 1847 etc. par N. Annenkow. — Beobachtungen, gesammelt auf Reisen im Charkowschen u. den anliegenden Gouvernements in den J. 1848 u. 1849 v. Czernay. Mit 1 Taf. — Note sur la tempête d'hiver (Бӧгора) qui a fait beaucoup de désastres à Kalouga, Toula et à Koursk entre le $\frac{27. \text{ et } 29. \text{ Novbr.}}{9-11. \text{ Décbr.}}$ 1850 par Spassky. — Nouvelles. Flora Mosquensis exsiccata. Vente de l'herbier de feu Alex. de Richter. — Correspondance. — Observations météorologiques faites à l'Observatoire astronomique de l'Université Impér. de Moscou par Spassky. — Séances de la Société Impér. des Naturalistes de Moscou. — Die im Gebiete der Fauna taurico-caucasica beobachteten Schmetterlinge von Alex. v. Nordmann. Mit 6 color. Taf. — De l'embryogenie ascendante des espèces ou génération primitive, équivoque et spontanée et métamorphoses de certains animaux et végétaux inférieurs par G. Gros. (Fin.) — Ueber den Einfluss der in dem Ackerboden enthaltenen Eisenoxyde u. Thonarten auf die Absorption des Ammoniaks durch denselben v. Adam Giedwillo. — Ueber die Differenz der Entstehung der Steinsalzablagerungen in den Karpathen u. in den Salzburger Alpen v. Zeuschner. — Notice sur l'apparition en Podolie d'une multitude de Campagnols et quelques remarques sur l'identité de l' Arvicola arvalis et de l'A. subterraneus de Selys par Gust. Belke. — Observationes in Asperifolias taurico-caucasicas, auct. Chr. Steven. — Description de quelques nouvelles espèces de Lépidoptères de la Russie par Eversmann. — Beitrag zur Kenntniss des zinnsauren Natrons v. K. Schlippe. — Correspondance. — Observations météorologiques faites à l'Observatoire astronomique de l'Université Impériale de Moscou par Spassky. — Séances de la Société Impér. des Naturalistes de Moscou. — 2. Partie: Beiträge zur nähern Kenntniss der Staphylinen Russlands, enthaltend Beschreibung neuer Genera u. Arten, nebst Erläuterungen noch nicht hinlänglich bekannter Staphylinen des russ. Reichs v. J. H. Hochhuth. — Synanthereceae quaedam hucusque indescriptae auctore Nic. Turczaninow. C. tab. 2. — Bemerkungen über einige weniger genau gekannte Daphnienarten v. S. Fischer. Mit 1 Taf. — Description des limaces qui se trouvent dans l'Ukraine, par J. Kaleniczensko. — Einige Worte über die v. (Alex.) v. Nordmann aufgestellte Art Spalax Pallasii, v. K. Kessler. — Observations sur le developpement des bourgeons pendant l'hiver, par N. Geleznoff. Avec 2 planches. — Description géologique du dépôt de soufre à Szwoszowice près de Cracowie, par Zeuschner. — Kritische Beurtheilung von Erichson's Naturgeschichte Deutschlands v. Vict. v. Motschulsky. — Nachtrag zu meinen Beobachtungen in Bezug auf die Fauna des Charkowschen u. der anliegenden Gouvernements v. A. Czernay. — Neue Wahrnehmungen über die harnige Säure oder Marcet's Xanthio-Oxyd, v. Fr. Goebel. Mit 1 Taf. — Les Granits de la Steppe, par Jean Demole. — Flora baicalensi-dahurica seu descriptio plantarum in regionibus cis- et trans-baicalensibus atque in Dahuria sponte nascentium. Auct. P. Turczaninow. C. tab. 1. (Continuatio.) — Beiträge zur Kenntniss der in d. Umgegend v. St. Petersburg sich findenden Cyclopiden v. S. Fischer. Mit 2 Taf. — Neue Schmetterlinge Russlands, beschrieben v. Alex. v. Nordmann. Mit 2 Taf. — Nouvelle solution du problème des ondes par A. Popow. — Description de quelques plantes du Caucase nouvelles ou peu connues par S. Stchéglééw. Avec 1 planche. — Enumeration de nouvelles espèces de Coléoptères rapportés par Victor de Motschoulsky de son dernier voyage. — Ueber den Ullucus tuberosus v. W. Sodoffsky. Mit 1 Taf. — Observations sur les plantes indigènes des environs de Moscou, faites pendant les années 1848 et 1849 par Nic. Annenkow. — Bericht an die Kaiserl. Russ. geographische Gesellschaft über die Expedition nach Machnowka behufs der Beobachtungen der totalen Sonnenfinsterniss im J. 1851 v. G. Schweizer. Mit 2 Taf. — Correspondances. Nouvelles. Séances de la Société. — gr. 8. (1. partie: 707 S. 10 lith. Taf., wovon 1 in 4. u. 12 color. — 2. partie: 642 S. 15 lith. Taf. in 8. 4. u. Fol., theils color. 1 Kpfrtaf. in 4.) Moscou 851, Arlt en comm. n. 6 ℛ

Bulletin de la Société Impériale des Naturalistes de Moscou. Tome XXV. Année 1852. I. Partie. No. I et II. Mémoires sur la famille des Carabiques par le Baron de Chaudoir. — Notice sur les Anoplanthus de l'ancien monde, par F. E. L. Fischer. Avec 1 planche. — Untersuchungen über die Skapolithe v. R. Hermann. — Nachträgliche Bemerkungen über den Explosions-Krater von Sall auf der Insel Oesel in Livland von Wangenheim v. Qualen. — Mittheilung über einige neue Falter Russlands v. Eduard Eversmann. — Notice sur quelques poissons fossiles de la Russie par G. Fischer de Waldheim. Avec 2 planches. — Suite du mémoire sur le problème des ondes, par A. Popoff. — Neue Methode den Harnstoff im Harn quantitativ zu bestimmen von Justus v. Liebig. — Recherches sur le système tyraïque. I. partie: Terrains hémilysiens, par Antoine Andrzeiowski. Avec 1 planche. — Zur qualitativen Bestimmung von Ammoniak v. P(aul) Einbrodt. — Note sur le Cristallin et sa capsule par G. Gros. — Observations météorologiques faites à l'observatoire astronomique de l'Université Impériale de Moscou, par Spassky. — Séances de la Société Impériale des Naturalistes de Moscou. — Zweiter Nachtrag zur Kaefer-Fauna der Nord-Amerikan. Laender des Russ. Reiches, v. Graf C. G. Mannerheim. — Dritter Nachtrag zur Infusorienkunde Russlands von (Ed.) v. Eichwald. — Xiphocoma et Campsoceras, duo genera e famil. Ranunculacearum auct. Cur. Steven. — Ein neuer Adler aus der Orenburgischen Kirgisen-Steppe abgeb. u. beschrieben v. Ed. Eversmann. — Notice sur Cobites merga Krynickii par A. Czernay. — Beobachtungen über die Ankunft u. das Wegziehen einiger Vogelarten in der Umgegend der Stadt Charkow, nebst einer Skizze des Auflebens u. Hinsterbens der Fauna d. Charkowschen Gouvernements v. A. Czernay. — Zusatz zur Käfer-Fauna des Charkowschen u. der angränzenden Gouvernements, v. A. Czernay. — gr. 8. (564 S. n. 9 lith. Taf., wovon 2 in gr. 4.) Moscou 852, Arlt en comm. I—IV: n. 6 ℛ

— de la Société Impériale des Naturalistes de Moscou. Tome XXVI—XXXI. Année 1853—58. à 4 Nos. (à ca. 20 Bgn. mit Holzschn. im Text u. lith. Taf.) Moscou, Arlt in Comm. gr. 4. Jeder Jahrg. n. 6 ℛ

— de la société impériale des naturalistes de Moscou. Tome XXIX—XXXIV. Année 1856—61. (à Tome 4 Nrs. mit eingedr. Holzschn. und zum Theil ill. Stnt.) gr. 8. Moskau 856—61, (Arlt.) à Tome * 6 Thlr. *

— s. auch: Mémoires de la Société Impériale des Naturalistes de Moscou.

— de la société industrielle de Mulhausen. No. 1 à 50. Tom. I à X. Avec planches lithogr. gr. in-8. (Leipzig 828—37. Barth.) $33\frac{1}{3}$ ℛ

— de la Société industrielle de Mulhouse. Années 1868—1874. à Jahrg. 12 Hefte gr. 8. (à Heft ca. 48 S. mit Stnt.) Mülhausen, (Detloff's Buchh). à Jahrg. **

— de la Société industrielle de Mulhouse. Tome XLV—XLIX. Année 1875—1879. à Jahrg. 12 Hefte. Lex.-8. (à Heft ca. 48 S. mit Stnt.) Mülhausen, (Bufleb. — Detloff's Buchh.) à Jahrg. **

— de la Société industrielle de Mulhouse. Tome L—LIV. Année 1880—1884. à Jahrg. 12 Lfgn. Lex.-8. (à Lfg. ca. 48 S. mit Stnt.) Mülhausen i. E., (Bufleb. — Detloff's Buchh.) à Jahrg. **

— de la société industrielle de Mulhouse. Tome LV—LVIII. Année 1885—1888. à Jahrg. 12 Lfgn. gr. 8. (à Lfg. ca. 48 S. mit Stnt.) Mülhausen i. E., (Bufleb's Sortiment. — Detloff's Buchh.) à Jahrg. **

— de la société industrielle de Mulhouse. Tome LIX—LXII. à tome 12 livrs. gr. 8. (à Lfg. 50—100 S.) Mülhausen i. E. 889—92, (Detloff). à Lfg. * 18 —

— dasselbe. Table générale des matières contenues dans les soixante premiers volumes de 1826 à 1890 dressée par Alfr. Booringer. Lex.-8. (164 S.) Ebd. 891. n.n. 4. —

— de la société industrielle de Mulhouse. Tome LXI—LXIV. à 12 livrs. gr. 8. (à Lfg. ca. 90 S. m. Abbildgn.) Mülhausen i/E. 891—894. (C. Detloff. — C. Bahy.) à Bd. n. 18. —

— de la société industrielle de Mulhouse. Tome LXV—LXVIII. (Année 1895—1898.) à 12 fasc. (à 2—8 Bog.) gr. 8. Mülhausen i/E. 895. (C. Detloff.) à Jahrg. n. 18. —

— dasselbe, 1896, Supplément, s.: Lohr, Ernest, les monnaies des landgraves autrich. de la Haute-Alsace.

— de la société industrielle de Mulhouse. Tome LXIX—LXXII. (Année 1899—1902.) à 12 nrs. gr. 8. (à 2—3 Bog. m. Abb.) Mülhausen i/E. (C. Detloff.) à Jahrg. n. 18. —

— de la société industrielle de Mulhouse. Tome LXXIII—LXXVI. (Année 1903—1906.) à 12 nrs. (à ca. 30 S. m. Taf.) Lex.-8. Mülhausen i/E, (C. Stückelberger.) à Jhrg. n 18. —

— de la société industrielle de Mulhouse. Tome LXXVII—LXXX (Année 1907—1910.) à 12 nrs. (à ca. 40 S.) Lex. 8. Mülhausen i/E. (C. Detloff). à Jhrg. nn 20. —

— de la société industrielle de Mulhouse. Tome 80—82 (Années '10—12) je 12 nrs. ('12, Nr 1: 116 m. Abb. u. 1 Taf.) Lex8° Mülh. i/E., (C Detloff). je nn 20 —

— de la Société de médecine de Gand. Année 1835—1839. gr. in-8. Gand (Bonn, Marcus.) 835, 36. à $1\frac{1}{3}$ ℛ 837—39. à 3 ℛ

Bulletin de la Nouvelle Société Helvétique
v. Mitteilungen der Neuen Helvetischen Gesellschaft — Bulletin de la Nouvelle Société Helvétique.

— de la société ornithologique suisse. Tome I. Lex.-8. (1. Partie 154 S. mit 3 Stnt., wovon 2 ill., 2. Partie 135 S. mit 2 ill. Stnt.) Basel 865, 67, Georg. à Partie * 1 Thlr. 20 Ngr. *

Bulletin de la Société Ornithologique Suisse. Tome II. 2me. partie. p. 89 172 imp.-8. Bâle et Genève, H. Georg. **1871** 5. –

Bulletin de la société pour la propagande de la paix
⑤ 1894—? ⑥ in-8° (?—juin 1894). in-4° (septembre 1894—?) ⑦ trimestriel (?)
⑧ Bienne ⑩ Société pour la propagande de la paix ⑪ Samuel Gétaz, pasteur
⑫ pacifisme chrétien ⑭ Be: L (no. 2—3, juin 1894—septembre 1894).

Bulletin de la Société suisse de numismatique. 3e année, 1884. In-8°. Fribourg, A. Henseler. par an 6 —

Bulletin de la Société suisse de Numismatique. 1886. No 1 et 2.
Sommaire; Numismatique neuchâteloise, av. 4 planches. — Einige Bemerkungen u. Ergänzungen zu dem Artikel betitelt: Médailles suisses peu connues (Bullet. 1885, p. 137). — Contributions à l'histoire numismatique des pays voisins du Léman, av. 1 pl. — Chronique.

Bulletin de la Société suisse de Numismatique. 1886. Nos 3, 4 et 5.
Sommaire: Numismatique du Valais de 1457 à 1780, par *Maurice de Palézieux* (av. 1 pl.) — Die Thaler von Schaffhausen, von *A. Sattler*. — Les annelets lacustres de bronze ont-ils fonctionné comme monnaie, peut-on leur donner ce nom? par *Morel Fatio*. — La trouvaille monétaire de Longirod. — Origine de l'atelier monétaire de Bellinzone, par le Dr. *C.-F. Trachsel*. — Septième assemblée générale de la Société suisse de Numismatique tenue à Berne le 17 juin 1886. — Die alte Münze, von *Reiff*. — Errata.

Bulletin de la Société suisse de Numismatique. No 9.
Sommaire: Classement des thalers de Genève non datés, par *E. Demole*. — Un talisman, par *B. Reber*. — Chronique. — Table des matières. 1886

— de la Société suisse de Numismatique. Réd.: *Alb. Sattler*, Dr. *Alf. Geigy* et *Rud. Brüderlin*. VIe année, 1887. 12 Nos in-8°. Bâle.
1887 Par année 7 —

— de la Société suisse de Numismatique. Réd.: *Alb. Sattler*, Dr. *Alf. Geigy* et *Rud. Brüderlin*. VIIe année. 1888. 12 Nos in-8°. Bâle, Alb. Sattler. Par année 7 —

Bulletin de la Société suisse de Numismatique. 8e année, 1889. 12 Nos in-8°, av. planches. Bâle, Alb. Sattler. Par an 8 —

Bulletin de la Société suisse de numismatique. 11e année. 1892. (12 Nos). Réd. par *P. Stroehlin*. No 1. Avec 4 illustr. Gr. in-8°. 23 p. Genève, Administr. du „Bulletin." Par an 3 —

Bulletin de la Société suisse pour la représentation personnelle. (Bulletin des Schweizervereins für proportionale Volksvertretung.) Première année. In-8°. Genève, impr. M. Richier. — **Supplement** zum Bulletin des schweizer. Wahlreformvereins. Berechtigung und Ausführbarkeit der proportionalen Vertretung bei unseren politischen Wahlen. Ein freies Wort an das Schweizervolk und seine Räthe, von Hagenbach-Bischoff in Basel, H. Studer in Zürich und Raoul Pictet in Genf. In-8°, 32 S. **1885**

Bulletin de la Société suisse pour la représentation proportionnelle. 2e année. 1886. No 3 (en français et en allemand).
Sommaire: Application de la représentation proportionnelle par la liste libre et le vote cumulatif. — Conférence internationale d'Anvers pour la représentation proportionnelle. — Rapport annuel du Comité central. — Section de Fribourg. — Assemblée annuelle. — Le chiffre diviseur d'Hondt et la règle de trois. — Omission. — Démonstration géométrique.

Bulletin de la Société suisse pour la représentation proportionnelle. Bulletin des Schweizer. Wahlreform-Vereins für proportionale Volksvertretung. 5e année. No 6. (Novembre 1889.) Avec 1 tableau (in-fol.). Gr. in-8°. (p. 281 - 310). Genève, Bâle, Lyon, H. Georg. **1889** — 50
- de la Société suisse pour la représentation proportionnelle. — Bulletin des Schweiz. Wahlreform-Vereins für proportionale Volksvertretung. 8e année. No 7. Gr. in-8°. (p. 311—349). Genève et Bâle, H. Georg. **1892** — 50

Bulletin des Schweiz. Wahlreform-Vereins für Proportionale Volksvertretung. — Bulletin de la Société suisse pour la représentation proportionnelle. Zehntes Jahr. No 8 et 9. Gr. in-8°. 68 S. Basel und Genf, Georg & Co. **1894** 1 —

Bulletin de la Société suisse pour la représentation proportionnelle. — Bulletin des Schweiz. Wahlreform-Vereins für proportionale Volksvertretung. XIIme année. Nos 10 et 11. In-8°. 85 p. Genève et Bâle, Georg & Co. **1896** 1 —

SOCIÉTÉ VÉTÉRINAIRE D'ALSACE-LORRAINE. THIERÄRZTLICHER VEREIN VON ELSASS-LOTHRINGEN. BULLETIN
N° 14 — Procès-verbal de la réunion tenue à Strasbourg le 17 juin 1877. ib. 1878. —
N° 15 — Procès-verbaux des réunions tenues à Strasbourg le 30 juin 1878 et le 10 août 1879. ib. 1880. —

SOCIÉTÉ VÉTÉRINAIRE D'ALSACE-LORRAINE (THIERÄRZTLICHER VEREIN VON ELSASS-LOTHRINGEN) — BULLETIN
N° 16 — Procès-verbaux des réunions tenues à Strasbourg le 1er août 1880, le 17 septembre 1881 et le 30 avril 1882. ib. 1883. —
N° 17. — Procès-verbal de la séance tenue à Strasbourg le 24 Juin 1883. ib. 1884. —
N° 18. — Procès-verbal de la séance tenue à Strasbourg le 10 Août 1884. ib. 1885. —

Bulletin (Socialdemokratisches), hrsg. von den Internationalen Sectionen des Jura. 1 no. 2 pp. 4°. Chaux-de-Fonds, 24 mai 1874.

— **statistique des pêches maritimes de pays du nord de l'Europe. (Conseil permanent international pour l'exploration de la mer.) Vol. I—IV. Lex. 8. Kopenhagen, A. F. Høst & Søn.** nn 21. 45
I. Pour les années 1903 et 1904. (Zum Tl. in deutscher Sprache.) (262 S. m. 12 Taf.) 908. nn 11. 25
II. Pour l'année 1905. (Zum Tl. in deutscher Sprache.) (157 S.) 908. nn 5. 65
III. Rédigé par Harry M. Kyle. Pour l'année 1906. (Zum Tl. in deutscher Sprache.) (83 S.) 909. nn 2. 25
IV. Rédigé par Harry M. Kyle. Pour l'année 1907. (Zum Tl. in deutscher Sprache.) (83 S.) 910. nn 2. 30

— **statist. des pêches maritimes des pays du nord de l'Europe. (Conseil permanent internat. pour l'exploration de la mer.) Rédigé par Harry M Kyle. Vol. IV et V pour les années '07 et '08. (Zum Tl in deut. Spr.) Lex8° Kopenh., AF Høst & S.** (I—V: nn 23.75)
IV. '04. (83) '10. nn 2.30 ‖ V. '08. (87) '11. nn 2.30

— **stenographisches, üb. den Waldeck'schen Prozeß. 20 Nrn. nebst der Anklage. hoch 4. (100 S.) Berlin 849, Hempel. 27 ngl**

— stenographisches, über die Verhandlungen des Aarg. Grossen Rates betreffs des Gesetzes über die Errichtung einer Kantonalbank. Gr. 4°. 80 S. Aarau, H. R. Sauerländer & Co. 1900 2

Bulletin, stenographisches, der Verhandlungen d. aargauischen Verfassungsrathes. Gr. in-4⁰, 944 S. Aarau, Sauerländer. 1885

Bülletin: Tägliches Bülletin
③ Eidgenössische Zeitung ④ Eidgenössische Zeitung ⑤ 1. 11. 1847—19. 12. 1847 ⑥ 4⁰ ⑦ Tagblatt ⑧ Zürich: Fr. Schultheß ⑩ der Drucker ⑪ nach einer Erklärung im «Täglichen Bülletin» Nr. 15 v. 15. 11. 1847, will die Redaktion der «Eidgenössischen Zeitung» nicht mit derjenigen des «Täglichen Bülletin» zu tun haben ⑫ konservativ; Ersatzblatt für die während des Sonderbundkrieges eingestellte «Eidgenössische Zeitung»; enthält Auszüge aus Presseartikeln; ein eigenes Urteil wird vermieden ⑭ Be: L; Zh: Z ⑮ BGSZ: 12, p. 42 unter «Bern» aufgeführt und p. 97 als «Eidgenössisches Bulletin».

Bulletin Technique, s. Der Buchbinder – Le Relieur.

Bulletin Technique, s. Mitteilungen, Technische.

— des **transports internationaux par chemin de fer, s.a. Zeitschrift f. den internat. Eisenbahntransport.**

Bulletin des transports internationaux par chemins de fer publié par l'office central à Berne. IIe année. 12 Nos. In-4⁰. No 1. 38 p. Berne, Imprimerie K. Staempfli & Co. Par an 8 50
1894 Pour l'Etranger 10 —

— des transports internationaux par chemins de fer publié par l'office central à Berne. IIIe année. 12 Nos. No 1. 42 p. Berne, imprimerie Staempfli & Co. Par an 8 50; Pour l'Étranger 10 —
1895 —

— des transports internationaux par chemins de fer publié par l'office central à Berne. IVe année. 1896. 12 Nos. Berne, Fr. Semminger. Par an 8 50: pour l'étranger 10 —

Bulletin des transports internationaux par chemins de fer publié par l'office central de Berne. 5e année. 1897. 12 Nos. Berne, Fr. Semminger.
1897 Par an 8 50: Etranger 10 —

— des Transports internationaux par Chemins de Fer. Publié par l'office central à Berne. VIe année. In-4⁰. 12 Nos. (No. 1. 62 p.) Berne, Imprimerie Staempfli & Co. par an 8 50
1898

Bulletin des transports internationaux par chemins de fer publié par l'office central à Berne. VII. année 1899. 12 No. 4⁰. (No 1, 66 p.) Berne (Staempfli & Cie.). Par an pour la Suisse 8 50
" " pour l'étranger 10 —

— des transports internationaux par chemins de fer publié par l'office central à Berne. VIIIe année 1900. 12 Nos. 4⁰. Berne, Stæmpfli & Co.
Par an pour la Suisse 8 50
l'étranger 10 —

— des travaux de la Société de botanique de Genève pendant les années 1879-1880 (No 2). In-8⁰, 122 p. avec 1 planche. Bâle, Genève et Lyon. H. Georg. 2 50
Sommaire: Dr. *J. Muller.* Les characées genevoises. — *Le même.* Nouvelle classification du règne végétal — *Silvio Calloni.* La pistillodie des étamines chez le Persica vulgaris. — *Le même.* Monstruosité d'une fleur d'Erythronium Dens-canis. — *Le même.* Le corme du Ranunculus bulbosus.
*** Le Nr. 1: *Bulletin* des travaux pendant l'année. 1878 (In-8⁰, 31 p.) a été publié en 1879. Prix 1 20
1881

— des travaux de la Société botanique de Genève pendant les années 1884—87. No 4 (Avril 1888). In-8⁰, 341 p. et 1 pl. Genève et Bâle, H. Georg. 4 —
Contenu: *Schmidely, Aug.* Catalogue raisonné des ronces des environs de Genève. *Guinet, A.* Catalogue des mousses des environs de Genève. — *Chodat, Rob.* Observations sur quelques plantes de marécage, avec 1 pl. — *Calloni, Silvio.* Observations sur deux nouvelles formes de violettes.

— **des travaux de la Société botanique de Genève.** No 5: Année 1888. Avec 1 planche. Gr. in-8⁰. 264 p. Bâle, Genève, Lyon, H. Georg. 4 —
Sommaire: Sur qq. espèces du genre Carex, par *H. Christ.* Sur qq. plantes rares ou nouvelles pour la Suisse, par *L. Favrat.* Additions et corrections au Catalogue des mousses des environs de Genève, par *A. Guinet.* Fragmenta monographiæ Labiatarum, fasc. Ier, par *J. Briquet.* Révision et critique des Polygala suisses, par *R. Chodat.* Ophrys Botteroni Chod., par *R. Chodat.* Notes floristiques sur les Alpes Lémaniennes, par *J. Briquet.* Contributions mycologiques, par *R. Chodat* et *Ch. Martin.* Contributions à l'histoire des Violettes, par *S. Calloni.* Observations floristiques sur le Tessin méridional. 1889

Bulletin des travaux de la Société botanique de Genève, section de la Société suisse de botanique. No 6, juillet 1891. Avec 6 planches. Gr. in-8⁰. X, 72 p. Genève, Bâle, Lyon, H. Georg. 3 50

— des travaux de la Société botanique de Genève. Section de la Société suisse de Botanique. Années 1892—1894. No 7. Déc. 1894. In-8⁰. 243 p. et 1 pl. Genève et Bâle, Georg & Co. 3 50
*** Contenu: *G. Beauverd,* Herborisations dans la chaîne des Aravis. *John Briquet,* Le Mont Vuache, étude de floristique. *Aug. Schmidely,* Une nouvelle rose hybride. *Aug. Schmidely,* Note sur le Dentaria digitata et pinnata. *Fr. Crépin,* Les roses du Mont-Salève. *Ch. Ed. Martin,* Contribution à la flore mycologique genevoise. *Ph. Paiche,* Observations sur quelques espèces critiques du genre Hieracium. *John Briquet,* Additions et corrections à la monographie du Mont Vuache. 1895

Bulletin des travaux de la Société botanique de Genève, Section de la Société suisse de Botanique. (No) 11. Années 1904–1905. (Mars 1905.) Avec une planche et gravures dans le texte. IV + 135 p. 8. Genève, H. Georg, 1905. [fr. 3. 50]

— **trimestriel des résultats acquis pendant des croisières périodiques et dans les périodes intermédiaires, publié par le bureau du conseil international pour l'exploration de la mer avec l'assistance de Mart. Knudsen. Année 1906—1907. Partie supplémentaire, contenant: Résumé de l'hydrographie des mers explorées par le conseil; avec 23 planches donnant les moyennes de la salinité et de la température de la mer du nord. (In deutscher u. engl. Sprache.) (78 S.) 33,5×27 cm. Kopenhagen 909. A.F.Høst&Søn. nn 9. —**

— **dasselbe. Année 1907—1908. Contenant partie A: Température et salinité de l'eau de surface. Avec 12 cartes. B¹ et B²: Température, salinité, densité etc. de l'eau de mer à différentes profondeurs. Avec 1 carte et 8 planches. C: Oxygène, nitrogène et acide carbonique dissous dans l'eau de mer. Courants. (In deutscher u. engl. Sprache.) (XX, 45, 48, 9 u. 12 S.) 32,5×27 cm. Ebd. (909.) nn 13. 50**

— dasselbe avec l'assistance de Harry M. Kyle. D. Listes planktoniques pour l'année 1907—1908. (In deutscher u. engl. Sprache.) (72 S.) 82,5×27 cm. Ebd. (909.) nn 6. 75

— trimestriel des résultats acquis pendant les croisières périodiques et dans les périodes intermédiaires, publié par le bureau du conseil permanent internat. pour l'exploration de la mer avec l'assistance de Harry M Kyle. Résumé des observations sur le plankton des mers explorées par le conseil pendant les années '02—08. 1. u. 2. partie '10 '11. (In deut. u. engl. Spr.) 33× 27 cm. Kopenh., AF Høst & S. nn 23 —
1. '10. (34, 79 m. Fig. u. 10 Ktn-Taf.) ('10) 6.00 ‖ 2. '11. (2, 81—250 m. Fig. u. 27 Ktn-Taf.) ('12) 16.10

— de l'Union internationale de droit pénal, s.: Mitteilungen d. internationalen kriminalist. Vereinigg.

Bulletin universel des sciences et de l'industrie. Publ. par la Société pour la propagation des sciences et de l'industrie, et sous la direction de M. le Baron de Férussac. Année 1831. VIII Sections à 12 Cah. gr. in 8. Paris, Treuttel et W. Leipz., Brockhaus. 85 ℛ 8 𝑔𝑔

— d. schweiz. elektrotechnischen Vereins. Bulletin de l'association suisse des électriciens. Red.: W Kummer. (In deut. u. französ. Spr.) 1—3. J. '10—12 je 12 Nrn. (384, 352, 368 m. Fig.) Lex8° Zür., Fachschriften-Verl. je 20 —

Bulletin des Schweizer-Vereins für Proportionale Volksvertretung
v. **Bulletin** de la Société Suisse pour la représentation proportionelle — Bulletin des Schweizer-Vereins für Proportionale Volksvertretung.

— — der Verhandlungen der schweiz. Bundes-Versammlung über die Revision der Bundesverfassung 1871—72. in-8. Bern. 1872

Bulletin. Bülletin der Verhandlungen des eidgenössischen National- und Ständerathes und der vereinigten Bundesversammlung.... über die Neuenburgerfrage. Auf Veranstalten der Bundeskanzlei. [3 Theile.] 8. *o. O.* [1857].
[Theil 1.] Bulletin der V... im Dezember 1856....
[Theil 2] u. d. *T.*: Fortsetzung des Bulletin der V der eidgenössischen Räthe über die N. ⟨Januar 1857.⟩
[Theil 3] u. d. *T.*: Fortsezung des Bulletin... uber die N. ⟨Juni 1857.⟩

Bulletin der Bernischen Volkspartei
⑤ 25. 10. 1894—? ⑥ 8° ⑦ als Monatsschrift geplant; es erschien möglicherweise nur eine Nummer ⑧ Münsingen: B. Fischer ⑩ Bernische Volkspartei ⑫ konservativ ⑭ Be: L.

Bulletin. Bülletin über die Wahlen [vom 16. 17. Sept. 1839] in den Grossen Rath [des Cantons Zürich]. 5 Nre Ausgegeben bei Fr. Schulthess [in Zürich].... 4. [Zürich 1839.]

Bulletin des Schweiz. Wahlreform-Vereins für Proportionale Volksvertretung — Bulletin de la Société Suisse pour la représentation proportionelle
v. **Bulletin** de la Société Suisse pour la représentation proportionelle — Bulletin des Schweizer-Vereins für Proportionale Volksvertretung

Bulletin des VI. Internationalen Zoologen-Kongresses, Bern, 14. bis 19. August 1904. 6 Nrn. Montag, 15.—Freitag, 19. August 1904. (*zus.* 84 S.) 4. (Bern, Haller.)

Bülletin *s.* Bulletin.

Bullettino archeologico Napolitano. Nuova Serie 1852. [Anno I.] Editori: Raffaele Garrucci, Giulio Minervini. No. 1—8. Luglio-Ottobre 1852. gr. 4. (64 S. m. 4 Kupfertaf. in gr. 4. u. Fol.) Napoli. (München, Franz.) n. n. 1 ℛ 22 𝑔𝑔

— del Instituto di corrispondenza archeologica, siehe: Annali del Instituto.

Bulletins über die ansteckenden Krankheiten der Haustiere in der Schweiz. Hrsgb. vom schweiz. Landwirtschaftsdepartement in Bern.

Bülletins der grossen Armee v. 7. Oct. bis 23. Nov. 1806. Berlin 1806.

SOCIÉTÉ D'ARCHÉOLOGIE & D'HISTOIRE DE LA MOSELLE — BULLETINS
De l'année 1870. (Mit 1 Tabelle.) ib. 1870. Imprimerie de J. Verronnais. 8°.
Des années 1871 et 1872. ib. 1872. —
Des années 1873 et 1874. ib. 1874. —

Bullettino di archeologia e storia Dalmata, publicato per cura di Bulić. Anno XXVIII. (à Nr. ca. 16 S. m. Taf.) Lex.-8. Spalato (Dalm.) 905. Administration. (Nur direkt.) n. 11. —

Bullettino dell' imperiale istituto archeologico germanico, s.: Mitteilungen des kaiserl. deutschen archaeolog. Instituts.

Bulli, G., defensio fidei nicaenae ex scriptis cathol. doct. etc. 3 Vol. 8. maj. Ticini. (Wolf, L.) 796.

Bullialdus, Ismael: Pro ecclesiis Lusitanicis ad clerum Gallicanum libelli duo. Acc. ejusdem ad Nic. Rigaltium diss. de populis fundis. Ed. nov. Helmstadii 1700.

Bullier, Dav. Arn., geistl. Reden üb. verschied. Sprüche d. heil. Schrift. 8. Frankf. a. M. 750. (Schäfer). 12 𝑔𝑔

Bullig, Albert, approb. Arzt aus Kahren: Aus d. geburtshilflich-gynaekolog. Klinik in Kiel. Zur Statistik der Myomotomie. *Kiel 1898: H. Fiencke.* (51 S.) 8°
Kiel, Med. Diss. v. [16. Aug.] 1898

BULLING, Anton (Vilseck): Ueber durch Kothsteine bedingte Perforation des Processus vermiformis.- München: Wolf 1882. 43 S.
16.2.1882 - Urk (Titel: De perforatione processus vermiformis calculis stercoralibus effecta.); Chr 1881/82,8

Diss. Ingolst.-Landsh.-Mchn.

Bulling, Burchard, Deutscher Frauenreigen, 4 Musikstücke zur Begleitung v. Freiübungen, Leipzig, 4 S., 4°.

Bulling, Fritz: Lebercirrhose im Zusammenhang mit Bauchfelltuberkulose. München 1906: Kastner & Callwey. (35 S.) 8°
München, Med. Fak., Ref. v. Bauer, Diss. v. 30. Nov. 1906
[Geb. 22. Mai 80 Sulzberg b. Kempten; Wohnort: Bad Reichenhall; Staatsangeh.: Bayern; Vorbildung: Ludwigs-Gymn. München Reife Juli 99; Studium: München 5, Tübingen 1, Würzburg 1, München 3 S.; Coll. 30. Nov. 06; Approb. 1. Nov. 06.]

Bulling, H., D. Entstehung d. Marschen, s.: **Vorträge,** 5., geh. im Rüstringer Heimathsbund.

Bulling, Carl, E. Erwiderung a. d. Artikel d. Frau Dr. Kempin etc., s.: **Lange, Helene.**

— **die deutsche Frau u. d. bürgerl. Gesetzbuch.** gr. 8. (VIII, 170 S.) Berlin 896. Rosenbaum & Hart. n. 1. 50

[5.] Die deutsche Frau und das bürgerliche Gesetzbuch. Von Carl Bulling, Geh. Justizr. 2. Aufl. *Berlin: Rosenbaum & Hart 1896.* (VIII, 170 S., 1 Bl.) 1 Bd 8. [96. 414

Bulling, Carl, der örtliche Gerichtsstand in Preßstrafsachen. gr. 8. (27 S.) Berlin 894. Rosenbaum & Hart. n. — 60

Bulling, Karl, das Precarium. Eine römisch-rechtliche Abhandlung. kl. 8. Leipzig 846, Friedr. Fleischer. 9 𝑔𝑔

[5.] Die Rechte der Unehelichen Kinder nach d. Entwurf e. bürgerl. Gesetzb. f. d. Deutsche Reich krit. beleuchtet (auch f. Nichtjuristen) v. Carl Bulling, Geh. Justizr. *Berlin: Rosenbaum & Hart 1895.* (4 Bl., 86 S.) 1 Bd 8. [96. 413

— **die Wirksamkeit der Goldklausel, nachgewiesen.** gr. 8. (78 S.) Ebd. 894. n. 1. 50

Buellingen, Iosephus ⟨geb. am 16 Apr. 1831 in Köln⟩: De ossium tuberculosi ... Bonnae, form. I. F. Carthausii (1855). IV [vielm. VI], 7—30 S., 1 Bl. 8.
Bonn, Med. Fak., Diss. v. 24 Dez. 1855

(Bullinger. Anna Bullinger, geb. Adlischweiler.) Njbl. *s.* [Orelli, Felix von].

(Bullinger. Heinrich B. 1504 1575. [Mit Tafel.]) Njbl. Chorh. Zürich 1790. 4. [Zürich.]
Mutmasslicher Verfasser: Johannes *II.* Schulthess *oder* Salomon Klauser.

(Bullinger. Heinrich Bullinger [und] Rudolf Lavater.) Njbl. *s.* [Füssli, Hans Heinrich].

(Bullinger. Heinrich B. und die Schulen Zürichs.) Njbl. *s.* [Orelli, Johann Conrad von].

Bullinger, Anton

Bullinger, A, Aristoteles u. Prof. Zeller in Berlin. Mit e. metakrit. Vorwort f. d. Recensenten meiner Aristoteles-Studien. 8. (61) Münch. 80, T Ackermann. n. 1. 20

Bullinger, Anton [Prof.]: Das Christentum im Lichte der deutschen Philosophie. Tl 1. Dillingen, Druck d. A. Kolb'-schen Buchdr., 1894; 2 Bl., 43 S. 8.
Dillingen, k. G. P 1894*

Bullinger, Ant., das **Christentum** im Lichte d. deutschen Philosphie. gr. 8. (XIX, 256 S.) München 895. Th. Ackermann. n. 4. —

— Meine Schrift D. Christentum i. Lichte d. deutschen Philosophie verteidigt n. rechts u. links. M. e. off. Brief an Fr. Michaelis v J. 1885 u e. Vorwort geg. Ed. Zeller. gr. 8. (58 S.) Ebd. 897. n. 1. —

Bullinger, A., das **Christentum,** wie es Christus gewollt hat u. will. (119 S.) gr. 8. München 910. Th. Ackermann. 1. 50

— **Denkzettel** für die Recensenten meines Katharsis-Schlüssels in verschiedenen wissenschaftlichen Zeitschriften, namentlich den in den „Blättern f. das bayer. Gymnasial- u. Real-Schulwesen". gr. 8. (21 S.) Ebend. 880. n. — 40

Der Katharsis-Frage tragikomisches Ende. Von A[nton] **Bullinger,** Prof. München: T. Ackermann 1900. (19 S.) 8° [05. 8509

Bullinger, Anton: Epilegomena zu der Broschüre: Die Burghauser Lateinschule vor dem Landrath von Oberbayern. S. 3-14. 8°.
Burghausen, M. Speth.
Progr. Burghausen 1867.

Bullinger, Ant., des **Aristoteles** Erhabenheit über allen Dualismus u. die vermeintlichen Schwierigkeiten seiner Geistes- u. Unsterblichkeitslehre. gr. 8. (VIII, 94 S.) München 878. Th. Ackermann. n. 2. —

Bullinger, A., die modernste **Evangelienkritik.** Der Kritik unterzogen in Auseinandersetzgn. m. H. J. Holtzmann in Strassburg. gr. 8. (135 S.) München 899. Th. Ackermann. n. 2. —

Bullinger, A., metakritische Gänge, betr. Aristoteles u. Hegel. Mit krit. Seitenblicken auf die Wissenschaft der Gegenwart. gr. 8. (39 S.) München 887. Th. Ackermann Verl. n. — 60

— Die **Götterdämmerung** der Radioaktivität u. die Notwendigkeit der Versöhnung der Naturwissenschaft m. Hegel als 2. Tl. zu der Schrift v. J. 1903: „Hegels Naturphilosophie im vollen Recht gegenüber ihren Kritikastern". (56 S.) gr. 8. Ebd. 909. 1. —

— **Hegels** Lehre vom Widerspruch, Missverständnissen gegenüber verteidigt. Mit e. den alten Aristoteles u. moderne Aristoteles-Interpreten betr. Vorwort. gr. 8. (47 S.) Dillingen 884. Ebend. n. 1. —

Hegelsche Logik und gegenwärtig herrschender antihegelscher Unverstand. Mit e. Vorw. über d. gegenwärt. Zustand d. Philosophie u. d. modernste (Strassburger) Evangelienkritik. Von A[nton] **Bullinger,** Prof. in Dillingen. *München: Th. Ackermann 1900.* (150 S.) 8° [F.] [00. 1064

Bullinger, A., Aristoteles' Metaphysik in Bezug auf Entstehungsweise, Text u. Gedanken klargelegt bis in alle Einzelheiten. Mit e. Prodromus üb. Aristoteles' Lehre vom Willen u. e. Epilog üb. Pantheismus u. Christentum. gr. 8. (III, 256 S.) München 892. Th. Ackermann's Verl. n. 4. —

Hegels Naturphilosophie im vollen Recht gegenüber ihren Kritikastern. Von A[nton] **Bullinger,** Gymn.Prof. a. D. [T. 1.] 2. München: Ackermann 1903–09. 8°
2 [u. d. T.:] Die Götterdämmerung der Radioaktivität ... Von Bullinger.
[10. 5207

Aristoteles' Nus-Lehre (De an. III, c. 4—8 incl.) interpretiert. — Von Anton **Bullinger,** G. P. — 1882, Dillingen, A. Kolb. — S. III—XVI, 1—73. Progr.

Bullinger, Ant., **Aristoteles'** Nus-Lehre [de an. III, c. 4—8 incl.], interpretiert. gr. 8. (XVI, 73 S.) Dillingen 883. (München, Th. Ackermann.) n. 1. 20

— zu **Aristoteles'** Nuslehre. Offener Brief an Frz. Susemihl, Prof. in Greifswald. gr. 8. (26 S.) Ebend. 885. n. — 50

— Georg Wilhelm Friedrich **Hegels** Phänomenologie. des Geistes behufs Einführung in die Philosophie u. christliche Theologie auf ihren kürzesten u. durchaus leichtverständlichen Ausdruck reduziert. Mit e. Anh., Leben Jesu-Schriften betr. (49 S.) gr. 8. Ebd. 904. n. 1. —

— **Phantasterei** oder Schwindel. Frage an den Neuscholastiker M. Glossner betr. s. Kritik d. v. mir vertret. Philosophie. gr. 8. (28 S.) Ebd. 897. n. — 40

— die **Quintessenz** der wahren Philosophie. Mit e. das Verhalten der Fachliteratur zu meinen neuesten Sachen würdig. Vorwort u e. doppelten Anh., wovon der eine die in meine Schriften eingeschlichenen Irrtümer konstatiert, der andere die Frage beantwortet: Wer ist heute noch katholisch? (39 S.) gr. 8. Ebd. 905. n. — 60

— der endlich entdeckte **Schlüssel** zum Verständniss der Aristotelischen Lehre v. der tragischen Katharsis. gr. 8. (20 S.) Ebend. 878. n. — 40

— Stellen aus **Hegels** Werken, behufs absoluter Klarlegung des Hegelschen Gottesbegriffs gegenüber falscher Deutung desselben zusammengestellt. (48 S.) gr. 8. Ebd. 908. 1. —

Bullinger, Ant., Was ist Philosophie, was nicht? Offene Briefe an Herrn Prof. Dr. Frohschammer in München, als Antwort auf seine „Erwiderung" in Nr. 130 der „Augsburger Allgemeinen Zeitung." München 863. Fleischmann. gr. 8. (2 Bl., 67 S.) n. 9 ngr.

Bullinger, A, was ist Philosophie, was nicht? 8. (67) Münch. 63. Merhoff. n. — 9

— mein letztes **Wort** gegen den Neuscholastiker M. Glossner. gr. 8. (20 S.) Ebd. 899. n. — 40

Die Absicht Gottes mit Hiob. Von Dr. E[thelbert] W[illiam] **Bullinger.** Autor. Bearb. nach d. Engl. Heissen-Ruhr: Grube [1909]. VI, 56 S. 8° [10. 2921

Bullinger, EW: Die Absicht Gottes m. Hiob. Aus d. Engl. (56) 8° Heissen ('09). Gotha, Missionsbh. P Ott. — 40; geb. — 80 d

Die Apokalypse oder der Tag des Herrn. Von E[thelbert] W[illiam] **Bullinger.** (Übers.: M[ina] Stolle.) *Barmen: D. B. Wiemann [1904].* (XVI, 529 S.) 8° [F.] [04. 15337

Bullinger, E. W., die Apokalypse od. Der Tag des Herrn. (XVI, 529 S.) gr. 8. Barmen (905). D. B. Wiemann. n. 6. —; geb. in Leinw. n. 8. —

Bullinger, E. W., die Dinge, die da kommen werden. Kurze Zusammenstellg. v. prophet. Wahrheiten. A. d. Engl. übers. v. Berta Berge. 8., verb. Aufl. 16. (28 S.) Wien 896. W Frick. — Berlin, Amelang's Sort. n. — 12

Die beiden Gebete in der Epistel an die Epheser. Erklärende Gedanken über Eph. 1, 15–23 u. Eph. 3, 14–21 von E[thelbert] W[illiam] **Bullinger.** Uebers. aus d. Engl. von E. Walter. (Heissen-Ruhr: Grube) 1909. 64 S. 8° [10. 1344

— Die beiden Gebete in d. Epistel an d. Epheser. Aus d. Engl. v. E Walter. (64) kl8° Berl.'09. (Gotha, Missionsbh. P Ott.) — 50 d

— das **Geheimnis.** Einzig autoris. Uebersetzg. aus dem Engl. Mit e. Vorwort v. E. F. Ströter. (47 S.) kl. 8. Düsseldorf (906). Grubö's Verl. (Nur direkt.) (Gotha, Missionsbuchh. P. Ott.) n. — 35

— **Heiligung** u. Heiligkeit. Autoris. Uebersetzg. nach dem Engl. (16 S.) 8. Düsseldorf (906). Grubö's Verl. n. — 10

Bullinger, E. W., Heiligung u. Heiligkeit. Autoris. Uebersetzg. nach dem Engl. (16 S.) 8. Gotha (907). Missionsbuchh. P. Ott. nn — 10

Die zwei Naturen in dem Kinde Gottes. Von Dr. E[thelbert] W[illiam] **Bullinger.** Autor. Uebers. aus d. Engl. Düsseldorf: Grube 1907. (VI, 99 S.) 8° [07. 12838

Reich und Gemeinde. Von Dr. E[thelbert] W[illiam] **Bullinger.** Autor. Übers. nach d. Englischen. Düsseldorf: Grube [1908]. (24 S.) 8° [08. 62496

Bullinger, E. W., Tüchtig gemacht. Autoris. Uebersetzg. nach dem Engl. (15 S.) 8. Düsseldorf (906). Grube's Verl. n. — 10

— Der Vorhang u. d. Schuldige mitnichten unschuldig. Aus d. Engl. (15) 8° Ebd. (06).

Der Vorhang und Der Schuldige mitnichten unschuldig von Dr. E[thelbert] W[illiam] **Bullinger.** Autor. Uebers. aus d. Engl. Düsseldorf: Grube [1907]. (15 S.) 8° [07. 6064

Bullinger, Franz, Medizinalprakt.: Ueber Sehnervenatrophie bei Turmschädel. München 1907: Wolf. 37 S. 8°
München, Med. Diss. v. 25. Jan. 1909, Ref. Eversbusch
[Geb. 10. April 82 Elchingen; Wohnort: Elchingen; Staatsangeh.: Württemberg; Vorbildung: Gymn. Rottweil Reife Juli 02; Studium: Tübingen 5, Kiel 1, München 4 S.; Coll. 25. Jan. 09; Approb. 1. Jan. 09.] [U 09. 3295

Bullinger, Gust., Formel zur Berechnung der Fahrgeschwindigkeit der Bahnzüge vom Coupé aus, m. e. Tabelle f. Zuggeschwindigkeiten von 1 bis 70 Km. pr. Stunde u. f. 4 auf den k. b. Staatsbahnen fast ausschliesslich verwendete Schienenlängen. qu. schmal Fol. (Tabelle auf Carton.) München 881. Lindauer. n. — 60

Bullinger, Heinrich. Aufzeichnungen ... über sein Studium zu Emmerich und Köln.... Elberfeld 1870 *s.* Krafft, Carl.

Bullinger, Heinrich *s.* Beschreibung. H' Bullingers B' des Klosters Kappel. Leipzig ... 1892.

Bullinger's, Heinr., Beschreibung d. Klosters Kappel u. sein heutiger Bestand, s.: Mittheilungen der antiquarischen Gesellschaft in Zürich.

Bullinger, Heinrich. Bullingers Diarium ⟨Annales vitae⟩ der Jahre 1504—1574. Zum 400. Geburtstag Bullingers am 18. Juli 1904 hrg. von Emil Egli. XVI + 145 S. 8. Basel, Basler Buch- & Antiquariatshandlung, 1904. [fr. 5.—]
Quellen zur schweizerischen Reformationsgeschichte. Hrg. vom Zwingliverein in Zürich.... [Band] 2....

Bullinger, Heinr., der christliche Ehestand. Eine Gabe für christliche Eheleute. Mit Dr. Luther's Sermon von dem christlichen Ehestande in's jetzige Schriftdeutsch übersetzt u. herausg. von R. Christoffel. Glarus 853. (Zürich, Meyer u. Zeller.) 8. (XXIV, 148 S.) n. 18 ngr

Bullinger. Heinrich. H. Bullingers Erzählung des Sempacher Krieges, aus der sogenannten Origo ducum Austriae zum ersten Male vollständig hrg. von G[eorg] Geilfus.... [Mit Karte.] (Njbl. Bürgerbibl. Winterthur 1865.) 4. Winterthur.

Bullinger, (Heinrich). Bullingers Gegensatz der evangelischen und der römischen Lehre. Nach dem Heidelberger Druck vom Jahr 1571 neu hrg. von Constantin von Kügelgen. (Mit einem Bildnis [Tafel].) XX + 26 S. 8. Göttingen, Vandenhoeck & Ruprecht, 1906. (M. 1. 40)
Zeitgemässe Traktate aus der Reformationszeit. In Verbindung mit anderen Gelehrten hrg. von C' von K', Lic. theol. Heft 7....

Bullinger, Heinrich, s. Konfession. – Die 2. helvet. Konfession.

(Heinrich) **Bullingers** Korrespondenz mit den Graubündnern. Hrsg. von Traugott Schieß. T. 1-3. Basel: A. Geering 1904-06. 3 Bde 8°
1. 1904. 2. 1905. 3. 1906.
— **Quellen** z. Schweizer Geschichte. Bd 23–25. [07. 3319

Bullinger, Heinr., der Kranken-Unterricht. Ein Handbüchlein für Seelsorger und für Kranke. Mit der ältesten Baslerliturgie für Krankenkommunion in jetziger Schriftsprache herausg. von R. Christoffel. Chur 863. (Grubenmann.) (Gsell.) 8. (XVI, 77 S.) 9 ngr

Bullingers, Heinr., Reformationsgeschichte, nach dem Autographon herausg. auf Veranstaltung der vaterländisch-histor. Gesellschaft in Zürich, von J. J. Hottinger u. H. H. Vögeli. 1r—3r Bd. Lex.-8. Frauenfeld 838—40. Beyel. (1r Bd. 2 ℛ 2r Bd. $1\frac{2}{3}$ ℛ 3r Bd. $1\frac{1}{2}$ ℛ) $5\frac{1}{6}$ ℛ

Bullinger. Heinrich. Was H' Bullinger von den Vögten und Wilhelm Tellen schreibt. ⟨Wörtlich aus einer treuen Kopie seiner ... Zürcherkronik abgeschrieben⟩. [SA.] 8. *o. O. u. J.* [1830–1860].

Bullinger (J.-B. le vieux). — Cent vues de la Suisse d'après nature, de J.-F. Emmels. F. Meyer.
Texte allemand: Hundert Schweizer-Prospekte nach der Natur gezeichnet und in Kupfer gebracht von [illegible] Bullinger in Zürich, 17[illegible]

Bullinger, Joseph [app. Arzt]: Ueber den distalen Teil der Gartner'schen '(Wolff'schen)' Gänge ... München, kgl. Hof- u. Univ.-Buchdr. v. Dr. C. Wolf & Sohn, 1896; 19 S. 8.
München, Med. Fak., Inaug.-Diss. v. 1896

Bullinger, Ludw., neue Gewerbeordnung für das Königr. Württemberg vom 12. Febr. 1862 mit den Vollziehungs-erlassen, dem Gesetze, betreffend den Schutz der Waaren-bezeichnungen ꝛc. Handausgabe mit Erläuterungen u. alphabetischem Sachregister. Stuttgart 862. Metzler. gr. 8. (IV, 156 S.) n. 15 ngr

Bullmann, Jh. C., über d. Natur u. Entstehung d. fliegenden Sommers, s. Schriften d. naturforsch. Gesellschaft zu Halle. 1r Bd. 5s Hft.

Bullmann, Jh. Karl, denkwürdige Zeitperiode der Universität zu Halle von ihrer Stiftung an, nebst einer Chronologie dieser Hochschule seit d. Jahre 1805 bis jetzt. 8. Halle 833. Waisenhaus Buchh. 1 ℛ

Bullmann, Jos., kurze Anleitung zur Kultur der Garten- od. Topfnelke. Für Nelkendilettanten zusammengestellt. 16. (31 S. m. eingedr. Holzschn. in Buntdr.) Klattau 871. (Prag, Bartel.) n. — 40

Büllmann, Gust(av) Adolf, aus Schliengen: Ueber Abdominale Totalexstirpation bei Uterus-Carcinom. *Würzburg 1901: A. Borst.* (47 S.) 8°
Würzburg, Med. Diss. v. 1901

Bullmer, *Johann Heinrich*: Lehrplan für den Betrieb der Leibesübungen am Realgymnasium zu Borna. Borna, Druck v. R. Noske, 1890; S. 3–31; 4°
Borna, st. RG, OP 1890 (542)

Bullnheimer, Friedrich [aus Weissenburg a/S.]: Das Verhalten des Glycerins gegen Metalloxyde, e. Beitr. z. quantitativen Bestimmg d. Glycerins ... (Aus d. Forschungsber. üb. Lebensmittel u. ihre Bezieh. z. Hygiene ...) München, E. Wolff, 1897; 2 Bl., 23 S. 4.
München, Phil. Fak., Inaug.-Diss. v. 1897

Geschichte von Uffenheim nebst hist. Notizen über dessen nahe u. ferne Umgegend. Von J. A. **Bullnheimer,** Pfarrer †. Hrsg. von Dr. Julius Meyer, Landger.Dir. a. D. Ansbach: C. Brügel & Sohn 1905. (XII, 329 S.) 8° [F.] [05. 13767

Bullock, Thom., Predigten üb. die Beweise, mit denen Christus u. seine Apostel die Wahrheit d. Religion vertheidigten; aus d. Engl. (v. Gli. Ringeltaube). 8. Bresl. 777. (Gosohorsky). 10 gr

Bullock, Thom., Predigten üb. d. Beweise d. Wahrheit. d. Religion. a. d. Engl. 8. Breslau, Meyer. 777.

Bullock, W., sechs Monate in Mexiko, ob. Bemerkk. üb. d. gegenwärtigen Zustand Neu-Spaniens. A. d. Engl. v. Fr. Schott. 2 Thle. 8. Dresd. 825. Hilscher. (Reimann in Leipz.) 2 ℛ 8 gr

Bullock, W., sechs Monate in Mexiko, oder: Bemerkungen üb. den gegenwärt. Zustand Neu-Spaniens. Aus d. Engl. übers. von Friedrich Schott. 2 Thle. 8. Leipz. 825. (Melzer.) $2\frac{1}{3}$ ℛ

— Reise nach Mexiko im Jahre 1823. Aus d. Engl. (Aus d. ethnogr. Archiv abgedr.) gr. 8. Jena 824. Bran. 1 ℛ

Bullot, le Génie de la langue française etc. II Vol. 8. Lausanne, Pott et Comp. 764.

Bullrich, A. Ratgeber in Krankheitsfällen. Berlin 1853.

Bullrich, A. M., Telegraph der Seelen zwischen dem Diesseit und dem Jenseit. Mit Abbildgn. 16. (2 Bl., 108 S.) — 2. Aufl. Berlin 858. Streerath u. Co. 8. (2 Bl., 75 S.) verklebt n. 10 ngr.

Bullrich, A. M., Telegraph der Seelen zwischen dem Diesseit und dem Jenseit. Mit Abbild. 16. 1. und 2. Aufl. Berlin 859, Streerath und Comp. *

Analyse der Freimaurerei und das evangelische Pfarramt von [Ernst Wilh. v.] Hengstenberg. 2. Th. Vorgenommen von A. W. **Bullrich,** (eine Volksstimme). Berlin: Jonas 1854. 14 S. 8⁰ [Umschlagtit.]

Bullrich, AW, Analyse d. Freimaurerei u. d. ev. Pfarramt v. Hengstenberg. 2. Thl. 8. (14) Berl. 54, Steinthal. n. — 4

Bullrich, A. W., Aufschluß üb. die Cholera auf Erfahrung, nach wissenschaftl. Prinzipien, gestützt f. Aerzte u. Nicht-Aerzte. 8. (8 S.) Berlin 849, Oehmigke. n. n. 1/12 ℞

— über Heilwasser, natürliche und künstliche, und ihre Wirkung auf den menschlichen Körper in Rücksicht auf die Gesundheit. Berlin 853. Lassar in Comm. 8. (15 S.) 3 ngr.

-Religion und Kirche, zur Beleuchtung der Schrift die Freimaurerei und das evangelische Pfarramt aus der Evangelischen Kirchenzeitung. Eine Volksstimme von A. W. **Bullrich.** Berlin: Jonas 1854. 15 S. 8⁰ [Umschlagtit.]

—— Religion u. Kirche, z. Beleucht. d. Schrift: d. Freimaurerei u. d. Ev. Pfarramt. 8. (15) Berl. 54, Steinthal. — 3

Bullrich, Georg: Über Charles d'Orléans und die ihm zugeschriebene englische Übersetzung seiner Gedichte. Berlin, R. Gaertner, 1893; 23 S. 4.
Berlin, Zweite R '(HB)', OP 1893 (110)

Bulls

Ansichten, ausgesprochen in e. Reihe v. Abhandlungen, mit besond. Bezuge auf d. großherzogl. Mecklenburg-Schwerinschen Domainen. gr. 8. Hamb. 826, Campe. Rthlr.

Bulls, deutsche Vorschriften f. Schulen u. z. Privatunterricht d. Jugend. gr. 4. Nürnberg 824, Campe.

— engl. Vorschriften f. Schulen u. z. Privatunterricht d. Jugend. gr. 4. Nürnberg 824, Campe.

Bullus, G. (Presbyt. anglic. † 1710), Judicium eccles. catholicae III primorum saeculor. de necessitate credendi quod Jesus Christus sit verus Deus assertum etc. 8. maj. Ticini 1786. (L. Stahel in W.) 1¼ Thlr. — 2 fl. 24 kr.

Bully, Moritz: Diagnostische Symptome bei 90 in der Rostocker Medizinischen Klinik beobachteten Typhusfällen. Rostock 1909: Adler. 40 S. 8°
Rostock, Med. Diss. v. 9. Juni 1909. Ref. Martius
Geb. 23. Febr. 78 Belgrad; Wohnort: Belgrad; Staatsangeh.: Serbien; Vorbildung: Gymn. Bern Reife O. (x); Studium: Leipzig 2, Zürich 4, Wien 3, Berlin 4, Rostock 2 S.; Rig. 4. Juni 09.] [U 09. 37..

Bully, Mor., diagnostische Symptome bei 90 in der Rostocker medizin. Klinik beobacht. Typhusfällen. (40 S. m. 6 Taf.) gr. 8. Rostock 909. G. B. Leopold. 1. —

Bulmerincq, Alex. v., Christus u. seine Gegner od. das Kommen des Reiches Gottes. Predigt üb. Luc. 11, 14 bis 22, geh. am Sonntage Oculi 1904. (15 S.) gr. 8. Jurjew (Dorpat) 904. (J. G. Krüger.) n. — 60

Bulmerincq, Alex. v., das Zukunftsbild d. Propheten Jeremia aus Anathoth. gr. 8. (III, 135 S.) Riga 891. L. Hoerschelmann. n. 2. —

Bulmerincq, Aug. v., s.: **Aktenstücke u. Urkunden zur Geschichte der Stadt Riga.**

Bulmerincq, Aug., das Asylrecht in seiner geschichtlichen Entwickelung beurtheilt vom Standpunkte des Rechts und dessen völkerrechtliche Bedeutung für die Auslieferung flüchtiger Verbrecher. Eine Abhandlung aus dem Gebiete der universellen Rechtsgeschichte und des positiven Völkerrechts. Dorpat 853. (Glaeser.) gr. 8. (2 Bl., 161 S.) n. 24 ngr.

Bulmerincq, Aug. v., Kämmerei-Register der Stadt Riga 1348—1361 u. 1405—1474. Hrsg. v. der Gesellschaft f. Geschichte u. Altertumskunde der Ostseeprovinzen Russlands. 1. Bd. Die Kämmerei-Register. (VIII, 336 S.) Lex. 8. Leipzig 909. Duncker & Humblot. 13. —

— zwei Kämmerei-Register der Stadt Riga. Ein Beitrag zur deutschen Wirtschaftsgeschichte. gr. 8. (XI, 279 S.) Leipzig 902. Duncker & Humblot. n. 6. 40

—— de natura principiorum juris inter gentes positivi. Dissertatio. 8maj. (VIII und 65 S.) Dorpati Liv. 856, (Glaeser's Verlag.) *

Bulmerincq, Aug., Carl Eduard Otto, Dr. der Philosophie und Rechte und Prof. emerit. der k. Universität Dorpat. Eine biograph. Skizze. gr. 4. (14 S.) Dorpat 858(60), (Gläser's Verlag.) *

Bulmerincq, Aug., Praxis, Theorie u. Codification d. Völkerrechts. gr. 8. (195 S.) Leipzig 874. Duncker & Humblot. n. 4. —

— die Systematik des Völkerrechts. 1. Thl.: Kritik der Ausführungen und Forschungen zu Gunsten der Systematisirung des positiven Völkerrechts. A. u. d. T.: Die Systematik des Völkerrechts von Hugo Grotius bis auf die Gegenwart. Dorpat 858. (Glaeser.) gr. 8. (2 Bl., VIII, 352 S.) n. 2 ℞

Bulmerincq, Aug. v., der Ursprung der Stadtverfassung Rigas. gr. 8. (IX, 88 S.) Leipzig 894. Duncker & Humblot. n. 2. —

Bulmerincq, Aug. v., d. Verfassg. d. Stadt Riga i. ersten Jahrhundert d. Stadt. Beitrag z. Geschichte d. deutschen Stadtverfassung. gr. 8. (XIII, 144 S.) Leipzig 898. Duncker & Humblot. n. P. 60

Bulmerincq, A. v., Völkerrecht, s.: Handbuch d. öffentlichen Rechts der Gegenwart.

Bulmerincq, A. v., das Völkerrecht od. das internationale Recht. Systematisch dargestellt. [Aus: „Marquardsen's Handbuch d. öffentl. Rechts".] Lex.-8. (VIII, 213 S.) Freiburg i/Br. 887. J. C. B. Mohr. n. 6. —

Bulmerincq, A v., d. Völkerrecht od. d. internat. Recht. Systematisch dargestellt 2. Asg. m. Nachtrag. 8. (224) Freib. i B. 89. JCB Mohr. n. 6. —; Nachtrag (11) ap. gratis.

Bulmerincq, Aug., von der Wahl u. dem Verfahren des freiwilligen Schiedsgerichts. Eine Abhandlung aus dem Gebiete des prakt. Rechts zur Erlangung der Würde eines Magisters der Rechte verfasst. gr. 8. (56 S.) Dorpat 849. (Glaeser.) n. 12 ngr.

Bulmerincq, Ernst v.: Die wirtschaftl. u. soz. Lage d. Landgemeinde Muremoix. Beitrag z. Kenntn. d. Agrarverhältn. Livlands. (112 m. 4 Plänen.) gr8° Lpzg. W Schunke '11. 2 —

v. **Bulmerincq,** M. E., Beiträge zur ärztl. Behandlung mittelst mineral. Magnetismus. Mit e. Vorrede von Hnr. Steffens. gr. 8. Berlin 835. Hirschwald. 5/12 ℞

Bulmerincq, M. E. v., Ergebnisse des bayerischen Impfgesetzes im Vergleiche zu den Ergebnissen der Schutzpocken-Impfung in den europäischen Gross-Staaten. gr. 8. (65 S.) München 867, Lentner'sche Buchh.

v. **Bulmerincq,** M. E., Ergebnisse des bayerischen Impfgesetzes im Vergleiche zu den Ergebnissen der Schutzpocken-Impfung in den europaeischen Gross-Staaten. München 868. Lentner. gr. 8. (65 S.) 18 ngr.

— über Findelhäuser als Quelle der Schutzpocken-Impfung u. die Reform der Impfgesetze. Offenes Sendschreiben an das k. k. österreich. Staatsministerium. Fortsetzung der Schrift: „Die Verbreitung d. Schutzpockenstoffes aus Findelanstalten etc." Leipzig 865. Teubner in Comm. gr. 8. (2 Bll., 130 S.) n. 20 ngr.

Bulmerincq, M. E. v., das Gesetz der Schutzpocken-Impfung im Königreich Bayern, in seinen Folgen und seiner Bedeutung für andere Staaten. Leipzig 862. Teubner in Comm. gr. 8. (X, 104 S.) n. 1 ℛ

BULMERINCQ, M. E. v.: Recension von "Notizen, gesammelt auf einer Forstreise durch einen Theil des europäischen Russlands" von A. Bode. 1857. 110 S. - (Beil. z. d. kritischen Blättern 1857)

— die Verbreitung des Schutzpockenstoffes aus Findelanstalten, mit besonderem Bezug auf das Haupt-Schutzpocken-Impfungs-Institut zu Wien. Ebend. 862. gr. 8. (VI, 50 S.) n. 10 ngr.

BULNHEIM, GOTTHARD. Beiträge zur Kenntnis der Gallensäuren. Tübingen, 1897. Diss. (G.Schnürlen)

Bulnheim K.: Ein Fall v. Echinococcus-Embolie d. Hirnarterien. Inaug.-Diss. Kiel 1890. 25 S. P.

Bulnheim, Max, Grundsätze f. statische Berechnungen, Ausführung v. Eisen-Betonbauten u. Verwendung v. Ersatzbaustoffen; Handausg. der baupolizeil. Bestimmgn. des Rates zu Dresden, m. Erläutergn., Hilfstabellen f. die Berechng., Musterberechngn. u. Sachregister. (XVI, 146 S. m. Fig.) Lex 8. Dresden (907). C. Heinrich. Geb. in Leinw. 5.—; u. durchsch. 6. —

Bulnheim, Max, Hilfstafeln zur Ermittelung der Belastungszahlen f. die statischen Berechnungen von Hochbaukonstruktionen. Zum prakt. Gebrauch f. Bautechniker, Eisenkonstrukteure, Schornsteinbauer u.s.w. sowie f. Baupolizeibehörden u. techn. Unterrichtsanstalten. (37 S.) qu. Fol. Dresden 903. [G. Kühtmann.] Leipzig, H. A. L. Degener. Kart. n. 8. —

Bulnheim, Otto, Dichtungen f. das jüngere Kindesalter. Zunächst f. die Unterklassen der 1. Leipziger Bürgerschule. Gesammelt u. zusammengestellt. gr. 8. (VIII u. 164 S.) Leipzig 851, Baensch. n. ⅓ ℛ

Bulnheim, Otto, Dichtungen für das jüngere Kindesalter. Gesammelt und zusammengestellt. 2., verm. Aufl. gr. 8. (VIII und 183 S.) Leipzig 855(56,) [Gebr. Baensch.] *

Bulnheim, Otto, Dichtungen für das jüngere Kindesalter. 3., verb. Aufl. Leipzig 860. Gräbner. 8. (V, 186 S.) n. 10 ngr.

Bulnheim, O, Dichtgn f. d. jüng. Kindesalter. 3. Afl. 8. (186) Lpzg 60, Klinkhardt. * — 10

— die Heimath. Ein Lesebuch für die Jugend der Stadt Leipzig und ihrer Umgegend. Mit einem Vorwort von Vogel. Nebst 1 (lith.) Karte der Umgegend von Leipzig (in 4.). Leipzig 854. Vogel. 8. (XII, 227 S.) 12 ngr.

— die Heimath. Ein Lesebuch für die Jugend der Stadt Leipzig und ihrer Umgegend. Mit einem Vorwort von Vogel. 2. verb. Aufl. Nebst 1 (lith.) Karte der Umgegend von Leipzig (in 4.). Leipzig 862. Vogel. 8. (XII, 196 S.) 12 ngr.

Bulnheim, Otto, die Heimath. Ein Lesebuch für die Jugend der Stadt Leipzig. 3. Aufl. neu bearb. von C. W. Eichenberg. Nebst 1 (lith.) Karte der Umgegend von Leipzig (in 4.). Leipzig 860. Vogel. gr. 8. (XVI, 204 S.). 12 ngr.

Bulnheim, Otto, die Heimat. Ein Lesebuch f. die Jugend der Stadt Leipzig. 4. Aufl. neu bearb. v. H. O. Zimmermann. Nebst e. (lith.) Karte der Umgegend v. Leipzig (in qu. 4.) 8. (VIII, 192 S.) Leipzig 872. Roßberg. n. 1. —

BULO, Angelo. Mamsell Haustyrann. Die Laufbahn einer schneidigen Gouvernante. O. O. u. J. (um 1910). 8°.
Verb. d. Ldg. III Berlin A. 4. J. 891/14.

Die landwirtschaftliche Versuchsstation Bulea. (Berlin 1895.) 9 S. 8°.

Bülende, H. v., Predigten. a. d. Franz. 5 Thle. 8. Augsb. Wolf. 777.

B(ulos), A(ntoine). Bourienne und seine freiwilligen und unfreiwilligen Irrtümer, oder Bemerkungen über seine Memoiren von den Herren General v. Belliard, General Gourgaud, Graf v. Aure, Graf v. Survilliers, Baron Meneval, Graf Bonacossi, Fürst Eckmühl, Baron Massiac, Graf Boulay de la Meurthe, Minister vom Stein, Cambacérès. Gesammelt von A. B. Aus dem Französ. 2 Bde. (34 B.) 8. Leipzig 1830. 6,00.

Bulot, A., S. J., Compendium theologiae moralis ad mentem P. Gury. 2 tomi. (XVIII, 626 u. 634 S.) gr. 8. Paris 905. Tournay, H. & L. Casterman. n.n. 9.60

Bulova, Jos., ein Vergleich der Kosten verschiedener Städte-Reinigungsmethoden. gr. 8. (19 S.) Prag 879, (Grégr und Dattel.) *
Aus: Prager medicinische Wochenschrift, besonders abgedruckt.

Bulova, Jos., ein Vergleich der Kosten verschiedener Städte-Reinigungsmethoden. [Aus: „Prager med. Wochenschr."] gr. 8. (19 S.) Prag 880. Dominicus. n. — 60

Bulova, Josef Ad.

[F.] Die Einheitslehre '(Monismus)' als Religion. E. Studie v. Dr. J. Ad. Bulova. *(Berlin): Selbstv.; (Kommv. v. R. Mickisch; Hoffmann'sche Buchdr. in Stuttgart 1897.)* (VII, 136 S.) 1 Bd 8. (98. 0307

Bulova, J. Ad., die Einheitslehre (Monismus) als Religion. Eine Studie. 2. Aufl. 8. (20, 136 S.) Prag-Karolinenthal 899. (Leipzig, Blumberg & Co.) n. 2. —

— dasselbe. 2. Aufl. 8. (136 S.) Prag 899. (Zürich, C. Schmidt.) n. 2. —

Zum Polnaer Ritualmordprocess im Stadium vor dem zweiten Urteile. Ein Brief an d. Herren Prof. d. gerichtl. Med., Juristen u. an alle ehrlichen Menschen überhaupt von Dr. J(oseph) Ad. Bulova. *Berlin: (G. E. Kitzler) 1900.* (32, LXXVI S.) 8° (01. 8443

Bulova, JA: Zum Polnaer Ritualmordprozess im Stadium vor d. 2. Urteile. Brief an d. Professoren d. gerichtl. Medizin, Juristen u. an alle ehrl. Menschen überhaupt. (32 u. 76) 8° Berl. 1900. Prag, Dr. Bulova. 1.70

Die Polnaer Verbrechen. Ein Sittenbild aus Oesterreichs jüngster Vergangenheit, aufgenommen von J[osef] Ad. Bulova. Recapitulation u. 2. Th. zu d. Broschüre 'Zum Polnaer Ritualmordprocesse'. (Als Ms. gedr.) *(Berlin) 1901: (Gorber & Co.)* (38 S.) 8° [illegible]

Bülow, Fürst, als Angeklagter! Skandalöse Zustände in Deutschland, v. Spectator (Dr. Henle). (191 S.) 8. Lausanne 907. (Genf, Avenue des Vollandes 5, Geh. exped. Sekr. Ball.) 2. —

Ode . . . [Ode zum Gedächtnis auf Charlotte Elisabeth von Bülow, geb. Gräfin von Haxthausen, † 1. Febr. 1761.] — Flensburg 1761: Serringhausen. 4 Bl. 8°

Bülow von Dennewitz, General Graf, in den Feldzügen von 1813 und 1814 . . . Leipzig 1843. V: *Hasenkamp, H. v.* (stadtbiblBerlin XII, S. 173)

Bülow von Dennewitz, General Graf, in den Feldzügen von 1813 u. 1814. Von einem preuß. Officier. gr. 8. Leipzig 813, Brockhaus. n. 1 ℛ 18 ngr.

Bülow, Frl. Elise v. Abschiedsgruß an ihrem Sarge, s. Köhler. D. Herrn Wille geschehe!

Bülow, Gabriele von, Tochter Wilhelm v. Humboldts. Ein Lebensbild . . . 1891—1887. Berlin 1893. 10. Aufl. 1902. V: *Sydow, Anna v.* (Berl)

Bülow, Gabriele v., Tochter Wilhelm v. Humboldts. Ein Lebensbild. Aus den Familienpapieren Wilhelm v. Humboldts u. seiner Kinder. 1791—1887. 1.—4. Aufl. Mit 3 (Lichtdr.-)Bildnissen. gr. 8. (XI, 572 S. m. 1 genealog. Tab.) Berlin 893. 894. E. S. Mittler & Sohn. n. 10. —; geb. in Leinw. n.n. 11. 50

Bülow, Gabriele v., Tochter Wilhelm v. Humboldts. E. Lebensbild. A. d. Familienpapieren Wilhelm v. Humboldts u. s. Kinder. 1791—1887. 6. Aufl. M. 3 (Lichtdr.-) Bildn. gr. 8. (XI, 572 S. m. 1 genealog. Tab.) Berlin 895. E. S. Mittler & Sohn. n. 10. —; geb. in Halbfr. n.n. 11. 50

Bülow, Gabriele v., Tochter Wilhelm von Humboldts. Ein Lebensbild. 1791—1887. 7. Aufl. Berlin 1896

Gabriele von Bülow Tochter Wilhelm von Humboldts. Ein Lebensbild. Aus den Familienpapieren Wilhelm von Humboldts und seiner Kinder. 1791—1887. 8. Aufl. Mit 4 Bildnissen. Berlin. 1897. 8°.

Bülow, Gabriele v., Tochter Wilhelm v. Humboldts. Ein Lebensbild. Aus den Familienpapieren Wilhelm v. Humboldts u. seiner Kinder. 1791—1887. 10. Aufl. Mit 8 Bildnissen u. Abbildgn. gr. 8. (XI, 572 S. m. 1 Stammbaum.) Berlin 902. E. S. Mittler & Sohn. n. 10.—; geb. n.n. 11. 50

Bülow, Gabriele v., Tochter Wilhelm v. Humboldts. Ein Lebensbild. Aus den Familienpapieren Wilhelm v. Humboldts u. seiner Kinder. 1791—1887. 12. Aufl. (26—28. Tausf.) Mit 8 Bildnissen u. Abbildgn. (XI, 572 S. m. 1 Stammbaum.) gr. 8. Berlin 907. E. S. Mittler & Sohn. Geb. in Leinw. 11.50; in Geschenkbd. m. Goldschn. 12. 50

Bülow, Gabriele v., Tochter Wilhelm v. Humboldts. Lebensbild. Aus d. Familienpapieren Wilhelm v. Humboldts u. sr Kinder. 1791—1887. (Von Anna v. Sydow.) 14. Afl. (11, 572 m. Abb., 8 Bildn. u. 1 Stammbaum.) gr8° Berl., ES Mittler & S. '11. L 11.50; Geschenkbd m. G 12.50 d

Bülow, Hans v., Briefe an ihn, s. Lassalle, F.

Bülow, Hans von. Zürich 1905. V: *Steiner, A.* (Berl)

Hans von Bülow. Sein Leben u. s. Wirken. Bd. 1. Berlin: Harmonie [1909]. 8° [09. 1903

Bülow. — H a n s von Bülow in Prag. Ein Wort der Wahrheit für Kunstfreunde. 12. (31 S.) [Leipzig 887, Heitmann.] Prag, Urbánek. *

Bülow, Heinrich von, nach seinem Ideenreichthum ... geschildert. Cöln [1807]. V: *Voss, Julius von.* (Ky) (Pr) »nach seinem Talentreichthum« (Wr) (BrMm)

v. Bülow, Hnr.; nach sein. Talentreichthum, sein. sonderb. Hyper-Genialität u. seinen Lebensabentheuern geschildert, (v. Jul. v. Voß). 8. Köln (807). (Schöne in Berl.) 16 *K*

Sozialistentödter Bülow im Deutschen Reichstag. Aus d. Verhandlungen d. Deutschen Reichstages über d. Etat 1907. Berlin: Vorwärts 1907. (132 S.) 8° [J.]
= Agitations-Bibliothek, Sozialdemokratische. 6. [07. 6031

Bülow, Fürst, u. seine Zeit. Von Germanicus. 2—3. Taus. (X, 213 S. m. 1 Bildnis.) gr. 8. Berlin, Spree-Verlag. 1909 5. —; geb. 6. 50.

— u. seine Zeit. Ein Nachruf u. e. Mahnwort v. Germanikus., 2., völlig neu bearb. u. ergänzte Aufl. (XII, 244 S. m. 1 Bildnis.) gr. 8. Berlin 909. Spree-Verlag. 3.—; geb. 4.—; erh. Pr. 4.—; geb. 5. —

Bülow von Dennewitz, General Graf, in den Feldzügen von 1813 und 1814. Von einem preußischen Offizier. Leipzig 1843. V: *Klinkowstroem, Friedrich August von.* (HHBD IX, 125)

(Bülow.) A n n a l e n d e s K r i e g e s. Miszellen und Episoden. (4 Bde.) Berlin 1806.

v. *Bülow*, ..., recueil de quelques poësies nouvelles. 8. Dresd. 757. Walther. 12 *K*

(v. Bülow.) Skizze einer Lebensbeschreibung des Herzogs Friedrich v. Braunschweig, nebst e. Tagebuch über die Expedition desselben. 2. Aufl. 8. Braunschweig 1814.

Am Sterbelager des Jahrhunderts. Mit Port. u. Facs. Giessen: Roth 1898.

Bülow, Adam Heinrich Dietrich von, s. B ü l o w , Heinrich Adam Dietrich von

Bülow, Alexander Frh. von

v. Bülow, Frhr. Alex., Auswanderung u. Colonisation im Interesse des deutschen Handels. gr. 8. (XVI u. 404 S. m. 1 lith. Karte in qu. Fol.) Berlin 849, Mittler & Sohn in Comm. n. $2^1/_3$ *nf*

Bülow, Alex. v., der Freistaat Costa Rica, s. Costa Rica.

Bülow, A[lexander] Frhr von: Der Freistaat Costa Rica in Mittel-Amerika und seine Wichtigkeit für den Welthandel, den Ackerbau und die Kolonisation. Nach dem Französischen bearb. mit einem Anh. — Bln: Hempel 1850. XIV, 87 S. mit 1 Kt.

— Karte des Isthmus v. Nicaragua u. Panamá in Mittel-America, m. den verschied. Canal-Projecten zur Verbindung des Atlantischen u. Stillen Oceans nach J. Baily u. den besten Quellen zusammengestellt. Imp. Fol. Lith. u. color. Berlin 851, Besser's Verl. [Franz Duncker.] Auf Leinw. u. in Engl. gr. 8. Carton. n. $2^1/_3$ *nf*

— der Freistaat Nicaragua in Mittel-Amerika u. seine Wichtigkeit f. den Welthandel, den Ackerbau u. d. Colonisation. Nach eigener Anschauung u. m. besond. Bezugnahme auf die Berliner Colonisations-Gesellschaft f. Central-Amerika dargestellt. Nebst e. (lith.) Karte v. Nicaragua (in Fol.) u. e. (lith.) Colonis.-Plan (in Fol.) 8. (XII u. 139 S.) Berlin 849, Hempel. n. $^1/_2$ *nf*

v. Bülow, Alex. Baron, s. Novellen-Kränze. — Novellen-Sammlung.

Bülow, A[lexander] Frhr. von: Ueber Organisation der Auswanderung und Colonisation. Vortrag. — Bln.: Central-Verein für die Dt. Auswanderungs- und Colonisations-Angelegenheit 1852. 13 S.

Bülow, August Friedrich Wilhelm von, s. B ü l o w , Friedrich von

v. Bülow, W. F. A., Memoire über das unter Aufsicht d. Präfecten stehende Rechnungswesen; nach d. Westphäl. Staatsverfassung u. den bis jetzt besteh. Gesetzen. gr. 8. Götting. 812. Vandenhöck u. R. 4 *K*

Bülow, W. L. A. von; Memoire über das unter Aufsicht d. Präfecten stehende Rechnungswesen; nach d. westphäl. Staatsverfassung, u. den bis jetzt besteh. Gesetzen. gr. 8. Gött. Vandenh. u. Ruprecht. 813.

Bülow, Babette v., geb. Eberty, s. Arnold, Hans.

Bülow, Bernhard Fürst von

[Buelow, Bernh. Fürst], Aphorismen des Fürsten Bülow. E. Vademekum f. d. deutsche Volk, zsgest. von Rud. *Friedemann.* Berlin 1908. 8°.

Aphorismen des Fürsten [Bernhard v.] Bülow. Ein Vademekum f. d. deutsche Volk zsgest. von Rudolf Friedemann. Mit 2 Abb. Berlin: Spree-Verl. 1909. VI, 56 S. 8° [10. 17612

Reichskanzler [Bernhard] Graf v. Bülow gegen die Sozialdemokratie. Auszüge aus d. Reden in d. Reichstagssitzungen v. 10. u. 14. Dez. 1903. Berlin: E. S. Mittler & Sohn 1903. (24 S.) 8° [J.] [04. 5493

— Reden, hrsg. v. With. v. Massow, s. a. Universal-Bibliothek.

(Bernhard) Fürst **Bülows** Reden. In Ausw. hrsg. u. m. Einl. u. verbindender geschichtl. Darstellung vers. von Wilhelm v. Massow. Autor. Ausg. Bd 1. Leipzig: Reclam (1910). 8°
(Universal-Bibliothek 5101/5103.) [10. 11560

Bülow's, Graf (Bernh. v.), Reden, nebst urkundlichen Beiträgen zu seiner Politik. Mit Erlaubnis des Reichskanzlers gesammelt u. hrsg. v. Johs. Penzler. Mit dem Bildnis des Reichskanzlers u. e. ausführl. Namen- u. Sachregister. (X, 523 S.) gr. 8. Leipzig 903. [O. Wigand.] Berlin, G. Reimer. n. 10.—; geb. n. 12.—; erm. Pr. n. 7.—; geb. 8.50

— Reden nebst urkundlichen Beiträgen zu seiner Politik. Mit Erlaubnis des Reichskanzlers gesammelt u. hrsg. v. Johs. Penzler. 2 Bde. gr. 8. Berlin, G. Reimer. à 7.—; geb. in Leinw. à 8.50
I. 1897—1903. Mit dem Bildnis des Reichskanzlers u. e. ausführl. Namen- u. Sachregister. Neue [Titel-]Ausg. (X, 523 S.) [903.] 907.
II. 1904—1906. Mit e. ausführl. Namen- u. Sachregister. (VIII, 496 S.) 907.

— dasselbe. III. Bd. 1907—1909. Hrsg. v. Otto Hötzsch. Mit dem Bildnis des Fürsten u. e. ausführl. Namen- u. Sachregister. (XI, 412 S.) gr. 8. Ebd. 909. 7.—; geb. in Leinw. 8.50
(Vollständig, zusammenbezogen: 15.—; geb. 19.50)

Bülow, Bernhard Wilhelm von, Kammergerichtsrefer.: Die Irrtumsanfechtung als Reurecht. Berlin 1909: Pintus. 66 S. 8°
Heidelberg, Jur. Diss. v. 18. Febr. 1900, Ref. Heinsheimer
[Geb. 10. Juni 85 Potsdam; Wohnort: Berlin; Staatsangeh.: Preußen; Vorbildung: Gymn. Goslar Reife O. 04; Studium: Lausanne 1. Berlin 2, München 2. Berlin 3 S.; Rig. 9. Dez. 08.] [U 09. 1758

Bülow, Burghart v. (A. v. Degen), s. a.: Degen, Alex. v.

Bülow, B v. (Pseud.: A v. Degen), d. Junker. Erzählg a. d. 30jähr. Kriege. 8° (282) Lpzg 92. E Ungleich. 3 —; geb. n.n.4 —

Bülow, C v., s: Blanckenburg, C v.

Bülow, C. Ch. v., Beitrag zur Lösung der Arbeiterfrage durch Anlegung v. Arbeiterkolonien, wie solche in Görz ausgeführt sind. Mit 9 Originalzeichngn. nach Maaßstab (in eingedr. Holzschn.) gr. 8. (16 S.) Leipzig 872. Schmidt & Günther. n. — 10

Bülow, Clara, s.: Ernst, Clara.

Bülow, Dankward-Christian von, Gerichtsrefer.: Die Bestrafung des Wuchers mit geschichtlichem Rückblick. Würzburg 1910: Becker. XII, 107 S. 8°
Würzburg, Jur. Diss. v. 15. Aug. 1910, Ref. Oetker
[Geb. 13. Sept. 87 Berlin; Wohnort: Straßburg; Staatsangeh.: Preußen; Vorbildung: Lyz. Lugano Reife O. 06; Studium: Lausanne 2, Straßburg 6 S.; Rig. 6. Juni 10.] [U 11. 4473

v. Bülow, Detl. Cph. Geo., über die Befugniß, Zuchthäuser anzulegen. 8. Götting. 803. Dieterich. 4 gK

Bülow, Dietrich Heinrich Adam von, s. Bülow, Heinrich Adam Dietrich von

Bülow, E.v. (Mitarb.), s. Kränze.

Reime von E. v. **Bülow**. *Leipzig: H. Seemann Nachf. [1902].* (129 S.) 8° [J.]
[03. 6704

Bülow, Eduard von

Bülow, Ed.v.(Hrsg.), s. Abentheuer des Simplicissimus.

Bülow, Ed. v. (Hrsg.), s. Anthologie auf das Jahr 1782.

— s. G. H. v. Berenhorst, aus dess. Nachlasse. — Bibliothek, ausgewählte, der Classiker d. Auslandes 11.—26. Bd.

Bülow, Eduard, und **Rüstow**, Wilhelm — Siehe: „Heinrich Dietrich von Bülow. Militärische und vermischte Schriften. In einer Auswahl mit .....'s Leben und einer kritischen Einleitung herausgegeben." Leipzig 1853.

v. Bülow, Ed., s. 1) Erzähll. e. Reisenden. 2) Erzähll., Walliser.

— eine Frühlingswanderung durch das Harzgebirge. Briefe u. Novelle. gr. 12. Leipzig 836. Lehnhold. 3/4 rf

—— eine Frühlingswanderung durch d. Harzgebirge. Briefe u. Novelle. gr. 12. (7½ B.) Leipzig 836. [Wöller.]

Bülow, Eduard von, s. Fürstenspiegel, Ein. Denkwürdigkeiten d. Pfalzgrafen-Kurfürsten Friedrich II. b. Rhein.

Bülow, Ed. v., alemannische Gedichte, s. Gedichte.

Bülow, E (v.), alemann. Gedichte. Für Schweizerreis. etc. 16. (252) Zür. 51. J Meyer. 1. —

v. Bülow, Ed., Jahrbuch der Novellen u. Erzählungen. Eine Weihnachtsgabe f. 1840. gr. 12. Braunschw. 840. Vieweg u. Sohn. n. 2 rf

—— H. v. Kleist's Leben und Briefe, s. Kleist, H. v.

Bülow, Ed. (v.), der arme Mann im Tockenburg, s. a. Mann, der arme, im Tockenburg.

Buelow, (Karl) Eduard von

Der arme Mann im Tockenburg. Nach den Originalhandschriften. Hrsg. von Karl Eduard von Bülow. Mit einem Bild von Ludwig Richter.
Leipzig: Wigand 1852. X.407 S. 8°

Bülow, Eduard von, s. Manzoni, A.: Die Verlobten.

v. Bülow, Ed., eine allerneueste Melusine. Novelle. 8. (138 S.) Frankfurt a. M. 840, Sauerländer. 1 rf

— Zur Nachfolge Christi. Eine Legendensammlung. 8. Leipzig 842, Brockhaus. geb. n. 1 rf 6¼ ngl

— — Nachtrag zur 1. Aufl. Ebend. 859. gr. 8. (XVI. S. 251—322.) n. 6 ngr

Bülow, Ed. v., Zur Nachfolge Christi. Eine Legendensammlung. 2. verm. Aufl. Leipzig 859. Brockhaus. gr. 8. (XVI, 323 S.) n. 1 rf 6 ngr

—— aus d. Nachlasse von Georg Heinr. v. Berenhorst, s. Aus.

—— Novellen. 2 Bde. gr. 8. (30 B.) Stuttgart 846, Cotta'sche Buchh.

—— Novellen. 3. (und letzter) Bd. gr. 8. (480 S.) Stuttgart 848, Cotta'sche Buchh.
1. und 2. Bd. Ebendas. 1846. 3 Thlr.

NOVELLENBUCH, Das, oder 100 Novellen nach alten italienischen, spanischen, französischen, lateinischen, englischen und deutschen bearb. von K. E. v. Bülow. 4 Bde. Mit einem Vorworte von Ludw. Tieck. Leipzig 1834—36. Gr. 8⁰. (10 Rthl.) (In Berlin: Xa 8740.) (15 Mk. Jos. Baer & Co., vor 1885; 20 Mk. Edm. Meyer, Berlin, 1908; 30 Mk., schönes Expl., L. Rosenthal, 1910.)

Geschätzte Sammlung. Enth. 150 Erzählungen u. zwar: 1: 13 aus den Hundert alten Novellen. — 2: 8 v. Franco Sacchetti. 3: 16 v. Ser Giovanni Fiorentino. — 4: 1 von Luigi Pulci. — 5: 1 von Gentile Sermini. — 6: 1 v. Nicc. Macchiavelli. — 7: 1 von Bernardo Ilicino. — 8: 3 v. Masuccio aus Salerno. 9: 1 v. ein. Anonymus. — 10: 1 v. Giovanni Sabadino degli Arienti. — 11: 1 v. Luigi da Porto. — 12: 1 v. Franc. Maria Molza. — 13: 1 v. Guistiniano Nelli. — 14: 1 v. Luigi Alamanni. — 15: 1 v. Lodovico Carbone. — 16: Benvenuto Cellini. — 17: Ant. Franc. Grazzini, gen. der Lasca. — 18: 10 v. Giov. Batt. Giraldi Cintio. — 19: 1 v. Alessandro Sozzini. — 20: 1 v. Lionardo Bruni von Arezzo. — 21: Ant. Cornazzano. — 22: 2 v. Sebast. Erizzo. — 23: 1 v. Baldassare Castiglione. — 24: 25 v. Matteo Bandello. 25: 2 v. Pietro Fortini. — 26: Ant. Franc. Doni. — 27: 2 v. Angelo Firenzuola. — 28: 12 von Giov. Franc. Straparola. 29—52: Je 1 von Girolamo Parabosco, Scipione Bargagli, Ascanio de'Mori, Celio Malespini, Baldass. Scaramelli, Majolino Graf Bisaccioni, Giov. Batt. Basile, Franc. Belli, Girolamo Brusoni, Giov. Crocebianca, Giov. Franc. Loredano, Federico Malipiero, Pietro Michiele, Giambatt. Moroni, Liberale Motense, Pietro Pomo, Giambatt. Rocchi, Tomaso Placido Tomasi, Carlo Vassalli, Giov. Bottari, Lorenzo Graf Magalotti, Eustachio Manfredi, Gasparo Graf Gozzi, Carlo Graf Gozzi, — 53: 2 von Aless. Maria Bandiera, 54—66: Giambatt. Scotti, Franc. Soave, Michele Colombo, Giov. Marsili, Galt. Cioni, Gius. Taverna, Ces. Cantu, Ant. Cesari, Franc. Negri, Paolo Costa, Graf Ces. Balbo, F. D. Guerrazzi, Pietro Thouar.

v. Bülow, Ed., das Novellenbuch; oder hundert Novellen, nach alten italien., span., franz., latein., engl. u. deutschen bearbeitet. Mit e. Vorworte v. Ldw. Tieck. 4 Thle. 8. Leipz. 834—36. Brockhaus. 10 ℳ

v. Bülow, Ed., das Neue Novellenbuch. 1. Theil. gr. 12. Braunschweig 841. Vieweg u. Sohn. n. 2 ℳ

Bülow, Erna v., der Kerbschnitt. Anleitung zum Selbstunterricht. 8. (verb. u. ergänzte) Aufl. (80 S. m. Abbild. u. 2 Taf.) gr. 8. Stuttgart (909). (K. Wittwer.) 1.20

Bülow, Ernst von, auf Cummerow, s. Bülow-Cummerow, Ernst von

Bülow, Ernst Josua Frh. von: Diss. epistolaris qua an quartae Trebell. et legitimae deductio in fideicomm. fam. potissimum filiabus liceat? disquiritur. Gottingae 1751.

Bülow, F. v., u. E. Singer, Führerordnung. Ein Lehrbuch u. Ratgeber f. den Gruppenführer. Hrsg. vom Vorstand des Vereins „Jugendsport in Feld u. Wald". (48 S.) kl. 8. München 909. Verlag der ärztl. Rundschau. Geb — 40

v. Bülow, F. W., eine Fackel, zur Beleuchtung aller Regierungs-Formen, so wie der Prinzipien u. Bestrebungen der verschied. Parteien. gr. 16. (37 S.) Berlin 850, Löwenherz. n. 1/6 ℳ

Bülow, Fanny von, Schweizer Tagebuch, mit 12 Illustrationen und Titelblatt; Farbendruck von W. Loeillot. gr. 8. Berlin, R. Wagner. 1873 eleg. gb-ln. 24. —

Bülow, Fr. Frz. von. Cameralistische Grundsätze, Erfahrungen und Ansichten, ausgesprochen in einer Reihe von Abhandlungen mit besonderem Bezuge auf die grossherzogl. Mecklenburg-Schwerinschen Domainen. gr. 8°. Hamburg, Campe, 1826.

Im Felde gegen die Hereros. Erlebnisse e. Mitkämpfers. Von Franz v. Bülow. Bremen: G. A. v. Halem [1905]. (88 S.) 8° [B.]

Bülow, Franz Josef von

Bülow, FJ v., Deutsch-Südwestafrika. Drei Jahre im Lande Hendrik Witboois. Schilderga v. Land u. Leuten. 8° (365 m. Abbildgn u. 2 Kart.) Berl. 96, ES Mittler & S. 6 —; geb. in Lnw. n.n. 7.50

Bülow, F. J. v., Deutsch-Südwestafrika. Drei Jahre i. Lande Hendrik Witboois. Schildergn. v Land u. Leuten. 2. Aufl. M. zahlr. Abb. n. photograph. Aufnahmen u. 2 Karten. gr. 8. (IX, 365 S.) Berlin 897. E. S. Mittler & Sohn. n. 6. —; geb. in Leinw. n.n. 7.50

Bülow, Frieda Frein v., Abendkinder. Roman. gr. 8. (420 S.) Dresden 900. C. Reißner. n. 5. —; geb. n. 6. —

Bülow, Frieda Freiin v., allein ich will! Roman. 2 Tle in 1 Bde. 2. Aufl. (3. Tausl.) (III, 283 u. 227 S.) 8. Dresden 905. C. Reißner. n. 6. —; geb. n. 7. —
1. Aufl. (250 u. 233 S.) 901. n. 6. —; geb. n. 7. —.

Bülow, Frieda Freiin v.: Allein ich will! Roman. 2 Bde in 1 Bde. 3. Afl. (252 u. 201) 8° Dresd., C Reissner '11. 6 —; geb. 7 — d

Bülow, Frieda Freiin v., am andern Ende der Welt. Roman. 8. (258 S.) Berlin 890. Janke. n. 2. —

— die stilisirte Frau. — Sie u. er. 2 Novellen. 8. (163 S.) Ebd. 902. n. 2. 50; geb. n. 3. —

Bülow, Frieda Freiin v., einsame Frauen. Novellen. 8. (247 S.) Berlin 897. F. Fontane & Co. n. 3. —

— einsame Frauen. Novellen. 2., durchgeseh. Aufl. (V, 246 S.) 8. Berlin 904. F. Fontane & Co. n. 3. —; geb. n. 4. —

Bülow, Frieda Freiin v., Frauentreue. Roman. (V, 300 S.) 8. Dresden 910. C. Reißner. 4.—; geb. n 5. —

— im Hexenring, s. a. Engelhorn's allgemeine Roman-Bibliothek. XVIII. 4.

Im Hexenring. Eine Sommergeschichte v. Lande von Frieda Freiin v. Bülow. Stuttgart: Engelhorn 1901. 159 S. 8°
(Engelhorns Allgemeine Roman-Bibliothek. Jg. 18. Bd 4.)

— Hüter der Schwelle. Roman. 2 Tle. in 1 Bd. gr. 8. 212 u. 240 S.) Dresden 902. C. Reißner. n. 6. —; geb. n. 7. —

Bülow, Frieda Freiin v.: Hüter d. Schwelle. Roman. 2. Afl. (304) 8° Dresd., C Reissner '07. 4 —; geb. 5 — d

— Kara. Roman in 3 Büchern. 8. (418 S.) Stuttgart 897. J. G. Cotta Nachf. n. 4. —; geb. n. 5. —

Buelow, Frieda von

Meine Tochter Karoline. Ein Stück aus den 30er Jahren. Von Frieda von Bülow. Berlin 1879.
In: Roman-Zeitung, Deutsche. Bd 2.

— der Konsul. Vaterländischer Roman aus unseren Tagen. 8. (V, 288 S.) Berlin 891. Fontane. n. 3. —; geb. n. 4. —

— im Lande der Verheißung. Ein deutscher Kolonial-Roman. gr. 8. (446 S.) Ebd. 899. n. 5. —; geb. n. 6. —

— im Lande der Verheißung. Ein deutscher Kolonial-Roman. 2. Aufl. (427 S) gr. 8. Dresden 903. C. Reißner. n. 5. —; geb. n. 6. —

— Im Lande der Verheißung. Ein deutscher Kolonial-Roman. 3. Aufl. (392 S.) 8. Ebd. 907. 5.—; geb. 6. —

— Freie Liebe, s.: Novellen, deutsche. I.

— irdische Liebe. Eine Alltagsgeschichte. (316 S.) 8. Ebd. 905. n. 4. —; geb. n. 5. —

Bülow, Frieda Freiin v., Margarete u. Ludwig, s.: Engelhorn's Romanbibliothek.

— deutsch-ostafrikanische Novellen. 8. (319 S.) Berlin 892. F. Fontane & Co. n. 3. —; geb. n.n. 4. —

Bülow, Frieda Freiin v., das Portugiesenschloß, s.: Erzählungen, 1001, f. Jung u. Alt.

Bülow, F. Freiin v., Reiseskizzen und Tagebuchblätter aus Deutsch-Ostafrika. 12. (196 S.) Berlin 888, Walther und Apolant, Verlag. * ℳ 2.—.; geb. *

— Reiseskizzen u. Tagebuchblätter aus Deutsch-Ostafrika. 12. (196 S.) Berlin 889. Walther & Apolant. n. 2. —; geb. n. 3. —

— Ludwig v. Rosen. Eine Erzählg. aus 2 Welten. 8. (VII, 173 S.) Ebd. 892. n. 2. —; geb. n.n. 3. —

— Die Schwestern. Geschichte e. Mädchenjugend. Roman. (293 S.) 8. Dresden 909. C. Reißner. 4.—; geb. 5. —

— Anna Stern. Roman in 2 Büchern. — Dresden & Leipzig: Reissner 1898. 378 S. 8°

— die Tochter. Roman. 1.—3. Tausl. (371 S.) 8. Ebd. 906. n 5. —; geb. n. 6. —

— Tropenkoller. Episode a. d. deutschen Kolonialleben. 2. Aufl. 8. (290 S.) Berlin 897. F. Fontane & Co. n. 3. 50

Frieda v. **Bülow**. Tropenkoller. Episode aus d. deutschen Kolonialleben. 3., durchges. Aufl. Berlin: F. Fontane & Co. 1905. (290 S.) 8° [ʒ.] [05. 10303

— Troponkoller. Episode a. d. deut. Kolonialleben. 4. Afl. (290) 8° Berl., F Fontane & Co. ('11). 3.50; geb. 4.50 d

Le vertige des tropiques [Tropenkoller]. Épisode de la vie aux colonies allemandes. Par la B^{nne} Frieda de **Bülow**. Trad. de l'Allemand par Pierre de Pardiellan. Berlin: F. Fontane & Co. 1902. (261 S.) 8° [02. 3786

Wenn Männer schwach sind. Roman von Frieda Frein v. **Bülow**. Berlin: Schall [1908]. 319 S. 8°
(Verein d. Bücherfreunde. [Jg. 18, 1.]) [09. 18385

— Wir v. heute. Zwei Erzählgn. 8. (271 S.) Dresden 898. C. Reißner. n 3.—; geb. n. 4.—

— im Zeichen der Ernte. Italienisches Landleben v. heute. Roman. (394 S.) 8. Dresden 904. C. Reißner. n. 5.—; geb. n. 6.—

Bülow, Friedrich von. Bemerkungen, veranlaßt durch des Herrn Hofraths Rehberg Beurtheilung der königl. preuß. Staatsverwaltung und Staatsdienerschaft. Frankfurt u. Leipzig 1808. 206 S. 8.

—Bemerkk., veranlaßt durch Rehbergs Beurtheil. der k. Preuß. Staatsverwaltung ꝛc. 8. Berl. 808. Nicolai. 22 gr.

— s. Erörterung aus allen Theilen d. Rechtsgelehrsamkeit.

v. Bülow, F. u. Hagemann, Thdr.: Prakt. Erörter. a. allen Theilen d. Rechtsgelehrsamk., hin u. wieder m. Urtheilssprüchen d. Zelleschen Tribunals u. d. übr. Justizhöfe bestärkt. *Hann.* **Hahn. 4. 1—5r B. 798—809. (zus. 9. Thl.) 2e Aufl. 1—2r B. 806. (4 Thl. 18. Gr.) 6r B. allein von Hagemann. 818. (2 Thl.)**

Bülow und Hagemanns Erörterungen. 6r Bd. s. Hagemann.

Bülow, F. von, u. Th. Hagemanns Erörterungen aus allen Theilen d. Rechtsgelehrsamkeit. 3r Thl. 2te Aufl. 4. Hannov. Hahn. 814.
2. Aufl. Bd 1–3. Hannover 1806–15. 3 Bde

Bülow, F. v., üb. die Verfass. der Geschäfte ꝛc. des Ober-Appellations-Gerichts zu Zelle. 2 Bde. 4. Göttingen, Dieterich. 801—2. (1r 2 Thlr. 4 gr., 2r 3 Thlr.)

v. Bülow, (Aug.) Fr. (Wilh.): Ueber die Verfass., d. Gesch. u. d. Geschäftsgang des Braunschw.-Lüneburg. Oberappellationsgerichts zu Zelle, z. Erläut. d. O.-Appellat.-Ger.-Ordn. v. 26. Jan. 1713. u. d. verbess. Einricht. d. O.-A.-G. v. 20.—31. März 1733. 2 Thle. *Göttingen*, **801. 2. (Schulze in** *Celle.*) **4. (5 Thl. 4 Gr.)**

Bülow, Friedr. v.: Über die Verfassung, die Geschäfte und den Geschäftsgang des Königl. und Churfürstl. Braunschweig-Lüneburgischen Ober-Appellations-Gerichts zu Zelle. Th. 1. 2. Göttingen 1801. 04. 2 Bde.

— üb. d. gegenwärtigen Verhältnisse des christl.-evangel. Kirchenwesens in Deutschl. gr. 8. Magdeb. ... 2e A. 814. Creutz. 21 gr.

v. Bülow, F.: Ueber die gegenw. Verhältn. des christl.-evangel. Kirchenwesens in Deutschl. bes. in Bezug auf d. preuss. Staat. *Magdeburg*, **Creuz. 1—2e A. 818. gr. 8. (21 Gr.)**

Bülow, Georg: Der philosophische Gedankengang und die philosophiegeschichtliche Stellung von des Dominicus Gundissalinus Schrift „Über die Unsterblichkeit der Seele" ... [Erschien vollst. 1897 u. d. T.: Des Dom. Gundissalinus Schrift v. d. Unsterblichkeit d. Seele. Hrsg. ..., als Heft 3 d. n. Bds von: Beitr. z. Gesch. d. Philos. d. Mittelalt. hrsg. v. Baeumker u. v. Hertling.] Münster, Druck d. Aschendorffschen Buchdr., 1895; 41 S. 8. [vgl. 1894/95 Breslau No 35.]
Breslau, Phil. Fak., Inaug.-Diss. v. [14. Aug.] 1895

Bülow, Geo. Thomas Babington Macaulay. Sein Leben u. seine Werke. Ein Gedenkblatt zur 100jähr. Wiederkehr seines Geburtstages. gr. 8. (70 S.) Schweidnitz (900). (Leipzig, Buchh. G. Fock.) n. 1.50

Bülow, Georg, Dr.: Thomas Babington **Macaulay**. Sein Leben u. seine Werke. Ein Gedenkblatt zur hundertjähr. Wiederkehr seines Geburtstages. *Schweidnitz (1901): O. Maisel's Nachf.* (70 S.) 8° ¶ (Bearb. u. Erweit. einer urspr. Schulrede.)
Schweidnitz, ev. G, OP 1901 (221)

Bülow, Geo.: Aus d. Väter Tagen. Schuldrama a. Schweidnitz' Vergangenh. (60) kl8° Schweidn., L Heege ('12). 1 — d

Bülow, Georg: Des Dominicus Gundissalinus Schrift „von der Unsterblichkeit der Seele." E. philosophie-geschichtl. Untersuchg ... Breslau, Druck v. Dr. R. Galle, *1895;* [nur Titelbl., Vita u. Thesen.] 2 Bl. 8.
Breslau, Phil. Fak., Inaug.-Diss. v. 14. Aug. 1895

Des Dominicus **Gundissalinus** Schrift von der Unsterblichkeit der Seele. Hrsg. u. philosophiegeschichtl. unters. v. Dr. Georg Bülow. Nebst e. Anh., enth. d. Abhandlg d. Wilhelm v. Paris (Guilelmus Parisiensis) '(Auvergne)' de immortalitate animae. *Münster: Aschendorff 1897.* (4 Bl., 144 S.) 8.
= Beiträge z. Geschichte d. Philosophie d. Mittelalt. Bd II. H. III. [97. 4...

Bülow, G Frhr v.: Wie wird man Seeoffizier? (16) 8° Berl., ES Mittler & S. '12. — 50 d

v. Bülow, Geo. Cph. Ldw., meine Dienstentlassung. 8. Hamb. 1e u. 2e A. 795. Herold u. Wahlst. in Lüneb. 8 gr.

Bülow, Gerhard v., s.: Löwen in Uniform.

— Major's Mieze. Ein Soldaten-Roman in zwanglosen Bildern aus dem militär. Kleinleben. 2 Bde. 8. (V, 166 u. 173 S.) Leipzig 890. Rauert & Rocco. n. 3.—; geb. n. 4.50

Bülow, Gerh. v., Major's Mieze. Ein Soldaten-Roman in zwanglosen Bildern aus dem militär. Kleinleben. 2. Aufl. 8. (VII, 340 S.) Leipzig (899). Neu-Weißensee, H. W. Th. Dieter. n. 4.—; geb. in Leinw. n. 5.—

Bülow, Gottfried von

Bülow, G. v., Beiträge zur Geschichte des pommerschen Schulwesens im 16. Jahrh. Mit urkundl. Beilagen. [Festschrift der Gesellschaft für Pommersche Geschichte und Alterthumskunde zur Begrüßung der 35. Versammlung deutscher Philologen und Schulmänner.] gr. 8. (VII, 83 S.) Stettin 880, Herrcke und Lebeling.

Bülow, G. v., Geschichte d. Wappens d. Geschlechts v. Bülow. Ein heraldisch-sphragist. Versuch auf Grund der ältesten Denkmäler d. Geschlechts. Mit e. (lith. u. color.) Siegel- u. e. Wappentaf. gr. 4. (IV, 60 S.) Berlin 871. Mitscher & Röstell in Comm. n. 4. -

Bülow, Gottfried von: Die Klosterordnung von Rühn vom Jahre 1581. Nach den Acten des Königl. Staatsarchivs zu Stettin mitgetheilt. (Dem Verein für meklenburgische Geschichte und Alterthumskunde zur Feier seines funfzigjährigen Bestehens am 24. April 1885 gewidmet von der Gesellschaft für pommersche Geschichte und Alterthumskunde.) Stettin. 1885. Herrcke & Lebeling. 8°

v. Bülow, G., geschichtliche Nachrichten über die von Bülow zu Oebisfelde, als Beitrag zur Geschichte des Geschlechts nach urkundlichen Quellen bearb. [Als Mscr. gedr.] Mit 6 Urkunden, 2 Stammtaff. (in 4. u. Fol.) u. 1 (lith.) Abbildung. Berlin 869. Stargardt. gr. 8. (2 Bll., 94 S.) n. 2 Thlr

Bülow, G. v., Taschenbuch des Geschlechtes von Bülow. Als Mscrpt. gedruckt. Stettin 1886. 2. Aufl. 1887. 3. Aufl. 189?.

Bülow, Dr. Gottfried von, königl. Archivrath in Stettin. Taschenbuch des Geschlechtes von Bülow. Als Handschrift gedruckt. 3. vermehrte Auflage. 8. Stettin 1889.

Bülow, Gottfried Philipp von

v. Bülow, Gfr. Phil.: Abhandll. z. Erläut. d. Landschaftsordn. d. Herzogth. Braunschw. v. 1820. *Braunschweig*, **Vieweg. 831. 8. (16 Gr.)**

v. Bülow, Gf. Ph., Abhandll. über einzelne Materien des römischen bürgerl. Rechts. 2 Thle. gr. 8. Braunschw. 817—19. Vieweg. 2 ℛ 18 ℊ

— Antwort auf die Schrift: † „Beleuchtung des amtlichen Verfahrens der stimmführ. Mitglieder des vormal. herzogl. Staatsministerii ꝛc." gr. 8. Helmst. 831. Fleckeisen. 3 ℊ *

v. Bülow, Gf. Phil.: Beiträge z. Geschichte d. Braunschw.-Lüneburg. Lande, u. z. Kenntn. ihrer Verfass. u. Verwaltung. *Braunschweig*, Vieweg. 829. 8. (20 Gr.)

v. Bülow, Gf. Ph., Beiträge zur neuern Braunschweig. Geschichte, in Erinnerungen aus seinem Leben. 8. Braunschweig 833. Vieweg. 2/3 ℛ

— erläuternde Bemerkk. üb. d. Verfahren in Straffachen nach Westphäl. Gesetzen. 3 Bde. gr. 8. Braunschw. 811 u. 12. Vieweg. 4 ℛ 16 ℊ (2r u. 3r Bd. A. u. d. T.: Abhandll. über einzelne Materien d. Röm. bürgerl. Rechts. 2 Bde, s. oben.)

— zur Erläuterung der Landschaftsordnung des Herzogthums Braunschweig v. 1820. 8. Braunschw. 831. Vieweg. 16 ℊ

— Mittheilungen zur Erläuterung der Braunschweig. Geschichte u. Gesetzgebung. gr. 8. Braunschw. 839. Vieweg u. S. 2/3 ℛ

Bülow, G. P. v., Rückblicke auf mein Leben. gr. 8. (13 1/4 B.) Helmstedt 844, Fleckeisensche Buchh.

Bülow, Gottfried Philipp von (Celler Adel), S. R. I. principes electores nulla lege imperatoris. Präs. Gottlieb Samuel Treuer. Götting. (J. F. Hager) 8. 1. 1735. 40 S. (5.—) 4528

— — Dasselbe. Lpz. (Langenheim). 48 S. (5.—) 4529

Widm. v.: D. Smidt (Bremen), Könemann (Minden, dtsch.), Anton Sebert (Göttingen), H. H. v. der Decken (Bremen, dtsch.), Hieron. Klugkist (Bremen).

— mein Verhältniß z. Landschaft, besond. seit 1829. 8. (2 B.) Helmstädt 831, Fleckeisen.
Vgl. Beleuchtung.

— s. Was ist d. Schatzrath.

— Französ. Civilrecht in Rechtssprüchen z. Erläuterung des Gesetzbuches Napoleons, nach d. Reihefolge d. Artikel. 1r Bd. gr. 8. Braunschw. 813. Vieweg. 2 ℛ

Bülow, Hans v.: Briefe an Ferd. Lassalle (1862–1864). 3. Aufl. 8°. Dresden 1885.

Bülow, Hans v., Briefe u. Schriften. Hrsg. v. Marie v. Bülow. 1. u. 2. Bd. Briefe. gr. 8. Leipzig 895. Breitkopf & Härtel. n. 10. —; geb. in Leinw. n. 12. —; in Halbfrz. n.n. 14. —
1. 1. 1841—1853. M. e. Bildniß u. e. Briefnachbildg. (XV, 510 S.) — 2. 1853—1855 M. e. Bildniß. (VIII, 392 S.)

Bülow, Hans v., Briefe u. Schriften. Hrsg. von Marie v. Bülow. 1. u. 2. Bd. 2. Aufl. gr. 8. Leipzig 899. Breitkopf & Härtel. n. 10. —; geb. in Leinw. n. 12. —; in Halbfrz. n. 14. —
1. Briefe. 1. Bd. 1841—1853. Mit e. Bildniß u. e. Briefnachbildg. (XV, 510 S.)
2. Briefe. 2. Bd. 1853—1855. Mit e. Bildniß. (VIII, 402 S.)

— dasselbe. Hrsg. v. Marie v. Bülow. 3. u. 4. Bd. gr. 8. Ebd. n. 13 —; geb in Leinw. n. 15. —; in Halbfrz. n.n. 17. —
3. Ausgew. Schriften 1850—1852. (XV, 482 S.) 896. n. 6. —; geb. in Leinw. n. 7. —; in Halbfrz. n.n. 8. —
4. Briefe. 3. Bd. 1855—1864. (XVIII, 650 S. m. 2 Bildn.) 898. n. 7. —; geb. in Leinw. n. 8. —; in Halbfrz. n. 9. —

Bülow, Hans v.: Briefe u. Schriften. Hrsg. v. Marie v. Bülow. 3. Bd. Ausgew. Schriften. 1850—92. 2. Afl. 2 Abtlgn in 1 Bd. (29, 363 u. 320) 8° Lpzg, Breitk. & H. '11. 12 —; L n 14 —: HF n 15 — d

— dasselbe. 5. Bd. gr. 8. Ebd. 900. n. 6. —; geb. in Leinw. n. 7. —; in Halbfrz. n. 8. —
5. Briefe. 4. Bd. 1864—1872. (XII, 582 S. m. e. Bildnis.)

Bülow, Hans v., Briefe u. Schriften. Hrsg. von Marie v. Bülow. 6. Bd. Briefe. 5. Bd. 1872—1880. (XX, 642 S. m. 2 Bildnissen.) 8. Leipzig 901. Breitkopf & Härtel. n. 7. —; geb. in Leinw. n. 8. —; in Halbfrz. n. 9. —

Bülow, Hans v., Briefe u. Schriften. Hrsg. v. Marie v. Bülow. 7. u. 8. Bd. 8. Leipzig, Breitkopf & Härtel. 11.—; geb. in Leinw. 13.—; in Halbfrz. n 15. —
7. Briefe. 6. Bd. Meiningen. 1880—1886. (XXIV, 422 S. m. 3 Bildnistaf.) 907. 5.—; geb. in Leinw. 6.—; in Halbfrz. 7. —
8. Briefe. VII. Bd. Höhepunkt u. Ende. 1886—1894. (XXI, 492 S. m. 2 Bildnissen.) 908. 6.—; geb. in Leinw. n 7. —; in Halbfrz. n 8.

— Briefwechsel, s.: Liszt, Frz.

— Correspondance, s.: Liszt, Frz.

— Ueb. Rich. Wagner's Faust-Ouvertüre. (81) kl8° Lpzg, CF Kahnt Nf. 1860. nn — 50

Bülow, Hans v., Heldenthaten deutscher Offiziere u. Mannschaften in den Feldzügen der J. 1864, 1866 u. 1870/71. 10 Lfgn. gr. 8. (XII, 801 S.) Leipzig 889. 890. Brehse. n. 3. —; geb. n. 4. —

— dasselbe. 2., verm. Aufl. (In 10 Lfgn.) 1.—8. Lfg. gr. 8. (S. 1—256.) Ebd. 890. à — 30

Bülow, Hans v., Heldenthaten deutscher Offiziere u. Mannschaften in dem Feldzuge 1870/71. 2., verm. u. rev. Aufl. 9.—12. Lfg. gr. 8. (S. 257 - 408.) [Leipzig 890. Brehse.] Berlin, Bruer & Co. à — 30 (kplt.: n. 3. 50; geb. n. 4. 50)

— dass. — 2. verm. u. verb. Aufl. 12 Lfgn. (408 S.) Ebd. 891,92. à Lfg. — 30; * 3 50; geb. ' 4 50

— dasselbe, s.: Schulenburg, Gust. v. d., Waffenthaten deutscher Soldaten im Kriege 1870/71.

Bülow, Hans v., Skandinavische Konzertreiseskizzen. 8. (52 S.) Charlottenburg 882, Verlag der Allgemeinen Musik-Zeitung. *

— s. Musikheroen der Neuzeit.

Bülow, Hans v., Reise-Recensionen. Drei Billets-doux an Bartholf Senff. [Aus: „Signale f. die musikal. Welt".] 8. (44 S.) Leipzig 878. Senff. n. 1. 50

[F.] Hans von Bülow. Ausgewählte Schriften. 1850—1892 . . . *Leipzig: Breitkopf & Härtel 1896.* (XV, 482 S.) 1 Bd 8.
= Bülow, H. v.: Briefe u. Schriften. Bd III. [illegible]

Bülow, Heinrich von

Bülow, H. v., d. Balkanstaaten u. ihre Entwickelg. b. z. Gegenwart 1897. gr. 8. *(81 S.) Berlin 897. A. Bath. n. 1. 50

Bülow, H. v., der deutsche Besitz in Schantung. 12. (36 S.) Leipzig 898. Verlagsanstalt Militär. Rundschau. n — 60

Bülow, H. v., d. deutsche Besitz i. Schantung. 12. (36 S.) Leipzig 898. (W. Opetz.) n. — 60; ermäß. Pr. — 30

Generalfeldmarschall Graf Bülow von Dennewitz. Von H[einrich] v. Bülow. (Reichenberg 1910: Stiepel.) 32 S. 8° [illegible]

Bülow, H. v., Generalfeldmarschall Graf Bülow v. Dennewitz. (82 S. m. 6 Taf.) gr. 8. Wien 910. R. Lechner & Sohn. nn 2. 50

Deutsch-Südwestafrika seit der Besitzergreifung, die Züge und Kriege gegen die Eingeborenen. Von H[einrich] v. Bülow. Mit 1 Karte u. 1 Skizze. *Berlin: W. Süsserott 1904.* (80 S.) 8° [F.] [illegible]

— Entgegnung auf die ungarische Krise u. die Hohenzollern von Prof. Julius A. v. Zeysig. (40 S.) gr. 8. Wien (905). Selbstverlag. n. — 75

Bülow, Heinr. v., Geschichte des Adels. Ursprung u. Entwickelg. (104 S. m. 1 Bildnis.) gr. 8. Berlin 903. [W. Süsserott] Wien, Selbstverlag. n. 3. —

Bülow, H. v., Aus Rußlands Gewaltherrschaft. 8°. (50 S.) Wien: Mitschke 1905 K 1.44

— Österr.-Ungarns Handels- u. Industrie-Politik. Mit bes. Rücksichtnahme auf d. in d. Monarchie zutage tret. Bestreben n. überseeischer Kulturarbeit. (300 m. 1 Bildnis.) 8° Berl. '02. Wien, Selbstverl. Geb. 8 — d

! — Österr.-U's Handels- u. Industrie-Politik. Jetzt: Berl., W Süsserott. 4 — '01/05

— Russland-Japans Handelspolitik u. Industrie. (39 S.) gr. 8. Dresden 904. [B. Sturm.] Wien, Selbstverlag. n. 1. 80

— das brandenburgisch-preußische u. deutsche Heer, die kaiserl. Schutztruppen u. Marine bis zur Gegenwart. Eine Orientierg. (93 S.) gr. 8. Dresden-Blasewitz 904. [R. v. Grumbkow.] Wien, Selbstverlag. n. 2. 50

— das russisch-japanische Heer — Kriegsmarine u. die dor in Ostasien interessierten Staaten. (92 S.) gr. 8. Wien 904. [L. W. Seidel & Sohn.] Selbstverlag. n. 3. —

— Hull. Der englisch-russ. Zwischenfall. Eine Studie. (68 S. m. Bildnis.) gr. 8. Dresden-Blasewitz 905. [R. v. Grumbkow.] Wien, Selbstverlag. n. 2. —

Humoresken von H(einrich) v. Bülow. *Schwerin: Stiller [1898].* (105 S.) 8° [J.] [...]

Deutschlands Isolierung. Onkel u. Neffe. Von H[einrich] v. Bülow. Wien: Lechner in Komm. 1910. 144 S. 8° [...]

Deutschlands Kolonien und Kolonialkriege. Von (H.) v. Bülow. (Mit 6 Karten.) *Dresden & Leipzig: E. Pierson 1900.* (XV, 303 S.) 8° [J.] [...]

! — Deutschlds Kolonien. Jetzt: Berl., Verl. Berlin-Wien.

— der russisch-japanische Konflikt. (96 S.) gr. 8. Wien 904. [L. W. Seidel & Sohn.] Selbstverlag. n. 4.—

— die ungarische Krise u. die beiden Parlamente. (52 S.) gr. 8. Wien 905. [K. Mitschke.] Selbstverlag. n. 1. 20

— das Militär d. 5 Welttheile 1896. gr. 8. (VIII, 171 S.) Leipzig 896. Zuckschwerdt & Co. n. 2. 50

Bülow, Heinr. v., Moment-Aufnahmen od. Augenblicksbilder aus Galizien. gr. 8. (78 S. m. Abbildgn.) Wien 893. Verlagsanstalt „Reichswehr". n. 2. 50

— Die Revolution in Russl. u. dessen Heer. (Umschl.: 2. Taus.) (53) 8° Wien, Selbstverl. '05. 1.50

Bülow, H. v., Die Revolution in Russland u. dessen Heer. (Umschlag: 2. Taus.) (53 S.) gr. 8. Wien, K. Mitschke. 1905 1. 50.

— Rußland u. die Staaten des Wetterwinkels. (144 S.) gr. 8. Wien 903. Selbstverlag. n. 4. —

Bülow, H. v., Russland u. die Staaten des Wetterwinkels. (144 S.) gr. 8. Wien. L. W. Seidel & Sohn. 1903 4. —

Bülow, Heinr. v., Chinas handelspolitische Stellung zur Außenwelt. (163 S. m. Bildnis.) gr. 8. Berlin 904. [W. Süsserott.] Wien, Selbstverlag. n. 4. —

— der Verlust v. Österreichs Stellung in Deutschland vom kolonialpolitischen Standpunkte. (78 S. m. Bildnis.) gr. 8. Berlin 903. [W. Süsserott.] Wien, Selbstverlag. n. 1. 80

— zur 40Jahr-Gedenkfeier der siegreichen österreichischen Südarmee u. Kriegsmarine im J. 1866. (146 S.) Lex.-8. Wien 906. Hof- u. Staatsdruckerei. n. 6. —

— was ich auf der Fährte fand. (222 S.) gr. 8. Ebd. 904. n. 5. —

— Mecklenburgs Wehrmacht. gr. 8. (54 S.) Schwerin 897. Stiller. n. 1. 25

— Werdegang des österreichisch-ungarischen Invalidendank. Gegründet anlässlich des 50jähr. Regierungsjubiläums Sr. k. u. k. apostol. Maj. des Kaisers u. Königs Franz Joseph I. (102 S.) 8. Wien 904. [L. W. Seidel & Sohn.] Selbstverlag. n.n. 3. —

— Zweiteilung od. gemeinsames Heer? (III, 123 S.) 8. Wien 908. C. Konegen. 1. 70

Bülow, Heinrich Adam Dietrich von, s. Biographien, Militär., ber. Helden.

Bülow, Heinrich Adam Dietrich von, s. Blicke auf zukünft. Begebenheiten.

(Bülow.) Blicke auf zukünftige Begebenheiten, aber keine Prophezeihungen; geschrieben im April 1801, zum Theil erfüllt im Juni 1806. 8. Berlin 1806.

Bülow, Heinrich Adam Dietrich von, s. Feldzug v. 1800.

Bülow, v., der Feldzug von 1800. gr. 8. Berlin, Duncker u. H. 801.

Bülow, Heinrich Adam Dietrich von, s. Feldzug v. 1805.

(v. Bülow.) Der Feldzug v. 1805, vom Verfasser des Geistes des neueren Kriegssystems. 2 Th. 8. Berlin 1806. 15,00.

BÜLOW, Dietrich Heinrich Freiherr von 1757 - 1808
Der Freistaat von Nordamerika in seinem neuesten Zustand von D. von Bülow.
Erster [- Zweiter] Theil.
Berlin: Unger. 1797. 8°.
Staats- und Universitätsbibliothek Göttingen
Sabin 9149. Baginsky 1363. Palmer.

Bülow, v., d. Freistaat v. Nordamerika in seinem neuesten Zustande. 2 Thle., ist jetzt Verlag d. Realschulbuchh. in Berl.

Bülow, Heinrich Adam Dietrich von, s. Geist d. neuen Kriegssystems.

(v. Bülow, H.) Geist des neueren Kriegssystems, hergeleitet aus dem Grundsatze einer Basis der Operationen. (333) 8. Hamburg 1799. 2. Aufl. (365) 12. ib. 1805. — 3. Aufl. ib. 1835.

Bülow, Heinr. v., Geist d. neuern Kriegssystems, hergeleit. aus d. Grundsatze e. Basis d. Operationen, auch f. Laien in d. Kriegskunst faßl. vorgetragen. 3., verm. Aufl. 8. ($20\frac{1}{4}$ B. m. vicl. Holzschn.-Fig.) Hamburg 835, A. Campe. (Leipzig, Brockhaus.)

v. Bülow, (Adm.) Hnr. (Dietr.), Geist des neuern Kriegssysteme, hergeleitet aus d. Grundsatze einer Basis der Operationen, auch für Laien in der Kriegskunst faßlich vorgetragen. 3e verm. Aufl. 8. Hamb. 836. Aug. Campe. $1\frac{1}{3}$ ß

Bülow, Heinrich Adam Dietrich von, s. Geschichte Gustav III.

Bülow, D. H. v., Geschichte Gustavs III, Königs v. Schweden. 3 Thle. 8. 810. Ist jetzt Verlag von Reimer in Berlin.

Bülow, Heinrich Adam Dietrich von, s. Gustav Adolph in Deutschland.

Bülow. Gustav Adolph in Deutschland. Kritische Geschichte seiner Feldzüge. Vom Verfasser des Geistes des neuen Kriegssystems. Mit Kupfern. (2 Bde.) 8. Berlin 1808.

Bülow, D. H. v., Gustav Adolph in Deutschland, 2 Th. m. 4 Kupf. u. 1 Pl. 8. 808. Ist jetzt Verlag von Reimer in Berlin.

Bülow, Heinrich Adam Dietrich von, s. Heinrich, Prinz v. Preußen.

Prinz Heinrich von Preußen. Krit. Gesch. seiner Feldzüge. Von dem Verf. des Geistes des neuern Kriegssystems (H. v. Bülow). Mit Kpf. T. 1. 2. Berlin 1805.

— Feldzüge des Pr. Heinrich von Preußen. m. K. u. Plan. 2 Thle. gr. 8. Berlin, Himburg. 805.

— — Prinz Heinrich von Preußen. Kritische Geschichte seiner Feldzüge. 2 Bände. Mit Kupfern. gr. 8. 805. Jetzt Liebeskind in Leipzig und Reimer in Berlin.

Kritik des Feldzugs in Deutschland i. J. 1806. (Von H. D. Frh. v. Bülow.) Berlin 1808. 406 S.

Bülow, Heinrich Adam Dietrich von, s. Lehrsätze d. neuen Kriegs.

— — Lehrsätze des neuern Krieges, oder reine und angewandte Strategie aus dem Geiste des neuern Kriegs-Systems hergeleitet von dem Verfasser des Geistes des neuern Kriegs-Systems und des Feldzuges von 1800. 8. Berlin 1805.

— Lehrsätze d. neuern Krieges rc. m. K. 8. Berlin, Dunker u. H. 805.

Bülow, Heinrich Adam Dietrich von, s. Napoleon Buonaparte, Über.

Napoleon Bonaparte (von *Dietrich Heinr. v. Bülow*, dem berühmten Militärschriftsteller, Bewunderer Napoleons). 2 Thle. Berlin, Himburg, 1803—4.
Anon.-Lex., I. c. (nach Meusel). —

— üb. Napoleon, Kaiser d. Franzosen. 8. Berlin, Himburg. 804.

— — über Napoleon, Kaiser der Franzosen. 8. 804. Ist jetzt Verlag von Reimer in Berlin.

v. Bülow, Adm. Hnr. Dietr., († d. 16. Juli 1807.) d. Neueste a. England. 5 Hefte. 8. Berl. 801. Dunker u. H. 2 ₰ 12 gl.

— nunc permissum est. Coup d'oeil sur la doctrine de la nouvelle église chrétienne ou le Swedenborgianisme. gr. 8. Berl. 809. (Dümmler). 12 gl.

— Nunc permissum est. Coup d'oeil sur la doctrine de la nouvelle Eglise chrétienne ou le Swedenborgianisme. gr. 8. Berlin, Hitzig. 809.

Bülow, Heinrich Adam Dietrich von, s. M. Park: Reisen.

Bülow, Heinr. Dietr. v., militärische und vermischte Schriften. In einer Auswahl mit Bülow's Leben und einer kritischen Einleitung herausg. von Ed. Bülow u. Wilh. Rüstow. Mit 60 in den Text eingedr. Figuren (Holzschn.). Leipzig 853. Brockhaus. gr. 8. (IX, 503 S.) n. 2 ₰ 20 ngl
Inhalt: 1. Aus Dt. Bülow's Leben. Von Ed. Bülow. 2. Aus Dt. Bülow's vermischten Schriften. Von demselben. 3. Aus Dt. Bülow's militärischen Schriften. Nebst einer kritischen Einleitung zu denselben. Von W. Rüstow.

Bülow, D. von: „Physisches Staatswohl, oder eine Finanzeinrichtung, vermöge welcher Reichthum stets die Belohnung gemeinnütziger Tugend sein würde", Berlin 1800. — Vorh.: Preuß. Staatsbibl. Berlin.

Bülow, D. v., physisches Staatswohl. 8. Berlin, Himburg. 800.

— physisches Staatswohl. 8. Berl. 800. (Reimer). 20 gl.

Bülow, Heinrich Adam Dietrich von, s. Taktik d. Neuern.

Bülow, Adam Heinrich Dietrich von. Neue Taktik der Neuern wie sie seyn sollte. Leipzig 1805. V (Appendix): *Voss, Julius von.* (BrMm)

— neue Tactik d. Neuern, wie sie seyn sollte. 2 Thle. 8. Leipzig, Barth. (Himburg, Berl.) 805. (Reimer)

Bülow, Heinrich Wilhelm von

— Abhandl. üb. Geschichte u. jetzige Verfass. d. deutschen Reichstags. 2 Thle. 8. Regensb. 791, 92. Montag u. W. 1 ₰ 12 gl.

v. Bülow, Hnr. Wlh., († d. 10. Sept. 1810.) Annalen d. deutschen Reichs. 5 Hfte. gr. 8. Bayr. 793, 94. (Grau). 1 ₰ 16 gl.

— amtliche Berichte üb. d. Friedenscongreß zu Basel. 1e Lief. gr. 8. Frankf. 796. (Schwan u. G. in Manh.) 1 ₰

v. Bülow, H. W.: Freymüth. und erläut. Betrachtt. üb. d. neue kais. Wahlcapitulation u. d. zugl. an Kais. Maj. erlass. kurfürstl. Collegialschreiben, bes. der neuen Zusätze d. ersteren. *Regensburg*, Montag. 791. 8. (1 Thl.)

— Betrachtt. über die kaiserl. Wahlkapitulation. 8. Regensb. 792. Montag u. W. 1 ₰

v. Bülow, H. W.: Ueb. Gesch. u. Verfass. d. Corp. Evang., mit Bezug auf die neuesten Verhandl., d. Sitz- u. Stimmordn. d. beiden evangel. Fürstbischöfe zu Osnabrück u. Lübeck betr. (*Regensb.*, Montag u. Weiss. B.) 795. gr. 8. (16 Gr.)

— üb. Gesch. u. Verfass. d. deutsch. Reichstags. 2 Thle. 8. Regensb. Montag u. W. 791. 92.

NOCH Etwas zum deutschen Nationalgeiste (von *Heinr. Wilh. v. Bülow*, geb. 1748 zu Brunsrode, Hofrath zu Wolfenb., dann Privatmann in Regensb., 1798 in Paris verhaftet, ging nach Nordamerika, † 10. Sept. 1810 zu Hamburg). Lindau (fing.?) 1766.
„Das lebendig geschriebene Büchlein (des damals erst 18jähr. Vf.) stellt die Erpressungen u. liederliche Verschwendung an den Pranger, deren sich viele deutsche Fürsten schuldig machten." (Weller.)

— das deutsche Staatsrecht, nach sein. neuesten Zustande. 1r Bd. gr. 8. Ulm 793.

v. Bülow, Hugo Frhr., die Aristokratie d. Talentes als Grundlage des Zweikammer-Systems. Ein publicist. Versuch. gr. 8. (61 S.) Berlin 848, Schneider & Co. n. 8 ngl

Bülow, Hugo Freiherr von, Die Standesherren und die Grundrechte. Berlin, F. Schneider u. Co., 1850. 31 S. 8°.

Bülow, Hugo Freiherr von, Die rechtliche Stellung der deutschen Union im deutschen Bunde. Berlin, Decker, 1850. 42 S. 8°.

Bülow, Jakob Fr. Joachim von

v. Bülow, Jak. Fr. Joach., († d. 20. Oct. 1798.) histor., genealog. u. krit. Beschreibung des freiherrl. u. gräfl. Geschlechts v. Bülow, mit Kpf. u. viel. Urkunden versehen. Fol. Neubrandenb. 780.

— nähere Bestimmung, betr. die Vertheilung d. Kleberschen Aecker, Wiesen u. Holzungen in 11 abgesond. Theile rc. 4. ... 770.

— d. Glückseligkeit e. Landes, d. sich seiner Häupter freut u. seinen künft. Flor von d. Vorsehung erwarten kann rc. 4. Jena 755.

Bülow, Joach. v.: Künstler-Elend u. -Proletariat. Beitrag z. Erkenntn. u. Abhilfe. (7, 66) 8° Berl. '11. Stettin, M Bauchwitz. 1.25

— Marocco deutsch ! ! ! (30) 8° Ebd. '11.

Bülow, Joach. v., das Vereinsrecht des bürgerlichen Gesetzbuches. gr. 8. (VIII, 123 S.) Berlin 902. C. Heymann. n. 2. —

Bülow, Johann Herbort von

— — De feudi alienatione. Discurs. feud. Präs. Ernst Friedrich Schröter (Wickerstädt). Jena (J. Nis) Aug. 1669. 18 Bl. (5.50) 1531
Gew.: Friedr. v. Heimburg (Nordgoltern), Hieron. v. Grapendorff (Bettensse . .). — Widm. v.: Jul. Heinr. v. Bülow (Bruder), Ant. Wolf Ig. v. Bülow (Bruder).

— — Dasselbe. Von der Lehns-Veräuserung. Jena (P. Ehrich) 1711. 36 S. (5.—)
Widm. v.: Jul. Heinr. v. Bülow.

Bülow, Karl [aus Wismar]: Beiträge zur Trennung des Quecksilbers von den Metallen der sog. Arsen- u. Kupfer-Gruppe. . . . Göttingen, Druck d. Univ.-Buchdr. v. E. A. Huth. 1890: 52 S. + 1 Bl. 8°
Göttingen. Phil. Fak., Inaug.-Diss. v. 5. März 1890

Bülow, Karl. Beiträge zur Trennung d. Quecksilbers v. den Metallen der sog. Arsen- und Kupfer-Gruppe. Diss. gr. 8. (52 S.) Gött. 890, (Vandenhoeck u. Ruprecht). * 1 —

Bülow, K. Frhr. v., u. F. Sterneberg, d. Feld- u. Forstpolizei-Gesetz v. 1. Apr. 1880, s. a. Forst- u. Jagd-Gesetze, d. preuß.

BÜLOW, K. Frhr. v. u. F. STERNEBERG: Das Feld- und Forstpolizei-Gesetz vom 1. April 1880 mit Erläuterungen. - Berlin 1880. 144 S., 22 S. Anh. - (Die preuss. Forst- u. Jagd-Gesetze Bd. 3). - 4. Aufl. ebd. 1895. 182 S.

Bülow, K. Frhr. v., s.: Forst- u. Jagdgesetze, die preußischen, m. Erläuterungen.

Bülow, C. Frhr. v., u. E. Fastenau, Gesetz betr. die Bildung v. Wassergenossenschaften vom 1. April 1879, unter Berücksichtigung der Regierungs-Motive u. der Landtags-Verhandlungen erläutert. Mit dem Entwurfe e. Statuts f. e. öffentliche Genossenschaft zur Ent- u. Bewässerung von Grundstücken. 8. (128 S.) Berlin 879. Parey. n. 2. —

Bülow, C Frhr. v., u. C Fastenau, Gesetz betr. d. Bildg v. Wassergenossenschaften v. 1. Apr. 1879, unter Berücksicht. d. Regierungs-Motive u. d. Landtags-Verhandlgn erläutert. 2. Afl. 8. (104) Berl. 86, Parey. n. 2. —

Bülow, C. v., Handbuch d. Geographie, od. Bearbeit. e. speciellen mathemat. u. physikal. Geographie, so wie d. System d. Wasserscheide, nebst e. reinen u. polit. Geographie v. Europa; zum Gebr. d. Real-, Divisions- u. Brigade-Schulen, so wie f. d. höh. Klassen d. Gymnasien. M. 1 Stnt. (in qu. Fol.) u. 1 orograph. Karte v. Europa (in gr. Fol.) gr. 8. (20 B.) Berlin 834, Plahn.

Bülow, C. Frhr. v., die Reform unserer Strafrechtspflege. gr. 8. (52 S.) Berlin 893. C. Heymanns Verl. n. 1. —

Bülow, Carl [Dr., Tübingen]: Chemische Technologie der Azofarbstoffe m. bes. Berücks. d. Deutschen Patentlitteratur. I. Th. Natürl. Systematik d. Azofarbstoffe. Leipzig, O. Wigand, 1897; 2 Bl., 124 S. 8.
Tübingen. Naturw. Fak., Hab.-Schr. v. 1897

Bülow, Carl, Chem. Technologie d. Azofarbstoffe m. bes. Berücksicht. d. deutschen Patentlitteratur. 2 Thle. gr. 8. Leipzig, O. Wigand. n. 22. —
1. Natürl. Systematik d. Azofarbstoffe. (123 S.) 897. n. 4. —
2. Fabrikation u. Anwendg. d. Azofarbstoffe, übersichtl. geordnet a. Gr. d. „Natürlichen Systematik d. Azofarbstoffe". (XII, 711 S.) 898. n. 18. —

Bülow, Karl Eduard von, s. Bülow, Eduard von

Bülow, Karl W. von

v. Bülow, Karl, Forsttabellen, nach Burgdorffs Forsthandbuch bearb. (Mit e. Vorrede v. F. W. A. Bratring.) Roy.-Pat.-Fol. Berl. 805. Schmidt. 16 gl.

— Grundzüge der Forstwissenschaft. Taschenbuch für Forstverwalter. 12. Berlin 833. Reimer. 5/6 rß

— die Jahreszeiten in dem Forst. 8. Berl. 806. Starke. (Mittler in Lpz.) 6 gl.

— s. Instruktion, wonach die Holzkultur ꝛc.

v. Bülow, C. W., Deutschlands Wälder. Beiträge zur Forstgeographie. gr. 8. Berlin 834. Reimer. 1 2/3 rß

Bülow, Klara, s.: Ernst, Clara.

Bülow, Lonny v., geb. v. Prittwitz u. Gaffron, zwei Frauen. Erzählung in Briefen. gr. 8. (48 S.) Bunzlau 902. G. Kreuschmer. n. 1. 60

Bülow, Louis Frhr. v., die Civilprozeß-Ordnung u. ihre Nebengesetze, erläutert. Mit einem Anh. u. ausführl. Sachregister. gr. 8. (XVI, 766 S.) Hannover 879. Rümpler? n. 10. —

Bülow, Louis Frhr. v., die Civilprozeß-Ordnung und ihre Nebengesetze, erläutert. Mit einem Anhang und ausführl. Sachregister. 2. Aufl. gr. 8. (XII, 870 S.) Hannover 882, Hahn'sche Buchh.

Bülow, Margarethe v., Jonas Briccius. Erzählung. 8. (248 S.) Leipzig 886. Grunow. n. 4. —; geb. in Leinw. n.n. 5. 25; in Halbfrz. n.n. 6. 50

Bülow, Margarethe v., aus der Chronik derer v. Risselshausen. Erzählung. 8. (VII, 444 S.) Leipzig 887 Grunow. n. 5. —; geb. in Leinw. n.n. 6. 25; in Halbfrz n.n. 7. 50

Die Glücksuhr von Wölfis von Margarete v. Bülow. Liegnitz: Verl. f. Nationalstenogr. 1905. (16 S.) 8° [Umschlagt. Text stenogr.]
= Zehnpfennig-Unterhaltungshefte f. Nationalstenogr. No 12.

—— Herr im Hause, s. Novellenschatz, neuer deutscher.

— Novellen. Mit e. Vorwort v. Julian Schmidt. 8. (X, 287 S.) Berlin 885. Hertz. n. 5. —; geb. n. 6. 20

— neue Novellen. gr. 8. (XXIII, 807 S.) Berlin 890 Walther & Apolant. n. 6. —; geb. n. 7. —

— Novellenbuch, s.: Meyer's Volksbücher.

—— s. Vogel, Bernh.

Bülow, Margot E. von

Bülow, M. E. v., Liebe. Der „Pennreuths" 2. Thl. Roman. 8. (268 S.) Braunschweig 900. R. Sattler. n. 4.—

Bülow, Margot v., Liebe! Roman aus der Aristokratie. (Neue [Titel-]Ausg.) (268 S.) 8. Braunschweig [900] 903. Leipzig, R. Sattler. n. 1. 50; geb. in Leinw. n. 2. —

— Die Pennreuths. Roman. 8. (234 S.) Ebd. 900. n. 3. 50; geb. n. 5. —

— die Pennreuths. Familien-Roman. (Neue [Titel-]Ausg.) (234 S.) 8. Ebd. [900] 903. n. 1. 50 geb. in Leinw. n. 2. —

Bülow, Osk., s.: Archiv f. die civilistische Praxis.

— heitere u. ernste Betrachtungen üb. die Rechtswissenschaft. Beiträge zur Theorie des Gesetzes- u. Gewohnheitsrechts. 2. [Titel-]Ausg. der „Briefe e. Unbekannten üb. die Rechtswissenschaft". gr. 8. (VI, 140 S.) Leipzig [901.] 901. Breitkopf & Härtel. n. 2. —; geb. n. 3.—

Briefe eines Unbekannten über die Rechtswissenschaft. [Verf.: Prof. Dr. Oskar Bülow.] Eine Gabe z. ersten Geburtstagsfeier d. neuen deutschen bürgerl. Rechts. *Leipzig: Breitkopf & Härtel 1901.* (V, 140 S.) 8° [5.]

Bülow, Osk., das Ende des Aktenversendungsrechts, eine Gerichtsverfassungsfrage. gr. 8. (IV, 58 S.) Freiburg i/Br. 881. Mohr. n. 1. 50

Bülow, Osc., de praejudicialibus exceptionibus. Dissertatio. Heidelberg 863. Bangel & Schmitt. gr. 8. (59 S.) 12 ngr.

Buelow, (Robertus Arthurus) Oscarus *(geb. Breslau 11. 9. 1837)*:
De praejudicialibus formulis. Vratislaviae (1859). (46 S.) 8°
[Im Buchhandel 1859 bei Gosohorsky in Breslau]
Breslau, Jur. Diss. v. 15. Jan. 1859

Bülow, Osk., Gesetz u. Richteramt. gr. 8. (XIII, 48 S.) Leipzig 885. Duncker & Humblot. n. 1. —

Bülow, Osk., das Geständnissrecht. Ein Beitrag zur allgemeinen Theorie der Rechtshandlgn. gr. 8. (XII, 311 S.) Freiburg i/B. 899. Tübingen, J. C. B. Mohr. n. 6. —

Klage und Urteil. Eine Grundfrage d. Verhältnisses zwischen Privatrecht u. Prozeß. Von Oskar Bülow. *Berlin: C. Heymann 1903.* (80 S.) 8°
Aus: Zeitschrift f. deutschen Civilprozeß.

Bülow, Osk., die Lehre von den Proceßeinreden u. die Proceßvoraussetzungen. Gießen 868. Roth. gr. 8. (XV, 320 S.) n. 1 ℛ︎ 15 ngr.

Bülow, Otto: 1813. Ein Erinnergsb. an Deutschlds grosse Vergangenh. 1—4. Taus. (98) 8° Langens., Schulbh. '12. 1 — d

von Bülow, Otto. Repertorium und Ortsregister für die Jahrbücher I.—XX. des schweizer. Alpen-Clubs. In-8°, 188 S., mit einer Uebersichtskarte in-fol. Bern, Expedition des Jahrbuches des S. A. C. (Schmid, Francke & Cie.). **1886**

Bülow, P.: De Dominio rerum immob. transfer. sec. ius. Sax. Diss. Königsberg 1870.

Bülow, Paul v., Familienbuch der v. Bülow. Nach der im Jahre 1780 herausgegebenen Historischen, Genealogischen und Kritischen Beschreibung des Edlen, Freiherr und Gräflichen Geschlechts v. Bülow von Jac. Frdr. Joachim v. Bülow bearb. u. bis auf die Gegenwart fortgesetzt. 2 Abthlgn. Berlin 858, 59. v. Decker. Fol. (IV, 320 S. u. 5 Lithogr. in Farbendr.) n. 13 ℛ︎ 10 ngr.

Bülow, Paul v., Ergänzungen zu dem im Jahre 1859 herausgegebenen Familienbuch der v. Bülow u. zu der histor. genealog. u. krit. Beschreibg. d. edlen, freiherr.- u. gräfl. Geschlechtes v. Bülow vom großh. mecklenb.-strelitz. Jacob Frdr. Joach. v. Bülow gr. 4. (VI, 110 S.) Berlin 873. Mitscher & Röstell. n. 12. —
(Hauptwerk u. Ergänzgn.: n. 52. —)

Bülow, W., Contre-Tanz u. Quadrille à la cour, nebst e. französisch-deutschen Uebersetzungstabelle f. seine Schüler bearb. 24. (7 S.) Berlin (902). (Berolina-Versand-Buchh.). — 15

Bülow, W v.: Heinrich v. Plauen, d. deut. Ritterordens letzter Held. Dichtg. (86) 8° Lpzg, Verl. f. Lit., Kunst u. Musik '11. 1.50 d

von Bülow, Werner: Die Samoa-Inseln und ihre einheimischen Nutzpflanzen. (S.-A. Gartenflora 1896.) (Berlin 1896.) 16 S. 8°.

Bülow, W. v., Seidenzucht in den Kolonien, s.: Meinecke, Gust.

Bülow, Wilh., Beiträge zur Kenntniss der Wirkungen der Radix Ononidis. Diss. gr. 8. (84 S.) Jurjew (Dorpat) 891. (E. J. Karow.) n. 2. —

Bülow, Wilh. v., neue Bismarck-Erinnerungen. 8. (V, 311 S.) Berlin 895. H. Steinitz' Verl. n. 3. 60

Bülow, W., Die geschichtliche Entwicklung des Allgemeinen Knappschaftsvereins in Bochum. Bochum 1910. 8.

Am Hofe der Königin Christine von Schweden. Von Wilhelm v. Bülow. *Berlin: H. Steinitz (1900).* (173 S.) 8° [F.]
— Weiberregiment an d. Höfen Europas in d. letzten 3 Jh. 2. [01. 1935]

Bülow, Wilhelm, a. Essen (Ruhr): Das Knappschaftswesen im Ruhrkohlenbezirk bis zum allgemeinen preussischen Berggesetz vom 24. Juni 1865. Borna-Leipzig 1905: R. Noske. (104 S.) 8° [F.]
Tübingen, Staatsw. Fak., Ref. v. Jolly, Diss. v. 27. Sept. 1905
Geb. 8. Juni 80 Bochum; Wohnort: Essen; Staatsangeh.: Preußen; Vorbildung: Oberrealsch. Bochum Reife O. 99; Studium: Tübingen 2, Berlin 1, Göttingen 6, Tübingen 3 S.; Rig. 8. Aug. 05.]

Das Weiberregiment am Hofe Frankreichs unter Ludwig XIV. und Ludwig XV. Von Wilhelm v. Bülow. *Berlin: H. Steinitz (1900).* (167 S.) 8° [F.]
— Weiberregiment an d. Höfen Europas in d. letzten 3 Jh. 1. [01. 1934]

Bülow, W. v., Das Weiberregiment am Hofe Frankreichs unter Ludwig XIV. und XV. Berlin 1900. 8⁰. (Mk. 2—.)
— — Dasselbe. Ebd. 1904. 8⁰. (1 Mk. 35 Pfg. Schaper, Hannover, 1906.)

Bülow, Wilh. v. (Herm. Robolsky), s.: Weiberregiment, das, an den Höfen Europas.

Das Weiberregiment an den Höfen Europas in den letzten drei Jahrhunderten von Wilhelm v. Bülow. 1. *Berlin: H. Steinitz (1900).* 8° [F.]
— Höfen, An den, Europas in d. letzten drei Jahrhunderten. [1.] [01. 8.76]

Bülow- Cummerow, Ernst von

Bülow-Cummerow. Politische und finanzielle Abhandlungen. 1. Hft.: a) Die preuss. Landtagsverhandlungen und ihre Resultate. b) Die Mahl- und Schlachtsteuer. gr. 8⁰. Berlin, Veit u. C., 1844. 2. Hft: Die preussischen Finanzen. gr. 8⁰. Ebd. 1845.

— das Bankwesen in Preußen m. Bezug auf die Cabinetsordre v. 11. April 1846. gr. 8. Ebend. 846. 21 ngr

Bülow-Cummerow, Ernst (Gottfr. Georg) v. Beleuchtung des Preuss. Staatshaushaltes und der in diesem vorzunehmenden wichtigen Reformen. gr. 8⁰. Berlin, Schneider u. Co., 1849.

— Betrachtt. über Metall- u. Papiergeld, üb. Handelsfreiheit, Prohibitiv-System, gegenwärt. Zustand d. ersten Europ. Reiche, Verschuldung d. Grundbesitzer, Pfandbriefs-System etc. u. Landbanken. gr. 8. Berl. 824. (Trautwein). 20 gr

Bülow-Cummerow, (Ernst) von. Ueber Preußens Finanzen. Berlin, Besser 1841. 83 S. 8.

Bülow-Cummerow. Die preussischen Finanzen. 2. Heft der „Polit. u. finanz. Abhandlungen". gr. 8⁰. Berlin 1845.

Bülow-Cummerow, (Ernst v.) Das normale Geldsystem in seiner Anwendung auf Preußen. Berlin, Veit 1846. 15 S. 8.

Bülow-Cummerow, Die politische Gestalt Deutschlands und die Reichsverfassung. Berlin, Veit u. Co., 1848. 107 S. 8⁰.

— die Grundsteuer u. Vorschläge zu ihrer Ausgleichung. gr. 8. (30 S.) Berlin 849, Schneider & Co. baar n. ⅙ ℛ︎

v. Bülow-Cummerow, (Ernst (Gottfr. Georg), († d. 26. April 1851), über die gegenwärt. allgem. Creditlosigkeit u. üb. die Mittel sie gründlich zu beseitigen. gr. 8. (35 S.) Berlin 848, Schneider & Co. n. ⅙ ℛ︎

— über Preußens landschaftl. Creditvereine, die Reformen, deren sie bedürfen u. über ein richtiges System der Boden-Nutzung u. Schätzung. gr. 8. Ebend. 843. ⅞ ℛ︎ — 2. Aufl. gr. 8. Ebend. 843. ⅞ ℛ︎

— Ueber Preussens landschaftl. Creditvereine, die Reformen, deren sie bedürfen, und über ein richtiges System der Boden-Nutzung u. -Schätzung. gr. 8⁰. Berlin, Veit u. Co., 1843. 2. Aufl. 1846.

— die Lehnsverfassung in Pommern u. ihre Reform. gr. 8. (74 S.) Berlin 848, Veit & Co. 12 ngr

— üb. die Mittel zur Erhaltung d. Grundbesitzer, zur Rettung d. Capitalvermögens des Staats u. zur Ausgleichung d. Grundbesitzer u. ihrer Gläubiger. gr. 8. Berl. 814. (Sander). 14 gr

— üb. die Mittel zur Erhaltung d. Grundbesitzer, zur Rettung d. Capitalvermögens des Staats u. zur Ausgleichung d. Grundbesitzer u. ihrer Gläubiger. gr. 8. Berlin, Neue Societäts-Verlagsbuchh. 814.

— üb. d. beabsichtigte neue Organisation d. Königl. Bank u. die Betheiligung d. Privatpersonen bei derselben. gr. 8. Ebend. 846. ¼ ℛ︎

— Preußen im Januar 1847 u. das Patent vom 3. Febr. gr. 8. (390 S.) Ebd. 847. — 2. Aufl. gr. 8. (341 S.) Ebd. 847. 1 ℛ︎ 21 ngr

(Bülow-Cummerow), Preußen und seine politische Stellung zu Deutschland und den europäischen Staaten. Berlin, F. Schneider u. Comp., 1849. 36 S. 8°.

Bülow-Cummerow, (Ernst von). Preußen, seine Verfassung, seine Verwaltung, sein Verhältniß zu Deutschland. 2 Thle. 2. Abdruck. Berlin 1842. 328, 328 S. 8.

— **Preußen,** seine Verfassung, seine Verwaltung, sein Verhältniß zu Deutschland. 3. Aufl. gr. 8. Mit 2 Tabellen. Ebend. 842. 1½ ß — 2. Thl. gr. 8. Jena 843. 1½ ß — 2. unveränderte Aufl. gr. 8. Berlin 843, Veit u. Comp. 1 ß

— Nachtrag zur 3. Aufl. dieses Werks. Für die Besitzer der beiden ersten Aufl. gr. 8. Ebend. 842. gratis.

Bülow, E. v., ein Punct aufs J., oder Belehrung über d. Schrift: die Verwaltung des Staatskanzlers Fürsten von Hardenberg. 1 Hft. gr. 8. (Leipzig, Hartmann in Comm.) 821. Rthlr.

— ein Punkt aufs J., oder Belehrung über d. Schrift: die Verwaltung des Staatskanzlers Fürsten von Hardenberg (v. Benzenberg.) 1s Hft. gr. 8. Leipz. (Berl.) 821. Trautwein. 10 K

Bülow, E. v., auf Cummerow. Ein Punkt auf's J, oder Belehrung über die Schrift: Die Verwaltung des Staatskanzlers Fürsten von Hardenberg. Fortgesetzt unter dem Titel: „Ueber die Verwaltung des Staatskanzlers Fürsten von Hardenberg". (2 Bde.) 8. Zerbst 1821.

Bülow-Cummerow, E. v. Ueber die Quellen zum Abtrag und zur Tilgung von Staatsschulden. gr. 8°. Rostock, Stiller, 1811.

— die **Reaction** u. ihre Fortschritte. gr. 8. (30 S.) Ebd. 850. n. ⅙ ß

Bülow-Cummerow, (Ernst von). Die Reform der Verfassung aus dem conservativen Gesichtspunkte. Berlin, Hertz 1851. 24 S. 8.

Bülow-Cummerow, (Ernst von). Die Revolution, ihre Früchte, die Politik, die Reform. Berlin, Veit und Comp. 1850. 40 S. 8.

— die europäischen **Staaten** nach ihren innern u. äußern politischen Verhältnissen. gr. 8. Altona 845, Hammerich. n. 2 ß

— die **Taxen** u. das Reglement der landschaftlichen Creditvereine nach ihren nothwendigen Reformen. gr. 8. (VIII u. 92 S. u. 1 Tab.) Berlin 847, Veit & Co. ½ ß

— — über die Verwaltung des Staatskanzlers Fürsten von Hardenberg. (Fortsetz. d. Schrift: Ein Punkt aufs J. 2c.) gr. 8. Zerbst, Füchsel. (Berlin, Trautwein.) 821.

Bülow-Cummerow, (Ernst v.). Die Wahlen nach der octroirten Verfassung. Berlin 1848. 23 S. 8.

— der **Zollverein,** sein System und dessen Gegner. gr. 8. Berlin 844, Veit u. Comp. ⅔ ß

Bülow v. Dennewitz, Curt Graf, Choralbuch, s.: **Reinhard,** Ernst Thdr.

Bülow v. Dennewitz, Graf, 88 masurische Choräle, nebst der masurischen Abendmahlsliturgie, aus e. nach den ältesten Gesangbüchern u. Handschriften veranstalteten Sammlung ausgewählt u. bearb. Zugleich Anh. II zur Neubearbeitg. des Choralbuchs v. Reinhard-Jensen. (40 S.) 22,5×29 cm. Königsberg 902. Gräfe & Unzer. 3. —

— 24 litthauische **Choräle,** nach e. handschriftl. Sammlg. v. Niemann ausgewählt u. bearb. Zugleich Anh. I zur Neubearbeitg. des Choralbuchs v. Reinhard-Jensen. qu. gr. 4. (24 S.) Königsberg 902. Gräfe & Unzer, Buchh. n. 2. —
Vergl.: **Reinhard,** Ernst Th. u. Jensen, Choralbuch.

Bülow v. Dennewitz, Gräfin Gertr., s.a. **Streitberg,** Gräfin Gisela v.

Bülow v. Dennewitz, Gertrud Gräfin, üb. die Möglichkeit d. Fortlebens der Thierseele nach dem Tode. 8. (34 S.) Dresden 885. (v. Zahn & Jaensch.) n. —.50

— die **Stellung** der Frau im Leben, s.: **Schriften,** deutsche, f. nationales Leben.

— **tacent mulier in ecclesia** (Das Weib schweige in der Gemeine), s.a. **Blätter,** lose, im Interesse der Frauenfrage.

Bülow von Dennewitz, Gräfin, Tacent mulier in ecclesia. (Das Weib schweige in der Gemeinde.) Vortr. (16 S.) Dresden 1892. Tittmann.

Bülow v. Dennewitz, W Graf: Wie verhält sich d. Tier z. Menschen? (60) gr8° Münch., Th. Ackermann '11. 1.50 d

v. Bülow-Rieth, (Oberforstmeister,) neue Beobachtt. über den Kiefernspinner (phalaena bombix bini) vulgo große Kiehnraupe, u. über die Mittel, seine Ausbreitung zu hindern. 8. Stettin 828. Morin. 8 K

— neue Beobachtt. über d. Nonne Phalaena monacha u. über d. zweckmäß. Mittel, ihre Ausbreitung zu verhindern. 8. Stettin 831. Morin. 6 K

Bülow-Schwelger, Paula Baronin, Adrienne, e. Klosterkind. Erzählung. 8. (VIII, 402 S.) Mainz 900. F. Kirchheim. n. 3.50; geb. n. 5.—

Bülow-Wendhausen, Baronesse v., durch den Magen in das Herz. Kleines Wirtschaftsbuch m. Kochrezepten. gr. 8. (VIII, IV, 172 S.) Dresden (899). A. Köhler. n. — 75

Bülow-Wendhausen, Paula Baronin, ohne Basis. Roman. (272 S.) 8. Mainz 904. Kirchheim & Co. n. 2.80 geb. in Leinw. n. 3.50

Bülow-Wendhausen, Paula Baronin, bengalisches **Feuer.** Novellen. (IV, 304 S.) kl. 8. Ravensburg 907. F. Alber. 2.50; geb. 3.20

Bülow-Wendhausen, Paula Baronin, Gedachtes u. Empfundenes. Aphorismen. 8. (VIII, 73 S.) Dresden 895. E. Pierson. n. 1.50; geb. in Damast m. Goldschn. n. 2.50

— ohne **Herz,** s.: **Collection Hartleben.** VIII. 7.

Bülow-Wendhausen, Paula Baronin, das verkaufte Lachen. Skizzen u. Novellen. 8. (VIII, 248 S.) Mainz 901. F. Kirchheim. n. 2.40; geb. n. 3.50

— die schlimme **Lori** u. die brave Addi. Eine lehrreiche Heiratsgeschichte. 8. (48 S.) Wien 902. (C. Fromme.) n. 1.20

Bülow-Wendhausen, Paula Baronin: Ringe u. and. Erzählgn, s: Bücherei d. österr. Volksschriftenvereins.

— Was wir **lassen** sollen! Ein Wegweiser auf dem Lebenspfade. (VII, 74 S.) kl. 8. Wien 911. H. Kirsch. 1.20; geb. n 1.50

Monographie des k. u. k. 13. Uhlanen-Regimentes. Von **Heinrich v. Bülow-Zibühl,** k. u. k. Rittmeister. *Wien: Kreisel & Gröger 1892.* (VIII, 174 S.) 8° [oo. 6597

[S.] Ästhetik der Städte v. Ch. **Buls,** Bürgermeister d. Stadt Brüssel ... 2. Aufl. Autoris. Übs. v. Ph. **Schäfer.** *Giessen: E. Roth 1898.* (X, 44 S.) 1 Bd 8. 98. 6272

Bulsano, s.: **Albertus a Bulsano.**

Bulsano, Alb. a. Compendium theol. fundament., s. **Tux,** Norb.

Buls, Fritz, Erlösung, s.a. **Eckstein's moderne Bibliothek,** 38.

Erlösung. Novelle von Fritz **Buls.** Berlin: R. Eckstein Nachf. [1905]. (64 S.) 8°
= Bibliothek, Ecksteins Moderne. No 38. 105. 4904

Bulteau, Abhandl. v. Wucher, s. **Abhandl.** 2c.

Bültemann, A., der Spargelbau, s.: **Burmester, G.**

Bültemann, August: Über den Einfluss des Anodenmaterials auf Anodenvorgänge. 1905. 98 S. 8°
Dresden, Dr.-Ing.-Diss. v. 20. 12. 1904

Bulthaupt, Fritz, a. Bremen: Milstäter Genesis und Exodus. Einleitung, Lautlehre: Vokalismus. (Berlin: Mayer & Müller 1908.) (IX, 48 S.) 8° (Erscheint vollst. als „Palaestra" 72.)
Berlin, Phil. Fak., Ref. Roethe, Diss. v. 29. Febr. 1908
Geb. 18. März 83 Bremen: Wohnort: Bremen; Staatsangeh.: Bremen; Vorbildung: Gymn. Bremen Reife O. 02: Studium: Berlin 3, München 1, Göttingen 1, Berlin 5 S.; Rig. 25. Juli 07.]

Bulthaupt, Heinr., Ahasver. Musikdrama in 1 Vorspiel u. 3 Akten (III, 58 S.) 8. Oldenburg (904). Schulze. n. 1. 20; geb. n. 2. 25

[J.] Der vierte Act. Die Hausfreundin. Novellen v. Heinrich Bulthaupt. *Breslau: S. Schottlaender 1897.* (118 S.) 1 Bd 8.
(Unterwegs u. Daheim.) [97. 6554

Bulthaupt, Heinr., die Arbeiter, s.: **Universal-Bibliothek.**

— Bayreuth 1897, s.: **Wild, Frdr.**

Bulthaupt, Heinr., s: **Briefe v. u. an Heinrich Bulthaupt.**

— **Christus,** s.: **Rubinstein, Ant.**

Dramaturgie der Classiker (3 f.: des Schauspiels.) Von **Heinrich Bulthaupt.** Bd 1–4. *Oldenburg & Leipzig: Schulze 1882–1901.* 4 Bde 8° [J.]
1. Lessing, Goethe, Schiller, Kleist. 1882.
2. Shakespeare. 1883.
3. Grillparzer, Hebbel, Ludwig, Gutzkow, Laube 1890
4. Ibsen, Wildenbruch, Sudermann, Hauptmann 1901. [01. 9907

— **Dramaturgie der Classiker.** 1. u. 2. Bd. gr. 8. Oldenburg 882. 83. Schulze. à n. 5. —; geb. à n. 6. —
1. Lessing, Goethe, Schiller, Kleist. (XII, 388 S.)
2. Shakspeare. (LV, 307 S.)

Bulthaupt, Heinr. (Alfr.) Dramaturgie der Classiker. 1. u. 2. Bd. 2. Aufl. gr. 8. Oldenburg 883. Schulze. à n. 5. —; geb. à n. 6. —
1. Lessing, Goethe, Schiller, Kleist. (VIII, 386 S.)
2. Shakespeare. (LV, 397 S.)

Bulthaupt, Heinr., Dramaturgie der Classiker. 1. und 2. Bd. 3. umgearb. und stark verm. Aufl. gr. 8. Oldenburg 889, Schulze'sche Hofbuchh. à Bd. * M 5.—. * geb. à Bd. * M 6.—. *
Inhalt:
Bd. 1. Lessing, Goethe, Schiller, Kleist. (XV, 478 S.)
" 2. Shakespeare. (LVI, 422 S.)

— **Dramaturgie der Oper.** 2 Bde. gr. 8. (VII, 404 u 322 S.) Leipzig 887. Breitkopf & Härtel. n. 10. — geb. n. 12. —

— **Dramaturgie der Oper.** Mit Notenbeispielen, als Anh. zum 2. Bde., versehen. 2., neu bearb. Aufl. gr. 8. (VII, 403 u. III, 347 u. 140 S.) Leipzig 902. Breitkopf & Härtel. n. 10.—; geb. in Leinw. n. 12. —; in Halbfrz. n. 18. —

Bulthaupt, Heinr. Dramaturgie des Schauspiels. [Dramaturgie der Classiker 3. Bd.]: Grillparzer, Hebbel, Ludwig, Gutzkow, Laube. gr. 8. (XV, 395 S.) Oldenb. 890, Schulze. * 5 —; geb. * 6 —
1. u. 2. u. d. T.: Bulthaupt, Heinr. Dramaturgie d. Classiker. 1. u. 2. Bd. Ebd. 1889. * 10 —; geb. * 12 —.

Bulthaupt, H., Dramaturgie d. Schauspiels [Dramaturgie der Classiker]. 3 Bde. gr. 8. Oldenburg 891 Schulze. à n. 5. —; geb. à n. 6. —
1. Lessing, Goethe, Schiller, Kleist. 4. Aufl. (XV, 478 S.)
2. Shakespeare. 4. Aufl. (LVI, 422 S.)
3. Grillparzer, Hebbel, Ludwig, Gutzkow, Laube. 2. u. 3. Aufl (XV, 395 S.)

— **Dramaturgie des Schauspiels.** 1. — 3. Bd. gr. 8. Oldenburg, Schulze. à n. 5. —; geb. n. 6. —
1. Lessing, Goethe, Schiller, Kleist. 5., erweit. Aufl. (XXIII, 509 S.) 893.
2. Shakespeare. 5., neu bearb. Aufl. (LVI, 448 S.) 894.
3. Grillparzer, Hebbel, Ludwig, Gutzkow, Laube. 4. Aufl. (XV, 356 S.) 891.

— **Dramaturgie d. Schauspiels.** 1. Bd. Lessing, Goethe, Schiller, Kleist. 6., durchgeseh. u. erweit. Aufl. gr. 8. (XXVII, 540 S.) Oldenburg 897. Schulze. n. 5. —; geb. n. 6. —

- Dramaturgie d. Schauspiels. 3 Bde. 8° Oldnbg, Schulze. à 5 —; geb. à 6 —
1. Lessing, Goethe, Schiller, Kleist. 7. [Tit.-]Afl. (27, 540) [97]98.
2. Shakespeare. 6. Afl. (501) 99.
3. Grillparzer, Hebbel, Ludwig, Gutzkow, Laube. Mit e. Anh.: Der Entwicklgsgang d. deut. Dramatik bis z. Gegenwart. 5. Afl. (406) 1900.

— **Dramaturgie des Schauspiels.** 1.—4. Bd. gr. 8. Oldenburg, Schulze. n. 22.—; geb. n. 26.—
1. Lessing, Goethe, Schiller, Kleist. 8. u. 9. Aufl. (à XXIV, 557 S.) 902. n. 6. —; geb. n. 7. —
2. Shakespeare. 8. neu bearb. Aufl. (XI, 508 S.) 903. n. 5.—; geb. n. 6. —
6. u. 7. Aufl. (à XI, 501 S.) Ebd. 899. 902.
3. Grillparzer, Hebbel, Ludwig, Gutzkow, Laube. Mit e. Anh.: Der Entwicklungsgang der deutschen Dramatik bis zur Gegenwart. 5. u. 6. Aufl. (à XV, 466 S.) 900. 902. n. 5. —; geb. n. 6. —
4. Ibsen, Wildenbruch, Sudermann, Hauptmann. 1. u. 2. Aufl. (à VIII, 610 S.) 901. n. 6. —; geb. n. 7. —

— **Dramaturgie des Schauspiels.** 1. u. 3. Bd. gr. 8. Ebd. n. 11. —; geb. n. 13. —
1. Lessing, Goethe, Schiller, Kleist. 10. neu bearb. Aufl. (XXIV, 572 S. m. Bildnis.) 905. n. 6. —; geb. n. 7. —
3. Grillparzer, Hebbel, Ludwig, Gutzkow, Laube. Mit e. Anh.: Der Entwicklungsgang der deutschen Dramatik bis zur Gegenwart. 7. Aufl. (XV, 472 S.) 904. n. 5. —; geb. n. 6. —

Bulthaupt, Heinr., Dramaturgie des Schauspiels. IV. Bd. Ibsen, Wildenbruch, Sudermann, Hauptmann. 5. u. 6. Aufl. (VIII, 645 S.) 8. Oldenburg 907. 09. Schulze. 6.—; geb. 7.—

Dramaturgie des Schauspiels. Von Heinrich **Bulthaupt.** Bd 1–4. Oldenburg & Leipzig: Schulze 1907–09. 8°
1. Lessing, Goethe, Schiller, Kleist 12. Aufl. Mit d. Bildnis d. Verf 1908.
2. Shakespeare 9. neu bearb Aufl. 1907.
3. Grillparzer, Hebbel, Ludwig, Gutzkow, Laube Mit e Anh.: Der Entwicklungsgang d. deutschen Dramatik bis z Gegenwart 8 Aufl 1908.
4. Ibsen, Wildenbruch, Sudermann, Hauptmann 6. Aufl 1909) [09. 8189 B

— **Dramaturgie d. Schauspiels.** 3 Bde. 8° Oldenbg, Schulze '12. 16 —; geb. 19 — d
1. Lessing, Goethe, Schiller, Kleist. 13. Afl. (24, 572 m. Bildn.) '12. 6 —; geb. 7 — ‖ 2. Shakespeare. 10. Afl. (9, 512) '11. 5 —; geb. 6 — ‖ 3. Grillparzer, Hebbel, Ludwig, Gutzkow, Laube. Anh.: Der Entwicklgsgang d. deut. Dramatik bis z. Gegenwart. 9. Afl. (15, 472) '11. 5 —; geb. 6 —

— **Dumas, Sardou u. die jetzige Franzosenherrschaft auf der deutschen Bühne,** s.: **Volkshefte, litterarische.**

— **F. Dernburg, Klaus Groth** u. A., üb. den Einfluß d. Zeitungswesens auf Litteratur u. Leben, s.: **Schriften, deutsche, f. Litteratur u. Kunst.**

— **das Friedenshaus.** E. Sonderlingsgeschichte a. d. Gegenwart. 8. (247 S.) Leipzig 897. H. Haessel. n. 3. —

— **durch Frost u. Gluthen.** Gedichte. gr. 16. (175 S.) Breslau 877. Trewendt. n. 3. —; geb. m. Goldschn. n. 4. 50

Bulthaupt, Heinr., durch Frost u. Gluthen. Gedichte. 2., gänzlich umgestalt. Aufl. 8. (XI, 231 S.) Oldenburg 892. Schulze. n. 4. —; geb. n. 5. —

Durch Frost und Gluthen. Gedichte von Heinrich **Bulthaupt.** 3. verm. Aufl Oldenburg & Leipzig: Schulze 1900. (XI, 263 S.) 8° [J.] [07. 5496

— **durch Frost u. Gluthen.** Gedichte. 4. verm. Aufl. (XI, 285 S.) 8. Ebd. 904. n. 4. —

— **Ganymed.** Novelle. (Unterwegs u. Daheim.) schmal 8. (145 S.) Breslau 897. Schles. Buchdruckerei &c. n. — 75; geb. n. 1. —

— **das Münchener Gesammtgastspiel 1880.** 8. (IV, 68 S.) Bremen 880. Rühle & Schlenker. n. 1. 20

Bulthaupt, Heinrich (Hrsg.), s. **H o l s t e i n ,** Franz von: Nachgelassene Gedichte.

Bulthaupt, Heinrich: Kain, s. A l b e r t , Eugen'd'.

Bulthaupt, Heinr.(Alfr), die Copisten; lebende Bilder, s.: Universal-Bibliothek.

Carl Loewe, Deutschlands Balladencomponist. Von Heinrich Bulthaupt. *Berlin: Harmonie 1898.* (3 Bl., 102 S., 1 Portr., 1 Taf., 4 Facs.) 1 Bd 4.(8.)
= Musiker, Berühmte. [Bd] IV. [98. 8744

— die Malteser. Tragödie in 4 Acten, m. theilweiser freier Benutzg. d. Schillerschen Entwurfes. 8. (147 S.) Frankfurt a/M. 884. Koenitzer. n. 2. —; geb. n. 3. —

— Die Malteser. Tragödie in 4 Acten m. freier Benutzg. d. Schiller'schen Entwurfes. 2. Aufl. gr. 8. (VII, 122 S.) Oldenburg 897. Schulze. n. 2. —; geb. n. 3. —

— der junge Mönch. Eine Novellette in Liedern. 2. Aufl. 12. (48 S.) Norden 886. Fischer Nachf. n. 2. —

— vier Novellen. 8. (236 S.) Dresden 888. Pierson. n. 3. —; geb. n. 4. —

! — 4 Novellen. Jetzt: Berl., Verl. Berlin-Wien.

— Shakespeare u. der Naturalismus. Suppl. zum 28. Bd. d. Jahrbuchs der deutschen Shakespeare-Gesellschaft. gr. 8. (25 S.) Weimar 893. (A. Huschke.) n. 1. —

—— dramaturgische Skizzen. 8. (IV, 160 S.) Bremen 878, Kühtmann und Comp. *M 3.; geb. mit Goldschn. *

— dramaturgische Skizzen. 8. (IV, 160 S.) Norden 878. Fischer Nachf. n. 3. —; geb. m. Goldschn. n. 4. —

— dramaturgische Skizzen. 2. Ausg. 8. (IV, 160 S.) Ebend. 884. n. 3. —; geb. n 4. —

— der verlorene Sohn. Schauspiel in 4 Akten. Mit e. Vorrede: „Ein Wort üb. moderne Stoffe im Drama". gr. 8. (XV, 99 S.) Oldenburg 889. Schulze. n. 2. — geb. n. 3. —

— Streifzüge auf dramaturgischem und kritischem Gebiet. gr. 8. (211 S.) Ebend. 879. n. 3. —; geb. m. Goldschn. n. 4. —

— Streifzüge auf dramaturgischem u. kritischem Gebiet. 2. Ausg. gr. 8. (III, 211 S.) Ebend. 884. n. 3. —; geb. n. 4. —

— Timon v. Athen. Tragödie in 5 Akten m. freier Benutzg. der Shakespeare zugeschriebenen Dichtg. gr. 8. (106 S.) Oldenburg 894. Schulze. n. 1. 60; geb. n. 2. 60

Bulthaupt, H. A., e. corsisches Trauerspiel, s.: Universal-Bibliothek.

Undine. Romant. Oper in 4 Akten von Albert Lortzing. Textl. u. musikal. erl. von Heinrich Bulthaupt. *Leipzig: H. Seemann Nachf. [1901].* (40 S.) 8° [F.]
— Opernführer. No 46. [c3. 3943

Verzeichniss werthvoller Werke zur englischen Litteratur und Geschichte aus der Bremer Stadtbibliothek. (Verf.: Heinr. Bulthaupt, Stadtbibliothekar.) *Bremen 1899: Diercksen & Wichlein.* (30 S.) 8° [30 ...

— Viktoria. — Aus d. Ferne, s.: Universal-Bibliothek.

— Literarische Vorträge. Aus d. Nachlass ausgew. u. durchgesehen v. H Kraeger. (354) 8° Oldenbg, Schulze '12. 4 —; geb. 5 — d

— Wagner als Klassiker, s.a. Göllerich, Aug., Richard Wagners Bühnenfestspiel D. Ring d. Nibelungen.

— Richard Wagner als Klassiker. 12. (S. 5—20.) Leipzig (899). C. Wild. n. — 40
Sonderabdruck aus: „Bayreuth".

— eine neue Welt. Drama in 5 Acten. gr. 8. (V, 132 S.) Oldenburg 885. Schulze. n. 2. —; geb. n. 3. —

— eine neue Welt. Drama in 5 Akten. 2. (Titel-)Aufl. gr. 8. (III, 132 S.) Ebd. 889. n. 2. —; geb. n. 3. —

—— Gerold Wendel. Trauerspiel. 8. (93) Oldenb. 85, Schulze. n. 2. —; geb. n. 3. —

— Gerold Wendel. Trauerspiel in 5 Akten. 2. (Titel-) Aufl. gr. 8. (III, 93 S.) Ebd. 889. n. 2. —; geb. n. 3. —

Czaar und Zimmermann. Kom. Oper in 3 Akten von Albert Lortzing. Textlich u. musikalisch erl. von Heinrich Bulthaupt. *Leipzig: H. Seemann Nachf. [1900].* (44 S.) 8° [F.]
— Opernführer. No 2. [...

Bulthaupt, Heinrich Alfred, s. B u l t h a u p t , Heinrich

Bultmann, F., the heart of man shewn in ten pictures as either the abode of Satan or the temple of God. 861. — 3. edit. Reutlingen 861. Kurtz. 8. (34 S. u. 10 lith. Taf.) n. 6 ngr.

—— das Herz des Menschen, entweder eine Werkstätte des Satans oder ein Tempel Gottes. Dargestellt in 10 Bildern. Nach der engl. Bearbeitung. Neue Aufl. 8. (46 S. mit 10 Stnt.) Reutlingen 861, Kurtz'sche Buchh. *

— das Herz des Menschen, entweder eine Werkstätte des Satans oder ein Tempel Gottes. Dargestellt in zehn (lith.) Bildern. 861. — Neue Aufl. Ebend. 864. 8. (50 S.) n. 6 ngr.

Bultmann, Rudolf, Repetent am Sem. Philipp. in Marburg: Der Stil der paulinischen Predigt und die kynisch-stoische Diatribe. Göttingen 1910: Huth. 64 S. 8° ¶(Vollst. als: Forschungen z. Religion u. Liter. d. Alten u. Neuen Test. H. 13.)
Marburg, Theol. Diss. v. 7. Nov. 1910, Ref. Heitmüller
[Geb. 20. Aug. 84 Wiefelstede; Wohnort: Marburg a. L.; Staatsangeh.: Oldenburg; Vorbildung: Gymn. Oldenburg Reife O. 03; Studium: Tübingen 3, Berlin 2, Marburg 2 S.; Rig. 30. Juli 10.] [U 11. 3371

Der Stil der paulinischen Predigt und die kynisch-stoische Diatribe. Von Lic. Rud. Bultmann. Göttingen: Vandenhoeck & Ruprecht 1910. 109 S. 8°
(Forschungen z. Religion u. Literatur d. Alten u. Neuen Testaments. H. 13.) [10. 16224

Bültmann, Diedrich, Referendar: Das Nachvermächtnis nach dem Rechte des Bürgerlichen Gesetzbuchs. Borna-Leipzig 1909: Noske. VI, 28 S. 8°
Leipzig, Jur. Diss. v. 22. Jan. 1909
[Geb. 6. April 85 Vegesack; Wohnort: Bremen; Staatsangeh.: Bremen u. Preußen; Vorbildung: Realgymn. Vegesack Reife M. 02; Studium: Tübingen 3, Berlin 1, Kiel 2 S.; Rig. 4. Aug. 06.] [U 09. 2468

Bültmann, Milly, gerettet. 8. (20 S.) Leipzig 901. Sächs. Volksschriftenverlag. n. — 40

Bültmann, Milly, eine Weihnachtsüberraschung, s.: Bühne, christliche. 6. Hft.

v. Bülzingslöven, Rittmeister, Sammlung einiger durch Erfahrung erprobter, zum Theil nicht bekannter Heilmittel gegen häufig vorkommend. Krankheiten der Pferde. 8. Erfurt 840. Hennings u. Hopf. 2/3 ₰

v. Bülzingslöven, J., die Vergeltung. Ein Trauerspiel in 5 Aufz., ist jetzt Verlag von Melzer in Leipzig. 1/4 ₰

Bültzingslöwen, v.: Ausbildgsgang d. Rekruten im Gefecht. (12) kl8° Celle, Schulze ('12). In Leporelloform — 25 d

Bültzingslöwen, Johanna von, s.a. B ü l z i n g s l ö w e n , Johanna von

v. Bülzingslöwen, Johanna, Ansichten u. Meinungen zur Beförderung glückl. Ehen in zwei Abhandlungen abgefaßt. 8. Berl. 820. Petri. 8 gl.

— Briefe über weibliche Bildung, gewechselt zwischen Tante u. Nichte. 8. Ebd. 819. 12 gl.

von Bültzingslöwen, Kurt *Karl* [aus Breslau]: Beitrag zur Dermatomyositis ... Berlin, Buchdr. v. G. Schade, *1897;* 30 S., 1 Bl., 1 Taf. 8.
Berlin, Med. Fak., Inaug.-Diss. v. 23. Apr. 1897

Bulwer. Sir Edward Lytton. s. a.: Lytton-Bulwer, Edward.

Bulwer, Edward Lord Lytton

Bulwer, E. L., Pelham. — Eugene Aram. — Paul Clifford. — Zanoni. — Pompeii. — Disowned. — Ernest Maltravers. — Alice. — Eva. — Devereux. — Goldolphin and Falkland. — Rienzi. — Night and Morning. — The last of the Barons. — Athens. — Poems of Schiller. — Lucretia, or the children of Night. 2 Vols. — Confessions of a Water-Patient. — a Word, s. Collection of British Authors.

—— Alice, or the Mysteries. — Athens. — Confessions of a water-patient. — Paul Clifford. — Devereux. — Eugen Aram. — Eva and the Pilgrims of the Rhine. — Godolphin and Falkland. — The last of the barons. — The last days of Pompeji. — Night and morning. — Rienzi. — Zanoni. s. Collection.

Bulwer, Edward (Lord Lytton), Eugen Aram, s.: Bibliothek der Gesamtlitteratur d. In- u. Auslandes.

Bulwer, Ed. Lytton, Eugen Aram, s. Collection Spemann.
—— dass. —, s. Universal-Bibliothek Nr. 1401.

—— Eugen Aram. (Ohne Namen d. Vrf.) A. d. Engl. übers. v. C. Richard. 3 Thle. 8. (43½ B.) Aachen 832, Mayer.
Vgl. dess. sämmtl. W. (Aachen, Mayer.) Bd. 4—6.

—— Eugene Aram. A Tale. 3 Vol. gr. 12. (35⅞ B.) Francfort a. M. 833, Varrentrapp.

— **Eugene Aram, a tale. III Vols. II edition. gr. 12. Frankf. 840. Varrentrapp. n. ⅔ ₰**

Bulwer Lytton, Sir Edward, King Arthur, s.: Collection of British authors. Vol. 160. 161.

— **Athen, seine Erhebung und sein Fall** 2c. Uebersetzt von Gust. Pfizer. 4 Bde. gr. 8. Stuttgart 837—38. Metzler. 3⅝ ₰

Bulwer Lytton's, Edward, Athens, its rise and fall. Für Oberklassen höherer Lehranstalten ausgewählt u. m. Biographie u. Noten hrsg. v. Thdr. Weischer. gr. 8. (99 S.) Leipzig 884. Siegismund & Volkening. n. — 80; geb. n. 1. 10

Bulwer, Edward (George) Earl Lytton. Die Belagerung von Granada. Berlin 1837. Ü: *Zedner. Joseph.* (BrMm)

— **die Belagerung von Granada.** Lex. 8. Berlin 837. Asher. n. 1 ₰

Bulwer, Edward Lord Lytton, s. Blanchard, Lam.: Skizzen.

— **Calderon, the Courtier: A Tale. gr. 8. Berlin 838. Asher. n. ⅐ ₰**

— **Pisistratus Caxton, siehe: Bibliothek, Europäische, 419. 468. 469. 506. 546. 582. 630. 822. 823. 844. 845. 854 u. 855. Bd.**

Bulwer, Edward Lord Lytton: Caxtonia, s. Collection of British Authors.

— **die Caxtons, siehe: Bibliothek, Europäische, 261—263. 282 u. 283. Bd.**

Bulwer, Edward Lord Lytton: The Caxtons, s. Collection of Brit. Authors. Vol. 178. 179.

Bulwer, Edw. Lord Lytton, Kenelm Chillingly, s. Collection of British Authors.

—— Kenelm Chillingly. Rom. A. d. Engl. v. E Lehmann. 3 Bde. 8. (1102) Lpzg 73, EJ Günther. n. 6. —

—— **Kennelm Chillingly.** Roman. Aus dem Englischen von Emil Lehmann. Autoris. Uebersetzung. 3 Bde. 8. (396; 367; 399 S.) Leipzig 874, E. J. Günther. *

—— Paul Clifford. (Ohne Nam. d. Vrf.) A. d. Engl. übers. v. C. Richard. 3 Thle. 8. (72 B.) Aachen 830, Mayer.

Bulwer-Lytton, Lord E., the last days of Pompeii, hrsg. v. Heinr. Saure, s.: Authors, modern English. XII.

— the last days of Pompeii. Zum Schul- u. Privatgebrauch hrsg. v. J. Bauer u. Th. Link. Mit 2 Plänen, 1 Abbildg., Questionnaire u. Wörterverzeichnis. 8. (XIV, 114 S.) München 892. J. Lindauer. n. 1. 20

— **The last days of Pompeii. In gekürzter Fassg f. d. Schulgebr. hrsg. v. Emil Oswald. (168) 8° Wien, F Tempsky. — Lpzg, G Freytag '12. geb. 1.50**

— **extracts from the last days of Pompeii, hrsg v. K. Kaiser, s.: Authors, English, for the use of schools. 5.**

— **s. Depesche, die geheimnißvolle.**

—— Devereux. (Ohne Nam. d. Vrf.) A. d. Engl. übers. v. C. Richard. 3 Thle. 8. (57½ B.) Aachen 830, Mayer.
Vgl. dess. sämmtl. W. (Aachen, Mayer.) Bd. 12—14.

Bulwer, Eduard Lytton. The disowned. 8. Leipzig 1842.

— **England u. die Engländer.** Uebers. v. Louis Lax. 3 Thle. Mit d. Bildn. d. Verf. 8. Aachen 833. Mayer. 3 ₰

Bulwer, E. Lord Lytton, der rechtmäßige Erbe. Uebertragen von C. H. Simon. 8. Leipzig 869. Gera, Koehler.

Bulwer, Ed. Lytton, der rechtmäßige Erbe. Schauspiel in 5 Aufzügen. Ins Deutsche übertragen von C. Herm. Simon. Leipzig 869. Weber. 8. (VIII, 168 S.) n. 24 *ngr.*

—— kleine Erzählungen, s. Erzählungen.

—— Falkland. (Ohne Nam. d. Vrf.) A. d. Engl. übers. v. C. Richard. 8. (19¼ B.) Aachen 831, Mayer.

Bulwer, Edward Lord Lytton, s. Gallerie zu Bulwer's Romanen.

Gallerie zu E. L. Bulwer's Romanen. Nach engl. Originalen in Stahl gest. v. C. Schuler. 1—4. Lfg. Stuttgart 841, Metzler'sche Bh.
I. Ausg. in gr. 8. zu d. Stuttg. Oct.-Ausg. u. d. Leipz. engl. Oct.-Ausg. passend. à L. 3 Gr.
II. Ausg. in 16. zu d. beiden Stuttg. deutsch. Taschenausg., d. Leipz. deutsch. u. der Leipz. engl. Taschenausg. passend. à L. 2 Gr.
Lfg. 1. Titbilder zu: Godolphin; Clifford; Rienzi. 3 Bl.
" 2. — " Maltravers; Alice; die letzten Tage d. Pompeji. 3 Bl.
" 3. — " Aram; die Pilger d. Rheins; der Verstoßene. 3 Bl.
" 4. — " Pelham; Devereux; Nacht u. Morgen. 3 Bl.

—— **Gallerie zu E. L. Bulwer's Romanen.** Nach engl. Originalen in Stahl gest. v. C. Schuler. 5. Lfg. Titelbilder zu: der Letzte der Barone, Zanoni. gr. 16. (2 Stahlst.) Stuttgart 843, Metzler'sche Buchh. 5 Ngr., Ausgabe in gr. 8.
1—4. Lfg. Ebendas. 1841. 20 Ngr., Ausg. in gr. 8. 1 Thlr. 10 Ngr.

—— **Gallerie zu E. L. Bulwer's Romanen.** Nach engl. Originalen in Stahl gest. 6. und 7. Lfg. Titelbild zu Lucretia und zu Harold. gr. 8. Stuttgart 847, 49, Metzler'sche Buchh. à Lfg. 3 Ngr.
Ausg. in gr. 16 à Lfg. 2½ Ngr.
1—5. Lfg. Ebendas. 1841—43. 25 Ngr. Ausgabe in gr. 8. 1 Thlr. 20 Ngr.

Geld oder Eine Millionen-Erbschaft. Lustspiel in 5 Akten (nach [Edward Lytton] **Bulwer's 'Money'**). Verdeutschung u. Bühnenbearb. von Otto Marpurg. *Cöthen 1894: P. Schettler Erben.* (58 S.) 8° [B.] 14.1907

Eine seltsame Geschichte. Von Edu. George Lytton Bulwer. A. d. Engl. von Gottlob Fink. T. 1—5. Stuttgart: Metzler 1862. 12°
1. 120 S.; 2. 119 S.; 3. 120 S.; 4. 112 S.; 5. 152 S.
(Bulwer's Sämmtliche Romane. N. Ausg. Lfg. 1—4. 18—20.)

[Dasselbe.] Übers. von Carl Kolb. Stuttgart: Hoffmann 1861—1862. 616 S. 16°
(Bulwer's Sämmtliche Romane. Bd 1.)
TB. 347.

Bulwer-Lytton, Eduard, eine seltsame Geschichte. Der Roman des schwarzen Magiers Margrave. Neu hrsg. Mit e. Einführg. v. G. W. Surya. (VIII, 602 S.) 8. Leipzig 908. M. Altmann. 5.—; geb. 6.—

—— das Geschlecht der Zukunft. Roman. Aus dem Engl. von Jenny Piorkowska. 8. (282 S.) Leipzig 874, C. J. Günther.

— Das Geschlecht der Zukunft. Roman. (181 S.) 8. Ebd. 907. 2.—; geb. 2.80

Bulwer, Edward Lord Lytton: Harold, s.a. Collection of Brit. Authors. Vol. 150. 151.

— Harold, the last of the Saxon kings, bearb. v. Fritz Meyer, s.: Schulbibliothek, französische u. englische, A 140. Bd.

— Harold, siehe: Bibliothek, Europäische, 177—180. Bd. — Unterhaltungs-Bibliothek, illustrirte.

Bulwer, Edward (George)
Earle Lytton (Lord Lytton)
Harold, der letzte Sachsenkönig. Hist. Roman. Aus dem Engl. von Eduard Mauch.
Stuttgart: Metzler 1848. 669 S. 8°

—— une étrange histoire. Traduit de l'anglais. 6 Vols. (Bibliothèque choisie. Vols. 580—585.) 16. (934 S.) Naumburg 863, Pätz.

— the lady of Lyons or love and pride, hrsg. v. A. Fritzsche, s.: Authors, English.

— the lady of Lyons, s. Sammlung englischer Schauspiele.

— the Lady of Lyons, s. Theatre british. No. XVI. et XVII.

— dasselbe, s.: Theatre, English. — Rauch's English readings.

— the Lady of Lyons: or, love and pride. Students' Tauchnitz edition. Mit deutschen Erklärgn. v. Fritz Bischoff. gr. 8. (VI, 66 S.) Leipzig 886. B. Tauchnitz. n. —50; cart. n. —60

— The last of the barons. In gekürzter Fassung f. den Schulgebrauch hrsg. v. Fritz Meyer. (144 S. m. 1 Taf.) 8. Leipzig 906. G. Freytag. — Wien, F. Tempsky. Geb. 1.60

— Schiller's Leben u. Werke. Deutsch hrsg. von H. Kletke. gr. 16. (XII u. 202 S.) Berlin 848, Hempel. ¾ ₰; in Engl. Einb. m. Goldschn. 1 ₰

Schillers Leben und Werke [A brief sketch of Schiller's life]. Von E[dward Lord] L[ytton] **Bulwer**. Deutsch von Dr. H[ermann] Kletke. 2. Aufl. Berlin: F. Dümmler [1905]. (188 S.) 8° [5.] 05. 10364

— Leila, or the siege of Granada. Mit 16 Kpfr. incl. Bildn. gr. 8. Berlin 838. Asher. n. 5 ₰ ohne Kpfr. n. 1 ₰

—— Lucrezia, od. die Kinder d. Nacht. Auf Veranstaltung d. Verf. a. d. Engl. übers. 3 Bde. 8. (36⅔ B.) Berlin 846, Duncker u. Humblot.

— Lucretia od. die Kinder der Nacht. Auf Veranstaltung des Verf. aus dem Engl. übers. 3 Bde. gr. 12 (275. 307 u. 276 S.) Berlin 847, Duncker u. Humblot. 3 ₰

—— Lucretia, oder die Kinder der Nacht. Aus dem Engl. von A. Kretschmar. 3 Bde. 12. (XVI und 343, 363 und 311 S.) Leipzig 847, Kollmann.

Bulwer, Edw. Lytton, das Mädchen von Lyon, s. Universal-Bibliothek Nr. 949.

— das Mädchen von Lyon, oder Liebe und Stolz. Ein Schspl. in 5 Akten. Aus dem Engl. von Otto von Czarnowski. 8. Aachen 838. Mayer. $^7/_{12}$ ₰

— — Ernest Maltravers. 8. Leipzig 1842.

Margrave. Die seltsame Geschichte eines schwarzen Magiers. Von Eduard Bulwer-Lytton. Aus d. Engl. übers. von Karl Kolb. Lorch: Rohm o. J. 2 Bl., 693 S. 8°.

— Margrave. Die seltsame Geschichte e. schwarzen Magiers. Aus dem Engl. übers. v. Karl Kolb. (In 40 Lfgn.) 1—17. Lfg. (S. 1—272) 8. Lorch (908—10). K. Rohm. à Lfg. — 10

— dasselbe, s.: Bücher, die, des deutschen Hauses.

— dasselbe, s.: Höcker, Ost.

— dasselbe, s.: Moritz, Paul.

Bulwer, Edward Lord Lytton: Money, s. Rauch's English readings.

— Money, s.: Sammlung englischer Schauspiele.

—— Money. A Comedy s. Theatre, the british, No. 20.

— Money, a comedy. Abridged and annotated for school use by Gust. Krüger. (104 S.) 8. Leipzig 907. G. Freytag. — Wien, F. Tempsky. Geb. 1.20

— Nacht u. Morgen, s.: Romane, die besten, d. Weltliteratur.

— Nacht u. Morgen, s.: Universal-Bibliothek.

Nacht und Morgen [Night and morning]. Roman von Edward Lytton **Bulwer**. Berlin: Scherl [1908]. 599 S. 8°
(Bibliothek August Scherl. Bd 45–47.) 10. 13641

— Not so bad as we seem, s.: Theatre, the modern English comic, Serie IV. Vol. 9. 10.

— my novel, s.: Collection of British authors. Vol. 200. 215. 223. 227. 231. 236. 238. 248. 251. 265.

— meine Novelle, siehe: Lese-Cabinet, belletristisches, 606—611. 655—660 u. 673—678. Lfg.

Bulwer, Edward George)
Earle Lytton (Lord Lytton)
O'Neill, der Rebell, und Arasmanes. Zwei Erzählungen. Aus d. Engl. von O. von Czarnowski.
Aachen, Leipzig: Mayer 1834. 226 S. 8°

—— die Pariser, s. Lese-Cabinet, neues belletristisches.

—— the Parisians, s. Collection of British Authors.

— Pausanias the Spartan, s.: Collection of. brit. authors.

—— Pausanias, der Spartaner, s. Lese-Cabinet, neues belletristisches.

—— Pelham oder Begegnisse eines Weltmannes, s. Universal-Bibliothek Nr. 1041—45.

—— Pelham, od. Begegnisse e. Weltmannes. (Ohne Nam. d. Vrf.) A. d. Engl. übers. v. C. Richard. 3 Thle. 8. (66 B.) Aachen 829, Mayer.
Vgl. dess. sämmtl. W. (Aachen, Mayer,) Bd. 1—8.

— Pelham od Begegnisse e. Weltmannes, s.a. Bibliothek der Gesamtlitteratur.

Pelham oder Begegnisse eines Weltmannes von Edward Lord Litton [Lytton] Bulwer. Übers. von C. Richard in neuer Bearb. Mit e. Vorbemerkung u. d. Bilde d. Dichters. *Halle a. d. S.: O. Hendel [1901].* (IV, 442 S.) 8° [F.]
(Bibliothek d. Gesamtlitteratur d. In- u. Auslandes. No 1822—1827.) [94. 1479]

—die Pilger des Rheins. Aus d. Engl. v. Le Petit. (Pfennig-Ausg. in 5 Lfrgg.) Mit 5 Stahlst. u. 2 Steindr. breit gr. 16. Quedlinb. 834. Kunstverlag; W. Creuzbauer in Karlsruhe. 1½ ℛ engl. cart. 1¾ ℛ

— the pilgrims of the Rhine, s. Sammlung gediegener u. interessanter Werke der engl. Literatur.

— dasselbe, s.: Romane, klassische, der Weltliteratur.

—— the Pilgrims of the Rhine. 16. (20½ B.) Francfort o. M. 834, Jügel.

— the Pilgrims of the Rhine. Mit 27 Stahlst. Lex.-8. London 834. (Black et Armstrong.) 12⅔ ℛ

—— the Pilgrims of the Rhine. Mit vergleichendem u. erklär. Wörterbuche. 1. Aufl. 835. • 1⅓ Thlr., 2., durchges. Ausg. M. 1 Stahlst. gr. 12. (à 13 B.) Leipzig 840, [Schulz; Thomas.]

—— the pilgrims of the Rhine. Accentuirt, mit erläut. Anmerkgn. unter besond. Hinweis. auf Wagners engl. Sprachlehre u. Melford's synonym. Handwörterb. u. mit ein. vollständigen Wörterbuche v. Ludw. Georg. gr. 8. (20¼ B.) Göttingen 843, Vandenhoeck u. Ruprecht.

— the Pilgrims of the Rhine. Accentuirt, mit erläuternden Anmerkungen unter besonderer Hinweisung auf Wagner's engl. Sprachlehre und Melford's synonym. Handwörterbuch und mit einem vollständigen Wörterbuche von Ludew. Georg. 2. Aufl. Göttingen 863. Vandenhoeck & Ruprecht. gr. 8. (VIII, 315 S.) n. 15 ℳ

—— the Parisians, } s.: Collect. of brit. auth.
—— the coming race, }

— Rattlin the Reefer. gr. 12. Brüssel 836. Frankf., Fr. Wilmans. 1½ ℛ

Bulwer, Edward Lord Lytton: Richelieu, s. Theatre, English.

Bulwer, Edward Lord Lytton: Rienzi, s. Universal-Bibliothek Nr. 881–85.

—— Rienzi, der letzte der römischen Tribunen, s. Romane, die besten, der Weltliteratur.

—— Rienzi, der letzte Tribun. N. d. Engl. v. L. v. Alvensleben. 3 Thle. 8. (59 B.) Leipzig 836, Hunaer.

—— Rienzi, der Letzte der römischen Tribunen. Ein Roman. Uebers. von Thdr. Roth. 3. verb. Aufl. Durchgesehen von Johs. Minckwitz. gr. 16. (612 S.) Leipzig 878, Zieger.

— Rienzi, der Letzte der römischen Tribunen. 8 Bde. 12. (108, 212 u. 134 S. m. 5 Bildern.) Teschen 893. K. Prochaska. Geb. in 2 Leinw.-Bde. n. 1. 70

— Rienzi, der letzte der Tribunen, s.a. Bibliothek d. Gesamtlitteratur d. In- u. Auslandes.

[F.] Rienzi, der letzte der Tribunen. E. Roman v. Edward Lytton Bulwer. Übs. v. Theodor Roth in neuer Bearbeitg. *Halle a. d. S.: O. Hendel (1897).* (x S., 1 Bl., 504 S., 1 Portr.) 1 Bd 8.
= Bibliothek d. Gesamtlitteratur d. In- u. Auslandes. No 1040—1046. [97. 7957]

— Rienzi, der Letzte der Tribunen. Historischer Roman. Mit e. Vorworte des Verf. (628 S. m. Bildnis.) 8. Berlin (909). A. Weichert. (Urspr. Pr. 3.—)

(Edward) Bulwer-Lytton's Romane. Neue deutsche Ausg. (Lfg 1.) Der Enterbte. [Mehr nicht erschienen.] Roman ... Deutsch von Walter Erich. *Berlin: F. Bannenberg [1892].* (64 S.) 8° [F.] [91. 1095]

Bulwer-Lytton, Edward: Romane. Die letzten Tage v. Pompeji. Histor. Roman. Stuttgarter Ausg. 12. Afl. v. K Walther. (417 m. Abb.) kl8° Stuttg., Franckh ('12).
L ° — d

— sämmtl. Romane. Aus d. Engl. v. Frdr. Notter u. Gust. Pfizer. (In 10 Bden.) 1r u. 2r Bd. Pelham. — Ernst Maltravers. gr. 8. Stuttg. 838. Metzler. Subscr.-Pr. bei Abnahme sämmtl. Bde. à 1 ℛ — 3r—10r Bd. Alice. — Paul Clifford. — Devereux. — Eugen Aram u. Calderon, d. Höfling. — Der Verstoßene. — Rienzi, d. letzte Tribun. — Die Pilger d. Rheins. — Leila, oder die Belagerung Granadas. — Falkland. — Die letzten Tage Pompejis. — Arasmanes. gr. 8. Ebd. 838, 39. Alle 10 Bde. n. 10 ℛ (Einzelne Bde. kosten n. 1⅓ ℛ)

Bulwer, Edw. Lytton, sämmtl. Romane. Aus d. Engl. v. G. N. Bärmann. Pfennig-Ausg. 1r—5r Thl. od. 1e—10e Lfrg. A. u. den T.: Devereux. 8 Lfrgg. — Falkland. 1e u. 2e Lfrg. 16. Zwickau 840, Gebr. Schumann; jetzt Metzler in Stuttg. à Lfrg. 1⅙ ℛ

— sämmtliche Romane. Aus d. Engl. v. Fr. Notter u. Gust. Pfizer. Neue Ausg. 16 Bde. gr. 8. Stuttg. 838—47, Metzler. à 1 ℛ. (Bd. 1: Pelham, oder Abenteuer eines Gentleman. Uebers. von G. Pfizer. — 2: Ernst Maltravers. Uebers. v. G. Pfizer. — 3: Alice, oder die Geheimnisse. Forts. von E. Maltravers. Uebers. von G. Pfizer. — 4: Paul Clifford. Uebers. von G. Pfizer. — 5: Devereux. Uebers. von Fr. Notter. — 6: Eugen Aram. Uebers. von Fr. Notter. Calderon der Höfling. Uebers. von G. Pfizer. — 7: Der Verstoßene. Uebers. von Fr. Notter. — 8: Rienzi der letzte Tribun. Uebers. von G. Pfizer. — 9: Die Pilger des Rheins u. Leila, oder die Belagerung von Granada. Uebers. von Fr. Notter. Falkland. Uebers. von G. Pfizer. — 10: Die letzten Tage Pompeji's. Uebers. von Fr. Notter. Arasmanes. Uebers. von G. Pfizer. — 11: Godolphin. Asmodeus aller Orten. Uebers. von G. N. Bärmann. — 12: Zanoni. Uebers. von G. Pfizer. — 13: Nacht und Morgen. Uebers. von G. Pfizer. — 14 u. 15: Der Letzte der Barone. Uebers. von G. Pfizer. 2 Bde. — 16: Lucretia, oder die Kinder der Nacht.) -- 1.—16. Bd. 16 ℛ

—— sämmtliche Romane. Aus dem Engl. von Friedr. Notter und Gust. Pfizer. 16—19. Bd. gr. 8. Stuttgart, Metzler'sche Buchh.
Bd. 16. Lucretia oder die Kinder der Nacht. (464 S.) 847. 1 Thlr.
" 17. Harold, der letzte Sachsenkönig. (543 S.) 849. 1 Thlr.
" 18. Die Cartons. (579 S.) 850. 1 Thlr.
" 19. Meine Novelle von Pisistratus Caxton. 1. Thl. (352 S.) 851(52,) 20 Ngr.
1—15. Bd. Ebendas. 1838—43. 15 Thlr.

—— sämmtliche Romane. Aus dem Engl. von Friedr. Notter und Gust. Pfizer. 19. Bd. (2—4. Abthl.): Meine Novelle; oder Wechselformen im engl. Leben von Pisistratus Caxton. 2—4. Thl. gr. 8. (S. 353—1364.) Stuttgart 852—53. Metzler'sche Buchh.
1—19. Bd. 1. Thl. Ebendas. 1838—51. 18 Thlr. 20 Ngr.

—— sämmtl. Romane. (Neueste Cabinets-Ausg.) Aus d. Engl. (In 100 Thln.) 1—96. Thl. 16. (154⅓ B.) Stuttgart 845, Scheible, Rieger u. Sattler. à

Inhalt:

Thl. 1—6. Pelham, od. Abenteuer eines Gentleman. 2 Bde.
„ 7—12. Eugen Aram. 2 Bde.
„ 13—16. Godolphin.
„ 17—23. Nacht u. Morgen. 2. Bde.
„ 24—30. Rienzi. 2 Bde.
„ 31—36. Maltravers. 2 Bde.
„ 37—42. Zanoni. 2 Bde.
„ 43—50. Der Verstoßene. 2 Bde.
„ 51—56. Die letzten Tage von Pompeji. 2 Bde.
„ 57—63. Devereux. 2 Bde.
„ 64—66. Die Pilger am Rhein.
„ 67—69. u. 81—84. Paul Clifford. 2 Bde.
„ 70—72. u. 77—80. Alice. 2 Bde.
„ 73—76. Leila-Calderon.
„ 85—96. Der Letzte der Barone. 3 Bde. — Falkland.

Bdchn. 81—96. gratis. Als Prämie für die Abnehmer des ganzen Werks, Byron's Gedichte mit 10 Stahlstichen.

— sämmtliche Romane. Aus d. Engl. von Fr. Notter u. G. Pfizer. Neue Taschenausgabe in Schillerformat. Mit dem Bildnisse des Verfassers in Stahlstich. 72 Thle. 16. Ebend. 840—46. à 1/6 ₰ (1.—3.: Godolphin, übersetzt von G. N. Bärmann. — 4.—7.: Eugen Aram, übers. von Fr. Notter. — 8.—12.: Pelham, übers. von G. Pfizer. 5 Thle. — 13.—17.: Devereux, übersetzt von Fr. Notter. 5 Thle. — 18.—22.: Paul Clifford, übers. von G. Pfizer. 5 Thle. — 23.—27.: Nacht u. Morgen, übers. v. G. Pfizer. 5 Thle. — 28.—32.: Der Verstoßene, übers. v. Fr. Notter. 5 Thle. — 33.—36.: Die letzten Tage Pompeji's, übers. v. Fr. Notter. 4 Thle. — 37.—41.: Rienzi der letzte Tribun, übers. v. G. Pfizer. 5 Thle. — 42.—45.: Ernst Maltravers, übers. von G. Pfizer. 4 Thle. — 46.—49.: Alice, übers. v. G. Pfizer. 4 Thle. — 50.—51.: Die Pilger des Rheins, übers. von Fr. Notter. 2 Thle. — 52.: Leila, übers. von Fr. Notter. — 53.: Asmodeus, übers. von Bärmann. — 54.: Calderon, übers. von G. Pfizer. Arasmanes, übers. von G. Pfizer. — 55.: Falkland, übers. von G. Pfizer. — 56.—59.: Zanoni, übers. von G. Pfizer. 4 Thle. — 60.—67.: Der Letzte der Barone, übers. v. G. Pfizer. 8 Thle. — 68.—72.: Lucretia, oder die Kinder der Nacht. 5 Thle.) — 1.—72. Thl. 12 ₰

— sämmtl. Romane. Neue Taschenausgabe in Schillerformat. 73—89. Thl. gr. 16. Stuttgart 848—52, Metzler. à 1/6 ₰ 73—77. Thl.: Harold, der letzte Sachsenkönig. Histor. Roman. Aus d. Engl. v. Ed. Mauch. 5 Thle. (672 S.) 78—83. Thl.: Die Caxtons. Ein Familiengemälde. Aus d. Engl. v. Karl Kolb. 6 Thle. (701 S.) 84—89. Thl.: Meine Novelle; oder Wechselformen im engl. Leben, v. Pisistratus Caxton. Aus d. Engl. v. Karl Kolb. 6 Thle. (798 S.)

— — Aus dem Engl. (Schiller-Ausg.) Stuttgart 853—58. Metzler. gr. 16. Jeder Thl. 5 ngr.
90—96. Thl. Meine Novelle, oder Wechselformen im englischen Leben, von Pisistratus Caxton. Aus dem Engl. von Carl Kolb. 6—13. Thl. (2 Bl., 799—1645.)
97—103. Thl. Was wird er damit machen? von Pisistratus Caxton. Aus dem Engl. von Carl Kolb. (1. Thl.: 276 S.; 2. Thl.: 132 S.; 3. Thl.: 122 S.; 4. Thl.: 134 S.; 5. Thl.: 126 S.; 6. Thl.: S. 1—106.)

Bulwer, E. L., sämmtliche Romane. Aus dem Engl. von Fr. Notter und Gust. Pfizer. Neue Kabinets-Ausgabe. Mit 16 vorzügl. Stahlstichen. 103 Bdchn. 16. Stuttgart 845—47, J. B. Metzler'sche Buchh. à 2 ngr. (Bdchen. 1—6: Eugen Aram. — 7—12: Ernst Maltravers. — 13—18: Alice, oder die Geheimnisse. — 19—24: Pelham. — 25—30: Die letzten Tage v. Pompeji. — 31—34: Godolphin. — 35—41: Nacht u. Morgen. — 42—48: Rienzi, der letzte Tribun. — 49—54: Zanoni. — 55—62: Der Verstoßene. — 63—65: Die Pilger des Rheins. — 66—72: Paul Clifford. — 73—79: Devereux. — 80—90: Der Letzte der Barone. — 91—96: Leila, od. d. Belagerung von Granada. Asmodeus aller Orten. Calderon der Höfling. Arasmanes. Falkland. — 97—103: Lucretia, oder die Kinder der Nacht. — 1.—103. Bdchn. 6 ₰ 26 ngr.

Bulwer Lytton, Sir Edward, sämmtl. Romane. Neue Kabinetsausg. Mit Stahlst. 104—111. Bdchn. 16. Stuttgart 848, Metzler. à 2 ngr. — Harold, der letzte Sachsenkönig. Histor. Roman. Aus dem Engl. von Ed. Mauch. 8 Bdchn. 16. (886 S.) Ohne Stahlst. 13 ngr.

— — Aus dem Engl. (Neue Titel-Ausg.) 1—58. Liefg. Stuttgart 858. Metzler. 16. Jede Liefg. 3 ngr.
1—5. Thl.: Nacht und Morgen. Ein Roman. Aus dem Engl. von Gust. Pfizer. 5 Thle. (140; 144; 134; 134; 146 S.)
6—9. Thl.: Eugen Aram. Aus dem Engl. von Friedr. Notter. 4 Thle. (146; 142; 151; 133 S.)
10—14. Thl.: Pelham oder Abenteuer eines Gentleman. Aus dem Engl. von Gust. Pfizer. 5 Thle. (126; 124; 134; 120; 127 S.)
15—19. Thl.: Harold, der letzte Sachsenkönig. Aus d. Engl. von Ed. Mauch. (672 S.)
20—23. Thl.: Ernst Maltravers. Aus dem Engl. von Gust. Pfizer. 4 Thle. (136; 138; 132; 130 S.)
24—27. Thl.: Alice, oder Die Geheimnisse. Fortsetzung von Ernst Maltravers. Aus dem Engl. von Gust. Pfizer. (124; 178; 144; 136 S.)
28—32. Thl.: Lucretia oder die Kinder der Nacht. Aus dem Engl. von Thdr. Oelckers. 5 Thle. (128; 141; 84; 125; 130 S.)
33—36. Thl.: Der Letzte der Barone. Aus dem Engl. von Gust. Pfizer. (1. Thl.: 142 S.; 2. Thl.: 130 S.; 3. Thl.: 119 S.; 4. Thl.: S. 1—8.)

— — Aus dem Engl. (Neue Titel-Ausg.). 59—157 (letzte) Liefg. Ebd. 859—61. 16. Jede Liefg. 3 ngr.
37—40. Thl.: Der Letzte der Barone. Ein Roman. Aus dem Engl. von Gust. Pfizer. 8 Thle. (960 S.)
41—44. Thl.: Die letzten Tage Pompejis. Ein Roman. Aus dem Engl. von Frdr. Notter. 4 Thle. (589 S.)
45—48. Thl.: Zanoni. Ein Roman. Aus dem Engl. von Gust. Pfizer. 4 Thle. (517 S.)
49—51. Thl.: Godolphin. Ein Roman. Aus dem Engl. von Geo. Nik. Bärmann. 3 Thle. (411 S.)
52—56. Thl.: Rienzi, der letzte Tribun. Ein Roman. Aus dem Engl. von Gust. Pfizer. 5 Thle. (617 S.)
57—62. Thl.: Die Caxtons. Ein Familiengemälde. Aus dem Engl. von Carl Kolb. 6 Thle. (701 S.)
63—75. Thl.: Meine Novelle, oder Wechselfälle im englischen Leben, von Pisistratus Caxton. Aus dem Engl. von Carl Kolb. 13 Thle. (1615 S.)
76—80. Thl.: Devereux. Ein Roman. Aus dem Engl. von Frdr. Notter. 5 Bde. (610 S.)
81—85. Thl.: Paul Clifford. Ein Roman. Aus dem Engl. von Gust. Pfizer. 5 Thle. (660 S.)
86—90. Thl.: Der Verstoßene. Ein Roman. Aus dem Engl. von Frdr. Notter. 5 Thle. (701 S.)
91. 92. Thl.: Die Pilger des Rheins. Ein Roman. Aus dem Engl. von Frdr. Notter. 2 Thle. (302 S.)
93—96. (Kleine Novellen. 4 Thle.) Leila oder die Belagerung Granada's. Aus dem Engl. von Frdr. Notter. (211 S.) — Asmodeus aller Orten. Eine Erzählung. Aus dem Engl. von Geo. Nikol. Bärmann. (111 S.) — Calderon, der Höfling und Arasmanes. Aus dem Engl. von Gust. Pfizer. (111 S.) — Falkland. Erzählung. Aus dem Engl. von Gust. Pfizer. (128 S.)

Bulwer, Edward Lytton, sämmtliche Romane. Aus dem Engl. 97—110. Thl. gr. 16. Stuttgart 857—62, Metzler'sche Buchh. Verlags-Conto.

Inhalt:

Thl. 97—105. Was wird er damit machen? von Pisistratus Caxton. Aus dem Engl. von Glob. Fink. 9 Thle. (1198 S.) à Thl. 5 Ngr.
„ 106—110. Eine seltsame Geschichte. 4 Thle. (623 S.) 106—109. Thl. à 6 Ngr., 110. Thl. 5 Ngr.

Bulwer's sämmtliche Romane rc. (Neue Ausg.) 110 Thle. Ebend. 862—64. gr. 16. 15 ₰

Inhalt: 1—5. Thl.: Eine seltsame Geschichte. 5 Thle. 21 ngr. — 6—11. Thl. Die Caxtons. 6 Thle. 21 ngr. — 12—16. Thl. Pelham. 5 Thle. 18 ngr. — 17—19. Thl. Godolphin. 3 Thle. 12 ngr. — 20—23. Thl. Ernst Maltravers. 4 Thle. 15 ngr. — 24—27. Thl. Alice oder die Geheimnisse. Fortsetzung von Ernst Maltravers. 4 Thle. 18 ngr. — 28—32. Thl.: Lucretia. 5 Thle. 18 ngr. — 33—37. Thl.: Nacht u. Morgen. 5 Thle. 21 ngr. — 38—40. Thl. Leila, oder die Belagerung Granada's. 3 Thle. 14 ngr. — 41—44. Thl. Die letzten Tage Pompeji's. 4 Thle. 18 ngr. — 45—48. Thl. Eugen Aram. 4 Thle. 18 ngr.

— 49. Thl. Falkland. 4 ngr. — 50. 51. Thl. Die Pilger des Rheins. 2 Thle. 9 ngr. — 52—56. Thl.: Rienzi. 5 Thle. 21 ngr. — 57—65. Thl. Was wird er damit machen? 9 Thle. 1 rf 6 ngr. — 66—70. Thl. Harold, der letzte Sachsenkönig. 5 Thle. 21 ngr. — 71—75. Thl. Der Verstoßene. 5 Thle. 21 ngr. — 76—80. Thl. Devereux. 5 Thle. 21 ngr. — 81—85. Thl. Paul Clifford. 5 Thle. 21 ngr. — 86—89. Thl. Zanoni. 4 Thle. 18 ngr. — 90—97. Thl. Der Letzte der Barone. 8 Thle. 1 rf 3 ngr. — 98—110. Thl. Meine Novelle. 13 Thle. 1 rf 21 ngr.

—— dass. — 1—7. Lfg. (1. Bd.): Eine seltsame Geschichte. Uebersetzt von Carl Kolb. gr. 16. (616 S.) Stuttgart 861. 62, [Hoffmann'sche Verlagsh.] à Lfg. 3 Ngr.

—— dass. — In gediegenen Uebertragungen. Neue revid. Aufl. 2.—22. Bd. gr. 16. Stuttgart 862—67, Hoffmann'sche Verlagsh.

Inhalt:

Bd. 2. Lukretia. Uebers. von C. Kolb. (607 S. mit 1 Stahlst.)
" 3. Pelham oder Abenteuer eines Gentleman. Uebers. von Frz. Kottenkamp. (603 S. mit 1 Stahlst.)
" 4. Nacht und Morgen. Uebers. von Ernst Susemihl. (644 S.)
" 5. Paul Clifford. Uebers. von Ernst Susemihl. (615 S.)
" 6. Ernst Maltravers. Uebers. von Frz. Kottenkamp. (508 S. mit 1 Stahlst.)
" 7. Alice, oder die Geheimnisse. (Fortsetzung von Ernst Maltravers.) Uebers. von Frz. Kottenkamp. (542 S. mit 1 Stahlst.)
" 8. Eugen Aram. Uebers. von Thdr. Roth. (535 S. mit 1 Stahlst.)
" 9. Der Verstoßene. Uebers. von Ernst Susemihl. (636 S. mit 1 Stahlst.)
" 10. Die Caxtons. Ein Familiengemälde. Uebers. von A. v. W. (740 S. mit 1 Stahlst.)
" 11. Godolphin. Uebers. von Ernst Susemihl. (369 S. mit 1 Stahlst.)
" 12. Devereux. Uebers. von Thdr. Roth. (606 S. mit 1 Stahlst.)
" 13. Rienzi, der Letzte der römischen Tribune. Uebers. von Thdr. Roth. 2., verb. Aufl. (618 S. mit 1 Stahlst.)
" 14. Die letzten Tage von Pompeji. Uebers. von W. Schöttlen. 2., verb. Aufl. (559 S. mit 1 Stahlst.)
" 15. Zanoni. Uebers. von Thdr. Roth. (528 S. mit 1 Stahlst.)

Bulwer-Lytton's, E., sämmtliche Romane ꝛc.
Bd. 16. Die Pilger am Rhein. Falkland. Leila. Drei Erzählungen. Uebers. von W. Schöttlen und Thdr. Roth. (612 S. mit 1 Stahlst.)
" 17. 18. Der Letzte der Barone. Uebers. von Ernst Susemihl. 2 Bde. (415 und 430 S. mit 1 Stahlst.)
" 19. 20. Was wird er damit machen? Von Pisistratus Caxton. Uebers. von Gottlob Fink. 2 Bde. (616 und 563 S. mit 2 Stahlst.)
" 21. 22. Meine Novelle. Uebers. von A. v. W. 2 Bde. (636 und 1009 S. mit 1 Stahlst.)
1. Bd. (Eine seltsame Geschichte.) Ebendas. 1861,62. 21 Ngr.'
Diese Ausg. erschien auch in 127 Lfgn. (zu 7 Bog.) à 3 Ngr.

Bulwer's, Edw. Lytton, sämmtliche Romane. 13. Bd. gr. 16. Leipzig 878. C. Zieger. 2. —
Rienzi, der Letzte der römischen Tribunen. Ein Roman. Uebersetzt von Thdr. Roth. 3. verb. Aufl. Durchgesehen von Johs. Minckwitz. (612 S.)

— a sketch of the life of Schiller, s.: Schüler-Bibliothek, englische.

Bulwer, Edward Lord Lytton: A strange story, s. Collection of British Authors.

Bulwer, Edward Lord Lytton: Die letzten Tage von Pompeji, s. Universal-Bibliothek Nr. 741–45.

— die letzten Tage von Pompeji, s. Meisterwerke engl. u. nordamerikan. Classiker.

— Pompeji's letzte Tage, s. Miniatur-Bibliothek der ausländ. Classiker.

— die letzten Tage v. Pompeji, s.: Moritz, Paul.

— dasselbe, s.: Romane, die besten, der Weltliteratur.

Bulwer-Lytton, Eduard, die letzten Tage v. Pompeji, s.: Sammlung historischer Romane.

Die letzten Tage von Pompeji. Aus dem Engl. übers. von J. Sporschil. Bd 1—3. Leipzig: Wigand 1834. 12°

[Dasselbe.] Wohlf. Ausg. Ebendas. 1835. 12°
Kl. 4005, TB. 268. Mehrere weitere deutsche Übers. erschienen, die wir nicht alle anführen.
cf. Die Bücherlexika von Heinsius, Kayser u. Hinrichs. Erschien auch bei Reclam Nr 741—745.

—— die letzten Tage v. Pompeji. Neu bearb. u. mit e. histor.-topograph. Einleit. verm. v. Friedr. Förster. (Prachtausgabe.) gr. 8. (27 B., 2 bunt. Taf. u. 2 Stahlst.) Potsdam 837. [Berlin, Gselius'sche Buchh.]

—— dass. (Ausg. No. 2.) gr. 8. (27¼ B.) u. Xtlkpfr.) Abbl. 837.

— die letzten Tage von Pompeji. Neu bearb. u. mit e. histor.-topograph. Einleitung verm. v. Fr. Förster. (Prachtausgabe.) Mit 2 bunten Taf. u. 2 Stahlst. gr. 8. Potsdam 837. Riegel. n. 2⅚ rf

— die letzten Tage v. Pompeji. Roman. A. d. Engl. 3 Bde. [Aus: „D. besten Romane d. Weltliteratur".] 12. (188, 192 u. 60 S. m. Abb.) Teschen 896. K. Prochaska. In 2 Leinwbdn. 1. 70

[F.] Die letzten Tage von Pompeji. Roman v. E[dward] L[ytton] Bulwer. Deutsch bearb. v. Heinrich Vollrat Schumacher. Ill. v. A. Rothaug. (Gratisbeil. v. 'Zur guten Stunde'.) *Berlin: Bong & C. [1898].* (1 Bl., 416 S.) 1 Bd 8.
= Klassikerbibliothek, Illustrirte. Bd 14.

Die letzten Tage von Pompeji. Roman von Edward Lytton Bulwer. Deutsch bearb. von Heinrich Vollrat Schumacher. Ill. von A. Rothaug. *Berlin: Bong & Co [1899].* (415 S.) 8° [F.]
= Klassiker-Bibliothek, Illustrierte. Bd 13.

— dasselbe, s.a. Klassiker-Bibliothek, ill.

— die letzten Tage v. Pompeji. Historischer Roman. (Illustrierte) Stuttgarter Ausg. 8. (454 S.) Stuttgart 899. Franckh. Geb. in Leinw. n. 3. —

— die letzten Tage v. Pompeji. Historischer Roman. Stuttgarter Ausg. Neu bearb. v. K. Walther. 3. u. 4. Aufl. (à 417 S. m. Abbildgn.) 8. Stuttgart (903. 904.) Franckh. n. 2. —; geb. n. 3. —

Die letzten Tage von Pompeji [The last days of Pompeii]. Hist. Roman aus d. Zeit d. Kaisers Titus von Edward [Lord] Lytton-Bulwer. Vollst. neu ins Deutsche übertr., mit d. Einl. d. Verf. u. mit Anm. vers. von Karl Wilding. Mit d. Bildn. d. Dichters. Berlin: A. Weichert [1906]. (350 S.) 8° [F.]

E[dward Lord] L[ytton-]Bulwer. Die letzten Tage von Pompeji [The last days of Pompeii]. Aus d. Engl. von P. [vielm. Friedrich] Notter u. G[ustav] Pfizer. Ill. von C. Arriens. Bd 1. 2. Berlin-Leipzig-Wien: Buchverlag fürs Deutsche Haus 1908. 8°
(Die Bücher d. Deutschen Hauses. Bd 55 u. 56.)

— Die letzten Tage v. Pompeji. Historischer Roman. Stuttgarter Ausg. Neu bearb. v. K. Walther. 7. Aufl. (417 S.) 8. Stuttgart 908. Franckh. 2.—; geb. 3. —

Die letzten Tage von Pompeji [The last Days of Pompeii]. Roman von Edward [Lord] Lytton Bulwer. Leipzig: Reclam [1909]. 503 S. 8°
(Bibliothek August Scherl. Bd 505. 506.)

— Die letzten Tage v. Pompeji. (503) 8° Berl., Globus Verl. ('11). L 1.50; Ldr 3 — d

— dass. Übertr. v. Else Otten. (467) 8° Lpzg, Verl. van d. Broecke '12. L 3 —

—— the lost tales of Miletus, s. Collection of British authors.

— the new Timon, s.: ebd. Vol. 104.

— Der letzte Tribun, frei bearb. von Egid v. Fillek, s.: Volksbücherei.

— the Duchess de la Vallière, s. Theatre, the british, No. 8.

— the Duchess de la Vallière, s. Theatre, British modern. No. VI—IX.

— die Herzogin de la Vallière. Schspl. in 5 Akten. Aus d. Engl. metrisch übertragen v. O. v. Czarnowski. gr. 12. Aachen 837. Mayer. (Brüssel. Mayer u. Somerhausen.) 3/4 ℛ

— der Verstoßene. (Ohne Nam. d. Vrf.) A. d. Engl. übers. v. C. Richard. 4 Thle. 8. (59 B) Aachen 829, Mayer.

— die Wanderer am Rheine. Aus d. Engl. gr. 8. Stuttg. 834. Weise. 1 1/2 ℛ

— the secret way, death and Sisyphus and Corinna. Drei Erzählungen aus the lost tales of Miletus. Erklärt u. mit Anmerkungen versehen von J. Pessler. Riga 870. Brutzer & Co. 8. (VIII, 172 S.) n. 15 ngr; geb. n. 20 ngr

— sämmtl. Werke. 1r—3r Bd. A. u. d. T.: Pelham, oder Begegnisse eines Weltmannes. Aus d. Engl. übers. v. C. Richard. 3 Thle. 2e Aufl. Mit Bulwers Bildn. gr. 12. Aachen 833. Mayer. (Brüssel, Mayer u. Sommerhausen) 3 ℛ — 4r—6r Bd. Eugen Aram, übers. v. C. Richard. 3 Thle. 2e Aufl. 834. 3 ℛ — 7r u. 8r Bd. Die Pilgrimme am Rhein, übers. von Louis Lax. 2 Thle. 834. 2 ℛ — 9r—11r Bd. Die letzten Tage von Pompeji, übers. v. O. v. Czarnowski. 3 Thle. 834. 3 ℛ — 12r—14r Bd. Devereux, übers. v. C. Richard. 3 Thle. 2e Aufl. 835. 3 ℛ — 15r u. 16r Bd. Der Gelehrte, übers. v. Louis Lax. 2 Thle. 835. 2 ℛ — 17r—19r Bd. Rienzi, der letzte Tribun, übers. v. O. v. Czarnowski. 3 Thle. 836. 3 ℛ — 20r—22r Bd. Der Verstoßene, übers. v. C. Richard. 2e Aufl. 3 Thle. 836. 3 ℛ — 23r u. 24r Bd. Athens Größe u. Verfall, nebst Untersuchungen über die Literatur, die Philosophie u. das gesellige Leben des atheniensischen Volkes, übers. v. O. v. Czarnowski. 1. u. 2 Thl. 837. 2 ℛ — 25r u. 26r Bd. Athens Größe u. Verfall ꝛc. 3r u. 4r Thl. 837. 2 ℛ — 27r—29r Bd. Paul Clifford, übers. v. C. Richard. 3 Thle. 837. 3 ℛ — 30r—32r Bd. Ernst Maltravers, übers. v. O. v. Czarnowski. 3 Thle. 838. 3 ℛ — 33r—35r Bd. Alice od. die Geheimnisse. Eine Fortsetzung von Ernst Maltravers, übers. v. O. v. Czarnowski. 3 Thle. 838. 3 ℛ — 36r Bd. Richelieu, oder die Verschwörung. Trspl. in 5 Akt., nach d. 8n Aufl. übers. v. Ludw. Braunfels. 839. 5/6 ℛ — 37r Bd. Der See-Capitain, oder das Erbrecht. Drama in 5 Akt., übers. v. C. Richard. 840. 7/12 ℛ (1—37. 36 5/12 ℛ)

— sämmtliche Werke. 38.—40. Bd. — A. u. d. T.: Nacht und Morgen. Ein Roman. Aus d. Engl. von O. v. Czarnowski. 3 Thle. gr. 12. Aachen 841, Mayer. Velinp. 3 ℛ (1—37 kosten ungetrennt jetzt nur n. 18 ℛ)

— dies. 41.—43. Bd. — A. u. d. T.: Zanoni. Aus d. Engl. von O. v. Czarnowski. 3 Thle. gr. 12. Ebend. 842. 3 ℛ

— sämmtl. Werke. 44—47. Bd. — A. u. d. Tit.: Der letzte Baron. A. d. Engl. v. O. von Czarnowski. 4 Thle. gr. 12. (71 1/2 B.) Aachen 843, Mayer.

Bd. 1—37. Ebendas. 1833—40. Herabges. Pr. 18 Thlr., Bd. 38—43. Ebendas. 1841, 42. à 1 Thlr.

— dies. 48.—50. Bd. Lucretia, oder die Kinder der Nacht. Aus d. Engl. von A. Kretzschmar. 3 Bde. 12. Leipzig 846, Kollmann. 2 1/2 ℛ

— dies. Ausg. in 16. 1r—4r Bd. Die letzten Tage von Pompeji. Uebers. v O. v. Czarnowski. 4 Thle. Aachen 834. Mayer. 1 ℛ — 5r u. 6r Bd. Der Gelehrte, übers v. L. Lax. 2 Thle. 835. 2/3 ℛ — 7r—10r Bd. Rienzi, der letzte Tribun. 4 Thle. 836. 1 ℛ

Bulwer, Edw. Lytt., Werke. 1s—6s Bdchn. Eugen Aram, übers. v. Fr. Notter. 6 Bdchn. (1s—3s B. 2e Aufl. 837—39. 5 gl) 16. Stuttg. 833, 34. (3s u. 4s Bdchn. 2e Aufl. 835.) Metzler. 3/4 ℛ — 7s—12s Bdchn. Pelham, od. Abenteuer eines Gentleman, übers. v. Gust. Pfizer. 6 Bdchn. 3/4 ℛ — 13s—19s Bdchn.: Devereux, übers. v. Fr. Notter. 7 Bdchn. 834. 7/8 ℛ — 20s—23s Bdchn. Die Pilger d. Rheins. 4 Bdchen. 834. 1/2 ℛ — 24s—30s Bdchn. Paul Clifford, übers. v. G. Pfizer. 7 Bdchen. 834, 35. 7/8 ℛ — 31s—36s Bdchn. Die letzten Tage Pompejis, übers. v. Fr. Notter. 6 Bdchn. 835. 3/4 ℛ — 37s—44s Bdchen. Der Verstoßene, übers. v. Fr. Notter. 8 Bdchn. 835, 36. 1 ℛ — 45s—48s Bdchn. Kleine Erzählungen u. Novellen. (Der Gelehrte), übers. v. G. Pfizer. 4 Bdchn. 836. 1/2 ℛ — 49s—55s Bdchn. Rienzi, der letzte Tribun, übers. v. G. Pfizer. 1s—7s Bdchn. 836. 7/8 ℛ — 56s—61s Bdchn. England u. die Engländer, übers. v. Fr. Notter. 1s—6s Bdchn. 836, 37. 3/4 ℛ — 62s—68s Bdchn. Ernst Maltravers, übers. v. G. Pfizer. 6 Bdchn. — Alice, od. die Geheimnisse. Fortsetzung v. Ernst Maltravers, übers. v. G. Pfizer. 1s Bdchn. 838. à 1/8 ℛ — 69s—74s Bdchn. Alice, oder die Geheimnisse. Forsetzung v. Ernst Maltravers. 2s—6s Bdchn. — Calderon der Höfling, beide übers. v. G. Pfizer. 838. à 1/8 ℛ — 75s u. 76s Bdchn. Leila, oder die Belagerung Granadas, übers. v. Fr. Notter. 2 Bdchen. 838, 39. à 1/8 ℛ — 77s—81s Bdchn. Godolphin. Ein Roman; übers. von Geo. Nic. Bärmann. 5 Bdchn. 840. 5/8 ℛ — 82s—86s Bdchn. Asmodeus aller Orten. — Die Herzogin de la Valière. — Die Lyoneserin. — Richelieu. — Der See-Capitain. 840. à 1/8 ℛ (1s—86s Bdchn. 10 3/4 ℛ)

— Werke. Aus d. Engl. von Fr. Notter u. G. Pfizer. 16. Stuttgart 841—46, J. B. Metzlersche Buchh. 87.—117. Bdchn. à 1/8 ℛ (87.: Das Geld, Drama, übers. von G. N. Bärmann. — 88.—94.: Nacht u. Morgen, übers. von G. Pfizer, 7 Bdchn. — 95.—100.: Zanoni, übers. v. G. Pfizer, 6 Bdchn. — 101.—110.: Der Letzte der Barone, übers. von G. Pfizer, 10 Bdchn. — 111.—117.: Lucretia, oder die Kinder der Nacht, 7 Bdchn.)

— Werke. 118—141. Bdchn. 16. Stuttgart 848—52, Metzler. à 1/8 ℛ 118—125. Bd.: Harold, der letzte Sachsenkönig. Histor. Roman. Aus d. Engl. v. Ed. Mauch. 8 Bdchn. (886 S.) 126—133. Bd.: Die Cartone. Ein Familiengemälde. Aus d. Engl. v. Karl Kolb. 8 Bdchn. (928 S.) 134—141. Bd.: Meine Novelle; oder Wechselformen im engl. Leben v. Pisistratus Carton. Aus d. Engl. v. Karl Kolb. 8 Bdchn. (1050 S.)

— — Aus dem Engl. (Taschen-Ausg.) Stuttgart 853. Metzler. 16. Jedes Bdchn. 3/4 ℛ
142—150. Bdchn. Meine Novelle ꝛc. Aus dem Engl. von Carl Kolb. In 17 Bdchn. 9—17. Bdchn. (S. 1057—2169.)

— Werke. Aus dem Engl. von Geo. Nic. Bärmann. 1r—4r Thl. Auch unter dem Titel: Eugen Aram. Ein Roman 4 Thle. 16. Zwickau 833. Gebrüder Schumann in Leipzig. 1 1/2 ℛ — 5r—12r Thl. A. u. d. T.: Pelham; oder Abentheuer e. Weltmanns. 4 Thle. — England u. die Engländer. 4 Thle. 833. 2 1/2 ℛ — 13r—16r Thl. A. u. d. T.: Der Verstoßene. Ein Roman. 4 Thle. 834. 1 ℛ — 17r—20r Thl. A. u. d. T.: Paul Clifford. Ein Roman. 4 Thle. 834. 1 ℛ — 21r u. 22r Thl. A. u. d. T.: Die Pilger am Rhein. 2 Thle. 834. 1/2 ℛ — 23r—26r Thl. A. u. d. T.: Devereux. 4 Thle. 834. 1 ℛ — 27r—31r Thl. Enth.: Pompejis letzte Tage. 4 Thle. — Falkland. 835. 1 1/4 ℛ — 32r—34r Thl. Enth.: Der Gelehrte. — Eine Samml. vermischter Schriften. 3 Thle. 835. 3/4 ℛ — 35r—38r Thl. A. u. d. T.: Rienzi, der letzte Tribun. 1r—4r Thl. 836. 1 ℛ — 39r Thl. A. u. d. T.: Die Herzogin De la Vallière. Ein Drama in 5 Akten. 837. 1/4 ℛ — 40r—43r Thl. A. u. d. T.: Athens Aufschwung u. Fall, mit Hinblick auf die Literatur, die Philosophie u. das gesellige Leben des atheniensischen Volkes. 1r—4r Thl. 837. 1 ℛ — 44r—48r Thl. Enth.: Athens Aufschwung u. Fall ꝛc. 5r Thl. — Ernst Maltravers. 4 Thle. — 49r—55r Thl. Enth.: Alix, oder: Die Geheimnisse. Fortsetzung v. „Ernst Maltravers." — Die Lyoneserin, oder Hoffart u. Liebe. Lustspl. in 5 Aufz. — Calderon, d. Höfling u. O'Neil, d. Rebell. — Leila, oder: Die Belagerung von Granada. 1r Thl. 838. 1 1/4 ℛ — 56r u. 57r Thl. A. u. den T.: Leila, oder: Die Belagerung von Granada. 2r Thl. — Asmodeus aller Orten.

Eine Erzählung. 838. $1/2$ ℛ — 58r Thl. A. u. d. T.: Richelieu, oder: Die Verschwörung. Ein geschichtl. Lustspl. in 5 Acten. 839. $1/4$ ℛ — 59r Thl. A u. d. T.: Der See-Capitän, oder: Das Recht der Erstgeburt. Ein Drama in 5 Akten. 840. $1/4$ ℛ — 60r—62r Thl. A. u. d. T.: Godolphin. 3 Thle. 840. $3/4$ ℛ (1—62. 17 ℛ)

— Werke. Aus d. Engl. von G. N. Bärmann. 63.—81. Thl. 16. Leipzig 841—46, Gebr. Schumann. (Stuttgart, Metzler.) à $1/4$ ℛ. (63.: Das Geld, ein Drama. — 64.—67.: Nacht u. Morgen. — 68.—71.: Zanoni. — 72.—77.: Der Letzte der Barone. — 78.—81.: Lucretia, oder die Kinder der Nacht.) — 1.—81. Thl. $20^1/_4$ ℛ

— sämmtl. Werke. 82—93. Thl. 16. Leipzig 848—52, Gebr. Schumann. (Stuttgart, Metzler.) à $1/4$ ℛ 82—85. Thl: Harold, der letzte Sachsenkönig. Histor. Roman. Aus d. Engl. v. Ed. Mauch. 4 Thle. 16. (886 S.) 86—89. Thl.: Die Cartone. Ein Familiengemälde. Aus d. Engl. v. Karl Kolb. 4 Thle. 16. (926 S.) 90—93. Thl.: Meine Novelle; oder Wechselformen im engl. Leben v. Pisistratus Carton. Aus d. Engl. v. Karl Kolb. 4 Thle. 16. (928 S.)

Bulwer's Werke. (Gebr. Schumann'sche Ausg.) Stuttgart 853. Metzler. 16. Jeder Thl. $7^1/_2$ Ngr
94—98. Thl. Meine Novelle &c. In 9 Thln. 5—9. Thl. (6 Bl., S. 929—2169.)

— Werke. Supplement zur Achner, Stuttgarter und Zwickauer Ausgabe. 1r Bd. A. u. d. T.: Die Zeitgenossen, ihre Schicksale, ihre Tendenzen, ihre großen Charaktere. Aus d. Engl. 2 Bde. 12 Lfrgg. 16. Stuttgart 837. Verlag der Classiker; Pforzheim, Dennig, Finck u. Comp. 2 ℛ

— Werke. Supplementband. A. u. d. T.: Historische Oden, metrisch übers. v. Joh. Heinr. Sievers. 16. Jena 840. Mauke. $1/8$ ℛ

— Werke, Supplement. 8 Bdchn. A. u. d. T.: Chevelcy, oder der Mann von Ehre. Von Lady Lytton Bulwer. Aus d. Engl. übers. v. J. B. 16. Breslau 840. Kern. 1 ℛ

— Werke. Supplement (zu der Stuttgarter und Zwickauer Ausgabe). 8 Bdchen. A. u. d. T.: Chevelcy, oder der Mann von Ehre. Von Lady Lytton Bulwer. Aus d. Engl. von Gust. Pfizer. 16. Stuttgart 840. Metzlersche Buchh. 1 ℛ

— what will he do with it?, s. Collection of British authors.

Bulwer, Edw. Lytton, complete Works. Vol. I. A. u. d. T.: Pelham; or, the adventures of a Gentleman. gr. 12. Leipz. 834. New Edit. 839. Fr. Fleischer. $1^1/_2$ ℛ — Vol. II. A. u. d. T.: England and the English. 834. $1^1/_2$ ℛ — Vol. III. A. u. d. T.: The Pilgrims of the Rhine. 834. $1^1/_2$ ℛ — Vol. IV. The Disowned. 834. $1^1/_2$ ℛ — Vol. V. Eugene Aram, a tale. 834. $1^1/_2$ ℛ — Vol. VI. Devereux, a tale. 834. $1^1/_2$ ℛ — Vol. VII. Paul Clifford. 835. $1^1/_2$ ℛ — Vol. VIII. The last days of Pompeji. 835. New Edit. 840. $1^1/_2$ ℛ — Vol. IX. Falkland. — The Siamese Twins. — Milton, a Poem 835. $1^1/_2$ ℛ — Vol. X. The Student, a series of papers. — O'Neil, or the rebel. 835. $1^1/_2$ ℛ — Vol. XI. Rienzi, the last of the Tribunes. 836. $1^1/_2$ ℛ — Vol. XII. and XIII. A. u. d. T.: Athens its rise and fall. With views of the literature, philosophy, and social life of the Athenian people. II. Vol. 837. 3 ℛ — Vol. XIV. A. u. d. T.: Ernest Maltravers. 838. $1^1/_2$ ℛ — Vol. XV. A. u. d. T.: Alice, or the Mysteries, a sequel to Ernst Maltravers. 838. $1^1/_2$ ℛ — Vol. XVI. A. u. d. T.: Leila, or the siege of Granada. — Calderon, the Courtier. — The Duchess de la Vallière. A Play in five acts. — The Lady of Lyons, or love and pride. A Play in five acts. 839. $1^1/_2$ ℛ — Vol. VII. A. u. d. T.: Godolphin, a Tale. — The Sea-Captain; or the birthrigt. A Drama in five acts. 840. $1^1/_2$ ℛ (1—17. zusammen genommen nur 17 ℛ)

— complete Works. Vol. XVIII. — A. u. d. T.: Night and Morning. gr. 12. Leipzig 841, Fr. Fleischer. (à) n. 1 ℛ

— Vol. XIX. — A. u. d. T.: Zanoni. gr. 12. Ebend. 842. (à) n. 1 ℛ

— Vol. XX. The last of the barons. gr. 12. Ebend. 843. (à) n. 1 ℛ

Bulwer, Edward Lytton, dramatic works, s. Collection of british authors.

—— the coming Race, } s. Collection of British
—— Miscellaneous Prose Works, } Authors.

— ein Wort an das Publikum. Auf Veranstaltung d. Verf. aus dem Engl. übersetzt. 8. (62 S.) Berlin 847, Duncker & Humblot. n. 4 Ngr

Zanoni. Ein Roman von Edu. [George] Lytton Bulwer. Aus d. Engl. von Gust. Pfizer. Th. 1—4. Stuttgart: Metzler 1842. 8°
1. 126 S.; 2. 138 S.; 3. 127 S.; 4. 156 S.
(E. L. Bulwor's sämmtl. Romane. Stuttgart 56—59.)

Bulwer, Ed. Lyt., Zanoni. Ein Roman. Aus dem Englichen von Gustav Pfizer. 12. Bd. sämmtlicher Romane. Stuttgart. Metzler. 1843. 8. 432 S.
Kloss + 12 — Rosenkreuzerischer Roman.

[Dasselbe.] Neue Kabinetsausg. Bd 1—6. Stuttgart: Metzler 1845. 8°
1. Bd. 1—3. 268 S.; 2. Bd 4—6. 250 S.
Kl. 4012, Tt. 2643, TB. 293 294. Rosenkreuzer-Roman. Später öfter aufgelegt und neu übers. Erschien nicht in Reclam's Univ. Bibliothek.

Bulwer, Sir Edward Lytton, Zanoni. Ein Roman. Deutsche Ausg. v. G. Pfitzner. (734 S.) 8. Leipzig 903. Theosoph. Central-Buchh. n. 5. —; geb. n. 6. 50; Prachtausg., in 2 Bde. geb. n. 14. —

— dasselbe. Der Roman e. Rosenkreuzers. Aus dem Engl. übers. v. Gust. Pfitzer. (400 S.) gr. 8. Lorch (908). K. Rohm. n. 4. —

— dasselbe. Deutsch v. Leo Norberg. (443 S.) gr. 8. Leipzig 905. Deutsche Verlagsactiengesellschaft. n. 4. —

— Zanoni. Der Roman e. Rosenkreuzers. Aus dem Engl. übers. v. Gust. Pfitzer. (396 S.) 8. Jugenheim 907. Suevia-Verlag. Geb. in Leinw. 4. —

— dasselbe. (396 S.) 8. Lorch 907. K. Rohm. 4. —; geb. 5. —

Zanoni. Ein Roman von Eduard [Lord] Lytton-Bulwer. Aus d. Engl. übers. u. neu bearb. Mit e. Vorbemerkung u. d. Bilde d. Verf. Halle a. S.: Hendel [1908]. 418 S. 8°
(Bibliothek d. Gesamtliteratur d. In- u. Auslandes. Nr 2060—2064) 1909. 7747

— dasselbe, s. a. Bibliothek der Gesamtliteratur.

Bulwer, Edward George Earl Lytton. Die Zeitgenossen. Ihre Schicksale, ihre Tendenzen, ihre großen Charaktere. A. d. Engl. Stuttgart 1837. V: *Gutzkow, Carl Ferdinand.* (EE)

— die Zeitgenossen. Ihre Schicksale, ihre Tendenzen, ihre großen Charaktere. Aus d. Engl. 2. unveränd. Ausg. 2 Bde. 16. Pforzheim 842, Dennig, Fink u. Comp. $1^3/_4$ ℛ

Bulwer, Sir Henry Lytton, geschichtliche Charaktere. Autorisirte Uebersetzg. v. Karl Lanz. 1. u. 2. Bd. gr. 8. Leipzig 871. C. F. Winter. à n. 3. 60
1. Talleyrand. (VI, 222 S.)
2. Mackintosh, Cobbett, Canning. (VI, 298 S.)

Bulwer, Sir Henry Lytton, Historical Characters, s.a. Collection of British Authors.

Bulwer, Sir Henry Lytton, G. C. B. Historical Maracters. Talleyrand, Cobbett, Mackintosh, Canning. Copyright edition. (2 Bde.) 8. Leipzig 1868.

Bulwer, Heinr. Lytton, Frankreich in socialer, literar. u. polit. Bezieh. A. d. Engl. übers. v. O. v. Czarnowski. 2 Abthln. od. 7 Bdchn. — 2. Abthl. A. u. d. T.: Die Herrschaft d. Mittelklassen. 3 Bdchn. 8. Aachen, Mayer. [I. 4 Bdchn. (55 B. u. 1 Tab.) 835., II. 3 Bdchn. (48¼ B. u. 4 Tab.) 836. à 3 Thlr.]

– Lord Palmerston's [Henry John Temple's] Leben frei nach Bulwer v. Arnold Ruge. 1. Thl. gr. 8. (IV, 402 S.) Berlin 871. Oppenheim. n. 6.

— the life of Henry John Temple, viscount Palmerston, s.a. Collection of brit. authors.

Bulwer, Right Hon. Sir Henry Lytton (Lord Dalling). The life of Henry John Temple Viscount .....: with selections from his correspondence. Copyright editon. (3 Bde.) 8. Leipzig 1871–1874.

Bulwer, Rosina Lady Lytton

Bulwer, Lady Lytton, Cheveley, oder der Mann von Ehre. Aus d. Engl. v. Gust. Pfizer. In 3 Bden. 8. Stuttg. 839. Metzler'sche Buchh. 4 ℔

— s. a. E. L. Bulwer Werke. Suppl. — Dass. übers. v. J. Bloch, s. Ebd.

Bulwer, Lady L., Miriam Sedley, siehe: Bibliothek, Europäische, 563 u. 564. Bd.

Bulyovsky, Lila, mein Reisetagebuch. Aus dem Ungarischen. Pest 858. Emich. (Leipzig, Kittler.) 12. (VI, 232 S.) 20 ngr.

Bülz, Franz, Referendar a. Leipzig: Sparkassenbuch und Sparkassenguthaben im geltenden bürgerlichen Recht. Borna-Leipzig 1906: R. Noske. (60 S.) 8° [F.]
Leipzig, Jur. Fak., Diss. v. 11. Dez. 1906
[Geb. 6. Dez. 81 Leipzig; Wohnort: Schandau; Staatsangeh.: Sachsen; Vorbildung: Thomassch. Leipzig Reife O. 01; Studium: Leipzig 8 S.; Rig. 28. Juni 05.]

Bülz, Martin: Fasti quaestorum, qui ab a. u. c. CCCXXXX ad a. u. c. DCLXXI extra Romam fuerunt. Zittau 1908: Mönch. S. 3—30. 4°
Zittau, k. RG m. h. Handels-S OP 1908 (733)

Bülz, Martinus *Eduardus* [Reudnitiensis]: De provinciarum Romanarum quaestoribus, qui fuerunt ab a. u. c. DCLXXII usque ad. [!] a. u. c. DCCX ... Chemnitii, typ. G. Adam, 1893; 2 Bl., 80 S., 2 Bl. 8.
Leipzig, Phil. Fak., Inaug.-Diss. v. [18. Sept.] 1893

Verzeichniß einer Bismarck-Portraits- und Bilder-Sammlung. (Vert.: Martin **Bülz.**) Mit 1 Portr. Chemnitz: Bülz 1896. VIII, 89 S. 8° A 13.862

Bülzingslöwen, Johanna von, s.a. Bültzingslöwen, Johanna von

Johanna v. Bülzingslöwen: Ansichten u. Meinungen z. Beförd. glückl. Ehen. *Berl.*, Petri. 820. 8° 10 gl

Bülzingslöwen, Johanna v.: Briefe über weibliche Bildung gewechselt zwischen Tante u. Nichte. — Berlin: Petri 1819. 8°

v. Bülzingslöwen, Johanne, der Kampf mit d. Schicksale, gr. 8. Berl. 820.

Bum, Anton

Bum, A., üb. lokale Anästhesirung, s.: Klinik, Wiener.

Bum, Ant., üb. mobilisirende Behandlung v. Knochenbrüchen, s.: Klinik, Wiener.

Bum, Ant., der chron. Gelenkrheumatismus, s.: Wick, L.

Bum, Dr. Anton, Handbuch der Massage und Heilgymnastik für praktische Aerzte. Mit 172 Holzschnitten. Gr.-8. (VIII, 443 S.) 6.—
Wien: Urban & Schwarzenberg 1896

— Handbuch d. Massage u. Heilgymnastik. Für prakt. Ärzte. 2., durchgeseh. Aufl. M. 172 Holzschn. z. Thl. n. photogr. Momentaufnahmen. gr. 8. (X, 444 S.) Wien 898. Urban & Schwarzenberg. n. 10. —; geb. n. 12. —

— Handbuch der Massage u. Heilgymnastik f. praktische Ärzte. 3., verm. u. verb. Aufl. Mit 173 Holzschn., z. Thl. nach photogr. Momentaufnahmen. gr. 8. (X, 456 S.) Wien 902. Urban & Schwarzenberg. n. 10. —; geb. in Halbfrz. n. 12. —

Bum, Ant., Handbuch der Massage u. Heilgymnastik f. praktische Ärzte. 4., verm. u. verb. Aufl. Mit 184 Holzschn., z. Tl. nach photograph. Momentaufnahmen. (VIII, 372 S.) Lex. 8. Wien 907. Urban & Schwarzenberg. 10.—; geb. in Leinw. n 12. —

Bum, Anton (Hrsg.), s. Klinik, Wiener

Bum, Ant., s.: Lexikon, diagnostisches.

— s.: Lexikon, diagnostisch-therapeutisches.

Bum, Anton (Hrsg.), s. Lexicon, Therapeutisches für praktische Aerzte,

— s.: Lexikon der physikalischen Therapie.

— die Massage in der Neuropathologie, s.: Klinik, Wiener.

Physiologie und Technik der Massage. Bearb. von Doz. Dr. A[nton] **Bum,** Wien. Mit 23 Textabb. Stuttgart: F. Enke 1906. (52 S.) 8°
= **Therapie,** Physikalische, in Einzeldarstellungen. H. 4. [07. 398]

Bum, Anton (Hrsg.), s. Presse, Wiener medizinische.

Bum, A.: System, Das neue, der maschinellen Heilgymnastik. s. Herz, M.

— die physikalisch-diätetische Therapie der Fettleibigkeit. s.: Kisch, E. H.

— Vorlesungen üb. ärztliche Unfallkunde. (VIII, 304 S.) 8. Wien 909. Urban & Schwarzenberg. 6. —; geb. n 7. 50

— s.: Zentralblatt f. physikalische Therapie u. Unfallheilkunde.

Bum, Thdr., z. Reform d. Wiener Börse. gr. 8. (78 S.) Wien 896. A. Hölder. n. 1. 20

(Buman, Eugène de.) Rapport au Conseil d'Etat (du Canton de Fribourg) sur l'internement des troupes françaises dans le Canton de Fribourg, du 2 Février au 27 Mars 1871. [Suivi de 2 annexes avec 1 tableau.] 8. Fribourg 1871.

Buman, Henry de [candidat au doctorat en droit]: Du fondement de la créance alimentaire de l'enfant naturel en droit fribourgeois. Fribourg 1897. 168 p. 8°.
Freiburg. Jur. Diss. 1897/98.

BUMANN, Martin (Eglofs): De operatione hydroceles per injectionem.- Landishutii Thomann (1808). 35,6 S.,1 Bl.
März 1808 - Mai 1809 Diss. Ingolst.-Landsh.-Mchn.

Bumbacu, V. (Basil) IV. Gesang aus Virgils Aeneide übersetzt ins Romänische mit Beibehaltung des Originalmetrums, nebst einer Einleitung und einem Anhange, welcher verschiedene Bemerkungen zum Texte der Uebersetzung in deutscher Sprache enthält. (Umschlagtitel: Romänische Uebersetzung des IV. Gesanges aus Virgils Aeneide mit Beibehaltung des Originalmetrums.) 8 (S. 3–38). Gr.-Or. Ober-G. *Suczawa* 1887. Progr.

Bumbacu, Basil Die Konjugation im Rumänischen in ihrem Verhältnisse zum Lateinischen. 32 S. 8. Progr. *Suczawa* 1881.

Bumbke, Otto, kleine Erdkunde für den Elementar-Unterricht. 8. (64 S.) Breslau 879. Goerlich. n. — 30

Bumbke, Otto, kleine Erdkunde f. den Elementar-Unterricht. 2. verb. Aufl. 8. (64 S.) Breslau 880. Goerlich. n. — 30

Bumbke, Otto, kleine Erdkunde f. d. Schul-Unterr. 3., verb. Aufl. gr. 8. (IV, 64 S.) Breslau 896. F. Goerlich. n. — 30

Bumbke, Otto, Geographie v. Schlesien f. den Elementar-Unterricht. Mit 1 (chromolith.) Karte v. Schlesien (in qu. Fol.) 8. (31 S.) Breslau 876. Görlich. n. — 30; Karte apart 15

— Geographie von Schlesien für den Elementar-Unterricht, nebst einer kurzen Uebersicht der schles. Geschichte. Mit einer (lith. u. color.) Schulkarte von Schlesien. 2. verb. u. verm. Aufl. 8. (32 S.) Ebend. 878. n. — 30

Bumbke, Otto, vaterländische Geschichtsbilder, nebst einem Anhang aus der allgemeinen Weltgeschichte. 8. (64 S.) Breslau 881, Goerlich's Verlag. *

—— vaterländische Geschichtsbilder, nebst einem Anhang aus der allgemeinen Weltgeschichte. 2. verm. Aufl. 8. (68 S.) Ebendas. 885. *

Bumbke, Otto, vaterländische Geschichtsbilder, nebst e. Anh. aus der allgemeinen Weltgeschichte. 3. Aufl. 8. (68 S.) Breslau 890. F. Goerlich. n. — 30

— vaterländ. Geschichtsbilder, nebst e. Anh. a. d. allgemein. Weltgeschichte. 4. Aufl. 8. (72 S.) Ebd. 896. n. — 30

Bumbke, Otto, Karte von Schlesien für den Schulgebrauch. Chromolithogr. qu. Fol. Breslau 876, Görlich's Verlag.

— das Linearzeichnen in der Elementarschule nach den ministeriellen Bestimmgn. 4 Hfte. 8. (à 12 Steintaf.) Ebend. 875. à n. — 20; Zeichenheft dazu (12 Steintaf. in qu. 4.) n. 15

— Rechenbuch für den Elementarunterricht. 6 Aufgabenhefte u. Auflösungen zu Hft. 2—6. 8. Ebend. 878. n. 2. — Aufgaben. 1—5. (24, 16, 16, 20 u. 12 S.) à n. — 15. — 6. (32 S.) n. — 25. — Auflösungen. 2—6. (8, 8, 8, 7 u. 12 S.) à n. — 20

—— Rechenbuch für den Elementarunterricht. (In 6 Heften.) 3. Heft. Neue Ausg. [2. Aufl.] mit dezimaler Schreibung. 8. (16 S.) Ebendas. 881. *
Auflösungen (12 S.) *
1., 2., 4.—6. Heft. Ebendas. 1878. * 85 Pf.

— Schlesien. Geographie u. Geschichte f. den Elementarunterricht. Mit e. (lith. u. color.) Schulkarte v. Schlesien. 3. verb. Aufl. 8. (31 S.) Ebend. 883. n. — 30

—— Schlesien. Geographie und Geschichte für den Elementarunterricht. 4. Aufl. 8. (32 S. mit 1 lithogr. und color. Schulkarte von Schlesien.) Ebendas. 886. *

— kleine deutsche Sprachlehre nebst Aufgaben zur schriftlichen Uebung für Elementarschulen. 8. (64 S.) Ebend. 877. n. — 30

—— kleine deutsche Sprachlehre mit Aufgaben zur schriftlichen Uebung und Material für die neue deutsche Rechtschreibung. 2. verm. Aufl. 8. (64 S.) Ebendas. 880. *

— kleine deutsche Sprachlehre m. Aufgaben zur schriftlichen Übung u. Material f. die neue deutsche Rechtschreibung. 3. verb. Aufl. 8. (64 S.) Ebend. 885. n. — 30

Bumble, O. Kleine deutsche Sprachlehre mit Aufgaben zur schriftlichen Übung u. Material f. die neue deutsche Rechtschreibung. 5. Aufl. 8. (64 S.) Bresl. 891, Goerlich. n. — 30

Kleine deutsche Sprachlehre mit Aufgaben z. schriftl. Übung u. Material f. d. neue deutsche Rechtschreibung von O[tto] Bumbke. 6. Aufl. Breslau: F. Goerlich [1894]. (64 S.) 8° [F.] [illegible] 2

— Kleine deutsche Sprachlehre m. Aufgaben z. schriftl. Übg. u. Material f. d. neue deutsche Rechtschreibg. 8. Aufl. 8. (64 S.) Ebd. 897. n. — 30

Bumbke, O., kleine deutsche Sprachlehre m. Aufgaben zur schriftlichen Übung u. Material f. die neue deutsche Rechtschreibung. 9. Aufl. 8. (64 S.) Breslau (899). F. Goerlich. n. — 30

Bumbke, O., kleine deutsche Sprachlehre m. Aufgaben zur schriftlichen Übung u. Material f. die neue deutsche Rechtschreibung. 10. Aufl. (IV, 56 S.) 8. Breslau (900). F. Goerlich. n. — 30

— Übungen in der Orthographie. 8. (16 S.) Ebend. 880. n. — 10

—— Übungen in der Orthographie. 8. (16 S.) Ebendas. 885. *
Aus: Kleine deutsche Sprachlehre, besonders abgedruckt.

— Übgn. i. d. Orthographie. [Aus: „B., kleine Sprachlehre".] 2. Aufl. 8. (16 S.) Ebd. 896. n. — 10

Bumcke, Gebhardt, aus Berlin: **Ueber Cellulose.** *Berlin 1900: J. W. Schade.* (62 S.) 8°
Rostock, Phil. Diss. v. [7. Apr.] 1900

Bumiller A, Zum Feierabend. Plaudereien für junge Handwerker, bes. Meisterprüfungskandidaten. (214 S) Sigmaringen (1907)

Bumiller, A., zum Feierabend. Unterhaltende u. belehr. Plaudereien f. junge Handwerker, besonders f. Meisterprüfungskandidaten, m. 130 Abbildgn. (2. Aufl. [2—7. Taus.]) (234 S.) gr. 8. Sigmaringen (908). (Tübingen, A. & S. Weil.) Geb. in Leinw. 4. —

Bumiller, Anton, Die Hausierer des Killerthales. Schriften d. Vereins f. Sozialpol., Bd. 80. gr. 8°. Leipzig 1899.

Bumke. De fato Homerico. Pr. 1828. 8 S. 4°.

Bumke, A., Zur geschichtlichen Entwickelung der Armen- und Armenkrankenpflege. 4°. Rudolstadt 1884.

Bumke, Albert (geb. Belgard in Pomm. 6. 1. 1843): Die acut-ulceröse Endocarditis. Berlin (1868). (31 S.) 8°
Berlin, Med. Diss. v. 1. Aug. 1868

Bumke, Erwin [Referendar]: Hat die erfüllte Resolutivbedingung dingliche Kraft? ... Greifswald, Druck v. J. Abel, 1896; 53 S. 8.
Greifswald. Jur. Fak., Inaug.-Diss. v. 1896

Bumke, F.: De augmento verbi Herodotei. 14 S.
Progr. Braunsberg 1835.

Bumke, H.: Special-Katalog über Elektromotoren System Lundell. Berlin 1896

Bumke, Osw., über die körperlichen Begleiterscheinungen psychischer Vorgänge, s.a. Grenzfragen des Nerven- u. Seelenlebens. 68. Hft.

Über die körperlichen Begleiterscheinungen psychischer Vorgänge. Von Privatd. Dr. Oswald **Bumke**. Wiesbaden: Bergmann 1909. 10 S. 8°
(Grenzfragen d. Nerven- u. Seelenlebens. 68.)

Bumke, Oswald, Assistenzarzt d. psychiatr. Klinik in Freiburg i. B.: Aus d. pathol. Institute zu Kiel. Ein Fall von Isthmusstenose mit Ruptur der aufsteigenden Aorta. *Kiel 1901: H. Fiencke.* (25 S.) 8°
Kiel, Med. Diss. v. [3. Aug.] 1901

Landläufige Irrtümer in der Beurteilung von Geisteskranken. Von Dr. Oswald **Bumke**, Privatd. Wiesbaden: J. F. Bergmann 1908. (80 S.) 8°
— **Grenzfragen** d. Nerven- u. Seelenlebens. H. 58.

Bumke, die Pupillenstörungen bei Geistes- u. Nervenkrankheiten. (IV, 262 S. m. 4 Abbildgn.) gr. 8. Jena 904. G. Fischer. n. 5. —

— Die Pupillenstörgn bei Geistes- u. Nervenkrankh. (Physiol. u. Pathol. d. Irisbeweggn). 2. Afl. (5, 357) gr8° Jena, G Fischer '11. 6.50

Was sind Zwangsvorgänge? Von Privatd. [Oswald] **Bumke**, Freiburg. Halle: C. Marhold 1906. (45 S.) 8°
— **Sammlung** zwangloser Abhandlungen aus d. Geb. d. Nerven- u. Geisteskrankheiten. Bd 6, No 8.

Bumke, Siegfried: Das Pactum reservati dominii beim Kaufvertrage im gemeinen Recht. *Wiesbaden 1898: R. Bechtold & C.* (43 S.) 8°
Greifswald, Jur. Diss. v. 1898

Bumm, A., experimentelle Untersuchungen üb. das Corpus trapezoides u. den Hörnerven der Katze. Festschrift zur 150jähr. Stiftungsfeier der Universität Erlangen gewidmet der medicin. Facultät. Imp.-4. (31 S. m. 21 Abbildgn. auf 2 Taf. u. 2 Bl. Erklärgn.) Wiesbaden 893. J. F. Bergmann. In Mappe. n. 10. 60

Bumm, Ernst, über Achsenzugzangen, s. Sammlung klinischer Vorträge.

Bumm, Ernst, s.: Archiv f. Gynaekologie.

Bumm, Ernst, zur Aetiologie u. diagnostischen Bedeutung der Papillome der weiblichen Genitalien. gr. 8. (10 S.) Würzburg 886. Stahel. n. — 40

Ueber die chirurgische Behandlung des Kindbettfiebers. Von E[rnst] **Bumm**. *Halle a. S.: C. Marhold 1902.* (18 S.) 8°
— **Sammlung** zwangloser Abhandlungen aus d. Geb. d. Frauenheilk. u. Geburtshilfe. Bd 4, H. 4.

Bumm, E., üb. puerperale Endometritis. [Aus: „Sitzungsber. d. Würzb. phys.-mod. Gesellsch."] gr. 8. (4 S.) Würzburg 891. Stahel. n. — 50

Bumm, Ernst, Üb. d. Entwickelg. d. Frauenspitäler u. d. mod. Frauenklinik. 2 Reden, geh. z. Antritt s. Lehramtes am 10. V. 1894 u. zur Eröffng. d. neuen Frauenspitals in Basel am 21. II. 1896. M. e. Anh.: Beschreibg. d. Frauenspitales in Basel. Imp.-4. (47 S. m. 7 Taf.) Wiesbaden 897. J. F. Bergmann n. 10. 60

— üb. die Entwickelung der menschlichen Placenta. [Aus: „Sitzungsber. d. Würzb. phys.-med. Gesellsch."] gr. 8. (7 S.) Ebd. 891. n. — 40

— über die Entzündungen der weiblichen Brustdrüsen, s.: Sammlung klinischer Vorträge.

— s.: Ergebnisse, praktische, der Geburtshilfe u. Gynäkologie.

— gonorrhoische Erkrankgn. d. weibl. Harn- u. Geschlechtsorgane, s.: Handbuch d. Gynäkologie.

— s.: Frommel's Jahresbericht üb. etc. Geburtshilfe.

— u. L. Blumreich, Gefrierdurchschnitt durch den Körper e. in der Austreibungsperiode gestorbenen Gebärenden. (7 [5 farb.] Taf. m. XI S. Text.) 68×48 cm. Wiesbaden 907. J. F. Bergmann. In Mappe 56. —

Grundriss zum Studium der Geburtshülfe. In 28 Vorlesungen u. 575 bildl. Darstellungen von Ernst **Bumm**. *Wiesbaden: J. F. Bergmann 1902.* (XI, 766 S.) 4°

Grundriß zum Studium der Geburtshülfe. In 28 Vorlesungen u. 578 bildl. Darstellungen von Dr. Ernst **Bumm**, Prof. in Halle a. S. 2. verb. Aufl. *Wiesbaden: J. F. Bergmann 1903.* (XI, 783 S.) 4°(8°)

Grundriß zum Studium der Geburtshülfe. In 28 Vorlesungen u. 581 bildl. Darstellungen von Dr. Ernst **Bumm**. 3., verb. Aufl. Wiesbaden: J. F. Bergmann 1905. (XI, 787 S.) 4°(8°)

Grundriss zum Studium der Geburtshülfe. In 28 Vorlesungen u. 587 bildl. Darstell. von Ernst **Bumm**, Prof. 4. verb. Aufl. Wiesbaden: J. F. Bergmann 1907. (XI, 801 S.) 4°(8°)

— Grundriss zum Studium der Geburtshilfe. In 28 Vorlesgn. u. 590 bildl. (z. Tl. farb.) Darstellgn. 6. verb. Aufl. (XI, 811 S.) Lex. 8. Wiesbaden 909. J. F. Bergmann. Geb. in Leinw. 15. —
4. Aufl. (XI, 801 S.) 907. Geb. 14.00; 5. Aufl. (XI, 806 S.) 908. Geb. 15. —.

— Grundr. z. Studium d. Geburtshilfe. In 28 Vorlesgn. 7. u. 8. Afl. (11, 815 m. z. Tl farb. Abb.) Lex8° Wiesb., JF Bergmann '11/12. L 15 —

— üb. fötale Herzgeräusche. [Aus: „Sitzungsber. d. Würzb. phys.-mod. Gesellsch."] gr. 8. (4 S.) Ebd. 891. n. — 30

— s.: Jahresbericht üb. d. Fortschritte a. d. Gebiete d. Geburtshilfe u. Gynäkologie.

— s.: Lehrbuch, kurzes, der Gynäkologie.

—— der Mikro-Organismus der gonorrhoischen Schleimhaut-Erkrankungen „Gonococcus—Neisser". Nach Untersuchungen beim Weibe und an der Conjunctiva der Neugeborenen dargestellt. gr. 8. (VII, 146 S. mit 4 lithogr. Taf.) Wiesbaden 885, Bergmann. *

der Mikro-Organismus der gonorrhoischen Schleimhaut-Erkrankungen „Gonococcus — Neisser". Mit 4 lith. Taf. u. 1 Taf. in Lichtdr. 2., ergänzte u. verm. Ausg. gr. 8. (VII, 156 S.) Wiesbaden 887. Bergmann. n. 6. —

Bumm, Prof. Dr. Ernst: Das Problem des Lebens im Lichte der Naturwissenschaften des XIX. Jahrhunderts. Rektoratsrede, gehalten am Jahresfeste der Universität Basel den 10. November 1899. Würzburg 1900. 25 S. 4°.
Keine offizielle Publikation.

— Üb. d. peritoneale Wundbehandlg. Was verträgt d. Peritoneum, was nicht? [Aus: „Monatsschr. f. Geburtsh. u. Gynäkol."] (16) gr8° Berl., S Karger '11. 1.20

Ueber Wundinfektion. Festrede geh. am Stiftungstage d. Kaiser Wilhelms-Akad. f. d. militärärztl. Bildungswesen 1906 von Prof. Dr. E[rnst] **Bumm**. Geh. Med.-R. Berlin: A. Hirschwald 1906. (40 S.) 8°

Bumm, Karl, die Prüfungsvorschriften für Apotheker mit bes. Rücksicht auf Bayern, zusammengestellt und erläutert. 16. (51 S.) Augsburg 884, Gebr. Reichel. cart. †

— — dass. — für Aerzte. 16. (86 S.) Ebendas. 884. cart.

— dasselbe f Thierärzte. 16. (46 S.) Ebend. 884. cart n. 1. —

Bumm, Karl, Die Prüfungsvorschr. für Tierärzte mit besond. Berücksichtig. auf Bayern, zusammengest. u. erläutert. Augsb. 84. Lüderitz. Kart. M. 1.—

Bummelfried, Alfred. Krähwinkel in de Vojelsperspective. Zeichen bei Nacht un Nebel un beschrieben bei Dage von Alfred Bummelfriede, Dageschriftsteller von Jeburt un Feind von'n absoluten Lebenswandel. Druck von E. Lauter. 1 Bl. Fol. Flugblatt. Berlin 1848/49.

Bummelmeier's Lachkalender auf das Jahr 1840, ausgerüstet m. vielen unsichtbaren Stahl-, Kupfer-, Holz-, Wurm-, Seitenstichen- u. Hieben, Carrikaturstoffen u. passenden Rückblicken auf das Confusionsjahr 1848, u. wichtigen Aufschlüssen über den dänischen Krieg. gr. 8. (24 S.) Altona 849. (Hamburg, Meißner & Schirges.) ⅛ ♂

Bummerstedt, C., u. F. Berger, Merseburg u. Halle a/S., s.: Renaissance, deutsche.

Bümming, Gustav, a. Schermbeck: Über Ephedrin, Pseudoephedrin und verwandte Verbindungen. Marburg 1909: Friedrich. 38 S. 8°

Marburg, Phil. Diss. v. 12. Okt. 1909, Ref. Schmidt

[Geb. 11. Okt. 80 Idar; Wohnort: Idar; Staatsangeh.: Oldenburg u. Preußen; Vorbildung: Gymn. Birkenfeld Reife O. 05; Studium: München 1, Marburg 8 S.; Rig. 21. Juli 09.] [U 10. 3348

Bümming, *Gustav* Luther als Hausvater. 4 (S. 3—12). Progr. Rsch. *Oberstein-Idar* 1887

Bummler, der Hamburger. Humoristisch-satyrisches Volksblatt. Redig. von Géza Berger. Jahrg. 1865. Juli—Dezbr. 26 Nrn. (à 1 Bgn. m. Holzschn.) Hamburg, Schardius in Comm. 4. n. 20 ngr.

Bummler-Krawall in Potsdam. Die letzten Versuche der demokratischen Urwähler sind gescheitert. — Ihr N. N. Gedruckt bei E. Kramer. 1 Bl. Fol. Flugblatt. Berlin, 1?. Sept. 1848.

Bumms! Es brennt! Eine lustige Feuerwehr-Geschichte mit ergötzl. (eingedr.) Holzschn.-Bildern. 8. (15 S.) Freising 878. Datterer. n. — 50

Bumüller, Casimir: Ueber Kalkspatkristalle von Oberscheld (Kreis Dillenburg). Marburg 1909: (Grüninger, Stuttgart). S. 233—285. 8° (Aus: Neues Jahrbuch f. Mineral. Beil.-Bd 28.)

Marburg, Phil. Diss. v. 31. Juli 1909, Ref. Bauer

[Geb. 18 Okt. 84 Hechingen; Wohnort: Marburg; Staatsangeh.: Preußen; Vorbildung: Oberrealsch. Reutlingen Reife M. 03; Studium: München 3, Freiburg i. B. 1, München 1, Marburg 5 S.; Rig. 4. Aug. 08.] [U 09. 3167

Bumüller, Geo., Catalog der vereinigten Sammlungen. Saal Nr. VI. Elfenbein Sammlung. München 862. Franz. 16. (40 S.) 5 ngr.

— Führer durch die königl. vereinigten Sammlungen. 3., verb. Aufl. gr. 16. (44 S.) München 862, Franz.

Bumüller, Johs., s.: Bilder a. d. Weltgeschichte.

Bumüller, Joh., s.: Blätter, freie deutsche.

Bumüller, Johs., die Entwicklungstheorie u. der Mensch. Hrsg. v. der Gesellschaft f. Naturwissenschaften u. Psychologie. (79 S. m. 7. Abbildgn.) gr. 8. München 907. Isaria-Verlag. 1. —

Bumüller, Johs., s.: Erdkunde.

— und J. Schuster, Erdkunde für die Jugend. (Aus dem Lesebuch.) 12. (212 S. mit 20 Abbild. in eingedr. Holzschn.) Freiburg im Br. 865, Herder'sche Verlagsh. 9 Ngr.; cart. *

Bumüller, Johannes, Das menschliche Femur nebst Beiträgen zur Kenntnis der Affen-femora. Inaugural-Dissertation, der hohen philos. Fakultät der kgl. Ludwig-Maximilians-Universität zur Erlangung des philos. Doktorgrades im Febr. 1899 vorgelegt. Augsburg, Haas u. Grabherr, 142 S.

— — und J. Schuster, deutsche Fibel. Neue illustr. Ausg., nach der analytisch-synthet. Methode bearb. von R. Lippert. Ausg. A. [In 2 Tln. mit Anwendung des reinen Schreiblesens.] 1. und 2. Schulj. 8. (III, 80; IV, 80 S. mit eingedr. Holzschn.) Ebendas. 883. à Tl. * 25 Pf. * geb. à Tl. ** 35 Pf. **

— u. J. Schuster, deutsche Fibel. Neue, illustr. Ausg., nach der analytisch-synthet. Methode bearb. v. R. Lippert. 1. Schulj. 2., verb. Aufl. gr. 8. (III, 80 S.) Ebd. 894. n. — 25; geb. in Halbleinw. n.n. — 35

— — dasselbe. 2. Schulj. 2., verm. Aufl. 8. (IV, 96 S.) Ebd. 893. n. — 25; geb. n.n.n. — 35

— u. J. Schuster, deutsche Fibel. Neue, illustr. Ausg., nach der analytisch-synthet. Methode bearb. v. R. Lippert. 1. Schulj. 3., verb. Aufl. 8. (III, 80 S.) Freiburg i/B. 900. Herder. n. — 30; Einbd. n.n.n. — 10

— u. J. Schuster, Deutsche Fibel. Neue, ill. Ausg., n. d. analytisch-synthet. Methode bearb. v. R. Lippert. 2. Schulj. 3. Aufl. 8. (IV, 96 S.) Ebd. 897. n. — 25; Einbd. in Halbleinw. n.n.n. — 10

Bumüller, J., u. J. Schuster, deutsche Fibel. Neue, illustr. Ausg., nach der analytisch-synthet. Methode bearb. v. R. Lippert. I. Schulj. 4., verb. Aufl. (V, 80 S.) 8. Freiburg i/B. 904. Herder. Kart. n. — 50

— — dasselbe. 2. Schulj. 4. Aufl. (IV, 96 S.) 8. Ebd. (905). n. — 35; kart. n. — 50

Bumüller, Johannes, die allgem. Geschichte für Gymnasien u. ähnliche Schulen. Lex.-8. Belle-Vue 844, Verlags- u. Sortim.-Buchh. 1½ ♂

Bumüller, Johs., Geschichte des Alterthums. 1. Thl: Geschichte von Babel und Assur, Syrien, Phönikien, Israel und Aegypten bis zur Gründung des Perserreiches durch Kyrus. gr. 8. (VI und 370 S.) Freiburg im Br. 863, Herder'sche Verlagsh.

Bumüller, Johs., Geschichte der neueren Zeit [1517—1870]. gr. 8. (VII, 232 S. m. 4 Tab.) Freiburg i/Br. 876. Herder. 1. 80.

Bumüller, Johs., Geschichte der neuesten Zeit. 1815—1855. 1. Aufl. 855. — 2. Aufl. Freiburg im Br. 856. Herder. gr. 8. (IV, 279 S.) 20 ngr.

— s.: Jahrhundert, das zwanzigste.

— Die Krone der Schöpfung, s.: Glaube u. Wissen.

Bumüller, Johann —. Lehrbuch der Geographie und Geschichte für die untern Klassen der Gymnasien und Realschulen, von — —. Erster Theil. Lehrbuch der Geographie und Geschichte des Alterthumes für die untern Klassen der Gymnasien und Realschulen von — —. Wien. 1835. Druck und Verlag von Karl Gerold und Sohn. (XII, 196 S. 8.) geh.

— Lehrbuch d. Weltgeschichte. 7. Aufl., i. gänzl. neuer Bearbeitg. v. Sim. Widmann. In 3 Tln. gr. 8. Freiburg i/B. Herder. n. 13. 30; geb. n. 17. 20
1. Geschichte d. Altertums. (XV, 468.) 895. n. 4. —; geb. n. 5. 20
2. Geschichte d. Mittelalters. (XII, 384 S.) 896. n. 3. 30; geb. in Leinw. n. 4. 50
3. Geschichte d. Neuzeit. (XIV, 743 S.) 897. n. 6. —; geb. in Leinw. n. 7. 50

Bumüller, Johannes, u. J. Schuster: Lesebuch, s. Lippert, R.

— — deutsches Lesebuch f. Volksschulen. Neue, illustr. Ausg., bearb. v. R. Lippert. Mittelstufe. 8. (VIII, 224 S.) Ebend. 884. n. —80; Einbd. n.n. —10

Bumüller, Johs., u. J. Schuster, deutsches Lesebuch f. Volksschulen. Neue, illustr. Ausg., bearb. v. R. Lippert. Mittelstufe. 2. Aufl. 8. (VIII, 222 S.) Freiburg i/B. 892. Herder. n. —80; kart. n.n. - 90

— — Deutsches Lesebuch f. Volksschulen. Neue, ill. Ausg. bearb. v. R. Lippert. Mittelstufe. 3. Aufl. 8. (VIII, 211 S.) Ebd. 897. n. — 80; Einbd. in Halbleinw. n.n.n. — 10

— — dasselbe. Mittelstufe. 4. Aufl. 8. (VIII, 214 S.) Ebd. 902. Kart. — 90

— — Deut. Leseb. f. Volksschulen. Neue Ausg. v. Rud. Lippert. Mittelst. 5. Afl. (8, 214 m. Abb.) 8° Ebd. ('10). — 80; geb. 1 — d

—— dass. — Neue illustr. Ausg., bearb. von R. Lippert. Oberstufe. 8. (X, 507 S.) Ebendas. 885. *

— — dasselbe. Oberstufe. 2., verb. Aufl. 8. (XI, 520 S.) Ebd. 893. n. 1. 60; geb. n.n. 1. 80

— — deutsches Lesebuch f. Volksschulen. Neue, illustr. Ausg., bearb. v. R. Lippert. Oberstufe. 3., verb. Aufl. 8. (XII, 496 S.) Ebd. 899. n. 1. 80; Einbd. n.n.n. —20

— — dasselbe. Neue m. Bildern geschmückte Ausg., bearb. v. Rud. Lippert. Mittelstufe u. Oberstufe. 8. Ebd. 2.60; geb. 3. —

Mittelstufe. 5. Aufl. (VIII, 214 S.) (910.) — 80; geb. 1. —
Oberstufe. 4. Aufl. (XII, 496 S.) (909.) 1.80; geb. n 2. —

—— —— das Lesebuch in der Volksschule. Bemerkungen zu dessen Gebrauche. 3., verm. Aufl. gr. 12. (118 S.) Freiburg im Br. 861, Herder'sche Verlagsh.

—— —— das Lesebuch in der Volksschule. Bemerkungen zu dessen Gebrauch. 4. Aufl. 8. (80 S.) Freiburg im Br. 871, Herder'sche Verlagsh.

—— und J. Schuster, Lesebuch für katholische Volksschulen. 1—6. Abthl. (in 1 Bd.) 8. (752 S. und: Bemerkungen zu dem Gebrauche desselben 108 S.) Freiburg im Br. 852, Herder'sche Vrlgsh.

— und J. Schuster, Lesebuch für katholische Volksschulen. (2. Thl.) 7. u. 8. Abth. Ebend. 853. gr. 12. (124; 186 S.) 11 ngr

— u. J. Schuster, Lesebuch für Volksschulen. 1—9. Abth. (Schulausgabe.) Mit vielen Abbildungen (Holzschn. im Text.) Freiburg im Br. 860—64. Herder. 12. 1—5. 7. u. 9. Abth. à n. 3 ngr; feine Ausg. à n. 5 ngr; 6. u. 8. Abth. à n. 4 ngr; feine Ausg. à n. 5 ngr

1. Abth.: Das erste Schuljahr 9—12. Aufl. (96 S.) — 2. Abth.: Das zweite Schuljahr. 8—12. Aufl. (130 S.) — 3. Abth.: Das dritte Schuljahr. 11—14. Aufl. (150 S.) — 4. Abth. Das vierte Schuljahr. 7—10. Aufl. (154 S.) — 5. Abth.: Die letzten Schuljahre. 8—10. Aufl. (182 S.) — 6. Abth.: Geschichte. 5. u. 6. Aufl. (168 S.) — 7. Abth.: Abriß der Weltkunde. 4. u. 5. Aufl. (132 S.) — 8. Abth.: Naturgeschichte. 3—5. Aufl. (236 S.) — 9. Abth.: Aus der Naturlehre. (82 S.)

— — Vollständige Ausgabe in 2 Bdn. Mit Abbildungen (Holzschn. im Text). 1. Bd. [1—5. Abth. u. Bemerkgn. zum Gebrauch des Lesebuchs.] Ebend. 861. 12. (824 S. u. 1 lith. Taf.) 22½ ngr

Hieraus in Separat-Ausgaben auf feinem Papier:
Naturgeschichte für die Jugend. 5. Aufl. n 9 ngr; geb. n. 10 ngr
Naturlehre für die Jugend. n. 5 ngr; geb. n. 6 ngr
Weltgeschichte, ein Auszug für die Jugend. 6. Aufl. n. 9 ngr; geb. n. 10 ngr
Weltkunde für die Jugend. 5. Aufl. n. 6 ngr; geb. n. 7½ ngr

Bumüller, Johs., und J. Schuster, Lesebuch für Volksschulen. Vollständige Ausg. in 2 Bdn. 2. Bd. (6.—10. Abthl.) 12. (828 S. mit Abbild. in eingedr. Holzschn.) Freiburg im Br. 865, Herder'sche Verlagsh.

—— —— dass. — Feine Ausg. 2 Bde. 12. (1535 S. mit 3 Holzschntaf.) Ebendas. 865,66. à Bd. * 25 Ngr. *

—— —— dass. — Mit Bemerkungen zum Gebrauch des Lesebuchs. 12. Ebendas. 865,66. *

—— —— Lesebuch für Volksschulen. 6. Abthl. Geschichte. 7. Aufl. 12. (168 S. mit 33 Abbild. in eingedr. Holzschn.) Freiburg im Br. 867, Herder'sche Verlagsh. * 4 Ngr.; cart. * feine Ausg. 9 Ngr.; cart. *

—— —— dass. — 7. Abthl.: Abriß der Weltkunde. 5. Aufl. 8. (132 S. mit 42 eingedr. Holzschn. und 1 Holzschntaf.) Ebendas. 866. * 3 Ngr.; cart. * 4 Ngr.; feine Ausg. * 5 Ngr.; cart. *

—— —— dass. — 8. Abthl.: Naturgeschichte. 6. Aufl. 12. (232 S. mit 87 Abbild. in eingedr. Holzschn.) Ebendas. 865. * cart. * 7 Ngr.; feine Ausg. 9 Ngr.; cart. *

—— —— dass. — 9. Abthl.: Aus der Naturlehre. 12. (82 S. mit 55 Abbild. in eingedr. Holzschn.) Ebendas. 862. * cart. * 4 Ngr.; feine Ausg. * 5 Ngr.; cart. *

—— —— dass. — 10. Abthl.: Erdkunde. 12. (212 S. mit 20 Abbild. in eingedr. Holzschn.) Ebendas. 863. * 6 Ngr.; cart. * feine Ausg. 9 Ngr.; cart. *

Bumüller, Johs., und J. Schuster, Lesebuch für Volksschulen. Vollständig in 2 Bdn. oder 10 Abthlgn. Neue Ausg. Mit 436 Abbild. 8. Freiburg im Br. 871, Herder'sche Verlagsh. Gewöhnliche Schul-Ausg. à Bd. * ℳ 2,40. * Feine Ausg. à Bd. * ℳ 3. *

Inhalt:
Bd. 1. 1.—5. Abthlg. und Bemerkungen zum Gebrauch des Lesebuchs. (819 S. mit eingedr. Holzschn. und 1 Holzschntaf.)
" 2. 6.—10. Abthl. (833 S. mit eingedr. Holzschn. und 5 Holzschntaf.)
Die einzelnen Abtheilungen der Schul-Ausg. apart.:
Abthl. 1. Das erste Schuljahr. 64. Aufl. * 30 Pf.; geb. * 40 Pf.
" 2. Das zweite Schuljahr. 27. Aufl. * 30 Pf.; geb. * 40 Pf.
" 3. Das dritte Schuljahr. 21. Aufl. * 30 Pf.; geb. * 40 Pf.
" 4. Das vierte Schuljahr. 21. Aufl. * 30 Pf.; geb. * 40 Pf.
" 5. Die letzten Schuljahre. 14. Aufl. * 30 Pf.; geb. * 40 Pf.
" 6. Geschichte. 9. Aufl. * 60 Pf.; geb. * 70 Pf.
" 7. Weltkunde. 6. Aufl. * 30 Pf.; geb. * 40 Pf.
" 8. Naturgeschichte. 8. Aufl. * 60 Pf.; geb. * 70 Pf.
" 9. Naturlehre. 2. Aufl. * 30 Pf.; geb. * 40 Pf.
" 10. Erdkunde. 2. Aufl. * 60 Pf.; geb. * 70 Pf.

—— und J. Schuster, Lesebuch für Volksschulen. (Alte Ausg.) 1., 2., 9. und 10. Abthl. Mit vielen (eingedr. Holzschn.-)Abbild. 8. Ebendas. 875—77. * ℳ 1,50.; geb. *

Inhalt:
Abthl. 1. Das erste Schuljahr. 65.—73. Aufl. * 30 Pf.; geb. * 40 Pf.
" 2. Das zweite Schuljahr. 28.—30. Aufl. * 30 Pf.; geb. * 40 Pf.
" 9. Naturlehre. 3. Aufl. * 30 Pf.; geb. * 40 Pf.
" 10. Erdkunde. 3. Aufl. * 60 Pf.; geb. * 70 Pf.
3.—8. Abthl. Ebendas. * ℳ 3.; geb. * ℳ 4.

—— —— Lesebuch für Volksschulen. (Alte Ausg.) 1., 2. und 4. Abthl. Mit vielen (eingedr. Holzschn.-)Abbild. 8. Ebendas. à Abthl. * 30 Pf. * geb. à Abthl. * 40 Pf. *

Inhalt:
Abtl. 1. Das erste Schuljahr. 74.—77. Aufl. (96 S.) 880—83.
" 2. Das zweite Schuljahr. 31.—33. Aufl. (130 S.) 881—83.
" 4. Das vierte Schuljahr. 23. und 24. Aufl. (152 S.) 882,83.

Bumüller, J., und J. Schuster, Lesebuch für Volksschulen. (Alte Ausg.) 1. Abtl. 1. Schuljahr. 78. Aufl. 8. (96 S. mit vielen Abbild. und 1 Schrifttaf.) Freiburg i. Br. 888, Herder'sche Verlagsh. * 30 Pf.; geb. *

2.—10. Abtl. Ebendas. 1872—83. * ℳ 3.65.

—— —— dass. — Neue, von einigen Lehrern Württembergs umgearb. Ausg. 1.—8. Abthl. Mit vielen (eingedr. Holzschn.-)Abbild. 8. Ebendas. Schul-Ausg. à * 30 Pf.; geb. * Feine Ausg. für Lehrer à * 50 Pf.; geb. *

Inhalt:
Abthl. 1. Das erste Schuljahr. 1.—3. Aufl. (119 S.) 875,76; 4.—10. Aufl. (120 S.) 876—79; feine Ausg. mit Vorwort und (lithogr.) Schrifttaf. für Lehrer. (VIII, 119 S.)
" 2. Das zweite Schuljahr. 1.—5. Aufl. (132 S.) 876—79; feine Ausg. mit Aufgaben-Anhang für Lehrer. (XXII, 132 S.)
" 3. Das dritte Schuljahr. 1.—3. Aufl. (136 S.) 876—78; feine Ausg. mit Aufgaben-Anhang für Lehrer. (XVI, 136 S.)

—— dass. — Neue, von einigen Lehrern Württembergs umgearb. Ausg. 1.—3. Abthl. Mit vielen (eingedr. Holzschn.-)Abbild. 8. Ebendas. à Abthl. * 30 Pf. * geb. à Abthl. * 40 Pf. *

Inhalt:

Abthl. 1. Das erste Schuljahr. 11.—18. Aufl. (120 S.) 880—884.
" 2. Das zweite Schuljahr. 6. und 7. Aufl. (132 S.) 882,83.
" 3. Das dritte Schuljahr. 4. und 5. Aufl. (136 S.) 882,84.

—— dass. — Neue, von einigen Lehrern Württembergs umgearb. Ausg. 1.—3. Abtl. Mit vielen eingedr. Holzschn.-Abbild. 8. Ebendas. à Abtl. * 30 Pf. * geb. à Abtl. * 40 Pf. *

Inhalt:

Abtl. 1. Das erste Schuljahr. 19. Aufl. (121 S.) 885.
" 2. Das zweite Schuljahr. 8. Aufl. (132 S.) 886.
" 3. Das dritte Schuljahr. 6. Aufl. (136 S.) 885.

Vgl.: Jugend-Bibliothek, illustrirte, im Anschluß an das Lesebuch von J. Bumüller und J. Schuster. — Weltgeschichte, allgemeine, im Anschluß an das Lesebuch von J. Bumüller und J. Schuster.

Bumüller, J. u. J. Schuster. Lesebuch für Volksschulen. Neue, von einigen Lehrern Württembergs umgearb. Ausg. 1.—3. Abtl. 8. (Mit Abbildgn.) Freib. i. Br., Herder. à Abtl. * — 30; geb. * * — 40
1. I. Schulj. 21. Aufl. (IV, 121 S.) 889; 22. Aufl. (IV, 123 S.) 891.
2. II. Schulj. 9. Aufl. (132 S.) 892.
3. III. Schulj. 7. Aufl. (136 S.) 890.

— — Lesebuch f. Volksschulen. 1.—4. Abtlg. Neue, v. einigen Lehrern Württembergs umgearb. Ausg. 8. Ebd. n. 1. 25; geb. n.n. 1. 65
1. 1. Schulj. 23. Aufl. (121 S. m. Abbildgn.) 893. n. — 30; geb. n.n. — 40
2. 2. Schulj. 9. Aufl. (132 S.) 893. n. — 30; geb. n.n. — 40
3. 3. Schulj. 8. Aufl. (136 S. m. Abbildgn.) 893. n. — 30; geb. n.n. — 40
4. 4. Schulj. 25. Aufl. (152 S. m. Abbildgn.) 890. n. — 35; geb. n.n. — 45

— — Lesebuch f. Volksschulen. 1. Abtlg. 1. Schulj. Neue, v. ein. Lehrern Württembergs umgearb. Ausg. 25. Aufl. M. viel. Abb. 8. (121 S.) Ebd. 897. n. — 30; Einbd. in Halbleinw. n.n.n. — 10

— — Lesebuch f. Volksschulen. 1.—3. Abtlg. Neue, v. einigen Lehrern Württembergs umgearb. Ausg. 8. Ebd. à n. — 30; Einbde. à n.n.n. — 10
1. 1. Schuljahr. 26. Aufl. (121 S. m. Abbildgn.) 902.
2. 2. Schuljahr. 11. Aufl. Mit vielen Abbildgn. (132 S.) 900.
3. 3. Schuljahr. 9. Aufl. Mit vielen Abbildgn. (136 S.) 899.

— — Lesebuch f. Volksschulen. 1. Abtlg. 1. Schulj Neue, v. einigen Lehrern Württembergs umgearb. Ausg. 27. Aufl. (121 S. m. Abbildgn.) 8. Ebd. 905. n. — 35; geb. n. — 50

Bumüller, J., u. J. Schuster, Lesebuch f. Volksschulen. I.—III. Abtlg. Neue, v. einigen Lehrern Württembergs umgearb. Ausg. 8. Freiburg i/B., Herder. 1.10; kart. 1. 55
I. 1. Schulj. 28. Aufl. (121 S. m. Abb.) (909.) — 35; kart. — 50
II. 2. Schulj. 12. Aufl. (132 S. m. Abb.) 907. — 35; kart. — 50
III. 3. Schulj. 10. Aufl. (136 S. m. Abb.) (909.) — 40; kart. — 55

— u. J Schuster: Leseb. f. Volkssch. I. Abtlg. 1. Schulj. Neue Ausg. 29. Afl. (121 m. Abb.) 8° FreiburgB., Herder ('12). — 35; geb.— 50 d

— — 20 Wandtafeln zum Lesebuch. Als Hülfsmittel beim Lesenlehren der Druckschrift. Ebend. 862. gr. Fol. 1 ℛ 6 ngr.

—— —— 20 Wandtafeln zum Lesebuch. Als Hilfsmittel beim Lesenlehren der Druckschrift. 2. Ausg. Fol. Freiburg im Br. 867, Herder'sche Verlagsh.

— libro di testo di geografia e storia per le classi inferiori dei ginnasii e delle scuole reali. Parte I. A. u. d. T.: Elementi di geografia e storia degli stati e popoli antichi etc. Vienna 855. (Gerold.) gr. 8. (XII, 236 S.) n. 15 ngr

— Der Mensch, s.: Sammlung Kösel.

— Mensch od. Affe? Kurze Zusammenstellg. älterer u. neuerer Forschgn. üb. Stellg. u. Herkunft des Menschen. gr. 8. (VI, 91 S. m. Abbildgn. u. 4 Taf.) Ravensburg 900. München [H. Kitz]. G. Schuh & Co. n. 1. 50

— die Methode der exakten Wissenschaft u. der Darwinismus. Eine Abwehr gegen e. Angriff. gr. 8. (24 S.) Ravensburg 901. München (Mariahilfplatz 32). A. Killer. n. — 30

Bumüller, Johannes, u. J. Schuster

Naturgeschichte für die Jugend. (Aus dem Lesebuche.) 2.—6. Aufl. gr. 12. (232 S. mit 87 Abbild. in eingedr. Holzschn. und 1 Holzschntaf.) Freiburg im Br. 862—65, Herder'sche Verlagsh. 9 Ngr.; cart. *

—— —— Naturlehre für die Jugend. (Abdr. aus dem Lesebuch.) 1. Aufl. 1862. und 2. Aufl. 8. (III und 81 S. mit 55 Abbild. in eingedr. Holzschn.) Freiburg im Br. 866, Herder'sche Verlagsh. * 5 Ngr.; cart. *

— Regel- u. Aufgaben-Büchlein für den Sprachunterricht in Elementarschulen. 8. St. Gallen 840, Scheitlin u. Z. 1/3 ℛ

— Sprachlehre für den Elementarlehrer. Mit besond. Rücksicht auf Landschulen ausgearbeitet. gr. 12. Weinfelden 841. (St. Gallen, Huber u. Comp.) n. 1/3 ℛ — 2. verm. u. verb. Aufl. gr. 8. Ebend. 843. n. 1/2 ℛ

Aus der Urzeit des Menschen. Von Dr. Johannes Bumüller. *Köln: J. P. Bachem in Komm. 1900.* (88 S.) 8° [F.]
— Görres-Gesellschaft z. Pflege d. Wiss. Vereinsschrift 1900, 2.[illegible]

— Aus der Urzeit des Menschen. 2., neubearb. Aufl. (VIII, 195 S. m. 84 Abbildgn.) gr. 8. Köln 907. J. P. Bachem. 3.60; geb. 4. 50

Bumüller, Johs., Wallenstein, s.: Sammlung historischer Bildnisse.

Bumüller, Johs., die Weltgeschichte. Ein Lehrbuch f. Mittelschulen. 2. verm. u. verb. Aufl. 2 Bde. gr. 8. (1: 613 S. 2: XVI u. 392 S.) Freiburg i. Br. 852, Herder. (1: 1 1/3 ℛ 2: 1 ℛ) 2 1/3 ℛ

— die Weltgeschichte. Ein Lehrbuch für Mittelschulen. 3., verm. u. verb. Aufl. 3 Thle. Freiburg im Br. 854. Herder. Lex.-8. 2 ℛ 28 ngr
1. Thl. Geschichte des Alterthums. (VIII, 387 S. u. 2 Tab. in Fol.) 27 ngr
2. Thl. Geschichte des Mittelalters. (VII, 246 S. u. 3 Tab. in Fol.) 16 ngr
3. Thl. Geschichte der neuern Zeit. (X, 681 S. u. 3 Tab. in Fol.) 1 ℛ 15 ngr

—— dass. — 3., verm. und verb. Aufl. 3. (letzter) Thl. A. u. d. T.: Geschichte der neuen Zeit für Mittelschulen. 3., verm. und verb. Aufl. gr. 8. (X und 681 S. mit 3 Tab. in gr. Fol.) Ebds. 855.

— — Ein Lehrbuch für Mittelschulen und zum Selbstunterricht. 4. verb. Aufl. 4 Bde. Ebend. 857, 58. gr. 8. (1. Bd.: VIII, 392 S. u. 2 Tab. in Fol.; 2. Bd.: VIII, 347 S. u. 3 Tab. in Fol.; 3. Bd.: 392 S.; 4. Bd.: XIII, 357 S. u. 4 Tab. in Fol.) 3 ℛ

— die Weltgeschichte. Ein Lehrbuch für Mittelschulen und zum Selbstunterricht. 5. verb. Aufl. 3 Thle. Freiburg im Br. 862. Herder. gr. 8. 3 ℛ
1. Thl.: Geschichte des Alterthums. (XIII, 407 S. u. 2 Tab. in Fol.) 27 ngr
2. Thl.: Geschichte des Mittelalters. (VIII, 352 S. u. 3 Tab. in Fol.) 18 ngr
3. Thl.: Die neue Zeit. (XI, 749 S. u. 4 Tab. in Fol.) 1 ℛ 15 ngr

Bumüller, Johs., die Weltgeschichte. Ein Lehrbuch für Mittelschulen u. zum Selbstunterricht. 6. verb. Aufl. 3 Bde. Freiburg i. Br. 866, 67. Herder. gr. 8. 3 ℛ 15 ngr
1. Bd.: Geschichte des Alterthums. (IX, 424 S.) 1 ℛ
2. " Geschichte des Mittelalters. (XI, 388 S.) 27 ngr
3. " Geschichte der neuen Zeit. (XI, 747 S.) 1 ℛ 18 ngr

Bumüller, Johannes, u. J. Schuster, s. Weltgeschichte, Die.

—— —— die Weltgeschichte. Ein Auszug für die Jugend. (Aus dem Lesebuch.) 1.—6. Aufl. 12. (170 S. mit 83 Abbild. in eingedr. Holzschn. und 1 Holzschntaf.) Freiburg im Br. 862—66, Herder'sche Verlagsh. 9 Ngr.; cart. *

— die Weltgeschichte im Ueberblick für Gymnasien, Real und höhere Bürgerschulen und zum Selbstunterricht. Frei bearb. Auszug aus des Verfassers größerem Werke. 3 Abtheilungen. Ebend. 860, 61. gr. 8. 1 ₰ 12 ngr.
1. Abth.: Geschichte der alten Welt. (VI, 210 S. u. 2. Tab. in Fol.) 15 ngr.
2. Abth.: Geschichte des Mittelalters. (VI, 130 S. u. 3 Tab. in Fol.) 12 ngr.
3. Abth.: Geschichte der neueren Zeit. (VI, 148 S. u. 3 Tab. in Fol.) 15 ngr.

— die Weltgeschichte im Ueberblick für Gymnasien, Real- u. höhere Bürgerschulen u. zum Selbstunterricht. Frei bearb. Auszug aus des Verf. größerem Werke. 2. umgearb. Aufl. 3 Abthlgn. Ebend. 869, 70. gr. 8. 1 ₰ 10 ngr.
1. Abth.: Geschichte des Alterthums. (V, 135 S. u. 2 Tabb. in Fol.) 12 ngr.
2. Abth.: Geschichte des Mittelalters. (VI, 93 S. u. 3 Tabb. in Fol.) 10 ngr.
3. Abth.: Geschichte der neueren Zeit. (IV, 200 S. u. 3 Tabb. in Fol.) 18 ngr.

Bumüller, Johs., die Weltgeschichte im Überblick f. Gymnasien, Real- u. höhere Bürgerschulen u. zum Selbstunterricht. Frei bearb. Auszug aus d. Verf. größerem Werke. 3., umgearb. Aufl. 3 Abtlgn. gr. 8 Freiburg i/Br. 883. Herder. 5. 60
1. Geschichte d. Altertums. (VIII, 158 S.) 1. 80
2. Geschichte d. Mittelalters. (VIII, 122 S.) 1. 40
3. Geschichte der Neuzeit. (XI, 279 S.) 2. 40

Bumüller, Johs., die Weltgeschichte im Überblick f. Schule u. Haus. Frei bearb. Auszug aus des Verf. größerem Werke. 3., umgearb. Aufl. Neue (Titel-)Ausg. gr. 8. (VIII, 185; VIII, 122 u. XI, 297 S.) Freiburg i/B. 891. Herder. Geb. in Leinw. 4.—

Bumüller, Johannes, u. J. Schuster, s. Weltkunde f. d. Jugend.

—— —— Weltkunde für die Jugend. (Aus dem Lesebuche.) 1.—5. Aufl. 8. (132 S. mit 42 Abbild. in eingedr. Holzschn. und 1 Holzschntaf.) Freiburg im Br. 862—66, Herder'sche Verlagsh. * 5 Ngr.; cart. *

Bun, Sam., Leitfaden f. den Unterricht in der deutschen Sprache. Zum Gebrauche in Volks- u. Bürgerschulen, sowie in den unteren Klassen der Mittelschulen bearb. u. mit zahlreichen Aufgaben versehen. 2., bedeutend verm. u. verb. Aufl. 1. u. 2. Kurs. gr. 8. Groß-Kanizsa 876. Fischel. n. 2. 56
1. Die Wort- u. Satzlehre. (V, 128 S.) n. — 96
2. Rechtschreibübungen. (V, 263 S.) n. 1. 60

Bun, Sam., Leitfaden für den Unterricht in der deutschen Sprache. Zum Gebrauche in Volks- und Bürgerschulen, sowie in den untern Klassen der Mittelschulen bearb. und mit zahlreichen Aufgaben versehen. 3. verm. und verb. Aufl. 2 Kurse. gr. 8. Groß-Kanizsa 878, Fischel. *
Inhalt:
Kursus 1. Die Wort- und Satzlehre. (V, 128 S.) * 96 Pf.
" 2. Rechtschreibübungen. (V, 263 S.) * ℳ 1,60.

Bun, Samuel, Hebräisch-deutsche Schreibvorlagen. Für den Schulgebrauch geschrieben. quer 8 (10 Blätter) in Umschl. 15 kr. Ebda. 1881

— die Simultanschule. Prämiirte Preisschrift. 8. (25 S.) Ebend. 873. — 40

Bun, S., deutsches Sprachbuch f. Volks- u. Bürgerschulen. 1. Thl. 4., verb. Aufl. 8. (VII, 124 S.) Gr. Kanizsa 890. Fischel. n. — 70

— das Wesentlichste aus der deutschen Sprache u. Rechtschreiblehre f. Volksschulen pract. bearb. u. m. zahlreichen Aufgaben versehen. gr. 8. (III, 121 S.) Ebend. 872. n. — 80

Buna, G. C. Exactissima statuum totius Ducatus Bavariae tabula secundum omnes status et praefecturas, cum insertis et limitum regionibus in IX mappis geogr. recens elucubrata et singulatim divisa. Freyburg. 9 Bl. K. [illegible]

Buna, W. C.: Exactissima totius Vederoviae late sumtae tabula, cuius pars prima est Vederovia stricte sic dicta versus meridiem, altera vero ... nova ... proponens partem elect.: Colon. Trev. ducat. Juliac. Mont. Westphal. princ. Nassov. et com. Marchiae, Sayn-Wittgenst. Ysenb.-infer. Wiet: Runckel etc. cum adjacentibus region ... delineata. [Um 1700.]

Ordinarius senior facult. jur. Lips. laudabil. examen domini Günther Grf. v. Bünau. — Inest corollarium juris criminalis undevicesimum. Lpz. (Saalbach) 1786. 23 S., mit Biogr. (M.: J. E. v. Schoenfeld.) (4.—) 4537

Bünau, v., gute Gedanken auf d. Lande. 8. Dresd. 749. *

v. Bünau, Commandos für die Frei-Uebungen, das Turnen und Bajonetfechten nebst den Vorübungen zum Zielen und Schießen mit erläuterten Bemerkungen u. Figuren nach dem Betriebe dieser Uebungen auf der Königl. Central-Turn-Anstalt zu Berlin sowie als Auszug aus dem Leitfaden von Rothstein: „die Freiübungen.“ rc. übersichtlich zusammengestellt. Frankfurt a. O. 861. Schiefer in Comm. 12. (18 S. u. 5 lith. Taf. in 4.) nn. 5 ngr.

v. Bünau, Regeln f. den Gebrauch der Sool- u. Seebäder, nach den neuesten Erfahrungen u. m. besond. Rücksicht auf d. Sool- u. Seebad Colberg, so wie die Ostseebäder, entworfen u. zusammengestellt. gr. 8. (29 S.) Colberg 852, Post. 1/4 ₰

v. Bünau, Regeln für den Gebrauch der Sool- u. Seebäder, mit besond. Rücksicht auf das Sool- u. Seebad Colberg. Nach eigenen wie fremden Erfahrungen entw. u. zusammengestellt. 2. revid. Aufl. Colberg 865. Post. gr. 8. (31 S.) n. 6 ngr.

Bünau, v., Regeln f. den Gebrauch der Sool- u. Seebäder m. besond. Rücksicht auf das Sool- u. Seebad Colberg, nach 25jähr. Erfahrung entworfen. 3. umgearb. u. verm. Aufl. 16. (39 S.) Kolberg 875. Post. n. 75

Bünau, Günther von

— — Viro Johann Christian Hand hactenus pastori et inspect. Portensi nunc pastori et ephoro dioeceseos Friburgensis . . . grat. Naumburg (Ulig) Okt. 1784. 38 S. (4.80) 4536
Commentatio de variis domiciliis literarum et quatenus illa variatio eruditioni profuerit.

— Denkmal d. gefühlvollen Freundschaft über d. Sprüchwort: Er urtheilt desto kräftiger, je weniger er weiß. 4. Wittenb. 774.

v. Bünau, Günth., († d. 13. Jan. 1795.) die goldne Decke macht den Esel nicht zum Pferde. 8. Wittenb. 784.

de Bünau, Günther [illegible]
[illegible] 83. 35 S. 8.
[illegible] 7 Aug 183[illegible]

Bünau, Günther von (eques Misnicus), De jure singulorum a majori suffragiorum comitialium parte excepto occas. art. V § 52 instrum. pac. Westphal. Diss. jur. publ. Präs. Ernst Abraham v. Osterhausen (equ. Misn.). Wittbg. (Gerdes Wwe.) 13. X. 1728. 66 S. (5.—) 4534

— — (Lausitz. Adel), Observatio de monopolio sacro maxime periculoso quam viro Gottlieb Wernsdorf . . summos juris honores. Wittbg. (C. C. Dürr) 11. X. 1773. 22 S. (4.—) 4535

Bünau, Günther von (equ. Misn.), Problema jur. feud. Saxon.-elect. num in successione in feudum commune coinvestiti compossessores simultanee investitis potiores sint? Diss. jur. Präs. Jo. Adam Theophil Kind. Lpz. (Klaubarth) 13. XII. 1787. 44 S. (1.80) 4538
Gew.: Christ. Gotthelf Frh. v. Gutschmid (Kl.-Wolmsdorf). — Widm. v.: Präs.

Bünau, Heinrich von

— Betrachtr. üb. d. Religion u. ihren jetzigen Verfall; herausg. v. J. F. Burscher. gr. 8. Leipz. 769. Kummer. 12 gr

Bunavius — Catalogus bibl. Bunavianae. Lips. 750-56. 3 Tom. (7 Part.) 4 19 rthl.

Bünau, Henr. etc. de, Détail de la présente guerre, ou histoire circonstanciée de la guerre entre la France et la Grande Bretagne et ses Alliés en Allemagne renfermant tous les événemens militaires et polit. avec le precis des actes publics y relatifs et representant par des tables chronoligiques toutes les opérations des armées et des corps détachés d'icelles, — — — — depuis le commencement de la guerre jusqu'à la fin de l'année 1757—1759. (In Kupf. gest.) Tom. 1—4. à Ratisbonne et à Vienne et à Leipzig. fol.

v. *Bünau*, Hnr., detail de la présente guerre, ou histoire de la guerre entre la France et la Gr. Bretagne. IV T. Fol. Regensb. 763. Fritsch. 14 ß

Bünau, H. Graf v. Détail de la présente guerre oder umstaendliche Historie des Krieges zwischen den Cronen Frankreich und England und der Alliierten in Teutschland. T. 1—4. Regensburg (1763)—66. 2°.

— — (equ. Misn.), De donatione principis. Disp. jur. Präs. Jo. Heinr. Berger. Wittenbg. (Chn. Schrödter) 2. X. 1700. 52 S. (5.—) 4540

— — Dasselbe. o. O. u. J. (Ausschn.) (4.—) 4541

Bünau, Heinr. v., die Elemente der Projectionslehre. Ein Leitfaden f. d. Unterricht an gewerbl. Lehranstalten. gr. 8. (9 B. u. 20 Kpfrt.) Leipzig 844, Weidmann'sche Buchh. *

de **Bunau, Henr.** Essai d'un atlas historique, conten. en 17 cartes militaires tous les mouvements, marches . . . dans la campagne de 1757 et 58 entre l'armee française et celle des alliez. fol. Ratisbonne, Vienne et Leipzig.

—Historie d. Kriegs zwischen Frankreich, England u. Deutschland. 4 Thle. Fol. Regensb. 763—67. Fritsch. 14 ß

— **Heinrich Grf. von u.** (Respond.) **Friedrich Heinrich v. Einsiedel,** De jure imperatoris atque imperii Romano Germanici circa maria. Leipzig (Langenheim) 1. VII. 1744. 88 S. (5.50) 4545

Bünau, Henr. de. Diss. de jure circa rem monetariam in Germania. 4°. Lipsiae 1716,

Bünau, Heinrich von. Diss. de iure circa rem monetariam in Germ. Auct. edita. Lips. 1730. H: *Gebauer, Georg Christian.* (MS)

— — De jure circa rem monetariam in Germania. Comment. jur. publ. Alt. ed. Lpz. (Gabr. Trogen) 1730. 128 S. (6 S. dtsch. Anh.) (6.—) 4543

— — Dasselbe. Tertia ed. Lpz. (G. A. Stoepffel) 1747. (6.—) 4544

Bünau, Heinrich von, Herrn Heinrichs von Bünau // Genaue und umständliche // Teutsche Kayser= // und // Reichs=Histor Aus den bewehrtesten // Geschicht=Schreibern und Uhrkunden // zusammen getragen // Erster Theil. // LEIPZIG, // Johann Friedrich Gleditschens sel. Sohn, 1728. - Mit Titelkupfer (H. v. Bünau) und Vignetten. - 46 Blatt (nicht paginiert, Titelblatt, Vorrede, Autorenverzeichnis, Inhalt. - 925 S. - 28 Blatt (nicht paginiert, Register und Errata.

— deutsche Kaiser- u. Reichshistorie. 1r 2r Thl. gr. 4. Leipzig, Gleditsch. 728—32.

— — dessen 3r u. 4r Thl. gr. 4. Ebend. 739—43.

— s. Lefebure de Fourey, Lehrbuch der descriptiven Geometrie.

Heinrichs von **Bünau** Probe einer genauen und umständlichen Teutschen Kayser- und Reichs-Historie, oder Leben und Thaten Friedrichs I. Römischen Kaysers. Leipzig. 1722. 4°k.

— — Tract. synopt. processus juris communis et inprimis Saxonici electoralis disp. duodec. Präs. Lüder Mencken. Lpz. (I. Titius) 28. V. 1716. 12 Blatt. (5.—) 4542

Bünau, Heinrich von, approb. Arzt aus Reichenbach: **Statistische Untersuchungen über das Auftreten des Altersstares.** *Halle a. S. 1903: C. A. Kaemmerer & Co.* (23 S.) 8°
Halle, Med. Diss. v. 4. Aug. 1903

v. Bünau, Heinr., Vorschule der prakt. Geometrie. Mit 20 Kpfrtaf. (in gr. 4.) gr. 8. (VIII u. 327 S.) Leipzig 847, Weidmann. n. 1 1/3 ß

Bünau, Marg. Henriette Gräfin v., s.: Meerheimb, Henriette v.

Bünau, Rudolf von

Bünau, R. von: „Anweisung zur Geometrie und Fortification", Halle 1774 (Curt).

— Anweis. z. Geometrie u. Fortification 2c. M. Kpf. gr. 8. Halle 775. (Laue in Berl.) 14 gr

— vermischte Gedichte; nebst Schilderung Friedrich d. Einzigen. 8. Hagen 788,

— **Rudolph von** (equ. Misn.), De obligatione successoris illustris. Präs. Georg Beyer. Wittenbg. (Chn. Gerdes) Jan. 1714. 40 S. (5.—) 4516

— — **Origines feodi qua vocem qua rem non externas sed Germanicas.** Präs. Georg Christian Gebauer. Lpz. (J. Chn. Langenheim) Aug. 1732. 90 S. (5.—) 4517
Widm. v. Präs.

— — **De ornamentis et honoribus Augustarum liber singularis.** Lpz. (Langenheim) 1733. 84 S. mit zahlr. Textabb. (5.50) 4548

— — **De stipe pro salute Augusti comment. antiquaria** quam auspic. Friderici Augusti natali in dedic. Präs. Benjamin Gottlieb Lorenz Boden. Wittenbg. (C. Chr. Dürr) 23. XII. 1771. 40 S. (5.—) 4549

Buenau, R. v. Gründlicher Unterricht zur Artillerie und Feuerwerkeren. Mit Kpf. Halle 1779. 489 S.

v. Bünau, Rud., Unterr. z. Artillerie u. Feuerwerkerei. M. Kpf. gr. 8. Halle 779. Hendel. 1 ℔

Bunbury, H[enry William]. [Reiter-Karikaturen.] o. O. [um 1780] 12 Taf. in kol. Rad. 4°

Buncle, Johann, der Jüngere, ein Mann ehrbaren Standes, a. d. Engl. 2 Thlr. 8. Leipz. Schwickert. 779. (Vgl. Bunkle)

Bund (Sachl. Ordnungswort)

Bund: Der Bund

① Eidgenössisches Centralblatt (später: Zentralblatt) - Organ der freisinnig-demokratischen schweizerischen und bernischen Politik (2. 12. 1894—20. 3. 1911). Organ der freisinnig-demokratischen Politik - Eidgenössisches Zentralblatt und Berner Zeitung (seit 20. 3. 1911) ⑤ Probenummern am 19. und 26. 9. 1850; 1. 10. 1850 (cont.). Ausstände: 14. 12. 1889—18. 12. 1889 ersetzt durch »Normal-Zeitung«. 29. 12. 1920—3. 1. 1921 ersetzt durch »Berner Nachrichtenblatt«. 21. 11. 1920—15. 12. 1922 ersetzt durch »Zeitung« ⑥ 2° ⑦ wöchentlich 7×, wöchentlich 12× (seit 23. 12. 1890) ⑧ Bern: Rudolf Jenni (19. 9. 1850—6. 5. 1852), J. Gaßmann Sohn (9. 5. 1852—4. 7. 1858), Jent & Reinert (5. 7. 1858—5./6. 4. 1893), Jent & Co. (6. 4. 1893—15. 4. 1902). H. Jent (15./16. 4. 1902—5./6. 2. 1909), H. Jent & Co. (6. 2. 1909—14. 3. 1916), Pochon-Jent & Bühler (14. 3. 1916—28. 2. 1925). Fritz Pochon-Jent (1. 3. 1925—1931), Fritz Pochon-Jent AG (ab 1931) ⑨ Sonntagspost (1864—1868 ?); Sonntagsblatt des Bund (1868—1917; ab 1896 mit der Bezeichnung: Belletristisch-Literarische Sonntags-Beilage; 1912 vereinfacht in Literarische Beilage); Der Kleine Bund (ab 1920) ⑩ Louis Jent († 1867). Sophie Jent-Reinert (bis 1881). Adolf und Hermann Jent. Dr. Michael Bühler, Fritz Pochon-Jent († 1950) ⑪ Abraham Roth (Oktober 1850—Dezember 1864). Karl Tscharner (Oktober 1850—Dezember 1874). Alfred Hartmann (März 1857—März 1859). Jakob Papon (März 1859—November 1860). Florian Gengel (Februar 1861—Juni 1868). Moritz Reymond (November 1867—Oktober 1869). F. A. Züricher (April 1867—November 1867). Franz Limacher (Oktober 1868—Februar 1882). Konrad Eggenschwyler (August 1870—Juni 1890). Jakob Frey (Dezember 1874—Dezember 1875). R. O. Ziegler (Januar 1876—Oktober 1881). Josef Viktor Widmann (Oktober 1880—November 1911). Michael Bühler (Juni 1882—Februar 1925). A. Bütler (Dezember 1890—Mai 1898). Adolf Hadorn (Dezember 1890—Februar 1892). J. Hügli (Dezember 1892—Februar 1898). Georg Luck (März 1898—April 1925). Karl Müller (Mai 1898—Juni 1916). Gian Bundi (Dezember 1904—August 1919). J. M. Gubser (Dezember 1910—November 1913). Hermann Stegemann (März 1912—März 1915). Ernst Schürch (April 1912—September 1941). E. Steinmann (November 1913—Dezember 1916). Samuel Haas (Januar 1916—Februar 1918). Walter Reitz (Juli 1916—April 1918). Ed. Kellenberger (Dezember 1917—Mai 1922). Alfred Keller (seit 1919). Ed. Kunz (März 1922—April 1932). Hugo Marti (März 1922—April 1937). Walter Egger (seit Mai 1922), Gottlieb Landolf (1925—1954). Walo von Greyerz (seit März 1925). Hermann Schütz (März 1930—Februar 1942). Frieda Amstutz (seit 1930). Arnold H. Schwengeler (1931—1935. seit 1939). Max Rychner (September 1937—August 1939). Max Grütter (seit 1933). Erwin Ruchti. Charlotte von Dach, Heinrich Frank. Gustav Renker. Werner Dreyer. Charles Cornu ⑫ freisinnig-demokratisch ⑬ BGSZ: 211. 556. 557. 644. 725. 728. 736. 770. 802. 911. 973; Bund-Jubiläums-Nummer Oktober 1950: Grütter: Der Bund 1850—1950; Müller, Ursula: J. V. Widmann als Feuilletonist und Feuilletonredaktor (1954) ⑭ Be: L. S. St: Lu. Z ⑮ 1852 beantragte Escher die Verlegung der Zeitung nach Zürich. v. »Neue Zürcher Zeitung« Nr. 714. 4. 5. 1943. 1869 erfolgloser Versuch einer doppelten Ausgabe. — 1852 Projekt einer monatlichen historischen Beilage, herausgegeben von der Schweizerischen Geschichtforschenden Gesellschaft. v. »Berner Zeitung« (V) Nr. 353. 23. 12. 1852.

Bund, der. Organ für die Interessen der kathol. Jugend. Redact.: Jos. Jarosch. 1.—4. Jahrg. 12 Nrn. (Bog.) Lex.-8. Wien 870—73, Kirsch. à Jahrg.

Der Bund. Ein fortschrittliches Organ für freimaurerische und literarische Interessen. Hrsg.: Hugo Mandello u. Ludw. Rosenberg. [Jg. 1.] [Wien: Winter,] Budapest: Rosenberg, Leipzig: Zechel [1878]. 106 S. 4°

cf. D. Bund. 1 (1876) S. 97—98; Hn. 5 (1878) S. 7—11 (E. X.); T. 25 (1879) S. 18—19 (E. Roehr).

Tt. 127. Nicht mehr erschienen.

Bund, Der. Monatsschr. f. d. Bungert-Bund u. s. Freunde. Red.: Max Chop. 1. J. Nov. '11—Okt. '12. 12 Hefte. (1. u. 2. Heft: 47 m. 1 eingeklebten Bildn.) gr8° Wiesb., H Staadt. 10 —; einz. Nrn 1 —: f. Mitgl. unentgeltl.

Bund, Der, zu Alcala; ein romantisches Schauspiel in 5 Aufzügen. München 1810. V: *Reinhard, Carl.* (Ky) (MGT) (NN)

Bund deutscher Architekten. B. D. A. Werke der Ortsgruppe Cöln 1906. (Hrsg. v. Edm. Renard.) (83 S. m. 137 Abbildgn. u. 2 farb. Taf.) Lex. 8. Berlin 906. E. Wasmuth. 6. —

Australischer Bund. Neuer Zolltarif. (34 S) 4° (Berlin 1908)

Bund, Der Basler, 1501; Festspiel zur Gedenkfeier 1901. Entwurf. [Basel] 1899. V: *Wackernagel, Rudolf.* (zuwzür 16, 1912, II, S. 109)

BUND, Britischer, continentaler u. allgemeiner, zur Abschaffung der Prostitution, vornehmlich als gesetzliche oder geduldete Einrichtung. Neuenburg 1877. 8°. (50 Pfg. Paul Neubner, 1892.)

Bund u. Bundes-Reform. Betrachtungen über die brennende Frage der deutschen Gegenwart von einem ehemaligen Minister (Fürst Ludw. v. Oettingen-Wallerstein.) München 862. Gummi. gr. 8. (IV, 48 S.) n. 8 ngr.

— d. deutsche; eine Zeitschrift f. d. öffentl. Recht Deutschlands u. d. gesammten deutsch. Länder, herausg. v. Dr. Schmidt. 1r Bd. 1s Hft. gr. 8. Hildburgh. 815. Kesselring. 16 gr. 2s Hft. A. u. d. T.: ... Schmidt, üb. d. Bürgerrecht der Juden in Deutschland. gr. 8. Ebd. 816. 20 gr. 3s Hft. A. u. d. T.: Hauptvertrag d. zu Wien versammelten Congresses d. europ. Mächte ꝛc. 1e Abtheil. die Haupturkunde enthalt. gr. 8. Ebd. 816. 20 gr.

Der deutsche Bund; eine Zeitschr. f. d. öffentl. Recht Deutschl. u. d. ges. deutsch. Länder, h. v. (K. E.) Schmid. *Hildburgh.*, Comt. f. Lit. 1r Bd. 1 — 3s Heft. 815 — 19. 8. (à 20 Gr.)

Bund, Der deutsche. Tabellarisch-statistische Übersicht der Grösse und Einwohnerzahl der deutschen Bundesstaaten; Landesherr, Verfassung, Kriegsmacht und Contingent etc. Rinteln und Leipzig 1840. . . . .

— der deutsche, oder: ob Gotha, ob Bamberg? Ein national politischer Versuch. Vom Verfasser des Europäischen Gleichgewichts der Zukunft. Berlin 860. J. Springer. gr. 8. (VII, 171 S.) n. 20 ngr.

Bund, der deutsche, u. die Bundeskriegsverfassung. Eine populäre u. verständliche Darstellung d. gegenwärtigen deutschen Bundes u. der auf dessen Reform gerichteten Bestrebungen, nebst wörtlichem Abdr. der deutschen Bundes- u. der Wiener Schlußakte für Politiker, Beamte, Militairs ꝛc. Leipzig 866. R. Schaefer. gr. 8. (120 S.) n. 10 ngr.

Bund, der deutsche, Holstein und Dänemark. Eine Erörterung der politischen Zeitfrage mit Benutzung veröffentlichter amtlicher Documente. Leipzig 862. Luppe. gr. 8. (10 S.) 6 ngr.

Bund, Der deutsche, im Jahre 1820 und 1828. Fol.

Bund, d. deutsche, od. das deutsche Reich. M. 1 Kpf. gr. 8. Altenb. 815. Brockhaus in Leipz. 4 gr.

Der deutsche Bund wider das deutsche Reich. O. O. 1815. 18 S. 8.

Bund, der Deutsche, vor dem Richterstuhle unserer Zeit. Ein Beitrag zur Reorganisation Deutschlands von einem liberalen aber nicht radikalen Altbayer. gr. 8. (33 S.) München 848, Finsterlin. 1/6 ℔

Bund, der teutsche, u. d. teutschen Stände. Aus d. „Vaterland“ abgedruckt. 8. Leipzig 833. Barth. 1/8 ℔

Bund, Der deutsche, nach seinem ganzen Umfange ... Züllichau und Leipzig 1816. V: *Sack, Christian Cornelius.* (MGT)

— der deutsche, u. die Union. Ein Beitrag zur Geschichte u. Kritik der Wirren in Deutschland während der J. 1849 u. 1850. gr. 8. (90 S.) Dresden 851, Naumann. n. 1/3 ℔

— der deutsche, die Verfassungskämpfe 1848 u. 49 und die Einigungsbestrebungen von 1859. Vom Verfasser der Schrift: Oesterreich keine „Deutsche“ Großmacht! Berlin 859. Riegel's Verlag. (40 S.) n. 6 ngr.

Bund, Der, der Deutschen. Eine patriotische und weltbürgerliche Idee. Erlangen 1814. V: *Krehl, Carl Heinrich Fd.* (Ky) (MGT)

Bund, der, der Deutschen. Eine patriot. u. weltbürgerl. Idee. 8. Erlang. 814. Palm u. Enke. 8 gr.

Bund, Der dreifache, in Deutschlands Wäldern geschworen ... Leipzig 1814. V: *Cramer, Carl Gottlob.* (MGT)

Bund, der dreifache, in deutschen Wäldern geschworen. Seitenstück zu de la Motte Fouque's Todesbund. 2 Bde. 8. Leipz. Joachim. 814.

Bund, Der eidgenössische, der Bewohner der Gebirge an die drey Quellen des Rheins; ein Drama. Winterthur 1803. V: *Salis-Marschlins, Ulysses von.* (Cat. d. Stadtbibl. Zürich. Zürich 1864—97.)

— d. eidgenossische, der Gebirgsbewohner an den 3 Rheinquellen. Drama in 5 A. v. Ulysses v. Salis-Marschlins. 8. Winterthur, Steiner. 803.

Bund, Der erste, Schaffhausens mit der Eidgenossenschaft von 1454; dramatische Szene. Schaffhausen 1891. V: *Henking, Carl.* (Cat. d. Stadtbibl. Zürich. Zürich 1864—97.)

Bund, d. ev., s.: Bericht üb. d. am 18. u. 19. Juni 1890 zu Nürnberg abgeh. 20. allg. Pastoralconferenz ev.-luth. Geistlicher Bayerns.

Der Evangelische Bund auf der Anklagebank. Die wahren Ziele u. Bestrebungen d. Bundes. Aktenmäßig geschildert von e. Freunde d. Wahrheit. Berlin: Germania 1910. 40 S. 8°

Bund, der evangelische, u. der konfessionelle Friede, s.: Mittheilungen über die konfessionellen Verhältnisse in Württemberg.

— der evangelische, u. das achte Gebot, s.: Flugschriften, katholische, zur Wehr u. Lehr'.

Bund, der evangelische, seine Grundsätze und Geschichte. Mit einem Vorw. von L. Bonnet. Frankfurt a. M. 857. Brönner. 8. (XI, 76 S.) n. 7 ngr.

Der Evangelische Bund in Schleswig-Holstein im Jahre . . . (Lunden.) Fol.
1901.
1904. ⟨1. Mai 1904 bis 30. April 1905⟩.
1905. ⟨1. Mai 1905 bis 30. April 1906⟩.
1906. ⟨1. Mai 1906 bis 30. April 1907⟩.

Bund, Der ewige, Tirols mit dem heiligsten Herzen Jesu ... Wiedererzählt ... von F. H. Domkapitular in Brixen. Brixen 1848. V: *Hirn, Franz.* (Margr)

Der BUND der heiligen Familie. Übersetzt aus dem Spanischen. Als Manuskript gedruckt. Gran 1890: Gustav Buzárovits. 55 S. - 160 mm

— der, der Feigen, Faulen u. Verstockten rc., siehe a. Zeitstimmen.

Der Bund der Feigen, Faulen und Verstockten, das Haupthemmniß bei der Rettung Deutschlands. Eine Volksrede. (A. u. d. T.: Zeitstimmen. Eine Reihe von Abhandlungen zur Beleuchtung der Gegenwart. III.) Leipzig, R. Blum u. Comp., 1848. IV, 43 S. 8°.

Bund, Fränkischer. – Nürnberg: 1.I.1887 - 31.III.1887.
Vorh. u.d. T.: P r e s s e , Nürnberger.

Bund, Der geheime, der schwarzen Brüder, Urquell der vorzüglichsten academischen Verbindungen ... Mainz 1834. V: *Friederich, Gerhard.* (Kl)

Bund, der geheime, d. schwarzen Brüder. Urquell d. vorzügl. academ. Verbindungen. In e. Reihe verbürgter Originalurkunden mitgeth. v. Tyrtäus, einem d. ehemal. Oberen dies. Ordens. M. 2 lith. Taf. gr. 12. (3½ B.) Mainz 834, Kupferberg.

Bund, Der, der Geheimen, eine Geistergeschichte aus dem 18. Jahrhundert. Meissen 1799. V: *Bornschein, Johann Ernst Daniel.* (GGr) (NN)

— der, der Geheimen, eine Geistergeschichte aus d. 18ten Jahrh. 2 Thle. 8. Meißen, Gödsche. 815.

Bund, der, eines guten Gewissens mit Gott. Erklärung des württemberg. Confirmationsbüchleins in kurzen Betrachtungen f. Jung u. Alt. Von einem evangel. Geistlichen. gr. 8. (III, 112 S.) Heilbronn 878. Henninger. n. 1. 20; geb. n. 1. 60

Bund. Der Goldene Bund. Ury 1827 s. [Blum, Joseph Leonz].

— d. goldene, ein Neujahrs-Geschenk f. 1827. 8. Ury 827. (Lpz., Schmidt). 12 gr.

Bund, d. goldne. Ein Neujahrsgeschenk f. 1828. 8. Ury 827. (Leipz., Schmidt.)

— der, mit Gott. Gebetbuch für kathol. Christen. Münster 857. Coppenrath. 8. (641 S. u. 1 Stahlst.) n. 25 ngr.

— heiliger, frommer Seelen zur Verehrung des göttlichen Herzens Jesu in dem allerheil. Sakramente des Altars. 2. verm. Aufl. Wiesensteig 856. Schmid. 16. (32 S.) 2 ngr.

HEILIGER Bund frommer Seelen zur Verehrung des göttlichen Herzens Jesu in dem heiligsten Sakrament des Altars. Budapest 1889: Martin Bagó u. Sohn. 31 S. - 170 mm

— hl., frommer Seelen zur Verehrung des göttlichen Herzens Jesu in dem heiligsten Sakramente des Altars. (24 S.) 16. München (906). J. Pfeiffer. n. — 20

— der, zwischen Hirten u. Gemeinde beim Amts-Antritt d. Herrn Past. G. Kind zu Gemarke am 28. Juli 1872. gr. 8. (27 S.) Barmen 872. Wiemann. n. — 50

Bund, Der, und die Jura-Simplonbahn am 1. Mai 1903. [Zürich 1903.] V: *Brunner, Adolph.* (BBullSchw 3, 1903)

Bund, der, der Kaufleute. Seine Grundgedanken u. seine Ziele. (61 S.) gr. 8. Berlin 903. (A. Duncker.) n. — 20

Bund, Der, des armen Konrads. Getreue Schilderung einiger merkwürdigen Auftritte aus den Zeiten der Bauernkriege des 16. Jahrh. Leipzig 1795. V: *Naubert, Chne Benedicte geb. Hebenstreit.* (EE) (GGr) (Ky) (MGT)

Bund, der, des armen Konrads, getreue Schild. e. merkw. Auftritte aus den Zeiten d. Bauernkriege d. 16n Jahrh. vom Verf. d. Walter v. Montbarry. 8. Leipz. Weygand. 795.

[J.] Der **Bund** der Landwirthe. Seine Fordergn u. s. Erfolge ...
Danzig: Dr. v. A. W. Kafemann [1897?]. (32 S.) 1 Bd 8. [98. 146

BUND DER LANDWIRTE. KÖNIGREICH BAYERN.
Jahrg. I. No. 1 — 30. 1900. Redaktion u. Geschäftsstelle: München (Ohne bes. Titelbl.) 4°.
Jahrg. II—VI. No. 1—52. 1901—1905. ib. —
Jahrg. 7. No. 1—52. 1906. Druck von E. C. Baumann, Kulmbach, (angebunden): Illustrierte Land- und hauswirtschaftliche Beilage zum Wochenblatte: Bund der Landwirte. Jahrg. 1. Nr. 1—2. 1906. Verlag: Bund der Landwirte. Berlin.
Jahrg. 8. No. 1—52. 1907. ib. —
Jahrg. 9. No. 1—52. 1908. ib. — (angebunden:) Illustrierte Land- und hauswirtschaftliche Beilage zum Wochenblatte: „Bund der Landwirte". Jahrg. 2. — 1908. Berlin. Gedruckt in der Buchdruckerei der „Deutschen Tageszeitung", Druckerei und Verlag Aktiengesellschaft. (Mit bes. Titelblatt.)
Jahrg. 10—12. Nr. 1—52. 1909—1911. ib. —

Der **Bund** der Landwirthe und seine Organisation in ihrer wirthschaftspolitischen und wirthschaftlichen Bedeutung. Berlin, Dezember 1894. (Wilhelm Issleib (Inhaber: Gustav Schuhr).) (Ohne bes. Titelblatt.) fol.
Dasselbe. ib., März 1895. (–) (Ohne bes. Titelblatt.) fol.

BUND DER LANDWIRTHE FÜR OSTPREUSSEN. Amtliches Blatt der Provinzial-Abtheilung.
Jahrg. 1. Nr. 1—13. 1894. Schriftleitung und Expedition: Heiligenbeil. (Ohne bes. Titelbl.) 4°.
Jahrg. 2. Nr. 1—52. 1895. ib. —
Jahrg. 3. Nr. 1—37. 1896. ib. —
Jahrg. 4—6. Nr. 1—26. 1897—1899. ib. —

BUND DER LANDWIRTE FÜR OSTPREUSSEN. Amtliches Blatt der Provinzial-Abteilung.
Jahrg. 7. Nr. 1—31. 1900. Druck und Verlag der Ostpr. Zeitungs- und Verlagsdruckerei, Ges. a. Aktien, Königsberg i. Pr.
Jahrg. 8. Nr. 1—52. 1901. ib. —
Jahrg. 9. Nr. 1—52. 1902. ib. —

BUND DER LANDWIRTE FÜR OSTPREUSSEN mit Landwirtschaftlichem Zentral-Anzeiger für Ostpreussen und der Beilage: Fürs traute Heim. Amtliches Blatt der Provinzial-Abteilung.
Jahrg. 10—13. Nr. 1—52. 1903—1906. ib. —
Jahrg. 14—18. Nr. 1—52. 1907—1911. ib. — fol.

Bund der Landwirthe ... – Der **Bund** der Landwirthe und die Presse. Berlin 1895. Druck von Wilhelm Möller. 8°.

BUND DER LANDWIRTHE FÜR SCHLESIEN. Organ der Provinzial-Abtheilung.
No. 1—38. 1895. Verlag von L. Heege (Oscar Güntzel) in Schweidnitz. (Ohne bes. Titelblatt.) 4°. — No. 1—53. 1896. ib. — No. 1—52. 1897—1902. ib. — No. 1—53. 1903. ib. — No. 1—52. 1904. ib. — No. 1—13. 1906. ib. — [1])

BUND DER LANDWIRTE FÜR SÜDWEST-DEUTSCHLAND. (Prov. Hessen-Nassau, Grossh. Baden, Elsass-Lothringen, Grossh. Hessen, Rheinpfalz, Hohenzollern, Fürstent. Birkenfeld u. s. w.) Früher: „Deutsche Allgemeine Zeitung für Landwirtschaft", vereinigt mit dem „Hessischen Landwirt" und der „Landwirtschaftlichen Zeitung und Anzeiger" in Kassel.
Jahrg. 29. Nr. 1—53. 1905. Frankfurt a. M. Verlag von Daube & Co., G. m. b. H. 4°.

BUND DER LANDWIRTE FÜR SÜDWEST-DEUTSCHLAND. (Provinz Hessen-Nassau, Grossh. Hessen, Baden, Elsass-Lothringen, Rheinpfalz, Hohenzollern, Birkenfeld.) Früher: „Deutsche Allgemeine Zeitung für Landwirtschaft".
Jahrg. 30—33. Nr. 1—52. 1906—1909. ib. —
Jahrg. 34. Nr. 1—42. 1910. ib. —

BUND DER LANDWIRTE FÜR SÜDWEST-DEUTSCHLAND. Baden, Hessen, Hessen-Nassau, Elsass-Lothringen, Rheinpfalz, Hohenzollern, Birkenfeld.
Jahrg. 34. Nr. 43—52. 1910. ib. — fol.
Jahrg 34 (sic!) (später von Nr. 2—35). Nr. 1—53. 1911. ib. —

— d. Landwirte f. Südwest-Deutschld (Baden, Hessen, Hessen-Nassau, Elsass-L., Rheinpfalz, Hohenzollern, Birkenfeld). Schriftleitg '10: 1. V.: Ad. Grein, '11: Ed. Füller, '12: Geo. Dümas. 34—36. J. '10—12 je 52 Nrn. ('12, Nr 1: 6) 47×34,5 cm. Frankf.M., Daube & Co. halbj. 2 —; einz. Nrn — 10 d

BUND DER LANDWIRTHE FÜR WESTPREUSSEN. Amtliches Blatt der Provinzialabtheilung.
No. 1—27. 1894. Schriftleitung und Geschäftsstelle: Elbing. (Ohne bes. Titelblatt.) 4°. — No. 1—52. 1895. ib. — No. 1—53. 1896. ib. — No. 1—52. 1897—1899. ib. —

— der, der Liebe, von Franz Arter. 8. Bamberg, Arter. 806.

— d. Liebe, d. i. einzig wahre Bruderschaft e. christl.-kathol. Pfarrgemeinde, zum Besten ihrer dürft. Mitbürger rc. 12. Münch. 806. Lentner. 4 gr

— d. Liebe u. Eintracht, z. Verehrung u. Nachahmung d. Tugendwandels d. heil. Jungfrau Maria. Mit 1 Kpf. 8. Münch., Giel. 10 gr Schrbp. 16 gr Velinp. 20 gr

BUND, Der, der Magern und der Fetten. Ein komischer Roman von *K. K. ff. r. (Küffner?).* Wien, Anton Pichler, 1801. 8°.
Unsinniges Machwerk, aber harmlos. Titelkpf., Tit. gestoch. u. 155 S. (incl. 1 Bl. Vorr.). Darin S. 65—83: Orfeus und Orfea, oder der bezauberte Geigenbogen. Ein mytholog. Mährchen mit Arien, Chören u. Erscheinungen.

— der neue; ein Confirmations-Geschenk f. d. gebild. Jugend. 8. Basel 810. Holdenecker. 2 gr

Bund, der neue. In 100 Darstellgn. alter u. neuer Meister. gr. 4. (104 S.) Leipzig 903. F. Jansa.
Geb. in Leinw. n. 5. —; m. Goldschn. n. 6. —

— der neue deutsche. Ein Beitrag zum Verständniß und zur Geschichte seiner Verfassung. Von einem Süddeutschen. Anhang: Die neue deutsche Bundesverfassung und die Verträge mit Bayern, Württemberg, Baden und Hessen. gr. 8. (94 S.) Stuttgart 870, Rieger'sche Buchh.

— der norddeutsche, in seiner bisherigen Entwickelung u. die Bündnißverträge Preußens mit den süddeutschen Staaten. Ein Handbuch für Landtagsmitglieder wie für alle Zeitungsleser. Berlin 867. Heinicke. gr. 8. (2 Bll., 107 S.) n. 10 ngr.

Bund, Der Norddeutsche,
und seine Gegner. Zehn Briefe eines Hamburgers. Hamburg 1868. V: *Roessler, Constantin.* (Roessler, Ausg. Aufsätze. Berlin 1902. S. X.)

— der norddeutsche, und seine Gegner. Zehn Briefe eines Hamburgers. gr. 8. (32 S.) Hamburg 868, Richter.

Bund, Der Norddeutsche,
und Mecklenburg. Schwerin 1867. V: *Schröder, Franz Wilhelm Ferdinand.* (ADB)

— — u. Mecklenburg. Schwerin 867. Hildebrand in Comm. gr. 8. (31 S.) n. 6 ngr.

— — u. Sachsen im Herbst 1866. Leipzig 866. Matthes. 8. (35 S.) n. 5 ngr.

Der Norddeutsche **Bund** und Süddeutschland. Vom christlich-germanischen Standpunkt eines Süddeutschen. — Berlin: Liebrecht 1867. 46 S. 8°

— der norddeutsche, und Süddeutschland. Vom christl.-german. Standpunkt eines Süddeutschen. 2. Aufl. 8. (70 S.) Berlin 868, Liebrecht.

Bund, Der Norddeutsche,
und seine Verfassung. [Leipzig 1869.] V: *Blankenburg, Heinrich.* (Kat. d. Bibl. d. dtsch. Reichstages. Berl. 1882.)

— d. Rheinische, herausg. v. P. A. Winkopp. 23 Bde od. 69 Hfte. gr. 8. Frankf. u. Aschaffenb. 807—811. Wenner; (auch Gebhardt u. K.) (à 2 fl) 46 fl Forts. u. d. T.: Allgem. Staats-correspondenz. 1r, 2r Bd. gr. 8. Aschaffenb., Dessauer. 4 fl Hauptregister üb. d. 10n—20n Bd. gr. 8. Frkf. 812. Wenner. 16 gr

— d. rheinische. Eine Zeitschrift hist.-polit.-statistisch geographischen Inhalts. Herausgeg. in Gesellschaft sachkundiger Männer, von P. A. Winkopp. 20r—22r Bd. od. 58s—66s Hft. gr. 8. Offenbach. (Trier in Comm.) (jed. Bd. in 3 Heften 2 Rthlr.) 812.

— der rhein. Eine Zeitschr. hist.-polit.-statistischen, geographischen Inhalts. Herausgeg. von P. A. Winkopp 23r Bd. od. 67s—69s Hft. gr. 8. Aschaffenb. Dessauer 813.

Dessen Fortsetz. unt. d. Titel:
Allgemeine Staats-Correspondenz rc. 1r. u. 2r Bd. a 3 Stück. gr. 8. Ebend. 813—15 (à 2 Rthlr.)

Bund, Der rheinische, von 1806 und die merkwürdigsten Vereine der Vorzeit ... Germanien [Freyburg] 1814. V: *Steiger, Aloisius Joachim.* (MGT) (Wr)

— d. Rheinische, in 18 Blättern, worauf die Berge, Bergketten angegeben sind; nebst Erläuterungen u. 1 Tabelle. Querfol. Lpz. 813. Hinrichs. 4 ℛ

— d. Rheinische, od. des Löwen Gesellschaft, (Societas leonina,) mit einigen Blicken auf einen neuen deutschen u. europäischen Staaten-Verein, (v. S. Brendel). gr. 8. Deutschl. 814. (Bamb., Kunz). 9 ℊ

BUND, Der, der Richter im Verborgenen, oder Franzesko di Casano und Blanka di Villahermosa. Eine (stellenweise freie) Geistergeschichte, gezogen aus den Handschriften des Ungenannten. 2 Thle. Winterthur 1796. 8° (2 1/3 Rthl.) Steiner
S. Richterbund, Der .... (gleichen Inhalts).

Bund, Der rothe, romantische Scene aus dem Leben Benedicts. 2. Aufl Coburg 1823. H: *Ansarius, Friedrich* (= *Christian Heinrich Henkel*). (Ky)

Bund, der rothe, romant. Scenen aus dem Leben Benedicts. 2e Ausg. der: Nebel u. Lichtstreifen. Mit 1 Kpfr. 8. Coburg 823, (Leipz., Hinrichs.)

Bund, Der schöne. Ein kleiner Roman für das neue Jahrhundert. Göttingen 1801. V: *Kellner, Gg Chph.* (Allg. Litt.-Ztg. 1803. Int.-Bl. Sp. 931 f.) (Mitth. A. Rosenbaum.) vlg.: Dieterich

Bund, Der Schwäbische, in Ober-Franken oder des Hauses Sporneck Fall 1523. Akten zur Fränkischen Geschichte ... Weimar 1859. V: *Reizenstein, Karl Freih. von.* (BMarsch 251)

-- der Schwäbische, in Ober-Franken oder des Hauses Sparneck Fall 1523. Akten zur Fränkischen Geschichte in 5 alten Holzschndr. (in Fol.) von K. Frhr. v. R. Weimar 859. Kühn. gr. 4. (VI, 18 S.) n. 20 ngr.

Bund schwarzer
Der schwarze Bund. 1824
s. Brancaglio, Joh Ernst [Verf.]

Bund, Schweizer, s. Schweizer-Bund.

Bund. Der Trunser Bund von 1424. 8. Chur 1824.
Mutmasslicher Verfasser: Georg Wilhelm Röder.

— der unheilige, neueste Kunde von d. afrikan. Raubstaaten, Algier, Tunis u. Tripoli, bis zum Bombardement von Algier u. d. darauf erfolgten Friedensschluß. In 28 Briefen. 8. Nürnb. 816. (Riegel u. W.) 20 ℊ

Der Bund der Unsichtbaren. Bd 1 bis 3. Leipzig: Mittler 1805. 8°

— der, der Unsichtbaren, od. Berliner Bauernfänger auf Reisen. Romantisches Sittenbild aus der Gegenwart. 1—8. Hft. gr. 8. (S. 1—384.) Görlitz 873. König. à — 30

—— der Völker für Gewerbe u. Handel, s. (Schmitz, J. W.)

— der Völker für Gewerbe u. Handel. Mit Erläuterungen (von J. W. Schmitz). 2 Hfte. 2e Aufl. gr. 8. Cassel 832, 33. (Bohné; Leipzig, Franke.) 1/2 ℛ bei Garthe in Cassel 5/12 ℛ

Bund (Verfasser)

Bund, A., die Ritter von der Finkenburg. 8. Nordhausen 841, Fürst. 1 1/12 ℛ

Bund, Alfred, Finanzprakt.: Die Milchversorgung von Freiburg i. Br. Achern i. B. 1910: Unitas. VIII, 110 S. 8°
Freiburg i. B., Rechts- u. staatsw. Diss. v. 1910, Ref. v. Schulze-Gävernitz
[Geb. 19. Nov. 82 Assamstadt; Wohnort: Freiburg i. B.; Staatsangeh.: Baden; Vorbildung: Gymn. Pforzheim Reife Juli 03; Studium: Freiburg i. B. 7, Grenoble 1, Berlin 1 S.; Rig. 10. Juli 09.] [U 10. 929

Bund, Ludw., Alldeutschland. Eine Sammlg. vaterländ. Kriegs- u. Soldatenlieder. 16. (IV, 219 S.) Düsseldorf 876. Breidenbach & Baumann. n. — 50

Bund, Ludw., Freudvoll u. Leidvoll. Perlen der Liebe, gesammelt durch L. B. Illustrirt v. Carl Gehrts. 8. (196 S.) Leiden 885. Sijthoff. geb. m. Goldschn. n. 6. —

Bund, Ludw., Gedenkblätter an L. Hugo Becker, s. Gedenkblätter rc.

— Gedichte. Mit (Holzschn.-)Portr. 8. (VIII, 237 S.) Iserlohn 885. Bädeker. geb. m Goldschn. n. 6. —

Bund, Ludw., Genrebilder der Poesie. Mit einem (chromolith.) Titelbilde v. Ph. Grot Johann in Düsseldorf. (V, 216 S.) Düsseldorf 881. Voß & Co. geb. mit Goldschn. n. 7. 50

— dasselbe. 2. Aufl. gr. 8. (VII, 216 S.) Ebend. 882. geb. mit Goldschn. 7. 50

— Immergrün. Die Monate d. Jahres in Denksprüchen. 3. Aufl. gr. 16. (140 S.) Hamburg 874. Grüning. geb. m. Goldschn. 2. 25

Bund, L: Immergrün. Die Monate d. Jahres in Denksprüchen. 3. Afl. 16° (140) Hambg 75. Dresd., H Henkler.
Geb. in L. m. G. 2.25
Vergriffen. — Erscheint nicht wieder.

—— Lieder der Heimath. Eine Sammlung der vorzüglichsten Dichtungen im Bilderschmucke deutscher Kunst. 5. und 6. Aufl. Mit nahezu 200 Holzschn.-Illustr. und 6 farb. Bildern nach Allwine Schrödter und C. Scheuren. hoch 4. (VIII, 214 S.) Düsseldorf 880, 81. Baumann und Comp. geb. mit Goldschn. *

— Lieder der Heimath. Eine Sammlung der vorzüglichsten Dichtungen im Bilderschmucke deutscher Kunst. 7. Aufl. Mit nahezu 270 Holzschn.-Illustr. u. 6 farb. Bildern nach Allwine Schrödter u. Casp. Scheuren. gr. 4. (VIII, 230 S.) Iserlohn 882. Bädeker. n. 12. —; geb. mit Goldschn. n. 15. —

—— Lieder der Heimath. Eine Sammlung der vorzüglichsten Dichtungen im Bilderschmucke deutscher Kunst. 8. Aufl. 4. (232 S. mit ca. 200 Holzschn.-Illustr. und 6 farb. Bildern nach Alw. Schroedter und C. Scheuren.) Ebendas. 887. geb. mit Goldschn. *

Bund, Ludw., Lieder der Heimath. Eine Sammlg. der vorzüglichsten Dichtgn. im Bilderschmucke deutscher Kunst. 9. Aufl. Mit gegen 270 Holzschn.-Illustr. u. 6 farb. Bildern nach Alwine Schrödter u. Casp. Scheuren. 4. (VIII, 239 S.) Leipzig 892. J. Baedeker. Geb. in Leinw. n. 7. —

— Maßliebchen. Lied u. Bild. Mit über 50 Illustr. (eingedr. Holzschn.) u. einem farb. Titelbilde v. Allwine Schrödter. 12. (IV, 124 S.) Ebend. 882. geb. m. Goldschn. n. 8. —
Ist auch unter dem Titel „Vielliebchen" erschienen.

— die Monate des Jahres in Denksprüchen. 16. (IV, 140 S.) Düsseldorf 870, Budich. [Hamburg, Rudolphi.] geb. mit Goldschn. (*M 2,25.) *

Bund, Ludw., Nachtschatten. Sonetten-Cyclus. Mit 1 (lith.) allegor. Titelbl. von C. Scheuren. Düsseldorf 857. Schaub in Comm. 16. (2 Bl., 71 S.) n. 20 ngr.

— der junge Patriot. Eine Sammlg. kriegs-patriot. Dichtgn. f. Schule u. Haus. 8. (VI, 240 S.) Düsseldorf 877. Breidenbach & Baumann. n. 1. —

— Ruhmeshalle. Eine Sammlg. ausgewählter deutscher Kriegsgedichte. Mit e. Titelblatt u. 2 Abtheilungs-Bildern (in Holzschn.) v. W. Camphausen. gr. 8. (362 S. m. Kopfleisten, Initialen u. Schlußvignetten.) Düsseldorf 883. F. Bagel. geb. m. Goldschn. 7. 50

— Ruhmeshalle. Eine Sammlg. ausgewählter deutscher Kriegsgedichte. Mit 1 Titelblatt u. 2 Abtheilungsbildern v. W. Camphausen. (Neue billige [Titel-]Ausg.) 8. (V, 362 S.) Düsseldorf 891. F. Bagel. n. 3. —; geb. n. 4. —; m. Goldschn. n. 5. —

Bund, Ludw., die Semisäcular-Feier der königl. Kunst-Akademie zu Düsseldorf in den Tagen des 22., 23. und 24. Juni 1869. gr. 8. (III, 256 S.) Düsseldorf 869, Budich. *

— die Semisäcular-Feier der königl. Kunst-Akademie zu Düsseldorf in den Tagen d. 22., 23. u. 24. Juni 1869. Ebend. 870. gr. 8. (2 Bll., 256 S.) n. 1 ß 15 ngr.

— Weihnachtsklänge. Eine Festgabe in Lied u. Bild. Illustrirt von A. Baur, Hugo Becker, M. v. Beckerath ꝛc. Berlin 866. Grote. 8. (XVI, 300 S. m. Holzschn. im Text u. 10 Holzschntaff.) 2 ß 15 ngr.

Bundbrief, neuester landständischer, mit Erläuterungen. 8. Münch. 800. Weber. 2 gr.

Vom pythagoräischen **Bunde**. Altenburg: Richter 1797. VI, 46 S. 8⁰
cf. Taschenbuch f. Frmr. 1800 S. 320—322.
Kl. 3782 b. Auszug aus Meiners: Gesch. d. Wissenschaften in Griechenland und Rom.

Bunde, vom pythagoräischen. 8. Altenburg. (Academ. Hdl. in Jena) 798.

Bunde, vom pythagoräischen. 8. Altenb. 798. (Hennings in Neisse). 4 gr.

Bunde, s.: Deutschland. Karte. (Abt. Preussen.) — Preussen. Messtischblätter.

— s. a.: Deutschland. Kürschner Pein.

Bunde, Richard Arthur. Referendar in Leipzig: Das Lagergeschäft nach dem Handelsgesetzbuch für das deutsche Reich vom 10. Mai 1897. *(Pulsnitz) [1904]: (E. L. Försters Erben.)* (97 S.) 8°
Leipzig, Jur. Diss. v. [1904]

Bünde. Die Drey B' in Hohen-Rhätien. Berlin 1799 s. [Salis-Soglio, Rudolf von].

Bundehesh, der, zum ersten Male hersg., transcribirt, u. mit Glossar versehen von Ferd. Justi. Leipzig 868. Vogel. 4. (XXXIV, 492 S.) n. 14 ß

Bundehesh, liber Pehlvicus. E vetustissimo cod. Havniensi descripsit duas inscriptiones regis Saporis I. adjecit N. L. Westergaard. hoch 4. (IV u. 84 S.) Havniae 851, Gyldendal. 2 ß

Bünden. SA. ‹Bern 1798› s. [Haller, Carl Ludwig von].

Bünden in der Jesuitenfrage. Ein Wort zur Behelligung an das Bündnervolk. (Geschrieben in den lezten Tagen des Monats Januar 1845.) 8. Chur.

Bunder, Chlod. (Ldw. Basedow). Beleuchtung der Verhältnisse Anhalts zu Preussen in Bezug auf das Zoll- und Verbrauchssteuersystem. gr. 8⁰. Dessau, Ackermann, 1819.

Bundes-Acte, deutsche, vom 8. Juni 1815, s. Abdruck.

— — s. Bund. der deutsche.

— deutsche, unterzeichnet zu Wien am 8. Juni 1815. gr. 4. Frkf. 815. Boselli; auch Eichenberg. 3 gr.

Bundes-Acte, deutsche, authent. Abdruck. Mit Bewilligung der k. Oesterr. Gesandtschaft am deutschen Bundestage. gr. 4. Frankf. a. M. 816. Hermann. 12 gr.

— deutsche, unterzeichnet zu Wien am 8. Juni 1815 u. Schlußacte der Ministerialconferenzen, unterzeichnet zu Wien am 15. Mai 1820 nach Ordn. d. Bundesacte. (Abdruck aus J. v. Meyers Repertor. der Bundesverf.) gr. 8. Frankf. a. M. 820. Boselli. 6 gr.

Bundesacte, die deutsche, vom 8. Juni 1815, mit Nachweisungen auf die Wiener Schlußacte vom 15. Mai 1820, nebst der Wiener Schlußacte vom 15. Mai 1820, herausg. von J. H. E. Meyn. 4. Ploen 840. (Kiel, Bünsow.) n. 1/3 ß

Bundesakte, deutsche v. 8/6. 1815. Generalakte d. Wiener Congresses vom 9/6. 1815. Beschlüsse der Karlsbader Ministerial-Conferenz vom 20/9. 1819. Beschlüsse d. Wiener Cabinetskonferenzen v. 12/6. 1834. Leipz. 848.

Bundesacte, die deutsche, [vom 8. Juni 1815] u. die General-Acte des Wiener Congresses. [Vom 9. Juni 1815.] gr. 8. (54 S.) Leipzig 848, Thomas. 6 ngr.

Bundesakte, die deutsche, vom 8. Juni 1815, nebst Schlußakte der üb. Ausbildung u. Befestigung des deutschen Bundes zu Wien gehaltenen Ministerial-Conferenzen, welche am 8. Juni 1820, dem 5. Jahrestage der Unterzeichnung der deutschen Bundesakte, zu Frankfurt a. M. als allgem. Bundesgesetz angenommen u. bekannt gemacht ward. gr. 8. (24 S.) Erfurt 850, Villaret. n. 1/12 ß

Bundes-Akte, die Deutsche, nebst den, dieselbe ergänzenden, Verträgen, und die Verfassung des Deutschen Reichs vom 28. März 1849, wortgetreu aus authentischen Quellen abgedruckt. Berlin 859. Riegel's Verlag. 8. (64 S.) geh. n. 10 ngr.

— die Rheinische, d. Preßburg. Friede ꝛc. Französ. u. deutsch. gr. 8. Cob. 807. Ahl. (Riemann). 8 gr.

Bundesansichten, Deutsche, aus einer frühern Zeit auf die Verhältnisse der neuesten übertragen. Der Versammlung zu Frankfurt a. M. gewidmet. gr. 8. (15 S.) Cassel 848, Hotop. n. 2 ngr.

Bundes-Armee-Corps, das VIII. u. IX. deutsche, 1866. Berlin 866. v. Decker. 16. (74 S. u. 2 Tabb. in Fol.)

Bundes-Auctorität, die verwahrloste, in Holstein und die preußische Entschädigungsforderung. Als Kommentar zur Rede des abgetretenen Bundes-Executions-Commissarius Hr. v. Könneritz bei Empfangnahme des Dresdener Ehrenbürgerrechts. gr. 8. (IV und 20 S.) Berlin 865, Stilke und van Muyden. *

Bundes-Auctorität, die verwahrloste, in Holstein u. die preußische Entschädigungsforderung. Als Kommentar zur Rede d. abgetretenen Bundes-Executions-Commissarius Herrn v. Könneritz bei Empfangnahme des Dresdener Ehrenbürgerrechts. Berlin 866. Stilke & v. Muyden. 8. (IV. 20 S.) n. 4 ngr.

Bundes-Banner: Jan 2, 1879–1904)

Monthly. Organ of National-Bund Deutscher Christlicher Junglings Vereine von Amerika (German National YMCA). Place of publication varies. Milwaukee, Wis., 1883–84. Large quarto, each 8 pages. Circulation 1880, 1500. Edited by H. Weihe, 1883–84; by J. D. Severinghaus & Co.
Chicago, JL

Bundesbehörden, unsere, in Wort u. Bild. Biographien, Porträts, Facsimile von Handschriften aller Mitglieder des Bundesrats, der Bundesversammlung u. des Bundesgerichts. Mit e. Anhang: Statistisches u. Geschichtliches. Herausg. von *Ch. Grandpierre.* In-16°. 240 S. Bern, Ch. Grandpierre. 5 —
, Bildet Heft 1—5 des ersten Bandes des „Archivs für Biographie".

1897

Bundesbeiträge an die Besoldungen des untern Forstpersonals. Bericht des eidgenössischen Oberforstinspektorates an das eidgenössische Departement des Innern. (Vom 1. September 1902.) 8 S. 8. [Bern, Stämpfli & Cie.]

Bundesbeschluss, betreffend die Handfeuerwaffe der Berittenen. (Vom 24. Christmonat 1870.) 8. Bern 1870.

Bundesbeschluß, über den, vom 28. Juni 1832, in besond. Beziehung auf das Großherzogth. Hessen. Eine staatsrechtl. Abhandlung, aus der teutschen Vaterlands-Zeitung besond. abgedruckt. Nebst den in Bezug auf jenen Bundesbeschluß in der 2. Kammer der Stände des Großherzogthum Hessen gemachten Anträgen u. dem darauf erfolgten Erlasse des Großh. Staatsministeriums an diese Kammer. 8. Darmst. 833. Pabst. n. 1/3 ß

Bundesbeschluss betreffend die Juragewässerkorrektion. 3. Aug. 1857.

Bundesbeschluß, der, vom 27. März 1852 in der Kurhessischen Verfassungssache ist erschlichen. Ein Wort an die Mitglieder der deutschen Bundesversammlung und aller deutschen Ständeversammlungen. Hamburg 860. O. Meissner. gr. 8. (IV, 60 S.) n. 10 ngr.

Erstellung von Hauptreparaturwerkstätten der Nordostbahn. Bundesbeschluß über den Rekurs der Zürcher Behörden. (Vom 23. Juni 1902) 1902. 2 S.

Bundesbeschluss betreffend die eidgenössische Volkszählung vom 1. Christmonat 1870. 1 Bl. 4.

Bundesblatt. Organ der Grossen National-Mutterloge zu den drei Weltkugeln. Red. Ernst Kelmann. Ms. f. Frmr. Jg. 1—24. Berlin 1887—1910. Red (Jg. 6, H. 8 bis Jg. 11, H. 12): *Sellin, Albrecht Wilhelm;* (Jg. 11, H. 13 bis Jg. 24): *Diercks, Gustav.* (wolfstieg I, 3910)

Bundesblatt

① Organ der Schweizerischen Studentenverbindungen: Schwizerhüsli, Basel - Zähringia, Bern - Carolingia, Zürich (November 1897—April 1898). der Studentenverbindungen Schwizerhüsli Basel - Zähringia Bern - Carolingia Zürich - Valdesia Lausanne (Nov. 1918—Okt./Nov. 1927) ④ Der Falkenstein ⑤ November 1897—Oktober/November 1927 ⑥ 8° ⑦ jährlich 10× ⑧ Bern: Michel & Büchler (November 1897—Februar 1899), Büchler & Co. (April 1899—August 1905); Basel: R. Ehrich (November 1905—August 1913); Zürich: E. Kreutler (November 1913—Juni 1914); Zürich-Oerlikon: Meyer & Co. (Juli/August 1914—Dezember/Januar 1915); Basel: Emil Birkhäuser (November 1915—Januar 1916), Emil Birkhäuser & Co. (Februar/März 1916—Oktober/November 1927) ⑩ Schwizerhüsli Basel, Zähringia Bern, Carolingia Zürich, Valdesia Lausanne (letztere seit November 1918) ⑪ Redaktionskommission turnusweise wechselnd) ⑫ Stellungsnahme zu den politischen Fragen ⑭ Be: L.

Bayreuther **Bundesblatt.** Freimaur. Zeitschrift der Gross-Loge „Zur Sonne". (Ms. f. Frmr.) [Red. von Georg Niehrenheim.] Jg. 1—8. [Bayreuth 1900—1908: Mühl.] 8° [Kopftit.]
1. 398 S. 1 Taf. 1900—1901; 2. 416 S. 1901—1902; 3. 360 S. 1902—1903; 4. VII, 348 S. 1903—1904; 5. VII, 368 S. 1904—1905; 6. 424 S. 1905—1906; 7. VI, 416 S. 1906—1907; 8. 374 S. 1907—1908; °9—10. 1908—1909, 1909—1910.

Bayreuther **Bundesblatt.** Freimaur. Zeitschrift der Gross-Loge „Zur Sonne". (Ms. f. Frmr.) Schriftleitung: Georg Niehrenheim [Jg. 14ff.:] Christian Wörrlein. [Jg. 22f.:] Berthold Sutter. Jg. 9—23. [Bayreuth 1909—1923: Mühl.] 8°.
9. VII, 542 S. 1908/09; 10. VI, 432 S. 1909/10; 11. VII, 608 S.; 12. VII, 620 S. 1911/12; 13. V, 410 S. 1912/13; 14. VI, 376 S. 1913/14; 15. VII, 408 S. [dazu:] Amtliches. 78 S. 1914/15; 16. XVI. 388 S. [dazu:] Amtliches. 94 S. 1915/16; 17. VIII, 408 S. [dazu:] Amtliches. 97 S. 1916/17; 18. VI, 296 S. [dazu:] Amtliches. 77 S. 1917/18; 19. VI, 348 S. [dazu:] Amtliches. 58 S. 1918/19; 20. IV, 248 S. [dazu:] Amtliches. 13 S. 1919/20; 21. 204 S. 1921; 22. (H. 1—6) 188 S. 1922; 23. (H. 1/2) 28 S. 1923.
Mehr nicht erschienen.

Bundesblatt der Schweizerischen Eidgenossenschaft

⑤ 24. 4. 1849 (cont.) ⑥ 8° ⑦ halbmonatlich, später Wochenblatt ⑧ Bern: Stämpflische Buchdruckerei (später: Stämpfli & Cie.) ⑨ Sammlung der eidgenössischen Gesetze. (Nach Bedarf. Gewöhnlich Wochenblatt. Ab 1885): Publikations-Organ für Transport- und Tarifwesen der schweiz. Eisenbahnen und Dampfschiff-Unternehmungen auf dem Gebiete der schweizerischen Eidgenossenschaft. (Wochenblatt. Ab 1885) ⑩ Bundeskanzlei (Drucksachenbureau) ⑫ offizielles Blatt ⑬ BGSZ. 973 ⑭ Be: L., S ⑮ Das Blatt erscheint auch in französischer und italienischer Sprache: Feuille fédérale de la Confédération suisse, Foglio federale della Confederazione svizzera.

Bundesblatt der Schweizerischen Eidgenossenschaft.– Zuoz: 1870-1930 ff.

Bundesblatt, schweizerisches. 17—22. Jahrg. 1865—1870. à 3 Bde. (à ca. 35 Bgn.) Mit Beilagen. Bern, (Huber & Co.) gr. 8. Jeder Jahrg. nn. 1 ₰ 20 ngr.

—— dass. — 22.—24. Jahrg. 1870—1872. à Jahrg. 3 Bde. (à Bd. ca. 35 Bog.) Mit Beilagen. gr. 8. Ebendas. à Jahrg. *

Bundesblatt, schweizerisches. 25.—29. Jahrg. 1873—1877. à Jahrg. 3 Bde. (à Bd. ca. 35 Bog.) gr. 8. Bern, (Huber und Comp.) Jahrg. 1873 und 1874 à * Jahrg. 1875—1877 à *

— dasselbe. 30—34. Jahrg. 1878—1882. à 3 Bde. (à ca. 25 B.) gr. 8. Ebend. à Jahrg. n. 5. 85

Bundesblatt, schweizerisches. 35—38. Jahrg. 1883—1886. à 3 Bde. (à ca. 25 B.) gr. 8. Bern, (Huber & Co.). à Jahrg. n. 5. 35

Schweizer. Bundesblatt. XXXVII. Jahrgang. In-8⁰. Bern, Stämpfli.

Bundesblatt, schweizerisches. 39.—42. Jahrg. 1887—1890. à 3 Bde. (à ca. 25 B.) gr. 8. Bern, (Huber & Co.). à Jahrg. n. 5. 35
Französ. Ausg., s.: Feuille fédérale suisse.

Bundesblatt, schweizerisches. 43. u. 44. Jahrg. 1891. 1892. à 3 Bde. (à ca. 25 Bog.) gr. 8. Bern, (H. Körber). à Jahrg. n. 5. 35

Bundesblatt, Schweizerisches. Alphabetisches Sachregister. Jahrgänge 1874—1893. 2 Bde. in-8⁰. Bern, Hallersche Buchdruckerei. 1894

— dasselbe. 45. u. 46. Jahrg. 1893. 1894. à 3 Bde. (à ca. 25 Bog.) gr. 8. Ebd. à Jahrg. n. 6. 70

Bundesblatt, schweizerisches. 47. u. 48. Jahrg. 1895—1896. à 3 Bde. (à ca. 25 Bog.) gr. 8. Bern (H. Körber). à Jahrg. n. 6. 70

Bundesblatt, schweizerisches. 49. Jahrg. 1897. 52 Nos. In-8⁰. Bern, Buchdruckerei Stämpfli & Co. 1897 Jährlich 5 —

Bundesblatt, schweizerisches. Jg. 50. 1898. 52 Nos. In-8⁰. Bern, Buchdruckerei Stämpfli & Cie. 1898 Jährlich 5 —

— **schweizerisches**. 51.—54. Jahrg. 1899—1902. à 3 Bde. (à ca. 25 Bog.) gr. 8. Bern (H. Körber). à Jahrg. n. 6. 80

Bundesblatt, schweizerisches. 55.—58. Jahrg. 1903—1906. 8. Bern (H. Körber). à Jhrg. n. 6. 80
1903. (1031, 1087, 1009, 941 u. 417 S.) — 1904. (875, 952, 807, 1104, 1008 u. 769 S.) — 1905. (1000, 1003, 982, 1021, 1036 u. 692 S.) — 1906. (1107, 978, 1022, 998, 835 u. 717 S.)

Bundesblatt, schweizerisches. 59.—62. Jahrg. 1907—1910. à 3 Bde. (Je etwa 25 Bog.) Mit der Beilage: Publikationsorgan f. das Transport- u. Tarifwesen der Eisenbahnen u. Dampfschiffunternehmungen auf dem Gebiete der schweiz. Eidgenossenschaft. 1907—1910. (à ca. 7 S.) 8. Bern, (Raillard & Schiller). à Jahrg. 8. —

Bundesblatt, Schweizerisches. 62—64. J. '10—12 je 5 Bde. Mit Beilagen. 8° Bern, (Stämpfli & Co.). 6H
62.' 10. (739, 980, 932, 720, 898) † 8 — ‖ 63. '11. (894, 1076, 1000, 738, 438) † 13.50 ‖ 64. '12. (828, 774, 892, 792, ca. 500) † 13.50

Bundesblätter. 1—8. Heft. Nordhausen 862—64. Förstemann's Verlag in Comm. Lex.-8. (150 S.) n. 22 ngr.
1.: n. 8 ngr.; 2. u. 3.: n. 3½ ngr. — 4.: n. 3 ngr.; 5—8.: à n. 2 ngr.

Bundesblätter. 9—27. Heft. (à ½—1½ Bgn.). Nordhausen 865—70. (Förstemann.) Lex.-8. n. 1 *℔* 10½ ngr.

Bundesblätter 28-33. Hft. Lex.-8. (22, 8, 4, 12, 10 u. 16 S.) Nordhausen 870. 71. (Förstemann.) n. 1. 10 (1—33.: n. 7. 35.)

Bundesblüthen, von G. Graf v. Blankensee, W. Hensel, Fr. Graf v. Kalkreuth, W. Müller, W. v. Studnitz. gr. 8. Berl. 816. Maurers B. 1 ℔ 8 gr

Bundes-Bote von Berlin. Organ der Jünglings-Vereine des östlichen Deutschlands. Herausg. von Zahn. 1—6. Jahrg. 859—61. à 24 Nrn. (à ½ Bgn.) Berlin, W. Schultze in Comm. gr. 8. Jeder Jahrg. 15 ngr.

Bundes-Bote von Berlin. Organ der Jünglings-Vereine d. östlichen Deutschlands. 7. Jahrg. 1865, hrsg. von Zahn, — 8—12. Jahrg. 1866—1870, herausg. von R. Körner. à 24 Nrn. (à ½ Bgn.) Berlin, W. Schultze in Comm. 8. Jeder Jahrg. nn. 12½ ngr.

Bundes-Bote von Berlin. Organ der Jünglings-Vereine des östlichen Deutschlands. Hrsg. von R. Körner. 10.—15. Jahrg. 1868—1873. à Jahrg. 24 Nrn. (½ Bog.) gr. 8. Berlin, (W. Schultze.) 10.—14. Jahrg. à ** 15. Jahrg. **

Bundes-Bote. Organ der evangel. Jünglingsvereine des östl. und nördl. Deutschlands. Hrsg. im Auftrage des evangel. Vereins für kirchl. Zwecke in Berlin. Redact.: O. v. Ranke. 22.—26. Jahrg. 1880—1884. à Jahrg. 52 Nrn. (à Nr. ½ Bog.) gr. 4. Berlin. (Leipzig, Matthies.) à Jahrg. **

Bundes-Bote. Organ der evangel. Jünglingsvereine d. östl. u. nördl. Deutschlands. Hrsg. im Auftrage d. evangel. Vereins f. kirchl. Zwecke in Berlin. Red.: O. v. Ranke u. H. Wießner. 25—28. Jahrg. 1883—1886. à 52 Nrn. (½ B.) gr. 4. Berlin, Buchh. der Berliner Stadtmission. à Jahrg. n. 2. —

Bundes-Bote. Organ der Evangel. Jünglingsvereine d. östl. u. südöstl. Bundes. Red.: Brinckmann. 29.—31. Jahrg. 1887—1889. à 52 Nrn. (B.) gr. 4. Berlin, Buchhandlg. der Berliner Stadtmission. à Jahrg. n. 1. 60

— dasselbe. Red.: E. Evers. 32. Jahrg. 1890. 52 Nrn. (B.) gr. 4. Ebd. n. 1. 60

Bundes-Bote. Organ f. die Ev. Jünglings- u. Männer-Vereine im östl. u. südöstl. Deutschland. Red.: Ernst Evers unter Mitwirkg. v. Anders u. Schubart. 33. u. 34. Jahrg. 1891. 1892. à 52 Nrn. (Bog.) gr. 4. Berlin, [Buchh. der Berliner Stadtmission]. Exped. des Bundes-Boten. à Jahrg. n. 1. 60

— dasselbe. 35. u. 36. Jahrg. 1893. 1894. à 26 Nrn. (Bog.) gr. 4. Ebd. à Jahrg. n. 1. 60

Bundes-Bote, Organ f. d. Ev. Jünglings- u. Männer-Vereine i. östl. u. südöstl. Deutschland. Hrsg. v. Vorstande d. ostdeutschen Jünglingsbundes. Red.: Anders unt. Mitwirkg. v. Evers. 37.—40. Jahrg. 1895—1898. à 26 Nrn. (Bog.) gr. 4. Berlin, Buchh. d. ostdeutschen Jünglingsbundes. à Jahrg n. 1. 60
Kann auch vierteljährlich bezogen werden.

Bundes-Bote. Organ f. die ev. Jünglings- u. Männer-Vereine im östl. Deutschland. Hrsg. vom Vorstande des ostdeutschen Jünglingsbundes. Red.: Anders. 40.—44. Jahrg. 1899—1902. à 26 Nrn. gr. 4. (à ca. 8 S. m. Abbildgn.) Berlin, Buchh. des ostdeutschen Jünglingsbundes. à Jahrg. n. 1. 60

Bundes-Bote. Zeitschrift der ev. Jünglings- u. Männer-Vereine im östl. Deutschland. Hrsg. vom Vorstande des ostdeutschen Jünglingsbundes. Schriftleiter: Ulich. 45.—48. Jahrg. 1903—1906. à 26 Nrn. (à ca. 8 S.) Lex.-8. Berlin, Buchh. des ostdeutschen Jünglingsbundes. à Jhrg. n. 1. 60
Jhrgg. 45 u. 46 sind von Dirksen, Jhrg. 47 von Schuberth redig.

Bundes-Bote. Zeitschrift der ev. Jünglings- u. Männer-Vereine im östl. Deutschland. Hrsg. vom Vorstande des ostdeutschen Jünglingsbundes. Schriftleiter: Ritter. 49.—52. Jahrg. 1907—1910. à 26 Nrn. (à Jhrg. 208 S.) Lex. 8. Berlin, Buchh. des ostdeutschen Jünglingsbundes. à Jahrg. 1. 60

Bundes-Bote. Zeitschr. d. ev. Jünglings- u. Männer-Vereine im östl. Deutschld. Schriftleiter: Ritter, seit '12: Seidel. 52—54. J. '10—12 je 26 Nrn. ('12, Nr 1—3: 24 m. Abb.) Lex8° Berl., Buchh. d. ostdeut. Jünglingsbundes. viertelj. — 40 ₰

Christlicher Bundes-Bote : 1881– ? Berne, JN

Christlicher Bundes-Bote : Jahrgang 1–66, no. 15, Jan. 2, 1882 – July 22, 1947.

Weekly, no. 1, Jan. 2, 1882; semi-monthly, Jan. 15, 1882 – Dec. 1887; weekly, Jan. 5, 1888 – July 22, 1947. Organ of Die Allgemeine Konferenz der Mennoniten von Nord-Amerika. Absorbed DIE NACHRICHTEN AUS DER HEIDENWELT (Halstead, Kans.). Formed by union of DER MENNONITISCHE FRIEDENSBOTE (Milford, Square, Pa.), and ZUR HEIMATH (Milford Sq.). Merged with DER BOTE (Saskatchewan, Canada). Place of publication varies: Berne, Ind., Jan. 2, 1882 – Aug. 1930; Newton, Kans., Sept. 2, 1930 – July 22, 1947. Printed at St. Louis, Mo., 1882, at Goshen, Ind., 1883–87; at Berne, Ind., 1888 – Aug. 1930; at Newton, Sept. 1930 – 1947. Edited by David Goerz, Jan. 2 – May 1882; by Andrew B. Schelly, June 1, 1882 – 1887; by J. A. Sommer, 1887? – 1911; by C. von der Smissen, 1912 – Aug. 1930; by C. E. Krehbiel, Sept. 2, 1930 – 1947.
Newton, KS

Bundesbote, christlicher. Hrsg. f. d. Jugendbund der evangel. Gemeinschaft in Deutschland u. der Schweiz. Red.: *G. Füssle.* 9. Jahrg. 1899. Gr. 8⁰. 12 Nrn. N⁰ 1. 8 S. Stuttgart, Christl. Verlagshaus. Jährlich — 70

— christlicher. Hrsg. f. den Jugendbund der evangel. Gemeinschaft in Deutschland u. der Schweiz. Red.: G. Füßle. 10.—13. Jahrg. 1899—1902. à 12 Nrn. gr. 8. (à ca. 8 S.) Stuttgart, Christl. Verlagshaus. à Jahrg. n. — 50

Bundes-Bote, christlicher. Hrsg. f. den Jugendbund der evangel. Gemeinschaft in Deutschland u. der Schweiz. Red.: G. Füßle. 14.—16. Jahrg. 1903—1905. à 12 Nrn. (à Jhrg. 96 S.) gr. 8. Stuttgart, Christl. Verlagshaus. à Jhrg. n. — 50

— dasselbe. 17. Jahrg. 1906. 12 Nrn. (96 S. m. Abbildgn.) gr. 8. Ebd. n. 1. —; f. Bundesmitglieder n. — 50

— christlicher. Hrsg. f. den Jugendbund der evangel. Gemeinschaft in Deutschland u. der Schweiz. Red.: G. Füßle. 18.—21. Jahrg. 1907—1910. à 12 Nrn. (à Jhrg. 96 S. m. Abbildgn.) Lex. 8. Stuttgart, Christl. Verlagshaus. à Jahrg. 1.—; f. Bundesmitglieder — 50

— Christlicher. Hrsg. f. d. Jugendbund d. evang. Gemeinsch. in Deutschld u. d. Schweiz. Red.: G Füssle. 21—23. J. '10—12 je 12 Nrn. ('12, Nr 1: 8) Lex8° Stuttg., Christl. Verlagshs. je 1 —: f. Bundesmitgl. — 50 d

Der Evangelische Bundesbote : 1895? – 1914? Cleveland, OH

Monthly, 1895 – 1900; semi monthly, 1901 – 14. Sub-title: Organ des Jugendbundes der Evangelischen-Gemeinschaft. Quarto, each issue 16 pages. Circulation: 1905, 2500; 1912, 1750. Edited by C. F. Zimmermann, 1895 – 1902; by W. Horn, 1903 – 06; by C. Stäbler, 1907 – 14. Published by Thomas & Mattill, 1895 – 1902; by Mattill & Lamb, 1903 – 04; by J. H. Lamb, 1905—11; by C. Hauser, 1912 – 14.

— evangelischer, aus Baden. Hrsg. vom Bad. Landesvorstand d. Evangel. Bundes. Red.: A. Thoma. Jahrg. 1890. 12 Hfte. 12. (1. Hft. 10 S.) Karlsruhe, (Reiff). n. — 60

— evangel. Hrsg. v. A Thoma. Jahrg. 1892—1894 à ca 12 Hfte. 12° (1. Hft 16) Karlsr., (JJ Reiff). || Jahrg. 1895. Hrsg.: Karl. à Jahrg. — 60
Früher u. d. T.:
— evangel., a. Südwestdeutschland. Hrsg. v. A Thoma. Jahrg. 1891. 9 Hfte. 12° (100) Ebd. — 60
Bisher u. d. T.: Bundesbote, ev., a. Baden.

— evangelischer. Hrsg.: Karl. Jahrg. 1895—1898. à ca. 12 Nrn. (à ca. 8 S. m. Abb.) 12. Karlsruhe. (J. J. Reiff.) à Jahrg. n. — 60

— evangelischer. Hrsg.: Weymann. Jahrg. 1899—1902. à ca. 12 Nrn. 12. (à ca. 10 S.) Karlsruhe (J. J. Reiff). à Jahrg. n. — 60

— evangelischer. Hrsg.: A. Thoma. Jahrg. 1903—1906. à 12 Nrn. (à ca. 12 S.) kl. 8. Karlsruhe, J. J. Reiff. à Jhrg. n. — 60
Jhrg. 1903 ist von Weymann redigiert.

— evangelischer. Hrsg.: A. Thoma. Jahrg. 1907—1910. à 12 Nrn. (à ca. 16 S.) kl. 8. Karlsruhe, J. J. Reiff. à Jahrg. — 60

— Evangelischer. Hrsg.: A Thoma. J. '11. Etwa 12 Nrn. (Nr 1: 16) kl8° Karlsr. Rast., H Greiser. — 60 d

— Evangelischer, f. Elsass-L. Hrsg. v. Unsinger u. Michaelis. 2. J. '11. 12 Nrn. (Nr 12: 4) 32,5×23,5 cm. Schiltigheim. (Strassbg, CA Vomhoff.) 2 — d

— schlesischer. Organ d. Südostbundes evang. Männer- u. Jünglings-Vereine. Red.: Anders u. Fichtner. 1. Jahrg. 1898. 26 Nrn. (Bog.) gr. 4. Berlin, Buchh. d. Ostdeutschen Jünglingsbundes. n. — 40

Bundes-Bote, schlesischer. Organ d. Südostbundes evang. Männer- u. Jünglings-Vereine. Hrsg. vom Vorstand des ostdeutschen Jünglingsbundes. Red.: Anders u. Fichtner. 2.—5. Jahrg. 1899—1902. à 26 Nrn. gr. 4. (à ca. 8 S.) Berlin, Buchh. des ostdeutschen Jünglingsbundes. à Jahrg. n. 1. 60

— schlesischer. Organ des Südostbundes evang. Männer- u. Jünglings-Vereine. Hrsg. vom Vorstand des ostdeutschen Jünglingsbundes. Red.: Dirksen u. Fichtner. 6. u. 7. Jahrg. 1903 u. 1904. à 26 Nrn. (à ca. 8 S.) Lex.-8. Berlin, Buchh. des ostdeutschen Jünglingsbundes. à Jhrg. n. 1. 60

— schlesischer. Organ des schles. Bundes evang. Männer- u. Jünglings-Vereine. Hrsg. vom Vorstande des ostdeutschen Jünglingsbundes. Schriftleiter: Ritter. 11.—13. Jahrg. 1908—1910. à 26 Nrn. (à Jhrg. 208 S.) Lex. 8. Berlin, Buchh. des ostdeutschen Jünglingsbundes. à Jhrg. 1. 60

— Schlesischer. Organ d. schles. Bundes evang. Männer- u. Jünglings-Vereine. Schriftleiter: Ritter, seit '12: Seidel. 13—15. J. '10—12 je 26 Nrn. ('12, Nr 1—3: 24 m. Abb.) Lex8° Berl., Buchh. d. ostdeut. Jünglingsbundes. viertelj. — 40 d

Bundesbote Kalender : Jahrgang 1–67, 1885–1952? Berne, JN

Annual. Organ of Die Allgemeine Conferenz der Mennoniten von Nord-Amerika. Title varies: MENNONITISCHES JAHRBUCH, Jahrgang 63–67, 1948 – 52. Place of publication varies: Halstead, Kans.; Newton, Kans., 1949? – 52. Follows CHRISTLICHER FAMILIEN-KALENDER (Halstead, Kans.). Octavo, paging varies, usually 50 pages. Edited by S. F. Sprunger, 1885 – 1922; by C. H. A. van der Smissen, 1923 – ? Published by Verlag der Christlichen Central-Buchhandlung, 1885 – 96; by Verlag des Mennonite Book Concern der Allgemeinen Konferenz der Mennoniten, 1897 – 1952. Printed by August Wiebusch, St. Louis, 1886.

Bundesbrief, der Basler, vom 9. VI. 1501 m. anderen zugehörigen Aufzeichnungen. gr. 8. (36 S. m. 1 Lichtdr.-Taf. in Imp.-4.) Basel 901. Helbing & Lichtenhahn. n. 1. 20

Bundesbrief. Der Basler Bundesbrief vom 9. Juni 1501 mit anderen zugehörigen Aufzeichnungen. ([Hrg. von] Rudolf Thommen. [Mit] Reproduktion der Urkunde [in] Lichtdruck [von] H. Besson, Basel, und farbigem Umschlag nach einer Skizze des Dr. E[rnst Alfred] Stückelberg in Zürich.) 36 S. 8. Basel, R. Reich, 1901. [fr. 1. 50]

Bundes-Brief des Freistaats der drei Bůnde / in Rhäzien / als die Haupturkunde dessen Verbindungen. Erneuert und erleutert, 1544. – 1790. im Merz, mit dem im Archif L. L. gemeiner Lande aufbewahrten ... Original ... Kollationiert ... und nun zum Drucke befördert. [Mit Wappenvignette.] 8. Chur 1790.

[Bundesbriefe. Die B' der alten Eidgenossen 1291—1513. Facsimile-Ausgabe in Lichtdruck und Originalgrösse.] 11 Bl. gr.-fol. Zürich, Brunner & Co., Kunstanstalt (*Bl. 1, 2, 4a:* Verlag: J. Ehrbar, Zürich), [1901]. [*ohne Bl. 4a:* à fr. 3.—, *cpl. mit Text v. Durrer* fr. 25.—]

Bundesbriefe vom: [1.] Uri, Schwyz und Unterwalden 1291 u. 1315; [2.] Luzern 1332; [3.] Zürich 1351; [4.] Glarus 1352: [a.] ⟨Ursprüngliche Abfassung⟩, [b. Besserer Bund 1450]; [5.] Zug 1352; [6.] Bern 1353; [7.] Freiburg und Solothurn 1481; [8.] Basel 1501; [9.] Schaffhausen 1501; [10.] Appenzell 1513.

Bundesbriefe. Die B' der alten Eidgenossen 1291—1513. Nach den Originalen bearb. und mit Erläuterungen versehen von Dr. Robert Durrer ..., hrg. von J[ohann] Ehrbar in Zürich. IV + 628. 8. Zürich, Zürcher & Furrer, 1904. [fr. 1.—]

Bundes-Bruch und der Neue Eidgenossen-Bund. Baden 1843 *s.* [Liebenau, Hermann von].

Bundes-Bücherei [des Bundes der Vereine für naturgemäße Lebens- und Heilweise], Berlin. (Berlin 1900.) (31 S.) 8° [Kopft. F.]

Bundeserneuerung, Die feierliche, Tirols mit dem göttlichen Herzen Jesu am 23. Juni 1876 zu Bozen. Bozen 1876. V: *Schenk, Alois David.* (margr)

Bundesexecution, die, und was wir Schleswig-Holsteiner dabei zu thun haben. 1. u. 2. Aufl. Hamburg 863. (Kiel, Schwers.) 8. (10 S.) 10 Expl. 7½ ngr.

Bundesfeldzug, der, in Bayern im J. 1866. 1–3. Aufl. W.-Jena 866. Hochhausen. gr. 8. (68 S.) n. 10 ngr.

Bundesfeldzug, d., in Bayern im J. 1866. 3. Afl. 8. (68) W.-Jena 66. (Lpzg, Wartig.) n. — 10

Bundesfeldzug in Bayern, der, im Jahre 1866. 4. Aufl. Wenigen-Jena, C. W. Hochhausen. 1866. Gr. 8°. IV–68 S. Cart.

Bundesfest. Das B' zu Davos im Jahre 1836 s. [Flimm, Simon].

Bundesfeste, zum. Johannis 1807 für die Loge z. e. Bunde (Gera). 8. 2 Bl. Fehlt bei Kloss. Rundgesang von F. M.

Die deutschen Bundesfestungen. über die Erklärung, welche der kais. österr. u. kgl. preuß. Hof in der 50. Sitzung der Bundesversammlung wegen der Festungen Mainz, Landau u. Luxemburg haben ablegen lassen. o. O. 1819. 45 S.

Bundesfestungen, die deutschen, über die Erklärung des österr. und preuß. Hofes in der 50n Sitzung der Bundesversammlung wegen Mainz, Landau und Luxemburg, ein unbefangener Beytrag zur nähern Entwickelung. gr. 8. Leipzig, Cnobloch. 819.

Bundesfestungen. – Welches sind die wahren und natürlichen — u. ist Ulm eine solche?
gr. 8. Frankf. a. M. 1818. (Boselli). (Leipz., Reclam).

Demokratische Bundesflagge: 1850 – ?
Democratic weekly. Edited & published by Karl Joseph Koch. Springfield, JL

Bundesfreund: Der Bundesfreund aus Baselland
(2) Der Bundesfreund (1854) (3) Landschaftliche Zeitung (4) Basellandschaftliche Zeitung (II) (5) 30. 12. 1851—Juni 1854 (6) 4° (7) wöchentlich 3× (8) Liestal: Lüdin & Müller (bis Juni 1853), Lüdin & Walser (seit Juli 1853) (10) Matthias Lüdin-Schaub, Joh. Jakob Müller (bis Juni 1853), Hermann Walser (seit Juli 1853), Heinrich Walser (seit Juli 1853) (11) die Herausgeber (12) liberal (13) BGSZ: 182, 954 (14) Bs: U (nur Jg. 1852); Be: L (15) Fusion mit dem Basellandschaftlichen Volksblatt (I) (Juli 1853).

Bundesgenossen, die,. Originallustsp. in 2 Akt. von G. Linden. 8. Berl. Kunst u. Ind. Compt.

Bundesgenossen, die, Lustspiel von Linden. 8. Berlin. 810. Ist jetzt Verlag von Schlesinger.

Bundesgenossen u. Bundesgenossinnen, uns., in Italien. E. Schilderg. d. dort. Volksthums v. e. Deutschen. 8. (287 S.) Kassel 895. Th. G. Fischer & Co. Geb. in Leinw. n. 5. —

Schweizer. Bundesgericht. In Sachen C. W. Schläpfer in Zürich, Inhaber von Obligat. gegen die Arth-Rigi-Eisenbahngesellschaft in Arth betr. Pfandrecht. 15 Stn. 8. 1876

Bundesgesang für Freimaurerbrüder. (In Musik gesetzt von Bergt.) o. O. u. J. 2 Bl. 8° [Kopftit.]
Ohne Noten: „Huldigung sei dir geschworen . . ."

Bundesgesänge der Freymaurer-Freundschaft geweiht ... Hannover [17??]. V: *Hollman, Joh. Frz Chn [Friedrich].* (GGr) (Kl) (schr)

Schweizerische meteorologische Centralanstalt (in Zürich). Bundesgesetz. ⟨Vom 27. Juni 1901.⟩ 4 S. 8. [Bern, Stämpfli & Cie.]

Bundesgesetz, das, betr. die Arbeit in den Fabriken vom 23. März 1877. Kommentirt durch seine Ausführung in den ersten 10 Jahren seines Bestehens 1877–1887. Mit e. Anh.: Eidg. Haftpflichtgesetzgebung. Hrsg. vom schweiz. Handels- u. Landwirthschafts-Departement. 2., unveränd. Aufl. 8. (169 S. m. Formularen.) Bern 888. Schmid, Francke & Co. n. 1.25; geb. n. 1.80; französ. Ausg. zu gleichen Preisen.

Bundesgesetz, das, betr. die Arbeit in den Fabriken vom 23. III. 1877. Kommentiert durch seine Ausführg. in den J. 1878—1899. Hrsg. vom schweizer. Industriedepartements. gr. 8. (308 S. m. 4 Formularen.) Bern 900. A. Francke, n. 2.40; geb. n. 3. —

Bundesgesetz betreffend die Arbeitszeit beim Betriebe der Eisenbahnen und anderer Verkehrsanstalten vom 19. Dezember 1902, nebst Vollziehungsverordnung und Ausführungsbestimmungen für die Telegraphen-Verwaltung (vom 10. [und] vom 21. November 1903). [Mit 4 Tabellen.] II + 26 S. 8. Bern, Lierow & Cie., 1903.

Bundesgesetz Schweizerisches über die Ausgabe und Einlösung von Banknoten. (Vom 8. März 1881.) Bern.

Bundesgesetz über den Bau und Betrieb von Eisenbahnen im Gebiete der Eidgenossenschaft. 1852.

Bundesgesetz, betreffend die Erfindungspatente. Vom 29. Juni 1888. Bern 1888

Bundesgesetz, betreffend die Erfindungspatente. Vom 21. Juni 1907. [Schweiz] (Bern 1907)

— betr. d. Ergänzg d. schweizer. Zivilgesetzb. (5. Tl: Obligationenrecht.) (Vom 30. 3. '11.) (280) 8° Bern, A Francke ('11). nn 2.50; französ. Ausg. (271) nn 2.50

— dass. 5. Tl: Obligationenrecht. (Vom 7. 7. '11.) Textausg. m. Inh.-Verz. u. Sachreg. (15, 271) 8° Bern, KJ Wyss '11. 2 —; deutsch-französ. Ausg. (21, 215 Doppels. u. 216—318) '11. L 4 — d

Bundesgesetz betreffend die Errichtung einer eidg. polytechnischen Schule. 1854.

Bundesgesetz betreffend die Erwerbung des Schweizerbürgerrechtes und den Verzicht auf dasselbe. ⟨Vom 25. Juni 1903.⟩ Hrsg. u. mit geschichtl. Notizen u. Erl., unter besond. Berücks. d. Praxis d. Kantone u. d. Bundesgerichts bezügl. d. Gesetzes v. 3. Juli 1876, versehen von L. Rigert. Zürich: Schultheß & Co. 1905. (64 S.) 8° [F.]

Bundesgesetz betr. Feststellung und Beurkundung des Civilstandes und der Ehe und die polit. Stimmberechtigung der Schweizerbürger vom 24. Christmonat 1874. Zur Vorlage an die Volksabstimmung. 8 Stn. 4.

Bundesgesetz betr. d. eidgen. Geldscala vom 9. März 1875.

Bundesgesetz über Jagd und Vogelschutz. (Vom 17. Herbstmonat 1875.) - Bern 1887. 25 S.

Bundesgesetz über die Kosten der Verpflegung von erkrankten und der Beerdigung von verstorbenen armen Angehörigen anderer Kantone vom 2. Juni 1875.

Bundesgesetz betreffend die Kranken- und Unfallversicherung. ⟨Entwurf.⟩ [Sep.-Abdr. aus dem Bundesblatt....] 8. [Bern, Stämpfli & Cie.]

Ausg. A in: Botschaft des Bundesrates an die Bundesversammlung zu dem Entwurf eines Bundesgesetzes.... ⟨Vom 10. Dezember 1906.⟩ [Bern...] 1906. S. 179–220.

Ausg. B, sep.: Beilage zum Korrespondenzblatt für Schweizer Aerzte, Jahrg. [37,] 1907, Nr. 3. 42 S.

— üb. d. Kranken- u. Unfallversicherung. — Loi fédérale sur l'assurance en cas de maladie et d'accidents. Vom 13. 6. '11. Mit Inhaltsübersicht u. systemat., alphabet. geordnetem Sachreg. (4, 47 Doppels. u. S. 48—103) 8° Bern, KJ Wyss '12. I. 1.60 d

Bundesgesetz über polizeiliche M a s s r e g e l n gegen Viehseuchen. (Vom 8. Hornung 1872.) o.O. (1872). 15 S.

Bundesgesetz, das, vom 7. April 1869, betr. Maßregeln gegen die Rinderpest, nebst amtlichen Instructionen. Trier 870. Lintz. 8. (27 S.) n. 2 *ngr.*

Bundes-Gesetz über die Militärorganisation der schweizer. Eidgenossenschaft. o. O. 1850 67 S.

Militärpflichtersatz. Bundesgesetz, nebst bezüglichen Verordnungen, Beschlüssen, Kreisschreiben etc. 2. Aufl. 58 S. 8. [Bern,] O[tt] & B[olliger], XI. 1901.

Bundesgesetz über die M i l i t ä r s t r a f g e r i c h t s o r d n u n g . o.O. u. J. Quer-8°
I. Entwurf des Bundesrathes vom 10.April 1888.
II. Anträge der Kommission des Nationalrathes vom 11.August 1888.

Bundesgesetz über die Schweizerische Nationalbank. Vom 6. Oktober 1905. (Schweizerisches Bundesblatt Nr 42 vom 11 Oktober 1905.)

Bundesgesetz, das neue schweiz., betr. die Patenttaxen der Handelsreisenden, vom 24. Juni 1892, sowie Bundesratsbeschluss vom 1. Novbr. 1892. Mit erläut. Anmerkgn., Ratgeber f. Geschäftshäuser u. ihre Reisenden. Praktisches Handbüchlein f. Behörden. Von e. Beamten. gr. 16 (34 S. m. Formularen.) Aarau 893. H. R. Sauerländer & Co. Kart. n. 1. —

Bundesgesetz über die Neuordnung der Landwehrtruppen der Infanterie. (Vom 12. Juni 1897.) 8. Bern 1897.

Bundesgesetz über die Neuordnung der Truppenkörper der Artillerie (Vom 19. März 1897.) 8. Bern 1897.

Eidgenössische Oberaufsicht über die Forstpolizei. Bundesgesetz. ⟨Vom 11. Oktober 1902.⟩ 15 S. 8. [Bern, Stämpfli & Cie.,] 1902.

Bundesgesetz betreffend die eidgenössische Oberaufsicht über die Forstpolizei im Hochgebirge vom 24. 3. 1876. - Bern 1876. 9 S.

Bundesgesetz über das Obligationenrecht. In Kraft vom 1. Jan. 1883 an. Amtlich beglaubigte Ausg. (Deutsch, französisch u. italienisch.) 8. (644 S.) Bern 882. Dalp. n. 4. 20

—— dass. (Deutsch, franz. u. ital.) 8. (644) Bern 82, Schmid, F. & Co. n. 4. 20 ll Alphabet. Register (57) 83 n. — 80

—— dass. — Alphabet. Sachregister. 16. (57 S.) Ebendas. 882. *
Vgl.: Code fédéral des obligations.

Bundesgesetz üb. d. Obligationenrecht. Vom 14. Brachmonat 1881. Vollziehbar v. 1. Jänner 1883 an. 8. (109) Bas. 83. (Birkhäuser). n. — 80

Bundesgesetz üb. das Obligationenrecht. Vom 14. Brachmonat 1881. Vollziehbar vom 1. Jänner 1883 an. Amtliche Ausg. gr. 8. (214 S.) Bern 883. (Jenni.) n.n. 1. 25

— dasselbe. 2. Aufl. gr. 8. (192 S.) Bern 883. Wyss. n. 1. —

— dasselbe. In Kraft vom 1. Jan. 1883 an. Alphabetisches Sachregister. 16. (57 S.) Bern 883. Schmid, Francke & Co. n. — 80 (Gesetz m. Register: n. 5. -)

Bundesgesetz über das Obligationenrecht. 4. Aufl. In-8°, 176 S. Bern, K. J. Wyss. broch. 1 — 1885 cart. 1 40

Das (Bundesgesetz über das) Schweizerische Obligationenrecht mit Anm. u. Sachreg. Hsg. von † Dr. H[einrich] Hafner. 2., ganz neu bearb. Aufl.; nach d. Tode d. Verf. fortgeführt von A. Goll, Fürsprech in Zürich. (In 4 Abt.) [Nebst] Sachregister. Zürich: O. Füssli (1896-) 1905. 2 Bde 8° [07 1797 11

— — betr. die Organisation des Bundesheeres (Entwurf.) o. O. 1894 58 S.

Das Bundesgesetz über die Organisation der Bundesrechtspflege kommentiert v. Alexander Reichel. *Bern: Goepper & Lehmann 1896.* (XXXII S., 2 Bl., 338 S.) 1 Bd 8. [07 306

Organisation des (schweizerischen) Militärdepartements. Bundesgesetz. ⟨Vom 20. Dezember 1901.⟩ (1902 April 7.) 22 S. 8. [Bern, Stämpfli & Cie.,] 1902.

Bundesgesetz, betreffend die Organisation der Scharfschützenbataillone. (Vom 23. Christmonat 1870.) 8. Bern 1870.

— üb. das Postregal. (Vom 5. IV. 1894.) gr. 8. (15 S.) Bern 894. Schweiz. Bundeskanzlei. — 40

Bundesgesetz betreffend den Postcheck- und Giroverkehr ⟨vom 16. Juni 1905⟩, nebst Vollziehungsverordnung vom 3. November 1905. — *A. u. d. T.:* Loi fédérale concernant les chèques (*d. i.* chèques) et les virements postaux ⟨du 16 Juin 1905⟩ et Ordonnance pour l'exécution de cette loi du 3 Novembre 1905. 29 S. 8. Bern, K. J. Wyss = Berne, C.-J. W. 1905. [fr. —. 60]

Bundesgesetz betr. den Postscheck- u. Giroverkehr (vom 16. VI. 1905) nebst Vollziehungsordnung vom 8. XI. 1905. (Deutsch u. französisch.) 2. Aufl. (48 S.) 8. Bern 906. K. J. Wyß. n. — 50
1. Aufl. (29 S.) 905. n. — 50.

Das schweizerische Bundesgesetz betreffend den Postcheck- und Giroverkehr.
Bereinigter Entwurf der nationalrätlichen Kommission vom 6. Oktober 1904.
Beschluß des Nationalrates vom 19. Dezember 1904. } Amtliches stenographisches Bulletin. Juni 1905.
Protokolle der Sitzungen des Ständerats vom 5. und 6. Juni 1905.
3. Verordnung Abänderung vom 20. April 1906.

Vorentwurf. Avant-projet. Bundesgesetz über das Privatrecht. Schweizerisches Civilgesetzbuch. Loi fédérale sur le droit privé. Code civil suisse. T. 1. 2 (in 1 Bd). 4. (Bern 1896-99.) 2 Bde 4°
1. 2. (Personen- u. Familienrecht. Droit des personnes et de la famille. Vorr.: [Eduard] Muller, Vorst. d Eidg. Justiz- u. Polizeidepart. 1896.)
4. (Das Sachenrecht. Des droits réels. Vorr.: [Ernst] Brenner, Vorst. d. Eidg. Justiz- u. Polizeidepart. 1899.)
[T. 3, der d. Obligationenrecht enthalten müsste, ist nicht erschienen.] 106. 1093

Bundesgesetz über das Privatrecht. Schweiz. Civilgesetzbuch. 1., 2. u. 4. Tl. Vorentwurf. - Loi fédérale sur le droit privé. — Hoch 4°. Bern. (Schmid & Francke.) 1900 6 - -
1. 2. Personen- und Familienrecht. 277 S. — 4. Das Sachenrecht. 249 S.

Bundesgesetz über das Rechnungswesen der Eisenbahnen vom 27. März 1896 mit Erläuterungen. [Bern 1896.] H: *Mürset, Ludw.* (BSchwLk V, 9 h)

Bundesgesetz, betreffend die Revision der Bundesverfassung vom 12. September 1848. Vom 5. März 1872. (Beilage zum schweizerischen Bundesblatt) 4. Bern 1872.

Zürich 1874
Bundesgesetz, betr. die Revision der schweizerischen Bundesverfassung vom 12.9.48.

Bundes-Gesetz betr. die Revision der Bundesverfassung vom 12. Sept. 1848. Vom 31. Januar 1874. 28 Stn. 4.

Bundesgesetz, das, üb. Schuldbetreibung u. Konkurs, f. a. Bundesverfassung, Bundesgesetze u. Bundesbeschlüsse, eidgenössische. 4. Bd.

Bundesgesetz über Schuldbetreibung und Konkurs. Erster Entwurf mit Motiven. 135 Stn. 4. Bern, Jent & Reinert. 1874 4. -

— über Schuldbetreibung u. Konkurs. I. Beschluss der Bundesversammlung als Ergebniss der ersten Berathg. [30. Juni 1887.] II. Neue Vorlage d. Bundesrathes auf Grund d. in erster Lesg. v. der Bundesversammlg. gefassten Beschlusses. [27. Jan. 1888.] qu. gr. 4. (88 S.) Bern 888. (Jenni.) n. 2. —; franz. Ausg. n. 2. —

—— dass. I. Beschluss d. Bundesversammlg als Ergebniss d. ersten Berathg. [30. Juni 1887.] II. Neue Vorlage d. Bundesrathes auf Grund d. in erster Lesg v. d. Bundesversammlg gefassten Beschlusses. [27. Jan. 1888.] 4. (88) Bern 88, (Koehler). *n.* 2. —; franz. Asg. *n.* 2. —

Bundesgesetz, Das, über Schuldbetreibung und Konkurs. Kurze gemeinverständliche Darstellung des Gesetzes und seiner Beziehungen zu andern angrenzenden Bundes- und kantonalen Rechtsgebieten geschrieben für den rechtsunkundigen Schweizerbürger. In-8°. 40 S. Bern, Haller'sche Buchdruckerei. **1889** — 80

Bundesgesetz über Schuldbetreibung und Konkurs, vom 11. April 1889. In-8°. 95 S. Bern, Schmid, Francke & Co. — 70

Bundesgesetz über Schuldbetreibung und Konkurs (vom 11. April 1889). Mit dem amtlichen Gebührentarif (offizieller Text) und dem kantonalen Einführungsgesetz für den Kanton Basel-Stadt. In-8°. 103 S. Bern, Stämpfli, Lack, Scheim & Co. **1892** Cart. 1 50

Das **Bundesgesetz** über Schuldbetreibung und Konkurs (v. 11. April 1889) nebst d. bundesräthl. Gebührentarif. Mit Erläuterungen von J. Heuberger, Oberrichter. Anh.: Ausführl. Sachreg. Brugg: Effingerhof 1892. (230 S.) 8° [3.] [04. 9778

Bundesgesetz über Schuldbetreibung und Konkurs. Praktische Wegleitungen für die Handelsleute, Banken und Gewerbetreibenden. (Vom eidg. Amte für Schuldbetreibung und Konkurs durchgesehen und gutgeheissen.) Tabelle. Gr. in-fol. Freiburg, A. P. Eggis. **1892** 1 —

— üb. Schuldbetreibung u. Konkurs. Praktische Wegleitgn. f. die Handelsleute, Banken u. Gewerbetreibenden. (Vom Eidg. Amte f. Schuldbetreibg. u. Konkurs durchgesehen u. gutgeheißen.) Tabelle. gr. Fol. Freiburg (Schweiz) 892. Universitätsbuchh. n. 1. —

Bundesgesetz über Schuldbetreibung und Konkurs. Offizielle Textausgabe mit Gebührentarif nebst einem Anhange enthaltend eine artikelweise Zusammenstellung der wichtigsten Entscheide des Bundesrathes von 1892—1896 und des Bundesgerichtes von 1896—1899. Bearb. v. *C. Fässler*, Alt-Gerichtsschreiber. 8°. 62, 8, 84 und 32 S. St. Gallen, Alfred Mafli, Rechtsagent. 3 — **1900**

Bundesgesetz, Das, über Schuldbetreibung und Konkurs. Für den prakt. Gebrauch erläutert von *Dr. Leo Weber* und *Dr. Alfr. Brüstlein*. 2. Aufl. Unter Benutzung der Praxis vollständig umgearbeitet und vermehrt von *Prof. Alex. Reichel*. 8 Lieferungen. In 8°. Lieferung 1, 80 S. Zürich, Schulthess & Co. **1900** à 1 20

Das **Bundesgesetz** betreffend Schuldbetreibung und Konkurs. Unter Berücks. d. Praxis d. Bundesbehörden u. d. Entscheidungen kantonaler Gerichte u. Aufsichtsbehörden f. d. prakt. Gebr. erl. von Dr. C. Jaeger, Mitgl. d. schweiz. Bundesgerichtes. *Zürich: O. Füssli 1901.* (VI, 584, 60 S.) 8° (Schweizerische Rechtsbücher.) [01. 7866

Bundesgesetz, betreffend den Schutz der Fabrik- und Handelsmarken, der Herkunftsbezeichnungen von Waren und der gewerblichen Auszeichnungen. (Vom 26. September 1890) Bern 1891

— betr. d. elektr. Schwach- u. Starkstromanlagen. Vom 24. VI. '02. (20) 8° Bern '02. Lausanne, Soc. suisse d'édition. — 40; französ. Ausg. (16) — 40

— betr. die elektrischen Schwach- u. Starkstromanlagen. Vom 24. VI. 1902. gr. 8. (20 S.) Bern 902. Polytechn. Vorlagsanstalt. n. — 40; französ. Ausg. (19 S.) n. — 40

—— schweizerisches, betr. die Arbeit in den Fabriken. gr. 8. (12 S.) Aarau 886, Sauerländer's Verlag. *

Schweizerisches Bundesgesetz betr. Beaufsichtigung von Privatunternehmungen im Gebiete des Versicherungswesens vom 25. VI. 1885. Bern 1885.

Schweizerisches Bundesgesetz betr. die Haftpflicht aus Fabrikationsbetrieb vom 25. VI. 1881. Bern 1881.

Bundesgesetz, schweizerisches, v. 23/4. 83 betr. d. literar. Urheberrecht. Bern 883.

Bundesgesetz, Schweizerisches, üb. das Zollwesen. gr. 8. (22 S.) Schaffhausen 849, Brodtmann. 3 ngr

Das Bundesgesetz der Vereinigten Staaten von Amerika über das Notenbankwesen ⟨The **National Bank Act**⟩ in seiner jetzigen Fassung. Aus d. Engl. übers. u. erl. von Dr. jur. Paul Marcuse. [Nebst] Erg. H. Stuttgart & Berlin: J. G. Cotta Nachf. 1907–08. 2 Bde 8°
Erg. H. [u. d. T.:] Das Amerikanische Notenbankgesetz v. 30. Mai 1908 ⟨Aldrich-Vreeland Act⟩. Aus d. Engl. übertr. u. erl. Von P. Marcuse. [08. 16074 6

Bundesgesetz über die Strafrechtspflege für die eidgenössischen Truppen. Vom 27. August 1851. Bern 1851. 8.

— üb. die Strafrechtspflege f. die eidgenössischen Truppen. (Vom 27. August 1851.) 12. (159 u. 2 S.) Bern 886. (H. Körber.) n. — 80

Schweizerische Bundesbahnen. Bundesgesetz über das Tarifwesen. Bericht (*1: Zuschrift) des eidgenössischen ... Eisenbahndepartements ... an die Kommission des Nationalrates für (*1: zur) Vorberatung. 8. [Bern, Stämpfli & Cie.,] 1901.
[1:] ⟨Vom 30. Januar 1901.⟩ 10 S. – [2:] ⟨Vom 13. Mai 1901.⟩ 16 S.

Schweizerische Bundesbahnen. Bundesgesetz betreffend das Tarifwesen. ⟨Vom 27. Juni 1901.⟩ 13 S. 8. [Bern, Stämpfli & Cie.,] 1901.

Bundesgesetz betreff. die Verbindlichkeit zur Abtretung von Privateigenthum. 1. Mai 1850.

—— das, über den Unterstützungswohnsitz nebst Erläuterungen für Gemeinde-Beamte vom Verf. des Wegweisers für Gemeindevorstände, Verwaltungsbeamte rc. 8. (32 S.) Pirna 872, Verlags-Contor. *

Das **Bundesgesetz** betr. die zivilrechtlichen Verhältnisse der Niedergelassenen und Aufenthalter in der Schweiz kommentiert von Dr. R. Bader, Rechtsanw. 4. Aufl. Zürich-Selnau: Gebr. Leemann & Co. 1908. (211 S.) 8° [08. 17469

Bundesgesetz betreffend den Verkehr mit Lebensmitteln und Gebrauchsgegenständen. ⟨Vom 8. Dezember 1905.⟩ 8 S. 8.
[Vorlage zur] Volksabstimmung vom 10. Juni 1906.

Bundesgesetz betreffend den Verkehr mit Lebensmitteln und Gebrauchsgegenständen. ⟨Vom 8. Dezember 1905.⟩ Offizieller Text. — *A. u. d. T.:* Loi fédérale sur le commerce des denrées alimentaires et de divers objets usuels. ⟨Du 8 décembre 1905.⟩ Texte officiel. — *A. u. d. T.:* Legge federale sul commercio delle derrate alimentari e degli oggetti d'uso e consumo. ⟨Dell' 8 dicembre 1905.⟩ Testo ufficiale. 48 p. 8. Bern = Berne = Berna, F. Widmer (Buchdr. H. Jent), 1906. [cart. fr. —. 70]
Deutscher u. franz. Text neben einander, darnach ital. Text mit Titel auf S. 33.

Bundesgesetz betreffend den Verkehr mit Lebensmitteln und Gebrauchsgegenständen. ⟨Vom 8. Dezember 1905.⟩ (Angenommen durch die Volksabstimmung am 10. Juni 1906.) Offizieller Text. — *A. u. d. T.:* Loi fédérale sur le commerce des denrées alimentaires et de divers objets usuels. ⟨Du 8 décembre 1905.⟩ (Adoptée ... 1906) Texte officiel. (*Umschlag:* = Legge federale sul Commercio delle derrate alimentari. Dell' 8 dicembre 1905.) 46 S. 8. Bern = Berne, F. Widmer (Buchdr. H. Jent), 1907. (fr. —. 70)
Deutscher u. franz. Text neben einander, darnach ital. Text (ohne Titelblatt). — Ausg. B.

Bundesgesetz über den Versicherungsvertrag. ⟨Vom 2. April 1908.⟩ — *A. u. d. T.:* Loi fédérale sur le contrat d'assurance. ⟨Du 2 avril 1908.⟩ 1 S. + Doppel-S. 2—36. 8. Bern = Berne, K. J. Wyss, 1908. [geb. fr. 1. 60]
Deutsch-französ. Ausg. mit gegenüberstehendem Text.

— betr. das Wehrwesen der schweiz. Eidgenossenschaft, s. a. Einzelschriften, militärische, üb. Tagesfragen der schweiz. Armee, 2. Hft.

Bundesgesetz betreffend das Wehrwesen der schweizerischen Eidgenossenschaft. Entwurf der höhern Truppenführer. Februar 1904. VI + 50 S. 4. [Bern, Stämpfli & Cie.]

Bundesgesetz betreff. einen neuen schweiz. Zolltarif. 1884. 4.

Bundesgesetz betreffend den schweizerischen Zolltarif von 1891. Bern (1891)

Bundesgesetz betreffend den schweizerischen Zolltarif. ⟨Vom 10. Oktober 1902.⟩ 48 S. 8.
Abstimmungsvorlage [zur Volksabstimmung vom 15. März 1903].

Bundesgesetz betreffend den schweizerischen Zolltarif. ⟨Vom 10. Oktober 1902.⟩ 110 S. 8. [Bern, Stämpfli & Cie.,] 1902.

Bundesgesetz betreffend den schweizerischen Zolltarif. *3 Stücke.* 4. Bern, Stämpfli & Cie., 1902.
[№ 1:] Entwurf. Vorlage an die Bundesversammlung. ⟨Bundesratsbeschluss vom 12. Februar 1902.⟩ IV + VI + 260 S. 12. II. 1902.
[№ 2:] Nach den Beschlüssen des Ständerates bereinigte Vorlage. ⟨24. Juni 1902.⟩ IV + VI + 157 S. IX. 1902.
[№ 3:] ⟨10. Oktober 1902.⟩ IV + VI + 157 S. X. 1902.

Bundesgesetz betreffend den Schweizerischen Zolltarif vom 10. Oktober 1902, mit vergleichender Angabe der Ansätze des Generaltarifes vom 10. April 1891 und der Vertragstarife. [Herausgeber:] Eidgenössisches Handels-, Industrie- und Landwirtschaftsdepartement, Handelsabteilung. Dezember 1902. 142 + XXVIII S. 4. [Bern, Stämpfli & Cie.]

Der neue schweizerische Zolltarif (Bundesgesetz betr. d. schweizerischen Zolltarif). Von d. Bundesversammlung angenommen am 10. Okt. 1902. *Zürich: Orell & Füssli (1902).* (63 S.) 8°

Bundesgesetz betreffend den schweizerischen Zolltarif ⟨10. Oktober 1902⟩. Gebrauchstarif und Alphabetisches Register zu demselben. In Kraft getreten den 1. Januar 1906. IV + LXV + 401 S. 4. Bern, Stämpfli & Cie., 1905. [fr. 1. —]

Bundesgesetz betreffend den schweizerischen Zolltarif ⟨10. Oktober 1902⟩. Gebrauchstarif und Alphabetisches Register zu demselben. In Kraft getreten den 1. Januar 1906. Bereinigt auf 31. Mai 1907. IV + XCV + 405 S. 4. Bern, Stämpfli & Cie., 1907.

— üb. das Zollwesen nebst Zolltarif. Angenommen von der schweizer. Bundesversammlung d. 27. Aug. 1851. 8. (31 S.) Herisau 852, Schläpfer & Meisel. n. 1/12 ₰

Bundes-Gesetzblatt des Norddeutschen Bundes. 1867 ff. Berlin
Seit 1871: Reichs-Gesetzblatt.
1905, Nr 10 und Nr 24: Gesetze, betreffend Änderungen des Gerichtsverfassungsgesetzes und der Zivilprozeßordnung. [Verbunden mit Reichs-Gesetzblatt 1898, Nr 21 und Nr 25 (enthaltend die Justizgesetze).]
1906, Nr 14: Gesetz, betreffend Änderung des Gesetzes über die Angelegenheiten der freiwilligen Gerichtsbarkeit.
Inhaltsverzeichnis zum Bundes- und Reichs-Gesetzblatt von 1867 bis 1915, zugleich Übersicht über das geltende Reichsrecht nach dem Stande vom 15. August 1915. Mit einem Anh. über die Kriegs-Notgesetze und Notverordnungen ... Bearb. von A. Dehlinger. Berlin ... 1915
Inhaltsverzeichnis zum Reichs-Gesetzblatt von 1867 bis 1916 und Übersicht über die Kriegsverordnungen und das gesamte Reichsrecht ... Bearb. von A. Dehlinger. 2. Aufl. Berlin ... 1916
Haupt-Sachreg. 1867—1876, 1867—1883, 1867—1886, 1867—1890, 1867—1901, 1891—1902, 1867—1906 u. 1903—1907, 1867—1916

Bundes-Gesetzblatt d. norddeutschen Bundes. Redig. im Büreau d. Bundeskanzlers. Jahrg. 1867—1870. Berlin, (Kortkampf.) gr. 4. Jeder Jahrg. à 40 Bgn. n. 20 ngr

Bundes-Gesetzblatt, des norddeutschen Bundes. Red. im Büreau d. Bundeskanzlers. Jahrg. 1871. Nr. 1. gr. 4. Berlin, (Geelhaar — Kortkampf.) pro cplt. n. 2.

Bundes-Gesetzblatt d. norddeutschen Bundes, Register, s. a. Haupt-Sachregister.

Bundes- und Reichsgesetzblatt, deutsches. Amtlich. Berlin 867—92.
— Reichsgesetzblatt. Jährlich.
— Haupt-Sachregister zum Bundes- bezw. Reichs-Gesetzblatt von 1867—1886. Berlin 887.
— v. Hugo, Register z. den Jahrg. 1867—1890 d. Bundes- u. Reichsgesetzblatts. Hannover 891.
— Pfaff, vereinigtes Sachregister zu d. Bundes- bezw. Reichs-Gesetzblatt, sowie zu d. Centralblatt f. d. Deutsche Reich v. 1867 bis 1890. Mainz 891.

Bundes-Gesetze, s. Volks-Ausgabe.

— — Bundesgesetze betr. die Arbeit in den Fabriken. 2. Den Militärpflichtersatz. 3. Die polit. Rechte der Niedergelassenen und Aufenthalter und der Verlust der polit. Rechte der Schweizerbürger. (Vom 23., 27. und 28. März 1877.) 8 S. 4. Bundesbl. 1877. Nr. 41.
1877

Bundesgesetze betr. das eidgenössische topographische Büreau u. Instruktionen desselben. 4. (59 S. m. Fig.) Bern 888. (A. Francke.) n.n. 2. 40

Bundesgesetze, die drei neuen, über das Obligationenrecht, die persönliche Handlungsfähigkeit, die Ausgabe und die Einlösung von Banknoten. Kl. in-8°, 86 S. (Taschenausgabe). Brugg, Fisch, Wild & Cie. Cartonirt 1 50
1881 in Leinwand geb. 1 80

Bundesgesetze, Eidgenössische. 16° Zür., Schweizer Druck- u. Verlagshs. d
Obligationrecht, Das. In Kraft getreten am 1. 1. '12. (Einbd: Das schweizer. Obligationenrecht v. 30. 3. '11.) Taschenausg. (267) '11. HL 1.20

Bundesgesetze betr. I. die Haftpflicht aus Fabrikbetrieb [vom 25. Juni 1881], II. die Ausdehnung der Haftpflicht u. die Ergänzung d. Bundesgesetzes vom 25. Juni 1881 [vom 26. Apr. 1887]. 8. (13 S.) Bern 887. (Jenni.) n. — 40

Bundesgesetze betr. 1. d. Haftpflicht a. Fabrikbetrieb [vom 25. Juni 1881], II. d. Ausdehng d. Haftpflicht u. d. Ergänzg d. Bundesgesetzes v. 25. Juni 1881 [v. 26. Apr. 1887]. 8. (13) Bern 87, (Koehler). *n.* — 40

Bundesgesetze der Grossen National-Mutterloge zu den drei Weltkugeln. Nach der Revision vom J. 1883/84 unter Berücksichtigung der späteren Änderungen u. Ergänzungen. Berlin 1908: Denter & Nicolas. 228 S. 8°. [Umschlagtit.]

Bundesgesetze über das Obligationenrecht [v. 14. Brachmonat 1881] und die persönliche Handlungsfähigkeit [vom 22. Brachmonat 1881]. (Deutsch u. französisch.) gr. 8. (366 S.) Bern 881. Wyß. n. 2. 40

Bundesgesetze über das Obligationenrecht und die persönliche Handlungsfähigkeit. Quartausgabe auf Schreibpapier mit breitem Rand, 184 S. Bern, K. J. Wyss, Verlag. 1882 3 —

Bundesgesetze, die, über das Obligationenrecht u. d. persönliche Handlungsfähigkeit. Textausgabe mit einleitenden Bemerkungen, Auslegung der fremden und wissenschaftlichen Ausdrücke, u. einem alphabetischen Sachregister von Dr. Arn. Hirzel. In-8°, 192 S. Brugg, Fisch Wild & Cie., 1886 Cart. 1 50

— die, üb. das Obligationenrecht, die persönliche Handlungsfähigkeit u. die Banknoten. Textausg. 8. (160 S.) Brugg 881. Fisch Wild & Co. cart. n. 1.50; geb. n. 1.80

Bundesgesetze, schweizerische, mit Erläuterungen. 1. Band: Die Bundesverfassung vom Jahre 1874. Mit einer Einleitung von Advokat *Rascher* und Erläuterungen von *C. H. Mann*, Redaktor. In-8°, 214 S. Bern, Rud. Jenni's Buchhandlung.
1888 Cart. 2 —

Bundesgesetze betreffend die schweizer. civilrechtlichen Verhältnisse der Niedergelassenen und Aufenthalter und die persönliche Handlungsfähigkeit. — Lois fédérales sur les rapports de droit civil des citoyens établis ou en séjour et sur la capacité civile. Text-Ausgabe mit Vorwort von *J. Baur*. In-8°. 17 u. 17 S. Bern, K. J. Wyss. **1892** — 70

Bundesgesetze, bundesrätliche Verordnungen und Vollziehungsvorschriften betreffend das schweizerische Postwesen. 2. ergänzte Aufl. mit Erläuterungen vom Juni 1901. 235 S. 4. Bern, Stämpfli & Cie., 1901. fr. 1.50

Bundesgesetze. Anhang zur 2., ergänzten Auflage mit Erläuterungen vom Juni 1901 der Bundesgesetze, bundesrätlichen Verordnungen und Vollziehungsvorschriften betreffend das schweizerische Postwesen. Vom Oktober 1901. 23 S. 4. Bern, Stämpfli & Cie., 1901.

Bundesgesetzgebung, Die schweizerische. Nach Materien geordnete Sammlung der Gesetze, Beschlüsse, Verordnungen und Staatsverträge der schweizer. Eidgenossenschaft, sowie der Konkordate. Hrsg. und mit Anmerkungen versehen von *P. Wolf*. Gr. in-8°. III, 1191 und 113 S. Basel, Buchdr. Kreis. 52 50; gebd. 61 50

Bundesgesetzgebung üb. den Verkehr m. Lebensmitteln u. Gebrauchsgegenständen. Hrsg. vom schweizer. Gesundheitsamt. (210 S. m. 6 Formularen.) 8. Bern 909. Stämpfli & Co. 2.—; geb. 2.50

Bundesgrüsse oder Erinnerungen zu einem Festkränzchen ... 1839. Worms. V: *Wiegand, Wilhelm.* (Kl)

(**Bundeshagen, J. B.**) Wilhelm IX., Landgraf zu Hessen und dessen erste sechs Regierungsjahre. 8. Offenbach 1792.

Bundesharfe f. evangelische Jünglings- u. Männervereine, s.: Singet dem Herrn.

Bundeshaus. Das neue Schweizerische Bundeshaus. Festschrift anlässlich dessen Vollendung und Einweihung hrg. vom Eidg. Departement des Innern. [Mit zahlreichen Abbildungen.] 104 S. gr.-4. Bern, Büchler & Co., 1902.
In Prachteinband; nicht im Buchhandel.

Bundeshaus, d. neue schweiz. Festschrift, anlässlich dessen Vollendg u. Einweihg hrsg. v. Eidg. Departement d. Innern. (103 m. Abb. u. 1 Taf.) Fol. Bern, (A Francke)'02. L. 20 —; französ. Ausg. 20 —

Das norddeutsche **Bundesheer.** Von einem preussischen General. (109) 8. Berlin 1870. — 2. Aufl. 1871. 3,00.

Bundesheer, das norddeutsche. Kurze Charakteristik seiner Organisation, der einzelnen Truppengattungen und ihrer Bedeutung im Kriege, seiner Fechtweise ꝛc. Ein Büchlein für das deutsche Volk. Von einem preuß. General. 1. und 2. Aufl. 8. (IV, 109 S.) Berlin 871, Mittler und Sohn.

Bundeskalender. Ein Jahrbuch f. evangel. Männer- u. Jünglingsvereine auf d. J. 1890—1893. Hrsg. v. F. Westphal. 6.—9. Jahrg. 12. (84; 84; 84; 80 S. m. Text-Bildern u. je 1 Farbendr.) Cöthen, Schriften-Niederlage d. evangel. Vereinshauses.
6. Jahrg. ** — 25; 7.—9. Jahrg. à * — 30

Früher u.d.T.:
Bundes-Kalender f.d.evang.Männer- u. Jünglingsvereine.

— Ein Jahrbuch f. evang. Männer- u. Jünglingsvereine auf das J. 1895. Hrsg. v. F. Westphal. 11. Jahrg. 12. (84 S. m. Bildern u. 1 Farbendr.) Cöthen, Schriften-Niederlage d. evangel. Vereinshauses. n.n. — 30

Bundes-Kalender. Ein Jahrbuch f. evang. Männer- u. Jünglingsvereine auf d. J. 1896. Hrsg. von F. Westphal. 12. Jahrg. 12. (84 S. m. Bild. u. 1 Farbdr.) Cöthen 896. Schriften-Niederlage d. evang. Vereinsh. n.n. — 30

Bundes-Kalender. Jahrbuch f. ev. Jünglinge u. Männer f. 1901. Hrsg. v. d. Gesamtvertretg d. deut. Jünglingsbündnisse. 8° (176 u. 16 m. Abb.) Elberf., Bh. d. westdeut. Jünglingsbundes. — 30

Bundes-Kalender. Ein Jahrbuch f. evangel. Jünglinge u. Männer auf d. J. 1903. Hrsg. v. der Kalenderkommission der deutschen Jünglingsbündnisse: Mehmke, Schuberth, Helbing. 8. (160 S. m. Abbildgn.) Elberfeld, Buchh. des westdeutschen Jünglingsbundes. n.n. — 30

Bundes-Kalender. Jahrb. f. ev. Jünglinge u. Männer f. 1906. Hrsg. v. Schuberth, Helbing. (98, 44 u. 15 m. Abb.) 8° Elberf., Westdeut. Jünglingsbund. nn — 80 d

Bundes-Kalender. Ein Jahrbuch f. evangel. Jünglinge u. Männer auf d. J. 1907. Hrsg. v. der Kalenderkommission der deutschen Jünglingsbündnisse: Schuberth, Helbing. (114, 25 u. 14 S. m. Abbildgn.) kl. 8. Elberfeld, Westdeutscher Jünglingsbund. n. — 80

Bundes-Kalender. Ein Jahrbuch f. evangel. Jünglinge u. Männer auf d. J. 1910. Hrsg. v. der Nationalvereinigg. evangel. Jünglingsbündnisse Deutschlands, Helbing. (126 u. 81 S. m. Abbildgn.) 8. Barmen (Westdeutscher Jünglingsbund). nn — 30

Bundes-Kalender. Jahrb. f. evang. Jünglinge u. Männer f. '11. Hrsg. v. Helbing. (126 u. 32 m. Abb.) 8° Barm., (Westdeut. Jünglingsbund). nn — 30 d ÖH

Bundes-Kalender f. 1895. Hrsg. v. Bund d. Landwirthe. Red. v. M Horn. 16° (240 m. Abbildgn.) Berl., G Schuhr. — 40; 2. Afl. — 60 ‖ 1896. (268 m. Bildnis u. Abbildgn.) — 50 geb. 1 —
Bis 1894 u. d. T.: Bauernkalender, deut.

Bundes-Kalender f. d. J. 1899. Hrsg. v. Bund d. Landwirthe. Red. v. Max Horn. 12. (VIII, 290 S. m. Abb. u. 1 Bildnis.) Berlin, G. Schuhr. n. — 50

f. 1901. Hrsg. v. Bund d. Landwirthe. Red. v. M Horn. 2 Tle. 12° (310 m. Abb., 1 Bildnis, 1 Karte u. Tageb.) Berl., G Schuhr. Geb. in L. u. geh. nn 1.50; in Ldr u. geh. nn 2 — ; 1. Tl, geh., allein nn — 50

— für d. J. 1903. Hrsg. vom Bund der Landwirthe. Red. v. Max Horn. 2 Tle. 12. (300 S. m. Abbildgn., 1 Karte u. Tagebuch.) Berlin, G. Schuhr.
Geb. in Leinw. u. geh. n.n. 1. 60; in Ldr. u. geh. n.n. 2. —; 1. Tl., geh. allein — 60

— f. 1906, nebst ö. landw. Anh. Hrsg. v. Bunde d. Deutschen in Böhmen. Zusammengest. v. HR Kreibich. XI. Jahrg. (157 m. 4 Beil.) 8° Prag, (F Ehrlich). Kart. 1 — d
Bis 1905 u. d. T.: Jahrbuch, deutschvölk.

— für d. J. 1907, nebst e. landwirtschaftl. Anh. Hrsg. vom Bunde der Deutschen in Böhmen. Zusammengestellt v. Hans R. Kreibich. XII. Jahrg. Mit 6 Kunstbeilagen. (174 S. m. Abbildgn.) Lex.-8. Prag (F. Ehrlich). Kart. n. 1. —
Erschien früher u. d. T.: Jahrbuch, deutsch-völkisches.

— f. d. J. 1910, nebst e. landwirtschaftlichen Anh. Hrsg. vom Bunde der Deutschen in Böhmen. Zusammengestellt v. Hans R. Kreibich. XV. Jahrg. Mit 4 Kunstbeilagen. (187 S. m. Abb.) Lex. 8. Prag, (F. Ehrlich). Kart. nn — 85

— f. '11, nebst e. landwirtschaftl. Anh. Hrsg. v. Bunde d. Deut. in Böhmen. Zusammengest. v. Hans R Kreibich. 16. J. (213 m. Abb. u. 1 Kunstbeil.) Lex8° Prag, (F Ehrlich). geb. nn — 85 d

Bundeskalender für die evangelischen Männer- und Jünglings-Vereine auf das J. 1885. Hrsg. vom evangel. Männer- und Jünglings-Verein zu Cöthen [Anhalt]. 8. (132 S. mit eingedr. Holzschn. und 1 Chromolithogr.) Cöthen, (Thiele.) *

Bundeskalender f. die evangelischen Männer- u. Jünglings-Vereine, e. Jahrbuch f. das christl. Haus auf d. J. 1886. Hrsg. vom evangel. Männer- u. Jünglings-Verein zu Cöthen [Anhalt]. 8. (145 S. m. eingedr. Holzschn. u. 1 Chromolith.) Berlin, Buchh. der Berliner Stadtmission. — 50

—— dass. — auf die J. 1887—1889. Hrsg. vom evangel. Männer- und Jünglings-Verein zu Cöthen [Anhalt]. 8. (144; 144; 132 S. mit eingedr. Holzschn.) Cöthen, Schriften-Niederlage des evangel. Vereinshauses. à Jahrg. *
Forts.u.d.T.:
Bundes-Kalender. Ein Jahrbuch...

Bundeskalender, schweizerischer, für 1878. 1. Jahrg. Redig. unter der Leitung von Oswald Schön. Mit einem Portr. des Bundesrathes (in Holzschn.) gr. 16. (XVI, 164 S.) Bern, [Magron.] Frobeen und Comp. *

Bundeskalender, Schweizer. — Almanach fédéral suisse. II. Jahrg. 1879. 8°. Bern, Magron.

—— dass. — für 1880. 3. Jahrg. Unter Mitwirkung von A. Chatelanat, Emil Faller, Fr. Fankhauser etc. Hrsg. von M. Reymond. 8. (XVI, 168 S. mit 1 Lichtdr.) Ebendas. *

Bundeskalender, schweizerischer, für 1881. 4. Jahrgang. Herausgegeben von M. Reymond. In-8°, 188 S. Mit Titelbild. Bern, B. F. Haller. 1 20

Bundeskalender, Schweizerischer, für 1882. V. Jahrgang. In-8°, 214 S. mit Porträt. Bern, B. F. Haller. 1882 1 20

Bundeskalender, schweizerischer, auf das Jahr 1883. 6. Jahrg. Mit den Portraits von Oberst Ed. Ziegler und Dr. A. Quiquerez. In-8°, 17 Bogen. Bern, B. F. Haller. 1883 1 20

Bundeskalender, schweizerischer, für 1884. 7. Jahrgang. In-8°, 241 S. Bern, B. F. Haller. 1 20

Bundeskalender, schweizerischer, für 1885. VIII. Jahrg. Kl. in-8°, 155 S., m. 2 Abbildgn. Bern, Nydegger & Baumgart. 1885 1 —

Bundesklänge. Christliches Lieder- u. Melodienbuch f. Vereine, Kirchenchöre u. Familien, hrsg. vom süddeutschen evangel. Jünglingsbund. 8. (VII, 384 S.) Stuttgart 901. (Holland & Josenhans.) Geb. n. 3.—

Die **Bundes-Kriegsverfassung.** Coburg 1861. 8°. (Flugblätter des Deutschen Nationalvereins. 3.) (Verm. Jähns.)

Bundes-Kurs, uns. Die Jünglingsvereins-Arbeit betr. Berichte u. Leitsätze, hrsg. v. süddeut. Jünglingsbund. 1. Hft. Aus d. 1. Besprechgs-Kurs, Stuttgart 1893. 8° (1) Stuttg. 96, (Holland & Josenhans). — 40

Bundes-Kurs, unser. Die Jünglingsvereins-Arbeit betreff. Berichte u. Leitsätze, hrsg. v. süddeutschen Jünglingsbund. 1. Hft. 8. Stuttgart 896. (R. Roth.) n. — 40
Berichte u. Leitsätze a. d. 1. Besprechungs-Kurs f. Jünglingsvereins-Arbeit, veranst. z. Stuttgart v. 27.—31. Dezbr. 1893 durch d. süddeutschen Jünglingsbund. (44 S.)

Bundeslade, Die. Frankfurt 1817—18. H: *Ölsner, Conrad Engelbert.* (ADB) (Nowack, Schles. Schriftst.-Lex. Breslau 1836—41. VI, 88.)

Bundeslade, die. N. I. II. gr. 8. Frankf. a. M. 817—18. (Gebhardt in Grimma). 1 ₰ 4 gl

Bundeslade, die. N. I. II. gr. 8. Frkf. a. M., Wilmanns. 817—18. (N. 1. 12 Gr. N. 2. 16 Gr.)

Bundeslicht. o. O. u. J. 1 Bl. 8° [Kopftit.]
Lied ohne Noten: „Der Mund des Weisesten der Weisen spricht ..."

Bundeslied. o. O. u. J. 1 Bl. 8° [Kopftit.]
Ohne Noten: „Brüder huldigt unserm Bunde ..."

Bundeslied. o. O. u. J. 1 Bl. 8° [Kopftit.]
Ohne Noten: „Zum Himmel will des Maurers Bau sich heben, ..."

Bundeslied. [Beginnend: »O seht wie herrlich stiehlt der Morgen!«] [Braunschweig 1830?] V: *Assmann, Wilhelm.* (Mitth. Dr. H. Bäsecke.)

Bundeslied. Am Johannisfeste 1830. [Hamburg 1830: Appel.] 2 Bl. 8° [Umschlagtit.]
Ohne Noten: „In Süd' und Nord', in Ost' und West', ..."

Bundeslied. Am Feste St. Johannis des Täufers gesungen in der ger.·. u.·. vollk.·. □ zum Tempel der Eintracht im Or. zu Posen. 1837. [Posen 1837.] 2 Bl. 8° [Umschlagtit.]
Ohne Noten: „Wo treuer Sinn und Bruderliebe walten, ..."

Bundeslied [gesungen in der Loge „Badenia zum Fortschritt" in Baden-Baden, 1904.] 1 Bl. 8°.
Ohne Noten: „Brüder reicht die Hand zum Bunde" ...

Bundeslied der Jenaischen Burschenschaft. Am 12ten Juni 1815. Weimar [1865]. V: *Arndt, Ernst Moritz.* (Erman & Horn, Bibliogr. d. dtsch. Universitäten. 2. Leipz. u. Berl. 1904.)

Bundeslied der Jenaischen Burschenschaft am 12. Juni 1815. Jubiläums-Ausg. zum 15—17. Aug. 1865. 2. Aufl. Weimar 865. Kühn. gr. 8. (3 S.) n. 3 ngr.

Bundeslied, d. Jenaischen Burschensch. am 12. Juni 1815. Jubil.-Ausg. z. 15—17. Aug. 1865. 2. Afl. 8. (3) Weim. 66, Kühn. n. 3

Bundeslied zur Feier des Johannisfestes. »Es strahlet die Freude aus unseren Blicken ...« [Frankfurt a. M.] o. J. V: *Friederich, Gerhard.* (wolfstieg II, 842)

Bundeslied für die Loge Joseph zur Einigkeit im Or. von Nürnberg. Den $\frac{30.}{XII.}$ 5791. [Nürnberg 1791.] 2 Bl. 8⁰ [Umschlagtit.]

[Dasselbe.] Ebendas. 1798. 2 Bl. 8⁰

Ohne Noten: „Auf, auf Ihr Brüder! fühlt das Glück . . .“

Bundes-Lied am 11ten July 1814. Hamburg [1814]: Langhoff. 2 Bl. 8⁰ [Umschlagtit.]

Ohne Noten.

Bundeslied, Ein neu schön, 1894. [Zürich 1894.] V: *Meyer, Conr.* (Cat. d. Stadtbibl. Zürich. Zürich 1864—97.)

Bundeslied der deutschen Socialdemokratie. Illustr. Flugschrift. Druck u. Verlag von Jean Holze in Hamburg, s. a.

Bundeslied am Tage der Einweihung der Deputationsloge zu Gera gesungen. Vom Br. H. Gera den 18. Dec. 5803. 2 Bl. 8⁰ [Umschlagtit.]

Ohne Noten: „Steig auf, o Lied! zum höchsten Architekten“.

Bundeslied am Tage Johannes, des Vollendeten. Den würdigen und geliebten Brüdern zu Frankfurt am Mayn als Andenken zurückgelassen von einem reisenden Bruder. o. O. u. J. 2 Bl. 8⁰ [Kopftit.]

Ohne Noten: „Erhebet Euch jetzt vom niedrigen Staube, . . .“

Bundeslieder. E. Sammlg. v. Liedern f. christl. Vereine. Hrsg. vom Ausschuß d. süddeutschen Evang. Jünglingsbundes. gr. 16. (VIII, 216 S.) Stuttgart 897. (M. Holland.) Geb. in Leinw. n. — 60

Bundeslieder. Eine Sammlg. v. Liedern f. christl. Vereine. Hrsg. vom Ausschuß des süddeutschen evang. Jünglingsbundes. 4. Aufl. (VIII, 215 S.) 16. Stuttgart 908. Holland & Josenhans. Geb. in Leinw. — 50

Bundeslieder f. Deutschlands Volk u. Heer. Nebst e. schönen Auswahl v. Gesellschafts- u. Trinkliedern. 8. (5 B.) Barmen 841, Falkenberg'sche Brlsh.

Bundesliederbuch. Hrsg. vom Vorstande des östl. Jünglingsbundes. 16. (VIII, 168 S.) Berlin 887, Buchh. der Berliner Stadtmission. * 35 Pf.; geb.

Bundesliederbuch. Hrsg. vom Vorstande des östl. Jünglingsbundes. Ausg. m. Melodien. 12. (VIII, 216 S.) Berlin 888. Buchh. der Berliner Stadtmission. Geb. in Leinw. n.n. 1. 20

Bundesliederbuch. Hrsg. vom Vorstande d. östl. Jünglingsbundes. 3. Aufl. gr. 16. (VIII, 168 S.) Berlin 890. Buchhandlg. der Berliner Stadtmission. geb. n.n. — 60

— dasselbe, ohne Noten. 5. Aufl. gr. 16. (VIII, 168 S.) Ebd. 893. Geb. in Leinw. n.n. — 60

Bundesliederbuch. Hrsg. vom Vorstande des ostdeutschen Jünglingsbundes. 10. erweit. u. verb. Aufl. (46.—50. Taus.) gr. 16. (176 S.) Berlin 901. Buchh. des ostdeutschen Jünglingsbundes. Geb. in Leinw. n.n. — 50

Bundesliederbuch. Ausgabe in vierstimmigem Notensatz f. Vereine, Familien, Posaunen- u. Gesangschöre. Hrsg. v. Vorstande d. Ostdeutschen Jünglingsbundes in Berlin. Berlin: Ostdeutscher Jünglingsbund [1903]. (VIII, 248 S.) 8⁰ [ ] 1-3. 3397

Bundesliederbuch. Hrsg. vom Vorstande des ostdeutschen Jünglingsbundes. 13. Aufl. (61.—65. Taus.) (176 S.) kl. 8. Berlin 904. Buchh. des ostdeutschen Jünglingsbundes. Geb. in Leinw. n.n. — 60

Bundesliederbuch. Hrsg. v. ostdeut. Jünglingsbunde. 21. Afl. (101—112. Taus.) (192) kl8⁰ Berl., Buchh. d. ostdeut. Jünglingsbundes '12. L nn — 50 d

— dass. Ausg. in 4stimm. Notensatz f. Vereine, Familien, Posaunen- u. Gesangschöre. Anh. 3. Afl. (247—280) 8⁰ Ebd. ('12). — 25 d

Bundesliederbuch. Hrsg. v. Bunde d. evang.-luth. Männer- u. Jünglingsvereine i. Königr. Sachsen. 16. (XII, 126 S.) Dresden 897. Verbandsbuchh. (E. Zacharias.) — 30; geb. in Leinw. n. — 40

— Hrsg. vom Bunde der evang.-luth. Männer- u. Jünglingsvereine im Königr. Sachsen. (Eingetr. Verein.) 3. Aufl. (XII, 148 S.) 16. Dresden 905. Verbandsbuchh. (E. Zacharias). n. — 30; geb. in Leinw. n. — 40

— dasselbe. Anh. Notenausg. (48 S.) 8. Ebd. (906). n. — 75

Bundesliederbuch, allgemeines deutsches. 32. (XXII, 321 S.) Jena 871. Braun. n. — 10

Bundes-Militär-Almanach, deutscher. Nach authent. Quellen zusammengestellt von einem Hauptmanne. gr. 8. (256 S.) Frankfurt a. M. 863, Keller. *

Bundes-Oberhandelsgericht, das. Bedenken gegen den königl. sächsischen Antrag vom 23. Febr. 1869. Berlin 869. Herb. gr. 8. (16 S.) n. 4 ngr.

Bundes-Posaune: 1877–1879. Chicago, JL.

Monthly. Organ of National-Bund Deutscher Christlicher Junglings Vereine von Amerika (German National YMCA). Edited by the Rev. J. D. Severinghaus, & published by the Severinghaus Publishing Co.

Bundespredigten, evangelische, geh. bei den Generalversammlungen des evangelischen Bundes v. J. Hans, Erich Haupt, C. Jatho, Paul Kaiser, Nebe, Max Reichard, Vieregge u. Weitbrecht. (Neue [Titel-]Ausg.) (13, 14, 13, 12, 14, 11, 8 u. 13 S.) gr. 8. Leipzig [890—903] 904. C. Braun. n. — 80

Die New-Yorker **Bundes-Presse.** Eine den Interessen der deutsch-amerik. Bauhuetten der Vereinigten Staaten von Amerika gewidmet Freimaurer-Zeitung. [Hrsg. von Charles Brauer.] Jg. 1—4. [New York] 1878—1882. 2⁰ [Kopftit.]

1. 1878—1879; 2. 1879—1880; 3. 1880—1881; 4 1881—1882.

Tt. 128. Eingegangen 1882. Lag unvollst. vor

Bundes-Protokolle, die geheimen, in der Kurhessischen Verfassungs-Angelegenheit, Hassenpflug und die Kurhessischen Conservativen. Hamburg 854. Hoffmann u. Campe. 8. (56 S.) 7½ ngr

Der hohe große **Bundesrath** des Treubundes für König und Vaterland, sein Rechtsboden, seine politische Ansicht und seine Finanz-Verwaltung. Zur Aufklärung der Mitglieder des Treubundes herausgegeben vom Comité des Bundes der Treuen (Treubundes). Berlin 1850. 15 S. 8.

Bundesrat. Der Schweizerische B' = Le Conseil Fédéral Suisse = Il Consiglio Federale Svizzero. 1908. [Porträt-Tafel.] 1 Bl. fol. Zürich, Orell Füssli. [fr. 1. —]

Forts. von Mitglieder des Schweizerischen Bundesrates...

Bundesrat. Der Schweizerische B' = Le Conseil Fédéral Suisse = Il Consiglio Federale Svizzero. 1908. 2. Ausgabe. [Porträt-Tafel.] 1 Bl. fol. Zürich, Orell Füssli. [fr. 1. —]

Bundesrat. Der Schweizerische B' = Le Conseil Fédéral Suisse = Il Consiglio Federale Svizzero. 1909. 20. Ausgabe. [Porträt-Tafel.] 1 Bl. fol. Zürich, Orell Füssli. [fr. 1. —]

Bundesrat. Der Schweizerische B' = Le Conseil Fédéral Suisse = Il Consiglio Federale Svizzero. 1910. 21. Ausgabe. [Porträt-Tafel.] 1 Bl. fol. Zürich, Orell Füssli. [fr. 1.—]

[Bundesräte. Die Bundesräte.] 1901. [Porträt-Tafel.] 1 Bl. fol. ([Zürich,] *Aufdruck:* Art. Institut Orell Füssli.) [fr. 1.—]

[Bundesräte. Die Bundesräte.] 1902. [Porträt-Tafel.] 1 Bl. fol. [Zürich, Art. Institut Orell Füssli.] [fr. 1. —]

Bundesräte. Unsere Bundesräte! [Humoristische Porträts. Doppel-Postkarte.] 1 Bl. quer-8. Schwyz, Casp. Triner & Cie., [1901]. [fr. —. 15]

(Einwohnergemeinde von) Pruntrut. Bundesratsbeschluss über die Beschwerde des Alfred Coppi... betreffend die Ansetzung einer Lehrerwahl. ⟨Vom 24. Juni 1901.⟩ 14 S. 8. [Bern, Stämpfli & Cie.,] 1901.

Schweizerische Automatengesellschaft, in Bern. Bundesratsbeschluss über die Beschwerde gegen den Entscheid der Regierung des Kantons Appenzell A.-Rh. vom 17. April 1902 und die ... zu Grunde liegenden gesetzlichen Bestimmungen betreffend die Patenttaxe für den Automatenbetrieb. ⟨Vom 20. Januar 1903.⟩ 12 S. 8. [Bern, Stämpfli & Cie.,] 1902.

Bundesratsbeschluss über die Beschwerde gegen eine Entscheidung des Staatsrates von Neuenburg vom 2. Mai 1902 (Verweigerung eines Patentes für den Kleinverkauf von Spirituosen). ⟨Vom 6. Januar 1903.⟩ 13 S. [Bern, Stämpfli & Cie.,] 1902.

Bundesratsbeschluss über die Beschwerde der Schweizerischen Rabattmarkengesellschaft in Zürich gegen den Regierungsrat des Kantons Bern wegen Verbots des Absatzes von Rabattmarken. ⟨Vom 31. Oktober 1902.⟩ 44 S. 8. [Bern, Stämpfli & Cie.,] 1902.

Schweizerische Automatengesellschaft in Bern. Bundesratsbeschluss über die Beschwerde .... 8. [Bern, Stämpfli & Cie.,] 1902.

...gegen den Regierungsrat des Kantons Aargau und die beteiligten aargauischen Gemeinderäte (*betr.* Taxation auf Grund des kant. Hausiergesetzes). ⟨Vom 15. August 1902.⟩ 19 S.

...gegen den Grossen Rat und den Staatsrat des Kantons Freiburg (*betr.* Bezahlung einer Patenttaxe). ⟨Vom 29. September 1902.⟩ 14 S.

...gegen den Entscheid des Regierungsrates des Kantons Zug vom 26. März 1902 und die diesem Entscheid zu Grunde liegenden gesetzlichen Bestimmungen. ⟨Vom 20. Dezember 1902.⟩ 14 S.

Korporationsgemeinde Baar. Bundesratsbeschluss über die Beschwerde von Caspar Uster und Genossen... betreffend Wahlen vom 11. November 1900. ⟨Vom 26. Juli 1901.⟩ 20 S. 8. [Bern, Stämpfli & Cie.,] 1901.

Internationale Transportgesellschaft, Gebrüder Gondrand, Aktiengesellschaft mit Sitz in Brig und Filiale in Basel. Bundesratsbeschluss über die Beschwerde gegen die Verfügung des Staatsrats des Kantons Tessin vom 24. März 1902, betreffend Stempelgebühr. ⟨Vom 20. Dezember 1902.⟩ 16 S. 8. [Bern, Stämpfli & Cie.,] 1902.

Bundesratsbeschluss über die Beschwerde des Jakob Wenger und der Anna Wenger in Steffisburg, wegen Verbots des Vorkaufes auf den Märkten der Stadtgemeinde Bern. ⟨Vom 17. Oktober 1902.⟩ 10 S. 8. [Bern, Stämpfli & Cie.,] 1902.

Bundesraths-Beschluß vom 1. März 1894, betr. die Invaliditäts- u. Altersversicherung v. Hausgewerbetreibenden der Textilindustrie, nebst Ausführungsbestimmgn. f. die Kontrolbeamten der Landes-Versicherungsanstalt f. Elsaß-Lothringen. gr. 16. (15 S.) Straßburg 894. Straßburger Druckerei u. Verlagsanstalt. n. — 25

Bundesrathsbeschluss betreffend Vollziehung des Bundesgesetzes über die Organisation der Scharfschützenbataillone. (Vom 12. Jänner 1871.) 8. Bern 1871.

Bundesrathsbeschluss betreff. Vollziehung des Handelsvertrages zwischen der Schweiz und Frankreich. Vom 2. Juli 1875.

Die Bundesraths-Verordnung über die Beschäftigung von Gehilfen und Lehrlingen im Gastwirthsgewerbe. Mit erl. Anm. Hrsg. vom Verband deutscher Gastwirthsgehilfen. *Berlin: H. Poetzsch 1902.* (12 S.) 8° [Ä]

Die Bundesrats-Verordnung über die Beschäftigung von Gehilfen und Lehrlingen im Gastwirtsgewerbe. Mit erl. Anm. sowie die Vorschriften f. d. Geschäfts-Betrieb d. Stellenvermittler. Hrsg. v. Verband deutscher Gastwirtgehilfen. 3. durchges. Aufl. Berlin: Poetzsch 1907. 50 S. 8°

Bundesrats-Vorschriften zur Seemannsordnung. 1. Bekanntmachung, betr. die Untersuchg. v. Schiffsleuten auf Tauglichkeit zum Schiffsdienste. Vom 1. VII. 1905. 2. Bekanntmachung, betr. die Logis-, Wasch- u. Baderäume sowie die Aborte f. die Schiffsmannschaft auf Kauffahrteischiffen. Vom 2. VII. 1905. (11 S.) kl. 8. Hamburg 905. Eckardt & Messtorff. n. — 25

Bundesraths-Vorschriften, die, zu Anfang d. J. 1884 gültigen, betr. die Statistik der Zölle u. Reichssteuern. Imp.-4. (44 S.) Berlin 884. Puttkammer & Mühlbrecht. n. — 80

Bundesrecht; Vorlesung . . . [Zürich 1890.] V: *Vogt, Gust.* (Zuwachsverz. d. Bibliotheken in Zürich 1898 ff.)

Bundesreform, Die, und der deutsche Fürstentag. Wien 1863. V: *Weil, Karl Ritter von.* (WBI.)

Zur Bundesrevisionsfrage. Ein unparteiisches Wort an das Volk des Kts. Solothurn. 3. Abdruck. 16 Stn. 8. Solothurn, Druck v. B. Schwendimann. 1872

Bundesrichter. Der stets fidele B'. Nachsechseläutenblatt des Schweizerischen Juristenvereins. N. 100. [Illustriertes Festblatt zum Sch' Juristentag,] Zürich, den 28. September 1908. 4 S. fol. (Zürich, Hofer & Co.)

Bundes-Ritter, Die, von der eisernen Krone, oder die geheimen Rächenden .. Quedlinb. 1828. V: *Aniello, Sebast.* (GGr)

Bundes-Ritter, die, von d. eisernen Krone, od. d. geheimen Rächenden. Eine Rittergesch. a. d. Zeiten d. Vehmgerichts. Vom Verf. d. „Ritter v. d. gold. Binde." 2 Thle. 8. (33 B.) Quedlinburg 828, Basse.

Bundesschießen, das erste deutsche, und seine Bedeutung. Ein Wort an Nord- und Süddeutschland. Von Rhenanus. Anhang: Die Lösung der Militärfrage. An die liberalen Abgeordneten Preußens. Frankfurt a. M. 862. Brönner. 8. (70 S.) $7\frac{1}{2}$ ngr.

Bundesschießen, das erste deutsche, und seine Bedeutung. Ein Wort an Nord- und Süddeutschland. Von Rhenanus. Anhang: Die Lösung der Militärfrage. (An die liberalen Abgeordneten Preußens.) 8. (70 S.) Frankfurt a. M. 862, Winter.

Bundesschießen, das dritte deutsche, in Wien 26. Juli bis 6. Aug. 1868. Illustrirt u. geschildert für Alle, welche diesem Feste beigewohnt oder im Geiste daran Theil genommen haben. Wien 868. Fromme. 8. (20 S. mit Holzschn.) n. 4 ngr.

—— das dritte deutsche, in Wien. Vom 26. Juli bis 6. Aug. 1868. 8. (64 S. mit 3 Holzschntaf.) Wien 868, Hartleben's Verlag.

—— in Wien 1868, s. Erinnerungsblatt.

Deutsches Bundesschießen 1878. Festschrift zum 6. Deutschen Bundesschießen zu Düsseldorf 1878. Düsseldorf, 1878, 76 S

VII. Deutsches Bundesschießen, München, 1880. Festzug. Mit Plan von München. München, o. O. u. J. [1880], 16 S.

Siebentes deutsches Bundesschießen München A° 1881 [Festzeitung ... Druck von Knorr und Hirth, München.]
Tit., 1 Bl., 328 S. m. 160 Abb., 1 Taf. 2°.

Neuntes Deutsches **Bundes-** & Jubiläums-Schießen Frankfurt am Main 1887. Druck und Verlag von August Osterrieth in Frankfurt am Main [1387].
Tit., 1 Bl., 224 S. m. 139 Abb. 2°.

21. Mitteldeutsches Bundesschießen. Offizielle Festzeitung, 1904.

Bundesschule, die. Eine Sammlg. volkserzieherischer Abhandlgn. Hrsg. vom Bunde deutscher Volkserzieher. Obmann: Wilh. Schwaner. I. Bd. 1.—3. Heft. gr. 8. Schlachtensee-Berlin, Volkserzieher-Verlag. à — 50
Eberhardt-Humanus, Ernst, die Polarität als Grundlage e. einheitlichen Lebens (Umschlag: Welt)anschauung. (30 S.) 907. (Hft. 1) — 50
Nordheim, P., Versuch des Aufbaues e. Weltanschauung auf naturwissenschaftlicher (lamarckischer) Grundlage. (20 S.) 908. (Hft. 3) 50
Schmitt, Eug. Heinr., Christus. Bekenntnis eines Ungläubigen. (30 S.) 907. (Hft. 2) 50

Bundesschwestern, Die geheimen, und der Mohrenprinz, Begründer einer genialischen Colonie in Afrika. Fragmente einer genialischen Colonie in Afrika. Fragmente zu einem Sittengemälde aus d. Brieftasche eines Reisenden. Cöthen 1808. V: *Arnold, Theodor Ferdinand Cajetan.* (BGE 1[3], 506)

Die geheimen **Bundesschwestern** und der Mohrenprinz, Begründer einer genialischen Colonie in Afrika. Bd 1. 2. Cöthen: Aue 1802. 8°
[N. Ausg. u. d. Tit.:]
Die geheimen **Bundesschwestern** und der Mohrenprinz, Begründer einer genialischen Colonie in Afrika; Fragmente zu einem Sittengemälde aus der Brieftasche eines Reisenden. Bd 1. 2. Cöthen: 1808. 8°
1. 302 S.; 2. 280 S.

Bundessprit-Schnaps, der, zum Wohle des Volkes beleuchtet von einem Urschweizer. Luzern 1887. 19 S.

Bundessprüche, Ältere und neue, gesammelt und vorgetragen in der Loge Archimedes ... Gera 1841. V: *Eisel, Carl Friedrich.* (KI) (SJL)

Bundessprüche, ältere u. neue, gesamm. u. vorgetr. in d. g. u. v. St. Joh. [□] Archimedes z. ew. Bunde i. O. v. Gera, v. Br. E****. 1838—1840. 16. (24½ B.) Gera 841, [Kanitz.] *

Bundessprüche, ältere und neue, gesammelt u. vorgetragen in der g. u. St. Joh. □ Archimedes z. ew. Bunde i. O. v. Gera, vom Br. E** 1838—1840. 16. Gera 841, Scherbarth. n. 1 ₰

Bundesstaat, der deutsche, in 23 Republiken nach Struve's Grundrechten d. deutschen Volks. Fol. Lith. u. color. Basel 848. (Expedition des Zuschauers.) 6 ngl

Ein deutscher Bundesstaat eine Unmöglichkeit. Von einem ehrlichen Deutschen. Leipzig, C. L. Hirschfeld, 1850. 54 S. 8°.

Bundesstaaten, die deutschen. Fol. (1 Bl.) Wien. Vom 22°—38° östl. Länge und 45°—54° nördlicher Breite. Maßstab 15 geographische Meilen. — Nebst einer kleinen Abbildung der sächsischen Länder nach dem Maßstabe von 5 geographischen Meilen und einer Tabelle über die politische Eintheilung Deutschlands. Preis 12 kr. C. M. 1355

Bundesstaatsrecht, Das, der Nordamerikanischen Union, der Schweiz und des Norddeutschen Bundes. München 1868. V: *Gosen, Julius von.* (Russell VIII, 761)

Bundesstaatsrecht, das, der nordamerikanischen Union, der Schweiz u. des norddeutschen Bundes, zusammengestellt von e. Juristen. München 868. Rieger. gr. 8. (58 S.) n. 10 ngl

Bundes-Statuten des Bundes des Blauen Kreuzes. 8. (20 S.) Bern 899. Barmen, Elim, Buchh. des Blauen Kreuzes. n. — 20

Bundessubvention, Die, an die cantonalen Hochschulen; Vorlage des Zürcher Hochschulvereines. Zürich 1888. V: *Schweizer, Paul.* (Cat. d. Stadtbibl. Zürich. Zürich 1864—97.)

Bundestag, der alte u. der neue. 8. (8 S.) Leipzig 848, Weller. 1 ngl

— der, in Frankfurt a. M. vor den oberbayer. Geschwornen. siehe: Verhandlung, öffentliche, beim Schwurgerichtshof v. Oberbayern.

Bundestag u. Reichstag, s. Abhandlungen, publicistische.

Bundestag und Reichstag und Preußens Stellung zu beiden. Celle 1869.

Bundestagsbeschlüsse, die, v. 28. Juni 1832 u. d. deutschen Demagogen. Ein polit. Tractat f. d. Bürger u. Landmann. 8. (1¼ B.) Merseburg 832, Weidemann.

Bundes-Traktat zwischen Der... Krone Frankreich und Der... Eidgnoßschafft 1777 s. Traité d'alliance entre l'auguste Couronne de France et le... Corps helvétique 1777 ....

Das 3. Bayerische **Bundesturnfest** in Augsburg 16.—17. 7. 1865, Festprogr. u. Bericht, Gr.-8°.

Bundes-Turnfest, das VI. bayerische, verbunden m. dem 13. bayer. Turntage in Bamberg vom 26 bis 29. Aug. 1882. gr. 8. (109 S.) Hof 883. (Grau & Co.) n. 1. —

Bayerisches **Bundesturnfest**, hrsg. v. Festaussch., m. Abb., Kempten 1906, 16 S., 8°.

Bundesurkunde der schweizerischen Eidgenossenschaft, entworfen von der am 17. Heumonat [1832] durch die Tagsatzung ernannten Revisionskommission. (Luzern, den 15. Christmonat 1832.) 4. (Zürich [1832].)

Bundesverein. Über den Schweizerischen B' und die Ansprüche Berns. 1814 s. [Rengger, Albrecht].

Bundesverfassung, Die, und die Apotheken. Referat des Tessinischen Apotheker-Vereins an den hohen Bundesrath. In-8°, 30 S. Bellinzona, Colombi. 1882

Bundes-Verfassung, die deutsche. Eine Rück- und Vorschau. München 864. Fleischmann. 8. (32 S. u. 1 lith. Karte in 4.) 9 ngl

Bundes-Verfassung, die deutsche. Eine Rück- und Vorschau. 8. (32 S. mit 1 lithogr. und ill. Karte in 4.) München 864, [Merhoff's Verlag.]

— der Schweizerischen Eidgenossenschaft. Nebst d. Tagsatzungs-Beschlüssen, betreff. d. feierl. Erklärg. üb. die Annahme u. densen. üb. die Einführung derselben. gr. 8. (41 S.) St. Gallen 848, Scheitlin & Zollikofer. 3 ngl

— entworfen v. der am 16. Aug. 1817 von der Tagsatzung ernannten Revisionskommission. [17. Febr. bis 8. Apr. 1848.] 8. (16 S.) Ebd. 848. 1/12 ₰

— der Schweizerischen Eidgenossenschaft. gr. 8. (12 S.) Zürich 848. (Orell, Füßli & Co.) n. 2 ngl

Bundesverfassung d. Schweizerischen Eidgenossenschaft. 1848. 8. (40 S.) Bern 849, Fischer. n. 1/6 rß

— der Schweizerischen Eidgenossenschaft. 8. (16 S.) Zürich 849, Orell, Füßli & Co. in Comm. 3 ngl

— der schweizerischen Eidgenossenschaft, nebst sämmtlichen in Kraft stehenden Kantonsverfassungen, nach offiziellem Text. Freiburg 856. (Basel, Georg.) 8. (537 S.) n. 1 rß 20 ngl

Bundesverfassung der schweizerischen Eidgenossenschaft nebst sämmtl. in Kraft stehenden Kantonsverfassungen, mit zwei Anhängen, enthaltend: Die revid. Verfassungen der Kantone Solothurn, Freiburg, Basel-Stadt, Appenzell A. Rh. und Neuenburg Nach offiziellem Text. 8. (616 S.) Freiburg in der Schw. 859(61.) (Bern, Blom.) *

—— d. schweiz. Eidgenossensch. nebst sämmtl. in Kraft steh. Kantonsverfassgn. 8. (537) Freib. 56. (Bas., Georg.) n. 1. 20 || (616) Freib. 59. (Bern, Fiala.) n. 1. 16

Bundesverfassung der schweiz. Eidgenossenschaft v. 1848, nebst den Abänderungen bis 1866.

Bundesverfassung der schweiz. Eidgenossenschaft v. 1874.

Bundesverfassung der schweizerischen Eidgenossenschaft vom 29. Mai 1874. Mit den bis Ende 1894 vorgekommenen Abänderungen. Bern 1895.

Die Bundesverfassung der Schweizer. Eidgenossenschaft. Herausg. von *E. Zeyss.* Gr. in-16°. 80 S. Leipzig, Phil. Reclam jun. 1896 brosch. — 30 Leinw. — 80
*** Reclams Universal-Bibliothek No 3519.

Bundesverfassung der Schweizerischen Eidgenossenschaft. Kommentar mit Einl. von J[akob] Schollenberger, Prof., Zürich. *Berlin: O. Häring 1905.* (XV, 582 S.) 8°

Bundesverfassung der Schweizerischen Eidgenossenschaft vom 29. Mai 1874 nebst Anhang.... Hrg. von Ed[uard] Wasem.... — *A. u. d. T.:* Constitution fédérale de la Confédération suisse du 29 mai 1874 suivie d'un Appendice.... Publié par Ed. W'.... 159 [+ 2] + LXVII + 20 S. 8. Lausanne, Fritz Ruedi, (1905). [geb. fr. 2. —]
...Anhang...: 1. Bundesgesetz betreffend Volksabstimmung über Bundesgesetze und Bundesbeschlüsse...; 2. B' über das Verfahren bei Volksbegehren...; 3. B' betreffend Erleichterung der Ausübung des Stimmrechtes...; 4. B' betreffend die Erwerbung des Schweizerbürgerrechtes...; 5. Zusammenstellung der Bundesgesetze und Bundesbeschlüsse mit Referendumsvorbehalt (1874—1904); 6. Vollständiges alphabetisches Inhaltsverzeichnis zu der Bundesverfassung.

Bundesverfassung. Die B' der Schweizerischen Eidgenossenschaft. ([Mit Anmerkungen und] Einleitung.) Hrg. von Edwin Zeyss. Dr. jur. 2. Aufl. 80 S. 8. Leipzig, Philipp Reclam jun., [1908]. (M. —.20, geb. —.60)
(Philipp Reclams Universal-Bibliothek [Nr.] 3519.)

Bundesverfassung, eidgenössische, Bundesgesetze u. Bundesbeschlüsse. I. Volks-Taschenausg. 16. (230 S.) Herisau 876. Meisel in Comm. n. 1.

Bundesverfassung, Bundesgesetze, u. Bundesbeschlüsse, eidgenössische. 3. u. 4. Bd. 16. Zürich, Schweizer Druck- u. Verlagshaus. Kart. 1. 60
3. Obligationenrecht, das schweizerische, vom 14. VI. 1881, in Kraft getreten am 1. I. 1883. (Taschen-Ausg. (224 S.) 907. Kart. 80
4. Bundesgesetz, das, üb. Schuldbetreibung u. Konkurs vom 11. IV. 1889, in Kraft getreten am 1. I. 1892. Taschen-Ausg. (132 S.) (908.) Kart. 80

Bundesverfassung, die neue schweizerische. (Norddeutsches Protestantenblatt Nr. 17). Bremen, J. G. Heyse. 1872

Schweizer. Bundesverfassung. Vergleichende Uebersicht 1. Der Bundesverfassung v. 12. Sept. 1848, 2. der Beschlussergebnisse des Nationalraths u. 3. des Ständeraths aus erster Berathung im Dezember 1873. 47 Stn. 4.

—— schweiz., sammt d. Bundesges. üb. d. schweiz. Civil- u. Strafrechtspflege. 32. (332) Luz. 53, Gebhardt. n. — 8

Bundes-Verfassung, schweizerische, sammt den Bundesgesetzen über die schweizerische Civil- und Strafrechtspflege. Luzern 853. Kaiser. 32. (1 Bl., 332 S.) n. 8 ngl

Bundesverfassung vom 12. Septbr. 1848, nebst Entwurf vom 5. März 1872. In deutscher, französischer, italienischer, ladinischer und romanischer Sprache. 28, 27, 23, 31 u. 31 Stn. 4.

— die, der Verein. Staaten v. Nordamerika. Ein Beitrag zur Lösung der deutschen Verfassungsfrage von Frdr. Baader. 8. (32 S.) Berlin 848. (Stargardt.) 4 ngl

Bundesverfassungen, die, und Bundesverfassungs-Entwürfe der Schweiz seit dem Jahr 1798. In authentischem Text herausgegeben von Dr. Wilh. Gisi. 1. Liefg. Die helvetische Constitution von 1798. X u. 35 Stn. gr. 8. Bern, Selbsverlag d. Verf. 1872 1. —
Wird in circa 5—6 Lieferungen erscheinen.

Bundesverfassungen. Die Bundesverfassungen der Schweizerischen Eidgenossenschaft vom 12. September 1848 und 29. Mai 1874 mit ihren Abänderungen. Synoptisch zusammengestellt von R[einhold] Wiesmann cand. jur., mit einem Vorwort von Prof. [Johann Jacob] Schollenberger. 55 S. 8. Winterthur, Geschwister Ziegler, 1903. [fr. --. 80]

Bundesversammlung, Die, in Frankfurt und die Union. Mit besonderer Rücksicht auf die Schrift: »Die rechtliche Stellung der deutschen Union im deutschen Bunde, von Hugo Freiherrn von Bülow«. Köln 1850. V: *Linde, Justus Timotheus Balthasar Freih. von.* (wen S. 273)

Bundesversammlung, die, in Frankfurt u. die Union. Mit besonderer Rücksicht auf die Schrift: „Die rechtliche Stellung der deutschen Union im deutschen Bunde, v. Hugo Frhrn. v. Bülow." [Abgedr. aus der Deutschen Volkshalle.] gr. 8. (XII u. 56 S.) Köln 850, Bachem. baar n. 1/6 rß

Bundesvertrag der Rheinischen Bundesstaaten von 1806. franz. u. deutsch. 4. Frankf. Eichenberg. (Feind, Leipz.) 806.

Bundes-Vertrag zwischen den XXII Cantonen der Schweiz. (7. August) 1815. [SA.] 8. [Basel 1815.]

Bundes-Vertrag zwischen d. XXII Kantonen d. Schweiz. 4. Zürich 815. Orell. 6 gK

Bundes-Wacht, die, Fortsetz., s.: Mittelstand, der.

Bundeswarte. Monatsbl. d. ev. Männer- u. Jünglingsver. in Sachsen u. in Thüringen. Verantwortlich: Bruno Mehmke; f. d. sächs. Tl: E Zacharias. 32. J. '09. 12 Nrn. (Nr 1. 28 u. 4) Lex8° Stuttg. Dresd., Verbandsbh. (E Zacharias). Viertelj. — 50 d
Bisher u. d. T.: Jünglings-Bote, sächs.

Bundeswarte. Monatsbl. d. ev. Männer- u. Jünglingsvereine in Sachsen u. in Thüringen. Verantwortl.: Bruno Mehmke, seit '12: Kohler; f. d. sächs. Tl: E Zacharias. 33—35. J. '10—12 je 12 Nrn. ('12, Nr 1 u. 2: 48) Lex8° Stuttg. Dresd., Verbandsbh. halbj. 1 — d

Bundeszeitung: Demokratische Bundeszeitung
v. Schweizerische Bundeszeitung (Be).

Bundeszeitung: Neue schweizerische Bundeszeitung
⑮ In ihrer Nummer vom 3. 12. 1849 spricht die Luzerner Zeitung »Der Volksfreund« von den Änderungen der Zeitung »Berner Verfassungsfreund« und nennt die neue Zeitung »Neue schweizerische Bundeszeitung«. Dieses am 1. 12. 1849 zum erstenmal erschienene Berner Blatt heißt »Schweiz. Bundeszeitung« (Be). — v. dieses Stichwort!

Bundeszeitung des Vogtländischen Radfahrer-Bundes. fol. seit 1901. Sporn. Zeulenroda. 1912. jährl. 38.

Bundeszeitung, Rheinische, enth. die neuesten Ereignisse in d. Gesch. u. Politik. 16 bis 66 Hft. Fol. Manh. 808. Kaufmann u. Fr.

Bundes-Zeitung, Rheinische. – Mannheim: 1.I.1808 - 2.III.1809. Fortges. u.d. T.: C o r r e s p o n d e n z , Rheinische.

Bundeszeitung: Schweizerische Bundeszeitung (Lu)
④ Luzerner Zeitung und Schweiz. Bundeszeitung ⑤ 7. 12. 1837—24. 12. 1840 ⑥ 4° ⑦ wöchentlich 2× ⑧ Luzern: Anton Petermann (7. 12. 1837—22. 7. 1839), Meyer'sche Buchdruckerei (28. 7. 1839—28. 9. 1840), Gebrüder Räber (1. 10. 1840—24. 12. 1840) ⑩ die Drucker ⑪ Constantin Siegwart-Müller (1801—1869) ⑫ freisinnig, dann katholisch-konservativ ⑬ BGSZ: 1028 ⑭ Lu: Z ⑮ Ende 1840 wurde die »Bundeszeitung« mit der »Luzerner Zeitung« (III) vereinigt; diese führte 1841 den Titel »Luzerner Zeitung und Schweiz. Bundeszeitung«.

Bundeszeitung: Schweizerische Bundeszeitung (Be)
② Demokratische Bundeszeitung (ab 27. 6. 1850) ③ Berner Verfassungsfreund, Der Alpenbote von Uri und Schwyz ④ Der Bernische Patriot ⑤ 1. 12. 1849—28. 12. 1852; lt. Ankündigung in der Berner Zeitung (V) ab 5. 11. 1848 ⑥ 2° ⑦ wöchentlich 3×, einige Zeit wöchentlich 7× ⑧ Bern: Vereinsdruckerei, Chr. Fischer ⑨ Sonntagsblatt für Literatur, Kunst und Industrie; Novellenblatt ⑪ Caspar Alois Bruhin (früher Redaktor des Alpenboten von Uri und Schwyz, 1854 des Stauffacher) ⑫ freisinnig ⑬ BGSZ: 551, 973 - HBLS: II, 373 (Bruhin); Zur Charakterisierung des Blattes v. Ankündigung in Berner Zeitung (V) Nr. 275, 16. 11. 1848 - ibid. Nr. 87, 29. 3. 1850 - Oberländer Anzeiger Nr. 155, 27. 12. 1850; Über das Eingehen eine falsche Angabe in Berner Zeitung Nr. 2, 3. 1. 1851 ⑭ Be: S.

Bündgens: Karte d. Stadt- u. Landkreises Essen. 1 : 100,000. 23×20 cm. Farbdr. Ess. 88, Hl. Geck. m —15

Bündgens, Chr. J., Was verdankt die Länder- u. Völkerkunde den mittelalterigen Mönchen u. Missionaren? Frankf. a. M., Fösser Nachf., 1889, gr. 8°, 64 S., 50 Pf. (Zeitgem. Broich. Bd. 10, Heft 6 u. 7.)

Bündgens, Ch. J., was verdankt die Länder- u. Völkerkunde den mittelalterlichen Mönchen u. Missionären?, s. a. B r o s c h ü r e n , Frankfurter zeitgemäße.

Bündgens, Leo. Offizieller Festführer für das Eidgen. Schützenfest in Zürich, 1907, 7.—18. Juli. Im Auftrage des Presskomitees zusammengestellt. [Illustriert.] IV + 32 S. 8. (Zürich, Aschmann & Scheller.) (fr. —. 30)

Bündheim, s.: Braunschweig. Landeskarte.

Bundi, Gian: Aus d. Engadin. Märchen u. Schwänke. (118 m. Abb.) 8° Bern, A Francke '13. L 3.80 d

Bundi, G[ian]. Der Kirchengesang in der Engadiner Gemeinde Zuoz. Ein kulturhistorisches Unikum. Separatabdruck aus Nr. 34, 35 und 36 der Schweiz. Musikzeitung [Jahrg. 47,] 1907. 13 S. 8. [Zürich, Druck Zürcher & Furrer.]

Bundi, G[ian]. Engadiner Maerchen. Erzählt von G. Bundi. Illustriert von G[iovanni] Giacometti. II + 47 S. kl.-4. Zürich, Polygraphisches Institut A. G., [1902]. [cart. fr. 4. 50]

Bundi, G[ian]. Engadiner Märchen. Erzählt von G. Bundi. Illustriert von G[iovanni] Giacometti. ⟨Zweite Folge.⟩ II + 50 S. kl.-4. Zürich, Polygraphisches Institut A.-G., [1903]. [cart. fr. 4. 50]

Bundi, Gian. Parevlas Engiadinaisas. Quintedas da Gian Bundi. Illustredas da Giovanni Giacometti. II + 47 p. kl.-4. Turig, Institut polygraphic A.-G., [1902]. [cart. fr. 4. 50]

Bundi, Jak., die Disentiser Kloster-Chronik. Mit e. Einleitg. u. Beilagen hrsg. v. C. D e c u r t i n s. gr. 8. (78 S.) Luzern 887. (St. Gallen, W. Hausknecht.) n. 1. 60

BUNDIE, Edgar (ps.), P a r a d i e s ä p f e l v o m B a u m e d e r E r k e n n t n i s s. (Freie Gedichte.) Philadelphia (Altona, Verlagsbureau) 1853. 12°.
— — Dasselbe. Ibid. 1863. 85 S. 12°. (3 Mk. Scheible etc.)
— — Dasselbe. Philadelphia, C. F. Myers. 1863.
Anderer Druck, Format und Seitenzahl, wie das vorige.

Bundle, Alb., Fleischkunde u. Fleischbeschau. Ein Leitfaden f. Laienfleischbeschauer u. Militär- Verwaltungsbeamte. Nebst e. Anh., enth.: Das Reichs-Fleischbeschau-Gesetz vom 3. VI. 1900. 8. (204 S.) Berlin 900. R. Schröder. In Leinw. kart. n. 4. —

Bundle, Albert *Johannes Wolfgang* [Städt. Tierarzt aus Bamberg]: Ciliate Infusorien im Coecum des Pferdes. '(Aus d. zoolog. Institut zu Berlin.)' ... Berlin, Berliner Buchdr.-Akt. Ges., *1895*; 2 Bl., 56 S., 1 Bl. 8.
Berlin, Phil. Fak., Inaug.-Diss. v. 20. Mai 1895

Bundle-Charles, Elis. [Bessie], abgewichen, nicht verloren. Eine Geschichte aus dem röm. Karthago. Autoris. Uebersetzg. v. A. H o r n u n g. (Ausgewählte Schriften 15. Bd.) 8. (243 S.) Basel 891. Geering. n. 3. —; geb. n. 4. 20

—— B i l d e r d. Lebens aus christlicher Geschichte. Übers. v. Elis. Klee. gr. 8. (III, 450 S.) Anklam 889, Schmidt. * 5 —; geb. * 6 —

— **drei M ä r t y r e r d. 19. Jahrh. Studien aus dem Leben e. Livingstone, Gordon u. Patteson. Autor. Übersetzg. v. Elis. K l e e. 3. Aufl. gr. 8. (168 S.) Anklam 890. Schmidt's Verl. n. 2. 60; geb. n. 3. —**

! Bundle-Charles, E: Märtyrer. Jetzt: Strieg., Hus-Verl. —40; geb. — 90 86/90

— gegen den S t r o m. Erzählungen. (Bergstrom-Edition.) gr. 8. (309 S.) Ebd. 889. n. 3. —; geb. n. 4. —

B ü n d l e i n, d. Lebendigen od. frommen Knechte Gottes letzte Reden *rc.* 12 Thle. 8. Nürnb. Stein. 746.

Bündlein der Lebendigen eines hochgelahrten Theologi adelichen Standes. Franckfurt am Mayn 1710. V: *Lilien, Caspar von.* [?] (Myl)

Bündner. – Der junge Bündner, s. Z e i t u n g , Neue Bündner.

Bündnerin. – Die Bündnerin, s. Z e i t u n g . – Neue Bündner Zeitung.

Bündnerzeitung (II)
⑤ für 1874 vorgesehen ⑦ Wochenblatt ⑧ Chur.

Das **Bündnis** des Kreuzes zur Bekämpfung des Alkoholismus. 4. Jahrg. 1891. (24 N°). N° 1. In-4°. 4 S. Bulle, J. Ackermann. Jährlich 1 —

B ü n d n i ß, Marianisches, unter Anrufung der unbefleckten Empfängniß Mariä. Innsbruck. Wagner 1852. fl. 8.

Bündniss, Das, der drei Königreiche Preußen, Sachsen und Hannover vom 26. Mai 1849. Ein Wort zur Beherzigung und Verständigung von A. E. Leipzig 1849. V: *Stüve, Joh. Carl Bertr.* (ADB) (Kat. d. ständ. Bibl. Stuttg. 1907. S. 224.) (Löwe, Bibliogr. der Hann. u. Braunschw. Gesch. Hann. Posen 1908. S. 102.)

Bündniß, das, der drei Königreiche Preußen, Sachsen u. Hannover vom 26. Mai 1849. Ein Wort zur Beherzigung u. Verständigung v. A. E. gr. 12. (94 S.) Leipzig 849, Brockhaus. n. 12 ngl

Bündnisse, über geheime, u. geheime Polizeien, ein Sendschreiben an die Herrscher Deutschlands. 8. Karlsb. 819. (Ilmenau, Voigt). 4 gl

Bündnuss. Bündnuß. zwischen der Krone Frankreich, und der gesamten Löbl. Eydgnoßschaft, welche der Stand Appenzell Ausser Rooden, gleich allen Hochlöblichen Ständen und Zugewandten Orten angenommen hat, an der ausserordentlich deswegen gehaltenen Landsgemeinde in Trogen, den 18. Brachmonat 1777. [Mit Wappenvignette.] 4. Trogen 1777.

Bündnuss. Pündtnus Endtzwischen Der Durchleüchtigen Republic von Venedig Und Den loblichen drey Pündten der ersten Alten Ræhtia. Beschlossen , Beschworen und Soleinnisiert zu Chur den [illegible] Decembris Anno 1706. [Mit Wappenvignette.] 4. *o. O.* Gedruckt... Anno 1706.

Bündnüsse. Die B' und Verträge Der Helvetischen Nation, Welche Theils die unterschiedene Städte und Republiquen mit einander, Theils alle insgesamt mit auswärtigen Potentaten haben. Alles nach den wahren Originalien ... an das Liecht gestellt [durch Johann Rudolf Holzer]. 4. Bern 1737.

Bündnisse und Verträge, Die, der Helvetischen Nation ... Bern 1787. H: *Holzer, Joh. Rudolph.* (MS) (Oa) »1737« (AarK) (Adel)

Bundschue, Jh. v. Gott, Anleit. zur Begründung des Reesischen Ansatzes in d. Lehre d. geometr. Proportionen u. zur Anwendung derselben ꝛc. 8. Kempt. 812. Dannheimer. 10 𝒳

Bundschue's, Johann v. Gott, Biographie. (Von ihm selbst herausgegeben.) 8. Kempt. 829. Dannheimer. 4 𝒳

Bundschue, Johann v. G.: Darstellung einiger Formeln zur Bestimmung der Abszissen und Ordinaten bei geradlinigten ebenen Figuren und überhaupt bei gerad gebrochenen, in der nämlichen Ebene liegenden Linien. S. 3-15 mit 1 Fig. Taf.
Progr. Kempten 1848.

Bundschue, Johann von G.: Darstellung einiger Formeln bei arithmetischen und geometrischen Progressionen. S. 3-12.
Progr. Kempten 1841.

Bundschue, Jh. v. Gott, Lehrbuch der Arithmetik. 4 Bde. 8. Kempt. 818, 19. 2e A. 4 Bde. 8. Ebd. 822. 3e A. 823, 24. Dannheimer. 2 ℛ 12 𝒳

Bundschue, J. v. G., Lehrbuch der Arithmetik. 4 Bde. 8. Mannheim, Löffler. 819. (1r 12 Gr., 2r 14 Gr. 3r 16 Gr. 4r 1 Thlr.)

Bundschue, (Joh. v. G.,) Lehrbuch d. Arithmetik, z. Gebr. in Schulen ꝛc. 1r—3r Thl. 3e Aufl. u. 4r Thl. 2e Aufl. 8. Kempten 823—25, Dannheimer. 1r u. 2r Thl. à 12 gr. 3r 14 gr. 4r 22 gr.

— Lehrb. d. Geometrie u. Trigonometrie, z. Gebr. in d. Schulen u. z. Selbstunterr. 1r Thl. Mit 9 Steindr. 819. 2e Aufl. 822. 20 𝒳 2r Thl. Mit 7 Steindr. 822. 2e A. 831. 1 ℛ 4 𝒳 3r Thl. mit 4 Taf. u. 2 Tabb. 828. 1 ℛ 4 𝒳 8. Kempt., Dannheimer. 3 ℛ 4 𝒳

— Lehrbuch der Geometrie u. Trigonometrie z. Gebrauch in d. Schulen u. z. Selbstunterrichte. 1r Thl. 2e Aufl. u. 2r Thl. 8. Kempten 826, Dannheimer. 1r Thl. 20 gr. 2r Thl. 1 Rthlr. 4 gr.

—— Lehrbuch d. Geometrie u. Trigonometrie, z. Gebr. in d. Schulen u. z. Selbstunterr. 2. Thl., welcher d. Stereometrie, u. d. ebene Trigonometrie nebst d. Anwend. d. Geometrie u. Trigonometrie auf d. Feldmeßkunst enthält. 2., verb. Aufl. M. 7 Fig.-Taf. (in gr. Fol. u. lith.) 8. (23½ B.) Kempten 832, Dannheimer. Thlr.

— Rede am Grabe des Hrn. M. Frhrrn. v. Tänzl, d. 17. März 1822. 8. Kempt., Dannheimer. 1 𝒳

— Reise auf d. Donau von Ulm nach Wien u. von da über Salzburg u. das nördl. Tyrol nach Kempten, im Sept. u. Oct. 1814. 12. Kempt. 815.

Bundschue, Johann v. G.: Praktische Sätze, in Verbindung mit den theoretischen, zur Begründung einiger Beweiseführungen und Auslösungen rücksichtlich der Regeldetri-Aufgaben. S. 3 - 16.
Progr. Kempten 1834.

Bundschue, Joh.: Die Wichtigkeit des mathematischen Studiums an öffentlichen Studien-Anstalten. S. 3-8.
Progr. Kempten 1826.

Bundschuh, die Revolution v. 1912. 1.—5. Tausend (276 S.) 8. Leipzig 907. F. Rothbarth. n. 3.—; geb. n. 4.—

Bundschuh, die Revolution v. 1912. 6—10. Tausend (274 S.) 8. Leipzig 907. F. Rothbarth. 3.—; geb. 4.—

Bundschuh, B., Beitrag zur Diskontrechnung. [Aus: „Korrespondenzbl. f. d. württ. Gelehrten- u. Realschulen".] gr. 8. (10 S.) Tübingen 887. Fues' Verl. n. — 20

Bundschuh, C. E. von, s. Bundschuh, Karl Ritter (Edler) von

Bundschuh, Eduard, med. prakt.: Ein Fall von angeborener einseitiger Augenmuskellähmung, zugleich ein Beitrag zu den Eigentümlichkeiten des Faserverlaufs im Central-Nervensystem, besonders der Pyramidenbahn. Strassburg i. E. 1909: Manias. 39, II S. 8°
Würzburg, Med. Diss. v. 22. Sept. 1909, Ref. Rieger
[Geb. 25. Febr. 83 Weikerstetten: Wohnort: Straßburg; Staatsangeh.: Baden; Vorbildung: Gymn. Tauberbischofsheim Reife Juli 02; Studium: Freiburg i. B. 1, Heidelberg 1, Straßburg 1, Würzburg 3, Berlin 1, Würzburg 3 S.; Coll. 11. Nov. 08; Approb. 19. Juni 08.] [U 10. 4341

Bundschuh, Franz, Referendar: Die Mitunterschrift der Ehefrau beim Mietvertrage. Halle a. S. 1909: Heynemann. XIV, 113 S. 8°
Halle, Jur. Diss. v. 1. Dez. 1909, Ref. v. Blume
[Geb. 16. Aug. 87 Magdeburg; Wohnort: Magdeburg; Staatsangeh.: Preußen; Vorbildung: König-Wilhelms-Gymn. Magdeburg Reife O. 05; Studium: Heidelberg 1, Leipzig 1, Heidelberg 1, Halle 3 S.; Rig. 15. Okt. 09.] [U 10. 1663

Bundschuh, Johann Kaspar

— Beschreib. d. Reichsstadt Schweinfurt. gr. 8. Ulm 802. Stettin. 12 𝒳

— über die Erziehung des Frauenzimmers, vorzügl. des Mittelstandes. 8. Offenb. 785. Brede. 4 𝒳

— s. 1) Erziehung d. Künstler ꝛc. 2) Gedanken üb. Betteljuden.

Bundschuh, Jh. Ksp., († d. 1. Juni 1814.) Grundriß zum Vortrage d. vaterländ. Erdbeschreibung u. Geschichte in Franken. 8. Hildburgh. 806. (Gr. Fleischer; auch Taubert in Leipz.) 16 𝒳 Zugabe zu diesem Grundr. ꝛc. gr. 8. Hildburgh. 809. (Ebd.) 5 𝒳

— Hessen, nach seinen neuesten physischen gewerbl. ꝛc. Verhältnissen. gr. 8. Lemgo 803. Meyer. 1 ℛ 12 𝒳 Nachtrag. gr. 8. Ebd. 805. 1 ℛ

Bundschuh, Joh. Kaspar (Hrsg.), s. Journal von und für Franken.

Bundschuh, Johann Kaspar (Hrsg.), s. Lesebuch für Frauenzimmer des Mittelstandes.

— Lesebuch f. Frauenzimmer, vorzügl. des Mittelstandes. 4 Stcke. 8. Hildburgh. 785—88. Hanisch. 1 ℛ 16 𝒳

(Bundschuh.) Geographisches, statistisch-topographisches Lexikon von Bayern oder vollständige alphabetische Beschreibung aller im ganzen bayerischen Kreis liegenden Städte, Klöster etc. (3 Bde in 1 Bde.) 8. Ulm 1796—1797.

— — Zusätze und Berichtigungen zu dem geographisch-statistisch-topographischen Lexikon von Bayern. (Mit 2 Karten.) Ulm 1802

— geograph.-statist.-topograph. Lexikon von Franken, oder vollständ. alphabet. Beschreibung aller im ganzen Fränk. Kreise liegenden Städte, Klöster, Schlösser, Dörfer u. s. w. 6 Bde. gr. 8. Ulm 799—804. Stettin. 12 ℛ 16 𝒳

— geograph.-statist.-topograph. Lexikon vom Kur- u. Oberrheinischen Kreise. gr. 8. Ulm 805. Stettin. 2 ℛ 4 𝒳

— — Geographisches statistisch-topographisches Lexikon von Obersachsen und der Ober- und Nieder-Lausiz, oder vollständige alphabetische Beschreibung aller im Obersächsischen Kreise und der Lausiz befindlichen Städte etc. (8 Bde.) 8. Ulm 1800—1807.

— Mannichfaltigkeiten aus der Gesch. u. Erdbeschreib. Frankens. 2 Hfte. gr. 8. Rudolst. 807. (Hildebrand in Arnst.) 1 ℛ 4 𝒳 Hbg. Pr. 18 𝒳

Bundschuh, Joh. Kasp. (Hrsg.), Merkur, Der fränkische, oder Unterhaltungen gemeinnützigen Inhalts für die fränkischen Kreislande.

— das Verhalten d. Christen bei unverschuldeten Widerwärtigkeiten. 4. Schweinfurt 787.

—— Versuch einer historisch-topograph. Beschreibung der unmittelbaren Reichs-Ritterschaft in Franken. Ulm 1801. 8. . . . .

Bundschuh, Josef

— 100 Lehrproben zu deut. Stücken. Nach d. darstell. Verfahren bearb. (16, 546) gr8° Rottenbg, W Bader '11. 7.50; L 8.70 d

v. Bundschuh, Karl R, Betrachtt. üb. Leben, Lehren u. Thaten Jesu, s. Betrachtt.

— Betrachtt. über Leben, Lehren u. Thaten Jesu. gr. 8. Prag 823, Krauß. (G.Haase)

— s. Briefe üb. d. Vortrefflichkeit d. christl. Religion.

Bundschuh, Karl Ritter von, Briefe über die Vortrefflichkeit der christlichen Religion und über die beseligende Ruhe, die sie gewährt. Prag, Haase, 1821, 8°.

v. Bundschuh, (C. E.) Briefe über d. Vortrefflichkeit der christl. Religion. Geschrieb. v. e. kathol. Christen. 8. Prag 821, Krauß.

Bundschuh, K. Edl. v. Formularien zu dem Unterricht für die Verfasser u. Revidenten aller bei den Truppen der k. k. österr. Armee vorkommenden Standes- u. Rechnungs-Ausweise ꝛc. Prag 1822. 170 Bl. 2°

— Gebetbuch f. kathol. Christen. 8. Prag 820. (G. Haase S.) 6 gr.

— Gebetbuch f. kathol. Christen. 8. Prag 821, Krauß. 10 gr. Schreibp.

— Handbuch aller seit dem Militärjahr 1767, als den Anfang des in d. k. k. Armee jetzt besteh. Militär-Oekonomie-Systems, bis letzten Dec. 1821 verfloss. u. noch als Gesetz besteh. Nominalvorschriften. 2 Bde. gr. 4. Prag 821, Krauß.

— Handb. aller seit d. Militärjahr 1767, als d. Anfang d. in d. k. k. Armee jetzt besteh. Militär-Oekonomie-Systems, bis letzten Dec. 1821 verfloss. u. noch als Gesetz besteh. Nominalvorschriften. 3 Bde. gr. 4. Prag 822. (G. Haase S.) 8 Thlr Schrbp. 10 Thlr 16 gr. 1r—3r Suppl.-Bd. bis Ende März 1827. gr. 4. Ebd. 824—28. (Ebd.) 4 Thlr 16 gr. Schrbp. 5 Thlr 16 gr.

—— II. Supplement zu dem i. J. 1822 in drei Bänden hrsg. Handbuche über das bei der k. k. österreich. Armee bestehende Militär-Oekonomie-System. Prag 1826. 251 S. 4°
(i. a. Huebler.)

Bundschuh, K. v., Uebersicht des bei d. östr. Armee besteh. Oecon.-Systems. 3r Bd. gr. 4. Prag, Widtmann. 813.

Bundschuh, Carl Edler v., k. k. Oberfeldkriegscommissär. Uebersicht des bei der k. k. österreichischen Armee bestehenden Militär-Oekonomie-Systems und aller dahin Bezug nehmenden Gesetze, mit Hinweisung auf die Zeitperioden, in welchen sie erflossen sind und nach welchen sich bei Aufstellung dieser Uebersicht geachtet, hierbey aber auch darauf Rücksicht genommen worden ist, dass diese Uebersicht zugleich ein belehrendes Handbuch für alle jene seyn möge, die bei der Oeconomie-Verwaltung angestellt sind. Hiezu: 1. Supplement 1814. 2. Supplement 1816. 3. Supplement 1817. 4. Supplement 1818. 5. Supplement 1819. (8 Bde.)
8. Prag 1813—1819.

— Uebersicht des bei der k. k. Oesterr. Armee bestehenden Militär-ökonomie-Systems, u. aller dahin Bezug nehmenden Gesetze. 3 Bände, nebst 5 Supplementbänden. Mit vielen Tabellen. 2e Aufl. gr. 4. 816—19. (Prag, Krauß). 16 Thlr Schrbp. 23 Thlr

— Unterr. f. alle Diejenigen, welchen in d. k. k. Oesterr. Armee dem Oekonomie-System gemäß obliegt, die auf d. verschied. Gebühren Bezug nehmenden Standes-Ausweise, Rechnungen u. s. w. zu liefern. Mit Formularen. 8. Prag 822. G. Haase S. 2 Thlr 16 gr. Schrbp. 3 Thlr 16 gr.

Bundschuh, C. von: „Unterricht für alle diejenigen, welche in der k. k. österreichischen Armee bei dem Oekonomie-Systeme zu thun und die auf die verschiedenen Gebühren bezugnehmenden Standes-Ausweis-Rechnungen und sonstige Eingaben in und ausser der Musterungszeit zu liefern haben; nebst allen hierzu gehörigen Formularen", 2 Bände, Prag 1822 (Krauss).

— Unterricht f. d. Verfasser u. Revidenten aller bei d. Regimentern u. Corps d. k. k. Oesterr. Armee vorkommenden Standes- u. Rechnungsausweise m. d. dazu nach d. neuesten Vorschriften entworfenen Formularien. gr. 8. Prag 823. Krauß. 5 Thlr

— Zusammenstellung derjen. Dienstpflichten, welche den in d. Linie dienenden k. k. Regiments-, selbstständ. Bataillons- u. Corps-Commandanten ꝛc. gemäß dem in d. k. k. Oesterr. Armee bestehenden Militär-Oekonomie-System obliegen ꝛc. gr. 4. Prag 826. G. Haase S. 2 Thlr

Bundschuh, Rudolf: Zur Pathologie und Therapie der Brucheinklemmung. *Tübingen 1901 [richt. 1902/03]: H. Laupp Jr.* (91 S.) 8° ¶ (Aus: Beiträge zur klinischen Chirurgie, Bd 31, H. 2.)
Heidelberg, Med. Diss. v. 1903

Bunds-Erneuerung Zischen dem Allerchristenlichsten König Zu Franckreich und Navarra An dem Einten Und denen Lobl. Catholischen Orten der Eydgnoßschafft, auch Lobl. Republiq Wallis An dem andern Theil; Beschehen in Solothurn den 9. Mayen 1715 = Traité d'alliance & renouvellé, Entre le Roy Très-Chrêtien de France & de Navarre D'une part, Et les Louables Cantons Catholiques de la Suisse, & la Louable Republique de Valais De l'autre. Fait à Soleurre le 9. May 1715. 4. *o. O.* 1715.

Bundsmann, Ernst: Das Kapital. Wirtschaftstheoret. Skizzen. (53) gr8° Innsbr., Wagner '12 2 —

Bundsmann, Ernst, die österreichische Personal-Einkommensteuer u. d. Einkommensteuer-Prinzip. Eine rechtl.-ökonom. Untersuchg. (62 S.) gr. 8. Innsbruck 909. Wagner. 1. —

— Der Wertzuwachs an Liegenschaften u. s. Besteuerg. Wirtschaftstheoret. Untersuchg unter Berücks. d. deut. Zuwachssteuergesetzes u. d. österr. Landesgesetze. (81) gr8° Ebd. '12. 2 —

Bundt, C: Die Schuhmacherei. 3. Aufl. Friedenau (Um 1908)

Bundt, Gustav *Georg* [aus Pommern]: Über Aequivalente der gewöhnlichen Äusserungen psychischer Störungen . . . Greifswald, Druck v. J. Abel, 1891; 28 S. 8°
Greifswald, Med. Fak., Inaug.-Diss. v. 16 März 1891

Bundt, H. Carl XII. Verbindungen mit Frankreich während seines Aufenthalts in Sachsen 1706—7. (20) 4. Rostock 1876

Bundt, Otto: Akenside's Leben und Werke. Mit besonderer Berücksichtigung der „Pleasures of Imagination". *Halle a. S. 1897: E. Karras.* (44 S.) 8° ¶ (Erscheint vollständig in: Anglia, Bd 20.)
Leipzig, Phil. Diss. v. [22. Sept.] 1897

Büneckau, Christian Friedrich (Mitverf.): P o s i t i o n e s juridicae, s. B ü n e c k a u , Joh. Nikolaus

Büneckau, Joh. Nikolaus: P o s i t i o n e s juridicae. 4 S.–
Basel, Jur. Diss.(?) 1788.

Buenekau, Hermann Georg (Hrsg.), s. B i b l i o t h e c a iuris Lubecensis.

(Bünekau, Hermann Georg): B i b l i o t h e c a juris Lubecensis specimen (1)–4. Lubecae 1774-76. Böckmann.
(Nebentit.:) Bibliotheca iuris Lubecensis complectens notitiam scriptorum ad ius Lubecense.
Praef. est Joh. Car. Henr. Dreyer. (Nebst) Accessiones a Chr. Nic. Carstens. Lubecae 1776. 1803.

Bünekau, Hermann Georg (Lübeck), De separatione liberorum ex jure Germanico cum primis Lubecensi. Göttingen (P. Ch. Hager) 19. IV. 1752. 52 Seiten. (5.—) 4550

Bunemann, I. L., annotationes biblior. sacror. interpretat. a Seb. Castellione. 8. Lips. 738.

Bunemanni, J. L., Index latinitatis selectae ex Seb. Castellionis interpretatione S. codicis collectus et veterum testimoniis illustratus. Lips. 735. 8. 6 gr.

SATYREN (24 Prosa- von *A. R. Bünemann*). Franckfurth und Leipzig (Helmstädt, Hechtel). 1762. (Dieser gestoch. Titel umgeben von reizender Rokoko-Bordüre, inmitten ein Satyr auf Felsbrücke, ohne Signet des Künstlers.) 8°. (10 Mk. E. Frensdorff, Berlin, 1909.)
Höchst selten u. nirgends citirt! Tit., 1 Bl. Zuschr. („an den Herrn Magister Schaaf"), 2 Bll. Vorr., 2 Bll. Inh.-Verz., 180 S. In der Vorrede heißt es u. a.: „Es kann dem Leser nichts helfen, ob er den Verfasser kennet oder nicht. Vermuthlich ist es ein Mann, der gern scherzt, und andern auch gönnet, über seine Grillen zu lachen." — Viel Humorvolles, u. a.: Nr. V: Aufgefangener Hannöverscher Thorzettel. (S. 42—44.) VIII. Reglement für diejenigen, welche uns heyrathen oder verkuppeln wollen. (S. 58—63.) XI. Bittschrift der Frösche und Mäuse, wie auch Maulwürfe an Se. Lustigkeit den königlichen Mops. (S. 79—83.) XIV. Von Hals-Pandeloquen (Halsgehänge, Halstücher, S. 104—114). XVII. Nach-Ordnung für die Bewahrer jungfräulicher Keuschheit. (S. 132—138.) XIX. Brust (Brüste)-Reglement für die Stadt*** (pikante Erörterung in 12 §§, S. 145—148). XXI. Einer jungen Frauensperson glaubwürdiger Bericht, von einer entdeckten Verbindung mit dem Teufel. (S. 154—159.) XXIII. Schreiben eines Vaters an seinen Sohn auf Universitäten, worinn aus vernünftigen Ursachen bewiesen wird, daß es am klügsten sey, ein dummer Teufel zu seyn. (S. 170—176). etc. etc.

Bünemann, August Rudolf Jesaias

— — (Minden), Comment. hist.-jur. de codicillis indulti connubialis militum sive Vom Trau-Scheine qua etiam de juris Romani et German. sancitis in militum matrimoniis officialium atque militiae mercenariae apud Rom. et Germ. orig. ag. Halle (J. Ch. Hilliger) 1737. 40 S., z. Tl. deutsch. (5.—) 4552
Gew.: Sam. Frh. v. Coccei.

— — De emtore conductorem secundum jus civile non expellente dissert. ad fratrem Carl Christoph Bünemann (junior) synd. prim. reipubl. Luneburg. Götting. 1761. 31 S. (5.—) 4554

Bünnemann, A. R. J., De nobilium German. jure eligendi imperatores. Vom Recht des deutschen Adels bey der Kaiser-Wahl ex medii aevi scriptoribus diss. Exhib. in append. dom. Joh. Pet. v. Ludewig opusculum huc pertinens cum additam. Halle (J. Ch. Hilliger) 1737. 76 S., z. gr. Tl. dtsch. (5.20) 4556
Gewidmet: Joh. Erdmann Grf. v. Promnitz (Klitschdorf . .).

— — (senior), De sponsae partu spurio. Diss. jur. Götting. (Gg. Ludw. Schultze) 31. X. 1753. 27 Seiten. (4.50) 4553

Bünemann, August Rudolph Jesaias (Minden), De sententiis ex periculo recitandis, Vom Verlesen des Urthels. Diss. jur.-crit. ad virum Johann Pet. v. Ludewig qua ipsi diem natalitium gratul. Halle (J. Ch. Hendel) 15. VIII. 1736. 24 Seiten. (4.80) 4551

Bünemann, Christian: Q.D.B.V. in gymnasio Friderico Politano crastina luce cal. nov.hor. X. in cantoris et collegae provinciam immittetur et orationem inauguralem ubi bene ibi patriam esse doctiss. Sebast. Bochammerus habebit nec non de musica virtutis administra verba faciet rector. Ad quas orationes ... invitat Christianus Bünemann gymn. rect. – Berlin, Christian Friedrich Henning, 1741. 14 S. 8°

Bünemann, Fr. Ph., gemeine Bescheide u. Ausschreibungen d. Justizkanzlei zu Hannover. 4. Hannov. 800. Hahn. 14 gr.

Bunert, Paul: Das Veredeln d. amerikaner Reben ohne künstl. Wärmegrade m. Hülfe e. Gipsverbandes. 5 photograph. Aufnahmen (Taf.). Erfolg 100 Prozent. (20) 8° Schweidn., L Heege ('12). 1.50 d

Bunese, Rud., Die Frau in unserem Wirtschaftsleben. Ein Vortrag. 8°. Hamburg, Buchhdlg. d. Deutsch-nationalen Handlungsgehilfen-Verband in Hamburg, 1907.

— Die Frau in unserm Wirtschaftsleben, s. a. Vortrags-Entwürfe.

Bunese, Rud., wie urteilt man üb. den 8 Uhr-Ladenschluss?, s. a. Kultur u. Fortschritt Nr. 106.

Bunese R, wie urteilt man über den 8 Uhr-Ladenschluss? (16 S)
(Kultur und Fortschritt 106) Leipzig 1907

Bungart, Jac(ob), appr. Arzt a. Bonn: Aus der chirurgischen Universitätsklinik Bonn. Über Arthropathien bei Syringomyelie. Mit einem casuistischen Beitrag. Bonn 1906: P. Hauptmann. (34 S.) 8°
Bonn, Med. Fak., Ref. Bier, Diss. v. 16. Aug. 1906
[Geb. 20. Juni 82 Bonn; Wohnort: Bonn; Staatsangeh.: Preußen; Vorbildung: Kgl. Gymn. Bonn Reife O. 01; Studium: Bonn 4, München 1, Bonn 4 S.; Coll. 10. Aug. 06; Approb. 13. März 06.]

Bungart, P(eter), approb. Arzt aus Bonn: Geschichtliche Entwickelung der Behandlung der Eklampsie. *Bonn 1903: J. Trapp.* (32 S.) 8°
Bonn. Med. Diss. v. 22. Juli 1903

[J.] Aquarienfische und ihre Pflege. Kurze Anleitg z. Behandlg u. Pflege v. Jean **Bungartz,** Thiermaler ... *Lechenich: F. Bungartz (1895).* (16 S.) 1 Bd 8. [98. 1970

Bungartz, J: Aquarienfische u. ihre Pflege. 8° (16 m. Fig. u. 1 Farbdr.) Lechen. 97. Lpzg, K Kaupisch. — 50

Bungartz, Jean, Aquarienfische u. ihre Pflege. Kurze Anleitg. z. Behandlg. u. Pflege. 8. (16 S. m. 4 Fig. u. 1 Farbdr.) Lechenich 897. Bonn, E. Strauß. n. — 50

Bungartz, Jean, Aquarienfische u. ihre Pflege. Kurze Anleitg. zur Behandlg. u. Pflege. 2. Aufl. 8. (16 S. m. Fig.) Leipzig (901). K. Kaupisch. n. — 30

Bungartz, J: Aquarienfische u. ihre Pflege. 2. Afl. (16 m. Fig.) 8° Lpzg (01). Dresd., H Schultze. — 30 d

Bungartz, Jean: Aquarienfische. Jetzt: Lpzg., Carl Köhler.

— fremdländische Prachtfinken u. ihre Pflege. Kurze Anleitg. zur Behandlg. u. Pflege. 2. Aufl. 8. (16 S.) Lpz.: Kaupisch 1902 n. — 30

Bungartz, J., der Brieftaubensport. Taschenbuch f. Brieftaubenzüchter u. -Liebhaber, enth.: Das Ganze d. Brieftaubenwesens. Mit 8 Farbendr.-Taf. u. 58 in den Text gedr. Abbildgn. gr. 16. (X, 262 S.) Leipzig 889. Leiner. geb. n. 4. —

— Damen- u. kleine Luxushunde, ihre Zucht, Aufzucht, Erziehg., Fütterg., Behandlg., Pflege, Toilette etc. gr. 8. (XII, 152 S. m. 14 Voll- u. 4 Textbildern.) Jena 890. Costenoble. n. 4. —; geb. n. 5. —

Bungartz, Jean, Damen- u. kleine Luxushunde, ihre Zucht, Aufzucht, Erziehg., Fütterg., Behandlg., Pflege, Toilette etc. Mit 14 Voll- u. 4 Textbildern. 2. (Titel-) Aufl. 8. (XII, 152 S.) Jena 893. H. Costenoble. n. 3. —; geb. n.n. 4. —

— Die Dressur des Polizei- u. Sanitätshundes, s.: Bibliothek des „Praktischen Wegweisers" Würzburg. 8. Bd.

— Geflügel-Album. 1. Abth. Hühner. gr. 4. (60 farb. Taf. m. 2 Bl. Text.) Lechenich 895. Bonn, P. Hanstein. In Leinw.-Mappe n. 25. —

— dasselbe. II. Abth. Tauben. (In 6 Lfgn.) 1. u. 2. Lfg. gr. 4. (à 10 farb. Taf. m. 1 Bl. Text.) Ebd. 895. à n. 5. —

— Das Grossgeflügel in Wort u. Bild, s.: Trieloff, Otto.

Bungartz, Jean, Hühnerracen. Illustrirtes Handbuch zur Beurtheilg. der Racen d. Haushuhnes. Kapitel üb. Haltg. u. Fütterg. Kapitel üb. Aufzucht u. Krankheiten 21 (chemigr.) Taf. m. üb. 60 Abbildgn. Nach der Natur gezeichnet, verf. u. hrsg. gr. 8. (VII, 83 S.) Leipzig 885. E. Twietmeyer. n. 4. 50; geb n.n. 6. —

— Hühnerrassen. Ill. Handb. z. Beurtheilg. d. Rassen des Haushuhnes. Kapitel üb. Haltg. u. Fütterg. Kapitel üb. Aufzucht u. Krankheiten. 84 Taf. m. üb. 90 Abb., nach d. Natur gezeichnet. 2. verm. u. bis a. d. neuesten Rassen ergänzte Aufl. gr. 8. (XII, 117 S.) Leipzig (893). E. Twietmeyer. Kart. n. 6. —

— neue Hühnerrassen. Illustr. Handbuch zur Beurtheilg. der Rassen des Haushuhnes, welche in neuester Zeit in Aufnahme gekommen sind. 10 Taf. m. 40 Abbildgn., nach der Natur gezeichnet. gr. 8. (IV, 35 S.) Leipzig 894. E. Twietmeyer. n. 2. —

Bungartz, Jean, Der Hund im Dienste des roten Kreuzes. Seine Verwendung, Rasse, Dressur, Pflege und Fütterung. Mit Abb. (VII., 63 S.) Leipzig 92. Twietmeyer. M. 2.—

— deutscher Hundesport. Hunde-Wettrennen. Enth. e. vollständ. Anleitg. üb. Baulichkeiten, Einrichtg., Arrangements etc., nebst den zum Rennen geeignetsten Hunderassen. Verf., illustrirt u. hrsg. v. J. B. Mit 20 Taf. Abbildgn. gr. 8. (VIII, 101 S.) Minden 886. Schlegel. n. 5. —; geb. n. 7. —

— s.: Jahrbuch, illustrirtes, f. Kleinthier-Züchter u. Liebhaber.

Bungartz, J., das Kaninchen u. seine Zucht, s.a. Hillger's illustrierte Volksbücher. 44. Bd.

Das Kaninchen und seine Zucht von Tiermaler J[ean] Bungartz. Mit 4 Taf. Berlin, Leipzig: H. Hillger [1906]. (80 S.) 8° [F.]
— Volksbücher, Hillgers illustrierte. Bd 44. (07. 1609

Farbige Kaninchenbilder nach Aquarellen v. Jean Bungartz, Thiermaler ... Naturwahre Farbendrucke v. 18 verschied. Kaninchen-Rassen. *Magdeburg: Creutz [1896].* (2 Bl., 18 Taf.) 1 Bd quer-8. (97. 5755

— Kaninchen-Racen. Illustrirtes Handbuch zur Beurtheilung der Kaninchen-Racen, enth. die Racen der Kaninchen, deren Behandlg., Zucht, Verwerthg., Krankheiten etc. Hrsg., verf. u. illustrirt. 8. (VIII, 120 S.) Magdeburg 888. Creutz. n. 2. —

— Kaninchen-Rassen. Illustriertes Handbuch zur Beurtheilg. der Kaninchen-Rassen, enth. die Rassen der Kaninchen, deren Behandlg., Zucht, Verwerthg., Krankheiten etc. etc. Hrsg., verf. u. illustr. 2. durchgeseh. u. verm. Aufl. (VIII, 169 S. m. 1 farb. Taf.) 8. Magdeburg (902). Creutz. n. 2. —; geb. in Leinw. n. 2. 60

[F.] Illustriertes Katzenbuch. Rassenbeschreibg, Zucht, Pflege, Fütterg u. Krankhtn d. Katzen. Von Jean Bungartz. M. 21 in d. Text gedr. Abb. *Berlin: P. Parey 1896.* (VII, 118 S.) 1 Bd 8. (97. 2303

— der Kriegshund u. seine Dressur. Enth. das Ganze d. Kriegshundwesens. 8. (IX, 88 S. m. Abbildgn.) Leipzig 892. A. Twietmeyer. n. 2. 50

— Kynos. Handbuch zur Beurtheilg. der Racen-Reinheit d. Hundes. Angabe der bekanntesten Züchter. Capitel üb. Aufzucht, Pflege u. die am meisten vorkomm. Krankheiten d. Hundes. 35 (zinkogr.) Taf. m. 70 Abbildgn., nach der Natur gezeichnet u. hrsg. gr. 8. (XIV, 153 S.) Stuttgart 884. Neff. n. 4. —; geb. n. 4. 50

— der Luxushund. Anleitung zur Kenntnis, Aufzucht u. Abrichtung aller nicht zur Jagd benutzten Hunde. Mit 45 Rassebildern. gr. 8. (XII, 176 S.) Berlin 888. Parey. geb. n. 4. —

— Modell-Brieftauben-Album. Aquarellen. Mit e. Vorwort v. J. Hörter. 6 Lfgn. qu. Fol. (à 2 Chromolith.) Leipzig 888. E. Twietmeyer. à Lfg. n. 3. —

— illustrirtes Muster-Hunde-Buch. Studien rassereiner Hunde. Blätter f. Züchter, Liebhaber, kynolog. Vereine u. Freunde d. Hundes, sowie Vorlagen für Schulzwecke etc. Nach prämiirten Hunden gezeichnet. 10 Lfgn. Fol. (à 6 Taf. m. Text III, 63 S.) Hamburg 890. Verlagsanstalt u. Druckerei, A.-G. à n. 1. 20

[F.] Sprechende Papageien und ihre Pflege. Kurze Anleitg z. Behandlg u. Pflege v. Jean Bungartz, Thiermaler ... *Lechenich: F. Bungartz (1895).* (16 S.) 1 Bd 8. (98. 1271

Sprech. Papageien u. ihre Pflege. 8° (16) Lechen. 97. Lpzg. K. Kaupisch. — 50

— Sprechende Papageien u. ihre Pflege. Kurze Anleitg. z. Behandlg. u. Pflege. 8. (16 S.) Lechenich 897. (Bonn, E. Strauß, Grossantiqu.) — 50

— sprechende Papageien u. ihre Pflege. Kurze Anleitg. zur Behandlg. u. Pflege. 2. Aufl. 8. (16 S.) Leipzig 902. K. Kaupisch. n. — 30

— Sprech. Papageien u. ihre Pflege. 2. Afl. (16) 8° Lpzg '02. Dresd., H Schultze. — 30 d

Bungartz, Jean: Sprech. Papageien. Jetzt: Lpz., Carl Köhler.

[F.] Pflege und Zucht der Zwergpapageien und Sittiche. Kurze Anleitg z. Behandlg u. Pflege v. Jean Bungartz, Thiermaler ... *Lechenich: F. Bungartz (1895).* (16 S.) 1 Bd 8. (98. 1272

— Pflege u. Zucht der Zwergpapageien u. Sittiche. Kurze Anleitg. z. Behandlg. u. Pflege. 8. (16 S. m. 1 Farbdr.) Ebd. 897. " — 50

— Pflege u. Zucht der Zwergpapageien u. Sittiche. Kurze Anleitg. zur Behandlg. u. Pflege. 2. Aufl. 8. (16 S.) Leipzig (902). K. Kaupisch. n. — 30

Bungartz, Jean: Pflege u. Zucht d. Zwergpapageien. Jetzt: Leipzig: C. Köhler.

[F.] Fremdländische Prachtfinken und ihre Pflege. Kurze Anleitg z. Behandlg u. Pflege v. Jean Bungartz, Thiermaler ... *Lechenich: F. Bungartz (1895).* (16 S.) 1 Bd 8. (98. 1273

— Fremdländ. Prachtfinken u. ihre Pflege. Kurze Anleitg. z. Behandlg. u. Pflege. 8. (16 S.) — 60
Lechenich 1897. (Bonn: Strauß)

Bungartz, Jean: Fremdländ. Prachtfinken. Jetzt: Leipzig: C. Köhler.

[F.] Einheimische Singvögel '(Körnerfresser)' in der Gefangenschaft. Kurze Anleitg z. Behandlg u. Pflege v. Jean Bungartz, Thiermaler ... *Lechenich: F. Bungartz (1895).* (16 S.) 1 Bd 8. (98. 1274

— Einheim. Singvögel (Körnerfresser) in d. Gefangenschaft. 8° (16) Ebd. 97. 50

Bungartz, Jean, einheimische Singvögel (Körnerfresser) in der Gefangenschaft. Kurze Anleitg. zur Behandlg. u. Pflege. 2. Aufl. 8. (16 S.) Leipzig (902). K. Kaupisch. n. — 30

Bungartz, Jean: Einheim. Singvögel. Jetzt: Leipzig: C. Köhler.

— Taubenracen. Illustrirtes Handbuch zur Beurtheilg. der Racen unserer Haustauben. Enth. die bis jetzt bekannten Farben-, Racen- u. verschiedenen ausländ. Luxustauben. 24 Taf. m. üb. 100 (chemigr.) Abbildgn. Nach der Natur gezeichnet, verf. u. hrsg. gr. 8. (XI, 83 S.) Leipzig 885. E. Twietmeyer. n. 4. 50; geb. n. 5. —

— Taubenrassen. Illustr. Handbuch z. Beurtheilg. d. Rassen unserer Haustauben. Enth. die bis jetzt bekannten Farben-, Rassen- u. verschied. ausländ. Luxus-Tauben. 34 Taf., m. üb. 90 Abbildgn., n. d. Natur gezeichnet. 2. verm. u. bis auf die neuesten Rassen ergänzte Aufl. gr. 8. (XI, 107 S.) Leipzig (893). E. Twietmeyer. Kart. n. 6. —

— neue Taubenrassen. Illustr. Handbuch zur Beurtheilg. der Taubenrassen, welche in neuester Zeit in Aufnahme gekommen sind. 10 Taf. m. 30 Abbildgn., nach der Natur gezeichnet. gr. 8. (IV, 27 S.) Leipzig 894. E. Twietmeyer. n. 2. —

[F.] Das Terrarium und seine Bewohner. Kurze Anleitg z. Pflege v. Jean Bungartz, Thiermaler ... *Lechenich: F. Bungartz* (1895). (16 S.) 1 Bd 8. [98. 1275

— Das Terrarium u. s. Bewohner. Kurze Anleitg. z. Behandlg. u. Pflege. 8. (16 S. m. 2 Fig. u. 1 Farbdr.) Ebd. 897. n. — 50

— das Terrarium u. seine Bewohner. Kurze Anleitg zur Behandlg. u. Pflege. 2. Aufl. 8. (16 S. m. Abbildgn.) Leipzig (901). R. Kaupisch. n. — 30

Bungartz, Jean: T e r r a r i u m . Jetzt: Leipzig: C. Köhler.

— die jagdbaren Thiere Europas u. die zur Jagd gebräuchlichen Hunderacen. Kurzgefaßte Naturgeschichte m. Bezug auf Jagd, Fang rc. Hrsg. u. illustrirt. Mit Beiträgen v. W. Oppermann, E. v. Wolffersdorf, Jos. v. Rozwadowski u. Clem. Frhr. v. Fürstenberg. 60 Taf. m. üb. 150 Illustr. 15 Lfgn. Lex.-8. (VIII, 301 S.) Stuttgart 886. Neff. à n. — 60

— Wasser- u. Ziergeflügel. Illustrirtes Handbuch zur Beurtheilg. der Racen u. Schläge unseres Wasser- u. Ziergeflügels. Nebst kurzen Angaben üb. Haltg., Pflege, Fütterg. u. Aufzucht. Anleitung zur Errichtg. e. kleinen Ententeiches u. e. Fasanenvoliere. 16 Taf. m. üb. 50 Abbildgn. Nach der Natur gezeichnet, verf. u. hrsg. gr. 8. (VIII, 80 S.) Leipzig 886 E. Twietmeyer. n. 4. 50; geb. n. 5. —

— Wasser- u. Ziergeflügel. Illustr. Handbuch zur Beurtheilg. d. Rassen u. Schläge uns. Wasser- u. Ziergeflügels. Nebst Angaben üb. Haltg., Pflege, Fütterg. u. Aufzucht. Anleitg. z. Errichtg. e. kl. Ententeiches u. e. Fasanenvoliöre. 20 Taf. m. üb. 65 Abb., n. d. Natur gezeichnet. 2. verm. u. bis auf die neuesten Rassen ergänzte Aufl. gr. 8. (VIII, 96 S.) Leipzig (892). E. Twietmeyer. Kart. n. 5. —

— Wasser- und Ziergeflügel. Illustriertes Handbuch etc. Mit Tafeln und Abbildungen. (Il.) Ebenda 93. Geb. M. 5.—

Bunge Aug..–Aus der St. Johannisloge **Alexius zur Beständigkeit** im Or. zu Bernburg am 24 Juni 1861. [Bernburg 1861: Reiter.] 20 S. 8⁰ [Kopftit.]
[Dasselbe.] Ebendas. 1861. 10 Bl. 8⁰
Auszug in: FZ. 15 (1861) S. 290—292.
cf. FZ. 13 (1859) S. 362–366 (W. O s t e r w a l d).
Bericht üb. das 50. Mrerjubiläum von A. Bunge u. J. L. K. Zincken mit Angabe der Liedertexte. Reden von C a m p e.
Ausg. 20 S. in 3; 10 Bl. in 142.

Bunge, ..., Amtsverwalter, (†...) s. Brand, über den, im Waisen.

Bunge: W e g n e t z l e g u n g verbunden mit wirthschaftlicher Eintheilung in Gebirgs-Waldungen. Vortrag, gehalten im Casseler Geometer-Verein am 23. Feb. 1878. ib. 1878. 8⁰

Bunge, Alexander von: Die Gattung A c a n t h o - l i m o n Boiss., s. M é m o i r e s de l'Académie impériale des sciences de St.-Pétersbourg.

B u n g e, A. v., Anleitung zum Studium d. Botanik, s. D e C a n d o l l e.

v. Bunge, Alex., Beitrag zur Kenntniss der Flor Russlands u. der Steppen Central-Asiens. [Aus d. Mémoires des savants étrangers, Tome VII. besonders abgedr.] (Enth.: A l e x a n d r i L e h m a n n reliquiae botanicae, sive enumeratio plantarum ab A l e x a n d r o L e h m a n n in itinere per regiones Uraliensi-Caspricas, deserta Kirghisorum, Transoxanam et Sodgianam annis 1839—1842 peracto, collectarum.) gr. 4. (369 S.) St. Petersburg 851, Eggers & Co. Leipzig, Voss. n. 4 ℛ

Bunge, Alexander: Naturhistorische Beobachtungen und Fahrten im Lenadelta. Aus Briefen an den Akademiker L. von S c h r e n c k. (Mélanges biologiques tirés du Bulletin de l'Académie Impériale des Sciences de St-Pétersbourg. T. 12. p. 31 —107.) St. Petersburg 1884. 77 S. 8⁰.

Bunge, A., Berichte üb. die Expedition nach den neusibirischen Inseln u. dem Jana-Lande, s. a. Beiträge zur Kenntniss d. russischen Reiches u. der angrenzenden Länder Asiens.

Bunge, Alexander, und Baron Eduard Toll: Berichte über die von der Kaiserlichen Akademie der Wissenschaften ausgerüstete Expedition nach den Neusibirischen Inseln und dem Jana-Lande. (S.-A.) Beiträge zur Kenntniss des Russischen Reiches und der angrenzenden Länder Asiens. 3. Folge. Bd. 1–3.) St. Petersburg 1886–1887. 3 Bde. IV, 350 S., 6 Krt. 8⁰.

Bunge, Alex., pflanzen-geograph. Betrachtungen über die Familie der Chenopodiaceen, s.: Mémoires de l'acad. imp. des sciences de St.-Pétersbourg.

v. Bunge, Alex., s. A. de Candolle, Anleitung zum Studium der Botanik.

Bunge (A.). Ueber die Heliotropien der Mittellaendisch. orient. Flor. Moskau, 1870. 8⁰.

Bunge, Alexander von

—— **Icones plantarum novarum vel minus cognitarum, quas in I. parte operis: Alex. Lehmann reliquiae botanicae sive enumeratio plantarum in itinere per deserta Asiae mediae ab a Lehmann a. 1839—1842 collectarum descripsit in „Arbeiten des naturforschenden Vereins zu Riga." I. Bd. 1848. Tabulae XV ab auctore operis delineatae. Fol. maj. (Rigae 852, libr. Götschel.)** *

—— **icones plantarum nov. vel minus cogn., quas in op.: A Lehmann reliq. bot. s. enum. plant. in intin. per deserta Asiae med. coll. descr. Fol. (15 K.) Riga 52. (Lpzg, Köhler.) n. 2. 12**

Bunge, Alexander von: L a b i a t a e persicae, s. M é m o i r e s de l'Académie impériale des sciences de St.-Pétersbourg.

— s. K. F. v. L e d e b o u r, Flora.

Bunge, Alexander von: P l a n t a s Abichianas in itineribus per Caucasum regionesque transcaucasicas collectas enumerat. Petersburg: Eggers. Lipsiae: Voss. 1858. 4⁰. 20 S. Mém. acad. Pét. VI. Série VII, 581–598.

v. *Bunge*, Alex., Diss. de relatione methodi plantarum naturalis in vires vegetabilium medicales. 8. Dorpat 825.

B u n g e, A., A n a b a s e a r u m revisio, s. M é m o i r e s de l'acad. imp. des sciences de St.-Pétersbourg. 7. Série, Tome IV. Nr. 11.

B u n g e, A., Species generis Oxytropis, DC, s. M é m o i r e s de l'académie impériale des sciences de St. Pétersbourg.

—— G e n e r i s Astragali species Gerontogeae, s. a. M é m o i r e s de l'académie imp. des sciences de St.-Pétersbourg. 7. Série. Tome XI. Nr. 16.

Bunge, A., generis Astragali species gerontogeae. Pars I.: Claves diagnosticae. [Aus „Mémoires de l'Acad. Impér. des Sciences de St. Pétersbourg."] St. Pétersbourg 868. — Leipzig, Voss. gr. 4. (140 S.) n. 1 ℛ 7 ngr

— Tentamen generis Tamaricum species accuratius definiendi. [Universitatis litterariae Caes. Dorpatensis solemnia peractorum X lustrorum in dies 12 et 13. m. Dec. a. h. 1852 celebranda indicat.] gr. 4. (VI u. 84 S.) Dorpati 852. (Glaeser.) n. 1 ℛ 6 ngr

— — Pars II.: Ebend. 869. gr. 4. (254 S.) n. 2 ℛ 5 ngr

— Untersuchungen zur Entwickelungsgeschichte d. Beckengürtels der Amphibien, Reptilien u. Vögel. Inaugural-Dissertation. Mit 1 (lith.) Taf. gr. 8. (56 S.) Dorpat 880. Karow. n. 2. —

v. Bunge, Al., Verzeichniß d. im Jahre 1832 im östlichen Theile des Altai-Gebirges gesammelten Pflanzen. Ein Supplement zur Flora Altaica. Aus den Mémoires de l'Academie de St.-Pétersbourg für die Besitzer der Flora Altaica besonders abgedruckt. gr. 8. St. Petersb. 836. (Leipzig, Voß.) n. 7/8 ₰

—— übersichtliche Zusammenstellung der Arten der Gattung Cousinia Cass., s. Mémoires de l'académie imp. des sciences de St.-Pétersbourg. 7. Série, Tome IX. Nr. 2.

Bunge, B., Ueber die Wirkungen des Cyans auf den thierischen Organismus. Diss. Dorpat. 57 pp 1879

Bunge, Dt. Dav., der Feierabend des Jahres u. die Feier des ersten Morgens im Jahre. 2 Reden. 8. Elberf. 790.

Bunge, Dt. Dav., (†...) Religionsbuch, z. Gebr. in Schulen rc. 8. Düsseld. 791. Dänzer. 16 gr 2e verb. u. verm. Aufl., v. C. Fr. Bunge. 8. Elberf. 819. Schaub. 18 gr

Bunge, D. D., christl. Religionsbuch zur häuslichen Erbauung, zum Gebrauch für Schulen u. zum Unterricht für Confirmanden. 2te verb. u. verm. Auflage, von C. Fr. Bunge. 8. Elberfeld, Schaub. 819.

Bunge, Emil

Glauben und Wissen. Eine Studie über die letzten Gründe und Ziele der Freimaurerei. [Von Konstantin Alexis, d. i. Emil Bunge.] Stiftungsfest 1874. Als Ms. gedr. Cöthen: Schettler 1887. 27 S. 8°
Recens: FZ. 41 (1887) S. 279—280; L. 10 (1887) S. 104 (B. Cramer).
Verf. kommt zu d. Ergebnis, dass d. Frmrei etwas geschichtlich notwendig Gewordenes, notwendig Bestehendes ist, mit einer ganz bestimmten Kulturaufgabe f. d. Zukunft.

Instruktionen und Erläuterungen zur Einführung in den Gesellengrad der Johannismaurerei. Von Emil Bunge. Cöthen (Anhalt): Schettler 1898. 34 S., 1 Taf. 8°

[Dasselbe.] Mit einem Bildn. des Verf. Als Ms. f. Br Br Frmr gedruckt. 2. unveränd. Aufl. Ebendas. 1905. 34 S., 1 Taf. 8°
[Dasselbe.] 3. Aufl. Lissa i. P.: Ebbecke. 34 S., 1 Taf. 8°
Erklärung der Eröffnung, des Schlusses u. des Aufnahme-Rituals des Gesellengrades.

Instruktionen und Erläuterungen zur Einführung in den Lehrlingsgrad der Johannismaurerei. Von Emil Bunge. [Mit Bildn. des Verf.] Cöthen: Schettler 1890. 56 S., 1 Taf. 8°

[Dasselbe.] [Als Ms. f. Br Br Frmr. gedruckt.] 2. verb. Aufl. Ebendas. 1894. 58 S. 8°

[Dasselbe.] [3. Aufl.] Ebendas. 1898 58 S. 8°
cf. f. 1. Aufl.: Bh. 33 (1890) S. 358; FZ. 44 (1890) S. 406; L. 13 (1890) S. 184 (B. Cramer); DrL. 20 (1890—1891) S. 1662 (Chr. Klötzer).
Über Eröffnung, Schluss der Loge, Aufnahme eines Suchenden, ferner über die dem Lehrling bei seiner Beförderung zu stellenden Fragen u. Erklärung der Gebräuche bei der Tafelloge.

Bunge, Emil, Instruktionen u. Erläuterungen zur Einführung in den Lehrlingsgrad der Johannismaurerei. (4. Aufl.) (VIII, 60 S. m. Bildnis.) 8. Cöthen 910. P. Schettlers Erben. 1. —

Bunge, Friedrich Georg von

—— Archiv f. d. Geschichte Liv-, Esth- u. Curlands, s. Archiv.

Bunge, Fried. Georg v., Beiträge z. Kunde d. liv.-, esth.- u. curländ. Rechtsquellen. gr. 8. (10 B. u. 1 Tab. (in gr. 4.) Riga 832, Frantzen.

Bunge, FG v., s.: Brieflade, Est- u. Livländ.

— Chrestomathie von Quellen des Russ. Rechts. 1e Abtheil. Privatrecht. 8. Dorpat 826.

Bunge, Friedrich Georg von: Darstellung des heutigen russischen Handelsrechts mit Rücks. auf die dt. Ostseeprovinzen. — Riga; Lpg: Steinacker 1829. 240 S.

— Darstell. d. gegenwärtigen Verfassung d. Stadt Dorpat, aus d. Quellen (bearbeitet). 8. Riga 827. (Leipz., Steinacker). 14 gr

— Einleitung in die liv-, esth- u. curländ. Rechtsgeschichte u. Geschichte der Rechtsquellen. gr. 8. (XII u. 327 S.) Reval 849, Koppelson. $2^1/_2$ ₰

Bunge, Friedrich Georg von: Geschichtl. Entwicklung der Standesverhältnisse in Liv-, Esth- und Curland bis zum Jahre 1561. — Dorpat: Kluge 1838. VI, 106 S. (Bunge: Forschungen auf dem Gebiete der liv-, esth- und curländischen Rechtsgeschichte. Beitrag 1.)

Bunge, Frdr. Geo. v., Entwurf einer Grund- und Hypothekenordnung für Liv-, Est- und Curland. Beilage zum Entwurf einer Ordnung des gerichtlichen Verfahrens in Civilrechtssachen. Reval 864. Kluge. gr. 8. (VI, 47 S.) n. 12 ngr

· Entwurf einer Ordnung des gerichtlichen Verfahrens in Civilrechtssachen für Liv-, Est- und Curland. Ebend. 864. gr. 8. (VIII, 235 S.) n. 1 ₰ 10 ngr

v. Bunge, Frdr. Geo., Entwurf einer Ordnung des gerichtlichen Verfahrens in Civilrechtssachen für Liv-, Est- u. Curland. 3. Liefg. Reval 864. Kluge. gr. 8. (XII, S. 235—367.) n. 24 ngr

Bunge, Friedr. Geo. v., Erörterungen aus den in Liv-, Esth- u. Curland geltenden Rechten, s. Erörterungen.

Bunge, Friedrich Georg von: Das Herzogthum Estland unter den Königen von Dänemark. — Gotha: F. A. Perthes 1877. XV, 391 S.

v. Bunge, Fr. Geo., Forschungen auf dem Gebiete der liv-, esth- u. curländ. Rechtsgeschichte. 1r Beitrag. A. u. d. T.: Geschichtl. Entwickelung der Standesverhältnisse in Liv-, Esth- u. Curland bis zum Jahre 1561. gr. 8. Dorpat 838. Eggers in Reval. 1 ₰

Bunge, Friedrich Georg von: Geschichte des Gerichtswesens und Gerichtsverfahrens in Liv-, Est- und Curland. — Reval: Kluge 1874. X, 337 S.

Bunge, F. G. v., baltische Geschichtsstudien. 1. und 2. Lfg. gr. 8. Leipzig 875, Bidder. *
Inhalt:
Heft 1. Livland, die Wiege der deutschen Weihbischöfe. Mit einer (chromolithogr.) Charte der Diöcesen Nordwestdeutschlands im 13. Jahrh. (VI, 102 S.) *M 3.
» 2. Der Orden der Schwertbrüder. Dessen Stiftung, Verfassung und Auflösung. Mit einer (eingedr.) Abbild. des Ordensspiegels (in Holzschn.). (100 S.) *M 2.

Bunge, Frdr. Geo. v., baltische Geschichtsstudien. 1. u. 2. Lfg. gr. 8. Leipzig 876. [Bidder.] Duncker & Humblot. n. 6. —
1. (VI, 102 S.) n. 3. —. 2. (100 S.) n. 2. —.

Bunge, Friedrich Georg v., vgl. Greiffenhagen, W.

— Grundriß zu e. Einleitung in das heutige Liv-, Esth- u. Kurländ. Provinzialrecht. 8. Dorpat 824. (Meinshausen).

v. Bunge, (F. G.,) Grundriß zu e. Einleitung in das heutige Liv-, Esth- u. Curländische Provinzialrecht. 8. (Dorpat 825, Meinshausen.)

— Grundriß des heutigen Kurländ. u. Piltenschen Privat-Landrechts, für s. Vorles. entworfen. 8. Dorpat 825.

— Grundriß d. heutigen Livländ. Privatrechts, f. seine Vorles. entworfen. 8. Dorpat 825. (Meinshausen).

Bunge, Friedr. Geo. v., das Inland, s. Inland.

— s. J. L. Müthel, Handbuch.

v. Bunge, F. G. Der Orden der Schwertbrüder. Dessen Stiftung, Verfassung und Auflösung. [Baltische Geschichtsstudien II] (100) 8. Leipzig 1875. 2,00.

v. Bunge, Frdr. Geo., das curländische Privatrecht, wissenschaftlich dargestellt. gr. 8. (XXIV u. 634 S.) Dorpat 851, (Reval) Kluge. n. 4 ₰

— das liv- u. esthländ. Privatrecht, wissenschaftlich dargestellt. 2 Thle., die Einleitung, das Personen-, Sachen-, Forderungs-, Familien- u. Erbrecht enthaltend. gr. 8. Dorpat 838. Eggers in Reval. 6 ₰

— das liv- u. esthländ. Privatrecht, wissenschaftl. dargest., 2 Thle., die Einleitung, d. Personen-, Sachen-, Forderungs-, Familien- u. Erbrecht enth. gr. 8. (55 B.) Dorpat 838, Kluge. (Leipzig, Michelsen.)

— das liv.- u. esthländische Privatrecht wissenschaftl. dargestellt. 2. sehr verm. u. verb. Aufl. 2 Thle. gr. 8. 1. Thl., die Einleitung, das Personen-, Sachen- u. Forderungsrecht enthaltend. (575 S.) 2. Thl., das Familien- u. Erbrecht enthaltend. (X u. 513 S.) Reval 847. 48, Kluge. (à n. 2¾ ₰) n. 5½ ₰

Bunge, Friedrich Georg von, s. Quellen des Revaler Stadtrechts.

— Quellen des Revaler Stadtrechts, s.: Sammlung der Rechtsquellen Liv-, Esth- u. Curlands.

Bunge, Friedrich Georg von: Die Revaler Rathslinie nebst Geschichte der Rathsverfassung und einem Anh. über Riga und Dorpat. — Reval: Kluge 1874. VI, 210 S.

— das röm. Recht in den deutschen Ostseeprovinzen Rußlands. Einladungsschrift zur Feier des Tages, an welchem vor 1300 Jahren die Institutionen u. Pandecten des röm. Rechts Gesetzeskraft erhalten haben. gr. 4. (Dorpat 833. Severin.) ¼ ₰

— Altlivlands Rechtsbücher. Zum Theil nach bisher unbenützten Texten hrsg. gr. 8. (VI, 264 S.) Leipzig 879, Breitkopf und Härtel. *

— chronolog. Repertorium d. Russischen Gesetze u. Verordnn. f. Liv-, Esth- u. Kurland. 1r — 3r Bd. 8. Dorpat 823 — 26. Meinshausen.

Bunge, F[riedrich] G[eorg] von: Die Stadt Riga im 13. und 14. Jh. Geschichte, Verfassung und Rechtszustand. - Lpg: Duncker & Humblot 1878. XVI, 403 S.

— über den Sachsenspiegel, als Quelle des mittlern u. umgearbeiteten Livländischen Ritterrechts, so wie d. Oeselschen Lehnrechts. gr. 8. Riga 827. (Leipz., Steinacker). 1 ₰

Bunge, Friedrich Georg von, s. Sammlung der Rechtsquellen Liv-, Esth- u. Curlands.

Bunge, Friedr. Georg v., liv-, esth- und curländisches Urkundenbuch, s. Urkundenbuch.

Bunge, F. G. v., liv-, est- u. curländische Urkunden-Regesten bis zum J. 1300. 4. (X, 119 S.) Leipzig 881. Duncker & Humblot. n. 6. —

— Wie kann d. Rechts-Zustand Liv-, Esth- u. Curlands am zweckmäßigsten gestaltet werden? Geschichtlich entwickelt. gr. 8. Riga u. Dorpat 833. Frantzen. ¼ ₰

— wie u. nach welchen Regeln müssen die in Livland geltenden Gesetze interpretirt werden? 8. Dorpat 822.

Bunge, Gustav von

— Kleiner Abstinenz-Katechismus mit bes. Berücksichtigung der Alkoholfrage vom religiösen Standpunkte aus. Bremerhaven 1894. 7 S. Mk. —.10.

Bunge, G[ustav] von). Wider den Alkohol. Gesammelte Reden und Abhandlungen. IV + 72 S. 8. Basel, Friedrich Reinhardt (*Umschlag: Schriftstelle des Alkoholgegnerbundes), 1903. (fr. —. 20)

(Alkoholgegnerbund. <Internationaler Verein zur Bekämpfung des Alkoholgenusses.> [Flugschriften.] Nr. 43/44.)

Bunge, G. v., wider den Alkohol. Gesammelte Reden u. Abhandlgn. 1.—4. Taus. (71 S.) kl. 8. Basel (904). Schriftstelle des Alkoholgegnerbundes (durch F. Reinhardt). — 20

Bunge, G[ustav] von. Wider den Alkohol. Gesammelte Reden und Abhandlungen. (Neue, vermehrte Aufl. 7. und 8. Tausend.) IV + 72 S. 8. Basel, Schriftstelle des Alkoholgegnerbundes, ([19]08). (fr. —. 20)
([Alcoholgegnerbund.... Flugschriften.] Nr. 43.)

Bunge, Gust. v.: Wider d. Alkohol. Gesammelte Reden u. Abhandlgn. 9. Afl. (71) kl8° Bas., Schriftstelle d. Alkoholgegnerbundes ('11). — 20 (Pp.)d

Bunge, G., die Alkoholfrage. Ein Vortrag. gr. 8 (23 S.) Leipzig 887. F. C. W. Vogel. n. — 80

— dasselbe. 2. Aufl. gr. 8. (24 S.) Ebd. 887. n. — 80

Bunge, G., die Alkoholfrage. Ein Vortrag. (23 S.) 1887; 2. Aufl. gr. 8. (24 S.) Leipzig 888, F. C. W. Vogel. *

— Die Alkoholfrage. Verkürzte Ausgabe vom deutsch-amerikanischen Prohibitionsverein. Chicago 1889.

Bunge, G., die Alkoholfrage. Ein Vortrag. 5. Aufl. 21.—24. Tausend. 12. (30 S.) Zürich 890. (Bremerhaven, Chr. G. Tienken.) n. — 25

Bunge, G. Die Alkoholfrage. Ein Vortrag. Nebst einem Anhange: Ein Wort an die Arbeiter. Kl. in-8°. 31 S. Basel, Verlag des Vereins zur Bekämpfung des Alkoholgenusses. 1891 — 15

— die Alkoholfrage. Ein Vortrag. Nebst e. Anh.: Ein Wort an die Arbeiter. 8. (32 S.) Berlin 892. M. Breitkreuz. n.n. — 15

Bunge, G., die Alkoholfrage. Vortrag. Nebst einem Anh.: E. Wort a. d. Arbeiter. 8. (31 S.) Basel (Spalenvorst. 14) 895. (Schriftstelle d. Internat. Vereins z. Bekämpfg. d. Alkoholgenusses.) n.n. — 10

[F.] Die Alkoholfrage. E. Vortr. v. Dr. med. G[ustav] Bunge, ord. Prof. . . . an d. Univ. Basel. Nebst e. Anh. E. Wort an d. Arbeiter. (21. — 25. Taus.) *Basel: L. Reinhardt, Buchdr. [1898].* (30 S.) 1 Bd 8.
— Alkoholgegnerbund. No 1. [98. 9444

Bunge, G. v., die Alkoholfrage. Ein Vortrag. 4. Aufl. 8. (30 S.) Leipzig 899. Ch. G. Tienken. n.n. — 25

— dasselbe. 51.—60. Taus. dieser Ausg. 8. (29 S.) Basel (900). Schriftstelle des Alkoholgegnerbundes (durch F. Reinhardt). n. — 08

Bunge, G[ustav] von. Die Alkoholfrage. Ein Vortrag von Dr. med. G. von Bunge.... Nebst einem Anhang: Ein Wort an die Arbeiter. 44 S. 8. Basel, Friedrich Reinhardt, [1901]. [fr. —. 60]

Bunge, G([ustav] von). Die Alkoholfrage. Ein Vortrag. Nebst einem Anhang: Ein Wort an die Arbeiter. (71.—80. Tausend dieser Ausgabe.) IV + 32 S. 8. Basel, Fr. Reinhardt (*Umschlag: Schriftstelle des Alkoholgegnerbunds), [1903]. (fr. —. 10)
(Alkoholgegnerbund. ⟨Internationaler Verein zur Bekämpfung des Alkoholgenusses.⟩ [Flugschriften.] Nr. 1.)

Bunge, G[ustav] von. Die Alkoholfrage. Ein Vortrag. Nebst einem Anhange: Ein Wort an die Arbeiter. (Neue, durchgesehene Aufl. 81.—90. Tausend.) IV + 32 S. 8. Basel, Schriftstelle des Alkoholgegnerbundes (Fr. Reinhardt, [1904]). (fr. —. 10)
(Alkoholgegnerbund.... [Flugschriften.] Nr. 1.)

Bunge, G[ustav] von. Die Alkoholfrage. Ein Vortrag. Nebst einem Anhang: Ein Wort an die Arbeiter. (Neue, durchgesehene Aufl. 91.—100. Tausend.) II + 32 S. 8. Basel, Schriftstelle des Alkoholgegnerbundes (Fr. Reinhardt, [1905]). (fr. —.10)
([Alcoholgegnerbund.... Flugschriften.] Nr. 1.)

— die Alkoholfrage. Ein Vortrag. Nebst e. Anh.: Ein Wort an die Arbeiter. (Neue durchgeseh. Aufl. 81—110. Tausd.) (29 S.) 8. Ebd. (904. 906.) —10

Bunge, G[ustav] von. Die Alkoholfrage. Ein Vortrag. Nebst einem Anhang: Ein Wort an die Arbeiter. (Neue, durchgesehene Aufl. 121.—130. Tausend.) II + 32 S. 8. Basel, Schriftstelle des Alkoholgegnerbundes (Fr. Reinhardt, V. [19]07). (fr. —. 10)
([Alcoholgegnerbund.... Flugschriften.] Nr. 1.)

— Die Alkoholfrage. Vortr. Nebst e. Anh.: Ein Wort an d. Arbeiter. 151—160. Taus. (29) 8° Ebd. ('09). —10 d

— Die Alkoholfrage. Ein Vortrag. Nebst e. Anh.: Ein Wort an die Arbeiter. Neue durchgeseh. Aufl. 161—170. Tausd. (29 S.) 8. Ebd. (910.) —10

— Die Alkoholfrage. Vortr. Nebst Anh.: Ein Wort an d. Arbeiter. (201—210. Taus.) (29) 8° Ebd. ('12).

— zur Alkoholfrage, s.a. Flugschriften-Sammlung der internationalen Monatsschrift zur Bekämpfung der Trinksitten.

—— Zur Alkoholfrage. Ein Wort an die deutschen Arbeiter. 16. (7 S.) Bremerhaven 890, Tienken. —10

— Zur Alkoholfrage. Ein Wort an Herrn Dr. Martius und das „Blaue Kreuz". 7 S. Bremerhaven 1891. Mk. —.10.

Bunge, G[ustav] v[on]. Alkoholismus und Degeneration. ⟨Separatabdruck aus Virchows Archiv für pathologische Anatomie und Physiologie.... Band 175. (Hft. 2.) 1904.⟩ S. 185—198. 8. Berlin, Georg Reimer.

— Alkoholvergiftung u. Degeneration. Ein Vortrag, geh. auf Ersuchen des Zentralausschusses der Abstinenzvereine am 17. I. 1904 in der französ. Kirche zu Bern. 1. u. 2. Aufl. (à 20 S.) gr. 8. Leipzig 904. J. A. Barth. n. —40

Bunge, G[ustav] von. Alkoholvergiftung und Degeneration. Ein Vortrag, gehalten auf Ersuchen des Zentralausschusses der Abstinenzvereine am 17. Januar 1904 ... zu Bern. 3. Aufl. 20 S. 8. Leipzig, Johann Ambrosius Barth, 1910. (M. —. 40)

— Die Ausrottg d. Geschlechtskrankh. (17) gr8° Lpzg, FCW Vogel '11. —80

Bunge G.: Über die Bedeutung d. Kochsalzes u. das Verhalten d. Kalisalze im menschlichen Organismus. Diss. Dorpat 1873. 42 S. P.

— Uns. Feinde. Rede. (4) 8° Bas., Schriftstelle d. Alkoholgegnerbundes (durch F Reinhardt) (1898). —05 d

Bunge, G[ustav] von. Unsere Feinde. Rede, gehalten in der Versammlung der Guttempler in Basel, am 17. April 1898. [Neudruck.] 4 S. 8. (Basel, Schriftstelle des Alkoholgegnerbundes, Fr. Reinhardt, [1902].) (fr. —. 05, 100 Ex. fr. 2. —)

— Unsere Feinde. Rede, geh. in der Versammlg. der Guttempler in Basel, am 17. IV. 1898. (4 S.) 8. Basel (907). Schriftstelle des Alkoholgegnerbundes. —04

— Unsere Feinde. Rede. (Neudr.) (4) 8° Ebd. ('09). —02 d

— Unsere Feinde. Rede. NAfl (4) 8° Bas., Schriftstelle d. Alkoholgegnerbundes ('10). — 02 (Pp.) d

Bunge, Gustav. Der Kali-, Natron- und Chlorgehalt der Milch, verglichen mit dem anderer Nahrungsmittel und des Gesammtorganismus der Säugethiere. Dorpat, 1874. Diss.

— der Kampf gegen die Trinksitten u. seine Bedeutung f. den Arbeiterstand. Rede, geh. am 5. Juni 1893. 8. (16 S.) Basel 893. Selbstverl. —20

Bunge, G[ustav von]. Der Kampf gegen die Trinksitten und seine Bedeutung für den Arbeiterstand. Rede gehalten am 5. Juni 1893 ... zu Basel in der öffentlichen Sitzung des socialdemokratischen Vereins „Zeitgeist". [Neudruck.] 8 S. 8. (Basel, Schriftstelle des Alkoholgegnerbundes, Fr Reinhardt, [1902].) (fr. —. 05)
Alkoholgegnerbund. [Flugschriften.] Nr. 2.

— Der Kampf geg. d. Trinksitten u. s. Bedeutg f. d. Arbeiterstand. Rede. (8) 8° Ebd. ('10). — 05 (Pp.) d

Bunge, G[ustav] v[on]. Lehrbuch der organischen Chemie für Mediciner, in siebzehn Vorträgen von Dr. ... G. v. B', Professor in Basel. VI + 274 S. gr.-8. Leipzig, Johann Ambrosius Barth. 1906. [M. 7.—]

— Lehrbuch der physiologischen u. pathologischen Chemie. In 20 Vorlesgn. f. Aerzte u. Studirende. gr. 8. (IV, 380 S.) Lpz.: Vogel 1887 n. 8.—

— dasselbe. In 21 Vorlesgn. 2., verm. Aufl. gr. 8. (IV, 404 S.) Ebd. 889. n. 8.—

Lehrbuch der physiologischen und pathologischen Chemie. In 25 Vorlesungen f. Ärzte u. Studierende von G[ustav] Bunge. 3. verm. u. verb. Aufl. Leipzig: F. C. W. Vogel 1894. (IV, 447 S.) 8° [illegible]

Bunge, G. v., Lehrbuch der physiolog. u. patholog. Chemie i. 29 Vorlesgn. f. Ärzte u. Studirende. 4., verm. u. verb. Aufl. gr. 8. (IV, 510 S.) Leipzig 898. F. C. W. Vogel. n. 12. —; geb. n. 13. 25

Bunge, G[ustav] von. Lehrbuch der Physiologie des Menschen von G. von Bunge, Professor in Basel. 2 Bände. 8. Leipzig, F. C. W. Vogel, 1901.
Band 1: Sinne, Nerven, Muskeln, Fortpflanzung; in achtundzwanzig Vorträgen. Mit 67 Abbildungen im Text und 2 Tafeln. VIII + 382 S. [M. 10. —]
Band 2: Ernährung, Kreislauf, Athmung, Stoffwechsel; in sechsunddreissig Vorträgen. Mit 12 Abbildungen. VIII + 592 S. [M. 15. —]

Bunge, G[ustav] von. Lehrbuch der Physiologie des Menschen von G. von B', Professor in Basel. 2 Bände. 2., vermehrte und verbesserte Aufl. 8. Leipzig, F. C. W. Vogel, 1905.
Band 1: Sinne, Nerven, Muskeln, Fortpflanzung; in neunundzwanzig Vorträgen. Mit 67 Abbildungen im Text und 2 Tafeln. II + VI + 436 S. [M. 11. —, geb. 13. —]
Band 2: Ernährung, Kreislauf, Athmung, Stoffwechsel; in sechsunddreissig Vorträgen. Mit 12 Abbildungen. X + 670 S. [M. 17. —, geb. 19. —]

— la lutte contre la boisson et son importance pour la classe ouvrière. Discours prononcé le 5. VI. 1893 à la brasserie Dietrich à Bâle dans une séance de la société socialiste „Zeitgeist". gr. 8. (8 S.) Basel (893). Schriftstelle d. Alkoholgegnerbundes (durch R. Reinhardt). n. — 04

Bunge, G[ustav] v.: Die Mitwirkung der Frauen im Kampfe wider den Alkohol. Rede, geh. am 11. März 1898 auf dem v. d. Frauen Basels veranst. Bazar z. ... Gründung e. alkoholfr. Restaurants. — Basel: Alkoholgegnerbund (1898). 8 S. 8° [Kopft.] (Alkoholgegnerbund. Nr 31.)

v. Bunge, Prof. Dr. G. Die Mitwirkung der Frauen im Kampfe wider den Alkohol. Leopoldshöhe 1899. 8 S. Mk. —.05.

Bunge, G[ustav] von. Die Mitwirkung der Frauen im Kampfe wider den Alkohol. Rede, gehalten am 11. März 1898 auf dem von den Frauen Basels veranstalteten Bazar zum Zweck der Gründung eines alkoholfreien Restaurants. [Neudruck.] 8 S. 8. (Basel, Schriftstelle des Alkoholgegnerbundes, Friedrich Reinhardt, [1903].) (fr. —. 05)

Alkoholgegnerbund. [Flugschriften.] Nr. 31.

— una parola agli operai. Traduzione del Fulg. Mariani. gr. 8. (4 S.) Ebd. (902). n. — 04

— Die Quellen der Degeneration. Ein Vortrag, geh. am 18. II. 1910 im Arbeiterbund zu Basel. (15 S.) 8. Basel 910. F. Reinhardt. p nn — 10

Bunge, G[ustav von]. La question de l'alcoolisme. Conférence. Appendice: Un mot aux ouvriers. Traduit par E[rnest] Junt, avocat à Berne. [Nouveau tirage.] IV + 24 p. 8. Bâle, Dépôt central de la Ligue Antialcoolique, [1901]. (fr. —. 10)

[Alcoholgegnerbund =] Ligue Antialcoolique. ⟨Société internationale contre l'usage des boissons alcooliques.⟩ (Brochures. N° 24.)

— la question de l'alcoolisme. Conférence. Appendice: Un mot aux ouvriers. Traduit par E. Junt. 8. (24 S.) Ebd. (902). n. — 08

— La question de l'alcool. Conférence. Appendice: Un mot aux ouvriers. Traduction nouvelle par R. Hercod. 8—10. Taus. (23 S.) 8. Basel (907.) Schriftstelle des Alkoholgegnerbundes. — 10

— La question de l'alcool. Conférence. Appendice: Un mot aux ouvriers. Traduction nouvelle par R. Hercod. 4. mille. (23) 8° Bâle ('12). Bas., Schriftstelle d. Alkoholgegnerbundes. — 10 (Pp.)

— Die Tabak-Vergiftg. Gemeinverständl. dargest. 1—5.Taus. (13) 8° Bas., F Reinhardt '12. — 10 (Pp.) d

— die zunehmende Unfähigkeit der Frauen, ihre Kinder zu stillen. Die Ursachen dieser Unfähigkeit, die Mittel zur Verhütg. Ein Vortrag. gr. 8. (32 S.) München 900. E. Reinhardt. n. — 80; französ. Übersetzg. v. Legrain n. — 80

Bunge, G[ustav] von. Die zunehmende Unfähigkeit der Frauen, ihre Kinder zu stillen. Die Ursachen dieser Unfähigkeit, die Mittel zur Verhütung. Ein Vortrag von G. von Bunge, Professor an der Universität Basel. 2. [Titel-]Aufl. 32 S. 8. München, E. Reinhardt ([Druck:] Fr. Reinhardt, Basel), 1902. [M. —. 80]

[1. Aufl.:] 1900.

Bunge, G[ustav] von. Die zunehmende Unfähigkeit der Frauen, ihre Kinder zu stillen. Die Ursachen dieser Unfähigkeit, die Mittel zur Verhütung. Ein Vortrag. 3., durch neues statistisches Material vermehrte Aufl. 32 S. 8. München, Ernst Reinhardt, 1903. [M. —.80]

Bunge, G[ustav] von. Die zunehmende Unfähigkeit der Frauen, ihre Kinder zu stillen. Die Ursachen dieser Unfähigkeit, die Mittel zur Verhütung. Ein Vortrag. 8. München, Ernst Reinhardt. [M. —.80]

4. [unveränderte] Aufl. 32 S. 1905.
5., durch neues statistisches Material vermehrte Aufl. 40 S. 1907.

Bunge, G[ustav] von. Die zunehmende Unfähigkeit der Frauen, ihre Kinder zu stillen. Die Ursachen dieser Unfähigkeit, die Mittel zur Verhütung. Ein Vortrag. 6., durch neues statistisches Material vermehrte Aufl., mit einem polemischen Nachwort. 36 S. 8. München, Ernst Reinhardt, 1908 (*Umschlag: 1909). [M. —. 80]

Bunge, Gust., der Vegetarianismus. Ein Vortrag. 8. (43 S.) Berlin 885. Hirschwald. n. — 80

Bunge, G[ustav] v[on]. Der Vegetarianismus. Ein Vortrag von Dr. G. v. Bunge, Professor... in Basel. 2. Aufl. 45 S. 8. Berlin, August Hirschwald, 1901. [M. —. 80]

Bunge, Gust. v., Vitalismus u. Mechanismus. s. a. Aus baltischer Geistesarbeit. X.

— Vitalismus u. Mechanismus. Ein Vortrag. gr. 8. (20 S.) Leipzig 886. F. C. W. Vogel. n. — 60

— was sollen wir trinken? s. a. Flugschriften-Sammlung d. internat. Monatsschrift z. Bekämpfg. d. Trinksitten. 6.

— was sollen wir trinken? 12. (8 S.) Basel (Schmiedenhof) 893. Schriftstelle des Ortsvereins Basel des Internationalen Vereins zur Bekämpfg. des Alkoholgenusses. — 15

— was sollen wir trinken? Hrsg. v. Internat. Verein z. Bekämpfg. d. Alkoholgenusses, Ortsverein Basel. (Neue Aufl.) 8. (8 S.) Ebd. 895. n.n. — 10

— Was sollen wir trinken? Basel 1893. 8 S. Fr. —.15. Neue Aufl. 1900.

Bunge, G[ustav von]. Was sollen wir trinken? [Neudruck.] 8 S. 8. (Basel, Schriftstelle des Alkoholgegnerbundes, Fr. Reinhardt, [1902].) (fr. —. 05)

Alkoholgegnerbund. [Flugschriften.] Nr. 3.

— Was sollen wir trinken? (8) (08) Bas., Schriftstelle d. Alkoholgegnerbundes (08). nn —'05 d

—— Wie ist die Resorption der Luft aus der Pleurahöhle zu erklären? s. Archiv für Anatomie und Physiologie, Suppl.-Bd. zur physiolog. Abthl.

— Ein Wort an das „Blaue Kreuz" und Herrn Oberpfarrer Martius in Dommitzsch. (7 S.) Ebd. 1893. Schriftstelle d. Internat. Vereins zur Bekämpfung des Alkoholgenusses. — .05

— ein Wort an d. „Blaue Kreuz" u. Oberpfarrer Wilhelm Martius in Dommitzsch b. Torgau. [Aus: „Internat. Monatsschrift z. Bekämpfg. d. Trinksitten.".] Hrsg. v. Verein z. Bekämpfg. d. Alkoholgenusses. 8. (7 S.) Basel (Spalenvorst. 14) 895. Schriftstelle d. Internat. Vereins z. Bekämpfg. d. Alkoholgenusses. n.n. — 05

Bunge, G[ustav von]. Ein Wort an das »Blaue Kreuz« und Hrn. Oberpfarrer Dr. Wilhelm Martius.... [Neudruck.] 8 S. 8. (Basel, Schriftstelle des Alkoholgegnerbunds, Fr. Reinhardt, [1902].) (fr. —.05)

Alkoholgegnerbund. [Flugschriften.] Nr. 4.

Bunge, Gustav. Ueber Xylenolcarbonsäuren und einige Condensationsprodukte, welche der Euxanthongruppe angehören. (Jena) Dresden, 1889. Diss.

Bunge, Karl

Bunge, C., aus meinem Kriegstagebuche. Erinnerungen an Schleswig-Holstein 1864. 8. (III, 119 S.) Rathenow 889. Babenzien. n. 2. —; cart. n. 2. 50

Bunge, Kuno v., o. Beitrag zur Kenntnis der Hydrastis canadensis u. ihrer Alkaloide. Diss. gr. 8. (220 S. m. 1 Tab. u. 2 Taf.) Jurjew (Dorpat) 893. (E. J. Karow.) n. 4. 50

Bunge, Kurt, Referendar a. Hannover: Die arglistige Herbeiführung der Rechtskraft. Ein Beitr. z. Lehre von d. Ausbeutung d. Rechtskraft wider d. guten Sitten. Göttingen 1910: Dieterich. 80 S. 8°

Göttingen, Jur. Diss. v. 27. April 1910, Ref. Titze

[Geb. 8. Febr. 87 Göttingen; Wohnort: Gottingen; Staatsangeh.: Preußen; Vorbildung: Gymn. Göttingen Reife O. 05; Studium: Lausanne 1, Göttingen 2. Berlin 1, Göttingen 2 S.; Rig. 14. Febr. 10.] [U 10. 1320

Esquisses de Littérature politico-économique p. N(icolas)-Ch(ristianowitch) Bunge, anc. prof. à ... Kiew, anc. ministre d. fin. ... Trad. du russe (von A. Z.). Av. un portr. de l'auteur. *Bâle & Genève: Georg & C. 1898.* (XLIII, 455 S., 1 Portr.) 1 Bd 4.(8.) [97. 8199

Bunge, Paul, klinische Beobachtungen über die sympathische Ophthalmie. Aus der Gräfe'schen Augenheilanstalt in Halle. gr. 8. (51 S.) Dessau 880. (Halle, Hofstetter.) n. 2. —

Bunge, P., üb. Exenteration d. Auges, s.: Mittheilungen aus der Universitäts-Augenklinik zu Halle a. S.

Bunge, Paul: Über Gesichtsfeld und Faserverlauf im optischen Leitungsapparat. Halle 1884: Karras. 36 S., 8 Taf. 4°

Halle-Wittenberg, Med. Hab.-Schr. v. 16. [vielmehr: 23.] Febr. 1884

Im Buchhandel Halle: Niemeyer 1884.

Bunge, Paul: Zur sympathischen Ophthalmie. Halle a. S. 1880: Plötz. 51 S. 8°

Halle-Wittenberg, Med. Diss. v. 19. Nov. 1880

Geb. Quellendorf bei Dessau 28. 5. 1853. V.

Im Buchhandel Dessau 1880, bei Hofstetter in Halle.

Die Talma-Drummondsche Operation. Ihre Indikation, Technik u. die bisher erzielten Resultate. Von Privatd. Dr. [Paul Otto] Bunge, (Königsberg). Mit 1 Abb. Jena: G. Fischer 1905. (S. 170–286.) 8°
= Jahrbuch, Klinisches. Bd. 14, H. 3. [05. 7007

Bunge, die Talma-Drummondsche Operation. Ihre Indikation, Technik u. die bisher erzielten Resultate. (118 S.) gr. 8. Jena 905. G. Fischer. n. 3. 60
Sonderabdruck aus: „Klin. Jahrb."

Bunge, Ralf v., Beiträge z. Spectroscopie einz. Gifte u. Arzneimittel. Diss. gr. 8. (70 S.) Jurjew 894. (E. J. Karow.) n. 1. 40

Bunge, *Paul* Richard *Otto* [aus Zeitz]: Die Nervenendigungen der Froschhaut ... Guben, Druck v. A. Koenig, 1892; 21 S., 1 Bl. 8.
Halle, Med. Fak., Inaug.-Diss. v. 11. Aug. 1892

Bunge, Rud., 1813. Historisches Festgedicht mit vaterländischen Gesängen und lebenden Bildern. Zur Feier des Jubeljahres, besonders des 18. Octobers den deutschen Männer Gesangvereinen gewidmet. Leipzig 863. E. Schäfer. gr. 8. (24 S.) n. 2½ ngr.

Bunge, Rud., Burenlieder. Dem Heldenvolke u. seinem würd. Staatspräsidenten gewidmet. 8. (VIII, 92 S. m. 1 Bildn.) Dresden 901. E. Pierson. n. 1.—; geb. n. 2.—

! Bunge, R: Burenlieder, '01/05 || Heimat u. Fremde. Jetzt: Berl., Verl. Berlin-Wien. 96/00

Bunge, Rud., Camoëns. Ein Dichterleben. Roman in Versen. 8. (V, 259 S.) Leipzig 891. Abel & Müller. Geb. in Leinw n. 5. —

Bunge, Rud., das Fest zu Bayonne. Trauerspiel in 5 Akten. 16. (84 S.) Köthen 872. Schettler's Verl. 60

Bunge, Rud., ausgewählte Festspiele u. Opern-Dichtungen. 12. (451 S.) Köthen 882. Schettler's Verl. n. 5. —

Bunge, Rud., fünf Jahrhunderte allzeit in Treue. Festsp. z. halbtausendjähr. Stiftungsfeier d. Schützengilde z. Zerbst in 5 Handlgn., nebst e. Vorspiel: Vor zweitausend Jahren. Musik v. Frz. Preitz. 8. (96 S.) Zerbst 897. (F. Gast.) n. 1. —

Bunge, Rud., Heimat u. Fremde. Gedichte. Leipzig 864. M. Schäfer. 16. (232 S.) 15 ngr; geb. 25 ngr.

Bunge, Rud., Heimat und Fremde. Gedichte. 3. gänzlich veränd. und verm. Aufl. 16. (XVI, 304 S.) Köthen 879, Schettler's Verlag. geb. mit Goldschn. *

Heimat und Fremde. Gedichte von Rudolf Bunge. 4. veränd. u. sehr verm. Aufl. Mit e. Anh.: Im Abendsonnenschein u. d. Bilde d. Dichters. *Dresden & Leipzig: E. Pierson 1900.* (XXIX, 402 S.) 8° [F.] . [04. 4043 3

Bunge, Rud., Burenlieder. 901. — Heimat u. Fremde. 900. Jetzt: Berlin, Verlag Berlin-Wien.

—— der Herzog von Kurland, s. Universal-Bibliothek.

Bunge, Rudolf, Friedrich Ludwig Jahn, Ein dtsch. Patriotenleben, Zeitgemälde in 3 Abt., Cöthen, 38 S., 16°.

— Prinz Louis Ferdinand. Ein Heldenleben. Historische Dichtg. 8. (VIII, 285 S.) Berlin 895. K. Siegismund. n. 3. 60; geb. in Leinw. n. 4. 50

— nur e. Schauspiel. Drama in 5 Aufzügen. 16. (90 S.) Köthen 873. Schettler's Verl. 75

Bunge, Rud., Otto der Schütz. Oper in 4 Akten. Dichtung zum Theil mit autoris. Benutzung der Handlung aus Gfr. Kinkel's gleichnam. rhein. Gedichte. Musik von Vict. E. Neßler. Textbuch. 2. Aufl. 8. (59 S.) Leipzig 887, Schuberth und Comp. *

— deutsche Samariterinnen. Frauenbilder. Mit 8 (Holzschn.-)Porträts. 8. (XXI, 308 S.) Leipzig 883. Reißner. n. 6. —; geb. in Calico n. 7. 50; in Kalbleder n. 10.—

— Schauspiele. 1–3. Bd. [Der Verschollene. Zerrissene Ketten. Nur ein Schauspiel. (2., verb. Aufl.).] 12. (V, 68; 68 u. 95 S.) Köthen 881. Schettler's Verl. 2. 25

— die letzte Stunde eines Dreiundneunzigers. Dramatische Scene. 16. (22 S.) Ebend. 880. n.n. — 50

—— der Tag von Sedan. Eine dramat. Festerinnerung für die Verpflegungsmannschaft der freiwill. Feuerwehr zu Cöthen. 1. Aufl. (19 S.) 1873. * 30 Pf., und 2. Aufl. 16. (23 S.) Cöthen 873, Schettler'sche Buchh. *

dasselbe. 2. Aufl. 16. (23 S.) Ebend. 874. n. — 50

—— Tragödien. 5 Bde. gr. 16. Ebendas. 875. à Bd. *M 1. *M 5.; geb. *

Inhalt:
Bd. 1. Nero. (VIII, 108 S.)
" 2. Alarich, der Ostgothenkönig. (112 S.)
" 3. Desiderata. (96 S.)
" 4. Das Fest zu Bayonne. (84 S.)
" 5. Klosterbanns. (110 S.)

—— Tragödien. 1—5. Bd. 16. (510) Ebd. 76. n. 5. —

—— Tragödien. 4. Bd.: Das Fest zu Bayonne. 2. vielfach veränd. Aufl. 12. (VII, 82 S.) Cöthen 888, Schettler's Erben, Verlag. *
1.—3. und 5. Bd. Ebendas. 1875. à *M 1.—.

Bunge, Rud., der Trompeter v. Säkkingen. Oper in 3 Akten, nebst e. Vorspiel. Mit autoris. theilweiser Benutzg. der Idee u. einiger Orig.-Lieder aus J. Vict. v. Scheffel's Dichtg. Musik v. Vict. E. Neßler. 3. Aufl. 8. (79 S.) Leipzig 884. Schuberth & Co. n. — 50

— die Zigeunerin, s.: Universal-Bibliothek.

Bunge, Theodor von: Das Recht d. Kinder a.d. Nachlasse d. Vaters bei Lebzeiten d. Mutter n. liv.- und esthl. Landrechte. Diss. Dorp. 1852.

Aus dem Baltischen Rechtsleben der Neuzeit. Von Mag. iur. Th[eodor] v. Bunge. Mitau: E. Behre 1894. (63 S.) 8° [95. 1132

Bunge, Th. v., a. d. baltischen Rechtsleben der Neuzeit. gr. 8. (IV, 63 S.) Mitau 894. Riga, C. J. Sichmann. n. 1. 50; erm. Pr. n. 1. —

Bunge, Th. v., der baltische Civilproceß nach der Justizreform vom J. 1889, systematisch dargestellt. 2 Bde. gr. 8. (XV, 286 u. IX, 513 S.) Reval 890. 891. Berlin, Puttkammer & Mühlbrecht. n. 20. —

Büngen, Chr. Hnr., prima carotidi communi utrique corporis humani prospero cum eventu applicata ligatura, qua vita aegri servata et eneurysma ejus late diffusum arteriae temporalis superficalis sinistrae totius, partisque arteriae frontalis et occipitalis plane est sanatum. 4maj. Marburgi 838. (Elwert.) n. 1/4 ℛ Vgl. Bünger, Chr. Hnr.

Bungenberg, Theodor

Bungenberg, die Aufgaben der kirchlichen Gemeinden u. ihrer Organe im Kampfe gegen die Trunksucht. Vortrag, geh. auf der Kreissynode in Jülich am 24. VII. 1907. (23 S.) 8. Berlin 907. (Mäßigkeits-Verlag.) — 20

Bungener, F., Imprimatur. Quelques mots à M. Adrien Duval. 21 pp. in-8 Genève et Bâle, H. Georg. 1872. — 20.

Bungener, (Louis) Felix

Bungener, Fel., Calvin, sein Leben, sein Wirken und seine Schriften. Deutsche Ausg. Leipzig 863. Wilfferodt. 8. (423 S.) n. 1 ℛ

Bungener, Fel., Christus und die Welt. Vier Vorträge. Aus dem Französ. von M. Mehring. Mit einem Vorw. von Br. Lindner. Leipzig 857. Bredt. 8. (VIII, 108 S.) n. 12 ngr

Bungener, F., Erinnerungen aus dem Leben Paul Rabauts, s.: Familien-Bibliothek für's deutsche Volk.

Bungener, (Louis) Felix: Essai sur la poésie moderne. 8. Genève 840. (Tübingen, Fues.)

— die Geschichte des tridentinischen Concils. Uebersetzt von S. v. B. Vom Verfasser anerkannte Ausg. 2 Bde. Stuttgart 861. J. F. Steinkopf. 8. (754 S.) 2 ℛ 12 ngr

— König und Prediger. Deutsche Uebersetzung des Werkes: „Un sermon sous Louis XIV." Bern 856. (Basel, Georg.) gr. 12. (XXVI, 379 S.) n. 1 ℛ 20 ngr

— König und Prediger. Deutsche Uebersetzung des Werkes: „Un sermon sous Louis XIV." Wohlfeilere Ausg. Basel 860. Georg. 12. (XXVI, 399 S.) n. 1 ℛ

Bungener, Fel., Abraham Lincoln. Sein Leben, Wirken u. Sterben. Autoris. Uebersetzung. Bern 866. Mann & Baeschlin. 8. (171 S.) 12 ngr

— drei Predigten unter Ludwig XV. Ein drastisches Gemälde der Protestanten-Verfolgung in Frankreich und interessante Geschichten über die damaligen Zustände des französischen Hofes. Mit Erlaubniß des Verfassers aus dem Französ. übersetzt. 3 Bde. 859. 4 ℛ — 2. Ausg. mit dem Portr. des Verfassers (in Holzschn.) Leipzig 61. Wagner. 8. (1025 S.) 2 ℛ

— Rom und die Bibel. Aus dem Franz. übers. von C. Jungck. 6 Lfgn. 8. (407 S.) Berlin 860. Rauh. à Lfg. * 5 Ngr. *

— Rom und die Bibel. Aus dem Französ. übers. von C. Jungck. Berlin 861. Rauh. 8. (407 S.) n. 1 ℛ

Siehe ich bin des Herrn Magd. Predigt zur Feier der Aufnahme der Confirmandinnen, gehalten zu Genf am 2. Septbr. 1858. Aus dem Französ. übers. Darmstadt 861. Würtz. 8. (32 S.) n. 4 ngr

Bungener, Fel., drei Tage aus dem Leben eines Vaters. Aus dem Französ. übers. von F. St. 8. (116 S.) Chemnitz 871, Focke. geb. *

Bungener, Félix]. [François-Marie-Arouet de] Voltaire et son temps. Etudes sur le dix-huitième siècle par L[ouis]-F. B. 2 tomes. 8. Paris, Genève, Leipzig 1851.

· Was der Weihnachtsbaum erzählt. Für junge u. alte Kinder. Frei nach dem Französ. Berlin 860. (Beck.) 8. (16 S.) 1 ngr

Bungener, Fel., Was der Weihnachtsbaum sagt. Aus dem Französ. von C. H. Clauß. Freiberg 860. Craz & Gerlach. 16. (32 S.) n. 4 ngr

— Weihnachten u. der Krieg od. der Friede in Gott. Einige Worte f. Alle. gr. 16. (36 S.) Hamburg 871. Agentur d. Rauhen Hauses. n. — 30

— dass. — Aus dem Französ. übers. von F. St. 8. (56 S.) Chemnitz 874, Focke. *

— Weihnachten am Nordpol oder Gott überall. Einige Blätter für die Kinder. Aus dem Französ. übers. 16. (30 S.) Dresden 867, Naumann. cart. *

— Weihnachten am Nordpol oder Gott überall. Einige Blätter für die Kinder. Aus d. Französ. übers. Dresden 868. Naumann. 16. (30 S.) n. 3 ngr

— zwei Weihnachten und zwei Christbäume. Einige Worte für Kinder. Aus dem Französ. übers. Frankfurt a. M. 863. Heyder & Zimmer. 8. (32 S.) n. 4 ngr

— zwei Weihnachten u. zwei Weihnachtsbäume. Einige Seiten für die Kinder. Nach d. Französ. übers. Neustadt a. d. O. 865. Wagner. 8. (30 S.) n. 4 ngr

— zwei Weihnachten und zwei Weihnachtsbäume. Einige Seiten für die Kinder. Nach dem Französ. übers. 8. (30 S.) Neustadt a. d. O. 866, Wagner. *

Bungener, Henry, recherches en vue de la préparation de nitriles basiques. Dissertation inaugurale. gr. 8. (63 S.) Göttingen 879. (Vandenhoeck & Ruprecht.) n. 1.20

Bungenstock, Hermann

Praktische Diktier-Übungsbücher für Stenographen aller Systeme z. Gebr. in schnellschriftl. Kursen u. f. d. Selbstausbildung eingerichtet. Bearb. von H. Bungenstock. No 1–10. Berlin: F. Schulze [1900–03]. 10 Bde 8°
No 1. 2. Aufl. [1903.] 2. [1900.] 3–6. [1901.] 7–10. [1902.] [ea. 80 Pf]

Bungenstock, H., u. Ed. Knoke, Leichtfassl. Lehrbuch d. vereinf. deutschen Stenographie. Einigungs-System Stolze-Schrey. System d. verein. Schulen W. Stolze, Neu-Stolze, Schrey, Velten, Merkes u. Fortschritt. M. Anweisg. z. Selbstunterr. II. Ausg. gr. 8. (II, 37 S.) Hannover 898. Leipzig (J. H. Robolsky). Kart. n. — 75; Schlüssel nebst Winken f. d. Stenographen u. method. Anweisgn. (24 S.) n.n. — 75

— u. E. Knoke: Leichtfassl. Lehrb. d. vereinf. deut. Stenogr. Einiggs-System Stolze-Schrey. 3. Afl. (34) 8° Ebd. '01. Kart. — 75 || 5. Afl. (35) 02. Kart. — 80
Neue Afl. u. d. T.:
— — Leichtfassl. Lehrb. z. gründl. Erlerng u. Einübg d. vereinf. deut. Stenogr., Einiggs-System Stolze-Schrey. 8. Afl. v. H. Bungenstock. (48) 8° Ebd. ('02). — 80; Schlüssel. (28) ('02.) nn — 60

— leichtfassliches Lehrbuch zur schnellen Erlernung u. Einübung der vereinfachten deutschen Stenographie, Einigungs-System Stolze-Schrey. (Grosse Ausg.) (II, 48 S.) 8. Hannover (905). (Leipzig, J. H. Robolsky.) Kart. n. — 80

— dasselbe. Schlüssel [Aufgabenlösung]. Mit e. Verzeichnis kaufmänn. u. militär. Sonderkürzgn. (28 S.) 8. Ebd. (905). n.n. — 60

— dasselbe. Kleine Ausg. (24 S.) 8. Ebd. (905). n. — 55

— dasselbe. Schlüssel [Aufgabenlösung]. Mit e. Verzeichnis kaufmänn. u. militär. Sonderkürzgn. (8 S.) 8. Ebd. (906). n.n. — 50

— Ratgeber (prakt. method. Winke) zu dem Lehrbuche der vereinf. Stenogr. (Einigungssystem Stolze-Schrey). (16 S.) 8. Ebd. (906). — 30

Bünger, Dr. Die Beweglichkeit der Einkommensteuer. Preuss. Jahrb., Bd. 67, 1891.

Bünger, A., s.: Entscheidungen des Bundesamts f. d. Heimatwesen.

Bünger, A., s.: **Taschenkalender f. Zahnärzte.**

Bünger, Andreas Christoph, Quinque selecti ordinis in paedagogio regio cives ultimos apud nos sermones habebunt. — De fructibus ex recto usu institutionis scholasticae capiendis praef. Halle, 3. X. 1745. 8 Bl. (4.50) 4555
A. F. Martini, F. S. Morgenstern, O. H. v. Gemmingen, W. v. Blome, C. v. Bode, F. A. H. v. Kanne, H. B. H. v. Molzahn, A. W. v. Veltheim, E. W. u. O. Ch. v. Raven.

Bünger, C., Matthias **Bernegger,** e. Bild aus dem geist. Leben Strassburgs zur Zeit des dreissigjähr. Krieges. Mit dem Bildnis Berneggers. gr. 8. (XI, 401 S.) Strassburg i/E. 893. K. J. Trübner Verl. n. 12. —

Bünger, C., und **Tönnies, A.,** Festschrift zur 50jährigen Jubelfeier d. M. T. V. **Alfeld,** Korporation, 18. 8. 1908, Alfeld 1908, 64 S., Gr.-8°.

Bünger, C. Über die lateinische Quantität in positionslangen Silben. 25 S. **Progr.** Pr. G. *Strassburg Els.* 1880.

Bünger, C., Schülerkommentar z. Auswahl v. Xenophon's Anabasis. 8. (X, 206 S.) Leipzig 896. G. Freytag. n. 1.20; geb. n. 1.50

Bünger, C., Schülerkommentar zur Auswahl v. Xenophons Anabasis. 2., umgearb. Aufl. (181 S.) 8. Leipzig 906. G. Freytag. — Wien, F. Tempsky. Geb. 1.20

— Schülerkommentar zur Auswahl v. Xenophons Hellenika. 8. (IV, 46 S.) Leipzig 893. G. Freytag. n. — 40; geb. n.n. — 85

— dasselbe zur Auswahl v. Xenophon's Hellenika. 2. Aufl. (41 S.) kl. 8. Ebd. 908. Kart. — 50

— Schülerkommentar z. Auswahl a. Xenophon's Memorabilien. 8. (19 S.) Ebd. 896. n. — 25

Buenger, C, Theopompea. 8. (71) Strassb. 74, Trübner. n. 1. 20

Bünger, C. (Hrsg.), s. Xenophon : Auswahl aus Xen. Anabasis.

Bünger, C. (Hrsg.), s. Xenophon : Auswahl aus Xen. Hellenika.

Bünger, C. (Hrsg.), s. Xenophon : Auswahl aus Xen. Memorabilien.

Buenger, Christ. Henr., prima carotidi communi utrique corpor. humani prospero e. eventu applicata ligatura, qua vita aegri servata et aneurysma ejus lata diffusum arteriae temporalis superficiales sinistrae totius, partisq. arteriae frontal. et occipital. plano est sanatum. 4maj. (2½ B.) Marburg 838. (Elwert.) Vgl. Büngen, Chr. Hnr. •

Bünger, E., was muß man von der Elektrizität wissen? gr. 8. (96 S. m. Abbildgn.) Berlin (900). H. Steinitz. n. 1. —

Bünger, E: Was muss man v. d. Elektrizität wissen? 5. u. 6. Taus. (84 m. Fig.) 8° Berl., H Steinitz ('12). 1 — d

Bünger, Emil [aus Neu-Ruppin]: Beiträge zur Anatomie der Laubmooskapsel. . . . (Aus: Bot. Centralblatt 1890 Bd. XLII.) Cassel, Druck v. Gebr. Gotthelft. 1890; 1 Bl. + 31 S. u. 1 Taf. 8°
Berlin, Phil. Fak., Inaug.-Diss. v. 28. Jan. 1890

Bünger, Emil [Dr., w. Hilfsl.]: Neuer Katalog des Gymnasial-Museums zu Wittstock
s. **Grosser,** Richard, & Bünger, E.: Neuer Katalog ...

Bünger, Ferdinand

Bünger, F: Entwicklgsgesch. d. luther. Katechismusgebr. in Hannover. (8, 448) 8° Hann., C Meyer '12. nn 8.50; geb. nn 9.25 d

[F.] Entwickelungsgeschichte des Volksschullesebuches. Hrsg. unt. Benutzg amtl. Quellen v. Schulrat Ferd. **Bünger,** Seminardir. zu Lüneburg. M. 39 Textabb. *Leipzig: Dürr 1898.* (X, 630 S.) 1 Bd 8. [ʋ 1169

Bünger, Ferd., Entwickelungsgeschichte des Volksschullesebuches. Ergänzungsbd. Enth. e. übersichtl. Verzeichnis der einzelnen Erscheingn. der Lesebuchlitteratur, auch nach Ländern u. Landesteilen geordnet, das zugleich als Erweiterg. u. Vervollständigg. des dem Hauptbande angefügten Titelregisters dienen soll. gr. 8. (IV, 99 S.) Leipzig 901. Dürr'sche Buchh. n. 2. 50
Hauptwerk. Ebd. 898. n. 14. —; geb. n. 16. —.

Bünger, F., Handbuch der evangelischen Religionslehre nach Ordnung des kleinen Katechismus Luthers für Lehrerbildungsanstalten, zugleich ein Hilfsmittel für den Volksschulunterricht. gr. 8. (X, 280 S.) Bielefeld 882. Velhagen & Klasing. n. 2. 40

Bünger, F., Handbuch der evangelischen Religionslehre nach Ordnung d. kleinen Katechismus Luthers f. Lehrerbildungsanstalten, zugleich e. Hilfsmittel f. den Volksschulunterricht. 2., nach den Bestimmgn. d. kaiserl. Erlasses vom 1. Mai 1889 umgearb. Aufl. gr. 8. (X, 281 S.) Bielefeld 891. Velhagen & Klasing. n. 2. 40

Handbuch der Evangelischen Religionslehre nach Ordnung des kleinen Katechismus Luthers für Lehrerbildungsanstalten, zugl. e. Hilfsmittel f. d. Volksschulunterr. von F[erdinand] **Bünger,** Schulrat. 3. Aufl. *Bielefeld & Leipzig: Velhagen & Klasing 1900.* (X, 286 S.) 8° [F.] [ʋ 0365

Bünger, F., der zu erwartende neue Katechismus und die Volksschule. Vortrag, geh. auf der Seminarkonferenz zu Lüneburg am 29. Aug. 1889. [Aus: „Haus u. Schule".] gr. 8. (29 S.) Hannover 890. C. Meyer. n. — 50

Bünger, Franciscus Frider(icus) Gustavus: De corpore luteo. Halae (1825): Grunert. 31, II S. 8°
Halle-Wittenberg, Med. Diss. v. 31. Mai 1825
Geb. Wolmirstedt (Bez. Magdeburg) [2. 3.] 1801. V. vorh. Berlin, Inst. f. Gesch. d. Med. u. d. Naturwiss.

Bünger, Fritz *Emil* [cand. theol.; aus Schloppe]: Die Beziehungen Ludwigs IX. von Frankreich zur Kurie in den Jahren 1254—1264 ... (Enth. nur e. Theil d. eingereichten Arb.) Berlin, C. Vogts Buchdr., *1896;* 26 S., 1 Bl. 8.
Berlin, Phil. Fak., Inaug.-Diss. v. 24. Okt. 1896

Bünger, Fritz, Dr. phil., Gymnasialoberlehrer in Berlin: Geschichte der Neujahrsfeier in der Kirche. Berlin: Bünger 1910. 151 S. 8°
Jena, Theol. Diss. v. 3. Febr. 1910, Ref. Thümmel
[Geb. 1. Mai 73 Schloppe; Wohnort: Charlottenburg; Staatsangeh.: Preußen; Vorbildung: Gymn. Fürstenwalde Reife O. 92; Studium: Berlin 10 S.; Rig. 4. Juli 08.] [U 10. 2224

Bünger, Fritz: Gesch. d. Neujahrsfeier in d. Kirche. (151) gr8° Gött., Vandenh. & R. '11. 4 —

Bünger, Georg Wilhelm Jordans Bedeutung für den Jugend-Unterricht. Ein Vortrag. 4 (25 S.). **Progr.** G. u. Höh. Bürgersch. *Baden* 1888

Bünger, G. Aristophanis Ranarum apud Suidam reliquias collegit et disposuit G. B. 21 S. **Progr.** G. *Freiburg i. Br.* 1881.

Bünger, Gustav, Gerichtsreferendar in Burg b. M.: Die Haftung für Rat, Empfehlung und Auskunft nach dem Bürgerlichen Gesetzbuch. § 676 BGB. Jena 1907: G. Neuenhahn. (60 S.) 8° [F.]
Jena, Jur. Fak., Ref. Thon, Diss. v. 14. Mai 1907
[Geb. 8. Juli 83 Burg b. Magdeburg; Wohnort: Burg; Staatsangeh.: Preußen; Vorbildung: Gymn. Burg Reife O. 01; Studium: München 1, Jena 3, Halle 2 S.; Rig. 12. Febr. 07.]

Bünger, Heinrich, a. Westhoyel, Kr. Melle: Über den Einfluss verschieden hohen Wassergehalts des Bodens in den einzelnen Vegetationsstadien bei verschiedenem Nährstoffreichtum auf die Entwicklung der Haferpflanze. Merseburg 1906: F. Stollberg. (111 S., 5 Taf.) 8°
Göttingen, Phil. Fak., Ref. v. Seelhorst, Diss. v. 7. Jan. 1907
[Geb. 25. Jan. 80 Westhoyel, Kr. Melle: Wohnort: Westhoyel: Staatsangeh.: Preußen: Vorbildung: Ratsgymn. Osnabrück Reife O. 00; Studium: Göttingen 9 S.; Rig. 18. Juli 06.]

Bünger, J. A., Wohnungs-Anzeiger für Berlin, s. Wohnungs-Anzeiger.

Bünger, Karl [app. Arzt aus Netzeband in Meeklenb.[!]-Schw.]: Aus d. medicin. Klinik zu Kiel. Ueber Embolie der Lungenarterie ... Kiel, Druck v. P. Wegehaupt, 1895; 31 S. 8.
Kiel, Med. Fak., Inaug.-Diss. v. [20. März] 1895

Bünger, Karl Gf., († d. 6. Nov. 1813.) Abbild. u. Beschreib. einer Thermo-Lampe. M. Kpf. 8. Dresd. 803. Arnold. 8 gl.

Bünger, Paul [aus Prov. Brandenburg]: Beitrag zur Behandlung der Pseudarthrose. . . . Greifswald, Druck v. Julius Abel, 1890; 34 S. 8°
Greifswald, Med. Fak., Inaug.-Diss. v. 25. Febr. 1890

Bünger, Paul, die dringliche Nothwendigkeit gesetzlicher Maßnahmen behufs Einschränkung der hypothekar. Verschuldung des ländl. Grundbesitzes. Referat, erstattet in der XII. General-Versammlung der Vereinigung der Steuer- und Wirthschafts-Reformer zu Berlin, am 28. Febr. 1887. Hrsg. von dem „Ausschusse der Vereinigung der Steuer- und Wirthschafts-Reformer". gr. 8. (26 S.) Berlin 887, (Allgemeine Verlags-Agentur.) *

— üb. Vorstellung, Wille u. Handlung als Elemente der Lehre vom Verbrechen u. v. der Strafe. Drei Abhandlgn. [Aus: „Zeitschrift für die gesamte Strafrechtswissensch."] gr. 8. (V, 259 S.) Berlin 888. Guttentag. n. 5. —

[F.] **Bünger,** Richard [Prof. Dr.]: Die Entwicklung des höheren Schulwesens in Schlesien, statistisch dargest. Görlitz, Druck d. Act.-Ges. Görl. Nachr. u. Anzeiger, 1895; 13 S., 8 Bl. Tab. 4.
Görlitz, st. G u. RG, OP 1895 (189)

Bünger, Rich. Zu Xenophons Expedition in das Gebiet der Drilen. 17 S. Progr. G. Görlitz 1882.

Bünger, Ricardus: *Quo tempore Thucydides natus sit, et quo belli Peloponnesiaci historiam scripserit. 42 S. 4° (2°)
Halle-Wittenberg, Phil. Diss. v. 14. Aug. 1873
Geb. [Ferchland (Kr. Jerichow II) 16. 9. 1851]
Verf. erlebte die nachträgliche Diplomerneuerung 1926 als Gymnasial-Professor a. D. in Görlitz,

Bünger, *Christian Ludwig* Robert [app. Arzt aus Elberfeld]: Über senile Veränderungen des Augenhintergrundes ... Kiel, Druck v. H. Fiencke, 1893; 16 S., 1 Bl. 8.
Kiel, Med. Fak., Inaug.-Diss. v. [5. Dez.] 1893

Bünger, Rudolf

Bünger, R., die Erhebung Schleswig-Holsteins am 21. März 1848. Eine historisch-polit. Denkschrift. gr. 8. (X, 19 S. m. e. Holzschntaf.) Leipzig 873. Mentzel. n. 1. 20

Rede gehalten in einer Volksversammlung zu Nienstädten den 9. April 1848 v. Rudolph **Bünger.** Hamburg. (1848.) 8°.

Bünger, R., die Reform des Altonaer Volks-Schulwesens. Altona 864. Mentzel. gr. 8. (19 S.) 3 ngr.

Bünger, R., Staat u. Volksbildung in ihrer Wechselwirkung. Altona 869. Mentzel. 8. (78 S.) n. 12 ngr.

Bünger, R., Deutschland's Wahl zwischen Monarchie und Republik. Mit einem Hinblick auf Schleswig-Holstein. Altona, H. W. Köbner, 1848. 30 S. 8°.

Bünger, R., Deutschland's Wahl zwischen Monarchie u. Republik. Mit einem Hinblick auf Schleswig-Holstein. gr. 8. (30 S.) Altona 848. (Lehmkuhl.) n. 1/6 ℛ

Die Wahl zum Norddeutschen Parlament. Von Rudolph **Bünger.** Altona. (1866.) 8°.

— die Zwangs-Annexion und der schleswig-holsteinische Landtag. 8. (30 S.) Altona 865, Mentzel.

Bünger, Ulrich *Gustav Heinrich* [cand. theol. aus Grünhorst]: Das Verhältnis Ludwigs des Heiligen zu Papst Clemens IV. '(1265--1268)' ... (Enth. nur Abschn. 2 d. eingereichten Abh.) Halle a. S., Hofbuchdr. v. C. A. Kaemmerer & C., 1897; 60 S., 1 Bl. 8.
Halle. Phil. Fak., Inaug.-Diss. v. 12. Mai 1897

Bünger, W. (Red.), s. Concertina- und Bandomion-Zeitung, Allgemeine.

Bünger, Wilh., 200 Lustpartien und Reisetouren in und durch die sächsisch-böhmische Schweiz von Dresden u. Schandau aus zur Erleichterung der Auswahl einzelner Zielpunkte u. zur Erweiterung des Reiseverkehrs zum Königsplatz u. Fürst Ferdinandsteine im höheren Felsenbereiche der hinteren Schweiz. Dresden 858. Ernst. 8. (XIV, LXII, 93 S.) 15 ngr

— English travelling conversation: adapted for the use of schools and tourists. With a copious vocabulary of the principal words. A. u. d. T.: Englische Reise-Conversation für Schulen u. Reisende, mit einem vollständigen Verzeichniß der nöthigen Wörter. Magdeburgh 853. (Leipzig) Gebr. Baensch. (Gräbner.) 16. (1 Bl., VI, 72 S.) 7½ ngr

Bungeroth, Hermann

Bungeroth, H., aus der Kinderstube, s.: Sammlung theologischer u. sozialer Reden u. Abhandlungen.

Bungeroth, Herm., die Offenbarung Johannis, erläutert unter dem Gesichtspunkte e. Theodicee. (Kommentar.) (XII, 445 S.) gr. 8. Leipzig 907. G. Strübig. 6. —; geb. 7. —

Schlüssel zur Offenbarung Johannis, einem Meisterwerke göttlicher Kunst voll Trost und Kraft. Von H[ermann] **Bungeroth.** Leipzig: G. Strübig 1907. (VIII, 160 S.) 8° [F.] [07. 11834]

-- der Simultanstaat. Seine Grundlage, sein positives Recht u. seine Entwickelg. 1.—4. Bd. 8. Barmen, D. B. Wiemann. à n. 2. 40
1. Der Ursprung u. das Wesen d. Simultanstaates, nach philosoph. Grundsätzen entwickelt. (XVI, 186 S.) 892.
2. Das politische Recht der Konfessionen im preußischen Staate. (XI, 163 S.) 892.
3. Die Pflege d. rechtl. Lebens durch den Simultanstaat, nach ihren Zielen entwickelt. (XII, 192 S.) 893.
4. Das Zusammenleben der evangelischen u. katholischen Bürger im Simultanstaate. Zur Erzielg. e. dauernden Friedens beleuchtet. (X, 173 S.) 893.

Bungeroth, Pfr., Die bäuerlichen Verhältnisse in der Bürgermeisterei Altenkirchen (Reg.-Bez. Koblenz). (Schrift. d. Ver. f. Soz.-Pol., Bd. 22.) Leipzig 1883.

Bungeroth, H., die Währungsfrage. Für gebildete Laien bearb. gr. 8. (55 S.) Berlin 886. Walther & Apolant. n. 1. —

Bungeroth, Julius August. Larenblüthen. New York: Ludwig, 1862. GSP

Bungeroth, Otto. Die Influenza, ihr Wesen u. ihre Behandlg. 1.—5. Aufl. gr. 8. (12 S.) Düsseld. 890, Schrobsdorff. * — 50

Bungeroth, Otto (geb. Altenkirchen im Rheinl. 31. 3. 1849): Die Meningitis cerebrospinalis epidemica seit dem Jahre 1866. Berlin (1873). (40 S.) 8°
Berlin, Med. Diss. v. 25. Aug. 1873

Bungers, Ernst, aus Magdeburg: Über die **Bewegung** eines schweren Punktes auf einem Kegelschnitt, der mit konstanter Geschwindigkeit um seine vertikale Hauptachse rotiert. *Halle a. S. 1902: C. A. Kaemmerer & Co.* (83 S.) 8°
Halle, Phil. Diss. v. 21. Okt. 1902

Bungers, Ernst: Über das Cylindroid. Sagan 1904: C. Koeppel. (S. 1—9.) 4°
Sagan, k. kathol. G OP 1904 (245)

Bungers, Hans, Beiträge z. mittelalterl. Topographie, Rechtsgeschichte u. Socialstatistik d. Stadt Köln, insbes. d. Immunität Unterlan, s. a. Studien, Leipziger, a. d. Gebiet d. Geschichte.

Bungers, Hans *Wilhelm* [aus Magdeburg]: Beiträge zur mittelalterlichen Topographie, Rechtsgeschichte und Socialstatistik der Stadt Köln, insbes. der Immunität Unterlan ... [Erschien vollst. als Heft 1 d. III. Bds von: Leipz. Stud. aus d. Geb. d. Gesch.] Leipzig, Duncker & Humblot, 1896; 59 S. 8.
Leipzig, Phil. Fak., Inaug.-Diss. v. [27. Jan.] 1897

Büngers, C., s. B ü n g e r , Karl Gf.

Faust. Dichtung von Goethe ⟨1. u. Teil⟩. Musik von August **Bungert.** Op. 58. Klav.Ausz. von Conrad Ulbricht. T. 1. 2. *Leipzig: C. F. Leede (1903).* 2 Bde 4° [03. 8848

[Umschlagt.:] Odysseus' Heimkehr. Musik-Tragödie (v.) August **Bungert.** [Klavierausz.] *Leipzig: Commr. v. C. F. Leede (1896).* (2 Bl., 343 S.) 1 Bd 4.
— **Bungert,** A.: Homerische Welt. Odyssee Th. III. [96. 4080

Bungert, Aug., Heldenhymnen f. ein- u. zweistimm. Chor. Dichtung u. Musik v. A. B. Op. 42. 8. (11 S.) Berlin 890. F. Luckhardt. n. — 50

— Hutten u. Sickingen. Ein dramat. Festspiel für das deutsche Volk. Op. 40. 8. (XII, 167 S. m. 3 Plänen in Lichtdr.) Ebd. 888. n. 2. 40

— dasselbe. 3. Aufl. Volks-Ausg. 8. (VI, 137 S.) Ebd. 889. n. 1. —

[Umschlagt.:] Kirke (und Vorspiel Polyphemos). Musik-Tragödie (v.) August **Bungert.** [Klavierausz.] *Leipzig: Commr. v. C. F. Leede (1897).* (4 Bl., 295 S.) 1 Bd 4.
— **Bungert,** A.: Homerische Welt. Odyssee. Th. I. [98. 3791

Nausikaa (u. Vorspiel: Die Sirenen u. Odysseus' Strandung). Musik-Tragödie von August **Bungert.** [Klav.Ausz.] *Leipzig: C. F. Leede in Comm. (1900).* (367 S.) 4° [Umschlagt.]
— **Bungert:** Homerische Welt. Odyssee. T. 2. [00. 6097

— die Sphinx, s.: Sylva, Carmen.

Odysseus' Tod (mit d. Vorspiel: Telegonos' Abschied). Musik-Tragödie von August **Bungert.** [Klavierausz.] (2. Aufl.) *Leipzig: C. F. Leede in Komm. (1902).* (305 S.) 4° [Umschlagt.]
— **Bungert:** Homerische Welt. Odyssee. T. 4. [03. 1861

Warum? Woher? Wohin? Mysterium in 3 Tlen nach Worten d. Bibel, insbesond. d. Buches 'Hiob.' Für Soli, Chor u. Orchester. Comp. von August **Bungert.** Op. 60. [Text.] Leipzig: [Selbstverl.] 1908. 1 Bl. 4° A 12. 7763

— homerische Welt. Tetralogie. 3. Abend. Nausikaa. Musik-Tragödie in e. Vorspiel u. 3 Aufzügen. Dichtung u. Musik v. A. B. gr. 8. (80 S.) Berlin 887. F. Luckhardt. n. 1. 60; feine Ausg. n. 6. —

Bungert, Johann: Aus d. med. Klinik in Bonn. Über einen Fall von spastischer Gliederstarre.... Bonn, Univ.-Buchdr. v. C. Georgi, 1890; 23 S. 8°
Bonn, Med. Fak., Inaug.-Diss. v. 12. Dez. 1890

Bungert, Max [aus Berlin]: Castration und Hysterie ... Berlin, Buchdr. v. Gustav Schade (Otto Francke) 1887; 30 S. + 1 Bl. 8°
Berlin, Med. Fak., Inaug.-Diss. v. 29. Okt. 1887

Buengner, Johann

Buengner, J., Commentar zu dem 4. Buch d. Liv-, Est- u. Curländischen Privatrechts. 1. Bd. Artikel 2907 bis 3640. [Nichtofficielle Ausg.] gr. 8. (XV, 339 S.) Riga 889. (Kymmel's Verl.) n. 6. —

v. Büngner, Otto [Dr., seither Assistenzarzt an d. chir. Universitätskliniken zu Dorpat u. zu Halle a. S.]: Ueber die Degenerations- und Regenerationsvorgänge am Nerven nach Verletzungen. . . . Aus d. patholog. Institut in Marburg. Jena, G. Fischer. 1890; 2 Bl., 67 S. 8°
Marburg, Med. Fak., Hab.-Schr. v. [25. Okt.] 1890

Büngner, O. v., d. Landkrankenhaus z. Hanau. Rede z. Eröffng. d. Neubauten desselben, a. 11. X. 1897 geh. M. Plänen u. e. baul. Beschreibg. d. Anstalt. gr. 8. (16 S. m. 4 Taf.) Leipzig 898. F. C. W. Vogel. n. 1. —

Buengner, Otto, die Schussverletzungen der Arteria subclavia infraclavicularis u. der Arteria axillaris. gr. 8. (123 S.) Dorpat 885. (Karow.) n. 2. —

Buengner, Robert v., appr. Arzt a. Riga: Ueber Echinococcus im weiblichen Becken. Im Anschluß an einen in der Frauenklinik zu Jena beobachteten Fall. Jena 1904: H. Costenoble. (37 S.) 8°
Jena, Med. Fak., Ref. Krönig, Diss. v. 14. Nov. 1904
[Geb. 18. Jan. 80 Riga; Wohnort: Marburg; Staatsangeh.: Preußen; Vorbildung: Gymn. Marburg Reife O. 98; Studium: Jena 4, Göttingen 3, München 3, Jena 1 S.; Coll. 14. Sept. 04; Approb. 26. Juni 04.]

Buengner, Rob., zur Theorie u. Praxis der Alimentationspflicht mit Berücksichtigung particulärer Rechte. gr. 8. (VI, 182 S.) Leipzig 879. Breitkopf & Härtel.

Buniam, Veit Gatlieb, s. Beweis, d. d. Ende d. Welt zc.

Bunian, Joh. s. Bunyan.

Bunimovicz-Wikteschmeyer, Marie (aus Wolosin-Taganrog, Russland): Aus der Frauenklinik der Universität Zürich. Über vorzeitige Ablösung der Placenta bei normalem Sitze. [Mit 2 Tafeln.] Zürich 1904. 35 + III S. 8°. [17. VIII. 04.]
Zürich. Med. Diss. 1904/1905.

Bunimowicz, Joseph, aus Wolosin i. Russl.: Ueber die Einwirkung von Hydrazin auf Thiamide. *Königsberg i. Pr. 1901: H. Jaeger.* (40 S.) 8°
Königsberg, Phil. Diss. v. 23. März 1901

Bunin, Iwan, Erzählungen, s.: Novellen-Bibliothek, internationale. Nr. 6.

BUNING, E. J.
Die Diphtheriekrankheit, das Wesen, die Ursache und die Behandlung mit Heilserum. Eine Kritik von Dr. E J. Buning. Haarlem. De Erven F. Bohn. Leipzig und Wien. 1901. Deuticke. Gr.-8°. 80 S. K 1.80

Buning, Gerh*ard* [Prof.]: Zu Ciceros Briefen. Tl 1: Die beiden Gesetze des Publius Clodius gegen Marcus Tullius Cicero. Coesfeld, Buchdr. v. J. Fleissig, *1894*; 3—23 S. 4.
Coesfeld, k. G Nepomucenianum, OP 1894 (351)

Buning, G. Über die tragische Furcht in der Poetik des Aristoteles. 18 S. Progr. *Coesfeld* 1884.

Buning, Handbuch f. d. deutschen Unterricht, s.: Hoff, L.

Buning, Leitfaden f. den Unterricht in der deutschen Grammatik, s.: Hoff, L.

[F.] Marinebilder v. Weruméus **Buning.** A. d. Holländ. *Halle a. d. S.: O. Hendel (1896).* (1 Bl., 70 S.) 1 Bd 8.
— Bibliothek d. Gesamtlitteratur d. In- u. Auslandes. No 900. [96. 3004

Buning, Weruméus, Marinebilder, s. a. Hendel's, Otto, Reisebibliothek.

Marinebilder [Marineschetsen] von Weruméus **Buning.** Aus d. Holländ. Halle a. S.: O. Hendel [1908]. (176 S.) 8° [F.]
(Otto Hendel's Reisebibliothek. Ser. 1. No 5.) [08. 18274 3

Buntnk, G. J. v., fortges. Samml. merkwürd. Rechtshändel. 1r Thl. 8. Hannov. Helwing. 779.

Bunk: Über das Vorkommen einer alkalischen Substanz im Schmelzraume des Eisenhochofens zu St Leonhard in Kärnten. S. 3. 20

Separatabdruck

Bunke, Ernst, s: Arbeit f. Grossstadt u. Land.

Bunke, Ernst, Vater Bodelschwingh. Blätter der Erinnerg., gesammelt v. B. (212 S. m. 1 Bildnis u. 8 eingedr. Taf.) 8. Berlin 910. (Vaterländ. Verlags- u. Kunstanstalt.) 1. 25

Vater Bodelschwingh. Blätter d. Erinnerung gesammelt von Ernst Bunke. 2. Aufl. Berlin: Stadtmission 1910. 218 S. 8° (10. 1174)

Bunke, Ernst, innerkirchliche Evangelisation üb. d. J. 1904. (24 S.) 8. Hagen (905). O. Rippel. n. — 80
Sonderabdruck aus: „Kirchl. Jahrb."

Bunke, Ernst, kirchliche Evangelisation im Geiste der inneren Mission. gr. 8. (62 S.) Hamburg 899. Agentur des Rauhen Hauses. n. — 60
Sonderabdruck aus: „Flieg. Blätter a. d. Rauhen Hause".

— Glaube an den Herrn Jesum Christum! 10 Predigten, geh. in Münsterberg in Schlesien. gr. 8. (68 S.) Breslau 901. [Ev. Buchh.] Berlin, Buchh. d. Berl. Stadtmission. n. 1. —; erm. Pr. n. — 60

— Unser Glaubensbekenntnis. Predigt üb. Römer 10, 9 u. 10. (15) 8° Ebd. '12. — 10 d

— s.: Handbuch, homiletisches.

— Vater Jänicke, s.: Für Feste u. Freunde der inneren Mission.

Der Lehrstreit über die Kindertaufe innerhalb der lutherischen Kirche. Ein Beitrag z. Beurteil. der jetz. Gemeinschaftsbewegung von Ernst Bunke. Mit Vorw. von Adolf Stöcker. *Kassel: E. Röttger (1900).* (XIV, 145 S.) 8° [5.] (10. 1111 3)

— s.: Reformation, die.

— s.: Stoecker, Adolf, Erinnerungsblätter.

— Der Vater d. Berliner Stadtmission, s: Bilder a. d. Stadtmission.

Bunke, Ernst Josef: Allg. fassliche Belehrung über die Kennzeichen und Verhütung des Milzbrandes und über das nothwendige Verfahren bei Menschen und Thieren, welche von der Milzbrandkrankheit befallen worden sind. Oels 1859. VIII, 72 S.

Bunke, Ernestus Josephus *(geb. Wohlau 15. 11. 1794)*: De trichiasis cura radicali per exstirpationem ciliorum. Vratislaviae (1820). (17 S.) 4°
Breslau, Med. Diss. v. 23. Febr. 1820

Bunke, Carolus (Paulus) *(geb. Maltsch in Schles. 22. 3. 1842)*: De ampliationibus et comperendinationibus quae apud Romanos in judiciis publicis et privatis in usu erant. Vratislaviae 1865. (VIII, 35 S.) 8°
Breslau, Jur. Diss. v. 10 Aug. 1865

Bunkels, Johann, Leben, Bemerkungen und Meinungen, nebst den Leben verschiedener merkwürdiger Frauenzimmer, aus dem Engl. 4 Theile m. K. 8. Berlin, 778. Fr. Nicolai. 4 Rthl. 12 sgl.

Bünker, J. R., d. Bauernhaus i. d. Heanzerei (Westungarn). [Aus: „Mittheilgn. d. anthropol. Gesellsch. in Wien".] gr. 4. (66 S. m. 102 Ill.) Wien 895. (A. Hölder.) n. 5. —

— das Bauernhaus i. d. östl. Mittelsteiermark u. in benachbarten Gebieten. [Aus: „Mittheilgn. d. anthropol. Gesellsch. in Wien".] gr. 4. (79 S. m. 56 Abb.) Ebd. 897. n. 5. —

— das ethnograph. Dorf d. ungar. Millenniums-Landesausstellung i. Budapest. [Aus: „Mittheilgn. d. anthropolog. Gesellsch. in Wien".] gr. 4. (26 S. m. 11 Abb.) Ebd. 897. n. 2. —

Bünker, J. R., Heanzische Kinderreime, s.; Zeitschrift f. österreichische Volkskunde. 1. Suppl.-Hft. z. 1900.

Bünker, J. R., d. erziehliche Knaben-Handarbeit, s.: Schranz, M.

Bünker, J. R., Schwänke, Sagen u. Märchen in heanzischer Mundart. Bei Unterstützg. der kaiserl. Akademie der Wissenschaften in Wien aufgezeichnet. (XVI, 436 S.) 8. Leipzig 906. Deutsche Verlagsactiengesellschaft. 6.—; geb. 7. 50

— Typen v. Bauernhäusern a. d. Gegend v. Oedenburg in Ungarn. 4° (16 m. Abbildgn.) Wien 02. (A Hölder). 1.60

Bünker, J. R., Typen v. Bauernhäusern aus der Gegend v. Oedenburg in Ungarn. Aufgenommen u. beschrieben. [Aus: „Mittheilgn. d. anthropolog. Gesellsch. in Wien".] gr. 4. (16 S. m. 14 Abbildgn.) Wien 894. (A. Hölder.) n. 1. 60

Bünker, Joh. Karl, d. letzte Abschied. Leichengebete z. Gebrauche b. d. Aussegng. e. Leiche v. d. Weggange a. d. Trauerhause. F. d. evang. christl. Volk ges. 12. (XII, 124 S.) Klagenfurt 898. (J. Heyn.) Geb. n. 1. —; m. Goldschn. 1. 40

Bunkenfeld, W., Die christliche Frau und ihre Liebesthätigkeit in der evangelischen Kirche. (19 S.) Barmen 1891. Wiemann.

Bunkle, der jüngere, ein Mann ehrbaren Standes, aus d. Engl. 8. Leipzig, 778. Schwickert. 1 Rthl.
(Vgl. Buncle)

Bunkofer, Wilh., mein Austritt a. d. römischen Kirche, denk. Christen gewidmet, nebst d. Rede v. Kippers v. Berlin a. d. Altkatholikenkongreß i. Wien. 2., wesentlich verm. Aufl. gr. 8. (43 S.) Wertheim 897. (E. Buchheim Nachf.) n. — 40

Bunkofer, Wilh., das Beichtgebot der römischen Kirche. Eine religionsphilosoph. Studie. 8. (88 S.) Wertheim 900. (E. Buchheim Nachf.) n. — 80

Hrn Stadtpfarrers Laub's Broschüre: Neuestes altkathol. Blendwerk od. d. Fall Bunkofer u. s. w. Mosaikbild a. d. vatikan. Dunkelkammer, m. german. Licht beleuchtet. 8° (16) Ebd. 97. (*2. Afl. s. oben: Blendwerk.*)

— neuestes vatikan. Blendwerk od. d. Fall Laub. E. Mosaikbild a. d. vatikan. Dunkelkammer, m. german. Licht beleuchtet. (Umschlag: Herrn Stadtpfarrer Laub's Broschüre: Neuestes altkathol. Blendwerk od. D. Fall Bunkofer u. s. w.) 2., erweit. Aufl. gr. 8. (22 S.) Ebd. 897. n. — 20

'Ex cathedra'. Ernste christliche Gedanken über Roms Unrecht auf d. Lehrstuhl. Denkenden Christen gewidmet von Prof. Wilhelm Bunkofer. Wertheim a. M.: E. Buchheim Nachf. 1890. (48 S.) 8° [Ant. u. 5.] (10. 10. 10)

— „Dies ist mein Leib". Freie Gedanken üb. das heilg. Abendmahl in Gesprächen. gr. 8. (IV, 88 S.) Ebd. 899. n. — 70

Bunkofer, Wilh., Elementar-Geometrie in Dialogen. Festgabe zum 50jähr. Jubiläum d. Grossherzogl. Lehrerseminars Ettlingen. gr. 8. (VIII, 247 S.) Bühl 885. Actiengesellsch. „Konkordia". n. 4. —

Bunkofer, W.: Die ersten Elemente der Determinantentheorie. 27 S.
Progr. Meersburg 1883.

— die ersten Elemente der Determinantentheorie. gr. 8. (27 S.) Tauberbischofsheim 883. Lang. n.n. – 50

Bunkofer, Wilhelm: Entwurf eines Apparates für Beobachtung der Luftdruckschwankungen mit sehr starker Vergrösserung. Mit 1 Taf. Wertheim a. M. 1908: Bechstein. 7 S. 4°
Wertheim a. M., großh. G P 1908 (810)

Bunkofer, Wilhelm [Prof.]: Die arithmetischen Funktionen der drei ersten Ordnungen. Method. Studie z. Ausbau d. Gymnasialmathematik. I. Abt. M. e. Taf. in Steindr. Wertheim a. M., E. Bechstein's Buch- u. Steindr., 1895; 18 S., 1 Taf. 4.
Wertheim a. M., grossh. G, MP 1895 (629)

Bunkofer, Wilhelm [Prof.]: Die arithmetischen Funktionen der drei ersten Ordnungen. Method. Studie z. Ausbau d. Gymnasialmathematik. II. Abt. M. e. Taf. in Steindr. [Forts. d. P-Beil. 1895.] Wertheim a. M., E. Bechstein's Buch- u. Steindr., 1896; 18 S., 1 Taf. 4.
Wertheim a. M., grossh. G, P 1896 (628)

Bunkofer, Wilhelm [Prof.]: Die arithmetischen Funktionen der drei ersten Ordnungen. Method. Studie z. Ausbau d. Gymnasialmathematik. III. Abt. M. e. Taf. in Steindr. [Forts. d. P-Beil. 1895. 96.] Wertheim a. M., E. Bechstein's Buch- u. Steindr., 1897; 16 S., 1 Taf. 4.
Wertheim a. M., grossh. G, MP 1897 (641)

Bunkofer, Wilh., die Geometrie des Progymnasiums. 2 Thle., für Tertia u. Sekunda. Mit 16 lith. Fig.-Taf. gr. 4. (VIII, 149 S.) Freiburg i/Br. 879. Herder. à n. 2. —

— analytische Untersuchung der durch eine kleine dreieckige Oeffnung erzeugten Beugungserscheinung bei parallel einfallenden Strahlen. 4. (14 S. m. 1 Steintaf.) 879. Ebend. n. 1. —

Bunkhofer, Wilhelm: Analytische Untersuchung der durch eine dreieckige Öffnung erzeugten Beugungserscheinung bei parallel einfallenden Strahlen. 14 S.
Progr. Bruchsal 1879.

Bunkofer, Wilhelm [Prof.]: Vektorenquadrate im ebenen, stetigen Gebilde. Geometr. Abhandlg. M. e. Taf. in Steindr. Wertheim a. M., E. Bechstein's Buch- u. Steindr., 1893; 21 S., 1 Taf. 4.
Wertheim a. M., grossh. G, MP 1893 (613)

Bunkofer, W.: Katechetische Wiederholung der Elementargeometrie. Als Einladung zur Schulfeier des 50jährigen Jubiläums des Seminars am 6. August 1885. 39 S. Die Jubiläumsfeier Programm S 1 - 7.
Progr. Ettlingen 1885.

— Christi Wort „Ich bin bei Euch". D. große Fragezeichen a. Stuhle Petri. Oeffentl. Vortrag, geh. am 6. III. d. J. zu Pforzheim. gr. 8. (80 S.) 898. (Wertheim: E.Buchheim) n. — 25

Bunkofer, W.: Die complexe Zahl in Dialogen, elementar erläutert. 62 S.
Progr. Meersburg 1883. (Tauberbisch.: Lang)

Bunkhofer, Wilhelm: Zahlenbüschel. Mittelpunkt. Aequivalente Vertretung von Funktionssystemen. 25 S.
Progr. Bruchsal 1878.

Bunkofer, W, Zahlenbüschel. Mittelpunkt. Aequivalente Vertretg v. Punktsystemen. 4. (25 m. 1 L.) Bruchs. 78. Freib., Herder. n. 1.

Bünnecke, H., Handbuch der sozialen Gesetzgebung d. Deutschen Reichs. Für jedermann zum prakt. Gebrauche hrsg. 8. (VIII, 180 S.) Leipzig 891. W. Violet. n. 3. —; geb. n. 4. —

Bünnecke, H., der Reichs- u. Staatsdienst nebst verwandten Fächern. Praktischer Ratgeber f. die Berufswahl in denselben. Enth. das Wissenswerteste aus den Vorschriften über Annahme, Ausbildg., Prüfg. u. Anstellg. für sämtl. Dienst- u. Berufszweige, auf Grund amtl. Materials systematisch zusammengestellt u. erläuternd bearb. 1.—4. Hft. 8. Leipzig 888. Violet. n. 6. —
1. A. Civilverwaltung. I. Allgemeine Staatsverwaltg. II. Justizverwaltg. III. Bau- u. Maschinenfach. IV. Bergfach. V. Forstfach. VI. Geistliche u. Unterrichtsverwaltg. (93 S.) n. 1. 50
2. — dasselbe. VII. Medizinalwesen. VIII. Separations- u. Vermessungswesen. IX. Steuerverwaltg. X. Verkehrswesen. XI. Polizeiverwaltg. (104 S.) n. 1. 80
3. B. Militär- u. Marineverwaltg. I. Militärverwaltg. II. Marineverwaltung. (95 S.) n. 1. 50
4. — dasselbe. [Schluß.] III. Anstellung der Militärpersonen im Civildienst. Anhang: Winke u. Ratschläge. Normal-Gehälter der Beamten. Alphabetisches Register. (61 S.) n. 1. 20

—— Der Reichs- u. Staatsdienst, nebst verwandten Fächern. Praktischer Ratgeber f. die Berufswahl in denselben. 5.—7. Heft. Ergänzungen. 8. Ebd. 889. * 5 30
5. (128 S.) * 2 —. — 6. (103 S.) * 1 80. — 7. (89 S.) * 1 50.
1.—4. Heft. Ebd. 1888. * 6 —.

Bunnefeld, Joseph Bern. [Prof.]: Geschichte der höheren Lehr-Anstalt zu Warendorf. Warendorf, J. Schnell'sche Buchdr., 1897; 48 S. 8.
Warendorf, k. G Laurentianum, P 1897 (377)

Bunnemann, Fritz, Gerichtsassessor a. Bielefeld: Die Beschränkung des Pflichtteilsrechts in guter Absicht. Göttingen 1909: Dieterich. 51 S. 8°
Göttingen, Jur. Diss. v. 23. Okt. 1909, Ref. Detmold
[Geb. 18. Jan. 81 Kreuznach; Wohnort: Kreuznach; Staatsangeh.: Preußen; Vorbildung: Gymn. Bielefeld Reife O. 00; Studium: Heidelberg 3. Göttingen 3 S.; Rig. 27. Juli 09.] [U 10. 1330

Bunnemann, Otto, über den Werth der zum Salzsäurenachweis im Mageninhalt benutzten Farbenreaktionen. Inaugural-Dissertation. gr. 8. (28 S.) Göttingen 888, (Vandenhoeck und Ruprecht.) *

Bünnemann, August Rudolf Jesaias, s. Bünemann, August Rudolf Jesaias

Bünnet, F. C., Churfürstin Pfalzgräfin Louise Juliane u. ihre Zeit. s. Bibliothek, europäische.

Karte der Grossherzoglich holstein-oldenburgischen Fideicommissgüter. Gez. nach d. Generalst.-Karte auf d. Kataster-Bur. zu Eutin von C. **Bünning**. 1883. Berichtigt 1902. Maassst. 1:40,000. *Hamburg (1902): J. Köhler.* (1 Kartenbl. 65 × 64 cm.) quer-gr. 2° [illegible]

Bünning, C: Karte d. grossh. holstein-oldenburg. Fideicommissgüter. Berichtigt 1902. 1:40,000. 65,5×67,5 cm. Kpfrst. Hamb. (C Boysen) (03). 2 —

Bünning, Eduard, a. Magdeburg: Nicholas Rowe Tamerlane. 1702. Schwerin i. M. 1908: Bärensprung. (72 S.) 8°
Rostock, Phil. Fak., Ref. Lindner. Diss. v. 25. Mai 1908
[Geb. 10. Okt. 84 Magdeburg; Wohnort: Rostock; Staatsangeh.: Preußen; Vorbildung: Realgymn. Magdeburg Reife O. 04; Studium: Göttingen 2, Berlin 2. Rostock 4 S.; Rig. 19. Mai 08.]

Bünning, Frdr. Wilh., d. Heldrasteinsage. E. romant. Epos. 8. (VII, 177 S.) Dresden 895. E. Pierson. n. 2. 50; geb. in Damast m. Goldschn. n. 3. 50

Bünning, [Hugo]: 'Gebt euern Kindern weder Bier noch Branntwein!' *Quedlinburg 1900: Gessler & Strauss.* (S. 4-6.) 4° [F.]
Quedlinburg, H. Volks-S, P 1900**

Bünnings, Emil, die Frau im Drama Ibsens. (57 S.) 8. Leipzig 910. Xenien-Verlag. 1. —

Buennings, Aemilius, Elberfeldiensis: Quomodo inducantur orationes directae in antiquorum oratione soluta. P. prior. *Marpurgi Catt. 1903: H. Bauer.* (76 S.) 8°
Marburg, Phil. Diss. v. [9. Juni] 1903

Bünnings, Emil, Dr.: Schillers Verhältnis zur griechischen Tragödie. Schwelm 1907: M. Scherz. (16 S.) 4° [F.]
Schwelm, PG u. R OP 1907 (444)

Buno, Georg Wilhelm: M e d i c u s philoscepus oder Der eine gehörige Bedeckung des Leibes, beydes für Gesunde als Krancke anweisenden ... Artzt: wie eigentlich dazu eine gute Policey- Hauß- u. Kleider-Ordnung auch rechtmässige Krancken-Pflege nothwendig erfodert werde. Celle: Verf. 1720. 199 S. 8°

Bunon, I., Idea historiae univers. 12. Lips. 700.

— — dass. deutsch. 8. Ebend. 702.

Bünsche, Henno, wie werde ich selbständig? Winke u. Ratschläge f. junge Handwerker u. Kaufleute. Von e. erfahrenen Meister u. Ladenbesitzer. (16 S.) 16. Hamburg, 908. W. Wulf (Leipzig, F. Schneider.) — 30

Bunse, Chr., die deutsche Bürgerschule, die Schule des Mittelstandes, s.: Zeitfragen, sociale.

Bunse, Chr., die Erziehg. z. Gehorsam u. zur Wahrhaftigkeit, s.a. Lehrer-Prüfungs- u. Informations-Arbeiten. 21. Hft.

— die Erziehung zum Gehorsam u. zur Wahrhaftigkeit. Zur Beherzigg. f. Lehrer u. Eltern. [Aus: „Lehrer-Prüfungs- u. Informationsarbeiten".] gr. 8. (30 S.) Minden 890. Hufeland. n. — 50

[J.] Lehrplan der achtstufigen Knaben- und Mädchen-Mittelschule in Minden i. Westf. Unt. Mitw. d. Lehrerkoll. aufgest. v. Rektor [Christ.] Bunso. *Minden i. W.: J. C. C. Bruns 1897.* (VI S., 1 Bl., 120 S.) 1 Bd 8. [98. 4081]

Bunse, Chr. Fr., deutsches Lesebuch f. westdeutsche Mittelschulen in 4 Tln., s.: Tesch, P.

Bunse, F. H., die Fasanenzucht. 12. (16 S. m. 18 Zeichngn.) Alsleben 890. (Leipzig, Rust.) n. — 80

Bunse, Paul, appr. Arzt aus Minden: Über den Pemphigus der Bindehaut. Minden 1909: Bruns. 42 S. 8°

Berlin, Med. Diss. v. 14. Jan. 1910, Ref. v. Michel

[Geb. 22. Okt. 83 Hagen i. W.; Wohnort: Göttingen; Staatsangeh.: Preußen; Vorbildung: Gymn. Minden Reife O. 03; Studium: Berlin K. W. A. 4, Göttingen 1, Freiburg i. B. 1, Berlin 2, Göttingen 2 S.; Coll. 13. Juli 09; Approb. 5. Jan. 10.] [U 10. 24

Bunsen, Christ. Karl Josias Frhr. v. Lebensbild, s. Baehring, Bernh.

Bunsen. – Christian Carl Josias Frh. v. Bunsen. Aus seinen Briefen ... geschildert, s. B u n s e n , Francis

Bunsen, Christian Karl Josias von.

Leipzig 1861. V: *Abeken, Heinrich.* (stadt biblBerlin XII, S. 177)

Robert Wilhelm Bunsen. Ein akademisches Gedenkblatt. (Enthält: I. Ansprachen bei d. Beerdigung am 19. Aug. 1899. — II. Gedächtnisrede geh. bei d. akadem. Trauerfeier am 11. Nov. 1899 von Theodor Curtius.) *Heidelberg 1900: J. Hörning.* (41 S.) 4°

Bunsen, Christian Carl Josias. Die Basiliken des christlichen Roms nach ihrem Zusammenhange mit Idee und Geschichte der Kirchenbaukunst. Auch als erläuternder Text zu dem Kupfer-Werke: „Denkmale der christlichen Religion etc." von J. G. Gutensohn und J. M. Knapp. München 1842. 4°.

Bunsen, Chr. Carl Josias, die Basiliken des christl. Roms nach ihrem Zusammenhange mit Idee u. Geschichte d. Kirchenbaukunst dargestellt. Auch als erläut. Text zu: Die Basiliken des christl. Roms von J. G. Gutensohn u. J. M. Knapp. Mit 1 Steindr. Imp.-4. München 843, Liter.-artist. Anstalt. 1⅝ ₰ — Vergl. Basiliken.

Bunsen, Chrn. Carl Josias, les Basiliques chrétiennes de Rome relevées et dessinées par Gutensohn et Knapp. Avec 50 planches (Kpfrst.). 1re édit. franç. traduite et revue par Dan. Ramée. gr. Fol. (27 S.) Paris 873. Frankfurt, Baer und Comp. cart. *

Bunsen, C., s. Beschreibung d. Stadt Rom.

— Beschreibung der Stadt Rom, s. Platner, Er.

— vollständiges Bibelwerk für die Gemeinde. In 3 Abthlgn. (oder 16 Halbbdn.) 1. u. 2. Halbbd. Leipzig 858. Brockhaus. Lex.-8. n. 2 ₰ 10 ngr

1. Abthl.: Die Bibel oder die Schriften des Alten u. Neuen Bundes nach den überlieferten Grundtexten übers. und für die Gemeinde erklärt. 1. Thl. Das Gesetz. (CCCXCIV, S. 1—348.)

Bunsen, Chrn. Carl Josias, vollständiges Bibelwerk für die Gemeinde. 3. 4. Halbbd. — 5. Halbbd. 1. Hälfte. — 7—10. Halbbd. Leipzig 859. Brockhaus. Lex.-8.

1. Abth.: Die Bibel oder die Schriften des Alten und Neuen Bundes nach den überlieferten Grundtexten übersetzt und für die Gemeinde erklärt.

2. Thl.: Die Propheten. (V, 826 S.) n. 2 ₰ 20 ngr.

3. Thl.: Die Psalmen. Herausg. von Adf. Kamphausen. (S. 1—280.) n. 26 ngr.

4. Thl.: Die vier Evangelien. Herausg. von Heinr. Holtzmann. (S. 1—492.) n. 1 ₰ 16 ngr.

2. Abth.: Bibelurkunden. Geschichte der Bücher und Herstellung der urkundlichen Bibeltexte.

1. Thl.: Das Gesetz und die älteren Propheten. (XXIII, 612 S.) n. 2 ₰

v. Bunsen, Chrn. Carl Josias, vollständiges Bibelwerk für die Gemeinde. 5. Halbbd. 2. Hälfte. — 6. Halbbd. 1. 2. Hälfte. — 8. Halbbd. 2. Hälfte. — 11—18. Halbbd. Ebd. 867—70. Lex.-8. n. 10 ₰ 18 ngr.; complet n. 20 ₰; geb. n. 23 ₰

Inhalt: 1. Abth.: Die Bibel oder die Schriften Alten u. Neuen Bundes nach den überlieferten Grundtexten übers. u. für die Gemeinde erklärt. 3. Thl. HerSg. von Adf. Kamphausen. (XX, S. 281—888.) n. 2 ₰

4. Thl.: Die Bücher des Neuen Bundes. Hersg. von Heinr. Jul. Holtzmann. (VII, S. 493—672.) n. 18 ngr.

2. Abth.: Bibelurkunden. Geschichte der Bücher u. Herstellung der urkundlichen Bibeltexte. 2. Thl. Die jüngeren Propheten u. die Schriften. Hersg. von H. J. Holtzmann. (XX, 871 S.) n. 2 ₰ 20 ngr.; geb. n. 3 ₰

3. Thl.: Die apokryphischen Bücher. Hersg. von H. J. Holtzmann. (VIII, 503 S.) n. 1 ₰ 20 ngr.; geb. n. 2 ₰

4. Thl.: Die Bücher des Neuen Bundes. Hersg. von H. J. Holtzmann. (IX, 500 S.) n. 2 ₰; geb. n. 2 ₰ 10 ngr.

3. Abth.: Bibelgeschichte. Das ewige Reich Gottes u. das Leben Jesu. Hersg. von H. J. Holtzmann. (XV, 500 S.) n. 1 ₰ 20 ngr.; geb. n. 2 ₰

1. Abth. 4 Thle. n. 10 ₰; geb. n. 11 ₰ 10 ngr.; 2 Abth. 4 Thle. n. 8 ₰ 10 ngr.; geb. n. 9 ₰ 20 ngr.; 3. Abth. n. 1 ₰ 20 ngr.; geb. n. 2 ₰

— dass. — Bibelatlas. 10 (lithogr.) Karten (wovon 2 ill. und 8 in Buntdr. in Lex.-8. und gr. 4.) zu Bunsens Bibelwerk. Entworfen und gez. von Henry Lange. Lex.-8. (3 S. Text.) Ebendas. 860. *

Vgl.: Baehring, Bernh., Bunsen's Bibelwerk.

Bunsen, Chrn. Carl Josias, die 3 ächten u. die 4 unächt. Briefe des Ignatius v. Antiochien. Hergestellter u. vergleich. Text m. Anmerkgn. gr. 4. (XXVI u. 167 S.) Hamburg 847, Agentur des Rauhen Hauses. n. 2⅓ ₰

— die Deutsche Bundesverfassung u. ihr eigenthüml. Verhältniß zu den Verfassungen Englands u. der Verein. Staaten. Zur Prüfung d. Entwurfs der Siebzehn. Sendschreiben an die zum Deutschen Parlament berufene Versammlung. gr. 8. (40 S.) Frankfurt a. M. 848, Hermann. 9 ngr

Bunsen, Christian Carl Josias, Die deutsche Bundesverfassung und ihr eigentümliches Verhältniß zu den Verfassungen Englands und der Vereinigten Staaten. Zur Prüfung des Entwurfes der Siebenzehn. Sendschreiben an die zum Deutschen Parlamente berufene Versammlung. London, den 7ten Mai 1848. 42 S. 8°.

(Mit wenigen Änderungen.) Frankfurt a. M., H. Suchsland, 1848. 40 S. 8°.

Bunsen, Christian Carl Josias. Darlegung des Verfahrens der preußischen Regierung gegen den Erzbischof von Köln vom 25. November 1837. Berlin, Hayn 1838. 39, 48 S. 8.

— Denkschrift üb. die verfassungsmäßigen Rechte der Herzogthümer Schleswig u. Holstein. Dem Engl. Minister der auswärtigen Angelegenheiten übergeben am 8. April 1848; mit einer Nachschrift vom 15. desselben Monats. Aus dem Engl. Nebst einem Anh., enth.: die Denkschrift der provisor. Regierung an Lord Palmerston vom 6. April u. ein Rechtsgutachten üb. die Bedeutung der Engl. Garantie vom J. 1720. gr. 8. (111 S.) Berlin 848, Decker. 9 ngr

Bunsen, Christn. Carl Josias, Elisabeth Fry an d. christl. Frauen u. Jungfrauen Deutschlands. Als Anh. ein Vortrag von Amalia Sieveking in Hamburg. gr. 8. (5½ B.) Horn bei Hamburg 842, Agentur des Rauhen Hauses. Thlr. ·

— Elisabeth Fry an die christlichen Frauen u. Jungfrauen Deutschlands. Als Anhang ein Vortrag von Amalia Sieveking in Hamburg. gr. 8. Hamburg 842. (Perthes-Besser u. Mauke.) 5/12 Thlr

Bunsen, Chr. C. J., s.: Gesang- u. Gebetbuch, allgem.-evangel.

Bunsen's, Christ. Karl Josias Frhr. v., allgemeines evangelisches Gesang- u. Gebetbuch zum Kirchen- u. Hausgebrauch. In völlig neuer Bearbeitung von Alb. Fischer. gr. 8. (XXIII, 753 S.) Gotha 881. F. A. Perthes. n. 6. —

—— Gott in der Geschichte oder der Fortschritt des Glaubens an eine sittliche Weltordnung. 2. und 3. Thl. oder 3—6. Buch. gr. 8. (2. Thl. 642 S., 3. Thl. 580 S.) Leipzig 858. 59, Brockhaus. [2. Thl. * 3 Thlr. 20 Ngr., 3. Thl. * 3 Thlr. 10 Ngr.] *

1. Thl. oder 1. und 2. Buch. Ebendas. 856(57). * 3 Thlr.

—— Hippolytus und seine Zeit. Anfänge und Aussichten des Christenthums und der Menschheit. 1. Bd.: Die Kritik. gr. 8. (LXVI und 520 S. mit dem lithogr. Bildn. des Hippolytus.) Leipzig 852, Brockhaus. *

— Hippolytus und seine Zeit. Anfänge und Aussichten des Christenthums und der Menschheit. 2. Bd. Die Herstellung. Leipzig 853. Brockhaus. gr. 8. (LI, 664 S.) n. 4 Thlr

— Ignatius von Antiochien u. seine Zeit. 7 Sendschreiben an Dr. Aug. Neander. gr. 4. (VIII u. 245 S.) Hamburg 847, Agentur des Rauhen Hauses. n. 3⅓ Thlr

Bunsen, Chr. Karl Josias, de jure hereditario Atheniensium. C. III tabb. aen. 4. Götting. 813. Vandenhöck u. R. 1 Thlr 12 Pf

— die heil. Leidensgeschichte u. die stille Woche. 1. Abthl. Die Liturgie d. stillen Woche mit Vorwort. gr. 8. Hamburg 841, Fr. Perthes. 7/12 Thlr — 2. Abthl. Die Liturgie der stillen Woche in Musik gesetzt, mit Benutzung alter Meisterwerke v. Sigmund Neukomm. gr. 8. Ebend. 841. n. 2/3 Thlr

Bunsen, Chr. Carl Josias, Aegyptens Stelle in der Weltgeschichte. Geschichtliche Untersuchung in 5 Büchern. 1.—3. Buch. 1. 2. Abschn. u. Urkundenbuch. Mit 53 Zinktafeln. gr. 8. (Mit 1 Tab.) Hamburg 845, Fr. Perthes. n. 10 Thlr

Bunsen, Chrn. Carl Josias, Aegyptens Stelle in der Weltgeschichte. Geschichtliche Untersuchung in 5 Büchern. 4. Buch. Mit 6 (lith.) bildlichen Beilagen (in 8. u. 4.). 856. (XXXVI, 450 S.) — 5. Buch. 1—5. Abth. Mit 6 (lith.) bildl. Beilagen. Gotha 857. F. A. Perthes. gr. 8. (XX, 401; XXXIV, 608 S.) n. 10 Thlr

— die Verfassung der Kirche der Zukunft. Prakt. Erläuterungen zu dem Briefwechsel über die deutsche Kirche, das Episkopat u. Jerusalem. Mit Vorwort u. vollständ. Briefwechsel herausgeg. 8. Hamburg 845, Agentur des Rauhen Hauses. 2 Thlr

— Vorschlag f. die unverzügliche Bildung einer vollständigen Reichsverfassung während der Verweserschaft, zur Hebung der inneren Anstände u. zur kräftigen Darstellg. d. Einen Deutschlands dem Auslande gegenüber. 2. Sendschreiben an die zum Deutschen Parlamente berufene Versammlung. gr. 8. (37 S.) Frankfurt a. M. 848, Hermann. 9 ngr

Bunsen, Christian Carl Josias, Vorschlag für die unverzügliche Bildung einer vollständigen Reichsverfassung während der Verweserschaft, zur Hebung der inneren Anstände und zur kräftigen Darstellung des Einen Deutschlands dem Auslande gegenüber. Zweites Sendschreiben an die zum deutschen Parlamente berufene Versammlung. Frankfurt a. M., F. E. Suchsland, 1848. 37 S. 8°.

— die Zeichen der Zeit. Briefe an Freunde über die Gewissensfreiheit und das Recht der christlichen Gemeinde. 2 Bdchn. 1—3. unveränd. Aufl. Leipzig 855, 56. Brockhaus. 8. (VIII, 318; VIII, 326 S.) n. 2 Thlr 20 ngr

Bunsen, D. P. L., s. Taschenbuch f. Forst- u. Jagdfreunde f. 1807.

Bunsen, E., William Penn oder die Zustände Englands 1644—1718, s. Penn.

Bunsen, Emilia v., s.: Es steht geschrieben!

Bunsen, Emma, Daheim. Erzählungen f. die Jugend. br. 8. (V, 206 S. m. 4 color. Steintaf.) Berlin 870. Luckhardt. geb. 3. 50

— dasselbe. Mit 6 (chromolith.) Illustr. v. R. Leinweber. 8. (129 S.) Glogau 874. Flemming. 2. 50

—— Erzählungen für die Jugend. 2. Aufl. br. 8. (V, 175 S. mit 3 Stnt.) Cassel und Leipzig 870, Luckhardt'sche Verlagsh. geb.

v. Bunsen, Ernst, die Einheit der Religionen im Zusammenhange mit den Völkerwanderungen der Urzeit u. der Geheimlehre. (In 2 Bdn.) 1. Bd. Mit 1 (lith.) Karte (in 4.) gez. von Henry Lange. Berlin 870. Mitscher & Röstell. gr. 8. (XVI, 668 S.) n. 4 Thlr

Bunsen, Ernst v., biblische Gleichzeitigkeiten od. übereinstimm. Zeitrechg. bei Babyloniern, Assyrern, Aegyptern u. Hebräern. gr. 8. (III, 144 S. m. 1 Tab. in Fol.) Berlin 875. Mitscher & Röstell. n. 3. 60

Bunsen, Ernst v., die Plejaden u. der Thierkreis oder das Geheimniss der Symbole. gr. 8. (XVIII, 464 S.) Berlin 879. Mitscher & Röstell. n. 10. —

Bunsen, Ernst v., die Reconstruction der kirchlichen Autorität. gr. 8. (V, 99 S.) Leipzig 892. F. A. Brockhaus. n. 2. —

— das Symbol d. Kreuzes bei allen Nationen u. die Entstehung d. Kreuz-Symbols der christlichen Kirche. gr. 8. (VII, 236 S.) n. 5. —
Berl.: Mitscher & Röstell 1876

Bunsen, E. v., die Ueberlieferung. Ihre Entstehung und Entwickelg. 2 Bde. gr. 8. (IX, 360 S., V, 316 S.) Leipzig 889. Brockhaus. à Bd. n. 7. —

Bunsen, Francis

(v. Bunsen.) — Christian Carl Josias Freiherr v. Bunsen. Aus seinen Briefen u. nach eigener Erinnerung geschildert von seiner Witwe. Deutsche Ausg. durch neue Mittheilungen vermehrt von Frdr. Nippold. 2 Bde. Mit 1 Porträt Bunsen's nach Richmond (in Stahlst.). Leipzig 868, 69. Brockhaus. gr. 8. (XV, 592 S.; XII, 540 S.) Jeder Bd. n. 3 Thlr; geb. n. 3 Thlr 15 ngr

Inhalt: 1. Bd.: Jugendzeit u. römische Wirksamkeit. — 2. Bd.: Schweiz u. England.

Bunsen, Chrn. Carl Josias Frhr. v. — Aus seinen Briefen u. nach eigener Erinnerung geschildert v. seiner Wittwe. Deutsche Ausg., durch neue Mittheilgn. vermehrt v. Frdr. Nippold. 3. (Schluß-) Bd.: England u. Deutschland. Mit e. Portr. Bunsen's nach Jul. Roeting (in Stahlst.) u. e. Generalregister. gr. 8. (XVI, 622 S.) Leipzig 871. Brockhaus. n. 9. —; geb. n. 10. 50; cplt. n. 27. —; geb. n. 31. 50

[F.] Einführung in das Bürgerliche Gesetzbuch für das Deutsche Reich. E. Leitf. z. Selbstunterr. ... Von Fr(iedrich) Bunsen, Amtsrichter in Rostock. Bd 1—3. *Rostock: W. Werther 1897. 98.* 3 Bde 8.
1. Einl. — Allg. Tl. — Recht der Schuldverhältn. 1897. (X S., 1 Bl., 338 S., 1 Bl.)
2. Sachenrecht. 1897. (VI, 256 S.)
3. Familienrecht. — Erbrecht. — Sachreg. 1898. (X, 500 S.) [97. 6017

Bunsen, Frdr., Lehrbuch des deutschen Civilprozeßrechts. gr. 8. (XVI, 663 S.) Berlin 900. J. Guttentag. n. 12. — geb. in Halbfrz. n. 14. —

Bunsen, Fr., die Lehre v. der Zwangsvollstreckung, auf Grundlage der deutschen Reichsjustizgesetze systematisch dargestellt. gr. 8. (VI, 187 S.) Wismar 885. Hinstorff's Verl. n. 3. —

— das gesetzliche Pfand- u. Zurückbehaltungsrecht d. Verpächters u. Vermieters nach Reichs- u. mecklenburgischem Landesrecht. Zugleich e. Beitrag zur Lehre v. den einstweil. Verfüggn. [C. P. O. §. 819]. gr. 8. (VII, 48 S.) Rostock 884. Werther. n. 1. 20

Bunsen, Georgius (geb. am 7 Nov. 1824 in Rom): De Azania Africae littore orientali commentatio philologica ... Acced. Azaniae tabula. Bonnae, form. C. Georgii 1852. 2 Bl., 41 S., 1 Bl., 1 Karte. 8.
Bonn, Phil. Fak., Diss. v. 17 März 1852

Bunsen, G. v., Friedrich Kapp, s.a. Zeitfragen, volkswirthschaftliche.

Bunsen, Georg v. Fr. Kapp: Gedächtnisrede geh am 10. Jan 1885. Berlin, 1885.

Bunsen, Geo. v., die Rabatt-Spar-Anstalt. Vortrag, gehalten in dem Bürgersaale des Berliner Rathhauses am 18. Jan. 1882. gr. 8. (14 S.) Berlin 882. Kortkampf. — 25

Bunsen, J., s.: Lesetafel üb. die heil. Schrift.

Bunsen, Jerem., († d. 11. März 1752.) Erklärung d. electrischen u. magnetischen Kräfte. 8. Frankf. u. Leipz. 752.

— s. Versuch v. d. Meteora.

Bunsen, Frau Karl von, s. Bunsen, Marie von

Bunsen, Karl Christian Wilhelm: Arithmeticae logarithmicae succincta explicatio. (Resp.:) G(eorgius) R(udolphus) Lichtenstein. Helmstadii (1765): Schnorr. 22 S. 8°
Helmstedt, Phil. Diss. v. 26.Oct.1765

Bunsen, Marie v., allerhand Briefe. Novellen u. Skizzen. Mit Buchschmuck v. der Verf. (V, 247 S.) 12. Berlin 903. G. Grote. n. 2. —; geb. n. 3. —

Bunsen, Marie v., Georg v. Bunsen. Ein Charakterbild aus dem Lager der Besiegten, gezeichnet v. seiner Tochter. (Buchschmuck v. Marie v. Bunsen.) gr. 8. (VIII, 846 S. m. 1 Bildnis.) Berlin 900. [Besser.] J. G. Cotta Nachf. Zweigniederlassung. n. 6. —; geb. in Leinw. n. 7. —

Bunsen, Marie v.: Zur Erinnerung an Frau Anna von Helmholtz. — (Berlin 1899.) 6 Bl. 8°

An drei Gesandtschaften. Erinnerungen e. Diplomatenfrau. Von Frau Carl v. [Mme Charles de] **Bunsen.** Mit 8 Ill. Berlin: Siegismund 1910. 359 S. 8° [10. 10337

— auf Riedenheim u. and. Erzählungen, s.: Engelhorn's allgemeine Romanbibliothek. 15. Jahrg. 20. Bd.

— John Ruskin, sein Leben u. sein Wirken. Eine krit. Studie. gr. 8. (128 S.) Leipzig 903. H. Seemann Nachf. n. 4. 50

(B) **Bunsen,** Marie v., John Ruskin. 903. Jetzt: Leipzig, Klinkhardt & Biermann.

Sizilien. Geschichte, Kunst, Kultur. Ein Begleitbuch von Marie v. **Bunsen.** Berlin: Meyer & Jessen 1910. 266 S. 8° [11. 11331

— Berliner Spitzen-Ausstellung 1905, s.: Helden, Max.

Bunsen, Marie v., gegen den Strom. Ein Stimmungsbild aus dem neuen Berlin. 8. (V, 177 S.) Berlin 893. Gebr. Paetel. n. 3. —; geb. in Leinw. n. 4. 50

! — Geg. d. Strom. Jetzt: Berl., H Michel.

Bunsen, Marie v., Udo in England. Eine Reiseerzählg. Illustriert v. M. v. Bunsen u. H. Hübner. gr. 8. (118 S.) Stuttgart 899. C. Krabbe. n. 1. 50; geb. in Lbr. n. 3. —

Bunsen, Robert Wilhelm

Bunsen, Rob., gesammelte Abhandlungen. Im Auftrage der deutschen Bunsen-Gesellschaft f. angewandte physikal. Chemie hrsg. v. Wilh. Ostwald u. Max Bodenstein. 3 Bde. (CXXVI, 536 S. m. 67 Fig.; VI, 660 S. m. 93 Fig. u. 2 Taf. u. VI, 637 S. m. 109 Fig. u. 10 Taf.) gr. 8. Leipzig 904. W. Engelmann. n. 50. — geb. in Leinw. n. 54. —

Bunsen, R., chemische Analyse durch Spectralbeobachtgn., s.: Kirchhoff, G.

Bunsen, Rob., Anleitung zur Analyse der Aschen u. Mineralwasser. Mit e. lith. Tafel u. 6 Tabellen. gr. 8. (64 S.) Heidelberg 874. C. Winter. n. 2. —

Bunsen, Rob., Anleitung zur Analyse der Aschen und Mineralwasser. 2. Aufl. gr. 8. (V, 55 S. mit 1 lithogr. Taf. und 6 Tab.) Heidelberg 887, C. Winter's Universitäts-Buchh. *

Bunsen, Rob. Wlh., u. Arn. Ad. Berthold, das Eisenoxydhydrat, ein Gegengift d. arsenigen Säure. gr. 8. Göttingen 834. Dieterich. 1/2 ℛ — 2e verm. Aufl. gr. 8. Ebd. 836. 1/2 ℛ

Bunsen, Rob. Wilh., u. Arnold Ad. Berthold, Eisenoxydhydrat, das Gegengift d. weissen Arseniks od. d. arsenigen Säure. 2., verm. Aufl. gr. 8. (8 1/2 B.) Göttingen 837, Dieterichsche Buchh.

Bunsen, R. G., enumeratio ac descriptio hygrometrorum, quae inde a Saussurii temporibus proposita sunt. 4. Götting. 830. Vandenhöck u. R. 1 ℛ

Bunsen, Rob., Flammenreactionen. Mit einer Tab. u. einer lith. Taf. gr. 8. (32 S.) Heidelberg 880. Koester. n. 1. —

—— Flammenreactionen. 2. Aufl. gr. 8. (34 S. mit 1 Tab. und 1 lithogr. Taf.) Heidelberg 886, Köster. *

— über eine volumetrische Methode von sehr allgemeiner Anwendbarkeit. Mit 1 (lith.) Tafel. Heidelberg 854. (Leipzig) C. F. Winter. 8. (48 S.) n. 10 ngr

Bunsen, Rob., gasometrische Methoden. Mit 60 in den Text eingedr. Holzschn. Braunschweig 857. Vieweg u. Sohn. gr. 8. (X, 307 S.) n. 2 ℛ

— gasometrische Methoden. 2. umgearb. u. verm. Aufl. Mit 70 in den Text gedr. Holzst. gr. 8. (XI, 387 S.) Braunschweig 877. Vieweg & Sohn. n. 8. —

Bunsen, Robert Wilhelm: De Ratanhiae radice ejusque usu medico. Göttingen 1828. 30 S. 8°

Bunsen, Robert s. Säckingen. Das Mineral- und Soolbad S. Mannheim (1869).

Bunsen, Robert Wilhelm,
Untersuchungen über die Kakodylreihe (1837–1843). Herausgegeben von A. von Baeyer. Leipzig, 1891. 8vo.
Oswald's Klassiker der exacten Wissenschaften.

Bunsen, Rob., Untersuchungen üb. die Kakodylreihe, — u. H. E. Roscoe, photochemische Untersuchungen, } s. a. Ostwald's, Wilh., Klassiker der exakten Wissenschaften.

Bunsen, Robert, und H. E. Roscoe.
Photochemische Untersuchungen (1855–59). Herausgegeben von W. Ostwald. Leipzig, 1892. 8vo.
Ostwald's Klassiker der exakten Wissenschaften.

Bunsen, R. Ueber den innern Zusammenhang der pseudo-vulkanischen Erscheinungen Islands. Leipzig. 1866.

Bunsen, Th. v., die Donau, s. Zeit- und Streit-Fragen, deutsche.

Bunsen Tv, die Donau. (Zeit- und Streitfragen 198) Berlin 1884

Bunseniana. Eine Sammlg. v. humorist. Geschichten aus dem Leben v. Robert Bunsen, nebst e. Anh. v. pfälz. Lyceums-Anekdoten, dargestellt v. Einem, der vieles miterlebt u. das übrige aus guten Quellen geschöpft hat. (IV, 39 S.) gr. 8. Heidelberg 904. C. Winter Verl. n. — 80

Bunsen's, Freifrau v., Lebensbild, s.: Hare, A. J. C

Bunsmann, Heinrich, über Transplantationen. Diss. München 1887, A. Buchholz. 32 S.

Bunsmann. Heinrich [approb. Arzt aus Münster in Westf.]: Ueber Transplantationen . . . . München. Druck v. M. Ernst (vorm. G. Pollner), 1887; 32 S. 8°
München, Med. Fak. Inaug.-Diss. v. 1887

Bunsmann, Ludovicus: De piscatorum in Graecorum atque Romanorum litteris usu. Monasterii Guestf. 1910: Aschendorff. 101 S. 8°
Münster, Phil. Diss. v. 4. Juni 1910, Ref. Sonnenburg
[Geb. 24. Febr. 84 Bochum; Wohnort: Münster i. W.; Staatsangeh.: Preußen; Vorbildung: Gymn. Warburg Reife O. 05; Studium: Münster 2, Freiburg i. B. 1, Berlin 2, Münster 4 S.; Rig. 23. Febr. 10.] [U 10. 3767

Bunsow, Joh.: O r a t i o jur. de Germanorum exteris militandi libertate, ejusdemque splendore. Progr. Rostochii 1713.

Willi. Hocker's Gedichte in Anklagestand vor dem Forum des Königl. Preuß. Ober-Censur-Gerichts in Berlin. Meine Vertheidigung derselben v. Chr(istian) Bünsow und das End-Urtheil des Königl. Preuß. Ober-Censur-Gerichts. Kiel. 1844. 8°

— s.: Stadt- u. Adreßbuch, Kieler.

Bünsow, Chr., der Kirchenschänder Lauritz Christian Svane, Lieutenant in der K. dänischen Armee. Getreu u. wahr geschildert. Nebst einer Mittheilung d. Schleswig-Holstein. Zeitung Nr. 50 v. 10. Juni 1848. gr. 8. (7 S.) Neustadt 848. (Kiel, Naeck.) n. 1 ngr

Kiel. J. Bünsow del. — C. Müller lithogr. Em. Berentzen & C. lithogr. Inst. in Copenhagen). Verlag von Cetti-Rompano in Kiel. o. J. 1 Bl. Fol., ca. 44/60 cm. beschn.

Bunstedt, J. H., musikalische Clavierkunst u. Vorrathskammer. Fol. Leipzig. 713.

— tota musica et harmonia aeterna, od. fundamentum musices. 2 Thle. 4. Erfurt.

Bunt durch einander. Humoristische Unterhaltungen im Coupé wie am Kamin von G. A. B. Berlin 864. Grothe. 16. (137 S.) n. 10 ngr

Bunt durch einander von A bis Z, od. Allerlei zur Gewinnung richtiger Begriffe von verschiedenen Dingen. Mit 24 color. Abbildd. (Von S. W. Schießler.) 8. Wien ... Bermann u. Sohn. 2/3 rt

Bunt durch einander von A bis Z, oder Allerlei zur Gewinnung richtiger Begriffe von verschiedenen Dingen. Wien [ca. 1836.] V: *Schiessler, Sebastian Willibald.* (Ky)

Bunt u. schön. 12. (8 farb. S. auf Pappe.) Wesel 890. Dümts. cart. — 25

Bunt u. schön. Leporello-Album. 16 (farb.) Bildertaf. ohne Text (auf Karton). 4° Stuttg. 95, F Loewe. 1.80

Bunt u. schön. schmal Fol. (12 z. Tl. farb. S. m. eingedr. Text.) Eßlingen 896. J. F. Schreiber. Kart. n. — 40

— — gr. 4. (16 S. m. z. Tl. farb. Bild. u. eingedr. Text.) Reutlingen 898. Enßlin & Laiblin. — 60; auf Pappe (8 S. m. farb. Bild.) kart. 1. 10

— u. schön, wie es Kinder gerne seh'n. 4 Sorten. 12. (à 6 farb. Taf. m. Text.) Leipzig 889. Fr. Pfau. à n. — 8

Bunte, der kleine. Ein Kalender f. die Jugend. Im Auftrage der freien Lehrervereinigg. f. Kunstpflege in Berlin hrsg. v. Walth. Friedrich u. Gerh. Krügel. (84 S. m. Abbildgn.) 8. Reutlingen (910). Enßlin & Laiblin. — 10

Bunte: Bericht über die v. 5 - 9 April 1880 ausgeführten Versuche.... Kammgarnspinnerei Augsburg. s. Schröter

Bunte, B., s.: Mythographon, Lateinische.

Bunte, Bernh. Über Archimedes mit besond. Berücksichtigung der Lebens- und Zeitverhältnisse sowie zweier von demselben herrührenden Kunstwerke. 21 S. Pr. Leer 1877.

Bunte, Bernh. Über das Leben, die Zeitverhältnisse und die pädagogische Wirksamkeit des Ubbo Emmius. 24 S. Leer 1880. Proc

Bunte, Christ. Bernh., de C. Julii Hygini, Augusti liberti vita et scriptis. Pars I. Dissertatio inaug. 8maj. (4¼ B.) Marburgi 840. (Rinteln, Bösenthal.) •

Bunte, Hans

Bunte H, Bericht der Heizungsstation München über die Versuche 1-76 und 77-211. München 1879-81

—— s. Bericht, zweiter, der Heizversuchsstation München.

Bunte, H. 2. Bericht der Heizversuchsstation München über die Versuche 77—211, ausgeführt vom August 1879 bis Juli 1880. München 1881

Bunte, H., s.: Bericht üb. die Prüfung v. Locomobilen.

Bunte, H., Berichte üb. Geheimmittel, welche zur Verhütung u. Beseitigung v. Kesselstein dienen sollen, s.: Eckermann, G.

Bunte, H., theoret., prakt. u. analyt. Chemie, s.: Muspratt.

— die Explosionsgefahr beim Fasspichen u. die Mittel zu deren Verhütung. Gutachten im Auftrag d. deutschen Brauerbundes erstattet. Mit 10 (lith.) Taf. gr. 8. (41 S.) München 884. Oldenbourg. geb. n. 3. —

— u. P. Eitner, die Explosionsgefahr beim Fasspichen u. die Mittel zu deren Verhütung. Gutachten, im Auftrag des deutschen Brauerbundes erstattet. 2., verb. Aufl. (V, 76 S. m. 21 Fig. u. 1 Plakat in 4.) Lex.-8. München 904. R. Oldenbourg. n. 2. 40; geb. n. 3. —

Wissenschaftliche Forschung und chemische Technik. Festrede b. d. feierl. Akte d. Rektorats-Wechsels an d. . . . Techn. Hochschule zu Karlsruhe am 31. Okt. 1896 geh. v. d. Rektor . . . Dr H[ans] Bunte, . . . *Karlsruhe: Dr. d. G. Braun'schen Hofbuchdr. 1896.* (17 S.) 1 Bd 8. (98.7077

Bunte, Hans (Hrsg.), s. H a n d b u c h der Gastechnik.

— s.: Schilling's Journal f. Gasbeleuchtung.

Bunte, H., u. **Rasch**, zur Statistik üb. die Verbreitung des elektrischen Lichtes im Versorgungsgebiet deutscher Gasanstalten u. einiger Städte des Auslandes 1894, gesammelt im Auftrage des Vorstandes des deutschen Vereins v. Gas- u. Wasserfachmännern v. B., bearb. in Verbindg. m. R. hoch 4. (45 S. m. Tab.) München 894. R. Oldenbourg. n. 3. —

Bunte, Karl, dipl. Ing. a. Karlsruhe: 1. Zur Geschichte der Konstitution der Harnsäure. 2. Synthese aromatisch substituierter Harnsäure und Harnsäurederivate. [Berlin] (1905: G. Schade.) (107 S.) 8°
Berlin, Phil. Fak., Ref. Fischer, Nernst, Diss. v. 12. Aug. 1905
[Geb. 15. Juni 78 München; Heimatsort: Neumühl im Rheinland; Staatsangeh.: Baden; Vorbildung: Gymn. Karlsruhe Reife M. 97; Studium: Leipzig 2, Karlsruhe T. H. 0, Berlin 4 S.; Rig. 10. Juli 05.]

Prinzessin Ilse. Dichtung nach d. gleichnam. Märchen von Anna Rodewald. Für dreistimm. Frauenchor, Solostimmen u. Klavier komp. von August **Bünte**. [Textbuch.] Hannover: Lehne [1805]. 10 S. 8°
A 12. 1313

Bünte, Aug., Schul-Choralbuch. Eine Sammlg. ausgewählter Choralmelodien m. Text. 8. (52 S.) Hannover 892. F. Cruse. n. — 40

Die Leitungsanästhesie im Ober- und Unterkiefer auf Grund der anatomischen Verhältnisse. Von H. **Bünte** u. H. Moral. Berlin: Meusser 1910. 71 S. 8°
A 12. 6610 II

Bünte, Karl *August Wilhelm* [aus Hannover]: Beiträge zur Sittengeschichte aus Tandareis und Flordibel ... Kiel, Druck v. H. Fiencke, 1893; 2 Bl., 64 S., 2 Bl. 8.
Kiel, Phil. Fak., Inaug.-Diss. v. [14. Jan.] 1893

Buente, Rudolfus [Hannoveranus]: Patrici epithalamium Auspici et Aellae denuo editum, praefatione instructum ... Marpurgi Catt., *typ. W. Riemschneider, Hannover*, 1891; 2 Bl., 61 S., 1 Bl. 8.
Marburg, Phil. Fak., Inaug.-Diss. v. [21. Okt.] 1891

Bünte, Wilh., vierstimmige Chorgesänge. Gemischte Chöre f. Gymnasien u. Realschulen. 8. (183 S.) Hannover 892. L. Ost. n. 1. —; kart. n. 1. 25

Bünte, Wilh., vierstimmige Chorgesänge. Gemischte Chöre f. Gymnasien, Realgymnasien u. Oberrealschulen. 2. Aufl. 8. (186 S.) Hannover 901. [L. Ost.] E. Büsing. Geb. n. 1. 25

Bünte, Wilh., zweistimmige Chorgesänge f. die Oberklassen der Volksschulen, sowie f. mittlere Klassen höherer Lehranstalten. 8. (80 S.) Hannover 886. Meyer. n. — 60

— zweistimmige Chorgesänge f. die Oberklassen der städtischen Volks-[Bürger-]schulen, sowie f. mittlere Klassen höherer Lehranstalten. 2., verm. Aufl. (4.—6. Tauf.) 8. (80 S.) Hannover 892. C. Meyer. n. — 60

[F.] Zweistimmige Chorgesänge für die Oberklassen der städtischen Bürgerschulen u. f. mittl. Klassen höh. Lehranst. Hrsg. v. Wilhelm **Bünte**, Kgl. Musikdir. 3. Aufl. *Hannover [&] Berlin: C. Meyer 1898.* (82 S., 1 Bl.) 1 Bd 8.
[99. 3110]

Bünte, Wilh., zweistimmige Chorgesänge f. die Oberklassen der städtischen Bürgerschulen u. f. mittlere Klassen höherer Lehranstalten. 4. Ster.-Aufl. (10—12. Tauf.) (83 S.) 8. Hannover 906. C. Meyer. n. — 60

Bünte, Wilh., praktische Chorgesangschule. Leitfaden für den Gesangunterricht in Volksschulen u. den unteren u. mittleren Klassen höherer Lehranstalten. 3. verm. Aufl. 8. (32 S.) Hannover 882. Cruse. n. — 40

— praktische Chorgesangschule. Leitfaden f. den Gesangunterricht in Volksschulen u. den unteren u. mittleren Klassen höherer Lehranstalten. 4. veränd. Aufl. 8. (32 S.) Hannover 886. Cruse. n. — 40

— praktische Chorgesangschule. Leitfaden f. den Gesangunterricht in den unteren u. mittleren Klassen höherer Lehranstalten. 5. Aufl. 8. (32 S.) Hannover 892. L. Ost. n. — 40

[F.] Praktische Chorgesangschule. Leitf. f. d. Gesangunterr. i. d. unteren u. mittleren Klassen höh. Lehranst. Hrsg. v. Wilhelm **Bünte**, Kgl. Musikdir. 6. Aufl. *Hannover & Leipzig: L. Ost [1897].* (1 Bl., 32 S.) 1 Bd 8.
[98. 10930 Qo]

Praktische Chorgesangschule. Leitfaden f. d. Gesangunterr. in d. unteren u. mittleren Klassen höh. Lehranst. Hrsg. von Wilhelm **Bünte**. 7. Aufl. Hannover, Berlin: C. Meyer 1904. (32 S.) 8° [F.]
[05. 7730 7]

Bünte, Wilh.: Prakt. Chorgesangsch. Leitf. f. d. Gesangunterr. in d. unt. u. mittl. Kl. höh. Lehranst. 8. Afl. (32) 8° Hann., C Meyer '11 — 40 d

Chorliederbuch zum Gebrauch in Progymnasien, Real- und höheren Bürgerschulen für zwei Soprane, Alt- und Männerstimme. Hrsg. von Wilhelm **Bünte**. Hannover, Berlin: C. Meyer 1904. (228 S.) 8° [F.]
[05. 7730 7]

Bünte, Wilh., Chorliederbuch zum Gebrauch in Progymnasien, Real- u. höh. Bürgerschulen f. zwei Soprane, Alt- u. Männerstimme. 2., verm. u. verb. Aufl. (III, 240 S.) 8. Hannover 909. C. Meyer. Geb. 2. —

Bünte, Wilhelm, aus Hannover: Die Diatomeenschichten von Lüneburg, Lauenburg, Boizenburg und Wendisch-Wehningen. Mit 1 Taf. *Güstrow 1901: C. Michaal.* (132 S.) 8°
Rostock, Phil. Diss. v. [27. Dez.] 1900

Bünte, Wilh., praktische Gesangschule für Schulen u. Singvereine. Hannover 867. Cruse. 8. (32 S.) 3 ngr.

— praktische Gesangschule. 2. verm. Aufl. 8. (32 S.) Ebend. 877. n. — 40

— 6 drei- u. vierstimmige Lieder im Volkston f. Sopran u. Alt. Op. 33. 8. (15 S.) Ebd. 892. n. — 20

— sechs dreistimmige Lieder f. Sopran I, II u. Alt, f. Oberklassen höh. Töchter- u. Knabenschulen, Lehrerinnenseminare u. Damengesangvereine komponiert. Op. 48. gr. 8. (12 S.) Hannover 900. C. Meyer. n. — 40

— Liederbuch f. Oberklassen höherer Töchterschulen, sowie f. Pensionate u. Lehrerinnen-Seminare. 5. Aufl. (III, 101 S.) gr. 8. Hannover (903). (H. Lindemann.) n. 1. —

Bünte, Wilh., Liederbuch f. Oberklassen höherer Töchterschulen, sowie f. Pensionate u. Lehrerinnen-Seminare. 6. Aufl. (III, 103 S.) 8. Hannover (910). H. Lindemann. 1.20.

Bünten, J. P. W., Rechenkunst f. Schüler. 8. Köln 820. Mathieux. geb. 4 gr.

Buntes. Auswahl kleiner Erzählungen, a. d. Engl. u. Franz. v. Fr. Demmler, s. Bibliothek d. Belletristen. II. Serie.

Buntes. Auswahl kleiner Erzählungen, aus d. Engl. u. Franz. v. Fr. Demmler. 16. Stuttg. 836. Li. sching. 7½ gr.

Buntetötörvénykönyv, Magyar, s. Strafgesetzbuch, Ungarisches.

Bunte-Welt-Kalender, der, [I. Jahrg.] für das J. 1889. gr. 8. (130, 82 S. mit eingedr., theils farb. Abbild.) Winterberg, Steinbrenner'sche Verlagsanstalt. geb. *

Bunte-Welt-Kalender, der, f. d. J. 1891. 4. (128 und 32 S. m. Text-Abbildgn. u. 1 Farbendr.) Winterberg 890. Steinbrenner. n. — 90; cart. n. 1. —

Bunte-Welt-Kalender, d., f. 1896. 4° (164 m. Abbildgn, 1 Chemigr. u. 1 Farbendr.) Winterbg, J Steinbrener. — 90; kart. 1 —

Bunte-Welt-Kalender, der, f. d. J. 1898. 4. (128, XX u. XVI S. m. Abb., 3 Chemigr. u. 2 Farbdr.) Winterberg, J. Steinbrener. n. — 60

Büntgen, Johannes, a. Leutesdorf a. Rh.: Die Verdienste der Franzosen um die Entdeckung und geographische Erforschung der australischen Küste und der Inseln des Stillen Ozeans von 1783—1830. Bonn 1907: S. Foppen. (99 S.) 8°
Bonn, Phil. Fak., Ref. Rein, Diss. v. 18. Dez. 1907
[Geb. 13. Juli 82 Leutesdorf a. Rh.; Wohnort: Bonn; Staatsangeh.: Preußen; Vorbildung: Progymn. Andernach, Gymn. Montabaur, Neuwied Reife O. 03; Studium: Bonn 2, Würzburg 1, Bonn 5 S.; Rig. 31. Juli 07.]

Büntgens. Karte d. Reg.-Bez. Düsseldorf unter Berücksicht. der neuen Kreiseintheilg., f. den heimatkundl. Unterricht entworfen. 1:475,000. Farbendr. 24×21 cm. Essen 891, H. L. Geck.

Bäderkarte der deutschen Nordsee-Küste von d. holländ. bis z. dän. Grenze nebst e. Flaggenkarte. Nach amtl. Material bearb. von Fritz **Bünting**. Maßst. 1:400.000. Bremen: E. Hampe [1907]. (1 Kartenbl. 59×69 cm.) 8° [lith.] [kol.] [07. 18607

Bäderkarte der deutschen Nordsee-Küste von der holländischen bis zur dänischen Grenze nebst einer Flaggenkarte. Nach amtl. Material bearb. v. Fritz **Bünting**. 1:400000. 3. Aufl. Bremen. [1909.] 1 Bl. Groß-Fol. 60/71 cm, zsgef. in Umschlag. 8° Buntdruck.

Bäderkarte der deutschen Ostsee-Küste von Flensburg bis Kolberg nebst einer Flaggenkarte. Nach amtl. Material bearb. v. Fritz **Bünting**. 1:500000. Bremen. [1909.] 1 Bl. Groß-Fol. 83/47 cm, zsgef. in Umschlag. 8° Buntdruck.

Bünting, Fritz: Bäderkte d. deut. Ostsee-Küste v. Flensburg bis Kolberg nebst e. Flaggenkte. 1:500,000. 2. Afl. 47,5×84,5 cm. Farbdr. Brem., E Hampe ('11). — 60

Bünting, H., Beschreib. u. Berechn. aller Münzen, Maaße u. Gewichte d. Juden, Griechen, Römer ꝛc. Umschrieben u. mit Zusätzen herausg. von J. C. Hendel. (Hierzu P. J. C. Rüder, Versuch e. Beschreib. d. seit einigen Jahrhh. geprägten Klippen od. Nothmünzen.) 8. Halle 806. Hendel. (à 8 ℊ) 16 ℊ

— itinerarium sacrae scripturae, od. Reisebuch üb. die heil. Schrift. Mit Kpf. 4. Erf. 754. Jungnickel. 2 ₰ 8 ℊ

— — dass. von J. G. Leukfeld. 2 Thle. m. K. Fol. Dresden, Gerlach. 718.

— — dasselbe. Fol. Leipz. Weygand. 718.

Bünting, Karl Vom Gebrauche der Kasus im Heliand. 21 S. *Jever* 1879. Gegr.

Bünting, O. [app. Arzt aus Oldenburg i. Gr.]: Die Bedeutung der Jodoformgaze in der Behandlung von Wunden und jauchenden Tumoren. . . . München, Druck d. Akad. Buchdr. v. F. Straub, 1891; 28 S. 8°
München, Med. Fak., Inaug.-Diss. v. 1891

Buntline, Ned, im Banne d. Rache, s.: **Berlepsch**, Lina Freifrau v., Romanbibliothek. 64. Bd.

Buntmeier, Carl Philipp (Landau/Waldeck), Stricturae Waldecciarum antiquitatum. Präs. Conrad Samuel Schurzfleisch. Wittenberg (Chn. Schrödter) 6. XI. 1704. 12 Bl. (5.—) 4673
Gew.: Christian Ludwig u. Anton Ulrich Grf. v. Waldeck u. Pyrmont. — Widm. v. Präs.

Buntrock, Arth., Jahres-Rundschau üb. die chemische Industrie, s.: **Bender, Adf.**

Buntrock, Arth.: Lehrb. d. Farbenfabrikation, s.: Gentele, JG.

Buntrock, Arth., chemische Technologie der Gespinnstfasern, s.: **Witt**, Otto N.

— s.: Textil- u. Färberei-Zeitung.

Buntrock, Arthur [aus Treptow a. d. Rega]: Ueber einige Thionylamine der aromatischen Reihe ... Rostock, Univ.-Buchdr. v. Adler's Erben, 1892; 38 S., 1 Bl. 8.
Rostock, Phil. Fak., Inaug.-Diss. v. [2. Juni] 1892

— s.: Zeitschrift, chemische.

— s.: Zeitschrift f. Farben- u. Textil-Chemie.

— s.: Zeitschrift f. Farben-Industrie.

— s.: Zeitschrift f. Textil-Industrie.

Buntsch, A. C. (Resp.): De temperamentorum morumque conventientia..., s. Fischer, J. Andr. (Praes.)

Buntstiftmalerei f. Kinder. 3 Hefte. (Je 8 [4 farb.] Bl.) 21,5×29,5 cm. Ravensbg, O Maier ('12). je — 60

Bunze, Thom., Beitr. zu e. künftigen Physiologie. 1r Thl. 8. Kopenh. 805. Schubothe. 14 ℊ

Buntzen J. E.: Ueber Ernährung u. Stoffwechsel d. Muskeln. Als Manuskr. gedr. Kopenh. 1885. 33 S. 3 Tvl. P.

Bunyan, John, die überschwängliche Gnade an dem größten der Sünder. Ein getreuer Bericht von dem Leben des Verfassers. Aus dem Englischen von A. **Henrich**. Hamburg 864. Oncken. 8. (160 S. u. Portr. in Holzschn.) 10 ngr.

Die überschwengliche Gnade an dem größten der Sünder [Grace abounding to the chief of sinners]. Ein getreuer Bericht von d. Leben d. John **Bunyan** von ihm selbst beschrieben. Übers. von † A. **Henrich**, weil. Pred. 2. (auf d. Umschl.: 3.) Aufl. Kassel: J. G. Oncken Nacht. 1904. (154 S.) 8° [F.] [05. 1044 4

— grace abounding to the chief of sinners. 16. (192 S.) Leipzig 888. Gressner & Schramm. n. — 80

Bunian, J., zartestes **Herz** der Liebe Christi. 12. Hamb. 746.

Bunyan, John, der hl. Krieg, s. a. **Urban's** christliche Volksbücher.

— dasselbe s.: **Hausbibliothek**, christliche.

— Der Heilige Krieg. Wie derselbe geführet wird von Christo Jesu, dem Ewigen und allmächtigen König, Wider Den Teuffel, Den Fursten der Finsternüß, Umb und über Die Menschliche Seele. Vormahls in Englischer Sprache gestellet ... ins Hochteutsche übersetzet von J. L. M. C. Hamburg, C. W. Brand, 1742. 12°. *Gestochenes Frontispiz* (mit der Verlagsbezeichnung: Hamburg, bey Gottfried Liebernickel. 1694), 9 Bl. 616 S.

Bunian, Jh., der heil. Krieg von Christo wider d. Teufel um die menschliche Seele; aus d. Engl. 12. Hamb. 756. Brand. 6 ℊ

Bunyan, John, der heilige Krieg, wie derselbe geführt wird v. Christo Jesu, dem Sohn des El-Schaddai, d. ewigen u. allmächtigen Königs wider den Teufel. Oder: das Verlieren u. Wiedererobern d. berühmten Stadt Mensch-Seele. Mit 6 Bildern (in Holzschn.) geziert. 12. (288 S.) Harrisburg 848. (Philadelphia, Schäfer & Koradi.) n. 1 1/3 ₰

— der heilige Krieg geführt von Schaddai gegen Diabolus. Oder der Verlust und die Wiedergewinnung der Stadt Menschen-Seele. Eisleben 864. Christlicher Verein. 8. (X, 279 S. u. 18 Holzschntaf.) 18 ngr.

Bunyan, Joh., der heilige **Krieg**, geführt v. Schaddai gegen Diabolus. Oder: Der Verlust u. die Wiedergewinnung der Stadt Menschen-Seele. Neu bearb. u. hrsg. vom christl. Vereine im nördl. Deutschland. 3. Aufl. 8. (XII, 279 S. m. 1 Bild.) Eisleben 887. Christl. Verein im nördl. Deutschland. Geb. 1. 80

Der heilige Krieg [The holy War], geführt von Schaddai gegen Diabolus. Oder: Der Verlust u. die Wiedergewinnung d. Stadt Menschen-Seele. Von Johann **Bunyan**. Neu bearb. u. hrsg. v. Christl. Vereine im Nördl. Deutschland. 4. Aufl. Eisleben: Klöppel; Leipzig: G. E. Schulze 1901. XII, 279 S. 8° [01. 1734 7

Der heilige Krieg [The holy war]. Von John **Bunyan**. Ill. von J. Warns. Striegau: T. Urban [1907]. (64 S.) 8° [F.]
= **Volksbücher**, Urbans christliche. No 21. [08. 6615 2

Bunyan, Jh., heiliger Krieg, od. ein Gemälde des menschlichen Herzens, wie dasselbe durch selbstverschuldeten Abfall verloren zu gehen scheint, aber von dem Herrn mit überschwänglicher Gnade wieder gewonnen wird. Uebersetzt nach der von der religiösen Traktaten-Gesellschaft zu London 1835 besorgten Ausgabe von Karl Heinr. Decker. Mit 25 Abbildd. in Holzschn. 12. Reutlingen 848. Kurtz. 1/2 ₰

— **heiliger Krieg, od. ein Gemälde des menschlichen Herzens, wie dasselbe durch selbstverschuldeten Abfall verloren zu gehen scheint, aber von dem Herrn mit überschwengl. Gnade wieder gewonnen wird. Uebers. nach der v. der religiösen Traktaten-Gesellschaft zu London 1835 besorgt. Ausg. v. Carl Heinr. Decker. 2. (Titel-)Aufl. Mit 25 Abbild. (in eingedr. Holzschn.) 12. (509 S.) Reutlingen (838) 851, Kurtz. n. 12 ngr**

— heiliger Krieg oder ein Gemälde des menschlichen Herzens, wie dasselbe durch selbstverschuldeten Abfall verloren zu gehen scheint, aber von dem Herrn mit überschwänglicher Gnade wieder gewonnen wird. Uebersetzt nach der von der religiösen Traktaten-Gesellschaft zu London 1835 besorgten Ausgabe von K. H. Decker. 3. Aufl. Mit 25 Abbildungen (Holzschn.). Reutlingen 859. Kurtz. 8. (XVI, 366 S.) n. 12 ngr

Bunyan's, Joh., heiliger Krieg od. e. Gemälde d. menschl. Herzens, wie dasselbe durch selbstverschuldeten Abfall verloren zu gehen scheint, aber v. dem Herrn m. überschwängl. Gnade wieder gewonnen wird. Uebersetzt nach der v. der religiösen Traktaten-Gesellschaft zu London besorgten Ausg. v. Karl Heinr. Decker. 4. Aufl. Mit 25 Abbildgn. (in eingedr. Holzschn.) gr. 8. (XVI, 366 S.) Reutlingen 872. Kurtz. n. 1. 20

Bunian. Die Kunst der Vergnüglichkeit zum andern Mal gedruckt. Hamb. 1725. Ü: *Lange, Johann.* (Hdschr. Mitth. von Friedr. Müller, München.) (BiblPort;

— der himmlische Läufer. 12. Frankf. a. M., Hermann. 4 ℳ

BUNYAN, J. Mst. Quaats Leben und Sterben, oder Eines Gottlosen Reise nach dem Ewigen Verderben, Vorstellend den ganzen Zustand einer unwiedergebohrnen Seele, durch unterschiedliche d. rzu dienende Geschichte . . . um seiner Fürtrefflichkeit willen in die Hochteutsche Sprache übersetzet. Hamburg, C. W. Brandt, 1759. 12°. *Frontispiz (Quaats, gefolgt von Tod und Teufel, vor der Hölle)* 8 Bl. 342 S. Leicht benutztes HPgt. d. Z.
Deutsche Ausgabe von „The Life and Death of Mr. Badman" (1680), von dem Berliner Propst C. M. Seidel übersetzt,

Bunyan, John, der Pariſäer und der Zöllner. Zum ersten Male aus dem Engl. übers. von P. Geyser. Chur 858. Grubenmann. 8. (XIV, 159 S.) 10 ngr

—— d. Pharisäer u. d. Zöllner. Uebers. v. P Geyser. 8. (159) Chur 58, Gsell. — 10

— die Pilgerreise. Aus d. Engl. 2 Thle. 12. Hamburg 845, Nestler u. Melle. n. 1/2 ß

— die Pilgerreise. Aus d. Engl. 2 Thle. Hamburg 856. (Nestler u. Melle.) 8. (XX, 396 S.) n. 18 ngr

— d. Christen Pilgerreise zur ewigen Seligkeit. (In poln. Übersetzg.) Neue Aufl. 12. (X, 245 S. m. Bildern.) Königsberg i/Pr. 891. Hartung. n. 1. —; geb. in Leinw. n.n. 1. 50

Die Pilgerreise eines Christen nach dem Berge Zion [The pilgrim's progress]. Von John **Bunyan**. Neue gekürzte Volksausg., ill. von Joh. Warns. Striegau: T. Urban [1907]. (62 S.) 8° [F.]
— **Volksbücher**, Urbans christliche. No 22. [o8. 6616 2

— Christiana's Pilgerreise, oder die Wallfahrt einer christl. Frau mit ihren 4 Söhnen u. anderen Gefährten nach der seligen Ewigkeit. Seitenstück zu seiner Pilgerreise des Christen. Freie u. erweiterte Umarbeit. einer alten Uebersetzung, nebst einer Vorrede über Bunyan, sowie über die verschiedenen Seelenführungen. gr. 8. Schaffhausen 846. (Beck u. Sohn. n. 1/4 ß

Bunyan, John, Pilgerreise zur seligen Ewigkeit. Aus dem Engl. Nach dem Orig. der Londoner Traktat-Gesellschaft. 5. Aufl. Herausg. von der Wupperthaler Traktat-Gesellschaft. Barmen 868. Buchh. der ev. Gesellschaft in Comm. 8. (IV, 374 S. u. 9 Holzschntaff.) n. 24 ngr; 1. Thl. apart n. 12 ngr

— Pilgerreise zur seligen Ewigkeit. Aus dem Engl. [Nach dem Original der Londoner Traktat-Gesellschaft.] Hrsg. v. der Wupperthaler Traktat-Gesellschaft. 2 Thle. 8. Barmen 875. Wiemann. — Klein. n. 2. 40; in 1 Bd. geb. n. 4. —; geb. m. Goldschn. n. 6. —
1. Der Pilger. 7. Aufl. (189 S. m. Holzschntaf.)
2. Die Pilgerin. 5. Aufl. (183 S. m. Holzschntaf.)

Bunyan, Joh., Pilgerreise zur seligen Ewigkeit. 2 Thle. Aus dem Englischen. [Nach dem Original der Londoner Traktat-Gesellschaft.] gr. 16. Barmen 870. Wiemann in Comm. à 1. 50
1. Der Pilger. 9. Aufl. (IV, 180 S. m. Portr. in Holzschn.)
2. Die Pilgerin. 6. Aufl. (IV, 183 S.)

Bunyan, Joh., Pilgerreise zur seligen Ewigkeit. 2 Thle. Aus dem Engl. [Nach dem Original der Londoner Traktat-Gesellschaft.] Hrsg. v. der Wupperthaler Traktat-Gesellschaft. 8. Barmen, (Wiemann). à n. 1. —
1. Der Pilger. 9. Aufl. (IV, 189 S. m. Holzschn.) 885.
2. Die Pilgerin. 7. Aufl. (IV, 183 S. m. Holzschn.) 883.

— Pilgerreise zur seligen Ewigkeit. Nebst der Lebensgeschichte d. Verf. Aus dem Engl. [Nach dem Original der Londoner Traktat-Gesellschaft.] 2 Tle. in 1 Bd. 12. u. 9. Aufl. 12. (XXXII, 224 u. 207 S. m. Bildern u. 1 Bildnis.) Barmen 892. Wupperthaler Traktat-Gesellschaft. Kart. n. 1. 50; geb. in Leinw. n. 2. —; eleg. geb. m. Goldschn. n. 3. —

Bunyan, Joh., Pilgerreise z. seligen Ewigkeit. Nebst d. Lebensgeschichte d. Verf. Aus d. Engl. (N. d. Original d. Londoner Traktat-Gesellschaft.) 2 Tle. in 1 Bd. 13. Aufl. (35.—38. Taus.) bezw. 10. Aufl. 12. (224 u. 207 S. m. Bild. u. Bildn.) Barmen 896. Wupperthaler Traktat-Gesellschaft. Kart. n. 1. 50; geb. in Leinw. n. 2. 60

Bunyan, J. Die Pilgerreise zur seligen Ewigkeit. Übers. in die Duala-Sprache, Kamerun, Westafrika. Mit 7 Farbendrucken. In-12°. 208 S. Basel, Missionsbuchh. 1897 Leinw. 2 50

Bunyan, Joh., Pilgerreise zur seligen Ewigkeit. Nebst der Lebensgeschichte des Verf. Aus d. Engl. (Nach dem Original der Londoner Traktat-Gesellschaft.) 2 Tle. in 1 Bd. 14. Aufl. (39.—44. Taus.) 12. (XXXII, 224 u. 207 S. m. Bildern u. Bildnis.) Barmen 899. Wupperthaler Traktat-Gesellschaft. Geb. in Leinw. n. 2. 60; m. Goldschn. 3. 40

Bunyan, Joh.: Pilgerreise z. sel. Ewigk. Nebst d. Lebensgesch. d. Verf. Aus d. Engl. (Nach d. Original d. Londoner Traktat-Gesellsch.) (Billige Volksausg.) (30, 387 m. Bildn. u. Vollbildern.) 8° Barm., Wuppertaler Traktat-Gesellsch. '03. HL 1.80: L 2.60 d

— Pilgerreise zur seligen Ewigkeit. Nebst der Lebensgeschichte des Verf. Aus dem Engl. (Nach dem Original der Londoner Traktat-Gesellschaft.) 2 Tle. in 1 Bd. 16. Aufl. (51—55. Taus.) (XXX, 203 u. 186 S. m. Bildern u. Bildnis.) 8. Barmen 905. Wuppertaler Traktat-Gesellschaft. Geb. in Halbleinw. n. 1. 60; in Leinw. n. 2. —; Pracht-Ausg. (XXX, 387 S.) Geb. in Leinw. n. 3. —; m. Goldschn. n. 4. —

— Pilgerreise nach der seligen Ewigkeit. Nebst der Lebensgeschichte des Verf. Aus dem Engl. (IV, 356 S. m. Abbildgn. u. Taf.) 8. Konstanz (905). C. Hirsch. Geb. in Halbleinw. n. 1. 50; in Leinw. n. 2. —; Prachtausg., geb. in Leinw. n. 3. —; m. Goldschn. n. 3. 50

— Pilgerreise zur seligen Ewigkeit. Aus dem Engl. neu übers. (2 Bücher.) 1. Buch: Der Pilger. (192 S. m. Abb.) 8. Neu-Ruppin (907). F. W. Bergemann. Geb. — 75

— dasselbe, s.: Universal-Bibliothek f. das christliche Haus.

— dass., neue Folge, s.: Howatt, J Reid.

— die Pilgerreise aus dieser Welt in die zukünftige. Aus dem Engl. Nebst Einleitungen und Anmerkungen von Friedr. Ahlfeld. Prachtausg. mit 12 Holzschn. 2 Thle. in 1 Bd. Leipzig 853. Costenoble. gr. 16. (1 Bl., 656 S.) 1 ß 25 ngr

— die Pilgerreise nach dem Berge Zion. Aus d. Engl. Mit vielen Holzschn. 32. Hamburg 837. (Leipzig, Barth.) n. $10\frac{1}{2}$ ℋ

— dass. (Wesel, Prinz.) 1/2 ₰

BUNYAN, JOHN. *Die Pilgerreise nach dem Berge Zion.* Aus dem Englischen des John Bunyan. Zwei Theile (in 1 Bde.). Bremen, Verlag d. Tractat-Hauses [c. 1840]. Mit Holzschnittportr. und 24 interess. Farbenlithogr. Kl.-8°. Goldgepr. grüner Orlwd., Goldschnitt.

Seltene, illustr. Jugendausgabe. Die Bilder wirken zwar etwas süßlich, aber doch lebendig u. zeigen eine bemerkenswerte technische Vollendung. —

— die Pilgerreise nach dem Berge Zion. Aus d. Engl. 8. (440 S. m. 9 Holzschn.) New-York 851. (Philadelphia, Schäfer & Koradi.) n. 1 ₰

-- die Pilgerreise nach dem Berge Zion. Aus dem Engl. 2 Thle. Bremen 860. Verlag des Traktat-Hauses. 16. (XVI, 446 S. u. 19 Holzschntaf.) n. 25 ngr.

— — Aus dem Engl. Philadelphia 865. Schäfer & Koradi. 16. (420 S. u. 7 Holzschntaf.) 1 ₰

—— dass. — 3. Aufl. 16. (256 S. mit Portr. in Holzschn.) Hamburg 865, J. G. Oncken. geb. mit Goldschn.

— die Pilgerreise nach dem Berge Zion. Aus dem Engl. Bremen 870. Verlag des Tractathauses. 16. (XVI, 446 S. u. 19 Holzschntaf.) n. 15 ngr.

— die Pilgerreise nach dem Berge Zion. Aus dem Engl. 2 Tle. in 1 Bde. 7. Aufl. 12. (XVI, 446 S. m. Holzschn.) Bremen 889. Verlag d. Tractathauses. Geb. n. 1. 80; m. Goldschn. 2. 25

— die Pilgerreise nach d. Berge Zion. 2 Tle. in 1 Bd. 6. verm. u. m. 57 Bildern geschmückte Aufl. 8. (410 S.) Cassel 900. J. G. Oncken Nachf. Kart. n. 1. 50; geb. in Leinw. 2. —; m. Goldschn. 2. 50

Die Pilgerreise [The Pilgrims progress ...] nach dem Berge Zion von John Bunyan. 6., verm. u. mit 57 Bild. geschm. Aufl. T. 1. *Cassel: J. G. Oncken [1901].* 8° [F.]

— die Pilgerreise nach dem Berge Zion. (186 S. m. Abbildgn.) 8. Reutlingen (906). Enßlin & Laiblin. Geb. in Leinw. n. 1. 25; größere Ausg. (248 S. m. Abb.) Geb. in Leinw. n. 1. 50

— Die Pilgerreise nach dem Berge Zion. 2. Buch, enth.: Die Reise der Christin u. ihrer Kinder. Aus dem Engl. (143 S. m. Abbildgn.) kl. 8. Ebd. (907.) Geb. — 75

— Die Pilgerreise n. d. Berge Zion. 2 Tle in 1 Bde. 18. Afl. (408 m. Abb. u. 8 Farbdr.) kl8° Kass., JG Oncken Nf. 08. Geb. 1.50; L. 2 —; m. G. 2.50 d

— the pilgrim's progress from this world, s. Collection of British authors.

— pilgrim's progress from this world to that which is to come. Translated into the Gã or Akra language, Gold Coast, W. Africa. 8. (IV, 160 S. m. 8 Farbendr.) Basel 901. Missionsbuchh. Geb. in Leinw. n. 1. 60

Bunyan, John. Eines Christen Reise nach der Seligen Ewigkeit, Welche In unterschiedlichen artigen Sinnbildern den gantzen Zustand einer bußfertigen und Gott-suchenden Seele vorstellet, und mit vielen Kupfer-Stichen gezieret ist ... Nun um seiner Fürtrefflichkeit willen in die Hochteutsche Sprache übersetzet. London, J. C. Haberkorn & J. N. Gussen, 1751. 8°. *Großes, gefalt. Titelkupfer (Porträt des träumenden Autors und des zum Lichte wandernden Pilgers),* 4 Bl. 219 S. und *12 interess. Kupfer (Stationen der Pilgerschaft).*

BUNYAN, J. Eines Christen Reise Nach der seeligen Ewigkeit, Welche In unterschiedlichen artigen Sinnen-Bildern, Den gantzen Zustand Einer bußfertigen und Gott-suchenden Seele, vorstellet; ... Nun, um seiner Fürtreflichkeit willen, in die Hochdeutsche Sprache übersetzet. Hamburg. C. W. Brandt, 1752. 12°. *Frontispiz,* 8 Bl. (inkl. Titel), 392 S. 1 Bl.
Übersetzer: Chr. M. Seidel.

Bunian's, Jh., Reise des Christen u. auch d. Christin u. ihrer Kindern (sic) nach d. sel. Ewigkeit; herausg. von H. R. Ziegler. 8. Zürich 759.

Eines Christen Reise nach der seligen Ewigkeit, Anderer Theil, worinnen unter artigen Sinn-Bildern fortgesetzet wird, Wie des Christen Weib und Kinder die gefährliche Reise auch angetreten, und das erwünschte Land vergnügt erreichet haben ... übersetzet von M. Christoph. Matthias Seideln, Past. und Probsten zu Berlin. Hamburg, J. C. Brandt, 1764. 12°. *Frontispiz,* 11 Bl. 381 S.

— Reise eines Christen nach d. sel. Ewigkeit rc. 3 Thle. 12. Frkf. a. M. 785. Brönner. 12 ₰

— Dasselbe, umgeändert von e. Freunde d. Wahrheit. 2 Thle. 8. Görlitz 802. (Leipz., Kummer). 18 ₰

Bunyan, Joh., eines Christen Reise nach d. sel. Ewigkeit. In engl. Sprache beschrieben u. ins Deutsche übers. 8. (13 1/4 B.) Ranis 837. (Leipzig, Fort.) *

— Reise eines Christen nach der sel. Ewigkeit. Hrsg. v. Evang. Bücher-Verein. [Uebersetzg. nach d. engl. Orig. Ausg.] gr. 8. (230 S.) Berlin 850. (W. Schultze.) baar n. 8 ngr.

—— Reise eines Christen nach der seligen Ewigkeit. 2. Aufl. 8. (224 S.) Basel 888, Jaeger u. Kober. — 60; geb. 1 20

Bunyan, Joh., Reise e. Christen nach der seligen Ewigkeit. (Neue Ausg.) 8. (224 S. m. Bildern.) Basel 893. Jaeger & Kober. — 60; geb. n. 1. 20

— Reise e. Christen n. d. seligen Ewigkeit. (Neue Ster.-Ausg.) 8. (224 S. m. Titelbild.) Basel 897. P. Kober. n. — 60; geb. in Leinw. n. 1. 20

—— des Pilgers Reise aus dieser Welt in die, die da kommen soll. Eine getreue Darstellung von den Begebenheiten bei seiner Abreise, von den Gefahren die er unterwegs bestanden, und von seiner glückl. Ankunft im gelobten Lande. Aus dem Engl. Pracht-Ausg. 2 Thle. (in 1 Bd.) 8. (659 S. mit 12 Holzschn.) Leipzig 831(32,) [Costenoble.] *

— voyage du chrétien vers l'éternité. II Vols. 8. Halle ... Nouv. Edit. 752. Waisenh.-B. 10 ₰

— Voyage du chrétien vers l'Eternité. 2 Vol. 8. Halle. Waisenh. 752—54. (1 B 6 gr., 2 B 4 gr.)

Buny(i)an, John, des Christen Wallfahrt nach d. himmlischen Stadt. Frei n. d. Engl. bearb. v. Fr. Heinr. Ranke. Mit e. Einleit. (das Leben J. B's. enth.) v. G. H. v. Schubert. 1. u. 2. Aufl. (à 8 1/2 B.) gr. 8. Erlangen 832, 33, Heyder. à 8 Gr., Blnp.

Bunyan, John, des Christen Wallfahrt nach der himmlischen Stadt. Frei nach d. Engl. bearbeitet von Fr. Hnr. Ranke. Mit einer Einleitung von G. H. v. Schubert. 3. unveränd. Aufl. gr. 8. Erlangen 845, Heyder. 1/6 ₰

— des Christen Wallfahrt nach der himmlischen Stadt. Nach dem Engl. von Friedr. Heinr. Ranke. Mit einer Einleitung von Ghf. H. v. Schubert. 4. verb. Aufl. Frankfurt a. M. 858. Heyder u. Zimmer. 8. (VII, 151 S.) n. 5 ngr.

Bunyan, John, des Christen Wallfahrt nach der himmlischen Stadt. Nach dem Engl. deutsch bearb. von Friedr. Heinr. Ranke. Mit einer Einleitung von G. H. v. Schubert. 5. verb. Aufl. 8. (141 S.) Calw 887, Vereinsbuchhandlung. cart. * geb. *

Bunyan, J., des Christen Wallfahrt nach der himmlischen Stadt. Nach dem Engl. deutsch bearb. v. F. H. Ranke. Mit e. Einleitg. von G. H. v. Schubert. 6., verb. Aufl. 8. (127 S.) Calw & Stuttgart 890. Vereinsbuchhandl. cart. n. — 60

— des Christen Wallfahrt nach der himmlischen Stadt. Nach dem Engl. bearb. v. Fr. H. Ranke. Mit e. Einleitg. v. G. H. v. Schubert. 7., verb. Aufl. 12. (127 S.) Calw u. Stuttgart 894. Vereinsbuchh. Kart. n. — 60

Bunyan, Joh. (John), des Christen Wallfahrt nach der himmlischen Stadt. Nach dem Engl. bearb. v. Fr. H. Ranke. Mit e. Einleitg. von G. H. v. Schubert. 9. verb. Aufl. (127 S.) 8. Calw u. Stuttgart 903. Vereinsbuchh. Kart. n. — 60

Bunz, der Franzosenfeiertag 1848, Samstag den 25. März. Mit (eingedr. Holzschn.-)Illustr. 8. (VIII, 208 S.) Reutlingen 880. Fleischhauer & Spohn. n. 2. —

Bunz, G., die Stiftskirche zu St. Georg in Tübingen. Mit Abbildgn. Tübingen 869. Osiander. 8. (VI, 142 S. m. Holzschn. u. 1 Photogr.) n. 20 ngr.

[Bunz, Geo. Chr. Heinr.]: Ueber die Auswanderungen der Würtemberger. — Tübingen: Heerbrandt 1796 II, 172 S.

Bunz, Ch. H.: Grundsätze d. Huldignng in Deutschl. *Tüb.*, Heerbrandt. 794. 8. (6 Gr.)

Bunz, G. (Hrsg.), s. Kunstblatt, Christliches, f. Kirche, Schule u. Haus.

Bunz, Georg Christian Heinrich, s. Über die Auswanderungen d. Würtemberger.

Bunz, Georg Christian Heinrich, s. Bemerkungen über den dritten Stand.

Bunz, Geo. Chr. Hnr., über die Grundsätze d. Huldigung. 8. Tübing. 794. (Osiander). 6 ℊ

Bunz, Georg Christian Heinrich (Ludovicopolitanus), Observat. de regimine territoriali ejusque habitu ad jura quaesita subditorum. Diss. jur. Präs. Johann Christian Majer. Tübing. (Fues) 4. VII. 1791. 40 S., tlws dtsch. (4.80) 4076
Widm. v. Präs.

Bunz, Georg Christian Heinrich, s. Verhandlungen auf d. Würtemberg. Landtage.

Bunz, Hnr., Beitr. zu d. Lehre vom Concurse d. Gläubiger, nach Würtemberg. Rechte. 8. Ludwigsb. 807.

Bunz, Hugo (Hrsg.), s. Al-Maḳrīzī: Kitāb Itti'āẓ Al-Ḥunafā bi aḫbār Al-A'imma Al-Ḫulafā.

Bunz, Hugo: Kitab itti'āẓ al-ḥunafā bi aḫbār al-a'imma al-ḫulafā ⟨Fatimidengeschichte⟩ von Al-Maḳrizi zum erstenmal hrsg. nach dem autographen Gothaer Unikum. [Jerusalem 1909: Dr. d. Syr. Waisenhauses.] VII, 151 S. 8° ¶ (Ersch. auch als Buch b. Harrassowitz, Leipzig.)
Tübingen, Phil. Diss. v. 23. Nov. 1909, Ref. Seybold
[Geb. 4. Mai 81 Stuttgart; Wohnort: Godesberg a. Rh.; Staatsangeh.: Württemberg; Vorbildung: Eberhard-Ludwigs-Gymn. Stuttgart Reife M. 99; Studium: Tübingen 10, Bonn 1, Basel 1 S.; Coll. 25. Juli 08.] [U 10. 4173

Bunz, Max, ehemal. Assistenzarzt am städt. Sanatorium München-Harlaching: Stethographische Aufnahmen der Regio supraclavicularis bei Lungentuberculose. (Mit e. Einleitung von Dr. G. Hörmann.) München 1907: Kastner & Callwey. (49 S.) 8° ¶ [Aus: Annalen d. städt. allgem. Krankenhäuser zu München Bd 12.]
München, Med. Fak., Ref. v. Bauer, Diss. v. 8. Juli 1902
[Geb. 1. Juli 76 Regensburg; Wohnort: Regensburg; Staatsangeh.: Bayern; Vorbildung: Altes Gymn. Regensburg Reife Juli 95; Studium: München 10 S.; Coll. 8. Juli 02; Approb. 12. Juli 00.]

Bunz, P., Johann Ludwig Hager. Ein Lebensbild a. d. Papieren meines Großvaters. M. 8 Ansichten v. Mühlhausen. 8. (72 S.) Stuttgart 897. Buchh. d. Evang. Gesellschaft. n. — 25

Bunz, Konfirmations-Denksprüche m. farb. Randzeichngn., m. neugewählten Texten v. Herm. Oehler. (Gr. Ausg.) I.—VI. qu. gr. 16. (à 30 Bl.) Stuttgart 899. Buchh. der ev. Gesellsch. à n. 1. —; kl. Ausg., qu. 16, à n. 1.—

Bunz, 60 Konfirmationsdenksprüche, s.: Kübel.

Bünz, Enno [pract. Arzt aus Meldorf in Holstein]: Ueber antipyretische Therapie .... Freiburg i. Baden, Univ.-Buchdr. H. M. Poppen & Sohn, 1888; 57 S. + 1 Bl. 8°
Freiburg i. B., Med. Fak., Inaug.-Diss. v. 1888

Bünz, H. J., die Überbrückung der Kluft zwischen den materiellen u. geistigen Vorgängen als Grundlage zu e. neuen Weltanschauung nebst e. Aufruf. (VII, 47 S.) 8. Dresden 910. E. Pierson. 1.—

Bünz, J. A. Rudolf, aus Hamburg: Experimental-Untersuchungen über die Peroxyde des Wismutes. Erlangen 1905: E. Th. Jacob. (171 S.) 8°
Erlangen, Phil. Fak., Ref. Fischer, Diss. v. 10. Mai 1905
[Geb. 5. März 76 Altona; Staatsangeh.: Hamburg; Vorbildung: Wilhelm-Gymn. Hamburg Reife (für Unterprima) O. 94; Studium: München 2, Erlangen 6 S.; Rig. 10. Mai 05.]

Bünz, Otto [app. Arzt aus Glückstadt]: Zur Casuistik der Cholecystitis calculosa ... München, Buchdr. v. M. Ernst, 1893; 25 S. 8.
München, Med. Fak., Inaug.-Diss. v. 1893

Bünz, Otto, Städtebau-Studien. 47 Taf. Skizzen u. 6 Taf. mit 12 Stadtplänen. Lex. 8. Darmstadt 909. Zedler & Vogel. In Leinw.-Mappe 6. —

Bunzeck, Gust., s. a. Bardenhofer, Marcus.

Bunzeck, G. Unter deutschem Banner. Gr. in-8°. 47 S. Zürich-Wipkingen, Verlag: „Adler". 1 25
1895

Bunzeck, Gust., unter deutschem Banner! 2. Ausg. gr. 8. (47 S.) Zürich-Wipkingen 896. Zürich, Keller & Müller. n. 2. —; geb. n. 3. —

Bunzeck, Gust. Mein Lied! Dichtungen. 12. (VII, 112 S.) Weim. 890, Dietendorf, Selbstverlag d. Verf. 3 —; geb. 4 —

— Revolution z. ewigen Frieden. 1. Tl m. e. Vorspiel. 8° (38) Zürich (Klingenstr. 9) 95, (EE Weber). 1.50

— der Schulze v. Gabelbach. Thüringisches Volksstück in 4 Aufzügen. 2. Aufl. gr. 8. (33 S.) Weimar 890. Würzburg-Schenkenschloß, Krüger's Verl. n. 1. —

—— Der Schulze v. Gabelbach. Thüringisches Volksstück in 4 Aufzügen. 2. Aufl. gr. 8. (33 S.) Dietendorf 891. Selbstverlag d. Verf. 1 —

— e. toller Streich! Lustspiel in 4 Akten. gr. 8. (64 S.) Dietendorf bei Neudietendorf 890. Selbstverl. des Verf. n. 1. 50

— Thronfolger u. Jesuit. Drama in 2 Aufzügen. 12. (34 S.) Weimar 889. (Thelemann.) 1. —

Bunzel, E., *Dr.* Bericht über die vom 1. Nov. 1856 bis 1. Mai 1858 im Spitale der Bauunternehmung der Elisabeth-Westbahn zu St. Pölten behandelten Kranken. *Wien* 1858. Tip.-lit.-art. Anst. *(L. C. Zamarski, C. Dittmarsch & C.)* 42 S., 8°. Mit 1 Tab.
Separatabdruck aus der österreich. Zeitschrift f. prakt. Heilkunde.

Bunzel, Emanuel, Bad Gastein. Nach den neuesten Hilfsquellen bearb. gr. 8. (VII, 160 S. mit 1 Tab. in qu. 4.) Wien 872, Braumüller.

— Bad Gastein. [Eaux thermales]. Avec une (lith.) carte des environs de Gastein (in Fol.) 16. (23 S.) Salzburg 873. Mayrische Buchh. n. — 80

Bunzel, Eman., Bad Gastein. Nach den neuesten Hilfsquellen bearb. 2. durchaus verb. u. vielfach verm. Aufl. 8. (VIII, 166 S.) Wien 876. Braumüller. n. 2. —

Bunzel, Eman., Bad Gastein. Nach den neuesten Hilfsquellen bearb. 3., durchaus verb. u. vielfach verm. Aufl. 8. (VIII, 187 S.) Wien 880. Braumüller. n. 2. —

Bunzel, E., Bad Gastein. Nach den neuesten Hilfsquellen bearb. 4. durchaus verb. u. vielfach verm. Aufl. Mit 1 (chromolith.) Karte d. Gasteiner Thales. 8. (III, 112 S.) Wien 885. Braumüller. n. 2. —

Bunzel, E., Bad Gastein. 5., verb. Aufl. Mit 1 Karte d. Gasteiner Thales. 8. (III, 119 S.) Wien 888. Braumüller n. 2.—

Bunzel, E. Wildbad Gastein. 6. Aufl. Mit 1 Karte. 8. (III, 123 S.) Wien 891, Braumüller. * 2 —

Bunzel, E., Wildbad Gastein. Nach den neuesten Hilfsquellen bearb. 7., durchaus verb. u. vielfach verm. Aufl. Mit 1 Ansicht in Lichtdr. u. 1 Karte des Gasteiner Thales. 8. (V, 121 S.) Wien 894. W. Braumüller. In Leinw. kart. n. 2. —

— Reptilfauna, s.: Abhandlungen der k. k. geolog. Reichsanstalt. 5. Bd.

— die Reptilfauna der Gosau-Formation der Neuen Welt bei Wiener-Neustadt. Hrsg. v. der k. k. geolog. Reichsanstalt. [Aus Abhandlgn. d. k. k. geolog. Reichsanst.] Mit 8 lith. Taf. gr. 4. (20 S.) Wien 871. Braumüller in Comm. n. 9.

—— d. Reptilfauna d. Gosau-Formation d. Neuen Welt bei Wiener-Neustadt. 4. (20 m. 8 L.) Wien 73, Braumüller. n. 9. —

Bunzel, Eman., das Römerbad [vormals Tüffer], das steirische Gastein. Wien 866. Gerold's Sohn. 8. (V, 72 S.) n. 10 ngr.

Bunzel, Gust., die sittliche Erziehung des Kaufmanns. (24 S.) gr. 8. Berlin (905). Verlag f. eth. Kultur. n. —80
Sonderabdruck aus: „Ethische Kultur".

BUNZEL, Gustav
Der Handel von Gustav Bunzel. Triest. 1900. In Comm. Schimpff. Gr-8°. 56 S. K 2.—

Bunzel, Hugo *Oskar Felix* [aus Guben]: Aus d. chem. Institut d. Univ. Breslau. Ueber einige Derivate des α-Pipecolins und α-Picolins. . . . Guben, Druck v. A. Koenig, 1891; 2 Bl., 64 S., 2 Bl. 8°
Breslau. Phil. Fak., Inaug.-Diss. v. 12. Febr. 1891

Bunzel, Hugo, d. künstl. Fiebermittel. Für Chemiker, Apotheker u. Ärzte zusammengest. gr. 8. (VII, 148 S.) Stuttgart 898. F. Enke. n. 4. —

Bunzel, Jh. Paul Sigm., christl. Beschäftigungen d. Privatandacht an Sonn- u. Feiertagen. 4 Thle. 8. Nürnb. 783, 84. Bieling. (Fr. Fleischer in Leipz.) 1 ₰ 8 gℊ

— christl. Beschäftigungen b. Privatandacht an d. Sonn-, Fest- u. Feiertagen, vorzügl. als kurze Predigten z. Hausgottesdienst. 4 Thle. 8. Nürnb. 792—95.

Bunzel, Jh. Paul Sigm., kurze Betrachtt. üb. bibl. Texte bei den Särgen uns. Mitchristen. 4 Thle. 8. Nürnb. 787—94. (1r, 2r Thl. N. A. 794.) 3e A. 4 Thle 804. Bieling. (Fr. Fleischer in Leipz.) 2 ₰

— kurze Betracht. bey den Särgen uns. Mitchristen. 4 Thle. 8. Ebend. 796.

Bunzel, Jh. Paul Siegm., kurze Betrachtungen über biblische Texte bei den Särgen unserer Mitchristen, zum Gebrauch bei sogenannten Leseleichen. Durchgesehen u. verbess. von Paulus Ewald. 4 Thle. 4e Aufl. 8. Nürnb. 833—35. Bieling. (Leipzig, Fr. Fleischer.) 2 ₰

— prakt. Erklärung d. epistol. Texte auf alle Sonn- u. Feiertage. 3 Thle. 8. Nürnb. 795—97. Bieling. (Fr. Fleischer in Leipz.) 1 ₰ 12 gℊ

— kurze Predigten an Sonn- u. Festtagen üb. Evangelien. 4 Thle. 8. Nürnb. 787. Bieling. 1 ₰ 8 gℊ

Bunzel, Johann Paul Siegmund, s. H. A. A. Ries, Gebetbuch.

Bunzel, Johann Paul Siegmund, s. Samml. auserles. Lieder z. häusl. Erbauung.

— biblische Vorlesungen, zum Gebr. f. Betstunden, 2 Thle. 8. Nürnb. 804, 6. Bieling. 2 ₰

Bunzel, Julius. Das neue österreichische Effectenumsatzsteuergesetz. Jahrb. f. Nat.-Oekon. u. Stat., Bd. 69, 1897.

BUNZEL, Julius
(F) Monats-Budget eines Grazer Arbeiters. Von Dr. Julius Bunzel. Separat-Abdruck aus den „Blättern für das Armenwesen". Graz. 1900. In Comm. Leuschner & Lubensky. Gr.-8°. 8 S. K —.40

— Studien zur Sozial- u. Wirtschaftspolitik Ungarns. Beiträge zu den Ausgleichs- u. Zolltarifverhandlgn. zwischen Oesterreich u. Ungarn. gr. 8. (VII, 231 S.) Leipzig 902. Duncker & Humblot. n. 4. 80

Bunzel, Samuel Christoph

Sm. Cp. Bunzel's neues Kaufmännisches Rechenbuch. Nürnberg b. dem Verf. in der Volkamer und Forst. Handl. I-II. Th. 462 und 240 S. 8. 1789
1. Th. Allg. Lit. Zeit. 1791. B. 4. p. 287.
2. Th. Allg. Lit. Zeit. ib.

Bunzel, Sam. Cph., neues prakt. kaufmännisches Rechenbuch. 2 Thle. gr. 8. Nürnb. 789. 2 ₰ 2e Aufl. Ebd. 816, 17. Schneider u. W. 1 ₰ 8 gℊ

— nöthiges Wissen e. Wechselrechners, oder neuestes Münz- u. Courssystem d. vornehmst. Handelsstädte. 8. Nürnb. 807. Bieling. 8 gℊ

Bunzen, Asmus, aus Glücksburg: Ein Beitrag zur Kritik der Wakefielder Mysterien. *Kiel 1903: H. Fiencke.* (58 S.) 8°
Kiel, Phil. Diss. v. [12. Dez.] 1903

Bunzendahl, Ernst Vict., junge Blätter. Gedichte. 16. (VIII, 88 S.) Berlin 890. E. Rentzel. n. 1. —

[F.] Junge Blätter. Gedichte v. Ernst Victor Bunzenthal. *Berlin: E. Rentzel [1896].* (VIII, 88 S.) 1 Bd 8. [98. 334]

Ernst Viktor Bunzendahl. Auf dem Erntegang. Gesammelte Dichtungen. Berlin: H. Feyl & Co. 1898. (158 S.) 8° [F.] [07. 8-68]

Bunzendahl, Ernst Vict., ins neue Gleis. Bilder u. Stimmgn., Gedichte u. Anderes. 8. (79 S.) Leipzig 898. C. F. Tiefenbach, Sep.-Cto. n. 1. —

Bunzl, Carl, Material zu einem Checque-Gesetz-Entwurf. Ein Fragebogen, beantwortet. gr. 8. (44 S.) Wien 880. Manz in Comm. n. 1. —

Bunzl, Carl, die Währungsfrage in Oesterreich-Ungarn. gr. 8. (V, 83 S.) Wien 887, Hölder.

Bunzl, Felix, a. Wien: Über Versuche zur Synthese von Fluorenabkömmlingen. (Berlin 1905: G. Schade.) (37 S.) 8°
Berlin, Phil. Fak., Ref. Fischer, Landolt, Diss. v. 24. Juni 1905
[Geb. 29. Dez. 83 Wien; Heimatsort: Wien; Staatsangeh.: Oesterreich; Vorbildung: K. k. Maximiliansgymn. Wien Reife Juli 01; Studium: Wien 2, Berlin 5 S.; Rig. 8. Juni 05.]

Bunzl, L., über die Occlusion der Radiumemanation durch feste Körper. (11 S. m. 8 Fig.) gr. 8. Wien 906. (A. Hölder.) n. — 55
Sonderabdruck aus: „Sitzungsber. d. k. Akad. d. Wiss."

BUNZL, RUDOLF. Ueber die Condensation von Aethylacetanilid mit Chlorzink, eine neue Chinaldinsynthese. (Bern) Zürich, 1889. Ol88.

Bunzl-Federn E.: Untersuchungen üb. einige seuchenartige Erkrankungen d. Schweine. [189*]. (23) S. (Sætr.). P.

Bunzlau, Kreis, s.: Kreiskarten.

Bunzlau, Kreis. Baron, Paul, A. Hilscher's Nachf., Wandkarte d. Kreises Bunzlau, entworfen nach d. Messtischblättern der königl. preuss. Landes-Aufnahme. 1 : 50,000. 6 Blatt à 47 × 38 cm. Farbdr. u. kolor. Bunzlau 897. G. Kreuschmer. n.n. 8.—; auf Leinw. m. Stäben n.n. 12.—

Bunzlau, Kreis. Entfernungskarte, amtliche, des Kreises Bunzlau (Reg.-Bez. Liegnitz). Auf Grund amtl. Unterlagen angefertigt im Katasteramte zu Bunzlau, rev. im Katasterbureau der königl. Regierg. zu Liegnitz. Hrsg. 1903. 1 : 75,000. 60×69 cm. Farbdr. Glogau. Berlin, C. Flemming. n. 2.—

Bunzlau. Verkehrskarte von Bunzlau in Schlesien m. seiner weiteren Umgebung. 25,5×32,5 cm. Farbdr. Nebst Abgangs- u. Ankunftszeiten der in Bunzlau ankomm. u. abfahr. Züge. 12. (2 S.) Bunzlau (900). G. Kreuschmer. —20

Bünzli, Frl. Bertha. Die prophylaktischen Massnahmen der Jugendfürsorge. Konferenzarbeit. Separatabdruck aus der »Schweiz. Lehrerinnen-Zeitung« [Jahrg. 14,] 1909[-1910]. II + 44 S. 8. Bern, Büchler & Co., 1909. [fr. —. 50]

Bünzly, Hans Valentin, de Soleure: Recherches sur l'oxydation du β-β-dinaphtol et préparation synthétique de combinaisons d'acridinium, de xanthonium et de thioxanthonium. Berne 1905. 99. p. 8°. [20. III. 05.]
Genève. Thèse sc. 1904/1905.

Bünzow, F. K. von (Pseud.), s. Katter, Friedrich

Bünztaler: Der Bünztaler
① Anzeigeblatt für das Bünz-, Reuß- und Seetal ④ Freiämter Nachrichten ⑤ 18. 11. 1896—31. 12. 1903 ⑥ 2° ⑦ Wochenblatt ⑧ Villmergen: Gebr. Isenegger ⑫ neutral ⑬ Zh. SU.

Buob, Adf. Das Einkommen der Volksschullehrer in Württemberg, s. Gubitz, Adf.

Buob, Adf., Grundbuch der evangelischen Schulstellen u. Schuldiener in Württemberg. gr. 8. (XIV, 60 u. 163 S.) Stuttgart 885. (Metzler's Sort.) cart. n. 3.—

Buob, A., Grundbuch d. ev. Schulstellen u. Schullehrer in Württemberg. 8. (146) Stuttg. 89. (Metzler's S.). n n 5 —

Buob, Adf., Grundbuch der evangelischen Schulstellen u. Schullehrer in Württemberg. Lex.-8. (VIII, 146 S.) Stuttgart 890. (Metzler's Sort.) n.n. 5.—

Buob, E Henry: Die Verwertg d. geschäftl. Idee. (55) 8° Münch., M Steinebach'09. 1.20

BUOB, Otto (Freudenstadt): Ueber die nützliche Verbindung des Debridement mit der Massage.- München: Grassl 1884, 24 S.
30.10.1884 - Urk (Titel: De curandi morborum quod debridement et massage vocant in gangraena inflammatoria sananda coniunctione.); Chr 1884/85,20
Diss. Ingolst.-Landsh.-Mchn.

Buochs. Luftkurort Buochs am Vierwaldstättersee. Hrg. vom Verkehrsverein. [Mit Illustrationen, 1 Karte und 1 Tabelle.] II + 31 S. 8. Stans, Carl Engelberger, 1902.
Deutscher, französischer und englischer Text.

Buohl, Maurus, OSB: Ein neues durch die musicalische Combination erfundenes ... Wercklein, in welchem alle auf dem Violin mögliche Accord, und Auflössung des Tritoni enthalten: um alle mit Harpeggien, falschen Tönen und hurtigen Passaggien componierte Stuck leicht zu erlehmen. Kloster St. Gallen 1756. 5 Bl. 4°

Buohler, Johann Baptist

Buohler, JB, Bilder a. d. Pfarrersleben. 8. (121) Schaffh. 62, Hurter. n. — 10

Buohler, J. B., s.: Blüthen u. Früchte f. das ewige Leben.

— Blüthen und Früchte für das ewige Leben. Ein vollständiges Gebet- u. Andachtsbuch für Katholiken. 3. verb. Aufl. Mit 1 Stahlst. Wiesensteig 854. Schmid. 16. (550 S.) 18 ngr

— Blüthen und Früchte für das ewige Leben. Ein vollständiges Gebet- u. Andachtsbuch für Katholiken. 4. verb. u. verm. Aufl. Mit 1 Stahlst. Wiesensteig 863. Schmid. 8. (542 S.) 18 ngr

— Charakterbilder aus dem Priester- und Seelsorgleben. Schaffhausen 858. Hurter. 8. (VII, 365 S.) 27 ngr

Buohler, J. B., Charakterbilder aus dem katholischen Priester- u. Seelsorgerleben. 2., verb. Aufl., besorgt v. Aug. Maier. 8. (VII, 302 S.) Regensburg 889. Verlags-Anstalt. 2. 70

— Gebet- und Betrachtungsbüchlein für die frommen Wallfahrer zur gnadenreichen Maria vom Rechberg. Wiesensteig 856. Schmid. 24. (238 S. u. 1 Holzschn.) 4½ ngr

Conturen aus Schwaben (von *Joh. Baptist Buohler*). Schaffhausen 1861.
Anon.-Lex. V. p. 72 (nach Kehrein).

— die Lehre von den Reservatfällen, mit besond. Berücksicht. der Reservationen in den Diözesen Rottenburg und Würzburg. 8. (III und 80 S.) Schaffhausen 859, Hurter'sche Buchh.

— die Lehre von den Reservatfällen, mit besonderer Berücksichtigung der Reservationen in den Diözesen Rottenburg u. Würzburg. Schaffhausen 860. Hurter. 8. (III, 80 S.) 7½ ngr

— Lehr- und Wanderjahre. Nach den Aufzeichnungen des Johs. Germanus hrsg. 8. (III und 98 S.) Schaffhausen 862, Hurter'sche Buchh.

— praxes piae. 16. (61) Stuttg. 56, Kitzinger. n. — 8

— Praxes piae ad usum sacerdotum inprimis sacra exercitia obeuntium. 16maj. (61 S.) Stuttgartiae 856, Verlags-Magazin. *

Buohler, Joh. Bapt., Aus dem Priester- und Seelsorgleben für Priester u. Seelsorger. Schaffhausen 857. Hurter. 8. (IV, 287 S.) 27 ngr

— — Neue Folge. Ebend. 858. 8. (IV, 235 S.) 18 ngr

— 3. Bdchn. 860. (IV, 176 S.) — 2. verb. u. verm. Aufl. Ebend. 863. 8. (V, 177 S.) 15 ngr

Buohler, Joh. Bapt., aus dem Priester- u. Seelsorgleben für Priester und Seelsorger. 1. Bdchn. 2. verm. Aufl. Schaffhausen 861. Hurter. 8. (VII, 116 S.) 27 ngr

— aus dem Priester- und Seelsorgleben für Priester und Seelsorger. Neue Folge. 2., verb. Aufl. 8. (IV und 235 S.) Schaffhausen 862, Hurter'sche Buchh.

— dass. — 3. Bdchn. 2., verb. und verm. Aufl. 8. (V und 177 S.) Ebendas. 863.
1. Bdchn. Ebendas. 1861. 27 Ngr.

Buohler, Joh. Bapt., vollständiges Rubriken-Büchlein für den katholischen Meßner. Schaffhausen 857. Hurter. 32. (VIII, 64 S.) 5 ngr

Buohler, Joh. Bapt., vollständiges Rubriken-Büchlein für den katholischen Meßner. 2. verm. u. verb. Aufl. Schaffhausen 865. Hurter. 32. (VIII, 64 S.) n. 5 ngr

— vollständiges Rubriken-Büchlein für die Ministranten. Ebend. 857. 32. (VIII, 71 S.) 6 ngr

— vollständiges Rubriken-Büchlein für die Ministranten. 2. verm. u. verb. Aufl. Ebend. 861. 32. (VIII, 72 S.) 6 ngr

Buohler, Joh. Bapt., vollständiges Rubriken-Büchlein f. die Ministranten. 3., verm. u. verb. Aufl. 16. (80 S.) Regensburg 876. Manz. n. — 50

—— katholische Unterhaltungen im häuslichen Kreise, s. Unterhaltungen, katholische.

Buol, Adalb. v., Randglossen zu Onno Klopp's Tilly. Wien 862. Mechitharisten-Congreg.-Buchhdlg. 8. (81 S.) n. 12 ngr.

Buol, Florian. (Eröffnungsrede des Präsidenten am 15. Oktober 1905, [über] die Ansteckungsgefahr der Tuberkulose-Bazillen;) Separatabdruck aus den Annalen der Schweizerischen Balneologischen Gesellschaft, Heft 2. 1 S. + S. 10—22. 8. Aarau, H. R. Sauerländer & Co., 1906.

(Buol, F[lorian].) Wiesen. Canton Graubünden. Schweiz. 1454 Meter über Meer... (als Höhenkurort für Sommer und Winter). [Mit Karte und illustriertem Umschlag.] 8.
Ausg. A. [Hrg. vom] Hôtel Belle-vue & Hôtel Palmy. Zürich o. J. [ca. 1888 1889]
Ausg. B. [Hrg. vom] Hotel Bellevue und Hotel Palmy. Zürich [1889]

v. Buol, J. J. Frhrr., Aufmunterung z. kraftvollen Vertheidigung d. Vaterlandes. 8. Brünn 796. Gastl. 2 xr

v. Buol, Karl G., (+ d. 11. Sept. 1819.) s. Leben Jesu Christi.

Buol, Marie von

Buol, M., der Bader v. Sankt Margrethen, s.: Volksschriften, Münchener, Nr. 8.

Buol, M v.: Christophorus. Erzählg a. d. Tiroler Volksleben. (268) 8° Köln, JP Bachem ('12). 3 —; geb. 4 — d

Buol, M., Erzählungen u. Sagen aus Tirol. (III, 181 S.) 8. Ravensburg 910. F. Alber. 2.50; geb. 3.20

Buol, M v.: Aus Etschld u. Inntal, s.: Volksbücherei.

— Die Gamswirtin. Erzählung. (IV, 308 S.) 8. Graz, 909. E. J. Oehninger. 3.—; geb. in Leinw. 4.—

— Das 4. Gebot. Schausp. f. weibl. Rollen. (64) kl8° Innsbr., Vereinsbh. u. Buchdr. '12. 1 — d

— das Geheimnis der Mutter u. andere Erzählungen. (V, 237 S.) 8. Bozen 903. A. Auer & Co. n. 2.—; geb. n. 3.—

— Der Mutter Geheimnis u. andere Erzählungen. 2., umgearb. Aufl. (IV, 227 S.) 8. Bozen 910. A. Auer & Co. 2.20; geb. in Leinw. 3.20

— bunte Geschichten, s: Geschichten, bunte.

Buol, M., Gills Hobelspäne, s.: Bachem's Jugend-Erzählungen.

— Hoch hinauf! Schauspiel f. weibl. Rollen (80 S.) kl.8. Innsbruck 910. Vereinsbuchh. u. Buchdr. 1.—

Die Kirchfahrerin. Erzählung aus d. Volksleben von M[arie Freiin v.] Buol. Köln: J. P. Bachem [1904]. (182 S.) 8° [J.]

Buol, M., Lieder vom hl. Lande. 12. (126 S.) Brixen 902. A. Weger. n. 2.—

— das Marterle. Novelle aus den Tiroler Bergen. 12. (237 S.) Köln (900). J. P. Bachem. n. 2.50; geb. n. 3.50

— Notburga. Schausp. f. weibl. Rollen. (86) kl8° Innsbr., Vereinsbh. u. Buchdr. '11. 1 — d

— die Stiefkinder. Erzählung aus dem Tiroler Volksleben. (266 S.) 8. Bozen 902. A. Auer & Co. n. 2.40; geb. in Leinw. n. 3.20

— Die Stiefkinder. Erzählung aus dem Volksleben. 2., umgearb. Aufl. (276 S.) 8. Ebd. 910. 2.60; geb. in Leinw. 3.60

— Des Mahrwirts Weib. Patriot. Schausp. f. weibl. Rollen. (58) kl8° Innsbr., Vereinsbh. u. Buchdr. '09. 1 — d

— Ein gutes Wort. Erzählung. (88 S.) 8. Ebd. 905. n. — 40

Buol, M., Ein gutes Wort. Erzählung. Separatabdr. a. d. „Tiroler Volksblatt". 8°. (83 S.) K —.40
Bozen: Auer 1906

Buol, M., u. Felix Nabor. Ein gutes Wort. Erzählung v. Buol. Das goldene Haus. Erzählung v. Nabor. Klgft., St. Josefs-Druck., 1910. 256 S. (Felix Nabor Pseud. für Karl Allmendinger.)

— Der Zweifler u. a. Aufwärts-Broschüre. (32 m. Abb.) 8° Cöln, St Josephs-Ver.-Bh. ('12). — 20 (Pp.) d

— dass., s: Aufwärts-Broschüre.

Buol-Bernberg, Adalb. v., die holländischen Armenkolonien und die Strafanstalten in Berlin, Gent, Bruchsal und Genf mit besonderer Rücksicht auf die Gefängnißreform in Oesterreich. Nebst einem Anhang über die Feuerwehr in Berlin. Mit 4 lith. Taf. (in gr. 4.) Wien 853. Manz. gr. 8. (IV, 204 S.) 1 ß 24 ngr

Büöler, [Franz Johann], Prof.: Die Behandlung der Wandtafeln von J. Schneider u. O. Metze („Hauptmerkmale der Baustile") am Gymnasium. Ehingen 1905: C. Louis Feger. (34 S.) 8°
Ehingen a. D., k. G P 1905 (703)

Buomberger's Dampfschiff-Panoramaktn. Dresden-Bodenbach. (10 Bl. in Lepor.-Form m. Abb. u. 20 Ansichtsktn.) 20×13 cm. Dresd., Römmler & J. ('10). Generalvertrieb: Berl., MHerzburg. 1.20

— Eisenbahn-Panoramakarten. Dresden-Bodenbach. Enth. neben zahlreichen Orientierungsbildern 20 Ansichts-Postkarten. (10 Bl in Leporelloform.) 20×18 cm. Ebd. (910). 1.20

Buomberger, F[erdinand]. L'assurance obligatoire du bétail dans le canton de Fribourg. Avril/décembre 1900. [Rapport présenté à l']Assemblée annuelle des statisticiens officiels et de la Société suisse de statistique, tenue à Fribourg en 1901. — Die obligatorische Viehversicherung im Kanton Freiburg. April/Dezember 1900. [Mitteilung] von Dr. F. Buomberger,... Freiburg [an die] Jahresversammlung des Verbandes schweiz. amtl. Statistiker und der schweiz. statist. Gesellschaft, abgehalten in Freiburg 1901. II + 57 p. 4. Berne, Stæmpfli & Cie. 1901.

Buomberger, F[erdinand]. Die schweizerische Ausländerfrage. (Sozialstatistische Abhandlung.) II + 31 S. 8. Zürich, Verlag: Verband der christlich-sozialen Organisationen der Schweiz (Buchdr. Bolli & Böcherer, Schaffhausen, 1908). [fr. —.50]

Buomberger. Ferdinand [aus Bütschwil (St. Gallen)]: Bevölkerungs- und Vermögensstatistik in der Stadt und Landschaft Freiburg (im Uechtland) um die Mitte des 15. Jahrhunderts. Bern 1900. 147 S. 1 Karte. 8°. (S.-A. aus Zeitschrift für schweiz. Statistik. 36. Jahrg.)
Freiburg i. Schw. Jur. Diss. 1899/1900

Buomberger, F[erdinand]. Dictionnaire des localités du Canton de Fribourg = Freiburgisches Ortschaftenverzeichniss. 8. (Fribourg) 1897.
Publications du bureau de statistique du Canton de Fribourg.... 1re Livraison = Mitteilungen des freiburgischen statistischen Amtes.... Liefg. 1

Buomberger, [Ferdinand]. Les divorces en Suisse. Par Dr. B', Directeur du Bureau cantonal de statistique. ⟨Extrait de la Revue populaire [3e année, No 2 et 3]⟩ [Avec 6 tables.] 16 p. 8. Fribourg, Impr.-Libr. Catholique Suisse, 1902.

Buomberger, F[erdinand]. (Volkstümliche statistische Aufsätze Nr. 2:) Die schweizerische Ehegesetzgebung im Lichte der Statistik. Mit 10 graphischen Darstellungen. 30 S. 8. Freiburg ⟨Schweiz⟩. ⟨B. Veith⟩, 1901. [fr. —.60]

Buomberger, F[erdinand]. Enquete über Dienst- und Lohnverhältnisse der Kellnerinnen des Kantons Freiburg im Uechtland. Sonderabdruck aus der «Monatsschrift für christliche Sozialreform» ... 1905, Heft 3. II + 16 S. 8. Basel, Buchdr. ... des «Basler Volksblattes», 1905.

Buomberger, Ferdinand. Die schweizerischen Fabrikkrankenkassen. Ein Beitrag zur schweizerischen Sozialstatistik. ⟨Separatabdruck aus der «Monatsschrift für christliche Sozialreform» (Jahrg. 28,) 1906 [Heft 4 u. 5].⟩ *Kopftitel:* Zur schweizerischen Versicherungsfrage. 48 S. 8. Zürich, Baessler & Drexler, 1906.

Buomberger, Ferd.: Die schweiz. Fabrikkrankenkassen. (Zur schweiz. Versichergsfrage.) [SA] (46) 8° Zür. '06. Luz., Baessler, Drexler & Co. (Erloschen. Komm.: Volckmar.) — 60 d

Buomberger, Ferd[inand]. Frauen- und Kinderarbeit in den Fabriken Deutschlands und der Schweiz. [Sep.-Abdr. aus: Monatsschrift für Christliche Sozialreform. Jahrg. 25, 1903, Nr. 8 u. 9.] 15 S. 8. [Basel, Buchdr. Basler Volksblatt.]

Buomberger, Ferd., Freiburg i. d. Schweiz u. s. Umgebg., s.a. **Städtebilder u. Landschaften aus aller Welt.**

Buomberger, Ferd., Freiburg in der Schweiz u. seine Umgebung. Mit 20 Ansichten u. 1 Karte der Umgebg. 8. (62 S.) Freiburg (Schweiz) 894. Universitätsbuchh. n.n. — 75

Buomberger, Ferdinand. Freiburg in der Schweiz und seine Umgebung. Mit 20 Ansichten [wovon 1 Tafel] und einer Karte der Umgebung. 8. [1895.]
Ausg. A. Freiburg in der Schweiz.
Ausg. B. Städtebilder und Landschaften aus aller Welt. (No. 117a.) Linz a. d. Donau.

Buomberger, F[erdinand]. Frequenz der Schweizerischen Hochschulen in den Jahren 1889—1903, mit spezieller Berücksichtigung der Universität Freiburg. 21 S. 8. Freiburg, Buchdr. des Werkes vom hl. Paulus, 1904. [fr. —. 30]

Buomberger, [Ferdinand]. Der deutsch-schweizerische Handelsvertrag. Schematisch-kritische Darstellung. Separat-Abdruck aus Nr. 28 [Jahrg. 32, 1905] der «Ostschweiz». 24 S. 8. St. Gallen, Buchdr. der «Ostschweiz», 1905.

Buomberger, F[erdinand]. Population du canton de Fribourg en 1811 et son développement pendant le 19me siècle. [Avec 4 cartes.] II + 101 p. 8. Fribourg, Fragnière Frères, 1901. [fr. 5. —]

Buomberger, Ferdinand. Ein Realindex der Tagespresse. Anregung unterbreitet dem internationalen Presskongresse in Bern 20-24 Juli 1902 = Un Répertoire des articles de la Presse quotidienne. Essai publié à l'occasion du Congrès international de la Presse, à Berne du 20 au 24 juillet 1902. 48 S. 8. Fribourg, Imprimerie de l'Œuvre de Saint-Paul, 1902.

Buomberger, J[ohann] E[mil]. Walther von Andwil, Graf zu Oberberg. Volksschauspiel in 5 Akten. Illustriert von B[eat] Steiner, Reallehrer. (Dem Fürstenländer-Volke zum St. Gallischen Centenarium gewidmet.) [Umschlag mit Wappen.] 95 S. 8. Gossau ⟨St. Gallen⟩, J. G. Cavelti-Hangartner, 1903. [fr. 1. 20]

Buonaccorsi di Pistoja, Adf. Graf v., Anleitung zur Ertheilung des Schwimmunterrichtes, mit besonderer Rücksicht auf den theoretischen Vorunterricht, zunächst für Lehrer, sowie für Lehrer- u. Lehrerinnen-Bildungsanstalten. Mit 31 den Text erläut. (eingedr.) Holzschn. gr. 8. (VI, 128 S.) Wien 880. Pichler's Wittwe & Sohn. n. 2. 40

— **Leitfaden für den Militär-Schwimmunterricht.** 8. (IV, 112 S.) Wien 879. Seidel & Sohn in Comm. n. 3. —

— — **Luftschiffahrtsstudien m. vergleich. Betrachtgn üb. Hydraulik, Aëraulik u. autodynam. Flugkörper, nebst vorausgeschicktem geschichtl. Ueberblicke.** 8. (64) Wien 80, Lehmann u. W. n. 4. —

— **Luftschiffahrtsstudien** mit vergleichenden Betrachtungen über Hydraulik, Aëraulik u. autodynam. Flugkörper, nebst vorausgeschicktem geschichtlichem Überblicke. gr. 8. (VIII, 64 S.) Wien 880. Spielhagen & Schurich. n. 4. —

Buonaccorsi di Pistoja, Adolf Graf v., Die Schiffsschraube. (Separat-Abdr. aus der „Zeitschrift des Oesterreichischen Ingenieur- und Architekten-Vereins", Jahrg. 1882.) Wien 1883. (9072)

Buonaccorsi di Pistoja, Adf. Graf v., die Schiffsschraube. Vortrag. Mit 23 (eingedr.) Abbildgn. gr. 8. (25 S.) Wien 883. Spielhagen & Schurich. n. 1. —

— **Schwimmkunst, gestützt auf naturwissenschaftliche Principien u. die Gesetze der Physiologie u. Hygiene,** mit einem vorausgeschickten geschichtlichen Abrisse. Mit vielen den Text erläut. (eingedr.) Holzschn. Lex.-8. (179 S.) Wien 879. Gerold's Sohn in Comm. n. 10. —; geb. n. 14. —

Buonamici-Castruccio. Commentarii de rebus ad Velitras gestis et de bello italico 1744—1748. Lipsiae 1750. — ed. Dasdorf. (370.) 8. Dresdae 1779.

Buonamici-Castruccio. Denkwürdigkeiten des italienischen Krieges [1744—48]. A. d. Lat. von F. M. v. Rohr. (X, 344 p.) 4. Breslau 1749. 4,00.

Buonamici, C. Graf. Denkwürdigkeiten des ital. Krieges vom Jahre 1744—48. Aus d. Latein. von F. M. v. Rohr. Breslau 1756. 4°. (Orig. 1750.)
W. Korn

Buonaparte s. a. **Bonaparte.**

Buonaparte, Richter der Liebe, der Treue und der Treulosigkeit. Wahre Geister- und Wundergeschichte aus dem Feldzuge der Neufranken. 1803.
Harpf's in Königsberg i. Pr. alter Leihbibl.-Cat., no. 7591.
— Sehr selten!

Buonaparte, 666 gefunden in dem Namen: oder das Thier, das gewesen ist, und nicht ist, wiewohl es doch ist: der Widerchrist. gr. 8. Berlin 840. (Wohlgemuth'sche Buchh.) n. 1/3 Thlr. Btg.
Bonaparte — Napoleon.

Buonarroti, s.: **Michelagniolo Buonarroti.**

Buonarroti, Ph.: Babeuf u. d. Verschwörg f. d. Gleichh. m. d. durch sie veranlassten Prozess u. d. Belegstücken. Übers. u. eingeleitet v. Anna u. Wilh. Blos. (336 m. 1 Bi'dn.) 8° Stuttg., JHW Dietz Nf. '09. 2 — ; geb. 2.50 d

Buonaventura, Giamb. u. Alb. Schmidt, deutsch-italienische Phraseologie, nebst Vocabular. Einleitung in die italien. Phraseologie. gr. 8. (III, 80 S.) Leipzig 880. Morgenstern. n. 2. —; für die Abonnenten der italien. Unterr.-Briefe n. 1. 50

Buonaventura, G, u. A Schmidt, deutsch-ital. Phraseologie, nebst Vocabular. Einleitg in d. italien. Phraseologie. 8. (80) Lpzg 80, Knapp. n. 2. — ; f. d. Abonnenten d. ital. Unterr.-Briefe n. 1. 50

— — **Uebersetzungs-Bibliothek zu den italienischen Unterrichtsbriefen.** 1. und 2. Bdchn. 8. Ebendas. 878. à Bdchn. * 60 Pf. *
Inhalt:
Bdchn. 1. Minna von Barnhelm oder das Soldatenglück. Ein Lustspiel in 5 Aufzügen von G. E. Lessing. (92 S.)
» 2. Poesie scelte di tutti i secoli. Compilate ed arricchite di note tedesche. (63 S.)

— — griechische Unterrichts-Briefe für das Selbststudium. 36 Briefe. gr. 8. (581 S.) Leipzig 880,81, [Knapp.] Morgenstern. à Brief — 1.; compl. —

Buonaventura, G, u. A Schmidt, griech. Unterrichts-Briefe f. d. Selbst-Studium nach d. Methode Toussaint-Langenscheidt. 8—31. Brief. 8. (115—552) Lpzg 81. 82, Morgenstern. à n 1 —

Buonaventura, Giamb., und Alb. Schmidt, italienische Unterrichts-Briefe, für das Selbst-Studium bearb. 40 Briefe. gr. 8. (641 S.) Leipzig 877—79, [Hildebrand und Comp.] Verlag des Hausfreundes. à Brief * 60 Pf. *

Buonaventura, Giamb., und Alb. Schmidt, italienische Unterrichts-Briefe, für das Selbst-Studium bearb. 40 Briefe. gr. 8. Leipzig 877—79, Morgenstern. à Brief * 60 Pf.; *

—— —— italienische Unterrichts-Briefe für das Selbststudium. (Neue Aufl.) 40 Briefe. gr. 8. (641 S.) Leipzig 880, [Verlag des Hausfreundes.] Morgenstern. à Brief * compl. *

Buonaventura, Giambattista, u. Alb. Schmidt, Unterrichts-Briefe f. das Selbst-Studium der italienischen Sprache nach der Methode Toussaint-Langenscheidt. 5. Aufl. 40 Briefe. gr. 8. (641 S.) Leipzig 885. 886. Morgenstern. à n. — 50 (cplt. u. cart.: n. 16. —)

Buonaventura, G, u. A Schmidt, Unterrichts-Briefe f. d Selbst-Studium d. ital. Sprache nach d. Methode Toussaint-Langenscheidt. 5. Afl. 21—40. Brief. 8.; (371—641) Lpzg 86, Haberland. à n. — 50 (cplt in Carton: n 16 —)

—— —— lateinische Unterrichts-Briefe für das Selbst-Studium, nach der Methode Toussaint-Langenscheidt bearb. (In 2 Kursen zu 20 Briefen.) 1.—6. Brief. gr. 8. (S. 1—96.) Leipzig 879, Verlag des Hausfreundes. à Brief * 60 Pf. *

—— —— lateinische Unterrichts-Briefe für das Selbststudium, nach der Methode Toussaint-Langenscheidt bearb. 7.—40. (Schluß-)Brief. gr. 8. (S. 97—658, 20, 15 S. mit 1 autogr. Taf.) Leipzig 880,81, Morgenstern. à Brief * compl. *

1.—6. Brief. Leipzig 1879, [Verlag des Hausfreundes.] Morgenstern. à * 60 Pf.

Buonfigli, Onofrio: De p l i c a Polonica tractatus medico-physicus, cum remediorum methodo noviter elucidatus. Acc. excerpta de eodem affectu ex historia morbor. Vratisl. cum praef. C(hristianus de) H(elwich). Vratislaviae et Lignitz: Rohrlachius 1712. 34 S. 8°

'Das Mädchenherz'. ⟨Il cuor delle fanciulle.⟩ Lyr. Oper in 4 Akten von Luigi Illica. Deutsch von Ludwig Hartmann. Musik von Crescenzo Buongiorno. Vollst. Klav.-Ausz. mit deutschem u. italien. Text. *Leipzig: J. Schuberth & Co. [1902].* (250 S.) 4°
(Edition Schuberth. No 7148.)

Buontempone, Evviva. Raccolta di brindisi, s. a. Evviva.

Buontempone, Evviva. Raccolta di brindisi per tutte le occasioni, inviti, a bere, apostrofi al vino, novelle aneddoti, facezie, epigrammi, proverbi, ec. ec. 8. (144 S.) Triest 864, Coen. *

Buorfiglio, A.: De lingua latina. Oratio. 4. S. 4°
Progr. Gorla Minor 1854.

Buquoi, E. F.

Gemälde aus dem Leben Friedrichs des Grossen, Königs von Preussen. Mit Kupf. 1. Heft. Berlin 1787. 4.

Buquoi, E. F., Leben Friedrichs des Einzigen . . . . Aufl. 3. Th. 1—4. Bunzlau 1786. 8.

Buquoi, E. F., Leben und Ende Friedrichs des Einzigen. Eine Volksschrift. (Nebst allgem. Berichtigung.) Aufl. 3. Theil 1—4. Bunzlau 1788. 8.

Buquoi, E. F., Leben und Ende Friedrich des Einzigen. 4 Thle. 8. Breslau, Meyer. 790—92.

Buquoi, E. F., Die besonderen Merkwürdigkeiten der Helden-, Staats- u. Lebens-Geschichte des preuss Königes Friedrich des Grossen nebst Anekdoten oder geheimen Geschichten. — — Mit den Plans derer vornehmsten Schlachten. Theil 1. 2. Strassburg 1787. 8.
Thaten und Tod Friedrichs II. Berlin 1787. 8.

Buquoi, Georg Graf von, s. B u q u o y , Georg de Longueval Graf von

v. Buquois, Jak., sechszehnjähr. Reise n. Indien. M. Kpf. Lpz. 774. Compt. f. Literat. 12 gl

Buquoit, Gr. v., kräftiges Mittel wider den Schrecken des Todes. 8. Nürnb. 735.

— — Vorbereitung dazu. franz. u. deutsch. 4. Nürnb. Raspe. 734.

Buquoy, Georg de Longueval Graf von

Graf G. v. Buquoy's Anregungen für philos.-wissensch. Forschung u. dichter. Begeisterung, in e. Reihe v. Aufss., eigenthüml. d. Erfind. nach u. d. Ausführung. *Lpz.*, Breitkopf u. Härtel. (827.) 828. gr 8° 3 fl 8 gl

Buquoy, Geo. Longueval, Frh. v. Beaux, Graf v., Anregungen f. philosoph.-wissenschaftl. Forschung u. dichterische Begeisterung, in e. Reihe v. Aufsätzen, eigenthüml. d. Erfindung nach u. d. Ausführung. (2. Aufl.) gr. 8. (51 B.) Leipzig 828, Breitkopf u. Härtel.

— zwei Aufsätze, mathem. Inhalts, m. 2 Kpf. 8. Ebd. 812. 8 gl

v. Buquoy, (Graf G.,) Auswahl des leichter Aufzufassenden aus meinen philosophisch wissenschaftl. Schriften u. kontemplativen Dichtungen für gebildete Leser u. Leserinnen. 1s bis 3s Bdchn. 8. Prag 825—27, Enders. 1s B. 21 gr. 2s 1 Rthlr. 3s 1 Rthlr. 3 gr.

—— chronolog. Auszug a. d. Gesch. d. Mathematik. 1. Hälfte; v. d. ältesten Zeit b. auf Euler. 8. (3 B.) Leipzig 829, Breitkopf u. Härtel

— Beschreib. e. Dampfmaschine, im Kunstschachte eines Kohlenbergwerks in Böhmen erbaut rc. M. 1 Kpf. gr. 8. Prag 814. (Leipz., Breitkopf u. H.) 12 gl

— analyt. Bestimm. d. Gesetzes d. virtuellen Geschwindigkeiten, in mechan. u. statistischer Hinsicht. Mit 1 Kpf. 8. Leipz. 812. Breitkopf u. H. 8 gl

— weitere Entwickelung u. Anwend. des Gesetzes d. virtuellen Geschwindigkeit in mechan. u. statist. Hinsicht. 1r Theil. 8. Ebd. 814. 16 gl

— Erläuterungen u. Zusätze zu d. 3n Theil v. Schuberts theoret. Astronomie, nämlich zu dessen phys. Astronomie. Mit 13 Kpft. gr. 4. Prag 811. (Leipz., Breitkopf u. H.) 2 fl 16 gl

— Exposition d'un nouv. Principe general de Dynamique, gr. 4. les mêmes. (en Comm.) 815

— exposition d'un nouv. principe général de dynamique. gr. 4. Paris 816. (Leipz., Breitkopf u. H.) 12 gl

Buquoy (von), Die Fundamentalgesetze an den Erderscheinungen der Wärme, empirisch begründet. Leipzig 1819. 4.

— d. Fundamentalgesetze a. d. Erscheinungen d. Wärme empirisch begründet, u. d. Bedeutung, nach dynamisch-mathemat. Ansichten im Geiste hervorgerufen, ohne Annahme e. Wärmestoffes. Neue Aufl. gr. 8. Leipz. 826, Breitkopf u. H.

— eine neue Methode für den Infinitesimalkalkul; nämlich die umgekehrte Ableit. der Funktionen (dérivation inverse) nebst hiernach erhalt. neuen Formeln für die transcendenten Ausdrücke der trigonometr. Funktionen, wovon wichtige Anwendd. auf d. Integralrechnung gemacht werden. gr. 4. Prag 821. (Breitkopf u. H. in Leipz.) 16 gl

— das Nothwendigste aus d. Technologie, zum Unterr. in Schulen. 8. 802. (J. Fr. Korn in Bresl.) 10 gl

— das Nothwendigste a. d. Technologie z. Unterr. in Schulen. 8. Breslau, Gehr. 803.

v. Buquoy, Graf, Geo., Prodromus zu einer neuen, verbesserten Darstellungsweise d. höhern analytischen Dynamik, mit Anwendung einer neuen, aufs Evidenteste erwies., allgem., analytisch-dynam. Fundamentalformel, nach welcher allein, durch bloße Substitutionen in dieselbe, alle gedenkbaren Aufgaben der Statik u. Mechanik (diese beiden von nun an nur eine Lehre bildend) sich unmittelbar auflösen lassen. 1. 2. Liefg. gr. 4. Prag 842, 44. (Ehrlich.) n. 1/3 ꝛß

G. Graf v. **Buquoy's** Skizzen zu e. Gesetzbuche d. Natur, zu e. sinnigen Auslegung derselben u. zu einer hieraus hervorgeh. Charakteristik der Natur. *Lpz.*, Breitkopf u. Härtel. 817. 8° m. 2 Kpf. 3 ß

— Skizzen zu einem Gesetzbuche d. Natur, zu einer sinnigen Auslegung desselben. Mit 2 Kpf. gr. 4. Leipz. 818. N. Aufl. 826. Breitkopf u. H. 3 ꝛß 1r Nachtrag zu Obigem: die Fundamentalgesetze an den Erscheinungen der Wärme empirisch begründet, u. deren Bedeutung, nach dynamisch-mathematischen Ansichten im Geiste hervorgerufen, ohne Annahme eines Wärmestoffs. gr. 8. Ebd. 819. 2e A. 826. 20 K 2r Nachtrag: Zusammenstellung einiger Hauptmomente aus der Geometrie, Phytotomie u. Zootomie, oder aus d. ideell angeschauten vergleichenden Anatomie an d. Jrd-Pflanzen- u. Thiergruppe u. s. w. gr. 4. Ebd. 820. 2e A. 826. 16 K

Buquoy, Graf v. Skizzen zu einem Gesetzbuche der Natur, zu einer sinnigen Auslegung desselben und zu einer hieraus hervorgehenden Charakteristik der Natur. Neue Aufl. Leipzig. 1825. 4.

— die Theorie d. Nationalwirthschaft, nach einem neuen Plane u. mehreren eignen Ansichten. M. 1 Kpf. gr. 4. Leipz. 815. Breitkopf u. H. 2 ꝛß 1r Nachtrag: das nationalwirthschaftl. Prinzip, oder was zuletzt alle nationalwirthschaftliche Anstalten bezwecken müssen. Mit 1 Kpf. gr. 4. Leipz. 816. Breitkopf u. H. 6 K 2r Nachtrag: Erläuterung einiger eigenen Ansichten aus d. Theorie d. Nationalwirthschaft; nebst tabellar. Uebersicht des Zusammenh. d. wesentl. Gewerbe unter einander ıc. gr. 4. Ebd. 817. 1 ꝛß 3r Nachtrag: Begründung des Begriffes vom reellen Werthe in nationalwirthschaftl. Hinsicht; ferner: Theorie d. Steuerwesens; endlich: Zusammenstell. d. wesentl. Verrichtungen bei dem Bleichen, Färben u. Drucken der Wollen-, Seiden- ıc. Zeuge u. Garne. gr. 4. Ebd. 819. 18 K

Eb. ideelle Verherrlichung d. empirisch erfassten Naturlebens. *Eb.* (822.) 2e A. 827. 2 Bde. gr 8° 2 ß

v. Buquoi, Graf Geo., ideelle Verherrlichung des empirisch erfaßten Naturlebens. 2 Bde. 2e Aufl. gr. 8. Leipz. 826. Breitkopf u. H. 2 ꝛß

v. Buquoy, G. Vorschlag zu einer Dampfmaschine. Leipzig. 1811.

— Vorschlag zu einer Dampfmaschine. 8. Prag 812. (Leipz., Breitkopf u. H.) 4 K

— Vorschlag, wie in jedem Staate ein auf ächten Nationalcredit fundirtes Geld geschaffen werden könnte ıc. 8. Leipz. 819. Breitkopf u. H. 4 K

— Worte d. Begeisterung vor d. Nacht des Correggio. (La notte de Correggio.) 8. Prag 825. (Enders). 4 K

— Zusammenstellung einiger Hauptmomente aus d. Geotomie, Phytotomie u. Zootomie, od. a. d. ideell angeschauten vergleichenden Anatomie a. d. Jrd-, Pflanzen- u. Thier-Gruppe unseres Planeten; ferner: üb. d. Methode in d. Biologie überhaupt, u. namentl. üb. d. Anwend. d. Mathematik in d. Interpretation d. Lebenserscheinungen ıc. N. A. gr. 4. Leipz. 826, Breitkopf u. H.

—— Zusammenstellung einiger vorzügl. scharfsinn., schlau erdachter, u. subtil durchgeführter Methoden a. d. höhern Analyse. Nebst e. Anh., d. Geist d. Differenzial-, Integral-, Variations-Rechnung enthalt. Dem in d. höh. Kalkul bereits Eingeweiheten gewid. 4. (11 B.) Leipzig 829, Breitkopf u. Härtel.

Bur, Der Appezeller, s. A p p e z e l l e r - B u r, Der.

Bur, De Appezöller, s. A p p e z ö l l e r - B u r, De.

Bur u. Lord. Tagebuch e. engl. Offiziers a. d. Transvaalkrieg. Mit e. Umschlagzeichng. v. Rob. Haug. gr. 8. (150 S.) Heilbronn 900. E. Salzer. n. 1. 50

Buer pass up! Eine Stimme zur Warnung für den lieben Bauersmann von einem Bauernsohn, der früher Landpastor war und nun in der Stadt wohnt. Paderborn 1849. V: *Reckmann, Christ.* (cramerBkde S. 41)

Buer, Heinrich C.

Buer, Heinrich, aus Buer i. Westf.: Die gegenwärtige landwirtschaftliche Betriebsweise im Landkreise Bonn unter Vergleichung mit der vor 50 Jahren üblich gewesenen, von Hartstein in seiner Statistisch-landwirtschaftlichen Topographie des Kreises Bonn beschriebenen Betriebsweise. *Bonn 1901: J. F. Carthaus.* (2 Bl.) 8° ¶ [Nur Titelblatt, Vita u. Thesen. — Vgl. die folgende Nummer.]
Bonn, Phil. Diss. v. 19. März 1901

Buer, Heinrich, aus Buer i. Westf.: Die gegenwärtige landwirtschaftliche Betriebsweise im Landkreise Bonn unter Vergleichung mit der vor 50 Jahren üblich gewesenen, von Hartstein in seiner Statistisch-landwirtschaftlichen Topographie des Kreises Bonn beschriebenen Betriebsweise. *Merseburg 1901: F. Stollberg.* (100 S.) 4° (8°) ¶ [Vgl. die vorhergehende Nummer.]
Bonn, Phil. Diss. v. [19. März] 1901

Buer, H. C., die Heimstättenversicherung, e. soziale Einrichtung zur Bekämpfung der Landflucht. (III, 186 S.) gr. 8. Bonn 908. C. Georgi. 2. 50

Die dänischen Kontrollvereine und Zuchtcentren als Mittel zur Förderung und Hebung der Viehzucht. Bearb. auf Grund einer nach Dänemark ... ausgeführten Studienreise von Dr. H[einrich] **Buer**, Gen.Sekr. in Münster i. W. Mit 6 Rindertaf. *Berlin: P. Parey 1902.* (VII, 64 S.) 8° [F.]

— Nachrichten aus den hervorragendsten Pferdezuchtgebieten, s.: Ramm, E.

Dr. Burghard Freiherr v. Schorlemer-Alst. Festschrift z. Enthüllungsfeier d. Denkmals f. d. verstorb. Frh. v. Schorlemer-Alst zu Münster i. W. 1902. Verf. im Auftr. d. Vorst. d. 'Westfäl. Bauern-Vereins' von Dr. H[einr.] C. **Buer**. *Münster i. W.: Der Westfale 1902.* (28 S.) 4° [F.]

Buraczewski, Joseph [aus Krakau, Galizien]: Studien über Isatin. Krakau 1902. 35 S. 8°.
Zürich. Phil. Diss. II. S. 1901/1902.

Buraczyński, Andr., Leitfaden f. Blessiertenträger, s. Publikationen, militärärztliche.

Buraczyński, Dr. Andreas, k. u. k. Regimentsarzt. Leitfaden für Blessiertenträger. Mit Zugrundelegung des „Leitfadens zum fachtechnischen Unterrichte des k. u. k. Sanitäts-Hilfspersonals" und des „Leitfadens für Blessiertenträger" von Oberstabsarzt Dr. Paul Myrdacz. Mit 39 Figuren. („Militärärztliche Publikationen" Nr. 74.) 8. Wien 1903.

Buraczúnski, A. Leitfaden für Blessiertenträger. 2. Aufl. M. 39 Fig. Wien 1907. Šafar

— dasselbe, ungar. Uebersetzung, s. a. Publikationen, militärärztliche, Nr. 88.

Buraczyński, A., Vezérfonal a sebesültvivőnek [Katonaorvosi hirdetmények 88 sz.] (ill. 46 S.) Wien: Šafář 1905 K —.75

— dasselbe, kroat. Uebersetzung, s.: Publikationen, militärärztliche, Nr. 93.

Burandt, Richard: Die politische Stellung des Breslauer Bistums unter Thomas I. (1232—1268). T. 1. Breslau 1909: Raabe, Oppeln. 21 S. 8° ¶(Ersch. vollst. in: Oberschlesische Heimat. Bd 5. 6. 1909.10.)
Breslau, Phil. Diss. v. 13. Nov. 1909, Ref. Kampers
[Geb. 18. Febr. 83 Baranowo, Kr. Gnesen; Wohnort: Posen; Staatsangeh.: Preußen; Vorbildung: Gymn. Gnesen Reife O. 02; Studium: Berlin 6, Breslau 4 S.; Rig. 14. Juni 09.] [U 10. 597

Burani, Paul: Der Volkssänger, s. Dubreuil, Ernest

Burat, Amad. (Hrsg.), s. Aubuisson de Voisins, J.F. d', Traité de géognosie.

— üb. Auffindung, Gewinnung u. Förderung der mineralischen Brennstoffe, siehe: Schauplatz, neuer, der Künste u. Handwerke, 167. Bd.

— angewandte Geognosie oder das Auffinden und der Bau nutzbarer Mineralien. Uebersetzt von Hnr. Krause u. J. P. Hochmuth. Mit 147 Holzschn. u. 22 Tafeln in Stahlst. 3 Lfrg. Lex.-8. Berlin 844, Duncker u. Humblot. n. 3½ ℛ

Burat, A. Géologie appliquée ou traité de la recherche et de l'exploitation des minéraux utiles. Paris et Leipzig. 1842.

— Géologie appliquée, ou traité de la recherche et de l'exploitation des minéraux utiles. Mit 21 Stahlst. u. 1 Karte. gr. in-8. Paris 843. (Leipzig, Michelsen.) n. 4 ℛ

Burat, Amadée, das Material des Steinkohlenbergbaues. Beschreibung der Tagegebäude, der Apparate und Maschinen, welche zur Gewinnung und Förderung der Steinkohlen angewendet werden. Deutsche Bearbeitung von Carl Hartmann. Nebst Atlas des Originals mit 77 (lith.) Planotaf. (u. 1 S. Text.) Brüssel 861. Schnée. gr. 8. (XII, 390 S.) n. 16 ℛ 20 ngr.

Burat, M. Amedée, die Steinkohle. Theoretisch-praktische Abhandlung üb. die fossilen Brennstoffe, als Steinkohle, Kohlenblende, Braunkohle etc. Aus d. Franz. übers. Mit (20 lith.) Abbildgn. gr. 8. (IV u. 281 S.) Quedlinburg 851, Basse. 1½ ℛ

Burat, Amédée, Bergmann. Studien etc., s. Schauplatz der Bergwerkskunde. 3. Bd.

Burat, A., Theorie der Erzlagerstätten, begründet auf die Beschreibung des Hauptvorkommens derselben am Harze, im Erzgebirge, in den Rheinlanden, in Toskana usw. Deutsch von K. Hartmann. Quedlinburg, 1846. 237 S. mit 20 Taf.

Burath, Kurt: Aus d. physikal. Institut d. Universität Breslau. Erdmagnetische Untersuchungen im neuen physikalischen Institut der Universität zu Breslau. *Breslau 1904: Graß, Barth & Co.* (38 S.) 8°
Breslau, Phil. Diss. v. 18. Apr. 1904

Burattini, Tito Livio, Misura universale. Overo trattato nel qual' si mostra come in tutti li luoghi del' mondo si può trouare una misura, & un poso universale senza che habbiano relazione con niun' altra misura, e niun altro poso, & ad ogni modo in tutti li luoghi, saranno li medisimi, o saranno in alter abili, o perpetui sin tanto che durerà il mondo. La misura si puo' trouvare in un hora di tempo e questa ci mostra quanto graue dou' essere il poso dalla misura si cauano ancora le misure corpore e per misurare le cose aride, e le liquide. Vilna 1675. Neudruck, hrsg. v. d. mathematisch-naturwissenschaftl. Abtheilg. d. Akademie d. Wissenschaften zu Krakau. (M. poln. Einleitg.) Lex.-8. (V, 82 S. m. 4 Taf.) Krakau 897. (Buchh. d. poln. Verlagsgesellsch.) n. 3. —

Burau, Erich [aus Schmechau in Westpr.]: Ein Fall von Graviditas tubo-uterinad extra.[!] E. Beitr. z. Casuistik d. ektop. Schwangerschaften ... Greifswald, Druck v. J. Abel, 1894; 27 S. 8.
Greifswald, Med. Fak., Inaug.-Diss. v. 20. Juni 1894

Burbach, F., Rudolph Zacharias Becker. E. Beitrag z. Bildungsgeschichte uns. Volkes. 8. (68 S. m. 1 Bildn.) Gotha 895. E. F. Thienemann's Verl. n. 1. 20

Burbach, F. W., die deutsche Rechtschreibung nach dem neuesten Standpunkte f. Fortbildungsschulen, höhere Lehranstalten, Comptoirs etc. gr. 8. (IV, 111 S.) Braunschweig 871. Westermann. n. — 80

Burbach, F. W., praktisches Sprachbuch f. die mittleren u. oberen Klassen der Elementarschule. 8. (VIII u. 132 S.) Bielefeld 852, Velhagen & Klasing. n. ⅓ ℛ

Burbach, F. W., praktisches Sprachbuch für die mittleren und oberen Klassen der Elementarschule. 2. verb. u. verm. Aufl. Bielefeld 858. Velhagen u. Klasing. 8. (VIII, 119 S.) n. 5 ngr.

Burbach, F. W., praktisches Sprachbuch für die mittleren und oberen Klassen der Elementarschule. 3. verb. Aufl. 860. (VIII, 120 S.) — 4. verb. u. durch Aufsatzübungen etc. verm. Aufl. Bielefeld 863. Velhagen & Klasing. 8. (VII, 136 S.) n. 6 ngr.

Burbach, F. W., praktisches Sprachbuch für die mittleren u. oberen Klassen der Elementarschule bearb. 5. verb. u. durch Aufsatzübungen verm. Aufl. Bielefeld 868. Velhagen & Klasing. 8. (VII, 143 S.) n. 6 ngr.

— praktisches Sprachbuch f. die mittleren u. oberen Klassen der Volksschule. 6. verb. u. durch Aufsatzübgn. etc. verm. Aufl. 8. (VIII, 143 S.) Bielefeld 873. Velhagen & Klasing. n. — 60

Burbach, F. W., praktisches Sprachbuch für die mittleren u. oberen Klassen der Volksschule. 7. verbesserte u. durch Aufsatzübungen etc. verm. Aufl. 8. (VIII, 161 S.) Bielefeld 878. Velhagen & Klasing. n. — 60

—— Sprach- und Aufsatzübungen für die mittleren und oberen Klassen der Elementarschule. 8. (IV und 76 S.) Bielefeld 861, Velhagen und Klasing. * 4 Ngr.; cart. *

Burbach, F. W., Sprach- und Aufsatzübungen für die mittleren und oberen Klassen der Elementarschule. 2., verb. und verm. Aufl. 8. (IV und 83 S.) Bielefeld 864, Velhagen und Klasing. *

— Sprach- u. Aufsatzübungen f. die mittleren u. oberen Klassen der Elementarschule. 3., verb. u. verm. Aufl. 8. (VI, 82 S.) Ebend. 872. n. — 50

Burbach, O., physikalische Aufgaben zur elementarmathematischen Behandlung. Mit Berücksichtigung des metrischen Maasses für den Schulgebrauch bearb. Gotha 870. Thienemann. gr. 8. (VII, 112 S.) n. 10 ngr.

—— dass. — Für den Schulgebrauch bearb. 2. verm. und verb. Aufl. (VIII, 128 S.) 1872, und 3. Aufl. gr. 8. (VIII, 134 S.) Ebendas. 874. *

Burbach, O., physikalische Aufgaben zur elementarmathematischen Behandlung. Für den Schulgebrauch bearb. 4. Aufl. gr. 8. (VIII, 134 S.) Gotha 880. Thienemann.

Burbach, O., physikalische Aufgaben zur elementarmathematischen Behandlung. 5. Aufl. Von W. Thienemann. gr. 8. (VIII, 134 S.) Gotha 891. E. F. Thienemann's Verl. n. 1. 20;
Auflösungen (15 S.) n. — 40

— Grundriß der Planimetrie für den Schulgebrauch entworfen. Mit 12 Figg. (Holzschn.) u. 1650 Uebungsaufgaben. Weimar 868. Böhlau. gr. 8. (IV, 108 S.) n. 10 ngr.

—— der einheimischen Vögel Nutzen und Schaden. Ein Tableau. Imp.-Fol. Gotha 873, Thienemann. *

—— der einheimischen Vögel Nutzen und Schaden. 2. und 3. Aufl. Imp.-Fol. Ebendas. 874,80. *

Die (Luxemburger Bergwerks- u. Saarbrücker Eisenhüttenaktiengesellschaft) **Burbacherhütte** (bei Saarbrücken) 1856–1906. Denkschrift z. Feier d. 50j. Bestehens d. Hütte am 22. Juni 1906. (Saarlouis 1906: Hausen & Co.) (IX, 117 S.) 4° (od. 1019) 5

Die Burbacherhütte (bei Saarbrücken). 1856—1906. Denkschrift zur Feier d. 50jähr. Bestehens der Hütte am 22. Juni 1906. — (Saarlouis 1906: Stein.) IX, 117 S. 4° [Umschlagt.:] Luxemburger Bergwerks- u. Saarbrücker Eisenhütten-A.G. Burbacherhütte.

Buerbaum, Jos., Beschreib. d. 2. Sekular-Feier d. Progymnasiums zu Dorsten, am 20. Octbr. 1812, nebst e. kurzen Geschichte d. Stadt, d. Franziskanerklosters u. d. Progymnasiums. 8. (1½ B.) Münster 813, Coppenrathsche Buchh.

Buerbaum, Jos. Proben aus einem Wörterbuche der französischen Synonyme. 2. Teil. 16 S. [I: 1875.]. Progr. *Coesfeld* 1876.

Buerbaum, Jos., die elektro-magnetische Telegraphie m. besond. Berücksicht. der ausgeführten Telegraphen-Systeme. Mit viel. Abbild. auf 8 lith. Taf. in (qu.) Fol. gr. 8. (XII u. 192 S.) Berlin 851, Th. Enslin. n. 1⅓ ₰

Buerbaum: Theorema Pythagoricum multiplici ratione diversisque argumentis probatum. 21 S. Fgt.
Progr. Coesfeld 1855.

Burbidge, F. W., die Orchideen des temperirten und kalten Hauses. Ihre Cultur und Beschreibung etc. nebst einer Synopsis aller bisher bekannten Cypripedien. Aus dem Engl. übers. von M. Lebl. gr. 8. (VII, 186 S. mit 23 eingedr. Holzschn. und 4 Farbendr.-Bildern.) Stuttgart 875, Schweizerbart'sche Verlagsh. *

Burbidge, F. W., die Orchideen des temperirten u. kalten Hauses. Ihre Cultur u. Beschreibung etc., nebst einer Synopsis aller bisher bekannten Cypripedien. Aus dem Engl. übers. von M. Lebl. Mit 23 (eingedr.) Holzschn. u. 4 Farbendr.-Bildern. 2. (Titel-)Aufl. gr. 8. (VII, 186 S.) Stuttgart (1875) 882. Schweizerbart. n. 8. —

Burbo, Barbara, recherches sur la relation entre la courbure de la sclérotique et celle de la cornée dans le méridien horizontal. Diss. gr. 8. (16 S.) Clermont (Oise) 893. (Bern, H. Koerber.) n. — 40

Burbulla, Adf., s: Aus d. Leben e. poln. Edelmannes.

Burcardi, J. J., Stricturae quaedam ad Sulpicium. Basil. 790. 4.

Burcardus s. Burckhardt.

Burcardus, Joh., Zeremonienmeister Papst Alexanders VI. s. **Burchard**, Johann. A 13 0011

Burcev, Vladimir L'vovič

Wladimir Burtzew [**Burcev**]. Der Zar und die auswärtige Politik. Berlin: Frowein 1910. 90 S. 8° (10. 6585

[Ant. u. Russ.] Wladimir Burzew. Der Zar und die auswärtige Politik. V(ladimir) L. **Burcev**. Cař i vněšnjaja politika. Vinovniki russko-japonskoj vojny. Po tajnym dokum.: Zapiskė gr. Lamsdorfa i Malinovoj knigė. Berlin: Frowein 1910. 76 S. 8° (10. 5273

Burch, Friedrich (Hrsg.), s. Jahrbuch für die Menschheit ...

Burchard III., Erzbischof von Magdeburg, s. **Koch**, Iwan.

Burchard, s.a. Burchardi

Burchard von Ursberg

Burchardi Urspergensium chronicon, s.a. Scriptores rerum Germanicarum.

Burchardi et Chunradi Urspergensium Chronicon. ed. Pertz. Hannov. 1874. 8.

Burchardus Urspergensis.
Historia Friderici Imperatoris Magni ... Ducis Suevorum ... recens edidit ... Ulmae 1790. II: *Christmann, Gg Ant.* (Gradmann, Gel. Schwaben. 1802.)

Burchard, G., Hist. Friderici I. imp. etc. ed. Christmann. 4. Ulm, Wohler. 790.

Burchard, praes. G. Ch. **Handtwig**, Diss. de affectibus quibusdam spasmodicis, frequentius occurrentibus. Rost. 41 7 3 8

Burchard, Dr., s. A. Cooper, Vorlesungen über Chirurgie.

Burchard, Erpresser-Prostitution. (14 S.) kl. 8. Berlin (905.) (Kampf-Verlag.) n. — 80

Burchard: Erpresser-Prostitution. (14) 8° Berl., Kampf-Verl. (?) (05). (Lpzg, O Maier.) — 80

Burchard, A. Musterblatter für Keuzstichstickereien ... Berlin, Winckelmann & Sohne [1892]. [Umschlagtit.]
24 Taf. in Lithogr. 8°.

Burchard, Albrecht, approb. Arzt aus Todenhagen: Aus d. Hygien. Institut zu Rostock. Beiträge zur Kenntnis des Ablaufs und der Grösse der durch Mikrococcus ureae liquefaciens bewirkten Harnstoffzersetzung. *München 1899: R. Oldenbourg.* (23 S.) 8°
Rostock, Med. Diss. v. [13. Sept.] 1899

Burchard, Aug., Beobachtungen und Erfahrungen aus dem Gebiete der Gynäkologie und Pädiatrik. Bonn 854. Weber. gr. 4. (1 Bl., S. 549—574. u. 3 Kupfertaf.) n. 1 ₰
Separatausgabe aus „Nova Acta Acad. Caes. Leopold.-Carol."

BURCHARD, AUGUST. Ueber Bibrombenzoësäuren. Cannstatt, 1875.
Diss. G. S.

Burchard, Augustus (Ludov. Frid.) (geb. Königsberg i. Pr. 22. 7. 1816):
De cura hernarum mobilium radicali. Berolini (1841). (32 S.) 8°
Berlin, Med. Diss. v. 17. Aug. 1841

Burchard, August Albert: Verlauf des accessorius Willisii im vagus. Halle (1867): Lipke. 31 S. 8°
Halle-Wittenberg, Med. Diss. v. 23. Juli 1867
Geb. Breslau 10. 2. 1845. V.

Burchard, Bernhardus: Zum unsterblichen Gedächtniß ... [Trauergedicht zur Beisetzung auf Christophorus **Francke**, Prof. d. Theol., † 11. Febr. 1704, beigesetzt am 24. Febr. 1704.] — Kiel (1704): Reuther. 2 Bl. 4°

Burchardus, Bernhardus: Gottes väterliche Providentz und Vorsehung ... [Leichenpredigt auf Christophorus **Francke**, Prof. d. Theol., † 11. Febr. 1704, beigesetzt am 24. Febr. 1704.] — Kiel (1704): Reuther. Bogen A—K. 4° (2°)

Burchard, C. A., Denksteine des Guten und Bösen, als eine elementarische Begründung der Sitten- u. Heilslehre für die zarte Jugend. Aus Geschichten, Liederversen, Bibelsprüchen und Gesprächen zu einem Ganzen bearbeitet, und zu einem Lesebuch für Volksschulen eingerichtet. 8. Berlin 841, Schultze. ¼ ₰ — dass. Mit 8 illum. Bildern. 8. Berlin 846, Winckelmann u. Söhne. geb. ⅓ ₰

Burchard, (C. G.,) d. Geburt, d. Leiden u. d. Auferstehung Jesu Christi. Nach d. Lat. des heil. Bernhard. gr. 8. Berlin 821, Reimer.

Burchard, C. J., d. Geburt, d. Leiden u. d. Auferstehung Jesu Christi, s. Bernhard, d. Heil.

Burchard, C. M., meditationes de anima humana. 8. Rostock. 726.

Burchard, C. W. T., die landwirthschaftl. Buchhaltung, mit besond. Rücksicht auf die Wirthschaftsmethode in Mecklenburg und den angrenz. Ländern. Ein Handbuch für Gutsbesitzer, Pächter, Wirthschafter u. alle diejenigen, welche sich der Landwirthschaft widmen wollen, so wie auch für Geschäftsmänner, die mit Administrationen, Curatelen rc. beauftragt sind. gr. 4. Rostock 840. (Stillersche Hofbuchh.) n. 3 ₰

Burchard, C. W. T., Verzeichniß der sämmtlichen zum ritterschaftlichen Cataster steuernden Großherzogth. Mecklenburg-Schwerin u. Strelitz nach ihrem gegenwärtigen Flächeninhalte u. Hufenstande, m. Angabe der Verhältnisse der geistl. Grundstücke in Grundlage der Directorial-Vermessungs- u. der Umschreibungs-Acten. gr. 4. (XVI u. 74 S.) Rostock 852, Stiller. n. 1 1/6 ₰

Burchard, Carl, Referendar: Urheberrecht, Erfinderrecht und gewerbliches Urheberrecht in ihren wesentlichsten Beziehungen zueinander. Borna-Leipzig 1908: R. Noske. (XI, 83 S.) 8° [J.]
Breslau. Jur. Fak., Ref. Meyer-Dahn, Diss. v. 6. Febr. 1908
[Geb. 12. Dez. 84 Stallupönen (Ostpr.): Wohnort: Görlitz; Staatsangeh.: Preußen; Vorbildung: Gymn. Gumbinnen, Görlitz Reife O. 03; Studium: Würzburg 4, Genf 1, Breslau 2 S.; Rig. 8. Febr. 07.]

Burchard, Carl Andreas (Kirchhain/N.-Laus.), De marito justo adulterii punitore. Diss. jur. Präs. Aug. Leyser. Wittbg. (Ww. Koberstein) 2. IX. 1735. 26 S., z. Tl. dtsch. (5.—) 4677
Gew.: Joh. Friedr. v. Patow (Malaenchen..).

Burchard, Chr. Mart.

Burchardus, Chr. M. (Praes.): De affectibus paralyticis..., s. Lohmann, Ch. W. (Resp.)

Burchard, Chr. Mart., Diss. de affectione hysterica. Rost. 4°.
1734

—, Meditationes de anima humana, in quibus de ejus natura, commercio et unione cum corpore, harmonia sic dicta praestabilita et caeteris affectionibus disquiritur. 256 pp. Rost. 1726.

Burchard, Chr. Mart., Meditationes de principio movente primo in animatis. In specie de anima plantarum et brutorum. In quibus medicorum, cum mechanicorum, tum recentiorum, spiritualistorum dogmata, sine ullo partium studio, ex solius naturae praescripto, et legibus motuum immutabilibus, examinantur. 62 pp. Rost. 4°. (p. 66 Amentiae causa cerebri vitia.)
1726

Burchardus, Chr. Mart., De morbis magicis. 40 pp. Kil. 4°.
1704

Burchard, Edgar, Gerichtsref.: Die Stellung der Mitbürgen nach römischem, gemeinem und heutigem bürgerlichen Recht. *Rostock 1903: C. Hinstorff.* (70 S.) 8° [J.]
Rostock. Jur. Diss. v. [25. Apr.] 1903

Burchhard, Erich: Entspricht den subjektiven öffentlichen Rechten immer eine Rechtspflicht des Berechtigten? Borna-Leipzig 1909. 8°
Breslau, Jur. Diss. v. (1909).

Burchard, Ernst, approb. Arzt aus Heilsberg: **Einige Fälle von vorübergehender Glycosurie.** *Kiel 1900: H. Fiencke.* (18 S.) 8°
Kiel, Med. Diss. v. [12. Okt.] 1900

Burchard, Ernst Friedrich: Epistola de naturali et optima florum anatome. Rostock 1743. 4°

Burchard, Ernst Friedrich: Epistola de calyce et calycistis. Rostock 1743. 4°

Burchard, Ernst Friedrich (Ed.):

s.: Schelhammer, Günther Christoph: Ars medendi universa, ex veris suis fundamentis eruta, et probatissimis veterum ac recentium sententiis curate expensis superstructa. Opus posthumum. Vol. 1 - 3. Wismariae, Lipsiae et Rostochii: 1747 - 1752

JB 1.798

Burchard, Ernst Friedrich: De terra coemiterii b. Gerthrudae. Rostochii 1747: Groshupf. 4 Bl. 8°

Burchard, F. W., s.a. Burchard, Johann Friedrich Wilhelm

Burchard, F. W., s. Gedike, Fr., latein. Chrestomathie.

Burchard, (F. W.) latein. Schulgrammatik f. d. untersten Gymnasial-Classen. 8. Berlin 827, Plahn.

Burchard, F. W., latein. Schulgrammatik f. d. untersten Gymnasial-Classen. Nebst Uebungsbeispielen z. Uebersetzen ins Latein. u. e. Lesebuche. 8. Berl. 827. 2e A. 830. Plahn. 18 gr.

Burchard, F. W., latein. Schulgrammatik f. d. untern Gymnasial-Klassen. Nebst Uebungsbeispielen zum Uebersetzen ins Lateinische u. e. Lesebuche. 3e Aufl. 8. Berl. 834. Plahn. 3/4 ₰

Burchard, Fr. Gli. Jul., Ephemeriden der theoret. u. prakt. Rechtsgelehrsamkeit. 1s u. 2s Stck. gr. 8. Rost. 796. Stiller. 14 gr.

Burchard, Fr. Gli. Jul.: Von d. Ungültigk. d. rechtl. Geschäfte, die d. Gemeinschuldner innerh. 4 Woch. vor eröffn. Concurse z. Nachth. sein. Gläubiger unternomm., nach Lüb. u. Rostock. Rechten. *Rostock*, Koppe. 793. 4. (6 Thl.)

— von der Ungültigkeit d. rechtl. Geschäfte, die d. Gemeinschuldner innerhalb 4 Wochen vor eröffn. Concurse z. Nachtheil s. Gläubiger unternommen. 4. Rost. 793. Stiller. 6 gr.

— **Friedrich Leopold** (Posen), De polypis uteri nonnulla. Diss. obst.-med. Bln. (Nietack) 24. XII. 1832. 47 S. mit Biogr. (M.: J. Puschner.) (4.—) 4680
Oppon.: J. Kunze, C. Heer, M. Bluemner. — Gew.: J. Betschler, A. Burchard (Bruder).

Burchard, G., Dissert. de hereditate quadrupl. sive de genere bonorum. 4. Marb. 755. Kessler. 3 gr.

– Dass., s.a. Burchardi, Wolrad

Burchard, G.: Historia Friderici..., s. Burchard von Ursberg

— hist. jur. romani. 8. Marb. 789. Krieger. 4 gr.

Burchard, G., Mémoire sur les meilleurs moyens d'arriver à l'extinction du paupérisme. 8°. Wien 1890.

Burchard, G. M. A., s. Burchard, Wilhelm Moritz Alexander

Burchard, Georg [aus Karlsruhe]: Beiträge zur Morphologie und Entwickelungsgeschichte der Bacterien. Karlsruhe o. J. [1896]. 64 S. 8°. 2 Tafeln.
Basel. Phil. Diss. 1896 97.

Beiträge zur Morphologie und Entwickelungsgeschichte der Bacterien von Dr. phil. Georg **Burchard**. Mit 2 Taf. (*Karlsruhe: O. Nemnich 1898.*) (72 S.) 8°
= Arbeiten aus d. bacteriol. Institut d. techn. Hochschule zu Karlsruhe. Bd 2, H. 1. [03. 36,6

Burchard, Gustav

—— s. Buchführung für Gewerbe- und Handeltreibende.

Burchard, G, Buchführg f. d. Kleingewerbe, nebst Kalender f. d. Schaltj. 1880. Fol. (200) Wien 80, Fromme. geb. 2. —

Burchard, Gust., Buchführung für das Kleingewerbe, nebst Kalender für das Jahr 1881. 2. Jahrg. Fol. (III, 220 S.) Wien. Fromme. geb. n. 2. 40

Burchard, Gust., Christoph Columbus od. die Entdeckung Amerikas. Nach „Christofero Columbo" v. Frdr. Rückert. Frei bearb. zu e. Schauspiel in 1 Aufzuge. 8. (43 S.) Berlin 892. F. Fontane & Co. n. 1. —

— das Familienfest. Fontane's Sammlg. v. Orig.-Gedichten, Vorträgen, Festspielen ꝛc. zu Polterabenden, grünen, silbernen u. goldenen Hochzeiten. 8. (XV, 398 S.) Ebd 892. n. 3. —; geb. n.n. 4. —

— s.: Fontane's Sammlg deklamator. Vorträge.

Friede auf Erden! Hist. Zeitbild in 1 Akt. (Mit Benutzung d. gleichnam. Novelle von Adolf Schmitthenner.) Von Gustav **Burchard**. Hamburg: C. Kloß 1898. (28 S.) 8° [J.] [04. 1198

—— d. Handels-Korrespondenz theoret. u. prakt. dargestellt. 4. (419) Wien 79, Helf's Ant. n.n. 10. — ‖ 2. Afl. 17 Lfgn. (414) Wien 80, Hartleben. 9. —; geb. n. 10. 80

— dasselbe. 2. Aufl. 17 Lfgn. gr. 4. (414 S.) Wien 880. Hartleben. 9. —; geb. 10. 80

Burchard, Gust., Handels-Correspondenz, theoretisch u. praktisch dargestellt. 3. Aufl. gr. 4. (414 S.) Wien 883. Hartleben. 9. —; geb. n. 10. 80

Burchard G, Handelskorrespondenz. 3. Auflage. Wien 1884

Burchard, G., Handels-Correspondenz, theoretisch und praktisch dargestellt. 4. Aufl. 17 Lfgn. gr. 4. (418 S.) Wien 889. Hartleben. à n. — 60 (cplt.: n. 9. —; geb. n. 10. 80)

Burchard's, Gust., Handels-Korrespondenz. 5. Aufl. Vollständig neu bearb. u. hrsg. v. Siegfr. Lederer. (407 S.) 32×24 cm. Wien 908. A. Hartleben. 8.50; geb. in Leinw. 10.50; auch in 17 Lfgn. à — 50

— Hans Sachs-Dramen, nebst e. Festspiel. 8. Ebd. 894. n. 1. —
Hans Sachs. Ein dramat. Spiel in 1 Aufzuge v. G. B. Frau Wahrheit will niemand beherbergen. Fastnachtsspiel v. Hans Sachs. Von der Elisabetha, e. Kaufherrn Tochter. Tragödie v. Hans Sachs. Der fahrende Schüler im Paradies. Fastnachtsspiel v. Hans Sachs. In freier Bearbeitg. v. G. B. (77 S.)

— Lützows wilde Jagd. Ein dramat. Festspiel in 1 Aufzuge. Zur 100jähr. Geburtstagsfeier Theodor Körner's [23. Septbr. 1891]. 8. (63 S.) Berlin 891. F. Fontane & Co. n. 1. —

Burchard, Gust.: Lützows wilde Jagd. Schausp. 2. Afl. (5. 48) 8° Berl., E Fleischel & Co. '12. 1 — d

Burchard, Gust., das Jahrhundert, s.: Schlack, Emil.

Burchard, Gustav, s. Sachs, Hans: Komödien.

Burchard, G. s.: Hans Sachs-Tragödien.

Burchard, Gust., Franz Schubert. E. musikal.-dramat. Festspiel z. d. Componisten 100. Geburtstag (geb. am 31. Jan. 1797). M. Schubert'scher Musik arrangiert. 8. (31 S.) Berlin 896. F. Fontane & Co. n. — 60

— Treulieb. Märchenschauspiel. 8° (86) Hambg 99, C Kloss. — 60

Burchard, H., Der Entelechiebegriff bei Aristoteles und Driesch. Diss. 1928. XV. 75 S. 2.50

Burchard. Hans [aus Rostock. pr. Arzt u. Assist. am patholog. Inst.]: Beiträge zur Kenntniss der Cholesterine.... Rostock. Univ.-Buchdr. v. Adler's Erben, 1889; 26 S. 8°
Rostock. Med. Fak., Inaug.-Diss. v. 17. Nov. 1889

Burchard, Heinrich, Referendar: Der Reisevertrag im Schiffahrtsrecht. Borna-Leipzig 1908: Noske. VI, 42 S. 8°
Heidelberg, Jur. Diss. v. 1908, Ref. Schröder
[Geb. 23. April 83 Hamburg; Wohnort: Fürstenwalde a. Sp.; Staatsangeh.: Hamburg; Vorbildung: Johanneum Hamburg Reife Aug. 01; Studium: Heidelberg 2, Cambridge 1, Berlin 5 S.; Rig. 17. Jan. 08.] [U 09. 1700

Burchard, J., de officio humanitatis mortuis exhibendo. Lips. 1700. 4.

Burchard, J. Chr.: Chronologischer Abriß der Kirchengeschichte der sechs ersten Jahrhunderte. 31 S.
Progr. Heiligenstadt 1844.

Burchard, Jo. Aug., de tumore cranii recens natorum sanguineo symbolae. Mit 2 Kpfrtaf. 4maj. Vratislaviae 837. (Berolini, Hirschwald.) n. $^{1}/_{2}$ ℔

BURCHARDUS, JO. JAC., Recensio imperatorum inde a Jul. Cæsare usque ad Josephum breviter exhibens maxime memorabilia, quæ sub singulis contigerunt, metro adornata. Ploenæ. 1712. 4.

— **Joachim** (Kiel), De infamia. Diss. jur. Präs. Nicolaus Martini. Kiel (B. Reuther) Aug. 1707. 28 S. (5.—) 4682
Gew.: Chph. Joach. Giese.

Burchard, Joh.: Historia Friderici . . . , s. Burchard von Ursberg

Burchard, Johann

Burcardus, Joh.: Alexander VI. u. s. Hof, hrsg. v. Ludw. Geiger, s: Memoiren-Bibliothek.

Burchard, Jh. Fr., († d. 9. Febr. 1807.) s. Anweisung z. Christenthum.

Burchard, Jh. Fr. Th., († d. 22. April 1822.) Bemerkk., den heil. Damm bei Dobberan betr. 4. Kiel 785.

— Beweis, daß die Mecklenburg. Geschichtskunde den einheim. Rechtsgelehrten nothwendig sei. 4. Kiel 785.

— Handbuch d. Mecklenburg. Geschichte. 8. Rost. 791. (Sind nur 9 Bog. gedruckt.)

— s. Monatsschrift, Rostockische.

Burchard, Johann Friedrich Wilhelm, s.a. Burchard, F. W.

Burchard, Jo. Fr. Guil., Anthologia graeca. Poesis graecorum elegiacae, melicae, bucolicae, epigrammaticae fragmenta selecta, cum Hesiodi operibus et diebus, tumquam diadactici generis exemplo, in usum adolescentium accommodata. 8. Berolini 839. Schultze. $^{5}/_{6}$ ℔

Burchard, J. Fr. Wlh., Commentatio critica de Democriti Abderitae sensibus philosophica. 4. Mind. 830. (Essmann). 7 gl

J. F. W. **Burchard**: commentatio critica de Democriti Abderitae de sensibus philosophia. *Minden*. (Essmann in C.) 830. 4° 7 gl

— griechisches Elementarbuch. Die Formenlehre der griechischen Sprache für die beiden untersten griech. Klassen eines Gymnasiums, und ein Lesebuch nebst Wörterverzeichniß für die unterste Klasse enthaltend. 8. Berlin 838. Schultze. 1 rtl

Burchard, Jo. Friedr. Wilh., griechisches Elementarbuch. Die Formenlehre der griechischen Sprache für die beiden untersten griechischen Klassen eines Gymnasiums und ein Lesebuch nebst Wörterverzeichniß für die unterste Klasse enthaltend. 2. Aufl. 8. (X und 428 S.) Berlin 840, Herm. Schultze.

Burchard, J.F.W.: Democriti Abder. philosophiae de sensibus fragmenta. E Theophrasti ejusd. argum. libello, max. part. deperd. 41 S.
Progr. Minden 1830.

Burchard, J.F.W.: Fragmente der Moral des Democritus. 58 S.
Progr. Minden 1834.

— Lateinische Schulgrammatik für die unteren Gymnasial-Klassen. Nebst Uebungsbeispielen zum Uebersetzen ins Lateinische u. e. Lesebuche. 4e Aufl. 8. Berlin 838. Schultze. 3/4 rtl

Burchard, Jo. Fr. Wilh., latein. Schulgrammatik f. d. unteren Gymnasial-Klassen. Nebst Uebungsbeispielen zum Uebersetzen ins Latein. u. ein. Lesebuche. 5. Aufl. 8. (25½ B.) Berlin 842, Herm. Schultze.

— Lateinische Schulgrammatik f. die unteren Gymnasial-Klassen. Nebst Uebungsbeispielen zum Uebersetzen ins Lateinische u. einem Lesebuche. 6. Aufl. 8. (IV u. 404 S.) Leipzig 852, H. Schultze. 3/4 rtl

Burchard, Joh. Friedr. Wilh., lateinische Schulgrammatik für die unteren Gymnasial-Klassen. Nebst Uebungsbeispielen zum Uebersetzen ins Lateinische und einem Lesebuche. 6. Aufl. (IV und 404 S.) 1852. und 7. Aufl. 8. (VIII und 408 S.) Leipzig 856, H. Schultze.

Burchard, J. F. W., lateinische Schulgrammatik für die unteren Gymnasialklassen. Nebst Uebungsbeispielen zum Uebersetzen in's Lateinische und einem Lesebuche. 8. sorgfältig revidirte Aufl. Leipzig 863. H. Schultze. 8. (VI, 410 S.) 22½ ngr.

— deutsche Sprachlehre, zunächst für die mittlern Klassen der Gymnasien verfaßt. gr. 8. Münster 836. Regensberg. 3/4 rtl

— **Johann Georg** (Salzwedel), De febre catarrhali benigna. Dissert. med. Präs. Johann Heinrich Schulze. Halle (J. Ch. Hilliger) Jan. 1736. 32 Seiten. (5.—) 4683
Gew.: Balth. Nicol. Burchard (Vater). — Widm. v.: Detlef Friedrich Frese, P. N. Marckmann (dtsch.).

Burchard, Johannes

Burchard, J: Theil-Schuldverschreibgn m. Realsicherheit, s. a. Festgabe f. Heinr. Dernburg.

Burchard, Johannes: Theil-Schuldverschreibungen mit Realsicherheit. Berlin 1900. In: Festgabe der Jur. Fak. d. Univ. Berlin für Dernburg.

Burchard, Johannes, Kammergerichtsrefer.: Vertragsnormen und Deliktsnormen in Anwendung auf denselben Tatbestand. Ein Versuch zur weiteren Klärung des Problems. Borna-Leipzig 1909: Noske. XI, 65 S. 8°
Heidelberg, Jur. Diss. v. 1. Okt. 1909, Ref. Endemann
[Geb. 2. Aug. 85 Bergedorf b. Hamburg; Wohnort: Rathenow; Staatsangeh.: Hamburg u. Preußen; Vorbildung: Joachimsth. Gymn. Berlin Reife O. 04; Studium: München 2, Berlin 4 S.; Rig. 3. Aug. 09.] [U 10. 1847

Burchard, Joannes Augustus *(geb. Kopnitz in Pos. 1800)*: De evolutionum et involutionum organismi humani phaenomenis, tum physiologicis tum pathologicis. Vratislaviae (1824). (68 S.) 8°
Breslau, Med. Diss. v. 20. [vielmehr 22] Dez. 1824

Bergung und Hülfeleistung in Seenoth. Von Dr. Johannes Leopold **Burchard,** Privatdoz. an d. Univ. Berlin. *Hannover: Helwing 1897.* (XVI, 374 S.) 1 Bd 8. [97. 30c 4

Burchard, Johs. Leop., zur Lehre vom Erfüllungsorte. Inaugural-Dissertation. gr. 8. (68 S.) Kiel 880. Universitätsbuchhandlung. n. 1. 20

Burchard, Johs. Leop., das Recht der Spedition. gr. 8. (VIII, 638 S.) Stuttgart 894. F. Enke. n. 10. —

Burchard, Isidorus *(geb. Lublinitz in Oberschles. 14. 1. 1834)* De prostatae concrementis et tuberculosi. Vratislaviae (1856) (27 S.) 8°
Breslau, Med. Diss. v. 11. [vielmehr 12] Aug. 1856

— **Julius Ludwig** (Rostock), De sexu masculino feminini tutelari. Diss. jur. Präs. Ernst Jo. Fried. Mantzel. (Rostock (J. J. Adler) Juni 1754. 30 S. (4.80) 4684
Widm. v. Präs.

Burchard, K.: Musikalienkatalog der Hauptkirche zu Sorau, s. Tischer, G.

Burchard, K., s.: Rektoratswechsel an der Akademie für Sozial- u. Handelswissenschaften zu Frankfurt a. M.

(Burchard, Karl Heinr.,) Giebt es eine geistliche Ordnung? Oder: Die göttliche Offenbarung u. ihre notwendige Vermittlung durch das Priestertum. Zum Verständnis der kathol. Kirche u. Hierarchie, gegenüber der Entstellung u. Mißdeutung älterer u. neuerer Zeit. Koblenz, Hölscher, 1839, gr. 8°, VII, 199 S., 2,50 Mk.

(Burchard, Karl Heinr.,) Der Leib der göttlichen Offenbarung. Ein Beitrag zur Physiologie der Kirche. Mainz, Kirchheim, 1836, gr. 8°. IV, 88 S., 1,25 Mk.

Burchard, Käthe, unter kanarischem Himmel. Mit photograph. Orig.-Aufnahmen (auf 12 Taf.) v. Osk. Burchard. (118 S.) kl. 8. Leipzig 909. Verlag f. Literatur, Kunst u. Musik. 2. 50

! Burchard, Käthe: Unter kanar. Himmel. Jetzt: 1.50 06/09

Burchard, Kurt, D. Einheitsgedanke i. d. deutschen Rechtsentwicklg., s.: Hochschul-Vorträge f. Jedermann.

Burchard, Kurt, die Hegung der deutschen Gerichte im Mittelalter. Ein Beitrag zur deutschen Rechtsgeschichte. gr. 8. (VIII, 316 S.) Leipzig 893. C. L. Hirschfeld. n. 6. —

(B) **Burchard,** Kurt, d. Hegung d. deutschen Gerichte. 893. (KIII. 27.) Jetzt: Tübingen, J. C. B. Mohr.

Burchard, Kurt [Dr. jur.]: Zur Lehre über die Hegung der deutschen Gerichte im Mittelalter ... (Th. 1.) Leipzig. Druck v. J. B. Hirschfeld, 1892; 2 Bl., 38 S. 8.
Leipzig, Jur. Fak., Hab.-Schr. v. Juni 1892
(Nicht für den Austausch)

Burchardus, Mart. (Resp.): Diss. de obsessis et de morbis magicis, s. Schelhammer, G. Chr. (Praes.)

Feine häusliche Küche, mit besond. Berücks. d. Fisch- u. Pflanzenkost, geschrieben f. angehende Hausfrauen u. junge Köchinnen. (Von Minna v. **Burchard**.) Berlin: Deutsches Dr.- u. Verlagshaus [1904]. (250 S.) 8° [F.]
25. 9164

Burchard, O., Beiträge u. Berichtigungen zur Laubmoosflora der Umgegend v. Hamburg. [Aus: „Jahrb. der Hamburg. wiss. Anstalten".] Lex.-8. (25 S.) Hamburg 891. (L. Gräfe & Sillem.) n. 1. —

Burchard, O., üb. den Einfluss d. kohlensauren resp. citronsauren Natrons auf den Stoffwechsel, speciell auf die Stickstoffausscheidung. Inaug.-Diss. gr. 8. (67 S. m. 1 graph. Taf.) Dorpat 889. (Karow.) n. 1. 50

Burchard, O: Jahresberichte d. agriculturbotan. Versuchs-Station u. Samenprüfgs-Anstalt zu Hamburg. VII. 8° (11) Hambg 98, (W Mauke S.). — 80
Bisher u. d. T.:
Mitteilgn a. d. botan. Laboratorium m. Samen-Prüfgsanstalt zu Hamburg.

— Mittheilungen aus dem botanischen Laboratorium m. Samen-Prüfungsanstalt v. O. B. in Hamburg. Nr. I—III. gr. 8. Hamburg, (W. Mauke Söhne). à n. — 80
I. (16 S. m. 2 mikroskop. Zeichngn.) 892. — II. (25 S.) 892. — III. (20 S.) 893.

— Mitteilgn. a. d. botanischen Laboratorium m. Samen-Prüfungsanst. v. O. B. in Hamburg. Nr. IV—VI. gr. 8. Ebd. à n. — 80
IV. (19 S.) 894. — V. (15 S. m. 2 Fig.) 896. — VI. (14 S. m. 1 lith. Taf.) 897.

Burchard, O., die Unkrautsamen der Klee- u. Grassaaten m. besond. Berücksicht. ihrer Herkunft. gr. 8. (VIII, 100 S. m. 5 Lichtdr.-Taf. u. 5 Bl. Erklärgn.) Berlin 900. P. Parey. Geb. in Leinw. n. 6. —

Burchard, Osc., über die Oxydation des Jodwasserstoffes durch die Sauerstoffsäuren der Salzbilder. Inaugural-Dissertation. gr. 8. (66 S. mit 6 Taf.) Hamburg 888. (Tübingen, Fues.) *

Burchard, Oswald, Referendar in Carolath: Die Schuldverschreibung auf den Inhaber und die Anweisung des Bürgerlichen Gesetzbuches. Borna-Leipzig 1906: R. Noske. (x, 80 S.) 8° [F.]
Breslau, Jur. Fak., Ref. Leonhard-Fischer, Diss. v. 30. März 1906
[Geb. 16. Jan. 83 Breslau; Wohnort: Breslau; Staatsangeh.: Preußen; Vorbildung: König Wilhelmsgymn. Breslau Reife O. 02; Studium: Freiburg i. B. 1, Breslau 1, Kiel 1, Breslau 3 S.; Rig. 7. Juli 05.]

Burchard, Otto, Zibet u. Ambra. Phantasien aus d. alten Orient. Mit 14 Orig.-Bildern v. Willi Geiger. (48 S.) Lex. 8. Frankfurt a/M. (910). C. F. Schulz. 6.50; geb. in Leinw. 8.—; Luxus-Ausg. 40. —

Burchardus, Petrus Antonius: Die besiegte Eitelkeit ... [Trauerode auf Hedwig Agathe **Held**, † 27. Jan. 1705.] — Schleßwig 1705: Holwein. 2 Bl. 4°

Burchard, Stephan, Statuten-Entwurf der zu gründenden Weinhandels-Gesellschaft „Tokaj-Hegyalja". 8. (25 S.) Pest, Lauffer & Stolp. 30 kr.
1861.

Burchard, T. H. O., s. Burchardt

Burchard, W.

Burchard : Kritische Beiträge zur neuesten Literatur der Römerzüge im nordwestlichen Deutschland. 60 S.
Progr. Bückeburg 1870.

Burchard: Darwinismus und Verwandtes. 52 S. 4°
Progr. Bückeburg 1867.

Burchard, W., die neueste europäische Erwerbs- und Reichthums-Quelle. Enthltd.: eine Angabe der Mittel, wodurch man sein eigenes Geschäft gründen und dadurch bald zum reichen Manne werden kann, als: Die Kunst, aus schlechten Weinen gute zu bereiten rc. Von der Bereitung des engl. Porters, des Nürnberger-, des Champagner-, Tafel-, engl. Doppel- u. Eierbiers, der Bereitung der Liqueure rc. Schweidnitz 856. Fürst. 12. (1 Bl., 69 S.) 15 ngr.

– Dass., s.a. Burchardt, W.

Burchard, Wilhelm Moritz Alexander

— G. M. A. (Breslau), De haematemesi. Diss. med. Bln. (Nietack) 16. I. 1836. 32 S. mit Liter. u. Biogr. (M.: H. Guhraur.) (4.—) 4681
Oppon.: A. Loewenstein, A. Rabe, H. Hirsch. — Gew.: J. u. M. Schreiber.

Burchardi, s.a. Burchard

Burchardi, A. H.: Beleuchtung..., s. Burchardi, Heinrich Adolf

Burchardi, A. H., Leitfaden zum Unterrichte in der deutschen Sprache, Orthographie u. Interpunction, vorzüglich f. Schulen. 8. Hamb. u. Itzehoe 836. Schuberth u. Niemeyer. 3/8 rthl.

Burchardi, Ad. H., s. Burchardi, Heinrich Adolf

Burchardi, Chr. Aug., Gedichte für die Musik, üb. Gegenstände d. Religion. 8. Kopenh. 782.

— Versuche in Fabeln.

Versuch in Fabeln und andern Gedichten (von *Chrn. Aug. Burchardi*). Kopenhagen 1781. 8°. (2 Mk. Jos. Baer & Co., Frf. a. M., 1894.)
Anon.-Lex. IV. p. 305 (nach Kayser, Meusel, Collin, Kordes u. dem Neuen Nekrolog.

Burchardi, Elwine v., geb. Härtel, Küchentrost. Altes u. Neues für den Tisch, nebst Resterküche u. Lügenessen. gr. 16. (167 S.) Dresden 878. Burdach. geb. n. 2. 50

Burchardi, G. G., s. Burchardi, Georg Christian

BURCHARDI, GEORG, De ingenua ex litterarum studio voluptate carmen. Altonae. 1769. 4. P. (Skoleprogr.).

Burchardi, Georg Christian

Burchardi, Geo. Chr., Bemerkk. üb. d. Census d. Römer, mit besond. Rücksicht auf Cicero de Republ. II. c. 22. gr. 8. Kiel 824. Hesse. 9 gr.

... Sagen über das alte Weichbild der Stadt Kiel und deren Recht am Kieler Hafen. Von [Georg Christian] **Burchardi**. [Aus der Zeitschrift der Gesellschaft für Schleswig-Holstein-Lauenburgische Geschichte. Bd. 2. Kiel. 1872.] Mit handschriftlichen Zusätzen des Verfassers. 8°.

— Entwurf eines Systems des Röm.-Justin. Rechts, zum Behuf von Institut.-Vorlesungen. gr. 8. Bonn 819. Weber. 6 gr.

Burchardi, Geo. Christ., Festrede, gehalten bei d. Krönungs-Feier d. 28. Juni 1840 in d. akadem. Aula zu Kiel. gr. 8. (1¾ B.) Kiel 840, Universitäts-Buchh. *

Burchardi, G. C., Die Friedensprojecte, in Betreff Schleswig-Holsteins, und der deutsch-scandinavische Bund. Kiel, C. Schröder u. Comp., 1849. 39 S. 8°.

Burchardi, Geo. Chr., Geschichte u. Institutionen des römischen Rechts. Ein Leitfaden für Vorlesungen. gr. 8. Kiel 834. (Altona, Hammerich.) 2 Rthlr

— Grundzüge des Rechtssystems d. Römer aus ihren Begriffen v. öffentl. u. Privatrecht. Angehängt ist e. Abhandl. üb. d. Beschränkungen d. Intestat-Erbrechts d. Weiber bei d. Römern, v. M. J. Euler. gr. 8. Bonn 822. Weber. 1 Rthlr 16 gGr

Burchardi, Geo. Chr., Lehrbuch des Röm. Rechts. 1. Thl. — A. u. d. T.: Staats- und Rechtsgeschichte der Römer, nebst Einleitung in das Studium des Röm. Rechts u. Uebersicht der Geschichte des Röm. Rechts im Mittelalter und in der neueren Zeit. gr. 8. Stuttgart 841, Liesching u. Comp. n. 1⅚ Rthlr — 2. Thl. Das System u. die innere Geschichte des Röm. Privatrechts. 1. Abthl., enth. den allgem. Theil u. das Familienrecht. gr. 8. Ebend. 843. n. 1⅚ Rthlr — 2. Abthl., enth. das Sachenrecht. gr. 8. Ebend. 845. n. 1⅙ Rthlr — 3. Abthl., enth. das Obligationenrecht. gr. 8. Ebend. 846. n. 1 Rthlr 22 Ngr — 6 Rthlr 17 Ngr

— Lehrbuch des röm. Rechts. 2. Thl.: Das System u. die innere Geschichte des röm. Privatrechts. 4. Abthlg.: enth. das Erbrecht. gr. 8. (X S. u. S. 935—1326.) Stuttgart 847, A. Liesching & Co. n. 1 Rthlr 28 Ngr (compl. 2 Bde. in 5 Abthlgn. n. 8½ Rthlr)

Burchardi, Geo. Chrn., Lehrbuch des römischen Rechts. 2 Bde. in 5 Abthlgn. 2. (Titel-)Ausg. gr. 8. Stuttgart 854, Liesching und Comp.

Inhalt:

Bd. 1. Staats- und Rechtsgeschichte der Römer nebst Einleitung in das Studium des röm. Rechts und Uebersicht der Geschichte des röm. Rechts im Mittelalter und in der neueren Zeit. (XII und 370 S.) 27 Ngr.

" 2. Das System und die innere Geschichte des röm. Privatrechts.
Abthl. 1. Der allgemeine Theil und das Familienrecht. (X und S. 1—367.) 27 Ngr.
" 2. Das Sachenrecht. (VI und S. 369—598.) 18 Ngr.
" 3. Das Obligationenrecht. (VIII und S. 599—934.) 27 Ngr.
" 4. Das Erbrecht. (XII und S. 935—1326.) 27 Ngr.

Zur Lehre von der Compensation. Von [Georg Christian] Burchardi. (Separatabdruck aus der Zeitschrift für Reichs- und Landesrecht [v. L. Hauser], Bd. 2.) [Nördlingen. 1874.] 8°.

Zur Lehre von der Restitution gegen gerichtliche Entscheidungen, mit besonderer Berücksichtigung des Entwurfs einer deutschen Civil-Prozessordnung. Von Georg Christian Burchardi. Separat-Abdruck

— die Lehre von der Wiedereinsetzung in den vorigen Stand, oder in integrum restitutio. Eine civilist. Abhandl. gr. 8. Götting. 831. Dieterich. 3 Rthlr

— De ratione temporis ad perorandum in judiciis publicis apud Romanos. Kiliæ. 1826. 4. P. (Univprogr. til Chr. Lud. Ern. de Stemann's Forelæsn. de jure accrescendi inter collegatarios).

— Pr. de ratione temporis ad perorandum in judiciis publicis apud Romanos. 4. Kiel 826. (Universit.-B.) 3 gGr

— Quinavicennalia muneris academici a Nicolao Falck peracti indicit. Kiliæ. 1839. 4. P. (Inest: De lege Rubrica). (Progr.).

Burchardi, G. C., De lege Rubria. Gel. 1839. 14 S. 4°.

— de lege Rubria. 4maj. (2 B.) Kiliae 840. (Hamburg!, Perthes-Besser et Mauke.) *

— System d. Röm. Rechts im Grundrisse zum Behuf civilistisch-dogmat. Vorlesungen. gr. 8. Bonn 823. Weber. 1 Rthlr

Burchardi, Geo. Chrn., die Wissenschaft und Kunst der Rechtsfindung oder die juristische Hermeneutik. gr. 8. (VIII, 173 S.) Kiel 869, Schröder und Comp. *

Burchardi, Gustav [aus Flensburg]: Die Intensiva des Sanskrt und Avesta. Tl 1. ... Halle a. S., Druck d. Buchdr. d. Waisenhauses, 1892; 2 Bl., 32 S., 2 Bl. 8.
Halle, Phil. Fak., Inaug.-Diss. v. 2. [vielm. 5.] Aug. 1892

Burchardi, Gust., die Intensiva d. Sanskrt u. Avesta. 1. Tl. Diss. gr. 8. (32 S.) Halle a/S. 892. (Leipzig, O. Harrassowitz.) n. 1. —

(Burchardi, H.) Charleston 1860—1865. (Berlin 1893.) 8°. (Bh. z. M. W. B.)

Burchardi, Oberstlieut. z. D. Das preussische Festungssystem unter Friedrich dem Grossen 1740—1745. Vortrag, gehalten in der militärischen Gesellschaft zu Berlin am 24. Januar 1889. Mit 1 Uebersichtsskizze in Steindruck. 8. Berlin 1889.

Burchardi, das preußische Festungssystem unter Friedrich dem Großen 1740—1745. Vortrag. Mit e. Uebersichtsskizze in Steindr. gr. 8. (32 S.) Berlin 889. Mittler & Sohn. n. — 75

Burchardi, H., D. kartograph. Standpunkt b. Beginn d. 7jähr. Krieges 1756 in d. betheil. Ländern, s. a. Beiheft z. Militär-Wochenblatt.

Burchardi, H. Der kartographische Standpunkt beim Beginn des 7 jährigen Krieges 1756 in den betheiligten Ländern. Berlin 1897. 8°. (Bh. z. M. W. B.)

Burchardi, H. A., Anim. ad Cicer. Oratorem, Berol. 815. 8.

Burchardi, Heinrich Adolf

BURCHARDI, A[NT.] H[EINR.], Beleuchtung der neulich im Itzehoer Wochenblatte erschienenen Streitsätze. Itzehoe. 1835. P.

Beleuchtung der neulich im Itzehoer Wochenblatte erschienenen Streitsätze. v. A. H. [so statt: Heinrich Adolph] Burchardi. Itzehoe. 1835. 8°.

— — Ehrenrettung des Greisenalters gegen den unnamhaften 80jährigen Greis an der Eider. 8. Kiel, Akademische Buchh. (in Commiss.) 817.

⊙ Ehrenrettung des Greisenalters gegen den unnamhaften achtzigjährigen Greis an der Eider (v. Heinrich Adolf Burchardi. Kiel. 1818). 8°.

Burchardi, H. A., dialektische Kritik gegen einen Ausspruch des Herrn Predigers Meyer. 2te Auflage. Kiel, Akadem Buchh. 817.

BURCHARDI, H[EINR.] A[DOLF], Dialektische Critik gegen den Ausspruch des Predigers Meyer in Altonaer Mercur. Kiel. 1817. P. (U. B.). — 2. Aufl. Sm. St. o. A.

Burchardi, Ad. H., dialektische Kritik gegen einen Ausspruch des Herrn Predigers Meyer. 8. Kiel... 2e A. 817. Hesse. 2 gGr

Burchardi, Henr. Jac., Diss. med. qua specificorum antepilepticorum sigillatim olei animalis viros examinantur hujusque virtus et efficacia in curanda epilepsia rationibus et experientia confirmatur. 40 pp. Vitemb. 4°. 1725

— **Hieronymus,** Plausus, et vota fautorum ac amicorum cum vir Jac. Christoph Iselius (Marburg) summos doctoris theologi honores. Basel (Friedr. Lüdij) 25. VIII. 1711. 14 Bl. (7.—) 4688
Enthält Widm. a. Heidelberg: Phil. Ludw. Pastor, Ludw. Chn. Mieg, D. Nebel, J. P. Hermann. — Tübingen: Matth. Hiller, Joh. Cunrad Oreiling. — Marburg: Joh. Sigismund Kirchmeier, Joh. Wilh. Waldschmidt, Gg. Otto, Nic. Harscher. — Giessen: Joh. Heinr. Mai, Matth. Nicol. Kortholt. — Zürich: Joh. Casp. Hofmeister, Joh. Rodolph Ottius, Salomon Hottinger, Joh. Jac. Hottinger, Joh. Heinr. Frisius, Ottius, David Holzhalb, Joh. Jac. Reutlinger, Chph. Gesner, Joh. Jac. Hottinger, fil., Casp. Ziegler, Joh. Heinr. Ottius. — Schaffhausen: Joh. Jac. Hurter, Joh. Pejer, Joh. Ammianus, Gg. v. Waldkirch, Joh. Conr. Pejer. — Basel: Theod. Zuinger, Sam. Werenfels, J. Jac. Battieri, Jac. Burcard, Bonif. Faesch, Eman. Zaeslin, J. Rud. Beck, Eman. König, Joh. Bernoulli, Sam. Battieri, J. Heinr. Stehel, Joh. Buxtorf, Nicol. Ritsius, Germann Hermann, Alex. Wolleb, Friedr. Battierius, Theod. Gernler, Simon Stöcklin, J. Jac. Huber, Sam. Imhoff (dtsch. Widm. a. d. Mutter d. Doktorand.), Joh. Rodolf Wetstenius, J. R. Osterwald, Vinc. Paravicinus, Nic. Bernoulli, Franz Christ, Eman. Bleyenstein, Zachar. Hemminger, Joh. Rud. Merian, Joh. Rudolff Parcus (dtsch.), Bened. Stehel, Ant. Birrius, Eman. Ryhiner.

Einweihungsrede des neuen Gruber Friedhofes, geh. am 3. April 1859 v. Joh. Anton **Burchardi.** Heiligenhafen. 1859. 8°

Burchardi, K. Über den Gebrauch des Pronomen οἷος bei Homer. 16 S. Progr *Duderstadt* 1881.

Burchardi, Karl u. Wilh. **Redenbacher,** edle Fürsten. Kaiser Friedrich der Rothbart. Ernst der Fromme, Herzog v. Gotha. Mit den (lith.) Bildnissen beider Fürsten. Bern 869. Mann & Baeschlin. 8. (123 S.) n. 8 *ngr.*

Burchardi, P. v., das Meuselwitzer Braunkohlenrevier u. die Altenburg-Zeitzer Eisenbahn. Nebst e. (lith.) Karte (in qu. 4.) gr. 8. Altenburg 873. H. A. Pierer in Comm. n. — 80

Burchardi, Rudolf Johann

Sammlung der Verordnungen und Verfügungen aus den Jahren 1850—1865, welche das bürgerliche Recht des Herzogtums Schleswig betreffen. Hrgg. v. Rudolf Johann **Burchardi.** Kiel. 1868. 8°.

— Sammlung der Verordnungen u. Verfügungen aus den J. 1850—1865, welche das bürgerliche Recht des Herzogth. Schleswig betreffen. Ebend. 868. gr. 8. (117 S.) n. 24 *ngr.*

Burchardi, R. J., Sammlung der Verordnungen u. Verfügungen aus den J. 1847—1865, welche den bürgerlichen Prozeß des Herzogth. Schleswig betreffen. Kiel 866. Schwers. gr. 8. (118 S.) n. 24 *ngr.*

Burchardi, R. J., über die Verantwortlichkeit des Schuldners für seine Gehülfen bei der Erfüllung von Obligationen. Eine civilistische Abhandlung. Kiel 861. Schröder & C. gr. 8. (192 S.) n. 1 *Thlr.*

— Zusammenstellung der im Gesetz u. Ministerialblatt für die Herzogthümer Holstein u. Lauenburg in den Jahren 1851 bis Ostern 1863 enthaltenen jetzt noch geltenden Gesetze, Verfügungen rc. Mit dreifachem Register. Ebend. 861. gr. 8. (XXXII, 814 S.) n. 4 *Thlr.* 24 *ngr.*

Burchardi, Samuel Christoph

Burchardi, Sam. Chph., über Synoden, besond. über die im 17. u. 18. Jahrh. gehaltenen Schleswig-Holsteinischen, Königl. Antheils, aus handschriftl. Nachrichten. gr. 8. Oldenburg im Holstein. 837. Fränkel. (Leipzig, Kayser'sche Buchh.) 1/2 *Thlr.*

Burchardi, Th., **Elementargrammatik** der griechischen Sprache d. Neuen Testaments. Nebst e. grammat. geordn. Wörterverzeichniss, f. nicht akadem. Gebildete bearb. gr. 8. (VII, 138 S.) Berlin 889. Wiegandt & Grieben. n. 2. —

Burchardi, Th., brennende kirchliche Fragen. Ein Ausweg aus dem Bekenntnißstreit der nassauischen evangel. Kirche u. e. Ansicht üb. die gegenwärt. Verhältnisse der evangel. Kirche in Deutschland. gr. 8. (16 S.) Wiesbaden 886. (Moritz & Münzel.) n.n. — 30

— Paradoxa. Ein evangel. Glaubensbekenntniß in hundert Thesen m. einigen Anmerkgn. u. Zusätzen. gr. 8. (V, 60 S.) Wiesbaden 888. Feller & Gecks. n. 1. —

Burchardi, Wolrad, s. Estor, Anfangsgründe.

Burchardi, Wolrad

— — De principum Hassiae connubiis illustrioribus, invitante novo nuper cum regia Danica domo icto nuptiali foedere auspicatissimo editum. Schediasma genealog.-histor. Herborn (Regelin) 1764. 28 S. mit 6 Zeilen handschriftl. Widm. d. Verf. (5.50) 4691

— — De hereditate quadruplici sive de genere bonorum quadruplici in successionibus illustr. a se invicem separandis quod attinet ad exclusionem feminarum et obligationem successoris praestandi facta antecessoris. Diss. jur. Marburg (Müller) Jan. 1755. 78 S., tlws. deutsch. (5.—) 4690

– Dass., s.a. Burchard, G.

— **Wolrad** (Niedernaula/Hessen), De diverso jure patris in peculio adventitio pro diversa liberorum aetate. Diss. jur. Präs. Emil Lud. Hombergk zu Vach. Marburg (Ph. Cas. Müller) Nov. 1753. 40 S. (5.—) 4689

Burchards, G., s. Burchard, Gustav

Burchardt

— vergl. Burghart.

Burchardt, Leitfaden für den Unterricht in der Terrainlehre, im militärischen Planzeichnen u. im militärischen Aufnehmen an den königl. Kriegsschulen. Auf Befehl der General-Inspektion des Militär-Erziehungs- u. Bildungs-Wesens ausgearbeitet. Mit 18 (eingedr.) Holzschn. hoch 4. (VI, 71 S.) Berlin 878. Mittler & Sohn. n. 2. 40

Burchardt, Leitf. f. d. Unterricht in d. Terrainlehre, im militär. Planzeichnen u. im militär. Aufnehmen an d. k. Kriegsschulen. 2. Afl. 4. (71 m. H.) Berl. 79. Mittler u. S. *n.* 2. 40

Burchardt, Hauptm., Leitfaden für den Unterricht in der Terrainlehre, im militärischen Planzeichnen und im militärischen Aufnehmen an den königl. Kriegsschulen. Auf Befehl der General-Inspektion des Militär-Erziehungs- und Bildungs-Wesens ausgearb. 3. und 4. Aufl. 4. (VI, 72 S. mit 15 Stnt.) Berlin 882,84, Mittler und Sohn.

Burchardt, Albert: Beiträge zur Kenntnis der französ. Gesellschaft in der zweiten Hälfte des XIII. Jahrhunderts, auf Grund der Werke Rutebeufs, des Roman de la Rose, des Renart le Nouvel und des Couronnement Renart. Coburg 1910: Roßteutscher. 85 S. 8°
Leipzig, Phil. Diss. v. 6. Juli 1910, Ref. Birch-Hirschfeld, Deutschbein
[Geb. 11. Dez. 86 Altona; Wohnort: Koburg; Staatsangeh.: Preußen u. Sachsen-Koburg-Gotha; Vorbildung: Oberrealsch. Koburg Reife O. 06, Erg. Gymn. Gotha O. 08; Studium: Jena 2, Leipzig 6 S.; Rig. 10. Mai 10.]
[U 10. 3108

Burchardt, Alfred. Referendar am Kgl. Landgericht zu Torgau: Ueber die **Feststellung** im Konkurse der offenen Handelsgesellschaft. *Burg b. M. 1900: A. Hopfer.* (VI. 95 S.) 8° [F.]
Göttingen, Jur. Diss. v. [12. Febr.] 1900

Burchardt, A., Ueber die Feststellung im Konkurse der offenen Handelsgesellschaft. Diss. gr. 8. (VI, 95 S.) Göttingen, Vandenhoeck & Ruprecht. 1900. 2. 40.

Burchardt, A., üb. die Feststellg. im Konkurse d. offenen Handelsgesellschaft. gr. 8. (VI, 95 S.) Leipzig 900. Dieterich. n. 1. 50

Burchardt, Aug., Briefe e. Neumärkers üb. seine Erlebnisse in den Freiheitskriegen von 1813—1815, hrsg. von E. Bardey, s.a. Schriften des Vereins f. Geschichte der Neumark. 15. Hft.

Briefe eines Neumärkers, des freiwilligen Jägers August **Burchardt** aus Landsberg a. d. W. über seine Erlebnisse in den Freiheitskriegen von 1813–1815. Hrsg. von Prof. Dr. E[rnst] Bardey. *Landsberg a. W.: F. Schaeffer & Co. in Komm. 1903.* (208 S.) 8° [F.]
= Schriften d. Vereins f. Geschichte d. Neumark. H. 15. [04. 1557

Burchardt, B., Entwurf eines Finanz-Plans zur Beseitigung des allgemein herrschenden Geldmangels. gr. 8. (12 S.) Berlin 818, L. Schlesinger.

Burchardt, Bruno, Die Lage der Arbeiter in der Berliner Tischlerei. Schriften d. Ver. f. Soz.-Pol., Bd. 65. gr. 8°. Leipzig, 1895.

Burchardt, Erich: Bemerkungen zum Geschichtsunterricht in der Prima. Greiz 1909: Löffler. 18 S. 4°
Greiz, st. G m. R OP 1909 (957) [S 09. 51

Burchardt, Eug., Alcyonaceen v. Thursday Island u. v. Amboina, s.: Denkschriften d. medicin.-naturwissenschaftl. Gesellschaft zu Jena.

Burchardt, Fr., s. Friedrich II. eigenhändige Briefe.

Burchardt, Frz., die Rechtsverhältnisse der gewerbl. Arbeiter. Auf Grund d. gerichtl. u. gewerbegerichtl. Praxis dargest. 8. (VI, 108 S.) Berlin 901. F. Vahlen. Kart. n. 1.80

Burchardt, Frz: Die Rechtsverhältn. d. gewerbl. Arbeiter. Auf Grund d. gerichtl. u. gewerbegerichtl. Praxis dargestellt. 2. Afl. von Max v. Schulz. (16, 208) 8° Berl., F Vahlen '11. HL 3.60 d

Burchardt, Heinr. (Hrsg.), s. Organ des Deutschen Buchhandels oder allgemeines Buchhändler-Börsenblatt.

Burchardt, Hermann: Ueber die Verwendung von Tierkörpermehl als Bakteriennährboden. Berlin 1910. 56 S.
Bern, Vet.-med. Diss. v. 1910.

Burchardt, Herm. Jac. (Resp.): Specificorum antepilepticorum, ... vires examinantur..., s. Vater, Abr. (Praes.)

Burchardt, J. H., die Penaten. Eine Samml. v. Erzählungen, Gedichten, Charaden u. Räthseln. 8. Magdeb. 822. Rubach. 20 gGr

Burchardt, J. H. B., Beiträge zu einer vergleichenden Darstellung d. Lehr- u. Erziehungs-Anstalten in d. Provinz Sachsen. Eine Uebersicht von den Fortschritten des Bildungswesens seit d. Jahre 1816 bis zum Jahre 1833. Mit Benutzung amtlicher Quellen bearb. gr. 8. Magdeb. (Berlin) 834. Rubach. 2/3 Thlr

— Handbuch für angehende preuß. Rechnungs-Beamte. gr. 8. Magdeb. (Berlin) 835. Rubach. 2/3 Thlr

— die Wirksamkeit d. Provinzialstände d. Provinz Sachsen, dargestellt nach den Verhandll. der in den Jahren 1825, 1827, 1829 u. 1833 in Merseburg abgehalt. Landtage u. den Allerhöchsten Landtags-Abschieden. gr. 12. Magdeb. 835. Creutz. 1/2 Thlr — 1r Nachtrag. 1837. gr. 12. Magdeb. 840. Rubach'sche Buchh. (Fabricius.) n. 1/3 Thlr

Burchardt, J. H. B., die Wirksamkeit d. Provinzialstände d. Provinz Sachsen, dargest. nach den Verhandlungen der in d. J. 1825, 1827, 1829 u. 1833 in Merseburg abgehalt. Landtage, u. d. allerhöchsten Landtags-Abschieden. 2. Nachtr. 1841. 12. (3½ B.) Magdeburg 842, Baensch. •

Burchardt, J. L., s. Burchard, Johannes Leopold

Burchardt, Kurt: Das mhd. Gedicht von der 'Frauentreue'. (Leipzig 1910: Breitkopf & Härtel.) 119 S. 8°
Berlin, Phil. Diss. v. 14. Okt. 1910, Ref. Roethe, E. Schmidt
[Geb. 25. Nov. 84 Berlin; Wohnort: Südende b. Berlin; Staatsangeh.: Preußen; Vorbildung: Gymn. Gr.-Lichterfelde Reife O. 05; Studium: Genf 1, München 2, Berlin 8 S.; Rig. 23. Juni 10.]
[U 11. 191

Betrachtungen und Vorschläge zum Scheckgesetzentwurf. Ein Weg z. Popularisierung d. Schecks in Deutschland. Von Martin **Burchardt**-Berlin. (St. Moritz, Ende Juli 1907.) Berlin 1907: Norddeutsche Buchdr. u. Verlagsanst. 10 S. 8° A 12. 938

Burchardt, Max, praktische **Diagnostik** der Simulationen v. Gefühlslähmung, v. Schwerhörigkeit u. v. Schwachsichtigkeit. Hierbei e. Stereoskop nebst Vorlagen, welches zum Nachweis der Simulation einseit. Blindheit bestimmt ist. schmal-16. (36 S.) Berlin 875. Gutmann. n. 14. —

Burchardt, Max, praktische **Diagnostik** der Simulationen v. Gefühlslähmung, v. Schwerhörigkeit u. v. Schwachsichtigkeit. **Mit e. Stereoskop** nebst Vorlagen, welche zum Nachweis der Simulation einseit. Blindheit bestimmt sind. 3, verm. u. verb. Aufl. 12. (51 S. m. 6 Taf.) Berlin 891. O. Enslin. In Kasten. n.n. 15. —

Burchardt, Max, praktische **Diagnostik** der Simulationen. 4. Aufl., s.: Roth, A., das Stereoskop u. d. Simulationen einseitiger Sehstörungen.

Burchardt, Max, die altkanaanäischen Fremdworte u. Eigennamen im Aegyptischen. 2 Tle. 34,5×27,5 cm. Leipzig, J. G. Hinrichs' Verl. 20. —
1. Die krit. Analyse der Schreibg. (VIII S. u. 60 S. in Autogr.) 909. 8. 50
2. Listen der syllabisch geschriebenen Worte sowie der altkanaanäischen Fremdworte u. Eigennamen (IV S. u. 87 S. in Autogr.) 910. 11. 50

— u. **Max Pieper: Handb. d. ägypt. Königsnamen. 1. Heft: Die Königsnamen bis einschliessl. 17. Dynastie. (4 u. 54 autogr. S.) gr8° Ebd. '12.** 5 —

Burchardt, Max: Die syllabische Schreibung im Aegyptischen. (Leipzig 1909: Buchdr. v. Pries, Steindr. v. Fritzsche.) VI, 32 S. 4° (Ersch. vollst. u. d. T.: Die altkanaanäischen Fremdworte u. Eigennamen im Aegyptischen. T. 1.)
Berlin, Phil. Diss. v. 28. Dez. 1908, Ref. Erman
[Geb. 6. März 85 Berlin; Wohnort: Blankenburg a. H.; Staatsangeh.: Preußen; Vorbildung: Friedrichs-Gymn. Berlin Reife M. 03; Studium: Berlin 3, Leipzig 2, Berlin 4 S.; Rig. 18. Juni 08.] [U 09. 158

Burchardt, M., internationale Sehproben zur Bestimmung der Sehschärfe u. Sehweite. Cassel 870. Freyschmidt. 16. (32 S. u. 4 Photogr.) n. 27 ngr

— internationale Sehproben zur Bestimmung der Sehschärfe u. Sehweite. 2. verb. u. verm. Aufl. Hierzu 6 photogr. Taf. (in 4. u. 16.) 16. (VIII, 76 S.) Kassel 871. Freyschmidt. n. 4. —

Burchardt, M., internationale Sehproben zur Bestimmung der Sehschärfe u. Sehweite. 3. verb. u. verm. Aufl. Hierzu 5 photogr. u. 4 lith. Taf. gr. 8. (VII, 43 S.) Kassel 883. Freyschmidt. n. 5. —; Taf. ap. à n. 2 —

Internationale Sehproben zur Bestimmung der Sehschärfe und Sehweite. Hrsg. v. Prof. Dr. M(ax) **Burchardt**, Oberstabsarzt 1. Kl. ... in Berlin. 4. verb. u. verm. Aufl. Hierzu 6 [vielm. 7] photographirte u. 5 [vielm. 4] lithogr. Taf. [Text.] Tafeln. *Berlin: O. Enslin 1893.* 1 Bd 8. 1 Bd quer-4.
[Text.] (VII, 32 S.) Tafeln. (11 Taf.) [96. 1175

Burchardt, Maximil. Otto (geb. Saugard 15. 1. 1831): De hydrope ascite. Berolini (1855). (30 S.) 8°
Berlin, Med. Diss. v. 17. Aug. 1855

Burchardt, Otto [aus Kassel]: Ueber Behandlung der Blennorrhöe ... Berlin. Buchdr. v. G. Schade, *1894;* 30 S., 1 Bl. 8.
Berlin. Med. Fak., Inaug.-Diss. v. 2. März 1894

Burchardt, Th. H. O.

Burchard, T. H. O., pomologische Bibliothek. 8. Coburg, Abl. 806.

Burchardt, Th. H. O., pomologische Bibliothek, mit Zusätzen u. Berichtigungen herausg. u. bis 1805 fortges. v. J. Büttner. 8. Cob. 806. (Büttner). 10 gr

Burchardt, Th. H. O., pomologische Bibliothek od. alphabet. Verzeichniss d. pomolog. Schriften. Mit Zusätzen u. Berichtig. etc. hrsg. u. bis 1805 fortgesetzt v. Joh. Büttner. 8. Coburg, 1806. (Riemann's Hofbuchhdlg.) — 12½

Burchardt, W., die neueste europäische Erwerbs- und Reichthums-Quelle. Enthaltend: eine Angabe der Mittel, wodurch man sein eigenes Geschäft gründen und dadurch bald zum reichen Manne werden kann, als: Die Kunst aus schlechten Weinen gute zu bereiten rc. Von der Bereitung des engl. Porter-, des Nürnberger-, des Champagner-, Tafel-, engl. Doppel- und Eierbiers, der Bereitung der Liqueure rc. 12. (69 S.) Schweidnitz 855(56,) Fürst.

Burchardt, W, d. neueste europ. Erwerbs- u. Reichth.-Quelle. 12. (69) Bresl. 56, Fürst. — 15

– Dass., s.a. Burchard, W.

Burchardt, Gvilelmvs [Megalopolitanvs]: Qvibvs ex fontibvs Aristides in orationibvs Sicvlis et Levctricis scribendis havserit ... Neostrelitii, typ. Barnewitii, 1895; 50 S., 1 Bl. 8.
Rostock, Phil. Fak., Inaug.-Diss. v. [30. Okt.] 1894

Burchardt-Nienstein, Asta: Herrn Drösekes Jungfernreise. Heitere Biedermannsmär. (226) 8° Berl.(-Ch.), C Hamel '12. 2.20 d

Burchardt-Nienstein, A., der große Kaiser. (Wilhelm I.) Poet. Lebensbild v. Geburt bis Grab, m. leb. Bildern u. Musik (auch u. z. Deklamation geeign.) M. Anleitg. z. leichten Herstellg. d. Bilder. 12. (31 S.) Diez 897. Ph. H. Meckel. — 60

Burchardus, s. Burchard

Burchart, Jo. (Resp.): Diss. de haereditaria dispositione..., s. Stahl, Ge. E. (Praes.)

Burchartz, Heinrich

Burchartz, H, s: Handbuch f. Eisenbetonbau.

Luftkalke und Luftkalkmörtel. Ergebnisse von Versuchen, ausgeführt im Kgl. Materialprüfungsamt zu Groß-Lichterfelde West. Von H[einrich] **Burchartz**. Mit 80 Textfig. Berlin: J. Springer 1908. (V, 194 S.) 4°(8°) [08. 5328

Die Prüfung und die Eigenschaften der Kalksandsteine. Ergebnisse von Versuchen, ausgeführt im Kgl. Materialprüfungsamt zu Groß-Lichterfelde West. Von H[einrich] **Burchartz**. Mit 13 Textfig. Berlin: J. Springer 1908. (105 S.) 4°(8°) [08. 5329

— Trassmörtel. (Ergänzung zu den Ausführgn. des Verf. üb. die Erhärtg. v. Trasskalkmörtel in der Arbeit „Luftkalke und Lufkalkmörtel".) (14 S.) 8. Ebd. 908. — 80

Trassmörtel. Von H[einrich] **Burchartz**. Berlin: J. Springer 1908. (14 S.) 8° [08. 13775

Burchell, W. J., Reisen in das Innere v. Süd-Afrika, s. a. neue Bibliothek d. Reisebeschreibb. 32r u. 39r Bd.

Burchell (W. J.), Reisen in das Innere von Süd-Afrika. Aus dem Englischen. Thl. 1. Weimar 1822. 8.

Bürcher, Eugen [Assistenzarzt der allg. Poliklinik in Basel]: Ueber Purpura hæmorrhagica gangrænosa. Mit 2 photogr. Aufnahmen. Basel 1896. 38 S. 8°.
Basel. Med. Diss. 1896,97.

Bürcher, J.: Über die Zulässigkeit der Vaterschaftsklagen. Diss. Bern 1878.

Burchhard, Erich, Referendar: Entspricht den subjektiven öffentlichen Rechten immer eine Rechtspflicht des Berechtigten? Borna-Leipzig 1909: Noske. X, 70 S. 8°
Breslau, Jur. Diss. v. 15. Mai 1909, Ref. Brie-Dahn
[Geb. 23. Juni 85 Schrimm; Wohnort: Posen; Staatsangeh.: Preußen; Vorbildung: Klostersch. Roßleben Reife O. 05; Studium: Göttingen 3, Breslau 3 S.; Rig. 2. Juni 08.] [U 09. 466

Burchhardt, B., s. Burchardt

Burchhardt, (Joh. Christn.) Heinr., Organ d. deutsch. Buchhandels, s. Organ.

Burchhardt, Magnus. Apotheker, aus Erfurt: Über einige seltenere Sekrete. (Japanischer Terpentin, Eperua-Balsam und Honduras-Balsam.) Bern 1906. 48 S. 8°.
[19. I. 06.]
Bern. Phil. Diss. 1905/1906.

Burchhardt, Max [aus Croppenstedt]: Ein Beitrag zur Behandlung der Herzschwäche mittels grosser Campferdosen ... Würzburg, graph. Anst. J. Seelmeyr, 1892; 30 S., 1 Bl. 8.
Würzburg. Med. Fak., Inaug.-Diss. v. 1892

Burchhardt, Oskar. Der Musikver v Milw, 1850-1900. Eine Chronik. Milwaukee. 1900.

Burchinal, Mary Cacy: Hans Sachs u. Goethe, s: Hesperia.

Bürchl, Fritz, La lingua todesca parlata. Una brove grammatica, contenente le regole più necessario od i modi di dire più usati in forma di dialoghi, por farsi capire e leggere in todesco in poco tompo. Oltro un appondico, contenente notizie utili della vita in Gormania, noto statistiche ed un vocabolario italiano-tedesco o tedesco-italiano. (160 S.) kl. 8. Reutlingen (906). Ensslin & Laiblin. n. 1.—; kart. n. 1.20

Bürchl, Fritz, italienischer Sprachführer zum raschen Erlernen der italienischen Sprache. Kurze Grammatik m. den wichtigsten Regeln der italien. Sprache. Sammlg. der gebräuchlichsten Wörter u. Redensarten in Form von Gesprächen, Ratschläge f. in Italien Reisende u. Auskünfte üb. italien. Verhältnisse. Nebst kurzem deutsch-italienisch u. italienisch-deutschem Wörterbuch. Nach Pietro Petronis italien. Dolmetscher neu bearb. und zusammengestellt. (158 S.) kl. 8. Reutlingen (909). Enßlin & Laiblin. Kart. 1.20

Bürchl, Fritz: Italien. Sprachführer z. raschen Erlernen d. italien. Sprache. Nebst deutsch-italien. u. italien.-deut. Wörterb. Nach Pietro Petronis italien. Dolmetscher neu bearb. u. zusammengest. (158) kl8° Reutl., Ensslin & L. ('10). (kart. 1.20) 1 — d

Bürchner, Chr., Haben Ansiedlungen und Gewerbsfreiheit wohlthätigen oder nachtheiligen Einfluss auf das Landeswohl? Dann Epistel über die Sittlichkeit etc. gr. 8°. München, J. Lindauer, 1830.

Bürchner, Chr., Klagen über die dermal. Zeiten, nebst Gegenbemerkungen. 12. Münch. 831. J. Lindauer. 2 gr

— die deutsche Rechtschreibelehre, od. Sprachlehre in Fragen u. Antworten. 8. Münch. 827. 2e Aufl. gr. 8. Ebd. 830. J. Lindauer. 3 gr

— der deutsche Rechtschreibelehrer oder Sprachlehre in Frage u. Antworten. 8. München 827. Lindauer.

—— der deutsche Rechtschreiblehrer, od. Sprachlehre in Fragen u. Antworten, in d. sich e. Schüler selbst in d. Sprache unterr. kann. 2., verm. Aufl. (3½ B.) 830., 3., verm. A. (4½ B.) gr. 8. München 834, Lindauer. à

Bürchner, Chr., der deutsche Rechtschreiblehrer oder Sprachlehre in Fragen u. Antworten, in der sich ein Schüler selbst in d. Sprache unterrichten kann. 4. verm. Aufl. gr. 8. München 846, Lindauer'sche Buchh. 4 ngr

— Schreibspiegel, od. Samml. der gewöhnl. Sprech- u. Schreibfehler rc. 3e Aufl. 8. Passau ... (Augsb., Kollmann.) 1/6 rf

— Schreibspiegel, od. Samml. d. gewöhnl. deutsch. Sprach- u. Schreibfehler, nebst leichtfaßl. Anweis., ihre Verbess. nach Regeln u. in Beispielen zu erlernen. 3e Aufl. gr. 12. Passau 825. Pustet in Regensb. 4 gr

— acht Schullieder, versehen mit leichten gefälligen Melodien. 8. Passau ... (Augsb., Kollmann.) 1 gr mit Melodien 5 gr

— acht Schullieder, mit Melodien. 8. Passau. Pustet in Regensb. 5 gr

— Unterr. in der Bienenzucht. Nach Desormes, Riem, Werner u. a. bewährten Bienenvätern bearbeitet u. in katechetische Form gestellt. gr. 8. Münch. 828. J. Lindauer. 3 gr

Bürchner, Hermann

Bürchner, Herm., die Gewährleistung beim Viehhandel nach dem bürgerlichen Gesetzbuche. Mit Erläutergn., Beispielen, Belehrgn. u. Ratschlägen, Beschreibg. der Kennzeichen der Hauptmängel, Vertrag- u. Klageschriftmustern, sowie Sachregister, zum Gebrauche f. Landwirte, landw. Schulen, Tierärzte, Händler rc. bearb. 4., verb. u. verm. Aufl. (45 S.) kl. 8. Landsberg a. L. 905. (G. Verza.) n. — 60

Bürchner, Herm.: Die Gewährleistg beim Viehhandel n. d. BGB. 4. Afl. (45) kl8° Landsbg a/L. (G Verza)'05. — 60 d
Auf d. Titelbl. lautet d. Verf.-Name irrtümlich „Büchner".

— Handbüchlein der gesamten Viktualienpolizei. Eine Sammlg. der Gesetze über den Verkehr mit Nahrungsmitteln etc., üb. den Verkehr m. Butter, Käse, Schmalz u. Milch, üb. Schlachtvieh- u. Fleischbeschau nebst einschläg. Reichsgerichtsentscheidgn. Mit Erläutergn. u. Anmerkgn. bearb. u. zum Gebrauche für Tierärzte, Laien-Fleischbeschauer, Landwirte u. s. w. hrsg. (176 S.) 8. Ebd. 903. n.n. 1.60

Bürchner, Herm., das bayerische Milzbrand-Entschädigungs-Gesetz u. dessen Vollzugsvorschriften, nebst den einschlägigen Bestimmungen d. Reichsgesetzes vom 23. Juni 1880, die Abwehr u. Unterdrückung v. Viehseuchen u. d. bayr. Ausführungsgesetzes hiezu betr. Mit zahlr. erläut. Anmerkgn. 8. (IV, 48 S.) Straubing 892. Cl. Attenkofer. n. — 60

— Sammlung v. interessanten u. wichtigen, auf das Veterinärwesen u. die Landwirtschaft (Viehzucht, Viehhandel u. Viehseuchen) bezüglichen Entscheidungen, Urteile u. Verhandlungen civil- u. strafrechtlichen Betreffes verschiedener deutscher Gerichtshöfe. Mit erläut. Anmerkgn. bearb. gr. 8. (XI, 196 S.) Ebd. 892. n. 3.—

Bürchner, Herm., Sammlung v. oberstrichterlichen Entscheidungen, Urteilen u. Verhandlungen verschiedener deutscher hoher Gerichtshöfe in Bezug auf Veterinärwesen u. Landwirtschaft aus den J. 1892—1908. Mit erläut. Anmerkgn. bearb. u. zum Gebrauche f. Tierärzte, Landwirte u. Behörden hrsg. (VIII, 150 S.) gr. 8. Hannover 909. M. & H. Schaper. 4.—

Bürchner, Herm., Schematismus des Civil- u. Militär-Veterinär-Personals im Königr. Bayern nebst e. Anh.: „Kurze Veterinär-statistische Bemerkungen." Straubing 869. Attenkofer. 4. (28 S.) n. 6 ngr

— Taschenbuch der thierärztlichen Geheimmittellehre. Eine übersichtl. Darstellg. u. krit. Beleuchtg. v. Arznei-Geheimmitteln, nebst e. Anh. v. Geheimmitteln zum Haus- u. landwirthschaftl. Gebrauche m. Angabe ihrer Zusammensetzg., Bereitungsweise u. Wirkg., ihres Preises, Werthes u. Gebrauches rc. Zum Gebrauche f. Thierärzte u. Apotheker sowie zur Belehrg. u. Warng. f. Thierbesitzer u. Landwirthe. 8. (111 S.) Augsburg 874. Schmid's Verl. 1.50

Bürchner, Herm., Taschenbuch d. thierärztl. Geheimmittellehre. Übersichtl. Darstellg. u. krit. Beleuchtg. v. Sympathie- u. Arznei-Geheimmitteln, nebst e. Anh. v. Specialitäten u. Geheimmitteln z. Haus- u. landwirthschaftl. Gebr. m. Angabe ihrer Zusammensetzg., Bereitungsweise u. Wirkg., ihres Preises, Werthes u. Gebrauches rc. Z. Gebr. f. Thierärzte u. Apotheker, sow. hauptsächl. z. Belehrg. u. Warng. f. Thierbesitzer u. Landwirthe bearb. u. hrsg. 2., völlig umgearb., stark verm. u. verb. Aufl. 8. (XI, 291 S.) Augsburg 896. B. Schmid's Verl. 2.80; geb. n. 3.40

Bürchner, H., s. a. **Taschenkalender**, tierärztlicher.

— — u. Albrecht, Tierärztlicher Taschenkalender für 1901. V. Jahrgang. Straubing 1900. Attenkofer. M. 4.—

Bürchner, Herm., das Civil-Veterinärwesen Bayerns. Eine Sammlg. u. systemat. Zusammenstellg. der dasselbe betr. Gesetze, Verordngn. u. oberpolizeil. Vorschriften. Mit erläut. Anmerkgn. bearb. u. zum Gebrauche f. Studirende der Veterinärmedizin, Thierärzte, Verwaltungs- u. Veterinär-Beamte. gr. 8. (VIII, 445 S.) Straubing 871. Attenkofer. n. 5. 20

Bürchner, Ludwig, die Besiedelung der Küsten des Pontus Euxeinos durch die Milesier. I. Teil. Diss. Erlangen 1885, Th. Blaesing. 8°. 75 S. mit einem Kärtchen.

Zugleich Programm der Kgl. b. Studienanstalt zu Kempten für 1884/85.

Die Besiedelung der Küsten des Pontos Euxeinos durch die Milesier. Historisch-philologische Skizze. I. Teil. Mit einem Kärtchen. -- Von Ludwig Bürchner, Ass. — 1885, Kempten, Jos. Kösel. — S. 3–75. Progr.

Bürchner, Ludw., geographische Grundbegriffe, erläutert an der Heimatkunde von München. (30 S. mit Abbildgn.) gr. 8. München 904. Piloty & Loehle. Kart. n.n. — 50

Bürchner, Ludwig: Die Insel Leros. (M. 1 Karte.) *München 1898: Dr. C. Wolf & Sohn.* (48 S. mit Kt.) 8°
München, k. Theresien-G, P 1898*

Bürchner, Ludwig [Dr.]: Das ionische Samos. 1. 1. '(M. e. Ktchen d. Insel)'. Amberg, gedr. in J. B. Lindl's Buchdr. in München, 1892; 48 S., 1 Kt. 8.
Amberg, k. Humanist. G, P 1892*

Burck, Arthur, Medizinalprakt.: Über die quantitative Absorption von Salzsäuredämpfen durch Tiere bei kürzerer und längerer Einwirkung. Würzburg 1910: Staudenraus. 40 S. 8°
Würzburg, Med. Diss. v. 10. Sept. 1910, Ref. Lehmann
[Geb. 1. Okt. 80 Neuhausen a. d. F.; Wohnort: Würzburg; Staatsangeh.: Württemberg; Vorbildung: Gymn. Ludwigsburg Reife Juli 03; Studium: Straßburg 4, Marburg 2, Würzburg 5 S.; Coll. 24. Febr. 10: Approb. 17. Juni 09.] [U 11. 4563

Burck, Arthur, bacc. iur., Referendar in Leipzig: Die Wirkungen der Hinterlegung als Erfüllungssurrogat nach dem B.G.B. Borna-Leipzig 1908: R. Noske. (47 S.) 8°
Leipzig, Jur. Fak., Diss. v. 19. Febr. 1908
[Geb. 19. April 83 Leipzig; Wohnort: Leipzig; Staatsangeh.: Sachsen; Vorbildung: Nikolai-Gymn. Leipzig Reife O. 02; Studium: Leipzig 8 S.; Rig. 4. Febr. 07.]

Burck, Carl: Zur Kenntnis der Histologie einiger Hornschwämme, sowie Studien über einige Choanoflagellaten m. 2 Taf. u. 3 Fig. im Text. Heidelberg 1909: Rössler & Herbert. 60 S. 8°
Heidelberg, Naturw.-math. Diss. v. 15. Jan. 1909, Ref. Bütschli
[Geb. 16. Mai 85 Friedberg i. H.; Wohnort: Karlsruhe i. B.; Staatsangeh.: Hessen; Vorbildung: Oberrealsch. Darmstadt Reife 04; Studium: Heidelberg 2, München 3, Berlin 1, Heidelberg 3 S.; Rig. 27. Nov. 08.] [U 09. 2037

Burck, W., repertorium annuum literaturae botanicae periodicae, s.: Bohnensieg, G. C.

Burck, W., s.: Recueil des travaux botaniques néerlandais.

Bürck, Adelheid Eberhardt-
s. Eberhardt-Bürck [11. 186]

Bürck, Aug. (Ant.), Alt u. Neu. Roman in 2 Thln.: Die drei Schwestern. — Der Ansiedler. 8. (27 B.) Leipzig 837, Kummer.

— König Arthur u. seine Tafelrunde. Drama. 8. Leipz. 834. Gebr. Reichenbach. $^5/_6$ ß

Bürck, Aug., romantische Dichtungen. 2. Bde. 8. Leipzig 846, O. Klemm. $2^1/_2$ ß

Bürck, Aug. (Ant.), romantische Dichtungen. 2 Bde. 8. (272 S.) Leipzig 847, O. Klemm.

—— die Fürstin v. Granada, s. 8. Bd.: Fürstin, die.

— allgemeine Geschichte der Reisen u. Entdeckungen zu Land u. Meer. 1. Thl.: Die alte Welt. gr. 8. Magdeburg 844, Heinrichshofen. 2 ß

— vollständ. Handbuch für Juweliere, Gold-, Silber- und Schmuckarbeiter. Mit Tabellen u. 24 Steintaf., nach den besten u. neuesten franz., engl. u. deutschen Schriften, mit Zurathung erprobter Künstler bearb. u. herausg. 8. Weimar 834. Voigt. $2^1/_2$ ß (A. u. d. T.: Schauplatz, neuer, d. Künste ꝛc. 63r Bd.)

— Heinrich von Ofterdingen. Ein Cyklus von drei romant. Erzählungen. 1e Abthl. A. u. d. T.: Der Sängerkrieg auf Wartburg. 8. Leipzig 834. Hartmann. $1^1/_6$ ß

— Ulrich v. Hutten, der Ritter, d. Gelehrte, d. Dichter, d. Kämpfer für die deutsche Freiheit. Mit 1 Bildn. Ulrichs v. Hutten. 8. Leipzig 846, Arnold'sche Buchh. 1 ß

— Ulrich v. Hutten, der Ritter, der Gelehrte, der Dichter, der Kämpfer f. die deutsche Freiheit. Mit einem Bildniß U. v. Hutten's (in Holzschn.) 2. (Titel-)Ausg. 8. (VIII u. 352 S.) Leipzig (846) 850. Arnold. $^1/_6$ ß

— Ludwig Philipp, König der Franzosen und seine Familie. Mit Portrait. gr. 8. Weimar 839. Voigt. $^3/_4$ ß

— Magellan, oder die erste Reise um die Erde. Nach den vorhand. Quellen dargestellt. Mit Magellan's Bilde. 8. Leipzig 844, B. Tauchnitz jun. 1 ß

Bürck, A., die Reisen des Venezianers Marco Polo, s.: Marco Polo.

— die Reisen des Venezianers Marco Polo im 13. Jahrhundert. Zum ersten Male vollständig nach den besten Ausgaben Deutsch mit einem Kommentar. Nebst Zusätzen und Verbesserungen von Karl Fr. Neumann. gr. 8. Leipzig 845, Teubner. $2^3/_4$ ß

Bürck, Franz Josef: Die Lehre vom Gewissen nach dem hl. Antonin. Mainz: Kirchheim 1909. 45 S. 8° ¶(Aus: Der Katholik. Folge 4, Bd 39.)
Freiburg i. B., Theol. Diss. v. 1909, Ref. Hoberg
[Geb. 19. März 66 Ottenhöfen; Wohnort: Mannheim; Staatsangeh.: Baden; Vorbildung: Gymn. Rastatt; Studium: Freiburg i. B. 8 S.; Rig. 3. Febr. 09.] [U 09. 885

Bürck, H., das Füsilier-Bataillon vom 12. Grenadier-Regiment u. seine Gegner am 16. VIII. 1870. gr. 8. (131 S. m. 7 Skizzen.) Berlin 900. Militär-Verlagsanstalt. n. 4. —

Bürck, Hans: Zur Lehre vom Handelsmäkler und Civilmäkler. Heidelberg 1908: K. Rössler. (48 S.) 8°
Heidelberg, Jur. Fak., Ref. Schroeder, Diss. v. 1908
[Geb. 6. Juni 75 Mannheim; Wohnort: Heidelberg; Staatsangeh.: Baden; Vorbildung: Gymn. Mannheim Reife Juli 95; Studium: Straßburg 5, Berlin 4 S.; Rig. 20. Juni 07.]

Joachim v. Burck. Zwanzig deutsche geistliche vierstimmige Lieder, Erfurt 1575. Die Passion nach d. Evangelisten Johannes zu vier Stimmen, Wittenberg 1568, u. d. Passion nach d. 22. Psalmen Davids '(1574)' in Partitur gebr. nebst e. Klavierpart. v. A. Halm u. Rob. Eitner. (M. Originalt.) *Leipzig: Breitkopf & Härtel 1898* (IV S., 2 Bl., 106 S.) 1 Bd 2.(4.)
= Publikation älterer prakt. u. theoret. Musik-Werke. Jg. 20. Bd 22.
198 *597

Bürck, Max v.: Das Vorbehaltsgut der Ehefrau. — Göttingen 1891: Kästner. 46 S. 8°
Göttingen, Jur. Diss. v. 20. Juni 1891.

Bürck, Max van, das Vorbehaltungsgut der Ehefrau. Diss. gr. 8. (46 S.) Göttingen 891. (Vandenhoeck & Ruprecht.) n. 1. —

Bürck, Paul, praktische Buchführung f. Brauereien, s.: Bibliothek praktischer Specialbuchführungen f. Handel u. Gewerbe.

Bürck's, Paul, prakt. Lehrbuch der kaufmänn. dopp. Buchführung. Gründl. u. pop. Anleitg. zur leichten Erlerng. der kaufmänn. doppelten Buchführg., auch f. den Unterricht in staatl. höheren Handelslehranstalten, städt. Handelshochschulen u. Akademien bearb. u. hrsg. 8—10. Taus. 6. verm. Aufl. m. durchgeführten zweimonatl. Geschäftsfällen nebst Bilanzen, anschaul. Bücher-Abschluss, Wechsel- und Scheck-Wesen, Konto-Korrente etc. (101 S.) gr. 8. München (909). (J. Lindauer.) 3.

Bürck, Paul. Le mécanisme de la comptabilité commerciale en partie double. Traité-guide rendant éminemment facile la conception et la pratique de la comptabilité en partie double. 2me édition. In-8°, 15 p. Paris (Bâle, L. Jenke). 1 50

1880

Bürck, Paul, Ornament 1902. schmal Fol. (61 Taf. m. 6 S. Text.) Darmstadt (902). Hauskunst-Verlag v. O. Schultze-Köln. In Leinw.-Mappe n. 12. —

Bürck, P: Ornament 1902. (61 Taf. m. 6 S. Text.) Fol. Darmst. (02). Lpzg, Baumgärtner. In L.-M. 12 — d

Bürck, Paul, Reise nach Rom. Federzeichnungen. 60 Blatt. Oktbr. 1905 — Mai 1906. (III S. Text) qu. Lex.-8. Berlin 906. G. Grote. Geb. in Leinw. n. 20. —

— Symphonie. Zeichngn 01—4. (44 Bl. m. 5 S. Text.) 50×35,5 cm. Ebd. 04. In L.-M. 100 — d

— Symphoniezeichnungen 1901—1904. (44 Blatt m. 5 S. Text.) gr. Fol. Ebd. 904. In Leinw.-Mappe n. 100. —

van Bürck, Theodor [app. Arzt aus Wattenscheid]: Aus d. Laboratorium d. pharmakognost. Sammlung in Kiel. Über die Wirkungskraft des Cyannatrium ... Kiel, Druck v. A. F. Jensen, 1895; 16 S., 1 Bl. 8.
Kiel, Med. Fak., Inaug.-Diss. v. [7. Juni] 1895

Burckard, s.a. B u r c k h a r d t

Burckard, Ern. Ldv. (Resp.): De sono, s. E u l e r u s, Conr. (Praes.)

Burckard, Karl Heinrich

Burkard, Ksp. Hnr., († d. 23. Nov. 1817.) Fest- u. Casualpredigten. gr. 8. Würzb. 804. Stahel. 1 ℛ 4 gGr.

— üb. Pflichten d. Geistl. s. Pflichten.

Burkard, Kasp. Heinr. (Dompred. † 1817), Predigten u. Casualreden. 2 Bände. 1805 6.) N. Aufl. gr. 8. Würzb. 1834, Stahel'sche B. 1⅓ Thlr. — 2 fl. 42 kr.

— Predigten üb. d. Sonn- u. Festtags-Evangelien. gr. 8. Würzb. 805. Stahel. 1 ℛ 16 gGr.

Burckard, Karl Hnr., (also nicht Ksp. Hnr.)
Predigten über Sonn- u. Festtags-Evangelien, nebst Casualreden. 2 Bde. 2e Ausg. A. u. den T.: Predigten über Sonn- u. Festtags-Evangelien für gebildete Katholiken. 5/6 ℛ — Fest- u. Casual-Predigten für gebild. Katholiken. 2/3 ℛ gr. 8. Würzb. 834. Stahel. 1½ ℛ

Burckard, Max. Anton Friedrich Mitterwurzer. Wien & Leipzig. Wiener Verlag 1906. 140 S.; 4 Taf. 8°

Burckard, Samuel (Brieg/Schles.), An existentia dei sit veritas indemonstrabilis. Diss. philos. Präs. Jac. Wilh. Feuerlin. Altdorf (J. W. Kohles) 15. XII. 1717. 16 S. (4.80) 4693

— — De proverbio docendo discimus. Dissertat. philos. Präs. Jac. Wilh. Feuerlin. Altdorf (J. W. Kohles) 7. V. 1718. 16 S. (4.80) 4694
Gew.: Gottfr. Thilo. — Widm. v.: Chph. Carl Stoer.

Burckardt, J.D.: Geschichte des Stephaneums zu Aschersleben, nebst Nachrichten über den gegenwärtigen Zustand desselben. 6 S.
Progr. Aschersleben 1826.

Burckardt, Jh. Geo.

— s. Katechismus d. Federviehzucht.

Burckardt, Jh. Geo., Samml. vermischter Gedichte. 8. Gotha (Jena) 789.

— Versuch e. poet. Wörterbuchs. gr. 8. Erfurt 760.

Burckart, s.a. B u r k a r t

Burckart, Hedwig: Die Histologie des Katarakt bei chronischer Uveïtis und Extraktion in geschlossener Kapsel. Freiburg i. B.: Speyer & Kaerner 1909. 47 S. 8°
Freiburg i. B., Med. Diss. v. 1910, Ref. Axenfeld
[Geb. 2. Dez. 83 München; Wohnort: Freiburg i. B.; Staatsangeh.: Bayern; Vorbildung: Maximilians-Gymn. München Reife Juli 03; Studium: München 6, Freiburg i. B. 4 S.; Coll. 16. Juli 09.] [U 10. 958

Burckart, Jul., d. Rad im Dienste d. Wehrkraft. [A.: „D. Radfahrsport in Bild u. Wort".] gr. 8. (72 S. m. Abb.) München 897. Acad. Verlag München. n. 1. 20

Burckart, Jul., die Radfahrtruppe der Zukunft. gr. 8. (VI, 45 S. m. 7 Taf.) Berlin 899. E. S. Mittler & Sohn. n. 1. 40
Sonderabdruck aus: „Kriegstechn. Zeitschr."

Burckart, Th., der Katechet in der Elementarklasse, oder prakt. Wegweiser für Religionslehrer bei Ertheilung des Religionsunterrichtes vor Schülern in den ersten Schuljahren. 8. Spaichingen 839. (Stuttg., Beck u. Fränkel.) n. 1 ℛ — 2e Aufl. 8. Ebd. 841. (Villingen, Förderer.) 1½ ℛ

— populäres Religionshandbuch. Zum Gebrauche f. Katecheten in Kirchen u. Schulen; zum Unterrichte und zur Erbauung für die heranwachsende Jugend u. das christkathol. Volk; eingerichtet nach dem von demselben Verfasser erschien. Katechismus. 3 Bde. 8. (Villingen 839. Förderer.) 2⅚ ℛ

— deutsches Ritual, oder prakt. Anweis. für kathol. Seelsorger, zur segensreichen Verwaltung des liturg. Amtes. Zugleich ein Erbauungsbuch für die Gläubigen. gr. 8. (Villingen 841. Förderer.) 1⅓ ℛ

Burckas II., Bruno, das Miethsrecht f. das Königr. Sachsen. Handbuch f. Juristen, Hauswirthe u. Miether. gr. 8. (VIII, 188 S.) Berlin 894. C. Duncker. — Dresden, A. Köhler. Kart. n. 4. —

Aktionär und Gläubiger im Konkurse der Aktiengesellschaft. Eine Abhandl. über Reservefonds u. Regressanspruch von H. **Burckas** i. Rechtsanw. in Leipzig. *Leipzig: F. Reinboth [1901].* (75 S.) 8° [A.] [01 3.3]

Burckas I, H., Aktionär u. Gläubiger im Konkurse der Aktiengesellschaft. Eine Abhandlg. üb. Reservefonds u. Regreßanspruch. gr. 8. (75 S.) Leipzig (902). F. Reinboth. n. 1. 60

® **Burckas, H.**, Aktionär u. Gläubiger. 902. (ABV 31.) Jetzt: Leipzig, G. Effeger.

Burckas, H., Excerptorum ex bibliothecae Paulinae Lipsiensis libris manu scriptis pars prima. Pr. 1865. 28 S. 4°. 1.—

— — pars altera. Pr. 1866. 21 S. 4°. 1.—

Burckas, Leo, Referendar in Leipzig: Eigentumsrecht, Urheberrecht und Persönlichkeitsrecht an Briefen. Leipzig: G. Fock 1907. (VIII, 106 S.) 8°

Leipzig, Jur. Fak., Diss. v. 25. Jan. 1907

[Geb. 7. Juni 79 Leipzig; Wohnort: Leipzig-Plagwitz; Staatsangeh.: Sachsen; Vorbildung: Thomas-Gymn. Leipzig Reife O. 98; Studium: Leipzig 2, Freiburg i. B. 2, Leipzig 1, Berlin 1, Leipzig 4 S.; Rig. 26. Jan. 03.]

Burckas, Victor [Gothanus]: De Tib. Claudi Donati in Aeneida commentario . . . Ienae, typ. G. Neuenhahni. 1888: 43 S. 8°

Jena, Phil. Fak., Inaug.-Diss. v. 1888

Burckas, Victor [Dr.]: Die Ohrdrufer Familiennamen. ([Umschlagt.:] . . . nach Herkunft u. Bedeutg, Tl 1.) Ohrdruf, Druck v. H. Lucas, 1896; 3—12 S. 4.

Ohrdruf, gräfl. Gleichensches G (PG u. RPG), P 1896 (721)

Burckas, Victor [Dr.]: Die Ohrdrufer Familiennamen. ([Umschlagt.:] . . . nach Herkunft und Bedeutung, Tl II.) [Forts. d. P-Beil. 1896.] Ohrdruf, Druck v. H. Lucas, 1897; 3—12 S. 4.

Ohrdruf, gräfl. Gleichensches G (PG u. RPG), P 1897 (733)

Burckas, Victor: Die Ohrdrufer Familiennamen. ([Umschlagt.:] . . . nach Herkunft und Bedeutung, T. III.) *Ohrdruf 1898: H. Lucas.* (3—12 S.) 4° ¶[Fortsetzung d. P-Beilagen 1896. 97.]

Ohrdruf, gräfl. Gleichensches G (PG u. RPG), P 1898 (744)

Burckas, Victor, Dr.: Die Ohrdrufer Familiennamen. Forts. ([Umschlagt.:] . . . nach Herkunft und Bedeutung, T. 4.) *Ohrdruf 1899: H. Lucas.* (S. 3—16.) 4° ¶[Schluss d. P-Beil. 1896—98.]

Ohrdruf, gräfl. Gleichensches G (PG u. RPG), P 1899 (750)

Burckel, G., les plantes indigènes de l'Alsace propres à l'ornamentation des parcs et jardins, s.: Koenig, Ch.

Burckhard, s.a. B u r c k h a r d, Max

Burckhard, s.a. B u r c k h a r d, Max Eugen

Burckhard, Besitz und Grundbuchsrecht. 8. (XVI, 540 S.) Wien 888, Manz'sche Hof-Verlags- und Universitäts-Buchh. *

Aus: System des österreichischen Privatrechts, besonders abgedruckt.

Burckhard, Besitz u. Grundbuchsrecht. Sep.-Ausg. aus d. Verf. System d. österr. Privatrechtes. 8. (XVI, 540 S.) Wien 889. Manz. n. 9. 60

— Gesetze und Verordnungen in Cultussachen, s.a. Gesetze, österreichische.

Burckhard, d. österreich. Gesetze u. Verordngn. in Cultussachen erläut. 2 Bde. 3. Aufl. Wien 895.

— zur Reform der juristischen Studien. Eine pädagog. Studie. gr. 8. (88 S.) Wien 887. Manz. n. 1. 20

Burckhard, A. C., de poenis secundarum nuptiarum. Marb. 1717. 4.

Burckhard, C. M. [Praes.], s. H a n d t w i g, Gust. Chr.: De affectibus quibusdam spasmodicis . . . .

Burckhard, Georg [aus Würzburg]: Beitrag zur pathologischen Anatomie des cavernösen Angioms der Leber . . . Würzburg, kgl. Universitätsdr. v. H. Stürtz, 1894; 26 S., 2 Taf. 8.

Würzburg, Med. Fak., Inaug.-Diss. v. 1894

Burckhard, Geo., die Blutungen nach der Geburt, s.: A b h a n d l u n g e n, Würzburger, aus dem Gesamtgebiet der praktischen Medizin. III. 6.

— über den Einfluss der Röntgenstrahlen auf den thierischen Organismus, insbesondere auf die Gravidität, s.a. S a m m l u n g klinischer Vorträge. Nr. 404.

Über den Einfluß der Röntgenstrahlen auf den tierischen Organismus, insbesondere auf die Gravidität. Von Georg **Burckhard**, Würzburg. Leipzig: Breitkopf & Härtel 1905. (12 S.) 4°(8°)

— **Sammlung** klinischer Vorträge. No 404. [05. 15464

Burckhard, Geo.: Die deut. Hebammenordngn v. ihren ersten Anfängen bis auf d. Neuzeit, s: Studien z. Gesch. d. Hebammenwesens.

Burckhard, Georg, Dr. med., 1. Assistenzarzt d. Kgl. Univ.-Frauenklinik: Die Implantation des Eies der Maus in die Uterusschleimhaut und die Umbildung derselben zur Decidua. *Bonn: F. Cohen 1901.* (44 S.) 8° ¶ Aus: Archiv f. mikrosk. Anat. u. Entwicklungsgesch., Bd 57.

Würzburg, Med. Hab.-Schr. v. 1901

(Nur in beschränkter Zahl für den Austausch)

— s.: M e i s t e r, alte, der Medizin u. Naturkunde.

— zur Serumtherapie der Streptokokkeninfektionskrankheiten, speziell des Puerperalfiebers. Nach e. in der fränk. Gesellschaft für Geburtshilfe geh. Vortrag. (8 S.) 8. Leipzig 905. B. Konegen. n. 1. —

— über Styptol. (8 S.) 8. Ebd. 906. n. 1. —

2 Sonderabdrucke aus: „Reichs-Medizinal-Anzeiger".

Burckhard, Geo., die Dührssen'sche Uterovaginaltamponade, s.a. S a m m l u n g klinischer Vorträge.

Die Dührßensche Uterovaginaltamponade. Ein Beitrag z. Behandlung d. atonischen Nachgeburtsblutungen. Von G[eorg] **Burckhard**, Würzburg. Leipzig: Breitkopf & Härtel 1907. (S. 100—123.) 8°

— **Sammlung** Klinischer Vorträge. N. F. No 463. [07. 18207

— s: Zeitschrift f. d. gesamte deut., österr. u. schweizer. Hebammenwesen.

Burckhard, Gust. Wilh., Handbuch der Verwaltung im Großherzogth. Sachsen-Weimar-Eisenach. gr. 8. (43½ B. u. 3 Tab.) Neustadt a. d. O. 844, Wagner. *

Burckhard, Gust. Wilh., aus der Praxis deutscher Geschwornengerichte. Erörterungen in zwanglosen Hftn. hrsg. 1. Hft. gr. 8. (VI u. 103 S.) Weimar 849, Hoffmann. ½ ℔

Burckhard, Hugo, die Actio aquae pluviae arcendae. gr. 8. (XXIV, 637 S.) Erlangen 881. Palm & Enke. n. 12. —

— zum Begriff der Schenkung. Festgabe f. Ernst Immanuel Bekker, zum Doktorjubiläum überreicht v. der rechts- u. staatswissenschaftl. Fakultät Würzburg. gr. 8. (VII, 145 S.) Erlangen 899. Palm & Enke. n. 3. —

— Dass., s.a. F e s t g a b e für Dernburg.

Burckhard, Hugo, die cautio damni infecti. gr. 8. (XIX, 666 S.) Erlangen 875. Palm & Enke. n. 10. 40

Zu Cicero de leg. II. cap. 19—21. Von Hugo **Burckhard.** Prof. d. Rechte in Würzburg. Festschrift zum fünfzigjährigen Doctorjubiläum des Geheimraths Prof. Dr. J. v. Held. Würzburg, k. Univ.-Druckerei v. H. Stürtz, 1888; 55 S. 8°

— **Entscheidungen der großh. sächs. Revisions-Kommission in Weimar zu dem Gesetz über die Ablösung grundherrlicher u. sonstiger Rechte vom 28. April 1869 u. dem Gesetz über die Zusammenlegung der Grundstücke vom 5. Mai 1869 seit Einsetzung der Revisions-Kommission bis zur neuesten Zeit.** [Aus: „Blätter für Rechtspflege in Thüringen u. Anhalt".] gr. 8. (80 S.) Jena 878. F. Frommann. n. 2. 40

Burckhard, Hugo von, s. F e s t s c h r i f t für Hugo von Burckhard zum Doktor-Jubiläum.

Burckhard, Hugo, zu Fragmenta Vaticana 269. Ein Beitrag zur Lehre v. der Schenkg. u. Dos, s.a. Festgabe f. Heinr. Dernburg d. rechtswiss. Fakultät Würzburg.

Zu Fragmenta Vaticana 269. Ein Beitrag z. Lehre von d. Schenkung u. Dos von **Hugo Burckhard**. *Leipzig: A. Deichert 1900.* (72 S.) 8° [Umschlagt.]
Aus: Festgabe d. Würzburger Rechts- u. Staatswiss. Fak. f. H. Dernburg. 104. 236 6

Andreas Gaill. Festrede zur Feier des dreihundert und fünften Stiftungstages der Königl. Julius-Maximilians-Universität, gehalten am 3ten Januar 1887 von Dr. Hugo **Burckhard**, ö. o. Prof. d. röm. Civilrechts, z. Z. Rector. Würzburg, Druck d. Thein'schen Druckerei (Stürtz), 1887; 56 S. 4°.

Burckhard, Hugo, die operis novi nunciatio. gr. 8. (XV, 599 S.) Erlangen 871, Palm und Enke.

Burckhard, Hugo, die civilistischen Präsumtionen. Weimar 866. Geograph. Institut. gr. 8. (XX, 407 S.) n. 2 ₰ 10 ngr.

Ueber Schenkungsannahme. Von Dr. Hugo **Burckhard.** (Rudolf von Ihering zum 6. Aug. 1892.) Würzburg, Druck d. kgl. Universitätsdr. v. H. Stürtz, 1892; 5 Bl., 134 S. 8.

Die Stellung der Schenkung im Rechtssystem. Von Dr. Hugo **Burckhard.** Herrn Dr. Bernhard Wilhelm Leist . . . an der Universität Jena zu seinem fünfzigjährigen Doctorjubiläum am 17. Mai 1891. Würzburg, Druck d. k. Universitätsdr. v. H. Stürtz, 1891; 4 Bl., 46 S. 8°
Nur in beschränkter Zahl für den Austausch

Burckhard, J., De linguae Latinae a maioribus diligenter excultae et adamatae, hodie ex adverso neglectae atque contemptae caussis oratio. Gel. 1714. 48 S. 4°. 1.—

B u r c k h a r d, J., Historia bibliothecae August. Guelpherbytanae. Guelph. 746. 3 P. 4. 2 rthl. 10 gr.

Jac. B u r c k h a r d medicus gravissimus humanitatis studiorum vindex ex historia literaria adumbratus. Accedit Jo. C a s e l i i epistola de medica arte praestantibus studiis etiam sapientiae claris et aliis ingenii dotibus praeditis saeculi XVI. viris. Wolfenbüttel 1716. 8.
(B. eos enumerat medicos, qui studio linguarum, poëseos, historiae universae et literariae excelluerunt; C. de medicis illustribus agit qui, sibi inotuerunt, cfr. Jo. Chr. L e u s c h n e r *ad Jac. Burcardi medicum gravissimum humanitatis studiorum vindicem analectorum specimen I. Hirschberg* 1756. 4.)

Burckhard, Jacob (Sulzbach/Pfalz), **De viri Joannis Caselii praeclaris erga bonas litteras meritis, ejusque lucubrationum magnopere desiderata adhuc editione epistola ad virum Justum Christophorum Boehmerum. Wolfenbüttel (Gottfried Freytag) 1707. 66 S. (6.50)** 4696

— — **De summorum Saxoniae ducum sereniss. Ernestinae stirpis immortalibus in evehenda litterarum studia per duo amplius saecula meritis progr. II. Hildburghausen (Balth. Penzold) 17. X. 1715. 4 Bl. (3.—)** 4699
Carl Friedr. Diezel (Nimwegen / Gelderld.), Friedr. Adam Fürst (Geroltinga/Ansbach), Jo. Gg. Ritter (Hellinga b. Königsbg./Frk.).

— — **Dasselbe. Progr. IV. Orationi de historia praest. principum. Hildburgh. (Penzold) Mai 1716. 4 Bl. (3.—)** 4701
Chph. Aug. Carpzov (Magdeburg).

— — **Dasselbe. Progr. III. Hildburghausen (B. Penzold) Febr. 1716. 4 Bl. (3.—)** 4700
J. Gg. Habermann (Hildbghs.), Joh. Polich (Braunschweig), Gg. Wilh. Goebel (Schleusingen).

— **Jacob,** **De variis Germaniae scholarum a Caroli M temporibus usque ad saec. XVI mutationibus dissertatio. Accedit ejusdem de ampl. Argentinensis scholae prudenti consilio v. cl. Joannis Sturmii saec. XVI institutae laudibus oratio, ill. gymnasii Ernestini altero natali habita. Jena (J. F. Bielke) u. Hildburghausen (B. Penzold) April 1715. 24, 31 S. (5.50)** 4698

— — **De viri Christophori Cellarii antiquitatum et eloquentiae in Fridericiana regia Halensi professoris merit. . . obitu . . epistola ad virum Burcard Gotthelf Struve . . in acad. Jenensi. Halle 1707. 24 S. (5.30)** 4697

Burckhard, Johann Heinrich: E p i s t o l a ad Godofredum Guilielmum Leibnitium, qua characterem plantarum naturalem nec a radicibus, nec ab aliis plantarum partibus, minus essentialibus, pluribus discriminandi capitibus constitutis . . . Jo[hannes] Henr[icus] Burckhard. Dat. Wolffenbüttel 13. Apr. 1702. 32 S. 8°

– Dass. Cum Laurentii Heisteri [Heister] praefatione. Helmstadii 1750: Drimborn. 159 S. 8°

Burckhard, Joh. Geo., ausführliche auf Erfahrung beruhende Anweisung zur Saffianfabrikation mit zuverlässigem Aufschluß über die in diesem Gewerbsfache bis jetzt beobachteten Geheimnisse. 2. Ausg. Mit 4 (lith.) Taff. Abbildgn. (in Fol.) Berlin 869. Mode. 8. (IV, 89 S.) 1 ₰ 15 ngr.

Burckhard, Max, s.a. B u r c k h a r d

Burckhard, Max, s.a. B u r c k h a r d , Max Eugen

Burckhard, Max, Jene Asra, . . . Komödie. Mit e. Nachwort u. 2 Kritiken v. Ludw. Hevesi u. Frz. Servaes. (118 S.) 8. Salzburg 910. Halkyone-Verlag. 2.—

Burckhard, Max, Die Bürgermeisterwahl. Eine ländliche Komödie in 4 Acten. 16. (160 S.) 1.20
Wien: Mohr 1897.

Burckhard, Max, Die Bürgermeisterwahl. Eine ländliche Komödie in vier Acten. 2. A u f l a g e. 16. (160 S.) 1.20
Wien: Mohr 1897.

Burckhard, Max, Die Bürgermeisterwahl. Eine ländliche Komödie in vier Acten. 3. A u f l a g e 16. (160 S.) 1.20
Wien: Mohr 1898.

Burckhard, Max, die Bürgermeisterwahl. Eine ländl. Komödie in 4 Akten. 4. Aufl. (VII, 152 S.) 16. Wien 905. M. Mohr. n. 2.—; geb. n. 3.—

— s. Cilli, Lina, Gabriele, Briefe v. u. an Carl Rahl.

Der Entwurf eines neuen Pressgesetzes. Von Dr. **Max Burckhard**. *Wien: Manz 1902.* (39 S.) 8° [F.]

— Die verflixten Frauenzimmer. Vier Akte. (87 S.) 8. Wien 909. H. Heller & Co. 2. —

— wahre Geschichten. (149 S.) kl. 8. Wien 905. Wiener Verlag. n. 2. —; geb. n. 3. —

— Die Insel der Seligen. Roman. (344 S.) kl. 8. Berlin 909. S. Fischer, Verl. 4.—; geb. n 5. —

Die Insel der Seligen. Roman von Max **Burckhard**. 2. Aufl. Berlin: S. Fischer 1909. 344 S. 8°

— 's Katherl. Wiener Volksstück in 5 Aufzgn. 2. Aufl. 12. (III, 93 S.) Ebd. 898. n. 1. 50

— das Nibelungenlied, s.a. Literatur, die. 26. Bd.

Das Nibelungenlied. Von Max **Burckhard**. Mit 11 Vollbild. u. 3 Facs. Berlin: Bard, Marquardt & Co. [1906]. (64 S.) 8°
— Literatur, Die. Bd 26.

— Im Paradiese. Komödie in 4 Akten. (113 S.) kl. 8. Wien 907. Berlin, J. Singer & Co. 2.—; geb. n 3. —

— Quer durch das Leben. 50 Aufsätze. (354 S.) 8. Wien 908. F. Tempsky. — Leipzig, G. Freytag. Geb. in Leinw. 5.—

— Quer durch Juristerei u. Leben. Vorträge u. Aufsätze. (VII, 383 S.) kl. 8. Wien 905. Wiener Verlag. n. 3. 50; geb. n.n. 5. —

[F.] Das Recht der Schauspieler. Von Dr. **Max Burckhard**. *Stuttgart: J. G. Cotta Nachf. 1896.* (1 Bl., 80 S.) 1 Bd 8.

— zur Reform des Irrenrechts. 4 Zeitungsartikel. (34 S.) gr. 8. Wien 904. Manz. n. — 80

Burckhard, M., Der Richter, s.a. Recht, das, Bd. IV.

Der Richter. Von Dr. Max **Burckhard**. Berlin: Puttkammer & Mühlbrecht 1909. 93 S. 8°
(Das Recht. Hrsg. von F. Kobler. Bd 4.)

— Scala santa u. 12 and. „neue wahre Geschichten". (216) 8° Wien, Deutsch-österr. Verl. ('11). 3 —; geb. 4 —

— Mat Schrimpf. Komödie in 5 Akten. (134 S.) 8. Berlin 905. S. Fischer, Verl. n. 2. —; geb. n.n. 3. —

— Franz Stelzhamer u. die oberösterreichische Dialektdichtung. Zeichnungen von Leo v. Forstner. (80 S. m. 1 Bildnis.) kl. 8. Wien (905). Wiener Verlag. n. 1. —; geb. n.n. 2. —

Franz Stelzhamer und die oberösterreichische Dialektdichtung von Max **Burckhard**, Zeichnungen von Leop. Forstner. Wien & Leipzig: Wiener Verl. [1906]. (80 S.) 8° [F.]

— Theater. Kritiken, Vorträge u. Aufsätze. (1898—1904.) 2 Bde. (VIII, 367 u. VIII, 371 S. mit Bildnis.) 8. Wien 905. Manz. n. 8. —; geb. n. 10. —

Max **Burckhard**. Theater. Kritiken, Vorträge u. Aufsätze. Bd 1. 2. Wien: Manz 1905. 2 Bde 8° [F.]
1. (1898-1901.) 2. (1902-1904.)

— Das Theater, s.a. Gesellschaft, die, 18. Bd.

Das Theater von Max **Burckhard**. Frankfurt am M.: Rütten & Loening (1907). (98 S.) 8°
— Gesellschaft, Die. Bd 18.

Ein österreichisches Theaterrecht. Erl. Bemerkungen zu d. revidierten Entwurf eines österr. Theatergesetzes von Dr. **Max Burckhard**. *Wien: Manz 1903.* (19 S.) 8° [F.]

Simon Thums. Einige Tage aus s. Leben. Von Max **Burckhard**. Stuttgart: Cotta 1897. 254 S. 8°

— Trinacria. Roman. (373 S.) kl. 8. Berlin 910. S. Fischer, Verl. 4.—; geb. n 5. —

— Gottfried Wunderlich. Roman. (433 S.) kl. 8. Wien 906. Wiener Verlag. n. 3. —; geb. n. 4. 50

Gottfried Wunderlich. Roman von Max **Burckhard**. 3. Aufl. Berlin: S. Fischer 1909. 304 S. 8°

Burckhard, Max, s.: Zeit, die.

Burckhard, Max Eugen, s.a. Burckhard

Burckhard, Max Eugen, s.a. Burckhard, Max

Burckhard, M, Aesthetik u. Sozialwissenschaft. 3 Aufsätze. (I. Die Kunst u. d. soz. Frage. II. Volkstüml. Klassikeraufführgn. III. Die Kunst u. d. natürl. Entwicklungsgeschichte.) 8° (88) Stuttg. 95, JG Cotta Nf. 1.50

Burckhard, Leitfaden der Verfassungskunde der österreichisch-ungarischen Monarchie. gr. 8. (VI, 139 S.) Wien 893. Manz. n. 3. 20

— Leitfaden d. Verfassungskunde d. österr.-ungar. Monarchie. 2., rev. Aufl. gr. 8. (III, 141 S.) Wien 895. Manz. n. 3. 20

Burckhard, Verfassungskunde der österreichisch-ungarischen Monarchie. 2. Aufl. Wien 896.

Burckhard, Max Eug. Das Lied vom Tannhäuser. Ein romant. Gedicht. 8. (136 S.) Lpz. 889, Klinkhardt. * 2 40

Burckhard [M. E.], System des österreichischen Privatrechtes. 1. und 2. Thl. gr. 8. Wien 883, Manz'sche Hofverlagsh.

Inhalt:

Thl. 1. Das Recht. Zugleich eine Einleitung in ein System des österreichischen Rechtes. (XIII, 172 S.) *ℳ 2,40.
» 2. Die Elemente des Privatrechtes. [Allgemeiner Theil des Privatrechtes.] (XXVIII, 633 S.) *ℳ 7,20.

— System d. österr. Privatrechtes. 3. Thl. Die einzelnen Privatrechtsverhältnisse. 1. Abth. 2. Hft. [Grundbuchsrecht.] 8. (XVI u. S. 171—540.) Ebd. 889. n. 7. 20 (I—III, 1.: n. 19. 20)

— Volksschulgesetze, s.a. Gesetze, österreichische.

— u. Heidlmair, Volksschulgesetze, s.a. Taschenausgabe, Manz'sche, der österreichischen Gesetze. 27. Bd.

Volksschulgesetze. Die Reichs- u. Landesges. mit d. einschläg. Minist.-Verordnungen u. Erlässen erl. durch d. Entscheidungen d. k. k. Verwaltungsgerichtshofes u. d. k. k. Reichsgerichtes. Zsgest. von Dr. [**Max Eugen**] **Burckhard**. 2. Aufl. Abth. 1. 2. *Wien: Manz 1893.* 2 Bde 8° [F.]
— Taschenausgabe d. österreich. Gesetze. Bd 27, Abth. 1. 2.

(F) **Burckhard**, Volksschulgesetze. 3. Aufl. [Taschenausgabe der österr. Gesetze. 27. Bd. 1—3. Abt. 3 Bde.] 8°. (XXIV, 714, XVIII, 752, VIII, 217 S.) K 18.20, geb. K 15.80
Wien: Manz 1904.

Burckhard, [Max Eugen]: Volksschulgesetze. D. Reichs- u. Landesgesetze mit d. einschläg. Ministerialverordn. u. Erlässen, erl. durch d. Entscheid. d. k. k. Verwaltungsgerichtshofes und d. k. k. Reichsgerichtes. Zsgest. 3. Aufl. Abt. 4 bearb. von *Heidlmair*. Wien 1906. 8° *[1. Aufl. 1888.]*

Burckhard, Max Eugen (Hrsg.), s. Zeitschrift, Österreichische, für Verwaltung.

Burckhard, Walt., s.: Verzeichnis der Gaswerke bezw. Wasserwerke in Österreich-Ungarn.

Burckhard, Wilhelm

Burckhard, W., Finanzentscheidungen. Eine Sammlg. der wichtigsten Entscheidgn. d. k. obersten Gerichtshofes, Kassationshofes, obersten Landesgerichts, Competenzkonflikts-senats, Oberlandesgerichtes München als Revisionsgerichts für Strafsachen und des Verwaltungsgerichtshofes über Fragen des Finanzrechts und der Finanzverwaltung in Bayern, in Auszügen systematisch bearb. gr. 8. (VIII, 930 S.) Würzburg 888. Stahel. n. 12. —

Burckhardt. –

Burckhardt, Scheikh Ibrahim. Johann Ludwig Burckhardt aus Basel. [Neujahrs-Blatt für Basels Jugend. 1828.] Basel [1828]. Nk 182.

Burckhardt. Joh[ann] Jakob Burckhardt. Dr. Theol., Antistes in Basel. Gest. den 17. Dez. 1858. [Necrolog. A.] 8. [Solothurn 1859.] A 751*

Burckhardt, Johannes, weiland Pfarrer an der Steiggemeinde in Schaffhausen. Basel 1886. V: *Anstein, Rudolf.* (zuwzür 1910)

Burckhardt. – Stammbaum der Familie Burckhardt in Basel, s. Säuberlin, L.

Burckhardt. Albert Burckhardt-Merian, geb. 25. Januar 1843 .... s. [Baader. Arnold].

Burckhardt, s.a. Burckard

Burckhardt, s.a. Burckhard

Burckhardt — Bibliotheca Burkhardtiana. Helmst. 743. 44. 2 Part. 8.

Burckhardt, der Brief an die Epheser, s.: Wort, das, des Heils. II.

***Ritter, Friedr.:* [Gedicht.] Seinem lieben Freund und Bruder Friedrich Ritter gewidmet und vorgetragen bei der Tafel-Loge nach seiner Aufnahme am 21. Januar 5832 von Burckhardt. o. O. [1832]. 1 Bl. 8°. [Kopftit.]**
„Bruder sey uns gegrüsst“ ...

Burckhardt, Rede am 24. Juni 1840, s. Festreden.

Burckhardt. Reden und Trinksprüche gehalten bei dem Burckhardt'schen Familienfeste zu Basel am 14. September 1890. In-8°. VI, 72 S. Basel, R. Reich vorm. C. Detloff's Buchh., 1890. 1 75

Burckhardt, A.

— De Graecorum civitatum divisionibus. Diss. 1878. 42 S.

Burckhardt A. Grundzüge der Volks- und Staatswirtschaft. Stuttgart 1854

Burckhardt, A.; s. Correspondenzblatt f. Schweizer Ärzte

Burckhardt, A., Spuren der athen. Volksrede in der alten Komödie. Diss. 1924. 77 S. 3.50

Burckhardt, A., Verlangen nach Ihm, s. Theodulia.

Burckhardt, A. Christian Wurstisen. Basel 1886.

Burckhardt, A. E., Untersuchungen üb. d. Gesundheitsverhältnisse d. Fabrikbevölkerung in der Schweiz, s.: Schuler, F.

Burckhardt, A. Huber-, s. Huber-Burckhardt

Burckhardt, A. C. Uebersicht der Witterung in Oesterreich und einigen auswärtigen Stationen 1854–58. Wien 1859. 4.

Burckhardt. Abel. Bilder aus der Geschichte von Basel. 2 Bände = 5 Hefte. 8. Basel 1877–1882.
[Band 1 =] Heft 1–3: 1877–1879.
Band 2 = Heft 4–5 (letztes): 1881–1882.

Burckhardt, Abel, Bilder aus der Geschichte von Basel. 1. und 2. Heft. gr. 8. Basel, Schneider. à Heft * ℳ 1,20. *
Inhalt:
Heft 1. Bischof Hatto. — Bischof Burchard. — Das Erdbeben von 1536. (III, 100 S.) 877.
" 2. Das Karthäuser Kloster. — Hemman Offenburg. — Die Stiftung der Universität. (106 S.) 878.

Burckhardt, Abel, Bilder aus der Geschichte von Basel. 3.—5. (Schluß-)Heft. gr. 8. Basel, Schneider. *
Inhalt:
Heft 3. Die Schlacht bei Dornach. — Dr. Johannes Oekolampadius. — Thomas Plater. (124 S.) 879. * ℳ 1,60.
" 4. Felix Plater. — Der Rappenkrieg. — Johann Rudolf Wettstein auf dem westfäl. Friedenscongreß. (118 S.) 881. * ℳ 1,40.
" 5. Das einundneunziger Wesen. — Hieronymus d'Annone. (IV, 104 S.) 882. * ℳ 1,20.
1. und 2. Heft. Ebendas. 1877,78. à * ℳ 1,20.

– Dass., s.a. Burckhardt-Finsler, Albert

[Burckhardt. Abel.] Die ersten Buchdrucker in Basel. [Mit 1 Tafel.] (Njbl. Basel 1840.) 4. (Basel.)

Burckhardt, Abel. Das grosse Erdbeben von 1356. Eine Jugendschrift. Im Auftrag E. hochw. Kirchenraths von Basel. 8. Basel 1856.

[Burckhardt. Abel.] Landvogt Peter von Hagenbach. [Mit 1 Tafel.] (Njbl. Basel 1835.) 4. (Basel.)

[Burckhardt. Abel.] Hans Holbein der Jüngere von Basel. [Mit Porträt-Tafel.] (Njbl. Basel 1842.) 4. (Basel.)

[Burckhardt. Abel.] Das Karthäuser Kloster in Basel. [Mit 1 Tafel.] (Njbl. Basel 1838.) 4. (Basel.)
(*Anhang:* Anmerkungen zum Neujahrs-Blatt 1838 ....)

Burckhardt, Abel, Kinder-Lieder. Eine Weihnachtsgabe f. d. Kinder u. Mütter der Heimath. 4. (3½ B. mit Holzschn.) Basel 845, Schneider. * -

BURCKHARDT, ABEL. *Kinder-Lieder* von Abel Burckhardt. Eine Weihnachtsgabe für die Kinder und Mütter der Heimath. Basel, Felix Schneider [1846]. 27 SS. mit 6 hübschen Holzschnittillustrationen. 8°. Verzierter rosa Or.-Karton. — ★ Erstausgabe. 33.—

—. Kinderlieder. Eine Weihnachtsgabe für die Kinder u. Mütter der Heimat. (In Basler Mundart.) 4. Aufl. gr. 8. (28 S.) Basel 889, Geering. * 1 20

Burckhardt, Abel, Kinder-Lieder. Für deutsche Kinder u. Mütter m. Bildern v. Ludw. Richter u. zweistimm. kirchl. Weisen hrsg. v. Frdr. Spitta. gr. 8. (VI, 36 S.) Straßburg i/E. 892. F. Bull. Kart. n. 2. –

— Kinder-Lieder. Eine Weihnachtsgabe f. die Kinder u. Mütter der Heimath. (In Basler Mundart.) gr. 8. (27 S. m. Abbildgn.) Basel 894. A. Geering. Kart. n. 1. 20

BURCKHARDT, A. *Kinderlieder.* Neue Ausgabe mit [3stimm.] Musiksatz von Rudolf Löw und Bildern von LUDWIG RICHTER. Basel, A. Geering, 1910. 36 S. Gr.-8°. Or.Karton. 11.—
F. Spitta, der diese baseldeutschen Lieder ins Hochdeutsche übertrug, sagte: „Dem haben unsere Kindergesangbücher nichts an die Seite zu stellen."

[Burckhardt, Abel.] Das Leben Thomas Plater's (1499–1582). [Mit 1 Tafel.] (Njbl. Basel 1836.) 4. (Basel.)

Burckhardt, Abel. Leichenrede bei der Beerdigung von Herrn Antistes Jakob Burckhardt, Montags den 20. December 1858... [zu Basel], gehalten von A' B', Archidiacon. 8. Basel.

Burckhardt, A[bel]. Leichenrede bei der Beerdigung von Herrn Friedrich Freyvogel-Wirz von Gelterkinden, gehalten ... den 22. Januar 1858... in Basel. 8. Basel.

[Burckhardt, Abel.] Der Rappenkrieg im Jahre 1594. [Mit 1 Tafel.] (Njbl. Basel 1839.) 4. (Basel.)

[Burckhardt, Abel.] Die Schlacht bei Dornach am 22sten Juli des Jahres 1499. [Mit 1 Tafel.] (Njbl. Basel 1832.) 4. (Basel.)

[Burckhardt, Abel.] Das grosse Sterben in den Jahren 1348 und 1349. [Mit 1 Tafel.] (Njbl. Basel 1837.) 4. (Basel.)

Burckhardt, Abel. Worte, gesprochen bei der Beerdigung von Frau Margaretha Berri, geb. Burckhardt., den 31. Januar 1873, durch A' B', Obersthelfer. 8. Basel.

Burckhardt, Achilles. Rektor Johann Rudolf Burckhardt. Lebensskizze entworfen von A' B'. [SA.] 4. [Basel 1889.]

Burckhardt, Rud. Johann, Rektor, von Ach. Burckhardt. Basel, Gymnasium 1889. **Progr.-Schr.**

Burckhardt, Achilles. „Le vieux Cordelier" von Camille Desmoulins. Von ÷ A' B' ⟨Basel.⟩ SA. 8. [Zürich 1892.]

Burckhardt, Achilles. Ueber d. Aeginetischen Giebelgruppen. Einladungsschrift zur Promotionsfeier d. Pädagogiums in Basel. Bericht üb. d. Schuljahr 1878/79. In-4°. Basel, Druck d. Schultze'schen Universitäts-Buchdruckerei. 1879

Burckhardt, Achilles, Hans Holbein 64. Neujahrsblatt, hrsg. v. der Gesellschaft zur Beförderg. d. Guten u. Gemeinnützigen 1886. gr. 4. (55 S. m. 1 Lichtdr.-Taf.) Basel 885. (Detloff.) n. 1. 35

Burckhardt, Achilles, Mittheilung eines Falles von Schwangerschaft außerhalb der Gebärmutter. Inaugural-Abhandl. gr. 4. (Mit 1 lith. Taf.) Basel 844. (Neukirch.) n. 5/12 ₰

Burckhardt, Achilles s. Platter, Thomas I. Th' Platters Briefe. Basel 1890.

Burckhardt, Achilles: Über den Unterricht ..., s. Burckhardt-Biedermann, Theophil

Burckhardt, Achilles. Worte der Erinnerung an Wilhelm Vischer [1833–1886]. Gesprochen in der Sitzung der Historischen und Antiquarischen Gesellschaft [zu Basel] den 8. April 1886. [Mit Bibliographie. SA.] 8. [Basel 1887.]

Burckhardt, Ad., die Kriminalgerichtsbarkeit in Rom bis auf d. Kaiserzeit. Einladungsschrift zur Rede des zeit. Rector magn. Hrn. Prof. Dr. Fr. Dor. Gerlach. 4. Basel 838. (Schweighauser'sche Buchh.) 1/3 ₰

Burckhardt, Adph., Grundzüge der Volks- und Staatswirthschaft, gemeinfaßlich dargestellt für gebildete Leser aller Stände, besonders für denkende Staatsbürger aus dem Handels- und Gewerbestande. Stuttgart 854. J. B. Müller. (Leipzig, C. F. Winter.) gr. 8. (IV, 160 S.) 24 ngr

Burckhardt, Albert, s. Burckhardt-Finsler

Burckhardt, Albert, s. Burckhardt-Merian

Burckhardt, Albrecht. Demographie und Epidemiologie der Stadt Basel während der letzten drei Jahrhunderte, 1601—1900. [Mit 1 graphischen Tabelle.] 111 S. 4.
Ausg. A: Programm zur Rektoratsfeier der Universität Basel 1908. Basel, Friedrich Reinhardt, Universitätsbuchdr., 1908. Va Bas
Ausg. B: Von Dr A' B'.... Leipzig, Verlag von Carl Beck, 1908. [M. 6. —]

Burckhardt, Albrecht. Über Kinderzahl und jugendliche Sterblichkeit in früheren Zeiten. Separatabdruck aus der «Zeitschrift für schweizerische Statistik», Jahrg. 43, 1907. II + 11 S. 4. Bern, Stämpfli & Cie., 1907.

Burckhardt, Albrecht. Ueber den Zustand der Universität Basel im 17. und 18. Jahrhundert. (Separatabdruck aus den «Basler Nachrichten», Sonntagsblatt Nr. 39 und 40, 1910.) 27 S. 8. Basel, Basler Berichthaus, 1910.

Bergfahrten und Spaziergänge. Von Alexander **Burckhardt**. T. 1. Leipzig: Opetz [1898]. 8° [11. 9309

Burckhardt, Andreas: De summis imperantibus eorumque officio. (Resp.: Joseph Socin). 13 S.– Basel, Jur.Diss. v. 4. Dez. 1727.

Burckhardt, Andreas: De pauperie. 23 S.– Basel, Jur.Diss.v. 24.Juni 1727.

Burckhardt, Andreas: Theses juridicae. 6 S.– Basel, Jur.Diss.v. 7.Mai 1731.

Burckhardt, Armin [aus Hildburghausen]: Ueber den Lothringer Reimpsalter. . . . Halle a S., *Buchdr. H. Schneider, Siegen.* (*Inhaber: Schneider & Burckhardt*), 1890; 58 S. + 1 Bl. 8°
Halle, Phil. Fak., Inaug.-Diss. v. [28. Jun.] 1890

Der Aufstandsversuch der Brüder Peter und Hans Bischoff im Jahre 1482 nebst Mitteilungen über d. Tumult von 1402, sowie Notizen z. Genealogie d. Familie Bischoff im XIV. u. XV. Jh. Von August Burckhardt. *(Basel: Georg & Co. 1901.)* (S. 103–534.) 8°
= Beiträge z. vaterländ. Geschichte. Hrsg. v. d. Hist. u. Ant. Ges. zu Basel. N. F. Bd 5, H. 1. [01. 7044

(Burckhardt, August.) Die Familie Baer. [Mit 1 Vignette.] SA. 8. [Basel] 1900.

Burckhardt, Aug., Observationes anatom. de uteri vacinae fabrica. Acced. tabb. II. lithogr. 4maj. Basel 834. Schweighauser. 1/2 ₰

Burckhardt, B., Juristisches Breviarium. Taschenbuch f. Studier. d. Rechte. 2., vorm. u. verb. Aufl. 8. (XII, 300 S.) Leipzig 898. F. Fleischer, Verl. n. 5. —

Burckhardt, C. (L.), der Curort Wildbad im Königr. Württemberg. Eine monograph. Skizze. gr. 8. (47 S. mit 1 chromolithogr. Plan der Bäder, der Stadt und 1 lithogr. Karte der Umgebungen in Fol. und Imp.-Fol.) Stuttgart 861, Weise's Hofbuchh. *

Burckhardt, C.A. (Hrsg.), s. Correspondenzblatt der deutschen Archive.

Burckhardt, C. Brenner-
s. Brenner-Burckhardt. [09. 6427

Burckhardt, C. F. Geschichte der akademischen Gesellschaft der Stadt Basel. Basel 1885. 4.

Burckhardt, C. G., s. Am Ende, Ch. G. Er., Spenden d. Erhebung.

Burckhardt, Carl I [1795–1850]. Basel unter seinen Miteidgenossen. Betrachtungen über unsre neuesten Ereignisse und ihr Verhältniss zum schweizerischen Vaterlande. Von K' B'.... (Basel, den 14. Februar 1831.) 8. Basel 1831.

Burckhardt, C., siehe: *Beiträge zur geol. Karte.*

Burckhardt, Carl. Beiträge zur Kenntnis der Jura- und Kreideformation der Cordillere. Mit 16 Tafeln ([nebst Tafelerklärungen] und 4 Kartenskizzen [auf 2 Tafeln]). Separat-Abdruck aus Palaeontographica Bd. 50. IV + 144 S. 4. Stuttgart, E. Schweizerbart, 1903. [M. 38.—]

Burckhardt, Carl II [1831–1901] s. (Burckhardt-Vischer, Anna Elisabeth.) Aus dem Tagebuche einer Baslerin.

-- u. C. **Riggenbach**, die Klosterkirche Klingenthal in Basel, s. a. Mittheilungen der Gesellschaft für vaterländische Alterthumer in Basel.

Burckhardt, C[arl] II, und Riggenbach, C[hristoph]. Die Klosterkirche Klingenthal in Basel. Mit 3 lith. Tafeln und 4 Holzschnitten. Mittheil. Ges. Vaterl. Alterth. Basel. [Heft] 8. 4. Basel 1860.

Burckhardt, C., u. C. Riggenbach, der Kirchenschatz des Münsters zu Basel, s.a. Mittheilungen der Gesellschaft für vaterländ. Alterthümer in Basel.

Burckhardt, Carl *II*, und Riggenbach, C[hristoph]. Der Kirchenschatz des Münsters in (*Theil 2:* zu) Basel. [2 Theile.] Mittheil. Ges. Vaterl. Alterth. Basel. [Heft] 9–10. 4. Basel.
[Theil 1:] von Dr. C. B' und C. R', Architect. Mit 5 Photographien und 7 Holzschnitten. 1862.
[Theil 2:] von Dr. Carl B'. ⟨Schluss.⟩ Mit 6 lithographirten Tafeln und 5 Holzschnitten. 1867.

Burckhardt, Carl, die Kontaktzone v. Kreide u. Tertiär am Nordrande der Schweizeralpen, s.a. Beiträge zur geologischen Karte der Schweiz.

Burckhardt, Carl *III* [geb. 1869]. Die Kontaktzone von Kreide und Tertiär am Nordrande der Schweizeralpen, vom Bodensee bis zum Thunersee. Mit 9 Tafeln. Beitr. Geol. Karte Schweiz. Liefg. 32. 4. Bern 1893.

Burckhardt, Carl, von Basel: Die Kontaktzone von Kreide und Tertiär am Nordrande der Schweizeralpen vom Bodensee bis zum Thunersee. Mit 9 Tafeln. S. A. aus: 'Beiträge zur geolog. Karte der Schweiz, hg. v. d. geolog. Kommission d. schweizer. naturforsch. Ges.'. Lief. XXXII. Bern Schmid Francke Cie Kommiss. 1893. IV, 2 Bl., 134 S., 1 Bl., 9 Taf. 4°.
Zürich, Phil. Diss. [v. 5. Aug. 1893].

Burckhardt, Carl, Monographie d. Kreideketten zw. Klönthal, Sihl u. Linth, s.a. Beiträge z. geolog. Karte d. Schweiz.

Burckhardt, Carl *III*. Monographie der Kreideketten zwischen Klönthal, Sihl und Linth, mit einer geologischen Karte im Massstab 1:50,000 und 6 [7] Tafeln [nebst 2 Tabellen]. Beitr. Geol. Karte Schweiz. N. F., Lieferung 5, des ganzen Werkes Liefg. 35. 4. Bern 1896.

Burckhardt, Carl Albert (Marienwerder), Somnus, naturae medicatricis molimen. Diss. med. Bln. (Nietack) 11. IV. 1835. 32 S. mit Biogr. (M.: A. Meschmann.) (4.20) 4703
Oppon.: W. Kaeseler, C. Salzmann, J. Schrader. — Gew.: J. L. Truestedt.

[Burckhardt, Carl Christoph.] Eingabe der Initiativkommission der Schweizerischen Reformierten Predigergesellschaft und des Schweizerischen Katholikenvereins an das Eidgenössische Justiz- u. Polizeidepartement betreffend Das persönliche Eherecht und die aussereheliche Vaterschaft im Departementalentwurfe eines Schweizerischen Civilgesetzbuches. II + 31 S. 8. Basel, Fr. Reinhardt, 1901.

[Burckhardt, Carl Christoph.] Eingabe der Rechtskommission der Schweizerischen Reformierten Prediger-Gesellschaft an die Tit. Kommissionen der Eidg. Räte zur Prüfung der Vorlage des Schweizerischen Zivilgesetzbuches. Dezember 1904. 12 S. 8. (Basel, Fr. Reinhardt.)

Burckhardt, C[arl] Chr[istoph]. Die formellen und materiellen Erfordernisse der Eheschliessung im geltenden Rechte und im Departementalentwurfe eines Schweizerischen Civilgesetzbuches. Separatabdruck aus der Zeitschrift für schweizerisches Recht, Neue Folge Band 20. S. 269–302. 8. [Basel, R. Reich, 1901.]

Burckhardt, Carl Chrph. Zur Geschichte der locatio conductio. Oeffentliche Habilitationsvorlesg. gr. 8. (VIII, 59 S.) Basel 889, Detloff. n. 1 20

(Burckhardt, C[arl] Chr[istoph]. Gutachten) An die Grossratskommission für den Neubau des Stadttheaters (in Basel. Basel, 18. Oktober 1905). 23 S. 8. [Basel, A. Bacher.]

Burckhardt, C[arl] Chr[istoph]. Rede von Regierungs-Präsident C. Chr. B' im Basler Grossen Rat, gehalten am 8. April 1909. [SA. aus den Basler Nachrichten vom 9. April 1909.] [4 S.] fol. [Basel, Buchdr. zum Basler Berichthaus.]

Burckhardt, C[arl] Chr[istoph]. Die Revision des Schweizerischen Obligationenrechtes in Hinsicht auf das Schadensersatzrecht. Referat. II + 118 S. 8. Basel, Helbing & Lichtenhahn, 1903.
Verhandlungen des Schweizerischen Juristenvereins 1903. Heft 1.

Burckhardt, Carl Christoph [aus Basel]: Sinn und Umfang der Gleichstellung von dolus und lata culpa im Römischen Recht. Eine v. d. jur. Fak. zu Göttingen gekrönte Preisschrift . . . . Göttingen, Druck d. Dieterichschen Univ.-Buchdr. W. Fr. Kaestner. 1885; X + 150 S. 4°.

Burckhardt, Carl Chrph., Sinn u. Umfang der Gleichstellung v. dolus u. lata culpa im römischen Recht. Eine v. der jurist. Fakultät zu Göttingen gekrönte Preisschrift. gr. 4. (X, 150 S.) Göttingen 885. (Vandenhoeck & Ruprecht.) n. 5. —

Burckhardt, Carl Christoph. Die Stellung der Frau im kommenden schweizerischen Recht. (Kollektenblatt des Verbandes deutschschweizerischer Frauenvereine zur Hebung der Sittlichkeit 16) Basel 19..

Burckhardt, Carl Christoph. Die Stellung der Frau im kommenden schweizerischen Zivilrecht. (Kollektenblatt des Verbandes deutschschweizerischer Frauenvereine zur Hebung der Sittlichkeit 16) Basel ca. 1910.

— **Carl Eduard** (Leipzig) u. **Hermann Sauppe,** De Henrico I. Germanorum rege. Diss. philos. Lpz. (Staritz) 12. XI. 1831. 27 S. (4.50) 4704
Gew.: Wilh. Wachsmuth, Friedr. Chn. August Hasse.

— **Carl Friedr. Adam** (Apolda), De blasphemia. Diss. jur. pars prior. Jena (Frommann & Wesselhoeft) 26. XI. 1803. 34 S., tlws. dtsch. (4.80) 4705

Burckhardt, Chr., Gartenbau, Obstbaum- u. Seidenzucht. Eine praktische Anleitung f. Seminaristen u. Landschullehrer. 8. (44 S.) Düsseldorf 878. Schwann. n. — 60

Burckhardt, Christoph: C o l l a t i o juris Romani et Basileensis circa successionem ab intestato. 17 S. –
Basel, Jur.Diss.v. 22.Jan.1717.

Burckhardt, Christoph. Observationes quaedam criticae et historicae, quas ... Ex Decreto Amplissimi Senatus Academici occasione vacantis professionis historicae, respondente juvene ... Joh[anne] Jacobo Thurnisio, Rod. fil., ... Examini submittit Christophor. Burcardus, A. L. M., ad diem 26. Aprilis 1765 .... 4. Basileae.

Burckhardt, Christoph: Circa t u t e l a s quoad jus civile Romanum. 10 S. –
Basel, Jur.Diss.v. 7.Sept.1790.

Burckhardt, [Frau] C[lara]. «Heimchen am Herd.» Koch-Buch. [Mit 1 Illustration.] 180 S. 8. Bellinzona, El. Em. Colombi (& Co.), 1904. [geb. fr. 3. —]

Burckhardt, [Frau] C(lara). «Heimchen am Herd». Kochbuch. [Mit 1 Illustration. 2. Ausgabe.] 180 S. 8. Frauenfeld, Huber & Co., [1905]. [geb. fr. 3. —]

Burckhardt, Clara: „Heimchen am Herd.“ (Kochb.) 2. Afl. (5, 214) kl8° Frauenf., Huber & Co. '12. L 3.20 d

— Die Tränen d. Blumenstadt. (137 m. Titelbild.) 8° Bas., Basl. Missionsbh. '12. 1 —

Burckhardt, D., s.: Handzeichnungen schweizerischer Meister des XV—XVIII. Jahrh.

Burckhardt, Daniel. Albrecht Dürer's Aufenthalt in Basel. 1492–1494. Mit 15 Text-Illustrationen und 49 (*Umschlag:* 50) Tafeln in Lichtdruck. 4. München & Leipzig 1892.
Enthält im ganzen 51 Tafeln.

Burckhardt, Daniel, Albrecht Dürers Aufenthalt in Basel 1492—1494. Mit 15 Text-Illustr. u. 49 Taf. in Lichtdr. hoch 4. (VII, 50 S.) München 892. G. Hirth. n. 20. —

Burckhardt, Daniel. Matthäus Merians Frankfurter Aufenthalt. 1625—1650. Von (Prof.) D' B'-Werthemann. [Mit Illustrationen und 1 Tafel.] S. 81—150. 8.
Basler Kunstverein. Berichterstattung über das Jahr 1907. (Beilage ....) Basel, Werner-Riehm, 1908.

Burckhardt, Daniel. Aus der Chronik der Basler Sonntagssäle für Knaben und Lehrlinge. Von D' B'-Werthemann. [Mit Illustrationen und 1 Porträt-Tafel.] 90 S. 8. Basel, Komm. Basler Missionsbuchh., 1907. [fr. 1. 50]

Burckhardt, Daniel. Eine seltene Gattung der altbaslerischen Bildnismalerei von (Prof.) D' B'-Werthemann. [Mit 3 Illustrationen und 4 Tafeln.] S. 1—38. 8.
Basler Kunstverein. Berichterstattung über das Jahr 1904. (Beilage.) Basel, M. Werner-Riehm, 1905.

[Burckhardt, Daniel.] Aus der Geschichte des Pensionates zum Rebhaus in Basel. Ein Gedenkblatt zum fünfzigsten Jahrestage der Gründung. [Von Prof. D' B'-Werthemann. Illustriert.] 44 S. 8. Basel, Komm. Basler Missionsbuchh., 1909. [fr. 1. —]

Burckhardt, Daniel. Matthäus Merians Jugendjahre. (1593—1625.) Von (Prof.) D' B'-Werthemann. [Mit 32 Illustrationen und 1 Porträt-Tafel.] S. 1—80 [+ 80 bis]. 8.
Basler Kunstverein. Berichterstattung über das Jahr 1906. (Beilagen: 1....) Basel, M. Werner-Riehm, 1907.

Burckhardt, Daniel. Die politische Karikatur des alten Basel von (Prof.) D' B'-Werthemann. [Mit 6 Illustrationen und 12 Tafeln.] S. 1—52. 8.
Basler Kunstverein. Berichterstattung über das Jahr 1903. (Beilagen: 1....) Basel, M. Werner-Riehm, 1904.

Burckhardt, Daniel. Des alten Merian Kinder und Enkel. Von (Prof.) D' B'-Werthemann. [Mit Illustrationen und 1 Tafel.] S. 151—224. 8.
Basler Kunstverein. Berichterstattung über das Jahr 1908. Beilage.... Basel, Werner-Riehm, 1909.

Burckhardt, Daniel. Basler Kunstdilettanten vergangener Zeit, von (Prof.) D' B'-Werthemann. [Mit 19 Illustrationen.] S. 1—60. 8.
Basler Kunstverein. Berichterstattung über das Jahr 1905. (Beilagen: 1....) Basel, M. Werner-Riehm, 1906.

Burckhardt, Daniel. Die Baslerischen Kunstsammler des 18. Jahrhunderts. [Mit 4 Illustrationen und 9 Tafeln.] 116 S. 8.
(Teil 1.) S. 1—69. — ⟨Schluss.⟩ S. 71—116.
In: Basler Kunstverein. Berichterstattung über das Jahr 1901 u. 1902. (Beilagen....) Basel, M. Werner-Riehm, 1902 u. 1903.

Burckhardt, Daniel. Die Schule Martin Schongauers am Oberrhein. Inaugural-Dissertation, der philosophischen Fakultät der Kaiser Wilhelms-Universität Strassburg zur Erlangung der Doctorwürde vorgelegt. Mit 4 Taf. in Lichtdruck. Basel, Felix Schneider. 1888

(Burckhardt, Daniel.) Das Alt-Baslerische Stadtbild und seine Maler in den Zeiten der Romantik. (Von Prof. D' B'-Werthemann.) [Mit Illustrationen und 4 Tafeln.] Beilage zum Jahresbericht des Basler Kunstvereins von 1909.. 52 S. 8. (Basel, Werner-Riehm, 1910.)

Burckhardt, E., s.: Jahresbericht des Kinderspitals in Basel.

Burckhardt, E., Übungsschule f. den Unterricht in der deutschen Sprache, s.: Reiff, M.

Burckhardt, E. H., d. unlaut. Wettbewerb im Butterhandel. E. Beitrag z. Beurteilg. d. Margarinefrage. Hrsg. auf Veranlassg. d. Bundes d. Landwirte. gr. 8. (III, 51 S.) Berlin 895. P. Parey. n. 1. —

Burckhardt, Eduard

Burckhardt, Ed., der dreizehnte Artikel der deutschen Bundes-Akte u. die Hannöversche Verfassungsfrage. (2e Aufl.) gr. 8. Leipzig 837. Weber. 1/4 ℛ

Burckhardt, Eduard, allgem. Geschichte d. Gegenwart. Für denkende Leser aller Stände. 1. Jahrg. Geschichte d. J. 1845. Mit Portraits, Karten, Plänen u. dergl. (1. Heft. Allgem. Geschichte Deutschlands. Preußen. Mit d. Beilagen: Portr. Alex. v. Humboldt's u. Uebersichtskarte d. Schauplatzes d. neuesten poln. Ereignisse.) Lex.-8. (4 3/4 B.) Nordhausen 846, Rosenthal. Pro 12 Hfte. *

Burckhardt, Eduard, allgemeine Geschichte der Gegenwart. Für denkende Leser aller Stände. 1. Jahrg. Geschichte des Jahres 1845. 12 Hfte. Mit Lithogr. u. Karten. Lex. 8. Nordhausen 847, Rosenthal. n. 2 2/3 ℛ

— allgemeine Geschichte der neuesten Zeit. Von der Stiftung der heil. Allianz bis zur Erstürmung Warschaus. (Ein Supplement zu v. Rottecks allgem. Weltgeschichte.) 1r Bd. in 6 Lfrgg. Mit Titelkpfr. gr. 8. Leipzig 836, 37. Weber. Subscr.-Pr. n. 2 ℛ — 7e—10e Lfrg. 839, 40. à n. 1/3 ℛ

Allgemeine Geschichte der neuesten Zeit v. Eduard Burckhardt. Bd. 1—5. Leipzig. 1841—50. 8°.
Bd. 1—4: Von der Stiftung der heiligen Allianz bis zum Tode Friedrich Wilhelm III. (1815—1840.)
Abth. 1: Von der Stiftung der heiligen Allianz bis zum Tode Alexander I. Bd. 1—2. Leipzig. 1841.
Abth. 2: Von der Anerkennung der südamerikanischen Freistaaten durch Grossbritannien bis zum Tode Friedrich Wilhelm's III. Bd. 1—2. Leipzig. 1841—42.
Bd. 5: Geschichte der Jahre 1840—1846. ebd. 1850. A. u. d. T.: Allgemeine Geschichte der Jahre 1840—1846. Von Eduard Burckhardt. Leipzig. 1850. 8°.

Burckhardt, Ed., allgemeine Geschichte der neuesten Zeit. Von der Stiftung d. heiligen Allianz bis zum Tode Friedrich Wilhelms III. 1815—1840. 3 Bde. (19 Liefg.) Nebst Register über das ganze Werk. gr. 8. Leipzig 841—43, Weber. à Liefg. n. 1/3 ℛ.

—— allgem. Geschichte d. neuesten Zeit. Von d. Stiftung der heil. Allianz bis z. Tode Friedr. Wilhelm's III. 1815—1840. 2. Aufl. 4 Bde. 2 Abthl. 1841—43 u. 3., verb. u. verm. Aufl. Mit ein. histor.-geograph. Uebersichtskarte v. Jul. Löwenberg. (16 Lfgn.) 4 Bde. gr. 8. Leipzig 844. [Lorck.] [1. (31 1/2 B.) 2. (25 1/4 B.) 3. (32 1/2 B.) 4. (36 1/2 B.)] (à Lfg. * 10 Ngr.) à Aufl. *

Inhalt:
Bd. 1. Von der Stiftung der heil. Allianz bis zum Congresse von Laibach.
" 2. Vom Ausbruche d. griechischen Revolution bis zum Tode Kaiser Alexanders I. von Rußland.
" 3. Von der Thronbesteigung Karls X. bis zur Beendigung der griechischen Revolution.
" 4. Vom Ausbruche d. Julirevolution bis z. Tode Friedrich Wilhelms III. von Preußen.

— dies. 3. verb. u. verm. Aufl. 16 Liefg. gr. 8. Ebend. 844. (à n. 1/3 ℛ) 5 1/3 ℛ

— allgemeine Geschichte der neuesten Zeit. 1—4. Bd. A. u. d. T.: Allgemeine Geschichte der J. 1815—1840. Der 3. verm. u. verb. Aufl. 2. unveränd. (Titel-)Ausg. 4 Bde. gr. 8. 1. Geschichte der J. 1815—1820. (VIII u. 504 S.) 2. Geschichte der J. 1820—1825. (404 S.) 3. Geschichte der J. 1825—1830. (519 S.) 4. Geschichte der J. 1830—1840. (583 S. m. 1 lith. Karte v. J. Loewenberg in gr. Fol.) Leipzig (844) 850, Lorck. n. 5 1/3 ℛ — 5. Bd. A. u. d. T.: Allgemeine Geschichte der J. 1840—1846. gr. 8. (XIV u. 367 S.) Ebd. 850. n. 1 2/3 ℛ

Burckhardt, Ed. Geschichte des deutschen Bauernkrieges. 2 Bd. (13 1/4 B.) 8. Leipzig 1832.

Burckhardt, Dr. Ed., Geschichte des deutschen Bauernkrieges. 2 Bde. 12°. Leipzig, Liter. Museum, 1833. (Taschenbibliothek aller Revolutionen der neueren Zeit, Bd. 4—5.)

— Geschichte des deutschen Bauernkrieges im Jahre 1525. 2 Abtheill. in 1 Bde. 8. Leipzig 838. Liter. Museum. (Schiller u. Nobitzsch.) 2/3 ℛ

Burckhardt, Eduard, deutsche Geschichte f. d. deutsche Volk. gr. 8. (18 3/4 B.) Leipzig (834), Schubert.

Burckhardt, Ed. Geschichte Friedrichs Wilhelms III., Königs von Preussen. 8. Potsdam 1834—35. — N. Aufl. (32 1/2 B.) 8. Merseburg 1841. 4,00.

— Geschichte Friedrich Wilhelm III. Königs von Preußen. (1 Bd. in 8 Lfrgg.) 1e u. 2e Lfrg. Mit Bildniß. gr. 8. Merseburg 840. Nulandt. à n. 1/6 ℛ

— Geschichte Friedrich Wilhelm III., Königs von Preußen. 3.—8. Liefg. gr. 8. Merseburg 841, 42, Nulandt. à n. 1/6 ℛ

— Geschichte der franz. Revolution im Jahre 1789. 3 Abthll. in 1 Bde. 8. Leipzig 838. Literar. Museum. (Schiller u. Nobitzsch.) 1 ℛ

Burckhardt, Ed. Geschichte der polnischen Revolution v. J. 1830. 2 Bde. (21½ B.) 8. Leipzig 1832. 2,00.

Burckhardt, Dr. Eduard, und A. Kaiser. Taschenbibliothek aller Revolutionen der neueren Zeit. 1.—3. Bändchen (in 1 Bd. geb.): Geschichte der polnischen Revolutionen 1794 und 1803. 8. Leipzig 1833.

— deutsche Geschichten für das deutsche Volk. Zur Belebung vaterländ. Sinnes erzählt. gr. 8. Leipzig (834.) Schubert. 1¼ ₰ — 2e Ausg. gr. 8. Ebd. 840. ¾ ₰

Burckhardt, Ed. Dissertatio de Henrico I., Germanorum rege. 4. Lipsiae 1831.

— Kaiser Joseph der Zweite in seinem Leben u. Wirken. Für das deutsche Volk dargestellt. 4 Hfte. Mit 16 Abbildd. 8. Meißen 835. Goedsche. 1½ ₰

—— Kaiser Joseph II. in seinem Leben u. Wirken. Für d. deutsche Volk dargestellt. 4 Hfte. 8. (25 B. u. 16 Abbild.) Meißen 837. Goedsche.

— Leben Blüchers, s. Th. Chauber, Friedrich d. Große.

— s. A. F. Mignet, Geschichte d. franz. Revolution.

Burckhardt, Eduard [aus Basel]: Ueber Phenolphtaleïn. Basel 1897. 36 S. 8°.
Basel. Phil. Diss. 1897/98.

— siehe: Proklamationen u. Versprechungen deutscher Fürsten.

— Riego u. Mina. Blicke auf die Verhältnisse Spaniens seit der Cortesverfassung vom Jahre 1812 bis auf unsere Tage. 8. Leipzig 835. Schubert. ⅜ ₰

—— und A. Kaiser, Taschenbibliothek aller Revolutionen, s. Taschenbibliothek.

Burckhardt, Eduard, s. Thiers, A.: Geschichte des Konsulats . . .

Burckhardt, Elise: Engl. Gartenstädte u. schott. Hochld. Skizzen. (44) 8° Wolfenb., J Zwissler ('12). — 50 d

Burckhardt, Emanuel: De transactionibus. 18 S.— Basel, Jur.Diss.v. 3.Mai 1709.

Burckhardt, Emil, Atlas der Cystoskopie. gr. 8. (54 S. m. 24 Taf. in Farbendr.) Basel 891. B. Schwabe. n. 12. —
Französ. Ausg. u. d. T.:

— Atlas de Cystoscopie. Préface de A. Socin. gr. 8. (56 S. m. 24 farb. Taf.) Ebd. 893. n. 12. —

—— Endoskopie u. endoskopische Therapie der Krankheiten der Harnröhre u. Blase. gr. 8. (III, 128 S. m. 6 Holzschn., 22 Taf. in Farbendr. u. 22 Bl. Erklärgn.) Tübingen 889, Laupp. * 10
Aus: Beiträge zur klin. Chirurgie, besonders abgedruckt.

Burckhardt, Emil, die Verletzungen u. Krankheiten der Prostata, s.: Socin, A.

Burckhardt, Ernst [Assistenzarzt an der chirurgischen Poliklinik in Basel]: Über Kontinuitätsinfektion durch das Zwerchfell bei entzündlichen Prozessen der Pleura. Tübingen 1901. 39 S. 1 Taf. 8°. (S.-A. aus Beiträge zur klinischen Chirurgie, Bd. 30.)
Basel. Med. Diss. 1900/1901.

Burckhardt, Ernst Ludwig: Theses juridicae miscellaneae, s. Bernoulli, Nikolaus (Praes.)

Burckhardt, F. A., Die Seelenlehre des Tertullian nach dessen Tractat: de anima. Pr. 1857. 27 S. 4°. 1.20

Burckhardt, Felix. Die schweizerische Emigration 1798—1801. 8. Basel, Helbing & Lichtenhahn, 1908.
Ausg. A: Diss. Phil. Basel von F' B'.... IV + VIII + 532 [+ *Vita* 2] S.
Ausg. B: Von Dr. F' B'. IV + VIII + 532 S. [fr. 12.50]

Burckhardt, Ferd., die Entwickelung des deutschen Nationalgefühls seit den letzten 100 Jahren. Rede zur Geburtsfeier Sr. Maj. des Königs Albert am 23. April 1875 gehalten. gr. 8. (11 S.) Löbau 875. (Oliva's Buchh.) **

Burckhardt, Ferd., der gothische Conjunctiv verglichen m. den entsprech. Modis d. neutestamentl. Griechisch. Ein Beitrag zu vergleich. Sprachforschg. gr. 8. (III, 36 S.) Zschopau 872. Raschke. n. — 90

Burckhardt, Ferd., Lehrplan der Seminarschule zu Löbau. Zusammengestellt nach Beratungen in Spezialkonferenzen. gr. 8. (IV, 82 S.) Löbau i. S. 888. (Walde.) *

Burckhardt, Ferd., Lehrplan der Seminarschule zu Löbau. Zusammengestellt nach Beratgn. in Spezialkonferenzen. 2. Aufl. (IV, 102 S.) gr. 8. Löbau 903. J. G. Walde. n. 1. 80

Burckhardt, Ferd., Tofail's „Naturmensch" u. Rousseau's „Emil". Ein Beitrag zur Geschichte der Pädagogik. 4. (21 S.) Löbau 879. (Oliva.) n. 1. —

—— zwölf Reden bei Seminarfeierlichkeiten, s. a. Sammelmappe, pädagogische.

Burckhardt, Ferd., zwölf Reden bei Seminarfeierlichkeiten. Geh. in den J. 1874—1884. gr. 8. (88 S.) Leipzig 885. Siegismund & Volkening. n. 1. 20; geb. n. 1. 65

Burckhardt, Ferd., psychologische Skizzen zur Einführung in die Psychologie. 5 Lfgn. gr. 8. (VI, 313 S.) Löbau 894. J. G. Walde. à n. — 60
(kplt. geb. in Halbldr.: n. 3. 80)

Burckhardt, Ferd., Psycholog. Skizzen z. Einführg. in d. Psychologie. 2., verm. u. verb. Aufl. gr. 8. (VI, 319 S.) Löbau 898. J. G. Walde. n. 3. 50; geb. n. 4. 20
Erschien auch in 5 Lfgn. à n. — 70.

Burckhardt, F: Psycholog. Skizzen z. Einführg in d. Psychol. 3. [Tit.-]Afl. 8° (319) Löbau [98] 99, JG Walde. 3.50; geb. 4.20

Burckhardt, Ferd., psychologische Skizzen zur Einführg. in die Psychologie. 4. Aufl. gr. 8. (VI, 317 S.) Löbau 901. J. G. Walde. n. 3. 50; geb. n. 4. 20

— psychologische Skizzen zur Einführung in die Psychologie. 6. u. 7. Aufl. (à VI, 318 S.) gr. 8. Ebd. 903. 905. Geb. in Leinw. n. 4. 20

Burckhardt, Ferd., psychologische Skizzen zur Einführung in die Psychologie. 8. Aufl. u. 9. unveränd. Aufl. (VI, 318 S.) gr. 8. Löbau 907. 10. J. G. Walde. Geb. in Leinw. 4. 20

Burckhardt, Ferd.: Psycholog. Skizzen z. Einführg in d. Psychol. 9. Afl. (6, 318) gr8° Löbau, JG Walde '10. L 4.20 ‖ 10. Afl. '12. L 4 50 d

—— die Vorstellungsreihe. Psychologisch-pädagog. Skizze. gr. 8. (32 S.) Meissen 888, Schlimpert.

Burckhardt, Fr. Von der Höflichkeit. Ansprache gehalten bei der Promotion des unteren Gymnasiums am 5. April 1895. In-8°. 8 S. Basel (Georg & Co.). 1895 — 30

Burckhardt, Fr. Eine Reliefverschemung. (1868.)

Burckhardt, [Franz]: Die Lehrerbibliothek. Kiel 1910: Vollbehr & Riepen. S. 14—18. 4°
Kiel, st. HM 2 P 1910 [153] [S 10. 56

Burckhardt, Franz, a. Eggenstedt: Untersuchungen zu den griechischen und lateinisch-romanischen Lehnwörtern in der altniederdeutschen Sprache. Berlin: A. Duncker 1905. (80 S.) 8° ¶ (Erschien zugleich u. d. T.: „Norddeutschland unter dem Einfluß römischer und frühchristlicher Kultur. Eine Studie zu den altniederdeutschen Lehnwörtern." im: Archiv f. Kultur-Geschichte Bd 3. 1905, H. 3 u. 4.)

Göttingen, Phil. Fak., Ref. Schröder, Diss. v. 3. Okt. 1905

[Geb. 3. Juni 80 Seehausen; Wohnort: Göttingen; Staatsangeh.: Preußen; Vorbildung: Gymn. Neuhaldensleben Reife O. 00; Studium: München 2, Berlin 2, Marburg 1, Göttingen 5 S.; Rig. 18. Nov. 04.]

Burckhardt, Franc. Carol. (geb. am 27 Nov. 1801 in Trier): De hydrocephali acuti complicationibus . . . Bonnae, typ. H. Knirenschildi (1829). 4 Bl., 36 S., 2 Bl. 4.

Bonn, Med. Fak., Diss v. 29 Jan. 1829

Burckhardt, Friedrich [aus Gimmeldingen '(Rheinbayern)']: Beiträge zur Kenntniss der Substitutionsprodukte des o-p-Dichlor-o-Toluidins ... Freiburg i. B., Univ.-Buchdr. v. Ch. Lehmann, 1894; 62 S., 1 Bl. 8.

Freiburg i. B., Phil. Fak., Inaug.-Diss. v. 1894

Burckhardt, Frdr., der stenographierende Geschäftsmann. Anleitg. zur gründl. Erlerng. der vereinfachten deutschen Stenographie (Einigungssystem Stolze-Schrey). Zum Schul- u. Privatunterricht, insbesondere aber f. kaufmänn. Lehranstalten u. gewerbl. Fortbildungsschulen bearb. 2., verb. Aufl. gr. 8. (IV, 80 S.) Berlin 901. E. S. Mittler & Sohn. n. 1.20

Burckhardt, Frdr., der stenographierende Geschäftsmann. Anleitung zur gründl. Erlernung der vereinfachten deutschen Stenographie (Einigungssystem Stolze-Schrey). Zum Schul- u. Privatunterricht, insbesondere aber für kaufmänn. Lehranstalten u. gewerbl. Fortbildungsschulen bearb. 3. verb. Aufl. (IV, 84 S.) gr. 8. Berlin 904. E. S. Mittler & Sohn. n. 1. —

Burckhardt, Frdr., der stenographier. Geschäftsmann. Anleitung zur gründl. Erlerng. der vereinfachten deutschen Stenographie (Einigungssystem Stolze-Schrey). Zum Schul- u. Privatunterricht, besonders f. kaufmänn. Lehranstalten u. gewerbl. Fortbildungsschulen bearb. 4., verb. Aufl. (III, 32 S.) gr. 8. Berlin 910. E. S. Mittler & Sohn. 1. —

[F.] Der Stenographierende Kaufmann. Anleitg z. gründl. Erlerng d. vereinf. deutschen Stenogr. '(Einiggssystem Stolze-Schrey)'. Z. Schul- u. Privatunterr., insbes. aber f. kaufmänn. Lehranst. bearb. v. Friedrich **Burckhardt,** Stenographielehrer in Chemnitz. *Berlin: E. S. Mittler & Sohn 1898.* (2 Bl., 30 S.) 1 Bd 8. 98. 4082

Übungsbuch mit Silbenzählung für Stenographen aller Systeme. Hrsg. von Friedrich **Burckhardt,** Lehrer d. Stenogr. *Berlin: E. S. Mittler & Sohn 1901.* (IV, 69 S.) 8° [F.] 01. 9908

[F.] Der Stenographierende Unteroffizier. Anleitg z. Erlerng d. vereinf. deutschen Stenogr. '(Einiggssystem Stolze-Schrey)'. F. d. Unterr. an Kapitulantenschulen u. s. w., sowie z. Selbstunterr. bes. bearb. v. Friedrich **Burckhardt,** Stenographielehrer in Chemnitz. *Berlin: E. S. Mittler & Sohn 1898.* (2 Bl., 41 S.) 1 Bd 8. 98. 4083

— d. stenographir. Unteroffizier. Anleitg. z. Erlerng. d. vereinf. deutsch. Stenographie (Einigungssyst. Stolze-Schrey). F. d. Unterr. an Kapitulantenschulen u. s. w., sow. z. Selbstunterr. unt. Mitarbeit e. sachkund. Offiziers bearb. 2., verb. Aufl. gr. 8. (IV, 88 S.) Ebd. 898. n. 1. —

Burckhardt, Fritz, die physikalischen Arbeiten der Societas physica helvetica 1751 — 1787. 4. Basel 867, Schneider.

Burckhardt, F[ritz]. Christoph Bernoulli. Biographische Skizze mitgeteilt in der Jahresversammlung der schweizerischen Statistiker in Basel 1897. [Mit Porträt und Bibliographie.] SA. 4. [Bern 1898.]

Burckhardt, Fr., aus Tycho Braho's Briefwechsel. Progr. gr. 4. (28 S.) Basel 887. (A. Geering.) n. — 90

Burckhardt, Fritz, die Erfindung des Thermometers u. seine Gestaltung im 17. Jahrhundert. Mit 1 lith. Taf. Basel 867. Georg. gr. 4. (48 S.) n. 25 *ngr.*

—— die Erfindung des Thermometers und seine Gestaltung im 17. Jahrh. 4. Mit 1 Taf. Basel 874, Schneider. *

Burckhardt, Fritz, zur Erinnerung an Tycho Brahe, s. a Verhandlungen der naturforschenden Gesellsch. in Basel. 13. Bd. 3. Hft.

Burckhardt, Fr[itz]. Zur Erinnerung an Tycho Brahe 1546—1601. Vortrag gehalten am 22. Oktober 1901 in der Naturforschenden Gesellschaft in Basel, 300 Jahre nach dessen Tode. Anhang zum dreizehnten Bande der Verhandlungen der Naturforschenden Gesellschaft in Basel. [Mit 1 Doppel-Tafel.] II + 26 S. 8. Basel, Georg & Co., 1901. [fr. —. 50]

—— Festrede bei Eröffnung des Bernoullianums. 8. Basel 874, Schneider. *

Burckhardt, Fr[itz]. Zur Genealogie der Familie Euler in Basel. [Mit Vignetten, 1 Porträt-Tafel und 1 Stammtafel. SA. aus: Basler Jahrbuch 1908.] II + 37 S. 8. [Basel, Gasser & Cie., 1907.]

Burckhardt, Fr[itz]. Geschichte der botanischen Anstalt in Basel. Vorgetragen am 16. November 1904. Separatabdruck aus den Verhandlungen der Naturforschenden Gesellschaft in Basel. Band 18, Heft 1. II + 36 S. 8. [Basel, Emil Birkhäuser, 1905.]

— zur Geschichte des Thermometers, Berichtigungen u. Ergänzgn. Progr. gr. 4. (22 S.) Basel 902. (C. Beck.) n. 2. —

Burckhardt, Fritz. Zur Geschichte des Thermometers. Berichtigungen und Ergänzungen. [Mit 1 Figur.] Wissenschaftliche Beilage zum Bericht über das Gymnasium in Basel. Schuljahr 1901/02. 22 S. 4. Basel, Fr. Reinhardt, 1902.

Burckhardt, Fritz. Zur Geschichte des Thermometers. Berichtigungen und Ergänzungen. Aus dem 16. Bande der Verhandlungen der Naturforschenden Gesellschaft in Basel. II + 69 S. 8. Basel, Emil Birkhäuser, 1902.

Burckhardt, Fr[itz]. Die Karte des Birsecks, aufgenommen und gezeichnet von Daniel Huber. (1816) (öff. Bibl. Schw. C. I. 90). Beilage zum Bericht über die Dr. J[acob] M[elchior] Ziegler'sche Kartensammlung (in Basel, 1905). [Sep.-Abdr. aus: Verhandlungen der Naturforschenden Gesellschaft in Basel. Band 18, Heft 2.] S. 5—13. 8. ([Basel, Georg & Co.,] 1906.)

Burckhardt, Fr[itz]. Jonas David Labram 1785—1852. Vorgetragen am 1. November 1905. Mit einem Bildnis in Lichtdruck ([Tafel, und] Verzeichnis der Publikationen von J' D' L'). Separatabdruck aus den Verhandlungen der Naturforschenden Gesellschaft in Basel. Band 19, Heft 1. 36 S. 8. [Basel, Emil Birkhäuser, 1906.]

—— Leonhard Euler's Lehre vom Licht. 4. Basel 869, Schneider. *

Burckhardt, Fritz. Die Maturitätsprüfung. Referat. gr. 8. (24 S.) Basel 891, Reich. * — 80

Burckhardt, Fr[itz]. Historische Notizen. Separatabdruck aus den Verhandlungen der Naturforschenden Gesellschaft in Basel. Band 15, Heft 2. S. 334—345. 8. [Basel, Emil Birkhäuser, 1904.]

Burckhardt, Fritz. Jacobus Rosius Philomathematicus, der mathemathischer Künste besonderer Liebhaber. Einige biographische Notizen. Separatabdruck aus den Verhandlungen der Naturforschenden Gesellschaft in Basel. Band 16. S. 376—387. 8. [Basel, Emil Birkhäuser, 1902.]

Burckhardt, Fritz. Über Pläne und Karten des Baselgebietes aus dem 17. Jahrhundert. [Mit 2 Abbildungen.] (Sonderdruck aus: Basler Zeitschrift für Geschichte und Altertumskunde. Band 5, [Heft 2].) II S. + S. 291—360. 8. [Basel, M. Werner-Riehm, 1906.]

Burckhardt, Fritz. Das Prytaneum der Universität Basel. 1570—1744. [Mit Vignetten. Sep.-Abdr. aus: Basler Jahrbuch 1906.] 26 S. 8. [Basel, Helbing & Lichtenhahn.]

Burckhardt, F: Die wichtigsten Thermometer des 18. Jahrhunderts. Basel 1871 (Bericht d. Gewerbeschule zu Basel 1870/71)

—— die wichtigsten Thermometer des 18. Jahrh. 4. Basel 871, Schneider.

Burckhardt, G., s.a. Burckhardt, Heinrich

Burckhardt, G., die physiologische Diagnostik der Nervenkrankheiten. Versuch e. Feststellg. der Leitungs- und Zuckungsverhältnisse im Nervensystem d. gesunden u. kranken Menschen. Mit 7. lith. (zum Theil farb.) Taf. (in qu. gr. 4.) gr. 8. (VIII, 284 S.) Leipzig 875. Engelmann. n. 8. —

Burckhardt, G., Diätetische Winke f. Gesunde u. Kranke m. bes. Berücksicht. d. Elektro-Homöopathie u. Naturheil-Methode. gr. 8. (44 S.) Strassburg i/E.-Neudorf. Leipzig 897. (H. Hartung & Sohn.) n. 1. 50

Burckhardt, G. A. Ueber die Oxyterephtalsäure und einige ihrer Abkömmlinge. Zürich 1877.

Burckhardt, G. E., Luise, Königin v. Preußen. Ein Lebensbild f. deutsche Frauen u. Jungfrauen. gr. 8. (94 S.) Barmen 872. Wiemann. n. 1. —

Burckhardt, Georg Eduard, a. Rinteln: Die Anfänge einer geschichtlichen Fundamentierung der Religionsphilosophie bei Herder. I. Grundlegende Voruntersuchungen. Halle a. S. 1908: C. A. Kaemmerer & Co. (VIII, 93 S.) 8° ¶ (T. 2 erscheint später.)

Halle, Phil. Fak., Ref. Vaihinger, Diss. v. 23. März 1908

[Geb. 30. Mai 81 Rinteln, Bez. Kassel; Wohnort: Gr. Krauschen, Kr. Bunzlau; Staatsangeh.: Preußen; Vorbildung: Gymn. Gütersloh Reife O. 00; Studium: Theol. Bonn 1, Tübingen 2, Halle 2, Bonn 3, Philos. Bonn 1 S.; Rig. 7. Nov. 07.]

Burckhardt, G. Ed., die Anfänge e. geschichtlichen Fundamentierung der Religionsphilosophie. Grundlegende Voruntersuchg. zu e. Darstellg. v. Herders histor. Auffassg der Religion. (VI, 90 S.) gr. 8. Berlin 908. Reuther & Reichard. 2. 40

Burckhardt, G. F.

— u. S. **Fränkel**, Anthologie englischer Prosaisten, siehe: Fränkel, S.

— d. kleine Engländer; od. Samml. d. im gemeinen Leben am häufigsten vorkommenden Wörter u. Redensarten. Engl. u. deutsch. 12. Berl. 825. 2e A. 831. Amelang. 8 gr.

— d. kleine Engländer; od. Samml. d. im gemeinen Leben am häufigsten vorkommenden Wörter u. Redensarten. Engl. u. Deutsch. 12. Berlin 826, Amelang.

Burckhardt, G. F., der kleine Engländer; od. Samml. d. im gem. Leben am häuf. vorkomm. Wörter u. Redensarten z. Auswendiglernen. Engl. u. Deutsch. Ein Hülfsbuch z. Erlernung d. engl. Sprache, u. vorzüglich z. Uebung d. Gedächtnisses. 2., mit Phrasen u. kl. Erzähln. verm. Aufl. 832., u. 3. A. (à 10 B.) breit 12. Berlin 835, Amelang. à

— der kleine Engländer; oder Samml. der im gemeinen Leben am häufigsten vorkomm. Wörter u. Redensarten zum Auswendiglernen. Englisch u. Deutsch. 3e sorgfältig revid. Aufl. breit 12. Berlin 835. Amelang. 1/3 Thlr

Burckhardt, G. F., der kleine Engländer od. Sammlung der im gemeinen Leben am häufigsten vorkommenden Wörter u. Redensarten zum Auswendiglernen. Englisch u. Deutsch. Ein Hülfsbuch zur Erlernung der engl. Sprache u. vorzüglich zur Uebung d. Gedächtnisses so wie auch ein Handbuch f. Auswanderer u. Reisende. 4. sorgfältig revid. Aufl. gr. 16. (VI u. 274 S.) Leipzig 851, Amelang. 1/3 Thlr

Burckhardt's kleiner Engländer enthaltend eine kurzgefaßte englische Grammatik mit Elementarbuch, eine Phrasensammlung, Gespräche, Anglicismen und Germanismen, so wie ein kleines englisch-deutsches und deutsch-englisches Wörterbuch, mit steter Berücksichtigung der Aussprache. Ein Hülfsbuch zur leichten Erlernung der englischen Sprache, so wie auch ein Handbuch für Reisende u. Auswanderer. 5., durchweg veränd. u. verb. Aufl. von Aug. Albrecht. Leipzig 859. Amelang. 16. (VIII, 274 S.) 10 ngr

Burckhardt's Kleiner Engländer, enth. eine kurzgefaßte engl. Grammatik mit Elementarbuch, eine Phrasensammlung, Gespräche, Anglicismen und Germanicismen, so wie ein kleines engl.-deutsches und deutsch-engl. Wörterbuch, mit steter Berücksichtigung der Aussprache. Ein Hülfsbuch zur leichten Erlernung der engl. Sprache, so wie auch ein Handbuch für Reisende und Auswanderer. 9. Aufl. bearb. von Aug. Albrecht. 16. (VIII, 274 S.) Leipzig 874, Amelang's Verlag. cart.

Burckhardt's kleiner Engländer, enth. eine kurzgefaßte engl. Grammatik mit Elementarbuch, eine Phrasensammlung, Gespräche, Anglicismen u. Germanicismen, sowie ein kleines englisch-deutsches u. deutsch-englisches Wörterbuch, mit steter Berücksichtigung der Aussprache. Ein Hilfsbuch zur leichten Erlernung der engl. Sprache, sowie auch ein Handbuch f. Reisende u. Auswanderer. 10. Aufl., bearb. von Aug. Albrecht. 12. (VIII, 274 S.) Leipzig 882. Amelang. geb. 1. 20

Burckhardt's kleiner Engländer, enth. e. kurzgefaßte englische Grammatik m. Elementarbuch, e. Phrasensammlg., sowie e. kleines englisch-deutsches u. deutsch-engl. Wörterbuch, m. steter Berücksicht. der Aussprache. 11. u. 12. Aufl. bearb. v. Aug. Albrecht. 12. (VIII, 274 S.) Lpz. 889,90, Amelang. geb. 1 20

Burckhardt, der kleine Engländer. 18. Aufl., s.: Rampendahl, R.

Burckhardt's kleiner Engländer, enth. e. kurzgefaßte engl. Grammatik m. Elementarbuch, e. Phrasensammlg., Gespräche, Anglicismen u. Germanicismen, sowie e. kleines englisch-deutsches u. deutsch-engl. Wörterbuch, m. steter Berücksicht. der Aussprache. 14. Aufl., bearb. v. Aug. Albrecht. 12. (VIII, 274 S.) Leipzig 894. C. F. Amelang. Geb. 1. 20

Burckhardt, G. F., u. J. M. Jost, ausführliches theoretisch-prakt. Lehrbuch der engl. Sprache. 3. sorgf. revid. u. stark verm. Aufl. gr. 8. Berlin 843, C. F. Amelang. 1 5/6 Thlr

— u. J. M. Jost, ausführliches theoretisch-praktisches Lehrbuch der englischen Sprache. In 2 Bdn. 4. durchgehends verb. u. stark verm. Aufl. 1. Bd. A. u. d. T.: Ausführliche theoretisch-praktische englische Sprachlehre; f. obere Klassen u. reifere Schüler. 4. durchgehends verb. u. stark verm. Aufl. gr. 8. (XII u. 431 S.) Leipzig 852, Amelang. 1 1/3 Thlr

Burckhardt, G. F., u. J. M. Jost, ausführliches theoretisch-praktisches Lehrbuch der englischen Sprache. In 2 Bdn. 2. Bd. 4. durchgehends verb. u. stark verm. Aufl. A. u. d. T.: Praktisches Handbuch der englischen Sprache für höhere Classen der Real- und Handlungsschulen wie auch zum Privatstudium. Enth.: Umfassende Sammlungen engl. Redensarten u. Anglicismen, kaufmännische u. andere Briefe, eine Auswahl pros. u. poet. Lesestücke mit Erläuterungen u. einer Uebersicht der engl. National-Literatur. Leipzig 853. Amelang's Verlag. gr. 8. (X, 341 S.) 20 ngr

Burckhardt, G. F., a Manual of Conversation in English and German etc. A. u. d. T.: Unterhaltungs-Buch in engl. u. deutsch. Sprache, enthalt. eine reichhaltige Phrasen-Sammlung u. hundert Gespräche über die verschiedenart. Verhältnisse im Gesellschafts- u. Geschäftsleben. Nebst e. Samml. v. Anglicismen u. Germanismen, Sprichwörtern u. sprichwörtl. Redensarten. Für Reisende u. Schulen als ein Hülfsmittel zur Erlernung beider Sprachen. 16. Berlin 839. Amelang. 1 1/4 Thlr

Burckhardt, G. F., complete English-German and German-English Pocket-Dictionary. — Vollständ. Taschenwörterbuch d. engl. u. deutschen Sprache. 2 Thle. gr. 16. Berl. 823. 2e A. 831. Amelang. 2 Thlr 8 gr.

—— complete English-German and Ger.-Engl. Pocket-Dict., abstracted from the Dictionaries of Johnson, Adelung, Chambers, and others of the best authorities hitherto extant. — A. u. d. T.: Vollständ. Engl.-Deutsches u. Deutsch-Engl. Taschenwörterbuch, nach d. vorzügl. üb. beyde Sprachen erschien. größ. Wörterbüchern, besond. nach denen v. Adelung ꝛc. bearb. 2., verm. Ausgabe. 2 Thle. gr. 16. (61 B.) Berlin 832, Amelang.

— complete English-German and German-English Pocket Dictionary etc. A. u. d. T.: Vollständ. Englisch-Deutsches u. Deutsch-Englisches Taschenwörterbuch, nach den vorzügl. über beide Sprachen erschien. größeren Wörterbüchern, besond. nach denen von Adelung, Johnson u. Chambers bearb. 3e verm. Aufl. 2 Thle. breit 16. Berlin 839. Amelang. 2 1/3 ℔

— English reading lessons, extracted from the works of eminent English writers etc. — Englische Lesestücke aus den Werken vorzügl. engl. älterer u. neuerer Schriftsteller. Zur belehr. Unterhaltung d. Jugend beider Geschlechter; sowohl für Schulen, als auch zum Privat-Unterricht. Mit Worterläuterungen. gr. 8. Berlin 834. Amelang. 1 ℔

— u. J. M. Jost, prakt. engl. Sprachlehre f. Schulen u. zum Privatunterricht. gr. 8. Berl. 826. Amelang. 2 ℔

—— und J. M. Jost, pract. Engl. Sprachlehre. — A. u. d. T.: Ausführl. Lehrbuch d. Engl. Sprache f. Schulen u. Privatunterr.; enthalt.: wissenschaftl. geord. Anleit. z. Aussprache u. Aneign. d. Sprachformen; vollständ. Entwickel. d. Syntax, mit zahlreich. Uebungs-Beisp., besond. f. reif. u. gebild. Schüler höh. Classen; e. Anh. z. Kenntn. u Uebung d. im Merkantil. übl. Styles, u. e. Auswahl guter, zweckmäß. erläut. Lesestücke. 2., verb. u. verm. Afl. gr. 8. (42 B.) Berlin 833, Amelang. Thlr.

— s. Theatre the British.

Burckhardt, G. F., Vorschule der engl. Sprache f. Deutsche, mit besond. Berücksichtigung d. Aussprache für Anfänger, nebst Uebungen zum Uebersetzen, vom Leichten zum Schwerern übergehend, zweckmäßigen Beispielen und leichtfaßl. Leseübungen. gr. 8. Berlin 833. Amelang. 5/6 ℔

Burckhardt, G[ottlieb]. Beitrag zur Climatologie von Pau als Winter-Curort. (SA.) 8. [Berlin 1866.]

Burckhardt, Gottlieb s. Festschrift dem Andenken Albrechts von Haller dargebracht. Bern 1877.

Burckhardt, Gottlieb: Faunistische und systematische Studien über das Zooplankton der grösseren Seen der Schweiz und ihrer Grenzgebiete. Genève 1900. 361 S., 5 Taf. 8°. (Extr. de la Revue suisse de Zoologie, Tome 7, p. 353—713.)
Basel. Phil. Diss. 1899/1900.

Burckhardt, Gustav: Festrede zur Feier des 50jährigen Regierungsjubiläums Seiner Hoheit des Herzogs Ernst von Sachsen-Altenburg. Altenburg 1904: Pierer. (S. 5—8.) 4° [F.]
Altenburg, Friedrichs-G OP 1904 (799)

Burckhardt, [Gustav]: Rede zur Feier des 100jährigen Todestages Friedrich v. Schillers. (Umschlagtitel: Rede bei der Schillerfeier am 9. Mai.) S. 22—26. 4. Friedrichs-Gymn. *Altenburg* 1906 Progr.

Burckhardt, [Gustav Gottlieb], Prof.: Rede bei der Schillerfeier am 9. Mai. Altenburg 1906: Pierer. (S. 22—26.) 4° [F.]
Altenburg, Friedrichs-G OP 1906 (854)

Burckhardt, [Gustav]: Schulandachten. Altenburg 1910: Pierer. S. 1—25. 4°
Altenburg S.-A., Friedrichs-G OP 1910 (942) [S 10. 57

Burckhardt, H., zur Aetiologie d. Puerperalfiebers. Vortrag. [Aus: „Der Frauenarzt".] gr. 8. (14 S.) Neuwied 887. Heuser's Verl. — 75

—— das Buch der jungen Frau, s. a. Gesundheitsbücher, illustrierte.

Burckhardt, H., das Buch der jungen Frau, s. a. Weber's illustr. Katechismen.

Burckhardt, H., das Buch der jungen Frau. Ratschläge f. Schwangerschaft, Geburt u. Wochenbett. 8. (X, 170 S. m. 1 Holzschntaf.) Leipzig 882. Weber. n. 2. —; geb. n.n. 3. —

Burckhardt, H., das Buch der jungen Frau. Ratschläge f. Schwangerschaft, Geburt u. Wochenbett. 2., verb. Aufl. 8. (XII, 168 S.) Leipzig 885. Weber. n. 2. —; geb. n.n. 3. —

— das Buch der jungen Frau. Ratschläge f. Schwangerschaft, Geburt u. Wochenbett. 3., verb. Aufl. 8. (XII, 170 S.) Leipzig 890. J. J. Weber. n. 2. —; geb. n.n. 3. —

Burckhardt, H., das Buch der jungen Frau. Ratschläge f. Schwangerschaft, Geburt u. Wochenbett. 4., verb. Aufl. 8, (XII, 174 S. m. Titelbild.) Leipzig 894. J. J. Weber. n. 2. —; geb. in Leinw. n. 3. —

– Dass., s.a. Burckhardt, U.

Burckhardt, H., u. E. Reuschert, Einführg. in das bürgerl. Leben. Ein Ratgeber f. Taubstumme. Als Grundlage f. den Unterricht in Oberklassen u. Fortbildungsabteilgn. v. Taubstummen-Anstalten, sowie zum Selbstgebrauche. 2. verb. Aufl. gr. 8. (64 S.) Berlin 900. E. Staude. n. 1. —

Burckhardt, H., u. E. Reuschert, Einführung in das bürgerliche Leben. Ein Ratgeber f. Taubstumme. Als Grundlage für den Unterricht in Oberklassen u. Fortbildungsabteilgn. v. Taubstummen-Anstalten, sowie zum Selbstgebrauche bearb. 3. verm. Aufl. (74 S.) 8. Berlin 904. E. Staude. n. 1. —; kart. n.n. 1. 20

Burckhardt, H., s.: Jahresbericht über die chirurgische Abtheilung des Ludwigs-Spitals Charlottenhilfe in Stuttgart.

Burckhardt, H. Bernhard Riemann. Vortrag. Göttingen 1892.

Burckhardt, bedürfen wir e. genossenschaftlichen Organisation der Viehverwertung u. wie soll dieselbe eingerichtet werden. Vortrag, geh. in der ökonom. Gesellschaft im Königr. Sachsen, Dresden am 7. XII. 1906. (16 S.) gr. 8. Leipzig, Fritzsche & Schmidt. — 60

Burckhardt, H: Was bringt d. Viehseuchengesetz d. Landwirtsch. Neues?, s: Verhandlungen d. kgl. preuss. Landes-Ökonomie-Kollegiums.

Burckhardt, Hans, approb. Arzt aus Stuttgart: Aus d. psychiatr. Klinik zu Kiel. Ein Fall von multipler Sklerose im Kindesalter. *Kiel 1904: Schmidt & Klaunig.* (26 S.) 8°
Kiel, Med. Diss. v. [24. März] 1904

Burckhardt, Hans. Statistische Zusammenstellungen aus den an der Basler allgemeinen Poliklinik behandelten Fällen von Lungentuberkulose, mit bes. Berücksichtigung der Heilstättenbehandlung. Diss. Med. Basel. [Sep.-Abdr. aus: Zeitschrift für Tuberkulose.... Band 9, Heft 1.] II + 25 S. 4. Leipzig, Johann Ambrosius Barth, 1906.

Burckhardt, Heinrich

—— der Dampfpflug zur Forstkultur auf Heiden. gr. 8. (20 S.) Hannover 873, Rümpler.
Aus: Aus dem Walde, besonders abgedruckt.

— über Eichenzucht. (Abdruck aus dem Hannoverschen Land- u. Forstwirthschaftlichen Vereinsblatte. 1862.) Hildesheim 862. Gerstenberg. gr. 8. (39 S.) n. 5 ngr.

—— Entgegnung auf die im Abgeordnetenhause zu Berlin in der Sitzung vom 3. Decbr. 1867 gegen das hannoversche Forstwesen gefallenen Aeußerungen. Ein Schreiben an die Mitglieder des Landtags aus der Provinz Hannover. gr. 4. (14 S.) Hannover 868, Rümpler.

Burckhardt H.: Fichte u. Kiefer in Bezug auf Form, Sortiment u. Inhalt nebst anderen Hülfstafeln f. Forstmänner. Hann. 1856. 96 S.
(–: Forstliche Hülfstafeln Abth. 2).

Burckhardt, H., forstliche Hülfstabellen. 2. Abth. A. u. d. T.: Fichte und Kiefer in Bezug auf Form, Sortiment und Inhalt nebst anderen Hülfstafeln für Forstmänner. Hannover 856. Rümpler. gr. 8. (4 Bl., 96 S.) n. 1 ℛ

— — 3. Abth. A. u. d. T.: Maß, Gewicht und Münze mit besonderer Beziehung auf das Königreich Hannover. Ebend. 858. gr. 8. (3 Bl., 102 S.) n. 20 ngr
1. Abth. ist vergriffen und wird in neuer Aufl. erscheinen.

BURCKHARDT, Heinrich: Forstliche Hülfstafeln. (Abt. 1-3). - Hannover 1852, 1856, 1858. I. Abt.: Forstliche Hülfstafeln 1852. XX, 200 S. - 2. Ausg. u. d. T.: Hülfstafeln für Forsttaxatoren und zum forstwirthschaftlichen Gebrauch. Nebst einem Anhange enthaltend: Grundsätze, Regeln und Formen der Forsteinrichtung und Taxation in Absicht auf die Bearbeitung der Wirtschaftspläne für den Forstbetrieb. ebd. 1861. 311 S. - 3. nach Metermaß umgearb. Ausg. ebd. 1873. H. 1. Hülfstafeln I-XV. 122 S. - H. 2. Bemerkungen zu den Hülfstafeln nebst Anh. 176 S. - II. Abt.: Fichte und Kiefer in Bezug auf Form, Sortiment u. Inhalt ... - 1856. 96 S. - III. Abt.: Mass, Gewicht und Münze mit besonderer Beziehung auf das Königreich Hannover. 1858. 102 S.

BURCKHARDT, Heinrich: Hülfstafeln für Forsttaxatoren und zum forstwirthschaftlichen Gebrauch. Nebst einem Anhange enthaltend Grundsätze, Regeln und Formen der Forsteinrichtung und Taxation in Absicht auf die Bearbeitung der Wirthschaftspläne für den Forstbetrieb. - Hannover 1852. - 2. Aufl. 1861. VIII, 310 S. - 3. nach Metermaß umgearb. Aufl. 1873. VI, 176 S.

— Hülfstafeln für Forsttaxatoren und zum forstwirthschaftlichen Gebrauch. Nebst einem Anhange enthaltend: Grundsätze, Regeln u. Formen der Forsteinrichtung und Taxation in Absicht auf die Bearbeitung der Wirthschaftspläne für den Forstbetrieb. Zugleich als 2. Ausg. der 1. Abth. forstlicher Hülfstafeln vom Jahre 1852. Hannover 861. C. Rümpler. gr. 8. (VIII, 311 S.) n. 1 ℛ 15 ngr

—— Hülfstafeln für Forsttaxatoren und zum forstwirthschaftlichen Gebrauch. 2 Hefte. 3. nach Metermaß umgearb. Aufl. gr. 8. Hannover 873, Rümpler. à Heft * ℳ 3.
Inhalt:
Heft 1. Hülfstafeln [I—XV]. (VI, 122 S.)
" 2. Erläuterungen und Bemerkungen zu den Hülfstafeln, nebst Anhang. Grundsätze, Regeln und Formen für die Bearbeitung der Wirthschaftspläne. (VI, 176 S.)

Burckhardt, Heinr., Hülfstafeln für Forsttaxatoren u. zum forstwirthschaftl. Gebrauch. 2 Hfte. 3., nach Metermaß umgearb. Ausg. gr. 8. (IX, 122 u. VI, 176 S.) Hannover 880. Trier, Lintz. In 1 Bd. geb. n. 6. —

Burckhardt, Heinrich: J a g d - und W a l d l i e d e r , s. B u r c k h a r d t , Herm.

Burckhardt, Heinr., Cubic-Tabellen für Forstmänner, Bautechniker u. Holzhändler. Hannover 860. C. Rümpler. gr. 8. (VII, 271 S.) n. 1 ℛ 15 ngr

— Säen und Pflanzen nach forstlicher Praxis. Ein Beitrag zur Holzerziehung. 855. (VII, 252 S. u. 4 Tab. in Fol.) n. 25 ngr — 2. verb. u. verm. Aufl. mit eingedr. Holzschn. Ebend. 858. gr. 8. (V, 383 S.) n. 1 ℛ 10 ngr

—— Säen und Pflanzen. Ein Beitrag zur Holzerziehung. 3., verb. und verm. Aufl. 3 Hefte. gr. 8. (VIII und 741 S. mit eingedr. Holzschn.) Hannover 867,68, Rümpler. [1. Heft * 1 Thlr. 6 Ngr., 2. Heft * 28 Ngr., 3. Heft. * 26 Ngr.] *

—— Säen und Pflanzen nach forstlicher Praxis. Handbuch der Holzerziehung. Forstwirthen, Forstbesitzern und Freunden des Waldes gewidmet. 4. verb. Aufl. gr. 8. (XI, 527 S. mit eingedr. Holzschn.) Hannover 870, Rümpler. *

—— Säen und Pflanzen nach forstlicher Praxis. Handbuch der Holzerziehung. Forstwirthen, Forstbesitzern und Freunden des Waldes gewidmet. 5. durchgeseh. und verb. Aufl. Mit dem (Stahlst.-)Bilde des Verf. gr. 8. (VIII, 544 S.) Ebendas. 880. * ℳ 11.; geb. *

Burckhardt, Heinr., Säen u. Pflanzen nach forstlicher Praxis. Handbuch der Holzerziehg. Forstwirthen, Forstbesitzern u. Freunden des Waldes gewidmet. 6., durchgeseh. u. verm. Aufl., besorgt v. Alb. Burckhardt. gr. 8. (VIII, 680 S. m. Abbildgn. u. 1 Bildnis.) Trier 893. F. Lintz. n. 11. –; geb. n. 13. --

Burckhardt, Heinrich [aus Waldlaubersheim, Kr. Kreuznach]: Ueber die subkutanen Sehnen- und Muskelverletzungen an der Hand. München. Buchdr. v. J. Fuller, 1891; 21 S. 8°
Erlangen. Med. Fak. Inaug.-Diss. v. 30. Jul. 1890

— die Theilforsten u. ihre Zusammenlegung. zu Wirthschaftsverbänden. Die Gemeinde- u. Genossenschaftsforsten in der Prov. Hannover. [Aus: „Aus dem Walde."] gr. 8. (112 S.) Ebend. 876. n. 2. –

—— die forstlichen Verhältnisse des Königr. Hannover. gr. 8. (V und 171 S.) Hannover 864, Rümpler. *

Burckhardt, H. Aus dem Walde. Hannover 1865–81. 10 Hefte.

—— aus dem Walde. Mittheilungen in zwanglosen Heften. 1. Heft. gr. 8. (V und 184 S. mit 1 Holzschntaf.) Hannover 865, Rümpler. *

Burckhardt, Heinr., Aus dem Walde. Mittheilungen in zwanglosen Heften. 2.—6. Heft. gr. 8. Hannover, Rümpler. [2. Heft. (III, 211 S. mit eingedr. Holzschn.) 869. * ℳ 3.; 3. Heft. (IV, 214 S.) 872. * ℳ 4.; 4. Heft. (211 S. mit 3 eingedr. Holzschn. und 1 Stnt. in gr. 4.) 873. * ℳ 4.; 5. Heft. (242 S. mit 5 eingedr. Holzschn.) 874. * ℳ 5.; 6. Heft. (214 S. mit 11 eingedr. Holzschn.) 875. * ℳ 4,50.] *
1. Heft. Ebendas. 1865. * ℳ 2,40.

Burckhardt, Heinr., aus dem Walde. Mittheilungen in zwanglosen Heften. 7.—9. Heft. gr. 8. Hannover, Rümpler. [7. Heft. (VI, 329 S. mit 5 lithogr. Taf. in gr. Fol. und 4 eingedr. Holzschn.) 876. * ℳ 8.; 8. Heft. (195 S. mit 3 eingedr. Holzschn.) 877. * ℳ 4.; 9. Heft. (VI, 201 S. mit 3 eingedr. Holzschn.) 879. * ℳ 4.] *
1.—6. Heft. Ebendas. 1865—75. * ℳ 22,90.

Burckhardt, Heinr., Aus dem Walde. Mittheilungen in zwanglosen Heften. 10. (Schluß-)Heft. Aus dem Nachlasse. gr. 8. (IV, 108 S. mit 2 eingedr. Holzschn.) [Hannover 881, Rümpler.] Trier, Lintz'sche Buchh. *
1.—9. Heft. Ebendas. 1865—79. * ℳ 39,50.

Burckhardt, Heinrich: W a l d - und J a g d l i e d e r , s.a. B u r c k h a r d t , Herm.: Jagd- und Waldlieder.

BURCKHARDT, Heinrich (Hrsg.): Wald- und Jagdlieder. Im Verein mit Wald- und Forstgenossen herausgegeben. - Hannover 1866. 1. Sammlung. 416 S.

—— der Waldwerth in Beziehung auf Veräußerung, Auseinandersetzung und Entschädigung 2c. Mit mehreren Tafeln. gr. 8. (VI und 250 S.) Hannover 859, C. Rümpler. *

— der Waldwerth in Beziehung auf Veräußerung, Auseinandersetzung u. Entschädigung 2c. Mit mehreren Tafeln. Ebend. 860. gr. 8. (VI, 250 S.) n. 1 ℛ 15 ngr

Burckhardt, Heinr., d. Waldwerth in Beziehg. a. Veräußerg., Auseinandersetzg. u. Entschädigg. 2c. M. mehr. (eingedr.) Taf. 2., durchgeseh. u. verm. Aufl. v. Werner Burckhard. gr. 8. (VIII, 536 S.) Trier 898. J. Lintz. n. 12. —

Burckhardt, Herb., s.a. Karsthans.

Burckhardt, Herbert: Karsthans ⟨1521⟩. Leipzig: Haupt 1910. 133 S. 8° ¶ (Ersch. auch als: Flugschr. aus d. ersten Jahren d. Reformation. Bd 4, H. 1.)
Freiburg i. B., Phil. Diss. v. 1910, Ref. Kluge
[Geb. 15. Okt. 84 Wiesloch; Wohnort: Freiburg i. B.; Staatsangeh.: Baden; Vorbildung: Gymn. Baden-Baden Reife Juli 04; Studium: Halle 2, Berlin 1, Heidelberg 3, Freiburg i. B. 4 S.; Rig. 25. Okt. 09.] [U 10. 1033

Burckhardt, Herm.: J a g d - und W a l d l i e d e r , s.a. B u r c k h a r d t , Heinrich: Wald- und Jagdlieder.

— Jagd- u. Wald-Lieder. Im Verein mit Wald- u. Forstgenossen herdg. 1. Sammlung. Hannover 866. Riewe u. Thiele. 8. (416 S.) 1 ℛ

Burckhardt's, H., Jagd- u. Waldlieder. Allgemeines deutsches Lieder- u. Kommersbuch f. Forstmänner, Jäger u. Jagdfreunde. 2., sehr verm. u. m. den Singweisen versch. Aufl. Bearb. u. hrsg. v. Bernh. Pompeckl. 12. (VIII, 644 S.) Neudamm (900). J. Neumann. Geb. in Leinw. n. 3. 60; m. Biernägeln 4. —; in Ldr. 4. 50; m. Biernägeln 5. —

H[erm.] Burckhardt's Jagd- und Waldlieder. Allgem. Deutsches Lieder- u. Kommersbuch f. Forstmänner, Jäger u. Jagdfreunde. 2.,sehr verm. u. mit d. Singweisen vers. Aufl. Bearb. u. hrsg. von Bernhard Pompecki. *Neudamm: J. Neumann [1901].* (VIII, 644 S.) 8° [J.]

— dassolbe. Ergänzg., s.: Pompeoki, Bernh., Hörnerschall u. Lustgesang.

Burckhardt, Herm., Deutscher Liederschatz, e. Sammlg. uns. beliebtesten u. besten deutschen Volkslieder. 12. (IV, 180 S.) Eisenach 897. H. Kahle. n.n. — 50

Burchardt, Hermann. Ueber die Verwendung von Tierkörpermehl als Bakteriennährboden. Aus dem hygienischen Institut der Königlichen Tierärztlichen Hochschule zu Berlin .... Diss. Vet.-Med. Bern. 56 S. 8. Berlin, G. Heinicke, 1910.

Burckhardt, Hieronymus I [1680–1737]. Freundlicher Abscheid Von dem Engel des HErren .... Oder Christliche Leich-Predigt .... Gehalten In Basel zu St. Martin den 19. Maji Anno 1709. Am H. Pfingstag Bey ... Bestattung Des ... Hr. Daniel Merians Des Handelsmanns. Von Hieronymo B' .... 4. Basel.

Burckhardt, Hieronymus I. Die Geistliche Freude der Kindern GOttes .... Vorgestellt In einer Christlichen Leich-Predigt In Basel bey St. Martin den 10. April. An. 1710. Bey Hochansehenlicher Bestattung Deß ... J[oh[ann] Heinrich Becken, des Raths .... Von Hieronymo Burckhard H. S. D. 4. [Basel.]

Burckhardt, Hieronymus I. Labsal in Trübsal, Oder Heilige Betrachtung .... Vorgenommen ... in dem Münster zu Basel. Den 30. Jenner Anno 1713. Als zur Erden Bestattet worden ... Herr Melchior Müller Des Raths und Dreyer Herr. Von Hieronymo B' Dr. 4. [Basel.]

Burckhardt, Hieronymus I. Das Kurtze und Jammer-volle Leben des Menschen Vorgestellt In einer Christlichen Leich-Predigt In dem Münster zu Basel den 12. Julij. Anno 1707., als zur Erden Bestattet worden ... Hr. Heinrich Brandmüller. Der Wund-Artzt ... / von Hieronymo B' .... 4. Basel.

Burckhardt, Hieronymus I. Davids Seelen-Stille Vorgestellt In einer Christlichen Leich-Predigt den 17. Augusti Anno 1708 ... zu St. Peter in Basel: Bey ... Ehren-Bestattung Der ... Frauen Judith Burckhardtin Des ... Herren Nicolai Egingeri. Der Artzney Doctoris ... Ehelichen Haußfrauen. Von Hieronymo B' .... 4. Basel.

Burckhardt, Hieronymus: T h e s e s tumultuariae ex jure naturali, s. D i e n a s t, Hieronymus (Praes.)

Burckhardt, Hieronymus II [1715–1795]. Das Verhalten des bußfertigen Davids ..., vorgestellt In der Pfarr-Kirche St. Theodor in Basel. Donnerstags den 11ten Februar. 1768. Als daselbst ... bestattet ward ... Herr M. Joh[ann] Friedrich Huber .... Diaconus dieser Christl. Gemeine. 4. Basel.

Burckhardt, Hieronymus I. Enochs Göttlicher Wandel, und darauff erfolgte seelige Himmelfart, vorgestellet in einer Christlichen Leich-Predigt Sontags den 2. May Anno 1706. in dem Münster zu Basel. Alß zur Erden bestattet wurde ... Joh(ann) Rudolff Meyer / der Gold-schmid .... Von Hieronymo Burckard .... 4. [Basel] 1706.

Burckhardt, Hieronymus I. Veste Zuflucht Einer gläubigen Seelen In Schwärem Anligen ... / Aus Psal. 55. v. 23. Gewiesen In der Haupt-Kirchen des Münsters / zu Basel. Den 21. May / An. 1733. Als ... bestattet worden / ... Frau Ester Mitz, weiland Herren Peter Ochsen des Handelsmanns / ... Frau Wittib. Von Hieronymo Burckhardt H. S. D. 4. Basel.

Burckhardt, Hugo: Ueber den Werth der verschiedenen Methoden der Sectio Caesarea. Halle [1879]: Karras. 49 S. 8°
Halle-Wittenberg, Med. Diss. v. 11. Juli [1879]
Geb. Gehofen (Kr. Sangerhausen) 1. 6. 1853. V.

Burckhardti, J., de linguae latinae, quibus in Germania usa est, fatis commentarii. Hannov. et Wolfenb. 713. 21. 2 Part. 8. (12.) 1 rthlr. 12 gr.

— J., De origine basilicarum christianarum commentatio. Diss. 1875. 48 S.

Burckhardt, J.-C., tables des diviseurs pour tous les nombres des 1er, 2e et 3e million, s.: Facsimile-Edition. Nr. 18.

Burckhardt, Jacob

[Burckhardt, Jacob II: 1818–1897.] Die Alamannen und ihre Bekehrung zum Christenthum. [Mit 1 Tafel.] (Njbl. Basel 1846.) 4. [Basel.]

Burckhardt, Jac., Erzbischof Andreas v. Krain, siehe: Beiträge zur vaterländ. Geschichte. 5. Bd.

Burckhardt, Jac[ob] II. Erzbischof Andreas von Krain und der letzte Concilsversuch in Basel. 1482–1484. Vorgelesen in der historischen Gesellschaft zu Basel, November 1850. [A.] 8. [Basel 1854.]

[Burckhardt, Jacob I: 1785–1858.] (Auszug der Rauracher zum Heere der Helvetier. [Mit 1 Tafel.]) Njbl. Basel 1822. 4. Basel.

Beiträge zur Kunstgeschichte von Italien. Das Altarbild — Das Porträt in der Malerei — Die Sammler. Von Jacob Burckhardt. (Hrsg. v. H[ans] Trog.) *Basel: C. F. Lendorff 1898.* (IV, 510 S.) 1 Bd 8.

Burckhardt, Jac. (Jak.): Beiträge z. Kunstgesch. v. Italien. 2. Afl. (7, 585) gr8° Stuttg., W Spemann ('11). 9 — d

[Burckhardt, Jacob II, und Keller, Ferdinand.] Beschreibung der Domkirche von Chur. [Mit 14 Tafeln.] Mittheil. Ant. Ges. Zürich. Band 11. Heft 7. 4. Zürich 1857.

Burckhardt, J[acob] I. Betrachtungen über Psalm 37, 5., angestellt bei der Leichenbestattung des Herrn Benedikt Burckhardt .... den 22. April 1841 ... [zu Basel]. 8. Basel.

Burckhardt, Jak., weltgeschichtliche Betrachtungen. Hrsg. von Jak. Oeri. (VIII, 294 S.) gr. 8. Stuttgart 905. W. Spemann. n. 6. —; geb. in Leinw. n. 8. —; in Halbfrz. n. 10. —

Burckhardt, Jak., weltgeschichtl. Betrachtungen. Hrsg. v. Jak. Oeri. 2. Aufl. (VIII, 294 S.) gr. 8. Berlin 910. W. Spemann. 6. —; geb. in Leinw. 8. —; in Halbfrz. 10. —

Burckhardt, Jacob I. Die Bitte des Zöllners im Tempel. Betrachtet in einer Leichen-Rede. Gehalten bei der Beerdigung des Herrn Emanuel Schnell. Montags den 1. April 1844 ... zu Läufelfingen von Jakob B', Antistes. 8. Basel.

— Briefe an e. Architekten 1870—89. (13, 282 m. Bildn. u. Taf.) 8° Münch., G Müller & E Rentsch '13. 4.50; L 6 —; Luxusausg. geb. 16 —

— Cicerone, s. a. Beiträge zu Burckhardt's Cicerone.
Vgl.: **Bode, W. — Mündler, Otto.**

Burckhardt, Jac., der Cicerone. Eine Anleitung zum Genuss der Kunstwerke Italiens. Basel 855. Schweighauser'sche Verlagshdlg. gr. 16. (XV, 1112 S.) 3 ₰ 15 ngr

Burckhardt, Jac., der Cicerone. Eine Anleitung zum Genuss der Kunstwerke Italiens. 2. Aufl. unter Mitwirkung von mehreren Fachgenossen bearb. von A. v. Zahn. 3 Abthlgn. Leipzig 869, 70. Seemann. 8. (XII, 1151 S.) Jeder Bd. n. 1 ₰ 6 ngr; geb. n. 1 ₰ 12½ ngr.
I.: Architektur. — II.: Sculptur. — III.: Malerei.

Burckhardt, Jac., der Cicerone. Eine Anleitg. zum Genuss der Kunstwerke Italiens. 3. Aufl. unter Mitwirkg. v. mehreren Fachgenossen bearb. von A. v. Zahn. 4 Bde. 8. Leipzig 874. Seemann. n. 11. 50; geb. in 1 Bd. n. 12 75; geb. in 4 Bde. n. 14. 50
1. Architektur. (S. 1–418.)
2. Sculptur. (S. 419–779.)
3. Malerei. (S. 780–1172.)
4. Register. (XII, 61 S.)

Burckhardt, Jac., der Cicerone. Eine Anleitung zum Genuss der Kunstwerke Italiens. 4. Aufl., unter Mitwirkung des Verf. u. anderer Fachgenossen bearb. von Wilh. Bode. 2 Thle. 8. Leipzig 879. Seemann. n. 12. 20; geb. n. 14. 50

I. Antike Kunst. (XXIV, 196 S.) n. 2. 40; geb. n. 3. 30

II. Mittelalter u. Renaissance. 1. Architektur. (288 S.) n. 3. 20 — 2. Sculptur. (S. 289—472.) n. 2. 20. — 3. Malerei u. Register. (LXXXIV u. S. 473—812.) n. 4. 40

Burckhardt, Jac., der Cicerone. Anleitung zum Genuss der Kunstwerke Italiens. 5. Aufl. Unter Mitwirkg. verschiedener Fachgenossen bearb. v. Wilh. Bode. 2 Thle. in 3 Bdn. 8. Leipzig 884. Seemann. n. 13. 50; geb. n. 16. 50

I. Alterthum. (XXV, 200 S.) — II. Mittelalter u. Renaissance. 1. Architektur u. Register. (LXXXVI, 304 S.) — 2. Sculptur u. Malerei. (S. 305—864.)

Burckhardt, Jac., der Cicerone. Eine Anleitg. zum Genuss der Kunstwerke Italiens. 6. Aufl., unter Mitwirkg. verschiedener Fachgenossen bearb. v. Wilh. Bode. 2 Thle m. Register in 4 Bdn. 8. Leipzig 893. E. A. Seemann. n. 13. 50; geb. in Leinw. n. 16. —; einzeln n. 17. 50

I. Antike Kunst. (XXIV, 200 S.) geh. oder geb. n. 3. —
II, 1. 2. Neuere Kunst. 1. u. 2. Abschn.: Architektur u. Plastik. (494 S.) geh. od. geb. n. 7. —
II, 3. — dasselbe. 3. Abschn.: Malerei. (S. 495—845.) geh. od. geb. n. 4. 50
Register der im II. Tl., Mittelalter u. neuere Zeit, erwähnten Kunstwerke Italiens, nebst Zusätzen. (VII, 136 S.) geh. od. geb. n. 3.

— Der Cicerone. Anleitg. z. Genuss d. Kunstwerke Italiens. 7., verb. u. verm. Aufl., u. Mitwirkg. v. C. v. Fabriczy u. and. Fachgenossen bearb. v. Wilh. Bode. I. Thl. u. II. Thl. 1. u. 2. Abschnitt. 8. Leipzig 898. E. A. Seemann. Geb. in Leinw. n. 9. 50

I. Antike Kunst. (IV, 199 u. XXIV S.) n. 2. 50
II. 1. 2. Neuere Kunst. 1. u. 2. Abschn.: Sculptur u. Architectur. (552 S.) n. 7. —

Burckhardt, Jac., der Cicerone. Eine Anleitg. zum Genuss der Kunstwerke Italiens. 7. verb. u. verm. Aufl., unter Mitwirkg. v. C. v. Fabriczy u. anderen Fachgenossen bearb. v. Wilh. Bode. II. Thl. 3. Abschn. u. Register. 8. Leipzig 898. E. A. Seemann. Geb. in Leinw. n. 7. —; (kplt.: n. 16. 50)

Neuere Kunst. 3. Abschn.: Malerei. (S. 561—928.) — Register. (VII, 140 S.)

Der Cicerone. Eine Anleitung z. Genuss d. Kunstwerke Italiens von Jacob **Burckhardt.** 8. (verb. u. verm.) Aufl. unter Mitw. von C[ornel] v. Fabriczy u. and. Fachgenossen bearb. von Wilhelm Bode. Th. 1. 2. *Leipzig (& Berlin): E. A. Seemann 1900–01.* 4 Bde 8°

1. Antike Kunst. 1900.
2. Mittelalter u. neuere Zeit. 1901. Abschn. 1–4.
1. 2. Architektur u. Sculptur. 3. Malerei. 4. Register. [oı. 6137

— der Cicerone. Eine Anleitg. zum Genuss der Kunstwerke Italiens. 9., verb. u. verm. Aufl., unter Mitwirkg. von Fachgenossen bearb. von W. Bode u. C. v. Fabriczy. 2 Tle. in 3 Bdn. u. Register. 8. Leipzig 904. E. A. Seemann. Geb. in Leinw. n. 16. 50

1. Antike Kunst. (VIII, 316 S.) — 2. Mittelalter u. neuere Zeit. I. Architektur. II. Skulptur. III. Malerei. 2 Bde. (966 S.) — Register zum 2. Tl. (VIII, 164 S.)

Burckhardt (Jakob). — Der Cicerone. Eine Anleitung zum Genuss der Kunstwerke Italiens. – *Basel, Schweighauser'sche Verlagsbuchhdlg.* 1855. Gr. in-16 de XV et 1112 pp.

– *Nouv. éd. — Leipzig, E. A. Seemann*, 1901. 4 Bde in-8°.

Burckhardt, Jakob. Der Cicerone. Eine Anleitung zum Genuss der Kunstwerke Italiens. Neudruck der ersten Auflage. [Mit 1 Porträt-Tafel.] XXVIII [+ IV] + 1112 S. 8. Leipzig, E. A. Seemann, 1907. [in 3 Teilen, br. M. 12. —, geb. 16. —]

(Teil 1: Architektur. [Mit 1 Porträt-Tafel.]) XXVIII + 407 S. — (Teil 2: Sculptur.) II S. + S. 409—713. — (Teil 3: Malerei. [Nebst Gesamt-]Register.) II S. + S. 715—1112.

Burckhardt, Jacob. Der Cicerone. Eine Anleitung zum Genuss der Kunstwerke Italiens. 10., verbesserte und vermehrte Aufl., unter Mitwirkung von Fachgenossen bearb. von W(ilhelm) Bode und C v(on) Fabriczy. 2 Teile [in 4 Bänden]. 8. Leipzig, E. A. Seemann, 1909—1910. [*zus.* geb. M. 16. 50]

Teil 1: Antike Kunst. VIII + 227 S. 1909.
Teil 2: Mittelalter und Neuere Zeit. [4 Abschnitte.]
[Abschnitt] 1: Architektur. IV S. + S. 1—384. 1910. — [Abschnitt] 2: Skulptur. IV S. + S. 385 - 620. 1909. — [Abschnitt] 3: Malerei. IV S. + S. 621—1023. 1910. — [Abschnitt 4:] Register. VIII + 187 S. 1910.

— Conrad v. Hochstaden, Erzbischof von Köln und Gründer des Kölner Doms (1238 — 1261). gr. 8. Bonn 843, Habicht. 5/6 ₰

Burckhardt, Jacob Z. s. Einsegnung. Die E. des Herrn Samuel Preiswerk. Basel.

— Einsegnungsrede, s. Stockmayer, Imm., Antrittspredigt.

Burckhardt, J. Erinnerungen aus Rubens. In-8°. 334 S. m. Bildnis. Basel, C. F. Lendorff. 1897 geb. 6 85

Burckhardt, J. Erinnerungen aus Rubens. 2. Aufl. M. Portr. u. Biogr. d. Verf. In-8°. 331 S. Basel, C. F. Lendorff. 1898 6 ; geb. 7 15

Burckhardt, J. (Antistes), Festpredigt zur Feier der Schlacht bei St. Jakob. 8. Basel 844, Schneider. 1/12 ₰

— Festrede, s. Festreden bei d. 4. Säcularfeier d. Erfindung d. Buchdruckerkunst.

— Gegenreformation im untern Bisthum Basel. Basel 1885. 1 vol. 8.

— die Gegenreformation in den ehemaligen Vogteien Zwingen, Pfeffingen u. Birseck des untern Bisthums Basel am Ende des 16. Jahrh. Aus den Akten dargestellt. Ebend. 855. gr. 8. (VII, 200 S.) 20 ℳ

— Geschichte des Barockstiles nud des Rococo in Deutschland. Stuttgart 1889.
Sieh: C. Gurlitt, Geschichte d. Barockstiles ...

Burckhardt, J. und W. Lübke, Geschichte der neuern Baukunst, s. Kugler, F., Geschichte der Baukunst.

— u. Wilh. **Lübke,** Geschichte der neueren Baukunst. 2. durchgesch. u. verm. Aufl. Mit zahlreichen Illustr. in Holzschn. 1. Bd. A. u. d. T.: Geschichte der Renaissance in Italien von Jac. Burckhardt. gr. 8. (XVI, 414 S.) Stuttgart 878. Ebner & Seubert. n. 20. —

— Wilh. **Lübke** u. Cornelius **Gurlitt,** Geschichte der neueren Baukunst. 1.—4. Bd. u. 5. Bd., 1. Abth., u. 2. Abth., 1. u. 2. Thl. gr. 8. Stuttgart, Ebner & Seubert. n. 98. 80; geb. in Halbfrz. n. 120. —

1. Bd. Geschichte der Renaissance in Italien v. Jac. Burckhardt. 3. Aufl. Unter Mitwirkg. d. Verf. bearb. v. Heinr. Holtzinger. Mit 288 Illustr. (XVI, 404 S.) 891. n. 12. ; geb. n. 15. —
2. 3. Bd. Geschichte der Renaissance in Deutschland v. Wilh. Lübke. 2., verb. u. verm. Aufl. 2 Bde. Mit 382 Illustr. in Holzschn. (XIX, 524 u. XI, 534 S.) 882. n. 28. —; geb. n. 33. —
4. Bd. Geschichte der Renaissance in Frankreich v. Wilh. Lübke. 2., verb. u. verm. Aufl. Mit 163 Illustr. in Holzschn. (XIX, 448 S.) 885. n. 14. —; geb. n. 17. —
5. Bd. 1. Abth. Geschichte d. Barockstiles, d. Rococo u. d. Klassicismus. Von Cornelius Gurlitt. 1. Abth. Geschichte d. Barockstiles in Italien. Mit 217 Illustr. u. zahlreichen Zierleisten, Vignetten u. Initialen. (XVII, 561 S.) 887. n. 16. 80; geb. n. 20. —
5. Bd. 2. Abth. 1. Thl. Geschichte d. Barockstiles, d. Rococo u. d. Klassicismus in Belgien, Holland, Frankreich, England. Mit 125 Illustr. u. zahlreichen Zierleisten, Vignetten u. Initialen. (XI, 419 S.) 888. n. 12. 60; geb. n. 16. —
5. Bd. 2. Abth. 2. Thl. Geschichte d. Barockstiles u. d. Rococo in Deutschland. Mit 164 Illustr. u. zahlreichen Zierleisten, Vignetten u. Initialen. (VIII, 499 S.) 889. n. 15. 40; geb. n. 19.

— u. Wilh. Lübke, Geschichte der neueren Baukunst. 1. Bd. Lex.-8. Stuttgart 904. Esslingen, P. Neff Verl. n. 12.—; geb. in Leinw. n. 15.—
Geschichte der Renaissance in Italien. Von Jac. Burckhardt. 4. Aufl. Bearb. v. Heinr. Holtzinger. Mit 310 Illustr. (XVI, 419 S.)

— Wilh. Lübke, Cornel. Gurlitt u. Otto Schubert, Geschichte der neueren Baukunst. 8. Bd. Lex. 8. Esslingen 908. P. Neff. 25.—; geb. in Halbfrz. 28.—
Geschichte des Barock in Spanien. Von Otto Schubert. Mit 292 Abb. im Text u. 1 Doppeltaf. (XXIV, 425 S.)

Burckhardt, Jacob I. Kurze Geschichte der Reformation in Basel. Ein Beytrag zur dritten Säkular-Feyer, von Jakob Burkhardt, Obersthelfer. [Mit 1 Portrat-Tafel.] 8. Basel 1818.

Burchhardt, Jacob. Geschichte der Renaissance in Italien. Mit Illustrationen. Stuttgart 1868. 3. Auflage bearbeitet von Dr. Heinrich Holtzinger. Stuttgart 1890. 8°.

Burckhardt, J., Geschichte der Renaissance in Italien. 2. vom Verfasser selbst durchgesehene u. verm. Aufl. Mit 221 Illustrat. in Holzschn. Stuttgart 1878. 8°.

Burckhardt, Jac., Geschichte d. Renaissance in Italien. 3. Aufl., unter Mitwirkg. d. Verf. bearb. von Heinr. Holtzinger. Mit 261 Illustr. (In 10 Lfgn.) 1.—4. Lfg. gr. 8. (S. 1—192.) Stuttgart 890. Ebner & Seubert. à n. 1. 20

Burckhardt, Jacob. Geschichte der Renaissance in Italien. 4. Aufl. Bearb. von Dr. Heinrich Holtzinger.... Mit 310 Illustrationen. XVI + 419 S. gr.-8. Stuttgart, Paul Neff, 1904. [M. 12.—, geb. 15.—]
Geschichte der neueren Baukunst von J' B' und Wilhelm Lübke. Mit zahlreichen Illustrationen in Holzschnitt. Band 1.

— Gesch. d. Renaissance in Italien, 5. Afl. v. Heinr. Holtzinger, s: Geschichte d. neueren Baukunst.

Burckhardt, Jakob: De regnorum rerumque publicarum i n c r e m e n t o et decremento, Germanice: von Aufnahm und Abnehmen der Länder und Republiquen. (Resp.: Joh.Georg Fürderer). 35 S.– Basel, Jur.Diss.v. 14.Jan. 1701.

Burckhardt, J[acob] II. Die Kirche zu Ottmarsheim im Elsass. <Mit einer lithographirten Tafel>. Mittheil. Ges. Vaterl. Alterth. Basel. [Heft] 2. 4. [Basel] 1844.

Burckhardt, Jac., die Cultur der Renaissance in Italien. Ein Versuch. Basel 860. Schweighauser's Verlhdlg. gr. 8. (2 Bl., 576 S.) n. 2 ℛ 15 ngr

— die Cultur der Renaissance in Italien. Ein Versuch. 2, durchges. Aufl. Ebend. 869. Lex.-8. (VII, 464 S.) n. 2 ℛ 7½ ngr; geb. n. 2 ℛ 22½ ngr

—— die Cultur der Renaissance in Italien. Ein Versuch. 3. Aufl., besorgt von Ludw. Geiger. 2 Bde. gr. 8. (XII, 362; X, 380 S.) Ebendas. 877,78. à Bd. * ℳ 4,50. *

Burckhardt, Jac., die Cultur der Renaissance in Italien. Ein Versuch. 4. durchgeseh. Aufl., besorgt von Ludw. Geiger. 2 Bde. gr. 8. (XII, 326; X, 335 S.) Leipzig 885, Seemann. cart. in Leinw. * geb. in Halbfrz. *

Burckhardt, Jacob II. Die Cultur der Renaissance in Italien von J' B'. 5. Aufl., unveränderter Abdruck der vierten Auflage, besorgt von Ludwig Geiger. 2 Bände. 8. Leipzig 1896.

— d. Cultur d. Renaissance in Italien. 6. Aufl. Unveränd. Abdr. d. 4. Aufl., besorgt v. Ludw. Geiger. 2 Bde. gr. 8. (XII, 326 u. X, 335 S.) Ebd. 898. n. 10 —; in Leinw. kart. n. 12.—; geb. in Halbfrz. n. 14.—

[F.] Die Cultur der Renaissance in Italien. E. Versuch v. Jacob Burckhardt. 7. durchgearb. Aufl. v. Ludwig Geiger. Bd 1. 2. Leipzig: E. A. Seemann 1899. 2 Bde 8.
1. (XXII, 384 S.) 2. (1 Bl., VIII, 306 S.) 99. 79

— die Cultur der Renaissance in Italien. Ein Versuch. 8., durchgearb. Aufl. v. Ludw. Geiger. 2 Bde. gr. 8. (XXIV, 382 u. IX, 405 S.) Ebd. 901. n. 10. 50; geb. in Leinw. n. 12. 50; in Halbfrz. n. 14. 50
7. Aufl. (XXII, 384 u. VIII, 306 S.) Ebd. 899 z. gl. Preisen.

Die Kultur der Renaissance in Italien. Ein Versuch von Jacob Burckhardt. 9. (durchgearb.) Aufl. von Ludwig Geiger. Bd 1. 2. Leipzig: E. A. Seemann 1904. 2 Bde 8° [F.] 05. 10608

Burckhardt, Jacob. Die Kultur der Renaissance in Italien. Ein Versuch von J' B'. 10. Aufl. von Ludwig Geiger. 2 Bände. XXXII + 397 u. XII + 441 S. 8. Leipzig, E. A. Seemann, 1908. [zus. M. 10. 50, geb. 12. 50 u. 14. 50]

Burckhardt, Jacob. Griechische Kulturgeschichte von Jakob Burckhardt. Hrg. von Jakob Oeri. 4 Bände. 8. Berlin & Stuttgart, W. Spemann, (1898—1902).
1. Aufl., br. [Bände 1—3 à M. 7.—, Band 4. M. 11.—] —
2. [gleichzeitig erschienene Titel-]Aufl. *geb.* N 1394
Band 1. II + X + 370 S. (1898.) — Band 2. IV + 443 S. (1898.) — Band 3. II + VIII + 468 S. (1900.) [geb. à M. 8. 60]
Band 4. II + IV + 660 S. (1902.) [geb. M. 13.—]

— Griechische Kulturgeschichte. Hrsg. v. Jak. Oeri. 4 Bde. (1. Bd. XII, 374 S.; 2. Bd. 4. Aufl. 457 S.; 3. Bd. 3. Aufl. VIII, 468 S. u. 4. Bd. 3. Aufl. IV, 660 S.) gr. 8. Stuttgart 908. 09. W. Spemann. 36.—; geb. 44.—; auch in 24 Lfgn. à 1. 50)

Burckhardt, Jac., die Kunstwerke der Belgischen Städte. Erläutert. 8. Düsseldorf 842, Buddeus. ⅔ ℛ

Burckhardt, Jacob I. Leichenrede, gehalten bei der Beerdigung des Herrn Christoph Merian-Burckhardt, den 25. August 1858... [zu Basel]. von Jakob B', Antistes. 8. Basel.

Burckhardt, Jacob I. Leichenrede über 1. Mos. 32. 10, gehalten bei der Beerdigung des Herrn Jacob ImHof-Roschet, am 20. Febr. 1848... [zu Basel], von Jakob B', Antistes. 8. Basel 1848.

Burckhardt, Jacob I. Leichenrede über Offenbarung XIV. 13, gehalten bei der Beerdigung des (°*Umschlag:* Leichenrede bei der Beerdigung von) Herrn Oberst Benedikt Vischer, Freitags den 19. December 1856... [zu Basel]. von Jakob B', Antistes. 8. Basel.

Burckhardt, Jakob: De m o n o p o l i i s . (Resp.: Paul Schlumpf). 27 S.– Basel, Jur.Diss.v. 22.Mai 1700.

Burckhardt, Jacob I. Predigt über Johannes XI. 25. 26, gehalten bei der Leichenbestattung von Frau Emma Iselin geb. Bischoff, den 30. August 1853... [zu Basel]. von Jakob B', Antistes. 8. (Basel.)

Burckhardt, Jacob I. Predigt über Joh. XI. 25. 26., gehalten bei der Leichenbestattung von Frau Rosina Stuckert, geb. Burckhardt, Mittwochs den 17. März 1858 [zu Basel]. von Jakob B', Antistes. 8. [Basel].

Burckhardt, Jacob I. Predigt, gehalten bei der Leichenbestattung des Herrn Johannes Linder, gewesenen Archidiacons der Münster-Gemeinde zu Basel, Dienstags den 13. December 1853... [zu Basel]. von Jakob B', Antistes. 8. [Basel.]

Burckhardt, Jacob I. Predigt über Offenbarung 2. 10., gehalten bei der Leichenbestattung der Frau Maria Salome Hauser, Herrn Antistes Hieronimus Falkeysen gewesener Ehegattin, den 21sten Januar 1835 in der Kirche des Spitals [zu Basel]. von Jakob B', Obersthelfer. 8. Basel.

Burckhardt, Jacob I. Predigt über Philipper 1. 21, gehalten bei der Beerdigung von Herrn Joh[ann] Siegmund Alioth, Mittwochs den 8. Mai 1850... [zu Basel]. von Jakob B', Antistes. 8. Basel.

Burckhardt, Jak., Predigt über die Worte 1. Tim. 31., gehalten bei seinem Amtsantritte den 25. Nov. 1838 in d. Münsterkirche zu Basel. 8. Basel 838. Schneider. n. ⅛ ℛ

Burckhardt, Jacob I. Rede, gehalten bei der Beerdigung der Jungfrau Sara Bischoff, den 21. Januar 1852... [zu Basel]. von Jakob B', Antistes. 8. [Basel.]

— Rede u. Gebete, gehalten bei der Einführung des erneuerten E. großen Rathes den 2. Dec. 1839 im Münster zu Basel. .. Basel 839. Schneider. n. 1/12 Thlr

Burckhardt, Jacob Z. Die Stille der Seele zu Gott nach Psalm 62, Vers 2. dargestellt in einer Predigt (*Umschlag: Leichenrede), gehalten bei der Beerdigung von Frau M(aria) M(agdalena) Wieland geb. Schweighauser. Ehegattin des Herrn Bürgermeisters Johann Heinrich Wieland j. u. D. sel.. Montags den 3. Februar 1851 ... [zu Basel]. von Jakob B'. Antistes. 8. Basel.

Burckhardt, Jacob Z. Der Tod. der letzte Feind. der aufgehoben wird. Dargestellt in einer Predigt .... gehalten bei der Leichenbestattung der ... Frau Elisabeth Merian. geb. Burckhardt, gewesenen Ehegattin Herrn Eduard Merian. den 8 Juli 1836 ... [zu Basel]. von Jakob B'. Oberstheifer. 8. Basel.

Burckhardt, Jacob Z. Die Treue im Dienste des Herrn. dargestellt nach Apoc. 2. 10. ... [zu Basel]. den 20. September 1838.. als bei zahlreichem Geleite die Leiche des ... Herrn M. Hieronimus Falkeisen zur Erde bestattet wurde. Predigt. gehalten von Jakob B'. Oberstheifer. 4. Basel.

Burckhardt, Jac., die Zeit Constantin's des Großen. Basel 853. Schweighauser'sche Verlhdlg. gr. 8. (VIII, 512 S.) n. 1 Thlr 15 Ngr

Burckhardt, Jacob (Prof. Dr. in Basel). Die Zeit Constantin des Grossen. 2. verbesserte u. verm. Aufl. In-8°, VI u. 456 S. Leipzig, E. A. Seemann. 1880.

— die Zeit Constantins des Großen. 3. Aufl. Neudr. der 2. verb. u. verm. Aufl. gr. 8. (IX, 484 S.) Leipzig 898. E. A. Seemann. n. 6. —; geb. in Halbfrz. n. 8. —

Burckhardt, Jac. Chr. Quaestiones aliquot Caroli Martelli historiam illustrantes. 8. Basilae 1843

Burckhardt, Jean Louis. Zur Lehre der kleinen Dünndarmkarzinome. *Kopftitel:* Aus dem pathologisch-anatomischen Institut Basel.... 8. Wiesbaden, J. F. Bergmann, 1909.

Ausg. A: Diss. Med. Basel [Mit 5 Tafeln. Sep.-Abdr. aus: Frankfurter Zeitschrift für Pathologie.. . Band 3, Heft 3.] 47 S.

Ausg. B: Von Dr. med. J' L' B'. (Mit 9 Abbildungen auf den Tafeln XXXV—XXXIX.) Sonderabdruck aus der Fr' Z' für P'.... Band 3 Heft 3. II S. + S. 593—637.

Burckhardt, Joh.Balthasar: De c r i m i n e barattariae. 39 S.– Basel, Jur.Diss.v. 21.Dez.1733.

Burckhardt, Joh.Balthasar: Variae ex jure naturae et philosophia morali t h e s e s.(Resp.: Andreas Merian). 11 S.– Basel, Jur.Diss.v. 18.Nov.1727.

Burckhardt, Johann Carl: Formulae de serierum reversione d e m o n s t r a t i o universalis ..., s. R o t h e, Heinrich August

* Viro clarissimo *Henrico Augusto Töpfer* summos in Philosophia honores amicorum nomine gratulatur *Joannes Carolus Burckhardt.* Inest Methodus combinatorio-analytica evolvendis fractionum continuarum valoribus maxime idonea. Die VI Mart. a. C. 1794. Lipsiae ex officina Klaubarthia. 4. 16 S.

Burckhardt, Johann Gottlieb: Kirchengeschichte der Dt. Gemeinden in London nebst historischen Beyl. und Predigten. — Tübingen: Fues 1897. 216 S.

— Johann Gottlieb (Londini), Vindiciae lectionis *ΘΕΟΣ* 1. Tim. III. 16. e codice Alexandrino novi testamenti nuper a Woidio Londini edito. Disp. theol. Lpz. (Sommer) 23./24. VIII. 1786. 40 S. mit Faks. (4.80) 1708

Burckhardt, Joh. Glob. Ernst, Geschichte der deutschen Literatur. I. Die Poesie. Für Schulen u. zum Selbstunterrichte. 3. verb. Aufl. 8. (XI, 268 S.) Leipzig 876. Klinkhardt. n. 2. —

Burckhardt, Joh. Henr., [Basel]. Dissertatio inauguralis medica de actione ventriculi et eius morbis. 1498
Basel, Med. Diss. 1749.

Burckhardt, Joh.Jakob: O b s e r v a t i o n e s juridicae. 18 S.– Basel, Jur.Diss.v. 14.Nov.1752.

Burckhardt, Joh. Ludw., (nicht Burkhardt) Bemerkungen üb. d. Beduinen u. Wahaby, s. a. Bibliothek, neue, d. wichtigst. Reisebeschreibungen, 57. Bd.

Burckhardt, Johann Ludwig: Bemerkungen über die Beduinen und Wahaby, gesammelt während seinen Reisen im Morgenlande. Herausgegeben von der Gesellschaft zur Beförderung der Entdeckung des innern Africa. Aus dem Englischen. Weimar 1831. XII, 608 S., 1 Krt. 8°.

Burkhardt, (Joh. Lud.,) Reise in Nubien u. Arabien. 2 Thle. Mit 2 Kpf. 16. Darmst. 827, Leske.

—— Reisen in Arabien 2c., s. a. Bibliothek, neue, d. wichtigst. Reisebeschreibungen, 54. Bd.

(Burckhardt, Johann Ludwig): Johann Ludwig Burckhardt's Reisen in Arabien, enthaltend eine Beschreibung derjenigen Gebiete in Hedjaz, welche die Mohammedaner für heilig achten. Von der Londoner Gesellschaft zur Beförderung der Entdeckung des Innern von Africa herausgegeben. Aus dem Englischen übersetzt. Mit einer Charte und vier Grundrissen. Weimar 1830. XIV, 706 S. 8°.

— Reisen in Nubien 2c., s. a. neue Bibl. d. Reisebeschreibb. 24r Bd.

Burckhardt, Johann Ludwig, Reisen in Nubien, von der Londoner Gesellschaft zur Beförderung der Entdeckung des Innern von Afrika herausgegeben. Aus dem Englischen übersetzt. [= Neue Bibliothek der wichtigsten Reisebeschreibungen ... von F. J. Bertuch. 2. Hälfte der 1. Centurie. 24. Band.] Weimar 1820.

— Dies. f. d. Jugend bearb., s. Fr. Heldmann, Jugendbibl.

— Reisen in Nubien u. Arabien. (Aus d. ethnograph. Archiv besond. abgedr.) gr. 8. Jena 820. Bran. 2 Thlr 6 Gr

— Reisen in Syrien, s. a. n. Bibl. d. Reisebeschreibb. 34r u. 38r Bd.

— Dass., e. andere Uebersetzung. (Aus d. ethnograph. Archiv abgedr.) gr. 8. Jena 823. Bran. 1 Thlr 9 Gr

Burkhardt (J. L.), Reisen in Syrien und dem gelobten Lande. Aus dem Englischen. Jena 1822. 8.

Burckhardt, John Lewis. Reisen in Syrien, Palästina und der Gegend des Berges Sinai. A. d. Engl. ... Weimar 1823—24. Ü: *Kienäcker, A.* (ABJP) (BrMm)

(Burckhardt, Johann Ludwig): Johann Ludwig Burckhardt's Reisen in Syrien, Palästina und der Gegend des Berges Sinai. Aus dem Englischen. Herausgegeben und mit Anmerkungen begleitet von Wilhelm Gesenius. Mit Charten und vielen griechischen und semitischen Inschriften. Bd 1. 2. Weimar 1823 u. 1824. 2 Bde. X, 512; X, 658 S. 8°.

Burckhardt, Jh. Ldw., Arabische Sprüchwörter, od. die Sitten u. Gebräuche der neuern Aegyptier, erklärt aus den in Kairo umlaufenden Sprüchwörtern; übers. u. erläutert. Herausg. im Auftrage d. Gesellschaft zur Beförderung d. Entdeckung des Innern von Afrika von Will. Ouseley, deutsch mit e. Anmerkk. u. Registern v. H. G. Kirmß. gr. 8. Weimar 834. Industrie-Compt. 2 1/4 Thlr

Burckhardt, Joh.Rudolf: A d quamquam certitudinem veritates morales perscrutanti pervenire liceat, s. W e n t z, Ludwig (Praes.)

Burckhardt, Joh[ann] Rudolf Z [1738–1820]. Die heilsamen Arbeiten und die herrlichen Belohnungen evangelischer Lehrer wurden in einer christlichen Leichenrede, als ... M. Simon Grynäus den 7. Heumonats 1799 ... [in Basel] zur Erden bestattet wurde. betrachtet von M. Joh. R' Burkhardt .... 8. Basel.

Burckhardt, Joh. Rud. Über das Blut und das Athmen in physiologischer und allgemein pathologischer Hinsicht. (•Probeschrift•, [etwa der späteren Habilitationsschrift entsprechend]). 1645
Basel, Med. Diss. 1828.

Burckhardt. Joh[ann] Rudolf Z. Die heilsame Furcht. die verheissene Ruhe nicht zu versäumen. aus Hebr. IV. 1.. bey hochansehnlichem Leichengeleit des ... Herrn Daniel Legrand. des Handelsmanns ..., den 27 Augstm. 1797 ... [zu Basel] vorgetragen von Joh. R' Burkhardt .... 8. Basel.

Burckhardt. Joh[ann] Rudolf Z. Christliche Leichenrede über die Worte 2 Buch Mose XV. 26.. bei der Erdbestattung des ... Herrn Abel Socin. der Arzney Doctor ... den 24. Weinmonat 1808 ... [zu Basel] vorgetragen von Joh. R' B' .... 8. Basel.

Burckhardt, Joh. Rud., Basel. Specimen inaugurale medico-chirurgicum de transfusione sanguinis. 1621
Basel, Med. Diss. 1800.

Burckhardt, Johann Rudolf II [1798–1873] s. Stammbaum der Familie Burckhardt in Basel. Basel 1893.

Burckhardt, Joh. Rud., als Bewerber um die Professur f. theoret. Med. — Falkner, Ludw. Theses medicae [besonders über das Auge]. 1624
Basel, Med. Diss. 1804.

— **Johann Theophil** (Eisleben) u. **Benjamin Gotthelf Knothe** (Zittau), De memoria. Lpz. (Holl) 10. V. 1780. 44 S. (5.—) 4709
Gew.: Friedr. Ludw. Wurm (Gr.-Furra).

Burckhardt, Johann Wolffgang

— — **De illicitis militum conquisitionibus in territorio alieno earumque poenis. Diss. jur. Präs. Johann Adam Ickstatt. Würzburg (J. J. Chph. Kleyer) 23. V. 1738. 36 S. (5.—)** 4711
Gew.: Theodor Carl v. Ehrthal (Leuxendorff).

— **Johann Wolffgang** (Königshofen), Per verba Ehliche männliche Leibs-Erben in dispositione testamentaria lineum descendentium masculinam intelligi, consequenter eatenus fideicommissum familiae perpetuum introduci quaestionis inaug. Präs. Johann Adam Ickstatt. Würzburg (J. J. Ch. Kleyer) 23. V. 1738. 30 S. (5.—) 4710

Burckhardt, Johannes

Burckhardt, Joh., der Jungfrauenvereine Bedeutung u. Aufgabe f. das Reich Gottes, in der Kirche, f. Volk u. Vaterland. Vortrag bei der 15. Jahreskonferenz des Verbandes der evangel. Jungfrauenvereine Deutschlands in Bremen vom 18. bis 20. VI. 1907. (12 S.) 8. Berlin 907. (Buchh. des ostdeutschen Jünglingsbundes.) — 25

Der Jungfrauenvereine Bedeutung und Aufgabe für das Reich Gottes, in der Kirche, für Volk und Vaterland. Von P. Joh. **Burckhardt.** Vortrag bei d. 15. Jahreskonferenz d. Verb. d. ev. Jungfrauenvereine Deutschlands in Bremen 1907. Berlin: Verband 1907. (12 S.) 8° [J.] [08. ...]

Burckhardt, Joh., die Bedeutung der Persönlichkeit f. die Arbeit im Reiche Gottes m. besond. Berücksicht. der Vereinsleitung. Vortrag bei der Jahreskonferenz des Verbandes der evangel. Jungfrauenvereine Deutschlands in Stuttgart am 13. VI. 1906. (11 S.) gr. 8. Berlin 906. (Buchh. des ostdeutschen Jünglingsbundes.) n. — 25

P. Joh[annes] **Burckhardt.** Die Bedeutung der Persönlichkeit für die Arbeit im Reiche Gottes, mit besond. Berücks. d. Vereinsleitung. Vortrag bei d. Jahreskonferenz d. Verbandes d. evang. Jungfrauenvereine Deutschlands in Stuttgart 1906. Berlin: Verb. d. ev. Jungfrauenver. 1906. (11 S.) 8° [Umschlagt. J.] [07. ...]

Burckhardt, die soziale Bedeutung der weiblichen christlichen Liebesthätigkeit, s. a. Hefte der freien kirchlich-sozialen Konferenz. 5. Hft.

Die soziale Bedeutung der weiblichen christlichen Liebesthätigkeit. Referat von Pfarrer [Johannes] Burckhardt. u. Diskussion. Aus d. Verhandlungen d. Frauenkursus d. freien kirchl.-soz. Konferenz zu Berlin 1899. *Berlin: Berl. Stadtmiss. 1899.* (S. 23–41.) 8° [J.]
= Hefte d. freien kirchl.-sozialen Konferenz. H. 5. [...] [00. ...]

Die weibliche Diakonie und der Jungfrauenverein. Vortrag auf d. Berliner Vorständekonferenz geh. von Pfarrer [Johannes] Burckhardt. *Berlin: Verl. d. Vorständ.-Verb. 1898.* (16 S.) 8° [Umschlagt. J.] [... ...]

— **Der Dienst der Frau in Haus u. Gemeinde**, s.: Bausteine zum Aufbau des evangel. Gemeindelebens. I, 3.

Burckhardt, Joh., s.: Fürsorge f. die weibliche Jugend.

— **Gewinnung u. Ausbildung v. Berufsarbeiterinnen der inneren Mission.** Referat, auf der 1. Konferenz v. Berufsarbeiterinnen der inneren Mission in Berlin geh. (24 S.) gr. 8. Berlin 903. (Buchh. des ostdeutschen Jünglingsbundes.) n. — 25

Gewinnung und Ausbildung von Berufsarbeiterinnen der Inneren Mission. Referat, auf d. 1. Konferenz von Berufsarbeiterinnen d. Inneren Mission in Berlin geh. von Pfarrer Joh. **Burckhardt.** *Berlin: Vorstände-Verband 1903.* (24 S.) 8° [04. ...]

— s.: **Mädchen-Zeitung, deutsche.**

Burckhardt, Joh., s.: **Schlatter's, Anna, Briefe an ihre älteste Tochter.**

— **als die lebendigen Steine. (1. Petri 2, 5.) Abschiedsgruß an die Versöhnungsgemeinde. (188 S.) gr. 8. Berlin 904. M. Warneck.** n. 1. 20; geb. n. 2. —

Die Tochter Jephthas oder Dem Herrn geweiht. Ein Singspiel nach d. Heil. Schrift zsgest. f. Jungfrauenvereine u. christl. Gemeinschaften. (Verf.: [Pastor Johannes] **Burckhardt.**) Hrsg. vom Verband d. Ev. Jungfrauenvereine Deutschlands. 2. Aufl. Berlin: Selbstverl. d. Verbandes 1910. 16 S. 8° [11. ...]

Burckhardt, John Lewis, s. Burckhardt, Johann Ludwig

Burckhardt, Jos. Aufenthalt und Reisen in Mexiko in den Jahren 1825—34. Stuttgart 1836. 2 Bde.

Burckhardt, K., Geschichte d. Baselerischen Gesellschaft zur Beförder. d. Guten u. Gemeinnützigen, während d. ersten funfzig Jahre ihres Bestehens. Mit 1 Portr. 8. Basel 827. Neukirch. 14 gr

Burckhardt, K. R. Untersuchungen am Hirn und Geruchsorgan von Triton und Ichthyophis. Leipzig 1891.

Burckhardt, K. R. Histolog. Untersuchungen am Rückenmark der Tritonen. Bonn 1889.

Burckhardt, L.: Beiträge zur pathologischen Anatomie der hypertroph. Lebercirrhose, s. Abhandlungen, Münchner medizinische.

Burckhardt, Li[e]nhard] Emil. Reden bei der Beerdigung von Herrn Joseph Victor Baumann, Sonntag den 19. September 1852, gehalten (zu Gebweiler) von L. E. B.... 8. Basel.

Burckhardt, Louis, pract. Arzt von Basel: Beiträge zur Diagnostik und Therapie der congenitalen Knochendefecte an Vorderarm und Unterschenkel. (S.-A. aus: Jahrbuch für Kinderheilkunde. N. F. Bd 31 (S. 375—427)). Leipz. B. G. Teubner Dr. 1890. 58 S., 1 Bl., 2 Taf. 8.
Zürich, Med. Diss. [v. 8. Aug. 1890].

Burckhardt, **Louis.** Ueber den Einfluss der Scheidenbakterien auf den Verlauf des Wochenbettes. Aus der geburtshülflich-gynäkologischen Klinik in Basel. ⟨Sonder-Abdruck aus dem Archiv für Gynäkologie. Bd. 65, Hft. 1.⟩ 23 S. 8. [Berlin, A. Hirschwald, 1901.]

Burckhardt, Ludwig August

Burckhardt, L. A., der Kanton Basel, s. a. Gemälde, histor.-geograph.-statistisches d. Schweiz. 11. Hft. 1. Hälfte.

Burckhardt, L[u]dwig A[ugust]. Der Kanton Basel, historisch, geographisch, statistisch geschildert. Beschreibung seiner Lage, natürlichen Beschaffenheit, seiner Bewohner, politischen und kirchlichen Verhältnisse und Ortschaften. Ein Hand- und Hausbuch.... 1. [einzige] Hälfte: Basel-Stadttheil. [Mit illustriertem Umschlag.] 8. St. Gallen und Bern 1841.
Historisch-geographisch-statistisches Gemälde der Schweiz. Heft 11.

Burckhardt, Ludovicus Augustus [Basiliensis]: De Hieroclis Synecdemi codicibus commentatio ... Lipsiae, typ. B. G. Teubneri, 1892; 37 S. 8.
Jena, Phil. Fak., Inaug.-Diss. v. 1892

Burckhardt, L. A., und Ch. Riggenbach, die Dominikaner-Klosterkirche in Basel, s. Mittheilungen der Gesellschaft f. vaterländ. Alterthümer in Basel.

Burckhardt, L[udwig] A[ugust], und Riggenbach, Ch[ristoph]. Die Dominikaner-Klosterkirche in Basel. Mit 8 lith. Tafeln und 1 Holzschnitt. Mittheil. Ges. Vaterl. Alterth. Basel. [Heft] 6. 4. Basel 1855.

[Burckhardt, Ludwig August.] Bischof Heinrich von Thun (B. von Basel). Mit 1 Vignette und 1 Tafel.) (Njbl. Basel 1854.) 4. [Basel.]

Burckhardt, L. A., die Hofrödel von Dinghöfen Baselischer Gotteshäuser und andrer am Ober-Rhein. Basel 860. (Bahnmaier). Lex.-8. (255 S.) n. 2 ₰

[Burckhardt. Ludwig August.] Notizen über Kunst und Künstler zu Basel. Als Zugabe zur diessjährigen Kunst-Ausstellung vom Kunst-Verein hrg. 8. Basel 1841.

[Burckhardt. Ludwig August.] Die Zünfte und der Rheinische Städte-Bund. [Mit Anhang, 1 Vignette und 1 Tafel.] (Njbl. Basel 1856.) 4. [Basel.]

Burckhardt, Lukas: De justitia ingenere, s. Wentz, Ludwig (Praes.)

Burckhardt, M., Aufgabenheft f. Formenkunde (Raumlehre—Geometrie), s.: Zeißig, E.

Burckhardt, Max, s.a. Burckhard

Die Lehrerwahl und andere Humoresken zumeist aus d. Schul- u. Lehrerleben von Max Burckhardt-Naumburg. Naumburg a. S.: E. Schöler 1906. (152 S.) 8° [F.] [06. 8,8, 8

Burckhardt, Max, Revolution z. ewigen Frieden. 1. Tl. m. e. Vorspiel. 8. (88 S.) Zürich (Klingenstr. 9) 895. (E. C. Weber.) n. 1. 50

Burckhardt, Max. Untersuchungen über Blutdruck und Puls bei Tuberkulösen in Davos. Diss. Med. Basel. [Mit 20 Figuren. — Separat-Abdruck aus: Deutsches Archiv für klinische Medicin. Band 70.] IV + 44 S. 8. Naumburg a. S., Lippert & Co., 1901.

Burckhardt, Max. Die Verbreitung der Tuberkulose in der Stadt Basel, mit besonderer Berücksichtigung der Wohnungsverhältnisse. [Mit 3 Plänen.] 4.

In: Zeitschrift für schweizerische Statistik. Jahrg. 42.... 1906. Band 1. Liefg. 2. Bern, Komm. A. Francke, 1906. S. 185—197.

Burckhardt, Max. Über Vererbung der Disposition zur Tuberkulose. Vortrag, gehalten in der medizinischen Gesellschaft zu Basel am 18. Juni 1903. Separat-Abdruck aus der Zeitschrift für Tuberkulose und Heilstättenwesen.... Band 5. Heft 4. 1904. [Mit Figuren.] II S. + S. 297—305. 4. Leipzig, Johann Ambrosius Barth.

Burckhardt, Max Eugen, s. Burckhard

Burckhardt, *Moritz Arthur* [Cand. rev. min.]: Luthers Vorstellungen von der Entstehung und Entwickelung des Papsttums. Leipzig, Druck v. C. G. Naumann, *1895;* 19 S. 4.
Leipzig, III. st. R, OP 1895 (582)

Burckhardt, Otto, Beitrag zur Lehre v. den Grenztumoren v. Conjunctiva u. Cornea, s.: Mittheilungen aus Kliniken u. medicinischen Instituten der Schweiz.

Burckhardt, Dr. Otto: Über Fäulnisfieber im Wochenbett. Leipzig 1899. 43 S. 8°. (S.-A. aus Beiträge zur Geburtshilfe und Gynäkologie. Bd. II, Heft 2, S. 193—235.)
Basel. Med. Hab.-Schr. 1899/1900.
Keine offizielle Publikation

Burckhardt, O[tto]. Ueber Lungentuberculose und Schwangerschaft, nach Beobachtungen im Hochgebirge. Von Dr. O. B' in Arosa. Sonderabdruck aus der «Deutschen Medizinischen Wochenschrift» [Jahrg. 31,] 1905, No. 24.... II + 12 S. 8. (Leipzig, Georg Thieme.)

Burckhardt, Paul, Basels Eintritt in den Schweizerbund 1501. Festschrift zur Bundesfeier 1901. Hrsg. v. der Commission zum Neujahrsblatt. gr. 8. (46 S. m. Abbildgn. u. 1 Lichtdr.-Taf.) Basel 901. Helbing & Lichtenhahn. n. — 80

Burckhardt, Paul. Basels Eintritt in den Schweizerbund. 1501. Festschrift zur Bundesfeier 1901. Hrg. von der Commission zum Neujahrsblatt. ([Mit 1 Tafel von] Burckh[ard] Mangold, [illustriertem Umschlag und 7 Vignetten].) 46 S. 8. Basel, R. Reich, 1901. [fr. 1. —]

[*Sonder-Ausgabe des:* 79. Neujahrsblatt hrg. von der Gesellschaft zur Beförderung des Guten und Gemeinnützigen 1901.]

Burckhardt, Paul. Basels Eintritt in den Schweizerbund 1501. ([Mit 1 Tafel von] Burckh[ard] Mangold [und 1 Vignette von] M[ax] Oser.) 33 S. 4. Basel, R. Reich, 1901. [fr. 1. —]

79. Neujahrsblatt hrg. von der Gesellschaft zur Beförderung des Guten und Gemeinnützigen 1901.

— dasselbe, s.a. Neujahrsblatt, hrsg. v. der Gesellschaft zur Beförderung des Guten u. Gemeinnützigen. 1901.

Burckhardt, Paul: Die Gesch. d. Stadt Basel 1833—48, s: Neujahrsblatt, hrsg. v. d. Gesellsch. z. Beförderg d. Guten u. Gemeinnützigen.

Burckhardt, Paul. Geschichte der Töchterschule in Basel, besonders während der ersten Jahrzehnte ihres Bestehens. Beilage zum Bericht der Töchterschule (Schuljahr) 1905-1906. 72 S. 4. (Basel, G. Krebs, 1906.)

Burckhardt, Paul [aus Basel]: Die Politik der Stadt Basel im Bauernkrieg des Jahres 1525. Basel 1896. 132 S. 8°.
Basel. Phil. Diss. 1896/97.

Burckhardt, Paul, d. Basler Täufer. Ein Beitrag z. schweizer. Reformationsgeschichte. gr. 8. (XI, 125 S.) Basel 898. R. Reich. n. 2. —

Burckhardt, R., Antrittspredigt, s.: Werk, das, e. Evangelisten.

Burckhardt, R., üb. Aepyornis, s.: Abhandlungen, paläontologische.

Burckhardt, R: Schulk. v. Kgr. Sachsen. Bearb. u. gezeichnet nach „reiner Reliefmethode". 1:680,000. 82×86 cm. Farbdr. Chemnitz-Gablonz 07. Chemn., H Schön. nn — 15; auf Pappe nn — 30

Burckhardt, R., Die Skizze und schriftliche Meldung bei Erkundungsübungen, In 10 Taf. n. Anleitg. zsgest. f. d. Unterricht b. d. Jugendwehr, Reichenbach i. V., 4 S., 10 Taf., 1 Maßstab, 8°.

Burckhardt, Rob., die praktische Leder-Erzeugung (VII, 142 S. m. 82 Abbildgn.) 8. Wien 903. A. Hartleben. n. 2. 70; geb. n. 3. 50

Burckhardt, Rudolf

Burckhardt, Rud., Alkohol u. Lebenskunst. Vortrag, geh. am 30. IX. 1909 an der Jahresversammlg. des Berliner Zentralverbandes zur Bekämpfg. des Alkoholismus, im Landeshaus der Prov. Brandenburg zu Berlin, u. am 10. I. 1910 an der Jahresversammlg d. Berliner Frauenvereins gegen d. Alkoholismus, im selben Hause. (24 S.) kl. 8). Karlsruhe (910. Stuttgart, Verl. f. Volkskunst. — 50

— Alkoholismus u. Volksgesundh. Wegweiser durch d. wissenschaftl. Sondergruppe Alkoholismus auf d. internat. Hygiene-Ausstellg zu Dresden '11. (3. Taus.) (16, 95 m. eingedr. Kurven u. 11 Abb.) gr8° Berl., Mässigkeits-Verl. '11. 1 —

Burckhardt, Rud[olf]. (Fritz) Mauthners Aristoteles. Offener Brief an Herrn Georg Brandes von Rud. B' [Prof. in Basel]. II + 16 S. gr.-8. (Basel, Emil Birkhäuser, 1904.) [fr. 1. —]

— Mauthners Aristoteles. Offener Brief an Hrn. Georg Brandes. (16 S.) Lex.-8. Basel (904). (München, E. Reinhardt.) n. 1. —

Burckhardt, Rudolf, aus Basel (Schweiz): Ein Beitrag zur Kunstgeschichte Venedigs. Cima da Conegliano. Ein venezianischer Maler d. Übergangs vom Quattrocento zum Cinquecento. (Abschnitt 1, Kap. 2.) *(Berlin 1904: G. Schade.)* (28 S.) 8° ¶ (Soll vollst. erscheinen.)
Berlin, Phil. Diss. v. 25. Juni 1904

— Die Beziehgn d. Alkoholfrage z. deut. Arbeiterversicherg nach geschichtl. Entwicklg u. grundsätzl. Bedeutg. (8, 90) Lex8° Berl., C Heymann '11. 2 —

— Meister Eduard v. Gebhardts Bilder in d. Friedenskirche zu Düsseldorf. (23 S. m. Abbildgn.) Lex. 8. Stuttgart 907. J. F. Steinkopf. — 60
Sonderabdruck aus „Christl. Kunstblatt".

Burckhardt, Rud[olf]. Über antike Biologie. Vortrag, gehalten an der dreiundvierzigsten Jahresversammlung des Vereins schweizerischer Gymnasiallehrer, 4. und 5. Oktober 1903 in Baden. Separatabdruck aus dem 34. Jahresheft des V' schweiz. G'. II + 19 S. 8. Aarau, H. R. Sauerländer & Co., 1904.
Mit Beilage: Diskussion über den Vortrag.... 1 S.

Burckhardt, Rudolf. Die Biologie der Griechen. Sonderabdruck aus «Bericht der Senckenbergischen Naturforschenden Gesellschaft in Frankfurt a. M.» 1904. IV + 26 S. 8. Frankfurt a. M., Gebrüder Knauer, 1904.

Burckhardt, Rudolf. Biologie und Humanismus. Drei Reden. ([Von] Professor R' B' (Basel). 88 S. 8. Jena, Eugen Diederichs, 1907. [M. 2.—]

Mauthners offener Brief an Herrn Georg Brandes von Rud. Burckhardt. (Basel 1904: E. Birkhäuser.) (16 S.) 8° [Umschlagt.]

Burckhardt, Rud., Cima da Conegliano, s. a. Monographien, kunstgeschichtliche. II.

Burckhardt, Rudolf. Cima da Conegliano. Ein venezianischer Maler des Übergangs vom Quattrocento zum Cinquecento. Ein Beitrag zur Kunstgeschichte Venedigs. ⟨Abschnitt 1. Kapitel 2.⟩ Diss. Phil. Univ. Berlin. [Mit Vita.] Von R' B' aus Basel ⟨Schweiz⟩. 29 S. 8. (Berlin, Gustav Schade,) 1904.

Burckhardt, Rudolf. Cima da Conegliano. Ein venezianischer Maler des Übergangs vom Quattrocento zum Cinquecento. (Ein Beitrag zur Geschichte Venedigs.) Von R' B' (Basel). Mit 31 [*d. i.* 36] Abbildungen. 144 + *illustr. Verlags-Prospekt* 32 S. 8. Leipzig, Karl W. Hiersemann, 1905. [cart. M. 12. —]
Kunstgeschichtliche Monographien. (Bd.) 2.

— Organisierte Fürsorge f. Trinker u. ihre Familien. Ratschläge f. die Arbeit in den Trinkerfürsorgestellen. 1.—3. Aufl. (32 S.) 8. Berlin 909. 10. Mäßigkeits-Verlag. —40

— Eduard v. Gebhardt. Ein Gedenkblatt zu seinem 70. Geburtstag am 18. VI. 1908. Mit 9 z. Tl. unveröffentlichten Bildern. (18 S.) Lex. 8. Göttingen 908. Vandenhoeck & Ruprecht. —50
Sonderabdruck aus „Monatschr. f. Gottesdienst u. kirchl. Kunst".

s.: Gebhardt's, Eduard v., Wandgemälde in der Friedenskirche zu Düsseldorf.

Burckhardt, Rud[olf]. Zur Geschichte der biologischen Systematik. (Separatabdruck) Aus dem 16. Bande der Verhandlungen der Naturforschenden Gesellschaft in Basel. II S. + S. 388—440. 8. Basel, Emil Birkhäuser, 1903.

— Gesch. d. Zool., s. a. Sammlung Göschen 357.

Burckhardt, Rud[olf]. Geschichte der Zoologie. 156 S. 8. Leipzig, G. J. Göschen, 1907. (geb. M. —. 80)
Sammlung Göschen. (Nr. 357.)

— s.: Gipsabgüsse, die, in der Skulpturhalle zu Basel.

Burckhardt, Rudolf: Die Gipsabgüsse in der Skulpturhalle ..., s. Bernoulli, Johann Jacob

Burckhardt, Rudolf. Magister Johannes Beatus Helius, erster Gymnasiarcha zu Basel. Progr. 8. Basel 1860.

Burckhardt, Rudolf. Katalog der Gemäldesammlung von Frau Prof. J[ohann] J[acob] Bachofen-Burckhardt [in Basel], verfasst von R' F[riedrich] Burckhardt. [Mit 14 Abbildungen im Text und 74 Tafeln.] 160 S. 4. Basel, Schweighauserische Buchdr., 1907.
(Die Lichtdrucktafeln wurden in der Lichtdruckanstalt A. Ditisheim in Basel nach Photographien aus dem Atelier Aug. Höflinger in Basel angefertigt. — *Ex. No* 19.)

Burckhardt, Rudolf. Mode und Methode in der Erforschung der organischen Natur. Vortrag, gehalten an der fünfundvierzigsten Jahresversammlung des Vereins schweizerischer Gymnasiallehrer, 8. und 9. Oktober 1905 in Baden. Separatabdruck aus dem 36. Jahresheft des Vereins schweizerischer Gymnasiallehrer. II S. + S. 46—59. 8. Aarau, H. R. Sauerländer & Co., [1906].

Burckhardt, Rud., der Nestling v. Psophia crepitans u. das Jugendkleid v. Rhinochetus jubatus, s. a. Acta, nova, academiae etc. naturae curiosorum. 79.

Der Nestling von Psophia crepitans und das Jugendkleid von Rhinochetus jubatus. Von Rudolf Burckhardt, Prof. in Basel. Mit 2 Taf. No 1. 2. *Leipzig: W. Engelmann in Comm. 1901.* (11 S.) 4°
— Acta, Nova, Academiae Caes. Leopoldino-Carolinae. Bd 79, No 1.

— der Nestling v. Rhinochetus jubatus, s. a. Acta, nova, academiae etc. naturae curiosorum. 77. III.

Der Nestling von Rhinochetus jubatus. Ein Beitrag z. Morphologie d. Nestvögel u. z. Systematik d. Rhinochetiden von Rud. Burckhardt in Basel. Mit 6 Textfig. u. 1 Taf. *Leipzig: W. Engelmann in Comm. 1900.* (50 S.) 4°
— Acta, Nova, Academiae Caes. Leopoldino-Carolinae. T. 77, No 3.

Das Pestalozzihaus für Jugendhilfe und Gemeindepflege zu Düsseldorf. Von Rudolf Burckhardt. Mit 3 Kunstbl. u. 5 Textbild. Düsseldorf: Pestalozzihaus 1908. 8 S. 8° [Umschlagt.]
Aus: Christl. Kunstblatt f. Kirche, Schule u. Haus. Nov. 1908

Burckhardt, RF: Basler Plastik a. d. Zeit d. Spätgotik. Hochaltar a. d. Kirche zu Rodels im Domleschg, s: Jahresberichte u. Rechnungen d. Vereins f. d. histor. Museum u. f. Erhaltg basler. Altertümer.

— s.: Psalter, mein.

Burckhardt, Rudolf. Das koische Tiersystem, eine Vorstufe der zoologischen Systematik des Aristoteles. Separatabdruck aus den Verhandlungen der Naturforschenden Gesellschaft in Basel. Band 15) Heft 3. II S. + S. 377—414. 8. ([Basel, Emil Birkhäuser,] 1904.

Burckhardt, Rudolf. von Basel: Ueber Verbindungen der Maleïnsäure mit Phenolen. Zür. Orell Füssli Cie Dr. 1885. 51 S. 8°.
Zürich, Phil. Diss. [v. 13. Juli 1885].

[Burckhardt, Rudolf, Pfr.] Weihnachtsgruss an die Besucher der Ev(angelischen) Kapelle in Baden. Für ihre Freunde als Manuskript gedruckt. [Illustriert.] II + 16 S. 8. [Basel, Fr. Reinhardt,] 1902.

Burckhardt, Rudolf. Wir wollten Jesum gerne sehen. Erlebnisse und Betrachtungen von Rudolf Burckhardt. Mit einem Vorwort von Prof. Dr. C[onrad] von Orelli, und 8 Illustrationen nach Originalaufnahmen. VIII + 192 S. 8. Basel, Friedrich Reinhardt, (1901). [geb. fr. 2. 50]

Burckhardt, Rudolf. Wir wollten Jesum gerne sehen. Erlebnisse und Betrachtungen. Mit einem Vorwort von Prof. Dr. C[onrad] von Orelli, und 8 Illustrationen nach Originalaufnahmen. 2. Aufl. VIII + 192 S. 8. Basel, Friedrich Reinhardt, (1902). [geb. fr. 2. 50]
Titel und Einleitung neu, sonst = der 1. Aufl.

Burckhardt, Rud., das Centralnervensystem v. Ceratodus forsteri, s.: Bing, Rob.

Burckhardt, Rud. Das Centralnervensystem v. Protopterus annectens. Eine vergleichend-anatom. Studie. gr. 8. (64 S. m. 5 Taf.) Berl. 892. Friedländer u. Sohn. 10 —

— Das Zentral-Nervensystem der Selachier als Grundlage f. d. Phylogenie des Vertebratenhirns, s. a. Acta, nova, academiae etc. naturae curiosorum. 73, II.

Burckhardt, Rud[olf]. Das Zentral-Nervensystem der Selachier als Grundlage für eine Phylogenie des Vertebratenhirns. Von Prof. Rud. B' [von Basel].... Teil 1: Einleitung und Scymnus lichia. Mit 5 Tafeln Nr. I—V und 64 Textfiguren. S. 241—449. 4. Halle, Druck Ehrhardt Karras, H' a. S.; Für die Akademie: Komm. Wilh. Engelmann, Leipzig, 1907. [M. 21. —]
Nova Acta. Abh. der Kaiserl. Leop.-Carol. Deutschen Akademie der Naturforscher. Band 73. Nr. 2.

Burckhardt, Rudolf Friedrich, s. Burckhardt, Rudolf

— S. Unsre gute Zuversicht für unsre Konfirmanden. In-8°. 8 S. St. Gallen, Buchhandlung der Evang. Gesellschaft. 1892 — 15

Burckhardt, Th., s. Burckhardt-Biedermann, Theophil

Burckhardt, Theoph., Caecili Rhetoris fragmenta, collegit, disposuit, commentatus est. Dissert. philolog. Basel 863. (Balmer & Riehm.) gr. 8. (2 Bl., 54 S.) n. 8 ngr.

Burckhardt, Dr. med. U., Das Buch der jungen Frau. Rathschläge für Schwangerschaft, Geburt und Wochenbett. 4. verbesserte Auflage. 8. (XII, 174 S.) 1.24

– Dass., s.a. Burckhardt, H.

Burckhardt, W, s: Jahrbuch, Politisches, d. schweiz. Eidgenossensch.

Burckhardt, W., Lehrbuch der Stereometrie. Für das Selbststudium bearb. Mit vielen in den Text gedr. Holzschn. gr. 8. (VI, 133 S.) Leipzig 886. Greßner & Schramm. n. 7. 50

Burckhardt, W. Die rechtliche Natur der Personenverbände im schweizer. Obligationenrecht. In-8°. 120 S. Bern. These. 1897

Burckhardt, W., s. Oberlin's, Jh. Fr., vollständ. Lebensgeschichte.

Burckhardt, W., mathematische Unterrichts-Briefe. Für das Selbst-Studium Erwachsener. Mit besonderer Berücksichtigung der angewandten Mathematik unter Mitwirkung hervorragender Fachmänner u. Gelehrten hrsg. (In 8 Cursen à ca. 20 Briefe.) 1—35. Brief. gr. 8. (628 S. m. eingedr. Holzschn.) Leipzig 881. 82. Greßner & Schramm. à n. 1. —

— mathematische Unterrichts-Briefe. Für das Selbst-Studium Erwachsener. Mit besond. Berücksicht. der angewandten Mathematik. 36—64. Brief. gr. 8. (S. 629—1132.) Ebend. 883. 84. à n. 1. —

Burckhardt, W., u. Frz. **Blank**, mathematische Unterrichts-Briefe. Für das Selbst-Studium Erwachsener. Mit besond. Berücksicht. der angewandten Mathematik unter Mitwirkg. hervorrag. Fachmänner u. Gelehrten bearb. 2., verb. Aufl. I.—IV. Kursus 1. Abth. = 1.—81. Brief. gr. 8. Gera 892—894. C. B. Griesbach's Verl. à Brief n. — 60

I. Kursus = 1.—26. Brief. Arithmetik u. Algebra I. Planimetrie I u. II. (S. 1—452 m. Fig.) In Carton. n. 15. 60
II. Kursus = 27.—50. Brief. Arithmetik II. Planimetrie III. Trigonometrie. (S. 453—912 m. Fig.) In Carton. n. 14. 40
III. Kursus = 51.—64. Brief. Analytische Geometrie. Arithmetik III. (S. 913—1144 m. Fig.) In Carton. n. 8. 40
IV. Kursus 1. Abth. = 65.—81. Brief. Stereometrie u. Mechanik. (S. 1145—1416 m. Fig.) In Carton. n. 10. 20

— dass. 4. Kurs.. s.a.Blank. F.

! — dass. Restvorräte d. 2. Afl. Jetzt: Jena, O Heinrich. 91/9!

Burckhardt, W., u. C. L. **Blank**, mathematische Unterrichts-Briefe f. das Selbst-Studium Erwachsener. Mit besond. Berücksicht. der angewandten Mathematik. Unter Mitwirkg. hervorrag. Fachmänner u. Gelehrter bearb. I. Kurs. 4. Aufl. 1.—9. Brief. (S. 1—160 m. Fig.) gr. 8. W.-Jena (908). Hildburghausen, Thüringer Verlagsanstalt. à — 60

Burckhardt, W, u. CL Blank: Mathemat. Unterrichts-Briefe f. d. Selbststud. Erwachsener. Mit bes. Berücks. d. angewandten Math. 5 Kurse. 4. Afl. u. Sachregister. 2. Afl. (Einbd: Burckhardt-Blanks-Hartdegen: Math. Unterr.-Briefe. 3. u. 4. Afl.) (Mit Fig.) gr8° W.-Jena ('12). Chemn.-Gablenz, Thüringer Verl.-Anst. in 6 Kartons 68.50 d
Der Umschlag d. 5. Kurs. trägt d. Titel: Math. Unterr.-Briefe. Methode Burckhardt-Blank.

1. (Brief 1—26). Arithmetik u. Algebra I, Planimetrie I u. II. Brief 1—9. Planimetrie I. Von W Burckhardt u. CL Blank. (1—160) 5.40 ‖ Brief 10—20. Arithmetik u. Algebra I. Von W Burckhardt. (161—348) 6.60 ‖ Brief 21—26. Planimetrie II. Von W Burckhardt. (349—452) 3.60 (1. Kurs. vollst. in Karton 15.60)
2. (Brief 27—50). Arithmetik II, Planimetrie III u. Trigonometrie von W Burckhardt. Brief 27—42. Arithmetik II. (453—760) 9.00 ‖ Brief 43—45. Planimetrie III. (757[!]—820) 1.80 ‖ Brief 46—50. Goniometrie u. Trigonometrie. (821—912) 3 — (2. Kurs. vollst. in Karton 14.40)
3. (Brief 51—64). Analyt. Geometrie u. Arithmetik III. Von W Burckhardt. Brief 51—60. Analyt. Geom. (901[!]—924; 937—1080) 6 — ‖ Brief 61—64. Arithmetik III. (1081—1144) 2.40 (3. Kurs. vollst. in Karton 8.40)
4. I. Abt. (Brief 65—81). Stereometrie. Von Frz Blank. (1145—1416) in Karton 10.20
4. II. Abt. (Brief 82—100). Sphär. Trigonometrie u. Mechanik. Von Fr. Blank. (1417—1719) in Karton 11.40
5. Anh. (Brief 101—110). Differential- sowie Integralrechng. Von Ferd. Hartdegen. (1720—1898) in Karton 6 —; Sach-Register u. alphabet. Inhaltsverz. 2. Afl. (66) 2.50

— die Verbreitung der Cholerafeuche u. ihre Ursachen. 8. (III, 47 S.) Ebend. 886. n. — 80

Burckhardt, Waldemar: Kant's objectiver Idealismus. *Naumburg a. S. 1898: Lippert & C.* (31 S.) 8°
Greifswald, Phil. Diss. v. 12. Febr. 1898

Burckhardt's, Walter, letzte Predigt, geh. in der Sophienkirche am Sonntag Sexagesimä, 9. Febr. 1890. gr. 8. (8 S.) Berlin 891. Vaterländ. Verlags-Anstalt. n. — 10

— wirket, so lange es Tag ist! Ein Jahrgang Predigten. Mit e. Vorwort v. Stöcker. gr. 8. (IV, 524 S.) Berlin 891. Buchhandlg. der Berliner Stadtmission. n. 2. —; geb. n.n. 3. —

Wirket, so lange es Tag ist! Ein Jahrgang Predigten von Walter **Burckhardt**, weil. Pastor in Berlin. Mit e. Vorw. von Hofpred. a. D. [Adolf] Stöcker. 2. Aufl. *Berlin: Berl. Stadtmiss. 1900.* (539 S.) 8° [5.!
[4. 6734

Burckhardt, Walter Hermann, bacc. jur., Referendar: Das Urteil auf Leistung Zug um Zug und seine Vollstreckung. Leipzig: Wigand 1909. VIII, 71 S. 8°
Leipzig, Jur. Diss. v. 22. Juli 1909
[Geb. 31. Juli 83 Chemnitz; Wohnort: Chemnitz; Staatsangeh.: Sachsen; Vorbildung: Gymn. Chemnitz Reife O. 04; Studium: Berlin 1, Freiburg i. B. 1, Leipzig 1, Freiburg i. B. 1, Leipzig 3 S.; Rig. 30. Juni 08.] [U 09. 2409

Burckhardt, W[alther]. Consultation sur le recours [Caspar] Spählni [*d. i.* Späni] donnée au Département fédéral des postes et chemins de fer. (1905 mars 7.) 39 p. 8. [Berne, K. J. Wyss.]

Burckhardt, W[alther]. Kommentar der Schweiz. Bundesverfassung. Liefg. 1: Einleitung. – Artikel 1-9. II + 128 S. 8. Bern, Stämpfli & Cie., 1904. [cpl. in 6 Liefg. à fr. 3. —]

Burckhardt, W[alther]. Kommentar der Schweiz. Bundesverfassung. Liefg. 2: Artikel 9—28. II S. + S. 129—256. 8. Bern, Stämpfli & Cie., 1904. Komplett in 6 Liefg. à fr. 3. —

Burckhardt, W[alther]. Kommentar der Schweiz. Bundesverfassung. Liefg. 3: Artikel 28—43. II S. + S. 257—384. 8. Bern, Stämpfli & Cie., 1904. Komplett in 6 Liefg. à fr. 3. —

Burckhardt, W[alther]. Kommentar der Schweiz. Bundesverfassung. Liefg. 4: Artikel 43—50. II S. + S. 385—512. 8. Bern, Stämpfli & Cie., 1905. Komplett in 6 Liefg. à fr. 3. —

Burckhardt, W[alther]. Kommentar der Schweiz. Bundesverfassung. Liefg. 5: Artikel 50—61. II S. + S. 513—640. 8. Bern, Stämpfli & Cie., 1905. Komplett in 6 Lieferungen à fr. 3. —

Burckhardt, W[alther]. Kommentar der Schweiz. Bundesverfassung. Liefg. 6: Artikel 61—89. II S. + S. 641—768. 8. Bern, Stämpfli & Cie., 1905. Komplett in 7 Lieferungen à fr. 3. —

Burckhardt, W[alther]. Kommentar der Schweiz. Bundesverfassung vom 29. Mai 1874. (7 Lieferungen.) VIII + 912 S. 8. Bern, Stämpfli & Cie., (1904—)1905. (Komplett in 7 Lieferungen à fr. 3. —; [*cpl. Bd.* geb. 23. 50])
(Liefg. 1—3: Einleitung [und] Artikel 1—43.) S. 1—384. (1904.)
(Liefg. 4—7: Artikel 43 ... bis Schluss.) VIII S. + S. 385—912 (1905.)

Burckhardt, W[alther]. Die Prüfung der Verfassungsmässigkeit der Gesetze und Verordnungen durch den Richter nach bernischem Recht. Gutachten im Auftrage der Justizdirektion des Kanton Bern verfasst. Separatabdruck aus der Zeitschrift des bern. Juristenvereins, Bd. 44, ... 1908, Heft 5 und 6. 34 S. 8. [Biel, W. Gassmann.]

Burckhardt, (W[alther]). Der Rekurs an die Bundesversammlung gegen verfassungswidrige Verfügungen des Bundesrates. Gutachten in Sachen [Caspar] Spälhni [*d. i.* Spälni], erstattet an das eidgen. Post- und Eisenbahndepartement. II + 35 S. 8. Bern, Stämpfli & Cie., 1905. [fr. —. 60]

Burckhardt, Wilhelm

Burckhardt, Wlh., Gebhard Lebrecht v. Blücher, preuß. Feldmarschall u. Fürst v. Wahlstatt. Nach Leben, Reden u. Thaten geschildert. Mit 2 Abbildd. u. 1 Bildn. Lex.-8. Stuttg. 835. Scheibles Buchh. 5/8 ₰ Herabg. Pr. 3/8 ₰

Burckhardt, Wlh., Gebhard Lebrecht von Blücher, preuß. Feldmarschall und Fürst von Wahlstatt. Nach Leben, Reden und Thaten geschildert. 2. Aufl. gr. 8. Schw. Hall 842, Haspel. 1/4 ₰

Burckhardt, Wilh. G., das lateinische Amerika. I. Bd.: „Export- u. Import-Firmen u. -Artikel auf den Antillen“: Haïti, S. Domingo, Jamaica. (VIII, 175 S.) gr. 8. Strassburg 909. J. Singer. 5. —

Burckhardt-Biedermann, Theophil

Burckhardt-Biedermann, Th., Bonifacius Amerbach u. die Reformation. gr. 8. (VIII, 407 S. m. 1 Bildnis.) Basel 894. R. Reich. n. 6. 40

Burckhardt-Biedermann, Th., Hans Amerbach und seine Familie. Mit Wappenabbildg. O. O. u. J. 8. S.-A.

Burckhardt-Biedermann, Dr. Th., die gymnasialen Anstalten Basels. 35 Stn. kl. 4. Aarau, Druck von H. R. Sauerländer. 1872
Separat-Abdruck a. d. 4. Jahresheft d. Vereins schweiz. Gymnasiallehrer.

Burckhardt-Biedermann, Th[eophil]. Die Kolonie Augusta Raurica, ihre Verfassung und ihr Territorium. 103 S. 8. Basel, Helbing & Lichtenhahn, 1910. [fr. 2. 50]

Burckhardt-Biedermann, Th[eophil]. Ausgrabungen der historischen und antiquarischen Gesellschaft zu Basel auf dem Gebiete von Basel- und Kaiseraugst, Basel und Umgebung während der Jahre 1877 bis 1902. [Mit Figuren und 2 Tafeln.] (Sonderdruck aus Basler Zeitschrift für Geschichte und Altertumskunde, Band 2 [Heft] 1.) S. 81—105. 8. [Basel, R. Reich, 1902.]

Burckhardt-Biedermann, Th. (Hrsg.), s. Beiträge zur vaterländischen Geschichte.

[Burckhardt-Biedermann, Theophil.] Frau Esther Burckhardt-Socin, eine christliche Gattin und Mutter, 1779–1826. [Mit Porträt-Tafel.] 8. Liestal 1884.

— Geschichte des Gymnasiums zu Basel. Basel 1889. (Festschrift.)

Burckhardt-Biedermann, Th., Das Gymnasium in Basel von 1766—1800. Basel, Realgymnasium 1873. **Progr.-Schr.**

Burckhardt-Biedermann, Th., Helvetien unter den Römern. 65. Neujahrsblatt, hrsg. v. d. Gesellschaft zur Beförderg. d. Guten u. Gemeinnützigen 1887. gr. 4. (36 S. mit 1 Lichtdr.) Basel 886. [Detloff.] R. Reich. n. 1. 35

Burckhardt-Biedermann, Th., Der Homeridenhymnus auf den Delischen Apollo. Basel, Pädagogium 1878. **Progr.-Schr.**

Burckhardt-Biedermann. Ueber die Stadtmauer von Augusta Raurica, siehe: „Anzeiger für schweiz. Alterthumskunde, 1880 N° 1 und 2.

Burckhardt-Biedermann, Th., das römische Theater zu Augusta Raurica, s. a. Mittheilungen der historischen u. antiquarischen Gesellschaft zu Basel.

Burckhardt, Theodor (Dr.) Ueber das römische Theater in Augst (Augusta Raurica). — Burckhardt, Achilles (Dr.) Ueber den Unterricht in der Geschichte am schweizerischen Gymnasium. Aarau, H. R. Sauerländer. 1882

Burckhardt-Biedermann, Th[eophil]. Das römische Theater zu Augusta Raurica. Mit 5 Abbildungen [Tafeln]. Mittheil. Hist. und Ant. Ges. Basel, N. F. [Heft] 2. 4. Basel 1882.

(Burckhardt-Bischoff, Ad[olf].) Fête nationale du 1er août 1903 à Pierre à voir (Saxon). (Discours.) II + 7 p. 8. Bâle, Basler Berichthaus, S. A., 1903.

Burckhardt-Bischoff, Ad., die lateinische Münz-Convention u. der internationale Bimetallismus. Zwei Vorträge, geh. in der statistisch-volkswirthschaftl. Gesellschaft in Basel. gr. 8. (IV, 135 S.) Basel 886. Georg's Verl. n. 2. 50

Burckhardt-Bischoff, Ad., Referat üb. den Entwurf e. schweizerischen Banknoten-Gesetzes. gr. 8. (52 S. m. 1 Tab. in qu. gr. 4.) Basel 875. (Schneider.) n. — 80

Burckhardt-Bischoff, Ad., die Zeddelbanken in der Schweiz u. das Bedürfniss einer einheitlichen Noten-Circulation. Basel 865. (Balmer &) Riehm in Comm. gr. 8. (87 S.) n. 8 ngr

Burckhardt-Bischoff, Ad., die Zeddelbanken in der Schweiz u. das Bedürfniss e. einheitlichen Noten-Circulation. 2., durchgeseh. Aufl. gr. 8. (XII, 70 S.) Basel 891. Georg & Co. n. 1. —

Burckhardt-Brenner, Zusammenstellung der Gymnasiallehrpläne der deutschen Schweiz, s. Uhlig.

Burckhardt-Burckhardt, Carl (Hrsg.), s. Beiträge zur vaterländischen Geschichte.

Burckhardt-Finsler, Albert

Burckhardt[-Finsler]. Albert [geb. 1854]. Basel zur Zeit des dreissigjährigen Krieges. [Mit 2 Tafeln.] 2 Theile. Njbl. Basel 1880–1881. 4. Basel 1880–1881.

Burckhardt, Alb., Basel zur Zeit des dreißigjährigen Krieges. 2. Thl. 4. (55 S. m. 1 Lichtdr.) Basel 881. (Bahnmaier.) n. 1. 35
Der 1. Thl. ist vergriffen.

Burckhardt-Finsler, Alb[ert]. Die alten Basler. Eine Studie. [Mit Vignetten. Sep.-Abdr. aus: Basler Jahrbuch 1906.] II + 26 S. 8. [Basel, Helbing & Lichtenhahn.]

Burckhardt[-Finsler]. Albert. Baugeschichte Basels im XVI. Jahrhundert. 1. [einziger] Theil. [SA.] 8. [Basel 1886.]

— Bilder aus der Geschichte von Basel. 1—4. Hft. gr. 8. Basel 877—81. Schneider. n. 5. 40
1. Bischof Hatto. — Bischof Burchard. — Das Erdbeben von 1576. (III, 100 S.) n. 1. 20
2. Das Karthäuser Kloster. — Hemman Offenburg. — Die Stiftung der Universität. (106 S.) n. 1. 20
3. Die Schlacht bei Dornach. — Dr. Johannes Oekolampadius. — Thomas Plater. (124 S.) n. 1. 60
4. Felix Plater. — Der Rappenkrieg. — Johann Rudolf Wettstein auf dem westfäl. Friedenscongreß. (118 S.) n. 1. 40

– Dass., s.a. Burckhardt, Abel

Burckhardt[-Finsler]. A[lbert]. Bracteatenfund von St. Johann in Basel. [Mit 1 Tafel.] (SA.) 8. Bulle 1882.

Burckhardt-Finsler, Albert. Der ewige Bund der Eidgenossen mit Basel 1501. Von Albert Burckhardt-Finsler. Festschrift zur Bundesfeier 1901. Hrg. vom Regierungsrat des Kantons Baselland. (*Umschlag: Eintritt in den Schweizerbund. 1501 —1901. Festschrift für Baselland. — [Umschlagszeichnung von] Karl Jauslin.) [Mit 1 Tafel nach Albrecht Landerer.] 32 S. 8. Liestal, Gebrüder Lüdin, 1901.

Burckhardt-Finsler, Albert. Basels Eintritt in den Schweizerbund. [Mit Vignetten und 1 Tafel.] (SA.) gr.-8. Basel 1891.

Burckhardt[-Finsler], Albert. Die Gauverhältnisse im alten Bisthum Basel und die Landgrafschaft im Sissgau. [SA.] 8. Basel 1881.

Burckhardt, Alb. u. Rud. Wackernagel. Geschichte u. Beschreibung des Rathhauses zu Basel, s. Mittheilungen der historischen u. antiquarischen Gesellschaft zu Basel.

Burckhardt[-Finsler], Albert, und Wackernagel, Rudolf. Geschichte und Beschreibung des Rathauses (*Mappe: Das Rathaus) zu Basel. Mit 22 Tafeln & Abbildungen. Mitteil. Hist. und Ant. Ges. Basel. N. F. [Heft] 3. 4. Basel 1886.
In Mappe.

Burckhardt-Finsler, Albert. Geschichte Klein-Basels bis zum grossen Erdbeben 1356. [Mit 1 Vignette. SA.] 8. [Basel 1892.]

Burckhardt-Finsler, A., acht aus der gräfl. Douglas-schen Sammlung f. Basel erworbene Glasgemälde, s. a Jahresberichte u. Rechnungen des Vereins f. das historische Museum (in Basel).

Die acht aus der gräflich Douglas'schen Sammlung für Basel erworbenen Glasgemälde. Von Prof. A[lbert] Burckhardt-Finsler. (Basel: R. Reich 1899.) (S. 29-41.) 4°
= Verein f. d. historische Museum u. f. Erhaltung Baslerischer Altertümer. Jahresberichte u. Rechnungen. Jahr 1898.

Burckhardt, Alb., Die Glasgemälde der mittelalterlichen Sammlung zu Basel. Basel, Gymnasium 1885. **Progr.-Schr.**

Burckhardt[-Finsler], Alb[ert]. Eine Basler Haushaltung um das Jahr 1500. Vortrag, gehalten von Hrn. Prof. Dr. Alb. B... den 1. Februar 1892. [A.] 4. (Basel 1892.)

Burckhardt, A., kirchliche Holzschnittwerke. 16 (Lichtdr.-) Taf. Abbildgn. aus der mittelalterl. Sammlg. zu Basel. Hrsg. u. m. e. Einleitg. versehen. gr. 4. (8 S.) Basel 887. [Detloff.] R. Reich. In Mappe. n. 6 —

Burckhardt-Finsler, Alb., s.: Jahrbuch, Basler.

Burckhardt-Finsler, Albert: Die Ofleten- und Waffeleisen des Histor. Museums, s.a. Jahresberichte u. Rechnungen d. Vereins f. d. Histor. Museum . . . .

Die Offleten- und Waffeleisen des Historischen Museums. Von Prof. A[lbert] Burckhardt-Finsler. (Basel: R. Reich 1897.) (S. 25-43.) 4°
= Verein f. d. historische Museum u. f. Erhaltung Baslerischer Altertümer. Jahresberichte u. Rechnungen. Jahr 1896.

Burckhardt[-Finsler], Albert. Die Schweiz unter den salischen Kaisern. [Mit 1 Tafel.] Njbl. Basel 1890. 4. Basel 1889.

— Die Offleten- u. Waffeleisen d. histor. Museums, — d. grosso Spiesshofzimmer im histor. Museum zu Basel, s.: Jahresberichte u. Rechngn. d. Vereins f. d. histor. Museum u. f. Erhaltg. Basler Altert.

— die Stammbücher des historischen Museums zu Basel, s. a Jahresberichte u. Rechnungen des Vereins f. das histor. Museum (in Basel).

Die Stammbücher des Historischen Museums zu Basel. Von Prof. A[lbert] Burckhardt-Finsler. (Basel: R. Reich 1898.) (S. 27-51.) 4°
= Verein f. d. historische Museum u. f. Erhaltung Baslerischer Altertümer. Jahresberichte u. Rechnungen. Jahr 1897.

— das Schloss Vufflens, s. a. Mittheilungen der antiquarischen Gesellschaft in Zürich.

Burckhardt[-Finsler], Albert. Das Schloss Vufflens. [Mit 4 Tafeln.] 4. Zürich 1882.
Ausg. A. (Mittheil. Ant. Ges. Zürich. Band 21. Heft 3.)
Ausg. B. Mittheil. Ant. Ges. Zürich. [Njbl.] 46.)

Burckhardt[-Finsler], Albert. Aus dem Basler Zunftwesen. [SA.] 8. [Basel 1888.]

Burckhardt-Forcart, Daniel. Siehe: *Sartorius*.

Burckhardt-Fürstenberger. Entwurf einer schweiz. Wechselordnung mit Motiven. Zürich 1857. Mit dem ersten Entwurf und dem Protokoll der Conferenz.

Burckhardt-Merian, Albert (Hrsg.), s. Correspondenzblatt für schweizer Aerzte.

Burckhardt[-Merian], Albert [1843–1886]. Vier Monate bei einem Preussischen Feldlazareth während des Krieges von 1870. Bericht an das schweizerische Militar-Departement. Mit 7 Holzschnitten und 7 Beilagen [Tabellen]. 8. Basel 1872.

Burckhardt, Alb., 4 Monate bei e. preussischen Feldlazareth während d. Krieges v. 1870. Bericht an das schweiz. Militär-Departement. Mit 7 (eingedr.) Holzschn. u. 7 Beilagen. 2. Ausg. gr. 8. (VI, 131 S.) Basel 874. Schweighauser. n. 2. —

Burckhardt-Merian, A., über den Scharlach in seinen Beziehungen zum Gehörorgan, s.: Sammlung klinischer Vorträge.

Burckhardt-Merian, A. 100 Schemata zum Einzeichnen von Befunden am Gehörorgane. In-8°. Basel, Schwabe. 1883 3 75

Burckhardt-Merian, Alb., 100 Schemata zum Einzeichnen v. Befunden am Gehörorgane. 2. Aufl. 8. (Holzschntaf.) Basel 883. Schwabe. n. 3. —

Burckhardt-Merian, Alb[ert]. Wegweiser für hilfesuchende Kranke und Gebrechliche in der gesammten Schweiz = Guide des Etablissements suisses pour malades et infirmes = Indicatore degli Stabilimenti svizzeri per ammalati ed infermi. – Im Auftrage und unter Mitarbeit der Aerzte-Commission hrg. [Umschlag illustriert.] 8. Basel 1883.

— Wegweiser f. hilfesuchende Kranke u. Gebrechliche in der gesammten Schweiz. Guide des Etablissements suisses pour malades et infirmes. — Indicatore degli Stabilimenti svizzeri per ammalati ed infermi. Im Auftrage u. unter Mitarbeit der Aerzte-Commission hrsg. 8. (XI, 248 S.) 1883. Basel, Schwabe.

[Burckhardt-Piguet, Theophil: 1817–1898.] Basel im Kampfe mit Oesterreich und dem Adel. 1400–1430. [Mit Vignetten und 1 Tafel.] (Njbl. Basel 1861.) 4. [Basel.]

[Burckhardt-Piguet, Theophil.] Die Bischöfe (von Basel) Adalbero (III.) und Ortlieb von Froburg. – (Das Chorherrenstift St. Leonhard – Der zweite Kreuzzug – Das Kloster Schönthal.) [Mit 1 Vignette und 1 Tafel.] (Njbl. Basel 1853.) 4. [Basel.]

[Burckhardt-Piguet, Theophil.] Das Königreich Burgund. 888–1032. [Mit 1 Vignette und 1 Tafel.] (Njbl. Basel 1848.) 4. [Basel.]

[Burckhardt-Piguet, Theophil.] Bürgermeister Johann Rudolf Wettstein auf der Westphälischen Friedensversammlung. [Mit 1 Vignette und 1 Tafel.] (Njbl. Basel 1849.) 4. [Basel.]

Burckhardt[-Piguet], Th[eophil]. Der Zusammenhang Basels mit dem Königreiche Burgund. Progr. 8. Basel [1848].

Burckhardt-Sarasin. Frau Esther Burckhardt-Sarasin. Liestal 1884 s. [Burckhardt-Biedermann, Theophil].

(Burckhardt-Vischer, Anna Elisabeth.) Aus dem Tagebuche einer Baslerin zur Zeit des Durchmarsches der Alliierten. [Mitgetheilt] Von Dr. Carl ZZ. Burckhardt-Burckhardt. [A.] 8. [Basel 1896.]

Burckhardt-Werthemann, Daniel, s. Burckhardt

Burckhardt-Album. 32 Lichtdruck-Taf. nebst 4 S. Text u. 2 Illustr. In-fol. Basel, Comm.-Verlag von R. Reich vorm. C. Detloff's Buchh., 1890. In Mappe 20 —

Burckhart, Christian

Burckhart, Chrn., aus dem Buche der Natur. Darstellgn. zur Belebg. u. Vertiefg. des naturgeschichtl. Unterrichtes in Seminarien, Präparandenanstalten u. Volksschulen. gr. 8. (332 S.) Donauwörth 899. L. Auer. n. 2. 50; geb. in Halbleinw. n. 3. —

Burckhart, Chr., Einzelbilder aus der Naturbeschreibung. Unsere schädl. Insekten; unsere Giftgewächse: einige unsrer wichtigsten Mineralien; das organ. Leben d. Meeres; Erscheinungen u. Vorgänge aus dem Leben der Pflanzen; die Pflanzenverbreitg. nach horizontaler u. vertikaler Wärmeverteilg. Für Lehrende u. Lernende bearb. Mit vielen (eingedr. Holzschn.-)Illustr. 8. (X, 107 S.) Düsseldorf 883. Schwann. n. 1. —

Das Haus **Hohenzollern.** Charakterbilder u. Lebenszüge seiner Angehörigen. Vorausgehend: Pflege d. Vaterlandsliebe u. d. Liebe z. Herrscherhause durch d. Geschichtsunterr. Von Chr[istian] Burckhart, Kgl. Seminarl. *Paderborn: F. Schöningh 1899.* (IX, 144 S.) 8° [F.]
[illegible]

— das Lehrerseminar zu Montabaur in der ersten Zeit seines Bestehens. 1851—1901. Einige Blätter zum goldenen Jubelkranze desselben. gr. 8. (24 S.) Wiesbaden 901. G. Quiel. — 30

Burckhäuser, s. **Burkhäuser.**

Bürckhle, s. B ü r c k l e

Bürckholdt, Frz., der Tollenstein. Dessen Beschreibung, dessen Geschichte u. dessen Sagen. Mit 1 (lith.) Abbildg. Rumburg 867. Pfeifer. 16. (96 S.) n. 5 *ngr.*

Bürckle, Jos. Ant.: Des Freyen Kayserlichen Land-Gerichts in Ober- und Niedern-Schwaben, auf Leykircher-Hayd u. in der Gepürß, Gerichtlicher P r o c e ß , wie selbiger . . . heute zu Tag in Ubung ist. Th. 1. 2. Franckfurt u. Leipzig 1742.

Bürckle, J. Ant., gerichtl. Proceß vor d. kays. Landsgericht in Ober- und Niederschwaben 2 Thle. 8. Frankfurt, Wohler. (Stettin, Ulm.) 742—45.

Bürckle, Jules [aus Masmünster i. Els.]: Ueber das Verhalten der Operirten nach vaginaler Totalexstirpation des carcinomatösen Uterus ... Berlin, Buchdr. v. G. Schade, *1893;* 29 S., 1 Bl. 8.
Berlin, Med. Fak., Inaug.-Diss. v. 21. Juli 1893

Bürcklein, A. Quellen und Chronologie der römisch-parthischen Feldzüge in den Jahren 713—718 d. Stadt. (40—35 a. Chr.) (69.) 8. Berlin 1879.

Bürckli-Ziegler, A. Grösste Abflussmengen bei städtischen Abzugs-Kanälen. 8°. M. 4 Illustrat. u. 1 Plan. Zürich, Orell F. & Cie. 1878
*** Technische Mittheilungen, 11.

Burcklin, G. C., Genesis hebr. 4. Frkf. 716.

— lib. Psalmor. hebr. 4. ibid. 716.

Bürcklin, Jo. Friedr.: De i u r i s p r u d e n t i a certa methodo tractanda, s. S e n c k e n b e r g , Henr. Chrn. [Praes.]

Bürcklin, Jo. Friedr.: T h e s e s iuridicae miscellae, s. V e t t e , Chrn. Rud.

Bürcklin, P.J.: De d e s c e n s u Christi ad inferos. – Carlsr. 1730.

— et Mart. **Psalterium hebraicum.** 4. 716.

Bürcklin, Philipp Jacob: De i u d i c i o Dei in eos, quos Satan obsidet, s. M a y , Joh. Heinr. [Praes.]

Burckmair, s. B u r g k m a i r

Bürckner, Christian Gottlieb (Tannenberga/Misn.), De medicamentorum contrariorum compositione. Disp. med. Präs. Christian Gottlieb Ludwig. Lpz. (Langenheim) 7. VII. 1758. 32 S. (4.50) 4562

Bürckner, G., Auflösungen der auf den (beigelegten) 206 Tafeln enthaltenen, mehr als 2000 Aufgaben zur Uebung im schriftl. Rechnen, in geordneter Stufenfolge vom Leichtern zum Schwerern, durch alle im bürgerl. Leben vorkomm. Rechnungsarten; nebst e. Uebersicht der im Preuß. Staate gangbaren Münzen, Maaße u. Gewichte u. gewöhnl. Zählungsarten, zur Erleichterung des Unterrichts im Rechnen in zahlreichen Schulklassen. 8. Brieg 837. Schwartz. 1 *ₙß*

Bürckner, Hermann, u. Keller, Karl v., Rückblick auf das 40jähr. Bestehen der Riege „Eichenkranz" im Allgemeinen Turnverein L e i p z i g - L i n d e n a u, m. 1 Anl., 12 S., 4°.

Bürckner, Richard

— u. **Jos. Fortwängler,** Menschen im Leben u. Treiben des Alltags. Anregungen zum Sehen u. Darstellen der menschl. Gestalt. 45 Taf. Zeichngn. m. erläut. Text in 3 Lfgn. (Je 15 Bl. m. 6 S. Text.) 46×29,5 cm. Leipzig (907). R. Voigtländer. à Jahrg. 3. —

Bürckner, Rich., kindliche Verzierungskunst. Ein Beitrag zur Erneuerg. des Zeichenunterrichts. (VI S. u. 25 Bl. m. Abbildgn. auf der Rückseite.) 8. Dresden 909. Holze & Pahl. Kart. 2. —

! **Bürckner, Rich.: Verzierungskunst. Jetzt: Dresd., C Adler.** 06/09

B ü r c k n e r R, der Zeichenunterricht als Träger der Kunstbildung. (27 S) (Dresden

Burckstaler, Johann Jacob (Würzburg), De restitutione rei furtivae furem a poena ordinaria relevante & non relevante. Diss. jur. Präs. Philipp Adam Ulrich. Würzburg (J. J. Chph. Kleyer) 22. II. 1743. 31 S. (5.—) 4712

Bürckstümmer, Christian: Der Relig.-Unterr. in d. Volksschule. Untersuchgn z. Reform d. relig. Jugendunterweisg. (5, 197) 8° Münch., CH Beck '13. 3.60 d

Burda, Arthur (Hrsg.), s. R i e g l , Alois: Die Entstehung der Barockkunst in Rom.

Burda, Michael: Die perforierenden Corneo-Skleralwunden und ihre Behandlung. ... Heidelberg. Univ.-Buchdr. v. J. Hörning. 1889; 26 S. + 1 Bl. u. 1 Tab. 8°
Heidelberg, Med. Fak., Inaug.-Diss. v. [24. Jul.] 1889

Burda, Vict., über Karpfenzucht. Ein Vortrag. 2. Aufl. (62 S.) gr. 8. Berlin (896). (R. Siegismund.) n. 1. 20

Burdach, s Mertens, E.

Burdach, Albrecht, approb. Arzt aus Deutsch-Eylau: ⟨Aus d. bakteriol. Anstalt d. Stadt Danzig.⟩ Der Nachweis der Typhusbacillen am Menschen. *Leipzig: Veit & Co. 1902.* (52 S.) 8° ¶ (Aus: Zeitschr. f. Hygiene u. Infectionskrankh., Bd 41.)
Kiel, Med. Diss. v. [8. Okt.] 1902

Burdach, Art., Paul Gerhardt, s. a. **Bücherschatz,** Barmer.

Paul Gerhardt. Ein Lebensbild z. 300jähr. Jubelfeier s. Geburt von Artur **Burdach,** Pfarrer. 2. Aufl. Barmen: Wuppertaler Trakt.-Ges. (1907). (102 S.) 8° [F.]
= **Bücherschatz,** Barmer. N. F. Bd 6. [illegible]

— In des Königs Rock. Ein Wort an unsere Rekruten. (12 S.) kl. 8. Barmen (907). Wuppertaler Traktat-Gesellschaft. — 10

Burdach, C., s. B u r d a c h , Karl

Burdach, C. C. F., Dr., Ansichten des Elektro-Magnetismus (Aus dem 5. Berichte von der Königl. Anatomischen Anstalt zu Königsberg.) Leipzig 1822.

Burdach, C. C. F., Dr., Der wahre Grund der weissen Farbe. (Aus der Zeitschrift „Isis", Novemberheft 1847, vermehrt und verbessert abgedruckt.)

Burdach, C. C. T., das Theebüchlein; oder über den chinesischen Thee, vorzüglich den braunen; nach eigenen Untersuchungen u. Beobachtungen. gr. 12. Leipzig 840. Reclam. 1/6 ℛ

Burdach, C. F., s.a. Burdach, Karl Friedrich

Burdach, C. F., der Mensch u. die Wunder seines Geschlechts. (152 S. m. 2 Abbildgn.) 8. Dresden (907). F. Caspar & Co. 8.—

Burdach, Chr. Gfr. Heinrich

Burdach, Chr. Gf. Hnr., († d. 11. März 1823.) über das Armenwesen in Sachsen. 8. St. Petersb. 804. Dienemann. (Leich in Leipz.) 9 gr

Burdach, Chr. Gfr. Heinrich, s. Eos.

— der Erdenbewohner, nach seinen mannichfalt. Beziehungen zu sich selbst, zu seines Gleichen u. zu der Welt. Ein Lesebuch für Kinder. M. ill. Kpf. 8. Berl. 811. 2e verm. Aufl. 818. (Sander). 1 ℛ 8 gr

Burdach, C. G. H., der Erdenbewohner, nach seinen mannigfaltigen Beziehungen zu sich selbst, zu seines Gleichen u. zu der Welt. Ein Lesebuch für Kinder. 2te verb. u. mit 1 Anh. verm. Ausgabe. Mit illum. Kupfern. 8. Berlin, Flittner. 818. Rthlr.

— üb. die endliche Erhebung Germaniens. 8. Berl. 814. (Centr.-Compt. in Leipz.) 16 gr

Burdach, (Chr. Gfr.) Heinr., systemat. Handb. d. Obstbaumkrankheiten. Ein Unterricht z. Erkenntniss, Verhütung u. Heilung aller d. Obstbäumen nachtheil. Beschädigungen. Auf zwanzigjähr. Erfahr. gegründ. 8. Berlin, 1818. Rücker u. Püchler. — 25

— systemat. Handbuch d. Obstbaumzucht. 8. Berl. 818. Rücker. 20 gr

— d. Jahreskranz. Ein Lesebuch f. Kinder edler Bildung, zur Erweckung des Sinnes f. d. Schöne u. Gute. M. 6 ill. Kpf. 8. Berl. 820. 2e A. 827. Lüderitz. 1 ℛ 6 gr

— — Frau von Krüdener und der Christ der Zeit. Zur Beherzigung für Gläubige und Ungläubige. 8. Leipzig, Hartmann. 818.

— Frau v. Krüdener u. d. Geist d. Zeit. 8. Leipz. 818. (Lehnhold). 4 gr

Burdach, (H.,) Lebensgemälde, der Wirklichkeit nachgebildet, in Erzählungen u. Sagen, aus d. alten u. neuen Zeit. 8. Berlin 822, Petri.

— das Menschenleben, od. Morgenunterhaltungen im Kreise d. Hellbachschen Familie. Ein Lesebuch f. gute Kinder. 1s Buch; m. 7 ill. Kpf. 8. Berl. 812. (Sander). 1 ℛ 2 gr

— — Museum für Kinder. Ein Weynachtsgeschenk für Söhne u. Töchter von gebildeter Erziehung. Mit illumin. Kupfern. 8. Berlin, Flittner.

— Museum f. Kinder. Ein Weihnachtsgeschenk f. Söhne u. Töchter von gebild. Erziehung. M. ill. Kpf. 8. Berl. (816). (Sander). 1 ℛ

— Samml. v. Gedichten bei frohen Familienfesten, z. Deklamiren. 8. Berl. 821. Büreau f. Litt. u. Kunst. 8 gr

Burdach, Chr. G. Hnr., Sammlung von Gedichten zu Deklamationsübungen bei frohen Familienfesten u. andern feierlichen Gelegenheiten für die Jugend beiderlei Geschlechts. Nach einer vom Leichteren zum Schwereren übergehenden Stufenfolge geordnet. 8. Berlin 821. (Leipzig, Melzer.) 1/6 ℛ

BURDACH, Heinr., Der Sohn der Natur, oder der neue Achill. Romantische Erzählung. Leipzig, bey C. H. F. Hartmann. 1819. 8°. (1 Mk. 80 Pfg. Alfred Lorentz, Lpz., 1905.)
Tit. u. 165 S. Stellenw. etwas frei.

— Ueber Waisenpflege, in Bezug auf Königsberg. 8°. Königsberg, Nicolovius, 1815.

– Dass., s.a. Burdach, Karl Friedrich

— Christian August (Lieberose/Laus.), De phthisi pulmonali. Diss. med. Bln. (Theophil Brueschcke) 7. IV. 1819. 28 S. mit Biogr. (M.: F. A. Fischer.) (4.50) 4718
Gew.: Gg. Rich. Frank (Frkft.). — Mit handschriftl. Widm. d. Verf.

— Daniel Christian, De laesione partium foetus nutritioni inservientium abortus caussa. Diss. med. Lpz. (Langenheim) 29. I. 1768. 32 S. u. 2 Tfln. Abb. (Hopffer del. Bln. 1767, Püschel sc. Lpz.) (4.50) 4720

Burdach, E., s. Burdach, F. A. Ed.

Burdach, Ernst

Burdach, Er., Beitrag zur mikroskopischen Anatomie der Nerven. Mit 2 Kpfrtaf. gr. 4. Königsberg 837. Gebr. Bornträger. 1 ℛ

— Beitrag zur vergleich. Anatomie des Affen, s. H. Rathke, Berichte 2c. 9r Bericht.

— s.a. Berichte von d. k. anatom. Anstalt zu Königsberg.

—— Berichte v. d. kgl. anatom. Anstalt zu Königsberg. 8. Bericht. Mit Bemerkn. üb. d. ernähr. Gefässe d. Puls- u. Blut-Adern. gr. 8. (4 B.) Königsberg 835. (Gebr. Bornträger.)

— s. Burdach, Karl Fr., Anthropologie für das gebildete Publikum.

Burdach, Ernst, s. Burdach, Karl Friedrich: Die Physiologie als Erfahrungswissenschaft.

[Gedicht.] Der vollk. und ger. Loge Minerva zu den drei Palmen im Or. Leipzig zum 20. März 1841 geweiht von der Loge zu den drei Kronen im Or. Königsberg. [Unterz.:] Ernst Burdach. o. O. [1841]. 2 Bl. 2° [Umschlagtit.]
„Tief eingewurzelt auf geweihtem Grunde..."

Burdach, Ernst [mutmaßl. Verf.], s. Lied. Zum 11. Juni 1854 in der Loge zu den drei Kronen.

Treue: Das Lied der Treue von E[rnst] Burdach. o. O. u. J. 1 Bl. 8° [Kopftit.]
Ohne Noten: „Von Freundschaft und von Liebe tönt..."

. Der freie Maurer. Festrede, gehalten in der ger. und vollk. Loge zu den drei Kronen im Or. zu Königsberg am 24. Juni 1842 von E[rnst] Burdach. Königsberg [1842]: Hartung. 14 S. 8° [Umschlagtit.]
Üb. politische, persönliche u. moralische Freiheit.

Burdach, Ernst: Observationes nonnullae microscopicae inflammationem spectantes. Regiomonti (1825:) Hartung. 31 S. 8°
Königsberg, Med. Diss. v. 16. Nov. 1825

Burdach, Er., über die Gall'sche Schädellehre, s. Unterhaltungen, Königsberger naturwissenschaftl.

Burdach, F. A. Ed.: Herzog Christoph von Württemberg, s.a. Hausfreund, Hamburger.

Burdach, F. A. Ed., Herzog Christoph von Würtemberg, s. a. Schillings-Bücher des Rauhen Hauses.

Burdach, F. A. Ed., Herzog Christoph v. Würtemberg, der Vater, Freund, Hirt und Erleuchter seines Volkes. 12. (76 S.) Hamburg 850, Agentur des Rauhen Hauses.

— Friedrich d. Weise — Johann d. Beständige — Johann Friedrich d. Großmüthige, s. Fürstenspiegel, evangelischer.

Burdach, E., Johann der Beständige, s.: Schillingsbücher.

Burdach, F. A. Ed.: Johann Friedrich der Großmütige, s. Hausfreund, Hamburger.

— Philipp Melanchthon, der Lehrer Deutschlands. 2. Aufl. Hamburg 858. Agentur d. Rauhen Hauses. 12. (72 S.) 3 ngr

Burdach, Heinrich, s. Burdach, Chr. Gfr. Heinrich

Burdach, Karl: Cogitationes in physiologiam generalem. Berolini 1818: Brueschcke. 20 S. 8°
Berlin. Med. Diss. v. 1818

Burdach (C.), Mineralquellen im Flussgebiete der Neisse, untersucht, beschrieben und gewürdigt. Abth. I. Physikalisch-medicinische Geographie der Gegend von Triebel, in Bezug auf einige daselbst entspringende Gewässer. Sorau und Leipzig 1822. 8.

Burdach, Karl, Mineralquellen im Flußgebiet d. Neisse, untersucht, beschrieben u. gewürdigt. 1e Abtheil. 8. Sorau 822. Julien. (Barth in Leipz.) 8 gr

Burdach, Karl Friedrich, s.a. Burdach, C. F.

Burdach, Karl Fr., de foetu humano adnotatt. anatomicae, quibus praemissis viro perillustri Sam. Th. de Sömmering etc. Acced. tab. aen. Fol. maj. Lpz. 828. Voss. 2 rß

Burdach, Karl Friedrich: De foetu humano adnotationes anatomicae. 8 S., gbd., 1 Taf.

Lipsiae: Voss 1828

JB 868

Burdach, Karl Friedr., Anthropologie f. d. gebildete Publikum. — A. u. d. T.: Der Mensch nach d. verschied. Seiten seiner Natur. 5 Abthln. gr. 8. (51 B. u. 3 Kpfrt.) Stuttgart 836, 37, Balz'sche Buchh.
Abthl. 1. Das leibliche Leben. 16 Gr.
" 2. Das animale Leben. 16 Gr.
" 3. Das Seelenleben. 21 Gr.
" 4. Der Verlauf d. Lebens. 22 Gr.
" 5. Das Menschengeschlecht. 21 Gr.

Burdach, Karl Friedrich: Anthropologie für das gebildete Publicum. 788 S., gbd., 3 Taf.

Stuttgart: Balz 1837
(Burdach, K.F.: Der Mensch nach den verschiedenen Seiten seiner Natur. Bd 1)

JB 1.043/1

Burdach, Karl Fr., Anthropologie für das gebild. Publikum. Unter Mitwirkung des Verf. umgearb. u. neu herausgeg. v. dessen Sohne Er. Burdach. 2. verm. Aufl. mit 3 Kpfrtaf. u. zahlreichen in den Text eingedr. Holzschn. u. dem wohlgetroff. Portrait d. Verf. 1. Liefg. gr. 8. Stuttgart 846, Becher's Verl. 18 ngr

Burdach, Karl Frdr, Anthropologie f. das gebildete Publicum. Unter Mitwirkung des Verf. umgearb. von Ernst Burdach. 2. verm. Aufl. 2–5. Lfg. (Schluß.) gr. 8. (XII S. u. S. 141—732 nebst 3 Kpfrtaf. in gr. 4. u. des Verf. Portrait.) Stuttgart 847, Becher. à 18 ngr (compl. 3 rß)

Burdach, Karl Fr., gerichtsärztl. Arbeiten. 1r Bd. 8. Stuttgart u. Tübingen 839. Cottasche Buchh. 1 5/6 rß

— Asklepiades u. John Browne. Eine Parallele. 8. Leipz. 800. Meißner. 15 gr

Burdach, Karl Friedrich: Über die Aufgabe der Morphologie. Bey Eröffnung der Königlichen anatomischen Anstalt in Königsberg geschrieben und mit Nachrichten über diese Anstalt begleitet. 64 S., gbd.

Leipzig: Dyk 1817

— über die Aufgabe d. Morphologie. Bei Eröffnung d. k. anatom. Anstalt in Königsberg geschrieben u. mit Nachrr. über diese Anstalt begl. 8. Leipz. 818. Dyck. 8 gr

— Auflösung eines Räthsels vom Essig. gr. 8. Dorpat 813.

— vom Baue u. Leben d. Gehirns. 2 Bde. M. 9 Kpf. gr. 4. Lpz. 819—22. Dyck. 15 rß Engl. Druckp. 16 rß 12 gr

— vom Baue u. Leben des Gehirns. 3 Bände mit Kpf. gr. 4. Leipzig 819—25, Dyk. 15 Rthlr. — Engl. Druck-Pap.

Burdach, Karl Friedrich: Vom Baue und Leben des Gehirns. Bd 1 - 3, gbd., Abb.

Leipzig: Dyk 1819 - 1826

JB 795

— Beitrr. zur nähern Kenntniß d. Gehirns. 2 Thle. 8. Leipz. 806. Breitkopf u. H. 2 rß 16 gr Hbg. Pr. 1 rß 6 gr

— Beyträge z. einer künft. Physiologie d. Gehirns. 2 Thle. 8. Leipzig, Breitkopf.

— Belehrung für Nichtärzte über die Verhütung d. Cholera. 8. Königsb. 831. Universit.-B. 10 gr

Burdach, Karl Fr. (Hrsg.), s.a. Berichte von der kgl. anatomischen Anstalt zu Königsberg.

Burdach, Karl Friedrich: Berichte von der Königlichen anatomischen Anstalt zu Königsberg 1 - 6. Insges. 336 S., gbd., Abb.

Leipzig: Dyk 1818 - 1823

— — Berichte von der Anatomischen Anstalt in Königsberg: 1r Bericht, mit einer Beschreibung des unteren Endes des Rückenmarks. gr. 8. Ebendas. 819.

— — 2r Bericht. gr. 8. Ebendas. 819.

— — 3r Bericht, mit Bemerk. über den Mechanismus der Herzklappen. gr. 8. Ebend. 820.

Burdach, (K. F.,) Berichte d. kön. anatom. Anstalt zu Königsberg. 4r—6r Bericht. Mit Kpfrt. gr. 8. Leipz. 821—23, Dyk. 20 gr. Alle 6 Berichte

Burdach, Karl Fr., Blicke ins Leben. 1. u. 2. Bd. Comparative Psychologie. 1. u. 2. Thl. gr. 8. Leipzig 842, Voß. 1. Thl. n. 1 Thlr. 14 Ngr. — 2. Thl. n. 1¾ Thlr. — 3. Bd. Sinnenmängel und Geistesmacht. Lebensbahnen. gr. 8. Ebend. 844. n. 1 Thlr. 18 Ngr. 1.—3. n. 4 Thlr. 24 Ngr.

Burdach, Karl Frdr., Blicke in's Leben. 4. Bd. A. u. d. T.: Rückblick auf mein Leben. Selbstbiographie. Nach des Verf. Tode hrsg. gr. 8. (VIII u. 603 S.) Leipzig 848, Voß. n. 3 Thlr. 6 Ngr. (1—4.: n. 8 Thlr.)

— — u. **Christian Friedrich Schwaegrichen** (Leipzig), Commentarii in Hippocratis librum primum de morbis epidemicis. Lpz. (C. Tauchnitz) 8. IX. 1798. 28 S. (4.80) 4714
Gew.: E. Platner, J. G. Haase, A. M. Birkholz, J. E. Pohl, Ch. F. Ludwig, E. B. G. Hebenstreit, Ch. G. Eschenbach, C. G. Kuehn.

— s. Cruveilhier's patholog. Anatomie.

— die Diätetik f. Gesunde, wissenschaftl. bearb. 1r Bd. gr. 8. Frankf. 805. (Joachim in Leipz.) 1 Thlr. 2e Aufl. gr. 8. Ebd. 811. Hinrichs. 1 Thlr. 12 gr.

— die Diätetik f. Gesunde, wissenschaftlich bearbeitet. 1r Bd. gr. 8. Leipz. Wichmann, (Joachim.) 805.

— — dasselbe. 1r Thl. gr. 8. Leipz. Hinrichs. 811.

— Dispensatorium f. d. königl. Sächs. Lande, s. a. *Piderit's* pharmacia rationalis etc.

— Dispensatorium, f. d. königl. sächs. Lande; od. Ph. Jac. Piderits pharmacia rationalis, deutsch bearb. u. gr. 8. Ebend. 806.

Schreibp.
Velinp.

— — Nachtrag dazu, (welcher d. neu erprobt. Mittel des preuß. Dispensatorii und Piderits Pharmacia hassiaca enthält.) gr. 8. Ebend. 807.

Schreibp.
Velinp.

— systemat. Encyklopädie d. Heilwissenschaft. 4 Bde. gr. 8. Lpz. 810—14. (N. A.) 1r—3r Bd. 1e Abtheil. gr. 8. Ebd. 816. Barth. 8 Thlr. 15 gr.

— system. Encyclopädie d. Heilwissenschaft. 1r Bd. gr. 8. Leipz. Mühlo u. Comp. 810.

— Eugone, ou traité sur l'impuissance etc. 8. Leipz. 804. Hinrichs. 10 gr. Dass. deutsch u. d. T.: Eugon, od. über Impotenz u. Schwäche d. Zeugungskraft u. die Methode, sie zu heilen. 8. Ebd. 804. 14 gr.

— Handbuch d. neuest. Entdeckungen in d. Heilmittellehre, s. a. F. L. Segnitz, Arzneimittellehre.

Burdach, K. F., Handbuch d. neuest. Entdeckungen in d. Heilmittellehre. gr. 8. Leipz. Hinrichs. 806.

Schreibp.
Velinp.

Burdach, Karl Friedrich: Handbuch der neuesten in- und ausländischen Literatur der gesammten Naturwissenschaften und der Medicin und Chirurgie. 392 S., gbd.

Gotha: Perthes 1821
(Burdach, K.F.: Die Literatur der Heilwissenschaft. Bd 3)

JB 490/3

— Handbuch d. Pathologie. gr. 8. Leipz. 808. Hinrichs. 1 Thlr. 21 gr. Schrbp. 2 Thlr. 8 gr. Velinp. 3 Thlr. 426 S.

— Handb. d. Physiologie. gr. 8. Leipz. Weidmann. 810.

Schreibp.

Burdach, Karl Friedrich, s. Jacquet, F. D.: Reise.

— — Scriptorum de Asclepiade index. Diss. med. Präs. Adam Michael Birkholz. Lpz. (C. Tauchnitz) 27. VI. 1800. 35 S. (4.80) 4715

— Diss. inaug. Scriptorum de Asclepiade index. 4 maj. Leipz. 804.

— über Kleinkinderschulen überhaupt und die in Königsberg insbesondere. gr. 8. Königsberg 842, Gebr. Bornträger. n. ⅓ Thlr.

— die Lehre vom Schlagfluß, seiner Natur, Erkenntniß u. Heilmethode. 8. Leipz. 806. Hinrichs. 21 gr. Schrbp. 1 Thlr.

Burdach, Karl Friedrich, s. Levret: Versuch üb. d. Mißbrauch.

— Literatur d. Heilwissenschaft. 1r, 2r Bd. gr. 8. Gotha 810. Perthes. 5 Thlr. Hbg. Pr. 3 Thlr. 16 gr. 3r Bd., od. 1r Nachtr. (die Jahre 1811—20 umfass.) A. u. d. T.: Handb. d. neuesten in- u. ausländ. Litt. d. gesammt. Naturwissensch. u. d. Medicin u. Chirurgie. gr. 8. Ebd. 821. 1 Thlr. 20 gr.

Car. Friedr. Burdach die Literatur der Heilwissenschaft. 3 Bände. Gotha 1810, 1811, 1821. 8. — *Volum. tertium scorsim extat sub titulo:* Handbuch der neuesten in- und ausländischen Literatur der gesammten Naturwissenschaften und der Medicin und Chirurgie. Gotha 1821. 8. *et indicem rerum in tribus voluminibus contentarum habet.* (Ordo enumerationis sequitur doctrinarum et materiarum seriem.)

— die Literatur d. Heilwissenschaft; 3r Bd od. 1r Nachtrag (die Jahre 1811—20 umfassend.) A. u. d. T.: Handbuch d. neuesten in- u. ausländ. Literatur der gesammten Naturwissenschaften u. d. Medizin u. Chirurgie. gr. 8. Gotha 822, Perthes. 1 Rthlr. 20 gr. Alle 3 Bde. 810—22.

— der Mensch nach den verschied. Seiten seiner Natur oder Anthropologie für d. gebildete Publikum. Mit Kpfrtaf. 1e u. 2e Abthl. Das leibliche Leben. — Das animalische Leben. gr. 8. Stuttgart 836. Balzsche Buchh. Subscr.-Pr. (à ⅔ Thlr.) 1⅓ Thlr. — 3e Abthl. Das Seelenleben. gr. 8. Ebd. 836. ⅞ Thlr. — 4e u. 5e (letzte) Abthl. Der Verlauf des Lebens. — Das Menschengeschlecht. — Die letzte Abthl. auch u. d. T.: Der Mensch nach den verschied. Seiten seiner Natur. Mit 3 Kpfrtaf. Mit der Uebersicht des Inhalts, Erklärung der Kupfertafeln u. Register über das ganze Werk. Mit 1 Kpfrtaf. gr. 8. Ebd. 836, 37. 1 Thlr. 19 gr. (1—5. im Subscr.-Pr. 4 Thlr.)

Burdach, Karl Friedrich: Der Mensch nach den verschiedenen Seiten seiner Natur.

Stuttgart: Balz
Bd 1: Burdach, K.F.: Anthropologie für das gebildete Publicum. 1837

JB 1.043

Burdach, Karl Friedr., der Mensch nach den verschiedenen Seiten seiner Natur. Eine Anthropologie für das gebildete Publikum. Unter Mitwirkung des Verf. umgearb. u. herausgegeben von dessen Sohne Ernst Burdach. Neue (Titel-) Aufl. Mit 3 Kupfertaf., zahlreichen in den Text eingedr. Holzschn. u. dem Portrait des Verf. in Stahlst. Stuttgart (847.) 854. Becher. gr. 8. (XII, 732 S.) 1 Thlr. 15 Ngr.

— — u. **Johann Carl Hein** (Danzig), De primis momentis formationis foetus. Diss. med. Königsberg (Hartung) 2. V. 1814. 20 S. (4.50) 4717
Oppon.: Leopold Leo, Ludwig Jacobson (beide Königsberg).

Burdach, C(arl) F(riedrich) (Leipzig), Apoplexiae per epilepsiam solutae observatio. Lpz. (C. Tauchnitz) 23. III. 1798. 16 S. (3.—) 4713
Gew.: J. F. W. Seegert (Landsberg.) — Mit Namen d. Gratulanten.

— d. Organismus menschl. Wissensch. u. Kunst. gr. 8. Leipz. Minin u. Comp. 809.

— der Organismus menschl. Wissenschaft u. Kunst. gr. 8. Leipz. 809. (Engelmann). 14 Gr.

Burdach, Karl Friedrich: Die Physiologie. 867 S., gbd.

Leipzig: Weidmann 1810

JB 1.040

Burdach, Karl Friedrich: Die Physiologie als Erfahrungswissenschaft. Bd 1 - 2 mit Beiträgen von Karl Ernst von Baer und Heinrich Rathke, Bd 4 mit Beiträgen von Johannes Müller, Bd 5 mit Beiträgen von Rudolph Wagner. Bd 1 - 5, gbd., Abb.

Leipzig: Voss 1826 - 1835

JB 1.041

—— die Physiologie als Erfahrungswissenschaft. 2. Bd. Mit Beiträgen v. K. E. v. Baer, H. Rathke u. Ernst H. F. Meyer. M. 4 ill. Kpfrt. (in gr. Fol.) gr. 8. (48 B.) Leipzig 828, Voß.

—— dass. 3. Bd. (Mit vollst. Sachregist. üb. Bd. 1—3.) gr. 8. (54 B. incl. 6 Tab.) Ebds. 830.

—— dass. 4. Bd. Mit Beiträgen v. Johannes Müller. gr. 8. (31½ B.) Ebds. 832.

—— dass. 5. Bd. Mit Beitr. v. Rud. Wagner. gr. 8. (46¼ B.) Ebds. 835.
1. Bd. M. 6 Kpfrt. Ebendas. 1826. 3 Thlr. 12 Gr. — Der 1—3. Bd. umfaßt die Geschichte des Lebens, weshalb diese 3 Bde. auch als ein geschlossenes Ganzes betrachtet werden können.

—— die Physiologie als Erfahrungswissenschaft. 1—3. Bd. 2., bericht. u. verm. Aufl. u. 6. Bd. gr. 8. Leipzig, Voß.
Bd. 1. Vom Zeugenden. Vom Zeugen. Mit Beitr. v. Karl Er. v. Baer, Heinr. Rathke, Ernst Meyer, u. G. Valentin. (43 B. u. 6 Kpfrt.) 835. 3 Thlr. 18 Gr.
" 2. Vom Ele. Vom Embryo. Vom Fruchtleben. Mit Beiträgen v. K. E. v. Baer, H. Rathke, E. H. F. Meyer, Karl Theod. v. Siebold u. G. Valentin. (53½ B. u. 4 ill. Kpfrt.) 837. 5 Thlr.
" 3. Von d. Geburt. Vom unreifen Lebensalter. Vom reifen Lebensalter. Vom Umlaufe d. Lebens. Vom Tode. Mit Beiträgen v. Alb. Hayn u. Ludw. Moser. Nebst Register üb. d. 1—3. Bd. (57¼ B. u. 6 Tab.) 838. 4 Thlr. 18 Gr.

Burdach, Karl Friedr., die Physiologie als Erfahrungswissenschaft. ꝛc.
Bd. 6. Von d. Auffaugung. Von d. Verdauung. Vom Athmen. Von d. Lebenskräften. Mit Beiträgen v. Ernst Burdach u. Joh. Friedr. Dieffenbach. Nebst Register üb. d. 4—6. Bd. (41½ B.) 840. 3 Thlr. 12 Gr.
4. Bd. Vom Blute. Vom Blutlaufe. Vom Blutleben. 1832. 2 Thlr. 15 Gr. } Ebds.
5. " Von d. Gebilden. Von d. Bildungen. Vom Bilden. 1835. 3 Thlr. 21 Gr. } Ebds.

— Propädeutik z. Studium d. gesammt. Heilkunde. gr. 8. Leipz. 801. Breitkopf u. H. 21 Gr. Hbg. Pr. 12 Gr.

Burdach, K(arl) F(riedrich): Propädeutik zum Studium der gesammten Heilkunst. Ein Leitfaden akademischer Vorlesungen. 260 S., gbd.

Leipzig: Breitkopf & Härtel 1800

JB 5.516

Burdach, Karl Friedrich, s. Raulin: Von den Krankheiten ....

Burdach, Karl Friedrich, s. Realbibliothek der Heilkunst.

— neues Rezepttaschenb. f. angeh. Aerzte; od. Anleit. z. Verordn. d. vorzügl. Arzneymittel ꝛc. 8. Lpz. Sommer. 807.

— neues Recepttaschenbuch f. angehende Aerzte. 12. Leipz. 807. N. T. 811. (W. Nauck). 1 Thlr. 12 Gr.

— neues Recepttaschenbuch f. angeh. Aerzte. Od. Anleit. zur Verordnung d. Arzneimittel, in alphabeth. Ordnung durch Beispiele erläutert. 2te unveränd. Aufl. 12. Leipz. Sommer. 811.

Burdach, K(arl) F(riedrich): Neues Rezepttaschenbuch für angehende Ärzte. Oder: Anleitung zur Verordnung der Arzneymittel; in alphabetischer Ordnung durch Beyspiele erläutert. 2. unveränderte Ausg. 280 S., gbd.

Leipzig: 1820

JB 1.618

Burdach, K(arl) F(riedrich): Neues Rezepttaschenbuch für angehende Ärzte. Oder: Anleitung zur Verordnung der Arzneymittel; in alphabetischer Ordnung durch Beyspiele erläutert. 3. unveränderte Ausg. 304 S., gbd.

Wien: v. Haykul 1825

JB 1.619

Burdach, Karl Friedr.: Karl Friedr. **Burdach: Rückblick auf mein Leben. Selbstbiographie. Nach d. Verf. Tode. Leipzig: Voss 1848. VIII, 603 S. 8°**
(Burdach, K. F.: Blicke ins Leben. 4.)
cf. Fischer, R.: Gesch. d. Joh.loge z. d. drei Kronen, Königsberg i. Pr. [1910] S. 292 bis 294.
S. 568 ff.: Verf. Verhältnis zur Frmrei. — Üb. Burdach s. Allgem. Deutsche Biographie Bd 3 1876 S. 578—580 (Voit).
[Kayser: Vollst. Bücher-Lexikon. 1 (1853) S. 174.]

Burdach, Karl Friedrich, s. Sammlung,. Russische.

— v. Schlag u. Schall d. Herzens. gr. 4. Wien 832. Beck. 6 Gr.

— über den Schlag u. Schall des Herzens. Ein Vortrag in der Versamml. d. Aerzte u. Naturforscher zu Wien am 18. Sept. 1832 gehalten. gr. 4. Wien 833. Beck. ¼ Thlr.

Burdach, Karl Fiedrich (Hrsg. u. Bearb.):

s.: Segniz, Friedrich Ludwig: Handbuch der praktischen Arzneymittellehre in alphabetischer Ordnung für angehende Aerzte und Wundärzte auf dem Lande und in kleinen Städten. Th. $2/_2$ - 3. Leipzig: 1801 - 1806

JB 1.470

— — Quaestionum de natura causticorum specimen. Lpz. (Breitkopf & Haertel) 17. VII. 1807. 29 S. (4.50) 4716

—— Studien über d. Cholera-Epidemie, s. Verhandlungen d. phys.-med. Gesellsch., 2. Bd. 3. Hft.

Burdach, Karl Fr., System d. Arzneimittellehre. 3 Bde. gr. 8. Leipz. 807—9. Dyck. 5 Thlr. 12 Gr. 2e A. in 4 Bden. gr. 8. Ebd. 817—19. 8 Thlr.

—— tabellar. Uebersicht d. Hylologie d. menschl. Körpers, z. Gebr. bei Vorlesn. üb. allgem. Anatomie. 1 Bog. Imper.-Fol. Königsberg 835, Gräfe u. Unzer. Thlr.

— Umrisse einer Physiologie des Nervensystems. 1. Liefg. gr. 8. Leipzig 844, Voß. n. 16 ngr.

— anatom. Untersuchungen, bezogen auf Naturwissenschaft u. Heilkunst. 1s Hft. M. 4 Kpf. gr. 4. Riga 814. Hartmann. 1 ₰ 16 gr

— über Waisenpflege, in Bezug auf Königsberg. 8. Königsb. 815. Nicolovius. 6 gr

— üb. Waisenpflege in Bezug auf Königsberg. 8. Königsb. Nicolovius. 816.

– Dass., s.a. Burdach, Chr. Gfr. Heinrich

— die Zeitrechnung des menschl. Lebens. Am 3. August 1829 in d. öffentl. Versammlung d. königl. deutschen Gesellschaft vorgetragen. 8. Leipz. 829. Voß. 6 gr

Burdach, Konrad

Bericht über Forschungen zum Ursprung der neuhochdeutschen Schriftsprache und des Deutschen Humanismus. Von **Konrad Burdach**. *Berlin: Akad. d. Wiss. 1903.* (62 S.) 4°
Aus: Abhandlungen d. Kgl. Preuß. Akad. d. Wiss. v. J. 1903. [c4 ...]

Burdach, Konr., Bericht über Forschungen zum Ursprung der neuhochdeutschen Schriftsprache u. des deutschen Humanismus. (62 S.) gr. 4. Berlin 903. (G. Reimer.) n. 2. 50
Sonderabdruck aus: „Abh. d. preuss. Akad. d. Wiss."

Burdach, Konr.: Constanz Berneker, s.: Borgius, Eug.

[Burdach, Konrad, Goethes West-östlicher Divan]. Sonder-Abdruck aus dem Goethe-Jahrbuch. 17. Band. Weimar 1896.

Burdach, Konrad: Die Einigung der Neuhochdeutschen Schriftsprache. Einleitung. Das 16. Jahrhundert. Halle a/S. (1884): Hirschfeld in Leipzig. 31 S. 8°
Halle-Wittenberg. Phil. Hab.-Schr. v. 3. Mai 1884
Mehr nicht ersch.

Burdach, Konr., Lauchstädts Erneuung. Gedenkblatt f. das Lauchstädter Fest am 2. VII. 1896. 2. Abdr. (18 S. m. 1 Taf.) 8. Berlin 909. Weidmann. — 50

Burdach, Konr.: Faust u. Moses. I. II. III. [Aus: „Sitzgsber. d. preuss. Akad. d. Wiss."] (358—789) Lex8° Berl., G Reimer '12. 6 —

Burdach, Konr., z. Gedächtnis Rudolf Hildebrands. Rede, bei d. Enthüllg. f. Denkmals a. d. Johannisfriedhof in Leipzig a. 13. Oktbr. 1895 geh. [Aus: „Euphorion."] gr. 8. (9 S. m. 1 Bildn.) Bamberg 895. C. C. Buchner Verl. n. — 80

— die älteste Gestalt des west-östlichen Divans. (48 S.) Lex.-8. Berlin 904. (G. Reimer.) n. 2. —; Nachtrag (2 S) 904. n. — 50
Sonderabdr. aus: „Sitzungsber. d. preuss. Akad. d. Wiss."

BURDACH, Konr., Das volksthümliche deutsche Liebeslied. (S.-A. aus?) Berlin 1883. 8°.

Burdach, Konr., zum zweiten Reichsspruch Walther's v. der Vogelweide. gr. 8. (7 S.) Berlin 902. (G. Reimer.) n. — 50
Sonderabdruck aus: „Sitzungsber. d. preuss. Akad. d. Wiss."

Burdach, Konr., Reinmar der Alte u. Walther von der Vogelweide. Ein Beitrag zur Geschichte des Minnegesangs. gr. 8. (VI, 234 S.) Leipzig 880. Hirzel. n. 5. —

— Goethes eigenhänd. Reinschrift d. west-östl. Divan, s: Schriften d. Goethe-Gesellsch., Goethe.

— Über den Satzrhythmus der deutschen Prosa. (S. 520—535.) Lex. 8. Berlin 909. G. Reimer. — 50

Schiller-Rede. Gehalten bei d. Gedächtnisfeier in d. Philharmonie zu Berlin am 8. Mai 1905 von **Konrad Burdach**. Berlin: Weidmann 1905. (33 S.) 8° [S.] [c5 ...]

— Sinn u. Ursprung der Worte Renaissance u. Reformation. (S. 594—646.) Lex. 8. Berlin 910. G. Reimer. 2. —
Sonderabdr. a. „Sitzungsber. d. preuss. Akad. d. Wiss."

(Burdach. [Conrad].) Ulrich Schenk von Winterstetten. ⟨SA.⟩ 8. (Altenburg [1890].)

— s.a. Vom MAlter z. Reformation.

Burdach, Konr., vom Mittelalter zur Reformation. Forschungen zur Geschichte der deutschen Bildg. 1. Hft. [Erweit. Abdr. aus: Centralbl. f. Bibliothekswesen".] gr. 8. (XX, 137 S.) Halle 893. M. Niemeyer. n. 4. —

Vom Mittelalter zur Reformation. Forschgn z. Gesch. d. deutschen Bildg v. **Konrad Burdach**. Ankündigg d. 2. Aufl. *Brünn: F. Winiker & Schickardt 1898.* (23 S.) 1 Bd 8. [98. 8137 Gu]

— Walther v. der Vogelweide. Philologische u. histor. Forschgn. 1. Thl. gr. 8. (XXXIII, 320 S.) Leipzig 900. Duncker & Humblot. n. 7. 20

Burdach, Richard, approb. Arzt aus Emseloh b. Riestedt: Über symmetrische Gangrän ⟨Raynaudsche Krankheit⟩. *Halle a. S. 1900: C. A. Kaemmerer & Co.* (42 S.) 8°
Halle, Med. Diss. v. 5. Mai 1900

Bürde. Bemerkungen über die fernere Anwendbarkeit der Zinkbleche zur Dachdeckung. Berlin 1828. 8. (7207)

Bürde, C. F., s.a. Bürde, Samuel Gottlieb

Bürde, C. F., vermischte Gedichte u. kl. Schr. 2 Thle. 8. Bresl. W. Korn. 803 — 4. (à 1 Rthlr. 8 gr.)

Bürde, Ch. F., poet. Schriften. 2 Thle. 8. Bresl. 803/4. W. G. Korn. 2 ₰ 16 gr

Bürde, C. G., s.a. Bürde, Samuel Gottlieb

Bürde, C. G., Erbauungs-Gesänge für den Landmann, 8 817. Breslau. Holäufer (in Comm.).

— —. Geistliche Gedichte. 8. 817. Ebendas. (in Comm.)

Bürde, F. Abbildung und Beschreibung merkwürdiger Säugethiere, nach dem Leben gemalt und lithographirt. Beschrieben von **Dr. Wigmann** und **F. Brandt**. Unvollständig. Berlin 1831—1832. Fol.

Bürde, F., Abbild. vorzügl. Pferde rc., s. Abbildung.

Bürde, F. Abbildungen vorzüglicher Pferde, die sich in den Königl. Preussischen Gestüten befinden; nach dem Leben gemalt und radirt. Berlin 1821—1835. Fol.

Bürde, Johs., die Philosophie d. Lebens. In allgemeinverständl. Darstellg. (VII, 107 S.) 8. Jena 910. H. W. Schmidt. 2. —; geb. 3. —

Buerde, Ricard. (geb. Berlin 19. 12. 1825): De missis dominicis. (Pars prima.) Berolini (1853). (30 S.) 8°
Berlin, Phil. Diss. v. 5. Dez. 1853

Bürde, Samuel Gottlieb

Bürde, Sam. Gli., († d. 28. April 1831.) das verlassene Dörfchen u. d. Reisende, f. Ol. Goldschmith.

— Erbauungsgesänge f. d. Landmann. 8. Bresl. 817. (Graß, B. u. C.) 2 gr

Bürde. Samuel Gottlieb. Erzählung von einer gesellschaftlichen Reise durch einen Theil der Schweiz und des obern Italiens, nebst Auszügen aus Briefen über einige Gemälde. Hrg. von S. G. Bürde. 8. Breslau 1785.

— Erzähll. von e. Reise durch die Schweiz u. Italien. M. Kpf. gr. 8. Bresl. 785. Mit n. T. 807. (W. Nauck in Leipz.) 18 gr

Bürde, S. G., Erzählungen. 8. Königsb. Nicolovius. 790. Rthlr. Velinp.

Bürde, Sam. Gli., Erzählungen. 8. Königsb. 795. Universitäts-Buchh. 20 gr.

— geistl. Gedichte. 8. Bresl. 817. (Graß, B. u. C.) 9 gr.

— vermischte Gedichte. 8. Bresl. 789. W. G. Korn. 16 gr. N. A. 795. J. F. Korn. 10 gr.

— Lieder und Singstücke. 8. Breslau. (Sommer, Lpz.) 795.

— Lieder u. Singstücke. 8. Halberst. 795. 2e A. 805. (W. Nauck in Leipz.) 10 gr.

Buerde, Samuel Gottlieb [Übers.]
s. Milton, John: Das verlorene Paradies. 1822.

— Operetten. 8. Königsb. Nicolovius. 795.

— geistl. Poesien. 8. Bresl. 787. W. G. Korn. 12 gr.

— geistl. Poesien. 8. Bresl. Korn d. jüng. 783.

— Reise d. ein. Theil d. Schweiz u. d. ob. Ital. m. K. 8. Leipz. Sommer. 807.

Bürde, Samuel Gottlieb, s. Schilderung von Paris.

— s. Wynne, die Morlaken.

Bürde, Samuel Gottlieb, s. Zobtenberg.

Bürdeke, Adf., s.: Familienkalender, schweizerischer.

— s.: Geschäftskalender, schweizerischer.

— s.: Küchen- u. Hauskalender, schweizerischer.

— s.: Merkbuch, schweizerisches.

Burdel, E., die Trunksucht. In welch' scheußlichem Lichte stellt sie sich dar? Welche physische und moralische Verheerungen richtet sie an? Wie beugt man ihr am Sichersten vor? Wie hilft man ihr am Erfolgreichsten ab? Aus dem Französ. übers. u. mit Zusätzen aus andern Werken, sowie mit einem Anhange über die Behandlung der höheren Grade von Trunkenheit und über die neueste u. bewährteste Heilung des Säuferwahnsinns (delirium tremens) bereichert von H. Gauß. Weimar 855. Voigt. 8. (X, 101 S.) 10 gr.

Burdell, John, die Zähne, ihr Bau, ihre Krankheiten u. Behandlung. Mit zahlreichen Illustr. 8. (VII, 60 S.) Leipzig 877. Freese. 1. —

Burdet-Chevallier, Vorträge üb. Socialismus, gehalt. im Verein f. Kunst u. Gewerbe zu Barmen. 1. gr. 8. (16 S.) Barmen 850, Sartorius. 1/12 Rthlr.

Burdin, ..., vom Menschen, Beschr. seines organ. Baues, verglichen mit dem Baue d. Thiere ꝛc. Aus d. Französ., m. Anmerkk. v. Neuß. 2 Thle. gr. 8. Tübing. u. Stuttg. 803. v. Cotta. 1 Rthlr. 16 gr.

Burdinski, Richard [aus Insterburg]: Die Bedeutung der Produktiv-Genossenschaften für den Fabrikarbeiterstand, im Anschl. an e. Kritik d. Vorschläge v. Thornton u. Lassalle ... Charlottenburg, Buchdr. „Gutenberg“, 1894; 2 Bl., 71 S., 1 Bl. 8.
Heidelberg, Phil. Fak., Inaug.-Diss. v. [13. Juni] 1803

Der Kampf um die Weltanschauung in Berlin. Ausführl. Bericht über d. Vorträge d. Jesuitenpater Wasmann u. d. Diskussionsabend mit krit. Bemerkungen. Hrsg. von Dr. Rich. **Burdinski**. Berlin: Rosenbaum & Hart 1907. (41 S.) 8° [F.] 07. 4809

Burdinski, Rich., die Produktiv-Genossenschaft als Regenerationsmittel des Arbeiterstandes. Eine Kritik der Thornton-Lassalle'schen Wirtschaftsreform. gr. 8. (71 S.) Leipzig 894. G. Fock. n. 1. —

Burdinski, W., giebt es einen Gott? (18 S.) gr. 8. Halmhausen 903. Lorch, K. Rohm. n. — 10

Burdinski, W: Giebt es e. Gott? (18) 8° Halmh. '03. Ascona, C v. Schmidtz. — 10 d

Burdius, F. Goldener Hausschatz für Stadt und Land. Praktischer Ratgeber in Küche, Haus, Hof und Garten, nebst Anhang, enth. Gesundheitspflege etc. Unter Mitwirkung einer tüchtigen Hausfrau. In-8°. XII, 130 S. Bern, J. Heuberger's Verlag, 1890. 1 80

Burdo, Adolph

Burdo, A, am Niger u. Benue. Sechs Monate im Hinterlande v. Kamerun. Deutsch v. P Heichen. 8. (168) Lpzg 86, R Bauer. n 1 80

Burdo, Adph., am Niger u. Benue. Sechs Monate im Hinterlande v. Kamerun. Deutsche Ausg. v. Paul Heichen. 8. (III, 168 S.) Leipzig 886. Unflad. n. 1. 80

Burdon, über die mechanische Aufbereitung der silberhaltigen Bleierze am Oberharze, s. Hennezel, de.

Burdon, Ueber den gesellschaftlichen Zustand. Aus dem Engl. übers. von A. C. Ott. 8°. Freiberg, J. G. Engelhardt, 1846. (Stimmen aus dem Auslande über sociale Zustände. II.)

Burdon, Claire Cäcilie, neueste Original-Desseins zu d. neuen Stickerei in Petinets, Filouche etc. M. 12 Kpfr. gr. 4. Pirna 805. Friese. 1 Rthlr. 12 gr. Hbg. Pr. 1 Rthlr.

— Portefeuille f. Freundinnen d. eleganten Strickkunst. In 12 Bl. Pirna, Friese. 12 gr.

Burdon W.:
Taschenbuch f. Liebhaber d. Pferde. Aus d. Engl. 2. Aufl. Leipz. 1781. (108) S.

Burdorf, Peter

Burdorf, P., üb. d. Einfluß d. Predigers auf Vervollkommnung d. öffentl. Gottesdienstes. 8. Schlesw. Christiani. 794.

Burdorf, Pt., üb. d. Einfluß d. Predigers auf die Vervollkommn. des öffentl. Gottesdienstes. 8. Schlesw. 794. (Hammerich in Alt.) 4 gr.

Burdorf, Peter: Ueber die Erhaltung des Lebens und das zu frühe Begraben. Th. 1. 2. Flensburg & Leipzig: Korten 1794. 8°

— üb. Erhaltung des Lebens u. das zu frühe Begraben. 2 Thle. 8. Schlesw. 794. (Hammerich in Alt.) 20 gr.

— Predigten üb. d. Evangel. an Sonn- u. Festtagen. 1r Thl. gr. 8. Schlesw. 793. (Hammerich in Alt.) 20 gr.

Winke zur Beförderung der Feyerlichkeit des öffentlichen Gottesdienstes v. Peter **Burdorf.** Th. 1. 2. Schleswig und Leipzig. 1795. 8°

— liturg. Winke, z. Beförder. d. Feierlichkeit d. öffentl. Gottesdienstes. 2 Thle. 8. Schlesw. 795. (Hammerich in Alt.) 20 gr.

Burdorff, Ernst, aus Hamburg, Referendar am Amtsgericht zu Hamburg: **Ist** die rechtliche Natur des obligatorischen Vorkaufsrechts und Wiederkaufsrechts im bürgerlichen Gesetzbuche geändert gegenüber dem gemeinen Rechte? *Altona 1902: H. W. Köbner & Co.* (48 S.) 8°
Erlangen, Jur. Diss. v. 31. Mai 1902

Die Schlacht bei Eckernförde am 5. April 1849. Ein erzählendes Gedicht v. Louis **Burdorff**. Hamburg, Berlin, Wien. o. J. [1863.] 8°.

Burdorff, Louis, die Schlacht bei Eckernförde am 5. April 1849. Ein erzählendes Gedicht. Hamburg 863. Richter. gr. 8. (31 S.) n. 7½ ngr.

Buerdorff, Benno (Hrsg.), s. D y k , Pieter van: Krit. Kommentar zu den vier Evangelien.

Buerdorff, Benno, die volkswirtschaftlichen u. weltpolitischen Folgen des **Fleischirrtums**. Ein Beitrag zur Klärg. der socialen Frage vom Standpunkte der Kritik des Konsums. gr. 8. (16 S.) Leipzig 901. K. Lentze. n. — 20
Sonderabdruck aus: „Vegetar. Warte".

— dasselbe. 2.—11. Taus. (Flugschriften des deutschen Veget.-Bundes.) gr. 16. (32 S.) Ebd. 902. n. — 20

Buerdorff, Benno, Grundzüge vernünftiger Volkswirtschaft. (30 S.) gr. 8. Leipzig 903. K. Lentze. n. — 20
Sonderabdruck aus: „Vegetar. Warte."

— **Medizin** od. Philosophie? Eine Kritik beider. Zugleich e. kurzer Abriß e. wissenschaftl. Lebensanschaug. gr. 8. (48 S.) Leipzig (902). O. Borggold. n. 1.—

— der **Nährwert** des Obstes. gr. 8. (16 S.) Leipzig 902. K. Lentze. n. — 20
Sonderabdruck aus: „Vegetar. Warte".

— der **Nährwert** des Obstes. Eine gemeinverständl. Abhandlg. 6.—15. Taus. (31 S.) 16. Ebd. 903. n. — 20

Buerdorff, Benno, s.: **Thatsachen**, 111, zu Gunsten d. fleischlosen Diät.

— der **Weg** zum Glück. 1.—10. Taus. (Flugschriften des deutschen Vegetar.-Bundes.) 16. (31 S.) Ebd. 900. n. — 20

— der **Weg** zum Glück. 11.—20. Taus. (31 S.) gr. 16. Ebd. 903. n. — 20

— gänzliche u. glänzende **Widerlegung** des Vegetarismus u. der Naturheilkunde durch Prof. Dr. Logisch. Scherzhafte Reime m. ernsthaften Bemerkungen. 1.—10. Taus. gr. 16. (31 S.) Leipzig (Grassistr. 24) 899. Selbstverlag. — 20

Buerdorff, O, prakt. Buchführg f. Ziegeleien, s.: Bibliothek prakt. Specialbuchführgn f. Handel u. Gewerbe.
S. a.: Buerdorff.

Bureau s. a.: Büro.

Bureau. – Le bureau d' e s p r i t . Comédie. Basel: Flick 1777. 8°

Bureau, Das internationale, für maurerische Beziehungen. Seine Geschichte 1889—1905. Bericht an die schweizerische Grossloge Alpina 25. Juni 1905. Bern 1905. V: *Quartier la Tente, Edouard.* (wolfstieg II, 11)

Bureau, das statistische, für das Königreich Sachsen in den ersten 50 Jahren seines Bestehens. Festschrift, zum 50jähr. Jubiläum am 11. April 1881 hrsg. von der Direction d. statist. Bureaus. gr. 8. (96 S.) Leipzig 881. Duncker & Humblot. n. 2. 40

Württembergische statistisch-topographische Bureau, Das königlich, seine Aufgaben und seine Arbeiten von 1872 bis 1876. Dem internationalen statistischen Congress zu Budapest vorgelegt im September 1876. Hoch 4. Stuttgart 1876.

Bureaubeamte, der städtische. Vorbereitg. zur Annahme, weiteren Ausbildg. u. Prüfg. Methode Rustin. Selbst-Unterrichts-Briefe, hrsg. v. Rustinschen Lehrinstitut. Red. v. C. Ilzig. Bearb. v. Gust. Behrendt, Max Baumann, Frz. Bußler u. v. a. 1.—57. Lfg. Lex.-8. (1962 S. m. Abb., 11 farb. Karten, 38 Kartens. l. gr. 4 u. 1 Tab.) Potsdam 900—902. Bonneß & Hachfeld. Subskr.-Pr. à n. — 90; Einzelpr. à n. 1. 25

Bureau-Beamte, der städtische. Vorbereitung zur Annahme, weiteren Ausbildg. u. Prüfg. Methode Rustin. Selbst-Unterrichts-Briefe in Verbindg. m. eingeh. Fernunterricht. Hrsg. vom Rustinschen Lehrinstitut f. briefl. Unterricht. Bearb. v. Gust. Behrendt, Max Baumann, Frz. Bußler u. v. a. 58.—92. Lfg. (1066 S. m. 8 farb. Karten u. 2 Tab.) Lex.-8. Potsdam (903—906). Bonneß & Hachfeld. Subskr.-Pr. à n. — 90; Einzelpr. à n. 1. 25

Bureaubeamte, der städtische. Vorbereitung zur Annahme, weiteren Ausbildg. u. Prüfg. Methode Rustin. Selbst-Unterrichts-Briefe in Verbindg. m. eingeh. Fernunterricht. Hrsg. v. Rustinschen Lehrinstitut f. briefl. Unterricht. Bearb. v. Gust. Behrend, Max Baumann, Frz. Bußler u. v. a. 93.—95. Lfg. (32, 32 u. 21 S.) Lex. 8. Potsdam (908. 09). Bonneß & Hachfeld. Subskr.-Pr. à — 90; Einzelpr. à 1. 25

Büreaublatt f. gerichtl. Beamte. Berl. Jährl. 24 Nrn.

Bureau-Blatt für gerichtliche Beamte. 13—18. Jahrg. 1865—1870. à 24 Nrn. (à 1 Bgn. mit Beilagen). Berlin, Nauck & Co. 4. Jeder Jahrg. n. 1 ₰ 10 ngr.

Büreau-Blatt f. gerichtliche Beamte. 19. u. 20. Jahrg. 1871 u. 1872 à 24 Nrn. (B.) 4. Mit Beilagen. Berlin. Nauck & Co. à Jahrg. n. 1. —

— dasselbe. 21—24. Jahrg. 1873—1876. à 24 Nrn. (à 1—1½ Bg.) 4. Ebend. à Jahrg. n. 6. —

Bureau-Blatt für gerichtliche Beamte. 25—30. Jahrg. 1877—1882. à 24 Nrn. (à 1—1½ B.) Berlin, Nauck & Co. à Jahrg. n. 6. —

Bureau-Blatt f. gerichtliche Beamte. 31—34. Jahrg. 1883—1886. à 24 Nrn. (à 1—1½ B.) gr. 4. Berlin, Nauck & Co. à Jahrg. n. 6. —

Bureau-Blatt für gerichtliche Beamte. 35.—38. Jahrg. 1887—1890. à 24 Nrn. (à 1—1½ B.) gr. 4. Berlin, Nauck & Co. à Jahrg. n. 6. —

— dasselbe. Haupt-Register, die Jahrgänge 1879 bis 1890 umfassend. Im Auftrage der Verlagshandlg. bearb. v. F. Lünse. gr. 4. (IV, 87 S.) Ebd. 892. n. 4. —

Bureau-Blatt f. gerichtliche Beamte. 39.—42. Jahrg. 1891—1894. à 24 Nrn. (1—1½ Bog.) gr. 4. Berlin, A. Nauck & Co. à Jahrg. n. 6. —

Bureau-Blatt f. gerichtl. Beamte. 43.—46. Jahrg. 1895—1898. à 24 Nrn. gr. 4. Berlin 895. A. Nauck & Co. à Jahrg. n. 6. —

Bureau-Blatt f. gerichtl. Beamte. Red. unter Verantwortlichkeit des Verlegers G. Nauck. 47.—50. Jahrg. 1899—1902. à 24 Nrn. gr. 4. (VI, 246; VI, 240; VII, 256 u. VIII, 280 S. m. div. Beilagen.) Berlin, A. Nauck & Co. à Jahrg. n. 6. —

Bureau-Blatt f. gerichtliche Beamte. Red. unter Verantwortlichkeit des Verlegers G. Nauck. 51.—54. Jahrg. 1903—1906. à 24 Nrn. (à ca. 16 S.) Lex.-8. Berlin, A. Nauck & Co. à Jhrg. n. 6. —

Bureau-Blatt f. gerichtliche Beamte. Red.: Carl Neumann. 55.—58. Jahrg. 1907—1910 à 24 Nrn. (à ca. 8 S.) Lex. 8. Berlin, A. Nauck & Co. à Jahrg. 6. —

Bureau-Blatt f. gerichtl. Beamte. Red.: Heinr. Dieckmann. 58—60. J. '10—12 je 24 Nrn. ('12, Nr 1: 12) Lex8° Berl., A Nauck & Co. viertelj. 1.50; einz. Nrn nn — 35 d

—— dass. — Beiblatt dazu, s. Taxverfahren, das gerichtliche.

Bureau-Blatt für gerichtliche Subaltern-Beamte. Redig. von R. Höinghaus, L. Liebgott, J. Fenner. 3. und 4. Jahrg. 1855 und 1856. à 24 Nrn. (Bog.) 4. Berlin, Nauck und Comp. à Jahrg.
Vgl.: Justiz-Bureau-Blatt.

Bureau-Blatt für gerichtliche Subalternbeamte. Redig. von R. Höinghaus und J. Fenner. 5—9. Jahrg. 1857—61. à Jahrg. 24 Nrn. (Bog.) 4. Berlin, Nauck und Comp. à Jahrg. *

Bureau-Blatt für gerichtliche Subalternbeamte. 10.—15. Jahrg. 1862—67. à Jahrg. 24 Nrn. (Bog.) 4. Berlin, Nauck und Comp. 1862—65 à Jahrg. * 1866 und 1867 à Jahrg. *

Bureau-Compaß, s. Bureau-Kompaß.

Bureaud-Riofrey, A. M., Hauptlehren einer gedeihlichen körperl. Erziehung der weibl. Jugend bis zu der Periode der Reife. Mit e. populär abgefaßten Orthopädie. Deutsch bearb. v. Ed. Martiny. Mit 1 Steintr. 8. Weimar 837. Voigt. 213 S.

Büreau-Kalender f. d. J. 1824 — 32, jeder mit 2 Ansichten. Lithogr. gr. 4. Karlsr., Müller. à J. 6 *K* ill. 8 *K*

Bureau-Kalender 1870. 1 Blatt. Imp. Teschen, Prochaska. 40 kr.

Bureau-Kalender für 1871. Placat-Format. Teschen, Prochaska 40 kr.

Bureau-Kalender für das Jahr 1883. Teschen. Karl Prochaska. Taschen-Format 40 kr.

Bureau-Kalender pro 1885. Placatformat. Teschen, Karl Prochaska. Unaufgezogen 40 kr.

Bureau-Kalender. Mit Eisenbahnkarte von Mittel-Europa und Notizen über Post- und Telegraphenwesen etc. 1886—1888. In Plakatform. (93×70 cm.) Teschen, Prochaska. à Jahrg. *

Bureau-Kalender, deutscher, auf d. J. 1873 f. Behörden, Rechtspraktikanten u. Geschäftsleute aller kaufmänn. Berufsarten. 1. Jahrg. Mit Supplementen zu „deutscher Juristen-Kalender" aus dem Gebiete d. Civil-Rechts, Civil- u. Straf-Prozesses der deutschen Bundesstaaten, wie auch Gesammt-Oesterreichs u. mehreren im tägl. Geschäftsverkehre unentbehrl. Beigaben. Red. v. Kleinschmidt. gr. 4. (VII, 170 S m. eingedr. Holzschn.) Leipzig 873. Serbe. 5. ; geb. 7. -

— dasselbe. 2. Jahrg. 1874. gr. 4. (IV, 156 S. m. eingedr. Holzschn.) Ebend. n. 3. 60

Bureau-Kalender, [illegible] für 1869. 1 Blatt. [illegible] Fol. Teschen, Prochaska. [illegible]

Bureau-Kalender, österreichischer, für die J. 1864—66. 1.—3. Jahrg. Hrsg. von Moritz v. Reymond. Lex.-8. (à 142—188 S.) Wien, (Geitler.) cart. à Jahrg. *

Bureau Kalender, österreichischer, für das Schaltjahr 1864. 1. Jahrg. Herausg. von Moriz v. Raymond. Mit 1 Eisenbahn-, Dampfschiff- u. Telegraphen-Karte des österr. Kaiserstaates. hoch 4. (142 S.) Wien, Geitler. 1 fl. 50 kr.

Bureau-Kompaß

Bureau-Compass m. Vormerk-Kalender pro 1901. Hrsg.: S Spielmann. 3. Jahrg. Fol. (Tagesnotizen u. 218) Wien, M Perles. Kart. 3 —

Bureau-Kompass mit Vormerk-Kalender pro 1903. Hrsg.: Sigm. Spielmann. 5. Jahrg. schmal Fol. (VII S., Tagesnotizen u. 181 S.) Wien, M. Perles. Kart. n. 3. —

Bureau-Kompass und Vormerkkalender pro 1904 6. Jahrg. Gr.-8°. (6, 120, 181 S.) K 3.—

Bureaukompass mit Vormerkkalender pro 1905. 7. Jahrg. Fol. (180 S.) K 3.—

Bureau-Kompass m. Vormerk-Kalender pro 1906. Hrsg.: S Spielmann. 8. Jahrg. (Tagesnotizen u. 181) 8° Wien, M Perles. Kart. 3 —

Bureau-Kompass m. Vormerk-Kalender pro 1907. Hrsg.: Sigm. Spielmann. 9. Jahrg. (VIII S., Tagesnotizen u. 181 S.) Lex.-8. Wien, M. Perles. Kart. 3. —

F) **Bureaukompass** mit Vormerkkalender pro 1908. X. Jahrg. K 3.—

Bureaukompaß mit Vormerkkalender pro 1909. XI. Jahrg. Lex.-8°. (185 S.) K 3.—

Bureau-Kompass m. Vormerk-Kalender pro 1910. Hrsg.: Sigm. Spielmann. 12. Jhrg. (VIII, 128 u. 186 S.) Lex. 8. Wien, M. Perles. Kart. 3. —

Bureaukompaß. 1911. Gr.-8°. K 2.50

Bureau-Kompass m. Vormerk-Kaldr pro '12. Hrsg.: Sigm. Spielmann. 14. J. (8, 128 u. 183) 28,5×16 cm. Wien, M Perles. HL 3 —

— dass. pro '13. Hrsg.: Sigm. Spielmann. 15. J. (8, 128 u. 186) 28,5×15,5 cm. Ebd. HL 3 —

Büreaukraten, die, u. die Jesuiten-Missionen in Bayern. Eine jurist.-histor. Beleuchtung d. Antwort d. Cultusministers v. Lutz auf eine diessbezügl. Interpellation in der Kammer d. Abgeordneten. 2. Aufl. Passau, Jos. Bucher, 1871. 12°. IV—102 S. Ppb.

Bureaukratenspiegel. Zürcher Bureaukraten-Spiegel. Neues Schmeichel-Sechseläutenblatt 1902. Jahrg. 1. Nr. 1. [Illustriert.] 16 S. 8. (Zürich, Jean Frey.) fr. —. 30

Büreaukratie, die bayerische, u. die Jesuiten in Regensburg. 1. u. 2. Aufl. Mainz 867. Giani. 8. (IV, 62 S.) n. 6 *ngr.*

Büreaukratie, die bayerische, und die *Jesuiten in Regensburg.* (Motto aus Hesiod.) 2. Aufl. Mainz, J. A. Giani, 1867. 8°. Cart.
IV 62 S. Betrifft das Vorgehen d. bayer. Cultusministers gegen das sogen. „Jesuiten Convict" in Regensburg.

Bureaukratie u. Beamtenthum in Deutschland. I. Preußen. 8. Hamburg 844, Hoffmann u. Campe. 1/4 *ꝑ*

Bureaukratie, die, in Posen u. die fünfte Theilung Polens. Von H. S. gr. 12. (45 S.) Berlin 848. (Schneider & Co.) n. 1/6 *ꝑ*

Der Büreaukratismus und der Liberalismus im Verhältniß zu einer dem deutschen Volksgeist angemessenen organischen Bildung des Staats. Leipzig, L. H. Bösenberg 1843. 62 S. 8.

Büreaukratismus, der, u. der Liberalismus im Verhältniß zu einer dem deutschen Volksgeist angemessenen organ. Bildung des Staats. gr. 8. Leipzig 843, Schmidt. n. 1/4 *ꝑ*

Bureauordnungen f. d. kgl. Eisenbahndirektionen u. -Inspektionen, nebst d. Anweisgn. z. Behandlg. d. Personalangelegenheiten, sow. z. Regelg. d. Schriftwechsels b. d. äuß. Dienststellen. M. e. Anh., enth. e. Darstellg., betr. Kranken-, Unfall-, Invaliditäts- u. Altersversicherg. d. Arbeiter d. Staatseisenbahnen. Amtl. Ausg. [A.: „Vorschriften f. d. Verwaltg d. preuß. Staatseisenbahnen".] 4. (III, 145 S.) Berlin 895. C. Heymann's Verl. n. 1. 50; geb. n. 2. 50

Bureau- und Geschäftsreform. Zeitschrift für zeitgemäße Bureau- und Geschäftsführung. 1910. Nr. 1. Gr.-8°. Wien: Tenger. kompl. 12 Hefte K 6.—

Bureau-Tabelle. Ein alphabetisches Verzeichniß der sämmtlichen königl. bayer. Landgerichte, Stadt- u. Landgerichte, Stadtgerichte nebst ihren einschlägigen Distrikts-Polizei-Behörden, Bezirksgerichten, Handelsgerichten, Appellationsgerichts- u. Regierungs-Sitzen. Würzburg 862. Stahel. gr. Fol. 5 *ngr.*

[F.] Die **Bureau-Verwaltung** der Amtsanwälte. Erläut. v. [Wilh.] Goetze, Erster Staatsanw. a. D. ... *Berlin: C. Heymanns 1895.* (VII, 49 S.) 1 Bd 8. ,8. 0774

Bureau-Zeitung
v. Korrespondenzblatt des stadtbernischen und des Bernisch-kantonalen Bureaulistenvereins.

Bureau-Zeitung: Bernische Bureau-Zeitung
v. Korrespondenzblatt des stadtbernischen und des Bernisch-kantonalen Bureaulistenvereins.

Bureau-Zeitung f. Rechtsanwälte. 1. Jahrg. 1894. 52 Nrn. (Bog.) gr. 4. Eberswalde, A. Lemme. n.n. — 50

Bureau-Zeitung f. Rechtsanwälte. 2. Jahrg. 1895. 52 Nrn. (à 4 S.) gr. 4. Eberswalde, A. Lemme. n.n. — 50

Bureau-Zeitung f. Rechtsanwälte. 3. u. 4. Jahrg. 1896 u. 1897 à 52 Nrn. 4° (Nr. 1. 4) Ebersw., A Lemme. à Jahrg. nn 2 — *Fortsetzg war nicht zu erhalten.*

Bureau-Zeitung: Schweizerische Bureau-Zeitung — Journal suisse des Employés de Bureau
v. Korrespondenzblatt des stadtbernischen und des Bernisch-kantonalen Bureaulistenvereins.

Buren s. a.: Boeren.

— u. Engländer. Schilderungen aus dem Buren-Kriege. 8. (16 S. m. 5. Abbildgn.) Chemnitz (900). C. A. Hager. — 15

Buren, Twe Bilwarder, Chrisjan un Johann, wünscht Madam Stoppeln Glück to ehren jungen Mann. Hamburg 1766. V: *Ehrlig, Martin.* (Centr. IX, 156)

Buren, A[lbert]: Ein seltener Fall von Blasensteinbildung. *Warburg 1898: F. Quick.* (29 S.) 8°
München, Med. Diss. v. 1898

v. Buren-Schele, die Belagerung von Sebastopol, s. Bibliothek, europäische.

Büren [Schlagwort]

Büren, Kreis, s.a. **Minden**, Reg.-Bez. — **Westfalen.** Wegekarte.

Büren. Vorländer, J. J.: Karte vom Kreise Büren im Reg.-Bez. Minden. Nach d. Katasterkarten bearb. 1:80000. Lith. u. col. Leipzig: Siegismund & V. 1881. Fol.

Büren [Verfasser]

Büren, Anthony van, die Schwimmschule. Ein praktischer Leitfaden für Alle, welche das Schwimmen in allen seinen Arten erlernen wollen. Zugleich ein Hilfs- u. Nachschlagebuch f. Schwimmlehrer. Mit 4 Taf. in Steindr. gr.8. (32 S.) Wien 877. Hartleben. — 80

Bueren, Car. Frid. (geb. Runderoth im Rhein. 25. 2. 1842): De ovariorum cystis. Berolini (1865). 32 S. 8°
Berlin, Med. Diss. v. 25. Juli 1865

[Umschlagt.:] [F.] **Büren,** Carl [Gerichts-Ref.]: Die Hypothek und die Grundschuld des preussischen Eigentumserwerbsgesetzes. Darstellg u. Vergleich d. beiden Verpfändungsarten ... Köln, N. Seché, *1897;* 72 S., 1 Bl. 8.
Erlangen, Jur. Fak., Inaug.-Diss. v. Jan. 1897

Bueren, Car. Ludov. Henr. (geb. Eckenhagen im Rheinl. ...): De madore humido et ... morbi ... Berolini (1857). 20 S. 8°
Berlin, Med. Diss. v. 2. Aug. 1857

Büren, Daniel von (Bremen), De civitatibus immediatis. Von Reichs-Städten. Disp. jur. publ. Duisburg (Joh. Sas) 4. V. 1716. 34 S. (5.—) 4563

Bueren, Ernst (geb. am 23 Apr. 1851 in Ründeroth Kr. Gummersbach): Zur Lehre von der angeborenen Verengerung der Pulmonalarterienbahn in Verbindung mit einer Gruppe anderer Herzanomalien .. Bonn, Druck v. J. F. Carthaus (1875). 29 S., 1 Bl. 8.
Bonn, Med. Fak., Diss. v. 26 Juli 1875

von Büren, Fr. Casim.: De facto illicito nautae, quatenus nocet dominis mercium. *Bremae.* 717. 4.

Bueren, Friedrich (Waldbroel/Rhld.), De epilepsia. Diss. med. Bln. (Nietack) 9. I. 1834. 32 S., mit Biogr. (M.: C. Hoemann.) (4.—) 4564
Oppon.: Aug. Baier, Franz Hellersberg, C. v. Weys.

Büren, Friedr. *Joh.* [aus Bergneustadt]: Aus d. Univ.-Frauenklinik in Bonn. Ueber Placenta praevia ... Bonn, Buchdr. J. Bach Wwe, 1895; 30 S., 1 Bl. 8.
Bonn, Med. Fak., Inaug.-Diss. v. [8. März] 1895

v. Büren, Frdr., politische Xenien. gr. 8. (15 S.) Stuttgart 849, Sonnewald. 2 ngr.

Bueren's, Gfr., ausgewählte Gedichte. Aus des Vaters Nachlasse besorgt von B. A. Bueren. Münster 868. Coppenrath in Comm. 8. (VIII, 220 S.) n. 15 ngr.

Bueren, Gttfr. Wlh., Gedichte. gr. 8. Emden 843, Rakebrand. n. 1 ℛ

Büren, Gf. Wlh., s. Th. *Moore,* Lalla Rookh.

Bueren, Gfried. Wilh., die zehn Revisions-Gebote. Ein Beitrag zur künftigen Geschichte des zweiten hannov. Verfassungs-Kampfes. gr. 8. (61 S.) Hamburg 852, Richter. n. 1/4 ℛ

v. Büren, Kl., d. schweizerische Jugendfreund. 2e Aufl. 8. Ebnat 824. Keller. 16 kr

Büren, Martin [Referendar in[!] Bergneustadt]: Die subsidiäre Haftung für Geldstrafen, zu denen andere verurteilt worden, nach den Gesetzen des Deutschen Reichs ... Gummersbach, Druck v. F. Luyken, 1896; 45 S. 8.
Erlangen, Jur. Fak., Inaug.-Diss. v. 1896

(Büren, O[tto] v[on].) Bericht uber die Unterbringung der internirten Mannschaften der französischen Ostarmee in der Stadt Bern, vom 1. Februar bis Ende Marz 1871. 8. Bern 1871.

[Büren, Otto von.] Schultheiss (Em[anue]l Friedr[ich von]) Fischer. SA. 8. Bern 1870.

Buren, Otto von s. Hugendubel, Heinrich, und Buren, Otto von.

Büren, Otto v., s. Reben am Weinstock. — Zur Erinnerung an ihn.

Büren, O[tto] v(on). Schlusswort des Herrn Stadtprasidenten O. v. B' in der Letzten Sitzung des Grossen Stadtrathes, den 24. Februar 1888: Rückblick auf die Entwicklung der Stadt Bern, 1833–1888. 8 Bern 1888.

Büren- v. Salis, Eug. v., die Schmetterlings-Sammlung, s. a. Mitteilungen, wissenschaftl., des schweiz. alpinen Museums in Bern. Nr. 2.

Büren-v[on] Salis, Eugen v[on]. Die Schmetterlings-Sammlung (im Alpinen Museum in Bern), bearb. und dem S. A. C. gewidmet von E' v. B'-v. Salis.... [Umschlag illustriert.] 11 S. 8. Bern, Verlag des Schweizerischen alpinen Museums, 1908. [fr. —. 20]
Wissenschaftliche Mitteilungen des Schweizerischen alpinen Museums in Bern. No. 2.

Der **Burenfreund** (3 ff.: Süd-Afrika). Off. Organ d. Vereinigten Burencomités (Internat. Burenliga). (Deutsche Ausg.) Jg. [1]-6, No 1-6. [Mehr nicht erschienen.] Berlin: Der Burenfreund (2,8 ff.: Verl. Continent) 1901–06 6 Bde 4°
1 1901-02. 2. 1902–03 3 1903–04 4 1904 05 5 1905 06 6 1906. [07. 14918

Burenfreund, der. Officielles Organ der vereinigten Burencomités (internationale Burenliga). Red.: E. Frhr. v. Reibnitz. 1. Jahrg. Juli—Dezbr. 1901. 12 Nrn. gr. 4. (à ca. 20 S. m. Abbildgn.) Berlin, Charlottenburg, Verlag Continent. n. 2. 40

— dasselbe. Red. i. V.: Max Sklarek. Jahrg. 1902. 24 Nrn. gr. 4. (à ca. 24 S. m. Abbildgn.) Ebd. n. 6. —

Burenfreund, der. Organ der vereinigten Burencomités. Schriftleitg.: Frhr. v. Reibnitz. 2. Jahrg. 1.—3. Vierteljahr. Juli 1902—März 1903. 18 Nrn. (à ca. 16 S. m. Abbildgn.) gr. 4. Berlin, Verlag „Continent". n. 9. —
Fortsetzung s.: Süd-Afrika.

Das Totenbein [Mertvaja noga]. Ein absonderlich-mysteriöser Kriminalfall. Von V[iktor Petrovič] Burenin. Nach d. 4. Aufl. d. russ. Orig. übers., mit Anm. u. e. Einl. vers. von Wilh. Henckel. *München: E. Albert & Co [1893].* (100 S.) 8° [𝔉.]

Burenin, V, d. Totenbein. Ein absonderlich-mysteriöser Kriminalfall. Nach d. 4. Afl. d. russ. Originals übers., m. Anmerkgn u. e. Einl. versehen v. W Henckel. 8° (100) Münch. 93. Berl., Schuster & L. 1 —

Burenkrieg, der. Mit kurzen Biographieen der hervorrag. Heerführer nach Mitteilgn. Sr. Exc. des Transvaalgesandten W. Leyds hrsg. v. Ludw. Thoma, unt. Mitwirkg. von Frz. v. Defregger, Th. Th. Heine, Wilh. Leibl etc. Umschlag-Zeichnung v. Br. Paul. Clichés v. Brend'amour Simhart & Co. Fol. (32 S. m. z. Teil farb. Abbildgn.) München 900. A. Langen. n. 1. —; geb. in Leinw. n. 3. —

Burenkrieg. Der Burenkrieg und die Prophezeiungen Johann v. Blochs, von einem Zeugen. [Hrg. vom Internationalen Friedensbureau Bern.] 87 S. gr.-8. Bern, Büchler & Co., 1903.

Burenkrieg, der, u. die Prophezeiungen Johann v. Blochs, v. e. Zeugen. (87 S.) gr. 8. Bern 908. (Esslingen, W. Langguth.) n. — 60

Burenlieder. Von e. deutschen Bur. *Elberfeld: Baedeker in Komm. [1900].* (32 S.) quer-8° [Umschlagt. 𝔉.]

— aus der Bierzeitung der Scharfen deutschen Ecke zu Kapstadt in der Zeit des Freiheitskrieges der südafrikanischen Republiken. 8. (80 S.) München 901. J. F. Lehmann's Verl. n. 1. —

Lehrplan für ein- und mehrklassige Volksschulen. Hrsg. von J[osef] **Burens**, Kreisschulinsp., u. J[osef] Rößeler, Hauptlehrer. Genehmigt f. d. Volksschulen d. Kreisschulinsp.Bez. Düren durch Verfügung d. Kgl. Regierung zu Aachen v. 12. Febr. 1910. Düren: Solinus (1910). 164 S. 8°

Burens, J, u. J Rösseler: Lehrplan f. ein- u. mehrkl. Volkssch. (164) gr8° Düren, W Solinus ('10). ‖ 2. Afl. (200) 8° '12. L nn 3.50 d

Büren's, Oberst Otto v., Lebensbild, s.: Oettli, S.
— s.: Zur Erinnerung an ihn.

Burenstreiche. Der Transvaalkrieg in der Karikatur. Mit 101 Karikaturen nach den berühmtesten Karikaturisten aller Länder. 8. (96 S.) Berlin 900. Dr. Eysler & Co. (Verlag d. Lustigen Blätter.) 1. —

Bürer, Fr. W., über Blasensteinzermalmung. M. 1 Kpft. N. A. gr. 4. Nürnb. 829. Campe. 8 gGr.

Bures, Jos., Militär-Administration. Lernbehelf. Im Auftrage des k. u. k. Reichs-Kriegsministeriums f. die k. u. k. Militär-Akademien u. Cadettenschulen bearb. gr. 8. (VI, 79 S.) Wien 899. (L. W. Seidel & Sohn.) Geb. in Leinw. n. 2. 40

Buresch, Reisebericht. S. A. 1894. 40 S. m. Ktc.

Buresch, C., s. Buresch, Karl

Buresch, E., über die Begründung von Gebäuden. Ein Beitrag zur bürgerlichen Baukunst. Hannover 867. Schmorl & v. Seefeld. gr. 8. (30 S.) 7½ ngr.

Buresch, E., über die Begrünung von Gebäuden. Ein Beitrag zur bürgerl. Baukunst. gr. 8. (30 S.) Hannover 867, Schmorl und v. Seefeld.

Buresch, E., Darstellung der verschiedenen Verfahrungsarten u. Apparate, welche zum Imprägniren von Hölzern Anwendung gefunden haben, s. Mittheilungen des sächsischen Ingenieur-Vereines.

Buresch, E., die schmalspurige Eisenbahn von Ocholt nach Westerstede [Herzogth. Oldenburg]. [Erweiterter Sep.-Abdr. aus: „Zeitschr. d. hannöv. Archit.- u. Ingen.-Ver."] gr. 8. (VIII, 72 S. m. 10 Taf. in Autogr. u. Steindr.) Hannover 877. Schmorl & v. Seefeld. n. 3. —

— der Schutz des Holzes gegen Fäulniss u. sonstiges Verderben. 2. neu bearb. Aufl. der im Jahre 1859 vom sächs. Ingenieur-Vereine gekrönten Preisschrift: „Ueber die verschiedenen Verfahrungsarten u. Apparate, welche beim Imprägniren der Hölzer Anwendung gefunden haben". Mit 4 lith. Taf. Lex.-8. (X, 137 S.) Dresden 880. Kuntze. cart. n. 10. —

BURESCH, E.: Über die verschiedenen Verfahrungsarten und Apparate, welche beim Imprägniren der Hölzer Anwendung gefunden haben. - Dresden 1860. 142 S., 4 Taf. - (Mitt. sächs. Ingenieur-Ver. H. 3) - 2. neu bearb. Aufl. u. d. T.: Der Schutz des Holzes gegen Fäulniss und sonstiges Verderben. ebd. 1880. 137 S., 4 Taf.

BURESCH, Erwin: Untersuchung über die Genauigkeit der Bestimmung von Höhengrenzen. — 1909. 178 Bl., 1 Taf. Diss. Graz, Univ.

Buresch, Franciscus, Medicina pastoralis seu institutiones medicae in usum sacerdotum curatorum. Fasc. I. 8. maj. (112 Pag.) Olmütz, Hölzel. 50 kr.

Buresch, Karl [Dr.]: *Ἀπόλλων Κλάριος* — Untersuchungen zum Orakelwesen des späteren Altertums. . . . Leipzig, Druck v. B. G. Teubner, 1889: 1 Bl. + 84 S. 8°
Leipzig. Phil. Fak., Hab.-Schr. v. 29. Jul. 1889

Buresch. Karl [aus Hannover]: Consolationum a graecis romanisque scriptarum historia critica . . . . Lipsiae. J. B. Hirschfeld, 1886: 64 + 2 S. 8°.
Leipzig. Phil. Fak., Inaug.-Diss. v. 5. Jul. 1886.

Buresch, Karl. consolationum a graecis romanisque scriptarum historia critica. Diss. Leipzig 1886, Gustav Fock. 8°. 64 S.

Buresch, K., Klaros. Untersuchungen zum Orakelwesen des späteren Altertums, nebst e. Anh., das Anecdoton *χρησμοὶ τῶν ἑλληνικῶν θεῶν* enth. gr. 8. (III, 134 S.) Leipzig 889. Teubner. n. 3. 60

Buresch, Karl, Aus Lydien. Epigraph.-geograph. Reisefrüchte, hinterlass. v. B. Hrsg. v. Otto Ribbeck. M. e. v. H. Kiepert gezeichn. Karte. gr. 8. (XVI, 227 S. m. 1 Abb.) Leipzig 898. B. G. Teubner. n. 14. —

Buresch, Karl, die Quellen zu den vorhandenen Berichten von der catilinarischen Verschwörung, s. Commentationes Philologae quibus Ottoni Ribbeckio congratulantur Discipuli Lipsienses.

Buresch, K., Die griech. Trostbeschlüsse. S. A. 1894. 87 S.

Buresch, R. Studien aus dem Lebensversicherungswesen. 1892.

Burg. —

Burg, Die. Illustr. [Zeitschr. f. d. studier. Jugend. Hrsg.: J Sartorius u. K Faustmann. 1. J. Okt.—Dez. '12. 13 Hefte. (1—4. Heft: 64, 4 u. 4 m. 8 Taf.) Lex8° Trier, Paulinus-Dr. 1.15; einz. Hefte — 15

Burg, die, Alphausen, oder Zyprians Frauenwahl, komischer Roman, aus d. Engl. übers. und bearbeitet von Th. Hell. 8. Leipzig, Kollmann. 819.

Burg Edelfels, die, od. d. geraubte Braut. Rittergesch. aus d. 14. Jahrh. Mit Titelkpfr. 8. (16¼ B.) Ulm 830, Ebner.

Ein' feste Burg. Eine Sammlung von Predigten f. Sonn- u. Festtage e. Kirchenjahres. Mit 12 Bildtaf. u. 12 Vignetten. Hrsg. unter Mitw. hervorrag. Kanzelredner aus allen Teilen Deutschlands von P. Dr. Julius Kurth. (Lfg 1.) Groß-Lichterfelde: Verl. Evang. Erbauungs-Schriften [1906]. 4° [F.] (06. 1431)

(Burg.) — Eine veste Burg ist unser Gott! Hausbuch zur täglichen Erbauung in Morgen- u. Abendbetrachtungen für evangelisch-lutherische Christen. 2. Aufl. Mit 1 Titelkupfer. Neustadt a. A. 861. Engelhardt. 8. (232 S.) 15 ngr.

Burg, feste, unüberwindl., oder Kreuz u. Trostgebetbuch. 8. Hamburg. 723.

Burg, die, Helfenstein, oder das feurige Racheschwerdt, v. C. Hildebrandt. 2 Thle. 8. Quedlinb., Basse. 819. 1 Rthl.

Burg Ilferstein ꝛc., lies: Burg Uferstein.

Burg Karlstein und ihre Sehenswürdigkeiten. Ein treuer Führer für deren Besucher. 12. (72 S. mit 1 Stahlst.) Prag 863, Steinhauser. *

Burg, Die Michelsberger.

Hermannstadt 1870. V: *Seivert, Gust. Gottlieb.* (Trausch IV, 431)

Burg, die Michelsberger. Eine histor. Skizze. gr. 8. (16 S. m. 2 Steintaf.) Hermannstadt 873. (Michaelis.) n. — 40

Ostseebad Burg, Insel Fehmarn. Sommerfrische. Burg a. F. o. J. 8°

Burg, Die, von Otranto, eine gothische Geschichte; aus dem Engl.

Berlin 1794. V: *Walpole, Horace.* (EE) (GGr) (MGT) Ü: *Meyer, Friedr. Ludw. Wilh.* (NN)

— die, von Otranto, e. gothische Gesch. aus d. Engl. (d. Walpole, v. F. L. W. Meyer). 8. Berl. 794. (Reimer). 1 ℛ 8 gl. N. Aufl. 8. Leipz. 820. (Rauck). 1 ℛ — Dass. englisch. 8. Ebd. 794. Reimer. 1 ℛ 8 gl. s. auch *Castle of Ostrando.*

Burg, die, von Otrando. Eine gothische Geschichte, mit 1 K. neue wohlf. Ausg. 8. Leipz. Sommer. 811.

—, die, von Otranto, eine gothische Geschichte. Aus dem Engl. Mit 1 Kupf. Neue Ausg. 8. Leipzig, Sommersche Buchhandl. 820.

— Ebendasselbe ist auch jetzt bey Reimer in Berlin zu haben und der Preis.

Burg Blümeran, s. Blümeran, Burg.

Burg, Schloss, an d. Wupper. Hrsg. v. Schlossbauver. (52 m. Abb. u. 1 Taf.) gr8° Düsseld., L Schwann '10. ‖ 2. Afl. (57 m. Abb. u. 1 Taf.) '12. — 80 d

– Dass., s.a. Clemen, Paul

— die sonderbare, des Ritters Benno. 8. Bremen, Müller.

Burg, Die sonderbare, des Ritters Benno zwischen Himmel und Erde.

Bremen 1807. V: *Berger, Julie.* (MGT)

— die sonderbare, des Ritters Benno. 8. Bremen. Ist jetzt Verlag v. Heyse und der Preis

— Uferstein, die, e. romant. Erzählung. 8. Leipz. Joachim. 805.

Burg. Die Unüberwindliche Feste, Darinnen zu finden Sichere Wohnungen, trefliche Wehre, und wohlbewährte Waffen wider die listigen Anläuffe und Mord-Pfeile Satans ... An statt eines Creutz- und Trost-Buchs, ausführlich beschrieben Von einem Der umb der Liebe Christi willen in der Welt viel Angst gehabt. Benebenst einer Vorrede Hn. JOHANN FRIEDERICH WINCKLERS, Pastoris zu S. Nicolai in Hamburg, Und Herrn D. JOH. OLEARII. Hamburg, C. Liebezeit, 1715. 8°. 31 Bl. 1125 S. *mit 1 Titelkupfer und 8 emblematischen Kupfern.*

Burg, die unüberwindliche feste. Darinnen zu finden sichere Wohnungen, treffliche Wehre u. wohlbewährte Waffen wider die listigen Anläufe u. Mordpfeile des Satans, des Todes u. der Welt, wie auch wider alle große Noth, die einen rechtschaffenen Christen in dieser Zeitlichkeit gemeiniglich betreffen. Für alle betrübte, angefochtene, zagende u. geängstete Christen. Anstatt eines Kreuz- u. Trostbuches ausführlich beschrieben von Einem, der um der Liebe Christi willen in der Welt viel Angst gehabt hat. Neue Ausg. 1. u. 2. Aufl. gr. 8. (III, 473 S.) Hermannsburg 882. Missionshausdruckerei. n. 2. 40

— die unüberwindliche feste, für alle betrübte, angefochtene, zagende und geängstete Christen. Ein Kreuz- u. Trostbuch mit Kernsprüchen aus den Schriften der bewährtesten Gottesmänner u. Glaubenshelden, Arndts, S. Augustinus, Bernhards v. Clermont, Luthers ꝛc. von dem Verfasser der geistlichen Lockspeise u. eingeführt von Dr. Joh. Olearius. Neu herausg. u. mit einer Zugabe von Trostliedern u. Gebeten für angefochtene Seelen aus den Schriften obengenannter Gottesmänner verm. von L. Fr. Staib. Tübingen (Leipzig) 859. Fues' Verlag. gr. 8. (VI, 282 S.) 16 ngr.

Burg Weinsberg, oder deutsche Frauenliebe u. Männertreue. Rittergesch. aus Kaiser Conrads III. Zeiten. Vom Verf. des Albert v. Reinstein ꝛc. 3 Thle. 8. Quedl. 827. Basse.

— die zerfallene, nach d. Franz. d. de la Tour. 12. Leipz. Weigel. (Hinrichs.) 807.

Burg [Schlagwort]

— s. a.: Deutschland. Grundkarte.

Burg, s. a. Geologische Karten (Preussen).

Burg (Spreewald), s. a. Mark.

Burg im Spreewald, s. a. Preussen. Messtischblätter.

Burg, s.a. Wanderkarten.

Burg. Plan der Stadt Burg. 1:2500. 76×100 cm. Photolith. u. kolor. Burg 894. A. Hopfer. n. 3. —

Burg. Plan, neuester, der Stadt Burg (Bez. Magdeburg), m. e. Verzeichnis sämmtl. Strassen u. Plätze, sowie der öffentl. Gebäude u. dgl. (auf d. Rückseite). 1:5000. 39×55,5 cm. Farbdr. Burg (901). C. Schulze. n. 1. —

Burg. Plan, neuester, der Stadt Burg nach dem amtl. Übersichtsplan der vereidigten Landmesser Ziehm u. Bertram. 1:6000. 55,5×60,5 cm. Farbdr. Mit e. Verzeichnis sämtlicher Strassen u. Plätze, sowie der öffentl. Gebäude u. dgl. (auf der Rückseite). Burg (909). C. Schulze. 1. —

Burg [Verfasser]

Burg, van der, „de geneesheer in Nederlandsch-Indie", s. Diemer, L.

Burg, A.: Josias Ballmann u. Sohn. Eine Familiengesch. (130) 8° Würzbg, Memminger ('11). 1.50; L 2 — d

Burg, A., Betriebsverhältnisse d. deutsch. Landwirtsch., s.: Auffel, H.

Burg, A., die gnädige Frau, s.: Bobach's illustr. Roman-Bibliothek. II. 6.

(Burg.) — **Illustrirtes Maschinen-Verzeichniss von A. Burg & Sohn, Ackerbau-Maschinen-Fabrikanten des k. k. Hofes etc. in Wien. Wien 857. (Gerold.) gr. 4. (2 Bl., 81 S. u. 44 lith. Taf.)** n. 2 *ℛ*

Burg A und Sohn, Wien. Illustriertes Verzeichnis von Ackerbaumaschinen. 4° Wien (1857)

Burg, A. R. van der, u. P. van der **Burg**, Handbuch zur Methode der Holz- u. Marmor-Malerei. (In 12 Lfgn.) 1—5. Lfg. Fol. (à 1 Steintaf. u. 2 Chromolith. m. 2 Bl. Text.) Rotterdam 876. van Hengel & Eeltjes. à n. 6. —

Burg, A. R. van dor, u. P. van der **Burg, Handbuch** zur Mothode der Holz- u. Marmor-Maloroi. **6—12.** (Schluss-)Lfg. Fol. (à 1 Steintaf. u. 2 Chromolith. m. 2 Bl. Text.) Rotterdam 877. van Hengel & Eeltjes. à n. 6. —

Burg, Adam Ritter von

Burg, Adm., Abhandl. üb. einige wichtige Gegenst. d. prakt. Geometrie. Nebst Anh. v. einigen trigonometr. Reihen 2c. Mit 1 Kpft. gr. 8. Wien 825. Wimmer. 16 *gr*

— Anfangsgründe d. analyt. Geometrie. Zum Behufe d. öffentl. Vortrages u. Selbstunterr. Mit 2 Kpft. gr. 8. Wien 824. Gerold. 1 *ℛ* 16 *gr*

Burg, Adam, leicht fassl. Anleitung z. Rechn. mit Decimalbrüchen, mit besond. Rücksicht auf d. dabei möglichen Abkürzungen. gr. 8. (4 B.) Wien 836, Gerold.

— Auflösung algebraischer Gleichungen d. 1n u. 2n Grades 2c. M. 477 ausgeführten Beispielen 2c. gr. 8. Wien 827. Beck. 2 *ℛ* 16 *gr*

Burg, Adam v., **Bericht** über das vom Capit. A. A. Humphreys u. Lieut. H. L. Abbot im Jahre 1861 zu Philadelphia unter der Autorität des Kriegs-Departements der Vereinigten Staaten Nordamerika's veröffentlichte Werk, betr. die unter ihrer Leitung in den Jahren 1851, 1857 u. 1858 im Auftrage der Bundesregierung ausgeführten Vermessungen des Mississippi-Delta's zum Behufe der auszuführenden Schutzbauten gegen die Ueberschwemmungen des Mississippi-Stromes und dessen Nebenflüsse. Wien 864. Gerold in Comm. gr. 8. (86 S.) n. 12 *ngr.*

—— über den Einfluss des Maschinenwesens auf unsere socialen Verhältnisse. Ein Vortrag gehalten in der feierlichen Sitzung der k. Akademie der Wissenschaften am 30. Mai 1850. 8. (44 S.) Wien 850, (Gerold's Sohn.) *

Burg, Adamo, Elementi di Meccanica. Per la IV. classe delle scuole elementari maggiori maschili nelle provincie del Regno Lombardo-Veneto e Dalmazia di — —. Versione di Vincenzo Gallo. 8. (190 p. 4 tav.) Vienna. Presso L. Grund. 1855.

Burg Adam Freiherr von: Über die am 27. Juli 1848 auf der Kaiser Ferdinands-Nordbahn stattgefundene Explosion der Lokomotive „Jason". S. 1. 566 . . . . . . vgr.

Separatabdruck

— Handb. d. geradlinigen u. sphärischen Trigonometrie. Mit 2 Kpft. gr. 8. Wien 826. Beck. 2 *ℛ* 8 *gr*

—— Compendium d. höhern Mathematik. M. 4 Kpfrt. gr. 8. (36 B.) Wien 836, Gerold.

v. Burg, Adam Ritter, Compendium der höheren Mathematik. 2. sehr verm. u. verb. Aufl. Mit 4 Kpfrtaf. (in qu. Fol.) gr. 8. (XXXII u. 632 S.) Wien 851, Gerold. 4 *ℛ*

Burg, Adam, *Ritter v., k. k. Regierungsrath, o. ö. Prof. etc. etc.* Compendium der höheren Mathematik. III. sehr verm. u. verb. Aufl. *Wien* 1858. *C. Gerold's S.* XXVIII, u. 660 S. 8°. Mit 4 K.K.-Tafeln. 5 fl. 40 kr.

— Compendium der höheren Mathematik. 3., sehr verm. etc. Aufl. Mit 4 Kpfrtaf. (in Fol.) Wien 859. Gerold. gr. 8. (XXVIII, 660 S.) 4 *ℛ*

Burg, Adm., Compendium der populären Mechanik und Maschinenlehre. 1. Thl. Mechanik fester Körper. Mit 10 Kpfrtaf. 2. Thl. Mechanik flüssiger Körper. Mit 10 Kpfrtaf. gr. 8. Wien 844, 46, Gerold. pro 2 Abthl. 5 *ℛ*

—— Compendium der populären Mechanik und Maschinenlehre. 2., verb. und verm. Aufl. gr. 8. (XXVI und 623 S. mit 20 Kpfrt. in qu. Fol.) Wien 840, Gerold, Verlag.

Burg, Adam v., Supplement-Band zum Compendium der populären Mechanik und Maschinen-Lehre. gr. 8. (XX und 551 S. mit einem Atlas von 10 Kpfrt. in qu. Fol.) Wien 850, Gerold, Verlag. Thlr.

Burg, Adam, Compendium der populären Mechanik und Maschinenlehre. 3., verb. und verm. Aufl. Mit einem Atlas von Kpfrt. 2 Abthlgn. gr. 8. (1. Abthl. S. 1—320 mit 12 Kpfrt. in qu. gr. Fol.) Wien 855, Gerold's Sohn.

Burg, Adam v., Compendium der populären Mechanik und Maschinenlehre. 3. verb. etc. Aufl. Mit 1 Atlas von 23 Kpfrtaf. in qu. Fol. Ebend. 856. gr. 8. (XXVI, 700 S.) 6 *ℛ*

—— Supplement-Band zum Compendium der populären Mechanik und Maschinenlehre. 2., sehr verm. und verb. Aufl. gr. 8. (XXXI und 542 S. mit 1 Atlas von 8 Kpfrt. in qu. Fol.) Wien 863, (Gerold's Sohn.)

— Die vielfache Kurbel (mit 1 Taf.). S. 51. II. 66 . . . . , — 60

Separatabdruck

Burg, Adam Ritter v., die vielfache Kurbel. Lex.-8. (28 S. mit 1 Stnt.) Wien 865, (Gerold's Sohn.) **
Aus: Sitzungsberichte der k. Akademie der Wissenschaften, besonders abgedruckt.

Burg, Adam, ausführl. Lehrbuch d. höh. Mathematik. Mit besond. Rücksicht auf d. Zwecke d. pract. Lebens. 3 Bde. gr. 8. (100 B. u. 12 Kpfrt. in qu. Fol.) Wien 832, 33, Gerold.

—— Lehrbuch der Maschinenlehre zum Gebrauche für Ober-Realschulen. Bearb. im Auftrage des hohen k. k. Ministeriums des Cultus etc. gr. 8. (VIII und 230 S. mit 1 Atlas von 14 Kpfrt. in qu. gr. Fol.) Wien 855(56,) Gerold's Sohn.

— Lehrbuch der Maschinenlehre zum Gebrauche für Ober-Realschulen. Bearb. im Auftrage d. h. k. k. Ministeriums des Cultus etc. Mit 1 Atlas von (14) Kpfrtaf. (in qu. Fol.) Wien 856. Braumüller. gr. 8. (VIII, 239 S.) 2 *ℛ* 12 *ngr*

Burg, Adam, Lehrbuch der Mechanik, für die Unter-Realschulen von zwei Jahrgängen. Von — —. Zweite vom Verfasser verbesserte Auflage. 8. (174 S. Mit 4 Kupfertafeln.) Wien. Gedruckt bei Leopold Grund. 1854.

Burg A, Lehrbuch der Mechanik für die Unterrealschulen von zwei Jahrgängen. 3. Auflage. Wien 1856

— theoretische Principien der Mechanik nebst der Art u. Weise ihrer Anwendung auf das Maschinen-Wesen nach den auf höhere Mathematik basirten ordentlichen Vorträgen bearb. u. herausgeg. von Karl Winternitz. Roy.-4. (36 lith. B.) Wien 846, Doll's Enkel. n. 4 *ℛ* 6 *ngr*

— Samml. trigonometr. Formeln. gr. 4. Wien 827. Beck. 2 *ℛ*

— Über den geraden zentralen Stoß zweier fester Körper. D. 1. I. S . . . . vgr.

Separatabdruck

—— Teoria elementare delle macchine ad uso delle scuole reali superiori compilata per ordine dell' imp. reg. ministero del culto e dell' istruzione. Tradotta dal Giusto Bellavitis. gr. 8. (VIII und 212 S. mit 14 Kpfrt. in qu. Fol.) Wien 859, (Gerold's Sohn.) *

— Untersuchungen über die Festigkeit von Stahlblechen, welche in dem Eisenwerke des Herrn Franz Mayr in Leoben für Dampfkessel erzeugt werden. (Aus den Sitzungsber. 859 d. k. Akad. der Wiss.) Ebend. 859. (25 S.) gr. 8. n. 4 ngr.

— Über die von dem Zivil-Ingenieur Herrn Kohn angestellten Versuche, um den Einfluß oft wiederholter Torsionen auf den Molekularzustand des Schmiedeisens auszumitteln. S. 6. 149 . . . . vgr.
Separatabdruck

—— über die Wirksamkeit der Sicherheitsventile bei Dampfkesseln. Lex.-8. (82 S. mit 1 Stnt. in Lex.-8. und qu. 4.) Wien 862, (Gerold's Sohn.) *
Aus: Sitzungsberichte der k. Akademie der Wissenschaften, besonders abgedruckt.

Burg, Adam Frhr. v., über die Wirksamkeit der Sicherheitsventile bei Dampfkesseln. [Mit 6 (eingedr.) Holzschn.] [Aus: „Sitzungsber. d. k. Akad. d. Wiss."] Lex.-8. (41 S.) Wien 870. (Gerold's Sohn.) n.n. — 70

Burg, Albert. Das schwarze Buch. Korruption und Prostitution der preussischen höheren Verwaltungsbeamten. Wahre Begebenheiten. Ein Mahnruf an den Landtag und das Volk. 127 S. 8. Zürich, Caesar Schmidt, 1905. [fr. 2. —]

Burg, Albert (Hrsg.), s. Kunst. – Illustrierte Kunst und Kunstwissenschaft.

Burg, Anna, des Lorbeers Hüterin, s.: Bibliothek, interessante.

Burg, Anton
Aus Wetzlar's Vergangenheit und Gegenwart. Stuttgart 1867.
In: Hausblätter. Bd 3.

Burg, August, a. Kloster Arnsburg: Beiträge zur Kenntnis des landwirtschaftlichen Betriebs im Vogelsberg, besonders in den oberhessischen Kreisen Schotten, Lauterbach und Alsfeld. Berlin 1906: Die Post. (99 S.) 8° [F.] ¶[Aus: Arbeiten der deutschen Landwirtschaftsgesellschaft H. 123.]
Gießen, Phil. Fak., Ref. Gisevius, Diss. v. 28. Nov. 1906
[Geb. 21. Mai 79 Kloster Arnsburg (Oberhessen); Wohnort: Gießen; Staatsangeh.: Hessen; Vorbildung: Oberrealsch. Darmstadt Reife O. 99; Studium: Leipzig 4, Gießen 4 S.; Rig. 8. März 06.]

Burg, B. v. der

— d. beiden Inspektoren, s.a. Vereinstheater, neues.

Die beiden Inspektoren. Lustspiel in 3 Aufz. von B. v. d. Burg. *Essen: Fredebeul & Koenen 1896.* (15 S.) 8° [F.]
— Vereinstheater, Neues. No 8. [04. 7073

Burg, B. v. der, wie er kurirt wird. Posse in 2 Aufz. 12. (17 S.) Essen 895. Fredebeul & Koenen n. — 50

Burg, Emma, Marienkind. Gedicht. 12. (III, 74 S.) München 898. J. J. Lentner. n. 1. 50; geb. in Leinw. m. Goldschn. n. 2. —

— Vergißmeinnicht. Poet. Nachklänge aus wohlmein. Erzieherherzen f. d. reif. Jugend. 12. (VIII, 256 S.) Ebd. 898. n. 2. 25; geb. in Leinw. m. Goldschn. n. 3. —

Burg, Emma, für deine Tochter. Dichtungen. (VII, 203 S.) 11. 8. Paderborn 904. F. Schöningh. n. 2. 40; geb. in Leinw. m. Goldschn. n. 3. 60

— **Engelbert von der** (Steteritz), Orationes et tractatus. — 1. De abusu juramentorum, quo divina majestas laeditur. 2. De abusu appellationum, quo humana majestas laeditur. 3. De juribus, privilegiis & officio doctorum. 4. De ratione status. 5. De thesauris & jure tam principis quam privatorum circa eosdem. 6. De usu & abusu commerciorum. 7. De perjurio. Leipzig (Lanckis Erb.) 1710. 212 S. u. 8 Bl. Register. (10.—) 4725

Erinnerungen aus Krieg und Frieden von [Ernst] v. d. Burg, Gen. d. Inf. Als Hs. gedr. *Berlin: (E. S. Mittler & Sohn) 1903.* (272 S.) 4°(8°) [03. 9940

Burg, Ernst v. der, Kaiser Friedrich der Edle. Das Leben u. Wirken des zweiten Hohenzollernkaisers, dem deutschen Volke u. seiner Jugend erzählt. (95 S. m. 8 [1 farb.] Vollbildern.) 11. 8. Stuttgart (905). Reutlingen, R. Bardtenschlager. Geb. n. — 75

— dass., s.a Bücherei, vaterländ.

Burg, Ernst v. der, Königin Luise, s.a. Bücherei, vaterländische. 11. Bd.

Burg, Ernst v. der, Königin Luise. Die Lebensgeschichte der edlen Preußenkönigin, f. Volk u. Jugend erzählt. (79 S. m. 1 Taf.) 11. 8. Reutlingen (910). R. Bardtenschlager. Geb. in Halbleinw. — 40 u. — 50

Burg, Ernst v. d., s. a: Schreck, Ernst.

Burg, Franc. van der, brevis elucidatio totius missae interrogationibus et responsionibus distincta. Ex plurimis missae expositoribus aliisque probatis authoribus collecta. Nova editio cum plurimis additamentis. 32. (V und 368 S.) Tournai 863, Casterman.

Burg, Franciscus Offenburgensis]: De M. Caelii Rufi genere dicendi . . . Lipsiae, typ. B. G. Teubneri, 1888; 78 S. 8°
Freiburg i. B., Phil. Fak., Inaug.-Diss. v. 1888

Burg, Friedrich Johann: Original-Schriften zu der in Breslau dem 10. September 1760 geschehenen Ordination des von der ev. luth. Kolonie in Philippen in der Türkischen Wallachey neuberufenen Lehrers, Herrn Johann Jakob Scheidemantels, gehörig. Breslau, Leipzig: Korn 1760.

Burg, Friedrich Johann: Original-Schriften zu der in Breslau dem 10. Sept. 1760 geschehenen Ordination des von der ev.-luth. Kolonie zu Philippen in der Türkischen Wallachey neuberufenen Lehrers, Herrn Johann Jakob Scheidemantels, gehörig. Breslau u. Leipzig, Daniel Piesch 1760.

Burg, Fritz (geb. Berlin 27. 3. 1860): Die älteren nordischen Runeninschriften. Berlin 1885. (32 S.) 8°
Berlin, Phil. Diss. v. 15. Juni 1885

Burg, Fritz, die älteren nordischen Runenschriften. Eine sprachwissenschaftl. Untersuchg. gr. 8. (176 S.) Berlin 885. Weidmann. n. 4. —

Burg, Gerh., Gedichte. 8. (X u. 234 S.) Leipzig 851, Brockhaus. 1 ₰

Burg, Gustav von. Ornithologische Beobachtungen aus dem Jahre 1900. II + 92 S. 8. Aarau, H. R. Sauerländer & Co., 1902. [fr. 1. 50]

Burg, Gustav von s. Bericht der Expertenkommission für Prüfung der Jagdfrage in Graubünden.... Chur 1910.

Burg, Gust. v., Katalog d. schweizer. Vögel, s.: Studer, Th.

Burg, Gustav von. Der Tannenhäher Nucifraga caryocatactes L. im solothurnischen Jura. (Separatabdruck aus der «Tierwelt» [Jahrg. 12, 1902, Nr. 24 u. 25].) II + 21 S. 8. Aarau, H. R. Sauerländer & Co., 1902. [fr. —. 60]

Burg, G. von: Peterli, der verlorene Sohn, s. Sammlung, Amtliche, der Acten aus der Zeit...Nr. 19.

Burg, Gust. v. Peterli, der verlorene Sohn, s. Sammlung schweizerischer Dialektstücke.

Burg, Gust., auf der Reise um die Erde. „Wahre" Erzählgn. aus dem Munde e. Radfahrers. 12. (29 S.) Berlin 892. F. W. P. Günther. — 60

Burg, G[ustav] v[on]. Die Verbreitung der Ammern in der Schweiz. Separat-Abdruck aus Verhandlungen Ornithologischer Gesellschaft in Bayern. [Band] 7. 1906. 5 S. 8. [München; Jena, Gustav Fischer, 1907.]

Burg, G[ustav] von. Die vertikale Verbreitung der Nistvögel im schweizerischen Jura. ⟨380—1500 Meter über dem Meere.⟩ (Sonder-Abdruck aus der Ornithologischen Monatsschrift, [Jahrg.] 34, No. 12....) I + 12 S. 8. [Magdeburg, Creutz, 1909.]

Burg, Gustav von. Ueber den Zug der Vögel durch die Schweiz. (Separatabzug aus der Monatsschrift «Der Ornithol. Beobachter» [Jahrg. 3, 1904, Heft 1—6 u. Jahrg. 4, 1905, Heft 1].) 20 S. 8. (Bern, C. Daut.)

Burg, H: Leibhusaren, s: Köhler's illustr. Jugend- u. Volksbibliothek.

Burg, J., pietätlose Briefe, die sie nicht erreichen. (64 S.) 8. Wien 904. J. Eisenstein & Co. n. 1. —

Burg, J., der Held v. Ghazipur, s.: Lorbeer, H.

Burg, J. v., Mutterliebe im Tierreich. 8. (27 S.) Zürich 899. Th. Schröter. n. — 40

Burg, Jacques. Der Gedichtsteller, s. Universal-Bibliothek Nr. 2663.

Gelbstern. Eine Groteske in 3 Akten von Jacques Burg u. Walter Turszinsky. Berlin: Vita (1907). (120 S.) 8° [F.]
(Bibliothek moderner Dramen.) (08. 4119

Burg, Jacques, u. Walt. Turszinsky, Gelbstern. Eine Groteske in 3 Akten. (Bibliothek moderner Dramen.) (120 S.) 8. Berlin-Ch. (908). Vita. 2. —

Burg, Jacques, Coulissenstaub. Lustiges Theater-Allerlei. 1.—2. Taus. 8. (136 S.) Berlin 901. M. Lilienthal. 1. —

— in der Manege, s.: Universal-Bibliothek.

Burg, J[ohann] von. Das Wandern unserer Vögel. Von † J. von B'.... ([Hrg. von] G[ustav] von Burg, Olten.) Separatabdruck aus der «Tierwelt», Jahrg. [16,] 1906. 6 S. 8. [Aarau, H. R. Sauerländer & Co., 1906.]

Burg, Johann Friedrich

Burg, J. F., Abschieds- u. Antrittsreden. 4. Breslau, W. G. Korn. 757.

— Abschieds- u. Antrittsreden. 4. Bresl. 757. W. G. Korn. 5 gr

— offen. Auge Jesu beym Leichenbegängniß Minors. Fol. Ebend. 719.

Burg, Joh. Friedr., Heilige Begegnung bei einem Erfolg, bei dem man Gottes Werk überzeugend wahrnimmt, welche aus dem . . . Texte des 16. Sontags nach dem Feste der Heil. Drey-Einigkeit, bei dem an diesem Sontage 1744 . . . . Wegen der den 16. September geschehenen siegreichen Eroberung der Stadt Prag, angeordneten öffentlichen Danck-Feste in Breslau. Breslau (1744). 4.

Burg, Joh. Friedr. Begriff des göttlichen geoffenbahrten Glaubens ... Berl. 1750. Ü: *Schindel, Christian.* (ML)

Burg, Jh. Fr., († d. 6. Juni 1766.) Begr. d. göttl. Glaubenswahrh., od. Lehrsätze d. evangel. Religion. 8. Bresl. 750. W. G. Korn. 16 gr

Burg, Johann Friedrich, s. Biblia. Mit Anm. von Ehrenfr. Liebich.

— chrestomathia patristica graeca. VI fasc. 8. ibid. 739—45.

— Chrestomathia patristica graeca, sive loci illustres ex antiquissimis patribus graecis selecti. VI Fasc. 8. Bresl. 756. W. G. Korn. 1 Thlr

— elementa oratoria ex antiquis atque recentioribus etc. 8. Bresl. 736. Ed. N. 769. W. G. Korn. 6 gr

Burg, Joh. Frdr., Gebetbuch, s.: Gesang-Buch, allgemeines u. vollständiges, f. die königl. preuß. schlesischen Lande.

— Geist u. Leb. in d. geistl. Wort., od. Epistelpostill. 4. Ebend. 744.

Burg, Joh. Frdr., s. a. Gesang-Buch, allgemeines u. vollständ. evangelisches.

Burg, Joh. Frdr., allgemeines u. vollständiges evangelisches Gesang-Buch, für die königl. preuß. schlesischen Lande, also eingerichtet, daß es in allen evangel. Gemeinden zu gebrauchen ist, indem man darinnen die erbaulichsten Lieder aus allen in Schlesien zeithero üblichen Gesangbüchern zu allgemeiner Erbauung zusammengetragen hat. Nebst angefügtem Gebet-Buch. Breslau 867. Korn. 8. (IV, 1165 S. u. 1 Holzschn.) n. 1 u. 3 n.

Burg, Joh. Frdr., allgemeines u. vollständiges (Alt-Breslauer) Gesang-Buch f. die königl. preuß. schlesischen Lande, also eingerichtet, daß es in allen evangel. Gemeinden zu gebrauchen ist, indem man darinnen die erbaulichsten Lieder aus allen in Schlesien zeithero übl. Gesangbüchern zu allgemeiner Erbaug. zusammengetragen hat. Nebst angefügtem Gebet-Buch. 8. (IV, 1194 u. 298 S. m. 1 Holzschntaf.) Breslau 875. Korn. baar n. 4. —; geb. in Halbldr. n. 6. —; in Ldr. m. Goldschn. n. 8. 60; in Chagrin m. Goldschn. n. 14. —; in Sammet m. Goldschn. n. 15. —

Burg, Joh. Frdr., allgemeines u. vollständiges evangelisches Gesang-Buch f. die königl. preuß. schlesischen Lande, also eingerichtet, daß es in allen evangel. Gemeinden zu gebrauchen ist, indem man darinnen die erbaulichsten Lieder aus allen in Schlesien zeithero übl. Gesangbüchern zu allgemeiner Erbaug. zusammengetragen hat. Nebst angefügtem Gebet-Buch. (Neudruck.) gr. 8. (IV, 1194 u. Anh. 298 S. m. 1 Holzschntaf.) Breslau 884. Korn. n.n. 3. 50

Allgemeines und vollständiges Evangelisches Gesang-Buch für die Königl. Preuss. Schlesischen Lande ... Nebst angefügtem Gebet-Buch von Johann Friedrich Burg, Ober-Konsist.-R. [Nebst] Anh. *Breslau: W. G. Korn 1887–1900.* 2 Bde 8° [F.] (09. 8670 2

— Gesangbuch. Anh. Ausg. 1900. 8. (20 S.) Breslau, W. G. Korn. — 15

— das eröffnete Herz des leidenden Jesu, in 7 Passionsandachten. 8. Bresl. ... 3e Aufl. 764. W. G. Korn. 20 gr

— institut. theologiae theticae etc. 8. Bresl. ... Ed. III. 766. W. G. Korn. 16 gr

— orationes gymnasticae etc. ed. Hieron. Scholz. 8. Bresl. 768. W. G. Korn. 12 gr

— fünf geistl. Reden. 4. Bresl. 761. W. G. Korn. 8 gr

— Sammlung geistl. Reden. 6 Thle. 8. Bresl. 750—56. (Gosohorsky). 3 Thlr

— Samml. heil. Reden. 6 Thle. 8. Bresl. Meyer. 750—55. (à 12 gr.)

Burg, Joh. Friedr., Siegs- u. Danck-Predigt, womit über den am 5. Dec. 1757 . . . erfochtenen Sieg, und darauf am 21. Dec. erfolgten Einzug in dieser . . . Haupt- u. Residenz-Stadt, d. 22. Dec. in persönl. Gegenwart Se. Königl. Maj bey dem angeordn. Danckfeste in Bresslau zum Preise des Herrn erwecket worden. (Mit Anmerkungen.) Bresslau 1757. 4.

Burg, Joh. Friedr., Niedergelegte Sieges-Zeichen vor dem Throno des allein Gewaltigen im Himmel, welche bey dem öffentlichen Danck-Feste, so über den von Sr. Königl. Majestät in Preussen gegen Dero an der Anzahl weit überlegene Feinde den 30. September 1745 in Böhmen zwischen Prausnitz und Sohr abermals glorreich erfochtenen Sieg. Breslau (1745). 4.

— **Joh. Heinrich von der** (Leipzig), De bonis adventitiis filiorum-familias. Observ. singul. Präs. Aug. Leyser. Helmstedt (J. St. Hesse) März 1724. 5 Bl., 56 S., 4 Bl., tlws. dtsch. (5.20) 4727
Widm. v.: Marquis d'Ebreval, Joh. Gottfr. Lakemacher, Joh. Erdmann Knopnadl (dtsch.), Orechio d'Avalos, J. J. Müller, Dan. v. Glinnik Glinski (Polen), Leop. Adolph v. Dunck-Herren (Meckl., dtsch.), M. di Dunte, J. H. Gebhardi, Emil Jo. Ludw. Lampe (Börnica/Halberstadt), Rud. Aug. Nolten (Schening.), A. W. Völschen (Wolfenbüttel), Heinr. Rich. Maertens (Jerstad/Hildesheim), H. A. Koch.

— **Johann Heinrich von** (Leipzig), De opera poetarum in primis Latinorum ad illustr. historiam Saxon. collata. Präs. Friedrich Strunz. Wittbg. (Ww. Gerdes) 4. X. 1715. 30 S. (5.—) 4726
Widm. v. Präs.

Burg, Joh. Jac. (Meisenheim)
Dissertatio inauguralis medica de nitri effectibus in corpore humano.
Giessae 22. Juni 1780: Braun. 20 S. 4°
pro gradu doctoris.

Burg, Jos., Antwort auf die Angriffe des Hrn. Past. Damman. [Aus: „Essener Volks-Zeitg."] 8. (54 S.) Essen 894. Fredebeul & Koenen. n. — 20

Burg, Jos., s. Briefe d. großen Apostels von Indien.

Burg, Josef (Hrsg.), s. F a m i l i e , Die christliche.

— **protestant. Geschichtslügen. Ein Nachschlagebuch.** 2. Afl. 8° (143) Ebd. 95. 1.50

— **Protestant. Geschichtslügen.** Ein Nachschlagebuch. 8.—7. Aufl. gr. 8. (IV, 143 S.) Ebd. 895. 1. 50

— **dasselbe.** I. Histor. Thl. 8., verm. Aufl. gr. 8. (VII, 431 S.) Ebd. 897. n. 3. —; geb. in Leinw. n. 4. —; in Halbfrz. n. 4. 50

— **dasselbe.** II. Dogmat. Thl. 1. u. 2. Aufl. 8. (à IV, 472 S.) Ebd. 898. n. 3. —; geb. in Leinw. n. 4. —; in Halbfrz. n. 4. 50

Burg, Jos., protestantische Geschichtslügen. Ein Nachschlagebuch. 9. Aufl. 2 Thle. gr. 8. Essen, Fredebeul & Koenen. à n. 3. —; geb. in Leinw. à n. 4. —; in Halbfrz. à n. 4. 50
I. Historischer Theil. (VII, 459 S.) 901.
II. Dogmatischer Theil. (IV, 472 S.) 902.
Erschien auch in 20 Lfgn. à n. — 30.

Burg, Jos., Gustav Adolf im Lichte der neuern Geschichtsforschung. Essen, Fredebeul u. Koenen, 1894, 8°, 48 S., 30 Pf.

— **Jubiläums-Büchlein zur Gewinnung des v. unserm hl. Vater Papst Leo XIII. verkündeten allgemeinen Jubel-Ablasses 1901.** 5. Aufl. 40.—50. Taus. 16. (48 S.) Ebd. 901. — 15

Burg, Jos., Communion- u. Ablaßbüchlein. Gebetbüchl. m. viel. tägl. Ablaßgebeten f. alle kathol. Christen. 1.—10. Taus. 16. (164 S. m. Titelb.) Essen 897. Fredebeul & Koenen. Geb. in Leinw. n. — 50; m. Goldschn. n. — 65; in Ldr. m. Goldschn. n. 1. 20

Burg, Jos., Communion- u. Ablaßbüchlein. Gebetbüchlein m. vielen tägl. Ablaßgebeten f. alle katholischen Christen. 10.—15000. (163 S. m. Titelbild.) 16. Essen 906. Fredebeul & Koenen. Geb. in Leinw. n. — 50

Kontrovers-Lexikon. Die konfessionellen Streitfragen zwischen Katholiken u. Protestanten. Eine Antwort auf protestant. Angriffe von Dr. Jos. **Burg.** (Lfg 1.) *Essen-Ruhr: Soziale Revue 1903.* 8° [F.] [03. 15389

Kontrovers-Lexikon. Die konfessionellen Streitfragen zwischen Katholiken u. Protestanten. Eine Antwort auf protestant. Angriffe von Dr. Jos. **Burg.** (In 12 Lfgen.) Essen-Ruhr: Soziale Revue 1904 (Umschlagt.: 1903–05). (768 S.) 8° [F.] [03. 4640

— **Kontrovers-Lexikon.** Konfessionelle Streitfragen zwischen Katholiken u. Protestanten. Eine Antwort auf protestant. Angriffe. (768 S.) gr. 8. Essen 904. 905. [Verlag der „Sozialen Revue".] Fredebeul & Koenen. n. 7. 20; geb. n. 8. —
Erschien auch in 12 Lieferungen à — 60.

Burg, Jos., s: Revue, Soziale.

— **a. d. ewigen Stadt.** Reise- u. Erinnerungsblätter z. belehr. Unterhaltg. f. kathol. Familien. 12. (IV, 83 S.) Ebd. 895. n. — 40

— **Symbolik.** Die kathol. Kirche u. die protestant. Sekten in ihren Unterscheidungslehren. Ein Lehr- u. Geschichtsbuch f. das kathol. Volk u. f. Convertirende. 8. (IV, 219 S.) Essen 899. Fredebeul & Koenen. n. 1. 50; geb. n. 2. —

Symbolik. Unterscheidungslehren zwischen Katholiken u. Protestanten. Ein Lehr- u. Geschichtsbuch f. d. kath. Volk u. f. Convertirende von Dr. Jos. **Burg.** 2. Aufl. *Essen (Ruhr): Fredebeul & Koenen 1900.* (223 S.) 8° [F.] [01. 4790 5

— **Symbolik. Unterscheidgslehren zwischen Katholiken u. Protestanten. Lehr- u. Geschichtsb. f. d. kathol. Volk u. f. Konvertirende. 3. Afl. (195) 8° Ess., Fredebeul & K. ('12).** 1 —; L 1.50 d

Burg, Jos., unsere nächste Zukunft oder Deutschlands und Polens Hoffnung nach des hochsel. Herrn Prof. J. J. v. Görres Grundlage, u. mit besonderer Bezugnahme auf die Zeichen der Zeit, aus der Vernunft u. Geschichte beleuchtet. Bonn 860. Wittmann. 8. (118 S.) 15 ngr

Burg, Karl Frdr. Wilh., Gesetze u. Verordnungen üb. das vaterländische Elementar-Schulwesen, m. besond. Rücksicht auf den Reg.-Bez. Trier. 4. Hft. 4. (III, 115 S.) Trier 873. Lintz. n. 1. 25

Burg, M., s.a. B u r g , Meno

Burg, M. (Königl. Preuss. Major der Artillerie) Geschichte meines Dienstlebens. (166) 8. Berlin 1854. 2,00.

Burg, M., Geschichte meines Dienstlebens. Nach seinem Tode herausgegeben. Berlin 854. Behr. gr. 8. (1 Bl., 166 S.) n. 20 ngr

Burg, Marie, Erzählungen für die Jugend. br. 8. (211 S. und 3 ill. Stnt.) Frankfurt a. M. 847, Sauerländer's Verlag.

Burg, Marie, Erzählungen für die Jugend. br. 8. (211 S. u. 3 color. Lithogr.) Frankfurt a. M. 850, Sauerländer. 1⅙ ℛ

BURG, M. *Erzählungen nach Sprichwörtern.* Von Marie Burg. Mit drei colorirten Bildern [Lithogr.]. Stuttgart, Schmidt & Spring, 1851. 2 Bl. 183 S. 8°. Grauer, lithogr. verzierter OrKartonbd. 14.—
3 Erzählungen ähnlich d. Wildermuthschen. — Hie u. da leichte Flecken, Einbd. etw. beriebrn u. benutzt.

— **Mährchen u. Erzählungen f. die Jugend.** 8. (196 S. u. 5 color. Lith.) Frankfurt a. M. 847, Sauerländer. 1⅙ ℛ

Burg, Meno

— d. architekton. Zeichnen d. Architekturgegenstände u. d. bei Maschinen vorkomm. Construktionen; sowohl hinsichtl. der Anfertigung e. richtigen Linearzeichnung, als der Bestimmung d. Schatten. 1r, od. theoret. Theil. (Géometrie descriptive.) Weitere Ausführ. der Projektions- u. Schattenlehre in architekton. Rücksicht. Mit 11 Kpft. gr. 8. Berl. 830. Dunker u. H. 5 ß 8 ℊ

— das Zeichnen und Aufnehmen des Artillerie-Materials oder die geometrische Zeichnenkunst angewendet auf die bildl. Darstellung der Geschütze, Wagen, Maschinen ꝛc. der Artillerie; zunächst zum Gebrauche beim Unterricht in den K. Preuß. Artillerie-Schulen. 2. durchaus umgearb. u. verm. Aufl. Mit 12 Figurentaf. gr. 4. Ebend. 845. n. 3²/₃ ß

Burg, Meno, d. geometr. Zeichnenkunst. 2 Thle. 1r Thl. d. allgem. geometr. Zeichnungslehre, mit 11 Kpft. 822. 5 ß 8 ℊ 2r Thl. A. u. d. T.: Anweis. z. Zeichn. u. Aufnehmen d. Artillerie-Gegenstände. Mit 12 Kpft. 822. 4 ß 12 ℊ gr. 8. Berl., Dunker u. H. 9 ß 20 ℊ

Burg, M., die geometrische Zeichnenkunst, oder vollständ. Anweisung zum Linearzeichnen, zur Construction der Schatten u. zum Tuschen für Künstler u. Technologen, u. zum Selbstunterrichte; zunächst zum Gebrauche beim Unterricht in den K. Preuß. Artillerie-Schulen. 2. durchaus umgearb. u. verm. Aufl. Mit 30 Figurentafeln. gr. 4. Berlin 845, Duncker u. Humblot. n. 3½ ß

Burg, Michael Enk v. der, s. E n k

Burg, P. van der: H a n d b u c h zur Methode der Holz- und Marmor-Malerei, s. B u r g , A. R. van der

Burg, P. van der, die Holz- u. Marmormalerei. Prakt. Handbuch f. Dekorations-Maler, zur Erlerng. der bezügl. Methode, wie sie in der Malerschule d. Verf. theoret. u. prakt. gelehrt wird. Autoris. deutsche Ausg. Mit e. Atlas v. 36 Foliotaf., zum größten Teil in Farbendr. 1. u. 2. Aufl. gr. 8. (VIII, 147 S.) Weimar 887. 890. B. F. Voigt. 15. —

Burg, P. van der, die Holz- u. Marmormalerei. Prakt. Handb. f. Dekorations-Maler, z. Erlerng. d. bezügl. Methode, wie sie i. d. Malerschule d. Verf. theoret. u. prakt. gelehrt wird. Autor. deutsche Ausg. 3. Aufl. M. e. Atlas v. 36 Foliotaf., z. größten Tl. in Farbendr. gr. 8. (VIII, 147 S.) Weimar 895. Leipzig, B. F. Voigt. 15. —

Burg, P. van der, die Holz- u. Marmormalerei. Praktisches Handbuch f. Dekorationsmaler, sowie zum Gebr. in Fach-, Maler- u. Kunstgewerbeschulen. 4., verb. Aufl. Mit e. Atlas v. 36, meist in Farbendr. ausgeführten Foliotaf. gr. 8. (VIII, 152 S.) Leipzig 900. B. F. Voigt. 15. —

Burg, P. van der, die Holz- u. Marmormalerei. Praktisches Handbuch f. Dekorationsmaler sowie zum Gebrauch in Fach-, Maler- u. Kunstgewerbeschulen. 5. verb. Aufl. (VIII, 156 S.) gr. 8. Mit e. Atlas v. 36 meist in Farbendruck ausgeführten Foliotaf. gr. Fol. Leipzig 906. B. F. Voigt. n. 16. —

Burg, Paul

— Da ist Heimat! Roman. (VIII, 306 S.) 8. Leipzig (907). P. List. 3.—; geb. 4. —

— Die v. Roten Haus, s.a. Bibliothek d. Gesamtlit. 2144—47.

Die vom Roten Haus. Ein Künstlerroman von Paul Burg. Halle a. S.: Hendel (1900). 204 S. 8°
(Bibliothek d. Gesamtliteratur d. In- u. Auslandes. Nr 2144–2147.)

Burg, Paul (Hrsg.), s. F l e i s c h e r - Z e i t u n g , Deutsche.

Burg, Paul (Paul Schaumburg), der Giebichenstein in Bildern aus alter u. neuer Zeit. (40 S. m. Abb.) 8. Halle 909. G. Moritz. — 40

Burg, Paul (Paul Schaumburg), das Lied der Eisenbahn. Roman. (179 S.) 8. Leipzig 910. P. List. 2.—; geb. 3. —

Burg, Paul, Die Verhandlungen des 3. deutschen Fleischer Congresses zu Bremen 1877. Berlin o. J.

— Die Wetterstädter. Ein Vierteljahrtausend deut. Bauernstammes. Roman. (362) 8° Ebd. '12. 4 —; L 5 — d

Burg, Robert

Burg, Rob., das Büchlein von der Geige oder die Grundmaterialien des Violinspieles. Leipzig 864. Kahnt. 16. (46 S.) 6 ngr

Burg, Rob., d. Büchlein v. d. Geige. 2. Aufl., s.: T o t t m a n n , Alb.

Burg, Rob., Sammlung algebraischer Aufgaben f. gewerbliche u. technische Lehranstalten, nebst e. Abhandlg. üb. das Stabrechnen. Im Auftrage des Schulvorstandes der städt. gewerbl. Fortbildungsschule zu Frankfurt a/M. 5 Hfte. 8. Frankfurt a/M., F. B. Auffarth. n. 3.45; in 1 Bd. kart. n. 3.50

1. Einführung in die Buchstabenrechnung; die vier Grundoperationen einschließlich Potenzierung; Aufsuchen der Quadratwurzel u. Kubikwurzel. (49 S.) 901. n. — 60
2. Gleichungen ersten Grades m. einer u. zwei Unbekannten; Verhältnisse u. Proportionen; Wurzeln; rein quadratische Gleichungen. (60 S. m. Fig.) 901. n. — 60
3. Allgemeine Potenzen u. Logarithmen; Gleichungen (2. Tl.); Verhältnisse u. Proportionen (2. Tl.); vollständige quadratische Gleichungen. (52 S. m. Fig.) 903. n. — 75
4. Gleichungen (3. Tl.); Proportionalität; vermischte Aufgaben; Summen; Exponentialgleichungen, geometrische Reihen, Zinseszins. (62 S. m. Fig.) 905. n. — 75
5. Stabrechnen m. Rechenstab u. Uhr. (52 S.) 905. n. — 75

— Tabellenheft zur Sammlung algebraischer Aufgaben f. gewerbliche u. technische Lehranstalten. (Hft. 1 u. 2.) Im Auftrage des Schulvorstandes der städt. gewerbl. Fortbildungsschule zu Frankfurt a/M. vers. (20 S.) 8. Ebd. 901. n. — 30

Burg, Robert *Leopold:* Verallgemeinerte Theorie der Polariskope und Polarimeter ... Berlin, Druck v. J. S. Preuss, 1892; 46 S., 2 Bl. 8.
Strassburg, Math.-naturw. Fak., Inaug.-Diss. v. 1892

Burg, S. (Hrsg.), s. F o r m e n s c h a t z , Japanischer.

Burg, S v. d., s.: Gigerlstreiche.

Bürg, Jh. T., s. *Ephemerides* astronomicae.

Burgard, (Franciscus) Martinus *(geb. Neheim in Westf. 17. 1. 1835)*: Quaestiones grammaticae Aeschyleae. Part. 1: De legibus, quibus in fabulis Aeschyleis enuntiata vincta sint. Vratislaviae (1861). (72 S.) 8° *[Buchausg. 1861 bei Calvary & Ko. in Berlin.]*
Breslau, Phil. Diss. v. 10. Aug. 1861

Burgard, Mart., quaestiones grammaticae Aeschyleae. Part. I. De legibus, quibus in fabulis Aeschyleis enuntiata vincta sint. Dissert. inaug. philologica. Breslau 861. (Berlin, Calvary & Co.) gr. 8. (IV, 76 S.) n. 15 ngr

Burgardt, Max: Entspricht d. Regiergsentwurf d. neuen Volksschulgesetzes in s. Bestimmgn üb. d. Relig.-Unterr. d. Fordergn d. Pädagogik? Vortr. (16) 8° Dresd. ('12). Lpzg, H G Wallmann. — 20 d

— Max Kühn, Paul Thiel: Was ist Wahrheit? Die Pilatusfrage im Schulkampfe d. Bez. Dippoldiswalde in d. J. 1900—10. Nach Tatsachen bearb. (48) gr8° Dresd., CL Ungelenk '11. — 50 d

Burgardt, Paul [aus Dortmund]: Über das Chlorphosphin des Thiophenetols ... Rostock, C. Hinstorffs Buchdr., 1890; 41 S., 1 Bl. 8.
Rostock, Phil. Fak., Inaug.-Diss. v. [19. Mai] 1890

Burgarell Clara: Die Selbstbiographie des Freiherrn Sigmund von Herberstein. Diss. Wien, Univ.
II. 1907 PN 2329 973

Burgartz, C. F., Antihypochondricus. Sammlung von 208 neuen Anekdoten, nebst 3 humorist. Deklamationsstücken. 2., verm. Aufl. 8. (IV, 144 S.) Kempten 878. Kösel. — 75; geb. 1. —

— Höflichkeits- u. Anstands-Lehre für Feiertags-, Fortbildungs-, Gewerbs-, Präparanden- u. Lateinschulen, sowie für Erwachsene zum Selbstunterrichte. 3. Aufl. 8. (95 S.) Ebend. 877. — 70; geb. 1. —

Burgartz, C. F., Höflichkeits- u. Anstands-Lehre f. Feiertags-, Fortbildungs-, Real-, Präparanden- u. Lateinschulen, sowie f. Erwachsene zum Selbstunterrichte. 4. Aufl. 8. (84 S.) Kempten 883. Kösel. — 60

Burgartz, C. F., Höflichkeits- u. Anstands-Lehre f. Feiertags-, Fortbildungs-, Real-, Präparanden- u. Lateinschulen, sowie f. Erwachsene zum Selbstunterrichte. 5. Aufl. 8. (80 S.) Kempten 891. Kösel. n. — 60; geb. n. — 80

Burgartz, G.: A l b e r t u s Magnus. Wipperfürth, Progr. 1863. 1867.

Burgartz. Bemerkungen über das Studium der Naturwissenschaft. Wipperfürth. 4. 8 p.
Schul-/Univ.-Schrift

Burgartz: Quod latina lingua quinque habet, graeca tres tantum declinationes, hoc discrimen quibus e causis repetendum sit, et quam vim habeat, explicatur.
Progr. Wipperfürth 1854.

Burgartz: Wodurch muß sich der Unterricht in der deutschen Muttersprache von dem Unterrichte in den fremden Sprachen unterscheiden und warum?
Progr. Wipperfürth 1853.

Burgarz, B., Aufsatzbuch f. Elementarschulen. 2. verb. Aufl. (87 S.) Köln u. Neuß 873. Schwann. n. — 40; geb. n. — 50

Burgarz, B., Aufsatzlehre für Elementarschulen. Köln 865. Schwann. 12. (141 S.) n. 6 ngr.

Burgarz, B., Geographie für Elementarschulen. Köln 862. Schwann. 8. (32 S.) 1½ ngr.

—— Geographie für Elementarschulen. 1.—4. Aufl. 1862—66. à 1½ Ngr. und 5. Aufl. 8. (50 S.) Köln und Neuß 867, Schwann's Verlag. *

—— Geographie für Elementarschulen. 6.—12. Aufl. (48 S.) 1868—74. * 20 Pf., und 13. sehr verm. und verb. Aufl. gr. 16. (52 S.) Cöln und Neuß 875, Schwann's Verlag. *

Burgarz, B., Geographie für Elementarschulen. 14.—17. sehr verm. und verb. Aufl. 8. (52 S.) Düsseldorf 876—78, Schwann. *

Burgarz, B., Geographie für Elementarschulen. 18. und 19. Aufl. 8. (63 S.) Düsseldorf 879,80, Schwann'sche Verlagsb. *

Burgarz, B., Geographie für Elementarschulen. 20.—23. Aufl. 8. (63 S.) Düsseldorf 883—87, Schwann. *

Burgarz, B., Geographie f. Elementarschulen. 27., sehr verm. Aufl. 8. (71 S.) Düsseldorf 897. L. Schwann. n. — 25

Burgas [Schlagwort]

Burgas, s.: E u r o p a. Generalkarte.

Burgass, E., Darstellung d. Dialects im XIII. sel. in den Departements „Seine-Inférieure u. Eure [Haute Normandie]“ auf Grund von Urkunden unter gleichzeitiger Vergleichung m. dem heutigen Patois. Inaug.-Diss. gr. 8. (83 S.) Halle a/S. 889. (Leipzig, Fock.) n. 2. —

Burgass, Ernst

Burgass, E: 10 Auskunftbogen d. Zentralausschusses üb. Spielplätze usw., s: Schriften, Kleine, d. Zentralausschusses z. Förderg d. Volks- u. Jugendspiele in Deutschld, Schmidt.

Burgass, Ernst, Dr.: Die Leibesübungen an den höheren Schulen und ihr Betrieb an der Realschule in der Nordstadt zu Elberfeld. *Elberfeld 1899: Baedeker.* (52 S.) 4° [F.]
Elberfeld, R in d. Nordstadt, P 1899 (522)

Burgaß, E., winterliche Leibesübungen in freier Luft, s. a. S c h r i f t e n, kleine, des Zentralausschusses zur Förderung der Volks- u. Jugendspiele in Deutschland.

Winterliche Leibesübungen in freier Luft. Eine Anleitung zu ihrem Betriebe u. zu ihrer weiteren Verbreitung in Schule u. Volk. Im Auftr. d. Zentralausschusses verf. von Prof. Dr. E[rnst] Burgaß. Mit 49 Abb. Leipzig & Berlin: B. G. Teubner 1908. (X, 120 S.) 8° [F.]
— Schriften, Kleine, d. Zentralausschusses f. Volks- u. Jugendspiele in Deutschland. Bd 6. fol. 11911

Burgaß, E.: Winterliche Leibesübungen in freier Luft. Leipzig & Berlin 1908. 120 S. m. Abb. (Kl. Schriften d. Zentralaussch. z. Förd. d. Volks- u. Jugendspiele. 6.) Nd 63
— — 2. Aufl. 1910. 152 S. Nd 63[2]

Burgass, Robert [aus Plathe a. R.]: Die Anwendung des Nitroso-β-naphtols in der anorganischen Analyse. Einige neue Trennungsmethoden mittels dieses Körpers ... Rostock, Univ.-Buchdr. v. Adler's Erben, 1896; 35 S. 8.
Rostock, Phil. Fak., Inaug.-Diss. v. [13. März] 1896

B u r g a t z c k y, O. Das Imperfekt und Plusquamperfekt des Futurs im Altfranzösischen. Diss. Greifswald 1885. 31 S.

Burgaetzy J. J.: Dissertatio anatomico-physiologica de vespertilionibus quibusdam gravidis velamentisque foetuum earum. Tubing. 1817. 29 S. P.

B u r g a u im Jahre 1825. Gemessen im J. 1824 ... Steuer-Kataster. 1 : 2500. 1 Bl.

Burgau. – A d e l h e i d von Burgau, s. S c h a u s p i e l e von Johann Franul von Weissenthurn

Burgauer, J. (Resp.): Obs. binae de asthmate singulari..., s. V o g e l, Rud. Aug. (Praes.)

Burgbacher, M., Lebensbild d. weil. Superintendent u. Pfarrer K. Beckhaus, s.: B e c k h a u s, K., d. Evangelium v. d. Vergebg. d. Sünden.

Burgdorf. –

B u r g d o r f. Führer durch die Stadt und ihre Umgebung. Mit Illustrationen [wovon 4 Tafeln] von E[mil] Lauterburg, einem Panorama von Paul Christen und einer Exkursionskarte. [Umschlag mit 1 Ansicht und 1 Routenkarte.] Hrg. von der Sektion Burgdorf des S. A. C. 8. [Einsiedeln] 1894.

Burgdorf, Die Stadt, kommt an die Berner, im Jahr 1384. [Bern 1827.] V: *Stierlin, E.* (AarK)

Burgdorf-Thun, Die elektrische Vollbahn. Zürich 1900. V: *Thomann, Eduard.* (BSchwLk V, 9 b) (Zuwachsverz. d. Bibliotheken in Zürich 1898 ff.)

Burgdorf [Schlagwort]

Burgdorf (Schweiz). F r e y, J., Exkursionskarte von Burgdorf u. dem Emmenthal in Reliefbearbeitung. Unter Mitwirkung des Verkehrs- u. Verschönerungsvereins Burgdorf erstellt v. der geograph.-artist. Anstalt Kümmerly & Frey, Bern. 1:50,000. 77,5×64,5 cm. Farbdr. Bern (908). Geograph. Kartenverlag. 2.70; auf Leinw. 3. 40

Burgdorf (Schweiz). Kümmerly, H. & Frey, Exkursionskarte v. Burgdorf u. dem Emmenthal in Reliefbearbeitung. Hrsg. vom Verkehrs- u. Verschönerungsverein Burgdorf. 1 : 50,000. 77×64 cm. Farbdr. Bern (906). Geograph. Kartenverlag. n. 2. 40

Burgdorf [Verfasser]

v. Burgdorf, Geist des L'hombrespiels. Bisher noch nirgends aufgestellte Anleitung, dies Spiel auf eigenthüml. Weise zu leiten, nebst e. Anhange über das Geheimniß der Glücksspiele; aus den hinterlaß. Papieren des Verfassers. 12. Hamburg 839. Nestler u. Melle. 1/4 ℔

Burgdorf, Alb., modernes u. wahres Christentum. 2., veränd. Aufl. v. „Martha od. Maria?" 12. (V, 87 S.) Fürstenwalde 891. Christophorus-Verlag. Kart. n. 1. —

— Kirche u. Sozialdemokratie. Vortrag, geh. am 4. Juni 1891. [Aus: „Fürstenwalder Wochenblatt".] 12. (16 S.) Ebd. 891. n. — 10

— Simon Musäus, der erste lutherische Pastor in Fürstenwalde, s.: Kirchen-Geschichte, märkische.

— Predigt üb. das Evangelium des St. Michaelis- od. Engel-Festes. Ev. St. Matthaei C. 18, V. 1—11, geh. bei e. Kirchen-Visitation in der evangelisch-luther. Kirche zu Frankfurt a/O. am 27. Septbr. 1893. gr. 8. (8 S.) Ebd. 893. — 20

— Predigt am 310jährigen Jubel-Feste der Concordien-Formel am 25. Juni 1890, geh. in der evang.-luther. Kirche zu Fürstenwalde a. d. Spree. gr. 8. (14 S.) Fürstenwalde 890. Christophorus-Verlag. n. — 25

—— Lutherische Taschen-Agende. 16. (98 S.) Fürstenwalde 891, (Geelhaar). geb. m. Goldschn. * 2 50

— lutherische Taschen-Agende. 16. (98 S.) Fürstenwalde 891. (B. Trebs.) Geb. m. Goldschn. n. 2. 50

— Volks-Predigt üb. die Stellung d. Christen zur Socialdemokratie. [1. Petri 2, V. 17.] Geh. am 6. Aug. 1890 in der evang.-luther. Kirche zu Fürstenwalde a. d. Spree. [Aus: „Fürstenwalder Wochenbl."] 16. (16 S.) Fürstenwalde 890. Christophorus-Verlag. — 10

Burgdorf, Christian [aus Eckernförde]: Ueber das Chrysen. . . . Flensburg. Druck v. Gebr. Funke, *1891*: 39 S. 8°
München. Phil. Fak., Inaug.-Diss. v. 1891

Physik in der Volksschule für Lehrer und Seminaristen v. Christian August **Burgdorf.** Flensburg u. Hadersleben. 1878. 8°

Burgdorf, C. A., Physik in der Volksschule, für Lehrer u. Seminaristen. Mit 92 in den Text gedr. Orig.-Holzschn. gr. 8. (V, 85 S.) Flensburg 878. Westphalen. n. 1. 80

Burgdorf, Theodor, approb. Arzt aus Hildesheim: Aus d. psychiatr. u. Nervenklinik zu Kiel. Beitrag zur Casuistik der Lues spinalis. *Kiel 1904: K. Jansen.* (21 S.) 8°
Kiel, Med. Diss. v. [20. Mai] 1904

Burgdorff, Aug., die Arbeitslosen-Versicherung, wie allgemeine Volksversorgung. gr. 8. (40 S.) Altona-Ottensen 902. Ober-Steuer-Kontrol. Burgdorff. — 50

Bisherige Geschichte des Burgdorff'schen Projektes zur Bildung eines Versicherungs-Vereins deutscher Landwirte. In Berichtform aktenmäßig dargest. von A. **Burgdorff** selbst. Als Ms. gedr. (Altona 1901: H. W. Köbner & Co.) (20 S.) 8° [Kopft. F.] [07. 10033 8]

Burgdorff, A: Inwiefern uns. Arbeiterversicherg ihren Zweck nicht erfüllt, u. wie selbst d. einfache Arbeiter wohlhabend wird. 1. Stück e. Abhandlgsreihe z. Förderg d. Volkswohlfahrt u. Volksgesundh. 1—6. Taus. (80) 8° Altona (Elbe, Bei d. Kirche 19 III), Zollinsp. Burgdorff '11. 1 — (Pp.) d

Burgdorff, Aug., die Lebensversicherung als Ruin d. Volkswohlfahrt. Mahng. u. Warng. zugl. f. jeden Staatsbürger, bes. f. d. Landwirt, in Bezug a. d. Abschluß e. Lebensversicherungs-Vertrages. Referat v. d. Zentral-Ausschuß d. kgl. Landwirtschafts-Gesellschaft, Zentral-Verein f. d. Prov. Hannover, zu Hannover auf dessen Winter-Versammlg. i. Celle a. 28. Novbr. 1895. [Aus: „Protokolle d. Sitzgn. d. Zentral-Ausschusses d. k. Landwirtschafts-Gesellsch. z. Hannover" 68. Hft.] gr. 8. (39 S.) Altona-Ottensen 896. Selbstverlag. — 60

Die Lebensversicherung als Ruin der Volkswohlfahrt. Eine Mahnung u. Warnung zugleich ... in Bezug auf d. Abschluß e. Lebensversicherungs-Vertrages. Referat d. Kgl. Ober-Steuer-Controleurs Aug. **Burgdorff** in Altona-Ottensen 1895. 2. Aufl. Altona-Ottensen: Selbstverl. 1898. (39 S.) 8° [F.]
Aus: Protokolle d. Sitzungen d. Zentral-Ausschusses d. Kgl. Landwirtschafts-Gesellsch. zu Hannover. H. 68. [07. 87 11]

Burgdorff, Aug., d. Verschuldung d. ländl. Grundbesitzes, der. Ursachen, u. e. unfehlbares Mittel z. der. Bekämpfg., Beseitigg. u. Verhütg., sow. z. Abstellg. d. Kreditnot i. d. Landwirtschaft durch Schaffg. d. „unkündbaren Hypothek". E. Beitrag z. Lösg. d. brennendsten aller Zeitfragen, v. hoh. Interesse auch f. jed. denk. Nichtlandwirt, m. Unterstützg. von v. Hammerstein-Loxten i. gemeinverständl. Sprache verf. gr. 8. (V, 102 S.) Altona-Ottensen 895. (Th. Christiansen.) n. 1. 50

Burgdorff, A, was thut jedem, d. sein Leben versichern will, zu wissen noth? Eine allg.-verständl. Abhandlg üb. d. Wesen u. d. Bedeutg d. Lebensversicherg f. Jedermann, insonderh. f. d. Beamten. 8° (24) Wilhelmsh. 93, (Gebr. Ladewigs). — 25

Burgdorff, Aug.: Zusammenstellung der . . . abgesandten Rundschreiben, s. Kreuzkam, Theodor

Burgdorff, Bernhard von

Burgdorff, B., wir alten Familien. Roman. (201 S.) gr. 8. Dresden (904). H. L. Diegmann. n. 2. —; geb. n. 3. —

Burgdorff, Bernh. v., wir alten Familien. Roman. 2. u. 3. Aufl. (Je IV, 349 S.) 8. Dresden (907). H. Minden. 4.—; geb. n 5. —

Der Hüter des Tals. Roman von Bernhard v. **Burgdorff.** Dresden & Leipzig: Minden (1907). 336 S. 8° [11. 9166 2]

— Offizierelend. Roman. (201 S.) 8. Ebd. (905). n. 2. —; geb. n. 3. —

Burgdorff, Bernh. v. (Bernh. v. Beneckendorff u. v. Hindenburg): „Romanstoff wird gesucht!" Erlebn. 1. u. 2. Afl. (234) 8° Berl., Schuster & L. '12. 3 —; geb. n 4 — d

Burgdorf's Studienjahre u. Campagneleben. 8. Gießen 807. (Ferber)

• Burgdorf's Studien- u. Campagneleben, von C. H. Hildbrand. 8. Gießen, Müller. 807.

– Dass., s. a. Burgsdorfs . . . .

Buerge, Marie, die Porzellanmalerei u. Porzellanradierung, s.: Liebhaberkünste, die, in Einzelabhandlungen. 3. Hft.

Burgeff, Hans: Die Anzucht trop. Orchideen a. Samen. Neue Methoden auf d. Grundlage d. symbiot. Verhältn. v. Pflanze u. Wurzelpilz. (4, 90 m. Abb.) gr8° Jena, G Fischer '11. 3.50

Burgeff, Hans: Zur Biologie der Orchideenmycorrhiza. Jena 1909: Kämpfe. 66 S. 8° ¶(Ersch. vollst. u. d. T.: Die Wurzelpilze d. Orchideen, b. Fischer, Jena.)
Jena, Phil. Diss. v. 20. Juli 1909, Ref. Stahl
[Geb. 19. April 83 Geisenheim; Wohnort: Geisenheim; Staatsangeh.: Preußen; Vorbildung: Gymn. Wiesbaden Reife O. 03; Studium: Freiburg i. B. 1, Berlin 2, Jena 5 S.; Rig. 11. Juni 09.] [U 09. 2160

Burgeff, Hans, die Wurzelpilze der Orchideen, ihre Kultur u. ihr Leben in der Pflanze. (IV, 220 S. m. 38 Abb. u. 3 Taf.) gr. 8. Jena 909. G. Fischer. 6. 50

Bürgel [Schlagwort]

Bürgel, s.: Preussen. Messtischblätter.

Bürgel [Verfasser]

Bürgel, Albert Emil Reinhold

Festschrift zur Jubelfeier des 100 jähr. Bestehens der St. Johannis-Loge zur gekrönten Unschuld in Nordhausen am Sonntag, 1. Juni 1890. Verf. [Albert Emil Reinhold] **Bürgel** (Absch. 1800—1830) u. **Arnold.** [Nordhausen a. M. 1890: Eberhardt.] 55 S. 1 Taf. 8°
Recens: FZ. 44 (1890) S. 207 (K. Pilz).
S. 48—65: Verzeichn. der Beamten von 1700 bis 1890. Die Taf. enth. die Bildn. von 8 M. v. St. der Loge.

Bürgel, Bruno H., der Komet Halley, s.: Bibliothek, astronomische.

Bürgel, Bruno H., ist der Mars bewohnt? s. a. Schulze's Zehnpfennigbücher. Nr. 43.

Ist der Mars bewohnt? Von Bruno H. **Bürgel.** Wenn die Sonne erkaltet von V. Freudenberg. (Berlin: F. Schulze [1906].) (16 S.) 8° [Umschlagt. Text stenogr.]
— **Zehnpfennigbücher,** Schulzes. No 43. [06. 1809

— Aus fernen Welten. Eine volkstüml. Himmelskunde. (XV, 432 S. m. Abb. u. 2 Taf. gr. 8. Berlin 910. Ullstein & Co. Geb. in Leinw. 8. —

— s.: Wetter-Kalender u. krit. Tage.

Bürgel, Friedrich Wilhelm

Bürgel, Frdr. Wilh., die biblischen Bilder u. ihre Verwerthung beim Religionsunterrichte in der Volksschule. Ein Begleitwort zunächst zu der Herder'schen Bilderbibel. gr. 8. (IV, 71 S.) Freiburg i/Br. 883. Herder. n. — 60

Bürgel, Frdr. Wilh., d. biblischen Bilder u. ihre Verwertg. b. Religionsunterr. i. d. Volksschule. E. Begleitwort zun. z. d. Herderschen Bilderbibel. 2., verb. Aufl. gr. 8. (V, 87 S.) Freiburg i/B. 895. Herder. n. — 60

Bürgel, Frdr. Wilh., die biblischen Bilder u. ihre Verwertung beim Religionsunterrichte in der Volksschule. Ein Begleitwort zunächst zu der Herderschen Bilderbibel. 3., verb. Aufl. (VII, 98 S.) 8. Freiburg i/B. 906. Herder. Kart. n. 1. —

— pädagogische Chrestomathie f. katholische Seminarzöglinge u. zur Vorbereitung auf die Lehrerprüfungen. gr. 8. (IV, 288 S.) Paderborn 880. F. Schöningh. n. 2. 40

Bürgel, Frdr. Wilh., pädagogische Chrestomathie f. katholische Seminarzöglinge u. zur Vorbereitung auf die Lehrerprüfungen. 2. Aufl. gr. 8. (VI, 322 S.) Paderborn 892. F. Schöningh. n. 2. 40

— Pädagogische Chrestomathie f. kathol. Seminarzöglinge u. z. Vorbereitg. auf d. Lehrerprüfgn. 3. Aufl. gr. 8. (VI, 348 S.) Paderborn 896. F. Schöningh. n. 2. 40

Bürgel, Frdr. Wilh., pädagogische Chrestomathie f. kathol. Seminarzöglinge u. zur Vorbereitung auf die Lehrerprüfungen. 4. Aufl. gr. 8. (VI, 348 S.) Paderborn 899. F. Schöningh. n. 2. 40

— pädagogische Chrestomathie f. katholische Seminarzöglinge u. zur Vorbereitg. auf die Lehrerprüfgn. 5. Aufl. (VIII, 350 S.) gr. 8. Paderborn 903. F. Schöningh. n. 2. 50

Pädagogische Chrestomathie für katholische Seminarzöglinge u. z. Vorbereitung auf d. Lehrerprüfungen von Schulrat Friedr. Wilh. **Bürgel.** 6. Aufl. Paderborn: F. Schöningh 1906. (VIII, 346 S.) 8° [J.] [07. 1430

Bürgel, Frdr. Wilh., pädagogische Chrestomathie f. katholische Seminarzöglinge u. zur Vorbereitung auf die Lehrerprüfungen. 7. Aufl. (VIII, 348 S.) 8. Paderborn 910. F. Schöningh. 2. 80

— Du sollst kein falsches Zeugnis geben! Ein belehr. u. ermahn. Wort an alle Erzieher, besonders die Lehrer. gr. 8. (39 S.) Osnabrück 885. Wehberg. n. — 30

— Erklärung zur Apostelgeschichte nach Alleker's Biblischer Geschichte. gr. 8. (44 S.) Ebend. 881. n. — 60

Bürgel, Fr. Wilh., Erklärung zu Allekers biblischer Geschichte des alten Testamentes. gr. 8. (IV, 146 S.) Köln 881. Du Mont-Schauberg. n. 1. 80

Bürgel, Fr. W., Erklärung zu Alleker's biblischer Geschichte d. alten Testamentes. 2., verm. Aufl. gr. 8. (VI, 162 S.) Köln 887. Du Mont-Schauberg. n. 1. 80

— Erklärung zu Allekers biblischer Geschichte des neuen Testamentes. gr. 8. (IV, 123 S.) Ebend. 881. n. 1. 50

— Erklärung zu Allekers biblischer Geschichte d. Neuen Testamentes. 2. Aufl. gr. 8. (IV, 151 S.) Köln 886. Du Mont-Schauberg. n. 1. 80

Kurze Geschichte des katholischen Kirchenliedes. Für kath. Lehrerbildungsanst. dargest. von Schulrat Fr[iedrich] Wilh. **Bürgel.** Paderborn: F. Schöningh 1907. (43 S.) 8° [J.] [07. 13901

— Geschichte der Methodik des Religionsunterrichts, s.: Kehr, C., Geschichte der Methodik.

— Geschichte des Religionsunterrichts in der katholischen Volksschule, s. Kehr, C., Geschichte d. Methodik d. d. Volksschulunterrichts.

— biblische Geschichten, Perikopen und Kirchenlied für katholische Schulen, s.: Vorbereitungen u. Entwürfe aus dem gesamten Unterrichtsgebiete d. deutschen Volksschule.

— Handbuch der Geschichte u. Methode des katholischen Religionsunterrichts, s. a. Weiterbildung, die, des Lehrers im Amte. II.

Handbuch der Geschichte und Methode des katholischen Religionsunterrichts von Fr[iedrich] Wilh. **Bürgel.** Düsseldorf: Schwann 1909. XII, 404 S. 8°
(Die Weiterbildung d. Lehrers im Amte. Bd 2.) [10. 7304 B

— und P. Wimmers, die deutsche Lektüre in Lehrerbildungsanstalten. Litteraturkunde und Methodik. 3 Jahre. 8. Aachen, Barth. *

Inhalt:
Jahr 1. Die Arten der didaktisch-epischen Dichtung. (VIII, 87 S.) 881. * 80 Pf.
" 2. Die Arten der lyrischen Dichtung. 1. und 2. Aufl. (VIII, 163 S.) 882, 84. * ℳ 1,50.
" 3. Die Arten der dramatischen Poesie. Das Epos. Abschluß des Lehrstoffes. Nebst 1 (lithogr.) Karte zu Schillers Tell. (V, 154 S.) 884. * ℳ 1,30.

— und P. Wimmers, die deutsche Lektüre in Lehrerbildungsanstalten. Litteraturkunde und Methodik. 3 Jahre. 8. Aachen, Barth. *

Inhalt:
Jahr 1. Die Arten der didaktisch-epischen Dichtung. 2.—5. Aufl. (VIII, 84 S.) 884—88. * 80 Pf.
" 2. Die Arten der lyrischen Dichtung. 3. Aufl. (VIII, 160 S.) 886. * ℳ 1.50.
" 3. Die Arten der dramatischen Poesie. Das Epos. Abschluß des Lehrstoffes. Nebst 1 (lithogr.) Karte zu Schiller's Tell. 2. Aufl. (V, 152 S.) 1886 und 3. Aufl. (148 S.) 888. * ℳ 1.30.

— u. P. Wimmers, die deutsche Lektüre in Lehrerbildungsanstalten. Litteraturkunde u. Methodik. 2. u. 3. Jahr. 8. Ebd. 889. n. 2. 80
2. Die Arten der lyr. Dichtg. 4. Aufl. (VIII, 159 S.) n. 1. 50
3. Die Arten der dramat. Poesie. Das Epos. Abschluß des Lehrstoffes. Nebst 1 Karte zu Schiller's Tell. 3. Aufl. (IV, 115 S.) n. 1. 30

Bürgel, Friedr. Wilh. u. P. Wimmers. Die deutsche Lektüre in Lehrerbildungsanstalten. Litteraturkunde u. Methodik. 1. u. 2. Jahr. 8. Aachen, Barth. * 2 30
1. Jahr. Die Arten d. didaktisch-epischen Dichtg. 6. Aufl. (VIII, 83 S.) 891. * — 80.
2. Jahr. Die Arten d. lyr. Dichtg. 4. Aufl. (VIII, 159 S.) 889. * 1 50.
3. Jahr. Ebd. 1888. * 1 30.

— u. P. Wimmers, die deutsche Lektüre in Lehrerbildungsanstalten. Litteraturkunde u. Methodik. 1.—3. Jahr. 8. Aachen, R. Barth, Verl. n. 3. 60
1. Die Arten der didaktisch-epischen Dichtg. 7. Aufl. (VIII, 83 S.) 893. n. — 80
2. Die Arten der lyrischen Dichtg. 6. Aufl. (VIII, 159 S.) 893. n. 1. 60
3. Die Arten der dramat. Poesie. Das Epos. Abschluß d. Lehrstoffes. Nebst 1 Karte zu Schillers Tell. 4. Aufl. (IV, 118 S.) 893. n. 1. 30

— u. P. Wimmers, d. deutsche Lektüre in Lehrerbildungsanst. Litteraturkunde u. Methodik. 2. u. 3. Jahr. 8. Ebd. 895. n. 2. 80
2. Die Arten d. lyr. Dichtg. 6. Aufl. (VIII, 159 S.) n. 1. 60
3. D. Arten d. dramat. Poesie. D. Epos. Abschluß d. Lehrstoffes. Nebst einer Karte z. Schillers Tell. 6. Aufl. (IV, 148 S.) n.n. 1. 30

— u. P. Wimmers, die deutsche Lektüre in Lehrerbildungsanstalten (Präparandenanstalten u. Lehrerseminaren). Literaturkunde u. Methodik. 16., nach Maßgabe der Lehrpläne vom 1. VII. 1901 bearb. Aufl. (497 S. m. 1 farb. Karte.) 8. Leipzig 908. [R. Barth.] Limburg, Limburger Antiquariat u. Verlag. Geb. 4.—

— Perikopen-Erklärung im Geiste d. katholischen Kirchenjahres, f. die Schule bearb. gr. 8. (VIII, 183 S.) Aachen 886. Barth. n. 1. 80

—— Perikopen-Erklärung im Geiste des katholischen Kirchenjahres, für die Schule bearb. (VIII, 183 S.) 1886. *M* 1.80. und 2. Aufl. gr. 8. (VIII, 183 S.) Aachen 888, Barth. *

— Perikopen-Erklärung im Geiste des katholischen Kirchenjahres, für die Schule bearb. 2. Aufl. 8. (VIII, 183 S.) Aachen 889. Barth. n. 1. 80

— Perikopen-Erklärung, i. Geiste d. kathol. Kirchenjahres f. d. Schule bearb. 3. Aufl. gr. 8. (VI, 204 S.) Aachen 898. R. Barth, Verl. n. 2. 20

Bürgel, G: Geschichtsatlas, enth. Karten u. Skizzen a. d. vaterländ. Gesch. nebst Zeittaf. d. brandenb.-preuss. Gesch. 4° (6 farb. Kartens. m. 4 S. Text in 8°) Lpzg 99, F Luckhardt. — 50

Bürgel, G., Lehrbuch f. d. Unterr. i. d. Kapitulantenschule u. z. Selbstunterr. d. Unteroffiziere, u. d. Verordng. v. 2. XI. 1876 bearb. gr. 8. (IV, 112 S. m. Fig. u. 4 Karten.) Leipzig 898. F. Luckhardt. n. 1. 60; geb. n. 2. —

Bürgel, G., Wörter-Verzeichnis zur lateinischen Syntax. 8. (25 S.) Köln 889. A. J. Tonger. n.n. — 60

Bürgel, Gerh., die Kölner Herz-Jesu-Kirche. Festschrift z. Feier der Vollendg. der Kirche am 6. VIII. 1909. (64 S. m. Abb.) 8. Köln (909). J. P. Bachem. 1. —

Bürgel, Gerh. J.

Bürgel, G. J., die Feier vaterländischer Gedenk- u. Erinnerungstage in der Volksschule. 8. (40 S.) Köln 894. A. J. Tonger. n. — 60

Bürgel, G. J., die Feier vaterländ. Gedenk- u. Erinnerungstage i. d. Volksschule. 2., neu bearb. u. verm. Aufl. gr. 8. (123 u. Musikbeilage 2 S.) Köln 896. A. J. Tonger. n. 1. 20

Bürgel, Gottfried (Schweidnitz/Schles.), De regni, ex quo literae exulant, infelicitate. Diss. philos. Präs. Johann Christoph Gottsched. Lpz. (Zeidler) 14. V. 1732. 28 S. (5.—) 1566

B ü r g e l , Gottfried: „Untersuchung der Frage, ob und wie fern die Wirtschaftskunst auch auf hohen Schulen gelehret und gleich andern gelehrten Künsten und Wissenschaften abgehandelt werden könne", Leipzig 1764. — Vorh.: Staatsbibliothek Dresden.

Bürgel, Gf., Untersuchung, ob d. Wirthschaftskunst auf hohen Schulen gelehrt werden könne? 8. Leipz. 764. Glanner. 4 gr.

Bürgel, H. G. Martin

Bürgel, H. G. Mart., Führer durch die Maschinen-, Eisen- u. Metall-Industrien Deutschlands. Hrsg. unter Mitwirkg. des Geschäftsführers der Vereinigg. der Berliner Metallwaren-Fabrikanten L. Nasse. (79 S.) Lex.-8. Berlin 904. Industrieller Verlag. n. 3. —

Bürgel, H. G. Mart., Führer durch die Maschinen-, Eisen- u. Metall-Industrien in 6 Sprachen. Hrsg. unter Mitwirkg. des Geschäftsführers der Vereinigg. d. Berliner Metallwaren-Fabrikanten L. Nasse. 26. Aufl. (CXLII, 510 S.) Lex.-8. Berlin 905. Industrieller Verlag. Geb. in Leinw. n. 10. —

— **Nachschlagebuch f. Handel, Gewerbe u. Industrie, nebst grossem Ortslexikon v. Deutschland.** (387, 152 u. 1899 S.) gr. 8. Ebd. 903. Geb. in Leinw. n. 12. —; erm. Pr. n. 10. —

Bürgel's Ortsverzeichnis von Deutschland enthaltend genauere Angaben über etwa 80,000 Wohnplätze des Deutschen Reiches. Hrsg. von Martin **Bürgel**. Berlin: H. G. M. Bürgel [1903]. (1399b S.) 8° [o4. 33oo 11

Bürgel, Heinr., die pylaeisch-delphische Amphiktyonie. Von der philosoph. Facultät der Universität München gekrönte Preisschrift. gr. 8. (VI, 298 S.) München 877. Th. Ackermann. n. 5. —

Bürgel, Heinrich, appr. Arzt: Aus d. Chir. Universitätsklinik zu Greifswald. Klinische Differentialdiagnose zwischen Appendizitis im Bruchsack und inkarzeriertem Darmwandbruch. Greifswald (1909): Adler. 30 S. 8°
Greifswald, Med. Diss. v. 22. Dez. 1900, Ref. Payr
[Geb. 26. Sept. 83 Werl; Wohnort: Gelsenkirchen; Staatsangeh.: Preußen; Vorbildung: Gymn. Bocholt Reife O. 03; Studium: Freiburg i. B. 1, München 1, Greifswald 8 S.; Coll. 5. Juni 08; Approb. 30. Juni 09.] [U 10. 1565

Buergel, Heinrich K. H., aus München: Konungsannáll 'Annales Islandorum regii'. Beschreibung d. Handschrift, Laut- u. Formenlehre, als Einl. zu einem diplomatar. Abdruck d. cod. reg. 2087, 4°, gamle Samling d. kgl. Bibliotek zu Kopenhagen. *München 1904: R. Oldenbourg.* (X, 96 S.) 8°
Leipzig, Phil. Diss. v. 1904

Buergel, Heinr. K. H., Konungsannáll. „Annales Islandorum regii". Beschreibung der Handschrift, Laut- u. Formenlehre, als Einleitg. zu e. diplomatar. Abdr. des Cod. Reg. 2087, 4to., Gamle Samling der kgl. Bibliothek zu Kopenhagen. Diss. (X, 94 S.) gr. 8. München 904. (A. Buchholz.) n. 1. 80

Bürgel, Martin, s.a. B ü r g e l , H. G. Martin

Bürgel, Martin (Hrsg.), s. B ü r g e l s Handelsblatt.

Bürgel, Mart.: Die vogelfreien Schuldner. 2. Afl. (64) 8° Berl., K Curtius '12. 1 — d

— **dass., s. a. Kultur u. Leben.**

Bürgel, Wilhelm [aus Schlesien]: Beiträge zur arzneilichen Wirkung des Thiols. ... Greifswald, Druck v. J. Abel, 1891; 28 S. 8°
Greifswald, Med. Fak., Inaug.-Diss. v. 3. Aug. 1891

Ueber Umgangssprache in Südbayern von H[einrich] **Buergel** Goodwin. (Uppsala 1905: E. Berling.) (S. 57–108.) 8°
— Förhandlingar, Språkvetenskapl. Sällsk. i Uppsala. 1903–1906, [1.]
— **Årsskrift**, Uppsala Universitets. 1906, [4, 1.] [o6. 3763 4

Buergeler, C. (Red.), s. A r m e e - C o u r i e r.

Bürgeler, Friedr., geschichtliche Miscellen aus der Reformationszeit Luthers. Zur Belehrung für alle gebildeten Protestanten. Leipzig 858. Kollmann. 8. (4 Bl., 230 S.) n. 22½ ngr

Bürgeln im Thurgau, die Stadt St. Gallische Herrschaft. In-4°. St. Gallen, Huber & Cie. 3 75
1884

Bürgel's, Handelsblatt. Hrsg.: Mart. Bürgel. Red.: F. W. Kiel. 3. Jahrg. Novbr. 1896 b. Oktbr. 1897. 24 Nrn. (Bog.) gr. 4. Berlin, C. Waltenberg. n. 5. —

— Fortsetzg., s.: B.'s Industrie- u. Handelsblatt.

— Industrie- u. Handelsblatt. Fachorgan f. d. Veröffentlichgn. d. Bundes d. Industriellen. Hrsg.: Mart. Bürgel. Red.: G. Freymann. 4. Jahrg. Oktbr. 1897 b. Septbr. 1898. 24 Nrn. (à ca. 24 S.) gr. 4. Berlin, M. Bürgel. n. 6. —
Kann auch halbjährlich bezogen werden.

Bürgel's Industrie- u. Handelsblatt. Fachorgan f. die Veröffentlichgn. des Bundes der Industriellen. Hrsg.: Mart. Bürgel. Chef-Red.: Jos. Schlossmacher. 5. Jahrg. Oktbr. 1898—Septbr. 1899. 52 Nrn. gr. 4. (à ca. 8 S.) Berlin, Industrieller Verlag. n. 6. —

— Industrie- u. Handelsblatt. Fachorgan f. d. Veröffentlichgn d. Bundes d. Industriellen. Hrsg.: M Bürgel. Red.: G Freymann. 3. Jahrg. 4. Qu. Juli—Septbr 1897. 6 Nrn. 4° (3. Jahrg. 304) Ebd. 1.25 ‖ 4. Jahrg. Oktbr 1897—Septbr 1898. 24 Nrn. 5 — ‖ 5. Jahrg. 1898/99. Chef-Red.: J Schlossmacher. 52 Nrn. 6 —
Seit Mai 1899 u. d. T.: Industrie- u. Handelsblatt (ohne Bürgel). — Nicht durch d. Buchh. zu beziehen.

Bürgels Ortsverzeichnis von Deutschland, s. Bürgel, H. G. Martin

Burgemeister, A., das Glycerin, seine Geschichte, Eigenschaften, Darstellg., Zusammensetzgn., Anwendg. u. Prüfg. nebst den wichtigsten Zersetzgn. u. Verbindgn. Eine gekrönte Preisschrift. gr. 8. (63 S.) Berlin. 871. Nicolai's Verl. n. 1. 20

Burgemeister, Ed., die Hundswuth und Berichtigung der Irrthümer, welche deren Erkenntniß oft verhindern. Mit einem einleitenden Vorworte von Xav. Schöman. Jena 860. Schweiger. 8. (XII, 20 S.) n. 4 ngr.

— — Die Hundswut u. Berichtigung der Irrtümer, welche deren Erkenntnis oft verhindern. Mit einem einleitenden Vorworte von Medizinal-Rath Prof. Dr. Xav. Schöman. Jena 62. 8°. (20 S.) Schulze, Celle. M. —.40

Burgemeister, Ed., die Hundswuth und Berichtigung der Irrthümer, welche deren Erkenntniß oft verhindern. Mit einem einleit. Vorworte von Xav. Schöman. 8. (XII und 20 S.) Jena 862, Schweiger. *

Burgemeister, über Veterinair-Sanitäts-Polizei. Ein Beitrag zum Gebrauch f. Sanitäts- u. Polizei-Beamte, Thierärzte u. Landwirthe. 8. (VI u. 154 S.) Jena 847, Luden. ½ ₰

Burgemeister, Ludw., Rich. Foerster, Heinr. Wendt u. Johs Ziekursch: Erinnergsbll. z. 100jähr. Jubiläum d. Univ. Breslau. (60 m. 8 Taf.) 8° Bresl., WG Korn '11. L 1.50

Burgemeister, L., die Holzkirchen u. Holztürme der preussischen Ostprovinzen, s.: Wiggert, Ernst.

Burgemeister, Ludwig, Kgl. Reg.-Baumeister: Die Jesuitenkunst in Breslau. *Breslau 1901: H. Fleischmann.* (53 S.) 8° Breslau, Phil. Diss. v. 12. Sept. 1901

Burgemeister, Rich.: Welche Rechte hat d. unehel. Kind u. s. Mutter? Mit Klageformularen, Mustern u. ausführl. Kaldrtabellen versehen. (94) 16° Berl., L Schwarz & Co. ('11). 1.10 d

— **Wie macht man s. Testament kostenlos selbst? (95) 16° Ebd. ('11).** 1.10 d

— **Das neue Zivilprozess-Verfahren vor d. Amtsgericht z. Verwendg f. Kaufleute, Gewerbetreibende u. sonst. Personen. Mit Formularen versehen. Anh.: Das neue Wechselstempelgesetz. (93) 16° Ebd. ('11).** 1.10 d

Burgen, hessische. I.—III. 8. Cassel, G. Victor. à n. — 50
1. Geschichte u. Beschreibung der Ruine Kogelberg bei Volkmarsen. Von Ernst Happel. Mit 4 Ansichten u. Grundriß. (32 S.) 902.
II. Geschichte u. Beschreibung der Ruine Weidelburg. Von Ernst Happel. Mit 5 Ansichten u. Grundriß. (34 S.) 902.
III. Geschichte u. Beschreibung der Ruine Felsberg, Altenburg u. Heiligenberg. Von Ernst Happel. Mit 9 Ansichten u. Grundriß. (26 S.) 902.

Burgen, hessische. 3 Bde. 8° Cass. Marbg, NG Elwert's V. Je — 50 d
Happel, E: Gesch. u. Beschreibg d. Ruine Felsberg, Altenburg u. Falkenstein. (26 m. 9 Ansichten u. Grundriss.) '02. [III.]
— dass. d. Ruine Kogelberg bei Volkmarsen. (32 m. 4 Ansichten u. Grundr.) '02. [I.]
— dass. d. Ruine Weidelburg. (34 m. 5 Ansichten u. Grundriss.) '02. [II.

Die **Burgen** des Basler- und Solothurner-Jura. 20 Tafeln in Lichtdruck nach alten Originalen bearb. von *N. Pfyffer* von Altishofen. Historische Einleitung von *A. Burckhardt-Finsler.* In-4°. 21 S. Basel, H. Besson. In Ledermappe 15 —
1892

Burgen u. Schlösser Mährens. Hrsg. v. e. Comité Adeliger u. Grossgrundbesitzer Mährens durch das mähr. Gewerbe-Museum unter Leitg. v. A. Prokop. Fol. (31 Bl. in Schwarzdr., 237 Lichtdr.-Taf. u. 25 Bl. Text.) Brünn 889. Mähr. Gewerbe-Museum. In Holzkasten. n. n. 200. —

Burgen und Schlösser im Berner Oberland. Thun 1898, M[ichel]. A[rnold]. und R[itschard]. G[ottlieb].

Burgen u. Schlösser i. Berner Oberland, n. alten Urkunden hrsg. v. A. M. u. G. R. Thun, Burgistein, Strättlingen, Spiez, Uttigen, a. d. Handveste v. Thun 1264, Oberhofen a. Thunersee. 12. (III, 91 S.) Thun 898. J. J. Christen. n. 1. —

Burgen u. Schlösser im Berner Oberland nach alten Urkunden hrsg. v. *A. M.* u. *G. R.* Thun, Burgistein, Strättlingen, Spiez, Uttigen Aus der Handveste von Thun 1264. Oberhofen am Thunersee. In-8°. 91 S. Thun, Th. Rippstein. 1 —
1898

Burgen u. Schlösser in Oesterreich. Heliogravuren v. Otto Schmidt. Mit Text v. Jul. Meurer. 10 Lfgn. Fol. (50 Bl. m. 47 Bl. Text.) Wien 891—894. V. A. Heck. à n. 8. —

Burgen v. Tirol in Bild u. Wort. Orig.-Aufnahme v. B. Johannes, k. k. Hof-Photograph, Partenkirchen. Text v. Heinr. Noë. qu. gr. 8. (18 Lichtdr.-Taf. m. 20 S. Text.) Partenkirchen 884. (Meran, Plant.) geb. n. 5. 40

Die **Burgen** und Wehrbauten im Taunus und im unteren Lahngebiet. [Th.] I. II. *Frankfurt a. M.: Taunus-Club 1897. 98.* 2 Bde 8.
I. Oestl. Taunus u. östl. Lahngebiet. 1897. (70 S.)
II. Westl. Taunus u. westl. Lahngebiet. Nebst e. Anh.: Der Limes u. die Ringwälle d. Taunus. 1898. (70 S.)
= Jahres-Bericht d. Taunus-Clubs f. 1896. 97. Beilage.

Burgen, die, u. vorgeschichtlichen Wohnstätten der sächsischen Schweiz. Im Auftrage des Gebirgsvereins f. die sächs. Schweiz u. unter Mitarbeit v. Alwin Bergmann, Hans Beschorner, Herb. Beschorner u. a. hrsg. v. Alfr. Meiche. Mit 79 originalen od. seltenen Bildern, Grundrißzeichngn. u. Karten. (XII, 350 S.) Lex.-8. Dresden 907. W. Baensch. n. 6. —; geb. in Leinw. n. 6. —

Burgen, v., annales cistercienses od. Cisterciens. Kirchengesch. v. 1098—1212. 5 Thle. Fol. Regensb. 759.

Burgener, C[hristian]. Thun und seine Umgebungen. Dargestellt von C. B.... 8. Thun und Aarau (1840).

Burgener, von Zweisimmen, C., Thun und seine Umgebungen. 16. Thun u. Aarau 841, Christen ⅜ ₰ — Mit 2 Ansichten n. ½ ₰

Burgener, C., Thun u. seine Umgebungen. 16. (8⅓ B.) Aarau 842, Christen. 11¼ Ngr. — Mit 2 Ansichten *

Burgener, Laurenz, der heilige Bernhard von Menthon, Stifter der zwei Hospize auf dem großen u. kleinern St. Bernhardsberge. 2., gänzlich umgearb. u. verm. Aufl. Mit 3 Abbildgn. (in Holzschn.) Luzern 870. Räber. gr. 8. (VIII, 338 S.) 1 ₰

Burgener, Laur., Helvetia sancta oder Leben und Wirken der heiligen, seligen und frommen Personen des Schweizerlandes. Aus den bewährtesten Quellen gesammelt u. herausg. Mit 3 (lith.) Bildern. 3 Bde. Einsiedeln 860, 63. Gebr. Benziger. gr. 8. (XXXVIII, 1378 S.) 4 ₰

Burgener, Laur., Helvetia sancta oder Leben und Wirken der heil., seligen und frommen Personen des Schweizerlandes. Aus den bewährtesten Quellen gesammelt und hrsg. 3. Bd. gr. 8. (IV und 422 S. mit 1 Stnt.) Einsiedeln 862, Gebr. Benziger.
1. und 2. Bd. Ebendas. 1860. 2 Thlr. 24 Ngr.

[Burgener, P. Laurenz.] Leben und Wirken des hl. Bernhards von Menthon, sammt... Notizen über die zwei von demselben gestifteten Hospize auf dem grossen und kleinen St. Bernhardsberge und demjenigen auf dem Simplon. Gesammelt... von einem Ordensgeistlichen des Kts. Wallis. Mit 2 Lithographien [Tafeln] und 2 Holzschnitten. 8. Lucern 1856.

Burgener, P. Laurenz. Die Wallfahrtsorte der katholischen Schweiz. Aus den bewährtesten Quellen gesammelt und hrg. Mit 5 Bildern [Tafeln]. 2 Bände. 8. Ingenbohl. Kt. Schwyz, 1864.

—— d. Wallfahrtsorte d. kath. Schweiz. 2 Bde. 8. (861) Würzb. 67, Woerl. n. 1. 10

— die Wallfahrtsorte der katholischen Schweiz. Aus den bewährtesten Quellen gesammelt u. hersg. 2 Bde. Mit 5 (lith.) Bildern. Zürich 867. Woerl. gr. 8. (XIV, 861 S.) n. 1 ₰ 10 ngr.

Burgener, L[eo], prakt. Arzt von Visp (Ct. Wallis), ehemals Volontärarzt des Spitals. Aus dem Kantonsspital Münsterlingen. Dirigierender Arzt: Dr. Conrad Brunner. Zur Alexander-Adams'schen Operation. Zürich 1905. 49 S. 8°. [21. II. 05.]

Zürich. Med. Diss. 1904/1905.

Burgener, Paul [prakt. Arzt in Visp, Wallis]: Aus der dermatologischen Universitäts-Klinik zu Bern. (Prof. Dr. Jadassohn.) Beiträge zur Kenntnis der Psoriasis. Berlin 1903. 34 S. 8°.

Bern. Med. Diss. 1902/1903.

Burgener, Paul. Beiträge zur Kenntnis der Psoriasis. Diss. Med. Bern. *Kopftitel:* Aus der dermatologischen Universitäts-Klinik zu Bern. ⟨Prof. Dr. [Joseph] Jadassohn.⟩ IV + 34 S. 8. Berlin, Leonhard Simion, 1903.

Burgener, Rupert: Zur Lehre von den Sittlichkeitsdelikten insbesondere § 174 R.Str.G. unter Berücksichtigung des schweiz. Entwurfes. Luzern 1908: J. Schills Erben. (61 S.) 8°

Heidelberg, Jur. Fak., Ref. v. Lilienthal, Diss. v. 1908

[Geb. 24. Jan. 83 Visp (Schweiz); Wohnort: Visp; Staatsangeh.: Schweiz; Vorbildung: Gymn. Einsiedeln Reife M. 04; Studium: Basel 3, Heidelberg 3 S.; Rig. 6. März 08.]

Bürgener, Joh., das Saullied in 14 Gesängen. Gütersloh 868. Bertelsmann. 16. (141 S.) 15 ngr.

Burgenfahrt, Die, d. Vereinigg z. Erhaltg deut. Burgen v. 19—23.6.'10 in Bildern. Momentaufnahmen. (28 Taf.) 25×31,5 cm. Moers, A Steiger ('11). L 20 — d

Bürgenmaler, Sylvester, s. a.: Waldmann v. der Au.

-- am Grabe. 10 Trauergesänge f. vierstimm. gemischten Chor. Op. 19. (20 S.) 12. Bühl 903. Konkordia. n. —20

Bürgenmaier, S.(Red.), s. Kirchensänger, Der.

Bürgenstock. –

Bürgenstock. Der Kurort B' am Vierwaldstättersee. Mit 1 Farbenbild [Tafel]. 14 Illustrationen [wovon 3 Tafeln], 2 Doppelbildern und einem Plan, nebst einer Karte. (Europäische Wanderbilder. № 250.) 8. Zürich [1897].

Bürgenstock. Der Kurort Bürgenstock am Vierwaldstättersee. Mit 1 Farbenbild, 14 [*d. i.* 15] Illustrationen [wovon 3 Tafeln], 2 Doppelbildern und einem Plan, nebst einer Karte. 3. Aufl. IV + 32 S. 8. Zürich, Art. Institut Orell Füssli, [1901]. (fr. —.50) (Europäische Wanderbilder. № 250.)

Bürgenstock. Der Kurort B' am Vierwaldstättersee. Besitzer: Bucher-Durrer. [Illustrierter Führer. Mit 1 farbigen Tafel und 1 Karte.] 52 S. 8. Luzern, C. J. Bucher, 1905.

Bürgenstock [Schlagwort]

Bürgenstock, s. a. Geologische Karten. Spezialkarte (Schweiz).

Bürgenstock, the health resort of, on the lake of Lucerne, s. a. Europe, illustrated. Nr. 175.

Bürgenstock. The Health Resort of B' on the Lake of Lucerne. With 1 Coloured Plate, 14 Illustrations [3 plates], Plan, Map. etc. (Illustrated Europe. № 175.) 8. Zurich [1900].

Burgeois, C.: Der Nonnenspinner (Liparis monacha), s. Rüedi, J.

Burger, Johann. [Reinach 1895.] V: *Merz, Walth.* (Zuwachsverz. d. Bibliotheken in Zürich 1898 ff.)

Burger s. a. **Bürger.**

Burger: Eisenb.-Verkehrsordng v. 23.XII.'08, s.: Janzer, Ludw.

Burger,... Histoires et Aventures de l'illustre Chevalier Baron de Münchhausen, s. Bürger, Gottfried August

Burger: Die Kulturversuche..., s. Siefert, Xaver

Burger, A., aus dem Kriegsleben in Südwest-Afrika. Zusammengestellt nach Orig.-Aufnahmen der Herren Stuhlmann, Frhrn. v. Fritsch u. Wulff-Gibeon. (29 Taf. m. IV S. Text.) gr. 4. Schweidnitz (905). (G. Brieger.) n. 10. —

Aus dem Kriegsleben in Südwest-Afrika. Zsgest. nach Originalaufnahmen d. Herren Oberlt. Stuhlmann... Hrsg. von A. **Burger**, Schweidnitz. Berlin [1906]: W. Greve. (27 Taf.) 4° [08. 5306]

Burger, A., Predigt am Reformationsfest, zugleich Gedenktag des vor 200 Jahren geschloss. westphäl. Friedens am 29. Oktbr. 1848 zu München gehalten. 8. (16 S.) Nördlingen 848, Beck. 2 ngr.

Burger, A., Predigt am Reformationsfest, zugleich Gedenktag des vor 200 Jahren geschloss. westphäl. Friedens am 29. Oktbr. 1848 zu München gehalten. 8. (16 S.) Nördlingen 849, Beck'sche Buchh.

Burger, zwei Predigten am 30. Juli und am 3. Septbr. zu München gehalten. gr. 8. (24 S.) München 854, Kaiser.

— Rede bei der Abholung des Leichnams Sr. H. des Prinzen Eduard v. Sachsen-Altenburg, Herzogs zu Sachsen, königl. bayer. Generallieut. ꝛc. aus der königl. Herzog-Max-Burg dahier zum Bahnhof. Gehalten am 19. Mai 1852. gr. 8. (16 S.) München 852, Kaiser. 2 ngr.

—— Reden bei dem feierlichen Leichenbegängniß Ihrer Maj. der höchstsel. Königin Therese von Baiern, in der k. Marburg und in der protest. Stadtpfarrkirche dahier gehalten am 31. Octbr. 1854. gr. 8. (15 S.) München 854, Kaiser. *

Burger, A: Der Sohn d. Kreuzfahrers, s; Theaterbibliothek (Heidelmann).

Burger, Adolf, Referendar: Die Nachfolge in den Geschäftsanteil bei der Gesellschaft mit beschränkter Haftung. (Colmar): Strassburger Dr. u. Verlagsanst., Filiale Colmar 1910. X, 78 S. 8°

Heidelberg, Jur. Diss. v. 3. Aug. 1910, Ref. Schröder

[Geb. 1. Sept. 81 Kolmar i. E.; Wohnort: Kolmar; Staatsangeh.: Elsaß-Lothringen; Vorbildung: Gymn. Kolmar Reife M. 01; Studium: Straßburg 2, Berlin 1, München 1, Heidelberg 1, Straßburg 2 S.; Rig. 14. Juni 10.] [U 11. 1968

Burger, Alexander: Aus der psychiatr. Univ.-Klinik zu Bonn. Beiträge zur Kasuistik des sogenannten menstruellen Irreseins. Bonn 1008: Foppen. 46 S. 8°

Bonn, Med. Diss. v. 19. Mai 1909, Ref. Westphal

[Geb. 22. Sept. 84 Cöln; Wohnort: Bonn; Staatsangeh.: Preußen; Vorbildung: Kgl. Gymn. Bonn Reife O. 03; Studium: Bonn 10 S.; Coll. 20. Mai 09; Approb. 28. Apr. 09.] [U 09. 328

Burger, Alex., Bibliographie d. schönen Literatur Hessens. 1. Tl.: enth. die im Großherzogt. Hessen geborenen belletrist. Schriftsteller. (85 S.) kl. 8. Nieder-Ingelheim 907. Selbstverlag. 1. 60

Bibliographie der schönen Literatur Hessens. Zsgest. von Alexander **Burger**. T. 1. Nieder-Ingelheim: Selbstverl. 1907 (1908). 8° [F.] [08. 8807

Bvrger, Alexander (geb. am 3 Okt. 1838 in St. Goar): De chorea St. Viti ... Bonnac, typ. F. Krvegeri (1863). 31 S. 8.

Bonn, Med. Fak., Diss. v. 19 Sept. 1863

Burger, Alex.: Die Erziehg d. schulentlassenen Jugend. — Gesch. d. Parteien d. deut. Reichstags, s. a. **Kultur u. Fortschritt.**

Burger, Alex., Geschichte der Parteien des deutschen Reichstags. [Tl] 1—3. Gautzsch b. Leipzig 1908. 8°.

1: D. Zentrum u. d. ihm nahestehenden Parteien.
2: D. nationalliberale Partei.
3: D. freisinnigen Parteien.
(Kultur u. Fortschritt. Nr 236. 268. 275.)

— Geschichte der Parteien des Deutschen Reichstags. 1-6. (Kultur und Fortschritt 236. 266. 275. 314. 361. 371) Gautzsch 1909-11

Burger, Alexander: Geschichte der Parteien des Deutschen Reichstags. [Tl] 4—6. Gautzsch b. Leipzig 1910. 1911. 8°

– Kleines polit. Handb., s. Kultur u. Fortschritt.

Burger, A., s. Kultur u. Fortschritt.

Die hessische Literatur der Gegenwart. Von Alexander **Burger**. Nieder-Ingelheim: Selbstverl. 1906. (57 S.) 8° [F.]
Aus: Darmstädter Verkehrszeitung. [o8. 20045

— Die Parteien d. deut. Reichstages, s. Kultur u. Fortschritt.

Burger A, die Parteien des Deutschen Reichstages. (28 S) (Kultur und Fortschritt 176. 177) Gautzsch 1908

— Zum Streit um d. Wehrfähigk. d. deut. Volkes, s: Flugschriften d. vaterländ. Schriften-Verb.

— Uns. engl. Vettern u. wir! (34) 8° Lpzg, O Gracklauer '12. — 80

— Die 3. rhein-main. Volksakad., s. Volkskultur, Die.

Die Rhein-Mainische Volksakademie. Eine Darstellung zweier sozialpädagog. Versuche, zugleich Einführung in d. wichtigsten Fragen d. Volksbildungswesens. Im Auftr. d. Rhein-Mainischen Verbandes f. Volksbildung bearb. von Alexander **Burger**. Leipzig: Quelle & Meyer 1907. (VIII, 120 S.) 8° [F.]
— **Volkskultur**, Die. No 3–5. [o8. 13341

— Karl Weyprecht, e. deut. Nordpolfahrer, s: Aufwärts!

Burger, Alfred, aus Rupperswyl: Reduktionen durch Calcium. Basel 1907. 50 S. 8°. [10. V. 07.]
Basel. Phil. Diss. 1906/1907.

Burger, Alfred. Reduktionen durch Calcium. Diss. Phil. Basel. [Mit Figuren.] 50 S. 8. Basel, Froese & Co., 1907.

Burger, Anton [aus Ottenschlag, in Nieder-Oesterreich]: Ueber die Gliederung der Pädagogik Kants. . . . Ottenschlag in Nied.-Oesterr., Selbstverl. d. Verf. (1889); 39 + 1 S. 8°
Jena, Phil. Fak., Inaug.-Diss. v. Jul. 1889

Burger, Ant., systematische Gliederung der Pädagogik Kant's u. Kritik der bisher versuchten Gliederung derselben. Ein Beitrag zur Geschichte der Pädagogik. gr. 8. (40 S.) Leipzig 890. Fock. n. 1. —

Burger, Anton. Gravuren nach Originalen des Meisters. Begleitender Text v. A. Spierge. Fol. (25 Bl. m. V, 8 S. Text.) München (898). F. Hanfstaengl.
Geb. in Halbfrz. m. Goldschn. 75. —

— Die französischen Wörter germanischen Ursprungs. (Mots français d'origine germanique.) Zusammengestellt zur Erleichterg. ihrer Aneignung. (20 S.) kl. 8. Ebd. 909. nn — 85

Burger, A., Die gleich- und ähnlich lautenden Wörter der französischen Sprache. Gr.-8°. (32 S) K 1.—
St. Pölten: Schubert 1907.

Burger, Ant., die gleich- u. ähnlichlautenden Wörter der französischen Sprache. Ein Beitrag z. method. Studium des französ. Wortschatzes, seiner Orthoëpie u. Orthographie. (32 S.) gr. 8. St. Pölten 907. J. G. Sydy. nn 1. —

Burger, August [Lehramtsprakt.]: Die Wege zum Nordpol. Tauberbischofsheim, Druck v. J. Lang's Buchdr., 1894; 1 Bl., 18 S. 4.
Tauberbischofsheim, grossh. G. MP 1894 (616)

Burger, C.

—— Lebens-Bilder in Erzählungen. 2 Bdchn. 8. (24½ B.) Bayreuth 830, Grau. u

Burger, C. G., über den widernatürlichen After u. die zu dessen Heilung vorgeschlagenen u. ausgeführten Methoden. Mit 2 Steintaf. gr. 8. (VI u. 86 S.) Stuttgart 847, Ebner & Seubert. ½ ₰

— Handbuch der chirurgischen Verbandlehre zum Gebrauche f. angehende u. ausübende Wundärzte. Mit vielen in den Text eingedr. Abbildgn. (in Holzschn.) 4 Lfgn. Lex. 8. (635 S.) Stuttgart 849, Rieger. (à 21 ngr) 2 ₰ 24 ngr

Burger, C. G., Handwörterbuch der Chirurgie mit Einschluss der Operations-Verband- und Arzneimittellehre. Für prakt. Wundärzte bearb. Leipzig 858. O. Wigand. gr. 8. (VI, 1152 S.) n. 4 ₰ 20 ngr

Burger, C. G., praktischer Hausarzt oder gemeinverständliche Anleitung, wie man sich vor Krankheiten schützen u. diese, sind sie eingetreten, auf die schnellste Art beseitigen kann. Mit einem Anhang über die Hilfsleistungen beim Scheintod u. bei Vergiftungen. Reutlingen 863. Fleischhauer & Spohn. 8. (VIII, 239 S.) 24 ngr

Burger, C. G., praktischer Hausarzt oder gemeinverständl. Anleitung, wie man sich vor Krankheiten schützen und diese, sind sie eingetreten, auf die schnellste Art beseitigen kann. Mit einem Anh. über die Hilfsleistungen beim Scheintod und bei Vergiftungen. 8. (VIII und 239 S.) Reutlingen 864, Fleischhauer und Spohn. cart.

Burger, C. G., Compendium der chirurgischen Heilmittellehre für praktische Aerzte und Wundärzte. br. 8. (VIII, 382 S.) Stuttgart 871, Kirn. *

Burger, C. G., Compendium der chirurgischen Heilmittellehre f. praktische Aerzte u. Wundärzte. br. 8. (VIII, 382 S.) Stuttgart 871. Ullrich. n. 5. 60

— Compendium der Operativ-Chirurgie zum Gebrauche f. Studirende u. pract. Aerzte bearb. gr. 8. (XII, 464 S.) Leipzig 875. Hirschfeld. n. 6. —

— Lehrbuch der Chirurgie. Stuttgart 853. Rieger. Lex.-8. (XI, 756 S.) 2 ₰ 7½ ngr

— Memoranda über wichtige Gegenstände der Anatomie, Chirurgie und Physiologie zur Vorbereitung auf Prüfungen für junge Wundärzte und Studirende. Nach der 2. engl. Ausg. des Marc Noble Bower deutsch bearb. Ulm 857. Hochel. 16. (VIII, 279 S.) 15 ngr

Burger, C. G., Taschenbuch der topographischen Anatomie und ihrer Beziehungen zur Chirurgie u. gerichtl. Medicin. Für Studirende, Aerzte u. Wundärzte, namentlich auch Gerichtsärzte bearb. Mit 42 Holzschn. (im Text). Freiburg im Br. 855. Wagner. 8. (IX, 371 S.) n. 2 ₰

— Taschenbuch der topographischen Anatomie und ihre Beziehungen zur Chirurgie und gerichtlichen Medicin. Für Studirende, Ärzte u. Wundärzte, namentlich auch Gerichtsarzte bearb. 2. Ausg. Freiburg im Br. 859. Wagner. 8. (IX, 371 S.) 1 ₰ 15 ngr

— Taschenbuch bewährter Heilformeln für äussere Krankheiten, mit Einschluss der Augen-, Ohren- u. Zahn-Krankheiten. Für angehende u. ausübende Wundärzte bearb. Stuttgart 859. Rieger. 16. (158 S.) 1 ₰ 6 ngr

— die Verrenkungen der Knochen. Mit 74 in den Text eingedr. Holzschn. Würzburg 854. Stahel. gr. 8. (VIII, 243 S.) n. 1 ₰ 18 ngr

Burger, C. P., De bello cum Samnitibus secundo. Diss. 1884. 124 S.

Burger jr., C. P., neue Forschungen zur älteren Geschichte Roms. I. Die Bildg. des grossen römisch-latin. Bundesstaats (358/396—342/412). gr. 8. (48 S. m. 1 farb. Karte.) Amsterdam 894. J. Müller. n. 2. 25

Burger jun., C. P., neue Forschungen z. ältern Geschichte Roms. II. gr. 8. Amsterdam 895. J. Müller. n. 1 25 (I. u. II.: n. 3. 50)
Roms Bündnisse m. fremden Staaten (IV. Jahrh. v. Chr.); u. D. Latinerkrieg (342/412—338/416). (36 S.)

— 60 Jahre aus der älteren Geschichte Roms. 418—358. Historisch-krit. Forschgn. Veröffentlicht durch die königl. Akademie der Wissenschaften in Amsterdam. [Aus: „Letterk. Verh. der konigl. Akademie".] gr. 4. (244 S. m. 3 Karten.) Ebd. 891. n. 6. —

Der Kampf zwischen Rom und Samnium, bis zum vollständ. Siege Roms, um 312 v. Chr. Von Dr. C. P. **Burger** jr. *Amsterdam: J. Müller 1898.* (80 S., 2 Kt.) 1 Bd 4.(8.)
= Verhandelingen d. Kkl. Akademie v. Wetenschappen te Amsterdam. Afd. Letterkunde. Reeks 9. D. II. No 2. [99. 993 5

Burger jun., D., Commentarius in Ecclesiasten, in usum juventutis academicae. 8maj. (80 S.) Druisburgi 854. (Lipsiae, T. O. Weigel.) *

Burger jun., D., Prolegomena et annotatio in Theaetetum, Platonis dialogum. 8maj. Lugd.-Batav. 843, Hazenberg et soc. 3/4 ℳ

Burger, E., s. Glock. A., Bürgerkunde. Für Baden.

— s. Glock, Bürgerkunde. Für Hessen.

— s. Glock, A., u. A. Korn, Bürgerkunde. Für Preussen.

Burger, E., s. Glock, R.

Burger, E. La Henriade de Voltaire. Diss. Breslau 1873. 24 S.

— Zivilprozeßordnung nebst Gerichtsverfassungsgesetz, s.: Glock, A.

Burger, Dr. E. H. A. — Estractu d'in Geografi'a Universale dupa — — tradusa di Simeone S. Mihalli. 8. (40 S) Blasiu. Cu tipariulu Seminariului Dioecesanu. 1853. (Auszug aus der allgemeinen Geographie von Dr. E. H. A. Bürger, übersetzt von Simon S. Mihalli. Blasendorf. Gedruckt in der Diözesandruckerei. 1854.) (Rumänisch.)

Burger, Eduard, die Tiroler Landesschulgesetze vom J. 1910. Studie. (78 S. m. 4 Taf.) 8. Innsbruck 910. Wagner. 2. —

(F) Burger, E., Die Skizze im naturgeschichtlichen Unterrichte der Volksschule. Gr.-8⁰. (ill. 65 S.) K 1.—
Brixen: Pressevereinsbuchhandl. 1908.

— Die Skizze im naturgeschichtlichen Unterrichte der Volksschule. Ein Beitrag f. den Unterrichtsbetrieb an allgem. Volksschulen u. an Bürgerschulen. Mit 108 Skizzenbeispielen, darunter dreien in Sechsfarbendr. 2. Aufl. (84 S.) gr. 8. Brixen 909. Preßvereins-Buchh. 909. 2. —
1. Aufl. (67 S.) Ebd. 908. 1.—

Burger, Eduard: Die Skizze im naturgeschichtl. Unterr. d. Volksschl. (67 m. Abb.) gr8° Brix., Bh. d. Verl.-Anst. Tyrolia '08. 1 —
|| 2. Afl. (84 m. z. Tl farb. Abb.) '09. 2 — d

(F) Burger, E., Unterricht in der deutschen Rechtschreibung. Gr.-8⁰. (VII, 110 S.) Innsbruck 1903. geb. K 1.50

Burger, Eduard, Wegweiser f. den Unterricht in der deutschen Rechtschreibung. Eine vollständ. u. sachgemäße Anleitg. nebst Entwürfen v. Lehrproben. Mit 13 Taf., zum Tl in Schwarz- u. Rotdr. (VII, 110 S. m. 1 Tab.) gr. 8. Innsbruck 903. Vereinsbuchh. u. Buchdr.
Geb. in Leinw. n. 1. 60

Burger, Emil, drei Einakter nach d. Französischen. 8. (VII, 140 S.) Breslau 897. Schles. Buchdruckerei 2c.
n. 2. —; geb. n. 3. —

[F.] Drei Einakter nach dem Französischen. Von Emil Burger. Breslau: S. Schottlaender 1897. (140 S.) 1 Bd 8. [97. 6515]

Burger, Emil, s. Frauenbriefe, deut.

Deutsche Frauenbriefe aus zwei Jahrhunderten. Von Emil Burger. Mit 4 Bildn. Frankfurt a. M. & Berlin: M. Diesterweg 1908. (VI, 249 S.) 8° [F.]
= Volksausgaben, Diesterwegs Deutsche. Bd 4. [08. 2936]

Burger, [Emil], Prof. Dr.: Eine Französische Handschrift der Breslauer Stadtbibliothek (Le debat de noblesse, translaté de latin en cler françois), hrsg. (T. 1.) *Breslau (1901): Grass, Barth & Co.* (32 S.) 8°
Breslau, st. RG am Zwinger, OP 1901 (220)

Burger, [Emil], Prof. Dr.: Eine Französische Handschrift der Breslauer Stadtbibliothek, hrsg. (T.) 2. u. 3. *Breslau (1902): Graß, Barth & Co.* (25 S.) 8° ¶ (Forts. d. P-Beil. 1901.)
Breslau, st. RG am Zwinger, OP 1902 (237)

Burger, Emil, Übungsbuch zum Übersetzen aus dem Deutschen ins Französische f. die oberen Klassen höherer Lehranstalten. Nebst e., der röm., mittelalterl. u. neueren Geschichte entnommenen, speziell f. den histor. Aufsatz zusammengestellten Phraseologie. gr. 8. (VIII, 178 S.) Berlin 883. Springer. n. 1. 60

Burger, Emil. Emile Zola, Alphonse Daudet u. andere Naturalisten Frankreichs. 8. (176 S.) Dresd. 889, Pierson. * 2 —

Burger, Emil Karl Rob. Altfranzösisches Gedicht nebst einigen Bemerkungen über historische Grammatik. 16 S. [L'abbrégie de Troyes.] Progr. Rg. Zwing. Breslau 1878.

Burger, ein altfranzösisches Gedicht, nebst einigen Bemerkungen über historische Grammatik. 4 (16 S.) Breslau 878. (Maruschke & Berendt.) n. 1. —

Burger, Erwin: Die Aufnahme von Geisteskranken in Irrenanstalten in den grösseren deutschen Staaten. Tübingen 1905: H. Laupp jr. (V, 90 S.) 8° [F.]
Tübingen, Staatsw. Fak., Ref. v. Jolly, Diss. v. 7. Juli 1905
[Geb. 20. Sept. 79 Nussdorf; Wohnort: Tübingen; Staatsangeh.: Württemberg; Vorbildung: Gymn. Heilbronn Reife S. 95; Studium: Tübingen 7 S.; Rig. 10. März 05.]

Burger, Erwin, die Aufnahme v. Geisteskranken in Irrenanstalten in den größeren deutschen Staaten. (V, 90 S.) gr. 8. Tübingen 905. (F Pietzcker.) n. 2. -

Burger, Eugen, approb. Arzt aus Endingen am Kaiserstuhl i. Baden: Ueber Haemophilie. Mit Geschichte einer Bluterfamilie. *Freiburg i. B. 1900: Ch. Lehmanns Nachf.* (30 S.) 8°
Freiburg i. B., Med. Diss. v. 1900

Burger, F., Nassr-Eddin Schah u. das moderne Persien, s.: Morgan, C.

Minucius Felix und Seneca von Franz Xaver Burger, Dr. phil. *München: C. H. Beck 1904.* (65 S.) 8°
[Ein T. erschien u. d. T.: Über d. Verhältnis des M. F. zu d. Philosophen S. als Inaug.-Diss. München 1904.] [04. 14437]

Burger, Franz Xaver: Über das Verhältnis des Minucius Felix zu dem Philosophen Seneca. *München: C. H. Beck 1904.* (39 S.) 8° ¶ (Erschien vollst. 1904 u. d. T.: Minucius Felix und Seneca.)
München, Phil. Diss. v. 1904

Burger, Frdr., die Prüfungsordnung f. Aerzte vom 28. V. 1901, m. spezieller Rücksicht auf Bayern zusammengest. (VI, 81 S.) 8. München 909. J. A. Finsterlin Nachf. Kart. 1. 50

Burger, Friedrich, Referendar in Paderborn: Die rechtliche Stellung des Erben gegenüber den im Aufgebotsverfahren ausgeschlossenen Nachlaßgläubigern. Borna-Leipzig 1908: R. Noske. (VIII, 44 S.) 8° [F.]
Leipzig, Jur. Fak., Diss. v. 16. Juni 1908
[Geb. 22. Sept. 74 Scherfede (Westfalen); Wohnort: Paderborn; Staatsangeh.: Preußen; Vorbildung: Gymn. Brilon Reife M. 98; Studium: Berlin 3, München 1. Göttingen 2 S.; Rig. 20. Dez. 06.]

Burger, Friedrich [Dr.]: Stichometrische Untersuchungen zu Demosthenes und Herodot. E. Beitr. z. Kenntn. d. antik. Buchwesens. (= Inaug.-Diss. Erlangen 1892.) München, Buchdr. v. J. B. Lindl, 1892; 42 S. 8.
München, k. Luitpold-G, P 1892*

Burger, Fritz [app. Arzt aus Nürnberg]: Ueber die Behandlung der III. Geburtsperiode ... München. Buchdr. v. J. B. Grassl (1888); 19 S. 8°
Würzburg. Med. Fak., Inaug.-Diss. v. 1888

Burger, Fritz: Cézanne u. Hodler. Einführg in d. Probleme d. Malerei d. Gegenwart. 2 Bde. (6, 235 m. 1 farb. Taf. u. 7, 155 m. Abb. u. 1 farb. Taf.) gr8° Münch., Delphin-Verl. '13. 20 —; HPerg. 24 —; Luxusausg. Perg. 40 —

Burger, Fritz: Die Entstehung und Entwickelung des Trecentograbmals in Mittelitalien. *Straßburg 1904: J. H. E. Heitz.* (82 S.) 4° ¶ (Erscheint vollst. u. d. T.: Das florentinische Grabmal, seine Entwickelung u. Entstehung von den ält. Zeiten bis Michelangelo.)
Heidelberg, Phil. Diss. v. 1904

Burger, Fritz, Gedanken üb. die Darmstädter Kunst. gr. 8. (36 S.) Leipzig (901). H. Seemann Nachf. n. — 75

Burger, Fritz, Geschichte des florentinischen Grabmals von den ältesten Zeiten bis Michelangelo. (XIV, 423 S. m. 239 Abbildgn., 2 Heliograv. u. 87 Lichtdr.-Taf.) gr. 4. Strassburg 904. J. H. E. Heitz.
Geb. in Leinw. n. n. 60. —

— Francesco Laurana, s. a. Zur Kunstgesch. d. Auslandes.

Burger, Fritz: Francesco Laurana und die Meister des Triumphbogens des Alfonso in Neapel. Straßburg 1906: J. H. Ed. Heitz. (70 S.) 8° ¶ [Erschien vollst. als: Zur Kunstgeschichte des Auslandes H. 50. 1907.]

München, Phil. Fak., Hab.-Schr. v. 1906

(Nicht für den Austausch)

Francesco Laurana. Eine Studie z. ital. Quattrocentoskulptur. Von Fritz **Burger**. Mit 37 Lichtdrucktaf. u. 49 Abb. Strassburg: J. H. E. Heitz 1907. (VIII, 176 S.) 4°(8°)
— **Kunstgeschichte,** Zur, d. Auslandes. H. 50. [07. 9919

— **Die Schackgalerie München im Besitz Sr Maj. d. deut. Kaisers, Königs v. Preussen. 1. u. 2. Afl. (171 m. Abb. u. 1 Grundr.) kl8° Ebd. ('12). Pappbd 3 —**

— **Studien zu Michelangelo, s.a. Zur Kunstgesch. d. Auslandes.**

Studien zu Michelangelo von Fritz **Burger**. Mit 6 Lichtdrucktaf. u. 7 Autotyp. Strassburg: J. H. E. Heitz 1907. (44 S.) 4°(8°)
— **Kunstgeschichte,** Zur, d. Auslandes. H. 49. [07. 9918

Die Villen des Andrea Palladio. Ein Beitrag z. Entwicklungsgeschichte d. Renaissance-Architektur ... hrsg. von Fritz **Burger**. Leipzig: Klinkhardt & Biermann (1909). 152 S., 48 Taf. 4°(8°) [09. 17381

Burger, Fritzi, s.a. Liebe, die, ist die Gefahr des Einsamsten.

BURGER, Fritzi. Die Liebe ist die Gefahr der Einsamsten. Ein Beitrag zur Psychologie des Mädchens. Wien, C. W. Stern, 1904. 8°. 80 S.

Heilanda und Almansor, das Märchen der Liebe von Gabriel **Burger**. 2. Aufl. *Berlin: Berliner Roman-Verl. 1903.* (135 S.) 8° [F.] [04. 3657

Burger, G: Katharina v. Russl. Hist. Roman. 20 Bde. 8° (2396 m. je 5 Vollbildern.) Berl. 99.1900, Berliner Roman-Verl. à — 50; auch in 100 Lfgn à — 10

Burger, Gabr., Katharina v. Rußland. Ein Frauenherz voll Liebe u. Grausamkeit od. Kaiserin u. Bürgermädchen im Kampfe um den Geliebten. Großer histor. Roman. 20 Bde. gr. 8. (2396 S. m. je 5 Vollbildern.) Berlin (900). Berliner Roman-Verlag. à — 50; auch in 100 Lfgn. à — 10

! Burger, G: Katharina v. Russl. Jetzt: Weissensee, E Bartels.

BURGER, G., Roswitha. Eine Klostergeschichte. Enthüllungen über das Strafwesen in Nonnenklöstern. (190*.) (2 Kr. 40 H. Willy Schindler, Pressburg, 1910, ohne nähere Angabe.)

Roswitha. Eine Klostergeschichte von Gabriel **Burger**. 2. Aufl. *Berlin: Berliner Roman-Verl. 1903.* (189 S.) 8° [F.] [04. 3658

Burger, H., s.a. Bürger, H.

Burger, H., zur Diagnose der Kieferhöhleneiterung. [Aus: „Monatsschr. f. Ohrenheilkde."] gr. 8. (8 S.) Berlin 893. O. Coblentz. n. 1. —

— **Diagnostik d. Herzkrankheiten. 8. Berl. 825. Dümmler. 12 gl**

Burger, H., Ohrenerkrankung u. Lebensversicherung, s.a. Vorträge, klin. a. d. Gebiete d. Otologie etc. V. 4.

**Burger, H.* Ohrenerkrankungen und Lebensversicherung. Jena 1902.

Burger, H: Unterleibshalter. Baden-Baden. (Um 1899)

Burger, H. J. Die vervielfältigenden Künste an der Weltausstellung in Chicago 1893. Bern 1894.

Burger, Hans [appr. Arzt aus Augsburg]: Ueber einen seltenen Fall von multiloculärem Fibro-Myxo-Kystom der Bauchhöhl bei einem 15jährigen Mädchen .... Munchen, K. Hof- u. Univ.-Buchdr. Dr. C. Wolf & Sohn, 1887; 14 S. 8°.
München, Med. Fak., Inaug.-Diss. v. 1887.

Burger, Hans, über einen seltenen Fall von multiloculärem Fibro-Myxo-Kystom der Bauchhöle bei einem 15jährigen Mädchen. Diss. München 1887, A. Buchholz. 8°. 14 S.

Burger, Hendrik

— d. Empyem d. Highmorshöhle, s.: Sammlung klin. Vorträge.

Burger, Hendrik. Die Frage der Posticuslähmung, s. Sammlung klinischer Vorträge.

Burger, Hendrik [Arzt, geb. in Delft]: Die laryngealen Störungen der Tabes dorsalis ... Leiden, E. J. Brill, 1891; 4 Bl., 166 S., 1 Tab. 8.
Freiburg i. B., Med. Fak., Inaug.-Diss. v. 1891

Was leisten die Röntgenstrahlen in der Rhino-Laryngologie? Von Prof. Dr. H[endrik] **Burger**, Amsterdam. Mit 3 Abb. u. Taf. I–V. Wiesbaden: J. F. Bergmann 1908. (98 S.) 4°(8°) [08. 15779

Burger, Honorius, geschichtliche Darstellung der Gründung und Schicksale des Benedictinerstiftes S. Lambert zu Altenburg in Nieder-Oesterreich, dessen Pfarren u. Besitzungen, u. mehrerer hiesige Gegend betr. Ereignisse. Wien 862. Gerold. gr. 8. (XII, 281 S. u. 1 Stahlst.) n. 1 Thlr 20 ngr

—— **Urkunden der Benedictiner-Abtei zum heiligen Lambert in Altenburg, s.a. Fontes rerum austriacarum.**

Burger Honorius: Urkunden der Benediktiner-Abtei zum heil. Lambert in Altenburg, Niederösterreich. K. O. M. B., vom Jahre 1144–1522. Siehe I. Abt. F. II. 21. Band.

Burger, J. (Hrsg.), s. Berichte, Kurze, über die neuesten Erfindungen, Entdeckungen und Verbesserungen im Gebiete des Gewerbewesens, des Handels und der Landwirthschaft.

Burger, J. Beschreibung der in den österreichischen Weingärten vorkommenden Traubenarten. Wien 1837.

Burger, J.

— Lehre v. d. Sünde. 8. Leipz. 721.

Burger, I., quod vult deus, hist. Nachricht von Lutheri Mönchsstand rc. m. K. 8. Merseb. 719.

— **Wiederholung d. Augsb. Confession. 8. Frankf. 722.**

Burger, J. D. Fr., Etudes exégétiques et critiques sur le Prophète Zacharie. These présentée à la Faculté de Théologie protestante de Strasbourg. gr. in-4. Strasbourg 841. (Treuttel et Würtz.) n. 1 Thlr

Burger, Johann, s.a. Bürger, Johann

Burger, vollst. Abhandl. üb. d. Naturgesch. Cult. u. Benutz. d. Mais rc. m. K. gr. 8. Wien, Gefslinger.

Burger, Jh., vollständ. Abhandl. über d. Naturgeschichte, Cultur u. Benutzung d. Mais oder türk. Waizens. Mit 4. Kpft. gr. 8. Wien 809. (Gerold). 1 Thlr 20 gl (Leipz., Kummer). 2 Thlr (Krüll in Landsh.) 16 gl

Burger, J., Abhandlung v. türkischen Weizen od. Mais gr. 8. Ist jetzt in Comm. b. Kummer in Leipzig.

Burger, Johann. Album zur Erinnerung an den 100jährigen Bestand der k. k. Landwirthschafts-Gesellschaft in Kärnten. Klgft., Leon. 1865. Quart. 205 S.

— — **u. J. Schachermayer, über die Beurtheilung der Gemeinweiden. Zwey Preisschriften. gr. 8. Pesth, Hartleben. 818.**

— systemat. Klassifikazion und Beschreibung der in den österr. Weingärten vorkomm. Traubenarten, mit den karakterist. Merkmahlen der Gattungen u. Arten, ihren wissenschaftl. und ortsübl. Benennungen, u. den bes. Eigenschaften d. Trauben u. des aus ihnen gekelt. Weines. gr. 8. Wien 837. Gerold. 2⅔ Thlr

Burger, Joh., die eidgenössischen und kantonalen Konkordate, Gesetze und Verordnungen betr. die Verehelichungen in der Schweiz zwischen Angehörigen der verschiedenen Kantone u. des Auslandes. Solothurn 862. Jent & Gaßmann. gr. 8. (IX, 344 S.) 1 Thlr 6 ngr

Burger, Joh., die Landwirthschaft in Ober-Italien, geschildert auf einer Reise von Triest üb. Venedig nach Mailand, u. von da in alle Gegenden der Lombardie. Mit histor., statist., geograph. u. vorzüglich landwirthschaftl. Bemerkungen. 2 Bde. Mit 5 Kpfrtaf. Neue (Titel-) Ausg. gr. 8. (XVI u. 630 S.) Wien (831) 851, Braumüller. 1⅓ Thlr

Burger, Jh., die Landwirthschaft in Ober-Italien, geschildert auf einer Reise von Triest über Venedig nach Mailand, und von da in alle Gegenden der Lombardei. Mit histor., statist., geograph. u. vorzügl. landwirthschaftl. Bemerkungen. 2 Bde. Mit 5 Abbild. Neue Ausg. gr. 8. Wien 843, Braumüller u. Sohn. 1⅓ Thlr

— Lehrbuch d. Landwirthschaft. 2 Bde. gr. 8. Wien 819, 21. 2e Aufl. 823, 24. 3e A. 830. Gerold. 4 fl 16 kr

Burger, Joh., Lehrbuch der Landwirthschaft. 2 Bde. 4e verb. u. verm. Aufl. gr. 8. Wien 838. Gerold. 4 fl

Burger, Joh. Plan einer Brandversicherungs-Ordnung für die österreichischen Staaten: Erneute vaterl. Blätter f. d. österr. Kaiserstaat. Wien 1815.

— Reise durch Ober-Italien, mit vorzügl. Rücksicht auf den gegenwärtigen Zustand d. Landwirthschaft; die Größe der Bevölkerung, Bodenfläche, Besteuerung ꝛc. 1r, 2r Thl. Mit 5 Abbildd. gr. 8. Wien 831. Ant. Doll. Pr.-Pr. 2 fl 18 kr

— Untersuch. über d. Möglichkeit u. d. Nutzen d. Zuckererzeugung aus inländ. Pflanzen. 8. Wien 811. (Gerold). 12 kr

Burger, Johann. Untersuchungen über die Möglichkeit u. den Nutzen der Zuckererzeugung aus dem Safte der Weintrauben. Klgft., Leon, 1811. 80 S.

Burger, Johann und Schachermayer, „Ueber die Zertheilung der Gemeinweiden", 2 Preisschriften, Pesth 1818 (Hartleben).

Burger, Jh. Geo., der Sündenweg. Predigt über Jakobus 1, 13—15. gr. 8. Weissenburg 839. (Nördlingen, Beck.) 1½ kr

Burger, Jos., lehrreiche Gebete f. junge kathol. Christen; auch f. Erwachsene brauchbar. 18. Augsb. 811. Doll. 10e Aufl. 831. 2 kr

Burger, (Jos.,) lehrreiche Gebete f. junge kathol. Christen. Auch für Erwachsene brauchbar. 8e Aufl. 18. Augsburg 824. Doll. (Landshut, Krüll.)

Burger, Jos., lehrr. Gebethe f. junge kathol. Christen. (Auch f. Erwachsene brauchbar.) 11., verb. Aufl. 18. (8 B.) Augsburg 831. (Landshut, Manz.)

BURGER, Joseph (Mühldorf): De typho abdominali.- Monachii: Rösl 1835. 24 S.
1.8.1835 - Urk; F 60

Burger, Jos. Fr., Leitfaden bei dem ersten Unterrichte in d. Erdbeschreibung, zum öffentl. u. Privat-Gebrauche. Mit 3 lithogr. Karten. 8. Landsh. 833. Thomann. 5/12 ℛ

Burger, Joseph Friedr.: Ueber die Ertheilung des deutschen Sprach-Unterrichts an den technischen Anstalten. pg. 3 - 7. 4⁰. Joh. Nep. Attenkofer.
Progr. Landshut 1836/37.

Burger, Joseph Friedrich: Das Bergschloß Trausnitz. Eine geschichtliche Skizze. S. 3-16.
Progr. Landshut 1847.

Burger, K. Indices uberrimi, s. Hain, Ludov., repertorium bibliographicum.

—— Deutsche u. italienische Inkunabeln in getreuen Nachbildungen, s. Monumenta Germaniae et Italiae typographica.

Burger, K., s.: Monumenta Germaniae et Italiae typographica.

Burger, K. Ch., die Siegeszuversicht, die uns bei der Arbeit u. im Kampf der Mission begleiten soll. Predigt über 1. Joh. 5, 4, geh. am Missionsfeste zu Nürnberg in der Kirche zu St. Lorenzen den 14. Juni 1881. gr. 8. (11 S.) Nürnberg 881. Raw. n. — 15

Burger, Karl, der Brief des Jakobus, die zwei Briefe Petri und der Brief Judä, s. Kommentar, kurzgefaßter, zu den heil. Schriften Alten und Neuen Testamentes.

Burger, Karl, die Briefe d. Jakobus, Petrus u. Judas, ausgelegt. [Aus: „Strack-Zöckler's Kommentar z. d. hl. Schriften A. u. N. Testaments".] 2., völlig neubearb. Aufl. gr. 8. (89 S.) München 896. C. H. Beck. n. 1. 80

Burger, Carl (geb. am 2 Aug. 1845 in Kreuznach): Ueber cystoide Degeneration der Nieren beim Neugeborenen ... Bonn, gedr. bei J. F. Carthaus 1867. 36 S., 2 Bl. 8.
[Bonn, Med. Fak.], Diss. v. [13 Dez.] 1867

Burger, Karl, Glück im Unglück. Eine lehrreiche Geschichte für die reifere Jugend. 12. Nürnb. 837. Bauer u. Raspe. 1/3 ℛ

Burger, C., der Hausfreund, Monatschrift, s. Hausfreund.

Burger, Carl, die Nebennieren u. der Morbus Addison. gr. 8. (III, 56 S.) Berlin 883. Hirschwald. n. 1. 20

—— Rede über Jes. 57. 2 gehalten bei dem Trauergottesdienst am 16. März 1888 für Kaiser Wilhelm I. in der St. Gumbertus-Kirche zu Ansbach. gr. 8. (8 S.) Ansbach 888, Brügel und Sohn.

— der gehörnte Siegfried. Eine alte Geschichte für die Jugend. Neu erzählt. Mit 5 ill. Kpfr. 12. Nürnberg 837. Bauer u. Raspe. 13 gr

— s. Tremadeure, der Prüfstein.

Burger, Carl Heinr. Aug., Abschiedspredigt am Sonntage Estomihi, d. 22. Febr. 1846 zu Fürth geh. 2. Aufl. gr. 8. (½ B.) Fürth 846, Schmid's Buchh.

Burger, C. H. A. v., der erste Brief Pauli an die Korinther deutsch ausgelegt. Erlangen 859. Bläsing. (Deichert.) gr. 8. (VIII, 238 S.) n. 28 ngr

— der zweite Brief Pauli an die Korinther, deutsch ausgelegt. Ebend. 860. gr. 8. (IV, 262 S.) n. 28 ngr

v. Burger, Carl Heinr. Aug., das Evangelium nach Johannes deutsch erklärt. Nördlingen 868. Beck. gr. 8. (III, 529 S.) n. 2 ℛ 10 ngr

— die Evangelien nach Matthäus, Marcus u. Lucas deutsch erklärt. Ebend. 865. gr. 8. (V, 715 S.) n. 3 ℛ 5 ngr

— Herr! Dein Wort ist die rechte Lehre. Psalm 93, 5. Predigten für alle Sonn- u. Festtage des Kirchenjahres, in der protestantischen Stadtpfarrkirche zu München gehalten. 2 Thle. Nördlingen 864. Beck. gr. 8. n. 2 ℛ 10 ngr
Inhalt: 1. Thl.: Advent bis Charfreitag. (V, 203 S.) n. 28 ngr
— 2. Thl.: Ostern bis Schluß des Kirchenjahrs. (III, 395 S.) n. 1 ℛ 12 ngr

Burger, C. H. A. v., die Offenbarung St. Johannis nach dem Grundtexte deutsch erklärt. gr. 8. (IV, 347 S.) München 877. Kaiser. n. 5. —

—— Predigten. 8. (315) Erl. 57. Deichert. n. 1. 5

Burger, Karl Hnr. Aug., sechs Predigten, auf den Wunsch einiger Gemeinde-Glieder d. Druck übergeben. gr. 8. Nürnberg 842, Raw'sche Buchh. 1/3 ℛ

Burger, C. H. A., Predigten in der protestantischen Stadtpfarrkirche zu München gehalten. Erlangen 857. Bläsing. gr. 8. (XII, 315 S.) n. 1 ℛ 5 ngr

— zwei Predigten am 30. Juli und am 3. September ꝛc. zu München gehalten. München 851. Kaiser. gr. 8. (24 S.) 3 ngr

— Reden bei dem feierlichen Leichenbegängniß Ihrer Maj. der Höchstsel. Königin Therese v. Bayern, in der k. Marburg und in der protest. Stadtpfarrkirche dahier gehalten am 31. Octbr. 1854. Ebend. 854. gr. 8. (15 S.) n. 2 ngr

Burger, C. H. A., allgemeiner Umriß der Erdbeschreibung, für die unterste Classe der latein. Schule zusammengestellt. 8. Erlangen 838. Bläsing. 1/8 ℛ — 2e Aufl. gr. 8. Ebd. 840. 1/8 ℛ

— allgem. Umriß der Erdbeschreibung für die unterste Klasse der latein. Schule. 4. Aufl. gr. 8. Erlangen 843, Bläsing. 1/8 ℛ — 5. Aufl. Ebend. 845. 1/8 ℛ

Burger, Carl Heinr. Aug., allgem. Umriß der Erdbeschreibung, f. die unterste Klasse der latein. Schule zusammengestellt. 6. Aufl. gr. 8. Erlangen 847, Bläsing. — 7. Aufl. gr. 8. Ebd. 848. — 8. Aufl. gr. 8. Ebd. 848. — 9. Aufl. gr. 8. Ebd. 849. — 10. Aufl. gr. 8. Ebd. 849. — 11. Aufl. gr. 8. Ebd. 850. — 12. im Wesentlichen unveränd. Aufl. gr. 8. (à 40 S.) Ebd. 850. 1/8 ℛ

— allgemeiner Umriß der Erdbeschreibung, für die unterste Klasse der latein. Schule, so wie für einen gründlichen Anfangsunterricht überhaupt. 13—16. im Wesentlichen unveränd. Aufl. Erlangen 850—53. Bläsing. gr. 8. (40 S.) 3¾ ngr

— allgemeiner Umriß der Erdbeschreibung für die unterste Klasse der lateinischen Schule, so wie für einen gründlichen Anfangsunterricht überhaupt zusammengestellt. 20. Aufl. Erlangen 859. Bläsing. (Deichert.) gr. 8. (40 S.) 3¾ ngr

— allgemeiner Umriß der Erdbeschreibung, für die unterste Klasse der latein. Schule, sowie für e. gründlichen Anfangsunterricht überhaupt zusammengestellt. 24—28. Aufl. Erlangen 865—70. Deichert. 8. (40 S.) 3¾ ngr

Burger, Carl Peter Aug. v., allgemeiner Umriß der Erdbeschreibung, für die unterste Klasse der latein. Schule, sowie für einen gründl. Anfangsunterricht überhaupt zusammengestellt. 28.—30. Aufl. gr. 8. (40 S.) Erlangen 870—74, Deichert.

—— allgemeiner Umriß der Erdbeschreibung, für die unterste Klasse der latein. Schule, sowie für einen gründl. Anfangsunterricht überhaupt zusammengestellt. 31.—33. Aufl. gr. 8. (40 S.) Erlangen 876—79, Deichert. *

Burger, Casp., die Wechselmatrikel des k. bayer. Wechselgerichtes Bamberg. Mit dem Verzeichniß sämmtl. Kauf- und Handelsleute u. Rangschiffer der Stadt Bamberg und aller Wechselgerichte des Königr. Bayern. Nach amtl. Quellen. 8. Bamberg 845, literar.-artist. Institut. n. 1/3 ₰

Burger, Konrad: Ein Beitrag zur Beurteilung Condillacs ...
Altenburg, Druck v. Oskar Bonde, 1885; 2 + 31 S. 4°.
Jena, Phil. Fak., Inaug.-Diss. v. 1885.

Burger, Konrad Ein Beitrag zur Beurteilung Condillacs. 4 (31 S.).
Progr. Christians-G. *Eisenberg* 1886

Burger, [Konrad]: [Bericht über die Abschiedsfeier für Direktor Schulrat Prof. Dr. Procksch.] S. 10—11. 4. **Progr.**

—: [Bericht über seine Einführung als Direktor der Anstalt.] S. 11—17. 4. **Progr.** Friedrichs-Gymn. *Altenburg* 1908

—: [Bericht über die Feier der Einweihung des neuen Heims.] S. 30—36. 4. **Progr.** Friedrichs-Gymn. *Altenburg* 1910

Burger, Konr., s.: Buchhändler-Anzeigen d. 15. Jahrh.

— Register zu Ludw. Hain's Repertorium bibliographicum, s.: Centralblatt f. Bibliothekswesen.

Supplement zu Hain u. Panzer. Beiträge zur Inkunabelbibliographie. Nummernconcordanz von Panzers latein. u. deutschen Annalen u. Ludwig Hains Repertorium bibliogr. bearb. von Konrad **Burger**, Bibliothekar. Leipzig: K. W. Hiersemann 1908. (VII, 440 S.) 8° [08. 2311

Burger, Leopold, Die vier Jahreszeiten. Vier Farbenlichtdrucke, je 12 : 16 *cm* in Carton (Leporello) Wien: Löwy 1895. 4.—

BURGER, Leopold

(F) **Der Sebastian.** Reminiscenzen aus dem Landleben von Leopold **Burger. Znaim.** 1901. Fournier & Haberler. 8°. 82 S. K 1.20

Zoologie für Buchdrucker. Gezeichnet von L[ina] **Burger.** 2. verm. u. verb. Aufl. *(Leipzig: Breitkopf & Härtel) 1901.* (32 S.) 4° [Umschlagt.] (4. Nachtrag z. modernen Buchzierat von Breitkopf & Härtel.) [04. 2731 7

Burger, Ludwig. Das emancipirte Amazonen-Heer ... zusammengestellt und lithographirt von Ludwig Burger ... Berlin, August von Schröter's Verlag ... [um 1850]
Mit d. Tit. 8 farb. Taf. 2°.

Burger, Ludwig: Die Brandenburg.-Preußische Armee in histor. Darstellung, s. Rabe, Edmund.

Burger [Ludwig]. Die Koniglich preussische Armee. Berlin, Mitscher & Hostell [1859]
4 Taf. in kol. Lithogr. gr 2°

Burger, L., die königl. preussische Armee in ihrer neuesten Uniformirung. 48 lithogr. und ill. Abbild. in Tondr. (Billige Ausg.) gr. 16. Berlin 861, Mitscher und Röstell.

Burger, Ludwig. Erinnerungsblätter aus dem Feldzuge der Main-Armee 1866. Berlin, Verlag des lith. Instituts W. Korn o. J.
Tit., 30 Taf. in kol. Lithogr. 4°

Burger, Ludw., die Hohenzollern in Bild u. Wahlspruch. Berlin 867. Lobeck. 4. (20 Bll. in Holzschn. m. Text.) n. 2 ₰; Prachtausg. auf Velinp. n. 3 ₰

Burger, die Hohenzollern in Bild und Wahlspruch. 4. (20 Bl. in Holzschn. und 18 Bl. Text.) Berlin 872, Lobeck's Verlag. [Anders.] geb. mit Goldschn. *
Auf chines. Papier, geb. mit Goldschn. *

Katalog der Ausstellung der Werke von Ludwig Burger und Gustav Lüderitz in der National-Galerie. Berlin 1885. 8°.

Burger, Ludwig. Sammlung von Trachten, Waffen und Geräthen der Völker des Altertums, des Mittelalters und der Neuzeit. 1585 Blatt: Handzeichnungen, Kupferstiche, Radirungen, Holzschnitte, Photographien und Pausen 33 Bde. Berlin 4°.

— Illustrierte Stamm-, Rang-, Quartier- & Uniform Liste. Berlin. Redaktion des „Soldaten-Freund" 1861
85 Taf. in kol. Holzschn. 8°
Unvollständig

Burger, Maurus, († d. 25. Febr. 1793.) latein. Kernreden u. Muster f. grammat. Schulen. 8. Salzb. 790. Duyle. 14 K

— latein. Muster f. d. latein. Vorbereitungsschule. 8. Salzb. 789. Duyle. 3 K

— latein. Sprachlehre. 8. Salzb. 788. Duyle. 16 K

Gedanken und Thatsachen. Musterbeispiele zur lateinischen Syntax, mit hauptsächlicher Rücksicht auf den Inhalt ausgewählt. — Von Michael Burger, Stdl. — 1880, Freising, ibid. — S. 1—39⁸.

Burger Michael: Die Gotteserkenntnis der Scholastik.
1889 PN 583 Diss.Wien, Univ. 41

Ein halbes Tausend griechischer Wörter dem Anfänger aus Fremdwörtern und Eigennamen erklärt. — Von Michael Burger, Stdl. — 1874. Freising, F. P. Datterer. — S. 3—48⁴.

Burger, Oskar, a. Kempten: Zur Kenntnis der komplexen Verbindungen des Molybdäns und des Chroms. Nördlingen 1906: C. H. Beck. (60 S.) 8°
München, Phil. Fak., Ref. v. Baeyer, Diss. v. 13. Juli 1906
[Geb. 4. Apr. 83 Kempten: Wohnort: München: Staatsangeh.: Bayern: Vorbildung: Wilhelms-Gymn. München Reife Juli 01: Studium: München 10 S.: Rig. 13. Juli 06.]

Burger, Otto: Über schwäbische Kalktuffe insbesondere des Echaztales. Tübingen 1911: Schnürlen. 61 S. 8°
Tübingen, Naturwiss. Diss. v. 3. März 1910, Ref. v. Koken
[Geb. 28. Mai 86 Heilbronn: Wohnort: Tübingen; Staatsangeh.: Württemberg; Vorbildung: Ev.-theol. Sem. Urach Reife 04; Studium: Tübingen 10, Berlin 1 S.; Rig. 3. März 10.] [U 11. 4443

Burger, P., Sammlung der für die Stadt Köln erlassenen Polizei-Verordnungen, s. Sammlung.

Burger, P., Sammlung der für die Stadt Köln erlassenen Polizei-Verordnungen. Nebst einer Auswahl der in das Gebiet der Polizei einschlagenden allgemeinen gesetzlichen Bestimmungen. Köln 850. M. Greven. gr. 8. (XVIII, 460 S.) n. 1 ₰ 10 ₰

Burger, Paul, der Fahrpost-Dienst. Nach amtl. Quellen bearb. u. hrsg. gr. 8. (VIII, 84 S.) Donauwörth 877. (Veith.) n. 1. —

Burger, Paul, approb. Arzt aus Stuttgart: Aus d. med. Klinik zu Tübingen. Über Polioencephalitis acuta haemorrhagica superior et inferior. *Tübingen 1902: G. Schnürlen.* (26 S.) 8°
Tubingen, Med. Diss. v. 1902

Burger, Paul: Versuche über die Elektrolyse mit Wechselströmen und ihre Anwendung zur Herstellung chemischer Produkte. 1906. 44 S. 8°
Darmstadt, Dr.-Ing.-Diss. v. 17. 10. 1906

BURGER, Ralph

(F) **Für Gott, Freiheit und Vaterland!** Ohm Krüger geweiht. Von Ralph **Burger.** Der Erlös ist den Hinterbliebenen der im Kampfe für das Vaterland gefallenen heldenmüthigen Boeren gewidmet. **Wien.** 1900. Selbstverlag. In Comm. Schworella & Heick. 8°. 17 S. K —.40

Burger, Rudolf [aus Pünderich a. d. Mosel]: Aus d. medizin. Klinik zu Bonn. Ein Fall von einem malignem [!] multiplen Leberadenom ... Bonn, Druck v. E. Heydorn, *1894;* 35 S., 1 Bl. 8.
Bonn, Med. Fak., Inaug.-Diss. v. [21. Juli] 1894

Burger, Rudolf [app. Arzt aus München]: Ueber einen Fall von acuter gelber Leberatrophie im Anschluss an Syphilis ... München, Buchdr. Kastner & Lossen, 1890; 23 S. 8.
München, Med. Fak., Inaug.-Diss. v. 1890

W. Bürger's [**Burger**] (d. i. Théophile Thoré). Kunstkritik. Deutsche Bearb. von A[ugust] Schmarsow u. B. Klemm. 1. Leipzig: Klinkhardt & Biermann 1905. 8° [05. 1625

Bürger's, W., Kunstkritik. Deutsche Bearbeitg. v. A. Schmarsow u. B. Klemm. I. u. II. 8. Leipzig, Klinkhardt & Biermann. 6.80; geb. 8.80
I. Neue Bestrebgn. der Kunst. Landschaftsmalerei. (VIII, 248 S.) 908. 3.—; geb. 4.—
II. Charakter der französ. Kunst. Hauptmeister der Historienmalerei, Genre u. Porträt, Plastik. (434 S.) 3.80; geb. 4.80

Bürger's, W, Kunstkritik., Deut. Bearbeitg v. A.Schmarsow u. B Klemm. 3. Bd. Die grossen Meister: Millet, Courbet, Manet, Puvis de Chavannes. Die Ausländer. (328) 8° Lpzg, Klinkhardt & B. '11. 4.50; geb. 5.50 (vollst.: 11.30; geb. 14.30)

Theophil Thoré (W. Buerger [Burger]). Jan Vermeer van Delft. Deutsch von Paul Prina. Leipzig: Zeitler 1906. 83 S. 8° ... 7

Burger, Wilhelm, a. Lohr a. M.: Die Ligapolitik des Mainzer Churfürsten Johann Schweikhard von Cronberg in den Jahren 1604—1613. Leipzig: Quelle & Meyer 1907. (98 S.) 8°

Würzburg, Phil. Fak., Ref. Chroust, Diss. v. 6. Jan. 1908

[Geb. 30. Mai 80 Lohr; Wohnort: Aschaffenburg; Staatsangeh.: Bayern; Vorbildung: Gymn. Aschaffenburg Reife Juli 01; Studium: Heidelberg 1, München 2, Würzburg 5 S.; Rig. 15. Dez. 06.]

Burger, Wilh., die Photographie in heissen Ländern auf Reisen zu Pferd, Maulthier oder Kameel. Erfahrungen über photograph. Ausrüstung bei wissenschaftlichen Expeditionen. [Aus: „Photogr. Correspondenz".] gr. 8. (12 S.) Wien 882. Verlag der Photogr. Correspondenz. n. — 60

Burger, W., Tafeln zur Ermittlung d. körperlichen Inhaltes runder Hölzer, der aus diesen m. größter quadrat. Grundfläche herstellbaren Balken, rechteckig beschlagener Stämme, sowie zur Bestimmg. d. Flächen- u. Massengehaltes v. Dielen, Flecklingen rc. nebst verschiedenen Verwandlungszahlen. gr. 8. (VIII, 255 S.) Karlsruhe 872. Braun. n. 3. 50

BURGER, Wilhelm: Tafeln zur Ermittelung des Preises metrisch kubirter Hölzer. Mit Berücksichtigung des vorm. Körpermaßes. In süddeutscher Währung. - Karlsruhe 1872. IV, 63 S. - 2. Aufl. ebd. 1875. 123 S.

Burger, Wlh. Fr., († Dec. 1812.) histor.-statist.-topograph. Beschreib. d. berühmten Sauerbrunnen u. Bades zu Ueberkingen im ehemal. Ulmischen Gebiet. 8. Ulm 809. Stettin. 10 gr

Burger, Willy, die Ligapolitik d. Mainzer Churfürsten Johann Schweikhard v. Cronberg in den J. 1604—1613, s.: Studien, Würzburger, zur Geschichte d. Mittelalters u. der Neuzeit.

Burger-Mühlfeld, graphische Motive. (28 farb. Taf.) 42×31,5 cm. Augsburg (909). (Leipzig, G. Schlemminger.) In Mappe 25. —

Burger-Villingen, R: Geheimnis d. Menschenform. Text- u. Bilderbd. (215 S. u. 96 Bl. m. Fig. u. je 1 Titelbild.) 8° Lpzg, F Eckardt '12. 10 —; geb. 12 — a

Bürger, Der. – Gelsenkirchen: (?)–(?).

Bürger, Der. Eine moralische Wochenschrift. Göttingen 1732—33. H: *Neubur, Friedrich Christoph.* (Myl)

Bürger, der. Trsp. 8. Frkf. (Macklot in Carlsr.) 777.

— der, eine Wochenschrift, (v. Fr. W. Eichholz.) 2 Jahrgg. 8. Halberst. 779, 80.

— der, eine Monatsschrift zur Bildung u. Erhebung bürgerl. Sinnes u. Lebens. 1r Bd, 1s Hft. 8. Rotweil 831. Herder. 4 gr

Der Bürger: 1865–1869. Warrenton, MO

Dunson, p. 108, claims this was the "first German paper." Followed by the WARRENTON CITIZEN which had a German section.

Bürger, Der adelsüchtige. Eine Posse mit Tanz vermischt nach Molière. Berlin 1788. Ü: *Unger, Friederike Helene geb. v. Rothenburg.* (EE) (Ky) (MGT) (Schl)

— d. adelsüchtige; od. d. heimliche Ehe. Einafp. 8. Passau. (Mayr in Salzb.) 794.

Bürger, Der alte Münchner, an seine Söhne, erzählet am Abend nach dem Einzuge des Kurfürsten. O. O. 1799. V: *Dallinger, Franz Xaver.* (GGr) (MGT)

Basler Bürger: Der Basler Bürger

⑤ Mitte Januar 1831—? ⑥ 8° ⑦ unregelmäßig ⑧ Basel ⑭ Bs: U (die ersten 3 Nrn.) ⑮ Enthält eine Verteidigung der Basler Regierung gegenüber den Artikeln der Appenzeller Zeitung, in denen Stephan Gutzwiller von grausamen Vergeltungsmaßregeln gegen die Landschaft nach dem ersten Aufstand zu berichten wußte.

Bürger und Bauer: 1903?–1915? Minneapolis, MN

Monthly, 1903–12; quarterly, 1913–15. Of literary and family interest, and published in English and German. Octavo, each issue 32 pages. Edited & published by Arthur L. Hermann, 1903–15.

— u. **Beamte.** Ernste Worte e. deutschen Bürgers. gr. 8. (III, 61 S.) Braunschweig 894. A. Limbach. n. — 80

— die, u. Bergknappen v. Freyberg, von Fr. Schlenkert. Ein dramatisirtes Seitenstück zu Friedrich mit der gebissenen Wange. 8. Lpz. Voß. 799.

Bürger Berlins, um Eure Meinung bitten die Schlosser-Gesellen. — Die Deputation der Schlossergesellen. Druck von Harth und Schultze. 1 Bl. Fol.

Flugblatt. Berlin, 30. Apr. 1848.

Bürger Berlins! Wovor fürchtet ihr euch? Vor der Gegenwart des Prinzen von Preußen? — Ein Bürger. Gedruckt bei den Gebr. Unger. 1 Bl. Fol.

Flugblatt. Berlin, 12. Mai 1848.

Die **Bürger** des 39. Bezirkes (Mohrenstraße) an die Stadtverordneten-Versammlung. Gedruckt bei J. Petsch. 1 Bl. 4.

Flugblatt. Berlin, 19. März 1848.

Bürger, d., s. Bibliothek, compendiöse.

Bürger, der, von Condom, ein kom. Roman, nach d. Spanischen. 8. Hamburg, Müller. 775. Rthlr.

Der Demokratische Buerger: Dec. 1851–? Williamsport, PA

Democratic weekly. Edited & published by Hersley & Lewis Kurtz.

Bürger, Der deutsche. – Naumburg: V.1848 - 1852. Fortges. u.d.T.: Kreisblatt, Naumburger.

Bürger, Der Deutsche, an die deutsche Fürsten zum Neuen Jare 1793. O. O. V: *Schabe (Schaber).* (DMarsch 117)

Bürger, drei erbgesessene, s. Novellen, Hamburger.

Bürger, Die dreyhundert Pforzheimer, oder die Schlacht bei Wimpfen. Augsburg 1788. V: *Deimling, Er. Ludwig.* (Ky)

Bürger, Der ewangelisch. Zwickau 1524. V: *Meyer, Sebastian.* (Flugschriften aus den ersten Jahren der Reformation hgbn. von O. Clemen. I. Leipzig 1907. S. 213 ff.).

Bürger, die Familie. 3 Theile von G. Schilling. (oder Schillings Schriften. 2te Samml. 8r 9r 10r Bd.) 8. Dresden, Arnold. 821.

Der gebildete **Bürger.** Buch für den denkenden Mittelstand, herausgegeben von Berthold Auerbach. Carlsruhe, A. Bielefeld 1843. IV 108 S. 8.

Bürger, Hamburgs, im Frühjahr 1813. O. O. u. J. V: *Poel, Peter.* (NN)

Bürger, Die, Heydenheims an den Magistrat ... Stuttgart 1796. V: *Heuchelin, Christian.* (MGT)

Bürger, die lustigen, von Gmunden oder: Die Zerstörung von Wildenstein. Eine vaterländische Geschichte aus dem 14. Jahrhundert. Wels 862. Haas. 8. (63 S.) n. 6 ngr

Bürger, Der, im Mond dessen wunderbare Begebenheit wie Derselbe einem Bürger der Bergstadt Poli erscheinet und in verschiedenen Unterredungen erzählet wie er ihm selbst unbekannter Weise auf diese Erde gekommen sey auch denselben lehret wie er die Edelsteine und Goldkörner in den Gebirgen, sowohl auf als in der Erde, recht kennen und finden soll. Nebst einer Beschreibung vom Blocksberge auf dem Harz, als dem sonst beschryenen Sammelplatze aller Hexen. Dresden u. Leipzig, bey Joh. Nicol. Gerlach u. Sohn, 1763. 8°. Sehr rar! (In Breslau, Stadtbibl.: 8°. V 1633.)
102 S. (incl. Tit. u. 1 Bl. Vorr.).

Bürger, der preußische, im Verkehr mit den Communal- u. Staats-Behörden. Ein Gesetz- u. Formularbuch mit den nöthigen Erklärungen u. Erläuterungen für alle Stände, woraus ein Jeder über seine Rechte u. Pflichten als preußischer Bürger dem Staate wie der Commune gegenüber in den meisten Fällen sich Raths erholen wird rc. Hrsg. u. bearb. von e. Communalbeamten. Müllheim a. d. R. 866. Bagel. 8. (XXVI, 358 S.) 22½ ngr

Bürger, Die preussischen, des jüdischen Glaubensbekenntnisses ... Leipzig 1847. V: *Cassel, Selig* [später *Paul*]. (BrMm)

Bürger, die Preuß., des jüdischen Glaubensbekenntnisses. Erste Gelegenheitsschrift. gr. 8. (18 S.) Leipzig 847, G. Mayer. 2 ngr

Bürger, Der Schweizer, s. Schweizerbürger, Der.

Bürger! Seit mehreren Jahren sind wir Zeugen etc. Flugblatt, s. l. s. a. Mit der Unterschrift: Vera Sassulitsch. Peter Lawroff.

Bürger! Die Soldaten sind nicht unsere Feinde. Druck von Marquardt u. Steinthal. 1 Bl. Fol.
Flugblatt. Berlin, 8. Nov. 1848.

Bürger der Stadt, gedenket unsers Münsters! Ein Weckruf v. e. Freiburger Studenten. 16. (8 S.) Freiburg i/B. 892. J. Elchlepp. — 80

— ein tüchtiger, und eine wackere Hausfrau. Bilder nach dem Leben u. für das Leben photographirt in Erzählungen von einem Verehrer u. Freund des Gewerbestandes. Neue Ausg. mit 1 Stahlst. Augsburg 865. v. Jenisch & Stage. 8. (92 S.) 5 ngr

Bürger, das Vaterland ist in Gefahr. Vereins-Buchdruckerei. 1 Bl. Fol.
Flugblatt. Berlin, 8. Nov. 1848.

Bürger und Vaterlandsgenossen! (Ermahnung zur Ordnung durch Erzählung der Fabel des Menenius Agrippa.) Im Jahre 494 v. Ch. — Ein Kopfarbeiter und Mann aus dem Volke. Druck von F. Reichardt. 1 Bl. Fol.
Flugblatt. Berlin, 15. Apr. 1848.

Bürger, Die, Wiens im französischen Kriege 1805. Ein Familien Denkmahl für alle Bewohner Wiens. Wien 1806. V: *Gaheis, Franz Anton de Paula.* (GGr VI/547, Nr. 23/36) (KY 2/292) (BiblPort)

Wiens Bürger bei der Vermählung der kgl. Hoheiten Franz u. Elisabeth. Wien 1788.

Bürger, Die, in Worms und die Dreyzehnmänner ... Frankfurt und Leipzig 1789. V: *Posselt, Ernst Ludwig.* (MGT) (Adel)

Bürger, s.a. Burger

Bürger, Altarrede, am 3. Jan. 1857 bei der kirchlichen Feier vor der Einführung des 1. Bürgermeisters der Stadt Görlitz, Herrn Justizrath Sattig, gehalten. Görlitz, Heinze u. Co. in Comm. 8. (7 S.) n. 2 ngr

Bürger, Altar-Rede, am 3. Jan. 1857. 8. (7) Görl. 57, (Remer.) n. — 2

Der Bockstein, das Fohlenhaus, der Salzbühl, drei prähistorische Wohnstätten im Lonethal. Ein Beitrag z. Kenntnis unseres Vaterlandes, der 23. allgem. Versammlung d. deutschen anthropol. Gesellsch. zu Ulm v. 1./3. Aug. 1892 v. Verein f. Kunst u. Altertum in Ulm u. Oberschwaben gewidmet. (Verf.: Oberförster Bürger.) (Ulm 1892: J. Ebner.) (40 S.) 8° [F.]
Festgruß z. Versammlung d. deutschen anthropol. Gesellschaft 1892 in Ulm.
= Mitteilungen d. Vereins f. Kunst u. Alterthum in Ulm u. Oberschwaben. H. 3.
[o. 1339]

Bürger, die niedrige, zier- und prachtlose Jungfrau Maria nach der heiligen Schrift. Landau 857. Kaußler in Comm. 8. (29 S.) n. 4 ngr

**Bürger u. Westermann: Moderne Möbel-Entwürfe. Berl., B Hessling. in M ca 30 —

Bürger, A, s. Entscheidungen des Bundesamtes.

Bürger, A. C. (Resp.): De consensu morborum capitis..., s. Büchner, A. E. v. (Praes.)

Bürger, Adam Siegmund (Präs.): s. Bertuch, Heinrich Christoph: An deus diciqueat spatium?

Bürger, Adolf [aus Salzwedel (Prov. Sachsen)]: Über Pseudoleukaemie ... München, Buchdr. Kastner & Lossen, 1896; 24 S. 8.
München, Med. Fak., Inaug.-Diss. v. 1896

Bürger, Amalie Clementine, die gelehrige Hauswirthin. Ein Handbuch für Frauenzimmer. 6e verm. u. verb. Orig.-Aufl. A. u. d. T.: Neues gemeinnütz. Kochbuch. 2e Aufl. 8. Mannheim 836. (Löffler.) 1 Rf

— dass. 6e Aufl. mit d. Jahrg. 1834. 8. Stuttgart, Köhler. ⅔ Rf

Bürger, B, s: Verzeichnis d. Sommerfrischen usw. im Taunus.

Bürger, C. F., der Blumensprache neueste Deutung. Der Liebe u. Freundschaft gewidm. 12. Quedlinb. 838. Ernstsche Buchh. ¼ Rf — 3e umgearb. Aufl. 16. Ebd. 840. ¼ Rf

Bürger, C. F., der Blumensprache neueste Deutung. Ein Taschenbuch der Liebe u. Freundschaft. 4. umgearb. Aufl. 16. Quedlinburg 841, Ernst'sche Buchh. ¼ Rf — 5. umgearb. Aufl. 12. Ebend. 842. ¼ Rf — 6. umgearb. Aufl. 16. Ebend. 846. ¼ Rf

Bürger, C. F., der Blumensprache neueste Dichtung in poet. u. pros. Form m. Blumenuhr u. Blumen-Orakel ferner m. Farben- u. Zeichen-Sprache der Liebe u. Freundschaft gewidmet. 7. verb. Aufl. 12. (IV u. 111 S.) Quedlinburg 851, Ernst. ¼ Rf

Bürger, C. F., der Blumensprache neueste Deutung. Mit Blumenorakel und Deutung der Farben. Ein Taschenbuch der Liebe und Freundschaft. 8. umgearb. Aufl. Quedlinburg 854. Ernst. 16. (2 Bl., 108 S.) 7½ ngr

Bürger, C. F., der Blumensprache neueste Deutung in poetischer und prosaischer Form. Mit Blumenuhr u. Blumenorakel, einer Farben- u. Zeichensprache u. Aphorismen über die Liebe. Ein Taschenbuch der Liebe u. Freundschaft. 9. Aufl. 859. (IV, 103 S.) — 10. umgearb. Aufl. Quedlinburg 863. Ernst. 16. (112 S.) 7½ ngr

Bürger, C. F., der Blumensprache neueste Deutung in poetischer und prosaischer Form. Mit 22 Blumensträußen, einer Farben- und Zeichensprache und Aphorismen über die Liebe. Ein Taschenbuch der Liebe und Freundschaft. 10. umgearb. Aufl. 1872.

Bürger, C. F., der Blumensprache neueste Deutung in poetischer u. prosaischer Form. Mit 22 Blumensträußen, e. Farben- u. Zeichensprache u. Aphorismen üb. die Liebe. Ein Taschenbuch der Liebe u. Freundschaft. 11. umgearb. Aufl. 16. (IV, 96 S.) Quedlinburg 875. Ernst. 75

Bürger, C. F., der Blumensprache neueste Deutung in poetischer und prosaischer Form. Mit 22 Blumensträußen, einer Farben- und Zeichensprache und Aphorismen über die Liebe. Ein Taschenbuch der Liebe und Freundschaft. 12. verb. Aufl. 16. (IV, 96 S.) Quedlinburg 878, Ernst'sche Buchh.

Bürger, C. F., der Blumensprache neueste Deutung in poetischer u. prosaischer Form. Mit 22 Blumensträußen, eine Farben- u. Zeichensprache u. Aphorismen über die Liebe. Ein Taschenbuch der Liebe u. Freundschaft. 13. verb. Aufl. 16. (IV, 96 S.) Quedlinburg 881. Ernst. — 75

Bürger, C. F., der Blumensprache neueste Deutung in poetischer und prosaischer Form. Mit 22 Blumensträußen, einer Farben- und Zeichensprache und Aphorismen über die Liebe. Ein Taschenbuch der Liebe und Freundschaft. 13. verb. Aufl. 16. (IV, 96 S.) Quedlinburg 882, Ernst'sche Buchh.

Bürger, C. F., der Blumensprache neueste Deutung in poetischer u. prosaischer Form. Mit 22 Blumensträußen, e. Farben- u. Zeichensprache u. Aphorismen üb. die Liebe. 14., verb. Aufl. gr. 16. (IV, 100 S.) Quedlinburg 889. Ernst. — 75

Bürger, C. F., d. Blumensprache neueste Deutg. i. poet. u. pros. Form. M. Blumensträußen u. Liedern d. Liebe. D. Liebe u. Freundschaft gewidmet. 15., verb. u. verm. Aufl. 12. (IV, 116 S.) Halberstadt 895. Leipzig, Ernst. — 75

Bürger, C. F., der Blumensprache neueste Deutung in poetischer u. prosaischer Form. Mit Blumensträußen u. Liedern der Liebe. Der Liebe u. Freundschaft gewidmet. 16., verb. u. verm. Aufl. 12. (IV, 116 S.) Leipzig (900). Ernst. — 75

Bürger, C. J. A. Vorgänge in u. um Torgau währ. des 7 jährigen Krieges. (120) 8. Torgau 1860. 1,50.

— Christ. Gottlob (Zittau/Laus.), Antiquitas liturgiae evangelico Lutheranae ex Justino M. demonstrata. Präs. Carl Gottlob Hofmann. Wittenbg. (J. S. Gerdes) 7. X. 1755. 44 S. (4.—) 4569

Bürger, Elisa, s. B ü r g e r , Elise

BÜRGER, ELISE, Ueber meinen Aufenthalt in Hannover, gegen den ungenannten Verfasser der Schicksale einer theatralischen Abentheurerin. Altona. 1801.

Bürger, Elisa, geb. Hahn, über meinen Aufenthalt in Hannover. 8. Hamb. 802. Nestler. 12 gr

— Gedichte. 8. Hamb. 812.

§ * **IRRGÄNGE** des weiblichen Herzens. (Zahmer Roman von *Elise Bürger*, geb. *Hahn*, der berüchtigten 3ten Frau Bürger's.) Hamburg u. Altona 1799. 8°.

Bürger, Elise, Irrgänge d. weibl. Herzens. 8. Altona 799. 2e Aufl. 8. Jena 812. Voigt. 6 gr

— s. Lieder, am Rhein gedichtet.

— Taschenbuch f. erwachsenen Mädchen u. Frauen gewidmet. 2 Bdchn. 8. Dresd. 804, 5. 2e A. Pirna 811. Friese. 1 Thlr

— mein Taschenbuch rc. 2 Bdch. 8. Pirna, Friese. 809.

— sämmtl. theatral. Werke. 1r Bd. (enth. 1s das Bouquet, und 2s die Heirathslustigen.) 8. Hannov. Helwing, (Lemgo, Meyer.) 801.

Bürger, Emil, Deutschlands Eisenbahnen im Jahre 1844, nach den officiellen Berichten d. resp. Eisenbahn-Directionen u. andern zuverlässigen Quellen. Nebst 1 Karte von Mittel-Europa mit dem Eisenbahnnetz. 2. Ausg. (Besond. Abdruck aus Honeks Buch für Winterabende 1845.) 8. Karlsruhe 844, Gutsch u. Rupp. 1/6 Thlr — dies. im J. 1845. 3. verm. Ausg. mit 21 geograph. Karten. 8. Ebend. 845, Macklot. n. 3/4 Thlr — 4. verm. Ausg. mit 25 geograph. Karten. 12. Ebend. 846. n. 1 1/6 Thlr

— dass. Nachträge u. Berichtigungen zu der 3. Aufl.: Deutschlands Eisenbahnen 1846. 4. verm. Ausg. mit 4 Karten. 8. Ebend. 846. n. 12 ngr

Bürger, Er. Mor., Sendschreiben an die evangel.-luther. Kirche zunächst in Wisconsin, Missouri, Preußen u. Sachsen. gr. 8. Leipzig 846, Kößling. n. 2/3 Thlr

Bürger, Ernst Mor., Katechismus-Andachten nach auserlesenen Zeugnissen unseres sel. Dr. Martin Luther. In gebundener Rede. Nebst e. Spruch- u. Gebetbüchlein. gr. 8. (VIII, 366 S.) Buffalo, N. Y., 885. (Dresden, H. J. Naumann.) geb. n. 7. 50

Bürger, F. A., de gestibus precantium vett. Christianorum. Misen. 1793. f.

Bürger, F. A., de pallio. Misen. 1770. fol.

Bürger, F. A., Progr. Utrum Remum a fratre Romulo vel certe ipsius jussu ob murum vel vallum saltu et voce spretum vitae hujus spiritu privatum esse certum sit. Misn. 792. f.

Bürger, Fr., (Fr. v. Sengespeik), s. Gustav Hellweg.

Bürger, Fr. (Pseud.), s. S e n g e s p e i k, Fr. Chr. v.

Bürger, Fr., (Fr. v. Sengespeik,) s. Zeitschr., Schlesw.-Holstein.

Chronik der Familie Bürger. Nach d. zuverlässigsten Quellen bearb. von Franz G(eorg) E(rnst) **Bürger**, erg. von Bernhard Bürger. (Görlitz 1906: C. A. Starke.) (47 S.) 4° [F.] for. 1335?

Bürger, Franz Leopold, approb. Arzt aus Scherfede: **Aus d.** Pathol. Institut zu Marburg. **Beziehungen der Tuberculose** zu der Anthracosis. *Marburg 1903: R. Friedrich.* **(23 S.) 8°** Marburg, Med. Diss. v. 2. Mai 1903

Bverger, Fridericvs (geb. am 1 Dez. 1842 in Detmold): De Nicolai Damasceni fragmento Escorialensi qvod inscribitvr Βίος Καίσαρος ... Bonnac, typ. expr. P. Nevsser 1869. 2 Bl., 52 S. 8.
Bonn, Phil. Fak., Diss. v. 20 [nach d. Akten v. 22] Jan. 1869

Bürger, Friedrich August

— — Ad memoriam Beuchelianam in schola Franciscana. Meissen (Schulz) 2. XII. 1784. 4 Blatt. (2.50) 4571
J. G. Wackwitz (Kroegis), J. A. Steude (Taubenheim).

— Friedrich August, De vita eruditorum solitaria. Ad act. orat. Meissen (Schulz) 13. V. 1756. 4 Blatt. (2.50) 4570
J. M. Schlimpert, J. G. Fischer, J. Gg. Mann (Riesa), F. W. Schumann (Torgau), E. S. Flade.

Bürger, G. C. F., vom Glauben. 51. Gabe d. evangel. Vereins f. die protestant. Pfalz. 12. (89 S.) Westheim 880. Kaiserslautern, Evangel. Verein, Schriftenniederlage. n. — 20

Bürger, G. H., kurzgefaßte praktische Anleitung zum rationellen Betriebe der Schweinezucht im Großen wie im Kleinen. Zur Belehrung für denkende u. betriebsame Landwirthe. Nach eigenen Erfahrungen. Glogau 854. Flemming. gr. 8. (VI, 58 S.) 7 1/2 ngr

Bürger, Geo., die Vorhalle d. Glaubens. gr. 8. (40 S.) Landau 889. (Lang.) n. — 30

Bürger, Geo. Gf., Schwänke, Erzähl. u. Mährchen. 8. Wien 803. Ant. Doll. 20 gr

Bürger, Gottfried August

– s.a. Jok. H i l a r i u s.

— Abenteuer des berühmten Freiherrn v. Münchhausen. Nach B. Vorgeschlagen v. der Jugendschriften-Kommission des schweizer. Lehrer-Vereins. (44 S. m. Abbildgn.) 8. Basel 905. Verein f. Verbreitung guter Schriften. Kart. n. 1. —

– s.a. A c a d e m i e d. schönen Redekünste.

Bürger, Gf. A., Academie der schönen Redekünste. 3 Stck. m. K. 8. Berlin, Academ. Buchhandlung. 790—91. Rthlr.

— — diese fortges. durch einen Gesellsch. v. Gel. 1n Bs 4s u. 2n Bs 1s Stück. 8. Göttingen, Schröder. 797—98. (à 8 gr.)

– s. A c t e n s t ü c k e über e. poet. Wettstreit.

Bürger, Gf. Aug., († d. 8. Juni 1794.) üb. Anweis. z. deutschen Sprache u. Schreibart auf Universitäten. 8. Gotha 788. Dieterich in Götting. 3 gr

—— Ballade d. Lenore, in 12 Umrissen, erfund. u. gez. v. J. Chr. Ruhl. gr. qu. Fol. (2 B. deutsch. u. engl. Text.) Cassel 827, (Luckhardt.)

— dasselbe, s.a. Bibliothek der Gesamtlitteratur d. In- u. Auslandes.

— Briefe an Mariane Ehrmann, mit e. histor. Einleit., herausg. v. Th. F. Ehrmann. 8. Weim. 802. Ind.-Compt. 6 gr.

Gottfried August Bürger und Johann Christian Dieterich. (Mit 8 Tafeln.) (Briefwechsel. Hrsg.: ERICH EBSTEIN.) (Leipzig 1910. Gesellschaft der Münchner Bibliophilen.). 4°.

Bürger, (Gfr. Aug.) u. (Ad.) Müllner. Ein Briefwechsel. Nebst Beilagen. 8. Jüterbogk 833. Colditz. 1/6 Thlr

— Ehestands-Geschichte, s.a. Neudrucke litterarhistorischer Seltenheiten. Nr. 1.

Bürgers, Gf. A., Ehestands-Geschichte. 8. Berl. u. Leipz. 812. (Hamb., Vollmer, Herold jun.) 1 Thlr 4 gr.

BÜRGER, Gottfr. Aug. (1748—94). — § Gottfried August Bürger's Ehestands-Geschichte. Berlin und Leipzig, bei Ferdinand Schulz u. Comp. (vielmehr Vollmer in Hamburg). 1812. (Zweiter Titel:) Geschichte der dritten Ehe Gottfried August Bürger's. Eine Sammlung von Acten-Stücken. 8°. 258 S. (61 Mk. Auct. Graf York v. W., Nr. 68; 100 Mk., Expl. mit dem Censur-Stempel der Polizei-Direktion zu Goslar, Schaper, Hannover, 1906.)
Goedeke IV, 387e. Originalausgabe des berüchtigten Eroticums, in dem Bürger der Mutter seiner dritten Gattin Elise Hahn mit rücksichtsloser Offenheit die Geschichte seiner höchst unglücklichen Ehe und die Ausschweifungen seiner Gattin berichtet. Von bekannter Rarität! Als Herausgeber gilt Karl von Reinhard.

— — Dasselbe. (Neudrucke literarhistorischer Seltenheiten. No. 1.) Berlin, Ernst Frensdorff, 1904. 8°. Hochelegante Ausstattung. (Br. Mk. 3—; eleg. Hlwd. 4,50.)

— Eleonora, latine reddita, metro arche-typi; a D. P. Heine. Edit. II. 16. Hannov. 824. Helwing. 3 gr.

— Fahrten u. Abenteuer des Freiherrn v. Münchhausen, hrsg. v. Hans Fraungruber, s.: Gerlach's, Mart., Jugendbücherei. 10. Bdchn.

— s. B. Franklin, Jugendjahre.

— Gedichte, s.a. Bibliothek der Gesamt-Litteratur d. In- u. Auslandes.

— — s.a. Bibliothek der deutschen Nationallitteratur rc.,

— Gedichte, s.a. Handbibliothek, Cottasche. Nr. 67.

— dasselbe, s.a. Hempel's Klassiker-Bibliothek.

— Gedichte, s.a. Klassiker-Bibliothek, goldene.

— Gedichte, s.a. Meyer's Volksbücher.

Bürger's, G. A., Gedichte, s.a. Miniatur-Bibliothek classischer Dichterwerke.

— s.a. National-Bibliothek sämmtlicher deutscher Classiker.

— Gedichte, s.a. National-Litteratur, Deutsche.

— s.a. Universal-Bibliothek.

Gedichte von Gottfried August Bürger. Mit 8 Kupfern von Chodowiecki ... Göttingen und Mannheim bei J. C. Dieterich u. J. F. Schwan, 1778. 8°.
Erste Ausgabe.

— Gedichte. 2 Thle. M. Kpf. 8. Götting. 778. 2e A. 789. Dieterich. 1 Thlr 8 gr. Schrbp. 2 Thlr N. A. 2 Thle. 16. Götting. 829. Ebd. 1 Thlr 4 gr. Schrbp. 1 Thlr 12 gr. (vergl. unten sämmtl. Schriften.)

— Gedichte. 8. Petersb. (Mayr, Salzb.) 782.
Gedichte. 2 Thle. m. K. 8. Gotha, Dieterich. 790. Schreibp.

Gedichte von Gottfried August Burger. Mit Kupfern ... Goettingen bei J. C. Dieterich MDCCLXXXIX. M. KT. u. Portrait. — Zweiter Theil. ... 8°. M. TK. u. KT. 2 Bde.

Buerger, Gottfried August

Gedichte. Von Gottfried August Bürger. Th. 2. Nebst Nachtrag zu Bd 1.2. Karlsruhe: Bureau dt. Classiker 1815. 368 S. 8°

Buerger, Gottfried August

Bürgers Gedichte. 3. Aufl. Miniatur-Ausg. Th. 1.2. Gotha, Neu-York: Bibliogr. Inst. 1827-28. 8°
(Miniatur-Bibliothek d. Dt. Classiker. 1.2. Lfg.)

Beigeb.:
Körner, Karl Theodor: Anthologie ...

—— Gedichte. 2 Thle. 16. (32¼ B.) Göttingen 829, Dieterich. 1 Thlr. 4 Gr., Schrbp.

Bürger, Gttf. Aug., Gedichte. Neue Original-Ausg. Mit dem Bildnisse (u. Facsimile) des Verfassers. 8. Göttingen 841, Dieterich'sche Buchh. n. 1½ Thlr — Eleg. geb. n. 1¾ Thlr

Bürger's, Gottfr. Aug., Gedichte. (Neue Titel-Ausg.) Göttingen (846) 853. Dieterich. 16. (X, 514 S. u. 1 Stahlst.) n. 25 ngr.

Bürger's, Gottfr. Aug., Gedichte. Miniatur-Ausgabe. 16. (X u. 514 S. m. 1 Stahlst.) Göttingen 847, Dieterich. In Engl. Einb. mit Goldschn. n. 1½ Thlr

Bürger, Gfr. Aug., Gedichte. Neue Orig.-Ausg. Mit dem Bildnisse des Verf. (in Stahlst.) Göttingen 860. Dieterich. 12. (XII, 604 S.) n. 24 ngr.

— — (Neue Ausg.) Ebend. 861. 16. (X, 514 S.) geb. n. 1 Thlr 10 ngr.

Bürger, Gfried. Aug., Gedichte. Neue Orig.-Ausg. Göttingen 867. Dieterich. 16. (X, 514 S. u. 1 Stahlst.) geb. m. G. n. 24 ngr.

— Gedichte. Amerikanische Ster.-Ausg. 8. (VIII, 230 S.) Philadelphia 876. (Schäfer & Koradi.) n. 2. —

— Gedichte. Neue vollständ. Ausg. Mit Einleitg. u. Anmerkgn. hrsg. v. Jul. Tittmann. 2. Aufl. 8. (LX, 330 S.) Leipzig 891. F. A. Brockhaus. 2. 40; geb. 3. 50

— dasselbe. Hrsg. v. Arnold E. Berger. Kritisch durchgeseh. u. erläut. Ausg. 8. (52, 520 S. m. Bildnis u. Fksm.) Leipzig 891. Bibliograph. Institut. Geb. in Leinw. n. 2. —; in Saffian n. 8. —

— dasselbe. 16. (118 S.) Leipzig 892. W. Fiedler. Geb. m. Goldschn. n. — 75

Gedichte von Gottfried August Bürger. Mit e. biogr. Einl. von Richard Maria Werner. *Stuttgart & Berlin: J. G. Cotta Nachf. [1903].* (283 S.) 8° [G.]
= Handbibliothek, Cotta'sche. No 67.

(Gottfried August) Bürgers Gedichte. In 2 T. Hrsg., m. Einl. u. Anm. vers. von Ernst Consentius. Berlin, Leipzig, Wien, Stuttgart: Bong [1909]. 8°
1. Gedichte 1789. Mit e. Lebensbilde vers. 2. Nachlese
(Goldene Klassiker-Bibliothek)

— ausgewählte Gedichte. 16. (158 S.) Ebd. 894. Geb. m. Goldschn. n. 1. 20

—— sämmtliche Gedichte, s.a. National-Bibliothek sämmtl. deutscher Classiker.

Bürger, G. A., sämmtliche Gedichte. gr. 16. (VII, 272 S.) Berlin 879. Hempel. geb. n. 1. 30

Bürger's, Gfr. Aug., sämmtliche Gedichte, hrsg. v. Ed. Grisebach. Hundertjahrs-Jubelausg. 2 Bde. 8. (XXXV 359 u. XXIV, 244 S. m. 7 Kupferdr.) Berlin 889 Grote. n. 8. —; in Liebhaber-Halbfrzbd. n. 10. —

— sämtliche Gedichte. Vollständige Ausg. in 2 Bdn. Hrsg. u. m. Anmerkgn. versehen von Wolfg. v. Wurzbach. Mit Bürger's Bildnis u. 2 Registern. 12. (IV, 221 u. 142 S.) Ebd. (902). Geb. in 1 Leinw.-Bd. 1. —; in Geschenkbd. m. Goldschn. 1. 25

— s. Hauptmomente d. krit. Philosophie.

Burger, ..., Histoire et Aventures de l'illustre Chevalier Baron de Munchhausen, trad. de l'allemand. Illustrées par Hendrickx. gr. in-8. Bruxelles 841. Muquardt. n. 15/6 Thlr

— —, Wunderbare Historie einer durch 30 Jahre unverwesen gebliebenen alten Jungferschaft, in schöne Reim gebracht durch Magistrum *Jocosum Hilarium*, im Jahr 1786. (In: Erotische Liebes (-) Gedichte [s. d.] . . . . Frankfurt und Leipzig (Ulm), o. J. (1793). 8°. S. 34—38.)

—— der wilde Jäger, / —— der Kaiser und der Abt, s. Volks-Bibliothek des Lahrer hinkenden Boten.

— Lehrbuch der Aesthetik. Herausg. von K. v. Reinhard. 2 Bde. gr. 8. Berl. 825. Schüppel. 3 ℛ

Bürger, Gf. Aug., Lehrbuch d. deutschen Styles; herausg. v. K. v. Reinhard. gr. 8. Berl. 826. Schüppel. 2 ℛ 12 ℊ

– Leonore, s. a. Volksbibliothek d. Lahrer Hinkenden Boten.

BÜRGER, Lenore. Ballade. In drei englischen Übersetzungen. (Hrsg. von Joh. Joach. Eschenburg.) Göttingen, Dieterich, 1797. 8°. 60 S. Sehr selten! (8 Mk. Bernh. Liebisch, 1907: unbeschnittenes, tadelloses Exemplar.)
B.'s Lenore, die am häufigsten übersetzte deutsche Ballade, in den Uebertragungen von Stanley (der den Schluss völlig veränderte), Spencer u. Pye. Mit 2 Briefen an Gleim. Anon.-Lex. I. p. 287 nennt Eschenburg als alleinigen Uebersetzer (nach Kayser). (?)

— Dies. engl., mit d. deutschen Origin.-Text. 12. Wien 798. Sammer. 5 ℊ

– das Lied vom braven Manne, s. Volksbibliothek d. Lahrer Hinkenden Boten.

BÜRGER. — Das Lied von Treue, Ballade von *G. A. Buerger* in Musik gesetzt. Leipzig, Breitkopf u. Härtel, o. J. (1803). Mit Titelvignette, Schnorr v. K. del., Riedel sc. Qu.-fol. 28 SS. (15 Mk., Expl. im Orig.-Umschl., Derselbe.)
Eitner X. 367.

LOB, Das, Helenens. An dem Tage ihrer Hochzeit gesungen (von *Gottfr. August Bürger*). O. O. 1773.
Anon.-Lex. III. p. 83 (nach Goedeke). — Höchst selten!

— letztes Manuscript. Supplement zu dess. sämmtl. Werken. 8. Leipzig 845, O. Klemm. 1/6 ℛ

Gottfried August Bürger's letztes Manuscript. Supplement zu Bürger's sämmtlichen Werken. Leipzig, 1846. 8°.

Bürger, Gf. Aug. s. v. Münchhausen's Reise.

— s.: Münchhausen, d. Frhr. v., wunderbare Reisen u. Abenteuer.

Bürger, Gottfr. A. (Hrsg.), s. Musenalmanach.

BÜRGER, Gottfried August. Die Nachtfeier der Venus. Nachdichtung des »Pervigilium Veneris«. 135 Expl., davon 25 mit gemalten Initialen von Ansgar Schoppmeyer. Schwarz- u. Rotdruck. 20 S. November 1909. 8°.
[Aus der Presse: Officina Serpentis.]

BÜRGER. — Phantasien; in drei priapischen Oden dargestellt und im Wettstreit verfertiget, von B(ürger), V(oss) und St(ollberg). Letzterer erhielt die Dichterkrone. Mit Titelkupfer (Amor, der den Pfeil schärft) nach Raph. Mengs, gez. v. Gröger, gest. v. F. Bolt, 1800. Berlin. In allen guten Buchhandlungen. 4°. 16 S. Rarissime! (In Hamburg, Stadtbibl.; auch in Wien, Stadtbibl.: Secr. A 90, oder der folgende Druck.) (75 Mk., sehr saub. Expl. in eleg. Hldrbd., Adolf Weigel, 1906.)
Grisebach, Weltlitteratur No. 1616. Allem Anschein nach der erste Druck des unglaublich schamlosen Reimwerkes.

– s. Al. Pope, Eloise et Abélard.

BÜRGER. — Neue weltliche hochdeutsche Reime enthaltend die ebentheyerliche doch wahrhaftige Historiam von der wunderschönen Durchlauchtigen Kaiserlichen Prinzessin Europa und einem uralten heydnischen Gözen Jupiter item Zeus genannt, als welcher sich nicht entblödet, unter der Larve eines unvernünftigen Stieres an höchstgedachter Prinzessin ein crimen raptus, zu teutsch: Jungfernraub auszuüben. Also gesezet und an das Licht gestellet durch M. *Jocosum Hilarium*, Poët caes. laur. (d. i. *Gottfr. Aug. Bürger*). Mit 2 reizenden Vignetten von J. H. Meil. O. O. (Göttingen) 1777. Kl. 8°. (15 Mk., sehr schönes unbeschn. Prachtexpl. in Hmarogbd., Bernh. Liebisch, Lpz., 1907; 15 Mk., Expl. in Hprgtbd., Dieterich, Göttingen, 1907; 20 Mk. Gust. Fock, Lpz., 1907; 8 Mk. Auction Graf York v. W., 1907, no. 75.)
Goedeke IV, 390, 13.

— des Freiherrn v. Münchhausen wunderbare Reisen u. Abenteuer, s.: Hesse's, Max, Volksbücherei. Nr. 51.

— dasselbe, s.: Meister, Frdr.

— des Freih. v. Münchhausen wunderbare Reisen u. Abenteuer, s.: Raspe, R. E.

— des Freiherrn v. Münchhausen wunderbare Reisen, s. Universal-Bibliothek.

—— wunderbare Reisen und Abenteuer des Frhrn. v. Münchhausen, s. Meyer's Volksbücher.

— dasselbe, s.: Rister's illustr. Jugend- u. Volksbücher.

— dasselbe, s.: Schaffstein's Volksbücher f. die Jugend.

— Des Frhrn. v. Münchhausen wunderbare Reisen u. Abenteuer zu Wasser u. zu Lande, s. a. Bücher, bunte.

— wunderb. Reisen zu Wasser u. zu Lande, Feldzüge und lustige Abenteuer des Freih. v. Münchhausen, aus d. Engl. 2te Aufl. 8. Hamb. Vollmer. 812.

Bürger, Gottfr., Aug., die wunderbaren Reisen u. Abenteuer des Freiherrn v Münchhausen, s.: Beck, Wilh. v.

Bürger, Gottfried August. Der Roman s. Lebens in s. Briefen u. Gedichten. Hrsg. v. Paul Wolfg. Mederow. (6, 270 m. 1 Silhouette.) 8° Berl., Morawe & Sch. '12. 5 — d

— ästhetische Schriften; herausg. v. K. v. Reinhard. 8. Berl. 832. Bechtold u. H. 18 ℊ

— sämmtl. Schr.; herausg. v. Karl v. Reinhard, (1r u. 2r Thl. enth. Gedichte). 8. Götting. 796. N. A. 803, 12, 17. Dieterich. 1 ℛ 12 ℊ Dies. gr. 8. Ebd. 796. Mit lat. Lettern u. Kpf. Velinp. 7 ℛ 12 ℊ 3r, 4r Thl. od. vermischter Schriften 1r, 2r Thl. 8. Ebd. 797, 98. 2 ℛ 16 ℊ in gr. 8. Mit lat. Lett. Velinp. 7 ℛ 8 ℊ Sämmtl. Werke; herausg. v. K. v. Reinhard. 1r — 4r Bd. A. u. d. T.: Poet. Werke. 4 Bde u. 6r Bd. A. u. d. T.: Prosaische Werke (Münchhausens Reisen u. Franklin's Jugendjahre). 8. Hamb. 812, 13. (Götting., Dieterich). 5 ℛ Schrbp. 6 ℛ 16 ℊ Velinp. 17 ℛ 12 ℊ (NB. ein 5r Bd. ist nicht erschienen.) Dess. sämmtl. Schriften. 1r, 2r Bd. N. A. Herausg. v. K. v. Reinhard. Gedichte. 2 Bde. 8. Götting. 817. Ebd. 1 ℛ 12 ℊ 3r u. 4r Bd. Vermischte Schriften. 2 Bde. (1r Bd. N. A. 821. 2r Bd. 820.) 2 ℛ 16 ℊ Prachtausg. mit Kpf. gr. 8. 4 Bde. 13 ℛ 8 ℊ Dess. sämmtl. Werke. 6 Thle. N. A. in 12. Ebd 829. 2 ℛ

— sämmtl. Schriften. 1r u. 2r Bd. Gedichte. Vollständ. Original-Ausgabe. 8. Gött. Dieterich. 814.

Bürger's, G(ottfr.) A(ug.), Werke, hrsg. von Ed. Grisebach. 2 Bde. 8. Berlin 872, Grote'sche Verlagsh. (*M 2,25.) * geb. *

Inhalt:
Bd. 1. Leben, Briefe und Prosa-Schriften. (LXIV, 134 S.)
„ 2. Gedichte. (XXXVI, 162 S.)

—— s. a. Briefe.

[F.] G(ottfried) A(ugust) Bürger's Werke hrsg. v. Eduard Grisebach. M. e. biograph. Einleitg u. bibliograph. Anhang. 5., verm. u. verb. Aufl. *Berlin: G. Grote 1894.* (LXXVIII S., 1 Bl., 504 S.) 1 Bd 8. [96.1600]

Bürger's, G. A., ausgewählte Werke, s. a. Bibliothek, Cotta'sche, der Weltlitteratur.

Bürger, Gottfr. Aug., ausgewählte Werke, s. a. Bibliothek deutsch. Klassiker. 3. Bd.

— ausgewählte Werke in 2 Bdn. Mit e. biograph. Einleitg. v. Rich. Maria Werner. 8. (283 u. 220 S. m. Bildnis.) Stuttgart 893. J. G. Cotta Nachf. In 1 Leinw.-Bd. n. 2. —

Bürger's, G. A., ausgew. Werke in 2 Bdn. M. e. biograph. Einleitg. v. Rich. Maria Werner. 8. (283 u. 220 S. m. Bildn.) Stuttgart 898. J. G. Cotta Nachf. In 1 Halbfrz.-Bd. n. 3. —

— sämmtl. Werke. Herausg. von K. v. Reinhard. 1r — 7r Bd. Vollendete, rechtmäß. Ausg. gr. 12. Berl. 824 — 25. Christiani in Hamb. 5 ℛ 12 ℊ

— Supplementband zu Obig. A. u. d. T.: Bürgers Leben, bearb. von H. Döring. gr. 12. Ebd. 827. 1 ℛ 12 ℊ

Bürger, Gtfr. Aug., sämmtl. Werke. (Neue, wohlf. Ausg.) 1—6. Thl. 16. (99¼ B.) Göttingen 829, Dieterich.

—— dass. 7. u. 8. Bd. — A. u. d. T.: Vermischte Schriften. 5. u. 6. Thl. 16. (34 1/2 B.) Ebds. 833.
Alle 8 Bde. zusam. hrbgs. Pr. 2 Thlr.

Bürger, Gfr. Aug., sämmtl. Werke. 7r u. 8r Bd. A. u. d. T.: Vermischte Schriften. 5r u. 6r Thl. 16. Göttingen 834. Dieterich. 2/3 ß — Alle 8 Bde. 2 ß

— dies. in Einem Bande. Herausg. v. H. W. Bohtz. (2 Lfrgg.) Mit d. Bildn. des Dichters u. e. Facsimile sr. Handschrift. schmal gr. 4. Göttingen 834, 35. Dieterich. 3 1/3 ß — dass. Lex.-8. Ebd. 835. (Wohlf. Ausg.) n. 2 1/3 ß

Bürger, Gottfr. Aug., sämmtl. Werke. Neue Original-Ausg. In 4 Bdn. (od. 8 Lfgn.) 8. (130 3/4 B., 1 Stahlst. u. Facsim.) Göttingen 844, Dieterichsche Buchh. Thlr.

— sämmtliche Werke. Neue Original-Ausg. In 4 Bdn. (od. 8 Liefg.) 8. M. 1 Stahlst. u. Facsim.) Ebd. 844, 45. 3 1/3 ß

Bürger's, G. A., sämmtliche Werke in 4 Bdn. Mit e. Einleitg. u. Anmerkgn. hrsg. von Wolfg. v. Wurzbach. Mit 4 Bildnissen u. e. Briefe als Handschriftenprobe. 12. (LXVIII, 221; 215; 223 u. 248 S.) Leipzig (902). M. Hesse. 1.25; geb. in 1 Leinw.-Bd. n. 1.75; auf besser. Pap. in Halbfrz. 2.70; Luxus-Ausg. in Liebh.-Halbfrz. 8.50

Bürger's, Gottfr. Aug., sämtliche Werke. Neue Ausg. in 7 Büchern m. dem Portr. u. e. Fksm.-Briefe Bürgers, sowie der Abbildg. seines Denkmals in Göttingen, unter Einbeziehg. der biograph. Skizzen v. Ludw. Christoph Althof u. August Wilhelm v. Schlegel besorgt u. durch Einleitg. u. erläut. Anmerkgn. vermehrt durch Erich Walter. (127; VIII, 248, 155, 149, 229, 220 u. 109 S.) kl. 8. Berlin (905). A. Weichert. In 2 Leinw.-Bdn. n. 4.—

—- sämmtliche Werke. Supplement-Band, s. Döring, Heinr.

[**BÜRGER,** G. A. — Voß, J. H. — Stolberg, Fr. L.] Wettstreit / in drey / Priapischen Oden / dargestellt / von / B—r, V—s und v. St—g. / Neapel / J. (ca. 1790). 16 S.
Hayn-Gotendorf I, 502. Grisebach, Weltliteratur-Kat. Nr. 1616. — Bibliographisch unbekannte Ausgabe der drei phallischen Gedichte, die auch in dem bibliographischen Anhang des Münchener Neudrucks nicht herangezogen ist. Der vorliegende Druck weist gegenüber allen anderen bedeutende textliche Veränderungen auf: er ist dichterisch vollendeter und ursprünglicher.
Viele Anzeichen weisen darauf hin, daß unser Druck früher als die bisher bekannten, auch früher als der als Erstdruck bezeichnete mit dem Druckvermerk Berlin 1800 erschienen ist. Er trägt auf dem Titel noch nicht den Zusatz: »Letzterer erhielt die Dichterkrone«, und gehört nach Druckausstattung und Papier in die Zeit um 1790; die Type ist vielleicht die von Göschen (z. b. in der Wieland-Gesamtausgabe) verwandte Antiqua.
Versteigerung Nov. 1927 S. Martin Fraenkel, Berlin.
S. u. Phantasien in 3 priapischen Oden.

– s. Xenophon's Anthia.

Bürger, Ghlf. Ehrenr., († d. 17. Nov. 1793.) Exempel d. Alten, in Predigten aus d. bibl. Geschichte Alt. Test. 1r Thl. 8. Dresd. 788. Hilscher. 16 gr

Bürger, Gtthld. Fr., († d. 20. April 1816.) Predigten. 4 Bde. gr. 8. Großenhayn 789—94. Autor. 4 ß

— Predigten, bei d. Amtsveränderung in Großenhayn u. Pirna gehalten. 8. Dresd. u. Pirna 800.

— Predigten über sämmtl. Sonn- u. Festtags-Evangelien. 4. Pirna 803.

— **Gottlieb Benjamin** (Ruhland/Laus.), Exceptioni Scti Macedoniani noceat replicatio peculii adventitii irregularis. Präs. Chn. Heinr. Breuning. Lpz. (Langenheim) 8. VI. 1768. 8 S. (—) 4572

Bürger, H. s.a. Burger, H.

Bürger, H., s. a. Lubliner, H.

Bürger, H., Anleitung zur rationellen Verbesserung der natürlichen Wiesen. Auf prakt. Erfahrungen gestützte Lehren, Rathschläge u. Winke, wie man kultivirte Wiesen auf die einfachste u. billigste Weise nachhaltig zu verbessern im Stande ist. Zum Selbstunterricht für Landwirthe. Quedlinburg 866. Ernst. 8. (VIII, 83 S.) 10 ngr.

H. Bürger Bibliothek der Veterinairkunde. Berlin 1823. 8. (Secundum doctrinarum ordinem, non ubique satis accurate; cfr. quoque *Reuss repertorium commentationum a societatibus literariis editarum. Ars veterinaria.* Gotting 1821. 4; vide supra pag. 94.)

Bürger, H., Bibliothek d. Veterinärkunde. Berl. 23. Dümmler. M. —.75

Bürger, H., Bibliothek d. Veterinärkunde. 8. Berl. 824. Dümmler. 6 gr

Bürger, H., 1. Die Hamburger Gewerkschaften und deren Kämpfe von 1865—1890. Nebst einer graphischen Darstellung der Streiks und Aussperrungen in den Jahren 1885—1890. 8°. Hamburg, Hamburger Gewerkschaftskartell, 1899.

— die Krätze, in patholog. u. therapeut. Hinsicht, nach d. Erfahrr. d. vorzügl. Aerzte u. eigen. Beobachtt. bearb. 8. Rathenow 823. Flick. 6 gr

Bürger, H., die Krätze in patholog. u. therapeut. Hinsicht. Nach den Erfahrungen vorzügl. Aerzte u. eigenen Beobachtungen bearb. 8. Rathenow 823. (Berlin, Schultze.) 1/4 ß

—— die Rentabilität der Landgüter durch sich selbst in Zeit von 8—5 Jahren zu verdoppeln, ohne Zuflucht zu Futter-, Stroh- und Dünger-Ankäufe nehmen zu dürfen ꝛc. Auf prakt. Erfahrungen und ganz naturgemäßen Grundlagen basirt. 8. (VIII und 231 S.) Quedlinburg 867, Ernst'sche Buchh.

— Hufelands Stiftung f. nothleidende Aerzte. Ihrem Zwecke u. Wirken nach dargestellt. Nebst e. alphabet. Verzeichn. d. Mitglieder d. Hülfsvereins. gr. 8. Berl. 832. Jonas. 12 gr

— die Veterinär-Diagnostik, od. die Kunst, die innern u. äußern Krankheiten unserer Hausthiere zu erkennen u. von einander zu unterscheiden. Für Thierärzte, Kreis-Physiker ꝛc. bearb. u. mit krit. Bemerkk. versehen. Fol. Berl. 830. Dümmler. 1 ß 6 gr

Soziale Thatsachen und sozialdemokratische Lehren. Ein Büchlein f. denkende Menschen, bes. f. denkende Arbeiter. Von H. F. **Bürger.** *Berlin: R. Boll 1900.* (31 S.) 8° [F.] 1900. 1971 11

Soziale Thatsachen und sozialdemokratische Lehren. Ein Büchlein f. denkende Menschen besonders f. denkende Arbeiter. Von H. [F.] **Bürger.** Charlottenburg: Münch 1902. 32 S. 8° 1902. 11414 8

Soziale Thatsachen und sozialdemokratische Lehren. Ein Taschenbüchlein f. denkende Menschen. Von H. [F.] **Bürger.** Neue Bearb. *Charlottenburg: R. Münch 1903.* (32 S.) 8° [F.] 1903. 2937

Soziale Thatsachen und sozialdemokratische Lehren. Ein Taschenbüchlein f. denkende Menschen. Von H. **Bürger.** Neue [4.] Bearb. Charlottenburg: R. Münch 1904. (32 S.) 8° [F.] 1904. 3004

Bürger. Harry. aus Cochem: Die Abhängigkeit der spezifischen Wärme des Thalliums von der Temperatur. Untersuchungen an Transformatoren. [Mit neun Figuren im Text] Zürich 1908. 52 S. 8°. [11. I. 09.]
Zürich Phil Diss. 11 S. 1908/09.

Buerger, Heinemann: Villorum intestinalium Examen microscopicum. Halae (1819:) Schimmelpfennig. 42 S. 8°
Halle-Wittenberg, Med. Diss. v. 18. Dez. 1819

Buerger, Heinemannus: Specimen . . . continens villorum intestinalium examen microscopicum cum iconibus. Halae (1819): Schimmelpfennig 42, 13 S., 2 Taf. 8°
Halle-Wittenberg, Med. Diss. v. 18. Dez. 1819
Geb. Burg bei Magdeburg 3. 4. 1799. V.
Die Taf. mit Text wurden 1820 nachgeliefert.

Die Hamburger Gewerkschaften und deren Kämpfe von 1865 bis 1890. Zsgest., bearb. u. hrsg. von Heinrich **Bürger.** Nebst e. graph. Darstellung der Streiks u. Aussperrungen in d. Jahren 1885–1890. *Hamburg: Auer & Co. in Komm.* (XVI, 576 S.) 8° [F.] 1900. 3530

Bürger, Hermann, aus Uerdingen: **Beiträge zur Kenntnis der Uranyldoppelsalze.** *Bonn 1904: C. Georgi.* (61 S.) 8°
Bonn, Phil. Diss. v. [24. Jan.] 1904

Bürger, Hugo, s.: Lloyd, der österreichische.

Bürger, Hugo, nur nicht romantisch, s.: Bloch's, E., Theater-Correspondenz.

— Theater. [Der Frauenadvokat. Die Modelle d. Sheridan.] 8. (95 S.) Berlin 876. Liepmannssohn. 4. 50

Bürger, Hugo, dramatische Werke. 1.—4. Bd. 8. Berlin, Lassar's Buchh. à Bd. *M 4. *

Inhalt:
Bd. 1. Auf der Brautfahrt. Lustspiel in 4 Akten. (130 S.) 881.
" 2. Die Frau ohne Geist. Lustspiel in 4 Akten. (142 S.) 881.
" 3. Gabriele. Schauspiel in 4 Akten. (168 S.) 882.
" 4. Gold und Eisen. Schauspiel in 4 Akten. (128 S.) 882.

— Winter-Reisen. (106 S. m. Abbildgn.) 8. Wien (905). (Leipzig, Woerl's Reisebücher-Verl.) n. 1. —

Bürger, J. A. P., Abhandl. üb. Umwandlung unregelmäß. in regelmäßig abzutheilende Felder, erläutert durch d. Ausführung zu Seckenheim bei Manheim. Mit 2 Steint. gr. 8. Heidelb. 825. Groos. 18 𝔤𝔤

Bürger, J. A. P., neuaufgefundener Beweis von dem seit 2100 Jahren unberichtigt gewesen. eilften Euklidischen Grundsatze in d. Geometrie, in Betreff der Paralleltheorie. Ein höchst wichtiger u. interessanter Gegenstand dieser Wissenschaft. Mit 1 Figurentaf. gr. 8. Heidelberg 834. Reichard. 1/8 ℛ𝓉𝒽

— kurze geschichtliche auf Wahrheit gegründete Darstellung meines unglückl. Schicksals während einem Zeitraume von 30 Jahren rc. (Geometrischen Inhalts.) gr. 8. Heidelberg 836. Groos. 1/6 ℛ𝓉𝒽

— Rettung meiner Ehre, eine im Monat Juli d. J. erschien. Vertheidigungsschrift meiner aufgefund. evidenten Beweise in der seit 2100 Jahren unberichtigt gewesenen Theorie der Parallellinien rc. Ferner: Erwähnung nützl. Gegenstände für d. prakt. Leben rc. Dann Anführung meiner dermal. unglückl. Lage, veranlaßt durch eine 29jähr. Kränklichkeit u. Vorschlag, wie mir wiederum geholfen werden könne. gr. 8. Heidelberg 835. Groos. 1/6 ℛ𝓉𝒽

— Tafeln, z. Erleichterung in Rechnungen, f. d. allgem. Gebrauch eingerichtet rc. Nebst Anh. über die Paralleltheorie. 8. Karlsr. 818. Marx. 1 ℛ𝓉𝒽 8 𝔤𝔤

— vollst. Theorie der Parallellinien. gr. 8. Karlsr. 816. 2e A. 820. Marx. 18 𝔤𝔤

— vollständig erwiesene von den ältesten Zeiten bis jetzt noch unberichtigt gewesene Theorie der Parallellinien rc. Nebst e. Kritik mehrerer bisher erschien. Paralleltheorien u. Anführung anderer neuerfund. geometr. Gegenstände, besonders der Theorie der geraden Linie, der Ebene, der Quadratur des Kreises rc. Mit 2 Figurentaf. u. einigen autobiograph. Notizen versehen. A. u. d. T.: Transparente Darstellung einer 2100jähr., aus Griechenland stammenden geometr. Zauberfigur, bei der am 10. Mai 1830 zur Feier der Anwesenheit der Durchlaucht. Regentenfamilie Badens stattgehabten Beleuchtung Heidelbergs. gr. 8. Heidelberg 833. Reichard. 1 ℛ𝓉𝒽

—— ausführl. Vergleichungs-Tabn. d. Getreide-Maaße u. Preise, d. Gewichte u. d. Morgenmaaßes v. d. Alten ins Neue u. umgekehrt v. d. Neuen ins Alte, im Großhrzgl. Badischen Neckarkreis. Berechnet nach d., von Großh. hoh. Ministerium d. Innern hierüber erlass. Bekanntmachn. Nebst vergleich. Uebers. d. Bad. neuen Fruchtmaaße mit denen d. Nachbar- u. Rheinufer-Staaten, u. denen in Holland besteh. gr. 8. (9¼ B.) Heidelberg 831, Groos.

Bürger, J. Chr. A., Vorgänge in und um Torgau während des 7jährigen Krieges, namentlich die Schlacht bei Süptitz am 3. Novbr. 1760. Bei Gelegenheit der 100jähr. Erinnerungstage, eines für Preußen ruhmreich geworbenen Krieges geschrieben. Torgau 860. Wienbrack. gr. 8. (IV, 120 S.) n. 15 𝔫𝔤𝔯

Bürger, J. J.

Bürger's ..., gemeinnütziges Handbuch f. Destillateure, Wirthe u. Hausväter, enthaltend die Bereitung aller Arten Liquöre, Verwandlung des Branntweins in Rum, die Destillation der feinen französ. u. italien. Spiritus rc. 8. Cöln 830. Gaul u. Tonger. 1/2 ℛ𝓉𝒽

Bürger, J. J., gemeinnütziges u. leicht verständl. Handbuch für Destillateure, Wirthe u. Hausväter. 8. Cref. 830. Funke. (Versiegelt). 1 ℛ𝓉𝒽

Bürger, Jh. Christ. Aug., Nachrichten über die Blockade u. Belagerung der Elb- und Landesfestung Torgau im Jahre 1813. Ein Beitrag z. neuern Geschichte dieser Stadt u. zur Geschichte des deutschen Festungskrieges in jenem denkwürd. Jahre. Aus zuverläss. Quellen geschöpft und beschrieben. 8. Torgau 838. (Wienbrack'sche Buchh.) n. 7/12 ℛ𝓉𝒽

— **Jobst Christian** (Edersleben/Th.), De immensitate et omnipraesentia dei. Disp. II. Präs. Heinrich Gottfried Haferung (Wittenberg). Wittenberg (E. G. Eichsfeld) Nov. 1732. 16 S. (4.80) 4574

— **Jobus Christian** (Edersleben/Th.), De spurio herede instituto querelam inofficiosi testamenti fratri excluso non procreante. Diss. jur. Präs. Gottlieb Sturm. Wittbg. (J. G. Schlomach) 28. III. 1733. 36 S. (5.—) 4575

Bürger, Johann, s.a. B u r g e r , Johann

Bürger, Joh., die Erziehung ohne Ruthe! Eine prakt. durch die Erfahrung bewährte Anleitung, Kinder auf eine humane u. naturgemäße Weise zu erziehen u. zu bilden, f. Aeltern, Lehrer u. Erzieher. 8. (31 S.) Gratz 851, Hesse. n. 7 𝔫𝔤𝔯

Bürger, Joh., Untersuchungen üb. d. Möglichkeit u. den Nutzen d. Zucker-Erzeugung aus inländischen Pflanzen. gr. 8. Wien, Geistinger. (Leipz. Weygand.) 811. Rthlr.

— dasselbe. gr. 8. Klagenfurt. (Salzb. Mayr.) 811.

—— Vermittler der Lautir- und Buchstabir-Methode. Eine pract. Anleitung, wie auf eine einfache, angenehme und interessante Weise das Lautiren mit dem Buchstabiren zu verbinden sei. 8. (16 S.) Gratz 850, Hesse. *

— u. J. Schachermayer, über d. Zertheilung d. Gemeinweiden. Zwei Preisschriften. gr. 8. Pesth 818. Hartleben. 18 𝔤𝔤

— **Johann August** (Halle), De exceptione deficientis sigilli. Disp. jur. Präs. Jo. Samuel Stryk. Glaucha-Halle (Orphanotrophei) Juni 1702. 39 Seiten. (5.—) 4576

— — Dasselbe. Von der Einrede wegen Mangel des Siegels. Halle (Hendel) 1739. 40 S. (5.—) 4577

— **Johann Christoph** (Halle), De jure majoris partis. Diss. jur. Präs. Friedrich Schrag. Strassburg (Joh. Welper) Jan. 1679. 56 S. (5.50) 4578
Widmung v.: Joh. Joach. Zentgrav, Ulrich Obrecht, Friedr. Wieger.

— — (Vallmersbach/Frk.), De imitatione oratoria. Präs. Friedrich Casp. Hagen (Bayreuth). Wittenberg (Chn. Gerdes) 5. VIII. 1703. 8 Bl. (4.80) 4579

— **Johann Gottfried** (Halle), De tribus sententiis conformibus. Diss. jur. Präs. Jacob Friedrich Ludwig. (Halle (Chn. Henckel) Jan. 1711. 60 Seiten. (5.—) 4580

— — Dasselbe. Halle (J. Ch. Grunert) 1747. 58 Seiten. (5.—) 4581

— **Johann Jacob** (Nürnberg), De mandato judiciali praesumpto. Diss. jur. Altdorf (Meyer) Okt. 1705. 36 S. (5.—) 4582

Bürger, Joseph C. Geschichte der Katholischen Kirche Chicagos, mit besonderer Berücksichtigung des kath Deutschtums. Chi, 1889.

BÜRGER, JOSUA. Ueber die Darstellung und das Verhalten höherer Fettsäure-chloride (C_nH_m-Cl.). (Basel) Bonn, 1885. Diss. S. I.

Bürger, Isidor, ... Ernst Langrehr.

Bürger, Isidor, (Dr. Langrehr.) Gedichte. gr. 8, Lüneb. 836. Herold u. W. 1 ℛ𝓉𝒽 — Daraus apart: Helgoland. Lieder aus der Nordsee. gr 8. Ebd. 1/3 ℛ𝓉𝒽 2e Aufl. gr. 12. Hamburg 840. Hoffmann u. Campe. 1/3 ℛ𝓉𝒽

—— Helgoland. 8. (4½ B.) Lüneburg 836, Herold u. Wahlstab.

Helgoland. Lieder aus der Nordsee v. Isidor Bürger [d. i.: Ernst Langrehr]. 2. Aufl. Hamburg. 1840. 8°.

— **Carl** (Deisenhofen/Bay.), De cautelis in variolis vaccinis inserendis; seu: Unde dubia contra vaccinae insertionem? Diss. med. Dillingen (Fr. Rossnagel) Aug. 1818. 32 S. (4.50) 4568

Bürger, Carl (Hrsg.), s. Hausfreund, Der.

Bürger, Karl, Liebesbriefe ohne Liebe. 12. (168 S.) Leipzig 847, Otto Wigand. n. 2/3 ₰

Bürger, Carolus [Silesius]: De Lucio Patrensi sive de ratione inter Asinum q. f. Lucianeum Apuleique Metamorphoses intercedente.... Berlin, Buchdr.-Actien-Ges. Setzerinnen-Schule d. Lette-Vereins, 1887; 2 Bl. + 59 + 1 S. + 1 Bl. 8°.
Berlin, Phil. Fak., Inaug.-Diss. v. 13. Aug. 1887.

Bürger, Karl, de Lucio Patrensi sive de ratione inter Asinum q. f. Lucianeum Apuleique metamorphoses intercedente. gr. 8. (59 S.) Berlin 887. (Leipzig, Fock.) *

Bürger, Carolus, de Lucio Patrensi sive de ratione inter Asinum q. f. Lucianeum Apuleique Metamorphoses intercedente. Diss. Berlin 1887, Mayer & Müller. 8°. 59 S.

Bürger, K., der Regenstein bei Blankenburg/Harz, seine Geschichte u. Beschreibung seiner Ruinen. (IV, 50 S.) 8. Mit 20 Bl. Abbildgn. nach photograph. Orig.-Aufnahmen v. P. Kiss. 13×19,5 cm. (Neue [Titel-]Ausg.) Braunschweig [905] (910). E. Appelhans & Co. In Futteral 2.--

Bürger, Karl, Dr.: **Studien zur Geschichte des griechischen Romans. T. 1. Der Lukiosroman u. seine litteraturgesch. Bedeutung. (Umschlagt: Zur Geschichte d. gr. Romans.)** *Blankenburg a. H. 1902: O. Kircher.* (28 S.) 4°
Blankenburg a. H., herz. G, OP 1902 (768)

Bürger, Karl, Dr.: **Studien** zur Geschichte des griechischen Romans. T. 2.: Die litteraturgeschichtliche Stellung des Antonius Diogenes und der historia Apollonii. *Blankenburg a. H. 1903: O. Kircher.* (28 S.) 4° ¶ [Forts. d. P-Beil. 1902.]
Blankenburg a. H., herz. G, OP 1903 (787)

Bürger, Karl Rud. Emil, Worte aus dem Herzen. Eine Sammlung von Predigten. gr. 8. Görlitz 844, Heinze u. Comp. n. 2/3 ₰

Bürger, Kurt [aus Goldberg '(Schl.)']: Ueber die Beeinflussung des Stoffwechsels des gesunden Menschen durch Schilddrüsenfütterung ... Halle a. S., Hofbuchdr. v. C. A. Kaemmerer & C., 1895; 17 S., 1 Bl. 8.
Halle, Med. Fak., Inaug.-Diss. v. 23. Juli 1895

Bürger, Kurt (Red.), s. Mitteilungen aus dem Verein zur Abwehr des Antisemitismus.

Bürger, L. (Charlotte Niese), s. a.: Niese, Charlotte.

Bürger, Lucian, (Charlotte Niese). Bilder u. Skizzen aus Amerika. 8. (244 S.) Bresl. 891, Schles. Verlagsanstalt. * 4 —; geb. * 5 —

Bürger, L. (Ch. Niese), Bilder u. Skizzen aus Amerika. (Neue [Titel-]Ausg.) 8. (244 S.) Breslau (891) 898. Schles. Buchdruckerei rc. n. 2. —

Bürger, Lucian, Cajus Rungholt. Roman aus dem 17. Jahrh. 8. (282 S.) Breslau 880. Schottländer. n. 4. —; geb. n. 5. —

Auf halbverwischten Spuren. Eine Familiengeschichte v. Lucian Bürger <Charlotte Niese>. Verf. von „Cajus Rungholt". Itzehoe. 1888. 8°.

Bürger, Lucian [Ch. Niese], auf halb verwischten Spuren Eine Familiengeschichte. 8. (160 S.) Itzehoe 888. Nusser n. 2. —; geb. n. 2. 80

Bürger, Ludwig: Congenitale Hypoplasie des Uterus, Hypoplasie des rechten, Kystom des linken Ovarium. Leipzig 1908: Georgi. 39 S. 8°
Leipzig, Med. Diss. v. 20. Dez. 1908, Ref. Zweifel
[Geb. 14. Aug. 83 Hohenkirchen; Wohnort: Leipzig; Staatsangeh.: Sachsen; Vorbildung: Fürstensch. Grimma Reife O. 03; Studium: Erlangen 1, Leipzig 9 S.; Coll. 23. Dez. 08.] [U 09. 2764

Bürger, (Johannes) Martin (Philipp) (geb. Neukirchen in Pomm. 22. 10. 1858): Vier Fälle von Hemicephalie. Berlin (1881). (31 S.) 8°
Berlin, Med. Diss. v. 19. Juli 1881

Bürger, Max [app. Arzt aus Dürkheim a./H.]: Carcinom bei jugendlichen Individuen. '(E. Beitr. z. Statistik d. Carcinoms)' ... München, Buchdr. v. M. Ernst, 1893; 33 S., 1 Tab. 8.
München, Med. Fak., Inaug.-Diss. v. 1893

Dramaturgisches von Max **Bürger**. Berlin-Leipzig: Wigand 1910. 64 S. 8° [11. 4176

Bürger, Max, Dramaturgisches. (64 S.) 8. Leipzig 910. Modernes Verlagsbureau. 2. —

Bürger, Max: Üb. Herzfleischverändergn bei Diphtherie, s: Mitteilungen a. d. hamburg. Staatskrankenanst.

Bürger, Michael

Bürger, M, flieg. Blätter a. d. Natur- u. Völkerleben. Für d. reif. Jug. 8. (140) Wien 62, Kirsch. — 9

Bürger, Mich., fliegende Blätter aus dem Natur- und Völkerleben. Für die reifere Jugend bearb. Wien 862. Mechitharisten-Congreg.-Buchh. 8. (140 S. u. 1 Holzschntaf.) 9 ngr.

—— theoretisch-praktischer Wiener Briefsteller, oder gemeinnützige Anleitung zur Verfassung aller Arten Briefe, Eingaben, Geschäfts-Aufsätze und Privat-Urkunden. 2. Aufl. gr. 8. (356 S.) Wien 868, Mechitharisten-Congregations-Buchh.

Bürger, Michael, Faustin oder zwei Jahre aus dem Leben eines Wanderburschen. Erzählung für die reifere Jugend. 8. (85 S.) Wien, Mechith. Congr. Buchh. 1861. 30 kr.

Bürger, Mich., Geheimnisse aus dem österreichischen Dorfleben. Eine Erzählung. 8. (171 S.) Wien 864, Mechitharisten-Congregations-Buchh.

Bürger, Michael, Ham und Sedan oder ein Thron auf Leichen. Großer historisch-politischer Roman aus der jüngsten Vergangenheit und Gegenwart. 1. Heft. gr. 8. 1. Bd. (S. 1—48.) Wien, Wenedikt. 20 kr. 1870.

Bürger, Mich., Ham u. Sedan od. e. Thron auf Leichen. Großer historisch-polit. Roman aus der jüngsten Vergangenheit u. Gegenwart. In 12 Lfgn. gr. 8. (1. Bd. 242, 2. Bd. 223 u. 3. Bd. 273 S. m. Holzschntaf.) Wien 871—73. Wenedikt. à n. — 40

—— Josi, der Findling. Eine Erzählung für Jung und Alt. 8. (145 S. mit 1 Holzschntaf. in Buntdr.) Wien 862, Mechitharisten-Congregations-Buchh.

— Leben rc. Maximilian I., s. a. Volksbücher aus alter u. neuer Zeit.

Bürger, Michael. Leben, Wirken und tragisches Ende Maximilian I., Kaisers von Mexiko. Nach verlässlichen Quellen und Mittheilungen dem Volke erzählt von ..... Mit 19 Illustrationen. (Aus: „Volksbücher aus alter und neuer Zeit". 45. bis 46. Heft.) kl. 8. Wien 1868.

Bürger, Mich., Marzellin, oder: der Lohn der guten That. Erzählung. Wien. 864. Mechitharisten-Congreg.-Buchh. 8. (57 S. u. 1 Lithogr.) 5 ngr.

Bürger, Michael, Admiral Nelson, der Seeheld, oder der Herr des Meeres. Historische Erzählung. 8. (64 S.) Hamburg 878, Kramer.

Bürger, M, Schutt u. Epheu. Ein Kranz v. Erzählgn. 8. (137) Wien 62, Kirsch. — 10

—— Schutt und Epheu. Ein Kranz von Erzählungen, Legenden und Sagen. Für die reifere Jugend bearb. 8. (IV und 137 S.) Wien 862, Mechitharisten-Congregations-Buchh.

Bürger, Michael, Spitzkugeln für Krieg und Frieden. Enthaltend eine sorgfältige Auswahl von vierthalbhundert der amüsantesten Anekdoten, Witzfunken und Wortspiele alter, neuer und neuester Zeit und aus allen Schichten der Gesellschaft. 32. (159 S.) Wien, Wenedikt. 1866. 48 kr.

Bürger, Michael, Spitzkugeln für Krieg u. Frieden. Enthaltend: e. sorgfältige Auswahl von vierthalbhundert der amüsantesten Anekdoten, Witzfunken rc. Wien 867. Wenedikt. 16. (159 S.) 10 ngr.

Bürger, O., s.: Abhandlungen, zoologische, August Weismann gewidmet.

Bürger, Osk., die biologische Bedeutung der Eierstöcke nach Entfernung der Gebärmutter, s.: Mandl, Ludw.

Die Geburtsleitung bei engem Becken. Von Dr. Oskar **Bürger**, Wien. Vorw. von Friedr. Schauta. Mit 6 Tab. u. 7 Kurventaf. Wien: J. Šafář 1908. (IX, 195 S.) 8° [07. 17343

Bürger, Otto [aus Alfeld in Hannover]: Beiträge zur Kenntnis des Nervensystems der Nemertinen. . . . (Aus: Zeitschr. f. wiss. Zool. Bd. L.) Leipzig, Wilhelm Engelmann, 1890; 76 S. + 1 Bl. 8°
Göttingen, Phil. Fak., Inaug.-Diss. v. 19. Jun. 1889

Bürger, Otto, Beiträge zur Kenntnis des Teuerdank, s. a. Quellen u. Forschungen zur Sprach- u. Culturgeschichte der germanischen Völker. 92. Hft.

Bürger, Otto: Beiträge zur Kenntnis des Teuerdank. *Strassburg: K. J. Trübner 1902.* (S. 1—10, 36—81.) 8° ¶(Kap. 1, 3, 4 d. eingereichten Arbeit.) — [Erschien vollst. 1902 als: Quellen u. Forsch. zur Sprach- u. Culturgesch. d. german. Völker, H. 92.]
Giessen, Phil. Diss. v. 1902

Bürger, Otto, s.: Bronn's, HG, Klassen u. Ordngn d. Tier-Reichs.

Bürger, Otto: Der Engländer auf d. Reise. Zusammenstellg v deut. u. engl. Gesprächen nebst Wörterverz. (124) 8° Cöln, Greven & B. '09. 1 —; L n 1.45

Bürger, Otto, die Entwicklungsgeschichte d. Mauerbiene i. Ei, s.: Carrière, Just.

— **Le Français en voyage. Choix de conversations franç. et allemandes avec un vocabulaire alphabét. à l'usage des voyageurs et des employés de chemin de fer. 2. éd. (76) 8° Paris—Cologne '09. Cöln, Greven & B.** — 80

— **Der Franzose auf d. Reise. Zusammenstellg v. französ. u. deut. Gesprächen nebst Wörterverz. 3. Afl. (76) 8° Cöln, (Greven & B.) '09.** — 80; L 1.25

Bürger, Otto, aus Dresden: Über Isomerien bei acetylierten Phenylhydrazonen aromatischer Oxyaldehyde. *Greifswald 1904: H. Adler.* (37 S.) 8°
Greifswald, Phil. Diss. v. 2. Juli 1904

— 8 Lehr- u. Wanderjahre in Chile. (XII, 410 S. m. 6 Abbildgn. u. 31 Taf.) gr. 8. Leipzig 909. Dieterich. 10.—; geb. 12.—

Bürger, Otto. Acht Lehr- und Wanderjahre in Chile. Mit 31 Vollbildern [Tafeln] und 6 Abbildungen im Text [sowie illustriertem Umschlag]. XII + 410 S. 8. Leipzig. Theodor Weicher, 1909. [M. 10.—, geb. 12.—]

– **Die Nemertinen, s.a. Ergebnisse, wissenschaftliche, der deutschen Tiefsee-Expedition. XVI, 2.**

— **dasselbe, s.a. Ergebnisse der Hamburger Magalhaensischen Sammelreise.**

Nemertinen bearb. v. Prof. O[tto] Bürger (Göttingen). *Hamburg: L. Friederichsen & C. 1898.* (13 S.) 4 (8.)
— Ergebnisse d. Hamburger Magalhaensischen Sammelreise. Lfg 1. [No] 5. 199 1457

— d. Nemertinen des Golfes v. Neapel, s.: Fauna u. Flora d. Golfes v. Neapel.

Bürger, O., Nemertini (Schnurwürmer), s.a. Bronn's, H. G., Klassen u. Ordnungen des Thier-Reichs. 4. Bd. Suppl.

— **Nemertini, s.a. Tierreich, das. 20. Lfg.**

Nemertini (Schnurwürmer). Bearb. von Prof. Dr. Otto **Bürger** in Santiago-Chile. Mit Taf. 1—22. Leipzig: C. F. Winter 1897—1907. (VIII, 542 S.) 8°
— **Bronn,** H[einrich] G[eorg]: Klassen u. Ordnungen d. Tier-Reiches. Bd 4, Suppl. [07. 9115 2

Nemertini, bearb. von Otto Bürger in Santiago (Chile). Mit 15 Abb. *Berlin: R. Friedländer & Sohn 1904.* (XVII, 151 S.) 4°(8°)
— Tierreich, Das. Lfg 20. [04. 11918

Bürger, Otto: Quintrales. Geschichten a. e. heissen Lande. 7 Novellen. (274) 8° Lpzg, Dieterich '11. 3 —; geb. 4 — d

Reisen eines Naturforschers im tropischen Südamerika. Von Prof. Dr. Otto Bürger. Mit 16 Vollbild. u. 2 Abb. im Text. *Leipzig: Dieterich 1900.* (VI, 395 S.) 8° [00. 6518

Bürger, Otto. Die Robinson-Insel von Professor Dr. O' B' (Lugano). Mit 12 Vollbildern [Tafeln] und einer Karte. 1.—3. Tausend. 123 S. 8. Leipzig, Dieterich, 1909. [geb. M. 3. —]

— **Sprachführer. Erlerng v. Sprachen ohne jegl. Hilfsmittel, da d. Aussprache genau angegeben ist. Englisch. (32) 8° Ebd. ('11).** — 50

— **dass. Französisch. (32) 8° Ebd. ('11).** — 50

— **dass. Italienisch. (32) 8° Ebd. ('11).** — 50

— **The English tourist. A series of German and English dialogues with a vocabulary. (124) 8° Cologne '09. Cöln, Greven & B.** 1 —; geb 1.45

Bürger, Paul

— — **De diis clavigeris. Diss. philos. Präs. Christian Gottlieb Schwarz. Altdorf (J. W. Kohles) 6. VII. 1728. 38 S. (1.—)** 4585
Gew.: Gust. Phil. Moerlius, J. A. Spies, J. B. Schmidhamer, J. A. Riederer, A. M. Pfluger. — Widm. v.: C. G. Schwarz, Leonh. Bohner (Nürnberg), J. G. Fricklus (Ulm), Joh. Leonh. Kazenwadel (Ulm), C. F. Tresenreuter.

Bürger, Paul: Über typische Durchbrechungen der dramatischen Einheit im französischen Theater in seiner Entwicklung bis an den Ausgang der klassischen Zeit. T. 1: Das mittelalterliche Theater. *Breslau 1901: A. Menzel in Sagan.* (73 S.) 8° [F.]
Breslau, Phil. Diss. v. 24. Mai 1901

Bürger, Paul, über typische Durchbrechungen der dramatischen Einheit im französischen Theater in seiner Entwicklung bis an den Ausgang der klassischen Zeit. 1. Tl. Das mittelalterl. Theater. gr. 8. (VI, 73 S.) Breslau 901. Preuß & Jünger. n. 2.—

Bürger, Paul, Die dringliche Nothwendigkeit gesetzlicher Massnahmen behufs Einschränkung der hypothekarischen Vorschuldung des ländlichen Grundbesitzes. Referat, erstattet in d. XII. Generalversammlung der Vereinigung der Steuer- und Wirthschafts-Reformer zu Berlin am 28. Febr. 1887. gr. 8°. Berlin, Allg. Verlags-Agentur, 1887.

— **Paul (Nürnberg), Observ. crit. ad loca quaedam Latini Pacati Drepanii ope codicis mscti illustr. Präs. Christian Gottlieb Schwarz. Altdorf (J. W. Kohles) 30. VIII. 1727. 24 S. (4.80)** 4584
Gew.: Chph. Fürer v. Haimendorf, Gust. Gg. Tezel v. Kirchensittenbach.

Bürger, Pet.

Bürger, P., S. J., Unterweisungen üb. d. christliche Vollkommenheit. gr. 8. (VII, 676 S.) Freiburg i/Br. 895. Herder. n. 4.60; geb. in Halbfrz. n. 7.—

Bürger, Pet., S. J., Unterweisungen üb. die christliche Vollkommenheit. 2. verb. Aufl. (XI, 602 S.) 8. Freiburg i/B. 905. Herder. n. 5.—; geb. in Halbfrz. n. 6.60

Bürger, R.: Der Elbstrom, von seinem Ursprunge bis zu seiner Mündung in die Nordsee, s. Arldt, C.W.

Bürger, Rich.: Friedrich Adolf Ebert, s.a. Sammlung bibliothekswissenschaftl. Arbeiten.

Bürger, Richard. Friedrich Adolf Ebert. Ein biographischer Versuch. Mit einem Bildnis Eberts in Lichtdruck [Tafel]. XII + 136 S. 8. Leipzig, Rudolf Haupt, 1910 (*Umschlag:* 1911). - [M. 7.50] Bibl.
Sammlung bibliothekswissenschaftlicher Arbeiten.... Heft 31. (Serie II, Heft 14.)

Bürger, Ricardus, Schopenstadensis: De Ovidi carminum amatoriorum inventione et arte. *Guelferbyti: J. Zwissler 1901.* (47 S.) 8° ¶[Erschien vollst. 1901 im gleichen Verl.]
Göttingen, Phil. Diss. v. [11. Okt.] 1901

Bürger, Rich., de Ovidi carminum amatoriorum inventione et arte. gr. 8. (131 S.) Wolfenbüttel 901. J. Zwissler. n. 1.50

Bürger, Thdr., der Talmud u. die Perfectibilität des Mosaismus vom Standpunkte der Reform beleuchtet. gr. 8. Pesth 845. (Kilian u. Comp.) 1/4 ß

Bürger, W., s.a. Burger, W.

Buerger, W., s.a. Thord, Theophil.

Bürger, W. (Hrsg.), s. Schulblatt, Bremer.

Bürger, Wlh., Haus- u. Kunstbuch, oder guter Rath bei allen in d. Haus- u. Landwirthschaft vorkomm. Fällen. 8. Pirna (804). Friese. 14 K

Bürger, Wilh., die Centralgewalt u. ihre Folgen. Eine krit. Beleuchtung der neuesten Zeitverhältnisse in Deutschland. 8. (22 S.) Heiligenstadt 848, Dellen in Comm. n. 4 nK

Bürger, Guil(elmus) Jos(ephus) Conr(adus): De phlebitide quaedam. Halis (1845): Semmler. 23 S. 8°
Halle-Wittenberg, Med. Diss. v. 15. Apr. 1845
Geb. Rossla (Harz) [14. 10.] 1818. V.

Bürger-ABC, Das. Wien 1848. V: *Frank (Franck), Gustav Ritter von.* (Wiener Bürgerblatt 1848.)

Bürger- u. Bauern-Almanach, Deutscher, No. 1., mit all den spaßhaften Ränken, Schwänken u. Geschichten des berühmten rheinländ. Hausfreundes. 2. Aufl. mit 4 Zeichn. 16. Blaubeuren 843, Mangold. 1/6 ℛ

— ders. No. 2., mit den Reisen, Feldzügen u. Abentheuern des berühmten Freiherrn v. Münchhausen. 2. Aufl. mit 4 Zeichn. 16. Ebend. 843. 1/6 ℛ

Bürger- u. Militär-Almanach f. d. Königr. Baiern, herausg. v. Lipowsky. 1r u. 2r Jahrg. 1809 u. 10. Mit Kpf. München, Fleischmann. à 1 ℛ 8 xr 2 ℛ 16 xr

Der Freyen Reichsstadt Nürnberg Löbl. Bürger-Artillerie 1782 (Nurnberg 1782.) Tit.: 3 farb. Taf. 4°. Neudruck.

Bürgeraufruhr, Der, zu Landshut. Vaterländisches Schauspiel. Frankfurt, Leipzig u. München 1782. V: *Nagel, Anton.* (BB) (Kn) (Ky) (MGT)

Bürgeraufruhr, der, zu Landshut. Trauersp. 8. München, Strobl. (Fleischmann.) 782.

Bürgerbibel, od. d. Weg d. Weisheit u. Tugend ꝛc. 8. Wien 791. Schalbacher. 8 xr (Wimmer). 12 xr

BÜRGERBIBEL – oder der Weg der Weisheit und Tugend ... Alberti, Wien 1794. 1 vol. 158 S. + 1 Stich.

Bürger-Bibel, od. der Weg der Weisheit u. Tugend. 8 794. Ist Verlag von Wimmer in Wien.

Bürgerbibliothek, enthalt. d. neuesten Reisebeschreibb. im Ausz. 4 Thle. 8. Gotha 805—7. Steudel. (à 12 xr) 2 ℛ

Bürgerbibliothek, allgemeine deutsche. Herausgeg. v. Karl Andree u. Aug. Lewald. (1. Halbband.) XXVII. Bd. 1. Hälfte. Der deutsche Rechtsfreund. Verfaßt v. Jul. Greizenach. 1. Hälfte. 8. Karlsruhe 843, Artist. Institut. 1/3 ℛ

— dies. (2. Halbband.) XV. Bd. 1. Hälfte. Chemie. Volksfaßlich und in Beziehung auf die Gewerbe ꝛc. bearb. v. Fr. A. Walchner. 1. Hälfte. 8. Ebend. 843. 1/3 ℛ

— dies. (3. Halbband.) XXXV. Bd. 1. Hälfte. Deutsche Reisende d. neuern Zeit. Verfaßt v. Karl Andree. 1. Thl. 1. Hälfte. 8. Ebend. 843. 1/3 ℛ

— dies. (4. Halbband.) Deutscher Heldensaal u. Ehrentempel. Herausgeg. von Aug. Lewald. 1. Halbbd. 8. Ebend. 843. (à) 1/3 ℛ — einzeln (à) 3/8 ℛ

— dies. (5. Halbband.) Gesundheitslehre oder leichtfaßliche Darstellung der Grundsätze zur Erhaltung u. Befestigung d. Gesundheit. Von Dr. Griesselich. 8. Ebend. 843. (à) 1/3 ℛ — einzeln (à) 3/8 ℛ

— dies. (6. Halbband.) Himmelskunde. Volksfaßlich bearb. v. Moritz A. Stern. 1. Halbband. 8. Ebend. 844. (à) 1/3 ℛ — einzeln (à) 3/8 ℛ

— dies. (7. Halbband.) Naturgesch. d. Steinreichs. Volksfaßlich u. in Beziehung auf bürgerliches Leben, Gewerbe u. Künste bearb. von K. C. v. Leonhard. 1. Halbband. 8. Ebend. 844. (à) 1/3 ℛ — einzeln (à) 3/8 ℛ

— dies. (8. u. 9. Halbband.) — A. u. d. T.: Der Körper des Menschen nach seinem Bau und seinen Verrichtungen, als Grundlage einer volksthüml. Menschenkunde. Gemeinfaßl. dargestellt von Dr. Ant. Quitzmann. 8. Karlsruhe 844, Gutsch u. Rupp. Artist. Institut. à 1/3 ℛ — einzeln 3/4 ℛ

— dies. (10. Halbband.) Der deutsche Rechtsfreund. Von Jul. Greizenach. 2. Thl. 8. Ebd. 844. à 1/3 ℛ — einzeln à 3/8 ℛ

— dies. (11. Halbband.) Volksfaßl. Himmelskunde. Von Mor. A. Stern. 2. Thl. (Schluß.) 8. Ebend. 845. à 1/3 ℛ — einzeln 3/8 ℛ

— dies. (12. Halbband.) Volksfaßl. Naturgesch. des Steinreichs von K. C. v. Leonhard. 2. Bdchn. (Schluß.) 8. Ebend. 845. 1/3 ℛ — einzeln 3/8 ℛ

— dies. (13. Halbband.) Chemie. Volksfaßl. u. in Beziehung auf die Gewerbe u. das bürgerl. Leben bearb. v. F. A. Walchner. 2. Bd. 8. Ebend. 845. 1/3 ℛ — einzeln 3/8 ℛ

Bürgerbibliothek, allgemeine deutsche. Gegründet von Karl Andree u. Aug. Lewald. 14. Halbband. Volksfaßliches Handbuch der Chemie, v. Fr. A. Walchner. 1. Bd. Unorganische Chemie. 3. Lief. (S. 325—468.) Stuttgart 847, J. B. Müller. 1/3 ℛ — einzeln 12 ngr (1—3: 1 ℛ)

— dies. 15. 16. 18. 19 u. 21. Halbband. Leonh. Euler's Briefe an eine deutsche Prinzessin über verschied. Gegenstände der Physik u. Philosophie. Auf's Neue nach d. Franz. bearb. Mit e. Suppl. üb. die neuesten Ergebnisse u. Bereicherungen der Physik von Joh. Müller. 3 Thle. (1: XII u. 310 S. 2: 258 S. 3: XXVIII u. 170 S. m. eingedr. Holzschn.) Ebd. 847. 48. 1 2/3 ℛ

— dies. 17. 20. 22—25. Halbband. Die Chemie, volksfaßlich u. in Beziehg. auf die Gewerbe u. das bürgerliche Leben bearb. 1. Bd.: Unorganische Chemie. Von Fr. A. Walchner. Mit eingedr. Holzschn. (VIII S. u. S. 469—1130.) Ebd. 847. 48. 2 ℛ

— dieselbe. Neue Serie. 1—3. 6 u. 7. Lfg. Die Erde nach ihrem Bau, ihren Beziehungen zum Weltall u. ihren merkwürdigsten Erscheinungen dargest. f. Leser aller Stände als Grundlage einer gemeinfaßl. Erdbeschreibung. Von Frdr. Wilh. Hoffmann. Mit 4 Farbendrücken u. 86 Holzschn. 8. (VIII u. 392 S.) Ebd. 847. (à 6 ngr) 1 ℛ

— dies. Neue Serie. 4. 5 u. 8. Lfg. Die Mechanik u. Maschinenkunde, volksfaßlich dargest. von Karl Holtzmann. Mit Holzschn. 3 Lfgn. 8. (XIV u. 187 S.) Ebd. 848. 18 ngr

— dies. Neue Serie. 9—12. Lfg. Die Pflanzenkunde v. M. Seubert. 2 Bde. 8. (1: VIII u. 294 S. 2: VIII u. 358 S. m. 2 lith. Taf. wovon 1 col.) Ebd. 851. 2 ℛ 12 ngr

— dies. Neue Serie. 13. Lfg. Grundzüge der Zoologie von Louis Agassiz u. A. A. Gould. 1. Lfg. 8. (VIII u. 211 S.) Ebd. 851. 24 ngr

— dies. Neue Serie. 14—16. Lfg. Lehrbuch der organischen Chemie v. J. Schloßberger. 8. (XVI u. 546 S.) Ebd. 852. 2 ℛ 18 ngr

— dies. Neue Serie. 17. Lfg. Grundzüge der allgem. Naturkunde v. W. Kapff. 8. (VIII u. 213 S.) Ebd. 851. 21 ngr
Die Lfgn. der neuen Serie wurden auch mit dem Umschlagstitel: Praktische Lehrbücher ausgegeben, vergl.: Lehrbücher.

Bürger-Bibliothek, deutsche. 1. Bd. 8. Leipzig. [K. F. Pfau.] Nestmann & Wittig. — 30
Der Schuster Gottlob Range. Ein Bild aus der Kleinstadt. Von Karl Fr. Pfau. (52 S.) 903.

Bürger-Bibliothek, deutsche, f. Jugend u. Volk. Erzählungen aus dem Staats- u. Wirtschaftsleben des deutschen Volkes. Hrsg. v. Arth. Wiegand. 1.—4. Bd. 8. Altenburg, St. Geibel. à Bd. 1.50; geb. in Bibliotheksbd. n 1.85; in Leinw. 2.—
Barth, Chr. G., im überseeischen Deutschland. Erzählungen aus unseren Schutzgebieten. (VII, 227 S. m. 33 Abbildgn.) (910.) (Bd. 3)
Erdmann, Gust. Adf., unter deutscher Kriegsflagge. Eine Erzählg. üb. die Entwicklg., Organisation, Tätigkeit u. soziale sowie volkswirtschaftl. Bedeutg. unserer Kriegsmarine. (212 S. m. Abbildgn.) (909.) (Bd. 2)
Heß, Walth., Ferien im Posthause. Eine Erzählg. aus dem Post u. Telegraphenleben. (VII, 202 S. m. 45 Abb.) (910.) (Bd. 4)
Wiegand, Arth., Wilhelm. Eine Erzählg. aus dem Leben e. deutschen Soldaten. (172 S. m. Abbildgn.) 909. (Bd. 1)

Bürger-Bibliothek, Deutsche, f. Jugend u. Volk. Erzählgn a. d. Staats- u. Wirtschaftsleben d. deut. Volkes. Hrsg. v. Arth. Wiegand. 3—5. Bd. 8° Altenbg, S Geibel. je 1.50; Bibliotheksbd n 1.85; Geschenkbd 2 — d
Barth, Chr. G: Im überseeischen Deutschld. Erzählgn a. uns. Schutzgebieten. (7, 227 m. Abb.) ('10) [3]
Erdmann, Gust. Adf: Auf allen Meeren. Darstellg d. deut. Handelsschiffahrt u. ihrer Entwicklg. (10, 208 m. Abb., 3 Taf. u. 1 Pl.) ('12) [5]
Hess, Walth.: Ferien im Posthause. Erzählg a. d. Post- u. Telegraphenleben. (7, 202 m. Abb.) ('10) [4]

Bürgerblatt

— das, e. neue Wochenschrift (v. A. F. Cranz). 8. Berl. 784. (Mauck). 12 ℊ

Bürgerblatt. 2 Jahrgg. 8. Berl. 787, 88. Hartmann. 4 ℛ

Bürgerblatt. – Hall : 1829-1830.

Bürgerblatt. – Siegen: 31.I.1843 - 30.XI.1843.
Fortges. u.d. T.: B ü r g e r b l a t t , Deutsches.

Bürgerblatt. Monatsschrift zur Förderung des Gemeindelebens, zur Belehrung u. zur Unterhaltung für Halle u. Umgegend. Hrsg. v. J. H a s e m a n n u. F r. K ö r n e r. (1. Jahrg.) 1848. 12 Hfte. gr. 8. (à ca. 60 S.) Halle, Heynemann. n. 1⅓ ℛ

Bürgerblatt, Barmer („Der Tägliche"). – Wuppertal: 1852 - 3.XI.1860.
Vorh. u.d. T.: Z e i t u n g , Barmer.
Fortges. u.d. T.: Z e i t u n g , Barmer.

Basler Bürgerblatt
⑮ Geplante Fortsetzung der Baslerischen Mitteilungen. – v. Mittheilungen zur Förderung des Gemeinwohls.

Bürgerblatt, D a n z i g e r. 1845. 12 Numm. gr. 8. Danzig 845, Kabus. n. 1½ ℛ

Bürgerblatt, Deutsches. – Siegen: 1.XII.1843 - 31.XII.1847.
Vorh. u.d. T.: B ü r g e r b l a t t . – Siegen.

— Deutsches. Verantwortl. Hrsg. W i l h. F r i e d r i c h. 5. Jahrg. 1847. 52 Nrn. gr. 4. (B.) Siegen, Friedrich'sche Buchh. 1½ ℛ — Nebst Beilage: Neue illustr. Zeitschrift. 1847. 104 Nrn. gr. 4. (Bog.) Ebd. 3½ ℛ

— d e u t s c h e s, für Stadt u. Land, zur Belehrung u. Unterhaltung für alle Stände. Redact.: Wilh. Friedrich. 1843. à 104 Numm. (Bog.) Mit Beilag. hoch 4. Siegen, Friedrich'sche Verlagsbuchh. 2 ℛ

— dass. f. 1844. Imp. 4. Ebend. n. 3½ ℛ — für 1845 u. 1846. 1845 2 ℛ — 1846 1½ ℛ

— konstitutionelles, f. Stadt u. Land. Zur Besprechung der Staats-, Gewerbs- u. Gemeindeangelegenheiten. Red.: F r. K ö r n e r. 2. Jahrg. 1849. 104 Nrn. gr. 4. (½ B.) Ebd. n. 1⅓ ℛ

Bürgerblatt, Krefelder, s. B ü r g e r z e i t u n g , Krefelder.

Bürgerblatt, Lippstädtisches, zum Nutzen des Nahrungsstandes . . . , s. M ö l l e r , Johann Anton Arn.

— neues, e. Wochenschrift. 8 Bde oder 4 Jahrgg., herausg. v. G. Volkard. 4. Frankf. 811—14. Eichenberg. 12 ℛ (Guilhauman). 9 ℛ 4 ℊ

B ü r g e r = B l a t t , Oesterreichisches. Red. F. E u r i c h, Verlag F. und A. E u r i c h, Druck F. E u r i c h's Witwe. 4. 2spaltig. Wöchentlich 4mal. 5 fl. jährlich. 1854.

B ü r g e r b l a t t , Oesterreichisches —. 37. Jahrgang. Verantwortlicher Redakteur: F. Eurich. Verlag von F. und A. Eurich. Druck von F. Eurich's Wwe. 4. 2spaltig. Wochentlich viermal. 5 und 7 fl. jährlich. 1855.

B ü r g e r b l a t t , Oesterreichisches —. (XXXVIII. Jahrg.) Verantw. Redakteur: F. Eurich. Druck von F. Eurich's Witwe. Verlag von F. u. A. Eurich. 4. 2spaltig. Erscheint täglich mit Ausnahme Montags. 1856.

— Oesterreichisches, f. Verstand u. Herz. Jahrg. 805, 6. 19—23. 4. Linz, Acad. B. à Jahrg. 2 ℛ

Bürgerblatt, Österreichisches, für Verstand, Herz und gute Laune. Jg. 1–39. Linz: Furich & Sohn 1819–57. 4° 300, 307
– Ab Jg. 20 (1838) u. d. T.: Die Warte an der Donau.
– Ab Jg. 27 (1845) u. d. T.: Österreichisches Volksblatt für Verstand, Herz u. gute Laune.
– Ab Jg. 35 (1853) u. d. T.: Österreichisches Bürgerblatt . . .

— O s t p r e u ß i s c h e s. I.—X. gr. 8. Königsberg 836—45, Theile. à 1/12 ℛ

Bürger=Blatt, Preußisches, eine Zeitung f. Vaterlandsfreunde, Bürgerwohl und Intelligenz. 1r u. 2r Jahrg. 1835 u. 1836. gr. 4. Berlin, Heymann. 1r J. 1 ℛ Herabg. Pr. n. ½ ℛ 2r J. 1 ℛ

Bürger-Blätter, Schleswig-Holsteinische. Wochenschrift zur Förderung politischer u. communaler Interessen, zunächst für Altona's Bürger u. Einwohner. Jahrg. 1848. April—Decbr. 39 Nrn. gr. 4. (½ B.) Altona, Lehmkuhl. n. 1½ ℛ

— Stettiner. Red.: W. L ü d e r s. Jahrg. 1848. 12 Nrn. gr. 8. (Bog.) Stettin, Effenbart's Erbinn. n. 1⅓ ℛ

Bürger- und Handwerks-briefsteller, zunächst zum Gebrauch der Bürgerschulen ... Leipz. 1805. V: *Seidel, Carl August Gottlieb.* (StAt)

Bürger= u. Handwerksbriefsteller, zum Gebr. für Bürgerschulen u. zum Selbstgebrauch. 8. Bayr. 805. Lübecks Erb. Leipz., Baumgärtner. 16 ℊ

Bürger- u. Adreßbuch der Stadt Warendorf u. der Gemeinden des Kreises Warendorf. Hrsg. v. F. Kruse. (108 S.) gr. 8. Warendorf 903. (J. Schnell.)
Kart. n.n. 1. 50

B ü r g e r = B u c h, Basellisches, s. L u t z, M.

Bürgerbuch der Stadt Bochum. Sammlung d. Ortsstatute, Steuer-, Gebühren- u. sonstigen Ordnungen d. städtischen Körperschaften u. d. Polizeiverordnungen d. Polizeiverwaltung Bochum ... Auf Grund amtl. Materials zsgest. von Stadtrentmeister [Fritz] Stottuth, Stadtsekretär Claas, Rendant Josephs u. Revisor Jungst. Bochum & Essen: Stumpf 1900. XXIV, 650 S. 8°

Bürgerbuch, Breslauer. 2. Jahrg. Sammlung v. Gesetzen u. Verordnungen, Ortsstatuten u. Regulativen für die Stadt Breslau. 16. (IV, 291 S.) Breslau 880. Morgenstern. cart. n. 1. —

Bürgerbuch, Breslauer. 3. Jahrg. Sammlung v. Polizei-Verordngn., Ortsstatuten u. Regulativen f. die Stadt Breslau. gr. 16. (IV, 336 S.) Breslau 893. E. Morgenstern's Verl. Kart. n. 1. 20

Bürgerbuch, B r e s l a u e r. 4. Bd. Sammlg. v. Steuergesetzen, sow. v. Steuerordngn. f. d. Stadt Breslau. gr. 16. (IV, 332 S.) Breslau 896. E. Morgenstern, Verl.
Kart. n. 1. 20 (1.—4.: Kart. n. 4. 40)

Bürgerbuch der Stadt Coesfeld. Eine Sammlung d. Ortsstatuten u. wichtigsten Verordnungen, welche f. d. Stadt Coesfeld zu Recht bestehen. Zsgest. von d. Stadtverwalt. (Coesfeld: J. Fleißig) 1904. (232 S.) 8° [F.]

Bürgerbuch der Stadt Dannenberg. Dannenberg 1804: Esmarch. 52 S. 4°

Bürgerbuch, D e l m e n h o r s t e r. Sammlung der f. die Stadtgemeinde Delmenhorst am 1. 1. 1909 gültt. Statuten, staatl. u. städt. Polizeiverordngn. u. Beschlüsse der städt. Verwaltungsbehörden v. allgemeiner Bedeutg. (III, 171 S.) 8. Delmenhorst 909. (B. Dauelsberg). Geb. 1. 80

Bürgerbuch (Deutsches) für 1845. Hrsg. von H. Püttmann. gr.-8°. Darmstadt, C. W. Leske, 1845.
— für 1846. Hrsg. von H. Püttmann gr.-8°. Mannheim, H. Hoff, 1846.

Bürgerbuch, Deutsches. Belehrendes u. Unterhaltendes für d. deutschen Bürgersmann. Mit Beiträgen v. O t t o R u p p i u s, R o b. B l u m, E d. P e l z, E. K e i l u. 11 Portraits u. 7 Genrebildern. 1. Bd. (Neue Titelausg. v. Heften des „Leuchtthurm" 1846.) hoch 4. (376 S.) Braunschweig 847, Exped. d. Leuchtthurms. (Leipzig, Keil.) n. 1½ ℛ

Bürgerbuch, Deutsches, enth.: Die Grundrechte des deutschen Volkes, erklärt u. erläutert zur praktischen Anwendung von E d. Bick. [Nebst Wahlgesetz u. Heimathsgesetz im Entwurf.] 16. (XXX u. 138 S.) Frankfurt a. M. 849, Auffarth. 1/2 ß

[F.] Dortmunder Bürgerbuch. Sammlg d. Ortsstatuten, Polizei-Verordngn, Regulative u. s. w. f. d. Stadt Dortmund. Zsgest. v. Magistrat. *Dortmund: F. W. Ruhfus 1898.* (6 Bl., VI, 730 S.) 1 Bd 8. [99. 18

Bürgerbuch, Dortmunder. Sammlung der Ortsstatuten, Polizei-Verordngn., Regulative u. s. w. f. die Stadt Dortmund. Zusammengestellt vom Magistrat. Dortmund 899.

— f. **Duisburg-Meiderich.** Eine Sammlung v. Ortsstatuten, Steuerordngn., Orts-Polizeiverordngn., Regierungs- u. Berg-Polizeiverordngn. u. anderen gesetzl. Vorschriften. Bearb. nach amtl. Materialien. (XV, 468 S.) 8. Duisburg-Meiderich (907). A. Helland & Co. Kart. 3. 50

Bürgerbuch der Stadt Eckernförde. Sammlung städtischer Statuten, Regulative und Verordnungen etc. Eckernförde. 1908. 8°

Elberfelder **Bürgerbuch.** Sammlung d. Ortsstatuten, Polizeiverordnungen, Regulative u. sonstigen d. Gemeindeanst. u. -Einrichtungen d. Stadt Elberfeld betr. Bestimmungen ... Im Auftr. d. Oberbürgermeisters hrsg. unter Mitw. d. beteiligten städt. Dienststellen u. Schriftleitung d. städt. Statist. Amts. Elberfeld: Lucas 1910. XX, 941 S. 8° [11. 5338

Bürgerbuch für die Stadt Essen. Hrsg. von d. städt. Verwaltung. *Essen 1899: G. D. Baedeker.* (X, 512 S.) 8° [F.] [00. 1105

Bürgerbuch f. die Stadt Essen. Hrsg. v. der städt. Verwaltg. gr. 8. (X, 512 S.) Essen, G. D. Baedeker. 1900. Geb. in Leinw. 7. —

Essener Bürgerbuch. Sammlung d. Ortsstatuten, Polizeiverordnungen, Regulative u. sonstigen die Gemeindeanstalten u. Einrichtungen d. Stadt Essen betr. Bestimmungen. Hrsg. von d. städt Verwaltung. T. 1. Essen 1909: Haarfeld. 8° [09. 14087

Bürgerbuch ⟨Sammlung von Verordnungen⟩ der Stadtgemeinde Frankfurt am Main. Amtl. Ausg. Juni 1906. Frankfurt a. M.: Gebr. Knauer (1906). (772 S.) 4° [F.] [06. 13000

Bürgerbuch (Sammlg. v. Verordnungen) d. Stadtgemeinde Frankfurt am Main. Amtliche Ausg. II. Nachtrag. Oktbr. 1908. (II, 205 S.) Lex. 8. Frankfurt a/M. (908). Gebr. Knauer. 1. 80
Hauptwerk m. 1. Nachtr. Ebd. 908. 6.—; geb. 7.50.

Fuldaer Bürgerbuch. Sammlung von Ordnungen u. Vorschriften f. d. Stadt Fulda. Nach amtl. Quellen zsgest. Abt. 1. Fulda 1902. ' th. 8° [09. 15,11 4

Bürgerbuch der Stadtgemeinde Halle a. d. Saale. Amtl. Ausg. 1909. Halle a. d. S. 1909: Gebauer-Schwetschke. V, 486 S. 8° [09. 031

Bürgerbuch d. Stadtgemeinde Halle a. d. Saale. Amtl. Ausg. '09. (5, 486 u. Deckblätter.) 8° Halle, (A Neubert) '09. 6 — d

Bürgerbuch der Stadt Hanau. ⟨Sammlung von Ortsstatuten, Ordnungen u. s. w.⟩ *Hanau 1900: J. G. Kittsteiner.* (VIII, 445 S.) 8° [F.] [00. 1161

Bürgerbuch der Stadt Hanau. ⟨Sammlung von Ortsstatuten, Ordnungen usw.⟩ Hanau 1905: Waisenhaus-Buchdr. (VIII, 612 S.) 8° [F.] [06. 13314

hessisches. 1. Aufl. 1—3. Taus. (VIII, 305 S.) kl. 8. Darmstadt 909. (G. Jonghaus). Kart. 1. —

— Hessisches. 2. Afl. (8, 305) kl8° Darmst., Buchh. d. grossh. hess. Staatsverl. '09. HL 1 — d

Das Casseler Bürgerbuch (1520 bis 1699). Nach dem Originale des Casseler Stadtarchivs herausgegeben und mit Anmerkungen versehen v. Franz Gundlach. Cassel. 1895. 8°. = Zeitschrift des Vereins für hessische Geschichte etc. N. F. Supplement 11.

— der Stadt **Kiel.** Sammlung der städt. Statute, Regulative u. Verordngn. (VIII, 767 S.) gr. 4. Kiel 903. (Lipsius & Tischer.) Geb. in Leinw. n.n.n. 8. —

Bürgerbuch der Stadt Kiel. Sammlung d. städt. Statute, Regulative u. Verordnungen. *Kiel 1903: Schmidt & Klaunig.* (VIII, 767 S.) 4° 8°) [F.] [03. 12 8

Bürgerbuch der Stadt Kiel. Sammlung der städtischen Statute, Regulative und Verordnungen. Kiel. 1909. 8°

[F.] Mülheimer **Bürgerbuch.** Sammlg v. Verordngn u. Vorschriften, welche v. d. Kreise u. d. Stadt Mülheim a. d. Ruhr erlassen sind u. zu Recht bestehen. Anh.: Verz. sämtl. Polizei-Verordngn u. sonstiger polizeil. Vorschr. f. d. Regiergsbez. Düsseldorf. Im amtl. Auftr. hrsg. v. R. Spitzer, Stadtsekr. zu Mülheim a. d. Ruhr. *Mülheim a. d. Ruhr: H. Baedeker 1898.* (XII, 691 S.) 1 Bd 8. [98. 5496

— Nassauisches. Sammlung der Landesgesetze. Die Gesetze aus den J. 1848 u. 1849 enthaltend. 16. (VIII u. 624 S.) Wiesbaden 850, Kreidel. — 2. Aufl. 16. Ebd. 850. n. 1 ß 14 ngr in Engl. Einb. n. n. 1 ß 21 ngr.

Bürgerbuch, neues. Sammlung der wichtigeren Landesgesetze. 3 Bde. Wiesbaden 867, 69. Limbarth. 8. n. 2 ß 20 ngr.
1. Bd.: Civilgesetzgebung. 2 Abthlgn. (2 Bll., 473 S.) n. 1 ß 6 ngr.
2. Bd.: Strafgesetzgebung. (VIII, 820 S.) n. 24 ngr.
3. Bd.: Handelsgesetzgebung. (VIII, 432 S. u. 2 Tabb. in 4.) n. 20 ngr.

Bürgerbuch, Neues badisches. Eine Sammlung der wichtigsten Gesetze und Verordnungen . . . Heidelberg 1865. H: *Wielandt, Friedrich.* (BaBb)

— neues badisches. Eine Sammlung der wichtigsten Gesetze u. Verordnungen aus dem Verfassungs- u. Verwaltungsrecht des Großherzogth. Baden. Heidelberg 865. A. Emmerling. 16. (VIII, 668 S.) n. 1 ß

Bürgerbuch, N e u e s Badisches. Eine Sammlung der wichtigsten Gesetze und Verordnungen aus dem Verfassungs- und Verwaltungsrecht des Großherzogthums Baden. Nebst den einschlägigen Gesetzen des Deutschen Reiches.
1. Aufl. veröffentl. – 1865; 7. Aufl. – 1903/05.

Bürgerbuch, neues Nassauisches. Eine Sammlung der wichtigeren Landesgesetze. 1—4. Bdchn. Wiesbaden 854. Friedrich. 8. (VIII, 256; VIII, 300; XI, 360; VIII, 248 S.) Jedes Bdchn. 14 ngr
Inhalt: 1. Bdchn.: 1. Die das Staatsrecht des Herzogthums betr. Gesetze. 2. Die Civilproceßgesetze. 3. Das Wechselrecht x. — 2. Bdchn.: 4. Privatrecht. 5. Bergrecht. 6. Handels- und Gewerbegesetzgebung. — 3. Bdchn.: 7. Strafrecht. 8. Strafproceß. — 4. Bdchn.: 9. Die Staatsverwaltung. 1. Centralverwaltung. 2. Amts- und Localverwaltung.

— — 5. Bdchn.: 10. Die Staatsverwaltung betr. A. u. b. T.: Sammlung der wichtigeren Landesgesetze im Herzogthum Nassau. Die Staatsverwaltung betr. Ebend. 856. 8. (XVI, 456 S. u. 3 Tab. in Fol.) n. 28 ngr

Bürgerbuch, neues Nassauisches. Eine Sammlung der wichtigeren Landesgesetze. Wiesbaden 862. Limbarth. 12.
6. Bd.: Allgemeines deutsches Handelsgesetzbuch für das Herzogthum Nassau. Einführungsgesetz zum Handelsgesetzbuch. Ministerial-Verordnung u. Instruction für die Gerichte. 2. verb. Aufl. (XI, 380 S. u. 3 Tab. in 4.) n. 15 ngr

Bürgerbuch, Oelser. Sammlung von Gesetzen, Verordnungen, Statuten u. Regulativen f. d. Stadt Oels i. Schles. hrsg. v. Kallmann. 12. (304 S.) Oels 889, (A. Ludwig). * 1 50

Bürgerbuch der Provinzial-Hauptstadt Posen. Posen 1907: W. Decker & Co. (555 S.) 8° [F.] [08. 1113

— Preußisches. Sammlung der neuesten f. das bürgerl. Leben wichtigen Gesetze. (Sammlung der in demselben Verlage einzeln erschienen Gesetze.) 12. (225 S.) Elberfeld 850, Bädeker. 1/2 ß in Engl. Einb. n. 2/3 ß

Bürgerbuch der Stadt Rixdorf. Rixdorf 1909: Mier & Glasemann. XV, 571 S. 8° [09. 12085

Bürgerbuch der Stadt St. Gallen. Abgeschlossen auf 31. Dezbr. 1886. Hrsg. v F. Dieth-Locher. gr. 8 (IV, 610 S.) St. Gallen 887. Huber & Co. n. 5. —

Bürgerbuch der Stadt St. Gallen von 1887. Nachtrag, abgeschlossen auf 31. December 1894. In-8°. 150 S. St. Gallen, Fehr'sche Buchhandlung. **1895** 1 20; gebund. 1 50

— d. Stadt St. Gallen v. 1887. Nachtrag, abgeschlossen auf 31. Dezbr 1894. 8° (149) St. Gall. 95, Huber & Co. 1 — (Hauptwerk u. Nachtr.: 6 —)

Bürgerbuch d. Stadt St. Gallen v. 1887. II. Nachtr., abgeschlossen auf 31.XII.'95. 8° (31) St. Gall., Fehr. III. Nachtr., abgeschlossen auf 31.XII.'96. (31) à — 40 (Hauptwerk m. 1—3. Nachtr.: 6.80)

Bürgerbuch der Stadt St. Gallen. (10. Aufl.) Abgeschlossen auf 31. Dezember 1900. VI + 606 S. 8. St. Gallen, Fehr, 1901. [fr. 6. —] Q

Schleswig-Holsteinisches **Bürger-Buch.** Jg. 1. Altona. 1851. 8°.

Bürgerbuch der Bürgermeisterei Stoppenberg. Sammlung der im Bezirke d. Bürgermeisterei Stoppenberg geltenden Kreis-, Bezirks- u. Provinzial-Verordnungen ... usw. mit e. ortsgeschichtl. Einl. Hrsg. im Auftr. d. Bürgermeisterei-Versammlung. Caternberg-Stoppenberg 1906: Grewer & Co. (XXV, 868 S.) 8° [ỗ.] [08. 9733

Bürger-Calender, s.a. Bürger-Kalender.

Allgemeiner ([1792-93]Bürger- u.) **Bauern-Calender**, v. G. Stumpf. 1791-93 (1 Vol.). [1]Leipz., [2-3]Erfurt 1791-93.

Bürger-Calender, Österreichischer. Wien 1846—47. Red: *Gräffer, Franz.* (WBL)

Bürgercapitain, der, ... Carl Malß.

Der Freyen Reichsstadt Nurnberg Lobl. **Bürger-Cavallerie** 1782. [Nurnberg 1782].
Tit.; 8 farb. Taf. 4°.
Neudruck.

Bürger-Chronik, Allgemeine. Wien 1792 (bis Febr. 1792). H: *Hoffmann, Leop. Alois.* (Wiener Zeitschrift. Wien 1792. Bd. 1) (Das politische Sieb 1792, S. 228) (zenker S. 154, Nr. 289) (biblport)

Bürgerchronik, die sächsische, für Vaterlandsfreunde aller Stände. Histor. Werk in 36 Lfgn. I. Bd. 1. u. 2. Lief. gr. 4. (S. 1—24 u. 3 Lith.) Dresden 847, Expedition. (à n. 1/6 ₰) n. 1/3 ₰

Bürgerschaft. **Bürger-Convents-Verhandlungen**, s.: Verhandlungen der bremischen Bürgerschaft.

Bürger-Corps, Das akademische, an Se. Durchlaucht den Prinzen Ferdinand Herzog von Würtemberg ... 1797. V: *Neumann, Johann Philipp.* (GGr)

Bürgeretat d. Stadt Zürich '11. Bearb. v. Zivilstandsamt d. Stadt Zürich (Abteilg Bürgerreg.). (14, 1071) gr8° Zür., Schulthess & Co. '11. Pappbd 10 —
Bisher u. d. T.: Verzeichnis d. Bürger d. Stadt Zürich.

Allgemeine **Bürgerfeier** anlässlich des 100jährigen Bestehens der Preußischen Städte-Ordnung vom Jahre 1808 d. 14. Nov. 1908 zu Hirschberg i. Schles. Hirschberg i. Schl. 1908: Bote a. d. Riesgeb. 22 S. 8° [Umschlagt.]

Bürgerfeier am 30. October 1804 bey der Einsetzung des ... Stefan Edlen v. Wohlleben ... in die Würde eines Bürgermeisters ... O. O. u. J. V: *Gaheis, Franz de Paula.* (EB)

Bürgerfeier am 30. October 1804 bey der Einsetzung des Wohlgebornen Herrn Stephan Edlen von Wohlleben ... Wien 1804. V: *Gaheis, Franz Anton de Paula.* (Auct. Gilhofer 7/732.) (biblport)

Bürgerfrage, Eine, nach Bürgerrechten beantwortet. Hamburg 1791. V: *Reimarus, Johann Albrecht Heinr.* (MGT)

Bürgerfreuden. Ein österreichisches Bürgergemälde mit Chören in 1 Aufzug. Wien 1797. V: *Hensler (Henseler), Carl Frdr.* (GGr)

Bürgerfreund, Der. Eine Wochenschrift für Fabrikanten, Manufakturisten ..., s. Nenke, Karl Christoph.

Bürgerfreund, Der.

— e. Wochenschr. 2 Jahrgg. 8. Straßb. 776, 77. Stein. 4 ₰

— d., e. Wochenschr. 2 Jahrgg. 8. Halberst. 779, 81. Groß. 1 ₰

— d., e. Wochenschrift, (v. K. Cph. Nenke). 16 Quart. 8. Berl. 784. Wever. (Franzen u. Gr. in Stend.) 1 ₰

— d., e. Wochenschr. 2 Stck, 8. Berl. Wever, (Franzen u. Gr. in Stendal.) 787.

Bürgerfreund, Der. Mainz 1792—93. H: *Metternich, Matth.* (serap XXVIII, 4.)

Bürgerfreund, Der, ein Familiengemählde in fünf Handlungen. Sulzbach 1798. V: *Destouches, Joseph Anton von.* Sulzbach 1800. (GGr) (Ky)

Bürgerfreund, Der. Ein Wochenblatt für Unstudirte. Prag 6. Mai 1802 bis 30. Sept. 1802. H: *Buchenberger.* (Przedak, G. A., Geschichte des deutschen Zeitschriftenwesens in Böhmen. Heidelb. 1904. S. 131)

Bürgerfreund. – Bremen : 1816-1837.
(s.a. Beobachter, Deutscher v. Hamburg).

Bürgerfreund, Der, eine Wochenschrift zur Unterhaltung ... Bremen 1817—19. H: *Kellner, W. G. Emil.* (Ky)

— der, eine Wochenschrift zur Unterhaltung u. Belehrung f. d. Bürger. 3 Jahrgg. 1817, 18, 19. Bremen, Kaiser. à 2 ₰ 6 ₰

Bürgerfreund, Der. Brieg 1821. V: *Boysen, Andr.* (Ky) (MGT)

— der, oder d. Wanderer. Jahrg. 1831. mit Vign. gr. 4. Würzb. 831. Etlinger. 2 ₰

Der Bürgerfreund : 1840
Weekly. Edited & published by Lorenz Schwarz.
Baltimore, MD

Bürgerfreund, der. Originalerzählungen, Skizzen u. Schilderungen aus d. bürgerl. Leben. Für d. deutschen Bürgerstand. Jahrg. 1844. 8. (6 1/8 B. u. 8 Stnt.) Siegen, Friedrich'sche Vrlsbh.

— der, ein Volksbuch (Kalender) für den deutsch. Bürgerstand. 1. Jahrg. 1844. 8. Siegen u. Wiesb., Friedrichs B. n. 1/3 ß

Bürgerfreund, der. Volkskalender f. d. deutschen Bürgerstand in Stadt u. Land. 1. Jahrg. 1844. 8. (12 B. u. 8 Stnt.) Siegen, Friedrich'sche Vrlsbuchh. Thlr. *

Der Bürgerfreund: May 1, 1847 - Mar. 18, 1848.

Democratic weekly. Issue of May 1, 1847 called "Probe-Nummer." Edited & published by Georg Friedrich Seidensticker.

Philadelphia, PA

Bürgerfreund, der. Zeitschrift für Handel, Gewerbe und Ackerbau, Verkehrsanstalten, Versicherungswesen, Kunst, Literatur, Theater und Wissenschaft. Herausgeb. F. Zenzinger. 1. Jahrg. 1886. Hoch-4°. 26 Nrn. Wien, Administration. fl 6 —.

Bürger(-Freund): Der Bürger- und Bauernfreund
① Ein Unterhaltungsblatt für Jedermann ③ Bauren-Zeitung ④ Der Freimütige (I) ⑤ 2. 4. 1817—30. 12. 1829 ⑥ 8° ⑦ Wochenblatt ⑧ St. Gallen: Franz Brentano (1817—25. 12. 1822), Wegelin & Rätzer (1. 1. 1823—30. 12. 1829) ⑩ die Drucker ⑪ Josef Anton Henne (1829) ⑬ BGSZ: 1046, 1047 ⑭ SG: Va, Kb (unvollständig); Zh: Z.

Bürger- u. Bauernfreund, der, für 1818 bis 1820. gr. 4. St. Gallen, Brentano. (à Jahrg. 1 ß 12 gr) 4 ß 12 gr

Der Bürger- und Bauernfreund. Würzburg 1828.

„Der Bürger- und Bauernfreund, oder der Wanderer", eine Zeitschrift in 101 Nummern, Würzburg 1831 (Ettlinger).

Bürger- und Bauernfreund. – Gumbinnen (ab 1.X.1881 in Insterburg): 1861-31.III.1943.
Fortges. u.d. T.: Volkszeitung, Ostdeutsche.

Bürger - und Bauernfreund. – Ueberlingen : 1888-1889.

Bürger – und Bauernfreund. – Ilvesheim : 1890.

Bürgerfreund, Der, zur Beförderung des Christenthums ... Bd. 1, Stück 1—6. Arnstadt 1774. H: *Trommsdorff, Hieronymus Jacob.* (Ky) (ML)

— d., zur Beförder. d. Christenthums; e. Wochenschr. 1r Bd. gr. 8. Arnstadt 775. Waisenh.-B. 14 gr

— d. deutsche, e. Wochenschr. (v. Jh. Eph. Krause). 16 Quart. 8. Halle 782. Dost. 18 gr

Bürgerfreund, der deutsche, eine Zeitschrift zur Beförderung bürgerl. Bildung, des Familienglückes, des Gewerbfleißes u. Wohlstandes in Stadt u. Dorf. Nach den besten alten u. neuen Quellen bearb. von einem Vereine deutsch. Gelehrten, Oekonomen und Geschäftsmänner. 1. Jahrg. 1.—6. Heft. gr. 8. Karlsruhe u. Freiburg 841, 42, 43, Herder'sche Verlagsh. à n. 1/3 ß n. 2 ß

— d. Deutschen, e. Wochenschr. 2. Qtle. 8. Halle, Dost. 782.

Bürgerfreund, der, in u. für Teutschland. Ein Zeitschrift zur Förderung der höhern Ausbildung des Bürgers in Stadt und Land. 1r Semester. 1s – 5s Hft. Juli bis Novbr. 1839. gr. 8. Freiburg 839. Fr. Wagnersche Buchh. (à n. 1/4 ß) 1 1/4 ß

Bürger- u. Hausfreund, der allgemeine deutsche, oder Bausteine zur Begründung wahren Bürger- u. Familienglücks. — Des Allgem. Innungs- u. Herbergswochenblattes 1. Halbquartal. Herausgeg. von C. F. W. Lorenz. Lex.-8. Leipzig 842, Expedition der Handelsschule. n. 1/6 ß

Bürgerfreund, Lübecker. – Lübeck: 8. X. 1843 - 31. III. 1848.
Fortges. u. d. T.: Correspondent, Lübecker.

— neuer, oder Großherzogl. Badischer privileg. Landwirthschafts- u. Geschäftskalender. 8 Jahrgg. 4. Heidelb. 825—32. Winter. à J. 2 gr 16 gr

Bürgerfreund, Der Oberschlesische. – Meisse: 1.I.1824 - 5.I.1825.
Fortges. u.d. T.: Bürgerfreund, Oberschlesischer.

Bürgerfreund, Oberschlesischer. – Neisse: 6.I.1825 - 31.XII.1873.
Vorh. u.d. T.: Bürgerfreund, Der Oberschlesische.

Bürgerfreund, Der Ulmische. 1797. II: *Nübling, Theodor Ulrich.* (MGT)

Bürgerfreund, Pacif. (Geo. Otto Lud. Plagemann.) Die Bürgertugenden, ein Gedicht. 4. Rostock 801.

Bürgergarden, über, ihre Bestimmung, Einrichtung u. ihren Zweck. 8. Oldenb. 814. Schulze. 5 gr

Bürgergarden-Gesetz, Kurhessisches. 8. Marb. 832. Garthe. 4 gr

Bürgergeneral, Der. Ein Lustspiel in einem Aufzuge. Zweyte Fortsetzung der beyden Billets. Berlin: Schade 1793. V: *Goethe, Johann Wolfgang von.* (BrMm) (MGT) (Mn)

Burger-Gespräch üb. die Abschaffung der deutschen Sprache bey der Verhandlung der öffentlichen Geschäfte in Straßburg. Geh. den 23. Augst. 1790. Hrsg. v. C. Löper. 8. (24 S.) Straßburg 886. Schultz & Co. Verl. n. — 60

Bürgerglück. Lustsp. v. Babo. gr. 8. Berl. Voß. 792.

Bürgergüter, Die, in der bernischen Verfassungsrevision. Burgdorf 1885. V: *Tavel, A. v.* (Cat. d. Stadtbibl. Zürich. Zürich 1864—97.)

Bürger-Handbuch. Die wichtigsten Gesetze und Verordnungen, welche bei den Ruggerichten verkündigt werden, nach dem neuesten Stande der Gesetzgebung. Mit alphabet. Register. Stuttgart 857. Metzler. 16. (IV, 88 S.) n. 4 ngr

Bürger-Handbuch. Die wichtigsten Gesetze u. Verordnungen, welche bei den Ruggerichten verkündigt werden, nach dem neuesten Stande der Gesetzgebung. Zur Austheilung an junge Bürger bei der Huldigung, sowie für ältere Bürger zur Erinnerung u. zum Nachschlagen. Mit alphabet. Register. 10. Aufl. 866. — 11. Aufl. 869. — 12. verb. u. verm. Aufl. Stuttgart 870. Metzler. 16. (IV, 92 S.) n. 4 ngr

Bürger-Handbuch. Die wichtigsten Gesetze u. Verordnungen, welche bei den Ruggerichten verkündigt werden, nach dem neuesten Stand der Gesetzgebung. Zur Austheilung an junge Bürger bei der Huldigung, sowie für ältere Bürger zur Erinnerung u. zum Nachschlagen. Mit alphabet. Register. 13. umgearb. Aufl. 16. (VIII, 138 S.) Stuttgart. 882. Metzler's Verl. n. – 60

Bürger-Handbuch. Die wichtigsten Gesetze u. Verordngn, welche bei d. Ruggerichten verkündigt werden, nach d. neuesten Stand d. Gesetzgebg. 14. Afl. 16. (168) Stuttg. 85, Metzler's V. n. — 60

Bürger-Handbuch. Die wichtigsten Gesetze u. Verordngn., welche bei den Ruggerichten verkündigt werden, nach dem neuesten Stande der Gesetzgebg. Zur Austeilg. an junge Bürger bei der Huldigg., sowie f. Jedermann zur Erinnerg. u. zum Nachschlagen. Mit alphabet. Register. 15. Aufl. gr. 16. (VIII, 184 S.) Stuttgart 886. Metzler's Verl. n. — 60

Bürger-Handbuch. Die wichtigsten Gesetze u. Verordngn. welche bei den Ruggerichten verkündigt werden, nach dem neuesten Stande der Gesetzgebg. 16., umgearb. Aufl. gr. 16 (VI, 186 S.) Stuttgart 888. Metzler's Verl. n. — 60

Bürger-Handbuch. Die wichtigsten Gesetze u. Verordngn., nach dem neuesten Stande der Gesetzgebg. Zur Austeilg. an junge Bürger bei der Huldigg., sowie f. Jedermann zur Erinnerg. u. zum Nachschlagen. 17. umgearb. Aufl. 16. (VIII, 242 S.) Stuttg. 892, Metzler's Verlag. ** — 50

Bürger-Handbuch. Die wichtigsten Gesetze u. Verordngn., nach dem neuesten Stande der Gesetzgebg. 18., umgearb. Aufl. 12. (VIII, 264 S.) Stuttgart 894. J. B. Metzler's Verl. n.n. — 60

Bürger-Handbuch. Die wichtigsten Gesetze u. Verordngn. n. d. neuesten Stande d. Gesetzgebg. M. alphabet. Sachreg. 19., umgearb. Aufl. gr. 16. (VIII, 268 S.) Stuttgart 897. J. B. Metzler's Verl. n. — 50

Bürger-Handbuch, württembergisches. 20 Aufl. gr. 16. (VIII, 275 S.) Stuttgart, J. B. Metzler's Verl. 1900. —. 60.

Bürger-Handbuch, württembergisches. 21., nach d. neuesten Stand ergänzte Aufl. 12. (VIII, 287 S.) Stuttgart 902. J. B. Metzler. n. — 60

Bürger-Handbuch, württembergisches. 22., nach dem neuesten Stand ergänzte Aufl. (VIII, 284 S.) 16. Stuttgart, J. B. Metzler. 1904. —. 60.

Bürger-Handbuch, württembergisches. 23. nach dem neuesten Stand ergänzte Aufl. (VIII, 284 S.) kl. 8. Stuttgart 906. J. B. Metzler. n. — 60

Bürger-Handbuch, württembergisches. 24. neu durchgeseh. Aufl. (VIII, 285 S.) kl. 8. Stuttgart, J. B. Metzler. 1907. —. 70.

Bürger-Handbuch, württembergisches. Im Anh. das neue Vereinsgesetz nebst den württ. Ausführungsbestimmgn. 25. Aufl. (VIII, 304 S.) kl. 8. Stuttgart, J. B. Metzler. 1908. —. 75; geb. in Leinw. 1. 10.

Bürger-Handbuch, württembergisches. Im Anh. das Reichs-Vereinsgesetz nebst den württ. Ausführungsbestimmgn. u. das neue Volksschulgesetz. 26. Aufl. (VIII, 328 S.) kl. 8. Stuttgart 909. J. B. Metzler. n — 75; geb. in Leinw. 1. 10

Bürger-Handbuch, Württembergisches. Im Anh. d. wichtigsten Vorschriften d. RVO. 27. Afl. (8, 332) kl8° Stuttg., JB Metzler '12. — 75; geb. 1.10 d

Burgerhard, Sarah; eine niederländ. Gesch. aus d. bürgerl. Leben. 2 Thle. Mit Kpf. 8. Leipz. 788. Weygand. 1 ℔

BURGERHARD, Sarah. Eine niederländische (zahme) Geschichte aus dem bürgerlichen Leben in zwey Theilen. Leipzig, Weygand, 1789. 8°.
360 fortl. gez. S. incl. Titkpf., Tit. u. 1 Bl. Vorbericht, wonach 2 holländische Donnen, Mad. E. Bekker u. A. Deken Verfasserinnen des 1782 erschienenen Originals sind. — Fehlt im Anon.-Lex.

Bürgerhaus, das, in der Schweiz. Ein Aufruf, hrsg. im Auftrag des schweiz. Ingenieur- u. Architekten-Vereins. — La maison bourgoise en Suisse. (48 S. m. Abb.) 33 × 23,5 cm. Zürich 907. Schulthess & Co. 2. 80

Bürgerhaus. Das B' in der Schweiz = La Maison Bourgeoise en Suisse. Hrg. vom Schweizerischen Ingenieur- und Architektenverein = Publié par la Société Suisse des Ingénieurs et Architectes. Band 1: Das Bürgerhaus in Uri. [Mit vielen Abbildungen.] LVI + *Tafeln* 104 S. 4. Basel, Helbing & Lichtenhahn, 1910. [fr. 8. —]

Nürnbergs Bürgerhäuser und ihre Ausstattung, bearbeitet von FRITZ TRAUGOTT SCHULZ. Mit zahlreichen Abbildungen. Herausgegeben mit Unterstützung der städtischen Kollegien vom Verein für Geschichte der Stadt Nürnberg. Wien und Leipzig [1909]. Gerlach & Wiedling, Buch- u. Kunstverlag. 4°.

Bürgerjournal, oder kl. Familienbibliothek. 3 Bde. gr. 8. Lpz., (Ulm, Ebner). 3 ℔ 8 ℊ

Bürger-Journal oder kleine Familienbibliothek für Schweizer
⑤ August 1790—Juli 1791 und 1792 (während dieser Zeit erschienen 2 Bände zu 6 Stücken, ein 3. Band folgte 1792 als Ganzes) ⑥ 8° ⑦ Monatsheft ⑧ Bern ⑩ J. G. Heinzmann, bedeutender Kompilator und Herausgeber ⑪ J. G. Heinzmann ⑫ Unterhaltungszeitschrift belehrenden Charakters ⑬ BGSZ: 99. 107. 667. 973; HBLS: IV. 131 (Heinzmann) ⑭ Be: L. St ⑮ Die nichtverkauften Exemplare der Zeitschrift gab Heinzmann unter folgendem Sammeltitel heraus: »J. G. Heinzmann, Lesebuch zur Erweiterung der gemeinnützigen Aufklärung unter Staatsmännern und Bürgern in Städten.« 1795. — Ein Auszug aus dem 3. Bande unter dem Titel: »Feyerstunden des Geschäftsmannes«. Mit der Bestimmung »für Ausländer«. 1792.

Bürgerjournal, schweizer., 3 Bde. gr. 8. Bern, Typogr. 791—92.

— s. Schweizer-Bürger-Journal.

Bürger-Kalender, s.a. Bürger-Calender.

Bürger- u. Bauern-Kalender. Hg.: O. Stumpf.
1792. M. 12 Holzschn.
1793. M. 12 Holzschn.
Erfurt.

Hauser's Burger- und Bauern Kalender. 1896? ? New York
Title varies: Gross New York Bauern Kalender; Gross New York Burger- und Bauern-Kalender; Hauser's New York Bürger- und Bauern Kalender.

Bürger- und Bauern-Kalender, illustrirter. Kalender für Stadt und Land 1888—1889. 4. und 5. Jahrg. 8. (48, 139; 184 S. mit je 1 Wand- und 1 Taschen-Kalender.) Minden, Bruns. à Jahrg. *
Die frühern Jahrge. u. d. T.:

Bürger- u. Bauern-Kalender, illustrirter deutscher, Kalender f. Stadt u. Land. 1880—1883. 6.–9. Jahrg. 8. (à Jahrg. ca. 190 S. m. 1 Wand- u. 1 Taschenkal.) Minden i. W., Bruns. à Jahrg. * — 50

Bürger-Kalender, illustrirter — für alle Kronländer der Oesterreichischen Monarchie für das Jahr 1853. In Verbindung mit einem gewählten Geschichts-, Lehr-, Hilfs-, Koch-, Wirthschafts- und Familienbuch für Jedermann. Zehnter Jahrgang. 4. (156 S. 8 Bl.) Wien, Druck und Verlag von Ant. Schweiger, 1853.

Bürger-Kalender, Illustrirter — für alle Kronländer der österr. Monarchie auf das Jahr 1854. In Verbindung mit einem gewählten Geschichts-, Wirthschafts- und Familienbuch für Jedermann, hauptsächlich für angehende Hausväter und Hausmütter. 11. Jahrgang. 4. (170 S.) Wien. Druck und Verlag von Anton Schweiger. 1853.

Bürger-Kalender, Österreichischer, für das Jahr 1846 f. Wien. H: *Gräffer, Franz.* (Zeitschr. f. Büch. 1923, S. 81)

Bürger-Kalender, österreichischer, f. d. Jahr 1846. Ein zu fortwährendem Gebrauche bestimmtes Lese-, Nachschlage- u. Bibliothek-Buch. Herausg. v. e. Gesellschaft. 1. Jahrg. m. 4 Portraits. gr. 8. Wien 846, Pichler. geb. 2/3 ℔

Bürger-Kalender, Oesterreichischer f. d. Jahr 1847. Ein Lese-, Nachschlage- u. Bibliothek-Buch. 2. Jahrg. Mit 4 Portr. gr. 8. (XXX u. 307 S.) Wien, Pichler's Wwe. 24 ngr

Bürger- u. Bauern-Kochbuch, od. leichtfaßliche Anleit. für gemeine Kost, auf d. wohlfeilste Art gut u. schmackhaft zu kochen u. einzumachen. 8. Regensb. 823. Daisenberger.

Bürger- u. Bauern-Kochbuch, oder leichtfaßl. Anleit., für gemeine Kost auf d. wohlfeilste Art gut u. schmackhaft zu kochen u. einzumachen. 2e Ausg. Regensb. 827. Daisenberger. 10 gr

Bürgerkönigthum, das, u. das französ. Volk. Aktenmäßige Würdigung der Demokratie u. der Geldaristokratie insbesond. Louis Philipps. 8. (76 S.) Leipzig 848, Weller. 1/3 ℔

Bürger-Kranken-Verein, Der. Bamberg ... Eine kleine Festschrift zur Feier seines 70. Stiftungstages. Bamberg 1886. V: *Dros, Otto.* (BMarsch 1199)

Bürgerkrieg, der deutsche. Neueste Kriegsberichte. Nr. 1—5. (à 8 S. m. Holzschn.) Leipzig 866. Purfürst. (Haynel.) 4. Jede Nr. 1 ngr.

—— der deutsche, im J. 1866. Parteilos und zum großen Theil nach officiösen Quellen für das Volk bearb. von F. A. 1.—3. Blatt. gr. 8. (60 S.) Braunschweig 866,67, Graff und Müller. *

Bürgerkrieg, der, in Frankreich. Adresse des Generalraths der internationalen Arbeiter-Assoziation an alle Mitglieder in Europa und den Vereinigten Staaten. Neuer Abdr. 8. (56 S.) Leipzig 876. Exped. des „Vorwärts". — 60

Bürgerkrieg, der, in Frankreich. Adresse d. Generalraths der internationalen Arbeiter-Association. 8., deutsche Aufl., verm. durch die beiden Adressen d. Generalraths üb. den deutsch-französ. Krieg u. durch e. Einleitg. v. Frdr. Engels. gr. 8. (71 S.) Berlin 891. Buchhdlg. d. „Vorwärts". n. — 30

– dass., s.a. Marx, Karl

Bürgerkrieg, der, in Spanien. Charakter. Skizzen d. verschied regelmäß. u. unregelmäß. Truppen-Gattungen, aus welchen die Armeen des Don Carlos u. der Königin Isabelle bestehen, nebst bildl. Darstellungen von interess. militär. Operationen u. Trachten verschied. span. Bewohner; von e. beim Stab der Königin dienenden engl Offizier. No. I. u. II. Mit 8 color. Abbildd. qu. gr. 4. Leipz. 837. Baumgärtners B. à n. 1/2 Thlr.

Eine Bürger-Krone dem Herrn von Rapner! Verlag von S. Löwenherz. 1 Bl. Fol.

Flugblatt. Berlin, 16. Juni 1848.

Bürgerkunde. Staats- u. Rechtskunde f. d. deutschen Staaten. Unter Mitw. von ... begründet von Dr. A[ugust] Glock, Landger.R., nach s. Tode weitergeführt von E[mil] Burger, Notar. [1.] Karlsruhe: Braun 1909. 8°

Bürgerkunde, baltische. Versuch e. gemeinverständl. Darstellg. der Grundlagen des polit. u. sozialen Lebens in den Ostseeprovinzen Rußlands. (Hrsg. von Carl v. Schilling u. Burchard v. Schrenck.) 1. Tl. (VI, 375 S.) 8. Riga 908. G. Löffler. Kart. 3.50; geb. in Leinw. 4.50

Bürgerkunde, deut., v. Politicus, s.: Miniatur-Bibliothek.

— österreichische. Handbuch der Staats- u. Rechtskunde in ihren Beziehgn. zum öffentlichen Leben. 2 Bde. Lex. 8. Wien, Patriot. Volksbuchh. Geb. in Leinw. à 20.- ; auch in 80 Lfgn. à 1.20

I. Mit 7 Tondr.-Taf., 7 Karten in Farbendr. u. 139 Abbildgn. im Texte. (VIII, 702 S.) (909.)
II. Mit 11 Tondr.-Taf., 5 Karten Taf. in Farbendr. u. 106 Abbildgn. im Texte. (VIII, 758 S.) (910.)

Bürgerleben, deutsches, alter Zeit, s. Volksbücher, neue.

Bürgerlicht, Das neu entdeckte, aus dem Lauf der Natur hergeleitet ... Mannheim 1779—81. V: *Weber, Johann Christoph.* (Ky) (Ml.)

Bürgerlicht, d. neuentdeckte, zur Ausbild. d. Bürger zur Wohlfahrt d. Staates. 2 Thle. 8. Manh. 780. Löffler. 1 Thlr.

Bürgerlieder, Drei. Braunschweig 1830. V (1): *Wilke, Henriette.* (3): *Geitel, Carl Wilh. Ludw. Theod.* (Mittb. Dr. H. Bäsecke.)

Allgemeine Bürger-Loge. [Jg. 2:] Allgemeine Bürger-Logen-Zeitung. Verkündigungsblatt der A[llgemeinen]. B[ürger]. L[oge]. [Redakteur und Verleger: O. Hemfler.] Berlin, Druck Dietze. 4°. Jg. 1. 1898 Nr. 6; 2. 1899 Nr. 6.

Franckfurther / Bürgerlust / im Stück-Schiessen / oder / Ausführliche Beschreibung / Was bey dem / Dem Durchlauchtigsten Ertz-Herzog / von Oesterreich und Printzen von Asturien / Leopoldo / Zu aller unterthänigsten Ehren / den 10. August 1716 gehaltenen / Stück-Schiessen. Frankfurt, Friedrich Wilhelm Förster, 1716

Das Burgermächen (sol). Mit hübscher Bordüre. Wien. Kurzbeck, 1781. 8°. (10 Kr. Gilhofer & Ranschburg, 1909:)
Sehr seltene josephinische Broschüre, welche den Niedergang des Wiener Mittelstandes schildert.

BÜRGERMÄGDLEIN, Das vor dem Spiegel sich putzende und schminkende, welches durch ihre annehmliche Caressen die galante Welt mit besonderer Affection zu bedienen beflissen lebet. Frankfurt und Leipzig (Celle, Gsellius) 1750. 8°. 17 Bogen.
Aeusserst selten! — Cat. Meissner II; Günther's Verz. no. 197.

Bürgermaler, Sylvester, s.: Waldmann, v. d. Au.

Burgermeister, Joh. Steph.: Kurtzer Aufzug deß Grafen- u. Ritter-Saals ... [Nebst] Anh. [u.] Weiterer Anh. Esslingen [1721].

Burgermeister, J. St., Bibliotheca equestris. II Tmi. 4. Ulm. 721.

Burgermeister, Joh. Steph.: Codex diplomaticus equestris cum continuatione, Oder Reichs-Ritter-Archiv mit dessen Fortsetzung. Bd 1.2. Ulm 1721. 2 Bde.

(Burgermeister, J. Stephanus): „Teutsches Corpus Juris, publici et privati, Oder Codex Diplomaticus. Der Teutschen Staats-, Lehen-, Burger- und Peinlichen Rechten und Gewohnheiten, wie auch Process-Ordnungen an denen Kayserlichen Reichs-Hof-Cammer- und Land-Gerichten .... Das erstemal zusammen getragen und mit einem vollständigen Register, so dann mit Auslegung der alten undeutlichen Wörter dem Alphabet nach eingerichtet, versehen ....", Ulm 1717. „In 2 Theil abgetheilt, davon der Erstere Theil in dem alten Sachsen- und Schwaben-Spiegel, Weichbild und Lehenrechten, auch älteren Teutschen Lehens-Gebräuchen, denen alten Teutschen Lehen und anderen Rechten und Gewohnheiten, auch Land- und Kampff-Rechten und Gerichten in Francken, der Hansee-Städten und Lübeckis. Seerechten und Schiffordnungen, Kays. Alberti I. Reichs-Satzungen, Kays. guldenen Bull, Concordatis Nationis Germanicae, Peinlichen Halss-Gerichts-Ordnung, Passauischen Vertrag, Religion und Prophan-Friden, Reichs-Kriegs-Rechten und Policey-Ordnungen mit dem Supplemento wegen des Duellirens, der Bücher, Reichs-Tägen, Commercien, Müntz- und Post-Wesens, Item der Titul und Wappen, auch Handwercks-Gebräuchen .... Der Zweyte Theil aber in dem alten Allemanischen Recht, denen Kayserl. Reichs-Satzungen de 1287, Kayserl. Reichs-Hof-Raths-Cammer-Gerichts-, Rothweylischen Hof-Gerichts und Land-Gerichts in Schwaben Ordnungen und Ehehafften, dem jüngsten Reichs-Abschied de Anno 1654, denen Westphälisch-Nimmwegisch-Risswickisch- und Baadischen Friedens-Schlüssen, der Kayserl. jüngsten und dem Project der perpetuirlichen Wahl-Capitulation, denen Reichs- und Cammer-Matriculn mit Zugehör bestehet". — Vorh.: Büch. der Industrie- und Handelskammer Leipzig und des Reichsjustizamtes Berlin.

— Grafen- u. Rittersaal, d. i.: Vorstellung u. Aufführung d. Reichsgrafen u. Ritterschaften rc. 4. Frankf. a. M. ... (Schäfer). 1 Thlr.

Burgermeister, Joh. Steph.: Graven- und Ritter-Saal, das ist gründliche Vorstellung und Ausführung, welcher gestalt des H. Röm. Reichs-Grafen, Herren und die andere Reichs-Ritterschaft bey des H. Röm. Reichs dreyen namhafften Veränderungen mit ihren Aembtern, Rechten, ... gegen- und beyeinander gestanden. Ulm 1715. [Beigedr.]

[1.] Preziger, Joh. Ulr.: Erörterung der Frage, wie die unmittelbahre Freye Reichs-Ritterschafft in Francken ... beschaffen.
[2.] Gemmingen, Wolffg. v.: Information, welcher Gestalt deß Heil. Reichs Grafen ... in Conjunction gestanden.

— Grafen u. Rittersaal. 4. Frankf. Oettinger. 721.

— — dass. im Ausz. 4. Heilb. Eckel. 726.

— manuale equestre, v. compend. d. Reichsritterschafts-Rechte rc. 4. Heilb. Eckel. 720.

Burgermeister, Joh. Steph.: Status equestris Caesaris et imperii Romano-Germanici, Das ist: deß unmittelbaren freyen Kayserl. Reichs-Adels, der dreyen Ritter-Craysen in Schwaben, Francken, u. am Rhein-Strohm uhrsprüngl. Immedietät, Praerogativen. Ulm 1709.

— status equestris, d. in d. fr. Reichsadels Immedietät rc. 4. Ebend. 719.

Burgermeister, Joh. Steph.: Thesaurus juris equestris publici et privati. Th. 1. 2. Ulm 1718.

— thesaurus juris equestris. II Tmi. 4. Ulm. 721.

Burgermeister, Wolfgang Paul

Bürgermeister v. Deyzisau, Wolfg. Paul, († 1756.) Anleitung z. Gelehrtheit d. in Deutschland eingeführten Rechte. gr. 8. Frankf. 752. 12 gGr.

— — De casibus a jure majoris partis in comitiis S. Romano-Germanici Imp. exceptis, in instrumenti pacis Westphal. art. V § 52 firmatis. Diss. jur. Präs. Gabriel Schweder. Tübingen (Hiob Francke) 23. VI. 1718. 52 S., meist deutsch (5.—) 4729
Widm. v.: Joh. Jac. Rampacher.

Burgermeister, Wolfgang Paul (Tübingen), Collatio succincta capitulationum Caesarearum post Westphalicam pacem hucusque publicatarum cum projecto perpetuae capitulationis comitiali. Präs. Gabriel Schweder. Tübing. (Hiob Francke) 22. IX. 1716. 42 S. (5.—) 4728
Gew.: Gabr. Schweder, Paul Burgermeister v. Dicessaw, Joh. Steph. Burgermeister v. Dicessaw.

Burgermeister, Wolfgang Paul: Disputationes varii . . . , s. Schwederus, Gabr.

Burgermeister, Wolfg. P.: Versuch einer leichten u. deutlichen Anleitung, zu einer gründl. Gelahrtheit in denen in Deutschland eingeführten u. hergebrachten Rechten zu gelangen. *Frkf.* 753. 8.

Burgermeister von Dicessaw, Gabriel Franz

Burgermeister v. Dicessaw, Gabriel Franz (Tüb.), Legitimatio per rescriptum principis Justiniano imperatori tanquam auctori atque inventori vindicatur. Diss. hist.-jur. Präs. Christian Heinrich Hiller. Tübing. (Hiob Francke) 13. III. 1723. 46 S. (5.—) 4730

— — De coexercitio, sive simultaneo utriusque Romano-catholicae ac evangelicae religionis exercitatio. Diss. jur. publ. Präs. Gabriel Schweder. Tübingen (Gg. Friedr. Pflicke) 4. IV. 1727. 38 S., tlws. dtsch. (6.—) 4731
Widm. v.: Ernst Theophil Majer (Crusianus), Chph. Matth. Pfaff, Präs., Mich. Grass, Jac. Dav. Moegling, Gg. Fried. Harpprecht, Elias Camerarius, Joh. Eberh. Roesler, Gg. Conr. Pregizer, Jo. Mich. Hallwachs, Dan. Hoffmann, J. G. Schweder, Ernst Ludw. Buttersack, Chph. Dav. Gerlach, G. A. Renz, Heinr. Scheinemann, J. Caumont.

Bürgermeister, Der. Ein Originallustspiel in fünf Aufzügen. Wien 1785. Zweite Aufl. Wien 1786. V: *Brühl, Alois Fch. Graf von.* (Vgl. GGr V/387, Nr. 3/2 sub IIIg) (BiblPort)

Bürgermeister, der,. Lustsp. v. Brühl. 8. Dresd. Walther 786.

Bürgermeister, der illustrirte. Kalender für Stadt und Land 1885. 8. (167 S.) Minden 884, Theine.

Bürgermeister, der illustrirte. Kalender f. Stadt u. Land 1886. 8. (189 S. m. eingedr. Holzschn.) Minden, Theine. n. — 50

Bürgermeister, der illustrirte. Kalender für Stadt u. Land. 1887. 8. (192 S. mit eingedr. Holzschn.) Minden, [Theine.] Bruns. n. — 50

Bürgermeister, Ein katholischer, als konfessionsloser Pfarrer. Eine harmlose Zeitbetrachtung . . . 3. Aufl. Graz 1871. V: *Donin, Ludwig.* (EB)

Bürgermeister, e. katholischer, als konfessionsloser Pfarrer. Eine harmlose Zeitbetrachtg. v. e. Wiener Bürger in einsamen Stunden. 16. (IV, 44 S.) Graz 872. Moser. n. — 20

Bürgermeister, Adf. (Hrsg.), s. Zeitung, Allgemeine, für Land-, Forst- und Hauswirthschaft, . . .

Bürgermeister, Ant., prakt. Anweisung, durch Entfernung der Egel- u. Drehkrankheit, d. Haarwürmer, d. Starrkrampfes 2c d. bisherige große Sterblichkeit in Schaafheerden auf höchstens ein Prozent zu beschränken. Nach vieljähr. eigener Erfahrung. Mit 2 color. Kpfr. gr. 8. Prag 833. Borrosch u. André. 2/3 ℛ

— — Bedingungen, unt. welchen d. Leitung d. Landwirthschaft ihr vorzügl. Gedeihen erreichen kann; als Widerlegung d. Behaupt., daß nur Pacht-, u. vorzugsweise Erbpacht d. Ertrag landtäfl. Besitzungen sichern könne. 8. (7¼ B. u. 3 Tab.) Prag 829, Kronberger u. Weber.

— Mittel u. Wege der Landwirthschaft aufzuhelfen; oder: Deutliche Beschreibung u. Erklärung aller bei der Feld- u. Forstwirthschaft gegenwärtig wichtigen Veränderungen und Erfindungen aus älterer u. neuerer Zeit. 1s Hft. A. u. d. T.: Möglichst vollständ. Anweisung zur Vertilgung der Unkräuter auf Feldern, Wiesen, Hutweiden u. in Waldungen. gr. 12. Prag, Leitmeritz u. Teplitz 838. Medau. 2/3 ℛ

— dass. 2. Hft. — A. u. d. T.: Allgemeine auf Natur u. Erfahrung gestützte Regeln zum Anbaue u. zur Pflege land- u. forstwissenschaftlich. Gewächse. Mit 2 lith. Taf. 8. Ebend. 843. n. 2/3 ℛ

Bürgermeister, Ant. und Adph., Revision u. Berichtigung der streitigen Lehrsätze aus der niederen und höheren Mathematik. Mit 2 lith. Taf. (in Fol.). Amberg 856. Pohl in Comm. gr. 8. (2 Bl., 155 S.) n. 2 ℛ 8 ngr

Bürgermeister, Ant. (Hrsg.), s. Zeitung, Allgemeine, für Land -, Forst-und Hauswirthschaft, . . .

Bürgermeister Rudolf: Bemerkungen zu dem Unterrichte in der Geographie am Untergymnasium. 5. Gaya 96.
Progr.

Bürgermeister von Deyzisau, Wolfgang Paul, s. Burgermeister, Wolfgang Paul

Bürgermeisteramt, Das, des Harlekin, eine Fastnachtsfrazze mit Tänzen. 1779. V: *Wekhrlin, Ludwig.* (Böhm, L. Weckhrlin. München 1893 S. 167)

Bürgermeisterblatt. – Düsseldorf: 1849 - 30. VI. 1871. Fortges. u. d. T.: Volkszeitung, Düsseldorfer.

Wiener **Bürger-Militär.** Wien 1848. J. Rauh.
11 Taf. in kol. Lithogr. 2°.

Bürger-Militär-Almanach f. d. Kgr. Bayern . . . . s. u.: Lipowsky.

Bürger Militär-Schematismus der kaiserl. königl. Haupt- und Residenzstadt Wien. Für das Jahr 1836—1839, 1841—1844, 1846 (9 Bde.) 8. Wien 1836—1846.

Bürgerrecht. Zusammenstellg. d. i. d. Kantonen geltenden Bestimmungen über Erwerbung dess. Bern 1862.

Bürgerrecht, über d. ausschließende, d. Sachsen auf ihrem Grund u. Boden. 8. Wien 792. v. Mößle. 6 Kr

Bürgerrecht, das himmlische, eine Predigt über Philipper 3, 20. 21. gehalten zu Lotte im Teklenburgischen 1809. Aufs Neue gedr. zum Besten des Deutschen Hospitals auf dem Berge Zion in Jerusalem. Bremen 855. Strack. gr. 8. (19 S.) n. 5 ngr

Bürgerrechts-Gesetz, s. Gemeindeordnung.

Bürgerrechts-Gesetz, das, f. das Königr. Württemberg vom 4. Decbr. 1833 m. Erläuterungen u. Beilagen, insbesondere dem Gesetze vom 6. Juli 1849 üb. Abänderungen u. Ergänzungen der Gemeinde-Ordnung u. den bis in die neueste Zeit reichenden Normalerlassen. Hrsg. v. F. G. Jäger. Mit alphabet. Sachreg. gr. 8. (X u. 260 S.) Stuttgart 850, Metzler. 5/6 ℛ

Buergers, Bruno: Quae sint jura emtoris rei immobilis dominio propter deficientem emtionis in libris publicis inscriptionem nondum acquisito. Berolini (1865). (100 S.) 8°
Berlin, Jur. Diss. v. 12. Aug. 1865

Buergers, Bruno, quae sint jura emtoris rei immobilis dominio propter deficientem emtionis in libris publicis inscriptionem nondum acquisito. Dissert. inaug. Berlin 865. (Calvary & Co.) gr. 8. (101 S.) n. 15 *ngr.*

Bürgers, Joseph, a. Plittersdorf: Ueber spontane Lactosurie in der Gravidität und im Puerperium. Bonn 1905: E. Eisele. (30 S.) 8°

Bonn, Med. Fak., Ref. Fritsch, Diss. v. 14. Febr. 1907

[Geb. 27. Aug. 81 Plittersdorf; Wohnort: Bonn; Staatsangeh.: Preußen; Vorbildung: Kgl. Gymn. Bonn Reife O. 01; Studium: Straßburg 3, Bonn 1, München 2, Bonn 3 S.; Coll. 9. Febr. 06; Approb. 12. Febr. 07.]

Bürgers, Rob.: Kulturbilder a. d. Vereinigten Staaten v. Nordamerika. (34) gr8° Liegn., H Krumbhaar '11. 1 — d

Bürgerschlacht, Die. Localposse in drei Aufzügen. Frankfurt a. M. 1828. V: *Pfeiffer, Georg Wilhelm.* (GGr)

Bürgerschule, die,. Lustsp. v. Alainvall. 8. Frankf. Eßlinger. 77².

— die,. Lustsp. 8. Mannheim, Schwan u. G. 777.

Bürgerschule, die. Eine pädagogisch-didakt. Zeitschrift. Organ des Vereines „Bürgerschule" in Wien. Hrsg. und redig. von J. G. Rothaug. 1.—4. Jahrg. 1876—79. à Jahrg. 24 Nrn. (Bog.) gr. 8. Wien, (Sallmayer'sche Buchh.) Jahrg. 1876—1878 à * *M* 4.; Jahrg. 1879 *

— dasselbe. 5—7. Jahrg. 1880—1882. à 24 Nrn. (à 1—1½ B.) gr. 8. Wien, Sallmayer in Comm. à Jahrg. n.n. 5. —

Bürgerschule, die. Eine pädagogisch-didakt. Zeitschrift. Organ d. Vereines „Bürgerschule" in Wien. Red. v. J. G. Rothaug u. M. Sedlak. 8—11. Jahrg. 1883—1886. à 24 Nrn. (à 1—1½ B.) gr. 8. Wien, (Sallmayer). à Jahrg. n.n. 6. —

Bürgerschule, die. Eine pädagogisch-didakt. Zeitschrift. Organ d. Vereines „Bürgerschule" in Wien. Red. v. M. Sedlak. 12.—15. Jahrg. 1887—1890. à 24 Nrn. (à 1—1½ B.) gr. 8. Wien, (Sallmayer'sche Buchhandlg.). à Jahrg. n.n. 6.—

Bürgerschule, die Pädagog.-didakt. Zeitschrift. Red. v. M Sedlak. 16—19. Jahrg. 1891—1894 à 24 Nrn. (à 1—1½ B.) 8° Wien, (Sallmayer'sche Bh.). à Jahrg. n.n. 6 —
Fortsetzg s. u. d. T.: Bürgerschul-Zeitung, österr.

Bürgerschule, Die höhere. Organ zur ausschliesslichen Besprechung der Interessen der Real-, höheren Bürger- u. Töchterschulen in Deutschland, herausg. von Carl Vogel u. Körner [Jhg. 7. auch von C. Klaunig]. Jhg. 1—7. 1852—58. Leipzig u. Magdeburg. gr. 8.
Später: Die Real- u. Bürgerschule.

Bürgerschule, Die österr. Monatsschr. f. d. method. Ausgestaltg d. Fachunterr. u. d. organ. Ausbau d. Bürgersch. Hrsg. v. E Weyrich u. W Fuchs. Schriftleitg: E Weyrich u. W Fuchs. 1. J. '12. 12 Hefte. (1. Heft: 32) Lex8° Wien, F Tempsky. 6 — d

Bürgerschule, d. untere, bei d. luther. Gemeinde zu Essen. Acht Progr. v. Natorp, Bährens, Dietrich, Sartorius u. Schröter. 1808 bis 15. Essen u. Duisb., Bädecker. (à 6 gl) 2 ₰

Bürgerschule oder Unterrnittelschule? Ratgeber bei der Wahl der nach zurückgelegter Volksschule zu besuchenden Bildungsanstalten. Gr.-8°. (16 S.) † K —.20
Wien: Sallmeyer (Schellbach) 1906.

Bürgerschul-Handkatalog (1909/1910). (IV, 110 S.) kl. 8. Wien, (Sallmayer'sche Buchh.). Geb. in Leinw. nn 1.25

Bürgerschul-Handkatalog ('10/11). (4, 110) kl8° Wien, (Sallmayer'sche Bh.). L nn 1.25

Bürgerschul-Kalender für die J. 1880 und 1881. 1. und 2. Jahrg. Redig. von Thdr. Wranitzky. 16. (à Jahrg. ca. 180 S.) Wien, Perles. geb. à Jahrg. *

—— für die J. 1882 und 1883. Hrsg. im Auftrage des Vereines „Bürgerschule" von Frz. Kopetzky. 3. und 4. Jahrg. 16. (208; III, 314 S.) Ebendas. Jahrg. 1882 geb. * Jahrg. 1883 geb. *

—— für das J. 1884. Hrsg. im Auftrage des Vereines „Bürgerschule" von Jos. Gspann. 5. Jahrg. 16. (III, 341 S.) Ebendas. geb. *

—— für das J. 1885. Redig. von Frz. Kopetzky. 1. Jahrg. 16. (176 S.) Wien, (Sallmayer'sche Buchh.) geb. *

Bürgerschul-Kalender f. d. J. 1886. Bearb. v. Philipp Brunner, VII. Jahrg. Taschenform. (182 S. m. Vormerk-Kalender.) Wien, Moritz Perles. In Lwd. geb. 1 fl. 20 kr., in Leder geb. 1 fl. 80 kr.

Bürgerschul-Kalender f. d. J. 1886. Herausgeg. v. Vereine „Bürgerschule", redig. v. Franz Kopetzky. Taschenformat. (103 S. m. Hand-Katalog.) Wien, *Sallmayer'sche Buchh. (Julius Schellbach.) Geb. 1 fl. 20 kr. N. b.

Bürgerschul-Kalender f. d. J. 1887. Hrsg. vom Verein „Bürgerschule", red. v. T. Aug. Graf. 16. (XI, 92 u. Hand-Katalog 128 S.) Wien, (Sallmayer). geb. n. 2. 40

Bürgerschul-Kalender für das J. 1888. Hrsg. vom Verein „Bürgerschule" in Wien, redig. von T. Aug. Graf. 16. (125 S., Hand-Katalog 128 S.) (Wien, Sallmayer'sche Buchh.) geb. *

Bürgerschul-Kalender für das Jahr 1890. Im Auftrage des Vereines „Bürgerschule" in Wien zusammengestellt von M. Sedlak. XI. Jahrg für 160 Schüler. 16. (VIII, 74 S. und Handkatalog.) Geb. 1.20
— — Für 280 Schüler. 16. (VIII, 74 S. und Handkatalog.) Geb. 1.30
— — Für 440 Schüler. 16. (VIII, 74 S. und Handkatalog.) Geb. 1.35

Bürgerschulkalender f. d. J. 1891. Im Auftrage des Vereines „Bürgerschule" in Wien unter Mitwirkg. d. Hrn. L. Manner zusammengest. v. M. Sedlak. 12. Jahrgang. 16. (48 u. 53 S. m. Katalog f. 150 Schüler.) Wien 890. (Sallmayer'sche Buchhandlg.) geb. n.n. 2. 40; m. Katalog für 250 Schüler n.n. 2. 60; mit Katalog f. 350 Schüler n.n. 2. 90

Bürgerschul-Kalender für d. Schuljahr 1894/95. Im Auftrage des Vereines „Bürgerschule" in Wien zusammengestellt von Josef Brunner. 14. Jahrg. 16. (59 S. mit Katalog für den Classen-Vorstand, Notizblättern und Schematismus der österr. Bürgerschulen, 58 S.) In Comm. In Leinwd. geb. * 1.10 mit 10%.

Bürgerschul Kalender, österr., s. a. Brunner, Philipp.

Oesterreichischer Bürgerschul-Kalender f. d. J. 1885. Bearb. v. Philipp Brunner. VI Jahrg. Taschenf. (196 S. mit Vormerkkalender.) Wien, Moritz Perles. In Leinwd. geb. 1 fl. 20 kr., in Leder geb. 1 fl. 80 kr. 1884.

—— österreich., f. 1886. Bearb. v P Brunner. 7. Jahrg. 16. (326) Wien, Perles. geb. in Leinw. n. 3. —: in Ldr. n. 4. —

— österreichischer, f. d. J. 1886. Bearb. v. Phpp. Brunner. 8. Jahrg. 16. (III, 203 u. 132 S.) Wien, Perles. geb. in Leinw. n. 2. 40; in Ldr. n. 3. —

—— dass. — für das J. 1887. Bearb. von Phpp. Brunner. 8. Jahrg. 16. (III, 150; 53, 132 S.) Ebendas. geb. in Leinw. * *M* 2.40.; in Leder *

— österreichischer, und Schematismus der Bürgerschulen für das Jahr 1888. Bearb. von Phil. Brunner. 9. Jahrg. 16. (III, 150; 55 u. 132 S.) Wien, Perles. Geb. in Leinw. fl. 1.20; in Ldr. fl. 1.80.

—— dass. — und Schematismus der Bürgerschulen für die J. 1888 und 1889. Bearb. von Phpp. Brunner. 9. und 10. Jahrg. 16. (III, 150, 55, 132; 150, 52, 132 S.) Ebendas. geb. à Jahrg. *

—— österreichischer, u. Schematismus der Bürgerschulen f. d. J. 1890—1893. Bearb. v. Phpp. Brunner. 11.—14. Jahrg. 16. (150, 42, 132; IV, 150, 43 S. u. Agenda; IV, 150, 46 S. u. Agenda; IV, 150, 49 S. u. Agenda.) Wien, Perles. à Jahrg. geb. * 2 40

Bürgerschul-Kalender, Oesterreichischer, und Schematismus der Bürgerschulen für das Jahr 1894. Bearb. v. Phpp. Brunner 15. Jahrg. 16. (152, 72 S. u. Notizblättern) Geb. 120
Wien: Perles 1893.

Bürgerschul-Kalender, östorroichischor, u. Schomatismus der Bürgorschulon f. d. J. 1895. Boarb. v. Phpp. Brunnor. 16. Jahrg. 16. (III, 152, 67 S. u. Agonda.) Wion, M. Porlos. Gob. in Leinw. n. 2.40

Bürgerschul-Kalender. Oesterreichischer, und Schematismus der Bürgerschulen für das Jahr 1896. Bearbeitet von Philipp Brunner. 17. Jahrgang. 16. (152, 72 S. und Notizblätter.) Geb. 1.20

Bürgerschul-Kalender, Oesterreichischer, und Schematismus der Bürgerschulen für das Jahr 1897. Bearbeitet von Philipp Brunner. 18. Jahrgang. 16. (156, 72 S. und Notizblätter.) Geb. 1.20

Bürgerschul-Kalender, Oesterreichischer, und Schematismus der Bürgerschulen für das Jahr 1897—1898. Bearbeitet von Philipp Brunner. 19. Jahrgang. 16. (158, 76 S. und Notizblätter.) Geb. 1.20

Bürgerschul-Kalender, Oesterreichischer, und Schematismus der Bürgerschulen für das Jahr 1898—1899. Bearbeitet von Philipp Brunner. 20. Jahrgang. 16. (158, 76 S. und Notizblätter.) Geb. 1.20

Oesterreichischer **Bürgerschul-Kalender** und Schematismus der Bürgerschulen für das Schuljahr 1899—1900. Bearbeitet von Philipp Brunner. XXI. Jahrgang. Wien. Perles. 16°. 166, 84 S. mit Agenda. Geb. fl. 1.20.

Oesterreichischer **Bürgerschul-Kalender** und Schematismus der Bürgerschulen für das Schuljahr 1900—1901. Bearbeitet von Philipp Brunner. XXII Jahrgang. Wien. Perles. 16°. 160, 84 S. und Agenda. Geb. K 2.40

Oesterreichischer **Bürgerschul-Kalender** und Schematismus der Bürgerschulen für das Schuljahr 1901—1902. Bearbeitet von Philipp Brunner. XXIII. Jahrgang. Wien. Perles. 16°. 160, 92 S. mit Agenda. Geb. K 2.40

Bürgerschul-Kalender, österreichischer, u. Schematismus der Bürgerschulen f. das Schulj. 1902—1903. Bearb. v. Philipp Brunner. 24. Jahrg. gr. 16. (III, 160 u. 78 S. u. Agenda.) Wien, M. Perles. Geb. in Leinw. n. 2.40

Bürgerschul-Kalender, österreichischer, u. Schematismus der Bürgerschulen f. d. Schulj. 1903—1904. Bearb. v. Philipp Brunner. 25. Jahrg. (III, 160 u. 80 S. u. Agenda.) gr. 16. Wien, M. Perles. Geb. in Leinw. n. 2.40

Fortsetzung s.: Brunner, Phil.

Österreichischer **Bürgerschulkalender** und Schematismus der Bürgerschulen für das Schuljahr 1906—1907. 8°. (110 S.) geb. K 2.40

Österreichischer **Bürgerschulkalender** und Schematismus der Bürgerschulen für das Schuljahr 1909—1910. 31. Jahrg. 8°. (124 S.) geb. K 2.40

Österreichischer **Bürgerschulkalender** und Schematismus der Bürgerschulen für das Schuljahr 1910/1911. 8°. (122 S.) geb. K 2.40

Bürgerschul-Zeitung. Eigentum des „deutsch-österreich. Bürgerschullehrerbundes". Für Unterrichts- u. Standesangelegenheiten jedermann geöffnete Fachzeitschrift. Hrsg.: Deutsch-österr. Bürgerschullehrerbund. Verantwortlich: G. Reisel. 34. Jahrg. 1909. 32 Nrn. (à ca. 8 S.) 36,5—27 cm. Wien, Sallmayer'sche Buchh. nn 11.—

Bürgerschul-Zeitung, österreichische. Vormals „Die Bürgerschule". E. pädagog.-didakt. Zeitschrift. Organ d. allgem. österr. Reichs-Bürgerschulbundes. Schriftleiter: E. Brandois. 20.—23. Jahrg. 1895—1898. à 36 Nrn. (à 8 S.) gr. 8. Wien (Sallmayer'sche Buchh.) à Jahrg. n.n. 9.—

Der 23. Jahrg. ist von Ferd. Krapf herausgegeben. — Kann auch halbjährlich bezogen werden.

Bürgerschul-Zeitung, österreichische. Hrsg.: Deutsch-österreich. Bürgerschullehrerbund. Schriftleiter: Gust. Reisel. 24.—27. Jahrg. 1899—1902. à 36 Nrn. gr. 4. (à ca. 8 S.) Wien (Sallmayer'sche Buchh.). à Jahrg. n.n. 9.—

Bürgerschul-Zeitung, österr. Vormals „Die Bürgerschule". Schriftleiter: G Reisel. 25—30. Jahrg. 1900—5 je 36 Nrn. (1900. Nr. 1—28. 270) 4° Wien, (Sallmayer'sche Bh.). Halbj. nn 4.50

Bürgerschul-Zeitung. Für Unterr.- u. Standesangelegenh. jedermann geöffnete Fachzeitschrift. Hrsg.: Deutsch-österr. Bürgerschullehrerbund. Verantwortlich: G Reisel. 34. J. '09. 22 Nrn. (Nr 1. 8) 36,5×27 cm. Wien, Sallmayer'sche Bh. nn 11 — d

Burgeradicius, F., idea politicae doctrinae. 12. Tiguri. 755.

Bargershein, A., Solla, R., Elementi di e Botanica per l Classi superiori delle scuole medie. 2. Aufl. Gr.-8°. (193 S.) Wien: Hölder 1910. K 2.0

Lübecker **Bürgersiegel** des Mittelalters aus den Archiven der Stadt Lübeck. Gez. u. erläut. v. C. J. Milde, vollendet v. C. Wehrmann. Mit 15 Tafeln. Lübeck. 1865—79. 4°. = Siegel des Mittelalters aus den Archiven der Stadt Lübeck. Heft 7, 2. 9, 2 u. 10.

Bürgersinn, Deutscher. Ein Geschenk für die Landwehr ... Hannover 1813. V: *Blumenhagen, Philipp Wilhelm Georg August.* (Ky)

Bürgersinn, deutscher. Ein Geschenk f. d. Landwehr seines Vaterlandes, von d. Verf. d. Räthsels unsrer Zeit, (Ph. W. G. A. Blumenhagen). 8. Hannov. 813. (Hahn). 4 ℛ

Bürgersinn u. Familienliebe, od. Tobias Hoppe, von Aug. Lafontaine. 3 Bde. 8. Halle, Renger. 812.

Das **Bürgerspital** zum heiligen Geist in Graz. Eine geschichtliche Skizze nach urkundlichen Quellen. Graz 1900. In Comm. Leuschner & Lubensky. Gr.-8°. 72 S. K 1.—

Der **Bürgersteigbelag**. Bearb. auf Grund e. Rundfrage bei Baubehörden deutscher Städte v. Chem. Laborat. f. Tonindustrie ... Prof. Dr. H. Seger u. E. Cramer. Berlin: Tonindustrie-Zeitung 1909. IV, 135 S. 8° 1io. 2118

Burgerstein Alfred. Arbeiten des pflanzenphysiologischen Institutes der k. k. Wiener Universität. 3. Untersuchungen über das Vorkommen und die Entstehung des Holzstoffes in den Geweben der Pflanzen. 8. 70. 1. 78 . . . . —.30
— — 6. Untersuchungen über die Beziehungen der Nährstoffe zur Transpiration der Pflanzen. 1. Reihe. 8. 73. 1. 101 . . . . —.80
— — 14. Untersuchungen über die Beziehungen der Nährstoffe zur Transpiration der Pflanzen. 2. Reihe. 8. 78. 1. 667 . . . . —.50

Burgerstein, Alfr., Beiträge z. Kenntniss d. Holzstructur d. Pomaceen. [Aus: „Sitzungsber. d. k. Akad. d. Wiss."] gr. 8. (15 S.) Wien 898. (C. Gerold's Sohn.) n. — 30

Burgerstein, Alfred: Über die Bewegungserscheinungen der Perigonblätter von Tulipa und Crocus. S. 33—48. 8. **Progr.** K. k. Erzherzog Rainer-Gymn. *Wien* 1902.

Burgerstein Dr. A.: Über den Einfluss äußerer Bedingungen auf die Transpiration der Pflanzen. 28. Wien C.-ROG. II. 76. **Progr.**

Burgerstein, Dr. Alfredo. Elimenti di Botanica per le classi superiori delle scuole medie. Prima versione italiana sulla seconda edizione tedesca di Michele Stossich con 340 incisoni intercalate nel testo. Viena 1895. A. Hölder. (Min.-Erl. v. 26. August 1895, Z. 16483.) Geh. —.96, geb. 1.16

Burgerstein, Dr. Alfredo, Elementi di Botanica per le classi superiori delle scuole medie. Seconda edizione italiana fatta sulla quarta edizione originale dal Dr. R. Solla. Wien 1909. A. Hölder. Geb. K 2.60. (Min.-Erl. vom 20. März 1909, Z. 9591.)

Burgerstein (A.). Entstehung des Holzstoffes in der Geweben der Pflanzen. Wien, 1874. 8°.

— Die k. k. Gartenbau-Gesellschaft in Wien 1837—1907. (VII, 128 S. m. Abbildgn., 6 Bildnissen u. 1 farb. Plan.) Lex. 8. Wien 907. (W. Frick). nn 3. —

Burgerstein, Alfred (Hrsg.), s. Gartenzeitung, Wiener illustrierte.

— Guida alla somatologia dell' uomo, s.: Woldrich. JN.

Burgerstein, Alfred: Regierungsrat Direktor Joh. Halmschlag †. S. 18—22. 8.
K. k. Erzherzog Rainer-Realgymn. im II. Gemeindebezirke *Wien* 1910.
Progr.

Burgerstein, Dr. Alfred, Leitfaden der Botanik für die oberen Classen der Mittelschulen. Wien 1882. A. Hölder. Preis, 1 fl. 10 kr.

Burgerstein, A., Leitfaden der Botanik f. die oberen Classen der Mittelschulen. 2., vorb. Aufl. 8. (VIII 162 S. m. 340 in den Text gedr. Abbildgn.) Wien 889. Hölder. geb. n.n. 2. 2(

— Leitfaden der Botanik f. die oberen Classen der Mittelschulen. 3., vollst. umgearb. Aufl. gr. 8. (IV, 180 S. m. 223 Abbildgn.) Wien 890. A. Hölder. Geb. n. 2. 40

Burgerstein Dr. Alfred, Leitfaden der Botanik für die oberen Klassen der Mittelschulen. 4., verbesserte Auflage. Wien 1904. A. Hölder. Preis, geheftet 1 K 92 h, gebunden 2 K 42 h.
Diese neue Auflage des bezeichneten Buches wird ebenso wie die frühere Auflage desselben zum Lehrgebrauche an Mittelschulen mit deutscher Unterrichtssprache allgemein zugelassen.
(Min.-Erl. vom 13. Juni 1904, Z. 20674.)

— dasselbe, s. a. Leitfaden der Naturkunde f. landwirtschaftliche Schulen.

—— dass. f. nied. landwirtschaftl. Schulen, s. a. Leitfaden d. Naturkunde f. landwirtschaftl. Schulen.

BURGERSTEIN, Alfred 58
(F) **Leitfaden der Botanik für niedere landwirtschaftliche Schulen.** Von Dr. Alfred Burgerstein. 2., verbesserte Auflage. Mit 182 in den Text gedruckten Abbildungen. Wien. 1900. Hölder. Gr.-8°. 134 S. K 1.80

— Leitfaden der Somatologie u. Hygiene des Menschen, s.: Woldřich, Joh. N.

— Leitfaden der Zoologie, s. a. Woldřich, Joh. N.

Woldřich, Dr. Alfred, Leitfaden der Zoologie für den höheren Schulunterricht. 8. Auflage. Vollständig umgearbeitet von Dr. Alfred Burgerstein. Wien 1897. Alfred Hölder. (Min.-Erl. v. 23. März 1897, Z. 6772.) Gebunden 1.50

— Materialien zu e. Monographie betr. die Erscheinungen der Transpiration der Pflanzen. [Aus: „Verhandlgn. d. k. k. zoolog.-botan. Gesellsch. in Wien".] gr. 8. (94 S.) Wien 887. (Hölder.) n. 1. 2(

— dasselbe. 2. Thl. gr. 8. (68 S.) Ebd. 889. n. 1. —

— Materialien zu e. Monographie, betr. die Erscheinungen der Transpiration der Pflanzen. 3. Thl. gr. 8. (60 S.) Wien 901. (A. Hölder.) n. 1. —
Sonderabdruck aus: „Verhandlungen d. zoologisch.-botan. Gesellschaft in Wien".

Burgerstein Dr. Alfred: Chronologisch-statistischer Rückblick auf die ersten 25 Jahre des Gymnasiums. (25). Wien II. 2. St. G. (Erzh. Rainer G.) 90. **Progr.**

Burgerstein Dr. Alfred: „Der Stock im Eisen" der Stadt Wien. (34). Wien II. 2. St. G. (Erzh. Rainer G). 93. **Progr.**

— dasselbe, s.a. Xenia Austriaca

Burgerstein, Alfred: Xylotomisch-systematische Studien über die Gattungen der Pomaceen. 8 (S. 3—35).
Progr. K. k. zweites Staatsg. im II. Gemeindebezirke *Wien* 1898.

Die Transpiration der Pflanzen. Eine physiol. Monographie von Dr. Alfred Burgerstein, Univ.Prof. in Wien. *Jena: G. Fischer 1904.* (X, 283 S.) 8°

Burgerstein Dr. Alfred: Übersicht der Untersuchungen über die Wasseraufnahme der Pflanzen durch die Oberfläche der Blätter. (45). Wien II. (Erzh. Rainer G.) 91. **Progr.**

— Materielle Untersuchg der v. d. Chinesen vor d. Erfindg d. Papiers als Beschreibstoff benutzten Holztäfelchen, s. a. Sitzungsberichte d. k. Akad. d. Wiss. in Wien.

Burgerstein Alfred, Dr. Materielle Untersuchung der von den Chinesen vor der Erfindung des Papiers als Schreibestoff benutzten Holztäfelchen. S. 170/8 . . . . -.30
Separatabdruck

— mikroskopische Untersuchung prähistorisch. Hölzer des k. k. naturhistorischen Hofmuseums in Wien. Lex.-8. (S. 169—177.) Ebd. 901. n. — 40
Sonderabdruck aus: „Annalen d. k. k. naturhist. Hofmus."

— weit. Untersuchgn. üb. d. histolog. Bau d. Holzes d. Pomaceen, nebst Bemerkgn. üb. d. Holz der Amygdaleen. [Aus: „Sitzungsber. d. k. Akad. d. Wiss."] gr. 8. (31 S.) Ebd. 896. n. — 60

Burgerstein, Alfr., Untersuchungen üb. die Beziehungen der Nährstoffe zur Transpiration der Pflanzen. 1. Reihe. [Aus dem pflanzenphysiolog. Institut der k. k. Wiener Universität.] [Aus: „Sitzungsber. d. k. Akad. d. Wiss."] Lex.-8. (54 S.) Wien 876. (Gerold's Sohn.) n. — 80

— Untersuchungen über die Beziehungen der Nährstoffe zur Transpiration der Pflanzen. II. Reihe. [Arbeiten des pflanzen-physiolog. Institutes der k. k. Wiener Universität XIV.] [Aus: „Sitzungsber. d. k. Akad. d. Wiss."] Lex.-8. (31 S.) Wien 878. (Gerold's Sohn.) n.n. — 50 (1. u. 2.: n.n. 1. 30)

Burgerstein, Alfr., vergleichend-anatomische Untersuchungen des Fichten- u. Lärchenholzes. [Aus: „Denkschr. d. k. Akad. d. Wiss."] Imp.-4. (40 S.) Wien 893. (F. Tempsky.) n. 2. -

— vergleich.-histolog. Untersuchgn. d. Holzes d. Pomaceen. [Aus: „Sitzungsber. d. k. Akad. d. Wiss."] Lex.-8. (50 S.) Wien 895. (C. Gerold's Sohn.) n. 1. 20

BURGERSTEIN, Alfred: Untersuchungen über das Vorkommen und die Entstehung des Holzstoffes in den Geweben der Pflanzen. - Wien 1874. - Diss. Phil. Fak. - (Sitzungsber. d. Akad. d. Wiss. in Wien, Math. -nat. Kl. Bd. 70, Abt. 1, Jg. 1874)

Burgerstein, A, Untersuchgn üb. d. Vorkommen u. d. Entstehg d. Holzstoffes in d. Geweben d. Pflanzen. 8. (18) Wien 75. (Gerold's S.) n. — 30

Burgerstein, Jos., deklamovánky. Svazek 1. Wien 860. (Grund. (Gorischek.) 16. (48 S.) n. 4 ngr.

Burgerstein, Jos., Franz Anton Graf v. Thun-Hohenstein. Biograph. Skizze. Mit e. Portrait in Holzschn. gr. 8. (23 S.) Wien 871. Czermak. n. 1. 60

— žertovné výpisky z tobolek starých študentů. Svazek 1. 1. a 2. vydání. Ebend. 860. 16. (48 S.) n. 6 ngr.

Burgerstein, Leo, die Arbeitskurve e. Schulstunde. Vortrag, geh. auf dem VII. internationalen Kongresse f. Hygiene u. Demographie in London. (Aus: „Zeitschr. f. Schulgesundheitspflege".] gr. 8. (40 S.) Hamburg 891. L. Voss. n. -- 75

Burgerstein, Leo, und Frz. Noë, geologische Beobachtungen im südlichen Calabrien. Lex.-8. (20 S. mit 1 chromolithogr. Taf. und 1 lithogr. und color. Karte.) Wien 880, (Gerold's Sohn.) *
Aus: Sitzungsberichte der k. Akademie der Wissenschaften, besonders abgedruckt.

Burgerstein, L.: Hygienische Fortschritte der österreichischen Mittelschulen seit September 1890. Wien 1893. 46 S.

— dasselbe, s.a. Xenia Austriaca

Zur häuslichen Gesundheitspflege der Schuljugend. Bemerkungen für die Eltern und die Pfleger von Kostzöglingen. Von Dr. Leo Burgerstein. Preis 10 h.

Wien: K & K Schulbücherverlag 1904.

Burgerstein, Leo, zur häuslichen Gesundheitspflege der Schuljugend. Bemerkungen f. die Eltern u. die Pfleger v. Kostzöglingen. 10., durchgeseh. Aufl. (16 S.) 8. Leipzig 905. (B. G. Teubner.) n. —10

Burgerstein, L., die Gesundheitspflege in der Mittelschule. Hygiene d. Körpers, nebst beiläuf. Bemerkgn. gr. 8. (V, 140 S.) Wien 887. Hölder. n. 2. —

Gesundheitsregeln für Schüler und Schülerinnen, und zwar für vorgeschrittene Besucher der Volksschulen, ferner für jene der Bürgerschulen, der unteren Klassen von Gymnasien und Realschulen usw., sowie für Zöglinge der Lehrer- und Lehrerinnen-Bildungsanstalten. Von Dr. Leo Burgerstein. Preis 10 h.

Wien: K & K Schulbücherverlag 1904.

Burgerstein, L.: Gesundheitsregeln für Schüler und Schülerinnen, u. zwar f. vorgeschrittene Besucher d. Volksschulen. 2. Aufl. Wien 1904. 16 S.

— Gesundheitsregeln f. Schüler u. Schülerinnen aller Lehranstalten. 10., durchgeseh. Aufl. (16 S.) 8. Ebd. 905. n. — 10

— u. Aug. **Netolitzky,** Handb. der Schulhygiene, s.a. Handbuch d. Hygiene.

Burgerstein, L., & A. **Netolitzky:** Handbuch der Schulhygiene. Jena 1895. 429 S. m. Abb. (Weyl, Handbuch d. Hygiene. 7, 1.)

Handbuch der Schulhygiene von Leo Burgerstein u. Aug. Netolitzky in Wien. Mit 350 Abb. 2. umgearb. Aufl. *Jena: G. Fischer 1902.* (XVI, 967 S.) 8° [01. 6-4, 11

Burgerstein, Leo, Igiene della scuola, s.: Woldřich, Gio., e Alfr. Burgerstein, guida alla somatologia dell' uomo.

Burgerstein Dr. Leo, Merkverse zur Gesundheitspflege. Wien. Schulbücherverlag. Preis eines Verses, unaufgespannt, samt Erläuterung K —.10; aufgespannt, lackiert und zum Aufhängen eingerichtet, samt Erläuterung K - .45; die ganze Kollektion samt Erläuterungen, unaufgespannt K 3.—, aufgespannt K 13.90. (Min.-Erl. vom 28. Dezember 1906, Z. 49287.)

Burgerstein, Leo, Mittel z. Verbreitg. hygienischer Kenntnisse i. d. Bevölkerg. Referat, erstattet f. den XII. internat. medizin. Kongress in Moskau, 19. (7.) bis 26. (14.) VIII. 1897. [Aus: „Ztschr. f. Schulgesundheitspflege“.] gr. 8. (32 S.) Hamburg 897. L. Voss. n. — 60

Notizen zur Hygiene des Unterrichts und des Lehrerberufes von Dr. Leo Burgerstein in Wien. Mit 7 Kurvenfig. *Jena: G. Fischer 1901.* (74 S.) 8°
— Handbuch der Hygiene. Suppl.Bd 1, (1.) [01. 10439

— dasselbe, s.a. Handbuch der Hygiene.

— Rathschläge, betr. die Herstellung u. Einrichtung v. Gebäuden f. Gymnasien u. Realschulen, unter besond. Rücksichtnahme auf d. Forderungen d. Hygiene. gr. 8. (VIII, 84 S. m. 16 Abb.) Wien (I, Schwarzenbergstr. 7) 900. Schulbücher-Verlag. n.n. 1. 67

BURGERSTEIN, Leo

Rathschläge, betreffend die Herstellung und Einrichtung von Gebäuden für Gymnasien und Realschulen, unter besonderer Rücksichtnahme auf die Forderungen der Hygiene. Von Leo Burgerstein. Mit 16 Abbildungen im Text. Wien. 1901. Schulbücher-Verlag. 8°. VIII, 84 S. K 2.—

Burgerstein, Leo, zur Schulbankfrage. (II, 86 S. m. Abbildgn.) gr. 8. Leipzig 908. W. Engelmann. 1. 50
Sonderabdruck aus „Internat. Archiv f. Schulhygiene“.

— Schulhygiene, s.a. Aus Natur u. Geisteswelt. 96.

— Schulhygiene, s.a. Woldřich, Joh., u. Alfr. Burgerstein, Leitf. d. Somatologie des Menschen.

Burgerstein, L.: Schulhygiene. Leipzig 1906. 138 S. m. Abb. (Aus Natur u. Geisteswelt. 96.)

Schulhygiene. Von Leo Burgerstein. Mit 33 Fig. 2. Aufl. Leipzig: Teubner 1909. 130 S. 8°
(Aus Natur u. Geisteswelt. Bdch. 96.) [09. 18332

Burgerstein, Leo, geologische Studie über die Thermen v. Deutsch-Altenburg an der Donau. [Mit 2 (chromolith.) Taf. u. 1 Holzschn. im Text.] [Aus: „Denkschr. d. k. Akad. d. Wiss.“] Imp.-4. (18 S.) Wien 882. Gerold's Sohn in Comm. n. 2. 60

— s.: Studien, geologische, in den Küstenländern des griechischen Archipels.

— geologische Untersuchungen im südwestlichen Theile der Halbinsel Chalkidike. Mit 1 (eingedr.) Holzschn. [Aus: „Denkschr. d. k. Akad. d. Wiss.“] Imp.-4. (7 S.) Wien 879. Gerold's Sohn in Comm. n.—40

— s.: **Vierteljahrsschrift f. körperl. Erziehg.**

— die Weltletter. Vortrag. Mit Abbildgn. 8. (60 S.) Wien 889. Konegen. n. — 50

BURGERSTEIN, Leo

Die Wohlfahrts-Einrichtungen an den österreichischen Gymnasien und Realschulen. Von Dr. Leo Burgerstein. [Separatabdruck aus dem Jubiläumswerke: „Oesterreichs Wohlfahrts-Einrichtungen 1848—1898, herausgegeben von der Commission der Oesterreichischen Wohlfahrts-Ausstellung.] Wien 1900. Perles. Gr.-8°. 52 S. K 1.80

Auch Bürgerstimmen über die Zurückberufung des Prinzen von Preußen mit Bezug auf die gestrigen Demonstrationen. Druck von E. Litfaß. 1 Bl. Fol.

Flugblatt. Berlin, 13. Mai 1848.

Bürgers-Tochter, Die Durchleuchtige, in Paris. Aus der Frantzösischen Sprache in unsre Hochteutsche getreulich übersetzet von Iriflor (= Joh. Friedr. Riederer). Frankfurt und Leipzig [Nürnberg?] 1721. V: *Thibault* oder *Marie Catherine Hortense Ville-Dieu* (?) (BGE VI[a], 72—73)

Bürgersweiber, Die, von Weinsberg, im modernsten Geschmacke hexametrisirt und stylisirt, mit klassischer Sedulität. Wien 17.. [Wien 1799.] V: *Ratschky, Jos. Frz.* (Handb. d. Freimaurerei. Leipzig 1900. 2/21S) (GGr VI/537, Nr. 10/5) (KY 4/434) (BiblPort)

Bürger-Tafeln zur Erleichterung in Rechnungen für allgem. Gebrauch eingerichtet ꝛc. Nebst Anhang über die im vor. J. erschienene Paralleltheorie. Carlsruhe, Marx. 818.

Bürgerthum, s. Bürgertum

Bürgertreue, Vers. einer Gesch. ꝛc. v. Verh. d. Bürg. Brünns ꝛc. m. ill. K. u. Mus. 8. Brünn, Gastl.

Bürgertreue, oder der Schwedenkönig Gustav Adolf in Bayern. Vaterländ. Schspl. in 3 Akten. Bei d. ersten Theresien-Volksfeste zu Bamberg aufgeführt im Freien. 8. Bamberg 833. Dresch. 1/6 ₰

Bürgertreue, die, der Vorzeit; od. d. Bergknappen von Freyberg. Schsp. in 4 Aufz. 8. Wien Wallishaußer. 801

Bürgertugend, deutsche, in e. Reihe lehrreicher u. unterhalt. Erzählungen. 8. Leipz. (810.) Joachim. 8 ℊ

Bürgertum, deutsches, u. deutscher Adel im 16. Jahrh., bearb. v. Max Goos, s.: Bibliothek wertvoller Memoiren. II.

Bürgertum, das, u. die soziale Frage v. *.*. gr. 8. (16 S.) Hamburg 890. Seippel. n. — 4(

Bürgerthum, das preußische. Dargestellt von einem Mann aus dem Volke. gr. 8. Charlottenburg 844, Bauer. n. 1 ℛ — 2. wohlf. Ausg. gr. 8. Ebend. 845. 1/4 ℛ

Das Bürgertum und Städtewesen der Deutschen im Mittelalter. 2 Bdchn. Dresden 1829. 8°. (2 Kr. Gilhofer & Ranschburg, Wien, 1909.)

Bürgerverein, Der, zu Dessau. Nebst 1. Grundsätze und Einrichtungen des Bürgervereins zu Dessau. 2. Statuten über die Vorschußkasse für Arbeiter gestiftet vom Bürgerverein zu Dessau. Zerbst 1849. V: *Fiedler, Eduard.* (HHBD Anhaltina I, 79)

Bürger-Wache, die, Red.: J. A. Wohlgemuth. 1. Jahrg. 1848. Mai—Decbr. 35 Nrn. 4. (B.) Berlin, J. A. Wohlmuth. Einzelne Nrn. à n. 1 Ngr Vierteljährlich n. 13 Ngr

Bürgerwehr, die. Deren Bedeutung, Nothwendigkeit u. Nützlichkeit. 8. (8 S.) Tangermünde 848, Döger. baar 1 1/2 Ngr

Bürgerwehr, Die, in Berlin vom 2.—15. Juni 1848. Berlin 1848. V: *Blesson, Joh. Ludw. Urban.* (Ky) (Pr)

— die, in Berlin in den Tagen vom 2. bis 15. Juni 1848 (von L. Blesson.) Mit 2 (lith.) Plänen (in 4.) 8. (112 S.) Berlin 848, Mittler & Sohn. 2/3 ℛ

Bürgerwehr, die berliner, s. a. Soldatenfreund, der.

Die Berliner Bürgerwehr. 3 Hfte. (216) 8. Berlin 1851. 52. 3,00.

Kopenhagener Bürgerwehr. 1659—1859. (1 col. Bl.) fol. Kjöbenhavn 1859.

Bürgerwehr, die Lauchheimer, einst u. jetzt. Rechenschaftsbericht, hrsg. vom Schützenkomitee. (20 S.) 16. Ellwangen 910. F. Bucher. —.25

Bürgerwehren, die treuen, im Königr. Sachsen, eine kurze Darstellg. des Verhaltens der pflichtgetreuen Communalgarden in 39 sächs. Städten während der Tage des 3. bis 9. Mai 1849. [Aus d. Ameisen-Kalender f. 1850 abgedr.] 8. (72 S.) Grimma 850, Verlags-Comptoir. n. 4 Ngr

Berliner Bürgerwehr-Geschichten. Von einem Bürgerwehrmann. (Heft 2 Jahrg. 20 des Soldatenfreundes. Berlin 1852. S. 47 bis 64.)

(**Gegen** das Bürgerwehrgesetz der National-Versammlung.) Mitbürger Das Recht der Volksbewaffnung war — Der demokratische Urwähler-Verein. Druck von E. Litfaß. 1 Bl. Fol. Flugblatt. Berlin, 4. Sept. 1848.

Bürgerwehr-Gesetz, das, f. Preußen. Angenommen auf den Beschluß der National-Versammlg. vom 14. Oktbr. 1848, publicirt durch die Gesetzsammlg. am 17. Oktbr. 32. (56 S.) Berlin 848, Schneider & Co. n. 1/12 ℛ

— das Preuß., wie es aus den Berathgn. der National-Versammlg. hervorgegangen u. v. der Krone angenommen ist. br. 8. (8 S.) Berlin 848, A. Friedländer. 2 Ngr

— das, f. das Königr. Württemberg vom 3. Oktbr. 1849, m. dem dazu gehörigen Gesetze über die Volksbewaffnung vom 1. April 1848 u. den hierüber ergangenen Vollziehungs-Verordgn. u. Instruktionen. Hand-Ausgabe m. Erläutergn., namentlich unter Bezugnahme auf die ständischen Verhandlungen, nebst alphabet. Sachregister. gr. 8. (47 S.) Stuttgart 849, Metzler. 1/6 ℛ

Bürgerwehrlieder. Breslau [1848—49.] V: *Lasker, Ignaz & Heinrich Hoffmann von Fallersleben.* (Kat. d. Druckschr. üb. Breslau. Breslau 1903. S. 58.)

Bürgerwehr-Männer! Kameraden! Ihr fühlt Euch tief verletzt, daß Ihr die Waffen niederlegen sollt. — Ein Bürgerwehrmann des 48. Bezirks. Druck von G. G. Brandis. 1 Bl. Fol.
Flugblatt. Berlin, 14. Nov. 1848.

(**Bürgerwehrmänner** kündigen ihrem Commandeur den Gehorsam auf.) Männer der Bürgerwehr! — Eine Anzahl Bürgerwehrmänner. Gedruckt bei L. Kolbe. 1 Bl. Fol.
Flugblatt. Berlin, 27. Mai 1848.

Bürgerwehr-Zeitung. 1. Jahrg. 1848. Mai—Septbr. 22 Nrn. gr. 4. (à 1/2 B.) [Nr. 1—14 red. v. L. Blesson u. v. Wimpffen. Von Nro. 15 an red. vom Verleger.] Berlin, A. Friedländer. (Vierteljährlich n. 1/2 ℛ) n. 5/6 ℛ

— 1. Jahrg. 1848. Octbr.—Decbr. Red.: L. Weyl u. L. Dehnicke. 26 Nrn. gr. 4. (à 1/2 B.) Berlin, Weyl & Co. n. 1/2 ℛ — Deutsche. [früher: Berliner Bürgerwehr-Zeitung.] Red. v. Edler u. L. Weyl. 2. Jahrg. 1849. 104 Nrn. hoch 4. (1/2 B.) Ebd. n. 2 ℛ (1848 u. 1849. n. 2 1/2 ℛ)

Berliner Bürgerwehr-Zeitung. Organ für die deutschen Bürgerwehren und Schützengilden. Hrsg. von Dr. L. Weyl u. H. Dehnike. Nr. 1 vom 7. Okt. 1848 bis Nr. 16 vom 29. Nov. 4. Berlin 1848.

Deutsche Bürgerwehr-Zeitung, früher Berliner Bürgerwehrzeitung. Red. Dr. Edler u. Dr. L. Weyl. Nr. 1 (3. Jan.) bis Nr. 26 (31. März) 1849. 4.

Bürgerzeitung, s.a. Staatsbürgerzeitung

Bürger-Zeitung. Hrsg. von Petzold. Alexandrowsk. Erschien von . . . bis 1914.

Bürgerzeitung, Die (mit der Grätzer Zeitung). 1795. H: *Bauer, Joseph Johann.* (F. Winkler, Die periodische Presse Österreichs, S. 42) (wrztg 1795, S. 1011, 3557) (BiblPort)

Bürgerzeitung. – Hildburghausen : 1823.

Bürger-Zeitung. – Rudolstadt: 14.III.1848 - 31.III.1848.
Fortges. u.d. T.: Bürgerzeitung, Deutsche.

Bürgerzeitung. – Reutlingen : 1849-1854.

Bürger-Zeitung, die. Ein Blatt f. Volkswohl u. Bürgerglück, hrsg. v. Ferd. Schrader. 3. Jahrg. 1850. 104 Nrn. -Fol. (B.) Mit d. Beiblatt: Thuringia. Ein Unterhaltungsblatt f. den Bürger u. Landmann, hrsg. v. Ferd. Schrader. 1. Jahrg. 1850. 52 Nrn. 4. (1/2 B.) Apolda. (Leipzig, H. Fritzsche.) n. 2 ℛ Die Thuringia allein vierteljährlich. n. 1 ℛ

Bürger-Zeitung, die. 4. Jahrg. 1851. 156 Nrn. gr. 4. (1/2 B.) Jena. (Leipzig, H. Fritzsche.) n. 2 ℛ

Bürger-Zeitung. – Minden: 1.I.1865 - 22.VI.1874.
Fortges. u.d. T.: Zeitung, Mindener.

Bürgerzeitung. – München : 1867-1869.

Bürgerzeitung.– Hamburg: 17.IV.1881 – 30.IX. 1887.
Vorh. u.d.T.: Gerichtszeitung.
Fortges. u.d.T.: Echo, Hamburger.

Bürger-Zeitung : 1887? - 1888?
Daily, morning except Sunday. Edited & published by J. F. Metzger.
Philadelphia, PA.

Bürger-Zeitung : 1889? -1894?
Weekly. Title varies: JOURNAL UND BÜRGER-ZEITUNG. Circulation: 1892, 650. Edited & published by Völcker Bros.
Bayonne, NJ.

Bürger-Zeitung : 1892?
Weekly. Published by Bürger-Zeitung Publishing Co.
Detroit, MI.

Bürger - Zeitung. – Düsseldorf: 16. IX. 1892 - 31. V. 1901.
Vorh. u. d. T.: Bürgerzeitung, Düsseldorfer.

Bürger-Zeitung. – Heidelberg: 1.I.1893 - 16.VII.1893.
Fortges. u.d.T.: General-Anzeiger. – Heidelberg.

Bürgerzeitung. – Hannover : 1896 - 28.II.1899.
Fortges. u.d.T.: T a g e s - N a c h r i c h t e n , Hannoversche.

Bürgerzeitung. – Aachen: 1907 - 1908.
Fortges. u. d. T.: V o l k s z e i t u n g , Aachener.

Bürgerzeitung. –
Bonn. – 1.VI.1907 - 30.IX.1910.
Vorh. u.d.T.: Godesberger Bürgerzeitung.
Fortges. u.d.T.: Volksmund.

Bürgerzeitung, Allgemeine deutsche. – Dresden: 2. I. 1832 - 31. XII. 1832.
Fortges. u. d. T.: S t a a t s - B ü r g e r z e i t u n g , Constitutionelle.

Bürgerzeitung, allgem. deutsche, für Alle, die an d. Entwickelung d. constitut. Lebens im Vaterlande Theil nehmen. Zur Verständigung üb. Gegenstände d. gesellschaftl. Lebens, des Staats- u. Gemeinde-Verwalt., d. Volksbild., d. kirchl. Verfassung u. des gewerbl. Verkehrs. 1. Jahrg. 208 Nrn. (½ B.) Mit Vign. Nebst d. Beibl.: Der Telegraph. Abthl. A.: Wochenbl. f. Theater, Musik etc. — Abthl. B.: Allgem. Deutscher Haus- u. Gewerbfreund etc. à 52 Nrn. (½ B.) Mit Vign. — Neue Dresdener Denkwürdigkeiten, e. Localbl. f. Nichtpolitisches etc. 52 Nrn. (¼ B., in kl. 8.) Mit Vign. gr. 4. Dresden, Arnold.

Bürgerzeitung, allgem. deutsche, f. Alle, welche an d. Entwickelung d. constitutionellen Lebens im Vaterlande Theil nehmen. Hierzu Telegraph, Abthl. A., oder Wochenblatt f. Theater, Musik rc. Abthl. B., oder Allgem. deutscher Haus- u. Gewerbfreund u. neue Dresdn. Denkwürdigkeiten. Jahrg. 1832. 4. Dresd., Arnold. 6 ℛ Hierzu: Insel Rügen, Freihafen f. Wahrheit, Recht u. offene Rede. 16. Jedesmal 4 Nummern 2 gℊ

Bürger- u. Bauern-Zeitung, allgem. deutsche, ein Organ zur Verhandlung allgem. interessanter Volks-Angelegenheiten. Nebst d. erprobt neuesten Entdeckungen in d. Haus-, Garten- u. Forst-Wirthschaft rc. 1—3. Jahrg. 1831—33. à 52 Nrn. (Bog.) Von Joh. Evang. Fürst. Fol. Regensburg, Pustet. à
Hieran schließt sich:

Bürger- u. Bauern-Zeitung, s. Blätter, frauendorfer.

Bürger - u. Bauern - Zeitung. – Berlin: 1. VII. 1848 - 30. VI. 1850.
Fortges. u. d. T.: H a h n , Der.

Bürger- u. Bauern-Zeitung. Hrsg.: Otto Ruppius. 1. Jahrg. 1848. Juli—Decbr. 78 Nrn. gr. 4. (½ B.) Mit d. Beilage: Geschichten, wie sie die Zeit bringt. 26 Nrn. gr. 4. (½ B.) Berlin, Ruppius. 1 ℛ

— Hrsg.: L. Krahmer. Mitarbeiter: Otto Ruppius. 2. u. 3. Jahrg. 1849 u. 1850. à 156 Nrn. gr. 4. (½ B.) Mit d. Beilage: Geschichten wie sie die Zeit bringt. Jahrg. 1849 u. 1850. à 12 Nrn. gr. 4. (à 1½—2 B.) Berlin, Hempel. à Jahrg. n. 2 ℛ

Bürger- und Bauern-Zeitung. Klgft., Bertschinger, Leon, 1883—. Folio. (Von 1887 an: A l l g e m e i n e B a u e r n - Z e i t u n g.)

Bürgerzeitung, Bayerische, für Stadt und Land. – München : 1897 und 1900-1914.

— Berliner. Red.: Karl Heinr. Hermes. Jahrg. 1847. April—Decbr. 78 Nrn. Fol. (B.) Berlin, Walter in Comm. n. 1⅓ ℛ — (2. Jahrg.) 1848. 104 Nrn. Fol. (B.) Ebd. n. 2⅔ ℛ (1847 u. 1848. n. 4⅙ ℛ)

Bürger - Zeitung, Bremer. – Bremen: 1. V. 1890 - 30. IX. 1921.

Bürger-Zeitung, Danziger. – Danzig : 1902-1914.

Deutsche Bürger-Zeitung (Fortsetzung der patriotischen Bürger-Zeitung). Eine Monatszeitung deutscher Vaterlandsfreunde. Red. Hermann Jüngling. Nr. 2 vom 20. Mai 1848 u. Nr. 1 vom Jahr 1849.

— Deutsche. 1 u. 2. Jahrg. 1848. April—Decbr. 156 Nrn. 1849. 156 Nrn. 4. (½ Bog.) Rudolstadt, Fröbel. (Vierteljährlich ½ ℛ) 3½ ℛ 1850. (ab 1.I.1850 in Apolda):
Vorh. u.d. T.: B ü r g e r - Z e i t u n g . – Rudolstadt.

Bürger-Zeitung, deutsche. Blätter für Volkswohl und Fortschritt. Unter Mitwirkung von Ferd. Schrader. Redig. und hrsg. von Adph. Hofmeister. 3—5. Jahrg. 1850—52. à Jahrg. 200 Nrn. (½ Bog.) gr. 4. Gera, Illgen's Erben. à Jahrg.
1. und 2. Jahrg. 1848 und 1849. Ebendas. 3 Thlr. 15 Ngr.

Deutsche **Bürger-Zeitung.** Zeitschrift f. prakt. Gemeindepolitik. Offizielles Organ d. Verbandes schles. Kommunal-Vereine. Jg. 1–9, Nr 1–9. 2, Nr. 1–12. [Mehr nicht ersch.] Haynau: Raupbach 1907–09. 4° [Kopft.] (09. 3983 2

Bürger Zeitung, Dresdner. – Dresden : 1878-1928.

Bürgerzeitung, Dresdner. Organ des Allgemeinen Hausbesitzervereins zu Dresden. Zeitschrift f. Hausbesitz u. städt. Angelegenheiten. Früher: Zeitschrift f. Grundbesitzer. Red.: Gust. E. Hartwig. Hrsg.: G. Springer. 29. Jahrg. 1906. 52 Nrn. (à ca. 10 S.) 4. Dresden, (M. Hölzer). n. 4. — 1.–29. Jg. 1879–1906.

Bürgerzeitung, Dresdner. Organ des Allgemeinen Hausbesitzervereins zu Dresden. Zeitschrift f. Hausbesitz u. städt. Angelegenheiten. Früher: Zeitschrift f. Grundbesitzer. Red.: Gust. E. Hartwig. Hrsg.: G. Springer. 30. Jahrg. 1907. 52 Nrn. (à ca. 12 S.) 30×22 cm. Dresden, (M. Hölzer). 4. —
Erscheint nicht mehr.

Bürgerzeitung, Düsseldorfer. – Düsseldorf: 24. III. 1892 - 15. IX. 1892.
Fortges. u. d. T.: B ü r g e r - Z e i t u n g . – Düsseldorf.

Bürgerzeitung, Frankfurter, „Sonne". – Frankfurt: 1891 - 1930.

Bürger - Zeitung, Fürther. – Fürth: 1.I.1879 - 30. IX. 1908.
(NA von: T a g e s p o s t , Fränkische. – Nürnberg:1871).

Bürgerzeitung. – G o d e s b e r g e r Bürgerzeitung. –
Bonn. – 8.IX. 1906 - 31.V.1907.
Vorh. u.d.T.: Volksmund.
Fortges. u.d. T.: Bürgerzeitung.

Bürgerzeitung, Halberstädter. – Halberstadt: 23.I.1886 - 31.XII.1912.

Bürgerzeitung und Illinois Staats-Zeitung : 1877—1924 **Chicago, IL**
Weekly, semi-weekly. 1877–1906 as BEOBACHTER; 1906–14 BEOBACHTER UND POST; 1914–April 3, 1920 DAS ECHO, POST UND BEOBACHTER; April 10, 1920–July 7, 1922 DEUTSCH-AMERIKANISCHE BÜRGERZEITUNG. Weekly 1877—July 7, 1922; semi-weekly July 12, 1922–24. The Thursday edition was used as a weekly.

Bürgerzeitung, Krefelder. – Krefeld: 1.I.1896 - 28.II.1910.

Bürgerzeitung, Mittelhessische. – Mainz: 1905 - 1906.
Vorh. u. d. T.: H a u s b e s i t z e r - Z e i t u n g .

Bürgerzeitung, Neue. – Reutlingen : 1865-1870.

Bürgerzeitung, Neue. – Neustadt/Weinstraße: 1873 - 28.II.1910.
Fortges. u.d.T.: B ü r g e r z e i t u n g , Pfälzische.

Bürgerzeitung, Neue. – Nürnberg : 1894-1909.

Bürger- u. Bauern-Zeitung, neue, redigirt von Th. Evang. Fürst. 1r–6r Jahrg. à 52 Numm. gr. 4. Regensburg 834—39. Pustet. (à 1½ ℛ) 9 ℛ

Bürger- u. Bauern-Zeitung, neue, redig. v. Jh. Evang. Fürst. 7.—10. Jahrg. 1840.—1843. à 52 Numm. gr. 4. Passau, Pustet. à 1½ ℛ — Jahrg. 1844, s. Blätter, Frauendorfer.

New Yorker Bürger-Zeitung : 1882?—1884?
Weekly. Circulation: 1884, 3000. Edited & published by Edward Ludwig & Co.
New York, N.Y.

—— patriotische. Vierteljahresschrift. Hrsg. von Herm. Jüngling. (1. Jahrg.) 1847. 4 Hefte. gr. 4. Berlin, Th. Enslin. *

— patriotische. Vierteljahresschrift. Herausgeg. von Herm. Jüngling. (1. Jahrg.) 1847. 4 Hfte. gr. 4. Berlin, Geelhaar. n. 1 ℛ — Einzelne Hefte à n. ⅓ ℛ

Patriotische Bürger-Zeitung. Hrsg. von Herrmann Jüngling. 2. u. 3. Quartal 1847 und Extrablatt vom Febr. 1848. 4.

Bürgerzeitung, Pfälzische. – Neustadt/Weinstraße: 1.III. 1910 - 31.X. 1933.
Vorh. u.d. T.: B ü r g e r z e i t u n g , Neue.

Bürgerzeitung, Pommersche. – Stettin: 1849 - 1853.
Fortges. u. d. T.: Z e i t u n g , Pommersche.

Bürgerzeitung, Rheinhessische. – Mainz: 1906-1908.

Bürger-Zeitung: St. Gallische Bürger-Zeitung
⑤ 15. 12. 1845 (Probenummer)--1847 ⑥ 4° ⑦ Wochenblatt ⑧ Lichtensteig: Mcosberger & Cie. ⑩ der Drucker ⑪ Dr. J. B. Dresseli, Augustin Frei ⑫ konservativ ⑬ BGSZ: 1046—1047 ⑭ Lichtensteig: Nummer vom 7. 12. 1846 im Toggenburger Heimatmuseum.

Bürgerzeitung: Schweizerische Bürgerzeitung
① Zürcher Volksblatt. Unabhängiges Organ für Stadt und Land. Spezialorgan für bürgerliche Politik. Obligatorisches Publikationsmittel der Gemeinden Aesch, Albisrieden, Birmensdorf, Höngg, Ober-Engstringen, Schlieren und Uitikon ③ Zürcher Volksblatt ④ Zürcher Morgenzeitung und schweizerische Bürgerzeitung ⑤ 2. 7. 1907—14. 9. 1913 ⑥ 2° ⑦ wöchentlich 3×, dann 6× ⑧ Zürich: W. Hintermann, Jean Frey ⑩ Dr. R. Lüdi, Edwin Haefelen, K. Nitsche ⑫ freisinnig-demokratisch, unabhängig-bürgerlich ⑭ Zh: Z.

Bürgerzeitung, Stargarder. – Stargard: 1848 - 1856.
Fortges. u. d. T.: Wochenblatt, Stargarder.

Bürgerzeitung, (Stuttgarter) Neue. – Stuttgart : 1875 - (?).
Vorh. u.d. T.: P r e s s e , Neue.

Burges, J., v. Einpfropfen der Blattern. a. d. Engl. 8. Bremen, Cramer. 756.

Burges, Jak., Nachr. v. d. Vorbereit. u. Behandl. zur Einimpfung d. Blattern. Aus d. Engl. v. J. Ph. Cassel. 8. Bremen 756. Cramer. 2 ℛ

Bürgesohn, Pet. (Gev: Suec.), De praescriptione annali juris Lubecensis, a jure communi diversa. Diss. jur. Präs. Johann Gottlieb Heineck. Halle (J. F. Grunert) 12. X. 1734. 52 S. (5.—) 4587

Burgeß, J. J. Haldane, M. A., der Wikinger Pfad. Eine Erzählg. v. dem weißen Christus. Mit Genehmigg. des Verf. aus d. Engl. übers. v. Herm. Besser. (VIII, 432 S.) 8. Dresden 906. E. Pierson. n. 4.—; geb. n. 6.—

Burgess, J J Haldane: Der Vikinger Pfad. Eine Erzählg v. d. weissen Christus. Aus d. Engl. v. Herm. Besser. 2. [Tit.-] Afl. (8, 432) 8° Dresd., E Pierson ['06] '11. 3 —; geb. n 4 — d

Antrittsrede des ... Prof. John W[illiam] **Burgess** ... u. Erwiderung d. Rektors ... Prof. Dr. Kaftan ... in d. Aula d. Kgl. Friedrich-Wilhelms-Univ. zu Berlin am 27. Okt. 1900. Berlin: G. Schade 1900. (10 S.) 4°
Aus: Berliner Akad. Wochenschrift. [08. 9119 9

Burgess, T. H., das Clima von Italien und seine Heilwirkungen bei Lungenschwindsucht. Für Aerzte und Laien aus dem Engl. frei übers. und unter Berücksichtigung der für Lungenschwindsüchtige geeignetsten Aufenthaltsorte in Deutschland mit Zusätzen versehen von R i c h. H a g e n. Leipzig 854. Teubner. 8. (VI, 210 S.) 24 ngl

Burgey, Mich., das katholische Kirchen-Bauwesen in der Pfalz und die Kgl. Bayerischen Staatsbaubehörden. Erlebnisse aus den letzten Jahren, mit besond. Rücksicht auf 14 verworfene Kirchenpläne des Archit. Jos. Lucas in Mainz. gr. 8. (V, 113 S. mit 8 Text-Illustr.) Mainz 887, Kirchheim. *

Burgfeld. – K a r l von Burgfeld, s. C o c h l o v i u s

v. **Burgfeld**, Arthur (Red.), s. F e i e r s t u n d e n .

Burgfräulein, das, oder: das wunderbare Fenster. Eine Erzählung für reifere Mädchen, die Gott stets vor Augen haben, und nie von der Bahn der Tugend weichen wollen. Vom Verfasser der „tugendhaften Mädchen," „Eustachia" rc. Mit Titelkpfr. gr. 12. Wien 839. Wimmer. 3/8 ℛ

Burgfriede, Der; eine Rittergeschichte aus dem 13ten und 14ten Jahrhundert. Braunschweig 1792. V: *Eschke, Ernst Adolph.* (MGT) »1794« (Ky)

Burgfriedens-Plan d. unmittelbaren Stadt Passau n. d. Stand v. 1.1.'11. 1:15,000. 31,5×62 cm. Farbdr. Pass., M Waldbauer ('11). 1 —

Burggaller, E., Geschichte der evangel. Kirchgemeinde Tillendorf. Zum Jubelfeste am 30. Apr. 1893. gr. 8. (III, 72 S.) Bunzlau 893. (G. Kreuschmer's Verl.) n. 1.—

Burggeist, der, Lustsp. in - A. von F. Lindheimer. 8. Mannheim, Schwan u. G. 798
Schreibv.

Burggeist, der. Ein Rittergedicht in acht Gesängen, v. Verf. d. Falken. 8. Halle 810. Fr. Ruff; a. Reinecke u. G. 18 ℛ

BURGGEIST, D e r , i n d r e y f a c h e r G e s t a l t. Mit Holzschn. Wien 1798. 8°. Selten!
Haydinger's Bibl. I. 2. (Wien 1876). No. 76.

Burggeist, Der, auf Rodenstein (nicht Todtenstein) . . .

Burggeist, Der, auf Todtenstein oder der Landgeist im Odenwalde. Frankfurt 1816. V: *Dahl, Johann Conrad.* (Ky)

Burggeist, der, auf Todtenstein, oder der Landgeist im Odenwalde, eine alte Volkssage. 8. Frankfurt a. M.; Andreä'sche Buchhandl. 816.

— der, auf Schnellerts u. Rothenstein, s. a. Schnellert u. Rothenstein.

Burggeist, Der, auf Schnellerts und Rodenstein . . . Würzb. 1829. V: *Scharfenberg, August.* (GGr) (HS)

BURGGESPENST, D a s. Eine (zahme dialogisierte Ritter-) Geschichte der Vorzeit. Von *F. K. L. M—n.* Weißenfels und Leipzig, bei Friedr. Severin 1793. 8°. 140 S.
— — Dasselbe. Ebd. 1811. 8°.
Kayser, Romane, p. 20.

Burggisser, G. (Red.), s. C e n t r a l b l a t t für Jagd- und Hundeliebhaber.

Burggraf, der verwünschte, von Elbogen. Ein Andenken an Elbogen. Carlsbad 1834. 8.

Burggraf, „Glaube u. Kunst". Vortrag, geh. in der XIII. Generalversammlg. des Evangel. Bundes zu Halberstadt am 1. X. 1900. gr. 8. (6 S.) Leipzig (900). Buchh. des ev. Bundes v. C. Braun. n.n. — 10

Burggraf (Red.), s. K i r c h e , Die.

Burggraf, Geo., definitive Bahnbestimmung des Kometen 1874 II (Winnecke). (86 S.) gr. 8. Wien 904. (A. Hölder.) n. 1. 60
Sonderabdruck aus: „Sitzungsber. d. k. Akad. d. Wiss."

Burggraf, Georg: Die *Γ*-Funktion für komplexes Argument. (Umschlagtitel: ... komplexe Argumente.) 33 S. 8. (Fortsetzung.) 20 S. 8. (Schluß.) 29 S. 8. **Progr.**
K. k. II. deutsches Staats-Gymn. (K. k. Staats-Realgymn. mit deutsch. Unterrichtssprache [Zweites deutsch. Staatsgymn.].)
Brünn 1908. 1909. 1910

Burggraf, J., s a. B u r g g r a f , Julius

Burggraf, J., unser Bekenntnis zu Jesus Christus, dem eingeborenen Sohne Gottes u. alleinigen Mittler d. Heils. Predigt üb. Matth. 14, 22 bis 33, geh. am 16. Oktbr. 1887. Ein Wort an u. f. den Evangel. Bund zur Wahrg. unseres Standpunktes gegenüber dem Bekenntnisparagraphen. gr. 8. (VI, 17 S.) Bremen 887. Kühtmann. n — 50

Berger, Wilh.: Gedächtnisrede gehalten am Sarge des [Br.] Wilh. Berger am 5. Febr. 1901 von J. **Burggraf.** [Bremen 1901]: Diercksen & Wichlein. 8 S. 8° [Umschlagtit.]

Burggraf, J., Theodor Hoßbach. 8. Erinnerg. an sein Leben u. Wirken. gr. 8. (VIII, 200 S. m. Bildn.) Berlin 895. Winckelmann & Söhne. n. 1. 60; geb. n. 2. —

Burggraf, J., die Moral der Jesuiten. Vortrag. gr. 8. (32 S.) Wittenberg 887. Herrosé Verl. n. — 50

— Rede a. Reformationsfest d. 4. Novbr. 1894, s.: Vortig.

— die großen Tage der Reformation, s.a. Für die Feste u. Freunde d. Gustav-Adolf-Vereins.

Burggraf, J., die großen Tage der Reformation. Vortrag, geh. in den Protestantenvereinen zu Bremen u. Hamburg u. im liberal-kirchl. Verein zu Kiel zum Luther-Feste 1883. gr. 8. (31 S.) Bremen 883. Roussel. n. — 50

Burggraf, Jo. Phil., s.a. B u r g g r a v e , Johann Philipp

Jo. Phil. B u r g g r a f Libitina ovans fatis Hygieae, seu de medicae artis aeque ac medicorum praecipuis fatis diss. epistolica. Francof. a. M. 1701. 8. (De medicis qui subita aut violenta morte perierunt.)

Burggraf, Julius

Burggraf, Jul., s.: Beiträge, Bremer, zum Ausbau u. Umbau der Kirche.

— Carolathpredigten. (VIII, 294 S.) gr. 8. Leipzig 910. F. Eckardt. 4.—; geb. 5. —

Burggraf, Jul., s.: Christentum, deutsches.

— das Erwachen u. Werden des Dichters in Schiller, s.a. Beiträge zur Literaturgeschichte 13. Heft.

Das Erwachen und Werden des Dichters in Schiller von Julius **Burggraf**. Leipzig: Verl. f. Lit., Kunst u. Musik 1906. (48 S.) 8° [F.]
= **Beiträge** z. Literaturgeschichte. H. 13. [06. 9473

[F.] Schillers **Frauengestalten** v. Julius **Burggraf.** *Stuttgart: C. Krabbe 1897.* (XII, 490 S.) 1 Bd 8. [96. 7461

— Schillers Frauengestalten. 2. Aufl. (6.—10. Tausf.) gr. 8. (XV, 488 S.) Ebd. 900. n. 5. —; geb. in Leinw. n. 6. —; in Halbfrz. n. 7. —

Burggraf, Jul., Gemischte Gesellschaft. gr. 8. (VIII, 272 S.) Stuttgart 898. C. Krabbe. n. 3. —; geb. in Leinw. n. 4. —

Burggraf, Jul., Goethe u. Schiller. Im Werden der Kraft. (1.—5. Tausf.) gr. 8. (VIII, 468 S.) Stuttgart 902. C. Krabbe. n. 5. —; geb. in Leinw. n. 6. —; in Halbfrz. n. 7. —

— Los v. Berlin! Heraus a. d. alten Kirchentum! Ein Geistesgruss an Zürich a. d. Tager d. deut. Jathobewegg. (16) gr8° Giess., A Töpelmann '11. — 30 d

— u. Jul. **Bode**, das Predigtamt des deutschen Christentums. Einführungsrede u. Antrittspredigt, geh. am 12. IV. 1908. (28 S.) 8. Bremen (908). E. Hampe. — 50

— Schillerpredigten. (X, 396 S.) gr. 8. Jena 905. H. Costenoble. n. 4. —; geb. n. n. 5. —

— Schillerpredigten. 2. verm. Aufl. (XXXII, 396 S.) gr. 8. Gießen 909. A. Töpelmann. 4.—; geb. in Leinw. 5. —

Was nun? Aus d. kirchl. Bewegung u. wider d. kirchl. Radikalismus in Bremen von J[ulius] **Burggraf**, Pastor in Bremen. Giessen: A. Töpelmann 1906. (64 S.) 8° [F.] [06. 8988

— s.: Zeitfragen.

Die Zukunft des kirchlichen Liberalismus. Eine Stimme aus d. antiradikalen Lager von J[ulius] **Burggraf**, Pastor in Bremen. Giessen: A. Töpelmann 1907. (32 S.) 8° [Umschlagt. F.] [07. 15400

Burggrafen, Die, von Nürnberg im 12. Jhdt. Görlitz 1843. V: *Stillfried-Rattonitz, Rudolph Maria Bernhard Freiherr von.* (EB)

Burggrav, s. B u r g g r a v e

Burggrave, Johann Philipp

Burggrav, Jh. Phil., († d. 5. Juni 1775.) de aëre, aquis et locis urbis Francofurtanae ad Moenum commentatio. 8. Frankf. 751. Andreä. 5 gr 180 S.

Burggrave (Jo. Phil.), dann **le Cerf** (Christoph.) u. **Senckenberg** (Joh. Christian.), Bedencken, Von dem Gehalt und denen Kräften des Fachinger Sauer-Wassers, ohnfern der Stadt Dietz. Samt beygefügten einigen andern kurtzen Gutachten. o. O. 1749. [Neudr. o. O. 1911.] 23 S.

Burggrav, Joh. Phil., Bedenken v. d. Geschäft d. Erzeugung 2c. 4. Frft. Andreä. 737.

Burggravius, Jo. Ph., Vertheidigter Beweiß v. d. Würklichkeit derer Nervengeister, denen Einwürfen Herrn Urs. *Wahrmundi* entgegengesetzt. Frkf. 4°. 1 7 2 7

Burggravo, Jo. Ph., Diss. de existentia spirituum nervosorum, eorumque vera origine, indole, motu, effectibus et affectibus in corpore humano vivo, sano et aegro. Comm. medica, viro Andr. O. *Goelicke* opposita. 92 pp. Frcf. ad M. 4°. *Haller*, Bibl. anat. II, 167. (Cum J. Dav. *Gohlio* et A. O. *Goelicke* litem aluit, quod spiritus animales contra eos tueretur. Eo pertinent ea diss. Frcf. 1725, et Vertheidigung v. d. Wirklichkeit der Nervengeister. Frkf. 1727. 4°. Contra J. D. *Gohlium*: et spiritus nervorum immeritus exsul restitutus, contra *Goelickium*. Frcf. 1729. 4°.) 1 7 2 5

— auserles. medicin. Fälle u. Gutachten über merkwürd. Krankheitsgeschichten. 8. Frankf. a. M. 784. Varrentrapp. 20 gr 356 S.

—, Insufficientia cerebri. Colb. 4°. 1 7 3 2

Burggrave, Johann Philipp: L e x i c o n medicum universale, omnium verborum, praecipue vere rerum ed medicinam et disciplinas illi famulantes spectantium, explicationem systematicam exhibens.... (T. 1.)
Francofurti a. M.: Knochius 1733. 2°

— s. S c h l i c h t, Unterricht.

Burggrave, Jo. Ph., Spiritus nervosus, immerens exul, restitutus, ac ab iniquis imputationibus Andr. Ott. *Goelicke,* absolutus. Frcf. 1724. 4°.

Burgravius, Jo. Ph., Spiritus nervosus immerens exul. Frcf. 4°. 1 7 2 9

Burggraeve, der Watteverband. Mit 6 (lith.) Taf. Aus dem Französ. von Fr. Vocke. Berlin 853. Hempel. gr. 8. (80 S.) n. 20 ngr

Burggraeve's, A., Tableaux synoptiques de clinique chirurgicale, s.: R a v o t h u. V o c k e.

Burgh, A., s. Anekdoten u. Bemerkk., Musik betreff.

Burgh, A. de, Elisabeth, Kaiserin von Österreich u. Königin v. Ungarn. Blätter der Erinnerg. Mit Bewilligg. des Autors aus dem Engl. frei übers. u. m. Anmerkgn. versehen v. ***. 8. (XVI, 294 S. m. 80 Abbildgn.) Wien 901. M. Perles. n. 5.—; geb. n. n. 6. —

Burgh, Emil van der, König Margot. Episode aus d. 16. Jahrhundert, 1589–1599. 2 Thle. 8. Zürich 838. Höhr. 2½ rf

Burgh, F. C. van der [Pseud.], s. C h r i s t e n s e n , Illa

Burgh, James

Burgh, Jam., Freiheit d. Uebungen od. besond. gottesdienstl. Zusammenkünfte unsrer Glaubensgenossen. 8. Dresd. 775. Hilscher. 8 gr

Burgh, James. Der Werth des Menschen; aus dem Englischen. Braunschweig 1778—79. Ü: *Küster, Elieser Gottlieb.* (Ky) (MGT)

— d. Werth d. Menschen; aus d. Engl. (v. E. G. Küster). 2 Thle. 8. Braunschw. 778, 79. Schulbuchh. 2 rf

Burghaber, Adam, Theologia polemica, in qua doctrinae catholicorum doctorum asseruntur, defenduntur et errores haereticorum huius temporis proponuntur et refelluntur. Köln 1733, 4°.
1. Aufl.: Freiburg (Schweiz 1678, Fol.

Burghagen. A. [aus Hildesheim]: Ein Fall von Struma congenita . . . . Berlin, gedr. bei L. Schumacher, 1888; 32 S. 8°
Berlin, Med. Fak., Inaug.-Diss. v. 4. Aug. 1888

Burghagen, J. L. von, s. Burghagen, Karl Friedrich Ludwig von

Burghagen, Karl Friedrich Ludwig von

v. Burghagen, J. L., Versuch e. Entwurfs v. e. vollständ. Dienstreglement für e. Kriegsheer. 5 Thle. ... 832. Verf. 5 ℔

Burghagen, Karl Friedr. Ludwig v., k. preuss. Major. Versuch eines Entwurfes von einem vollständigen Dienst-Reglement für ein Kriegs-Heer. (4 Thle. in 2 Bde.) 8. Magdeburg 1841.

v. Burghagen, Karl Fr. Ldw., Versuch eines Entwurfes von einem vollständ. Dienst-Reglement für ein Krieges-Heer. 5 Thle. Mit 16 Tab. u. 19 lith. Zeichn. gr. 8. Magdeburg 841, Baensch. 3½ ℔

Burghagen, Otto, s. a. Exporteure, die, Deutschlands u. der Niederlande.

Burghagen, Otto, Die Exporteure Deutschlands u. der Niederlande. Praktisches Handbuch für die Interessen des deutschen Ausfuhrhandels. Hamburg 1893. gr. 8.

Burghagen, Otto, **Lehrbuch d. Maschinenschreibens f. den Schulgebrauch, bearb. nach der Zehnfinger-Schreibmethode. gr. 8. (47 S. m. Abbildgn.) Hamburg (Borgstr. 21) 900. Selbstverlag.** 1. —

— der perfecte **Maschinenschreiber. Lehrbuch des Maschinenschreibens, f. d. Schulgebrauch bearb. nach der Zehnfinger-Blindschreibmethode. 2. Aufl. gr. 8. (52 S. m. Abb.) Hamburg (Mundsburgerdamm 31) 902. Verlag der Schreibmaschinen-Zeitg.** n. 1. —

Burghagen, Otto, der perfekte Maschinenschreiber. Lehrbuch des Maschinenschreibens, f. den Schul- u. Selbstunterricht bearb. nach der Zehnfinger Blindschreibmethode. 3. umgearb. Aufl. 8.—12. Taus. (52 S. m. Abbildgn.) gr. 8. Hamburg (Mundsburgerdamm 31) 904. Verlag der Schreibmaschinen-Zeitg. n. 1. —

Burghagen, Otto: Der perfekte Maschinenschreiber. Lehrb. n. d. Zehnfinger-Blindschreibmethode. 4. Afl. (72) gr8° Hambg (21, Schillerstr. 2). Verl. d. Schreibmaschinen-Zeitg 07. 1 —

— Die Schreibmaschine. Illustr. Beschreibg aller gangbaren Schreibmaschinen nebst gründl. Anl. z. Arbeiten auf sämtl. Systemen. 8° (304 m. Abb.) Hambg 98, (J Kriebel). 3 —

Burghagen, Otto, Die Schreibmaschine. E. prakt. Handbuch enth. alles Wissenswerte f. Lernende wie f. prakt. Maschinenschreiber. Ill. Beschreibung aller gangbaren Schreibmaschinen nebst gründl. Anleitg. z. Arbeiten a. sämtl. Systemen. F. d. Schulgebr. bearb. gr. 8. (VIII, 304 S. m. Abb.) Hamburg (Steindamm Nr. 1) 898. Verlag d. Handelsakademie. n.n. 2. —

Burghagen, Otto (Hrsg.), s. Schreibmaschinen-Zeitung.

Burghaller, Rud.: Ardinghello. Drama. (75) Lex8° Berl., Gose & T. ('12). 3.50; geb. 5.50

BURGHALLER, Rudolf (in Berlin-Wilmersdorf, geb. in Halle a. S. 22. Aug. 1872), Phryne. Drama in einem Vorspiel u. 3 Akten. Berlin 1908. 8°. 149 S., brosch. 3,50 Mk.
„Verfasser versucht, in seinem Drama nicht bloß einen Ausschnitt aus dem Menschendasein zu geben, sondern alle wesentlichen Erscheinungen des Lebens hineinzuziehen. Der Entwicklungsprozeß der Phryne vom Kapernmädchen (sol) bis zum geistig freien Weib, und daneben die Parallele des „suchenden Mannes" sind die beiden Richtlinien, auf denen sich die Handlung bewegt. Was die Sprache anlangt, so vermeidet Verfasser mit Bewußtsein das, was er „Wortkunst" nennt; er zieht Einfachheit des Ausdrucks und beliebigen Wechsel zwischen Vers und Prosa der strengen und hohen Gebundenheit vor." (Dr. A. Kind.)

Burghaller, Rud., Phryne. Drama in 1 Vorspiel u. 3 Akten. (149 S.) 8. Berlin 908. Gose & Tetzlaff. 3.50; geb. 5. —

Burghaller, Rud., die große Sehnsucht. Ein Schauspiel in 4 Akten. (70 S.) 8. Leipzig 904. Modernes Verlagsbureau. n. 1. 80

Burghaller, Rud., die große Sehnsucht. Jetzt: Berlin, Gose & Tetzlaff.

Burghard, s.a. Burghardt

Burghard, Aug., üb. Bibrombenzoësäuren Inaugural-Dissertation. gr. 8. (32 S.) Cannstadt 875. (Göttingen, Vandenhoeck & Ruprecht.) n. — 80

Burghard, G. H., s. Burghart, Gottfried Heinrich

Burghard, H., landwirthschaftliche Buchführung oder Formularien der einfachen Buchhaltung des Kleingrundbesitzers. Lahr 870. Schauenburg. Fol. (44 S.) n. 7½ ngr.

Burghard, H., landwirthschaftliche Buchführung od. Formularien der einfachen Buchhaltg. d. Kleingrundbesitzers. 2. Aufl. Fol. (44 S.) Karlsruhe 872. Gutsch. n. — 70

Burghard, J. Chr., praes. G. E. **Hamberger,** De opio. 32 pp. Jen. 4°. 1749

Burghard, J. G., Briefe üb. d. Selbstmord. Lpz. 8°. 1786

Burghard, J. P., Leitfaden beim geographischen Unterrichte für die Volksschulen. 2. verb. Aufl. Landshut 861. Krüll. 8. (32 S.) n. 2 ngr.

Burghard, J. P., Leitfaden beim geographischen Unterrichte f. die Volksschulen. Neu bearb. v. J. Tischler. 3. Aufl. 8. (32 S.) Landshut 872. Krüll. n. — 20

— kurze Sprachlehre für deutsche Volksschulen. 4. umgeänd. Aufl. Ebend. 861. gr. 8. (32 S.) n. 2 ngr.

—— kurze Uebersicht der vaterländischen Geschichte. 4. Aufl. gr. 8. (23 S.) Freysing 858, Wölfle'sche Buchh. *

— kurze Uebersicht der vaterländischen Geschichte. 4. Aufl. Freysing 859. Wölfle. gr. 8. (23 S.) n. 2 ngr.

BURGHARD, RUDOLPH. Zur Kenntniss der Amidomaleinsäure. Freiburg im Breisgau, 1883. **Diss.**

M. von Egidy und seine Bestrebungen. Gedenkrede aus Anlass d. Wiederkehr s. Todestages geh. in d. Egidy-Vereinigung in Berlin am 29. Dez. 1899 von Wilhelm **Burghard.** *Berlin: Egidy-Verein. 1900.* (16 S.) 8° [J.]
— **Wollen, Ernstes.** Jg 1, Beilage. [01 3806

Burghard, Wilhelm [aus Hannover]: Die Gegenreformation auf dem Eichsfelde 1574—1578. — Theil I. Die Gegenreformation auf dem Eichsfelde bis zum Schlusse des Regensburger Kurtages 1575 . . . Marburg Hannover, Hofbuchdr. d. Gebr. Jänecke 1890: 52 S. + 1 Bl. 8°
Marburg, Phil. Fak., Inaug.-Diss. v. 5. Aug. 1890

Burghard, Wilh., die Gegenreformation auf dem Eichsfelde 1574—1578. 1. Tl. Die Gegenreformation auf dem Eichsfelde bis zum Schlusse d. Regensburger Kurtages 1575. Inaug.-Diss. gr. 8. (52 S.) Marburg i/H. 890. (Leipzig, Fock.) n. — 80

Burghard, Wilh., die Gegenreformation auf dem Eichsfelde 1574—1579. 2. Tl. Die Gegenreformation auf dem Eichsfelde vom Regensburger Kurtage 1575 bis zum J. 1579. gr. 8. (59 S.) Hannover 891. (Leipzig, G. Fock.) n. — 80 (1. 2: n. 1. 60)

Burghardt, Johanna Gray. Ein Trauerspiel in 5 Aufzügen. Bonn 866. Henry in Comm. 8. (2 Bll., 215 S.) n. 20 ngr.

Burghardt: Studien über d. römischen Katholizismus. 18 S. Progr. Rossleben 1862.

Burghardt: Z u s a m m e n s t e l l u n g der gegen den Mörder Joh. Fasbender, aus Alfter, statt gefundenen Prozeduren nebst den Nachrichten über sein früheres Leben [usw.]. Köln 1831.

Burghardt, Alb., der blonde Teufel. Roman nach dem Amerikan. (104 S.) 8. Neuweißensee (905). E. Bartels. 1.—

Burghardt, Carl (Erfurt), De tartari emetici in pectoris inflammationibus usu. Diss. med. Bln. (Brüschcke) 29. XI. 1824. 36 S. mit Biograph. (1.20) 4735
Oppon.: W. L. Doering, G. H. Rampelmann, F. L. Banning. — Gew.: Emil Osann.

Burghardt, Ernst, über den Einfluss des Englischen a. d. Anglonormannische, s. **Studien zur englischen Philologie. 24.**

Burghardt, Ernst, a. Görlitz: Über den Einfluß des Englischen auf das Anglonormannische in syntaktischer Beziehung. Halle a. S. 1905: E. Karras. (VIII, 81 S.) 8° ¶ (Erscheint vollst. als: Studien z. engl. Philologie H. 24.)
Göttingen, Phil. Fak., Ref. Stimming, Morsbach, Diss. v. 28. Nov. 1905
[Geb. 31. Dez. 77 Görlitz; Wohnort: Zeitz; Staatsangeh.: Preußen; Vorbildung: Realgymn. Görlitz Reife O. 97; Studium: Göttingen 12 S.; Rig. 22. Juni 04.]

Burghardt, Johann Franz (Buchen)
De thermis ferratis in regno Hungariae Pestini existentibus. Diss. med.
[lt. Dekanatsbuch nur handschriftlich eingereicht.]
Dr. med. Giessen 18.4.1836.

Burghardt, Johann Gottlieb, s. B u r k h a r d t , Johann Gottlieb

Burghardt, Jos., Vademecum von Rohitsch-Sauerbrunn, mit 3 lith. Taff. (in Fol.) Wien 868. (Gerold's Sohn.) gr. 8. (88 S.) n. 24 ngr.

Burghardt, Karl, appr. Tierarzt a. Frankfurt a. O.: ⟨Aus dem Veterinärinstitut der Universität Leipzig.⟩ Chronische Veränderungen der Hundelunge. Mit 4 Tafeln. Berlin: R. Schoetz 1907. (60 S.) 8°
Leipzig, Phil. Fak., Ref. Eber-Kirchner, Diss. v. 10. April 1907
[Geb. 24. Aug. 77 Pasewalk; Wohnort: Frankfurt a. O.; Staatsangeh.: Preußen; Vorbildung: Gymn. Fürstenwalde Primareife O. 96; Studium: Berlin 3, Leipzig 4 S.; Rig. 10. Juli 06.]

Burghardt, O., s. B u r g h a r t , Ottokar

Burghardt, Paul: Über das C h l o r p h o s p h i n des Thiophenetols. Rostock, Diss. 1896.

Burghardt, Rich., praktische Anleitung zur Inbetriebsetzung Hoffmannscher Ringöfen, sowie überhaupt zur sachgemässen Durchführung des Brennbetriebes unter Berücksicht. bewährter Einsetzmethoden. Ein reich illustr. Handbuch f. den Ziegler. (IV, 84 S. m. 58 Abbildgn.) 8. Halle 910. W. Knapp. 2.40

Burghardt, T. A., epische Gedichte, s. Universal-Bibliothek.

Burghardt, Carol[us] Guilelm[us]: De legibus caloris in terris polaribus et de isothermarum situ tum in eisdem terris tum in America septentrionali. Halae (1842): Schimmelpfennig. 24 S., 1 Karte. 8° (4°)
Halle-Wittenberg, Phil. Diss. v. 19. [vielmehr: 20.] Mai 1842
Geb. [Wippra (Kr. Mansfeld) 14. 7. 1817]

Burghart: L e b e n s r e g e l n . . . , s. B u r g h a r t , Hans

Burghart, Gottfried Heinrich

Burgbard, G. H., histor. phys. u. medic. Abhl. v. d. warmen Bädern b. Landeck in der Grafsch. Glatz. m. K. 4. Bresl. W. G. Korn. 744.

— med. u. chym. Abhl. v. seignetisch. Salze. 8. Bresl. Seidel. 749.

Burghartt, Natürliche und historische Beschaffenheit des Zobden-Berges. Breslau 1736. 8.

— s. B o e r h a v e , academ. Vorlesungen.

Burghart, Gf. Hnr., (†...1776.) d. z. allgem. Gebrauch wohl eingerichtete Destillirkunst. Mit Kpf. 8. Bresl. 736. N. A. mit vielen Zusätzen verm. v. Jh. Chr. Wiegleb. 2 Thle, mit 6 Kpf. gr. 8. Ebd. 781. W. G. Korn. 1 ₰ 4 gr

Burghart, Gottfried Heinrich: Zum allgemeinen Gebrauch wohl eingerichtete Destillier-Kunst. Bd 1: 2.Aufl. Bd 2: Neue Zusätze zu der wohl eingerichteten Destillier-Kunst.
Bd 1/1-3 – 2, gbd

Breßlau u.Leipzig: Korn 1748

— wohleingericht. Destillirkunst. m. K. 2 Thle. gr. 8. Ebend. 781.

Burghart, *Gottfried Heinrich*, * Reichenbach 5. Juli 1703, † Brieg um 1776.
—— Iter sabothicum d. i. ausführliche Beschreibung einiger a. 1733 und die folgenden Jahre auf den Zothenberg gethanen Reisen. Breslau und Leipzig 1736. 8. (18) 176 p., 5 tab.
Pflanzen des Zobtenbergs p. 121–157.

Burghart, Gottfried Heinrich, s. M e l l i n , J. v.: Series regum.

Burghart, Ch. G. (Resp.): Diss. de morbo sic dicto hypochondriaco, s. V a t e r , Chr. (Praes.)

Burghart, Gottfried Heinrich: Gründliche N a c h r i c h t an seinen Freund . . . von einem neuerlich gesehenen Hermaphroditen, wobey zugleich etwas von der medicinischen Mode erwähnet wird. Breßlau & Leipzig: Pietsch 1763. 24 S. 8°

— Nath wie d. Charlottenbrunn bei Tannhausen zu gebrauchen. 4. Ebend. 743.

Burghard, Gottfr.Heinr. (Hrsg.), s. S a t y r a e , medicorum Silesiacorum, quae varias observationes, casus, experimenta, tentamina ex omni medicinae ambitu petita exhibent.

Burghard, Gottfried Heinr. (Hrsg.), s. S c h l e s i e r , Der forschende.

— Sendschreiben, betreff. einen zweileibigen, sonderbar gestalteten Mann, Siegfr. Anton. Marinelli aus Cremona, u. eine künstl. junge Positurmacherin. Mit 1 Kpf. 8. Frankf. a. d. O. 752.

Burghart, Gottfried Heinrich: Neue Zusätze zu der wohleingerichteten Destillier-Kunst. Breßlau u.Leipzig: 1748

s.: Burghart, Gottfried Heinrich: Zum allgemeinen Gebrauch wohleingerichtete Destillier-Kunst. Bd 2

Burghart, Gotthilf Hiob (Elsterberg), Diss. de poenis pro frequentia delictorum temperandis. Präs. Josia Ludw. Ernst Püttmann. Leipzig (Langenheim) 19. I. 1773. 12 S. (4.—) 4737

Burghart, Hans *Georg* [pr. Arzt aus Berlin]: Ueber functionelle Aphonie bei Männern und Simulation der Stimmlosigkeit ... Berlin, Buchdr. v. G. Schade, *1893*: 58 S., 1 Bl. 8.
Berlin, Med. Fak., Inaug.-Diss. v. 8. Aug. 1893

Lebensregeln zur Verhütung der Ansteckung mit Tuberkulose. Zsgest. von Oberarzt Dr. [H a n s] **Burghart**. *Dortmund [1903]: W. Crüwell.* (16 S.) 8° [F.] [03-14-37 6]

Burghart, Lebensregeln zur Verhütung der Ansteckung m. Tuberkulose. (16 S.) kl. 8. Erlangen 905. Th. Krische. n. — 15

Burghart, Herm., die Volksschullehrer dürfen nicht Staatsdiener werden. Ein Ferienschriftchen. gr. 8. (24 S.) Nordhausen 848, Büchting. 3 ngr

Burghart, Ottokar, über die Be- und Entwässerung der Landeshauptstadt Czernowitz des Kronlandes Bukowina. Gutachten, betr. die Wasserversorgungs- und Canalisirungs-Frage der Landeshauptstadt Czernowitz, erstattet an den löbl. Gemeinderath der Landeshauptstadt Czernowitz zufolge Auftrages vom 16. Jänner 1879, Zahl 566. gr. 4. (VI, 83 S.) Wien 880, [Lehmann und Wentzel.] Spielhagen und Schurich.

Burghart, Walther [Arzt aus Berlin]: Späte Darmstenosen nach Koeliotomie und die Beziehung ihrer Prodrome zu den Symptomen peritonealer Adhaesionen ... Berlin, Buchdr. v. G. Schade, *1895;* 34 S., 1 Bl. 8.
Leipzig. Med. Fak., Inaug.-Diss. v. 20. Juli 1895

Burghartz, Arnold, die Rechtsnatur der Ersatzansprüche im Arbeiterversicherungsrecht, s.a. Abhandlungen aus dem Staats-, Verwaltungs- u. Völkerrecht. VI, 3.

Burghartz, Arnold, Referendar: Die Rechtsnatur der Ersatzansprüche im Arbeiterversicherungsrecht. Tübingen 1909: Laupp. VIII, 66 S. 8° ¶ (Ersch. auch als: Abhandlungen aus d. Staats-, Verwaltungs- u. Völkerrecht. Bd 6, H. 3.)
Bonn, Jur. Diss. v. 17. Okt. 1909, Ref. Bergbohm
[Geb. 26. April 86 Nevenhausen. Kr. Grevenbroich: Wohnort: Cöln; Staatsangeh.: Preußen; Vorbildung: Gymn. Neuß Reife O. 05; Studium: München 1, Münster 2, Berlin 1, Bonn 3 S.; Rig. 30. Juli 09.] [U 10. 295

Die Rechtsnatur der Ersatzansprüche im Arbeiterversicherungsrecht. Von Dr. iur. Arnold **Burghartz**. Tübingen: Mohr 1909. X, 63 S. 8°
(Abhandlungen aus d. Staats-, Verwaltungs- u. Völkerrecht. Bd 6, H. 3.) [09. 13818

Burghaus, König Cleomenes I. von Sparta. Pr. 1874. 16 S. 4°.

Burghaus, [Gustav], Prof.: [**Prolog, gesprochen bei der Aufführung der Antigone durch die Schüler der oberen Klassen.**]
Anklam 1902: R. Poettcke Nachf. (S. 11.) 4°
Anklam, G, OP 1902 (146)

v. Burghaus, Graf Konr. Jh. Aug., († d. 5. April 1804.), s. Briefe e. Schles. Grafen &c., d. Adel betreffend.

Burghausen. –

Burghausen. Im Jahre 1826. Gemessen 1824 vom K. Steuer-Kataster. 1 : 2500. 1 Bl.

Burghausen [Schlagwort]

Burghausen, s.: Deutschland. Übersichtskarte.

Burghausen [Verfasser]

Burghausen, Alb., d. Kriegerdenkmal z. Dessau. Ein Gedenkblatt z. Ehren der in dem ruhmreichen Feldzuge 1870/71 geblieb. Helden Anhalts. Nach amtl. Quellen bearb. gr. 8. (19 S.) Dessau 895. R. Kahle. n. — 25

Burghausen, Richard [app. Arzt aus Zittau]: Ueber die Tuberculose des Peritoneums. . . . Leipzig u. Berlin, Verl. v. Georg Thieme, 1889: 29 S. + 1 Bl. 8°
Tübingen, Med. Fak., Inaug.-Diss. v. 1889

Burghauser, Gustav

Burghauser, Gust., die Bildung d. germanischen Perfectstammes vornehmlich vom Standpunkte der indogermanischen Vocalforschung. gr. 8. (82 S.) Prag 887. Tempsky. — Leipzig, Freytag. n. 1. 50

Burghauser, *Gustav* Die bildung des perfectstammes der starken verba im germanischen, vornehmlich vom standpunkte der indogermanischen vocalforschung. 8 (S. 3—82).
Progr. Deutsche Staatsrsch. *Karolinenthal* 1886.

Burghauser, Gustav Die neuhochdeutsche Dehnung des mittelhochdeutsch kurzen Stammvocals in offener Silbe, vornehmlich unter phonetischem Gesichtspunkte. 8 (S. 3—25).
Progr. Deutsche Staatsrsch. *Karolinenthal* 1891.
Nicht im Tauschverkehr.

Die germanischen endsilbenvocale und ihre vertretung im gotischen, altwestnordischen, angelsächsischen und althochdeutschen. 8 (S. 3—18). **Progr.** Deutsche Staatsrsch. *Karolinenthal* 1888.

Burghauser, G., die germanischen Endsilbenvocale u. ihre Vertretung im Gotischen, Altwestnordischen, Angelsächsischen u. Althochdeutschen. Lex.-8. (17 S.) Wien u. Prag 888. Tempsky. — Leipzig, Freytag. n. — 50

– Germanische nominalflexion auf vergleichender grundlage. 8 (S. 3—28). **Progr.** Deutsche Staatsrsch. *Karolinenthal* 1887

— indogermanische Praesensbildung im Germanischen. Ein Capitel vergleich. Grammatik. gr. 8. (66 S.) Ebd. 887. n. 1. —

Burghauser, Gust. J., Einleitung zur Geschichte des Baseler Friedens 1795. (32.) 8. Komotau 1878. **Progr.**

Burghauser, Karl [Pseud.], s. Mebus, Fr. Karl

Burghauser, Karl —. Der Völkerliebe Jubelklänge. Allegorisches Festspiel für die allerhöchste Geburts-Feier Sr. k. k. apostolischen Majestät Franz Josef I., unsers allergnädigsten Kaisers und Herrn. Ehrfurchtsvoll verfaßt für den 18. August 1855 von — —. Als Handschrift für Bühnen gedruckt. Brünn, 1855. Druck aus Franz Gastl's Buchdruckerei. (8 S. 8.)

Burghauser, Carl. Leseschatz zur Belehrung, Warnung und Unterhaltung. *Brünn* 1858. Gedr. bei *Wilh. Burkart*. 48 S. 8°. 10 kr.

Burghauser, Wolfg., s. a.: Gustavsson, Wolfhart.

— Philuzius Süssmeyers alltägl. Geschichte. (289) 8° Lpzg, K Wolff '12. 3.50; geb. 5 — d

Burghauser, Wolfg.: Kardelss. Eine Liebessage. (4, 279) 8° Wien, C Konegen '11. 3.50

— Liebe in Natur u. Unnatur. 2 Tle. 8. Wien. C. Konegen. 3. 50
1. (VII, 200 S. m. 11 Abbildgn.) 908. 2. —
2. 3. Aufl. (Das Titelblatt zeichnete Maria Vera Brunner.) (VI, 122 S.) 909. 1. 50

! — Liebe in Natur u. Unnatur. 2. Tl. Beschlagnahmt. 06/09

BURGHAUSER, Wolfgang. Liebe in Natur und Unnatur. 2 Teile. Wien, K. Konegen (um 1910). 8°.
Verb. d. Ldg. Breslau 7 J. M. 94/11.

Burghauser, Wolfg., Frau Marias Sohn. (231 S.) 8. Rostock 905. C. J. E. Volckmann Nachf. n. 3. —; geb. in Leinw. n. 4. —

Burghaven, C. F. L. v., s. Burghagen, Karl Friedrich Ludwig von

Burgheim, Carl von, u. Emilie v. Rosenau; od. d, großmüthige Freyer. Schausp. 8. Frkft. Bronner. 781.

**Burgheim, Carls v., u. Emiliens v. Rosenau Gesch. e. Original in Briefen, vom Verf. d. Siegwart, m. K. 4 Bde. 8. Leipzig, Weygand. 778 — 779. (I. — III. à 1 Rthlr. 8 gr. IV. 2 Rthlr. 4 gr.)
ohne Kupf. (I. — III. à 18 gr. IV. 1 Rthlr. 12 gr.)**

Burgheim, Jul., die Geometrie in ihrer Anwendung auf das Gewerbe der Bauhandwerker, für Bau-, Gewerbe- u. Sonntagsschulen, sowie auch zum Selbstunterricht, namentlich für diejenigen Bauhandwerker, welche sich z. Meisterprüfung vorbereiten wollen. Nebst 9 Tafeln mit 254 Figuren u. 1/2 Bog. Tabellen. 8. Minden 834. Eßmann. 3/4 ℳ

— die Geometrie in ihrer Anwendung auf das Gewerbe der Bauhandwerker, für Bau-, Gewerbe- u. Sonntagsschulen &c. Mit 15 Taf. 2. verm. u. verb. Aufl. gr. 8. Minden 843, Eßmann. n. 1 ℳ

Burgheim, die Geometrie in ihrer Anwendung auf das Gewerbe der Bauhandwerker für Bau-Gewerbe- u. Sonntags-Schulen, sowie auch zum Selbstunterricht, namentlich für diejenigen Bauhandwerker, welche sich zur Meisterprüfung vorbereiten wollen. Neu durchgesehen u. verm. von P. E. Bacharach. 3. verm. u. nach den jetzigen Zeitverhältnissen verb. Aufl. Mit 13 (lith.) Taf. (in 4.) Bad Oeynhausen 861. Eßmann & Co. gr. 8. (VIII, 140 S.) n. 1 ℳ

— die Geometrie in ihrer Anwendung auf das Gewerbe d. Schreiner, zum Selbstunterricht. Nebst 9 Taf. mit 227 Figuren u. 2 Tabellen. 8. Minden 835. Eßmann. 1/2 ℳ

— Sammlung leicht auszuführender Grab-Monumente, aufgenommen auf den vorzügl. Kirchhöfen Deutschlands und Frankreichs. 16 Hft. (12 Steintaf.) gr. 4. Bielefeld 837. Velhagen u. Klasing. n. 2/3 ℳ

Burgheim, Jul., Sammlung leicht auszuführender Grab-Monumente, aufgenommen a. d. vorzügl. Kirchhöfen Deutschlands u. Frankreichs. 2. (u. letztes) Hft. gr. 4. (15 Steintaf. u. 1 Bog. Text.) Bielefeld 841, Velhagen u. Klasing. n. 1 ℛ (1. 2.: n. 1⅓ ℛ)

Burgheim, Jul., Sammlung leicht auszuführender Grab-Monumente, aufgenommen auf den vorzüglichsten Kirchhöfen Deutschlands und Frankreichs. 2 Hefte. (in 1 Bd.) gr. 4. (30 Stnt. und 10 S. Text.) Bielefeld 840, Velhagen und Klasing. *

Burgheim, Max. Cinci in Wort u Bild . . . Cinci, 1888.

--Der Führer v Cinci. 2d ed. Cinci, n. d.

--Reiseskizzen aus Europa. Cinci, n. d.

Burgheim, Sal. Hirsch, († d. 20. Febr. 1823.) Anweis., wie man sich selbst d. vener. Krankheiten auf d. einzig sicherste u. gründl. Art heilen kann, auch Impotenz, Sterilität, Ausschläge, Hypochondrie ꝛc. 3e A. 8. Lpz. 794. 8e A. 821. Verf. (Cnobloch). 1 ℛ

Burgheim, S. H., Anweis. d. vener. Krankheit. ꝛc. u. alle Nervenschwächen ꝛc. z. heilen. 8. Lpz. Böhme. 805.

Burgheim, S. H., theoret.-prakt. Anweis. die sämmtl. vener. Krankheiten, auch Impotenz, Sterilität, Ausschläge u. äußere Wunden zu heilen. 7te verb. Aufl. 8. Lpz. Böhme. 812.

— sicherer Rath u. That zur Beförder. e. ganz leichten u. völlig gefahrlosen Entbindung d. Schwangern. 8. Leipz. 809. Verf.

Salomo Hirsch Burgheim (praes. Ad. Mich. Birkholz) diss. de studio munditiei corporis penes Judaeos morbis arcendis atque abigendis apto. Lips. 1784. 4.

— theoret.-prakt. Unterricht, wie man sich wider Ansteckung durch Pockengift bewaffnen kann, den heißen oder kalten Brand, verborg. Krebsschäden ꝛc. 8. Leipz. 796. N. A. 801. Verf. (Cnobloch). 3 gr

— theor. pract. Unterr. wie man sich wid. das venerische Gift bewahren könne. 8. Ebend. 801.

— die ächte Verjüngungskunst d. Alters. 8. Leipz. 801. (Cnobloch). 6 gr

Burgherr, Karl Albert

Burgherr, Karl Alb., der kleine Friedensstifter. Das Testament, (s. Verein f. Verbreitung guter Schriften. Basel Nr. 85.)

Burgherr, Carl Albert. Der kleine Friedensstifter — Das Testament. (Schlichte Geschichten aus der Mansarde) von K' A' B'. [Mit Titelvignette.] IV + 56 S. 8. Basel, Verein für Verbreitung guter Schriften, April 1910. fr. —.15
Verein für Verbreitung guter Schriften, Basel, Nr. 85.

— Unter dem Giebel. Schlichte Geschichten aus der Mansarde. (250 S.) kl. 8. Schkeuditz 908. W. Schäfer. 3.—; geb. in Leinw. 4.—

— Das Kreuz d. Rache. Schausp. (88) 8° Aar., A Trüb & Co. '11

Burgherr, Karl Alb., St. Jakob an der Birs. Ein patriot. Gedicht. 12. (35 S.) Basel 894. (A. Geering.) n. — 60

Burgherr, Karl Alb., Stimmungen. A. d. Gedichten e. Jugend. 8. (63 S.) Zürich 897. C. Schmidt. Mit Goldschn. n. — 80

Burgherr, K. A., im Werden. Dichtungen. Buchschmuck v. Max Honegger. (127 S.) kl. 8. Schkeuditz 905. W. Schäfer. n. 2.—; geb. n. 3.—

Burghersh, Lady (später Countess of Westmorland), Briefe aus dem Hauptquartier der verbündeten Armeen 1813–1814, hrsg. v. ihrer Tochter Lady Rose Weigall. Autoris. Übersetzg. aus dem Engl. v. Marie v. Kraut. gr. 8. (XIII, 150 S.) Berlin 894. Mittler & Röstell. n. 3.20; geb. n. 4.—

Burghersh, Graf v. Westmorland, britt. Generallieut. Erinnerungen aus den ersten Feldzügen des Herzogs v. Wellington in Portugal und Spanien. In das Deutsche übertragen von einem preuss. Officier. 8. Berlin und London 1843.

Burghersh, Lord, jetziger Graf von Westmorland, Memoiren üb. d. Operationen der verbündeten Heere unter dem Fürsten Schwarzenberg u. dem Feldmarschall Blücher während des Endes 1813 u. 1814. Aus d. Engl. von F. W. Schreiber. gr. 8. Mit 2 Tab. Berlin 844. (Mittler.) n. 1⅓ ℛ

Bürghilu risale, oder Elementarbuch d. muhamed. Glaubenslehre; aus d. Arabischen. 8. Leipz. 790. Hilscher. 8 gr

Burghoff, Walther: Der Besitzwille. (Nach d. Rechte d. Bürgerl. Gesetzbuchs f. d. Deutsche Reich.) *Greifswald 1900: J. Abel.* (51 S.) 8°
Greifswald, Jur. Diss. v. 1900

Burghold, Jul., über die Entwicklung der Ehe. 8. (117 S.) Breslau 902. Schles. Buchdruckerei ꝛc. n. 1.50; geb. n. 2.50

Ueber die Entwicklung der Ehe. Von Julius Burghold. *Breslau: S. Schottlaender 1902.* (117 S.) 8° [J.] [ot. 19937]

Burghold, Jul., Üb. d. Leitmotive i. Richard Wagners Ring der Nibelungen u. ihre Benennung. [Aus: „Redende Künste".] Lex.-8. (16 S.) Leipzig 898. C. Wild. — 75

Burghold, Jul., Richard Wagner's Meistersinger von Nürnberg, s. a. Musikführer, der.

Richard Wagner. Die Meistersinger von Nürnberg. Erl. von Dr. Julius Burghold. *Stuttgart: J. Schmitt [1899].* (43 S.) 8° = Musikführer. 157/58. [ot. 9513]

Burgholz, Jac. v., Wildenbruch's verbotenes Drama „Der Generalfeldoberst". Kritisch beleuchtet. gr. 8. (168 S.) Wien 890. Buchdr. „Austria", Drescher & Co. n. 2.40

Burgholzer, Jos. („der Weltw. Dokt., dann b. R. Liz., Mitgl. d. Gesellsch. sittlich- u. landwirthschaftl. Wissenschaften zu Burghausen"), *Baier'sche Geschichtkarte* (sic). München, gedr. bey Jos. Wenzesl. Zangl (?), bürgerl. Stadtbuchdr., 1788. Gr. qu.-Fol. Ppb. m. Srsrück. u. Schwarzdrucktit. auf Deckel.
9 Tabellen m. einigen Illusch.-Figg., dem Kurfürsten Karl Theodor gewidmet. — Nicht häufig u. noch jetzt brauchbar!

Burgholzer, Joseph, Das Hoffräulein. Eine Geschichte für bayrische Mädchen (prosodisches Gedicht in vier Gesängen) nebst einigen Oden. (In München, Cgm. 4091. vom J. 1779. Pp. 161 Bl. 4°.)
Goedeke IV, 127. 88.

Burgholzer, Jos. (beeder Rechte Lizentiat), Stadtgeschichte von München, als Wegweiser für Fremde u. Reisende. Mit Beylagen u. Zusätzen. 2 Bdchn. (1 vol.) München, 1796. Bey Joseph Lindauer. Kl. 8°. Eleg. blau Hsrsb.
XLII - 529 S. — Bdchn. 2 beginnt mit S. 204. (203 ist Druckf.)

— Heinr. Braun's Thatenleben u. Schriften; e. Beitr. zur Baier. Schul- u. Gelehrtengeschichte. Mit dessen Schattenrisse. 8. Münch. 793. Lentner. 3 gr

Burgholzhausen, A. F. von, s. Jahrbuch der K. K. Geologischen Reichsanstalt.

Burgi Hibernia Dominicana. Cöln 1762. 2 —

Bürgi s: Sommer in d. Schweiz.

Bürgi, C(onrad) [prakt. Arzt von Arth. in Wädensweil]: Beitrag zur Kenntnis der Gynaecomastie. Zürich 1902. 19 S. 8°.
Zürich. Med. Diss. 1901/1902.

Bürgi, C[onrad]. Beitrag zur Kenntnis der Gynaecomastie. Diss. Med. Univ. Zürich. [Mit 1 Tafel.] 19 S. 8. Zürich, H. Börsig, 1902.

Bürgi, D., Hauptregister über die neue Züricher Gesetzessammlung v. 1831–1838. 1r–4r Bd. Nebst e. Anhange: Register über das Amtsblatt v. 1834—1838. gr. 8. Zürich 839. Orell u. Comp. 1/8 ℛ

Bürgi, E., durch deutsches u. englisches Oberland. Eine Missionsreise. gr. 8. (42 S. m. 1 lith. Karte.) Bremen 890. (Morgenbesser.) n. — 60

Bürgi, Emil. Arznei und Gift. Nach einem akademischen Vortrage des Verfassers. [Sep.-Abdr. aus dem «Bund», Jahrg. 1906.] 22 S. 8. Bern, H. Jent, 1906.

Bürgi, Emil. Ueber die Behandlung der Lungentuberkulose mit Arzneien. Vortrag von Dr. E' B'. ⟨Autoreferat.⟩ ⟨[Sep. nachgedr. aus:] Correspondenzblatt für Schweizer Aerzte [Jahrg.] 33, [1903,] pag. 549 ff.⟩ 7 S. 8. [Bern, Gottfr. Iselt, 1905.]

Bürgi. Emil [Arzt in Bern]: Der respiratorische Gaswechsel bei Ruhe und Arbeit auf Bergen. Leipzig 1900. 39 S. 8°. (S.-A. aus Archiv für Anatomie und Physiologie, Physiolog. Abt. 1900.)
Bern. Med. Diss. 1899/1900.

Bürgi, Emil. Gedichte von E' B' [Professor in Bern]. VI + 160 S. 8. Stuttgart und Berlin, J. G. Cotta Nachfolger, 1908. ([M. 2.50,] geb. M. 3.50)

Bürgi, Emil. Kritik des Kampfes um die Bergkrankheit. Separatabzug aus dem «Bund» 1904, Nr. 40 und 41. 10 S. 8. (Bern, H. Jent.)

Bürgi, J., die Fabrikation der kohlensauren Getränke. Praktische Anleitg. f. Limonadefabrikanten u. solche, die es werden wollen. gr. 8. (III, 89 S. m. 17 Abbildgn.) Zürich 900. Th. Schröter. n. 1. 50

Bürgi, J: Die Fabrikation d. kohlensauren Getränke. 8° (39 m. Abb.) Zür. 1900. Lpzg, T Schröter. 1.50

Bürgi, J. Jak., kurze Skizze der Verdienste des Hochwürd. Hrn. Antistes u. Dekanus Dr. Friedrich Hurter, besond. um d. evangelisch reformirte Kirche des Kantons Schaffhausen, nebst Widerlegung einer Verdächtigung. gr. 8. Schaffhausen, Hurter'sche Buchh. 1/12 ℛ

Bürgi, J. Jak., kurze Skizze d. Verdienste d. Hochwürd. Herrn Antistes u. Dekanus Dr. Friedr. Hurter, besond. um die evangel. reform. Kirche d. Kantons Schaffhausen, nebst Widerleg. e. Verdächtigung. gr. 8. (2 B.) Schaffhausen 840, Hurter'sche Buchh.

Bürgi, J[ohann] B[aptist]. Die Soolbäder zu Rheinfelden (* *Nachtitel:* Rh' und seine Soolbäder). Für Aerzte und Laien bearb. [Mit Karte.] 8. Basel 1863.

Bürgi, Moritz. Tierarzt in Bern: Die Staphylokokken-Infektion bei den Hasen. Mit 4 Abbildungen. Jena 1905. IV + 26 S. 8°. S.-A. a. d. Centralbl. f. Bakt. Abt. I. Originale. Bd. 39. Heft 5 u. 6. Bd. 40, Heft 1. [23. VI. 05.]
Bern. Vet.-med. Diss. 1905 1906.

Bürgi, Moritz. Die Staphylokokken-Infektion bei den Hasen. Mit 4 Abbildungen. Diss. Vet.-Med. Bern. [Sep.-Abdr. aus: Centralblatt für Bakteriologie, Parasitenkunde u. Infektionskrankheiten. Abteilung I.... Originale. Bd. 39, Heft 5 u. 6, und Bd. 40, Heft 1.] IV + 26 S. 8. Jena, Gustav Fischer, 1905.

Bürgi, Oscar. Untersuchungen über den sogen. Hufkrebs und Straubfuss des Pferdes. Aus dem Veterinär-Chirurgischen Institut der Universität Zürich. Diss. Vet.-Med. Univ. Zürich ... von Oskar B'.... Mit 18 Photographien und 5 Zeichnungen [auf 16 Tafeln]. Sonder-Abdruck aus «Schweizer Archiv für Tierheilkunde», Band 52, 1910. 96 S. 8. Zürich, Orell Füssli, 1910.

Bürgi, R. T., der Elektronäther. Beiträge zu e. neuen Theorie der Elektrizität u. Chemie. (47 S.) gr. 8. Berlin 904. W. Junk. n. 1. 20

! Bürgi, RT: Elektronäther. Jetzt: Lpzg, TO Weigel. '01/05

Burgin, Louis, Tableau général de la conjugaison des verbes françuis composé, principalement à l'usage des Anglais et des Allemands. 1 Bog. in gr. Fol. (Frankfurt a. M. 850, Auffarth.) n. 1/6 ℛ

Bürgin, Carl A[nton]. Draga, Serbiens unglückliche Königin. Gedichtzyklus. (Mit Bild [Porträt-Tafel].) 16 S. 8. Dresden, E. Pierson, 1903. (M. —. 50)

Bürgin, Carl A[nton]. Gedanken. Dichtungen. IV + 140 S. 8. Dresden und Leipzig, E. Pierson, 1902. [br. M. 1.50, geb. M. 2.50]

Bürgin, Carl A[nton]. Hymnen und Elegien. Dichtungen. VIII + 152 S. 8. Dresden und Leipzig, E. Pierson, 1903. [M. 1. 50]

Bürgin, Carl A[nton]. Kulturlyrik und Menschheit. Dichtungen. VIII + 131 S. 8. Dresden, E. Pierson, 1905. [M. 2. —]

Bürgin, Carl A[nton]. Lieder des Idealisten. VIII + 136 S. 8. Dresden, E. Pierson, 1904. [geb. M. 2. 50]

Bürgin, Carl A[nton]. Mädchengestalten. Dichtungen. [Umschlag illustriert.] XII + 148 S. 8. Dresden, E. Pierson, 1903. [M. 1. 50]

Bürgin, Carl A[nton]. Renaissance. Dichtungen. X + 84 S. 8. Dresden, E. Pierson, [1906]. [M. 1. 50, geb. 2. 50]

Bürgin, Carl A[nton]. Von Welt zu Welt. Dichtungen. VIII + 100 S. 8. Dresden, E. Pierson, [1907]. [M. 2. —]

Bürgin, Mart., De secreta singulorum peccatorum confessione. Altorf 1762, 4°.

Burgius, s. Burg

Burgkapelle, die, zu Ibon in Rheinhessen. Aufgenommen v. Studirenden der Architektur an der techn. Hochschule zu Darmstadt unter Leitung v. E. Marx. Fol. (9 autogr. Taf. m. Text in Lex.-8. 10 S.) Darmstadt 882. Bergsträsser. n. 8. —

Burgkhardt, Johannes

Burgkhardt, J., das Erzgebirge, s. a. Forschungen zur deutschen Landes- u. Volkskunde.

Burgkhardt, Johannes: Das Erzgebirge. Eine orometrisch-anthropogeographische Studie. Mit einer Karte. Stuttgart 1888. 79 S.
= Forschungen zur deutschen Landes- und Volkskunde. Bd. 3. Heft 3. 8°.

Burgkhardt, Johannes [Dr.]: Die Volksdichte des Elsass. Leipzig-Reudnitz, Druck v. M. Hoffmann, 1891; S. 3—38, 1 Kte; 4°
Leipzig-Reudnitz, st. R m. PG, OP 1891 (564)

Burgkhardt, Rudolf, Lipsiensis: De causa orationis adversus Spudiam Demosthenicae ⟨XLI⟩. [Lipsiae] 1908: J. Klinkhardt. (56 S.) 8°
Leipzig, Phil. Fak., Ref. Lipsius-Heinze, Diss. v. 15. Juli 1908
[Geb. 15. April 81 Leipzig; Wohnort: Leipzig; Staatsangeh.: Sachsen; Vorbildung: Nikolai-Gymn. Leipzig Reife O. 01; Studium: Leipzig 13 S.]

Burgklehner, Mathias

Burgklechner's grosse Karte von Tirol von 1629. (Neudruck von den alten Platten.) Gross-Folio. 20 Blatt. (Grosse Karte von Tirol 12, Uebersichtskarte 1, Darstellung der Landes-Producte 1, Landes- und Städtewappen 4, Bildnisse der Tiroler Landesfürsten 2 Blatt.) In Commission 12.
Wien: Artaria 1896.

Mathias Burgklehners Tirolische Landtafeln 1608, 1611, 1620. Abdr. der in d. kunsthist. Sammlungen d. Allerh. Kaiserhauses in Wien aufbewahrten Holzstöcke u. Kupferplatten. Text von Eduard Richter. *Wien: A. Holzhausen 1902.* 1 Bd 2°, 1 Bd gr. 2° [illegible] 4386

Burgkmair. —

Burckmair's, Hans, Biographie u. Charakteristik, s.: Woltmann, A.

Burgkmair, Hans, s. Schmid, Alfred.

Burgkmair, Hans: Burg[k]mair.

Burgmair, Beham, Virgil Solis, Jost Amman u A. (16 S 100 T) Berlin 1894

Burgmair, s.: Bücherzeichen (Ex libris) des XV. u. XVI. Jahrh.

Burgkmair, Hans. Images de saints et saintes issus de la famille de l'empereur Maximilien I. En une Suite de ... planches gravées en bois par differens graveurs d'apres les dessins de Hans Burgmaier. A Vienne, chez F. X. Stockl, marchand d'estampes. Imprimé chez la veuve Alberti 1799.
(1 S.; 119 Taf. in Holzschn. 2°)
Der den Darstellungen zu Grunde liegende Text war von Jacob Mennel verfasst, aber wegen des Todes des Kaisers nicht gedruckt worden. Nach Laschnitz, Jahrbuch des Allerhöchsten Kaiserhauses Bd IV u. V. Wien 1886-87 sind die Vorlagen für die Holzschnitte nicht von Burgkmair, sondern von Leonhard Beck
Graesse I. 576.

Burgkmair's, H, Leben u. Leiden Christi, s.: Liebhaber-Bibliothek alter Illustratoren in Facsimile-Reproduction.

— der Tod als Würger, s.: Meisterbilder. 118. Blatt.

Burgkmair, Hans. Triumph des Kaisers Maximilian I. 136 Tafeln. Aus dem Jahrbuch der kunsthistorischen Sammlungen des Allerhöchsten Kaiserhauses. Wien 1883--1884. Fol.

Burgkmair, Hans d. J. Hans Burgkmaiers Turnier-Buch Herausgegeben von J. v. Hefner ...
Frankfurt a. M.. Sigmund Schmerber. Nachfolger Heinrich Keller 1853.
Tit. in kol. Kupferst., 3 Bl., 27 Taf. in kol. Kupferst., 8 Bl. Text. gr 2°.

S. auch Nurnbergisch Thurnier und Schönbartbuch o. O. u. J.
Teil 1 Turnierbuch.

Burgkmaiers, Hans, Turnierbuch. Nach Anordnung Maximilians I. Herausg. von J. v. Hefner. (In 14 Liefgn.) Frankfurt a. M. 854—56. Keller. gr. Fol. (14 S. u. 28 color. Kpfrtaf.) n. 42 ℳ

Burgkmair, Hans, d. jüngeren, Turnierb. v. 1529. 16 Bl. in Handkolorit, m. erläut. Text hrsg. v. Heinr. Pallmann. (24 Sp.) 54,5×39,5 cm. Lpzg. KW Hiersemann '10. L 200 — d

Burgl, Frz. Seraph., Instruktion f. die prakt. Aerzte Bayerns. gr. 8. (20 S.) Passau 849. (Regensburg, Pustet.) 2 ℳ

Burgl, G., zur Casuistik d. Situs viscerum mutatus, s.: Mittheilungen u. Auszüge aus dem ärztl. Intelligenzblatt.

Burgl, Geo.: Die Hysterie u. d. strafrechtl. Verantwortlichk. d. Hysterischen. Handb. f. Ärzte u. Juristen. (14, 302) Lex8° Stuttg., F Enke '12. 7 —

Burgl, Geo., die strafrechtliche Verantwortlichkeit der Epileptiker. Ein prakt. Leitfaden f. Juristen u. Mediziner auf Grund der in der gerichtsärztl. Praxis gewonnenen Erfahrgn. (VI, 91 S.) gr. 8. Nürnberg 905. F. Korn. n. 1. —

BURGL, Ludwig Franz (Bogen): Die Lungenschwindsucht in pathologischer Beziehung betrachtet.- München 1837. 28 S.
10.2.1837 - Urk; F 63
Diss. Ingolst.-Landsh.-Mchn.

BURGL, Max (Passau): Beiträge zur Aetiologie der Kurzsichtigkeit.- München: Straub 1874. 19 S.
11.7.1874 - Urk (Titel: De causis myopiae.); Chr 1874/75,12
Diss. Ingolst.-Landsh.-Mchn.

Burgl, Max, Instruction für den Gebrauch des patentirten Optometers in Buchform. 16. (34 S.) Passau 880. (Bucher.) n.n. — 75

— über Militär-Optometer. gr. 8. (12 S.) Ebend. 881. n.n. — 75

— Patent-Brillenbestimmer zur schnellen Ermittlung der passenden Brillennummer f. Kurzsichtige u. Weitsichtige zum pract. Gebrauche f. Aerzte, Optiker, Brillenhändler, Schulvorstände u. dergl. gr. 8. (11 S.) Ebend. 881. n.n. — 75

Bürglen, Die stadt-st. gallische Herrschaft, in Turgau . . . St. Gallen 1884. V: *Götzinger, Ernst.* (Cat. d. Stadtbibl. Zürich. Zürich 1864—97.)

Bürglen im Turgau, die Stadt-St. Gallische Herrschaft. Hrsg. vom histor. Verein in St. Gallen. Mit 1 (Lichtdr.-) Taf. gr. 4. (51 S.) St. Gallen 884. Huber & Co. n. 2. —

Bürglen, Joh. Leonhard (Ulm), De processu in contumaciam. German.: Ungehorsams- oder Contumacial-Process. Diss. jur. Präs. Wolffgang Adam Schoepff. Tübing. (G. F. Pflick) Jan. 1728. 46 Seiten. (5.—) 4588

Burglengenfeld [Schlagwort]

Burglengenfeld. Schuster, J., Schul-Wandkarte des Bez.-Amtes Burglengenfeld. Lithogr. u. color. Imp.-Fol. Regensburg 888. Bauhof. 3. 50; aufgezogen 6. 50

Bürgler (Hrsg.), s. Volksblatt, Katholisches.

Burgmair, s. Burgkmair

Burgmann, A., s. Bank, die.

Burgmann, A., Die Klabriaspartie. 3. Aufl. 8. (47 S.) —.30
Wien: Daberkow 1897.

Burgmann, Arth., Petroleum u. Erdwachs. Darstellung der Gewinnung v. Erdöl u. Erdwachs [Ceresin], deren Verarbeitung auf Leuchtöle u. Paraffin, sowie aller anderen aus denselben zu gewinn. Producte u. ein Anh., betr. die Fabrikation v. Photogen, Solaröl u. Paraffin aus Braunkohlentheer. Mit besond. Rücksichtnahme auf die aus Petroleum dargestellten Leuchtöle, deren Aufbewahrung u. technische Prüfung. Mit 12 (eingedr. Holzschn.-)Abbildungen. 8. (IV, 229 S.) Wien 880. Hartleben. 3. 25

Burgmann, Arthur, Petroleum und Erdwachs. Darstellung der Gewinnung von Erdöl und Erdwachs (Ceresin), deren Verarbeitung auf Leuchtöle und Paraffin, sowie aller anderen aus denselben zu gewinnenden Producte und einem Anhang betreffend die Fabrikation von Photogen, Solaröl und Paraffin aus Braunkohlentheer. Mit besonderer Rücksichtnahme auf die aus Petroleum dargestellten Leuchtöle, deren Aufbewahrung und technische Prüfung. Mit 23 Abbildungen. Zweite, verbesserte und erweiterte Auflage. (Chemisch-technische Bibliothek, Band 72. Zweite Auflage.) 8. (VIII, 220 S.) 1.80, geb. (nur fest) 2.25
Wien 897. A. Hartleben.

Burgmann, I. C., Disput. theol. 4. Rost. 742.

Burgmann, J. C., de nomine Christiani, ejusque origine et notione. Rost. 1739. 4.

Burgmann, J. H., de sensu vocis ἀπέχει Marc. 14, 41. Rost. 1735. 4.

Burgmann, Joach. H., Erinnerung an diejen., w. d. Ansehen ein. besond. Frömmigkeit haben wollen. 4. Wism. Berger. 747.

Burgmann, Joachim Heinrich (Rostock), De vestitu praecipue pallio veterum philosophorum. Exercit. hist.-moralis. Präs. Georg Wilh. Overkampf (Greifswald). Jena (Ritter) 5. VIII. 1733. 27 S. (4.80) 4742
Gew.: Gg. Heinr. v. Gercken (Lübeck).

Burgmann, Jh., Versuch e. Leitfadens in d. Unterr. d. christl. Religion. 18 Bdchen. 8. Oppeln. 822.

***Burgmann,* Jh. Chr.,** († d. 15. Febr. 1775.) institutiones theologiae dogmaticae. Opus posthumum c. B. Fr. Quistorpii. 8. Greifsw. 775. (Cnobloch in Leipz.) 16 ℊ

— institut. theologiae dogmat. rec. Quistorp. 8. Greifswalde, Röse. 775.

Burgmann, Joh. Christian (Hrsg.), s. Etwas von gelehrten Rostockischen Sachen, für gute Freunde.

Burgmann, J. Gust., gesegnet. Alter d. Gerecht. gr. 8. London. Heidinger. 775.

Burgmann, Jh. Gust., († d. 5. Oct. 1795.) gesegnetes Alter d. Gerechten. gr. 8. London u. Hamb. 775. Heidinger. 5 ℊ

— die vornehmsten Beweise d. evangel. Hauptlehre von d. Gnade Gottes. 8. Lond. 772. Heidinger. 8 ℊ

— Fastenpredigten. 8. London 772. Heidinger. 6 ℊ

— Geschichte d. letzten Leiden unsers Herrn. 8. London 773. Heidinger. 4 ℊ

— von öffentl. häusl. u. beständ. Gottesdienst d. Christen. Mühlheim a. Rh. 771.

— Vorstell. d. Vornehmst. Beweise v. d. Gnade Gottes. 8. Ebend. 772.

Burgmann, Petr. Chrph.: Disquisitio epistolica de quaestione: Num funiculi umbilicalis intermissa deligatio infanti recens nato sola mortem adferre queat? Rostochii (1734).

Burgmann, Pet. Chr., Succinctum hypotheseos Stahlianae examen de anima rationali corpus humanum struente, motusque vitales tam in statu sano quam morboso administrante. Lps., 1731—5. 2 Vol.

Burgmann, Pet. C., Examen de anima rationali corp. hum. struente. II P. 8. Lps. Gleditsch. 731.

Burgmann, R., Senecas Theologie in ihrem Verhältnis zum Stoicismus u. zum Christentum. Diss. 1872. 63 S.

Burgmann, Robert: Asbest-Spinnerei. 1906. 49 S. 4°
München, Dr.-Ing.-Diss. v. 6. 8. 1906

Burgmann, Wilhelm [pr. Arzt aus Niederdielfen]: Ein Beitrag zur Lehre vom Küster'schen Zeichen ... Marburg, Buchdr. F. Sömmering. 1896; 29 S., 1 Bl. 8.
Marburg, Med. Fak., Inaug.-Diss. v. 3. Aug. 1896

Burgmayer, J. B., Wahrheit u. Trost gegenüber dem Rufe der Gegenwart nach Freiheit, u. den trüben Aussichten in die nahe Zukunft. Predigt am heil. Pfingstfeste 1848, gehalten zu Straubing. gr. 8. (16 S.) Straubing 848, Schorner. 1½ ngl

Burgmayer, M., u. W. Bauernfeind, Führer durch das Waldnaabtal. Mit 6 Bildern, nebst e. Anh., enth. Notizen f. Touristen. (38 S.) gr. 16. Windischeschenbach 903. Weiden, H. Gollwitzer. n.n. — 60
2. Aufl., s.: Bauernfeind, W. & Burgmayer.

Burgmeier, jurist. Konversations-Lexikon, s.: Adolff, Wilh. Eug. v.

Burgmer, J(oannes) Th(eodor) ⟨geb. 1808 in Wipperfeld Kr. Wipperfürth⟩: De aneurysmatis in cerebro ... Bonnae, ex off. Moestiana (1834). 4 Bl., 37 S., 1 Bl. 8.
Bonn, Med. Fak., Diss. v. 13 Sept. 1834

Burgmüller, Karl: Der moderne Holzbaustil. Sammlg. v. Orig.-Entwürfen f. Land-, Touristen- u. Logierhäuser, Parkvillen, Sommersitze u. ländl. Gasthäuser, Jagdschlösschen, Pförtner- u. Kutscher-Häuschen, kl. freisteh. u. eingebaute Wohnhäuser sowie Wirtschaftsgebäude f. ländl. Betriebe. Zum prakt. Gebr. bearb. 32 Quarttaf. m. (4 S.) erläut. Text u. Baukostenberechng. 33×25,5 cm. Lpzg, BF Voigt '13. in HL-M 9 —

Bürgner, Hans Heinrich, Referendar: Das Verhältnis des Anspruchs aus unerlaubter Handlung zum Vertragsanspruche. Berlin 1909: Ebering. 67 S. 8°
Heidelberg, Jur. Diss. v. 29. Nov. 1909, Ref. Gradenwitz
[Geb. 17. Nov. 82 Berlin; Wohnort: Berlin-Schöneberg; Staatsangeh.: Preußen; Vorbildung: Joachimsth. Gymn. Berlin Reife O. 01; Studium: Berlin 2, München 1, Berlin 4 S.; Rig. 27. Okt. 09.] [U 10. 1846

BURGONITZKI (ps.?), Schauderhafte Ballade, oder dreifache Mordthat auf der Ritterburg Arminsfeste. Druck v. C. Schwarzenberger, Wien.
Verboten vom L.-G. Wien 1880. § 516.

Burgos [Schlagwort]

Burgos — Charta Geographica Provinciam — etc. exhibens. Ex illis D. T. Lopezii in hanc formam redegit F. L. G. (Güssefeld) Norimbergae expensis Homann. Hered. 1801. 1 : 500,000. 1 Bl.

Burgos [Verfasser]

de Burgos, Anton.: Super tit. de emt. et vend. *ib. cod.* 8.

Burgovia [Schlagwort]

Burgoviae — Novissima delineatio Marchionatus — Sceptro Austriaco subditae, cum regionibus Danubium inter et Licum continibus. Auctore J. de Michal C. et J. artis muniendi Centurione. Sumtibus et prelo Matthaei Seutteri Aug. Vind. 172? 1 : 150,000. 1 Bl.

Burgravius, s. Burggrave

Burgrecht, Zürichs, mit Bischof Johann und den Gotteshausleuten von Chur; dat. 1419 Juni 22. [Bern 1900.] V: *Hoppeler, Robert.* (Zuwachsverz. d. Bibliotheken in Zürich 1898 ff., 7.)

Burgrechten und Pündnussen der Statt Freyburg in Vchtland. 4. *o. O. u. J.* [17]. A° 1310
(*Titel* + 276 S. + Register)

Burg-Reuland [Schlagwort]

Burg-Reuland, s.: Preussen. Messtischblätter.

Bürgschaft, die, Schausp. in 3 Aufz. 8. Wien, Wallishausser. 802. Rthlr.

Bürgschaft, Die. Der Schuster und sein Hausherr. Parodie der Ballade »Die Bürgschaft« von Friedrich v. Schiller. Wien 1835 (?). V: *Bartl, Hans.* (BGE VII², 164)

Bürgschaft, üb. die, d. Frauen nach den Grundsätzen d. allgem. Landrechts für d. preuß. Staaten, zum Gebr. für Geschäftsmänner im k. Preuß. Herzogth. Sachsen. 8. Wittenb. 819. (Zimmermann). 5 gl

Burgscheidungen. Burgscheidungen 1894. V: *Schmidt, Gg.* (Berl)

Burgsdorf u. Mellins etc. Handb. d. gesammt. Jagdwissenschaften, v. Bechstein. 12 Bd. gr. 4. Rnb. Monath u. K. 800.

Burgsdorf, C. F. W. von

Burgsdorf v.: Schreiben an den Redacteur d. Jahrbuchs d. preuss. Landwirthschaft. Veranlasst durch den Brief d. Herrn v. Knobelsdorf üb. englische Pferdezucht. Tilsit 1820. 64 S. (Særtr.). P.

— Schreiben an den Redacteur d. Jahrbuchs d. Preuß. Landwirthschaft, d. engl. Pferdezucht betreff. (Aus d. Jahrbb. d. Preuß. Landwirthschaft besond. abgedr.) 8. Tilsit 820. Glöckner. 8 gl

Burgsdorf C. F. W. v.: Versuch eines Beweises, dass die Pferderennen in England ... kein wesentliches Beförderungs-Mittel d. bessern edlen Pferdezucht in Deutschland werden könne. Königsb. 1827. 122 S.
(Væsentlig overs. fra eng., efter N. H. Smith. — Sml. 442 Biel).

v. Burgsdorf, C. F. W., Versuche eines Beweises, daß d. Pferderennen in England, so wie sie jetzt bestehen, kein wesentl. Beförderungsmittel d. bessern edlen Pferdezucht in Deutschland werden können. gr. 8. Königsb. 827. Bornträger. 12 gl

Burgsdorf, C. G. a.; de juramentis et primorum Christianorum de illis doctrina. Hal. 1732. 4.

v. Burgsdorf, E. Fr. Neutriumphierende Fortification. 2 Bde. 4. M. K. Wien 1703.

Burgsdorf, Friedrich Adolph von (equ. Misn.), Principis cura leges. Diss. extemp. Präs. Carl Ferdinand Hommel. Lpz. (Langenheim) 30. IV. 1765. 37 S. u. 2 Kpf. (5.—) 4744
Med.-Portr. v. Gust. Cronhielm (J. C. Hedlinger f.)

Burgsdorf, Friedrich August Ludwig von

v. **Burgsdorf**, (F. A. L.) Abbild. d. 100 deutschen, wildwachsenden Holzarten. Herausgeg. von J. D. Reiter und G. F. Abel. 4 Hefte u. 1 Supplem. Heft. nebst Beschreib. Mit 25 illum. Kupf. gr 4. Stuttg. Verl. v. Cotta.

— — Abbildung d. hund. deutsch. wild. Holzart. nach d. Nummerverzeichniß im Forsthandbuch v. Burgsdorf. Als Beilage z. dies. Werke herausgeg. v. J. D. Reiter u. G. F. Abel. 4 Hefte, u. 1 Heft Fortsetz. d. in Deutschl. selten. wildwachs. Holzart. n. Beschreibung m. 125 ill. K. gr. 4. Stuttg. b. Verfass. Abel. 803 — 5. Rthlr. 5

– Dass., s.a. R e i t t e r , J. D.

BURGSDORF, Friedrich August Ludwig v.: Abhandlung über die Vortheile vom ungesäumten, ausgedehnten Anbau einiger in den Königlichen Preussischen Staaten noch ungewöhnlichen Holzarten. - Berlin 1790. 32 S.

— über d. Vortheile d. Anbaues einiger ungewöhnl. Holzarten 2c. gr. 4. Berl. 790. Pauli. 4 Gr

BURGSDORF, Friedrich August Ludwig v.: Abhandlung vom Umwerfen oder Ausroden der Waldbäume. Mit Zusätzen von Christoph Wilhelm Jakob Gatterer. - Ulm 1801. 48 S.

— Abhandl. vom Umwerfen od. Ausroden d. Waldbäume, mit Zusätzen v. C. W. J. Gatterer. gr. 8. Ulm 801. Stettin. 4 Gr

BURGSDORF, Friedrich August Ludwig v.: Anleitung zur sichern Erziehung und zweckmäßigen Anpflanzung der einheimischen und fremden Holzarten; welche in Deutschland und unter ähnlichem Klima im Freyen fortkommen. - Berlin 1787. Zwei Theile. XLII, 271 S. u. 231 S. - 2. verm. u. rev. Aufl. ebd. 2. Tl. 1790. 280 S; 1. Tl. 1791. 234 S. - 2. Aufl. 2. Ausg. Frankfurt, Leipzig 1795. 212 S. u. 248 S. - 3. Aufl. Berlin 1805 u. Frankfurt, Leipzig 1806. 209 S. u. 240 S. - (= 1. Bd. von Auserlesene Sammlung der besten und brauchbarsten Schriften über Oekonomie-, Garten- und Forstwirtschaft) - 4. rev. u. verb. Ausg. Berlin 1807. LII, 227 S., 1 Kupf. u. XII, 261 S.

— Anleit. zur Erziehung u. Anpflanzung d. einheim. u. fremden Holzarten, welche in Deutschland im Freien fortkommen. 2 Thle, M. Kpf. gr. 8. Berl. 787. 2e A. 791. 3e A. 805. (Reimer). 2 Rthlr Dass. 2 Thle. gr. 8. Marb. 3e A. 806. Krieger. 1 Rthlr 8 Gr

Burgsdorf, Friedr. Aug. Ludw. v., Aufmunter. z. sorgfält. Miterforschung d. Verhältnisse, welche d. G e w ä c h s a r t e n bei ihrer Vegetation gegen einander beobachten. Mit 1 Tab. 4. Berlin (1785) 1805. Pauli. — 7½

BURGSDORF, Friedrich August Ludwig v.: Aufmunterung zur sorgfältigen Miterforschung der Verhältnisse, welche die Gewächsarten bei ihrer Vegetation gegen einander beobachten. - Berlin 1875. 16 S., 1 Tab. - (Schr. d. Berlinischen Ges. Naturf. Freunde Bd. 6)

BURGSDORF, Friedrich August Ludwig v.: Beyträge zur Erweiterung der Forstwissenschaft, durch Bekanntmachung eines Holz-Taxations-Instrumentes und dessen leichten und vielfachen Gebrauchs. - Berlin, Leipzig 1780. XVI, 120 S., 3 Taf.

B u r g s d o r f , F. A. L. von: „Beiträge zur Erweiterung der Forstwissenschaft, durch Bekanntmachung eines Holztaxationsinstruments", Berlin 1780 (Rottmann).

BURGSDORF, Friedrich August Ludwig v.: Einleitung in die Dendrologie oder systematischer Grundriß zur Übersicht der Forstnaturkunde und Geschichte zum Leitfaden des Unterrichts in diesem Theile der Experimental-Forstwissenschaft als eine Beylage zum ersten Theile des Forsthandbuchs. - Berlin 1800. 12 Tab. - 2. Aufl. ebd. 1805. 12 Tab. - 3. Aufl. u. d. T.: Einleitung in die Dendrologie oder Systematischer Grundriß der Forstnaturkunde und Naturgeschichte ... Übersicht zum Leitfaden des Unterrichtes in diesen Wissenschaften; als eine Beylage zum ersten Theile des Forsthandbuches. ebd. 1806. 12 Tab.

— Einleit. in d. Dendrologie od. Forstnaturkunde u. Geschichte als Beil. z. 1n Thl. d. Forsthandb. gr. Fol. Berl. Pauli. 800.

— Einleit. in d. Dendrologie oder Forstnaturkunde u. Geschichte, als Beilage zum 1n Theil d. Forsthandbuchs. gr. Fol. Berl. 800. (Schlesinger). 16 Gr

—— Einleitung in die Dendrologie oder systematischer Grundriss der Forstnaturkunde und Naturgeschichte. Berlin 1800. fol. obl. 14 fol. — *Ed. IV. ib. 1812. fol. obl. 14 foll. (²⁄₃ th.)

BURGSDORF, Friedrich August Ludwig v.: Forsthandbuch. Allgemeiner theoretisch-praktischer Lehrbegriff sämtlicher Försterwissenschaften. - Berlin 1788. XLVIII, 784 S., 1 Kt. - 2. Aufl. 1. Ausg. ebd. 1790. LVI, 786 S., Tab., 1 Kt. - 2. Aufl. 2. Ausg. Frankfurt, Leipzig 1792. XLVIII, 786 S., Tab., 1 Kt. - 3. rev. u. stark verm. Aufl. Berlin 1800, Frankfurt, Leipzig 1801. LXX, 872 S., Tab., 1 Kt. - 4. rev. u. stark verm. Aufl. Berlin 1806. XLVIII, 835 S., Tab., 1 Kt. - 2. Tl. u. d. T.: Forsthandbuch zweiter Theil. Allgemeiner theoretisch-praktischer Lehrbegriff der höhern Forstwissenschaften. - Berlin 1796. XVI, 774 S., 6 Taf. - 2. Aufl. Frankfurt, Leipzig 1797. XVI, 774 S. 6 Taf. - 3. Aufl. Berlin 1805. XLVIII, 774 S., 6 Taf. - 4. Aufl. ebd. 1806. XLVIII, 760 S., 6 Taf.

— Forsthandbuch; allgem., theoret.-prakt. Lehrbegriff sämmtl. Forstwissenschaften. Mit Tab. u. 1 Forstkarte. 2 Thle. gr. 8. Berl. 1r Thl. 788. 2e Aufl. 791. 2r 795. 3e Aufl. 2 Thle. 800. (Schlesinger). 5 Rthlr 12 Gr Schrbp. 8 Rthlr Beilage dazu, oder Abbild. d. 100 2c. Holzarten, s. J. D. Reitter.

— Forsthandbuch. 2 Thle. gr. 8. Berl. Pauli. 804, 805. (à 3 Rthlr.)
Schrbp. (à 4 Rthlr.

Burgsdorf, Fedr. Aug. Ldwg. von, Geschichte der Buche. Mit schw. oder illum. Kupfern. Berlin 1783. 4.

Burgsdorf, Fedr. Aug. Ldwg von, Geschichte der einheimischen und fremden Eichenarten. Bd. 1. 2. Mit schw. oder illum. Kupfern. Berlin 1787, 1800. 4.

BURGSDORF, Friedrich August Ludwig v.: Versuch einer vollständigen Geschichte vorzüglicher Holzarten in systematischen Abhandlungen zur Erweiterung der Naturkunde und Forsthaushalts-Wissenschaft. - Berlin 1783, 1787 u. 1800. 1. u. einl. Tl.: Die Büche. 1783. XVIII, 492 S., 24 Taf. - 2. Tl.: Die einheimischen und fremden Eichenarten. 1. Bd. Physikalische Geschichte. 1787. XXII, 234 S., 9 Taf., 2. u. letzter Bd.: Gebrauch Schätzung und nachhaltige Bewirtschaftung. 1800. 344 S., 20 Taf.

Burgsdorf, F. A. L. v., Vers. e. Gesch. d. Holzarten. 2 Thle. u. d. 2 Thl. in 2 Bdn. m. K. gr. 4. Berl. Pauli. 783—800. (I. 14 Rthlr. 16 gr., II. 1r Bd. 3 Rthlr. 4 gr., II. 2r Bd. 4 Rthlr.)

— — dass. 1r u. 2r Bd. m. ill. K. (1r 7 Rthlr. 18 gr., 2r 4 Rthlr. 16 gr.)

— Versuch e. Geschichte d. Holzarten. Mit e. Vorrede v. J. G. Gleditsch. 1r Thl., u. 2r Thl. 1r u. 2r Bd. Mit 47 Kpf. gr. 4. Berl. 783—800. (Schlesinger). 11 Rthlr 22 Gr Hbg. Pr. 6 Rthlr ill. 16 Rthlr 10 Gr Hbg. Pr. 9 Rthlr (vergl. Samml. d. besten Schriften über Oekonomie.)

– Über die V o r t e i l e des Anbaues . . . , s. B u r g s d o r f : A b h a n d l u n g über die Vorteile . . . .

Burgsdorf, L. C. a, Virgilii Eclog. IV. germanice vertit notisque illustravit. Dresd. 789. 4.

v. Burgsdorf-Serpenten, (Landstallmeister 2c.), Etwas gegen das „Etwas über d. preuß. Pferdezucht u. ihre Geschichte seit dem Tode Friedrichs des Großen. Vom Hofr. Dr. Thdr. Renner." gr. 8. Gumbinnen 846, Bönig. n. 12 Gr

Burgsdorf-Serpenten, v., Etwas gegen das „Etwas" über die preussische Pferdezucht und ihre Geschichte seit dem Tode Friedrichs des Grossen. Vom Hofrat und Professor Dr. Theod. Renner in Jena. gr. 8. (74 S.) Gumbinnen 46. Sterzel. M. 1.20

Burgsdorff, A. v., Stammtafeln des uradeligen Geschlechts der Herren von Burgsdorff. Spandau 1892. fol. Autographirt; nicht im Handel.

Tafeln zur Flugbahnberechnung der Infanteriegeschosse. Nebst kurzer Anleitg z. Gebr. d. Tafeln. Hrsg. v. v. Burgsdorff (A l e x a n d e r), Sekondlt. im 4. Garde-Regim. z. F. ..., u. v. R e c k l i n g h a u s e n, Premierlt. im Inf.-Regim. ... No 29. *Berlin: E. S. Mittler & Sohn 1897.* (VI, 213 S., 1 Tab.) 1 Bd 8. [illegible]

Burgsdorff, Carl Gottlob von, De juramentis in qua post generalem illorum considerationem primorum potiss. christianorum doctrina disqu. Exercit. hist.-moralis. Halle (Orphanotrophei) 1732. 88 S. (5.50) 4745
U. a.: Auslegung Lutheri der Worte Christi Matth. 5/33. 34. seqq.

Burgsdorff, Friedrich August Ludwig von, s. B u r g s d o r f

Burgsdorff, Hedw. v., geb. v. der Osten, geb. 1613, gest. 1676, Lebenslauf. Von ihr selbst aufgesetzt. gr. 8. (62 S.) Berlin 873, Heinersdorff. **

Burgsdorff, Hedw. v., geb. v. der Osten, geb. 1613, gest. 1676, Lebenslauf. Von ihr selbst aufgesetzt. gr. 8. (62 S.) Bielefeld 873. Gülker & Co. n.n. 1. 50

Burgsdorff, Wilh. v., Briefe an Brinkman, Henriette v. Finckenstein, Wilhelm v. Humboldt, Rahel, Friedrich Tieck, Ludwig Tieck u. Wiesel, hrsg. v. Alfons Fed. Cohn, s. a. L i t e r a t u r d e n k m a l e , deutsche, des 18. u. 19. Jahrh.

Wilhelm v. **Burgsdorff.** Briefe an Brinkman, Henriette v. Finckenstein, Wilhelm v. Humboldt, Rahel, Friedrich Tieck, Ludwig Tieck und Wiesel. Hrsg. von Alfons Fedor C o h n. Berlin: B. Behr 1907. (XV, 230 S.) 8°
— **Literaturdenkmale**, Deutsche, d. 18. u. 19. Jahrh. No 139. [07. 16673]

Burgsdorfs, Studien u. Campagneleben, v. Ch. H. Hilbebrandt. 8. Gießen, Taschö u. M. 807.

– Dass., s.a. B u r g d o r f s . . . .

Burgsinn [Schlagwort]

Burgsinn, s.: B a y e r n. Karte.

Burgstaedt [Schlagwort]

Burgstaedt, s.: Chemnitz, Umgeg.

Burgstädt, s.: G e o l o g i s c h e K a r t e n. Spezialkarte. (Sachs.)

Burgstädt, s.: L i m b a c h.

Burgstaller, Damberger u. Schlosser, Missions-Predigten, gehalt. in der Pfarrkirche zu Sursee, Kantons Luzern. Getreu nachgeschrieben v. mehrern Zuhörern. 2., erst eigentlich in den Buchhandel kommende Aufl. gr. 8. (VI u. 374 S.) Luzern 851. (Schw. Hall, Haspel.) — 2. Aufl. 2. Abdr. 8. (VI u. 374 S.) Ebd. 852. 21 ngl

Burgstaller, Damberger u. Schlosser. Rette Deine Seele! Missions-Predigten, gehalten in der Pfarrkirche zu Sursee, Kantons Luzern. Getreu nachgeschrieben von mehreren Zuhörern. 4. (Titel-) Aufl. Schw. Hall 854. Haspel. (Stuttgart, Fischhaber.) gr. 8. (4 Bl., 374 S.) 21 ngl

Burgstaller, P. Anton.
Missionspredigten der ehrwürd. Väter aus der Ges. Jesu rc. gehalten zu Sursee im Jänner 1842, getreu nachgeschrieben. 8. Luzern 1842; b. Petermann (cf. Merk). 30 kr.

Burgstaller, Georg (Red.), s. Der Protestant.

Burgstaller Karl: Die Gegenreformation in Kärnten bis zum Tode Ferdinands II. Diss. Wien, Univ. II. 1910 PN 3055 1048

Burgstaller, Siegfr.: Formales u. Genetisches üb. d. Bildg fester Lösgn bei d. Dissoziation v. Oxyden. — Untersuchgn üb. d. Beständigk. d. Kobaltoxyde im Intervalle v. Co_3O_4 bis CoO. — Ueb. d. Ursache d. Färbg gewisser m. Kobaltlösg erzeugter Mineralfarben, s: Abhandlungen d. deut. naturwissenschaftl.-medizin. Vereins f. Böhmen „Lotos" in Prag.

Burgstedt, F v., d. Schloss am Meer od. durch Erdensturm z. Himmelsfrieden. 80 Hfte. 8. (1916 m. je 1 Holzschn.-Taf.) Dresd. 89. 90. A Wolf. à — 10

Burgstedt, F. v., das Schloß am Meer od. durch Erdensturm zum Himmelsfrieden. Zur Belehrg. u. Unterhaltg. 80 Hfte. gr. 8. (1916 S. m. je 1 Holzschn.-Taf.) Dresden 890. A. Wolf. à — 10

Burgstedt, Vollmar v., der Todtengräber v. Wien od. das unheiml. Haus u. s. Geheimnisse. Roman a. d. Neuzeit. 70 Hfte. gr. 8. (1680 S. m. je 1 Bild.) Berlin (890). Verlagshaus f. Volkslitteratur u. Kunst. à Hft. — 10

Burgsteinfurt [Schlagwort]

Burgsteinfurt, s.: Deutschland. Karte. (Abt. Preussen.) —

Burgsteinfurt, s.: Münster, Reg.-Bez.

Burgsteinfurt, s. Westfalen. Generalkarte.

Burgt, F. P. van de, Tractatus de matrimonio, quem novissimis s. sedis legibus et decisionibus, praesertim decreto S. C. C. Ne temere adaptavit et III ed. A. C. M. Schaepman. Tom. I. (VIII, 360 S.) gr. 8. Utrecht 908. W. J. R. van Rossum. nn 6.—; geb. nn 7.—

Burgtorf, C. Ueber einige ästhetische Eigenthümlichkeiten und den Werth des „befreiten Jerusalem" von Torquato Tasso. Northeim, H. B., 1875. 25 S. Progr.

Burgtorf, C. Étude critique esthétique sur le Festin de Pierre (ou Don Juan), comédie de Molière. Diss. Rostock 1874. 40 S.

Burgtorf, F. (Hrsg.), s. Mittheilungen, Landwirthschaftliche.

Burgtorf, F. (Hrsg.), s. Vereinsblatt, Hannoversches land- und forstwirthschaftliches.

Burgtorf, F[erdinand]

Burgtorf, F., Wiesen- u. Weidenbau, s.a. Thaer-Bibliothek.

Burgtorf F.: Wiesen- u. Weidenbau. Berl. 1873. 139 S. (Thaer-Bibliothek. Bd. 3).

Burgtorf, F., Wiesen- u. Weidenbau. Praktische Anleitg. zur Auswahl u. Kultur d. Wiesen- u. Weidenpflanzen nebst Berechng. der erforderl. Samenmengen. S. (189 S.) Berlin 873. Wiegandt, Hempel & Parey. n. 2. —

Burgtorf, F., Wiesen- u. Weidenbau. Praktische Anleitg. zur Auswahl u. Kultur der Wiesen- u. Weidenpflanzen, nebst Berechng. der erforderl. Samenmengen. 3. Aufl. Mit 54 Holzschn. 8. (VIII, 163 S.) Berlin 886. Parey. geb. n. 2. 50

[F.] Wiesen- und Weidenbau. Prakt. Anleitg z. Auswahl u. Kultur d. Wiesen- u. Weidenpflanzen nebst Berechng d. erforderl. Samenmengen. Von **F. Burgtorf,** Dir. d. Landwirtschaftsschule in Herford. 4., durchges. Aufl. M. 54 in d. Text gedr. Holzschn. *Berlin: P. Parey 1895.* (VIII, 107 S.) 1 Bd 8.
— **Thaer-Bibliothek.** Bd 3. [96. 1900

Wiesen- u. Weidenbau. Prakt. Anleitung z. Auswahl u. Kultur d. Wiesen- u. Weidenpflanzen, nebst Berechnung d. erforderl. Samenmengen. Von F[erdinand] **Burgtorf,** Dir. in Herford. 5., durchges. Aufl. Mit 63 Holzschn. Berlin: P. Parey 1905. (VIII, 171 S.) 8° [F.]
— **Thaer-Bibliothek.** Bd 3. [05 ...

Burgtorf, F: Wiesen- u. Weidenbau. 6. Afl. v. M Augstin, s: Thaer-Bibliothek.

Burgtorf, Julius: Beiträge zur Herzpercussion. *Göttingen 1891: Dieterich.* (29 S. mit Tab.) 8°
Göttingen, Med. Diss. v. [8. Dez.] 1897

Burguburu, Peter: Aus d. Laboratorium d. med. Klinik d. Univ. Strassburg i. E. Zur Bakteriologie des Vaginalsekrets Schwangerer ... Würzburg [&] Wien, L. Woerl. 1892; 23 S. 8.
Strassburg, Med. Fak., Inaug.-Diss. v. 1892

Burgund. Das Konigreich Burgund. 888–1032. (Njbl.) s. [Burckhardt-Piguet, Theophil].

Burgund, Kornel., Buchstaben- u. Lesetafeln. 1r Curs. mit 6 gr. Ta eln. 8. Bresl. 800. Schall. 6 gl

Burgund, Buchstab. u. Lesetafeln, 1r Curs. m. 6 groß. Taf. 8. Breslau, Schall. 802.

Burgund, Paul: Im Joche d. Fremdenlegion, s: Woywod's Volks- u. Jugend-Bibliothek.

Burgunder, August: Ueber Tuberkulose der serösen Häute. *Berlin (1898): E. Ebering.* (38 S.) 8°
Berlin, Med. Diss. v. 15. Febr. 1898

Burgunder-Kriege, die. 1e Lfrg. Schlacht bei Granson. Neujahrsblatt für die Berner Jugend für 1840. Mit 1 Kpfr. 4. St. Gallen 840. Huber u. Comp. 5/12 ng

Burgundia (Schlagwort)

Burgundiae Comitatus (Franche Comté). 1 : 2,250,000. 1 Bl.

Burgundiae Comitatus. (Franche Comté.) 1 : 600,000. 1 Bl.

Burgundiae — Comitatus — tam in Primarias ejus Praefecturas quam in minores earundem Baliviatus aliasque Ditiones subjacentes et insertas a vicinis Regionibus etc. facta a Johanne Baptista Homanno. Noribergae. 1 : 420,000. 1 Bl.

Burgundiae — Superior — Comitatus; vulgo la Franche Comté, complectens Praefecturas Amontii, Dolae, Aval E etc. etc. Per Gerard. Valk. 1 : 400,000. 1 Bl.

Burgundia (Verfasser)

Burgundia, Ant. v., Eitelk. d. Welt in Sinnbild. m. K. 8. Berl. 727.

Burgundus, Nic. Historia bavarica, Ludovicus IV. imperator, ac ejus vita et res gestae. 4. Ingolstad 1636 — 4. Amstelodami 1645. — Iterum ed. J. Ch. Boehmer. 4. Helmstad 1705.

Burgund, N. historia Bavariae. 4. Halae, Renger. 708.

— hist. Belgica. 4. ibid. 709.

Burguy, Friedrich, aus Berlin: Über die Bodenverhältnisse des norddeutschen Flachlandes in ihrer Beziehung zum geologischen Aufbau desselben. *Berlin 1899: B. Paul.* (51 S.) 8°
Heidelberg, Naturw.-math. Diss. v. [26. Apr.] 1899

Burguy, G. F., la France littéraire, s.: **Herrig**, Ludw.

Burguy, G. F., grammaire de la langue d'oïl ou grammaire des dialectes français aux XII. et XIII. siècles suivie d'un glossaire contenant tous les mots de l'ancienne langue qui se trouvent dans l'ouvrage. Tome I et II. Berlin 853, 54. F. Schneider. gr. 8. (XIV, 409; VI, 410 S.) Jeder Bd. n. 2 Thlr

—— gramm. de la langue d'oïl ou gramm. des dial. franç. aux 12. et 13. siècles suivie d'un glossaire. Tomes 1 et 2. 8. (819) Berl. 53. 54, Weber. à n. 2. —

— — Tome III. Glossaire étymologique. Ebend. 856. gr. 8. (XX, 399 S.) n. 2 Thlr 20 ngr

Burguy, G. F., grammaire de la langue d'Oïl ou grammaire des dialectes français aux 12. et 13. siècles suivie d'un glossaire contenant tous les mots de l'ancienne langue qui se trouvent dans l'ouvrage. 2. édit. 3 vols. Berlin 869, 70. Weber. gr. 8. (XIII, 409; VI, 403; XX, 395 S.) n. 7 Thlr 20 ngr

— grammaire de la langue d' Oïl ou grammaire des dialectes français aux XIIe et XIIIe siècles suivie d'un glossaire contenant tous les mots de l'ancienne langue qui se trouvent dans l'ouvrage. 3. éd. 3 Tomes gr. 8. (XIII, 409; 403 u. XX, 395 S.) Berlin 883. Weber. n. 25. —

Burguy, G. F., Sammlung französischer Redensarten, Idiotismen u. Sprüchwörter m. beigefügt. deutschen Texte. [Nach Bonafont.] Völlig umgearb., m. Anmerkungen versehene, u. m. einer Sammlung techn. Ausdrücke verm. 2. Ausg. 8. (X u. 278 S.) Berlin 851, Haude & Spener. 3/4 Thlr

Burguy, G. F., Stücke zum Uebersetzen aus dem Deutschen ins Französische. Berlin 859. F. Schneider. (Stille & van Muyden.) 8. (VIII, 236 S.) n. 15 ngr

— — Ausgabe für Lehrer. Ebend. 859. 8. (X, 472 S.) n. 1 Thlr

—— dass. — Ausg. für Lehrer. 2., mit einem Anh. verm. Ausg. 8. (XII und 556 S.) Ebendas. 863. cart. *

— Stücke zum Uebersetzen aus dem Deutschen ins Französische. 2. verb. u. mit Anmerkungen verseh. Aufl. Berlin 865. F. Schneider. (Weber.) 8. (X, 261 S.) n. 10 ngr

— — Ausg. für Lehrer. 2. mit e. Anh. verm. Ausg. Ebend. 865. 8. (XII, 556 S.) n. 1 Thlr

Burgverließ, das, od. die blutrothe Todtenfackel. Rittergesch. aus d. 14. Jahrh. 3 Thle. 8. Quedl., Basse.

Burgverließ, das, oder: Die blutrothe Todtenfackel. Rittergeschichte aus d. 14. Jahrh. 1. Bd. 2. Ausg. u. 2. Bd. 8. Quedlinburg 841, Basse. 2 2/3 Thlr

Burgvesten, die, u. Ritterschlösser d. österr. Monarchie. Nebst d. topographisch-pittoresken Schilderung ihrer Umgebungen ꝛc. (v. Frz. Sartori). 8 Thle. gr. 8. Brünn 819—20. Traßler. 8 Thlr

Burgvogt. – Der Burgvogt oder Feurige Kohlen, s.a. Brockhaus, Wilhelm

Burgvogt, der, od. Feurige Kohlen, s.a. Saat u. Ernte.

[F.] Der **Burgvogt** oder Feurige Kohlen. E. Erzählg aus d. Zeiten d. deutschen Bauernkrieges f. d. reif. Jugend u. ihre Freunde v. W. B., Vf. d. 'Klausner' ... 2. Aufl. *Elberfeld: Buchh. d. Erziehgs-Ver. [1895].* (311 S.) 1 Bd 8.
— Saat u. Ernte v. W. B. Bd 6. [98. …]

Burgvogt, Hilderich, Haideblüten. Ein Votivkränzchen, gewidmet dem Gnadenorte Altötting. 16. (48 S.) Altötting 891. J. Lutzenberger. n. — 20

— Haidemyrten. Gewidmet dem Gnadenorte Altötting. 16. (56 S.) Ebd. 892. n. — 20

Burgwald, Const., Centrums-Briefe. Briefe vom deutschen Reichstag. [Aus: „Deutsches Volksblatt".] 8. (304 S.) Leutkirch 881. Roth. n. 2. 50

Burgwall in der Prägel. *[Greifswald: J. Abel 1904.]* (1 Kartenbl. 21×32 cm)

Burgwardt, Heinr., Beleuchtung hoher u. schwerer Anklagen gegen die Volksschullehrer, adressirt an deren Ankläger. gr. 8. (32 S.) Wismar 877. Hinstorff's Verl. n. — 50

Burgwardt, Heinr., der Bildungsfreund. Ein vaterländ. Lesebuch zunächst für Schleswig-Holstein. 2. verb. u. sehr verm. Aufl. gr. 8. (XII u. 581 S.) Altona 849, Schlüter. n. 1 Thlr
— 1. Thl. 3. veränd. u. verb. Aufl. gr. 8. (XII u. 539 S.) Ebd. 852. n. 2/3 Thlr

Burgwardt, Heinr., der Bildungsfreund. 1. Thl.: Ein vaterländ. Schul-Lesebuch für die Herzogth. Schleswig-Holstein. 4. Aufl. Altona 867. Schlüter. gr. 8. (VIII, 408 S.) n. 15 ngr

— — Eine für Meklenburg bearb. Ausg. der 4. Aufl. Wismar 867. Hinstorff. gr. 8. (VIII, 458 S.) n. 17½ ngr

Burgwardt, Hnr., der Bildungsfreund in den Oberclassen deutscher Volksschulen. 8. Altona 843, Schlüter. n. 5/6 Thlr

— praktischer Briefsteller, s.: Düberg, Ch.

— Denkschrift als erster Jahresbericht über die Reformen im Bürger- u. Volksschulwesen der Stadt Wismar. gr. 8. (VIII u. 109 S.) Wismar 851, Hinstorff. n. 8 ngr

— Fibel oder erstes Schul- u. Bildungsbuch. Schreib-Leseunterricht, Lese-Schreibunterricht u. kleine kindliche Lesestücke, nebst Aufgaben f. die ersten Rechtschreibübungen. 48. verb. Aufl. 8. (IV, 115 S.) Altona 882. Schlüter'sche Buchh. cart. n. — 50

Burgwardt, Heinr., Fibel für die niederdeutsche Jugend. 1. Thl., enthaltend die ersten Lese- u. Rechtschreibübungen in hochdeutscher Sprache, nebst einem evangel.-christl. ABC. Altona 855. Schlüter. 8. (VI, 116 S.) n. 6 ngr

—— bibl. Geschichten u. Lehren f. d. Jug. 1. Thl. Bibl. Lese- u. Lernb. 8. (253) Rost. 70. Kuhn. geb. n. — 10

— biblische Geschichten u. Lehren für die Jugend in e. sowohl dem christlichen, als auch dem anschaulichen Unterrichte mehr entsprechenden Weise bearb. 1. Thl. Biblisches Lese- u. Lernbuch für Kinder von 7 bis zu 10 Jahren. Rostock 870. Leopold. 8. (IX, 253 S.) n. 10 ngr

Burgwardt, Heinr., biblische Geschichten u. Lehren f. die Jugend, in e. sowohl dem christlichen, als auch dem anschaulichen Unterrichte mehr entsprechenden Weise bearb. 1. Thl. Biblisches Lese- u. Lernbuch f. Kinder von 7 bis zu 10 Jahren. 8. (IX, 253 S.) Rostock 871. Leopold. geb. n. 1. —

Burgwardt, H, bibl. Geschichten u. Lehren f. d. Jug. 1. Thl. 8. (253) Rost. 71, Werther. geb. n. 1. —

Burgwardt, Heinr., Grundlagen und Aufgaben zur Uebung im Hochdeutschen für die niederdeutsche Jugend. Leipzig, Brandstetter. gr. 8.
1. Abth.: Zur hochdeutschen Aussprache u. Rechtschreibung. 859. (XX, 122 S.) n. 6 ngr
2. Abth.: Hochdeutsche Sprachlehre für Niederdeutsche. Ein vollständiges Lehr- u. Uebungsbuch für den grammatisch-richtigen Gebrauch der hochdeutschen Sprache. 860. (XVI, 372 S.) 18 ngr

Burgwardt, Heinr., Handbuch f. den gesammten schriftlichen Verkehr, s.: Düberg, Ch.

—— die fünf Hauptstücke der schriftdeutschen Sprachlehre, nebst einem Wörterverzeichnis zur Rechtschreibung. Den Volks-, Bürger- und Fortbildungsschulen zur Lehre und Uebung in der Schriftsprache dargeboten. 8. (IV, 120 S.) Wismar 877, Hinstorff'sche Hofbuchh. cart. *

— XII Lesetabellen für die ersten Leseübungen in d. Druckschrift. (Zunächst eine Vorschule zur 2. Abthl. des „Ersten Schul- u. Bildungsbuches für Volksschulen" von demselben Verfasser.) gr. Fol. Ebend. 842. n. $^2/_3$ ℛ

— zwölf Lesetabellen für die ersten Leseübungen in der Druckschrift. [Zunächst eine Vorschule zur 2. Abthlg. des „Ersten Schul- u. Bildungsbuches" v. demsel ben Verf.] 2. Aufl. gr. Fol. Altona 851, Schlüter. n. $^2/_3$ ℛ

—— Morgenstimmen eines naturgemäßen und volksthümlichen Sprach- und Schulunterrichts in niederdeutschen Volksschulen. gr. 8. (VIII und 263 S.) Leipzig 857, Brandstetter.

— Morgenstimmen eines naturgemäßen und volksthümlichen Sprach- und Schulunterrichts in niederdeutschen Volksschulen. Leipzig 858. Brandstetter. gr. 8. (VIII, 263 S.) 1 ℛ $7^1/_2$ ngr

Burgwardt, Heinrich. [Johann] Heinrich Pestalozzi (oder: „Ich will die Bildung des Volks in die Hand der Mutter legen..."). Ein Buch für Eltern und Lehrer.... Zum 100jährigen Geburts-Jubiläum Pestalozzi's, 12. Januar 1846... hrg. (Mit Pestalozzi's Bildniss [Tafel]). 8. Altona 1846.

Burgwardt, Hnr., Heinrich Pestalozzi. Ein Buch für Eltern u. Lehrer, besond. f. Mütter. Zum 100jähr. Geburts-Jubiläum Pestalozzi's 12. Jan. 1846 f. den weiteren Ausbau seines edlen Werkes. gr. 12. (Mit 1 Lith.) Altona 846, Lehmkuhl. n. $^1/_3$ ℛ

— erstes Schul- u. Bildungsbuch für Volksschulen. 1. Thl.: Schreib-Leseunterricht, Lese-Schreibunterricht, Lesestoff für die ersten Denk-, Sprech- u. Sprachübungen u. Samenkörner für Geist u. Herz. 8. Altona 841. (Schlüter.) n. $^1/_4$ ℛ — 3. Aufl. 8. Ebend. 844. geb. n. $6^1/_4$ ngr

— dass. 2. Thl. Lesestücke. Für 8—12jähr. Kinder. 2. verm. Aufl. 8. Ebend. 843. n. $8^3/_4$ ngr — 3. Aufl. 12. Ebend. 845. n. $8^3/_4$ ngr

Erstes Schul- und Bildungsbuch für Volksschulen. Bearb. von Heinrich Burgwardt. Th. 2. Lesestücke für den vereinten Lese-, Denk-, Sprech- und Sprachunterricht, für die Heimaths- und Naturkunde, so wie den sittlich-religiösen Anschauungsunterricht. Für 8–12jährige Kinder. 2. stark verm. Aufl. Altona. 1843. 8°.

— erstes Schul- u. Bildungsbuch f. Volksschulen. 1. Thl.: Schreib-Leseunterricht, Lese-Schreibunterricht u. kl. kindl. Lesestücke. 5. Aufl. 8. (IV u. 104 S., wovon 16 lith.) Ebd. 849. n. $6^1/_4$ ngr; 25 Expl. n. 3 ℛ; 25 Expl. geb. n. n. $4^1/_4$ ℛ — 2. Thl.: Lesestücke f. d. vereinten Lese-, Denk-, Sprech- u. Sprach-Unterricht, f. die Heimaths- u. Naturkunde, sowie d. sittlich-religiösen Anschauungsunterricht. 5. Aufl. gr. 12. (IV u. 280 S.) Ebd. 849. — 6. Aufl. 12. (IV u. 280 S.) Ebd. 850. — Nebst 230 methodisch geordneten Aufgaben zu mündl. u. schriftl. Sprachübungen. 7. verb. u. verm. Aufl. gr. 12. (IV u 312 S.) Ebd. 851. n. $8^3/_4$ ngr; 25 Expl. n. 6 ℛ

— erstes Schul- und Bildungsbuch. 1. Thl.: Schreib-Leseunterricht, Lese-Schreibunterricht und kleine kindliche Lesestücke, nebst 172 methodisch geordneten Aufgaben für die ersten Rechtschreibübungen. 6—20. Aufl. Altona 850—58. Schlüter. 8. (130 S.) n. $6^1/_4$ ngr

— — 2. Thl.: Lesestücke für den vereinten Lese-, Denk-, Sprech- und Sprachunterricht, für die Heimats- und Naturkunde, so wie für den sittlich-religiösen Anschauungsunterricht, nebst 230 methodisch geordneten Aufgaben zu mündlichen und schriftlichen Sprachübungen. 8—19. Aufl. Ebend. 852—58. 8. (XII, 312 S.) n. $8^3/_4$ ngr

— erstes Schul- und Bildungsbuch. 1. Thl. Schreib-Leseunterricht, Lese-Schreibunterricht und kleine kindliche Lesestücke ꝛc. 21—32. Aufl. Altona 859—64. Schlüter. 8. (IV, 130 S.) n. $6^1/_4$ ngr

— — 2. Thl.: Lesestücke für den vereinten Lese-, Denk-, Sprech- u. Sprachunterricht, für die Heimats- u. Naturkunde, sowie für den sittlich-religiösen Anschauungsunterricht ꝛc. 20—27. Aufl. 859—64. 8. (XII, 312 S.) n. $8^3/_4$ ngr

— erstes Schul- u. Bildungsbuch. 2 Thle. Altona, Schlüter. 8. n. 15 ngr

1. Thl.: Schreib-Leseunterricht, Lese-Schreibunterricht u. kleine kindliche Lesestücke, nebst 172 methodisch geordneten Aufgaben für die ersten Rechtschreibübungen. 34—40. Aufl. 865—70. (IV, 130 S.) n. 6 ngr

2. Thl.: Lesestücke für den vereinten Lese-, Denk-, Sprech- u. Sprachunterricht, für die Heimats- u. Naturkunde, sowie für den sittlich-religiösen Anschauungsunterricht, nebst 230 methodisch geordneten Aufgaben zu mündlichen u. schriftlichen Sprachübungen. 30—37. verb. u. verm. Aufl. 865—70. (XIV, 332 S.) n. 9 ngr

—— erstes Schul- und Bildungsbuch. 2 Thle. 8. Altona 868—74, Schlüter.

Inhalt:

Thl. 1. Schreib-Leseunterricht, Lese-Schreibunterricht und kleine kindliche Lesestücke, nebst 172 methodisch geordneten Aufgaben für die ersten Rechtschreibübungen. 38.—44. Aufl. (IV, 130 S., wovon 16 lithogr.) * 40 Pf.; geb. * 60 Pf.

" 2. Lesestücke für den vereinten Lese-, Denk-, Sprech- und Sprachunterricht, für die Heimats- und Naturkunde, sowie für den sittlich-religiösen Anschauungsunterricht, nebst 230 methodisch geordneten Aufgaben zu mündl. und schriftl. Sprachübungen. 35.—45. Aufl. (XIV, 332 S.) * 90 Pf.

— 1. Schul- u. Bildungsbuch 1. u. 2. Thl. 8. Altona 875. Schlüter. n. 1. 30

1. Schreib-Leseunterricht, Lese-Schreibunterricht u. kleine kindl. Lesestücke, nebst 172 methodisch geordneten Aufgaben f. die 1. Rechtschreibübgn. 44. Aufl. (130 S., wovon 16 lith.) n. — 40; geb. n. — 60

2. Lesestücke f. den vereinten Lese-, Denk-, Sprech- u. Sprachunterricht, f. die Heimats- u. Naturkunde, sowie f. den sittlich-religiösen Anschauungsunterricht, nebst 230 methodisch geordneten Aufgaben zu mündl. u. schriftl. Sprachübgn. 45. Aufl. (XIV, 332 S.) n. — 90

—— erstes Schul- und Bildungsbuch. 2 Thle. 8. Altona Schlüter's Verlag. *

Inhalt:

Thl. 1. Schreib-Leseunterricht, Lese-Schreibunterricht und kleine kindliche Lesestücke, nebst 172 methodisch geordneten Aufgaben für die ersten Rechtschreibübungen. 45. und 46. Aufl. (IV, 130 S., wovon 16 lithogr.) 875,79. * 40 Pf.

" 2. Lesestücke für den vereinten Lese-, Denk-, Sprech- und Sprachunterricht, für die Heimats- und Naturkunde, sowie für den sittlich-religiösen Anschauungsunterricht, nebst 230 methodisch geordneten Aufgaben zu mündl. und schriftl. Sprachübungen. 46.—48. Aufl. 876,77. (XIV, 332 S.) * 90 Pf.

— 2. Schul- u. Bildungsbuch. 1. Abtlg. Lesestoff f. den vereinten Anschauungs-, Denk-, Sprech-, Lese- u. Sprachunterricht, sowie f. den sittlich-religiösen Anschauungsunterricht, nebst 184 methodisch geordneten Aufgaben zu mündlichen u. schriftlichen Sprach- u. Aufsatzübungen. 49. verb. u. verm. Aufl. 8. (VIII, 196 S.) Ebend. 882. n. — 75

die öffentliche Schule auf gefährlichem Irrwege. Eine ernste Mahng. an die deutschen Lehrer u. Schulbehörden. Vortrag, geh. auf der 20. allgemeinen deutschen Lehrerversammlg. in Hamburg, nebst erfolgter Debatte u. weiterer Motivirg. gr. 8. (56 S.) Wismar 872. Hinstorff. n. — 75

— Schul-Tagebuch von Ostern bis Ostern. Ein Hilfsbuch zur Oeconomie u. Diätetik in der Schulpraxis. 1. Jahrg. Hamburg 867. O. Meißner. 8. (2 Bll., 180 S.) 12 ngr

— Deutsche Sprachschule in geordneten Beispielen u. Musterstücken als Grundlage eines natürl. u. bildenden Unterrichts in der Muttersprache. [Abdr. der 1. Abthlg. der 3. verb. u. verm. Aufl. des Bildungsfreundes.] gr. 8. (VIII u. 211 S.) Altona 852, Schlüter. n. 8 ngr

--- der naturgemäße und instructive Sprachunterricht in Volksschulen gegenüber dem analytischen u. der Herr Reg.- u. Schulrath L. Kellner in Trier als Berichterstatter u. Kritiker im „Pädagogischen Jahresbericht von 1859/60." Eine methodolog. Erörterungs- u. Vertheidigungsschrift. Wismar 863. Hinstorff. gr. 8. (VIII, 128 S.) n. 15 ngr

Burgwart, der. Zeitschrift f. Burgenkunde u. das ganze mittelalterl. Befestigungswesen. Organ der Vereinigg. zur Erhaltg. deutscher Burgen. Red.: C. Krollmann. 1. Jahrg. Juli 1899—Juni 1900. 12 Nrn. gr. 4. (IV, 96 S. m. Abbildgn.) Berlin [Verlag für's Deutsche Haus]. F. Ebhardt & Co. 5. —

Burgwart, der. Zeitschrift f. Burgenkunde u. das ganze mittelalterl. Befestigungswesen. Organ der Vereinigg. zur Erhaltg. deutscher Burgen. Red.: C. Krollmann. 2. Jahrg. Juli 1900—Septbr. 1901. 15 Nrn. gr. 4. (IV, 144 S. m. Abbildgn.) Berlin [Verlag für's Deutsche Haus]. F. Ebhardt & Co. 5. —

— dasselbe. 3. u. 4. Jahrg. Oktbr. 1901—Septbr. 1903. à 12 Nrn. gr. 4. (3. Jahrg. IV, 104 S. m. Abbildgn.) Berlin, F. Ebhardt & Co. à Jahrg. 6.50; einz. Nrn. — 60

Burgwart, der. Zeitschrift f. Burgenkunde u. mittelalterl. Baukunst. Organ der Vereinigg. zur Erhaltg. deutscher Burgen. Schriftleiter: C. Krollmann. 5.—7. Jhrg. Oktbr. 1903—Septbr. 1906. à 12 Nrn. (IV, 102; IV, 112 u. IV, 106 S. m. Abbildgn.) 4. Berlin, F. Ebhardt & Co. à Jhrg. n. 6. 50

— dasselbe. Hrsg. u. Schriftleiter: Bodo Ebhardt. 8. Jhrg. Oktbr. 1906—Septbr. 1907. 6 Nrn. (à ca. 24 S. m. Abbildgn.) 4. Ebd. n. 12.50

Burgwart, der. Zeitschrift f. Burgenkunde u. Baukunst. Organ der Vereinigg. zur Erhaltung deutscher Burgen. Hrsg. u. Schriftleiter: Bodo Ebhardt. 9—11. Jahrg. 1908—1910. à 6 Nrn. (IV, 164; IV, 124 u. IV, 144 S. m. Abbild.) 30,5×24 cm. Berlin-Wilmersdorf, F. Ebhardt & Co. à Jhrg. 12. 50
Vom 12. Jahrg. an: Grunewald, Burgverlag.

DER BURGWART. Zeitschrift für Burgenkunde und das ganze mittelalterliche Befestigungswesen. Organ der Vereinigung zur Erhaltung deutscher Burgen.
Verantwortlicher Redakteur: C. KROLLMANN.
Jahrg. I. Nr. 1—12. Im Juli 1899 — im Juni 1900. (Berlin. Verlag für's Deutsche Haus. (C. A. Krollmann & Co.)) 4°. —
Jahrg. II. Nr. 1—15. Im Juli 1900 — im September 1901. [1]) (—.)
Verantwortlicher Schriftleiter: C. KROLLMANN.
Jahrg. III.[2]) (ib. 1902. Franz Ebhardt & Co.) —
Jahrg. IV.[2]) (ib. —.)

DER BURGWART. Zeitschrift für Burgenkunde und mittelalterliche Baukunst. Organ der Vereinigung zur Erhaltung deutscher Burgen.
Verantwortlicher Schriftleiter C. KROLLMANN, Schlobitten i. Ostpreussen.
Jahrg. V. Nr. 1—11 u. 12., im Oktober 1903 — Nr. 11 u. 12 im August u. September 1904. ib. —
Jahrg. VI. Nr. 1—12., im Oktober 1904 — im September 1905. ib. —
Jahrg. VII.[1]) Nr. 1—11 u. 12., im Oktober 1905 — im August-September. 1906. (Mit Tafeln.) ib. —

DER BURGWART. Zeitschrift für Burgenkunde und mittelalterliche Baukunst. Organ der Vereinigung zur Erhaltung deutscher Burgen.
Herausgeber Architekt BODO EBHARDT, Grunewald-Berlin.
Jahrg. VIII. (Mit Tafeln.) ib. 1907. (—.)
Jahrg. IX. 1907/8. (Mit Tafeln.) ib. 1908. —

DER BURGWART. Zeitschrift für Burgenkunde und Baukunst. Organ der Vereinigung zur Erhaltung deutscher Burgen.
Jahrg. X. 1908/9. (Mit Tafeln und Abbildungen.) ib. 1909. —
Jahrg. XI. 1909/10. (Mit Tafeln und Abbildungen.) ib. 1910. —

v. Burgwedel, Elise Frieder., s. Aeronaut, der.

v. Burgwedel, Elis. Fried., verehel. v. Langeland, s. v. Lan, Memoires.

Burgwedel, Ida, Märchen u. Skizzen. 12. (VIII, 156 S.) Wismar 891. (Hinstorff's Verl.) n. 2. —; geb. in Leinw. n. 2. 80

Burgwedel, Carl, Wetterbüchlein. Prakt. Anleitg z. Beobachtg. u. Voraussage d. Wetters m. e. Anh.: Falb's krit. Tage. 8. (61 S. m. 24 Abb.) Dresden 895. (C. C. Meinhold & Söhne.) n. 1. —

Burgwedel, Richard, a. Straßburg ⟨Elsaß⟩: Über die Eulerschen und Gaußschen Methoden der Primzahlbestimmung. Straßburg i. E. 1910: Du Mont Schauberg. 140 S. 8°
Straßburg, Math.-naturwiss. Diss. v. 27. Juni 1910, Ref. Weber
[Geb. 1. Juli 84 Hagenau i. E.; Wohnort: Weißenburg i. E.; Staatsangeh.: Elsaß-Lothringen; Vorbildung: Oberrealsch. Straßburg Reife M. 02; Studium: Straßburg 10 S.] [U 10. 4108

Burgweger, Thdr: Meta Bergmann. Schausp. (80) 8° Salzung., L Scheermesser ('12). 2.50 d

Bürgy, Emanuel. Burgen in der Umgebung von Basel. 24 Blätter auf Foliotafeln von Emanuel Bürgy mit begleitendem Text von Eugen Probst. 1. Serie: Landskron-Pfeffingen-Reichenstein-Rötelen. II S. + 4 Bl. + 4 Tafeln. fol. Zürich, Polygraphisches Institut A.-G., 1901. [Cpl. in 6 Serien, Subscriptionspreis fr. 80. —]

Burhan ad-Din az-Zarnuǧi

— — Borhân-ed-Dîni es-Sernûdji enchiridion studiosi . . . arabice edidit, latine vertit . . . et lexico explanavit Carolus Caspari. Praefatus est Henricus Orthobius Fleischer. Lipsiae 1838. 4°.

Burhenne, Fritz: Das mittelenglische Gedicht Stans Puer Ad Mensam und sein Verhältnis zu ähnlichen Erzeugnissen des 15. Jhrh. Hersfeld, Druck v. L. Funk's Buchdr. (1889); 1 Bl., 21 S. 4°
Hersfeld, k. G u. RPG, OP 1889 (367)

Burhenne, Heinrich

Burhenne, Heinrich, aus Schmalkalden: Beitrag zur Kenntniss der Fauna der Tentaculitenschiefer im Lahngebiet mit besonderer Berücksichtigung der Schiefer von Leun unweit Braunfels. *Marburg 1899: (C. Feister, Berlin).* (56 S.) 8°
Marburg. Phil. Diss. v. [3. Juli] 1899

Burhenne, H., Beitrag zur Kenntniss der Fauna der Tentaculitenschiefer i. Lahngebiet, s. a. Abhandlungen der königl. preuss. geolog. Landesanstalt. N. F. 20. Hft.

Beitrag zur Kenntniss der Fauna der Tentaculitenschiefer im Lahngebiet mit bes. Berücks. der Schiefer von Leun unweit Braunfels. Von H. Burhenne. Mit 5 Taf. *Berlin: S. Schropp 1899.* (56 S.) 4°
= Abhandlungen d. Kgl. Preuss. geol. Landesanstalt. N. F. H. 20.
[99. 11783

Burhenne, H., Grundriss der höhern Analysis. gr. 8. (X u. 205 S.) Cassel 849, Krieger. n. 1 1/3 ℛ

Burhenne, H., die Mathematik als System betrachtet. Eine Skizze. gr. 4. Cassel 838. (Luckhardt'sche Hofbuchh.) n. 1/2 ℛ

Burhenne, H, d. Maxima in d. Zins- u. Renten-Rechng. 8. (32) Cass. 62, Kay. n. — 6

Burhenne, H., die Maxima in der Zins- und Renten-Rechnung. Cassel 862. Krieger in Comm. gr. 8. (32 S.) n. 6 ngr

Burhenne, H., die Raumgestalten; nach ihrer Symmetrie dargestellt. Mit 5 Steintaf. 4. Cassel 832. Luckhardt. 16 gGr

Burhenne, H. De systemate crystallographiae diclinoedro et diclinoedro. Dissert. inaug. Marburgi. 1827. 8.

— — Zur Theorie und erweiternden Kunde der Zwillingsstellungen, zunächst im regulären Krystallsysteme. (Aus Poggendorf's Annalen.) Leipzig. 1829. 8.

Burhenne, K., Betriebsarchive. Beschreibung des Archivs der Firma Fried. Krupp. A.-G. in Essen. Jena, 19 . . . 22 S.

Burhenne, Carl [aus Göttingen]: Beiträge zur Statistik des Leberkrebses . . . . Göttingen, Druck d. Univ.-Buchdr. v. E. A. Huth, 1887: 73 S. 8°.
Göttingen, Med. Fak., Inaug.-Diss. v. 2. Febr. 1887.

Burhenne, Carl, Beiträge zur Statistik des Leberkrebses. Inaugural-Dissertation. gr. 8. (73 S.) Göttingen 887, (Vandenhoeck und Ruprecht.) *

Burhenne, Karl: Die deutsche Kontingentsherrlichkeit auf Grund der Reichsverfassung. Schöneberg-Berlin 1908: Gebhardt, Jahn & Landt. (60 S.) 8° [J.]
Heidelberg, Jur. Fak., Ref. Jellinek, Diss. v. 1908
[Geb. 14. Juli 82 Hannover; Wohnort: Berlin; Staatsangeb.: Preußen; Vorbildung: Lyzeum I Hannover Reife O. 00; Studium: Techn. Hochsch. Hannover 1, Univ. Göttingen 8 S.; Rig. 25. Juni 07.]

Die Kontingentsherrlichkeit der Deutschen Landesherren. Von Dr. jur. Karl **Burhenne**. Berlin: F. Vahlen 1908. (96 S.) 8° [J.]
Ein T. erschien als Inaug.-Diss. Heidelberg. [illegible]

Burhenne, W[ilhelm]. Referendar a. D. aus Göttingen: Die privatrechtlichen Inventarisierungspflichten im Bürgerlichen Gesetzbuche für das Deutsche Reich. *Göttingen [1903]: Dieterich.* (VII. 144 S.) 8°
Rostock, Jur. Diss. v. [15. Okt.] 1903

Burhenne, W., die privatrechtlichen Inventarisierungspflichten im bürgerlichen Gesetzbuche f. das Deutsche Reich. Diss. (VII, 144 S.) gr. 8. Göttingen 903 (Rostock, H. Warkentien.) n. 2. 40

Buri, C. K. E.: Gedichte, s. Buri, Ernst Karl Ludwig Ysenburg von

Buri, Chr. Karl Er. W.

— Harfenklänge e. religiösen Muse. 2 Samml. 8. Hanau u. Frkf. 814, 17. Jäger. 20 gr

— d. Sieg über den Welttyrannen, erfochten von Blücher u. Wellington d. 18. Juni 1815. 8. Frankf. 815. Körner. 4 gr

Buri, Chr. Karl Er. W., Skizzen u. kleine Gemälde. 8. Offenb. 792. Brede. 20 gr

Buri, Ernst Karl Ludwig Ysenburg v., s.a. Buri, L. Ysenburg v.

Buri, Ernst Carl Ludwig Ysenburg v.

v. Buri, Er. Karl Ldw. Ysenburg, († d. 7. März 1806.) Anekdoten aus d. Leben Friedrichs d. Gr. 2 Bde. 8. Neuwied 787, 88. Gehra. 1 rß 14 gr

— Anekdoten aus d. Leben Josephs II. 4 Stcke. 8. Thal-Ehrenbreitst. 790. Gehra. 1 rß

— Anekdoten großer u. kleiner Männer u. Weiber. 4 Bde. 8. Thal-Ehrenbreitst. 789—94. Gehra. 3 rß (Mainz, Kupferberg). 2 rß 16 gr

BURI, Anekdoten großer und kleiner Männer und Weiber, guter und böser Menschen. 4 Bde. Neuwied, Gehra, 1789—91. 8°. Cplt. rar!
Meusel's in Coburg Lhbiblcat. 1807, no. 1254—57. War auch ohne Theilesangabe in Schmidt's in Dresden Lhbiblcat. 1819. p. 145.

— Bruchstücke, vermischten Inhalts. 8. Altenb. 798. (Hennings in Neisse). 12 gr

— Gedichte. 2 Thle. 8. Basel 784. Offenb. 797. Brede. 16 gr

— Menschen nach ihren Handlungen geschildert. 2 Thle. 8. Thal-Ehrenbreitst. 791. Gehra. 1 rß 12 gr

v. Buri, Er. Karl Ldw., Samml. v. Nachrichten, d. Revolution in Frankreich betreff. 2 Bde. 8. Thal-Ehrenbreitst. 789, 90. Gehra. 1 rß 16 gr

Buri, Friedrich s. Festschrift. hrg. bei der Einweihung des neuen Denkmals zu Fraubrunnen. Bern 1898.

(Buri, [Friedrich].) Solothurn-Schönbühl-Bahn. Eine Entgegnung. (Fraubrunnen, den 2. Dez. 1909.) ⟨Separat-Abdruck aus dem »Berner Intelligenzblatt« [Jahrg. 76, 1909, Nr. 335, 337 u. 338].⟩ 8 S. kl.-4. [Bern, Haller.]

Buri, Frdr. Karl von, Ausführliche Abhandlung von denen Bauergütern in Deutschland sowohl überhaupt als auch 53 verschiedenen Arten derselben insonderheit aus ächten deutschen Alterthümern und Urkunden. Mit einer Vorrede von F. I. Kortholt u. Zusätzen von I. F. Runde. Giessen 1769. 4. . . . . [illegible]
——, —— Ebda 1783. 4. . . . . (D.)
——, —— Ebda 1789. 4.

— ausführliche Abhandlung von denen Bauergütern in Deutschland sowohl überhaupt als auch 53 verschiedenen Arten derselb. insonderh. aus ächt. deutsch. Alterthüm. und Urkunden etc. mit F. J. Kortholt's Vorrede u. Zus. v. J. F. Runde. 4. Gießen, Krieger. 783.

Buri, F. C. von: „Abhandlung von denen Bauergütern in Teutschland sowohl überhaupt, als auch 53 verschiedenen Arten dererselben, auch neuen Landesordnungen und Leyhbriefen", mit einer Vorrede von Fr. Just. Kortholt, Gießen 1769 (Krieger). — Vorh.: Preuß. Staatsbibliothek Berlin, Bibl. des Kammergerichts Berlin — Ec. 441 — und des German. Museums Nürnberg. — Neue, mit Zusätzen verm. Auflage, von J. E. Runde, Gießen 1783 (Krieger). Die Zusätze auch besonders u. d. T.: „Anmerkungen und berichtigende Zusätze zu dem Burischen Lehnrecht, oder der ausführlichen Abhandlung von Bauergütern", von J. E. Runde, Gießen 1783 (Krieger).

v. Buri, F. K.: Ausführl. Erläut. d. in Deutschl. übl. Lehnr., od. Anmerkk. üb. *J. Schilter's* Institutt. J. f. *Giess.*, Krieger d. j. (732—38. N. A. 746., 769. 4.) m. Anm. u. Zusätzen v. Just. F. Runde. 783. mit neuem Titel.

v. Buri, Friedr. Carl: Ausführl. Erläuterung d. in Deutschl. üblichen Lehnrechts. 4e u. 5e Forts. *Giessen.* 738. Mit J. F. Runde's Anmerkk. u. berichtigend. Zuss. *Giessen.* 783. — Auch u. d. T.: F. K. v. Buri's ausführl. Abh. v. d. Bauergütern in Deutschl. überh., als auch 53 verschied. Arten ders. *Giessen*, Krieger. (m. e. Vorr. v. Fr. Just. Kortholt. 769.) m. Zus. v. Just. F. Runde. 783. 4. (2 Thl. 4 Gr.)

v. Buri, Fr. Karl, († d. 7. Dec. 1767.) Erläuterung d. in Deutschland üblichen Lehnrechts oder Anmerkk. über Jh. Schilteri Institut. jur. feud. Germ. et Longobard. etc. 1r Thl. 6 Stcke mit Register. 8. Gießen 732—38. 2e A. 4. Ebd. 746. 3e A. 769. 4e A., mit e. Vorrede v. J. F. Runde. 4. Ebd. 783. Mit neuem Titelblatt. Ebd. 788. Krieger. 3 rß 12 gr Ein Auszug davon u. d. T.: Ausführl. Abhandl. von d. Bauergütern sowohl überhaupt, als auch 53 unterschied. Arten derselben insonderheit etc. Mit e. Vorrede v. Frz. Just. Kortholt. 4. Gießen 769. Neue, mit Zusätzen v. J. F. Runde verm. Aufl. 4. Ebd. 783. Krieger. 2 rß 4 gr

BURI, Friedrich Carl: Behauptete Vorrechte derer alten Königlichen Bann-Forste, oder Ausführung derer dem Königlichen Forst- und Wildbann zu der Drey-Eich anklebenden Oberherrlich- und Gerechtigkeiten und gründliche Erweisung, daß solche sich über die ganze Gemarkung der löblichen Freyen Reichs-Stadt Franckfurt am Mayn unwiedersprechlich erstrecken. Nebst einem Beweiß- und Urkundenbuch. - Büdingen 1742. 444 S. (ohne Beweiß- u. Urkundenbuch) - Beweiß- und Urkundenbuch (selbstst. oder dem vorgen. Werk beigeb.) u. d. T.: Drey-Eichisches Beweiß- und Urkundenbuch, worin alle und jede in vorstehender Ausführung von dem Königlichen Forst- und Wildbann zu der Drey-Eich angezogene Beylagen enthalten. - Offenbach a. Mayn 1742. 373 S., 16 S. Beil. - Verzeichn.

BURI, Friedrich Carl: Behauptete Vorrechte derer alten Königlichen Bann-Forste, insbesondere des reichslehenbaren Forst- und Wild-Banns zu der Drey-Eich, aus denen Teutschen Geschichten, Alterthümern, gedruckten und ungedruckten Urkunden dargethan, mit einem Beweiß- und Urkunden-Buch, wie auch zweyen darzu gehörigen Land-Charten nebst einer Abhandlung von der Regalität derer Jagten in Teutschland, worin die beyderseitige zu der Behauptung oder Widerlegung derselben vorgebrachte Gründe angeführet und beurtheilt, des Verfassers Sätze hinzugefüget, und nach deren Anleitung die streitige Fragen beantwortet werden. - Frankfurt a. Mayn 1744. VI, 444 S. u. 175 S. - Auch ersch. u. d. T.: Behauptete Vorrechte derer alten Königlichen Bannforste ... (s. o.) zu der Drey-Eich ... (s. o.) derer Jagten. - Offenbach 1744. VI, 444 S. u. 175 S.

Buri, F. K. v., Vorrechte d. alt. königl. Bannforste etc. Fol. Offenb. (Eßlinger. Frkft.) 744.

— — dasselbe Fol. Offenbach. (Hermann, Frkft.) 744.

***Buri,* Hnr. Wlh. Ant., († . . .), s. 1) Val. Ferd. *Guden.* 2) Gottfrieds Chronik.**

Blindheit und Betrügerey. Ein Lustspiel in 3 Aufzügen von L. H. von Buri. 2te Auflage. Neuwied. 1791. 8o.

Buri, L. Ysenburg v., s.a. B u r i , Ernst Karl Ludwig Ysenburg v.

Buri, L. Ysenburg v., Anekdoten a. d. Leb. Friedrichs d. Gr. 2 Bde. 8. Th. Ehrenbreitst. Gehra. 787 — 88.

— Anekdoten a. d. Leb. Josephs II. 4 Stck. Ebend. 790.

— Anekdoten groß. u. kl. Männer u. Weib. ꝛc. 4 Bde. 8. Ebend. 789 — 94.

— — dasselbe, 4 Bde. 8. Neuw. (Kupferberg, Mainz.) 789.

— Bruchstücke vermischten Inhalts. 8. Altenb. (Academ. Bchhdl. in Jena.) 798.

— Gedichte. 8. Erf. Beyer, (Gehra, Thal Ehrenbreitst.) 784.

— Menschen u. ihr. Handl. geschild. 2 Thle. 8. Th. Ehrenbreitst. Gehra. 791.

— Samml. v. Nachr. die Revolution in Frankr. betr. 2 Bde. 8. Ebend. 789. 90.

— — Forts. s. Samml. d. Revolution.

— Sauspiele. 2 Bde. 8. Thal Ehrenbreitst. Gehra. 789.

— Schauspiele, enth. 1) d. Intelligenzblatt, 2) Blindheit u. Betrugerey, 3) d. Gespenst, 4) d. Kohlenbrenner. 8. Neuwied, (Kupferberg. Mainz.) 789.

Buri, M. v., Abhandlungen aus dem Strafrecht, s. a. Gerichtssaal.

Buri, M. v.: A b h a n d l u n g e n aus dem Strafrecht. Gießen 1862.

Buri, M. v.: A b h a n d l u n g e n aus dem Strafrecht. Raub und Erpressung. §§ 249–256 StGB. – Verursachung u. unterlassene Verhinderung. – Vorsatz u. Fahrlässigkeit. Stuttgart 1878.
(Gerichtssaal. Beih. zu Bd 29.)

Buri, M. v., Beiträge zur Theorie des Strafrechts u. zum Strafgesetzbuche. Gesammelte Abhandlgn. gr. 8. (VI, 484 S.) Leipzig 894. Veit & Co. n. 11. —

Buri, M. Bericht über die Anlage von Pferdebahnen. Basel 1878.

Buri, M., H. Bürgi und G. Koller. Die Eisenbahn Biberbrücke - Sattel - Brunnen. Bern 1883. 4.

– E i n h e i t u. Mehrheit der Verbrechen, s.a. G e r i c h t s s a a l .

v. Buri, Einheit u. Mehrheit d. Verbrechen. Stuttg. 879.

Buri, M. v., die Causalität u. ihre strafrechtlichen Beziehungen, s. a. Gerichtssaal. Beilageheft zum 37. Bd.

Buri, M. v.: Die C a u s a l i t ä t und ihre strafrechtlichen Beziehungen. Stuttgart 1885.
(Gerichtssaal. Bd 37, Beih.)

Buri, M. v., üb. Causalität u. deren Verantwortung. gr. 8. (III, 154 S.) Leipzig 873. Gebhardt. n. 3. —

Buri, M. v., zur Lehre von der Theilnahme an dem Verbrechen und der Begünstigung. Gießen 860. Ferber. (Roth.) gr. 8. (2 Bl., 105 S.) n. 15 ngr.

Buri, M v., z. Lehre v. d. Theilnahme an d. Verbrechen u. d. Begünstigg. 8. (105) Giess. 60, Roth. n. — 15

Buri, Rudolf (Hrsg.), s. J a h r b u c h für die schweizerische Jugend.

Buri, Rudolf (Hrsg.), s. M i n i a t u r - A l m a n a c h , Schweizerischer.

Buri, Rudolf O. [aus Schüpfen, Prosektor am anatom. Institut der Tierarzneischule Bern]: Zur Anatomie des Flügels von Micropus melba und einigen andern Coracorinthes. Jena 1899. 36 S. 8°. (S.-A. aus Jenaische Zeitschrift für Naturwissenschaft, Bd. 33.)
Bern. Phil. Diss. 1899/1900.

Buri, Th., üb. den Lupus erythematosus (Ulerythema centrifugum). Habilitations-Schrift. [Aus: „Monatshefte f. prakt. Dermatol."] gr. 8. (24 S. m. 1 farb. Taf.) Hamburg 894. L. Voss. n. 1. 50

Buri, Theodor, Prof. an d. Realsch.: Über Deckgebirgseinschlüsse in den Phonolithtuffen des Hegaus. Freiburg i. B. 1910: Wagner. 59 S. 8°
Freiburg i. B., Naturw.-math. Diss. v. 1910, Ref. Deecke
[Geb. 1. Juli 79 Donaueschingen: Wohnort: Meßkirch: Staatsangeh.: Baden; Vorbildung: Gymn. Offenburg Reife Juli 98; Studium: Freiburg i. B. 7, München 2 S.; Rig. 27. Juli 10.] [U 11. 1158
13*

Burja, Abel

— Abhandl. von d. Telegraphie, od. Fernschreibekunst; aus d. Französ. gr. 8. Berl. 794. Voß. 3 gr. Velinp. 6 gr.

Burja, Abel, († d. 16. Febr. 1816.) der selbstlehrende Algebraist, oder Anweis. zur ganzen Rechenkunst. 2 Thle. Mit 1 Titelkpf. gr. 8. Berl. 786. 2e A. 802. (Köchly). 2 rß 12 gr.

Burja, A., d. selbstlehr. Algebraist., od. Rechenkunst. 2 Thle. gr. 8. Berlin, Lagarde. 802.

— Anleit. zur Optik, Katoptrik u. Dioptrik. Mit Kpf. gr. 8. Berl. 793. Schöne. 1 rß 12 gr.

— Beispiel-Sammlung. 1r Thl. Ebd. 819. 1¼ rß

— 2r Thl. Die Auflösungen enth. Ebd. 819. 1¼ rß

— Beispielsammlung, sowohl zur allgem. Algebra, als auch zur Differential- u. Integralrechnung. Herausg. v. G. Chr. Kiesewetter. 2 Thle. gr. 8. Leipz. 819. Köchly. 2 rß 12 gr.

— Beschreib. d. Sternbilder zu d. neuerfund. Sternkapseln. Mit 1 Kapsel u. 38 Sternbildern. 12. Berl. 800. 2e A. 817. Schöne. 4 rß 12 gr.

— Beschreib. e. musikal. Zeitmessers, s. a. Beschreibung.

Burja, Abel: B e s c h r e i b u n g eines musikalischen Zeitmessers. Mit einer Kupfertafel. – Berlin, Petit und Schöne, 1790. 23 S. 8°

Six Chansons maçonniques. [Hrsg. von Abel Burja.] Berlin 1777: Decker. 16 S. 8°
(Sammlung neuer Frmr-Reden. [1, 4.])
Abgedr. in: Almanach des fr.-maç. 1778 S. 31—37.
Kl. 985, Tt. 2262. Ohne Noten. Dem Prinzen Friedr. August von Braunschweig-Lüneburg gewidmet.

—— Der selbstlehrende Geometer, oder Anweisung zur Messkunst. Theil 1 u. 2. 2. Aufl. Berlin 1801. 8.

— der selbstlehrende Geometer. Ebd. 802. 3½ rß

1787. Der selbstlernende Geometer, oder deutliche Anweisung zur Meßkunst, worinnen sowohl die euklidische Geometrie, als auch die geradlinigte und sphärische Trigonometrie, nebst einer Anleitung zum Nivelliren und Landmessen enthalten ist, von *Ab. Burja.* I - II. Theil. Berlin und Libau, Lagarde u. Friedrich. 1r Th. 360 S. 2r Th. 414 Seit. 8.

— d. selbstlernende Geometer, oder Anweis. zur Meßkunst. 2 Thle, mit 525 Holzschn. u. 1 Titelkpf. gr. 8. Berl. 787. 2e A. 802. 1r Thl. 3e A. 823. 2r Thl. 2e A. 825. (Köchly). à 1 rß 18 gl 3 rß 12 gl

Burja, Abel, La vraie grandeur des rois, ou oraison funèbre de Frédéric II roi de Prusse. Berlin 1786. 8.

1791. * Grundlehren der Dynamik oder desjenigen Theils der Mechanik, welcher von den festen Körpern im Zustande der Bewegung handelt von *Abel Bürja*. Berlin b. Lagarde VIII. und 416 S. gr. 8. (1 Rthlr. 8 ggr.)
Allg. Jen. Litt. Zeit. 1792. 1. B. S. 593 u. f.
N. Allg. d. Bibl. 106. B. II. St. S. 440.
Götting. gel. Anz. 1791. III. B. S. 1519.

— Grundl. d. Hydraulik, mit 90 Holzschnitten. gr. 8. Berl. 792. (Köchly). 1 rß 4 gl

1792. * Grundlehren der Hydraulik oder desjenigen Theils der Mechanik, welcher von der Bewegung und dem Widerstande flüssiger Materien handelt, von *Abel Bürja*..... Berl. b. Lagarde. 8. 308 S. m. Holzschnitten (1 rthlr. 4 ggr.)
N. Allg. d. Bibl. 1 B. II. St. S. 494. u. f.
Leipz. gel. Zeit. 1793. I. B. S. 56.

— Grundlehren d. Hydrostatik, oder desjen. Theiles d. Mechanik, welcher v. Gleichgewicht d. Wassers ꝛc. handelt. Mit 121 Holzschn. u. 1 Titelkpf. gr. 8. Berl. 790. (Köchly). 1 rß

1790. * Grundlehren der Hydrostatik, oder desjenigen Theils der Mechanik, welcher vom Gleichgewichte flüssiger Materien handelt, von *Abel Bürja*..... Berlin b. La Garde und Friedrich. 8. 288 S.
Allg. D. Bibl. 102 B. 1 St. S. 133.

— Grundlehren d. Statik, oder vom Gleichgewicht d. Körper. Mit 165 Holzschn. u. 1 Titelkpf. gr. 8. Berl. 789. (Köchly). 1 rß 8 gl

1789. * Grundlehren der Statik oder desjenigen Theils der Mechanik, welcher vom Gleichgewichte bei festen Körpern und Maschinen handelt, von *Abel Bürja*. Berl. b. Lagarde. gr. 8. 384 S. 165 Holzschnitten und einem Titel-Kupfer. (1 Rthlr. 8 ggr.)
Götting. gel. Anz. 1789. S. 1192.
Allg. jen. Litt. Zeit. 1789. IV. B. S. 721.
Allg. d. Bibl. Auch zum 53 — 86 B. IV. S. 2061.

— Grundlehren der Statik. Ebd. 789. 1 1/3 rß (Berlin; jetzt sämmtl. Leipzig, Fr. Fleischer.)

Burja, Abel: Grundlehren aller mechanischen Wissenschaften. Von Abel Bürja [Burja]. Th. (3.) 4. Berlin: Lagarde 1791–92.
Th. 3 u.d.T.: Burja: Grundlehren der Dynamik oder desjenigen Theiles der Mechanik welcher von den festen Körpern im Zustande der Bewegung handelt. 1791.
Th. 4: Burja: Grundlehren der Hydraulik oder desjenigen Theiles der Mechanik welcher von der Bewegung und dem Widerstande flüssiger Materien handelt. 1792.

— Grundlinien d. Dynamik, mit 160 Holzschn. gr. 8. Berl. 791. Lagarde. (Köchly). 1 rß 8 gl

— Lehrbuch d. Astronomie. 5 Bde. gr. 8. Berl. 794—805. Schöne. 7 rß 16 gl

— Lehrbuch d. hylodynamischen Philosophie, von d. Körperwelt, von Gott u. d. menschl. Seele. 8. Berl. 812. Schöne. 16 gl.

Ab. Bürja's Lehren d. hylodynam. Philosophie v. d. Körperwelt, v. Gott u. v. d. menschl. Seele. *Berl.*, Schöne. 812. 8° 16 gl

— der mathemat. Maler, od. Anweis. zur Perspective. gr. 8. Berl. 795. Schöne. 1 rß 12 gl

— Observations d'un Voyageur sur la Russie etc. v. Observations etc.

— die Pasilalie, od. kurzer Grundriß e. allgem. Sprache. 8. Berl. 808. Dunker u. H. 4 gl

— s. Philosophie, la petite.

— die bürgerl. Rechenkunst, od. vollständ. Anleit. zu allen im Handel u. Wandel vorkomm. Rechnungen. gr. 8. Berl. 808. 2 rß 2e A. 817. Schöne. 1 rß 12 gl

— s. Rudimenta linguae gr.

Bürja, Abel, Sprachkunde der Grössenlehre oder Übersicht der ganzen Grössenlehre mit lauter deutschen Kunstwörtern. Th. 1. 2. Berlin 1799—1802. 8.

— Sprachkunde d. Größenlehre. 2 Thle. 8. Berl. 799—802. Schöne. 1 rß 16 gl

Bürja, Erleichterter Unterricht in der höheren Messkunst. Band 1 u. 2. Berlin und Liebau. 1788. 8.

— Unterricht in d. höhern Meßkunst, oder Anweis. zur Geometrie d. krummen Linien. 2 Bde, mit 229 Holzschn. u. 1 Titelkpf, gr. 8. Berl. 788. (Köchly). 2 rß 12 gl

— Unterr. in d. höh. Meßkunst od. Geometr. d. krum. Lin. 2 Bde. m. K. gr. 8. Berl. Lagarde. 788.

— telegraph. u. grammat. Vorschläge. Mit Kpf. 8. Berl. 800. Schöne. 16 gl

— Werther u. Werner; e. Gespräch über d. Fr.: ob d. neue Jahrh. mit 1800 oder 1801 anfängt. 8. Berl. 799. Schöne. 4 gl

Bürja, Abel, s. Burja, Abel

Burian, Jh., ausführl. theoret.-prakt. Lehrbuch der böhmischen Sprache für Deutsche. Für das Bedürfniß des gegenwärt. Zustandes d. böhm. Sprache u. deren Literatur bearb. gr. 8. Königgrätz 840. (Wien, Singer u. Göring.) 1 1/2 rß

Burian, Jos., Nereologie, oder die Lehre vom Schwimmen. (Mit 4 Steintaf.) 8. Prag 841. (Haase, Söhne.) n. 2/3 rß

Burian, Josef, *k. k. Hauptm.* Handbuch der wichtigsten vorwiegend militärisch-administrativen Vorschriften der k. k. österreich. Armee. Gesammelt, geordnet, mit Rücksicht auf die neuesten gesetzlichen Bestimmungen richtig gestellt nebst einem Anhang von 72 Tabellen. *Prag* 1858. Selbstverlag des Verfassers. V, 100, 16, 8, 23, 10, 19, 16, 25, 32, 10, 10, 20, 22, 7, 5, 6, 10 S. u. 3 Bl. 4°. 4 fl. CM.

Burian, Josef, k. k. Hauptmann, Der k. k. österreichische Officier. Systematische Darstellung der Pflichten, Rechte, Ansprüche und Gebühren der Officiere im Allgemeinen, sowie der Obliegenheiten mit Bezug auf die Dienstessphäre im Besondern. 3 Bde. 4. (703 S.) Prag, Selbstverlag. 5 fl. 1861.

Burian, Josef Johann

Burian, JJ, d. Brod u. d. Wesen d. Brodbereitg. 8. (35) Wien 66, F Beck. n. — 8

Burian, Jos. Joh., das Brod u. das Wesen der Brodbereitung. Mit vorzüglicher Berücksichtigung der wesentlichsten Erscheinungen, ihrer Ursachen u. Wirkungen. In populärer Weise bearb. Wien 866. Wachter. (Beck.) gr. 8. (35 S.) n. 8 ngr.

— das Getreide. Die Getreide-Arten u. Früchte, die Getreide-Krankheiten, die Acker-Unkraut-Pflanzen u. Samen ꝛc. In gemeinfaßlicher Weise beschrieben. Mit 133 in den Text gedr. Abbildgn. (Holzschn.) Wien 870. Beck. gr. 8. (XII, 185 S.) n. 28 ngr.

Burian, Jos. Joh., das Heeres-Verpflegswesen in technischer u. technologischer Beziehung, m. einschläg. Statistik u. Handels-Geographie. Mit mehr als 100 in den Text gedr. (Holzschn.)-Abbildgn. gr. 8. (XII, 487 S.) Wien 876. F. Beck. n. 6. —

— die Wiesengräser u. das Heu. In gemeinfaßl. Weise beschrieben. Mit 40 in den Text gedr. (Holzschn.)-Abbildgn. gr. 8. (VIII, 72 S.) Ebend. 875. n. 2. —

Festrede, gehalten von Jos. J[ul.] Burian am 25. Juni 1877. [New York 1877.] 4 S. 8⁰ [Kopftit.]
Tt. 1974. Betr. den Bau eines deutschen Mrtempels in New York.

Burian, J. J. Sk aus d Gesch d Freimaurerei im Staate NY. NY, 1889

Burian, Conrad (Hrsg.), s. Jahresbericht über die Fortschritte der classischen Alterthumswissenschaft.

Burian, Max (Hrsg.), s. Blätter, Juristische.

Burian, R., die Bildung, Zersetzung u. Ausscheidung der Harnsäure beim Menschen. (37 S.) Lex.-8. Berlin (906). Urban & Schwarzenberg. n. 1 50
Sonderabdruck aus: „Med. Klinik".

Burián Richard, Dr.: Über Sitosterin. Ein Beitrag zur Kenntnis der *Phytosterine.* S. 106. III. 549 . . . . vgr.
Separatabdruck

Burian, Th., ausführl. theoret.-pract. Lehrbuch d. böhmischen Sprache f. Deutsche. Für d. Bedürfniß d. gegenwärt. Zustandes d. böhm. Sprache u. deren Literat. bearb. gr. 8. (32 B.) Königsgrätz 840. (Wien, Singer u. Goering.)

Burian, Thom., theoretisch-praktisches Lehrbuch der böhmischen Sprache für Deutsche. 3., verb. Aufl. Neue (Titel-)Ausg. gr. 8. (XII und 408 S.) Wien (850)59. [Braumüller's Verlags-Conto.] *

Burian Wolfgang: Hans Sachs als Fabeldichter. H. 1910 PN 3041 Diss. Innsbruck Univ. 374

Buried alone, s. Collection of British Authors.

v. Burigny, ..., Historie d. merkwürd. Begebenheiten d. Kaiserth. v. Konstantinopel. 2 Thle. 8. Hamb. 754. Hertel. 18 gr

— Leben d. Erasmus v. Rotterdam, übers. v. Henke. 2 Thle. 8. Halle, Hemmerde u. Schw. 782.

— Leben des Erasmus v. Rotterdam; übers. v. Henke. 2 Thle. 8. Halle 782. Schwetschke u. S. 1 rthl. 20 gr

— Leben des Grotius; aus d. Französ. 8. Leipz. 755. (Brockhaus). 12 gr

— Leb. d. Grotius, a. d. Fr. 8. Lpz. Gleditsch. 755.

Burillon, L., französ. Anthologie zum Gebrauch d. Jugend. — Anthologie française à l'usage de la jeunesse etc. gr. 8. Hamb. 831. Erié. 16 gr

— kaufmännisches Handb. zu Aufsätzen in d. französ. Sprache, enthält: alle auf d. Zeitwort folgende Redensarten nach den bestimmten Regeln od. d. Gebrauch. gr. 8. Hamb. 825. (Aue in Altona). 18 gr

Burillon, L., Leitfaden f. d. Schüler, nach Erlernung d. Anfangsgründe französ. durch französisch zu lernen. gr. 8. Hamb., 832. Erie. 20 gr

Burillon, L., Leitfaden für den Schüler, nach Erlernung der Anfangsgründe Französisch durch Franz. zu lernen. — Manuel de l'étudiant pour apprendre le français par le français après les études élémentaires, ou cahiers d'exercises sur les méthodes les plus propres a faire penser, parler et composer en cette langue, gradués pour l'usage des écoles allemandes. IIe édit. gr. in-8. Hamb. 834. (Leipzig, Magazin f. Ind.) 2/3 rthl.

— Repertorium zur Erlernung d. französ. Sprache. gr. 8. Hamb. 832. Erie. 20 gr

Büring, W., Correspondenz, s.: Heidelmann's, A., Theaterbibliothek 180. Heft.

Büring, Wilh., verhallende Klänge. Gedichte. 8. (80 S.) Braunschweig 901. Verlag „Der Literat".
Geb. in Leinw. n. 2. 50

Büring, Wilh., Henry D. Thoreau, s.: Lebenskunst-Bibliothek. Nr. 2.

Büring, Wilh., vom Wege Stein u. Staub. (Vogeler-Zierat nach Entwürfen v. Heinr. Vogeler-Worpswede.) (111 S.) 8. Dortmund 906. Loll-Verlag (Dr. F. Lütgenau). (Nur direkt.) Geb. in Leinw. n. 2. 50

*Burius, G. Romanorum pontificum brevis notitia. Clagenfurti, 1737.

Buril, Johs., micae historiae evangelicorum in Hungaria ab anno 1673, usque ad 1688. annum. Ex autographo Posoniensi edid. Paul. Lichner. Presburg 864. (Wigand.) gr. 8. (XVII, 220 S.) un. 20 ngr.

Burk [und] *Klink*. Der Amtsvorsteher, Amtmann, Polizeiverwalter. Leitf. u. Handbuch f. d. prakt. Polizeidienst. 2. Aufl. Cottbus 1907. 8⁰. *[1. Aufl. 190…]*

Burk, Albert

Burk, A, Meister Albert od. im Feuer bewährt, s.: Jugend- u. Volksbibliothek, deut.

Burk, Alb., als das Elsaß noch französisch war. Dramat. Vortragsstück. 8. (27 S.) Stuttgart (901). Holland & Josenhans. n. —40; erhöht. Pr. n. — 45

Burk, Alb., Meister Bernhard od. im Feuer bewährt, s.: Jugend- u. Volksbibliothek, deutsche.

Burk, Alb., ein Christfest Graf Eberhard des Greiners. Dramatisches Gedicht. (30 S.) 8. Stuttgart (906). Holland & Josenhans. n. — 40; m. Anh. (Einlagen weibl. Rollen.) (40 S.) n. — 60

— es werde Licht! Weihnachtsspiel. 2., gänzlich umgearb. Aufl. v. „Der Stern aus Jakob", eingerichtet sowohl zum Vortrag an Familienabenden, als auch zur Aufführg. auf größerer Volksbühne. 8. (48 S.) Ebd. (902). n. —60

— Götze od. Gott? Dramatische Bilder aus den Tagen des Propheten Elias. Frei nach der Bibel gezeichnet. 8. (40 S.) Ebd. 901. n. — 50

Burk, Alb., der blinde Heinrich, s.: Jugend- u. Volksbibliothek, deutsche.

Burk, Alb., Hüter, ist die Nacht schier hin? Ein Hirtenspiel. 12. (15 S.) Stuttgart 898. M. Holland. n. — 20

— Hüter, ist die Nacht schier hin? Ein Hirtenspiel. 2., wenig veränd. Aufl. (12 S.) 8 Ebd. (903). n. — 20

— Kaiphas u. Pilatus. Festspiel. 2., stark verm. Aufl. der beiden Stücke: „Siehe, dein König kommt zu dir!" u. „Unter Pontius Pilatus". (77 S.) kl. 8. Ebd. (905). n. — 80

Burk, Alb., Kaiphas u. Pilatus. Festspiel. Erweiterte Bühnenausg. (81 S.) 8. Stuttgart (907). Holland & Josenhans. — 80

— D. württemberg. Konfirmationsbüchlein als Grundlage f. d. Konfirmandenunterr. d. Geistlichen, sowie als Hilfsmittel f. erwachs. Gemeindeglieder zur Vertiefg. in evang. Heilserkenntnis ausgelegt. 8. (IV, 323 S.) Stuttgart 898. M. Kielmann. n. 3. 50; geb. n. 4. 50

Hans Müsebeck. Vaterländ. Bühnenspiel aus d. Jahren 1713 u. 1720. Von Albert Burk. *Berlin: Buchh. d. Ostdeutschen Jünglingsbundes [1898].* (30 S., 1 Bl.) 1 Bd 8. [99. 4371]

Burk, Alb., Unter Pontius Pilatus. E. Passionsspiel. 12. (24 S.) Stuttgart 897. M. Holland. n. — 30

— Predigt am 19. Sonntag n. Trinitatis 1895, Fest des 400jähr. Jubiläums d. Stiftskirche z. Stuttgart. gr. 8. (13 S.) Stuttgart 895. J. F. Steinkopf. n. — 20

— Predigt am 16. Sonntag nach Trinitatis 1900. Text: 1. Joh. 2, 28—3, 8. Abschiedspredigt. gr. 8. (15 S.) Stuttgart 900. J. F. Steinkopf. n. — 20

— Siehe, dein König kommt zu dir. Ein bibl. Festspiel. 12. (32 S.) Stuttgart 897. M. Holland. n. — 40

— „der Sommer ist hart vor der Tür" (Luther). Dramatisches Gespräch aus Württembergs Reformationszeit. 3 Tle. 8. Ebd (903). n. — 80; in 1 Bd. geh. n. — 80
1. Der Obervogt v. Urach. (15 S.) n. — 25
2. Herzog Christophel. (17 S.) n. — 25
3. Magister Tiffernus. (20 S.) n. — 30

— D. Stern aus Jakob. E. Weihnachtsspiel. 12. (31 S.) Ebd. 897. n. — 40

— Vom Kripplein b. z. Grabe. Dreiteiliges Festspiel. 1. D. Stern aus Jakob. 2. Siehe, dein König kommt zu dir. 3. Unter Pontius Pilatus. 12. (31, 32 u. 24 S.) Ebd. 897. n. 1. —

— die Zeichen der Zeit im Lichte des Wortes Gottes. Predigt am 23. Sonntag nach Trinitatis, 10. XI. 1901. gr. 8. (16 S.) Ebd. 901. n. — 20

Burk, Arnold, a. Stuttgart: Aus d. königl. hygien. Institut d. Univ. zu Kiel ⟨Geh.-Rat Prof. Dr. Fischer⟩. Untersuchungen über Bakterien der Coli-Gruppe. Jena: G. Fischer 1908. (23 S.) 8°
Kiel, Med. Fak., Ref. Fischer, Diss. v. 16. März 1908
[Geb. 18. März 82 Hamburg; Wohnort: Stuttgart; Staatsangeh.: Württemberg; Vorbildung: Eberhard-Ludwigs-Gymn. Reife M. 01; Studium: Tübingen 5, Kiel 2, Berlin 1, Kiel 2 S.; Coll. 22. Aug. 07; Approb. 1. März 08.]

Burk, Ch., Nachtwächterbüchlein, eine Samml. christl. Nachtwächterrufe. 12. Zürich 834, Hanke. 2 ngl

Burk, D., die Jugendzeit der christlichen Kirche, dem Christenvolke der Gegenwart zur Lehre u. Mahng. vorgestellt. 7 Vorträge, im Saale der evangel. Gesellschaft in Stuttgart geh. 8. (144 S.) Stuttgart 875. Buchh. der evangel. Gesellschaft. n. 1. 20

Burk, Dav., evangelischer Augenschein, s.: Hollaz, D., evangel. Gnadenordnung.

Burk, E. (Hrsg.), s. Blätter, Neue, aus Süddeutschland für Erziehung und Unterricht.

Burk, Fr. J.

Burk, F. J., histor. Abhdlg. üb. die Buße der Kathol. sammt Entwurf z. Reform derselben. gr. 8. Ingolstadt 1814. (Manz in R.) ⅓ Thlr. — 18 kr.

Burk, Gerh.: Die Erziehg uns. Jugend zu alkoholfreier Kultur u. Lebensanschaug, s: Aus d. Quelle d. Mimir.

Burk, Gerhard, aus Lichtenstein: Sozial-Eudämonismus und Sittliche Verpflichtung. *Langensalza 1904: H. Beyer & Söhne.* (63 S.) 8°
Erlangen, Phil. Diss. v. 13. Juli 1903

Christi Stellung zum Wein bezw. zum Alkohol. Von Dr. Gerhard Burk. Hamburg: Deutschl. Großlogen des I.O.G.T. 1908. (51 S.) 8° [B.] [kb. 14318]

Burk, Gfr., christliche Deklamationen u. Vorträge. Eine Sammlg. v. Gedichten, Vortragsstücken u. Aufführgn. f. christl. Vereine, sowie f. Familien u. Gemeinden, bei festl. Anlässen. 8. (96 S.) Reutlingen (899). Enßlin & Laiblin. — 50

Burk, Johann Albrecht

— s. Ph. D. Burk, Samml. d. Evangelienpostille.

Burk, Jh. Albr., († 1783.) Gebet- u. Liederbuch f. Kinder. 8. Tübing. 773. N. A. 775. (Osiander). 6 K

— Leben Phil. Dav. Burke's. 8. Tübing. 771.

— Predigten üb. S.- u. Festt. Evangel. 4. Heilbr. Eckebrecht. 777.

— Taschenbüchlein f. Hausväter u. Hausmütter, f. ihre Kinder u. Dienstboten, auf d. Lande. 12. Tübing. 773.

Burk, Johann Chrst. Friedrich

Burk, Jh. Chr. Fr., der Waisenvater Georg Fr. Beckh. Eine wahre Geschichte für die reifere Jugend. 16. Stuttgart 839. Belsers Buchh. 1/6 ß

— Beicht- u. Abendmahlsbüchlein, aus den besten Schriften dieser Art zusammengestellt. Herausg. von d. evangel. Gesellschaft in Stuttgart. gr. 12. Stuttg. 835. Steinkopf. 1/8 ß

Burk, J. C. F., Beicht- und Abendmahls-Büchlein rc. 2e verb. Aufl. gr. 12. Stuttgart 836. Steinkopf. 1/8 ß

Burk, Jh. Chr. Fr., Beicht- u. Abendmahls-Büchlein, nach den besten vorhand. Schriften bearb. Herausgeg von der evangel. Gesellschaft in Stuttgart. 4. verb. Aufl. gr. 12. Stuttgart 843. (J. F. Steinkopf.) 1/8 ß — 5. Aufl. 12. Ebend. 846. 3 ngl

Burk, Joh. Chr. Fr., Beicht- u. Abendmahlsbüchlein, nach den besten Schriften bearb. 20. Aufl. 8. (80 S.) Stuttgart 901. Buchh. der ev. Gesellschaft. Kart. n. — 30; geb. in Leinw. m. Goldschn. n.n. — 70

– s. Beispiele des Guten

Burk, Johann Chrst. Friedrich, s. Bengel, Joh. Albr.

Burk, Joh. Chr. Fr. (Hrsg.), s. Bote, Christlicher, aus Schwaben.

Burk, J.C.F. (Hrsg.), s. Christen-Bote, Der.

— Johannes Fund oder Bartholomäus Haage. Eine wahre Geschichte f. Kinder. 2e verm. Aufl. Mit Holzschn. 12. Stuttgart 833. Steinkopf. 1/6 ß

— der wahre evangel. Glaubensweg, nebst e. ihm zur Seite gehenden Irrwegen. gr. 12. Stuttg. 825. Steinkopf. 6 K

— der wahre evangel. Glaubensweg mit den ihm zur Seite gehenden Irrwegen, für Wahrheit suchende Christen faßlich dargestellt. 2. verb. Aufl. 12. Stuttgart 843, J. F. Steinkopf. 6¼ ngl

Burk, J. Chr. Fr., Joh. Albr. Bengel's Leben u. Wirken, meist nach handschriftl. Materialien bearbeitet. Mit Bengels Bildn. gr. 8. Stuttg. 831. 2e A. 832. Steinkopf. 2 ß

— Nachtwächterbüchlein. Eine Samml. christl. Nachtwächterrufe. 16. Stuttg. 834. Belser. 1/12 ß

– s. Otho, Jh. Jak.: Evangel. Krankentrost.

— evangel. Pastoral-Theologie in Beispielen. Aus den Erfahrungen treuer Diener Gottes zusammengestellt u. hauptsächlich seinen jüngern Amtsbrüdern gewidmet. 1r u. 2r Bd. gr. 8. Stuttg. 838, 39. Steinkopf. 5 ß

— drei Predigten beim Amtswechsel in d. Gemeinden Thailfingen, Nebringen u. Großbottwar gehalten. gr. 8. Stuttgart 835. Steinkopf. 1/8 ₰

Burk, Joh. Chrn. Frdr., zwei Predigten gehalten beim Amtswechsel. gr. 8. (19 S.) Stuttgart 849, J. F. Steinkopf. n. 2 ngr

— s. Reden u. Thaten d. Altväter.

– s. Sidney, Edw.: Das Leben Rowl. Hill's.

— Spiegel edler Pfarrfrauen. Eine Sammlung christlicher Charakterbilder, als Seitenstück zur „Pastoraltheologie in Beispielen." gr. 8. Ebend. 841. n. 1½ ₰

—— Spiegel edler Pfarrfrauen. Eine Samml. christl. Charakterbilder, als Seitenstück zur „Pastoraltheologie in Beispielen." gr. 8. (30½ B.) Stuttgart 842, J. F. Steinkopf. *

Burk, J. Chr. F., Spiegel edler Pfarrfrauen. Eine Sammlung christlicher Charakterbilder. Als Seitenstück zur „Pastoral-Theologie in Beispielen" herausg. 2. Aufl. Stuttgart 854. J. F. Steinkopf. 8. (XII, 417 S.) 1 ₰ 7½ ngr

Burk, J. Chr. F., Spiegel edler Pfarrfrauen. Eine Sammlung christlicher Charakterbilder. Als Seitenstück zur „Pastoral-Theologie in Beispielen" hersg. 3. Aufl. Stuttgart 865. J. F. Steinkopf. gr. 8. (XII, 417 S.) 1 ₰ 10 ngr

Burk, J. Ch. F., Spiegel edler Pfarrfrauen. Eine Sammlg. christl. Charakterbilder. 4. Aufl., besorgt v. A. Burk. 8. (XII, 444 S.) Stuttgart 890. J. F. Steinkopf. n. 4. —; geb. n. 5. —

– s. Vorsehung und Menschenschicksale

— Was wollen die Pietisten? Ein Gemälde mit Licht und Schatten. Besond. abgedr. aus d. Christboten. 8. Stuttg. 836. Steinkopf. 1/6 ₰

Burk, Karl

— des Herrn Auferstehen u. unser Auferstehen. Predigt, am Osterfest 1890 geh. in der Stiftskirche zu Stuttgart. gr. 8. (15 S.) Ebd. 890. n. — 20

Burk, K, s.: Blätter, neue, a. Süddeutschland f. Erziehg u. Unterr.

— ein Blick in das Leben Jesu. Vortrag im Saal der evangel. Gesellschaft in Stuttgart geh. 8. (52 S.) Stuttgart 878. Buchh. der Evang. Gesellschaft. — 30

Burk, K., der Blick auf die Zukunft als Mahnung zur Umkehr. Predigt, am Sonntag Invokavit 23. Febr. 1890 [Landesbußtag] geh. in der Stiftskirche zu Stuttgart. 8. (16 S.) Stuttgart 890. Buchhandlg. d. Evang. Gesellsch. n. — 20

Burk, Carl, das Christenthum eine Sache auch der Männer. 8. (14 S.) Stuttgart 880, Buchh. der Evangel. Gesellschaft. *

Burk, Carl, das Christentum e. Sache auch der Männer. 2. Aufl. 8. (15 S.) Stuttgart 885. Buchh. d. Evangel. Gesellschaft. n. — 10

— 60 Denksprüche f. Konfirmanden [je e. Bibelspruch u. e. Liedervers]. 1. u. 2. Sammlg. 16. Stuttgart 884. J. F. Steinkopf. à n. 1. —

— die christliche Erkenntnis. Predigt am 18. Sonntag nach Trinitatis 1892. gr. 8. (15 S.) Stuttgart 892. J. F. Steinkopf. n. — 20

—— Es ist ein Bann unter Dir! Ein Mahnwort wider die Unsittlichkeit. 8. (15 S.) Stuttg. 889, Buchh. d. Evang. Gesellsch. * — 10

— dasselbe, u.: Wie gelangen wir zum ewigen Leben? Zwei Predigten, geh. in der Stiftskirche zu Stuttgart am Landesbußtag u. Sonntag Oculi 1890. 8. (32 S.) Ebd. 890. n. — 20

— Evangelien-Predigten auf alle Sonn- u. Festtage d. Kirchenjahres. gr. 8. (III, 684 S.) Ebend. 883. n. 5. —; geb. n.n. 6. 50

— das Evangelium u. die Frauen. Predigt am 24. Sonntag nach Trinitatis [11. Novbr. 1888], geh. in der Stiftskirche zu Stuttgart. gr. 8. (15 S.) Stuttgart 889. J. F. Steinkopf. n. — 20

— Geschichte der christlichen Kirche bis zu ihrer Pflanzung auf deutschem Boden. gr. 8. (VIII, 337 S.) Stuttgart 885. Krabbe. n. 3. —; geb. n. 4. —

! — Gesch. d. christl. Kirche. Jetzt: Stuttg., JF Steinkopf. 1.50; geb. 2 — 81/85 || Luther. 1.50; geb. 2 —

— der Glaube an die Gottheit Christi. Predigt, am Sonntag nach Neujahr [4. Jan. 1891] geh. in der Stiftskirche zu Stuttgart üb. Joh. 1, 1—13. gr. 8. (14 S.) Ebd. 891. n. — 20

— das apostolische Glaubensbekenntnis. Vortrag. 8. (26 S.) Ebd. 893. n. — 20

— dass., s. a. Vorträge, vier, z. Verantwortg d. christl. Glaubens.

Burk, C., ist das Beten vernünftig? Vortrag, geh. in der Liederhalle zu Stuttgart am 27. Novbr. 1878. 2. Aufl. gr. 8. (28 S.) Stuttgart 878. (Leipzig, Matthies.) n. — 20

Burk, C, d. Jugendzeit d. christl. Kirche, d. Christenvolke d. Gegenwart z. Lehre u. Mahng vorgestellt. 7 Vorträge. 8. (144) Stuttg. 75, Bh. d. ev. Ges. n. 1. 20

— die christliche Kirche im Uebergang von der griechisch-römischen zur germanischen Welt. 12 Vorträge, im Saale der Evang. Gesellschaft in Stuttgart geh. [Fortsetzung von: „die Jugendzeit d. christl. Kirche".] 8. (256 S.) Ebend. 877. n. 2. —

— Das württemberg. Konfirmationsbüchlein als Grundl. f. d. Konfirmandenunterr. d. Geistlichen, sowie als Hilfsmittel f. erwachs. Gemeindeglieder z. Vertiefg in ev. Heilserkenntnis ausgelegt. 8° (323) Stuttg. 98. M Kielmann. 3.50; geb. 4.50

— d. Kaisers Kraft u. Hilfe. Predigt, am Geburtstage d. Kaisers Wilhelm den 22. März 1887 geh. in der Stiftskirche zu Stuttgart. 8. (14 S.) Stuttgart 887. Krabbe. n. — 20

— Luther u. die Kirche. Ein Vortrag, geh. in der Liederhalle zu Stuttgart am 21. Novbr. 1883. 8. (36 S.) Stuttgart 883. Buchh. d. Evangel. Gesellschaft. n. — 20

Burk, Karl: Martin Luther Stuttgart: Krabbe 1883.

— Martin Luther. 3. Aufl. gr. 8. (VIII, 342 S.) Ebend. 883. n. 3. —; geb. n 4. —

— Predigt z. Feier d. Geburtsfestes I. M. d. Königin Charlotte. 8° (14) Stuttg. 94, JF Steinkopf. — 20

— Predigt z. Fest d. 400jähr. Jubiläums d. Stiftskirche zu Stuttgart. 8° (18) Ebd. 95. — 20

— Predigt am Osterfeste 1880, geh. in der Stiftskirche zu Stuttgart. gr. 8. (16 S.) Stuttgart 880. J. F. Steinkopf. n. — 20

Burk, C., Predigt zum Schluß des J. 1866. Gehalten in der Kirche zu St. Michael in Schwäb. Hall. Schw.-Hall 867. Egersdorff. 8. (14 S.) 2 ngr

— Predigt am 16. Sonntag nach Trinitatis 1900. Abschiedspredigt. 8° (15) Stuttg. 1900. JF Steinkopf. — 20

— Predigt am 20. Sonntag nach Trinitatis 1891, bei dem Trauergottesdienst f. den verewigten König Karl v. Württemberg in der Stiftskirche zu Stuttgart geh. gr. 8. (10 S.) Stuttgart 891. J. F. Steinkopf. n. — 20

- Predigt am 20. Sonntag nach Trinitatis zur Feier des Geburtsfestes J. M. der Königin Charlotte, geh. in der Stiftskirche zu Stuttgart. gr. 8. (14 S.) Ebd. 894. n. — 20

— dasselbe, f.a. Vorträge, vier, zur Verantwortung d. christlichen Glaubens.

— Predigt, am Tage der Beisetzg. d. Kaisers Wilhelm I., den 16. März 1888, geh. in der Stiftskirche zu Stuttgart. gr. 8. (11 S.) Stuttgart 888. Fink. n. — 20

— Predigt bei d. Trauergottesdienst f. d. verewigten König Karl v. Württemberg. 8° (10) Ebd. 91. — 20

— das Sterben in der Sünde. Predigt üb. Joh. 8, 21—29. 8. (16 S.) Ebend. 885. n. — 10

— was haben wir an unseren Bekenntnisschriften? Vortrag, geh. im Saalbau der Evang. Gesellschaft. 8. (24 S.) Ebend. 885. n. — 20

— der Wendepunkt in unserem Volksleben. Predigt, am Sonntag Septuagesimä [2. Febr. 1890] geh. in der Stiftskirche zu Stuttgart. gr. 8. (16 S.) Stuttgart 890. J. F. Steinkopf. n. — 20

—— Wer wälzet den Stein von des Grabes Thür? Predigt, am Osterfest 1887 gehalten in der Stiftskirche zu Stuttgart. gr. 8. (14 S.) Stuttgart 887, J. F. Steinkopf. *

— etliche Winke über die rechte Art, Andere zum Heil zu führen. Zusammengestellt aus 2 Predigten über Joh. 4, 5—26. 8. (16 S.) Stuttgart 881. Buchh. der Evangel. Gesellschaft. n. — 4

— Die Zeichen d. Zeit im Lichte d. Wortes Gottes. Predigt. (16) 8° Stuttg., JF Steinkopf '01. — 20 d

—— v. d. Zukunft d. christl. Kirche. Predigt 8. (14) Stuttg. 86. (Bh. d. Ev. Gesellsch.) n. — 10

Burk, Markus Philipp, s. R e i h e , eine, röm. Kaiser

— f. Roos u. Rieger, neues Journal rc.

Burk, Mark. Ph., († d. 6. Nov. 1815.) vollständ. Verzeichniß aller in Druck gekomm. latein. u. deutschen Schriften J. Val. Andreä's, in 10 Numm. nach d. Zeitfolge geordnet. 8. Tübing. 793. 2 ℊℊ

Burk, Markus Philipp: VOLLSTAENDIGES VERZEICHNIS ALLER IN DRUK GEKOMMENEN LATEINISCHEN UND TEUTSCHEN SCHRIFTEN des Joh. Valentin Andreae. In 100 Nummern nach der Zeitfolge geordnet. – Tübingen: Heerbrandt 1793. XV, 29 S. *(Dazu Nachträge von Burk in: Allgem. Litterarischer Anzeiger, Leipzig 1798, Nr 67, S. 690–694.)*

Burk, Philipp David

Burk, Ph. D., evangelischer Augenschein, in dem sich e. kurzer Abriß vom Vorsatze Gottes zum Heile der Menschen darstellet, f.: H o l l a z, Dav., evangelische Gnadenordnung.

– KURZER BEGRIFF DER BENGELISCHEN VORELTERN in aufsteigender Linie. – Tübingen 1762. 8 S. *(»gestellet auf den Anfang des Jahrs 1762«).*

– KURZER BEGRIFF DER BURKISCHEN VORÄLTERN in aufsteigender Linie. – Eßlingen 1755. *(Laut Adelung Tübingen 1762).*

[–] KURZER BEGRIFF DER NEUREUSERISCHEN VORELTERN in aufsteigender Linie. Gestellt mit Ende May 1768. – [Stuttgart] 1768. 8 S.

Burk, Philipp David (Hrsg.), s. B e n g e l , Johann Albrecht: Ehrenrettung der Heiligen Schrift...

– – M. Philipp David Burks Betrachtung der Gnadenleitung Gottes. an seinem Volk durch die Wolkensäule aus 4. Mos. 9, 15–23. zur Erbauung dem Druck überlassen. – Augsburg: in der Mertz- und Mayrischen Buchh. 1753. 64 S.

– BETRACHTUNG DES EVANGELISCHEN RUHMS VON CHRISTO JESU. – Eßlingen: Mäntler 1758.

– M. Philipp David Burks, weil. Specialsuperintendenten und Stadtpfarrers in Kirchheim EVANGELIEN-POSTILLE: bestehend in erbaulichen Betrachtungen und Predigten über die gewöhnliche evangelische Texte des ganzen Jahrs: da zugleich die Texte selbst mit einer kurzgefaßten Erklärung und vielen nützlichen Anmerckungen begleitet werden. Samt einer summarischen Vorstellung der ganzen evangelischen Geschichte und einer harmonischen Tabelle über alle evangelische Texte. Aus den hinterlassenen Handschriften des seeligen Verfassers gesammelt und zum bequemen Gebrauch für aufmerksame Christen eingerichtet durch M. Johann Albrecht Burk. Mit Censur der Hochwürdigen theologischen Fakultät zu Tübingen. T. 1. 2. – Tübingen: Fues 1774. XXIV, 486, 288 S.
(T. 2 u. d. T.: M. Philipp David Burks Evangelien-Postille Zweiter Theil, welcher erbauliche Betrachtungen und Predigten auf die sämtliche Trinitatis Sonntäge enthält.)
beigedr.: Feyertägliche Predigten: mit kurzgefaßter Erklärung der evangelischen Texte selbst und einigen Nachrichten von den heiligen Männern, zu deren Angedenken diese Täge gefeyert werden, begleitet. 164 S.

– M. Philipp David Burk's EVANGELISCHER FINGERZEIG UND CASUALPREDIGTEN IN EINEM VOLLSTÄNDIGEN AUSZUG herausgegeben von M. Nath. Heinr. Härlin, Pfarrer in Heiningen. – Stuttgart: Steinkopf 1852. IV, 352 S.

– Philipp David Burks, Specialsuperintendenten und Stadtpfarrers in Markgrüningen EVANGELISCHER FINGERZEIG auf den wahren Verstand und heilsamen Gebrauch der gewöhnlichen Sonn-, Fest- und Feyertäglichen Evangelien, zur gründlichen Erbauung aufmerksamer Christen herausgegeben mit einer Vorrede Sr. Hochwürden, Herrn D. Christian August Crusius, Professoris Primarii zu Leipzig, von dem Unterschiede zwischen der Auslegung der Texte, und der Aufsuchung der Beweissprüche. Bd 1–7. – Leipzig: Gollner (Bd 7: Tübingen: Berger) 1760–1766.

1,1. 1760. 368 S.	*4,2.* 1763. 420 S.
1,2. 1760. S. 369–876.	*5,1.* 1763. 496 S.
2,1. 1760. 542 S.	*5,2.* 1763. S. 497–956.
2,2. 1761. S. 543–1078.	*6,1.* 1764. 508 S.
3,1. 1761. 598 S.	*6,2.* 1766. S. 509–1012.
3,2. 1762. 380 S.	7. 1766. 560 S. *(enthält das Gesamt-Register.)*
4,1. 1762. 440 S.	

— evangel. Fingerzeig zum Verstehen u. Gebrauch d. Evangelien. 6 Bde. 8. Liegn. 760—66. Siegert. 5 ℛ𝔱 12 ℊℊ 7r Bd. mit Reg. 8. Tübing. 766. (Osiander). 1 ℛ𝔱

— — desselben Buchs 7r Bd. m. Register, 8. Tübing, Heerbrand. 766.

– DER GNADE DES LEBENS VOLLKOMMENE FREIHEIT UND RECHTE, in der Stadtkirche zu Kirchheim unter Teck in einer Anstands-Predigt am 22. Sonntag nach Trinitatis den 26. Oct. 1766 aus dem ordentlichen Evangelio Matth. 18, 23 ff. betrachtet von M. Philipp David Burk, nunmehrigen Stadtpfarrer zu Kirchheim unter Teck und der umliegenden Dioeces Spezialsuperintendenten. – Tübingen: Sigmund [1766]. 24 S.

– DER GEIST DER KRAFT UND DER LIEBE UND DER ZUCHT, in einer Gast-Predigt über 2. Tim. 1, 7 zu Augspurg in der Kirche zu St. Anna den 23sten May 1753. betrachtet von M. Philipp David Burck, Pfarrer zu Hedelfingen im Herzogthum Würtemberg. – Augsburg: in der Merz- und Mayrischen Buchh. 1753. 20 S.

— Gnade u. Wahrheit, d. durch Jesum Christum worden ist. 8. Tübing., Fues. 4 ℊℊ

— gnomon in duodecim Prophetas minores etc. C. praef. J. A. Bengelii. 4. Heilbr. 753. Class. 2 ℛ𝔱

BURK, PHILIPP DAVID: Gnomon in duodecim prophetas minores, in quo ex nativa verborum vi simplicitas, profunditas, concinnitas, salubritas sensuum coelestium indicatur. Cum praefatione (de mutua scripturarum Veteris et Novi Testamenti congruentia) D. Jo. Alberti Bengelii (6 ungez. S.) – Heilbronnae: Eckebrecht 1753. XVI, 676 S.

– GNOMON PSALMORUM in quo ex nativa verborum vi, simplicitas, profunditas, concinnitas, salubritas sensuum coelestium indicatur opera Philippi Davidis Burkii. T. 1. 2. – Stuttgart: Mezler 1760. 1428 S.
T. 1.: Psalm I–LXXV continens (S. 1–736).
T. 2.: Psalmos LXXVI–CL complexus.

– INNHALT DER SPRÜCHE SALOMONIS, von einem guten Freund aus dem lateinischen Manuskript übersetzt und zum Druck befördert. – 1766.

Burk, Ph. Dav., Casualpredigt. 8. Tüb. Heerbrand. 766.

Burk, Ph. Dav., († d. 22. März 1770.) Casualpredigten. 8. Tübing. 766. (Osiander). 18 gl

– Philipp David Burks CASUALPREDIGTEN auf den wahren Verstand und heilsamen Gebrauch zerschiedener biblischen Texte A. u. N. Test. – Tübingen 1767. XVI, 560 S.

– Ein gemeinschaftlicher Kirchenabschied in der, den 18. Jenner 1767 zu Markgrüningen gehaltenen ABSCHIEDS-PREDIGT aus dem ordentlichen Evangelio Joh. 2,1 ff. vorgestellet von M. Philipp David Burk, bißherigen Stadtpfarrer und Specialsuperintendenten daselbst. – Esslingen: Hoffmann (1767). 32 S.

— d. Lehre von d. Rechtfertigung u. deren Gewißheit ꝛc. im Herzen u. Gewissen e. Sünders. 8. Magdeb. 757. N. Ausg. (mit 6 Theilen verm.) u. d. T.: d. Rechtfertigung u. deren Versicherung im Herzen nach d. Worte Gottes betrachtet. 7 Thle, nebst d. allgem. Register. 8. Magdeb. 763—65. (Metzler in Stuttg.) 1 ß 16 gl

– DIE LEHRE VON DER RECHTFERTIGUNG und deren Gewißheit im Hertzen und Gewissen eines Sünders, wie solche auf eine dem Worte GOttes gemässe und den Seelen heilsame Art zu treiben sey, betrachtet und in zween Theilen dargelegt von M. Philipp David Burk. T. 1. 2. – Magdeburg & Leipzig: Seidel & Scheidhauer 1757 (Theologia Pastoralis Practica. 75. 76.). *(Zeitschriften-Vorabdruck, der offenbar für die separate Veröffentlichung nur ein neues Titelblatt erhielt.)*
– – o.O. u. J. [1757].
– – Magdeburg 1757.

– LEICHBEGÄNGNISS DER JULIANA ROSINA NEUHEUSER. Von Philipp David Burk. – Esslingen 1757.

– LOB- UND DANK-PREDIGT ÜBER 1. MOSE 32, 10 bey der Leiche Fr. Juliana Rosina Neuheuserin. – Stuttgart 1757.

– DIE RECHTFERTIGUNG UND DEREN VERSICHERUNG IM HERZEN nach dem Worte GOttes betrachtet von Philipp David Burk. 2. Aufl. T. 1–7. – Stutgart: Mezler 1763–1765. 1462 S.

– [–, Ausz.] Rechtfertigung und Versicherung. In geordnetem Auszuge neu hrsg. von Ernst Kern. – Stuttgart: Steinkopf 1854. VIII, 181 S.

– SAMMLUNGEN ZU DER PASTORAL-THEOLOGIE oder Gnaden-Ordnung und Gnaden-Antrag in zerschiedenen Pastoral-Gedanken dargelegt. Bd 1. 2. (od. St. 1–8). Hrsg. von Johann Albrecht Burk. – Tübingen: Cotta 1771–1773. XII, 522 S; S. 526–1022.

– – Philipp David Burks Sammlungen zur Pastoral-Theologie. Neu hrsg. von Victor Friedrich Oehler. Mit einem Vorwort von G. Fr. Oehler. – Stuttgart: Belser 1867. XVI, 602 S.

– Philipp David Burks SÄMTLICHE KLEINE SCHRIFTEN in eine Sammlung gebracht und hrsg. von Johann Albrecht Burk. – Tübingen: Fues 1781. 562 S.
1. Betrachtung von der begnadigten Sünderin. 4. Aufl. (S. 1–70).
2. Betrachtung der Gnadenleitungen GOttes. 3., verb. Aufl. (S. 71–130).
3. Fünfzehen Casualpredigten und Reden nebst sechs kurzen Betrachtungen über sonntägliche Abendlectionen (S. 131–404).
4. Betrachtung des evangelischen Ruhms von Christo JEsu (S. 405–434).
5. Betrachtung über das Gebet Jacbetz und dessen Erklärung 1. Chron. 4,9.10. *(zuerst in: Evang. Fingerzeig 3. 2. 1762. 352ff)* (S. 435–448).
6. Die Kirchweyhe zu Friedenort. Eine Erzehlung. Nebst einem Kirchweyh-Gebet *(zuerst in: Evang. Fingerzeig, 6, 2, 1766, 966ff, 950ff)* (S. 449–464).
7. Evangelischer Augenschein, in welchem sich ein kurzer Abriß vom Vorsatz GOttes zum Heil der Menschen darstellet (eine Gemeinschaftsarbeit mit dem Stuttgarter Waisenhauspfarrer Jakob Friedrich Gros) (S. 465–478).
8. Innhalt der Sprüche Salomo, in einer Tabelle vorgestellt (S. 479–498).
9. Betrachtung der Worte Mosis in seinem Seegen. 2., verm. Aufl. (S. 499–516).
10. Grundriß des hundert und neunzehenden Psalms, übersetzt (S. 517–526).
11. Verlangte Beantwortung etlicher vorgelegter Fragen, apokalyptische Bestimmungen betreffend (S. 527–536).
12. Bedenken über das Werk Psalmi Davidici (S. 537–550).
13. Antwort auf die Göttingische Recension des Gnomonis Burkiani in duodecim prophetas minores. 1753 (S. 551–562).

– DIE BEGNADIGTE SÜNDERIN und glaubige Liebhaberin des Herrn Jesu. aus dem Evangelio Sanct Lucä Cap. 7. v. 36–50. betrachtet, und Zur Erbauung dem Druck überlassen von M. Philipp David Burk, Pfarrer in Hedelfingen. – Memmingen: Mayer (1752). 84 S.
angeb.: Kurtzer Beweis von der Göttlichkeit der heil. Schrift und Wahrheit der Christl. Religion, zum Dienst derer welche heimlich zweifeln, aber sich nach Grund umsehen, aufrichtig entworffen von einem, der eben so gezweifelt hat. – o. O. 1760. 40 S.
– – 2. Aufl. – Stuttgart 1757.
– – 3. Aufl. – (Leipzig 1766).

Burk, Rudolf [app. Arzt aus Ulm]: Ein Beitrag zur diffusen Sklerose des Gehirns und Rückenmarks ... Tübingen, F. Pietzcker, 1895; 27 S. 8.
Tübingen, Med. Fak., Inaug.-Diss. v. 1895

Burk, Rudolf [app. Arzt aus Stuttgart]: Pyämie bei Carcinom des Uterus ... Tübingen, F. Pietzcker, 1893; 18 S. 8.
Tübingen, Med. Fak., Inaug.-Diss. v. 1893

Burk, W., die Behandlung m. Stauungshyperämie bei Phlegmonen u. and. akutentzündlichen Erkrankungen, s.: Mitteilungen aus den hamburg. Staatskrankenanstalten.

Burk, Walther, approb. Arzt aus Ulm a. D.: Über einen Amyloidtumor mit Metastasen. *Tübingen: F. Pietzcker 1901.* (24 S.) 8°
Tübingen, Med. Diss. v. 1901

Burk, Walth.: Der Leutnantshimmel. Roman v. d. Küste Deutsch-Ostafrikas. (163) 8° Strassbg. J Singer '11. 2.50 d

Burk, Willy, s. Jugend-Bibliothek.

Bürk, Alb., der Sachsenspiegel, s. Heck, Philipp, Beiträge zur Geschichte der Stände im Mittelalter. II.

Bürk's, Aug., Louis Philipp, König der Franzosen ergänzt von 1840 bis zum Tode dieses Monarchen v. Fr. O'Kelly. Mit dem jugendl. Portr. des Königs (in Stahlst.) 8. (XIV u. 248 S.) Weimar 850, Voigt. 1 ß

Bürk J. zur Heizungsfrage. Bericht über die Ausstellung von Ofen usw. in Schwenningen 1865. Mit Katalog. (145 S) Schwenningen (1865)

Bürk, Johann, s.a. Bürck

Bürk, Joh.: Anleitung zur gesetzmässigen Behandlung der Ortsvorstehers-, Gemeinderaths- und Bürgerausschuss-Wahlen in Württemberg. Stuttgart: Steinkopf 1844.

Bürk, Jh., gemeinfaßl. Anleitung zur Erzeugung u. Bereitung des Leins u. Hanfs, f. d. Landvolk bearb. 8. Stuttgart 845, J. F. Steinkopf. n. 1/4 ß

— die Seide. In Berichten aus Italien über die Cultur des Maulbeerbaumes und der Seidenraupe, und über die Zubereitung der Seide. gr. 8. Hechingen 840. (Stuttgart, Ebel.) 1/8 ß

— gemeinfaßl. Witterungslehre für den Bürger u. Landmann. 8. Stuttgart 840, J. F. Steinkopf. 2/3 ß

Burk, Richard: Die Schwenninger Uhrmacher bis ums Jahr 1850. Ebingen 1904

Burka, Ant., d. Nachrichten-Detachement No. 2 d. Ost-Partei (3. Escadron d. k. u. k. Husaren-Regts. Graf Nádasdy No. 9) währ. d. Cavallerie-Aufklärgs.-Übg. i. Septbr. 1895. Nebst e. Skizze m. d. Übersicht üb. d. entsend. Nachrichten-Patrouillen. gr. 8. (III, 28 S.) Wien 896. L. W. Seidel & Sohn. n. 1. 60

Burkard u. Schmum. Ueber die Pflichten des Geistlichen und Seelsorgers, in Beziehung auf das zeitliche Wohl seiner Untergebenen, besonders der Armen; zwei gekrönte Preisschriften. *Hamburg.* 1790

Burkard, Balthasar

— Catechismus. Siehe Brach.

Burkard, Balth., († 1798.) über d. Pflichten d. Geistlichen u. Seelsorger, in Beziehung auf d. zeitl. Wohlfahrt ihrer Untergebenen ꝛc. Erste Preisschr. gr. 8. Bamb. 790. (Wesche in Frankf.) 9 gl

Burkard, Emil, aus Rottweil a. N.: Studien über die Additionsfähigkeit des Diazomethans an Körper mit Aethylenbindung. *Tübingen: F. Pietzcker 1900.* (49 S.) 8°
Tübingen, Naturw. Diss. v. 1900

BURKARD, ERNST. Ueber Naphtolcarbonsäuren. (Basel) Solothurn, 1889. Diss. S. I.

Burkard, Franz und Ziegler, Peter. Ueber das Armenwesen im Fürstenthum Bamberg; zwei gekronte Preisschriften. *Bamberg, Dederich.* 1790

Burkard, G. D., über d. Nothwendigkeit e. allgem. Staatssorge f. d. gute Erziehung d. Kinder. gr. 8. Würzb. 793. Rienner. 6 gl

Burkard, George, approb. Arzt aus Brooklyn, N.-Y.: **Aus d. Prosektur d. Krankenhauses r. I. in München. Ueber Entwicklungsstörungen u. Geschwülste der Samenblasen.** Mit casuist. Beitrag. *München 1904: Kastner & Callwey.* (43 S.) 8°
München, Med. Diss. v. 1904

Burkard, J. L., s. Burkard, Jos.

Burkard, Josephus (geb. 1805 in Kochem a. d. Mosel): De insania occulta ... Bonnae, ex off. Neusseriana (1831). VI, 12 S., 1 Bl. 4.
Bonn, Med. Fak., Diss. v. 26 Febr. 1831 [134

Burkard, J. L., von d. Uebereinstimm. d. Werke d. Dichter, s. a. Spence.

Burkard, Jos. und **F. F. Hofstätter,** Von der Übereinstimmung der Werke der Dichter mit den Werken der Künstler. Nach dem Engl. des Herrn Spence. Wien 773. 76. 2 Thle. 8. 1 rthl. 16 gr. (Theil I. von Burkard. Th. II. von Hofstätter).

Burkard, J. L., v. d. Uebereinstimm. d. Werke d. Dichter m. d. Werke d. Künstl. n. Spence, a. d. Engl. 2 Thle. gr. 8. Wien, Camesina. 774 — 76.

Burkard, Karl, a. Rottweil a. N.: Zur Kenntnis der Derivate fettaromatischer und rein aromatischer Ketone mit mehrwertigem Jod. Freiburg i. B. 1906: U. Hochreuther. (41 S.) 8°
Freiburg i. B., Phil. Fak., Ref. Gattermann, Diss. v. 20. Okt. 1906
[Geb. 25. April 79 Rottweil a. N.; Wohnort: Freiburg i. B.; Staatsangeh.: Württemberg; Vorbildung: Gymn. Rottweil Reife M. 98; T.H. Stuttgart 8, Univ. Freiburg i. B. 5 S.; Rig. 24. Juli 06.]

Burkard, Kaspar Heinrich, s. Burckhard, Karl Heinrich

Burkard, M. V., s. Burkardt, Joseph Michael Vinc.

Burkard, W[alther]. **Neuer elektrischer Automobilwagen** (für Adhäsions- und Zahnstangenbetrieb) der Stansstad-Engelbergbahn. Sonderabdruck aus der Schweizerischen Bauzeitung, Band 45, Nr. 20. (Mit 14 Textbildern.) II + 6 S. 4. Zürich, Ed. Raschers Erben, 1905. (fr. —. 50) V9

Burkard Waldis, s.: Waldis, B.

Burkardt, Alfr., Anleitg. z. Darstellg. plast. Marmorgruppen, s.: Krüger, Max.

[Ant. u. F.] Der Contre oder Gegentanz. Bezeichng d. Touren in franz. u. deutscher Sprache nebst Anleitg z. Erlerng v. Alfred **Burkardt.** *Mühlhausen i. Th.: G. Danner [1892].* (22 S.) 1 Bd 8. [96. 407

Burkardt, Alfr., der **Contre** od. Gegentanz. Bezeichnung der Touren in französ. u. deutscher Sprache, nebst Anleitg. zur Erlerng. 32. (22 S.) Mühlhausen i/Th. 893. G. Danner. — 30

— **Der Contre od. Gegentanz. Bezeichng. d. Touren in französ. u. deutscher Sprache, nebst Anleitg. zur Erlerng. 2. Aufl. 32. (22 S.) Mühlhausen i/Th. 897. G. Danner.** n. — 80

— das **Fahnenspiel.** Eine turner. Aufführg., nebst Anleitg. 8. (8 S.) Ebd. 892. n. — 50

Burkardt, Alfr., am schönen Rhein, s.: **Sammlung** lebender Bilder.

Kurze Tanz- und Anstandslehre. Beschreibg d. Figuren-Tänze, Contre-Tanz, Quadrille les langiers [!] u. à la cour, Polonaise u. Cotillon sowie kurze Anm. üb. gutes Benehmen v. Alfred **Burkardt.** *Mühlhausen i. Th.: G. Danner [1898].* (2 Bl., 70 S., 3 Bl.) 1 Bd 8. [98. 8498 II.

[F.] Vereinsbuch für Turner. Sammlung turnerischer u. vaterländ. Dichtungen, sowie Festspiele f. Stiftgsfeste u. f. sonst. turnerische Veranstaltgn hrsg. v. Alfred **Burkardt.** *Mühlhausen i. Thür.: Danner (1897).* (125 S.) 1 Bd 8. [98. 1276 IIa

— grosser **Zapfenstreich.** Eine turner. Aufführg. m. Stabübgn. an vaterländ. Gedenktagen. 8. (3 S.) Ebd. 892. n. — 50

— „**frohe Zeiten**“. Eine Reihe leb. Bilder in leichter Ausführg. f. Vereinsabende. 8. (8 S.) Ebd. 892. n. — 50

Burkardt, August: Anleitung zur Bücherkunde in allen Wissenschaften. Grundlage zu einer auserlesenen Bibliothek in allen Fächern. Bern u. Leipzig 1797. 8°

Burkardt, Aug., (Jh. Geo. Heinzmann,) Anleit. z. Bücherkunde in allen Wissenschaften. A. u. d. T.: allgem. Bücherverzeichniß nach d. Wissensch. u. Künsten. gr. 8. Bern 797. Typograph. Societ. 16 gl.

Burkardt, J. M., s. Burkardt, Joseph Michael Vinc.

Burkardt, Jos. Mch. Vinc., Philosophie d. Lebens f. erwachsene Jünglinge 2c. 8. Würzb. 801. 2e A. 8. Erlang. 808. Palm. 16 gl.

Burkardt, Joseph Vinc.: „Staatswissenschaftslehre, mit Rücksicht auf die gegenwärtige Zeit“, Leipzig 1821 (Rein).

Burkardt, J. M. V. System der Polizey-Gesetzgebung nach metaphysischen Principien bearbeitet, oder Urgesetze des Staats und seiner nothwendigen Majestätsrechte. *Erlangen, Palm.* 1808

Burkardt, Jos. Mich. Vinc.: „Urgesetze des Staates und seiner nothwendigen Majestätsrechte“, 1 Teil in 3 Heften, Erlangen 1806 bis 1808 (Palm).

Burkardus Episcopus Wirceburgensis
s. Burchardus. A 11. 4407 5

Burkart, Heinrich. Braunschweig 1845. V: *Bacheracht, Therese von.* (Schr)

Burkart, s.a. Burckart

Burkart, s.a. Burkhardt

Burkart, Die neuesten Berggesetze Spaniens und Portugals. (Sep.-Abdr. aus der Zeitschr. für Bergrecht.) Bonn 1862. 8.

Burkart, Ueber den Bergwerksbetrieb in den Revieren von Pachuca und Real del monte in Mexico. (Sep.-Abdr. aus der Zeitschrift für Berg-, Hütten- und Salinenwesen, Bd. 7.) Berlin 1859. 4.

Burkart, die epidemischen **Krankheiten** in Stuttgart m. Einschluss der Tuberculose u. Syphilis. Nach den Jahrbüchern d. Katharinen Hospitals bearb. gr. 4. (29 S. m. 2 Steintaf.) Tübingen 873. Osiander. n. 1. 50

Burkart: Mittheilungen über die Gruben von Guanaxuato. (Preuß. Zeitschr., Bd. 5.) Berlin 1858. 4.

Burkart, Noch ein Wort über Homöopathie. gr. 8. (23 S.) Stuttgart 874, Levy und Müller.

Burkart's Sammlung der wichtigsten europäischen Nutzhölzer in charakteristischen Schnitten, ausgeführt v. F. Podany in Wien. 40 Taf. m. Holz-Durchschnitten. Mit einem erläut. Text. gr. 8. (77 S.) Brünn 880. (Knauthe.) n.n. 20. —

— die **Sterblichkeitsverhältnisse** Stuttgarts im 19. Jahrh. u. ihre Beziehg. zu den Fragen der öffentl. Gesundheitspflege. gr. 8. (79 S.) Stuttgart 875. W. Müller. n. 1. —

Burkart, A., die **Harncylinder** m. besond. Berücksicht. ihrer diagnost. Bedeutg. Mit 1 (lith.) Taf. gr. 8. (84 S.) Berlin 874. Hirschwald. n. 2. 40

Burkart, Bernh., der seinen Gott im Geist u. in d. Wahrheit anbetende Katholik. 8. Augsb. 789. Rieger. 8 gl.

Burkart, Eduard. Zur Kenntniss einiger sechs-gliedriger Stickstoffhaltiger Ringe. (Bern) Brünn, 1891. Diss. G. S., S. I.

Burkart, Eugen A(drian) [aus Emmishofen (Kt. Thurgau)]: Stephen Hawes' „The Prastime of Pleasure“. Allegorical Poem, written about 1506, first printed by Wynkyn de Worde, 1509. Critical Introduction to a proposed new Edition of the Text. London 1899. 60 S. 8°.
Zürich. Phil. Diss. I. S. 1899/1900.

Burkart, F., Richard Wagner's Meistersinger in dramatischer, sprachlicher u. musikalischer Hinsicht kritisch beleuchtet. 8. (31 S.) Wiesbaden 880. Rodrian. n. — 60

Burkart, Franz [aus Erbach am Rhein]: Beitrag zur Kenntnis der Parotiscysten. . . . Wurzburg. P. Scheiner's Buchdr., 1891: 44 S. 8°
Würzburg, Med. Fak., Inaug.-Diss. v. 1891

Burkart, Frz., Ohnmassgebliche Gedanken über die zur Einrichtung des Armenwesens im Fürstenthum Bamberg aufgestellten Preisfragen. Erste Preisschr. gr. 8°. Bamberg, Wesché in Frankf., 1790.

Burkart, Fritz [pr. Arzt aus Krefeld]: Ueber Darmfisteln und widernatürlichen After. . . . Siegburg, Druck v. Wilh. Reckinger. 1889: 72 S. u. 2 Taf. 8°
Bonn, Med. Fak., Inaug.-Diss. v. 23. Febr. 1889

Burkart, H. J., Die Goldlagerstätten Kaliforniens. Stuttgart, 1870. 160 S. mit 1 Taf.

Burkart, Hans [aus Crefeld]: Ueber das Verhalten der Thalliumchloride gegen Quecksilbercyanid. Bern 1897. 37 S. 8°.
Bern. Phil. Diss. 1897/98.

Burkart, Ignaz (Hrsg.), s. Blatt, Das neue illustrierte.

Burkart, Johann (Pfarrer). Pädagogisches Album mit einem Anhang aus Diesterweg. Ein Vademecum für Lehrer und Eltern. In-8°. 32 S. Magden, Selbstverlag des Verf. 1897. — 50

Burkart, J. Pädagogisches Album m. e. Anh. aus Diesterweg. Ein Vademecum f. Lehrer u. Eltern. 2. Aufl. Gr. in-8°. 30 S. Magden b. Rheinfelden, Pfarrer Joh. Burkart. 1897 — 70

Burkart, J: Pädagog. Album m. e. Anh. a. Diesterweg. 2. Afl. 8° (30) Magden b. Rheinfelden [Schweiz] 98, Pfr. Burkart. nn — 70

Burkart, J., s. Keller, Augustin, in seinen Reden u. Bekenntnissen.

Burkart, Jos., Aufenthalt u. Reisen in Mexico in den Jahren 1824 bis 1834. Bemerkungen über Land, Produkte, Leben und Sitten der Einwohner, u. Beobachtungen aus d. Gebiete der Mineralogie, Geognosie, Bergbaukunde, Meteorologie, Geographie &c. Mit e. Vorworte v. J. Nöggerath. 2 Bde. Mit Tafel I—XI. gr. 8. Stuttg. 836. Schweizerbarts V. n. $6^{2}/_{3}$ Thlr.

— der Bau der Erdrinde, s. Jac. Nöggerath.

— s. G. Mantell, d. Phänomene d. Geologie.

Burkart, Karl. Die bestehenden Einkommensteuern. Eine vergleichende Darstellung, im Auftrage des deutschen Steuerreform-Vereines bearb. 1. Heft. Gegenstand der Einkommensteuer und subjective Steuerpflicht. (Aus „Annalen des Deutschen Reiches.") gr. 8°. Leipzig, Hirth, 1875.

Burkart, Karl, Verfassung u. Reform d. direkten Steuern u. der Finanzverwaltg. in Bayern. gr. 8. (V, 67 S.) München 897. G. Hirth. n. 1. 50

Burkart, Olga, Feld-Blumen. 8. (62 S.) Riedlingen 892. Ulrich. Geb. in Leinw. m. Goldschn. n. 2. —

Burkart, R., zur Behandlung schwerer Formen von Hysterie und Neurasthenie, s. Sammlung klinischer Vorträge.

— weitere Mittheilungen über chronische Morphiumvergiftung u. deren Behandlung. gr. 8. (74 S.) Ebend. 882. n. 1. 60

Burkart, R., weitere Mittheilungen über die chronische Morphiumvergiftung in Folge subkutaner Morphiuminjektionen u. deren Behandlung. gr. 8. (84 S.) Bonn 878. Cohen & Sohn. — 60

Burkart, R., die chronische Morphiumvergiftung in Folge subkutaner Morphiuminjektionen u. deren Behandlung. gr. 8. (80 S.) Bonn 877. Cohen & Sohn. — 60

— die chronische Morphiumvergiftung u. deren Behandlung durch allmähliche Entziehung des Morphium. gr. 8. (VII, 184 S.) Ebend. 880. n. 3. —

— zur Pathologie der Neurasthenia gastrica [Dyspepsia nervosa]. Mittheilungen aus der Wasserheilanstalt Marienberg. gr. 8. (51 S.) Ebend. 882. n. 1. —

—— über Wesen und Behandlung der chronischen Morphiumvergiftung, s. Sammlung klinischer Vorträge.

Burkart, Rudolph (geb. am 12 Okt. 1846 in Bonn): Ueber Mastdarmstenosen ... Bonn, Buchdr. v. P. Neusser 1869. 2 Bl., 43 S. 8.
Bonn, Med. Fak., Diss. v. [8 Juli] 1869

Burkart, Sebastian. Geschichte der Stadt Rheinfelden bis zu ihrer Vereinigung mit dem Kanton Aargau. Der löblichen Bürger- und Einwohnerschaft von Rheinfelden gewidmet von S' B'.... [Mit Illustrationen und 8 Tafeln.] VI + 777 S. 8. Aarau, H. R. Sauerländer & Co., 1909. [Subscr. fr. 8. —, im Buchh. 9. —] N 7486

Burkart, Thom., Angebinde für angehende Seelsorger und jeden eifrigen Priester, oder Betrachtungen über den Beruf, die Würde, die Verrichtungen u. den Wandel des christl. Seelenhirten. 8. Rottweil 845. Constanz, Meck. (St. Gallen, Scheitlin u. Zollikofer.) $^{1}/_{2}$ Thlr.

Burkart, Thomas, Angebinde für angehende Seelsorger u. jeden eifrigen Priester, od. Betrachtungen über d. Beruf, die Würde, d. Verrichtungen u. d. Wandel d. christl. Seelenhirten. 8. ($12^{5}/_{8}$ B.) Rottweil 845. Setzer'sche Buchh. (St. Gallen 840, Scheitlin u. Zollikofer.)

Burkart, Th., populäres Christenlehrbuch über die katholische Glaubens- u. Sittenlehre. Zum Gebrauche für Katecheten, für die Jugend und das Volk. Bearb. im Geiste des Canisius, des Deharbe und des von demselben Verf. erschienenen Katechismus. Regensburg 855. Manz gr. 8. 3 Thlr.
1. Thl.: Die Glaubenslehre. 2 Abthlgn. (VIII, IV, 536 S.) 1 Thlr. 21 Ngr.
2. „ Die Sittenlehre. (IV, 428 S.) 1 Thlr. 9 Ngr.

— Handbuch für Priester bei seelsorglichen Funktionen. Zugleich ein Andachts- u. Erbauungsbuch für das christkathol. Volk. gr. 8. Villingen 844, Förderer. $1^{1}/_{2}$ Thlr.

— christlicher Jugendtempel. Ein Gebet- u. Andachtsbuch für die reifere christkathol. Jugend beiderlei Geschlechts. Mit 2 Stahlst. 8. Ulm 845, Seitz. $^{1}/_{3}$ Thlr.

— „ — christl. Jugendtempel. Gebetbuch. 12. Ulm 1847. Müller. $^{4}/_{5}$ Thlr. — 48 kr.

Burkart, Thomas, christl. Jugendtempel. Ein Gebet- u. Andachtsbuch für die reifere kathol. Jugend. Mit 1 Stahlst. u. (lithochrom.) Titelkpfr. 2. Aufl. gr. 16. (VIII u. 294 S.) Ulm 848, Müller. 14 Ngr.; geb. m. Goldschn. 24 Ngr.

Burkart, Thom., der Katechet in d. Elementarklasse, od. pract. Wegweiser f. Religionslehrer bei Ertheilung d. Religionsunterr. vor Schülern in d. ersten Schuljahren. 8. (28 B.) Spaichingen 839. (Stuttgart, Beck u. Fränkel.)

— der Katechet in der ersten Elementarklasse, oder practischer Wegweiser für Religionslehrer bei Ertheilung des Religionsunterrichtes vor Schülern in den ersten Schuljahren. 2. verb. Aufl. gr. 8. Rottweil 842. (Villingen, Förderer.) $1^{1}/_{2}$ Thlr. — 3. unveränd. Aufl. gr. 8. Ebend. 844. $1^{1}/_{2}$ Thlr.

— Katechismus der christkathol. Lehre. Zum Gebrauche bei Schul- u. Kirchen-Katechesen. 2. unveränd. Ausg. 8. Villingen im Schwarzwalde 841, Förderer. $^{1}/_{8}$ Thlr. — 3. verm. u. verb. Aufl. 8. Ebend. 843. $^{1}/_{6}$ Thlr.

— Katechismus der kathol. Religion in Fragen u. Antworten. Zum Gebrauch in Schulen u. Kirchen. 4. verm. u. gänzl. umgearb. Aufl. 8. (VIII u. 172 S.) Villingen 848, Förderer. 1/6 ℔

— Katechismus der katholischen Religion in Fragen und Antworten. Zum Gebrauche in Schulen und Kirchen. 5., verb. Aufl. Villingen 854. Förderer. gr. 12. (IV, 212 S.) 4 ngl.

— heiliger Opferaltar, oder Gebet- u. Erbauungsbuch für kathol. Christen. 8. (Mit 1 Stahlst. u. farbigem Titel.) Ebend. 844. 1/2 ℔

— heiliger Opferaltar, oder Gebet- u. Erbauungsbuch f. kathol. Christen jedes Standes, Geschlechtes u. Alters. 2. Aufl. Mit 4 Stahlst. gr. 12. (XII u. 374 S.) Ebd. 850. 27 ngl.

—— heiliger Opferaltar, oder Gebet- und Erbauungsbuch für kathol. Christen jedes Standes, Geschlechtes und Alters. 3. Aufl. gr. 12. (XII und 374 S. mit 4 Stahlst.) Villingen 853, Förderer.

— populäre Predigten auf die Sonn- und Festtage des katholischen Kirchenjahres. 3 Thle. Regensburg 856, 57. Manz. 8. (395; 355; 360 S.) Jeder Thl. 27 ngl.
Inhalt: 1. 2. Thl.: Predigten auf die Sonntage. 2 Thle. — 3. Thl.: Predigten auf die Festtage.

— populäres Religions-Handbuch. Zum Gebrauche für Katecheten in Kirchen u. Schulen; zum Unterrichte und zur Erbauung für die heranwachsende Jugend u. das christkathol. Volk. 3 Thle.: Die Glaubenslehre. — Die Sittenlehre. — Die Heilsmittellehre. gr. 8. Ebend. 841. 2 5/6 ℔

— — populäres Religionshandbuch für Katecheten. 3 Thle. gr. 8. Ebd. 1838—39, Förderer in V. mit N. Tit. 1841. 2 Thlr. 20 ggr. — 4 fl. 48 kr.
Ein sehr brauchbares Buch in der Hirscher'schen Manier.

— deutsches Ritual, oder praktische Anweisung für kathol. Seelsorger zur segensreichen Verwaltung des liturgischen Amtes: Zugleich ein Erbauungsbuch für die Gläubigen. gr. 8. Rottweil 841. Villingen, (Förderer.) 1 1/2 ℔

Burkart, Thom., der fromme Schüler vor seinem himml. Vater oder Gebet- und Erbauungsbüchlein für Elementarschüler. Mit Titelkpfr. 16. Villingen 845, Förderer. 6 1/4 ngl

— der Vater mit seinen Kindern am Christabend vor dem Christbaum. Kleines Weihnachtsgeschenk für christl. Kinder. 12. Ulm 843. Seitz. 1/10 ℔

— ausführliche katechetische Vorträge über die christkatholische Glaubenslehre. Zum Gebrauche für Katecheten, besonders beim Christenlehrunterricht, zur Belehrung u. Erbauung der Jugend und des christkathol. Volks. Unter Zugrundlegung seines Religionshandbuches verfaßt. gr. 8. Rottweil 845. Constanz, Meck. 1 5/6 ℔

— ausführliche katechet. Vorträge über die christl. Heilsmittel, unter Zugrundlegung seines Religionshandbuchs. Zum Gebrauche für Katecheten, besonders beim Christenlehrunterricht, zur Belehrung u. Erbauung der Jugend und des christkathol. Volkes. gr. 8. Villingen 844, Förderer. 1 1/2 ℔
& Villingen: Förderer 1845.

— ausführliche katechetische Vorträge über das heilige Sakrament der Buße und des Altars. gr. 12. Tübingen 843, Laupp. 1/2 ℔

— ausführliche katechet. Vorträge über die christl. Sittenlehre, unter Zugrundlegung seines Religionshandbuches. Zum Gebrauche f. Katecheten ꝛc. gr. 8. Ulm 844, Seitz. 2/3 ℔

—— ausführliche katechet. Vorträge üb. d. christl. Sittenlehre, unter Zugrundleg. seines Religionshandbuches. Zum Gebr. f. Katecheten ꝛc. gr. 8. (31 1/2 B.) Ulm 845. [Aborf, Müller's Buchh.] & Seitz.

—— katechetische Vorträge über das heil. Meßopfer, das Vater unser und den englischen Gruß. 8. (IV und 192 S.) Villingen 850, Förderer.

Burkart, des Christen Wanderstab auf seiner Pilgerreise. Gebet- u. Andachtsbuch für jeden kathol. Christen. Rottweil 861. Degginger. 8. (X, 383 S. u. 1 Stahlst.) 15 ngr

—— die Weihe des Christen beim Aufblick zum Vater. Gebet- und Andachtsbuch für jeden Katholiken. Mit Illustr. 16. (571 S. mit 1 Stahlst.) Regensburg 859, Manz.

—— christlicher Zuruf am Ende der schrecklichen Seuche, die uns heimsuchte. Predigt gehalten am 19. p. Trin. den 22. Oktbr. 1854. gr. 8. (8 S.) Augsburg 854, Jaquet's Brlgsh.

Burkart's, W, Führer durch Brünn u. Umgebg. (18, 383 m. Abb., 1 Kte u. 2 Pl.) 16° Brünn, (C Winkler) '11. — 30 ||
Neue Ausg. (31,384 m. Abb., 1 farb. Kte u. 2 Pl.) '12. — 40

Burkart, Wilhelm [aus Krefeld]: Aus d. med. Klinik (Ambulanz) Bonn. Ueber die Methoden zum Salzsäurenachweis im Mageninhalt ... Bonn, Univ.-Buchdr. v. C. Georgi, 1892; 30 S., 1 Bl. 8.
Bonn, Med. Fak., Inaug.-Diss. v. [16. Mai] 1892

Burkart-Hürbin, Hedwig. Argovia. 1803—1903. Bescheidener Festgruss zur Centenarfeier, ihrem lieben Vater, Herrn Direktor [Joseph Victor] Hürbin, Lenzburg und seiner Heimatgemeinde Wegenstetten gewidmet. 2. Aufl. 20S. 8. Basel, Emil Birkhäuser, 1903. [fr. —.50]
N 2600[6]

Bemerkungen über die französische Revoluzion und das Betragen einiger Gesellschaften in London bey diesen Ereignissen. Von Edmund Burke. Aus dem Englischen nach der 1. Ausgabe übersetzt. Wien. 1791. 8°.

[BURKE, Edmund] 1729 - 1797
Beschreibung der Europäischen Kolonien in Amerika
nach der sechsten verbesserten Ausgabe aus dem Englischen übersetzt von J.
Erster [- Zweyter] Band.
Leipzig: Weidmann. 1778. 8°.
Bayerische Staatsbibliothek München
Übers. v. E. Burke, An Account of the European Settlements in America.
Franz. Ausg. Histoire des colonies européennes dans l'Amérique trad. de l'Anglois de M. Burk, par M.E., 2 Bde., Paris-Leipzig: H. Merkus, 1779
[Frankfurt-Leipziger Meßkatalog, Michaelismesse 1779, S. 783] konnte nicht gefunden werden.
Sabin 9286. Palmer: mit Verfasser.

Burke, E., Betrachtungen über die französische Revolution. Nach dem Engl. des Herrn Burke neu bearb. mit einer Einleitung, Anmerkungen, politischen Abhandlungen und einem critischen Verzeichniss der in England über diese Revolution erschienenen Schriften von Friedr. Gentz. 2 Theile. gr. 8°. Berlin, Vieweg, 1793.

Burke, Edm.: „Betrachtungen über die französische Revolution", aus dem Englischen übersetzt, 2 Teile, Wien 1794 (Wallishauser).

Burke, Betrachtungen üb. die franz. Revolution. Nach d. Engl. neu bearbeitet, mit e. Einleitung, Anmerkk. u. polit. Abhandll. von Friedr. v. Gentz. 2 Thle. 3e Aufl. gr. 8. Braunschw. 838. Vieweg. 2 2/3 ℔

— Dass. v. Genz übers., s. a. Fr. v. Gentz.

Burke, Edm.: „Betrachtungen über die französische Staatsrevolution", aus dem Englischen, Wien 1793 (Schaumburg & Co).

Zween Briefe an ein Mitglied des jetzigen Parlaments über die Vorschläge zum Frieden mit dem Königsmörderischen Directorium von Frankreich. Von Edmund Burke. A. d. Engl. übersetzt v. Albrecht Wittenberg. Frankfurt und Leipzig. 1797. 8°.

Burke, Edm.: „Zwei Briefe über die Vorschläge zum Frieden mit Frankreich", aus dem Englischen von A. Wittenberg, Frankfurt a. M. und Leipzig 1798 (Herold).

BURKE, Edmund 1729 - 1797
Jahrbücher der neuern Geschichte der Englischen Pflanzungen in Nord-Amerika Seit dem Jahr 1755. bis auf itzige Zeiten. Zur Fortsetzung der Geschichte der Englischen Kolonien in Nordamerika seit der Entdeckung dieser Länder bis 1763; welche 1775. und 1776. zu Leipzig in zween Octavbänden herausgegeben worden.
Aus dem Englischen übersetzt nach Erforderniß ergänzt oder abgekürzt und mit einer vorangesetzten Einleitung von dem Übersetzer begleitet [von Samuel Wilhelm Turner].
Erster [- Vierter] Band.
Danzig: Flörke. 1777 [- 1781]. 8°. In 5 Tlen.
Staatsbibliothek der Stiftung Preußischer Kulturbesitz Berlin: Bd. 1-2,2; Stadtbibliothek Hannover: Bd. 3 u. 4.
F. BRAUNE, Burke in Deutschland [Heidelberg 1917], S. 15-18: Sehr freie Wiedergabe von Burkes Annual Register mit zahlreichen anderweitigen Ergänzungen und Einschüben; kaum noch als Übersetzung zu bezeichnen.

Sabin 9287. Palmer.
Samuel Wilhelm Turner, 1739.

Burke, A philosophical inquiry into the origin of our ideas of the sublime and beautiful. 4. ed. Dublin 8°. Deutsch, Riga 1773. 8°.

1766

Burke, Inquiry into the Sublim. 8. Bas. (Tourneysen Cassel.) 792.

— lettres à un noble Lord. 8. Hamb. 796. Fauche. 12 gr.

— 3 Memoriale über d. französ. Angelegenheiten; aus d. Engl. v. J. G. Tralles. (A. u. d. T.: Burke's hinterlass. Schriften.) gr. 8. Hirschb. 798. N. Tit. Leipz. 804. Joachim. 1 rthl. Neue Ausg. (815) unt. d. T.: üb. d. Wirkungen u. Folgen d. französ. Staatsbegebenheiten. gr. 8. Ebd. 1 rthl.

Edmund Burke's Rechtfertigung seines Politischen Lebens. Gegen einen Angriff des Herzogs von Bedford und des Grafen Lauderdale. (A. d. Engl.: A Letter from Edmund Burke to a Noble Lord upon the attacks etc.) Uebersetzt v. Friedrich Gentz. Berlin. 1796. 8°.

— Rechtfertigung seines polit. Lebens ꝛc. Aus d. Engl. v. Fr. v. Gentz. 8. Berl. 796. Vieweg in Braunschw. 12 gr.

Burke, E., Rede über die ostindische Bill des Charles J. Fox, s. Schulbibliothek, französische und englische.

Burke's, Edm., Reden on american taxation und on conciliation with America. Zum Schulgebrauch mit einer Einleitung und Anmerkungen versehen von J. C. A. Winkelmann. Gotha 861. Opetz. gr. 8. (IV, 203 S.) 18 ngr.; cart. 20 ngr.

Burke's, Edm., Reden on American taxation u. on conciliation with America. Zum Schulgebrauch mit Einleitungen u. Anmerkungen hrsg. von J. C. A. Winkelmann. 2. Aufl. Gotha 870. Windaus. gr. 8. (IV, 203 S.) n. 10 ngr.

Burke, E. Schilderung der gegenwärtigen Lage der Englischen Ostindischen Gesellschaft... aus dem Englischen übersetzt... [Erfurt 1784.] Ü: *Sprengel, Mathias Chn.* (MS)

— hinterlass. Schriften, s. oben 3 Memoriale.

Burke, E. Philosophische Untersuchungen über den Ursprung unserer Begriffe vom Erhabenen und Schönen; nach der 5ten Engl. Ausg. Riga 1772. Ü: *Garve, Christian.* (BrMm) (ML) »1773« (JL) »Untersuchung« (GGr)

Burke, ..., philosoph. Untersuch. über d. Ursprung unserer Begriffe v. Erhabenen u. Schönen. Aus d. Engl. v. Chr. Garve. gr. 8. Riga 773. Hartknoch in Leipz. 18 gr.

Burke, Edm.: „Ueber den neuen politischen Zustand und das Verhältniss der europäischen Staaten, besonders Frankreichs seit der Revolution", aus dem Englischen, Hamburg 1798 (A. Campe).

Burke, J. B., aus den Annalen der englischen Aristokratie, s. Bergson's Eisenbahnbücher.

Burke, Aus den Annalen der englischen Aristokratie, deutsch von Seybt, s. Conversations- u. Reisebibliothek.

BURKE, J. B., Aus den Annalen der Englischen Aristokratie. Leipzig 1857. 8°. 7 u. 124 S. Vergriffen! (1 Mk. 50 Pfg. Oskar Rauthe, Friedenau, 1908.)

Enth. 10 Criminalgeschichten, u. a.: Die geheimnissvolle Dame. — Entführung der Miss King. — Ein Lord als weisser Sclave. — Die Herzogin von Kingston (s. im fortlauf. Alphabet).

Bürke, Carl. Festspiel zur Feier des 50-jährigen Bestehens der St. Gallischen Kantonsschule. Von Dr. K' B'. [Mit Vignetten.] 38 S. 8. St. Gallen, Zollikofer & Cie., 1907. [fr. —. 60] VSGn

Buerkel, Emil: Neue Beiträge zur Casuistik der operativen Behandlung der Schädelbasisfibrome. *Würzburg 1897: F. Schreiner.* (47 S. mit Taf.) 8°
Würzburg, Med. Diss. v. 1897

Biologische Studien über die Fauna der Kieler Föhrde (158 Reusenversuche) von Dr. **Emil Buerkel**, Kais. Marine-Assistenzarzt d. R. Mit 1 Karte, 3 Taf. u. 7 Tab. *Kiel & Leipzig: Lipsius & Tischer 1900.* (55 S.) 4°(8°) [co. 686, 8

BÜRKEL, Heinrich (München): Beiträge zur Lehre vom Niessbrauch.- München: Schurich 1864. 149 S. 8.8.1865 - Urk (Titel: De usufructu.); F 45

Diss. Ingolst.-Landsh.-Mchn.

Bürkel, Heinr., Beiträge zur Lehre vom Nießbrauch. Inauguralschrift. 1864. Neuer unveränd. Abdr. nach dem Tode d. Verf. [3. März 1877]. gr. 8. (149 S.) München 880. Th. Ackermann. n. 3. 60

Bürkel, KR: Wandk. d. Kreises Karlsruhe. 1:50,000. Ausg. m. ausgeschrieb. od. abgekürzten Ortsnamen. Je 2 Bl. je 64,5×112 cm. Farbdr. Karlsr., F Gutsch 1900. Auf L. je 10 —

Bürkel, Karl, das Großherzogt. Baden. Ein geographisch-statist. Leitfaden f. den Schulgebrauch u. zum Selbstunterricht. Mit 1 Schülerhandkarte des Großherzogt. Baden v. W. Schwarz u. E. Wollweber u. 28 Abbildgn. 8. (VIII, 76 S.) Freiburg i/B. 894. Herder. Kart. n.n. 1.

Bürkel, Karl, d. Großherzogt. Baden. Ein geograph.-statist. Leitfaden f. d. Schulgebr. u. z. Selbstunterr. 2., verb. Aufl. M. 1 Schülerhandkarte d. Großherzogt. Baden v. W. Schwarz u. E. Wollweber u. 29 Abbildgn. 8. (VI, 76 S.) Freiburg i/B. 898. Herder. Kart. n.n. 1. —

Bürkel, Karl, das Großherzogt. Baden. Ein geographisch-statist. Leitfaden f. den Schulgebrauch u. zum Selbstunterricht. 3., verb. Aufl. Mit 1 Schülerhandkarte des Großherzogt. Baden v. W. Schwarz u. E. Wollweber u. 30 Abbild. (VIII, 76 S.) 8. Freiburg i/B. 909. Herder. Kart. 1. —

Karte d. Grossh. Baden. 14. Afl. 33×24,5 cm. Farbdr. Bühl 99, Konkordia. nn — 13

— Karte d. Grossh. Baden in übersichtl. Darstellg. 18. Afl. 32,5×24,5 cm. Farbdr. Bühl, Konkordia ('06). nn — 15

Bürkel, Karl: Karte d. Grossh. Baden in übersichtl. Darstellg. Dem Leseb. f. Volkssch. angepasst. 20. Afl. 32,5×24,5 cm. Farbdr. Bühl, Konkordia ('10). nn — 15

Bürkel, Karl von, aus Nürnberg: Über chronische Milzschwellungen im Kindesalter. *München (1898): Wild.* (36 S.) 8°
Erlangen, Med. Diss. v. 3. Jan. 1898

Bürkel, Karl, Musterbeispiele zur Anfertigung von Geschäftsaufsätzen, Briefen und Eingaben an Behörden. Mit Erläuterungen und Aufgaben. Für Fortbildungsschulen und verwandte Anstalten bearb. gr. 8. (56 S.) Bühl 888, (Konkordia, Aktiengesellschaft für Druck und Verlag.) cart. **

Bürkel, K., Musterbeispiele zur Anfertigung v. Geschäftsaufsätzen, Briefen u. Eingaben an Behörden. Mit Erläutergn. und Aufgaben. Für Gewerbeschulen, Fortbildungsschulen u. verwandte Anstalten bearb. 2., verm. Aufl. gr. 8. (61 S.) Bühl 890. Konkordia, A.-G. cart. n. — 50

Bürkel, Karl, Musterbeispiele zur Anfertigung v. Geschäftsaufsätzen, Briefen u. Eingaben an Behörden. Mit Erläutergn. u. Aufgaben. Für den Schul- u. Privatgebrauch bearb. 4., verb. Aufl. gr. 8. (63 S.) Bühl 899. Konkordia. Kart. n. — 50

— Musterbeispiele zur Anfertigung v. Geschäftsaufsätzen, Briefen u. Eingaben an Behörden. Mit Erläutergn. u. Aufgaben. Für den Schul- u. Privatgebrauch bearb. 5. verb. Aufl. (II, 64 S.) 8. Bühl 904. Konkordia. Kart. — 50

Die Bilder der süddeutschen breiten Pfenninge (Halbbrakteaten), ihre Erklärung durch Beziehung auf andere Kunstgattungen. Von Dr. Ludwig v. Bürkel. *(München: Bayer. Numismat. Ges. 1903.)* (127 S.) 8°
— Mitteilungen d. Bayerischen Numismat. Gesellschaft. 22 u. 23. [04.1679
München, Phil. Diss. v. 1903

Buerkel, Ludw. v., Francesco Furini, s.a. Jahrbuch der kunsthistor. Sammlungen des allerhöchsten Kaiserhauses.

Francesca Furini. Von Ludwig v. Buerkel. Mit 12 Taf. u. 38 Textabb. Wien: Tempsky; Leipzig: Freytag 1905. S. 55–90. 2°
(Jahrbuch d. kunsthist. Sammlungen d. Allerh. Kaiserhauses. Bd 27, H. 2.) [10 1370

Buerkel, Ludw. v., s.: Jahrbuch, Münchner, der bildenden Kunst.

Bürkenstok, Illustr. doctissimoque, auctori operis in quo aeternam memoriam Leopoldi Alexandri archiducis Austriae, Hungariae palatini infelici casu e vivis erepti regni ordinibus summis, imisque charissimi, eleganti, concinnaque et ad lapides accomodata oratione latina commendavit anno 1795. Pestini 1795. V: *Hannulik, Joh. Chrysost.* (PK II/65) (Széchenyi I/460) (BiblPort)

Bürker, K: Zählg u. Differenzierg d. körperl. Elemente d. Blutes, s: Handbuch d. physiolog. Methodik.

Bürker, K., ein Apparat zur Ermittelung der Blutgerinnungszeit. (8 S. m. 2 Fig. u. 1 Taf.) gr. 8. Bonn 907. M. Hager. — 60
Sonderabdruck aus Archiv f. d. ges. Physiol.

Bürker, K., der Muskel u. das Gesetz v. d. Erhaltung der Kraft. Nach e. populär-physiolog. Vortrage. gr. 8. (37 S.) Tübingen 902. F. Pietzcker. n. 1. —

Bürker, K., die physiologischen Wirkungen des Höhenklimas. I. Die Thoma-Zeiss'sche Zählkammer. Die Gerinnungszeit des Blutes im Hochgebirge. Der Eisengehalt der blutbereit. Organe u. des Blutes im Hochgebirge. (S. 480—535) gr. 8. Bonn 904. M. Hager. n. 2. —
Sonderabdruck aus: „Archiv f. d. ges. Physiol."

Bürker, K[arl], Dr. sc. nat., approb. Arzt aus Zweibrücken: Ueber die Beziehung zwischen der Richtung reizender Oeffnungsinductionsströme und dem elektrotonischen Effect in der infrapolaren Nervenstrecke. *(Altenburg) 1900: (Pierer).* (20 S.) 8°
Tübingen, Med. Diss. v. 1900

Bürker, Karl: Ueber die Erzeugung und physiologische Wirkung schnell und langsam verlaufender magnet-elektrischer Ströme. *Tübingen: F. Pietzcker 1897.* (55 S.) 8°
Tübingen, Naturw. Diss. v. 1897

Bürker, K[arl], Dr. med. et sc. nat., Assist. am physiol. Inst. zu Tübingen: Experimentelle Untersuchung über den Ort der Resorption in der Leber. *Tübingen 1901: (Pierer, Altenburg).* (114 S.) 8°
Tübingen, Med. Hab.-Schr. v. 1901
(Nicht für den Austausch)

v. Burkersroda. Die Sachsen in Russland. Beitrag zur Geschichte des Russ. Feldzuges 1812, bes. in Bezug auf d. Kgl. Sächs. Truppenabtheilung bei der grossen Armee. (4¼ B.) 8. Naumburg 1846. 1,20.

Burkert, A: Die Anstellg d. Beamten bei d. Regiergn, d. Landratsämtern, d. kgl. Kreis- u. Forstkassen u. in d. Verwaltg d. direkten Steuern. (8, 52) gr8° Berl., C Heymann '11. 1 — d

Burkert, Heinrich Max Otto [aus Breslau]: Ueber die Einwirkung von Piperidin auf Monochloracetal und Monochloraceton ... Rostock, Univ.-Buchdr. v. Adler's Erben, 1895; 36 S., 1 Bl. 8.
Rostock, Phil. Fak., Inaug.-Diss. v. [1. Aug.] 1895

Burkert Karl: Beiträge zur Siedlungskunde der östl. Sudeten. Diss. Wien, Univ.
H. 1903 PN 1653 2378

Burkert, Otto: Führer durch d. Orgel-Lit., s.: Kothe, Bernh.

Burkes, Ludw., mein Dörfchen. Gedichte. 16. (16 S.) Schwerin 867. (Schmale.) *

Burkett, Ch. W: Die Baumwolle, s.a. Heine, C.

Burkett, C. W., und C. H. Poe: Die Baumwolle. Unter besonderer Berücksichtigung der deutschen Kolonien als baumwollproduzierendes Land. Deutsch von C. Heine. Leipzig 1908

[J.] Amtsrichter (Joseph) Burkhalter und seine Briefe an Jeremias Gotthelf. Hrsg. v. G[ottlieb] Joss, Pfarrer in Herzogenbuchsee. M. den Bildn. d. Amtsrichters Burkhalter u. d. Jeremias Gotthelf. *Bern: K. J. Wyss 1899.* (XLVII, 86 S., 2 Portr.) 1 Bd 8. [illegible]

Burkhalter, Carl. Aus dem Reiche des Vesuves. Reisen und Erlebnisse in Süditalien von K' B'. [Mit illustriertem Umschlag.] IV + 260 S. 8. Steffisburg, Selbstverlag des Verfassers (Buchdr. Gustav Grunau, Bern), 1908. [fr. 4. 50, geb. 7. —] N 7009

Burkhard und Amadine. Eine Hexenballade vom Jahre 1775 ... Hamburg 1783. V: *Sander, Christian Laevin (Friedrich).* (Ky) (Mn)

Burkhard u. Amadine; e. Hexenballade, (v. Chr. Fr. Sander). 8. Hamb. 783. Hoffmann. 4 gr

— u. Elsbeth, od. d. Opfer der boshaften Rache; eine vaterländische Familiengeschichte von Seida. 8. Augsb. Bürglen. 799.

Burkhard, s.a. Burkhardt

Burkhard, s.: Zeitschrift des Berliner Vereins homöopathischer Aerzte.

Burkhard, christlicher Zuruf am Ende der schrecklichen Seuche, die uns heimsuchte. Predigt gehalten am 19. p. Trin. den 22. Oktbr. 1854. Augsburg 854. Jacquet. gr. 8. (8 S.) 2 ngr

Burkhard in Dresden, s. Schaumburg, Konrad

Burkhard, Albert (geb. Berlin 11. 4. 1848): Ueber völlig abgehauene und wieder angewachsene Stücke der Nase. Berlin (1872). (40 S.) 8°
Berlin, Med. Diss. v. 22. Aug. 1872

Burkhard, Bernhard, appr. Arzt aus Rennertshofen: Ein kasuistisch-klinischer Beitrag zur Lehre von den intraocularen Cysten. *München 1903: Kastner & Callwey.* (30 S.) 8°
München. Med. Diss. v. 1903

Burkhard, C., Agrippina, des M. Agrippa Tochter, August's Enkelin, in Germanien, im Orient u. in Rom. Drei Vorlesgn. gr. 8. (6⅛ B. u. 1 artist. Beil.) Augsburg 846, Rieger'sche Bh.

Burkhard, C., Agrippina, des M. Agrippa Tochter, August's Enkelin, in Germanien, im Orient u. in Rom. Drei Vorlesungen. Mit 1 artist. Beilage. gr. 8. (IV u. 100 S.) Augsburg 850, Rieger. ⅓ ℛ

C. Burkhard, Über Fruchtwechsel und dessen Bedeutung in der Landwirthschaft. Bayreuth 1864.

— Grundzüge einer Gymnasialreform in Bayern im Zusammenhang mit der allgem. deutschen Schulreform, Lehrern, Aeltern u. Freunden höherer Schulbildung zur Prüfung vorgelegt. gr. 8. (XX u. 74 S.) München 849. Kaiser. n. ⅓ ℛ

Burkhard, C., über das richtige Verhältniß in Anwendung der sogenannten künstlichen oder käuflichen Düngemittel zu den natürlichen, insbesondere dem Stallmist. Vortrag gehalten in der landwirthschaftlichen Kreisversammlung für Oberfranken zu Bayreuth am 30. Septbr. 1862. Bayreuth 863. Gießel. gr. 8. (30 S.) n. 5 ngr.

C. Burkhard, Über das wichtige Verhältnis in Anwendung der sogen. künstlichen oder käuflichen Düngemittel zu den natürlichen, insbesondere dem Stallmist. Bayreuth 1873.

Burkhard, C. J., s. Burkhard, Karl

Burkhard, D., Katechismus od. Unterricht in der christl. Religion für die reifere Jugend. 8. Zürich 833. Schultheß. 1/2 ℛ

F. Burkhard's naturphilosoph. Fragmente. *Zür.*, Orell u. C. 814. 12° 8 gl

Burkhard, F. J., letzte Worte e. treuen Schullehrers an 5 hoffnungsvolle Jünglinge. 4. Basel 776. Imhof. 2 gl

Burkhard, Frid. (Ern.) (geb. Mühlhausen in Thür. 5. 6. 1815): De contagiorum miasmatumque natura et origine. Berolini (1842). (30 S.) 8°
Berlin, Med. Diss. v. 3. Mai 1842

Burkhard, Georg, aus Berlin: Ueber die Transpiration reiner und mit verschiedenen Salzen versetzter Zuckerlösungen. Berl. C. Feister Dr. 1873. 33 S., 2 Taf. 8°.
Zürich, Phil. Diss. [v. 5. Dec. 1873].

Burkhard, J. A. Chr., systematische Darstellung der Eigenthümlichkeiten der französischen Sprache. Ein faßliches Handbuch für jene, die sich mit dieser Sprache vertraut machen wollen. 2 Thle. Teschen 860, 61. Prochaska. gr. 8. 1 ℛ 14 ngr.
Inhalt: 1. Thl.: Hauptwort — Zahlwort. (XIV, 197 S.) 20 ngr. — 2. Thl.: Zeitwort — Ende. (IX, 242 S.) 24 ngr.

Burkhard, J. A. Chr., systematische Darstellung des Geistes der französischen Sprache. Eine faßliche Anweisung für Alle, welche diese Sprache ohne gewöhnliche Grammatik gründlich erlernen wollen. 2 Thle. Augsburg 865. v. Jenisch & Stage. gr. 8. 1 ℛ 5 ngr.
1. Thl.: (XV, 197 S.) 16 ngr. — 2. Thl.: (IX, 242 S.) 20 ngr.

— kurzgefaßte Formenlehre der französischen Sprache für Anfänger als Vorbereitung auf die Lehre vom Satzbaue. Ebend. 862. gr. 8. (XI, 111 S.) 12 ngr.

— kurzgefaßte Formenlehre der französischen Sprache für Anfänger als Vorbereitung auf die Lehre vom Satzbaue. gr. 8. (XI und 111 S.) Augsburg 865, v. Jenisch und Stage'sche Buchh.

Burkhard's, J. A. Chr., Formenlehre der französischen Sprache. Bearb. v. Jos. Götzersdorfer. gr. 8. (101 S.) Augsburg 875. v. Jenisch & Stage. 1. 20

— französisches Lesebuch über alle Regeln der französ. Sprachlehre zum Uebersetzen aus dem Französ. in's Deutsche, des Verf. Sprachlehre entnommen, für Anfänger u. Geübtere zur Förderung in dieser Sprache. A. u. d. T.: Schlüssel zur systemat. Darstellung des Geistes der französ. Sprache in sich fassend die Uebersetzung sämmtlicher in den beiden Theilen jenes Werkes enth. Nachbildungssätze. Ebend. 865. gr. 8. (VIII, 241 S.) 22½ ngr.

Burkhard, J. A. Chr., zwei Predigten, nach seiner Wiedergenesung von einer schweren Krankheit gehalten am Pfingstmontage u. am 2. Trin.-Sonntage 1864 in der Pfarrkirche zu den Barfüßern in Augsburg. Augsburg 864. v. Jenisch & Stage. gr. 8. (19 S.) 2 ngr.

— französische Sprachlehre nach e. neuen bewährten Methode bearb. für Schulen u. zum Selbstunterricht. Neue Ausg. Ebend. 868. gr. 8. (XXIII, 439 S.) 27 ngr.

Burkhard, J. G.: Ausführliche auf Erfahrung beruhende Anweisung zur Saffianfabrikation. 2. Ausg. Berlin (Um 1881)

Burkhard J G, Anweisung zur Saffianfabrikation. 2. Auflage. Berlin 1869

Burkhard, Iac., Catalogus libror. ad human. studia, pertin. III partes. 8. Halae. 748.

— de Ulr. de Hutten fatis ac meritis comm. 3 Part. 8. Wolfenb. Albrecht. 717 — 23. (à 8 gr.)

— de fatis linguae latinae in Germ. II pts. 8. Wolfb. 713. 721.

— Hist. biblioth. Wolfenbutt. III Part. 4. Wolfb. Albrecht. 746.

— Comment. de lectione lat. 8. Hannov. Helwing. 713.

— Medicus humanitatis studior. vindex. 8. Wolfb. 716.

— numophylacium II Ptes. 8. ibid.

— Museum. II Tomi. Bibliothecam et numophylacium. 4. Wolfenb. Albrecht.

Burkhard, Joh. Andr. Chr., kurze u. gründl. Anleitung zum Orgelspiele in seinem ganzen Umfange, f. d. Selbstbelehrung. Besond. f. Landschullehrer als Organisten. Als 2. Theil od. Fortsetz. d. Unterr. im Generalbasse. 4. (13 B.) Ulm 829, Ebner.
„Kurzer u. gründl. Unterr. im Generalb." (od. 1. Thl.) Ebendas. 1825. 1 Thlr. 6 Gr.

Burkhard, Jh. Andr. Chr., kurzer u. gründl. Unterricht im Generalbaß für d. Selbstbelehrung etc. 4. Ulm 825. Ebner. 1 ℛ 6 gl

— neues vollständ. musikal. Wörterbuch, enthalt. d. Erklärung aller in d. Musik vorkomm. Ausdrücke. 8. Ulm 832. Ebner. 1 ℛ 16 gl

Burkhard, Johann Gottlieb

Burkhard, J. G., Andachtsb. auf alle Tage. 8. Lemgo, Meyer. 793.

— Betracht. u. Gebete f. Gefängnisse. 8. Hannov. Helwing. 792.

BURKHARD JOH. GOTTL., Prediger in Baden: Briefe über den Selbstmord. Vita dum superest, bene est. Leipzig, Christ. Gottl. Hilscher 1786, 78 S. 8°. Mit einer Vignette, wie dem Sokrates der Giftbecher gebracht wird.

— Briefe üb. d. Selbstmord. gr. 8. Leipz. Compt. f. Litt. 786.

— Geschichte d. Methodist. in Engl. 2 Thle. 8. Nrnb. Raw. 795.

— Grundz. einer Philosophie d. Naturgesch. gr. 8. Bern, Haller. 790.

— Harmonie d. Reichs d. Nat. u. Gnade. 8. Lpz. Büttner. 1780.

— Kirchengeschichte der deutsch. Gemeinde in London etc. Tübing. Fues.

— — ebendass. 8. Stuttg. Steinkopf. 798.

— eine Ode. 14. Dresd. Hilscher. 777.

– Predigten z. Beglück. d. Menschen im gesellsch. Leben. 2 Thle. gr. 8. Halle, Waisenh. 793–94.

— v. d. Seligkeit d. Heyden. 8. Hamb. Reuß. 780.

— Unters. üb. d. Stand d. christl. Vollkommenheit. gr. 8. Frankf. Gebhardt u. K. 786.

— d. Verwandlung d. Lebenden u. Todten etc. Lpz. Compt. f. Litt. 787.

Burkhard, Jh. Hnr., epistola ad G. G. Leibnitium, qua characterem plantar. natura ostend. C. fig. 8. Helmst. 750. (Leipz., Weygand). 9 gl Schrbp. 10 gl Fein Schrbp. 12 gl

BURKHARD, Joseph (Gundelfingen): De glossoscopia.- Monachii: Wild 1838. 16 S.
29.8.1838 - Urk; F 64

Diss. Ingolst.-Landsh.-Mchn.

v. Burkhard, Jos., von d. Uebereinstimmung d. Werke d. Dichter, mit d. Werken d. Künste. 2 Thle. gr. 8. Wien 772. (Heubner). 1 *ℳ* 16 *ℛ*

Burkhard, Jos. v., v. d. Uebereinstimm. d. Werke d. Dichter, m. d. Werk. d. Künste. 2 Thle. gr. 8. Wien, Camesina. 773.

Burkhard, K.: Ueber die Personal-Endungen des griechischen Verbums und ihre Entstehung. 16 S.
Progr. Teschen ev. 1853.

Burkhard, Karl

Burkhard, K. J., Bericht über d. Arbeiten z. d. Briefen d. jüngeren Plinius a. d. Jahren 1890–94 samt Nachträgen. S.-A. 1895. 8 S. —.75

Burkhard, K. J., Bericht üb. d. Arbeiten zu d. röm. Rednern (i. weit. Sinne, m. Ausschluss v. Cicero, Cornificius, Seneca, Quintilian, Ausonius u. d. christl. Schriftsteller) a. d. Jahr. 1880—1890. S.-A. 1891. 80 S. 1.50
— — A. d. Jahren 1891—1896. S.-A. 1897. 39 S. 1.—

Burkhard, Karl Im., Bericht üb. d. Arbeiten z. d. römischen Rednern (i. weit. Sinne, m. Ausschluss v. Cicero, Cornificius, Seneca, Quintilian, Ausonius u. d. christl. Schriftsteller) aus d. J. 1880–1890. [Aus: „Jahresber. üb. d. Fortschritte d. class. Altertumswissensch."] gr. 8. (80 S.) Berlin 890. S. Calvary & Co. n. 3. —

Burkhard, Karl, die Kaçmîrer Çakuntalâ-Handschrift. [Mit 3 Taf.] [Aus: „Sitzungsber. d. k. Akad. d. Wiss."] Lex.-8. (162 S.) Wien 884. (Gerold's Sohn.) n. 4. —

Burkhard, Karl Friedr., die Kaçmîrer Çakuntalâ-Handschrift. Nachtrag. Lex.-8. (4 S.) Wien 888, (Tempsky.) *
Aus: Sitzungsberichte der k. Akademie der Wissenschaften, besonders abgedruckt.
Hauptwerk. Wien 1884, (Gerold's Sohn.) *ℳ 4.—.

Burkhard, Carolus, flexiones prâcriticae quas editioni suae Sâcuntali pro supplemento adjecit. gr. 8. (41 S.) Breslau 874. Kern's Verl. n. 2. —

Burkhard, C. De perfecti tertiae personae pluralis formis in *(ĕ)runt* et *ēre* exeuntibus, quae in panegyricis Latinis inveniuntur, s. Studien, Wiener, 8. u. 9. Jahrg.

Burkhard, Karl Lectiones codicis Çakuntali bikânirensis. XVI S. u. 1 Taf. 8. Progr. Frz. Jos. G. Wien 1882.

Burkhard Karl: Observationes criticae ad panegyricos Latinos. Diss. Wien. Univ.
D: Selbstverlag, 1882.
1882 PN 275 1437

Burkhard, C. J., Observationes crit. ad Panegyricos lat. Diss. 1883. 27 S. 1.50

– Ad panegyricos Latinos, s. Studien, Wiener. 8. u. 9. Jg.

Burkhard, K. J., Die hs. Ueberlief. von Nemesius περὶ φύσεως ἀνθρώπου I. S.-A. 1887. 41 S. u. 1 Taf. 1.20

Burkhard, Karl Friedrich, s. Burkhard, Karl

Burkhard, Karl Immanuel, s. Burkhard, Karl

Bürkhard, L. A., der Kanton Basel-Stadttheil, s. Gemälde der Schweiz. 11. Bd.

Burkhard, Max, 's Katherl. Wiener Volksstück in fünf Aufzügen. 8. (93 S.) In Leinwand geb. Wien 1897. 1.20

Burkhard, P., Explanatio Evangelior. 8. maj. Wien, Camesina. 780.

Burkhard, Paul [cand. med. aus Augsburg]: Ein Beitrag zur Casuistik der Leberabscesse ... München, kgl. Hof- u. Univ.-Buchdr. v. Dr. C. Wolf & Sohn, 1894; 32 S. 8.
München, Med. Fak., Inaug.-Diss. v. 1894

Burkhard, Paul, die Stellung des christlichen Predigtamtes in der Gegenwart. Predigt über Matth. V. 13—16, gehalten bei Eröffnung der Kirchensynode den 29. Oktbr. 1861 in der Kirche zu St. Peter in Zürich. Zürich 861. Meyer & Zeller. 8. (16 S.) n. 4 ngr.

Burkhard, Ph., die Fehler d. Kinder. Einführg. i. d. Studium d. pädagog. Pathologie m. bes. Berücksicht. d. Lehre v. d. psycho-path. Minderwertigkeiten. gr. 8. (VIII, 102 S.) Karlsruhe 898. O. Nemnich. n. 1. 80; geb. n. 2. 50

Burkhard, Walt., der silberne Fuchs, s.: Volksbücher Münchener.

Burkhard, Wilhelm

1889 Würzburg W. Burkhard, Ein Ausflug in die Fischereirechte, deren rechtsgeschichtliche Begründung in Deutschland mit besonderer Berücksichtigung der Entwicklung in Unterfranken.
VI. Ber. Ufr. Kreisfisch. Ver. (Beschreibt Entwicklung der Fischereiregale.)

Burkhard, Finanzentscheidungen. Eine Sammlung der wichtigsten Entscheidungen des k. obersten Gerichtshofes, systematisch bearbeitet. Würzburg 888.

— bayer. Gesetz betr. Gebührenwesen. Erlangen 890.

Burkhard, Wilh., das kgl. bayerische Gesetz üb. das Gebührenwesen vom 18. Aug. 1879 m. seinen Novellen vom 19. Mai 1881, 29. Mai 1886, 8. März 1888, 22. Dezbr. 1889 u. 26. Mai 1892 in der neuen Redaktion vom 6. Juni 1892. Ausg. m. Nachtrag u. Inhaltsverzeichniß. [Aus: „Gesetzgebg. d. Königr. Bayern".] gr. 8. (VIII, 620 u. XI S.) Erlangen 893. Palm & Enke. n. 15. —

— dasselbe, s. a. Gesetzgebung, die, d. Königr. Bayern seit Maximilian I. m. Erläuterungen.

Burkhard, Wilh., zur Lehre v. der kirchlichen Baupflicht. Einige Streitfragen auf diesem Gebiete, m. e. Anleitg. zur Berechng. d. Naturalwerthes e. Baupflicht u. e. Repertorium der Entscheidgn. d. Obersten Gerichtshofes u. der höchsten Verwaltungsstellen in Bayern üb. die wichtigsten u. oft wiederkehr. Streitpunkte. Mit Ausnahme der Anleitg. zur Berechng. d. Naturalwerthes u. d. Repertoriums Sonderabdr. aus den „Blättern f. Rechtsanwendg." gr. 8. (VIII, 200 S.) Erlangen 884. Palm & Enke. n. 3. —

Burkhard, Wilhelm, aus München: Zur Pathogenese der arthritischen Muskelatrophien. *München 1898: E. Mühlthaler.* (30 S.) 8°
Würzburg, Med. Diss. v. 1898

Burkhard, Wilh., die konfessionell-gemischte Schule m. besond. Rücksichtnahme auf das staatsrechtliche Verhältniß der Schule zur Kirche u. zum Staate. Referat über den Antrag auf Einführung einer konfessionell-gemischten Schule in Ansbach, erstattet im dort. liberalen Vereine am 15. Dezbr. 1877. 8. (44 S.) Ansbach 878. Brügel & Sohn. n. — 60

Burkhard, Volksschulgesetze, s. Taschenausg., Manzsche.

— Würzburg, dessen Stadt- u. Staats-Geschichte, sowie die Rechtsgeschichte d. Hochstifts, Entwicklung u. Bedeutung d. fränk. Rechts f. Franken u. Deutschland. 8. (71 S.) Würzburg 884. Stuber's Verl. n. 1. —

Burkhard-Jezler, Heinrich, Die Abendlichter an der östlichen Küste Südamerika's. (Aus: Poggendorff's Annalen, Bd. CXLV.) (Mit 1 Tafel.) [Bahia 1869.]

— Schluss des vorstehenden Werkes (II.) [München 1871.]

Burkhard v. der Limmat (Burkhard Kretz), nach Amerika. Reise-Erinnergn. 8. (98 S.) St. Fiden 897. (Waldshut, H. Zimmermann.) — 65

Burkhardt *s. auch* Burckhardt.

Burkhardt, ..., Anwend. d. kombilator. Analytik zur Bestimm. d. trigonometr. Linien d. Summen mehrerer Winkel. Mit 1 Kpf. gr. 8. Erfurt 799. Beyer. (Otto). 3 ℛ

Burkhardt, Lehre v. d. kirchl. Baupflicht. Erlangen 884.

Burkhardt sen., A. W., ärztl. Rathgeber Behufs d. Erkennung, Vorbeugung u. Behandl. d. Cholera. Ein kurzgefaßter Entwurf d. Wissenswerthesten in Bezug auf d. eigenthüml. Erscheinungen u. wesentl. Gelegenheitsursachen dieser Krankheit, nebst Angabe d. Art u. Weise, wie man sich davor schützen, u. dessen, was man dagegen thun kann. gr. 8. Zossen 832. (Berl., Stuhr). 2 ℛ

Burkhardt, Abel, Kinderlieder. Eine Weihnachtsgabe f. Kinder u. Mütter d. Heimath. kl. 4. Basel 845, Schneider. 12 ngℛ

Burkhardt, Ad., Lehrplan f. e. preußische Mittelschule. Auf Grund der allgemeinen Bestimmgn. vom 15. Octbr. 1872. gr. 8. (32 S.) Leipzig 873. Siegismund & Volkening. n. -- 10

Burkhardt, Ad., Mathematik für Bürger-Schulen. In 3 Cursen bearb. Magdeburg 869. Heinrichshofen. gr. 8. (VI, 98 S. u. 1 lith. Taf. in 4.) 10 ngr.

Burkhardt, Adolf [aus Pforzheim]: Untersuchungen über Phenylsemicarbazid $CO\begin{smallmatrix}NH.C_6H_5\\NH.NH_2\end{smallmatrix}$ ... Kiel, Druck d. »Nord-Ostsee-Zeitg«, 1897; 37 S., 2 Bl. 8.
Kiel, Phil. Fak., Inaug.-Diss. v. [20. März] 1897

Burkhardt, Albin, ein Fall v. Poliomyelitis acuta im Anschluss an Influenza bei e. 15jährigen Mädchen. gr. 8. (6 S.) Leipzig 890. B. Konegen. n. 1. —
Sonderabdruck aus: „Kinder-Arzt".

Burkhardt, Albin [aus Triptis]: Sectio caesarea nach der konservierenden '[Sängerschen]' Methode bei ein und derselben Frau zum zweiten und dritten Male wiederholt. Ein Fall aus d. Privatpraxis ... Jena, Frommannsche Buchdr., 1891; 44 S. 8.
Jena, Med. Fak., Inaug.-Diss. v. [10. Aug.] 1891

Burkhardt, Alfred, Justizref.: Der Schadensersatzanspruch des Forderungsberechtigten bei Beschädigung des Gegenstands der Leistung durch einen Dritten. *Tübingen 1901: H. Laupp jr.* (52 S.) 8° [F.]
Tübingen. Jur. Diss. v. 1901

Burkhardt, Alfred, „Frohe Zeiten", Eine Reihe lebender Bilder in leichter Ausführung f. Vereinsabende, Mühlhausen i. Thür., 8 S., 8°.

Burkhardt (Auguste). --- Anleitung zur Bücherkunde in allen Wissenschaften. Grundlage zu einer auserlesenen Bibliothek ... *Bern, In Kommission bei ... Leipzig, Wolf,* 1797.
Vignette de titre, la même que sur ... par ...

Die Abfallwässer und ihre Reinigung. E. krit. Darlegg der in Betracht kommenden Verfahren. Von Dr. B. **Burkhardt,** Stabsarzt im III. Bat. Inf.-Reg. ... No 79. *Berlin: J. Springer 1897.* (3 Bl., 102 S.) 1 Bd 8. (97-3774

Burkhardt, B. (Hrsg.), s. Correspondenzblatt der ärztlichen Kreis- und Bezirksvereine im Königreich Sachsen.

Burkhardt, Bruno

Burkhardt, Gesetz, betr. d. Bekämpfg. gemeingefährl. Krankheiten, s. a. Guttentag's Sammlung deutscher Reichsgesetze.

Gesetz betreffend die Bekämpfung gemeingefährlicher Krankheiten. Vom 30. Juni 1900. Text-Ausg. mit Anm. u. Sachreg. von Dr. [Bruno] Burkhardt, Reg.R. *Berlin: J. Guttentag 1900.* (121 S.) 8° [F.]
= Sammlung, Guttentag'sche, Deutscher Reichsgesetze. No 56. (00.4…

Burkhardt, C: Klassengemeinschaftsleben, s: Lebenserziehung.

Burkhardt, C. F. A., s. A. Lawrie, Geschichte d. Freimaurerei.

Burkhardt, C. G., Predigt zur 100jähr. Einweihungsfeier d. Kirche zu Friedrichstadt-Dresden am 11. Juli 1831. gr. 8. Dresd., (Arnold). 3 ℛ

Burkhardt, Cl., K. Laaß u. H. Schrader, Deutsche Fibel m. phonetischem Aufbau. Mit Bildern v. Osk. Popp. Ausg. A. f. Mittelschulen u. höh. Schulen. gr. 8. (VII, 104 S.) Leipzig 902. Th. Hofmann. Geb. n. — 60

— K. Laaß u. H. Schrader, deutsche Fibel m. phonetischem Aufbau. Mit Bildern v. Osk. Popp. 2. Aufl. nach der neuen Rechtschreibg. v. 1902. Ausg. A f. Mittelschulen u. höhere Schulen. (II, 112 S.) gr. 8. Leipzig 903. [Th. Hofmann.] B. G. Teubner. Geb. n. — 60

— — — dasselbe. Ausg. B. f. Volksschulen. gr. 8. (VII, 88 S.) Ebd. 902. Geb. n.n. — 50

— — — dasselbe. Ausgabe B f. Volksschulen. (II, 88 S.) gr. 8. Ebd. 903. Geb. n.n. — 50

Deutsche Fibel mit phonetischem Aufbau. Hrsg. von Cl. **Burkhardt,** Rektor in Gera, K. Laaß, Rektor, H[ermann] Schrader, Rektor in Erfurt. Mit Bild. von Oskar Popp. Ausg. C f. Volksschulen. 4., neu bearb. Aufl. Leipzig & Berlin: B. G. Teubner 1908. (88 S.) 8° [F.] (08. 8440

Deutsche Fibel mit phonetischem Aufbau. Hrsg. von Cl. **Burkhardt,** Rektor in Gera, K. Laaß, Rektor, H[ermann] Schrader, Rektor in Erfurt. Mit Bild. von Oskar Popp. Ausg. D f. Mittelschulen u. höh. Schulen. 4., neu bearb. Aufl. Leipzig & Berlin: B. G. Teubner 1908. (112 S.) 8° [F.] (08. 8441

Burkhardt, Cl., Lern- u. Übungsbuch f. die deutsche Sprachlehre u. Rechtschreibung, s.: Bartels, Frdr.

— deutsches Lesebuch, s.: Bartels, Frdr.

— Spruchbuch für den Katechismus-Unterricht, s.: Bartels, Frdr.

Burkhardt, E., die einfachsten u. häufigsten Formen v. Seelenstörung in ihrem Zusammenhange m. den Geistererscheinungen, s.: Bildungs-Blätter f. unser Volk.

Burkhardt, E., die Störungen d. Eisenbahnbetriebes durch Schnee u. Eis u. deren Beseitigung. Eine Zusammenstellg. der seither gemachten Erfahrgn. Mit 32 Abbildgn. gr. 8. (43 S.) Wiesbaden 887. Bergmann n. 1. —

Burkhardt, E. F., Eisenbahn-Karte von Deutschland und den angrenzenden Laendern, mit Angabe der Postrouten und der Dampfbootkurse X.X.X. Nach den besten Materialien entworfen und gezeichnet. M. 1:2500000. Imp.-Fol. Stuttgart, Becher, 1843. Imp.-Fol. (5/6 ℛ) . . . . (Br. Mus.)

Burkhardt, Ed., Übungsschule f. den Unterricht in der deutschen Sprache, s.: Reiff, M.

Burkhardt, Emil [aus Eningen u./Achalm]: Beiträge zur Kenntnis des Honigs und der Dextrine ... Erlangen, k. b. Hof- u. Univ.-Buchdr. v. F. Junge, 1897; 44 S., 1 Bl. 8.
Erlangen, Phil. Fak., Inaug.-Diss. v. 2. Juni 1897

Burkhardt, Ernst, Leitfaden f. den Unterricht in der Literaturgeschichte f. Schulen. 8. (78 S.) Leipzig 874. Klinkhardt. n. — 80

Burkhardt, Ernst, Predigt üb. d. Selbstmord, am 11. Trinit.-Sonnt. 1840. gr. 8. (1 B.) Halle, Schwetschke u. Sohn. *

Burkhardt, F., u. Dav. Rachinger, Festschrift z. 50jähr. Gründungsfeier, verbunden m. d. Einweihg. d. eig. Turnhalle m. Vereinshaus, d. Turn-Vereins Augsburg, gegr. 1847, a. A. Unt. Benützg. d. Vereins-Archives verf. 8. (V, 106 S. m. 2 Taf.) Augsburg 897. (Lampart & Co.) n. — 80

Burkhardt, F. A., üb. d. Lepra überhaupt u. ihre noch vorkommenden Formen. gr. 8. ... Erlangen 832, Heyder.

Burkhardt, Fr., poetische Feldblumenkränze. Lieder eines Mitgliedes d. Brüdergemeinde. gr. 12. Leipzig 843, Fort. 5/6 ß

Burkhardt, Fr., naturphilosoph. Fragmente. 12. Zürich 814. Orell. 8 ℛ

Burkhardt, Fr., Gedichte. 8. Görlitz 827. (Bresl., Hentze; Lpz., Barth). 1 ₰

Der Stenographierende Geschäftsmann. Anleitung z. gründl. Erlernung d. vereinfachten deutschen Stenographie (Einigungssystem Stolze-Schrey). Zum Schul- u. Privatunterr., insbes. aber f. kaufm. Lehranstalten u. gewerbl. Fortbildungsschulen, bearb. von Friedrich Burkhardt, Mannheim. 3., verb. Aufl. *Berlin: E. S. Mittler & Sohn 1904.* (34 S.) 8° [F.]

Burkhardt, Georg, Dr. phil., a. Dresden: Aus d. Laboratorium d. med. Klinik zu Greifswald. Über die Leistungen verlagerter Pankreasstücke für die Ausnutzung der Nahrung im Darme. Leipzig: F. C. W. Vogel 1908. (15 S.) 8°
Greifswald, Med. Fak., Ref. Minkowski, Diss. v. 20. Juni 1908
[Geb. 7. Sept. 76 Dresden: Wohnort: Worms; Staatsangeh.: Sachsen; Vorbildung: Wettiner Gymn. Dresden Reife O. 02; Studium: Jena 2, Leipzig 2, Jena 2, Leipzig 4, Greifswald 4 S.; Coll. 2. Juni 07; Approb. 1. Juni 08.]

Burkhardt, Georg, aus Zaukeroda: Über Pankreas- und Fettgewebsnekrose. *Halle a. S. 1904: C. A. Kaemmerer & Co.* (42 S.) 8°
Halle, Med. Diss. v. 2. Aug. 1904

Burkhardt, Guido

Burkhardt, G., die Auferstehung des Herrn u. seine Erscheinungen. gr. 8. (IV, 288 S.) Göttingen 899. Vandenhoeck & Ruprecht. n. 2.80; geb. in Leinw. n. 3.60

Die Auferstehung des Herrn und seine Erscheinungen. Von G[uido] Burkhardt, Missionsdir. a. D. 2. wohlf. Ausg. *Göttingen: Vandenhoeck & Ruprecht 1902.* (IV, 288 S.) 8° [F.]

[F.] Die Brüdergemeine. Im Auftr. d. Unitäts-Ältesten-Konferenz bearb. v. G. Burkhardt. Tl 1. 2. *Gnadau: Verl. d. Unitäts-Buchh. 1893—97.* 2 Bde 8.
1. Entstehung u. geschichtl. Entwickelung d. Brüdergemeine. 1893. (VII, 210 S.)
2. Die Brüdergemeine in ihrer gegenwärt. Gestalt. 1897. (IV S., 1 Bl., 53 S.)

Die Brüdergemeine. Im Auftr. d. Deutschen Unitäts-Dir. bearb. von G(uido) Burkhardt. 2. Aufl. T. 1. Gnadau: Unitäts-Buchh. 1905. 8° [F.]

Burkhardt, G: Die Brüdergemeine. 2. Tl. Die Brüdergemeine in ihrer gegenwärt. Gestalt. 2. Afl. (6, 80) gr8° Gnadau. Unitäts-Bh. '12. — 60; geb. 1.20 d

Entstehung und geschichtliche Entwickelung der Brüdergemeine mit besond. Berücks. d. Deutschen Zweiges d. Unität. Im Auftr. d. Deutschen Unitäts-Direktion bearb. von G(uido) Burkhardt. Gnadau: Unitäts-Buchh. 1905. (239 S.) 8° [F.]
— Burkhardt: Die Brüdergemeine. T. 1.

Burkhardt, G. Der Freiberger Erzbergbau. Freiberg i/S., 1898.

— drei Fragen nach dem Wesen der Brüdergemeine beantwortet. 2., durchges. u. verb. Aufl. 8. (86 S.) Herrnhut (902). Missionsbuchh. n. — 80

Burkhardt, G., nach Jerusalem. Persönliche Erlebnisse, Eindrücke u. Anschaugn. gr. 8. (VII, 210 S. m. 4 Bildern.) Gotha 893. F. A. Perthes. n. 3.60

Burkhardt, G., das geistliche Lied in seiner geschichtlichen Entwickelung bis auf die Gegenwart vom Standpunkt der Brüdergemeine aus betrachtet, m. besond. Berücksicht. der im kirchl. Gebrauch der Brüdergemeine befindl. Lieder. Ein Vortrag, geh. am 10 Febr. 1879. gr. 8. (85 S.) Königsfeld. Stuttgart 879. J. F. Steinkopf in Comm. n. — 60

— Die Mission d. Brüdergemeine in Deutsch-Ostafrika Nyassa-Gebiet; in Grönland u. in Suriname, s.: Mission, d., d. Brüdergemeine in Missionsstunden.

— s.: Mission, die, der Brüdergemeine in Missionsstunden.

Burkhardt, G., kleine Missions-Bibliothek, oder Land u. Leute, Arbeiter u. Arbeiten, Kämpfe u. Siege auf dem Gebiete der evangel. Heidenmission. 1. u. 2. Ergänzungsheft. Bielefeld 868. Velhagen & Klasing. 8. 1 ℳ 12 ngr
1. Die evangelische Mission in Amerika. Ergänzungsheft zum 1. Bd. (VI, 138 S.) 15 ngr
2. Die evangelische Mission in Afrika. Ergänzungsheft zum 2. Bd. (2 Bll., 271 S.) 27 ngr

Burkhardt, G., Musterstücke in Prosa u. Poesie zum Auswendiglernen zusammengestellt. 8. (498 S.) Königsfeld 875. (Stuttgart, J. F. Steinkopf.) n. 3. —

Burkhardt, Guido, die deutsche Nationalliteratur der Neuzeit, s.: Barthel, Karl.

Burkhardt, G.: Suriname. — Lpz: Jansa 1898. 156 S. (Die Mission der Brüdergemeine in Missionsstunden. H. 2.)

— aus Verbrechen u. Zuchthaus zur Gnade bei Gott u. zur Gemeinschaft der Erlösten, s.: Pilgergrüße. Nr. 10.

— warum die Brüdergemeine den Beschluß gefaßt hat, Grönland als Missionsgebiet aufzugeben. Eine Missionsstunde im Anschluß an die Missionsstunden üb. Grönland. gr. 8. (15 S.) Leipzig 899. F. Jansa. n. — 20

— e. Weg a. d. Wirrsal d. Kampfes. Worte d. Friedens aus d. Brüdergemeine. gr. 8. (80 S.) Leipzig 897. F. Jansa. n. — 80

Burkhardt, G., der Graf v. Zinzendorf. Berlin 864. (Beck.) 8. (67 S.) n. 6 ngr

Burkhardt, G., Zinzendorf u. die Brüdergemeine. Gotha 866. Besser. gr. 8. (IV, 177 S.) 18 ngr

Burkhardt, Gustav Adolf, von Neukirch-Egnach, [Kt.] Thurgau: Ueber die Oxyterephtalsäure und einige ihrer Abkömmlinge. Zür. Orell Füssli Cie Dr. 1877. 36 S. 8°.
Zürich. Phil. Diss. [v. 14. Juli 1877].

Burkhardt, Gust. Emil, kurzgefaßter Abriß der Erdkunde f. Schüler in Stadt- u. Landschulen. 8. Lützen 846. (Leipzig, Keil u. Comp.) n. 1/6 ℳ

— prakt. Anleitung zu einem gründl. Selbststudium als Vorbereitung auf d. akadem. Studien. gr. 8. Lützen 846. (Leipz., Keil u. Comp.) n. 2/3 ℳ

Burkhardt, G[ustavus]: E[milius]: •Commentatio philologica in psalmum sexagesimum octavum. 27 S. 4°
Halle-Wittenberg, Phil. Diss. v. 17. Sept. 1842
Geb. [Merseburg 20. 6. 1820]

Burkhardt, Gust. Emil, Dein Leben lang habe Gott vor Augen u. im Herzen. Ein tägl. Gebetbuch, als Haus-Betaltar f. alle frommen Christen. (In 10—12 Hftn.) 1—4. Hft. gr. 8. (S. 1—250.) Lützen 848. Grimm. (à n. 1/4 ℳ) n. 1 ℳ

Burkhardt, G(ust.) E(mil), Gleichnißbrevier aus dem geistlichen Seelenschatz. Mit Vorwort von C. B. Moll. 16. (X und 525 S.) Halle 856, Schmidt. *

— Handbuch d. klassischen Mythologie nach genetischen Grundsätzen für höhere Lehranstalten u. zum Selbststudium. 1. Abtheil.: Griechische Mythologie. 1. Bd.: Die Mythologie des Homer und Hesiod; für mittlere Gymnasialklassen zugleich als homerische Einleitung bearb. gr. 8. Leipzig 844, Weichardt. 1 3/4 ℳ

—— Lieder und Bilder für kindliche Herzen. gr. 8. (VIII und 92 S. mit eingedr. Holzschn.) Leipzig 854, Thenau. *

— Lieder und Bilder für kindliche Herzen. Leipzig (855.) Thenau. gr. 8. (VIII, 92 S. mit Holzschn. im Text.) n. 16 ngr

Burkhardt, G. E., kleine Missionsbibliothek, oder Land und Leute, Arbeiter und Arbeiten, Kämpfe und Siege auf dem Gebiete der evangelischen Heidenmission. Bielefeld 857. Velhagen u. Klasing. gr. 8.
1. Bd. Amerika.
1. Liefg. Die evangelische Mission unter den Eskimo's in Grönland und Labrador. (VII, 87 S.) 9 ngr
2. Liefg. Die evangelische Mission unter den Indianern in Nord- und Südamerika. (269 S.) 25 ngr
3. Liefg. Die evangelische Mission unter den Negern in Westindien und Südamerika. (VI, 294 S.) 25 ngr

Burkhardt, G. E., kleine Missions-Bibliothek oder Land und Leute, Arbeiter u. Arbeiten, Kämpfe u. Siege auf dem Gebiete der evangelischen Heidenmission. 2—4. Bd. Bielefeld 859—62. Velhagen & Klasing. gr. 8.
2. Bd.: Afrika.
1. Liefg.: Die evangelische Mission unter den Negern in West-Afrika. (IV, 171 S.) 17½ ngr.
2. Liefg.: Die evangelische Mission unter den Völkerstämmen in Süd-Afrika. (IV, 224 S.) 22½ ngr.
3. Liefg.: Die evangelische Mission auf dem Festland u. den Inseln von Ost-Afrika. (IV, 77 S.) 8 ngr.
3. Bd.: Asien.
1. Liefg.: Die evangelische Mission in Vorder-Indien. (IV, 296 S.) 1 ℛℊ
2. Liefg.: Die evangelische Mission in Ceylon u. Hinter-Indien. (IV, 195 S.) 18 ngr.
3. Liefg.: Die evangelische Mission in China u. Japan. (VI, 212 S.) 21 ngr.
4. Bd.: Oceanien.
1. Liefg.: Die evangelische Mission auf den Inseln des Indischen Archipels, den Sandwichs-Inseln u. Mikronesien. (IV, 230 S.) 24 ngr.
2. Liefg.: Die evangelische Mission unter den braunen Insulanern der Südsee u. auf Neuseeland. (IV, 291 S.) 1 ℛℊ
3. Liefg.: Die evangelische Mission unter den schwarzen Insulanern der Südsee u. auf Neuholland. (VI, 175 S.) 18 ngr.

— — Register. Ebend. 862. gr. 8. (IV, 101 S.) 10 ngr.

Burkhardt's, G. E., kleine Missions-Bibliothek. 2. Aufl., gänzlich umgearb. u. bis auf die Gegenwart fortgeführt v. R. Grundemann. 1. Bd. Amerika. 1—3. Abth. gr. 8. Bielefeld 876. Velhagen & Klasing. n. 5. 60
1. Die evangelische Mission unter den Eskimo in Grönland u. Labrador. (XIII, 118 S.) n. 1. 20
2. Die evangelische Mission unter den Indianern in Nord- u. Süd-Amerika. (VI, 264 S.) n. 2. 40
3. Die evangelische Mission unter den Negern in Westindien u. Süd-Amerika. (VI, 209 S.) n. 2.

Burkhardt's, G. E., kleine Missions-Bibliothek. 2. Aufl., gänzlich umgearb. u. bis auf die Gegenwart fortgeführt v. R. Grundemann. 2. Bd.: Afrika. 3 Lfgn. gr. 8. Bielefeld 877. Velhagen & Klasing. n. 6. 60
1. Die evangelische Mission unter den befreiten u. freien Negern in West-Afrika. (VII, 210 S.) n. 2. —
2. Die evangelische Mission unter den Völkerstämmen Süd-afrika's. (VII, 308 S.) n. 3. —
3. Die evangelische Mission auf dem Festland u. den Inseln v. Ostafrika. (168 S.) n. 1. 60

— dasselbe. 3. Bd.: Asien. 3 Lfgn. gr. 8. Ebend. 879. 880. n. 9. 20
1. Die evangelische Mission in Vorder-Indien. (X, 340 S.) n. 3. 60
2. Die evangelische Mission in Ceylon u. Hinter-Indien. (200 S.) n. 2. —
3. Die evangelische Mission in China u. Japan. (VII, 399 S.) n. 3. 60

— dasselbe. 4. Bd.: Ozeanien. 3 Abthlgn. gr. 8. Ebend. 880. n. 9. 60; Register zu dem ganzen Werke (68 S.) n. — 60 (cplt.: n. 31. 60)
1. Der Indische Archipel. (V, 281 S.) n. 3. —
2. Polynesien, Neuseeland u. Mikronesien. (VII, 352 S.) n. 3. 60
3. Melanesien u. Australien. (VII, 290 S.) n. 3. —

— dass. — 2. Aufl. 4. (Schluß-)Bd.: Ozeanien. 3 Abthlgn. gr. 8. Ebendas. *
Inhalt:
Abthl. 1. Der Indische Archipel. (V, 281 S.). 880. * ℳ 3.
" 2. Polynesien, Neuseeland und Mikronesien. (VII, 352 S.) 881. * ℳ 3,60.
" 3. Melanesien und Australien. (VII, 290 S.) 881. * ℳ 3.
Register zu dem ganzen Werke (68 S.) * 60 Pf.; compl. 4 Bde. * ℳ 31,60.
1. und 2. Bd. und 3. Bd. 1. Abth. Ebendas. 1876—79. * ℳ 15,80.

— das Thierbuch. Eine Sammlung von Fabeln, Gedichten, Erzählungen, Beschreibungen, Märchen, aus der Thierwelt. 1. Bdchn. Die Hausthiere. Eckartsberga 854. Verlag d. Eckartshauses. gr. 8. (XII, 160 S.) 11¼ ngr.

Burkhardt, H., s. Burkhardt, Karl August Hugo

Burkhardt, H. (Red.), s. Baubeamtenzeitung, Württembergische.

Burkhardt, H., s.: Predigt-Entwürfe üb. freie Texte.

Burkhardt, H. Bernhard Riemann. Vortrag, bei der am 20. Juli 1891 vom mathemat. Verein zu Göttingen veranstalteten Feier der 25. Wiederkehr seines Todestages geh. gr. 8. (12 S.) Gött. 892, Vandenhoeck u. Ruprecht. * — 40

Burkhardt, Hans, a. Augsburg: Die Archaismen des Euripides. Hannover 1906: Gebr. Jänecke. (112 S.) 8°
Erlangen, Phil. Fak., Ref. Roemer, Diss. v. 11. Sept. 1906
[Geb. 21. Juni 80 Augsburg; Wohnort: Bückeburg; Staatsangeh.: Schaumburg-Lippe: Vorbildung: St. Anna-Gymn. Augsburg Reife 99; Studium: München 2, Erlangen 5, München 1 S.; Rig. 18. Juli 06.]

Burkhardt, Hans Wilhelm: Reitertypen auf Griechischen Vasen. München [1906]: Kastner & Callwey. (48 S.) 4° (8°)
München, Phil. Fak., Ref. Furtwängler, Diss. v. 1. Juni 1906
[Geb. 22. Aug. 80 München; Wohnort: München; Staatsangeh.: Bayern; Vorbildung: Maximilians-Gymn. München Reife Juli 99; Studium: München 10 S.; Rig. 1. Juni 06.]

Burkhardt, Hans Wolf, Referendar: Die Haftung des Frachtführers aus §§ 420—431 HGB. Dresden 1910: Schlesier. VII, 53 S. 8°
Leipzig, Jur. Diss. v. 5. Aug. 1910
[Geb. 24. Nov. 82 Dresden; Wohnort: Dresden-Loschwitz; Staatsangeh.: Sachsen; Vorbildung: Gymn. Dresden-N. Reife O. 04; Studium: Freiburg i. B. 1, Leipzig 6 S.; Rig. 23. Jan. 08.] [U 10. 2674

Algebraische Analysis. Von Dr. Heinrich **Burkhardt**, Prof., Zürich. Mit Fig. *Leipzig: Veit & Co. 1903.* (XII, 195 S.) 8°
— **Burkhardt**: Funktionentheoretische Vorlesungen. Bd 1, H. 1. [03. 5...

Burkhardt, Heinrich, Beziehungen zwischen der Invariantentheorie und der Theorie algebraischer Integrale und ihre Umkehrungen. Diss. München 1887, A. Buchholz. 8°. 26 S.

Burkhardt, Heinrich: Beziehungen zwischen der Invariantentheorie und der Theorie algebraischer Integrale und ihre Umkehrungen .... München, Akad. Buchdr. v. F. Straub 1887; 26 S. 8°.
München, Phil. Fak., Inaug.-Diss. v. 1887.

Burkhardt, H[einrich]. Mathematisches und naturwissenschaftliches Denken. Von H. Burkhardt in Zürich. Antrittsvorlesung ..., gehalten am 6. Nov. 1897.... 8.
In: Jahresbericht der Deutschen Mathematiker-Vereinigung. In Monatsheften hrg. von A[ugust] Gutzmer in Jena. Band 11. (Doppel-) Heft 1 und 2, Januar/Februar. Ausgegeben am 19. Dezember 1901. Leipzig und Berlin, B. G. Teubner, 1902. (Jeder Band für Nichtmitglieder M. 14. —.) S. 49—57.

Einführung in die Theorie der analytischen Functionen einer complexen Veränderlichen. Von Heinrich **Burkhardt**, o. Prof. a. d. Univ. Zürich. M. zahlr. Fig. im Text. *Leipzig: Veit & C. 1897.* (XII, 213 S.) 1 Bd 8.
— **Burkhardt**, H.: Funktionentheoret. Vorlesungen. Tl 1. [97. 9...

Einführung in die Theorie der analytischen Funktionen einer komplexen Veränderlichen. Von Dr. Heinrich **Burkhardt**, Prof., Zürich. 2., durchges. u. teilweise umgearb. Aufl. Mit zahlr. Fig. *Leipzig: Veit & Co. 1903.* (XII, 227 S.) 8°
— **Burkhardt**: Funktionentheoret. Vorlesungen. Bd 1, H. 2. [04. 9...

Einführung in die Theorie der analytischen Funktionen einer komplexen Veränderlichen. Von Dr. Heinrich **Burkhardt**, Prof., Zürich. 3., durchges. u. verm. Aufl. Mit zahlr. Fig. Leipzig: Veit & Co. 1908. (XII, 262 S.) 8°
— **Burkhardt**: Funktionentheoret. Vorlesungen. Bd 1, H. 2. [08. 4914 9

Burkhardt, Heinr.: Entwicklgn n. oscillir. Functionen u. Integration d. Differentialgleichgn d. mathemat. Physik, s. Jahresbericht d. deut. Mathematiker-Vereinigg.

Burkhardt, H[einrich]. Entwicklungen nach oscillirenden Functionen (*Liefg. 5:* und Integration der Differentialgleichungen der mathematischen Physik). Bericht, erstattet der Deutschen Mathematiker-Vereinigung von Dr. H. B', Professor in Zürich. Hälfte [*d. i.* Liefg.] 1 *u.* Liefg. 2—5. *je* IV S. + S. 1—1392. 8. Leipzig, B. G. Teubner, 1901—1906.
Hälfte [*d. i.* Liefg.] 1. IV + 176 S. 1901. [M. 5.60.] — Liefg. 2. IV S. + S. 177—400. 1902. [M. 7.60.] — Liefg. 3. IV S. + S. 401—768. 1903. [M. 12.40.] — Liefg. 4. IV S. + S. 769—1072. 1904. [M. 10. —.] — Liefg. 5. IV S. + S. 1073—1392. 1906 [M. 10. –]
Jahresbericht der Deutschen Mathematiker-Vereinigung. Hrg. im Auftrage des Vorstandes von R[udolf] Mehmke ... und A[ugust] Gutzmer.... Band 10. Heft 2.

Burkhardt, H[einrich]. Entwicklungen nach oscillirenden Functionen und Integration der Differentialgleichungen der mathematischen Physik. Bericht, erstattet der Deutschen Mathematiker-Vereinigung von Dr. H. B', Professor in Zürich. 2 Halbbände. (6 Lieferungen.) XII + 894 S. u. IV S. + S. 895—1804. 8. Leipzig, B. G. Teubner, (1901—)1908. [*cpl.* M. 60. —]

Hälfte (*d. i.* Liefg.) 1. IV + 176 S. 1901. [M. 5.60.] — Liefg. 2. IV S. + S. 177—400. 1902. [M. 7.60.] — Liefg. 3. IV S. + S. 401—768. 1903. [M. 12.40.] — Liefg. 4. IV S. + S. 769—1072. 1904. [M. 10. —.] — Liefg. 5. IV S. + S. 1073—1392. 1906. [M. 10. —.] — 6. (Schluss-)Liefg. IV + XII + IV S. + S. 1393—1804. 1908. [M. 14.40]

Jahresbericht der Deutschen Mathematiker-Vereinigung. Band 10. Heft 2. Hrg. im Auftrage des Vorstandes von R[udolf] Mehmke ... und A[ugust] Gutzmer....

Burkhardt, Heinr., s. Encyklopädie d. mathemat. Wissenschaften.

Elliptische Funktionen. Von Heinrich Burkhardt, o. Prof. an d. Univ. Zürich. M. zahlr. Fig. im Text. *Leipzig: Veit & C. 1899.* (XVI, 373 S.) 1 Bd 8.

= Burkhardt, H.: Funktionentheoret. Vorlesungen. Tl 2.

Elliptische Funktionen. Von Dr. Heinrich **Burkhardt**, Prof., Zürich. 2., durchges. u. verb. Aufl. Mit zahlr. Fig. Leipzig: Veit & Co. 1906. (XVI, 373 S.) 8°

— **Burkhardt**: Funktionentheoretische Vorlesungen. Bd 2. 07. 996 10

— Zur Theorie der trigonometrischen Reihen u. der Entwicklungen nach Kugelfunktionen, s.: Sitzungsberichte der königl. bayer. Akademie der Wissenschaft. Mathemat.-physik. Klasse 1909, X.

Burkhardt, Heinr.: Die Untersuchgn v. Cauchy u. Poisson üb. Wasserwellen. [Aus: „Sitzgsbor. d. bayer. Akad. d. Wiss."] (97—120) gr8° Münch., G Franz' V. '12. — 60

Burkhardt, Heinrich. Vorlesungen über die Elemente der Differential- und Integralrechnung und ihre Anwendung zur Beschreibung von Naturerscheinungen. Von H' B', o. Professor ... [in] Zürich. Mit 38 Figuren im Text. XII + 252 S. 8. Leipzig, B. G. Teubner, 1907. [geb. M. 6.—] N 5748

— Funktionentheoret. Vorlesgn. 2 Tle. 8° (Mit Fig.) Lpzg, Veit & Co. 16 —; Einbde in L. à 1 —
1. Einführg in d. Theorie d. analyt. Functionen e. complexen Veränderlichen. (213) 07. 6 —
2. Ellipt. Funktionen. (378) 99. 10 —

Burkhardt, Heinrich. Funktionentheoretische Vorlesungen. Von Dr. H' B', o. Professor an der Universität Zürich. [Neue Ausgabe.] 2 Bände. 8. Leipzig, Veit & Comp., 1903—1906. N 5057

(Band 1, 2 Hefte.... 1903. — Heft 1 *a. u. d. T.:* Algebraische Analysis. Mit Figuren im Text. XII + 195 S. (M. 5.60, geb. 6.60); — Heft 2 *a. u. d. T.:* Einführung in die Theorie der analytischen Funktionen einer komplexen Veränderlichen. 2., durchgesehene und teilweise umgearbeitete Aufl. Mit zahlreichen Figuren im Text. XII + 227 S. (M. 6.20, geb. 7.20)
Band 2.... 1906. — *A. u. d. T.:* Elliptische Funktionen. 2., durchgesehene und verbesserte Aufl. Mit zahlreichen Figuren im Text. XVI + 374 S. (M. 10.—, geb. 11.—)

— Funktionentheoretische Vorlesungen. 1. Bds. 1. u. 2. Heft. gr. 8. Leipzig, Veit & Co. 12.60; geb. in Leinw. 14.60
1. Algebraische Analysis. 2., durchgesch. u. verm. Aufl. (XII, 199 S. m. Fig.) 908. 5.60; geb. 6.60
2. Einführung in die Theorie der analyt. Funktionen e. komplexen Veränderlichen. 3., durchgesch. u. verm. Aufl. (XII, 202 S. m. Fig.) 908. 7.—; geb. 8. —

— Funktionstheoret. Vorlesgn. I. Bd, 2. Heft. Einführg in d. Theorie d. analyt. Funktionen e. komplexen Veränderlichen. 4. Afl. (12, 262 m. Fig.) gr8° Lpzg, Veit & Co. '12. 7 —; L 8 —

Burkhardt, Heinr. Frdr., Predigten auf alle Sonn-, Fest und Feiertage des Kirchenjahrs. Mit einem Vorwort von J. H. Staudt. Nach dem Tode des Verf. herausg. von einem Freunde des Entschlafenen. Stuttgart 860. Belser. gr. 8. (644 S.) n. 1 ₰ 2 ngr.

Burkhardt, Herbert, Referendar: Der Uebergang des Vermögens einer Aktiengesellschaft auf eine öffentliche Körperschaft nach den §§ 303 und 304 des Handelsgesetzbuchs. Herrnhut 1909: Winter. 39 S. 8°

Leipzig, Jur. Diss. v. 20. April 1909

[Geb. 10. Mai 86 Herrnhut; Wohnort: Herrnhut; Staatsangeh.: Sachsen; Vorbildung: Gymn. Zittau Reife O. 05; Studium: Lausanne 1, Leipzig 5 S.; Rig. 26. Juni 08.] [U 09. 2470

Burkhardt, Hugo (Hachelbich/Schwarzbg.-Sondershausen), Ueber das runde Magengeschwür. Diss. med. Halle (Heynemann) 13. VIII. 1872. 29 S. mit Biogr. (M.: E. Wechsung.) (3.50) 4746
Oppon.: F. Barriés, H. Schreyer.

Plan von Netzschkau. Gez. von Hugo Burkhardt. Massst. 1:5000. *Netzschkau: A. Stein [1901]; Körner & Dietrich in Leipzig.* (1 Kartenbl. 40 × 29 cm.) quer-4° [kol.] 02. 369

Burkhardt J. & W. Kambli, Gedenkblatt an die Kirchthurmweihe in Horgen den 3. Dezb. 1876. Herisau, Buchdr. von Schläpfer. —. 40

Burkhardt, J., kurze Geschichte der Reformation in Basel. Mit Oekolampadius' Bilde. 8. Zürich 818, Hanke. 1/8 ₰

Burkhardt, J. G., Geschichte d. Mission. 8. Leipzig. 799.

Burkhardt, J.W. (Red.), s. Pius-Annalen, Schweizerische.

Burkhardt, Jakob, s. Burckhardt

Burkhardt jun., Jh. Geo., ausführl. auf Erfahrung beruhende Anweisung zur Saffianfabrikation, mit zuverläss. Aufschluss üb. die in diesem Gewerbsfach bis jetzt beobacht. Geheimnisse. Mit 4 lithogr. Taf. 8. Weimar 840. (Voigt.) Versiegelt 6 Friedrichsd'or baar.

Burkhardt, Jh. Gli., († d. 29. Aug. 1800.) Andachtsbuch auf alle Tage. gr. 8. Lemgo 793. Meyer. 18 gr.

Burkhardt, Johann Gottlieb: Anleitung, die Spuren des Göttlichen in der Geschichte der Kirchenverbesserung durch Luther aufzusuchen. 8. Leipzig 778.

— s. Bemerkk. auf e. Reise v. Leipz.

— Betracht. über d. Kennzeichen unsrer Begnadigung u. Seligkeit. 8. Leipz. 781.

Dr. Burkhardt, Joh. Gottl. Betrachtungen und Gebete für Gefangnisse. 8. *Hannover, Hellwing.* 1792

— Briefe über d. Selbstmord. gr. 8. Leipz. 786. Comt. f. Litt. 6 gr.

— Crusius; e. Ode. 4. Dresd. 777. Hilscher. 4 gr.

— Geschichte d. Methodisten in England, nebst Lebensbeschreib. ihrer Stifter Jh. Wesley u. Geo. Whitefield. 2 Thle. 8. Nürnb. 795. Raw. 16 gr. Hbg. Pr. 12 gr.

— Grundzüge e. Philosophie d. Naturgeschichte. gr. 8. Bern 790. Haller. 16 gr.

— Harmonie d. Reichs d. Natur u. Gnade. 8. Lpz. 779. Büttner.

— Kirchengeschichte e. deutschen Gemeinde in London rc. Tüb. 798. Fues. 10 gr.

— Predigten zur Beglückung d. Menschen im gesellschaftl. Leben. 2 Thle. gr. 8. Halle 793, 94. Waisenh.-B. 2 ₰ 12 gr.

Burghardt, Joh. Gottlieb, s. Purki: Rede

— Samml. vermischter Gedichte. 8. Gotha 789. Ettinger. 12 gr.

— Untersuchung von d. Seligkeit d. Heiden. 8. Hamb. 780. Reuss. 4 gr.

— Untersuch. üb. d. Stand d. christl. Vollkommenheit. gr. 8. Frkf. a. M. 786. Gebhardt u. K. 6 gr.

— die Verwandlung d. Lebenden u. Todten rc. Leipz. 787. Comt. f. Litt. 7 gr.

Burghardt, Joh. Gottlieb, s. White: Vergleichung

Burkhardt, Johann Gottlob Ernst

Burkhardt, J. G. E., Geschichte der deutschen Literatur, s. a. Berthelt, Jäkel, Petermann, Kommentar.

Burkhardt, Joh. Glob. Ernst, Geschichte der deutschen Literatur. Für Schulen und zum Selbstunterricht. 2 Thle. gr. 8. Leipzig, Klinkhardt. à Thl. * *M* 2. *

Inhalt:
Thl. 1. Die Poesie. 3. verm. und verb. Aufl. (XI, 268 S.) 876.
" 2. Die Prosa. 2. verb. Aufl. (XVI, 232 S.) 877.

Burkhardt, Johann Karl

— s. Laplace, Mechanik.

Burkhardt, Jh. Karl, († d. 22. Juni 1825.) methodus combinatorio-analytica, evolvendis fractionum continuarum valoribus maxime idonea. 4. Leipz. 794.

Burkhardt, Johann Ludwig, s. a. Burckhardt

Burkhardt, John L., Travels in Nubia and in the Interior of North Eastern Africa. Published by the Association for promoting the discovery of the Interior of Africa. Mit d. Lebensbeschr. u. d. Bildnisse d. Verf. u. Charten &c. 4. London, Murray. 819.

Burkhardt, Johs., und Otto Küstermann, der Kreis Merseburg, s. Darstellung, beschreibende, der älteren Bau- und Kunst-Denkmäler der Prov. Sachsen.

Burkhardt, Iohannes: De origine basilicarum christianarum. Halis Saxonum (1875): Orphanotropheum. 48 S. 8°
Halle-Wittenberg, Phil. Diss. v. 13. Aug. 1875
Geb. Delitzsch 2. 12. 1852. V.

Burkhardt, Jul., Strafvollzug u. Fürsorge f. Strafentlassene. Vortrag. gr. 8. (26 S.) Dresden 892. v. Zahn & Jaensch. n. — 40

Burkhardt, K., Führer durch Kahla u. Umgegend. Zugleich e. Heimatbild f. Einheimische. Mit vielen Illustr. u. 1 (lith.) Spezialkarte. 12. (IV, 89 S.) Kahla 885. Heyl. n. 1. —

Burkhardt, K., u. W. Eigemann, deutsche Sangesfreude. Liederbuch für Vereine u. gesell. Kreise. 8. (IV, 92 S.) Kassel 879. Dresden, Bleyl & Kämmerer. n. — 60

Burkhardt, Karl, Obst- u. Küchenvorräte im Haushalt. Anleitung zur Frischhaltg. u. Verwertg. v. Obst, Gemüsen u. and. Nahrungsmitteln. (VII, 163 S. m. 34 Abb.) 8. Stuttgart 907. E. Ulmer. Geb. in Leinw. 2. 40

Burkhardt, Karl Alfred [aus Altenburg '(S. A.)']: Ueber das Verhalten der Eigenwärme bei der Lungentuberkulose ... Nürnberg, Druck v. J. Grohrock, 1891; 24 S., 5 Taf. 8.
Erlangen, Med. Fak., Inaug.-Diss. v. 18. Juli 1891

[F.] Ihren lieben Oberkranich Karl August Hugo Burkhardt begrüssen zur Feier vierzigjähr. archival. Wirkens am 10. Jan. 1899 die Timotheus-Brüder ... Als Hs. gedr. (*Weimar: Hof Buchdr. 1899.*) (20 S.) 1 Bl 8.
99. 734

Burkhardt, C. A. H., Briefe der Herzogin Sibylla v. Jülich-Cleve-Berg, s. Sibylla.

Die Entstehung des Parks in Weimar. Von Dr. C[arl] A[ugust] H[ugo] Burkhardt, Archivdir. Mit 1 hist. Pl., e. Grundriß u. hist. Bild. 2., verb. Ausg. Weimar: H. Böhlaus Nachf. 1907. (IV, 41 S.) 8° [F.] 07. 10479

Burkhardt, C. A. H., d. Entstehg. d. Weimarischen Parkes 1778—1828. M. 4 Taf. u. 10 Illustr. i. Text. [Aus: „Festschrift z. 80. Geburtstag d. Großherzogs Carl Alexander v. Sachsen".] Imp.-4. (28 S.) Weimar 898. H. Böhlau's Nachf. Kart. n. 6. —

— die Gefangenschaft Johann Friedrichs des Großmüthigen und das Schloß zur „Fröhlichen Wiederkunft." Meist nach archival. Quellen. Nebst 1 (lith.) Abbildg. Weimar 863. Böhlau. gr. 8. (VIII, 76 S.) n. 12 *ngr.*

Burkhardt, C. A. H., Geschichte d. Gewerbevereins zu Weimar 1833—1883. Festschrift zur Feier d. 50jähr. Jubiläums, im Auftrag d. Vereins quellenmäßig bearb. gr. 8. (85 S.) Weimar 883. (Hensz Sohn.) 1. 20

Burkhardt, C. A. H., Geschichte der deutschen Kirchen- u. Schulvisitationen im Zeitalter der Reformation. (1. Bd.) Geschichte der sächsischen Kirchen- u. Schulvisitationen von 1524 bis 1545. Umfassend: Die Visitationen in den heut. Gebietstheilen der Königreiche Preussen u. Sachsen, d. Grossherzogth. Weimar, der Herzogthümer Gotha, Meiningen, Altenburg, des Herzogth. Braunschweig u. der Fürstenthümer Schwarzburg-Rudolstadt, Sondershausen, Reuss j. u. Reuss ä. Linie. Quellenmässig bearb. gr. 8. (XXVIII, 347 S.) Leipzig 879. Grunow. n. 9. —

— Goethe u. der Komponist Ph. Chr. Kayser. Mit (lith.) Bild u. Kompositionen Kaysers. gr. 8. (VIII, 79 u. Musikbeilage 4 S.) Ebend. 879. n. 2. —

— s.: Goethe's Unterhaltgn. mit d. Kanzler Friedrich v. Müller.

Burkhardt, C. A. H., s.: Goethe's Unterhaltungen m. Friedrich Soret.

Burkhardt, C. A. H., Hand- u. Adressbuch der deutschen Archive im Gebiete d. deutschen Reiches, der oesterreichisch-ungar. Monarchie, der russ. Ostseeprovinzen u. der deutschen Schweiz. Nach amtl. Quellen bearb. gr. 8. (XIII, 208 S.) Leipzig 875. Grunow. n. 7. 50

Burkhardt, C. A. H., Hand- u. Adressbuch der deutschen Archive im Gebiete d. Deutschen Reiches, Luxemburgs, Oesterreich-Ungarns, der russischen Ostseeprovinzen u. der deutschen Schweiz. 2 Thle. Handbuch u. Adressbuch. 2., verm. Aufl. gr. 8. u. 12. (IX, 230 u. 66 S.) Leipzig 887. Grunow. geb. n. 10. —; Adressbuch ap. n. 1. 50

— der historische Hans Kohlhase und Heinrich v. Kleist's Michael Kohlhaas. Nach neu aufgefundenen Quellen dargestellt. Leipzig 861. Vogel. gr. 8. (59 S.) n. 10 *ngr.*

Burkhardt, C. A. H., Correcturen und Zusätze zu Quellenschriften für Hohenzollrische Geschichte. I. Das Kaiserl. Buch des Markgrafen Albrecht Achilles herausg. von Constant. Höfler. Jena 861. Deistung. gr. 8. (VI, 31 S.) 7½ *ngr.*

Burkhardt, C. A. H., s. a. Landtagsakten, ernestinische.

Ernestinische Landtagsakten. Hrsg. von d. thüring. hist. Kommission. Bearb. von Dr. C[arl] A[ugust] H[ugo] Burkhardt. Bd 1. *Jena: G. Fischer 1902.* 8°
— Geschichtsquellen, Thüringische. Bd 8. N. F. Bd 5. 2. 911

—— Quellensammlung zur Geschichte des Hauses Hohenzollern, s. a. Quellensammlung.

Burkhardt, C. A. H.: Quellensammlung zur Geschichte des Hauses Hohenzollern. Bd. 1. Jena 1857.
[Nebent.:] Das funfft Merckisch Buech des Churfuersten Albrecht Achilles.

Burkhardt, C. A. H., das Repertoire d. Weimarischen Theaters unter Goethe's Leitung 1791 — 1827, s.: Forschungen, theatergeschichtliche.

—— Repertorium zu Wieland's deutschem Merkur. Als Mscr. gedruckt. qu. 4. (110 autograph. S.) Jena 873, E. Frommann. * *

—— s. Schriften der Goethe-Gesellschaft.

Burkhardt, CAH, s.: Sibylla, Briefe.

— Stammtafeln der Ernestinischen Linien d. Hauses Sachsen. Quellenmässig bearb. Festgabe zur Eröffng. d. Archivgebäudes am Karl-Alexanderplatze am 18. Mai 1885. qu. Fol. (IV, 28 S.) Weimar 885. (Thelemann.) n. 1. 60

— Goethes Unterhaltungen mit dem Kanzler Friedrich v. Müller, s. Müller, Friedrich von

Burkhardt, C[arl] A[ugust] H[ugo]. Goethes Unterhaltungen mit Friedrich Soret. Weimar 1905 s. Soret, Frédéric.

— Urkundenbuch der Stadt Arnstadt, s.: Geschichtsquellen, thüringische.

Burkhardt, [Caspar]. Referat über Leben und Wirken unseres unvergesslichen Franz Widmer sel., Nationalrath von Gelfingen. Vorgetragen an einer öffentlichen Versammlung.... Sonntag den 28. April 1878... zu Baldegg.... 8. (Luzern 1879.) A 876*

Burkhardt, C[onrad]. Schule und Gemeinsinn. (Die Schulklasse, eine Gemeinschaft, als Mittel freiheitlicher, sozialer und politischer Erziehung.) II + 74 S. 8. Basel, G. Krebs, 1901. [fr. —. 50] N 508'

Burkhardt, Ludw., Beitrag z. patholog. Anatomie d. hypertroph. Lebercirrhose, s.a. Abhandlgn., Münchener medicin.

Burkhardt, Ludwig [app. Arzt aus Ansbach]: Beitrag zur pathologischen Anatomie der hypertrophischen Lebercirrhose. '(M. 2 Abb.)' ... München, J. F. Lehmann, 1895; 32 S. [ohne d. Abb.] 8.
München, Med. Fak., Inaug.-Diss. v. 1895

Burkhardt, Ludw., die Indikationen zum chirurg. Eingreifen bei den Verletzungen u. Erkrankungen des Magens, die Prognose u. Erfolge der chirurg. Behandlung, s.: Abhandlungen, Würzburger, aus dem Gesamtgebiet der prakt. Medizin. III. 10

Burkhardt, Ludwig, Dr. med., 1. Assist. d. Kgl. chirurg. Klinik d. Juliusspitales: Sarkome und Endotheliome nach ihrem pathologisch-anatomischen und klinischen Verhalten. *Würzburg 1902: H. Stürtz.* (113 S.) 8°
Würzburg, Med. Hab.-Schr. v. 1902

Die Untersuchungsmethoden und Erkrankungen der männlichen und weiblichen Harnorgane f. Ärzte u. Studierende in 17 Vorlesungen von Dr. L[udwig] **Burkhardt**, Prof., Würzburg, u. Dr. O[skar] Polano, Privatd. Mit 105 Abb. u. 3 Taf. Wiesbaden: J. F. Bergmann 1908. (XI, 369 S.) 4°(8°) [illegible]

Burkhardt, Max: Beiträge zum Studium des deutschen Liedes und seiner Anfänge im 16. und 17. Jahrhundert. *Leipzig [1897]: O. Brandstetter.* (71, 18 S.) 8°
Leipzig. Phil. Diss. v. [20. Dez.] 1897

Burkhardt, Max: Johannes Brahms. Führer durch s. Werke m. e. einleit. Biogr. u. e. Überblick üb. d. Brahmslit. (223 m. Abb. u. Notenbeisp.) kl8° Berl., Globus Verl. ('12). L 1 — d

König Drosselbart. Eine deutsche Volksoper in 3 Akten. Dichtung u. Musik von Max **Burkhardt**. [Textbuch.] Cöln: Purschian 1903. 48 S. 8° [illegible]

Burkhardt, Max, Führer durch die Konzertmusik. Volkstümliche u. allgemeinverständliche Ausführgn. üb. ca. 1600 Werke v. 114 Komponisten m. 260 Musikbeispielen. (272 S. m. 16 Bildnissen.) kl. 8. Berlin (909). Globus Verlag. Geb. in Leinw. 1. —

— Führer durch d. Konzertmusik. 6—10. Taus. (271 m. 16 Bildn. u. Musikbeisp.) kl8° Ebd. ('10). L 1 — d

— Führer durch Richard Wagners Musikdramen. Mit gemeinverständliche Erläutergn. der Dichtg. u. Musik v. Wagners Musikdramen nebst e. Einleitg. üb. Wagners Leben u. Kunsttheorie. Mit 200 Musikbeispielen sowie 16 Szenen-Darstellgn. in Photogr.-Druck. (184 S.) kl. 8. Ebd. (909.) Geb. in Leinw. 1. —

Burkhardt, Max, die Lehrerwahl u. andere Humoresken zumeist aus dem Schul- u. Lehrerleben. (152 S.) 8. Naumburg 906. E. Schöler. n. 2. —

Burkhardt, Max, unsere Lieblings-Opern in Bild u. Wort. Mit e. Vorwort v. Arth. Nikisch. Heliograv. nach Cartons v. Arth. Michaelis. gr. 4. (91 S. m. Abbildgn. u. 11 Taf.) Leipzig (897). (Gera, C. B. Griesbach.) Geb. in Leinw. m. Goldschn. 15. —

Burkhardt, Moritz Arthur [Cand. rev. min. Realschull. in Leipzig]: Luthers Vorstellungen von der Entstehung und Entwicklung des Papsttums ... [= Progr. d. III. städt. Realsch. Leipzig 1895.] Leipzig, Druck v. C. G. Naumann, 1896; 1 Bl., 19 S. 4.
Leipzig. Phil. Fak., Inaug.-Diss. v. [13. März] 1896

Burkhardt, O., die Einführung der Reformation in den reussischen Ländern, zugleich e. Beitrag zur Kirchengeschichte dieser Länder. gr. 8. (47 S.) Leipzig 894. R. Werther. n. 1. —

Burkhardt, O., Entwurf e. Lehr-Planes f. e. gewerblich-organisierte obligatorische Fortbildungsschule Unter Mitarbeit des Lehrerkollegiums der Fortbildungsschule u. der Vertreter der gewerbl. Berufe zu Dippoldiswalde hrsg. (15 S.) gr. 8. Meissen (908). Sächs. Schulbuchh. — 50

! Burkhardt, O: Entwurf e. Lehrpl. f. e. usw. Fortbildgssch. Jetzt: Lpzg, J Klinkhardt.

— O. Schleinitz, G. Günther, der Landwirt. Lehr- u. Lesebuch f. ländl. Fortbildungsschulen. (VII, 219 S.) 8. Ebd. (908.) Geb. 1. 50

— — — dasselbe. Lehrplan u. Präparationen f. Berufskunde, Buchführg. u. Deutsch in ländl. Fortbildungsschulen. (XVI, 114 S.) 8. Ebd. (908.) Geb. 2. 50

— — — dasselbe. Stoffsammlung f. Heimat- u. Staatsbürgerkunde in ländl. Fortbildungsschulen. (150 S.) 8. Ebd. (908.) Geb. 3. —

— — — Briefe, Aufsätze u. Formulare dazu. (1 Heft 40 m. Formularen.) 34×29 cm. Ebd. ('08). nn — 50 d

— — — Buchführung dazu. (8 Hefte in Mappe.) (19, 19, 31, 10, 19, 19, 19 u. 40 S.) 35×23,5 cm. Ebd. (908.) 2. 50

Burkhardt, Osk.: Kniffe f. Akzidenz-, Werk- u. Zeitgssetzer. (80 m. Abb.) kl8° Lpzg, Th. Thomas Komm.-Gesch. ('12). † — 80

Burkhardt, Otto, mehr Liebe! Ein ernster Mahnruf an alle Christen. 8. (64 S.) Leipzig 893. R. Werther. n. — 50; bessere Ausg. n. 1. —

Burkhardt, Otto, mehr Liebe! Ernster Mahnruf an alle Christen. 2. Aufl. 8. (64 S.) Leipzig 896. R. Werther. n. — 50

Burkhardt, R. Die Abfallwässer u. ihre Reinigung. Berlin 1897.

Burkhardt R, die prakt. Ledererzeugg. (142 S) (Bibl. Chem.-techn. 265) Wien 1903

Burkhardt, Rob., Bilder aus der Geschichte der evang. Kirchen auf der Insel Usedom (Synode Usedom.) Bis zum Auftreten des Nationalismus. (VIII, 120 S. m. Abbildgn.) gr. 8. Swinemünde 911. W. Fritzsche. 1. 50

Burkhardt, Robert: Chronik der Insel Usedom nach d. Quellen bearb. Abschn. 1—3. Swinemünde 1909—1912. 8°
1. Bis z. Schlusse d. 13. Jhs. 1909.
2. Bis z. Abschlusse d. Reformation (1335). Mit 43 Abb. u. 1 Ktn. 1910.
3. Seit d. Reformation. Mit zahlr. Abb. 1912.

— Festschrift z. 50jähr. Jubiläum d. vaterländ. Frauenvereins f. d. Kreis Usedom-Wollin in Swinemünde (E. V.) (1862—1912). (4, 163 m. Abb. u. 2 Bildn.) gr8° Ebd. '12. L 2 — d

— Geschichte v. Zinnowitz (Seebad) 1309—1909. Zur 600jähr. Jubelfeier hrsg. v. der Badedirektion. Nach den Quellen bearb. (Umschlag: Geschichtliches aus 6 Jahrhunderten.) (76 S. m. Abbild. u. Taf.) 8. Zinnowitz 909. (Swinemünde, W. Fritzsche.) — 60

Geschichte von Zinnowitz (Seebad) 1309—1909. Zur 600jähr. Jubelfeier hrsg. von d. Badedir. Nach d. Quellen bearb. von Robert **Burkhardt**, Rektor. Zinnowitz 1909: Hoffmann, Wolgast. 73 S. 8° [10. 17346 9

— Der letzte Neuenkirchen. Roman a. d. Vergangenh. d. Insel Usedom. (7, 276) 8° Swinem., W Fritzsche '11. 3 —; L 4 — d

Burkhardt, Th., Adreßbuch für die Umgebung von Leipzig, s. Adreßbuch.

Burkhardt, Th.: Die deut. Reichssteuergesetze u. Ausführgs-Bestimmgn betr. d. Erhebg u. Kontrollierg d. indirekten Steuern. Diensthandb. f. d. deut. Zoll- u. Steuerpersonal. (387) kl8° Aibling, JN Cortolezis '12. L 3.50 d

Burkhardt, Theodor [aus Ansbach]: Krebsmetastasen in der Lunge ... Würzburg, P. Scheiner's Buchdr., 1891; 67 S. 8.
Würzburg, Med. Fak., Inaug.-Diss. v. 1891

Burkhardt, W: Der Heiland lebt! Dramat. Szenen z. Passions- u. Ostergesch. (39) 8° Lpzg, F. Jansa '12. — 50 d

Burkhardt, W., Houreka. Einfachste Schnellschrift. In e. Stunde zu erlernen. Nur 7 Zeichen u. einige sofort einleucht. Abkürzgn. 8. (8 S.) Leipzig 900. A. F. Schlöffel. n. — 25

Burkhardt, W., Heureka. Einfachste Schnellschrift. In e. Stunde zu erlernen. Nur 7 Zeichen u. einige sofort einleucht. Abkürzgn. 2. Aufl. (8 S. auf Karton.) 8. Leipzig (904). A. F. Schlöffel. n. — 25

Burkhardt, W., Heureka. Einfachste Schnellschrift. In e. Stunde zu erlernen. Nur 7 Zeichen u. einige sofort einleucht. Abkürzgn. 7. bis 12. Taus. (8 S. auf Karton.) kl. 8. Leipzig (907). A. F. Schlöffel. — 25

Burkhardt, W., s.: Umsatz-Tagebuch d. Apotheke.

Burkhardt, Wilhelm Georg, aus Dresden: **Darstellung** und Besprechung der Paedagogischen Provinz in Goethes Wilhelm Meisters Wanderjahren. *Jena 1903: H. John, Halle a. S.* (38 S.) 8°
Jena, Phil. Diss. v. (27. Apr.) 1903

Burkhardt-Fürstenberger, Entwurf einer Schweizerischen Wechselordnung mit Motiven. Zürich 857. Schultheß. gr. 8. (IV, 183 S.) 21 ℳ

Burkhardtsdorf (Schlagwort)

Burkhardtsdorf, s.: Sachsen. Karte. Messtischblätter.

Burkhardtsmaier, Hugo, Oberreallehrer: Die geologische Gliederung der Umgegend von Betzingen-Reutlingen. Stuttgart 1909: (Grüninger). 33 S. 8° [Umschlagt.] ¶ (Aus: Jahreshefte d. Vereins f. vaterl. Naturkunde in Württemberg. Jg. 1909.)
Tübingen, Naturw. Diss. v. 30. Okt. 1908, Ref. v. Koken
[Geb. 2. Okt. 78 Bopfingen: Wohnort: Schorndorf; Staatsangeh.: Württemberg: Vorbildung: Oberrealsch. Stuttgart Reife Juli 96; Studium: Stuttgart Techn. Hochsch. 8, Tübingen 2 S.; Coll. 30. Okt. 08.] [U 09. 3495

Unserm Freunde u. Bruder dem Herrn Candidat **Burkhart** bei seinem Abschiede von Leipzig gew. v. einig. s. Freunde. Lpz. (Hirschfeld) 1. II. 1809. 4 S. mit Namen d. Gratulanten. (4.—) 4747

Burkharts Ehrenreden. 3 Bde. 4. Wien. Gerold. 760–73.

Burkhart: Ueber den Wert des physikalischen Unterrichts u. die Gestaltung desselben auf hiesiger Realschule. 20 S.
Progr. Halle R. 1853.

Burkhart, Chr. E. A., Abschieds-Predigt, am 20. Trinit.-Sonntage den 7. Nov. 1830, in d. Stadtkirche zu Gerbstädt gehalten, u. auf Verlangen dem Druck überlassen. 8. Eisleben 831. Reichardt. 2 Gr.

Burkhart, Chr. Er. Aug., Abschiedspredigt am 22. Trinitatissonntage 1830 gehalten. 8. Eisleben 831. (Berlin, Hermes.) 1/12 Thlr.

— Predigt am Feste d. Thurmweihe zu Gerbstädt, Dom. XXII. p. Trinit. als am Reformationsfeste 1828. Nebst d. auf diese Feierlichkeit sich bezieh. Reden, von demselben u. F. A. Gröper. gr. 8. Halle 829. Grunert. 2 Gr.

Burkhart, Chr. Er. Aug., Samml. von Fest- u. Casual-Predigten u. Reden, bei verschied. Veranlassungen gehalten. 8. Naumburg 836. (Zeitz, Webel.) 1 Thlr.

BURKHART ERNST, Pastor und Superintendent: Predigt über den Selbstmord, am eilften Trinitatis-Sonntage 1846 in der Stadtkirche zu Freiburg a. d. U. gehalten. Halle, C. A. Schwetschke & Sohn 1846, 16 S.

Burkhart, GA: Friedrich Herlin-Forschgn, s: Beiträge z. fränk. Kunstgesch.

Burkhart, H., s. Burkhard de Grosskorbetha, H.

Burkhart, J. G., die betende Unschuld. Ein Gebet- und Erbauungsbuch für die liebe Jugend. Mit 15 Holzschn. 12. Füssen 831. (Augsb., Kollmann.) 1/8 Thlr.

Burkhart, J. R., über d. Blut u. das Athmen, in physiolog. u. allgemein patholog. Hinsicht. gr. 8. Basel 828. Schweighäuser. 15 Gr.

Burkhart, K. F. C., christl. Erbauungsbuch für gebild. Landleute. 8. Zeitz 835. (Webel.) 5/12 Thlr.

Burkhart, K. F. C., christl. Erbauungsbuch für gebildete Landleute oder 44 Morgen- u. Abendgebete, wie auch Gebete z. Aussaat, Erndte, Abendmahl, Beichte u. Communion. 2. Ausg. 8. Quedlinburg 840, Ernst. 1/2 Thlr.

— War Heinrich Pestalozzi ein Ungläubiger? Ein Beitrag zur Würdigung des Religiösen in seinen Bestrebungen, mit besond. Rücksicht auf die Selbstbiographie von J. Ramsauer. gr. 8. Leipzig 841, Hartknoch. 3/8 Thlr.

Burkhart, Oskar (Königsberg/Pr.), Ueber d. Nabelkrebs. Diss. med. Bln. (G. Schade [O. Francke]) 29. X. 1889. 52 S. mit Liter. u. Biogr. (3.80) 4748
Oppon.: Rust, Hanel, Marthen.

Burkhart, Prokop, (†...) Christenlehrpredigten für alle Sonn- u. Festtage. 8 Thle, gr. 8. Augsb. 777.

Burkhart, Th., Adreßbuch für die Umgebung von Leipzig, s. Adreßbuch.

Burkhart de Grosskorbetha, H., o methodo de Ahn em Portuguez ou ensino pratico de apprender com rapidez e facilidade a lingoa franceza offerecido a mocidade portugueza e brasileira. 1. parte. 4. ed. 8. (VII, 183 S.) Leipzig 872. Brockhaus' Sort. n. 3. —

Burkhäuser, Nicolaus

— de inoculis (?) et systemate mundi universi. 4. Würzb. 774. Rienner.

— institutiones logicae. 8maj. Würzb. 772. (Wesché in Frankf.) 16 Gr.

— institutiones metaphysicae. III partes. 8maj. Würzb. 772–74. (Wesché in Frankf.) 2 Thlr. 12 Gr.

Burckhaeuser, Nic., Theoria corporis naturalis principiis Boscorichii conform. 8. maj. Würzb. Göbhard. 771.

Burkhäuser, Nic., theoria corporis naturalis principiis Boscovichii conform. 8maj. Würzb. 771. (Wesché in Frkf.) 16 Gr.

Burkheiser, K., Das Burkheiser'sche Gasreinigungsverfahren. Gewinnung von Ammonium-Sulfat ohne Verwendung fremder Säure unter gleichzeitiger Reinigung der Gase. Hamburg, 1910. 18 S. mit 3 Abb. u. 3 Taf.

Bürki, Eduard, Tierarzt von Unt. Langenegg (Kanton Bern): Aus dem anatomisch-physiologischen Institut der vet.-med. Fakultät der Universität Zürich. Die Synovialgruben des Rindes. Mit 4 Figuren im Text und 3 Abbildungen auf einer Tafel. Berlin 1904. 59 S. 8°. S.-A. a. d. Archiv f. wiss. u. prakt. Tierheilk. Bd. 31. [13. VII. 04.]
Zürich. Vet.-med. Diss. 1904/1905.

Bürki, Eduard. Die Synovialgruben des Rindes. Diss. Vet.-Med. Univ. Zürich. Mit 4 Figuren im Text und 3 Abbildungen auf einer Tafel. (Sonder-Abdruck aus dem Archiv f. wissensch. u. prakt. Tierheilkunde. Bd. 31. 1905.) *Kopftitel:* Aus dem anatomisch-physiologischen Institut der vet.-med. Fakultät der Universität Zürich. II + 59 S. 8. Berlin, L. Schumacher, 1904.

Bürki, Fr. Landwirthschaftliche Reiseberichte aus Belgien etc. Bern 1849.

Bürki, Fritz. Die Ruine Grasburg. Ein Beitrag zur Heimatkunde. Mit 10 Illustrationen [wovon 4 Tafeln] nebst Plan [und Titel-Vignette]. 31 S. 8. Bern, Verlag des Berner Tagblatt, 1904. [fr. —.50] N 3860[1]

Bürki, Fritz. Über Myodysgenese, eine Ursache des «weissen Fleisches» bei Kälbern. Diss. Vet.-Med. Bern. [Mit Figuren.] (Separat-Abdruck aus Virchows Archiv Bd. 202.) 20 S. 8. Berlin, Georg Reimer, 1910. V Bern

Bürki, Carl. Der Unterricht in der Verfassungskunde. Methodische Wegleitung zur «Verfassungskunde für Schule und Haus». Von K' B'.... [Mit 1 Tabelle.] 44 S. 8. Bern, Gustav Grunau, 1907. [fr. 1. —] N 5650[25]

Bürki, Carl. Verfassungskunde für Schule und Haus von K' B' .... [Illustriert.] 55 S. 8. Bern, Gustav Grunau, 1906. fr. —. 60
4. Afl. (72 m. Abb. u. 1 Tab.) '08. — 80 N 4530[18]

Bürki, Oskar, Tierarzt von Lyss (Kt. Bern): Untersuchungen über den sogen. Hufkrebs und Straubfuss des Pferdes. (Aus dem Veterinär-chirurgischen Institut der Universität Zürich.) [Mit 23 Abbildungen im Text.] Zürich 1910. 96 S. 8°. S.-A. aus „Schweizer Archiv für Tierheilkunde", 52. Band, 1910. Nicht im Buchhandel. [12. VIII. 10.]
Zürich. Univ. Vet.-med. Diss. 1909/10.

Bürki, Otto

Bürki: Düngerlehre, s.: Schellenberg.

[F.] Bürki, Otto [aus Balgach '(Schweiz)']: Ueber den Einfluss der Individualität und der Fütterung auf die Beschaffenheit des Milchfettes sowie auf die Grösse und die Menge der Fettkügelchen in der Kuhmilch ... (Aus: Landw. Jahrb. d. Schweiz, 1896.) Bern, Buchdr. K. J. Wyss, 1896; 30 S. 8.
Leipzig, Phil. Fak., Inaug.-Diss. v. [29. Sept.] 1896

Bürki, [Otto], u. Holenstein, August. Geräte- und Maschinenkunde. Leitfaden für den Unterricht an landwirtschaftlichen Schulen und Lehrbuch für den praktischen Landwirt. Hrg. vom Verbande der Lehrer an den l' Sch' der Schweiz. Verfasst von Dr. B'... u. A' H' .... Mit 79 Abbildungen im Texte [und 1 Tabelle]. VI + 141 S. 8. Aarau, Emil Wirz, 1906. [geb. fr. 2.—] N 4472
(Landwirtschaftliche Lehrbücher.)

Bürki, u. Aug. Holenstein, Geräte- u. Maschinenkunde. Leitfaden f. den Unterricht an landwirtschaftl. Schulen u. Lehrbuch f. den prakt. Landwirt. Hrsg. vom Verbande der Lehrer an den landwirtschaftl. Schulen der Schweiz. 2. Aufl. m. 71 Abb. im Texte. (VI, 149 S.) 8. Aarau 911. E. Wirz. Geb. in Leinw. 2. —

Bürki, [Otto]. Die Wiesen- und Obstbaumdüngung, bearbeitet für st. gallische Verhältnisse. 16 S. 8. Zürich, Orell Füssli, 1907. N 5730[27]

Bürki, Peter. Beiträge zur Kenntnis der Kobaltiverbindungen. Diss. Phil. Bern. 45 S. 8. Bern, H. v. Kamp-Berger, 1905. V Bern

Urchristentum im Orient [Early eastern christianity] von F[rancis] Crawford Burkitt. Deutsch von Erwin Preuschen. Rechtmäss. Übers. Tübingen: J. C. B. Mohr 1907. (VIII, 160 S.) 8° [07. 8411

Burkitt, Wlh., prakt. Erklärung d. N. Testaments; aus d. Engl. mit e. Vorrede von Fr. E. Rambach. 8 Thle. gr. 8. Halle 763—68. (Hahn in Hannov.) 12 ℛ

— prakt. Erläuter. d. Auferstehung u. Himmelfahrt Christi, herausg. v. J. Cph. Rasche. gr. 8. Meiningen 774.

Burkitt, Wilhelm. Erläuterungen über die Leidensgeschichte Jesu Christi. Hildburghausen 1774. H: *Rasche, Johann Christoph.* (Ky)

— Erläuter. über d. Leidensgeschichte Jesu Christi, (herausg. v. J. Cph. Rasche). gr. 8. (Hildburgh.) 774. Hanisch. 18 ℊ

Bürkle, A. Adam und F., Illustrirter Führer auf der Schneebergbahn Wiener-Neustadt — Puchberg — Hochschneeberg mit Partien in diesem Gebiete und mit historischen Anmerkungen. Herausgegeben von der Betriebs-Direction der Schneebergbahn. Mit 22 Illustrationen und einer Karte. 8. (64 S.) —.20
(Berichtigt aus Nro. 25.)
Wien: Hartleben 1898.

Bürkle, Emil, aus Stuttgart: Dynamische Untersuchungen über die Bildung von Amidoazofarbstoffen. *Heilbronn [1900]: C. Rembold & Co.* (55 S.) 8°
Heidelberg, Naturw.-math. Diss. v. 1900

Bürkle, F., Ill. Führer auf d. Schneebergbahn Wr. Neustadt-Puchberg-Hochschneeberg, s.: Adam, A.

Bürkle, Franz Josef, pr. Arzt, Triberg: Venöse Stauung als Ursache von Haematocele retrouterina. *Freiburg i. B. 1902: H. M. Poppen & Sohn.* (31 S.) 8°
Strassburg, Med. Diss. v. 1902

Bürkle, Johann Martin. Licht und Wahrheit; oder, Verschwörung gegen Deutschland und der endliche Sieg desselben. Trauerspiel in drei Aufzügen. New Bremen, O. n. d.

--Orts-Chronik meiner alten Heimat Pattenhard, Oberamt Stuttg. Wurttemberg, im örtlichen Dialekte. New Bremen, O, 1891.

Bürkle, Richard, aus Weinsberg: Vergleichende Untersuchungen über die innere Struktur der Blätter und anderer Assimilationsorgane bei einigen australischen Podalyrieen-Gattungen (Isotropis, Gompholobium, Burtonia, Jacksonia, Sphaerolobium, Viminaria, Daviesia, Aotus und Phyllota). *Stuttgart: A. Zimmer 1901.* (91 S.) 8°
Erlangen, Phil. Diss. v. 18. Febr. 1901

Bürklein, Gfr., das königlich bayerische 2. Infanterie-Regiment „Kronprinz" im Feldzuge 1870/71. gr. 8. (VI, 191 S.) Berlin 882. Mittler & Sohn. n. 5. —; geb. n. n. 6. 50

Bürklen, Karl, die Bau- u. Kunstdenkmale v. Wiener-Neustadt in ihrer unterrichtl. Bedeutung. (84 S. m. 70 Abb.) gr. 8. Wiener-Neustadt 910. (A. Folk.) 1. 60

Bürklen, Otto, s. Bürklen, Otto Th.

Bürklen, Otto Th.

Bürklen, O. Th., Aufgabensammlung zur analytischen Geometrie der Ebene. s. a. Sammlung Göschen.

Aufgabensammlung zur analytischen Geometrie der Ebene von O. Th. Bürklen, Prof. Mit 32 Fig. Leipzig: Göschen 1905. 190 S. 8°
(Sammlung Göschen. 256.) A 12. 1205 11

Bürklen, OTh.: Aufg.-Sammlg z. analyt. Geometrie d. Raumes, s.a. Sammlung Göschen 309.

Aufgabensammlung zur analytischen Geometrie des Raumes von O. Th. Bürklen, Prof. Mit 8 Fig. Leipzig: Göschen 1906. 98 S. 8°
(Sammlung Göschen. 309.) A 12. 1239 11

Bürklen, O. Th.: Formelsammlung und Repetitorium der Mathematik, s.a. Sammlung Göschen. Nr. 51.

Formelsammlung und Repetitorium der Mathematik enth. d. wichtigsten Formeln u. Lehrsätze d. Arithmetik ... Von O. Th. Bürklen, Prof. Mit 18 Fig. 3., durchges. Aufl. 4. Abdr. Leipzig: Göschen 1909. 227 S. 8°
(Sammlung Göschen. 51.) [11. 11963 11

Bürklen, O., methodisches Hilfsbuch f. den Vorunterricht in der Geometrie u. das geometrische Zeichnen. Zum Gebrauch an höheren Lehranstalten u. Fortbildungsschulen. gr. 8. (XIV, 48 S. m. Fig.) Stuttgart 893. A. Bonz & Co. Kart. n. n. — 90

— Lehrbuch d. ebenen Trigonometrie m. Beisp. u. 280 Übungsaufgaben f. höh. Lehranst. u. z. Selbstunterr. 8. (VII, 122 S. m. 40 Fig.) Heilbronn 897. Stuttgart, Strecker & Moser. Geb. in Leinw. n. 1. 50

Bürklen, O., Lehrbuch der ebenen Trigonometrie m. Beispielen u. 280 Übungsaufgaben f. höhere Lehranstalten u. zum Selbstunterricht. Neue unveränd. [Titel-]Ausg. (X, 122 S. m. 40 Fig.) 8. Stuttgart [897] 907. W. Kohlhammer. Geb. in Leinw. 1.50; Resultate. (12 S.) 897. — 40

— zur Lehre vom Winkel. [Aus: „Korresp.-Bl. f. die Gel.- u. Realsch."] gr. 8. (13 S.) Tübingen 891. F. Fues. n. — 40

Bürklen, O[tto], Prof.: Graphisches **Rechnen** und graphische Darstellungen im Mathematikunterricht der höheren Lehranstalten. *Gmünd 1899: Scharpf & Kraus.* (S. 1–58.) 4° Gmünd, k. RG, P 1899 (641 [vielm. 634])

Bürkler, Robert (Red.), s. Sonntagsblatt, Schweizerisches Katholisches.

Bürkli, Herrn Conrad, Präsidenten des Ausschusses des schweizerischen Handels- und Industrie-Vereines. O. O. [1878]. V: *Rüegg, F. & Heinrich Rieter-Fenner.* (Cat. d. Stadtbibl. Zürich. Zürich 1864—97.)

Bürkli von Hochburg, Gen. Hans Heinrich, (1647—1730). Zürich [1878]. V: *Bürkli, Adolph.* (Cat. d. Stadtbibl. Zürich. Zürich 1864—97.)

Bürkli, Adf.

Bürkli[-Meyer], Adolf. Der Abfall Belgiens von Holland und die Belagerung der Zitadelle von Antwerpen in den Jahren 1830–1832. Nach den Aufzeichnungen und dem Tagebuch des niederländischen Generalmajors Joh(ann) Heinr(ich) König von Glarus, bearb. von Oberstlt. A' B'. [Mit Porträt und 1 Plan.] Njbl. Feuerw. Zürich 1888. 4. Zürich. P[q]
Anhang: Chronik des 2ten Jubiläums der Feuerwerker-Gesellschaft am 1 Juli 1886 von Oberst Ulrich Meister.

[Bürkli-Meyer, Adolf.] Biographie des Eidgenössischen Generals Nicolaus Franz von Bachmann. [Mit Porträt-Tafel.] Njbl. Feuerw. Zürich 1882. 4. Zürich. P[q]
Anhang: [Pestalozzi, Hans.] Chronik der schweizerischen Artillerie...

Bürkli, Adf. Biographie von Niklaus Emmanuel Friedrich v. Gonmoens. (a. Neujahrsblatt der Feuerwerker-Gesellschaft in Zürich.

Bürkli[-Meyer], Adolf. Biographie von Niklaus Emmanuel Friedrich von Goumoens. Oberst im Niederländischen Generalstab (1790–1832). [Mit Karte.] Njbl. Feuerw. Zürich 1890. 4. Zürich. P[q]

Bürkli[-Meyer], Adolf. Biographie des eidgenössischen Obersten Paul Karl Eduard Ziegler. [Mit Porträt-Tafel.] Njbl. Feuerw. Zürich 1886. 4. Zürich. P[q]

[Bürkli-Meyer, Adolf.] General H(an)s Heinrich Burkli von Hochburg. 1647–1730. Eine biographische Studie. [Mit Porträt-Tafel.] (Njbl. Feuerw. Zürich 1878.) 4. (Zürich.) P[q]

Bürkli-Meyer, Ad. Geschichte der zürcherischen Seidenindustrie vom Schlusse d. XIII. Jahrhunderts an bis in die neuere Zeit. Im Auftrage der Tit. Aufsichtscommission der Seidenwebschule. In-8°, 246 S. Zürich, Druck von Orell Füssli & Cie.

Bürkli, Adf., Lebensbild von Johann Ulrich v. Orelli, (a. Neujahrsblatt der Feuerwerker-Gesellschaft.

Bürkli[-Meyer], Adolf. Lebensbild von Johann Ulrich von Orelli, Preussischem Husaren-Rittmeister und nachherigem Neapolitanischem Brigade-General (1747–1789). [Mit Porträt-Tafel.] Njbl. Feuerw. Zürich 1889. 4. Zürich. P[q]
Anhang: Chronik der schweizerischen Artillerie . von Major Hans Pestalozzi.

(Bürkli[-Meyer], Adolf.) Lebensskizze von Rud[olf] Heinrich Hofmeister, 1814–1887. [Mit Porträt-Tafel. A.] 8. [Zürich 1889.] A 794[11]

Bürkli-Meyer, A. (Oberstlieutenant). Die Schweizer im Dienste der holländisch-ostindischen Compagnie. In-4°, 20 S. Mit 1 Plan u. 1 Vignette. Zürich, Druck von Orell F. & Cie. **1879**
*** Züricher Neujahrsblatt der Feuerwerker-Gesellschaft, Nr. 74.

Bürkli, A, d. Schweizerregiment v. Roll in engl. Dienste 1795—1816, — d. Schweizerregiment v. Wattenwyl in engl. Dienste 1801—1816. } s. a. Neujahrsblatt d. Feuerwerker-Gesellschaft in Zürich.

Bürkli[-Meyer], Adolf. Das Schweizerregiment von Roll in englischem Dienste. 1795 bis 1816. [Mit Karte.] Njbl. Feuerw. Zürich 1893. 4. Zürich. P[q]
Anhang: Chronik der schweizerischen Artillerie... von Oberstlieutenant Hans Pestalozzi.

Bürkli[-Meyer], Adolf. Das Schweizerregiment von Wattenwyl in englischem Dienste. 1801 bis 1816. [Mit Porträt-Tafel.] Njbl. Feuerw. Zürich 1894. 4. Zürich. P[q]

Bürkli, Ad. Das Zürcher Seidenhandwerk. Zürich 1877.

Bürkli[-Meyer], Adolf. Die Zürcher Truppen im Sonderbunds-Feldzug 1847. Tagebuch des Artillerie-Oberlieutenants A' B'.... [Hrg.] Von Oberst Ulrich Meister. [Mit 2 Porträt-Tafeln und 1 Karte.] 2 Teile. Njbl. Feuerw. Zürich 1896 *u.* 1897. 4. Zürich. P[q]

Bürkli(-Meyer), Adolf. Wanderung durch die Französischen Hoch-Pyrenäen im Monat Juni 1842. Von A' B' (1819—1894). [Mit 3 Tafeln.] (Separat-Abdruck aus dem «Zürcher Taschenbuch» [auf das Jahr] 1908.) II + 56 S. 8. [Zürich, Fäsi & Beer, 1908.] N 8987

Bürkli-Meyer, Adolf, (Oberst). Der Wollenhof nach seiner 800jährigen Bedeutung für die Industrie Zürichs. 4°. Mit Vignette. Zürich. **1878**

Bürkli-Meyer, Adolf s. Ziegler, Jacob Christoph. Erinnerungen.... Zürich.

Bürkli, Adolf (Hrsg.), s. Ziegler, J. G.: Selbstbiographie.

Bürkli, Adf., Oberst Paul Karl Eduard Ziegler. Eine biograph. Skizze. gr. 8. (61 S.) Zürich 886. Schulthess. n. 1. 20

— *Feuerwerkergesellschaft.* Nr. 76. — I. Hannibal's Zug über die Alpen nach den Ergebnissen der neuesten militärischen Kritik, von Oberst *Ad. Bürkli-Meyer.* — II. Chronik der schweizerischen Artillerie von 1876—78. Gr.-in-4°. 18 S. mit einer Karte. Zürich, Druck von Orell Füssli & Cie. **1881** 2 —

Bürkli, Arn., s. Bürkli-Ziegler

Bürkli, David [1760–1821], Bürkli, Johann Heinrich.

Bürkli, David. Fahrtenplan d. schweiz. Eisenbahnen, Posten u. Dampfboote, Verzeichniss der Telegraphen-Bureaux der Schweiz. Nach officiellen Bekanntmachungen zusammengestellt. In-12°, mit 1 Kärtchen. Zürich, D. Bürkli. — 50
1879

Bürkli's, Dav., Züricher Kalender, nebst Monatskalenderchen u. Münz- u. Maßvergleichgn. auf d. J. 1887. 4. (38 S. m. Illustr.) Zürich 886. (Bern, Jenni.) n. — 35

Bürkli's, David, Züricher Kalender nebst Monatskalenderchen und Münz- und Massvergleichungen auf das Schaltjahr 1888. In-4°, 25 S., nebst Illustr. Zürich, David Bürkli. — 30
1887

Bürkli's, David, Züricher Kalender, nebst Monatskalenderchen und Münz- u. Maßvergleichungen auf das Jahr 1889, In-4°, 12 u. 28 S., mit Illustrat. Zürich, David Bürkli. — 30

Bürkli's, Dav., Züricher Kalender, nebst Monatskalenderchen u. Münz- u. Maßvergleichgn. auf d. J. 1891. 4. (XII, 28 S. m. Abbildgn.) Zürich 890. (Meyer & Zeller.) n. — 40

Bürkli's, D. Züricher Kalender auf d. Jahr 1899. 4°. 28 S. Zürich, L. Amberger. **1898** — 30

— Züricher Kalender f. d. J. 1903. 4. (XII, 32 S. m. Abbildgn.) Zürich, F. Amberger. n. — 35

Bürkli's, D, Züricher Kalender f. 1906. (78 m. Abb.) 8° Zür., F Amberger. nn — 50 d

Bürkli's, Dav., Züricher Kalender auf d. J. 1907. (X 74 S. m. Abbildgn.) gr. 8. Zürich, F. Amberger. n.n. —

Bürkli's, Dav., Züricher Kalender auf d. J. 1909. (XII, 72 S. m. Abbildgn. u. Wandkalender.) gr. 8. Zürich, F. Amberger. nn — 50

Bürkli's, Dav., Züricher Kldr f. '10. (12, 64 m.Abb.) gr8° Zür., F Amberger. nn — 50 d

Bürkli's, Dav., Züricher Kaldr auf '11. (12, 62 m. Abb.) 8° Zür., F Amberger. nn — 50 d

— Kursbuch. Reisebegleiter f. d. Schweiz. Wintersaison 1905/06. 50. Jahrg. Nr. 124. Mit Ergänzgsheft: Billet-Verz. f. d. Rundreiseverkehr. (350, 90 u. 115 m. 2 Kart.) 16° Ebd. 1.20
Bisher u. d. T: Reisebegleiter f. d. Schweiz.

— Kursbuch. Reisebegleiter f. die Schweiz. (Guide des voyageurs en Suisse.) Zusammengestellt nach den offiziellen Bekanntmachungen. Wintersaison 1906/07. 51. Jahrg. Nr. 126. (319 u. 88 S. m. 2 Karten.) 16. Ebd. 1. —; m. Ergänzungsheft: Billet-Verzeichnis f. den Rundreiseverkehr. (127 S.) n. 1.20; Ergänzungsheft allein n. — 20
Erschien früher u. d. T.: Reisebegleiter f. d. Schweiz

— Kursbuch. Reisebegleiter f. d. Schweiz. (Guide des voyageurs en Suisse.) Sommer'09 u. Winter'09/10. 54. J. Nr 131 u. 132. (348 u. 88, bezw. 342 u. 88 m. je 2 Kart.) 16° Ebd. Je 1 —; m. Ergänzgsheft: Billet-Verz. f. d. Rundreiseverkehr. (Je 132) Je 1.40; Ergänzgsheft allein — 40

— Kursbuch. Reisebegleiter f. die Schweiz. (Guide des voyageurs en Suisse.) Zusammengestellt nach den offiziellen Bekanntmachgn. Sommersaison 1910. 55. Jahrg. Nr. 133. (350 u. 87 S. m. 1 Karte.) 16. Ebd. 1.—; m. Ergänzungsheft: Billet-Verzeichnis f. den Rundreiseverkehr. (128 S.) 1.40; Ergänzungsheft allein — 40

— Kursbuch. Reisebegleiter f. d. Schweiz. (Guide des voyageurs en Suisse.) Sommer '12 u. Winter '12/13. 57. J. Nr 137 u. 138. (Je 370 u. 68 m. 1 Ktc.) 16° Ebd. je 1 —; Ergänzgsheft: Schweiz. Sonntagsbillette u. Billet-Verz. f. d. Rundreiseverkehr. (160) — 40

Bürkli, Dav., s.a. Reisebegleiter f. d. Schweiz.

Bürkli, David. Reisebegleiter f. d. Schweiz. Fahrtenplan der Schweiz. Eisenbahnen, Posten und Dampfboote, Verzeichniss der Telegraphenbureaux der Schweiz. Nach officiellen Bekanntmachungen zusammengestellt. Winterausgabe 1879—80. In-16° mit 1 Kärtchen. Zürich, David Bürkli. 1879 — 50

Bürkli, Dav., der Reisebegleiter für die Schweiz. Fahrtenplan der Schweizer Eisenbahnen, Posten und Dampfboote, mit den Anschlüssen im Innern und nach dem Ausland. Verzeichniss der Telegraphen-Bureaux der Schweiz. Nach den offiziellen Bekanntmachungen zusammengestellt. 25.—28. Jahrg. Sommer-Saison 1880—1883. 16. (à Jahrg. 150 S. mit 2 lithogr. Eisenbahnkärtchen.) Zürich, (Orell, Füssli und Comp. à Jahrg. ++

Bürkli, D. Reisebegleiter für die Schweiz. Fahrtenplan der Schweizer Eisenbahnen, Posten und Dampfboote. N° 83. Sommersaison 1885. In-16°. Zürich, Meyer & Zeller. 1885 — 50

Bürkli, D. Reisebegleiter für die Schweiz. Fahrtenplan der Schweizer Eisenbahnen, Posten und Dampfboote. Wintersaison 1888/89. In-16°, 162 S. mit 1 Karte. Zürich, D. Bürkli. — 60
1888

Bürkli, David. Reisebegleiter für die Schweiz. Fahrtenplan der Schweizer Eisenbahnen, Posten u. Dampfboote etc. 37. Jahrg. 2 Hefte. (Sommer- u. Wintersaison). kl. 8. (220; 210 S. m. je 2 Kärtchen.) Zür. 892, Bürkli. à Heft — 40

Bürkli, Friedrich.] Der Deutschenhass in der Schweiz. 8. Zürich [1871]. A 7083[a]

Bürkli, Jh., s.a. Bürkli, Johann Heinrich

Bürkli, Johann: Launigte Erzählungen und Spiele. Paris: Durand (Bern: Typographie) 1776.

Bürkli, Jb., s.a. Amors Reisen.

§ **REISEN**, Komische, eines kleinen Amors (von *Johann Bürkli*). (Kl. Vign.: Amor.) Mit Titelkpfr. u. mehreren Vignetten von B. A. Dunker. Am Apollofest, 1792. 8°. (In München: P. o. germ. 1146d.) (4 Mk. S. Glogau & Co., Lpz., c. 1885; 6 Mk. O. Rauthe, Berlin-Friedenau, 1908.)
Tit. u. 151 S. Diese Ausgabe fehlt im Anon.-Lex., s. jedoch Amors Reisen.
S. 1—110: Amors Reisen aus seinem Tagebuch gezogen. (Prosa, Verse, stellenw. etwas frei.)
S. 111—Ende: Fragmente aus Amors Tagbuch (sic.!) gezogen. (Gedichte.) 1. Amors Bild u. Charakter. 2. Amor, ein Winzer. (Prosa u. Verse.) 3. Amor, ein Schnitter. (Prosa u. Verse.) 4. Amor u. Hymen. 5. Die Liebe u. die Eifersucht. 6. Amors Blumenbande. 7. Amor als Hymen. 8. Der geplünderte Amor. 9. Amor u. die Grazien. An Iris. 10. Amor u. Plutus. 11. Amors Gefängniß u. Erlösung. (Prosa.) 12. Der Flurwitz. (Prosa.) 13. Amor u. Minerva. (Prosa.) 14. Der entwaffnete Amor.

TROPHEEN des schönen Geschlechts (von *Joh. Bürkli*). Mit TVign. Tübingen bei Jak. Fr. Heerbrandt, 1791. 8°. (In Zürich.) XL—678 SS. u. 5 Bll. Reg. (3 Mk. 50 Pfg. S. Rosenthal, vor 1885.)
160 kurze Erzählungen zum Lobe von Frauenzimmern aller Nationen. Enth. u. a.: Die grossmüth. Opernsängerin Thesi. — Die Tänzerin Guimard (Despréaux, Marie Madeleine). — Die reuende Schauspielerin (Mad. Gautier). — Die Schauspielerin Dolígni &c. &c. (Sämmtlich zahm.)
§ — — Dasselbe, tit.: Anekdoten großer und berühmter Frauenzimmer, die ihrem Geschlecht Ehre machten. Ebd. 1793. 8°. 678 S. (1 Mk. 25 Pfg. Heckenhauer, Tübingen, 1879; jetzt höher!)

[Bürkli, Johann Georg.] Biographie von Johann Sebastian Bach und seinen Söhnen. [Mit Portrat-Tafel und einem Stammbaum.] Njbl. AMusikges. Zürich 1839. 4. Zürich. Pq

[Bürkli, Johann Georg.] Biographie von Ludwig van Beethoven. [Mit Porträtvignette und 1 Tafel.] Njbl. AMusikges. Zürich 1834. 4. [Zürich.] Pq

Bürkli, Johann Georg.] Biographie von Vincenz Bellini. [Mit Porträt-Tafel.] Njbl. AMusikges. Zürich 1841. 4. Zürich. Pq

[Bürkli, Johann Georg.] Biographie von Franz Adrian Boieldieu. [Mit Portrat-Tafel.] Njbl. AMusikges. Zürich 1842. 4. Zürich. Pq

[Bürkli, Johann Georg.] Biographie von Georg Friedrich Händel. [Mit Porträtvignette und 1 Tafel.] Njbl. AMusikges. Zürich 1837. 4. [Zürich.] Pq

[Bürkli, Johann Georg.] Biographie von Joseph Haydn. [Mit Noten, Porträtvignette. 1 Musik-Beilage und 2 Tafeln.] 2 Abtheilungen. Njbl. AMusikges. Zürich 1830–1831. 4. Zürich. Pq

Bürkli, Johann Georg.] Biographie von Anton Liste. [Mit Porträt-Tafel und 1 Musik-Beilage.] Njbl. AMusikges. Zürich 1847. 4. Zürich. Pq

[Bürkli, Johann Georg.] Biographie der Sängerin Mara, geborne Gertrud Elisabeth Schmähling. [Mit Porträtvignette und 1 Tafel.] Njbl. AMusikges. Zürich 1835. 4. [Zürich.] Pq

Bürkli, Johann Georg.] Biographie von Wolfgang Amadeus Mozart. [Mit Noten, Porträtvignette, 1 Musik-Beilage und 2 Tafeln.] 2 Abtheilungen. Njbl. AMusikges. Zürich 1832–1833. 4. Zürich. Pq

[Bürkli, Johann Georg.] Biographie von Carl Maria von Weber. [Mit Porträtvignette und 1 Tafel.] Njbl. AMusikges. Zürich 1836. 4. [Zürich.] Pq

Bürkli, Johann Georg.] Die musikalischen Feyertage in Neuenburg. [Mit 1 Tafel und Musik-Anhang.] Njbl. AMusikges. Zürich 1829. 4. [Zürich.] Pq

[Bürkli, Johann Georg.] Das Musikfest in Bern, und ein Ausflug in's Oberland. [Mit 1 Tafel und 1 Musik-Beilage.] Njbl. AMusikges. Zürich 1828. 4. [Zürich.] Pq

Beilage u. d. T.: Der Garten Gottes am Giessbach. Eine Zugabe zu dem Neujahrsblatte ... auf das Jahr 1828. Gedichtet und zum Gesange gesetzt von J. B. G. ... Lithog. von Engelmann in Mulhausen.

[Bürkli, Johann Georg.] Das Musikfest in St. Gallen und der Sängerverein auf Vögelis-Eck. [Mit 1 Tafel und Musik-Anhang.] Njbl. AMusikges. Zürich 1826. 4. [Zürich.] Pq

[Bürkli, Johann Georg.] Die Reise nach Genf zum Musikfeste. [Mit 1 Tafel und Musik-Anhang.] Njbl. AMusikges. Zürich 1827. 4. [Zürich.] Pq

[Bürkli, Johann Georg.] Die Reise zum Musikfest in Luzern, das Löwen-Monument daselbst und das Conzert auf dem Rigi-Kulm. [Mit 1 Tafel und Musik-Anhang.] Njbl. AMusikges. Zürich 1825. 4. [Zürich.] Pq

[Bürkli, Johann Georg.] Züge aus dem Leben der berühmten Sängerin Maria Malibran-Garcia. [Mit Porträt-Tafel.] Njbl. AMusikges. Zürich 1840. 4. Zürich. Pq

Bürkli, Johann Heinrich. Beschreibung des, für die Stadt Zürich ewig merkwürdigen Tages, des 29ten Merzens 1798. Von J. H. Bürkli, Alt-Zunftschreiber. 8. Zürich [1798]. A 7048[a]

Bürkli, Johann Heinrich. Ein bescheidenes Blümchen auf (Johann Caspar) Lavaters Grab. In den Blumenkranz seiner Freunde. Neue und vermehrte Aufl. [Mit Porträt als Titelvignette und einer Illustration.] 8. Zürich 1801.

Ausg. A: Mit grosser Titelvignette. A 1260

Ausg. B: Mit kleiner Titelvignette. A 1261

Bürkli, Jh., († d. 2. Sept. 1804.) ein bescheidenes Blümchen auf Lavaters Grab. 8. Zürich 801. Ziegler u. S. 5 gr

Bürkli, Johannes

– s.a. Blumenlese, Neue Schweizerische.

— Neue schweizerische Blumenlese. Theil 1 [und einziger]. – *St Gallen, Huber und Comp.*, 1797. XXX et 300 pp. In-8°.

Vignette de titre gravée par *J. R. Schellenberg.*

– s.a. Blumenlese, Schweizer.

Bürkli, J. Schweizerische Blumenlese. Zürich 1780—83. 3 Bde. 12.

Bürkli, Jh., auserles. Gedichte zum Besten d. verunglückten Schweizer. 8. Bern 800. (Zürich, Ziegler u. S.) 3 Rthlr. 8 gr

Bürkli (Johannes). — Bürklin's auserlesene Gedichte. Zum Besten der verunglükkten Schweizer. – *Bern, G. Stämpfli*, 1800. 2 ff. n. ch. XV et 319 pp. + 56 pp. liste de souscription. In-8°.

Titre gravé, une vignette de titre gravée par *S[illegible]* et un cul-de-lampe gravé par *Dunker.*

[Bürkli (Johannes)]. — Gedichte über die Schweiz u. über Schweizer, 2 Teile. – *Bern, Em. Haller*, 1793. XVIII, 272 pp., IV, 261 pp. In-8°.

Titre gravé, 2 vignettes de titre gravées par *A. Koller.*

Bürkli, Karl, demokratische Bank-Reform. Oder: wie kommt das Volk zu billigerem Zins? 7 Fragen u. Antworten üb. die Reorganisation der Kantonalbank. 12. (II, 69 S.) Zürich 881. (Buchh. d. Schweiz. Grütlivereins.) n. — 40

[Bürkli, Carl.] Chiridonius Bitter Süss. Der „bezähmte" Sohn der Wildniss ...: J[ohann] J[acob] Treichler. [Mit Titelvignette.] 8. Zürich 1861.

Bürkli, Karl, Demokratisierung uns. Heerwesens. Vortrag, geh. am social-demokrat. Parteitag i. Winterthur a. 15. XI. 1896. [Aus: „Grütlianer".] 12. (84 S.) Zürich 897. Buchh. d. schweiz. Grütlivereins. n. — 20

Bürkli, Karl: Directe Gesetzgebung durch das Volk. 8°. Zürich. Buchh. d. Schweiz. Grütlivereins, s.a.

Bürkli, Karl v.: Eine Kantonalbank, aber keine Herren-, sondern eine Volksbank, keine 5 und 6 Proz., sondern 2, höchstens 3 Prozent Zins. Sturz der Geldaristokratie durch eine Staatsbank ohne Gold- und Silbergeld. 8° Zürich, C. Honegger-Schmid, 1866.

Buerkli, K. Der monarchische Paradiesapfel oder der Sündenfall des schweizerischen Wehrwesens. 3. Aufl. Mit Abb. Zürich 1865. 52 S.

Bürkli, Karl, v.: Meine Proporz-Perle vor dem Zürcher Kantonsrath (15. Sept. 1891). Eine Rede über die Proportional-Vertretung, wie Sozialdemokraten sie wollen. (Sep.-Abdr. aus dem „Grütlianer", 22. Sept.–22. Dec. 1891.) 8°. Zürich, Buchhandl. des Schweiz. Grütlivereins, 1891.

Bürkli, Karl, der Unterricht in der Verfassungskunde. Methodische Wegleitg. zur „Verfassungskunde f. Schule u. Haus". (44 S. m. 1 Tab.) 8. Bern 907. G. Grunau. 1. —

Bürkli, Carl. Der Ursprung der Eidgenossenschaft aus der Markgenossenschaft und die Schlacht am Morgarten. Zur 600jährigen Feier des Bundes vom 1. August 1291. Von K. B.... Erweiterter SA. 8. Zürich 1891. A 7027[a]

— Verfassungskunde f. Schule u. Haus. 4. Aufl. (72 S. m. Abbildgn. u. 1 Tab.) gr. 8. Ebd. 908. — 80

Bürkli, Karl, der wahre Winkelried. Die Taktik der alten Urschweizer. Ein Beitrag zur 500jähr. Feier der Schlacht bei Sempach. 8. (IV, 196 S.) Zürich 886. (Verlags-Magazin.) n. 1. 50

Bürkli, W[ilhelm]. Vergiss nicht mein, gewidmet den Freunden meines seligen Stiefvaters (Johann Heinrich Bürkli, Ragion:) David Bürkli, Zeitungsschreiber in Zürich. von W. B. [Mit Porträt-Tafel und Titelvignette.] 8. *o. O.* 1822. A 749[10]

Bürkli-Meyer, Adolf, s. Bürkli, Adolf

Bürkli-Ziegler, Arn.

Bürkli-Ziegler, A., größte Abflußmengen bei städtischen Abzugs-Kanälen, s.a Mittheilungen, technische, des schweizerischen Ingenieur- u. Architecten-Vereins.

Bürkli-Ziegler, A. (Ingenieur). Grösste Abflussmengen bei städtischen Abzugs-Kanälen. In-8°, 68 S. Mit drei lithogr. Tafeln. Zürich, Orell Füssli & Cie. 2 50

*** Technische Mittheilungen des schweizer. Ingenieur- und Architectenvereins, Heft 14. 1880

Bürkli, A., über Anlage städtischer Abzugskanäle u. Behandlung der Abfallstoffe aus Städten. Mit 6 (lith.) Taff. (in 4.) Zürich 866. Schultheß. gr. 8. (2 Bll., 266 S.) n. 1 Rthlr. 6 ngr.

— Anlage u. Organisation städtischer Wasserversorgungen. Bericht an den Tit. Stadtrath Zürich. Ebend. 867. gr. 8. (2 Bll., 288 S.) n. 1 Rthlr.

Bürkli-Ziegler: Bericht über Anlage und Organisation städtischer Wasserversorgungen mit Aufstellung verschiedener Projekte für die Wasserversorgung der Stadt Zürich. Zürich 1867

Bürkli, Arn. Bericht über die Ausdehnung der Wasserversorgung der Stadt Basel. Basel 1873.

Bürkli, Arn. u. A. Hafner. Bericht über den Besuch einer Anzahl Berieselungsanlagen in England und Paris. Zürich 1875

Bürkli, Arn. Bericht über den Betrieb der Wasserversorgung Zürich 1871—72 und Antrag auf Anschaffung einer weiteren Dampfmaschine. 4.

Bürkli, Arn. und F. J. Kaufmann. Bericht über Erstellung einer Wasserversorgung der Stadt Luzern. 1872. 4.

Bürkli-Ziegler, A., u. Prof. F. L. Kaufmann, Bericht über Erstellung einer Wasserversorgung der Stadt Luzern. Mit 1 Plan. 26 Stn. 4. Luzern, Druck v. Meyer. 1873

Bürkli, Arn. Bericht über die weitere Gestaltung der Wasserversorgung und den Ankauf der Wasserwerke Diener und Theiler. Zürich 1873.

Bürkli-Ziegler, A., Bericht an den Stadtrath von Zürich über Anlage u. Organisation städtischer Wasserversorgungen mit Aufstellung verschiedener Projecte für die Wasserversorgung der Stadt Zürich u. diessfälligen Anträgen. Zürich 1867. 8°.

—— und A. Hafter, Bericht an den tit. Stadtrath von Zürich über den Besuch einer Anzahl Berieselungsanlagen in England und Paris, nebst sachbezügl. Vorschlägen für Zürich. gr. 8. (VI, 178 und 48 S. mit 1 lithogr. und color. Plan in qu. gr. Fol.) Zürich 875, (Schmidt.) *

Bürkli. Arn. Bericht an den Stadtrath Zürich über die Vermessung der Stadt. 5. Jan. 1864.

——- Bericht üb. Strassenbahnen, Tramways u. deren Einführg in Zürich. s.a.Mittheilungen. techn.

Bürkli. Arn. u. P. E. Huber. Bericht über Strassenbahnen und deren Einführung in Zürich 1877.

Bürkli. Arn. Kanalisation der Stadt Zürich. 1867.

Bürkli-Ziegler, A., s.: Catastrophe, die, v. Zug 5. Juli 1887.

Bürkli. Arn. Über die Massregeln zur Reinhaltung der öffentlichen Gewässer. Zürich 1875.

Bürkli-Ziegler, A., die rechtufrige Seebahn mit ihren verschiedenen Traces, und deren Bedeutung für Zürich's Entwicklung. II u. 60 Stn. 8. Zürich, Druck v. J. J. Ulrich. 1873

Bürkli-Ziegler, Strassenbahnen und deren Einführung in Zurich. Zurich 1878

— über Straßenbahnen u. Eisenbahnen in Städten. 865. (96 S.) 15 ngr. – 2. Aufl. Ebend. 865. gr. 8. (98 S.) 12 ngr.

Bürkli. Arn. Übersicht des Wasserversorgungswesens in der Schweiz. Zusammengestellt im Auftrag des schweiz. Ingenieur- und Architekten-Vereins. 1878. fol. Mscr.

Bürkli. Arn. Verwendung des Kanalwassers zur Bewässerung von Land im Limmatthal. 1874.

Bürkli, A.: Die Wasserverhältnisse der Stadt Zürich und Umgebungen, s. Escher von der Linth, A.

—— die Wasserversorgung der Stadt Zürich. Mit 1 (chromolithogr.) Plan (in gr. Fol.) und 7 Stnt. (in Fol. und hoch 4.) gr. 4. (36 S.) Winterthur 871, Wurster und Comp.

— die Wasserversorgung der Stadt Zürich. Mit e. (chromolith.) Plan (in gr. Fol.) u. 6 (lith.) Figurentaf. (in qu. Fol.) 2. Abdr. gr. 4. (41 S.) Winterthur 872. Wurster & Co. 3. –

Bürkli. Arn. Die rechtsufrige Zürichseebahn und deren Bedeutung für Zürichs Entwicklung. Zürich 1873.

Burklin, Guillermo, Anwendung d. Koller'schen Stenographie a. d. spanische Sprache. Entwurf. gr. 8. (8 autogr. S.) Berlin 895. (Leipzig, J. H. Robolsky.) n. — 50

Bürklin, Alb.: Die Brüder.
[u. andere belletristische Werke].
s. Volksbibliothek des Lahrer Hinkenden Boten

Bürklin, A., Erzählungen, — Etwas über Ertrinken, Erfrieren u. Erhängen, } s.: Volksbibliothek des Lahrer Hinkenden Boten.

— der Lahrer Hinkende. Kalendergeschichten. 8. (VII, 280 S. m. Portr. in Heliograv.) Lahr 880. Schauenburg. n. 2. —; geb. n. 2. 50

— der Lahrer Hinkende. Kalendergeschichten. 2. 3. Bd 12. (V, 320; V, 375 S. mit eingedr. Holzschn.) Ebd. 887. 888. à Bd. n. 2. —; geb. à n. 2. 50

Bürklin, Alb.: Der Lahrer Hinkende. Kaldrgeschichten. II. Bd. 2. Afl. (8, 318 m. Abb.) kl8° Lahr, M Schauenburg ('11). L 2 — d

— der Kanzleirat. Erzählung. 12. (99 S.) Lahr 887. Schauenburg. n. 1. —

— der Revolutionair, — der erste Schritt zur Praxis, } s.: Volksbibliothek des Lahrer Hinkenden Boten.

— Toni u. Madlein, s.a.Volksbibliothek d. Lahrer hink. Boten.

Bürklin, Alb., Toni und Madlein. Eine Erzählung. Lahr 863. Schauenburg & Co. 8. (2 Bl., 240 S. m. Holzschn. im Text.) 24 ngr.

Bürkli-Zeitung
v. Ordinari Wochen-Zeitung (Zh).

Burkmair, Hans, des jüngeren, Turnierbuch v. 1529. 16 Bl. in Handkolorit, m. erläut. Text hrsg. v. Heinr. Pallmann. (24 Sp.) 54,5×89,5 cm. Leipzig 910. K. W. Hiersemann. Geb. in Leinw. 200. —

Burkmann, Armin. (August. Guil.) (geb. Luben 21. 11. 1836): De tumoribus cavi abdominis explorandis atque dignoscendis nonnulla. Berolini (1861). (31 S.) 8°
Berlin, Med. Diss. v. 8. März 1861

Burkmann, J. G., einige für d. gesammte Menschheit gefährl. Behauptungen d. Religionsfreundes, herausg. von Dr. Benkert in Würzburg, beleuchtet, widerlegt u. in ihrer ganzen Verderblichkeit dargestellt. Zur Beachtung aller Fürsten Europa's. 8. Bunzlau 831. Appun. 8 gGr

—— evangelisches Jubelfest-Buch f. gebild. Leser, enthalt. e. Uebersicht d. Gesch. d. Kirchenverbess., sowie insbesond. d. Gesch. d. Reichstages zu Augsburg u. des dort übergeb. Glaubensbekenntn., nebst e. Nachtr. üb. d. beiden Jubelfeste 1630 u. 1730. Als Anh.: das Augsb. Glaubensbekenntn. mit Anmerkn. Zur Feier d. 3n. 100jähr. Jubelfestes 2c. 8. (12⅟₂ B.) Glogau 830, [Flemming.]

— evangelisches Jubelfestbuch für gebild. Leser, enthaltend e. Uebersicht d. Geschichte d. Reichstages zu Augsburg u. des dort übergebenen Glaubensbekenntnisses, nebst einem Nachtrage über d. beiden Jubelfeste 1630 u. 1730. Als Anhang: das Augsburg. Glaubensbekenntniß mit Anmerkk. zur Feier d. dritten 100jähr. Jubelfestes 2c. 8. Glogau 830. N. Güntersche B. 16 gGr

— Dass. im Auszuge, für Bürger u. Landleute. 8. Ebd. 830. 2 gGr

Burkmann, J. G., s. Confirmationsscheine, 100.

Burkmann, J. G., 100 Confirmations-Scheine, nebst eben so vielen möglichst nach der Individualität der Confirmanden gewählten Denksprüchen u. kurzen Ermahnungen hrsg. qu. 4. Glogau 851, Flemming's Verl. ½ ₰

Burkmann, J. G., 100 Confirmations-Scheine, nebst eben so vielen möglichst nach der Individualität der Confirmanden gewählten Denksprüchen und kurzen Ermahnungen. Glogau (858). Flemming. 4. 15 ngr.

— zwei Predigten vor u. nach dem am 12. Oct. 1824 stattgefundenen Brande zu Kupferberg. 8. Hirschb. 826. Krahn. 4 gGr

Burkmann, J. H., 100 Confirmationsscheine nebst eben so vielen möglichst nach der Individualität der Confirmanden gewählten Denksprüchen u. kurzen Ermahnungen. qu. 4. (100 Bl.) Glogau 872. Flemming. In Umschlag. 1. 50

Burkmann, J. H., 100 Konfirmations-Scheine, nebst ebensovielen möglichst nach der Individualität der Konfirmanden gewählten Denksprüchen und kurzen Ermahngn. (Neue Aufl.) qu. 4. Glogau 887. Flemming. 1. 50

Burkmann, J. H., 100 Konfirmations-Scheine, nebst ebensov. möglichst n. d. Individualität d. Konfirmanden gew. Denksprüchen u. kurzen Ermahngn. qu. 4. Glogau (1894.) C. Flemming. 1. 50

Bürkmann, Cph., s. Birkmann, Christoph

Bürkmayr, Friedrich, Prof.: Festrede zum hundertj. Jubiläum der Erhebung Bayerns zum Königreich. Rosenheim 1900: M. Niedermayr. (16 S.) 8°
Rosenheim, k. G P 1900*

Bürkmiller, Leop., Führer durch Neumarkt in Oberpf. u. Umgebung. 2., vollständ. umgearb. Aufl. (176 S. m. Abbildgn. u. 1 farb. Karte.) 8. Neumarkt O./Pf. (910). J. M. Boegl. 1. 20

Bürkner, Preußens Herrscher seit dem Großen Kurfürsten. gr. 8. (8 Holzschntaf. auf 1 Bog.) Gütersloh 879. Bertelsmann. — 15

Bürkner, Ed., Angabe einer Vorrichtung, mit deren Hilfe man bei Aufnahme mit der Mensel ohne Nadel genau, einfach und rasch arbeiten kann. Mit 1 Kpfrtaf. gr. 8. Dresden u. Leipzig 836. Arnold. 1/6 ℛ

— theoret. Entwickelung u. prakt. Darstellung des Verfahrens zum Auftragen u. Berechnen der mit der Kette u. Boussole aufgenommenen Figuren. Ein Handbuch für Feldmesser u. Oekonomen. Mit 3 Kpfrtaf. gr. 8. Dresd. u. Lpz. 836. Arnold. 2/3 ℛ

Bürkner, Ernst, a. Göttingen: Die Verpfändung und Pfändung der Ansprüche aus dem Lebensversicherungsvertrage. Göttingen 1907: Dieterich. (64 S.) 8°

Göttingen, Jur. Fak., Ref. Ehrenberg, Diss. v. 24. Juli 1907

[Geb. 17. Juli 84 Göttingen; Wohnort: Göttingen; Staatsangeh.: Preußen; Vorbildung: Gymn. Göttingen Reife O. 04; Studium: Göttingen 6 S.; Rig. 21. Juni 07.]

Bürkner, Hugo

Bürkner, H: 6 Bibel-Lesezeichen, s.: Steinhausen, W.

BÜRKNER, HUGO. *Bilder aus dem Familienleben* in vierzehn Originalradierungen von H. Bürkner. Text von FRANZ BONN. Leipzig, A. Dürr [1874]. Radierter Titel, Frontispiz und 13 ganzseitige radierte Blätter. Quer-Folio. Roter Or.Leinenband. 45.—

Rümann 161. ★ Originalausgabe des entzückenden Werkes. Auf dem Titel 6 Szenen und 2 Vignetten (Kinderköpfe), die übrigen Tafeln stellen Kinderszenen dar. Hie und da unbed. fleckig.

Die vorzüglichsten Bilder der Dresdner Gemälde-Gallerie. Original-Radirungen von Prof. **H. Bürkner** u. A. Dresden. 8°.

Bürkner, H, gr. Bilder-Fibel. 8. (28 Bl.) Lpzg 51, Schlicke. n. — 20

Bürkner's, H., große Bilder-Fibel mit 50 neuen schönen Bildern u. Reimen. 8. (28 Bl. m. color. Holzschn. u. Text.) Leipzig 851, G. Wigand. n. 2/3 ℛ

Bürkner's, H., große Bilder-Fibel. Mit 60 fein kolor. Bildern. 3. verb. und verm. Aufl. 8. (33 Bl.) Stuttgart 879, Löwe. geb.

Bürkner's, H., große Bilder-Fibel. Mit 60 fein kolor. Bildern. 3. verb. u. verm. Aufl. 8. (33 Bl.) Stuttgart 880. Löwe. geb. 2. —

Bürkner's, H., große Bilder-Fibel. Mit 60 fein kolor. (Holzschn.-)Bildern. 4. verb. und verm. Aufl. 8. (10 S. mit 27 Taf.) Stuttgart 882, Loewe. cart.

Bürkner's, H., große Bilder-Fibel. 5. Aufl. 8. (16 S., nebst 30 Farbdr.-Taf. m. eingedr. Text.) Stuttgart 889. Loewe. geb. 1. 50

— dasselbe. Unzerreißbare Ausg. 8. (30 Farbdr.-Taf. auf Pappe m. eingedr. Text.) Ebd. 889. geb. 1. 80

— kleine Bilder-Fibel mit 30 schönen Bildern. 8. (12 Bl. m. color. Holzschn. u. Text.) Ebd. 851. n. 1/3 ℛ

Bürkner, Hugo, kleine Bilder-Fibel mit 30 schönen Bildern. 2. Aufl. Leipzig (856). Schlicke. 8. (12 Bl. mit color. Holzschn. im Text.) 10 ngr.

Bürkner's, H., kleine Bilder-Fibel mit 30 schönen Bildern. 3. Aufl. Leipzig 863. Schlicke. 8. (24 S. m. color. Holzschn.) 10 ngr.

Bürkner's, H., kleine Bilder-Fibel mit 30 schönen Bildern. 4. Aufl. Leipzig 869. Schlicke. 8. (24 S. m. color. Holzschn. im Text.) 10 ngr.

—— kleine Bilder-Fibel. Mit 30 schönen (color. Holzschn.-)Bildern. 5. Aufl. 8. (4 Bl. Text mit 11 Taf.) Ebendas. 881. cart.

— kleine Bilder-Fibel. Mit 30 schönen (color. Holzschn.-) Bildern. 5. Aufl. 8. (4 Bl. Text m. 11 Taf.) Ebend. 882. cart. — 90

— Dreihundert Bildnisse..., s. Gaedertz, Karl Theodor

Bürkner, Hugo, die dresdner Gemälde-Gallerie, s. Gemälde-Gallerie, die dresdner.

—— Holzschnitt-Mappe. 1. Hft. Fol. (8) Dresd. 57, Kuntze. n. 4. —

Bürkner, Hugo, s. Jugendkalender, deutscher.

— s. Saint Pierre, Bernh. de, Paul u. Virginie.

Der Zug Hannibal's über die Alpen. Auf Holz gezeichnet von H. Bürkner. Wien. Fol.

Bürkner, J., populäre Chemie u. ihre Anwendung auf Gewerbe, vorgetragen im Gewerbe-Verein zu Breslau, in den Jahren 1836—1838. 1s—10s Hft. gr 8. Brieg 838. Wollmann. n. 1 ℛ

BÜRKNER, J.

Populäre Chemie und ihre Anwendung auf Gewerbe. Vorgetragen im Gewerbe-Verein zu Breslau in die Jahre 1836–38. 9 Parts. Brieg, 1839 [?].

— der Waldenburger Kreis u. seine Heilquellen: Altwasser, Charlottenbrunn u. Salzbrunn. Mit 1 Ansicht. 8. Breslau 840. Kohn. 1 ℛ

Bürkner, J., Schlesiens Wasser-Heil-Anstalten und Prießnitzens Heilmethode. Ein Handbuch für diejenigen, welche jene Anstalten zu besuchen, oder die methodische Anwendung des Wassers kennen zu lernen beabsichtigen. (Mit 1 Ansicht.) gr. 16. Breslau 841, Kohn. n. 1/2 ℛ

Bürkner, J. (Hrsg.), s. Zeitschrift, Schlesische, zur Beförderung der Wasserheilkunde.

Buerkner, Julius *(geb. Breslau 6. 2. 1809)*: De fistula vesicovaginali. Vratislaviae (1833). (27 S., 1 Taf.) 4°

Breslau, Med. Diss. v. 6. Febr. 1833

Bürkner, K., Abbildungen zur Lehre von den Unterleibsbrüchen, auf IX (lith.) Taf. mit erläut. Texte. Nebst einer ausführl. Darstellung des Herabsteigens der Hoden. Zum Gebrauch der Studirenden bearb. 4. Berlin 844, Th. Ch. Fr. Enslin. n. 1 1/2 ℛ

Buerkner, Carl (Dessau), De phlebolithis. Diss. med. Lpz. (Staritz) 17. XII. 1841. 32 S. u. 1 lith. Tfl. (4.—) Gew.: Just. Radius. 4591

Bürkner, Kurd, Atlas v. Beleuchtungsbildern d. Trommelfells. 14. Taf., chromolith. nach den Orig.-Skizzen d. Verf. v. Ad. Giltsch in Jena. gr. 8. (10 S. m. 14 Bl. Erklärgn.) Jena 886. Fischer. n. 10. —

Bürkner, K., Atlas v. Beleuchtungsbildern d. Trommelfells. 14 Taf., chromolith. nach den Orig.-Skizzen d. Verf. v. Ad. Giltsch in Jena. 2., verb. Aufl. gr. 8. (XIII S. m. 14 Bl. Erklärgn.) Jena 890. Fischer. n. 10. —

Bürkner, Kurd, Atlas v. Beleuchtungsbildern des Trommelfells. XIV Taf., chromolith. nach den Orig.-Skizzen des Verf. v. Ad. Giltsch. 3., verb. u. durch e. Anleitg. zur Ohrenspiegel-Untersuchg. verm. Aufl. gr. 8. (VIII, 20 S. m. 14 Bl. Erklärgn.) Jena 900. G. Fischer n. 10. —

Bürkner, K., die Behandlung der Krankheiten der Eustachischen Röhre. gr. 8. (24 S.) Jena 894. G. Fischer. n. — 80

— Lehrbuch der Ohrenheilkunde f. Studirende u. Ärzte. Mit 136 Holzschn. nach Orig.-Zeichngn. d. Verf. gr. 8. (X, 368 S.) Stuttgart 892. F. Enke. n. 9. —

Bürkner, K., s.: Verhandlungen d. deutschen otolog. Gesellschaft.

Bürkner, L: Das eigene Heim, s.: Grethlein's prakt. Hausbibliothek.

Bürkner, M., alphabetische Zusammenstellung der im Herzogthum S. Meiningen allgemein gültigen Polizei-Bestimmungen. Ein zeitersparendes Handbüchlein für Richter, Staatsanwaltschafts- u. Verwaltungs-Beamte, Gemeinde-Vorstände u. Polizei-Beamte. gr. 16. (40 S.) Sonneberg 879. Brand. cart. n. — 70

Bürkner, Marie, Beschäftigungsbuch f. Mädchen. Praktische Anleitung zu weibl. Handarbeiten, Beschäftiggn. mit Puppen, nützl. häusl. Thätigkeit, künstler. u. Phantasie-Arbeiten, Zimmergärtnerei, Tierpflege im Hause u. zur Unterhaltg. jüngerer Geschwister. Mit vielen erläut. Abbildgn. gr. 8. (XII, 344 S.) Bielefeld 890. Velhagen & Klasing. geb. n. 4. —

Bürkner, Marie, Beschäftigungsbuch f. Mädchen. Praktische Anleitg. zu weibl. Handarbeiten, Beschäftiggn. m. Puppen, nützl. häusl. Thätigkeit, künstler. u. Phantasie-Arbeiten, Zimmergärtnerei, Tierpflege im Hause u. zur Unterhaltg. jüngerer Geschwister. Mit vielen erläut. Abbildgn. 2. Aufl. gr. 8. (XII, 344 S.) Bielefeld 893. Velhagen & Klasing. Geb. in Leinw. n. 6. —

Bürkner, Rich., Abendmahlsfeiern m. Einzelkelch, s.: Spitta, Frdr.

Bürkner, Rich., Altar u. Kanzel. Geschichte des Gotteshauses, s.a Volksbücher, religionsgeschichtliche. III, 11.

Altar und Kanzel. Geschichte des Gotteshauses. Von Richard Bürkner-Auma. 1.–5. Taus. Tübingen: Mohr 1909. 48 S. 8°
(Religionsgeschichtl. Volksbücher f. d. deutsche christl. Gegenwart. Reihe 3, H. 11.) [09. 12736

Bürkner, Rich., Carl Alexander u. Sophie. Ein fürstl. Jubelpaar. Festschrift zum 8. Oktbr. 1892. gr. 8. (32 S. m. 2 Bildnissen.) Weimar 892. H. Böhlau. n. — 20

Bürkner, Rich.: Dürer, s.a. Geistesheiden. 59.

Dürer. Von Richard Bürkner. Mit 13 Abb. u. 4 Kopfleisten. Berlin: E. Hofmann 1911. VIII, 211 S. 8°
(Geisteshelden. Bd 59.) [10. 18040 3

Bürkner, Rich., Geschichte der kirchlichen Kunst. gr. 8. (XVI, 464 S. m. 74 Abbildgn.) Freiburg i/B. 903. P. Waetzel. n. 10. —; geb. in Leinw. n. 12. —

(B) — Geschichte d. kirchl. Kunst. 903. (KVL 81.) Jetzt: Göttingen, Vandenhoeck & Ruprecht. Erm. Pr. 5.—; geb. 6. —

Geschichte der Kirchlichen Kunst von Richard Bürkner. Mit 74 Abb. 2. Aufl. *Freiburg i./B. & Leipzig: P. Waetzel; [Leipzig: Fleischer] 1903.* (XVI, 464 S.) 8° [F.] [03. 4077 6

— Grundriß des deutsch-evangelischen Kirchenbaues. Mit 46 Grundrissen u. Ansichten. gr. 8. (VIII, 270 S.) Göttingen 899. Vandenhoeck & Ruprecht. n. 5. —; geb. in Leinw. n. 5. 80

— Karl v. Hase, e. deutscher Professor. Mit 1 Bildniß in Heliograv. u. 8 Vignetten. gr. 8. (IV, 181 S.) Leipzig 900. Breitkopf & Härtel. n. 3. —; geb. n. 4. —

— Herder, s.a. Geistesheiden. 45. Bd

Herder. Sein Leben u. Wirken. Von Richard Bürkner. Mit Bildn. *Berlin: E. Hofmann & Co. 1904.* (VIII, 287 S.) 8° [F.]
= Geistesheiden. Bd 45. [03. 24834 6

— vom protestantischen Kirchenbau, s.: Flugschrift des Dürer-Bundes zur ästhetischen Kultur.

— Kirchenschmuck u. Kirchengerät, s.a. Zimmer's Handbibliothek der praktischen Theologie.

Bürkner R. Kirchenschmuck und Kirchengerät. Gotha 1892

Bürkner, Rich., 80 Konfirmations-Gedenkblätter, s.: Pfannschmidt, Ernst.

— Christliche Kunst. s.a. Wissenschaft u. Bildung. 76.

Christliche Kunst. Von Richard Bürkner. Leipzig: Quelle & Meyer 1910. VI, 152 S. 8°
(Wissenschaft u. Bildung. 76.) [10. 15968

— Kunstgeschichte im Grundriß, s.: Broecker, Magdalene v.

— Kunstpflege in Haus u. Heimat, s.a. Aus Natur u. Geisteswelt.

Bürkner R, Kunstpflege i. Haus u Heimat. (131 S) (A. Nat. u Geistesw. 77) Leipzig 1905

Kunstpflege in Haus und Heimat. Von Richard Bürkner. Mit 29 Abb. 2. Aufl. Leipzig: Teubner 1910. VI, 133 S. 8°
(Aus Natur u. Geisteswelt. Bdch. 77.) [11. 5371

Liturgien-Sammlung für evangelische Gottesdienste von Richard Bürkner u. Karl Arper. Göttingen: Vandenhoeck & Ruprecht 1910. X, 230 S. 8°
(Praktisch-theologische Handbibliothek. Sonderbd.) [10. 6507 7

Bürkner, Rich., die Lutherfeier in der Schule. gr. 8. (23 S.) Weimar 883. Böhlau. n. — 20

— Ludwig Richter. s.: Volksabende. Nr. 6.

— Hans Sachs, s.: Volksabende, Nr. 1.

— Schulfeier z. Gedächtnis d. Großherzogs Carl Alexander. gr. 8. (38 u. 14 S.) Weimar 902. H. Böhlau's Nachf. n. — 40

Des Menschen Sein und Werden. Unter Mitw. von R(ichard) Bürkner [u. a.] Mit 4 Zeichn. (Leipzig & Berlin: Teubner 1909.) XXXII, 395 S. 8°
(Schaffen u. Schauen. [illegible]) [illegible]

— Rich. Wagner, s. Leben u. s. Werke. 1. u. 2. [Tit.-]Afl. (11, 317 m. 1 Bildn.) gr8° Jena, H Costenoble '06/07. 6 —; L. n 7 —; HF. n. 8 — ‖ 3. u. 4. Afl. (12, 324 m. 1 Bildn. u. Fksm.) '08. 2.80; geb. n 3.50 d

Bürkner, Rich., Richard Wagner. Sein Leben u. seine Werke. 3. u. 4. Aufl. (Je XII, 324 S. m. 1 Bildnis u. Fksm.) gr. 8. Jena 908. H. Costenoble. 2.80; geb. n 3. 50

— Richard Wagner. Leben u. Werke. 6. Afl. (12, 324 m. 1 Bildn. u. 1 Fksm.) gr8° Jena, H Costenoble '11. 2.80; geb. 3.50 d

Bürkner, Robert

Frau, Mann und Liebhaber. (Lustspiel von *Rob. Em. Hnr. Bürkner.*) Breslau 1837.
Anon.-Lex. II. p. 118 (nach Kehrein).

— Geheimnisse von Königsberg. Ein Roman. I. gr. 12. Königsberg 844, Theile. ½ ₰

— u. H. Grieben, die Geschichte der Befreiungskriege 1813, 14 u. 15, nebst einer Uebersicht der geschichtl. Ereignisse der Jahre 1789—1813, in wieweit diese auf die Befreiungskriege Bezug haben u. dieselben erläutern. Mit 13 Portr. u. 1 Karte. 12 Liefg. (2 Bde.) 8. Breslau 842, 43. (Trewendt.) 2 ₰ — Herabges. Pr. ¾ ₰

Bürkner, Robert und H. Grieben. Die Geschichte der Befreiungskriege 1813, 1814 und 1815, nebst einer Uebersicht der geschichtlichen Ereignisse der Jahre 1789—1813. etc. etc. (Mit Portraits.) (2 Bde.) 8. Breslau 1846.

Bürkner, Rob., u. H. Grieben, die Geschichte der Befreiungskriege 1813, 14 u. 15, nebst einer Uebersicht der geschichtlichen Ereignisse der Jahre 1789 — 1813. 13 Portraits u. 1 Uebersichtskarte von Deutschland. Wohlf. Ausg. 2 Bde. 8. (384 u. 308 S.) Breslau 847, Trewendt & Granier. ¾ ₰

— Christian Günther, s. auch Bilder-Gallerie, romantische.

Bürkner, Rob., Christian Günther. Scenen aus einem Dichterleben. kl. 8. Leipzig 842, Literar. Museum. (Breslau, Verlags-Comptoir.) 1¼ ₰

— Lebens- u. Regierungsgeschichte Friedrich des Großen. Nach den besten Quellen bearbeitet. Mit 24 Steindr. gr. 8. Bresl. 840. Heinr. Richter. 1/2 ℛ

Bürkner, Rob., Ninon de l'Enclos. Histor. Erzählung, 2 Thle. Leipzig 1844. 8°. (1 Mk. 20 Pfg., geles. Expl., A. Buchholz, München, 1908.)

— Ninon de l'Enclos. Histor. Erzählung. 2 Thle. 8. Leipzig 844, Kollmann. 2 ℛ

Bürkner, Rob., erotische Lieder u. Epigramme. 8. Bresl. 834. Verlags-Compt. 3/8 ℛ

— der Polterabend. Eine Sammlung dramat. Scherze zur Aufführung bei festlichen Gelegenheiten. 1. u. 2. Bdchn. 8. Königsberg 845, 46, Theile. à 1/2 ℛ

— der Preußische Rechts-Consulent. 2. Abdruck. gr. 8. Königsberg 845, Universitäts-Buchh. 1 1/2 ℛ

— Wanderungen durch das Samland. Ein Wegweiser für Reisende. 16. (Mit 1 Karte.) Ebend. 844. 5/12 ℛ

Bürkner, Robert Em. Hnr., s. Bürkner, Robert

Burkow, Fed., Ehre, s.: Cyklus akademischer Broschüren.

Burks, Phil. Dav., Sammlungen zur Pastoral-Theologie. Neu herg. von Vict. Frdr. Oehler. Mit e. Vorw. von G. Fr. Oehler. Stuttgart 867. Belser's Verlag. gr. 8. (XVI, 603 S.) 1 ℛ 12 ngr.

Burkstümmer, s.: „Kinder sind e. Gabe des Herrn!"

Bürky, Friedr. Rudolph (Bern/Schweiz), De jure tutelari secundum codicem Bernatensem habito respectu ad jus Romanum. Diss. jur. Götting. (Barmeier) 30. IV. 1805. 40 S. (4.80) 4592

Burky, F. R., de jure tutelari secund. Codicem Bernatens. etc. 8maj. Gütting. 805. Brose. 4 ℛ

Burladingen [Schlagwort]

Burladingen, s.: Württemberg. Höhenkurvenkarte.

Burlage, s.: Gesetzbuch, das bürgerliche, m. besond. Berücksicht. d. Rechtsprechung des Reichsgerichts.

Burlage, Eduard

Die Entschädigung der unschuldig Verhafteten und der unschuldig Bestraften. Kommentar zu d. Reichsgesetzen v. 14. Juli 1904 u. 20. Mai 1898 von E[duard] Burlage, Oberl.Ger.R., Oldenburg. Berlin: O. Liebmann 1905. (VIII, 157 S.) 8° [F.] 05. 6310

Burlage, E., Friedensvereine zur Schlichtung v. Rechtsstreitigkeiten, s. a. Tages-Fragen, soziale, 35. Heft.

Friedensvereine zur Schlichtung von Rechtsstreitigkeiten. Von Oberlandesger.R. E[duard] Burlage, Mitgl. d. Reichst. M. Gladbach: Zentralstelle d. Volksver. f. d. Kath. Deutschland 1907. (59 S.) 8° [F.]
— Tages-Fragen, Soziale. H. 35. 07. 997 5

Burlage, E., die Pfändung bei Personen, welche Landwirtschaft betreiben. Zugleich e. Beitrag zur allgemeinen Lehre v. den Pfändungsbeschränkgn. gr. 8. (VI, 103 S.) Berlin 893. O. Liebmann. n. 2. 20

Burlai, G, liber de vita et moribus philosophorum, s.: Bibliothek d. litterar. Ver.

†Burlamacchi, Pac., Vita et alcune scritti di fra Girolamo Savonarola. 12. Venedig 1829. (bei Volke in W.) 2/3 Thlr. — 1 fl. 12 kr.

Burlamaqui, I. I., Elémens du Droit naturel et polit. 2 Vol. 12. Bern, Haller. 785.

— juris natural. elementa. 8. Genev. Tournes. 754.

Burlamaqui, I. I., Principes du droit de la nature et des gens. Nouv. édit. par Dupin. Vol. 1 à 3. in 8. Paris. 820.

Burlandt, Louis, Fragmente des Lebens. Aphorismen. Aussprüche v. Denkern u. Dichtern. Gesammelt u. hrsg. (154 S.) kl. 8. Leipzig 906. Verlag f. Literatur, Kunst u. Musik. 2. 50; geb. n 3. 50

Burlaeus, Walter

Burlaei, Gualteri, liber de vita et moribus philosophorum, s.: Bibiothek d. litterar. Vereins in Stuttgart. 177.

Lord Burleigh. (Siehe in: Macaulay's ausgewählte Schriften, Bd. I.)

Burlesken. 8 Einakter v. Ribeamus. 1.—3. Tausend. (71 S.) 8. Berlin (906). Harmonie. n. 2. —; geb. n. 3. —

Burlesken von Allegro. 16 u. 28 Bdchn. A. u. d. T.: Die bösen Sieben. 2 Bdchn. 8. Leipzig 833. Hartmann. 1 ℛ

BURLESKEN und sotadische Erzählungen. Rom 1800. 8°.
Sehr selten! (1 fl. 36 xr. Scheible in e. alt. Cat.; jetzt viel theurer!) Weller, fing. Dr.

Burlet, O de: Die belgischen Vizinalbahnen. Übers. v. Frdr. Egger. (4, 51 m. 1 farb. Kte.) 8° Berl., J Springer '12. 2 —

Burlet, Herman Maximilien de. Die äusseren Formverhältnisse der Leber beim menschlichen Embryo. Diss. Med. Univ. Zürich. [Mit Figuren.] (Sonderabdruck aus dem «Morpholog. Jahrbuch». Bd. 42. Heft 1/2. 1910.) II + 71 S. 8. Leipzig, Wilhelm Engelmann, 1910.

Bürli, G., Gesangschule und Liedersammlung, s.: Rauber, Th.

Bürli, Joseph

Bürli, J., das Buch für Gesunde u. Kranke. Populär-medizin. Vademecum. Gemeinfaßliche Darstellung des Baues u. der Verrichtungen des menschlichen Körpers im gesunden u. kranken Zustande, der Krankendiätik u. Krankenpflege, der Hülfsmittel zum Erkennen der Krankheiten; Beschreibung aller innern u. vieler äußern Krankheiten nach Ursache, Kennzeichen, Verlauf u. Ausgang, nebst Angabe der wirksamsten Behandlungsweise; Arzneimittellehre u. Receptirkunde; Verzeichniß aller Krankheiten u. Arzneimittel in deutscher u. lateinischer Sprache; über Bäder u. Heilquellen, Milch- u. Molkenkuren, Traubenkuren u. klimatische Kurorte, nebst einer Sammlung der wirksamsten Receptformeln in deutscher Sprache. Mit 18 in den Text gedr. Abbildungen. 8. (VII, 426 S.) Bern 882. Heuberger. n. 4. —

Bürli, J., das Buch f. Gesunde u. Kranke. Populär-medizin. Vademecum. Gemeinfaßliche Darstellg. des Baues u. der Verrichtgn. des menschl. Körpers im gesunden u. kranken Zustande, der Gesundheitspflege, der Krankenpflege u. Krankendiätetik; Beschreibg. aller inneren u. äußeren Krankheiten nach Kennzeichen, Ursachen, Verlauf u. Ausgang nebst Angabe der wirksamsten Behandlungsweise; Belehrgn. üb. Geburtsheilkunde, Asepsis, Serumbehandlg. u. Lichtheilverfahren; Arzneimittellehre u. Receptierkunde; üb. Bäder u. Heilquellen, Milch- u. Molkenkuren, Traubenkuren u. klimat. Kurorte; Verzeichnis sämmtl. Krankheiten u. Arzneimittel in latein. u. deutscher Sprache, nebst e. Sammlg. der wirksamsten Receptformeln in deutscher Sprache. 2., vollständig umgearb. u. verm. Aufl. (VI, 625 S. m. 26 Abbildgn.) 8. Bern 906. J. Heuberger. n. 5. —

Bürli, J: Das Buch f. Gesunde u. Kranke. Populär-medizin. Vademecum. 2. Afl. (525 m. Abb.) 8° Bern, F Semminger '06. 5 — d

— Taschenbuch f. die erste Hülfe bei Unglücksfällen u. Erkrankungen, m. besond. Berücksicht. der Krankenpflege u. der dazu nöth. Utensilien nebst Anleitg. zum Einrichten u. zur zweckmäß. Benützg. v. Verband- u. Arzneikästen, f. Jedermann, besonders aber f. Familien, Fabriken, Pflegeanstalten, Institute, Pensionen, Berghotels u. s. w. (IV, 124 S. m. 53 Abbildgn.) 8. Bern 903. J. Heuberger. Geb. in Leinw. n. 1. 60

Bürli, J., Volkslexikon der Krankheitssymptome od. nach e. gänzlich neuen System bearb. gemeinverständl. Anleitg. zur richt. Deutg. sämmtl. medizin. u. chirurg. Krankheitszustände, m. besond. Berücksicht. der vorbeug. u. naturgemäßen Heilweise u. aller zur Heilg. od. Besserg. nöth. Operationen. Ein Handbuch u. ärztl. Rathgeber f. Jedermann, insbesondere f. Krankenpfleger, f. Familien etc. (276 S.) 8. Bern 903. J. Heuberger. n. 3. —

Burliginger, Jerem., handschriftlicher u. anderer Nachlaß v. Sebastian Gäuggeli. Harmlose Betrachtgn. e. alt. Cordonnier. 4. Aufl. (IV, 120 S.) 8. Zürich 905. A. Müller's Verl. n. 1. 60

2. Aufl. (120 S.) 904. n. 1. 60.

Burlin, der Diener, Vater und Schwiegervater in einer Person. Ein Lustspiel in 5 Aufzügen. O.O. 1763. V: *Romanus, Carl Franz.* (GGr)

Burlington Freie Presse : July 1875 1878?

Democratic tri-weekly. For weekly edition, see Wöchentliche Burlington Freie Presse. Circulation. 1877, 250. Edited & published by Bischof & Wohlwend, 1875–76; by Emil Bischof, 1876–78.

Burlington, IA

Wöchentliche Burlington Freie Presse : Aug. 1876 1878? Burlington, IA

Weekly edition of Burlington Freie Presse. Circulation: 1878, 700 (est.).

Burlo-Ehrwall, Anton Ritter von, k. k. Feldmarschall-Lieutenant . . . Innsbruck 1880. V: *Wolkenstein-Rodenegg, Arthur Graf.* (EB)

Burlureaux, Charles

Was ein erwachsenes Mädchen wissen sollte. Ratschläge eines Arztes. Von Dr. med. [Charles] **Burlureaux.** Deutsch von Dr. med. Gaston Vorberg. Berlin: O. Coblentz 1905. (31 S.) 8° [05. 11988

Burmaister, Dr Hermann, Naczałnoje osnowanyje zwirosłowija dla upotrebłenyja gymnazialnych i wysszych horodskych szkił napysał po nimecky — — — perewel na russkij jazyk i po obstojatelstwam pidla najłuczszych auktoriw umnozył W. A. Woljan. 8. (VIII, 236, XII S.) W Widny. 1852. (Anfangsgründe der Naturgeschichte des Thierreiches zum Gebrauche der Gymnasial- und der höheren Stadtschulen herausgegeben in deutscher Sprache von Dr. Hermann Burmaister, in's Ruthenische übertragen und nach den besten Schriftstellern vermehrt von W. A. Woljan.) Kostet gebunden 20 kr. C. M.

Vlg. d. Schulbücher-Verschleiß-Administration

Burman, Erik Olof

Om Schleiermachers **kritik** af Kants och Fichtes sedeläror af **E[rik]O[lof] Burman** *Upsala: (Akad. Bokh.; Leipzig: O. Harrassowitz) 1894.* (283, [1] S.) 8°

= **Skrifter** utg. af K. **Humanist. Vetenskapssamfundet** i Upsala. Bd 3, 3. [00. 8545

Burman, Pieter: (1713–1778) Charlotte Amaliae N. Epistola ad Everardum Ottonem [Eberhard Otto, 1685–1756], . . . Halae Magdeburgicae 1735. 28 S. 8°

Burmanen, die, oder Nachrr. üb. ihre Geschichte, Religion, Sitten, Gebräuche, u. d. Ursachen d. gegenwärt. Krieges mit d. engl.-ostind. Comp. Zum Theil aus authent. Quellen. Von M. J. R. Mit 1 ill. Kpf. 8. Berl. 826. Mittler. 1 ℛ

Burmann, auch Bürmann, Prof...., Eudore, ein neu occidental. Hochgesang d. Liebe. 12. Manh. 807. Schwan u. G. 12 gr.

— philosoph. Gemälde d. 18ten Jahrh. 8. Frankf. 790. Eßler. 8 gr. Erschien 1795 unt. d. T.: philosoph. Rückblick auf d. 18te Jahrh. 8. Ebd. 8 gr.

— Musophelia, od. Vortheile d. Wissenschaft u. d. verbess. Studien für den Staat. Manh. 805. (Schwan u. Götz.) 12 gr. Französ. 12 gr.

— dasselbe in franz. Sprache, 8. Ebend. 805.

— **Programme de la pangraphie, partie fondamentale de la caractéristique syntactique, système de not. universelle etc. 8. Manh. 807.**

— Sulmis; e. alter oriental. Hochgesang d. Liebe. 12. Manh. 806. Schwan u. G. 8 gr.

Burmann, Ernst, was müssen wir v. unseren Kolonien wissen? Gemeinverständlich beantwortet. gr. 8. (87 S.) Berlin (900). H. Steinitz. n. 1. —

—— drei Wunder-Mährchen erzählt zur Unterhaltung und Belehrung für Jung und Alt. 16. (V und 126 S.) Eilenburg 850, Schreiber.

Burmann, Franz

Burmannus, Francisc., Bericht vom Sabbath, aus dem Lat. übersetzt, nebst Loconismes de Magistratibus von J. Christ. Lineckel. 12°. Ploen 1710.

Burmann, Frz., alle bibl. Werke z. Erklär. d. heil. Schrift. Fol. Berl. (Hermann, F.) 733.

Burmann, Gottlob Wilhelm

Auswahl einiger vermischter Gedichte von Gottlob Wilhelm Burmann. Berlin und Leipzig, Bey G. J. Decker. 1783. 8°.

Bei G. a. a. O. mit der Jahreszahl 1786.

— Auswahl verm. Gedichte. 8. Berl. 783. Rottmann. 16 gr.

Burmann, Glo. Wlh., († d. 5. Jan. 1805.) Badinagen, oder d. Beweis d. Flexibilität d. deutschen Sprache. 16. Berl. 794.

Burmann, Glo. W., Fabeln u. Erzähl. 8. Berl. Realsch. 763.

— Fabeln u. Erzählungen. 8. Dresd. 769. 3e A. Berl. 773. (Reimer). 8 gr.

Fabeln und Erzählungen von Gottlob Wilhelm Burmann. Erstes und zweytes Buch. Frankfurt an der Oder, mit Winterschen Schriften, 1771. 8°.

Fehlt bei G. S. 583 Nr. 98. S. die sieben folg. Nrn.

Burmann, G. W., Fabeln u. Erzählungen in 4 Büch. 8. Berl. Maurer. 815.

— Gedichte. 8. Bresl. Pietsch. 764.

Gedichte ohne den Buchstaben R. von Gottlob Wilhelm Burmann. Berlin 1788. bey J. A. Kunze. 8°.

Erste Ausgabe; die zweite erschien 1796.

— Gedichte ohne d. Buchstaben R. 8. Frankf. a. d. O. 788. 4 gr. N. A. 16. Berl. 796. (Sander). 9 gr.

— Gedichte ohne R. 8. Frkf. a. d. Od. Akad. Buchhdl. 788. -

— Gedichte ohne R. 8. 788. Jetzt Elltner in Berlin.

— Gedichte ohne den Buchst. R. 16. Berl. Decker. 796. -

— Geschenk für d. Herzen d. Kinder. 12. Berl. 780. Rottmann. 6 gr.

Lieder in Drey Büchern von Gottlob Wilhelm Burmann. Berlin, 1774. Bey G. J. Decker. 8°.

— Lieder in 3 Büchern. 8. Berl. 774. Rottmann. 16 gr.

— kleine Lieder f. kl. Jünglinge. Mit Musik. 4. Berl. 777. Rottmann. 20 gr.

— kleine Lieder f. kl. Mädchen. Mit Musik. 4. Berl. 772 u. 73. Rottmann. 20 gr

— kl. Lieder f. kl. Mädchen u. Jünglinge. 8. Berl. 777. Rottmann. 16 gr Dies. in Musik gesetzt v. J. G. H. 12. Ebd. 774. Maurers B. 8 gr

Burmann, G. W.: Kleine Lieder für kleine Mädchen und Knaben. In Musik gesetzt von J. G. H. Nebst einem Anhang etlicher Lieder aus der Wochenschrift: Der Greis. Zu Zweyen Stimmen ausgesetzt. Zürich. Gedruckt bey David Bürgkli. 1774. 119 S.

LIEDER, Neue, mit Melodien (von *Gottlob Wilhelm Burmann*). O. O. 1766.

— Liederbuch f. d. J. 1787. Berl. 787.

Burmann, Gottlob Wilh. (Hrsg.), s.a. Litteratur, Für, und Herz.

Für Litteratur und Herz. Eine Wochenschrift von Gottlob Wilhelm Burmann. Berlin und Leipzig, bey G. J. Decker. (1775.) (In Prosa.) — 2) Etwas Nebst einem Anhange ... Berlin in der Haude und Spenerschen Buchhandlung. 8°. (1773.)
1) u. 2) fehlen bei G. o. a. O.

— für Literatur u. Herz; e. Wochenschr. 4 Hefte. 8. Berl. 775, 76. Rottmann. 2 Rthl 8 gr

— poet. Mißwachs. 3 Stcke. 16. Berl. 774, 75, 76. Rottmann. 1s, 2s Stck. 16 gr 3s Stck....

— Spaziergänge bei Frankfurt a. d. O. 8. Frankf. a. d. O. 178..

Ziethen. Dem nachstrebendem Sohne gewidmet von G. W. Burmann. Berlin MDCCLXXXVI. Gedruckt bey G. J. Decker. 4°. 2 Bl.
Fehlt bei G. o. a. O.

Burmann, H., Zur Textkritik des Isaios. S.-A. 1882. 16 S. —.80

Burmann, J. G. C., De poetis comoediae Atticae antiquae, qui commemorantur ab Aristophane. Diss. 1868. 36 S. 3.—

Burmann, J. G. Carol., de poetis comoediae Atticae antiquae, qui commemorantur ab Aristophane. Lex.-8. (36 S.) Berlin 868, Calvary und Comp.

Burmann, K., quer durch Afrika. Gerhard Rohlfs' u. Verney Cameron's Reisen. Für die Jugend dargestellt. Mit 2 (Holzschn.-)Porträts, 2 Farbendr.-Bildern u. 2 geograph. (chromolith.) Karten. 2. Aufl. gr. 8. (143 S.) Leipzig 881. Albrecht. geb. 3. —

—— quer durch Afrika. Gerhard Rohlfs, u. Verney Cameron's Reisen. Für d. Jugend dargestellt. 3. Afl. 8. (143 m. Illustr.) Lpzg 81, Zieger. geb. 3 —

Burmann, K., quer durch Afrika. Gerhard Rohlfs' u. Verney Cameron's Reisen. Der Jugend dargestellt. Mit 2 Portr., 2 Farbendr.-Bildern u. 2 geograph. Karten. 2. (Titel-)Aufl. gr. 8. (143 S.) Leipzig 891. G. Fock. Kart. 3. --

— deutsches Götterbuch, s.: Universal-Bibliothek f. die Jugend.

Burmann, K., im Herzen von Afrika. 8. Leipzig 878. Berlin, Neufeld und Mehring.

— im Herzen von Afrika. Eine Reise durch den dunkeln Welttheil. Der Jugend erzählt. Mit zahlreichen (eingedr.) Holzschn. u. einem farbigen Titelbilde. 8. (VIII, 301 S.) Leipzig 878. C. Zieger. geb. n. 6. —

Burmann, K., im Herzen v. Afrika. Erlebnisse u. Abenteuer zweier Freunde in dem dunkeln Weltteil. Eine interessante u. spann. Erzählg. 3. Aufl. Lex.-8. (156 S. m. Textabbildgn., 4 farb. Taf. u. 1 Karte.) Reutlingen 890. Bardtenschlager. geb. 4. 50

Burmann, K., im Herzen v. Afrika. Erlebnisse u. Abenteuer zweier Freunde in dem dunkeln Weltteil. Eine interessante u. spann. Erzählg. 4. Aufl. 4. (152 u. IV S. m. Abbildgn., 4 Farbdr. u. 1 Karte.) Reutlingen (902). R. Bardtenschlager. Geb. in Leinw. 6.—

Burmann, K. [Oberl. Dr.]: Die Lehre von den Sakramenten der christlichen Kirche. — Ein Kapitel evangelischer Polemik gegen die römische und griechische Kirche. Königsberg i. d. N., Druck v. J. G. Striese, 1889; 32 S. 4°
Königsberg i. d. N., Friedrich-Wilhelms-G, OP 1889 (78)

— Stanley's Reisen durch den dunkeln Welttheil. Der Jugend dargestellt. Mit 1 (Holzschn.-)Portr., 2 Farbendr.-Bildern u. 1 geograph. (chromolith.) Karte. 2. Aufl. gr. 8. (157 S.) Ebend. 882. geb. 3. —

— Stanley's Reisen durch d. dunklen Weltteil. Der Jugend dargestellt. Bis z. Auffindg u. Befreig Emin Pascha's fortgesetzt v. F Knopf. 3. Afl. 8° (138 m. 1 Portr., 2 Farbendr. u. 1 Karte.) Lpzg 91, O Drewitz Nf. 3 —

— Stanley's Reisen durch den dunklen Weltteil. Der Jugend dargestellt. Bis zur Auffindg. u. Befreig. Emin Pascha's fortgesetzt v. Frz. Knopf. 3. Aufl. gr. 8. (183 S. m. 1 Portr., 2 Farbendr. u. 1 Karte.) Leipzig 893. O. Drewitz Nachf. Kart. 3. —

—— im schwarzen Welttheil. Schilderungen der großen Forschungsreisen in Inner-Afrika. Der Jugend dargestellt. 2 Bde. gr. 8. [Leipzig, Albrecht.] Berlin, Ad. Engel. geb. à Bd. M 3. 6 —
Inhalt:
Bd. 1. Stanley's Reisen durch den dunkeln Welttheil. Mit 1 Portr. (eingedr. Holzschn.), 2 Farbendr.-Bildern und 1 geogr. (chromolithogr.) Karte. (VII, 163 S.) 1880; 2. Aufl. (157 S.) 882.
2. Quer durch Afrika. Gerhard Rohlfs' und Verney Cameron's Reisen. Mit 2 Portr. (eingedr. Holzschn.), 2 Farbendr.-Bildern und 2 geogr. (chromolithogr.) Karten. (145 S.) 1880; 2. Aufl. (143 S.) 881.

Burmann, K., im schwarzen Welttheil. Schilderungen der großen Forschungsreisen im Innern Afrikas. 2 Bde. gr. 8. Leipzig 881,82. Posen, Manheimer. geb. à Bd. M 3.—.

Burmann, Karl, Bilder a. d. Gebirge u. Berglande v. Schlesien u. d. Ebenen in Posen v. d. Oder b. z. Weichsel, s.: Land u. Volk, uns. deutsches.

Burmann, Karl Grundlehrplan der höheren Knabenschule im Lateinischen. 13 S. Progr. *Schwerin a. W.* 1876.

Burmann, Nic. Lor., Flora Indica. C. fig. 4. Amsterd. 768. Schreuter. 6 Rthl

Burmann, P.

Burmann, P. (Praes.): Diss. de apoplexia, s. Schellwaldt, Jo. Andr. (Resp.)

— Comptoir-Encyklopädie; e. Handbuch f. lernende u. ausgelernte Kaufleute, u. alle Arten von Geschäftsleuten, vornehml. aber zum Leitfaden d. Unterrichts auf Academien. 1r Bd., mit Kpf. gr. 4. Leipz. 806. Joachim. 2 Rthl 12 gr

Burmann (auch Bürmann) P.: „Encyklopädie der Handlungswissenschaft", Mannheim und Heidelberg 1813.

— Encyklopädie d. Handlungs-Wissenschaft, mit 6 Kpf. gr. 4. Manh. 813. (Schwan u. G.) 1 Rthl 16 gr

— Encyklopädie f. Schreib-, Rechnen-, Maaß- u. Gewichtskunde. N. Ausg. Mit 6 Kpf. gr. 4. Leipz. 823. Centr.-Compt. 3 Rthl

— Handbuch f. Geschäftsleute, enth. d. Grundsätze d. flüchtigen Schönschrift u. d. Rechenkunde in prakt. Gründlichkeit. Mit 7 Kpft. 4. Manh. 814. Schwan u. Göz. 2 Rthl Velinp. 2 Rthl 16 gr

— Handbuch f. lernende u. ausgelernte Kaufleute u. alle Arten von Geschäftsleuten, vornehml. aber brauchbar zum Leitfaden des Unterr. auf Academien u. in d. Privatlehre. Mit Kpf. 4. Lpz. 810. Joachim. 4 Rthl Wohlf. A., mit 7 Kpft. gr. 4. Manh. u. Heidelb. 813. Mohr. 3 Rthl

Burmann, Pet., Anthologia vet. lat. epigram. et poëm. 2 Tom. 4. maj. Amst. Luchtmann. 774.

— antiquitatum Romanor. brevis descriptio. 8. Leyd. 777. Luchtmans. 3 gr

Burmann, Pet., antiquitatum roman. brevis descriptio, passim emend. ac supplevit Reiz.-(cur. L. H. Teucher) et notulas subjecit Fr. Volg. 8. Leipz. 792. Ed. n. 809. (Berl., List). 8 ngr

— s. Fabulae ex Ovidii metamorphos.

Burmann, Peter: Zwei makredon. Gedichte, s. F r e y , J. C.

Burmann, Pet., Oratio in humanitatis studia. Leyden 8. II. Leipzig (G. Chph. Wintzer) 1720. 24 S. (4.80) 4749

— orationes omnes. Acc. carminum appendix. 4maj. Hagae Com. 759. 2 ℔

— — Dasselbe. Vom Recht der güldenen Ringe. Lpz. (J. Chn. Langenheim) 1740. 24 S. o. Widm. (4.50) 4751

Burmann Becker, J. G., Nachrichten von dem Geschlechte Becker. Kopenhagen 1831.

Nachrichten, die Stammtafel der Familie **Becker** betreffend. Von J. G. Burmann-Becker. Kopenhagen. 1835. 8°.

Bürmann, Ernst, Entwurf der neben den Special-Innungs-Statuten zu errichtenden Innungs-Ordnungen. 8. (IV u. 67 S.) Eilenburg 850, Schreiber. 9 ngr

— der Handwerker-Schriftführer bei Aufnahme der Lehrlinge u. Meister u. bei Meister- u. Gesellen-Prüfungen ꝛc. Mit Berücksichtigung u. Motivirung der hohen Ministerial-Anweisung für die nach §§ 37. 39. der Verordnung vom 9. Febr. 1849 gebildeten Prüfungs-Commissionen, nebst einem Verzeichniß der zu diesen Prüfungen designirten Probe-Aufgaben ꝛc. gr. 8. (VIII u. 85 S.) Ebd. 850. 12 ngr

Bürmann, Fr. 115 Jahre Kostüm-Geschichte in Modenbildern, s. Zum 25jährigen Bestehen der „Modenwelt".

Buermann, H., Animadversiones de titulis atticis, quibus civitas alicui confertur sive redintegratur. Diss. 1878. 22 S. —.90

Buermann, H., Animadversiones de titulis atticis, quibus civitas alicui confertur sive redintegratur. gr. 8. (20 S.) Leipzig 878, Teubner. *

Buermann, H., animadversiones de titulis atticis, quibus civitas alicui confertur sive redintegratur. [Aus: „Jahrbb. f. class. Philol. 10. Suppl.-Bd."] gr. 8. (20 S.) Leipzig 879. Teubner. n. — 80

Buermann, H., Das attische Intestaterbfolgegesetz. S.-A. 1877. 89 S. 1.—

Buermann, H., drei Studien auf dem Gebiet des attischen Rechts. [Aus: „Jahrbb. f. class. Philol. 9. Suppl.-Bd."] gr. 8. (80 S.) Leipzig 878. Teubner n. 2. —

Buermann, *Heinrich* Die handschriftliche Überlieferung des Isokrates. II. Der Urbinas und seine Verwandtschaft. 4 (22 S.). Progr. Friedrichs-G. *Berlin* 1886

Buermann, H., die handschriftliche Überlieferung d. Isokrates. I. u. II. 4. Berlin, Gaertner. à n. 1. —
I. Die Handschriften der Vulgata. (28 S.) 885.
II. Der Urbinas u. seine Verwandtschaft. (22 S.) 886.

Bürmann, Joh. Heinr. (Hrsg.), s. A r c h i v , Maur.

Ostens Mysten-Schule. Ein pittoreskes Lehrgedicht über Weisheit und Thorheit im Geiste des hohen Alterthums. [Von Joh. Heinr. Bürmann.] Mit Commentarien, einem Musikbl. und einem Titelkpfr. Mannheim: Schwan & Götz 1803. XXII, 391 S. 8°

[Dasselbe.] Neue Ausg. Ebendas. 1828. XXIV, 391 S. 8°
cf. Maur.·. Archiv. 1, 1 (1809) S. 1—40.
Kl. 3980, TB. 167.

Statuten des H:: S:: ⊼S. Carl zur Eintracht im Th.·. Mannheim. Aus Auftr. abgefasst von J[oh.] H[einr.] Bürmann. Mannheim 1812: Hospital-Druckerei. IV, 99 S. 8°
Kl. 196. Mit Tit. in Steindruck.

(**BÜRMANN,** Joh. Heinr., Prof. u. Direktor d. Handelsakad. in Mannheim), S u l m i s, e i n a l t - o r i e n t a l i s c h e r H o c h g e s a n g d e r L i e b e (in 5 Handlungen). Für meine Freunde. Frankfurt u. Leipzig (Mannheim) 1806. 12°. (2 Mk. Jos. Jolowicz, Posen, 1906.)

Dramat. Bearb. des H o h e n L i e d e s (Schir Haschirim = Canticum Canticorum = Gesang der Gesänge). XVI—36 S. incl. Anmerkk. Auf S. XVI (Vorr.) wird ein Lehrgedicht in sechsthalbtausend kurzen Versen (in demselben Versmasse wie Schiller's Hymne an die Freude), m. d. Titel „Ostens Mystenschule 1803", lobend erwähnt.

Anon.-Lex. IV. p. 133 (nach Goedeke); Hayn, H., Thesaurus, libror. Phil. Pfister . . . . München 1888. Nr. 1563.

§ **SULMIS,** e i n a l t o r i e n t a l. H o c h g e s a n g d e r L i e b e (von *Bürmann*). Frankfurt u. Leipzig (Mannheim, Schwan) 1806. 8°.

Als Seitenstück erschien vom selben Vf.: E u d o x e, e i n n e u - o c c i d e n t a l i s c h e r H o c h g e s a n g d e r L i e b e. Mannheim, Schwan, 1807. 12°.

Burmanns, Peter, s.a. B u r m a n n , Peter

Burmanns, Peter, makaronisches Gedicht über das Tabakrauchen. Bei Gelegenheit der Feier des 300jähr. Jubiläums des Königl. Gymnasiums zu Eisleben herausgeg. v. F. W. Genthe. Allen ehemal. Schülern des Königl. Gymnasiums zu Eisleben gewidm. 8. Eisleben 846, Reichardt. 2 ngr

Burmeister's Unterhaltungs-Bücherei, s.a. U n t e r h a l t u n g s - B ü c h e r e i , Burmeisters

Burmeister's Unterhaltungs-Bücherei. Nr. 1–8. 12. Berlin 895. Fürstenwalde, L. Burmeister. à n. — 10
1. 2. Zweierlei Leben od.: Aus d. Enge in d. Weite. (48 S.)
3. Wer wohl am glücklichsten wurde? (24 S.)

Burmeister (A.), Geologische Bilder zur Geschichte der Erde und ihrer Bewohner. 2 Bände. Leipzig 1851—53. 8.

Burmeister (A.), Geschichte der Schöpfung. Leipzig 1843. 8.
Desgl. 2. Aufl. Ebendas. 1845. 8.
Desgl. 3. Aufl. Ebendas. 1848. 8.
Desgl. 4. Aufl. Ebendas. 1851. 8.
Desgl. 7. Aufl. Ebendas. 1872. 8. Herausgegeben von **Giebel.**

Burmeister, Alfr., selig sind, die Heimweh haben; denn sie werden nach Hause kommen. Pfingstpredigt. (7 S.) 8. Riga 910. Jonck & Poliewsky. —40

Burmeister, C. E. J., de fabula, quae de Niobe ejusque liberis agit. Comment. praemio ornata. 8maj. Wismar 836. Schmidt et v. Cossel. $\frac{1}{2}$ ℔

Burmeister, C. Th. Observationes persianae. 22 S. G. *Schwerin* 1878 Progr.

Burmeister, Ernst, Ablösung der Stolgebühren in der mecklenburgischen Landeskirche erörtert. gr. 8. (15 S.) Parchim 875. Wehdemann. n. — 30

Burmeister, E, d. Festhälfte d. Kirchenjahrs. Epistel-Predigten. 8. (289) Parch. 76. Wehdemann. n. 4. 50

Burmeister, Ernst, Gegenerklärung u. Bitte an die kirchliche Conferenz in Mecklenburg-Schwerin. gr. 8. (16 S.) Parchim 877. Wehdemann. n. — 25

Burmeister, Ernst. Arzt: Aus d. allgemeinen Krankenhause St. Georg, Hamburg. Über Hirnmilzbrand. Rostock 1907: Adlers Erben. (36 S.) 8°

Rostock, Med. Fak., Ref. Martius, Diss. v. 5. Sept. 1907

[Geb. 7. Jan. 80 Strokkirchen: Wohnort: Hamburg: Staatsangeh.: Mecklenburg-Schwerin: Vorbildung: Gymn. Wismar Reife M. 00; Studium: Tübingen 5. Rostock 2, Leipzig 1. Rostock 2 S.: Coll. 22. Mai 06: Approb. 10. Mai 06.]

Burmeister, Ernst, Luther e. Säule der Auctorität, in seinem persönlichen Vorbilde u. durch die Reformationslehre vom Gesetz historisch begründet u. psychologisch erörtert. I. Luther, gegenüber der Auctorität seines Vaters gr. 8. (V, 20 S.) Stettin 892. J. Burmeister. n. — 50

Burmeister, Ernst, Luther, e. Säule der Autorität, in seinem persönlichen Vorbilde u. durch die Reformationslehre vom Gesetz histor. begründet u. psychologisch erörtert. (II, VI, 184 S.) 8. Stettin 905. J. Burmeister. n. 2. 40

Burmeister, Ernst [aus Güstrow]: Der bildnerische Schmuck des Tempio Malatestiano zu Rimini . . . (Ersch. vollst. in: Italien. Forsch. z. Kunstgesch., hrsg. v. A. Schmarsow., Breslau, Schles. Buchdr., Kunst- u. Verl.-Anst., *1891*: 31 S., 2 Bl. 8°

Breslau, Phil. Fak., Inaug.-Diss. v. 19. Jun. 1891

Burmeister, Ernst, Referendar: Die Unterhaltspflicht der Ehegatten nach dem bürgerlichen Gesetzbuch. Rostock 1907: C. Boldt. (67 S.) 8°

Heidelberg, Jur. Fak., Ref. Endemann, Diss. v. 16. Juli 1907

[Geb. 15. Okt. 79 Gr.-Salitz; Wohnort: Neu-Schlagsdorf; Staatsangeh.: Mecklenburg-Schwerin; Vorbildung: Gymn. Schwerin Reife M. 98; Studium: Heidelberg 1, Straßburg 3, Berlin 1, Rostock 2 S.; Rig. 7. Mai 07.]

— das **Wort** zur Tages-Ordnung verweigert vor einer kirchlichen Conferenz. gr. 8. (26 S.) Ebend. 877. n. — 40

[BURMEISTER, FRANZ JOACHIM]. Der weinende Petrus, Nach Anleitung Des beliebten Lehrers Des Schweidnitzschen Zions Herren Herren Benjamin Schmolckens etc. Weinenden Petro Weitläufftiger entworffen Von SYLVANDERN. Breslau & Liegnitz (1726). Kl. 8°. 3 Bl. 56 S. (Modern) broschiert. 48.—

Selten. Nicht bei Goedeke u. a.

Burmeister, Frdr., de fontibus Vellei Paterculi, s. **Studien,** Berliner, f. classische Philologie u. Archäologie.

[Umschlagt.:] **Burmeister,** Fridericus [Megalopolitanus]: De fontibus Vellei Paterculi . . . [Erschien vollst. als Heft 2 von: Berliner Stud. f. class. Phil. u. Archäol., Bd xv.] Halis Sax., *typ. expr. A. Klarbaum, Berolini*, 1893; 2 Bl., 36 S. 8.

Halle, Phil. Fak., Inaug.-Diss. v. [10. Dez.] 1893

Burmeister, Fritz, a. Leipzig: Über Kondensationsprodukte von Hydrazobenzol mit gemischten Aldehyden und Versuche zur Darstellung und Charakterisierung der β-Phenyl-α-Chlormilchsäure und des Monophenylacetaldehydes. Leipzig 1904: Metzger & Wittig. (49 S.) 8°

Leipzig, Phil. Fak., Ref. Hantzsch u. Ostwald, Diss. v. 25. Nov. 1904

[Geb. 5. Okt. 79 Leipzig; Wohnort: Leipzig; Staatsangeh.: Sachsen; Vorbildung: Realgymn. Leipzig Reife O. 99; Studium: Leipzig 10 S.; Rig. 13. Juni 04.]

Burmeister, Fritz, Lehrgang der Stolzeschen Stenographie. Im Auftrage der stenograph. Prüfungskommission zu Berlin unter Mitwirkg. v. Geo. Schumann bearb. (IV, 112 S.) 8. Berlin 907. Weidmann. Kart. 1. 60

Burmeister, G. H. Chr., mathemat. Aufgaben. 1e Sammlung: für Kinder von 9 bis 12 Jahren. gr. 12. Rostock 838. Oebergs Universitäts-Buchh. n. 1/6 Thlr.

Burmeister, Gust. (Karl Alexand.) (geb. Berlin 18. 6. 1854): Ein Beitrag zur Aetiologie des Tetanus und Trismus neonatorum. Berlin 1881. (29 S.) 8°

Berlin, Med. Diss. v. 10. Aug. 1881

Burmeister, H., Lieder für Schulen. 1.—3. Aufl. 8. (64 S.) Ratzeburg 871.72,74, [Linsen'sche Buchh.] Schmidt. *

—— dass. — 4. Aufl. 8. (64 S.) Ratzeburg 877, Schmidt. *

Burmeister, H., Lieder für Schulen. 5. Aufl. 8. (64 S.) Ratzeburg 880. Schmidt. n. — 30

Burmeister, Hans, geschichtliche Entwickelung des Gütertarifwesens der Eisenbahnen Deutschlands. Ein Beitrag zum Verständnis der Tariffrage der Gegenwart. Vortrag, geh. im staatswissenschaftl. Seminar der Universität Halle a. S. gr. 8. (III, 63 S.) Leipzig 899. Duncker & Humblot. n. 1. 40

Burmeister, Hans, Erläuterungen zum deutschen Eisenbahn-Gütertarif, Tl. I Abtlg. B nebst ausführl. Sachregister. (VIII, 157 S.) Lex. 8. Berlin 910. J. Springer. Geb. in Halbleinw. 5. —

Burmeister, Hermann

Burmeister, H. (Mitarb.), s. **Abhandlungen,** Zwei naturwissenschaftliche.

Burmeister, Herm., über **Arten** der Gattung Cebus. Halle 854. Schmidt. gr. 4. (1 Bl., 44 S.) n. 25 ngr

Separatabdr. aus „Abhandlungen d. naturforsch. Gesellsch. zu Halle."

Burmeister, Herm., Athlophorus Klugii, eine neue Gattung der Blattwespen [Tenthredonidae.] Mit 1 (lith.) Abbildg. gr. 4. (10 S.) Halle 847, (Braunschweig) Schwetschke & Sohn. n. 12 ngr

Burmeister, H., Atlas de la description physique de la République Argentine, contenant des vues pittoresques et des figures d'histoire naturelle. Le texte traduit en français avec le concours de Avocat E. **Daireaux.** 2. section. Mammifères. 3. livr. Ostéologie der Gravigraden. 1. Abth. Scelidotherium u. Mylodon. Pars 1. Fol. (5 z. Thl. color. Steintaf. m. 1 Bl. französ. Text.) Nebst (deutschem u. portugies.) Text. Imp.-4. (S. 63—125.) Buenos Aires 886. (Halle, Anton.) n. 12. —

Burmeister, Herm., **Beiträge** zur näheren Kenntniss der Gattung Tarsius. Nebst ein. helmintholog. Anhange v. Creplin (über: Filaria laevis, e tela cellulosa subcutanea Tarsii Spectri). Imp.-4. (18¾ B. u. 7 Taf. incl. 1 illum.) Berlin 846, G. Reimer. *

— Beiträge zur näheren Kenntniss der Gattung **Tarsius.** Nebst einem helmintholog. Anhange v. (Fr. Chr. H.) **Creplin.** Mit 7 (lith.) Taf. gr. 4. (X u. 140 S.) Berlin 847, G. Reimer. n. 6 Thlr.

Burmeister, Herm., **Beiträge** z. Naturgesch. d. Rankenfüsser (Cirripedia). M. 2 Kpfrt. gr. 4. (8½ B.) Berlin 834, Reimer.

— **Beiträge** zur Naturgeschichte des Seriema. Nebst einer Abhandlung: Vergleichung des Skelets des Dicholophus cristatus mit dem Skelettypus der Raubvögel, Trappen, Hühner und Wasserhühner, von C. L. **Nitzsch.** Mit 2 (lith.) Taf. (in Fol.) Halle 854. Schmidt. gr. 4. (58 S.) n. 1 Thlr. 15 ngr

Separatabdr. aus „Abhandlungen d. naturforsch. Gesellsch. zu Halle."

—— kritische **Beleuchtung** einiger neuerer Pterodactylus-Arten. gr. 4. (6 S.) Halle 855, Schmidt. *

Aus: Sitzungsberichte der naturforsch. Gesellschaft zu Halle Bd. III. 2., besonders abgedruckt.

—— **Bemerkungen** über den allgemeinen Bau und die Geschlechtsunterschiede bei den Arten der Gattung Scolia. gr. 4. (46 S. mit 1 Stnt.) Halle 854, Schmidt. *

— Bemerkungen über **Zeuglodon** cetoides Owen's, Basilosaurus Harlan's, Hydrarchos Koch's. Mit bestimmter Rücksicht auf das kürzl. in Leipzig vorgezeigte Knochengerüst. Aus der Allgem. Lit.-Zeitg. abgedr. u. durch 1 lith. Taf. verm. gr. 4. (18 S.) Halle 847, (Braunschweig) Schwetschke & Sohn. ½ Thlr.

—— neue Beobachtungen der Macrauchenia patachonica, s. **Acta,** nova, acad. caes. Leopoldino-Carolinae.

Burmeister, Herm., neue Beobachtungen an Doedicurus giganteus. [Aus: „Abhandlgn. d. k. Akad. d. Wiss. zu Berlin".] Mit 2 (lith.) Taf. Abbildgn. gr. 4. (23 S.) Berlin 879. (Dümmler's Verl. — Halle, Anton.) cart. n. 2. —

Burmeister, H., neue Beobachtungen an Macrauchenia patachonica. Mit 2 (chromolith.) Taf. [Aus: „Nova Acta d. ksl. Leop.-Carol. deutschen Akademie der Naturforscher".] gr. 4. (31 S.) Halle 885. Leipzig, Engelmann. n. 3. 50

Burmeister, H., Bericht über ein Skelet von Machaerodus, im Staats-Museum zu Buenos Ayres. Halle. 4. 18 p. Mit 1 lithogr. Tafel.
Schul-/Univ.-Schrift

Burmeister, Herm., Bericht über ein Skelet von Machaerodus, im Staats-Museum zu Buenos Aires. Mit 1 (lith.) Taf. [Aus d. Abhdlgn. d. naturforsch. Ges. zu Halle.] Halle 867. Schmidt. gr. 4. (18 S.) n. 20 ngr.

— Beschreibung u. Abbildung der von Meyen auf e. Reise gesamm. Insekten, s. Actorum novor. Acad. Caes. Leopold.-Carolinae etc. Vol. XVI.

Burmeister, Herm., Beschreibung der Macrauchenia patachonica Owen. [Opisthorhinus Falkoneri Brav.] Nach A. Bravard's Zeichnungen u. den im Museo zu Buenos Aires vorhandenen Resten entworfen. Mit 3 (lith.) Taf. (Aus den Abhandlungen der naturforsch. Gesellsch. zu Halle abgedr.) Halle 864. Schmidt's Verlag. gr. 4. (40 S.) n. 1 ₰ 10 ngr.

Burmeister, H., Beschreib. d. Macrauchenia patachon. Owen. Halle. 4. 40 p. u. 3 Tfn.
Schul-/Univ.-Schrift 1864

Burmeister, Herm., physikalische Beschreibung der Argentinischen Republik nach eigenen u. den vorhandenen fremden Beobachtungen entworfen. 1. Bd., die Geschichte der Entdeckg. u. die geograph. Skizze d. Landes enth. Lex.-8. (VII, 429 S.) Buenos Aires 875. Halle, Anton in Comm. n. 15 —

— Beschreibung eines behaarten Gürtelthieres Praopus hirsutus, aus dem National-Museum zu Lima. Hierzu 1 (lith.) Abbildg. (Aus den Abhandlungen der naturforsch. Gesellsch. zu Halle.) Ebend. 861. gr. 4. (4 S.) n. 8 ngr.

— geologische Bilder zur Geschichte der Erde u. ihrer Bewohner. 1. Bd. 8. (VIII u. 312 S.) Leipzig 851, O. Wigand. n. 1½ ₰

— geologische Bilder zur Geschichte der Erde und ihrer Bewohner. 2. Bd. Leipzig 853. O. Wigand. 8. (IV, 328 S.) n. 1 ₰ 10 ngr.

— geolog. Bilder z. Gesch. d. Erde u. ihr. Bewohner. 2 Bde. 2. Afl. 8. (745) Lpzg 55, O Wigand. à n. 1. 18

— landschaftliche Bilder Brasiliens und Portraits einiger Urvölker; als Atlas zu seiner Reise durch die Provinzen von Rio de Janeiro und Minas geraës entw. u. herausg. XI (lith.) Taf. (in Tondr.) Berlin 853. G. Reimer. qu. Fol. (Mit 1 Bl., 7 S. Text.) n. 3 ₰ 20 ngr.

— zoonomische Briefe. Allgemeine Darstellung der thierischen Organisation. 2 Thle. Leipzig 856. O. Wigand. 8. (VIII. 307; X, 470 S.) n. 4 ₰ 10 ngr.

Burmeister, H.: Ueber die Gattung Calandra. 24 S. Progr. Berlin K. 1837.

— Cephalocoema u. Phylloscyrtus, zwei merkwürdige Orthopteren-Gattungen der Fauna Argentina. Mit 1 (lith. u. color.) Taf. [Aus: „Abhandlungen der naturforschenden Gesellschaft zu Halle".] gr. 4. (20 S.) Halle 880. Niemeyer. n. 1. 60

! — Cephalocoema u. Phylloscyrtus. Jetzt: Stuttg., E Schweizerbart. 81/85

— ein neuer Chlamyphorus. Mit 1 (lith.) Taf. (Aus den Abhandlungen der naturforsch. Gesellsch. zu Halle abgedr.) Ebend. 863. gr. 4. (7 S.) n. 12 ngr.

Burmeister, e. neuer Chlamyphorus. Halle. Schul-/Univ.-Schrift
63, Schmidt. n. — 12

—— Erläuterungen zur Fauna Brasiliens, enthaltend Abbildungen und ausführliche Beschreibungen neuer oder ungenügend bekannter Thier-Arten. gr. Fol. (VIII und 115 S. mit 32 Stnt., wovon 22 ill.) Berlin 850, G. Reimer. *

—— Erläutergn z. Fauna Brasiliens. Fol. (115 m. 32 K.) Berl. 57, G Reimer. n. 20. —

—— über Gampsonychus fimbriatus, s. Abhandlungen, zwei naturwissenschaftliche.

— über Gampsonychus fimbriatus, s. Deecke.

—— d. foss. Gavial v. Boll, s.: d'Alton, E.

— Genera Insectorum. Iconibus illustravit et descripsit. Vol. I. Rhynchota. No. 1—6. Mit Kpfrtaf. Lex.-8. Berolini 838—40. Burmeister et Stange. (à n 1 ₰) 6 ₰

— Genera insectorum. Iconibus illustravit et descripsit. Vol. 1. Rhynchota. No. VII—X. gr. Lex.-8. (à 4 Kupfertafeln.) Berolini 841—46, Burmeister. (Stuhr'sche Buchh.) (à) n. 1 ₰

—— Genera Insectorum. Vol. I. Rhynchota. No. 8—10. Lex.-8. (à 4 z. Theil ill. Kpfrt. u. 1—1½ B. Text.) Berolini 845, 46. (Stuhr'sche Buchh.) à *
Vol. I. Nr. 1—7. Ebendas. 1838—41. à * 1 Thlr.

— Geschichte der Schöpfung. Eine Darstellung des Entwickelungsganges der Erde u. ihrer Bewohner. gr. 8. Leipzig 843, O. Wigand. 1 ₰ 24 ngr — 2. verm. Aufl. gr. 8. Ebend. 845. n. 2⅔ ₰

— Geschichte der Schöpfung. Eine Darstellung des Entwickelungsganges der Erde u. ihrer Bewohner. Für die Gebildeten aller Stände. 3. Aufl. Mit 228 größtentheils nach Handzeichnungen des Verf. in Holz geschn. (eingedr.) Illustr. Lex. 8. (VIII u. 589 S.) Leipzig 848, O. Wigand. — 4. Aufl. Mit 228 Illustr. Lex. 8. (VIII u. 609 S.) Ebd. 851. In Engl. Einb. n. 3⅔ ₰

— Geschichte der Schöpfung. Eine Darstellung des Entwickelungsganges der Erde und ihrer Bewohner. Für die Gebildeten aller Stände. 5. verb. Aufl. Mit 228 größtentheils nach Handzeichnungen des Verf. von J. Allanson in Holz geschn. Illustr. (im Text.) Leipzig 854. O. Wigand. gr. 8. (VIII, 608 S.) n. 3 ₰ 10 ngr.

—— Geschichte der Schöpfung. Eine Darstellung des Entwickelungsganges der Erde und ihrer Bewohner. Für die Gebildeten aller Stände. 5. Aufl. (VIII und 608 S.) 1854. * 3 Thlr. 10 Ngr. und 6., verb. Aufl. (Volksausg.) gr. 8. (VIII und 520 S. mit 228 größtentheils nach Handzeichnungen des Verf. in Holz geschnittenen Illustr. und B's. Bildn. in Stahlst.) Leipzig 855(56,) O. Wigand. *

—— dass. — 6. Aufl. (Prachtausg.) gr. 8. (VII und 608 S.) Ebds. 855(56).

— Geschichte der Schöpfung. Eine Darstellung des Entwicklungsganges der Erde u. ihrer Bewohner. 7. verb. Aufl. Herausg. von C. G. Giebel. Mit dem Bildniß des Verf. (in Stahlst.) Mit 248 größtentheils nach Handzeichngn. des Verf. neu in Holz geschn. Illustr. Leipzig 867. O. Wigand. gr. 8. (VIII, 664 S.) n. 2 ₰ 20 ngr.

Burmeister, Herm., Geschichte der Schöpfung. Eine Darstellung des Entwickelungsganges der Erde und ihrer Bewohner. 7. verb. Aufl. 2. Abdr. Hrsg. von C. G. Giebel. Mit dem Bildniß des Verf. (in Stahlst.). Mit 248 größtentheils nach Handzeichnungen des Verf. neu in Holz geschnittenen (eingedr.) Illustr. gr. 8. (VIII, 664 S.) Leipzig 872, O. Wigand. *

— Grundriß der Naturgeschichte, für Gymnasien u. höhere Bürgerschulen entworfen. gr. 8. Berlin 833. Reimer. ½ ₰ 2e verb. Aufl. 835. ½ ₰ 3e Aufl. 836. ½ ₰

— Grundriß der Naturgeschichte, für Gymnasien u. höhere Bürgerschulen. 4. Aufl. gr. 8. Ebenb. 841. ½ ₰ — 5. Aufl. Ebend. 845. ½ ₰

— Grundriß der Naturgeschichte. Für Gymnasien u. höh. Bürgerschulen entworfen. 6. Aufl. gr. 8. (VIII u. 196 S. Ebd. 848. — 7. Aufl. gr. 8. (VIII u. 196 S.) Ebd. 851. $1/2$ ℛ

Grundriss der Naturgeschichte. 7. Aufl. Band 1. Berlin 1851. 8.

— **Grundriß der Naturgeschichte. Für Gymnasien und höhere Bürgerschulen entworfen. 9. Aufl. Berlin 857. G. Reimer. gr. 8. (VIII, 196 S.)** 15 ngr

—— Grundriß der Naturgeschichte. Für Gymnasien, Real- und höhere Bürgerschulen entworfen. 10. Aufl. gr. 8. (VIII und 203 S.) Berlin 867, G. Reimer.

— **Grundriß der Naturgeschichte. Für Gymnasien, Real- u. höhere Bürgerschulen entworfen. 10. Aufl. Berlin 868. G. Reimer. gr. 8. (VIII, 203 S.)** 15 ngr

— s. a. **Habsburg oder Hohenzollern.**

(Burmeister, Hermann) Habsburg oder Hohenzollern. Wem gebührt die Hegemonie in Deutschland? Leipzig, O. Wigand, 1848. 30 S. 8°.

—— **zoologischer Hand-Atlas, zum Schulgebr. u. Selbstunterr., mit besond. Rücksicht auf seinen „Grundriss" u. sein „Lehrbuch d. Naturgeschichte" entworfen. 1—6. Lfg. (à 6 Taf. u. zus. 44 B. Text.) Fol. Berlin 835—39, Reimer.** à L. * 1 Thlr col. *

— **Zoologischer Hand-Atlas. 7. (letzte) Liefg. Imp.-4. Berlin 843, Reimer. n. 1 ℛ color. n. $1^2/_3$ ℛ — 7 Liefg. compl. n. 7 ℛ color. n. $11^2/_3$ ℛ**

—— zoologischer Hand-Atlas zum Schulgebrauch und Selbstunterricht, mit besond. Rücksicht auf seinen „Grundriss" und sein „Lehrbuch der Naturgeschichte" entworfen. 2. Ausg. Besorgt durch C. G. Giebel. 6 Lfgn. Imp.-4. (III und 192 S. mit 42 Kpfrt.) Berlin 858—60, G. Reimer. à Lfg. * 1 Thlr.
ill. à Lfg. * 1 Thlr. 20 Ngr. *

—— Handbuch d. Entomologie. 1. Bd. Allgem. Entomologie. M. 16 Stndr. u. ($2^3/_4$ B.) erklär. Text in 4. gr. 8. (45 B. u. 1 Tab. in qu. gr. Fol.) Berlin 832, Reimer.

Burmeister, Herm., Handbuch der Entomologie. 2r Bd. Besondere Entomologie. 1e Abthl. Schnabelkerfe. Rhynchota. Mit 2 Kpfrtaf. gr. 8. Berlin 835. Th. Enslin. $2^1/_2$ ℛ — 2e Abth. Kaukerfe. Gymnognatha. (1e u. 2e Hälfte vulgo Neuroptera. Verfaßt 1838 u 1839.) gr. 8. Ebd. 839. 1e Hälfte 2 ℛ 2e Hälfte $1^1/_2$ ℛ Vgl. Thl. I. S. 393.

—— **Handbuch d. Entomologie. 2. Bd. 2. Abthl. u. 3. Bd.** gr. 8. Berlin, Th. Enslin.
Bd. 2. Besondere Entomologie. 2. Abthl.
Abthl. 2. Kaukerfe. Gymnognatha. 2 Hälften.
Hälfte 1. Orthoptera. ($23^3/_4$ B.) 838. 2 Thlr.
" 2. Neuroptera. ($19^1/_4$ B.) 839. 1 Thlr. 12 Gr.
" 3. Besondere Entomologie, Forts. Coleoptera Lamellicornia Melitophila. ($53^1/_2$ B.) 842. 4 Thlr. 12 Gr.
1. Bd. Berlin 832, Reimer. 4 Thlr. 16 Gr. u. 2. Bd. 1. Abthl. Berlin 835, Th. Enslin. 2 Thlr. 12 Gr.

— **dass. 4. Bd. Besond. Entomologie, Fortsetzung. 1. Abthl. Coleoptera Lamellicornia Anthobia et Phyllophaga systellochela. gr. 8. Ebend. 844. 3 ℛ**

— **Handbuch der Entomologie. 5. Bd. Besondere Entomologie. Fortsetzung. (2. Abthlg.) Coleoptera Lamellicornia Xylophila et Pectinicornia. gr. 8. (XII, 584 S. u. 1 Tab. in 4.) Berlin 847, Th. Enslin. 3 ℛ (1. Thl. Berlin 832, G. Reimer. $4^2/_3$ ℛ 2—4. Thl. Berlin 835—44, Th. Enslin. n. $13^1/_3$ ℛ)**

—— Handbuch der Entomologie. 4. Bd.: Besondere Entomologie, Fortsetzung. 2. Abthl.: Coleoptera Lamellicornia chaenochela. gr. 8. (X und 570 S.) Berlin 855, Th. Enslin.
Bd. 1—4. 1. Abthl. und 5. Bd. Ebendas. 1832—47. 21 Thlr. 5 Ngr.

Burmeister H.: Handbuch d. Naturgeschichte ... 2 Abth. (1 Vol.). Berl. 1836-37. 858 S.
(O. m. Fællestit. 1837; 1. Mineralogie u. Botanik. — 2. Zoologie).

— **Handbuch der Naturgeschichte. Zum Gebrauch bei Vorlesungen entworfen. gr. 8. Berlin 837. Th. Enslin.** $3^1/_2$ ℛ

—— über das Klima von Buenos Aires. gr. 4. (24 S.) Halle 863, Schmidt's Verlag. *
Aus: Abhandlungen der naturforschenden Gesellschaft zu Halle, besonders abgedruckt.

—— über das Klima der Argentinischen Republik. Nach dreijährigen Beobachtungen während einer Reise durch die La Plata-Staaten geschildert u. mit numerirten Angaben der gefundenen Werthe belegt. (Aus den Abhandlungen der naturforsch. Gesellsch. zu Halle abgedr.) Halle 861. Schmidt's Verlag. gr. 4. (110 S.) n. 2 ℛ

— geographisch-statistisches Compendium üb. die südamerikanischen Republiken Argentina, Chile, Paraguay u. Uruguay, s.: Mittheilungen aus J. Perthes' geograph. Anstalt.

Burmeister, Herm., die Labyrinthodonten aus dem bunten Sandstein v. Bernburg, zoologisch geschildert. 1. Abthlg.: Trematosaurus. Mit 4 lith. Taf. Imp. 4. (IV u. 71 S.) Berlin 849, G. Reimer. n. $3^1/_3$ ℛ

—— Die Labyrinthodonten aus dem Saarbrücker Steinkohlengebirge. Abth. 3 der Geschichte der deutschen Labyrinthodonten. Archegosaurus. Berlin 1850. 4. Mit 4 Tafeln.

— **Lehrbuch d. Naturgeschichte. 8. Halle 830. Anton. 1 ℛ 12 gr**

— **zur Naturgeschichte der Gattung Calandra, nebst Beschreibung e. neuen Art: Calandra Sommeri. Mit 1 Kpfrtaf. gr. 4. Berlin 837. Burmeister u. Stange. 1 ℛ**

— **die Organisation der Trilobiten, aus ihren lebenden Verwandten entwickelt; nebst einer systemat. Uebersicht aller zeither beschriebenen Arten. Mit 6 Kupfertaf. gr. 4. Berlin 843, Reimer. n. $5^2/_3$ ℛ**

— die fossilen Pferde der Pampasformation. Eine im Auftrage der Provinzial-Regierung von Buenos Aires für die internationale Ausstellung zu Philadelphia verfasste Monographie. Mit 8 lith. Taf. Fol. (VIII, 88 S. deutscher u. portugiesischer Text.) Buenos Aires 875. (Berlin, Friedländer & Sohn.) cart. n. 30. —

Burmeister, Die fossilen Pferde der Pampasformation. Buenos-Ayres 1889. Fol.

— **Reise nach Brasilien, durch die Provinzen von Rio de Janeiro und Minas geraës. Mit besonderer Rücksicht auf die Naturgeschichte der Gold- u. Diamantendistricte. Mit 1 (lith. u. col.) Karte (in Fol.). Berlin 853. G. Reimer. gr. 8. (VIII, 608 S.)** n. 2 ℛ 20 ngr

Burmeister, Hermann: Reise durch die La Plata-Staaten mit besonderer Rücksicht auf die physische Beschaffenheit und den Culturzustand der Argentinischen Republik. Ausgeführt in den Jahren 1857, 1858, 1859 und 1860. Bd. 1. Die südlichen Provinzen umfassend. Mit einer Charte und einem Titel-Bilde. Bd 2. Die nordwestlichen Provinzen und die Cordilleren zwischen Catamarca und Copiapo umfassend. Nebst einer systematischen Uebersicht der beobachteten Rückgratthiere. Mit einer Charte der bereisten Gegenden. Halle 1861. 2 Bde. VI, 504; V, 540 S. 8°. Schmidt.

—— über verschiedene Species der Gattung Mylodon. Aus einem Briefe. gr. 4. (8 S.) Halle 866, Schmidt's Verlag. *
Aus: Abhandlungen der naturforschenden Gesellschaft zu Halle, besonders abgedruckt.

— über verschiedene Species der Gattung Mylodon. Aus e. Briefe. (Aus d. Abhandlgn. der naturforsch. Ges. zu Halle.) gr. 4. (8 S.) Halle 876. Schmidt. n. — 80

[Burmeister, Hermann, Dr. med.] * Das natürliche System der Fische. 16 Bl. 4°
Halle-Wittenberg, Phil. Diss. v. [19. Dez. 1829]
Geb. [Stralsund 15. 1. 1807]
Verf. erlebte die Diplomerneuerung 1879 als Direktor des öffentlichen Museums in Buenos Aires, früher 1837/61 Professor der Zoologie in Halle.

***Burmeister*, Herm., de Insectorum systemate naturali. Dissertat. inaug. 8maj. Halle 829. Anton. 6 gr**

Burmeister, Hermannus: De insectorum systemate naturali. Halis Saxonum (1829): Grunert. 40 S. 8°
Halle-Wittenberg, Med. Diss. v. 4. Nov. 1829

Geb. Stralsund [15. 1.] 1807. V.
Im Buchhandel 1829 bei Anton in Halle. Dzondi's Progr.
Verf. erlebte die Diplomerneuerung 1879 als Direktor des naturhistorischen Museums in Buenos Aires.

— **Uebersicht der brasilianischen Mutillen.** Halle 854. Schmidt. gr. 4. (12 S.) n. 10 ngr
Separatabdr. aus „Abhandlungen d. naturforsch. Gesellsch. zu Halle."

— systematische **Uebersicht** der Sphingidae Brasiliens. Halle 856. Schmidt. gr. 4. (1 Bl., 17 S.) n. 15 ngr

—— syst. Uebers. d. Thiere Brasiliens. 1—3. Thl. 8. Berl., G Reimer. 6. —
1. Säugethiere. (342) 54. 1. 15 || 2. Vögel. (425) 54. 50. 2. 15 || 3. Vögel. (406) 57. 2. —

— systematische **Uebersicht** der Thiere Brasiliens, welche während einer Reise durch die Provinzen von Rio de Janeiro und Minas geraës gesammelt oder beobachtet wurden. 1. Thl. Säugethiere (Mammalia). Berlin 854. G. Reimer. gr. 8. (X, 342 S.) 1 thl 15 ngr

—— dass. — 2. Thl.: Vögel. 1. und 2. Heft: Raubvögel. — Klettervögel. gr. 8. (S. 1—320.) Ebds. 856. à Heft 22½ Ngr.

Burmeister, Herm., systematische Uebersicht der Thiere Brasiliens rc. 2. Thl.: Vögel. 3. Heft: Hockvögel. gr. 8. (X und S. 321—426.) Berlin 856, G. Reimer. Thlr.

—— dass. — 3. Thl.: Vögel (Aves). 2 Hälften. gr. 8. (XIV und 406 S.) Ebds. 856.

— **Untersuchungen** über die Flügeltypen der Coleopteren. 1. Abth.: Clavicornia Latr. Mit 1 (lith.) Taf. Halle 855. Schmidt. gr. 4. (1 Bl., 16 S.) n. 15 ngr
Separatabdr. aus „Abhandlungen d. naturforsch. Gesellsch. zu Halle."

— und C. **Giebel,** die Versteinerungen von Juntas im Thal des Rio de Copiapó. Nach ihren Lagerungsverhältnissen u. physischen Eigenschaften geschildert. Mit 2 (lith.) Taf. (Aus den Abhandlungen der naturforsch. Gesellsch. zu Halle.) Ebend. 861. gr. 4. (34 S.) n. 1 thl

Burmeister, H. u. Giebel, C. Die Versteinerungen von Juntas im Thale des Rio de Copiapó nach ihren Lagerungsverhältnissen und physischen Eigenschaften geschildert. (Aus d. Abh. d. naturf. Gesellsch.) Halle. 1861. 4.

—— **Verzeichniss** der im zoolog. Museum der Universität Halle aufgestellten Säugethiere, s. **Verzeichniss.**

Burmeister, Herm. (Hrsg.), s. Zeitung für Zoologie, Zootomie und Palaeozoologie.

Burmeister, J. Beiträge zur Anatomie und Histologie von Cuma Rathkii Kr. Kellinghusen 1883.

Burmeister, Joh. Jacob: De jure parentum in liberos, s. Bertling, Ernst August [Praes.]

Burmeister, Johannes, approb. Arzt aus Stettin: Ueber einen neuen Fall von acanthosis nigricans (dystrophie papillaire et pigmentaire), nebst vergleichenden Untersuchungen über diesen und die übrigen bisher beschriebenen Fälle der genannten Affektion. *Rostock 1899: C. Hinstorff.* (26 S.) 8°
München, Med. Diss. v. 1899

Burmeister. Johannes [app. Arzt aus Hadersleben]: Aus d. patholog. Institute zu Kiel. Einige Fälle von Miliartuberkulose, ausgehend von cariösen Processen. . . . Kiel, Druck v. Schmidt & Klaunig. 1889; 12 S. + 2 Bl. 8°
Kiel, Med. Fak., Inaug.-Diss. v. 25. Febr. 1889

Burmeister, Johs. Einige Fälle v. Miliartuberkulose, ausgehend v. cariösen Processen. Diss. gr. 8. (13 S.) Kiel 889, (Lipsius u. Tischer). — 80

Burmeister, Karl Christoph Heinrich

Burmeister, Carl Chrstph. Heinr., **Alterthümer** d. wismar. Stadtrechtes, aus d. ältesten bisher ungedr. Stadtbüchern nebst d. ältesten Zunftrollen aus d. 14. Jahrh. gr. 8. (5½ B.) Hamburg 838, Nestler u. Melle.

— Beiträge zur Geschichte Europa's aus den Archiven der Hansestädte. gr. 8. Rostock 843, Oeberg. n. ⅞ thl

Burmeister, Carl Cph. Hnr., die Bürgersprachen u. Bürgerverträge der Stadt Wismar. Zum ersten Male vollständig herausgeg. 4. Wismar 840. (Schmidt u. v. Cossel'sche Rathsbuchh.) n. 1⅔ thl

— de instauratione ecclesiae christianae sexto decimo seculo in civitate Wismaria peracta. 4. Rosstochii 840, Oeberg. n. ⅓ thl

— über die Sprache der früher in Mecklenburg wohnenden Obotriten-Wenden. 8. Rostock 840. Oeberg. n. ⅙ thl

Burmeister, Karl Friedrich

Burmeister, Carl Friedrich (Wismar), De effectu clausulae codicillaris testamento quod rumpitur adjectae. Diss. jur. Präs. Jo. August Hellfeld. Jena (Schill) 19. V. 1759. 46 S. (5.—) 4752
Widm. v.: Präs., Lorenz Johann Daniel Succow, Carl August Tittel, Joh. Nicol. Moeckert, C. F. Berner (Schwerin/Meckl., dtsch.), J. D. Strasburg.

Burmeister, Kuno: Zur Casuistik der Nierenrupturen. M. 2 Abbildungen. *München 1897: Kastner & Lossen.* (26 S. mit Taf.) 8°
München, Med. Diss. v. 1897

Burmeister, Ludw., d. **Buchhändler** u. d. inn. Mission. 2. Aufl. gr. 8. (16 S.) München 897. M. Werther. n. — 20

Burmeister, Ludw., Karl Theodor Körner. Eine Wanderg. auf heimatl. Pfaden zum Grabe des Helden u. Sängers u. v. diesem aus im Geiste durch e. bewegtes Jünglingsleben zurück zur Ruhmesstätte. (93 S. m. 4 Taf.) 8. Strassburg 909. J. Singer. 2.—; geb. n 3. —

Burmeister, Ludwig (Hrsg.), s. Pfarrbote, Der.

— Unterhaltungs-Bücherei. Nr. 1—3. 12° Berl. 95. Fürstenw., L Burmeister. à — 10
1. 2. Zweierlei Leben od.: Aus d. Enge in d. Weite. (48)
3. Wer wohl am glücklichsten wurde? (24)

Burmeister, Martin

Burmeister, über die Union. Ratzeburg **Schul-/Univ.-Schrift** 1865

Burmeister, Otto, aus Mühlengeez: **Nachdichtungen und Bühneneinrichtungen von Shakespeare's Merchant of Venice.** *Rostock 1902: C. Hinstorff.* (142 S.) 8°
Rostock, Phil. Diss. v. [21. Juli] 1902

Burmeister, Otto, Nachdichtungen u. Bühneneinrichtungen v. Shakespeare's merchant of Venice. gr. 8. (142 S.) Rostock 902. H. Warkentien. n. 4. —

Burmeister, Paul Verzeichnis der in der Umgegend Grünbergs wachsenden Gefässpflanzen. 12 S. Progr. *Grünberg* 1882

Burmeister, Philipp [app. Arzt]: Aus d. Hygien. Institut zu Rostock. Die Bewegung der Masern in Rostock während der Jahre 1878 bis 1895 nebst Untersuchgn über d. Grösse d. Durchseuchg seiner Bevölkerg ... Leipzig, Druck v. C. G. Röder, 1897; 36 S., 1 Taf., 1 Tab. 8.
Rostock, Med. Fak., Inaug.-Diss. v. [20. Apr.] 1897

Burmeister, Richard [app. Arzt aus Zernikow]: Aus d. Laboratorium d. pharmakognost. Sammlung in Kiel. Über die Wirkung des Coniin auf den Kreislauf ... Kiel, Druck v. A. F. Jensen, 1891; 57 S., 1 Bl. 8.
Kiel, Med. Fak., Inaug.-Diss. v. [10. Nov.] 1891

Burmeister, Rudolf [Apotheker aus Güstrow]: Ueber die Einwirkung von Phenylhydrazin auf Chlormalonsäureester ... Rostock, C. Boldt'sche Hof-Buchdr., 1893; 38 S., 1 Bl. 8.
Rostock, Phil. Fak., Inaug.-Diss. v. [24. Dez.] 1892

Burmeister, Theodor

Burmeister, Th., s.: Arbeiten a. d. Gebiete d. Geburtshilfe u. Gynaekologie.

Burmeister, Theodor [in Rostock]: '(Aus d. patholog. Institut d. Univ. Rostock.)' Beiträge zur Histogenese der acuten Nierenentzündungen ... M. e. Taf. (Aus: Virchow's Arch. f. path. Anat. u. Physiol. u. f. klin. Med., Bd 137. 1894.) Berlin, *G. Reimer*, 1894; 2 Bl., 64 S., 1 Taf. 8. [Vgl. No 86.]
Rostock, Med. Fak., Inaug.-Diss. v. [10. März] 1895

Burmeister, Th., e. Fall v. sog. intrauteriner Unterschenkelfraktur, verbunden m. verschied. Knochendefekten, s.: Arbeiten aus d. Gebiete d. Geburtshilfe u. Gynaekologie.

Burmeister-Lyser, s. Lyser.

Burmeister - Lyser (Red.), s. Raketen, Chemnitzer.

Burmester, A. Ueber den Einfluſs der Metapher auf die Entwickelung der Sprache. Barmen, R. u. Pg., 1863. 24 S. 4.

Burmester, *Adolf* Abschiedsrede. — Kaiser, *Friedrich* Antrittsrede. 4 (S. 25—30 der Schuln.).
Progr Rsch. *Barmen-Wupperfeld* 1889

Die Börse in Kiel. Adolf **Burmester** del. Kiel. o. J. Lithogr. 1 Bl. 4°, 28/36,5 cm.

Kiel von der Felsenhalle. Adolf **Burmester** del. Kiel. o. J. Lithogr. 1 Bl. 4°, 28/36,5 cm.

Burmester, Andr., die grossen Speicherbauten Hamburg's u. Altona's. Eine Samml. v. Ansichten, Grundrissen u. Schnitten. Im Einvernehmen m. hochlöbl. Baudeputation u. verehrl. Vorstande der Hamburger Freihafen-Lagerhaus-Gesellschaft hrsg. Fol (176 Lichtdr.-Taf. m. 9 S. Text.) Hamburg 890. (Boysen & Maasch.) Geb. in Halbfrz. [n.n. 300. -]
erhöht auf n.n. 600. —

Burmester, Andr.: Situations-Pl. d. Elbinseln. Kl. Grasbrook, Steinwärder u. Kuhwärder zu Hamburg. 1:4000. 64×118 cm. Farbdr. Hambg. (Boysen & M.)'08. Auf L. in L.-Decke 50 —

Burmester, Andr., Situations-Plan der Speicher und kaufmännischen Waarenläger Hamburg's. 1:1000. Unter Mitwirkung von Bautechnikern hrsg. 4 Lfgn. 32 Chromolithogr. qu. gr. Fol. Hamburg 882, (Friederichsen und Comp.)
à Lfg. *ℳ 25. * 100 —
Auf Leinw. * 120 —
Nachtrag Bl. 33. * 3 —

— Situations-Pl. d. Speicher u. Anl. im städt. Freihafen-Bez. zu Hamburg. 1:1000. 60,5×140 cm. Farbdr. Mit 8 Bl. Erklärgn. 8° Ebd.'03. Auf L. in L.-Decke 50 —

— der Staatsspeicher Nr. 28 der Freihafenanlagen in Hamburg nach dem Brande am 20. April 1891. Fol. (4 Lichtdr.-Taf.) Ebd. 891. n. 8. —

— Theile der Eisenconstruction des durch den Brand vom 20. April 1891 zerstörten Staatsspeichers am Sandthorquai zu Hamburg. Fol. (2 Lichtdr.-Taf.) Ebd. 891. n.n. 6. —

Burmester, Ernst [aus München]: Beitrag zur experimentellen Bestimmung geometrisch-optischer Täuschungen ... M. e. Taf. [Aus: Zeitschr. f. Psychol. u. Physiol. d. Sinnesorgane, Bd 12 Heft 5 u. 6.] Hamburg, L. Voss, 1896; 42 S., 1 Taf. 8.
München, Phil. Fak., Inaug.-Diss. v. 1896

Burmester, Fritz [approb. Arzt aus Ratzeburg]: Aus der Königlichen Augenklinik zu Kiel. Ueber intraoculare Blutungen nach der wegen Glaucom ausgeführten Iridectomie .... Kiel. Druck v. Friedrich Barg, 1886: 18+3 S. 8°.
Kiel, Med. Fak., Inaug.-Diss. v. 7. Jan. 1886.

Burmester, Fritz, aus der Königlichen Augenklinik zu Kiel. Ueber intraoculare Blutungen nach der wegen Glaucom ausgeführten Iridectomie. Diss. Kiel 1886, Haeseler'sche Sort.-Buchh. 8°. 18 S.

Burmester, G., Anleitung zum Plan-Zeichnen nach der Lenné'schen Methode. Ein Leitfaden zum Unterrichte in Gärtnerschulen sowie zum Selbstunterrichte für junge Gärtner. Nebst e. Anhang mit den Hauptregeln zur Ausführung von Gartenanlagen. Mit 10 (lith.) Taff. (in 8. u. 4.) Braunschweig 867. Vieweg & S. 8. (V, 29 S.) n. 20 ngr.

Burmester, G., das gärtnerische Planzeichnen. Ein Leitfaden zum Selbstunterricht f. junge Gärtner, sowie zum Unterricht in Gärtnerschulen. Nebst e. Anleitg. zur Ausführg. v. Gartenanlagen. 2. vollst. neubearb. Aufl. 4. (22 S. m. 7 [4 farb.] Taf.) Braunschweig 900. F. Vieweg & Sohn. n. 2. —; geb. in Leinw. n. 2. 50

Burmester, G., und A. Bültemann, der Spargelbau mit besonderer Berücksichtigung der Braunschweiger Kultur. Anleitung, den Spargel zu seiner größesten Vollkommenheit ertragreich und mit möglichst geringen Unkosten anzuziehen. 8. (37 S. mit 1 autogr. Taf. Abbild.) Braunschweig 880, Grüneberg's Buchh. * — 80

Burmester, G., u. A. Bültemann, der Spargelbau mit besonderer Berücksichtigung der Braunschweiger Kultur. Anleitung, den Spargel zu seiner größten Vollkommenheit ertragreich u. mit möglichst geringen Unkosten anzuziehen. Mit einer (autogr.) Taf. Abbildgn. 8. (37 S.) Braunschweig 880. Wollermann. n. — 80

Burmester, G., d. Braunschweiger Spargelbau. Anleitg., d. Spargel z. s. größesten Vollkommenheit u. d. höchsten Erträgen anzuziehen. 2. Aufl. Neu bearb. gr. 8. (28 S. m. 1 Taf.) Braunschweig 898. H. Wollermann. n. — 80

Burmester, G. Jo., De morbo spastico acc. biga obss. de mortibus subitaneis ex pectoris et cordis vitiis. 44 pp. Gott. 8°.
1791

Burmester, Gottlieb Andr.

—, De usu vini medico. 28 pp. Gott. 8°.
1791

Burmester, Gli. Andr., Diss. inaug. de usu vini medico. 8. Götting. 797.

Burmeister, Gustavus Adolphus: * Phaenomena quarzi optica et acustica quatenus cum crystallorum systemate cohaereant. 43 Bl., 1 Taf. 4°
Halle-Wittenberg, Phil. Diss. v. 9. Jan. 1835
Geb. [Stralsund 31. 10. 1808]

Burmester, Heinr., Arm u. Riek e. Bild aus dem Leben, in Niedersächsisch-Lauenburg. Mundart. gr. 16. (125 S.) Hamburg 872. O. Meißner. 1. 50

Burmester, Heinr., Hans Höltig. 'ne Geschicht ut plattdütschen Lann'. 8. (VI, 241 S.) Berlin 885, Renßel. *
geb. *

Burmester, Heinr., Hans Höltig. 'ne Geschichte ut plattdütschen Lann'. 2. Aufl. 8. (IV, 195 S.) Minden i/W. 892. W. Köhler. n. 2. —

Burmester, Heinr., Harten Leina. En Speigel vör Land un Lüd. Mit einer Einleitung von Karl Thdr. Gaedertz. 2 Thle. 1. und 2. Aufl. 8. (XXVIII, 228; 221 S.) Berlin 884, Rogge und Fritze. 6 —
geb. in 1 Bd. 8 —

— Nawerslüd. En Roman ut de Geigenwart. 8. (253 S.) Berlin 880. Friedrich Nachf. n. 3. —

Burmester, H, Nawerslüd. En Roman ut de Geigenwart. 8. (253) Berl. 80, Hertz & S. n 3 —

Burmester, Heinr., Ohmvetter, ein Bild aus dem Leben. 8. (127 S.) Bergedorf 877. Nietzsche. 1.50

Burmester

— Heinr. Bernh. (Hildesheim), Modum enthymemata in orationibus adhibendi. Präs. Jo. Friedr. Heine (Hannover). Helmstedt (Hamm) 4. III. 1711. 44 S. (4.80) 4754

Burmester, Herbert: Untersuchung der wahren Hellegleichen auf der Kugel nach dem Lommel-Seeligerschen Gesetz. Leipzig 1909: Teubner. 27 S. 8 (Ersch. in: Zeitschr. f. Math. u. Physik. Bd 58, H. 1/2.)

München, Phil. Diss. v. 23. Juli 1908, Ref. Lindemann

[Geb. 27. Okt. 83 Dresden; Wohnort: München; Staatsangeh.: Bayern; Vorbildung: Maximilians-Gymn. München Reife Juli 03; Studium: München Univ. 10, Techn. Hochsch. 5 S.; Rig. 23. Juli 08.] [U 09. 3450

Burmester, Hermann, a. Ripdorf (Hannover): Vergleichende Untersuchungen über den Einfluß der verschiedenen Samenbeizmethoden auf die Keimfähigkeit des gebeizten Saatgutes und über ihre pilztötende Wirkung. (Ludwigsburg 1908: Ungeheuer & Ulmer.) (51 S.) 8°

Gießen, Phil. Fak., Ref. Gisevius, Diss. v. 15. Juni 1908

[Geb. 18. Juli 83 Ripdorf b. Uelzen; Wohnort: Zanzow; Staatsangeh.: Preußen; Vorbildung: Gymn. Salzwedel Reife O. 03; Studium: Gießen 5, Bonn 3 S.; Rig. 18. Dez. 07.]

Burmester, **J. J., consultatio medica super morbo spastico etc. 8. Götting. 791. Brose. 4 gr**

BURMESTER, JOH. FRIEDR., Beiträge zur Kirchengeschichte des Herzogthums Lauenburg. Ratzeburg (Schönberg). 1832.

Burmester, Joh. Frdr., Beiträge zur Kirchengeschichte des Herzogthums Lauenburg. 2. bericht. u. bis 1882 ergänzte Ausgabe mit Registern von Joh. Aug. Amann. 8. (XV, 160 S.) Ratzeburg 882. Schmidt in Comm. n. 3. —

Burmester, Karl

Ueber die Bedeutung der Lehre für die christliche Erziehung v. Carl **Burmester.** Ratzeburg. 1858. 4°. Gymn.-Progr.

Ueber das Gewissen von Carl **Burmester.** Ratzeburg. 1861. 4°. Gymn.-Progr.

Burmester, Carl, die evangelische Lehre von der Rechtfertigung aus dem Glauben. Dargestellt u. begründet. gr. 8. (44 S.) Güstrow 851, Opitz & Co. in Comm. 1/4 Rthlr

Ueber Strenge und Milde in der Erziehung v. Carl **Burmester.** Ratzeburg. 1868. 4°. Gymn.-Progr.

Burmester, Ludwig

Burmester, L., Elemente einer Theorie der Isophoten [Linien gleicher Lichtintensität]. Inaug.-Dissert. Göttingen 865. (Heidelberg, Bangel & Schmitt.) gr. 8. (63 S. u. 1 lith. Taf.) n. 15 ngr.

Burmester, Ludw., dioptrische Erscheinungen bei einfachem Sehen u. beschränktem Sehfeld, s.: Sitzungsberichte der kgl. bayer. Akademie der Wissenschaften. Mathem.-phys. Kl. 1909. IX.

Burmester, L., Geschichte d. Infant.-Regts. v. d. Goltz (7. Pommerschen) Nr. 54, a. Gr. d. Vorarbeiten von Max. v. Renouard u. Frdr. Thiede zusammengest. u. bearb. Mit 1 Bildn. des Kaisers u. Königs, 1 farb. Fahnentaf., 1 farb. Uniformbilde, 1 Denkmalsbilde, 1 Ehrentaf. u. 2 Marschkarten. gr. 8. (V, 211 S.) Berlin 895. E. S. Mittler & Sohn. n. 5. —

Burmester, L., Geschichte des Infanterie-Regiments v. der Goltz (7. pomm.) Nr. 54, auf Grund der Vorarbeiten des verstorb. Oberst Max v. Renouard u. des Oberst z. D. Frdr. Thiede zusammengestellt u. bearb. (VI, 251 S. m. Kartenskizzen, 3 [2 farb.] Karten u. 10 Taf.) gr. 8. Berlin 910. E. S. Mittler & Sohn. 7.—; geb. n 8.50

Burmester, L., Grundzüge der Reliefperspective, nebst Anwendg. zur Herstellg. reliefperspectiv. Modelle. Als Ergänzg. zum Perspectiv-Unterricht an Kunstakademien, Kunstgewerbeschulen u. techn. Lehranstalten bearb. Mit 3 lith. Taf u. e. Lichtdr.-Taf. gr. 8. (IV, 31 S.) Leipzig 883. Teubner. cart. n. 2 —

Burmester, Ludw.: Konstruktionen d. Beschleunigg̃n bei zusammengesetzten Mechanismen. [Aus: „Sitzgsber. d. bayer. Akad. d. Wiss."] (463—488 m. 1 Taf.) 8° Münch., G Franz' V. '11. — 80

Burmester, L., Lehrbuch der Kinematik. Für Studirende der Maschinentechnik, Mathematik und Physik geometrisch dargestellt. 1. Bd.: Die ebene Bewegung. 3 Lfgn. gr. 8. Mit 1 Atlas in Fol. Leipzig, Felix. [1. Lfg. (S. 1—256 mit 18 lithogr. Taf.) 886. *M 16.—.; 2. Lfg. (S. 257—560 mit 18 lithogr. Taf.) 886. *M 18.—.; 3. Lfg. (S. 561—941 mit 21 lithogr. Taf.) 888. *M 23.—.] *

Burmester, L., Theorie u. Darstellung der Beleuchtung gesetzmässig gestalt. Flächen, m. besond. Rücksicht auf die Bedürfnisse techn. Hochschulen. Mit e. Atlas v. 14 lith. Taf. (in qu. gr. Fol.) gr. 8. (XVI, 368 S.) Leipzig 871. Teubner. n. 16. —

Burmester, L, Theorie u. Darstellg d. Beleuchtg gesetzmäss. gestalt. Flächen. 8. (368 m. 14 L.) Lpzg 71, Teubner. n. 16. — || 2. Afl. 78. n. 8. —

Burmester. L. Theorie und Darstellung der Beleuchtung gesetzmässig gestalteter Flächen. 2. A. Leipzig 1875. Atl. fol.

Burmester, L., Theorie u. Darstellung der Beleuchtung gesetzmässig gestalt. Flächen, m. besond. Rücksicht auf die Bedürfniss techn. Hochschulen. Mit 1 Atlas von 14 lith. Taf. (in qu. gr. Fol.) 2. Ausg. gr. 8. (XVI, 368 S.) Ebend. 876. n. 8. —

— Kinematograph. Verwandtschaft ebener Systeme u. räumlicher Systeme. (32 S. m. 5 Fig.) 8. München (907). (G. Franz' Verl.) — 40
Sonderabdr. a. „Sitzungsber. d. bayer. Akad. d. Wiss."

Burmester, Marie, s. a.: Wolterstorff, Marie.

Dämmerung. Roman v. Marie **Wolterstorff** (Marie Burmester). Stuttgart. 1910. 8°

Du hast gesiegt . . . Erzählung v. Marie Burmester (d. i. Marie Wolterstorff). 3. Aufl. Schwerin. 1921. 8°

Burmester, Marie, vom Garten Eden. Roman. (189 S.) 8. Wismar 910. Altenburg, Joh. Räde. 2.60; geb. in Leinw. 3.50

Burmester, Marie: Vom Garten Eden. Roman. (189) 8° Wism., H Bartholdi 10. 2.60; L. 3.50 d

| — Vom Garten Eden. Jetzt: Berl., M Warneck. 2 —; geb. 3 — 08/09

Gottfried Rissoms **Haus** von Marie **Burmester.** *Hanau: Clauß & Feddersen 1903.* (228 S.) 8° [F.] [03. 5734 4

Gottfried Rissoms Haus v. Marie Burmester [d. i. Marie Wolterstorff]. 2. Aufl. Berlin-Steglitz. o. J. 8°

— Gottfried Rissoms Haus. 2. Aufl. (Buchschmuck nach Entwürfen v. Heinr. Vogeler.) (242 S.) 8. Hanau (908). Clauß & Feddersen. 3. —; geb. in Leinw. 4.—; Luxusausg., geb. in Halbfrz. 6. —

Burmester, Marie, Pfarrhäuser. 8. (120 S.) Hanau 902. Clauß & Feddersen. n. 1.50; geb. in Leinw. n. 2.50

| — Pfarrhäuser. Jetzt: Berl.-Stegl., B Behr's V.

— an jenem Tage. Erzählung. (240 S.) 8. Schwerin 907. F. Bahn. n. 2.80; geb. n. 3.50

— An jenem Tage. Erzählg. 2. Afl. (240) 8° Schw., F Bahn '11. 2.80; geb. 3.50 d

— Unterwegs. Erzählgn. 1. u. 2. Aufl. (Je 169 S.) 8. Schwerin 909. F. Bahn. 2.20; geb. 2.80

— Vielsti Galilaeo! Erzählg. (204) 8° Schwer., F Bahn '06. 2.50; geb. 3 — d

Burmester, Theophilus Andreas: De u s u vini medico. Gottingae: Grape 1797. 28 S. Göttingen, Med. Diss. v. 27.9.1797.

Burmester, W., zur Erinnerung an den 60. Geburtstag Heinrich Schaumbergers, s. a. Abhandlungen, pädagogische. 82. Hft.

Zur Erinnerung an den 60. Geburtstag Heinrich Schaumbergers. Von W. Burmester. Bielefeld: A. Helmich [1904]. (18 S.) 8° [F.]
= Abhandlungen, Pädagogische. H. 82. [05. 14467]

Burmester, Walter, Dr. iur., Referendar in Hamburg: Der staatliche Salzgewinnungsvorbehalt im gegenwärtigen deutschen Gesamtrechtssystem. Zugleich ein Beitrag zum Begriff „Bergrecht“. Tübingen o. J.: J. C. B. Mohr. (IX, S. 71—122, 209—241.) 8° (Aus: Archiv f. öffentl. Recht Bd 23 H. 1 u. 2, 1908.)
(Nicht für den Austausch, lag nicht vor.)
Rostock, Jur. Fak., Ref. Hübner, Diss. v. 1. Juni 1908
(Geb. 27. Okt. 84 Hamburg; Wohnort: Hamburg; Staatsangeb.: Hamburg; Vorbildung: Wilhelms-Gymn Hamburg Reife M. 03: Studium: Jena 2, Berlin 1, Kiel 3 S.; Rig. 19. Okt. 07.)

Burn's Poems, s. *Choice* of Burn's Poems etc.

Burn & William Enfield. Sammlung der besten Predigten über die Moral; aus dem Engl. Halle 1777—81. Ü: *Schulz, Johann Chph Friedr.* (Ky) (MGT)

Burn u. Enfield, Sammlungen d. besten Predigten üb. d. Moral; aus d. Engl. (v. Jh. C. F. Schulz). 6 Thle. gr. 8. Halle 777—81. Gebauer. 6 ₰

Burn, Allan, s. B u r n s , Allan

Burn, Johann, s. B u r n s , Johann

Burn, Robert, s.a. B u r n s , Robert

Burn, Rob., Kenntniß der Dampfmaschinen, s. Schauplatz, neuer, d. Künste rc.

Burn, Rob. Scott, praktisches Handbuch der Ventilation od. Lüftung v. öffentlichen, Wohn- u. landwirthschaftlichen Gebäuden, od. leichtfaßl. Anleitung jedes Gebäude nach rationellen Grundsätzen zu ventiliren. Nebst Bemerkungen über Heizung, Feuerungsanlagen u. die Verhütung des Rauchens der Essen. Mit einem Anh. üb. die Ventilirung der Segel- u. Dampfschiffe, sowie der Eisenbahnwagen u. üb. die Heizung der letzteren. Aus d. Engl. bearb. v. Carl Hartmann. Mit 39 dem Text eingedr. Abbildgn. (in Holzschn.) gr. 8. (VI u. 194 S.) Leipzig 851, Baumgärtner. 18 ₰

—— d. Nothw. u. Wesentl. z. Kenntn. d. Dampfmasch., s. a. Schaupl. d. Künste.

Burn, Robert Scott, das Nothwendige und Wesentliche z. Kenntniss der Dampfmaschinen, ihrer Geschichte, ihres Mechanismus, ihrer Behandlung und Wartung. Fur Solche, welche sich in Kurze über alles Hauptsächliche dieser grossartigen Motoren unterrichten wollen, wenn sie bei'm Bergbau, bei Hütten-, Muhlen- u. d. gesammten Fabrikenwesen als stehende und lokomobile Maschinen, ferner auf Schiffen und auf Eisenbahnen als Lokomotiven benutzt werden. Nach dem Englischen frei und allgemein verständlich bearbeitet v. Dr. C. Hartmann, Berg- und Hutten-Ingenieur, Mitglied vieler gelehrten und Gewerbsgesellschaften Mit 145 Abbildungen auf 13 lithographirten Lang-Folio-Tafeln. 8. Weimar, Voigt. 1855. 1 Rth.

Burnaby, Andrew

Burnaby, A., Reise d. Virginien, Maryl. rc. **a. d. Engl. 8. Hamb. Bohn. 776.**

Burnaby, Andrew. Reisen durch die mittleren Colonien der Engländer in Nord-Amerika. Aus dem Engl. . . . Hamburg 1775. Ü: *Ebeling, Caspar Daniel.* (EngC) (Ky)

BURNABY, Andrew 1734? - 1812
Reisen durch die Mittlern Kolonien der Engländer in Nord-Amerika, nebst Anmerkungen über den Zustand der Kolonien. Von M. Andreas Burnaby ...
Aus dem Englischen übersetzt, mit Anmerkungen und Zusätzen [von Christoph Daniel Ebeling].
Hamburg-Kiel: Bohn. 1776. 16, 206 S. 12°.
Niedersächsische Landesbibliothek Hannover
Übers. v. Travels through the middle settlements in North-America, London 177
Frankfurt-Leipziger Meßkatalog, Michaelismesse 1775, S. 917, 935.
Sabin 9361. Baginsky 507. Palmer.
Christoph Daniel Ebeling, 1741-1817

Burnaby, Andr., Reisen durch d. mittl. Kolonien d. Engländer in Amerika; aus d. Engl. (v. Chr. Dn. Ebeling). 8. Hamb. 776. (Petersen in Altenb). 10 ₰

— voyages dans les Colonies du milieu de l'Amérique septentrionale etc. traduits de l'Angl. 8. Lausanne 778. Pott u. Comp. 12 ₰

Burnand, Eugène. (Mit Text v. David Koch.) (20 S. m. Abbildgn.) 22,5×31 cm. München (910). (Stuttgart, Verl. f. Volkskunst.) 1.50; m. 1 eingeklebten Abbildg. 2. —

— Die Gleichn. Jesu. Illustriert v. B. Vorwort u. Bilderklärgn v. Dav. Koch. 2. Afl. (186 m. Abb. u. 11 Taf.) Lex8° Stuttg., Verl. f. Volkskunst ('11). L m. G 15 — d

Burnand, Eug., s.: Parabeln, die, der Evangelien.

Burnand, F. C., gute Gedanken, s. a. Bücher, die, d. deutsch. Hauses.

Burnand, F. C., gute Gedanken. Aus dem Englischen. 1. Aufl. 1872, und 2. Aufl. gr. 8. (VIII, 344 S.) Cassel 875, Kay.

Burnat, Emile

Burnat, E. Flore des alpes maritimes du catalogue raisonné des plantes qui croissent spontanément dans la chaine des alpes maritimes. Vol. I. In-8°. XII, 302 p. Av. 1 carte. Genève et Bâle, Georg & Co. 1893 9 —

Burnat, Emile. Flore des Alpes maritimes ou catalogue raisonné des plantes qui croissent spontanément dans la chaîne des Alpes maritimes, y compris le département français de ce nom et une partie de la Ligurie occidentale. Volume II. Gr. in-8°. XVI, 287 p. Genève, Bâle et Lyon, Georg & Co. 1896 9 —

Burnat, Emile. Flore des Alpes Maritimes ou catalogue raisonné des plantes qui croissent spontanément dans la chaine des Alpes Maritimes y compris le Département français de ce nom et une partie de la Ligurie occidentale. Vol. III, partie I. In-8°. XXXVI, 170 p. Bâle et Genève, Georg & Co. 1899 5 —

Burnat, Emile. Flore des Alpes maritimes ou Catalogue raisonné des plantes qui croissent spontanément dans la chaine des Alpes maritimes, y compris le département français de ce nom et une partie de la Ligurie occidentale. Volume 3, 2e partie. IV p. + p. 173—332. 8. Genève & Bâle *et* Lyon, Georg & Cie, Janvier 1902. [fr. 5. —]

Burnat, Emile, et Gremli, Aug. Genre Rosa, révision du groupe des orientales, études sur les cinq espèces qui composent ce groupe dans le „Flora orientalis“ de Boissier. In-8°, 96 p. Genève et Bâle, H. Georg. 1887 3 —

Burnat, Emile. Matériaux pour servir à l'histoire de la Flore des Alpes maritimes. [Volume 5.] 8. Bâle et Genève *et* Lyon, Georg & Co, Mars 1902. [fr. 6. —]
s. Briquet, John.

Burnat, Emile et Barbey, William (de la Société vaudoise des sciences naturelles). Notes sur un voyage botanique dans les Iles Baléares et dans la province de Vallence (Espagne), Mai—Juin 1881. In-8⁰, 63 p. avec 1 pl. Bâle, Genève, Lyon, H. Georg. 3 —

Burnat, E. et Gremli, A. Observations sur quelques roses de l'Italie. Gr. in-8⁰, 52 p. Genève et Bâle, H. Georg. 1 50
₊ Sommaire: Roses de la Sicile et leurs espèces nouvelles. — Trois roses de l'herbier génér. de Gussone. — Identité des Rosa agrestis savi et R. Septum Thuillier. — Observations de M. F. Crépin et additions.

1886

Burnat, Emile et Aug. Gremli. Les roses des Alpes maritimes. Etudes sur les roses qui croissent spontanément dans la chaîne des Alpes maritimes et le département français de ce nom. In-8⁰, 136 p. Genève et Bâle, Georg. 4 —

1879

Burne, Benjamin, a. Birkenhead b. Liverpool (England): Zur Kenntnis ungesättigter Fettsäuren. Heidelberg 1906: K. Rössler. (58 S.) 8°

Heidelberg, Naturw.-math. Fak., Ref. Curtius, Diss. v. 17. Okt. 1906

[Geb. 29. Aug. 75 Birkenhead b. Liverpool; Wohnort: Heidelberg; Staatsangeh.: England; Vorbildung: Birkenhead College (bis 01), Univ. Cambridge Baccal. in Artibus 01; Studium: Heidelberg 7 S.; Rig. 26. Juli 06.]

Burne. J. s.: Selbstarzt, d., bei Hartleibigkeit.

Burne-Jones, Edward, Work. 91 photograv. directly reproduced from the original paintings. Nebst Text. Imp.-Fol. (24 S.) Berlin (900). Photograph. Gesellschaft. In Leinw.-Mappe n. 1000.—; Vorzugsdrucke auf Chinapap. n. 2000.—

Burnell, A. C., on the Aindra school of Sanskrit grammarians, their place in the Sanskrit and subordinate literatures. gr. 8. (VIII, 120 S.) Mangalore 875. Basel, Missionsbuchhandlung. cart. n. 8.—

— the Arsheyabrâhmana [being the fourth Brahmana] of the Sâma Veda. The sanskrit Text ed. together with extracts from the commentary of Sâyana etc. An introduction and index of words. 8. (LII, 109 S.) Ebend. 876. geb. n. 10.—

— the Jaiminîya text of the Arsheyabrahmana of the Sâma Veda. Ed. in sanskrit. 8. (XXI, 80 S.) Ebend. 878. n. 6. 40

Burnell. Riktantravyâkarana a Praticakhya of the Sama Veda. Part I. In-8⁰. 84 S. Basel, Missionsbuchhandlung. 1879 12 50

— s.: Sai hitopanishadbrâhmana, the.

—— s. Sambitopanishadbrâmana, the.

Bürner, Georg, gepr. Lehramtskandidat aus Nürnberg: Vergils Einfluß bei den Kirchenschriftstellern der vornikänischen Periode. *Erlangen 1902: F. Junge.* (60 S.) 8°
Erlangen, Phil. Diss. v. 22. Juli 1902

Bürner, Richard

Baerner, R[ich.], und H. *Lax.* Steuer-Ausschuss d. deutschen Elektrizitäts- u. Gas-Interessenten. Denkschrift zu dem Gesetzentwurf über die Besteuerung von Elektrizität und Gas. Berlin 1909. 4⁰. Scholem

— zur wirtschaftlichen Entwickelung u. Lage der deutschen elektrotechnischen Industrie. Nach e. Vortrage. (15 S.) gr. 8. Berlin 903. (F. Siemenroth). n. —50

Zur wirtschaftlichen Entwickelung und Lage der deutschen elektrotechnischen Industrie. Nach e. Vortrage von Dr. R[ichard] **Bürner,** Syndikus. Bochum 1903: F. Jahn & Co. (15 S.) 8° [06. 4590

Bürner, Rich., der Feingehalt der Gold- u. Silberwaren. Seine gesetzl. Regelg. i. d. verschied. Staaten, m. bes. Berücksicht. v. Deutschland, Oesterreich-Ungarn u. d. Schweiz. Ges. u. f. d. prakt. Gebrauch bearb. gr. 8. (VI, 82 S.) Weimar 896. Leipzig, B. F. Voigt. 2. 25

Der Feingehalt der Gold- und Silberwaaren. Seine gesetzl. Regelung in d. verschiedenen Staaten, m. bes. Berücks. v. Deutschl., Oesterr.-Ung. u. d. Schweiz. Gesamm. u. f. d. prakt. Gebr. bearb. v. Dr. Richard **Bürner.** M. in d. Text eingedr. Abb. *Weimar: B. F. Voigt 1897.* (VI, 82 S.) 1 Bd 8. [96. 6364

Bürner, R., die Geschäftslage der deutschen elektrotechn. Industrie im J. 1906, s. a. Verein zur Wahrung gemeinsamer Wirtschaftsinteressen der deutschen Elektrotechnik. Nr. 10.

Bürner R, die Geschäftslage d. deutsch. elektrotechnischen Industrie im Jahre 1906. (Verein zur Wahrung gemeins. Wirtschaftsinteress. d. d. Elektrotechn. 10) Berlin 1907

Bürner, Rich., das neue deutsche Handelsgesetzbuch, s. a. Handbibliothek d. gesamten Handelswissenschaften. 7. Bd.

— das neue deutsche Handelsgesetzbuch nebst Einführungsgesetz, f. d. Handelsstand gemeinverständl. erläut. u. m. e. ausführl. Sachreg. vers. 8. (IV, 204 S.) Stuttgart 897. A. Brettinger. Geb. in Leinw. 2. 50

— der Handlungs-Reisende im Auslande. Die gesetzl. Bestimmgn. üb. die Thätigkeit der Handlungsreisenden in den verschiedenen Ländern. gr. 8. (76 S.) Dresden 901. Steinkopff & Springer. n. 1.—

Bürner, R., ist der Arbeitgeber berechtigt, bei Lohnzahlungen an die Arbeiter Abzüge f. Fabrikstrafen usw. zu machen?, s. a. Verein zur Wahrung gemeinsamer Wirtschaftsinteressen der deutschen Elektrotechnik. Nr. 6.

Ist der Arbeitgeber berechtigt, bei Lohnzahlungen an die Arbeiter Abzuge für Fabrikstrafen, Schadensersatzforderungen, Beiträge zu Wohlfahrtseinrichtungen usw. zu machen? Von Dr. jur. R[ichard] **Bürner,** Syndicus. Berlin: G. Siemens in Komm. 1906. (38 S.) 4°(8°) [J.]
— **Verein** z. Wahrung gemeinsamer Wirtschaftsinteressen d. deutschen Elektrotechnik. No 6. [06. 1000

— **Kupfernot,** s. a. **Verein** zur Wahrung gemeinsamer Wirtschaftsinteressen der deutschen Elektrotechnik. Nr. 8.

Kupfernot! Vortrag, geh. 1906 zu Frankfurt a. M. von Dr. jur. R[ichard] **Bürner,** Syndikus. Berlin: Siemens in Komm. 1906. 12 S. 4°
(Verein z. Wahrung gemeinsamer Wirtschaftsinteressen d. deutschen Elektrotechnik. Nr 8.) [07. 13[?]

— Albert Lortzing in Detmold, Pyrmont, Münster u. Osnabrück. Ein Gedenkblatt. 2. Aufl. gr. 8. (27 S.) Detmold (900). K. Bergmann. n. —50

Die Rechte und Pflichten der technischen Angestellten (Betriebsbeamten, Maschinentechniker... Werkmeister u. dergl.) gegenüber ihren Arbeitgebern. Von Dr. jur. R[ichard] **Bürner,** Syndikus. Berlin: F. Siemenroth 1904. (80 S.) 8° [J.] [06. 4591

— die Schaffung e. freiwilligen Schiedsgerichtes f. Gebrauchsmusterschutz-Streitigkeiten in der elektrotechn. Industrie, s. a. Verein zur Wahrung gemeinsamer Wirtschaftsinteressen der deutschen Elektrotechnik. Nr. 2.

Die Schaffung eines freiwilligen Schiedsgerichtes für Gebrauchsmusterschutz-Streitigkeiten in der elektrischen Industrie. Materialien von Dr. jur. R[ichard] **Bürner,** Syndikus. Berlin: G. Siemens in Komm. 1905. (21 S.) 4°(8°) [J.]
— **Verein** z. Wahrung gemeinsamer Wirtschaftsinteressen d. deutschen Elektrotechnik. No 4. [06. 998

— das österr. Vereins- u. Versammlungsrecht, a. Gr. d. Gesetze v. 15. XI. 1867 u. d. kaiserl. Patentes v. 26. XI. 1852 gemeinverständl. erläut., nebst e. prakt. Anleitg. z. gesetzm. Gründg. u. Leitg. e. Vereines, sow. z. Einberufg. e. öffentl. Versammlg., ferner m. Entwürfen v. mustergilt. Satzgn., Eingaben a. d. Behörden 2c. 8. (VII, 120 S.) Wien 897. A. Hartleben. Geb. in Leinw. n. 2.—

— das Verhältnis zw. Prinzipal u. Handlungsgehilfe, auch Handlungslehrling, Handlungsreis., Prokuristen u. Handlungsbevollm. a. Gr. d. Bestimmgn. d. neuen Handelsgesetzbuches. In gemeinverständl. Weise erkl. u. m. e. ausführl. Sachreg. vers. 8. (V, 70 S.) Stuttgart 897. A. Brettinger. — 90

Mitteleurop. Motorwagen-Verein. Das rechtliche Verhältnis zwischen dem Motorwaren-Besitzer u. d. Motorwagen-Führer in Privatdiensten. Im Anh.: Entwurf e. Normal-Dienstvertrages. Von Dr. R[ichard] Bürner, Syndikus. Berlin: Boll & Pickardt 1907. (54 S.) 8° [07. 3317

Bürner, R. Zollhandbuch für die Edelmetall-, Uhren- und optische Industrie, sowie für verwandte Branchen. Unter besondrer Berücksichtig. von Deutschland, Österreich-Ungarn u. der *Schweiz*. Gr. in-8°. VI, 214 S. Pforzheim, Ernst Haug. 1896 6 —

— Zollhandbuch für d. Edelmetall-, Uhren- u. opt. Industrie, sow. f. verw. Branchen (vergold., versilb. u. plattierte Waren, Neusilber, Packfong, Alfonido, Alpacca, Bronze, Aluminium, Schildpatt, Elfenbein, Perlmutter, Bernstein, Meerschaum etc.) Unter bes. Berücksicht. v. Deutschland, Oesterreich-Ungarn u. d. Schweiz. gr. 8. (VI, 214 S.) Pforzheim 897. E. Haug. n. 4.50

Zollhandbuch f. die elektrotechnische Industrie unter besond. Berücksicht. v. Deutschland, Österreich-Ungarn u. der Schweiz. I. Bd. Europa. (VII, 180 S.) gr. 8. Leipzig 906. Hachmeister & Thal. n. 5. —

— dasselbe, f. d. Hauptindustrien Deutschlands, Oesterr.-Ungarns u. d. Schweiz. Enth.: D. Zollsätze all. Industrieprodukte, n. Branchen u. Ländern geordn., d. Handelsverträge Deutschlands, Oesterr.-Ungarns u. d. Schweiz, d. Münz-, Maass- u. Gewichtssysteme all. Länder, e. Verzeichn. d. deutschen, österr.-ungar. Consulate, wicht. Zollbestimmungen u. dgl., n. d. neuesten Quellen bearb. 1.—4. Bd. gr. 8. Zittau, Pahl. n. 16. —

1. Die Erden-, Stein-, Thon-, Glas- u. Porzellan-Industrie. (IX, 160 S.) 895. n. 3. —
2. Die Unedelmetall-Industrie. (VIII, 306 S.) 896. n. 5. —
3. Die Leder- u. Schuhwaaren-, Kautschuk- u. Guttapercha-Industrie. (VIII, 132 S.) 896. n. 3. —
4. Die Textil-Industrie. (VIII, 288 S.) 896. n. 5. —

— der Zolltarif d. Vereinigten Staaten von Amerika v. 24. VII. 1897 (Dingley-Tarif), nebst allen f. d. Handelsverkehr d. Verein. Staaten wissensw. Bestimmungen. Uebers. u. bearb. gr. 8. (83 S.) Leipzig 897. Hachmeister & Thal. n. 2. —

Bürner, P: Stoffsammlg f. stilist. Anschaugs-, Denk- u. Sprechübgn. 2 Tle. gr8° Münch., R Oldenbourg. 6.60; geb. n 7.40 d
1. Der Mensch. (8, 189) '11. 2.60; geb. n 3 — ‖ 2. Die Natur. (6, 209) '11. 4 —; geb. n 4.40

Burnes, Sir Alex., Kabul. Schilderung einer Reise nach dieser Stadt und des Aufenthaltes daselbst, in den J. 1836, 1837 u. 1838. Aus dem Engl. von Thdr. Oelckers. Mit 12 Lithogr. gr. 8. Leipzig 843, T. O. Weigel. n. 3 ℔

Burnes, Alex., Reisen nach u. in Bokhara, s. Bibliothek, neue, der wichtigsten Reisebeschreibb. 64r u. 65r Bd.; auch Reisen- u. Länderbeschreibungen 3e u. 7e Lfrg.

Burnes, Alexander: Reisen in Indien und nach Bukhara. Bd. 1. 2. Stuttgart u. Tübingen 1835. XII, 355 S.
= Reisen und Länderbeschreibungen der älteren und neuesten Zeit. Lfg. 3 u. 7. 8°.

Allgemeines: Two masonic Addresses deliv. in India by James Burnes. Printed originally by order of the Grand Lodge of Bombay. Wiesbaden 1856. 24 S. 8°

Rede 1. üb. die Bedeutung der Feierlichkeiten bei der Grundsteinlegung, 2. üb. Wesen, Grundsätze der Frmrei u. Vorurteile gegen den Bund.

Zwei Freimaurer-Reden, gehalten in Indien von Br James Burnes. Uebers. aus d. Engl. von H. Herr. Wiesbaden 1856. 27 S. 8°

BURNET, Eine Vertheidigung der Polygamie, nebst der Rechtmässigkeit der Ehescheidung, wegen der Unfruchtbarkeit eines Weibes. (Aus d. Engl.) O. O. 1738. 8°. (Scheible, Cat. 34, S. 172. Beibd.)

Burnet, Gilbert

Burnet, Gilb., Geschichte, die er selbst erlebt, mit Anmerk. v. Matheson. 2 Thle. u. Anh. 4. Hamb. Hoffmann. 735–37.

— hist. reformat. eccles. anglic. fol. Genev.

Burnet, history of his own time, s.: Sammlung geschichtlicher Quellenschriften zur neusprachlichen Lektüre im höheren Unterricht.

Burnet, Gilbert, Das Leben u. Ende des durch göttliche Gnade auf dem Tod-Bette bekehrten welt-bekannnten Atheisten Joh. Wilmot Grafen von Rochester ... Aus d. Engl. u. nebst Leichen-Predigt Rob. Parsons. Leipzig 1732. 12°. 218 S. Rar! (15 Mk. Max Harrwitz, 1906.)

Burnet, Gilb., Leben Joh. Wilmot's, Grafen v. Rochester; aus d. Engl., nebst Anh. (v. Chr. Fr. Schrader). 8. Halle 775. Waisenh.-B. 6 gr.

— Mémoires touchans J. W. Comte de Rochester. 8. Züric. 743.

— de la Nature et de l'Excellence d. l. Religion chrét. 8. Basle, Flick. 739.

— Reformationsgeschichte von England. 2 Thle. gr. 8. Braunschw. 764—69. Meyer. 3 ℔ 4 gr.

Burnet, G. Reformationsgeschichte der Kirche von England ... a. d. Engl. übers. ... Braunschweig 1765—69. Ü: *Mittelstedt, Matthaeus Theodor Christoph.* (Ml.)

— Vertheidigung d. natürlichen u. geoffenb. Religion, oder Auszüge v. Bayl. Reden. a. d. Engl. 7 Thle. 8. Hof, Grau. 738 — 46.

*Burnet, John: Die Anfänge d. griechischen Philosophie. Deutsch v. E Schenkl. Lpzg. BG Teubner.

Burnet, John. Principien der Malerkunst. Erläutert durch Beispiele nach den grössten Meistern der italienischen, niederländischen und andern Schulen. Aus dem Englischen übersetzt von Adolph Görling. Mit vielen Illustrationen in Stahlstich. Leipzig und Dresden. 4°.

Burnet's, John, Principien der Malerkunst. Erläutert durch Beispiele nach den grössten Meistern der italien., niederländ. und andern Schulen. Aus dem Engl. von Adph. Görling. Mit vielen Illustr. in Stahlst.) (10 Hefte.) gr. 4. (90 S. mit 24 Stahlst., wovon 7 ill.) Leipzig 853—55, Payne. *

Burnet's, John, Principien der Malerkunst. Erläutert durch Beispiele nach den grössten Meistern der italien., niederländ. und andern Schulen. Aus dem Engl. von Adph. Görling. Mit einem Vorwort von Fr. Pecht. 2. Aufl. 10 Lfgn. und 4 Suppl.-Hefte: Abhandlungen über die Bildung des Auges mit Rücksicht auf die Malerkunst. gr. 4. (Hauptwerk 95 S. mit 26 Taf.; Suppl. 55 S. mit 8 Taf.) Reudnitz-Leipzig 885,86, Payne. à Lfg. (Heft) * ℳ 1.50. * geb. *

— dasselbe. 11—14. (Schluss-) Hft. [Suppl. 4 Hfte.] gr. 4. Ebend. 886. à n. 1. 50
Abhandlungen üb. die Bildung d. Auges m. Rücksicht auf die Malerkunst. Mit Kupfern u. Holzschn. (55 S. m. 8 Kpfrtaf.)

Burnet, Thom., Archaeologia philos. de rer. originib. 8. Lond. 733.

— de Fide et officiis christianor. 8. Tübingen, Heerbrand, 74½.

— — id. lib. 8. Mannhem. Löffler. 744.

Burnet, Thom., de fide et officiis Christianorum recens. G. A. Teller. 8maj. Halle 786. Schwetschke u. S. 20 gr.

— de la foi et des devoirs des Chrétiens. 8. Lausanne 778. Pott u. Comp. 14 gr.

Burnet, (Thomas): Geist Hippocrat's. (Hippocrates contractus. Dt.)

s.: Hippokrates: (Opera. Auszüge. Dt.) Nach dem Lateinischen des (Thomas) Burnet aus dem griechischen Urtexte von (Johann Matthias) Alexander Ecker. Wien: 1791

JB 386

— v. Glauben u. Pflichten d. Christen. 8. Hannov. 777. Hahn. 6 gr.

Burnet, Thomas (Ed.):

s.: Hippokrates: (Opera, Auszüge. Lat.) Contractus, in quo...opera omnia in brevem epitomen...redacta habentur. Editio secunda...correctior. Viennae: 1737

JB 362

—de statu mortuorum et resurgentium. 8. Col. (Schröder, Brschw.) 733.

Burnet, Thomas, Theoria sacra telluris, d. i. Heiliger Entwurff oder Biblische Betrachtung des Erdreichs, begreiffende, nebens dem Ursprung, die allgemeine Änderungen u. s. w. Aus dem Lateinischen übersetzt von M. Joh. Jacob Zimmermann. Hamburg 1703.

Burnett, Frances Hodgson

Burnett, F. H., through one administration, s.: Collection of British authors.

Burnett, Frances Hodgson Mrs., a fair Barbarian, s. Asher's Continental Library.

— die schöne Barbarin, s.: Romanbibliothek, engl.

Burnett, Frances Hodgson, Sara Crewe, hrsg. v. B. Klatt, s.a. Authors, English.

Burnett, Frances Hodgson, Sara Crewe and Editha's burglar, s.a. Collection of British Authors.

Sara Crewe. By Frances Hodgson Burnett. Mit Anm. z. Schulgebr. versehen von F. Mersmann. [Nebst] Anm. & Wörterbuch. *Berlin-Carlshorst: H. Friedrich 1901.* 3 Bde 8°
— Schülerbibliothek, Englische. Ser. 2, Bdch. 1. [03. 11414]

Burnett, Frances Hodgson, Sara Crewe. (Student's Tauchnitz edition.) Hrsg. v. Bertha Connell. 8. (VIII, 52 S.) Leipzig 902. B. Tauchnitz. n. —60; kart. n. —60; Anmerkungen u. Wörterbuch. (28 S.) n. —40

Sara Crewe by Frances Hodgson Burnett. Mit Anm. z. Schulgebrauch vers. von F. Mersmann. [Text.] Anmerkungen. Wörterbuch. 2. verb. Aufl. Paderborn: F. Schöningh (Anm. u. Wörterbuch: Berlin-Carlshorst: H. Friedrich) 1903–05. 3 Bde 8°
Text. 1905. Anm. 1903. Wörterbuch. 1903.
= Schülerbibliothek, Englische. Ser. 2. Bd 1. [04. 1109]

Sara Crewe by Frances Hodgson Burnett. Mit Anm. z. Schulgebr. u. e. Wörterbuch versehen von F. Mersmann. 3. Aufl. Paderborn: F. Schöningh [1907]. 3 Bde 8°
= Schülerbibliothek, Englische. Bdch. 1. [06. 8317]

Sara Crewe. By Frances Hodgson Burnett. Mit Anm. zum Schulgebr. hrsg. von B[erthold] Klatt, Oberl. [Nebst] Anh. [u.] Wörterbuch. Bielefeld & Leipzig: Velhagen & Klasing 1908. 3 Bde 8°
= Sammlung, Velhagen & Klasings, franz. u. engl. Schulausgaben. English authors. Lfg 117 B. [08. 5579]

— eine vornehme Dame, s.: Engelhorn's allgemeine Roman-Bibliothek. XVIII. 25. 26.

— Dolly, s.a. Roman-Bibliothek, englische.

Burnett, Frances Hodgson, Dolly. E. Herzensgeschichte. M. 25 Orig.-Illustr. n. d. engl. Ausg. Einz. autoris. Uebersetzung v. Eva Fließbach. gr. 8. (VI, 374 S.) Frankfurt a/O. 895. H. Andres & Co. n. 4. 50; geb. in Leinw. n. 6.—

Burnett, F. H., Dolly. Verleger zu erfragen in: Berlin, J. Gnadenfeld & Co.

— Little Lord Fauntleroy, hrsg. v. Heinr. Saure, s.a. Authors, modern English.

— little Lord Fauntleroy, s.a. Collection of Brit. auth.

— dasselbe, hrsg. v. H. W. Glabbach, s.a. Authors, English, for the use of schools, 21.

— dasselbe, hrsg. v. Geo Steinmüller, s.a. Klassiker-Bibliothek, französisch-englische. Nr. 16.

— d. kleine Lord Fauntleroy, s.a. Meyers Volksbücher.

— dasselbe, erklärt v. A. Stoerike, s.a. Porthos' Schulausgaben engl. u. französ. Schriftsteller. Nr. 84.

— dasselbe. s.a. Schaffsteins Volksbücher f. die Jugend.

Burnett, Frances Hodgson, little Lord Fauntleroy, s.a. Schulbibliothek, französische u. englische.

Burnett, Frances Hodgson. Der kleine Lord Fauntleroy, s.a. Universal-Bibliothek Nr. 2729 u. 2730.

— dasselbe, hrsg. v. H. Reinke u. J. W. Stoughton, s.a. Velhagen & Klasing's Sammlung französischer u. englischer Schulausgaben. Nr. 16.

— dasselbe, s.a. Verein f. Verbreitg. guter Schriften. Basel.

– Little Lord Fauntleroy

— dasselbe. Students' Tauchnitz edition. Hrsg. v. Ernst Groth. gr. 8. (VIII, 188 S.) Leipzig 890. B. Tauchnitz. n. 1. 50; kart. n. 1. 60; Anmerkgn. u. Wörterbuch dazu (56 S.) n. —40

Little Lord Fauntleroy by Frances Hodgson Burnett. Mit Anm. [= Anhang] z. Schulgebr. hrsg. von H[ermine] Reinke, Lehrerin zu Berlin. [Nebst] Wörterbuch. *Bielefeld & Leipzig: Velhagen & Klasing 1903.* 3 Bde 8°
= Sammlung, Velhagen & Klasings, franz. u. engl. Schulausgaben. English authors. Lfg 91 B. [03. 13903]

— Little Lord Fauntleroy. In gekürzter Fassg. f. den Schulgebrauch hrsg. v. Arth. Lindenstead. (IV, 104 S. m. 1 Abbildg.) 8. Leipzig 904. G. Freytag. Geb. in Leinw. n. 1. 20; Wörterbuch. (24 S.) n. — 40

Little Lord Fauntleroy. By Frances Hodgson Burnett. Mit Anm. u. e. Wörterbuch von Prof. H. W[ilhelm] Glabbach, Oberl. Berlin: Friedberg & Mode 1905. 3 Bde 8°
= Authors, English, for the use of schools. No 21. [05. 12146]

Little Lord Fauntleroy. By Frances Hodgson **Burnett**. Abridged Ed. for Schools. With Pref. and Ann. by H[ermine] Reinke, Berlin, [u.] J. W. Stoughton. [Nebst] App. Bielefeld & Leipzig: Velhagen & Klasing 1905. 2 Bde 8°
= **Sammlung**, Velhagen & Klasings, franz. u. engl. Schulausgaben. Reform-Ausgaben. No 16. [06. 4104]

Der kleine Lord Fauntleroy [Little Lord Fauntleroy]. Erzählung von Frances Hudgson [vielmehr: Hodgson] **Burnett**. Leipzig: Reclam [1908]. 250 S. 8°
(Bibliothek August Scherl. Bd 42. 43.) [10. 13638]

— die schöne Fischerstochter. — Rober Lindsays Glück. — Sir Patricks Roman. 3 Erzählgn. Übers. v. Walter Eichner. 8. (III, 171 S.) Leipzig 895. [Greßner & Schramm.] P. E. Lindner. 2. 40; geb. in Leinw. 3. —

— The secret garden. s: Collection of Brit. auth. 4324.

— his Grace of Osmonde, s.a. Collection of British authors.

His Grace of Osmonde. ... By Frances Hodgson **Burnett**. Copyright ed. In 2 vol. Vol. 1. 2. Leipzig: Tauchnitz 1898. 8°
(Collection of British authors. Tauchnitz Ed. Vol. 3269/70.) [11. 6110]

— das Grubenmädchen, s. Collection of British Authors

— Klein Käthchen. Erzählg. Uebers. v. Walter Eichner. 1.—5. Aufl. 8. (III, 188 S.) Ebd. 895. 2. 40; geb. in Leinw. 3. —

— Kathleen, s.: Weber's moderne Bibliothek.

— A Lady of Quality, s.a. Collection of Brit. auth.

A Lady of Quality ... By Frances Hodgson **Burnett**. Copyright ed. In 2 vol. Vol. 1. 2. Leipzig: Tauchnitz 1896. 8°
(Collection of British authors. Tauchnitz Ed. Vol. 3140/1.) [11. 8110]

Burnett, Frances Hodgson, Schön Lisbeth. Erzählg. Übers. v. Walter Eichner. 2. Aufl. 8. (III, 188 S.) Leipzig 895. [Greßner & Schramm.] P. E. Lindner. 2. 40; geb. in Leinw. 3. —

Burnett, Jas Compton: Der kleine Lord (Little Lord Fauntleroy), s.a. Engelhorn's allg. Romanbibliothek.

— dasselbe, s.a. Jugend- u. Volksbibliothek. Nr. 14—16.

Burnett, Jas Compton: Der kleine Lord (Little Lord Fauntleroy), s.a. Jugendschatz.

Burnett, Jas Compton: Der kleine Lord (Little Lord Fauntleroy), s.a. Jugendschriften, hrsg. v. Lehrerhausverein f. Oberösterr.

Burnett, Jas Compton: Der kleine Lord (Little Lord Fauntleroy), s.a. Reichhardt, Rud.

Burnett, Jas Compton: Der kleine Lord (Little Lord Fauntleroy), s.a. Volks- u. Jugendschriften-Sammlung d. neuen preuss. Lehrervereins.

—— der kleine Lord. [Little Lord Fauntleroy.] Autoris. Uebersetzung aus dem Engl. von Emmy Becher. [Engelhorns allgemeine Romanbibliothek, Salon-Ausg.] 8. (144 S.) Stuttgart 888, Engelhorn. geb. *

— der kleine Lord. [Little Lord Fauntleroy.] Autoris. Uebersetzg. aus dem Engl. v. Emmy Becher. [Engelhorn's allgemeine Romanbibliothek, Salon-Ausg.] 8. (144 S.) Stuttgart 889. Engelhorn. geb. n. 2. —

— der kleine Lord. Autoris. Übersetzg. aus dem Engl. v. E. Becher. Mit 4 farb. Bildern v. Wilh. Claudius. (III, 182 S.) 8. Stuttgart (904). G. Weise. Geb. in Leinw. n. 3. 50

Der kleine Lord [Little Lord Fauntleroy]. Von Frances Hodgson **Burnett**. Aus d. Engl. übers. von Hans Willy Mertens. Münster i W.: Regensberg [1905]. (215 S.) 8° [F.]
= **Jugend- u. Volksbibliothek.** No 14–16. [06. 3316]

— Der kleine Lord. Autoris. Uebersetzg. aus dem Engl. v. E. Becher. Mit 4 farb. Bildern v. Wilh. Claudius u. 8 Tondr.-Bildern. 4.—7. Tausf. (III, 152 S.) 8. Stuttgart (907). G. Weise. Geb. in Leinw. 2. —

—— Louisiana, s.a. Asher's continental library of English Authors.

— dasselbe, s.a. Engelhorn's allgem. Roman-Bibliothek.

Burnett, Louisiana. 16. Berlin 881, Bernhardi. geb. mit Goldschn.

Burnett, Frances, Louisiana. Autorisirte Uebersetzung. 16. (IV, 228 S.) Berlin 881. Kogge & Fritze. n. 3. —; geb. m. Goldschn. n. 4. —

—— that Lass o' Lowrie's, s. Asher's Collection of English Authors.

— die kleine Miß. (That Lass o'Lowries.) Erzählung. Ins Deutsche übertr. v. Charlotte Dannenberg. 1.—5., unveränd. Aufl. 8. (268 S.) Frankfurt a/O. 893. H. Andres & Co. n. 1. 50; geb. n. 2. —

— die kleine Miß. (That Lass o'Lowries.) Erzählung. Ins Deutsche übertr. v. Charlotte Dannenberg. 1.—5. Aufl. 8. (268 S.) Frankfurt a/O. 893. Berlin, J. Gnadenfeld & Co. n. 1. 50; geb. n. 2. —

— Unser Nachbar v. drüben. Der Griesgram u. and. Erzählgn. Übers. v. W Eichner. 8° (185) Lpzg 96, (PE Lindner). Geb. in L. 3 —

— die hübsche Polly Pemberton, s.a. Weichert's Wochenbibliothek.

[F.] Die hübsche Polly Pemberton. E. Herzensgesch. v. Frances Hodgson **Burnett**, Vf. v. 'Der kleine Lord.' Deutsch v. Walter Eichner. *Berlin-Gr.-Lichterfelde: Gebr. W. & W. Heichen [1896]*, (1 Bl., 154 S.) 1 Bd 8. [96. 2609]

Die hübsche Polly Pemberton. Eine Herzensgesch. von Frances Hodgyson [!] **Burnett**. Deutsch von Walter Heichen. Mit 3 Vollbildern. *Berlin: A. Weichert [1901]*. 160 S.) 8° [F.]
= Wochen-Bibliothek, Weicherts. Bd 160. [illegible]

— Die hübsche Schwester v. José, s.a. Kürschner's Bücherschatz.

Die hübsche Schwester von José [The pretty sister of José]. Erzählung von Frances Hodgson **Burnett**. Autor. deutsche Übertr. von P. Wollmann. Mit Ill. von H. Binde. Berlin, Leipzig: H. Hillger [1907]. (96 S.) 8° [F.]
= Bücherschatz, Kürschners. No 580. [08. 11054]

— The shuttle, s.a. Collection of Brit. auth. 4085.86.

The Shuttle. By Frances Hodgson **Burnett**. Copyright ed. In 2 vol. Vol. 1. 2. Leipzig: Tauchnitz 1908. 8°
(Collection of British authors. Tauchnitz Ed. Vol. 4035/6.) [11. 6777]

— the pretty sister of José, s.: Collection of British authors.

— ein Stilleben. Die Flut an d. Ifag. Barre. „Es ging nicht anders". 3 Erzählgn. Übers. v. Walter Eichner. 8. (III, 174 S.) Leipzig 895. [Greßner & Schramm.] P. E. Lindner. 2. 40; geb. in Leinw. 3. —

— Theo, e. Liebesgeschichte. Einzig-autoris. Übersetzg. v. v. Charlotte Dannenberg. 8. (199 S. m. Bildnis.) Frankfurt a/O. 894. Berlin, J. Gnadenfeld & Co. n. 1. 50; geb. n. 2. —

— Theo, e. Liebesgeschichte. Einzig-autoris. Übersetzg. v. v. Charlotte Dannenberg. 8. (199 S. m. Bildnis.) Frankfurt a/O. 894. H. Andres & Co. n. 1. 50; geb. n. 2. —

Burnett, Jas Compton

Burnett, J. C., Blumenlese aus seinen Werken. Hrsg. v. dem Ausschuß der Hahnemannia (Landesverein f. Homöopathie in Württemberg) in Stuttgart. gr. 8. (64 S. m. eingedr. Bildnis.) Stuttgart 895. (Holland & Josenhans). n. — 60

Burnett, J. Compton, 60 Gründe, Homöopath zu sein. Aus dem Engl. übers. v. Mau. (88 S.) 8. Leipzig 903. Dr. W. Schwabe. n. — 60
Sonderabdruck aus: „Leipz. popul. Ztschr. f. Homöopathie."

Burnett, Jas Compton, die Heilung d. Staares auf arzneilichem Wege. Uebers. v. H. Goullon. 8. (V, 87 S.) Leipzig 884. Baumgärtner. 1. 20

Burnett, Theodore R. [B. Sc.]: Über die Bestimmung der Halogensalze nebeneinander. Basel 1900. 43 S. 8°.
Basel. Phil. Diss. 1899/1900.

Burney, Charles

— Über die Musik der Alten. Aus dem Engl. mit Anmerk. von Eschenburg. Leipz. 781. 4. 1 rthl. 12 gr. Ist nur ein Stück des ersten Theils des englischen Werkes.

Burney, Frances

— Cecila, or Memoirs of an Heiress. V Vols. 8. Dresd. 790. Walther. 4 Rthl. 8 gr.

Burney, Cäcilie, s. Bibliothek d. besten engl. u. franz. Romane.

Burney, Miß Cäcilie, Denkwürdigkeiten einer reichen Erbin, s. Bibliothek der besten engl. und französ. Romane.

Burney, Frances. Cecilie Beverly oder die Tugend des weiblichen Geschlechts; aus dem Englischen. Berlin 1789. Ü: *Brömel, Wilhelm Heinrich.* (JL) (Ky)

Burney, Miß, Emilie Beverly, od. die Tugend d. weibl. Geschlechts; aus d. Engl. (v. Wlh. Hnr. Brömel). 2 Thle. 8. Berl. 789, a. 796. Nauck. 2 Rthl.

Burney, Miss, Evelina. siehe Collection of British authors. Vol. 100.

— Evelina, or a young Lady First Entrance in the World. VIII Vols. Dresd. 805. Walther. 2 Rthl. 8 gr. Ed. II. in III Vols. gr. 12. Ebd. 819—26. 2 Rthl.

— od. die jungen Frauenzimmer beim Eintritt in die Welt; aus d. Engl. 3 Thle. 8. Leipz. 779. Schwickert. 2 Rthl.

Burney, Karl

— Abhandl. üb. d. Musik d. Alten. Aus d. Engl. mit Anmerkk. v. J. J. Eschenburg. 4. Leipz. 781. Schwickert. 1 Rthl. 12 gr.

Burney, Karl, Lebensbeschreib. d. berühmten Händels; aus d. Engl. (v. J. J. Eschenburg). Mit Kpf. gr. 4. Berl. 785. Nicolai. 1 Rthl. 8 gr.

—— La musique dans les cours allemandes en 1772. Baur 1881. 12.
(Extr. du Voyage mus. en Allemagne.)

– Dr. Karl Burney's Nachricht von Georg Friedrich Händel's Lebensumständen und der ihm zu London im Mai und Jun. 1784 angestellten Gedächtnisfeyer. Aus dem Englischen übersetzt von Johann Joachim Eschenburg . . . Mit Kupfern. – Berlin und Stettin: Nicolai, 1785. 102 S. 8°.

Burney, Charles. The present State of Music in Germany, the Netherlands a. United Provinces. Or, the Journal of a Tour through those Countries, undertaken to collect Materials for a general History of Music. Vol. 1—2. 1773. 8.
(Oesterreich u. Deutschland.)

Burney, C. Musikalisches Tagebuch, Th. 2. 3., a. d. Engl. Hamburg 1773. Ü: *Bode, Johann Joachim Christoph.* (ML)

— Tagebuch e. musikal. Reise durch Frankreich u. Italien; aus d. Engl. v. Chr. D. Ebeling u. J. J. C. Bode. 3 Thle. 8. Hamb. 772. Leipz., Göschen. 1 Rthl. 18 gr.

Burney, Carl. Tagebuch einer musikalischen Reise durch Frankreich und Italien. Band I. Hamburg 1772. — Band II. III. (Tagebuch seiner musikalischen Reisen). Hamburg 1773.

Burney, Sarah Harriet

Der Schiffbruch. Roman. Nach d. Engl. Jena: Frommann 1821. 351 S. 8°

(Bilder aus d. Leben. Ausw. der neuesten Engl. Romane. Th. 5.)

Burnham, Clara Louise, Juwel. Ein Kapitel aus ihrem Leben. Übers. v. A. Martens unter stilist. Mitarbeit v. D. K. Einzig autoris. Übersetzg. (VIII, 385 S.) 8. Hamburg (21) 909. C. W. A. Völsch. (Nur direkt.) Geb. in Leinw. 4. 50

Burnier, (Samuel Caesar) Augustus (geb. Lausanne 1827): De spasmo glottidis in morbis laryngis. Berolini (1850). (30 S.) 8°
Berlin, Med. Diss. v. 14. Okt. 1850

Burnier, Henri (geb. Lausanne 8. 6. 1857): Ueber Tuboovarialcysten. Stuttgart (1880). (30 S.) 8° • Aus: Zeitschr. f. Geburtshülfe u. Gynäkologie Bd 5. 1880.
Berlin, Med. Diss. v. 3. Juli 1880
[Verf. wurde laut Diplom und Fakultäts-Album am 10. Juli promoviert.]

Burnier, L., Notice sur Aug. Rochat. Laus. 1848, mit Bouterweck: Leben und Wirken von R. von Rodt. Elberfeld 1852. 8.

Burnitz, Gust., und Geo. **Varrentrapp,** Methode, bei jeder Art von Wahlen sowohl der Mehrheit als den Minderheiten die ihrer Stärke entsprechende Zahl von Vertretern zu sichern. Frankfurt a. M. 863. Sauerländer. gr. 8. (16 S.) n. 4 ngr.

Burns, William Chalmers. Ein Wanderleben. 8. (47 S. m. eingedr. Holzschn.) Basel 880. Missionsbuchh. n. — 25

Burns, William Chalmers. Ein Wanderleben. In-8°, 48 S. Basel, Missionsbuchhandlung. — 30
1880

Burns, Allan

Burn, Allan, Bemerkk. über d. chirurg. Anatomie d. Kopfes u. Halses. Aus d. Engl. v. G. E. Dohlhoff. Mit e. Vorrede v. J. F. Meckel. Mit 10 Kpft. gr. 8. Halle 821. Renger. 2 Rthl.

Burns, Allan. Von einigen der häufigsten und wichtigsten Herzkrankheiten ... Aus dem Englischen ... Lemgo 1813. V: *Nasse, Chph Fr.* (MGT)

— von einigen d. häufigsten u. wichtigsten Herzkrankheiten; aus d. Engl. Nebst e. Abhandl. über d. blaue Krankheit. gr. 8. Lemgo 813. Meyer. 1 Rthl. 12 gr.

Burn, Allan., von einigen d. häufigsten u. wichtigsten Herzkrankheiten aus dem Engl. gr. 8. Lemgo, Meyer. 814.

Burns, George P.: Beiträge zur Kenntniss der Stylidiaceen. *München 1900: F. Hofling.* (44 S.) 8° • Aus: Flora od. Allgem. Botan. Zeitung. 1900, Bd 87, H. 4.
München, Phil. Diss. v. 1901

Burns, John, Arbeit u. Trunk. Vortrag, geh. am 31. X. 1904. Berechtigte Übersetzg. v. G. Wilder. (63 S.) 8. Wien 907. Brüder Suschitzky. — 40

Burn, Jh., Grundsätze d. Geburtshülfe; aus d. Engl. übers. von C. H. G. Kölpin. gr. 8. Stettin 820. (Berl., Nicolai). 3 Thlr.

Burns, John, Handbuch d. Geburtshülfe mit Inbegriff d. Weiber- u. Kinderkrankheiten. N. d. 6., sehr verm. Ausg. bearb. v. H. F. Kilian. 1. Bd. Von d. Baue, d. Functionen u. d. Krankh. d. Beckens u. d. Uterinsyst., sowohl im ungeschwängerten Zustande als währ. d. Schwangerschaft. gr. 8. (40 B.) Heidelberg 827, Groos. 2 Thlr. 20 Gr., weiss P.
2. u. 3. Bd. werden noch erwartet.

Burns, Jh., Handbuch der Geburtshülfe, mit Inbegriff der Weiber- u. Kinderkrankheiten. Nach d. 8., vollständ. umgearb. u. gleichsam e. neues Werk bild. Ausg. herausg. v. H. F. Kilian. 2 Abthll. gr. 8. Bonn 834. Marcus. $4^1/_6$ Thlr., jetzt 2 Thlr.

Burns, Frau Mary, der Mädchenspiegel, in welchem die Geheimnisse des weibl. Geschlechtslebens in seinen Natürlichkeiten u. Unnatürlichkeiten enthüllt werden. 16 (28 S.) Berlin 887. Dörner. n. 1. —

Burns, *Peter Salmis:* Chemisches Verhalten einiger dimolekularen Nitrile ... Leipzig, J. A. Barth, 1893; 33 S. 8.
Leipzig, Phil. Fak., Inaug.-Diss. v. [11. Febr.] 1893

Burns, Robert, s.a. Burn, Robert

Burns, Robert

—— Gedichte, deutsch v. W. Gerhard, s.a. Caledon.

Burns, Rob., Gedichte, deutsch von W. Gerhard. Mit des Dichters Leben u. erläut. Bemerkungen. gr. 12. Leipzig 840. Barth. $1^1/_2$ Thlr.

— Gedichte. Uebersetzt von Philipp Kaufmann. gr. 8. Stuttgart u. Tübingen 840. Cotta'sche Buchh. 1 Thlr.

Burns', Rob., Gedichte. Uebertragen von H. Jul. Heintze. Mit erläuternden Anmerkungen. Leipzig 859. C. F. Fleischer. 16. (XXXI, 264 S. u. Portr. in Holzschn.) n. 2 Thlr.

— Gedichte in Auswahl. Deutsch v. G. Legerlotz. 8. (XXIV, 188 S.) Leipzig 889. Spamer. n. 2. 50; geb. n. 3. 50

Burns, Rob., Gedichte. Übers. v. Edm. Ruete. 8. (XI, 183 S.) Bremen 890. Heinsius Nachf. n. 2. 50; geb. m. Goldschn. n. 3. 50

Burns', Rob., Gedichte in Auswahl. Deutsch v. Gust. Legerlotz. 2. (Titel-)Aufl. 8. (XXIV, 188 S. m. Bildnis.) Leipzig 893. O. Spamer. n. 1. 50; geb. in Leinw. n. 2. 50

— Lieder. Uebertragen von Geo. Pertz. Mit einer biographischen Skizze von Alb. Traeger u. dem Portrait von Burns (in Stahlst.). Leipzig 859. C. F. Winter. 16. (LIX, 92 S.) n. 24 *ngr.*; geb. n. 1 Thlr. 2 *ngr.*

—— dass. — s.a. Universal-Bibliothek.

— Lieder. In das Schweizerdeutsche übertragen von Aug. Corrodi. Winterthur 870. Bleuler-Hausheer. & Co. 16. (VII, 103 S.) n. 1 Thlr. 10 *ngr.*

Burns, Rob., Lieder u. Balladen, s.a. Bibliothek der Gesammtlitteratur d. In- u. Auslandes.

— — übersetzt von Bartsch, s.a. Bibliothek ausländischer Klassiker.

—— dies., übers. v. Winterfeld, s.a. Classiker d. In- u. Ausl.

— Lieder und Balladen, s.a. Klassiker des In- u. Auslandes.

— Lieder u. Balladen, s.a. Meyer's Volksbücher.

— — übersetzt von Silbergleit, s.a. Universal-Bibliothek.

— Lieder u. Balladen. Uebertragen von Heinr. Jul. Heintze. Mit dem Bildniß u. e. kurzen Lebensabriß des Dichters, nebst erlärt. Anmerkk. gr. 12. Braunschw. 840. Westermann. $1^1/_2$ Thlr.

— Lieder und Balladen. Uebertr. von Hnr. Jul. Heintze. 2. Ausg. Mit dem Bildniß u. einem kurzen Lebensabriß des Dichters nebst erläut. Anmerkungen. 12. Braunschweig 846, Westermann. In Leinwand geb. $1^1/_2$ Thlr.

Burns, Rob., Lieder u. Balladen. Deutsch von Adf. Laun. Berlin 869. Oppenheim. 16. (XXVII, 204 S.) n. 20 *ngr.*; geb. n. 1 Thlr.

Burns, Robert, Lieder u. Balladen. Deutsch von Adf. Laun. 2. Aufl. gr. 16. (XXVII, 204 S.) Berlin 877. Oppenheim. n. 2. —

Burns, Rob., Lieder und Balladen. Deutsch von Adf. Laun. 3. (Titel-)Aufl. 12. (XXVII, 204 S.) Oldenburg (877)885, Schulze'sche Buchh. **M* 2.—.; geb. *
—— dass. — Aus dem Engl. von Karl Bartsch. 8. (291 S.) Leipzig 886, Bibliograph. Institut. geb. *

[F.] Lieder und Balladen v. Robert **Burns.** Nebst e. Ausw. d. Gedichte. Hrsg. v. Wilhelmine Prinzhorn. *Halle a. d. S.: O. Hendel [1896].* (XL, 335 S., 1 Portr.) 1 Bd 8.
= Bibliothek d. Gesamtlitteratur d. In- u. Auslandes. No 930—934.

— Poems, s. Choice.

Burns', Rob., poems, s.: Textbibliothek, englische.

Burns, Rob., select Poems and Songs chiefly in the Scottisch dialect. With a Glossary (and Portrait with Facsimile). 8. Berlin 841, Schlesinger. 1 Thlr.

Robert **Burns'** Poems selected and ed. with notes by T[homas] F. Henderson. Heidelberg: C. Winter 1906. (XXXV, 170 S.) 8°
— **Textbibliothek,** Englische. 12. [illegible]

Burns, Rob., Werke, s.: Collection Spemann.

Burns, Rob., complete Works with selected notes of Allan Cunningham, a bibliographical and critical introduction, and a comparative etymologic. Glossary to the Poet. By Ad. Wagner. Compl. in one Vol. Roy.-8. Leipzig 835. Fr. Fleischer. $3^1/_3$ Thlr., feine Ausg. $5^1/_2$ Thlr.

— the poetical Works, s.a. Collection of british Authors. Vol. 90.

— poetical Works. With a life of the author and essay on the genius and writings of Burns by E. Cunningham. 24. Nürnberg 843, Fr. Campe. $^2/_3$ Thlr.

Buro, Egon: Das Geschlechtsverhältnis der Gestorbenen in allen Altersklassen. Berlin 1909: Moeser. 39 S. 8° (4°
Göttingen, Phil. Diss. v. 5. Juni 1909, Ref. Lexis
[Geb. 5. Apr. 85 Berlin; Wohnort: Berlin; Staatsangeh.: Preußen; Vorbildung: Oberrealsch. Schöneberg Reife O. 05; Studium: Berlin 2, Freiburg i. B. 1, Göttingen 2, Berlin 2 S.; Rig. 16. Febr. 09.] [U 09. 1336

Buro, L., Begründung der sittlichen Gesetze vom Standpunkte der natürlichen Erkenntniss. 8. (56 S.) Berlin 885, (Issleib.) *

Buro, Ludw., Tafeln zur Umwandlung von Gulden und Kreuzer S. W. in Reichsmark und Pfennige. gr. Fol. (2 S.) Leipzig 874, A. Fritsch. pro 5 Stück
Aus: Annalen des gesammten Versicherungswesens, besonders abgedruckt.

Buro, Ludw., Tafeln zur Umwandlung v. Gulden u. Kreuzer S. W. in Reichsmark u. Pfennige. [Aus: „Annalen d. gesammten Versicherungswesens".] gr. Fol. (2 S.) Leipzig 875. A. Fritsch. pro 5 Stück — 75

Büro s. a. Burona.

Burok, E., s.: Bahnmeister, d.

— Baumechanik f. Hoch- u. Tiefbautechniker, s. a. Hess, Ludw.

Baumechanik für Hoch- und Tiefbautechniker verf. von Dr. Ing. Ludwig **Hess**, Prof., Brünn, hrsg. von Emil Burok. Mit 203 Abb. u. vielen Tab. Halle: W. Knapp 1908. (VII, 200 S.) 8° (ot. 7270 3

— Der Eisenb.-Oberbau u. s. Erhaltg, s: Birk, Alfr.

— Kommerzielle Technik, s: Mathé, Frz.

Buroner, Baltasar: „Italiänisches Buchhalten. Dessen Inhalt ist, Wie man recht nach Italiänischer Arth Buch-halten soll . . .", Leipzig 1700. fol. — Vorh.: Bücherei der Industrie- und Handelskammer Leipzig. (= Nachtrag zu lfd. Nr. 400, S. 28).

Buroner, Paul Heinrich (Augsburg), De jure sacro et profano circa infideles. Diss. jur. Präs. Justus Henning Böhmer. Halle (Chn. Henckel) Sept. 1717. 150 S. (6.50) 4756

— — Dasselbe. Halle (J. Ch. Grunert) 1736. (6.50) 4757

Buroni, J., s. De intolerantia catholica.

Büro-Reform. Zeitschrift f. zeitgemässe Büro- u. Geschäftsführg. Rundschau üb. Schreib-, Rechen- u. Vervielfältigungs-Maschinen, Büromöbel etc. Hrsg. u. Red.: Ig. Tenger. Jahrg. 1909. 12 Hefte. (à ca. 24 S. m. Abbildgn.) Lex. 8. Wien. Berlin, Büro-Reform-Verlag. 5. —

Büro- u. Geschäfts-Reform. Zeitschr. f. zeitgemässe Büro- u. Geschäftsführg. Zeitschr. f. d. gesamte Büro-Ausstattg. Red.: Joh. Datho, f. Österr.: Ig. Tenger. J. '10. 12 Nrn. (Nr 1: 24 m. Abb.) Lex8° Berl.-Wilmersd. Lpzg, Büro-Reform-Verl. 6 —; halbj. 3.50; viertelj. 2 —

Buros, Joannes: De Pharmacologia Graecorum veterum in genere. Halis Saxonum 1829: Gebauer. 80 S. 8°
Halle, Med. Diss. v. 31. Juli 1829

Burow, ..., (K. Steuer-Inspector), Anleitung zum Branntweinbrennerei-Betriebe .... 5. verm. Ausg. 8. Lauban 843. (Göschen.) Versiegelt n. 1 ℛ

Burow, Anleit. zum Branntweinbrennerei-Betriebe. 7. A. Burgf. 1850.

Burow, Beschreibung einer neuen Transplantations-Methode (Methode der seitlichen Dreiecke) zum Wiederersatz verloren gegangener Theile des Gesichts. Mit 1 lith. Taf. Berlin 855. Nauck u. Co. gr. 4. (VIII, 39 S.) n. 10 ngr

Burow, A., Beiträge zur Physiologie u. Physik des menschlichen Auges. Mit XXIV lith. Fig. gr. 8. Berlin 841, 42, Hirschwald. n. 1 ℛ

Burow, A., das Kriegstheater der Dänischen Halbinsel und die Festung Rendsburg. Mit 1 (lith.) militair. Karte der Halbinsel und 1 (lith.) Plane von Rendsburg (in Fol.). Altona 854. Dircksen u. Ingwersen. gr. 8. (131 S.) n. 2 ℛ

—— die Krim-Expedition militair-wissenschaftlich beleuchtet. gr. 8. (IV und 99 S.) Berlin 856, (Mittler und Sohn.)

Burow sen., A., ein neues Optometer. Mit 3 lith. Taf. Berlin 863. Peters. gr. 8. (37 S.) n. 10 ngr

— über die Reihenfolge der Brillen-Brennweiten. Ebend. 864. gr. 8. (20 S.) 6 ngr

— Resultate der Beobachtung an 137 Schieloperationen. 4. Königsberg 844, Bornträger'sche Sort.-Buchh. n. 1/3 ℛ

Burow, A. (H.), Special-Plan der Düppeler Schanzen und ihrer nächsten Umgebung, nebst einer ausführl. Beschreibung und Angabe der dän. Stellung, gez. und bearb. nach den neuesten Quellen. Maasstab 1 : 37,500. Lithogr. qu. Fol. Mit Text. Berlin 864, (Bath.) 7½ Ngr.; 2., verm. Ausg.

Burow, A. Special-Plan der Düppeler Schanzen u. ihrer Umgebung, nebst Beschreib. u. Angabe der dän. Stellung. fol. M. Text. Berlin. 0 75 — 2. Aufl. ib. 1864. 0.50.

Burow, A., über d. taktischen u. strateg. Werth der Festung Posen. 8. (32 S.) Strasburg i. Pr. 849, Köhler. 1/6 ℛ

Burow, (August Eduard Ehrenhold) Paul, s. Burow, Paul

Burow, E., Leprastudien, s.: Baelz, E.

Burow, E., s. Leprastudien.

— s. Monatshefte für prakt. Dermatologie.

Burow, Erich, Universal-Versbuch f. Grabdenkmäler. Bearb. u. hrsg. (48 S.) 18×11,5 cm. Köslin (904). (München, E. Pohl.) — 50

Burow, Ernst, laryngoscopischer Atlas, enth. 61 Fig. auf 10 Taf. in Farbendr., nach der Natur gemalt u. erläutert. Lex.-8. (IV, 182 S.) Stuttgart 877. Enke. n. 12. —

Burow, Ernst, laryngoscopischer Atlas, enth. 61 Fig. auf 10 Taf. in Farbendr., nach der Natur gemalt und erläutert. Lex.-8. (IV, 182 S.) Stuttgart 878, Enke. *

Burow, Ernst, Mittheilungen aus der chirurgischen Privatklinik 1875—1877. gr. 8. (232 S. mit 1 lithogr. Taf.) Leipzig 880, F. C. W. Vogel. * 7 —

Burow, Friedrich Wilhelm

Burow, Frid. Guil. (geb. Friedeberg i. d. Neumark): De erysipelate ejusque speciebus praecipuis. Berolini (1818). (32 S.) 8°
Berlin, Med. Diss. v. 19. Juni 1818

Burow, Joan. Ern. (geb. Königsberg i. Pr. 24. 6. 1838): De oculi positione post totius maxillae superioris resectionem commutata. Berolini (1860). (32 S.) 8°
Berlin, Med. Diss. v. 21. Dez. 1860

Burow, Julie

— s. Album. Bibliothek deutscher Originalromane.

Burow, Julie, (Frau Pfannenschmidt), der Armuth Leid und Glück. Roman. 3 Thle. Leipzig 857. Brockhaus. 8. (3 Bl., 354; 2 Bl., 335; 2 Bl., 351 S.) n. 4 ℛ

— ein Arzt in einer kleinen Stadt. Roman. 2 Bde. 2. unveränd. Aufl. Leipzig 855. Hübner in Comm. 16. (256; 216 S.) 1 ℛ 10 ngr

—— e. Arzt in e. kl. Stadt. 2 Bde. 2. Afl. 16. (474) Prag 55. (Lpzg, EJ Günther.) 1. 10

— der Augenarzt, s. Hausbibliothek für die Jugend.

— Bilder aus dem Leben. Leipzig 854. Brockhaus. 8. (3 Bl., 356 S.) 1 ℛ 15 ngr

— Blumen und Früchte deutscher Dichtung. Ein Kranz gewunden für Frauen und Jungfrauen. 1—13. Aufl. Berlin 860—65. Schotte & Co. 16. (XIV, 272 S.) 1 ℛ 15 ngr

Burow, Julie [Frau Pfannenschmidt], Blumen u. Früchte deutscher Dichtung. Ein Kranz gewunden f. Frauen u. Jungfrauen. Nach dem Tode der Verf. neu bearb. v. Elise Polko. 21. Aufl. 8. (XII. 274 S.) Berlin 875. Bremen, Riemschneider. geb. m. Goldschn. 6. —

Burow, J, [Frau Pfannenschmidt], Blumen u. Früchte deut. Dichtg. Neu bearb. v. E Polko. 21. Afl. 8. (274) Lpzg 75, H Voigt. geb. 6. —

Burow, Julie (Frau Pfannenschmidt), Blumen u. Früchte deutscher Dichtung. Ein Kranz, gewunden für Frauen u. Jungfrauen. Nach dem Tode der Verf. neu bearb. von Elise Polko. 22. Aufl. 8. (XII, 274 S.) Bremerhafen 877. v. Vangerow. geb. m. Goldschn. 6. —

— und Friedr. Körner, das Buch der Erziehung in Haus und Schule. 1. u. 2. Abth. Leipzig 855. Costenoble. 8. (XVI, 294; XI, 289 S.) Jede Abth. 27 ngr
1. Abth.: Des Kindes Wartung u. Pflege u. die Erziehung der Töchter in Haus u. Schule. Ein Handbuch für Mütter u. Erzieher von Julie Burow.
2. Abth.: Die Erziehung der Knaben in Haus u. Schule. Ein Handbuch für Eltern u. Erzieher von F. Körner.

Burow, Julie, [Frau Pfannenschmidt], ein Bürgermeister, s. Album. Bibliothek deutscher Originalromane.

Burow, Julie
Ein Bürgermeister. Geschichtlicher Roman von Julie Burow (Frau Pfannenschmidt). Th. 1 - 3.
Wien: Markgraf 1862. 8°
(Album. Bibl. dt. Originalromane. Jg.17. Bd.1-3.)

— Denk-Sprüche, s. a. Denk-Sprüche.

Denk-Sprüche für das weibliche Leben. Gesammelte Perlen, zur Veredlung für Geist, Gemüth u. Herz. 860. — 3. Aufl. Berlin 861. Schotte & Co. 16. (VII, 295 S. u. 1 Stahlst.) 1 $ 15 ngr

— Denksprüche für das weibliche Leben. Gesammelte Perlen zur Veredlung für Geist, Gemüth und Herz. 20. Aufl. 1878. M 5., und 21. Aufl. hrsg. von Elise Polko. 16. (255 S.) Berlin 875, H. Voigt. geb. mit Goldschn.

— Denk-Sprüche für das weibliche Leben. Gesammelte Perlen zur Veredelung für Geist, Gemüth u. Herz. 23. Aufl., hrsg. von Elise Polko. 8. (256 S.) Bremerhafen 877. v. Vangerow. geb. m. Goldschn. 6 —

† Burow, Julie [Frau Pfannenschmidt], Denk-Sprüche für das weibliche Leben. Gesammelte Perlen zur Veredelung für Geist, Gemüth und Herz. 23. Aufl., hrsg. von Elise Polko. 8. (IX, 256 S.) Bremerhaven 884, v. Vangerow. geb. mit Goldschn. 6 —

— Erinnerungen einer Großmutter, s. Album. Bibliothek deutscher Originalromane.

Burow, Julie
Erinnerungen einer Großmutter. Roman von Julie Burow [Pfannenschmidt]. Bd.1.2.
Prag, Leipzig: [Kober] 1856. 8°
(Album. Bibl. dt. Originalromane. Jg.11. Bd.19.20.)

— über die Erziehung des weiblichen Geschlechts. 16. (40 S.) Bromberg 854, Levit.

— über die Erziehung des weiblichen Geschlechts. Gekrönte Preisschrift. (Abdr. aus dem „Illustr. Familienbuche des Oesterreich. Lloyd.") 854. — 2. Aufl. Bromberg 858. Levit. 16. (1 Bl., 46 S.) 6 ngr

Burow, Julie ⟨Frau Pfannenschmidt⟩: Über die Erziehung des weiblichen Geschlechts. Gekr. Preisschrift. 3. Aufl. — Bromberg: Levit 1863. VI, 66 S. 8°

— Aus dem Frauenleben. 2. (Titel-)Aufl. der Novellen. 2 Bde. Leipzig (854.) 857. Costenoble. 8. (VIII, 202; 1 Bl., 220 S.) 2 $ 15 ngr

— a. d. Frauenleben. 2. Afl. 2 Bde. 8. (422) Lpzg 57, Haynel. 2. 15

— Frauenleben. 6. Aufl. 16. (276 S.) Berlin 875, H. Voigt. geb. mit Goldschn.

Burow, J. Frauen Liebe u. Leben. Ein Brautgeschenk. 2. Aufl. Davos, Richter. 1884

† Burow, Julie [Frau Pfannenschmidt], Frauen Liebe und Leben. Ein Brautgeschenk. 2. Aufl. 8. (III, 237 S.) Davos 885, Richter. geb. mit Goldschn. *

Burow, Julie (Frau Pfannenschmidt), Frauen-Liebe u. Leben. Ein Brautgeschenk. 3. Aufl. 8. (237 S.) Davos 893. H. Richter. Geb. in Leinw. m. Goldschn. n. 4. —

Burow, Julie (Frau Pfannenschmidt), Frauen-Liebe u. Leben. Ein Brautgeschenk. 4. Aufl. (III, 237 S.) 8. Chur (906). F. Schuler. Geb. in Leinw. m. Goldschn. n. 4. —

Burow, Julie, Frauen-Loos. Roman in 2 Bdn. gr. 16. (554 S.) Königsberg 850, Samter.

— Den Frieden finden. Novelle. Bromberg 864. Levit. 8. (223 S.) n. 1 $ 7½ ngr

Burow, Julie. Früchte aus dem Garten des Lebens. In-8°, VIII u. 158 S. Davos, Hugo Richter, Verlagsbuchhandlung. eleg. geb. 5 —
1885

Burow, J. Früchte aus dem Garten des Lebens. 2. Aufl. In-8°. Davos, Richter. Eleg. geb. 5 —
1885

Burow, Julie *(Frau Pfannenschmidt).* Früchte aus dem Garten des Lebens. Ihren jungen Freundinnen gewidmet. 3. Aufl. In-8°. VII, 157 S. Davos, Hugo Richter. 1896
Eleg. gebd. m. Goldschn. 2 —

Burow, Julie (Frau Pfannenschmidt), Früchte a. d. Garten d. Lebens. Ihren jungen Freundinnen gewidmet. 3. [Titel-] Aufl. 12. (VII, 157 S.) Davos (885). 897. H. Richter, Verl. Geb. in Leinw. m. Goldschn. 1. 80

— gesammelte Früchte aus dem Garten des Lebens. Danzig 862. Kafemann. 16. (VII, 221 S.) 1 $

— Gedichte. Prag 858. Kober u. Markgraf. 16. (XII, 212 S.) n. 27 ngr

— Gedichte. 16. (212) Prag 58. (Hamb., Richter.) n. — 27; geb. n. 1. 10

— das Glück eines Weibes. Bromberg 860. Levit. 8. (X, 170 S.) n. 1 $ 10 ngr

— der Glücksstern. Novelle. Bromberg 857. Levit. 8. (318 S.) 1 $ 15 ngr

— ein Grab an der Kirchhofsmauer, s. Novellenschatz, neuer deutscher.

Burow, Julie, [Frau Pfannenschmidt], An der polnischen Grenze. Ein Lebensbild. Wien 861. Typograph.-literar. artist. Anstalt. 16. (198 S.) 1 $

— Herzens-Worte. Eine Mitgabe auf dem Lebenswege. Deutschlands Töchtern gewidmet. 859. (240 S.) n. 1 $ — 3. Aufl. 860. — 5. Aufl. 861. — 7. Aufl. Berlin 862. Schotte & Co. 16. (307 S. u. 1 Stahlst.) 1 $ 15 ngr

— — 8. Aufl. Pracht-Ausg. Ebend. 862. gr. 16. (307 S. u. 1 Stahlst.) 2 $

— Herzensworte. Eine Mitgabe auf den Weg des Lebens. 22. Aufl. 16. (304 S.) Berlin 875, H. Voigt. geb. mit Goldschn.

Burow, Julie (Frau Pfannenschmidt), Herzens-Worte. Eine Mitgabe auf den Lebensweg. Deutschlands Töchtern gewidmet. 24. Aufl. 8. (242 S.) Bremerhafen 877. v. Vangerow. geb. m. Goldschn. 6. —

— Herzens-Worte. Eine Mitgabe auf d. Lebensweg. Deutschlands Töchtern gewidmet. 25. Aufl. 8. (242 S.) Bremerhaven 895. L. v. Vangerow.
Geb. in Leinw. m. Goldschn. n. 3. 50

Burow, Julie (Frau Pfannenschmidt), Herzensworte. Eine Mitgabe a. d. Lebensweg. Deutschlands Töchtern gewidmet. Geschenkausg. 8. (220 S.) Berlin 899. [Leipzig, R. Wöpke.] Reutlingen, R. Bardtenschlager. Geb. in Leinw. n. 1. 75

— dasselbe. (Prachtausg.) Mit 4 Heliograv. nach Zeichngn. v. A. u. F. Weinert. 8. (220 S.) Ebd. 899.
Geb. in Leinw. n. 2. 75

— dasselbe. Neue [Titel-]Ausg. 8. (220 S.) Reutlingen, R. Bardtenschlager [899.] (902). Geb. in Leinw. n. 1. 80; m. 4 Heliograv. nach Zeichngn. v. A. u. F. Weinert, geb. in Leinw. m. Goldschn. 3. 20

—— Joh. Kepler, s. a. Album. Biblioth. deut. Orig.-Rom.

Burow, Julie

Johannes Kepler. Historische Erzählung von Julie Burow (Frau Pfannenschmidt). Bd. 1 - 3.
Prag, Leipzig: Kober 1857. 8°

(Album. Bibl. dt. Originalromane. Jg.12. Bd.20-22.)

—— Johannes Kepler. Histor. Erzählung. 3 Bde. 16. (XIV und 879 S.) Prag 858. [Wien, Markgraf und Komp.]
Vgl. auch: Album, hrsg. von Kober. 12. Jahrg.

Burow, Julie

Johannes Kepler. Historische Erzählung von Julie Burow [Pfannenschmidt]. Abth.2. Bd. 1 - 3.
Leipzig: Günther 1865. 8°

— die Kinder des Hauses. Familien-Roman. Wien 863. Typograph.-literar.-artist. Anstalt. 8. (183 S. u. 8 Holzschntaf.)
n. 1 ℛ

— Walter Kühne. Roman. Bromberg 860. Levit. 16. (120 S.)
n. 25 ngr

Künstlerliebe, s. Album. Bibliothek deutscher Originalromane.

—— Künstlerliebe, s. Hausbibliothek deutscher Novellen.

Burow, Julie

Künstlerliebe. Novelle von Julie Burow (Frau Pfannenschmidt).
Prag: Kober &.Markgraf 1859. 259 S. 8°

(Album. Bibl. dt. Originalromane. Jg.14. Bd.9.)

—— a. d. Leben e. Glücklichen. 3 Bde. 8. (727) Königsb. 52. (Berl., Ehle.)
3. 15

Burow, Julie, [Frau Pfannenschmidt,] Aus dem Leben eines Glücklichen. Ein Roman. 3 Bde. 8. (727 S.) Königsberg 852, Samter. 3½ ℛ

—— Lebensbilder, s. a. Album. Biblioth. deut. Orig.-Rom.

Burow, Julie Ott 78/15

Lebensbilder. Von Julie Burow (Frau Pfannenschmidt). Bd. 1. 2.
Prag, Leipzig: Kober 1858. 8°

(Album. Bibl. dt. Originalromane. Jg.13. Bd.8.9.)

– ein Lebenstraum, s. Album. Hrsg. von J. L. Kober

- die Liebe als Führerin der Menschheit durchs Erdenleben zu Gott. Danzig 863. Kafemann. 16. (2 Bl., 249 S.)
1 ℛ; geb. 1 ℛ 15 ngr

—— Novellen. 2 Bde. 8. (VIII und 422 S.) Leipzig 853, Costenoble.

Burow, Julie, (Frau Pfannenschmidt), Novellen. 2 Bde. Leipzig 854. Costenoble. 8. (1 Bl., VIII, 202; 2 Bl., 220 S.)
2 ℛ 15 ngr
2. Aufl. s. „Aus dem Frauenleben."

—— d. Preussen in Prag. Rom. 8. (383) Forst 67. (Bromb., Aronsohn.)
— 7½

— die Preußen in Prag. Historischer Roman aus dem letzten deutschen Bruderkriege u. der Occupation Prags durch die Preußen. Forst 867. Unverzagt. 8. (383 S.) n. 2 ℛ

—— a. d. letzten poln. Revolution. 16. (228) Wien 64, lit.-art. Anst.
n. 1. —

Burow, Julie

Der Sohn einer Amme. Erzählung. Stuttgart 1855.

In: Hausblätter. Bd 4.

—— in stillen Stunden. 16. (203) Berl. 61, Schotte u. Co. geb.
1. 15

—— In stillen Stunden. Gedanken einer Frau über die höchsten Wahrheiten des Menschen-Daseins. 6. Aufl. 16. (256 S.) Berlin 875, H. Voigt. geb. mit Goldschn.

—— Vers. e. Selbstbiographie. 16. (84) Prag 57. (Lpzg, EJ Günther.)
n. — 10

— Versuch einer Selbstbiographie. Prag 857. Kober u. Markgraf. 16. (84 S.)
n. 10 ngr

Burow, J. (Pfannenschmidt), Des Kindes Wartung u. Pflege u. d. Erziehung der Töchter. 1. Bd. v.: „Das Buch der Erziehung in Haus u. Schule," v. Burow, J., u. F. Körner. (204 S.) Jena 1855. Costenoble. 2.70

— der Weg in den Himmel, s. Album. Bibliothek deutscher Originalromane.

— im Wellenrauschen. Roman. 2 Bde. Jena 869. Hermsdorf. 16. (291; 381 S.)
2 ℛ 15 ngr

— Laute Welt — stilles Herz. Novelle. Bromberg 860. Levit. 8. (272 S.)
1 ℛ 15 ngr

Burow, Karl

Polnisches Lied von Carl **Burow**. Für Violine u. Klavier übertr. von Emil Kross. (Leipzig: Bosworth & Co. 1902.) (3 S., 1 Bl.) 4° [Kopft.]
(Blätter u. Bluten. Violon & Piano. No 80.) [07. 6901

Burow, Paul

Burow, (August. Eduard. Ehrenhold.) Paul. (geb. Bunzlau 15. 2. 1843):
De dentium dolore. Berolini (1865). (31 S.) 8°
Berlin, Med. Diss. v. 17. Juni 1865

Burow, Robert. Beiträge zur Entscheidung der Frage, ob die Caseine verschiedener Tierarten identisch sind. Diss. Med. Basel. 28 S. 8. Basel, Friedrich Reinhardt, 1905.

Burow, Wilhelm. Beiträge zur Anatomie und Histologie des Kehlkopfes einiger Haussäugethiere. Diss. Phil. [II.] Univ. Zürich. Mit 1 Tafel und 3 Abbildungen im Text. *Kopftitel:* Aus dem anatomischen Institut der Kgl. Thierärztl. Hochschule in Dresden (Prof. Dr. [Hermann] Baum). — (Sonder-Abdruck aus dem Archiv für wissensch. u. prakt. Thierheilkunde. Bd. 28. H. 3 u. 4. 1902.) IV + 47 S. 8. Berlin, L. Schumacher, 1902.

Burq, V., Metallotherapie. Behandlung der Nervenkrankheiten, Paralysen, chronischen Rheumatismen, Krämpfe, Neuralgien ꝛc., der Krämpfe der Kinder, der Cholera, der Krämpfe der Cholerakranken, durch Application von Metallen. Historischer, theoretischer u. praktischer Abriß ausgezogen aus 22 an die zwei Akademien gerichteten Abhandlungen und Noten. Leipzig 854. C. Schäfer. (C. F. Winter.) Lex.-8. (1 Bl., 51 S. u. 2 lith. Taf.)
n. 15 ngr

Burr, A, u. FM Berberich: Ueb. Milchzucker. Untersuchgn v. rohem u. raffin. Milchzucker. (42 m. 2 Tab.) gr8° Hildesheim, Verl. d. Molkerei-Zeitg '11. (Nur dir.) 1 —

Burr A. u. Berberich F. M.: Studien üb. Schaf-Milchwirtschaft. Leipz. 1910—11. 104 S. 2 Tab. Fol.
(Milchzeitung. 1910—11). 523.

— — Studien üb. Schaf-Milchwirtsch. [Aus: „Milchzeitg".] (104 m. 3 Tab.) gr8° Lpzg, M Heinsius Nf. '11. 2.50 d

Burr, Adf., photographische Reise-Aufnahmen. Eine Sammlg. architektonisch wertvoller Motive u. Details v. alten u. neuen Bauwerken aus England u. Frankreich etc. Aufgenommen u. hrsg. 160 Motive auf 80 Lichtdr.-Taf. 4. Berlin (904). (B. Hessling.) Jn Mappe n. 18. —

Burr A, Photogr. Reiseaufnahmen a. England, Frankreich etc. (80 T) 4° Berlin (1905)

Burr, Anton, aus Kreien i. Meckl.-Schw.: Über Derivate des o-a-Dimethyl-p-nitrochinolins. *Freiburg i. B. 1901: C. A. Wagner.* (31 S.) 8°
Freiburg i. B., Phil. Diss. v. 1901

Burr, Malcolm, Dermaptera, s.: Fauna, die, Südwest-Australiens. II, 5—8.

— Dermapteren v. Madagaskar, den Comoren u. Britisch-Ostafrika, s.: Reise in Ostafrika. II, 2.

Burr, Wilh. F., s.: Liebermann, Max.

— Weggefährten. Ältere u. neuere Gedichte, gesammelt. Hrsg. v. d. freien Lehrervereinigg f. Kunstpflege in Berlin. (226) 8° Reutl., Enßlin & L. ('12). L 2.50 d

Ps **Burraclan** [Carl Braun], s. Kunst, die, beliebt zu sein.

Burrage, Henry S[weetser]. Getreu bis ans Ende. Eine Erzählung aus der Täuferbewegung zur Zeit [Ulrich] Zwinglis. [Aus dem Englischen.] 154 S. 8. Kassel, J. G. Oncken Nachfolger, [1905]. [geb. M. 1. —]

Burrau, Karl

Tafeln der Funktionen Cosinus und Sinus mit d. natürl. sowohl reellen als rein imaginären Zahlen als Argument ⟨Kreis u. Hyperbelfunctionen⟩ von Dr. Carl **Burrau**. Berlin: G. Reimer 1907. (XX, 63 S.) 8°
[Nebent. 1] Tables of cosine and sine of real and imaginary angles expressed in radians ... by Dr. C. Burrau.
[2] Tables des fonctions cosinus et sinus des nombres nat., réels et imaginaires purs ... par Dr. C. Burrau. [07. 10480

Burre, Otto: Der Teutoburger Wald (Osning) zwischen Bielefeld u. Örlinghausen. [Aus: „Jahrb. d. kgl. preuss. geol. Landesanst."] (306—343 m. 1 farb. Kte.) Lex8° Berl. (N 4), Vertriebsstelle d. kgl. geolog. Landesanst. '11. nn 2 —

Burre, Wilh., kurze Anleitg. z. Rechenunterricht i. d. Volksschule. E. method. Handbuch b. Gebr. d. v. dems. Verf. bearb. Rechenbuchs f. Volksschulen. gr. 8. (VII, 68 S.) Detmold 898. C. Schenk. n. 1. 25

— Fibel z. d. Rechenbuche f. Volksschulen. gr. 8. (24 S.) Ebd. 898. n. — 12

Burre, Wilh., Fibel zu dem Rechenbuche f. Volksschulen. 2. Aufl. gr. 8. (24 S.) Detmold (899). C. Schenk. Kart. n. — 20

— Rechenbuch f. Volksschulen 1.—5. Hft. gr. 8. Ebd. 898. n.n. — 99
1. Zahlenraum v. 1—100. 2. Aufl. (24 S.) n. — 12
2. Zahlenraum v. 1—1000 u. v. 1—1000000. 2. Aufl. (46 S) n.n. — 22
3. Rechnen m. mehrfach benannten Zahlen. 2. Aufl. (34 S.) n. — 18
4. Rechnen m. Dezimalzahlen u. Brüchen. 2. Aufl. (48 S.) n. — 25
5. Regeldetri, Prozent- u. Promillerechng., Verhältnisbestimmgn. u. Gesellschaftsrechng., Rechenrätsel. (40 S.) n.n. — 22

— Rechenbuch f. Volksschulen. 1.—3. Hft. 3. Aufl. gr. 8. Ebd. (900). n. — 70
1. Zahlenraum von 1—100. (24 S.) Kart. n. — 20
2. Zahlenraum v. 1—1000 u. v. 1—1000000. (46 S.) n. — 22
3. Rechn. m. mehrf. benannten Zahlen. (34 S.) Kart. n. — 28
42

Burrell, David James

Burrell, Dav. James, Christus u. der Fortschritt. Eine Besprechg. v. Zeitfragen. Übers. von Grf. H. v. Hallwyl. (III, 232 S.) 8. Gütersloh 908. C. Bertelsmann. 3.—; geb. 3. 75

Burren, F. (Red.), s. Bauernzeitung.

Burrer, Alb., der Steinhauer an der Arbeit. Eine prakt. Abhandlg. (V, 96 S. m. Fig. u. 180 Abb.) gr. 8. Eßlingen 911. P. Neff. Geb. in Leinw. 3. 50

Burret, Max: ⟨Aus d. Labor. d. Bot. Gartens u. Museums in Dahlem b. Berlin.⟩ Verwandtschaftsverhältnisse und Verbreitung der afrikanischen Grewia-Arten mit Berücksichtigung der übrigen. (Leipzig: W. Engelmann 1910.) 42 S. 8° ¶ (Aus: Botan. Jahrbücher f. Systematik. Bd 44, H. 2/3.)
Berlin, Phil. Diss. v. 16. Febr. 1910, Ref. Engler
[Geb. 6. Juni 83 Saffig; Wohnort: Steglitz; Staatsangeh.: Preußen; Vorbildung: Gymn. Koblenz Reife O. 05; Studium: Lausanne 1, München 2, Berlin 4 S.; Rig. 18. Nov. 09.] [U 10. 136

Burri, Adf: Johann Rudolf Sinner v. Ballaigues 1730—87. Beitrag z. Kultur- u. Geistesgesch. d. 18. Jh. (200 m. Abb. u. 1 Bildn.) gr8° Bern, A Francke '13. 4 —

BURRI, F. X.: Die kulturgeschichtliche Entwicklung und wirtschaftliche Bedeutung des Schweizer Waldbestandes. Die Bedeutung des Terrainwaldes im Hochgebirge. Vorträge. - Luzern 1898. 77 S.

Burri Friedrich: Grasburg unter savoyischer Herrschaft. I. Teil: Die politische Geschichte der Herrschaft Grasburg bis 1423. Bern 1907. IV + 268 S. 8°. [23. VI. 05.]
Bern. Phil. Diss. 1906-1907.

Burri, Friedrich. Grasburg unter savoyischer Herrschaft. Teil 1: Die politische Geschichte der Herrschaft Gr' bis 1423. Diss. Phil. Bern. [Sep.-Abdr. aus dem Archiv des Historischen Vereins des Kantons Bern. Band 18. Heft 2.] IV + 268 S. 8. Bern, Gustav Grunau, 1907.

Burri, R[obert], und Düggeli, M[ax]. Bakteriologischer Befund bei einigen Milchproben von abnormaler Beschaffenheit. ⟨Aus dem landwirtsch.-bakteriologischen Laboratorium des eidg. Polytechnikums in Zürich.⟩ Abdruck aus dem Centralblatt f. Bakteriologie, Parasitenkunde u. Infektionskrankheiten. Abteilung II.... Band 15. 1905. No. 22/23. S. 709—722. 8. Jena, Gustav Fischer.

Burri, R[obert]. Bakteriologische Forschungen über die Faulbrut. Vortrag, gehalten an der 38. Wanderversammlung des Vereins schweizerischer Bienenfreunde in Sarnen am 28./29. August 1904. [Mit Figuren. Sep.-Abdr. aus: Schweizerische Bienen-Zeitung. N. F., Jahrg. 27. 1904. № 10—11.] 13 S. 8. [Aarau, H. R. Sauerländer & Co.]

Burri, Rob., das Tuscheverfahren als einfaches Mittel zur Lösung einiger schwieriger Aufgaben der Bakterioskopie (absolute Reinkultur, Spirochaetennachweis u. a. m.). Mit 8 Fig. im Text u. 16 Photogrammen auf 3 Taf. (III, 42 S.) Lex. 8. Jena 909. G. Fischer. 3. —

Burri, R., bakteriologische Untersuchungen üb. die Faulbrut u. Sauerbrut der Bienen. Für Bienenzüchter gemeinfaßlich dargestellt. Mit 1 Fig.-Taf. nebst erläut. Text. (IV, 40 S.) 8. Aarau 906. H. R. Sauerländer & Co. n. — 80

Burri, Robert, von Malters, Kanton Luzern: Ueber einige zum Zwecke der Artcharakterisirung anzuwendende bacteriologische Untersuchungsmethoden nebst Beschreibung von zwei neuen aus Rheinwasser isolirten Bacterien. [S. A. aus: Archiv für Hygiene. Bd 19, S. 1—37] München R. Oldenbourg Dr. 1893. 43 S. 8°.
Zürich, Phil. Diss. [v. 5. Sept. 1893].

Burri, R. Über einige zum Zwecke der Artcharakterisirung anzuwendende bacteriologische Untersuchungsmethoden nebst Beschreibung von zwei neuen aus Rheinwasser isolirten Bacterien. In-8°. 43 S. Zürich. Diss. **1894**

Burri, Roman [prakt. Arzt in Malters]: Wirkung subconjunctivaler Kochsalzinjektionen bei Chorioiditis in macula. Berlin 1899. 23 S. 1 Taf. 8°. (Sep.-Abdr. aus Zeitschr. f. Augenheilkunde, Bd. 1.)
Basel. Med. Diss. 1898/99.

Burrigel, J. G., ökonomische Schatz- u. Kunstkammer. 4. Stuttg. 754.

Burrigel, Johann Georg: Compendiose musicalische M a c h i n e, bestehend aus einem grossen dreyfachen Circul und zwey General-Tabellen. Diese . . . Machine wird . . . auf das Beste recommendirt von I.G.B.P.M. – Augsburg: Detleffsen, 1737. 13 p. 8⁰.

Burritt, Elihu: Dänemark . . . , s. S t u r g e , Joseph

Burrough, Jer., Uebel aller Uebel rc. 8. Halle, Waisenh. 735.

Burroughs, John: Heuschrecken u. wilder Honig. Deutsch v. HJ Zeller. (7, 277) 8° Jena, H Costenoble '11. 3 —; geb. 4 — d

Burrow, G. W.

— Behandl. d. Wahnsinns, s. Handbibl., klin., 4r Bd.

Burrow, G. W., Untersuchungen über gewisse, d. Geisteszerrüttungen betreff. Irrthümer u. ihre Einflüsse auf d. phys., moral. u. bürgerl. Verhältnisse d. Menschen. Uebers. nebst e. Abhandl. über d. Seelengesundheit, v. J. C. A. Heinroth. gr. 8. Leipz. 822. Weidmann. 1 Thlr 4 gr Velinp. 1 Thlr 16 gr

Burrow, J., über Nationalvorurtheile u. ihre guten u. bösen Wirkungen. gr. 8. Weim. 820. Industr.-C. 3 gr

Burrows, George, Beobachtungen über die Krankheiten d. cerebralen Blutkreislaufes u. den Zusammenhang zwischen Hirn- u. Herzleiden. Deutsch bearb. v. L. **P o s n e r.** gr. 8. (XII u 163 S.) Leipzig 847, Kollmann. ⅔ Thlr

Burrows, Harry, aus London: Über das Heptabromderivat des as.o-Xylenols. *Heidelberg: Heidelb. Verlagsanst. u. Druckerei 1901.* (42 S.) 8°
Heidelberg, Naturw.-math. Diss. v. 1901

Burrows, G. M., Commentare üb. d. Ursachen rc. des Wahnsinns, s. Hand-Bibliothek, klinische, 4. Bd.

Der Burrton Anzeiger: Sept. 25t, 1892—?
Weekly, published in English and German. Edited & published by J. C. Dick.
Burrton, KS

Burrucker. Nachrichten zur Geschichte des kgl. preuss. 3. ostpreuss. Grenadier-Regiments No. 4. 8. Berlin 1880. 0,50.

B u r s a y, Aur., description du bouclier d'Achille, fragment du 18me chant de l'Iliade d'Homère etc. 4. Brschw. Petersb. Pluchart.

Bursch, Der flotte, oder neueste Sammlung von burschikosen Redensarten . . . von C. B. von Rag- - y. Leipz. 1831. V: *Ragocky.* (Fabricius Felix Schnabel. Akad. Monatshefte. Nr. 288. 1. April 1908.)

Bursch, d. flotte, od. neueste, durchaus vollständ. Samml. von sämmtl. jetzt gebräuchl. burschikosen Redensarten u. Wörtern, so wie eine genaue Aufführung aller Sitten u. Gebräuche, welche bei Comitaten, Aufzügen rc. u. sonstigen Festivitäten vorkommen u. strenge beobachtet werden müssen; nebst e. Appendix. Von C. B. v. Rag...y u. A. gr. 12. Leipz. 831. Nauck. 10 gr

Bursch, A., u. Jul. Küster, deutsche Rechtsprechung im Automobilwesen, s. a **Bibliothek,** autotechnische.

Bursch, A., u. J. Küster, Deutsche Rechtsprechung im Automobilwesen. Zusammengestellt u. bearb. (190 S.) kl. 8. Berlin, R. C. Schmidt & Co. Geb. 2. 50.
Bibliothek, autotechnische. Nr. 25. 1908

Bursch, P. P., Hoffnung besserer Zeiten rc. 8. 736.

Buerschaper, Carl Franz (Leisnig), De gangraena sicca. Diss. med.-chir. Lpz. (B. G. Teubner) 23. XII. 1844. 71 S., mit Literatur. (4.20) 4593
Gew.: Joh. Chn. Aug. Clarus. — Krankengesch. v.: J. G. Rothe, C. T. Schmidt, F. A. Kreuzger.

Bursche, Emil

Bursche, E., die freie **Religions-Gemeinde** zu Nordhausen. Festschrift z. 50jähr. Jubiläum. (1847—1897.) gr. 8. (37 S.) Nordhausen 897. (C. Haacke.) n.n. — 50

Burscheid [Schlagwort]

Burscheid. s.: **Preussen.** Messtischblätter.

Burschell. Ernst [aus Speyer am Rhein]: Ueber Diphenylamin-Aethyliden-Phosphonsäure . . . . Freiburg i. B., Buchdr. v. Chr. Ströcker, 1887; 40 S. + 1 Bl. 8°
Freiburg i. B., Phil. Fak., Inaug.-Diss. v. 1887

Burschen, des, Erdenwallen. Eine ächt wahre Burleske. 8. Bremen 822, Kaiser.

Burschen, des, Erdenwallen. Eine ächt wahre Burleske. 8. Brem. 825. Kaiser. 8 gr

Burschen, des flotten, Donquixotiaden, Münchhausiana u. Kyauiana, oder: Bomben, Granaten, Brandraketen und Knallerbsen. Gesammelt u. herausgeg. von dem bekannten semper Fidelenkerl. 16. Landsberg a. d. W. 840, (Volger u. Klein.) n. ⅓ Thlr

Burschen heraus! Die heut. student. Korporationen u. ihre Zukunft. 8. (94 S.) Leipzig 892. F. W. Grunow. n. 1. —

Burschen heraus! Die heutigen student. Korporationen u. ihre Zukunft. Leipzig 893.

Burschen heraus! Allgem. Kommersbuch. Taschen-Ausg. 1.—10. Taus. 12. (VIII, 216 u. 12 S. m. 1 Fig.) Rostock 895. O. Hostmann. Kart. n. 1. 50; geb. m. Biernägeln n. 2. 50

Burschen heraus! Eine Denkschrift zum Kampf um die akadem. Freiheit. Hrsg. v. der Studentenschaft der königl. techn. Hochschule Hannover (m. Ausnahme der konfessionellen Korporationen). (47 S.) gr. 8. Berlin 905. Herm. Walther. n. — 50

Burschen, die lustigen, Vademecum. Ein Studentenliederbuch zusammengestellt von einem bemoosten Haupt. 32. (190 S.) Wien 861(62), Wenedikt. Thlr.

Burschen 'raus! Studenten-Geschichten aus alter u. neuer Zeit. Hrsg. v. einem bemoosten Haupte. In 2 Spritzfahrten (von Friedr. Jenssen). 8. (IV u. 108 S.) Leipzig 848 Naumburg. — Neue (Titel-)Ausg. 8. Ebd. 851. ½ Thlr

Burschen 'raus! Studenten-Geschichten. N. Asg. 8. (108) Lpzg 51, Naumburg. — 15

BURSCHENALMANACH, oder a k a d e m i s c h e s L i e d e r b u c h. Dessau 1782, in der Buchhdlg. der Gelehrten. 8⁰. Höchst selten!
Magaz. d. Buch- u. Kunst-Handels. Jahrg. 1782. (Lpz.) S. 830.

Burschenblatt. Organ des kathol. Burschenvereins f. das Königr. Bayern. Hrsg. v. der Verbandsleitg. Red.: Braun. 1. Jahrg. Juli—Dezbr. 1904. 6 Nrn. (76 S. m. 36 Abbildgn.) Lex.-8. Regensburg (F. Coppenrath's Sort.). n. 1. —

— dasselbe. 2. u. 3. Jahrg. 1905 u. 1906. à 12 Nrn. (200 u. 228 S. m. Abbildgn.) gr. 8. Ebd. à Jhrg. n. 1. 60

Burschenblatt. Zeitschrift f. die kathol. Burschenschaft Bayerns. Hrsg. v. der Verbandsleitung des kathol. Burschenvereins f. das Königr. Bayern. Red.: Jos. Braun. 4.—7. Jahrg. 1907—1910. à 12 Nrn. (à ca. 24 S. m. Abb.) gr. 8. Regensburg (Weißenburgerstr. 5), Verwaltung des Burschenblattes. à Jhrg. n 1. 20

Burschenblatt. Zeitschr. f. d. kathol. Burschensch. Bayerns. Red.: Jos. Braun. 7—9. J. '10—12 je 12 Nrn. ('12, Nr 1: 28 m. Abb.) gr8° Regensbg (Bruderwöhrdstr. 3), Verwaltg d. Burschenbl. je 1.20 (Pp.) d

Burschen-Comment, vom. 8. Leipz. 798. Graffé. 4 Gr

Burschenfahrt, Die, nach der Wartburg. Am 18. October 1817. O. O. u. J. V: *Förster, Friedrich.* (Erman & Horn, Bibliogr. d. dtsch. Universitäten. 1. Leipz. u. Berl. 1904.)

Burschenfahrten. Beiträge zur Geschichte d. deutschen Studentenwesens. 16. Jena 845, Luden. 3/4 Thlr

Burschenfest, das, auf d. Wartburg am 18ten u. 19ten October 1817. 8. Jena 818. Frommann. 6 Gr

Burschengesänge, Deutsche. Leipz. 1818. H: *Haupt, Joachim Leopold.* (Ky)

Burschengesänge, deutsche. 8. Leipz. 818. (Reclam). 8 Gr

Burschenherrlichkeit. Lose Blätter aus den Papieren e. alten Corpsstudenten v. Pluto. gr. 4. (VII, 800 S.) Berlin (900). Leipzig (H. L. Thilo). n. 6. —; geb. in Leinw. n. 7. —

Burschenherrlichkeit, alte. Illustrirte Poemen u. Bierartikel alter Burschen. Gesammelt u. hrsg. v. Siegfried Teutonicus. 8. (98 S. m. eingedr. Holzschn.) Würzburg 883. Staudinger. cart. n. 2. —

Burschenleben, Das, nach der Natur gezeichnet; ein Schauspiel in 4 Aufzügen. Frankfurt 1780. V: *Traiteur, Carl Theodor von.* (Ky) (MGT)

Burschenlieder, Bonner. Bonn 1819. H: *Hoffmann, gen. v. Fallersleben, August Heinrich.* (GGr)

Burschenlieder, Bonner. 12. Bonn 819. Weber. 18 Gr

— Breslauer, neu gewählt u. vermehrt. 8. Bresl. 821. Max u. C. 1 Thlr 4 Gr

Burschenlieder, deutsche, in Bildern v. J. Carben, s. a. Jungbrunnen. 28. Bdchn.

Deutsche **Burschenlieder** in Bildern von J. Carben. Berlin: Fischer & Franke [1901]. (21 Bl.) 8° [Umschlagt.]
= **Jungbrunnen.** 28. [os. 10090

Burschen-, Volks- u. Kriegslieder, deutsche. Auswahl. 16. Erlangen 843, Enke. 1/6 Thlr

Burschenliederbuch, besonders zum Gebrauche f. Jugendvereine u. landwirtschaftliche Schulen. Hrsg. vom Verband des kathol. Burschenvereins f. das Königr. Bayern. 3., umgeänd. u. verm. Aufl. des bayer. Burschenliederbuches. 15.—25. Taus. (XVI, 352 S.) kl. 8. Regensburg (Weissenburgerstr. 5) 910. Administration des Burschenblattes. Geb. in Leinw. 1.20

Burschen-Lieder-Buch, deutsches. Eine Auswahl der beliebtesten u. besten Burschen- u. Studentenlieder. 16. (128 S.) Wien 892. (Leipzig, Literar. Anstalt, A. Schulze.) n. — 40

Burschensänge, Teutsche. Leipzig 1819. H: *Haupt Joachim Leopold.* (Zeitschr. f. Büch. 1923, S. 81) Vgl. I, 8513.

Burschenschaft, deutsche. Ehre! Freiheit! Vaterland! 12. (16 S.) Leipzig-Reudnitz 898. A. Hoffmann. — 15

Burschenschaft, Die heutige. Heidelberg 1883. V: *Heyck, Eduard.* (Erman & Horn, Bibliogr. d. dtsch. Universitäten. 1. Leipz. u. Berl. 1904.)

Burschenschaft, die heutige. 8. (32 S.) Heidelberg 883, Weiß' Verlag. * — 40

Burschenschafter, deutscher. Zeitschrift für den Niederwald-Deputierten-Convent. Schriftleitung: K. Hensing. 3. u. 4. Jahrg. Apr. 1893—März 1895. à 12 Hfte. (2 Bog.) gr. 4. Leipzig-Reudnitz, M. Hoffmann. à Jahrg. n. 8. —

Burschenschafter, deutscher. Zeitschrift f. d. Niederwald-Deputierten-Convent. Schriftleitg.: K. Hensing. 5.—8. Jahrg. Apr. 1895—März 1899. à 12 Hfte. (à ca. 2 Bog.) gr. 4. Ebd. à Jahrg. n. 8. —

Burschenschafter, deutscher. Zeitschrift f. den Rüdesheimer Dep.-Conv. Schriftleitg.: K. Hensing. 9.—11. Jahrg. April 1899—März 1902. à 12 Hfte. gr. 4. (à ca. 20 S.) Leipzig-Reudnitz, A. Hoffmann. à Jahrg. n. 8. —

Burschenschafter, deutscher. Zeitschrift des Rüdesheimer Verbandes deutscher Burschenschaften. Hrsg.: B. H. Welcker. 12.—16. Jahrg. April 1903—März 1907. à 12 Hefte. (13—15: 264, 312 u. 280 S.) Lex.-8. Leipzig-Reudnitz, A. Hoffmann. à Jhrg. n. 8. —

Burschenschafter, deutscher. Zeitschrift des Rüdesheimer Verbandes deutscher Burschenschaften. Hrsg.: Jähne. 17. Jahrg. April 1907—März 1908. 12 Hefte. (à ca. 24 S.) Lex. 8. Leipzig-Reudnitz, A. Hoffmann. 8. —

Burschenschafts-Denkmal, das, in Eisenach in Wort u. Bild. qu. 8. (16 S. m. Abb. u. 8 Taf.) Eisenach (902). H. Kahle. n.n. 1. —

Burschenschaftsfest, Das, und die Feier der Enthüllung des Burschenschaftsdenkmals am 1., 2. u. 3. Aug. 1883 in Jena. Jena [1883]. V: *Bräunlich, Otto.* (Erman & Horn, Bibliogr. d. dtsch. Universitäten. Leipz. u. Berlin 1904—05. III, 307.)

Burschenschaftsfest, das, u. die Feier der Enthüllung d. Burschenschafts-Denkmals am 1., 2. u. 3. Aug. 1383 in Jena. [3. verm. Aufl. d. Festberichts der Jenaischen Zeitg.] gr. 8. (23 S.) Jena 883. Neuenhahn. n.n — 25

Burschensprache, die deutsche. Ein studentikoses Hand- u. Taschen Wörterbuch. Allen fidelen Häusern von einem fidelen Hause. Breslau 862. Kern. 16. (VIII, 54 S.) 8 ngr.

Burschen-Verein, katholischer, f. das Königr. Bayern, m. dem oberhirtlich genehmigten Statut. Hrsg. vom Vereinsbureau Regensburg G 109. (82 S.) 8. Regensburg (904). (A. Coppenrath's Sort.). n.n. — 30

Burscher, Georg (Cottbus), Casuistischer Beitrag zur Exarticulatio femoris. Diss. med.-chirurg. Bln. (A. Haack) 24. VII. 1882. 31 S. mit Biogr. (3.50) 1758
Oppon.: Julius Boldt, Joh. Gloyer, Paul Dammann. — Gew.: Grf. v. Wartensleben (Langburkersdorf b. Neustadt).

Burscher, Johann Friedrich

Burscher, Jh. Fr., († d. 10.Sept.1805.) e. alten Mannes Abend- u. Nachtgedanken. 8. Leipz. 803. (Brockhaus). 4 gr

— Abhandl. von d. wahren Größe e. Fürsten. gr. 8. Leipz. 764. Kummer. 3 gr

— M. Luthers Bekenntnisse. gr. 8. Lpz. Comt. f. Litt.

— kurze Biographie, (von ihm selbst). gr. 8. Leipz. 794.

— — Christus, divinae Mosis ac pentateuchi auctoritatis vindex, contra Henricum vicecomitem Bolingbrokium. Prolusio I. Lpz. (Ud. Chn. Saalbach) 25. IV. 1768. 20 S. (2.80) 4763

— — Dasselbe, contra omnes Mosis adversarios. Prol. II. Leipzig (Langenheim) 23. VIII. 1773. 16 S. (2.50) 4764.

— ecclesiasticae christianae post Apostolos script. antiquiss. doctrina publica de deo trinuno etc. 8. Leipz. 780. (Brockhaus). 3 gr

— — De Gaza derelicta futura, ad illustr. locum Zeph. II, 4 dissert. theol. I/II. Lpz. (U. Ch. Saalbach) 13./21. IV. 1768. 74 S. (5.—) 4761
Gew.: Christian Grf. v. Loss, Carl Aug. Grf. v. Rex, Wilh. Aug. Grf. v. Stubenberg, Thom. Frh. v. Fritsch.

— — u. (Respond.) **Georg Ernst Hebenstreit** (Leipzig), dasselbe. Dissert. posterior. Lpz. (U. Chn. Saalbach) 3. VIII. 1773. (S. 53—74.) (3.50) 4762
Gew.: Hieron. Friedr. v. Stammer (Prietitz).

— Gedächtnißrede u. Leben Heinrichs, Grafen v. Bünau. Fol. Jena 762. N. A. gr. 8. Leipz. 768. Kummer. 3 gr

— von d. feierl. Hochzeitgebräuchen d. heutigen griech. u. morgenländ. Christen. 4. Leipz. 754. (Aue in Altona).

— index et argument. epistolar. ad Erasmum Roter. autographarum. 8maj. Leipz. 784. (W. Nauck). 12 gr

— **Johann Friedrich** (Camenz, Präs.) u. (Respond.) **Johann Christian Barth** (Gersdorf/Laus.), Brevem in Ezechielis librum introductionem. Dissert. hist.-philol. Lpz. (F. G. Jacobäer) 15. III. 1755. 36 S. (1.—) 4759
Gew.: Heinr. Grf. v. Bünau (Dahlen . .).

— Leben Heinrichs Graf. v. Bünau. gr. 8. Leipz. Kummer. 768.

— Lehre von d. dreieinigen Gott u. von d. Person Jesu Christi. 8. Leipz. 781. (Brockhaus). 4 gr

— d. älteren Kirchenscribenten Lehre v. Gott. 8. Lpz. 781. (Brockhaus). 4 gr

— — In Stephani Byzantii de Gaza narrationem inquirit. Lpz. (Stoepffel) 26. V. 1764. 16 Seiten. (4.80) 4760

Burscher, J. F., de vera origine praecipuorum dogmatum et institutorum, quae tempore emend. sacr. repudiata sunt ab ecclesia evang. Lutherana. 1—14. Lips. 1775—81. 4.

— — Solemnia ss. theol. licentiati et doctoris creandi. — Prol. VII: de vera origine praecipuorum dogmatum et institutorum sacrorum, quae tempore sacrorum emendationis repudiata et abrogata sunt ab ecclesia evangelico-Lutherana. Lpz. (Langenheim) 27. XI. 1777. 20 S. (4.—) 4765
Biogr. v. Joh. Adolph Scharf (Schönfeld/Lpz.); M.: J. M. Hartmann).

— prolusiones XIV de vera orig. praecip. dogmat. etc. 4. Leipz. 781. Langenheim. 1 rthl 4 gr

— 48 Predigten, 1764 —71 gehalten, in 12 Theilen. gr. 8. Leipz. 766—72. Kummer. 3 rthl

— 6 Predigten d. Wahrheit d. evangel. Geschichte von Jesu. gr. 8. Leipz. 803. (Brockhaus). 8 gr

— 6 Predigten d. Wahrh. d. evangel. Geschichte v. Jesu. gr. 8. Lpz. Gleditsch. 803.

— 5 geistl. Reden. gr. 8. Lpz. Küchler. 798.

— 7 Reden am Reformationsfeste gehalten. gr. 8. Leipz. 798. Graffé. 12 gr

— Samml. d. vornehmst. Gedächtnißschriften auf d. Graf. v. Bünau. Fol. Jena 763.

— Schreiben an Propst Teller wegen seines Wörterbuchs d. N. T. 8. Leipz. 773.

— — Dasselbe. Spicilegium VI: Autographorum, illustrantium rationem, quae intercessit Erasmo Roterodamo cum aulis et hominibus aevi sui praecipuis omnique republica. Lpz. (Klaubarth) 23. VIII. 1786. 20 S. (4.—) 4766
Biogr. v. Jo. Gottlieb Burkhardt (Eisleben; M.: C. R. Pickel), mit Schriftenverzeichnis.

— — Sollemnia disput. duorum candidatorum summi gradus theolog. eorumque rite creandorum licent. et doctorum theol. — Spicileg. XXIX autographorum, illustr. rationem, quae intercessit Erasmo Roterodamo cum aulis et hom. aevi sui praecip. omnique republica. Lpz. (Klaubarth) 2./3. X. 1799. 22 S. (3.50) 4767
Biograph. v.: Chph. Friedr. Enke (Greislau/Weissenfels; M.: M. S. Wahren), Joh. Gottlob Bernhardi (Görlitz, M.: C. S. Hoernig).

Burscher, J. F., Spicilegia autographorum, illustrantium rationem, quae intercessit Erasmo Roter. cum aulis et hominibus sui aevi principibus omniq. rep. Coll. edid. et praef. est F. L. Schönemann. Lips. 802. 8. 3 rthl. 16 gr.

— spicilegia theologica. Fasc. I—XXXIII. 4. Leipz. 780—802. Klaubarth. 1 rthl 10 gr

— Vers. e. Erläut. d. Proph. Hosea u. Joel. 8. Lpz. Kummer. 767.

— Versuch e. Erläuter. d. Propheten Hosea u. Joel. 8. Leipz. 758. Kummer. 12 gr 2e A. 8. Bresl. u. Stettin 762.

— Vers. e. Erläut. d. Proph. Jeremiä. 8. Lpz. Comt. f. Litt. 754.

— Versuch e. Erläuter. d. Propheten Jeremiä. 8. Leipz. 757.

— das vor Jedermanns Augen zerstreute jüdische Volk u. sein Schicksal. 5 geistl. Reden. gr. 8. Leipz. 798. (Knobloch). 8 gr

— Wahrheiten zum Nachdenken u. zur Warnung für alle Christen, in 10 Reden. gr. 8. Leipz. 802. Graffé. 20 gr

Burscher, Wilhelm

Burscher, Guil. (geb. [illegible]) De [illegible]. [illegible] (1849). (31 S.) 8°
Berlin, Med. Diss. v. 1. März 1849

Burscher's Leben u. Todtenfeier; mit Vorr. herausg. v. Fr. Leber. Schönemann. gr. 8. Leipz. 806. Schönemann. 12 gr

Burserius de Kanilfeld, Joannes Baptista

s.: Borsieri de Kanilfeld, Giambattista

Bursiam, C., Ueber die Tendenz der Vögel des Aristophanes. S.-A. 1875. 82 S. 1.—

Bursian, Alex., die Häuser- u. Hüttensteuer in Deutsch-Ostafrika, s.a. Abhandlungen des staatswiss. Seminars zu Jena. VIII, 2.

Bursian, Alexander: Die Häuser- und Hüttensteuer in Deutsch-Ostafrika. Jena: Fischer 1910. 41 S. 8°. (Ersch. vollst. als: Abhandlungen d. staatswiss. Seminars zu Jena. Bd 8, H. 2.)
Jena, Phil. Diss. v. 9. Mai 1910, Ref. Anton
[Geb. 18. April 76 Plessenskoje, Gouv. Moskau; Wohnort: Freiberg i. S.; Staatsangeh.: Sachsen; Vorbildung: Realanst. Sstury Reife O. 94; Studium: Jena 6 S.; Rig. 13. Nov. 09.] [U 10. 2330

Bursian, C.

— Die Antikensammlung Raimund Fuggers. Nebst e. Excurs üb. einige andre i. d. Inschriftensammlung von Apianus u. Amantius abgebildete antike Bildwerke. S.-A. 1874. 28 S. 1.—

Bursian, C., Beiträge zur Geschichte der classischen Studien im Mittelalter. S.-A. 1873. 63 S. 1.—

— Bericht über die auf d. Geschichte d. class. Altertumswiss. bezügl. Litteratur d. Jahre 1880—82. S.-A. 1883. 86 S. 1.50

Bursian, C., Bericht über d. Litteratur d. Jahres 1876 z. Geschichte u. Encyclopaedie d. class. Altertumswiss. S.-A. 1877. 48 S. 1.20

— Bericht über d. Litteratur d. Jahres 1877 z. Encyclopaedie u. Geschichte d. class. Altertumswiss. S.-A. 1878. 55 S. 1.20

Bursian, C., Bericht über d. Litteratur zu Seneca Rhetor für d. J. 1878—81. S.-A. 1882. 14 S. 1.—

— Bericht über die von Januar bis August 1878 erschienenen die Geschichte d. class. Altertumswiss. betr. Schriften. S.-A. 1878. 50 S. 1.20

Bursian, C., De Praxitelis Cupidine Pariano. Pr. 1878. 8 S. 4°.

— Die wissenschaftl. Ergebnisse der Ausgrabungen in Dodona. S.-A. 1878. 28 S. 1.—

Bursian, C., Ueber ein Lobgedicht auf d. Kaiser Johannes II Komnenos. S.-A. 1869. 6 S. —.90

Boeotien — Bursian, C., Mittheilungen zur Topographie von Boiotien und Euboia. S.-A. 1859. 41 S. 1.20

— Eine neue Orgeonen-Inschrift aus dem Peiraios. S. A. 1879. 9 S. —.60

Olympia. — Bursian, C., De tempore quo templum Jovis Olympiae conditum sit disputatio. Pr. 1872. 13 S. 4°. 1.20

— Zur Texteskritik der Astrologie des Hyginus. S.-A. 1876. 56 S. 1.20

v. Bursian, Gr., s. Abell, L. G., Erinnerungen an Napoleon.

— Gustav (Freiberg), Theses juris controversi. Präs. Carl Friedr. Christian Wenck. Lpz. (Staritz) 5. IV. 1827. 2 Bl. (2.—) 4771

BURSIAN, Heinrich (München): Ein Beitrag zu Esmarch's künstlicher Blutleere bei Amputationen.- München: Straub 1883. 35 S.
7.6.1883 - Urk (Titel: De absorptione sanguinis in amputationibus arte efficienda.); Chr 1882/1883,18
Diss. Ingolst.-Landsh.-Münch.

Bursian, K., Beiträge zur Kritik der Metamorphosen des Apulejus. S.-A. 1881. 26 S. 4°. 1.—

Bursian, K., Ein ungedruckter Cento Vergilianus. S-A. 1878. 10 S. 1.20

Bursian, K., Das sogenannte poema ultimum des Paulinus Nolanus. S.-A. 1880. 28 S. —.90

Bursian, Karl, s.a. Bursian, Konrad

Bursian, Carl, über das Vorgebirge Taenaron. gr. 4. (23 S.) München 856, (Franz.) Thlr. ••
Aus: Abhandlungen der k. bayr. Akademie der Wissenschaften, besonders abgedruckt.

Bursian, Karl Friedrich

Bursian, Carl Friedrich (Arnsdorf/Misn.), De notione stupri violenti disput. Präs. Joh. Christian Franke. Wittenberg (Ch. Ph. Meltzer) 22. XII. 1800. 31 S. (3.80) 4768
Gew.: Wolf Friedr. Gotthelf v. Tümpling.

— — Dasselbe. 21 S. mit Biogr. (M.: M. D. Bugenhagen.) (4.—) 4769

Bursian, Conr., Nekrolog, s.: Richter, R.

Bursian, Konrad

Bursian, Conr., Aventicum Helvetiorum, s.a. Mittheilungen der antiquar. Gesellsch. in Zürich.

(Bursian, C[onrad].) Aventicum Helvetiorum. [Mit Figuren und 3 Tafeln.] (Mittheil. Ant. Ges. Zürich. [Njbl.] 31.) 4. Zürich 1867. pq

Bursian, C[onrad]. Aventicum Helvetiorum. [Mit Figuren und 32 Tafeln.] 5 Hefte. (Mittheil. Ant. Ges. Zürich. Band 16, Abth. 1.) 4. Zürich 1867-1870. pq

Bursian, Conr., quaestionum Euboicarum capita selecta. Lipsiae 856. Breitkopf u. Härtel. gr. 8. (2 Bl., 50 S.) 10 ngr

Bursian, Conr., üb. den religiösen Charakter d. griechischen Mythos. Festrede geh. in der öffentl. Sitzg. der k. b. Akademie der Wissenschaften zu München zur Feier ihres 116. Stiftungstages am 30. März 1875. gr. 4. (27 S.) München 875. (Franz.) n. 1.

— emendationes Hyginianae. 4. (15 S.) Jena 874. Neuenhahn. 75

— Erophile. Vulgaer-griechische Tragoedie von Georgios Chortatzes aus Kreta. Ein Beitrag zur Geschichte der neugriech. u. der italiän. Litteratur. [Aus d. Abhdlgn. der philolog.-histor. Classe d. k. sächs. Ges. d. Wiss.] Leipzig 870. Hirzel. 4. (95 S.) n. 24 ngr.

Q. B. F. F. F. Q. S. Inclutae litterarum universitati Fridericiae Guilelmiae Rhenanae natalicia quinquagesima diebus II. III. IIII. mensis Augusti anni MDCCCLXVIII. celebranti decem lustra summa cum gloria peracta congratulantur, eiusdem gloriae perpetuitatem augurantur universitatis litterarum Turicensis rector atque senatus. Insunt ex **Hygini** Genealogiis excerpta a **Conrado Bursian** restituta. Tur. formis Zürch. et Furr. (1868). X, 16 S. 4°.

Rector universitatis litterarum Turicensis commilitonibus certamina eruditionis propositis praemiis in annos MDCCCLXV—LXVI. indicit. Praemissa est **Conradi Bursian** de foro Athenarum disputatio. Tur. typ. Zürch. et Furr. 1865. 17 S. 4°.

Bursian, C., Geographie von Griechenland. Leipzig 1862—72. Mit lith. Tafeln. 8°. Bd. 1: Das nördliche Griechenland. Bd. 2: Peloponnes und Inseln.

Bursian, Conr., Geographie von Griechenland. 1. Bd. Das nördliche Griechenland. Mit 7 lith. Taf. (in 4.) Leipzig 862. Teubner. gr. 8. (VIII, 384 S.) n. 2 Thlr

— Geographie von Griechenland. 2. Bd.: Peloponnesos u. Inseln. 1. Abth. Die Landschaften Argolis, Lakonien, Messenien. Mit 5 lith. Taff. (in 8. u. 4.) Leipzig 868. Teubner. gr. 8. (180 S.) n. 1 Thlr 6 ngr.

— Geographie v. Griechenland. II. Bd. Pelloponnesos u. Inseln. 2. Abth. Die Landschaften Arkadien, Elis, Achaja. Mit 3 lith. Taf. (in 8 u. qu. Fol.) gr. 8. (S. 181—313.) Leipzig 871. Teubner. n. 3. —

— dasselbe. 3. Abth. Die Inselwelt. Mit e. v. H. Lange gezeichneten (lith. u. color.) Karte v. Griechenland (in gr. Fol.) gr. 8. (VI u. S. 315—618.) Ebend. 873. n. 4. 40; Karte apart f. Subscribenten n. 1. 20.
Ladenpr. cplt. n. 18. —

Bursian, Conr., Geschichte der classischen Philologie in Deutschland von den Anfängen bis zur Gegenwart, s.a. Geschichte der Wissenschaften in Deutschland.

Bursian, Konr., Geschichte der classischen Philologie in Deutschland. München u. Leipzig 1883. 8.
A. u. d. T.: Gesch. d. Wiss. in Deutschl. N. F. Bd. 19. . . . . (D.)

Bursian, Conrad (Hrsg.), s. Jahrbuch, Biographisches, für Alterthumskunde.

Bursian, Conr., s.: **Jahresbericht üb. d. Fortschritte der classischen Altertumswissenschaft.**

— griechische Kunst, s. Griechenland.

Rector universitatis litterarum Turicensis commilitonibus certamina eruditionis propositis praemiis in annos MDCCCLXVII—LXVIII. indicit. Praemissus est **Vibi Sequestris** de fluminibus etc. libellus a **Conrado Bursian** recognitus. Tur. typ. Zürch. et Furr. 1867. XIII. 23 S. 4°.

— **der Rhetor Menandros u. seine Schriften.** [Aus: „Abhandlgn. d. k. b. Akad. d. Wiss."] gr. 4. (152 S.) München 882. Franz in Comm. n.n. 5. —

— **Mosaikbild von Orbe, s.a. Mittheilungen der antiquar. Gesellschaft.**

(Bursian, Conrad].) Mosaikbild von Orbe. [Mit 1 Tafel.] 4. Zürich 1868.
Ausg. A. (Mittheil. Ant. Ges. Zürich. Band 16, Abth. 2. Heft 1.)
Ausg. B. (Mittheil. Ant. Ges. Zurich. [Njbl.] 32.)

Rector universitatis litterarum Turicensis commilitonibus certamina eruditionis propositis praemiis in annos MDCCCLXVIII—LXVIIII. indicit. Praemissum est **Iuli Exuperanti** opusculum a **Conrado Bursian** recognitum. Tur. typ. Zürch. et Furr. 1868. VIII. 7 S. 4°.

Rector universitatis litterarum Turicensis commilitonibus certamina eruditionis propositis praemiis in annos MDCCCLXVIIII—LXX. indicit. Praemissum est **Conradi Bursian** spicilegium criticum in Annaei Senecae libris suasoriarum et controversiarum. Tur. typ. Zürch. et Furr. 1869. 18 S. 4°.

Bursian, K., Ueber d. Vorgebirg Taenaron. Ak. 1855. 23 S. 4°. 1.20

— **über das Vorgebirg Taenaron. Aus d. Abhdlgn. d. k. bayer. Akad. d. W. München 850. Franz in Comm. gr. 4. (23 S.)** nn. 8¾ ngl

Index lectionum in literarum universitate Turicensi inde a die XXIV. mensis Octobris a. MDCCCLXIV. usque ad diem XXV. mensis Martii MDCCCLXV. habendarum. Praemissa est **Conradi Bursian** de titulis Magnesiis commentatio. Tur. ex offic. Zürch. et Furr. 1864. 19. 12 S. 4°.

Bursill, Henry, Hand-Schatten. Eine Reihe neuer u. unterhaltender Schattenbilder mittelst der Hand darzustellen. Nach Orig.-Zeichngn. Nach der 3. Aufl. des engl. Originals. 860. — 2. Aufl. Berlin 861. Schröder. 8. (4 S. u. 18 lith. Taf.) 15 ngr

— neue Handschatten. Nach dem Engl. Ebend. 861. 8. (4 S. u. 18 lith. Taf.) 15 ngr

Bursinck, W. Gerh., praes. **Günther**, Cerebri et nervorum distributionis expositio brevis. 99 pp. Duisb. 8°. Deutsch v. 23. Pottgießer. 176 S. Düsseld. 1789. 8°. 1786

Burska. Hasso, allerlei Liebe. Roman in zwei Büchern. (156 S.) 8. Zürich 904. C. Schmidt. n. 2. —

BURSKA, Hasso (ps.?), Peitschenschläge. Eine Erzählung aus dem Reich der Knute. Mit Titelbild. O. O. u. J. (Budapest, Schneider, 190*). 8°. 122 S. Vergriffen! (4 Mk. Adolf Weigel, 1908.)
Das Opus hat angeblich folgenden ekelhaften Inhalt: Eine junge Gräfin wird von ihrem Gemahl statt beglückt ohne Veranlassung geprügelt. Sie ist entsetzt! Rachegelüste erwachen in ihr und mit ihnen die Sucht, selbst zu foltern. In ihrer Raserei schreckt sie, nachdem sie den Gatten durch ihren Diener hat umbringen lassen, vor dem Äußersten nicht zurück und wird eine Sadistin par excellence.

***Burska**, Hasso: Peitschenschläge. Erzählg a. d. Reich d. Knute. Triest, Buchverl. (Komm.: Kessler.) ca 2.50 Vergr.

Burski, Albrecht v.: Einige **Fälle** peripherischer Facialislähmung im Frühstadium der Lues. *Berlin (1898): E. Ebering.* (28 S.) 8°
Berlin, Med. Diss. v. 11. Febr. 1898

de Burski, (Guil.) Otto (geb. Rastenburg 13. 6. 1827): De cellularum natura. Berolini (1851). (28 S.) 8°
Berlin, Med. Diss. v. 4. Okt. 1851

Burst [Schlagwort]

Burst, s.: **Geologische Karten.** Spezialkarte (Schweiz).

Burstall, S[ara] A[nnie]: Die Frau und das Christentum. (Autoris. Übers. v. Alice Sutter.) — Gross-Lichterfelde: Herrmann 1904. 29 S. 8°
Orig.-Tit. nicht ermittelt.

Bürstenbinder, C., **Palaestra.** Lateln. Uebungsschule. 8. Berlin 842, Voß'sche Buchh. n. ¼ ℛ

Bürstenbinder, Elisabeth, s.: **Werner**, E.

Bürstenbinder, Otto [app. Arzt aus Hamburg]: Über tuberculöse Iritis und Keratitis parenchymatosa ... (Aus: v. Graefe's Arch. f. Ophthalmol., Bd XLI Abth. 1.) **Leipzig, W.** Engelmann, 1894; 26 S. 8.
Jena, Med. Fak., Inaug.-Diss. v. [5. Nov.] 1894

Bürstenbinder, Otto, die Schleswig-Holsteinische Frage vom militairischen Standpunkte aus. Hamburg 864. Hoffmann & Campe. gr. 8. (22 S.) 7½ ngr

Bürstenbinder, Richard

Bürstenbinder (Hrsg.), s. Jahresbericht über die Erfahrungen und Fortschritte auf dem Gesammtgebiete der Landwirthschaft.

— u. **Gurادze-Kotlischowitz**, intensiv od. extensiv? Ein Beitrag zur Frage, wie der Landmann wirthschaften soll. Zwei Vorträge, geh. in der Ackerbau-Abthlg. der deutschen Landwirthschaftsgesellschaft zu Berlin im Febr. 1890. gr. 8. (28 S.) Berlin 891. Grundmann. n. 1. —

Buerstenbinder, Rich., die Landwirthschaft des Herzogthums Braunschweig. gr. 8. (VII, 354 S.) Braunschweig 881. J. H. Meyer. n. 10. —

Buerstenbinder, d. Landwirthschaft d. Herzogth. Braunschw. Braunschw. 882.

Buerstenbinder, R., feldmäßiger Spargelbau, s.: **Preisschriften und Sonderabdrücke der Deutschen Landwirtschaftlichen Presse.**

Buerstenbinder, R., Urbarmachung und Verbesserung des Bodens, s. a. Thaer-Bibliothek Bd. 61.

Buerstenbinder, R., **Urbarmachung** u. Verbesserung d. Bodens. Anleitung f. den prakt. Landwirt zur Vergrößerg. der Ertragsfähigkeit u. d. Kapitalwertes seiner Grundstücke. 8. (V, 160 S.) Berlin 886. Parey. geb. n. 2. 50

— die Zuckerrübe. Anleitung für den prakt. Landwirth zur Sortenwahl, Samenzucht, Aussaat, Pflege und Ernte der Zuckerrüben, sowie zur Erkennung und Abwehr ihrer Feinde und Krankheiten. gr. 8. (V, 173 S.) Braunschweig 882, Gebr. Haering. geb. * 2 40
— dass. — 2. Aufl. gr. 8. (VI, 176 S.) Ebendas. 883. geb. * 2 50

Bürstenbinder, R. Die Zuckerrübe. 2. Aufl. gr. 8. Braunschw. 883. Hamb., Gräfe u. Sillem. geb. * 2 50

Buerstenbinder, R., d. **Zuckerrübe.** E. Handbuch f. d. prakt. Landwirt. 8. Aufl., bearb. v. Mart. **Ullmann.** gr. 8. (VIII, 256 S. m. 4 Taf. in Autotyp.) Hamburg 896. L. Gräfe & Sillem. Kart. n. 4. —

Bürstenbinder, R., d. Zuckerrübe. Jetzt Verlag von: Dr. M. Ullmann, Hamburg-Horn.

Buerstenbinder, Oekon.-Rath, Ueber die gegenwärtigen bäuerlichen Verhältnisse im Herzogthum Braunschweig. (Schrift. d. Ver. f. Soz.-Pol., Bd. 23.) Leipzig 1883.

BÜRSTENBINDERS-Gesellen, Des politischen, Lebens-Lauff Oder Reisebeschreibung, von ihm selbst ans Tages-Licht gegeben, Wird allen lustigen Gemüthern zur Verkürtzung der Zeit, durch zu lesen bestens recommandiret. Mit 1 Kpfr. O. O. 1705. 12°. 190 S. (25 Mk. Bernh. Liebisch, Cat. 158 [1907]; 8 Mk. Jacques Rosenthal, München, ca. 1903, wo aber 190 Bll. angegeben sind.)
Sehr seltener und den Bibliographen unbekannter „Aufschneiderroman" in der Art von Christian Reuters Schelmuffsky. Ausdrücke, die in genanntem Romane vorkommen, finden sich auch in dem vorliegenden, sodass der Verfasser dem Kreise Reuters nicht fern zu stehen scheint. Auf S. 139—179 eine zum Teil in derben Ausdrücken abgefasste dreiaktige Comoedie: Der feige Prahler.

Bürsten- u. Pinselmacher, der. Zeitschrift f. die Interessen der Bürsten- u. Pinselmacher u. Vorstenzurichter. Organ d. Unterstützungs-Vereins der Bürsten- u. Pinselmacher Deutschlands. Red.: H. Puls. 1. Jahrg. April bis Dezbr. 1890. 9 Nrn. (2 B.) Fol. Hamburg, Jensen & Co. n. 4. —

Bürsten- u. Pinselmacher, der. Zeitschrift f. die Interessen der Bürsten- u. Pinselmacher u. Vorstenzurichter. Organ d. Unterstützungs-Vereins der Bürsten- u. Pinselmacher Deutschlands. 2. Jahrg. 1891. 12 Nrn. (2 Bog.) Fol. [Hamburg, Jensen & Co.] Hamburg-Eilbeck, Fr. Meyer. n. 4. —

Bürstenmacher-Zeitung. Red.: M Boerner. 1. Jahrg. Mai—Dezbr 1898. 24 Nrn. Fol. Halle, M Boerner. 2.65 || 2. u. 3. Jahrg. 1899 u. 1900 à 24 Nrn. (1899. Nr. 1—12. 96) à Jahrg. 6 —

Bürstenmacher-Zeitung. Zentral-Organ f. d. Bürsten-, Pinsel-, Kamm-Industrie u. verwandte Zweige. Offizielles Organ der Berliner Bürstenmacher-Innung. Red.: M. Boerner. 2.—4. Jahrg. 1899—1901. à 24 Nrn. Fol. (à ca. 8 S.) Halle, M. Boerner. à Jahrg. n. 4. —

Bürstenmacher-Zeitung. Zentral-Organ für Bürsten-, Pinsel-, Kamm-Industrie u. Handel, sowie verwandte Zweige. Offizielles Organ des „Verband deutscher Bürstenmacher-Inngn. u. selbständ. Bürstenmacher". 6. u. 7. Jahrg. 1903 u. 1904 à 24 Nrn. (à ca. 8 S.) Fol. Altenburg, R. Fuchs. à Jhrg. n. 4. —

— dasselbe, früher Halle a. S. Centralblatt früher Berlin. Vereinigte Fachzeitschrift f. die Bürsten-, Pinsel- u. Kamm-Branche sowie verwandte Industriezweige. Offizielles Organ des „Verband deutscher Bürstenmacher-Inngn. u. selbständ. Bürstenmacher". 8. u. 9. Jahrg. 1905 u 1906 à 24 Nrn. (à ca. 8 S.) 4. Ebd. à Jhrg. n. 4. —
Das Centralblatt f. die Bürsten-, Pinsel- u. Kammbranche wurde hiermit vereinigt.

Bürstenmacher-Zeitung früher Halle a. S. Centralblatt früher Berlin. Vereinigte Fachzeitschrift f. die Bürsten-, Pinsel- u. Kamm-Branche sowie verwandte Industriezweige. Offizielles Organ des „Verband deutscher Bürstenmacher-Innungen u. selbständiger Bürstenmacher". 10.—13. Jahrg. 1907—1910. à 24 Nrn. (1909: 242 S.) 34,5×25 cm. Altenburg, R. Fuchs. à Jhrg. 4. —

Bürsten-, Pinsel- u. Kammacher-Zeitung früher Bürstenmacher-Zeitg. Centralbl. 14. u. 15. J. '11 u. '12 je 24 Nrn. ('12, Nr 1: 10) 34,5×25 cm. Altenbg, R Fuchs. viertelj. 1 —

Bürster's, Sebastian, Beschreibung des schwedischen Krieges 1630—1647. Nach der Original-Handschrift im General-Landesarchiv zu Karlsruhe hrsg. von Friedr. von Weech. gr. 8. (XVI, 270 S.) Leipzig 875, Hirzel. *

Burstert, Bilder zur Gärprobe. (2. Aufl.: Bilder zur Milch- und Labgärprobe nach photogr. Aufnahmen von Dr. Burstert, 1926.) 1908 Kempten

Burstert, Hermann [aus Staufen]: Ueber im Kern gechlorte Derivate des Meta-Xylols . . . . Freiburg i. B., Druck d. Fr. Wagner'schen Buchdr., 1886; 47 S. 8°.
Freiburg i. B., Phil. Fak., Inaug.-Diss. v. 1886.

Burstin H., Dr.: Über die Einwirkung von Phosphorpentoxyd auf Benzylidenacetoxin. S. 122. Hb. 70 . . . . vgr.
Separatabdruck

Burstini, Baron v. Darstellung des Treffens bei Luckau. den 4. Juni 1813. Berlin (1813). 8°.

v. **Burstini.** Darstellung des Treffens bei Luckau am 4. Juni 1813. (24.) 4. M. 1 Pl. Berlin 1814.

Burstyn Josef: Isaak Arama ein jüdischer Religionsphilosoph des Mittelalters. Diss. Wien, Univ.
H. 1893 PN 817

Burstyn, M., elektrotechnischer Unterricht u. Anleitg. zum Betriebe elektrischer Anlagen insbesondere auf Kriegsschiffen. Lehrbuch f. Unteroffiziere. Hrsg. v. d. Red. der „Mittheilgn. aus dem Gebiete d. Seewesens". Mit 214 Textfig. Lex.-8. (V, 234 S.) Pola 892. (Wien, C. Gerold's Sohn.) n. 4. —

Burstyn, M., elektrotechn. Unterricht u. Anleitung z. Betriebe elektr. Anlagen insbes. auf Kriegsschiffen. Lehrbuch f. Unteroffiziere. 2. Aufl. Im Auftr. d. k. u. k. Reichs-Kriegs-Ministeriums, Marine-Section, hrsg. v. d. Dienstbücher-Verwaltg. d. k. u. k. See-Arsenals. M. 252 Textfig. gr. 8. (VI, 352 S.) Pola 898. Wien (C. Gerold's Sohn). n. 6. —

Burstyn, M: Elektrotechn. Unterr. u. Anl. z. Betriebe elektr. Anlagen insbes. auf Kriegsschiffen. Lehrb. f. Unteroffiziere. 3. Afl. (441 m. Fig.) 8° Pola '03. (Wien, C Gerold's S.) 10 —

Burstyn, M., Elektrotechnischer Unterricht u. Anleitung zum Betriebe elektrischer Anlagen insbesondere auf Kriegsschiffen. Lehrbuch f. Unteroffiziere. 4. Aufl. Im Auftrage des k. u. k. Reichs-Kriegs-Ministeriums, Marinesektion, hrsg. v. der Dienstbüchervorwaltg. des k. u. k. Seearsenals. Mit 303 Textfig. (VI, 441 S.) Lex.-8. Pola 905. (Wien, C. Gerold's Sohn.) n. 6. —
3. Aufl. (VII, 441 S.) 903. n. 10. —.

Burstyn, M., Elektrotechnischer Unterricht und Anleitung zum Betriebe elektrischer Anlagen, insbesondere auf Kriegsschiffen. 4. Aufl. Gr.-8°. (ill. VI, 441 S.) † K 6.—
Wien: Gerold's 1906

Burstyn Walter, Dr.: Über den Metalldehyd (mit 1 Textfigur). S. 111. Hb. 50 . . . . vgr.
Separatabdruck

Friedrich Siegmund von **Kloymann.** Eine biographische Skizze v. Bursy. (Sonder-Abdruck aus dem „Inlande".) Dorpat. 1856. 8°.

Bursy, Bernh., de Aristotelis *Πολιτείας Ἀθηναίων* partis alterius fonte et auctoritate. gr. 8. (VIII, 148 S.) Jurjewi 897. (Leipzig, K. F. Koehler's Sort.) n. 2. 50

Bursy, C., deutsches Lesebuch für die unteren u. mittleren Klassen der höheren weiblichen Lehranstalten des russischen Reichs. 1. u. 2. Thl. gr. 8. Riga 877. 78. Kymmel in Comm. cart. n. 3. 90
1. (VII, 80 S.) n. 1. 50. — 2. (VIII, 176 S.) n. 2. 40.

Bursy, (C.,) das vierte Palmblatt. Ein Fragment. Oder: Das Büchlein vom weibl. Egoismus. Mit 1 Musikbeil. 8. Mitau 824. (Berlin, Herbig.)

Bursy, F. R., de jure tutelari secundum Codicem Bernatensem habito respectu ad jus Romanor. 8maj. Götting. 805. Brose. 4 *gl*

Bursy, Hugo, über den Einfluss einiger Salze auf die Krystallisation des Blutes. Inaug.-Dissert. Dorpat 863. (Glaser.) gr. 8. (67 S.) n. 12 *ngr*

Bursy, Karl

Bursy, Carl, Curonus, und Weisse, Joan. Frid., Estonus, Exponantur vitae actiones consensuales, antagonisticae, et quae vicariae dicuntur in organismo animali; simul investigandae sunt leges, quantum fieri potest, simplices, quibus innitantur actiones modo dictae. Preissschrift Dorpat 1814

Bursy, Carl, das künstliche Licht u. die Brillen. Zwei Vorlesungen. gr. 8. Mitau 840, Reyher. 9 ngl

Bursy, Karl Gli. Hnr. Fr., Diss. inaug. Animadversiones historico-criticae in doctrinam de consensu, antagonismo et antenergia. 8. Dorpat 815.

— das vierte Palmblatt. Ein Fragment. Oder; das Büchlein v. weibl. Egoismus. Mit 1 Musikbeil. 8. Mitau 823. (Berl., Herbig). 20 gl

Bursy, Karl Theophil

Bursy, Carl Theophil. Heinrich Friedrich, Curonus, Animadversiones historico-criticae in doctrinam de consensu, antagonismo et antenergia. Diss. Dorpat. 16°. 115 pp. 1815

Bursyński, Piotr, Wykład prawa cywilnego francuzkiego. Tom. I 8. (371 S.) Kraków 852. (Baumgarten.) n. 2 ₰

Burt, M. A., the German Parnassus, s. Parnassus.

Burt, MA, the germ. Parnassus, in twelve diff. languages. Engl. part. Vol. I. 16. (128) Chur 53, (Hitz.) n. — $18^1/_2$

— specimens etc., s. Specimens.

Burt, M. A., Specimens of the choicest lyrical compositions of the most celebrated german poets, s. Parnassus, the german.

—— specimens of the choicest lyr. product. of the most celebr. germ. poets. From Klopstock to the pres. time. 2. Edit. 8. (504) Lpzg 55, Michelsen. (?) n. 2. —

Burt, Milo Cudworth: Ueber einige Benzaldehyd-Kondensationsprodukte von Terpen-Ketonen. *Göttingen 1898: W. F. Kaestner.* (61 S.) 8°
Göttingen, Phil. Diss. v. [26. Juli] 1898

Burt, Stephen Smith, Adeno-Karzinom der Leber im Kindesalter. (8 S.) 8. Berlin 904. J. Goldschmidt. n. 1.—
Sonderabdruck aus: „Deut. medizin. Presse".

Burt, William

Leitfaden der Homiletik (Omiletica). Von Dr. William Burt. Deutsche Bearb. von Dr. A. J. Bucher. Zürich: Christl. Vereinsbuchh. (1910). 114 S. 8°

Burt, William: Leitf. d. Homiletik. Deutsch v. AJ Bucher. (114) 8° Zür., Christl. Vereinsbh. ('11). L 2.50

Burte, Herm., drei Einakter. Der kranke König. Ein Königsdrama. — Donna Ines. Eine Liebes-Tragödie. — Das neue Haus. Lustspiel in Versen. (159 S.) 8. Berlin 907. Wiegandt & Grieben. 3.—; geb. 4. —

! **Burte, Herm.:** 3 Einakter. Jetzt: Lpzg, GK Sarasin. 06/09

— Patricia. Sonnette. (Buchausstattung v. Adf. Struebe.) (168 S.) 8. Ebd. 910. 4.50

Patricia. Sonnette von Hermann Burte. Berlin: Wiegandt & Grieben 1910. 168 S. 8°

— Patricia. Jetzt: Leipzig, K. G. Sarasin.

— Wiltfeber, d. ewige Deutsche. Gesch. e. Heimatsuchers. (5. Afl.) (353) 8° Lpzg, GK Sarasin '12. 4 —; geb. 5 — d

Bürtel, Madame, gründl. u. durch Zeichnungen erläuterte Anweis., Corsette od. Schnürleiber, Kamaschen u. Handschuhe zu verfertigen. Aus d. Französ. mit 2 Kpft. 16. Leipz. 829. Zirges. 8 gl

Bürtel, Mad., gründl. Anweisung, Corsette oder Schnürleiber, Kamaschen u. Handschuhe zu verfertigen. Durch Zeichnungen erläut. Aus d. Franz. übersetzt. 2e unveränd. Ausg. 16. (Mit 2 Steintaf.) Leipzig 839. Melzer. 1/3 ℛ

Bürtel, Joh., u. Jos. **Streubert,** Handbuch üb. die Bekanntmachung u. Vollstreckung der gerichtlichen Entscheidungen sowie das Kostenwesen in Straf- u. Forstrügesachen u. üb. den Verkehr m. dem Auslande. 8. (VIII, 315 u. 32 S. m. 1 Tab.) Würzburg 892. (A. Stuber's Verl.) n. 3. —

Bürtel u. **Streubert,** Handb. üb. die Bekanntmachung u. Vollstreckung der gerichtl. Entscheidungen. Würzburg 893.

Burtenbach, s. Schertel.

Burtenbach, s.: Schertlin v. Burtenbach.

Burtin, E., Choix de lectures françaises pour les classes moyennes. gr. 8. (VI, 231 S.) Berlin 873, Plahn'sche Buchh.

Burtin, E., choix de lectures françaises. 2. éd. gr. 8. (VII, 234 u. 44 S.) Berlin 878. Plahn. n. 2. —

Burtin, E., choix de lectures françaises. 3. éd. 8. (XII, 284 S.) Berlin 884. Plahn. n. 2. 25

Burtin, E., choix de lectures françaises. 4. éd. gr. 8. (VII, 228 u. 56 S.) Berlin 892. Plahn. n. 2. 25

Choix de lectures françaises p. E. **Burtin.** 4. éd. *Berlin: H. Savrage 1892.* (VII, 228, 56 S.) 1 Bd 8.

Burtin, E., choix de poésies. Dix-septième, dix-huitième et dix-neuvième siècles avec notices biographiques et notes. A l'usage des établissements d'instruction. Berlin 870. Plahn. gr. 8. (XIV, 359 S.) n. 25 ngl.

Burtin, E, choix de poésies. 17., 18. et 19. siècles avec notices biographiques et notes à l'usage des écoles. 2. éd. 8. (188) Berl. 86, Plahn. n. 1. 75

Burtin, E., choix de poésies. 17., 18. et 19. siècles, avec notices biographiques. A l'usage des écoles. 3. éd. gr. 8. (VIII, 182 S.) Berlin 908. F. A. Herbig.
Geb. in Leinw. n. 1. 60

—— Exercices de gymnastique intellectuelle ou énigmes, charades, logogriphes et jeux pour le jeune âge recueillis. 16. (71 S.) Berlin 872, Plahn'sche Buchh. cart.

—— Premiers exercices de lecture et de récitation. 8. (VIII, 120 S.) Ebendas. 887. cart. **

Burtin, E., premiers exercices de lecture et de récitation. 2. éd. 8. (VIII, 128 S.) Berlin 890. Plahn. geb. n.n. 1. 25

—— Recueil de mots français pour les exercices de langage d'après les tableaux de M. Strübing. 2e édit., revue et augmentée. gr. 8. (VII, 142 S.) Berlin 872, Plahn'sche Buchh.

Burtin, F. X., Oryctographie de Bruxelles ou Descript. des fossiles tant naturels qu'accidentels etc. av. fig. enlum. gr. fol. Weimar, Landes Ind. Comt. 781.

Burtolf, Jakob [prakt. Arzt in Hochdorf]: Verengerungen und Verwachsungen in der Pars laryngea pharyngis. Basel 1901. 87 S. 8°. Kreis
Basel. Med. Diss. 1901/1902.

Burton, der Lady, Geschichte, a. d. Engl. 8. Koppenhagen, Rothe. 768.

Burton's, Dr., Werk über d. Häresieen d. apostol. Zeitalters, im Auszg. v. Joh. Ldw. König. gr. 8. Berl. 839. Reimer. 5/12 ℔

BURTON, BEVERLY S. Ueber Propyl- und Dipropylacetessigester und die Spaltungsproducte der Diaethylbetaoxybuttersäure und des Diaethylacetessigesters. Würzburg, 1881. Diss. G. S.

Burton, Edward. Roms Alterthümer und Merkwürdigkeiten in ihrem neuesten Zustande. Aus dem Englischen übersetzt und mit Nachträgen herausgegeben von **F. C. L. Sickler.** Weimar 1823. 8°.

Burton, Eward, u. F. C. L. Sickler, Rom u. Latium, nach den neuesten Forschungen u. mit d. neuesten bericht. topogr. Kart. u. Plänen. 1r Thl. A. u. d. T.: E. Burton, Roms Alterthümer u. Merkwürdigkeiten ꝛc. Aus d. Engl. übers. u. mit Nachträgen herausg. v. F. C. L. Sickler. Mit 1 Plan von Rom. gr. 8. Weimar 823. Industr.-C. 3 ℔

Burton, F., Vorlesungen über weibl. Erziehung u. Sitten; aus d. Engl. (v. Chr. F. Weiße). 2 Thle, mit Kpf. 8. Leipz. 795. 2e A. 798, 99. (Wienbrack). 1 ℔ 18 ℊ

— Dass. 2 Bde, mit Kpf. 8. Wien 799. Sammer. 1 ℔ 8 ℊ

Burton, H. Darwin, Paul Nugent, s.: Hetherington, Helen F.

Burton, J., engl. Landschaftsmaler. Fol. Leipz. Baumgärtner. 795.

Burton, J. F. H., vollständiges Handbuch der christlichen Barmherzigkeit gegen die Verstorbenen. Nach der 8. Aufl. d. Franz. v. E. B. Autoris. Uebersetzung. 16. (296 S. m. 1 Stahlst.) Paderborn 879. Junfermann. 1. 20

Burton, R. F., a pilgrimage to Mecca a. Medina, s.: Collection of brit. authors.

(Burton, Rich.) Der Engelsche Held und Ritter Franz Drake, dessen Leben, Thaten und Seereisen. A. d. Engl. 8. Leipzig (1740?)

Burton, Richard F., Personal Narrative of a Pilgrimage to Mecca and Medina. Vol. I—III. Leipzig 1871.

Burton, W. K., das ABC der modernen Photographie. Mit besond. Berücksicht. der Arbeiten mit Gelatine-Trockenplatten. Deutsch von Herm. Schnauss. gr. 8. (III, 64 S. mit eingedr. Holzschn.) Düsseldorf 883, Liesegang's Verlag. * 1 —

Burton, W. K., das ABC der modernen Photographie. Deutsch von Herm. Schnauss. 2. verm. Aufl. gr. 8. (IV, 84 S. mit 12 Abbild.) Düsseldorf 886, Liesegang. *

Burton, WK, d. Abc d. modernen Photographie. Deutsch v. H. Schnauss. 3. Afl. 8. (81 m. Abbildgn.) Düsseld. 86, Liesegang. n. 1. — d. 5. Afl. (116 m. Illustr.) 90. n. 1. 50

Burton's, W. K. ABC der modernen Photographie. Deutsche Ausg. Hrsg. v. Herm. Schnauss. Mit 15 Abbildgn. 4. verm. Aufl. (IV, 163 S.); 5. Aufl. (IV, 132 S.). 6. Aufl. 8. (IV, 146 S.) Düsseld. 889—92, Liesegang. * 1 50

Burton's, WK, ABC d. modernen Photographie. Deutsch v. H. Schnauss. 7. Afl. 8° (141 m. Abbildgn.) Düsseld. 93, E. Liesegang. 1.50

Burton's, W. K., ABC der modernen Photographie. Deutsche Ausg. Hrsg. v. Herm. Schnauss. 8. Aufl. 14. u. 15. Taus. gr. 8. (IV, 168 S. m. 16 Abbildgn.) Düsseldorf 899. Leipzig, E. Liesegang. n. 1. 60

— Das Helioskop, Universal-Orientierungsapparat f. Landschaftsphotogr. Weimar 1870

Burtoni, G., *Λείψανα* veteris linguae Persicae apud Graecos et Latinos. Acc. Boxhornii epistola de Persicis vocabulis cum Germanicis cognatione. C. notis ed. J. H. v. Seelen. Lips. 720. 8.

Burtscheid [Schlagwort]

Burtscheid, s.: **Aachen, Stadt**

Burtscher, J[oseph]. Der Kanton Zürich in seinem Wiederbeginn des Katholizismus nach der Reformation, seiner Statistik, seiner Neueinteilung und Umgrenzung der Pfarreien, sowie in seiner Tätigkeit auf dem Gebiete des Religionsunterrichtes, nebst einer übersichtlichen Karte. Hrg. von Monsignore J. B', bischöflicher Kommissar des Kantons Zürich. Ein Beitrag zur inländischen Mission. II + 48 S. 8. Luzern, J. Schill, [1903]. [fr. 1. 40]

S. 7—14: Die Anfänge des Kath' im Kanton Z' nach der Ref'. Von ... Pfarrer [Heinrich] Schmitt in Glarus.

Burtscher, Karl, von Wien nach Lourdes, s.: **Bernhard, Joh. G.**

Burtt, Arthur H., aus Darlington, Engl.: Ueber den Habitus der Coniferen. *Tübingen: F. Pietzcker 1899.* (86 S.) 8°
Tübingen, Naturw. Diss. v. 1899

Burtz, Friedrich Wilhelm (Berlin), De erroribus quibusdam in doctrina de morbis venereis praecipue respectu ulcerum curationis primariorum. Diss. med. Bln. (Kraus) Dez. 1822. 29 S. mit Biogr. (4.—) 4773
Oppon.: L. Friedrich, G. Fuehrboeter, A. Titzschkau.

Burtz, Richard

Burtz, (Paulus) Rich. (geb. Berlin 20. 10. 1832) De ruptura perinaei nonnulla. Berolini (1858). (37 S.) 8°
Berlin, Med. Diss. v. 26. März 1858

Burtzew, Wladimir, s.a. Burcev, Vladimir L'vovič

Burtzew (Burzew), Wladimir L., der Zar u. die auswärtige Politik. (Das geheime Memorandum des Grafen Lambsdorff. Das geheime Orange-Buch.) (90 S.) 8. Berlin 910. E. Frowein. 2. —

— dasselbe. (In russ. Sprache.) (76 S.) 8. Ebd. 910. 2. —

Burucker, Wilhelm

— s. auch Jo. Wlh. Stock.

Burucker, Wlh., († d. 20. Mai 1801.) Beschreib. u. Abbild. einer neuen optischen Maschine, welche 3 Hauptinstrumente, nämlich e. neu erfund. Feldmeßlineal, e. accurates Höheninstrument u. e. richtige Wasserwaage enthält ꝛc. Mit Kpf. 4. Nürnb. 769. Winterschmidt. 4 ℊ

— Beschreib. u. Abbild. von e. recht vollständ. Universalmikroscop. Mit 8 Kpf. gr. 4. Nürnb. 776 Winterschmidt. 1 ℔ 8 ℊ

Buruker, W., Beschr. e. n. optischen Maschine ꝛc. m. K. 4. Nürnb. Winterschmidt. 776.

— Beschreib. e. Polymetroscopii dioptrici ꝛc. Mit 2 Kpf. gr. 8. Nürnb. 766. Winterschmidt. 4 ℊ

— Beschreib. e. Polymetroscopii Dioptrici. m. K. gr. 8. Ebend. 774.

— Beschreib. e. Vergleichungsscheibe, auf der man mit einem Blicke übersehen kann, welche Zeit es auf d. großen Stadtuhr u. auf d. kleinen Uhr ist. Nürnb. 800.

Buruker, W., s. Burucker, Wilhelm

Burvenich, Ad., vierfacher Seelenspiegel. 12. Augsburg, Wolf. 723.

Burvenich, Fréd., die Obstbaumzucht an den Giebelmauern. Aus dem Franz. übers. v. M. Lebl. Mit 19 (eingedr.) Holzschn. gr. 8. (VIII, 32 S.) Stuttgart 877. Schweizerbart. n. 1. —

Burwell, Arthur Warrener [aus Cleveland, O., U. S. A.]: Ueber die Einwirkung von Natriumaethylat auf Isopropylparaconsäureaethylester ... Strassburg, Buchdr. C. Göller, 1892: 66 S. 8.
Strassburg. Math.-naturw. Fak., Inaug.-Diss. v. 1892

Burwig, Gust., humoristische Badestudien. Station Berlin —Marienbad—Sylt. Erlebt u. erzählt. 12. (67 S.) Roitzsch 894. (Berlin, H. Steinitz' Verl.) n. 1. —

Burwig, Gust., die kleinen Gratulanten, s.: Mädchen-Bühne.

Burwig, Gust., Unt. d. Kaiserlinde od. Deutschlands Ehrentag, s. a. Bloch's, Ludw., Militär-Festmappe.

Unter der Kaiserlinde oder: Deutschlands Ehrentag. Ein patriot. Bild mit Musik in einem Aufzuge von Gustav Burwig. *Berlin: E. Bloch (1898).* (15 S.) 8° [Z.]
= Militär-Festmappe, Ludwig Blochs, f. vaterländ. Gedenktage. H. 58.

— Tafellieder n. bekannten Melodien ernsten u. heit. Inhalts. 8. (142 S.) Berlin 895. H. Steinitz, Verl. n. 1. —

Burwinkel, Josef [app. Arzt aus Dinklage (Oldenburg)]: Ein Fall von Stenose des Conus arteriosus der Aorta und Pulmonalis. . . . Würzburg. Buchdr. d. „N. Bayer. Landeszeitung". 1888. 27 S. 8°
Würzburg, Med. Fak., Inaug.-Diss. v. 1888

Burwinkel, Osk., über Arteriosklerose. (28 S.) gr. 8. München 908. Verlag der ärztlichen Rundschau. — 75

Burwinkel, Osc., d. Gelenkrheumatismus. (Schumanns medizin. Volksbücher.) 8. (71 S.) Leipzig 902. J. F. W. Schumann. Geb. in Leinw. n. 1. 50

(B) — d. Gelenkrheumatismus. 902. (KBB 81.) Jetzt: Ulm, K. Ebner.

Burwinkel, O., die Geschlechtskrankheiten. Ihre Ursache, Bedeutg. u. Bekämpfg. Eine allgemeinverständl. Darstellg. (48 S.) 8. Leipzig (904). Modernmedizin. Verlag F. W. Glöckner & Co. n. 1. —

— Die Gicht, s. a. Arzt, der, als Erzieher. 12. Hft.

Burwinkel, O., die Gicht. Ihre Ursachen u. Bekämpfg. Gemeinverständlich dargestellt. (32 S.) gr. 8. München 904. Verlag der ärztl. Rundschau. n. 1. 20

— Heart disease, how caused and fought against. Intelligible description. Translated by Elisab. v. Kracht née Baroness Schroeder. gr. 8. (31 S. m. 1 Abbildg.) München 901. Verlag der ärztl. Rundschau. n. 1. 20

— Die Herzleiden, ihre Ursachen u. Bekämpfung, s. a. Arzt, der, als Erzieher. 1. Hft.

— die Herzleiden, ihre Ursachen u. Bekämpfung. Gemeinverständliche Darstellg. 1. u. 2. Aufl. gr. 8. (à 36 S. m. 1 Abbildg.) Ebd. 901. n. 1. 20

— die Herzleiden, ihre Ursachen u. Bekämpfung. Gemeinverständliche Darstellg. 4. verm. u. verb. Aufl. (42 S. m. 1 Abbildg.) gr. 8. Ebd. 903. n. 1. 20

Burwinkel, Oskar [cand. med. aus Vechta (Grossherzogth. Oldenburg)]: Die Intrauterinpessarien und ihre Geschichte . . . Würzburg. Paul Scheiner's Buchdr., 1887; 30 S. + 1 Bl. 8°
Würzburg, Med. Fak., Inaug.-Diss. v. 1887

Burwinkel, Oscar, die Instrauterinpessarien und ihre Geschichte. Diss. Würzburg 1887, Stahelsche Univ.-Buchh. 8°. 30 S.

— La kormalsanoj iliaj kauzoj kaj kontraubatalo. Priskribo populara. Lau la 10—12a plii gita kaj plibonigita germana eldono esperantigis Kunschert. (39 S.) gr. 8. Berlin 909. Esperanto Verlag Möller & Borel. 1 —

— die Lungenschwindsucht, ihre Ursachen u. Bekämpfung, s. a. Arzt, der, als Erzieher. 2. Hft.

Die Lungenschwindsucht, ihre Ursachen und Bekämpfung. Gemeinverständl. Darst. von Dr. O[tto] Burwinkel in Bad Nauheim. *München: Aerztl. Rundschau 1901.* (32 S.) 8°

— Die Rückenmarksschwindsucht (Tabes), s.: Arzt, der, als Erzieher. 32. Hft.

— ärztlich-therapeutisches Taschenbuch. 12. (VI, 108 S.) Leipzig 899. G. Thieme. Geb. in Leinw. u. durchsch. n. 2. 40

— die Zuckerkrankheit (Diabetes), ihre Ursachen u. Bekämpfung, s.: Arzt, der, als Erzieher. 1. Hft.

Bury, Benedikt, Betrachtungen üb. das Altarsakrament, s. a. Vianney, J. B. M.

Bury, Benedict. Betrachtungen über das Altarsakrament, entnommen den hinterlassenen Schriften des seligen J(ohann) B(aptist) M(aria) Vianney, aus dem Französischen übersetzt und mit einem Gebetsanhang versehen von Benedikt B', ... Pfarrer in Binningen. [Mit Vignetten und 2 Tafeln.] 479 S. 8. Einsiedeln *etc.*, Benziger & Co. A. G., 1907. [geb. fr. 1. 60 *u.* 2. 60]

Bury, Benedict. Der Heilige Geist und der Christ. Ausführlicher Unterricht über das Sakrament der Firmung, nebst Gebeten. Aus dem Französischen von Benedikt B'.... [Mit Vignetten und 2 Tafeln.] 503 S. 8. Einsiedeln ..., Benziger & Co. A. G., 1910. [geb. fr. 1. 75 *u.* 3. —]

Bury, Benedict. Der Marienmonat von Ars. Betrachtungs- und Gebetbuch. Aus dem Französischen übersetzt und mit einem Gebetsanhang vermehrt von Benedikt B', ... Pfarrer in Binningen. [Mit Illustrationen und 16 Tafeln.] 575 S. 8. Einsiedeln *etc.*, Benziger & Co. A. G., 1904. [geb. fr. 2. 50 *u.* 3. 75]
(*S. 7 – 382:* Der Marienmonat, nach der 5. französischen Aufl.; *S. 383—569:* Andachtsübungen, *grösstenteils* aus dem «Gebetbuch von Ars» — im Jahr 1844 unter Anordnung des ehrw. Pfarrers Jean-Baptiste-Marie Vianney verfasst — übersetzt.)

— s: Vianney, Des sel. Joh. Baptist Maria, ausgew. Gedanken.

De Bury, Blaze, der Liebe Rache u. Sieg. Roman. Aus d. Engl. übers. von Lina Kayser. 2 Bde. Leipzig 870. Schlicke. 8. (IV, 283; IV, 314 S.) 2 ₰ 15 ngr.

Bury, Lady Charlotte, Liebe. Ein Roman. Aus d. Engl. v. Carl Gerold jun. 2 Thle. 12. Wien 844, Gerold. 2⅔ ₰

Bury, Georg — Gebetbuch für Christen der orientalischen Kirche von — —. Wien, 1856. Mechitharisten-Buchdruckerei. (323 S. 8. Mit 3 Kupfern.) Griechisch und deutsch zugleich.

Bury, Ioannes (geb. 1814 in London): Observationes quaedam de nonnullis rebus quae morbi indolem variam atque complicatam reddunt ... Bonnae, impr. C. et F. Krueger 1843. 2 Bl., 24 S., 2 Bl. 8.
Bonn, Med. Fak., Diss. v. 5 Sept. 1843

Bury, Ricardus de
s. Ricardus de Bury.

Bury, Richard d'Aungerville of
s. Aungerville of Bury.

[Bury, Rich. de] Philobiblon, d. i. d. Traktat d. Richard de Bury üb. d. Liebe zu d. Büchern. Aus d. Lat. übertr. u. eingeleitet v. Frz Blei. (12, 104 u. 29) 8° Lpzg, Insel-Verl. '12. HPerg. kart. 15 —; Ziegenldr 28 — d

Burn, B., Dr. Martin Luthers kleiner Katechismus, s.: Bauch, E.

Burzelbäume meines Satyrs. Erfurt 1810. V: *Teubner, Gustav.* (GGr)

Burzelbäume meines Satyrs. 8. Berl. 810. (Hennings in Gotha). 1 ₰ 16 ℊ

[J.] Das sächsische Burzenland. Zur Honterusfeier hrsg. üb. Beschluss d. Kronstädter ev. Bezirkskirchenversammlg A. B. Tl 1. *Kronstadt: In Komm. b. H. Zeidner 1898.* 4. (8.)

Burzenländer Wandersmann. Kalender für 1861. 8. Jahrg. 8. (71 S.) Kronstadt 860, Römer und Kamner.

Burzew, s.: Burtzew.

Burzew, W., s. Burcev, Vladimir L'vovič

Burzew, W., Nikolaus II. u. Letzte, s.: Selbstherrscher, der allrussische.

Burzew, W. L., Der Zar u. die auswärtige Politik. Geheimes Memorandum des Gr. Lambsdorff. Orangebuch. (In russ. Sprache.) (76 S.) 8. Berlin, E. Frowein. 1910 2. —

Burzminski, J., postalischer Auskunftgeber. Unentbehrlich für Kaufleute, Correspondenten, Beamte etc., giltig für die ganze österreich.-ungar. Monarchie. Nach den postamtlichen Vorschriften bearb. u. hersg. Wien 869. Helf's Verlag. 4. (IV, 48 S.) n. 10 nkr.

Burzöes Einleitg zu d. Buche Kalila wa Dimna, übers. u. erläutert v. Thdr Nöldeke, s: Schriften d. wissenschaftl. Gesellsch. in Strassburg.

Burzynski, Miloslaus, Nova quaedam vinctura ad fracturam claviculae continendam. Diss. Dorpat. 1°. 30 pp. mit einer lithographirten Tafel. 1853

Bus. Illustr. Wochenschr. f. Bühne u. Sport, Gesellsch. u. Kunst. Hrsg.: Geo. Malkowsky. Verantwortlich: Werner Bowitt, f. Oesterr.-U.: Jos. Mautner. 8. J. Apr.'08—März 09. 52 Nrn. (Nr 1. 28) 30,5×23 cm. Berl., Verl. Bühne u. Sport. Viertelj. 2.50; einz. Nrn — 20

Bus. (Umschlag: Bühne u. Sport.) Bühne u. Sport, Kunst u. Literatur, Gesellschaft u. Mode, Industrie u. Handel. Mit monatlich 1 Kunstbeilage in Gravüre. Hrsg.: Leop. Hirschberg. Chefred.: Erich Köhrer. Red. f. Österreich-Ungarn: Walt. J. Goldschmiedt. 9. Jahrg. April 1909—März 1910. 52 Nrn. (à ca. 36 S.) 30,5×23 cm. Berlin, Verlagsgesellschaft „Helios". 10. —
Vgl.: Bühne u. Sport.

Bus, Jh. Hnr., s.a. Bus, P. H.

Bus, Jh. Hnr., († d.... Jan. 1814.) Anleit. f. d. Bürger u. Landmann zur Einrichtung holzspar. Feuerungen. Mit 4 Kpft. gr. 8. Frkf. a. M. 803. Hermann. 16 gr 1r Nachtrag, mit 1 Steindr. gr. 8. Ebd. 803. 6 gr 2r Nachtr.: Beschreib. einiger ganz neuen holzsparendch Oefen. Mit 2 Kpft. gr. 8. Ebd. 806. 6 gr

— Anleit. zur Erbauung zweckmäß. Obstdörren. Mit 1 Steindr. gr. 8. Frankf. a. M. 804. Hermann. 6 gr

— Beitrr. zur Veredlung religiöser Feierlichkeiten. gr. 8. Frkf. a. M. 802. Hermann. 8 gr

— Einrichtung d. Plattenöfen. gr. 8. Frankf. a. M. 797. Hermann. 3 gr

— s. Leitfaden zur Katechisation.

Bus, L. Edm. du (Tournai/Belgien), De possessione ex jure Romano. Spec. jur. Rector J. Mich. Franz. Birnbaum. Löwen (G. Cuelens) 11. VIII. 1825. 73 S. (4.80) 4774

Buš, N. A. [russ. Transkription]
s. Busch. [09. 13069

Bus, Ph. H., s.a. Bus, Jh. Hnr.

— Anleitung f. den Bürger u. Landmann z. Einrichtung holzersparender Feuerungen. Frankf. a. M. 1803. (12) 128 S. 4 Tvl.

Bus Ph. H.: Anleitung zu Erbauung vorzüglich zweckmässiger u. virksamer Obstdörren. Frankf. a. M. 1803. 36 S. 1 Tvl. P.

Bus, Ph. Heinr., Anleit. z. Erbauung vorzügl. zweckmäss. u. wirksamer Obstdörren. Mit 1 Taf. gr. 8. Frankfurt, 1804. (Kettembeil.) — 7⅓

Bus, Ph. H., Beitr. z. Veredelung relig. Feierlichk. gr. 8. Erf. Hermann. 802.

Bus, P. H., Beschr. einig. ganz n. holzsparenden Oefen. m. K. gr. 8. Frkf. Hermann. 803.

— Einricht. d. Plattenöfen. gr. 8. Ebend. 797.

— — Nachtrag dazu, m. K. gr. 8. Ebend. 806.

Bues, C. M., kleine deutsche Sprachlehre f. Landschulen. 8. Helmst. 825. Fleckeisen. 4 gr

Bues, Rudolf, Tierarzt: Aus d. med. Klinik d. Tierärztl. Hochsch. in Hannover. Leiter: Malkmus. Über die Anwendung von Deutschmannschem Heilserum und Polyvalentem Schweineseucheserum bei der Brustseuche der Pferde. Braunschweig 1908: Vieweg. 83 S. 8°
Gießen, Veterinär-Med. Diss. v. 2. Okt. 1908, Ref. Pfeiffer
[Geb. 4. Dez. 83 Braunschweig; Wohnort: Braunschweig; Staatsangeh.: Braunschweig; Vorbildung: Oberrealsch. Braunschweig Reife O. 03; Studium: Tierärztl. Hochschulen Hannover 5, München 1, Hannover 2 S.; Rig. 15. Mai 08.] [U 09. 1140

Bues, Thdr., s.: Patent-Warte f. Präzisionstechnik.

Busachi, Thomas, Neubildung von glattem Muskelgewebe, s. Beiträge zur pathologischen Anatomie und zur allgemeinen Pathologie.

Busack, Ernst *Richard Reinhold* [aus Torgelow in Pomm.]: Die Ovariotomieen in der Greifswalder geburtshilflich-gynäkologischen Klinik vom 1. Juni 1890 bis 1. Juni 1894 ... Greifswald, Druck v. C. Sell, 1894; 56 S. 8.
Greifswald, Med. Fak., Inaug.-Diss. v. 14. Aug. 1894

Busalla, Paul: Der acute Gelenkrheumatismus und seine Behandlung mit Antipyrin. (Nach dem Materiale der 2. medicinischen Klinik am Königl. Charité-Krankenhause zu Berlin, Jahrgänge 1893—1897.) *Berlin (1898): W. Röwer.* (44 S.) 8°
Berlin, Med. Diss. v. 9. Aug. 1898

Busau, Th., die Gesellschaftsordnung f. die Gegenwart in Frage u. Antwort. 8. (76 S.) Berlin 889. Germania. — 60

Busaeus, J.

Busaei, J., enchiridion piarum meditationum de Christi vita etc., s.: Meditationes selectae.

Busaeus, Carol., Hierarchiae ecclesiasticae ordo dignitate et potestate primus seu episcopatus potestate ordinis et iurisdictionis simplici presbytero iure divino superior dissertatione hist.-dogm.-theologica inaugurali assertus et vindicatus. Fulda 1758, 4°, 97 S. (mit Disputiersätzen).

Busaeus, Carol., Potestas iurisdictionis sacrae sub clavium, gladii ac virgae typo in Scripturis sacris adumbrata a supremo Ecclesiae capite Christo in Petrum huiusque successores Rom. Pontifices, ab his in episcopos immediate transfusa dissertatione historico-dogmatico-theologica propugnata. Fulda 1758, 4°, 47 S. (mit Thesen).

Büsbach, W. v., der Bettler v. St. Annen. Schauspiel in 4 Aufzügen. (46 S.) 8. Aachen (908). Martinus-Verlag. p 1.25

Büsbach, W. v., die Bockreiter. Volksschauspiel in 5 Akten. (62 S.) 8. Aachen (908). Martinus-Verlag. (Nur direkt.) n. 1.25

Die Räuber am Niederrhein. Volksschauspiel in 5 Akten von W. v. Büsbach. *Aachen: Martinus-Verl. [1904].* (52 S.) 8° [F.] [04. 1166

Busbequii, Omnia quae exstant. Lugd. B. 633. 12. Amst. 660. 12. Basil. 740. 8. Oxon. 771. 8. 16 gr.

— opera omn, s. epist. 8. Oxford. Vandüren. 771.

Busbequii, A., Epistolae de reb. turcic. 8. Bas. Flick. 740.

Busbom, Johannes Jonas (Hatnega-Marcanus)
Dissertatio inauguralis juridica, exhibens decadem controversiarum ex materia testamentaria.
Gissae [10.] Dez. 1711: vidua Joh. Reinh. Vulpii. 40 S. 4°
pro summis in utroque jure honoribus et privilegiis doctoralibus rite consequendis.

Busby, Thom., allgem. Geschichte d. Musik, von d. frühesten bis auf d. gegenwärt. Zeiten. Aus d. Engl. übers. u. mit Anmerkk. von Chr. Fr. Michaelis. 2 Bde. gr. 8. Lpz. 821 u. 822. Baumgärtner. 6 ₰ß Hbg. Pr. 4 ₰ß

[Kopft.] Dem Professor der Chirurgie Herrn Geheimen Medicinalrath Dr. W[ilhelm] Busch ... (Am Ende: Bonn, d. 27 Oct. 1880. Die Medicinische Facultät etc.) [Bonn, gedr. bei C. Georgi 1880.] 2 Bl. 2.
Glückwunsch zum 25j. Jubiläum als Prof. d. Chir. u. Dir. d. chir. Klinik in Bonn

Busch, Wilh., und seine Bedeutung, s. Daelen, E.

Busch

s. a. **Bussch.**

Busch: Die deut. Ärzteschaft am Scheidewege. [Aus: „Deut. med. Presse".] (36) 8° Berl., J Goldschmidt '12. — 50 (Pb.)

Busch, (Hauptmann), s. Beschreibung über d. Aufstellung d. Zimmeröfen.

[Busch]: Entwurf zum Provinzial-Land-Recht f. d. die Neumark. [Ausnahmsweise Abschn. 2.] fol.

Busch. Erinnerungen aus meinem Leben. (Von Oberst Busch, Commandeur des Frankfurter Bataillons.) s. l. & a. (Frankfurt 1869.)

Busch, Gefahr u. Gefährdungsvorsatz in der Dogmatik des modernen Strafrechts. Leipzig 897.

Busch, d. Gültigkeit v. Verträgen z. Gunsten Dritter. Heidelberg 860.

Busch, v. d., wunderbarer u. sieghafter Heerzug Christi. 8. Bremen. 726.

Busch: Das Kriegswesen des jüdischen Volks.
Progr. St. Wendel 1856.

Busch (Hrsg.), s. Monatsschrift für Geburtskunde und Frauenkrankheiten.

Busch, Prüfungsergebnisse des zahnärztlichen Institutes an der kgl. Friedrich-Wilhelms-Universität zu Berlin in der Zeit von W. S. 1884/85—W. S. 1902/03. (18 S.) gr. 8. Berlin 903. Berlin. Verlagsanstalt. n. — 50
Sonderabdruck aus: „Zahnärztl. Rundschau".

Busch, über plötzliche Todesfälle mit besond. Berücksicht. der militärärztlichen Verhältnisse, s. a. Veröffentlichungen aus dem Gebiete des Militär-Sanitätswesens. 26. Hft.

Ueber plötzliche Todesfälle mit bes. Berücks. d. militärarztl. Verhältnisse. Von Dr. Busch, Oberarzt. *Berlin: A. Hirschwald 1904.* (VI, 85 S.) 8°
= Veröffentlichungen aus d. Geb. d. Militär-Sanitätswesens. H. 26.

Die Vergrößerung des Bureaupersonals und die Zunahme der Arbeiten der Verwaltung der Stadt Dortmund 1890–1903. Bearb. von Dr. Busch. *Dortmund 1904: Boden & Firchow.* (24 S.) 4°
= Mitteilungen d. Statistischen Amtes d. Stadt Dortmund. H. 6.

Über die Zählungen der leerstehenden und im Bau befindlichen Wohnungen in Dortmund (1901–1903). Bearb. von Dr. Busch. *Dortmund 1903: F. W. Ruhfus.* (15 S.) 4° (8°)
= Mitteilungen d. Statist. Amtes d. Stadt Dortmund. H. 4. [04. 03] 10

Busch: Ueber Zweck und Einrichtung der gymnastischen und militärischen Uebungen in den Schulen.
Progr. St. Wendel 1860.

Busch, A., aus dem Himmel gestürzt u. andere bunte Geschichten. (167 S.) gr. 8. München (906). Seitz & Schauer. n. 2. —

Busch, A: Aus d. Himmel gestürzt u. and. bunte Gesch. (167) gr8° Münch. (06). Pforzheim (Hebelstr. 1), Selbstverl. 2 —

Busch, A., das große Buch der Reden u. Toaste. Mit Vorwort: Anleitung zur Redekunst. Enth.: Eine vollständ. Sammlg. heiterer u. ernster Reden u. Toaste in Prosa u. Poesie. 4. Aufl. 8. (III, 368 S.) Berlin 895. Aug. Schultze's Verl. 3. —; kart. n. 3. 50

Busch, A: Das gr. Buch d. Reden u. Toaste. Mit Vorwort: Anl. z. Redekunst. 17. Afl. (368) 8° Berl., Aug. Schultze, V. '07. 3 —; kart. 3.50 d

Busch, A., das große Buch der Reden u. Toaste. Mit Vorwort: Anleitg. zur Redekunst. Enth.: Eine vollständ. Sammlg. heiterer u. ernster Reden u. Toaste in Prosa u. Poesie. Zum Gebrauche bei: 1. Tauf- u. Konfirmationsfesten. 2. Verlobungen, Polterabenden u. Hochzeiten. 3. Geburtstagen u. sonst. Familienfesten. 4. Vereins- u. Klubfesten. 5. Amts- u. Geschäfts-Jubiläen. 6. Patriotischen Feierlichkeiten. 7. Verschiedenen öffentl. Anlässen. 8. Kaisers Geburtstag u. Sedan. 12. Aufl. (VII, 368 S.) 8. Berlin 910. Aug. Schultze, Verl. 3.—; geb. 3. 50

— das große Buch der humoristischen Vorträge. Enth. e. reichhalt. Sammlg. humorist. Orig.-Vorträge u. ernster Deklamationen in Versen u. Prosa f. gesell. Kreise, Vereine u. Gesellschaften. 3 Tle. in 1 Bd. 8. (VIII, 112; 112 u. 127 S.) Ebd. 893. 3. —; kart. n. 3. 50

— Das große Buch der humoristischen Vorträge. Enth.: Eine reichhalt. Sammlg. humorist. Vorträge u. ernster Deklamationen f. gesell. Kreise, Vereine u. Gesellschaften. 8. Aufl. (VII, 127, 128 u. 128 S.) 8. Berlin (907). Aug. Schultze, Verl. 3.—; kart. 3. 50

— das kleine Buch der Gesellschaftsspiele. Enth.: D. schönsten Gesellschaftsspiele i. Zimmer u. i. Freien. D. bekanntesten Bewegungsspiele d. In- u. Auslandes. Brettspiele — Ballspiele. 8. (VIII, 128 S.) Ebd. 896. n. 1. —

— das kleine Buch der Reden u. Toaste. Mit Anleitg. zur Redekunst. Enth.: Eine reichhalt. Sammlg. v. Reden u. Toasten f. alle vorkomm. Fälle. 8. (III, 160 S.) Ebd. 895. 1. —

Busch, A., das kleine Buch der humorist. Vorträge. Enth.: E. reichhalt. Sammlg. humorist. Vorträge u. ernster Deklamationen f. gesell. Kreise, Vereine u. Gesellschaften. 4. Aufl. 8. (IV, 128 S.) Berlin 895. Aug. Schultze's Verl. 1. —

Busch, A: Das Buch d. Reden u. Toaste m. Anleitg z. Redekunst. 17. Afl. (160) 8° Berl., F Euler '10. 1 — d

— Das Buch der humoristischen Vorträge. Zum Vortrage f. Herren u. Damen geeignet. 10. Aufl. (IV, 128 S.) 8. Berlin 910. F. Euler. 1. —

Busch, A., der Fallensteller, s.: Unterhaltungsbibliothek.

— die Flüchtlinge auf dem Mohawa, s.: Volksbücher, neue.

— das Fort am Rio del Norte, s.: Unterhaltungsbibliothek.

— Geburtstags-Wünsche. E. Sammlg. d. besten Geburtstagswünsche f. alle vorkomm. Fälle. 8. (144 S.) Ebd. 896. n. 1. —

— Die besten Geburtstags-Wünsche. 10. Afl. (144) 8° Ebd. '10. 1 — d

Busch, A: Deut. Gerichtskostengesetz, s: Guttentag's Sammlg deut. Reichsgesetze. Svdow.

— Der flotte Gesellschafter. E. Hilfsbuch z. Unterhaltg. u. Belebg. e. Gesellschaft. 8. (IV, 160; III, 160; 128 u. 143 S.) Ebd. 898. 3. —; kart. n. 3. 50

Der flotte Gesellschafter. Ein Hilfsbuch z. Unterhaltung u. Belebung e. Gesellschaft. Enth.: Das richtige Benehmen in d. Familie, in d. Gesellschaft u. im öffentl. Leben. Reden u. Toaste. Humorist. Vorträge. Die schönsten Gesellschaftspiele. Von A. Busch. 6. Aufl. *Berlin: A. Schultze 1899.* (Getr. Pag.) 8° [F.] [00. 3436

— Der flotte Gesellschafter. Hilfsb. z. Unterhaltg u. Belebg e. Gesellschaft. 10. Afl. (160, 160, 128 u. 143 m. Fig.) 8° Ebd. '06. 3 —; kart. 3.50 d

— A., d. große Gesellschafts-Spielbuch. Enth.: D. schönsten Gesellschaftsspiele i. Zimmer u. i. Freien. Bewegungs- u. Ballspiele. Brett-, Karten-, Kegel-, Würfelspiele. Allerhand Kunststücke, Belustiggn. Rätsel, Streichholzspiele. Kartenkunststücke. D. Tanzkunst. Anordngn. u. Kommando d. Gesellschaftstänze, spez.: Polonaise, Quadrille, Contre, Cotillon. M. kurzer „Anstandslehre" üb. d. richt. Benehmen i. Tanzsaale, b. Gruß, Vorstellg., b. Besuchen u. b. Tische. 8. (XV, 128; 96, 112 u. 68 S. m. Fig.) Ebd. 896. 3. —; kart. n. 3. 60

Das grosse Gesellschafts-Spielbuch. Enth.: Die schönsten Gesellschaftsspiele im Zimmer u. im Freien. Bewegungs- u. Ballspiele. Brett-, Karten-, Kegel-, Würfelspiele. Allerh. Kunststücke ... Die Tanzkunst ... M. kurzer Anstandslehre ... Von A. Busch. [M. 3 Sondert.] *Berlin: A. Schultze 1896.* (XV, 128, 96, 112, 63 S.) 1 Bd S. [96. 4147

Franke, Otto: Der gewandte Skatspieler. *Berlin 1896.*
in: Busch, A.: Das grosse Gesellschafts-Spielbuch. [96. 4147

Busch, A.: Allerhand Kunststücke. *Berlin 1896.*
in: Busch, A.: Das grosse Gesellschafts-Spielbuch. [96. 4147

Busch, A.: Der gewandte Tanz-Meister. *Berlin 1896.*
in: Busch, A.: Das grosse Gesellschafts-Spielbuch. [96. 4147

— Das gr. Gesellschafts-Spielb. 10. Afl. (15, 128, 96, 112 u. 63 m. Fig.) 8° Ebd. '09. 3 —; kart. 3.50 d

Busch, A., die schönsten Gesellschaftsspiele im Zimmer u. im Freien. Mit Anh.: Der gewandte Tanzmeister. 10. Aufl. (143 S. m. Abb.) 8. Berlin 910. F. Euler. 1. —

— Das Glückwunschbuch. 10. Aufl. (80 S.) 8. Ebd. 910. 1. —

[F.] Das grosse Glückwunschbuch. Enth.: E. reichhalt. Sammlg d. schönsten Geburtstags-, Weihnachts- u. Neujahrswünsche sowie Jubiläumsgrüsse f. alle vorkomm. Fälle. Ferner: Album- u. Stammbuchverse. Von A. Busch. [M. Sondertit.] *Berlin: A. Schultze 1896.* (IV, 143; 175; 93 S., 1 Bl.) 1 Bd 8. [96. 428

— Das große Glückwunschbuch. Enth.: Eine reichhalt. Sammlg. der schönsten Geburtstags-, Weihnachts- u. Neujahrswünsche sowie Jubiläumsgrüße f. alle vorkomm. Fälle. Ferner: Album- u. Stammbuchverse. 8. Aufl. (VI, 144, 176 u. 95 S.) 8. Berlin 907. Aug. Schultze, Verl. 3.—; kart. 3. 50

— Das gr. Glückwunschb. Ferner: Album u. Stammbuchverse. 10. Afl. (144, 176 u. 95) 8° Berl., Aug. Schultze, V. '12. 3 —; HL 3.50

— d. kl. Glückwunschbuch. Enth.: E. reichhalt. Sammlg. d. schönsten Geburtstags-, Weihnachts- u. Neujahrswünsche, sow. Album- u. Stammbuchverse f. alle vorkomm. Fälle. 8. (64 u. 80 S.) Ebd. 895. n. 1. —

Busch, A., zwei Grafenkinder. E. Sang a. d. Odenwald. 12. (106 S.) München 897. Seitz & Schauer. Geb. in Leinw. n. 3. —

—— Hochzeits-Reden u. Toaste. 8. (108 S.) Berl. 892, Aug. Schultze. 1 —

— dasselbe. Mit Anh.: Toaste für die Damen. Enth.: Reden zu Verlobgn., zu Polterabenden, zu grünen, silbernen u. goldenen Hochzeiten. Hochzeits-Zeitg. u. Toaste auf die Damen. 8. (III, 120 S.) Ebd. 895. 1. —

— Hochzeits-Reden u. Toaste. Mit Anh.: Toaste auf die Damen. 15. Aufl. (V, 184 S.) 8. Berlin 910. F. Euler. 1. —

Busch, A., Jubiläums-Reden u. Toaste. Mit Anh.: Toaste auf die Damen. 8. (128 S.) Braunschweig (900). F. Euler. 1. —

Busch, A., Jubiläums- u. Vereins-Reden u. Toaste. Mit Anh.: Toaste auf die Damen. 8. (112 S.) Berlin 895. Aug. Schultze's Verl. 1. —

Busch, A., der Kartoffelbau. Anleitung zum Anbau u. zur Cultur der Kartoffel nebst Beschreibung der neuesten u. wichtigsten Sorten. Mit 23 Illustr. (in eingedr. Holzschn.) gr. 8. (78 S.) Danzig 871. Kafemann. 1. 50

Busch A.: Der Kartoffelbau ... 2. vielfach verm. u. verb. Aufl. Berl. u. Leipz. 1876. 218 S. Fig.

— dasselbe. 2. vielfach verm. u. verb. Aufl. Mit 97 (eingedr. Holzschn.-)Illustr. gr. 8. (IV, 218 S.) Leipzig 876. H. Voigt. n. 4. —

Busch, A., der Kartoffelbau. Anleitung zum Anbau u. zur Cultur der Kartoffel, nebst Beschreibg. der neuesten u. wichtigsten Sorten. 3., vielfach verm. u. verb. Aufl. Mit 138 Illustr. gr. 8. (IV, 259 S.) Leipzig 884. H. Voigt. n. 4. —

Busch, A., der Kartoffelbau. Anleitung zum Anbau u. z. Cultur d. Kartoffel, nebst Beschreibg. der neuesten u. wichtigsten Sorten. 4. (Titel-)Aufl. Mit 138 Illustr. gr. 8. (IV, 259 S.) Leipzig 889. H. Voigt. n. 4. —

— Kommando-Buch f. Contre-Tanz u. Quadrille à la cour. 128° (16) Berl. 96. Brnschw. F Euler. — 20

— allerhand Kunststücke, Belustiggn., Scherze, Zaubereien, Schnurrpfeifereien, Rätsel, Experimente, Kartenkunststücke, Streichholzspiele. [Aus: „B., Gesellschafts-Spielbuch".] 8. (112 S. m. Fig.) Ebd. 896. n. 1. —

— Allerhand Kunststücke. 12. Afl. (112 m. Fig.) 8° Ebd. '10. 1 — d

– Mandawinak, der letzte Häuptling der Huronen, s. Unterhaltungsbibliothek.

Busch, A., die Mitglft. Ein Roman. 8. (152 S.) Dresden 902. E. Pierson. n. 1. 50; geb. n. 2. 50

— Muster-Deklamatorium. Enth. e. reichhalt. Sammlung humoristischer u. ernster Vorträge in Versen u. Prosa f. gesell. Kreise, Vereine u. Gesellschaften. 8. (IV, 127 S.) Ebd. 894. 1. —

— Das Muster-Deklamatorium. Enth.: Eine reichhalt. Sammlg. humorist. Vorträge u. ernster Deklamationen. 10. Aufl. (IV, 128 S.) 8. Ebd. 910. 1. —

Busch, A., die Pelzjäger oder von Mackinak bis Astoria, s.: Volksbücher, neue.

Busch, A: Die Preisbeweggn auf d. Lebensmittelmarkt zu Frankfurt a. M. u. deren Einfluss auf d. Haushaltsführg d. Bevölkerg, s: Beiträge z. Statistik d. Stadt Frankfurt a.M.

— Patriotische Reden. 6. Aufl. (160 S.) 8. Ebd. 910. 1.—

— patriotische Reden u. Toaste, besonders für Kaisers Geburtstag u. die Feier des Sedantages. 8. (112 S.) Ebd. 895. 1. —

— Patriot. u. Vereins-Reden u. Toaste. Mit Anh.: Toaste auf d. Damen. 8° (160) Ebd. 97. 1 —

— Patriotische u. Vereins-Reden u. Toaste. Enth.: E. reichhalt. Sammlg. v. Reden u. Toasten f. Kaisers Geburtstag u. Sedan, patriot. u. öffentl. Feierlichkeiten, Vereins- u. Klubfeste. M. Anh.: Toaste a. d. Damen. 8. (160 S) Ebd. 898. 1. —

– von Rothäuten umringt, s. Unterhaltungsbibliothek.

— der Sohn der Betrogenen. (155 S.) gr. 8. Ebd. (906). n. 2. —

— d. schönsten Stammbuch-Verse u. Albumblätter, nebst Blumensprache. 8. (95 S.) Ebd. 895. n. 1. —

— Die schönsten Stammbuch-Verse u. Albumblätter. Enth. e. reichh. Sammlg. der besten Stammbuchverse u. Albumblätter. Mit Anh.: Blumensprache, Fächersprache. Briefmarkensprache. 5. Aufl. (111 S.) 8. Ebd. 910. 1. —

— d. gewandte Tanz-Meister. Enth.: Anordng u. Kommando d. gebräuchl. Gesellschaftstänze d. Neuzeit, spez. Polonaise, Quadrille, Contre, Cotillon. Mit e. kurzen Anstandslehre, betr. d. richt. Benehmen i. Tanzsaale, b. Begrüßgn., b. Besuchen u. b. Tische. [Aus: „V., Gesellschafts-Spielbuch".] 8. (63 S.) Ebd. 896. n. 1. —

— Der gewandte Tanz-Meister. Mit Anstandslehre. (63) 8° Ebd. ('11). 1 — d

— s.: Unterhaltungs-Bibliothek.

— Vereins-Reden. Enth. e. reichhalt. Sammlung v. Reden u. Toasten f. Vereine u. Klubs aller Art bei festl. Veranlassgn. Mit Anh.: Wie leitet man e. Verein, e. Versammlg. etc. 8. (160 S.) Ebd. (902). 1. —

— Vereins-Reden. Enth. e. reichhalt. Sammlg v. Reden u. Toasten f. Vereine u. Klubs aller Art bei festl. Veranlassgn. etc. Mit Anh.: Wie leitet man e. Verein, e. Versammlg. etc. 8. Aufl. (160 S.) 8. Ebd. 910. 1. —

— verwaist. Roman. (144 S.) 8. Dresden 903. E. Pierson. n. 1. 50; geb. n. 2. 50

— s.: Volksbücher, neue.

— Wanderschaft u. Liebe. Gedichte. 12. (160 S.) Ebd. 897. Geb. in Celluloid u. Leinw. m. Zierschn. n. 3. 50

— d. schönsten Weihnachtswünsche u. Neujahrswünsche. Enth. e. reichhalt. Ausw. d. schönsten Weihnachts- u. Neujahrswünsche. 8. (176 S.) Ebd. 895. n. 1. —

— Die schönsten Weihnachtswünsche u. Neujahrswünsche. (176) 8° Ebd. ('11). 1 — d

Busch, A. H., d. Wechselhandel u. d. Wechselreuterei, e. gründl. Unterr. zur Kenntniß d. Wechselgeschäfte. 8. Leipz. 806. Joachim. 8 gr

Busch, (A. L.,) über die Bemühungen zur Erlangung der Kenntniß des Fixsternhimmels, s. Unterhaltungen. 3. Hft.

— Bemühungen zur Kenntniß d. Fixsternhimmels, s.: Unterhaltungen, Königsberger.

— s. a. Beobachtungen, astronomische.

Busch, A. L., astronom. Beobachtungen auf der K. Sternwarte zu Königsberg. 22. Abthl. Vom 1. Jan. bis 31. Dec. 1836. Mit 1 Abbild. Fol. Königsberg 836. (Leipzig, Rein's Buchh.) à n. $2^2/_3$ Rthlr

Busch, A. L., astronom. Beobachtungen auf d. kgl. Universitäts-Sternwarte in Königsberg. XXII. Abthl., v. 1. Jan. bis 31. Decbr. 1836. Mit 1 Abbild. Fol. (20 B.) Königsberg 846. (Leipzig, Rein'sche Buchh.) *
Vgl. Bessel, F. W.

Busch, A. L., astronomische Beobachtungen auf der k. Universitäts-Sternwarte in Königsberg. 23. Abthl., vom 1. Jan. bis 31. Decbr. 1837. und 24. Abthl. vom 1. Jan. bis 31. Decbr. 1838. Fol. Königsberg. (Leipzig, Rein'sche Buchh.) [Abthl. 23. (XII und 100 S.) 847. 24. (XLVIII und 92 S.) 848. à * 2 Thlr. 20 Ngr.] *

—— dass. — 29. Abthl., vom 1. Jan. bis 31. Decbr. 1846. Fol. (X und 116 S. mit 1 Stnt.) Ebds. 849. *
Die 25—28. Abthl. sind noch nicht erschienen. —

Busch, A. L., astronomische Beobachtungen auf der k. Universitäts-Sternwarte in Königsberg. 25. Abthl. vom 1. Jan. 1839 bis 1. Decbr. 1840. Hierzu ein Catalog der Bibliothek der königsberger Sternwarte. (IV und 102 S. in gr. 8.) Fol. (XXVI und 141 S.) Königsberg 852. (Leipzig, Rein'sche Buchh.) **

—— dass. — 26. Abthl. vom 1. Jan. 1841 bis 31. Decbr. 1842. Fol. (XVI, 159 und Anh. 17 S. mit 2 Stahlst.) Ebds. 854. **

Busch, (A. L.), Beobachtungen u. Wahrnehmungen, welche be der totalen Sonnenfinsterniß am 28. Jul. 1851 gemacht wor den sind. Ein Vortrag in der physikalisch-ökonom. Gesellschaf in Königsberg am 12. Novbr. 1851 gehalt., m. Zusätzen u. : (lith.) Zeichnungen in Farbendruck vervollständigt. 8. (47 S. Königsberg 852, Voigt. n. $1/_3$ Rthlr

—— über die totale Sonnenfinsterniß am 28. Juli 1851 und die Erscheinungen, welche dabei zu erwarten sind. Ein Vortrag in der physikalisch-ökonom. Gesellschaft zu Königsberg am 21. Febr. 1851 gehalten, mit Zusätzen und 2 (lith.) Karten vervollständigt. 1—3. Aufl. gr. 12. (36 S. mit 2 Stnt.) Königsberg 851, Voigt.

Busch, A. L., Dr., Verzeichniss sämmtlicher Werke, Abhandlungen, Aufsätze und Bemerkungen von Friedr. Wilh. Bessel. Zusammengetragen, chronologisch geordnet und mit einem gedrängten Sachregister versehen.
Königsberg 1849.

—— Vorschule d. darstellenden Geometrie. Ein Handb. f. Lineal- u. Zirkelzeichnen z. prakt. Benutzung f. angehende Handwerker, Maschinen- u. Bau-Zeichner, Feldmesser u. s. w. Mit e. Vorw. v. C. G. J. Jacobi. gr. 8. ($7^1/_2$ B. u. eingedr. Abbild.) Berlin 846, G. Reimer.

Busch, A. L., Vorschule der darstellenden Geometrie. Ein Handbuch für Lineal- und Zirkelzeichnen zur pract. Benutzung für angehende Handwerker, Maschinen- und Bau-Zeichner, Feldmesser ꝛc. Mit einem Vorwort von C. G. J. Jacobi. 2. verm. Aufl. gr. 8. (X, 108 S. mit eingedr. Holzschn.) Berlin 868, G. Reimer.

Busch, Adph., die Organisation und Buchführung des Eisengiesserei- und Maschinenbau-Betriebes. Nebst einem Anhange der wichtigsten Hilfstabellen zur Berechnung der beim Giesserei- u. Maschinenbau-Betriebe vorkommenden Gegenstände. Nordhausen 854. Büchting. gr. 8. (IV, 184 S.) 1 Rthlr 5 Ngr

Busch, A, d. Organisat. u. Buchführg d. Eisengiesserei- u. Maschinenbau-Betr. 8. (184) Nordh. 54. (Lpzg, Wilfferodt.) 1. 5

Busch, Ad., Die Organisation u. Buchführung des Eisengiesserei- u. Maschinenbaubetriebes. Nebst einem Anhange, die wichtigsten Hilfstabellen zur Berechnung etc. 2. Aufl. Leipzig 1863. 8°.

Busch, Adph., die Organisation und Buchführung des Eisengiesserei- und Maschinenbau-Betriebes. Nebst einem Anhang der wichtigsten Hilfstabellen zur Berechnung der beim Giesserei- und Maschinenbau-Betriebe vorkommenden Gegenstände. 3. vollständig umgearb. Aufl. gr. 8. (VI, 196 S.) Leipzig 878, Wilfferodt. *

Busch, Albert [aus Winterthur]: Über einige Derivate des Lepidins und der Chinolin-B'(1.4)'-Dicarbonsäure ... München, Buchdr. v. M. Ernst, 1891; 58 S. 8.
München, Phil. Fak., Inaug.-Diss. v. 1891

Busch, Albert [aus Braunschweig]: Zur Kenntniss der substituirten Benzonitrile und deren Darstellung aus den entsprechenden Anilinen. ... Freiburg i. B., Buchdr. v. Chr. Stroecker. 1890: 50 S. + 2 Bl. 8°
Freiburg i. B., Phil. Fak., Inaug.-Diss. v. 1890

Busch, Alfred, Dr. med., Assist. d. Klinik f. Gemüts- u. Nervenkrankh.: Ueber den Einfluss des Alkohols auf Klarheit und Umfang des optischen Bewusstseins. Experimentelle Untersuchungen. Tübingen 1909: Laupp. 120 S. 8°
Tübingen Med. Hab.-Schr. v. 1909
(Nicht für den Austausch) [U 09. 4023

Busch, Alfred, appr. Arzt a. M.-Gladbach: Ueber ⟨Magen-⟩ Tetanie. München 1904: C. Wolf. (45 S.) 8°
Heidelberg, Med. Fak., Ref. Erb, Diss. v. 23. März 1905
[Geb. 1. Okt. 70 M.-Gladbach; Wohnort: M.-Gladbach; Staatsangeh.: Preußen; Vorbildung: Gymn. M.-Gladbach Reife O. 96; Studium: Heidelberg 5, Berlin 1, Bonn 1, Heidelberg 5 S.; Coll. 7. Mai 04; Approb. 7. Juli 02.]

Busch, Alfr.: Selbstunterr.-Briefe im Fachzeichnen, Stillehre, Kalkulation usw. f. Tischler, Drechsler, Möbel-Fabrikanten usw., s: Fachbibliothek f. d. gesamte Holzindustrie.

***Busch*, Andr. Kap. Fr., memoria Othonis episcopi Bambergensis, Pomeranorum apostoli. 8maj. Jena 824. Schmid. 18 gr**

Busch, Andr. Casp. Fr., Mittheilungen an Jünglinge, d. sich d. Wissenschaft, insbes. d. Theologie widmen wollen. 1. Samml. gr. 8. ... Riga 827, Hartmann.?

Busch, Armin. Bernh. (geb. Paderborn 7. 4. 1838): De telangiectasia. Berolini (1862). (32 S.) 8°
Berlin, Med. Diss. v. 2. Aug. 1862

Busch, Arn., u. R. Urbanek, Landschaft im oberschlesischen Industriebezirk, s.: Bilder aus Schlesien. III.

Der Besuch der städtischen Schwimm-Badeanstalten zu Dortmund. ⟨Studie aus d. Statist. Amt.⟩ Von Dr. **August Busch.** ⟨Mit 2 Kurven.⟩ *(Bonn: M. Hager 1904.)* (8 S.) 8°
Aus: Centralbl. f. allg. Gesundheitspflege. Jg. 23, H. 5/6.
= **Mitteilungen** d. Statist. **Amtes** d. Stadt Dortmund. H. 5. [04. 5776 4

Busch, August [Frankfurt a./M.]: Ueber oscillatorische Condensator-Entladungen ... [Aus: Ann. d. Phys. u. Chem., N. F. 59.] Leipzig, J. A. Barth, 1896; 46 S. 8.
Freiburg i. B., Phil. Fak., Inaug.-Diss. v. 1896

Busch, A., Die Gemeindebetriebe der Stadt Frankfurt a. M., s. Schriften des Vereins f. Socialpolitik, 129. Bd. 3. Tl.

Busch, Aug., die Gemeindebetriebe der Städte Magdeburg, Naumburg a. S., Frankfurt a. M., s.: Landsberg, Otto

Busch, August, a. La Rochelle: Ueber Isobutylhydrazin und Diisobutylhydrazin. Heidelberg 1904: K. Rössler. (38 S.) 8°
Heidelberg, Naturw.-math. Fak., Ref. Curtius, Diss. v. 25. Febr. 1905
[Geb. 2. April 76 La Rochelle; Wohnort: Heidelberg; Staatsangeh.: Frankreich; Vorbildung: Realsch. Mainz bis 1a O. 95; Studium: Darmstadt T.H. 2, Heidelberg 15 S.: Rig. 25. Febr. 04.]

Über den Umfang der Säuglingssterblichkeit in der Stadt Dortmund. ⟨Studie aus d. städt. Statist. Amt.⟩ Von Dr. August **Busch.** ⟨Mit 6 Abb.⟩ (Bonn: M. Hager 1905.) (S. 334–359.) 8° [Kopft.]
Aus: Centralblatt f. allg. Gesundheitspflege. Jg. 24, H. 11/12.
= **Mitteilungen** d. Statist. Amtes d. Stadt Dortmund. H. 7. [06. 6463 9

Untersuchung über die Zusammensetzung und die Entwicklung der Unkosten der Armenverwaltung der Stadt Elberfeld in den Jahren 1891–1904. (Verf.: Dr. **Busch.**) Im Auftr. d. Oberbürgermeisters bearb. v. städt. Statist. Amt im Juni 1906. Elberfeld 1906: [Wuppertaler Aktien-Dr.]. (16 S.) 4°
= **Beiträge** z. Statistik d. Stadt Elberfeld. H. 1. [08. 4869

BUSCH, August (Lübeck): Ueber das Verhalten der Samenkörperchen bei gesunden und kranken Menschen, nebst einigen Bemerkungen zur pathologischen Histologie des Hodens.- München: Oldenbourg 1882. 28 S., Taf.
27.5.1882 - Urk (Titel: De azoospermia hominis sani et aegroti.); Chr 1881/82,8

Diss. [illegible]

Busch, Bern. (geb. Munster in Westf. 1793): De luxatione humeri. Berolini (1817). (II, 44 S.) 8°
Berlin, Med. Diss. v. 17. Juni 1817

Busch, Bernh., Methode der Fußbekleidung, wissenschaftlich begründetes, praktisch bewährtes System zur Herstellg. pass. Leisten, Modelle u. Fußbekleidgn. in Einzelpaaren u. in Collectionen. 1. Thl. 3., verm. Aufl. gr. 8. (IV, 30 S. m. Abbildgn. im Text u. e. Beilage.) Erfurt 890. (Villaret.) n. 5.—

Busch, Bernh., die Plaudertasche, s. Bittong, Frz.

Busch, B., zur Schuhreform-Frage. Die deutsche Form und die Herstellung naturgemäßer Leisten. Referat, gehalten in der 4. allgemeinen deutschen Schuhmacher-Fachconferenz zu Dresden im August 1884. Als Beilagen: 3 Taf. mit 15 erläut. Zeichnungen. gr. 8. (II, 7 S.) Erfurt 884, (Neumann.) * 1 50

—— in einer Stunde; ein Portemonnaie, s. Universal-Bibliothek Nr. 1585.

Busch, Bruno von dem (Bremen), **De culpa seu delicto sine poena. Disp. jur. valedictoria. Präs. Caspar v. Rheden. Bremen (Herm. Chph. Jan) 7. IX. 1723. 54 S. (5.—) 4775**
Gew.: Werner Köhnen. — Widm. v.: Präs., Joh. Havighorst, B. Eiben, Diederich Düsing (dtsch.), Heinr. Düsing, Joh. Steineken.

Busch, C., Bericht über die Molkerei-Ausstellung zu Frankfurt a. M., s. Wissering, W., G. Küster und H. v. der Hellen, das Molkereiwesen in Dänemark, Schweden und Schleswig-Holstein.

Busch, C., die Quadratur und Rectification des Kreises, auf elementar geometrischem Wege dargestellt. gr. 8. (16 S. mit 1 autogr. Taf.) Ohrdruf 885, (Bornebusch.) *

Busch, C., Rückblick im Umkreise eines halben Jahrh., oder: Erfahrungen u. Erinnerungen aus meinem 50jähr. Amtsleben. Eine Amtsjubelpredigt über Psalm 71., 7—9. gr. 8. Soest 838. (Leipzig, Fr. Fleischer.) n. 1/6 ß

Busch, C., Rückblick im Umkreise e. halben Jahrh., od.: Erfahrn. u. Erinnern. aus mein. 50jähr. Amtsleben. Eine Amtsjubelpredigt üb. Psalm 71, 7—9. gr. 8. (1¼ B.) Soest 838, Nasse'sche Buchh.

Busch, C. C. F., Diss. de vertigine. Tüb. 4°. Neue Samml. auserl. Abhdl. f. Wundärzte. Lpz. 1789, 24. St., 219—240.

1783

Busch, (C. R.,) das Christenthum, eine Kraft Gottes, alle Menschen selig zu machen. Ein Katechismus für d. Jugend evangel. Gemeinden. 12. Hamm 824. Wundermann.

Busch, Car. Frid. (geb. Caldern in Hessen 12. 2. 1825): De hydrope ovarii. Berolini (1851). (29 S.) 8°
Berlin, Med. Diss. v. 3. Febr. 1851

Busch, Ch., Ein Beitrag zur Frage über die Resorption organischer Eisenverbindungen. Diss. Dorpat. 8°. 29 pp.
Abgedruckt in: „Arbeiten des pharmakologischen Insitutes zu Dorpat." Herausgegeben von Prof. Dr. R. Kobert. Bd. VII. Stuttgart, Ferdinand Enke. 1891.

Busch, Ch., e. Beitrag zur Frage üb. die Resorption organischer Eisenverbindungen. Diss. gr. 8. (29 S.) Jurjew (Dorpat) 891. (E. J. Karow.) n. 1. —

Busch, Chr.

— Fibel mit Hinsicht auf d. Schreib-Lese-Unterricht. 1.—3. Abthl. 8. Neuß 845, Schwann. n. 1/12 ß

Busch, Chr., Lehren aus der Elementar-Mathematik. Mit 9 lith. Taf. 8. Münster 845. (Theissing.) n. 1 ß

Busch, Chr., Rechenbuch f. Volks-Schulen. 3 Hfte. 12. 1. Hft.: Das Rechnen m. unbenannten u. benannten Zahlen. (81 S.) 2. Hft.: Bruchrechnung; Zeitrechnung; gemischte Aufgaben. (78 S.) 3. Hft.: Einfache u. zusammengesetzte Regeldetri rc. nebst Linien-, Flächen- u. Körperrechnung. (120 S.) Köln 850—52, Lengfeld. (1 u. 2. à n. n. 1/8 ß 3. n. n. 1/6 ß) n. n. 5/12 ß

BUSCH, CH[R.] H[EINR.], De placenta prævia. Diss. inaug. Kiliæ. 1839. P.

Busch, Chrst., wohlfeiles Rechenbuch f. Elementarschulen, od. Aufgaben z. schriftl. Rechnen. 3. Aufl. gr. 12. (3 B.) Crefeld 837, Funcke'sche Buchh.

—— wohlfeiles Rechenbuch f. Elementarschulen, od. Aufgaben z. schriftl. Rechnen. 4., verm. Aufl. gr. 8. (5 1/4 B.) Crefeld 842, Funcke'sche Buchh.

—— Rechtschreibelehre f. d. mittl. Klassen d. Elementarschulen. 8. (2 B.) Neuß 841, Schwann.

——. Rechtschreiblehre f. d. mittleren Klassen d. Elementarschulen. 2., verb. u. verm. Aufl. 8. (3 B.) Neuß 843, Schwann.

— die Wortarten [Redetheile] nebst vielen prakt. Aufgaben [nach Heyse, Wander u. A.] f. Elementarschulen bearb. gr. 12. (61 S.) Neuß 848. (Schwann.) — 12. Neuß 851, v. Romberg-Welsen. n. 3 1/2 ngr

—— d. Wortarten [Redetheile]. 12. (61) Neuss 51. (Lpzg, GE Schulze.) geb. n. — 3 1/2

— Christoph Fr. Wilh. (Lüneburg), Noxas ex incauto vasorum aeneorum usu profluentes, exemplis atque experimentis quibusdam illustatas Diss. med. Götting. (J. Ch. Dieterich) 29. XII. 1790. 64 S. (4.50) 4776
Gew.: Joh. Friedr. Gmelin, Gg. Just. Wilh. Busch (Vater, Bleckede).

Busch, Chrn., der Aufsatzschüler für Elementarschulen. Köln 860. Du Mont Schauberg. 12. (IV, 76 S.) n. 6 ngr

Busch, Clamor Johannes von den

— — De jure prohibendi exstructionem molendini. Disp. jur. Präs. Samuel Stryk. Halle (Joh. Gruner) Nov. 1700. 84 S. (5.50) 4778
Widm. v.: Jo. Sam. Stryk, Just. Henning Böhmer, Hanss Friedrich v. Kreckwitz (Schles., deutsch).

— — Dasselbe. Halle (Ch. A. Zeitler). 64 S. o. Widm. (5.—) 4779

Busch, D., Abriß d. Handlungswissenschaften in allen ihren Zweigen, oder Lehre v. d. Waaren- u. Geldkunde, Contor-Wissenschaft u. Speculation etc. 2 Bde. Wien 823. Bauer u. Dirnböck. 1 ℛ 16 gr Schrbp. 2 ℛ

Busch, Dtr. Wlh. Hnr., geburtshülfl. Abhandll., nebst e. Nachricht über d. academ. Entbindungsanstalt zu Marburg. Mit 3 Abbildd. gr. 8. Marb. 826. Krieger. 1 ℛ

— Anleit., d. Krankheiten d. Feldhospitäler zu erkennen u. zu heilen. E. Taschenb. f. angeh. Feldärzte. 8. Marb. 812. (Krieger). 1 ℛ

Busch, Dietr(ich) Wilh(elm) Heinr(ich): Atlas geburtshülflicher Abbildungen, mit Bezugnahme auf das Lehrbuch der Geburtskunde. 148 S., gbd., 48 Taf.

Berlin: Hirschwald 1841

JB 4.015

Busch, Dietr. Wilh. Heinr., Atlas geburtshülflicher Abbildungen m. Bezugnahme auf das Lehrbuch der Geburtskunde. 2. Aufl. Lex. 8. (XIV u. 148 S. m. 49 lith. Taf.) Berlin 851, A. Hirschwald. n. 2 2/3 ℛ

— f. Selvin, Handbuch.

Busch, Dietr(ich) Wilh(elm) Heinr(ich) (Comm.):

s.: Dewees, William P(otts): Die Krankheiten des Weibes. (Treatise on the diseases of females. Dt.) Übers. von A(dolph) Moser. Berlin: 1837

JB 3.985

— Einrichtung d. geburtshülfl. Klinik in d. acad. Entbindungs-Anstalt zu Marburg. 4. Marb. 821. Krieger. 3 gr

— Diss. inaug. de gangraena nosocomiorum. 4. Marb. 808.

— theoret.-prakt. Geburtskunde, durch Abbildd. erläut. 5 Lfrgg. Mit 50 Steintaf. gr. 8. Berlin 834—38. Rücker u. Püchler. 15 ℛ

—— das Geschlechtsleben d. Weibes in physiolog., patholog. u. therapeut. Hinsicht dargest. 1—3. Bd. gr. 8. Leipzig, Brockhaus.
Bd. 1. Physiologie u. allgem. Pathologie d. weibl. Geschlechtslebens. (52 B.) 839. 3 Thlr. 20 Gr.
- 2. Allgem. Aetiologie, Diagnostik, Therapie, Diätetik u. Kosmetik, so wie auch spec. Pathologie u. Therapie d. weibl. Geschlechtskrankheiten, getrennt von d. Schwangerschaft, d. Geburt u. d. Wochenbette. (38 1/2 B.) 840. 3 Thlr.
- 3. Von d. Geschlechtskrankheiten d. Weibes u. deren Behandl. Specielle Pathologie u. Therapie d. Krankheiten d. weibl. Geburtsorgane. (53 3/4 B.) 841. 4 Thlr.

Busch, Dietr. Wilh. Heinr., das Geschlechtsleben d. Weibes in physiolog., patholog. u. therapeutischer Hinsicht dargestellt. 4. Bd. Von den Geschlechtskrankheiten d. Weibes u. deren Behandlung. Specielle Pathologie u. Therapie der Krankheiten der weibl. Geburtsorgane. Von den Krankheiten d. Geschlechtsverrichtungen. gr. 8. (60 1/2 B.) Leipzig 843. Brockhaus.

—— dass. 5. Bd. (Schluss.) Von den Operationen in d. Geschlechtskrankheiten d. Weibes. gr. 8. (31 1/2 B.) Leipzig 844, Brockhaus.
1—3. Bd. Ebendas. 1839—41. 10 Thlr. 25 Ngr.

—— und A. Moser, Handbuch d. Geburtskunde, in alphabet. Ordn. 1—3. Bd. (od. 1—12. Lfg.) gr. 8. Berlin, Herbig.
Bd. 1. (od. 1— 4. Lfg.) A — Craniotomie. (38 1/2 B.) 840. à L. 18 Gr.
- 2. (od. 5— 8. -) Damm — Gynatresia. (41 B.) 841. à L. 18 Gr.
- 3. (od. 9—12. -) Haematoma — Ovum. (47 1/4 B.) 842. [9—11. à 18 Gr., 12. 1 Thlr. 6 Gr.]

Busch, Dietr. Wilh. Heinr., u. A. Moser, Handbuch d. Geburtskunde in alphabet. Ordnung. 13—16. Lfg. (4. Bd. Schluss.) gr. 8. (41 3/4 B.) Berlin 843, Herbig. Thlr. *
1—12. Lfg., od. 1—3. Bd. Ebendas. 1840—42. * 9 Thlr. 15 Ngr.

—— die geburtshülfl. Klinik an d. kgl. Friedrich-Wilhelms-Universität zu Berlin. 1. Bericht. (Den Zeitraum von d. Herbste 1829 bis z. Schlusse d. J. 1835 umfass.) gr. 8. (15 B.) Berlin 837, Rücker u. Püchler. *
Aus der: Neue Zeitschrift f. Geburtskunde, V. Bd. 1. u. 2. Hft., besond. abgedruckt.

—— die geburtshülfliche Klinik an der königl. Friedrich-Wilhelms-Universität zu Berlin. 2. Bericht. (Umfassend den Zeitraum von Anfang des J. 1836 bis Ende 1841.) gr. 8. (IV und 161 S.) Berlin 850, A. Hirschwald. *
1. Bericht. Berlin 1837, Rücker und Püchler. * 20 Ngr.

Busch, Dietr. Wilh. Heinr., die geburtshülfliche Klinik an der königl. Friedrich-Wilhelms-Universität zu Berlin. 3. Bericht. (Umfassend den Zeitraum von Anfang des J. 1842 bis Ende 1847.) gr. 8. (158 S.) Berlin 851, A. Hirschwald. *
1. und 2. Bericht. Berlin 1837—50. * 1 Thlr. 10 Ngr.

—— Lehrbuch d. Geburtskunde. Ein Leitf. bei akad. Vorlesn. u. bei d. Stud. d. Faches. 1. Aufl. (49 B.) 829. 3 Thlr., 2. Aufl. (50 B.) gr. 8. Marburg 833, Garthe.

Busch, Dietr. Wlh. Hnr., Lehrbuch d. Geburtskunde. Ein Leitfaden bei akadem. Vorlesungen u. bei dem Studium des Faches. 2e Aufl. gr. 8. Marburg 833. Garthe. 3 1/3 ℛ — 3e Aufl. Lex.-8. Berlin 836. Nauck. 3 1/3 ℛ

— Lehrbuch der Geburtskunde, ein Leitfaden bei akadem. Vorlesungen und bei dem Studium des Faches. 4. verm. u. verb. Aufl. Mit 10 Holzschn. gr. 8. Berlin 842, Nauck'sche Buchh. 3 1/2 ℛ

—— Lehrbuch der Geburtskunde, ein Leitfaden bei akadem. Vorlesungen und bei dem Studium des Faches. 5., verm. und verb. Aufl. Lex.-8. (XVI und 568 S. mit 11 Holzschn.) Berlin 849, [A. Hirschwald.]

Busch, Dietr. Wilh. Heinr. (Hrsg.), s. Repertorium, Systematisches, der gesammten medicinischen Literatur Deutschlands.

Busch, (D. W. H.,) Zeitschrift f. Geburtskunde, s. Zeitschrift.

Busch, Dietr. Wilh. Heinr. (Hrsg.), s. Zeitschrift, Gemeinsame deutsche, für Geburtskunde.

Busch, Dietr. Wilh. Heinr. (Hrsg.), s. Zeitschrift, Neue, für Geburtskunde.

Busch, E. H. v., s. Amtskalender für evangelische Geistliche.

Busch, E. H., Amtskalender für evang. Lehrer und Hausväter auf das Jahr 1871. — Verlag v. Hässel.

Busch, E. H., Beiträge zur Geschichte u. Statistik d. Kirchen- u. Schulwesens der Ev.-Augsburg. Gemeinden im Königr. Polen. Leipzig 867. Haessel in Comm. gr. 8. (XX, 266 S.) n. 1 ₰ 5 ngr.

Busch, E. H.: Beiträge zur Geschichte und Statistik des Kirchen- und Schulwesens der Evangel.-Augsburgischen Gemeinden im Königreich Polen. -- St. Petersburg. Lpg: Haessel 1867. IX, 266 S.

—— Beiträge zur Geschichte und Statistik des Kirchen- und Schulwesens der Evangel.-Luther. Gemeinden im Großfürstenth. Finland. gr. 8. (XIX, 304 S.) Leipzig 874, Haessel. *

Busch, E. H., Ergänzungen zur Geschichte und Statistik des Kirchen- und Schulwesens der evang.-luth. Gemeinden in Rußland 1867. XXVI, 696 S., XXXII, 1276 S. 2 Karten. Bd. 2: St. Petersburg. Leipzig: Hässel 1862. 1867 UBT, HSH

Busch, E. H., Materialien zur Geschichte und Statistik des Kirchen- und Schulwesens der Evangelisch-Lutherischen Gemeinden in Rußland. Mit 2 (lith.) Karten in Farbendr. (in Fol.) St. Petersburg 862. — Leipzig, Dörffling & Franke. gr. 8. (XXVI, 696 S.) n. 3 ₰ 10 ngr.

— Ergänzungen der Materialien zur Geschichte u. Statistik d. Kirchen- u. Schulwesens der ev.-luther. Gemeinden in Rußland. Im Auftrage d. Central-Comité's der Unterstützungs-Kasse für ev.-luther. Gemeinden in Rußland gesammelt u. herdg. 2 Bde. Ebend. 867. gr. 8. (XXXII, 1276 S.) n. 3 ₰

Busch, E. K. v., Personalstatus der evangelisch-lutherischen u. evangelisch-reformirten Kirche in Rußland. gr. 16. (99 S.) St. Petersburg 875. Deubner. n. 2. —

Busch, Emil [aus Zingst in Pommern]: Laut- und Formenlehre der Anglonormannischen Sprache des XIV. Jahrhunderts .... Greifswald, Druck v. Julius Abel, 1887; 2 Bl. + 71 S. 8°

Greifswald, Phil. Fak., Inaug.-Diss. v. 1. Okt. 1887

Busch, Emil, Laut- und Formenlehre der anglonormannischen Sprache des XIV. Jahrh. Inaugural-Dissertation. gr. 8. (69 S.) Greifswald 887. (Leipzig, Fock.) *

[F.] Neues System deutscher zeilenmässiger Stenografie. Fortschrittliches Prinzip: Verbindgsfähigkeit aller Wortzeichen d. Debattenschrift bei übersichtl. Erkennbarkeit d. Silben- u. Wortgrenzen ... Vollst. Lehrbuch, Schul- u. Debattenschr. enthaltend. Ergründet u. bearb. v. Emil Busch. *Bochum i. W.: H. Gollücke (1896).* (24, 24 S.) 1 Bd 8. [97-7488

Busch, E: Neues System deut. zeilenmäss. Stenogr. 8° (24 u. 24) Boch. 97. J Goebels. 1.80

Busch, Emil, Neues System deutscher zeilenmäß. Stenografie. Fortschrittl. Prinzip: Verbindungsfähigkeit all. Wortzeichen d. Debattenschrift b. übersichtl. Erkennbarkeit d. Silben- u. Wortgrenzen. Vollständ. Lehrbuch, Schul- u. Debattenschrift enth. gr. 8. (24 u. 24 S.) Bochum 897. H. Gollücke. n. 1. 80

Busch, Ernst. Die soziale Frage u. ihre Lösung. 8. (230 S.) Berl. 890, Pfeilstücker. * 2 —

Busch, Ernst, der Irrtum v. Karl Marx. Aus E. B.'s Nachlaß hrsg. v. Arth. Mülberger. gr. 8. (59 S.) Basel 891. Dr. H. Müller. n. 1. —

Busch, E. Der Irrtum von Karl Marx. Hrsg. v. *A. Mülberger.* Kl. in-8°. 59 S. Zürich, A. Raustein. 1894 1 25

Busch, Ernst, der Irrtum v. Karl Marx. Aus dem Nachlaß hrsg. v. Arth. Mülberger. 2. Aufl. (60 S.) 8. Stuttgart 908. F. Frommann. 1. —

— Ursprung u. Wesen der wirtschaftlichen Krisis u. Angabe der Mittel zu ihrer Beseitigung. gr. 8. (111 S.) Leipzig 892. O. Wigand. 1. 50

Busch, Erwin, die Breslauer Frau Buchholzen. Ihr Wirken, ihre Betrachtgn. u. Erlebnisse in Breslau, Ober-, Mittel- u. Nieder-Schlesien. 8. (V, 121 S.) Breslau 891. Leipzig, H. Paul. 2. 50; geb. in Leinw. 3. 25

— dasselbe. 2. Serie. 8. (VII, 155 S.) Ebd. 892. 2. —; geb. in Leinw. 3. —

— dasselbe, s. a. Bücherschatz, neuer.

Busch, F: Ueber Distrikt-Wassermesser. Vortrag. Berlin 1886

Busch, F., und Ferd. Pflug, Preußens Heer, s. Unterhaltungsbibliothek, militairische.

Busch, F. B., die Bienenzucht in Strohwohnungen mit unbeweglichem Wabenbau. Mit 37 in den Text gedr. Abbildungen (Holzschn. im Text.) Leipzig 862. Weber. gr. 8. (XIV, 204 S.) n. 1 ₰

Busch, F. B., theoret.-prakt. Darstellung d. Rechte geschwächter Frauenspersonen geg. ihre Verführer, u. d. unehel. Kinder geg. ihre Erzeuger, aus d. Gesichtspunkte d. gemeinen bürgerl. Rechts betrachtet. Nebst e. Anh., enthalt. d. hierüber bestch. Verordnungen rc. gr. 8. (33 B.) Ilmenau 828, Voigt.

— Doctrin und Praxis über die Gültigkeit von Verträgen zu Gunsten Dritter, s. a. Archiv für die civilistische Praxis.

Busch, F. B.: Doctrin und Praxis über die Gültigkeit von Verträgen zu Gunsten Dritter. Nebst Belegen aus der Praxis der höchsten Gerichtshöfe der einzelnen Staaten Deutschlands. Heidelberg 1860.

(Arch. f. d. civilist. Praxis Bd 4. Beiheft.)

Busch, Hdb. d. deut. Bienenrechts. Arnstadt 830.

— Handbuch d. heutigen in Deutschland geltenden Bienenrechts. Nach d. gemeinen Rechte unter Berücksichtigung d. meisten Provinzial-Gesetzgebungen Deutschlands bearb. u. mit e. kurzen Geschichte d. Bienen u. ihrer Behandlung versehen. gr. 8. Arnst. 830. (Hildebrandt). 18 K

— Handbuch d. heutigen in Deutschland geltenden Bienen-Rechtes. Arnstadt 830. (Leipzig, Hinrichs.) 3/4 ₰

—— Handbuch d. heutigen in Deutschland gelt. Bienen-Rechtes. Nach d. gemeinen Rechte, unt. Berücksichtig. d. meisten Provinzial-Gesetzgebungen Deutschlands bearb. u. mit e. kurzen Darstell. d. Gesch. d. Bienen u. ihr. Behandl. versehen. gr. 8. (10 B.) Arnstadt 830, [Hinrichs.]

—— d. Honigbiene. 8. (282) Gotha 55. (Lpzg, Pernitzsch.) n. 1. 10

Busch, F. B., die Honigbiene. Eine Darstellung ihrer Naturgeschichte in Briefen. gr. 8. (VII und 282 S.) Gotha 855, Scheube. *

Busch, F. B., die neuen Criminalgesetzbücher des Königr. Sachsen rc., s. a. Criminalgesetzbücher.

Busch, F. B.: Die neuen Criminalgesetzbücher des Königreichs Sachsen, des Großherzogthums Sachsen-Weimar-Eisenach, der Herzogthümer Sachsen-Altenburg u. Sachsen-Meiningen, sowie des Fürstenthums Schwarzburg-Sondershausen mit literar., prakt. u. krit. Bem. Leipzig 1848

Busch, F. W., die deutschen Postgesetze über die Bestellung [Ablieferung] durch die Post beförderter Gegenstände insbesondere der Werthpackete an die Adressaten, im Vergleich mit dem norddeutschen Postgesetze vom 2. Novbr. 1867 und dem Reglement vom 11. Decbr. 1867. gr. 8. (31 S.) Leipzig 870, Arnoldische Buchh.
Aus: Archiv für Theorie und Praxis des allgemeinen deutschen Handelsrechtes, besonders abgedruckt.

—— die Stimme der Praxis bei den höchsten deutschen Landestribunalen und anderen Spruchcollegien über verschied. Streitfragen aus dem Gebiete des bürgerl. Rechts und Processes. gr. 8. (X und 878 S.) Erlangen 862, Enke's Verlag. *

—— was ist v. d. Dzierzon'schen Bienenzucht-Meth. zu halten. 8. (136) Eisen. 53, Bacmeister. — 15

—— Was ist von der Dzierzon'schen Bienenzucht-Methode zu halten, oder: Wie ist der Bienenzucht in Wahrheit aufzuhelfen, besonders bei dem Landmanne? Nebst Grundzügen zu einem sichern Betriebe derselben in honigarmen Gegenden. 8. (XII und 136 S.) Eisenach 853, Bärecke.

Busch, F. W., Wegweiser für Bienen-Wirthe, besond. in honigarmen Gegenden, oder prakt. Anleitung z. Gartenbienenzucht. 2e sehr verm. Aufl. 8. (Mit 1 Steintaf.) Arnstadt 840. Meinhardt. 1/3 ₰

Busch, F. Ch., Dictionnaire étymologique de la langue française à l'usage des écoles. A. u. d. T.: Schulwörterbuch d. franz. Sprache, etymol. bearb. nach Wurzel-, Stamm- u. Sproßformen. gr. 12. (15 1/2 B.) Aarau 846, Sauerländer's Verl.

Busch, F. F., christliche Gebete auf alle Tageszeiten u. Feste; nebst einem Anh. enth.: Vergißmeinnicht-Kränze f. abgehende Schüler. Zum Gebrauch in den Oberklassen der Volksschulen, jedoch zugleich als eine Mitgabe in's Leben verfaßt. 8. (40 S.) Glückstadt 851, Würger & Eller. 1/8 ₰

Busch, FF, christl. Gebete auf alle Tageszeiten u. Feste. 8. (40) Glückst. 51. (Hamb., Würger.) (?) — 3 3/4

—— der Lesestoff in der Elementarschule, möglichst stufenmäßig nach Laut- und Zeichenähnlichkeit vorgeführt: nebst einem Anhang: die vier Jahreszeiten und ihre Bilder in religiöser Anschauung. 8. (104 S.) Glückstadt 851, Würger und Eller.

—— Schulgesänge für alle Tageszeiten nach 30 der schönsten Apel'schen Choralmelodieen, (auch als Gebete zu gebrauchen) nebst Schulliedern bei besond. Gelegenheiten. Für Volksschulen verfaßt. 8. (16 S.) Glückstadt 851, Würger und Eller. *

Busch, F. Th, Modèles d'Ecriture Anglaise. qu. 4. (Mit 21 sauber lithogr. Bl.) Strasbourg 840. Levrault. 5/12 ₰

Busch, Fol., D. Vererbg. d. ländl. Grundbesitzes i. d. Prov. Westpreussen, s.: Vererbung, die, d. ländl. Grundbesitzes i. Königr. Preussen.

Busch, Felix, a. Girbigsdorf: Aus d. Geburtshülflich-gynäkologischen Klinik zu Gießen. Zur Statistik der Placenta-praevia [!] an der Gießener Universitätsklinik vom Jahre 1892—1907. Greifswald 1907: H. Adler. (29 S.) 8°
Gießen, Med. Fak., Ref. Pfannenstiel, Diss. v. 13. Juni 1908
[Geb. 17. Aug. 81 Girbigsdorf (Schlesien): Wohnort: Gießen; Staatsangeh.: Preußen; Vorbildung: Realgymn. Münster i. W. Reife O. 02; Studium: Freiburg i. B. 1, München 2, Kiel 2, München 2, Berlin 1, Gießen 2 S.; Coll. 20. Juni 07; Approb. 31. Mai 08.]

Busch, Ferd., das freie Handzeichnen, nach Vorlegeblättern. 1. u. 2. Hft. qu. gr. 8. (à 30 lith. Bl.) Berlin 841, (Plahn'sche Buchh.) [1. * 1/3 Thlr., 2. * 1/3 Thlr.] Thlr. *

Busch, (Fr.,) die Grafen von Arnfels, Trauersp. in 5 Aufz. 8. Jena 826, (Leipz., Lauffer.)

Busch, Fr., evangelische Blätter, s. Blätter.

Busch, Fr. v., üb. Glauben u. Unglauben. Apologetischer Vortrag. gr. 8. (28 S.) Riga 883. Kymmel. n. — 80

Busch, Fr. Zur Methodik des mathematisch-geographischen Unterrichtes auf Gymnasien. XVII S. Prgr. Arnsberg 1882.

Busch, (Fr.,) Mittheilungen an Jünglinge, die sich d. Wissenschaft, insbesond. d. Theologie widmen wollen. 1e Samml. gr. 8. Riga 827, Hartmann.

Busch, Fr., 100 einfache Versuche zur Ableitg. elektr. Grundgesetze. [Aus: „Natur u. Offenbarg."] gr. 8. (34 S m. 18 Fig.) Münster 896. Aschendorff. n. — 75

— 100 einfache Versuche zur Ableitung elektrischer Grundgesetze. 3. Aufl. (39 S. m. 19 Fig.) gr. 8. Münster 903. Aschendorff. — 80

— Einfache Versuche z. Ableitg elektr. Grundgesetze. 4. Afl. (40 m. Fig.) gr8° Münst., Aschendorff '12. — 80

— die heil. Zeiten christl. Unterthanen. Rede am Feste der Thronbesteigung Sr. Maj. Nicolaus I. Paulowitsch. Aus d. 2. Bde. der evangel. Blätter abgedr. gr. 8. Riga 834. Franken. 1/8 ₰

BUSCH, Dr. Fr. Heinrich. Der Index der verbotenen Bücher. Ein Beitrag zur Kirchen- und Literatur-Geschichte. 2 Bde. Bonn, M. Cohen & Sohn, 1883.

Busch, Franz [aus Norden]: Ein Fall von Milzbrandödem beim Menschen .... Berlin, Buchdr. v. Gustav Lange, jetzt Otto Lange (1886): 32 S. 8°.
Berlin, Med. Fak., Inaug.-Diss. v. 13. Aug. 1886.

Busch, Franz, ein Fall von Milzbrandödem beim Menschen Diss. Berlin 1886, Mayer & Müller. 8°. 32 S.

Busch, Frz., Gedichte. Auswahl von e. s. Freunde. VI und 70 Stn. 12. Aarau, H. R. Sauerländer. 1876 1. —

Busch, Frz., Gedichte. Auswahl v. e. seiner Freunde. gr. 16. (VIII, 70 S.) Aarau 877. Sauerländer. n. — 80

Busch, Franz, Gerichtsass.: Der Schutz des gutgläubigen Rechtserwerbs durch Übertragung bei beweglichen Sachen, Forderungen und Wertpapieren. Greifswald 1910: Abel. 139 S. 8°
Greifswald, Jur. Diss. v. 3. Febr. 1910, Ref. Walsmann
Geb. 28. Okt. 81 Born auf d. Dars: Wohnort: Greifswald: Staatsangeh.: Preußen; Vorbildung: Realgymn. Stralsund Reife O. 00. Erg. Gymn. Stargard i. Po. O. 01: Studium: München 1, Berlin 5, Greifswald 2 S.; Rig. 3. Aug. 09.]
[U 10. 1508

Busch, Franc. Martinus (geb. Aldenhoven bei Aachen 11. 1. 1818): Physiologica quaedam de catameniis. Berolini (1844). (33 S.) 8°
Berlin, Med. Diss. v. 22. Aug. 1844

Busch, Frida, aus Bonn: Über die Resultate der Vaporisation des Uterus in der Bonner Frauenklinik. *Bonn 1903: C. Georgi.* (39 S.) 8°
Bonn, Med. Diss. v. 4. Nov. 1903

Anleitung zum Gebrauche des neuen Experimentierkastens für den Unterricht in der Lehre von der Reibungs-Elektrizität. Von Prof. [Friedrich] Busch. Arnsberg: J. Stahl [um 1907]. (11 S.) 8° [ot. 6701

Busch, Friedr., Anleitung zur Mittheilung d. Religion u. zur Einführ. ins Christenthum; gebild. Vätern u. Müttern, die in d. wichtigsten Angelegenheit ihrer Kinder mitwirken wollen, zunächst gewid., aber auch eigentl. Religionslehrern dargeboten. Mit e. Vorw. v. (Friedr.) Lücke. gr. 8. (13 B.) Hannover 835, Hahn'sche Hofbuchh.

Busch, Friedrich, prakt. Arzt, ehemal. Assist. d. Klinik: Aus d. Universitäts-Augenklinik in Rostock. Ein Beitrag zur klinischen Symptomatologie und zur Histologie des primären Myxosarkoms des Sehnerven sowie zur operativen Entfernung desselben nach der Kroenlein'schen Methode. *Rostock 1899: C. Boldt.* (36 S.) 8°
Rostock, Med. Diss. v. [23. März] 1899

Busch, Friedrich Beiträge zur Erkenntnis des Dämmerungs-Phänomens. I. Ueber die Dämmerung, insbesondere über die glänzenden Erscheinungen des Winters 1883/84. II. Beobachtungen über den Bishop'schen Ring und über das erste Purpurlicht. Arnsberg 1886. 4 (XXXIII S.)
Prcgr. G. Laurentianum *Arnsberg* 1887

Busch, Friedr., die Belastungsdeformitäten der Gelenke. Fünf klin. Vorlesungen aus orthopäd. Gebiete. gr. 8. (V, 54 S. mit eingedr. Holzschn.) Berlin 880, Hirschwald. * 1 60

Busch, Friedrich [Oberl.]: Beobachtungen über die atmosphärische Polarisation. Arnsberg, Druck v. F. W. Becker, 1890; S. I—XXXXVIII, 1 Taf. 4°
Arnsberg, k. Laurentianum, OP 1890 (337)

Busch, Friedr. (I.). Beobachtungen üb. die atmosphär. Polarisation. Mit 11 Fig. im Text u. 1 Kurventaf. gr. 4. (XLVIII S.) Arnsberg 890, (Ritter). * 1 60

Busch, [Friedrich]: Bericht über die Neueinrichtung des physikalischen Kabinetts. *Arnsberg (1898): F. W. Becker.* (20—22 S.) 4°
Arnsberg, k. Laurentianum, P 1898 (356 [vielm. 301])

Friedrich Busch, Bibliographie der niedersächsischen Geschichte für die Jahre 1908—1932 (Veröff. d. Hist. Komm. f. Hannover etc. 16), Hildesheim 1938.

Busch, Frdr., Buchstabenrechnung u. Algebra, s.: Féaux, B.

Busch, F., I. Ueber die Dämmerung, insbesondere über die glänzenden Erscheinungen d. Winters 1883/84 II. Beobachtungen über den Bishop'schen Ring u über das erste Purpurlicht. Arnsberg 886. gr. 4 (33 S.) Arnsberg 887. (Stein.) 1. 50

Busch, Friedrich [aus Göttingen]: Der Einfluss der Menschlichkeit auf das Recht m. bes. Berücks. d. Seegesetzgebg d. deutschen Reiches ... Göttingen, Druck d. Univ.-Buchdr. v. E. A. Huth, 1891; 50 S. 8.
Göttingen, Jur. Fak., Inaug.-Diss. v. [2. Nov.] 1891

Busch, Frdr., der Einfluss der Menschlichkeit auf das Recht m. besond. Berücksicht. der Seegesetzgebung d. deutschen Reiches. Diss. gr. 8. (60 S.) Göttingen 891. (Vandenhoeck & Ruprecht.) n. 1. 20

Busch, *Friedrich* Über eine neue Elektrisiermaschine. 8 (S. 59—68). Progr.
In: Festschrift z. Erinnerung a. d. 250jähr. Jubelfeier d. G. Laurentianum *Arnsberg* 1893.
Nicht im Tauschverkehr.

Busch, Frid. (geb. Elbing 9. 9. 1844): De raro quodam exemplo monstrositatis humanae. Berolini (1866). (31 S.) 8°
Berlin, Med. Diss. v. 18. Mai 1866

Busch, Friedr(ich), Prof.: Ein neuer Experimentierkasten für den Unterricht in der Elektrostatik. Arnsberg 1907: F. W. Becker. (32 S.) 8°
Arnsberg, k. G (Laurentianum) P 1907 (420)

Ein neuer Experimentierkasten für den Unterricht in der Elektrostatik von Prof. Friedr. Busch. Mit 6 Fig. Arnsberg: J. Stahl in Komm. 1907. (32 S.) 8°

Busch, F., die Extraktion der Zähne, ihre Technik u. Indikations-Stellung m. Einschluss der Betäubung. gr. 8. (57 S. m. 33 Abbildgn.) Berlin 894. A. Hirschwald. n. 2. —

Die Extraktion der Zähne, ihre Technik und Indikations-Stellung mit Einschluss der Betäubung v. Prof. e. o. Dr. F[riedrich] Busch ... an d. Kgl. Univ. Berlin. 2. Aufl. M. 33 Abb. *Berlin: A. Hirschwald 1899.* (2 Bl., 57 S.) 1 Bd 8.

Die Extraktion der Zähne, ihre Technik u. Indikations-Stellung mit Einschluss d. Betäubung u. d. örtl. Gefühllosigkeit von Prof. Dr. F[riedrich] Busch. 3. Aufl. Mit 33 Textfig. Berlin: A. Hirschwald 1908. (65 S.) 8°

Busch, Frdr., e. Fall v. Heilung der „Incontinentia urinae" beim Weibe durch Ausschneiden e. ovalen Stückes aus dem Blasenhals u. der Urethra. gr. 8. (24 S.) Jena 882. (Neuenhahn.) — 75

BUSCH, Friedrich (Offenbach): Ein Fall von Uterus-Fibroiden mit folgendem Mastdarmkrebs und Ileus, beobachtet auf der II. medicin. Abtheilung des allgemeinen Krankenhauses zu München.- Speyer: Schwab 1872. 19 S.
10.8.1869 - Urk (Titel: De fibromate uteri.); P 72; Chr 1869/70,12
Diss. Ingolst.-Landsh.-Mchn.

Busch, Friedr., Gott ist die Liebe. Predigten zu Hannover gehalten. Nebst der Gedächtnißpredigt und einem Vorworte von Gerh. Uhlhorn. gr. 8. (IV, 214 S. mit photograph. Portr.) Hannover 870, Meyer. *

Busch, Frdr., im Land der Zwerge, modern u. frei nach Gulliver, m. 23 mod. Voll- u. vielen kleinen Bildern, f. das Alter v. 5 bis 12 Jahren. (55 S.) gr. 8. Dresden (908). H. Kramer. Kart. 2. —

— Lehrbuch der elementaren Planimetrie, s.: Féaux, B.

Busch, Friedrich, Prof.: Vorbereitender Lehrgang in der Körperlehre für IIB des Gymnasiums. *Arnsberg (1899): F. W. Becker.* (S. I—XX.) 4° ¶(Aus: Féaux, Trigonometrie u. Stereometrie, 7. Aufl. 1898.)
Arnsberg, k. Laurentianum, P 1899 (350 [vielm. 304])

Busch, Friedrich: Der Fürst Karl Lieven und die Kaiserl. Universität Dorpat unter seiner Oberleitung .... nach seinen Briefen und amtl. Erlassen geschildert. — Dorpat und Lpg: Karow 1846. 178 S., 3 Taf.

Busch, Friedr., der Fürst Karl Lieven u. d. kaiserl. Universität Dorpat unter seiner Oberleitung. Aus d. Erinnerung u. nach seinen Briefen u. amtl. Erlassen geschildert. Roy.-4. (23¼ B., 3 Bildn. u. 1 Taf. Facsimiles.) Dorpat 846, Kluge. (Gläser.) *

Busch, Friedr., allgemeine Orthopädie, Gymnastik und Massage, s. Handbuch der allgemeinen Therapie.

— allg. Orthopädie, Gymnastik u. Massage, 2. Afl., s. a. Landerer, A, Mechanotherapie.

Busch, Friedrich, Allgemeine Orthopädie, Gymnastik und Massage, m. Abb., Leipzig 1882, 272 S., 8°.

Busch, Fr., Rechenbuch, s.: Féaux, B.

—— Regeneration und entzündliche Gewebebildung, s. XVI. Bd. 2. Abthl.: Sammlung klinischer Vorträge.

Busch, Frdr., Stoffvertheilungsplan f. den Religionsunterricht im Bisth. Würzburg. Entworfen u. erläutert. 8. (17 S.) Würzburg 885. Woerl. n. — 20

Busch, das Studium der Zahnheilkunde an den deutschen Universitäten u. insbesondere an der kgl. Friedrich-Wilhelms-Universität zu Berlin. [Aus: „Verhandlgn. d. deutschen odontolog. Gesellsch."] gr. 8. (27 S.) Berlin 890. Hirschwald. n. — 60

— ebene Trigonometrie u. elementare Stereometrie, s.: Féaux, B.

Busch, Frid. Guil. Iulius (geb. 1827 in Essentho Westf.): Ad anatomiam nonnullorum heliceorum agri Bonnensis symbolae ... Bonnae, form. I. F. Carthaus (1855). 30 S., 1 Bl. 8.
Bonn, Phil. Fak., Diss. v. 21 Juli 1855

Busch, Fritz, Referendar: Der Eigentumserwerb durch Dritte bei der Aneignung, dem Fruchterwerb und der Verarbeitung. Borna-Leipzig 1908: Noske. VIII, 54 S. 8°
Leipzig, Jur. Diss. v. 5. Sept. 1908
[Geb. 2. April 84 Arnsberg i. W.; Wohnort: Arnsberg; Staatsangeh.: Preußen; Vorbildung: Gymn. Arnsberg Reife O. 03; Studium: Bonn 1, München 2, Leipzig 1, Münster 2 S.; Rig. 3. Juli 06.] [U 09. 2471

Busch, G., Gedichte, s.: Universal-Bibliothek.

Busch, G., kurze Nachricht von d. nähern Umständen d. Brandes in Rothenburg, d. 21. Juli 1798. 8. Zittau 798. Schöps. 1½ gr

Busch, G. L.: Versuch eines Handbuchs der Erfindungen. Th. 1—7. Wien und Prag 1801

Busch, G. N., Zu Tacitus' Agricola. Pr. 1858. 24 S. 4°.

Busch, (G. N.,) Observat. ad Euripidis Phoenissas specimen. 4 maj. Rostochii 826. (Lipsiae, Sühring.)

Busch, G. N. J., Observat. ad Euripidis Phoenissas specimen. 4maj. Rostock 826. (Leipz., Sühring). 8 gr

Busch, G. P., Neue Carte vom Rheinstrom und die benachbarte Länder, ... O. O. o. J. kl. Fol. Kupf. . . . . (D.)

Busch, Gabriel Christoph Benjamin

Busch, G. Chr. B., Agende, ein liturgisches Hilfsb. f. evangel.-protestant. Geistliche. 2., verb. Aufl. v. C. F. G. Engelhardt. 4. (24½ B.) Weimar 842, Voigt.

Busch, Gabr. Cph. Benj.: A g e n d e f. evangel. Kirchen, s. a. Busch: Kirchenagende.

Busch, G. C. B., Agende für evangel. Kirchen. 4. Sondershausen, Voigt. 821.

Busch, Gabriel Christoph Benjamin (Hrsg.), s. A l m a n a c h der Fortschritte, neuesten Entdeckungen und Erfindungen...

Busch, G. Almanach d. Fortschr., Erfindgn u. Entdeckgn i. Wissensch., Künst. u. Manufakturen v. 1795—1806. Jahrg. 1—15. Erfurt 1799—1807. — Reg. z. 1.—12. Jahrg. 1802 u. 08. (2 Bde.) 17 Bde.

Busch, Gabr. Christoph. Benjamin (Hrsg.), s. A l m a n a c h oder Übersicht der Fortschritte in Wissenschaften, Manufakturen, Handwerken und Künsten.

— Almanach od. Uebersicht d. Fortschritte in Wissenschaften, Manufakturen, Handwerken u. Künsten. 1r—15r Jahrg. (13r—15r Jahrg. fortges. v. J. B. Trommsdorff. A. u. d. T.: Annalen ꝛc. 1r—3r Bd.) nebst 2 Registerbänden üb. d. 1n u. 2n Jahrg. Mit Kpf. 8. Erfurt 795—810. Keyser. 34 ꝛß 11 gl

Busch, G. C. B., Almanach, od. Uebersicht d. Fortschritte in Wissenschaften, Künsten ꝛc. 15r Jahrg. Ostern 1809 bis Ostern 1810, 2 Rthlr. 6 gr. 16r Jahrg. 1810—811. 2 Rthlr. 12. 8. Erfurt, Keyser.
Auch unt. den Titeln

— — Register über den 1—6ten Bd. 802.

— — dasselbe über den 7—12ten Bd. 807.

— Neuer Almanach u. s. w. 4r Jahrg.

— auserl. Beobachtungen aus d. technischen Geburtshülfe, m. K. gr. 8. Cassel u. Marb. 815.

— s. 1) Briefe über d. Erziehung. 2) Gesangbuch f. d. Stadt Arnstadt.

— Handbuch d. Erfindungen. 1r—8r Thl. 8. Eisenach 790—98. 9r—12r Thl. . . . 4e A. 12 Thle. 8. Ebd. 802—24. Bärecke. 24 ꝛß 6 gl

— — Handbuch d. Erfindungen. 9r Th. u. 10ten Theils 1ste u. 2te Abtheil. M—Q. 4te Aufl. gr. 8. Eisenach, Bärecke. 820. (9r Th. 2 Thlr. 12 Gr. 10n Thls. 1ste Abtheil. 20 Gr. 2te Abth. 2 Thlr. 8 Gr.)

Busch, (G. C. B.,) Handbuch d. Erfindungen, 11r, 12r u. letzter Thl. 4e verm. Aufl. gr. 8. Eisenach 821 u. 822, Bärecke. 4 Rthlr. 12 gr. Alle 12 Theile (802—24.)

— Kirchenagende für d. Herrschaft Arnstadt, oder Gebete zur öffentl. Gottesverehrung u. Formulare zu d. feierl. Religionshandlungen. 4. Sonderh. 814. 2e umgearb. Aufl. unt. d. T.: Agende f. evangel. Kirchen. 4. Ebd. 821. Voigt in Ilmenau. 2 ꝛß 12 gl

ÜBER die geheime Polizey Frankreichs (von *Gabriel Christoph Benjamin Busch*). O. O. 178?.
Anon.-Lex. IV. p. 219 (nach Meusel).

— System d. theoret. u. praktischen Thierheilkunde. 4r Bd. gr. 8. Ebend. 815.

— Übersicht der Fortschritte in Wissenschaften, Künsten, Manufakturen und Handwerken. 15 Bde nebst 2 Registerbänden. Erfurt 1797-1811

— Neue Uebersicht u. s. w. 4r Bd.

— s. U n t e r r i c h t v. heil. Abendmahl.

— Unterricht f. d. Landmann die häufig grassirende Löserdürre, od. Ruhrpest d. Rindviehs gründlich zu erkennen, zu heilen u. dieser Seuche vorzubeugen. 2te Aufl. 8. Marburg, Krieger. 813.

Busch, Ga. Ch. B., Versuch eines Handbuchs d. Erfind. 8 Thle. 8. Eisenach, Wittekind. 790—98. (1r—6r à 1 Thlr. 7r u. 8r à 18 gr.) Rthlr.

Busch, G.
Versuch eines Handbuchs der Erfindungen. Eisenach, 1790. 8 vols.
Vierte Auflage, 1802–16.

Gut Bien allerwege. Imkerschwank in 1 Aufz. von Georg **Busch**. Oranienburg: E. Freyhoff [1905]. (39 S.) 8° [F.] [08. 11094

Busch, Geo. Friedr., Albertus v. Arnstein, od.: Die Zigeunermutter d. Harzwaldes. Eine Gesch. aus d. Zeit d. Vehme. 2 Thle. 8. (25 B.) Nordhausen 840, Fürst.

—— Amorello, d. gefürcht. Räuberhauptmann. Od.: die lebende Leiche im Sarge. Romant. Räubergemälde. 8. (14¼ B.) Quedlinburg 841, Basse.

—— der Aufruhr in Osterode, od.: der wilde Jakob u. seine Zechbrüder. Erzähl. aus d. ersten Viertel d. 10. Jahrh. 8. (12 B.) Nordhausen 841, Fürst.

—— Hans Bartold u. Hans Unterberg, Stifter einer Raubbande bei Andreasberg, od.: Die verwegenen Schnapphähne d. Oberharzes. Ein histor. Räubergemälde aus d. letzten Hälfte d. 16. Jahrh. 8. (13 B.) Nordhausen 842. [Leipzig, Literar. Museum.]

Busch, G(eorg) F(riedr.), Bilder aus Mansfelds Vorzeit. Unterhaltende und belehrende Erzählungen für Jung und Alt. 8. (118 S.) Leimbach 851. (Eisleben, Kuhnt.) *

— Maria von Blettenburg u. Friedr. von Schreckenstein, oder: Das Wiedersehen nach d. Tode verbindet zwei liebende Herzen u. tilgt den Haß zweier mächtigen Familien. Eine furchtbare Ritter-, Räuber- u. Geistergeschichte. 2 Bde. 8. Nordhausen 839. Fürst. 2 ꝛß

Busch, Geo. Friedr., Maria v. Blettenburg und Friedrich v. Schreckenstein, oder: das Wiedersehen nach dem Tode verbindet zwei liebende Herzen und tilgt den Haß zweier mächtigen Familien. Eine furchtbare Ritter-, Räuber- und Geistergeschichte. 2 Bde. (2. Aufl.) 8. (466 S.) Leipzig 863, Häfele sen.

—— Maria v. Blettenburg u. Friedr. v. Schreckenstein. 2 Bde. [2. Afl.] 8. (466) Lpzg 63, Zieger. 1. —

BUSCH, G. Fr., D e r B u r g g e i s t. Eine Ritter- und Geistergeschichte aus den Zeiten Kaiser Heinrichs des IV. Nordhausen, Fürst (c. 1832). 8°.

Busch, Georg Friedr., d. Burggeist. Eine Ritter- u. Geistergeschichte a. d. Zeiten Kaiser Heinrichs IV. 8. (15 B.) Nordhausen 843. [Leipzig, Literarisches Museum.]

—— Cinthio, od.: Die gebesserten Ueberreste aus d. furchtb. Bunde d. verschwornen Brüder. Eine romant. Räuber- u. Familiengesch. 2 Bde. 8. (20½ B.) Nordhausen 838, Fürst.

—— Fugetto, der verwegene Freibeuter. Eine Land- und Seeräuber-Geschichte. 2 Bde. 8. (384 S.) Leipzig 864, Häfele sen.

Busch, G. F., Die Hielan, der Held der nördlichen Hochlande. Eine Norweg. Räubergeschichte. Nach glaubwürdigen Quellen bearb. 2 Bde. gr. 16. (128; 130 S.) Eisleben 873, Winkler. à Bd. *ℳ 1.

Busch, G. F., Maria von Kahlenburg und Teuthold von Questenburg, oder: Das blutende Schwert an der Liebfrauenkirche zu Halberstadt. Eine Schaudergeschichte aus der alten Ritterzeit nach einer vaterländischen Volkssage. 2 Thle. Mit 2 (lith.) Titelkpfrn. Leipzig 855. Colditz in Comm. 8. (199; 184 S.) 1 ꝛß

—— Eva v. Lauenburg und Adelbert v. Stecklenburg. Eine Rittergeschichte aus den Zeiten der Kreuzzüge. 2 Bde. 8. (878 S.) Leipzig 868, Häfele sen.

—— Eva v. Lauenburg u. Adelb. v. Stecklenburg. 2 Bde. 8. (378) Lpzg 63, Zieger. 1. —

—— die Macht der Frauen oder einige Ritterburgen des 11. Jahrh. Abenteuer und Scenen aus dem Leben der Raubritter. 2 Bde. 8. (410 S.) Leipzig 865, Häfele sen.

—— Morando Morandini, der furchtbare u. unerschrockene Land- u. Seeräuber, od.: Der Todtenritter. Eine höchst abenteuerliche Räubergeschichte. 3 Thle. 8. (44 B.) Nordhausen 843. [Leipzig, Literarisches Museum.]

— Marco Paola der Fürst der Apenninen. Eine Räubergeschichte aus der neuesten Zeit. Hettstädt 864. Hüttig. 8. (122 S.) 15 ngr.

—— Marco Paola d. Fürst d. Apenninen. 8. (122) Hettst. 64, Schnee. — 15

—— der schwarze Ritter, od.: Der Bluträcher. Eine histor.-romant. Erzählung. 2 Bde. 8. (24½ B. u. 1 Stnt.) Nordhausen 843. [Leipzig, Literarisches Museum.]

— der letzte Rothensteiner, oder: der Spukgeist des vom Fluch seiner Hausfrau zum ewigen Kriegsverkündiger verdammten Ritters. Ritter- und Geistergeschichte aus der Zeit der heiligen Vehme. Nach einer alten Sage. Leipzig 856. Colditz in Comm. 8. (2 Bl., 236 S.) 15 ngr

—— d. letzte Rothensteiner. 8. (236) Ebd. 57. — 15

—— Ida v. Rudelsburg und Udo v. Saaleck oder die Zerstörung der Krainburg. Rittergeschichte aus dem Leben Rudolphs v. Habsburg. 2 Bde. 8. (366 S.) Leipzig 864, Häfele sen.

—— Habakuk Schmauch, d. brandenburg. Räuberhauptmann, od.: Der Höllenschlund im Rauling am plaueschen See. Eine schauderhafte Räubergeschichte. 2 Thle. 8. (20½ B.) Nordhausen 843. [Leipzig, Literarisches Museum.]

—— Hans Schweinchen v. Schweinhaus, od.: Die Verlobung unter d. Erde zu Bolkenhain. Eine interessante Rittergeschichte a. d. 13. Jahrh. Nach einer schlesischen Volkssage. 2 Bde. 8. (27 B.) Nordhausen 842. [Leipzig, Literarisches Museum.]

—— Thurwantius der Gefürchtete. Ein schauderhaftes Banditen- u. Räubergemälde, mit drolligen Scenen durchwebt. 2 Bde. 8. (26 B.) Nordhausen 844. [Leipzig, Literarisches Museum.]

—— Hermann v. Wilden. Ritter-, Räuber- und Geistergeschichte aus dem Mittelalter. 2 Thle. 8. (459 S.) Leipzig 863, Häfele sen.

—— Wolf d. Verruchte, od.: Der Teufel im Ritterpanzer. Ritter-, Räuber- u. Geistergesch. 2 Bde. 8. (25½ B.) Nordhausen 841, Fürst.

Busch, Gerard von dem

v. d. Busch, Ge.: De consuetudine unde et quando vim legis obtineat. *Gott.* 750.

— Gerard von dem (Bremen), De consuetudine unde et quando vim legis obtineat? Diss. jur. Gött. (G. L. Schulze) 13. IV. 1752. 92 S. (5.50) 4781
Widm. v.: Joh. Abrah. Ahasver (dtsch.), D. Iken (Bremen, dtsch.), Arnold Duntze, Jo. Pundsack.

— — Dasselbe. Halle (J. Chn. Hendel) 1773. 82 Seiten. (5.20) 4782
Widm. v.: Jo. Pundsack.

Busch, Gerhard von dem (Übers.):

s.: Abercrombie, J(ohn): Pathologische und praktische Untersuchungen über die Krankheiten des Gehirns und Rückenmarks. (Pathological and practical Researches on the diseases of the brain and the spinal cord. Dt.) Bremen: 1829

JB 4.527/1

Busch, Gerhard von dem (Bearb.), s. Abercrombie, John: Pathologische u. praktische Untersuchungen über die Krankheiten des Magens . . .

Busch, Gerhard von dem (Übers.u.Comm.):

s.: Desruelles, H(enri) M(arie) J(oseph): Abhandlung über den Keichhusten, nach den Grundsätzen der physiologischen Lehre verfaßt. (Traité de la coqueluche, d'après les principes de la doctrine physiologique. Dt.) Bremen: 1828

JB 4.109

— s. Hastings, Abhandl.

v. d. Busch, Ghrd., Diss. anatomico-physiol. de intestino cocco ejusque processu vermiformi. Mit 2 Kpf. 4. Gött. 814. Brosc. 6 ℛ

— Gerhard von dem (Bremen), De intestino cocco ejusque processu vermiformi. Diss. anat.-phys. Götting. (Chn. Herbst) 1814. 48 S. u. 2 Tfln. Abb. (Besemann del. & sc.) (4.80) 4783

– s. Lawrence: Abhandl.

– s. Pt. H. Malmsten: Üb. die Bright'sche Nierenkrankheit.

– s. Mills Anatomie.

Busch, Gerh. v. dem, Mittheilungen über die Cholera-Epidemie im Königr. Dänemark im J. 1853. gr. 8. (XI und 193 S.) Bremen 858, Heyse's Verlag. *

Busch, Gerhard von dem (Übers.):

s.: Pemberton, C(hristie) R(obert): Praktische Abhandlung über verschiedene Krankheiten des Unterleibes. (A practical Treatise on various diseases of the abdominal viscera. Third edition. Dt.) Hrsg.von J(ohann) A(braham) Albers. Bremen: 1817

JB 2.428

von dem Busch, Gerh., s. W. Stoke's Abhandlung über die Diagnose.

— Gottfried, De exceptione moratoria. Diss. jur. Erfurt (J. H. Grosch) 31. III. 1703. 44 Seiten. (5.—) 4784

Busch, Gustav: Beitrag zur Physiologie der sensiblen Hautnerven im Anschluss an einen Fall von partieller Empfindungslähmung. Halle 1872: Lipke. 58 S. 8°
Halle-Wittenberg, Med. Diss. v. 26. Okt. 1872
Geb. Stadtberge (Kr. Brilon) 16. 1. 1846. V.
Verf. erlebte die Diplomerneuerung 1922 als Geheimer Sanitätsrat in Bochum, vgl. Anh. Nr. 458.

Busch, Gustav: Bulwers Jugendliebe und ihr Einfluss auf sein Leben und seine Werke. T. 1. *Dresden 1899: A. Hille.* (S. I—XXXVIII.) 4° ¶[= Phil. Diss. Leipz. 1899.]
Dresden ⟨Johannstadt⟩, I. st. R, OP 1899 (596)

Busch, Gustav, Dr.: Bulwers Jugendliebe und ihr Einfluss auf sein Leben und seine Werke. T. 2. *Dresden 1900: A. Hille.* (S. 1—L.) 4° ¶[Schluss d. P-Beil. 1899.]
Dresden ⟨Johannstadt⟩, I. st. R, OP 1900 (600)

Busch, H., lateinische Elementar-Grammatik s. Seyffert, M. A.

Busch, H., Grösse, Gewicht u. Brustumfang von Soldaten. Studien über ihre Entwickelung u. ihren Einfluss auf die militair. Tauglichkeit. Mit 6 Holzschn. gr. 8. (V, 86 S.) Berlin 878. Hirschwald. n. 2. —

Busch, H., zur Kenntniss der Monojod-, Monochlor- und Mononitrophenole, sowie Darstellung der Mononitrodijodsalicylsäure und Beschreibung einiger Salze derselben. Inaugural-Dissertation. 8. (52 S.) Göttingen 874, (Vandenhoeck und Ruprecht.) *

Busch, H., s. Mertens, E.

Busch, H.: Quaestiones Valerianae. 17 S.
Progr. Landsberg a/W. 1869.

Busch, H., Vallum humanitatis, s. humanior. literar. vindiciae. 8. Frkf. 745.

Busch, H., s.: Zeitschrift f. deutschen Zivilprozess.

Busch, H. J., s. Zusammenstellung sämmtl. Parallelstellen d. 5 französ. Gesetzbücher.

Busch, H. J., Zusammenstellung sämmtl. Parallelstellen der 5 franz. Gesetzbücher und Angabe der auf die rheinischen Gesetze Bezug habenden Cabinetsordres, Ministerial-Rescripte 2c. Hrsg. von Joh. Cramer. (Neue Titel-Ausg.) gr. 16. (180 S.) Aachen 849, Schulz.

Busch, H. K., die Görbersdorfer Heilanstalt des Dr. H. Brehmer. Eine Klinik für chron. Lungenkranke. Mit 1 (lithogr.) Karte der Umgegend von Görbersdorf (in gr. 8.) 1. Aufl. (V, 185 S.) 1875; 2. verb. Aufl. 8. (VIII, 148 S.) Berlin 876, Enslin. *

Busch, H. S., Sammlung von Gesetzen und Verordnungen, s. Sammlung.

Busch, Hans *August Sonvard* [aus Berlin]: Zur operativen Behandlung der Trigeminus-Neuralgie ... Berlin, Buchdr. v. G. Schade, *1897;* 31 S., 1 Taf. 8.
Berlin. Med. Fak., Inaug.-Diss. v. 21. Mai 1897

Busch Hans und Goldenthal Klara: Über die Darstellung eines ungesättigten Aldehydes aus dem Formisobutyraceraldol und Versuch einer Kondensation des Formisobutyraceraldols mit Formaldehyd. S. 115. Hb. 1904 . . . . vgr.
Separatabdruck

Busch, H., über das Härten, s. a. Sammlung berg- u. hüttenmännischer Abhandlungen 15. Heft.

Über das Härten. Von Chef-Ing. H. **Busch.** Kattowitz: Gebr. Böhm 1907. (18 S.) 8°
Aus: Berg- u. Hüttenmännische Rundschau.
— **Sammlung** Berg- u. Hüttenmännischer Abhandlungen. H. 15. [08. 3847]

Busch, Hans, Wahl der Betriebskraft f. e. Fabrikanlage, s. a. Sammlung berg- u. hüttenmännischer Abhandlungen.

Wahl der Betriebskraft einer Fabrikanlage. Von Hans **Busch,** Oberingen. Kattowitz O.-S.: Böhm 1909. 16 S. 8°
Aus: Berg- u. Hüttenmänn. Rundschau
(Sammlung Berg- u. Hüttenmännischer Abhandlungen. H. 41.) [09. 12319]

Busch, Hans August Sónvard, s. Busch, Hans

Busch, Hedw., Reigenspiele u. Reigen f. Mädchenschulen u. Damenturnvereine. 2 Hfte. gr. 8. Gotha 898. E. F. Thienemann. Kart. n. 3. 80
1. 25 Reigenspiele f. d. Unter- u. Mittelkl. d. Mädchenschulen. (71 S. m. 67 Fig.) n. 1. 40
2. 25 Lieder- u. Musikreigen f. d. Mittel- u. Oberkl. d. Mädchenschulen u. f. Damenturnvereine. (148 S. m. 143 Fig.) n. 2. 40

Busch, Hedwig, Reigenspiele und Reigen für Mädchenschulen und Damenturnvereine, 8°. 3 Bde.
H. 1, 3, Gotha 1898.
— — H. 2, 2. verm. Aufl., — 1906.

Busch, Hedw., Reigenspiele u. Reigen f. Mädchenschulen, Damenturnvereine u. zu häuslichen Festen. (In 2 Heften.) 2. verm. Aufl. 1. Heft. 8. Gotha 906. F. E. Thienemann. Kart. n. 1. 80
23 Reigenspiele f. die Unter- u. Mittelklassen der Mädchenschulen, sowie 4 kleine Reigen zu häuslichen Festen. Mit 61 Fig. (83 S.)

Busch, Hedw., Reigenspiele u. Reigen f. Mädchenschulen, Damenturnvereine u. zu häuslichen Festen. (In 2 Heften.) 2., verm. Aufl. 2. Heft: 27 Lieder u. Musikreigen u. e. Festspiel f. die Mittel- u. Oberklassen der Mädchenschulen u. f. Damenturnvereine. (192 S. m. 177 Fig.) 8. Gotha 907. E. F. Thienemann. Kart. 3. 60

Busch, Hedw.: Reigenspiele u. Reigen f. Mädchensch., Damenturnvereine u. zu häusl. Festen. (In 2 Heften.) I. Heft. 8° Gotha, EF Thienemann. d
I. 26 Reigenspiele f. d. Unter- u. Mittelkl. d. Mädchensch., sowie 4 kl. Reigen zu häusl. Festen. 3. Afl. (88 m. Fig.) '11. geb. 2 —

Busch, Hedw., s.: Schülerinnen-Jahrbuch, deutsches.

— die Spiele i. d. Mädchenschule. Ausw. v. Turnspielen z. Gebr. i. Schule u. Haus. gr. 8. (VIII, 135 S. m. 40 Fig.) Ebd. 895. Kart. n. 2. 40

— Die Spiele in der Mädchenschule. Auswahl v. Turnspielen zum Gebrauch in Schule u. Haus. 2. verm. u. verb. Aufl. gr. 8. (VII, 114 S. m. 50 Fig.) Gotha 901. E. F. Thienemann. Kart. n. 2. 40

— die Spiele in der Mädchenschule. Auswahl v. Spielen zum Gebrauch in Schule u. Haus. 3. Aufl. (VIII, 151 S. m. 58 Fig.) 8. Ebd. 906. Kart. n. 2. 40

— Die Spiele in d. Mädchensch. Ausw. v. Spielen. 4. Afl. (8, 130 m. Fig.) 8° Ebd. '10. geb. 2.50 d

Busch, Heinrich, approb. Arzt aus Detmold: **Aus d. medizin.** Klinik zu Kiel. Über einen **Fall** von Quetschung des Rückenmarks. *Kiel 1898: C. Jansen.* (16 S.) 8°
Kiel, Med. Diss. v. [1. Dez.] 1898

— Heinrich von dem (Bremen), De retentione pignoris ob aliud debitum chirographarium. Disp. jur. Präs. Johann Anton Tilemann gen. Schenck. Bremen (Herm. Chph. Jan) 21. XII. 1730. 54 S. (5.—) 4785
Gew.: Johann von dem Busch (Vater). — Widm. v.: Präs., Dethard Düsing, A. Gröning, Melchior Holler, A. Duntze, D. Smidt, J. F. Havighorst.

Busch, Heinrich [aus Bremen]: Untersuchungen über die Frage ob das Licht zu den unmittelbaren Lebensbedingungen der Pflanzen oder einzelner Pflanzenorgane gehört. Leipzig, Druck v. F. A. Brockhaus. 1889: 51 + 1 S. + 1 Bl. u. 1 Taf. 8°
Erlangen. Phil. Fak., Inaug.-Diss. v. 1889

— Heinrich Ludwig (Marburg), De haemorrhagiis uteri. Diss. med. Marburg, 4. VII. 1795. 76 S. mit Liter. (4.80) 4786
Widm. v.: Ernst Gottfr. Baldinger.

Busch, Henr. Guil. (geb. Beuthen in Oberschles. 6. 1. 1832): De inflammationis theoriis. Berolini (1854). (30 S.) 8°
Berlin, Med. Diss. v. 21. Aug. 1854

Busch, Henri, a. Hamburg: [1.] Synthese von 3. 4. 8-Trimethoxyphenanthren. [2.] Oxydation von β-Methylmorphimethin. (Berlin 1907: A. W. Schade.) (29 S.) 8°
Berlin, Phil. Fak., Ref. Fischer, Diss. v. 10. Aug. 1907
[Geb. 20. Juli 83 Hamburg: Wohnort: Berlin; Staatsangeh.: Hamburg; Vorbildung: Johanneum Hamburg Reife O. 02; Studium: Marburg 3, Berlin 8 S.; Rig. 29. Juli 07.]

-- Hermann, Pasiphili Lipsica e latebris protrahit. — Ad memoriam Geierianam fac. philos. decanus. Lpz. (Gg. Saalbach) 12. IV. 1727. 6 Bl. (4.—) 4787
Odoeporicon Hieronymi Emser.

Busch, H[erm.]

Busch, H. (I.), lateinisches Uebungsbuch, nebst einem Vocabularium. 1. Thl. Für Sexta. gr. 8. (IV, 108 S.) Berlin 878, Weidmann'sche Buchh. *

Busch, H., lateinisches Uebungsbuch nebst einem Vocabularium. 1—3. Thl. gr. 8. Berlin 879. 80. Weidmann. n. 4. 80
1. Für Sexta. (IV, 108 S.) n. 1. —
2. Für Quinta. (III, 191 S.) n. 1. 80
3. Für Quarta. (VIII, 146 S.) n. 1. 50

—— lateinisches Übungsbuch, nebst einem Vokabularium. 1.—3. Tl. gr. 8. Berlin, Weidmann'sche Buchh. *
Inhalt:
Tl. 1. Für Sexta. 2. verb. Aufl. (IV, 108 S.) 883. *ℳ 1.
" 2. Für Quinta. (III, 191 S.) 880. *ℳ 1,80.
" 3. Für Quarta. (VIII, 146 S.) 882. ℳ 1,50.

Busch, H., lateinisches Übungsbuch, nebst einem Vokabularium und kurzem Abriß des grammatischen Lernstoffs. 1.—3. Tl. gr. 8. Berlin, Weidmann'sche Buchh. geb. *
Inhalt:
Tl. 1. Für Sexta. 3. und 4. verb. Aufl. von W. Fries. (IV, 108 S.) 885,87. *ℳ 1.40.
" 2. Für Quinta. 2. verb. Aufl. von W. Fries. (IV, 192 S.) 885; 3. verb. Aufl. von W. Fries. (IV, 183 S.) 888. *ℳ 2.—.
" 3. Für Quarta. 2. umgearb. und verm. Aufl. von W. Fries. (VIII, 152 S.) 887; 3. verb. Aufl. bearb. von W. Fries. (VIII, 153 S.) 888. *ℳ 1.80.

Busch, H, lat. Übungsbuch, nebst e. Vokabularium. Bearb. v. W Fries. 1. Tl. Für Sexta. 5. Afl 8. (110) Berl. 87, Weidmann. geb. *n.* 1. 40 ‖ 2. Tl. Für Quinta. 1. Afl (180) 89. *n.* 2. — ‖ 3. Tl. Für Quarta. Bearb. v. W Fries. (148) 90. *n* 1 80

Busch, H. Latein. Übungsbuch, nebst e. Vokabularium. 1.—3. Tl. gr. 8. Berl., Weidmann. geb. * 5 20
1. Für Sexta. 5. u. 6. verb. Aufl. v. W. Fries. (IV, 110 S.) 889,91. * 1 40.
2. Für Quinta. 4. Aufl. (180 S.) 890 u. 5. teilweise umgearb. Aufl. v. W. Fries. (IV, 179 S.) 892. geb. * 2 —.
3. Für Quarta. 4. verb. Aufl., bearb. v. W. Fries. (VIII, 148 S.) 890. * 1 80.

[F.] Lateinisches Ubungsbuch nebst e. Vokabularium v. Prof. H[erm.] Busch. 7., nach d. neuen Lehrpl. umgearb. Aufl. v. Dr. W[ilh.] Fries, Dir. ... in Halle a. S. Ausg. f. d. Kgr. Sachsen. Tl 1. *Berlin: Weidmann 1894.* 8. [97. 1383

Busch, H., u. W. Fries, lateinisches Übungsbuch nebst e. Vokabularium. 1.—4. Tl. gr. 8. Berlin, Weidmann. Geb. n. 7. 50
1. Für Sexta. 7. Aufl. (IV, 110 S.) 894. n. 1. 40; Ausgabe f. Sachsen. (IV, 118 S.) n. 1. 40
2. Für Quinta. 5. Aufl. (IV, 179 S.) 892. n. 2.
3. Für Quarta. 5. Aufl. (VII, 109 S.) 893. n. 1. 40
4. I. Für Tertia im Anschluß an Caesar bell. Gall., nebst Phrasensammlg. u. Memorierstoff. 1. Abtlg.: Für Unter-Tertia. 3. Aufl. (VIII, 80 S.) 894. n. 1. 20
4. II. — dasselbe für Ober-Tertia. 2. Aufl. (IV, 110 S.) 893. n. 1. 50

Busch, H, latein. Übungsbuch, nebst e. Vokabularium. 1—3. Tl u. 4. Tl, 2 Abtlgn. Neue Afl. v. W Fries. 8° Berl., Weidmann. Geb. 7.50
1. Für Sexta. 8. Afl. (110) 95. 1.40 ‖ 2. Für Quinta. 6. Afl. (179) 94. 2 — ‖ 3. Für Quarta. 6. Afl. (109) 95. 1.40 ‖ 4. Für Tertia im Anschluss an Caesar, bell. Gall., nebst grammatischstilist. Regeln, Phrasensammlg u. Memorierstoff v. W Fries. 1. Abtlg: Für Untertertia. 3. Afl. (80) 94. 1.20 ‖ 2. Abtlg: Für Obertertia. 3. Afl. (110) 95. 1.50.

Busch, H., latein. Übungsbuch, nebst e. Vokabularium. 1.—3. Tl. Neue Aufl. v. W. Fries. gr. 8. Berlin, Weidmann. Geb. in Leinw. n. 4. 80
1. Für Sexta. 8. Aufl. (IV, 110 S.) 895. n. 1. 40
2. Für Quinta. 7. Aufl. (IV, 180 S.) 898. n. 2. —
3. Für Quarta. 6. Aufl. (VII, 109 S.) 895. n. 1. 40

— dasselbe. 1. Tl. Für Sexta. Ausg. f. das Königr. Sachsen. 3. Aufl. v. W. Fries. gr. 8. (IV, 118 S.) Ebd. 898. Geb. in Leinw. n. 1. 40

Busch, H: Latein. Übgsb. nebst e. Vokabularium. 1—3. Tl u. 4. Tl, 2 Abtlgn. 8° Berl., Weidmann. Geb. 7.50
1. Sexta. 9. Afl. v. W Fries. (110) 99. 1.40 ‖ 2. Quinta. 8. Afl. v. W Fries. (190) 1900. 2 — ‖ 3. Quarta. 7. Afl. v. W Fries. (109) '99. 1.40 ‖ 4, I. Für Tertia im Anschl. an Caesar, bell. Gall. nebst Phrasensammlg u. Memorierstoff v. W Fries. 1. Abtlg: Unter-Tertia. 4. Afl. (80) 97. 1.20 ‖ 4, II. Dass. nebst grammatisch-stilist. Regeln, Phrasensammlg u. Memorierstoff v. W Fries. Für Ober-Tertia. 4. Afl. (119) 1900. 1.50.

Busch, H., lateinisches Übungsbuch nebst e. Vokabularium. 1.—3. Tl. gr. 8. Berlin, Weidmann. Geb. i. Leinw. n. 4.80
1. Für Sexta. 9. Aufl. v. W. Fries. (IV, 110 S.) 899. n. 1. 40
2. Für Quinta. 8. Aufl. v. W. Fries. (IV, 199 S.) 900. n. 2. —
3. Für Quarta. 8. Aufl. v. W. Fries. (VII, 117 S.) 902. n. 1. 40

— dass. nebst e. Vokabularium. 1. Tl. Für Sexta. Ausg. f. d. Kgr. Sachsen. 4. Afl. v. W Fries. (118) 8° Ebd. '01. ‖ 5. Afl. (131) '04. Geb. je 1.40 d

Busch, H: Lateinisches Übgsb. I—III. Tl. 8° Berl., Weidmann. Geb. 4.80 d
I. Für Sexta. 10. Afl. v. W Fries. Nebst e. Vokabularium. (122) '04. 1.40 ‖ II. Für Quinta. 9. Afl. v. W Fries. Nebst e. Vokabularium. (199) '04. 2 — ‖ III. Für Quarta. 8. Afl. v. W Fries. (117) '02. 1.40.

Busch, H., lateinisches Übungsbuch nebst e. Vokabularium. I.—III. Tl. 8. Berlin, Weidmann. Geb. in Leinw. n. 4.80
I. Für Sexta. 11. Aufl. v. W. Fries. (IV, 122 S.) 906. n. 1. 40
II. Für Quinta. 9. Aufl. v. W. Fries. (IV, 199 S.) 904. n. 2. —
III. Für Quarta. 9. Aufl. v. W. Fries. (VII, 117 S.) 906. n. 1. 40

— dasselbe. I. Tl. Für Sexta. Ausg. für das Königr. Sachsen. 6. Aufl. v. W. Fries. (IV, 131 S.) 8. Ebd. 906. Geb. n. 1. 40

— dasselbe. I. Tl. Für Sexta. Ausg. f. das Königr. Sachsen. 7. Aufl. v. W. Fries. (IV, 131 S.) 8. Ebd. 909. Geb. 1. 40

Busch, H: Latein. Übgsb. Neue Afl. v. W Fries. I—V. Tl. 8° Berl., Weidmann. Geb. 10.30 d d
I. Nebst e. Vokabularium. Für Sexta. 12. Afl. (122) '09. 1.40 ‖ II. Nebst e. Vokabularium. Für Quinta. 10. Afl. (184) '07. 2 — ‖ III. Für Quarta. 9. Afl. (117) '06. 1.40 ‖ IV. Für Tertia. Im Anschl. an Caesar bell. gall. v. Fries. 1. Abtlg. Unter-Tertia. Nebst Phrasensammlg u. Memorierstoff. 6. Afl. (94) '09. 1.20; 2. Abtlg. Ober-Tertia. Nebst grammatisch-stilist. Regeln, Phrasensammlg u. Memorierstoff. 5. Afl. (120) '09. 1.50 ‖ V. Für Sekunda im Anschl. an d. Lektüre, nebst Phrasensammlg u. Wrtrverz. v. Herm. Knauth. 2. Afl. v. Osk. Altenburg. 1. Abtlg: Für Unter-Sekunda. (94) '07. 1.20; 2. Abtlg: Für Ober-Sekunda. (128) '06. 1.60.

Busch, H., lateinisches Ubungsbuch nebst e. Vokabularium. I.—III. Tl. 8. Berlin, Weidmann. Geb. in Leinw. 4. 80
I. Für Sexta. 12. Aufl. v. W. Fries. (IV, 122 S.) 909. Geb. 1. 40
II. Für Quinta. 11. Aufl. v. W. Fries. (IV, 184 S.) 910. Geb. 2. —
III. Für Quarta. 10. Aufl. v. W. Fries. (VII, 117 S.) 910. Geb. 1. 40

— dass. Ausg. f. d. Kgr. Sachsen. 1. Tl. Für Sexta. 8. Afl. v. W Fries. (4, 131) 8° Ebd. '12. geb. 1.40 d

Busch, H: Lateinisches Ubgsb. nebst e. Vokabularium. 1—3. u. 5. Tl. 8° Berl., Weidmann. d
1. Für Sexta. 13. Afl. v. W Fries. (4, 122) '12. 1.40 ‖ 2. Für Quinta. 11. Afl. v. W Fries. (4, 184) '10. L 2 — ‖ 3. Für Quarta. 10. Afl. v. W Fries. (7, 117) '10. L 1.40 ‖ 5. Für Sekunda im Anschluss an d. Lektüre bearb. v. H Busch u. W Fries. Nebst stilist. Anh. u. Wörterverz. v. Herm. Knauth. 3. Afl., hrsg. v. Osk. Altenburg. 2. Abtlg: Für Ober-Sekunda. (8, 134) 8° '12. geb. 1.80 d

Busch, H., und W. Fries, lateinisches Übungsbuch. 4. Tl.: Lateinisches Übungsbuch für Tertia im Anschluß an Caesar bell. Gall., nebst grammatisch-stilist. Regeln, Phrasensammlung und Memorierstoff von W. Fries. 2 Abtlgn. gr. 8. Ebendas. *
Inhalt:
Abtl. 1. Für Unter-Tertia. (IX, 81 S.) 885. *ℳ 1.20.
" 2. Für Ober-Tertia. (VII, 116 S.) 887. *ℳ 1.60.

— u. W. Fries, lateinisches Ubungsbuch. 4. Tl. 1. u. 2. Abtlg. gr. 8. Ebd. geb. n. 3. 40
1. Lateinisches Übungsbuch für Tertia im Anschluß an Caesar bell. Gall. nebst Phrasensammlung u. Memorierstoff v. W. Fries. 1. Abtlg.: Für Unter-Tertia. 2., verb. Aufl. (VIII, 80 S.) 890. n. 1. 80
2. Lateinisches Übungsbuch für Tertia im Anschluß an Caesar bell. Gall., nebst grammatisch stilist. Regeln, Phrasensammlg. u. Memorierstoff v. W. Fries. 2. Abtlg.: Für Ober-Tertia. (VII, 116 S.) 887. n. 1. 60

— u. W. Fries, Latein. Übungsbuch. 4. Tl. 2 Abthlgn. gr. 8. Ebd. Geb. in Leinw. n. 2. 70
1. Für Tertia im Anschluß an Caesar bell Gall. nebst Phrasensammlg. u. Memorierstoff v. F. 1. Abtlg.: Für Unter-Tertia. 4. Aufl. (VIII, 80 S.) 897. n. 1. 20
2. Dasselbe. 2. Abtlg.: F. Ober-Tertia. 3. Aufl. (VI, 110 S.) 895. n. 1. 60

— u. W. Fries, lateinisches Übungsbuch. IV. Tl. 2 Abtlgn. u. V. Tl. 2 Abtlgn. gr. 8. Ebd. Geb. in Leinw. n. 5. 50
IV. 1. Für Tertia im Anschluß an Caesar bell. Gall. nebst Phrasensammlung u. Memorierstoff v. F. 1. Abtlg.: Für Unter-Tertia. 5. Aufl. (VIII, 91 S.) 900. n. 1. 20
IV. 2. Für Tertia im Anschluß an Caesar bell. Gall. nebst grammatisch-stilistischen Regeln, Phrasensammlung u. Memorierstoff v. Wilh. Fries. 2. Abthlg.: Für Ober-Tertia. 4. Aufl. (VI, 119 S.) 900. n. 1. 50
V. 1. Für Sekunda im Anschluß an die Lektüre, nebst Phrasensammlg. u. Wörterverzeichnis. Von Herm. Knauth. 1. Abteilg.: Für Unter-Sekunda. (VIII, 94 S.) 902. n. 1. 20
V. 2. Für Sekunda im Anschluß an die Lektüre, nebst stilist. Anh. u. Wörterverzeichnis v. Herm. Knauth. 2. Abtlg.: Für Ober-Secunda. (VII, 128 S.) 903. n. 1. 60

— u. W Fries: Latein. Übgsb. IV. Tl, 1. Abtlg; V Tl, 2 Abtlgn u. VI. Tl. 8° Ebd. Geb. 5.00 d
IV, 1. Für Tertia im Anschl. an Caesar bell. Gall. nebst Phrasensammlg u. Memorierstoff v. F. 1. Abtlg: Für Unter-Tertia. 5. Afl. (91) 1900. 1.20
V, 1. Knauth, II: Latein. Übgsb. f. Sekunda im Anschl. an d. Lektüre, nebst Phrasensammlg u. Wrtrverz. 1. Abtlg: Für Unter-Sekunda. (94)²02. 1.20 ‖ 2. Abtlg. Nebst stilist. Anh. u. Wrtrverz. Für Ober-Sekunda. (128)²03. 1.00
VI. Altenburg, O: Latein. Übgsb. f. Prima im Anschl. an d. Tatsachen- u. Gedankenkreise d. Lektüre, nebst stilist. Anh. (132)²06. 1.00

— dasselbe, Ergänzungs-Vokabularium, s.: Steuer. Wilh.

— u. Wilh. Fries, lateinisches Übungsbuch. IV. Tl. Für Tertia. Im Anschluß an Caesar bell. gall. v. F. 2 Abtlgn. 8. Ebd. Geb. 2. 70
1. Für Unter-Tertia. Nebst Phrasensammlg. u. Memorierstoff. 6. Aufl. (VIII, 94 S.) 909. Geb. 1. 20
2. Für Ober-Tertia. Nebst grammatisch-stilist. Regeln, Phrasensammlg. u. Memorierstoff. 5. Aufl. (V, 120 S.) 909. Geb. 1. 50

— u. W. Fries, lateinisches Übungsbuch. V. u. VI. Tl. 8. Berlin, Weidmann. Geb. à n. 1. 60
V. Für Sekunda im Anschluß an die Lektüre, nebst stilist. Anh. u. Wörterverzeichnis v. Herm. Knauth. 2. Aufl., hrsg. v. Osk. Altenburg. 2. Abtlg.: Für Ober-Sekunda. (VIII, 128 S.) 906.
VI. Lateinisches Übungsbuch f. Prima im Anschluß an die Tatsachen- u. Gedankenkreise der Lektüre, nebst stilist. Anh. Von Osk. Altenburg. (VII, 132 S.) 906.

— — dasselbe. V. Tl. Für Sekunda im Anschluß an die Lektüre, nebst Phrasensammlg, u. Wörterverzeichnis v. Herm. Knauth. 2. Aufl., hrsg. v. Osk. Altenburg. 1. Abtlg.: Für Unter-Sekunda. (X, 94 S.) 8. Ebd. 907. Geb. 1.20

Busch, Herm. Jos.: [illegible] Gesetze und Verordnungen, [illegible] französischen Ges[illegible] oder neben denselben in der Kongl. [illegible] Kath.: 1. Diejenigen Gesetze und Verordnungen von 181[illegible], welche in der [illegible] Sammlung fehlen. 2. die Gesetze und Verordnungen, welche seit dem 21. Jan 1811 [illegible] J. 1817 ersch. sind; als Forts. [illegible] Sammlung. [illegible] 181[illegible]

Busch, Hor.: De vita bene instit. praec. St. Wendel. Schul-/Univ.-Schrift 1863.

Busch, Hugo: Ueber ein mittelfränkisches Legendar aus dem Anfange des XII. Jahrhunderts. Halle a/S. 1879: Waisenhaus. VI, 40 S. 8°
Halle-Wittenberg, Phil. Diss. v. 22. Febr. 1879
Geb. Hochneukirch b. München-Gladbach (Rheinprovinz) 11. 2. 1854. V. Ersch. vollst. in: Zeitschrift f. deutsche Philologie. Bd 10. Halle 1879 S. 129—204, 281—326, 390—485 u. e. Tab. Bd 11, 1880. S. 12—62.

Busch, Hugo, die ursprünglichen Lieder vom Ende der Nibelungen. Ein Beitrag zur Nibelungenfrage. gr. 8. (73 S.) Halle 882. Niemeyer. n. 1. 80

Busch, J. (Red.), s. Bund der Landwirthe für beide Mecklenburg.

Busch, J. C., s.a. Busch, J. G.

Busch, J. C., statistische Karte des Deutschen Reiches zur Uebersicht aller Orte über 3000 Einwohner. Mit Angabe ihrer Bevölkerungszahlen, nach der Volkszählung vom 1. Decbr. 1875 im Vergleich zu denen vom 1. Decbr. 1871. Mit Berücksicht. der Amts- und Kreishauptorte. Nach amtl. Material zusammengestellt. 3. und 4. ergänzte und bericht. Aufl. 1 : 2,200,000. Chromolithogr. Imp.-Fol. Leipzig 877,78, (Hinrichs'sche Buchh.) *

Busch, J. D. Rud. Karl, Erklärung der fünf Hauptstücke christl. Lehre, mit Bibelsprüchen, bibl. Beispielen, Anfängen von Kirchenliedern u. Zeugnissen erleuchteter Männer. Zum Gebrauche f. den Unterricht in Kirchen u. Schulen, sowie zum Selbstunterricht f. Familienkreise bearb. u. hrsg. 16. Aufl. 8. (148 S.) Kassel 889. (Röttger.) n. — 40; geb. m. Leinw.-Rücken n. — 65; m. Ldr.-Rücken n. — 75

Busch, J. D. Rud. Karl, Erklärung der fünf Hauptstücke christlicher Lehre, m. Bibelsprüchen, bibl. Beispielen, Anfängen v. Kirchenliedern u. Zeugnissen erleuchteter Männer. Zum Gebrauch f. den Unterricht an Kirchen u. Schulen, sowie zum Selbstunterricht f. Familienkreise bearb. 26. Aufl. 8. (152 S.) Kassel 898. (E. Röttger). Geb. n.n. — 65

Busch, J. D. Rud. Karl, Erklärung der fünf Hauptstücke christlicher Lehre m. Bibelsprüchen, bibl. Beispielen, Anfängen u. Kirchenliedern u. Zeugnissen erleucht. Männer. Zum Gebrauch f. den Unterricht in Kirchen u. Schulen, sowie z. Selbstunterricht f. Familienkreise bearb. 33. Aufl. (152 S.) 8. Kassel 908. (E. Röttger). Geb. nn — 65

— biblische Geschichten zur Einführung der evangelischen Jugend in die Geschichte d. Reiches Gottes auf Erden. Bearb. u. m. Anmerkgn. hrsg. 11. Aufl. m. e. Vorwort v. Hochhuth. 8. (III, 208 S.) Ebd. 890. n. — 55; geb. m. Leinw.-Rücken n. — 80; m. Ldr.-Rücken n. — 90

Busch, J. D. Rud. Karl, biblische Geschichten f. d. evangel. Jugend. 12. Aufl. Völlig neubearb. u. durch e. Anh. erweit. v. J. Falk u. A. Rohrbach. gr. 8. (VIII, 237 S. m. 13 bibl. Karten.) Kassel 895. E. Röttger. Geb. in Halbleinw. n.n. 1.—

— biblische Geschichten f. die evangel. Jugend. 13. Aufl. Gänzlich neu bearb. u. durch e. Anh. erweitert v. J. Falk u. A. Rohrbach. Enth. 5 größere u. 8 kleinere bibl. Karten. gr. 8. (VIII, 236 S.) Ebd. (899). Geb. n.n. 1.—

Busch, J. D. Rud. Carl, biblische Geschichten f. die evangelische Jugend. In 12. u. 13. Aufl. gänzlich neubearb. u. durch e. Anh. erweitert v. J. Falk u. A. Rohrbach. 14. Aufl. (VIII, 236 S. m. 13 Karten.) 8. Cassel (905). E. Röttger. Geb. n.n. 1.—

Busch, J. G., s.a. Busch, J. C.

Busch, J. G., Anweisung zur Anfertigung einer Universal-Hefe in flüssiger Form, in Form der Preß- oder Pfundhefe und als Hefenpulver. gr. 8. Wittenberg 840, Kölling. Verklebt n. 5 ngr

Busch, J. G., Anweisung zur Anfertigung einer Universal-Hefe in flüssiger Form, in Form der Preß- oder Pfundhefe u. als Hefenpulver. gr. 8. Wittenberg 850, Kölling. Versiegelt. n. 1/3 ngr

Busch, J. G., Statistische Karte des deutschen Reiches zur Uebersicht aller Orte über 3000 Einwohner. Mit Angabe ihrer Bevölkerungszahlen, nach der Volkszählung v. 1. Dec. 1871, im Vergleich zu denen vom 3. Dec. 1867, [mit Berücksicht. der Amts- und Kreishauptorte, auch derjenigen unter 3000 Einwohner.] Zugleich Uebersichtskarte der Eisenbahnen. Nach amtl. Material zusammengestellt. 1 : 2 200 000. Leipzig, Hinrichs' Verl. in Comm., 1872. Imp.-Fol. Chromolith. . . . . . (RPA.)
——, —— 2. ber. u. erg. Aufl. Ebda. 1874. . . . . (Br. Mus.)
——, —— 3. Aufl. Ebda. 1877. . . . . (Br. Mus.)
—— Statistische Karte [wie oben]. 4. erg. u. bericht. Aufl. Ebda. 1878. . . (Br. Mus.)

Busch, J. G., statistische Karte des deutschen Reiches zur Uebersicht aller Orte über 3000 Einwohner. Mit Angabe ihrer Bevölkerungszahlen, nach der Volkszählung vom 1. Decbr. 1871, im Vergleich zu denen vom 3. Decbr. 1867 [mit Berücksicht. der Amts- und Kreishauptorte auch derjenigen unter 3000 Einwohner]. Zugleich Uebersichtskarte der Eisenbahnen. Nach amtl. Material zusammengestellt. 1. Aufl. 1873, und 2. bericht. und ergänzte Aufl. Fol. Leipzig 874, (Hinrichs' Verlag.) *

Busch, JG: Leipzig a. d. Vogelschau. Neuer Stadtpl. m. Strassenbahnnet zu. Strassen-Verz. (an d. Seite). 1 : 7000. 48×28,5 cm. Farbdr. Lpzg, (Woerl's Reisebücher-Verl.) (01). — 80

Busch's Plan von Leipzig [in Vogelschaumanier (chromolithogr. gr. Fol.)], mit Führer der Stadt und Umgebung. Nebst 2 (chromolithogr.) Karten der näheren und weiteren Umgebung. 8. (46 S.) Leipzig 884, (F. Fleischer.) cart. *

Busch, J. G., Plan von Leipzig. 1 : 10,500. Chromolithogr. Mit Strassenverzeichniss an der Seite. 1. und 2. Aufl. gr. Fol. Leipzig 887,88, Busch. *

Busch's Plan von Leipzig u. seinen Vororten. 1 : 10,500. In Farbendruck m. Quadratnetz u. Strassenverzeichniss. (Neue Ausg. 1890.) Imp.-Fol. Lpz., Busch. * 1 50

Busch's, JG, Plan v. Leipzig u. s. Vororten. 1 : 10,500. 89×82 cm. Farbdr. Mit Strassenverzeichnis an d. Seiten. Ausg. 1899. Lpzg (Promenadenstr. 3, I), JG Busch. 1.50

— Plan v. Leipzig u. s. Vororten. 1:10,500. 89×82 cm. Farbdr. Mit Strassenverz. an d. Seiten. Ausg. 1908. Lpzg (Promenadenstr. 3,I.), JG Busch. 1.50

Busch, J. G., neuester Plan (aus der Vogelschau) und Führer der Reichsgerichts-Stadt Leipzig. Nebst 1 (lithogr.) Karte der Umgegend und der Schlachtfelder 1813. Lithogr. Imp.-Fol. Nebst Führer. gr. 8. (IV, 32 S.) Leipzig 879, J. G. Busch. *

Busch, J. Jac., resp. Adam Riedel, Diss. de spasmis. 16 pp. Marb. 4°. A. L. Z. 85, III p. 196. 1784

Busch, De spasmo. Marb. 4°. *Doering*, I, 58. 1785

Busch, J. L. T., kurze Frühpredigten nebst d. Episteln u. Evangelien bei d. vorgeschrieb. Meßandacht an den sechs Freitagen in d. heil. Fastenzeit. gr. 8. (11 B.) Köln 832, J. G. Schmitz.

Busch, J. L. T., das Gebet d. Herrn, oder d. Vater Unser. Den Schülern d. Carmeliter-Collegiums in 8 sonntägl. Vorträgen erklärt. 12. Köln 825. P. Schmitz. 4 gGr

Busch, J. L. T., über das Nützliche der Pastoral-Konferenzen. Eine Rede. 8. Köln 834. J. G. Schmitz. 1/12 Rthlr

— Rede über d. Jubiläum u. d. Ablaß d. kathol. Kirche. 8. Köln 825. J. G. Schmitz. 3 gGr

Busch, J. M., an welchen Merkmalen erkennt man die allein selig machende Kirche? Eine Predigt am Reformationsfeste 1824. gr. 8. Erlang. 825. Heyder. 2 gGr

Busch, J. M., Erndtepredigt üb. Psalm 65, V. 10—12., gehalten in d. protestant. Kirche zu Möhrendorf im Jahre 1828. gr. 8. (1 B.) Erlangen, (Heyder.)

Busch, J. M., Geschichte der Vorstadt Sct. Georgen bei Bayreuth. Ein histor. Versuch. Mit 1 Steinzeichng. (in gr. Fol.) gr. 8. (VIII u. 72 S.) Bayreuth 851. (Grau.) 1/3 Rthlr

— Synodalpredigt über Matth. XVI, 18. gr. 8. Erlang. 828. Heyder. 2 gGr

Busch, J. W. Geschichtliches vom Frankfurter Bundescoutingent-Batallion w. d. Feldzüge n. Schlesw.-Holstein u. Baden 1848/49. 8. Frankfurt 1858.

— **Johann von dem** (Bremen), De praescriptione extraordinaria vel anomola. Disp. jur. Präs. Heinrich Coccejus. Frankfurt/O. (Chph. Zeitler) 21. IV. 1700. 44 S. (5.—) 4788

Busch, Joh. Bapt.

Busch, J. B., fromme Betrachtungen zu d. Briefen d. Apostel, e. Festgeschenk f. junge Christen, so wie f. jed. ächten Katholiken überh. 8. (21½ B.) Sulzbach 830, v. Seidel.

—— vollständ. Erbauungsbuch f. kathol. Christen. Eine Samml. v. Lehren, Betrachtn. u. Gebeten. 8. (25 B.) Sulzbach 829, v. Seidel.

Busch, Joh. Bapt., der freundl. Führer des Menschen. Eine liebl. Geschenk f. Jugend u. Alter. Ein Buch z. Erweck. u. Beförderung d. wahren, sittl., religiösen u. gesellschaftl. Lebens. gr. 8. (10⅓ B. u. Titlbild.) Heidelberg 835. [Mannheim, Bensheimer.]

Busch, Jh. Bapt., der freundl. Führer des Menschen. Ein liebl. Geschenk f. Jugend u. Alter. Ein Buch zur Erweckung u. Beförderung des wahren, sittlichen, religiösen u. gesellschaftl. Lebens. gr. 8. Heidelberg 835. Oßwald. 7/12 Rthlr

— — der freundl. Führer des Menschen. Ein Buch zur Erweckung des wahren sittl. u. relig. Lebens. 8. Heidlb. 1835, Oswald. (Winter in H.) 14 ggr. — 1 fl.

—— die heil. Tage vor Ostern. Od. Worte d. Liebe, d. Trostes u. d. Andacht f. kathol. Christen in d. heil. Fastenzeit. gr. 12. (7 B. u. Titlbild.) Heidelberg 835. [Mannheim. Bensheimer.]

— die heiligen Tage vor Ostern, oder: Worte der Liebe, des Trostes u. der Andacht für kathol. Christen in der heil. Fastenzeit. gr. 12. Heidelberg 835. Oßwald. 1/2 Rthlr

— **Johann Bartholomäus** (Duderstadt), De sponsalibus et matrimonio. Thes. jur. Rector Philipp Wilhelm Grf. v. Boineburg. Erfurt (Grosch) o. J. 8 Bl. (4.—) 4789

Busch, Johann Daniel, s. Busch, Johann David

Busch, Johann David

— Anführung d. Landvolks zu körperl. Erziehung d. Kinder. 8. Marb. 787. 2e A. 794. Krieger. 4 gGr

— Anleit., d. Schaafblattern zu behandeln. 8. Marb. 800. Krieger. 3 gGr

Busch, Joh[ann] David: Anleitung die Schaaf-Blattern zweckmässig zu behandeln und der weiteren Ausbreitung dieser Seuche vorzubeugen. Marburg 1796. 56 S.

Busch J. D.: Anleitung z. die Schaaf-Blattern zweckmässig zu behandeln u. der weiteren Ausbreitung dieser Seuche vorzubeugen ... Marburg 1799. 56 S. P.

— — Anleitung, die Schafblattern zweckmässig zu behandeln und der weiteren Ausbreitung dieser Seuche vorzubeugen. 8. Kassel 800. Kriegers Verlags-Handlung. M. —.40

Busch, Jh. Dn., († d. 9. Apr. 1833.) Anleit., d. Brustentzündung d. Rindviehes zu heilen. 8. Marb. 797. Krieger. 2 gGr

Busch J. D.: Anleitung die Brustentzündung d. Rindviehes sicher u. gründlich zu heilen, u. den schädlichen Folgen dieser Krankheit vorzubeugen ... Marb. 1797. 32 S. P.

— Anleit. für d. Landmann, die Schweine zu heilen. 8. Marb. 816.

— Anleit. für d. Landmann, d. Rinderpest zu tilgen. 8. Marb. 813.

Busch u. Daum. Archiv f. Roßärzte u. Pferdeliebhaber Nürnberg 1788—93. 2 Bde.

Busch, Joh. Dan. u. Heinr. Daum, Archiv für Rossärzte und Pferdeliebhaber 4 Bändchen. 8. Marburg 789/99. (Kassel, Kriegers Verlags-Handlung.) M. 4.50

— u. Hnr. Daum, Archiv f. Roßärzte u. Pferdeliebhaber. 4 Stcke. 8. Marb. 789—92. Krieger. 1 Rthlr 12 gGr

— d. Arzneimittellehre d. landwirthschaftl. Thiere. 8. Heidelb. 798. Braun. 12 gGr

Busch, J. D., Beyträge zur technischen Geburtshülfe. Mit Kupf. 4. Marburg, Krieger. 817.

— Beschreib. zweier merkwürd. menschl. Mißgeburten. M. 6 Kpf. gr. 4. Marb. 803. Krieger. 1 Rthlr

Busch, Johann David: Beschreibung zweier merkwürdigen menschlichen Misgeburten nebst einigen andern Beobachtungen aus der praktischen Entbindungskunst. Marburg: Neue akadem. Buchh. 1803. XXII, 66 S. 4°.

— — Siehe auch: Bibliothek für Tierärzte.

— — Einrichtung der Geburtsh. Klinik in der med. Entbindungs-Anstalt zu Marburg. 4. Ebend. 821.

— — Grundriss einer zootomischen Beschreibung der landwirtschaftlichen Tiere zu Vorlesungen. 8. Heidelberg 788. Braun. M. 3.—

— Grundr. e. zootomischen Beschreib. d. landwirthschaftl. Thiere. 8. Heidelb. Braun. 796.

— Grundriß e. zootomischen Beschreib. d. landwirthschaftl. Thiere. 8. Heidelb. 798. Braun. 1 rß

— Hebammenkunst. m. K. gr. 8. Ebend. 805.

— kurzgefaßte Hebammenkunst. Mit 10 Kpf. 8. Marb.... 2e A. 805. Krieger. 12 gr

Busch, Johann David (Übers.):

s.: Jacobs, J(ean) B(ernard): Praktischer Unterricht der Entbindungskunst. (Ecole pratique des accouchemens. Dt.) Marburg: 1787

JB 3.908

Busch, Johann David (Mitarb.), s. J u n g, Johann Heinrich: Lehrbegriff der theoretischen und praktischen Thierarzneykunde.

— — Lehrbuch der Tierarzneikunde. Siehe: Jung, J. H.

Busch, Johann David (Hrsg.), s. L u c i n a oder Magazin für Geburtshelfer.

— Lucina, oder Magazin f. Geburtshelfer. 16 Stck. 8. Marb. 788. Krieger. 6 gr

– s. P o l o n c e a u, W.: Bemerkk.

— Recept-Taschenbuch f. angehende Thierärzte u. Landwirthe rc. Mit 3 Kpft. 8. Marb. 801. Krieger. 1 rß 8 gr

Busch, Johann David: Rezept-Taschenbuch für angehende Thierärzte und Landwirthe, welches eine kurze Beschreibung der gewöhnlichsten Krankheiten der Hausthiere und der bewährtesten Heilmittel derselben enthült. In alphabetischer Ordnung bearbeitet. 538 S., gbd., 3 Taf.

Marburg: Neue akademische Buchhandlung 1801

JB 5.895

Busch, Johann David: Sammlung auserlesener Beobachtungen aus der technischen Geburtshülfe. 144 S., gbd., 7 Taf.

Marburg u.Cassel: Krieger 1817

JB 4.154

— Schlachtgesang d. Kurhess. Krieger. 8. Marb. 813.

— — Kleine veterinärische Schriften. 1. Stück. 8. Marburg 797. Kassel, Kriegers Verlags-Handlung. M. —.50

— System d. theoret. u. prakt. Thierheilkunde, z. Behuf academ. Vorlesungen. 4 Bde. gr. 8. Marb. 806—11. 2e A. 819—22. Krieger. 8 rß

Busch, Johann David: System der theoretischen und praktischen Thierheilkunde. Z. Behuf akademischer Vorlesungen. Bd 1—4. Marburg 1806—1[illegible]

1. Zoologie [illegible] 1806.
2. [illegible] 1811.
[illegible]

— Taschenbuch für angehende Thierärzte rc. 8. Marburg, Krieger. 801.

— Unterricht für d. Landmann, die häufig grassirende Löserdürre, oder Ruhrpest d. Rindviehes gründl. zu erkennen, zu heilen u. dieser Seuche vorzubeugen. 8. Marb. 796. 2e A. 813. Krieger. 2 gr

Busch J. D.: Unterricht f. den hessischen Landmann die ... Löserdürre od. Ruhrpest d. Rindviches gründlich zu erkennen, zu heilen u. den weiteren Fortschritten dieser Seuche vorzubeugen. Marb. 1796. 48 S. P.

— — 2. verb. Aufl. S. St. o. A. 55 S. P.

Busch, Joh. Dav. (Hrsg.), s. Z e i t s c h r i f t, Deutsche, für die gesammte Thierheilkunde.

Busch, Joh. Georg, tägl. Andachten f. fromme Christen. 8. (18 B. u. 1 Holzschn.) Füssen 833. (Augsburg, Kollmann.)

Busch, Jh. Geo., (†...1783.) Anfangsgründe d. logikalischen Algebra. 8. Tübing. 766. b. Cotta. 3 gr

Busch, Joh. Jos.

— über d. adynamieartige nervöse Lungensucht, e. Nachtrag zu vorstehender Abhandl. gr. 8. Straßb. 807. Levrault. 7 gr

Busch, Jh. Jos., über d. Natur u. Heilart d. Lungensucht u. die gefahrvollen Katarrhalfieber. Vom Verf. selbst aus d. Französ. übers. gr. 8. Straßb. 806. Levrault. 1 rß 6 gr

Busch, J. J., Unterhalt. üb. d. Natur und Behandlung der Lungenschwindsucht. a. d. Franz. 8. Duisb. Bädecker. 805.

— Untersuchung über d. Natur u. Behandl. d. Lungenschwindsucht. Aus d. Französ. 8. (Essen) 805. Bädecker. 12 gr

Busch, J. J., Untersuchung über die Natur u. Behandlung der Lungenschwindsucht. Aus dem Franz. 8. Essen, Bädecker. 820.

— **Johann Melchior von dem** (Westf. Adel), De scripturis non legibilibus von unleserlichen Schrifften. Disp. jur. Präs. Justus Henning Böhmer. Halle (Ch. A. Zeitler) Sept. 1700. 62 S. (5.—) 4792

— — Dasselbe. (Hendel) 1741. (5.—) 4793

Busch, Jh. Wlh. H., Beleuchtung d. freiwill. Bemerkk. zu d. abgedrung. Warnung d. versuchten neuesten Verwirrungen in d. Religion u. ihrer Lehre. 8. Limb. 819. (Weilb., Lanz). 4 gr

— Bemerkungen zur „Abgedrungenen Warnung rc." 8. Ebd. 1818. 4 ggr. — 18 kr.

BUSCH, Johann Wilhelm: Blicke in die Bewirthschaftung der Wälder auf forstlichen Spaziergängen. - Offenbach, Darmstadt 1812. 118 S.

Busch, J. W.: Die beste und wohlfeilste F e u e r u n g s a r t, nach einem neuen System theoretisch dargestellt. Frankfurt. 1824. 4.

Busch, Joh. Wilh. Die beste u. wohlfeilste Feuerungsart, nach einem neuen Systeme. Nebst „Nachträgen". Frankfurt a. M. 1826-28. 2 Bde. 4. u. 1 Bd. Fol. [3 Ex. d. Hauptwerks. Erster „Nachtrag" in 2 Ex.]

— d. beste u. wohlfeilste Feuerungsart, nach e. neuen System dargestellt. Mit 12 Steint. gr. 4. Frankf. 827. Brönner. 2 rß 12 gr Hbg. Pr. 2 rß Halb ausgemalt 4 rß 16 gr Hbg. Pr. 4 rß 3 gr Ganz ausgemalt 9 rß Hbg. Pr. 8 rß 12 gr Zugabe mit 8 Steindr. u. 1 Grundriß. gr. 4. Ebd. 828. (Schmerber). 4 rß 8 gr

Busch, Joh. Wilh., Zugaben zu dem Werke: Die beste u. wohlfeilste Feuerungsart, nach e. neu. Systeme etc. M. 7., treu nach d. Natur gez. gross. Stndrt., 1 kleineren d. Art, nebst 2 Vergleichungs-Tab. u. 1 Lokal-Grundrisse. gr. 4. (8 B.) Frankfurt a. M. 828. [Schmerber.] Das Hauptwerk. Ebendas. 1827. brosch. Pr. 2 Thlr, halb ill. 4 Thlr. 8 Gr., ganz ill. 8 Thlr. 12 Gr.

Busch, (Joh. Wilh.,) Ideen f. Forstmänner, Cameralisten u. alle, welche im Cameralfach überhaupt zu sprechen und zu wirken haben. 8. Frankfurt 823, Andreä.

Busch, Joh. Wilh. (Domkapitular z. Limb.), abgedrungene Warnung geg. versuchte Verwirrungen in der Religion u. ihrer Lehre. 8. Hadamar 1818, Lanz in W. 9 ggr. — 36 kr.

— abgedrung. Warnung gegen d. versuchten neuesten Verwirrungen in d. Religion u. ihrer Lehre. 6. Limb. 818. (Weilb.) 820. (Lanz). 9 gr.

Busch, J. W., der Zimmerheiz-Koch-Sparofen. Eine neue Zugabe zu dem Werke: Die beste u. wohlfeilste Feuerungsart nach e. neuen Systeme etc. Mit 4 treu nach der Natur gez. Steindr.-Taff. Frankfurt a. M. 866. (Winter.) gr. 4. (22 S.) n. 25 ngr.

Busch, Johs., hellst-wahre Andeutungen und Eröffnungen des Herrn Selbst zur Zeit Seines diesird. Leibes-Daseins, über Seine dereinst.- und in gegenwärt. Erdjahre 1866 schon nahend erkennbare Wiederkunft. gr. 8. (23 S.) Meißen 866, (Mosche.) *

Busch, Johs., Belehrungen der ewigen Liebe und Weisheit über das lebendige Wort, die Wiedergeburt des Geistes, den Geist und die Materie. gr. 8. (100 S.) Meißen 856(61), (Mosche.) *

Busch, J., Chronicon Windeshemense u. Liber de reformatione monasteriorum, s. a. Geschichtsquellen der Prov. Sachsen u. angrenzender Gebiete.

Busch, Johs., Chronicon Windeshemense und liber de reformatione monasteriorum. Hrsg. von d. Hist. Commiss. d. Prov. Sachsen. Bearb. von Karl Grube. Halle 1886. 8°. (Geschichtsquellen d. Prov. Sachsen u. angrenzende Gebiete. Bd 19.) — Wb 2100, 19. —

Busch, Johs., außerordentliche Eröffnungen über die natürliche und geistige Beschaffenheit des Planeten Saturnus nebst dessen 3-getheilten Ring' und 7 Monden, so wie über die Beschaffenheit, das Grundsein und Leben der darauf befindlichen Wesen rc., zunächst für Astronomen, eines höheren Blicks fähige Naturforscher rc. 1. Heft. Meißen 855. Mosche in Comm. gr. 8. (XII, 164 S.) n. 1 Thlr 15 ngr

— — außerordentliche Eröffnungen über die natürliche und metaphysische oder geistige Beschaffenheit der Erde und ihres Mittelpunctes, mit besond. Bezug auf das Grundsein, so wie auf Bestimmung, Leben und Ziel der in, auf und, in den Luft- und Aether-Regionen, über ihr befindlichen Wesen. gr. 8. (VIII und 264 S.) Meißen 856(61), (Mosche.) *

— des ewigen Wort's unumstößlichster Erweis der Unsterblichkeit der Seele des Menschen, und vom Wiedersehen im großen Jenseits. Nebst einem Anh. 2., unveränd. Aufl. Lex.-8. (IV und 24 S.) Meißen 862, (Mosche.) *

Busch, Johs., das aus der „großen Zeit der Zeiten" verheißenermaßen völlig kundgegebene u. im inneren Sinne enthüll'st erklärte Evangelium St. Johanni's, wie solches vom Herrn selbst seinem Ihn über Alles getreuest lieb. Erwählten in der Zeit vom 2. August 1851 bis nahe zu Dessen am 24. August 1864 erfolgten Leibestode gottmenschgeistig entsprechendst in die Feder dictirt worden ist u. nach am 8. Decbr. 1869 aus innerst vernommenem Beruf thatsächlich erfolgtem Beschluß f. die gesammte Menschheit der Jetztzeit u. Zukunft hrsg. 1. Bd. gr. 8. (626 S.) Dresden 871. (Meißen, Mosche.) n. 8.

— die Dreitagsscene Jesu im Tempel, als Er zwölf Jahr alt war. Niedergeschrieben von einem Gottbegeisterten, und mit einem Anhang höchst merkwürd. Inhalts in Kraft der Erkenntniß des Geist's im Wort aus der Höhe. 2., unveränd. Aufl. gr. 8. (VI und 107 S.) Meißen 861, (Mosche.) *

Busch, Johs., außerordentliche Kundgebungen, Eröffnungen und Belehrungen über die naturgemäße und geistige Beschaffenheit und Wesenheit der Sonne rc., wie solches in lieb'- und weisheitvollster Gnade vom Herrn selbst einem ihn über Alles getreuest liebenden Erwählten vom innersten Grunde des Herzens aus wörtlich vernehmbar in die Feder dictirt worden ist. 2. und 3. Abthl.: Die geistige Sonne, nebst Nacherinnerungen und außerordentlichem Nachtrag dazu. gr. 8. (IV, 792 S.) Dresden 870. (Meißen, Mosche.) *
1. Abthl. Ebendas. 1864. * M 3,75.

Busch, Johs., außerordentliche Kundgebungen und Eröffnungen über die naturmäßige und geistige Beschaffenheit und Wesenhaftigkeit der Sonne und deren correspondirende Seins- und Eigenschaftlichkeits-Beziehungen zu und auf den 7 Haupt-Planeten rc., wie solches Alles in lieb'- und gnadenvollster Weise vom Herrn Selbst dem ihn über Alles getreuest liebenden Erwählten vom innersten Grund des Herzens aus wörtlich vernehmbar in die Feder dictirt worden ist. 1. Abthl. Die naturmäß. Sonne. gr. 8. (250 S.) Dresden 864. (Meißen, Mosche.) *

— Licht'st Gnade strahlende Erklärung der 7 Worte Christi am Kreuz vom „ewig lebendigen Wort" durch eine liebgnädigst hierzu ersehene würdige Magd. Hrsg. nach im Geiste und in der Wahrheit erkanntem Beruf. gr. 8. (16 S.) Meißen 868, (Mosche.) *

Busch, Johs., geist-seelisch-wahres Licht-Wort über das geistig erscheinende Tischrücken, Tischklopfen und Schreiben, am 24. Febr. 1854 vom Herrn selbst dem ihn über alles getreuest liebenden Schreiber der „Haushaltung Gottes" rc. in die Feder dictirt. Nebst Beifuge des „Schlüssels zur Correspondenz mit seligen Geistern" rc. für Jetztzeit und Zukunft. gr. 8. (26 S.) Dresden 869. (Meißen, Mosche.) *

— Psalmen und Gedichte in Dictaten vom Geiste der Wahrheit aus der Höhe der Höhen. Niedergeschrieben durch einen hierzu Erwählten. gr. 8. (114 S.) Dresden 870. (Meißen, Mosche.) *

— die zwölf Stunden. Ein vom Herrn in den vierziger Jahren dieses Jahrh. zu volltiefer Erkenntniß des Gleichnisses vom „verlornen Sohne", durch einen Seiner hierzu Erwählten, dargestelltes moral.-polit., politisch-moral. und schließlich größt-religiöse Vollendung erschaulich vermittelndes Panorama rc. 2., unveränd. Ausg. gr. 8. (64 S.) Meißen 864, (Mosche.) *

Busch, I[oannes] Ernestus: Dissertatio ... sistens experimenta quaedam circa mortem. Halae (1819): Grunert. 40 S. 8°
Halle-Wittenberg, Med. Diss. v. 2. Jan. 1819
Geb. [Magdeburg 1796]

Busch, Joseph, s.: Weg, der, göttlicher Zeugnisse. 5. Jbrg. 6. Hft.

Busch, Jos[ef] Hub[ert]: Das Wesen der Erbsünde nach Bellarmin und Suarez. Eine dogmengeschichtl. Studie. Paderborn (1909): Schöningh. XII, 204 S. 8° ¶(Ersch. auch als Buch ebd.)
Freiburg i. B., Theol. Diss. v. 1909, Ref. Braig
(Nicht für den Austausch)
[Geb. 28. Sept. 72 Würm; Wohnort: Boppard; Staatsangeh.: Preußen; Vorbildung: Gymn. Münstereifel; Studium: Bonn 6 S.; Rig. 7. Mai 08.] [U 09. 886

Busch, Isidor, s. Kalender und Jahrbuch für Israeliten, 2. Jahrgang.

Busch, Isidor — Lese-Unterricht in der hebräischen, deutschen und ungarischen Sprache, nach einer neuen, leichtfaßlichen Methode bearbeitet von — —. Zweite verbesserte Auflage. Limude Hakria. Preßburg, 1855. Druck der vorm. Schmidschen Buchdruckerei. Wien, 1855. Verlag von J. Knöpflmachers Buchhandlung. (62 S. der hebr. Theil 32 S. 8.)

Busch, Jul., vorbereitender physikalischer Lehrgang. 1. Tl. Nach den Bestimmgn. der neuen Lehrpläne bearb. gr. 8. (24 S.) Mülheim a/d. R. 892. H. Baedeker. n. — 25

[J.] **Busch**, Julius [Dr.]: Vorbereitender physikalischer Lehrgang. Tl 1. Nach d. Bestimmgn d. neuen Lehrpläne. (Th. 2 erscheint im Sommer.) *Mühlheim '(Ruhr)', Druck v. H. Blech, 1892;* 24 S. 8.
Mühlheim '(Ruhr)', G u. R, P 1892 (450)

[J.] **Busch**, Julius [Dr.]: Vorbereitender physikalischer Lehrgang. Tl 2. Nach d. Bestimmgn d. neuen Lehrpläne. [Forts. d. P-Beil. 1892.] Mülheim '(Ruhr)', Druck v. H. Blech, *1893;* 1 Bl., 25—56 S. 8.
Mülheim '(Ruhr)', G u. R, P 1893 (452)

Busch, (Julius), Prof. Dr.: Die Lichtbilder-Sammlung des Gymnasiums und der Realschule zu Mülheim (Ruhr). Mülheim a. d. Ruhr 1906: J. Bagel. (32 S.) 8°
Mülheim (Ruhr), G u. R P 1906 (560)

Busch, Julius, approb. Arzt aus Treptow a. R.: Aus d. pathol. Institut d. Universität Greifswald. Lungen-Embolien durch Echinococcusblasen. *Greifswald 1903: J. Abel.* (22 S.) 8°
Greifswald, Med. Diss. v. 6. Apr. 1903

Busch, Julius (geb. am 15 Dez. 1855 in Minden Westf.): Ueber die Umwandlung einiger Aldehyde durch Cyanverbindungen ... Bonn, Druck v. P. Neusser (1878). 36 S., 2 Bl. 8.
Bonn, Phil. Fak., Diss. v. 15 Aug. 1878

Busch, Jul., über die Umwandlung einiger Aldehyde durch Cyanverbindungen. Inaugural-Dissertation. gr. 8. (36 S.) Bonn 878. (Minden, Körber & Freytag.) n.n. 1. 25

Busch J., üb. d. Umwandlg. einiger Aldehyde durch Cyanverbindgn 1881. —.75

Busch, K, s. a.: Kemper, J.

Busch, K. (Jos. Kemper), Reiseerlebnisse auf den deutschen Besitzungen in der Südsee, s.: Jugendperlen 21.

— in der Schule des Lebens, s.: Jugendperlen 9.

Busch, KA: William James als Relig.-Philosoph. (8, 88) gr8° **Gött., Vandenh. & R. '11.** 2.40 d

Busch, Karl

Busch, C., die Bauführung, s. a. Schule der Baukunst.

Busch K, die Bauführung. Leipzig 1871

Busch, Carl, die Bauführung. 2. Aufl. 8. Leipzig 875. Berlin, Toeche. *

Busch K, die Baukunst des Mittelalters: Der altchristliche, romanische und gotische Baustil. Leipzig 1868

Busch, C., die Baustyle, s. a. Schule, die, der Baukunst.

Busch, C., Die Baustyle. Prakt. Anleitung zur Kenntniss derselben und ihres Werthes etc. 2. Aufl. der Säulenordnungen u. Baustyle von Dr. Bergmann in vollständ. Umgestaltung. Thl. 1: Das baukünstlerische Schaffen. Der griech. u. röm. Baustyl. Säulenordnungen. Mit 430 Holzschn. im Text. Leipzig 1864. 8°.

—— die Baustile. 1. und 2. Thl. gr. 8. Ebendas. 878. *

Busch, Carl, die Baustile. Praktische Anleitung zur Kenntniß derselben u. ihres Werthes für das künstler. Schaffen des Architekten u. Bauhandwerkers. 1. u. 3. Thl. gr. 8. Berlin 878. 82. Toeche. n. 11. — (1—3.: n. 16. —)
1. Das baukünstler. Schaffen. — Der griech. u. röm. Baustil. — Das Zeichnen der Säulenordnungen. 3. verb. Aufl. Mit 430 in den Text gedr. Abbildungen, nach Zeichnungen des Verf. in Holz geschn. (VIII, 256 S.) n. 4. —
3. Die Baukunst der neueren Zeit. Mit 217 in den Text gedr. Abbildungen, nach Zeichnungen u. photographischen Aufnahmen verschiedener Meister in Holz geschn. rc. (XII, 401 S.) n. 7. —

Busch, C, d. Baustile. Prakt. Anleitg z. Kenntniss derselben u. ihres Werthes f. d. künstler. Schaffen d. Architekten u. Bauhandwerkers. 1. Thl. Das baukünstler. Schaffen. — Der griech. u. röm. Baustil. — Das Zeichnen d. Säulenordngn. 3. Afl. 8. (256 m. Il.) Lpzg 78. Berl., Toeche. n. 4. —

Busch, Carl [Apotheker aus Bleckede a. d. Elbe]: Beiträge zur Kenntniss von Gymnema silvestre und der Wirkung der Gymnemasäure nebst e. Vergleich d. Anatomie v. Gymnema silvestre m. Gymnema hirsutum u. anderen Gymnemaceen ... *Bleckede, C. Grosse's Buchdr., 1895;* 30 S. 8.
Erlangen, Phil. Fak., Inaug.-Diss. v. 20. Juni 1895

— d. Feier d. 18. Oct. 1815 in Dinker. 8. Hannov. 815.

— kl. Gesangbuch f. Bürger- u. Landschulen. 8. Osnabr. 804. 2e A. 805. N. A. 810. (J. Müller in Leipz.) 4 gl

— kl. Gesangbuch z. Gebr. in Bürger- u. Landschulen. 8. (Osnabr. Blothe) Lpz. Bauer, auch Hinrichs. 810.

Busch, Karl, über d. Hindernisse d. Landschulverbesserung rc. 8. Lippstadt 802.

— Katechismus f. d. Jugend evangel. Gemeinden. 8. Unna 816. 2e A. unt. d. T.: das Christenthum, e. Kraft Gottes rc. 12. Hamm 820. Wundermann. 4 gl

— kl. Katechismus d. christl. Lehre, zum Gebr. d. evangel. Kirchen u. Schulen. 8. Unna 808. 2e A. 811. (J. Müller in Leipz.) 4 gl

Busch, C., kl. Catechismus der christl. Lehre rc. Unna, Hesselmann, 810.

— s. Pfarrer, der.

Busch, Karl, appr. Arzt: Der epigastrische Reflex bei Tabes und Multipler Sklerose. Berlin 1909: Ebering. 35 S. 8°
Berlin, Med. Diss. v. 7. Juni 1909, Ref. Ziehen
[Geb. 7. Mai 85 Saarburg; Wohnort: Metz; Staatsangeh.: Preußen; Vorbildung: Gymn. Torgau Reife O. 03; Studium: Berlin K. W. A. 10 S.; Coll. 28. Mai 09; Approb. 29. Mai 09.] [U 09. 37

Busch, Carl H(einrich), Lehramts-Assessor: Beitrag zur Kenntniss der Gaumenbildung bei den Reptilien. *Jena: G. Fischer 1898.* (62 S.) 8°
Giessen, Phil. Diss. v. 1898

Busch, Kap. Norb. Frz., Zora u. Zeline, od. d. Seligkeit d. Liebenden. Versuch e. poet.-romant. Gemäldes. 8. Osnabr. 802.

Busch, Clemens Augustus (geb. Cöln a. Rh. 20. 5. 1834): Specimen doctrinae de Copticae linguae praepositionibus ac particulis. Berolini (1859). (28 S.) 8°
Berlin, Phil. Diss. v. 16. Juli 1859

Busch, Konr. v., s.: Fasten-Hirtenbrief des Bischofes v. Speyer.

Bvsch, Leonardvs (geb. am 21 Mai 1840 in Pütt bei Heinsberg): De herniotomia externa Petiti ... Bonnae, typ. F. Krvegeri (1862). 29 S., 1 Bl. 8.
Bonn, Med. Fak., Diss. v. 14 Aug. 1862

— Lorenz von dem (Bremen), De valida vel invalida transactione sequestris imperialis subdelegati cum subditis pagi cujusdam territorii sequestrati de praetensa immunitate a collectis. Diss. jur. Präs. Emil Lud. Hombergk zu Vach. Marburg (Müller) 26. II. 1767. 68 S. (5.—) 4795

Die Preussischen **Ausführungsgesetze** zum Bürgerlichen Gesetzbuche und den anderen Reichs-Justizgesetzen nebst den zugehörigen Verordnungen, Ministerialerlassen u. Geschäftsordnungen. Text-Ausg. mit ausführl. Sachreg. nach Materien geordnet unter Anleitung von L[ouis] **Busch**, Kammerger.R. *Berlin: J. Guttentag 1900.* (XIII, 1096 S.) 8° [J.] [00. 255

Busch, L., Die preussischen Ausführungsgesetze zum bürgerlichen Gesetzbuche u. den anderen Reichs-Justizgesetzen, nebst den zugehör. Verordngn., Ministerialerlassen u. Geschäftsordngn. Text-Ausg. m. ausführl. Sachregister, nach Materien geordnet unter Anleitg. v. B. 2. [Titel-]Ausg. 8. (XIII, 1096 S.) Berlin (1900), J. Guttentag. Geb. in Leinw. 3. —

Busch, L.: Die Preußischen Ausführungsgesetze zum Bürgerlichen Gesetzbuche und den anderen Reichs-Justizgesetzen nebst den zugehörigen Verordnungen, Ministerialerlassen und Geschäftsordnungen. 2. Ausg. Berlin 1901

Die Preußischen Ausführungsgesetze, Verordnungen und ministeriellen Verfügungen zu dem Bürgerlichen Gesetzbuche und den Reichs-Justizgesetzen, nebst anderen zugehörigen Gesetzen. Textausg., nach Materien geordnet, mit Sachreg. von L[ouis] **Busch**, Reichsger.R. 2. veränd. Aufl. bearb. von Otto Eylau, Gerichtsass. Berlin: J. Guttentag 1907. (XV, 697 S.) 8° [J.] [07. 7296

— Die deutsche Gebührenhandlung f. Rechtsanwälte, s.: Sydow, Reinhold

Busch, L., die deutsche Gebührenordnung f. Rechtsanwälte usw., s.: Sydow, R.

Busch, L: Die deut. Gebührenordng f. Rechtsanwälte u. d. preuss. Gebührengesetz. — Deut. Gerichtskostengesetz, s: Guttentag's Sammlg deut. Reichsgesetze, Sydow.

— das deutsche Gerichtskostengesetz, s.: Sydow, Reinhold

— Gerichtsverfassungsgesetz, s.: Sydow, R.

— s: Gesetzbuch, Das bürgerl., m. bes. Berücks. d. Rechtsprechg d. Reichsgerichts.

Busch, L.: Aus den Grenzgebieten der freiwilligen u. der streitigen Gerichtsbarkeit. Berlin 1903.
[illegible]

Busch, Konkursordnung, s. Guttentags Sammlg. Reichsgesetze.

– Konkursordnung u. Anfechtungsges., s.: Sydow, Reinhold

Busch, Zivilprozessordng., s. Guttentag's Reichsgesetze.

Busch, L., Civilprozessordng., s. Guttentag's Sammlg.

— Zivilprozeßordnung u. Gerichtsverfassungsgesetz, s.: Sydow, Reinhold

Busch, Edw., Beicht- u. Communionbuch f. d. kathol. Jugend. 12. Bamb. 800. 3e A. 819. (Wesché in Frankf.) 2 gl.

Busch, Ludwig, appr. Arzt a. Mainz: Aus d. städt. Krankenhause zu Worms. (Direktor: Prof. Dr. L. Heidenhain.) Über Enterostomie bei Darmverschluss durch Peritonitis. Leipzig 1904: J. B. Hirschfeld. (22 S.) 8° ¶ [Aus: Deutsche Zeitschrift f. Chirurgie. Bd 74, H. 3/4.]

München, Med. Fak., Ref. v. Angerer, Diss. v. 7. Okt. 1904

[Geb. 31. Jan. 80 Mainz; Wohnort: Mainz; Staatsangeh.: Hessen; Vorbildung: Gymn. Mainz Reife O. 98; Studium: München 8, Berlin 1 S.; Coll. 3. Okt. 04; Approb. 31. Jan. 03.]

Das Markus-Evangelium als Grundlage zur Gewinnung eines Lebensbildes Jesu f. d. evang. Schule behandelt von Ludwig Busch, Rektor. Hannover-List & Berlin: C. Meyer 1907. (136 S.) 8° [J.] 1st. 1354 7

— d. Nachfolge Jesu auf d. schmerzhaften Kreuzwege. 12. Augsb. 808. 2e A. 810. Kranzfelder. 1 gl.

— christl. Religionsgesänge z. Beförderung wahrer Tugend rc. 8. Erlang. 797. Palm. 12 gl. Schrbp. 16 gl.

— liturg. Versuch oder deutsches Ritual f. kathol. Kirchen. gr. 8. Erl. 802. 2e A. 810. Palm. 14 gl. Dass. mit breitem Rand, zum Gebr. in Kirchen. 4. Ebd. 2e A. 810. 3e A. 824. 18 gl.

Busch, (L.) liturg. Versuch, od. deutsches Ritual für kathol. Kirchen. 3e Aufl. 4. Erlangen 825, Palm.

1766. * Anfangsgründe der Logicalischen Algebre, von M. *Busch.* Tübingen, zu finden bey Joh. Heinrich Philipp Schramm. 8. 63 S. (3 gr.)

1768. — vertheidigt wider die Jenaische gel. Zeit. ebend. 8.

Busch, M., Anfangsgr. d. logikal. Algebra. 8. Tübingen, Cotta. 768.

Busch, M, Schule d. Damenschneiderei. 10. Afl. 8° (87) Stuttg. 88, (JB Metzler's B.). 2 —

Busch, Max: Automobil-Steuergs-, Brems- u. Betätiggsorgane, 2. Afl. v. Thdr Lehmbeck, s: Bibliothek, Autotechnische.

Busch, Max, die Konstitution der Urazine. gr. 8. (34 S.) Leipzig 901. A. Deichert Nachf. n. 1. 20
Sonderabdruck aus: „Festschr. d. Univ. Erlangen f. Prinzreg. Luitpold".

Busch, Max, aus Krefeld: Aus d. chirurg. Poliklinik zu Bonn. Über Skoliosenbehandlung in der chirurgischen Universitäts-Poliklinik zu Bonn. *Bonn 1903: C. Georgi.* (45 S.) 8°
Bonn, Med. Diss. v. 11. März 1903

Busch, Max [aus Hochneukirch]: Synthese von Chinazolinderivaten. . . . Erlangen, k. b. Hof- u. Univ.-Buchdr. v. Fr. Junge (Junge & Sohn), 1890; 68 S. 8°
Erlangen. Phil. Fak., Inaug.-Diss. v. 1890

Busch, Max [Dr.]: Synthetische Versuche über Stickstoffkohlenstoffringe aus o-Amidobenzylamin und seinen Derivaten ... Erlangen, k. b. Hof- u. Univ.-Buchdr. v. F. Junge, 1893; 3 Bl., 146 S. 8.
Erlangen, Phil. Fak., Hab.-Schr. v. 1893

Busch, Moritz, s.a. Hermann, Julius

— Abriß der Urgeschichte des Orients bis zu den medischen Kriegen. Nach den neuesten Forschungen und vorzüglich nach Lenormant's Manuel d'histoire ancienne de l'Orient bearb. 3 Bde. 8. (VIII, 393; VII, 346; 391 S.) Leipzig 869,70, Abel. à Bd. * M 4. *

Busch, Moritz, Aegypten, s. Lloyd's illustrirte Reise-Bibliothek.

Busch, Moritz, *Dr.* Aegypten. Reisehandbuch für Aegypten und die angränzenden dem Pascha unterworfenen Länder. Mit vierzehn Ansichten, einer Reisekarte und einem Plane von Kairo. *Triest* 1858. *Literarisch-artistische Abtheilung des österr. Lloyd.* XXXVIII. 188 S. kl. 8°.
Auch unter dem Titel: Lloyd's Illustrirte Reisebibliothek. Der Orient. I. Aegypten.

Busch, Moritz [Übers.]
s. Aldrich, Thomas Bailey: Die Königin von Saba. 1877.

Busch, Mor., der gerechte u. vollkommene Austernesser. Hannover 868. Rümpler. 16. (80 S.) 15 ngr.

Busch, Mor., der gerechte u. vollkommene Austernesser. 2. Aufl. 16. (80 S.) Hannover 878. Erfurt, Bartholomäus. cart. n. 1.—

Busch, M, d. gerechte u. vollkommene Austernesser. 2. Afl. 16. (80) Hannov. 78, Rümpler. n. 1. —

Busch, Mor. (II.), Beiträge zum Meierrecht, mit besond. Berücksichtigung der Provinzial-Gesetze und der gerichtl. Praxis im Fürstenth. Hildesheim. gr. 8. (VIII und 210 S.) Hildesheim 835, Gerstenberg'sche Buchh. *

Busch, Dr. Moriz, Bilder aus Griechenland. Nach der Natur gezeichnet von A. Löffler. Mit beschreibendem Text begleitet. 1. Lfg. mit den Stahlstichen: 1. Corfu. — 2. Cap Matapan. Hoch-4. Triest, Liter.-artist. Abtheilung des österr. Lloyd. 1868. In Umschlag 60 kr.

Busch, Dr. Moriz. Bilder aus Griechenland. Nach der Natur gezeichnet von A. Löffler, mit beschreibendem Text begleitet. II.–X. Lfg. Mit den Stahlstichen: I. Attika. — II. Athen. — III. Propyläen. — IV. Parthenon. — Hoch. gr. 4. (S. 17–122.) Triest, lit.-art. Anstalt (J. Ohswaldt.) In Umschlag. 1869. à 60 kr.
V. Tempel des olymp. Zeus. VI. Messene. VII. Apollotempel zu Bassa. VIII. Navarin. Imp. Fol. (S. 49–64.) In Umschlag. à 60 kr.
IX. Kloster Magaspyläon. — X. Quelle des Styx.
XI. Schlachtfeld von Platäa — XII. Theben.
XIII. Kopais-See. XIV. Delphi. XV. Krissa. XVI. Ephesus, und den Holzschnitten: Der Tempel in Korinth. — Tempel zu Nemea. — Das Löwenthor von Mykenä. — Schatzhaus des Atreus. — Kloster von Leondari.

— Bilder aus Griechenland. Nach der Natur gez. von A. Löffler mit beschreib. Text. 1—10. Liefg. Triest 869. Literar.-artist. Anstalt. Fol. (S. 1—123 u. 18 Stahlst.) Jede Liefg. n. 12 ngr.
Auch mit französ. u. italien. Texte zu gleichem Preise.

Busch, M. Graf Bismarck und seine Leute während des Krieges mit Frankreich. 2 Bde. 1.—3. Aufl. (XI. 777) 8. Leipzig 1878. — 4. u. 5. Aufl. (XI. 787) 8. ib. 1879. 12,00.

— Graf Bismarck und seine Leute während des Krieges mit Frankreich. Nach Tagebuchsblättern. 2 Bde. 1.—4. Aufl. (XI, 397; 379 S.) 1878; 5. Aufl. (XI, 398; 381 S. nebst Nachtrag 8 S) Leipzig 879, Grunow. * M 12.; geb. **

Busch, Mor., Graf Bismarck u. seine Leute während d. Krieges m. Frankreich. Nach Tagebuchsblättern. 2 Bde. 6. Aufl. 8. (XI, 398 u. 384 S.) Leipzig 884. Grunow. n. 12. —; geb. in Leinw. n.n. 14. 50; in Halbfrz. n.n. 17. —

Busch, Mor. Graf Bismarck u. seine Leute während d. Krieges m. Frankreich. Nach Tagebuchblättern. 7. verb. u. verm. Aufl. [1. Volksausg.] 1.—10. Tausend. gr. 8. (VIII, 635 S.) Lpz. 889,90, Grunow. 6 —; geb. in Leinw. ** 7 50; geb. in Hlbfrz. ** 8 50
Auch in 10 Lfgn. à * — 60.

... — Bismarck ...

Busch, Dr, M. — ..... some secret pages of his history. Being a diary kept. Leipzig 1898.

Busch, M. Il conte Bismarck ei suoi parenti durante la guerra colla Francia. Traduzione. 8 Lipsia 1878.

Busch, Mor., Bismarck u. sein Werk. Beiträge z. inn. Geschichte d. letzten Jahre b. 1896. N. Tagebuchsblättern. 1.—6. Taus. gr. 8. (à IV, 120 S.) Leipzig 898. S. Hirzel. n. 2. —; geb. n.n. 3. —

—— Schleswig-Holstein. Briefe. 2 Bde. 8. (513) Lpzg 56. (Hamb., Haendcke u. L.) 2. 15

Busch, Mor., Schleswig-Holsteinische Briefe. 2 Bde. Leipzig 856. G. Mayer. 8. (VII, 247; VI, 266 S.) 2 Thlr 15 ngr

Busch, Moritz [Übers.]
s. Dickens, Ch.: Sämmtliche Werke. 1856 - 1857.

Busch, Mor., Geschichte der Mormonen, nebst einer Darstellung ihres Glaubens u. ihrer gegenwärt. social. u. polit. Verhältnisse. Leipzig, o. J. (1869). 8°. Hlwdb.
VIII—444 S., 1 Bll. Inh.

—— Geschichte der Mormonen nebst einer Darstellung ihres Glaubens und ihrer gegenwärtigen socialen und politischen Verhältnisse. gr. 8. (VIII, 448 S.) Leipzig 870, Abel. *

Busch, Moritz (Julius Hermann). Geschichte der Mormonen nebst einer Darstellung ihres Glaubens und ihrer gegenwärtigen und politischen Verhältnisse. Lpz. 1879.

—— la Grèce pittor. Dessinée p. A Löffler. 1—7. Lfg. Fol. (96 m. 14 St.) Triest 70, lit.-art. Anst. à n. — 12

Busch, Maur., la Grèce pittoresque. Publication artistique dessinée d'après nature par A. Löffler et accompagnée du texte descriptif. 8—10 (Schluss-) Lfg. Fol. (III u. S. 97—125 m. eingedr. Holzschn. u. 1 Stahlst.) Triest 870. liter.-artist. Anstalt. à n. 1. 20

— la Grecia pittoresca. Quadri storico-geografici descrittivi disegnati dal vero da A. Löffler. Versione italiana del Francesco Pastrello. Con 18 incisioni in acciacio e 7 vignette in legno. Fol. (121 S. m. 18 Stahlst.) Ebend. 871. 72. n. 12.

—— la Grecia pittoresca. Quadri storico-geografici descrittivi disegnati dal vero da A. Löffler. Versione italiana del Prof. Francesco Pastrello. Con 18 incisioni in acciaio e 7 vignette in legno. 10 Fasc. Fol. (124 S. mit eingedr. Holzschn. und 18 Stahlst.) Triest 872, Literarisch-artist. Anstalt. à Fasc. *M 1,20. *

— Griechenland, s. Lloyd's illustrirte Reise-Bibliothek.

— Hand-Book for travellers in Egypt and adjacent countries subject to the Pascha. Translated from the German by W. C. Wrankmore. With 14 Illustr. (Holzschn.), a travelling map and plan of Cairo (lith. in 4.). Triest 858. Literar.-artist. Abth. d. Oesterreich. Lloyd. gr. 16. (XI, 181 S.) n. 2 Thlr

Busch, Moritz [Übers.]
s. Harte, Bret: Gabriel Conroy. 1876.

—— wunderliche Heilige. Religiöse und politische Geheimbünde und Secten. 8. (V, 359 S.) Ebendas. 879. *M 6.; geb. **

— Krissa am Parnass. — Messene. — Apollotempel. — Bassae bei Phigalia. — Kloster-Megaspiläon. — Quelle des Styx. — Ephesos. Triest, lit.-art. Anstalt (J. Ohswaldt.) In Umschlag 1870. à 60 kr.

—— s. Löffler, A., Bilder aus dem Orient.

— die Mormonen, s. Conversations- und Reisebibliothek.

Busch, Moriz, Die Mormonen, ihr Prophet, ihr Staat und ihr Glaube. 8°. Leipzig 1855.

— der Orient, s. Lloyd's illustr. Reise-Bibliothek.

—, l'Oriente pittoresco; s.a. L' Oriente.

—— l'Oriente pittoresco. Quadri storico-geografici descrittivi, disegnati dal vero da A. Löffler. Versione italiana del Prof. Francesco Pastrello. Con 32 incisioni in acciaio. 16 fasc. Fol. (III, 108 S. mit 32 Stahlst.) Triest 870, Literarisch-artistische Anstalt. à Fasc. *M 1,20. *

— l'Oriente pittoresco. Quadri storico-geografici descrittivi, disegnati dal vero da A. Löffler. Versione italiana del Francesco Pastrello. Con 32 incisioni in acciacio. Fasc. 13—16. (Schluss.) Fol. (III u. S. 89—108 m. 8 Stahlst.) Ebend. 871. à n. 1. 20

— unser Reichskanzler. Studien z. e. Charakterbilde. 2 Bde. 8. (VIII, 455 u. 439 S.) Ebend. 884. n. 12. —; geb. in Leinw. n.n. 14. 50; in Halbfrz. n.n. 17. —

Busch, Mor., unser Reichskanzler. Studien zu einem Charakterbilde. 2 Bde. (Billige Ausg.) 8. (VIII, 455; 439 S.) Leipzig 888, Grunow. * geb. in Leinw. *M 8.50.; in Halbfrz. *

— Reisehandbuch für Aegypten, s. Lloyd's illustr. Reise-Bibliothek.

Busch, Mor., der Schmerzensschrei von der Eider. Ein Nachtrag zu den „Schleswig-Holsteinischen Briefen." Leipzig 860. G. Mayer. (Altona, Händcke & Lehmkuhl.) gr. 8. (87 S.) n. 10 ngr.

Busch, Mor., Tagebuchblätter. 3 Bde. gr. 8. Leipzig 899. F. W. Grunow. n. 21. —; geb. in Leinw. n. 25. —; in Halbfrz. n. 28. —
1. Graf Bismarck u. seine Leute während des Krieges m. Frankreich 1870—1871 bis z. Beschießg. v. Paris. (XXVIII, 580 S.)
2. Graf Bismarck u. seine Leute während des Krieges mit Frankreich 1870—1871 bis zur Rückkehr nach Berlin. — Wilhelmstraße 76. — Denkwürdigkeiten aus den J. 1871 bis 1880. — Varzin, Schönhausen, Friedrichsruh. (XII, 596 S.) —
3. Denkwürdigkeiten aus den J. 1880—1893. Anh. (X, 605 S.)
Erschien 1902 auch als Lieferungs-[Titel-]Ausg. in 21 Lfgn. à n. 1. —.

Busch, M: Tagebuchblätter. Neue Lieforgs-[Tit.-]Ausg. 21 Lfgn. 8° Lpzg, FW Grunow [1899]'02. Je 1—; in 3 L.-Bdn 25—; HF. 28 —
1—7. I. Bd. Graf Bismarck u. s. Leute währ. d. Krieges m. Frankr. 1870—71 bis z. Beschiessg v. Paris. (580)
8—14. II. Bd. Dass. bis z. Rückkehr n. Berlin Wilhelmstrasse 76. — Denkwürdigk. a. d. J. 1871—80. Varzin, Schönhausen, Friedrichsruh. (596)
15—21. III. Bd. Denkwürdigk. a. d. J. 1880—93. Anh. (605)

Busch, Mor., neue Tagebuchsblätter. 8. Leipzig 879. Gera, Griesbach. *M 6.—.; geb. *

Busch, Mor., die Türkei, s.a. Lloyd's illustrirte Reisebibliothek.

— —, Dr. Moritz, Die Türkei. Reisehandbuch für Rumelien, die untere Donau, Anatolien, Syrien, Palästina. Rhodus und Cypern. 2. verbesserte Auflage. 8. (VIII u. 331 S.) Ebds. geb. 1870. 3 fl.

Busch, Mor., die Türkei. Reise-Handbuch für Constantinopel, die untere Donau, Rumelien, Bulgarien, Macedonien, Bosnien u. Albanien. 3. verb. Aufl. 8. (VI, 232 S. m. 1 Holzschntaf. u. 1 lith. Karte.) Triest 881. Literar.-artist. Anstalt. geb. n. 4. —

— das Uebergangsjahr in Hannover. Leipzig 867. Quandt & Händel. gr. 8. (VI, 313 S.) n. 1 Thlr 15 ngr.

Busch, Dr. M., Die Urgeschichte des Orients bis zu den medischen Kriegen. Nach den neuesten Forschungen und vorzüglich nach Lenormant's Manuel d'histoire ancienne de l'Orient. 2. Aufl. Leipzig (A. Abel). 3 Bde. 8°.

—— die Urgeschichte des Orients bis zu den medischen Kriegen. Nach den neuesten Forschungen und vorzüglich nach Lenormant's Manuel d'histoire ancienne de l'Orient bearb. 2. Aufl. 3 Bde. in 12 Lfgn. gr. 8. (XVI, 398; 346; 388 S.) Ebendas. 871.72. à Lfg. * ℳ 1.

—— deutscher Volksglaube. 1. und 2. Aufl. gr. 8. (377 S.) Ebendas. 877. * ℳ 6.; geb. **

—— deutscher Volkshumor. 1. und 2. Aufl. 8. (349 S.) Ebendas. 877. * ℳ 6.; geb. **

—— eine Wallfahrt nach Jerusalem. Bilder ohne Heiligenscheine. 2 Bde. gr. 8. (X und 515 S.) Leipzig 861, Grunow. *

—— eine Wallfahrt nach Jerusalem. Bilder ohne Heiligenscheine. 2 Bde. 2., verb. Ausg. gr. 8. (VI und 517 S.) Leipzig 863, Grunow. *

—— eine Wallfahrt nach Jerusalem. Bilder ohne Heiligenscheine. 3. verb. Aufl. 8. (439 S.) Leipzig 881, Grunow * geb. *

—— Wanderungen zwischen Hudson und Mississippi, s. Reisen und Länderbeschreibungen.

Wanderungen zwischen Hudson und Mississippi 1851 und 1852. Von Moritz Busch. Bd. I. Stuttgart u. Tübingen: J. G. Cotta'scher Verlag 1854.

Die gute alte Zeit. Von Mor. Busch. Bd 1. 2. Leipzig: Grunow 1878. 8°
1. 302 S.; 2. 355 S.
Bd 1 enth. auf S. 185—208 eine Abhandlung üb. den Studentenorden. Auszug aus dem Kapitel über die humanitären Geheimbünde (insbes. üb. die Illuminaten) Bd 1 S. 178 bis 238 abgedr. in: L. 1 (1878) S. 132—135.

Busch, Nicol., s.: Güterurkunden, livländische.

Busch, Nikolai

Busch, N., Geschichte der literärisch-praktischen Bürgerverbindung in Riga 1802—1902. Im Auftrag der literärisch-prakt. Bürgerverbindg. verf. Spezieller Tl.: Die Anstalten der Bürgerverbindg. I.: Die Schulen. (III, 204 S.) gr. 8. Riga 902. (N. Kymmel's Sort.) n. 4.40

Busch, N[ikolai]: Die Schulen. — Riga 1902: Häcker. 204 S. 4° (Busch: Geschichte der literärisch-praktischen Bürgerverbindung in Riga 1802—1902. Spezieller Teil: Die Anstalten der Bürgerverbindung. I.)

Busch, O: Das Recht d. Hypothekenschuldurkde. [Aus: „Zentralbl. f. freiwill. Gerichtsbark., Notariat u. Zwangsversteigerg".] (87) Lex8° Lpzg, Dieterich '12. 2 — d

Busch, Osc., s: Aus d. Erniedrigg aufwärts.

Busch, Osk., Gefahr u. Gefährdungsvorsatz i. d. Dogmatik d. mod. Strafrechts. gr. 8. (VII, 78 S.) Leipzig 897. Voit & Co. n. 2. 20

— und Henry Skelton, Handbuch der englischen Umgangssprache. Eine ausgewählte und umfassende Sammlung von Redensarten über die gewöhnlichsten Begriffe u. Gegenstände des Lebens. Nach einem neuen und vereinfachten Plane bearb. Ebend. 854. (Ebend.) 8. (X, 372 S.) n. 1 ℳ

—— und Henry Skelton, Handbuch der englischen Umgangssprache. Eine ausgewählte und umfassende Sammlung von Redensarten über die gewöhnlichsten Begriffe und Gegenstände des Lebens. Nach einem neuen und vereinfachten Plane bearb. 8. (X und 372 S.) Leipzig 855, [Giegler und Violet.] *

—— u. H Skelton, Handb. d. engl. Umgangssprache. 2. Afl. 8. (345) Ebd. 61. geb. n. 1. —

Busch, Osk., u. Henry Skelton, Handbuch der englischen Umgangssprache. Eine ausgewählte u. umfass. Sammlung von Redensarten über die gewöhnlichsten Begriffe u. Gegenstände d. Lebens. Nach e. neuen u. vereinfachten Plane bearb. 3. Aufl. Leipzig 866. Violet. 8. (XII, 345 S.) n. 1 ℳ

Busch, Osc., und Henry Skelton, Handbuch der englischen Umgangssprache. Eine ausgewählte und umfassende Sammlung von Redensarten über die gewöhnlichsten Begriffe und Gegenstände des Lebens. Nach einem neuen und vereinfachten Plane bearb. 4. Aufl. 8. (X, 341 S.) Leipzig 872, Violet. geb. *

Busch, Osc., und Henry Skelton, Handbuch der englischen Umgangssprache. Eine ausgewählte und umfassende Sammlung von Redensarten über die gewöhnlichsten Begriffe und Gegenstände des Lebens. 5. wiederholt durchges. Aufl. 8. (X, 340 S.) Leipzig 883, Violet. geb. *

Busch, Osc., manual of german conversation; a choice and comprehensive collection of sentences on the ordinary subjects of every-day life, with a copious vocabulary; on an entirely new and simple plan. Leipzig 855. Brockhaus. (Giegler.) 8. (X, 339 S.) n. 1 ℳ 10 ngl

Busch, Osc., manual of german conversation. A choice and comprehensive collection of sentences on the ordinary subjects of every-day life, with a copious vocabulary; on an entirly new and simple plan. 2. edit. Leipzig 861. Violet. 8. (X, 339 S.) n. 1 ℳ 10 ngr

Busch, O., quaestiones Euripideae. Particula I.: De morte obeunda quid senserit Euripides. Meissen 868. (Mosche.) 4. (53 S.) 15 ngr

Busch, Oskar [Oberschulr. Prof. Dr., Rektor a. D.]: *Stiftungsurkunde für die dem Königl. Gymnasium zu Plauen i. V. geschenkte Sammlung von Alterthümern.* Plauen i. V., gedr. bei M. Wieprecht, 1897; S. 5. 4.
Plauen i. V., k. G, OP 1897 (564)

Busch, Osc., experimentelle Versuche üb. die Wirksamkeit d. Terpentinöls als Antidot bei der acuten Phosphorvergiftung. Diss. gr. 8. (64 S.) Riga 892. (Jurjew [Dorpat], E. J. Karow.) n. 1.50

Busch, Osc., welche Pflichten erwachsen der deutschen Jugend aus der Erhebung v. 1870/71? Rede geh. zur Feier d. Tages v. Sedan am 2. Septbr. 1875 in der Aula d. königl. Gymnasiums zu Chemnitz. gr. 8. (13 S.) Chemnitz 875. Brunner. n. — 50

Busch, Otto [cand. med. aus Bleckede]: Ueber subphrenische Abscesse im Anschluss an Perityphlitis ... *Bleckede, C. Grosse's Buchdr., 1896;* 32 S. 8.
München, Med. Fak., Inaug.-Diss. v. 1896

Busch, Otto, Naturgeschichte der Kunst. gr. 8. (VII, 205 S.) München 877. Bassermann. n. 3. 60

Busch, Otto, 20 Schnurren u. Märlein für die Klimperkleinen mit e. Nachwort für die Ganzgroßen. Einbeck 868. Ehlers. 8. (2 Bll., 40 S.) n. 6 ngr

Busch, Otto, Arthur Schopenhauer. Beitrag zu einer Dogmatik der Religionslosen. Mit der Photogr. Schopenhauer's. gr. 8. (176 S.) München 877, Bassermann'sche Verlagsh. *

—— Arthur Schopenhauer. 2. gänzlich umgearb. Aufl. gr. 8. (VIII, 239 S.) Ebendas. 878. *

— der Seelenfänger. Eine nachdenkl. Geschichte. 8. (72 S.) Ebend. 879. n. 1. 20

**Busch, Otto: Stimmen d. Lebens. Novellen. Dresd., Neue literar. Anst. ca 2 —

Busch, P., Horatii poetae de vita bene instituenda praecepta. Pr. 1868. 12 S. 4°.

Busch, P. J., Diktate, Regeln u. Beispiele zur Befestigung in der deutschen Rechtschreibung, nebst e. Wörterverzeichnis. Für die Hand des Lehrers u. zum Selbstunterricht bearb. 8. (VIII, 91 S.) Köln 899. H. Theissing. n. —80

Busch, P. J., Zusammenges. Freiübungen. E. Ergänzg. z. Leitfaden f. d. Turn-Unterr. i. d. preuß. Volksschulen v. 1895. Z. Gebr. i. Schulen aufgest. gr. 8. (VIII, 30 S.) Trier 897. F. Lintz. n. — 50

Busch, PJ: Präparationen a. allen Gebieten d. naturkundl. Unterr. an Volks- u. Fortbildgsch. Mit Berücks. d. Volkswirtschaftslehre u. Haushaltgskde. (21, 803) gr8° Trier, Loewenberg '12. 6.80; L n 7.80

Busch, Paul, Unterarzt aus Glogau: Beitrag zur Radicaloperation der Nabelschnurhernien. *Berlin (1899): G. Schade.* (28 S.) 8°
Berlin, Med. Diss. v. 7. Juli 1899

Busch, Paul, Gerichtsref. aus Warendorf i. W.: **Gefahrtragung** bei Sachenmiete und Pacht unter Berücksichtigung des Bürgerlichen Gesetzbuches. *Erlangen 1898: F. Junge.* (VIII, 50 S.) 8°
Erlangen, Jur. Diss. v. 11. Febr. 1898

Busch, Paul, der beste Hemdenschnitt. System Busch. Lehrbuch zum Selbstunterricht im Zuschneiden v. Herrenhemden u. Unterkleidern nach am Körper genommenen Maaßen m. 53 Fig. gr. 4. (59 S.) Frankfurt a/M. 892. W. Rommel. n. 3. 60

Busch, P. (Red.), s. Herrenmodenwelt, Die.

— der beste Rockschnitt. System Busch. Lehrbuch zum Selbstunterricht im Zuschneiden aller Arten Herrenkleider f. den Oberkörper nach am Körper genommenen Maaßen m. 56 Fig. 4. (IV, 63 S.) Ebd. 893. n. 3. 60

Busch, Paula: Ehe biegen od. brechen! Roman. (348) 8° Lpzg. Modernes Verl.-Bureau '12. 5 —

— Die Verkannten. Zirkus-Roman. (521) 8° Ebd. '12. 4.50

Busch, Peter

— Betrach. des Te Deum laudamus. 8. Ebend. 735.

Busch, P., Betrachtung über den Hymnus: Te Deum laudamus. Hannov. 1735. 8.

Busch, Pet., Erklärung d. Heldenliedes Lutheri: Eine feste Burg u. s. w. 8. Hannov. Helwing. 736.

— edle Früchte des Leidens Jesu in 14 Reden über d. Passion. 4. Ebend. 732.

— heil. Geheimnisse aller Leiden Jesu in 32 Red. üb. d. Passion. 4. Wolfenb. Meißner. 737.

— Historie d. Lieds: Erhalt uns Herr bey dein. Wort u. s. w. 8. Wolfb. 735.

— Iubilaeum caut. eccles. Lutheranar. 8. Hannover, Helwing. 724.

Die Judenfrage! Ein Vortrag, gehalten bei einer Arbeit in der ▭ Vorwärts in M. Gladbach [von] Peter Busch. [Im März 1868.] 6 S. 4°
[Lithogr. Kopftit.]

Busch, Peter Wilhelm, approb. Arzt aus Damm b. Aschaffenburg: Über Tuberkulose und Pseudotuberkulose der Speiseröhre. *Würzburg 1903: A. Bork.* (30 S.) 8°
Würzburg, Med. Diss. v. 1903

Busch, Philippus Wilhelmus von dem: De Jure XI. dierum calendario subtractarum, s.a. Brunnemann, Jakob [Praes.]

— **Phil. Wilh. v. dem** (Westfalen), De jure XI. dierum calendario subtractarum. Diss. jur. Präs. Jac. Brunnemann. Halle (Christ. Henckel) 5. I. 1700. 56 S., z. Tl. dtsch. (5.20) 4796

— — Dasselbe. (Chph. Andr. Zeitler) 5. I. 1700. (5.—) 4797

— — Dasselbe. Von denen Rechten derer aus dem Calender genommenen Eilf Tage. (Hendel) 1746. 64 S. (5.20) 4798

Busch, R., Altes u. Neues aus der Mission unter den Heiden. 1. Hft. 8. (III, 62 S.) Eckartsberga 887. (Leipzig, Buchhandlg. d. Vereinshauses.) n.n. — 85

Busch, R., „Caritas". Vereinskalender für Innere Mission. 8. (IV, 144 S.) Gotha 877, F. A. Perthes.

— 100 Geschichten aus der Inneren Mission. 1. Hft. gr. 8. (VII, 104 S.) Ebd. 888. n. — 60

Busch, R., Hülfsbüchlein zur Orientirung auf den Gebieten der inneren Mission des evangelischen Deutschlands. gr. 8. (XV, 240 S.) Gotha 872, F. A. Perthes. *

—— die innere Mission in Deutschland. (Verm. Titel-Ausg. von: „Hülfsbüchlein zur Orientirung auf den Gebieten der inneren Mission des evangel. Deutschlands".) 8. (XVII, 240; 144 S.) Ebendas. (872)77.

Busch, R. Zum Zeugnis. Ein Beitrag zur Beantwortg. der Frage: „Ist die Bibel Gottes Wort?" gr. 8. (27 S.) Eckartsberga 889. (Lpz., Wallmann.) — 20

Busch, Regine, Schneeweißchen u. Rosenrot, s. a. Bloch's, Ludw., Kinder-Theater.

Schneeweisschen und Rosenrot. Dramatisches Märchen in 3 Aufz. von Regine Busch. *Berlin: E. Bloch (1898).* (25 S.) 8° [F.]
— Kinder-Theater, Ludwig Blochs. No 63.

Busch, Richard [aus Giessen]: Ueber die Betheuerungs- und Beschwörungsformeln in den Miracles de Nostre Dame par personnages . . . . Marburg, 1886; 85 S. + 1 Bl. 8°.
Marburg. Phil. Fak., Inaug.-Diss. v. [25. Jan.] 1887.

Busch, Rich., über die Betheuerungs- und Beschwörungsformeln in den Miracles de Nostre Dame par personnages. Inaugural-Dissertation. gr. 8. (85 S.) Darmstadt 887, (Brill.) *

Busch, Rich., deutsche Dichter u. Prosaisten von Luther bis zu Lessing, s.: Dürr's deutsche Bibliothek. 7. Bd.

Busch, Richard, Referendar in Elberfeld: Die Fusion der Aktiengesellschaften. Borna-Leipzig 1908: R. Noske. (VIII, 67 S.) 8° [F.]
Leipzig, Jur. Fak., Diss. v. 23. Juli 1908
[Geb. 12. April 80 Elberfeld: Wohnort: Elberfeld; Staatsangeh.: Preußen; Vorbildung: Realgymn. Elberfeld Reife O. 02; Studium: Bonn 2, Berlin 2, Heidelberg 1, Bonn 2 S.; Rig. 22. Dez. 06.]

— biblisches Historienbuch, s.: Fiebler, Ferd.

— Kirchengesch. insbes. f. Lehrerseminare u. Relig.-Lehrer. (216) 8° Lpzg, Dürr'sche Bh. '01. 2.40; geb. 2.80 d

— Kirchengeschichte insbesondere f. Lehrerseminare u. Religionslehrer. (216 S.) gr. 8. Leipzig 904. Dürr'sche Buchh. n. 2. 40; geb. in Leinw. n. 2. 80

— Kirchengeschichte insbesondere f. Lehrerseminare u. Religionslehrer. 2., durchgeseh. Aufl. (219 S.) gr. 8. Leipzig 909. Dürr'sche Buchh. Geb. 2. 80

Busch, Rich., Kirchengeschichte. Jetzt: Berlin, Union, Zweigniederlassg.

— das evangelische Kirchenlied, seine Geschichte u. methodische Behandlung. 1. u. 2. Aufl. (à VIII, 174 S.) gr. 8. Berlin 903. 906. L. Oehmigke's Verl. n. 2. 40; geb. n. 2. 60

— Deut. Prosa v. Luther bis Lessing, s: Bibliothek, Deutsche.

— Deutsche Prosa von Luther bis zu Lessing, s.: Dürr's deutsche Bibliothek Bd. 7.

— Religionsbuch f. evangelische Schulen nach Fiedlers biblischem Historienbuch. Völlig neu bearb. gr. 8. (VIII, 216 S. m. 2 farb. Karten.) Leipzig 902. Dürr'sche Buchh. Geb. n.n. — 85

— die messianische Weissagung in der Schule. Mit Benützg. der Kautzsch'schen Textbibel. Eine Handreichung f. Religionslehrer. gr. 8. (VII, 87 S.) Tübingen 901. J. C. B. Mohr. n. 1. 25

Busch, Sch. G.: „Handbuch für Kaufleute", 2 Teile, Göttingen 1804 (Schneider).

Karl Christian Friedr. Krause's Leben, Lehre und Bedeutung. Mit Krause's Bildn. nach Hähnel's Büste. Von Martin [d. i. Theod. Busch]. Leipzig: Findel 1881. 236 S. 8⁰
[Dasselbe.] Von R. Martin. Mit Krause's Bildn. nach Hähnel's Büste. Neue Ausg. Leipzig: Heinrichs 1885. IV, 236 S. 8⁰
Recens: DrL. 11 (1881—1882) S. 783—784; FZ. 36 (1882) S. 21—22; Bh. 25 (1883) S. 36—37; DrL. 17 (1887—1888) S. 1340.
In Gesprächform. Erwähnt auf S. 226 u. 232 auch Frmr u. Loge.

Busch, W., Anleitung d. Krankheiten in den Feldhospitälern zu erkennen u. zu heilen. Ein Taschenbuch f. angehende Feldärzte. 8. Ebend. 812.

Busch, W., Anleitung zum Maßnehmen. 8. Aufl. gr. 8. (36 S. m. 2 Taf.) Stuttgart 881. (Metzler's Sort.) n. 4.—

— Joseph. — Samuel, e. Reformatorengestalt a. alter Zeit. — Das Alte Test. u. d. Hoffng, s.: Weg, d., göttl. Zeugnisse.

Busch, W., keine Storch-Geschichten mehr! Praktische Anleitg., wie man seinen Kindern die Wahrheit sagt u. seine Familie vor sittl. Schäden bewahrt. Für Eltern bei ihrem Erziehungswerke unentbehrlich. (110 S.) 8. Leipzig (904). O. Weber. n. 3.—; geb. n. 4.—

Busch, W., u. C. Hoffmann, die Kriegsfeuerwerkerei d. Preuß. Artillerie. Nach dem jetzigen Standpunkte der Wissenschaft u. Technik bearb. gr. 8. (XII u. 472 S. m. 14 lith. Taf. in qu. Fol.) Berlin 851, Th. Grieben. n. 2 ℛ

Busch, W., und C. Hoffmann, die Kriegsfeuerwerkerei der Königl. Preußischen Artillerie. Nach dem jetzigen Standpunkte der Artillerie-Wissenschaft und Technik bearb. 2., mit einem Nachtrag verm. Ausg. Nebst zahlreichen Figuren auf 14 (lith.) Taf. (in qu. Fol.) Berlin 854. Th. Grieben. gr. 8. (XII, 472 S. u. 8 S. Nachträge.) n. 6 ngr; die Nachträge allein n. 3 ngr

—— —— dass. Nachträge zur 1. Aufl. Zusammengestellt im Octbr. 1853. gr. 8. (8 S.) Ebds. 854. *

Busch, W, u. C Hoffmann, d. Kriegsfeuerwerkerei d. preuss. Artill. 2. Ausg. 8. (480) Berl. 54, Stage. (?) n. 1. 6 || Nachtr. z. 1. Ausg. (8) n. — 3

Busch, W., und C. Hoffmann, Kriegsfeuerwerkerei, jetzt Verlag von Behr in Berlin u. Preis n. 1 ℛ. 6 ngr

Busch, W., Samuel, e. Reformatorengestalt aus alter Zeit, s.: Weg, der, göttlicher Zeugnisse. III. 2.

Busch, W., Schule d. Damenschneiderei. D. Neuzeit entsprech. verb. v. Lina Neubaur (W. Busch Nachfolgerin). 10. Aufl. gr. 8. (32 S.) Stuttgart 896. (H. v. Treuenfeld.) n. 1. 50

Busch, W. H., s. 1) Wörterbuch, encyklop., d. medicin. Wissenschaften. 7r Thl. 2) Zeitschr., gemeins. deutsche, f. Geburtskunde.

Busch, Waldem., zwanzig Blasenscheidenfisteln. Inaugural-Dissertation. 8. (79 S.) Jena 874, Neuenhahn.

Busch, Walther: Cäsar als Schriftsteller im Bellum Gallicum. (Umschlagt.: Zwei wissenschaftliche Vorträge für die Schüler der Oberklassen: 1 ...) *Steglitz 1901: E. Werner.* (S. 1—13.) 4°
Steglitz, G, OP 1901 (63)

Busch, Walther, Referendar in Glauchau: Die Pflichten des Lagerhalters. Leipzig 1905: W. Wigand. (61 S.) 8°
Leipzig, Jur. Fak., Diss. v. 23. März 1905
[Geb. 10. Nov. 77 Flöha; Wohnort: Glauchau; Staatsangeh.: Sachsen; Vorbildung: Gymn. Georgian. Hildburghausen Reife M. 98; Studium: Leipzig 7, München 1 S.; Rig. 6. Febr. 04.]

Busch, Wilh., Abenteuer eines Junggesellen. 1.—7. Aufl. gr. 8. (88 S.) München 875—77, Bassermann'sche Verlagsh. *

Busch, Wilh., Abenteuer eines Junggesellen. 8. Aufl. gr. 8. (88 S. m. eingedr. Illustr.) München 881. Bassermann. n. 3. —

Busch, Wilh. (II.), Abenteuer eines Junggesellen. 9. und 10. Aufl. [82.—86. Tausend.] 8. (88 S. mit eingedr. Illustr.) München 883,87, Bassermann'sche Verlagsh. *
Vgl.: Busch, Wilh., Herr und Frau Knopp.

Busch, Wilh., Abenteuer e. Junggesellen. 12. Aufl. 39. u. 40. Taus. gr. 8. (88 S. m. Bild.) München 895. F. Bassermann. n. 3. —

Busch, Wilh., Abenteuer e. Junggesellen. 41.—45. Taus. gr. 8. (88 S. m. Abbildgn.) München 899. F. Bassermann. n. 1. 50

Busch, Wilh., Abenteuer e. Junggesellen. 70—75. Taus. (88 S. m. Abbildgn.) 8. München 905. F. Bassermann. n. 1. 50; geb. n. 1. 80

Busch, Wilh.: Ein Abenteuer in d. Neujahrsnacht. Die unangenehme Überraschg u. and. Humoresken. 21 Geschichten m. 300 Bildern. Hrsg. v. Rud. Will. Nebst Wilh. Buschs „Jung-München". (103 Bl.) Lex8° Lpzg, W Fiedler ('11). L 6 — d

Busch, Wilhelm [Dr.]: Chlodwigs Alamannenschlacht. (1. Tl.) M.Gladbach, Druck v. E. Schellmann, 1894; 25 S. 4.
M.Gladbach, G, OP 1894 (445)

Busch, Wilhelm [Dr.]: Chlodwigs Alamannenschlacht. Tl 2. (Forts. d. P-Beil. 1894.) M.Gladbach, Druck v. E. Schellmann, 1895; 37 S. 4.
M.Gladbach, G, OP 1895 (455)

Wilhelm Busch an Maria Anderson. 70 Briefe. 2. Aufl. (Vorr.: Maria Anderson; Hrsg.: Karl Herrmann.) Rostock i. M.: C. J. E. Volckmann Nachf. 1908. (VIII, 116 S.) 8° 108. 7179

Busch, Wilh., an Maria Anderson. 70 Briefe. 1.—5. Aufl. (VIII, 116 S. m. 1 Bildnis u. 1 Fksm.) 8. Rostock 908. C. J. E. Volckmann Nachf. 2.—; geb. in Leinw. 3.—; in Halbfrz. 4.—

Busch, Wilhelm: Anleitung die Krankheiten der Feldhospitäler zu erkennen und zu heilen. Ein Taschenbuch für angehende Feldärzte. 278 S., gbd.

Marburg: Akademische Buchhandlung 1812

JB 3.535

Busch, Wilh. (II.), der heilige Antonius von Padua. 1.—6. Aufl. gr. 8. (70 S. mit eingedr. Holzschn.) Lahr 870—74, Schauenburg. *

—— der heilige Antonius von Padua. 7. und 8. Aufl. 8. (71 S. mit eingedr. Illustr.) Lahr 876,78, Schauenburg. *

Busch, Wilh., der heil. Antonius v. Padua. 9. Aufl. gr. 8. (71 S. m. Illustr.) Lahr 884. Schauenburg. 1. 50

Busch, Wilh., der heil. Antonius v. Padua. 10. Aufl. gr. 8. (71 S. m. Abbildgn.) Lahr 892. M. Schauenburg. 1. 50

— d. hl. Antonius v. Padua. 11. Aufl. gr. 8. (71 S.) Lahr 895. M. Schauenburg. 1. 50

— der hl. Antonius v. Padua. 12.—15. [Umschlag-]Aufl. gr. 8. (à 71 S. m. Abbildgn.) Lahr (899—902). M. Schauenburg. 1. 50

— der hl. Antonius v. Padua. (Umschlag: 17. u. 18. Aufl.) (71 S. m. Abbildgn.) gr. 8. Lahr (905). M. Schauenburg. n. 1. 50

— Der hl. Antonius v. Padua. (Umschl.: 19. u. 20. Afl.) (71 m. Abb.) gr8° Lahr, M Schauenburg ('12). 1.50; L 2 — d

—— Balduin Bählamm, der verhinderte Dichter. gr. 8. (74 S. mit eingedr. Zinkogr.) München 883, Bassermann'sche Verlagsb. *

— Balduin Bählamm, d. verhinderte Dichter. 6. Aufl. (16. Taus.) gr. 8. (74 S. m. Abb.) München 897. F. Bassermann. n. 2. —

— Balduin Bählamm, der verhinderte Dichter. 17. u. 18. Taus. gr. 8. (74 S. m. Abbildgn.) München 899. F. Bassermann. n. 1. —

— Balduin Bählamm, der verhinderte Dichter. 29—31. Taus. (74 S. m. Abbildgn.) 8. München 908. F. Bassermann. n. 1. —; geb. n. 1. 25

Busch, Wilh., Beobachtungen über Anatomie und Entwickelung einiger wirbellosen Seethiere. Imp.-4. (VIII und 143 S. mit 17 Kpfrt.) Berlin 851, A. Hirschwald. *

Busch, W(ilh.), chirurgische Beobachtungen gesammelt in der königl. chirurgischen Universitäts-Klinik zu Berlin. gr. 8. (VIII und 206 S.) Berlin 854, A. Hirschwald. *

Busch, Wilhelm, Dr. o. Prof. d. Geschichte: Die **Beziehungen** Frankreichs zu Österreich und Italien zwischen den Kriegen von 1866 und 1870/71. *Tübingen 1900: G. Schnürlen.* (89 S.) 4°
Tübingen, Verz. d. Promotionen in d. phil. Fak. 1899/1900

Busch, W., De bibliothecariis Alexandrinis qui feruntur primis. Diss. 1884. 56 S.

Busch, Wilh., de bibliothecariis Alexandrinis qui feruntur primis. gr. 8. (56 S.) Suerini Megalipolitanorum 884. (Leipzig, Fock.) n. 1. 50

—— Bilder zur Jobsiade. In Holz geschnitten von Ettling. 1.—4. Aufl. gr. 8. (67 S. mit 100 eingedr. Holzschn.) Heidelberg 872—74, Bassermann'sche Verlagsb. *

—— Bilder zur Jobsiade. 5. und 6. Aufl. 8. (67 S. mit 100 Holzschn.) Ebendas. 875,76. *

— Bilder zur Jobsiade. 8. Aufl. [22. Tausend.] 8. (67 S. mit 100 eingedr. Holzschn.) München 885. Bassermann. n. 2. —

— Bilder z. Jobsiade. 10. Aufl. (24. Taus.) gr. 8. (67 S.) Ebd. 897. n. 2. —

Busch, Wilh., Bilder aus Jobsiade. (25. u. 26. Taus.) gr. 8. (67 S. m. Abbildgn.) München 899. F. Bassermann. n. 1. —

— Bilder zur Jobsiade. 40—42. Taus. (67 S. m. Abbildgn.) 8. Ebd. (905). n. 1. —; geb. n. 1. 25

—— Bilderbogen. Fol. (49 Bl. in gr. Fol. mit eingedr. Holzschn.) München 874, Braun und Schneider. color. cart. *

—— dass. — [Carlsbad 874, Feller.] cart. *

—— Bilderbogen. Fol. (50 Holzschntaf. in gr. Fol.) München 875, Braun und Schneider. cart. * *M* 6,60.; color. *

— Lustige Bildergeschichten u. allerlei Humore. Gezeichnetes u. Gedichtetes. 2. Afl. Hrsg. v. Rud. Will. (90 Bl. m. Abb.) Lex8° Lpzg, W Fiedler ('11). L 6 — d
In 1. Afl. u. d. T.: Bildergeschichten, Lustige, u. allerlei Humore.

Busch, Wilh., Bilderpossen. Dresden 864. Richter. qu. 4. (57 Holzschntaf. m. Text.) 1 *ℛ* 10 *ngr.*

BUSCH, W. *Bilderpossen* von Wilhelm Busch. Zweite Auflage. Der Eispeter. — Katze und Maus. — Krischan mit der Piepe. — Hänsel und Gretel. Colorirte Ausgabe. München, Fr. Bassermann [1880]. Titel in Rot und Schwarz u. 35 SS. mit farb. Zinkographien u. Text. 4°. Farbig illustr. Or.Pappbd. 24.—
Vans. 25. R. 196. Die Abb. sind in dieser 2. Aufl. etwas verkleinert. Gutes Ex.

— Bilderpossen. [Der Eispeter. — Katze u. Maus. — Krischan m. der Piepe. — Hänsel u. Gretel.] 2. Aufl. gr. 4. (35 S. m. eingedr. phototyp. Illustr.) München 880. Bassermann. cart. n. 2. —

— dasselbe. 2. Aufl. Color. Ausg. gr. 4. (35 S. m. eingedr. color. Phototypien.) Ebend. 881. cart. n. 3. —

Busch, Wilh., Bismarck u. d. polit. Anschauungen in Deutschland v. 1847—1862. Akadem. Antrittsrede, geh. in Tübingen am 12. Novbr. 1896. gr. 8. (24 S.) Tübingen 896. H. Laupp. n. — 60

-Bismarck u. die politischen Anschauungen in Deutschland von 1847 bis 1862. Antrittsrede. Tubingen 897.

Busch, Wilh.: Die beiden Briefe d. Petrus, s.: Wort, d., d. Heils.

—— Dideldum. 1.—5. Aufl. gr. 8. (64 S. mit 100 eingedr. Holzschn.) Heidelberg 874,75, Bassermann'sche Verlagsb. *

—— Dideldum! 6. und 7. Aufl. 8. (64 S. mit 100 Holzschn.) München 876,78, Bassermann'sche Verlagsb. *

— Dideldum! 25. u. 26. Taus. gr. 8. (64 S. m. Abbildgn.) Ebd. 899. n. 1. —

— Dideldum! 37—39. Taus. (64 S. m. Abbildgn.) 8. Ebd. 904. n. 1. —; geb. n. 1. 25

Busch, Wilh., aus e. schwäbischen Dorfschulhause (Familie Kullen). Mit 2 Kunstdr.-Einlagen u. 1 Textbild. 1. u. 2. Aufl. (1.—6. Taus.) (à 243 S.) 8. Elberfeld 906. Buchh. der evang. Gesellschaft für Deutschland. n. 1. 80; geb. in Leinw. n. 2. 70

Busch, W[ilhelm]: Die Einweihung des Gymnasiums am 18. April 1903. S. 29—36. 4. Progr. Gymn. Friedenau 1904

Busch, Guil. (geb. Marburg an d. Lahn 5. 1. 1826): De Selachiorum et Ganoideorum encephalo. Berolini (1848). (38 S.) 4°
Berlin, Med. Diss. v. 16. März 1848

Busch, Wilh., England unter den Tudors. (In 6 Bdn.) 1. Bd. König Heinrich VII. (1485—1509.) gr. 8. (XII, 434 S.) Stuttgart 892. J. G. Cotta Nachf. n. 8. —

Busch, Wilh., England unter den Tudors. 1. Bd. König Heinrich VII. (1485—1509.) 2. [Titel-]Ausg. (XII, 434 S.) gr. 8. Tübingen [892] 905. J. C. B. Mohr. n. 8. —

Busch, Wilhelm: Die Erkenntnistheorie des Friedrich Heinrich Jacobi aus seinen gesamten Werken im Zusammenhang dargelegt ... Karlsruhe, Buchdr. v. J. J. Reiff, 1892; 48 S., 1 Bl. 8.
Erlangen, Phil. Fak., Inaug.-Diss. v. 1892

Busch, W[ilhelm], Dr., Dirigent: Feier der Grundsteinlegung (des neuen Schulgebäudes) am 20. April 1901. *Friedenau (1902): L. Schultz.* (S. 15—20.) 4°
Friedenau, G i. E., OP 1902 (78)

—— Pater Filucius. Allegorisches Zeitbild. 1.—3. Aufl. gr. 8. (40 S. mit 74 eingedr. Holzschn.) Heidelberg 873—75, Bassermann'sche Verlagsh. *

—— Pater Filucius. Allegorisches Zeitbild. 4.—6. Aufl. 8. (40 S. mit 74 Holzschn.) Ebendas. 876—78. *

— Pater Filucius. Allegorisches Zeitbild. 8. Aufl. [32.—34. Tausend.] 8. (40 S. mit 74 Holzschn.) Ebd. 885. n. 1. 20

— Pater Filucius. Allegor. Zeitbild. 10. Aufl. gr. 8. (40 S. m. Abb.) Ebd. 895. n. 1. 20

— Pater Filucius. Allegorisches Zeitbild. Mit den Beigaben „Von mir üb. mich" u. „Der Nöckergreis". 86.—89. Taus. gr. 8. (XVI, 40 S. m. Abbildgn. u. Bildnis.) Ebd. 899. n. 1. —

— Pater Filucius. Allegorisches Zeitbild. Mit den Beigaben „Von mir üb. mich", „Der Nöckergreis" u. Portrait. 59—63. Taus. (XX, 40 S. m. Abbildgn.) 8. Ebd. 905. n. 1. —; geb. n. 1. 25

—— Fipps der Affe. 1. und 2. Aufl. gr. 8. (89 S. mit 150 Bildern.) Ebendas. 879. *

— Fipps, der Affe. 5. Aufl. (17. Taus.) gr. 8. (89 S. m. Bild.) Ebd. 896. n. 3. —

— Fipps, der Affe. 18.—20. Taus. gr. 8. (89 S. m. Abbildgn.) Ebd. 899. n. 1. 50

— Fipps, der Affe. 30—39. Taus. (89 S. m. Abbildgn.) 8. Ebd. 904. n. 1. 50; geb. n. 1. 80

— der Fuchs. Die Drachen. Zwei lust. Sachen. 1. u. 2. Aufl. gr. 8. (37 Bl. in Zinkogr.) Ebend. 881. cart. n. 2. —

— dasselbe. Color. Ausg. 8. (37 Zinkogr.) Ebend. 881. cart. n. 2. 50

— der Fuchs. Die Drachen. Zwei lust. Sachen. 3. Aufl. 8. (37 Bl. m. Bild.) Ebd. 896. Kart. n. 2. —; kolor. Ausg. n. 2. 50

— s.: Gebunden zum Dienst.

—— der Geburtstag oder die Partikularisten. Schwank in 100 Bildern (in eingedr. Holzschn.). 1.—5. Aufl. gr. 8. (62 S.) Heidelberg 873—75, Bassermann'sche Verlagsh. *

—— der Geburtstag oder die Partikularisten. Schwank in 100 Bildern. 6.—8. Aufl. gr. 8. (62 S. mit eingedr. Holzschn.) Ebendas. 876—78. *

— der Geburtstag oder die Partikularisten. Schwank in 100 Bildern. 9. Aufl. gr. 8. (62 S.) Ebend. 882. n. 2. —

— d. Geburtstag od. d. Partikularisten. Schwank in 100 Bild. 12. Aufl. 28. Taus. gr. 8. (62 S.) 896. n. 2. —

— der Geburtstag od. die Partikularisten. Schwank in 100 Bildern. 29. u. 30 Taus. gr. 8. (62 S.) Ebd. 899. n. 1. —

— der Geburtstag od. die Partikularisten. Schwank in 100 Bildern. 44—46. Taus. (62 S.) 8. Ebd. 904. n. 1. —; geb. n. 1. 25

Busch, Wilhelm, Dirigent Dr.: Geschichte der Anstalt und Nachrichten über die Lehrerschaft. *Friedenau (1901): H. Brücker.* (S. 12—16.) 4°
Friedenau, G i. Entw., OP 1901 (75)

Busch, (W.,) kurzgefaßte Geschichte d. christlichen Kirche zum Selbstunterricht u. zur Erbauung. 8. Hannover 823, Hahn.

Busch, W., kurzgef. Geschichte d. christl. Kirche. Zum Selbstunterr. u. z. Erbauung, f. wißbegier. Confirmanden u. erwachs. Christen in evangel. Gemeinden. 2., verb. u. verm. Ausg., nach d. Verfs. Tode besorgt v. F. C. Bestenbostel. 8. (9¼ B.) Hannover 830, Hahn.

Busch, Wilh., kurzgefaßte Geschichte d. christl. Kirche. Zum Selbstunterr. u. zur Erbau., f. wißbegier. Confirmanden u. erwachsene Christen in evangel. Gemeinden. 3., verb. u. verm. Ausg., nach d. Verf. Tode besorgt v. F. C. Bestenbostel. 8. (9¼ B.) Hannover 838, Hahn'sche Hofbuchh.

Busch. *Sechs Geschichten* etc. 14tes und 15tes Tausend. München, Bassermann, 1903. Titel und 48 einseitig bedr. Bll. mit farb. Bildern u. Text. 4°. Farbig ill. Or.Karton mit Leinenrücken. 20.—

Busch. *Sechs Geschichten* für Neffen und Nichten. Neue Ausgabe von „Stippstörchen für Aeuglein und Oehrchen" . . . München, F. Bassermann [c. 1885]. Titel u. 48 Bll. mit 73 Bildern in Farbendruck. Gr.-4°. Farbig illustr. heller Or.Karton m. Leinenrücken. 30.—
2. Ausgabe. Enth.: Das Häschen, Das brave Lenchen, Der Sack und die Mäuse, Die beiden Schwestern, Hänschen Däumling, Der weise Schuhu. — Schönes Ex.

— sechs Geschichten f. Neffen u. Nichten. Neue Ausg. v. „Stippstörchen f. Aeuglein u. Oehrchen". 12. u. 13. Taus. hoch 4. (48 Bl. m. farb. Abbildgn.) Ebd. 900. Geb. n. 3. 50

— die bleibenden Güter der Gemeinde. Abschiedspredigt, geh. am Sonntag Exaudi (27. V. 1906) in der 1. luther. Kirche zu Elberfeld. (13 S.) kl. 8. Elberfeld 906. Buchh. der ev. Gesellschaft f. Deutschland. n. — 10

—— der Haarbeutel. 1.—4. Aufl. gr. 8. (66 S. mit 112 eingedr. Abbild.) Ebendas. 878. 79. *

— die Haarbeutel. 6. Aufl. (21. u. 22. Taus.) gr. 8. (66 S. m. Abb.) Ebd. 896. n. 2. —

— die Haarbeutel. 23. u. 24. Taus. gr. 8. (66 S. m. Abbildgn.) Ebd. 899. n. 1. —

— die Haarbeutel. 38—40. Taus. (66 S. m. Abbildgn.) 8. Ebd. 905. n. 1. —; geb. n. 1. 25

— **Handzeichnungen** aus dem Nachlass. (12 Taf. m. Titelbl.) 44,5×84,5 cm. Steglitz-Berlin (908). Neue photograph. Gesellschaft. In Umschlag 10. —

— Tante Hanna. Ein Wuppertaler Original a. neuester Zeit. (156 m. 3 Abb.) 8° Elberf., Bh. d. ev. Gesellsch. '04. || 2. Afl. (179 m. 3 Abb.) '04. || 3—5. Afl. (178 m. 3 Abb.) '04.'06. Je 1.20; L. je 1.80; m. G. je 2.40 || 2. Afl. Volksausg. (179 m. 1 Bildnis.) || 3—5. Afl. (178 m. 1 Bildnis.) Je — 80 d

— Tante Hanna. Ein Wuppertaler Original aus neuester Zeit. 3.—5. Aufl. (9.—25. Taus.) (à 178 S. m. 3 Abbildgn.) 8. Ebd. 904—906. n. 1. 20
geb. in Leinw. n. 1. 80; m. Goldschn. n. 2. 40
Volksausg. (178 S. m. 1 Bildnis.) n. — 80
1. Aufl. (156 S.) 904 u. 2. Aufl. (179 S.) 904.

— Tante Hanna, ein Wuppertaler Original aus neuester Zeit. 6., sehr verm. Aufl. (26.—30. Tauf.) (222 S. m. 3 Taf.) 8. Elberfeld 908. Buchh. der ev. Gesellschaft f. Deutschland. Geb. in Leinw. 2.40; Volksausg. (222 S. m. 1 Bildnis.) Geh. 1.—

Das deutsche Hauptquartier und die Bekämpfung von Paris im Feldzuge 1870–71. Von Wilhelm Busch, Prof., Tübingen. 2. (Tit.-Ausg.) Tübingen: J. C. B. Mohr 1905. (82 S.) 8° [F.] 106. 746 B

Das Deutsche Große Hauptquartier und die Bekämpfung von Paris im Feldzuge 1870–71. Von Dr. Wilhelm Busch, Prof., Tübingen. *Stuttgart & Berlin: J. G. Cotta 1905.* (82 S.) 8° [F.] 104. 16681 3

— humorist. Hausschatz. (Wilh. Busch-Album.) 6. Afl. 22 Lfgn. 4° (358 m. Abbildgn.) Ebd. 95. à — 80 (kplt geb. in Lnw.: 20 —)

— humorist. Hausschatz. (Wilhelm Busch-Album.) M. 1500 Bild. u. d. Portrait d. Verf. n. Frz. v. Lenbach. 7. Aufl. 46.—50. Tauf. gr. 4. (V, 358 S.) Ebd. 897. Geb. in Leinw. n. 20. —; auch in 22 Lfgn. à n. — 80

— humoristischer Hausschatz. Wilhelm-Busch-Album. Sammlung der beliebtesten Schriften m. 1500 Bildern. Mit dem Portr. des Verf. 8. Aufl. 51.—56. Tauf. gr. 4. (III, 358 S.) Ebd. 899. Geb. in Leinw. n. 20. — Erschien auch in 22 Lfgn. à n. — 80.

— die fromme Helene. In Holz geschn. v. Ettling. 3. Aufl. gr. 8. (113 S. m. eingedr. Holzschn.) Ebend. 872. n. 3.

— dasselbe. 8. Aufl. gr. 8. (113 S. m. eingedr. Holzschn.) Ebend. 875. n. 2. —

—— die fromme Helene. 9.—12. Aufl. 8. (114 S. mit 180 Holzschn.) Ebendas. 876—79.

— die fromme Helene. 13. Aufl. gr. 8. (113 S. m. eingedr. Fig.) Ebend. 882. n. 2. —

—— die fromme Helene. 14. und 15. Aufl. gr. 8. (113 S. mit eingedr. Fig.) Ebendas. 884,87. *

— die fromme Helene. In Holz geschn. von Ettling. 16. Aufl. gr. 8. (118 S.) Ebd. 890. n. 2. —

— die fromme Helene. Jubiläums-Ausg. m. den Beigaben „Von mir üb. mich“ u. „Der Nöckergreis“. gr. 8. (XXII, 113 S. m. Abbildgn. u. Bildnis.) Ebd. 893. n. 3. —

— d. fromme Helene. 19. Afl. 8° (113 m. Abbildgn.) Ebd. 95. 2 —

Busch, Wilh., die fromme Helene. In Holz geschn. v. Ettling. 20. Aufl. (108. u. 109. Tauf.) gr. 8. (113 S.) München 897. F. Bassermann. n. 2. —

— die fromme Helene. In Holz geschnitten v. Ettling. 20. Aufl. gr. 8. (113 S. m. Abbildgn.) Ebd. 899. n. 1.50

— die fromme Helene. In Holz geschnitten v. Ettling. 156—160. Tauf. (113 S. m. Abbildgn.) 8. Ebd. 905. n. 1.50; geb. n. 1.80

— Die fromme Helene. Festausg. zum 75. Geburtstag des Verf., m. seinem Bildniß u. e. Geleitgedicht. 176.—181. Tauf. (VII, 118 S.) 8. München 907. F. Bassermann. Geb. in Leinw. 4. —

Busch. *Hernach* von Wilhelm Busch. Erstes bis fünfzehntes Tausend. München, Lothar Joachim Verlag, 1908. 2 Titel (Haupttitel in Rot u. Schwarz). 62 Bll. Mit 96 (teils farbgetönten) Bildern. Gr.-8°. Hlwd. mit aufgezog. Umschlagstitel. 30.—
Rumann 211. Vans. 112. ★ Erste Ausgabe dieses erst nach Buschs Tode veröffentlichten Werkes.

— Hernach. 16.—30. Tauf. (62 Bl. m. z. Tl. farb. Abbildgn.) gr. 8. München 908. L. Joachim. 4. —; geb. 5.—; Liebhaberausg., geb. in Interimsbd. 12. —; in Kalbldr. 16. —

Hernach. Von Wilhelm Busch. (Hrsg.: O[tto] Nöldeke, Pastor.) München: Joachim 1908. 62 Bl. 8° 10. 7017

Busch, Guilelmus (geb. 1834 in Siegburg): De herniis pluribus in eoden [!] homine observatis ... Cum tab. I lapide incisa. Bonnae, typ. C. Krüger 1856. 24 S., 1 Bl., 1 Taf. 4.
Bonn, Med. Fak., Diss. v. 21 Aug. 1856

— Die kleinen Honigdiebe. Gefährliches Abenteuer m. e. Bären. Der kleine Pepi m. der neuen Hose. Die Maus. (32 S. m. farb. Abbildgn.) gr. 8. München (908). Braun & Schneider. 1.50

—— Hans Huckebein, der Unglücksrabe. — Das Pusterohr. — Das Bad am Samstag Abend. 1. Aufl. 1870, und 2. Aufl. gr. 4. (29 Holzschntaf.) Stuttgart 872, E. Hallberger. geb.

Busch. *Hans Huckebein*, der Unglücksrabe. Das Pusterohr. Das Bad am Samstag Abend. 5. Aufl. Stuttgart und Leipzig. Deutsche Verlags-Anstalt [ca. 1885]. Titel u. 29 Bl. m. 75 Bildern. Gr.-4°. Farb. illustr. Or.Karton m. Leinenrücken. 18.—

—— Hans Huckebein, der Unglücksrabe. — Das Pusterohr. — Das Bad am Samstag Abend. 6. und 7. Aufl. Kolorirt. 4. (29 Bl.) Stuttgart 888, Deutsche Verlags-Anstalt. cart. *

— Hans Huckebein, der Unglücksrabe. Das Pusterohr. Das Bad am Samstag Abend. 12. Aufl. gr. 4. (29 Bl. m. schwarzen Bildern u. eingedr. Text.) Stuttgart 892. Deutsche Verlags-Anstalt. Kart. n. 3. —; m. farb. Bildern. 13. Aufl. kart. n. 4. —

— dasselbe. Der Oktavausg. 1—10. Tauf. (50 Bl. m. Abbildgn.) gr. 8. Ebd. (903. 905.) n. 2.50; kart. n. 3. —

Busch. *Hans Huckebein* etc. 25. Aufl. Stuttgart u. Leipzig [c. 1900]. Kolorierte Ausgabe mit 76 Bildern auf 30 Bl. Gr.-4°. Farbig illustr. Or.Pappbd. 9.—

— Hans Huckebein, der Unglücksrabe. — Das Pusterohr. — Das Bad am Samstag Abend. 33—42. Aufl. (Je 29 Bl. m. Abbildgn.) Lex.-8. Stuttgart (904—906) Deutsche Verlags-Anstalt. Kart. n. 3. —; kolor. n. 4. —

— Hans Huckebein, der Unglücksrabe. — Das Pusterohr. — Das Bad am Samstag Abend. 43.—54. Aufl. (Je 29 Bl. m. Abbildgn.) Lex. 8. Stuttgart (907—10). Deutsche Verlags-Anstalt. Geb. 3.—; kolor. 4.—

— dasselbe. Der Oktav-Ausg. 29.—35. Tauf. (50 Bl. m. Abbildgn.) 8. Ebd. (909). Kart. 3. —

— Hans Huckebein, d. Unglücksrabe. Das Pusterohr. Das Bad am Samstag Abend. 67. Afl. (29 Bl. m. Abb.) Lex8° Stuttg., Deut. Verl.-Anst. ('12). HL 3 —; kolor. 4 — d

— dass. Der Oktavausg. 34—43. Taus. (50 Bl. m. Abb.) gr8° Ebd. ('10). 2.50 d

— Allerlei Humor. Eine neue Sammlg v. 75 Geschichten, Humoresken usw. m. 460 Bildern. Gesammelt u. hrsg. v. Rud. Will. (2 Tle in 1 Bde.) (96 u. 103 Bl. m. Bildn.) Lex8° Lpzg, W Fiedler ('12). L 12 — d

[F.] Busch, Wilhelm (geb. am 18 Febr. 1861 in Bonn): Drei Jahre englischer Vermittlungspolitik 1518—1521. Cap. I und II ... Bonn, A. Marcus 1884. 62 S. 8. ¶ Erschien vollständig (Cap. 1–6) in dems. J. im gleichen Verl.
Bonn, Phil. Fak., Diss. v. 2 Aug. 1884

—— Julchen. 1.—7. Aufl. gr. 8. (65 S. mit 104 eingedr. Photozinkotyp.) Ebendas. 877,78. *
Bildet die Fortsetzung zu „Herr und Frau Knopp“.

—— Julchen. 8. Aufl. gr. 8. (65 S. mit eingedr. Illustr.) Ebendas. 882. *

—— Julchen. 9.—11. Aufl. [29.—34. Tausend.] 8. (65 S. mit eingedr. Illustr.) Ebendas. 883—87. *

— Julchen 13. Aufl. (37. u. 38. Tauf.) gr. 8. (65 S. m. Abb.) Ebd. 896. n. 2. —

— Julchen. 40.—44. Tauf. gr. 8. (65 S. m. Abbildgn. Ebd. 899. n. 1.—

— Julchen. 69—73. Tauf. (65 S. m. Abbildgn.) 8. München 905. F. Bassermann. n. 1.—; geb. n. 1.25

— die Kämpfe um Reichsverfassung u. Kaisertum 1870—1871. (III, 157 S.) gr. 8. Ebd. 906. n. 3.—; geb. n. 3.80

Busch, Wilh. (III.), Maler Klecksel. gr. 8. (66 S. mit eingedr. Zinkogr.) München 884, Bassermann'sche Verlagsh. *

— Maler Klecksel. 18. u. 19. Tauf. gr. 8. (66 S. m. Abbildgn.) Ebd. 899. n. 1.—

— Maler Klecksel. 38—40. Tauf. (66 S. m. Abbildgn.) 8. Ebd. 905. n. 1.—; geb. n. 1.25

—— Herr und Frau Knopp. 1.—6. Aufl. gr. 8. (72 S. mit 100 eingedr. Photozinkotyp.) Ebendas. 876—78. *
Bildet die Fortsetzung zu „Abenteuer eines Junggesellen".

— Herr und Frau Knopp. 9. Aufl. 8. (72 S. mit 100 eingedr. Photozinkotyp.) Ebd 887. n. 2.—
Bildet die Fortsetzung zu: Abenteuer eines Junggesellen.

— Herr u. Frau Knopp. 10. Aufl. gr. 8. (72 S. m. Illustr.) München 891. F. Bassermann. n. 2.—

— Herr u. Frau Knopp. 12. Aufl. (39. Tauf.) gr. 8. (72 S. m. Bild.) Ebd. 897. n. 2.—

— Herr u. Frau Knopp. 41.—45. Tauf. gr. 8. (72 S. m. Abbildgn.) Ebd. 899. n. 1.—

— Herr u. Frau Knopp. 69—73. Tauf. (72 S. m. Abbildgn.) 8. Ebd. 905. n. 1.—; geb. n. 1.25

— Tobias Knopp 3 Tle. in 1 Bde. (Abenteuer e. Junggesellen. 70—74. Tauf. — Herr u. Frau Knopp. 70—83. Tauf. — Julchen. 74—78 Tauf.) (III, 231 S. m. Abbildgn. u. farb. Titelbild.) 8. Ebd. 906. Geb. in Leinw. n. 5.—

Busch, Wilh., Konfession u. höh. Schulwesen in Preußen. Zugleich e. Beitrag zur Parität. gr. 8. (107 S.) Kiel 899. Lipsius & Tischer. n. 2.—

—— Kritik des Herzens. 16. (84 S.) Heidelberg 874, Bassermann'sche Verlagsh. *

—— Kritik des Herzens. 2. Aufl. 8. (84 S.) Ebendas. 874. cart. *

— Kritik des Herzens. 3. Aufl. [11. u. 12. Tausend.] 12. (84 S.) Ebend. 881. cart. n. 2.—

— Kritik d. Herzens. 4. Aufl. 12. (84 S.) Ebend. 886. cart. n. 2.—

— Kritik d. Herzens. 5. Afl. 12° (84) Ebd. 93. Kart. 2 —

— Kritik d. Herzens. 6. Aufl. (18.—20. Tauf.) 12. (84 S.) Ebd. 899. Kart. n. 2.—

—— Kunterbunt. 1. und 2. Thl. gr. 4. (à 59 Holzschntaf. mit Text.) München 872,73, Braun und Schneider. à Thl. ℳ 2,70.

Busch. *Kunterbunt.* Dritte Auflage. München, Braun und Schneider [c. 1875]. Titel u. 59 Bl. mit 166 Holzschnitten. — Kunterbunt. 2. Theil. Zweite Auflage. München, Braun & Schneider [ca. 1875]. Titel u. 59 Bll. mit 196 Holzschnitten. — 2 Bde. Gr.-4°. Illustr. Or.-Halbleinenbde. Sehr gute Ex. 45.—

— Kuntorbunt. 3. Tl. (119 Bl. m. Abb.) Lex8° Münch., Braun & Schn. ('11). L 5 — (vollst.: 10.40; in 1 L-Bd 11 —) d

Busch, Wilh., deutsche Kurzschrift. 1. Stufe: Verkehrsschrift. (16 u. 4 autogr. S.) 8. Stettin 906. J. Burmeister. n. — 80

—— Légende de St. Antoine. Imité de l'allemand. 8. (96 S. mit eingedr. Holzschn.) Lahr 874, Schauenburg. *

— Lehrbuch der Chirurgie. In 2 Bdn. 1. Bd. A. u. d. T.: Lehrbuch der allgemeinen Chirurgie. Mit 135 Holzschn. (im Text) u. 1 Kpfrtaf. Berlin 857. A. Hirschwald. gr. 8. (XII, 397 S.) n. 3 ℛ

Busch, Wilh., Lehrbuch der Chirurgie. 2. Bd. A. u. d. T.: Lehrbuch der topographischen Chirurgie. 1. Abth.: Topographische Chirurgie des Kopfes, Halses u. Rückens. Mit 76 Holzschn. (im Text.) Berlin 860. Hirschwald. gr. 8. (VIII, 111 S.) n. 3 ℛ 10 ngr

Busch, Wilh. (I.), Lehrbuch der Chirurgie. 2. Bd. 2. Abthl. 1. Hälfte und 3. Abthl. Lex.-8. Berlin, A. Hirschwald. *

Inhalt:

Bd. 2. 2. Abthl. 1. Hälfte. Topographische Chirurgie der Brust, des Bauches etc. (S. 1—192 mit 91 eingedr. Holzschn.) 866. * 1 Thlr. 10 Ngr.

" 2. 3. " Topographische Chirurgie der Extremitäten. (VIII und 390 S. mit 58 eingedr. Holzschn.) 864. * 2 Thlr.

1. Bd. und 2. Bd. 1. Abthl. Ebendas. 1857,60. * 6 Thlr. 10 Ngr.

Busch, Wilh. (I.), Lehrbuch der Chirurgie. 2. Bd.: Specielle oder topographische Chirurgie. 2. Abthl.: Topographische Chirurgie der Brust, des Bauches und des Beckens. 2. Hälfte. gr. 8. (VIII, S. 193—537 mit 34 eingedr. Holzschn.) Berlin 870, Hirschwald. *
1. Bd., 2. Bd. 1. Abthl. und 2. Abthl. 1. Hälfte und 3. Abthl. Ebendas. 1857—66. * ℳ 32.

Busch, Wilh., Lehrgang e. neuen zellenmäß. Kurzschrift. 1. Tl.: Verkehrsschrift. F. d. Schul- u. Selbstunterr. gr. 8. (VI, 64; 16, 8 u. 16 S.) Stettin. Leipzig 895. (J. H. Robolsky) n. 2.—

— s.: Licht u. Leben.

— die Berliner Märztage v. 1848, s.a. Bibliothek, historische.

[J.] Die Berliner Märztage von 1848. Die Ereignisse u. ihre Überlieferg. Von Dr. Wilhelm Busch, ord. Prof. ... an d. Univ. Tübingen. *München & Leipzig: R. Oldenbourg 1899.* (3 Bl., 74 S.) 1 Bd 8.
— Bibliothek, Historische. Bd 7. [98 ...]

— Max u. Moritz, eine Bubengeschichte in sieben Streichen. 1—4. Aufl. München 865—70. Braun & Schneider. 8. (53 Bll. m. color. Holzschn.) 1 ℛ

—— Max und Moritz, eine Bubengeschichte in sieben Streichen. 2.—12. Aufl. gr. 8. (III, 53 S. mit eingedr. color. Holzschn.) München 868—75, Braun und Schneider. geb.

—— Max und Moritz. Eine Bubengeschichte in sieben Streichen. 13.—25. Aufl. gr. 8. (III, 53 S. mit eingedr. Holzschn.) München 875—88, Braun und Schneider.

Busch. *Max und Moritz,* eine Bubengeschichte in sieben Streichen. 49. Aufl. München, Braun & Schneider [c. 1900]. 2 Bl. 53 S. m. 99 kolor. Bildern. 8°. Bedr. Or.Karton. 10.—

Busch, Wilhelm (Hrsg.), s. Monatsblatt der evangelischen Kirchengemeinde Groß-Schwirsen in Pommern

—— die kühne Müllerstochter. — Der Schreihals. — Die Prise. gr. 4. (21 Holzschntaf.) Stuttgart 872, E. Hallberger. geb. *

Busch. *Die kühne Müllerstochter,* Der Schreihals, Die Prise. Zweite Auflage. Stuttgart, E. Hallberger [c. 1875]. Titel u. 21 Bl. mit 41 Holzschnitten. Gr.-4°. Farb. illustr. Or.Karton m. Leinenrücken. — Schönes Ex. 24.—

Busch. *Die kühne Müllerstochter* etc. 7.—11. Taus. Berlin, Stuttg., Lpz., Deutsche Verlagsanstalt [1905]. 1 Bl. 31 S. 1 Bl. mit 41 Bildern. 8°. Bedr. Or.Karton. Name a. d. Vortitel. 9.—

— die kühne Müllerstochter. Der Schreihals. Die Prise. 4. Aufl. Kolorirt. 4. (21 Bl.) Stuttgart 888. Deutsche Verlagsanstalt. cart. n. 3.—

— die kühne Müllerstochter. Der Schreihals. Die Prise. 6. Aufl. gr. 4. (21 Bl. m. farb. Bildern u. ein gedr. Text.) Stuttgart 892. Deutsche Verlags-Anstalt. Kart. n. 3.

Busch, Wilh., die kühne Müllerstochter. — Der Schreihals. — Die Prise. Der Oktavausg. 1.—11. Taus. (31 Bl. m. Abbildgn.) gr. 8. Stuttgart (903—905). Deutsche Verlagsanstalt. n. 1. 50; kart. n. 2. —

— die kühne Müllerstochter. — Der Schreihals. — Die Prise. 17.—20. Aufl. (21 Bl. m. Abbildgn.) Lex.-8. Stuttgart (903—906). Deutsche Verlags-Anstalt. Kart. n. 2. —; koloriert n. 3. —

— dass. Der Oktavausg. 12—16. Taus. (31 Bl. m. Abb.) 8° Ebd. (08). 1.50 d

— Die kühne Müllerstochter. Der Schreihals. Die Prise. 21.—23. Aufl. (21 Bl. m. Abb.) 28,5×23,5 cm. Ebd. (909). Kart. 2.—; kolor. 3. —

— Die kühne Müllerstochter. Der Schreihals. Die Prise. Der Oktavausg. 17—21. Taus. (31 Bl m. Abb.) 8° Stuttg., Deut. —Verl.-Anst. ('11). 1.50; Pappbd 2 — d

— Künstlerischer Nachlaß. (250 Kunstdrucke auf 60 z. Tl. farb. Taf. in Fksm.-Reproduktion m. 6 S. Text.) 38×80 cm. München (908). F. Hanfstaengl. Geb. od. in Kasten 45. —

De nexu inter hygromata cystica congenita, tumores cavernosos et cystides sanguinolentas intercedente. Programma quo pro munere prof. ... ord. in facultate med. universitatis litt. Fridericiae Guilelmiae Rhenanae ... suscipiendo ad audiendam orationem ... de stricturis urethrae sanandis d. VI m. Maii ... habendam ... invitat Guilelmus **Busch** ... Bonnae, form. C. Georgii 1856. 1 Bl., 13 S. 4.

Busch, (Wilhelm): [Über den **Nutzen** des Turnens. Ansprache bei d. Eröffnung d. neuen Turnhalle d. Realschule.] *Elmshorn 1899: J. Schütthe.* (S. 17—18.) 4°
Elmshorn, R, P 1899 (311)

— Die Offenbarung des Johannes, s. a. Testament, das Neue, in religiösen Betrachtungen. 49. 50.

Die Offenbarung des Johannes in religiösen Betrachtungen für das moderne Bedürfnis. Von Dr. Wilhelm **Busch**, Pfarrer. Gütersloh: Bertelsmann 1910. IV, 156 S. 8°
(Das Neue Testament in relig. Betrachtungen ... Hrsg. von Gottlob Mayer. II. 49. 50.) [10. 1708]

— Onesimus, s.: Bücher zu Licht u. Leben.

Busch, Wilhelm, (Dirigent Dr.): Über die **Pflege** des Heimatsinnes. (T. 1.) *Friedenau (1901): H. Bräcker.* (22 S.) 4°
¶ (T. 2 erscheint an anderer Stelle.)
Friedenau, G i. Entw., OP 1901 (75)

— Plisch u. Plum. gr. 8. (65 S. mit eingedr. Illustr.) Ebend. 882. n. 2. —

—— Plisch und Plum. 2.—5. Aufl. gr. 8. (65 S. mit eingedr. Illustr.) München 882—88, Bassermann'sche Verlagsh. *

— Plisch u. Plum. 6. Aufl. 18. u. 19. Taus. gr. 8. (65 S. m. Bild.) Ebd. 895. n. 2. —

— Plisch u. Plum. 20.—23. Taus. gr. 8. (65 S. m. Abbildgn.) Ebd. 899. n. 1. —

— Plisch u. Plum. 41.—44. Taus. (65 S. m. Abbildgn.) 8. München 905. F. Bassermann. n. 1. —; geb. n. 1. 25

Busch, Wilhelm (Hrsg.), s. Presse, Die kleinste christliche.

Das Rabennest. — Die Rache d. Elefanten. — Der hinterlist. Heinrich. — Der Lohn d. Fleisses. — Die Fliege. — Die Strafe d. Faulheit. — Adelens Spaziergang. — Der unfreiwill. Spazierritt. (64 m. Abb.) 8° Münch., Braun & Schn. ('12). Pappbd 1 — d

— Schein u. Sein. Nachgelassene Gedichte. (VII, 95 S. m. Bildnis u. 1 Fksm.) kl. 8. München 909. L. Joachim. Geb. in Leinw. 3.—; in Halbdr. 4.—; Büttenausg., 8. Geb. in Ldr. 8. —

Busch, Wilh.: Schein u. Sein. Nachgelassene Gedichte. Wohlfeile Ausg. (6, 95 m. 1 Fksm. u. Bildn.) kl8° Münch., L Joachim '12. Pappbd 1.50 d

— der Schmetterling. 12. (95 S. m. 20 Zeichngn.) Ebd. 895. n. 2. —

— Schnaken u. Schnurren. Eine Sammlung humorist. kleiner Erzählungen in Bildern. 2 Thle. Ebend. 867, 68. gr. 4. (31 color. Bll.; 34 color. Bll. m. Holzschn. im Text.) Jeder Thl. 25 ngr.

—— Schnaken und Schnurren. Eine Sammlung humoristischer kleiner Erzählungen in Bildern. 2. und 3. Thl. gr. 4. (34 und 31 color. Holzschntaf. mit Text.) München 868, 72, Braun und Schneider. cart. à Thl. ℳ 2,50.
1. Thl. Ebendas. 1867. ℳ 2,50.

— Schnaken u. Schnurren. Eine Sammlung humorist. kleiner Erzählungen in Bildern. 3 Thle. gr. 4. München, Braun & Schneider. à Thl. 2. 50
1. 11. Aufl. (31 color. Holzschn.-Taf. m. Text.) 885.
2. 7. Aufl. (33 color. Holzschn.-Taf. m. Text.) 885.
3. 5. Aufl. (31 color. Holzschn.-Taf. m. Text.) 883.

Busch. *Schnaken und Schnurren.* 3 Teile. 13.—19. Auflage. München, Braun & Schneider [ca 1895]. 3 Titel und 31, 33, 31 Bl. mit farbigen Bildern u. Text. Gr.-4°. Or.Pappbde. — Frisches Ex. 38.—

— Schnaken & Schnurren. Sammlg humorist. kl. Erzählgn in Bildern. 3 Tle in 1 Bde. I. Tl 25. Afl.; II. Tl 20. Afl.; III. Tl 17. Afl. (31, 33 u. 31 Bl.) Lex8° Münch., Braun & Schn. ('12). HL 5 — d

—— Schnurrdiburr oder die Bienen. gr. 8. (III, 72 S. mit eingedr. Holzschn.) München 869, Braun und Schneider. cart.

Busch, Wilh. (II.), Schnurrdiburr oder die Bienen. 2.—5. Aufl. gr. 8. (III, 72 S. mit eingedr. Holzschn.) München 872—84, Braun und Schneider.

— Stippstörchen f. Aeuglein u. Oehrchen. gr. 4. (48 color. phototyp. Taf. m. eingedr. Texte.) Ebend. 881. cart. n. 4. 50

—— Der Sturz d. Cardinals Wolsey, s. Taschenbuch, historisches.

Busch, Wilh., s.: [Suckow, Alb. v.] Rückschau.

Sacram memoriam ... Friderici Gvilelmi III ... natali eivs III Non. Avg. ... ab vniversitate Fridericia Gvilelmia Rhenana ... celebrandam indicit M. I. Weber, ord. med. h. t. decanvs. — Insvnt symbolae ad rhinoplasticen avctore Gvil. **Bvsch** ... Bonnae, litt. C. Georgi 1858. 17 S., 2 Taf. 4. ¶ In deutscher Bearb. in Virchows Arch. f. pathol. Anat. u. Physiol. XVI 1859: Beiträge zur Rhinoplastik.

— das Alte Testament u. die Hoffnung, s.: Weg, der, göttlicher Zeugnisse. 4. Jhrg. 6. Hft.

Busch, Wilh., Eduards Traum. 12. (85 S.) München 891. F. Bassermann. Kart. n. 2. —

— Eduards Traum. 2. Aufl. 12. (85 S) Ebd. 890. Kart. n. 2. —

—— der Ursprung der Ehescheidung König Heinrichs VIII. von England, s. Taschenbuch, historisches.

— Die Versiegelung m. dem hl. Geist, s.: Weg, der, göttlicher Zeugnisse. 10. Bd.

Busch. *Ut ôler Welt* (Aus alter Zeit). Volksmärchen, Sagen, Volkslieder und Reime. München, Lothar Joachim, 1910, 167 S. 2 Bl. mit 5 ganzseit. Bildern. Gr.-8°. Bedruckter Or.Pappbd. 18.—
★ Erstausgabe, herausgegeben v. Buschs Neffen O. Nöldeke. Von den 5 Zeichnungen (Titel: Volks-Märchen, Bremer Stadtmusikanten, Schatzgräber, Wanderbursch u. Irrlichter, Mann ohne Kopf) sind die beiden ersten hier erstmals veröffentlicht. — Einbd. ein wenig fleckig.

Wilhelm Busch-Album. Humoristischer Hausschatz. Sammlung der 12 beliebtesten Schriften m. 1400 Bildern v. Wilh. Busch. 22 Lfgn. gr. 8. (à 2 B.) München 884. 85. Bassermann. à n. — 80 (cplt. geb.: n. 20. —)

Wilhelm-Busch-Album. Humoristischer Hausschatz. Sammlung der beliebtesten Schriften mit 1500 Bildern von Wilh. Busch. 4 Bücher in 22 Lfgn. 1. und 2. Aufl. gr. 4. (IV, 358 S. mit dem Portr. des Verf.) München 885,87, Bassermann'sche Verlagsh. à Lfg. * 80 Pf. * compl. geb. *

Inhalt:

Buch 1. Die fromme Helene. — Plisch und Plum. — Pater Filucius.
" 2. Tob. Knopp: 1. Abenteuer eines Junggesellen. — 2. Herr und Frau Knopp. — 3. Julchen.
" 3. Bilder zur Jobsiade. — Die Haarbeutel. — Balduin Bählamm.
" 4. Der Geburtstag. — Fipps der Affe. — Dideldum. — Maler Klecksel.

Wilhelm Busch-Album. Humorist. Hausschatz. Mit 1500 Bildern. 3. Afl. 22 Lfgn. 4. (à 2 B.) Münch. 89. 90, Bassermann. à n. — 80 (cplt. geb.: n. 20. —)

Wilhelm Busch-Album. Humorist. Hausschatz v. Wilh. Busch. Mit 1500 Bildern. 3. u. 4. Aufl. Mit d. Porträt d. Verfassers. 22 Lfgn. gr. 4. (à Lfg. 2 Bog.) Münch. 890—92, Bassermann. à Lfg. * — 80; * 17 60; geb. * 20 —

Wilhelm Busch-Album. Humoristischer Hausschatz v. Wilhelm Busch. 5. Aufl. München. 1893. 4°

Wilhelm Busch-Album. Humoristischer Hausschatz. Sammlung d. beliebtesten Schriften mit 1500 Bild. von Wilhelm **Busch**. Mit d. Portr. d. Verf. 18. Aufl. München: F. Bassermann 1908. (358 S.) 4° [F.] 08. 489

— Wilhelm Busch-Album. Humoristischer Hausschatz. Sammlung der beliebtesten Schriften, m. 1500 Bildern. 10. Aufl. 121—130. Taus. (III, VII, 858 S. m. Bildnis.) 32×26 cm. München 908. F. Bassermann. Geb. in Leinw. 20. —

— Neues Wilh. Busch-Album. Sammlg lust. Bildergeschichten m. 1500 z. Tl farb. Bildern. 1—50. Taus. (8, 488) 32×27 cm. Berl.-Grunew., Verl.-Anst. f. Lit. u. Kunst ('12). L 20 —; Luxusausg. auf Kunstdr., HF 35 —

— Wilh. Busch-Prachtwerk f. Alle. Perlen deut. Humors. Gesammelte Dichtgn m. etwa 400 Orig.-Bildern v. B., hrsg. v. Rud. Will. (98) 33,5×26 cm. Berl.-Schönebg, R Jacobsthal & Co. geb. 3.50; Salonausg. L 6 —

Busch, Wilh. (I.), Cardinal Wolsey und die englisch-kaiserl. Allianz 1522—1525. gr. 8. (VII, 97 S.) Bonn 886, Marcus. *

Busch, Wilh.: Cardinal Wolsey und die kaiserlich-englische Allianz 1522 1525 . . . . Bonn, Ad. Marcus 1886: 2 + 43 S. 8°.
Leipzig, Phil. Fak., Hab.-Schr. v. 3. März 1886.

Busch, Wilh.: Yorck u. Tauroggen, d. Ursprung d. Freiheitskrieges, s: Reden, Marburger akadem.

— Der hohle Zahn. Monsieur Jacques à Paris währ. d. Belagerg im J. 1870. Der gewandte kunstreiche Barbier u. s. kluger Hund. Ein galantes Abenteuer. Die gestörte u. wiedergefundene Nachtruhe od.: Der Floh. Ein Abenteuer in d. Neujahrsnacht. (64 m. Abb.) 8° Münch., Braun & Schn. ('12). Pappbd 1 — d

— Lust. Zoologie (Zoologia comica). D. i. e. genaue Beschreibg aller in diesem Buche vorkomm. lebend. Tiere d. Welt m. fast 100 naturgetreuen Abb. Neu bearb. u. hrsg. v. Rud. Will. (88) 8° Lpzg, W Fiedler ('12). Pappbd 2 — d

— Zu guter Letzt. 1—35. Taus. (186 m. Bildnis.) 12° Münch., F Bassermann '04. Kart. 3 — d

Busch, Willi, aus Liebe u. Leben. Gedichte. (80 S.) 8. Leipzig 910. Fritzsche & Schmidt. 1. —

Busch-Klepper, Wilh., die Familie Pipsel, — Pipsels auf Reisen, } s.: Bücherschatz, neuer, s. Daheim u. die Reise.

Büsch, Professor, oder Hamburg vor 100 Jahren, s. Novellen, hamburger.

Büsch, Uebersicht des gesammten Wasserbaues. 2 Bde. Hamburg 1796. 8.

Büsch, Agathon, de glandula thyreoidea strumosa in genere et de ejus specie lymphatica. Diss. Dorpat. 16°. 40 pp. 1826.

Büsch, Chr. Aug., (...) d. junge Kaufmann, wie er sein sollte, nebst 2 Anhh. 8. Frank. a. M. 803. Jäger. 12 ggr

— Moral f. Jünglinge die sich d. Kaufmannsstand widmen. 8. Marb. 798. Krieger. 8 ggr 2e umgearb. Aufl. 8. Gießen 800. Heyer. 8 ggr

Ch. A. Büsch: Moral f. Kaufleute. *Giess.*, Stamm. (798.) 799. 8° 8 ggr

— Moral f. Kaufleute u. väterl. Rath f. meinen Sohn, der sich d. Handlungswissenschaft widmet. 8. Gießen 798. (Leipz., Joachim). 10 ggr

— väterl. Rath, meinem Sohn ertheilt rc. 8. Marb. 798. Krieger. 6 ggr 2e umgearb. Aufl. 8. Gießen 800. Heyer. 16 ggr

Buesch, (Paul. Ludov.) Gerh. (geb. Schleiden im Rheinl. 15. 9. 1838):
De eclampsia puerperali. Berolini (1862). (32 S.) 8°
Berlin, Med. Diss. v. 26. Juli 1862

Büsch, JG, gesch. Beurth. d. gr. Handelsverwirrg im J. 1799. Nebst Anm. v. HS Hertz. 12. (160) Hamb. 58, Hoffmann u. C. — 15

Büsch, (J.G.): Über einige wichtige Pflichten gegen die Augen.

s.: Pflichten, Über einige wichtige, gegen die Augen, mit Anmerkungen hrsg. von S(amuel) Th(omas von) Sömmerring. 3. Aufl. Frankfurt am Main: 1797

JB 4.231

Büsch, Johann Georg

J. G. Büsch, Abhandl. über Banken u. Münzwesen. Hamb. 1824.

Büsch, Johann Georg: „Abhandlung von dem Geldumlauf in anhaltender Rücksicht auf die Staatswirthschaft und Handlung", 3 Teile, Hamburg 1780—1784. (Teil 3 a. u. d. T.: „Kleine Schriften über die Handlung"). — Das ganze Werk a. u. d. T.: „Schriften über Staatswirthschaft und Handlung", 3 Teile, Hamburg 1784. Dasselbe, neue Auflage, ebenda 1800. — Vorh.: UB Breslau und Göttingen.

— Abhandl. vom Geldumlauf rc. 2 Thle. 8. Hamb. 780. 2e A. A. u. d. T.: Schriften über d. Handlung u. Staatswirthschaft. 1r, 2r Bd. gr. 8. Ebd. 800. 3e A. 827. Campe. 4 Rthlr 12 ggr 3r Bd. od. kleine Schriften. gr. 8. Ebd. 784. (A. Campe). 1 Rthlr 8 ggr 3e A., s. auch unten sämmtl. Schriften 6r—8r Bd.

Büsch, Johann Georg: „Abhandlung von dem wahren Grunde des Wechselrechtes, samt einem Beitrage zur Geschichte desselben". Hamburg 1770. — Vorh.: Com. Bibl. Hamburg. — 2. Auflage ebenda 1784.

Büsch, Jh. Geo., († d. 5. Aug. 1800.) vermischte Abhandll. 2 Thle. 8. Hamb. 777, 78. Herold. 1 Rthlr 2 ggr

— Zum Andenken Alemanns, des Menschenfreundes. Hamburg. 1784. P.

— zum Andenken meiner Freunde, Dorner u. Sieveking. Mit 2 Nachtrr. gr. 8. Hamb. 799, 800. Gundermann. 8 ggr

– üb. Armenwesen, s. Büsch: Erfahrr. 3r Bd.

Büsch, Jh. Geo., Ueber das Armenwesen, 1791.

Büsch, J. G. Ueber das Armenwesen mit nöthigen Erläuterungen. 8. *Hamburg*, *Hoffmann*. 1792

— Beantwortung e. Anfrage, d. Handelsbilanz zwischen England u. Deutschland betreff. 4. Hamb. 773.

— Bemerk. auf e. Reise d. d. verein. Niederlande u. England. gr. 8. Hamb. Bohn. 786.

— Bemerkk. auf e. Reise durch e. Theil d. verein. Niederlande u. England. gr. 8. Hamb. 786. (A. Campe). 12 gr.

— Bemerkk. auf e. Reise durch e. Theil Schwedens im J. 1780. gr. 8. Hamb. 783. (A. Campe). 6 gr.

— Beschreib. e. neu erfundenen u. in Hamburg vollführten Austiefungs-Maschine. Mit 1 Kpf. gr. 8. Hamb. 793. (A. Campe). 4 gr.

— üb. d. Bestreben d. Völker neuerer Zeit einander in ihrem Seehandel recht wehe zu thun. (ist eine Umarb. d. Abhdl. v. d. Zerrütt. d. Seeh.) 8. Hmb. Hoffmann. 799.

— geschichtl. Beurtheilung der am Ende d. 18. Jahrh. in d. Handlung Hamburgs entstandenen großen Handelsverwirrung. Ein Nachlaß. 2 Thle. gr. 8. Hamb. 799. (Herold jun.) 16 gr.

Büsch, Joh. Geo., geschichtliche Beurtheilung der großen Handelsverwirrung im J. 1799. Nebst Anmerkungen mit besond. Bezugnahme auf die Krisis von 1857 von H. S. Hertz. 12. (XII und 166 S.) Hamburg 858, Hoffmann und Campe.

Büsch, Johann Georg: „Geschichtliche Beurtheilung der in der Handlung Hamburgs im Nachjahr 1799 entstandenen großen Verwirrung", Hamburg im October 1799. — Dasselbe, 2. Teil, Hamburg und Mainz 1800 (auch u. d. T.: „Nachtrag . . ." Hamburg und Altona). — Dasselbe, nebst Anmerkungen mit besonderer Bezugnahme auf die Krisis von 1857, von H. S. Hertz Hamburg 1858. — Alle vorh.: Com. Bibl. Hamburg.

— Briefe an d. französ. Direktorium, od. Handlungs-polit. Briefe. 8. Hamb., (Herold jun.) 6 gr.

— Briefe an d. franz. Direktor. 8. Hamburg, Vollmer.

„J. G. Büsch's Briefe an das neufränkische Direktorium", Hamburg 1799. — 6. Auflage, durch L. H. Tobiesen, Hamburg 1816 (Herold jun.); a. u. d. T.: „Vollständiges systematisches Lehrbuch der gesammten Handlungswissenschaft 2. und 3. Band". — 7., gänzlich umgearbeitete und den neuesten Zeit- und Geschäftsverhältnissen angepaßte Auflage, besorgt von Ludolph Schleier (T. F. Schrader), 2 Teile in einem Bande, Hamburg 1841, vorh.: Com. Bibl. Hamburg und Büch. der Industrie- u. Handelskammer Leipzig.

Büsch, Joh. Geo., pract. hamburger Briefsteller f. Kaufleute, s. a. Lehrbuch d. gesammten Handlungswissenschaften, 3. Abthl.

Büsch, Johann Georg: „Practischer hamburgischer Briefsteller für Kaufleute", Altona und Hamburg 1798. — Vorh.: Com. Bibl. Hamburg und Büch. der Industrie- und Handelskammer Leipzig. — Anhang: Briefe an das französische Direktorium, a. u. d T.:

— prakt. Hamburg. Briefsteller f. Kaufleute. 2 Bde, mit Vorschriften. 8. Hamb. 804. 6e A. besorgt v. L. H. Tobiesen. 8. Ebd. 816. (Herold jun.) 1 Rthlr. Ohne Vorschriften 21 gr. (A. u. d. T.: vollständ. systemat. Lehrbuch d. gesammten Handlungswissenschaft, 2r u. 3r Bd. vergl. Lehrbuch d. Handlungswiss.)

— — dasselbe, ohne d. Vorschriften. Ebend.

— — prakt. Hamb. Briefsteller für Kaufleute. 2 Thle. 6te Aufl. 8. Ebend. 820.

Büsch, Johann Georg: „John Bull der Jüngere, oder über die neuesten Vorfälle mit der Londoner Bank und die daraus entstandenen Besorgnisse in Ansehung der britischen Finanzen", Hamburg 1797 (Hoffmann; A. Campe).

Büsch, Johann Georg: „The practical Correspondent for Merchants", II Vols., Hamburg o. J. — Edit. III, Hamburg 1810 (A. Campe; Aue in Alt.); Edit. IV, carefully corrected, II Vols., Altona 1818 (Hammerich).

— the practical Correspondent for Merchants. 2 Vol. 8. Hamb. Gundermann. 811.

Büsch, Johann Georg: „Il practico Corrispondente per mercatanti", Leipzig o. J. (Rabenhorst).

— darf Hamburg in jetzigen Umständen d. franz. Gesandten anerkennen? 8. Bechtold. 796.

Büsch, Johann Georg: „Auf Thatsachen gegründete Erörterung der Frage: Darf Hamburg und dürfen die Hansestädte den französischen Gesandten in den jetzigen Zeitumständen anerkennen?" Altona 1796 (Bechtold).

(Büsch, Johann Georg): „Geschichtliche Darstellung der Banken, mit vorzüglicher Rücksicht auf die hamburger Bank, deren Ursprung, Schicksale, gegenwärtige Organisation und großen Einfluß auf den Handel von ganz Europa; von einem hamburger Banker", Hamburg 1800. — Vorh.: Com. Bibl. Hamburg. 2. Auflage Hamburg 1817 (Herold).

Büsch J. G.: Praktische Darstellung d. Bauwissenschaft. 3 Bd.; [1]2. verm. u. verb. Ausg., [2]3. Aufl. bearb. v. C. F. Wiebeking, [3]2. Aufl. bearb. v. do. Hamb. 1800, 18, 04. 12 Tvl.
(=: Mathematik ... Th. 3. Bd. 1-3). (1. Bürgerliche Baukunst. — 2-3. Wasserbaukunst).

Johann Georg Büsch Darstellung des in den nördlichen Gewässern üblichen insonderheit des Schleswig-Holsteinischen Strandrechts. Ein Zusaz zu Buch 4. Cap. 4. seiner Darstellung der Handlung. Hamburg. 1798. 8°.

— Darstell. d. in d. nördl. Gewässern üblichen, besond. d. Schleswig-Holstein. Strandrechtes. 8. Hamb. 798. (A. Campe). 10 gr.

Busch, Joh. Ge. [illegible] Theoretisch-praktische Darstellung der Handlung in deren [illegible] 2 Ausg. Th. 2 Hamburg u. Lübeck [illegible]
— [Dess.] Buch [illegible] Wien 1813 [illegible]
[illegible]
3. Ausg. mit Einschaltungen u. Nachtragen von G. P. H. Norrmann. Th. 1 Hamburg 1821
[illegible] Handlung [illegible]

— theoret.-prakt. Darstell. d. Handlung in ihren mannichfalt. Geschäften. 2 Thle. 8. Hamb. 792. 2e A. 799. 2 Rthlr. Schrbp. 2 Rthlr. 16 gr. 3e A. mit Einschaltungen u. Nachrr. v. G. P. H. Norrmann. 2 Thle. gr. 8. Ebd. 808. (A. Campe). 4 Rthlr. Weiß P. 5 Rthlr. Fein P. 6 Rthlr. Zusätze. 3 Thle, nebst Register. Ebd. 799—800. 3 Rthlr. Schrbp. 4 Rthlr. Register apart. 800. 1 Rthlr. 8 gr. Schrbp. 1 Rthlr. 16 gr.

Büsch, Johann Georg: „Zusätze zu seiner theoretisch-practischen Darstellung der Handlung in ihren mannigfaltigen Geschäften", 3 Bände, Hamburg und Lübeck 1797, 1798, 1800. — Vorh.: Com. Bibl. Hamburg — Bücherei der Industrie- und Handelskammer Leipzig — Bibl. des Kammergerichts Berlin — Od. 2830 — und des Oberlandesgerichts Celle (Bd. 1, 2) — Tc. 674.

Busch. Joh. Ge. Zusätze zu seiner theoretisch-praktischen Darstellung der Handlung in ihren mannigfaltigen Geschäften. Bd. 1—3. Hamburg u. Lübeck 1800

Büsch, Johann Georg: „Le droit des gens maritimes considéré comme l'objet d'un traité de commerce à annexer à celui de pacification entre la France et l'Allemagne", à Paris 1796. — Deutsche Uebersetzung: Hamburg 1801.

Büsch, Johann Georg: „Le droit des gens maritimes considéré comme l'objet d'un Traité de commerce à annexer à celui de pacification entre l'Allemagne et la France", Hamburg 1796 Deutsch u. d T.. „Völker-Seerecht, in vorzüglicher Hinsicht auf e. dem Friedensschluß zwischen Deutschland und Frankreich anzuknüpfenden Handlungstractat", Mainz 1801 (Vollmer).

Büsch's, J. G., Ehrendenkmal. gr. 8. Hamb., Nestler u. M. 4 gr.

— Encyklopädie d. histor., philosoph. u. mathemat. Wissenschaften. 8. Hamb. 775. 2e A. 794. (A. Campe). 1 Rthlr. 12 gr.

1775. * Encyclopädie der historischen, philosophischen, und mathematischen Wissenschaften, grösstentheils nach dem Grundrisse des seligen Reimarus ausgearbeitet, von *J. G. Büsch.* 8 maj. Hamb. Herold. Buchh. (1 Rthlr. 8 gr.) 35 Bog. m. 1 K.

— Encyclopädie der mathemat. Wissensch. 8. Hamburg, Hoffmann. 794.

Büsch, Johann Georg: „Encyclopädie der mathematischen Wissenschaften", Hamburg 1795 (Campe).

1795. * Encyklopädie der mathematischen Wissenschaften. Die zweyte durchaus umgearbeitete, und mit einer mathematischen Bibliographie vermehrte Ausgabe von *Joh. Georg Büsch,* m. 1 K. Hamburg b. Benj. Gottlob Hoffmann. 8. XL. und 520. S.

Busch Büsch, Johann Georg. Erfahrungen. Bd. 1. 3. 4 [fehlt Bd 2]. Hamburg. Bohn 179[illegible], 92, 94.
1 Ueber die [illegible]keit des Lebens. - Ueber Manieren und Sitten oder Höflichkeit und Lebensart. [illegible] über den gesunden Menschenverstand.
3 Nebent. Schriften über das Armenwesen mit den nötigen Erläuterungen 1793.
4 Nebent. Ueber den Gang meines Geistes und meiner Thatigkeit. 1794.

— Erfahrungen. 5 Thle. 8. Hamb. 790—802. (A. Campe). 5 ₰ 14 gl (3r Thl. A. u. d. T.: Schriften über d. Armenwesen. 791. 1 ₰ 4 gl 4r auch u. d. T.: üb. d. Gang meines Geistes u. meiner Thätigkeit. 793, 1 ₰ 4 gl)

Büsch, Johann Georg: „Erfahrungen", Teil 1—4, Hamburg 1790 bis 1794; Teil 5, nach Büschs Tode herausgegeben von G. P. H. Norrmann, ebenda 1802. — Vorh.: Bücherei der Industrie- und Handelskammer Leipzig.

Büsch, Johann Georg: „Ausführliche Erläuterung der Lehre von dem Verhältnisse und der Proportion", 1. Abschnitt, Hamburg 1756.

Büsch, Johann Georg: „Unpartheyische Erörterung der wichtigen Frage: Was hat Deutschland in Ansehung seines Land- und Seehandels von den so nahen Friedensunterhandlungen zu erwarten, oder was hat es selbst dabei zu thun?" Hamburg 1795 (A. Campe). — Vorh.: Com. Bibl. Hamburg.

— über die in den jetz. Zeiten nothwendig werdende Erweiterung d. Stadt Hamburg. 8. Hamb. 792.

(Büsch, J. G. und Ebeling, C. D.): „Fragen an die Väter und Vorgesetzten der Eleven der Handlungsakademie über deren Aufwand", (Hamburg 1778). — Vorh.: Com. Bibl. Hamburg.

— über d. Gang meines Geistes u. meiner Thätigkeit, s. oben Erfahrung. 4r.

— über d. Fr.: Gewinnt e. Volk in d. Aufklärung, wenn seine Sprache universell wird? 8. Berl. 786. Haude u. Sp. 6 gl

— üb. d. Fr.: gewinnt e. Volk in d. Aufklärung wenn s. Sprache universell wird? 8. Berl. Spener. 786.

— Grundriß e. Geschichte d. merkwürd. Welthändel neuerer Zeit. gr. 8. Hamb. 781. 2e A. 783. 3e A. 796. 4e A. v. 796 bis 810. Fortges. v. G. G. Bredow. 2 Bde. gr. 8. Hamb. 810. (A. Campe). 4 ₰ 12 gl Zusätze zur ersten Aufl. besond. 796. 14 gl (vergl. auch Bildungsbibl. f. Nichtstudirte.)

— Grunds. d. Münzpolitik in Rücks. a. Lübeck. 8. Hmb. Hoffmann u. Bohn. 789.

— Grundsätze d. Münzpolitik in Rücksicht auf Lübeck. 8. Hamb. 789. Hoffmann. (Campe). 10 gl

Büsch, Johann Georg: „Grundsätze der Münzpolitik in näherer Rücksicht auf den lübischen Münzfuss . . . . nebst 2 Anhängen über den Schlagschatz und die Unmöglichkeit der Einführung einer allgemeinen Münze", Hamburg 1789 (Hoffmann & Campe). — Vorh.: Com. Bibl. Hamburg.

Büsch, Johann Georg: „Publicistisches Gutachten, die Ladung des am 30. März d. J. auf der Elbe von dem Stader Zollschiffe angehaltenen und für confiscirt erklärten Hamburger Schiffes betreffend", Hamburg 1797. — Vorh.: Com. Bibl. Hamburg.

Büsch, Johann Georg. „Publicistisches Gutachten, die Ladung des vom Stader Zollschiffe angehaltenen und für confiscirt erklärten Hamburger Schiffs betreffend", Hamburg 1796 (A. Campe).

Büsch, Johann Georg: „Unpartheyisches und freymüthiges Gutachten über die Anmassungen der Stadt Rostock in Ansehung der Handlung gegen ihre Missstände", Rostock 1790.

Büsch, Johann Georg: „Handbuch für Kaufleute", nach dessen Tode herausgegeben, Göttingen 1803 (Vandenhöck & R.).

Büsch, Joh. Georg (Hrsg.), s.a. Handlungs-Bibliothek.

— u. Chr. Dn. Ebeling, Handlungsbibliothek. 3 Bde à 4 Stcke. gr. 8. Hamb. 784—90. (A. Campe). 5 ₰ Schrbp. 6 ₰ Dies. fortges. von e. Gesellschaft Kaufleute. 6 Hefte. 8. Hamb. 801. (Herold jun.) 2 ₰

BÜSCH, Johann Georg - Christoph Daniel EBELING
Handlungsbibliothek
Hrg. v. J. G. Büsch und C. D. Ebeling ...
Erster [- Dritter] Band.
Hamburg. 1785 [- 1797]. 8°.
Staatsarchiv Hamburg
Johann Georg Büsch, 1728-1800
Christoph Daniel Ebeling, 1741-1817
Darin u. a. enthalten:
John SHEFFIELD, Anmerkungen über den Handel der vereinten Staaten in Nordamerika. Nach der 3. sehr vermehrte Ausgabe [London 1784] aus dem Engl. übers. v. J. P. Ebeling [2. Tl. übers. nach d. 6. Aufl. Okt. 1784] [als Bd. I, S. 469-505, 521-651]
John Baker Holroyd, 1st Earl of Sheffield, 1735-1821.
Übers. v. Observations on the Commerce of the American States, London [3]1784.
Johann Dietrich Philipp Christian Ebeling, 1753-1795

— vollständig system. Lehrbuch d. gesammt. Handlungswissensch. u. s. w. 3 Bde. (d. 2e und. 3e Bd. auch unter dem Titel: pract. Hamb. Briefsteller f. Kaufl. 21 gr.) 8. Hamb. Bollmer. (1r 21 gr., 2r u. 3r 21 gr.)

Büsch, Johann Georg: „Lettres originales de Commerce. Précédées d'une explication par ordre alphabéthique de plusieurs termes de commerce de terre, de mer et de banque . . . ., Traduit de l'allemand", Altona 1800 (Hammerich). — Vorh.: Bücherei der Industrie- und Handelskammer Leipzig.

Büsch, J. G. Mathematik zum Nutzen und Vergnügen des bürgerlichen Lebens. 4. A. Hamburg 1798—1804. 4 Thle 7 Bde.

Büsch, Johann Georg: Mathematik zum Nutzen und Vergnügen des bürgerlichen Lebens. 4., sehr verm. u. verb. Ausg. (1,2: Verb.Ausg.) T. 1. Hamburg: Hoffmann 1798. 8°
T. 1: Bd 1.2. 1798
Bd 1: Das Nutzbarste aus der reinen Mathematik.
Bd 2: Praktische Mechanik.

Büsch JG, Mathematik zum Nutzen und Vergnugen des burgerlichen Lebens. 2. Ausgabe. II: Hydrostatik, Aerometrie und Hydraulik. Hamburg 1799

Johann Georg Büsch [illegible] 2. Ausg. [illegible] Johann Georg Büsch [illegible] Hamburg 1800 [illegible]

Büsch, Johann Georg: „Mechanik zum Nutzen und Vergnügen des bürgerlichen Lebens" aus dem ersten Teil des „Versuch einer Mathematik" (s. d. vorige) besonders abgedruckt, Hamburg 1798 (Campe).

— Mechanik, zum Nutzen u. Vergnügen d bürgerl. Lebens. Mit 10 Kpf. gr. 8. Hamb.... 4e A. 798. (A. Campe). 1 ₰ 4 gl (Aus d. ersten Thl. d. Mathematik abgedr.)

— memoria Jh. Sam. Mülleri. Fol. Hamb. 774.

Büsch, Johann Georg: „Ueber die Missbräuche bei Wechselgeschäften in Frankreich", Hamburg 1803 (Herold jun.).

Büsch, Johann Georg: „Umständliche Nachricht von der hamburgischen Handlungs-Akademie", Hamburg 1778 (Bohn). — Vorh.: UB Halle und Göttingen und Com. Bibl. Hamburg.

Büsch, Johann Georg: „Schreiben an den Verfasser der Schrift: „Ueber die Aufhebung alles Land- und Seehandels mit Frankreich . . . .", Hamburg 1794. — Vorh.: Com. Bibl. Hamburg.

Büsch, Johann Georg: „Schriften über das Armenwesen", Hamburg 1792. — Vorh.: StB Koblenz.

Büsch, Johann Georg „Bisher noch nie gesammelte Schriften", 2 Bände, Mainz (Hamburg) 1801 (Herold Jun).

Büsch, Johann Georg: „Bisher noch nie gesammelte Schriften", nach seinem Tode herausgegeben, 2 Bände, Mainz 1801 (Sartorius Erben).

— bisher noch nie gesammelte Schrift. 2 Bde. 8. Hmb. Bollmer. 805. (à 1 Rthlr. 12 gr.)
Schreibp. (à 1 Rthlr. 18 gr.)

– Schriften über d. Handlung u. Staatswirthschaft, s.a. Büsch: Abhandl. v. Geldumlauf.

— Schriften üb. d. Handl. u. Staatswirthsch. 2 Bde. gr. 8. Cöend. 800.

– kl. Schriften, s. Büsch: A b h a n d l . vom Geldumlauf.

— Kleine Schrifften über die Handlung. Hamburg und Kiel. 1784.

— kl. Schriften v. d. Handlung u. and. gemeinnütz. Inhalts. 772.

B ü s c h , Johann Georg: „Kleine Schriften von der Handlung und anderem gemeinnützigen Inhalte", Leipzig 1772. — Vorh.: Bibl. des Kammergerichts Berlin — Qd. 2825. (Inhalt: 1.: „Rede von der Handlungstheorie". 2.: „Allgemeine Bemerkungen über dan Zustand der Handlung und über einige Vorurtheile in der neuern Handlungspolitik". 3.: „Abhandlung von den Banken". Anhang 1: „Vollständige Erläuterung über das Agio bey den Girobanken, als ein Nachtrag zu § 34". Anhang 2: „Geschichte der londoner Bank". Anhang 3: „Uebersetzung eines Mémoire sur la banque de Stockholm". 4.: „Kurze Geschichte der Handlungs-Academie in Hamburg").

— sämmtl. Schriften. 16 Bde. 8. Wien 813—16. Zwickau, Schumann. 24 Rthl.

B ü s c h , Johann Georg: „Sämmtliche Schriften", 16 Bände, nach seinem Tode herausgegeben, Wien 1813—1818 (B. Ph. Bauer). — Inhalt des 1.—12. Bandes: 1—4: „Darstellung der Handlung", 1813 bis 1815; 5: „Zerrüttung des Seehandels". „Vermischte Abhandlungen" 1815; 6—7: „Ueber Banken und Münzen", Abteilung 1, 2, 1815, 1816; 8: „Briefsteller", 1816; 9—11: „Abhandlung von dem Geldumlauf", Buch 1—6, 1816—1817; 12: Handlungsgeschichtliche Schriften", 1816. — Vorh.: Bücherei der Handelskammer Magdeburg und Bibl. des Kammergerichts Berlin — Qd. 2832. — Derselbe: „Sämtliche Schriften über die Handlung", 8 Bände, (= 3. verminderte und dadurch verbilligte Ausgabe), mit Einschaltungen und Nachträgen von G. P. H. Norrman, Hamburg 1824—1827. Inhalt: 1—2: „Darstellung der Handlung"; 3: „Ueber Banken und Münzwesen", 4: „Handlungsgeschichtliche Schriften"; 5: „Ueber das Bestreben der Völker neuerer Zeit, sich in ihrem Seehandel recht wehe zu tun"; 6: „Vermischte Abhandlungen"; 7—8: „Abhandlungen über den Geldumlauf".

B ü s c h , Johann Georg: „Sämmtliche Schriften" 16 Bände, Wien 1813—1818 (Zwickau, Schumann).

B ü s c h , Johann Georg: „Sämmtliche Schriften über Banken und Münzwesen", teils vom Verfasser neu bearbeitet, teils nach seinem Tode gesammelt, Hamburg 1801 (A. Campe; auch Fr. Perthes). — Vorh.: Bibl. des Oberlandesgerichts Celle — Tc. 208. — Neue Auflage, Leipzig 1824, vorh.: Bücherei der Industrie- und Handelskammer Leipzig.

Büsch, (J. G.,) sämmtl. Schriften über Banken u. Münzwesen. Wohlf. Ausg. 8. Hamburg 824. Fr. Perthes. 1 Rthlr. 6 gr. Schreibpap.

— sämmtl. Schriften üb. Handlung. 8 Thle. gr. 8. Hamb. 824—27. A. Campe. 10 Rthl. 12 gr. Fein P. 12 Rthl. 12 gr. (6r—8r Thl. A. u. d. T.: Von dem Umlauf d. Geldes. 3 Bde. 3e A. gr. 8. Ebd. 817. 4 Rthl. 12 gr.)

Büsch's, J. G., sämmtliche Schriften über die Handlung. Hamburg.

Theil 1 und 2.	Darstellung der Handlung in ihren mannichfaltigen Geschäften. 3. Ausgabe von G. P. H. Norrmann 1824.
„ 3.	Ueber Banken und Münzwesen. 3. Ausgabe. 1824.
„ 4.	Handlungsgeschichtliche Schriften. 1825.
„ 5.	Ueber das Bestreben der Völker neuerer Zeit, einander in ihrem Seehandel recht wehe zu thun. 1825.
„ 6.	Vermischte Abhandlungen. 1826.
„ 7 und 8.	Abhandlungen von dem Geldumlaufe. 3. Auflage. 1827.

B ü s c h , Johann Georg: „Schriften über Staatswirthschaft und Handlung", Teil 1—3 in 2 Bänden, Hamburg und Kiel 1780—1784. — Vorh.: Bibl. des Oberlandesgerichts Celle — Ta. 137.

— zwei kleine Schriften, d. Verbesserung d. Armenwesens betreff. 8. Hamb. 786.

B ü s c h , Johann Georg: „Zwei kleine Schriften, die im Werke begriffene Verbesserung des Armenwesens in dieser Stadt Hamburg betreffend", Hamburg 1786.

* *Joan Georg Büsch*, math. Prof. Hamburg. Tractatus duo optici argumenti, cum figuris. Hamburgi apud Bohnium. 9 Bog. in 8. 1 Kupf. (10 ggr.) 1783.
Allg. Deutſ. Bibl. 57. Band 2. St. p. 481.
Gött. Gel. Anz. 1783. St. 141. p. 1410.

— tractatus duo optici, c. fig. 8. Hamb. 783. (A. Campe). 10 gr.

B ü s c h , Johann Georg: „Uebersetzung eines Theils von Buffons Allgemeiner Historie der Natur", Leipzig 1750—1774. 8 Teile.

B ü s c h , Johann Georg: „Allgemeine Uebersicht des Assecuranzwesens, als Grundlage zu einer unbefangenen Beurtheilung von G. E. Bieber's Plan zur Errichtung einer für Hamburg möglichst vortheilhaften Versicherungs-Compagnie gegen Feuers-Gefahr", Hamburg 1795 (Hoffmann). — Vorh.: Com. Bibl. Hamburg.

B ü s c h , Johann Georg: „Versuch einer Geschichte der hamburgischen Handlung, nebst 2 kleineren Schriften verwandten Inhalts", Hamburg 1797 (Campe). — Vorh.: Preuß. statist. Landesamt Berlin, Com. Bibl. Hamburg, Industrie- und Handelskammer Leipzig.

BÜSCH, Johann Georg 1728 - 1800
Versuch einer Geschichte der Hamburgischen Handlung, nebst zwei kleineren Schriften eines verwandten Inhalts.
Von Johann Georg Büsch ...
Hamburg: Hoffmann. 1797. X, 60, 288 S. 8°.
Universitäts- und Stadtbibliothek Köln

B ü s c h , Johann Georg: „Versuch einer Mathematik, zum Nutzen und Vergnügen des bürgerlichen Lebens . . .", Hamburg 1773; 2. Auflage 1776; 3. Auflage 1790; 4. Auflage in 2 Abteilungen 1798. 2. Teil: „Hydrostatik, Aerometrie und Hydraulik", Neuauflage ebenda 1799; 3. Teil: 1. Band „Die bürgerliche Baukunst", 1793, Neuauflage 1800; 3. Teil: 2. und 3. Band „Uebersicht der Wasserbaukunst", 1796, 2. von F. K. Wiebeking verbesserte Auflage 1802; 3. Teil: 3. Band F. K. Wiebekings „Wasserbaukunst", 2. Band, 1804; 4. Teil: „Optik, Dioptrik und Katoptrik", herausgegeben von Pt. H. C. Brodhagen, 1802.

— Versuch e. Mathematik, zum Nutzen u. Vergnügen d. bürgerl. Lebens. 8. Hamb. 773. 2e A. 776. 3e A. 790. 4e A. in 2 Abtheill., mit 19 Kpf. gr. 8. 798. (A. Campe). 2 Rthl. 4 gr. 2r Thl. Hydrostatik u. Hydraulik, mit 8 Kpf. 791. N. A. 799. Ebd. 1 Rthl. 20 gr. 3r Thl. 1r Bd. die bürgerl. Baukunst, mit 7 Kpf. 793. N. A. 800. 2 Rthl. 3r Thl. 2r Bd. Uebersicht d. Wasserbaukunst, mit 3 Kpf. 79.. 2e v. K. F. v. Wiebeking verb. Aufl. 802. 2 Rthl. 3r Thl. 3r Bd. K. F. v. Wiebekings Wasserbaukunst. 2r Bd. 804. 2 Rthl. 4r Thl. Optik, Dioptrik u. Katoptrik, herausg. v. Pt. H. C. Brodhagen. Mit 8 Kpf. 802. Ebd. 1 Rthl. Alle 4 Thle zusammen 11 Rthl.

— Völkerrecht. 8. Hmb. Vollmer. 801.

Büsch, Jh. Geo., Völkerseerecht. 8. Hamb. 801. (Herold jun.) 10 gr.

— Vorsch. z. Sicherung Hamburgs geg. d. Elbe. gr. 8. Hamb. Bohn. 793.

— Vorschlag z. Sicherung unserer Stadt gegen d. Fluthen d. Elbe. gr. 8. Hamb. . . . (A. Campe). 8 gr.

B ü s c h , Johann Georg: „Vorschlag zu einem gemeinnützigen Unterrichte in denen Wahrheiten der Mathematik, welche in den Geschäften des Lebens die nöthigsten sind", Hamburg 1764.

— vorläufiger Vorschlag zur Sicherung unserer Stadt (Hamburg) gegen d. Fluthen d. Elbe von d. See her. Mit 1 Kpf. gr. 8. Hamb. 793. (A. Campe). 8 gr.

B ü s c h , Johann Georg: „Vortrag über Münzen, deren Gold- und Wechselpari, Wechselgeld, Banken, Papiergeld, Verhältnis zwischen Gold und Silber", Hamburg 1801 (A. Campe).

— was h. Deutschl. in Ans. s. Land- u. Seehandels v. nah. Frieden z. erwarten? 8. Hamburg, Hoffmann. 795.

— Erörterr. d. Fr.: Was hat Deutschland in Ansehung ss. Land- u. Seehandels vom nahen Frieden zu erwarten? 8. Hamb. 796. (A. Campe). 5 gr.

— d. polit. Wichtigkeit d. Freiheit Hamburgs, Bremen u. Lübeck für d. handelnde Europa. 8. Hamb. 798. Gundermann. 6 gr.

B ü s c h , Johann Georg: „Die politische Wichtigkeit der Freiheit Hamburgs und ihrer Schwesterstädte Lübeck und Bremen für das ganze handelnde Europa in ein neues Licht gestellt", Hamburg 1797. — Vorh.: Com. Bibl. Hamburg.

Büsch, Joh. Georg, e. Wort an d. Bürger Hamburgs üb. d. Nichtachtr. brauchb. Gelehrsamk. in der Erziehung ihr. Söhne. 8. Hamb. Hoffmann. 800. Rthlr. -

B u s c h , Johann Georg: „Ein Wort über die Nichtachtung brauchbarer Gelehrsamkeit bei der Erziehung der Söhne", Hamburg 1800 (A. Campe).

Büsch, Johann Georg: „Ein Wort zu seiner Zeit über die Hamburgische Bank", Hamburg 1790 (A. Campe). — Vorh.: Com. Bibl. Hamburg.

— e. Wort zu seiner Zeit, über d. Hamburger Bank. 8. Hamb. 791. (A. Campe). 4 gl.

— über d. durch d. jetzigen Krieg veranlaßte Zerrüttung d. Seehandels rc. gr. 8. Hamb. 793. N. A. unt. d. T.: über d. Bestreben d. Völker neuerer Zeit, einander in ihrem Seehandel recht wehe zu thun. 8. Ebd. 799. (A. Campe). 1 rth 16 gl.

Büsch, Johann Georg: „Ueber die durch den jetzigen Krieg veranlasste Zerrüttung des Seehandels und deren, insbesondere für den deutschen Handel, zu befürchtende Folgen", Hamburg 1793. — Nachtrag, ebenda 1794. — Neue Auflage u. d. T.: „Ueber das Bestreben der Völker neuerer Zeit, einander in ihrem Seehandel recht wehe zu thun", Hamburg 1800. — Alle vorh.: Com. Bibl. Hamburg.

Büsch, Johann Georg: „Ueber die Hamburgischen Zuckerfabriken", Hamburg o. J. (A. Campe).

Büsch, Joh. Georg, üb. die Hamb. Zuckerfabriken. 8. Hmb. Bohn. 790. Rthlr.

Büsch, Johann Georg: „Ueber die Hamburgischen Zuckerfabriken und den vergeblichen Wetteifer der Nordstaaten mit denselben", Hamburg 1790 (A. Campe).

Büsch, Curt, von der Reklame des Kaufmanns, s.a. Handelsbücher, Hamburger.

Büsch, C: Von der Reklame des Kaufmanns. Hamburg 1909

— Vom Verkaufen, s. Handelsbücher, Hamburger.

Büsch, *Paul* Lambert *Hubert* [aus Schleiden]: Aus d. Pharmakolog. Institut zu Bonn. Versuche über die Behandlung der Arsenikvergiftung ... Bonn, Druck v. E. Heydorn, *1893*: 50 S. 8.
Bonn, Med. Fak., Inaug.-Diss. v. [18. März] 1893

Büsch, Paul Hnr., Verhaltungsregeln für Schwangere rc. 8. Hamb. 782. (Stiller in Rostock). 6 gl.

Büsch, Theodor Über den Eifeldialekt. Ein Beitrag zur Kenntnis des Mittelfränkischen. 4 (33 S.) Progr. Prg. *Malmedy* 1888

Büsch, Th., über den Eifeldialekt. 4. (33 S.) Aachen 888. (Barth.) n. 1. —

Büsch, Theodor: Des Euripides Hippolyt und Racines Phädra. Ein Beispiel vom Zusammenwirken auf d. Gebiete d. Schullektüre. Bonn 1910: Hauptmann. 23 S. 8°
Münstereifel, k. G. P 1910 (629) [S 10. 55

Büsch, Theodor: Zur deutschen Rechtschreibung. Malmedy, H. Scius-Stouse, *1892;* XII S. 4.
Malmedy, PG, OP 1892 (448)

Büsch, Theodor: Rede am Allerhöchsten Geburtstage Seiner Majestät des Kaisers und Königs. Malmedy, H. Scius-Stouse (1890); S. III—VIII: 4°
Malmedy, PG, OP 1890 (442)

Busch-Album. (Circus Busch.) qu. gr. 4. (24 photogr. Taf.) Berlin 897. H. Schnaebeli & Co.
In Leinw.-Mappe n.n. 30 —;
Cabinetausg. (22 Taf.) In Leinw.-Mappe n. 15. —

Buschan, Georg: Das erste Auftreten des Menschen auf der Erde. ([S.-A.] Nord und Süd. Bd. 89. S. 108—120.) Breslau 1899. 13 S. 8°.

Buschan, Geo., die Balkanvölker in Vergangenheit u. Gegenwart. Vortrag. (56 S. m. 18 Abbildgn.) 8. Stuttgart (910). Strecker & Schröder. 1. —

— die Behandlung der chronischen Rückenmarkskrankheiten. Nach eigenen Erfahrgn. u. dem gegenwärt. Standpunkte der Therapie f. den prakt. Arzt zusammengestellt. gr. 8. (35 S.) Neuwied 893. Heuser's Verl. n. 1. —

Buschan, Georg: Bornholm. Tl. 1. 2. ([S.-A.] Globus. Bd. 76. No. 6.) Braunschweig 1899. 1 Bd. 18 S. 4°.

— vorgeschichtl. Botanik d. Cultur- u. Nutzpflanzen d. alt. Welt a. Grund prähistor. Funde. gr. 8. (XII, 268 S.) Breslau 895. J. U. Kern's Verl. n. 7. —

— Chirurgisches aus der Völkerkunde. gr. 8. (46 S.) Leipzig 902. B. Konegen. n. 1. —

Buschan, Geo., die Epilepsie, s.: Nervenkrankheiten, die wichtigsten, in Einzeldarstellungen. 7. Hft.

— Gehirn u. Kultur, s.a. Grenzfragen des Nerven- u. Seelenlebens. 44. Hft.

Gehirn und Kultur von Georg Buschan, Dr. med. et phil. Wiesbaden: J. F. Bergmann 1906. (74 S.) 4°(8°)
= Grenzfragen d. Nerven- u. Seelenlebens. H. 44. [06. 11310

Buschan, Geo., Germanen u. Slaven, e. archäologisch-anthropolog. Studie. Mit 1 Karte, 4 Taf. u. mehreren Abbildgn. im Text. [Aus: „Natur u. Offenbarung".] gr. 8. (49 S.) Münster i/W. 890. Aschendorff. n. 1. —

— Geschlecht u. Verbrechen, s.a. Großstadt-Dokumente.

Geschlecht und Verbrechen von Georg Buschan, Dr. med. et phil. Berlin & Leipzig: H. Seemann [1903]. 90 S. 8°
(Großstadt-Dokumente. Bd 48.) [10. 7817 II

Geschlecht und Verbrechen von Georg Buschan, Dr. med. et phil. 2. Aufl. Berlin & Leipzig: H. Seemann Nachf. [1908]. (96 S.) 8° [5.]
= Großstadt-Dokumente. Bd 48. [08. 14978

Buschan, Georg [Dr. med. et phil. u. Assistenzarzt in d. Kais. Marine]: Über prähistorische Gewebe und Gespinnste, Untersuchungen über ihr Rohmaterial, ihre Verbreitung in der prähistorischen Zeit im Bereiche des heutigen Deutschlands, ihre Technik, sowie über ihre Veränderung durch Lagerung in der Erde. . . . Braunschweig, Druck u. Papier v. Friedrich Vieweg u. Sohn, 1889; 32 S. 4°
München, Phil. Fak., Inaug.-Diss. v. 1889

— über prähistorische Gewebe u. Gespinnste, Untersuchgn. über ihr Rohmaterial, ihre Verbreitg. in der prähistor. Zeit im Bereiche des heut. Deutschlands, ihre Technik, sowie üb. ihre Veränderg. durch Lagerg. in der Erde. gr. 4. (32 S.) Braunschweig 889. (Kiel, Gnevkow & v. Gellhorn.) n. 2. 50

Buschan, Georg [aus Frankfurt a/O.]: Über hernia funiculi umbilicalis .... Breslau, Buchdr. Lindner, 1887; 35 S. + 1 Bl. u. 1 Taf. 8°.
Breslau, Med. Fak., Inaug.-Diss. v. 19. Jan. 1887.

— über Hernia funiculi umbilicalis. Inaug.-Diss. gr. 8. (35 S. m. 1 Taf.) Breslau 887. (Köhler.) n. 1. —

Buschan, G., die Basedow'sche Krankheit. (Goître exophthalmique, Graves' disease, Morbo di Flajani.) Eine Monographie. Von der Berliner Hufeland-Gesellschaft preisgekrönte Arbeit. gr. 8. (VII, 184 S.) Wien 894. F. Deuticke. n. 5. —

Buschan, Geo., Leben u. Treiben der deutschen Frau in der Urzeit, s.a. Sammlung gemeinverständlicher wissenschaftlicher Vorträge.

Buschan G, Leben und Treiben der deutschen Frauen in der Urzeit. (Sammlung gemeinverständlicher wissenschaftlicher Vorträge NF 186) Hamburg 1893

— Menschenkunde, s.a. Wegweiser, naturwissenschaftliche. B. 2.

Buschan, G.: Menschenkunde. Stuttgart 1909. 262 S. m. Abb.

Die Brown-Séquard'sche Methode (Organsaft-Therapie) und ihr therapeutischer Wert. Von Georg Buschan, Dr. med. et phil. *Neuwied, Berlin, Leipzig: Heuser 1895.* (45 S.) 1 Bd 8. [95. 3584

— d. Brown-Séquard'sche Methode (Organsaft-Therapie) u. ihr therapeut. Wert. gr. 8. (45 S.) [Neuwied 895. Heuser's Verl.] Leipzig, M. Spohr. n. 1. 25

Buschan, Dr. med. et philos., G., Ueber Myxödem und verwandte Zustände, zugleich ein Beitrag zur Schilddrüsenphysiologie und Schilddrüsentherapie. Eine Monographie. Gr.-8. (182 S.) 1892? 3.—

— üb. Myxödem u. verw. Zustände, zugl. e. Beitrag z. Schilddrüsenphysiologie und Schilddrüsentherapie. Monographie. gr. 8. (V, 182 S.) Wien 896. F. Deuticke. n. 5. —

— s.: Semesterbericht, bibliograph., der Erscheinungen a. d. Gebiete d. Neurologie u. Psychiatrie.

— Sport u. Herz. Vortrag, geh. im „Zentralausschuß f. die Pflege der Leibesübgn. zu Stettin". (48 S.) 8. München 910. E. Reinhardt. 1. —

— s.: Studien u. Forschungen z. Menschen- u. Völkerkde.

— s.: Völkerkunde, illustrierte.

— Vom Jüngling z. Mann. Ernstes Wort z. sexuellen Lebensführg. 1—8. Taus. (8, 88) kl8° Ebd. '11'12. Pappbd 1.40; L 2 — d

— s.: Zentralblatt f. Anthropologie.

Büschau, Pet. Herm., († d. 20. Dec. 1795.) Berechnung d. neuen ⅔ u. Conventionsgeld nach d. Verschiedenheit ihres Werths unter sich in Vergleich mit den abwechselnden Cursen. 8. Rostock 767.

Buschbach, Sammlung farbiger Mosaik-Muster zu Fenstern. 6 Hefte. Münster 858. Aschendorff. Fol. (18 lith. Bl.) n. 6 ₰

Buschbad, Das, in Meissen. [Weimar 1799.] V: *Schmidt, Christian Gottlieb.* (MGT)

Buschbad, das, bei Meißen. 12. Dresd. 802. Beger. 4 gr.

Der Buschbauer: 1856? ?
Edited & published by Karl Pilaume.
Manitowoc, WI

Buschbauer, A. F. Erdbeschreibung. 4v. Hamb, 1793-97. Teil XIII: "Die VS v Nordamerika."

Buschbauer, Hans [i. e. Hoffmann, Francis A.] Der amerikanische Geflügel-Züchter. Milwaukee, 1887.

--Populares Handbuch des Grasbaus, Futterpflanzenbaus und der Milchwirtschaft. Milwaukee, 1883. See also no. 4981.

Buschbaum: Kleinbahn-Lokomotiven mit Überhitzer, Bauart Piclock, und Ventilsteuerung, System Lentz. (Berlin) 1907

Buschbaum, A: 2 B-Personenzug-Verbund-Lokomotive der oldenburgischen Staatseisenbahn mit Lentz-Ventilsteuerung, Dampftrockner und Anfahrvorrichtung der Bauart Ranafier. Wiesbaden 1909

Buschbaum, H., Flora des Landdrosteibezirks Osnabrück u. seiner nächsten Begrenzung. Zum Gebrauche in Schulen u. auf Excursionen bearb. gr. 16. (VIII, LX, 828 S.) Osnabrück 879. Wehberg. n.n. 2. 50

Buschbaum, H., Flora d. Reg.-Bez. Osnabrück u. seiner nächsten Begrenzung. Zum Gebrauche in Schulen u. auf Exkursionen bearb. 2., verm. Aufl. 12. (LX, 878 S.) Osnabrück 891. Rackhorst. n.n. 2. 75; geb. n.n. 3. 25

Buschbaum, H. Die Gefässpflanzen des Fürstentums Osnabrück. 54 S. Progr. Rg. Osnabrück 1878.

Buschbaum, H., die Gefäß-Pflanzen des Fürstenth. Osnabrück. gr. 4. (VI, 54 S.) Osnabrück 878, (Rackhorst'sche Buchh.) *

Buschbaum, H., Leitfaden d. Geschichte, — Leitfaden d. Geschichte, Naturkunde u. Sprachlehre, } s.: Backhaus, J. C. A.

Buschbaum, H., Tabellen zur leichten u. sichern Bestimmung der häufigsten Samen- u. höhern Sporen-Pflanzen. Zum Gebrauche in Bürger-, Mittel- u. Töchterschulen zusammengestellt. 8. (IV, 105 S.) Harburg 878. Elkan. n. -- 60

Buschbaum, Karl

Buschbaum, Carl [Assist. an d. K. Sternwarte]: Untersuchungen über die Bahn des Kometen 1886 IX (Barnard-Hartwig.) . . . Göttingen, Druck d. Univ.-Buchdr. v. E. A. Huth, 1889: 45 S. + 1 Bl. 4°
Götting. n. Phil. Fak., Inaug.-Diss. v. 20. Mai 1889

Buschbaum, Carl. Untersuchungen üb. d. Bahn d. Kometen 1886 IX [Barnard-Hartwig]. Diss. 4. (45 S.) Gött. 889, (Vandenhoeck u. Ruprecht). * 2 40

Buschbeck, gemeingefährl. Krankheiten, s. Handbibliothek, Leipziger jur.

Buschbeck, A., Gesetz, betr. die Bekämpfung gemeingefährl. Krankheiten, s.: Handbibliothek, Leipziger jurist.

Buschbeck, A. E., aufrichtige Anweisung zur Anfertigung des ächten Eau de Cologne, sowohl des einfachen als des doppelten (dito double à la Zanoli.) qu. 8. Leipzig 814. (Bönicke und Sohn.) versiegelt. n. 3 ₰

—— die Einrichtung von Staats-Giro-Banken in d. preuß. Monarchie. Ein Mittel, der bedrohten Industrie Hilfe zu bringen. gr. 8. (1½ B.) Berlin 845. (L. Schlesinger.)

Buschbeck, A. G. v., Briefe über die Türken auf s. Reise. 8. Freyb. Craz. 793.

Buschbeck, Dr. E. — und H. Medikus. Dankgebet und Einweihungsrede bei Uebersiedelung der gemeinschaftlichen evangelischen Hauptschule in das neu angekaufte Schulgebäude am 31. März 1856 zu Triest gehalten und auf Verlangen in Druck gegeben von — —. Der Ertrag ist zur Vermehrung der Schulbibliothek bestimmt. Triest, 1856. Buchdruckerei des österr. Lloyd. (16 S. 8.)

Buschbeck, E. . Rede am Sarge der Frau Amalie Escher geb. Trümpler, geboren zu Zürich am 18. März 1813, gestorben zu Triest am 29. März 1866, gehalten von Dr. E. B.... 8. Triest 1866.

Buschbeck, Erhard Carl, das Bekenntniß unseres Glaubens an das Evangelium. Predigt, geh. zu Laibach am 1. Nov. 1846. gr. 8. (15 S.) Triest 846. (Favarger.) n. 7 ₰

Buschbeck, Erh. Carl, das Bekenntniß unseres Glaubens an das Evangelium. Predigt, geh. zu Laibach am 1. Nov. 1846. gr. 8. (15 S.) Triest 847, (Favarger.) *

Buschbeck, Erhard Carl, Entwurf einer Schul-Disciplin für die gemeinschaftliche evangel. Hauptschule zu Triest. gr. 8. (16 S.) Frankfurt a. M. 852, (Sauerländer's Verlag.)

Buschbeck, Erh. Carl, biblische Geschichten für Schule und Haus möglichst treu nach der Lutherischen Uebersetzung erzählt und mit erbaulichen Sprüchen und Liederversen auch mit vier Zeittafeln versehen. Frankfurt a. M. 855. Sauerländer's Verlag. gr. 8. (VIII, 344 S.) n. 13 ₰

Buschbeck, Dr. philos. Erhard Karl —, evangelischer Pfarrer helvetischer Konfession. Predigt über den Brief des Paulus an die Römer, Kap. 13, Vers 1—7, zur Feier des Allerhöchsten Geburtsfestes Sr. Majestät des Kaisers Franz Josef I. von Oesterreich. Sonntags den 19. August 1855 in der „Christo, dem Erlöser" gewidmeten Kirche zu Triest gehalten von — —. Der Reinertrag ist zur Unterstützung würdiger, durch die Cholera in Nothstand versetzter Familien bestimmt. Triest. 1855. Buchdr. des österr. Lloyd. In Commission bei H. F. Münster.

Buschbeck, Erardo Carlo, Preghiere per l'uso domestico de' cristiani evangelici riformati. gr. 8. (191 S.) Triest 858, (Münster'sche Buchh.)

—— preghiere per l'uso domest. de crist. evang. rif. 8. (191) Triest 58, (Perco u. Co.) — 14

— u. Gust. Steinacker, Verfassungsentwurf für die evang. Kirche Oesterreichs nach den, im Gutachten der österreichischen Superintendenten u. Vertrauensmänner enth. Grundlinien, u. m. Benützg. der, vom Verfassungsausschusse der Wiener Versammlung gelieferten Materialien ausgearb. u. erläutert. Nebst d. Schematismus der evang. Gemeinden Oesterreichs u. einem Unionsentwurf. gr. 8. (IV u. 112 S.) Triest 850. Frankfurt a. M., Sauerländer in Comm. n. 1/2 ₰

Buschbeck, F., s.a. Buschbeck-Helldorff.

Buschbeck, F., preussisches Feld-Taschenbuch für Offiziere aller Waffen zum Kriegs- und Friedensgebrauch. 2 Thle. 8. (XIV und 804 S. mit 107 Abbild. in eingedr. Holzschn. und 1 Stnt.) Berlin 853, Hempel. *

Buschbeck, F., preussisches Feld-Taschenbuch für Offiziere aller Waffen zum Kriegs- u. Friedensgebrauch. (2. Aufl.) Gänzlich umgearb., unter Leitung von K. v. Helldorff. 2 Bde. Mit zahlreichen Abbildgn. (Holzschn. im Text.) Berlin 867—70. Hempel. 16. (XVI, 820 S.; XXIX, 919 S.) n. 7 ₰

— 3. rev. Aufl. Bearb. v. Offizieren d. versch. Waffengattungen 1874.

Buschbeck, F., französische Grammatik. 3., verb. Aufl. gr. 8. (VI und 453 S. mit 2 Tab. in Fol. und qu. Fol.) Leipzig 859, Gräbner.

Buschbeck, F, franz. Grammatik. 3. Afl. 8. (453) Lpzg 59, Klinkhardt. 1. —

Buschbeck, F., Grammatik der romanischen Sprachen. 1. Thl. A. u. d. T.: Französische Grammatik. gr. 8. (XVI und 453 S.) Berlin 848, [Gurv's Vrlgsb.]

Buschbeck, Ferd. Chr., üb. Böhmens Schafwollenhandel u. Industrie, vom Standpuncte d. Production, Fabrication u. Staatswirthschaft, nebst Andeutungen über das, was beiden frommt. gr. 8. (1 1/2 B.) Prag 843. (Calve'sche Buchh.)

Buschbeck, H: Gesch. d. Kirchgemeinde Steinkirch. (4, 112 m. 1 Taf.) 8° Mittel-Steinkirch 1899. Dirsdorf Kr. Nimptsch, Past. Buschbeck. 1.20 d

Buschbeck, Herm., Bilder aus der Kirchengeschichte Laubans. (53 S. m. Abbildgn. u. 1 Taf.) 8. Lauban. 906. G. Kleipprich. n. 1.—

Buschbeck, Karl

Buschbeck, C, u. d. Kinderleben. Ged. 8. (31 m. H.) Berl. 67, Berger. — 10; col. — 15

Buschbeck, Carl, aus dem Kinderleben. Kleine Gedichte mit Bildern. In Holz geschn. von Ghold. Dietrich. gr. 8. (31 S. mit eingedr. ill. Holzschn.) Berlin 867, F. Bethge. cart.

Buschbeck, Carl, aus dem Kinderleben. Kleine Gedichte m. (eingedr. u. color.) Bildern. In Holz geschn. v. Ghold. Dietrich. 2. Aufl. 4. (31 S.) Berlin 870. Berger. n. 1. —

Buschbeck-Helldorff, s.a. Buschbeck, F.

Buschbeck-Helldorff's Feldtaschenbuch.
2. Auflage. 2 Bände. Berlin 1870—71. 8.
3. „ 2 „ „ 1874—75. 8.

Buschbeck-Helldorf's Feld-Taschenbuch f. Offiziere aller Waffen der deutschen Armee zum Kriegs- u. Friedens-Gebrauch. 3., sorgfältig rev. u. vervollständ. Aufl. Bearb. v. mehreren preuss. Offizieren. Mit mehreren Hundert Abbildgn. 1—28. Lfg. gr. 16. (1. Thl. XLVIII, 1079; 2. Thl. XXIV, 1216 u. 3. Thl. 1040 S.) Berlin 872—74. Hempel. à n. 1. —

Buschbeck-Helldorff's Feld-Taschenbuch für Officiere aller Waffen der deutschen Armee zum Kriegs- u. Friedensgebrauch. 4., sorgfältig rev. u. vervollständ. Aufl. Bearb. von mehreren preussischen Officieren. Mit mehreren Hundert Abbildungen. 2 Thle. 16. (1024 u. XXII, 1218 S.) Berlin 878—82. Hempel. n. 29 —

— dasselbe. 4., völlig umgearb. Aufl. 2. Ausg. (In 29 Lfgn.) 1—8. Lfg. 12. (1. Bd. XVI u. S. 1—820 u. 2. Bd. S. 1—352.) Ebend. 882. à n. 1. —

Buschbeck-Helldorff's Feld-Taschenbuch f. Offiziere aller Waffen der deutschen Armee zum Kriegs- u. Friedensgebrauch. 4., völlig umgearb. Aufl. 2. Ausg. Unter Mitwirkg. v. Offizieren der verschiedenen Waffengattgn. hrsg. v. Th. Ritz. Mit mehreren Hundert Abbildgn. 9—29. (Schluss-)Lfg. 12. (1. Thl. XXXII u. S. 321—1110 u. 2. Thl. XXII u. S. 353—1908.) Berlin 883. 84. Dümmler's Verl. à n. 1. —

Buschbell, Gottfr., das vatikanische Archiv u. die Bedeutung seiner Erschliessung durch Papst Leo XIII., s. a. Broschüren, Frankfurter zeitgemäße. 22. XII.

Das vatikanische Archiv und die Bedeutung seiner Erschließung durch Papst Leo XIII. Von Dr. phil. Gottfried Buschbell. *Hamm: Breer & Thiemann 1903.* (24 S.) 8° [J.]
= Broschüren, Frankfurter zeitgemäße. Bd 22, H. 12.

— s.: Festgabe, enth. vornehmlich vorreformator. Forschungen, Heinr. Finke gewidmet.

Buschbell, *Karl* Gottfried *Werner:* Die Professiones fidei der Päpste. E. kirchenrechtl. Untersuchg ... (Aus: Röm. Quartalschr. f. christl. Alterthumsk. u. f. Kirchengesch., Bd 10.) Roma, tipogr. della Pace di F. Cuggiani, 1896; 2 Bl., 7—82 S., 2 Bl. 8.
Münster, Phil. Fak., Inaug.-Diss. v. [23. Juli] 1896

Buschbell, Gfr., d. Professiones fidei d. Päpste. E. kirchenrechtl. Untersuchg. Diss [Aus: „Röm. Quartalschr. f. christl. Alterthumskde. etc.“] gr. 8. (82 S.) Roma 896. (Münster, Regensberg.) n. 2. —

Buschbell, Gottfr., Reformation u. Inquisition in Italien um die Mitte des XVI. Jahrh., s.a. Quellen- und Forschungen auf dem Gebiete der Geschichte. XIII.

Reformation und Inquisition in Italien um die Mitte des 16. Jahrhunderts. Von Dr. Gottfried Buschbell. Paderborn: Schöningh 1910. XXIII, 344 S. 8°
(Quellen u. Forschungen aus d. Gebiete d. Geschichte. Bd 13.)

Buschberg, Adb., Umgestaltung der Berliner Postbetriebs-Einrichtung m. Hülfe der Stadtbahn u. der Strassenbahnen. Lex.-8. (III, 48 S. m. 1 Taf.) Berlin 884. (Burmester & Stempell.) n. 2. —

Buschberger, K., s. Loudon's Briefe.

Busche, Hermann van dem. Sein Leben u. s. Schriften, s. Liessem, Herm. Jos.

Busche, Edmund

Busche, E.: Grundzüge einer rechnenden Geometrie der Lage. Bergedorf bei Hamburg, gedr. in E. Wagners Buchdr., 1890; S. 3-19; 4°
Bergedorf bei Hamburg, Hansa-S, OP 1890 (713)

Busche, E.: Grundzüge einer rechnenden Geometrie der Lage. (II.) (Forts. d. P-Beil. 1890.) Bergedorf bei Hamburg, gedr. in E. Wagners Buchdr., 1891; S. 8—19; 4°
Bergedorf bei Hamburg, Hansa-S, OP 1891 (719)

Busche E. v. dem: Der Wald u. das öffentliche Wohl. Mit besond. Berücks. d. Verhältnisse im Königreich Preussen. Diss. Giessen 1892. 97 S.

Busche, Edm., üb. e Beweismethode in der Zahlentheorie u. einige Anwendungen derselben, insbesondere auf das Reciprocitätsgesetz in der Theorie der quadrat. Reste. gr. 8. (57 S.) Göttingen 883. (Vandenhoeck & Ruprecht.) n. 1. 40

—, Friedr. Carl Freih. v. Moser. Aus seinen Schriften sein Geist an das 19. Jahrh. gr. 8. (25½ B.) Stuttgart 840, Hallberger'sche Vrlsb.

— s. Staats-Lexikon, populäres.

Busche, H. C., Untersuchungen über die Rentabilität einer Zuckerfabrik mit Ausschluß des landwirthschaftl. Antheils. 4. (33 S.) Hannover 874, Helwing'sche Hofbuchh. *

Busche, Hermann vom (Pseud.), s.a. B a u m s t a r k , Anton

vom Busche, Herm., die freie religiöse Aufklärung, ihre Geschichte und ihre Häupter. Für denkende Gebildete aller Stände. Eingeführt v. Geh. Kirchenrath Dr. H. E. G. Paulus. 2 Bdchn. 8. Darmstadt 846, Leske. 2 ß

Busche, Karl (Hrsg.), s.a. E u r i p i d e s Iphigenie in Aulis.

[F.] **Busche,** Karl [Dr.]: Euripides' Iphigenie in Aulis. Proben e. erklärenden Ausgabe. Leer, Druck v. D. H. Zopfs & Sohn, *1896*; 3—16 S. 4.
Leer, k. RG m. G, OP 1896 (330)

Busche, Carolus [Hannoveranus]: **Observationes criticae in Euripidis Troades** .... Typ. expr. offic. Schmidtiana Helmstadiensis, 1886; 1 Bl. + 47 + 1 S. + 1 Bl. 8°.
Göttingen, Phil. Fak., Inaug.-Diss. v. 8. Nov. 1886.

B u s c h e, Carl, observationes criticae in Euripidis Troades. Dissertatio inauguralis. gr. 8. (48 S.) Helmstedt 886. (Göttingen, Vandenhoeck und Ruprecht.) *

Busche, C, observationes criticae in Euripidis Troades. 8. (48) Lpzg 87, Fock. n. — 75

Busche, Conrad Heinrich Edmund Friedrich, s. B u s c h e , Edmund

Busche, Philipp Wilhelm von dem (Westf.), De foro principum et privatorum communi. Disp. jur. Präs. Samuel Stryk. Halle (Chr. Henckel) Nov. 1700. 76 S. (5.20) 4799
Widm. v.: Gg. Ernst Stahl, Joh. Casp. Frh. v. Abschatz (dtsch.), Heinr. Wilh. Steube (Mansfeld. Adel, dtsch.).

— — Dasselbe. Wie weit Fürsten u. Privat-Personen einerley Gerichts-Zwange unterworffen. Halle (Christ. Ludw. Sympher) 1740. 80 S. o. W. (5.—) 4800

Buscho, Robert, approb. Arzt aus Lüdenscheid: **Über Aneurysmen** und deren Complicationen unter besonderer Berücksichtigung eines Falls von Aorten-Aneurysma mit Eröffnung des Oesophagus und rechten Bronchus durch Druck-Nekrose. *Leipzig: G. Fock 1900.* (27 S.) 8°
Leipzig, Med. Diss. v. 20. März 1900

Buschek. Ueber Kriegswissenschaft und Kriegskunst. Vortrag. Wien 1886.

Buschek, Wilh.

Buschek: Feinschiessorei. (38) gr8° Wien, LW Seidel & S. '11. 1.20

Buschek, W. Feuerleitungs-Übungen. Wien 1910. 152 S.

Buschek, Wilh., d. heut. Gefechtsweise d. Infanterie. Vergleich. Reglements-Studie. gr. 8. (IV, 183 S. m. 1 Taf.) Teschen 898. K. Prochaska. n. 8. —

Buschek, Wilh., Taktik. I. Theorie. gr. 8. (X, 194 S.) Teschen 894. K. Prochaska. n. 3. —

— Taktik. II. Aufgaben. Beilagen: Generalkartenblatt Brünn, Specialkartenblätter Znaim u. Ober-Hollabrunn. gr. 8. (V, 394 S.) Ebd. 895. n. 7. 20; (I. u. II.: n. 10. 20)

BÜSCHEL, Bernhard (Grossaitingen): De scorbuto.- Monachii 1831. 34 S.
19.6.1829 - Urk (Titel: De charactere febris nervosae regnante.); F 99
Diss. Ingolst-Landsh.-Mchn.

Büschel, Johann Bernhard Gabriel, s. B ü s c h e l , Johann Gabriel Bernhard

Büschel, Johann Gabriel Bernhard

Büschel, Jh. B. G., s. Abdul Houlit.

— s. Becattini, Geschichte.

Büschel, Bruchstücke aus d. Gebiete d. Philosophie, Moral und Politik. 1r Th. Lpz. Büschel. (Joachim.) 789.

– s.a. C h a r l a t a n e r i e n d. Gelehrten.

— — die C h a r l a t a n e r i e d e r G e l e h r t e n s e i t M e n k e n (von *J. B. G. Büschel*). Mit satyr. Titelkupfer u. gestoch. Titel. Leipzig, bey J. G. Büschels Wittwe. 1791. 8⁰. (5 Mk. B. Seligsberg, Bayreuth, 1911.)
P r i v a t d r u c k. Geisselt sehr scharf die Schwächen u. Eigentümlichkeiten der damaligen Schriftsteller. Erwähnt u. A. Lavater, Lessing, Semler, v. Zimmermann, Bahrdt, Salzmann u. Hermes.

BÜSCHEL, Launige Gemählde von —. Leipzig 1795 bey Friedrich August Leo. 8⁰. Titel, 340 S., 1 Bl. Inhalt. Mit 1 Titelkupfer.
[B. I, 504.]
Vgl. Der grundgescheute Antiquarius, herausgegeben von C. G. von Maaßen, 1920—22, S. 39.

BÜSCHEL (Joh. Gabr. Bernhard —, geb. 1758 in Leipzig, Regimentsquartiermeister das., † 7. März 1813), L a u n i g e G e m ä l d e. Mit freiem TKpf. Leipzig (o. Adresse) 1799. 8⁰. (Antiqu.-Pr. 8—12 Mk.) Ziemlich selten!
Tit., 1 Bl. Inh., 340 S. 1. Hin ist hin. 2. Der Telegraph. 3. Die vier Hahnreye. 4. Ima. Nach d. Französ. 5. Prinz Didi und Prinzessin Didelette. Nach einem alten Fabliau. — E b e l i n g, kom. Lit. III. p. 624.

HAULIT, A b d u l. Eine Geschichte aus dem Innern eines der vornehmsten Harems in Konstantinopel (von *Johann B. G. Büschel*). Mit TKpfr. Leipzig 1791. 8⁰. (5/6 Rthl. Lippert, Halle, c. 1860; jetzt theurer!)
Anon.-Lex. I. p. 5 (nach Kayser).

JULUS u n d R h e a, e i n m u s i k a l i s c h e s D r a m a i n e i n e m A k t. — — carmina morte carent. Ovid. (von *Joh. Bernh. Gabr. Büschel*). Strasburg (so!) (fing.) 1779. Kl. 8⁰. 32 S. (10 Kr. Gilhofer & Ranschburg. 1904; 15 Mk. F. Waldau, Fürstenwalde, 1910.)
Rares Eroticum!

J u l u s u n d R h e a. E i n D u o d r a m a m i t M u s i k. Paphos, in Amors Druckerey (Linz, Suara) 1784. 8⁰.
Weller, fing. Druckorte, hat durch Druckf. „Julius".
— — Dasselbe in: (Büschel's) K a n t h a r i d e n .... 1786. S. 69—104.

J u l u s u n d R h e a oder: D e r L i e b e h ö c h s t e r R e i z. E i n m u s i k a l i s c h e s D r a m a i n 1 A k t .... Bey Kazzofermo u. Monastretta, Rom 1790. 8⁰. 37 S. (In Wien, Stadtbibl.: Secr. A 166.)
Personen: Julus Askanius, Rhea Sylvia; Grazien, Nymphen, Genii.

KANTHARIDEN. (Erot. Gedichte etc. von *Joh. Bernh. Gabr. Büschel.*) — — — procul hinc, procul este severi: Me legat in sponsi facie non frigida virgo, Et rudis ignoto tactus more puer. Ovid. Rom, 1785 bei Giovanni Tossoni (sic!). (Berlin, Himburg.) 8⁰. (In Wien, Stadtbibl.: Secr. A 84.) (20 fl. ÖW. Gilhofer & Ranschburg, 1897; 50 Mk. Adolf Weigel, Lpz., 1908.)
TKpf., Tit. u. 339 SS. Sehr rar! (4 Rthlr. Scheible.) — Inh.: Der Floh. (Prosa. — Obscoen.) — Amors Reise nach Deutschland. (Gedicht in 168 siebenzeil. burlesk-pikanten Strophen, S. 9—68.) — Julus und Rhea. Ein musikal. (erot.) Drama in 1 Akt. (Prosa u. Verse. — S. auch die Einzeldrucke 1779, 1784.) — Die neue Messaline. Trsp. in 1 Akt. Nach d. Französ. (Prosa, S. 105—136.) [Orig.: La nouvelle Messaline. Tragédie, ... par Pyron, dit Prépucius (i. e. Ch. Frç. Ragot dit Grandval fils). A. Chaud C ... et à Babine, chez Jean Jacques Faque. S. d. [vers 1775]. 8⁰.] — Die 5. Elegie des 1. Buchs aus dem Ovid. von der Liebe. Freye Uebers. — Geschichte des weisen Kan-fu. (Satyr.-pikantes Sittengemälde in Prosa, S. 141—262.) Folgen S. 263 ff. erot. Gedichte: Der Zwirn u. die Nähnadel. — Hans Klump u. seine Frau. — An Grécourts Schatten. — An Laura. (Sehr üppig.) — An Elise.

— Der Holzhauer. Eine Erzählung nach dem Grécourt. — Gewissenhaftigkeit. Ein Schwank. — Die Christnacht. (Obscoen.) — An meine Gegner. — Wie ich die Liebe kennen lernte. (Obscoen.) — Warnung. An Dörtchen. (Obscoen.) — Das Piketspiel. — An die Venus. — Der Wirbel. — Erinnerung. An Henrietten. (Obscoen.) — Die Klostercontroverse. — An Sacharissa. — Du u. Ich. — Moses der Jüd. Ein Schwank. — Jettchen an Hänschen. — Gaudeant bene nati. Nach dem Grécourt. — Trinklied. — Meine Philosophie. — Die Wunderwerke. (Cynisch.) — Für wen ich singe.

§ — — Dasselbe. Ibid. 1788. 8°. (30 Kr., mit 9 Kpfrn. [wovon aber 8 auf Voltaire's „Pucelle" bezüglich], Halm u. Goldmann, 1904; im Preise steigend!)

TKpf., Tit. u. 339 SS.

Büschel, Joh. Gabr. Bernh. (Leipzig), De matrimonio cum secunda conjuge contracto priore non repudiata. Diss. jur. civ. Präs. Chn. Heinr. Breuning. Lpz. (Büschel) 7.VIII.1776. 32 S. (4.80) 4596
Gew.: Joh. Ernst v. Teubern. — Widm. v. Präs.

AMORS Reise nach Deutschland. (Burlesk-erot. Gedicht, 168 siebenzeil. Str., in: Kanthariden [von *J. B. G. Büschel*]. Rom (Berlin, Himburg) 1786. 8°. S. 9—68.)

Der Schluss mit 12 Str. (S. 63—67) betrifft Berlin:
Der deutschen Städte Königin
Sah' er (Amor) von fern, und freute
Sich ihres Anblicks, denn für ihn
War hier ein Feld zur Beute.
Das wusst' er längst, doch fand er mehr
Als er es selbst gehoft (so!), so sehr
Stand hier sein Dienst in Ehren.

– s. Reisen in England

BÜSCHEL, Joh. Gabr. Bernh. (1757—1813), Neue Reisen eines Deutschen nach und in England im J. 1783; ein Pendant zu (Karl Phil.) Moritz (s. d.) Reisen. Mit Titelvign. Berlin, Maurer, 1784. 16°. (16 gr.) 254 S.
Sittengeschichtlich bemerkenswerth. Selten!

— Schauspiele für die deutsche Bühne. 8. Leipzig, Böhme. 780.

— s.a. Wild, od. d. Kind d. Freude.

WILD, oder das Kind der Freude. (Frivoler Roman von *Joh. Bernh. Gabr. Büschel.*) 2 Bde. Mit 1 (unsign.) Titelkpf. Berlin, 1781. bey Christian Friedrich Himburg. 8°. (10 Mk. Völcker, Frf. a. M., 1876; 7 Mk. 50 Pfg., ohne Einband, Adolf Weigel, 1906.)

So cplt. rar! I: Titelkpf., Titel, 2 Bll. Vorr., 196 S. (incl. einer höchst lasciven Einleitung, die Zeugung des Helden betreffend, S. 7—13, welche Büschel aus einem älteren Roman von ca. 1770 gestohlen hat). II: 272 S. (incl. Titel).
Das Opus gehört zu den liederlichen Studenten- u. Schauspieler-Romanen. Der erste Theil erschien später apart mit neuem Titel.

– s. Zöglinge, die, der Natur.

Büschel, Karl

Büschel, Carl, Gedächtniß-Predigt auf d. am 20. Sept. 1832 in d. Flammen umgekomm. Pastor zu Loecknitz Julius Theodor Moll, gehalten zu Loecknitz d. 7. Oct. 1832. gr. 8. (1 B.) Berlin 834, Mittler.

Büschel, Max, Zamenhofs Esperanto-Sprache. Zum Selbstunterricht. Sämtliche Regeln m. ausführl. Erklärgn. u. zahlr. Beispielen. (VI, 57 S.) 8. Leipzig 907. R. Uhlig. —80

Büschelberger, Carl, aus Erfurt: Beiträge zur Kenntnis einiger Camphenpyrrolabkömmlinge. *Jena 1902: G. Neuenhahn.* (32 S.) 8°
Jena, Phil. Diss. v. (1. Aug.) 1902

Buschen, A. v., Bevölkerung des russischen Kaiserreichs in den wichtigsten statist. Verhältnissen. 8. (VII und 81 S. mit 16 chromolithogr. Karten.) Gotha 862, J. Perthes. geb. *

Büschen, Geo.

— s.: Festgabe usw. Heinr. Finke gewidmet.

Büschen, Geo, vom Tode erstanden. Dem Andenken der toten Kameraden auf Island gewidmet v. ihrem Kapitän. Hrsg. v. Heinr. Beh. (99 S.) gr. 8. Bremerhaven (905). A. Trosdtke & Co. n. 1.—

Buschendorf, C., Bilder aus Luthers Leben f. evangelische Volksschulen. 8. (84 S.) Dresden 883. Bleyl & Kaemmerer. n. — 80

Buschendorf, E., die am häufigsten vorkomm. essbaren u. giftigen Schwämme, s.: Müller, O.

Zwei Gesänge zum Johannisfeste 1852 der Loge Archimedes zum ewigen Bunde im Or. von Gera gewidmet von [Karl] Buschendorf d. Aelt. [Gera 1852.] 4 S. 8° [Umschlagtit.]
Ohne Noten: 1. Das theure Vaterland. 2. Den Jubilaren.

Buschendorf, Karl Fr.

— s. Anbau d. Kartoffeln.

Büschendorf, Karl Fr., Dictionnaire f. Pferdeliebhaber etc., oder Handwörterbuch d. Roßkunde. 4 Bde, (4r v. Ph. v. Arnim). Mit Kpf. gr. 8. Leipz. 797—806. Baumgärtner. 8 Rthlr. 12 gr. Hbfr. Pr. 4 Rthlr.

– s. Fremann: Abhandl.

– s. Köchin, d. erfahrne. beim Fleischeinkauf.

— neues Taschenbuch f. d. Pferdekunde, s. Taschenbuch.

B[uschendorf], K. F.: Neues Taschenbuch für Pferdefreunde, Pferdeärzte und Beschlagschmiede. Oder gründl. Anweisung z. richtigen Kenntniss, Behandlung u. Beschlagung d. Pferde. Mit Kupfern. Leipzig 1797. XVI, 247 S.

— gründl. Unterricht von Thurm-Uhren; mit 6 Kpf. 4. Leipz. 805. Voß. 1 Rthlr. 12 gr.

Rede des Hrn. *Josef Buschenhagen* in der Hauptversammlung des III. allg. österr. Gewerbetages in der Volkshalle d. neuen Rathhauses, am 8. Septbr. 1884 in Wien. 1 Bl. breit-Fol., 3spaltig. Cart.
S.-A. aus Nr. 18 der „Unverfälschten Deutschen Worte" v. 15. Septbr. 1884.

Buschenhagen, R., praktisches Lehrbuch zum Selbst-Unterricht im verkürzten Buchführen u. in der Einrichtung der Bücher. Für Gewerbtreibende, sowie zum Gebrauch in Fortbildungsschulen bearb. gr. 8 (42 S.) Dresden 880. Legler. n. 1. —

Buschenthal, L M

Erzählungen. Neue Ausg. Von L.M. Büschenthal. Magdeburg: Rubach 1823. VI,358 S. 8°

Büschenthal, L. M., Erzählungen. Neue wohlf. Ausg. 8. Magdeb. 825. Rubach. 1 Rthlr.

Buschenthal, L M

Gebilde der Wahrheit und der Phantasie. In Erzählungen. Von L.M. Büschenthal. Magdeburg: Rubach 1819. VI,358 S. 8°

Büschenthal, Lippm. Mos., Gedichte. 1r Bd. gr. 8. Frankf. a. M. 807. Andreä. 1 Rthlr. 2e verm. Ausg. Köln 813. Rommerskirchen. 20 gr.

Büschenthal, L. M., Sammlung witziger Einfälle von Juden. Als Beiträge z. Charakteristik d. Nation. 8. Elberfeld, Büschler. 812.

— Samml. witziger Einfälle von Juden. Als Beiträge zur Charakteristik d. Nation. 8. Elberf. 821. (Schönian). 10 gr.

Büschenthal, L. M., der Siegelring des Salomo. Romant. Trauerspiel in fünf Aufzügen mit dessen Portrait. Leipzig... (Melzer.) 1/3 ℛ

— Skizze über deutsche Orthographie u. Prosodie. 8. Elberf. 811. Mannes. 3 gg

Buscher, Franz, Gerichtsref. aus Krefeld: Die Realkonkurrenz nach § 74 des Strafgesetzbuches für das Deutsche Reich. *Krefeld 1898: J. B. Klein.* (46 S.) 8°
Erlangen, Jur. Diss. v. 17. Okt. 1898

Buscher, Geo.: Die Kirche betet. Die Gebete d. Kirche bei Spendg ihrer wichtigsten Heilmittel. Übers. u. erklärt. (83 m. Abb. u. 1 Lichtdr.) 16° M.-Gladb., B Kühlen ('11). L — 50 d

— **Die Lebensquelle d. göttl. Herzens Jesu. Erwäggn u. Lesgn, Mess-, Beicht- u. Kommuniongebete f. d. Herz Jesu-Freitage u. -Sonntage. (127) 16° Kevel., Butzon & B. ('12). — 25 d**

Büscher u. Hoffmann, vergleichende Betrachtungen über zusammengelegte, tiefgebaute und gewöhnliche landwirthschaftl. Gebäude. Mit 4 lithogr. Zeichnungen. gr. 8. Berlin, Wiegandt & Hempel in Comm. 1862.

Büscher. Erklärung eines Reims bei Villon, ein Beitrag zur Kenntniss altfranzösischer Lautverhältnisse und Aussprache. Weimar, G., 1874. 26 S. 4. Progr.

Büscher, die Statuten der früheren Gilden, Ämter u. Zünfte binnen der Stadt Essen, s.: Beiträge zur Geschichte d. Stadt u. Stift Essen.

Büscher. La versification de Ronsard. Weimar, G., 1867. 24 S. 4. Schul-/Univ.-Schrift.

Büscher, la versification de Ronsard. Weimar 867. (Kühn.) gr. 4. (24 S.) n. 7½ ngr.

Bvescher, Franciscvs (geb. am 22 Sept. 1848 in Westönnen Westf.): De ivdicio officialatvs archiepiscoporvm Coloniensivm in dvcatv Guestphaliae constitvto ... Bonnae, form. I. Trapp (1871). 2 Bl., 88 S., 2 Bl. 8. ¶ Erschien zugleich selbständig bei Henry in Bonn.
Bonn, Jur. Fak., Diss. v. 18 März 1871

Buescher, Franc., de iudicio officialatus archiepiscoporum coloniensium in ducatu Guestphaliae constituto. gr. 8. (88 S.) Bonnae 871. Aachen, I. Schweitzer. 1.—

Büscher, Friedrich, appr. Arzt a. Hasbergen (Hannover).: Aus der Universitäts-Frauenklinik zu Greifswald, Prof. Dr. Martin. Zur Frage der Extrauteringravidität. Greifswald 1906: H. Adler. (37 S.) 8°
Greifswald, Med. Fak., Ref. Martin, Diss. v. 4. Juli 1906
[Geb. 20. Aug. 80 Hasbergen; Wohnort: Meiderich; Staatsangeh.: Preußen; Vorbildung: Gymn. Essen Reife O. 01; Studium: Greifswald 7, Berlin 1, Greifswald 1 S.; Coll. 9. Febr. 06; Approb. 1. Febr. 06.]

Büscher, Gust., die Abschaffung der Armut durch die Wiederherstellung des gleichen Anrechts an die Erde. Ein Aufruf an die weißen Sklaven der Besitzenden. (84 S.) 8. Zürich 909. A. Bürdeke. — 60

Büscher, Gustav. Die Abschaffung der Armut durch Wiederherstellung des gleichen Anrechts an die Erde. Ein Aufruf an die weissen Sklaven der Besitzenden. 84 S. 8. Zürich, Verlagsmagazin, 1909. [fr. —.80]

Büscher, Gust., eine Steuerreform zu Gunsten der Arbeit. Ein Wort zum Nachdenken an das arbeitende Volk der Schweiz. (62 S.) kl. 8. Zürich 905. (Buchh. d. schweiz. Grütlivereins.) n. — 40

Büscher, Gustav. Ein Wort an die Sozialisten und solche, die es werden wollen. 61 S. 8. Zürich, Verlagsmagazin, 1909. [fr. 1.10]

Büscher, H., s.: Kalender f. katholische Lehrer.

Büscher, Jacob (geb. am 2 Jan. 1848 in Kempen Rgbz. Düsseldorf): Die Operation der Hasenscharte ... Bonn, Druck v. J. F. Carthaus [1871]. 26 S., 1 Bl. 8.
Bonn, Med. Fak., nachträgl. erschienene Diss. v. 22 Juli 1870

Buescher, Jo. God., praes. Laur. Heister, De perturbatione animi atque corporis. 32 pp. Helmst. 4°. 1738

Büscher, Karl, Philosophie f. Jedermann. Auszüge aus d. chines. Buche heil. Wissenschaft. Uebers. ins Deutsche. 12. (21 S.) Essen 880. Silbermann. n. — 50

Büscher, O., Streifzüge im Gebiet der altfranzösischen Lautlehre, Wortbildung, Aussprache u. Schreibung. (III, 56 S.) gr. 8. Weimar 909. H. Böhlau's Nachf. 2. —

Büscher, P. J., Fibel od. erstes Lesebuch f. Elementarschulen. 2. Aufl. 2 Abthlgn. 8. (4¾ B.) Neuß 845, Schwann. à *

Büscher, P. J., Fibel oder erstes Lesebuch für Elementarschulen. 1. Abthl. 9—11. Aufl. 849,50. und 12. Aufl. 8. (40 S.) Cöln und Neuß 849, Schwann'sche Vrlgsb. Thlr. *

Büscher, P. J., Fibel od. erstes Lesebuch f. Elementarschulen. 1. Abth. 9. Aufl. 8. (40 S.) Cöln u. Neuß 849, Schwann. — 10. Aufl. 8. Ebd. — 11. Aufl. 8. Ebd. — 12. Aufl. 8. Ebd. 851. — 13. Aufl. gr. 12. Ebd. 852. — 2. Abthl. 8. Aufl. 8. (S. 41—80.) Ebd. 849. — 9. Aufl. 8. Ebd. 851. — 13. Aufl. gr. 12. Ebd. 852. (à n. 1¾ ngr) n. 3½ ngr

Büscher, P. J., Fibel oder erstes Lesebuch für Elementarschulen. 1. Abth. 19—27. Aufl. — 2. Abth. 14—16. Aufl. Köln u. Neuß. 853—54. Schwann. 8. (80 S.) Jede Abth. n. 1¾ ngr.

Büscher, P. J., Fibel oder erstes Lesebuch für Elementarschulen. 1. Abth. 28—57. Aufl. — 2. Abth. 20—42. Aufl. Köln 859—61. Schwann. 8. (40; 40 S.) Jede Abth. n. 1⅓ ngr; geb. n. 1¾ ngr.

Büscher, P. J., Fibel oder erstes Lesebuch für Elementarschulen. 1. Abthl. 76.—98. Aufl. und 2. Abthl. 34.—45. Aufl. 8. (à 40 S.) Köln und Neuß 862—65, Schwann's Verlag. à Abthl. * 1¾ Ngr. *

Büscher, P. J., Fibel oder erstes Lesebuch für Elementarschulen. 1. und 2. Abthl. gr. 16. Cöln und Neuß 868—74, Schwann's Verlag. [1. Abthl. 99.—153. Aufl. (40 S.); 2. Abthl. 46.—63. Aufl. (80 S.)] à Abthl. * 15 Pf.; geb. à

—— dass. — 1. Abthl. Ausg. mit Schreibschrift. 8. (40 S.) Ebendas. 878. * 20 Pf.; geb. **

—— dass. — 1. Abthl. Ausg. mit Schreibschrift. 2.—20. Aufl. 8. (40 S.) Ebendas. 874—79. geb. *

Büscher, P. J., Fibel oder erstes Lesebuch für Elementarschulen. 2 Abthlgn. 8. [Köln und Neuß 875—79,] Düsseldorf, Schwann. [1. Abthl. 154.—162. Aufl. (40 S.); 2. Abthl. 64.—75. Aufl. (80 S.)] geb. à Abthl. 20 Pf. *

Büscher, P. J., Fibel oder erstes Lesebuch für Elementarschulen. Nach der neuen deutschen Rechtschreibung. Neu bearb. von J. Mundt. 2 Abthlgn. 8. Düsseldorf 880—84, Schwann'sche Verlagsh. [1. Abthl. 163.—197. Aufl. (40 S.) ** 30 Pf.; 2. Abthl. 76.—85. Aufl. (56 S.) ** 85 Pf.] geb. **

—— dass. — 2. Ausg. Nach der neuen deutschen Rechtschreibung. 2 Abtlgn. 8. Ebendas. [1. Abtl. 163. Aufl. (40 S.) 880. geb. ** 20 Pf.; 2. Abtl. 86. und 87. Aufl. (40 S.) 888. geb. ** 20 Pf.] **

—— dass. 1. Abtlg. Asg. m. Schreibschrift. 39. Afl. 8. (40) Ebd. 85. geb n.n. — 25

Büscher, P. J., Fibel od. erstes Lesebuch f. Elementarschulen. Nach der neuen deutschen Rechtschreibg. 2 Abthlgn. 8. Düsseldorf, Schwann. geb. n.n. — 45
1. Ausg. m. Schreibschrift. 40. Aufl. (40 S.) 886. n.n. — 25
2. 80. Aufl. (S. 41—80.) 886. n.n. — 20.

Büscher, P J, Fibel od. erstes Lesebuch f. Elementarschulen. 1. u. 2. Abtlg. Seit dem Tode d. Verf. hrsg. v. J. Mundt. 8. Düsseld. 86, Schwann. geb. n.n. — 50
1. 200. Afl. (40) n.n. — 30. — 2. 88. Afl. (43—80) n.n. — 20.

— dasselbe. 2 Abthlgn. 8. Ebend. 886. geb. n.n. — 65
1. Nach der gemischten Schreiblesemethode neu bearb. v. J. Mundt. 203. Aufl. (40 S.) n.n. — 30
2. Zur gegenseit. Unterstützg. d. Anschauungs-, Lese- u. Schreib-Unterrichtes nach dem Grundsatze der Konzentration neu bearb. v. J. Mundt. 86. Aufl. (56 S.) n.n. — 35

—— Fibel oder erstes Lesebuch für Volksschulen. Seit dem Tode des Verf. hrsg. von J. Mundt. 2 Abtlgn. 8. Ebendas. geb. **

Inhalt:
Abtl. 1. Nach der gemischten Schreiblesemethode. 203.—211. Aufl. (40 S.) 886—89. ** 30 Pf.
„ 2. Zur gegenseitigen Unterstützung des Anschauungs-, Lese- und Schreib-Unterrichtes nach dem Grundsatze der Konzentration neu bearb. 89.—93. Aufl. (56 S.) 885—89. ** 35 Pf.
Begleitwort zur 1. Abtl., s. Feiser, P., der Schreibleseunterricht.

Büscher, P. J., Fibel oder erstes Lesebuch f. Elementarschulen. 1. u. 2. Abtlg. 8. Düsseldorf 887. Schwann. geb. n.n. — 60
1. Ausg. m. Schreibschrift. 41. Aufl. (40 S.) n.n. — 25
2. Zur gegenseit. Unterstützg. d. Anschauungs-, Lese- u. Schreib-Unterrichtes nach dem Grundsatze der Konzentration neu bearb. v. J. Mundt. 89. Aufl. (56 S.) n.n. — 35

Büscher, P. J., Fibel oder erstes Lesebuch für Elementarschulen. Seit dem Tode des Verf. hrsg. von J. Mundt. 1. Ausg., mit Schreibschrift. 41. und 42. Aufl. 8. (40 S.) Düsseldorf 887,88, Schwann. geb. **

Büscher, P. J. Fibel od. erstes Lesebuch f. Volksschulen. 1. Abtl.: Seit d. Tode d. Verf. hrsg. J. Mundt. 212.—222. Aufl. gr. 8. (40 S.) Düsseld. 889—92, Schwann. geb. ** — 30

Büscher, PJ, Fibel od. erstes Lesebuch f. Elementarschulen. 1. u. 2. Abtlg. Hrsg. v. J Mundt. 8. Düsseld., Schwann. geb. n.n. — 65
1. 215. Afl. (40) 90. n.n. — 30. ‖ Asg. m. Schreibschrift. 41. Afl. (40) n.n. — 25. — 2. Zur gegenseit. Unterstützg d. Anschauungs-, Lese- u. Schreib-Unterrichtes nach d. Grundsatze d. Konzentration neu bearb. 91. Afl. (56) 87. n.n. — 35

Büscher, P. J., Fibel oder 1. Lesebuch f. Volksschulen. 2 Abtlgn. Seit dem Tode des Verf. hrsg. v. J. Mundt. gr 8. Düsseldorf 894. L. Schwann. Geb. à n.n. — 35
1. 229. Aufl. (48 S. m. Abbildgn.)
2. Zur gegenseit. Unterstützg. des Anschauungs-, Lese- u. Schreib-Unterrichtes nach dem Grundsatze der Konzentration neu bearb. 104. Aufl. (56 S.)

— dass., Begleitwort z. 1. Abtlg, s.: Feiser, P, d. Schreibleseunterricht.

Büscher, P. J., Fibel od. erstes Lesebuch f. Volksschulen. 2. Abtlg. Zur gegenseit. Unterstützg. d. Anschauungs-, Lese-, Schreib- u. heimatkundl. Unterr. neu bearb. von J. Mundt. 117. Aufl. 8. (112 S. m. Bild.) Düsseldorf 897. L. Schwann. Geb. n.n. — 50

Büscher, P. J., Fibel od. erstes Lesebuch f. Volksschulen. 2 Abtlgn. 8. Düsseldorf, L. Schwann. Geb. n.n. — 85
1. Seit dem Tode des Verf. hrsg. v. J. Mundt. 259.—280. Aufl. (à 48 S. m. Abbildgn.) 899—902. n.n. — 35
2. Zur gegenseitigen Unterstützung des Anschauungs-, Lese-, Schreib- u. heimatkundlichen Unterrichtes neu bearb. v. J. Mundt. 126.—133. Aufl. (à 112 S. m. Abbildgn.) 899. 900. n.n. — 50

Büscher, P. J., Fibel od. erstes Lesebuch f. Volksschulen. Seit dem Tode des Verf. hrsg. v. J. Mundt. 294. Aufl. (48 S. m. Abbildgn.) 8. Düsseldorf 904. L. Schwann. Geb. n.n. — 35

Büscher, PJ: Fibel od. 1. Leseb. f. Volkssch. 329. Afl. Hrsg. v. J Mundt. (48 m. Abb.) 8° Düsseldf, L Schwann '09. Geb. nn — 35 d
Begleitwort s. u. d. T.: Feiser, P, d. Schreibleseunterr.

Büscher, P. J.: Fibel od. erstes Lesebuch f. Volksschulen. Seit dem Tode des Verf. hrsg. v. J. Mundt. 334. Aufl. (48 S. m. Abbildgn.) 8. Düsseldorf 910. L. Schwann.

— dasselbe, Begleitwort zur 1. Abtlg., s.: Feiser, P., der Schreibleseunterricht.

Büscher, PJ: Fibel od. 1. Leseb. f. Volkssch. Hrsg. v. J Mundt. 337. Afl. (48 m. Abb.) 8° Düsseld., L Schwann '10. geb. nn — 35 ‖ 344. Afl. Neue Bearbeitg. (80 m. Abb.) gr8° '12. geb. nn — 60 d

Büscher, P. J., Lesebuch für die mittleren Klassen der kathol. Elementarschulen. 2. Aufl. gr. 12. Neuß 843, Schwann. geb. n. 4¾ ngr — 3. Aufl. 844. — 4. Aufl. 845. 12. Ebend. geb. n. 4½ ngr

— Lesebuch f. die mittleren Klassen der kathol. Elementarschulen. 9. Aufl. gr. 12. (II u. 154 S.) Ebd. 849. — 10. Aufl. 12. Ebd. 850. — 11. Aufl. 12. (154 S.) Ebd. 850. — 14. Aufl. gr. 12. (154 S.) Ebd. 852. n. 4½ ngr

— Lesebuch für die mittleren Klassen der katholischen Elementarschulen. 15—19. Aufl. Ebend. 853—54. 8. (1 Bl., 154 S.) n. 4½ ngr

— Lesebuch für die mittleren Klassen der katholischen Elementarschulen. 20—55. Aufl. Ebend. 855—64. 8. (154 S.) n. 4 ngr; geb. n. 4½ ngr

—— Lesebuch für die mittleren Klassen der katholischen Elementarschulen. 50.—62. Aufl. 12. (154 S.) Köln und Neuß 862—65, Schwann's Verlag. * 4 Ngr.; geb. *

—— Lesebuch für die mittleren Klassen der katholischen Elementarschulen. 63.—97. Aufl. gr. 16. (154 S.) Cöln und Neuß 868—74, Schwann's Verlag. **

—— Lesebuch für die mittleren Klassen der katholischen Elementarschulen. 98.—112. Aufl. 8. (154 S.) Ebendas. 875—79. geb. **

—— Lesebuch für die mittleren Klassen der katholischen Elementarschulen. 113.—115. Aufl. 8. (154 S.) Ebendas. 880. geb. **

—— und J. Grönings, Lesebuch für die oberen Klassen der katholischen Elementarschulen. 1. Aufl. (VII und 382 S.) 1853. und 2. Aufl. 8. (V und 404 S.) Köln und Neuß 854, Schwannsche Vrlgsh. *

— und J. Grönings, Lesebuch für die oberen Klassen der katholischen Elementarschulen. 3—19. Aufl. Ebend. 855—64. gr. 8. (406 S.) n. 9 ngr; geb. nn. 10 ngr

—— und J. Grönings, Lesebuch für die oberen Klassen der katholischen Elementarschulen. 15.—21. Aufl. 8. (406 S.) Köln und Neuß 862—65, Schwann's Verlag. * 9 Ngr.; geb. **

—— und J. Grönings, Lesebuch für die oberen Klassen der katholischen Elementarschulen. 22.—38. mit Rücksicht auf die Neugestaltung Deutschlands umgeänd. Aufl. 8. (427 S.) Cöln und Neuß 867—74, Schwann's Verlag. ** M 1.: geb. **

Büscher, Robert, pract. Arzt aus Enger: **Fruchttod infolge Nabelschnur-Umschlingung.** *Berlin (1904): A. Wernicke & Co.* (48 S.) 8° [Ant. u. J.]
Berlin, Med. Diss. v. 26. März 1904

Buscherbruck, *Emil Wilhelm* Karl [aus Duisburg]: Die altfranzösischen Predigten des Heiligen Bernhard von Clairvaux ... (Erscheint vollst. in: Roman. Forsch. hrsg. v. K. Vollmöller, Bd. IX Heft 2.) Erlangen, k. b. Hof- u. Univ.-Buchdr. v. F. Junge, 1895; 30 S., 1 Bl. 8.
Bonn, Phil. Fak., Inaug.-Diss. v. 8. März 1895

Büscherhoff, Gottfried, approb. Arzt aus Lohne (Oldenb.): **Aus d. Universitäts-Augenklinik zu Gießen. Über die Unfallverletzungen des Auges im Bergwerke.** *Gießen 1903: v. Münchow.* (28 S.) 8°
Gießen, Med. Diss. v. 1903

Büschgens, Eug., Anleitung zu einer einfachen u. sicheren Buchführung f. Handwerker u. Gewerbtreibende. 8. (IV, 32 S.) M.-Gladbach 880. Hoster. — 75

Buschhausen, Eduard. (geb. Ratingen 20. 9. 1826): De tumoribus articulorum scrofulosis. Berolini (1852). (30 S.) 8°
Berlin, Med. Diss. v. 29. Sept. 1852

Buschhausen, Philipp [app. Arzt aus Ratingen i. Rheinpr.]: Aus d. medicin. Klinik zu Kiel. Beiträge zur Kenntnis des hypophrenischen Empyems ... Kiel, Druck v. P. Peters, 1895; 24 S., 1 Bl., 1 Tab. 8.
Kiel, Med. Fak., Inaug.-Diss. v. [24. Febr.] 1896

Buschhof, Prozeß. Der Xantener Knabenmord vor dem Schwurgericht zu Cleve vom 4. bis 14. Juli 1892. Mit Situationsplänen u. nach stenograph. Aufzeichngn. gr. 8. (112 S.) Hagen i/W. 892. L. Wrießner (Litterar. Bureau). n. — 70

Buschhof, der, zu Reichenau. Eine Geschichte aus dem norddeutschen Dorfleben von K. Ge. Zwickau 869. (Döhner.) 8. (144 S.) n. 5 ngr.

Buschhoff, s. Fall Buschoff, der. — Prozeß Buschhof.

Buschhoff, der Fall, s.: Criminalfälle, interessante.

— s.a. Buschoff.

Buschhof-Prozess. Der Xantener Knabenmord. Hagen i. W. 892.

Buschhorn historische Andeutungen über den gegenwärtigen Zustand der psychischen Arzneikunde. Inauguralabhandl. Erlang. 1831. 8.

Buschhorn, C. (Red.), s. Stenographen-Zeitung Fortschritt.

Buschhorn, Karl

Buschhorn, Carl, s.: Bevern, Herib.

Buschhorn, Carl, lose Blätter. Gedichte. gr. 8. (87 S.) Paderborn 899. Verlagsanstalt P. Buschhorn. n. — 60

Lose Blätter. Gedichte von Carl Buschhorn. *Paderborn: Westfalia 1899.* (37 S.) 8 [F.]

Buschhorn, Carl, Dichterstudien. Biographien zeitgen. Dichter u. Schriftsteller. 1. Hft. 12. [Paderborn 896, Verl. d. „Runen".] Hagen i/W., C. F. M. Buschhorn. n. — 30
Max Oberbreyer. Eine Würdigg. s. litterar. Schaffens. [Aus: „Runen".] (12 S. m. Bildnis.)

— s. Dichtung, die neue.

[F.] Auf roter Erde. Gedichte v. Carl Buschhorn. M. d. Bildn. d. Vfs. *Paderborn: C. F. M. Buschhorn (1899).* (52 S.) 1 Bd 8.

— Auf roter Erde. Gedichte (a. Westfalen). 2. Afl. 8° (32 m. Bildnis.) Paderb. 99. Detmold, Verl.-Anst. P Buschhorn. 1 — || 4. Afl. (32 m. Bildnis.) 1900. — 50; geb. m. G. 1.25

Auf roter Erde. Gedichte aus Westfalen von Carl Buschhorn. Mit Bildn. d. Verf. 3. Aufl. *Paderborn: C. F. M. Buschhorn (1899).* (32 S.) 8° [F.]

— auf roter Erde. Gedichte. 1.—4. Aufl. 8. (à 32 S. m. Bildnis.) Paderborn (900). Verlagsanstalt P. Buschhorn. n. — 50; geb. m. Goldschn. n. 1. 25

— Erinnerungen. Gedichte. gr. 8. (25 S.) Ebd. 899. n. — 50; kart. n. — 75

— Heimatlieder. Gedichte. gr. 8. (29 S.) Ebd. 899. n. — 50; kart. n. — 75

[Ant. u. F.] Moderne Jugend. Zeitgemaesse Plaudereien v. Heribert Bevern [d. i. Karl Buschhorn]. 5. Aufl. *Paderborn: C. F. M. Buschhorn (1898).* (22 S.) 1 Bd 8.

Moderne Jugend, 7. Afl., s.: Studien, kleine.
Erschien in 1—6. Afl. unter d. Pseudonym: H Bevern.

Jugendstürme. Gesammelte Gedichte von Carl Buschhorn. Mit Bildn. d. Verf. *Paderborn: Westfalia (1899).* (144 S.) 8° [F.]

Jugendstürme. Gesammelte Gedichte von Carl Buschhorn. Mit Bildn. d. Verf. 2. Aufl. *Paderborn: Westfalia-Verl. (1899).* (144 S.) 8° [F.]

Jugendstürme. Gesammelte Gedichte von Carl Buschhorn. Mit Bildn. d. Verf. 3. Aufl. *Paderborn: Westfalia-Verl. (1900).* (144 S.) 8° [F.]

— Jugendstürme. Gesammelte Gedichte. 1.—4. Aufl. gr. 8. (à 114 S. m. Bildnis.) Paderborn (899. 900). Verlagsanstalt P. Buschhorn. n. 2. —; geb. n. 3. —; Luxusausg. geb. m. Goldschn. n. 6. —

— u. Herm Ziemer, Lehrgang d. Stenographie: „Fortschritt!" I. Tl. 12. Paderborn 895. Husum, H. Ziemer's Selbstverl. n. — 80
Correspondenzschrift, hrsg. v. Herm. Ziemer. 3., verb. Aufl. (32 autogr. S.)

Buschhorn, C, u. H Ziemer, Lehrgang d. Stenographie. I. Tl. 12° Paderborn 95, H Ziemer's Selbstverl. — 40
Correspondenzschrift, hrsg. v. H Ziemer. (16)

— — Lehrgang d. Stenographie: „Fortschritt!" I. Tl. 12° Paderborn 95, C Buschhorn. — 80
Correspondenzstenographie, hrsg. v. H Ziemer. 2. Afl. (32)

[F.] Max Oberbreyer. E. Würdigg s. litterar. Schaffens. Von Carl Buschhorn. *Paderborn: Verl. d. 'Runen' 1896.* (Abdr. a. No 4 5 d. 'Runen'.) (15 S.) 1 Bd 8.
= Buschhorn, C.: Dichterstudien. H. 1.

— s.: Runen.

— In eigener Sache. Ein offenes Wort an Verständige, zugleich e. krit. Beleuchtg. der Hetz-Artikel e. allbekannten, kleinen Paderborner Blattes. Allen Freunden d. Wahrheit gewidmet. gr. 8. (35 S.) Paderborn 902. C. F. M. Buschhorn. — 25

— Sturm u. Traum. Gedichte. gr. 8. (60 S. m. Bildnis.) Paderborn 899. Verlagsanstalt P. Buschhorn. n. 1. —

Sturm und Traum. Gedichte von Carl Buschhorn. Mit Bildn. d. Verf. *Paderborn: Westfalia (1899).* (50 S.) 8° [F.]

Buschick, Chr. Gli., Vorschläge, wie der verderbliche Einfluss der Fabriken auf die Volksschulen und Volksbildung ohne Nachtheile der Gewerbe und des Wohlstandes zu verhindern sei. 8°. Leipzig, Magaz. f. Ind., 1821.

Buschick, (C. G.) Vorschläge, wie der verderbl. Einfluß d. Fabriken auf d. Volksschulen u. Volksbild. ohne Nachtheile d. Gewerbe u. d. Wohlstandes zu verhindern sey. 8. Leipzig 822, Magaz. f. Ind.

Buschick, R., Die Pädagogik Augustins. Diss. 1893. 69 S.

Buschick, Richard *Albert Gustav* [aus Pirna]: Die Abhängigkeit der verschiedenen Bevölkerungsdichtigkeiten des Königreichs Sachsen von den geographischen Bedingungen ... Nebst 3 Taf. Veröffentl. v. Verein f. Erdkunde in Leipzig. (Aus: Wiss. Mitth. d. Ver. f. Erdk. zu Leipzig.) Leipzig, *Pierer'sche Hofbuchdr. in Altenburg,* 1893; 1 Bl., 61 S., 3 Kt. 8.
Leipzig. Phil. Fak., Inaug.-Diss. v. [25. Sept.] 1893

Buschick, Richard: Die Abhängigkeit der verschiedenen Bevölkerungsdichtigkeiten des Königreichs Sachsen von den geographischen Bedingungen. Mit drei Tafeln. in: Wissenschaftliche Veröffentlichungen des Vereins für Erdkunde zu Leipzig. Bd. 2. S. 1—61. Leipzig 1895. 61 S. 8°.

Buschick, Rich.: Geograph. Charakterbilder. Erläutergn zu d. Bilderatlas v. Rud. Schmidt. Anh.: Winke z. Benutzg d. Volksschulatlasses v. Rud. Schmidt. (8, 369) 8° Lpzg, F Brandstetter '11. 3 —; L 3.60 d

— Deutschld, s: Ratzel, Frdr.

— u. Herm. Ulbricht: Die Leipz. Tieflandsbucht, s.a. Landschaftsbilder a. d. Kgr. Sachsen.

Die Leipziger Tieflandsbucht. Von Dr. (R[ichard]) Buschick, Lehrer in Leipzig, [&] Hermann Ulbricht, Sem.Oberl. in Borna. Mit 13 Abb., 2 Karten, 3 Fig., 1 topogr. u. 1 orohydrogr. Karte. Meissen: H. W. Schlimpert 1906. (93 S.) 8° [F.]
= Landschaftsbilder aus d. Königreiche Sachsen. [5.]

Buschick, Rudolf [Cand. theol. aus Freiberg in Sachsen]: Die Pädagogik Augustins ... Erlangen, k. b. Hof- u. Univ.-Buchdr. v. F. Junge, 1893; 69 S. 8.
Erlangen, Phil. Fak., Inaug.-Diss. v. 1893

Buschick, Th. (Red.), s. B e r g w e r k s - Zeitung, Sächsische.

Busching, Paul: Beiträge zur Handelspolitik Englands. Entwicklung d. handelspolit. Beziehungen zwischen England u. seinen Kolonien. T. 1: Bis zum Jahre 1860. Kap. 1 u. 2: Die Durchführung des Merkantilismus in der englischen Kolonialpolitik. *Stuttgart 1901: Union.* (46 S.) 8° [Erschien vollst. 1902 als: Münchener volkswirtsch. Studien. Stück 48 u. d. T.: Die Entwicklung d. handelspolit. Bezieh. ...] München. Staatswirtsch. Diss. v. 1902

Busching, Paul, die Entwickelung der handelspolit. Beziehungen zwischen England u. seinen Kolonien, s. a. Studien, Münchener, volkswirtschaftliche.

Die Entwickelung der handelspolitischen Beziehungen zwischen England und seinen Kolonien bis z. Jahre 1860. Mit Anh.: Tabellar. Uebersicht über d. Kolonialhandel 1820–1900 von Dr. Paul **Busching.** *Stuttgart & Berlin: J. G. Cotta 1902.* (VIII, 244 S.) 8°
— **Studien,** Münchener Volkswirtschaftliche. Stück 48. (M. 6.50)

Büsching's Magazin der Geschichte und Geographie (Hamburg 1768) Thl. 16, S. 505—516 (viele Einzelnheiten über die Einnahmen und Ausgaben des p o m m e r s c h e n Staates um 1688).

Büsching (Hrsg.), s. P r o v i n z i a l b l a t t , Schlesisches.

Büsching, Anton Friedrich

Büsching, Ant. Fr., († d. 28. Mai 1793.) Abbild. u. Erläuterung d. Bestuchefischen Schaumünzen. 4. Hamb. 765.

— — kündiget d. öffentl. Prüfung d. Gymnasiasten u. Schüler an . . u. behauptet i. e. vorläuf. Abhandlung a. e. neue Weise, daß der Staat d. Lehrern sein. öffentl. Stadtschulen größere Ehrentitel u. Besoldungen ertheilen müsse. Bln. (Eisfeld) 22./23. IV. 1783. 12 S., mit kurz. Biogr. d. Schüler. (4.50) 4600

— — kündiget d. öffentl. Prüfung d. Gymnas. u. Schüler an, nachdem er e. kurze Abhandelung von der Arbeitsliebe vorangeschicket hat. Bln. (J. C. F. Eisfeld) 1790. 16 S., mit kurz. Biogr. d. Schüler. (4.50) 4602

Büsching, Ant. Friedr. (Hrsg.), s. a. A b h a n d l u n g e n, gelehrte...

— gelehrte Abhandll. u. Nachrr. von Rußland. 16 Stck. gr. 8. Königsb. 764. 26 Stck. gr. 8. Riga. (Leipz.) 765. Hartknoch. 16 gl

— Anmerkk. über d. symbol. Bücher d. luther. Kirche. 8. Hamb. 770. 2e A. 771. Buchenröder. 6 gl

– B e a n t w o r t u n g der Frage . . .

— — ladet z. d. öffentl. Prüfung d. Gymnasiasten ein u. beantwort. vorher d. Frage: Wer studieren solle? Bln. (J. C. F. Eisfeld) 1781. 16 S., mit Namen u. kurz. Biogr. (4.50) 4599

Beyträge zu der Lebensgeschichte denkwürdiger Personen, insonderheit gelehrter Männer. Von Anton Friedrich **Büsching.** Th. 1—6. — Halle: Curt 1783—89. 8°

Büsching, Ant. Fr., Beyträge z. Lebensgeschichte merkw. Person. 6 Bde. gr 8. Halle, Curt. 783—89. (1r 1 Rthlr. 3 gr., 2r, 3r, u. 4r à 1 Rthlr., 5r 21 gr., 6r 1 Rthlr. 12 gr. 6

— Beitrr. zur Lebensgeschichte merkwürd. Personen. 6 Bde. gr. 8. Halle 783—89. (Laue in Berl.) 6 ₰ 12 gl

— Beyträge z. Regier. Gesch. Friedrichs d. Großen. gr. 8. Hamb. Bohn. 790.

— Beitrr. zur Regierungs-Geschichte Friedrichs d. Gr. gr. 8. Hamb. 790. N. A. (blos n. Titel). gr. 8. Leipz. 818. Hinrichs. 1 ₰ 12 gl Schrbp. 1 ₰ 18 gl

Büsching, Anton Friedrich, Beiträge zur Regierungsgeschichte Friedrichs des Grossen. Leipzig 1816. 8.

Büsching, Ant. Frdr. Zuverlässige Beiträge zu der Regierungsgeschichte Friedrichs II. von Preussen, in Ansehung der Volksmenge, des Handels, der Finanzen und des Kriegsheeres. 8°. Hamburg 1790.

Büsching, Dr. A. Fr., zuverläßige Beyträge zu der Regierungsgeschichte Friedrich II., Königs von Preußen rc. Mit einem histor. Anhange. Neue Ausgabe gr. 8. Leipzig, Hinrichs. 818. Rthlr.

— Beschreibung d. todten Meeres in Palästina, s. a. Beschreibung, u. setze hinzu: (v. A. F. Büsching). Hamb. 766.

— Beschr. d. todten Meeres in Paläst. 8. Hamb. Bohn. 766.

— Beschreib. seiner Reise v. Berlin nach Kyritz im J. 1779. Mit 3 Kpf. gr. 8. Leipz. 780. Breitkopf u. H. 1 ₰ 16 gl

Büsching (A. F.), Beschreibung seiner Reise von Berlin nach Kyritz in der Prignitz. 8°. Leipzig 1780.

— Beschreibung seiner Reise von Berlin über Potsdam nach Rekahn im Jahre 1775. 2. Ausg. Frankfurt u. Leipzig 1780. 8.

Büsching, Ant. Frdr. Charactère de Frédéric II. Trad. en franç. par d'Arnex. 8. Bern 1788.

— charactère de Fréderic II., roi de Prusse. II Vols. 8. Bern 789. Haller. 20 gl

— Charakter Friedrich II., Königs v. Preußen. gr. 8. Halle... 2e A. 788. (Laue in Berl.) 21 gl (A. u. d. T.: Beitrr. zu d. Lebensgesch. denkwürd. Personen. 5r Thl.)

Büsching, Anton Friederich, Character Friederich des Zweyten, Königs von Preussen. (Mit Zusätzen und Register.) Halle 1788. 8.
— — Character Friederichs II. beschrieben von B ü s c h i n g 2. Ausg. Halle 1788. 8
— — Character Friederichs des Zweyten, Königs von Preussen, beschrieben von D. Anton Friedrich B ü s c h i n g. Zweite Ausgabe. Karlsruhe 1789. 8.
— **Bretschneider,** Hnr. Gfr. v, Recension der Schrift: Character Friedrichs II., Königs von Preussen, beschrieben von Anton Friedrich Büsching. Wien und Leipzig 1789. 8.

— Charakter Friedrichs II. v. Preußen. gr. 8. Halle, Curt. 788.

— der Christ bei d. Särgen. 8. Hamb. 766. N. A. 8. Leipz. 788. Linke. 6 gl

– s. D a n v i l l e : Beschreibung.

— — Entwurf u. Geschichte d. zeichn. schönen Künste. 8. 781. Ebend.

— Entwurf e. Geschichte d. zeichnenden Künste. 8. Hamb. 782. (A. Campe). 20 gl

— epitome theologiae e solis sacris literis concinnatae. 8. Lemgo 757. Meyer. 4 gl

Büsching, Anton Friedrich.
Erdbeschreibung. Hamburg 1787—1805. Fortsetzer: *Sprengel, Matthias Christian, Samuel Friedrich Günther Wahl, Johann Melchior Hartmann & Christoph Daniel Ebeling.* (BrMm)

Büsching. Anton Frid.: Erdbeschreibung. Hamburg 1787—1803. 19 Bde

Th. 1. Danemark. Norwegen. Schweden. das russische Reich. 8. Aufl. 1787.
„ 2. Ost- u. West-Preußen, Polen u. Litauen, Galizien u. Lodomerien, Ungarn, Siebenburgen, Republik Ragusa u. das osmanische Reich. 8. Aufl. 1788
„ 3. Portugal, Spanien u. Frankreich. 8. Aufl 1788.
„ 4. Italien u. Großbritannien. 8. Aufl. 1789.
„ 5. Einleitung in das Deutsche Reich, Böheim, Mähren, die Lausitz, der östreichische Kreis. 7. Aufl. 1789.
„ 6. Der westphälische u. chur-rheinische Kreis. 7. Aufl. 1790.
„ 7. Der ober-rheinische, schwäbische, bayerische u. frankische Kreis. 7. Aufl. 1790.
„ 8. Der obersächsische Kreis. 7. Aufl. 1790.
„ 9. Der niedersachsische Kreis, die 3 Kreise der unmittelbaren Reichs-Ritterschaft. u. andere nicht zu den 10 Haupt-Kreisen des Deutschen Reichs gehörige unmittelbare Reichs-Länder u. Oerter. 7. Aufl. 1792.

— Erdbeschreibung. 1r Thl. Dännemark, Norwegen, Schweden und das ganze Rußische Reich. 1ste Abtheilung, Schweden. 8. Hamburg, Bohn. 807.
Schreibp.

Büsching, Ant. Fr., Erdbeschreibung. 3r Thl. Portugall, Spanien und Frankreich. 1ste Abtheil. Portugall v. Ebeling. 8. Hamburg, Bohn. 808. Rthlr.
Schreibp.

— — 8r Thl. Obersächs. Kreis. 8. Ebend. 791.

— — 10r Thl. d. verein. Niederlande, Helvetien, Schlesien u. Glatz. 8. Ebend. 792.

— — 11r Thl. 1te Abtheil. welcher unterschiedl. Länder von Asien begr. 8. Ebend. 792.

— — 11r Thl. 2te Abtheil. Asien, nehmlich Hindostan und Dekan, von Sprengel. 8. Ebend. 802.

— — 11r Thl. 3te Abtheil. Asien. 8. Ebend. 805.

— — 11r Thl. 4te Abtheil. Asien. 8. Ebend. 807.

— — 12r Thl. 1 Bd. Afrika, v. Hartmann. 8. Ebend. 799.

— — 13r Thl. 1r bis 6r Bd. v. C. D. Ebeling, d. verein. Staaten von Nordamerika. 8. Ebend. 800 — 803. (I. 3. Rthlr. 8 gr., II. 2 Rthlr. 4 gr., III. 1 Rthlr. 12 gr., IV. 1 Rthlr. 20 gr., V. 2 Rthlr., VI. 1 Rthlr. 8 gr.)

— — Erdbeschreibung. 13r. Theil. 7 Bde. — Sozmann Atlas dazu — Ist jetzt Verlag von Hoffmann und Campe in Hamburg.

— — hierzu Sotzmanns amerikan. Atlas, s. Sotzmann.

— Auszug aus sr. Erdbeschreibung. 8. Hamb. 762 bis 780. 5 A. 6e A. 785. Bohn. 1 Rthlr. 8 gr.

BUESCHING (Anton) F(riedrich). -s große Erdbeschreibung. Tressler, Brunn; Schrambl, Wien 1785–1790. 28 vol.

— neue Erdbeschreibung, fortges. v. Ebeling. 1r — 13r Thl. 8. Hamb., Bohn. (1r Thl. Dänemark, Norwegen, Schweden u. d. ganze Ruß. Reich. 1e Abthl. Schweden. 8. Ebd. 754 bis 777. 7 Aufl., 8e Aufl. 787. N. A. umgearb. v. Rühs. 807. (Campe). 1 Rthlr. 6 gr. Schrbp. 1 Rthlr. 16 gr. 2r Thl. Ost- u. Westpreußen, Polen, Litthauen, Gallicien 2c. 754 bis 777. 7 Aufl., 8e Aufl. 788. Neue Bearb. v. Ebeling 808. (Campe). 1 Rthlr. 12 gr. Schrbp. 1 Rthlr. 20 gr. 3r Thl. Portugal, Spanien, Frankreich. 777 bis 788. 8 A. N. A. umgearb. v. Ebeling 808. 1 Rthlr. 6 gr. Schrbp. 1 Rthlr. 16 gr. 4r Thl. Italien u. Großbritannien. 761 bis 782. 5 Aufl. N. A. 789. 1 Rthlr. 2 gr. 5r Thl. Einleit. in d. deutsche Reich, Böhmen, Mähren, d. Lausitz u. d. Oesterr. Kreis. 768. 2e A. 771. 3e A. 781. N. A. 789. 1 Rthlr. 2 gr. 6r Thl. d. Westphäl. u. Kurrhein. Kreis. 790. 1 Rthlr. 7r Thl. d. Oberrhein. Schwäbische, Baierische u. Fränkische Kreis. 7e A. 790. 1 Rthlr. 12 gr. 8r Thl. der Obersächsische Kreis. 7e A. 791. 1 Rthlr. 8 gr. 9r Thl. der Niedersächsische Kreis, die 3 Kreise d. unmittelbaren Reichsritterschaft 2c. 7e A. 792. 1 Rthlr. 2 gr. 10r Thl. die Verein. Niederlande, Helvetien, Schlesien u. Glatz. 5e A. 792. 1 Rthlr. 4 gr. 11r Thl. 1e—4e Abthl. Asien 2c. von Sprengel u. Wahl. N. A. 8. Ebd. 792—807. (A. Campe). 8 Rthlr. 16 gr. 12r Thl. 1r Bd. Afrika, bearb. v. J. M. Hartmann. 8. Ebd. 799. (Ebd.) 3 Rthlr. 13r Thl. 1r—7r Bd. A. u. d. T.: Chr. Dn. Ebeling, d. Verein. Staaten v. Nordamerika. 8. Ebd. 793—816. (1r Bd. 2e A.) (Campe. 17 Rthlr. 16 gr.) Atlas dazu, s. D. F. Sotzmann.
NB. Bei d. vielfältigen Umarbeitungen u. gänzl. Veränderungen d. verschied. Abtheill. habe ich blos d. letzten Ausgaben, wie sie von den Verlegern ausgegeben sind, aufgeführt.)

Anton Friderich **Büschings** neue Erdbeschreibung. Th. 9, welcher vom deutschen Reich den obersächsischen Kreis enthält. Neueste Ausg. Schaffhausen. 1760. 8°.

——— Th. 10, welcher vom deutschen Reich den niedersächsischen Kreis enthält, und ferner unterschiedene zu den 10 Kreisen nicht gehörige unmittelbare Reichsländer etc. etc. Neueste Ausg. ebd. 1768. 8°.

Büsching, Anton Frid.: Neue Erdbeschreibung. Hamburg.

Th. 1. Dänemark, Norwegen, Schweden, das ganze rußische Reich, Preußen, Polen, Ungarn u. die europäische Turkei. 6. Aufl. 1770.
„ 3. Das Deutsche Reich nach seiner gegenwärtigen Staatsverfassung. 5. Aufl. 1771.
Bd 1. Kgr. Böhmen, der österreichische, burgundische, westphälische, churrheinische u. oberrheinische Kreis.
„ 2. Der schwäbische, bayerische, frankische u. obersächsische Kreis.
„ 3. Der niedersachsische Kreis, unterschiedene zu den 10 Kreisen nicht gehorige unmittelbare Reichslander, die 3 Kreise der unmittelbaren Reichs-Ritterschaft, einige ganerbschaftl. Gebiethe, unmittelbare Reichsdörfer nebst Vorr. u. Reg. uber Th. 3.
„ 4. Die vereinigten Niederlande, Helvetien, Schlesien u. Glatz. 4. Aufl. 1773.
„ 5. Abth. 1. Unterschiedene Lander von Asia. 2. Aufl. 1771.

Büsching (A. F.), Neue Erdbeschreibung. 7. Ausg. 6 Bde. Hamburg 1787—90. 8.

Büsching, Ant. Fr., Neue Erdbeschreibung. Th. 1—14. Hamburg 1789—1806. 8. (D.; LHK)
2. Th. Ost- u. West-Preussen, Polen, Litthauen, Gallicien etc. Neue Bearb. von Ebeling. 1808.
5. „ Einleitung in das Deutsche Reich, Bohmen, Mahren, die Lausitz u. der Oesterreich. Kreis. Neue Ausg. 1789.
6. „ Der Westphälische u. Kurhessische Kreis. 1790.
7. „ Der Oberrheinische, Schwabische, Baierische u. Fränkische Kreis. 7. Aufl. 1790.
8. „ Der Obersächsische Kreis. 7. Ausg. 1791.
9. „ Der Niedersächsische Kreis; die 3 Kreise der unmittelbaren Reichsritterschaft. 7. Aufl. 1792
10. „ Die vereinigten Niederlande, Helvetien, Schlesien, Glatz. 5. Aufl. 1792.

— — neue Erdbeschreibung von Europa. Schweden und Portugall. gr. 8. 807. u. 808. Ebend.

— Erklärung d. kl. Katechismus Lutheri. 8. Kopenh. 756. Leipz., (Brockhaus). 3 gr.

— Erklär. des kl. Catechis. Lutheri. 8. Koph. (Gleditsch Lpz.) 756.

— d. vier Evangelisten, mit ihren eigenen Worten zusammengesetzt u. mit Erklärungen versehen. 8. Hamb. 766.

— Chursächs. Finanzstaat. 4. Halle, Curt. 777.

— Kursächs. Finanzstaat. 4. Halle 777. (Laue in Berl.) 12 gr.

Büsching, Ant. Fr. Kursächsischer Finanzstaat in der neuesten Zeit mit einem historischen Anhang. 4°. Halle 1777.

— zum Gedächtniß meiner gelehrten Tochter Joh. Kathar. Frieder. Büsching. Ein kl. Pendant z. Gesch. d. bekannten Lübecker Kindes. Berl. 784.

— zum Gedächtniß d. sel. Frau, geb. Dilthey. Mit Kpf. gr. 8. Berl. 777. Lange. 6 gr. Schrbp. 8 gr.

— zum Gedächtniß Reinbecks. 8. Berl. 783. Eisfeld. 3 gr.

— Gedanken von d. Beschaffenheit d. bibl.-dogmat. Theologie, zur Erläuter. sr. Epitome theologiae. 4. Lemgo 758. Meyer. 2 gr.

Büsching, Anton Friedrich: D. Anton Friedrich Büschings eigene Gedanken und gesammlete Nachrichten von der Tarantel, . . . Berlin: Buchhandlung der Realschule 1772. 56 S. 8°.

— eigne Gedanken u. Nachrichten v. d. Tarantel. 8. Berl. 772. (Reimer). 2 gl

— Gedank. u. Nachr. v. d. Tarantel. 8. Berl. Realschulb. 772

— Gedanken über d. dunkeln u. schweren Stellen d. heil. Schrift. 4. Götting. 754.

— géographie d'après la 5me édition de l'original. XIV Tom. en XVI Vols. Strassb. 783—92. Treuttel u. W. 20 Rß

Büsching, Ant. Fr., géographie, avec des augmentations et corrections qui ne se trouvent pas dans l'original trad. p. Gérard. 8. Züllichau 768—71.

— le même, abgekürzt von Beranger. 12 Bde. gr. 12. Lausanne 776.

— géographie de la France. II Vols. 8. Strassb. 788. Treuttel u. W. 2 Rß 16 gl

Büsching, Ant. Fr. Kurze biblische Geographie von Palästina. Versuch einer Zusammenstellung des wichtigsten Stoffes für Zwecke des Unterrichts in den untern Klassen höherer Lehranstalten. 21 S. Pregr. Rg. Dresden-Neustadt 1882.

— s. Geschichte, allgem., d. Welt, Natur etc.

BÜSCHING, ANT. FRIEDR., Geschichte der evangelisch-lutherischen Gemeinen im Russischen Reich. 1—2. Th. Altona. 1766—67.

— Geschichte d. evangel.-luther. Gemeinde in Rußland. 2 Thle. 8. Altona 766, 67. Iversen. 20 gl

— Geschichte u. Grundsätze d. schönen Künste u. Wissenschaften im Grundr. 2 Thle. 8. Berl. 772—74. Winter. 17 gl

— Geschichte u. Grundsätze d. Steinschneidekunst. 8. Berl. 774.

Büsching, A. F., Geschichte der zeichnenden Künste. Hamb. 781. 8. 20 gr.

— Geschichte der zeichnenden Künste. Hamb. 782. 8. 20 gr.

Des Anton Friedrich Büschings neueste Geschichte der Evangelischen beyder Confessionen im Königreich Polen und Großherzogthum Litauen von 1768 bis 1783 nebst der bes. Geschichte der evangel.-lutherischen Gemeine zu Warschau. — Halle: Curts Witwe 1784. 636 S.

— neueste Gesch. der Evangel. beyd. Confession. in Pohlen 3 Thle. 4. Halle. Curt. 784—87. (1r 1 Rthlr. 16 gr., 2r 12 gr., 3r 15 gr.)

— neueste Geschichte d. beiden evangel. Confessionen in Polen. 3 Thle. 4. Halle 784—87. (Laue in Berl.) 2 Rß 18 gl

— Geschichte d. jüdischen Religion. 8. Berl. 779. Eisfeld. 8 gl

— Grundlage e. Geschichte d. Bemühungen u. Verdienste alter u. neuer Völker um d. Gelehrsamkeit. 8. Berl. 792. Maurers B. 1 Rß 4 gl

— chronolog. Grundr. d. Weltgeschichte. Fol. Berl. 762. 2e A. 8. 771. 3e A. 772. 4e A. 780. Eisfeld. 2 gl

— Grundr. e. Geschichte d. Philosophie. 2 Thle. 8. Berl. 772. Eisfeld. 1 Rß 8 gl

Ant. F. Büsching's Grundriss e. Gesch. d. Philos. u. ein. wicht. Lehrss. ders. *Berl.*, Eisfeld. 772-74. 2 Thle. 8° 1 Rß 8 gl

Büsching, Anton Friedrich: „Grundriß der allgemeinen Hausshaltungswissenschaft", Hamburg 1777 und 1789.

Büsching, A. F.: „Grundriss der allgemeinen Haushaltungswissenschaft, zum Nutzen der Jugend entworfen", Leipzig 1789 (Neue Buchhdlg.).

— Grundriß d. Haushaltungswissenschaft f. d. Jugend. 8. Biel 789. (Bern, Typograph. Soc.) 3 gl

— Grundr. z. e. Hist. d. Philosophie. 2 Thle. 8. Berl. Eisfeld. 772—74.

— Grundr. d. Lebens Jesu, wie es von d. vier Evangelisten beschrieben worden. 8. Hamb. 761. Bohn. 3 gl

— — Einladungsschrift z. d. öff. Prüfungen i. Berlin. u. Cölln. Gymnasio . . in welcher er zugleich seinen Grundriss d. Redekunst mittheilet. Bln. (J. Gg. Bosse) 15.—19. IV. 1771. 24 S., mit Namen u. handschr. Widm. (4.80) 4598

— Grundr. e. Unterr. v. d. klug. Verhalt. e. Hofmeisters. 8. Altona, Iversen. 763.

BÜSCHING, ANT. FRIEDR., Grundris eines Unterrichts wie besondere Lehrer und Hofmeister der Kinder und Jünglinge sich pflichtmäszig, wohlanständig und klüglich verhalten müssen. Altona und Lübeck. 1760. (jf. B. D. I. 1014).

Büsching, A. F. (Hrsg.), s. Hansen, J. F.: Staatsbeschreibung d. Herzogthums Schleswig.

— introductio hist. theol. in epistol. Pauli ad Philippens. 4. Halae, Kümmel. 746.

— introduction à la connaissance géographique et politique des états de l'Europe etc. 8. Lausanne 780. Pott u. Comp. 20 gl

— s. Ive, E.: Reisen.

— Leben Streits. 8. u. in 4. Berl. 777. Eisfeld. 2 gl

— eigene Lebensgesch. gr. 8. Halle, Curt. 789.

— eigne Lebensgeschichte, in 4 Stücken. gr. 8. Halle 789. (Laue in Berl.) 1 Rß 12 gl (A. u. d. T.: Beiträge zu d. Lebensgeschichte denkw. Personen. 6r Thl.)

— J. J. Lerchs Lebens- u. Reisegesch. m. K. gr. 8. Halle, Curt. 791.

Büsching, Ant. Fr., Lehrbuch f. d. Jug. m. Forts. 8. Zürich, Orell. 769. 70. Rthlr.

— — dass. 8. Frft. Kehle. 786.

— ästhetische Lehrsätze u. Regeln. 8. Hamb. 774. Buchenröder. 4 gl

— s. Lerche, J. J.: Lebensbeschreib.

— liber latinus in usum puerorum latinam linguam discentium editus. 8. Berl. u. Strals. 767. Ed. II. 770. Ed. III. 773. Ed. IV. 780. Ed. V. 788. Lange. 10 gl Deutsch u. d. T.: nützliches u. angenehmes Lehrbuch f. d. Jugend. 8. Offenb. 772. N. A. 8. Ebd. 786.

Büschingii Liber latinus in usum puerorum. Ed. 5. Berol. 787. 8. 10 gr.

— s. Lynar: Nachricht.

— Magazin f. d. neue Historie u. Geographie. 22 Thle u. 23r Thl. Register v. B. G. Weinart. Mit Kpf. 4. Hamb. u. Halle 767—93. (Laue in Berl.) 45 Rß 6 gl Hbg. Pr. 24 Rß

— Nachricht v. d. Charakt. u. Leben d. berühmt. Scheik Daher Omar in Palästina. 8. Berl. Haude. 776.

— wöchentl. Nachrichten von Landkarten u. Büchern von 1773 bis 87. 8. Berl., Haude u. Sp. (à J. 2 rß) 30 rß

Büsching, A.Fr. (Hrsg.), s.a. N a c h r i c h t e n , Wöchentliche, von neuen Landcharten, geographischen, statistischen und historischen Büchern und Sachen.

Büsching, Anton Friedrich: Wöchentliche Nachrichten von neuen Landcharten, geographischen, statistischen und historischen Büchern und Sachen (Schriften) Jahrg. 1—9. 1773—1781. 12—15. 1784—1787. Berlin (1773)—1782. 1785—1788. 7 Bde. 8°.

– s. N a c h r r . von d. Zustande d. Wissensch. in Dänemark.

Büsching, Ant.Fr. (Hrsg.), s.a. N a c h r i c h t e n von dem Zustande der Wissenschaften und Künste in den Kgl. Dänischen Reichen und Ländern.

— Nachr. von d. Zustande d. Wissenschaften u. Künste in d. Dänischen Reichen rc. 3 Bde, 24 Stcke. (3r Bd. Herausg. v. Jos. Lork). 8. Kopenh. 753—57. (Brockhaus in Leipz.) 2 rß

— Nachrichten v. d. Zustande d. Wissensch. u. Künste in d. Dänischen Reichen rc. 3 Bde. od. 24 Stck. 8. Kopenh. (Gleditsch, Lpz.) 753—57.

— libri latini particula IV. fragmenta geographica et historica et indicem atque interpretationem difficiliorum loc. continens. Berl. u. Strals. 768. Ed. II. 769. Ed. III. 770. Ed. IV. 772.

— Philosophie, 2 Thle. Berl. Spathen.

— les premieres principes de la langue française. 8. Berl. 772.

— Probe, seine Verbindung d. Evangelisten. 4. Lemgo 762. (Altenb., Schnuphase). 2 g

Büsching, Ant. Friedr. (Resp.): De P r o c r a s t i n a t i o n e baptismi . . . , s.a. B a u m g a r t e n , Siegm. Jakob

Büsching, Anton Friedrich (Stadthagen/Schaumburg), De procrastinatione baptismi apud veteres eiusque caussis. Diss. hist.-eccles. Präs. Sigism. Jacob Baumgarten. Halle (J. Ch. Hilliger) Sept. 1747. 32 S. (1.50) 4597
Gew.: Carl Gottlieb Hoffmann, Elias Caspar Reichard, Joh. Fried. Jacobi.

— recueil des passages propres à former l'esprit, le gout et le coeur de la jeunesse, tirés des oeuvres du Philosophe de Sans Souci. 8. Berl. 772.

— Reise von Berlin nach Reckhahn. Mit Kpf. gr. 8. Berl. 772. N. A. 780. 8. Ebd., Haude u. Sp. 1 rß 4 g

– Schauplatz der 5 Theile der Welt. Mit beständiger Rücksicht . . . s. Schauplatz.

– s. S c h e u c h z e r : physica sacra.

Anton Friderich Büschings, Kurzgefassete Staats-Beschreibung der Herzogthümer Holstein und Schleswig. Mit einer Nachricht von seiner neuen allgemeinen zuverlässigen Erdbeschreibung. Hamburg 1752. 8°.

— Topographie d. M. Brandenb. gr. 4. Berl. Realschulb. 775.

— Topographie d. Mark Brandenburg. gr. 4. Berl. 775. (Reimer). 2 rß

— Unterricht f. Informatoren u. Hofmeister. 8. Altona u. Lübeck 760. 2e A. 763. 3e A. 8. Hamb. 773. 4e A. 775. N. A. 797 u. 802. (Leipz., Wienbrack). 6 g

— Unterricht f. Lehr. u. Hofmeist. Lpz. Gräff. 794. (Hammerich in Altona)

— Unterr. in d. Naturgeschichte f. Diejenigen, welche wenig oder gar nichts davon wissen. 8. Berl. 775. 2e A. 776. 5e A. 787. (Späthen). 6 g

— — dass. m. 20 Bog. K. gr. 8. Fürth. Geyer. 789. m. illum. K.

— Unterr. in d. Naturgeschichte f. Diejenigen, welche noch wenig oder gar nichts von derselben wissen rc. 2 Thle, mit Kpf. gr. 8. Nürnb. 797. 2e A. 814, 15. Geyer. 1 rß 20 g Hbg. Pr. 16 g ill. 4 rß Hbg. Pr. 1 rß 12 g (Nachdruck).

— Unterr. in d. Naturgesch. m. 58 K. gr. 8. Nürnb. Raw. 797. illum.

— Untersuch., wenn u. durch wen d. evangel. Kirche das Joch d. symbol. Bücher auferlegt worden. gr. 8. Berl. 789. Vieweg in Braunschw. 6 g

— Vergleichung d. griech. Philosophie mit d. neuern. 8. Berl. 785. Haude u. Sp. 8 g

— Vertheidigung d. Hauberschen Harmonie d. vier Evangelisten wider den Angriff Jh. Dav. Michaelis. 8. Lemgo 751. Meyer. 2 g

– s. V i t r i n g a : Auslegung.

– s. V o l t a i r e : Gesch. d. Russ. Reiches.

Büsching, Ant. Fr., Vorbereit. zur gründl. u. nützl. Kenntniß d. geograph. Beschaffenheit u. Staatsverfass. d. europ. Reiche u. Republiken. 8. Wien 758. 4e A. 779. (Heubner). 8 g 6e A. unt. d. T.: Vorbereit. zur europ. Länder- u. Staatenkunde, umgearb. v. G. P. H. Norrmann. gr. 8. Ebd. 802. (Hamb., A. Campe). 1 rß 18 g Dass. im Ausz. 8. Ebd. 803. 10 g

Büsching (A. F.). Vorbereitung zur gründlichen und nützlichen Kenntniſs der geographischen Beschaffenheit und Staatsverfassung der europäischen Reiche. 4. Aufl. Leipzig 1773. 8.

— Vorbereit. z. gründl. u. nützl. Kenntn. d. geogr. Beschaffenh. u. Staatsverf. d. Eur. Reiche u. Republ. 8. Wien. Camesina, 779.

Büsching, Anton Friedrich, Vorbereitung zur gründlichen und nützlichen Kenntniss der geographischen Beschaffenheit und Staatsverfassung der europäischen Reiche und Republiken, welche zugleich ein allgemeiner Abriss von Europa ist. 5. Auflage. Wien 1780.

B ü s c h i n g , Anton Friedrich: „Kurzgefasste Vorbereitung zur europäischen Länder- und Staatskunde", Hamburg 1758. — Neue Auflage, herausgegeben von Norrmann, Hamburg 1803.

— Vorbereit. zur europ. Länder- u. Staatenkunde, s.a. Vorstehendes.

Büsching, Dr. Anton Friedr. Vorbereitung zur e u r o p ä i s c h e n L ä n d e r- und S t a a t e n k u n d e, nebst einer statistischen Uebersicht des jetzigen Europa. 6. Auflage. Herausgegeben v. G. P. H. N o r m a n n. 8. Hamburg 1802.

— Vorbereit. z. Europ. Länder- u. Staatenkunde, umgearb. v. Normann. gr. 8. Hamb. Bohn. 802.

— — Vorbereitung z. europäischen Länder- und Staatenkunde. 6te Aufl. gr. 8. 802. Ebendas.

— — dasselbe im Auszuge. 8. 803. Ebend.

– Unmaßgeblicher V o r s c h l a g einer Veränderung in Ansehung .

— — kündiget d. öff. Prüfung d. Gymnas. u. Schüler an, nachdem er vorher in Ansehung d. Unterrichts i. d. christlichen Religion, der jetzt in den Schulen ertheilet wird, eine Veränderung unmasgeblich vorgeschlagen hat. Bln. (J. C. F. Eisfeld) 21./22. III. 1785. 10 S., mit kurz. Biogr. d. Schüler. (4.50) 4601

— was ist ein Christ? 8. Hamb. 753. (Altenb., Schnuphase). 4 g

Büsching, Chr. WEG (H): Die Kalenderreform. Einführg e. feststeh., v. Jahr zu Jahr gleichbleib. u. möglichst regelmäss. Jahreseinteilg m. 4 Skizzen u. 4 Tab. u. m. e. Beweisführg z. Normalkaldr. (53) 8° Halle, R Heller '11. — 80

Reform-Kalender. Ein immerwährender Kalender ohne Veränderungen von Jahr zu Jahr. Eine zeitgemäße Betrachtung m. Übersichtstab. von Chr. W. E. G. **Büsching** in Halle a. S. [Nebst] Nachtrag v. 20. Aug. 1910. Halle a. S.: Heller 1910. 8° [10. 13170 3

Büsching, Chr. W. E. H. (G), Reform-Kalender. Ein immerwähr. Kalender ohne Verändergn. von Jahr zu Jahr. 33×20,5 cm. Mit Text auf der Rückseite. Nebst Abhandlg.: Eine zeitgemässe Betrachtg. (16 S.) 8. Halle 910. R. Heller. — 50; Reformkldr. allein — 10; Abhandlung allein — 40

Büsching, D. A. F., Charakter Friedrichs des Großen. Vier Kapitel aus dem 1788 erschienenen Werke: Charakter Friedrichs des II., Königs v. Preußen. Hrsg. v. J. Lorsch. Mit e. Einführg. (Bibliothek der Aufklärg.) (32 S.) 8. Frankfurt a/M. 907. Neuer Frankfurter Verlag. — 50

Büsching, G., s.a. Büsching, Joh. Gustav Gottlieb

— — Melodien zu der Sammlung deutscher flammländischer und französischer Volkslieder, hrsg von —. Ebd. 1807. 4°. (3 Mk. E. Carlebach, Heidelberg, 1894.)

(**Büsching, G.**), Phil. Unters. von Gewalt und Wirkung des Teufels in natürlichen Cörpern. Frkf. a. M. 4°. 1704

Büsching, G.G. (Hrsg.), s. Provinzialblätter, Schlesische.

Büsching, Heinr., kaufmännische Vorschriften. (1. Lfg.) gr. 4. (4 lith. Blätter.) Leipzig 844, Schmalz. •

Büsching, J. G., der prakt. Kaufmann, oder Encyklopädie für Handelsbeflissene jeder Art. 8. Helmst. 826. Fleckeisen. 1 Thlr 4 gr

Büsching, Joh., s.a. Beiträge zur Frage nach der Grenze zwischen Religion u. Wissenschaft.

Beiträge zur Frage nach der Grenze zwischen Religion und Wissenschaft. Bekenntnisse. Mediziners. (Verf.: Joh. **Büsching**.) Leipzig: Selbstverl. 1905. 117 S. 8° [09 4371 B

Büsching, Johann Christoph, s. Büsching, Johann Gustav Gottlieb

Büsching, Johann Gustav, s. Büsching, Johann Gustav Gottlieb

Büsching, Johann Gustav Gottlieb

Büsching, Jh. Gust. Gli., Abriß d. deutschen Alterthumskunde. Zur Grundlage von Vorlesungen bestimmt. **Mit 1 Karte. gr. 8. Weim. 824. Indust.-Compt. 12 gr ohne Karte 6 gr**

— d. Alterthümer d. Stadt Görlitz. (Aus d. n. Laus. Mag. abgedr.) Mit 5 Steint. gr. 8. Görlitz 805. (Leipz., Barth). 1 Thlr Dass. mit Abbild. gr. 8. Bresl. 824. (Hentze). 4 gr

— die Alterthümer d. Stadt Görlitz. (A. d. N. Laus. Mag. abgedr.) Mit 5 Steintaf. gr. 8. (Görlitz 825. (Grüson u. C. in Bresl.)

— die heidnischen Alterthümer Schlesiens. 1s—4s Heft. Mit 12 Steindr. gr. Fol. Leipz. 820—23. Hartknoch. (à 1 Thlr 8 gr) 5 Thlr 8 gr

— die heidnischen Alterth. Schlesiens. 3s u. 4s Hft. m. Steindr. gr. Fol. Leipz. 822—24, Hartknoch. à 1 Rthlr. 8 gr. 1s—4s Hft

Büsching, J. G. G. Die Alterthümer der heidnischen Zeit Schlesiens. Band I. Breslau 1820. Fol.

— s. Ameisen- u. Mückenkrieg.

– s. Bemerkk. über Urkunden d. Kloster Leubus.

— der heilige Berg u. dessen Umgebungen in Oswitz. 8. Bresl. 824.

— Beschreibung d. Burg Kinsberg im Schlesierthale. Mit e. Ansicht u. 2 Grundr. gr. 12. Breslau 827, Grüson u. C.

— Beschreib. d. Burg Kinsberg im Schlesierthale. Mit 2 Ansicht. u. 3 Grundrr. gr. 12. Bresl. 827. (Hentze). 6 gr

— das Bild des Gottes Tyr, gefunden in Oberschlesien u. verglichen mit zwei andern Bildern desselben Gottes, entdeckt am Rhein u. in Mecklenburg; mit 1 Kpf. gr. 8. Bresl. 819. (Max u. C.) 9 gr (J. F. Korn). 8 gr

Büsching, J. G., das Bild des Gottes Tyr, gefunden in Oberschlesien, und verglichen mit zwei andern Bildern, entdeckt am Rheine und in Mecklenburg. Mit einer Steintafel. Breslau 820. 8. 8 gr.

Büsching, Joh. Gust. Gottl. (Hrsg.), s.a. Blätter für die gesammte Schlesische Alterthumskunde.

— Blätter für d. gesammte Schlesische Alterthumskunde, aus d. Papieren u. Verhandll. d. Alterthümer-Sammll. rc. gezogen. 1s—6s Heft, mit 1 Steindr. 8. Bresl. 820—22.

— Bruchstücke auf meiner Geschäftsreise durch Schlesien in d. J. 1810, 11 u. 12. 1r Bd., mit Kpf. 8. Bresl. 813. W. G. Korn. 1 Thlr 12 gr

Büsching, Johann Gustav (Hrsg.), s.a. Buch der Liebe

— u. Fr. H. v. d. Hagen, Buch d. Liebe. 1r Bd. gr. 8. Berl. 809. (Dümmler). 2 Thlr 12 gr

Büsching, G., u. v. d. Hagen, Buch der Liebe, 1r Bd. gr. 8. Berl. Hitzig. 809.

Büsching, Joannes Gustavus Theophilus: Descriptiones authenticae nonnullorum sigillorum medii aevi in tabulis Silesiacis repertae. Adnexa est descriptio et delineatio nonnullorum monogrammatum unius tabulae Silesiacae. Cum delineationibus XXVIII antiquorum sigillorum Silesiacorum in IV tabulis lithographicis. Vratislaviae 1824. (IV, 20 S., 4 Taf.) 4° [*Buchausg. 1824 bei Duncker & Humblot in Berlin unt. d. T.: „De antiquis Silesiacis sigillis . . .“*]

Breslau, Phil. Fak., Antr.-Progr. als ord. Prof. v. 2. März 1824

— Erzählungen, Dichtungen, Fastnachtsspiele u. Schwänke d. Mittelalters. 1r Bd., 1s u. 2s Heft. 8. Bresl. 814. W. G. Korn. 2 Thlr 3s Heft. 8. Bresl. 815. Holäufer. 1 Thlr

– s. Gedichte, altdeutsche, d. Mittelalters.

— über d. achteckige Gestalt d. alten Kirchen, mit besond. Rücksicht auf Breslau. Mit 2 Abbildd. gr. 8. Bresl. 817. Max u. C. 21 gr (Berl., Rücker). 20 gr

— Grabmal d. Herzogs Heinrich IV. von Breslau. Ein Beitrag zur Gesch. d. altdeutschen Kunst im 13ten Jahrh. Nebst e. urkundl. Darstellung d. Lebens Heinrich IV. u. 5 Abbildd. gr. Fol. Breslau 826. (Grüson u. Co.) 3 Rthlr. color.

— Grabmal des Herzogs Heinrich IV. v. Breslau. Ein Beitrag z. Geschichte d. altdeutschen Kunst im 13ten Jahrh. Nebst e. urkundl. Darstell. des Lebens Heinrich IV. u. 5 Abbildd. gr. Fol. Bresl. 826. (Hentze). 3 Thlr color. 4 Thlr 15 gr

— Grundriß z. Geschichte d. deutschen Poesie rc., s. F. H. v. d. Hagen.

— der arme Heinrich, s. Hartmann von der Aue.

— Leben u. Abentheuer d. Schles. Ritters Hans v. Schweinichen, s. Schweinichen.

Büsching, Johann Gustav Gottlieb. Leben Götz von Berlichingen. Berlin 1810. V: (auch) *Hagen, Friedrich Heinrich von der.* (Ky)

—(u. F. H. v. d. Hagen,) Leben Götz v. Berlichingen. 8. Berl. 810. 2e A.... 3e A. 813. (Bresl., Holäufer). 1 rß 8 gr

Büsching, Johann Gustav. Der Deutschen Leben, Kunst und Wissen im Mittelalter. Eine Sammlung einzelner Aufsätze. Mit Kupfern und Steindrucken. 1. Jahrgang fehlt. 2 Bde. Breslau 1817 und 1819. 8°.

—Lieben, Lust u. Leben d. Deutschen, s.a. Hans v. Schweinichen.

— — Lieben, Lust und Leben der Deutschen d. 16ten Jahrhunderts in den Begebenheiten d. schlesischen Ritters Hans von Schweinichen, von ihm selbst aufges. 1r. Bd. 8. Breslau, Mar. 820.

Lieben, Lust und Leben der Deutschen des 16. Jahrh. in den Begebenheiten des schlesischen Ritters Hans v. Schweinichen, hrsg. von Büsching. 3 Bde. Breslau 1820—23. 8. — 2. A., hrsg. v. Oesterley. Breslau 1878. 8.

— Lied der Niebelungen, s.a. Niebelungen.

Büsching, Dr. Johann Christoph. Das Lied der Nibelungen. Metrisch übersetzt. 8. Altenburg und Leipzig 1815.

— Merkwürdigkeiten altdeutscher Kunst in d. Altmark. 1e Lief. Mit Abbildd. Fol. Breslau. Gröson u. C.

—Merkwürdigkeiten altdeutscher Kunst in d. Altmark. 1e Lief., mit 2 Abbildd. Fol. Bresl. 825. (Henze). 14 gr

Büsching, Joh. Gust. Gottl. (Hrsg.), s. Museum für altdeutsche Litteratur und Kunst.

— Nachrichten f. Freunde d. Kunst u. Gelahrtheit des Mittelalters. 1s—12s Heft. Bresl. Holäufer. 816.

—wöchentl. Nachrichten für Freunde d. Geschichte, Kunst u. Gelahrtheit d. Alterthums. 4 Bde. (1r. 2r Bd., mit 12 Kpf.) Jahrg. 816—19. gr. 8. Bresl., (Henze). 12 rß (3r u. 4r Bd. A. u. d. T.: der Deutschen Leben, Kunst u. Wissen im Mittelalter, eine Samml. einzelner Aufsätze. 2 Bde, mit 5 Kpf., 11 Steindr. u. 1 Karte. 6 rß)

— — wöchentl. Nachrichten für Freunde der Geschichte, Kunst und Gelahrtheit des Alterthums. 2 Bde. od. 52 Stücke. (Jahrg. 816). gr. 8. Breslau, Fr. Korn. 821. Wohlfeile Ausg. Drckp.

Schrbp.

Büsching, Joh. Gustav Gottlieb (Hrsg.), s.a. Nachrichten, Wöchentliche, für Freunde der Geschichte, Kunst und Gelehrtheit des Mittelalters.

— wöchentl. Nachrichten für Freunde d. Geschichte, Kunst u. Gelehrsamkeit d. Mittelalters. 4 Bde. Mit Kupf. gr. 8. Breslau, jetzt Gröson u. C. à 3 Rthlr.

Nachrichten, wöchentl., für Freunde der Geschichte, Kunst u. Gelahrtheit des Mittelalters. Hrsg. von Dr. *Joh. Gust. Büsching.* 4 Bde. Mit vielen color. u. schwarzen Kpfrn. Breslau, bei Joh. Frdr. Korn d. Ält., 1816, 16, 17, 19. (Haupttit. m. d. Jahrz. 1821.) 8°. Hübsche Hpgmtbde.

Geschätztes Werk, Sr. Exc. d. Hrn. Geheimen Rath v. Goethe gewidmet. Bd. 3 u. 4 auch m. d. Titel: Der Deutschen Leben, Kunst u. Wissen im Mittelalter. Eine Samml. einzelner Aufsätze, hrsg. von Dr. Joh. Gust. Büsching. I: 2 Bll., VIII—424 S. Mit 6 Kpfrn. II: 2 Bll., 410 S. Mit 0 Abbild. III: 4 Bll., 424 S., 1 Bl. Mit 5 Kpfrn. u. 3 Steindr. IV: IV S., 1 Bl., 408 S. Mit 8 Steindr. u. 1 Karte. — So cplt. selten!

Büsching, Joh. Gust. (Hrsg.), s.a. Pantheon.

Büsching Joh. Gust., u. Kannegießer Pantheon; Zeitschrift f. Wissensch. u. Kunst. 1r u. 2r Bd. u. 3n Bds 1s Stück. gr. 8. Berlin, Rücker. 810.

—Reise durch einige Münster u. Kirchen des nördl. Deutschlands, im Spätjahre 1817. Mit 4 Kpft. 8. Dresd. 819. Hartknoch in Leipz. 2 rß 16 gr Velinp. 3 rß 12 gr

Büsching, Joh. Gust. Gtlieb, Reise durch einige Münster und Kirchen des nördlichen Deutschlands im Spätjahr 1817. Leipzig 1819. . . . . (D.)

Büsching. J. G. G. Ritterzeit und Ritterwesen. Vorlesungen. 3 Bde. 8. Leipzig 1823.

Büsching, [Joh. Gust. Gottlieb]: Ritterzeit und Ritterwesen. In Vorlesungen. Bd 1. 2. Leipzig: Brockhaus 1823—1824. 8°

– s. Hans Sachs.

— Sagen u. Geschichten a. d. Schlesierthale u. d. Burg Kinsberg. 4. Breslau 824. Gröson u. C.

—Sagen u. Geschichten aus d. Schlesierthale u. d. Burg Kinsberg. Mit 2 Steindr. 4. Bresl. 824. (Hense). 12 gr

—Samml. f. altdeutsche Litt., s. F. H. v. d. Hagen.

Büsching, J. Ch. (Hrsg.), s. Sammlung für altdeutsche Literatur und Kunst.

Büsching, Joh. Gust., u. F. H. von der Hagen:

— — Samml. deutscher Volkslieder. Bresl. J. F. Korn.

—Dieselb. Samml. deutscher Volkslieder, mit e. Anh. flammänd. u. französ. 16. Berl. 807. Braun. (Rücker). 1 rß 12 gr

—d. Schloß d. deutschen Ritter zu Marienburg. Mit 7 Kpft. in gr. Fol. gr. 4. Berl. 823. Dunker u. H. 4 rß

—Siegel d. alten Schles. Herzoge, Städte, Aebte ꝛc. in Abgüssen u. Abdrücken. 1e Lief. 8. Bresl. 815. (J. F. Korn). 1 rß 12 gr

Büsching. Von schlesischen Siegeln. Mit vier Steindrucktafeln. Breslau 1824. 4°.

— de antiquis Silesiacis sigillis et eorum descript. authent. in tab. Silesiacis reperta literis mandavit disquisitionem. Adnexae sunt descript. et delineat. IV monogramm. unius tab. Siles. Cum delineat. 28 antiquorum sigillor. Siles. in IV tab. lithogr. 4. Bresl. 824. (Dunker u. H. in Berl.) 1 rß 4 gr

Büschingius, Johannes Gustavus Theophilus: De signis seu signetis notariorum veterum in Silesiacis tabulis, praemissa brevi comparatione tabularum Silesiacarum cum Germanicis. Vratislaviae 1820. (IV, 45 S., 7 Taf.) 4° *[Im Buchhandel 1820 bei Hentze in Breslau.]*

Breslau, Phil. Fak., Antr.-Progr. als außerord. Prof. v. 1820

Busching, Jh. Gust. Gli., de signis et signetis notariorum veterum in silesiacis tabulis, praemissa brevi comparatione tabularum silesiacarum cum germanicis. Cum C. Signetis in VII tabulis lithograph. 4 maj. Bresl. 820. (Hentze). 1 rß 8 gr

— — De Signis seu signetis notariorum veterum in silesiacis tabulis. Praemissa breve comparatione tabularum silesiacarum cum germanicis. Cum C. Signetis in VII tabulis lithographicis. 4maj. Vratislaviae. (J. F. Korn in comm.) 820.

—Versuch einer Einleit. in d. Geschichte d. altdeutschen Bauart. gr. 8. Bresl. 821. Leipz. 823. Brockhaus. 15 gr

— — Versuch einer Einleitung in die Geschichte der altdeutschen Bauart. gr. 8. Breslau, Fr. Korn. 821.

Büsching, Jh. Gust. Gtl., Volkssagen, Mährchen u. Legenden, s.a. Volkssagen ꝛc. in wissenschaftl. Werken.

Büsching, Joh. Gust. Gtlieb, Volkssagen, Mährchen und Legenden. Leipzig 1812. 8.

Busching, Johann Gustav. Volks-sagen, Märchen, und Legenden, gesammelt von J. G. Büsching. New ed. Lpz. 1821 (1st ed. 1811).

— Zeitbücher d. Schlesier. 1r—3r Bd. (A. u. d. T.: Jahrbücher d. Stadt Breslau, von Nicolaus Pol.) Mit 4 Kpf. gr. 4. Bresl. 813—19. Graß, B. u. C. (à 1 ₰) 3 ₰ 4r u. 5r Bd. mit J. G. Kunisch. gr. 4. Ebd. 823, 24. (Henze). 2 ₰ 18 gr

— Zeitbücher der Schlesier. 3r Bd. Mit 1 Tabelle und 1 Kupf. gr. 4. Breslau, J. F. Korn d. ält. 819.

Büsching, Jh. Edw., s. Journal f. Bienenfreunde.

[J.] Leben der heiligen Elisabeth, Landgräfin von Thüringen. Von Dr. Wilhelm Büsching. 2. verb. Aufl. M. 8 Abb. *Marburg: N. G. Elwert 1898.* (1 Bl., 72 S., 1 Portr.) 1 Bd 8.

Buschii, Herm., Decimarum Plautinar. pemptadum I. S. l. eta.

Buschii, Herm., Vallum humanitatis sive Humaniorum litterarum contra obtrectatores vindiciae. C. auctoris vita ed. J. Burckhardus. Ed. nov. Francof. 745. 8. 8 gr.

Buschka, Dr. Karl, Lehrbuch der analytischen Chemie. I. Theil. Qualitative Analyse. Mit 5 Abbildungen u. einer Spectraltafel. Gr.-8. (XII, 262 S.) Wien: Deuticke 1891. 3.60

Buschke, A.

— s.: Neisser, A., stereoscopischer medicin. Atlas.

Buschke, Abraham

Buschke, A., Ueber Hefenmykosen bei Menschen u. Thieren, s. a. Sammlung klin. Vorträge.

Über Hefenmykosen bei Menschen und Thieren v. A[braham] Buschke (Berlin). *Leipzig: Breitkopf & Härtel 1898.* (20 S.) 8.
— Sammlung klinischer Vorträge. No 218.

Buschke, Abraham [pr. Arzt aus Nakel (Posen)]: Zur Casuistik der Herderkrankungen des Hirnschenkels ... Berlin. Buchdr. v. G. Schade, *1891:* 29 S., 1 Bl. 8.
Berlin, Med. Fak. Inaug.-Diss. v. 9. Okt. 1891

Buschke, Adolf

Buschke, A., d. Blastomykose, s. a. Bibliotheca med.

Die Blastomykose. Nach d. bisher. Erfahrungen u. eigenen Untersuchungen dargest. von Privatd. Dr. med. A[dolf] Buschke, Berlin. Mit 9 Taf. *Stuttgart: E. Nägele 1902.* (VIII, 74 S.) 4°
= Bibliotheca medica. Abth. D², H. 10.

Buschke, A., Pathologie u. Therapie der hereditären Syphilis, s. a. Klinik, Berliner, 179. Hft.

Pathologie und Therapie der hereditären Syphilis. Von Privatd. Dr. A[dolf] Buschke, Berlin. *Berlin: Fischer 1903.* (35 S.) 8°
— Klinik, Berliner. H. 179.

Buschke, Leop. (geb. Rogasen 30. 11. 1831): Febris scarlatinae historia. Berolini (1859). (32 S.) 8°
Berlin, Med. Diss. v. 8. Juni 1859

Buschkiel, Alfred Hermann

Buschkiel, Alfr. H., das Kassen- u. Zahlungswesen der staatlichen u. kommunalen Behörden im Königr. Sachsen u. seine jüngste Entwicklung, s. a. Studien, Münchener volkswirtschaftliche.

Buschkiel, Alfred H[ermann]: Das Kassen- und Zahlungswesen der staatlichen und kommunalen Behörden im Königreich Sachsen und seine jüngste Entwickiung. Eine Untersuchung über d. Wechselbeziehungen zwischen Banken u. öffentl. Kassen. Stuttgart 1909: Union. 95 S. 8° ¶(Ersch. auch als: Münchener volkswirtsch. Studien. Stück 89.)
München, Staatswirtsch. Diss. v. 3. Dez. 1908, Ref. Lotz
[Geb. 4. März 86 Chemnitz; Wohnort: Chemnitz; Staatsangeh.: Sachsen; Vorbildung: Gymn. Chemnitz Reife O. 05; Studium: Jura Genf 1, Leipzig 1, Tübingen 1, Berlin 1, Staatsw. München 3 S.; Rig. 3. Dez. 08.] [U 09. 3254

Buschkiel, F. L., De Polyonymia Homeri. Diss. 1875. 26 S.

Buschkiel, *Ludwig Friedrich* Nationalgefühl und Vaterlandsliebe im älteren deutschen Humanismus. I (26 S.). G. *Chemnitz* 1887 Progr.

Buschkiel, Rhard: Die Rentabilität d. sächs. Staatseisenb., s. a. Studien, Münch. volkswirtschaftl.

Buschkiel, Reinhard: Die Rentabilität der Sächsischen Staatseisenbahnen. Stuttgart 1909: Union. 81 S. 8° ¶(Ersch. auch als: Münchener volkswirtsch. Studien. Stück 93.)
München, Staatswirtsch. Diss. v. 28. Juni 1909, Ref. Lotz
[Geb. 6. April 87 Chemnitz i. S.; Wohnort: Chemnitz; Staatsangeh.: Sachsen; Vorbildung: Gymn. Chemnitz Reife O. 06; Studium: Jura Freiburg i. B. 1, Leipzig 1, Jura u. Staatsw. München 5 S.; Rig. 28. Juni 09.] [U 10. 3439

Die Rentabilität der sächsischen Staatseisenbahnen von Reinhard Buschkiel, Dr. Stuttgart & Berlin: Cotta 1909. 81 S. 8°
(Münchener Volkswirtschaftl. Studien. Stück 93.)

Buschky, Fr., des lustigen Vetters Anecdotenbüchlein für Bauern und Gastwirthe. Eine Sammlung heiterer kleiner Geschichtchen und launiger Anecdoten zur Erholung auf den heißen Sommer d. J. 1842. 1. Bdchn. 8. Leipzig 843, Exped. des Archivs d. Landwirthschaft. ⅙ ₰

Buschky, Fr., des lustigen Vetters Anecdotenbüchlein f. Bauern u. Gastwirthe. Eine Samml. heiterer kleiner Geschichtchen u. launiger Anecdoten zur Erhol. auf den heißen Sommer d. J. 1842 1. Bdchn. 8. (3 B.) Leipzig 843. (Voigt u. Fernau.) Thlr

Büschl, Andreas: Ueber den Einfluss der Religion auf Gewerbe und Landwirthschaft. pg. 3-8. 4°. Lauter.
Progr. Augsburg 1840/41.

Büschl, Andr., der Herr ist mein Antheil. Ein kathol. Gebet- u. Andachtsbuch. 3., verm. u. verb. Aufl. 8. (11 B. u. Titkpfr.) Augsburg 845, Schmid'sche Buchh.

Büschl, Andr., der Herr ist mein Antheil. Ein kathol. Andachtsbuch. 9., neu durchgeseh. Aufl. 32. (XV und 402 S. mit 3 Stahlst.) Augsburg 850, Schmid's Verlag.

Büschl, Andr., der Herr ist mein Antheil. Ein kathol. Gebet- und Andachtsbuch. 10. Aufl. 12. (240 S. mit 1 Stahlst.) Augsburg 858, Schmid'sche Verlagsbuchh.

—— Kursus Marianus, s. Kursus Marianus.

—— s.: Messbuch weltl. Leute.

— s. Dan. Müller, der kathol. Schullehrer.

Büschl, Andr., geistliche Rose. Ein kathol. Gebet- u. Andachtsbuch. Ausg. auf feinem Pap., m. 3 Stahlst. 4. Aufl. 12. (VIII u. 348 S.) Augsburg 851, Schmid. 14 ngr

—— geistliche Rose. Ein kathol. Gebet- und Andachtsbuch. 5., neuerdings durchges. Aufl. 12. (XII und 348 S. mit 1 Stahlst.) Augsburg 850, Schmid's Verlag.
Fein Pap. mit 3 Stahlst.

Büschl, Andr., geistliche Rose. Ein katholisches Gebet- und Andachtsbuch. 7. Aufl. Mit 1 Stahlst. Augsburg 860. Schmid. 12. (IV, 356 S.) 9 ngr;
Velinp. m. 3 Stahlst. 15 ngr

Büschl, Andr. (Hrsg.), s. Schulbote, Der deutsche.

Büschl, And., und Mich. Frey, Schul- und Lesebuch zum Gebrauche in den obern Klassen der deutschen Volksschulen. 2 Thle. gr. 8. (XVI und 648 S.) Augsburg 864, Rieger'sche Buchh. à Thl. ** 7½ Ngr. **

— christl. Unterweisungen für die Jugend. Aus d. 12. Ausg. im Französ. am Ende des XVIII. Jahrh. ins Deutsche übers. 7. Aufl. 8. Augsburg 846, Fahrmbacher. 12 ngr

—— christliche Unterweisungen für die Jugend. Aus der 12. Ausg. im Französ., am Ende des 18. Jahrh. in's Deutsche übers. 9., aufs Neue durchgeseh. Aufl. gr. 12. (XXIV und 264 S. mit 1 Stahlst.) Augsburg 861, Kranzfelder'sche Buchh.
Vgl. auch: Erhard, Casp., geistlicher Baumgarten.

Büschl, Theodor [cand. med. aus Langquaid]: Stichverletzung der Arteria iliaca externa dextra ... München, 1895; 33 S. 8.
München, Med. Fak., Inaug.-Diss. v. 1895

Büschle, Paulin, zwei kl. pädagogische Schriften. 8. Frburg 790, 91.

Büschler, Edm.: Comment. de principiis jur. civ., publ. et gent. circa reprehens., punit. vel remiss. peregrinorum qui in alieno territorio deliquerunt, praes. ad requisit. externae gentis, in cert. lit. acad. G. A. praem. orn. *Gött.*, Dieterich. 800. 4. (6 Gr.)

Büschler, Ernst [aus Thiemau in Ostpr.]: Ueber arsenhaltige Verbindungen des Naphtalins ... Elberfeld, gedr. bei S. Lucas, 1893; 49 S. 8.
Rostock, Phil. Fak., Inaug.-Diss. v. [1. Dez.] 1892

Buschman, Alfr. Frhr v.: Die Dienstorganisation d. österr. Staatsbahnen u. ihre Reform. (232) gr8° Wien, A Hölder '12. 3.40

Buschman, Ghard. von, s.a. Buschmann, Gotthard von

Buschman, Ghard. Frhr. v., Adel u. Beamtentum Oesterreich's m. besond. Bedachtnahme auf e. Dienstpragmatik f. Staatsbeamte. gr. 8. (47 S.) Wien 886. Manz. n. 1.20

Buschman, Ghard. Frhr. v. [Eginhard], Lied vom Herzog Friedel und Sänger Osly. gr. 8. (VI, 102 S.) Wien 880, Rosner. *

— Graf Rudolf vor Basel. Historisches Volksschauspiel in 5 Aufzügen. 12. (134 S.) Wien 882. Konegen. n. 3.20

—— Graf Rudolf vor Basel. Histor. Volksschauspiel in 5 Aufzügen. 12. (134 S.) Wien 882, Wallishausser'sche Hofbuchh. *

Buschman, J. O. v. [Josef Ottokar v.], s.a. Buschmann, J. O. v.

Buschman, J. Ottokar Frhr. v., das „Industrie-Salz". Die v. der österreich. Salzmonopols-Verwaltg. zugestandenen Begünstiggn. rücksichtlich der Verwertg. v. Kochsalz in der Industrie, den Gewerben sowie auch zu landwirtschaftl. u. anderen gemeinnütz. Zwecken. Mit Benützg. amtl. Quellen verf. Lex.-8. (XVIII, 416 S.) Wien 892. Hof- u. Staatsdruckerei. n. 4.—

Buschman, J. Ottokar Frhr. v., s.a. **Salinen, die, Österreichs.**

Die Salinen Österreichs im Jahre 1901. Bericht über d. Betriebs-, Verschleiß-, finanziellen u. Personalverhältnisse d. Salzgefälles erstattet v. Dep. XI d. Finanzministeriums. J[osef] O[ttokar] F[rh] v. Buschman, Minist.R., M[ax Edler] v. Arbesser-Rastburg, Oberbergrat, A[nton] Schnabel, Oberhüttenverw. *Wien: Hof- u. Staatsdr. 1903.* (XI, 541 S.) 4°(8°) [04. 811]

Buschman, J. Ottokar, Frh. v., das Salz, dessen Vorkommen u. Verwertung in sämtl. Staaten der Erde. Hrsg. m. Unterstützg. der kaiserl. Akademie der Wissenschaften in Wien aus der Treitl-Stiftg. I. Bd. Europa. (XIV, 768 S.) Lex. 8. Leipzig 909. W. Engelmann. 28.—; geb. in Halbfrz. 30.—
Bd. II. Ebd. 906. 18.—; geb. 22.—

— das Salz, dessen Vorkommen u. Verwertung in sämtlichen Staaten der Erde. Hrsg. m. Unterstützg. d. kaiserl. Akademie der Wissenschaften in Wien aus der Treitl-Stiftg. II. Bd. Lex.-8. Leipzig 906. W. Engelmann. n. 18.—; geb. in Halbfrz. n. 22.—
Asien, Afrika, Amerika u. Australien m. Ozeanien. (XVI, 608 S.)
Bd. I ist noch nicht erschienen.

Buschman, Max von, s.a. Buschmann, Max von

Buschman, Max Frhr. v., das neue Eisenbahn-Betriebsreglement in Gegenüberstellung zum internationalen Uebereinkommen üb. den Eisenbahnfrachtverkehr unter Beifügung der auf den Inhalt d. Betriebsreglements Bezug nehmenden, noch in Geltung verbleibenden früheren Gesetze, Verordnungen, Kundmachungen, Erlässe, Judicate u. s. w. Unter Mitwirkung v. Carl Ritter Rimler v. Nichenwehr. gr. 8. (XVI, 310 S.) Wien 892. Manz. n. 6.—

Buschman, Dr. M. Freiherr von, Das neue Eisenbahn-Betriebsreglement. Suppl.-Heft. 8. (30 S.) Wien: Manz 1894. —.40

— u. Fritz Žadnik, Gesetze betr. die Abwehr u. Tilgung ansteckender Tierkrankheiten, s. a. Handausgabe der österreich. Gesetze u. Verordnungen. 64. Hft.

Gesetze betr. d. Abwehr und Tilgung ansteckender Tierkrankheiten, samt den hiezu nachträgl. ergang. Gesetzen, Durchführungsverordnungen ... u. d. Entscheidungen d. k. k. Obersten Gerichts- u. Kassationshofes. Zsgest. von Dr. Max F[rh] v. **Buschman.** Neu bearb. von Dr. Fritz Žadnik. Wien: K. k. Hof- u. Staatsdr. 1906. (XIII, 690 S.) 8° [F.]
= **Handausgabe** d. österr. Gesetze u. Verordnungen. H. 64. [06. 15348]

Buschman, Max Frhr. v., Verordnung des k. k. Handelsministeriums vom 1. Novbr. 1894, betr. die Berichterstattg. üb. Tarifangelegenheiten u. die damit im Zusammenhange stehenden reglementarischen u. Transportbestimmungen. — Verordnung des k. k. Handelsministeriums vom 1. Novbr. 1890 üb. die Veröffentlichung der Tarife f. den Personen- u. Güterverkehr auf Eisenbahnen u. die Abänderung derselben, s.: Gesetze u. Verordnungen, österreichische.

Buschman, Max Frhr. v., Verordng. d. Handelsministeriums betr. d. Gewährg. v. Tarifnachlässen im Eisenbahn-Güterverkehre u. d. b. Veröffentl. ders. z. beobacht. Verfahren, s.: Gesetze, österreichische.

— d. Vorschriften betr. d. Gebührenstempel u. d. Drucklegg. d. Eisenbahn-Frachtbriefe. gr. 8. (62 S.) Wien 895. A. Hartleben. n. 1.20

— d. Vorschriften betr. d. Transport explosiver u. denselben ähnl. Gegenstände auf d. österr. Eisenbahnen, s.: Gesetze u. Verordnungen, österr.

— u. Frz. Hübner, die Vorschriften betr. den Transport explosiver u. denselben ähnlicher Gegenstände auf den österreich. Eisenbahnen, s.: Handausgabe der österreich. Gesetze u. Verordnungen. 104. Hft.

— die Vorschriften betr. den Transport v. Thieren u. die Tarife bei diesen Transporten, sowie den Fleischtransport auf den österreichischen Eisenbahnen. gr. 8. (64 S.) Wien 894. A. Hartleben. n. 1.20

Buschman, Max Frhr. v., die Vorschriften betr. den Transport von Tieren u. die Tarife bei diesen Transporten, sowie den Fleischtransport auf den österreichischen Eisenbahnen. 2. Aufl. von Fritz Žadnik. (VII, 95 S.) 8. Wien 906. A. Hartleben. n. 1.80

Buschmann, v.: D. neue Eisenbahn-Betriebsreglement..., s. Buschman, Max von

Buschmann, v.: Die Vorschriften betr. den Gebührenstempel..., s. Buschman, Max von

Buschmann, A., Borussias Huldigung. Festspiel. gr. 8. Magdeburg 841, Creutz. 1/4 ₰

Buschmann, Aloys: Carpe diem! Gedanken u. Winke zu e. tät. u. glückl. Leben. (103) 8° Barmen '11. (Lpzg, O Maier.) 1.60; L 2 — d

Buschmann, Aloys, o du, mein Weib ... (Gedichte.) (80 S.) 8. Berlin (907.) Verlag Continent. 2.—; geb. 3. —

— Meister Knieriem. Szene. (30) 8° Hamm, Breer & Th.('12). 1 — (Pp.) d

—Die Wunderflasche. Lustsp. (33) 8° Ebd. ('12). 1 — (Pp.)d

Buschmann, Arnold Engelbert (Rugianus), De probatione in criminalibus spuria. Diss. jur. Präs. Just. Henning Böhmer. Halle (Grunert) Nov. 1732. 46 S. (5.—) 4802

— — Dasselbe. (J. F. Grunert) 1745. 47 Seiten. (5.—) 4803

[J.] **Buschmann**, August [Oberl. Prof. Dr.]: Bericht über die Teilnahme an dem ersten archäologischen Ferienkurse in Bonn und Trier und über die dadurch angeregte Sammlung von Münzen und Altertümern. Warendorf, gedr. in d. J. Schnell'schen Buchdr., 1891; S. 1-30, 1 Taf. 4°
Warendorf, k. G Laurentianum, P 1891 (357)

Buschmann, Aug. De Eumene II., rege Pergamenorum. Pars I. (28) 4. Warendorf 1874.

Buschmann, August [app. Arzt aus Garding]: Aus d. kgl. Augenklinik zu Kiel. Einige Fälle von retinitis albuminurica aus der hiesigen Klinik ... Kiel, Druck v. L. Handorff, 1894; 15 S. 8.
Kiel. Med. Fak., Inaug.-Diss. v. [22. Mai] 1894

Buschmann, Aug. Deutsche Frauen der Vorzeit. 22 S. *Warendorf* 1880. Progr.

Buschmann, August, Prof. Dr.: Ein Königskind im Kerker. (Umschlagt.: Ein Vortrag über Ludwig XVII.) *Warendorf 1900: J. Schnell.* (S. 3—15.) 4° [J.]
Warendorf, k. G Laurentianum, P 1900 (393)

Buschmann, B., Gesetz, betr. die Invaliditäts- u. Altersversicherung. Vom 22. Juni 1889. Textausg. m. Anmerkgn. u. e. ausführl. Sachregister. Für den Handgebrauch bearb. 12. (XX, 109 S.) Berlin 889. Liebel. cart. n. 1. 50

Buschmann, B., Gesetz, betr. die Invaliditäts- u. Altersversicherung vom 22. Juni 1889 [nebst der Verordnung vom 1. Dezbr. .... etr. das Verfahren vor den auf Grund dieses G... rrichteten Schiedsgerichten, sowie der Anleitg. d. ....-Versicherungsamtes v. 30./10. 90 u. v. a.]. Mit Anmerkgn. u. e. ausführl. Sachregister. Für den Handgebrauch bearb. 2. Aufl. gr. 16. (XXII, 214 S.) Berlin 891. Liebel. Kart. 2. —

— dasselbe. Suppl.-Hft. gr. 8. (31 S.) Wien 894. Manz. n. —80

Buschmann, B., s.: Taschenbuch f. Ziegel-Industrie.

Buschmann, E.

— s. Argander, Trauerrede.

Buschmann, E., Diakonie u. Gemeinde i. ihrer gesegn. Wechselwirkg. Vortrag, a. d. 9. allgem. luther. Konferenz z. Braunschweig am 25. VIII. d. J. geh. 8. (24 S.) Braunschweig 898. J. Neumeyer. n. —50

Buschmann, E., die Conjugation d. französ. Verbums. gr. 8. Berl. 831. Bethge. 4 gGr

Buschmann, E., die Conjugation des franz. Verbums. 2e stark verm. u. verb. Aufl. gr. 8. Berlin 833. Bethge. 1/6 Thlr

Buschmann, E., Lehrbuch d. engl. Aussprache. gr. 8. (8½ B.) Berlin 832, Bethge. Thlr.

Buschmann, E., K. H. Vieregge, Herm. Josephson, Ad. Stöcker, vorwärts im Werk des Herrn! 4 Predigten, geh. in Braunschweig auf dem Kongreß f. innere Mission am 21.—24. IX. 1903. (32 S.) gr. 8. Braunschweig 903. H. Wollermann. n. —50

Buschmann, E. A., s.a. Buschmann, Ehrenfr. Engelb.

Buschmann, E. A., Ferien sat. moral. Inhalts. 8. Lpz. Weygand. 780.

Buschmann, Ehrenfr. Engelb., s.a. Buschmann, E. A.

Buschmann, Ehrenfr. Engelb., († d. 7. Mai 1806.) Ferien, satyr.-moral. Inhalts. 8. Leipz. 780. Weygand. 16 gGr

Buschmann, Er., s. Papebrochius, Annales.

Buschmann, Er. Aug., Texte zur Kirchenmusik. gr. 8. Leipz. 774. Weidmann. 8 gGr

Buschmann, Ernestine verw., die Massage als Vorbeugungs- u. Heilmittel gegen Nervenleiden, Unterleibs- u. Frauenkrankheiten, krebsartige Erscheingn., Schreibkrampf usw. Ein Trostwort, allen Leidenden gewidmet. (39 S.) gr. 8. Dresden 906. Gewerbe-Buchh. n. 1. —

Buschmann, Ernestine verw.: Die Massage als Vorbeuggs- u. Heilmittel geg. Nervenleiden, Unterleibs- u. Frauenkrankh., krebsart. Erscheingn, Schreibkrampf usw. (39) gr8° Dresd., Holze & Pahl '06. 1 —

Buschmann, F., der Kampf gegen den Jesuitismus in Livland. gr. 8. (48 S.) Jurjew (Dorpat) 894. M. Bares. 1.—

Buschmann, Franz, Arzt aus Buschhausen: Über die Behandlung der Osteomyelitis acuta und ihrer Folgezustände mit besonderer Berücksichtigung zweier Fälle von totaler Tibia-Osteomyelitis. *Marburg 1903: R. Friedrich.* (25 S.) 8°
Marburg. Med. Diss. v. 11. Nov. 1903

Buschmann, Gotthard von, s.a. Buschman, Ghard. von

Buschmann, Ghard. Frhr. v., Adel und Beamtentum Oesterreich's mit besond. Bedachtnahme auf eine Dienstpragmatik für Staatsbeamte. gr. 8. (47 S.) Wien 886, Manz'sche Hof-Verlags- und Universitäts-Buchh. *

Buschmann, Ghard. Frhr. v. [Eginhard], Lied vom Herzog Friedel u. Sänger Osly. gr. 8. (VI, 102 S.) Wien 880. Rosner. n. 2. 40

Buschmann, G. v. Graf Rudolf vor Basel, historisches Volksschauspiel. In-12°. Wien, Wallishausser'sche Buchhandlung. 1883 4 30

v. Buschmann, Frhr. Gotth., über die österreichische Staatsbürgerschaft. gr. 8. Wien 833, Braumüller u. Seidel. n. 2/3 Thlr

Buschmann, H., Bilder aus dem alten Rom. gr. 8. (IV, 283 S.) Leipzig 883. Teubner. n. 3. 60

Buschmann, H., Flora des Landdrosteibezirks Osnabrück und seiner nächsten Begrenzung. Zum Gebrauche in Schulen und auf Excursionen bearb. gr. 16. (VIII, LX, 328 S.) Osnabrück 879, Wehberg. **

Buschmann, Hans, der Kaufmann u. die englische Arbeitszeit. Ein Beitrag zur wirtschaftl. u. kulturellen Förderg. des Handlungsgehülfenstandes. (31 S.) gr. 8. Berlin 904. M. Regenhardt. n. 1. —

Buschmann, Harry, Handbuch der sicheren und gewinnbringenden Kapitalsanlage, s.: März, Johs.

Buschmann, Hedwig. Hedwig Buschmann's neue Frauentracht. Berlin, H. Buschmann [1910] 23 S., 16 Taf. 8°.

Buschmann's, Hedw., neue Frauentracht. (25 S. m. Abbildgn. u. 16 Taf.) gr. 8. Berlin (910). (Leipzig, Fritzsche & Schmidt.) 2. —

— dass. Farb. Modebilder v. M Buschmann-Czapek. (9 Taf. m. 9 S. illustr. Text.) Lex8° Ebd. ('11). in L-M nn 5 —

Buschmann, Hugo

Buschmann, H. Charakteristik der griechischen Rhetoren beim Rhetor Seneca. 22 S. Progr. *Parchim* 1878.

Buschmann, Hugo, Charakteristik der griechischen Rhetoren beim Rhetor Seneca. 4. (22 S.) Parchim 878. (Berlin, Calvary und Comp.) *

— Die „enfants terribles" unter den Rhetoren des Seneca. S. 25—31. Progr.* *Parchim* 1883.

Buschmann, Hugo B., Beiträge zur Theorie der combinirten Gitter- u. Hänge-Brücken. gr. 8. (26 S. m. 1 Steintaf. in qu. Fol.) Wien 873. Lehmann & Wentzel. n. 1. 20

Buschmann, J. Ch. Ed., Aperçu de la langue des Iles Marquises et de la langue Taïtienne, précédé d'une introduction sur l'histoire et la géographie de l'Archipel des Marquises. Accompagné d'un vocabulaire inédit de la langue Taïtienne par Guil. de Humboldt. gr. in-8. (12½ B.) Berlin 843, C. G. Lüderitz, Vrlsbuchh.

Buschmann, J., E. exeget. Studie über d. Logos d. Philo. II. Pr. 1878. 24 S. 4°.

Buschmann, J. H., s. Turn-Zeitung.

Buschmann, J. O. von [Josef Ottokar], s.a. Buschman, J. O. von

Buschmann, Joh., Deutsche Sagen und Geschichten aus dem Mittelalter. Paderborn 1879. 8.

Buschmann, Joh. Carl Ed., das Apache als eine athapuskische Sprache erwiesen, in Verbindung mit einer systemat. Worttafel des athapusk. Sprachstamms. 1. Abthl. gr. 4. (98 S.) Berlin 860, (Dümmler's Verlagsh.) *

Buschmann, JCE, d. Apache. 1—3. Abth. 4. Berl., Dümmler's V. n. 2. 18
Das Apache als e. athapask. Sprache erwiesen. (98) 60. n. 1. —
Die Verwandtschafts-Verhältn. d. athapask. Sprachen. (60) 63. n. — 20
Syst. Worttafel d. athapask. Sprachstamms. (88) 60. n. — 28

Buschmann, Johann Karl Eduard (Bearb.), s. Argandar, Francisco: Trauerrede auf die ersten Helden u. Opfer des Vaterlandes.

Buschmann, Joh. Carl Ed., Grammatik der sonorischen Sprachen: vorzüglich der Tarahumara, Tepeguana, Cora und Cahita; als 9. Abschnitt der Spuren der aztekischen Sprache ausgearb. 1. Abthl.: das Lautsystem. gr. 4. (85 S.) Berlin 864, (Dümmler's Verlag.) cart. *

Buschmann, Joh. Carl Ed., Grammatik der sonorischen Sprachen: vorzüglich der Tarahumara, Tepeguana, Cora u. Cahita; als 9. Abschnitt der Spuren der aztekischen Sprache ausgearb. 2. Abth.: der Artikel, das Substantivum u. Adjectivum. [Aus d. Abhdlgn. d. k. Akad. d. Wiss. zu Berlin.] Berlin 869. Dümmler's Verlhdlg. in Comm. gr. 4. (201 S.) n. 3 ℛ 15 ngr.

— — 3. Abth.: Das Zahlwort. [Aus den Abhldgn. d. k. Akad. d. Wiss. zu Berlin.] Ebend. 867. gr. 4. (102 S. u. 1 Tab. in Fol.) n. 2 ℛ 20 ngr.

— die Sprachen Kizh und Netela von Neu-Californien. Aus den Abhdlgn. der k. Akad. der W. zu Berlin 1855. Berlin 856. Dümmler's Verlhdlg. in Comm. gr. 4. (33 S.) n. 12 ngr.

Buschmann, Joh. Carl Ed., die Lautveränderung aztekischer Wörter in den sonorischen Sprachen und die sonorische Endung AME. Aus d. Abhdlgn. d. k. Akad. d. W. zu Berlin 1856. Berlin 857. Dümmler's Verlhdlg. in Comm. gr. 4. (25 S.) n. 1 ℛ 10 ngr.

Buschmann, Joh. Carl Ed., über den Naturlaut. gr. 4. (34 S.) Berlin 853, Dümmler's Verlag. *

Buschmann, Joh. Carl Ed., die Ordinal-Zahlen der mexicanischen Sprache dargestellt. gr. 4. (62 S.) Berlin 880, (Dümmler's Verlagsh.) *
Aus: Abhandlungen der k. Akademie der Wissenschaften zu Berlin, besonders abgedruckt.

Buschmann, Joh. Carl Ed., über die aztekischen Ortsnamen. 1. Abthl. gr. 4. (206 S.) Berlin 853, Dümmler's Verlag. Thlr. *

— die Pima-Sprache und die Sprache der Koloschen. Aus den Abhdlgn. der k. Akad. der W. zu Berlin aus dem Jahre 1856. Ebend. 857. gr. 4. (132 S.) n. 1 ℛ 10 ngr.

Buschmann, Joh. Carl Ed., der athapaskische Sprachstamm. Aus den Abhdlgn. der k. Akad. der W. zu Berlin 1855. Ebend. 856. gr. 4. (172 S.) n. 2 ℛ

— der athapaskische Sprachstamm. gr. 4. (II und 172 S.) Berlin 856, (Dümmler's Verlag.) *
Letztere zwei Schriften wurden aus: Abhandlungen der k. Akademie der Wissenschaften zu Berlin Jahrg. 1855, besonders abgedruckt.

— die Spuren der aztekischen Sprache etc., s. Abhandlungen der k. Akad. der Wissenschaften zu Berlin.

— Textes Marquésans et Taïtiens. gr. in-8. (2⅓ B.) le même. 843.

— die Verwandtschafts-Verhältnisse der athapaskischen Sprachen. 2. Abth. des Apache. (Aus den Abhandlungen der k. Akad. d. Wissensch. zu Berlin 1862.) Ebend. 863. gr. 4. (60 S.) n. 20 ngr.

— die Völker und Sprachen Neu-Mexico's und der Westseite des britischen Nordamerika's dargestellt. gr. 4. (206 S.) Berlin 858, (Dümmler's Verlagsh.) *

— systematische Worttafel des athapaskischen Sprachstamms. 3. Abth. des Apache. (Aus den Abhandlungen der k. Akad. d. Wissensch. zu Berlin 1859.) Ebend. 860. gr. 4. (88 S.) n. 28 ngr.

— Johann Wilhelm (Hamburg), De officio judicis nobili et mercenario. Dissert. jur. Präs. Casp. Achat. Beck. Jena (Horn) 20. VI. 1733. 70 S. (5.—) 4804

Buschmann, Johs: Führer durch d. kaufmänn. Lit. Kleine Ausg. (15) Lex8° Münch., GDW Callwey '11. — 10

Buschmann, Johs., Kleinhandel u. Kultur, s.: Flugschrift, 32., des Dürer-Bundes zur ästhetischen Kultur.

— s.: Kulturfragen.

— Maurice Maeterlinck, s.a. Beiträge zur Literaturgeschichte.

Maurice Maeterlinck. Eine Studie von Johannes Buschmann. Leipzig. Verl. f. Lit., Kunst u. Musik 1908. (49 S.) 8° [ℱ.]
— Beiträge z. Literaturgeschichte. H. 54.

— s.: Welt, die, des Kaufmanns.

Buschmann, Jos.

Buschmann, J., Abriß der Poetik u. Aufsatzlehre f. höhere Lehranstalten. 2. Aufl. gr. 8. (IV, 56 S.) Trier 889. F. Lintz. Kart. n. — 60

Buschmann, J., Abriß der Poetik u. Aufsatzlehre f. höh. Schulen. 3. Aufl. gr. 8. (IV, 68 S.) Trier 899. J. Lintz. Kart. n. — 80

Buschmann, Jos., Abriß der Poetik und Stilistik für höhere Lehranstalten. gr. 8. (VI, 72 S.) Trier 879, Lintz'sche Buchh. cart.

Buschmann, J., Elemente der Poetik. Anhang zu d. Verf. Leitfaden f. den Unterricht in der deutschen Sprachlehre. gr. 8. (18 S.) Trier 886. Lintz. n. — 15

Buschmann, Josef [Dir. Dr.]: Die Feier der Einweihung des neuen Schulgebäudes am 15. Oktober 1891. Bonn, Univ.-Buchdr. v. C. Georgi, 1892; 4—17 S. 4.
Bonn, k. G, P 1892 (425)

Buschmann Jos. Freih. v. General-Index über die Normalien-Uebersichten von den Jahrg. 1840 bis einschlüssig 1851, enthaltend die Normal-Vorschriften von den Jahren 1786 bis einschlüssig 1851. 2 Bände. 8. (343 u. 362 S.) Wien, Karl Ueberreuter 1852.

— zur Geschichte d. Bonner Gymnasiums. 1. u. 2. Tl. Progr. gr. 4. (à 40 S. m. 1 Plan.) Bonn 891. 893. (P. Hanstein.) à n. 1. 50

Buschmann, Jos. [Dir. Dr.]: Zur Geschichte des Bonner Gymnasiums. Erster Teil. Das Gymn. in d. kurfürstl. Zeit. Bonn, Univ.-Buchdr. v. C. Georgi, 1891; S. 1—40, 1 Taf. 4°
Bonn, k. G, P 1891 (422)

Buschmann, Jos. [Dir. Dr.]: Zur Geschichte des Bonner Gymnasiums. Tl 2. Das höhere Schulwesen Bonns zur Zeit der Fremdherrschaft. [Forts. d. P-Beil. 1891.] Bonn, Univ.-Buchdr. v. C. Georgi, 1893; 1—40 S. 4.
Bonn, k. G, P 1893 (427)

Buschmann, Josef [Dir. Dr.]: Zur Geschichte des Bonner Gymnasiums. Tl 3. Das Königlich preufsische Gymnasium in der Übergangszeit und unter Nik. Jos. Biedermanns Leitung. [Forts. d. P-Beil. 1891. 93.] Bonn, Univ.-Buchdr. v. C. Georgi, 1894; 1—49 S. 4.
Bonn, k. G, P 1894 (426)

Buschmann, Jos., zur Geschichte d. Bonner Gymnasiums. 3. Tl. Progr. 4. (49 S.) Bonn 894. (P. Hanstein.) n. 1. 50

Buschmann, J., Handwörterbuch d. dtsch. Sprache, s.: Wenig, Chr.

Buschmann, J. Baron von: „Die Landguts-Rechnungs-Legung, um durch sie nicht nur die nothwendige Sicherstellung zu bezwecken, sondern auch unmittelbar und einfach das Verhalten und den reinen Ertrag der verschiedenen Verwaltungszweige für sich allein zu erfahren; nebst einigen Grundsätzen über die Güterverwaltung selbst und ihre Organisation", Wien 1818 (Gerold); 2. unv. Auflage ebenda 1835.

v. Buschmann, Jos., die Landgut-Rechnungslegung, um durch sie nicht nur d. nothwendige Sicherstellung zu bezwecken, sondern auch unmittelbar u. auf einfachen Wegen d. Verhalten u. den reinen Ertrag d. verschied. Verwaltungszweige für sich allein zu erfahren. Nebst e. Grundsätzen über d. Güterverwaltung selbst u. ihre Organisation. gr. 4. Wien 819. Gerold. 4 ꝟ

Buschmann, Jos. Baron v., die Landguts-Rechnungslegung, um durch sie nicht nur die nothwend. Sicherstellung zu bezwecken, sond. auch unmittelb. u. auf einfachen Wegen d. Verhalten u. d. rein. Ertrag d. verschied. Verwaltungszweige für sich allein zu erfahren. Nebst einigen Grundsätzen üb. d. Güterverwalt. selbst u. ihre Organisation. 2., unveränd. Ausg. gr. 4. (52 B.) Wien 835, Gerold.

Buschmann, J., Leitfaden f. den Unterricht in der deutschen Sprachlehre f. höhere Lehranstalten [zunächst f. die unteren Klassen.] gr. 8. (IV, 62 S.) Münster 873. Russell. n. — 70

—— Leitfaden für den Unterricht in der deutschen Sprachlehre für die unteren und mittleren Klassen höherer Lehranstalten. 2. Aufl. gr. 8. (IV, 74 S.) Ebendas. 877. * 70 Pf.; geb. *

—— Leitfaden für den Unterricht in der deutschen Sprachlehre für die unteren und mittleren Klassen höherer Lehranstalten. 5. Aufl. (III, 99 S.) 1885; 6. Aufl. gr. 8. (101 S.) Ebendas. 887. cart. *

Buschmann, J. Leitfaden f. den Unterricht in d. deutschen Sprachlehre f. die unteren u. mittleren Klassen höherer Lehranstalten. 8. u. 9. Aufl. gr. 8. (107 S.) Trier 890,91, Lintz. cart. * 1 —

— Leitfaden f. den Unterricht in der deutschen Sprachlehre f. die unteren u. mittl. Klassen höh. Lehranstalten. 10. Aufl. gr. 8. (VI, 110 S.) Trier 893. F. Lintz. Kart. n. 1. —

— Leitf. f. d. Unterr. in d. deut. Sprachlehre f. d. unt. u. mittl. Klassen höh. Lehranst. 15. Afl. 8° (124) Trier 1900, J Lintz. Kart. 1 —

Leitfaden für den Unterricht in der deutschen Sprachlehre f. d. unteren u. mittl. Klassen höh. Lehranstalten von Dr. J[os.] Buschmann. 16. unveränd. Aufl. *Trier: J. Lintz 1900.* (124 S.) 8° [F] [oe. 3090

— Leitfaden f. den Unterricht in der deutschen Sprachlehre f. die unteren u. mittleren Klassen höh. Lehranst. 17. u. 18. Aufl. gr. 8. (IV, 186 S.) Ebd. 902. Kart. n. 1.10

Leitfaden für den Unterricht in der deutschen Sprachlehre für die unteren und mittleren Klassen höherer Lehranstalten von Dr. J[osef] Buschmann. 21. u. 22. Aufl. *Trier: J. Lintz 1904.* (130 S.) 8° [F.] [54. 6,00

— Leitf. f. d. Unterr. in d. deut. Sprachlehre f. d. unt. u. mittl. Kl. höh. Lehranst. 23—25. Afl. (186) 8° Trier, J Lintz '05. Kart. 1.10 d

— Leitfaden f. den Unterricht in der deutschen Sprachlehre f. die unteren u. mittleren Klassen höherer Lehranstalten. 26.—28. Aufl. (IV, 186 S.) 8. Trier 906. J. Lintz. Kart. n. 1. 10

Buschmann, J., Leitfaden f. den Unterricht in der deutschen Sprachlehre f. die unteren u. mittleren Klassen höherer Lehranstalten. 29—31. Aufl. (IV, 188 S.) 8. Trier 909. J. Lintz. Geb. 1. 25

Buschmann, J: Leitf. f. d. Unterr. in d. deut. Sprachlehre f. d. unt. u. mittl. Kl. höh. Lehranst. 32. Afl. (4, 138) 8° Trier, J Lintz '11. geb. 1.25 d

—— deutsches Lesebuch für höhere Lehranstalten. 2 Abthlgn. 2. Aufl. gr. 8. [Münster 877, Russell.] Trier, Lintz'sche Buchh. *

Inhalt:

Abthl. 1. [Für die unteren Klassen.] (XII, 344 S.) * ℳ 2.
" 2. [Für die mittleren Klassen.] (496 S.) * ℳ 3.

Buschmann, J., deutsches Lesebuch für die unteren und mittleren Klassen höherer Lehranstalten. 2 Abthlgn. gr. 8. Trier, Lintz'sche Buchh. *

Inhalt:

Abthl. 1. [Für die unteren Klassen.] 3. Aufl. (XIII, 320 S.) 1881. * ℳ 2.; 4. Aufl. (XVI, 361 S.) 883. * ℳ 2,20.
" 2. [Für die mittleren Klassen.] 3. Aufl. (XVI, 573 S.) 1881; 4. Aufl. (XVI, 597 S.) 884. * ℳ 3,20.

—— deutsches Lesebuch für die unteren und mittleren Klassen höherer Lehranstalten. 2 Abtlgn. gr. 8. Ebendas. *

Inhalt:

Abtl. 1. Für die unteren Klassen. 5.—7. Aufl. (XII, 361 S.) 885—88. * ℳ 2.20.
" 2. Für die mittleren Klassen. 5. Aufl. (XIV, 603 S.) 886. * ℳ 3.20.

-- deutsches Lesebuch f. die unteren u. mittleren Klassen höherer Lehranstalten. 2 Abtlgn. gr. 8. Ebd. 887. n. 5. 40
1. Für die unteren Klassen. 8. Aufl. (XII, 361 S.) 890. n. 2. 20
2. Für die mittleren Klassen. 6. Aufl. (XIV, 603 S.) 886. n. 3. 20

—— Deutsches Lesebuch f. die unteren u. mittleren Klassen höherer Lehranstalten. 1. u. 2. Abtl. gr. 8. Ebd. * 5 40
1. [Für die unteren Klassen.] 8. u. 9. Aufl. (XII, 361 S.) 890,93. * 2 20; 2. [Für die mittleren Klassen.] 7. Aufl. (XIV, 603 S.) 890. * 3 20.

— deutsches Lesebuch f. die unteren u. mittleren Klassen höherer Lehranstalten. 2 Abtlgn. gr. 8. Ebd. n. 5. 40
1. (Für Sexta u. Quinta.) 11. Aufl. (XIII, 432 S.) 894. n. 2. 20
2. (Für Quarta u. Tertia.) 7. Aufl. (XIV, 603 S.) 890. n. 3. 20

— dasselbe. 2. Abtlg. (Für die mittleren Klassen.) 9. Aufl. gr. 8. (XV, 718 S.) Ebd. 895. n. 3. 50

Buschmann, J., deutsches Lesebuch f. d. unt. u. mittleren Klassen höh. Lehranst. 2 Abtlgn. gr. 8. Trier 896. F. Lintz. n. 5. 70
1. F. d. unt. Klassen. 12. Aufl. (XVI, 447 S.) n. 2. 20
2. F. d. mittl. Klassen. 10. Aufl. (XV, 736 S.) n. 3. 50

Deutsches Lesebuch für die unteren und mittleren Klassen höherer Lehranstalten von Dr. J[osef] Buschmann. 14. Aufl. Abt. 1. *Trier: J. Lintz 1899.* 8° [F.] [oe. 1985 B

— Deut. Leseb. f. d. unt. u. mittl. Klassen höh. Lehranst. 2 Abtlgn. 8° Ebd. 6 —
1. Für d. unt. Klassen. (Sexta u. Quinta.) 15. Afl. (472) 1900. 2.20
2. Für d. mittl. Klassen. 10. Afl. (730) 96. 3.50 ; 12. Afl. (748) 1900. 3.80

— deutsches Lesebuch f. die unteren u. mittleren Klassen höh. Lehranstalten. 2 Abtlgn. gr. 8. Ebd. n. 6. —
1. Für die unteren Klassen (Sexta u. Quinta.) 16. Aufl. (XIV, 472 S.) 901. n. 2. 20
2. Für die mittl. Klassen. 12. Aufl. (XXV, 748 S.) 900. n. 3.80

— dasselbe. 2. Abtlg. 1. Ausg. B. gr. 8. Ebd. 902. n. 6.60
Für Quarta u. Untertertia. 14. Aufl. (XXII, 560 S.) n. 3. —
Für Obertertia u. Untersecunda. (XXVII, 648 S.) n. 3. 60

Deutsches Lesebuch für die unteren und mittleren Klassen höherer Lehranstalten von Dr. J[osef] Buschmann. 18. Aufl. Abt. 1. *Trier: J. Lintz 1903.* 8° [F.] [o.-T.] 5

— Deut. Leseb. f. d. unt. u. mittl. Kl. höh. Lehranst. 3 Abtlgn. 8° Ebd. 8.80 d
1. Sexta u. Quinta. 19. Afl. (492)'05. 2.20 ‖ 2. Quarta u. Untertertia. 16. Afl. (565)'05. 3 — ‖ 3. Obertertia u. Untersekunda. 14. Afl. (600)'04. 3.60.

— deutsches Lesebuch f. die unteren u. mittleren Klassen höherer Lehranstalten. 3 Abtlgn. gr. 8. Ebd. n. 8. 80
1. Für Sexta u. Quinta. 20. unveränd. Aufl. (XIV, 492 S.) 906. n. 2. 20
2. Für Quarta u. Untertertia. 17. unveränd. Aufl. (XXII, 565 S.) 906. n. 3. —
3. Für Obertertia u. Untersekunda. 14. Aufl. (Neue Ausgabe.) (XXVIII, 600 S.) 906. n. 3. 60

— Deut. Leseb. f. d. unt. u. mittl. Kl. höh. Lehranst. 3 Abtlgn. gr8° Ebd. 8.80 d
1. Für Sexta u. Quinta. 22. Afl. (492)'08. 2.20 ‖ 2. Für Quarta u. Untertertia. 19. Afl. (22, 565)'08. 3 — ‖ 3. Für Obertertia u. Untersekunda. 15. Afl. (Neue Ausg.) (28, 600)'07. 3.60.

— Deutsches Lesebuch f. die unteren u. mittleren Klassen höherer Lehranstalten. 1. u. 2. Abtlg. gr. 8. Ebd. 6. —
1. Für Sexta u. Quinta. 23. Aufl., besorgt v. E. Genniges. (XXX, 572 S.) 909. 3. —
2. Für Quarta u. Untertertia. 18. (unveränd.) Aufl. (XXII, 565 S.) 907. 3. —

— Deut. Leseb. f. d. unt. u. mittl. Kl. höh. Lehranst. 1. u. 2. Abtlg. 8° Ebd. d
1. Für Sexta u. Quinta. 25. Afl. v. E Genniges. (36, 599) '12. 3 —; L 3.60 ‖ 2. Für Quarta u. Untertertia. 21. Afl. v. E Genniges. (26, 650) '12. 3.80; L 4.40

—— deutsches Lesebuch für die Oberklassen höherer Lehranstalten [Geschichte der deutschen Nationalliteratur in Uebersichten und Proben.] 3 Abthlgn. gr. 8. Trier 877, Lintz'sche Buchh. *
Inhalt:
Abthl. 1. Deutsche Dichtung im Mittelalter. (VII, 186 S.) Einzelpr. *M 1.20.
" 2. Deutsche Dichtung in der Neuzeit. [Nebst einem Abriß der Poetik.] (XVI, 456 S.) Einzelpr. *M 3.
" 3. Prosa. [Nebst einer Anleitung zur Anfertigung deutscher Aufsätze.] (VI, 300 S.) Einzelpr. *M 2.

—— dass. — 1. Abthl.: Deutsche Dichtung im Mittelalter. Ausg. in neuhochdeutscher Uebertragung für Gewerbeschulen, höhere Töchterschulen, Lehrerseminarien und ähnl. Anstalten. gr. 8. (VI, 144 S.) Ebendas. 878. *

—— deut. Lesebuch f. d. Oberkl. höh. Lehranstalten [Geschichte d. deut. Nationallit. in Uebersichten u. Proben]. 3 Abthlgn. 2. Afl. 8. Trier 80, Lintz. n. 6. —
1. Deutsche Dichtg im Mittelalter. (184) Einzelpr. n. 1. 20
2. Deutsche Dichtg in d. Neuzeit. (412) Einzelpr. n. 3. —
3. Prosa. (330) Einzelpr. n. 2. —

— deutsches Lesebuch f. die Oberklassen höherer Lehranstalten [Geschichte der deutschen Nationalliteratur in Uebersichten u. Proben]. 3 Abtheilungen. gr. 8. Ebend. 881. n. 6. —
1. Deutsche Dichtung im Mittelalter. (VII, 186 S.) Einzelpr. n. 1. 20. —
2. Deutsche Dichtung in der Neuzeit. [Nebst einem Abriß der Poetik.] (XVI, 456 S.) Einzelpr. n. 3. —
3. Prosa. [Nebst einer Anleitung zur Anfertigung deutscher Aufsätze.] (VI, 300 S.) Einzelpr. n. 2. —

—— deutsches Lesebuch für die Oberklassen höherer Lehranstalten. 3 Abtlgn. 3. Aufl. gr. 8. Ebendas. [*M 6.20.] *
Inhalt:
Abtl. 1. Deutsche Dichtung im Mittelalter. (V, 179 S.) 885. *M 1.20.
" 2. Deutsche Dichtung in der Neuzeit. [Nebst einem Abriß der Poetik.] (VIII, 416 S.) 883. *M 3.—.
" 3. Prosa. [Nebst einer Anleitung zur Anfertigung deutscher Aufsätze.] (V, 337 S.) 887. *M 2.—.
Vgl.: Schwippert, P. A., grammatisches Hülfsbüchlein.

— dasselbe f. die Oberklassen höherer Lehranstalten. 3 Abtlgn. 4. Aufl. gr. 8. Ebd. n. 6. 20
1. Deutsche Dichtung im Mittelalter. (VII, 192 S.) 892. n. 1. 20
2. Deutsche Dichtung in der Neuzeit. (Nebst e. Abriß d. Poetik.) (VIII, 424 S.) 893. n. 3. —
3. Prosa. (VII, 374 S.) 894. n. 2. —

Deutsches Lesebuch für die Oberklassen höherer Lehranstalten von Dr. J[os.] Buschmann. 5. Aufl. Abt. 1–3. *Trier: J. Lintz 1898–1900.* 3 Bde 8° [F.]
1. Deutsche Dichtung im Mittelalter. 1898.
2. Deutsche Dichtung in d. Neuzeit. (Nebst e. Abriss d. Poetik.) 1899.
3. Prosa. 1900. [o. 3991]

— dass. f. d. Oberkl. höh. Lehranst. 3 Abtlgn. 8° Ebd. 7 — d
1. Deut. Dichtg im M.-A. 7. Afl. (196)'05. 1.20 ‖ 2. Deut. Dichtg in d. Neuzeit. Nebst e. Abriss d. Poetik. 6. Afl. (476)'03. 3.30 ‖ 3. Prosa. 6. Afl. (390)'04. 2.50. »

— dasselbe, f. die Oberklassen höherer Lehranstalten. I.—III. Abtlg. gr. 8. Ebd. n. 7. —
I. Deutsche Dichtg. im Mittelalter. 7. Aufl. (V, 195 S.) 905 n. 1. 20
II. Deutsche Dichtg. in der Neuzeit. (Nebst e. Abriß der Poetik.) 7. Aufl. (XI, 476 S.) 906. n. 3. 30
III. Prosa. 6. Aufl. (VII, 398 S.) 904. n. 2. 50

— dasselbe f. die Oberklassen höh. Lehranstalten. I—III. Abtlg. gr. 8. Ebd. 7. 70
I. Deutsche Dichtung im Mittelalter. 8. Aufl. (V, 194 S.) 907. 1. 20
II. Deutsche Dichtg. in der Neuzeit. (Nebst e. Abriß der Poetik.) 8. verm. Aufl., besorgt v. E. Genniges. (XIV, 633 S.) 910. 4. —
III. Prosa. 7. Aufl. (V, 392 S.) 908. 2. 50

Deutsches Lesebuch für die Oberklassen höherer Lehranstalten von Dr. J[osef] Buschmann. 8. Aufl. Abt. 1–3. Trier: J. Lintz 1907–12. 8°
1. Deutsche Dichtung im Mittelalter. 1907.
2. 3. Besorgt von Dr. E[mil] Genniges. 1910–12.
2. Deutsche Dichtung in der Neuzeit. (Nebst e. Abriß der Poetik.) 1910.
3. Prosa. Mit 7 Bildertaf. 1912. A 11. 4632

— dass. f. d. Oberkl. höh. Lehranst. 2. u. 3. Abtlg. Ebd. d
2. Deut. Dichtg in d. Neuzeit. (Nebst Abriss d. Poetik.) 9. Afl. v. E Genniges. (16, 646) '12. 4 —; L 4.60 ‖ 3. Prosa. 8. Afl. v. E Genniges. (6, 458 m. 7 Bildertaf.) '12. 3.50; L n 4.10

—— deutsches Lesebuch für die Unterklassen höherer Lehranstalten. 1. Abthl. [Sexta, Quinta.] gr. 8. (XIV, 349 S.) Münster 874. Russell's Verlag. *

—— dass. — 2. Abthl. [Quarta, Tertia.] gr. 8. (XVI, 590 S.) Ebendas. 874. *

Buschmann, Jos., Über den Logos des Philo. Aachen, 1873. 4°. 24 S., Stiftsschulprogramm.

Buschmann, *Joseph* (Provinzialschulrat): Rede siehe: Reden, gehalten bei der Einführung des Direktors S. 117. Progr.

—— Sagen und Geschichten aus dem Alterthum für den Geschichtsunterricht in Sexta und Quinta der Realschulen und höheren Bürgerschulen. 8. (VI, 218 S.) Münster 873, Russell's Verlag. *

Buschmann, J., Sagen u. Geschichten f. den 1. Geschichtsunterricht. 1. Thl. A. u. d. T.: Sagen u. Geschichten aus dem Alterthum. 2. verb. Aufl. 8. (VI, 218 S.) Münster 876. Russell. n. 1. 50

—— Sagen und Geschichten für den ersten Geschichtsunterricht. 2 Thle. 8. [Münster, Russell.] Paderborn, F. Schöningh. à Thl. *M 1,50. *
Inhalt:
Thl. 1. Sagen und Geschichten aus dem Alterthum. 2. verb. Aufl. (VI, 218 S.) 1876; 3. verb. Aufl. (VI, 213 S.) 879.;
" 2. Deutsche Sagen und Geschichten. (246 S.) 879.

— Sagen u. Geschichten f. den ersten Geschichtsunterricht. 1. u. 2. Thl. 8. Paderborn 879. 81. F. Schöningh. à n. 1. 50
1. Sagen u. Geschichten aus dem Altertum. 4. verb. Aufl. (VI, 210 S.)
2. Deutsche Sagen u. Geschichten aus dem Mittelalter. (VI, 244 S.)

—— Sagen und Geschichten für den ersten Geschichtsunterricht. 1. Tl. A. u. d. T.: Sagen und Geschichten aus dem Altertum. 4. und 5. verb. Aufl. 8. (VI, 219 S.) Paderborn 881,84, F. Schöningh.
2. Tl. Ebendas. 1879. *.ℳ 1,50.

Buschmann, J., Sagen und Geschichten für den ersten Geschichtsunterricht. 1.—3. Tl. 8. Paderborn, F. Schöningh. *

Inhalt:
Tl. 1. Sagen und Geschichten aus dem Altertum. 6. Aufl. (IV, 218 S.) 886. *ℳ 1.50.
» 2. Deutsche Sagen und Geschichten aus dem Mittelalter. 2. Aufl. (VI, 252 S.) 885. *ℳ 1.50.
» 3. Erzählungen aus der preussischen Geschichte. (VI, 172 S.) 887. *ℳ 1.20.

— Sagen u. Geschichten f. den ersten Geschichtsunterricht. 1.—3. Tl. 8. Paderborn, F. Schöningh. n. 4.20
1. Sagen u. Geschichten aus dem Altertum. 7. Aufl. (VI, 218 S.) 890. n. 1.50
2. Deutsche Sagen u. Geschichten aus d. Mittelalter. 4. Aufl. (VI, 249 S.) 892. n. 1.50
3. Erzählungen aus der preuss. Geschichte. 3., verm. Aufl. (193 S.) 893. n. 1.20

— Sagen u. Geschichten f. d. ersten Geschichtsunterr. 2 Tle. 8. Paderborn, F. Schöningh. n. 3.—
1. Sagen u. Geschichten a. d. Altertum. 8. Aufl. (VI, 211 S.) 896. n. 1.50
2. Deutsche Sagen u. Geschichten a. d. Mittelalter. 5. Aufl. (VI, 266 S.) 898. n. 1.50

— Sagen u. Geschichten f. den ersten Geschichtsunterricht. 1. Tl. Sagen u. Geschichten aus dem Altertum. 9. Aufl. 8. (VI, 232 S.) Paderborn 902. F. Schöningh. n. 1.50

— Sagen u. Geschichten f. den ersten Geschichtsunterricht. 1. Tl. Sagen u. Geschichten aus dem Altertum. 10. Aufl. (VI, 232 S.) 8. Paderborn 906. F. Schöningh. n. 1.50

Buschmann, J., Sagen u. Geschichten f. den ersten Geschichtsunterricht. 1. Tl. Sagen u. Geschichten aus dem Altertum. 11. Aufl. (VII, 228 S.) 8. Paderborn 910. F. Schöningh. 1.50.

Buschmann, Josef (Bearb.), s. W e n i g , Christian: Handwörterbuch der deutschen Sprache . . .

Buschmann, Jos. Die Zerstörung des Trierer Stiftes St. Paulin durch die Franzosen im Jahre 1674. Nach den zeitgenössischen Berichten des Alexander Henn. 26 S. Progr. G. Trier 1880

Buschmann, Carl, der Religionsunterricht und der religiöse Memorierstoff im Dienste der Ueberbürdung. 8. (16 S.) Glauchau 884, (Peschke.) *
Aus: Glauchauer Zeitung, besonders abgedruckt.

Buschmann, Karl: Üb. d. Versorgg d. Nabelschnur. (26) gr8° Berl., R Trenkel '11. 1.20

Buschmann, Clauss, der Kampf um Arbeit. 1.—5. Taus. gr. 8. (VII, 67 S.) Stuttgart 901. Verlag Heimdall. n. 1.—

Buschmann, M.: Die A r b e i t s l o s i g k e i t . . . , s. B u s c h m a n n , Nikolaus

Buschmann, M. Frhr. v., Bericht über die Concessionirung, den Bau u. Betrieb der Dampf-Tramways in Italien, s.: Schulz, F.

Buschmann, Max von, s.a. B u s c h m a n , Max von

Buschmann, Dr. Max Freiherr von u. Dr. Carl Ritter Rumler von Aichenwehr, Das neue Eisenbahn-Betriebs-Reglement in Gegenüberstellung zum internationalen Uebereinkommen über den Eisenbahnfrachtverkehr rc. Gr.-8. (XVI, 310 S.) Wien: Manz 1892. 3.—

Buschmann, Max Frh. v., Gesetze betreffend die Abwehr und Tilgung ansteckender Tierkrankheiten samt d. hiezu nachträgl. ergang. Gesetzen . . . Neu bearb. von Fritz *Zalnik*. Wien 1906. 8°.
(Handausgabe d. österreich. Gesetze u. Verordn. H. 84)

Buschmann, Max Freiherr von (Hrsg.), s.a. V o r s c h r i f t e n , Die, betreffend den Transport explosiver... Gegenstände...

Die Vorschriften betreffend den Transport explosiver und denselben ähnlicher Gegenstände auf den österreichischen Eisenbahnen. Zsgest. von Dr. Max F^h. v. **Buschmann**, Ministerialrath, unter Mitw. des Franz Hübner, Ober-Revident. 3., durch d. bisherigen Abänderungen erg. Aufl. *Wien: Hof- u. Staatsdr. 1902.* (XIV, 110 S.) 8° [F.]
— Handausgabe d. österr. Gesetze u. Verordn. H. 104.

Buschmann, M. Freih. v., Die Vorschriften betreffend den Transport von Tieren und die Tarife bei den Transporten sowie den Fleischtransport auf den österreichischen Eisenbahnen. 2. Aufl. Gr.-8°. (VII, 95 S.) Wien: A. Hartleben 1904. K 2.—

Buschmann, Nikolaus: Die Arbeitslosigkeit und die Berufsorganisationen. Ein Beitrag zur Lösung der Arbeitslosen-Frage. *Strassburg i. E. 1897: C. & J. Goeller.* (129 S. mit Tab.) 8°
Strassburg. Rechts- u. staatswiss. Diss. v. 1897

Die Arbeitslosigkeit und die Berufsorganisationen. E. Beitr. z. Lösg d. Arbeitslosen-Frage v. Nikolaus **Buschmann**, Dr d. Staatswiss. *Berlin: Puttkammer & Mühlbrecht 1897.* (2 Bl., 129 S., 1 Tab.) 1 Bd 8.

Buschmann, die Arbeitslosigkeit u. die Berufsorganisation. Beitrag zur Lösg. der Arbeitslosen-Frage. Berlin 898.

Buschmann, P. J., offenes Sendschreiben an den Verf. d. Aufsatzes: „Clemens August u. seine Gegner", in Nr. 18 d. religiösen Blattes gleichen Namens. gr. 8. (20 S.) Neuß 848, Schwann. n. 3 ℳ

Wetter a. d. Ruhr. Ein Beitrag z. Geschichte d. Heimat von Rudolf **Buschmann**. *Wetter a. d. Ruhr: C. Edelhoff W^we in Comm. 1901.* (45 S.) 8° [F.]

Buschmann, Walter, approb. Arzt aus Neukalen i. M.: Aus d. Grh. Universitäts-Ohrenklinik Freiburg i. Br. Dir.: Prof. Dr. E. Bloch. Meningitis und Lumbalpunktion. *Freiburg i. B.: Speyer & Kaerner 1903.* (40 S.) 8°
Freiburg i. B., Med. Diss. v. 1903

Buschmeier, Emil (Hrsg.), s. Der G e r i c h t s s c h r e i b e r .

Buschner, Hans: Die Bedeutung der antiken Mythologie für die französische Ode bei deren Entstehung. Weida i. Th. 1909: Thomas & Hubert. 79 S. 8°
Leipzig, Phil. Diss. v. 21. Sept. 1909, Ref. Birch-Hirschfeld, R. Heinze
[Geb. 11. Sept. 83 Reichenbach i. V.; Wohnort: Gera; Staatsangeh.: Sachsen; Vorbildung: Realgymn. Plauen i. V. Reife O. 03; Studium: Tübingen 1, Grenoble 1, Leipzig 10 S.; Rig. 6. Juli 09.] [U 10. 3109

Buschner, Carl Rob. (Brambach), De tracheitide exsudativa. Diss. med. Lpz. (Ernst Stange) 12. III. 1844. 32 S. mit Literatur. (4.—) 4805
Gew.: Joh. Carl Buschner (Vater), Carl Fried. Kuehn (Limehne).

Buschoff, s.a. B u s c h h o f

– s.a. B u s c h h o f f

Buschoff, der Fall. Die Untersuchung über den Xantener Knabenmord. Von e. Eingeweihten. 8. (42 S.) Berlin 892. Vaterländische Verlags-Anstalt. n. — 50

— dasselbe. 2., stark verm. Aufl. 8. (66 S.) Ebd. 892. n. — 50

— dass., s.a. Criminalfälle, interess.

— Prozess. Der Xantener Knabenmord vor d. Schwurgericht zu Cleve v. 4. bis 14. Juli 1892. 8° (112 m. Pl.) Hag. 92, L. Wrietzner (Litterar. Bureau). — 70

Buschoff, Guil. Anton. (geb. Wesum in Westf. 1814): De rhachitide. Berolini (1842). (32 S.) 8°
Berlin, Med. Diss. v. 20. März 1842

Buschor, Ernst: Griech. Vasenmalerei, s: Illustratoren, Klassische.

— Wandbilder alter Plastik, s: Bruckmann.

Buschor, F. J., neu bearb. Lehr- u. Lesebuch gemeinnütz. Kenntnisse f. kathol. Elementar- u. Sonntagsschulen; zunächst f. Würtembergs Landschulen eingerichtet. 8. (23½ B.) Ehingen 832. (Leipzig, Herbig.)

Buschor, Jacob, cand. jur.: Das gesetzliche Erbrecht des Kantons St. Gallen, dargestellt nach den Statutarrechten und dem kantonalen Rechte. Altstätten 1907. 110 S. 8°.
Bern. Jur. Diss. 1906/1907.

Buschor, Valentin, die Erstlinge und Ernte in Israel, ein Vorbild der Einerntung auf dem geistlichen Ackerfeld der Kirche. Ein öffentl. Vortrag, gehalten in der katholisch-apostol. Kapelle in Hürben am 24. Juni 1885. 8. (25 S.) Augsburg 886, Preyß. *

—— der Früh- und Spatregen in Israel, ein Vorbild der Ausgießung des heil. Geistes auf die Kirche. Ein öffentl. Vortrag, gehalten in der katholisch-apostol. Kapelle in Hürben am Pfingstmontag 1885. 8. (26 S.) Ebendas. 885. *

—— über das Hall- und Jubeljahr oder das angenehme Jahr des HErrn. 3. Mose, Kap. 25; Lukas 4, 16—19; Hebr. Kap. 4. Ein öffentl. Vortrag, gehalten in der katholisch-apostol. Kapelle in Hürben am Neujahrsfeste 1885. 8. (22 S.) Ebendas. 885. *

Ertz-Stiffts Cölnische Busch-Ordnung de Anno 1718. [Dat.:] Bonn, 9. 3. 1718.

Buschorzeff, s. a. **Leitfaden** z. richt. Gebrauche d. Pianoforte-Pedals.

Leitfaden zum richtigen Gebrauche des Pianoforte-Pedals. Mit Beisp. aus d. hist. Conzerten von Ant. Rubinstein. Nach **Buschorzeff** von S. v. N. Leipzig: Bosworth [1896]. 44 S. 4°(8°)
(Bosworth Edition. No 71.) [illegible]

Buschow, Richard, über die Vergiftung mit Nitrobenzol. Diss. Berlin 1887. Mayer & Müller. 8°. 31 S.

Buschow, Richard (Münster/W.), Ueber die Vergiftung mit Nitrobenzol. Diss. med.-chir. Bln. (M. Niethe) 30. VII. 1887. 31 S. mit Biograph. (3.50) 4807
Oppon.: Paul Dietrich, Carl Schildener, Paul Löhr.

Buschrähndscher, Der. Erzählungen aus den Colonien von Van-Diemens-Land. Aus dem Englischen von Fr. Gerstäcker. Leipzig 1846. V: *Rowcroft, Charles.* (Ky)

Buschrähndscher, der. Erzählungen aus d. Colonien v. Van-Diemens-Land (v. Rowcroft.) Aus d. Engl. v. Friedr. Gerstäcker. 3 Bde. 8. (54¼ B.) Leipzig 846, O. Wigand.

[Busck G.]:
Über die Zubereitung v. süsser Butter u. Export-Käse in kleineren Meiereien. Aus d. Dän. Copenh. [1877]. 12 S. Fig. P.

Buscke, Thdr., Heinrich von Plauen. Hochmeister des deutschen Ordens vom 9. Novbr. 1410 bis 14. Octbr. 1413. Inaugural-Dissertation. gr. 8. (45 S.) Königsberg 880, (Beyer's Buchh.) +

Büsdorf, Hans [aus Köln a. Rh.]: Ueber Nitrosobenzol. Köln 1896. 84 S. 8°.
Basel. Phil. Diss. 1897/98.

Buse, A., der h. Gregor v. Nazianz, s.: Leben der Heiligen, 5. Lfg.

— der heil. Kirchenlehrer Hieronymus, s.: Leben der Heiligen, 1. Lfg.

— die h. Juliane u. d. Frohnleichnamsfest, s.: Leben der Heiligen, 10. Lfg.

Buse, Ad., de nominibus spiritus sancti aeternis. Tractatus dogmaticus. 8maj. Mainz 843, Kirchheim, Schott et Thielmann. 5/12 ℛ

Buse, Adolf (Hrsg.), s. Anselmus Cantuariensis: Buch der Betrachtungen.

Buse, Adf., Paulin, Bischof v. Nola und seine Zeit (350—450.) 2 Bde. gr. 8. (XX und 707 S.) Regensburg 856, Manz. :

Buse, Alwin, Assistenzarzt am städt. Krankenh. zu Erfurt: ⟨Aus d. chirurg. Klinik zu Jena.⟩ Ueber akute Darmwandbrüche. *Jena 1904: A. Kämpfe.* (43 S.) 8°
Jena, Med. Diss. v. (26. Mai) 1904

Buse, G. H., gründl. und vollst. Hand- und Rechenbuch für Kaufleute und deren Zöglinge ꝛc. Mit beständ. Hinsicht auf kaufmännische Fabrikgegenstände ꝛc. 1r—3r Bd. Erfurt und Gotha, Hennings. 818 — 821. (1r. 16 Gr. 2r Th. Rthl. 1 12 Gr. 3r 20 Gr.)

Buse, Gerhard Heinrich

Buse, G. H.: „Comptoir-Buch"; 2 Teile. 1. Teil: „Erläuterte und ergänzte Darstellung der in den Comptoir-Tafeln verglichenen europäischen Münz-, Maass- und Gewichtsverhältnisse"; 2. Teil: „Anleitung zum Gebrauch der in den Comptoir-Tafeln und ihren Ergänzungen verglichenen Münz-, Maass- und Gewichtsverhältnisse", Brünn 1822, 1823. — Vorh.: Com. Bibl. Hamburg und Büch. der Industrie- und Handelskammer Leipzig.

Buse, Ghrd. Hnr., Comptoir-Handbuch. 2 Thle. (1r Thl. erläut. u. ergänzte Darstell. d. in dem Comptoir-Tafeln verglich. europ. Münz-, Maß-, u. Gewichtsverhältnisse ꝛc. 2r Thl. Anleit. zum Gebrauch d. in d. Comptoirtafeln vergl. Münz-, Maaß- u. Gewichtsverhältnisse ꝛc.) gr. 4. Brünn 823. Traßler. 4 ℛ 16 𝒦 (Gerold in Wien). Hbg. Pr. 1 ℛ 8 𝒦

Buse, G. H.: „Comptoir-Tafeln . . . . oder vergleichende Darstellung aller europäischen Münz-, Maass- und Gewichtsverhältnisse . . . .", Brünn 1823. — Vorh.: Com. Bibl. Hamburg.

— Darstell. d. europ. Münz- u. Wechselpreise. Ein Taschenbuch f. Reisende ꝛc. die sich d. Handel widmen. gr. 8. Erf. 801.

Buse, Gh. H., Dialogen f. Kind. ist Diass's Dialog.

— Dialogen f. Kinder, s. Raff.

— das Ganze d. Handlung. 21 Bde, mit Kpf. gr. 8. Erf. u. Gotha 798—820. Hennings. 37 ℛ Daraus einzeln: Vollständ. Handbuch d. Waarenkunde. 10 Bde. 18 ℛ Vollständ. Handbuch d. Comptoir-Kunde. 4 Bde. 9 ℛ Vollständ. Handbuch d. Geldkunde. 3 Thle. Mit 1 Kpf. 6 ℛ Geograph. Comptoir-Handbuch f. Kaufleute. gr. 8. Gotha 820. Ebd. 1 ℛ 16 𝒦 Vollständ. Handlungs-, Zahlungs- u. Frachtkunde. 2 Bde. 2 ℛ 8 𝒦 Der aufrichtige Tabaksbauer u. Tabaksfabrikant, mit Kpf. gr. 8. Erf. 813. 2e A., mit 4 Kpf. 828. 20 𝒦 Die Handlungsschule, 1s Heft. Anleit. z. Schönschreiben. (A. u. d. T.: Buse, kalligraph. Lehr- u. Uebungsstunden). gr. 8. Ebd. 807. 18 𝒦 Kunst, d. Weine ohne alle Vorkenntniß u. ohne Nachtheil d. Gesundheit zu verbessern. 1r Bd.: d. Weinhändler nach allen seinen Geschäften. 1 ℛ 12 𝒦 2r Bd.: d. Waarenkunde für Weinhändler enth. 8. Ebd. 820. 1 ℛ 12 𝒦 Gründl. u. vollständ. Hand- u. Rechenbuch f. Kaufleute u. deren Zöglinge ꝛc. Mit beständ. Hinsicht anf kaufmänn. Fabrikgegenstände ꝛc. 1r—3r Bd. Erf. u. Gotha 818—21. Ebd. 3 ℛ 829. Hbg. Pr. 2 ℛ

Buse, G. H., das Ganze d. Handlung. 1r Thl. 8r Bd. od. Handbuch d. Waarenkunde. 8r Bd. m. K. gr. 8. Erf. Hennings. 813.
Auch unter dem Titel:
Der aufrichtige Tabaksbauer u. Tabaksfabrikant mit Kupfern.

Buse, G. H., das Ganze der Handlung, oder vollständiges Handbuch der vorzüglichsten Handlungskenntnisse. 1r Thl. 9r Bd. — Auch u. d. Titel: Vollständiges Handbuch der Waarenkunde. 9r Bd. — Kunst, die Weine ohne alle Vorkenntniß und ohne Nachtheil der Gesundheit zu verbessern. 1r Bd. — Der Weinhändler nach allen seinen Geschäften. 1r. Bd. gr. 8. Erfurt, Hennings. Rthlr.

Buse, G. H., dessen 1sten Theiles 10r. Bd., welcher die Waarenkunde für Weinhändler enth. 8. Ebend. 820.
Dasselbe hat auch folgende Titel:
Vollständiges Handbuch der Waarenkunde rc. 10r Bd.
Der Weinhändler nach allen seinen Geschäften. 2r Bd.
Kunst die Weine ohne alle Vorkenntniß und ohne Nachtheil der Gesundheit zu verbessern rc. 2r Bd.

— — desselben Werks 6r Thl. 4r Bd. auch unter dem Titel: vollständiges Handbuch d. Comptoirkunde 4r Bd. — Gründliches u. vollständiges Hand- u. Rechenbuch für Kaufleute. 1r Bd. gr. 8. Ebend.

— — Dessen 6r Thl. 5r Bd. vollständ. Handbuch der Comptoirkunde 5r Bd. gr. 8. Ebend. 819.

— — Dessen 6r Thl. 6r Bd. enth. d. Handb. d. Comptoirkunde 6r Bd. gr. 8. Ebend. 820.

— das Ganze d. Handlung, oder vollständ. Handbuch d. vorzügl. Handlungskenntnisse, in systemat. Ordnung. 7r Thl. — A. u. d. T.: Geograph. Comptoir-Handbuch für Kaufleute. gr 8 Gotha 826. Hennings.

Buse, Gerh. Heinr., das Ganze d. Handlung rc. 1. Thl. 1. Bd. — A. u. d. T.: Vollständiges Handbuch d. Waarenkunde. 1. Bd. — Der aufricht. Tabacksbauer u. Tabacksfabrikant. 2. Aufl. M. 4 Kpfr. gr. 8. (15 B.) Gotha 828, Hennings.
Das vollst. Werk, 20 Bde. 1798—1820. Ebendas. 87 Thlr.

—— gründliches u. vollständ. Hand- u. Rechenbuch f. Kaufleute u. deren Zöglinge rc. 3 Bde. 2., wohlf. Ausg. gr. 8. (55 B.) Gotha 829, Hennings.

Buse, G. H.: „Vollständiges Handbuch der Geldkunde", Bd. 1: „Deutschlands Münzen", Erfurt 1800, Bd. 2: „Münzwesen aller Deutschland umgebenden europäischen Länder", Erfurt 1802. — Vorh.: Bibl. des Reichsbankdirektoriums Berlin.

Buse, G. H.: „Vollständiges Handbuch der Geldkunde in systematischer Ordnung. Practischer Theil, 2 Bände und theoretischer Theil", Erfurt 1800 bis 1803. — Vorh.: Com. Bibl. Hamburg.

Buse, G. H.: „Vollständiges Handbuch der Waarenkunde in systematischer Ordnung", 10 Bände, Frankfurt a. M., Erfurt und Gotha 1798—1820. — Vorh.: Com. Bibl. Hamburg.

— d. Handlungsschule, 1s Heft, enth. Anleit. z. Schönschreiben. (a. u. d. Tit: Buse calligraphische Lehr- u. Uebungsstunden rc.) gr. 8. Erfurt, Hennings. 807.

Buse, Gerhard Heinrich: Kunst die Weine ohne alle Vorkenntniß und ohne Nachtheil der Gesundheit zu verbessern, nebst Anzeige der besten Quellen, sie wohlfeil und ächt zu erhalten, schadhafte gut zu machen und dieselben vor Nachtheil zu bewahren, aus Erfahrung praktischer Weinhändler und Chemiker. Nebst einem Anhang, alle Liqueure selbst und auf die möglichst wohlfeilste Art, so wie künstliche Weine aus Beeren zu verfertigen. Erfurt & Gotha: Henning 1818. XXIV, 432 S.
– Dass. Bd 1.2. Ebd. 1818–20. (Der Weinhändler nach allen seinen Geschäften und den dazu nöthigen Kenntnissen. Bd 1.2.) (Buse: Vollständiges Handbuch der Waarenkunde . . . . Bd 9.10.) (Buse: Das Ganze der Handlung, oder vollständiges Handbuch der vorzüglichsten Handlungskenntnisse . . . . Th. 1.)

Buse, Joh., Betrachtungen für alle Sonn- und Festtage des Jahres mit Rücksicht auf die Evangelien für jeden Tag. Nach der neuesten Ausgabe des P. Brignon bearb. u. herausg. von einem kathol. Geistlichen. 2 Bde. Regensburg 862. Manz. 8. (754 S.) 1 $\mathit{ℛ}$ 22½ ngr.

Buse, Johs., der Bauer als Geisterbeschwörer, s.a. Theater, neues.

Der Bauer als Geisterbeschwörer. Humoreske in 1 Akt. Von Johannes **Buse**. Aachen: I. Schweitzer [1904]. (24 S.) 8° [Umschlagt. F.]
= **Theater**, Neues. H. 22. [06. 641

Du sollst Vater und Mutter ehren! oder die Grafen von Uhlenhorst. Ritterschauspiel in 4 Aufz. von Johannes **Buse**. Paderborn: Bonifacius-Dr. [1906]. (80 S.) 8° [F.] [07. 11536

— Du sollst Vater u. Mutter ehren! od. Die Grafen v. Uhlenhorst. Ritterschausp. 2. Afl. (79) kl8° Ebd. ('11). — 50 d

Buse, Johs., Eberhard. Religiöses Schauspiel in 6 Aufzügen. 12. (187 S.) Paderborn 901. Bonifacius-Druckerei. — 45

Buse, Johs., die Garde v. Stoffelsdorf od. e. Rekrutenaushebung auf dem Lande. Schwank in 1 Aufzuge. (31 S.) kl. 8. Paderborn 906. Bonifacius-Druckerei. — 30

Buse, Johs: Die Garde v. Stoffelsdorf od. e. Rekrutenaushebg auf d. Lande. Schwank. 2. Afl. (31) kl8° Paderb., Bonifacius-Dr. '11. — 30 d

[F.] Kunz von Wolfenstein oder Schuld u. Sühne. Ritterschauspiel in 5 Aufz. v. Johannes Buse. *Paderborn: Bonifacius-Dr. 1898.* (72 S.) 1 Bd 8. [99. 1876

Kunz von Wolfenstein oder Schuld und Sühne. Ritterschauspiel in 5 Aufz. von Johannes **Buse**. 2. Aufl. Paderborn: Bonifacius-Dr. [1906]. (71 S.) 8° [F.] [07. 11536

— Schuster, bleib bei deinem Leisten, s.a. Theater, neues.

Schuster, bleib bei deinem Leisten. Lustspiel mit Gesang in 3 Aufz. von Johannes **Buse**. Aachen: I. Schweitzer [1904]. (32 S.) 8° [Umschlagt. F.]
— **Theater**, Neues. H. 23. [06. 640

Buse, Johs., d. Verlobung, s.: Dilettantenbühne, kathol.

Buse, R., Merkbüchlein f. d. Prov. Hannover. Übersichtl. Darstellg. f. d. Hand d. Volksschüler. 8. (16 S.) Minden 895. C. Marowsky. n. — 10

Buselmeier, E., s. Gerichtsschreiber.

Buselmeyer, Emil: Aktenstücke z. Einführg in d. Tätigk. d. Bürgermeister als Gemeinderichter. (52) 8° Bonndf, Spachholz & Ehrath ('08). 1 — d

Busemann, Alfred, aus Köln: Die juristische Natur des sog. Prolongations- ⟨Report- oder Kost-⟩ Geschäfts. *Berlin: Mayer & Müller 1901.* (40 S.) 8°
Göttingen. Jur. Diss. v. [24. Sept.] 1901

Busemann, C., Untersuchungen üb. die Kraftrichtung im schiefen Gewölbe. (70 S.) Lex. 8. Berlin 910. Tonindustrie-Ztg. 4. —

Untersuchungen über die Kraftrichtung im schiefen Gewölbe. Von C. **Busemann**. Berlin: Zement u. Beton 1910. 69 S. 8° [11. 1380

Busemann, Ernst, aus Köln: Das kaufmännische Depositum von Geld und Wertpapieren nach der neuesten Gesetzgebung. *Köln 1899: M. Dumont Schauberg.* (49 S.) 8°
Göttingen, Jur. Diss. v. [8. Febr.] 1899

Busemann, Ernst, das kaufmännische Depositum v. Geld u. Wertpapieren nach der neuesten Gesetzgebung. Diss. gr. 8. (III, 49 S.) Köln 899. (Göttingen, Vandenhoeck & Ruprecht.) n. 1. 20

Busemann, L., Bilder aus der Chemie des täglichen Lebens, s.a. Bibliothek, naturwissenschaftliche. 3. Hft.

Bilder aus der Chemie des täglichen Lebens in gemeinverständlicher Darstellung f. Freunde d. Natur, insbes. f. Seminaristen u. Lehrer von L. **Busemann**, Seminarl. (H. 1.) Berlin: F. Wunder [1903]. 8° [F.]
= **Bibliothek**, Naturwissenschaftliche. H. 3. [03. 1065

Busemann, L., Bilder aus dem Pflanzenleben, s.a. Bibliothek, naturwissenschaftliche.

Bilder aus dem Pflanzenleben in gemeinverständl. Darstellung f. Freunde d. Natur insbes. f. Seminaristen u. Lehrer von L. Busemann, Seminarl. in Northeim. H. 1. *Berlin: Meyer & Wunder 1902.* 8° [F.]
= Bibliothek, Naturwissenschaftliche. H. 1. [03. 14738

Busemann, L: Chemie u. Physik f. höh. u. gehob. Mädchensch. Unter Mitwirkg v. O Pfundt u. W Busemann hrsg. 3 Hefte. gr8° Berl., Union, Zweigniederlassg '12. geb. 4.30 d
1. (1. Kl.) (4, 133 m. Abb.) geb. 1.50 ‖ 2. (2 Kl.) (4, 118 m. Abb. u. 1 farb. Taf.) geb. 1.40 ‖ 3. (3. Kl.) (5, 114 m. Abb.) geb. 1.40

Busemann, L. Chemie f. die Volksschule. Mit zahlreichen v. den Schülern selbständig ausführbaren Versuchen u. etwa 340 Fragen u. Aufgaben. gr. 8. (63 S. m. 13 Abbildgn.) Hannov.-Linden 891, [Manz.] Manz u. Lange. * — 40

—— Chemiestunden in der Volksschule. Lehrerhft. zur „Chemie f. die Volksschule". Mit zahlreichen auch v. den Schülern selbständig ausführbaren Versuchen. gr. 8. (IV, 52 S. m. 16 Abbildgn.) Ebd. 891. * — 60

— Entwürfe f. den pflanzenkundlichen Unterricht auf biologischer Grundlage. Oberstufe der Volksschule. (176 S.) gr. 8. Leipzig 904. Dürr'sche Buchh. n. 1.70

Busemann, L., s.: Für Naturfreunde.

— Hilfsbuch f. den Chemieunterricht in Lehrerbildungsanstalten. Eine Chemie des tägl. Lebens. Mit 58 Fig. u. zahlreichen weiterführ. Aufgaben. gr. 8. (167 S.) Leipzig 899. Dürr'sche Buchh. n. 1.70; kart. n. 1.80

— Hilfsb. f. d. Chemieunterr. in Seminarien. Eine Chemie d. tägl. Lebens. 2. Afl. (188 m. Abb.) 8° Ebd.'04. Geb. 2.20 d

— Hilfsbuch f. den Chemieunterricht in Seminaren. Eine Chemie des tägl. Lebens. 3. verb. u. verm. Aufl. Nach den neuen Lehrplänen bearb. (183 S. m. Abbildgn.) gr. 8. Ebd. 906. Geb. n. 2.20

— Hilfsb. f. d. Chemieunterr. in Seminaren. Eine Chemie d. tägl. Lebens. 4. Afl. (190 m. Abb.) gr8° Lpzg, Dürr'sche Bh.'09. Geb. 2.20

I — Hilfsb. f. d. Chemieunterr. in Seminaren. Jetzt: Berl., Union, Zweigniederlassg.

— Hilfsbuch f. den Physikunterricht im Seminar u. f. die Hand der Lehrer. Mit 289 Fig. u. zahlr. weiterführ. Aufgaben. gr. 8. (III, 255 S. m. 1 farb. Taf.) Ebd. 901. Geb. n. 3.40

— Lebensbilder aus dem Tierreiche, s. a. Bücherschatz, der, des Lehrers.

Lebensbilder aus dem Tierreiche. Entwürfe f. d. tierkundlichen Unterr. in d. Volksschule auf biolog. Grundlage. Von L. Busemann, Seminarlehrer. Osterwieck Harz: A. W. Zickfeldt 1905. (VIII, 343 S.) 8°
= Bücherschatz, Der, d. Lehrers. Bd 11. [05. 9. 05] 3

— u. W Busemann: Leitf. d. Physik u. Chemie f. Mittelsch. (6, 243 m. Fig.) gr8° Bielef., Velh. & Kl. '11. geb. 2 — ‖ 2. Afl. (6. 256 m. Abb.) '12. L 2.20

— Methodik der naturkundlichen Fächer in der Volksschule. Zum Gebrauch in Seminaren u. zur Vorbereitg. auf die 2. Lehrerprüfg. gr. 8. (IV, 164 S.) Breslau 902. M. Woywod. n. 1.50

— Methodik der naturkundlichen Fächer in der Volksschule. Zum Gebrauch in Seminaren u. zur Vorbereitg. auf die zweite Lehrerprüfg. 2. Aufl. (VII, 167 S.) gr. 8. Breslau 903. M. Woywod. Geb. in Leinw. n. 2.—

— Methodik d. naturkundl. Fächer in d. Volksch. Zum Gebr. in Seminaren u. z. Vorbereitg auf d. 2. Lehrerprüfg. 3. Afl. (228 m. Abb.) gr8° Bresl.'08. Bielef., Velh. & Kl. L. 2.80 d

— Methodik der naturkundlichen Fächer in der Volksschule. Zum Gebrauch in Seminaren u. zur Vorbereitg. auf die zweite Lehrerprüfg. 3., verm. u. verb. Aufl. m. zahlreichen Abbildgn. (VIII, 228 S.) gr. 8. Breslau 908. M. Woywod. Geb. in Leinw. 2.80

— Methodik d. naturkundl. Fächer in d. Volksch. Zum Gebr. in Seminaren u. z. Vorbereitg auf d. 2. Lehrerprüfg. 4. Afl. (8, 229 m. Abb.) gr8° Bielef., Velh. & Kl. '12. L 2.80 d

— Naturgeschichte f. Seminare m. besond. Hervorhebg. der Physiologie. (III, 264 S. m. 159 Abbildgn.) gr. 8. Ebd. 906. Geb. n. 3.—

— Naturgeschichte f. Seminare m. besond. Hervorhebung der Physiologie. 2., zum Tl. umgearb. Aufl. (III, 264 S. m. 175 Abb.) gr. 8. Ebd. 908. Geb. 3.—

— Naturgesch. f. Seminare m. bes. Hervorhebg d. Physiol. 3. Afl. (6, 260 m. Abb.) gr8° Ebd. '12. L 3 — d

— Der Pflanzenbestimmer. Eine Anleitg., ohne Kenntnis des künstl. oder e. natürl. Systems die in Deutschland häufiger vorkomm. Pflanzen zu bestimmen. Mit 11 farb., 6 schwarzen Taf., 307 Textabbildgn. u. d. Pilzmerkblatt des kaiserl. Gesundheitsamtes. (IV, 157 u. 8 S.) 8. Stuttgart (908). Franckh. Geb. in Lw. 3.80

— Pflanzengeogr. auf physiolog. Grundlage f. Lehrer. Insbes. z. Vorbereitg auf d. 2. Prüfg u. d. Prüfg f. Mittelsch. (190 m. Abb.) Lex8° Lpzg '10. Berl., Union, Zweigniederlassg. 3.30; geb. 4.20 d

— Pflanzengeographie auf physiologischer Grundlage f. Lehrer. Insbesondere zur Vorbereitg. auf die 2. Prüfg. u. die Prüfg. f. Mittelschulen sowie zur Belebg. des geograph. Unterrichts. (190 S. m. 68 Abbildgn.) Lex. 8. Leipzig 910. Dürr'sche Buchh. 3.30; geb. 4.20

— Kleine Pflanzengeographie f. mittlere u. höhere Schulen, insbes. f. Präparandenanstalten u. Mittelschulen. (48 S. m. 21 Abbildgn.) Lex. 8. Ebd. 910. —75

Busemann, L., Pflanzengeographie. — Kleine Pflanzengeographie. Jetzt: Berlin, Union, Zweigniederlassg.

— Pflanzenphysiologie. Für Seminare, zur Vorbereitg. auf die Prüfg. f. Mittelschulen u. zur Belebg. des Unterrichts. gr. 8. (XII, 106 S. m. 68 Abbildgn.) Leipzig 901. Dürr'sche Buchh. n. 1.40; geb. n. 1.60

— Pflanzenphysiologie f. Seminare u. zur Vorbereitung auf die zweite Lehrerprüfung. 2., verb. u. erweit. Aufl. (128 S. m. 88 Abbildgn.) gr. 8. Leipzig 906. Dürr'sche Buchh. Geb. n. 1.70

— u. E. Richter, Physik f. Lehrerbildungs-Anstalten. 1. Tl. Für Präparandenanstalten. 2., nach den neuen Lehrplänen bearb. Aufl. (108 S. m. 124 Abbildgn.) gr. 8. Ebd. 904. n 1.35; geb. n. 1.55

— u. E Richter: Physik f. Lehrerbildgs-Anst. 2 Tle. gr8° Ebd. Geb. 5.30 d
I. Für Präp.-Anst. 3. Afl. (135 m. Abb.)'08. 1.90 ‖ II. Für Lehrerseminare. 2. Afl. (258 m. Abb. u. 1 farb. Taf.)'04. 3.40.

— u. E. Richter, Physik f. Lehrerbildungs-Anstalten. 2 Tle. gr. 8. Ebd. 910. Geb. 5.70
1. Für Präparandenanstalten. 4., verb. Aufl. (138 S. m. 105 Abbildgn.) Geb. 1.90
2. Für Lehrerseminare. 3., n. d. neuen Lehrplänen bearb. Aufl. Mit 280 Abb. u. 1 (farb.) Spektraltafel. (III, 288 S.) Geb. 3.80

— u. E Richter: Physik f. Lehrerbildgs-Anst. 2 Tle. gr8° Lpzg '10. Berl., Union, Zweigniederlassg. geb. 5.70 d
1. Für Präparandenanst. 5. Afl. (138 m. Abb.) geb. 1.90 ‖ 2. Für Lehrerseminare. 3. Afl. (288 m. Abb. u. 1 farb. Taf.) geb. 3.80

Busemann, L., naturkundliche Volksbücher. Allen Freunden der Natur gewidmet. 2 Bde. gr. 8. (XIV, 781; XV, 822 S. mit zahlreichen Holzst.) Braunschweig 884—87, Vieweg und Sohn.
Die Ausg. erfolgte in 25 Lfgn. à * 60 Pf.

— Naturkundliche Volksbücher. Allen Freunden der Natur gewidmet. 2. wohlf. (Titel-)Ausg. 2 Bde. in 4 Hlbbdn. gr. 8. (XIV, 781; XV, 822 S. m. eingedr. Holzst.) Braunschw. 889, Vieweg u. Sohn. à Hlbbd. 2.50; 10 —

Busemann, M., d. tropische Agrikultur, s.: Semler, Heinr.

— statist. Text, s.: Kiepert's, Heinr., grosser Hand-Atlas unter „Karten u. Pläne".

Busemann, M., statistischer Text, s.: Kiepert, Heinr., das Deutsche Reich.

Busemann, Melchior (Hrsg.), s. Berlin, Die Stadt.

Busembaum, H., s.a. Busenbaum, Hermann

Busen, der weibliche, in Kunst u. Natur, v. J. Arnolsen, Fr. Prager u. m. a. Mitarbeitern, m. vielen Illustr. nach leb. Modellen u. Zeichngn. v. Raph. Kirchner. Ein Buch f. Frauen, Mütter u. Künstler. (187 S.) 8. Berlin (904). H. Bermühler. 8.—; geb. 4.50
Im Deutschen Reiche verboten.

Busen, Der weibliche, dessen Werth und Erhaltung ... Leipz. 1807. V: *Becker*, *Gottfried Wilhelm.* (MGT) »Pirna 1807« (Ky) »1808 V: *Meyer*« (EngM)

Busen, d. weibl., dessen Werth u. Erhaltung, (v. G. W. Becker). 8. Pirna 807. 2e A. 810. 3e A. 812. 4e A. verb. u. durchgesehen v. C. A. Schultze. 829. Friese. 16 gr.

Busen, der weibl., dess. Werth u. Erhaltung, od. Anweisung f. Mädchen u. Frauen, besond. f. angeh. Mütter u. Wöchnerinnen z. Erlang. u. Erhaltung e. gesund. u. schönen Busens. Nebst allgem. Gesundheitsregeln f. d. weibl. Geschlecht. 4. Aufl., durchges. u. verb. v. C. A. Schultze. 8. (9 B.) Pirna 829. [Leipzig,] Friese.

Busenbacher, A., Luthers galante Abenteuer. 3 Thle. in 1 Bde. Frankfurt a. M., Kreutzer, 1903. 8⁰. (5 Mk. Jos. Jolowicz, Posen, 1910.)

Einige Kapitelüberschriften: Luther's Jugendsünden; L.'s Heirathsgeschichte; L. im Ehestand; der Klapperstorch als Hochzeitsgast etc. — Ein Skandalbuch voller Ungeheuerlichkeiten. Vgl. „Bote aus dem Riesengebirge".

Busenbaum, Hermann, s.a. Busembaum, H.

Busenbaum, Herm., Lilien unter den Dornen, s. a. Leitsterne, neue, auf der Bahn des Heils. 31. Bd.

Lilien unter den Dornen, d. i. gottverlobter Jungfrauen- u. Witwenstand. Von P. [Hermann] **Busenbaum** aus d. Ges. Jesu. Neu bearb. u. mit 'Heil. Vorbildern', sowie mit e. vollst. Gebetbuche f. christl. Jungfrauen versehen von Johann Jakob Hansen, Pfarrer. *Paderborn: Bonifacius-Dr. [1900].* (632 S.) 8⁰ [F.] [01. 2348

Lilien unter den Dornen, d. i. gottverlobter Jungfrauen- u. Wittwenstand. Von P. (Hermann) **Busenbaum.** Neu bearb. u. mit 'Heil. Vorbildern', sowie mit e. vollst. Gebetbuche f. christl. Jungfrauen vers. von Johann Jakob Hansen, Pfarrer. 2. verm. Aufl. *Paderborn: Bonifacius-Dr. [1901].* (648 S.) 8⁰ [F.] [1. 4797

— medulla theologiæ moralis. Köln 1712. 8.

Busenbaum, P. Herm. (Soc. Jes), Medulla theologiae moralis, ex variis probatisque auctoribus concinnata. Editio prima: Monasterii (Guestphaliae) 1645. 12mo. Antverp. 1701. — 8vo.: Colon. 1741. Edit. VIIIa, Patavii 1729. Antiquarisch circa ⅔ Thlr. — 30 kr.

Busenbaum, H., Medulla theologiae moral. 8. Ingolst. Krüll. 768.

Busenbaum, Herm., Medulla theologiae moralis. Juxta editionem ult. s. congregationis de propaganda fide. II Tomi. gr. 18. (XXXVI u. 1311 S.) Tornaci 848. Moguntiae, Kirchheim & Schott. n. 1 Thlr 26 ngr

— — Theologia moralis aucta a Cl. La Croix, S. J., VIII Tomi et Index. 8. Col. Agr. 1716—33. (Butsch 4 fl.) Schletter in Br. 3 Thlr. — 5 fl. 24 kr.

Busenbaum, Herm. S. J., theologia moralis. aucta a Claudio La Croix editio novissim. 2 vol. Köln 1729. fol. P

Busenfreund, Fr. Das hohe Lied; oder, Triumf der Liebe; nach der hebräischen Urschrift frei umgedichtet ... N. p., 1883.

Busentuch, das, e. Pendant zu d. Roman: d. Unterröckchen. 12. Leipz. Schäfer. (Kühn). 804.

Buser, Benjamin

Buser, B., die Beziehungen der Mediceer zu Frankreich während der J. 1434—1494 in ihrem Zusammenhang mit den allgemeinen Verhältnissen Italiens. gr. 8. (VIII, 562 S.) Leipzig 879. Duncker & Humblot. n. 12. —

Buser, B., Lorenzo de' Medici als italienischer Staatsmann. Eine Skizze nach handschriftlichen Quellen. gr. 8. (VII, 198 S.) Leipzig 879. Duncker & Humblot. n. 4. 80

Buser, Ernst. Sind der hohe Gaumen, Schmalheit und V-förmige Knickung des Zahnbogens, sowie Anomalieen der Zahnstellung, eine Folge der Mundatmung und des Wangendruckes? 514 Gesichtsschädel- und Gaumenmessungen. Diss. Med. Basel. [Mit Figuren und 2 Tabellen.] *Kopftitel:* ⟨Arbeit aus der oto-laryngologischen Universitäts-Klinik und Poliklinik Basel. Direktor: Prof. [Friedrich] Siebenmann.⟩ 92 S. 8. Berlin, L. Schumacher, 1904.

Buser, H. Das Bistum Basel u. die französ. Revolution 1789—1793. In-8⁰. 98 S. Basel. These. 1896

Buser, Hans, Basel während der ersten Jahre der Mediation 1803—1806, s. a. Neujahrsblatt, 81., hrsg. v. der Gesellschaft zur Beförderung des Guten u. Gemeinnützigen.

Basel während der ersten Jahre der Mediation 1803–1806. Von Hans **Buser.** *Basel: R. Reich in Komm. 1903.* (47 S.) 4⁰ [F.]
= **Neujahrsblatt** hrsg. v. d. Gesellschaft z. Beförderung des Guten u. Gemeinnützigen. 81. [03. 9043

— Basel in den Mediationsjahren 1807—1813, s. a. Neujahrsblatt, 82., hrsg. v. der Gesellschaft zur Beförderung des Guten u. Gemeinnützigen.

Basel in den Mediationsjahren 1807–1813. Von Hans **Buser.** *Basel: Helbing & Lichtenhahn in Komm. [1904].* (50 S.) 4⁰
= **Neujahrsblatt** hrsg. von d. Gesellschaft z. Beförderung d. Guten u. Gemeinnützigen. 82. [04. 559

(Buser, H[einrich].) Heimatkunde: Beschreibende und geschichtliche Darstellung der Gemeinde Läufelfingen. Mit 2 lithographirten Beilagen [Tafeln]. 8. Liestal 1865.

Buser, J., d. Einfuhr u. Ausfuhr d. schweiz. Rosshaar- u. Strohindustrie i. d. J. 1854—1894, s.: Lohmann, Hans. d. aargauische Strohindustrie.

Buser, J. J., der Fels meines Heils. Basel 860. Fischer & Co. 16. (XI, 307 S.) n. 1 Thlr 2 ngr

Buser, Jacob. Das Basler Postwesen vor 1849. Nach amtlichen Quellen verfasst von Jakob Buser, Postbeamter. (Hrg. von der Sektion Basel des Verbandes schweizerischer Postbeamter.) [Mit 2 Beilagen und 1 Tabelle.] 143 S. 8. Sissach, J. Schaub-Buser, 1903. [geb. fr. 3. —]

Buser, (J[ohann] Jacob). Denkwürdigkeiten aus General Buser's politischem Lebenslaufe. Von ihm selbst aufgezeichnet und hrg. von einem seiner Freunde. 8. Liestal.
[1. Aufl.] Mit des Generals Portrat [Tafel] ... 1839.
2. Aufl. 1841.

Buser, Johannes

Buser, J., s. a. Lydia, die Schulmeisterstochter.

[Buser, Johannes.] Lydia (Lüthy), die Schulmeisterstochter. Ein christliches Lebensbild aus dem Baselbiet. 8. Basel *o. J.* [1872–1874].

B[user]. J[ohannes]. Lydia (Lüthy), die Schulmeisterstochter .... 2. Aufl. 8. Basel 1874.

B(user). J[ohannes]. Lydia (Lüthy), die Schulmeisterstochter .... 3. Aufl. [Mit 1 colorierten Tafel.] 8. Basel 1891.
([Hrg. vom] Verein zur Verbreitung christlicher Schriften Basel. Nr. 552.)

Buser, Johannes. Johannes Vögtlin, gewesener Missionsökonom in Afrika. Ein christliches Lebensbild aus dem Baselbiet. [Umschlag illustriert.] 8. Basel 1876.

Buser, Joh., Johannes Vögtlin. Ein christl. Lebensbild aus Baselland. 2. Aufl. 8. (88 S.) Basel 881, Missionsbuchhandlung.

Buser, Karl

(Buser, [Carl].) Die Aufgabe der Veterinäroffiziere a) während der Mobilmachung und b) für den Dienst hinter der Linie. Referat, gehalten an der Versammlung der Vet' anlässlich der Hauptversammlung der schweizer. Offiziersgesellschaft in Zug den 14. August 1904. Auf Beschluss obiger Versammlung vom Centralcomité der Schweiz. Off dem Drucke übergeben. 15 S. 8. ([Zug] 1904.)

Buser, R., Flora orientalis, voir: *Boissier.*

Buser, R., zur Kenntnis der schweizerischen Alchimillen. [Aus: „Berichte der schweiz. botan. Gesellsch."] gr. 8. (40 S. m. Abbildgn.) Bern 894. K. J. Wyss. n. — 60

Buser, R., die Brügger Weidenbastarde, s. Gremli, A., neue Beiträge zur Flora der Schweiz.

Buser, Serena. Beitrag zur Kasuistik der Kinderpsychosen. Diss. Med. Basel. II + 48 S. 8. Liestal, Suter & Cie., 1903.

Büsgen: Ueber das "Απειρον ANAXIMANDERS. 25 S. Progr. Wiesbaden G. 1867.

Buesgen, Eduard. (Frid. Conr. Guil.) (geb. Düsseldorf 11. 6. 1824): De exanthematibus syphiliticis. Berolini (1851). (30 S.) 8°
Berlin, Med. Diss. v. 14. Aug. 1851

Bvesgen, Ferdinandvs (geb. 1840 in Kaub a. Rh.): De gymnasii Vitruviani palaestra ... Bonnae, typ. C. Georgi (1863). 2 Bl., 30 S., 1 Bl. 8.
Bonn, Phil. Fak., Diss. v. 11 März 1863

Büsgen, M., Beitrag zur Kenntniss der Cladochytrien. Hab.-Schr. Jena 1886. 8°. 14 S. mit einer Taf.
Sonder-Abdruck aus: Beiträge zur Biologie der Pflanzen hrsg. von Ferd. Cohn. IV. Band. Breslau 1887, J. U. Kerns Verlag.

Büsgen, M. [aus Weilburg]: Die Entwicklung der Phycomycetensporangien. (Separat-Abdruck aus Pringsheim's Jahrbüchern für wissenschaftl. Botanik, Bd. XIII, Heft 2.) Berlin, Druck von G. Bernstein. 1882. 8. 33 S. u. 1 Taf.
Diss. Strassburg

Bau und Leben unserer Waldbäume. Von M[oritz] **Büsgen.** Prof., Eisenach. Mit 100 Abb. *Jena: G. Fischer 1897.* (VIII, 230 S.) 4°(8°) [... 1339 0

BÜSGEN, Moritz: Bau und Leben unserer Waldbäume. - Jena 1897. VIII, 230 S., 100 Abb. - 2. umgearb. Aufl. ebd. 1917. VIII, 340 S., 129 Abb. - 3. verm. Aufl. bearb. v. Ernst Münch ebd. 1927. VII, 426 S., 173 Abb.

Büsgen, M., Beobachtungen üb. das Verhalten d. Gerbstoffes in den Pflanzen. [Aus: „Jenaische Zeitschr. f. Naturwissensch."] Lex.-8. (III, 49 S.) Jena 889. Fischer. n. 1. 60

Büsgen, Moritz: Forstwirtschaftliche und forstbotanische E x p e d i t i o n nach Kamerun . . ., s. J e n t s c h , Fritz

Büsgen, M., der Honigtau. Biologische Studien an Pflanzen u. Pflanzenläusen. [Aus: „Jenaische Zeitschr. f. Naturwiss."] gr. 8. (IV, 89 S. m. 2 lith. Taf.) Jena 891. Fischer. n. 3. —

BÜSGEN, Moritz, C. C. HOSSEUS u. Walter BUSSE: Das Teakholz. - Berlin 1907. 56 S. - (Beih. z. Tropenpflanzer Jg. XI, Nr. 12)

Büsgen, M., Hj. Jensen u. W. Busse, Vegetationsbilder aus Mittel- u. Ost-Java, s.: Vegetationsbilder. III. 8.

— Vegetationsbilder aus dem Kameruner Waldland, s. a. Vegetationsbilder. 7.

BÜSGEN, Moritz: Vegetationsbilder aus dem Kameruner Waldland. - Jena 1910. 6 Taf. m. Bl. o. Seitenang. - (Vegetationsbilder Reihe 8, H. 7. hrsg. v. G. Karsten u. H. Schenk)

Buesgen, M., der deutsche Wald, s. a. Bibliothek, naturwissenschaftliche, f. Jugend u. Volk.

BÜSGEN, Moritz: Der deutsche Wald. - Leipzig 1906. VIII, 176 S. - (Naturwiss. Bibliothek f. Jugend u. Volk). - 2. durchges. Aufl. ebd. 1919. VIII, 183 S., m. Abb., 3 Taf. - 3. neudurchges. u. verb. Aufl. bearb. v. K. Sellheim ebd. 1925. VIII, 176 S.

Büsgen, Wilhelm, aus Vallendar. Referendar am kgl. Landger. zu Neuwied: Das Wesen der Vollmacht unter Berücksichtigung des neuen bürgerlichen Rechts. *München 1900: Bruckmann.* (42 S.) 8°
Erlangen, Jur. Diss. v. 18. Okt. 1899

Bush, H(arry) J., aus Liverpool: Ueber einige **Derivate des m-Anisidins und m-Phenetidins.** *Marburg 1901: J. Hamel.* (43 S.) 8°
Marburg, Phil. Diss. v. [23. Mai] 1901

Businello, Pt., histor. Nachricht von d. Regierungsart, d. Sitten u. Gewohnheiten ꝛc. d. Ottomanischen Monarchie, berichtigt u. mit Anmerkk. versehen v. C. W. Lüdeke. gr. 8. Leipz. 778. (Brockhaus). 16 gl.

Businello, P., Nachr. v. d. Regierungsart d. ottomann. Monarchie. gr. 8. Lpz. Gleditsch. 778.

Büsing, üb. den Bimetallismus, s.: Flugschriften der nationalliberalen Partei.

Büsing, siehe Handbuch d. Arbeiterwohlfahrt.

Büsing, Albrecht: Mathilde, Gemahlin Heinrichs I. Halle a. S. 1910. Kaemmerer. 82 S. 8°
Halle, Phil. Diss. v. 17. Juni 1910, Ref. Lindner
[Geb. 17. Okt. 84 Lyck; Wohnort: Lyck; Staatsangeh.: Preußen; Vorbildung: Lyz. Hannover Reife O. 04; Studium: Marburg 2. Kiel 1, Göttingen 3, Halle 5 S.; Rig. 15. Dez. 09.] [U 10. 1715

Der praktische Gärtner. Anleitung zur Obst-, Blumen- und Gemüsezucht, zunächst in den Herzogthümern Schleswig-Holstein etc. Ein Handbuch für Gartenfreunde v. Eckert **Büsing.** Flensburg und Hadersleben. 1870. 8°.

Büsing, E., der praktische Gärtner. Anleitung zur Obst-, Blumen- u. Gemüsezucht, zunächst in den Herzogth. Schleswig-Holstein u. den norddeutschen Küstenländern. Ein Handbuch für Gartenfreunde, gestützt auf 25jähr. prakt. Erfahrung unter specieller Berücksichtigung der heimischen Bodenverhältnisse u. d. Klimas. Flensburg 870. Westphalen. 8. (IV, 327 S.) 1 ℳ

Büsing, Eduard [app. Arzt aus Bremen]: Pleuritische Exsudate bei Kindern. ... Freiburg i. B., Univ.-Buchdr. v. Chr. Lehmann, 1891; 30 S. 8°
Freiburg i. B., Med. Fak., Inaug.-Diss. v. 1891

Büsing, Fr.

Büsing, F., Verzeichniß aller in Oesterreich erschienenen Musikalien, s. Catalog, österreichischer.

Büsing, Franz Ludwig, Referendar: Schutz des bedingten Rechtserwerbes. Schwerin i. M. 1908: Bärensprung. 61 S. 8°
Heidelberg, Jur. Diss. v. 1908, Ref. Heinsheimer
[Geb. 18. Jan. 85 Schwerin i. M.; Wohnort: Schwerin; Staatsangeh.: Mecklenburg-Schwerin; Vorbildung: Gymn. Schwerin Reife O. 03; Studium: Edinburgh 1, Berlin 2, Tübingen 3, Rostock 3 S.; Rig. 29. Juli 08.] [U 09. 1759

Büsing, Friedrich W.

Büsing, F. W., über die Bestimmung der v. städtischen Kanälen aufzunehmenden Wassermengen. gr. 8. (27 S.) Leipzig 900. F. Leineweber. n. 1. —
Sonderabdruck aus: „Gesundheit".

Büsing, F. W., das Gebäude f. häusliche u. wirthschaftliche Einrichtungen auf der Hygiene-Ausstellung zu Berlin 1883. Technisch u. hygienisch dargestellt. Im Auftrage der Aussteller hrsg. v. M. Ador u. N. Ehrenhaus. gr. 8. (74 S. m. eingedr. Fig. u. 4 Lichtdr.) Berlin 883. Stuhr. n. 1. 50

— u. C. Schumann, der Portland-Cement u. seine Anwendungen im Bauwesen. Verf. im Auftrage des Vereins deutscher Portland-Cement-Fabrikanten. 2. umgearb. u. verm. Aufl. m. mehr als 400 Abbildgn. im Text. gr. 8. (VII, 432 S.) Berlin 899. Deutsche Bauzeitung. n. 6. —; geb. in Leinw. n. 7. —

Der Portland-Cement und seine Anwendungen im Bauwesen. Verf. im Auftr. d. Ver. Deutscher Portland-Cement-Fabrikanten von Prof. F. W. **Büsing,** Doz. an d. Techn. Hochschule zu Berlin-Charlottenburg, [u.] Dr. C. Schumann, Chemiker, Amöneburg bei Biebrich. 2. umgearb. u. verm. Aufl. Mit mehr als 400 Abb. im Text. *Berlin: E. Toeche in Komm. 1899.* (432 S.) 8° [... ...

Der Portland-Cement und seine Anwendungen im Bauwesen. Verf. im Auftr. d. Ver. Deutscher Portland-Cement-Fabrikanten von Prof. F[riedrich] W. **Büsing**, † Doz., Charlottenburg, [&] Dr. C. Schumann, Amöneburg. 3. vollst. umgearb. u. verm. Aufl. Mit etwa 400 Abb. (Vorr.: Fritz Eiselen.) Berlin: Deutsche Bauzeitung in Komm. 1905. (570 S.) 8° [c6. 11039

Büsing, FW, d. Sicherheit in Theatern u. in grösseren Versammlungs-Räumen, s.a. Handbuch d. Hygiene.

Büsing FW, die Sicherheit in Theatern und in grösseren Versammlungsräumen. (Handbuch der Hygiene, herausgegeben von Th Weyl VI, B) Jena 1894

Büsing, F. W., die Städtereinigung, s.a. Blasius, R.

— die Städtereinigung, s.a. Tiefbau, d. städtische. III. 2.

Die Städtereinigung von Prof. F[riedrich] W. **Büsing**. Mit Ill. H. 1. 2. *Stuttgart: A. Bergsträsser 1897–1901.* 2 Bde 4°(8°)
1. Grundlagen f. d. techn. Einrichtungen d. Städtereinigung. Mit 14 Ill.
2. Technische Einrichtungen d. Städtereinigung.
— Tiefbau. Der städtische. Bd 3. [01. 6491

Büsing, G. H., drei liturgische Formeln zum Zweck einer Anfrage an die Gemeinden, betr. Hebung des sonntäglichen Gottesdienstes. Den Kirchenältesten und besonders seinen Amtsbrüdern im Herzogthum dargeboten. gr. 8. (7 S. mit 1 Stnt.) Oldenburg 854, (Stalling.)

Büsing, G. H., die Herstellung d. landesherrlichen Episcopats im Herzogth. Oldenburg. Ein unerbetenes Gutachten, allen Kirchenräthen u. Kirchenfreunden d. Landes dargeboten. gr. 8. (19 S.) Oldenburg 852, Stalling. 3 ngr

Büsing, G. H., die Pflicht der protestant. Kirche das freudige Bekenntniß des Evangeliums zu fördern. Eine Predigt, gehalten am Reformationsfeste den 3. Novbr. 1844. Oldenburg 844, Schulze'sche B. 1/8 rf

Büsing, G. H., Predigt, zur Feier des Jahresschlusses 1839, so wie der Erbauung der Apener Kirche im Jahre 1239 gehalten. gr. 8. Oldenburg 840. Schulze'sche Buchh. (Berndt.) 1/8 rf

Büsing, Hans, Referendar: Wesen und Wirkungen des Indossamentes in der heutigen deutschen Gesetzgebung. *Rostock 1903: C. Hinstorff.* (180 S.) 8°
Rostock, Jur. Diss. v. [12. Febr.] 1904

Büsing, Hans, Wesen u. Wirkungen des Indossamentes in der heutigen deutschen Gesetzgebung. (180 S.) gr. 8. Berlin 904. Struppe & Winckler. n. 4. —

Büsing, Jh. Cph., Anfangsgründe d. christl. Religion. 8. Brem. 770. Cramer. 4 gr

Büsing, Jh. Cph., († d. 8. Juni 1802.) Anleit. z. Redekunst. 8. Bremen 773. Cramer. 14 gr

— Commentarius philolog. exeg. in Psalmos XLII, XLIII. 4. Brem. 763.

— Entwurf d. vornehm. Wahrheiten d. christl. Religion. 8. Brem. 769. Cramer. 1 gr

Büsing, Max, aus Berlin: Die Reihenfolge der Gedichte Karolinens von Günderrode [!] Mit einem Anhang. *Berlin (1903): E. Ebering.* (159 S.) 8°
Berlin, Phil. Diss. v. 12. Dez. 1903

Büsing, Otto, Arzt a. Deutsch-Wilmersdorf: Aus der inneren Abteilung des städtischen Krankenhauses zu Charlottenburg-Westend. (Dirig. Arzt: Prof. Dr. E. Grawitz.) Ergebnisse der Blutuntersuchungen bei Bleiarbeitern und ihre Verwertung für die Prophylaxe der chronischen Bleiintoxikation. Rostock 1904: Adlers Erben. (38 S.) 8°
Rostock, Med. Fak., Ref. Kobert, Diss. v. 2. Jan. 1905
[Geb. 16. Dez. 80 Deutsch-Wilmersdorf; Wohnort: Deutsch-Wilmersdorf; Staatsangeh.: Preußen; Vorbildung: Gymn. Steglitz Reife O. 99; Studium: Berlin 1, Heidelberg 1, Berlin 2, Heidelberg 1, Berlin 4 S.; Coll. 8. Dez. 04; Approb. 11. Juni 04.]

Büsing, Otto, Kombinations-Code-Tabellen für feste Angebote od. Aufträge. — Combination-code-tables for firm offers and orders. Ausg. A. Mit Preistabelle f. Währgn. nach dem Decimalsystem. (31 S.) gr. 4. Hamburg 903. L. Friederichsen & Co. n. 8. —; Preistabelle allein (1 Bl.) n. 2. —

— dasselbe. Ausgabe B. Mit £ Sterling-Preistabelle. (31 S.) gr. 4. Ebd. 903. n. 8. —; Preistabelle allein (1 Bl.) n. 2. —

Büsing, Otto, das Staatsrecht der Großherzogthümer Mecklenburg-Schwerin und Mecklenburg-Strelitz, s. Handbuch des öffentlichen Rechts der Gegenwart.

Das Staatsrecht von Mecklenburg Schwerin Mecklenburg-Strelitz. Bearb. v. Otto **Büsing**. Freiburg i. B. und Tübingen. 1884. Siehe in: Handbuch des Oeffentlichen Rechts. Hrgg. v. H. Marquardsen. Bd. 3, Halbbd. 2, Abth. 1. 8° m.

Büsing, P., wie Harm Ahlers upper Melkstraten seilde. En Vertellsel van Gerd Tenjers. Bremen 868. Tannen. 16. (105 S.) n. 10 ngr

Büsing, W.: Die Sicherheit in Theatern u. in grösseren Versammlungs-Räumen, s. Büsing, Friedrich W.

Büsing, W., Verbrechen? Tendenz-Drama in 4 Akten. (202 S.) 8. München (903). Monachia-Verlag. n. 2. —

Businger, Alex., vaterländ. Sonnette, dem freyen Volke d. schweiz. Eidgenossenschaft geweiht. 12. (2 B.) Zürich 828, Orell, Füßli u. Comp.

Businger, Aloys, histor.-dramat. Sonetten-Cyclus üb. die wichtigsten Momente d. Vorzeit, biblischen, mytholog., griech., röm., moslemin. u. romant. Inhalts. Ein Weihgeschenk für Musensöhne. gr. 8. (12½ B.) Aarau 844, Christen.

Businger, Aloys, der Kanton Unterwalden, s. Gemälde, histor.-geograph.-statist., d. Schweiz, 6. Hft.

Businger, Aloys. Der Kanton Unterwalden, historisch, geographisch, statistisch geschildert. Beschreibung aller in demselben befindlichen Berge, Seen, Flüsse, Heilquellen, Flecken, merkwürdiger Dörfer, sowie der Schlösser, Burgen und Klöster.... Ein Hand- und Hausbuch.... [Umschlag illustriert.] 8. St. Gallen und Bern 1836.

Businger, C., s. Businger, L. C.

Businger, F. Gedanken über die Bildung stehender Heere. Luzern 1856. 25 S.

Businger, F. Träumereien militär. u. polit. Inhaltes. Luzern 1848. 319 S.

Businger, Jos.

— Schweizerische Bildergallerie oder Erklärung der vaterländischen Geschichten in den Gemälden auf der Kapell-Brücke zu Luzern. - *Luzern, Xaver Meyer,* 1820, 2 Bde, 280 u. 322 SS. In-8°.
Frontispice en lithographie de *G. Engelmann.* Une traduction française de cet ouvrage par *Crousaz* parut en 1821.
Illustrations et une carte.

Businger, Jos., schweizer. Bildergallerie, oder Erklärung d. vaterländ. Geschichte in d. Gemälden auf d. Kapellbrücke zu Luzern. 2 Bde, mit 1 Titelkpf. 8. Luzern 822. Meyer. (Leipz., Schmidt). 1 rf 20 gr

Businger, [Joseph]. Galerie des tableaux du Pont de la Chapelle, à Lucerne. Représentant la série des époques les plus mémorables de l'histoire Suisse, par le chanoine Businger, traduit de l'allemand, par Henry de Crousaz. [Avec 1 planche.] 8. Lucerne 1821.

— Galerie de Tableau du pont de la chapelle à Luzerne, représentant la Seine. Trad. de l'Allem. par H. de Crousaz. gr. 8. Luzern 821. Meyer. (Leipz., Schmidt).

Businger. Galerie des tableaux du Pont de la Chapelle à Lucerne représentant la série des époques les plus mémorables de l'histoire suisse. Trad. de l'allemand par *H. de Crousaz.* Avec 75 phototypies. In-8°. VIII, 184 p. Lucerne, Balthasar Peyer. 1891 Toile 25 —

— d. Geschichte des Volks von Unterwalden ob u. nied dem Wald, von dessen frühester Abkunft an bis auf unsere Zeiten, mit Hinsicht auf d. Gesch. seiner Nachbarn von Ury u. Schwyz. 1r u. 2r Bd., mit 1 Karte. 8. Luzern 827 u. 28. Meyer. 2 ß 12 gr

— die Geschichte des Volkes v. Unterwalden, ob u. nid dem Wald, von dessen frühester Abkunft an bis auf unsere Zeiten rc. 1r Bd. gr. 8. Luzern 827, Meyer. (Schmidt in Leipz.)

Businger, J., die Geschichten d. Volkes v. Unterwalden ob u. nid dem Wald, von dess. frühester Abkunft an bis auf uns. Zeiten, mit Hinsicht auf d. Geschichten seiner Nachbarn von Ury u. Schwyz. 2. Bd. M. 1 Karte v. Unterwalden (in Fol.) gr. 8. (3z B. u. 2 Tab.) Luzern 828, Meyer. (Leipzig, Schmidt.)
1. Bd. Ebendas. 1827. 1 Thlr. 8 Gr.

Businger, [Joseph]. Itinéraire du Mont Righi et du Lac des 4 Cantons, précédé de la Description de la ville de Lucerne et de ses environs. Traduit de l'allemand du chanoine B' par H[enri] de C[rousaz]. (Avec [1 vignette, 1 plan, 3 planches et] une Carte.) [2 parties.] 8. Lucerne 1815.

— Bruder Klaus u. sein Zeitalter, oder d. Lebensgeschichte d. sel. Niklaus v. Flüe aus Unterwalden. Mit 1 Abbild. gr. 8. Luzern 827. Anich. (Schmidt in Leipz.) 12 gr

Businger, [Joseph]. Lucerne et ses environs, suivi d'un Itinéraire au Mont Righi et autour du Lac des Quatre Cantons, orné [d'une vignette,] de plans, vues et d'une carte détaillée du Lac et de ses environs [5 planches].... Traduit de l'allemand du chanoine B' par Henri de Crousaz. 2de éd. revue et augmentée. 8. Lucerne 1821.

Businger, (J.,) Lucerne et ses environs, suivi d'un Itinéraire au Mont-Righi et autour du Lac de quatre cantons. Orné de plans, vues et d'une carte détaillée du Lac. Trad. de l'Allem. par H. de Crousaz. 2e Aufl. gr. 8. Lucerne 822, Meyer. Rthlr.

(Businger, J[oseph].) Die Stadt Luzern und ihre Umgebungen. In topographischer, geschichtlicher und statistischer Hinsicht (enthaltend: Ihre Ansicht und Beschreibung..., sammt einer Wanderung um den Vierwaldstädter See und seine nächst anliegenden Gegenden.... begleitet mit einer Titelvignette; dem Grundriss der Stadt: einer Aussicht... vom Gütsch gezeichnet: einem Umriss der... Alpenkette, und einer Karte vom Vierwaldstädter See... [zusammen 4 Tafeln, nebst 1 Tabelle]). 8. Luzern 1811.

— d. Stadt Luzern u. ihre Umgebungen, nebst Plan, Karte u. 2 Prospekten. gr. 8. Luzern 811. Meyer. (Schmidt in Leipz.) 2 ß 20 gr Dass. ins Französ. übersetzt v. H. de Crousaz. 2e A. Ebd. 822. 2 ß 6 gr

Businger, Joseph. Luzern und seine Umgebungen. Rigi. St. Gotthard und Pilatus, nebst einer kleinen Reiseanleitung durch die Kantone Ury, Schwyz und Unterwalden. Neue Umarbeitung des frühern Werkes: „Die Stadt Luzern und ihre Umgebungen". [Mit 4 Tafeln, 1 Panorama und 1 Karte.] 8. Luzern [1833].

Businger, Jos., Luzern u. seine Umgebungen: Rigi, St. Gotthard u. Pilatus, nebst e. klein. Reiseanleitung durch d. Kantone Ury, Schwyz u. Unterwalden. Neue Umarbeit. d. früh. Werkes: „Die Stadt Luzern u. ihre Umgebungen." gr. 12. (8¾ B., 10 Ansichten u. 2 Kart.) Luzern 836, Meyer.

— s. Versuch e. Geschichte v. Unterwalden.

(Businger, [Joseph], und Zelger, [Franz Nicolaus].) Kleiner Versuch einer besondern Geschichte des Freystaats Unterwalden, ob und nid dem Kernwalde. ([Verfasser:] L'Abbé Buessinger et Lieutenant Zelger.) 2 Theile. 8. Luzern 1789–1791.
Theil 1: 1789. — Theil 2: 1791.

Businger, L. R.: Il fanciullo divoto, s. Businger, Lukas Kaspar

Businger, L[ukas] K[aspar]

Businger, L. C., der heilige Aloysius, die Lilie von Castiglione. Gebet- und Erbauungsbuch für katholische Jünglinge. 2. Aufl. 24. (820 S. mit 2 chromolithogr. Abbild.) Einsiedeln 870, Gebr. Benziger.

Der hl. Aloysius, die Lilie von Castiglione. Gebet- u. Erbauungsbuch f. kath. Jünglinge. Von Lukas Kaspar Businger, Pfarrer in Arlesheim. *Einsiedeln, Köln: Benziger & Co. [um 1902].* (320 S.) 8° [F.]

Businger, L. C., Christus in seiner Kirche. Eine Kirchengeschichte für Schule und Haus. Mit einem einleitenden Briefe des Bischofs Eugenius Lachat. 8. (272 S. mit eingedr. Holzschn.) Einsiedeln 879, Gebr. Benziger. *
geb. in Halbleinw. * M. 2,40.; in Leinw. *

Businger, L. C., Christus in s. Kirche. Eine Kirchengeschichte f. Schule u. Haus. 5. Aufl. 8. (272 S. m. Abb.) Einsiedeln 897. Verlagsanstalt Benziger & Co. Kart. n.n. 1. 60

Businger, L. C., compendio de la historia biblica o narraciones del antiguo y nuevo testamento para el uso de las escuelas católicas, traducida del Aleman. Cuidosamente revisada por Isidro de la Fuente y Almazán. 8. (312 S. m. eingedr. Holzschn. u. 2 Karten.) Einsiedeln 883. Benziger. cart. n. 1. —

Businger, L[ucas] C[aspar]. Credo. Ein Lehr- und Betbüchlein für katholische Christen. [Mit Vignetten und 2 Tafeln.] 208 S. 8. Einsiedeln ..., Benziger & Co. A. G., 1910. [geb. fr. 1.20 u. 2.25]

—— il fanciullo divoto. Libriccino di preghiere per giovanetti cattolici. [Prima edizione italiana.] 32. (232 S. mit 3 eingedr. Holzschn.) Ebendas. 879.

Businger, biblische Geschichte, s. a. Walther, A.

Businger's biblische Geschichte. Polnische Ausgabe. Mit 129 Illustr. u. 3 Karten. In-8°. 349 S. Einsiedeln, Benziger & Co. Cart. 1 20
— — Ungarische Ausgabe. Mit 129 Illustr. u. 3 Karten. In-8°. 303 S. Ebd. Cart. 1 —

Businger's biblische Geschichte. Anhang dazu, s. Kirchengeschichte, kleine illustrirte, für katholische Volksschulen.

Businger, L. C., biblische Geschichte d. alten u. neuen Testaments. Für kathol. Volksschulen bearb. 8. (237 S. m. eingedr. Holzschn.) Einsiedeln 875. Benziger. n. — 55

Businger, L. C., Regens. Biblische Geschichte des alten und neuen Testamentes für katholische Volksschulen. Neue Ausgabe mit umgearbeitetem und vermehrtem Text und vielen neuen Illustrationen. Mit einem Anerkennungs-Schreiben Sr. Heiligkeit Pabst Leo's XIII. und Gutheissungen der Hochw. Erzbischöfe und Bischöfe von Deutschland, Oesterreich, Amerika und der Schweiz. Mit Holzschnitten und 2 Karten reich illustrirt. In-8°, 264 S. Einsiedeln, Gebr. K. u. N. Benziger.
Cart. mit roth Leinwand-Rücken. — 65
1882

Businger, L. C. Biblische Geschichten, s. Walther, Arn.

— bijbelsche geschiedenis van het Oude en Nieuwe Testament, ten dienste van Nederlands katholieke jeugd, bewerkt door en r. k. priester, en nagezien door J. Vrancken. Met fraaie Houtsneefiguren. 8. (280 S.) Einsiedeln 888. Benziger & Co. cart. n.n. — 80

(Businger, Lucas Caspar.) Franz Josef Hegglin, Landammann des Kantons Zug und Präsident der Gemeinde Menzingen. 8. Zug 1861.

Businger, L. C., das fromme Kind. Gebetbüchlein für die kathol. Jugend. 8. Aufl. 48. (192 S. mit 2 chromolithogr. Bildern.) Einsiedeln 871, Gebr. Benziger.

— das fromme Kind. Ein Gebetbüchlein für die kathol. Jugend. Mit Bildern (eingedr. Holzschn. u. 2 Steintaf.). 82. (200 S. mit chromolith. Umschlag.) Ebend. 878. cart. n. — 40

Das fromme Kind. Ein Gebetbüchlein f. d. kath. Jugend. Von L. K. Businger, Pfarrer in Arlesheim. 24. Aufl. *Einsiedeln, Köln: Benziger & Co. [um 1902].* (200 S.) 8° [F.]

—— das Leben unseres lieben Herrn und Heilandes Jesus Christus und seiner jungfräulichen Mutter Maria zum Unterricht und zur Erbauung im Sinne und Geiste des ehrwürd. Paters Mart. v. Cochem. 25 Hefte. 1. Aufl. 1873, und 2. Aufl. gr. 4. (XVI, 1039 S. mit eingedr. Holzschn. und 2 chromolithogr. Taf.) Einsiedeln 874,75, Gebr. Benziger.
à Lfg. 50 Pf.
geb. * *M* 16. und *

Businger, L. C. (Regens). Das Leben unsers lieben Herrn und Heilandes Jesus Christus und seiner jungfräulichen Mutter Maria. In-4°. Illustrirte Prachtausgabe. Neue Subscription. Einsiedeln, Gebr. Benziger. 1879 I. Viertelband 3 75

Businger, L. C. Das Leben unseres lieben Herrn und Heilandes Jesus Christus und seiner jungfräulichen Mutter Maria, zum Unterricht u. zur Erbauung für alle katholischen Familien und heilsbegierigen Seelen, im Sinne des ehrw. P. Martin von Cochem dargestellt. Mit einer Einleitung von Sr. Gnad. Dr. Johann Greith, Bischof von St. Gallen. Neue Ausgabe. Gr. in-8°, 1064 S., mit 1 Farbendruck-Titelbild, farbigem Titel und Familienregister, 7 Einschaltbildern und 575 Holzschnitten.
*** Erscheint in 20 Lieferungen, pro Lief. 60 Ct.
1881

—— d. Leben uns. lieben Herrn u. Heilandes Jesus Christus u. s. jungfräul. Mutter Maria. Neue Asg. 4. (1039 m. Illustr.) Ebd. 82. 10. —

Businger, L. C., das Leben unseres lieben Herrn u. Heilandes Jesus Christus u. seiner jungfräulichen Mutter Maria, zum Unterricht u. zur Erbaug. im Sinne u. Geiste des ehrwürd. Martin v. Cochem dargestellt. Mit e. Einleitg. v. Karl Joh. Greith. Neue wohlf. Ausg. 20 Lfgn. gr. 4. (XVI, 1039 S. m. Abbildgn.) Einsiedeln 892. Benziger & Co. à — 40
(kplt. geb. in Halbfrz.: n. 10. —)

Das Leben unseres lieben Herrn und Heilandes Jesus Christus und seiner jungfräulichen Mutter Maria zum Unterr. u. z. Erbauung im Sinne z. Geiste d. ehrw. P. Martin von Cochem dargest. von L. C. Businger, Regens in Solothurn. Mit e. Einl. von Dr. Karl Johann Greith, Bischof von St. Gallen. 24. Aufl. Mit 575 Ill. *Einsiedeln, Köln: Benziger & Co. [um 1902].* (XVI, 1039 S.) 4° [F.]

Businger, L[ucas] C[aspar]. Das Leben unseres lieben Herrn und Heilandes Jesus Christus und seiner jungfräulichen Mutter Maria, zum Unterricht und zur Erbauung im Sinne und Geiste des ehrw. P. Martin von Cochem dargestellt. Mit einer Einleitung von ... Dr. Karl Johann Greith, Bischof von St. Gallen, und mit Approbationen und Empfehlungen.... 24. Aufl. 75—79 Tausend. Mit 575 Illustrationen [und 17 Tafeln]. X + XVI + 1039 S. 4. Einsiedeln *etc.*, Benziger & Co. A. G., [1903]. [geb. fr. 15. — *bis* 30. —]

— das unblutige Opfer d. Neuen Bundes. Mit e. Vorworte v. Augustinus Egger. 2., unveränd. Aufl 8. (VII, 103 S.) Fulda 893. Fuldaer Actien-Druckerei. n. — 80

— Passion u. Ostern. Die 14 Stationen des bitteren Leidens u. Sterbens unseres Herrn Jesu Christi u. die 14 Stationen seiner Verherrlichg. 12. (64 S.) Ebd. 894. n. — 40

— u. Walther, s.: Récits bibliques.

Businger, Lukas Kaspar, Syllabus-Büchlein. Einsiedeln, Benziger, 1874, 2. Aufl. (1. Aufl. 1873.)

Businger, L. C. La vita di Gesù narrata ai Fanciulli. Versione libera dall' inglese. Volta ora in italiano da M. P. Mit 70 Holzschnitten u. 4 Farbendruckbildern. In-16°, 160 S. Einsiedeln, Benziger, 1883. 1883 1 60

Businger, Otto, Bau und Betrieb der Secundär und Tertiärbahnen, s. Handbuch für specielle Eisenbahn-Technik.

Businger, Otto, die verliebte Köchin. Lustspiel m. Gesang. Musik v. E. Beck. (21 S.) 8. Aarau 911. H. R. Sauerländer & Co. — 50

Businger, Otto. Graf Ulrich von Tierstein. Historisches Drama in 5 Aufzügen. 44 S. 8. [Windisch,] Im Verlage des Verfassers; Brugg, Buchdr. «Effingerhof A.-G.», 1909. [fr. 1. 50]

Busiri, M., die Burda. Lobgedicht auf Muhammad. Neu hrsg. im arabischen Text mit metrischer, persischer und türkischer Uebersetzung. In's Deutsche übertragen und mit Anmerkungen versehen von C. A. Ralfs. Bevorwortet von W. Behrnauer. Lex.-8. (60 S.) Wien 860, Hof- und Staatsdruckerei. Thlr.

Buske, A., Tabellen zur Berechnung hölzerner und eiserner Träger und Stützen, zusammengestellt und mit Beispielen versehen. gr. 8. (60 S. mit 3 Stnt. in qu. Fol.) Berlin 878, Beelitz. *

Buske, Karl Über Kaltluft- und Kaltdampfmaschinen. Mit 2 Tafeln. 4 (20 S.). Progr. Prg. (Lessing-G.) *Berlin* 1887

Buske, Karl, über Kaltluft und Kaltdampfmaschinen. gr. 4. (20 S. mit 2 Taf.) Berlin 887, Gaertner's Verlag. *

Busken-Huet, K., Rembrandt's Heimath. Studien zur Geschichte der nordniederländ. Kultur im 17. Jahrh. Autoris. Übersetzg. aus dem Holl. v. Marie Mohr. Hrsg. von G. Frhrn. v. d. Ropp. 1. Bd. gr. 8. (VII, 339 S.) Leipzig 886. T. O. Weigel. n. 7. —

Busken-Huet, K., Rembrandt's Heimath. Studien zur Geschichte der nordniederländ. Kultur im 17. Jahrh. Autoris. Übersetzung aus dem Holl. v. Marie Mohr. Hrsg. von G. Frhrn. v. der Ropp. 2. (Schluss-)Bd. gr. 8. (V, 301 S.) Leipzig 887. T. O. Weigel Nachf. n. 7. — (cplt.: n. 14. —)

! Busken-Huet: Rembrandts Heimat. Jetzt: CH Tauchnitz.

Buski, Joan. Silvester (geb. Duszno in Posen 28. 12. 1830): De cholera epidemica, singulatim ea, quae a. 1854 Vindobonae grassabatur. Berolini (1855). (32 S.) 8°
Berlin, Med. Diss. v. 4. Okt. 1855

Busl, C. A., zur Geschichte des Prämonstratenserklosters und der Kirche Weissenau. [Verb. und verm. Abdruck aus: „Oberschwäb. Anzeiger".] 8. (32 S.) Ravensburg 883, (Dorn'sche Buchh.)

Busl, Greg.

Busl, G., Anreden an Mitglieder der Bruderschaft zur beständigen Anbetung d. allerh. Sakraments u. z. Unterstützung armer Kirchen, sammt einig. Anreden an Kinder v. Vereine der hl. Kindheit Jesu. Hrsg. v. K. Neumann. [Suppl. zur 1. Aufl. der Gelegenheits-Predigten.] gr. 8. (120 S.) Amberg 887. Regensburg, Habbel. 1. 20

Busl, Greg., Fastenpredigten. Hrsg. v. Karl Neumann. 8 Hfte. gr. 8. (638 S.) Amberg 886. Habbel. à — 75

Busl, Greg., Fasten-Predigten. Hrsg. v. Karl Neumann. 2, verb. Aufl. gr. 8. (VI, 638 S.) Regensburg 891. F. Habbel. 6. —

Busl, Greg., Fasten-Predigten. Hrsg. v. Karl Neumann. 3. u. 4. Aufl. gr. 8. (638 S.) Regensburg 899. J. Habbel. n. 6. —; geb. in Halbldr. n. 7. —

— Predigten. Hrsg. v. Karl Neumann. (In 107 Lfgn.) 1.—3. Lfg. gr. 8. Ebd. 898. 899. à — 75
Katechetische Predigten. 1. Bd. Vom Glauben. 3., verm. u. verb. u. 4. Aufl. (VIII u. S. 1—240 m. Bildn.)

Busl, Greg., Predigten. Hrsg. von Karl Neumann. 3.—107. Hft. gr. 8. Regensburg, J. Habbel. à — 75
3.—12. (5. Bd.) Katechetische Predigten. 1. Bd. Vom Glauben. 3. verm. u. verb. Aufl. 3.—12. Hft. (S. 161—964.) 899. (Kplt.: 9. —; geb. in Halbfrz. n. 10. —.)
13.—24. (6. Bd.) Dasselbe. 2. Bd. 3. u. 4. Aufl. 12 Hfte. (960 S.) 900. (Kplt.: 9. —; geb. in Halbfrz. n. 10. —.)
25.—38. (7. Bd.) Dasselbe. 3. Bd. 3. u. 4. Aufl. 14 Hfte. (VI, 1139 S.) 900.
39.—46. Fastenpredigten. 3. u. 4. Aufl. 8 Hfte. (638 S.) 900.
47.—59. Sonntags-Predigten. 3. Aufl. 13 Hfte. (1035 S.) 900.
60.—68. Festtags-Predigten. 3. u. 4. Aufl. 9 Hfte. (728 S.) 900.
69.—76. Predigten auf die Feste unseres Herrn Jesu Christi. 3. Aufl. 8 Hfte. (651 S.) 900.
77.—84. Predigten auf die Feste der allerseligsten Jungfrau Maria. 3. u. 4. Aufl. 8 Hfte. (VIII, 641 S.) 900.
85.—93. Predigten auf die Feste der Heiligen. 3. u. 4. Aufl. 9 Hfte. (776 S.) 900.
94.—107. Gelegenheits-Predigten. 4., verb. u. verm. Aufl. 14 Hfte. (VIII, 1152 S.) 900. 901.

— Predigten. Hrsg. v. K Neumann. (In 107 Hftn.) 1—105. Hft. 8° Ebd. à — 75
1—12. Katechet. Predigten. 1. Bd. Vom Glauben. 3. u. 4. Afl. (964) 98.99. (Kplt: 9 —; geb. in H.-F. 10 —)
13—24. Dass. 2. Bd. Von d. Geboten. 3. u. 4. Afl. (960) 1900. (Kplt: 9 —; geb. in H.-F. 10 —)
25—38. Dass. 3. Bd. Von d. Gnadenmitteln. 3. u. 4. Afl. 14 Hfte. (1139) 1900. (Kplt: 10.50; geb. in H.-F. 11.50)
39—46. Fastenpredigten. 3. u. 4. Afl. 8 Hfte. (638) 1900. (Kplt: 6 —; geb. in H.-F. 7 —)
47—59. Sonntags-Predigten. 3. Afl. 13 Hfte. (1035) 1900. (Kplt: 9.75; geb. in H.-F. 10.75)
60—68. Festtags-Predigten. 3. u. 4. Afl. 9 Hfte. (728) 1900. (Kplt: 6.75; geb. in H.-F. 7.75)
69—76. Predigten auf d. Feste uns. Herrn Jesu Christi. 3. Afl. 8 Hfte. (651) 1900. (Kplt: 6 —; geb. in H.-F. 7 —)
77—84. Predigten auf d. Feste d. allersel. Jungfrau Maria. 3. u. 4. Afl. 8 Hfte. (641) 1900. (Kplt: 6 —; geb. in H.-F. 7 —)
85—93. Predigten auf d. Feste d. Heiligen. 3. u. 4. Afl. 9 Hfte. (776) 1900. (Kplt: 6.75; geb. in H.-F. 7.75)
94—105. Gelegenheits-Predigten. 1—12. Hft. (1—900) 1900.

Busl, Greg., Predigten auf die Feste der Heiligen. Hrsg. von Karl Neumann. 8 Hefte. gr. 8. (VI, 632 S.) Amberg 884,85, Habbel. à Heft 75 Pf.

— Predigten auf die Feste der Heiligen. Hrsg. v. K. Neumann. 9 Hfte. gr. 8. (720 S.) Ebd. 888. à — 75 (cplt.: 6. 75; geb. 7. 75)

Busl, Greg., Predigten auf d. Feste d. Heiligen. Hrsg. v. Karl Neumann 3., verm. u. verb. Aufl. gr. 8. (776 S.) Regensburg 896. J. Habbel. 6. 75; geb. n. 7. 75

Busl, Greg., Predigten auf die Feste unsers Herrn Jesu Christi. 8 Hfte. gr. 8. (630 S.) Amberg 881. Habbel. à — 75

— Predigten auf die Feste unsers Herrn Jesu Christi. 2., verb. Aufl. 8 Lfgn. gr. 8. (660 S.) Ebd. 887. à — 75

— Predigten auf die Feste unseres Herrn Jesu Christi. Hrsg. v. Karl Neumann. 3., verm. Aufl. gr. 8. (VIII, 651 S.) Ebd. 892. 6. —

— Predigten auf d. Feste uns. Herrn Jesu Christi. Hrsg. v. C Neumann. 5. Afl. (653) 8° Ebd. '01. 6 —; geb. 7 — d

— Predigten auf die Feste unseres Herrn Jesu Christi. Hrsg. v. Carl Neumann. 5., verm. u. verb. Aufl. gr. 8. (VIII, 658 S.) Ebd. 902. n. 6. —; geb. n. 7. —

— Predigten auf die Feste der allerseligsten Jungfrau Maria. Hrsg. v. Karl Neumann. gr. 8. (564 S.) Ebend. 883. 84. 5. 25

—— Predigten auf die Feste der allerseligsten Jungfrau Maria. Hrsg. von Karl Neumann. 7 Hefte. gr. 8. (564 S.) Ebendas. 884. à Heft 75 Pf.

— Predigten auf die Feste der allerseligsten Jungfrau Maria. Hrsg. v. K. Neumann. 2., verb. Aufl. 7 Lfgn. gr. 8. (588 S.) Ebd. 888. à — 75

— Predigten auf die Feste der allerseligsten Jungfrau Maria. Hrsg. v. Karl Neumann. 3., verm. Aufl. gr. 8. (VIII, 642 S.) Ebd. 893. 6. —

— Predigten auf die Feste der allerseligsten Jungfrau Maria. Hrsg v. Carl Neumann. 5., verm. u. verb. Aufl. gr. 8. (VIII, 684 S.) Ebd. 903. n. 6. —; geb. n. 7. —

Busl, Greg., Predigten für verschiedene Gelegenheiten. Hrsg. von Karl Neumann. 12 Hefte. gr. 8. (VIII, 952 S.) Amberg 884,85, Habbel. à Heft 75 Pf.

—— Predigten für verschiedene Gelegenheiten. Hrsg. von Karl Neumann. 2. verm. und verb. Aufl. 14 Hefte. gr. 8. (1101 S.) Ebendas. 887. à Heft 75 Pf.

— Predigten f. verschiedene Gelegenheiten. Hrsg. v. Karl Neumann. 3., verm. Aufl. gr. 8. (VIII, 1152 S.) Ebd. 891. 10. 50

— Predigten f. verschiedene Gelegenheiten. Hrsg. v. Karl Neumann. 4., verm. u. verb. Aufl. gr. 8. (VII, 1152 S.) Ebd. 901. 10. 50; geb. n. 11. 50

Busl, Greg., katechetische Predigten. Hrsg. von Karl Neumann. 1.—29. Heft oder 1.—3. Bd. 1.—5. Heft. gr. 8. Regensburg, Habbel. à Heft 75 Pf.
Inhalt:
Bd. 1. Vom Glauben. 12 Hefte. (976 S.) 885. ℳ 9.—.
" 2. Von den Geboten. 12 Hefte. (964 S.) 887. ℳ 9.—.
" 3. Von den Sakramenten. 1.—5. Heft. (S. 1—400.) 888. ℳ 3.75.

— dasselbe. 2. Bd: Von den Geboten. 1—8. Hft. gr. 8. (S. 1 640.) Ebend. 886. à — 75

— katechetische Predigten. Hrsg. v. K. Neumann. 21.—38. Hft. (= 2. Bd. 9.—12. Hft., 3. Bd. 14 Hfte.) gr. 8. Ebd. 887—889. à Hft. — 75
2. Bd.: Von den Geboten. 9.—12. (Schluß-)Hft. (S. 641—964.) n. 3. — (2. Bd. cplt.: n. 9. —)
3. Bd.: Von d. Sakramenten. 14 Hfte. (VIII, 1128 S.) n. 10. 50

— dasselbe. 2. Bd.: Von den Geboten. 2., verb. Aufl. gr. 8. (VI, 960 S.) Ebd. 890. 9. —

— katechetische Predigten. Hrsg. v. Karl Neumann. 2. Bd.: Von den Geboten. 2., verb. Aufl. gr. 8. (VI, 960 S.) Ebd. 894. 9. 50

— Katechetische Predigten. Hrsg. v. K. Neumann. II. Bd.: Von d. Geboten. 3., verm. u. verb. Aufl. gr. 8. (VI, 960 S.) Ebd. 899. 9. —; geb. n. 10. —

— dasselbe. III. Bd.: Von d. Gnadenmitteln. 3., verm. u. verb. Aufl. gr. 8. (VII, 1139 S.) Ebd. 898. 10. 50; geb. in Halbfrz. n. 11. 50

—— Predigten auf die Sonn- und Festtage des Kirchenjahres. Hrsg. von Karl Neumann. 1.—16. Heft. gr. 8. Ebendas. 888.
1.—12., 14.—16. Heft à 75 Pf.; 13. Heft 50 Pf.
Inhalt:
Heft 1—13. [1. Thl.] Sonntagspredigten. (VII, 998 S.) ℳ 9.50.
" 14—16. [2. Thl.] Festtagspredigten. 1.—3. Heft. (S. 1—240.) ℳ 2.25.

—— Predigten auf die Sonn- u. Festtage d. Kirchenjahres. Hrsg. v. Karl Neumann. 17.—22. (Schluß-)Heft. gr. 8. (2. Thl.: Festtagspredigten. S. 241—728.) Ebd. 889,90. à Heft — 75; 4 50
1.—16. Heft. Ebd. 1888. * 11 75.

— Predigten auf die Sonn- u. Festtage d. Kirchenjahres. Hrsg. v. Karl Neumann. 1. Thl.: Sonntagspredigten. 2., verm. Aufl. gr. 8. (VI, 1035 S.) Ebd. 893. 9. 50

— Sonntags-Predigten. Hrsg. v. Karl Neumann. (In ca. 12 Hftn.) 1. Hft. gr. 8. (80 S.) Ebend. 887. — 75

Busl, Karl Ant. Die ehem. Benediktiner-Abtei Weingarten. Ausführliche Beschreibg. der Kirche m. ihren Schätzen u. Sehenswürdigkeiten, nebst einer Geschichte der Reliquie d. hl. Blutes, Schilderg. d. Blutrittes u. e. Verzeichnis d. Äbte u. der auf Weingarten bezügl. Bildwerke. Zum 800jähr. Jubiläum [den 16. Mai 1890] der Übergabe der Heiligblutreliquie an Weingarten. 1. Aufl. (102 S. m. 4 Abbildgn.); 2. verb. Aufl. 12. (120 S. m. Abbildgn.) Ravensburg 890, Dorn. 1. Aufl. * — 40; 2. Aufl. * — 50

Buslav, Joannes Theophilus *(geb. Klein-Gowin bei Neustadt in Westpr. 16. 12. 1799)*: De lingua originali evangelii secundum Matthaeum. Vratislaviae (1826). (80 S.) 8° *[Im Buchhandel 1826 bei Max & Ko. in Breslau.]*
Breslau, Kath.-theol. Dr.-Diss. v. 2. Juni 1826

Buslav, **J. Theoph., Diss. histor. crit.-exegetica de lingua originali Evangel. secund. Matthaeum. 8maj. Bresl. 826. Max u. Comp. 10 ℳ**

Buslepp, Carolus, Buttstadiensis: De Tanagraeorum **sacris** quaestiones selectae. *Jena 1901: G. Neuenhahn.* (37 S.) 8°
Jena, Phil. Diss. v. (13. Juli) 1901

Buslepp, Carolus: De Tanagraeorum sacris. Vimariae 1908: Aulae off. typ. 18 S. 4°
Weimar, Wilhelm-Ernstisches G OP 1908 (886) [S 08. 55

Busler, J. H., Bilder-Alphabet, oder 24 Fabeln in Versen mit 24 Bildern. gr. 8. Colberg 843, Post. 1/3 ℳ

Busley: Die Vorschriften über den Baustoff und die Ausführung der Dampfkessel nach den in der Vorbereitung begriffenen allgemeinen polizeilichen Bestimmungen über die Anlegung von Dampfkesseln. Vortrag. Berlin 1905

Busley, Karl

Busley, C., die jüngsten Bestrebgn. u. Erfolge d. deutschen **Schiffsbaues.** Erweit. Ausarbeitg. e. auf d. 35. Hauptversammlg. d. Vereins deutscher Ingenieure in Berlin geh. Vortrages. [Aus: „Zeitschr. d. Vereins deutscher Ingenieure".] gr. 4. (IV, 53 S. m. 110 Abb. u. 8 Taf.) Berlin 895. J. Springer. n. 6. —

— u. Wilh. Vieweg, Dauerversuche m. Schrotmühlen, s.: **Prüfungen**, die, landwirtschaftl. Maschinen u. Geräte.

— d. gesundheitl. Einrichtungen d. modern. **Dampfschiffe.** [Aus: „Zeitschr. d. Vereins deutscher Ingenieure".] gr. 4. (V, 43 S. m. 111 Abb.) Ebd. 897. n. 3. —

Busley, Carl, die Entwickelung der Schiffsmaschine in den letzten Jahrzehnten. gr. 4. (VI, 57 S. mit 43 Textabbild. und 3 lithogr. Taf.) Berlin 888, Springer. cart. *
Aus: Zeitschrift des Vereins deutscher Ingenieure, besonders abgedruckt.

Busley, Carl. Die **Entwickelung** d. Schiffsmaschine in den letzten Jahrzehnten. 2. verb. u. sehr verm. Aufl. Mit 142 Textabbildgn. u. 5 lithogr. Taf. Lex.-8. (XIII, 197 S.) Berl. 890, Springer. geb. * 12 —

— die **Entwickelung** der Schiffsmaschine in den letzten Jahrzehnten. 3., durchgeseh. Aufl. [Mit Benutzg. der bezw. Veröffentlichgn. in der Zeitschr. d. Vereins deutscher Ingenieure.] Mit 157 Textabbildgn. u. 5 lith. Taf. Lex.-8. (XII, 203 S.) Berlin 892. J. Springer. Kart. n. 12. —

Busley, C., die technische **Entwicklung** des Norddeutschen Lloyds u. der Hamburg-Amerikanischen Packetfahrt-Aktiengesellschaft, s.: **Haack, R.**

Busley, C., d. Kampf um d. ostasiatischen Handel, s. a **Verhandlungen** d. deutschen Kolonial-Gesellschaft.

C[arl] **Busley,** Prof. ... Der Kampf um den Ostasiatischen Handel. Vortrag ... *Berlin: D. Reimer 1897.* (195—244 S., 10 Bl. Tab., 1 Kt.) 8.
= **Kolonial-Gesellschaft**, Deutsche, Abt.: Berlin-Charlottenburg. **Verhandlungen** 1896/97. H. 6. [98. 114

Deutsche Kolonial-Gesellschaft. Abt.: Berlin-Charlottenburg. C[arl] **Busley.** Der Kampf um den Ostasiatischen Handel. Mit 1 Karte: Eisenbahn- u. Postdampfschiffs-Linien nach Ostasien. 2., durchges. u. verm. Aufl. *Berlin: D. Reimer 1898.* (59 S.) 8° [Umschlagt.] [04 300 6

Der Kampf um den Ostasiatischen Handel. Vortrag v. C[arl] **Busley,** Prof., Geh. Regiergsr. M. 1 Kt. u. 18 Tab. 3. unveränd. Aufl. *(Berlin: D. Reimer 1898.)* (59 S., 1 Kt.) 1 Bd 8.
(Deutsche Kolonial-Gesellschaft. Abt.: Berlin-Charlottenburg.) [98. 9030

— the **marine steam engine,** its construction, action and management. A manual and book of reference for engineers, officiers of the navy and mercantile marine, practical mechanics, students of technical schools, shipowners, and all interested in steam navigation. 3. ed., completely modified and enlarged. Transl. by H. A. B. Cole. 1. part. gr. 8. (272 S. m. 8 lith. Taf.) Kiel 891. Lipsius & Tischer. n. 8. —

Busley, Carl, the **marine steam engine,** its construction, action and management. A manual and book of reference for engineers, officers of the navy and mercantile marine, practical mechanics (Umschlag: mechanicians), students of technical schools, shipowners, and all interested in steam navigation. With an atlas of lith. plates (in qu. Fol.), containing 1500 fig. executed from working drawings coloured. 3. ed., thoroughly revised and enlarged. Translated by H. A. B. Cole. Vol. 1, 2. and 3. part. gr. 8. Kiel, Lipsius & Tischer. Geh. u. kart n. 29. —;
(1 vollständig in 2 Leinw.-Bdn.: n. 40. —
2. (S. 273—672 m. 35 Taf.) 899. n. 20. —
3. (XIX u. S. 673—730 m. 18 Taf.) 901. 902. n. 9. —

—— Die **Schiffsmaschine**, ihre Bauart, Wirkungsweise u. Bedienung. Ein Hand- u. Nachschlagebuch f. Ingenieure, Offiziere d. Kriegs- u. Handelsmarine, Maschinisten etc. Mit e. Atlas (in qu. Fol.). 3. vollständig umgearb. u. bedeutend verm. Aufl. (In 3 Bdn.) 1. Abtnl. gr. 8. (1 Bd. S. 1—304 m. 8 Taf.) Kiel 891, Lipsius u. Tischer. * 8 —

—— dass. – Engl. Ausg., übers. v. H. A. B. Cole. gr. 8. (272 S. m. 8 Taf.) Ebd. 892. * 8 —

— d. **Schiffsmaschine,** ihre Bauart, Wirkungsweise u. Bedieng. Ein Hand- u. Nachschlagebuch f. Ingenieure, Offiziere d. Kriegs- u. Handelsmarine, Maschinisten, Studirende techn. Hochschulen, Reeder u. alle an d. Dampfschiffahrt Betheiligten. M. e. Atlas in Stein gest. Taf. (in qu. Fol.), enth. 1500 n. Werkstattzeichngn. ausgef. u. m. d. Materialfarben angelegte Fig. 3., vollst. umgearb. u. bedeutend. verm. Aufl. 2. Abth. gr. 8. (1. Bd. S. 305—752 m. 37 Taf.) Kiel 898. Lipsius & Tischer. n. 20. —
(1. u. 2.: n. 28. —)

— dass. 3. ed. Translated by HAB Cole. 2. part. 8° (273—672 m. 37 Taf.) Ebd. 99. 20 — (1 u. 2.: 28 —)

— die **Schiffsmaschine,** ihre Bauart, Wirkungsweise u. Bedienung. Ein Hand- u. Nachschlagebuch f. Ingenieue, Offiziere der Kriegs- u. Handelsmarine, Maschinisten, Studirende techn. Hochschulen, Reeder u. alle an der Dampfschiffahrt Betheiligten. Mit e. Atlas in Stein gest. Taf. (in qu. Fol.) enth. 1500 nach Werkstattzeichngn. ausgeführte u. m. den Materialfarben angelegte Fig.) 3. vollst. umgearb. u. bedeut. verm. Aufl. 3. Abth. gr. 8. (1. Bd. XXI u. S. 753—831 m. 18 Taf.) Ebd 901. n. 9. —;
(1. Bd. kplt.: n. 37. —; geb. in Leinw. n. 40. —)

— dass. 3. ed. Translated by HAB Cole. Vol. I. 3. part. (673—730 m. 18 Taf.) 8° Ebd. '01.02. Geh. u. kart. 9 —
(I vollst. in 2 L.-Bdn 40 —)

Busley, Carl, die Schiffsmaschine, ihre Construction, Wirkungsweise und Bedienung. Ein Hand- und Nachschlagebuch für Ingenieure, Offiziere der Kriegs- und Handelsmarine, Maschinisten, Studirende techn. Hochschulen, Rheder und alle Interessenten der Dampfschiffahrt. Mit 1 Atlas lithogr. Taf. (in qu. gr. 4.), enthaltend über 1000 nach Werkstattzeichnungen ausgeführte und in den Materialfarben color. Fig. 1.—3. Abthl. gr. 8. Kiel, Lipsius und Tischer. [1. Abthl. (1. Bd. I—VIII, S. 1—240 mit Atlas von 80 color. Stnt.) 883. + ℳ 10.; 2. Abth. (IX—XX, S. 241—507 mit Atlas von 50 color. Stnt.) 883. + ℳ 12.; 3. Abth. (2. Bd. S. 1—272 mit Atlas von 50 color. Stnt.) 884. + ℳ 12.]

Busley, Carl, die Schiffsmaschine, ihre Construction, Wirkungsweise u. Bedienung. Ein Hand- u. Nachschlagebuch f. Ingenieure, Offiziere der Kriegs- u. Handelsmarine, Maschinisten, Studierende techn. Hochschulen, Rheder u. alle Interessenten der Dampfschifffahrt. Mit e. Atlas lith. Taf. (in qu. gr. 4.), enth. üb. 1000 nach Werkstattzeichngn. ausgeführte u. in den Materialfarben color. Fig. 5 Abthlgn. gr. 8. (1. Bd. XX, 507 u. 2. Bd. XXX, 902 S.) Kiel 883—86. Lipsius & Tischer. n. 54. —; in 3 Bde. geb. n. 60. —

—— die Schiffsmaschine, ihre Construction, Wirkungsweise und Bedienung. Ein Hand- und Nachschlagebuch für Ingenieure, Offiziere der Kriegs- und Handelsmarine, Maschinisten, Studirende techn. Hochschulen, Rheder und alle Interessenten der Dampfschiffahrt. Mit 1 Atlas lithogr. Taf., enthaltend über 1300 nach Werkstattzeichnungen ausgeführte und in den Materialfarben color. Fig. 3 Bde. Kiel 885,86, Lipsius und Tischer. [1. Bd. 2. theilweise veränd. und verm. Aufl. gr. 8. (XXII, 529 S.); 2. Bd. 2. Aufl. gr. 8. (XXX, 902 S.); 3. Bd.: Atlas. Fol. (170 Taf.)] geb. *

— die neueren Schnelldampfer der Handels- u. Kriegsmarine. gr. 8. (VII, 104 S. m. 42 Textabbildgn.) Ebd. 891. n. 3.

— dasselbe. 2., bedeutend verm. u. gänzlich umgearb. Aufl. gr. 8. (VIII, 212 S. m. 156 Abbildgn.) Ebd. 892. n. 5. —; geb. n. 6. —

Busley, Carl, Prof. an der kaiserlichen Marine-Akademie zu Kiel. Die neueren Schnelldampfer der Handels- und Kriegsmarine. Mit 156 in den Text gedruckten Abbildungen. Zweite bedeutend vermehrte und gänzlich umgearbeitete Auflage. 8. Kiel und Leipzig 1893.

Der Wasserrohrkessel der Dampfschiffe. Von C[arl] Busley, Berlin: (J. Springer in Komm.) 1896. (78 S.) 4°
Aus: Zeitschrift d. Ver. deutscher Ingenieure. Bd 40. 10. 14336 8

Buslik, Chaim: Zur Kenntnis der Hydrolyse des Edestins. Weida i. Th. 1908: Thomas & Hubert. 100 S. 8°
Leipzig, Phil. Diss. v. 15. Aug. 1908, Ref. Beckmann, Hantzsch
[Geb. 7. März 74 Klewan; Wohnort: Leipzig; Staatsangeh.: Rußland; Vorbildung: Gymn. Moskau Reife O. 91; Studium: Kiew 6. Leipzig 14 S.; Rig. 15. Juli 08.] [U 09. 2929

Busmann

— — s. a. **Bußman.**

Busmann, Anton Eberhard Arnold (Hannover), De furti domestici poena in terris Brunsvicensibus. Diss. jur. criminalis. Präs. Georg Heinrich Ayrer. Götting. 29. III. 1738. 86 S., z. Tl. dtsch. (6.—) 4808

— **Anton Julius** (Hannover), De clausulis concessionum principum. Disp. jur. Präs. Gg. Engelbrecht. Helmstedt (Heinr. Dav. Müller) Mai 1678. 28 Bl. (5.—) 4809

Busmann, J. Chr. Theses mathematicae. Helmstadii 1700. 4.

— **Joh. Christian** (Helmstedt), Diatriba de carminibus nuptialibus ad. vir plur. rev. . . Joh. Christoph. Wahrendorff, Pastor zu Wildeshausen, qua ipsi nov. nupt. cum. . . Cath. Johanna, . . David Rupert Erythropeli's Tochter . . Helmst. (Hamm.) 1710. 13 Bl., z. Tl. deutsch. Sauber! (5.—) 4811

— — Collectio de professoribus eloquentiae doctoribus ecclesiae celeberrimis priorum quatuor post C. N. saeculorum. Qua viro Justus Christoph Böhmer in alma Julia polit. & eloqu. prof. celeb. coll. prof. theol. ordin. gratul. Helmstedt (G. W. Hamm) Okt. 1710. 26 Bl. (5.50) 4812
Handschriftl. Widm. d. Verf.

Busmann, Karl, neue Fieberlehre. 8. Hildesh. 800. Gerstenberg. 3 gr.

— vergl. Bußmann.

— **Carl Ludwig** (Rinteln), Diss. de fide secundum placita philosophiae rationalis. Präs. Conr. Fried. Ernst Bierling. Rinteln (J. G. Enax) 15. VII. 1740. 24 S. (4.80) 4810

Busnach, Will., und Octave Gastineau, der Todtschläger, s. Universal-Bibliothek Nr. 1574.

Busnot, D. Leben des blutdürstigen Tyrannen Muley-Ismael, Kaysers von Marokko, Königs in Fez, Tafilet, Suz. (184) 8. Hamburg 1716.

Busnot, G. u. J. Windu, Erzähll. ihrer Reisen in d. Barbarei. Aus d. Französ. u. Engl. 2 Thle. 8. Leipz. 798. Köhler. 1 ₰ 18 gr.

Busolt, Ernst. 1. Beiträge zur Kenntnis primärer Alkohole der Terpenreihe und der Carvoximderivate; 2. Über den Einfluss der negativen Reste auf das Drehungsvermögen optisch aktiver Substanzen. Diss. Phil. Basel. VIII + 169 S. 8. Göttingen, Dieterich, 1909.

Busolt, G., Quellenkritische Beiträge zur Geschichte der römischen Revolutionszeit. S.-A. 1890. 29 S. 1.—

Busolt, G., Zur Chronologie des peloponnesischen Krieges. S.-A. O. J. 12 S.

Busolt, G., Zur Ergänzung der attischen Schatzmeisterurkunden. S. A. 1890. 14 S.

Busolt, G., Die älteste Culturepoche Griechenlands. S. A. 1896. 37 S.

Busolt, G., Die korinthischen Prytanen. S.-A. o. J. 10 S.

Busolt, Geo., der zweite Athenische Bund und die auf der Autonomie beruh., hellen. Politik von der Schlacht bei Knidos bis zum Frieden des Eubulos. Mit einer Einleitung: Zur Bedeutung der Autonomie in hellen. Bundesverfassungen. gr. 8. (228 S.) Leipzig 874, Teubner. *
Aus: Jahrbücher für classische Philologie, besonders abgedruckt.

Busolt, Geo., Forschungen zur griechischen Geschichte. 1. Thl. gr. 8. (VII, 181 S.) Breslau 880, Koebner. *

Busolt, Geo., griechische Geschichte bis zur Schlacht bei Chaeronea, s.: Handbücher der alten Geschichte. II, 1. III.

Busolt, Geo., die Grundzüge der Erkenntnisstheorie und Metaphysik Spinozas dargestellt, erläutert und gewürdigt. Von der Universität zu Königsberg gekrönte Preisschrift. gr. 8. (X, 186 S.) Berlin 875, Mittler und Sohn. *

— s: Handbuch d. klass. Altertums-Wissensch.

—— die Lakedaimonier und ihre Bundesgenossen. 1. Bd.: Bis zur Begründung der athen. Seehegemonie. 8. (VIII, 486 S.) Leipzig 878, Teubner. *

Busolt, G., griech. Staats- u. Rechtsaltertümer, s.: Handbuch der klassischen Altertumswissenschaft. 4. Bd.

Wegnern, Karl Ludw. Aug. v.: [Gedicht.] Dem [Br.] v. Wegnern zum Festmahle bei seiner Erhebung zum Kanzler von Preussen. [Unterz.: Gotthilf Christian] **Busolt.** Königsberg, den 5ten Juni 1829. 2 Bl. 8° [Umschlagtit.]
„Ein edler Geist, der sich vom Erdenstaube . . .“

Busolt, Gtlf. Cph. Wlh., († d. 3. Mai 1831.) Rechnenbuch für Kinder. 8. Königsb. 798. (Gebhardt in Grimma). 3 gr. Schrbp. 4 gr.

Busolt, G. E. M., Rechenb. f. Kind. d. Königsbg. Nicolovius. 798.
Schreibv.

Busolt, Max: Behandlung der conformen Abbildung der Oberflächen zweiter Ordnung. . . . Königsberg, Hartungsche Buchdr., 1890; 1 Bl. + 95 S. + 1 Bl. 8°
Königsberg, Phil. Fak., Inaug.-Diss. v. 30. Jul. 1890

Busolt, Max. Behandlung der conformen Abbildung der Oberflächen 2. Ordnung. Diss. gr. 8. (95 S.) Königsb. i. Pr. 890, (Koch). * 1 20

Busolt, Osk., üb. die Lagerung der Kranken bei Operationen in u. an der Mundhöhle. Inaugural-Dissertation. 8. (28 S.) Jena 875. Neuenhahn. — 60

Busolt, Walt.: Anleitg f. d. Betrieb d. Turnens u. d. Spiele in d. Armee nach d. Turnvorschrift v. 3. 5. '10. 2. Afl. (48) kl8° Berl., Liebel '11. — 50 d

— Die Kriegsartikel vom 22. 9. '02, s: Schmidt, Paul v.

Ferruccio Busoni. Entwurf einer neuen Aesthetik der Tonkunst. Triest: C. Schmidt & Co. 1907. (35 S.) 8° [Umschlagt.]

Busoni, Ferruccio, Entwurf e. neuen Aesthetik der Tonkunst. [Aus: „Der mächt. Zauberer" usw.] (35 S.) gr. 8. Triest 907. C. Schmidl & Co. 1. 20

Versuch einer organischen Klavier-Notenschrift praktisch erprobt an Joh. Seb. Bachs Chromatischer Phantasie in D moll von Ferruccio Busoni. Leipzig: Breitkopf & Härtel [1910]. 15 S. 4°

Busoni, Ferruccio, der mächtige Zauberer. Die Brautwahl. 2 Theaterdichtgn. f. Musik. — Entwurf e. neuen Aesthetik der Tonkunst. (119 S.) gr. 8. Triest 907. C. Schmidl & Co. 3. —

Busquets s: Gaya y Busquets.

Die Nenniger Inschriften. Ein Vortrag, gehalten in der Sitzung der Gesellschaft für nützliche Forschungen zu Trier am 21. Mai 1871 von ihrem Jahres-Präsidenten (BUSS). Trier. 1871. Fr. Lintz'sche Buchdruckerei 8°.

Buss, August: Über die Einwirkung von Phosphortrichlorid auf Diphenyl. *Rostock 1897: C. Boldt.* (38 S. mit Taf.) 8°
Rostock. Phil. Diss. v. [3. Nov.] 1897

Buss, C: Marian. Kongregations-Lit. f. Männer-, Jünglings-, Frauen- u. Jungfrauen-Kongregationen. (8, 35) kl8° Trier, Petrus-Verl. ('12). — 25

Geschichte des Korps Teutonia zu Marburg von 1825–1905. (Verf.: C[hristian] Buss. Leipzig 1907: O. Brandstetter.) (XIV, 300, 102 S.) 8° [5.-]

Buss, Ernst. Das Armenhaus von Glarus. (1855—1905.) Denkschrift auf das Jubiläum seines 50jährigen Bestandes, den 3. Dezember 1905, im Auftrag der Direktion verfasst von ihrem Vicepräsidenten Dr. E' B'. [Mit 1 Porträt- und 1 Ansichts-Tafel.] 85 S. 8. Glarus, D. Hefti, 1905.

Buß, Ernst, das Bergleben in religiöser Beleuchtung. Zur Erinnerung an die Lenk. Mit einem (Holzschn.-) Bild des Dorfes vor dem Brande. gr. 8. (84 S.) Bern 878. Dalp in Comm. n.n. — 80

— Alb. Heim, der Bergsturz von Elm den 11. Septbr. 1881. Denkschrift. Mit einer (chromolith.) Uebersichtskarte des Sernfthales, einer (lith.) Karte des Bergsturzes von F. Becker u. A. Heim, einem (lith.) Profil von A. Heim, einer (lith.) Planskizze von Elm v. E. Buß, einer (chromolith.) Ansicht von J. Hofer u. 4 Lichtdr.-Bildern nach Photographie von J. Ganz. gr. 8. (164 S.) Zürich 881. Wurster & Co. n. 3. 40

Buss, Ernst, der Bilderschmuck im Schweizerhaus. Vortrag, geh. bei der Jahresversammlg. der schweizer. gemeinnütz. Gesellschaft in Glarus, den 23. IX. 1903. (42 S.) gr. 8. Zürich-Selnau 903. (Gebr. Leemann & Co.) n. — 30
Sonderabdruck aus: „Schweiz. Ztschr. f. Gemeinnützigkeit".

Buß, Ernst, die Bildung des Volkes im Kanton Bern. gr. 8. (30 S.) Bern 873, Huber und Comp. *

Buss, Ernst, Christentum u. Kunst. Vortrag, geh. vor e. gemischten Gesellschaft. [Aus: „Theolog. Zeitschrift aus d. Schweiz".] gr. 8. (27 S.) Glarus 895. Baeschlin. n. — 80

Buss, Ernst. Zur Erinnerung an Hrn. Dr. Abr(aham) Roth-Zellweger, Redaktor. Personalien und Leichenrede, gehalten bei der Beerdigung. Samstag den 4. September 1880... in Basel. 8. Basel 1880.

— Führer f. Glarnerland u. Walensee. Hrsg. vom Verkehrsverein d. Kantons Glarus. Mit 160 Illustr., meist n. Orig.-Aufn. v. J. Knobel u. 1 Karte d. Kantons Glarus. 8. (136 S.) Ebd. 897. Kart. n. 1. —

Buss, Ernst. Führer für Glarnerland und Walensee. Hrg. vom Verkehrsverein des Kantons Glarus, verfasst von Dr. E' B'. Mit 160 Illustrationen, meist nach Original-Aufnahmen .... und einer Karte des Kantons Glarus. [Umschlag illustriert, mit 1 Karte.] 8. Glarus, Illustrationsdruck Zürich, 1898. A 1334

Buß, Ernst, kleiner illustrierter Führer f. das Glarnerland. Hrsg. v. Verkehrsverein f. den Kanton Glarus. 12. (28 S.) Glarus 893. (Baeschlin.) n. — 30

Buss, E., Glarnerland und Walensee, s. Wanderbilder, europäische.

Buss, Ernst. Glarnerland und Walensee. Von E' B'.... Mit 57 Illustrationen von J[ohann] Weber [wovon 12 Tafeln] und zwei Karten. (Europäische Wanderbilder. Nº 96. 97. 98.) 8. Zürich [1885].

— Canton Glarus and the lake of Walenstadt, s.: Europe, illustrated.

— die ersten 25 Jahre d. Schweizer Alpenclub. Denkschrift, im Auftrag d. Centralcomités verf. 12. (244 S. m. Tab.) Glarus 890. (Baeschlin.) n. 2. 60

—— die christliche Mission, ihre principielle Berechtigung und practische Durchführung. Eine von der Haager Gesellschaft zur Vertheidigung der christl. Religion gekrönte Preisschrift. gr. 8. (X, 352 S.) Leiden 876, Brill. **

Buss, Ernst, die Mission einst und jetzt. gr. 8. (65 S.) Frankfurt a. M. 883, Diesterweg. *
Aus: Zeitschrift für praktische Theologie, besonders abgedruckt.

—— s. Missions-Vorträge, acht.

Buss, Ernst s. Osenbrüggen, Eduard. Wanderstudien.... Band 6. Basel 1881.

Buss, Ernst. Das alte Patrizierhaus von Capol, jetzt Hotel Bellevue, in Flims. Ein Blick auf seine Geschichte. Vortrag, den Kurgästen des Hotels gehalten am 29. Juli 1900 ([mit einem] Nachtrag). II + 15 S. 8. Glarus, D. Hefti & O. Bartel, 1908. N 6530[11]

—— le pays de Glaris et le lac de Wallenstadt, s. l'Europe illustrée.

Buss, Ernst. Le pays de Glaris et le lac de Wallenstadt. Par Ernest B'.... Avec 57 Illustrations par J[ohann] Weber [dont 12 planches] et deux cartes. (L'Europe illustrée. Nº 79. 80. 81. 82.) 8. Zurich [1886]. P

(Buss, Ernst.) Die Stadtkirche von Glarus. [Illustriert.] [4 S.] 8. Schwanden, Buchdr. Sch', (1905). N 3710[31]

Buss, Ernst s. Treichler, Albert, und Buss, Ernst.

—— der Volksaberglaube, s. Vorträge, öffentliche, gehalten in der Schweiz.

Buss, Ernst. Der Volksaberglaube. Vortrag, gehalten... in Basel. 8. Basel 1881.
Oeffentliche Vorträge gehalten in der Schweiz. Band 6. Heft 8.

Buß, Ernst, was läßt sich thun zur liturgischen Bereicherung unsers evangelischen Gottesdienstes? Vortrag, geh. in Glarus u. Schwanden. gr. 8. (12 S.) Glarus 898. (Baeschlin.) n. — 40
Sonderabdruck aus: „Monatschr. f. Gottesdienst u. kirchl. Kunst".

Buss, Ernst (Hrsg.), s. Zeitschrift für Missionskunde und Religionswissenschaft.

— F., Die Bewegung der Bevölkerung d. Rheinprovinz v. 1816—1864 vom Standpunkte d. Confess. Trier 1873.

Buss, F. J. v., die Altkatholiken in Deutschland und der Schweiz. 6 Bogen 8. Schaffhausen, Fr. Hurter'sche Buchh. **1873** 1. 50

Buss, F. J., Ueber die mit dem fabrikmässigen Gewerbsbetrieb verbundenen Nachtheile und die Mittel ihrer Verhütung. 4°. Carlsruhe 1837.

Buß, F. J., s. R. Rask, Frisische Sprachlehre.

—— die Aufgabe des katholischen Theils teutscher Nation in der Gegenwart, oder der kathol. Verein Teutschlands. gr. 8. (XII und 544 S.) Regensburg 851, Manz.

Buß, F(ranz) J(oseph), Ansprache der großdeutschen Abgeordneten Westphalens im erfurter Parlament an ihre Wähler. (Mit einer gehalt. und einer nicht gehalt. Rede desselben.) gr. 8. (XVI und 90 S.) Paderborn 850, Schöningh. *

– s. Blanqui: Geschichte der polit. Oekonomie in Europa.

Buß, F. J., vergleichendes Bundesstaatsrecht von Nordamerika, Teutschland u. d. Schweiz. 1. Bd A. u. d. T.: Das Bundesstaatsrecht d. Vereinigten Staaten Nordamerika's. Nach J. Story's commentaries on the constitution of the United States. Lex.-8. (54¼ B.) Karlsruhe 844, Macklot.

Buss, F.J. (Hrsg.), s.a. Capistran.

Buß, Dr. Frz. J. (Prof. d. Kirch.- u. Staatsrechts in Freibg.), „Capistran." Zeitschrift, politisch-kanonistische, f. d. Rechte u. Interessen des kathol. Deutschlands. Jahrg. 1. 1s 2s Heft. 8. Schaffh. 1847, Hurter. à 8⅓ Ngr. — 30 kr.

Buß. Dr. Frz. Jos.
— „ — Capistran. Zeitschrift für die Rechte und Interessen des kathol. Deutschlands 1r Jahrg. 1—5s Heft. 8. Schaffhausen 1847, Hurter. à 8⅓ Ngr. — 30 kr.

—— Capistran. 2. Jahrg. 2. Hft. u. 3. Jahrg. 2 Hfte. 8. Schaffh., Hurter. n. 5. 16
Gesch. d. Bedrückg d. kath. Kirche Engl. (319) 51. n. 1. —
Urkundl. Gesch. d. Nat.- u. Territorialkirchenth. in d. kath. Kirche Teutschl. (886) 52. n. 2. 24
Reform d. kath. Gelehrtenbildg in Teutschl. (528) 52. n. 1. 22

– s. B. Constant: Über die Verfassungen und Garantieen.

Buß, Fr. Jos., über d. Einfluß d. Christenthums auf Recht u. Staat, von d. Stiftung d. Kirche bis zur Gegenwart. Ein Versuch in drei Büchern. 1. Thl. Von d. Stiftung d. Kirche bis zu d. ersten Reformstrebungen in d. abendländ. Kirche. 8. (24¼ B.) Freiburg 841, Wagner'sche Buchh.

—— die teutsche Einheit und die Preußenliebe. Ein Sendschreiben an Hrn. Gust. Pfizer, Rechtfertigung der großteutschen Parthei in der teutschen Nationalversammlung. gr. 8. (51 S.) Stuttgart 849, Hallbergersche Vrlgsh.

— „ — die Gemeinsamkeit der Rechte und der Interessen des Katholizismus in Frankreich und in Deutschland. 1s Heft: Streit über die Freiheit des öffentl. Unterrichtes, besonders in Frankreich (cf. Montalembert). 8. Schaffhausen 1847, Hurter. 1⅓ Thlr. — 2 fl. 24 kr.

—— die Gemeinsamkeit der Rechte und der Interessen des Katholicismus in Frankreich und Teutschland. Nachgewiesen an den jüngsten und wichtigsten Streitigkeiten zwischen Kirche und Staat. 1. Heft. A. u. d. T.: Kirche und Staat im Wettkampf um die Leitung des öffentl. Unterrichts in Frankreich im offenen Streit zwischen dem Klerus und der Universität, in Teutschland im verdeckten Kampf zwischen der Geistlichkeit und der Staatspolizei. Dargelegt in 3 Tagesschriften der H. v. Lamartine, Düveyrier, v. Montalembert und in 3 Sendschreiben an deren Verf. rc. gr. 8. (XII und 386 S.) Schaffhausen 847, Hurter'sche Buchh.

—— dass. — 2. Bd. A. u. d. T.: Der Kampf der Kirche gegen den Staat um ihre Freiheit in Frankreich und in Teutschland. Dargelegt in einem Hirtenbriefe des Cardinal-Erzbischofs Hrn. v. Bonald und in vier Tagesschriften der HH. v. Cormenin, v. Cauchy, v. Montalembert und in vier Sendschreiben an deren Verfasser. gr. 8. (VIII und 675 S.) Ebds. 850.

—— die Geschichte der Bedrückung der kathol. Kirche Englands, s. Capistran.

Buss, F. J. und Hepp, G. P.: „Geschichte und System der Staatswissenschaft", 3 Teile, Freiburg und Karlsruhe 1839. — Vorhanden: Com. Bibl. Hamburg.

— und G. Ph. Hepp, Geschichte u. System d. Staatswissenschaft. 3 Thle. gr. 8. (122¼ B.) Karlsruhe 839, Groos.
A. u. d. Titln.:
Thl. 1., 2. Geschichte d. Staatswissenschaft, dargest. nach d. wichtigsten Entwickelungen ders. in Staat u. Schule, als vorwortl. Einleit. zu e. object. Staatslehre, v. Buß.
„ 3. System d. Staatswissenschaft, od. Versuch e. Theorie d. staatsgesellschaftl. Lebens u. d. repräsentat. Regier., als Einleit. in d. Studium d. Gesellschaftswissenschaft od. d. Staatsrechts u. d. Staatswissenschaften, v. Hepp. A. d. Franz. übers. v. Buß.

—— urkundliche Geschichte des National- und Territorialkirchenthums in der kathol. Kirche Teutschlands, s. Capistran.

Buß, F. J., die Gesellschaft Jesu, s.a. Bibliothek, katholisch-theologische.

Buß, F(ranz) J(os.), die Gesellschaft Jesu, ihr Zweck, ihre Satzungen, Geschichte, Aufgabe und Stellung in der Gegenwart. 2 Abthlgn. gr. 8. Mainz 853, Kunze. *
Inhalt:
Abthl. 1. Weltgeschichtliche Vorbereitungen, Stiftung und Satzungen der Gesellschaft Jesu. (X und S. 1—640.) * 1 Thlr. 27 Ngr.
„ 2. Die Geschichte des Ordens, seine Aufgabe und Stellung zu und in der Gegenwart. (S. 641—1726.) * 3 Thlr.

—— dass., s.a. Biblioth., kath.-theol.

— Lebenskunde über Joseph Ign. Schmiederer. gr. 8. Frburg, Herder. 8 K

Buß, Fr. Jos., zur Lehre v. d. Geschworenengerichte, Geschichtliches u. Dogmatisches, zumal üb. d. Verhältniß dies. Institution z. polit. Freiheit d. Völker, u. ins Besond. zur constitution. Monarchie. Hft. I. — A. u. d. T.: Geschichtl. Abhandl. üb. d. Geschworenengericht, d. Abschwörung d. Schuld od. Eideshilfe, u. a. coordinirte gerichtl. Einrichtn., d. früher in Scandinavien u. auf Island gebräuchl. waren. Von Thorl. Gudm. Repp. A. d. Engl. übers. v. Buß. gr. 8. (11⅓ B.) Freiburg 835. (Karlsruhe, Groos.) Thlr. *

– s. Maciniowski: Slavische Rechtsgeschichte.

– s. J. Matter, über den Einfluß der Sitten.

—— die Methodologie d. Kirchenrechts, z. Feststellung einer richtigen Behandlungsweise dieser Wissenschaft im Gegensatz zu deren falschen Behandlungsweisen als theilweisen Quellen des kirchl. Unfriedens unserer Zeit. gr. 8. (11¾ B.) Freiburg 842, Fr. Wagner'sche Buchh.

Buss, Franz Joseph s. Montalembert, Charles de, und Buss, Franz Joseph.

—— der Orden des guten Hirten. 8. (VII und 350 S.) Schaffhausen 851, Hurter'sche Buchh.

—— der Orden der barmherzigen Schwestern. Uebersicht seiner Entstehung, Verbreitung, Gliederung, Leistung, Nothwendigkeit und Zweckmäßigkeit in der Gegenwart. gr. 8. (618 S.) Schaffhausen 847, Hurter'sche Buchh.

— „ — der Orden der „barmherzigen Schwestern", seine Nothwendigkeit, Zweckmäßigkeit rc. (Neuer Titel von Dr. J. Cremiles barmherz. Schwestern 8. Schaffh. 1847, Hurter. 1¼ Thlr. — 2 fl. 42 kr.

— u. D. Cortes, Zur kathol. Politik der Gegenwart, s.: Cortes.

Buß, Frz. Jos., der hohe u. der niedere Radicalismus, s.: Montalembert.

—— Rechtfertigung des Anspruchs Tirols auf seine Glaubenseinheit. gr. 8. (XXVI und 199 S.) Innsbruck 863, (F. Rauch.)

—— die Reform der katholischen Gelehrtenbildung in Teutschland, s. Capistran.

Buß, F. J., Die Reform der kathol. Gelehrtenbildung in Teutschland an Gymnasien u. Universitäten; ihr Hauptmittel, die Gründung einer freien kathol. Universität teutscher Nation. Schaffhausen, Hurter (jetzt Regensburg, Verlagsanst.), 1852, gr. 8°, VI, 528 S., 5,25 Mk.

— Die notwendige Reform des Unterrichts und der Erziehung der katholischen Weltgeistlichkeit Teutschlands. Schaffhausen, Hurter, jetzt Regensburg, Verlags-Anstalt, 1852, gr. 8°, VIII und 483 S., 4,50 Mk.

—— Reformen im Dienst der katholischen Geistlichkeit Teutschlands. gr. 8. (XV und 430 S.) Schaffhausen 852, Hurter'sche Buchh.

Buß, F. J., Das Rongetum in der badischen Abgeordnetenkammer. Freiburg, Herder, 1846, gr. 8°, 92 S., 75 Pf.

— Sendschreiben an Ed. Alletz, über die gegenwärt. Weltlage; s. Ed. Alletz, die neue Demokratie.

—— System der gesammten Armenpflege. Nach den Werken des Hrn. v. Gérando u. nach eigenen Ansichten. Im Auszug übers. u. mit Anmerkgn. v. Buß. 1—3. Bd. (5 Thle.) gr. 8. Stuttgart, J. F. Steinkopf. *
A. u. d. Ttln.:
Bd. 1. Die öffentliche Armenpflege. 1. Thl. (30 B. u. 2 Tab.) 843. * 2 Thlr. 7½ Ngr.
• 2. Abthl. 1. Die öffentliche Armenpflege. 2. Thl. 1. Buch. (30 B.) 844. * 2 Thlr.
• 2. • 2. Die öffentliche Armenpflege. 2. Thl. 2. u. 3. Buch. (27 B.) 844. * 1 Thlr. 20 Ngr.
• 3. Die öffentliche Armenpflege. 3. u. 4. Thl. (42 B.) 846. * 2 Thlr. 15 Ngr.

—— der heilige Thomas, Erzbischof v. Canterbury und Primas von ganz England, und sein Kampf für die Freiheit der Kirche. gr. 8. (XXVIII und 720 S.) Mainz 855(56,) Kupferberg.

—— Oesterreich's Umbau in Kirche und Staat. 1. Thl. 1. Abthl.: Oesterreichs Umbau im Verhältniss des Reichs zur Kirche. 1. Abthl.: Das Concordat. gr. 8. (XXVIII und 496 S.) Wien 862, Braumüller. *

—— der Unterschied der kathol. u. protestant. Universitäten Teutschlands, die Nothwendigkeit d. Verstärkung der dortigen 6 kathol. Universitäten gegenüber den 16 protestant., insbesond. d. Erhebung der ihrem kathol. Princip entrückten Universität Freiburg rc. gr. 8. (33¾ B.) Freiburg 846, Herder'sche Vrlsb.*

—— die Volksmission, s. Capistran.

— die Volksmissionen, e. Bedürfniß unserer Zeit. [Abdr. aus der Zeitschrift Capistran.] gr. 8. (IV u. 179 S. m. 1 lith. Portr.) Ebd. 851. n. $^{1}/_{12}$ ₰

Buß, J. F., Volks- u. Völkermoral. Polit. Glaubensbekenntniß. gr. 8. (3¼ B.) Freiburg 832, (Gebr. Groos.)

Buß, Frz. Jos. v., Winfrid-Bonifacius. Aus dem literar. Nachlasse hrsg. von Rud. Ritter v. Scherer. gr. 8. (VIII, 896 S.) Graz 880. Styria. n. 8. 40

Buss, Fr. J. (Hrsg.), s. Zeitschrift, Praktische, für die Freiheit und Entwicklung der katholischen Kirche in der oberrheinischen Kirchen-Provinz.

— — praktische Zeitschrift für die Oberrheinische Kirchen-Provinz. Jahrg. 1847. 16 Doppelheft (Jan. Febr.) 8. Ebend. 1 fl.

Buss, Friedrich: Dynamische Untersuchungen uber die Bildung von Amidoazofarbstoffen. *Darmstadt 1898: C. F. Winter.* (44 S.) 8°
Heidelberg, Naturw.-math. Diss. v. [25. Mai] 1898

Buss, Georg

Buß, Geo., Beschreibung der deutschen Pfalz u. Führer durch das deutsche Dorf, s.: Pfalz, deutsche, u. deutsches Dorf auf der Weltausstellung in Chicago 1893.

Buß, Geo., das ist der Dank. Das Wunderkind, s. a. Kürschner's, Jos., Bücherschatz.

Das ist der Dank. Das Wunderkind. 2 Novellen von Georg Buss. Mit Ill. von W. Roegge. *Berlin, Eisenach, Leipzig: H. Hillger [1903].* (108 S.) 8° [F.]
— Bücherschatz, Kürschners. No 384. [04. 11143]

— Ehren-Urkunden modernor Moistor. 1.—4. Lfg. gr. Fol. (à 5 Lichtdr.-Taf.) Stuttgart 894. J. Hoffmann. à n. 5. —

Buss, Geo., Ehren-Urkunden mod. Meister. 5.—14. Lfg. gr. Fol. (à 5 Lichtdr.-Taf.) Stuttgart 895—896. J. Hoffmann. à n. 5. —

Buss G, Ehrenurkunden moderner Meister. (70 T m Text) fol Stuttgart (1897)

— der Fächer, s. a. Sammlung illustr. Monographien. 14.

Der Fächer. Von Georg Buß. Mit 120 Abb. *Bielefeld & Leipzig: Velhagen & Klasing 1904.* (139 S.) 4°(8°) [F.]
— Sammlung Illustrierter Monographien. 14. [04. 3106]

— d. Frau im Kunstgewerbe, s. a. Existenzkampf, der, d. Frau.

Buss, G., Die Frau im Kunstgewerbe. »Existenzkampf der Frau im modernen Leben. Heft 4.« (44 S.) Berlin 1896. R Taendler. —.60

Die Gobelin-Manufaktur v. Wilhelm Ziesch & Co. Berlin ... E. Erinnergsbl. an d. Berliner Gewerbe-Ausstellg 1896. (Vf.: Georg Buss.) *Berlin: Selbstv. d. Hrsg.; Dr. v. R. Schütz (1896).* (Erschien z. Th. in d. Bayr. Gewerbe-Ztg.) (26 S.) 1 Bd 8. [96. 6407]

Buß, Geo., Kinder d. Ostens, s. a. Kürschner's, J., Bücherschatz.

Kinder des Ostens. Orig.-Roman von Georg Buß. Mit Ill. von A. Hug. *Berlin, Eisenach, Leipzig: H. Hillger [1903].* (125 S.) 8° [F.]
— Bücherschatz, Kürschner's. No 324. [04. 930]

— das Kostüm in Vergangenheit und Gegenwart, s. a. Sammlung illustr. Monographien. 17.

Das Kostüm in Vergangenheit und Gegenwart. Von Georg Buß. Mit 134 Abb. Bielefeld & Leipzig: Velhagen & Klasing 1906. (171 S.) 4°(8°) [F.]
— Sammlung Illustrierter Monographien. 17. [07. 4057]

Buss, Geo., das königl. Opernhaus f. Berlin, s.: Heim, Ludw.

Buss, Gerhard [approb. Arzt aus Aurich]: Ein Beitrag zur Kenntniss von Parotistumoren .... München, Jos. Ant. Finsterlin, 1885: 20 S. 8°.
München. Med. Fak. Inaug.-Diss. v. 1885.

Buss, Gustav: Zwei Fälle von primärem Epithelialkrebs des Mittelohres. Halle a. S. 1885: Köhler. 28 S. 8°
Halle-Wittenberg, Med. Diss. v. 6. Aug. 1885
Geb. Neu-Braunfels (Texas) 25. 12. 1858. V.

Buss, Hans, aus Basel: Über Derivate der Nitrolsäuren. — Über Benzhydroximsäurechlorid. Basel Kreis Dr. 1894. 51 S. 8°.
Zürich, Phil. Diss. [v. 20. Dec. 1894].

Buß, Hans G. A. E., a. Steinwehr in Pommern: Die Form der Litiscontestatio im klassischen roemischen Recht. Münster 1907: Regensberg. (74 S.) 8°
Münster, rechts- u. staatsw. Fak., Ref. Erman, Diss. v. 9. Juli 1907
[Geb. 20. Juli 81 Steinwehr i. Pomm.; Wohnort: Hamm; Staatsangeh.: Preußen; Vorbildung: Domgymn. Magdeburg Reife O. 01; Studium: Königsberg, Kiel, Berlin, Münster, zus. 6 S.; Rig. 26. Jan. 07.]

Buss, J.: Einfluss d. Christenth. ..., s. Buss, Franz, Jos.

Buß, J. Chr., Anleitung z. ersten Unterricht im Zeichnen f. Primar- u. Sekundarschulen. Ein Handb. f. Lehrer, u. solche, die d. Zeichnens unkundig sind, sich selbst u. and. darin unterrichten wollen. 1. Jahreskurs. M. 7 lith. Blättern. gr. 8. (2 B.) Bern 836, Fischer u. Comp. *

Buss, J. F., s. Buss, Franz Joseph

Buß, Johs., des Lesebuches Baumeister. Ein Festspiel f. die Schlußfeier, f. Prüfgn. u. Schulfeste. Nach Dichterworten bearb. gr. 8. (8 S.) Frankfurt a/M. (901). Kesselring. n. — 20

Buß, Joh. Katechismus der Weltgeschichte. Die Marksteine d. deutschen Geschichte als Geschichtstabelle m. Text zur Befestigg. der Ergebnisse d. Unterrichts u. zur Wiederholg. in vor- u. rückwärtsschreitenden pragmat. Übersichten, nebst e. Taf. d. Entwicklg. d. preuß. Staates unter den Hohenzollern. 8. (26 S.) Frankf. a. M. 889, Diesterweg. * — 40

BUSS, JULIUS. Ueber einige Orthopiperide organischer Monocarbonsäuren. (Basel) Würzburg, 1889. Diss. G. S., S. I.

Buss, Karl, die moderne Erdbebenforschung. Rede, geh. bei der Übernahme des Rektorats der westfäl. Wilhelms-Universität am 15. X. 1909. (28 S.) gr. 8. Münster 909, Universitäts-Buchh. F. Coppenrath. — 50

Buss, Carl Emil, zur antipyretischen Bedeutung der Salicylsäure u. d. neutralen salicylsauren Natron. gr. 8. (V, 109 S.) Stuttgart 876. Enke. n. 1. 60

Buss, Carl Emil, über Wesen u. Behandlung des Fiebers. Klinisch-experimentelle Untersuchungen. Mit 9 lith. Taf. gr. 8. (VII, 246 S.) Stuttgart 878. Enke. n. 6. —

Buss, O. Beiträge zur Spectralanalyse einiger toxikologisch u. pharmakognostisch wichtiger Farbstoffe mit besondrer Berücksichtigung des Ultraviolett. Mit 2 Taf. In-4°. 48 S. Bern. These. 1897.

Buss, Otto, über ischaemische Lähmungen der untern Extremitäten. Inaugural-Dissertation. gr. 8. (32 S.) Göttingen 882, (Vandenhoeck und Ruprecht's Verlag.) *

Buss, Paul [aus Schwerin]: Sind die von Horstmann herausgegebenen schottischen Legenden ein Werk Barbere's?... Halle a. S., Druck v. Ehrhardt Karras, 1886; 45 + 1 S. 8°.
Göttingen, Phil. Fak., Inaug.-Diss. v. 22. Apr. 1886.

Buss, Paul, Sind die von Horstmann herausgegebenen schottischen Legenden ein Werk Barbere's? Inaugural-Dissertation. gr. 8. (45 S.) Halle 886. (Göttingen, Vandenhoeck und Ruprecht.) *

Buss, Theodor. Bericht über den Organistenkurs in Glarus vom Oktober 1907 und den Stand der Orgeln im Kanton Glarus, der 1. Evang. Kirchenkommission des Kantons erstattet. 64 S. 8. Glarus, D. Hefti & O. Bartel, 1908.

Buss, Wilhelm [aus Soegel (Prov. Hannover)]: Ein Fall von Diabetes mellitus mit Lebercirrhose, Pankreasatrophie und allgemeiner Haemochromatose... Göttingen, Druck d. Dieterich'schen Univ.-Buchdr., 1894; 45 S. 8.
Göttingen, Med. Fak., Inaug.-Diss. v. [1. Aug.] 1894

Buss, Wilh., e. Fall v. Diabetes mellitus m. Lebercirrhose, Pankreasatrophie u. allgem. Haemochromatose. Diss. gr. 8. (45 S.) Göttingen 894. (Vandenhoeck & Ruprecht.) n. 1. 20

Buss, Xaver, pract. med., aus Kriens, Kt. Luzern: Untersuchungen über Arnolds Harnreaktion mit Nitroprussidnatrium. ⟨Aus dem chemischen Laboratorium der medizinischen Klinik in Zürich. Prof. Eichhorst.⟩ Zürich 1910. 16 S. 8°. [26. IV. 10.]
Zürich. Univ. Med. Diss. 1909/10.

Buss, Xaver. Untersuchungen über Arnolds Harnreaktion mit Nitroprussidnatrium. Aus dem chemischen Laboratorium der medizinischen Klinik in Zürich.... Diss. Med. Univ. Zürich. 16 S. 8. Zürich, Gebr. Leemann & Co.. 1910. V Zür

Buess, Friedr. Frühról. Gedichte. Kl. in-8°, 91 S. Bern, Nydegger & Baumgart. 1884 1 50

Buess, G[ustav] A[dolf]. Der Einzug und die Verbreitung der Buchdruckerkunst in der Schweiz. Bearb. von G. A. B'.... ([Mit Reproduktionen von] Einige[n] der ältesten Drucke der Schweiz.) 8. Bibl. — V Bern

Buß- und Communionandacht, altkatholische, für die Gemeinde. 8. (16 S.) Basel 876, Schwabe.

MARIA MAGDALENA. Die im Jahre Christi 1763 Am Mariä Magdalenätage allhie gehaltene Bußandacht. Preßburg 1763: Johann Michael Landerer. (4 f.) - 210 mm

Buß- Kommunion- u. Meßandachten f. d. Schuljugend, nebst d. Gebeten f. d. Andacht an d. Freitagen d. 40tág. Fastenzeit. gr. 12. (2 B.) Aachen 837, (Hensen u. Comp.)

Bußanstalt, üb. d. christkathol. drei Abhandl. 2c. 8. Freib. Herder. 806.
— — ebendasselbe. 8. Münster. Waldeck. 806.

Bußanstalt, über d. christ-kathol., drei mit Preisen u. dem ersten Accessit beehrte Abhandll. über d. Preisfrage d. bischöfl. Ordinats zu Freiburg 2c. gr. 8. Frburg 816. Herder. 2e Aufl. Ebd. 831. 22 gr.

Bußanstalt, über d. katholische; drei gekrönte Abhandll. gr. 8. Münster 806. Waldeck. 1 rthl 4 gr.

Bussard, [Jean-François-Marcelin]. Discours de Monsieur le Dr. B'. premier député de Fribourg, à la Diète, sur la note identique de la France, de l'Autriche et de la Prusse, en date du 18 janvier 1848. Délibérations de la Diète; séance du 15 février 1848. [E.] 8. Berne 1848.
⟨Publications de la Suisse.⟩

Bussaeus, Andreas

Bussaeus, And. Leben oder historisches Tageregister der vornehmsten Begebenheiten Friedrichs IV. 8. Kopenhagen 1782.

Bussäus, A., histor. Tageregister von König Friedrichs IV. Leben 2c. gr. 8. Kopenh. 782. Pelt. 1 rthl 6 gr.

Historisches Tag-Register der vornehmsten Lebens- und Regierungs-Begebenheiten und Zufälle des ... Königs Friderich des Vierten ... von seinem Geburts-Tage den 11. Oct. 1671 bis seinem Todes-Tage 12. Oct. 1730. Wobey gefügt eine Beschreibung, derer historischen Medaillen, so bey verschiedenen Gelegenheiten gemünzet worden. Aufgesetzt und verfasset v. Andreas Bussäus u. vermehrt sowohl m. e. Anhange v. Medaillen, als auch mit einer Beschreibung der Münzen des höchstverwehnten Königs. (Mit 1 Bildnis des Königs in Kupferstich.) Copenhagen. 1782. 8°

Bussch

s. a. Busch(e).

Bussch, Ernst August Wilhelm von dem, Qua dos profectitia, vivo patre, liberis ex filia emancipata in matrimonio mortua superstitibus, jure communi vindicatur. Exercit. acad. Gotting. (Abr. Vandenhoeck) 1749. 50 S. (5.—) 4813
Gew.: Ernst Aug. Philipp von dem Bussch (Vater).

Busſche, von dem, Gefechts-Kalender der hannoverschen Armee vom 30jährigen Kriege bis zur Schlacht bei Langensalza. 8. (69 S.) Hannover 877. Brandes. n. — 80

van den Bussche, s. a. Tarif général des Douanes Belges.

van den Bussche, Tarif général des Douanes belges. 1 Tableau gr. in-Imp.-Fol. Liège. (Bruxelles, Mayer et Somerhausen; Aix-la-Chapelle, Mayer.) n. 1/2 rthl

Bussche, van den, Tarif général des Douanes Belges, arrangés par ordre alphabétique, annoté de toutes les lois et décisions intervenues sur la matière depuis la création du tarif de 1822, et suivi d'un grand nombre de renseignemens utiles. Mis au courant jusqu'au 1. Mars 1842, à l'usage du commerce et des employés de l'administration. gr. in-8. (9 1/2 B.) Anvers 842. (Bruxelles, Muquardt.) *

[F.] von dem Bussche, Ernst Frh. [kgl. Preuss. Forstass. aus Celle]: Der Wald und das öffentliche Wohl. M. bes. Berücks. d. Verhältnisse im Kgr. Preussen ... Giessen, C. v. Münchow, Univ.-Dr., 1892; 2 Bl., 97 S., 1 Bl. 8.
Giessen, Phil. Fak., Inaug.-Diss. v. 1892

Bussche, Frhr. Gust. v. dem, Geschichte der v. dem Bussche. 1. Thl.: Regesten und Urkunden, mit 20 Stammtaf. und 1 Bl. Siegel-Abdruck (in 1 Foliohoft). gr. 8. (VIII, 242 S., Anhang 28 S. mit 3 Taf.) Hameln 887, (Fuendeling.) *

— Stammtafeln der von dem Bussche. Hildesheim 1887. fol.
s. Münchhausen.

v. d. Bussche, L. H. Dominicus [Arts, Officier van Gezondheit 2e Kl. bij het leger in Nederl. Oost-Indië. Aus Goes (Niederl.)]: Ueber einen Fall von beiderseitigem, gänzlichem Mangel des Corpus und der Pars Acromialis Claviculae. . . . Amsterdam, H. C. Delsman, 1890; 20 S., 2 Taf. 8°
Freiburg i. B., Med. Fak., Inaug.-Diss. v. 1890

von dem Bussche-Haddenhausen, Werner Frh. [aus Braunschweig]: Die in den Jahren 1890—1894 in der Frauenklinik zu Göttingen operirten Fälle von Osteomalacie ... Berlin, gedr. bei L. Schumacher, 1895; 26 S. 8.
Göttingen, Med. Fak., Inaug.-Diss. v. [2. Febr.] 1895

Bussche-Ippenburg, A. F. Frhr v. dem. Tagebuch-Aufzeichnungen aus den Revolutionskriegen 1793—95. Hrsg. von Schwertfeger. Hannover 1905. 8°.

Bussche-Ippenburg, Clamor, Frhr. v. dem, die Familien-Chronik der aus Niedersachsen stammenden Baumeister. 2 Tle. Osnabrück (F. Schöningh). n.n. 30. —
1. (III, 95 S. m. 1 farb. Taf.) Lex.-8. 904.
2. (15 autogr. Stammtaf.) 46,5×59,5 cm. 903.

Büsscher und Hoffmann: Die Baumaterialien der Fabriken. Berlin 1862

Büsscher und Hoffmann, vergleichende Betrachtungen über zusammengelegte, tiefgebaute und gewöhnliche landwirthschaftliche Gebäude. gr. 8. (23 S. mit 4 Blatt lithogr. Zeichnungen.) Berlin 862, [Wiegandt und Hempel.] *

Büsscher & Hoffmann, Mittheilungen üb. die wasserdichten Baumaterialien der Fabrik v. Büsscher & Hoffmann, Bahnhof Eberswalde (früher Neustadt-Eberswalde), u. deren Zweigfabriken unter gleicher Firma: in Halle a/S., Mariaschein in Böhmen, Strassburg i/E. 10. Aufl. gr. 8. (IV, 93 S m. Abbildgn. u. 1 farb. Taf.) Eberswalde 893. (Leipzig, O Gracklauer.) 1. 50

Büsscher, Hinderikus [aus Nieuw-Beerta]: Ueber die Einwirkung des Furoïns auf Orthodiamine ... Erlangen. Druck d. Univ.-Buchdr. v. E. Th. Jacob. 1892: 19 S. 8.
Erlangen, Phil. Fak., Inaug.-Diss. v. 1892

Busse, Die, Kaiser Heinrichs IV. vor dem Papst Gregor VII. zu Canossa. Für Leser aller Stände dargestellt nach Lambert von Aschaffenburg. Leipz. 1851. V: *Minckwitz, Johannes.* (Russell VII, 2, 397)

Buße, die, in Passionsbildern. Sieben Fasten-Predigten. Von einem kathol. Priester. 8. (72 S.) Dülmen 881, Laumann'sche Verlagsb. *

Busse u Rohrmann, der Annalith als neues Baumaterial. Leipzig 1860

Busse, v., die Ausbildung der Rekruten der Infanterie in Wochenzetteln. Unter Berücksicht. der neuesten Verordnungen und Vorschriften aus der Praxis zum Gebrauch für Offiziere und Unteroffiziere bearb. (48 S.); 2. Aufl. 16. (46 S.) Berlin 888, Bath. *

Busse, v., die Ausbildg d. Rekruten d. Infanterie in Wochenzetteln. 3. Afl. 12. (37) Berl. 88, Bath. n. — 60

Busse, v., die Ausbildung der Rekruten der Infanterie in Wochenzetteln. Unter Berücksicht. d. neuen Exerzier-Reglements, sowie der neuesten Verordngn. u. Vorschriften aus der Praxis zum Gebrauch f. Offiziere u. Unteroffiziere bearb. 3. Aufl. 16. (47 S.) Berlin 890. Bath. cart. n. — 60

Busse, v., die Ausbildung der Rekruten der Infanterie in Wochenzetteln. Unter Berücksicht. des neuen Exerzier-Reglements, sowie der neuesten Verordnungen u. Vorschriften aus der Praxis zum Gebrauch f. Offiziere u. Unteroffiziere bearb. 4. Aufl. 16. (47 S.) Berlin 893. A. Bath. Kart. n. — 60

Busse, v., d. Ausbildg d. Rekruten d. Infanterie in Wochenzetteln. 5. Afl. 16° (47) Berl. 96, A Bath. Kart. — 50

Busse, v. Ausbildg. d. Rekruten d. Infant. i. Wochenzetteln. Unt. Berücksicht. d. neuen Exerzier-Reglements, sow. d. neuesten Verordngn. u. Vorschriften a. d. Praxis z. Gebr. f. Offiziere u. Unteroffiz. bearb 6. Aufl. 16. (47 S.) Berlin 897. A. Bath. Kart. n. — 60

Busse, die Ausbildung der Rekruten der Infanterie in Wochenzetteln. Unter Berücksicht. des neuen Exerzier-Reglements, sowie der neuesten Verordnungen u. Vorschriften a. d. Praxis z. Gebrauch f. Offiziere u. Unteroffiziere bearb. 7. Aufl. gr. 16. (47 S.) Berlin 900. A. Bath. Kart. n. — 60

Busse, v., die Ausbildung der Rekruten der Infanterie in Wochenzetteln. Unter Berücksicht. des neuen Exerzier-Reglements, sowie der neuesten Verordngn. u. Vorschriften zum Gebrauche f. Offiziere u. Unteroffiziere bearb. 8. Aufl. (55 S.) gr. 16. Berlin 903. A. Bath. Kart. n. — 75

Busse. Beitrag zur Kritik der Sprache. Berlin, Rg., 1844. 22 S. 4.

Busse, Courtin, Halfmann u. Staby: Die Eisenb.-Fahrzeuge, s: Eisenbahn-Technik, Die, d. Gegenwart.

Entweder Sie holen Manteuffel, oder der Teufel holt Sie! (Verf.: Busse, ehemaliger Sekond-Lt. im 2. Reserve-Dragoner-Regiment.) Dat. Groß-Lichterfelde [um 1900]. 7 S. 8° [Kopft.] A 18. 3948

v. Busse, Geschichte des Königlichen Preußischen 23. Infanterie-Regiments von seiner Stiftung im Jahre 1813 und dem Ausmarsche in's Feld bis zu seiner Rückkehr im Jahre 1819 in die Friedensgarnisonen: Neisse, Cosel und Frankenstein. Mit Anmerkungen von dem Verf. bezüglich der Begebenheiten dieser Geschichte, als Stoffe zu den Vorträgen und Unterhaltungen über Kriegs- und Friedens-Gegenstände in den Kreisen der Offiziere. Görlitz 859. Remer in Comm. gr. 8. (2 Bl., 240 S.) n. 1 ℛ︎ 10 ngr.

Busse: Über Kritik der Sprache. 22 S.
Progr. Berlin R.G. 1844.

Busse, Notizen über den Steinkohlenbergbau Englands (Reise in 1855) (Preußische Zeitschr., Bd. 6.) Berlin 1858. 4.

Rekognoszierungs-Ritt nach Dijon 14. November 1870. (Verf.: Busse, ehemaliger Leutnant im 2. Reserve-Dragoner-Regiment.) Dat. Groß-Lichterfelde-Ost 11. Okt. 1900. 4 S. 8° [Kopft.] A 18. 3921

—— Schieß- und Ziel-Kontrolheft für die deutsche Infanterie. 16. (91 S.) Rathenow 888, Babenzien. geb. *

— Schieß- u. Ziel-Kontrolheft f. die deutsche Infanterie. 2., umgeänd. Aufl. 16. (90 S.) Rathenow 891. Babenzien. n. — 50

v. Busse, ..., s. Wladimir, Fürst, u. dessen Tafelrunde.

Busse, A.

— Zur Textkritik der nikomachischen Ethik. Gel. 1888. 11 S.

Busse, [Adolf]: [Ansprache bei Übernahme des Direktorates der Anstalt.] S. 14—19 der Schuln. 4.
Progr. Askanisches Gymn. Berlin 1903

Busse, Adolf [Dr.]: Die neuplatonischen Ausleger der Isagoge des Porphyrius. Berlin, R. Gaertner, 1892; 23 S. 4.
Berlin, Friedrichs-G, OP 1892 (54)

Busse, Adolf (Hrsg.), s. Dexippi in Aristotelis Categorias commentarium.

Busse, Adolf (Hrsg.), s. E l i a e in Porphyrii isagogen et Aristotelis categorias commentaria.

Busse, Adolf (Hrsg.), s. P o r p h y r i i Isagoge et in Aristotelis Categorias commentarium.

Busse, Adolf (geb. Czarnikau 28. 12. 1856): De praesidiis Aristotelis Politica emendandi. Berolini (1881). (52 S.) 8°
Berlin, Phil. Diss. v. 29. Jan. 1881

Busse, Adf., de praesidiis Aristotelis Politica emendandi. Dissertatio inauguralis philologica. gr. 8. (50 S.) Berlin 881, (Mayer und Müller.) +

Busse, Anton. Guil. Ferd. (geb. Cossebau in d. Altm. 26. 11. 1809): De Dionysii Halicarnassensis vita et ingenio. Berolini (1841). (62 S.) 4°
Berlin, Phil. Diss. v. 5. Juni 1841

Busse, August [app. Arzt aus Hankensbüttel]: Über die Bestimmung der Herzresistenz beim männlichen Geschlecht. . . . Göttingen, Druck d. Dieterichschen Univ.-Buchdr. W. Fr. Kaestner, 1888; 41 S. u. 2 Taf. 8°
Göttingen, Med. Fak., Inaug.-Diss. v. 1. Aug. 1888

Busse, Aug. Ueber die Bestimmung der Herzresistenz beim männl. Geschlecht. Diss. gr. 8. (41 S. m. 2 Taf.) Gött. 888, (Vandenhoeck u. Ruprecht). 1 60

Busse, Bruno: Das Drama, s. a. Aus Natur u. Geisteswelt 287.

Das Drama. Von Dr. Bruno Busse. 1. Leipzig: Teubner 1910. 8°
(Aus Natur u. Geisteswelt. Bdch. 287.) 10. 16509

Busse, Bruno: Das Drama. II. Von Versailles bis Weimar, s. Aus Natur u. Geisteswelt 288.

Busse, Bruno, deutsche Heldensagen, s.: Keck, Heinr.

Busse, Bruno, aus Neuhaldensleben: **Sagengeschichtliches** zum Hildebrandsliede. Nebst Exkursen über d. Sage vom Kampf d. Vaters u. Sohnes u. die Entstehung d. Dietrichssage. *Halle a. S. 1900: E. Karras.* (52 S.) 8° ¶ (Erscheint vollst. in: Paul u. Braunes Beiträge zur Geschichte d. deutschen Sprache u. Literatur, Bd 26.)
Leipzig, Phil. Diss. v. [24. Apr.] 1900

Wie studiert man neuere Sprachen? Ein Ratgeber f. alle, die sich dem Studium d. Deutschen, Engl. u. Franz. widmen, von Dr. Bruno Busse. *Stuttgart: W. Violet 1901.* (163 S.) 8°
(Violets Studienführer.) 1. 1. 148:6

— Wie studiert man neuere Sprachen? 2. Afl. (Violets Studienführer.) (186) gr8° Stuttg., W Violet '12. 2.50

Busse, C. (Red.), s. M i s s i o n s b l a t t , Hannoversches.

***Busse*, C. F. H., Pathologiae oculi generalis. Pars I. Nosologia. 8maj. Berl. 817. Dümmler. 10 gGr.**

Busse, Christ. Frid. Henr.: De Rhoe toxicodendro et radicante. Berolini (1811). (48 S.) 8°
Berlin, Med. Diss v. 15. Mai 1811

— Christian Friedrich von (Schlesien), Examen juris gentium voluntarii circa curialia imperantium atque rerumpublicarum. Präs. Johann Philipp Carrach. Halle (Curtius) März 1754. 86 S. (5.50) 4817
Gew.: Joachim Ewald v. Massow (Rummelsburg . .). — Widm. v.: Johann Tobias Carrach, Präs., J. Wilh. Arnold Pauli (Wesel), Friedr. Wilh. Goecken (Altena/Westf.), J. J. C. v. Weiler (Wesel), Ferdin. Seegren (Kurland).

Busse, Ed., Allgem. Thier- u. Rindviehzucht. 8. (40 S.) Detmold 898. (Hinrichs.) n. 1, 20

Busse, Elisab. v., Formenschatz f. Mutter u. Kind. Ein Hilfsbuch zum Zeichnen f. junge Mütter u. Kindergärtnerinnen. gr. 4. (82 S. m. 64 Bl. Zeichngn.) Leipzig 901. R. Voigtländer. Geb. in Leinw. n. 3. 60

Busse, Elisab. v., Formenschatz f. Mutter u. Kind. Ein Hilfsbuch zum Zeichnen f. junge Mütter u. Kindergärtnerinnen. 2., neu bearb. Aufl. (48 S. m. 90 Taf.) gr. 8. Leipzig 904. R. Voigtländer. Geb. in Leinw. n. 4. —

Busse, Elisab. v.: Formenschatz f. Mutter u. Kind. Hilfsb. z. künstler. u. werktät. Erziehg. 3. Afl. (62 m. 111 Taf.) gr8° Lpzg, R Voigtländer '12. L 4.50 d

Busse, Emil. Neue evangel. Hirtenstimme. Eine Sammlg. evangel. Predigten v. d. Zeit d. Reformation an bis zur Gegenwart auf alle Sonn- u. Festtage d. Kirchenjahrs, nebst Liederstrophen u. Gebeten. 20 Hefte. gr. 4. (à Heft 40 S.) Berl. 891, Bartels. à Heft — 50; 10 —

Busse, E, neue ev. Hirtenstimme. Sammlg ev. Predigten v. d. Zeit d. Reformation an bis z. Gegenwart auf alle Sonn- u. Festtage d. Kirchenjahrs, nebst Liederstrophen u. Gebeten. 20 Hfte. 4° (739 m. 5 Bl. illustr. Familienchronik u. 1 Bild.) Neu-Weissens. b/Berl. 01—03, E Bartels. à — 50

Busse, Emil, tägliches Manna, s.: Gielen, A.

Busse, Emilie, Frauen-Asyle f. gebildete Stände. Auf dem Frauentage zu Erfurt am 30. Septbr. 1889 besprochen. 12. (8 S.) Erfurt 889. Körner. n. — 15

Busse, Erich, aus Dresden: **Augustin von Hamersteten. Ein Beitrag zur Geschichte d. deutschen Litteratur im Ausgange d. Mittelalters.** *Marburg 1902: (Hallberg & Büchting, Leipzig).* (79, 20* S.) 8°
Marburg, Phil. Diss. v. [18. Febr.] 1903

Busse, Ernst, die Gemeindebetriebe Münchens, s. a. Schriften des Vereins f. Socialpolitik. 129. Bd.

Busse, Ernst: Die Gemeindebetriebe Münchens. Teildruck: 4. Kapitel: Die Preispolitik bei den gemeindlichen Betrieben. (Altenburg S.-A.) 1908: (Pierer). 67 S. 8° ¶ (Ersch. vollst. als: Schriften d. Vereins f. Socialpolitik. Bd 129, T. 1.)
München, Staatswirtsch. Diss. v. 17. Juli 1908, Ref. Lotz
[Geb. 12. Mai 85 Insterburg; Wohnort: Graudenz; Staatsangeh.: Preußen; Vorbildung: Gymn. Graudenz Reife O. 04; Studium: Phil. Königsberg 4, Berlin 2, Staatsw. München 2 S.; Rig. 17. Juli 08.] [U 09. 3255

Die Gemeindebetriebe Münchens. Von Dr. Ernst **Busse**. Im Auftr. d. Vereins f. Socialpolitik hrsg. von Carl Johannes Fuchs. Leipzig: Duncker & Humblot 1908. (VIII, 176 S.) 8° [F.]
= Gemeindebetriebe. Bd 2, T. 1.
= **Schriften** d. Vereins f. Sozialpolitik. Bd 129, T. 1. 08. 18881

-- Ernst (Spandau), De tussi convulsiva. Diss. med. Halle (Ploetz) 4. XII. 1846. 29 S. mit Literatur u. Biogr. (M.: C. Grosche). (4.20) 4818
Oppon.: J. Jacobi, J. Schoenberger. — Gew.: Rob. Geisler.

Busse's, F., Terressin, dessen Bereitung u. Anwendung zu Bedachungen für Häuser u. Brücken, Fussböden, Trottoirs, Abhaltung der Feuchtigkeit von Bauwerken etc. u. vielen anderen techn. Zwecken. Mitgetheilt von F r d r. G e o. W i e c k. 8. Leipzig 847, Bamberg in Comm. (jetzt: Kittler.) 3 ngr

Busse, F., Terresin, dessen Bereitung und Anwendung zu Bedachungen für Häuser und Brücken, Fussböden, Trottoirs, Abhaltung der Feuchtigkeit von Bauwerken etc. und vielen and. techn. Zwecken. Mitgetheilt von Friedr. Geo. Wieck. 8. Leipzig 847. [Kittler.] Thlr.

v. Busse. (F. A.) Anleit. zum zweckmäß. Rechnen, mehrere neue, kurze Methoden enthalt. 8. Leipzig 821. Reclam.

Busse, Fr., Journal d. pract. Heilkunde, s. Hufeland, Ch. Wilh.

Busse, Fr., Irrthum und Liebe. Lustspiel in 4 Akten. (Den Bühnen gegenüber als Mscr.) 8. (56 S.) Bremen 855, Strack. *

Busse, Fr., die unterrichtete Chocoladen-Köchin. Od. Anweisg. die beliebtesten Sorten Chocolade zum Trinken zuzubereiten, sowie zur Bereitg. v. Chocoladen-Creme, Chocoladen-Torte rc. u. zur Prüfung der Chocolade. Nebst Anleitung zur Anfertigung der in Familien beliebtesten künstl. Getränke. Mit einem Anh., enth. mehrere erprobte Recepte zur Aufbewahrung der Eier rc. 16. (48 S.) Nordhausen 840, Büchting. n. 1/6 ngr

Busse, Friedrich [aus Ratibor]: Ueber eine specielle conforme Abbildung der Flächen constanten Krümmungsmasses auf die Ebene m. e. Anhange, enthalt. d. Literatur über d. Flächen constanten Krümmungsmasses ... Göttingen, Druck d. Dieterich'schen Univ.-Buchdr., 1896; 31 S., 1 Bl. 8.
Berlin, Phil. Fak., Inaug.-Diss. v. 16. Dez. 1896

Busse, Friedrich, a. Rogäsen (Prov. Sachsen): Australien und der britische Zollverein. (Berlin 1906: G. Schade.) (53 S.) 8°
Berlin, Phil. Fak., Ref. Sering, Diss. v. 15. Aug. 1906
[Geb. 5. Sept. 80 Rogäsen, Kr. Jerichow II, Prov. Sachsen; Wohnort: Brandenburg a. H.; Staatsangeh.: Preußen; Vorbildung: v. Saldernsches Realgymn. Brandenburg a. H. Reife O. 03; Studium: Berlin 6 S.; Rig. 30. Juli 06.]

Busse, Friedr., d. Singemeister. Vollständ. Anweis. zur Erlernung d. Gesanges. Theoret. u. praktisch bearb. für Anfänger, wie f. Geübtere. 5. Aufl., z. Theil umgearb., verb. u. verm. gr. 4 (6½ B.) Leipzig 844, Friedlein u. Hirsch.

Busse, Friedr. Der Singemeister. Vollständ. Anweisg. zur Erlerng. d. Gesanges. Theoret. u. prakt. bearb. f. Anfänger wie f. Geübtere. 16. verm. Aufl. kl. 8. (49 S.) Lpz. 891, C. F. W. Siegel. 2 —

Busse, Frdr., der Singemeister. Vollständige Anweisg. zur Erlerng. des Gesanges. Theoretisch u. praktisch bearb. f. Anfänger, wie f. Geübtere. 17., verm. Aufl. hoch 4. (49 S.) Leipzig 893. C. F. W. Siegel. 2. —

Busse, Friedr., aus unserer Zeit. Poetisches Gemälde. 1. Buch. gr. 16. (XI, 156 S.) Hannover 879, Hahn'sche Buchh.

— Friedrich August (Dresden), Hippocratem barbaris operam negantem. Präs. Johann Christian Rabe (Calenberg / Schoenburg). Lpz. (A. M. Schede) 23. VI. 1722. 24 S. (5.—) 4819

— — Observationes de cauto et praestantissimo vomitoriorum usu. Diss. med. Präs. Friedrich Hoffmann. Halle (J. Ch. Hilliger) Febr. 1725. 44 S. (5.—) 4820

Busse, Friedr. Gottlieb von

— Anfangsgr. in d. Geometrie, 2 Thle. (1r v. d. Flächenmess. d. erst. Geometr. m. K., 2r Körpermessung u. Visierkunst, m. K.) 8. Lpz. F. C. W. Vogel.

— J. Kants metaphys. Anfangsgründe d. Naturwissenschaft in ihren Gründen widerlegt. Mit Busse's Bildn. gr. 8. Dresd. 828. Arnold. 1 rß

v. Busse, Fr. Gli., Anfangsunterr. in d. Geometrie. 2 Thle. (1r Thl. d. Flächenmessung d. ersten Geometrie, mit 3 Kpft. 3e A. 2r Thl. Körpermess- u. Visirkunst. 2e A., mit 1 Kpft. 8. Leipz., (W. Vogel). 14 gr

1786. Anleitung zum Gebrauch eines gemeinverständlichen Rechenbuchs für Schulen von *F. Gli. Busse.* Leipzig, Crusius. 8. 88 S.
1788. — 2te Hälfte. 111 S.

— Anleit. z. Gebr. d. Rechenb. 2 Thle. 8. Ebend. 808. (14 gr.)

— Beitr. d. Winterschmidt- u. Höll'schen Wassersäulenmaschine. m. K. gr. 8. Freybg. Craz u. Gerlach. 804.

— kleine Beitrr. zur Mathematik u. Physik. 1r Thl. gr. 8. Leipz. 786. (W. Vogel). 16 gr

— Beruhigung über d. neuen Wetterableiter. 8. Leipz. 791. (W. Vogel). 4 gr

— Beschreib. e. wohlf. u. sichern Blitzableitung mit neuen Gründen u. Erfahrungen. Mit 1 Kpft. 8. Leipz. 811. Reclam. 16 gr

— s. a. Beschreib. d. Pferdegöpels.

Busse (F. G. v.), Neue Ausgabe von Erler's ausführlicher Beschreibung des Pferdegöpels auf der Grube „Neuer Morgenstern". Freyberg 1811. 8.

— Betrachtung d. Winterschmidt'schen u. Höll'schen Wassersäulenmaschine; nebst Vorschlägen zu ihrer Verbesserung, mit Kpf. gr. 8. Frberg 804. Craz u. G. 1 rß 12 gr

— einige Betrachtt. bei dem Antritte meines Lehramts als Prof. d. Mathematik rc. zu Freiberg 1801. gr. 8. Frberg 802. Craz u. G. 3 gr

— bündige u. reine Darstell. d. wahrhaften Infinitesimal-Calculs, wie sie besond. auch f. wissenschaftl. Praktiker rathsam ist. 3 Bde, mit 5 Kpft. gr. 8. Dresd. 825. Arnold. 4 rß 22 gr

v. Busse, F. G. Darstellung des Infinitesimalcalcüls. I, II. Dresden, 1825—1827.

— neue Eröterung über plus u. minus. 1r Thl., mit 2 Kpf. 8. Köthen 801. Aue. 12 gr

— neue Erörterungen d. paradoxen Widerstandes d. Luft in langen Glasröhren. 8. Leipz. 818.

— formulae linearum subtangent. ac subnormalium expl.; nebst Erörter. u. Anzeige f. Gelehrte. 8maj. Leipz. 798. (W. Vogel u. Craz u. G. in Frberg). 6 gr

v. Busse, (Fr. Gottl.,) Formulae radii osculatoris quoad valores earum positivos ac negativos et ventilatae et diligentius quam fieri solet explicatae. Cum append. quadruplici. 8 maj. Dresdae 825. Arnold.

v. Busse, Fr. Gli., Gang u. Größe d. Weichheit d. Wassers rc. Mit 1 Kpf. 8. Leipz. 806. (W. Vogel). 8 gr

1784. Erste Geometrie für Kinder und Jünglinge und fürs gemeine Leben, von *Fr. Gottl. Busse.* Dessau, auf Kosten der Verlags-Casse und in der Buchhandl. der Gelehrten. 160 Seit. 3 Kupfert. 8.
Gött. gel. Anz. 1785. St. 53. p. 535.

— erste Geometrie für Kinder u. Jünglinge. 8. Dessau 784. 2e A. 789.

— Kenntniß u. Betracht. d. neueren Münzwesens. 2 Abtheill. gr. 8. Frberg 795, 96. (Leipz., W. Vogel). 1 rß 14 gr

Busse, F. G.. „Kenntnisse und Betrachtungen des neuern Münzwesens für Deutsche", 2 Teile, Leipzig 1795, 1796. — Vorh.: Com. Bibl. Hamburg.

— d. nöthigen Kenntnisse zur Körpermessung, nebst Visirkunst. Mit 1 Kpft. 8. Leipz. 790.

1790. Die nöthigsten Kenntnisse zur Körpermessung nebst Visierkunst, von *F. Gli. Busse.* Leipz. Crusius. 44 u. 20 S. 8.
Allg. Lit. Zeit. 1790. IV. B. S. 387.
Allg. d. Bibl. B. 100. St. II. S. 457.
Goth. Gel. Zeit. 1790. II. B. S. 566.

— die Schönborner Kurmethode. gr. 8. Leipz. 817. Barth. 3 gr (Aus Gilberts Annalen abgedr.)

— die nöthigen allgem. Lehren d. höhern Maschinen-Mechanik, bündig erwiesen. Mit 2 Steint. gr. 8. Dresd. u. Leipz. 828. Arnold. 1 rß 16 gr

—— die Mechanik d. Krummzapfens, mit Widerlegung aller bisher bekannt geword. Theorien. M. 2 Kpfrt. gr. 8. (11½ B.) Dresden 830, Walther.

— neueste Methode d. Größten u. Kleinsten rc. 2 Hfte, mit 2 Kpft. gr. 8. Frberg 808, 9. Craz u. G. 18 gr

— gelegentl. Mittheilungen. 8. Frberg 816. Craz u. G.

1786. Erste Hälfte eines gemeinverständlichen Rechenbuchs für Schulen, worin hauptsächlich nach Thalern, Groschen und Pfennigen gerechnet wird, von *F. Gli. Busse.* Leipzig, Crusius. 8. 192 S.
1787. — zweyte Hälfte 280 S.

— gemeinverständl. Rechenbuch f. Schulen. 2 Thle, mit 1 Kpf. 8. Leipz. 786, 87. 3e A. 808. (W. Vogel). (1r Thl. 6 gr 2r Thl. 10 gr) 16 gr Anleit. z. Gebrauch desselben. 2 Thle. 8. Ebd. 786, 87. 3e A. 808. (à 4 gr) 8 gr

– s. J. E. Silberschlags Abhandlung.

— Uebungsaufgaben (aus d. Rechenbuche abgedr.). 2 Stücke. 8. Leipz. 794, 95. (W. Vogel). 6 gr Verbesserungen aus d. 2ten Thle d. 3ten Aufl. seines Rechenbuches, f. d. Besitzer d. 2ten A. 8. Ebd. 801. 2 gr

— erster Unterr. in d. algebraischen Auflösung arithmetr. u. geometr. Aufgaben. Mit e. Vorrede v. A. G. Kästner. 2 Thle, mit Kpf. 8. Dessau 781, 82. Frberg 808. Craz u. G. 1 rthl 18 gr

1781. * Erster Unterricht in der algebraischen Auflösung arithmetrischer und geometrischer Aufgaben. Ein Lehrbuch des Dessauischen Erziehungsinstituts, von *Friedrich Gottlieb Busse*, Professor und Lehrer der Mathematik. Mit 2 Kupft. Dessau, im Verlage der Instituts-Buchhandl. und zu Leipzig in Commission bey Crusius. 8. 346 Seit.
Gött. gel. Anz. 1781. B. 1. St. 87. p. 693.

1782. * Erster Unterricht in der algebraischen Auflösung arithmetischer und geometrischer Aufgaben, mit einer Vorrede Hrn. Hofr. *Kästner*. Von *Fr. Gott. Busse*, Prof. und Lehrer der Mathematik. Zweyter u. letzter Th. Dessau, im Verlage der Instituts-Buchhandl. und zu Leipzig in Commission bey Crusius. 8. 276 S. nebst einer Kupft.

— Vergleichung zwischen Carnots u. meiner Ansicht d. Algebra u. unsrer beiderseitig vorgeschlag. Abhelfung ihrer Unrichtigkeit. Mit 1 Kpft. gr. 8. Frberg 804. Craz u. G. 12 gr

—— Widerlegung von Kant's Naturwissenschaft, s. Kant, Im.

Busse, Fritz, a. Salzwedel, Altmark: Beitrag zur Kenntnis der Disazoverbindungen des Paraphenylendiamins. Würzburg 1905: C. J. Becker. (64 S.) 8°
Tübingen, Naturw. Fak., Ref. Wislicenus, Diss. v. 7. Aug. 1905
[Geb. 27. Okt. 78 Salzwedel; Wohnort: Tübingen; Staatsangeh.: Preußen; Vorbildung: Gymn. Salzwedel Reife M. 98; Studium: München 4, Tübingen 8 S.; Coll. 7. Aug. 05.]

Radirungen von G. Busse. (18 Blatt.) 1844. 4°.

Busse, Geo., s: Busse-Palma, Geo.

Busse, George *Justus* [aus Hamburg]: Über die Reduction einiger ungesättigter aromatischer Ketone und ihre Überführung in Cumaranderivate ... Berlin, Buchdr. v. G. Schade, *1896*; 37 S., 1 Bl. 8.
Berlin, Phil. Fak., Inaug.-Diss. v. 8. Aug. 1896

Busse, Gttl. Chr. (Resp.): De actione cordis..., s. B u e c h n e r, Andr. El. (Praes.)

— **Gottlieb Christian (Gardelegen), De actione cordis quatenus a nervis pendet. Diss. med. Präs. Andr. Elias Büchner. Halle (Stephan) 22. III. 1769. 32 S. (4.80) 4821**
Gew.: Präs., Joh. Aug. Wohlfahrt, Joh. Chn. Jüngken, Thom. Chn. Busse (Vater). — Widm. v.: Anton Reimann (Schles.), Joh. Aug. Wohlfahrt (Halle), Just. Phil. Jüngken.

Busse, Gustav [aus Sossmar]: Der Conjunktiv im altfranzösischen Volksepos .... Kiel, Buchdr. v. Carl Böckel. 1886: 2 Bl. + 78 + 1 S. 8°.
Kiel. Phil. Fak., Inaug.-Diss. v. 12. Jun. 1886.

B u s s e, Gust., der Conjunktiv im altfranzösischen Volksepos. Inaugural-Dissertation. gr. 8. (80 S.) Kiel 886, (Lipsius und Tischer.) *

Busse, H., Beiträge zur Pflege des ästhetischen Gefühls, s.: M a g a z i n, pädagogisches.

Busse, H., d. Bettelstudent v. Berlin, s.: Braun, Gust.

— Im Irrenhause. Schausp. i. 5 Acten u. 9 Bildern. Nach E. A. König's Roman. gr. 8. (44 S.) Berlin (888). M. Böhm. 8. —

H. Busse, (Lehrer in Magdeburg). Lehrgang im Singen nach Noten. [Nebst] Begleitwort. *Magdeburg: Selbstv.; (Dr. v. E. Baensch jun.) 1895.* 14 Taf. quer-gr. 2. 1 Bd 8.
Lehrgang. (14 Taf.)
Method. Begleitwort z. d. Notentafeln d. Lehrganges im Singen nach Noten f. Schulen u. Gesangvereine ... (2 Bl., 55 S.) [96. 5338

Busse, H., Notentafeln f. d. Gesangunterr. i. Volksschulen, Bürgerschulen, Mittelschulen, höh. Mädchenschulen, Realschulen u. Gymnasien; sow. f. d. Einführg. d. Notensingens in Gesang-Vereinen. 14 Blatt à 54×80 cm. Lith. Magdeburg (A. N., Stendalerstr. 9, III) (895), Selbstverlag. n.n. 7. —; einz. Taf. n.n. — 60; 12 Schulliedertafeln à n.n. — 60; Aufzug v. je 2 Blatt auf 1 Papptaf. m. Leinw.-Kanten u. Ringen n.n.n. — 50; Lackieren 1 Blattes n.n.n. — 20

— dasselbe. Method. Begleitwort z. d. Notentafeln d. Lehrganges i. Singen nach Noten f. Schulen u. Gesangvereine. gr. 8. (IV, 53 S.) Ebd. 895. n.n. — 60

Busse, H., auf der Post-Station, s. Bloch's, E., Dilettanten-Bühne.

H. Busse, Schul-Liedertafeln. *Magdeburg: Selbstv. [1895?]* 12 Taf. quer-gr. 2. [96. 5339

Busse, Hans

— **Gedanken-Dämon. (2. u. 3. Bdchn. von: „Erde!“ Eine Serie moderner Lyrik.) 16. (81 S.) München 898. A. Ackermann's Nachf. n 1. — (1.—3.: n. 1. 50)**
D. 1. Bdchn. u. d. Titel: B., Lieder d. Himmels 1894, s.: Bd. XXVII d. Bücherlex.

Busse, Hans: Zur Psychol. d. Schreibens, s: Preyer, W.

Busse, Hans H., Blut. Lieder der Liebe. (4. u. 5. Bdchn. von: „Erde!“ Eine Serie moderner Lyrik.) 16. (78 S.) München (900). A. Ackermann's Nachf. n. 1. —

Busse, Hans, Bismarcks Charakter, s.a. Charakterbilder, grapholog.

[J. u. Ant.] Bismarcks Charakter ... E. grapholog. Studie. M. 40 Handschr.-Proben v. Bismarck u. Anderen. Von Hans H. Busse, ... Vors. d. Dtsch. Grapholog. Ges. *Leipzig: P. List 1898.* (37 S.) 1 Bd 8.
= Busse, H. H.: Grapholog. Charakterbilder. [No] 1. [98. 9493

Graphologische Charakterbilder ... Von Hans H. Busse ... [No] 1. *Leipzig: P. List 1898.* 8. [98. 9494

— Geistersohriften u. Drohbriefe, s.: Bohn, Erich.

— Graphologie u. gerichtl. Handschriften-Untersuchgn. (Schrift-Expertise.) Unt. bes. Rücksicht auf d. Fall Dreyfus-Eszterhazy. Mit 17 Handschriften-Proben, darunter Facsimiles d. Bordereaux u. zweier Orig.-Briefe v. Dreyfus u. Eszterhazy. gr. 8. (35 S.) Leipzig 898. P. List. n. 1. —

— d. Graphologie, e. werdende Wissenschaft. Ihre Entwicklg. u. ihr Stand. E. orientier., krit. Darlegg. [Aus: „Die Aula“.] gr. 8. (40 S.) Ebd. 895. n. 1. —

Busse, Hans H., Lieder des Himmels. 16. (35 S.) München 894. A. Ackermann's Nachf. n. — 60

Busse, Hans H. (Red.), s. M o n a t s h e f t e, Graphologische.

— der Tod des Sonnen-Suchers. (6. u. 7. Bdchn. v. „Erde“.) 16. (70 S.) München (902). A. Ackermann's Nachf. n. 1. —

— Versuch e. Bibliographie der Graphologie. Nebst e. Anh. m. bibliograph. Notizen üb. grapholog. Hilfswissenschaften. 2., neubearb. Aufl. gr. 8. (56 authogr. S.) München (Neureuthorstr. 3) 900. Institut f. wissenschaftl. Graphologie. n. 1. —

— wie beurteile ich meine Handschrift. Allgemein verständl. Lehrbuch der Graphologie zur Förderg. der Selbsterkenntnis u. Menschenkenntnis. Mit 70 Handschriftenproben, 5 Taf. u. e. Graphometer. gr. 8. (92 S.) Berlin (902). W. Vobach & Co. n. 1. —

Busse, Hellmut [aus Fitzerie, Posen]: Vergleichende Untersuchungen über den mikroskopischen Bau der arteriellen Blutgefässe des Beckens und der Beckengliedmasse von Pferd, Esel, Rind, Kalb, Schaf, Schwein und Hund. Mit 12 Abbildungen auf 4 Tafeln. Zürich [Dresden] 1903. 60 S. 8°. [9. II. 04.]
Zürich. Phil. Diss. II. 8. 1903/1904.

Natürliche Ansprüche an ein Stenografiesystem. Von Henry Busse. (Pössneck [1909]: Schneider.) 16 S. 8° [Kopft.] [09. 18405

Busse, Henry, Kritische Beleuchtg. d. sogen. National-Stenographie System v. Kunowsky. E. Nachweis ihrer theoret. Mängel u. ihrer völl. Wertlosigkeit f. d. prakt. Gebrauch. Mit 4 Taf. stenograph. Beispiele. gr. 8. (16 S.) Berlin 898. (Leipzig, J. H. Robolsky.) n.n. — 50

Kritische Beleuchtung der sogenannten National-Stenographie System v. Kunowski. E. Nachw. ihrer theoret. Mängel u. ihrer völligen Wertlosigkeit f. d. prakt. Gebr. v. Henry Busse. M. 4 Taf. stenogr. Beisp. ... *Berlin: H. Roller (1898).* (16 S., 1 Beil.) 1 Bd 8. [98. 8499

Graphora. Eine sehr leichte u. doch überaus prakt. Kurzschrift f. alle Völker u. Sprachen. Von Henry Busse. Deutscher Lehrgang. 3. sehr verb. Aufl. Berlin: G. Müller 1910. 23 S. 8° [11. 9908

Busse, Henry: Graphora. Kurzschrift f. alle Völker u. Sprachen. Deutscher Lehrgang. 3. Afl. (23 m. Bildn.) 8° Berl. (N.W. 5, Perlebergerstr. 11), Selbstverl. '10. — 75

Die National-Stenografie von A. und F. v. Kunowski. Krit. beleuchtet von Henry Busse-Charlottenburg. Mit 2 Taf. *Berlin: H. Roller 1901.* (18 S.) 8° [01. 4141

Busse, Henry, das Lehmann'sche System der Stenotachygrafie nach der neuesten Form v. 1897. Eine Kritik. Mit 4 Taf. stenogr. Beispiele. gr. 8. (12 S.) Berlin 901. (Leipzig, J. H. Robolsky.) n. — 20

Das Lehmann'sche System der Stenotachygrafie nach d. neuesten Form von 1897. Eine Kritik von Henry Busse-Charlottenburg. Mit 4 Taf. stenogr. Beisp. *Berlin: H. Roller 1901.* (12 S.) 8° [01. 1004

— Wissen u. Winke auf d. Gebiete d. Krankenbehandlg. 1. Die Kopfschmerzen. 2. Leiden u. Arzneien. (80) 8° Ebd. ('10). 1 —

Busse, Herm.: Über kirchlichen Chorgesang u. Kirchenchöre, s.a. Kirchenmusik, die, u. ihre Pflege.

Über kirchlichen Chorgesang und Kirchenchöre. Vortrag, geh. 1908 zu Wittenberg a. E. von Hermann Busse, Magdeburg. Göttingen: Vandenhoeck & Ruprecht 1909. 32 S. 8°
(Die Kirchenmusik u. ihre Pflege. H. 2.) [09. 7611

Hermann Busse. Gedichte. Berlin & Leipzig: Silva [1910]. 31 S. 8° [10. 13276

Busse, H: Üb. kirchl. Orgelspiel, s: Archiv, Kirchenmusikalisches.

– Wodurch wird der kirchliche Gemeindegesang gefördert? s.a. Die Kirchenmusik und ihre Pflege.

Wodurch wird der kirchliche Gemeindegesang gefördert? Vortrag geh. von Hermann Busse. Göttingen: Vandenhoeck & Ruprecht 1909. 32 S. 8°
[09. 4838 7

— Hieron. Heinr. (Lüneburg), De immodica laesione eiusque probatione imprimis per testes caute instituenda. Diss. jur. Präs. Joh. Andr. Hannesen (Göttingen). Götting. (Hager) 7. IV. 1747. 92 S., z. Tl. dtsch. (5.—) 4822
Widm. v.: Albr. Ludw. v. dem Bussche, O. F. Lindholtz (Norwegen), J. C. Noeldecken, Frdr. Joach. Chph. Muller (Lüchow).

Busse, Hugo, Fuhrmann Henschel. (Rollfuhrmann Henschel.) Große Berliner Posse m. Gesang u. Tanz in 3 Akten u. 4 Bildern. Musik v. Alb. Wicher. gr. 8. (60 S.) Berlin 899. M. Böhm. 2. —

Das Karnickel. Posse in 1 Act. Von Hugo Busse. *Berlin: (M. Böhm [1901]).* (16 S.) 8° [Ä.] [01. 10901

— das Karnickel. Posse in 1 Act. gr. 8. (16 S.) Ebd. (902). 1. 50

Im Kursaal. Plauderei von Hugo Busse. *Berlin: (M. Böhm [1901]).* (12 S.) 8° [Ä.] [01. 10900

— im Kursaal. Plauderei. gr. 8. (12 S.) Ebd. (902). 1.—

— Madame Sans-Gêne, s.: Fastnachts-Bühne.

Busse, Hugo, wenn d. Krieger heimwärts ziehn, s.: Salingaró. H.

Busse, J. C., Gerold, erster Bischof von Lübeck und die Kirche zu Ratekau. Zur Gedächtnißfeier des 700jähr. Bestehens dieser Kirche. gr. 8. (III und 60 S.) Lübeck 856, v. Rohden'sche Buchh.

Busse, J. H.

— kurze Anweisung z. Gebrauch d. Böttner'schen Choralbuchs in Ziffern. 8. Hannover 825, Hahn.

Buße, J. H., Choralbuch in Ziffern, f. Volksschulen, enthalt. die sämmtl. Melodien d. Böttner'schen Choralbuchs. Mit Vorwort v. H. W. Bödeker. 8. Hannov. 825. Hahn. 3 gGr. Kurze Anweis. zum Gebr. desselben. 8. Ebd. 825. 1 gGr.

Busse, J. H., Choralbuch in Ziffern für Volksschulen, enthalt. die sämmtl. Melodieen des Böttnerschen Choralbuchs. 2e Aufl. 8. Hannover 839. Hahn. 1/8 ℛℓ

Busse, J. L., der Unterricht in der deutschen Sprache. Ein Leitfaden für Lehrer an Volksschulen. Peine 853. Heuer. gr. 12. (2 Bl., 55 S.) n. 3 1/2 Ngr

Busse, J. L., Worte der Andacht in 2 Predigten. gr. 8. (24 S.) Hannover 858, Schmorl und v. Seefeld.

Busse, Jh. Hnr.

— s. Artemius v. Wagarschapat.

Buße, J. H., Journ. v. Rußl. 3 Jhge. z. 2 Bdn. od. 12 Stck. m. K. gr. 8. Petersb. (Gräff, Lpz.) 794—96. (Jahrg. à 5 Rthlr.)

– s. Sarytschew, Reise.

– s. Tagebuch e. Deutschen.

Busse, Jh. Hnr. Dn.

Busse, J. H. D., lat. Leseb. f. Anfäng. 8. Berl. W. Vieweg. 799. Rthlr.

Busse, Jh. Hnr. Dn., latein. Lesebuch f. Anfänger, nebst e. kleinen Grammatik. 8. Berl. 801. W. Vieweg. 8 gGr.

Busse, Joh. Bernh. Jos., Grundriß d. christl. Literatur, v. ihr. Ursprunge an bis zur Erfindung u. Ausbreitung d. Buchdruckerei. Ein Handbuch f. angeh. Theologen. 2 Thle. gr. 8. Münster, Theissing. [1. (24½ B.) 828. 1 Thlr., 2. (26½ B.) 829. 1 Thlr. 4 Gr.]
Mit d. Rücktit.: Busse, Patrologie u. Patristik.

(— —) Religionsgeschichte ꝛc. für den gebildeten Bürger u. Landmann. 3 Theile. gr. 8. Landshut in B. 1829—30, Thomann 3 fl. 15 kr. jetzt 1¼ Thlr. — 2 fl.

– s.a. Religionsgeschichte f. Volksschulen.

—— Religions-Geschichte f. Volksschulen u. ihre Lehrer, auch als Lesebuch f. d. gebildeten Bürger u. Landmann zu gebrauchen. 3 Thle. gr. 8. (47½ B.) Landshut 830, Thomann. 1 Thlr. 23 Gr., Blnp.

— **Johann Christian Gottlob** (Beltitio-Saxo.), De modis, secundum quos militibus succeditur, privilegio munitis. Diss. jur. Präs. Ernst Gottfr. Christ. Kluegel. Wittbg. (Meltzer) 26. VI. 1804. 36 S. (4.80) 4823
Gew.: Franz Volckmar Reinhard, Joh. Matth. Schroeckh. — Widm. v. Präs.

Busse, Johs., die Congruenz des Participii praeteriti in activer Verbalconstruction im Altfranzösischen bis zum Anfang des XIII. Jahrh. gr. 8. (70 S.) Göttingen 882, Deuerlich'sche Buchh. *

Busse, J. Die Congruenz des Participii Praeteriti in activer Verbalconstruction im Altfranzösischen bis zum Anfang des XIII. Jahrhunderts. Diss. Göttingen 1882. 70 S.

Busse, Jul.: Die Ausgleichsrechng u. ihre Bedeutg f. d. Beurteilg forstl. Fragen. (5, 58 m. 2 Kurventaf.) gr8° Stuttg., E Ulmer '12. 1.50

Busse, Karl, neuer Almanach f. Landprediger u. ihre Freunde ꝛc. Mit Sterne's Bildniß. 8. Celle 804. Schulze. 16 gr

Busse, Carl, ausgeführte Bauwerke. 1. Heft: Das Kreisgerichtshaus zu Minden. Imp.-Fol. (4 S. Text mit 8 Kpfrt.) Berlin 855, Ernst und Korn.

Busse, Carl, ausgeführte Bauwerke. 2. Heft: Das Wannen-Badehaus zu Bad Oeynhausen bei Rehme. 7 (in Kpfr. gest. und chromolithogr.) Taf. Imp.-Fol. (3 S. Text mit eingedr. Holzschn.) Berlin 858, Ernst und Korn.
1. Heft. Ebendas. 1855. * 2 Thlr. 20 Ngr.

Busse, Carl, Annette v. Droste-Hülshoff, s.a. Frauenleben. IV.

Annette von Droste-Hülshoff. Von Carl Busse. Mit 5 Kunstdr. *Bielefeld & Leipzig: Velhagen & Klasing 1903.* (VI, 193 S.) 8° [F.]
= Frauenleben. 4. [04. 9930

Annette von Droste-Hülshoff. Von Carl Busse. Mit 5 Kunstdr. 2. Aufl. Bielefeld & Leipzig: Velhagen & Klasing 1909. VI, 195 S. 8°
(Frauenleben. 4.) A 12. 7192 5

Erinnerungen an Prinz Emil von Schoenaich-Carolath v. Carl Busse. (Berlin. Bielefeld. 1908.) 4° Ausschnitt aus: Velhagen & Klasings Monatshefte. Jg. 22, H. 11.

— Federspiel. Westliche u. östl. Geschichten. (395 S.) 8. Berlin 904. A. Goldschmidt. n. 5.—; geb. in Leinw. n. 6.—

! — Federspiel. Jetzt: Stuttg., JG Cotta Nf. 3.50; geb. 4.50 01/05

Busse, Carl, Gedichte. 8. (VIII, 162 S.) Großenhain 892. Baumert & Ronge. n. 1.60; geb. n. 2.60

— dasselbe. 2., veränd. Aufl. 8. (VIII, 164 S.) Ebd. 894. n. 2.—; geb. n. 3.—

Busse, Carl, Gedichte. 3. Aufl. 8. (VIII, 164 S.) Großenhain 895. Baumert & Ronge. n. 2.—; geb. n. 3.—

Busse, Carl, Gedichte. 5. Aufl. 8. (X, 178 S.) Stuttgart 903. J. G. Cotta Nachf. n. 2.—; geb. in Leinw. n. 3.—

Busse, Carl, Gedichte. 6. u. 7. Aufl. (VII, 168 S. m. Bildnis.) 8. Stuttgart 909. J. G. Cotta Nachf. 2.50; geb. 3.50

— neue Gedichte. 12. (VIII, 144 S.) Stuttgart 896. J. G. Cotta Nachf. Geb. in Leinw. n. 3.—

— neue Gedichte. 2. Aufl. 12. (VIII, 151 S.) Ebd. 901. Geb. in Leinw. n. 3.—

— Neue Gedichte. 3. u. 4. völlig veränd. Aufl. (152 S.) 8. Ebd. 909. 2.—; geb. 3.—

— Geschichte der deutschen Dichtung im 19. Jahrh., s.: Jahrhundert, das deutsche, in Einzelschriften. 1. Abth.

Geschichte der Weltliteratur von Dr. Carl Busse. In 2 Bden. Bd 1. Bielefeld & Leipzig: Velhagen & Klasing 1909. 4°(8°) [10. 2592

— Geschichte der Weltliteratur. (In 5 Abtlgn.) 1.—3. Abtlg. (1. Bd. Mit 235 Abbildgn. im Text u. 22 Einschaltbildern. IV, 415 S. u. 2. Bd. S. 1—144 m. 83 Abb. u. 6 Bildnis-Taf.) Lex. 8. Bielefeld 910. Velhagen & Klasing. 12.— (Bd. 1: 9.—; geb. in Halbfrzbd. 12.—)

— dass. (In 6 Abtlgn.) 3—6. Abtlg. (2. Bd: 5, 779 m. Abb., 8 [2 farb.] Bildn., 8 Taf. u. 5 Fksms.) Lex8° Ebd. '13. 16 — (vollst.: 25 —) d

Busse, Carl: Geschichte der Weltliteratur. Bd 1. 2. Bielefeld und Leipzig 1910—13

— stille Geschichten. 8. (232 S.) München 894. Dr. E. Albert & Co., Sep.-Cto. n. 4.—; geb. n 5.—

— stille Geschichten. 2. (Titel-) Aufl. 8. (VII, 282 S.) München (894). C. Rupprecht. n. 3.—

— stille Geschichten. 8° (232) Münch. 94. Berl., Schuster & L. 4 —; geb. 5 — ‖ 2. Afl. 95. 3 —; geb. 4 —

— in der Grenzschenke. — Lena Gleg. 8. (119 S.) Berlin 901. A. Goldschmidt. 1.50

— Das Gymnasium zu Lengowo, s.: Engelhorn's allgem. Roman-Bibl.

— Höhenfrost. Roman. 3 Bde. 8. (229, 242 u. 246 S.) Berlin 897. O. Janke. n. 10.—

Ich weiss es nicht. Die Geschichte einer Jugend. Von Carl Busse. *Großenhain & Leipzig: Baumert & Ronge 1892.* (224 S.) 8° [F.] [92. 7000

— Jugendstürme, s.a. Engelhorn's allgem. Roman-Bibliothek.

[F.] Jugendstürme. Roman v. Karl Busse. *Stuttgart: J. Engelhorn 1896.* (160 S.) 1 Bd 8.
= Romanbibliothek, Engelhorns Allgemeine. Jg. 12. Bd 20. [98. 10036 Gr

— Die rote Julka. Das Opfer, s: Volksbücher, Wiesbadener, 147.

Königsträume. Roman von Fritz Döring [d. i. Karl Busse]. Berlin: A. Goldschmidt 1905. (387 S.) 8° [F.] [07. 14588

— Lena Küppers, s.: Engelhorn's allgem. Roman-Bibliothek.

— neuere deutsche Lyrik, s.a. Bibliothek d. Gesamtlitteratur d. In- u. Auslandes.

[F.] Neuere Deutsche Lyrik. Ausgew. u. hrsg. v. Carl Busse. M. e. litterar-hist. Einl. ... *Halle a. d. S.: O. Hendel (1895).* (XVI, 471 S.) 1 Bd 8.
= Bibliothek d. Gesamtlitteratur d. In- u. Auslandes. No 879—885. [96. 2005

Busse, Carl: Novalis' Lyrik. *Oppeln: G. Maske 1898.* (VIII, 156 S.) 8°
Rostock, Phil. Diss. v. [4. Aug.] 1897

(B) — Novalis' Lyrik. 898. (KBL 20.) Jetzt: Breslau, Koebner.

— s.: Lyriker, neue deutsche.

— memorabilia ecclesiarum evangelicarum, inprimis cleri in praefectura Pappenburgensi, inde a reformationis ecclesiasticae temporibus ad nostrum usque aetatem collecta. 8. Hannov. 822.

— Conrad Ferdinand Meyer als Lyriker, s. a. Beiträge zur Literaturgeschichte. 8. Heft.

Busse, Carl. Conrad Ferdinand Meyer als Lyriker. 32 S. 8. Leipzig, Verlag für Literatur, Kunst und Musik, 1906. [M. —.60]
(Beiträge zur Literaturgeschichte. Heft 8. Herausgeber: Hermann Graef.)

Schöne Nacht. „Schöne Nacht, Gestirne wandeln." (Karl Busse) Wien: Robitschek 1907. K 1.20

— Heilige Not. Ein Gedichtbuch. 1. u. 2. Aufl. (Je 149 S.) 8. Stuttgart 910. J. G. Cotta Nachf. 2.—; geb. 3.—

— die Referendarin, s.: Engelhorn's allgemeine Roman-Bibliothek.

Busse, Carl, Röschen Rhode, s.: Engelhorn's Romanbibliothek. XVII. 12.

Busse, Carl, a. Nettlingen: Das finale Satzverhältnis in der Entwicklung der französischen Syntax. Göttingen 1905: E. A. Huth. (XI, 90 S.) 8°
Göttingen, Phil. Fak., Ref. Stimming, Diss. v. 13. Sept. 1905
[Geb. 4. Aug. 82 Flachstöckheim; Wohnort: Nettlingen; Staatsangeh.: Preußen; Vorbildung: Gymn. Andreanum Hildesheim Reife O. 01; Studium: Göttingen 9 S.; Rig. 21. Juni 05.]

— Schuld u. a. Novellen, s: Kürschner's Bücherschatz 762.

— die Schüler v. Polajewo. Novellen aus Heimat u. Kleinstadt. 8. (228 S.) Stuttgart 901. J. G. Cotta Nachf. n. 2.50; geb. n. 3.50

— Die Schüler v. Polajowo. 3. u. 4. Afl. (283) 8° Stuttg., JG Cotta Nf. '11. 3—; L 4—d

— in junger Sonne. Novellen u. Skizzen. 1. u. 2. Aufl. 8. (V, 286 S.) München 892. 895. Münchner Handelsdruckerei u. Verlagsanstalt, M. Poeßl. 3.—; geb. in Leinw. m. Goldschn. n. 4.—

— Symphonie, s.: Evers, Frz.

— Träume. 8. (VII, 157 S. m. Abb.) Leipzig 895. A. G. Liebeskind. n. 2.60

— Vagabunden. Neue Lieder u. Gedichte. 12. (X, 180 S.) Stuttgart 901. J. G. Cotta Nachf. Geb. in Leinw. n. 3.—

Die Wette. Eine Geschichte aus Russ.-Polen von Fritz Döring [d. i. Karl Busse]. Ill. von E. Cucuel. Stuttgart, Berlin, Leipzig: Union [1906]. (108 S.) 8° [F.] 07. 17534

— die häßliche Wikta, s.: Meisterwerke d. zeitgenöss. Novellistik.

— im polnischen Wind. Ostmärkische Geschichten. (307 S.) 8. Stuttgart 906. J. G. Cotta Nachf. n. 3.50; geb. in Leinw. n. 4.50

— Im poln. Wind. Ostmärk. Geschichten. 2. Afl. (302) 8° Ebd. '11. 3.50; geb. 4.50 d

— s.: Wochenblatt, deutsches.

Busse, Karl Ferdinand Kurt, s. Busse, Kurt

Busse, Karl Heinr. v., Herzog Magnus, König v. Livland. Ein fürstl. Lebensbild aus dem 16. Jahrh. Aus d. Verf. nachgelassenen Papieren hrsg. v. Jul. Frhr. v. Bohlen. gr. 8. (XVI, 160 S.) Leipzig 871. Duncker & Humblot. n. 3.—

Busse, Car. Julius Gust. (geb. Zahna bei Wittenberg a. E. 10. 4. 1842): De pulmonum oedemate. Berolini (1864). (32 S.) 8°
Berlin, Med. Diss. v. 15. Apr. 1864

Busse, Car. Ludov. (Dionysius Julius) (geb. Prettin bei Torgau 26. 5. 1837): De pulmonum emphysemate. Berolini (1860). (32 S.) 8°
Berlin, Med. Diss. v. 9. Aug. 1860

Busse, Car. Otto: De legitimo judicio. Berolini (1835). (60 S.) 8°
Berlin, Jur. Diss. v. 14. Nov. 1835

Busse, Katharine v., Meereszauber. Eine Erinnerg. an die Ostsee. 12. (32 S. m. farb. Titel u. 2 Farbendr.) Leipzig 891. Baldamus. Kart. n. 1.20

Busse, Claus: Bürgerl. Baukde u. Baupolizei, s: Unterricht, Der, an Baugewerksch.

Busse, Konrad, appr. Arzt, Unterarzt b. Inf.-Reg. Nr. 131: Über Fieber bei Magenkarzinom. Berlin 1909: G. Schade. 31 S. 8°
Berlin, Med. Diss. v. 31. Juli 1909, Ref. Kraus
[Geb. 19. Okt. 82 Cönnern; Wohnort: Mörchingen; Staatsangeh.: Preußen; Vorbildung: Gymn. Torgau Reife M. 02; Studium: Berlin K. W. A. 10 S.; Coll. 27. Juli 09; Approb. 26. Juli 09.] [U 09. 38

Busse, Kurt

Busse, *Karl Ferdinand* Kurt (in d. Vita: Conradus) [aus Berlin]: Herbert Spencers Philosophie der Geschichte ... Halle a./S., *Druck v. A. Hopfer, Burg,* 1894; 2 Bl., 1 [illegible] 8.
Halle, Phil. Fak., Inaug.-Diss. v. 17. Nov. 1894

Busse, Kurt, Herbert Spencers Philosophie der Geschichte. Ein Beitrag zur Lösg. sociolog. Probleme. gr. 8. (IV, 114 S.) Leipzig 894. G. Fock. n. 1.20

Busse, L., die Beschälseuche der Pferde, s. a. Memorabilien der Veterinär-Medizin in Rußland.

Busse L., Die Beschälseuche der Pferde. (104 S.) Petersburg 57. R. Hoffmann, Leipzig. M. 2.—

Busse, Ludwig (geb. Braunschweig 27. 9. 1862): Beiträge zur Entwicklungsgeschichte Spinoza's. Berlin (1885). (88 S.) 8°
Berlin, Phil. Diss. v. 14. Aug. 1885

Busse, Ludw., s.: Beiträge, Münster'sche, zur Philosophie.

— Geist u. Körper, Seele u. Leib. (X, 488 S.) gr. 8. Leipzig 903. Dürr'sche Buchh. n. 8.50

! **Busse, Ludw.: Geist u. Körper. Jetzt: Lpzg. F Meiner. 01/05. — Kant. Ebd.**

— Immanuel Kant. Ansprache an die Königsberger Studentenschaft. (11 S.) gr. 8. Leipzig 904. R. Voigtländer. n. —50

Busse, Ludwig [Dr. phil. aus Braunschweig]: Philosophie und Erkenntnistheorie. 1. Studien über d. Skeptizismus ... [Erschien vollst. 1894 im gl. Verl.] Leipzig, S. Hirzel, 1894; 31 S. 8.
Marburg, Phil. Fak., Hab.-Schr. v. 9. Mai 1894

Busse, Ludw., Philosophie u. Erkenntnistheorie. 1. Abteilg. 1. Tl. Metaphysik u. Erkenntniskritik. 2. Tl. Grundlegung e. dogmat. philosoph. Systems. gr. 8. (XXIV, 289 S.) Leipzig 894. S. Hirzel. n. 6.—

Busse, Ludw., die Wechselwirkung zwischen Leib u. Seele u. das Gesetz der Erhaltung der Energie, s.: Abhandlungen, philosophische.

Die Weltanschauungen der großen Philosophen der Neuzeit. Von Dr. Ludwig Busse, Prof, Königsberg. *Leipzig: B. G. Teubner 1901.* (164 S.) 8° [F.]
= Natur, Aus, u. Geisteswelt. Bdch. 56. [illegible]

Die Weltanschauungen der großen Philosophen der Neuzeit. Von Dr. Ludwig **Busse**, Prof., Halle a. S. 3. Aufl. Leipzig: B. G. Teubner 1907 (VI, 164 S.) 8° [F.]
— Hochschulkurse, Königsberger. Bd 1.
— **Natur**, Aus, u. Geisteswelt. Bdch. 56. [07, 17304

Die Weltanschauungen der großen Philosophen der Neuzeit. Von Dr. Ludwig **Busse**, Prof. 4. Aufl. hrsg. von Dr. R[ichard] Falckenberg. Leipzig: Teubner 1909. VII, 156 S. 8°
(Aus Natur u. Geisteswelt. Bdch. 56.)

— Die Weltanschaugn d. gr. Philosophen d. Neuzeit, 5. Afl. v. R Falckenberg, s. Aus Natur u. Geisteswelt 56.

— s.: Zeitschrift f. Philosophie u. philosophische Kritik.

Busse, M., das allgemeine preußische Berggesetz vom 24. Juni 1865. Erläutert durch die seither ergangenen Entscheidungen u. Verfügungen der obersten Gerichtshöfe u. Verwaltungsbehörden. 8. (VIII, 175 S.) Breslau 880. Kern. n. 3. —

Busse (M.), Die Mark zwischen Neustadt-Eberswalde, Freienwalde, Oderberg und Joachimsthal. (Auszug a. d. Inaug. Diss.) Berlin 1877. 8.

Busse, Max: Doppelte Buchführg u. d. Übergang v. d. einfachen z. doppelten, s: Bücher d. Wissens.

Busse, Max, einfache Buchführg. f. Handel u. Gewerbe, s.: Hillger's, Herm., illustr. Volksbücher.

— Die vollständ. kaufmänn. Buchführg, s: Violet's Globus Bücherei.

— Deutsche Bürgerkunde, s.: Giese, A.

Busse, Max, die Didaktik des Comenius u. der erziehende Unterricht. (Progr.) (30 S.) Lex.-8. Leipzig 905. (R. Maeder.) n. — 80

Busse, Max: Die Didaktik des Comenius und der erziehende Unterricht. Leipzig 1905: B. Zechel. (30 S.) 4°
Leipzig, 2. st. R OP 1905 (684)

Busse, Max *Julius Karl Wilhelm* [aus Greifswald]: Exarticulatio coxae wegen Sarkom des Oberschenkels nebst epikrit. Bemerkgn ... Greifswald, Buchdr. C. Sell, 1897; 28 S., 2 Bl. 8.
Greifswald, Med. Fak., Inaug.-Diss. v. 18. März 1897

Busse, Max (geb. Gross-Derschau bei Neustadt a. D. 15. 1. 1858): Ein Fall von Fremdkörper im Oesophagus. Berlin (1884). (30 S.) 8°
Berlin, Med. Diss. v. 18. Apr. 1884

— Inventur, Bücherabschluss u. Bilanz. — Kaufmänn. Rechnen, 4. Afl. v. Spöhrers kaufmänn. Arithmetik, s: Violet's Globus-Bücherei.

— Kaufmännisches Rechnen. 1. Tl., 4. Aufl. v. Spöhrers kaufmänn. Arithmetik, 1. Tl., s.: Handbibliothek der gesamten Handelswissenschaften. I.

— Kgr. Sachsen, s: Landes- u. Provinzialgeschichte, Weber.

— Kaufmänn. Schnellrechnen, Anh.: Das Aufsuchen v. Buchgsfehlern, s: Bibliothek d. jungen Kaufmanns.

[F.] Transvaal und die deutsch-englischen Beziehungen. Die Egyptische Frage. Zwei Vortr. v. Dr. M[ax] **Busse**, geh. im Civil-Kasino zu Koblenz. Hrsg. v. d. deutschen Kolon.-Ges. Abth. Koblenz. *Coblenz: W. Groos 1896.* (54 S.) 1 Bd 8. [96. 4864

— praktischer Unterricht in der einfachen usw. Buchführung, s.: Tremmenau, Wilh.

Busse, O. v.

— — Ueber den Antheil des 3. hannoverschen Inft.-Reg. Nr. 79 an dem Feldzuge von 1870—1871. Kurze Zusammenstellung der Thätigkeit des Reg. in chronologischer Reihenfolge nebst einigen Beilagen.
8. Hildesheim 1872.

Busse, O. v. Erinnerungen des ostfriesischen Inft.-Reg. Nr. 78 aus den Jahren seiner Formation und des Feldzuges gegen Frankreich. (1866—1873.) Mit 5 Karten. (2 Bde.)
8. Emden und Aurich 1872—1873.

Busse, O. v., Erinnerungen d. ostfriesischen Infanterie-Regiments Nr. 78 aus den Jahren seiner Formation u. d. Feldzugs gegen Frankreich. 1. u. 2. Abth. Mit 5 (lith. u. chromolith.) Karten (in gr. 8. u. qu. 4.) gr. 8. (V, 111 u. 103 S.) Emden 872. 73. Haynel. à n. 2. —

— die Heere der französischen Republik 1870—1871, m. e. Rückblick auf die letzte kaiserl. Armee u. das französ. neue Wehrgesetz. gr. 8. (96 S.) Hannover 874. Helwing's Verl. n. 2. —

Busse, Otto: Über den Bau einer Locomotivbahn durch die Stadt Berlin. Berlin. Um 1872

Busse, Otto, üb. den Bau e. Locomotivbahn durch die Stadt Berlin. gr. 8. (32 S.) Berlin 873. Scheller. n. — 50

Busse, Otto, aus Hannover: Ein Beitrag zur Coxa vara. Zwei Fälle aus d. chirurg. Klinik Erlangen. *Erlangen 1899: E. Th. Jacob.* (36 S.) 8°
Erlangen, Med. Diss. v. 20. Dez. 1898

Busse, Otto [aus Neheim a Ruhr]: Ein Beitrag zur Kenntnis der Amidochinoline ... Rostock, C. Hinstorffs Buchdr., 1892; 33 S. 8.
Rostock, Phil. Fak., Inaug.-Diss. v. [23. Nov.] 1892

Busse, Otto, s.: Beiträge z. Geschwulstlehre.

Busse, Otto, die übertragbare Genickstarre. (Aus dem königl. hygien. Institut in Posen. Dir.: Wernicke.) (IV, 176 S. m. 10 Abbildgn. u. 7 farb. Taf.) gr. 8. Jena 910. G. Fischer. 12. —
Sonderabdruck aus „Klin. Jahrb.".

— die Hefen als Krankheitserreger. M. 2 lith. Bunttaf. u. 9 Fig. im Text. gr. 8. (98 S.) Berlin 897. A. Hirschwald. n. 3. 60.

Busse, Otto *Emil Franz Ulrich* [aus Gühlitz bei Perleberg]: Über die Heilungsvorgänge an Schnittwunden der Haut ... Greifswald, Druck v. J. Abel, 1892; 72 S. 8.
Greifswald, Med. Fak., Inaug.-Diss. v. 22. Okt. 1892

Busse, Otto, s.: Krankheiten, die, des Beckenbindegewebes.

Das Obduktionsprotokoll. Von Prof. Otto **Busse**, Greifswald. 2. Aufl. [Nebst] Anhang. *Berlin: R. Schoetz 1903.* 2 Bde 8°
Anhang. Schemata f. Obduktionsprotokolle.
[1. Aufl. u. d. T.: Das Sektionsprotokoll. 1900.] [03. 6004

— dasselbe. 3., verm. u. veränd. Aufl. (VI, 159 S. m. Abbildgn. u. 1 Taf.) gr. 8. Mit Anh.: Schemata f. Obduktionsprotokolle. (80 S.) 8. Ebd. 906. Geb. u. geh. n. 5. —

— Das Obduktionsprotokoll. 4. Afl. (6, 162 m. Abb. u. 1 Taf.) gr8° Mit Anh.: Schemata f. Obduktionsprotokolle. (30) 8° Berl., R Schoetz '11. L u. geh. 5 —

Busse, Otto, das Sektions-Protokoll. gr. 8. (114 S. m. Abbildgn. u. 1 Taf.) Berlin 900. R. Schoetz. Geb. in Leinw. n. 4. —

Busse, Otto (geb. Neustadt-Eberswalde (2. 3. 1848)): Theses. Berlin (1870). (2 Bl.) 8°
Berlin, Med. Diss. v. 6. Aug. 1870

Busse, Paul: Mathemat. Aufg., s: Schulze, Edm.

Busse, Paul [prakt. Arzt aus Hannover]: Zur Komplikation von Schwangerschaft und Geburt mit Uterusmyomen .... Berlin, Buchdr. v. Gustav Schade (Otto Francke) (1886); 33 + 1 S. 8°.
Berlin, Med. Fak., Inaug.-Diss. v. 18. Dez. 1886.

Busse, Paul, zur Komplikation von Schwangerschaft und Geburt mit Uterusmyomen. Diss. Berlin 1886, Mayer & Müller. 8°. 33 S.

Geschichte des Rheinischen Fußartillerie-Regiments Nr. 8. Bearb. von [Robert] **Busse**, Hauptmann. Mit 2 Bild. u. 4 Kartenskizzen. Metz 1910. Oldenburg: Stalling (1910). VI, 232 S. 8° [11. 10136

Busse, Rudolf: [Bericht über die Abschiedsfeier für Direktor Dr. Tschiersch und seine eigene Einführung als Leiter der Anstalt.] S. 20–21. 4. Progr. Kgl. Gymn. *Küstrin* 1905

Busse, [Rudolf]: Das physikalisch-chemische Kabinett. [1.]
Kiel 1910: Vollbehr & Riepen. S. 18—23. 4°
Kiel, st. HM 2 P 1910 [153] [S 10. 58

Busse, Rud.: In d. Mädchenklasse, s: Danner's, G, Damen-Bühne.

Busse, Rudolf, Dr.: **Zur Pneumatologie** des Apostels Paulus.
Berlin 1900: Trowitzsch & Sohn. (S. 3—17.) 4°
Berlin, k. Wilhelms-G, P 1900 (65)

Busse, Rud. (geb. Breslau 1. 4. 1857): De duplici recensione orationis Demosthenicae quae est de falsa legatione. Berolini 1880. (44 S.) 8°
Berlin, Phil. Diss. v. 20. Sept. 1880

Busse, Rudolf, a. Gotha, Gerichtsassessor in Straßburg: Die unvollkommenen Schuldverhältnisse im heutigen Recht. Straßburg 1906: J. H. Ed. Heitz (Heitz u. Mündel). (62 S.) 8° [Ⅎ.]
Erlangen, Jur. Fak., Ref. Binder, Diss. v. 15. Okt. 1906
[Geb. 9. Mai 78 Gotha; Wohnort: Straßburg; Staatsangeh.: Preußen; Vorbildung: Gymn. Straßburg Reife Juli 96; Studium: Straßburg 3, Marburg 1, Berlin 2 S.; Rig. 6. Juli 06.]

Busse, Rudolf, Direktor Prof. Dr.: Aus Ludwig Wieses pädagogischem Vermächtnis. Ein Gedenkblatt zu seinem hundertj. Geburtstage. Küstrin 1906: C. Nigmann. (XV S.) 4°
Küstrin, k. G P 1906 (91)

Busse, Rud., wer ist mein Führer?, s.a. Magazin, pädagogisches.

Wer ist mein Führer? Vortrag, geh. in Magdeburg, von Rudolf **Busse** in Charlottenburg. *Langensalza: H. Beyer & Söhne 1903.* (12 S.) 8°
= **Magazin, Pädagogisches.** H. 208. [04. 10:31

Busse, W., üb. das Verhalten einiger ungesättigter Verbindungen gegen Oxyde d. Stickstoffs. Diss. gr. 8. (41 S.) Göttingen 892. (Vandenhoeck & Ruprecht.) n. 1.—

[Umschlagt.:] **Busse,** Walter [aus Berlin]: ... Beiträge zur Kenntniss der Morphologie und Jahresperiode der Weisstanne '(Abies alba Mill.)' ... (Aus: Flora od. allg. Bot. Ztg., 1893 Heft 3.) München, Druck v. V. Höfling, 1893; 63 S., 1 Taf. 8.
Freiburg i. B., Phil. Fak., Inaug.-Diss. v. 1893

Bericht über die Pflanzenpathologische Expedition nach Kamerun und Togo, 1904/1905. Von Reg. R. Dr. Walter **Busse.** Mit 4 Taf. u. 8 Textabb. (Berlin: Tropenpflanzer 1906.) (IV S., S. 103–262.) 8°
= **Tropenpflanzer,** Der. Beihefte. Bd 7, No 4. 5. [06. 10000

Busse, Walter: Bericht über eine im Auftrage des Kaiserlichen Gouvernements von Deutsch-Ostafrika ausgeführte Forschungsreise durch den südlichen Teil dieser Kolonie. Mit 5 Abbildungen Berlin 1902. 27 S. 8°.

Busse, Walt., Deutsch-Ostafrika. 2. Ostafrikanische Nutzpflanzen, s.: Vegetationsbilder. VI, 7.

Busse, Walter: Expedition nach den deutsch-ostafrikanischen Steppen. Bericht I—VII. (Kolonial-Wirtschaftliches Komitee.) Berlin 1901 (Getr. Pag.) 8°.

Forschungsreise durch den südlichen Teil von Deutsch-Ostafrika. Von Dr. Walter **Busse** Mit 5 Abb. *(Berlin: E. S. Mittler & Sohn 1902.)* S. 94–119.) 8°
= **Tropenpflanzer,** Der. Beihefte. Bd 3, No 3. [---

Busse, Walther, aus Neuhaldensleben: **Der markgraf von Hohenburg.** *Lucka S.-A. 1904: R. Berger.* (62 S.) 8°
Leipzig, Phil. Diss. v. 1904

Busse, Walt., westafrikanische Nutzpflanzen, s.: Vegetationsbilder.

Busse, Walter: Studien über die Vanille. ([S.-A.] Arbeiten aus dem Kaiserlichen Gesundheitsamte. Bd. 15.) Berlin 1898. II, 113 S., 2 Tf. 4°.

Busse, Walter: Das Teakholz, s. Büsgen, Moritz

— das südliche Togo, s.a. Vegetationsbilder.

BUSSE, W.: **Das südliche Togo. Vegetationsbilder. - Jena 1906**

Busse, W: Untersuchgn üb. d. Krankh. d. Rübe, s: Arbeiten a. d. kais. biolog. Anst. f. Land- u. Forstwirtsch.

Untersuchungen über die Krankheiten der Sorghum-Hirse. Ein Beitrag z. Pathol. u. Biologie tropischer Kulturgewächse. Von Dr. Walter **Busse** Mit 2 Taf. u. 12 Abb. *Berlin: P. Parey 1904.* (IV S., S. 319–426.) 4° (b?)
= **Arbeiten** aus d. Biolog. Abteilung f. Land- u. Forstwirtschaft am Kais. Gesundheitsamte. Bd 4, H. 4. [04. ---

— Vegetationsbilder aus Deutsch-Ostafrika, s.: Vegetationsbilder. V, 7.

— Vegetationsbilder aus Mittel- u. Ost-Java, s.: Büsgen, M.

— Der Wurzelbrand der Rüben, s.a. Flugblätter, der kaiserl. biologischen Anstalt f. Land- u. Forstwirtschaft. Nr. 44.

Busse, W: Der Wurzelbrand der Rüben. 2. Aufl. Berlin 1908

Busse, Wilhelm [app. Arzt aus Göttingen]: Die kombinierte Aether-Chloroformnarkose ... Leipzig, G. Fock, 1895; 27 S. 8.
Leipzig, Med. Fak., Inaug.-Diss. v. 26. Febr. 1895

Busse, Wilh., Ausbildung zum Turnlehrer u. zur Turnlehrerin, s.a. Zur Fortbildung des Lehrers.

Ausbildung zum Turnlehrer und zur Turnlehrerin. Kurze Orientierung unter Benutzung d. einschläg. Verfügungen von Wilhelm **Busse,** Seminarl. Berlin: Gerdes & Hödel 1910. 39 S. 8°
(Zur Fortbildung d. Lehrers. H. 27.) [10. 1:194

Busse, Wilh., J. G. Fichte u. seine Beziehung zur Gegenwart des deutschen Volkes. 1. Thl. A. u. d. T.: J. G. Fichte der Philosoph. 2 Bde. gr. 8. (1. Bd. XXII u. 578 S. 2. Bd. XXVI u. 521 S.) Halle 848. 49, Heynemann. (1: 3 ℛ 2: 2 ℛ 24 gr) 5 ℛ 24 gr

Busse, Wilh., Jubel-Predigt, am 29. Mai 1877 als am 300jährigen Jubelfest der Formula Concordantiae geh. 8. (20 S.) Mount Vernon, N. Y. 878. (Philadelphia, Schäfer & Koradi.) n. — 20

Busse, Wilhelm, Dr. med.: Die Leukocytose, eine Schutzvorrichtung des Körpers gegen Infection. Berlin 1908: L. Schumacher. (120 S.) 8° ¶ (Aus: Archiv f. Gynäkol. Bd 85 H. 1.)
Jena, Med. Fak., Hab.-Schr. v. 1908

Busse, Wilh., de Dionysii Halicarnassensis vita et ingenio. Dissertat. inaug. philolog. 4maj. (8 B.) Berolini 841, A. Duncker.

Busse, Wilhelm [aus Herford i. W.]: Aus d. Greifswalder medizin. Klinik. Statistische Zusammenstellung von 205 Fällen von fibrinöser Lungenentzündung ... Greifswald, Druck v. J. Abel, 1896; 35 S. 8.
Greifswald, Med. Fak., Inaug.-Diss. v. 4. Mai 1896

Busse, *Wilhelm Dietrich* [aus Rade]: Ueber das Verhalten einiger ungesättigter Verbindungen gegen Oxyde des Stickstoffs ... Göttingen, Druck d. Dieterich'schen Univ.-Buchdr., 1892; 43 S. 8.
Göttingen, Phil. Fak., Inaug.-Diss. v. [10. Juni] 1892

— **Wilhelm Gustav** (Wurzen), De ratihabitione. Diss. jur. Lpz. (Staritz) 9. I. 1834. 64 Seiten. (4.80) 4826
Gew.: Friedr. Adolph Schilling, Carl Adolph Rueling.

Busse, Wilh. Gust., s. Rob. Schneider, Index omnium rerum et sententiarum.

— — De servitute altius tollendi vel non tollendi. Lpz. (Staritz) 17. IX. 1834. 34 S. (4.—) 4827

Busse, Wilh. Paul (geb. Gross-Ottersleben bei Magdeburg 25. 11. 1844): Zur Lehre von den Krisen. Berlin (1870). (31 S.) 8°
Berlin, Med. Diss. v. 18. Jan. 1870

Busse-Palma, Geo., Abendfalter. Geschichten der Sehnsucht. kl. 4. (186 S.) Leipzig 902. H. Seemann Nachf. n. 2. 50

Busse-Palma, Geo.: Onkel Bim. Die höchste Pflicht, s: Volksbücher, Wiesbadener, 152.

Busse-Palma, Geo., Brückenlieder. Ein Gedichtbuch. (124 S.) 8. München 906. A. Langen. n. 2. —; geb. n. 3. —

— das große Glück, s.: Bibliothek moderner deutscher Autoren.

Busse-Palma, Geo., Don Juan v. Bank u. andere Erzählungen, s.a. Kürschners Bücherschatz.

Don Juan von Bank u. andere Erzählungen von Georg **Busse-Palma**. Mit Ill. von A. Lewin. Berlin, Leipzig: H. Hillger [1906]. (108 S.) 8° [F.]
— **Bücherschatz**, Kürschners. No 537. [07. 13334]

— des Satans Karten. Novellen. Titelzeichnung v. Max Loose. (IV, 189 S.) 8. Leipzig 906. G. Merseburger. n. 2.—

— zwei Bücher Liebe u. andere Gedichte. 8. (131 S.) Stuttgart 903. J. G. Cotta Nachf. n. 2.—; geb. in Leinw. n. 3.—

— Lieder e. Zigeuners. Mit e. Einleitg. v. Carl Busse. 8. (IX. 126 S.) Ebd. 899. n. 2.—; geb. n. 3.—

— Lieder e. Zigeuners. 2., verm. Aufl. Mit e. Anh.: Nach chines. Dichtern. (XII, 208 S.) kl. 8. Stuttgart 908. J. G. Cotta Nachf. Geb. in Leinw. 4.—

— Mord. Geschichten, die mein Dolch erzählt. kl. 4. (157 S.) Leipzig 902. H. Seemann Nachf. n. 2. 50; geb. n. 3. 50

— Rolf im Frühling u. and. Novellen, s: Universal-Bibliothek 5401.

— die singende Sünde. Neue Gedichte. (106 S.) 8. München (903). A. Langen. n. 2.—; geb. n. 3.—

Busse, *Joseph* De Taciti Agricola. 4 (S. 3—20) Progr. G. Josephinum u. Rprg. *Hildesheim* 1886

Büssel, (Aloys Jos.) Antiope, s. Antiope.

Büssel, (Aloy Jos.) dram. Blüthen. Mit 1 Kpfr. 8. Bamb. 823, Wesché in Kmss.

— poetische Blüthen. 8. Amberg 819. Uhlmann.

—— Prinz Donora. (Novelle.) 2., wohlf. Ausg. 12. (6½ B.) München 831, [Jaquet.]

— Hero u. Leandros; ein Trauersp. in 5 A. Mit 1 Kpf. 8. Bamb. 822, (Frankf., Wesché.)

Büssel, (A. J.) die Hochalpe. Roman in 3 Abtheilungen. 8. Würzb. 824, Etlinger.

—— des Skalden Ryno-Noryx Irr- u. Minnefahrten. 1. Fahrt: Prinz Donora. — 2.: Die Reise in d. Krimmel. — 3.: Die Convertitin. 12. (21½ B.) München 828, [Jaquet.] Einzeln unt. besond. Titln., s. oben.

BÜSSEL, Aloys, Des Skalden Ryno-Noryx Irr- und Minnefahrten. 1—3. Fahrt. (3 Bde.) München, Michael, 1828. Kl. 8°.
Zahm. 153, 191, 150 SS. Enth. 3 Novellen: Prinz Donora. — Die Reise in die Krimmel. — Die Convertiten.

Büssel, Aloys Jos., die Convertitin. (Novelle.) 2., wohlf. Ausg. 12. (6½ B.) München 831, [Jaquet.]

—— das Lebewohl. Otto I. König v. Griechenland. Romanzen-Kranz. gr. 8. (1 B.) München 833, Jaquet.

—— Noryssa. Ein Sonettenkranz aus d. norischen Alpen. 16. (10 B. u. 1 Ansicht v. Salzburg gegen Abend.) Würzburg 831, [Etlinger'sche Brlsbuchh.]

— San Pietro v. Bastelica; eine dramat. Dichtung in 5 Akt. 8. Bamb. 822, Wesché.

—— Pilger-Nächte des Meisters Tisotheus. 2 Bdchn. 8. (30 B.) Amberg 828. (Passau, Pustet.)

—— die Reise in die Krimmel. (Novelle.) 2., wohlf. Ausg. 12. (8 B.) München 831, [Jaquet.]

— d. St. Johannis-Kind. Ein romat. Trauersp. in 5 Aufz., nebst 1 Prolog. 8. Würzb. 824, Etlinger.

Büssel, Aloys Jos., des Kaisers Schatten. (Gedichte.) 8. (12½ B.) München 830, Literar.-artist. Anstalt.

— Winkelmanns Tod. Drama in zwei Aufz. 8. Amberg 827, Müller. (Leipz., Mag. f. Ind.)

Büsselberg, Wilh.: Die Erschliessg v. städt. Baugelände, s.a. Studien, Rechts- u. staatswissenschaftl.

Büsselberg, Wilhelm. a. Steinhude (Schaumburg-Lippe): Die Erschliessung von städtischem Baugelände. T. 2: Technische Massnahmen. (Berlin 1908: E. Ebering.) (S. 21—83.) 8° * (Erscheint später vollst.)
Berlin, Phil. Fak., Ref. Sering, Diss. v. 18. Juli 1908
[Geb. 17. Mai 76 Steinhude; Wohnort: Charlottenburg; Staatsangeh.: Schaumburg-Lippe; Vorbildung: Oberrealsch. d. Franckeschen Stiftungen Halle. Realprogymn. Bückeburg Reife O. 93; Studium: Berlin Landw. Hochsch. 4, Univ. 6 S.; Rig. 27. Febr. 08.]

Die Erschliessung von städtischem Baugelände. Von Dr. Wilhelm Büsselberg. Berlin: Ebering 1910. XVI, 190 S. 8°
Erweit. Inaug.-Diss. Berlin 1907.
(Rechts- u. staatswiss. Studien. H. 40.) [11. 11623] 10

Büssem, Heinrich [aus Viersen '(M. Gladbach)']: Aus d. Kinder-Ambulatorium zu Bonn a. Rh. Über Geschmacksempfindungen rachitischer und nicht rachitischer Kinder ... Leipzig, Druck v. B. G. Teubner, 1894; 22 S., 1 Bl. 8.
Bonn, Med. Fak., Inaug.-Diss. v. [29. Nov.] 1894

Bussemaker, Ulco Cats, Dissertatio philologico-medica inaug., exhibens librum XLIV. collectaneorum medicinalium Oribasii, nuper ab Angelo Majo Romae graece editum, cum adjuncta versione lat. adnotationibusque. 8maj. Groningen 835. van Boekeren. (Leipzig, Barth.) 1½ ℛ

Büssemaker, Bernhard [app. Arzt]: Ueber einen Fall von Cholesteatom der Hirnbasis. . . . München, k. Hof- u. Univ.-Buchdr. v. Dr. C. Wolf & Sohn, 1891; 25 S. 8°
München, Med. Fak., Inaug.-Diss. v. 1891

Bussemer, Philipp

Automobilkarte für die Umgebung von Baden-Baden, bearb. von Ph[ilipp] **Bussemer**, Baden-Baden. (Maßst. 1:200,000.) [Nebst] Entfernungs-Tabelle. (Baden-Baden: F. Spies [1906]; Lith. E. Gaebler, Leipzig-N.) (1 Kartenbl. 42×42 cm, 2 Bl.) 8° [Kopft.] [kol.] [08. 14995]

Bussemer, Philipp: Automobilkte f. d. Umgebg v. Baden-B. 1:200,000. 2. Afl. 42,5×43 cm. Farbdr. Nebst Entferngstab. (4) kl8° Baden-B., F Spies ('12). 1 —; auf L 1.50

Bussemer, Ph., Baden-Baden u. Umgebungen, s.: Grieben's Reisebücher.

— neuester zuverlässiger Führer v. Baden-Baden u. dem Schwarzwald, s.: Schnars, Karl Wilh.

Bussemer, Philipp, neuester zuverlässigster Führer durch Baden-Baden u. den Schwarzwald. s.: Wild, C.

Bussemer, Ph., achttägige Höhenwanderung von Baden-Baden bis Thiengen u. Waldshut, nebst e. achttägigen Wagentour von Baden-Baden bis St. Blasien - Albthal—Albbruck, s.: Schnars, C. W., neuester zuverlässiger Führer v. Baden-Baden u. dem Schwarzwald.

— der Höhenweg von Pforzheim bis Basel. Mit e. Uebersichtskärtchen des Schwarzwaldes. gr. 8. (24 S.) Baden-Baden 902. F. Spies. n. —50

— Der Höhenweg von Pforzheim—Basel. Mit 1 Übersichtskärtchen des Schwarzwalds. 3. rev. Aufl. (26 S.) kl. 8. Baden-Baden 909. 10. F. Spies. —50

— der Höhenweg von Pforzheim bis Waldshut. Mit e. Übersichtskärtchen des Schwarzwaldes. (21 S.) kl. 8. Baden-Baden 904. F. Spies. n. —50

— Karte d. Schwarzwaldes m. e. Höhen- u. Zugangswegen. 1:100,000. 42,5×55 cm. Farbdr. Ebd. '05. —50

— Kte d. Schwarzwaldes m. s. Höhen- u. Zugangswegen. 1:400,000. 4. Afl. 42,5×35 cm. Farbdr. Baden-B., F Spies ('12). — 50

— Radtour durch d. Schwarzwald. Erweit. Sonder-Abdr. aus d. Verf. Schwarzwaldführer 4. Aufl. 12. (16 S.) Baden-Baden 898. F. Spies. n. — 20

— der Schwarzwald, s.: Grieben's Reisebücher.

Bussemer, Phpp. Der Schwarzwald v. Baden-Baden bis Albbruck od. Thiengen. Eine Fluss- u. Höhenwanderg. in 8 Tagen. gr. 8. (9 S.) Baden-Baden 889, (Spies). * — 20

— d. Schwarzwald v. Baden-Baden bis z. Schweizer Grenze, nebst Hegau u. Kaiserstuhl. Eine 1-, 2- od. 3wöchentl. Fuss- u. Höhenwanderg, sowie 8täg. Wagentour durch d. Schwarzwald. 2. Afl. 12° (103 m. 1 Karte.) Bad.-B. 93, (F Spies). 1.20 || 3. Afl., nebst Bodensee. (168 m. 7 Kart. u. 1 Panorama.) 96. Kart. 2 —

— der Schwarzwald v. Baden-Baden b. z. Schweizer Grenze nebst Kaiserstuhl, Donauthal, Hegau u. Bodensee. E. 1-, 2- od. 3wöchentl. Fuss- u. Höhenwanderg., sow. 8täg. Wagentour u. mehrtäg. Radtour durch d. Schwarzwald. 4., verm. Aufl. m. 6 Specialkarten, 1 Alpen-Panorama, 1 Karte der Schwarzwaldbahn u. 1 Uebersichtskärtchen. 12. (IV, 219 S.) Ebd. 898. Geb. in Leinw. n. 2. —

Bussemer, Philipp. Der Schwarzwald von Baden-Baden bis zur Schweizer Grenze nebst Kaiserstuhl, Donauthal, Hegau und Bodensee (* *Umschlag:* Schwarzwald-Führer). Eine ein-, zwei- oder dreiwöchentliche Fuss- und Höhenwanderung, sowie achttägige Wagentur und mehrtägige Radtur durch den Schwarzwald, sowie eine Beschreibung des Höhenweges Pforzheim—Basel. 5. vermehrte Aufl. mit 6 Spezialkarten, 1 Alpen-Panorama, 1 Karte der Schwarzwaldbahn und 2 Uebersichtskärtchen. IV + 228 S. 8. Baden-Baden, Friedr. Spies, 1902. [cart. M. 2. —]

— der Schwarzwald von Baden-Baden bis z. schweiz. Grenze nebst Kaiserstuhl, Donautal, Hegau u. Bodensee. Eine ein-, zwei- od. dreiwöchentl. Fuss- u. Höhenwanderg., sowie achttäg. Wagentour u. mehrtäg. Radtour durch den Schwarzwald u. e. Beschreibung der Höhenwege Pforzheim—Basel u. Pforzheim—Waldshut. 6. verm. Aufl., mit 6 Spezialkarten, 1 Alpen-Panorama, 1 Karte der Schwarzwaldbahn u. 1 Übersichtskärtchen. (IV, 241 S.) kl. 8. Ebd. 905. Kart. n. 2. —

— Der Schwarzwald von Baden-Baden bis zur schweizer Grenze nebst Kaiserstuhl, Donautal, Hegau u. Bodensee. Eine ein-, zwei- od. dreiwöchentl. Fuss- u. Höhenwanderg., sowie achttäg. Wagentour u. mehrtäg. Radtour durch den Schwarzwald u. e. Beschreibg. der Höhenwege Pforzheim—Basel u. Pforzheim-Waldshut. 7. verm. Aufl., m. 6 Spezialkarten, 1 Alpen-Panorama, 1 Karte der Schwarzwaldbahn u. 1 Übersichtskärtchen. (IV, 246 S.) kl. 8. Ebd. 908. 09. Kart. 2. —

— Der Schwarzwald v. Baden-B. bis z. Schweizer Grenze nebst Kaiserstuhl, Donautal, Hegau u. Bodensee. Eine 1, 2 oder 3wöchentl. Fuss- u. Höhenwanderg, sowie 8täg. Wagentour u. mehrtäg. Automobil- u. Radtour durch d. Schwarzwald u. e. Beschreibg d. Höhenwege Pforzheim—Basel u. Pforzheim—Waldshut. 8. Afl. (4, 255 m. 8 Ktn u. 1 Panorama.) kl8° Ebd. '12. geb. 2 —

— Touristen-Karte d. Schwarzwaldes. 1 : 200,000. 84×69 cm. Farbendr. Ebd. 95. 3 —; auf Lnw. in Taschenformat 4.50; als Wandkarte n.n. 5 —

Touristen-Karte des Schwarzwaldes im Massst. 1:200,000. Unter Benützung amtl. Quellen bearb. von Ph. Bussemer. 2. (rev.) Aufl. *Baden-Baden: F. Spies 1900.* (1 Kartenbl. 82 × 60 cm.) 8° [Umschlagt.] [00. 9316

Bussemer, Ph[ilipp]. Touristen-Karte des Schwarzwaldes im Massstabe 1:200,000. Von Weissenburg-Karlsruhe bis Basel. Von Ludwigsburg-Stuttgart bis Konstanz. Unter Benützung amtlicher Quellen bearb. von Ph. Bussemer.... 2. Aufl. — Revidiert 1900/1901. 842/692 mm. 1 Bl. fol., *in Umschlag* 8. Baden-Baden, Friedrich Spies. M. 3. —; auf Lwd. M. 4. 50, als Wandkarte M. 5. --

Titel auf dem Blatt: Touristen-Karte des Schwarzwaldes. Unter Benutzung — — Bussemer..., Massstab 1:200000. 2. revidierte Aufl. Baden-Baden, Verlag von Friedr. Spies. Lith. u. Druck von Ed. Gaebler's Geogr. Inst., Leipzig-N.

Touristen-Karte des Schwarzwaldes mit seinen Höhen- u. Zugangswegen. Unter Benutzung amtl. Quellen bearb. von Ph[ilipp] Bussemer. Maßst. 1:200,000. Baden-Baden: F. Spies [1906]; (Lith. E. Gaebler, Leipzig-N.). (1 Kartenbl. 67 × 81 cm.) 8° [kol.] [06. 14096

— Touristen-Kte d. Schwarzwaldes m. s. Höhen u. Zugangswegen. 1:200,000. 4. Afl. 84,5×69 cm. Farbdr. Ebd. ('11). 3 —; auf L in Taschenformat 4.50

— Wagentour durch den Schwarzwald. [Erweit. Sonder-Abdr. aus d. Verf. Schwarzwaldführer 4. Aufl.] 12. (14 S.) Ebd. 898. n. — 20

Bussen, Franz

Bussen, Frz., landwirtschaftliches Genossenschaftswesen, s.a. Bibliothek der gesamten Landwirtschaft.

Landwirtschaftliches Genossenschaftswesen. Kurzgef. Darstellung d. Organisation ... d. deutschen landwirtschaftl. Genossenschaften. Von Franz Bussen. Hannover: Jänecke 1909. VI, 136 S. 8°
(Bibliothek d. gesamten Landwirtschaft. Bd 52.)
(Jäneckes Bibliotheken. Reihe B.) [09. 11019 7

Bussen, Frz., landwirtschaftliche Maschinengenossenschaften, s.a. Genossenschaftsbibliothek, deutsche landwirtsch. v. Bd.

Bussen, Franz: Landwirtschaftliche Maschinengenossenschaften. Darmstadt: Verl. des Reichsverbandes der dt. landw. Genossenschaften 1905. = Deutsche landwirtschaftliche Genossenschaftsbibliothek. 9.

Büßen, das, oder die Heilkraft der Sympathie. Ein Gespräch mit Anhang. 12. (1½ B.) Hof 840, Grau. Thlr. *

(Büßende) — s.a. Kirchenbuße; theils auch Buße, Besserung d. Leb. rc.

Büssende, Die, [ein Mährchen] nach Graf Stolberg. Fürth 1799. [Leipzig 1805.] V: *Brückner, Johann Jacob.* (MGT) (Ky) Vlg. Joachim

— die schöne, v. Veronika a. d. Karpathen. 2 Thle. 8. Bremen 805. (Krappe in Leipz. 1 ₰ 20 ℛ)

BÜSSENDE, Die schöne, oder Veronica aus den Karpathen. 2 Thle. Bremen 1807 bei Joh. Heinr. Müller. 8°. (⁵/₃ Rthl. Scheible, c. 1870.)
Freier Roman. 320 u. 208 SS. (incl. 2 gestoch. Titeln). Kayser p. 20 hat irrig „1808".
— — Dasselbe. Neue unveränd. Ausgabe. Leipzig 1821. 8°. (1⁵/₆ Rthl.)

Bussenius, Adph., Beiträge zur Kenntniss der liquiden Kohlenwasserstoffe. Inaug.-Dissert. Göttingen 858. (Vandenhoeck u. Ruprecht.) gr. 8. (38 S.) n. 8 ℛ

Bussenius, C. F., Fremdwörterbuch neu hrsg. von F. G. L. Greßler. 8. (126 S.) Langensalza 852, Schulbuchh. des Thüringer Lehrer-Vereins. ¼ ₰

Bussenius, C. F., Fremdwörterbuch neu bearb. und sehr verm. von F. Frank. 3. Aufl. Langensalza 857. Schulbuchhdlg. d. Thür. Lehrervereins. 8. (1 Bl., 181 S.) 9 ℛ

Bussenius, C. F., Fremdwörterbuch neu bearb. und sehr verm. von H. Hobermann. 4. Aufl. 8. (256 S.) Langensalza 858, [Schulbuchhandlung von Greßler.]

Bussenius, Friedr., die Bleizucker-Fabrikation in ihrem ganzen Umfange und nach allen vorhandenen Methoden. Nebst einer Anweisung, Bleizucker auf kaltem Wege herzustellen. Mit Abbildungen. 8. (58 S. und 3 Stnt.) Quedlinburg 848, Basse.

Bussenius, Gust. Adolph. (geb. Calbe a. S. 9. 3. 1834): De gangraena pulmonum. Berolini (1858). (32 S.) 8°
Berlin, Med. Diss. v. 26. Apr. 1858

Ritual zu einer Schwestern-Loge. Entworfen von [Gustav Adolf] Bussenius. Torgau 1902: Torgauer Bank. 1 Bl., 12 S. 4°.

Bussenius, H., drei Menschen. Novelle. (100 S.) 8. Dresden 909. E. Pierson. 2.—; geb. n 3.—

Bussonius, Hans. Tierreste aus der «Grotto Aiguebello» am kleinen Salève. Diss. Phil. Bern. Mit 6 Lichtdrucktafeln. 20 S. 4. Jena, Frommann, 1905.

Bussenius, Karl Über die Theodicee des Leibniz. 19 S. *Rossleben* 1876. Progr.

Bussenius, Walther [aus Erfurt]: Lokale Anästhesie bei Thieren erzeugt durch subcutane Injektion, nebst einigen Bemerkungen über Corneal- und Conjunctival-Anästhesie . . . . Berlin, Druck v. L. Schumacher, 1888; 34 S. + 1 Bl. 8°
Berlin, Med. Fak., Inaug.-Diss. v. 3. März 1888

Mit- und Nachkrankheiten des Kehlkopfes bei akuten und chronischen Infektionen. Von Stabsarzt Dr. W[alter] Bussenius. *Berlin: A. Hirschwald 1902.* (VI, 36 S.) 8° [02. 7. 4]

Das Tuberculin TR. Seine Wirkg u. seine Stellg in d. Therapie d. inneren u. äusseren Tuberculose. Von Dr. W[alter] **Bussenius**, Stabsarzt, u. Dr. H[ugo] Cossmann, Unterarzt. *Berlin: A. Hirschwald 1898.* (IV, 139 S.) 1 Bd 8.
(Aus d. Klinik f. Hals- u. Nasenkranke d. Kgl. Charité-Krankenhauses.) [98. 1856

BUSS-Epistel an die Direktion des Stadt-Theaters. Motto: Schneddereng-teng-teng! O. O. u. J. (Hamburg, ca. 1840). *Am Schlusse:* Altona, gedruckt bei Pinckvoss. 4 S. 4°. (13 Mk. Max Perl's Berliner Oct.-Auct. no. 423:)
Sehr scharfe Satyre, die nichts weniger als bussfertig klingt. Es sind zwölf sechszeilige Strophen, deren erste lautet „Wir wissen längst, dass unter Schmidt und Mühling Uns nimmermehr ein neuer Bühnen-Frühling, Ein reger Fortschritt in der Kunst erblüht. Wir wissen längst, dass Schmidt, der Urgrossvater, Nicht mehr als Lenker passt für's Stadt-Theater, Und dass Freund Mühling nur um Gold sich müh't". Es wird dann im Folgenden den minderwertigen u. altgewordenen Mitgliedern des Theaters (Schreiber, Frau Grandjean, Frau Weissbach, Schäfer, Frau Lebrün, Gloy etc.) der Rat gegeben, sich in's Privatleben zurückzuziehen, während jüngere Talente (Haake, Plock, Hoppe) belobt u. ermuntert werden. Der Schluss lautet. „Geht's aber fort wie jetzt, nur mit Antiken, mit schlechten Kehlen, schrecklichen Musiken, So stürzt die Bühne samt den Künstlern ein."

Busser s. Büsser.

Büßer, indische, s.: Palmzweige vom ostindischen Missionsfelde. Gr. Ser. Nr. 10.

Büsser, Anton Engelhard Wilhelm (Wetzlar)
Theses iuris ecclesiastici publici de iurisdictione ecclesiastica principis in territorio suo in subditos alterius religionis exercenda.
Gissae 5. Juli 1758: Braun. 11 S. 4°
pro licentia summos in utroque iure honores rite consequendi.

Büsser, Georg David (Wetzlar), De refutatione emphyteuseos. Giessen (Joh. Jac. Braun) 28. VIII. 1752. 27 S. (5.—) 4603
Gew.: Carl Philipp Fürst Hohenlohe-Waldenburg-Gleichen-Langenburg . .

— — Ad L. si quis in tantam VII. C. unde VI. Diss. jur. Götting. (G. L. Schulz) 12. X. 1752. 74 Seiten. (5.20) 4604
Widm. v.: Wed. Chph. Carl Becmann, Theod. Chn. Clermont, E. L. Becht (dtsch.), Fr. Lud. Lappe, C. E. G. Berchelmann (dtsch.).

Büsser, J., niedere Arithmetik als Lehrbuch für die untersten Klassen an Gymnasien u. Realschulen. 8. (8 B.) St. Gallen 840. Scheitlin u. Zollikofer.

—— Leitfaden f. d. Unterr. in d. Geometrie auf Gymnasien u. Realschulen enthalt. Planimetrie u. Stereometrie. 8. (7½ B. u. 6 Stnt.) St. Gallen 846, Scheitlin u. Zollikofer.

Büsser, O.: Die Electricität u. Binnenschiffahrt., s. A b s h o f f, Emil

Büßer, O., unser Handelsmarinewesen, s.a. **Bibliothek der Rechts- u. Staatskunde. 18. Bd.**

Büßer, O., Unser Handelsmarinewesen. Stuttgart. [1905]. 124 S. mit 12 Abb., 2 Karten u. 1 Taf.

Büsser, O., Rentabilität der Binnenschiffsgefässe, s.a. **Verbands-Schriften des deutsch-österr.-ungarischen Verbandes f. Binnenschiffahrt. N. F. 4.**

Rentabilität der Binnenschiffsgefässe. Von O. Büsser. Compenick. *Berlin: A. Troschel 1901.* (20 S.) 8°
— Deutsch-Oesterr.-Ung. Verband f. Binnenschiffahrt. Verbands-Schriften. N. F. No 4. [01. 11. 13

Büsserin, d. schöne, od. e. Opfer d. Verleumdg. Romant. Erzählg. 1. u. 2. Hft. 8. (56 m. H.) Berl. 88. W Grosse. à — 10

Büßerin, die schöne, od. e. Opfer der Verleumdung. Romantische Erzählg., getreu dem Leben entnommen. 100 Hfte. gr. 8. (à ca. 24 S. m. je 1 Holzschntaf.) Berlin 889. W. Grosse. à — 10

Büsserin, d. schöne, od. e. Opfer d. Verleumdg. Romant. Erzählg, getreu d. Leben entnommen. 3—100. Hft. 8° (57—2408 m. je 1 Holzschntaf.) Berl. 88. 89, Verlagshaus f. Volkslitt. u. Kunst. à — 10; auch in 20 Bdn à — 50 (kplt: 10 —)

BUSSERL, Das geweihte. Grossenhain u. Leipzig, Verlag von Baumert u. Ronge.
Verboten v. L.-G. Klagenfurt, 19. October 1891. §§ 58 b, c, 303, 305. Hierher gehörig?

Buss-Erweckung, Christliche, und Verkündigung zukünftiger Gerichte. Hamburg und Leipzig 1776. V: *Koesler, Hermann Burkard.* (Myl)

Bussey, Claudius de, der Jesusknabe, das Vorbild für die Jugend. Aus dem Französ. übers. von einem Priester der Erzdiöcese Cöln. 16. (589 S. mit 1 Bild.) Steyl 887, Missionsdruckerei. *

Bussfeld, Bernh., Die polymetr. Chorlieder in Senecas Oedipus und Agamemnon. Diss. 1935. 66 S.

Christenliche Und Andächtige **Buß-Gebätter** / Welche So wol bey jezigen schweren / als auch zu andern Zeiten in denen Haußhaltungen mit Nutzen und Erbauung können gelesen werden. Samt Verschiedenen hierzu dienenden Reim-Seufzen / Und schönen Gesängen. In ihren beygefügten bekandten Weisen zu lesen und auch zu singen. In Verlegung Josua Müllers zu Dättlicken / Zürichgebiets / der Zeit Schuldiener in der Landgrafschaft Dockenburg / am Necker / 1707. 64 S. 8°

Buss-Gebet nach den fürnehmsten Artikeln abgefasset. O. O. [17??] V: *Schwartz, J.* (Bruun, Bibl. Danica. I, 315.) *Schwartzen, J.* (Collin, Anonymer. Kiobenh. 1869.)

Buss-Gebet, Andächtiges, welches in den kön. Kirchen des Fürstenth. Schleßwig-Hollstein nach gewissen Sonntags- Wochen- und Beth-Tags-Predigten zu gebrauchen. Rensburg 1680. V: *Stöcken, Chn von.* (Bruun, Bibl. Danica. II, 578.) **1795—97 . . . O. O. V: *Hess, Joh. Jac.* (Cat. d. Stadtbibl. Zürich. Zürich 1864—97.)**

Bussgebet, Christliches. 1771—93. O. O. V: *Ulrich, Joh. Rud.*

Bußgebete des heiligen Ephräm, s. E p h r ä m.

ANMÜTHIGE Buss-Gedanken des büssenden Sünders. (Schemnitz) (ca. 1788) Druck Sulzer. (2) f. - 8°

ANMUTHIGE Buß-Gedanken des büssenden Sünders. Schemnitz 1834. Gedr. bei Stephan Michalik. 3 S. - 190 mm

Buss-Gedanken, Erbauliche, . . . Rostock 1722. V: *Eggerdes, Matth. Heinrich.* (Myl)

BUSSGESANG. Selig, himmlisch ist das Leben. Eisenstadt ca. 1840. Heinrich Stolz.

BUSSGESANG und Gebethe zur nützlichen Gebrauch der Budakeszer Pfarr-Gemeinde bey Gelegenheit des Jubel-Ablasses, welcher von Sr. Päbstl. Heiligkeit Leo dem XII-ten im J. 1825 ertheilt, und im darauf folgenden J. allgemein verkündig wurde. Ofen 1826. Mit kön. ung. Universitäts-Schriften. 15 S. - 8°

SECHS Bußgesänge zur heiligen Jubelzeit, und auch sonst, besonders in der Fasten, zu gebrauchen, sind. Ofen 1826. Gedr. in der kön. ung. Universitäts-Buchdruckerey. 8 S. - 8°

Bussjäger, Hermann: Über den Oxaethylacetessigester ⟨γ-Oxy-α-acetyl-buttersäureester⟩ und seine Spaltungsprodukte. 1910. 49 S. 8°
München, Dr.-Ing.-Diss. v. 30. 11. 1910

Bussjäger, J., Beiträge zur Entwicklung d. russischen Reichsbefestigung in der Zeit vom J. 1866 bis zum J. 1877. Mit 2 Taf. [Aus: „Mittheilgn. üb. Gegenstände d. Artillerie- u. Geniewesens".] gr. 8. (64 S.) Wien 888. (v. Waldheim.) n. 2.—

Bussier, de, hist. Francica. 4. Col.

Bussiere, Maria Theodor von

Bussière, Theod. v., authentischer Bericht über d. Bekehrung des Hrn. Alph. Mar. Ratisbonne. In deutscher Sprache hrsg. v. Mich. Sintzel. 12. (5½ B. u. 1 Stlt.) Augsburg 842, Schmid'sche Buchh.

—— das wunderbare u. wohlthätige Leben d. heil. Ottilia. Hrsg. v. F. H. Steck. 8. (5½ B.) Aschaffenburg 845, Pergay.

Bussière, Theod. de, das wunderbare und wohlthätige Leben der heil. Ottilia, Patronin des Elsasses. Bearb. von Frz. Xav. Steck. 2., verm. Ausg. gr. 18. (94 S.) Aschaffenburg 847, (Pergay.)

Bussière, Maria Thdr. v., Lebensgeschichte der heil. Franziska Romana, Stifterin der Oblaten von Tor di Specchi, mit einer Einleitung über christl. Mystik. Aus dem Französ. übers. von P. Gf. P. gr. 12. (X und 503 S.) Mainz 854, Kupferberg.

Bussières, Simon de: Die prakt. Abtötg in allen Verhältn. d. Lebens. 3. Afl. (51) 16° Metz, (Verl. d. „Sendboten") ('03). (Nur dir.) —10 d

— Die prakt. Armut in allen Verhältn. d. Lebens. 4. Afl. (41) 16° Ebd. ('03). —10 d

— Die prakt. Gegenwart Gottes in allen Verhältn. d. Lebens, od. klare, einfache u. leichte Methode, d. Seelen z. innerl. Leben zu führen. 3. Afl. (58) 16° Ebd. ('03). —10 d

— Die Keuschh., ihre Freuden u. ihr Ruhm. (48) 16° Ebd. (1880). —10 d

Bussiers, I., Scanderbeg. poëma. 12. Col. (Krüll, Ing.) 750.
— — idem liber 8. Augsb. Wolf. 720.

Bussing, Heroldskunst. 8. Hamb.

Büssing, Fr. Verzeichniss aller in Oesterreich erschienenen Musikalien. s. Catalog, österr.

Bussinger, Joh[ann] Jac[ob]. Friedrich Silcher, von Joh. Jak. B'.... [Necrolog. Mit einem Notenbeispiel.] (Progr.) 8. (Basel 1861.)

Bussiri, ..., funkelnde Wandelsterne, s. Wandelsterne.

* **BUSSLEBIUS** (-Bussleben), Joh. (aus Ilmenau), Jungfraw Spiegelein, Das ist, Ein Christlich Büchlein von guter Zucht, vnd bewerten Sitten, Allen Ehrliebenden, Tugentsamen, vnd Erbarn Hausmüttern, wie sie jhre Töchter fürnemlich erzihen sollen, Zu nutz vnd ehren in Reime geordnet, durch *Joannem Bußlebium* Ilmensem ..... *Am Ende:* Gedruckt zu Erffordt, Durch Conradum Dreher zum bundten Lawen bey S. Paul. O. J. (1570). 8°. (In Berlin: Yh 4571, mit Beibd.) Sehr selten!

Titel u. Textseiten mit Randleisten. 1 Bog. Vorst. (Vorr. in Prosa), und signirt B—E 4. Mit 3 geistl. Liedern. Das letzte Bl. enth. nur die Druckortsanzeige auf der Stirnseite.

Jahrzahl bei Cless II, 64, u. Fülleborn, kl. Schr. II. Breslau 1798. 8°. p. 220.

Bußler, Erich, Frauencharaktere aus den Tragödien d. Euripides, s.a. Sammlung, gemeinverständlicher wissenschaftlicher Vorträge.

Bussler E, Frauencharaktere aus den Tragödien des Euripides. (Sammlung gemeinverständlicher wissenschaftlicher Vorträge NF 158) Hamburg 1892

Bußler, Erich, Hiob u. Prometheus, zwei Vorkämpfer d. göttl. Gerechtigkeit, s.a. Sammlung gemeinverständl. wissenschaftl. Vorträge.

[F.] Hiob und Prometheus, zwei Vorkämpfer der göttlichen Gerechtigkeit. Ein Vergleich v. Dr. phil. Erich **Bussler** in Freienwalde a.O. *Hamburg: Verlagsanst. u. Dr. A.-G. 1897.* (44 S.) 1 Bd 8.
— Sammlung gemeinverständl. wiss. Vorträge. Ser. 12. H. 276. [97. 5494]

Bussler, E: Die Prügelstrafe. Ansichten uns. führ. Geister darüber. (48) gr8° Eberswalde. ('06). Freienw., F Draeseke. —50 d

Bußler, E., die Prügelstrafe. Ansichten unserer führ. Geister darüber. (48 S.) gr. 8. Eberswalde (906). Langewiesche & Thilo. n. —50

Bußler, Erich, Religionsanschauungen des Euripides, s.a. Sammlung gemeinverständlicher wissenschaftlicher Vorträge.

Bussler E, Religionsanschauungen des Euripides. (Sammlung gemeinverständlicher wissenschaftlicher Vorträge Neue Folge 192) Hamburg 1894

Bussler, Ericus [Brandeburgensis]: De sententiarum asyndeti usu Euripideo.... Halis Saxonum, form. descr. E. Karras, 1887; 58 S. + 1 Bl. 8°.
Halle, Phil. Fak., Inaug.-Diss. v. [23. Apr.] 1887.

Bußler, Fr., Elemente der Arithmetik und Algebra. Für höhere Schulen, sowie zum Selbstunterricht bearb. gr. 8. (140 S.) Berlin 881, Enslin. *

Bußler, Fr., Elemente der Arithmetik und Algebra. Für höhere Schulen, sowie zum Selbstunterricht bearb. gr. 8. Berlin 881, Emil Goldschmidt. *

Bussler, Fr., d. Elemente d. mathemat. u. d. astronom. Geographie. F. d. Prima höherer Lehranst. bearb. gr. 8. (VI, 71 S. m. 24 Fig. u. 1 Sternkarte.) Dresden 897. L. Ehlermann. Geb. n. 1.20

Bussler, Fr., die Elemente der Mathematik, f. das Gymnasium bearb. 2 Tle. gr. 8. Dresden 893. L. Ehlermann. Kart. n 3.70
1. Pensum f. das Untergymnasium (Quarta bis Untersecunda). (IV, 144 S. m. 78 Fig.) n. 1.50
2. Pensum f. das Obergymnasium (Obersecunda u. Prima). (IV, 212 S.) n. 2.20

— D. Elemente d. Mathematik. F. höh. Lehranst. bearb. 2 Tle. 2., durchgeseh. Aufl. gr. 8. (Mit Fig.) Ebd. 897. Geb. n. 3.70
1. Pensum f. d. Mittelklass. (Quarta b. Untersecunda). (IV, 151 S.) n. 1.50
2. Pensum f. d. Oberklass. (Obersecunda u. Prima). (IV, 231 S.) n. 2.20

Bußler, Fr., die Elemente d. Mathematik. Für Gymnasien bearb. 2 Tle. 8. Dresden, L. Ehlermann. Geb. n. 3.70
1. Pensum für die Mittelklassen (Quarta bis Untersekunda). 5. neubearb. Aufl. (IV, 159 S. m. Fig.) 903. Geb. n. 1.50
2. Pensum f. die Oberklassen (Obersekunda u. Prima). 5. Aufl. Ster.-Abdr. d. 4. Aufl. (III, 240 S. m. Fig.) 900. Geb. n. 2.20

— dasselbe. Ausg. f. Lehrerbildungsanstalten. (IV, 244 S. m. Fig.) 8. Ebd. 904. Geb. n. 2.80

— dasselbe. Ausg. f. Realschulen. (III, 238 S. m. Fig.) 8. Ebd. 902. Geb. n. 2.80

—— Elemente der ebenen und sphärischen Trigonometrie. Für höhere Schulen, sowie zum Selbstunterricht bearb. gr. 8. (94 S. mit 5 lithogr. Taf.) Ebendas. 881. *

Bussler, Fr., d. Grundzüge d. Geographie. F. höh. Schulen bearb. gr. 8. (VIII, 151 S.) Braunschweig 897. G. Westermann. n. 1.50

Bussler, Fr., die Grundzüge der Geographie. Für höh. Schulen bearb. 2. umgearb. Aufl. gr. 8. (VIII, 180 S. m. 9 z. Tl. farb. Taf.) Braunschweig 898. G. Westermann. n. 1. 50; geb. n. 2. —

— Rechenbuch. Für die unteren Klassen höh. Lehranstalten (Sexta bis Quarta). gr. 8. (IV, 159 S.) Dresden 899. L. Ehlermann. Geb. n. 1. 50

— Rechenbuch. Für die unteren Klassen höherer Lehranstalten (Sexta bis Quarta). 3. Aufl. Ster.-Abdr. der 2. verb. Aufl. (IV, 159 S.) 8. Ebd. 905. Geb. n. 1. 50

— Sammlung mathematischer Aufgaben. Für den Gebrauch in den oberen Klassen höherer Lehranstalten zusammengestellt. gr. 8. (IV, 120 S.) Ebd. 894. Kart. n. 1. 40

— mathematisches Übungsbuch. 2 Tle. Für den Gebrauch in höheren Lehranstalten. gr. 8. Ebd. 894. Kart. n. 2. 40
1. Für die mittleren Klassen (Untertertia bis Untersekunda). (IV, 80 S.) n. 1. —
2. Für die oberen Klassen. (III, 120 S.) n. 1. 40

— Mathemat. Übungsbuch. 2 Tle. 2., verm. Aufl. gr. 8. Dresden 897. L. Ehlermann. Geb. n. 2. 80
1. F. d. Gebr. i. d. mittl. Klassen höh. Lehranst. (Untertertia b. Untersecunda) zusammengest. (IV, 88 S.) n. 1. —
2. F. d. Gebr. i. d. oberen Klassen höh. Lehranst. (Obersecunda u. Prima) zusammengest. (III, 206 S.) Geb. n. 1. 80

— mathematisches Übungsbuch. 2 Tle. u. Resultate zum 1. Tl. 8. Ebd. Geb. n. 4. 70
1. Für den Gebrauch in den mittleren Klassen der Gymnasien (Untertertia bis Untersekunda) zusammengestellt. 5. neubearb. Aufl. (IV, 100 S.) 903. Geb. n. 1. —; Resultate. (III, 47 S.) Geb. n. — 90
2. Für den Gebrauch in den oberen Klassen höherer Lehranstalten (Obersekunda u. Prima) zusammengestellt. 4. verm. Aufl. (IV, 29? S.) 904. Geb. n. 2. 80

— dasselbe. Für den Gebrauch an Lehrer-Bildungsanstalten zusammengestellt. (IV, 151 S.) 8. Ebd. 904. Geb. n. 2. —; Resultate. (IV, 68 S.) Geb. n.n. 1. 80

Bussler, Fr.: Der naturwissenschaftliche Unterricht auf dem Gymnasium. 36 S.
Progr. Berlin Soph. G. 1872.

Bußler, Fr., Verzierungen aus dem Alterthume. 16—21s Heft. ff. 4. Berl. 805 u. ff. (Gropius; a. Nauck). (à Heft 20 gK) 17 ₰ 12 gK

Bussler, Fr., Verzierungen aus d. Alterthume. 1—21. Hft. (Mit Kpfr.- u. Stnt. u. Erklärung.) 4. Berlin 829, Vorf. (Nauck.) à

Bussler, Franz

Methode Rustin. Naturgeschichtliche Selbstunterrichtsbriefe ... Hrsg. vom Rustinschen Lehrinstitut ... Bearb. von Prof. Franz Bussler. Lfg 1. *Potsdam & Leipzig: Bonness & Hachfeld [1902].* 4°(8°) [3.]
= Selbst-Unterrichts-Briefe. [3.] Lfg 1.

Methode Rustin. Physik von Prof. Franz Bußler. Lfg 1. Potsdam & Leipzig: Bonneß & Hachfeld [um 1905]. 4°(8°) [3.]
= Selbst-Unterrichts-Briefe. [22.]

Bussler, Ludw., musikalische Elementarlehre mit 58 Aufgaben. Für den Unterricht an öffentlichen Lehranstalten u. den Selbstunterricht. Berlin 867. Stubenrauch. 8. (VI, 83 S.) n. 15 ngr

Bussler, Ludw., musikalische Elementarlehre m. 58 Aufgaben. Für den Unterricht an öffentlichen Lehranstalten u. den Selbstunterricht. 2. verb. Aufl. gr 8. (VIII, 80 S.) Berlin 876. Stubenrauch. n. 1. 50

— musikalische Elementarlehre mit 58 Aufgaben. Für den Unterricht an öffentlichen Lehranstalten u. den Selbstunterricht. 3., verb. u. verm. Aufl. gr. 8. (VIII, 87 S.) Berlin 882. Stubenrauch. n. 1. 50

Bussler, Ludw., musikalische Elementarlehre mit 58 Aufgaben für den Unterricht an öffentlichen Lehranstalten und den Selbstunterricht. 4. verb. und verm. Aufl. gr. 8. (VIII, 96 S.) Berlin 887, Stubenrauch'sche Buchh. *

Bussler, L., musikalische Elementarlehre m. 58 Aufgaben f. den Unterricht an öffentlichen Lehranstalten u. den Selbstunterricht. 5., verb. u. verm. Aufl. gr. 8. (VIII, 96 S.) Bielefeld 890. Velhagen & Klasing. n. 1. 60

Bussler, Ludw., musikalische Elementarlehre m. 58 Aufgaben f. den Unterricht an öffentlichen Lehranstalten u. den Selbstunterricht. 6., verb. Aufl. gr. 8. (VIII, 96 S.) Bielefeld 892. Velhagen & Klasing. n. 1. 60

Bussler, Ludw., musikalische Elementarlehre mit 58 Aufg. f. d. Unterr. an öffentl. Lehranst. u. d. Selbstunterr. 7., verb. Aufl. gr. 8. (VIII, 96 S.) Bielefeld 897. Velhagen & Klasing. n. 1. 60

Bussler, Ludw., musikalische Elementarlehre m. 58 Aufgaben f. den Unterricht an öffentlichen Lehranst. u. den Selbstunterricht. 8. verb. Aufl. gr. 8. (VIII, 96 S.) Bielefeld 900. Velhagen & Klasing. n. 1. 60

Bussler, Ludw., musikalische Elementarlehre m. 58 Aufgaben f. den Unterricht an öffentlichen Lehranstalten u. den Selbstunterricht. 10. verb. Aufl. (VIII, 96 S.) 8. Bielefeld 907. Velhagen & Klasing. Geb. 2. —

Bussler, Ludw.: Musikal. Elementarlehre m. 58 Aufg. f. d. Unterr. an öffentl. Lehranst. u. d. Selbstunterr. 11. Afl. (8, 96) 8° Bielef., Velh. & Kl. '11. geb. 2 —

— Elementar-Melodik zur Weckung u. Förderung des musikalischen Talentes u. Vorstellungsvermögens. 36 Aufgaben in rein anschaulichen Darstellungen. 8. (VI, 78 S.) Leipzig 879. Breitkopf & Härtel. n. 1. 80

— musical form. A systematical course in 33 exercises, with numerous explanatory examples, models, exercises and quotations from the master-works interspersed throughout the text. For use in colleges, private teaching, and for self instruction. Transl., with the author's consent, from the 2. revised and enlarged German edition by N. Gans. gr. 8. (XVI, 231 S.) Berlin 894. C. Habel. In Leinw. kart. n. 6. —

— musikalische Formenlehre in 33 Aufgaben, mit zahlreichen, ausschliesslich in den Text gedr. Muster-, Uebungs- u. Erläuterungsbeispielen, sowie Anführungen aus den Meisterwerken der Tonkunst, für den Unterricht an öffentlichen Lehranstalten, den Privat- u. Selbst-Unterricht systematisch-methodisch dargestellt. gr. 8. (XII, 215 S.) Berlin 878. Habel. n. 4. —

— musikalische Formenlehre in 33 Aufgaben m. zahlreichen, ausschliesslich in den Text gedr. Muster-, Uebungs- u. Erläuterungs-Beispielen, sowie Anführgn. aus den Meisterwerken der Tonkunst, f. den Unterricht an öffentl. Lehr-Anstalten, den Privat- u. Selbst-Unterricht systematisch-methodisch dargestellt. 2., verb. u. verm. Aufl. gr. 8. (XII, 223 S.) Ebd. 894. n. 4. —; in Schulbd. n. 4. 50; in Halbfrzbd. n n. 5. 50

— Musikalische Formenlehre in 33 Aufgaben m. zahlreichen, ausschliesslich in den Text gedr. Muster-, Übungs- u. Erläuterungs-Beispielen, sowie Anführungen aus den Meisterwerken der Tonkunst, f. den Unterricht an öffentl. Lehranstalten, den Privat- u. Selbstunterricht systematisch-methodisch dargestellt. 3. Aufl. Durchgesehen u. erweitert v. Hugo Leichtentritt. (XII, 238 S.) 8. Berlin 909. C. Habel. 4.50; geb. 5. —

—— Geschichte der Musik. Sechs Vorträge über die fortschreitende Entwickelung der Musik in der Geschichte. gr. 8. (VIII, 176 S.) Berlin 882, Habel.

— praktische Harmonielehre in 54 Aufgaben m. zahlreichen, ausschliesslich in den Text gedr. Muster-, Uebungs- u. Erläuterungs-Beispielen, sowie Anführgn. aus den Meisterwerken der Tonkunst f. den Unterricht an öffentl. Lehr-Anstalten, den Privat- u. Selbst-Unterricht systematisch-methodisch dargestellt. gr. 8. (XII, 208 S.) Berlin 875. Habel. n. 4. —

Bussler, Ludw., praktische Harmonielehre in 54 Aufgaben m. zahlreichen, ausschliesslich in den Text gedruckten Muster-, Uebungs- u. Erläuterungs-Beispielen, sowie Anführgn. aus den Meisterwerken der Tonkunst, f den Unterricht an öffentl. Lehr-Anstalten, den Privat- u. Selbst-Unterricht systematisch-methodisch dargestellt. 2. verb. u. verm. Aufl. gr. 8. (X, 224 S.) Berlin 885. Habel. n. 4. —

— praktische Harmonielehre in 54 Aufgaben m. zahlreichen, ausschliesslich in den Text gedr. Muster-, Uebungs- u Erläuterungs-Beispielen, sowie Anführungen aus den Meisterwerken der Tonkunst, f. den Unterricht an öffentl. Lehr-Anstalten, den Privat- u. Selbst-Unterricht systematisch-methodisch dargestellt. 3., verb. u. verm. Aufl gr. 8. (X, 228 S.) Ebd. 893. n. 4. —; geb. in Schulbd. n. 4. 50; in Halbfrz. n.n. 5. 50

— dass. Translated by N Gans. 8° (235) Ebd. 94. Geb. in Lnw. 6 —

— Prakt. Harmonielehre in 54 Aufg. m. zahlr., ausschliessl. i. d. Text gedr. Muster-, Uebgs.- u. Erläutergs.-Beispielen, sow. Anführgn. a. d. Meisterwerken d. Tonkunst, f. d. Unterr. an öffentl. Lehr-Anst., d. Privat- u. Selbst-Unterr. system.-method. dargest. 4., verb. Aufl. gr. 8. (XII, 228 S.) Berlin 899. C. Habel. n. 4. —; geb. in Schulbd. n. 4. 50; in Halbfrz. n.n 5. 50

Praktische Harmonielehre in 54 Aufgaben mit zahlreichen Muster-, Übungs- u. Erläuterungs-Beispielen, sowie Anführungen aus d. Meisterwerken d. Tonkunst, f. d. Unterr. an öffentl. Lehranst., d. Privat- u. Selbstunterr. systemat.-method. dargest. von Prof. Ludwig Bußler. 5. verb. Aufl. rev. u. mit erl. Anm. vers. von Dr. Hugo Leichtentritt. *Berlin: C. Habel 1903.* (XV, 236 S.) 8° [illegible]

Bussler, Ludw., praktische Harmonielehre in 54 Aufgaben mit zahlreichen in den Text gedr. Muster-, Uebungs- u. Erläuterungs-Beispielen, sowie Anführungen aus den Meisterwerken der Tonkunst, für den Unterricht an öffentl. Lehranstalten, den Privat- u. Selbstunterricht systematisch-methodisch dargestellt. 6. verb. Aufl., rev., erweitert u. m. erläut. Anmerkgn. versehen von Hugo Leichtentritt. (XVI, 256 S.) 8. Berlin 906. C. Habel. n. 4. —; geb. n. 4. 50; in Halbfrz. n.n. 5. 50
5. Aufl. (XV, 236 S.) 903.

— Praktische Harmonielehre in 54 Aufgaben m. zahlreichen in den Text gedr. Muster-, Übungs- u. Erläuterungs-Beispielen, sowie Anführungen aus den Meisterwerken der Tonkunst, für den Unterricht an öffentl. Lehranstalten, den Privat- u. Selbstunterricht systematisch-methodisch dargestellt. 7. verb. Aufl., rev., erweitert u. m. erläut. Anmerkgn. versehen v. Hugo Leichtentritt. (XVI, 257 S.) 8. Ebd. 910. 4. 50; geb. 5. —

— practical harmony. A systematic course in 54 lessons, with numerous examples, models, exercises, and quotations from the master-works interspersed throughout the text. For use in colleges, private teaching, and for self-instruction. Transl., with the author's consent, from the 3. revised and enlarged German ed. by N. Gans. gr. 8. (XII, 235 S.) Ebd. 894. Geb. in Leinw. n. 6. —

Bussler, Ludw., praktische musikalische Compositionslehre in Aufgaben. Mit zahlreichen ausschliesslich in den Text gedruckten Muster-, Uebungs- u. Erläuterungs-Beispielen nach den Werken der ersten Meister systematisch-methodisch dargestellt. 1. Bd.: Lehre vom Tonsatz. gr. 8. (IV, XII, 208; XII, 223 u. XII, 199 S.) Berlin 878. Habel. n. 12. —

— dasselbe. 2. Bd.: Freie Composition. 2 Thle. gr. 8. Ebend. 878—80. n. 12. —
1. Musikalische Formenlehre in 33 Aufgaben. (XII, 215 S.) n. 4. —
2. Instrumentation u. Orchestersatz, einschliesslich der Verbindung mit Vocal-Chor- u. Solo-Satz in 18 Aufgaben. (XII, 350 S.) n. 8. —

— Contrapunkt u. Fuge im freien [modernen] Tonsatz, einschliesslich Chorcomposition in 33 Aufgaben mit zahlreichen, ausschliesslich in den Text gedruckten Muster-, Uebungs- u. Erläuterungs-Beispielen, sowie Anführungen aus den Meisterwerken der Tonkunst für den Unterricht an öffentlichen Lehr-Anstalten, den Privat- u. Selbst-Unterricht systematisch-methodisch dargestellt. gr. 8. (XII, 199 S.) Ebend. 878. n. 4. —

— Kontrapunkt u. Fuge im freien (modernen) Tonsatz einschliessl. Chorkomposition, systemat.-method. dargestellt. 2. Afl. v. Hugo Leichtentritt. (10, 224) 8° Berl., C Habel '12. 4.50; geb. 5 —

— Lexikon der musikalischen Harmonieen. Als Hülfsbuch der prakt. u. theoret. Harmonik f. den Unterricht u. das Selbststudium bearb. gr. 8. (VII, 101 S.) Berlin 889. Habel. n. 2. —; geb. n. 2. 40

— Partitur-Studium. Modulation der klassischen Meister, an zahlreichen Beispielen von Bach, Mozart, Beethoven, Schubert, Wagner u. A. erläutert. gr. 8. (VII, 351 S.) Ebend. 882. n. 8. —

— der strenge Satz in der musikalischen Compositionslehre in 52 Aufgaben, mit zahlreichen, ausschliesslich in den Text gedr. Muster-, Uebungs- u. Erläuterungs-Beispielen, sowie Anführungen aus den Meisterwerken der Tonkunst für den Unterricht an öffentlichen Lehr-Anstalten, den Privat- u. Selbst-Unterricht systematisch-methodisch dargestellt. gr. 8. (XII, 223 S.) Ebend. 877. n. 4. —

Bussler, Ludw., der strenge Satz in der musikalischen Kompositionslehre in 52 Aufgaben, mit zahlreichen in den Text gedr. Muster-, Uebungs- u. Erläuterungs-Beispielen, sowie Anführungen aus den Meisterwerken der Tonkunst, f. den Unterricht an öffentl. Lehranstalten, den Privat- u. Selbstunterricht systematisch-methodisch dargestellt. 2. erweit. Aufl., rev. u. m. erläut. Anmerkgn. versehen v. Hugo Leichtentritt. (XII, 248 S.) 8. Berlin 905. C. Habel. n. 4. —

— harmonische Uebungen am Klavier für Anfänger u. Vorgeschrittene. 42 Aufgaben in rein anschaulichen Darstellungen. hoch 4. (VI, 42 S.) Berlin 878. Stubenrauch. n. 2. —

Bussler, Robert

Bussler, Rob., die Alba-Madonna. Ein ächter Rafael in Berlin. Kunstgeschichtliche Notiz. Berlin 868. v. Decker. 8. (40 S.) n. 5 ngr.

Bussler, Rob., der Rafael-Saal. Verzeichniss der im königl. Orangeriehause zu Sans-Souci auf allerhöchsten Befehl aufgestellten Copien nach Gemälden von Rafael Sanzio. 1. Aufl. (58 S.) 1858. und 2. Aufl. gr. 16. (64 S.) Berlin 861, Decker'sche geheime Ober-Hofbuchdruckerei.

Bußler, Wilhelm

— General-Feldmarschall Graf Barfuß. Kurzgef. Lebensbild m. Anschl. d. Geschichte d. nach ihm gen. 4. Westfäl. Infant.-Regts. Nr. 17. 8. (22 S. m. Bildn.) Ebd. 897. n. — 25

— General-Feldmarschall v. Courbière. Kurzgef. Lebensbild m. Anschl. d. Geschichte d. nach ihm gen. 2. Posenschen Infant.-Regts. Nr. 19. 8. (25 S. m. Bildn.) Ebd. 897. n. — 25

Bußler, Wilh., preußische Feldherren u. Helden. Kurzgefaßte Lebensbilder sämmtl. Heerführer, deren Namen preuß. Regimenter tragen. Als Beitrag zur vaterländ. Geschichte. 1. Bd. gr. 8. (VII, 352 S.) Gotha 890. Schloeßmann. n. 4. —; geb. n. 5. —

Bußler, Wilh., preußische Feldherren u. Helden. Kurzgefaßte Lebensbilder sämtl. Heerführer, deren Namen preuß. Regimenter tragen. Als Beitrag zur vaterländ. Geschichte. 2. Bd. gr. 8. (VII, 461 S.) Gotha 893. G. Schloeßmann. n. 5. —; geb. n. 6. —; Prachtausg. geb. n. 9. — (1 u. 2.: n. 9. —; geb. n. 11. —; Prachtausg. geb. n. 17. —)

Bußler, Wilh., preußische Feldherren u. Helden. Kurzgef. Lebensbilder sämtl. Heerführer, deren Namen preuß. Regimenter führen. Als Beitrag z. vaterländ. Geschichte. 3. u. 4. Bd. gr. 8. (VII, 431 S.) Gotha 895. G. Schloeßmann. n. 8. —; geb. in Leinw. n. 10. —; Pracht-Ausg. geb. n. 16. — (Kplt. [4 Bde.] n. 17. —; geb. n. 21. —; Prachtausg. geb. n. 33. —)
3. (VII, 431 S.) 895. n. 5. —; geb. in Leinw. n. 6. —; Pracht-Ausg. geb. n. 9. —
4. (VII, 185 S.) 896. n. 3. —; geb. in Leinw. n. 4. —; Pracht-Ausg. geb. n. 7. —

— Feldpredigten u. Ansprachen in u. um Metz währ. d. Gedächtnißtage v. 14.—18. Aug. 1895. gr. 8. (29 S.) Metz 895. P. Müller. — 50

Bußler, hinaus ins Feld! Felddienstübung, s.: In des Königs Rock.

— d. Kriegerdenkmäler um Metz, geschild. u. behandelt als Wegweiser b. Wandergn. üb. d. Schlachtfelder. 2., verm. u. verb. Aufl. M. Uebersichtskarte d. Truppenaufstellg. a. 14., 16. u. 18. Aug. 1870 u. Abb. i. Text. 12. (224 S.) Metz 895. P. Müller. n. 1. 20

Bußler, Wilh., die Kriegerdenkmäler um Metz. Geschildert u. behandelt als Wegweiser bei Wandergn. üb. d. Schlachtfelder. 3. verm. u. verb. Aufl. Mit Uebersichtsskizze der Truppenaufstellg. am 14., 16. u. 18. VIII. 1870, Karte der Umgebg. v. Metz u. Abbildgn. im Text. 12. (264 S.) Metz 900. P. Müller. 1. 50

Bußler, Wilh., aus meinem Kriegsleben. 8. (IV, 175 S.) Gotha 887, Schloeßmann. *ℳ 2.—.; geb. *

Bußler, Wilh. Aus meinem Kriegsleben. 2. verm. Aufl. 8. (VI, 192 S.) Gotha 890, Schloeßmann. * 2 —; geb. * 2 80

— General v. Manstein. Kurzgef. Lebensbild. M. Anschl. d. Geschichte d. nach ihm gen. schleswig. Infant.-Regts. Nr. 84 v. Lange. gr. 16. (48 S. m. Abb. u. 1 farb. Karte.) Gotha 898. G. Schloeßmann. n. — 40

Bußler, W., Predigt üb. 1. Sam. 7, 12, geh. bei dem Feldgottesdienst zur Feier d. Geburtstages Sr. Maj. d. Kaisers u. der Enthüllg. d. Denkmals f. die Gefallenen aus dem Bezirk der 15. Infanterie-Brigade am 22. März 1876. gr. 8. (8 S.) Erfurt 876. Villaret. n. — 20

Bußler, Wilh., Predigtentwürfe u. Dispositionen zu d. epistolischen Perikopen. gr. 8. (VIII, 274 S.) Gotha 889. Schloeßmann. n. 3. 60; geb. n. 4. 60

— General d. Infanterie v. Stülpnagel. Kurzgefaßtes Lebensbild m. Anschl. d. Geschichte d. nach ihm gen. 5. Brandenburg. Infant.-Regts. Nr. 48. 8. (33 S. m. Bildn.) Ebd. 897. n. — 25

Bußler, Wilh., suchet in der Schrift! Ein Jahrgang kurzgefaßter Predigten üb. die altkirchl. Evangelien, nebst e. Reihe von Dispositionen. (VII, 381 S.) gr. 8. Leipzig 905. G. Strübig. n. 4. —; geb. n. 5. —
Erschien auch in 8 Lieferungen à — 50.

— Generalmajor Hennigs v. Treffenfeld. Kurzgef. Lebensbild m. Anschl. d. Geschichte d. nach ihm gen. Altmärk. Ulanen-Regts. Nr. 16. 8. (31 S. m. 1 Abb.) Gotha 897. G. Schloeßmann. n. — 25

BUSSLIED einer gefallenen Sünderin. (Nach d. Mel. Herr ich habe missgehandelt etc.) Mit sehr originellen, naiven Holzschnitten. Satirisches Gedicht in 11 Strophen. 4 S. 8⁰. (20 Mk. Ernst Frensdorff, 1909:)

Busslied für unser liebes Vaterland auf den allgemeinen Buß- und Bettag. Zürich 1771. V: *Lavater, Joh. Caspar.* (Cat. d. Stadtbibl. Zürich. Zürich 1864—97.)

Bussmann

s. a. Busmann.

Bussmann, Aloys *Theodor Eduard* [aus Grumme bei Bochum]: Über einen Fall von Hämatom der Nabelschnur. . . . Berlin, Buchdr. v. G. Schade, *1891;* 27 S., 2 Bl., 1 Taf. 8⁰
Berlin, Med. Fak., Inaug.-Diss. v. 14. März 1891

Bussmann, E. Wilhelm

Bußmann, E. W., Anleitung zum Rechenunterricht in der einklassigen Volksschule. gr. 8. (V, 388 S.) Essen 893. G. D. Baedeker. Geb. in Halbleinw. n. 3. 60

Bussmann, E. W., s.: Deutsch-Evangelisch im Auslande.

Bussmann, E. W[ilhelm]: Evangel. Diasporkunde. Handbuch für Pfarrer und Freunde dt. Auslandsgemeinden. — Marburg: Elwert 1890. XV, 477 S.

Evangelische Diasporakunde. Handbuch f. Pfarrer u. Freunde deutscher Auslandsgemeinden von E. W. **Bussmann**, Propst, Jerusalem. Marburg in H.: N. G. Elwert 1908. (XV, 477 S.) 8⁰ 107. 1708

— Handel u. Ethik m. besond. Berücksicht. der neuesten Entwicklung (Kartelle, Trusts 2c.). 8. (61 S.) Göttingen 902. Vandenhoeck & Ruprecht. n. 1. —

Bussmann, E. W., u. F. B. **Müller**, ausgeführter Lehrplan f. die einklassige, ungeteilte Volksschule in Ostfriesland. 4. (61 S.) Emden 890. Haynel. n. 2. — cart. n. 3. —

— Materialien f. e. Agende z. Gebrauch in d. deutsch-evangelischen Gemeinden des Auslandes. gr. 8. (XII, 208 S.) Berlin 901. E. S. Mittler & Sohn. n. 3. 50; geb. in Leinw. n. 4. 50; in Halbldr. n. 5. —

— Rechenheft f. die einklassige Volksschule. gr. 8. (102 S.) Ebd. 893. Kart. n. — 50

— stille Stunden an der See. gr. 8. (VII, 111 S.) Norden 893. D. Soltau. n. 1. 60; m. farb. Umschlag n. 2. —

(B) — Stille Stunden an d. See. 893. (KVB 27.) Jetzt: Norderney, H. Hofmann.

Bussmann, F., Quaestiones de temporum et modorum apud Sallustium usu particula. Diss. 1862. 39 S. 1.50

Buszmann, Ferd.: Observationes Sallustianae. 14 S. 4⁰
Progr. Hamm 1871.

Bußmann, Ferd. Die Porta Westfalica u. das Wesergebirge. Führer durch das Wiehengebirge v. Lübbecke bis zur Porta, die Weserbergkette 2c. Nebst Anh.: Fahrt nach Hameln u. dem Hermanns-Denkmal. 12. (V, 124 S. m. Karten u. Abbildgn.) Minden i. W. 891, Keiser u. Comp. cart. * 1 25

Bussmann, G. A.: Hydrographische Karte der Seeküsten der Herzogthümer Schleswig-Holstein.

Bussmann, Henry: Grammatische Studien über den „Roman de la belle Helaine“ nebst einer Textprobe aus Hs. A. ⟨Arraser Stadt-Bibl. No. 766⟩ und Hs. L ⟨Lyoner Bibl. No. 685⟩. Greifswald 1907: F. W. Kunike. (87 S.) 8⁰
Greifswald, Phil. Fak., Ref. Stengel, Diss. v. 31. Juli 1907
[Geb. 20. Juni 82 Goslar; Wohnort: Wolfenbüttel; Staatsangeh.: Preußen; Vorbildung: Oberrealsch. Braunschweig Reife O. 02; Studium: Greifswald 3, Straßburg 1, Kiel 1, Greifswald 2, Freiburg i. B. 3 S.; Rig. 2. März 07.]

Bussmann, I. F., Index thesium dictis probandar. 8. Gött. Vandenhök. 749.

Bußmann, Jh. Ebhrd., s. *Justigesenii*, Dr., Katechismus-Fragen.

Bussmann, K. H. A. Katalog der Bibliothek des kön. Gymnasiums zu Aurich. 102 S. 8. Progr. *Aurich* 1877.

Bussmann, K. H. A., Quaenam fuerit apud Gallos rerum publicarum forma, eis, quae Caesar in libris de bello gallico tradit collectis, summatim exponitur. Diss. 1878. 24 S. —.90

Bussmann, Conr. Moritz Christ. (Rinteln), Observationes de ductu thoracico in theatro Gottingensi factae. Präs. Albert Haller. Aug. 1741. 5 Bl. u. 1 Tfl. Abb. (C. J. Rollinus del. G. D. Heumann sc.) (3.80) 4829

Bussolin, Giov., della imperiale privilegiata Compagnia Orientale nel secolo scorso e del Lloyd Austro-Ungarico nel secolo presente. Studio storico. Pubblicazione dell' i. r. governo marittimo in occasione dell' esposizione Austro-Ungarica in Trieste. gr. 8. (VII, 246 S.) Triest 882. (Schimpff.) n. 2. 50

Bussolin, Giovanni, Compagnia Orientale nel secolo scorso e del Lloyd Austro-Ungarico nel secolo presente. gr. 8. (VII u. 246 S.) Wien, *Wilh. Braumüller. 3 d. N. b. *1883?*

—— delle istituzioni di sanità marittima nel bacino del Mediterraneo. Studio comparativo. Con 30 tav. illustrative. Edito dall' i. r. governo marittimo. gr. 8. (345 S.) (Ebendas.) 882.

Busson, ritterlicher Ehrenschutz. (V, 130 S.) 8. Graz (907). F. Pechel. Geb. in Leinw. 3. —

Busson, Arnold, der Tiroler Adler. Studien. Mit 2 lith. Taf. gr. 8. (42 S.) Innsbruck 879. Wagner. n. 1. 20

Busson Arnold, Dr.: Beiträge zur Kritik der steierischen Reimchronik und zur Reichsgeschichte im 13. und 14. Jahrhundert. 1. Der falsche Friedrich. S. 111. 90 . . K —.50
— — 2. Die Wahl Adolfs von Nassau. S 114. 9 . . . . 1.20
Separatabdruck

Busson, Arnold, Beiträge zur Kritik der steyerischen Reimchronik u. zur Reichsgeschichte im XIII. u. XIV. Jahrh. Lex.-8. (33 S.) Wien 886. (Gerold's Sohn.) n.n. — 50

Busson, A., Beiträge zur Kritik der steyerischen Reimchronik u. zur Reichsgeschichte im XIII. u. XIV. Jahrh. II. Die Wahl Adolf's v. Nassau. [Aus: „Sitzgs.-Berichte d. k. Akad. d. Wiss."] Lex.-8. (79 S.) Wien 887. (Tempsky.) n. 1. 20

— Beiträge zur Kritik der steierischen Reimchronik und zur Reichsgeschichte im 13. und 14. Jahrhundert. 3. Der Bericht über den Sturz Adolfs von Nassau (mit 2 Kartenskizzen). S. 117/14 . . . . 1.80
— — 4. Die letzten Staufer. S. 126 10 . . . . —.90
Separatabdruck

— dasselbe. (III.) [Mit 2 Kartenskizzen.] [Aus: „Sitzgs.-Berichte d. k. Akad. d. Wiss."] Lex.-8. (102 S.) Ebd. 889. n. 1. 80 (1—3.: n.n. 3. 50)

Busson, A, Beitr. z. Kritik d. steyer. Reimchronik u. z. Reichsgeschichte im XIII. u. XIV. Jahrh. IV. Die letzten Staufer. 8° (38) Wien 92, (C Gerold's S.). — 90 (I—IV.: n.n. 4. 40)

Busson, Arnold, Beiträge zur Kritik der steyerischen Reimchronik u. zur Reichsgeschichte im XIII. u. XIV. Jahrh. IV. Die letzten Staufer. [Aus: „Sitzungsber. d. k. Akad. d. Wiss."] Lex.-8. (38 S.) Wien 892. (F. Tempsky.) n. — 90 (I—IV.: n. 4. 40)

Busson, Arnold, Christine von Schweden in Tirol. 8. (111 S.) Innsbruck 884, Wagner'sche Universitäts-Buchh. *

Busson, Arn., die Doppelwahl d. J. 1257 u. das römische Königthum Alfons X. von Castilien. Ein Beitrag zur Geschichte d. grossen Interregnums. Mit bisher ungedruckten Briefen. Münster 866. Aschendorff. 12. (VI, 137 S.) 15 *ngr.*

Busson, Arn., Geschichte der eidgenössischen Bünde, s.: Kopp J. E.

— die florentinische Geschichte der Malespini u. deren Benutzung durch Dante. Innsbruck 869. Wagner. gr. 8. (2 Bll., 90 S.) n. 16 *ngr.*

—— zur Geschichte des grossen Landfriedensbundes deutscher Städte 1254. gr. 8. (94 S.) Innsbruck 874, Wagner'sche Universitäts-Buchh. *

Busson, Arnold, die Idee des deutschen Erbreichs und die ersten Habsburger. Eine Studie. Lex.-8. (93 S.) Wien 878, (Gerold's Sohn.) *
Aus: Sitzungsberichte der k. Akademie der Wissenschaften, besonders abgedruckt.

Busson, Arnold s. Kopp, J(oseph) E(utych). Geschichte der eidgenössischen Bünde.

—— der Kreuzer. gr. 8. (12 S.) Berlin 885, Weyl.
Aus: Berliner Münz-Blätter, besonders abgedruckt.

—— der Krieg von 1278 und die Schlacht bei Dürnkrut. Eine krit. Untersuchung. Lex.-8. (145 S.) Wien 880, (Gerold's Sohn.) *

—— Lykurgos und die grosse Rhetra. Rede, gehalten bei Verkündigung des Resultates der Preisaufgaben. gr. 8. (29 S.) Innsbruck 887, Wagner'sche Universitäts-Buchh. *

—— über einen Plan an Stelle Wilhelms von Holland Ottokar von Böhmen zum römischen König zu erwählen. Lex.-8. (25 S.) Wien 868, (Gerold's Sohn.) *
Aus: Archiv für Kunde österreich. Geschichtsquellen, besonders abgedruckt.

—— die Sage von Max auf der Martinswand und ihre Entstehung. Lex.-8. (48 S.) Wien 888, (Tempsky.) *
Aus: Sitzungsberichte der k. Akademie der Wissenschaften, besonders abgedruckt.

—— Salzburg und Böhmen vor dem Kriege von 1276. Lex.-8. (51 S.) (Ebendas.) 884. *
Vorstehende zwei Schriften sind aus: Archiv für österreichische Geschichte, besonders abgedruckt.

Busson, Bruno, über einige Landplanarien. (55 S. mit 5 Fig. u. 1 Taf.) gr. 8. Wien 903. (A. Hölder.) n. 1. 40
Sonderabdruck aus: „Sitzungsber. d. k. Akad. d. Wiss."

Busson, Fel., die Unfallverhütung im Bergbaubetriebe. Praktische Winke f. Bergbehörden u. Betriebsbeamte m. Berücksicht. der im deutschen Reiche u. Österreich-Ungarn gelt. Vorschriften. 1. u. 2. Tl. gr. 8. Loeben, L. Nüßler. 7.70
1. Die Förderg. auf ebener u. geneigter Bahn. (V, 151 S. m. 127 Abb. 908. 4. 30
2. Saigere Förderg. u. Verladg. (V, 88 S. m. 68 Abb.) 910. 3. 40

Busson, G J . Leben und Offenbarungen der ekstatischen Jungfrau Elisabetha Eppinger zu Niederbronn ... in Frankreich. Eine wunderbare Erscheinung der Neuzeit. dargestellt in vierzehn Briefen .... Von Hrn. Abbé G. J. Büsson .... Aus dem Französischen übersetzt. 8. Einsiedeln 1849.

Busson, Paul, Aschermittwoch, s.: Bibliothek Langen, kleine. 57. Bd.

— Azraël. (125 S.) kl. 8. Wien 904. Wiener Verlag. n. 2. —; geb. n.n. 3. —

Busson, Paul: Besiegte. 2. Taus. (167) kl8° Wien'05. Berl., J Singer & Co. 1 —; geb. 2 — d

Busson, Paul: Nelsons Blut. (5, 151) 8° Lpzg, Xenien-Verl. '11. 2 —; L n 3 — d

Busson, Paul, Gedichte. 8. (VIII, 114 S. m. Titelbild.) Dresden 901. E. Pierson. n. 2. —; geb. n. 3. —

Busson, Paul, arme Gespenster. Historische Novellen. (148 S.) 8. München 909. A. Langen. 2. —; geb. 3. —

— Ruhmlose Helden. Vier dramat. Balladen m. e. Vorspiel. (I. Leben um Leben. II. Die Flüchtlinge. III. Coeurdame. IV. Morgenrot.) (127 S.) 8. München 902. A. Langen. n. 1. 50; geb. in Leinw. n. 2. 50

— Wiener Stimmungen. (155) 16° Wien, A Mohr '13. 1.50; geb. 2 — d

Büsson

— der Dienstspiegel, s.: Bannwart, P.

Büsson, G. J., Leben u. Offenbarungen der ekstat. Jungfrau Elisabeth Eppinger zu Niederbronn, Departement Niederrhein, in Frankreich. Eine wunderbare Erscheinung der Neuzeit, dargestellt in 14 Briefen. Mit Belehrungen üb. Zweifel u. Einwürfe gegen Offenbarungen ekstatischer Personen. Aus dem Franz. übers. 18. (XII u. 124 S.) Einsiedeln 849, Gebr. Benziger. 1/6 ß

Buss-Posaune, Gottes, mit dem Zeugniss und Gericht des Worts Gottes, wider die bösen Vorurtheile der Welt ... O. O. 1725. V: *Lüders, Gerhard.* (schr)

Buss-Posaune, Gottes, mit dem Zeugniss und Urtheil des Worts Gottes wider das Pabstthum ... O. O. 1725. V: *Lüders, Gerhard.* (schr)

Buss-Posaune, Gottes, mit dem Zeugniss des Wortes Gottes, dass der Messias gekommen ... O. O. 1725. V: *Lüders, Gerhard.* (schr)

Buss-Posaune, Gottes, mit dem Zeugniss des Wortes Gottes, dass sie wieder zu Gnaden aufgenommen ... werden sollen ... O.O.1725. V: *Lüders, Gerhard.* (schr)

Buss-Posaune, Gottes, mit dem Zeugniss des Wortes Gottes von dem Himmel u. der Höllen ... O. O. 1725. V: *Lüders, Gerhard.* (schr)

Buss-Posaune, Gottes, mit dem Zeugniss des Wortes Gottes, wider die Reformirten aus Gottes Wort vorgestellet. O. O. 1725. V: *Lüders, Gerhard.* (schr)

Bußprediger, der. Ein Wochenblatt f. Alle, die da hungert u. dürstet nach der Gerechtigkeit u. die den Frieden suchen in Christo Jesu. Hrsg. u. Schriftleiter: Paul Walter. 1. u. 2. Jahrg. Octbr. 1893—Septbr. 1895. à 52 Nrn. (1/2 Bog.) gr. 4. Norden, Christl. Buchh. (P. Walter). à Jahrg. n. 2.—

Bußpredigten

— englische, übers. v. Arnold. 4 Th. 4. Frankf. 702.

Busspredigten, Sieben, am Ende des 18. Jahrhunderts. Köln 1793. V: *Hüffer, Heinrich Gg* (*Wilhelm*). (Ky)

Bußpredigten, 7, am Ende d. 18. Jahrh. 8. Köln 793. Fabricius. 6 K

— 7, am Ende d. 18. Jahrh. p. Verf. d. 7 Bußgebete. 8. Münster, Aschendorff. 795.

Schreibp.

Bußpredigten, 7, am Ende d. 18. Jahrh. 8. Cöln, Fabricius. 797.

Die SIBEN Buss-Psalmen. Die Lytaney von Allen Heiligen Gottes. Wie auch für die Seelen im Fegfeuer. Samt Andern Gebettern zum eigenen Gebrauch. Pressburg o. J.: Maria Magdalena Royerin. 80 S. - 8°

Bußpsalmen, d. sieben, m. Erklär. gr. 8. Salzb. Mayr. 776.

Buß-Psalmen, die sieben. Auszüge aus Johann Arnds Predigten über den Psalter Davids. Nebst einem Vorwort von Besser. Berlin 861. Schlawitz. 8. (113 S.) n. 6 ngr; cart. n. 7½ ngr.

Buß-Psalmen, die sieben, aus der Vulgata dem Sinne nach übers. und mit kurzen Erläuterungen versehen. gr. 4. Augsburg 878, Haugg. *

Buß-Psalmen, die sieben, aus der Vulgata dem Sinne nach übersetzt u. mit kurzen Erläuterungen versehen. gr. 4. (48 S. m. mehrfarb. Initialen.) Augsburg 878. Literar. Institut v. Dr. Huttler. n. 8.—

Bußpsalmen, die sieben. (Lateinisch-deutsch.) 12. (16 S.) Wien 901. H. Kirsch. n. —20

Bußpsalmen, die sieben. (16 S.) 11,6×7,7 cm. Saarlouis (909). F. Stein Nachf. p —05

— dasselbe. Mit Anh.: Stabat mater. (20 S.) 16. München (909). J. Pfeiffer. —10

Buss-Psalmen, Die 7, a. d. Vulgata. Dom Sinne nach übers. u. m. kurzen Erläutergn versehen v. Max Huttler. (47) Lex8° Augsbg, Lit. Inst. Dr. M Huttler ('12). 1.80 d

Bußrose, neu verm., Gott wohlgefäll., od. auserles. Andachten, Morgen u. Abends. 12. Nürnb., Endter. 6 K

Buss- u. Sündenspiegel der Monarchie zu einer österlichen Generalbeicht. Die 10 Gebote werden mit Beziehung auf die Revolution durchgegangen, beim 7. Gebot wird an die Gräfin Hundsfeld (Lola Montez) erinnert. Fol. 1 Bl. (2 Mk. 50 Pfg. Th. Ackermann, 1913.)

BUSSTAGE eines Wüstlings; oder Phantasien eines Nervenkranken. 2 Bde. Leipzig, Heinsius, 1806. 12°. 240 u. 191 Seiten. Zahmen Inhalts. — Kayser hat: Erfurt, Hennings (ohne Jahrsangabe).

Busstagsfeier, Die; ein ernsthaftes Gedicht. Hamburg 1783. V: *Tanck, Franz Johann Daniel.* (MGT)

Busstagspredigt, Zweite. [Reval 1779.] V: *Sabler, Thomas.* (R-N)

Bußtagspredigten, hrsg. v. Conrad, s.: Im Reiche der Gnade.

Bußtagspredigten, 12, e. Landgeistlichen (Rob. Kohlhardt.) gr. 8. (IV, 86 S.) Göttingen 900. Berlin, F. Wunder. n. 1.—

Bussthränen, Evangelische, über die Sünden seiner Jugend ... Leipzig u. Bayreuth 1737. Basel 1737. V: *Buchka, Johann Simon.* (BB) (Fiker) (ML) (Mn) (JL)

Bußthränen über d. Sünden d. Jugend. 8. Hof 770. Vierling. 3 K

Bussübung, König Heinrich IV., zu Canossa 1077. Freiburg i. B. [1894]. V: *Meyer von Knonau, Gerold.* (Cat. d. Stadtbibl. Zürich. Zürich 1864—97.)

Büßungen, in Althing's Manier. 2 Thle. 8. Gießen, Müller. 815.

BÜSSUNGEN. In Althing's Manier. 2 Bde. Giessen, Ferber (1816). 8°. (2 Rthl.) (15 Mk., gestemp. Titelbll., Adolf Weigel, 1906:)
„Höchst seltener erotischer Roman."

Buß- u. Beichtunterricht, kurzer, für Kinder. 32. (16 S.) Paderborn 870. Bonifacius-Druckerei. — 6

Bußwald, s. a. Buswald.

Bußwald, Maria Anna, allgem. Kochbuch für Fleisch- u. Fastentage rc. 8. Grätz 802. 2e A. ... 3e A. 807. (Leipz., Wienbrack). 1 ß 4e A. 8. Grätz 825. Miller. 1 ß

Bußwald, Maria Anna, das verläßliche u. bewährte Grätzer Kochbuch, od. vollständ. Anleit., alle möglichen Gattungen, größtentheils ganz neuer Fleisch- u. Fastenspeisen zuzubereiten. 4., verm. u. verb. Ausg. 8. (24⅙ B.) Grätz 845, Dirnböck. *

Bußwecker, donnernder, oder geistl. Wetterglöcklein. 8. Leipz. 759. (W. Vogel). 3 gr Dass. 8. Heilbr. 789. Class. 3 gr

Buss-Wecker, Gross-Szölöscher Fast-Sabbathischer, oder Gott geheiligte Buss-Andachten ... O. O. 1738. V: *Melas, Luc. Christ.* (Pk)

Busswecker an den Verfasser der Jenaischen Zeitung. O. O. 1767. V: *Lentner, Carl Friedrich.* (MI.)

v. Bussy, Graf, Briefe. 8. Magdeb. 769. Hechtel. 10 gr

de Bussy, Ch., die Empörer gegen Kirche u. gesellschaftliche Ordnung. Aus d. Französ. von C. A. Kallmus. 2 Bde. Wien 865. Mechithar.-Congreg.-Buchhdlg. (Kirsch.) gr. 8. (XV, 863 S.) n. 1 ℛ 18 ngr.

Bussy, Roger de Rabutin Comte de

Bussy-Rabutin, la France galante. Le palais royal. — L'amour point du roi pour madame. — La princesse ou les amours de madame. — Junonie. Nouvelle éd. 12. (180 S.) Berlin 890. Neufeld & Henius. 1.20

Bussy-Rabutin. La France galante. Le palais royal. — L'amour peint du roi pour madame. — La princesse ou les amours de madame. — Junonie. Nouvelle édit. 12. (180 S.) Berl. 891, Neufeld u. Henius. 1 20

— histoire amoureuse des Gaules. Histoire d'Ardélise. Histoire de Madame de Chenoville. Histoire de Bélise et de Bussy. Nouvelle éd. 12. (160 S.) Ebd. 890. 1.20

Bussy-Rabutin, R. de, Lebensbeschreibung Ludwigs XIV. Aus d. Französ. Amsterdam (Nürnberg, Riegel) 1700.
Weller, fing. Dr. — Rar!
Orig.: Histoire abrégée du roi (Louis XIV) par *Roger de Bussy-Rabutin.* Paris 1699. 12⁰. — Amsterdam 1701. [1700?] 12⁰.

Bussy-Rabutin, Roger Graf v., geheime Liebschaften v. Pariser Hofdamen. A. d. Franz. v. Fr. W. Bruckbräu. 8. (19½ B.) Stuttgart 828, [Brodhag.]

— — Geheime Liebschaften von Pariser Hofdamen. Von *Roger* Grafen *v. Bussy-Rabutin,* General-Major der französ. leichten Cavallerie, und Mitglied der Akademie. Aus d. Französ. übers. (Bearbeitung der „amours des Dames illustres de nostre siècle", 1680 etc.) von Fr. Wilh. Bruckbräu. Stuttgart. Gebrüder Franckh. 1828. 8⁰. 296 S. (2 Mk. 50 Pfg. P. Neubner, 1892; 5 Mk. Max Harrwitz, 1891.)
14 S. Vorst. u. 254 S.
— — Dasselbe. Ebd. 1828. (Neuer Druck, c. 1865.) 8⁰. 14 und 254 S. (4 Mk. Bielefeld; 4 Mk. Damköhler.)

§ **BUSSY-RABUTIN,** Das Orakel der Liebe. Ein Toilettengeschenk für Liebende. Nach dem Franz. des *Roger,* Grafen *v. Bussy-Rabutin* von Frdr. Wilh. Bruckbräu. Augsburg u. Leipzig, in der v. Jenisch- u. Stageschen Buchhdlg. 1828. 8⁰. (In München: Ph. pr. 178 m.) Selten!
1 Bl., 124 S. (incl. 28 S. Vorw. m. biogr. Notizen). — Eine poet. Uebertragung der „Maximes d'amour" findet sich schon in Philander (s. d.) v. d. Linde's (Joh. Burch. Mencke's) „Galanten Gedichten", Lpz. 1705, S. 133 bis 166, sowie in Dessen „Schertzhafften Gedichten". Lpz. 1706, 1713, 1722. 8⁰.

Bussy, Rosa, lose Blätter aus Heine's Buch der Lieder in Farbendr. nach Orig.-Aquarellen. Berlin 866. Wreden & Borstell. gr. 4. (6 Bll.) n. 5 ℛ

Bussy, R, lose Blätter a. Heine's Buch d. Lieder. 4. (6 Chromol.) Braunschw. 66, Wreden. n. 5. —

Büst, Frz., Ecce homo oder Betrachtungen über den Purpurmantel, das Schilfrohr und die Dornenkrone unseres lieben Herrn Jesu Christi. 8. (242 S. mit 1 Stahlst.) Trier 853, Lintz'sche Buchh.

—— Fest-Predigten. 8. (420 S.) Trier 856, Lintz'sche Buchh.

Büst, Frz., der himmlische Gärtner. (In 2 Bdn.) 1. Bd. 8. (IV und 471 S.) Regensburg 861,62, Manz.

Büst, Frz., der himmlische Gärtner. 2. (Schluß-)Bd. 8. (564 S.) Regensburg 862, Manz.
1. Bd. Ebendas. 1861. 1 Thlr. 6 Ngr.

Büst, Frz., der dürstende Jesus. Ein Buch zur Belehrung u. Erbauung. 8. (XII u. 270 S.) Coblenz 852, Hölscher. n. ⅓ ℛ

—— d. dürstende Jesus. 8. (270) Cobl. 53, Hölscher. n. — 10

Büst, Frz., die römisch-kathol. Kirche besungen in drei Gedichten. 12. (1½ B.) Trier 845, Lintz'sche Buchh.

Büst, Frz., d. römisch-kathol. Kirche besungen in 3 Gedichten. gr. 12. Trier 1846, Linz. 6 Ngr. — 24 kr.

— das Vaterunser, ausführlich erklärt in einer Reihe von Predigten. Ebend. 854. 8. (261 S.) 25 ngr

Bustamente u. Ebeling, Anleitung zur Erlernung der spanisch-deutschen Umgangssprache, s.: Polyglotten-Gespräche.

Bustamente, Carlos Maria (Hrsg.), s. Ixtlilxôchitl, Don Fernando d'Alva: Die Grausamkeiten der Eroberer Mexicos.

Büste, D. Luthers. [Berlin 1806.] V: *Gädike, Johann Christian.* (MGT)

Büste, Die, des Socrates, oder das Tribunal unserer lieben Frauen; Lustspiel in 4 Akten. Berlin 1809. V: *Friedrich, Theodor Heinrich.* (Ky) Vlg. Braunes.

Büste, Die, des Socrates, oder das Tribunal unserer lieben Frauen. Ein Schattenspiel an der Wand in 4 Aufzügen. [Berlin 1813.] V: *Voss, Julius von.* (MGT)

Büsten, Acht, des Vatikan. Mytholog. u. Histor. Personen d. Griechen u. Römer. Ausgewählt aus dem „Museo Pio Clementino" mit Uebersetz. des erläut. Textes von E. Qu. Visconti. Lith. v. F. A. Fricke. Als Ergänz. d. Bildniss-Sammlungen: „Der Röm. Kaiser; der Griech. u. Röm. Schriftsteller," so wie als Zeichenbuch antiker Köpfe. gr. 4. Leipzig 830, Köhler jun. [Stuttgart, Löflund u. Sohn.] 20 Gr. Erbesto Ausg.

Büsten Berl. Gelehrten u. Künstler, mit Devisen, (v. J. F. Knüppeln, Nencke u. C. L. Paalzow). 8. (Stendal) 787. Franzen u. Gr. 1 ℛ Nachtr. dazu (v. J. F. Knüppeln). 8. Halle 792. Franke. 16 gr

Büsten-Charakteristik, Fr. Xav. Messerschmid's, von Dr. G. H. *Wien* 1858. *Mechitar.-Buchdr.* 31 S., 8⁰.

Busteter's, H., ernstlicher Bericht. Abdruck der einzigen Ausgabe [1532]. Mit e. Wörterverzeichnisse v. A. Birlinger hrsg. v. J. Peters. gr. 8. (VIII, VIII, 66 S.) Bonn 887. Strauß. n. 2. —

Busterro, Jak., neuentdecktes u. eigenthüml. Verfahren z. schnelleren Zerschmelzen u. Bleichen des Unschlitts. Ein versiegeltes Couv. in Lex.-8. Münch. 836. Weber's B. (Bauer.) 2⅓ ℛ

El derecho mercantil, de cambio, de quiebra y maritimo de Honduras. Das Handelsrecht, Wechselrecht, Konkursrecht u. Seerecht von Honduras. Bearb. u. erl. von Pedro J. Bustillo, übers. von Heinrich Hillebrand u. Karl Uerpmann. Berlin: v. Decker [1910]. 54, 54 S. 4⁰(8⁰)
(Die Handelsgesetze d. Erdballs. Ausg. D. Bd 2, [2.]) [10. 17616]

Bustillo, Pedro J., das Handelsrecht, Wechselrecht, Konkursrecht u. Seerecht v. Honduras, s. a. Handelsgesetze, die, des Erdballs.

Bustillo, Pedro J.: Das Handelsrecht, Wechselrecht, Konkursrecht und Seerecht von Honduras. Übers. von Heinr. Hillebrand u. Karl Uerpmann. Berlin [1908].
(in: Borchardts Handelsgesetze d. Erdballs, 2. Aufl. Bd 23)

Bustis, Vincent de

Arlequin der Ausreisser, demnächst ein Zauberer, oder der Doctor ein Bräutigam in der Einbildung, ein Sr. Churfürstlichen Gnaden zu Cölln ꝛc. gewidmetes Schauspiel, in einem Tanze mit stummen Vorstellungen. Erfunden und eingerichtet durch den Hrn. Vincent de Bustis gen. Ravaschiello ... Die Musik ist verfertiget von dem Hrn. Kapellenmeister Andreas Luchesi ... Bonn, gedruckt in der Churfl. Hofbuchdruckerey. 8°. (Französisch u. deutsch.)

Büstorff, Gertr., s.a. **Mengs, Geo.**

Auf Bergeshöh'n. Roman von Georg Mengs (Gertrud **Büstorff**). T. 1. 2 (in 1 Bde). *Berlin: O. Janke (1903).* (232, 190 S.) 8° [F.] [04. 5795

Karen. Eine Sylter Gesch. von Georg Mengs [d. i. Gertrud **Büstorff**.] *Halle a. d. S.: O. Hendel (1899).* (132 S.) 8° [F.]
= Bibliothek d. Gesamtlitteratur d. In- u. Auslandes. No 1249–1250. [00. 7139

Junge Leiden. Roman von G[eorg] Mengs [d. i. Gertrud **Büstorff**]. *Berlin: O. Janke (1892).* (279 S.) 8° [F.] [00. 7138

Wen Du nicht verlässest. Genius. Roman von Georg Mengs (Gertrud **Büstorff**). Berlin: O. Janke (1905). (437 S.) 8° [F.] [05. 19986

Busuiocescu, Demeter, das Tabakmonopol in Rumänien, s.a. **Abhandlungen, volkswirtschaftl. u. wirtschaftsgeschichtl. N. F. 4.**

Busuiocescu, Demeter, (Rumänien): Das Tabakmonopol in Rumänien. Mit 3 Kurven. Jena: G. Fischer 1905. (84 S.) 8° ¶[Ersch. vollst. in: Volkswirtsch. u. wirtschaftsgesch. Abhandlungen H. 4.]
Leipzig, Phil. Fak., Ref. Stieda u. Bücher, Diss. v. 9. Mai 1905
[Geb. 22. Okt. 74 Namaesti, Rumänien; Wohnort: Namaesti; Staatsangeh.: Rumänien; Vorbildung: Niphousemluar Bukarest Baccalaureat Febr. 96; Studium: Bukarest 12, Lizentiat 1. Juni 01, Leipzig 5 S.; Rig. 22. Febr. 05.]

Nordseebad **Büsum**. (Büsum. 1902.) 4° k.
—— ebd. 1903. 8°.

Büsum in Holstein, das Nordseebad. 12. (52 S. m. Abbildgn.) Hamb. 891, Jürgensen u. Becker. [* — 50] * — 25

Nordseebad **Büsum** in Holstein. *(Busum 1902: W. Clausen.)* (30 S.) quer-8° [Kopft.] [02. 3268

Nordseebad **Büsum** in Holstein. Hrgg. v. d. Badekommission. Saison 1906. Büsum. (1906.) 8°

Busutilli, Salvatore. [Trachten des päpstlichen Hofes.] o. O. 1839. 9 Bl. kol. Rad. 4°.

Busvold, Nils. Ueber die quantitative Bestimmung, sowie Trennung von Chlor- und Chlorwasserstoff in Gasgemischen. Diss. Phil. [II.] Univ. Zürich. [Mit Figuren.] 76 S. 8. Zürich-Selnau, Gebr. Leemann & Co., 1909.

Buswald, D.: Ueber das formell Bildende des Sprachunterrichtes. 14 S.
Progr. Marburg 1854.

Buswald, Dr. Jg., Dom-Capitular des Stiftes Admont. Unsere Zeit vom universellen Standpunkte aus beleuchtet. gr. 8. (40 S.) Graz, Kienreich. *1861 ?* 40 kr.

Buswald, M., Versuch e. gründl. Anweis., engl. od. natürl. Gärten anzulegen. Für Gartenfreunde u. Gärtner. 12. (1¾ B.) Grätz 832, (Damian u. Sorge.)

Busz, Hans G. A. E.: Die Form der Litiscontestatio im klassischen römischen Recht. Münster 1907. 8°
Münster, Jur. Diss. v. (1907).

Busz, K., Sach- u. Orts-Verzeichnis, s.: **Bruhns, W.**

Busz, Karl: Beiträge zur Kenntniss des Titanits .... Stuttgart, E. Schweizerbart'sche Verlagsh. (E. Koch), 1887; 2 Bl. + 51 S. + 2 Bl. u. 3 Taf. 8°.
Bonn, Phil. Fak., Inaug.-Diss. v. 6. Aug. 1887.

Buszczyński, Boleslaus [Assist. d. k. u. k. Sternwarte zu Krakau]: Ueber hyperbolische Bahnen heller Meteore. — Fortsetzung zu: „Ueber die Bahnen der am 11. December 1852 und am 3. December 1861 in Deutschland beobachteten hellen Meteore". Halle 1886 ... Thorn, Druck u. Verl. v. J. Buszczyński, 1890; 30 S. + 1 Bl. 8°
Erlangen, Phil. Fak., Inaug.-Diss. v. 1890

Buszczyński, Boleslaus. Ueber hyperbolische Bahnen heller Meteore. Fortsetzung zu: „Ueber die Bahnen der am 11. Decbr. 1852 u. am 3. Decbr. 1861 in Deutschland beobachteten hellen Meteore". Diss. gr. 8. (30 S.) Thorn 890. (Lpz., Fock.) * — 80
Angezogene Schrift. Halle 1886. * — 60.

Buszczynski, B., üb. die Bahnen der am 11. Dezbr. 1852 u. am 3. Dezbr. 1861 in Deutschland beobachteten hellen Meteore. gr. 8. (32 S.) Halle 886. Schmidt. n. — 80

— über die Beobachtungen der oberen Wolken u. den Zusammenhang derselben m. d. Vorherbestimmg. des Wetters m. besond. Berücksicht. der vierjährigen Wolkenbeobachtgn. auf d. kgl. Sternwarte zu Breslau [1882—85]. gr. 8. (9 S.) Halle 887. Schmidt. n. — 60

Buszczynski, B., Dr., Erfahrungen mit dem Kreil'schen Barographen. (Separat-Abdruck aus der Zeitschr. für Instrumentenkunde, 1890.)

Buszczynski, B., Dr., Der jährliche und tägliche Gang, sowie die Extreme des Luftdruckes zu Krakau. (Sep.-Abdr.) Wien 1891.

— Die Luftdruck-Verhältnisse von Krakau nach den stündlichen Barographen-Aufzeichnungen. (Sep.-Abdr. a. d. Meteor. Ztschr. 1891.)

But, le, de la vie humaine terrestre et la nouvelle église du Seigneur. Traduction du suédois en français. gr. 8. (484 S.) Basel 873, Schweighauser'sche Buchh. *

Buet, Chr., der Parteigänger der Königin. Historischer Roman aus der Hugenotten-Zeit. Frei bearb. v. A. Zingeler. 8. (VIII, 264 S.) Köln 886. Bachem. 2. 50; geb. n. 4. —

Butchart, Stewart F., sind die Gedichte „Poem on pastoral poetry" u. „Verses on the destruction of Drumlanrig Word" v. Robert Burns?, s.a. **Studien, Marburger, zur engl. Philologie. 6. Hft.**

Butchart, Stewart F., aus Dundee (Schottl.): Sind die Gedichte 'Poem on Pastoral Poetry' und 'Verses on the Destruction of Drumlanrig Woods' von Robert Burns? *Marburg 1903: R. Friedrich.* (60 S.) 8° ¶[= Marburger Studien zur engl. Philol., H. 6.]
Marburg, Phil. Diss. v. [9. Juni] 1903

Sind die Gedichte 'Poem on Pastoral Poetry' und 'Verses on the Destruction of Drumlanrig Woods' von Robert Burns? Von Stewart F. **Butchart**, Dr. phil. *Marburg: N. G. Elwert 1903.* (60 S.) 8°
[Erschien zuerst als Inaug.-Diss. Marburg 1903.]
= Studien, Marburger, z. engl. Philologie. H. 6. [03. 16901

Butcher, James Hornby (Ramsbotton)
De indole et auctoritate quattuor evangeliorum.
[lt. Dekanatsbuch handschriftl. vorgelegt.]
Dr. theol. Giessen 30.12.1865.

Bute, Gr. v., Staatsverwalt. in Grossbritann. 8. Berlin, Viernstiel. 764.

Bure, Jul., Abhandl. v. d. Segen Jakobs über Juda ꝛc. Aus d. Engl. v. J. Ph. Cassel. 8. Bremen 754.

Büte, Th.

—— u. A. v. **Borries**. Die nordamerikan. Eisenbahnen in techn. Beziehung. Bericht üb. e. im Auftrage d. Ministers der öffentl. Arbeiten im Frühjahre 1891 unternommene Studienreise. Mit 71 Abbildgn. im Text u. 55 lithogr. Taf. Imp.-4. (XII, 282 S. m. 1 Übersichtkarte.) Wiesb. 892, Kreidel. In Mappe * 40 —

Büte, Th., der Hofzug Sr. Maj. des deutschen Kaisers, Königs v. Preussen. I. II. [Aus: „Zeitschr. f. Bauwesen".] gr. Fol. Berlin, W. Ernst & Sohn. Kart. à n. 10. —
I. Der Salonwagen. (9 S. m. Text-Abbildgn. u. 3 Taf.) 891.
II. Der Salonwagen Ihr. Maj. der deutschen Kaiserin, Königin v. Preussen u. die übr. Wagen d. Hofzuges. (VII, 6 S. m. Text-Abbildgn. u. 5 Taf.) 893.

Büte, Th., Resultate von Versuchen über die Widerstandsfähigkeit von Radreifenbefestigungen an den Rädern der Eisenbahnfahrzeuge. [Aus: „Glaser's Annalen f. Gewerbe u. Bauwesen".] Fol. (III, 21 S. m. eingedr. Fig.) Berlin 880. Polytechn. Buchh. in Comm. n. 2. 50

Büte. Versuche mit continuirlichen Bremsen auf der Strecke Guntershausen-Gensungen. Cassel 1877.

Büte, Die Versuche mit continuirlichen Bremsen angestellt in Folge Erlasses Sr. Exc. des Ministers für Handel etc. auf der Bahnstrecke der Main-Weser-Bahn, Guntershausen-Gensungen bei Cassel vom 1—4. Aug. 1878 u. deren Resultate. Cassel (1878). Fol.

Bütefisch. Hermann [app. Arzt aus Dannhorst]: Über Encephalopathia saturnina. Kiel, Druck v. L. Handorff, 1891; 21 S., 1 Bl. 8°
Kiel. Med. Fak., Inaug.-Diss. v. [30. Jun.] 1891

Bütefisch, Herm., üb. Encephalopathia saturnina. Diss. gr. 8. (21 S.) Kiel 891. (Gnevkow & v Gellhorn.) n. 1. —

Bütefisch, Jh. Aug., (†...) Anweis., wie e. Lehrling d. Wundarzneikunst sich in d. Anfangsgründen d. Anatomie u. Chirurgie bekannt machen kann. 8. Braunschw. u. Wolfenb. 773. Meißner. (Lotter u. S. in Augsb.) 6 ℊ

Buetefisch, Johann August: Kurze Anweisung wie ein Lehrling der Wundarzeneykunst sich in der Anatomie und Chirurgie die vornehmsten Anfangsgründe bekannt und geläufig machen kann . . . Nebst einer vorläufigen Anleitung wie sich ein rechtschaffener Discipulus chirurgiae während seiner Lehrzeit aufzuführen . . . hat . . . zusammengetragen durch Joh[ann] Aug[ust] Buetefisch. Braunschweig, Leipzig & Wolfenbüttel: Meißner 1774. XII, 128 S. 8°

Butel, G.: Les Viandes tuberculeuses et l'hygiène publique. O. O. u. J. [um 1895]. 11 S.

Bütemeister, Ger. Frid. Henr.: Deductio jur. de privilegio dotis mulieribus Judaicis non denegando. Gottingae 1792.

Bütemeister, Heinrich Johann, s.a. Bytemeister

Bütemeister, Heinrich Johann, Academiae a criminationibus Godofredi Arnoldi vindicatae in diss. epist. ad virum Christian Münden. Helmstedt (P. D. Schnorr) 5. V. 1727. 8 S. (3.50) 4605

* *Henr. Jo. Bütemeisteri* de pretio compendiorum quorundam ad juvandas arithmeticae decimalis pragmatias aevo recentiori excogitatorum. Vitemb. 4. 1719.

Butenschoen, Friedrich, s. Butenschoen, Johann Friedrich

Butenschön, G: Preisverzeichniß über Bedarfs-Artikel für technische Bureaux. Bahrenfeld b. Hamburg 1900

Butenschön, G: Preis-Verzeichniß der geodätischen und astronomischen Instrumente. Bahrenfeld b. Hamburg 1899

Butenschön, Jh. Fr.

Butenschön, Jh. Fr., Alexander d. Eroberer. 1r Bd. 8. Zürich 791. Ziegler. 1 ℛ 4 ℊ

— Cäsar u. Cato, u. Friedrich v. Preußen, e. histor. Lesebuch. 8. Heidelb. 789. Braun. 1 ℛ 8 ℊ

— s. Leiden zweier edlen Liebenden.

— Petrarka, e. Denkmal edler Liebe u. Humanität. 1r Bd. 8. Leipz. 796. Schmidt. 1 ℛ 8 ℊ Velinp. 2 ℛ 8 ℊ

— Reise-Schilderungen, Flucht-Abentheuer u. Robinsons-Sagen, zur Stärkung u. Richtung d. jugendl. Muthes. 1r Bd, mit 4 ill. Kpf. 8. Heidelb. 826. Oßwald. geb. 1 ℛ 8 ℊ schwarz 1 ℛ 4 ℊ ungeb. ohne Kpf. 1 ℛ

— romant., kom., rühr. u. moral. Unterhaltungen. 1r Thl. 8. St. Gallen 791. Huber u. Comp. 16 ℊ

Butenschön, Niklas F. Uns Modersprake in Amerika. Plattdütsche Gedichte. Ill v Phil. G. Cussacks. NY, 1886.

Buth, Erich, Unterarzt im 2. Rhein. Feldart.-Reg. No 23: Aus d. chirurg. Abt. d. St. Hedwigskrankenhauses zu Berlin. Über einen Fall von retrorectalem Fibrolipomyxom mit Ausgang in eine nach der Operation eingetretene tödliche Duodenalblutung. *Berlin (1904): G. Schade.* (28 S.) 8°
Berlin, Med. Diss. v. 17. März 1904

Buth, Fritz, Kammergerichts-Ref.: Das rechtsgeschäftliche Veräußerungsverbot ⟨Verbot der Veräußerung eines veräußerlichen Rechts⟩ nach gemeinem Recht und B.G.B. *Berlin 1903: A. W. Hayn's Erben.* (80 S.) 8°
Rostock, Jur. Diss. v. [18. Apr.] 1903

Buth, Karl, s.: Ratgeber z. Vorbereitung auf d. zweite Lehrerprüfung.

Das Königliche evangelische Schullehrerseminar in Liegnitz. Festschrift z. 25jähr. Bestehen d. Anstalt 1907. Von Karl **Buth**. Mit Abb. Breslau: F. Hirt 1907. (32 S.) 8° [F.] [08. 3026]

Buth, Ludw., geh mit! Es ist deine Sache, die wir treiben! Eine Handreichg. f. Jünglinge. Mit e. Anh.: Jesus. (Neue Ausg.) (80 u. 16 S.) kl. 8. Niederschönhausen (908). (Berlin, F. Sensenhauser.) — 40

—— **und Hugo Reimer,** Leitfaden für den Unterricht in der deutschen Rechtschreibung. 3 Hefte. gr. 8. Berlin 880, [Chun.] Klinkhardt. *

Inhalt:
Heft 1. Unterstufe und Mittelstufe I. (55 S.) * 40 Pf.
" 2. Mittelstufe II. (48 S.) * 35 Pf.
" 3. Oberstufe I und II. (98 S.) * 60 Pf.

Buth, Ludw., und Hugo Reimer, Leitfaden für den Unterricht in der deutschen Rechtschreibung. 3 Hefte. gr. 8. Berlin und Leipzig, Klinkhardt. *

Inhalt:
Heft 1. Unterstufe und Mittelstufe I. 3. verb. Aufl. (46 S.) 885. * 40 Pf.
" 2. Mittelstufe II. 2. verb. Aufl. (40 S.) 886. * 35 Pf.
" 3. Oberstufe I und II. 2. verb. Aufl. (64 S.) 886. * 60 Pf.

Buth, L., u. H. Reimer, Leitfaden f. den Unterricht in der deutschen Rechtschreibung. 1. u. 2. Hft. Neue Aufl. Besorgt v. L. Buth. 8. Leipzig 889. Klinkhardt. n. — 75
1. Unterstufe u. Mittelstufe I. 4., verb. Aufl. (46 S.) n. — 40
2. Mittelstufe II. 3., verb. Aufl. (40 S.) n. — 35

Buth, Ludw., u. Hugo Reimer, Leitfaden f. den Unterricht in der deutschen Rechtschreibung. 3 Hfte. Neue Aufl. Besorgt v. Ludw. Buth. gr. 8. Leipzig, J. Klinkhardt. n. 1. 35
1. Unterstufe u. Mittelstufe I. 6. Aufl. (46 S.) 893. n. — 40
2. Mittelstufe II. 4. Aufl. (40 S.) 892. n. — 35
3. Oberstufe I u. II. 3., verb. Aufl. (VI, 67 S.) 890. n. — 60

Buth, L, u. H Reimer, Leitf. f. d. Unterricht in d. deut. Rechtschreibg. 3 Hfte. Neue Afl. Besorgt v. L Buth. 8° Lpzg 95, J Klinkhardt. 1.35
1. Unterstufe u. Mittelstufe I. 7. Afl. (40) — 40 ‖ 2. Mittelstufe II. 5. Afl. (40) — 35 ‖ 3. Oberstufe I u. II. 4. Afl. (57) — 60.

Buth, Ludw., u. Hugo Reimer, Leitfaden f. d. Unterr. in d. deutschen Rechtschreibung. 3 Hfte. Neue Aufl., besorgt v. Ludw. Buth. 8. Berlin 897. Leipzig, J. Klinkhardt. n. 1. 35
1. Unterstufe u. Mittelstufe I. 8. Aufl. (46 S.) n. — 40
2. Mittelstufe II. 6. Aufl. (40 S.) n. — 35
3. Oberstufe I u. II. 5. Aufl. (VI, 58 S.) n. — 60

Buth, Ludw., u. Hugo Reimer, Leitfaden f. den Unterricht in der deutschen Rechtschreibung. 1. u. 2. Hft. Neue Aufl., besorgt v. Ludw. Buth. 8. Berlin 899. Leipzig, J. Klinkhardt. — 75
1. Unterstufe u. Mittelstufe I. 9. Aufl. (46 S.) n. — 40
2. Mittelstufe II. 7. Aufl. (40 S.) n. — 35

Buth, L, u. H Reimer: Leitf. f. d. Unterr. in d. deut. Rechtschreibg. 3 Hefte. Besorgt v. L Buth. 8° Lpzg, J Klinkhardt. 1.35 d
1. Unterst. u. Mittelst. I. 11. Afl. (40) '03. — 40 ‖ 2. Mittelst. II. 9. Afl. (40) '03. — 35 ‖ 3. Oberst. I u. II. 8. Afl. (58) '05. — 60.

Buth, Ludw., u. Hugo Reimer, Leitfaden f. den Unterricht in der deutschen Rechtschreibung. Neue Aufl., besorgt v. Ludw. Buth. 1.—3. Heft. 8. Leipzig, J. Klinkhardt. n. 1. 35
1. Unterstufe u. Mittelstufe. I. 12. Aufl. (46 S.) 900. n. — 40.
2. Mittelstufe. II. 10. Aufl. (40 S.) 908. n. — 35.
3. Oberstufe I u. II. 8. Aufl. (VI, 58 S.) 905. n. — 60

Buth, Ludw., deutsche Rechtschreibung. Sachlich und alphabet. geordnetes Wörterverzeichnis nebst Regeln zum Gebrauch in preuß. Volksschulen. gr. 8. (16 S.) Berlin 880, W. Schultze's Verlag. *

Buther, M. G.: „Entwurf eins Landwirthschaftscalenders, über die in jedem Monat vorfallenden vornehmsten Haushaltungsverrichtungen etc., auf Veranlassung der Leipziger ökonomischen Societät", Leipzig 1773.

Buthmann, Heinrich, appr. Tierarzt: Aus d. hyg. Inst. d. Tierärztl. Hochsch. in Hannover. Dir.: Dammann. Ein Beitrag zur Frage der Verbreitung des Bacillus Paratyphi B und seiner Beziehung zur gastrointestinalen Form der Fleischvergiftungen. Flensburg 1909: Maass. 28 S. 8°
Gießen, Veterinär-Med. Diss. v. 23. Sept. 1909, Ref. Olt
[Geb. 21. Juni 84 Bangkok, Siam; Wohnort: Hannover; Staatsangeh.: Preußen; Vorbildung: Realgymn. Flensburg Reife O. 05; Studium: Tierärztl. Hochschulen München 1, Hannover 3, Berlin 1, Hannover 2 S.; Rig. 23. Juli 09.]
[U 10. 1186

Buthmann, Joachim Mathias

— **neue unterhalt. Erzählungen für die reifere Jugend. Ein Festgeschenk für gute Kinder beiderlei Geschlechts von 8 bis 14 Jahren. Mit 6 Stahlstichen von den ersten Künstlern Englands. gr. 12. Hamburg 837. Berendsohn. 1½ ₰ — Ausg. mit 6 fein ausgemalten engl. Stahlstichen. gr. 12. Ebd. 839. 2 ₰**

Buthmann, J. M., Haupt-Daten aus der Geographie. Ein Memorandum f. Lehrer u. Lernende. 8. (III, 28 S.) Hamburg 878. Berendsohn. — 30

[Lied] Dem Logen-Meister J. M. **Buthmann** und seinem deputierten Meister G. F. Blumm am 73sten Stiftungsfeste der Loge zur goldenen Kugel gewidmet von ihren ihnen treu verbundenen Brüdern. Hamburg [1843]: Appel. 2 Bl. 8°. [Umschlagtit.]
„Auf Brüder! blicket dankerfüllt ..."

Prolog bei der 1ten Stiftungsfeier der □ zur Bruderkette in dem neuerbauten Logenhause am 25. Febr. 1891 von J[oachim] M[athias] **Buthmann.** Hamburg [1891]: Conrad. 2 Bl. 8° [Umschlagtit.]
„Dankes-Hymnen lasst zum Himmel schallen, . . ."

Ein Rückblick auf die Entstehung und 25 jährige Wirksamkeit der Loge zur Bruderkette im Or. Hamburg, vom Jahre 1847 bis zum Jahre 1872. Von J[oachim] M[atthias] **Buthmann.** Hamburg [1872]: Kümpel. 30 S. 8° [Umschlagtit.]
Recens: Bh. 16 (1873) S. 149—150; FZ. 27 (1873) S. 126.
Tt. 481.

Die Schwester als Maurerin. Von [Joachim] M[atthias] **Buthmann.** Leipzig 1860. 15 S. 8°
in: Bh. 4 (1861) S. 121—124.
Tt. 1975.

Buthmann, J. M., der erzählende Vater im Kreise seiner Kinder, oder belehr. Unterhaltungen für die reifere Jugend. Mit (2) color. Abbildd. gr. 12. Hamb. 835. Berendsohn. 5/6 ₰

Maurerische Vorträge von J[oach.] M[atthias] **Buthmann.** Hamburg: Schuberth 1856. 96 S. 8°
[Dasselbe.] 2. Aufl. Hamburg: Berendsohn in Comm. 1865. 120 S. 8°
Recens: FZ. 10 (1866) S. 308—309.
Tt. 1849. In Versen.
1. Aufl. in 193; 2. Aufl. in 23. 25.

Butkewitsch, Romanus von *(geb. Bykowianz in Rußl. 9. 8. 1844)*: Ueber die Differential-Diagnose der Nieren- und Eierstocks-cysten. Breslau (1871). (33 S.) 8° *[Im Buchhandel 1871 bei Maruschke & Berendt in Breslau.]*
Breslau, Med. Diss. v. 4. Mai 1871

Butkovič Josef: Die Wirtschafts-Zustände Kroations während der Zeit der einheimischen Dynastie und bis zu Ende des 12. Jahrhunderts. **Diss.** Wien, Univ.
H. 1909 PN 2795 1024

Butler, (Frau) Josephine E(lisabeth) B'.... In memoriam — (Mme) Joséphine-E(l') B'.... In m' s. [Minod, Henri].

Butler, s.a. Buttler.

BUTLER, Mona (Wenn ein Kind liebt .....) Eine Geschichte von Liebe und Rute. (Priap. Roman eines talentvollen Autors, der etwas Edleres verfassen könnte.) Aus d. Englischen von D. E. Loty (wohl ps.). Privatdruck. O. O. u. J. (Sudbury 1907). 8°. VIII—121 S. Lat. Lett. (Br. Mk. 15.—; Lederbd. m. Goldschn. Mk. 18.—.) Br. 14 Mk. F. Waldau, 1908; 15 Mk., Expl. im Origlederbd., Adolf Weigel, 1909.)

Butler, AJ Percival, s: Butler, Percival.

Butler, Alban

— **Dr. James, Cathechismus with some pious prayers. Impr. of the types de Congreg. de Propag. Fide. 18mo. (Mechitar. in Wien.) ⅓ Thlr. — 36 kr.**

(Butler, Alban,) die Feste d. Herrn u. ihre Feier in d. kathol. Kirche. (A. d. Franz. übers.) v. A. Räß u. N. Weis. 3—5. Lfg. od. 2. Bd. 2., verm. u. verb. Aufl. gr. 8. (47½ B.) Mainz 835, 36, Kirchheim, Schott u. Thielmann. à ⅔ Thlr.
1. u. 2. Lfg. od. 1. Bd. Ebendas. 1834, 35. 1 Thlr. 8 Gr. Bilden auch d. 22. u. 23. Bd. v. dess., Leben d. Väter rc.

– dass., s.a. Butler, J.

Butler, (A.,) Leben d. Väter u. Märtyrer, s.a. **Leben.**

Butler, Alban, Leben der Väter u. Märtyrer nebst anderer vorzügl. Heiligen, ursprüngl. in engl. Sprache verfaßt. Nach der franz. Uebersetzung von Godescard für Deutschland bearb. u. sehr verm. von Dr. Räß u. Dr. Weis. 1r Bd. 2e unveränd. Ausg. gr. 8. (Mit 1 Steintaf.) Mainz 837. (Kirchheim, Schott u. Thielmann.) 1 1/6 ₰

— — **Leben der Väter und Märtyrer rc. (in einer weitläufigen deutschen Bearbeitung) nach Godescard's Uebersetzung v. Räß u. Weis, jetzige Bischöfe von Speyer u. Strasburg. 23 Bde. 2e unveränd. Ausg. gr. 8. Mainz 1838—40. Kirchheim u. Sch. 26 Thlr. 20 ggr. — 46 fl.**

Butler, (Miss) Annie R . Klein-Kätchen oder Sonnige Erinnerungen aus dem Leben eines Kindes. Übersetzt mit Erlaubnis der Verfasserin von E v[on] D[obeneck]. Mit einem Titelbild. 78 S. 8. Berlin, Deutsche Evangel. Buch- und Traktat-Gesellschaft, 1908. [M. —.40]
Darin S. 16—26: Das Leben in der Schweiz; *u. s. w.*

Butler, Ant., Leben d. Väter u. Märtyrer, s. Leben.

Butler's, Charles, English grammar (1634), hrsg. v. A. Eichler, s.a. Neudrucke, frühneuengl. Grammatiken. IV, 1.

Charles **Butler's** English Grammar (1634) hrsg. von Dr. A(lbert) Eichler. Halle a. S.: Niemeyer 1910. XIX, 134 S. 8°
(Neudrucke frühneuenglischer Grammatiken. Bd 4, 1.) [10. 1393 3

Butler, Cuthbertus, s: Benedicti, Sancti, regula monachor.

Butler, EJ: The leaf spot of turmeric (Taphrina maculans sp. nov.). [Aus: „Annales mycol."] (36—39 m. 1 Taf.) gr8° Berl., R Friedländer & S. '11. nn 1 —

Butler, F. W. Robertson, the English language. Practical lessons in spoken and written English with 200 exercises. (XV, 200 S.) kl. 8. Wien (910). K. Graeser & Co. Geb. in Leinw. 3. 40

Butler, Geo, Codex Virgilianus qui nuper ex bibliotheca Abbatis Matt. Lud. Canonici Bodlejanae accessit cum Wagneri textu collatus. 8maj. (III und 66 S. mit 1 Stnt.) Oxoniae 854. (Lipsiae, Brockhaus.) Thlr. •

Butler, Hiram E., praktische Methoden, den Erfolg zu sichern, s.a. Georg's, Carl, Bücherei 4. Bd.

Butler, Hiram E., praktische Methoden, den Erfolg zu sichern. Autoris. Uebersetzg. der 16. amerikan. Ausg. v. Harry Bondegger. (1.–6. Tauf.) (59 S.) 8. Berlin (906. 906). E. Georgi. n. 1.—

Butler, J., s.a. Feste, die, des Herrn.

(**Butler**, J.,) die Feste d. Herrn u. ihre Feier in d. kathol. Kirche. (A. d. Franz. übers.) von A. Räß u. N. Weis. 1. Bd. 2 Abthln. 2., vielfach verm. u. bericht. Aufl. gr. 8. (à 15 B.) Mainz 834, 35, Kirchheim, Schott u. Thielmann. à 16 Gr.

– dass., s.a. Butler, Alban

Butler, John A., pen pictures of Dresden's past. A souvenir of the Wettin celebration. 8. (VIII, 107 S.) Dresden 889. Tittmann. n. 2.—

Butler, Jos., Bestätigung der natürl. und der geoffenb. Rel. an ihrer Gleichförmigkeit mit dem Laufe der Natur. 2. Ausg. (aus d. Engl.). Tübingen 1779 8

Butler, Josephine Elisabeth

Butler, Josephine E.: Zur Geschichte eines grossen Kreuzzuges. Persönliche Erinnerungen. Personal Reminiscences of a great crusade; 1896. Dem Andenken von Sir James Stansfeld. Einzige autoris. Übers. — Dresden: Böhmert 1904. 195 S. 8°

Butler, Frau Josephine E., öffentliche Moralität. Eine Stimme in der Wüste. 2. Aufl. gr. 8. (85 S.) Neuenburg 875. Heilbronn, Henninger. n. — 60

Butler, Frau Josephine E., öffentliche Moralitaet. Eine Stimme in der Wüste. gr. 8. (44 S.) Neuchâtel 875, Sandoz. **

—— dass. — 2. Aufl. gr. 8. (35 S.) Neuenburg 875. (Frankfurt a. M., Zimmer'sche Buchh.) *

Butler, Josephine, Eine Stimme in der Wüste. Öffentliche Moralität. (35 S.) Heilbronn 1875. Henninger.

— Eine Stimme in der Wüste. Aus dem Engl. — Berlin: Dolfuss 1883. 24 S. 8° (Die öffentliche Sittlichkeit. 7.)

1. und 2. Aufl. u. d. T.: Butler, Josephine E.: Öffentliche Moralität. Eine Stimme in der Wüste. Paris & Neuchatel: Sandoz 1875.

Butler, Josephine: Zwei Vorträge über das staatlich regulierte Laster und die damit verbundenen Einrichtungen. 2. Aufl. — Mülheim a. R.: Evang. Vereinshaus 1888. 23 S. 8°

1. Aufl. 1886.

Butler, Mary, ein goldener Traum, s.a. Weichert's Wochen-Bibliothek.

Ein goldener Traum. Roman von Mary **Butler**. Mit 3 Vollbild. *Wien: Dorfinger & Fischer in Comm.* (auf d. Umschl.: *Berlin: A. Weichert*) [1899]. (95 S.) 8° [5.]
— Wochen-Bibliothek. Weichert's. Bd 56. [00. 157

Butler, Nicholas Murray, Amerika gegen die Rüstungen, s.: Carnegie, Andrew.

— Die Amerikaner, s.a. Aus Natur u. Geisteswelt.

Die Amerikaner. Von Nicholas Murray **Butler**. Deutsche, durch Auszüge aus d. Werken von A. Hamilton, A. Lincoln u. R. W. Emerson verm. Ausg. besorgt von Prof. Dr. Wilhelm Paszkowski. Leipzig: Teubner 1910. 130 S. 8°
(Aus Natur u. Geisteswelt. Bdch. 319.) [10. 13308

— s. Bibliothek d. amerikan. Kulturgesch.

— Schulbildung in den Vereinigten Staaten, s.: Sammlung pädagogischer Vorträge. XVII, 3.

Butler, Percival (AJ Percival): Lehrb. d. engl. Sprache. — Engl. Unterr.-Werk f. Realgymn., s: Ellinger, Joh.

Butler, Sam., Erginbwon oder Jenseits der Berge. Nach der 5. Aufl. von „Erewhon" von J. D. 8. (IV, 247 S.) Leipzig 879. Barth. n. 4.—

Butler, Samuel

Butler, S., Hudibras, s.a. Poets, the standard, etc.

Butler, S., Hudibras, s.a. Standard poets, the, of Great-Britain.

— Hudibras, e. satyr. Ged. wid. d. Schwärmer. gr. 8. Zürich, Orell, Füßli u. C. 765.

Butler, Samuel. Hudibras; ein satyrisches Gedicht ... aus dem Englischen übersetzt ... Frankf. u. Leipz. [Zürich] 1765. Ü: *Waser, Heinrich.* (ML) (Wr) (VLBS. V, 311)

Bütler (S.). — Hudibras (Uebersetzt von J.-H. Waser). – *Hamburg u. Leipzig*, 1765. In-8°.
9 vignettes (150 × 80) gravées par *S. Gessner.*

Buttler, Sam., Hudibras, e. satyr. Gedicht wider d. Schwärmer, (theilweise übersetzt v. Joh. Jak. Bodmer). gr. 8. Zürich 765. Orell. 1 ℛ 12 ℊ

— Dass. frei verdeutscht (von D. W. S. Soltau). Mit 12 Kpf. 8. Riga 787. Hartknoch. 1 ℛ 20 ℊ Neu umgearb. Aufl. v. D. W. S. Soltau, mit Kpf. gr. 8. Königsb. 798. Nicolovius. 2 ℛ Velinp. 6 ℛ

— Dass. in 9 Gesängen, neu verdeutscht (v. K. A. v. Gruber), mit Anmerkk. u. 2 Titelkpf. Wien 811. Gerold. 20 ℊ

Butler, Samuel, Hudibras, ein schalkhaftes Heldengedicht. Zum erstenmal vollständig im Versmasse d. Originals frei verdeutschet u. neu mit Commentar ausgestattet v. Josua Eiselein. gr. 8. (21⅞ B. u. Titkpfr.) Freiburg 845, Lippe. *

—— dass. Im Versmasse d. Orig. frei verdeutschet v. Josua Eiselein. 8. (23 B. u. 9 Abbild.) Freiburg 846, Lippe. *

Butler, S. Versuch einer Deutschen Übersetzung von ... Hudibras, Einem Satyrischen Gedichte ... Franckf. u. Leipz. 1737. Ü: *Bodmer, Joh. Jac.* (GGr) (ML) (Vetter)

Butler, Thomas, s. Buttler.

Butler, T(homas) Howard: Beiträge zur Kenntnis des Pseudokodeins und e-Methylmorphimethins. Jena 1909: Kämpfe. 31 S. 8°
Jena, Phil. Diss. v. 30. April 1909, Ref. Knorr
[Geb. 13. Jan. 87 Bristol; Wohnort: Bristol; Staatsangeh.: Großbritannien; Vorbildung: Clifton Coll. bis Dez. 03; Studium: Bristol 6, Jena 6 S.; Rig. 29. Apr. 09.] [U 09. 2167

Butler, Will. Allen, zwei Millionen u. Nichts anzuziehen. Amerikan. Gedichte. Uebers. v. Ed. Dorsch. Hrsg. v. Karl Knortz. 8. (86 S.) Zürich 897. K. Henckell & Co. n. 1.60

Butler-Haimhausen, Gräfin Victorine: Mahnworte. Hrsg. durch Frhrn [Eduard] von Broich. — Berlin: Pionier 1894. 39 S. 8°

Bütler, C(arl). Einführung in die Differential- und Integralrechnung für Schüler von höhern Lehranstalten. Bearb. von K. B', Rektor der Kantonsschule in Zug. [Mit Figuren.] XLVI S. 8. Zürich, Schulthess & Co., 1907.

Jahres-Bericht der kantonalen Industrieschule ... in Zug. Schuljahr 1906/1907. Zug, Blunschi, [1907]. (Programm.)

Bütler, K., Der goldene Schnitt und dessen Vorkommen in Natur und Kunst. Zug 1889. Progr.-Schr.

Bütler, Placidus

Bütler, Placid. Abt Berchtold von Falkenstein (1244—1272.) Mit 1 Tfl. u. Illustrationen im Texte. In-4°. 62 S. St. Gallen, Fehr'sche Buchhdlg. 1894 ? 2 40

Bütler, Placid, Abt Berchtold v. Falkenstein (1244 bis 1272). Hrsg. vom histor. Verein in St. Gallen. (Neujahrsblatt f. 1894.) gr. 4. (63 S. m. Illustr. u. 1 farb. Taf.) St. Gallen 894. Huber & Co. n. 2.—

Bütler, Placid. Friedrich VII., der letzte Graf v. Toggenburg, s.a. Mitteilungen zur vaterländischen Geschichte.

Bütler, Placid, von Beinwil im Freiamt (Kt. Aargau): Friedrich VII., der letzte Graf von Toggenburg. I. Teil. (S.A. aus: Mitteilungen z. vaterländ. Geschichte, hg. v. Histor. Verein in St. Gallen, Heft 22 (3. F. II), S. 1—108; Teil II ebendaselbst Heft 25 (3. F. V), erste Hälfte, S. 1—190). St. Gallen Zollikofer Dr. 1885. 2 Bl., 108 S. 8°. Zürich. Phil. Diss. [v. 30. Mai 1885].

Bütler, Pl., s.: Urkundenbuch der Abtei Sanct Gallen.

Bütler, S., s. Butler, Samuel

Butlerd, F. Briefe; aus dem Französischen. Leipzig 1758. Ü: *Weisse, Christian Felix.* (Ky) Vlg. Weidmann.

Butlerd, Fanny. Briefe an Lord Karl Alfred von Kaitombridge; aus dem Französischen ... Nürnberg 1781. Ü: *Klenk, Ernst.* (ML)

Butlerd, der Mistriß Fanny, Briefe an Lord Carl Alfred von Kaitombridge, aus dem Franz. 8 Nürnberg, 788. Zeb. 10 sgl.

Butlerof, A. M.
Lehrbuch der organischen Chemie zur Einführung in das specielle Studium derselben. Aus dem russischen übersetzte; Deutsche Ausgabe vom Verfasser revidirt und mit Zusätzen vermehrt. Leipzig, 1868. pp. xii-752, sm. fol.

Butlerow, A., Lehrbuch der organischen Chemie zur Einführung in das specielle Studium derselben. Aus dem Russischen übersetzte deutsche Ausg. vom Verf. revid. und mit Zusätzen verm. 4 Lfgn. gr. 8. (XII und 752 S.) Leipzig 867,68, Quandt und Händel. *

Butlerow, A. M., die „spiritistische" Methode a. d. Gebiete d. Psychophysiologie. — Bericht üb. d. Aufsatz „d. Gedankenübertragg. v. Professor Charles Richet". A. d. Russ. übers. u. m. Beitrag vers. v. Fritz Feilgenhauer. gr. 8. (62 S.) Leipzig 890. M. Spohr. n. 1.—

Butlin, Heinr. T., Krankheiten der Zunge. Deutsch bearb. und hrsg. von Jul. Beregszászy. gr. 8. (VII, 396 S. mit 8 chromolithogr. Taf. und 8 Holzschn.) Wien 887, Braumüller. *

Bütner s.a. Büttner.

BÜTNER, ANGELUS MATTH., Disp. inaug. med. de purpura rubra et alba. Kilonii. 1769. 4. P.

Butonia. Central-Organ f. die gesamte Knopf-Industrie. Anzeigen-Blatt sämtl. Artikel f. die Fabrikation v. Knöpfen aus Bein, Caphorn, Elfenbein etc. Hrsg. unter Mitwirkg. v. Fachmännern v. Paul Schulz. 1. u. 2. Jahrg. 1892. 1893. à 24 Nrn. (Bog.) gr. 4. Meerane u. Gössnitz, A. Send. à Jahrg. n. 8.—

— dasselbe. Hrsg. unter Mitwirkg. v. Fachmännern v. Aug. Frz. Hauschild. 3. Jahrg. 1894. 24 Nrn. (Bog.) gr. 4. Ebd. n. 8.—

Butonia. Central-Organ f. d. ges. Knopf-Industrie. Anzeigen-Blatt sämtl. Artikel für die Fabrikation v. Knöpfen aus Bein, Caphorn, Elfenbein etc. Hrsg. unt. Mitwirkg. v. Fachmännern v. Aug. Frz. Hauschild. 4.—7. Jahrg. 1895—1898. à 24 Nrn. (à ca. 1 Bog.) gr. 4. Gössnitz, Vorwaltg. d. Butonia. à Jahrg. n. 8.—
Kann auch vierteljährlich bezogen werden.

Butonia. Central-Organ f. die gesamte Knopf-Industrie. Anzeigen-Blatt sämtl. Artikel f. die Fabrikation von Knöpfen aus Bein, Caphorn, Elfenbein etc. Hrsg. unter Mitwirkg. v. Fachmännern v. Aug. Frz. Hauschild. 8.—11. Jahrg. 1899—1902. à 24 Nrn. gr. 4. (à ca. 8 S.) Naunhof, Günz & Eule. à Jahrg. n. 8.—
Jahrg. 8 u. 9 erschienen in Gössnitz; Jahrg. 10 in Leipzig. Vom 1.VI—31.XII.'01 m. d. *Zeitschrift f. Drechsler vereinigt.*

Butonia. Central-Organ f. die gesamte Knopf-Industrie. Anzeigen-Blatt sämtl. Artikel f. die Fabrikation von Knöpfen aus Bein, Caphorn, Elfenbein etc. Chefred.: Aug. Frz. Hauschild. Jahrg. 1903—1906. à 24 Nrn. (à ca. 8 S. m. Abbildgn.) gr. 4. Naunhof, Günz & Eule. à Jhrg. n. 8.—

Bütow, Kreis (Schlagwort)

Bütow, Kreis, s.a. Köslin.

Bütow, Kreis. Karte des Kreises Bütow. Hrsg. v. der kartogr. Abtheilg. der kgl. preuss. Landes-Aufnahme 1903. 1:100,000. 41×48 cm. Kpfrst. u. kolor. Berlin (R. Eisenschmidt). n.n. 2.—

Bütow, Kreis. Schulwandkarte des Kreises Bütow, Reg.-Bez. Cöslin, nach amtl. Quellen bearb. Rev. v. Ewan. 1:50,000. 71,5×71,5 cm. Farbdr. Konitz (908). W. Dupont. Auf Leinw. m. Stäben nn 16.—

Bütow (Verfasser)

Bütow, die kaiserlich deutsche Marine in Organisation, Kommando u. Verwaltung, mit Genehmigung Sr. Exc. des Hrn. Chefs der Admiralität auf Grund des amtl. Materials bearb. 1—15. Lfg. gr. 8. Berlin 878—82. Mittler & Sohn. n. 36. 60
1. 1. Thl. Die Verfassung des deutschen Reichs. (IV, 156 S.) n. 3.—
2. 3. 2. Thl.: Die Kriegsmarine. 7. Abth. Marine-Erziehungs- u. Bildungswesen. (XV, 272 S.) n. 5. 40
4—6. 2. Thl.: Die Kriegsmarine. 13. Abth. Bekleidung u. Ausrüstung, Orden u. Ehrenzeichen. (XVI, 337 S.) n. 6. 60
7. 2. Thl.: Die Kriegsmarine. 11. Abth.: Geldverpflegung der Marinetheile u. im Dienst gestellten Schiffe u. Fahrzeuge im Frieden. (VII, 150 S.) n. 3.—
8—10. 2. Thl.: Die Kriegsmarine. 8. Abth.: Das Personal. (VIII, 307 S.) n. 6.—
11. 12. 2. Thl.: Die Kriegsmarine. 12. Abth.: Naturalleistungen. (VII, 142 u. Nachträge zu Abth. 3. 7. 11. u. 13. d. 2. Thls. 169 S.) n. 4. 80
13—15. 2. Thl.: Die Kriegsmarine. 4. Abth.: Der Seedienst. (416 S.) n. 7. 80

Bütow, die kaiserl. deutsche Marine in Organisation, Kommando u. Verwaltung, m. Genehmigg Sr. Exc. d. Hrn. Chefs der Admiralität auf Grund d. amtl. Materials bearb. 16. Lfg. gr. 8. Berlin 883. Mittler & Sohn. n. 3. — (1—16.: n. 39. —)

2. Thl.: Die Kriegsmarine. 4. Abth.: Der Seedienst. (XII, u. S. 417—550.)

Bütow, A., zeitgemässe pädagogische Aufsätze. 8 (67 S.) Leipzig 887. Rust. n. 1. —

Bütow, A., zur Biologie d. Waldschnepfe, s.: Für d. deutschen Jäger.

—— der Gedanke der allgemeinen Volksschule im Lichte der Zeit. gr. 8. (16 S.) Neuwied 888, Heuser's Verlag.
Aus: Rheinischer Schulmann, besonders abgedruckt.

— Wilhelm Hey. Ein Bild seines Lebens u. Dichtens zum Andenken an den 100jähr. Geburtstag d. Kinderfreundes. 8. (119 S.) Leipzig 889. Rust. n. 1. —

—— die rationelle Obstbaumzucht in ihrer national-ökonomischen, materiellen und sittlichen Bedeutung, eine Segensquelle fürs deutsche Volk. 8. (33 S.) Leipzig 887, Rust. *

—— Schildergn, Erzählgn u. Gedichte a. d. Welt d. Tiere. 8. (245) Lpzg 88, Reinboth. n. 2. —: geb. n 2. 50

—— Schilderungen, Erzählungen u. Gedichte aus der Welt der Tiere. Zum Zwecke e. vernünft. Behandlg. u. Wertschätzg. d. Tiere f. d. liebe Jugend gesammelt u. hrsg. 2. (Titel-)Aufl. 8. (215 S.) Lpz. 892, Reinboth. * 1 —

Bütow, A., die Volksschule u. der Handfertigkeitsunterricht. Eine Beleuchtg. der Zeitfrage vom Standpunkte der Schule u. des prakt. Lebens. 8. (47 S.) Leipzig 887. Rust. n. — 75

— die Volksschule u. der Handfertigkeitsunterricht. Eine Beleuchtg. der Zeitfrage vom Standpunkte der Schule u. d. prakt. Lebens. 2., verm. Aufl. gr. 8. (33 S.) Leipzig 892. E. Rust. n. 1. —

Bütow, A., Wege des Schicksals, s.: Weber's moderne Bibliothek.

Bütow, A. H. A., Außenseiter. Ein Roman aus dem Offiziers-Leben. (200 S.) 8. Leipzig 907. Zeitbilder-Verlag. 2.—; geb. 3. —

Bütow, Adolf a. Pyritz: Die Entwicklung der mittelalterlichen Briefsteller bis zur Mitte des 12. Jahrhunderts, mit besonderer Berücksichtigung der Theorieen der ars dictandi. Greifswald 1908: H. Adler. (73 S.) 8° [F. u. Ant.]

Greifswald, Phil. Fak., Ref. Bernheim. Diss. v. 13. Mai 1908

[Geb. 14. Dez. 84 Pyritz; Wohnort: Pyritz; Staatsangeh.: Preußen; Vorbildung: Gymn. Pyritz Reife O. 03; Studium: Tübingen 1, Berlin 3, Greifswald 5 S.; Rig. 12. Febr. 08.]

Bütow, Agnes

Bütow, A., Lulu, s. a. Kürschner's, Jos., Bücherschatz.

Lulu. Erzählung von A(gnes) Bütow. Mit Ill. von A. Lewin. *Berlin, Eisenach, Leipzig: H. Hillger [1903].* (107 S.) 8° [F.]
= Bücherschatz, Kürschners. No 383.

— Schuldig, s. a. Kürschner's, Jos., Bücherschatz.

Schuldig. Roman von A(gnes) Bütow. Mit Ill. von A. Lewin. *Berlin, Eisenach, Leipzig: H. Hillger [1903].* (125 S.) 8° [F.]
= Bücherschatz, Kürschner's. No 344.

Bütow, Albert

Mussestunden. Lieder u. Gedichte von Albert Bütow. *Danzig: L. G. Homann & F. A. Weber in Comm. 1901.* (148 S.) 8° [F.] 10

— Mussestunden. Lieder u. Gedichte. (151) 8° Danz., (Hundegasse 55), Selbstverl.'01. 3 — d

Bütow, Erich: Die Stellung des Stiftes Camin zum Herzogtum Pommern im ausgehenden Mittelalter. Stettin 1910: Herrcke & Lebeling. 66 S. 8° ¶ (Vollst. u. d. T.: Staat und Kirche in Pommern im ausgehenden Ma. bis z. Einführung d. Reform., in: Baltische Studien. N. F. Bd 14. 15.)

Heidelberg, Phil. Diss. v. 5. Nov. 1910, Ref. Oncken

[Geb. 14. Juli 85 Kolberg a. P.; Wohnort: Stolp, Pom.; Staatsangeh.: Preußen; Vorbildung: Gymn. Stolp Reife O. 05; Studium: Heidelberg 3, Berlin 1, Heidelberg 7 S.; Rig. 13. Mai 10.] [U 11. 3239

Bütow, G(erhard), Referendar: Zwei Fragen aus der Lehre vom Betruge. *Kolberg 1900: C. F. Post.* (44 S.) 8°

Greifswald, Jur. Diss. v. 1900

Bütow, [Heinrich]: Die Kaiserlich deutsche Marine in Organisation, Kommando und Verwaltung, mit Genehmigung Seiner Exzellenz des Herrn Chefs der Admiralität auf Grund des amtlichen Materials bearbeitet. Berlin. 2 T.

[1. Theil. Die Verfassung des Deutschen Reichs und die auf Grund derselben ergangenen Gesetze . . ., soweit dieselben für die Kriegs- u. Handelsmarine gemeinsames Interesse haben und nicht in den folgenden Theilen des Werkes Berücksichtigung finden können.] 1878.

2. Theil. Die Kriegsmarine.
3. Abth. Das Personal. 1880.
4. " Der Seedienst. 1883.
11. " Geldverpflegung der Marinetheile und in Dienst gestellten Schiffe und Fahrzeuge im Frieden. 1880.
12. " Naturalleistungen. 1881.
13. " Bekleidung und Ausrüstung, Orden und Ehrenzeichen.

Außer der Abt. 7 des 2. T., Marine-Erziehungs- und Bildungswesen", welche in der Bibliothek fehlt, ist *nichts mehr erschienen.*

Bütow, Karl: Nemo subrogat contra se angewandt auf die Bestimmungen des Bürgerlichen Gesetzbuchs und die rechtlichen Grundlagen der cessio legis bei der Subrogation. Bonn 1908: C. Georgi. (54 S.) 8°

Heidelberg, Jur. Fak., Ref. Bekker, Diss. v. 1908

[Geb. 20. Febr. 78 Dortmund; Wohnort: Cöln; Staatsangeh.: Preußen; Vorbildung: Gymn. Dortmund Reife O. 98; Studium: Bonn 2, Kiel 1, Berlin 1, Kiel 3 S.; Rig. 21. Febr. 08.]

Bütow, Otto, socialer Aufruf an d. deutsche Volk. gr. 8. (30 S.) Braunschweig 896. A. Limbach. n. — 50

Bütow, Otto, Führer durch Braunschweig, s.: Sattler, A.

Bütow, Otto, die Lösung der socialen Frage. 1. Thl.: Der Racen-Ursprung der gesellschaftl. Frage. gr. 8. (X, 296 S.) Colberg 887. (Berlin, A. Boettcher.) *

Bütow, O., d. Lösg d. soc. Frage. 1. Thl. Der Racen-Ursprg d. gesellschaftl. Frage. 8. (296) Colb. 87. (Berl., Conrad.) n. 6. —

Bütow, Otto, die Weltordnung. 1. Bd. Geburt u. Jugend der Menschheit. (In 8 Lfgn.) 1.—3. Lfg. gr. 8. (S. 1—96.) Braunschweig 894. A. Limbach. à n. — 50

— die Weltordnung. 1. Bd. Geburt u. Jugend d. Menschheit. 4.—8. Lfg. gr. 8. (III u. S. 97—272.) Ebd. 894. à n. — 50

— dasselbe. 2. Bd. Die sociale Frage. 1.—9. Lfg. gr. 8. (S. 1—292.) Ebd. 895. à n. — 50

— die Weltordnung. 3. Bd. Die Antwort auf die soziale Frage. (IV, 256 S.) gr. 8. Braunschweig 903. E. & O. Bütow. n. 4. —

Bütow, Otto: Die Weltschule. Eine deut. Weltanschaug. (Entschleierte Wahrheit. Die Nacht d. Kirche. Der deut. Traum. Geist. Weckrufe. Götterdämmerg. Hat Jesus gelebt? Menschl. Botschaft. Wo ist d. Frau? Grundreform d. Besitzes. Anstoss z. Mittelbewegg. Umbau d. Staatsmaschine. Deut. Schulreform!) (140) gr8° Lpzg, Teutonia-Verl. '11. 2.50

—— Wie ein Schwank entsteht! oder der Raub der Sabinerinnen von Franz und Paul v. Schönthan. Ein Briefwechsel. gr. 8. (51 S.) Leipzig 885, Lemme.

Bütow, Paul (geb. Berlin 6. 7. 1858): Die Versicherung auf Gegenseitigkeit. Berlin (1885). (61 S.) 8°

Berlin, Jur. Diss. v. 27. Jan. 1885

Buetow, *Salomo* [aus Soldau Ostpr.]: Die Sicherungsübereignungen ... Göttingen, Druck d. Dieterich'schen Univ.-Buchdr., 1894; 2 Bl., 42 S. 8.

Göttingen, Jur. Fak., Inaug.-Diss. v. [22. März] 1894

Buetow, 8., die Sicherungsübereignungen. Diss. gr. 8 (428.) Göttingen 894. (Vandenhoeck & Ruprecht.) n. 1. —

Bütow-Pyritz, Adolf

Zur Biologie der Waldschnepfe. Neue Nachweise ihres Lebens u. Wesens mit besond. Berücks. ihrer vollständ. Akklimatisation in Deutschland bezw. Mitteleuropa. Von A[dolf] **Bütow-Pyritz.** Berlin-Schöneberg: Die Jagd (1907). V, 217 S. 8°
(Für d. deutschen Jäger. 4.) 10. 1279

Bütow-Pyritz A, die Volksschule und der Handfertigkeitsunterricht. Leipzig 1886

Butowski, Nik. Unsere Soldaten. 8. Petersburg 1893.

de **Butré**, Handbuch f. Ackerleute u. Beherrscher rc. 8. Salzb. 787. Waisenh.-B. 3 ₰

— objet de la mythologie et des monumens de l'antiquité. 8. Frankf. a. M. 777. Gebhardt u. K. 6 ₰

— pain économique et examen de la monture et de la boulangerie. 8. Frankf. a. M. 767. Gebhardt u. K. 8 ₰

Butret, ..., gründl. Unterr. vom Schnitt d. Fruchtbäume; aus d. Französ. (v. J. V. Sickler). gr. 8. Weim. 797. Ind.-C. 4 ₰

Butron, Moran de, Leben der seligen Marianna v. Jesu, genannt: die Lilie von Quito. Aus dem Spanischen ins Deutsche übers. von Therese, Gräfin Loë. 8. (404 S.) Regensburg 878. Pustet. 1. 50

Butry, Theod. (geb. Neuwied 10. 7. 1839): De veteriore venaesectionis historia. Berolini (1863). (32 S.) 8°
Berlin, Med. Diss. v. 24. Aug. 1863

Butry, Wilhelm

Butry, *Friedrich* Wilhelm [aus Kirn]: Ueber die Punktion des Wirbelkanals ... Berlin, C. Vogt's Buchdr., *1894*; 37 S., 1 Bl. 8.
Berlin, Med. Fak., Inaug.-Diss. v. 6. März 1894

Butsch, A. F., die Bücher-Ornamentik der Renaissance. Eine Auswahl stylvoller Titeleinfassungen, Initialen, Leisten, Vignetten und Druckerzeichen hervorragender italien., deutscher und französ. Officinen aus der Zeit der Frührenaissance, nach der eigenen Sammlung hrsg. und erläutert. 4 Lfgn. Fol. (100 zinkotyp. Taf. und 72 S. Text.) [Augsburg 878, Butsch.] Leipzig, Hirth. *

Butsch, A. F., die Bücher-Ornamentik der Renaissance. Eine Auswahl stylvoller Titeleinfassungen, Initialen, Leisten, Vignetten u. Druckerzeichen hervorragender italienischer, deutscher u. französischer Officinen aus der Zeit der Frührenaissance, nach der eigenen Sammlung hrsg. u. erläutert. 4 Lfgn. Fol. (100 zinkotyp. Taf. m. 56 S. Text.) München 878. Hirth. n. 40. —

— dasselbe. 2. Thl. Die Bücher-Ornamentik der Hoch- u. Spätrenaissance, nach der eigenen Sammlung hrsg. u. erläutert. 4 Lfgn. Fol. (118 zinkotyp. Taf. m. Text VIII, 56 S.) Ebend. 880. n. 28. —

Butsch, A. F., Ludwig Hohenwang kein Ulmer, sondern e. Augsburger Buchdrucker. Mit 1 Taf. Lex.-8. (16 S.) München 885. Hirth. 1. —

Butsch, A. F., s. Inventarium [Fugger].

Waffenstücke, Rüstungen, Kunstwerke & Geräthschaften des Mittelalters und der Renaissance. In einer Auswahl der schönsten Stücke aus der in den Räumlichkeiten des historischen Vereins für Schwaben und Neuburg aufgestellten Sammlung des Particuliers J. M. Soyter. Herausgegeben von A. F. BUTSCH. Mit 50 Original-Photographien und kurz erläuterndem Text. Augsburg. 1871. Verlag von F. Butsch Sohn. fol.
Suppl. 1. Mit 15 Original-Photographien und kurz erläuterndem Text. ib. 1874. Verlag von A. F. Butsch's Verlag.

Butsch, Albertine, Erinnerungen aus einer Reise an die westlichen Grenzen des Orients. 92 S. (Es handelt sich um eine Reisebeschreibung ins Schwarzmeergebiet.) Verlag: Reichel G.A. Augsburg 1872

Butsch M, über Landstreicherei und Bettel. Tübingen 1894

Butschany, Matthias
* Anfangsgründe der Algebra, nebst derselben Anwendung auf die Rechenkunst, entworfen von *Matthias Butschany*, der f. K. Magistro, u. der Weltweisheit Doctor. Göttingen, verlegts Victorin Bossiegel. 8. 192 S. 1761.
Vertheidigung *desselben*. Göttingen 1761. 8.

Butschany, Matth., († d. 2. Aug. 1796.) Anfangsgründe d. Algebra. 8. Götting. 762. Boßiegel. 6 ₰ Dass. 8. Wien 769.

— Diss. II de fulgure et tonitru ex phaenomenis electris. 4. Götting. 757.

— institutiones logicae. 8. Götting. 762. Bossiegel. 10 ₰

Butschany, Matthias: Schreiben an ... s. Kästnern, Abraham Gotthelf

Butschany, M., Untersuchung der Vorzüge d. Ap. Petrus. Hamb. 1784. 8.

— Untersuch. d. Vorzüge d. Apostel Petri. gr. 8. Hamb. 788. Böhme. 8 ₰

— eine Unvollkommenheit d. Blitzableiter nebst ihrer Verbesserung. 8. Hamb. 787. (Leipz., Wienbrack). 2 ₰

— s. Verbrechen u. Strafen.

Butscheck, Jos. Ign., († 181. .) Abhandl. von d. Polizei überhaupt rc. gr. 8. Prag 778. Gerle. (W. Vogel in Leipz.) 9 ₰

— Versuch üb. d. Absichten d. Regierung bei Leitung d. Landwirthschaft. 4. Prag 766.

Butscher, A. H., Der Quersteg-Barren — schwedisch —, m. Abb., Siegmar i. Sa., 12 S., kl.-8°.

Butscher, A. H., Übungsbuch zu Butschers Quersteg-Barren.
Nr. 1 als Parterre- und Tisch-Gerät (Gebr.-Musterschutz 334498), 152 Übungen für die Turnhalle, auch Trainier-Übungen, m. Abb.
Nr. 2 f. Schule, Damenturnen usw., Siegmar b. Chemn., 8°. 2 Bde.

Butscher, August

Butscher, Aug., die Burgen, s.a. Aus Vergangenheit u. Gegenwart.

[F.] Die Burgen. E. Dorfgesch. v. August **Butscher**. *Kevelaer: Butzon & Bercker 1898.* (96 S.) 1 Bd 8.
⇒ Vergangenheit, Aus, u. Gegenwart. Bdch. 4. 1/2 331

Butscher, Aug., u. Rich. Schiele, Deklamationsbuch für Schule u. Haus. gr. 16. (IX, 202 S.) Freiburg i/Br. 879. Herder. n. — 80; geb. n. 1. —

Butscher, Aug., der Dreibirkenhof. Roman. (266 S.) kl. 8. Regensburg (910). J. Habbel. Geb. in Leinw. 2. —

Butscher, Aug., die alte Geige, s. Familien-Bibliothek.

Butscher, August (Red.), s. Hand in Hand!

Butscher, Aug., das Heimatle. Volksroman. (352 S.) kl. 8. Regensburg (910). J. Habbel. Geb. in Leinw. 2. —.

— Der Holderhof. Eine Geschichte aus dem Volksleben. (219 S.) kl. 8. Ebd. (910). Geb. in Leinw. 2. —

Butscher, Aug., die Kartengundel, s.a. Aus Vergangenheit u. Gegenwart 18. Bdchn.

Die Kartengundel. Eine Dorfgesch. von August **Butscher**. *Kevelaer: Butzon & Bercker 1899.* (94 S.) 8° [F.]
⇒ Vergangenheit, Aus, u. Gegenwart. Bdch. 18. 1·11·95

Butscher, Aug., Krattenmachers v. Gernhausen, s.: Volksschriften, Münchener. 16/17.

— der Krautschneider, s.: Volksschriften, Münchener. 21/22.

— Die beiden Schützen. Volksroman. (306) kl8° Ebd. ('11). L 2 — d

– die Schwabenmühle, s. Aus Vergangenheit und Gegenwart

[5.] Die Schwabenmühle. E. Volksgesch. v. August Butscher. *Kevelaer: Butzon & Bercker 1898.* (64 S.) 1 Bd 8.
= Vergangenheit, Aus, u. Gegenwart. Bdch. 6. [illegible]

Butscher E.: Über substituierte Rhodanine und deren Kondensationsprodukte mit Aldehyden und ketonartigen Körpern. II. Mitteilung. S. 119. III. 1070 . . . . vgr.
Separatabdruck

Butscher, Karl

[Lied. Gedichtet von Herm. Wagner, komp. von Karl **Butscher.** Stuttgart: 1907.] 1 Bl. 8°
Ohne Noten: „Lasset uns Brüder die Freude geniessen...“

2 Lieder für eine Singstimme mit Klavierbegleitung. Thu' deine Pflicht! „Gebet“. Dichtung von W[ilh.] Unseld, comp. von Karl **Butscher.** Stuttgart: Selbstverl. d. Komp., Auer in Comm. o. J. 3 S. 4° [Lithogr.] [Umschlagtit.]
Mit Noten.

Schönlein, Herm.: Tafelrunde. Logenlied. Dem hochverdienten Br. H. Schönlein freundlichst gewidmet. Gedicht von W[ilh.] Unseld. Musik von K[arl] **Butscher.** [Stuttgart] o. J. 1 Bl. 8° [Kopftit.]
Ohne Noten: „Auf, Brüder, nehmt das Glas zur Hand . . .“

Butschkus, Arthur, prakt. Arzt a. Königsberg i. Pr.: Über Lues des Hodens. Halle a. S. 1907: C. A. Kaemmerer & Co. (37 S.) 8°
Halle, Med. Fak., Ref. v. Bramann, Diss. v. 16. Febr. 1907
[Geb. 9. Mai 73 Königsberg i. Pr.; Wohnort: Gardelegen; Staatsangeh.: Preußen; Vorbildung: Friedrichs-Gymn. Gumbinnen Reife O. 92; Studium: Königsberg 9 S.; Coll. 13. Febr. 07; Approb. 26. März 97.]

Bütschli, Otto

Bütschli, O., weit. Ausführgn. üb. d. Bau d. Cyanophyceen u. Bacterien. Im Anschl. an m. Abhandlg. aus d. J. 1890. M. 2 Lichtdr.- u. 3 lith. Taf., sowie 6 Textfig. gr. 8. (III, 87 S.) Leipzig 896. W. Engelmann. n. 6. —

Bütschli, O., über den Bau der Bacterien u. verwandter Organismen. Vortrag, geh. am 6. Dezbr. 1889 im naturhistor.-medicin. Verein zu Heidelberg. Lex.-8. (37 S. mit e. lith. Taf. u. e. Blatt Erläutergn.) Leipzig 890. C. F. Winter. n. 1. 60

— üb. d. Bau quellbarer Körper u. d. Bedingungen d. Quellung. [Aus: „Abhandlgn. d. kgl. Gesellsch. d. Wiss. zu Göttingen“.] gr. 4. (68 S. m. 5 Fig.) Göttingen 896. Dieterich's Verl. n. 8. —

Bütschli, O., Beiträge zur Kenntniss der freilebenden Nematoden. gr. 4. (144 S. mit 11 lithogr. Taf. Abbild.) Dresden 873. (Jena, Fr. Frommann.) *

Bütschli, O., vorläufiger Bericht üb. fortgesetzte Untersuchungen an Gerinnungsschäumen, Sphärokrystallen u. die Structur v. Cellulose- u. Chitinmembranen. [Aus: „Verhandlgn. d. naturhistor.-med. Vereins zu Heidelberg“.] gr. 8. (63 S. m. 3 Taf.) Heidelberg 894. C. Winter. n. 3. —

— s.: Centralblatt, zoologisches.

Bütschli, Otto, Dr.: Über die Entstehung des Schwärmsprösslings der Podophrya quadripartita Clp. u. Lchm. Mit 1 lithogr. Taf. 1876. 23 S., 1 Taf. 8° ¶ Aus: Jenaische Zeitschrift f. Naturwissenschaft. Bd 10. N. F. Bd 3.
Karlsruhe Te. II., Hab.-Schr. v. 23. 10. 1876

— zur Kenntniss der freilebenden Nematoden insbesondere der des Kieler Hafens. gr. 4. (56 S. mit 9 lithogr. Taf.) Frankfurt a. M. 874, Winter. *
Aus: Abhandlungen der Senckenbergischen naturforschenden Gesellschaft, besonders abgedruckt.

— Mechanismus u. Vitalismus. gr. 8. (III, 107 S.) Leipzig 901. W. Engelmann. n. 1. 60

Bütschli, Otto, chemische Natur der Skelettsubstanz des Podactinelius u. der Acantharia überhaupt, s. a. Südpolar-Expedition, deutsche. IX, 4.

Chemische Natur der Skelettsubstanz des Podactinelius und der Acantharia überhaupt von O[tto] **Bütschli,** Heidelberg. Mit 4 Abb. (Berlin: G. Reimer 1907.) (S. 239–257.) 4°
— **Südpolar-Expedition,** Deutsche, 1901–1903. Bd 9, H. 4, 3. 107. 6781

Bütschli, O., Notiz zur Morphologie des Auges der Muscheln. Lex.-8. (8 S. mit 1 autogr. Taf.) Heidelberg 886, C. Winter. *
Aus: Festschrift des naturhistorisch-medicinischen Vereins zu Heidelberg, besonders abgedruckt.

— Protozoa, s.: Bronn's, H. G., Klassen u. Ordnungen d. Thierreichs.

Bütschli, Otto, interessante Schaumstrukturen von Dextrin- u. Gummilösungen. (S. 215—234 m. 1 Fig.) gr. 8. München 903. (G. Franz' Verl.) n. — 40
Sonderabdruck aus: „Sitzungsber. d. bayer. Akad. d. Wiss.“

— üb. Structuren künstl. u. natürl. quellbarer Substanzen. [Aus: „Verhandlgn. d. naturhist.-med. Vereins zu Heidelberg“.] gr. 8. (9 S.) Heidelberg 895. C. Winter. n. — 40

Bütschli, O., Studien über die ersten Entwicklungsvorgänge der Eizelle, die Zelltheilung und die Conjugation der Infusorien. gr. 4. (252 S. mit 15 lithogr. Taf. und mehreren eingedr. Holzschn. und 15 S. Tafelerklär.) Frankfurt a. M. 876, Winter. *
Aus: Abhandlungen der Senckenbergischen naturforschenden Gesellschaft, besonders abgedruckt.

— Untersuchungen über Amylose u. amyloseartige Körper. (100 S.) gr. 8. Heidelberg 903. C. Winter, Vorl. n. 2. 80
Sonderabdruck aus: „Verhandlgn. d. naturhist.-med. Vereins zu Heidelberg“.

— Untersuchungen üb. organ. Kalkgebilde, nebst Bemerkgn. üb. organ. Kieselgebilde, s. a. Abhandlungen der königl. Gesellsch. d. Wissensch. zu Göttingen. Mathem.-phys. Kl. VI, 3.

Untersuchungen über organische Kalkgebilde, nebst Bemerkungen über organ. Kieselgebilde, insbes. über d. spezif. Gewicht in Beziehung zu d. Struktur, d. chem. Zusammensetzung u. a. Von O[tto] **Bütschli.** Mit 1 Taf. u. 3 Textfig. Berlin: Weidmann 1908. IV, 177 S. 4°
(Abhandlungen d. Kgl. Gesellsch. d. Wissensch. zu Göttingen. Math.-phys. Kl. N. F. Bd 6, Nr 3.) [illegible]

— Untersuchungen üb. d. Mikrostruktur künstl. u. nat. Kieselsäuregallerten (Tabaschir, Hydrophan, Opal). gr. 8. (62 S. m. 3 Taf.) Heidelberg 900. C. Winter. n. 2. 80
Sonderabdruck aus: „Verhandlgn. d. naturhist.-medizin. Vereins zu Heidelberg“.

— Untersuchungen üb. Mikrostrukturen d. erstarrten Schwefels, nebst Bemerkgn. üb. Sublimation, Überschmelzg. u. Übersättigg. des Schwefels u. einiger anderer Körper. hoch 4. (IV, 96 S. m. 6 Abbildgn. u. 4 Taf.) Leipzig 900. W. Engelmann. n. 11. —

Bütschli, O., Untersuchungen üb. mikroskopische Schäume u. das Protoplasma. Versuche u. Beobachtgn. zur Lösung der Frage nach den physikal. Bedinggn. der Lebenserscheingn. gr. 4. (IV, 234 S. m. 6 lith. Taf. u. 23 Fig.) Leipzig 892. W. Engelmann. n. 24.—

— Untersuchgn. üb. Strukturen, insbes. üb. Strukturen nichtzell. Erzeugnisse d. Organismus u. üb. ihre Beziehgn. zu Strukturen, welche ausserhalb d. Organismus entstehen. M. 99 Textfig., sow. e. Atlas v. 26 Taf. Mikrophotographien u. 1 lith. Taf. Lex.-8. (VIII, 411 u. IV S. u. 27 Bl. Erklärgn.) Leipzig 898. W. Engelmann. Geh., Atlas geb. in Leinw. n. 60.—; Atlas allein n. 40.—

— Vorlesungen üb. vergleichende Anatomie. 1. Lfg.: Einleitung; vergleich. Anatomie der Protozoen; Integument u. Skelet der Metazoen. (VIII, 401 S. m. 264 z. Tl. farb. Abb.) Lex. 8. Leipzig 910. W. Engelmann. 12.—

Bütschli, Otto: Vorlesgn üb. vergleich. Anatomie. 1. u. 2. Lfg. Lex8° Lpzg, W Engelmann. 21— 1. Einleitg; vergleich. Anatomie d. Protozoen; Integument u. Skelet d. Metazoen. (8, 401 m. z. Tl farb. Abb.) '10. 12— II 2. Allg. Körper- u. Bewegungsmuskulatur; elektr. Organe u. Nervensystem. (4 u. 401—644 m. 187 z. Tl farb. Abb.) '12. 9—

— s.: Zentralblatt, zoologisches.

—— Zoologie, vergleichende Anatomie und die zoologische Sammlung an der Universität Heidelberg seit 1800. Zusammengestellt zur V. Säcularfeier der Universität. gr. 8. (30 S.) Heidelberg 886, (Koester.) *

Bütschly, O., Uebersichtstabelle der krystallisirten Mineralien zum Gebrauch bei krystallograph. Uebungen zusammengestellt. Carlsruhe 866. Bielefeld. gr. 8. (32 S.) 6 ngr.

Butt, B. M., Miss Molly, s. Asher's Collection of English Authors.

Butta, Alfred: Die Bedeutung des Pixolkarbols als Desinficiens und Desodorans in der Tierheilkunde. Stuttgart 1910. 25 S. Giessen, Vet.-med. Diss. v. 1910.

Buttberg, O. C. v., Vers. üb. d. Alter d. Ockmalerey z. Vertheid. d. Vasari. 8. Gött. Dieterich. 79a.

Butte, Gu., Prolusio de Taciti loco vexatissimo qui exstat in secundo cap. libri de moribus Germanorum conscripti. Glessae 1792. 4. (Dies die Germanen Ureinwohner.)

Butte, Heinr.: Stift u. Stadt Hersfeld im 14. Jahrh. Anh.: Die Stadt Hersfeld bis z. Beginn d. 15. Jahrh. u. 14 Urkdnbeil. (8, 167) gr8° Marbg, NG Elwert's V. '11. 3—

— Berthold v. Völkershausen, Fürstabt v. Hersfeld, s: Bilder a. Hersfelds Vergangenh.

Butte, Johann Martin Gottfried (Treisensis ad Lumdam), De adpellatione quae ratione feudorum extra curtem ad dominum directum interponenda non vero ad territorii dominum admittenda. Diss. jur. Präs. Johann Georg Estor. Marburg (Müller) 11. VIII. 1766. 50 S. (5.—) 4833

Butté, Wilh., die Polnisch-Russ. Angelegenheit, unter d. Gesichts-Punkten rascher, definitiver, zugleich d. europ. Staats-Intelligenz würdiger Erledigung, u. zwar unabhängig v. noch längerem Widerstand, od. baldiger äusserer Besiegung d. Polen. 8. (6 B.) Leipzig 831, (Müller.) Ein Nachtrag z. dess. „die Kriegs-Frage." s. unten.

— die unerläßlichen Bedingungen d. Friedens mit Frankreich. gr. 8. Wiesbaden 815. Schellenberg. 20 gr

Butte, W., Begründung e. endlichen u. neuen Systems d. Polizeiwissenschaft. gr. 8. Heilbronn, Claß, (Weber, Landshut.) 807. 8thlr.

— Bemerkk. u. Vorschläge, betreff. d. öffentl. Aufzeichnung d. Momente d. menschl. Lebens rc. 8. Landh. 810.

W. Butte: d. Biotomie des Menschen, od. d. Wissensch. d. Natur-Eintheilungen d. Lebens als Mensch, als Mann u. als Weib, nach sn. aufsteig. u. absteig. Linien, sn. Perioden, Epochen, Stufen u. Jahren, in ihrem Normalbestande u. in ihren Wechseln. *Bonn*, Marcus. 829. gr 8° m. e. lith. u. illum. Bl. 2 ℔ 16 gr

— histor.-geograph.-statist.-kosmopolit. Blicke in d. Hessen-Darmstadt. Lande. 2 Bde. 8. Darmst. 804. Heyer in Gießen. 1 ℔ 20 gr

Butté, W., Statist.-polit. und kosmopolitische Blikke in die Hessen-Darmstädt. Lande. Giessen 1804. 8°. 324 S. (2 Mk. 50 Pfg. Isaak St. Goar, Frankf. a. M., 1896. — Noch ein 2. Theil ersch.? Selten!
Vers. e. Charakteristik d. Vogelsberger, Wetterauer, Giessener, m. bes. Rücksicht auf eheliche Verbindg. u. Geschlechtstrieb.

— Entwurf e. systemat. Lehrcursus auf d. Grundlage seiner Generaltabelle rc. Landsh. 808. Krüll. 8 gr

— Erinnerungen an meine deutschen Landsleute, welche versucht sein sollten, aus Europa zu wandern. 8. Köln 816. Bachem. 10 gr

Butté, Wilhelm: Erinnerungen an meine teutschen Landsleute, welche versucht seyn sollten, aus Europa zu wandern. Köln: Du Mont und Bachem 1816. VIII, 101 S.

Butté, Wlh., Generaltabelle d. Staats- u. Landeswissenschaft. Landsh. 808. Krüll. 8 gr

Butté, Wlh., († 1833.) Grundlinien d. Arithmetik d. menschl. Lebens rc., nebst 9 Tabellen. gr. 8. Landsh. 811. Krüll. 2 ℔ 12 gr Schrbp. 3 ℔

Butte, W.: Ueber das Kasernement der königlichen Garnison zu Köln. (Als Hs.) Köln 1818.

—— die Kriegs-Frage, d. polit. Haupt-Problem aller Zeiten, besond. d. neuesten europ. Ein Versuch berichtigender Feststellung d. öffentl. Meinung, üb. d. Für u. Wider d. Kriegs im Allgem., üb. näheren od. entfernt. Krieg zwischen Frankreich u. Europa, u. üb. d. Bedingungen d. Sicherung e. dauerhaften u. tiefen Friedens unt. d. civilis. Völkern. gr. 8. (16½ B.) Berlin 831, (Jonas's Verlshandl.)
Nachtrag hierzu, s. oben.

— Leitfaden d. Einwohner-Ordnungslehre, vulgo Polizei. 1e Lief. 8. Landsh. 807.

— über d. organisirende Princip im Staate u. d. Standpunkt d. Kunst d. Organisirens in d. heutigen Europa. Der Kunst des Staats-Organismus 1r Thl. gr. 8. Berl. 822. Th. Enslin. 1 ℔

— Skizze d. Polizei-Lehre als Land-Ordnungswissenschaft. 8. Landsh.... 2e Aufl. 811. Krüll, (a. Thomann). 12 gr

— die Statistik, als Wissenschaft bearb. 1e Lief. 8. Landsh. 808. Thomann. 1 ℔ 4 gr

—— Uebersicht d. anthropolog. Biotomie, u. Andeutung d. klimatolog. Geotomie. gr. 8. (2 B.) Köln 829, (Bachem.)

— Versuch d. Begründung e. endlichen u. neuen Systems d. Polizeiwissenschaft. gr. 8. Heilbr. 807. Claß. 2 ℔ 2e A. 8. Landsh. 817. (Weber in Münch.) 2 ℔

— allgemeine Wissenschafts-Ansichten, mit besond. Beziehung auf Staats-Cameral-Wissenschaft. gr. 8. Bonn 827. Marcus. 1 ℔

Butte City Freie Presse: 1887 → Butte MT

v. Buttel, C. D. (Hofrath), Ahlrich Ellers, der heimtückische Mörder seiner von ihm schwangeren Geliebten, hingerichtet zu Friesoythe am 5. August 1842. — Auf Anordnung der Großherzoglich-Oldenburgischen Justiz-Canzlei zu Oldenburg, nach den Acten kurz dargestellt vom Referenten. 8. Oldenburg 842, Schulze'sche Buchh. ⅓ ℔

—— üb. die Geltung des röm. Rechts u. das Verlangen nach freier Gerichtsverfassung. Eine Vorles. gehalt. im liter.-gesell. Verein zu Oldenburg am 5. Septbr. 1845. gr. 8. (4¼ B.) Oldenburg 846, Schulzesche Buchh.

— der Richter als Geschworner, s. Hayen, H. W.

v. Buttel, F. T., Holz-Tafel in e. ill. geometr. Zeichnung (in qu. ½ Fol.), mit Erklärung in Text u. Beispielen, z. bequemen Berechnung des Ertrages roher Baumstämme in besägten Hölzern u. and. Aufgaben. Nebst e. angehängten Vergleichungs-Tab. über 20 verschied. Fußmaaße nach ihren Längen-, Quadr.- u. Cubik-Verhältnissen; einer Reduct.-Tab. von Zollen, Linien u. Punkten in Decimaltheile e. Fußes, wie auch von Groten, Groschen u. gute Groschen in Decimaltheile e. Reichsthalers, und einer kurzen Anleitung zur Decimalrechnung; zunächst für Holzhändler u. Zimmerleute. Mit 1 Steintaf. gr. 4. Bremen 835. (Kaiser.) 7/8 ℔

Buttel, Fr., prakt. Erfahrungen über Dornsche Dächer, nebst ausführlicher Beschreibung, Kostenberechnung u. Zeichnung solcher Constructionen, welche denselben größere Dauer und Dichtigkeit geben, und einem Anhange: über die Anwendung der flachen Dächer bei ökonomischen Gebäuden. (Mit 3 Lithogr.) Lex.-8. Neubrandenburg u. Friedland 841, Barnewitz. n. 2/3 ℔

Buttel, Fr., praktische Erfahrungen üb. Dornsche Dächer, nebst ausführl. Beschreib., Kostenberechn. u. Zeichnung solcher Constructionen, welche denselben größere Dauer u. Dichtigkeit geben. u. einem Anh.: üb. d. Anwend. d. flachen Dächer bei ökonomischen Gebäuden. 2. Hft., enthalt.: den Bau d. flachen Theerdächer in Verbind. mit Leinwand od. Löschpapier, nach den neuesten Erfahrungen u. unter Benutzung verb. Constructionen. Lex.-8. (2½ B. u. 1 Stnt.) Neubrandenburg 842, Barnewitz. *
1. Hft. Ebendas. 1841. * 20 Ngr.

Buttel, Oskar [app. Arzt aus Neustrelitz]: Ueber die Behandlung des allgemeinen, nach Lungenverletzungen auftretenden Körperemphysems ... Halle a. S., Hofbuchdr. v. C. A. Kaemmerer & C., 1892; 40 S., 2 Bl. 8.
Halle, Med. Fak., Inaug.-Diss. v. 11. Aug. 1892

Buttel, Paul, Raumlehre f. Mittelschulen. Bearb. von A. Möller u. H. Jarchov. (IX, 208 S. m. Fig.) gr. 8. Kiel 903. Lipsius & Tischer. Geb. n 1. 80

Buttel, Paul, Raumlehre für die Volksschule, Mittelschule u. Fortbildungsschule. 8. (VIII, 130 S.) Kiel 877. Homann. cart. n. 1. 20

Buttel, Paul, Raumlehre f. die Volksschule, Mittelschule u. Fortbildungsschule. 2. verb. Aufl. 8. (VIII, 130 S. m. eingedr. Fig.) Kiel 884. Homann. cart. n. 1. 20

Buttel, P., Raumlehre f. die Volksschule, Mittelschule u. Fortbildungsschule. 3., durchgeseh. Aufl. 8. (VIII, 130 S. m. Fig.) Kiel 889. [Homann.] H. Eckardt. Kart. n. 1. 20

– dass. 4. Aufl. ebd. 1892.

Buttel, Paul, Raumlehre f. d. Volksschule, Mittelschule, Fortbildungsschule u. f. Präparanden. 5., durchgeseh. u. verm. Aufl. 8. (VIII, 139 S. m. 35 Fig.) Kiel 899. [H. Eckardt.] Lipsius & Tischer. n. 1. 20; geb. n. 1. 40

Buttel, Paul, Raumlehre f. die Volksschule, Mittelschule, Fortbildungsschule u. f. Präparanden, 6., gegen die 5. unveränd. Aufl. 8. (VIII, 139 S. m. 35 Fig.) Kiel 900. Lipsius & Tischer. Kart. n. 1. 20

Buttel-Reepen, Hugo Berthold von

Buttel-Reepen, H. v., die stammesgeschichtliche Entstehung des Bienenstaates, sowie Beiträge zur Lebensweise der solitären u. sozialen Bienen (Hummeln, Meliponinen etc.). Vortrag, geh. auf dem Zoologen-Kongress in Giessen (1902). Stark erweitert, mit Anmerkgn. u. Zusätzen hrsg. Mit 20 Illustr., 2 Tab., Inhaltsverzeichnis u. alphabet. Register. (XII, 138 S.) gr. 8. Leipzig 903. G. Thieme. n. 2. 40

Buttel-Reepen, Hugo Berthold von, aus Oldenburg i. Gr.: Zur Kenntniß der Gruppe des Distomum clavatum, insbesondere des Dist. ampullaceum und des Dist. siemersi. Mit 5 Taf. u. 8 Textfig. *Jena: G. Fischer 1902.* (S. 165–236.) 8° ¶ (Aus: Zool. Jahrbücher, Bd 17, Abth. f. Syst., H. 2.)
Freiburg i. B., Phil. Diss. v. 1902

Buttel-Reepen, H. v., sind d. Bienen Reflexmaschinen? Experimentelle Beiträge zur Biologie der Honigbiene. (Erweit. u. m. Inhaltsverzeichnis u. alphabet. Register verseh. Abdr. aus dem: „Biolog. Centralblatt“.) gr. 8. (VI, 82 S.) Leipzig 900. [A. Georgi.] G. Thieme. n. 1. 20; geb. n. 1. 80

Buttel-Reepen, H v.: Aus d. Werdegang d. Menschh. Der Urmensch vor u. währ. d. Eiszeit in Europa. [Aus: „Naturwiss. Wochenschr.“] (6, 139 m. Abb. u. 3 Tab.) gr8° Jena, G Fischer '11. 1.80

Büttel, die Glocken der Protestations-Kirche in Speier. Festschrift zu deren Einweihg. am 31. VIII. 1904. Mit 6 Abbildgn. u. e. Verzeichnis der Stifter u. Spender. (20 S.) kl. 8. Dresden-Blasewitz 904. Gustav-Adolf-Verlag. n. — 15

Büttel, die technischen Grundsätze der Fleischbeschau u. die Durchführung derselben in der Praxis m. specieller Berücksicht. der Organisation des Schaupersonals. Ein Gutachten des deutschen Veterinärraths. 8. (15 S.) Augsburg 878. Lüderitz in Comm. n. — 40

Büttel, Die techn. Grundsätze d. Fleischbeschau u. die Durchführung derselb. in d. Praxis mit speziell. Berücksichtig. d. Organisation d. Schaupersonals. Ein Gutachten des deutschen Veterinärrats. Augsb. 78. Schmidt. M. —.40

Büttel, A., die evangelische Gemeinde Mainz. Eine Festgabe zu dem am 13. u. 14. Jan. 1878 gefeierten 50jähr. Dienst-Jubiläum des Herrn Dr. K. Schmitt, großh. Prälat, Oberconsistorialrath, Superintendent u. erster evangel. Pfarrer zu Mainz. gr. 8. (53 S. m. Lichtdr.-Portr. des Jubilars.) Mainz 878. Brickarts. n.n. 1. —

— eine Predigt, nach dem zweiten Attentat auf Se. Maj. den deutschen Kaiser Wilhelm geh. am 9. Juni, dem ersten Pfingsttage 1878 in der evangel. Kirche zu Mainz. gr. 8. (14 S.) Ebend. 878. n. — 20

Büttel, G. A., Gustav Adolf's Grab in der Riddarholms-Kirche zu Stockholm. 12. (51 S. m. Illustr.) Barmen 888. Klein. n. — 50

Büttel, G. A., Gustav Adolfs Grab i. d. Riddarholms-Kirche zu Stockholm. 3., verb. Aufl. 8. (88 S. m. Abb.) Barmen 897. H. Klein. n. 1. —

—— dass. — s. Für die Feste und Freunde des Gustav-Adolf-Vereins.

Trauerrede bei der Beerdigung der Frau Bürgermeister Bechtel geb. Büttel geh. zu Biebesheim a. Rh. 1896 von ihrem Bruder G. A. Büttel, Divisionspfarrer. (Schleswig 1896: Schlesw. Nachr.) (4 Bl.) 8° [F.]

Buttelstedt (Schlagwort)

Buttelstedt, s.: Preussen. Messtischblätter.

Buttenberg, F., die Entzündung. (Schumann's medizin. Volksbücher.) (95 S.) kl. 8. Leipzig 903. W. Schumann Nachf. Geb. in Leinw. n. 1. 50

— die wichtigsten Krankheiten des Darms. (Darmkatarrh, Blinddarmentzündg., Darmkrebs, Darmverschluß). (Schumann's medizin. Volksbücher.) (128 S. m. 7 Fig.) kl. 8. Ebd. 903. Geb. in Leinw. n. 1. 50

Buttenberg, F., die Entzündung. — Die wicht. Krankheiten d. Darms. Jetzt: Ulm, J. Ebner.

Buttenberg, Fritz [Referendar aus Magdeburg]: Hat ein unter den Parteien bestehendes Vertragsverhältnis einen Einfluss auf die actio legis Aquiliae? ... Magdeburg, Druck v. E. Baensch jun., 1896; 48 S. 8.
Erlangen, Jur. Fak., Inaug.-Diss. v. 1896

Buttenberg, Fritz [aus Gerbstedt]: Aus d. medicin. Klinik zu Jena. Über Magenkrebs und seine Beziehung zum Magengeschwür ... Jena, Univ.-Buchdr. G. Neuenhahn, 1895; 36 S. 8.
Jena, Med. Fak., Inaug.-Diss. v. [22. Juli] 1895

Buttenberg, Otto [aus Gerbstedt Preussen]: Ueber die verschiedenartigen stuporosen Zustande .... Jena, Druck v. B. Engau, 1886; 29 S. 8°.
Jena, Med. Fak., Inaug.-Diss. v. [27. Jul.] 1886.

Buttenberg, Otto, über die verschiedenartigen stuporösen Zustände. Diss. Jena 1886, G. Neuenhahn. 8°. 29 S.

Buttenberg, P., s.: Bericht usw. über die Nahrungsmittelkontrolle in Hamburg.

Buttenberg, P., Leitfaden f. die chemische Untersuchung v. Abwasser, s.: Farnsteiner, K.

Buttenberg, W. Paul [aus Gerbstädt]: Condensation des Dichloracetals mit Benzol und Toluol ... Rostock, C. Boldt'sche Hof-Buchdr., 1892; 53 S. 8.
Rostock, Phil. Fak., Inaug.-Diss. v. [2. Dez.] 1892

Buttenstedt, Carl, unsere Bestimmung! Eine Naturstudie. gr. 8. (48 S.) Berlin 900. R. Mewes. n. 1.—

Unsere Bestimmung! Eine Naturstudie von Carl **Buttenstedt** in Rüdersdorf-Berlin. *(Berlin): Selbstverl. 1900.* (48 S.) 8° [F.] [illegible]

Buttenstedt, Carl, unsere Bestimmung! Die instinktive Weltanschaug. (48 S. m. eingedr. Bildn.) gr. 8. Friedrichshagen-Berlin (910). C. Buttenstedt. 1.—

Buttenstedt, Carl, das Flugprincip. Eine populär-wissenschaftl. Naturstudie als Grundlage zur Lösg. d. Flugproblems. gr. 8. (VII, 184 S. m. 6 Taf.) Rüdersdorf b/Berlin 892. C. Blankenburg. n. 5.50; geb. n.n. 6.50

Buttenstedt, C, d. Flugprincip. Populär-wissenschaftl. Naturstudie als Grundlage z. Lösg d. Flugproblems. 8° (184 m. 6 Taf.) Rüdersd. b/Berl. 92. Berl., A Friedländer's Dr. 5.50

— d. Flugprincip. C. popul.-wissensch. Naturstudie. gr. 8. (VII, 184 S. m. 6 Taf.) Rüdersdorf 892. Berlin, R. Mewes. n. 5.50

— Das Flug-Prinzip. Eine populär-wissenschaftl. Naturstudie als Grundlage zur Lösg. d. Flug-Problems. 3. verb. Aufl. (208 S.) 8. Berlin 910. W. H. Kühl. 5.50; geb. n 6.50

— Die Glücks-Ehe (d. Offenbarg im Weibe). 6. Afl. (192 m. Bildn.) gr8° Berl.-Schönebg. Verl. Lebensreform ('07). 3.50; geb. 4.50 d

— Die Glücks-Ehe (die Offenbarung im Weibe). Eine Naturstudie. 5. verb. Aufl. (192 S. m. 1 Abbildg.) 8. Friedrichshagen-Berlin (910). C. Buttenstedt. 3.50

[Umschlagt.:] [F.] Ha! hier bin ich, und was soll ich? Unter Tigern, unter Affen? '(Nachtr. z. Werke: 'Die Uebertragg d. Nervenkraft'.)' E. Naturstudie üb. d. Bestimmg d. Menschen ... Zur Entlastg d. Menschheit, besonders d. Frauen geschrieben v. Carl **Buttenstedt**, Rüdersdorf-Berlin ... *Rüdersdorf b. Berlin: Selbstv.; (Gedr. b. W. Moller, Berlin) [1898].* (16 S.) 1 Bd 8. [illegible]

— Ha! hier bin ich, u. was soll ich? Unter Tigern, unter Affen? (Nachtrag zum Werke: „Die Uebertragg. der Nervenkraft".) Eine Naturstudie üb. die Bestimmg. des Menschen, f. Fürst u. Volk, Gelehrte u. Laien, Arm u. Reich, Alt u. Jung, Mann u. Weib, Heiden u. Christen. Zur Entlastg. der Menschheit, besonders der Frau. 8. (16 S. m. Bildnis.) Rüdersdorf 899. (Berlin, G. Schuhr.) n. —50

Mechanik, Luftschiffahrt, Zeit und Geld. Von Carl **Buttenstedt** in Rüdersdorf b. Berlin. ... *[o. O.] [1896?].* (2 Bl., 38 S.) 1 Bd 8. [illegible]

Buttenstedt, Carl, Naturstudien zu einer neuen Segeltheorie. gr. 8. (21 S. m. 1 Abb.) Berlin 894. (W. H. Kühl.) n. 1.25

Zur Philosophie der Empfindung! (Versuch e. bio-soziolog. Fernblicks.) Ein Weckruf an d. Völker von Carl **Buttenstedt**. Schöneberg-Berlin: Lebensreform 1910. 16 S. 8° [illegible]

— das mechanische Prinzip des Organismus im Dienst der Heilkunst, f. Wissenschaft u. Familie. Eine Naturstudie. gr. 8. (16 S. m. Bildnis.) Rüdersdorf 899. (Berlin, R. Mewes.) n. —40

Das mechanische Prinzip des Organismus im Dienst der Heilkunst f. Wissensch. u. Familie. Eine Naturstudie von Carl **Buttenstedt**. *Rüdersdorf Berlin: Selbstverl. [1899]* (16 S.) 8° [Umschlagt. F.] [illegible]

Die Uebertragung der Nervenkraft. '(Ansteckung durch Gesundheit.)' E. populär-wissensch. Naturstudie f. Erwachsene geschr. v. Carl **Buttenstedt**. 2. erweit. Aufl. ... *Rüdersdorf b. Berlin: Selbstv. [1896].* (IV, 119 S.) 1 Bd 8. [97. 307

[F.] Die Uebertragung der Nervenkraft. '(Ansteckung durch Gesundheit.)' E. populär-wissenschaftl. Naturstudie f. Erwachsene geschr. v. Carl **Buttenstedt**. 3. erw. Aufl. (Aufgest.: *Stapelburg: Buchh. d. Jungborn [1898].*) (139 S.) 1 Bd 8. [98. 11208 Ha

— Die Uebertragung der Nervenkraft. (Ansteckung durch Gesundheit.) Eine populär-wissenschaftl. Naturstudie, f. Erwachsene geschrieben. 3. erw. Aufl. (139 S.) 8. Rüdersdorf b/Berlin (910). Friedrichshagen-Berlin, C. Buttenstedt. 2.—

Buttenwieser, Ellen Clune: Studien über die Verfasserschaft des Andreas. *Heidelberg 1898* (vielmehr: *1899): E. Geisendörfer.* (86 S.) 8°
Heidelberg, Phil. Diss. v. [9. Jan.] 1899

Buttenwieser, Moses: Die hebräische Elias-Apokalypse. *Leipzig: E. Pfeiffer 1897.* (39 S.) 8° ¶ [Erschien vollständig 1897 u. d. T.: Die ... Elias-Apokalypse und ihre Stellung in der apokalyptischen Litteratur ... 1. Hälfte. Kritische Ausgabe ...] *)
Heidelberg, Phil. Diss. v. [28. Aug.] 1897

Butter u. Butterkontrolle. Deutsche Uebersetzung d. Schriftchens »Boter en Botercontrole«, welches v. dem Verein: »Die Butterkontrollstation in Süd-Holland« in Holland verbreitet worden ist. (Leiden 1902). 15 S. Fig. P.

Butter, Fritz [aus Breslau]: Chem. Institut d. Univ. Breslau. Ueber Oxy-α-Stilbazol und einige Derivate.... Breslau, Druck d. Bresl. Gen.-Buchdr., 1891; 34 S., 1 Bl. 8°
Breslau, Phil. Fak., Inaug.-Diss. v. 14. Febr. 1891

Butter, Fritz, üb. Oxy-α-Stilbazol u. einige Derivate. Diss. gr. 8. (34 S.) Breslau 891. (L. Köhler.) n. 1.—

Butter, Gustav Hermann (Leipzig), De diaphragmatis laesionibus. Diss. med.-chir. Lpz. (Ernst Stange) 11. IV. 1849. 27 S. mit Biogr. (M.: E. Enke.) (3.50) 4834

Butter, Herm., die Kunst zu inseriren. Eine Sammlung von originellen Muster-Annoncen als Rathgeber beim Verfassen und Setzen augenfäll. Inserate. gr. 8. (III, 40 S.) Saaz 881, Butter. cart. *

Butter, Karl (Hrsg.), s. Gewerbezeitung, Deutsche.

Butter, O: Preis-Verzeichniß der Gartenwerkzeugfabrik. Bautzen 1896

Butter, Wlh., Abhandl. von d. Keichhusten; aus d. Engl. (v. J. C. F. Scherf). 8. Stendal 782. Franzen u. Gr. 8 gl

Butter, Will., A treatise on the chincough. With an appendix. 206 pp. Lond. 8°. Deutsch. Stendal 1782. 8°. A. D. B. LIII, 121. Comm. Lps. XXI, 649. *Murray*, Bibl. II, 277. *Tode*, Bibl. I, 28.
1773

Die *Butterbereitung* (Danzig 1874). 14 S. Fig. P.
(Schriften d. milchw. Vereins [Nr. 1]). 523.

Butter- u. Käsebereitung, neue, m. 10 pCt. Mehrertrag an Butter u. 20 pCt. Mehrertrag an Käse [für größte u. kleinste Molkereien u. alle klimatischen Verhältnisse] nach dem Verfahren von Domainenpächterin Mathilde Ziemann sen. Bearb. u. redigirt nach den Angaben von J. W. A. Huß, Civil-Ingenieur in Bernburg i/A., in Verbindung mit der Erfinderin im Patent- u. Technischen Bureau v. J. Brand & G. W. v. Nawrocki, Berlin W. [Illustrirte Patent-Brochüre Nr. 1. über das deutsche Reichspatent Nr. 2033.] gr. 8. (32 S. m. 4 Steintaf.) Leipzig 879. (Grieben.) n. 2.—

Butterbrodt, J. (Hrsg.), s. Gesundheitsquelle.

Butterick's Album (Umschl.: Moden-Album). Frühjahr u. Sommer '11. (80 m. Abb.) 41×28,5 cm. Berl., Act.-Gesellsch. f. Butterick's V. || Herbst u. Winter '10/11. (72 m. Abb.) je 1.25

Butterick's grosser Katalog. Herbst u. Winter 1896—1897. Hrsg. v. The Butterick Publishing Co. (limited), London and New York. XLIV. Bd. Schnittmuster-Abteilg. Cosmopolit. Ausg. (In deutscher, span. u. engl. Sprache.) qu. Fol. (112 S.) London. (Barmen, Blank & Co.) 1.20

— dasselbe. Frühjahr u. Sommer 1897. XLV. Bd. qu. Fol. (102 S. m. Abb.) Ebd. 1.20

— dasselbe. Herbst u. Winter 1897/98 u. Frühjahr u. Sommer 1898. XLVI. u. XLVII. Bd. 150 S. m. Abb.) M. 10 Supplementen. (à 4—6 S.) qu. Fol. Ebd. 4. —; einz. Nrn. ohne Beilagen 1.20

— dasselbe. XLVIII. Bd. Herbst u. Winter 1898—99. (In deutscher, engl. u. span. Sprache.) qu. Fol. (125 S. m. Abb.) Ebd. 1.50
Das Jahresabonnement für 2 Bde. mit 10 Supplementen beträgt 4. —.

Butterick's grosser Katalog. Hrsg. v. The Butterick Publishing Co. (limited), London and New York. L. Bd. Frühjahr u. Sommer 1899. (In deutsch., engl., französ. u. span. Sprache.) qu. Fol. (S. 57—200 m. Abbildgn.) London. (Barmen, Blank & Co.) 1.50
Fortsetzung s.: Moden der Hauptstädte.

Butterick's Moden-Album. E. Monats-Zeitschrift m. Tondr. u. farb. Illustr. Hrsg. v. The Butterick Publishing Co. (limited), London and New York. (In deutscher, engl. u. span. Sprache.) 1.—3. Bd. Jan. 1897—Juni 1898. à 18 Hfte. hoch 4. Ebd. Jahrg. n. 12. —; einz. Hfte. n. 1.25
Kann auch vierteljährlich bezogen werden.

— Moden-Album. Eine Monats-Zeitschrift m. Tondr. u. farb. Illustr. Hrsg. v. The Butterick Publishing Co. (limited) London & New York. (In deutscher, engl. u. span. Sprache.) Jahrg. 1900. (7. u. 8. Bd.) 12 Hfte. hoch 4. (à ca. 50 S.) Ebd. n. 12. —
Erscheint nicht mehr.

Butterick's Moden-Album, gen. d. „Kleine Katalog". (Deutsch u. französisch.) (72 m. Abb.) 8° Berl., A.-G. f. Butterick's Verl. (05). 1 —

Butterick's Moden-Album, genannt der „Kleine Katalog". Frühjahr u. Sommer 1906. (68 S. m. Abbildgn.) qu. Lex.-8. Berlin, Actiengesellschaft f. Butterick's Verlag. n. 1.25

— dasselbe. Herbst u. Winter 1906-07. (72 S. m. Abbildgn.) qu. Lex.-8. Ebd. n. 1.25

Butterick's Moden-Album, gen. d. „Kl. Katalog". Frühj. u. Sommer '09. (96 m. Abb.) 28,5×42 cm. Berl., Act.-Gesellsch. f. Butterick's Verl. || Herbst u. Winter '09—'10 (80 m. Abb.) Je 1.25

— Moden-Album. Frühjahr u. Sommer '12. (80 m. Abb.) 41×29 cm. Ebd. || Herbst u. Winter '12/13. (72 m. Abb.) Je 1.25

— Modenblatt f. Schnittmuster nach Mass. Hrsg. v. The Butterick Publishing Co. (limited), London and New York. Jahrg. 1896—1898. 38.—43. Bd. à 6 Nrn. (à ca. 8 S. m. Abb.) Fol. Ebd. à Bd. — 50

— Modenblatt f. Schnittmuster nach Mass. Hrsg. v. The Butterick Publishing Co. limited. London, New York, Paris. Jahrg. 1899 u. 1900. à 12 Hfte. Fol. (à ca. 12 S. m. Abbildgn.) Ebd. à Jahrg. n. 3. —

— dasselbe. Jahrg. 1901. Jan.—März. 3 Hfte. Fol. (à ca. 12 S. m. Abbildgn.) Ebd. — 75
Mit Butterick's Moden-Revue verschmolzen.

— Moden-Revue. Hrsg. v. The Butterick Publishing Co. (limited), London and New York. XXXIV. Bd. Septbr.—Novbr. 1896. 3 Hfte. gr. 4. (à Nr. ca. 48 S. m. Abb. u. 1 farb. Taf.) Ebd. — 75

— dasselbe. Jahrg. 1897. 12 Nrn. (à ca. 50 S. m. Abb.) hoch 4. Ebd. 3. —

— dasselbe. Jahrg. 1898. 21 Nrn. (à ca. 30 S. m. Abb.) hoch 4. Ebd. 4.50
Das 1. Quartal hat 3 Nrn. u. kostet — 75, das 2.—4. Qu. hat je 6 Nrn. u. kostet je 1.25.

— Moden-Revue. Ein prakt. Journal f. die Familie. Hrsg. v. The Butterick Publishing Co. limited. Paris—London—New York. 4. u. 5. Jahrg. 1899 u. 1900. à 24 Hfte. hoch 4. (à ca. 24 S. m. Abbildgn. u. farb. Modebild.) London. (Leipzig, W. Opetz.) à Jahrg. 5. —

— dasselbe. 6. Jahrg. 1. Quartal Jan.—März. 1901. 6 Hfte. hoch 4. (144 S. m. Abbildgn. u. 6 farb. Modebildern.) Ebd. 1.25; einzelne Hfte. — 30

— dasselbe. 6. Jahrg. 2.—4. Quartal. April—Dezbr. 1901. 9 Nrn. hoch 4. (à ca. 48 S. m. Abbildgn., z. Tl. farb. Taf. u. Schnittbog.) Ebd. 3.75; einzelne Nrn. — 60

— dasselbe. 7. Jahrg. 1. Vierteljahr Jan.—März 1902. 3 Nrn. hoch 4. (144 S. m. Abbildgn. u. z. Tl. farb. Modebildern.) Barmen [Blank & Co.] Leipzig, W. Opetz.) 1.25; einzelne Nrn. — 60

— dasselbe. 7. Jahrg. 2.—4. Vierteljahr. April—Dezbr. 1902. 9 Nrn. hoch 4. (à ca. 48 S. m. Abbildgn. u. z. Tl. farb. Taf.) Ebd. n. 5.25

— dasselbe. 8. Jahrg. 1903. 12 Nrn. hoch 4. (à ca. 48 S. m. Abbildgn., z. Tl. farb. Modebild. u. Schnittbog.) Ebd. n. 7. —; vierteljährlich n. 1.75; einzelne Nrn. n. — 65

— Moden-Revue. Hrsg. v. der Actien-Gesellschaft f. Butterick's Verlag. 9.—11. Jahrg. 1904—1906. à 12 Nrn. (à ca. 60 S. m. z. Tl. farb. Abbildgn., Modebildern u. Schnittbog.) hoch 4. Ebd. à Jhrg. n. 8. –

— Moden-Revue. Hrsg. v. der Actiengesellschaft f. Butterick's Verlag. Red.: E. Cohn, f. Oesterreich-Ungarn: Vict. Burger. 12.—15. Jhrg. 1907—1910. à 12 Nrn. (à ca. 48 S. m. z. Tl. farb. Abb. u. Modebildern.) Lex. 8. Ebd. à Jhrg. 8. —

— Moden-Revue. 15—17. J. '10—12 je 12 Nrn. ('12, Nr 1: 48 m. z. Tl farb. Abb.) 41×29 cm. Ebd. viertelj. 2 —; einz. Nrn — 85; seit 1. 10. '12: viertelj. 1.50; einz. Nrn — 60

Butterkünstler, Die, gegen den Bauern-Sekretär . . . Basel 1904. V: *Laur, Ernst.* (BSUllSchw 4, 1904)

Butterlin, Joseph. Über die Bildung von Indazolen aus bromierten o-methylierten Aminen. Diss. Phil. Basel. 53 S. 8. Mülhausen i. E., J. Brinkmann, 1904.

Butterlin, Guilielmus: De delirio tremente cum ictero complicato. [Praeses:] Ioannes Fridericus Meckel. Halae (1828): Grunert. 25 S. 8°
Halle-Wittenberg, Med. Diss. v. 22. Okt. 1828
Geb. Könnern (Saalkr.) 3. 10. 1796. V.

Buttermann, Adolf, approb. Arzt aus Fürstenberg i. Meckl.: Über den Einfluss von Nierenerkrankungen auf den Blutdruck. *Greifswald 1902: H. Adler.* (48 S.) 8°
Greifswald, Med. Diss. v. 15. März 1902

Buttermilch, Eduard. (geb. Lissa in Posen 1817): De affinitate febrium intermittentium cum typhis. Berolini (1842). (30 S.) 8°
Berlin, Med. Diss. v. 23. Juli 1842

Buttermilch, Max, praktische Erfahrungen m. Perdynamin. gr. 8. (2 S.) Leipzig 901. B. Konegen. n. 1.—
Sonderabdruck aus: „Reichs-Medizinal-Anzeiger".

Buttermilch, Max [aus Berlin]: Über den Radialistypus der spinalen progressiven Muskelatrophie ... Berlin, Druck v. H. Scherokosz, 1895; 28 S. 8.
Erlangen, Med. Fak., Inaug.-Diss. v. 13. Juli 1895

Buttermilch, Wilhelm: Ueber einen Fall von Tuberculose der Aortenwand. *Berlin 1898: G. Pintus.* (18 S.) 8°
Würzburg, Med. Diss. v. 1898

Butterow, A. Lehrbuch der organischen Chemie. Leipzig, 1868.

Butters, Friedrich

Butters, ..., Abriß der Geographie von Bayern. 2e Aufl. Zweibrücken 839. Ritter. 1/6 ₰

Butters, A. Fr., s.a. **Abriß der Geographie und Geschichte des Königr. Bayern.**

Butters, A. Friedr., 65 deutsche Aufsätze aus der Schule und für die Schule. gr. 8. (XIV und 111 S.) Neustadt a. d. H. 850, Gottschick's Buchh.

Butters, Frdr., über die Bipontiner u. die Editiones Bipontinae. gr. 8. (53 S.) Zweibrücken 877. Lohmann in Comm. n. 1.20

Butters, Friedrich: Pantaleon Candidus. Ein Lebensbild aus dem zweiten Menschenalter der Reformationszeit in Deutschland, womit im Namen seiner Collegen den Kön. Hofrath und Rector der Studienanstalt in Zweibrücken, Dr. Heinrich Dittmar zu seinem 50-jährigen Doktor-Jubiläum begrüßt und beglückwünscht... S. 3-35.
Progr. Zweibrücken 1865.

Butters, A. Fr., Fredegar. Ein didact. Roman für Freunde der Mythologie. Neustadt a. d. H. 859. Gottschick. 12. (XI, 267 S.) 24 ngr.

Butters, A. Friedr., Geographie u. Geschichte v. Bayern, s. Abriß.

Butters, Friedrich: Land und Leute in der Cyropädie. S. 1-19 nebst einer lithogr. Karte: die Gebiete von Ninive und Babel. Zweibrücken, August Kranzbühler, 1861.
Progr. Zweibrücken 1861.

Butters, Friedrich: Eine kurze Lebensbeschreibung Dr. Heinrich Dittmar's. S. 3-28.
Progr. Zweibrücken 1867.

Butters, Friedrich: Die Literatur Neuburgs auf der Zweibrücker Gymnasialbibliothek. Eine bibliothekarische Arbeit, dem k. Studiendirector in Zweibrücken, J.M. Fischer, zu seinem fünfzigjährigen Amtsjubiläum am 29. Oct. 1871 gewidmet. S. 3-26.
Progr. Zweibrücken 1872.

Butters, Friedrich: Emanuel Tremellius erster Rector des Zweibrücker Gymnasiums. Eine Lebensskizze, zur Feier des dreihundertj. Jubiläums dieser Stda. entworfen von Friedr. Butters. -- Der Ertrag ist zu einer Jubiläums-Stiftung bestimmt. S. 1-38 in 8.
Progr. Zweibrücken 1859. In Commission bei Ed. Kaußler in Landau, 1859.

Butters, A. Friedrich: Ueber die Göttin Tugend und die vergötterten Tugenden. S. 1-15.
Progr. Zweibrücken 1840.

Butters, Friedrich: Ein Versuch, das Verständniß der sechsten Idylle Virgil's zu vervollständigen. S. 3-12.
Progr. Zweibrücken, Hallanzy 1848.

Butters, Friedrich: Was ist die Cyropädie? S. I-XVII.
Progr. Zweibrücken 1853.

Butters: Einige Worte zum Andenken an Prof. Dr. Eduard Vogel. S. 3-10.
Progr. Zweibrücken, Ritter, 1849.

Butters, Friedr.: Xenophon als Patriot. Nach Anab. III., 3 - 11. 7 S.
Progr. Zweibrücken 1872.

Butters, J. Frdr., Führer durch Bad Dürkheim in der Rheinprovinz u. seine Umgebungen. Dürkheim 868. Lang. 8. (VIII, 116 S. u. 1 lith. Plan in 4.) n. 14 ngr.; geb. n. 20 ngr.

Butters, Wilhelm [app. Arzt aus Dürkheim a. H.]: Ueber einen Fall von Uterus bicornis rudimentarius mit rudimentärer Scheide ... Dürkheim a. H. & Kaiserslautern, Druck v. J. Rheinberger, *1895;* 24 S. 8.
Erlangen, Med. Fak., Inaug.-Diss. v. 1895

Buttersack, Diak., Johannes Brenz, s. Volksschriften d. Württemberg. Volksschulen-Vereins.

Buttersack, nichtarzneiliche Therapie innerer Krankheiten, s.: **Bibliothek v. Coler. 3. Bd.**

Buttersack, Ernst Lud. (Hornberg), Praxis antiquo-moderna actionum forensium. Präs. Mich. Grass. Tübing. (Jos. Sigmund) Jan. 1723. 52 Seiten. (1.80) 4835

Buttersack, Felix

Die Elastizität, eine Grundfunktion des Lebens. Gedanken u. Studien von Dr. F[elix] **Buttersack,** Oberstabsarzt. Stuttgart: Enke 1910. 170 S. 8° [10. 4764

— **Latente Erkrankgn d. Grundgewebes, insbes. d. serösen Häute. (4. 139) Lex8° Ebd. '12.** 5 —

Buttersack, Felix, über Osteoklasie. Diss. Berlin 1887, Mayer & Müller. 8°. 31 S.

— **Felix** (Ludwigsburg), Ueber Osteoklasie. Diss. med.-chir. Bln. (G. Schade [O. Francke]) 23. VII. 1887. (3.80) 4836
Oppon.: M. Kanzki, H. Matthiolius, R. Aebert.

Nichtarzneiliche Therapie innerer Krankheiten. Skizzen f. physiologisch denkende Aerzte von Dr. [Felix] **Buttersack,** Stabsarzt. Mit 8 Abb. im Text. *Berlin: A. Hirschwald 1901.* (VIII, 134 S.) 8°
= Coler, v., Bibliothek. Bd 3. [01. 3340

Nichtarzneiliche Therapie innerer Krankheiten. Skizzen f. physiologisch denkende Aerzte von Dr. [Felix] **Buttersack,** Oberstabsarzt. 2. Aufl. Mit 8 Abb. *Berlin: A. Hirschwald 1903.* (VIII, 188 S.) 8°
= Coler, Bibliothek v. Bd 3. [03. 3643

Buttersack, Felix W. A., zwölf Predigten. Zunächst zur Erinnerg. f. diese beiden Gemeinden hrsg. Nebst angehängter Rede des Verstorbenen [am heurigen Jahres-Feste der Würt. Bibel-Anstalt] am diesjähr. Stuttgarter Bibel-Feste. gr. 8. (IV u. 83 S.) Heilbronn 848. (Drechsler.) 6 ngr.

Buttersack, Hans, Referendar in Hamburg: Die Haftung der Vorstandsmitglieder einer Aktiengesellschaft aus schädigender Geschäftsführung gegenüber der Gesellschaft, Aktionären, Gesellschaftsgläubigern und Dritten. Rostock 1904: C. Hinstorff. (123 S.) 8°
Rostock, Jur. Fak., Ref. Lehmann, Diss. v. 2. Jan. 1905
[Geb. 11. Aug. 80 Hamburg; Wohnort: Hamburg; Staatsangeh.: Hamburg; Vorbildung: Gymn. Ellwangen Reife M. 99; Studium: Tübingen 3, Berlin 1, Leipzig 1, Kiel 1 S.; Rig. 22. Juli 03.]

Buttersack, Paul [Assistenzarzt an d. med. Klinik]: Zur Lehre von den syphilitischen Erkrankungen des Centralnervensystems nebst einigen Bemerkungen über Polyurie und Polydipsie .... Berlin, Druck v. L. Schumacher, 1886; 48 S. u. 1 Taf. 8°.
Heidelberg, Med. Fak., Inaug.-Diss. v. 1886.

Buttersack, Paul, zur Lehre von den syphilitischen Erkrankungen des Centralnervensystems nebst einigen Bemerkungen über Polyurie und Polydipsie. Diss. Heidelberg 1886. Theodor Groos. 8°. 48 S. mit einer Taf.

Butterworth, ..., engl. Vorschriften in Buchstaben u. Zügen. gr. qu. Fol. Berl., Ed. Müller. 2 sgr

Büttgen, Josephus (geb. am 30 Okt. 1801 in Bonn): De morborum antri Highmori varietate atque diagnosi ... Bonnae, typ. P. Neusseri (1828). 2 Bl., 16 S., 2 Bl. 4.
Bonn, Med. Fak., Diss. v. 24 Juni 1828

Büttgen, Matthias, prakt. Arzt aus Lucherberg, Rheinl.: Aus Dr. Max Joseph's Poliklinik f. Haut- u. Geschlechtskrankheiten in Berlin. Ueber extragenitale und perigenitale Primäraffekte. Ihre Häufigkeit, Lokalisation, Aetiologie u. Prognose. *Leipzig 1904: B. Georgi.* (48 S.) 8°
Leipzig, Med. Diss. v. (19. Apr.) 1904

Büttgen, P., Monogrammbuch. qu. 4. (30 Stnt.) Weimar 885, B. F. Voigt.

Büttgen, P., Monogrammbuch. Praktische Monogramme zum Gebrauche f. Maler, Graveure, Papier- u. Kartonnagenfabrikanten, Buchbinder, Wagenbauer usw. 80 Taf. m. 600 Monogrammen. 2. verb. Aufl. 8. Leipzig 905. B. F. Voigt. n. 2.—

Buettgenbach, Christ(ianus) Frider. ⟨geb. am 16 Febr. 1814 in Bonn⟩: De variis fistulam-[!] vesico-vaginalem operandi methodis, casibus illustratis ... Cum tabula lith. Bonnae, typ. F. Baaden 1841. 3 Bl., II, 86 S., 3 Bl., 1 Taf. 8.
Bonn, Med. Fak., Diss. v. 29 März 1841

Büttgenbach, Franz

Büttgenbach, F., Der Bergbau in Holland. Essen-Ruhr, 1894. 18 S.

Büttgenbach, F., Die Gebirgsstörungen im Steinkohlengebiete des Wurmreviers. Essen, 1894. 6 S. mit 9 Abb.

[Ant. u. F.] Die Geschichte des Kreuzes vor und nach Golgatha. Von Franz **Büttgenbach.** (M. Titelb.) *Aachen: I. Schweitzer 1898.* (2 Bl., III, 95 S., 1 Taf.) 1 Bd 8. [98. 49

Geschichtliches über die Entwicklung des 800jährigen Steinkohlenbergbaues an der Worm. 1113. 1898. Nebst Situationskt. d. Wormreviers. Von Franz **Büttgenbach.** *Aachen: J. Schweitzer 1898.* (29 S., 1 Kt.) 1 Bd 8. [98. 7490

Gold und Silber. Eine Skizze von Franz **Büttgenbach.** *Essen: G. D. Baedeker 1896.* (IV, 36 S.) 8° [96. 13376 10

Ritter Gabriel de Grupello, erster Statuarius der kaiserlichen Niederlande. Von Franz **Büttgenbach.** Im Selbstverl. *Geilenkirchen [1894]: C. van Gils.* (20 S.) 8° [94. 13361 10

Klosterrath — Rolduc — die alte Abtei des Roder Ländchens. Von Franz **Büttgenbach.** Im Selbstverl. *Geilenkirchen (1893): C. van Gils.* (109 S.) 8° [F. u. Ant.] [93. 13310 10

Die kirchliche Kunst in Monographien, Skizzen u. Kunstbildern von Franz **Büttgenbach.** [Nebst] Ergänzungen. *Aachen: J. Schweitzer 1899.* 2 Bde 4°
Ergänzungen: Kirchenthüren. Altäre. [00. 8944

Die Westfälische Arbeiter-Kolonie Maria-Veen unter Führung der Trappisten. Von Franz **Büttgenbach.** *Aachen: J. Schweitzer, Commv. 1897.* (40 S.) 1 Bd 8. [97. 5728 Mr

Mariawald. E. Bild d. Trappistenordens, dessen Wirken u. sociale Bedeutg ... Von Franz **Büttgenbach.** *Aachen: Comm.-V. v. J. Schweitzer 1897.* (2 Bl., IV, 97 S., 1 Bl., 2 Taf., 1 Portr.) 1 Bd 8. [98. 273

Büttgenbach, Frz., Monographien über kirchliche Kunst. Ergänzungen. Kirchenthüren u. Altäre. 4. (51 S. m. Abbildgn. u. 1 Taf.) Aachen 899. I. Schweitzer. n. 4.—
Hauptwerk. Ebd. 899. n. 20.—.

Die Nadel und ihre Entstehung. E. technolog. Skizze v. Franz **Büttgenbach.** *Aachen: J. Schweitzer 1897.* (65 S.) 1 Bd 8. [97. 2003

[Ant. u. F.] Armand-Jean de Rancé, Reformator der Cistercienser von la Trappe u. erster Abt der Trappisten. Von Franz **Büttgenbach,** Bergingenieur. *Aachen: Comm.-V. v. J. Schweitzer 1897.* (117 S., 1 Portr., 2 Taf.) 1 Bd 8. [97. 5229

Der erste Steinkohlenbergbau in Europa. Geschichtl. Skizze von Franz **Büttgenbach,** Berg-Ing. *Aachen: J. Schweitzer 1898.* (24 S.) 8° [F.] [98. 3917

Büttgenbach, Franz Josef [aus Heerdt bei Dusseldorf]: Die Imidoäther der beiden Buttersäuren, deren Amidine und hauptsächlichste Derivate. ... Neudamm, Druck v. J. Neumann, 1891; 38 S., 1 Bl. 8°
Erlangen, Phil. Fak., Inaug.-Diss. v. 1891

Büttgenbach, Konrad

Büttgenbach, K: Abschaffg d. „Recht"schreibe-Lehre. Die Notwendigkeit e. einfachern neuern internat. Schrift. (36 m. 2 Taf.) 8° Aach., M Flöck (01). —50 d

Büttgenbach, Konr., Abschaffung der „Recht"schreibe-Lehre. Die Notwendigkeit e. einfachern neuen international. Schrift. gr. 8. (36 S. m. 2 Taf.) Aachen (901). O. Müller. n. —50

Buttgerald, Charles, von Herz zu Herz. Gedichte. 8. (VII, 216 S.) Leipzig 892. Fr. Richter. n. 2.—; geb. in Leinw. m. Goldschn. n. 3.—

Butti, Enrico Annibale, der Automat. Roman. Autoris. Uebersetzg. aus dem Ital. v. Hans Jank. (346 S.) 8. Berlin 905. Dr. F. Ledermann. n. 3.50; geb. n.n. 4.50

— Lucifer. Drama in 4 Acten. Deutsch v. Otto Erich Hartleben u. Ottom. Piltz. (187 S.) 8. Berlin 904. S. Fischer, Verl. n. 2.—; geb. n.n. 3.—

Buttjer, Geschichte der Verfassungen u. Rechtsamen Ostfrieslands u. Harrlingerlandes, sowie Entwickelungen über die Natur der sogen. suspendirten Gefälle u. s. w. mit anderen Eigenthümlichkeiten u. Besonderheiten der Provinz. Leer 867. Meyer in Comm. gr. 8. (VII, 167 S.) n. 1 ℛ

Büttig, Wilhelm August (Nickerano-Misn.), De phlebitide puerperarum uterina ac femorali. Diss. med. Lpz. (Staritz) 19. IV. 1836. 28 S. (4.20) 4609
Gew.: Carl Gustav Carus.

Büttiker, Clara, s.: Frauenkalender, schweizerischer.

Büttiker, Clara. Höhenmenschen. Roman. 246 S. 8. Aarau, H. R. Sauerländer & Co., 1910 (*Umschlag:* 1911). [fr. 3.—, geb. 4.—]

Büttikofer, J., Reisebilder aus Liberia. Resultate geograph., naturwissensch., u. ethnograph. Untersuchgn., während der Jahre 1879—1882 u. 1886—1887. Mit Karten, Lichtdr.- u. chromolith. Taf., nebst zahlr. Text-Illustr. 2 Bde. gr. 8. (1. Bd. XV, 440 S.) Leiden 890. Brill. n.n. 20.—

Buttin, Louis. Sur l'emploi du compte-gouttes en pharmacie. Extrait du «Journal suisse de Chimie et Pharmacie» [= Schweizerische Wochenschrift für Chemie und Ph'. Jahrg. 41]. 1903. No. 7. + 4 p. 8. [Zürich, Orell Füssli.]

Buttin, Louis, essai comparatif des Pharmacopées Helvetica, Germanica, Gallica, Belgica et Austriaca d'après les dernières éditions de ces ouvrages. gr. 4. (58 S.) Schaffhausen 873. Brodtmann. n. 2. 80

Büttinghausen, Karl (Hrsg.), s.a. Beyträge zur Pfalzischen Geschichte.

Büttinghausen, Karl, (†d. 13. Juni 1786.) Beiträge z. Pfälz. Geschichte. 2 Bde oder 8 Stcke. 8. Manh. 774—82. Löffler. 1 ℛ 14 𝒢 Schrbp. 2 ℛ

— Disquisitio, an Sacerdotes vitio corporis laborantes comederint sanctissima. 4. Erf. 756.

— disquisitio, an sacerdotes vitio corporis laborantes comederint sanctissima. 8. Frankf. 756. 4 𝒢

Büttinghausen, Carl (Hrsg.), s.a. Ergötzlichkeiten aus der Pfälzischen und Schweitzerischen Geschichte und Litteratur...

— Ergötzlichkeiten aus d. Pfälz. u. Schweizergeschichte u. Literatur. 3 Stcke. 8. Zürich 766—68. Orell. 6 𝒢

— s.a. Miscella historiae.

— Miscella hist. universit. Heidelb. inserv. 4. ibid. 786.

— Pfälz. histor. Nachrichten aus neuern Schriften u. Proben. 8. Manh. 783—86. Löffler. 10 𝒢 Schrbp. 12 𝒢

— specimen horarum hebraicarum ac arabicarum etc. 8. Utrecht 758. N. A. 8maj. Manh. 776. Löffler. 8 𝒢

Vaterl. Frauenverein. Bericht des Zweigvereins Hanau über seine 25jährige Tätigkeit 1878–1903. (Verf.: v. **Buttlar.**) *Hanau 1903: Waisenhaus.* (8 S.) 8° [Umschlagt. F.] [04. 1401 4

Buttlar, C. v., Kurzgefasst. Unterricht über die Ernährung u. Behandlung der Schafe, sowie über die Erkenntnis und Heilung der vorzügl. Schafkrankheiten. 8. Marburg 28. (Kassel, Kriegers Verl.-Hdlg.) M. —.40

Buttlar, FL v., d. Wesentlichste d. Sternkunde. 8. (194) Berl. 54, Borntraeger. 1. 7½

Buttlar, F. L. v., das Wesentlichste der Sternkunde nach den neuesten Entdeckungen in leicht faßlicher Aufstellung zum Selbstunterricht für Gebildete beiderlei Geschlechts. gr. 8. (VI und 194 S. mit 2 großen lithogr. Sternkarten in Fol.) Königsberg 854, Gebr. Bornträger.

Buttlar, Kurt Treusch v. Der Kampf Joachims I. v. Brandenburg gegen den Adel seines Landes. Mit Urkunden als Anh. gr. 8. (110 S.) Dresd. 889, Höckner Sep.-Cto. * 1 80

Buttlar, Ludwig von

Wider Brentano! Für d. deutsche Scholle! Von Ludwig v **Buttlar**. (Wolfhagen 1910: Borner.) 15 S. 8° 10. 1910 4

Buttlar, Max, die polnische Frage. (47 S.) gr. 8. Frankfurt a/M. 904. Neuer Frankfurter Verlag. n. — 60
Sonderabdruck aus: „Das freie Wort".

Buttlar, Minka v., Allerlei für Kinder. hoch 4. (24 S. mit eingedr. Chromolithogr.) Leipzig 885, Leipziger Lehrmittelanstalt von Dr. Osk. Schneider. cart. *

Buttlar, Minka v., bunte Bilder f. Kinder. 4. (24 S. mit farb. Illustr.) Breslau 888. Schles. Verlagsanstalt. cart. n. 2.—

—— bunte Blätter für Kinder. 4. (24 S. mit color. Bildern.) Breslau 888, Schottländer. cart. *

—— Märchen. qu. 4. (61 S. mit eingedr. Chromolithogr.) Leipzig 885, Leipziger Lehrmittelanstalt von Dr. Osk. Schneider. cart. *

—— Rielchen und Tinchen mit dem Gockelhahn. 4. (24 S. mit color. Bildern.) Breslau 888, Schottländer. cart. *

Buttlar, P. Frhr. v., frei ist der Bursch! Ein authent. Beitrag zur akadem. Freiheit. (27 S.) gr. 8. Berlin (905) Concordia. n. — 60

Buttlar, Rud. v., Forstkultur-Verfahren in seiner Anwendung und seinen Folgen zu der Forstwirthschaft für Waldbesitzer und Forstmänner mitgetheilt. Mit Abbildungen. 8. (VIII und 165 S. mit 1 Stnt.) Cassel 853, J. G. Luckhardt.

Buttlar, Wilh. v., Instinkt u. Verstand der Tiere, s.a. Hillger's Herm., illustr. Volksbücher.

Instinkt und Verstand der Tiere von Wilhelm v. **Buttlar**. Mit 20 Ill. Berlin, Leipzig: H. Hillger [1907]. (76 S.) 8° [F.]
— **Volksbücher**, Hillgers illustrierte. Bd 70. [07. 16111

Buttlar, Wilh. v., aus meiner Seele. (III, 56 S.) 8. Stuttgart 905. Strecker & Schröder. n. 1.—; geb. n. 1.80

Buttlar-Elberberg, Rud. v., Stammbuch der althessischen Ritterschaft. Enth.: die Stammtafeln der im ehemaligen Kurfürstenth. Hessen ansäss., zur althess. Ritterschaft gehör. Geschlechter. qu. Fol. (100 Bl.) Cassel 888. Klaunig. n.n. 120. —

[F.] Wappentafel der zur althessischen Ritterschaft gehörigen Geschlechter, die sich gegenwärtig bezügl. des Stiftes Kaufungen in voller Rechtsausübung befinden. Zsgest. v. Rudolf v. **Buttlar-Elberberg**. *Marburg: N. G. Elwert 1898.* 1 Bl. quer-gr. 2. [98. 1857

Buttlar-Elberberg, Wilh. v., Jägerlieder, s.: Wildungen, Ludw. v.

— Instinkt u. Verstand d. Tiere, s.: Hillger's, Herm., illustr. Volksbb.

Buttler, s.a. Butler.

Buttler, Freyh. von, Sammlung einiger Gedichte u. prosaischen Aufsätze von verschiedenen Schriftstellern. gr. 8 Breslau, Schöne. 821.

Buttler, Alban., Beschreib. d. Feste Jesu Christi, Mariä u. d. Engel rc. Aus d. Engl. v. Godescard u. aus d. Französ. v. J. Steur übersetzt. 2 Thle. gr. 8. Augsb. 795. Wagner. 2 rß

Buttler, Anton: Ueber Hieronymus Vida, Bischof von Alba, als Dichter. S 3-14.
Progr. Landshut 1851.

Buttler, D. S., antichristische Christ-Larven. Halle 1700. 12.

BUTTLER, Eva von, die Messaline und Muckerin, als Prototyp der „Seelenbräute." Ein Beitrag zur Kenntniss der Mysterien des Pietismus. Nach authentischen Quellen für's Volk erzählt von Ludw. Christiany. Stuttgart 1870. 12°.

Kurzgefasste, dabei mit aktenmässigen Daten belegte Darstellung des Treibens einer Muckerbande, welche zu Anfang des vorigen Jahrhunderts, von Deutschland's Zerrissenheit profitirend, in Hessen und andern Duodezstaaten in ihrem pietistischen und blasphem.-priapischen Unfug zu erschreckender Ausartung gelangte. (12 Sgr. Scheible, Nat. 49.)

Buttler, Frieda, bayrische Knödelküche. (80 S.) kl. 8. Leipzig (910). G. Schnurpfeil. — 30

— Vegetarisches Kochbuch. (48 S.) kl. 8. Ebd. (909). — 30

Buttler, H. A., Beschr. d. Feste Mariä u. d. Engel. 2 Thle. gr. 8. Augsb. Wagner. 795.

Buttler, Dr. Joh., Uebereinstimmung der natürl. u. geoffenbarten Religion mit der Einrichtung u. dem Laufe der Natur. Ganz neu umgearbeitet u. in einem verbesserten Auszuge mitgetheilt v. C. A. Schrey. 8. Leipzig, Franz.

— Uebereinstimm. d. nat. u. geoffenb. Religion, m. d. Natur rc. im Ausz. v. Schreyer. 8. Leipz. Feind. 804.

Buttler, Jos., Bestätigung d. natürl. u. geoffenb. Religion; aus d. Engl. (v. J. J. Spalding), 8. Leipz. 756. N. A. Tüb. 779. (Osiander). 1 rß 4 K

— Uebereinstimmung d. natürl. u. geoffenb. Religion, umgearb. u. in e. verb. Ausz. mitgetheilt v. Chr. H. Schreyer II. 8. Leipz. 787. (Taubert). 10 K

Buttler, Samuel, s. Butler.

Buttler (Butler), Thomas, Die Wahrheiten der kathol. Religion aus der hl. Schrift allein bewiesen. Aus dem Engl. übersetzt von C. Willmann. Regensburg, Manz (jetzt Verlagsanst.), 1846, gr. 8°, 7,50 Mk.

The truths of the Catholic Religion proved from Scripture alone with notes and references from catholic and protestant Divines. 1843, 12°, 2 vols.

Buttler, William. Abhandlung von dem Keichhusten; aus dem Englischen. Stendal 1782. Ü: *Scherf, Johann Christian Friedrich.* (Ky)

Buttler, William. Baronet von Yorkshire, ein Trauerspiel. München 1772. V: *Speckner auf Pilhofen, Joseph Valentin Edler von.* (Ky) (ML)

Buttmann, A.: Abhandlung über das zweite Stasimon in Soph. Antigone. 14 S.
Progr. Prenzlau 1869.

Buttmann, Ueber d Begriff d. Wortes φρατρία. S.-A. s. a. 27 S. 4°. 1.—

Buttmann, Erklärung der griech. Beischrift auf e. ägypt. Papyrus. Ak. 1824. 27 8.4°. 1.—

Buttmann: Paradigmen zur deutschen Grammatik als Hilfsmittel zur Lektüre mittelhochdeutscher Gedichte. 23 S.–
Prenzlau, Progr. 1865.

Buttmann, A.: Göthe als Vermittler des Alterthums und der modernen Zeit. Festrede zur Göthefeier. 7 S.
Progr. Prenzlau 1849.

Buttmann, A.: Das Griechenthum und das jugendliche Alter. 24 S.
Progr. Prenzlau 1845.

Buttmann, Ueb. die Kotyttia und die Baptae. Ak. 1828. 8 S. 4°. —.75

Buttmann, A.: De Soph. Philocteta. 17 S.
Progr. Prenzlau 1839.

Buttmann, Alex., einige nachträgliche Bemerkungen zu den Vertheidigungsschriften gegen die Angriffe namentlich von Strietz, Stahl, Kunze und Schede auf die Erklärung vom 15. August. gr. 8. Potsdam 845, Horvath'sche B. n. 1/6 ℛ

Buttmann, Alex., s. Ph. Buttmann, griechische Grammatik.

Buttmann, Alex., Grammatik des neutestamentlichen Sprachgebrauchs. Im Anschlusse an Ph. Buttmanns griech. Grammatik bearb. 1. Abthl.: Formenlehre. und 2. Abthl.: Syntax. gr. 8. (68 S. und XVI und S. 60—374.) Berlin 857. 59, Dümmler's Verlagsh. [1. Abthl. * 10 Ngr., 2. Abthl. * 1 Thlr. 5 Ngr.] *

— die deutschen Ortsnamen mit besonderer Berücksichtigung der ursprünglich wendischen in der Mittelmark und Niederlausitz. Ebend. 856. 8. (IV, 183 S.) n. 17½ ngr

Buttmann, Alex: Die griechischen Präpositionen. 20 S. Fortsetzung 18 S.
Progr. Prenzlau 1852/53.

— die griechischen anomalen Verba in systematischer Folge. Als Anhang zur Buttmannschen griech. Grammatik ausgearb. gr. 8. (VIII und 35 S.) Potsdam 859, (Gropius'sche Buchh.) *

Buttmann, Alex., die griechischen anomalen Verba in systematischer Folge. Als Anh. zur Buttmannschen griech. Grammatik ausgearb. 2., verb. Aufl. gr. 8. (VIII und 86 S.) Potsdam 866, Gropius'sche Buchh. *

Buttmann, Alex., die griechischen anomalen Verba in systematischer Folge. Als Anh. zu Phpp. Buttmann's griech. Grammatik neu zusammengestellt. gr. 8. (24 S.) Berlin 875. Dümmler's Verl. n. — 40

Buttmann, Alex: Ueber die syntaktische Verbindung der Verba der äußeren Wahrnehmung, zunächst von *ἀκούειν* und *ἀκροᾶσθαι*. 18 S.
Progr. Potsdam 1855.

Buttmann, Aug., Agesilaus, Sohn d. Archidamus. Lebensbild e. spartan. Königs u. Patrioten. Nach den Quellen m. besond. Berücksicht. d. Xenophon dargestellt. 8. (XII, 295 S.) Halle 872. Buchh. d. Waisenh. n. 3. —

Buttmann, Aug., Aufruf dem Gustav-Adolph-Verein beizutreten. 8. (15 S.) Potsdam 848, Stuhr. n. 1/12 ℛ

Buttmann, Aug., de Dicaearcho ejusque operibus, quae inscribuntur *βίος ἑλλάδος* et *Ἀναγραφὴ ἑλλάδος*. 4 maj. (7¼ B.) Numburgi 832. (Berolini, Mylius.)

Buttmann, August, Subrektor am Gymnasium zu Prenzlau, Friedrich Wilhelm IV. der Deutsche oder die weltgeschichtliche Aufgabe Preußens. Festrede zur Feier des Geburtstages Sr. Majestät des Königs Friedrich Wilhelm IV. von Preußen. Herausgegeben von dem Constitutionellen Verein zu Prenzlau. Prenzlau, Kalbersberg, 1848. 26 S. 8°.

—— kurzgefasste Geographie von Alt-Griechenland. Ein Leitfaden für den Unterricht in der griech. Geschichte und die griech. Lectüre auf höheren Unterrichts-Anstalten. gr. 8. (VIII, 140 S.) Berlin 872, Nicolai's Verlag. *

Buttmann, A.: Nachtrag zu meiner Abhandl. über die unter dem Namen des Dicaearch überlief. Ἀναγραφὴ τῆς Ἑλλάδος. 16 S.
Progr. Prenzlau 1835.

Buttmann, A.: Quaestiones de Dicaearcho ejusq. operib. Collectionis omnium Dicaearchi fragmentor. instituendae Specim. 60 S.
Progr. Schulpforte 1832.

Buttmann, Aug., die Schicksals-Idee in Schillers Braut v. Messina u. ihr innerer Zusammenhang m. der Geschichte der Menschheit. gr. 8. (VII, 128 S.) Berlin 882. Damköhler. n. 2.50

Buttmann, A., die Schicksals-Idee in Schillers Braut von Messina. gr. 8. Berlin 882, Hettler. *

Buttmann, H.

Die Wasserversorgung des Rhein-Weser-Elbe-Kanals ist genügend gesichert. Von H. Buttmann, Ingen.-Oberst z. D. Nebst e. Uebersichtskarte u. e. zeichnerischen Darstellung auf 2 Bl. *Hannover 1900: Janecke.* (14 S.) 8° [5.]
= Sammlung v. Schriften z. Kanalfrage. No 4. (… …) 4

Buttmann, Hermann [app. Arzt aus Meiningen]: Untersuchungen über Sehschärfe . . . Freiburg i. B., Speyer & Kaerner, 1896; 2 Bl., 48 S. 8.
Freiburg i. B., Med. Fak., Inaug.-Diss. v. 1896

Buttmann, Hugo: De musculis crocodili. Halae (1826): Grunert. 32 S. 8°
Halle-Wittenberg, Med. Diss. v. 17. Okt. 1826
Geb. Berlin [19. 3.] 1804. V.

Buttmann, M. A. Ph.

— the gender and the declension of German substantives. The declension of adjectives. Revised by James J. Trotter. 8. (III, 20 S.) Ebd. 894. n. — 60

Buttmann, M. A. Ph., the German gender and chief rules of the grammar simplified and briefly treated. Revised by James J. Trotter. 8. (IV, 65 S.) Berlin 894. A. Herz & H. Süssenguth. n. 1.20; kart. n. 1.60

Buttmann, Philipp

Buttmann, Ph., die christliche Heilslehre auf Grund der heil. Schrift für die evangel. Gemeinde dargestellt. 2. (Titel-)Ausg. gr. 8. (XI, 303 S.) Leipzig (872)75, Zangenberg und Himly. geb.

—— Luther's Katechismus, s. a. Luther's, Martin, Katechismus.

—— Luther's Katech. nebst ausgew. nach d. Hauptst. geordn. Bibelspr. 8. (36) Berl. 57, G Reimer. — 3

Buttmann, Ph., evangelische Kinder-Dogmatik auf Grund des kleinen Luther'schen Katechismus. Berlin 861. Fr. Schulze. 8. (IX, 164 S.) n. 12 ngr

Buttmann, Ph. (II.), die evangelische Lehre von dem allein seligmachenden Glauben. Vom Standpunkte der heutigen allgem. Bildung und zur Vermittelung der Gegensätze in der evangel. Kirche dargestellt und vertheidigt. 8. (94 S.) Berlin 848, Mylius'sche Vrlgsb.

Buttmann, Ph., was gehört dazu, ein Mitglied d. evangel. Kirche zu sein? geschrieben in Bezug auf seine Unterzeichnung d. berliner Erklärung am 15. (20.) Aug. c. gr. 8. (1 B.) Berlin 845, Mylius'sche Vrlsb.

Buttmann, Philipp Karl, s. Aratus: Phaenomena.

Buttmann, Ph: Beitrag zur Erläuterung der Wasserorgel und der Feuerspritze des Hero und des Vitruv. (o. O.) 1810

Buttmann, Ph., in Beziehung auf Hirt's Abhandlung über Q. Curtius Rufus. Berl. 820. 8. 4 gr.

— s. Demosthenes oratio in Midiam.

Buttmann, Ph. Karl, über d. philosoph. Deutung d. griech. Gottheiten, insbesond. vom Apoll u. v. der Diana. 4. Berl. 803.

— älteste Erdkunde d. Morgenländers, mit 2 Karten. gr. 8. Berl. 803. Mylius. 12 gr

— über d. Fabel d. Kydippe. gr. 4. Münch. 825. (Franz). 8 gr (Auch in d. Denkschriften d. Baier. Acad. 9r Bd.)

— über d. Fabel der Kydippe. 8. Sulzbach 825. v. Seidel.

Buttmann, Phil. Karl, s. Gedicke, Fr.: Griechisches Lesebuch.

Buttmann, Ph., Über das Geschichtliche und die Anspielungen im Horaz. Berlin 808. 4.

Buttmann's, P., Griechische Grammatik. Berl. 792. 8. Ausg. 8. Ebend. 818. 8. 1 rthlr. Ausg. 9. Ebend. 820. 8.

— griech. Grammatik. 8. Ebend. 810.

Buttmann, Ph., griechische Grammatik. 6te verbess. Aufl. 8. Berl. Mylius. 811.

Buttmann, Ph., griechische Grammatik. 9te Aufl. 8. Berlin, Myliussische Buchhandl. 820.

— griechische Grammatik. 12e Aufl. gr. 8. Berlin 826, Mylius.

Buttmann, Phil. Karl, griechische Grammatik. 13. Aufl. 829., 14., verm. u. verb. Ausg. (Hrsg. v. K. Lachmann.) (à 31 B.) gr. 8. Berlin 833, Mylius. à

Buttmann, Phil., griechische Grammatik. 15. u. 16., verm. u. verb. Ausg. (v. Alex. Buttmann). gr. 8. (32½ u. 31¼ B.) Berlin 838, 41, Myliussische Buchh. à

—— griechische Grammatik. 17., verm. u. verb. Ausg. gr. 8. (32½ B.) Berlin 845, Mylius'sche Vrlsb.

Buttmann, Phil. (I.), griechische Grammatik. 18., verb. Ausg. gr. 8. (VI und 522 S.) Berlin 849, Mylius'sche Vrlgsb.

Buttmann's, Phil., griechische Grammatik. Seit dem Tode des Verf. hrsg. und bearb. von A. Buttmann. 19. Aufl. 2 Abthlgn. gr. 8. (1. Abthl. S. 1—320.) Berlin 854, Dümmler's Verlag. *

Buttmann's, Phil., griechische Grammatik. Hrsg. und bearb. von Alex. Buttmann. 2 Abthlgn. 20. Aufl. gr. 8. (1. Abthl. 336 S.) Berlin 858, Dümmler's Verlagsb. *

Buttmann's, Phil., griechische Grammatik. Hrsg. und bearb. von Alex. Buttmann. 21. Aufl. gr. 8. (VIII und 576 S.) Berlin 863, Dümmler's Verlag. *

Buttmann, Phil., griechische Grammatik. Hrsg. und bearb. von Alex. Buttmann. 22. Aufl. gr. 8. (VIII, 592 S.) Berlin 869, Dümmler's Verlag. *

— kurzgefaßte griech. Grammatik. 8. Berl. 792. Mylius. 20 gr 13e verm. Aufl. 829. Ebd. 1 rthl

[Philipp Karl] Buttmann und [Friedrich] Schleiermacher über [Ludwig Friedrich] Heindorf und [Friedrich August] Wolf. Berlin. 1816. 8°

— u. Fr. Schleyermacher, über Heindorf u. Wolf. gr. 8. Berl. 816. Reimer. 3 gr

— über d. Leben d. Geschichtschreibers Q. Curt. Rufus. gr. 8. Berl. 820. Nauck. 4 gr

Buttmann, Ph. Karl, Lehre vom griech. Versbau für d. ersten Anfänger. 8. Berl. 824. Mylius. 2 gr

— Lexilogus od. Beiträge zur griech. Worterklär., hauptsächlich für Homer u. Hesiod. 1r Bd. 8. Berl. 818. 2e Aufl. u. 2r Bd. 824 u. 25. Mylius. (à 20 gr) 1 rthl 16 gr

—— Lexilogus, od. Beiträge z. griech. Wort-Erklärung, hauptsächl. f. Homer u. Hesiod. 1. Bd. 3. Aufl. 8. (20 B.) Berlin 837, Myliussische Buchh.
2. Bd. Ebendas. 1825. 20 Gr.

—— Lexilogus, oder Beiträge zur griech. Wort-Erklärung, hauptsächlich für Homer und Hesiod. 2. Bd. 2. Aufl. 8. (VI und 250 S.) Berlin 860, Mylius'sche Verlagsb.

—— Lexilogus, oder Beiträge zur griechischen Wort-Erklärung, hauptsächlich für Homer und Hesiod. 1. Bd. 4. Aufl. 8. (X und 292 S.) Berlin 865, Schweigger'sche Hofbuchh.

— Museum d. Alterthumskunde, s. F. A. Wolf.

Buttmann, Philipp (Hrsg.), s. Museum der Alterthumswissenschaft.

— Museum antiquitatum, s. F. A. *Wolf*.

—— Mythologus, od. gesam. Abhandlungen üb. d. Sagen d. Alterthums. 1. Bd. Nebst e. Anh. üb. d. Geschichtliche u. d. Anspielungen im Horaz. gr. 8. (22¼ B. u. 1 Karte.) Berlin 828. Mylius.

—— dass. 2. Bd. Nebst e. Anh. Ueber d. Elektron. — Horaz u. Nicht-Horaz. gr. 8. (24 B. u. 1 Stnt.) Ebds. 829.

— über den Mythos des Herakles rc. gr. 8. Berl. 810. Mylius. 6 gr

— über den Mythos d. Sündfluth. 8. Berl. 812. 2e Aufl. 819. Rücker. 8 gr

Buttmann, Phil. Karl, s. Platonis dialogi.

—— Recensus omnium lectionum quibus codex Sinaiticus discrepat a textu editionis Novi Testamenti cui est titulus: N. T. graece ad fidem potissimum codicis Vaticani B recensuit, varias lectiones codicis B, textus recepti, editionum Griesbachii, Lachmanni, Tischendorfii integras adjecit Phil. Buttmann. 8. (VIII und 123 S.) Leipzig 865, Teubner.

— Rede über d. Nothwendigkeit d. krieger. Verfassung v. Europa. gr. 8. Berl. 805. Mylius. 4 gr

— Scholia antiqua in Homeri Odysseam etc., s. *Scholia*.

— Griechische Schulgrammatik. Berlin 812. 8. 14 gr. Ausg. 5. Ebend. 820. 8. 16 gr.

— griech. Schulgrammatik, (ein Auszug aus d. größern Grammatik.) 3te Aufl. Ebend. 816.

— griechische Schulgrammatik 5te Aufl. 8. Ebend. 819.

Buttmann's, Ph., Griechische Schulgrammatik. Ausg. 6. 821. 8. 16 gr.

— griech. Schul-Grammatik. 8te Aufl. 8. Berlin 827, Mylius.

—— griechische Schul-Grammatik. 9., verb. Aufl. 8. (24½ B.) Berlin 831, Mylius.

—— griechische Schul-Grammatik. 10., verb. u. verm. Aufl. 8. (25 B.) Berlin 837, Myliussische Buchh.

—— griech. Schul-Grammatik. 11., verm. u. verb. Ausg. 8. (23¾ B.) Berlin 843, Mylius'sche Vrlsb.

—— griechische Schul-Grammatik. 12., verm. und verb. Ausg. gr. 8. (VIII und 288 S.) Berlin 853, Mylius'sche Vrlgsb. *

Buttmann's, Phil., griechische Schul-Grammatik. Hrsg. und bearb. von Alex. Buttmann. 13. Aufl. 2 Abthlgn. gr. 8. (300 S.) Berlin 857, Dümmler's Verlagsb. Thlr. *

—— griechische Schul-Grammatik. Hrsg. und bearb. von Alex. Buttmann. 16. Aufl. gr. 8. (VII und 304 S.) Berlin 866, Dümmler's Verlag. *

—— griechische Schul-Grammatik. Hrsg. und bearb. von Alex. Buttmann. 17. Aufl. gr. 8. (VII, 304 S.) Berlin 874, Dümmler's Verlag. *

— s. Sophocles, Philoctetes.

— ausführl. griech. Sprachlehre. 1r Bd. gr. 8. Berl. 819. 2e A. 830. Mylius. 1 rthl 4 gr 2r Bd. 1e u. 2e Abtheil. gr. 8. Ebd. 825, 27. à 16 gr 1 rthl 8 gr

Buttmann, Philipp Carl. Ausführliche Griechische Sprachlehre ... Zweite ... vermehrte Ausgabe. Berlin 1830—39. V (Zusätze): *Lobeck, Chn Aug.* (BrMm)

—— ausführliche griechische Sprachlehre. 2. Bd. 2 Abthln. 2. Aufl., m. Zusätzen v. C. A. Lobeck. gr. 8. (34⅝ B.) Berlin, Myliussische Buchh. [1. 838. ⅚ Thlr., 2. 839. ⅔ Thlr.]
1. Bd. Ebendas. 1830. 1 Thlr. 4 Gr.

Buttmann, Philippus, s: Testamentum, Novum, graece.

Buttmann, Rudolf: Geschichte der Gymnasialbibliothek zu Zweibrücken. *Zweibrücken 1898: A. Kranzbühler.* (54 S.) 8°
Zweibrücken, k. Humanist. G, P 1898*

Buttmann, Rud., Geschichte d. Gymnasialbibliothek z. Zweibrücken. Progr. gr. 8. (54 S.) Zweibrücken 898. (F. Lehmann.) n. — 80

Buttmann, Rudolf: Isaak Kramer letzter Rektor von Hornbach und erster Rektor von Zweibrücken. Ein Lebensbild. Zweibrücken 1909: Kranzbühler. 40 S., bezw. S. 17—56. 8°
Zweibrücken, k. G, auch in Festschr. z. 350 j. Jubil., P 1909* [S 09. 52

Buttmann, Rud., Isaak Kramer (geb. 8. VIII. 1561, gest. 15. VII. 1638), letzter Rektor v. Hornbach u. erster Rektor v. Zweibrücken. Ein Lebensbild. [Aus „Festschr. z. 350jähr. Jubil. d. Hornbach-Zweibr. Gymn."] (42 S.) gr. 8. Zweibrücken 909. F. Lehmann. — 80

— s.: Lorch's, Nik., Ruina Palatinatus Bipontini.

Buttmann, Rud., s.a. **Matrikel, die, des Hornbacher Gymnasiums.**

Buttmann, Rudolf, Prof.: Die Matrikel des Hornbacher Gymnasiums 1559—1630. T. 1. Verzeichnis der Professoren und Stipendiaten. (Text.) Zweibrücken 1904: Aug. Kranzbühler. (57 S.) 8°
Zweibrücken, k. humanist. G P 1904*

Buttmann, Rudolf: Die Matrikel des Hornbacher Gymnasiums 1559—1630. I. Teil. Verzeichnis der Professoren und Stipendiaten. (Text.) 1 Bl., 57 S. 8. Kgl. Hum. Gymn. *Zweibrücken* 1904.
Wiederholt und vervollständigt in: Die Matrikel des Hornbacher Gymnasiums 1559—1630. Herausgegeben von Rudolf Buttmann. I. Teil: Text. Mitteilungen des Historischen Vereins der Mediomatriker für die Westpfalz in Zweibrücken. III. *Zweibrücken: (F. Lehmann)* 1904. 1 Bl., 159 S. 8. M. 2.50.
Progr.

Buttmann, Walther, die niedere Geodäsie e. Stiefkind im preussischen Staats-Organismus. Ein offenes Wort an alle Freunde d. Vermessungswesens. gr. 8. (24 S.) Berlin 875. Rotemeyer in Comm. — 75

Buttmann, Rud., s.: König's, Dav., Beschreibung der Konstitution des Herzogt. Zweibrücken.

Buttner s. Büttner.

Büttner, Viro ill. . . . Dr., de jubilaeo propter munus annos 60 feliciter funct. gratulantur institutorum med.-chir. militarium alumni 1835. [Berol.] V: *Scholz.* (Verz. d. Büchersamml. d. Friedr.-Wilh.-Inst. Berlin 1890.)

Büttner, des Klempnergesellen G., Wanderungen durch ein. Theil v. Europa, Asien u. Afrika in d. J. 1835 bis 1840, bearb. v. L. Zeidler. gr. 8. (21 B. u. 1 Holzsch.) Zerbst 841. (Leipzig, Hunger.)

Büttner, Dr. der Unentschlossene. Lustsp. in 5 Aufz. v. S. 8. Halle am Kocher, Schmeißer. (Leipz., Bruder in Comm.) 811.

Büttner

— s.a. Büttner Pfänner zu Thal.

Büttner. Berliner, ein Wort der Versöhnung! Druck von A. Obst. 1 Bl. Fol.
Flugblatt. Berlin, 25. März 1848.

Büttner, des ehemal. Korporals, jetzt Aufschlags-Untereinnehmers in Renneling, Beschreib. der Schicksale u. Leiden, während seiner 19monatl. Gefangenschaft in Rußland in d. J. 1812 u. 13. Von ihm selbst beschrieben. 8. Nürnb. 831. (Riegel u. W.) 9 Kr

Büttner (ehemals Korporal, jetzt Aufschlags-Untereinnehmer), Beschreibung der Schicksale u. Leiden währ. seiner 19monatl. Gefangenschaft in Rußland, in den J. 1812 u. 13. Von ihm selbst beschrieb. 8. Nürnberg 836. Riegel u. Wießner. n. 1/4 ℛ

Büttner, ..., niederschlesische Blätter rc., s. Blätter.

Büttner, der Brief St. Pauli an die Epheser in 52 Betrachtungen auf alle Sonntage des Kirchenjahres, dem Christenvolke dargeboten. 12. (III, 239 S.) Eisleben 889. Christl. Verein. geb. 1. 5

Büttner, rechtliche Erörterungen. 2 Hefte. gr. 8. (132 S.) Insterburg 854, Reinert. *

Büttner, rechtl. Erörtergn. 1. Hft. 8. (94) Insterb. 54. (Lpzg, Keil.) n. — 12 || 2. Hft. (38) n. — 5

Büttner, Handbuch, d. sächs. Jagd-Gesetzes. Alphabetische Sammlg. aller gesetzl. Bestimmgn. Leipzig 890.

Büttner (Praes.) s. Harmes, H. Ludw.: Diss. in causas morborum ...,

Büttner. Nordamerikanische Krieger. Biographien. 1828.

Büttner (Red.), s. Pastoral-Correspondenz, Hannoversche.

Büttners, Dr. Edl. v., Rede über den Werth der Gesundheit. 8. Prag, Enders. 816.

Büttner, Texte u. Fragen zu Bibelbesprechungen. Zusammengestellt nach der Ordng. des Kirchenjahres. 2. Aufl. gr. 8. (66 S.) Hannover 901. Buchdruckerei des Stephansstifts. Kart. n. — 40

Büttner, s.: Vorträge, sechs.

— s.: Vorträge, sieben.

Büttner, A.: Anleitung zum Rechen- u. Raumlehreunterricht in der Volksschule, s. Büttner: Anleitung zum Rechenunterrichte in der Volksschule.

Büttner, A., Anleitung zum Rechenunterrichte in der Volksschule. Ein method. Handbuch m. besond. Berücksicht. der einklass. Schule. 3. Aufl. Neubearbeitung nach den durch die dezimalen Währungszahlen herbeigeführten Vereinfachgn. d. Rechnens. gr. 8. (VIII, 264 S.) Köslin 876. Schulz. n. 3. —

Büttner, A., Anleitung zum Rechenunterrichte in der Volksschule. Ein methodisches Handbuch. 4. u. 5. Aufl. Neubearbeitung nach den amtlich festgestellten abgekürzten Münz-, Maß- u. Gewichtsbezeichnungen. gr. 8. (VIII, 232 S.) Leipzig 879. Hirt & Sohn. n. 3. 50

Büttner, A., Anleitung zum Rechenunterrichte in der Volksschule. Ein method. Handbuch. 6. und 7. Aufl. Die Orthographie nach der amtl. Festsetzung. 8. (VIII, 240 S.) Leipzig 882,84, Hirt und Sohn. *
geb. *

Büttner, A., Anleitung zum Rechenunterrichte in der Volksschule. Ein method. Handbuch. 8. unveränd., 9. verb. und 10. unveränd. Aufl. gr. 8. (VIII, 240 S.) Leipzig 886—88, Hirt und Sohn. * ℳ 2.—; geb. *

Büttner, A., Anleitung zum Rechenunterricht in der Volksschule. Ein method. Handbuch. 12. Aufl. gr. 8. (256 S.) Leipzig 892. F. Hirt & Sohn. n. 2. —; geb. n. 2. 50

Büttner, A., Anleitg. z. Rechenunterrichte i. d. Volksschule. E. method. Handbuch. 15. Aufl. gr. 8. (255 S.) Leipzig 898. F. Hirt & Sohn. Geb. n. 2. 50

Büttner, A., Anleitung zum Rechenunterrichte in der Volksschule. Ein method. Handbuch. 16.—18. Aufl., verm. um e. Abschn.: Volkswirtschaftliche Belehrgn. im Rechenunterrichte. gr. 8. (à 255 S.) Leipzig 899—901. F. Hirt & Sohn. Geb. n. 2. 50

Büttner, A., Anleitung f. den Rechen- u. Raumlehre-Unterricht in der Volksschule. Ein method. Handbuch. 20. u. 21. verm. u. verb. Aufl. (à 308 S.) gr. 8. Leipzig 904. 906. F. Hirt & Sohn. Geb. n. 3. 50
19. Aufl. (256 S.) 903. Geb. n. 2. 50.

Büttner's, A., Anleitung f. den Rechen- u. Raumlehre-Unterricht in der Volksschule. 22. Aufl., bearb. v. H. Maertens u. E. Schreiber. (307 S.) gr. 8. Leipzig 910. F. Hirt & Sohn. Geb. in Leinw. 3. 75

Büttner, A., praktische Anweisung zum Rechnen mit den neuen Maßen u. Gewichten d. norddeutschen Bundes. Für Schule u. Haus in leichtfaßlicher Darstellung bearb. Stolp 869. Eschenhagen. 8. (41 S.) n. 5 ngr.

— — In leichtfaßlicher Darstellung bearb. 1–3., nach den amtlich festgestellten Verhältnißzahlen für die Umrechnung der alten Maße u. Gewichte in die neuen umgearb. Aufl. Ebend. 870. 8. (70 S.) n. 5 ngr.

— staatliche Arbeiterfürsorge. Belehrungen u. Aufgaben üb. die Kranken-, Unfall- u. Invalidenversicherg. Nach d. neuest. Gesetzen bearb. gr. 8. (8 S.) Ebd. 900. n.n. — 05

— staatliche Arbeiterfürsorge. Belehrungen u. Aufgaben üb. die Kranken-, Unfall- u. Invalidenversicherg. Nach den neuesten Gesetzen bearb. 16.—20. Taus. (8 S.) gr. 8. Ebd. 903. n.n. — 05

Büttner, A. Vide: Arbeiterzeitung (Leipziger).

Buddha, eine psychol. Studie von A. Büttner. Halle: Gebauer-Schwetschke 1906. (47 S.) 8° [F.] [06. 5401 8]

Büttner, A., zweierlei Denken. Ein Beitrag z. Physiologie des Denkens. Vortrag, geh. auf d. Versammlg. deutscher Naturforscher u. Ärzte in Salzburg 1909. (32 S. m. 1 Fig.) 8. Leipzig 910. J. A. Barth. 1.—

— die Decimalbruchrechnung im Lehrgange des Volksschulrechnens. Eine Rechenstudie. 2., sorgfältig durchgeseh. Aufl. 8. (32 S.) Ebd. 901. n. — 30

Büttner, A., die Elemente der Buchstabenrechnung und Algebra. Für den Schul- und Selbstunterricht bearb. (IV, 140 S.) 1873. *M. 2.; und 2. verm. und verb. Aufl. gr. 8. (IV, 164 S.) Berlin 875, Stubenrauch.

—— die Elemente der Buchstabenrechnung und Algebra. Für den Schul- und Selbstunterricht bearb. 3.—5. verm. und verb. Aufl. gr. 8. (IV, 176 S.) Berlin 877—79, Stubenrauch. *

— die Elemente der Buchstabenrechnung u. Algebra. Für den Schul- u. Selbstunterricht. 5., verm. u. verb. Aufl. gr. 8. (IV, 176 S.) Berlin 880. Stubenrauch. n. 2. 40

—— die Elemente der Buchstabenrechnung und Algebra. Nebst einem Anhang, enth. Logarithmentafeln für die Zahlen von 1 bis 100000. Für den Schul- und Selbstunterricht bearb. 6. und 7. Aufl. gr. 8. (IV, 192 S.) Berlin 882, 84, Stubenrauch'sche Buchh. *

—— die Elemente der Buchstabenrechnung und Algebra. Nebst einem Anhang, enth. Logarithmentafeln für die Zahlen von 1 bis 10000. Für den Schul- und Selbstunterricht bearb. 8. Aufl. gr. 8. (IV, 192 S.) [Berlin 886, Stubenrauch'sche Buchh.] Bielefeld, Velhagen und Klasing. *

— die Elemente der Buchstabenrechnung u. Algebra. Nebst e. Anh., enth. Logarithmentafeln f. die Zahlen v. 1 bis 10000. Für den Schul- u. Selbstunterricht bearb. 9. Aufl. gr. 8. (IV, 192 S.) Bielefeld 889. Velhagen & Klasing. n. 2. 80

—— Die Elemente der Buchstabenrechnung u. Algebra. Nebst e. Anh., enth. Logarithmentafeln f. die Zahlen von 1 bis 10000. Für den Schul- u. Selbstunterricht bearb. 10. Aufl. gr. 8. (IV, 192 S.) Bielefeld 891, Velhagen u. Klasing. · 2 80

— die Elemente der Buchstabenrechnung u. Algebra. Nebst e. Anh., enth. Logarithmentafeln f. die Zahlen von 1 bis 10000. Für den Schul- u. Selbstunterricht bearb. 11. Aufl. gr. 8. (IV, 192 S.) Bielefeld 893. Velhagen & Klasing. n. 2. 80

Büttner, A., die Elemente d. Buchstabenrechnung u. Algebra. Nebst e. Anh., enth. Logarithmentafeln f. d. Zahlen v. 1—10000. F. d. Schul- u. Selbstunterricht bearbeitet. 12. Aufl. gr 8. (IV, 192 S.) Bielefeld 895. Velhagen & Klasing. Geb. in Halbleinw. n. 3. 20

Die Elemente der Buchstabenrechnung und Algebra. Nebst e. Anh., enth. Logarithmentafeln f. d. Zahlen von 1 bis 10000. Für d. Schul- u. Selbstunterr. bearb. von A. Büttner, Seminarlehrer. 14. Aufl. *Bielefeld & Leipzig: Velhagen & Klasing 1899.* (IV, 192 S.) 8° [F.] [99. 38]

Die Elemente der Buchstabenrechnung und Algebra. Nebst e. Anh., enth. Logarithmentafeln f. d. Zahlen von 1–10000. Für d. Schul- u. Selbstunterr. bearb. von A. Büttner, Seminarl. 15. Aufl. *Bielefeld & Leipzig: Velhagen & Klasing 1901.* (IV, 192 S.) 8° [F.] [01. 2637]

Die Elemente der Buchstabenrechnung und Algebra. Nebst e. Anh., enth. Logarithmentaf. f. d. Zahlen von 1 bis 10,000. Für d. Schul- u. Selbstunterr. bearb. von A. Büttner, Seminarl. 16. Aufl. *Bielefeld & Leipzig: Velhagen & Klasing 1902.* (IV, 192 S.) 8° [F.] [02. 6410]

Die Elemente der Buchstabenrechnung und Algebra. Nebst e. Anh., enth. Logarithmentaf. f. d. Zahlen von 1 bis 10,000. Für d. Schul- u. Selbstunterr. Von A. Büttner. 18. Aufl. Neubearb. von W. Petri, Seminarl. Bielefeld & Leipzig: Velhagen & Klasing 1907. (VIII, 286 S.) 8° [F.] [07.

Büttner, A., Hand-Fibel. Bearb. mit gleichmäß. Berücksichtigung der Schreiblese- und Lautir-Methode. 1.—17. Aufl. gr. 8. (160 S. mit eingedr. Holzschn.) Berlin 864—67, Stubenrauch. *

— Hand-Fibel. Bearb. mit gleichmäß. Berücksichtigung der Schreiblese- u. Lautir-Methode. 17—37. Aufl. Berlin 867—70. Stubenrauch. 8. (IV, 120 S.) n. 4 ngr; geb. n. 5 ngr

—— Hand-Fibel. Bearb. mit gleichzeitiger Berücksicht. der Schreiblese- und Lautir-Methode. 2 Abthlgn. in 1 Bde. 72.—99. Aufl. 8. (36, 120 S.) Ebendas. 874—77. *
1. Abthl. (Elementarübungen) allein *
2. Abthl. (Lesestücke) allein *

— dasselbe. 100. Aufl. [Jubel-Ausgabe.] 8. (IV, 120 S.) Ebend. 878. n.—40; geb. n.—58

—— Hand-Fibel. Bearb. mit gleichmäßiger Berücksicht. der Schreiblese- und Lautier-Methode. 120.—171. Aufl. Mit der vom königl. preuß. Ministerium angeordneten Rechtschreibung. 2 Abtlgn. 8. Ebendas. 880—84. *

Inhalt:
Abtl. 1. Elementarübungen. (48 S.) Einzelpr. * 15 Pf.
" 2. Lesestücke. (96 S.) Einzelpr. * 30 Pf.

—— Hand-Fibel. Bearb. mit gleichmäß. Berücksicht. der Schreiblese- und Lautier-Methode. 172.—212. Aufl. 2 Abtlgn. 8. Ebendas. 884—88. *

Inhalt:
Abtl. 1. Elementarübungen. (48 S.) Einzelpr. * 15 Pf.
" 2. Lesestücke. (96 S.) Einzelpr. * 30 Pf.

— Hand-Fibel. Bearb. mit gleichmäß. Berücksicht. der Schreiblese- u. Lautier-Methode. 2 Tle. 224. Aufl. gr. 8. Berlin 889. Stubenrauch. n. — 45; Einbde. à n.n. — 13;
in 1 Bde. n. — 40; Einbd. n.n. — 15
1. (48 S. m. Abbildgn.) n. — 15. — 2. (96 S.) n. — 30.

— Hand-Fibel. Bearb. m. gleichmäß. Berücksicht. der Schreiblese- u. Lautier-Methode. 251. Aufl. 2 Abteilgn. gr. 8. Berlin 893. Stubenrauch. n. — 45;
in 1 Bd. brosch. n. — 40; geb. n. — 60
1. Elementarübungen. (48 S. m. Bildern.) n. — 15
2. Lesestücke. (96 S.) n. — 30

— Hand-Fibel. Bearb. m. gleichmäß. Berücksicht. d. Schreiblese- u. Lautier-Methode. 2 Tle. 279. Aufl. gr. 8. Berlin 897. Stubenrauch. n.n. — 45;
in 1 Bd. geh. n. — 40; Einbd. n.n.n. — 15
1. Elementarübungen. (48 S. m. Abb.) n.n. — 15
2. Lesestücke. (96 S.) n. — 30

— Hand-Fibel. Bearb. m. gleichmäß. Berücksicht. der Schreiblese- u. Lautier-Methode. 2 Tle. 297. Aufl. gr. 8. Berlin 898. Stubenrauch. n.n. — 45;
in 1 Bd. geh. n. — 40; Einbd. n.n.n. — 15
1. Elementarübungen. (48 S. m. Abbildgn.) n.n. — 15
2. Lesestücke. (96 S.) n. — 30

Büttner, A., Hand-Fibel. Bearb. m. gleichmäß. Berücksicht. der Schreiblese- u. Lautier-Methode. 2 Tle. gr. 8. Berlin 903. Stubenrauch. n.n. — 45; Einbde. je n.n.n. — 18;
in 1 Bd. geh. — 40; Einbd. n.n.n. — 15
1. Elementarübgn. 299. Aufl. (48 S. m. Abbildgn.) n.n. — 15
2. Lesestücke. 298. Aufl. (II, 96 S.) n.n — 30

— Hand-Fibel. Bearb. m. gleichmäß. Berücksicht. d. Schreiblese- u. Lautier-Methode. 1. Abtlg. (Elementarübungen.) 301. Aufl. (48 S. m. Abb.) 8. Berlin 906. Stubenrauch. nn — 15; geb. nn — 30

—— zur Heimatskunde. Die Provinz Pommern in geschichtl. und geograph. Bildern. gr. 8. (16 S.) Schleswig 869, Schulbuchhandlung. [Bergas.]
Aus: Vaterländisches Lesebuch für die evangel. Volksschule Norddeutschlands, besonders abgedruckt.

Büttner, A. Kopfrechenschule. 1. u. 2. Tl. 8. Lpz., Hirt u. Sohn. à Tl. * 1 25; geb. * 1 50. * 2 50; geb. * 3 —
1. Der Rechenstoff für Unter- u. Mittelstufe mehrklass. Schulen, sowie das Notwendige für einfache Schulverhältnisse. (138 S.) 889.
2. Rechenstoffe f. die Oberstufe mehrklass. Schulen, sowie f. Präparandenanstalten. Mit e. Anh., enth. e. Lehrgang m. Aufgaben üb. das Invaliditäts- u. Altersversicherungsgesetz. (112 S.) 891.

— Kopfrechenschule. 2 Tle. 2. Aufl. 8. Leipzig, F. Hirt & Sohn. Geb. in Leinw. à n. 1. 25
1. D. Rechenstoff f. Unter- u. Mittelstufe mehrklass. Schulen, sow. d. Notwend. f. einf. Schulverhältnisse. (134 S.) 895.
2. Rechenstoffe f. d. Oberstufe mehrklass. Schulen, sow. f. Präparandenanst. u. Fortbildungsschulen. (110 S.) 897.

— Kopfrechenschule. 2 Tle. 8. Leipzig, F. Hirt & Sohn. Geb. in Leinw. à n. 1. 25
1. Der Rechenstoff f. d. Unter- u. Mittelstufe mehrklass. Schulen, sowie das Notwendige f. einfache Schulverhältnisse. 4. Aufl. (127 S.) 902.
2. Rechenstoffe f. die Oberstufe mehrklass. Schulen, sowie f. Präparandenanstalten u. Fortbildungsschulen. 3. Aufl. (111 S.) 899.

— Kopfrechenschule. 2 Tle. 8. Leipzig, F. Hirt & Sohn. Geb. in Leinw. à n. 1. 25
1. Der Rechenstoff f. Unter- u. Mittelstufe mehrklass. Schulen, sowie das Notwendige f. einfache Schulverhältnisse. 5. Aufl. (127 S.) 904.
2. Rechenstoffe f. die Oberstufe mehrklass. Schulen, sowie f. Präparandenanstalten u. Fortbildungsschulen. 5. Aufl. (111 S.) 906.

— Kopfrechenschule. I. u. II. Teil. 8. Leipzig, F. Hirt & Sohn. Geb. à 1. 60
I. Der Rechenstoff f. Unter- u. Mittelstufe mehrklass. Schulen, sowie das Notwendige f. einfache Schulverhältnisse. 6. Aufl., durchgesehen u. verb. v. H. Maertens. (141 S.) 909.
II. Rechenstoffe f. die Oberstufe mehrklass. Schulen. 6. Aufl. bearb. v. H. Maertens u. E. Schreiber. (127 S.) 910.

— deutsches Lesebuch, s. a. Wetzel, F.

—— deutsches Lesebuch. Ausg. A. Mit Rücksicht auf die allgemeinen Bestimmungen vom 15. Octbr. 1872. Unter Mitwirkung von F. Wetzel bearb. und hrsg. Mit zahlreichen (eingedr.) Holzschn.-)Abbild. 2 Thle. 8. Ebendas. *
Inhalt:
Thl. 1. Für die mittleren Stufen mehrklassiger Schulen. 1.—8. Aufl. (VIII, 304 S.) 874—80. * 75 Pf.
" 2. Für die oberen Stufen mehrklassiger Schulen. 1.—5. Aufl. (VIII, 424 S.) 873—78. * ℳ 1.

—— deutsches Lesebuch. Ausg. A. Mit zahlreichen (eingedr.) Abbild. 2 Tle. 8. Ebendas. 880—84. *
Inhalt:
Tl. 1. Für die mittleren Stufen mehrklassiger Schulen. 9.—15. Aufl. (VIII, 296 S.) * 75 Pf.
" 2. Für die oberen Stufen mehrklassiger Schulen. 6.—9. Aufl. (VIII, 424 S.) * ℳ 1.

—— deutsches Lesebuch. Ausg. A. Unter Mitwirkung von F. Wetzel bearb. und hrsg. Mit zahlreichen Abbild. 2 Tle. 8. Ebendas. *
Inhalt:
Tl. 1. Für die mittleren Stufen mehrklass. Schulen. 16.—24. Aufl. (VIII, 296 S.) 884—88. [* 75 Pf.] * 80 Pf.
" 2. Für die oberen Stufen mehrklass. Schulen. 11.—13. Aufl. (VIII, 424 S.) 887,88. [* ℳ 1.—.] * ℳ 1.10.

— dasselbe. Mit zahlreichen Abbildgn. Ausg. A. in 2 Tln. gr. 8. Ebd. 890. n. 1. 90; geb. n.n. 2. 45
1. Für die mittleren Stufen mehrklassiger Schulen. 25. Aufl. (VIII, 296 S.) n. — 80; geb. n.n. 1. 5
2. Für die oberen Stufen mehrklassiger Schulen. 14. Aufl. (VIII, 432 S.) n. 1. 10; geb. n.n. 1. 40

— — Deutsches Lesebuch. Unter Mitwirkg. v. F. Wetzel bearb. u. hrsg. Mit zahlreichen Abbildgn. Ausg. A in 2 Tln. gr. 8. Berl. 891, Stubenrauch. * 1 90; geb. ** 2 45
1. Für die mittleren Stufen mehrklassiger Schulen. 27. Aufl. (VIII, 296 S.) * — 80; geb. ** 1 5.
2. Für die oberen Stufen mehrklassiger Schulen. 15. Aufl. (VIII, 432 S.) * 1 10; geb. ** 1 40

— dasselbe unter Mitwirkg. v. F. Wetzel bearb. u. hrsg. Mit zahlreichen Abbildgn. Ausg. A in 2 Tln. gr. 8. Ebd. n. 1. 90; geb. n.n. 2. 45
1. Für die mittleren Stufen mehrklassiger Schulen. 29. Aufl. (VIII, 296 S.) 892. n. — 80; geb. n.n. 1. 5
2. Für die oberen Stufen mehrklassiger Schulen. 17. Aufl. (VIII, 432 S.) 894. n. 1. 10; geb. n.n. 1. 40

— deutsches Lesebuch. Unt. Mitwirkg. v. F. Wetzel bearb. u. hrsg. M. zahlr. Abb. Ausg. A in 2 Tln. gr. 8. Berlin, Stubenrauch. n. 1. 90; Einbde. n.n.n. — 55
1. F. d. mittl. Stufen mehrklass. Schulen. 35. Aufl. (VIII, 296 S.) 897. n. — 80; Einbd. n.n.n. — 25
2. F. d. ob. Stufen mehrklass. Schulen. 20. Aufl. (VIII, 432 S.) 898. n. 1. 10.; Einbd. n.n.n. — 30

— deutsches Lesebuch. Unter Mitwirkg. von F. Wetzel bearb. u. hrsg. Ausg. A in 2 Tln. gr. 8. Berlin, Stubenrauch. n. 1. 90
1. Für die mittleren Stufen mehrklass. Schulen. 38. Aufl. (VIII, 296 S. m. Abbildgn.) 901. n. — 60; Einbd. n.n. — 25
2. Für die oberen Stufen mehrklass. Schulen. 21. Aufl. (VIII, 432 S.) 898. n. 1. 10; Einbd. n.n.n. — 30

— deutsches Lesebuch. Unter Mitwirkg. v. F. Wetzel bearb. u. hrsg. Ausg. A in 2 Tln. 8. Berlin, Stubenrauch. n. 1. 90; geb. n.n. 2. 60
1. Für die mittleren Stufen. 40. Aufl. (VIII, 296 S. m. Abbildgn.) 901. n. — 80; geb. n.n. 1. 10
2. Für die oberen Stufen mehrklass. Schulen. 23. Aufl. (VIII, 432 S. m. Abbildgn.) 905. n. 1. 10; geb. n.n. 1. 50

Büttner's, A., deutsches Lesebuch. Unter Mitwirkg. v. F. Wetzel bearb. u. hrsg. Ausg. A in 2 Tln. 1. Tl. Für d. mittl. Stufen mehrklass. Schulen. 41. Aufl. (VIII, 296 S. m. Abb.) 8. Berlin 904. Stubenrauch. — 80; geb. n 1. 10

— deutsches Lesebuch. Ausg. A. [Die Orthographie nach der amtlichen Festsetzung.] Unter Mitwirkung v. Fr. Wetzel bearb. u. hrsg. Unterstufe. [Zugleich als Büttner, Handfibel II. Teil.] 142. Aufl. 8. (96 S.) Ebend. 881. n. — 30

—— dass. — Ausg. A. [Die Orthographie nach der amtl. Festsetzung.] Unter Mitwirkung von Fr. Wetzel bearb. und hrsg. Unterstufe. 155.—170. Aufl. 8. (96 S.) Ebendas. 883,84. *

—— dass. — Ausg. A. Unterstufe. [Zugleich als Büttner, Handfibel 2. Tl.] 176.—212. Aufl. gr. 8. (96 S.) Ebendas. 885—88. *

— deutsches Lesebuch. Ausg. A. Unterstufe. (Zugleich als Büttner, Handfibel. II. Tl.) 247. Aufl. gr. 8. (96 S.) Berlin 893. Stubenrauch. n. — 80

—— —— dass. — Ausg. B. Für ein- und zweiklass. Schulen. gr. 8. (VIII, 40 S.) Ebendas. 873. *

Büttner, A., deutsches Lesebuch. Ausgabe B. Mit zahlreichen (eingedr. Holzschn.-)Abbildungen. Für ein- u. zweiklassige Schulen. 13. Aufl. 8. (VIII, 408 S.) Berlin 882. Stubenrauch. n. 1. —

— dasselbe, f. paritätische Volksschulen. Ausgabe B. Mit Rücksicht auf die allgemeinen Bestimmungen v. 15. Oktbr. 1872. Unter Mitwirkung v. F. Wetzel bearb. u. hrsg. Mit (eingedr. Holzschn.-)Abbildungen. Für ein- u. zweiklass. Schulen. gr. 8. (VIII, 400 S.) Ebend. 877. n. 1. —

—— dass. — Ausg. B. Für ein- und zweiklass. Schulen. 10.—16. Aufl. 8. (VIII, 408 S. mit zahlreichen eingedr. Abbild.) Ebendas. 882—84. *

—— dass. — Ausg. B. Für ein- und zweiklass. Schulen. 19.—22. Aufl. 8. (VIII, 408 S. mit zahlreichen Abbild.) Ebendas. 886—88. [* ℳ 1.—.] *

— dasselbe. Ausg. B. in 1 Bde. Für ein- u. zweiklass. Schulen. 23. Aufl. gr. 8. (VIII, 416 S.) Ebd. 889. n. 1. 10; geb. n.n. 1. 40

— dasselbe. Ausg. B. Für ein- u. zweiklass. Schulen. 27. Aufl. gr. 8. (VIII, 416 S. m. Abbildgn.) Ebd. 893. n. 1. 10; geb. n.n. 1. 40

— dasselbe. Anh. f. Berliner Schulen. Lesestücke aus der Heimatskunde u. Geschichte der Stadt Berlin. Mittel- u. Oberstufe. gr. 8. Ebd. 890. n. — 25
Mittelstufe. (II, 24 S.) n. — 10
Oberstufe. (II, 48 S.) n. — 15

— dasselbe. Ausg. B in 1 Bde. Für ein- u. zweiklass. Schulen. 31. Aufl. gr. 8. (VIII, 416 S. m. Abb.) Ebd. 896. n. 1.10; Einbd. n.n.n. — 30

— dasselbe. Ausg. B in 1 Bde. Für ein- u. zweiklass. Schulen. 33. Aufl. gr. 8. (VIII, 416 S. m. Abbildgn.) Ebd. 898. n. 1.10; Einbd. n.n.n. — 30

— dasselbe. Ausg. B in 1 Bde. Für ein- u. zweiklass. Schulen. 38. Aufl. (VIII, 416 S.) 8. Ebd. 904. n. 1.10; geb. n. 1.50

— dasselbe. Ausg. B in 1 Bde. Für ein- u. zweiklass. Schulen. 42. Aufl. (VIII, 416 S. m. Abb.) 8. Ebd. 904. 1.10; geb. 1.50

Büttner, A., Liederharfe. Auswahl geistl. und weltl. Volks- und Kinderlieder älterer und neuerer Zeit. Den christl. Volksschulen seines theuren preuß. Vaterlandes dargeboten. 1. Heft: 50 Lieder für die Unter- und Mittelstufe enthaltend. 2. Aufl. 8. (32 S.) Erfurt 861, Körner's Verlag. *

– dass. s.a. Büttner, C. Adph.

— Liederharfe. Auswahl geistlicher und weltlicher Volks- und Kinderlieder älterer und neuerer Zeit. Den christlichen Volksschulen seines theuren preuß. Vaterlandes dargeboten. 1. Heft. 50 Lieder für die Unter- und Mittelstufe enth. 2. Aufl. Erfurt 862. Körner's Verlag. 8. (32 S.) n. 2 ngr.

—— Liederharfe. Auswahl geistl. und weltl. Volks- und Kinderlieder älterer und neuerer Zeit. Den christl. Volksschulen seines theuren preuß. Vaterlandes dargeboten. 3. Heft. Lieder für die Oberklassen mehrklass. Schulen. 8. (48 S.) Erfurt 862, Körner's Verlag. *

—— Liederharfe. Auswahl geistlicher und weltlicher Volks- und Kinderlieder älterer und neuerer Zeit. Den christlichen Volksschulen seines theuren preuß. Vaterlandes dargeboten. In 3 Heften. 1. und 2. Heft. 3. Aufl. 8. Erfurt 872, Bartholomäus. [Leipzig, G. W. Körner's Verlag.] *

Inhalt:
- Heft 1. 50 Lieder für die Unter- und Mittelstufe enth. (35 S.) 3. Aufl. * 20 Pf.
- „ 2. 50 Melodien mit 56 Texten für die Oberstufe der Volksschulen. 3. Aufl. (47 S.) * 25 Pf.
- „ 3. 53 Lieder für die Oberklassen mehrklassiger Schulen. 2. Aufl. * 40 Pf.

—— die Raumlehre in der Elementarschule. Ein Beitrag zur method. Gestaltung des geometr. Unterrichts für einfache Schulverhältnisse. gr. 8. (VIII, 132 S. mit eingedr. Holzschn.) Stolp 872, Eschenhagen. [Cöslin, Schulz.] *

— Rechenaufgaben für die Elementar-Schule. Mit gleichmäßiger Berücksichtigung des Kopf- u. Tafelrechnens bearb. 3 Hefte. Stolp 870. Eschenhagen. 8. n. 4⅔ ngr.
1. (16 S.) n. 1½ ngr. — 2a. Für Stadtschulen. (18 S.) — 2b. Für einklassige Schulen. (20 S.) n. 1½ ngr. — 3. (24 S.) n. 2 ngr.

—— Facitbuch nebst Ergänzungen und Winken für die Behandlung zu den Rechenaufgaben für die Elementar-Schule. 4 Hefte. 8. Stolp 870, Eschenhagen. [Cöslin, Schulz.] *

Inhalt:
- Heft 1. (32 S.) * 70 Pf.
- „ 2. a. Für Stadtschulen. (40 S.) * 60 Pf.
- „ 3. b. Für einklassige Schulen. (34 S.) * 40 Pf.
- „ 4. (22 S.) * 40 Pf.

Büttner, A., Rechenaufgaben für die Elementar-Schule. Mit gleichmäßiger Berücksicht. des Kopf- und Tafelrechnens bearb. 3 Hefte. 8. Stolp 874, Eschenhagen. [Cöslin, Schulz.] *

Inhalt:
- Heft 1. (16 S.) * 13 Pf.
- „ 2. Ausg. für einklassige Schulen. (20 S.) — Ausg. für Stadtschulen. (18 S.) * 15 Pf.
- „ 3. (24 S.) * 20 Pf.

—— u. E. Kirchhoff. Rechenaufgaben für die oberen Klassen der Mädchenschulen. Facitheft. Auf Grund der Rechenaufgaben v. B. u. K. Ausg. C. Heft V; Ausg. D. Heft IV bearb. v. Herm. Wendt. 8. (18 S.) Lpz. 892, Hirt u. Sohn. * 25

Büttner, A., Rechenaufgaben f. höh. Mädchenschulen, s.: Otto, F.

Büttner, A. u. E. Kirchhoff:

—— —— Rechenaufgaben f. mehrklassige Schulen. Mit gleichmäß. Berücksicht. d. Kopf- u. Tafelrechnens bearb. Neue Ausg. Ausg. C in 5 Heften. 8. Ebd. 892. * 1.20
1. 118.—140. Tauf. [223.—245. Tauf. der Gesamtaufl.] * — 20. — 2. 104.—121. Tauf. [194.—211. Tauf. der Gesamtaufl.] * — 20. — 3. 64.—72. Tauf. [132.—140. Tauf. der Gesamtaufl.] (32 S.) * — 25. — 4. 66.—74. Tauf. [136.—142. Tauf. der Gesamtaufl.] (32 S.) * — 25. — 5. 36.—41. Tauf. [72.—77. Tauf. der Gesamtaufl.] (46 S.) * — 30.

— u. E. Kirchhoff, Rechenaufgaben f. mehrklassige Schulen. Mit gleichmäß. Berücksicht. des Kopf- u. Tafelrechnens bearb. Ausg. C in 5 Hftn. 3.—5. Hft. Neue Ausg. 8. Leipzig 894. F. Hirt & Sohn. n. — 80
- 3. 95. Tauf. (163. Tauf. der Gesamtaufl.) (32 S.) n. — 25
- 4. 98. Tauf. (167. Tauf. der Gesamtaufl.) (32 S.) n. — 25
- 5. 53. Tauf. (89. Tauf. der Gesamtaufl.) (48 S.) n. — 30

— — dasselbe. Ausg. C in 5 u. D in 4 Hftn. 1. u. 2. Hft. Neue Ausg. 8. (à 32 S.) Ebd. 894. à n. — 20
- 1. 163. Tauf. (268. Tauf. der Gesamtaufl.)
- 2. 130. Tauf. (229. Tauf. der Gesamtaufl.)

— Rechenaufgaben f. mehrklassige Schulen. Ausg. C in 5 Hftn. Mit gleichmäß Berücksicht. des Kopf- u. Tafelrechnens bearb. v. A. Büttner u. E. Kirchhoff. Neubearbeitung v. 1898. Hft. 1—3. 3a. 4. 4a u. 5. gr. 8. Ebd. n. 1.85
- 1. Die Zahlenreihen v. 1 bis 1000 u. von 1 bis 1 000 000. Anfänge des Bruchrechnens. 87. bis 113. Tauf. der Neubearbeitg. (458. bis 484. Tauf. der Gesamtaufl.) (48 S.) (902.) n. — 20
- II. Mehrfach benannte Zahlen, leichte Aufgaben aus der Regeldetri, Durchschnitts- u. Zeitrechnung. 69. bis 86. Tauf. der Neubearbeitg. (379. bis 395. Tauf. der Gesamtaufl.) (48 S.) (902.) n. — 25
- III. Die unbegrenzte Zahlenreihe. Decimalbruchrechnung, Regeldetri, Durchschnitts- u. Zeitrechng. 54. u. 71. Tauf. der Neubearbeitg. (260. bis 277. Tauf. der Gesamtaufl.) (40 S.) (902.) n. — 25
- IIIa. Die gemeinen Brüche u. Zeitrechnung. Unter Benutzg. der Rechenaufgaben v. A. Büttner u. E. Kirchhoff f. solche Schulen bearb., deren Lehrplan das Rechnen m. gemeinen Brüchen der Decimalbruchrechng. voranstellt. 15.—23. Tauf. (40 S.) (900.) n. — 25
- IV. Die Bruchrechnung u. deren Anwendung in den bürgerlichen Rechnungsarten. Aufgaben aus der Geschichte, Erdbeschreibg. u. Raumlehre. 54. bis 71. Tauf. der Neubearbeitg. (270. bis 287. Tauf. der Gesamtaufl.) (48 S.) (902.) n. — 25
- IVa. Decimalbruchrechnung, einfache Regeldetri, Zinsen- u. Raumberechnung. Unter Benutzg. der Rechenaufgaben v. A. Büttner u. E. Kirchhoff f. solche Schulen bearb., deren Lehrplan das Rechnen m. gemeinen Brüchen der Decimalbruchrechng. voranstellt. 11.—19. Tauf. (56 S.) (900.) n. — 25
- V. 1. Tl. Abschluß der bürgerlichen Rechnungsarten. 2. Tl. Aufgabengruppen aus wichtigen Gebieten des praktischen Lebens zur Wiederholung u. Anwendung der erlernten Rechnungsarten, sowie zur Vermittelg. volkswirtschaftl. Kenntnisse. Bearb. v. A., K. u. E. Schreiber. 39. bis 47. Tauf. der Neubearbeitg. (156. bis 164. Tauf. der Gesamtaufl.) (80 S.) (902.) n. — 40

— dasselbe. Hft. IVa, Va u. VI. gr. 8. Ebd. 900. n. 1.15
- IVa. Für die oberen Klassen der Mädchenschulen. I. Tl. Erweiterung der bürgerl. Rechnungsarten. — II. Tl. Aufgabengruppen aus wicht. Gebieten des prakt. Lebens u. Wiederholg. u. Anwendg. der erlernten Rechnungsarten, sowie zur Vermittelg. volkswirtschaftl. Kenntnisse. 1. bis 5. Tauf. (64 S.) n. — 30; Facitbuch, (24 S.) n. — 25
- Va. Für die oberen Klassen der Mädchenschulen. I. Tl. Erweiterung der bürgerl. Rechnungsarten. — II. Tl. Aufgabengruppen aus wicht. Gebieten des prakt. Lebens zur Wiederholg. u. Anwendg. der erlernten Rechnungsarten, sowie zur Vermittelg. volkswirtschaftl. Kenntnisse. 1. bis 9. Tauf. (80 S. m. Abbildgn.) n. — 40; Facitbuch (32 S.) n. — 25
- VI. Rechenheft f. die Oberklasse der Mittelschule, enth. Buchstabenrechng., Algebra u. Erweiterg. der bürgerl. Rechngn. 11.—15. Tauf. (72 S.) n. — 45

— dasselbe. Ausg. C in 5 u. D in 4 Hftn. f. mehrklass. Schulen. M. gleichmäß. Berücksicht. d. Kopf- u. Tafelrechnens bearb. v. A. Büttner u. E. Kirchhoff. Neue Ausg. 1.—5. Hft. 8. Ebd. 898. n. 1.20
- 1. F. Ausg. C u. D. D. Rechnen m. größ. Zahlen. 233.—246. Tauf. (338.—351. Tauf. d. Gesamtaufl.) (32 S.) n. — 20
- 2. F. Ausg. C u. D. D. Rechnen m. benannt. Zahlen, leichte Aufgaben aus der Regeldetri, Durchschnitts- u. Zeitrechng. 194.—207. Tauf. (284.—297. Tauf. d. Gesamtaufl.) (32 S.) n. — 20
- 3. Die Decimalbruchrechng. u. der. Anwendg. i. d. Regeldetri u. Durchschnittsrechng. Zeitrechng. 123.—131. Tauf. (191.—199. Tauf. d. Gesamtaufl.) (32 S.) n. — 25
- 4. Die Bruchrechng. u. der. Anwendg. i. d. bürgerl. Rechnungsarten. 132.—138. Tauf. (201.—207. Tauf. d. Gesamtaufl.) (32 S.) n. — 25
- *5. Die schwier. Arten d. bürgerl. Rechngn. Ausziehen d. Quadrat- u. Kubikwurzel. Raumberechnungen 73.—79. Tauf. (109.—114. Tauf. d. Gesamtaufl.) (48 S.) n. — 30

— dasselbe. Neubearbeitung v. 1898. Ausg. C in 5 Hftn. Bearbeitet v. A. Büttner u. E. Kirchhoff. gr. 8. Ebd. 898. n. 1. 35; Facitbücher (31, 32, 24, 24. u. 32 S.) à n. — 25

I. D. Zahlenreihen v. 1—1000 u. v. 1—1,000,000. Anfänge d. Bruchrechnens. 1.—9. Tausf. d. Neubearbeitg. (352.—360. Tausf. d. Gesamtaufl.) (48 S.) n. — 20

II. Mehrfach benannte Zahlen, leichte Aufgaben a. d. Regeldetri, Durchschnitts- u. Zeitrechnung. 1.—9. Tausf. In Neubearbeitung. (298.—306. Tausf. d. Gesamtaufl.) (48 S.) n. — 25

III. D. unbegrenzte Zahlenreihe. Decimalbruchrechng., Regeldetri, Durchschnitts- u. Zeitrechng. 1.—7. Tausf. d. Neubearbeitg. (200.—206 Tausf. d. Gesamtaufl.) (40 S.) n. - 25

IV. D. Bruchrechng. u. der. Anwendg. i. d. bürgerl. Rechnungsarten. Aufgaben a. d. Geschichte, Erdbeschreibg. u. Raumlehre. 1.—7. Tausf. d. Neubearbeitg. (208.—214. Tausf. d. Gesamtaufl.) (48 S.) n. — 25

— dasselbe. Ausg. C in 5 u. D in 4 Hftn. f. mehrklass. Schulen. Mit gleichmäß. Berücksicht. des Kopf- u. Tafelrechnens bearb. v. A. Büttner u. E. Kirchhoff. 1. u. 2. Hft. f. Ausg. C u. D. Ausg. v. 1886. 8. Ebd. 899. à n. — 20

1. Das Rechnen m. größeren Zahlen. 262.—266. Tausf. (399. - 403. Tausf. der Gesamtaufl.). (32 S.)

2. Das Rechnen m. benannten Zahlen, leichte Aufgaben aus der Regeldetri, Durchschnitts- u. Zeitrechnung. 218.—220. Tausf. (331.—333. Tausf. der Gesamtaufl.). (32 S.)

V. 1. Tl.: Abschluß d. bürgerl. Rechnungsarten. 2. Tl.: Aufgabengruppen aus wicht. Gebieten d. prakt. Lebens z. Wiederholg. u. Anwendg. d. erlernt. Rechnungsarten, sow. z. Vermittelg. volkswirtschaftl. Kenntnisse. Bearb. v. B., K. u. E. Schreiber. 1.—5. Tausf. d. Neubearbeitg. (115.—119. Tausf. d. Gesamtaufl.) (80 S.) n. — 40

— dasselbe. Ausg. C, 6. Hft. Rechenheft f. d. Oberklasse d. Mittelschule, enth. Buchstabenrechng., Algebra u. Erweiterg. d. bürgerl. Rechngn. Bearb. v. A. Büttner u. E. Kirchhoff. 6.—10. Tausf. 8. (72 S.) Ebd. 896. n. — 50

— dasselbe. Ausg. D in 4 Hftn. Mit gleichmäß. Berücksicht. des Kopf- u. Tafelrechnens bearb. v. A. Büttner u. E. Kirchhoff. Neubearbeitg. v. 1898. gr. 8. Ebd. n. 1.—

I. Die Zahlenreihen von 1 bis 1000 u. von 1 bis 1000000. Anfänge des Bruchrechnens. 43. bis 51. Tausf. der Neubearbeitg. (48 S.) (902.) n. — 20.

II. Mehrfach benannte Zahlen, leichte Aufgaben aus der Regeldetri, Durchschnitts- u. Zeitrechnung. 43. bis 51. Tausf. der Neubearbeitg. (48 S.) (902.) n. — 25

III. Die unbegrenzte Zahlenreihe. Decimal- u. gemeine Bruchrechnung. Regeldetri, Zeitrechng. u. Raumberechngn. 81.—89. Tausf. der Neubearbeitg. (67.—75. Tausf. der Gesamtaufl.) (48 S.) (901.) n. — 25

IV. 1. Tl. Abschluß der bürgerlichen Rechnungsarten. 2. Tl. Aufgabengruppen aus wichtigen Gebieten des praktischen Lebens zur Wiederholung u. Anwendung der erlernten Rechnungsarten, sowie zur Vermittlg. volkswirtschaftl. Kenntnisse. 22.—80. Tausf. der Neubearbeitg. (47.—55. Tausf. der Gesamtaufl.) (64 S.) (901.) n. — 30

— Rechenaufgaben f. mehrklassige Schulen. Ausg. C. in 5 Hftn. Mit gleichmäß. Berücksicht. des Kopf- u. Tafelrechnens bearb. v. A. Büttner u. E. Kirchhoff. Neubearbeitung. Hft. 1—3, 3a, 4, 4a, 5 u. 5a. 8. Ebd. n. 2. 25

I. Die Zahlenreihen von 1—1000 u. von 1—1,000,000. Anfänge des Bruchrechnens. 560.—586. Tausf. (48 S.) 906. n. — 20

II. Mehrfach benannte Zahlen, leichte Aufgaben aus der Regeldetri, Durchschnitts- u. Zeitrechnung. 442.—468. Tausf. (48 S.) 904. n. — 25

III. Die unbegrenzte Zahlenreihe. Dezimalbruchrechnung, Regeldetri, Durchschnitts- u. Zeitrechnung. 310.—327. Tausf. (40 S.) (905.) n. — 25

IIIa. Die gemeinen Brüche u. Zeitrechnung. Für solche Schulen bearb., deren Lehrplan das Rechnen m. gemeinen Brüchen der Dezimalbruchrechng. voranstellt. 29.—37. Tausf. (40 S.) (904.) n. — 25

IV. Die Bruchrechnung u. deren Anwendung in den bürgerlichen Rechnungsarten. Aufgaben aus der Geschichte, Erdbeschreibg. u. Raumlehre. 311.—328. Tausf. (48 S.) 905. n. — 25

IVa. Dezimalbruchrechnung, einfache Regeldetri, Zinsen- u. Raumberechnung. Unter Benutzg der Rechenaufgaben von A. Büttner u. E. Kirchhoff f. solche Schulen bearb., deren Lehrplan das Rechnen m. gemeinen Brüchen der Dezimalbruchrechng. voranstellt. 27.—33. Tausf. (56 S.) 905. n. — 25

V. 1. Tl. Abschluß der bürgerlichen Rechnungsarten. 2. Tl. Aufgabengruppen aus wicht. Gebieten des prakt. Lebens zur Wiederholg. u. Anwendg. der erlernten Rechnungsarten, sowie zur Vermittelg. volkswirtschaftl. Kenntnisse. Bearb. v. B., K. u. E. Schreiber. 190.—198. Tausf. (80 S.) 906. n. — 40

Va. Für die oberen Klassen der Mädchenschulen. I. Tl. Erweiterung der bürgerl. Rechnungsarten. II. Tl. Aufgabengruppen aus wicht. Gebieten des prakt. Lebens zur Wiederholg. u. Anwendg. der erlernten Rechnungsarten, sowie zur Vermittlg. volkswirtschaftl. Kenntnisse. Bearb. v. B., K. u. E. Schreiber. 10.—13. Tausf. (80 S.) 906. n. — 40

— dasselbe. Ausgabe D in 4 Heften. Bearb. v. A. Büttner u. E. Kirchhoff. Neubearbeitung. Heft 1—4 u. 4a. 8. Ebd. n. 1. 30

I. Die Zahlenreihen von 1—1000 u. von 1—1,000,000. Anfänge des Bruchrechnens. 84.—97. Tausf. (48 S.) 906. n. — 20

II. Mehrfach benannte Zahlen, leichte Aufgaben aus der Regeldetri, Durchschnitts- u. Zeitrechnung. 66.—79. Tausf. (48 S.) 905. n. — 25

III. Die unbegrenzte Zahlenreihe. Dezimal- u. gemeine Bruchrechnung. Regeldetri, Zeitrechng. u. Raumberechngn. 99.—112. Tausf. (48 S.) 905. n. — 25

IV. 1. Tl. Abschluß der bürgerlichen Rechnungsarten. 2. Tl. Aufgabengruppen aus wicht. Gebieten des prakt. Lebens zur Wiederholg u. Anwendg. der erlernten Rechnungsarten, sowie zur Vermittlg. volkswirtschaftl. Kenntnisse. 75.—81. Tausf. (64 S.) (906.) n. — 30

IVa f. die oberen Klassen der Mädchenschulen. I. Tl. Erweiterung der bürgerl. Rechnungsarten. II. Tl. Aufgabengruppen aus wichtigen Gebieten des prakt. Lebens zur Wiederholg. u. Anwendg. der erlernten Rechnungsarten, sowie zur Vermittlg. volkswirtschaftl. Kenntnisse. 6.—10. Tausf. (64 S.) 905. n. — 30

—— und Jul. Rücker, Rechenaufgaben für die Volksschule. Ausg. A in 1 Hefte. Mit gleichmäß. Berücksicht. des Kopf- und Tafelrechnens und ausschließl. Anwendung der amtlich festgestellten, abgekürzten Münz-, Maß- und Gewichtsbezeichnungen bearb. 14.—38. Tausend. 8. (40 S.) Leipzig 880—83, Hirt und Sohn. *

—— und Jul. Rücker, Rechenaufgaben für die Volksschule. Ausg. A. in 1 Hefte. Alte Ausg. 39.—120. Tausend, und Neue Ausg. von 1866, bearb. von A. Büttner, 1.—28. Tausend. 8. (48 S.) Ebendas. 884—89. *

—— —— dass. — Facitbuch. 8. (40 S.) Ebendas. 888. *

Ausg. B., s. Büttner, A. — Ausg. C., s. Büttner, A., und E. Kirchhoff.

—— u. Jul. Rücker. Rechenaufgaben f. die Volksschule. Ausg. A in 1 Hefte. Neu bearb. v. A. Büttner. Neue Ausg.: 72.—89. Tausf. [161.—181. Tausf. der Gesamtaufl.] 8. (48 S.) Ebd. 892. — 25

— u. Jul. Rücker, Rechenaufgaben f. die Volksschule. Ausg. A in 1 Hfte. Neue Ausg. 117. Tausf. (209. Tausf. der Gesamtaufl.) 8. (48 u. 8 S.) Ebd. 894. n. — 25

— u. Jul. Rücker, Rechenaufgaben f. d. Volksschule. Ausg. A in 1 Hfte. Neu bearb. v. A. Büttner. Neue Ausg. 118.—131. Tausf. (210.—223. Tausf. d. Gesamtaufl.) 8. (48 u. 8 S.) Leipzig 895. F. Hirt & Sohn. n. — 25

— Rechenaufgaben. Ausg. A f. d. Volksschule. In 1 Hfte. Von A. Büttner u. Jul. Rücker. Neu bearb. v. A. Büttner. Neue Ausg. 174.—196. Tausf. (266.—288. Tausf. d. Gesamtaufl.) 8. (48 u. 8 S.) Leipzig 898. F. Hirt & Sohn. n. — 25

— Rechenaufgaben. Ausg. A f. die Volksschule. In 1 Hfte. Von A. Büttner u. Jul. Rücker. Neu bearb. v. A. Büttner. Ausg. v. 1886: 206.—214. Tausf., (334.—342. Tausf. der Gesamtaufl.) 8. (48 u. 8 S.) Leipzig 899. F. Hirt & Sohn. n. — 25

— dasselbe. Ausg. A in 2 Hftn. Mit gleichmäß. Berücksicht. des Kopf- u. Tafelrechnens bearb. Neubearbeitung v. 1898. gr. 8. Ebd. 902. n.n. — 35 Facitbücher (32 u. 24 S.) à n. — 25

I. Mittelstufe. Die Zahlenreihen v. 1 bis 1000 u. von 1 bis 100 000 m. unbenannten u. benannten Zahlen. Anfänge des Bruchrechnens. 83. bis 105. u. 106. bis 114. Tausf. der Neubearbeitg. (480. bis 502. u. 503. bis 511. Tausf. der Gesamtaufl.) (à 40 S. m. 1 Fig.) n.n. — 15

II. Oberstufe. Decimal- u. gemeine Bruchrechnung u. deren Anwendung in den bürgerlichen Rechnungsarten. 73. bis 81. Tausf. der Neubearbeitung. (512. bis 520. Tausf. der Gesamtaufl.) (48 S. m. 1 Fig.) n. — 20

— Rechenaufgaben f. die Volksschule. Ausg. A in 2 Heften. Mit gleichmäß. Berücksicht. des Kopf- u. Tafelrechnens. Neubearbeitung. 8. Leipzig, F. Hirt & Sohn. n.n. — 35

I. Mittelstufe. Die Zahlenreihen von 1—1000 u. von 1 bis 100 000 m. unbenannten u. benannten Zahlen. Anfänge des Bruchrechnens. 224.—268. Tausf. (40 S.) 905. n.n. — 15

II. Oberstufe. Dezimal- u. gemeine Bruchrechnung u. deren Anwendung in den bürgerlichen Rechnungsarten. 164.—196. Tausf. (48 S.) 908. n.n. — 20

— u. Jul. Rücker, Rechenaufgaben f. die Volksschule. Ausg. A in 1 Hefte. Neu bearb. v. A. Büttner. 345—353. Tauf. (56 S.) 8. Ebd. (906). n. — 25

— u. Jul. Rücker, Rechenaufgaben f. die Volksschule. Ausg. A in 1 Hefte. Neu bearb. v. A. Büttner. 354—362. Tauf. (56 S.) 8. Ebd. 907. — 25

—— Rechenaufgaben für die Volksschule. Ausg. B in 3 Heften. Mit gleichmäß. Berücksicht. des Kopf- und Tafelrechnens und ausschließl. Anwendung der amtl. festgestellten abgekürzten Münz-, Maß- und Gewichtsbezeichnungen. 8. Leipzig 880—84, Hirt und Sohn. *

Inhalt:

Heft 1. Das Rechnen mit größeren Zahlen. 160.—184. Tausend. (24 S.) * 15 Pf.
" 2. Das Rechnen mit mehrfach benannten Zahlen, vorzugsweise mit solchen in decimaler Schreibung. Einfache Regeldetri, Durchschnitts- und Zeitrechnung. 78.—89. Tausend. (32 S.) * 20 Pf.
" 3. Decimal- und gemeine Bruchrechnung und deren Anwendung in den bürgerl. Rechnungsarten. 42.—54. Tausend. (32 S.) * 20 Pf.

Büttner, A., Rechenaufgaben für die Volksschule. Ausg. B. in 3 Heften. Mit gleichmäß. Berücksicht. des Kopf- und Tafelrechnens. [Alte Ausg., und Neue Ausg. von 1886.] 8. Leipzig 885—89, Hirt und Sohn. *

Inhalt:

Heft 1. Das Rechnen mit größeren Zahlen. Alte Ausg. 185—442 Tausend; Neue Ausg. 1.—141. Tausend. (24 S.) * 15 Pf.
" 2. Das Rechnen mit mehrfach benannten Zahlen, vorzugsweise mit solchen in decimaler Schreibung. Einfache Regeldetri, Durchschnitts- und Zeitrechnung. Alte Ausg. 90.—312. Tausend; Neue Ausg. 1.—122. Tausend. (32 S.) * 20 Pf.
" 3. Decimal- und gemeine Bruchrechnung und deren Anwendung in den bürgerlichen Rechnungsarten. Alte Ausg. 55.—239. Tausend; Neue Ausg. 1.—105. Tausend. (32 S.) * 20 Pf.

—— dass. — Facitbuch in 3 Heften. 8. (20; 20; 24 S.) Ebendas. 886. à Heft * 25 Pf. *

Ausg. A., s. Büttner, A., und J. Rücker.
Ausg. C., s. Büttner, A., und E. Kirchhoff.

— Rechenaufgaben f. die Volksschule. Ausg. B. in 3 Hftn. Neue Ausg. v. 1886. Facitbuch. 8. (20, 20 u. 24 S.) Leipzig 886. Hirt & Sohn. à n. — 25

—— Rechenaufgaben für die Volksschule. Mit gleichmäß. Berücksicht. d. Kopf- u. Tafelrechnens bearb. Neue Ausg. Ausg. B in 3 Heften. 8. Lpz. 892, Hirt u. Sohn. — 55

1. 237.—280. Tauf. [542. 595. Tauf. der Gesamtaufl.] (24 S.) * — 15.
2. 186.—217. Tauf. [378.—409. Tauf. der Gesamtaufl.] (32 S.) * — 20.
3. 154.—180. Tauf. [288.—314. Tauf. der Gesamtaufl.] (32 S.) * — 20.

Ausg. A., s. Büttner, A. u. Jul. Rücker.
Ausg. C. u. D., s. —— u. E. Kirchhoff.

— Rechenaufgaben f. die Volksschule. Ausg. B in 3 Hftn. Mit gleichmäß. Berücksicht. des Kopf- u. Tafelrechnens bearb. Neue Ausg. 8. Leipzig 894. F. Hirt & Sohn. n.n. — 55

1. 320. Tauf. (695. Tauf. der Gesamtaufl.) (24 S.) n.n. — 15
2. 204. Tauf. (486. Tauf. der Gesamtaufl.) (32 S.) n.n. — 20
3. 240. Tauf. (350. Tauf. der Gesamtaufl.) (32 u. 8 S.) n. — 20

— dasselbe. Ausg. B f. d. Volksschule. In 3 Hftn. M. gleichmäß. Berücksicht. d. Kopf- u. Tafelrechnens bearb. Neue Ausg. 8. Ebd. 898. n.n. — 55

1. D. Rechnen m. größ. Zahlen. 544.—575. Tauf. (849.—880. Tauf. d. Gesamt-Aufl.) (24 S.) n.n. — 15
2. D. Rechnen m. mehrf. ben. Zahlen, vorzugsweise m. solchen i. decimaler Schreibg. Einf. Regeldetri, Durchschnitts- u. Zeitrechng. 403.—429. Tauf. (595.—621. Tauf. d. Gesamtaufl.) (32 S.) n. — 20
3. Decimal- u. gemeine Bruchrechng. u. der. Anwendg. i. d. bürgerl. Rechnungsarten. 333.—350. Tauf. (467.—484. Tauf. d. Gesamtaufl.) (32 u. 8 S.) n. — 20

— dasselbe f. d. Volksschule. Neubearbeitung v. 1898. Ausg. B in 3 Hftn. M. gleichmäß. Berücksicht. d. Kopf- u. Tafelrechnens bearb. 1.—9. Tauf. d. Neubearbeitg. gr. 8. Ebd. 898. n.n. — 60; Facitbücher (24, 31 u. 32 S.) à n. — 25

I. D. Zahlenreihen v. 1—1000 u. v. 1—1,000,000. Anfänge d. Bruchrechnens. (881.—889. Tauf. d. Gesamtaufl.) (40 S.) n.n. — 15
II. Mehrfach benannte Zahlen, leichte Aufgaben a. d. Regeldetri, Durchschnitts- u. Zeitrechng. (622.—630. Tauf. d. Gesamtaufl.) (40 S.) n. — 20
III. Decimal- u. gem. Bruchrechng. u. der. Anwendg. i. d. bürgerl. Rechnungsarten. Aufgabengruppen aus wicht. Gebieten d. prakt. Lebens; Vermittelg. volkswirtschaftl. Kenntnisse. (485.—493. Tauf. d. Gesamtaufl.) (56 u. 8 S.) n. — 25

Büttner, A., Rechenaufgaben. Ausg. B in 3 Hftn. gr. 8. Leipzig (902). F. Hirt & Sohn. n.n. — 60

I. Die Zahlenreihen von 1 bis 1000 u. von 1 bis 1 000 000. Anfänge des Bruchrechnens. 208. bis 261. Tauf. der Neubearbeitg. (1126. bis 1179. Tauf. der Gesamtaufl.) (40 S.) n.n. — 15
II. Mehrfach benannte Zahlen, leichte Aufgaben aus der Regeldetri, Durchschnitts- u. Zeitrechnung. 163. bis 198. Tauf. der Neubearbeitg. (806. bis 841 Tauf. der Gesamtaufl.) (40 S.) n. — 20
III. Decimal- u. gemeine Bruchrechnung u. deren Anwendung in den bürgerlichen Rechnungsarten. Aufgabengruppen aus wicht. Gebieten des prakt. Lebens; Vermittelung volkswirtschaftl. Kenntnisse. 141. bis 176 Tauf. der Neubearbeitg. (649. bis 684. Tauf. der Gesamtaufl.) (64 S.) n. — 25

— dasselbe. Ausg. B in 3 Hftn. Mit gleichmäß. Berücksicht. des Kopf- u. Tafelrechnens bearb. Neubearbeitung. 8. Ebd. 906. n.n. — 60

I. Die Zahlenreihen von 1—1000 u. von 1—1,000,000. Anfänge des Bruchrechnens. 1315.—1386. Tauf. (40 S.) n.n. — 15
II. Mehrfach benannte Zahlen, leichte Aufgaben aus der Regeldetri, Durchschnitts- u. Zeitrechnung. 932.—985. Tauf. (40 S.) n. — 20
III. Dezimal- u. gemeine Bruchrechnung u. deren Anwendung in den bürgerlichen Rechnungsarten. Aufgabengruppen aus wicht. Gebieten des prakt. Lebens; Vermittlung volkswirtschaftl. Kenntnisse. 771.—797. Tauf. (64 S.) n. — 25

—— Rechenaufgaben für die ein- und zweiklassige Volksschule. Mit gleichmäß. Berücksicht. des Kopf- und Tafelrechnens und ausschließl. Anwendung der amtlich festgestellten, abgekürzten Münz-, Maß- und Gewichtsbezeichnungen bearb. 3 Hefte. 8. Leipzig 875—79, Hirt und Sohn. *

Inhalt:

Heft 1. Das Rechnen mit größeren Zahlen. 66.—99. Tausend. (24 S.) * 15 Pf.
" 2. Das Rechnen mit mehrfach benannten Zahlen, einfache Regeldetri, Durchschnitts- und Zahlenrechnung. 11.—29. Tausend. (32 S.) * 20 Pf.

Büttner, A., Rechenaufgaben für die ein- und zweiklassige Volksschule rc.

Heft 3. Dezimal- und gemeine Bruchrechnung und deren Anwendung in den bürgerlichen Rechnungsarten. 1.—10. Tausend. (32 S.) * 20 Pf.

—— dass. — Facitbuch. 3 Hefte. 8. (16; 16; 20 S.) Leipzig 878, Hirt und Sohn. à Heft * 50 Pf. *

—— und E. Kirchhoff, Rechenaufgaben für die mehrklassige Volksschule. 5 Hefte. 8. Ebendas. 875—79. *

Inhalt:

Heft 1. Das Rechnen mit größeren Zahlen. 1.—11. Tausend. (32 S.) * 20 Pf.
" 2. Das Rechnen mit mehrfach benannten Zahlen, vorzugsweise mit solchen in dezimaler Schreibung. 1.—11. Tausend. (32 S.) * 20 Pf.
" 3. Dezimalbruchrechnung, einfache Regeldetri, Durchschnitts- und Zeitrechnung. 1.—11. Tausend. (32 S.) * 25 Pf.
" 4. Bruchrechnung und deren Anwendung in den bürgerlichen Rechnungsarten. 1.—11. Tausend. (32 S.) * 25 Pf.
" 5. Erweiterung des angewandten Rechnens. Wurzelextractionen. Raumberechnungen. 1.—5. Tausend. (40 S.) * 30 Pf.

—— dass. — Facitbücher. 5 Hefte. 8. (à 16 S.) Ebendas. 878. à Heft * 50 Pf. *

—— Rechenaufgaben für die mehrklassige Volksschule. Mit gleichmäß. Berücksicht. des Kopf- und Tafelrechnens und ausschließl. Anwendung der amtl. festgestellten abgekürzten Maß- und Gewichtsbezeichnungen. Unter Mitwirkung von E. Kirchhoff. Ausg. C in 5 Heften. 8. Ebendas. 880—84. *

Inhalt:

Heft 1. Das Rechnen mit größeren Zahlen. 30.—47. Tausend. (32 S.) * 20 Pf.
" 2. Das Rechnen mit mehrfach benannten Zahlen, vorzugsweise mit solchen in decimaler Schreibung. 31.—39. Tausend. (32 S.) * 20 Pf.
" 3. Decimalbruchrechnung, einfache Regeldetri, Durchschnitts- und Zeitrechnung. 21.—31. Tausend. (32 S.) * 25 Pf.
" 4. Die Bruchrechnung und deren Anwendung in den bürgerl. Rechnungsarten. 21.—34. Tausend. (32 S.) * 25 Pf.
" 5. Die schwierigen Arten der bürgerl. Rechnungen. Wurzelextraktionen. Raumberechnungen. 17.—25. Tausend. (40 S.) * 30 Pf.

—— und E. Kirchhoff, Rechenaufgaben für die mehrklassige Volksschule. Ausg. C. in 5 Heften. Mit gleichmäß. Berücksicht. des Kopf- und Tafelrechnens. [Alte Ausg., und Neue Ausg. von 1886.] 8. Ebendas. 885—89. *

Inhalt:
Heft 1. Das Rechnen mit größeren Zahlen. Alte Ausg. 47.—175. Tausend; Neue Ausg. 1.—70. Tausend. (32 S.) * 20 Pf.
" 2. Das Rechnen mit benannten Zahlen, leichte Aufgaben aus der Regeldetri, Durchschnitts- und Zeitrechnung. Alte Ausg. 40.—148. Tausend; Neue Ausg. 1.—65. Tausend. (32 S.) * 20 Pf.
" 3. Die Decimalbruchrechnung und deren Anwendung in der Regeldetri und Durchschnittsrechnung. Alte Ausg. 35.—122. Tausend; Neue Ausg. 1.—54. Tausend. (32 S.) * 25 Pf.
" 4. Die Bruchrechnung und deren Anwendung in den bürgerl. Rechnungsarten. Alte Ausg. 35.—122. Tausend; Neue Ausg. 1.—54. Tausend. (32 S.) * 25 Pf.
" 5. Die schwierigen Arten der bürgerl. Rechnungen. Ausziehen der Quadrat- und Kubikwurzel. Raumberechnungen. Alte Ausg. 26.—60. Tausend; Neue Ausg. 1.—26. Tausend. (40 S.) * 30 Pf.

—— —— dass. — Facitbuch in 5 Heften. 8. (20; 20; 16; 24; 24 S.) Ebendas. 886. à Heft *

— u. E. Kirchhoff, Rechenaufgaben f. die mehrklassige Volksschule. Ausg. C in 5 Hftn. Mit gleichmäß. Berücksicht. d. Kopf- u. Tafelrechnens bearb. Neue Ausg. 8. Ebend. 886. n. 1. 20
1. 96. bis 104. Tausend der Gesamtaufl. (32 S.) n. — 20
2. 70. bis 78. Tausend der Gesamtaufl. (32 S.) n. — 20
3. 69. bis 77. Tausend der Gesamtaufl. (32 S.) n. — 25
4. 69. bis 77. Tausend der Gesamtaufl. (32 S.) n. — 25
5. 35. bis 42. Tausend der Gesamtaufl. (40 S.) n. — 30

— Rechenaufgaben f. die mehrklassige Volksschule. Ausg. C in 5 Hftn. Neue Ausg. v. 1886. Facitbuch. 8. (20, 20, 16, 24 u. 24 S.) Ebend. 886. à n. — 25

— u. E. Kirchhoff, Rechenaufgaben für die mehrklassige Volksschule. Ausg. D. in 4 Hftn. 3. u. 4. Hft. 1.—7. Tausend. 8. (à 36 S.) Ebd. 889. à n. — 25
Ausg. D. Hft 1 u. 2 sind gleichlautend m. Ausg. C. Hft. 1 u. 2.

— dasselbe. Ausg. D. in 4 Hftn. Facitbuch zum 3. u. 4. Hft. 8. (29 u. 20 S.) Ebd. 890. à n. — 25

—— —— Rechenaufgaben f. die mehrklassige Volksschule. Ausg. D in 4 Heften. 3. Heft. 8.—14. Tausf.; 4. Heft. 8.—12. Tausf. 8. (à Heft 36 S.) Ebd. 892. à Heft * — 25; * — 50
Ausg. D. 1. u. 2. Heft sind gleichlautend mit Ausg. C. 1. u. 2. Heft.

— — dasselbe. Ausg. D in 4 Hftn. 3. u. 4. Hft. 8. Ebd. 894. à n. — 25
3. 21. Tausf. (36 S.) — 4. 17. Tausf. (46 S.)

Büttner, A. u. E. Kirchhoff:

— — Rechenbuch f. 7- u. 8klassige Schulen in 7 Hftn. Ausg. E. gr. 8. Leipzig 902. F. Hirt & Sohn. n.n. 1. 85
1. Die Zahlenreihen von 1 bis 10 u. v. 1. bis 20. (Neue Aufl.) (24 S.) n.n. — 15
2. Die Zahlenreihe von 1 bis 100. (Neue Aufl.) n.n. — 15
3. Die Grundrechnungsarten in den Zahlenreihen von 1 bis 1000 u. bis 2000. Erweiterung der Sortenkenntnis. Anfänge des Bruchrechnens. (Neue Aufl.) (40 S. m. Abbildgn.) n. — 20
4. Die Zahlenreihe bis zu den Millionen. Das Rechnen m. unbenannten u. mehrfach benannten Zahlen. Vorbereitung der Bruchrechnung u. Regeldetri. (Neue Aufl.) (48 S. m. Abbildgn.) n. — 25
5. Die unbegrenzte Zahlenreihe. Das Rechnen m. gemeinen Brüchen. Durchschnitts- u. Zeitrechnung. Vorbereitung der Regeldetri. (40 S. m. Abbildgn.) n. — 25
6. Die Dezimalbruchrechnung. Einfache u. zusammengesetzte Regeldetri. Leichte Aufgaben aus den bürgerlichen Rechnungsarten u. den Wissensfächern. (48 S. m. Abbildgn.) n. — 25
7. I. Tl. Abschluß der bürgerlichen Rechnungsarten. — II. Tl. Aufgabengruppen aus wicht. Gebieten des prakt. Lebens zur Wiederholg. u. Anwendg. der erlernten Rechnungsarten, sowie zur Vermittelg. volkswirtschaftlicher Kenntnisse. (112 S.) Kart. n. — 60

— — dasselbe. Fazitbuch zu Hft. 3—7. gr. 8. (20, 24, 24, 20 u. 36 S.) Ebd. 902. à n. — 25

Büttner, A., Rechenbuch f. 7- u. 8-klassige Schulen in 7 Heften. Bearb. v. A. Büttner u. E. Kirchhoff. Ausg. E. Heft I—VII, VIIa u. Fazitbuch zu VIIa. 8. Leipzig 906. F. Hirt & Sohn. n.n. 2. 60
I. Die Zahlenreihe von 1—10 u. von 1—20. 24.—41. Tausf. (24 S.) n.n. — 15
II. Die Zahlenreihe von 1—100. 38.—55. Tausf. (36 S.) nn. — 15
III. Die Grundrechnungsarten in den Zahlenreihen von 1—1000 u. 1—2000. Erweiterung der Sortenkenntnis. Anfänge des Bruchrechnens. 38.—55. Tausf. (40 S.) n. — 20
IV. Die Zahlenreihe bis zu den Millionen. Das Rechnen m. unbenannten u. mehrfach benannten Zahlen. Vorbereitung der Bruchrechnung u. Regeldetri. 43.—60. Tausf. (48 S.) n. — 25
V. Die unbegrenzte Zahlenreihe. Das Rechnen m. gemeinen Brüchen. Durchschnitts- u. Zeitrechnung. Regeldetri u. Krankenversicherg. 31.—48. Tausf. (48 S.) n. — 25
VI. Die Dezimalbruchrechnung. Einfache u. zusammengesetzte Regeldetri. Leichte Aufgaben aus den bürgerl. Rechnungsarten u. den Wissensfächern. 22.—36. Tausf. (48 S.) n. — 25
VII. 1. Tl. Abschluß der bürgerlichen Rechnungsarten. 2. Tl. Aufgabengruppen aus wicht. Gebieten des prakt. Lebens zur Wiederholg. u. Anwendg. der erlernten Rechnungsarten, sowie zur Vermittlg. volkswirtschaftl. Kenntnisse. Bearb. v. B., K. u. E. Schreiber. 21.—27. Tausend. (112 S.) Kart. n. — 60
VIIa. Für die oberen Klassen der Mädchenschulen. I. Tl. Erweiterung der bürgerl. Rechnungsarten. II. Tl. Aufgabengruppen aus wicht. Gebieten des prakt. Lebens zur Wiederholung u. Anwendung der erlernten Rechnungsarten, sowie zur Vermittelg. volkswirtschaftl. Kenntnisse. Bearb. v. B., K. u. E. Schreiber. (6.—10. Tausf.) (96 S.) Kart. n. — 50; Fazitbuch (32 S.) n. — 25

— Rechenbuch f. siebenstufige Schulen in 7 Heften. Ausg. F. Unter Mitwirkg. v. Wendenburg u. Winter bearb. v. A. Büttner u. E. Kirchhoff. Heft I—VII u. VIIa 8. Ebd. 906. n.n. 2. 55
I. (1. Schulj.) Die Zahlenreihen von 1—10 u. von 1 bis 20. (24 S.) n.n. — 15
II. (2. Schulj.) Die Zahlenreihe von 1—100. (32 S.) n.n. — 15
III. Die Zahlenreihe von 1—1000. Vorbereitung der Bruchrechng. u. der Dreisatzrechng. Erweiterung der Währungsverhältnisse. (48 S.) n. — 25
IV. Die Zahlenreihe bis zu den Millionen. Das Rechnen m. unbenannten u. zweifach benannten Zahlen. Aufgaben mit dezimaler Schreibg. Vorbereitg. der Bruchrechng. u. Dreisatzrechng. Die röm. Zahlzeichen. (56 S.) n. — 30
V. Das Rechnen m. gemeinen u. Dezimalbrüchen. Dreisatzrechng. Zeit- u. Durchschnittsrechng. (56 S.) n. — 30
VI. Die unbegrenzte Zahlenreihe. Wiederholung der Grundrechnungsarten m. ganzen Zahlen u. m. Brüchen. Dreisatzrechnung. Aufgaben aus den bürgerl. Rechnungsarten u. den Wissensfächern. Versicherungsrechnungen. (64 S.) n. — 40
VII. 1. Tl. Abschluß der bürgerlichen Rechnungsarten. 2. Tl. Aufgabengruppen aus wichtigen Gebieten des prakt. Lebens zur Wiederholg. u. Anwendg. der erlernten Rechnungsarten, sowie zur Vermittlg. volkswirtschaftl. Kenntnisse. (96 S.) n. — 60
VIIa. Für die oberen Klassen der Mädchenschulen. 1. Tl. Abschluß der bürgerlichen Rechnungsarten. 2. Tl. Aufgabengruppen aus wicht. Gebieten des prakt. Lebens zur Wiederholg. u. Anwendg. der erlernten Rechnungsarten, sowie zur Vermittlg. volkswirtschaftl. Kenntnisse. (80 S.) n. — 50

— dasselbe. Fazitbuch zu Heft III u. IV. (24 u. 28 S.) 8. Ebd. (906.) à n. — 25

— Rechenbuch f. siebenstuf. Schulen in 7 Hftn. Ausg. F. Unter Mitwirkg. v. Wendenburg u. Winter bearb. v. A. Büttner u. E. Kirchhoff. Hft. I—VII u. VIIa. 8. Leipzig, F. Hirt & Sohn. nn 2. 55
I. (1. Schulj.) Die Zahlenreihen von 1 bis 10 u. von 1 bis 20. 3. Aufl. (24 S.) 908. nn — 15
II. (2. Schulj.) Die Zahlenreihe von 1 bis 100. 4. u. 5. Aufl. (Je 32 S.) 908. 09. nn — 15
III. Die Zahlenreihe von 1 bis 1000. Vorbereitung der Bruchrechng. u. der Dreisatzrechng. Erweiterung der Währungsverhältnisse. 4. u. 5. Aufl. (Je 48 S.) 909. — 25
IV. Die Zahlenreihe bis zu den Millionen. Das Rechnen m. unbenannten u. zweifach benannten Zahlen. Aufgaben m. dezimaler Schreibg. Vorbereitung der Bruchrechng. u. der Dreisatzrechng. Die röm. Zahlzeichen. 4. u. 5. Aufl. (Je 56 S.) 909. — 30
V. Das Rechnen m. gemeinen u. Dezimalbrüchen. Dreisatzrechnung. Zeit- u. Durchschnittsrechng. 4. Aufl. (56 S.) 909. — 30
VI. Die unbegrenzte Zahlenreihe. Wiederholung der Grundrechnungsarten. m. ganzen Zahlen u. m. Brüchen. Dreisatzrechnung. Aufgaben aus den bürgerl. Rechnungsarten u. den Wissensfächern. Versicherungsrechnungen. 3. Aufl. (64 S.) 908. — 40
VII. 1. Tl. Abschluß der bürgerl. Rechnungsarten. 2. Tl. Aufgabengruppen aus wicht. Gebieten des prakt. Lebens zur Wiederholg. u. Anwendg. der erlernten Rechnungsarten, sowie zur Vermittlg. volkswirtschaftl. Kenntnisse. 2. Aufl. (96 S.) 907. — 50
VIIa. Für die oberen Klassen der Mädchenschulen. 1. Tl. Abschluß der bürgerl. Rechnungsarten. 2. Tl. Aufgabengruppen aus wicht. Gebieten des prakt. Lebens zur Wiederholg. u. Anwendg. der erlernten Rechnungsarten, sowie zur Vermittlg. volkswirtschaftl. Kenntnisse. 2. Aufl. (80 S.) 907. — 50

— dasselbe. Fazitbuch zu Heft V—VII u. VIIa. (24, 28, 32 u. 28 S.) 8. Ebd. (907). à — 25

—— und Jul. Rücker, Rechenbuch für einklassige Volksschulen. Mit gleichmäß. Berücksicht. des Kopf- und Tafelrechnens und ausschließl. Anwendung der amtlich festgestellten, abgekürzten Münz-, Maß- und Gewichtsbezeichnungen. 1.—13. Tausend. 8. (40 S.) Leipzig 875—79. Hirt und Sohn. *

—— —— dass. — Facitbuch. 8. (24 S.) Ebendas. 879.

— u. Jul. Rücker, Rechenbuch f. einklassige Volksschulen. Mit gleichmäßiger Berücksichtigung des Kopf- u. Tafelrechnens u. ausschließlicher Anwendung der amtlich festgestellten, abgekürzten Münz- Maß- u. Gewichtsbezeichnungen. 13. Tausend. 8. (40 S.) Leipzig 880. Hirt & Sohn. n. — 25

Büttner, A., Rechenfibel. Stufenmäßig geordnete Uebgn. u. Aufgaben f. den ersten Rechenunterricht. gr. 16. (24 S.) Köslin 876. Schulz. n. — 13

—— dass. — 6.—11. Tausend. gr. 16. (24 S.) Leipzig 879. Hirt und Sohn. *

Büttner, A., Rechenfibel. Stufenmäßig geordnete Uebungen und Aufgaben im Zahlenraum von 1 bis 100. Eine Vorstufe zu jeder Aufgabensammlung, zunächst zu des Verf. „Rechenaufgaben". 12. bis 68. Tausend. 8. (24 S.) Leipzig 880—84, Hirt und Sohn. *

—— Rechenfibel. Stufenmäßig geordnete Uebungen und Aufgaben im Zahlenraum von 1 bis 100. Eine Vorstufe zu jeder Aufgabensammlung, zunächst zu des Verf. „Rechenaufgaben". 69.—225. Tausend. 8. (24 S.) Ebendas. 885—89. *

—— Rechenfibel. Stufenmäßig geordnete Übgn. u. Aufgaben im Zahlenraume von 1 bis 100. Eine Vorstufe zu jeder Aufgabensammlg., zunächst zu d. Verf. „Rechenaufgaben". 340. Tausend. 8. (24 S.) Ebd. 892. — 15

— Rechenfibel. Stufenmäßig geordnete Übgn. u. Aufgaben im Zahlenraume v. 1 bis 100. Eine Vorstufe zu jeder Aufgabensammlg., zunächst zu des Verf. „Rechenaufgaben". 428. Tauf. 8. (25 S.) Ebd. 894. n.n. — 15

— dasselbe. Neubearbeitg. v. 1898. 1.—9. Tauf. d. Neubearbeitg. (558.—566. Tauf. d. Gesamtaufl.) (32 S.) Ebd. 898. n.n. — 15

— Rechenfibel. Stufenmäß. geordn. Übgn. u. Aufgaben i. Zahlenraume v. 1—100. Vorstufe z. jeder Aufgabensammlg, zunächst z. d. Verf. „Rechenaufgaben". 567.—584. Tauf. 8. (25 S.) Leipzig 898. F. Hirt & Sohn. n.n. — 15

— Rechenfibel. Stufenmäßig geordnete Übgn. u. Aufgaben im Zahlenraume von 1 bis 100. Eine Vorstufe zu jeder Aufgabensammlg., zunächst zu des Verf. „Rechenaufgaben", Neubearbeitung v. 1898. 927. bis 971. Tauf. (32 S. m. Fig.) gr. 8. Leipzig (902). F. Hirt & Sohn. n.n. — 15

— Rechenfibel. Stufenmäßig geordnete Übgn. u. Aufgaben im Zahlenraume von 1—100. Eine Vorstufe zu jeder Aufgabensammlg., zunächst zu des Verf. „Rechenaufgaben". Neubearbeitung. 1287—1403. Tauf. (32 S. m. Fig.) 8. Ebd. 905. n.n. — 15

— Rechenfibel. Stufenmäßig geordnete Übgn. u. Aufgaben im Zahlenraume von 1—100. Eine Vorstufe zu jeder Aufgabensammlg. Neue Ausg. v. 1910. 43. Aufl., neu bearb. v. H. Maertens u. E. Schreiber. (40 S. m. z. Tl. farb. Fig.) 8. Ebd. 910. nn — 15

Büttner, A. u. E. Kirchhoff:

— — Rechenheft f. die Oberklasse der Mittelschule, enth. Buchstabenrechng., Algebra u. Erweiterg. der bürgerl. Rechngn. (Hft. VI v. Ausg. C der Rechenaufgaben f. mehrklass. Schulen.) gr. 8. (72 S.) Ebd. 892. n.n. — 45

— — dasselbe. Facitbuch. 8. (31 S.) Ebd. 892. n.n. — 40

— u. E. Kirchhoff, Rechenheft f. die Oberklasse d. Mittelschule, enth. Buchstabenrechnung, Algebra u. Erweiterung der bürgerl. Rechnungen. 21.—25. Tauf. (72 S.) 8. Ebd. (906). n.n. — 45

Büttner, A., u. E. Kirchhoff, Rechenheft f. die Oberklasse der Mittelschule, enth. Buchstabenrechnung, Algebra u. Erweiterung der bürgerlichen Rechnungen. 6. Aufl. (72 S.) 8. Leipzig 909. F. Hirt & Sohn. nn — 45

— Rechenhefte. Ausg. A. Rechenaufgaben f. ein- bis dreiklass. Schulen in 2 Heften. Mit gleichmäß. Berücksicht. des mündl. u. schriftl. Rechnens bearb. 8. Ebd. 909. nn — 35

I. Mittelstufe. Die Zahlenreihen von 1 bis 1000 u. von 1 bis 100,000 m. unbenannten u. benannten Zahlen. Anfänge des Bruchrechnens. 14. Aufl. (40 S. m. 1 Abbildg.) nn — 15

II. Oberstufe. Dezimal- u. gemeine Bruchrechnung u. deren Anwendung in den bürgerlichen Rechnungsarten. 15. Aufl. (48 S.) — 20

— dasselbe. Ausg. A. Neue Ausg. v. 1910. Rechenaufgaben f. ein-—dreiklassige Schulen in 2 Heften. Mit gleichmäß. Berücksicht. des mündl. u. schriftl. Rechnens bearb. 8. Ebd. — 50; Fazitbuch (32 u. 31 S.) 910. à — 30

1. Die Zahlenreihen von 1—1000 u. 1—1000000 m. unbenannten u. benannten Zahlen. Die Anfänge des Bruchrechnens, der Zeit- u. Dreisatzrechnung. 15. Aufl., neu bearb. v. H. Maertens u. E. Schreiber. (48 S. m. 1 Fig.) 910. — 20

2. Die unbegrenzte Zahlenreihe. Das Rechnen m. gemeinen Brüchen u. Dezimalbrüchen. Die bürgerl. Rechnungsarten. Aufgabengruppen aus wicht. Gebieten des prakt. Lebens. Raumberechnungen. 16. Aufl., neu bearb. v. H. Maertens u. E. Schreiber. (64 S. m. 1 Fig.) 910. — 30

— dasselbe. Ausg. B. Rechenaufgaben f. vier- u. fünfklass. Schulen in 3 Heften. Mit gleichmäß. Berücksicht. des mündl. u. schriftl. Rechnens bearb. 8. Ebd. nn — 60

I. Die Zahlenreihe von 1—1000 u. von 1—1,000,000. Anfänge des Bruchrechnens. 30. Aufl. (40 S.) 909. nn — 15

II. Mehrfach benannte Zahlen, leichte Aufgaben aus der Regeldetri, Durchschnitts- u. Zeitrechnung. 39. Aufl. (40 S.) 908. — 20

III. Dezimal- u. gemeine Bruchrechnung u. deren Anwendung in den bürgerlichen Rechnungsarten. Aufgabengruppen aus wicht. Gebieten des prakt. Lebens; Vermittlg. volkswirtschaftl. Kenntnisse. 40. Aufl. (64 S.) 909. — 25

— dasselbe. Ausg. B. Neue Ausg. v. 1910.) Rechenaufgaben f. vier- u. fünfklass. Schulen in 3 Heften. Mit gleichmäß. Berücksicht. des mündl. u. schriftl. Rechnens bearb. 8. Ebd. 910. — 75; Fazitbuch (23, 24 u. 32 S.) à — 30

I. Die Zahlenreihe von 1—1000. Anfänge des Bruchrechnens. 40. Aufl., neu bearb. v. H. Maertens. (40 S.) — 20

II. Die Zahlenreihe bis zu den Millionen. Das Rechnen mit unbenannten u. zweifach benannten Zahlen. Die Durchschnitts-, Zeit- u. Dreisatzrechng. 40. Aufl., neu bearb. v. H. Maertens. (48 S.) — 25

III. Das Rechnen m. gemeinen u. Dezimalbrüchen. Die bürgerl. Rechnungsarten. Aufgabengruppen aus wicht. Gebieten des prakt. Lebens. 41. Aufl., neu bearb. v. H. Maertens u. E. Schreiber. (72 S.) — 30

Büttner's, A., Rechenhefte. Ausg. C. Rechenaufgaben f. siebenklass. Schulen in fünf Heften. Mit gleichmäß. Berücksicht. des mündl. u. schriftl. Rechnens bearb. 8. Leipzig, F. Hirt & Sohn. 1.35

I. Die Zahlenreihen von 1 bis 1000 u. von 1 bis 1,000,000. Anfänge des Bruchrechnens. 31. Aufl. (48 S.) 908. — 20

II. Mehrfach benannte Zahlen, leichte Aufgaben aus der Regeldetri, Durchschnitts- u. Zeitrechnung. Bearb. v. A. Büttner u. E. Kirchhoff. 11. Aufl. (48 S.) 909. — 25

III. Die unbegrenzte Zahlenreihe. Dezimalbruchrechnung, Regeldetri, Durchschnitts- u. Zeitrechng. 9. Aufl. (40 S.) 907. — 2[illegible]

IV. Die Bruchrechnung u. deren Anwendung in den bürgerlichen Rechnungsarten. Aufgaben aus der Geschichte, Erdbeschreibg. u. Raumlehre. Bearb. v. A. Büttner u. E. Kirchhoff. 10. Aufl. (48 S.) 909. — 25

V. 1. Tl. Abschluß der bürgerlichen Rechnungsarten. 2. Tl. Aufgabengruppen aus wicht. Gebieten des prakt. Lebens zur Wiederholg. u. Anwendung der erlernten Rechnungsarten, sowie zur Vermittlg. volkswirtschaftl. Kenntnisse. Bearb. v. A. Büttner, E. Kirchhoff u. E. Schreiber. 12. Aufl. (80 S.) 909. — 40

— dasselbe. Ausg. C. Neue Ausg. v. 1910. Rechenaufgaben f. 7 klass. Schulen in 5 Heften. Mit gleichmäß. Berücksicht. des mündl. u. schriftl. Rechnens bearb. v. A. Büttner u. E. Kirchhoff. Neu bearb. v. E. Kirchhoff, H. Maertens u. E. Schreiber. 8. Ebd. 910. 1.45; Fazitbuch (23, 24, 24, 32 u. 32 S.) à — 30

I. Die Zahlenreihe von 1—1000. Anfänge des Bruchrechnens. 42. Aufl. (40 S.) — 20
II. Die Zahlenreihe bis zu den Millionen. Das Rechnen m. unbenannten u. zweifach benannten Zahlen. Die Durchschnitts-, Zeit- u. Schlußrechng. 42. Aufl. (48 S.) — 25
III. Die unbegrenzte Zahlenreihe. Dezimalbruchrechnung. Schlußrechnung, Durchschnitts- u. Zeitrechng. 30. Aufl. (48 S.) — 25
IV. Das Rechnen m. gemeinen Brüchen. Schlußrechnung. Leichte Aufgaben aus den bürgerl. Rechnungsarten. 32. Aufl. (50 S.) — 30
Va. Für die oberen Klassen der Mädchenschulen. I. Abschluß der bürgerl. Rechnungsarten. II. Wirtschaftskundliche Aufgabengruppen. Aus der Erdbeschreibg. u. Naturkunde. — Berechnungen aus der Raumlehre. 3. Aufl. (88 S. m. 11 Fig. nn — 45

— dasselbe. Ausg. D. Rechenaufgaben f. sechsklass. Schulen in 4 Heften. Mit gleichmäß. Berücksicht. des mündl. u. schriftl. Rechnens bearb. v. A. Büttner u. E. Kirchhoff. 8. Ebd. 1. —

I. Die Zahlenreihe von 1 bis 1000 u. von 1 bis 1,000,000. Anfänge des Bruchrechnens. 13 Aufl. (48 S.) 909. — 20
II. Mehrfach benannte Zahlen, leichte Aufgaben aus der Regeldetri, Durchschnitts- u. Zeitrechnung. 11. Aufl. (48 S.) 908. — 25
III. Bearb. v. A. Büttner u. E. Kirchhoff. Die unbegrenzte Zahlenreihe. Dezimal- u. gemeine Bruchrechnung. Regeldetri, Zeitrechng. u. Raumberechngn. 15. Aufl. (48 S.) 908. — 25
IV. 1. Tl. Abschluß der bürgerlichen Rechnungsarten. 2. Tl. Aufgabengruppen aus wicht. Gebieten des prakt. Lebens zur Wiederholg. u. Anwendg. der erlernten Rechnungsarten, sowie zur Vermittlg. volkswirtschaftl. Kenntnisse. 15. Aufl. (61 S.) 909. — 30

— dasselbe. Ausg. D. Neue Ausg. v. 1910. Rechenaufgaben f. sechsklass. Schulen in 4 Heften. Mit gleichmäß. Berücksicht. des mündl. u. schriftl. Rechnens bearb. v. A. Büttner u. E. Kirchhoff. 8. Ebd. 910. 1.15; Fazitbuch zu Heft 4. (24 S.) — 30

I. Die Zahlenreihe von 1—1000. Anfänge des Bruchrechnens. 16. Aufl., neu bearb. v. E. Kirchhoff, H. Maertens u. E. Schreiber. (40 S.) — 20
II. Die Zahlenreihe bis zu den Millionen. Das Rechnen m. unbenannten u. zweifach benannten Zahlen. Die Durchschnitts-, Zeit- u. Schlußrechng. 14. Aufl., neu bearb. v. E. Kirchhoff, H. Maertens u. E. Schreiber. (48 S.) nn — 25
III. Die unbegrenzte Zahlenreihe. Das Rechnen m. gemeinen Brüchen. Die Dezimalbrüche. Schluß- u. Zeitrechnung. Aufgaben aus der Raumlehre. 16. Aufl., neu bearb. v. E. Kirchhoff, H. Maertens u. E. Schreiber. (56 S.) — 30
IV. 1. Tl. Abschluß der bürgerlichen Rechnungsarten. Aufgaben aus der Raumlehre. — 2. Tl. Wirtschaftskundliche Aufgabengruppen. — Aus der Erdbeschreibg. u. Naturkunde. 17. Aufl., bearb. v. E. Kirchhoff, H. Maertens u. E. Schreiber. (80 S.) — 40
IVa. Für die oberen Klassen der Mädchenschulen. I. Abschluß der bürgerl. Rechnungsarten. II. Wirtschaftskundliche Aufgabengruppen. — Aus der Erdbeschreibg. u. Naturkunde. Berechnungen aus der Raumlehre. 3. Aufl. (80 S. m. 11 Fig.) — 40

— dasselbe. Ausg. E. Rechenaufgaben f. sieben- u. achtklass. Schulen in 7 Heften. Mit gleichmäß. Berücksicht. des mündl. u. schriftl. Rechnens bearb. v. A. Büttner u. E. Kirchhoff. 8. Ebd. nn 1.85

I. Die Zahlenreihe von 1 bis 10 u. von 1 bis 20. 5. Aufl. (24 S.) 908. nn — 15
II. Die Zahlenreihe von 1 bis 100. 7. Aufl. (32 S.) 909. nn — 15
III. Die Grundrechnungsarten in den Zahlenreihen von 1 bis 1000 u. bis 2000. Erweiterung der Sortenkenntnis. Anfänge des Bruchrechnens. 8. Aufl. (40 S. m. 1 Abbild.) 908. — 20
IV. Die Zahlenreihe bis zu den Millionen. Das Rechnen m. unbenannten u. mehrfach benannten Zahlen. Vorbereitung der Bruchrechnung u. Regeldetri. 8. Aufl. (48 S.) 909. — 25
V. Die unbegrenzte Zahlenreihe. Das Rechnen m. gemeinen Brüchen. Durchschnitts- u. Zeitrechnung. Regeldetri u. Krankenversicherg. 7. Aufl. (48 S.) 909. — 25
VI. Die Dezimalbruchrechnung. Einfache u. zusammengesetzte Regeldetri. Leichte Aufgaben aus den bürgerl. Rechnungsarten u. den Wissensfächern. 6. Aufl. (48 S.) 909. — 25
VII. 1. Tl. Abschluß der bürgerl. Rechnungsarten. 2. Tl. Aufgabengruppen aus wichtig. Gebieten des prakt. Lebens zur Wiederholg. u. Anwendg. der erlernten Rechnungsarten sowie zur Vermittlung volkswirtschaftl. Kenntnisse. 6. Aufl. (112 S.) 909. Kart. — 60

— der Rechenunterricht in der Elementarschule. Ein method. Handbuch mit besond. Berücksichtigung der einklassigen Schule. Ebend. 868. gr. 8. (VI, 140 S.) n. 16 ngr.

— der Rechenunterricht in der Elementarschule. Ein method. Handbuch m. besond. Berücksicht. der einklass. Schule. 2. Aufl. Nach der neuen Maß- u. Gewichtsordng. umgearb. gr. 8. (144 S.) Stolp 871. Eschenhagen. n. 1.60

—— das Rechnen mit der Reichsmark. Winke zur Erleichterung aller im prakt. Leben vorkomm. Rechnungen mit den neuen Münzen des deutschen Reichs. Für Haus und Schule bearb. gr. 8. (31 S.) Berlin 873, Stubenrauch. *

— der erste Schreib- u. Leseunterricht in der Elementarschule. Anleitung zur Behandlung der Fibel nebst Lautlehre u. Anweisung zur Einübung der Orthographie. 866. (VIII, 64 S.) — 2. Aufl. Berlin 870. Stubenrauch. gr. 8. (VIII, 58 S.) n. 7½ ngr.

—— der erste Schreib- und Leseunterricht in der Elementarschule. Anleitung zur Behandlung der Fibel nebst Lautlehre und Anweisung zur Einübung der Orthographie. 2. Aufl. gr. 8. (VIII, 58 S.) Berlin 874, Stubenrauch. *

—— der erste Schreib- und Leseunterricht in der Elementarschule. Anleitung zur Behandlung der Fibel nebst Lautlehre und Anweisung zur Einübung der Orthographie. 3. verb. Aufl. gr. 8. (VIII, 58 S.) Berlin 876, Stubenrauch. *

—— der erste Schreib- und Leseunterricht in der Elementarschule. Anleitung zur Behandlung der Fibel nebst Lautlehre und Anweisung zur Einübung der Orthographie. 4. verb. Aufl. gr. 8. (IV, 59 S.) Berlin 883, Stubenrauch'sche Buchh. *

Büttner, A., der erste Schreib- u. Leseunterricht. Anleitung zur Behandlg. der Fibel, nebst Lautlehre u. Anweisg. zur Einübg. der Orthographie. 6. Aufl. gr. 8. (V, 60 S.) Bielefeld 891. Velhagen & Klasing. n. 1. —

Der erste Schreib- und Leseunterricht. Anleitung z. Behandlung d. Fibel nebst Lautlehre u. Anw. z. Einübung d. Orthogr. Hrsg. v. A. Büttner. 6. Aufl. *Bielefeld & Leipzig: Velhagen & Klasing 1900.* (IV, 59 S.) 8° [F.] (— —)

— — kleine Schulgeographie. Heimatskunde der Provinz Pommern. Schleswig 869. Schulbuchhandlung. gr. 8. (24 S.) n. 2 ngr.

—— kleine Schulgeographie. Heimatskunde der Provinz Pommern. gr. 8. (24 S.) Stolp 869. [Halle, Buchh. des Waisenhauses.]

— der Sprachunterricht in der Mittel- u. Oberklasse der Volksschule. Die Behandlung des Lesebuchs, nachgewiesen an 80 Lesestücken. Nebst einem Anhang, enthaltend 120 ausgeführte Beispiele zum Lehrgang für die schriftlichen Uebungen in d. Volksschule v. H. Schwochow. 3. Aufl. gr. 8. (VIII, 200 S.) Berlin 880. Stubenrauch. n. 2.40

— u. H. Schwochow, der Sprachunterricht auf Mittel- u. Oberstufe der Volksschule. Theoretisch-prakt. Anleitg. zur Behandlg. d. Lesebuches, nebst Lehrgängen f. die orthographisch-grammat. u. stilist. Übgn. 4., verm. Aufl. gr. 8. (VIII, 256 S.) Bielefeld 890. Velhagen & Klasing. n. 3. —

—— der Sprachunterricht in der Oberklasse der Volksschule. Die Behandlung des Lesebuches, nachgewiesen an 80 Lesestücken. 1. Aufl. (VIII, 172 S.) 1872. ℳ 1,80., und 2. Aufl. gr. 8. (VII, 183 S.) Berlin 875, Stubenrauch.

—— das Turnen in der Elementarschule. Praktische Anleitung zum Betriebe des Unterrichts in den Leibesübungen bei Knaben und Mädchen. Für Lehrer in Stadt- und Landschulen bearb. Mit Abbildungen. 8. (VI und 74 S. mit 2 Stnt.) Erfurt 861, Körner's Verlag. *

— zur Umgestaltung d. Rechenunterrichts, s.: Sammlung pädagogischer Vorträge.

— Wand-Fibel nebst einzelnen Buchstaben zu Lautzeichenstäben u. Buchstabentäfelchen. Berlin 866. Stubenrauch. gr. Fol. (15 Bgn.) n. 1 ℛ

— Wandfibel nebst einzelnen Buchstaben u. Buchstabentäfelchen. 2., verm. Aufl. gr. Fol. (16 Bog.) Berlin 873. Bielefeld, Velhagen & Klasing. In Mappe. n. 3. —

— Wandrechenfibel zur Veranschaulichung der grundlegenden Rechenstoffe, sowie zur Einübung derselben durch den Helfer. gr. Fol. (12 Steintaf.) Köslin 876. Schulz. n. 5. —

— Wandrechenfibel zur Veranschaulichung der grundlegenden Rechenstoffe, sowie zur Einübung derselben durch den Helfer. 2., verb. Aufl. Imp.-Fol. (12 Taf.) Leipzig 888. Hirt & Sohn. In Mappe. n. 6. —

Büttner, A., Wandrechenfibel zur Veranschaulichung der grundlegenden Rechenstoffe, sowie zur Einübung derselben durch den Helfer. 3., verb. Aufl. gr. Fol. (12 z. Tl. farb. Taf.) Ebd. (900). In Mappe n. 6. —

— welches ist die richtige Stelle der Decimalbruchrechnung im Lehrgange d. Volksschulrechnens? Eine Rechenstudie. gr. 8. (29 S.) Leipzig 886. Hirt & Sohn. n. — 35

Büttner, A. C., german grammar, arranged for a second course in the study of the german language, for schools and colleges. Compiled and written specially for the United States of Amerika. 2. improved ed. 8. (120 S.) Leipzig 881. O. Wigand. geb. 3. —

Büttner, A. L. Bildliche Darstellung aller mit einem Infanterie-Bataillon in der preuß. Armee üblichen Evolutionen. Königsberg 1828. 8°.

Büttner, A. L. Bildliche Darstellung aller bei den reglementsmäßigen Bewegungen eines Bataillons in der preuß. Armee üblichen Tirailleur-Formationen. Königsberg i. Pr. 1829. 8°.

Büttner, Adolf [aus Thürkow in Mecklenburg-Schwerin]: Ein Beitrag zu der Lehre von cyclischen Psychosen .... Jena, Druck v. G. Neuenhahn. 1887; 25 S. 8°.
Jena, Med. Fak., Inaug.-Diss. v. [Apr.] 1887.

Buettner, Alexander (geb. Hausberge in Westf. 4. 10. 1837): Ueber Thrombose und Embolie und das klinische Bild derselben. Berlin (1873). (51 S.) 8°
Berlin, Med. Diss. v. 9. Juli 1873

Büttner, Alexand. Osc. Rich., s. Büttner, Rich.

Büttner, Alfr., der Lokomotivbauer. Gemeinfaßliche Darstellg. der Lokomotive u. ihrer Wirkungsweise. Zum Gebrauche an Fachschulen u. f. den Selbstunterricht. Mit ca. 73 in den Text gedr. Abbildgn. u. 10 Taf. (in qu. Fol.). gr. 8. (VIII, 138 S.) Leipzig 901. C. F. Müller. Geb. in Leinw. n. 8. 80

Büttner, Arth., zur Erheiterung. Neue Humoresken. Illustr. v. E. H. Walther. 8. (105 S.) Dresden 893. A. Köhler. n. 1. —

Büttner, Arth. Humoresken. Illustr. v. C. H. Walther. 8. (98 S.) Dresden 892. A. Köhler. * 1 —; geb. * 2 —

Büttner, August Richard, s. a. Büttner, Richard

Büttner, *August Richard* Kurzer Abriß der Lebensgeschichte des Hofrat Prof. Dr. *Karl Theodor* Liebe. 4 (S. 23—25 der Schuln.).
Progr. Fürstl. G. Rutheneum u. Vsch. *Gera* 1895

Büttner (Bütner, Buttner) — Aug. Victor Woldemar (Lauban / Schles.), Nonnulla de hepate ejusque functionibus, secretis et productis. Diss. med. Halle (Gebauer-Schwetschke) 17. VIII. 1855. 31 S. mit Biogr. (M.: M. Leonhard.) (4.—) 4610
Oppon.: Eduard Varges, Friedr. Jacobi. — Gew.: Aloys Rhoner, Rob. Herm. Leder, Rud. Born.

Büttner, Benno [aus Tschertwitz]: Beiträge zur Kenntnis der Cortex Mururé. '(Urostigma cystopodum Miq.)' ... Erlangen, Druck d. Univ.-Buchdr. v. E. Th. Jacob, 1896; 31 S., 1 Bl., 1 Taf. 8.
Erlangen, Phil. Fak., Inaug.-Diss. v. 20. Apr. 1895

Büttner, Benno [K. preuss. Kreis-Wundarzt in Wünschelburg i. Schles.]: Zur Totalexstirpation des carcinomatösen Uterus .... Jena, Frommann'sche Buchdr. (Herm. Pohle). 1887; 21 + 1 S. 8°
Jena, Med. Fak., Inaug.-Diss. v. [Apr.] 1887.

Büttner, Benno, zur Totalexstirpation des carcinomatösen Uterus. Diss. Jena 1887, G. Neuenhahn. 8°. 21 S.

Büttner, C., Die neuen Gesetzesbestimmungen über Arbeitsordnungen, Arbeitsbücher, Lohnzahlung, Betriebsbeamte etc., in Gesprächsform dargestellt. 12°. Leipzig, Hirschfeld, 1892.

Büttner, d. neuen Gesetzesbestmgn. üb. Arbeitsordgngn. Arbeitsbücher, Lohnzahlung, Betriebsbeamte etc. in Gesprächsform dargestellt. Leipzig 900.

Büttner, C., die Sonntagsruhe im Gewerbebetrieb u. im Handelsgewerbe, s. a. Meinhold's jurist. Handbibliothek.

Die Sonntagsruhe im Gewerbebetrieb und im Handelsgewerbe. Nach d. reichsgesetzl. u. landesgesetzl. Bestimmungen u. Ausführungsverordnungen f. Preußen, Bayern, Sachsen, Württemberg, Baden u. Hessen bearb. u. mit Erl. versehen von C. Büttner. *Leipzig: A. Berger 1895.* (XI, 261 S.) 8° [F.]
(Meinholds Jurist. Handbibliothek. Bd 54.) 1895 6

Büttner, C. A., Gott, Natur, Gemüth und Vaterland. Eine Auswahl 1- und 2stimmiger Kinder- und Volkslieder mit einfacher Pianoforte-Begleitung, auch als selbstständige Clavierstücke zu gebrauchen. Für Jung u. Alt herausg. 2 Hefte. Erfurt (855.) Körner's Verlag. 4. (2 Bl., 76 S.) Jedes Heft n. 12 ngl

Büttner, C. Adph., Liederharfe. Auswahl geistlicher und weltlicher Volks- und Kinderlieder älterer und neuerer Zeit. Den christlichen Volksschulen seines theuren Vaterlandes dargeboten. 2 Hefte. qu. 8. (VIII und 119 S.) Erfurt 855, Körner's Verlag. **

— dass. s. a. Büttner, A.

Buettner, C. F., praes. Ch. **Reil,** Functiones organo animae peculiares. 227 pp. Hal. 4°. 1794

Büttner, C. P., comment. de functionib. organo animae humanae peculiarib. 8. maj. Halae, Curt. 795.

***Büttner,* C. F.,** comment. de functionibus organo animae humanae peculiaribus. 8maj. Halle 795. (Laue in Berl.) 12 gl

Büttner, C. F., s. Rathgeber für die dienende Classe.

Büttner, C. G., Ackerbau und Viehzucht in Süd-West-Afrika, s. a. Colonialgebiete, die deutschen.

Büttner, C. G.: Ackerbau und Viehzucht in Süd-West-Afrika (Damara- und Gr. Namaqualand). Mit 1 Karte und Illustrationen. (Die deutschen Colonialgebiete. No. 3.) Leipzig 1885. 60 S. 8°.

Büttner, C. G., Anthologie aus der Suaheli-Litteratur (Gedichte u. Geschichte der Suaheli), gesammelt u. übers. v. C. G. B. 2 Thle. in 1 Bde. (Texte u. Uebersetzg.) gr. 8. (XVI, 188 u. IV, 202 S.) Berlin 894. Weimar, E. Felber. n. 18. —

Büttner, C. G., Figurae variaeque formae litterarum. 1. Hebraicarum. 2. Syriacarum. 3. Sabbiorum. 4. Arabicarum. o. O. u. J.

Büttner, C. G., Hülfsbüchlein f. den ersten Unterricht in der Suahili-Sprache. Auch für den Selbstunterricht. Nach den „Suahili exercises" der engl. Universitätenmission übers. u. bearb. 8. (VI, 96 S.) Leipzig 887. T. O. Weigel Nachf. n. 1. 50

— Hülfsbüchlein f. d. 1. Unterricht in d. Suaheli-Sprache. Nach d. „Swahili exercises" v. Steere bearb. 2. Afl. 8° (103) Lpzg 91, CH Tauchnitz. Kart. 2 —

Büttner, C. G. Hülfsbüchlein f. den ersten Unterricht in der Suaheli-Sprache. Auch f. den Selbstunterricht. Nach den „Swahili exercises" v. Steere bearb. 2. vielfach verb. u. verm. Aufl. 8. (VIII, 103 S.) Lpz. 891, Weigel Nachf. cart. * 2 —

Büttner, C. G., das Hinterland von Walfischbai und Angra Pequena, s. a. Sammlung von Vorträgen.

Büttner, C. G.: Das Hinterland von Walfischbai und Angra-Pequena. Eine Uebersicht der Kulturarbeit deutscher Missionare und der seitherigen Entwicklung des deutschen Handels in Südwestafrika. (Sammlung von Vorträgen. XII.) Heidelberg 1884. 124 S. 8°.

Büttner, C. G.: Die Kirche und die Heidenmission. Fünf Thesen, gestellt und verteidigt auf der Königsberger Pastoralkonferenz 1882. Leipzig 1883. (IV), 65 S. 8°.

—— die Kirche und die Heidenmission. 8. (IV, 65 S.) Leipzig 883, Böhme.

— Kolonialpolitik u. Christentum, betrachtet m. Hinblick auf die deutschen Unternehmungen in Südwestafrika, s.a. Sammlung v. Vorträgen.

Büttner, C. G.: Kolonialpolitik und Christentum betrachtet mit Hinblick auf die deutschen Unternehmungen in Südwestafrika. (Sammlung von Vorträgen. XIII.) Heidelberg 1885. 47 S. 8°.

— Lieder u. Geschichten der Suaheli, s.a. Beiträge zur Volks- u. Völkerkunde.

Büttner, C. G.: Lieder und Geschichten der Suaheli. Uebersetzt und eingeleitet (Beiträge zur Volks- und Völkerkunde. Bd. 3.) Berlin 1894. XIV, 202 S. 8°.

Büttner, C.G. (Red.), s. Nachrichten aus der ostafrikanischen Mission.

Büttner, Dr. C. G. Reise in Deusch-Südwest-Afrika. 1:4 000 000. Berlin. 1 Bl. Photolithographie.

Büttner, C. G., s. Routen-Aufnahme-Buch.

Büttner, C. G.: Ueber den afrikanischen Sklavenhandel und die Versuche, ihn zu unterdrücken. Vortrag im „Centralverein für Handelsgeographie etc." am 30. November 1888. Berlin 1888. 16 S. Fol.

—— Sprachführer für Reisende in Damaraland. gr. 8. (45 S.) Berlin 888, Asher und Comp. **
Aus: Zeitschrift für afrikanische Sprachen, besonders abgedruckt.

— Suaheli-Schriftstücke, s.a. Lehrbücher d. Seminars f. orientalische Sprachen zu Berlin.

Büttner, C. G.: Suaheli-Schriftstücke in arabischer Schrift, mit lateinischer Schrift umschrieben, übersetzt und erklärt. Mit 11 Facsimiletafeln. Stuttgart u. Berlin 1892. XI, 206 S.
= Lehrbücher des Seminars für Orientalische Sprachen zu Berlin. Bd. 10. 8°

—— Wörterbuch der Suaheli-Sprache, s.a. Lehrbücher d. Seminars f. orientalische Sprachen zu Berlin.

Büttner, C. G.: Wörterbuch der Suaheli-Sprache. Suaheli-Deutsch und Deutsch-Suaheli. Nach den vorhandenen Quellen bearbeitet. Stuttgart u. Berlin 1890. IX, 269 S.
= Lehrbücher des Seminars für Orientalische Sprachen zu Berlin. Bd. 3. 8°

Büttner, C. G. (Hrsg.), s. Zeitschrift für afrikanische Sprachen.

Büttner, C. J., und J. P. Gleisberg, Leitfaden zur rationellen Beurtheilung und Behandlung der Schusswunden für Aerzte und Studirende. Kriegschirurgische Erfahrungen, gesammelt in der 2. Section des 1. schweren Feldlazarethes des königl. preuss. 7. Armeecorps vom 7. Juli bis 6. Sept. 1866 zu Dresden. gr. 8. (XX, 120 S.) Dresden 869, Schöpff. [Demuth.]

Büttner, Chr. F., s.a. Büttner, Fr.

– s. K. L. Bauer, Liviana excerpta.

Büttner, Chr. F., observationes Livianae. Fasc. ius. 8. Prenzlau 819. Ragoczy. 18 gr.

Büttner, Chr. Gottl.

—, Von der wahren Ursache der bösen Noth. 40 pp. Hal. 4°. 1732

Büttner, Christian

Büttner (Ch.), Die Entstehung des Erdballs, Mondes und anderer grossen Weltkörper aus den Lagerungs-Verhältnissen der Erde abgeleitet. Erlangen 1847. 8.

Büttner, Chrn., die Entstehung d. Erdballs, Mondes u. anderer grossen Weltkörper, aus d. Lagerungsverhältnissen der Erde abgeleitet. gr. 8. (VIII u. 70 S.) Erlangen 848, Enke. n. 1/3 ℛ

— — De optione ad heredes transitoria. Dissert. jur. Präs. Adrian Beier. Jena (Werther) 12. V. 1697. 40 S., tlws. dtsch. (4.50) 4615

— Christian (Hirschberg/Schles.), De querela nonnumeratae pecuniae contra apocham movenda. Disp. jur. Präs. Friedrich Philipp (Leipzig). Lpz. (J. Brand) 10. IV. 1684. 35 S., teilws. deutsch. (5.—) 4613
Widm. v.: Präs., David Bittorf.

— — Dasselbe. Lpz. (Schede) 1719. 20 Bl., ohne Widmung. (4.80) 4614

— Christian August (Weissenfels), De praeda militari. Von Plünderung und Beute der Soldaten. Dissert. jur. Präs. Christian Wildvogel. Jena (Müller) Jan. 1713. 38 S., tlws. dtsch. (5.—) 4616
Widm. v. Präs.

— — Dasselbe. Lpz. (Gottfr. Aug. Stopffel) 1745. 32 S. (4.80) 4617

— Christian Gottfried (Görlitz), De obsequio maritali ad. L. ultimam C. de incolis. Präs. Aug. v. Leyser. Wittbg. (E. G. Eichsfeld) 4. VIII. 1741. 54 S. (5.—) 4618

— Christian Ludw. Wilh. (Weissenfels), Selectoria juris principia. Disp. jur. dec. sept. Präs. Jo. Tob. Richter. Lpz. (Langenheim) 27. II. 1751. 16 S. (4.80) 4619
Gew.: Gg. Friedr. Lingk, Chn. Ludw. Buttner.

— Christian Wilhelm, Vergleichungs-Tafeln der Schriftarten verschiedener Völker, in denen vergangenen und gegenwärtigen Zeiten. Erstes Stück. Göttingen u. Gotha 1771.

Büttner, Chr. Wlh., († d. 8. Oct. 1801.) Vergleichungstafeln d. Schriftarten verschied. Völker. 2 Stcke, mit 10 Kpft. 8. Gött. 771—79. Dieterich. 12 gr (NB. das 2e Stck ist nicht beendigt u. geht nur bis zum Bogen E.)

Büttner, Christoph Andreas

— Anleit. z. wahr. Beredsamk. 8. Stettin. 748.

Büttner, Cph. Andr., († d. 19. Oct. 1774.) Anmerkk. zu d. Geometrie, welche sich in d. Wolfschen Auszuge d. Anfangsgründe aller mathemat. Wissenschaften befindet. 8. Stettin 753.

* *Chr. A. Büttners* Anmerkungen zu der Hydrostatik, welche sich in Wolfens Auszuge aus den mathematischen Anfangsgründen befindet. Stralsund, 8. 3¾ Bogen. Allg. d. Bibl. 20. Band, 2. St. p. 606. 1771.

— Anmerkk. von d. Hydrostatik in Wolfs Mathematik. 8. Stralf. (Berl.) 772. Lange. 4 gr

— — u. (Respond.) Maximilian Schleizer, De axiomatis philosophicis in genere. Diss. philos. I. Halle (Grunert) Aug. 1731. 20 S. (4.80) 4621
Gew.: Joh. Pet. v. Ludewig, Joh. Heinr. Michaelis, Jo. Friedem. Schneider, Chn. Bened. Michaelis, Mich. Alberti, Joh. Joach. Lang

— cursus philosophicus. II Tom. 8. Halle 734. N.A. 784. Gebauer. 18 gr

— Cursus theologiae revel. p. 1. 8. Sedini, (Horvath, Potsd.) 746.

Buettner, Chr. Andr., Diss. Dijudicatio de nonexistentia diaboli etc. Hal. 4°. 1734

Büttner, Christoph Andreas: Emendationes intellectionum per logicam ... Halae 1730. 8°

— Erläuter. d. Algebra d. Baron v. Wolf. 8. Braunschw. 756. Schulbuchh. 6 gr

1756. * M. *Christoph Andreas Büttners*, des Gymnasiums zu Stralsund Rectors und Mitglieds der königl. gelehrten Gesellschaft zu Greifswalde, Erläuterung der Algebra, welche sich in des Reichsfreyherrn *von Wolfs* Auszuge aus den Anfangsgründen aller mathematischen Wissenschaften befindet. Braunschweig, im Verlag des grossen Waysenhauses. 8. 349 S. (10 gr.)
Erlang. gel. Anmerk. 1756. p. 401 u. 506.

— Erläuter. d. Rechenkunst, Geometrie u. Trigonometrie in Wolfs Ausz. 8. Braunschw. 754. Schulbuchh. 4 gr

Chr. Andr. Büttner's Erläuterung der Rechenkunst, Geometrie uud Trigonometrie, welche sich in Wolfs Auszuge befinden. Braunschweig, Weisenhaus. 8. 1754.

— Grammatica hebraea. 8. Stettin. 748.

Büttner, C. Andr., Introductio ad Accentuation. ebream. 8. Sedini, (Halle, Gebauer.)

— **Christoph Andreas** (Nürnberg), Lemmata quaedam antiquitatum Norimbergensium. Präs. Christian Gottlieb Schwarz. Altdorf (J. W. Kohles) 26. VI. 1726. 16 S. (—.50) 4620

Büttner, Chph. Andr., et Ernest. Wilh. **Bergmann,** de nonexistentia diaboli. Hal. Magd. 731. 4.

Büttner, Christoph Gottlieb

— Abhandl. d. Eintheil. d. Menschenfrucht ꝛc. betr. 4. 771.

— anatomische Anmerk. u. Beweis aus d. Natur d. Körpers, daß e. Kind mit d. aus d. Brust gewachsenen u. heraushangenden Herzen im Mutterleibe wachsen, als auch lebendig geboren werden kann. 8. Königsb. 746. N. verm. Aufl. u. d. T.: anatom. Anmerkk. bei einem mit auswärts hangendem Herzen lebendig gebornen Kindes u. bei e. todtgeb. zweiköpf. Mißgeburt ꝛc. 4. Königsb. 752. 2 gr

— anatom. Anmerk. b. e. Mißgeburt m. auswärtshangend. Herz. 8. Frankf. Zeisen. 752.

— Anweis. f. angehende Arzneigelehrten, worauf sie bei Ausstellung e. Obductionsattestes über tödtl. Verletzungen Acht zu geben haben. 8. Königsb. 768.

Büttner, Christoph Gottlieb: Vollständige Anweisung wie durch anzustellende Besichtigungen ein verübter Kindermord auszumitteln sey, nebst Acht und Achtzig beygefügten eigenen Obductions-Zeugnissen, zum Nutzen derer neuangehenden Aerzte und Wundärzte herausgegeben. 242 S., gbd.

Königsberg u.Leipzig: Zeis u.Hartung 1771

JB 5.296

Büttner, Cph. Gli., († d. 10. April 1776.) Anweis., wie d. Besichtigung e. Kindermordes auszumitteln sei. N. A. herausg. v. J. D. Metzger. gr. 8. Königsb. 804. Unzer. 1 Rthl. 8 gr

Buettner, Christoph Gottlieb: Beschreibung des innern Wasserkopfs und des ganzen Beinkörpers, einer von ihrer Geburt an, bis ins 31. Jahr krank gewesenen Person weiblichen Geschlechts hrsg. von Christoph Gottlieb Büttner. Königsberg: Zeis & Hartung 1773. 36 S. 8°

— Beschreib. d. innern Wasserkopfes e. Frauensperson. Mit Kpf. 4. Königsb. 773. Unzer. 6 gr

— **Christoph Gottlieb** (Brandenburgo-Borussus), De vera mali epileptici caussa. Dissert. med. Präs. Friedrich Hoffmann. Halle (J. Ch. Hilliger) Aug. 1732. 40 S. (5.—) 4622
Gew.: Dan. Nicolai (Königsbg.). Abh. v. Halle.

Buettner, Christoph Gottlieb: Erörterung einiger, bey Gelegenheit einer todtgebohrnen zweyköpffigen und einleibigen unreiffen menschlichen Frucht, in die rechtliche Artzney-Gelahrtheit einschlagenden, die Reiffe eines in der Gebährmutter verhandenen [!] Kindes und deren Stöhrung, die Lungen-Probe todt oder lebendig gebohrner . . . Kinder betr. Fragen. Hrsg. von Christoff Gottlieb Büttner. Königsberg 1765: Hartung. 16 S. 8°

— Unterricht für neu angehende Aerzte u. Wundärzte, wie sie sich vor, in u. nach den legalen Besichtigungen zu verhalten ꝛc. haben. 4. Königsb. 769. 2e Aufl. 776. Unzer. 20 gr

Büttner, Christoph Gottlieb: Aufrichtiger Unterricht vor neuangehende Aerzte und Wundärzte, wie sie sich vor, in, und nach den legalen Besichtigungen todter Körper zu verhalten, und die Besichtigungsscheine, nach beygefügter Betrachtung von der Tödtlichkeit der Wunden, einzurichten haben; nebst zwey und sechzig von gehabten Besichtigungen todter Körper und gehaltener Untersuchung verschiedener Sachen denen Judiciis ertheilten Besichtigungsscheine und Zeugnisse. 208 S., gbd.

Königsberg u.Leipzig: Zeis u.Hartung 1769

JB 5.295

— Unterr. v. d. Tödlichkeit d. Wunden ꝛc. 4. Königsb. Unzer. 776.

Buettner, Christoph Gottlieb: Seltene Wahrnehmung, eines an der Zunge, seit 24 Jahren aus dem Munde hervorgehangenen Fleischgewächses von neuntehalb Loth, welches . . . des 1769. Jahres . . . glücklich abgenommen u. geheilet worden, . . . beschrieben u. erklährt von Christoph Gottlieb Büttner. Königsberg: Zeise & Hartung 1770. 55 S. 8°

— anatomische Wahrnehmungen. Mit Kpf. gr. 4. Königsb. 769. Unzer. 18 gr

Buettner, C. G., Anat. Wahrnehm. Königesb. S. 132 u. dessen Beschreibung des inneren Wasserkopfes. Kön. 8°. (30j. Blöder hatte 30 Zoll Kopfumfang, gr. Fontanelle offen, Suturen geschlossen, 20 Pfd. Wasser in der Hirnhöhle, Substanz von gewöhnl. Consistenz, kl. Gehirn normal, Hirnarterien erweitert mit dünnen Wänden.) 1771

— gesammelte anatom. Wahrnehmungen. m. K. gr. 4. Ebend. 768.

Buettner, Christoph Gottlieb: Christoph Gottlieb Büttners [Büttner] in vielen Jahren gesammlete anatomische Wahrnehmungen. Königsberg & Leipzig: Zeis & Hartung 1769. 208 S. 8°

Buettner, Christoph Gottlieb: Sechs seltene anatomisch-chirurgische Wahrnehmungen, ges. u. hrsg. von Christoph Gottlieb Büttner. Mit 7 Kupfern [vielm. 2 Kupferfalttaf.]. Königsberg: Hartung 1774. 76 S., S. 5–28 8°

Büttner, Cph. Gli., sechs besondere, seltene anatom.-chirurg. Wahrnehmungen. Mit Kpf. 4. Königsb. 774. Unzer. 18 gr

— seltene Wahrnehm. e. an d. Zunge aus d. Munde hervorhangenden Fleischgewächses von 9½ Loth. 4. Königsb. 770. Unzer. 8 gr

***Büttner*, Dav. Siegm. Aug., († d. 20. Nov. 1768.) enumeratio plantarum horti Cunoniani. 8. Amsterd. 750.**

Büttner, David Sigismund

Büttner, D. S. Corallographia subterranea, seu dissertatio de Coralliis fossilibus, in specie de lapid. corneo, Horn- oder Feuerstein. Lipsiae. 1714. 4.

Buttner: Rudera diluvii testes, i. e. Zeichen u. Zeugen der Sündfluth in Ansehung d. itzigen Zustandes unserer Erd- u. Wasser-Kugel, insonderheit d. darinnen . . . angetroffenen, ehemals verschwemten Thiere u. Gewächse . . . Leipz. 1710. 314 S. 30 Tvl.

Büttner, E., positiv. Christenthum u. Wissenschaft. E. Wegweiser f. aufricht. Christen. 8. (32 S.) Leipzig 897. Fr. Richter. n. — 60

Büttner, E: Aus d. Gesch. berühmter deut. Trinkgefässe a. Steinzeug. [Aus: „Keram. Rundschau".] (8) gr8° Berl., Verl.: Keram. Rundschau ('12). — 75

Büttner, Eduard

Büttner, Ed., orthographisches Übungsheft für Schüler. gr. 8. (51 S.) Berlin 882, Weidmann'sche Buchh. *

Büttner, Ed. Orthographisches Übungsheft f. Schüler. Beigabe zu dem „Übungsstoff f. den Unterricht in der deutschen Rechtschreibg". 2. Aufl. 8. (59 S.) Berl. 889, Weidmann. cart. ** — 50

Büttner, Ed., orthographisches Übungsheft f. Schüler. Beigabe zu dem „Übungsstoff f. den Unterricht in der deutschen Rechtschreibg." 3. Aufl. 8. (76 S.) Berlin 893. Weidmann. Kart. n. — 60

Büttner, Ed., orthogr. Übungsheft f. Schüler. Beigabe z. d. „Übungsstoff f. d. Unterr. i. d. deutschen Rechtschreibg." 4. Aufl. 8. (75 S.) Berlin 897. Weidmann. Kart. n. — 60

Büttner, Ed., orthographisches Übungsheft f. Schüler. Beigabe zu dem „Übungsstoff f. den Unterricht in der deutschen Rechtschreibg." 5. Aufl. Bearb. nach den neuesten im Auftr. des königl. preuß. Ministeriums der geistl., Unterrichts- u. Medizinal-Angelegenheiten aufgest. „Regeln f. die deutsche Rechtschreibg." 8. (76 S.) Berlin 902. Weidmann. Kart. n. — 60

Büttner, Eduard, orthographisches Übungsheft f. Schüler. Beigabe zu dem „Übungsstoff f. den Unterricht in der deutschen Rechtschreibg." 6. Aufl. (76 S.) 8. Berlin 906. Weidmann. Kart. n. — 60

Büttner, Eduard: Orthograph. Übgsheft f. Schüler. 7. Afl. (76) 8° Berl., Weidmann '11. geb. — 60 d

—— methodisch geordneter Übungsstoff für den Unterricht in der deutschen Rechtschreibung zum Schul- und Privatgebrauch. Nach den neuen preuß., bayer. und sächs. Regeln bearb. gr. 8. (IV, 199 S.) Ebendas. 882. *

— methodisch geordneter Übungsstoff f. d. Unterricht in d. deut. Rechtschreibg z. Schul- u. Privatgebr. 2. Afl. 8° (256) Ebd. 05. 2 —

[F.] Methodisch geordneter Übungsstoff für den Unterricht in der deutschen Rechtschreibung zum Schul- und Privatgebrauch. Von Eduard Büttner. 3. verb. Aufl. *Berlin: Weidmann 1897.* (VIII, 256 S.) 1 Bd 8. [97. 79..]

— methodisch geordneter Übungsstoff f. den Unterricht in der deutschen Rechtschreibung zum Schul- u. Privatgebrauch. 4. Aufl. Bearb. nach den neusten im Auftrage des königl. preuß. Ministeriums der geistl., Unterrichts- u. Medizinal-Angelegenheiten aufgestellten „Regeln f. die deutsche Rechtschreibg." (VIII, 256 S.) 8. Ebd. 903. n. 2. —

Büttner, Emilie, in der Kolonie, s.: Geschichten u. Bilder der Frauenhilfe 6. Heft.

Büttner, Ern. Guil. Car. Theod., s. Buettner, Theod.

Büttner, Ernst: Fortbildungs- und Lesebuch für Stenographen ..., s. Scholz, Hermann.

Büttner, Ernst, a. Hannover: Der Krieg des Markgrafen Albrecht Alcibiades in Franken 1552—55 ⟨T. 1. Vorgeschichte⟩. Göttingen 1908 (Bayreuth: L. Ellwanger). ¶ (Erscheint vollst. im: Archiv f. Geschichte u. Altertumskunde v. Oberfranken Jg. 1907, Bd 23 H. 3.)
Göttingen, Phil. Fak., Ref. Brandi, Diss. v. 28. Febr. 1908
[Geb. 19. Febr. 81 Hannover; Wohnort: Hannover; Staatsangeh.: Preußen; Vorbildung: Auguste-Viktoria-Gymn. Linden Reife O. 01; Studium: Göttingen 4, München 1, Göttingen 2, Berlin 1, Göttingen 5 S.; Rig. 19. Juni 07.]

Büttner, Ernst, aus Marienburg: Einige Umsetzungen des 2,4,6-Trichlorpyrimidins. *Berlin (1903): E. Ebering.* (40 S.) 8°
Berlin, Phil. Diss. v. 21. Jan. 1903

Büttner, Ernst, ueber das Verhältniss von Vergils Eklogen zu Theokrit's Idyllen. 4. (22 S.) Insterburg 873. Berlin, Calvary und Comp. *

Büttner, Eugen

Büttner, E., Munitionsausrüstung u. -Ergänzung. Verpackung der Munition bei der Truppe ad Dienstbuch E-17. 41×55,5 cm. Farbdr. Steyr (906). (Wien, L. W. Seidel & Sohn.) n. — 30

Büttner, Eug., Schilderung der kriegerischen Ereignisse in der Stadt Steyr u. deren Umgebung. Im Auftrage des Kommandos des k. u. k. Feldjäger-Bataillons Nr. 10 zusammengestellt. (31 S. m. 1 Abb. u. 7 Karten). gr. 8. Steyr 905. (K. Lintl.) 2. 30

Büttner, E., Verpflegsausrüstung ad Dienstbuch E-17. 54,5×78 cm. Farbdr. Steyr (906). (Wien, L. W. Seidel & Sohn.) n. — 50

Büttner, F: Die Erstlinge d. Brüdermission unter d. Wanyamwesi. (24 m. Abb.) 8° Herrnh., Missionsbh. '11. — 20 d

— Sheldon Jackson, Alaskas Wohltäter. (55 m. Abb.) 8° Bas., Basler Missionsbh. '12. — 20 d

Büttner, F., Japan, das Land der aufgehenden Sonne, s.: Missionsschriften, neue. Nr. 77.

Büttner, F., Irad und Zilla. Eine Dichtung. 8. (94 S.) Pirna 867, Diller und Sohn. *

Büttner, F., wie die Heiden beten, s.a. Missionsschriften, neue. Nr. 58.

Wie die Heiden beten. (Von Pastor F. Büttner in Belgard a. Persante.) *Berlin: Fr. Missionsges. [1899].* (16 S.) 8° [Umschlagt. F.]
— Missionsschriften. Neue. No 58. [..]

Büttner, F. A., üb. Erziehg. u. Unterr. d. Blinden u. der. Heranbildg. z. Erwerbsfähigkeit. 2 Vorträge, geh. bei Gelegenheit d. Ausstellg. v. Erzeugnissen f. Kinderpflege, Ernährg. u. Erziehg. in Dresden Sommer 1895. [Aus: „Für Haus u. Schule".] gr. 8. (19 u. 36 S.) Dresden 895. A. Köhler. 1. —

Büttner, F. C.: Beiträge z. d. Criminalrecht, s. Büttner, Hnr. Cph.

Büttner, Fr., s.a. Büttner, Chr. F.

Buettner, Fr., deutsche Gebührenordnung für Gerichtsvollzieher. Mit Motiven und erläut. Anmerkungen und Tabellen hrsg. 8. (44 S.) Charlottenburg 888. (Leipzig, Reinboth.) *

Büttner, F., observationes Livianae. Fasc. Ius. 8. Prenzlau, Ragoczy. 8 gr.

Büttner, Fr. C. A.

— Beschreib. e. neuen Prätsch- oder Waschmaschine zum Reinigen u. Waschen d. zu bleichenden gefärbten gedruckten Baumwollen- u. Leinenwaaren ꝛc. M. 1 Kpf. gr. 8. Berl. 823, Gädicke.

Büttner, Fr. C. A., Beschreib. e. neuen Prätsch- od. Waschmaschine zum Reinigen u. Waschen d. zu bleichenden, gefärbten, gedruckten Baumwollen- u. Leinwaaren ꝛc. Mit 1 Kpf. gr. 8. Berl. 828. Gädicke. 8 gr

Büttner, (Fr.,) über Brennmaterial u. zeitspar. Backöfen für Holz, Torf, Stein- u. Braunkohlen, mit sicherer Handhabung d. Backhitze für Militair-Anstalten u. ganze Gemeinden. (Mit 1 Kupf.) gr. 8. Berlin 823, Schlesinger.

— über Brennmaterial u. zeitspar. Backöfen für Holz, Torf, Stein- u. Braunkohlen, mit sicherer Handhabung d. Backhitze, f. Militär-Anstalten u. ganze Gemeinden. (Mit 1 Kpf.) gr. 8. Berl. 827. Schlesinger. 12 gr

— neu erfundener Darrofen für Flachs, Hanf, Kräuter u. Wurzelwerk, wie zum Backen aller Obstarten, mit sicherer Handhabung des Hitzgrades. Mit 6 ill. Zeichnn. gr. 8. Berl., Nauck. 10 gr

Büttner, F. C. A., s. Feuerwerkerei.

— s. Feuerwerkerkunst.

– dass. s.a. Büttner, J. C. A.

Büttner, Fr. C. A., über Holzersparung. Ein Wort zu seiner Zeit! nebst Anleit. z. Anlage holzerspar. Stubenöfen, Kochheerde u. Kamine. Den Gutsbesitzern, Oekonomen u. Landbewohnern gewid. M. 4 Kpfrt. (in gr. 4.) gr. 8. (13 B.) Berlin 830, Lüderitz.

Büttner, F. C. A., die Lustfeuerwerkerei, s. Schauplatz, neuer, der Künste rc. 92. Bd. — Lustfeuerwerkerei, die, für Dilettanten.

– s. M. P a r k s zweite Reise.

— theoret.-prakt. Unterricht in d. fast kostenlosen Selbstanfertigung künstl. Düngmittel aus menschl. Excrementen, Poudrette u. Urate benannt. 8. Berl. 824. Nauck. 6 gGr. Schrbp. 8 gGr.

Büttner, Franz, s.a. B ü t t n e r Pfänner zu Thal, Franz Friedrich Ernst

Buettner, Franciscus: De dysphagia ex morbis oesophagi chronicis enata. Halae (1835): Ploetz. 62 S. 8°

Halle-Wittenberg, Med. Diss. v. 6. Juli 1835

Geb. Halberstadt 27. 5. 1813. V.

BÜTTNER, Franz (Oberstaufen): Ein Fall von Pylephlebitis suppurativa.- München: Franz 1883. 20 S. 1 Tab.
28.6.1883 - Urk (Titel: De pylephlebitide suppurativa.); Chr 1883/84,12

Diss. Ingolst.-Lands.-Mchn.

— **Franz** Frankfurt/M.), Pseudonorbertus ex narratione Pragensi translati e Saxonia in Boioemiam corporis Norberti archiepisc. Magdeburgensis Germaniae primatis conditoris et patriarchiae ord. Praemonstratensis detectus. Präs. Barthol. Christ. Richard (Biblioth. z. Jena). Jena (J. A. Müller) 12. III. 1709. 40 S., mit 1 Kupf. u. Widm. a. d. Präs. v. Philipp Müller. (5.50) 4623

Büttner, Franz, approb. Arzt aus Hannover: Untersuchungen über das Verhalten der Pleuroperitonealepithelien bei Entzündungen. *Naumburg a. S. 1899: (Lippert & Co.).* (33 S.) 8°
Freiburg i. B., Med. Diss. v. 1899

Büttner, Frdr., ein Beitrag zur Theorie der Kugelfunktionen höherer Ordnung, s.a. **Festschrift des fürstl. Stolberg'schen Gymnasiums zu Wernigerode.**

Büttner, Friedrich: Ein Beitrag zur Theorie der Kugelfunktionen höherer Ordnung. *Wernigerode 1900: B. Angerstein.* (S. 145—184.) 8°
Wernigerode, fürstlich Stolberg'sches G, Festschr. 1900**

Büttner, Friedr., Bemerkungen üb. d. Quantität d. deutschen Sprachlaute, wie den Hexameter im Allgemeinen, u. des Grafen A. Platen, Schlegel's Wolf's u. Voss' Hexameter im Besondern; nebst Verdeutschung d. 1. Satyre des Horaz u. der 1. Elegie des Tibull in quantitativ korrekteren Hexametern, neben Kirchner's, Wolf's u. Voss' Verdeutsch. gestellt. gr. 8. (6 B.) Havelberg 843. (Berlin, Plahn'sche Bh.) *

—— Bemerkungen üb. Sprach- u. Musikrythmen u. d. Quantität der deutschen Sprachlaute; nebst Virgil's Idyllen, in quantitativ korrekteren deutschen Hexametern. gr. 8. (7 B.) Havelberg 843. (Berlin, Plahn'sche Buchh.) Thlr. *

Büttner, Fr[iedrich]. In Fährlichkeiten. Erzählungen und Beispiele aus der Mission zu II. Korinther 11, 26. [Illustriert.] IV+154 S. 8. Basel, Basler Missionsbuchh., 1907. [fr. 1. 50]

— Kämpfe u. Abenteuer am Tanganika, s: Jugend- u. Volksbibliothek, Deutsche.

Büttner, F[riedrich]. Daniel Konga, eine Lichtgestalt auf den Nilagiri. [Illustriert.] 20 S. 8. Basel, Basler M i s s i o n s buchh., 1910. (fr. —. 10)

— Milow im Lande d. Pangwa. (24) 8° Berl., Bh. d. Berliner ev. Missionsgesellsch. (07). — 30 d

Milow im Lande der Pangwa. Von F[riedrich] Büttner, Pastor in Belgard. Berlin: Berliner ev. Missionsgesellsch. [1908]. (24 S.) 8° [F.] [08. 6096

— Der M i s s i o n s t i s c h l e r v. Ngar. (16 S. m. Abbild.) 8. Basel (909). Basler Missionsbuchh. — 10

— **Johann Muthmann, s.a. Flugschriften des Evangelischen Bundes Nr. 241.**

Büttner, F[riedrich]: Johann *Muthmann*. Ein Erweckungsprediger aus d. ev. Diaspora. Lpz. ['06]. 34 S. (Flugschriften d. Ev. Bundes. 241.)

Büttner, Friedr., das deutsche Patentrecht erläutert durch Rechtsprechung. Chronolog. und systemat. Zusammenstellung der in Patent-Zurücknahme- und Nichtigkeits-Erklärungssachen ergangenen Entscheidungen, nebst den das Patentwesen betreffenden Gesetzen und Verordnungen. gr. 8. (79 S.) Berlin 881, C. Heymann's Verlag.

B ü t t n e r, F r i e d r i c h, Perforation des Oesophagus durch einen verschluckten Knochensplitter mit nachfolgender septischer Infektion. Diss. Tübingen 1886. Stuttgart, E. Schweizerbartsche Verlagsh. 8°. 11 S.

— **Studien üb. die Green'sche Abhandlung: Mathematical investigations concerning the laws of the equilibrium of fluids,** s.a. **Preisschriften, gekrönt u. hrsg v. der fürstl. Jablonowski'schen Gesellschaft. 36.**

Studien über die Green'sche Abhandlung: Mathematical investigations concerning the laws of the equilibrium of fluids ⟨1832⟩ von F r i e d r i c h **Büttner**. Gekr. Preisschr. *Leipzig: B. G. Teubner 1900.* (98 S.) 4°
— **Preisschriften** d. Fürstl. Jablonowski'schen G e s e l l s c h a f t zu Leipzig. Math.-naturwiss. Sect. No 14. [00. 1171

Temperament und Kirche. Von F[riedrich] Büttner, Archidiakonus. Gütersloh: C. Bertelsmann 1905. (98 S.) 8° [F.] [05. 4630

— **Friedrich Wilhelm** (Curonus), De febribus nervosis acutis. Diss. med. Götting. (J. Ch. Dieterich) 6. IV. 1785. 36 S. (5.—) 4625
Gewidmet: Ulrich Georg von Behr (Schleck, Cabillen . .).

Büttner, G. A.

— Denkwürdigkeiten aus dem Leben des Königl. Preuss. Generals Frhr. de la Motte Fouqué in welchen zugleich dessen Briefwechsel mit Friedrich d. Zweiten enthalten ist. (Mit Kupfer.) Theil 1. 2. Berlin 1788. 8.

Büttner, G. A., Mémoires du Baron de la Motte Fouqué, général d'inf. Pruss., dans lesquels on a inserré sa correspondance intéressante avec Frédéric II, Roi de Prusse. (Mit Kupfer.) Tom. 1. 2. Berlin 1788. 8.

Büttner, Geo., die Anfänge des Schiller-Vereins u. die ersten Schiller-Feiern in Leipzig, s.: Publikationen des Schiller-Vereins zu Leipzig. 1. Heft.

Büttner, Georg: Ueber Bromierungsprodukte des Saligenins. *Heidelberg 1898: Ph. Wiese.* (62 S.) 8°
Heidelberg, Naturw.-math. Diss. v. [23. Juli] 1898

Deutscher Ver. f. ländl. Wohlfahrts- u. Heimatpflege. Die Märkische Dorfkirche. Vortrag auf d. 10. Hauptversammlung d. Deutschen Ver. f. ländl. Wohlfahrts- u. Heimatpflege 1906 von Landbauinsp. [Georg] **Büttner**-Steglitz. Mit 18 Abb. Berlin: Deutsche Landbuchh. 1906. (29 S.) 8° [F.] [07. 7847

Büttner, die märkische Dorfkirche. Vortrag auf der 10. Hauptversammlg. des Deutschen Vereins f. ländl. Wohlfahrts- u. Heimatpflege am 18. II. 1906. Hrsg. vom Deutschen Verein f. ländl. Wohlfahrts- u. Heimatpflege, Berlin. (29 S. m. 18 Abbildgn.) 8. Berlin 906. Deutsche Landbuchh. n. — 60

Büttner, Georg: F ü h r e r durch den akademischen Forstgarten zu Tharandt, s. N o b b e , Friedrich.

Büttner, Geo., s.: Kunstdenkmäler, die, der Prov. Brandenburg.

Büttner, Geo., Lederschnitt u. Lederplastik. 32 Taf. in Buntdr. in gr. 4. u. 40 Vorlagen auf 12 Pausebog. in gr. Fol. Nebst: Anleitung zur Lederplastik. Nach e. vereinfachten prakt. Methode. 8. (21 S. m. Illustr.) Leipzig 892. E. A. Seemann. In Mappe. n. 10. 50; Anleitung allein n. – 40

Büttner, Georg: Basileios des Grossen Mahnworte an die Jugend über den nützlichen Gebrauch der heidnischen Literatur. München 1908: Kutzner. 74 S. 8°
Würzburg, Phil. Diss. v. 9. Nov. 1908, Ref. Boll
[Geb. 15. Febr. 80 Huckelheim: Wohnort: Ingolstadt; Staatsangeb.: Bayern; Vorbildung: Gymn. Würzburg Reife Juli 00; Studium: München 1, Würzburg 9 S.; Rig. 16. Juni 08.] [U 09. 4155

Büttner, Georg: Basileios des Großen M a h n w o r t e an die Jugend zum nützlichen Gebrauch der heidnischen Literatur.
Quellenuntersuchung. München 1908: Kutzner. 74 S. 8°.
(Jahresber. üb. d. K. hum. Gymn. zu Ingolstadt für 1907/08. Beilage.)

Büttner, Georg: Versuche zur Destillation des Holzes mit überhitztem Wasserdampf. Leipzig: J. A. Barth 1909. 65 S. 8°
¶ Mit gekürzter Einl. in: Journal f. prakt. Chemie. Bd 187. N. F. Bd 79.
Dresden, Dr.-Ing.-Diss. v. 5. 2. 1909

— **Das Wesen der Seele.** (84 S.) 8. Leipzig 910. Mod. Verlagsbureau. 2.—

Das Wesen der Seele. Von Georg **Büttner**. Berlin-Leipzig: Wigand 1910. 83 S. 8° [11. 4115]

— **Georg Wilhelm** (Weissenfels), De officio judicis circa tormenta. Präs. Aug. v. Leyser. Wittenberg (Schlomach) 26. III. 1740. 28 Seiten, meist deutsch. (4.80) 4628

Prinzessin Elfblauchen. Eine Märe in 12 Gesängen von Gerhard **Büttner**. Berlin-Leipzig: Modernes Verlagsbureau 1906. (55 S.) 8° [F.] [06. 3193]

— **Gottlob** (Lausitz), Ideas artis obstetriciae quasdam. Dissert. med. Jena (Etzdorf & Co.) 8. IV. 1800. 44 S. (4.80) 4630

Buettner, Gust. Adolph. (geb. Königsberg i. Pr. 30. 6. 1818): De morbo Brightii. Berolini (1865). (32 S.) 8°
Berlin, Med. Diss. v. 21. Juli 1865

— **Gust. Fried. Dietr.** (Salzwedel), De injectione radicali hydroceles cura. Diss. med. Bln. (Nietack) 3. X. 1835. 40 S., mit Biograph. (M.: M. Schultze.) (4.20) 4631
Oppon.: M. R. Wilgenroth, E. Salbach, F. Wieseler. — Gew.: Ferdin. v. Graefe, C. J. u. Fried. Buettner.

Gedichte von Hans **Büttner**. Riga: A. Grosset 1897. (138 S.) 8° [F.] [07. 8667]

Büttner, Hans, Gedichte. 8. (138 S.) Riga 897. (Jonck & Poliewsky.) n. 2. 25

Büttner, Hans, aus der Heimat. Sagen und Märchen der Halloren. 12. (102 S.) Leipzig 888, G. Wolf. *

Büttner, Hans, aus Königsberg N.-M.: Ein schlesisches Rittergut. Ein Beitrag zur landwirtschaftl. Betriebslehre. *Merseburg 1901: F. Stollberg.* (05 S.) 8° ¶ (Erscheint vollst. in: Mitteil. d. landw. Institute d. Kgl. Univ. Breslau, H. 5.)
Breslau, Phil. Diss. v. 30. Sept. 1901

Büttner, Hans Bruno [aus Halle a/S.]: Beiträge zur Kenntnis der α Phenylcinchoninsäure sowie deren Additionsprodukte mit Halogenalkylen... Erfurt, Druck v. G. A. Brodmann, 1893; 49 S. 8.
Freiburg i. B., Phil. Fak., Inaug.-Diss. v. 1893

Büttner, Heinrich, s.a. B ü t t n e r , Heinrich Christoph

Büttner, Heinr., Bethania. Zu Trost und Erbauung an Krankenbetten und Gräbern. Zehn Predigten. gr. 8. (VIII, 166 S.) Königsberg 884, (Schubert und Seidel.) geb.

Büttner, H, Bethania. Zu Trost u. Erbaug an Krankenbetten u. Gräbern. Zehn Predigten. 8. (166) Königsb. 84, Strübig. n. 2. —; geb. n. 2. 75

! Jetzt: Leipzig: König.

— — Lucretia Borgia, das intereſſanteſte Weib des 15. Jahrhunderts. Roman. Heidenau-Nord, Verlagshaus Freya. Kl. 8°. 128 S. (Bücher der Liebe, Bd. 10.)

– Der D r a g o n e r - T e u f e l , s. R o m a n - P e r l e n .

Büttner, Heinr., Erinnerung an Kahle, Superint. und Pfarrer am Altroßgarten zu Königsberg. Charakterbild aus dem Leben eines Evangel. Geistlichen. Elbing 860. Neumann-Hartmann. 8. (26 S.) 3 ngr

— Erlkönig Milans Erlebnisse, nach authent. Quellen mitgetheilt. 8. (86 S.) Berlin 891. H. Schmidt. n. 1.—

Büttner, Heinrich: Die Frau nach dem Herzen Gottes. — Berlin: Enslin 1863. XIV, 235 S. 8°

– Die G ä n s e k ö n i g i n , s. R o m a n - P e r l e n .

— — Der Geliebte einer Kaiſerin. (= Geheimnisvolle Bibliothek, Bd. 22.) Dresden, Dresdener Roman-Verlag (um 1905).
Verb. d. Ldg. Dresden V. A. 217/08.

Büttner, Heinr., Golgatha. Zehn Predigten. 8. (XII, 193 S.) Königsberg 871. akadem. Buchh. n. 2. —; geb. n. 2. 70; m. Goldschn. n. 3. —

Büttner, Heinr., Golgatha. 10 Passions-Predigten. 2. (Titel-) Aufl. 8. (198 S.) Königsberg (1871) 878. Akadem. Buchh. n. 2. —

— Golgatha. Zehn Passions-Predigten. Der 2. Aufl. neue (Titel-)Ausg. (193 S.) Leipzig 888. Strübig. n. 1. 60; geb. n. 2. 10

— Golgatha. Passionspredigten. 3. Aufl. 8. (130 S.) Leipzig 890. Kirchrode, G. Nebel. n. 1. 50; geb. n. 2. —

Büttner, Heinr., Golgatha. Passions-Predigten. 3. Aufl. 8. (130 S.) Leipzig 896. G. Strübig. n. 1. 50; geb. in Leinw. n.n. 2. —

! Jetzt: Leipzig: König.

BÜTTNER, Heinrich. Huſarenliebe. Bekenntniſſe aus meiner Leutnantszeit. Bd. 26. Dresden, Dresdener Roman-Verlag. 8°.
Verb. d. Ldg. Dresden V. A. 217/08.

—— Jesus, der Zwölfjährige, ein Vorbild für Jung und Alt. Zum Lesen erweit. Predigt über Lucas 2, 41—52. gr. 8. (30 S.) Königsberg 887, (Akadem. Buchh. von Schubert und Seidel.) *

Büttner, Heinr., s.: Indianer- u. Volksbibliothek.

Büttner, Heinr., Ferd. Lassalle, der Held des Volkes, oder: Um Liebe getödtet. Socialer Roman. Nach Briefen, Acten und Angaben naher Verwandter Lassalle's. gr. 8°. Berlin, Friedrichs u. Co., 1892—93.

Büttner, Heinr., Ferdinand Lassalle, der Held des Volkes, od.: Um Liebe getödtet! Socialer Roman. Nach Briefen, Acten u. Angaben naher Verwandter Lassalle's. 77 Hfte. gr. 8. (1844 S. m. je 1 Bild.) Berlin 893. Friedrichs & Co. à — 10

— **Heinrich Anton Leichtweiß, der Räuber vom Rhein, od. 18 Jahre Treue u. Liebe im Felsengrab,** s.: Sammlung interess. Briganten-Romane. 8.

Matafe, der Condor. Eine Erzählung von Heinrich **Büttner**. *Berlin: A. Weichert [1901].* (32 S.) 8° [F.]
— **Indianer- u. Volksbibliothek.** 336. [02. 4483]

– M e m o i r e n eines Findelkindes, s. R o m a n - P e r l e n .

— zur Militärfrage. Ein Wort an's treue Preußenvolk. Berlin 863. Fabricius. 8. (32 S.) n. 5 ngr

— die Mission ein rechtes Petri-Pauls-Werk der evangelischen Kirche. Predigt am Jahresfeste des Elbinger Missionsvereines, den 29. Juni 1859, gehalten. Elbing 859. Neumann Hartmann in Comm. 8. (16 S.) 2½ ngr

— Giuseppe Musolino, der Räuber v. Kalabrien, s.: Sammlung interess. Briganten-Romane. 4.

— eine Nacht in Venedig in Wien, s.a. Geschichten, intime.

Eine Nacht in Venedig in Wien. Eine Wiener Geschichte von Heinrich Büttner. Berlin: Berliner Roman-Verl. [1904]. (48 S.) 8° [J.]
= Geschichten, Intime. 34. [04. 7496]

Büttner, Heinrich: Das Participium bei Cornelius Nepos dargestellt nach der induktiven Methode. *Ludwigshafen a. Rh. 1901: J. Waldkirch & Co.* (36 S.) 8°
Ludwigshafen a. Rh., k. humanist. G, P 1901*

Büttner, Heinr. (H.). Christi Passion u. die heil. drei Ostern. In 8 Gesängen. 12. (59 S.) Königsb. i. P. 890, Hartung. * — 75

—— 12 Preußenlieder. 82. (81 S. mit 1 Stnt.) Danzig 864. Elbing, Neumann-Hartmann. **

—— der Schächer zur Linken. Predigt nach der Ermordung des Kaisers von Rußland Alexander II am 13. März 1881. gr. 8. (11 S.) [Königsberg 881.] Leipzig, Laudien.

– Auf Schleichwegen, s. Roman-Perlen.

Büttner, Heinr. (I.), sie macht Carriere. Ein Berliner Sittenbild. 1.—3. Aufl. 8. (135 S.) Berlin 888, Cassirer und Danziger. *

Sie macht Carriere. Ein Berliner Sittenbild von Heinrich Büttner. 4.–6. Taus. Berlin: Berliner Verl.-Inst. [1905]. (132 S.) 8° [J.] [04. 3197]

Aus dem Tagebuch der Königin Natalie. Nach authentischen Quellen mitgetheilt v. Heinr. Büttner. Berlin, Hermann Schmidt's Verlag, o. J. (189*). 8°. (Mk. 1—.)
Anzeige der Verlags-Firma.

— a. d. Tagebuch d. Königin Natalie. Erlebnisse d. serb. Regentin, nach authent. Quellen mitgetheilt. 8° (96) Ebd. 91. 1 —

Büttner, Heinr., Lips Tullian, der Hauptmann der schwarzen Garde. Briganten-Roman. (156 S.) 8. Berlin (908). A. Weichert. 1.—

Büttner, Heinr., polizeiärztliche Untersuchungen üb. das Vorkommen v. Gonococcen im weiblichen Genitalsecret. Diss. gr. 8. (35 S.) Jurjew (Dorpat) 892. (E. J. Karow.) n. 1.—

— Weihnachtsklänge. 24 kleine Festgedichte. 12. (48 S.) Königsberg i/Pr. 890. Hartung n. — 60

—— wer so stirbt, der stirbt wohl. Todtenfest-Predigt über Lucas 23, 46. gr. 8. (13 S.) Königsberg 886, Hartung'sche Verlagsdruckerei. *

—— wie betheiligt sich der Christ an den Geschicken seines Volkes. Nach dem Evangelium Dom. X. p. Trin. (1874) Lucas XIX, 41—48. Eine Zeitpredigt. gr. 8. (23 S.) Königsberg 874, Akadem. Buchh. von Schubert und Seidel. *

Büttner, Heinrich: Winterabende, s. Büttner, Heinrich Christoph

— Jesu Wort a. d. weinend. Töchter v. Jerusalem. Eine Passionsbetrachtung. 8. (96 S.) Königsberg 883. Kirchrode, G. Nebel. n. 1. 20

! Jetzt: Leipzig: König.

Büttner, Hnr. Cph.

— s. Archiv, Fränkisches.

BÜTTNER, H. Cph.: Beyträge z. Criminalrecht. *Augsb.*, Apfel. (*Fürth*, Korn.) 806. 8. (20 Gr.)

Büttner, Hnr. Cph., († d. 21. Aug. 1816.) Beitrr. zum Criminalrecht. gr. 8. Augsb. 806. Fürth, Korn. (Leipz., Central-Compt.) 18 gGr

– s. Beschreib. d. Rezatkreises.

Büttner, Heinr. Christoph (Hrsg.), s.a. Franconia.

Büttner, H. C., Franconia, Beiträge zur Geschichte, Topographie u. Literatur von Franken. 2 Bde. 8. Ansbach, Gassert. 813.

– s.a. Gedichte v. H. C. B.

– Gedichte

——, Vermischte scherzhafte, und unterhaltende Aufsätze zum Vergnügen von *H. C. B. (Heinr. Chp. Büttner)* .... Dinkelsbühl 1793.
Anon.-Lex. II. p. 163 (nach Goedeke).

— Geo. L. Klaus, Mörder u. Räuber, hingerichtet, d. 16. Febr. 1798; e. Criminalgeschichte. 8. Ansbach (798.)

— Miscellen für d. Rechte u. Gesetze v. Ansbach u. Bayreuth. 8. Ansbach 788. (Gassert). 8 gGr

—— s. Monatsschrift, Ansbachische.

— Heinrich Christoph u. (Respond.) Eberhard Friedrich Hehl (Tübingen), Observationes ex jure matrimoniali, speciatim secundum leges Onoldinas. Diss. jur. sect. II. Erlang. (Zeltner) 11. X. 1786 21 S. (5.—) 4632

Büttner, Heinr. Christoph (Hrsg.), s. Teutomar.

Büttner, Heinr. Christoph (Hrsg.), s. Unterhaltungen, Fränkische, zum Nutzen und Vergnügen.

Büttner, H. Cp.: „Kurzer Unterricht über die Rechte und Pflichten der Herrschaften und des Gesindes auf dem Lande, nach den Vorschriften des allgemeinen Landrechts", Ansbach 1799 (Haueisen).

— Unterricht über d. Rechte u. Pflichten d. Herrschaften u. des Gesindes auf d. Lande. 8. Ansb. 799. (Gassert). 6 gGr

Büttner, Heinrich, Winter-Abende. Beiträge z. Unterhaltung f. Leselustige. 8. Frankf. u. Leipz. (Fixdorff und K. in Eßlingen.) 811.

Büttner, Herm., s.: Büchlein, das, vom vollkommenen Leben.

Büttner, Herman (Hrsg.), s. Buchleynn, Eyn geystlich edles.

Büttner, Herm., Geschichte d. polit. Hetärien in Athen, von d. Zeit d. Kylon. Verschwörung bis z. Ausgange d. Dreißig, mit besond. Berücksichtig. d. polit. Charakters derjen. Staatsmänner, welche sich ihrer bedienten; aus d. Quellen bearb. gr. 8. (6¼ B.) Leipzig 840, Brandes.

Büttner. Das Geschlecht der französischen Hauptwörter. Königsberg i. Pr., H. B., 1850.

Büttner, Herm.: Zur Grundlegg d. Erziehgs- u. Unterr.-Betriebs an uns. höh. Schulen. Mit bes. Ausführgn üb. d. Hausarbeiten, d. schriftl. Klassenarbeiten u. d. deut. Aufsatz. (6, 113) gr8° Marbg, NG Elwert's V. '11. 2.50

Büttner, Herm., die constitutionelle Monarchie in ihrer wahren Gestalt. Offenes Sendschreiben an Preußens und Deutschlands Bürger. gr. 8. (20 S.) Elbing 848, Levin. (Leipzig, Steinacker.) *

Büttner, Herm., die Muttersprache im neusprachlichen Unterricht. (VIII, 120 S.) gr. 8. Marburg 910. N. G. Elwert's Verl. 2.50

—— Nachricht über die Büttner'sche Töchterschule zu Stettin. Im Auftrage d. Vorsteherin vers. hrsg. gr. 8. (4 B.) Königsberg in d. Neumark 841, Windolff u. Striese. *

Büttner, Herm., Studien zu dem Roman de Renart u. dem Reinhart Fuchs. 2 Hfte. gr. 8. Strassburg i/E. 891. K. J. Trübner Verl. n. 7. 50
1. Die Überlieferung d. Roman de Renart u. die Handschrift O. (VI, 220 S.) n. 5. -
2. Der Reinhart Fuchs u. seine französische Quelle. (V, 123 S.) n. 2. 50

— **Die Substantive (Adjektive, Adverbien) in ihren präpositionalen Verbindgn. (4, 190) gr8° Marbg, NG Elwert's V. '13. 2.80; geb. 3.50 d**

Büttner, Hermann: Die Überlieferung des Roman de Renart insbesondere die Handschrift O . . . . Strassburg, K. J. Trübner, 1891: VI, 138 S., 1 Tab. 8°
Strassburg, Phil. Fak., Inaug.-Diss. v. 1891

Büttner, Herm., die Umgestaltung des Herrenhauses, eine allgemein deutsche Angelegenheit. Rede, gehalten zu Danzig am 26. Juli 1861 in der Versammlung der Mitglieder des Nationalvereins aus den Provinzen Preußen, Posen und Pommern. Danzig 861. Kafemann. gr. 8. (18 S.) n. 5 ngr.

— **Wörterb. f. d. Gebr. d. Präpositionen im Französischen.**

Büttner, Hugo, Hausschatz der guten Wirthin. Ein unentbehrl. Haus- und Wirthschaftsbuch zur Beförderung der Gesundheit, des Wohlstandes und Familienglücks. Unter Mitwirkung mehrerer Fachmänner und Hausfrauen hrsg. (In ca. 20 Lfgn.) 1.—4. Lfg. gr. 8. (S. 1—192 und Kochbuch S. 1—64.) Berlin 870, Sacco Nachf. à Lfg. 40 Pf.
Nicht weiter erschienen.

Büttner, J., Plan der Haupt- und Handelsstadt Frankfurt an der Oder und deren Umgebung. Nach dem neuesten Material entworfen und gezeichnet. 1 : 12,500. Fol. Frankfurt a. d. O. 871, Borges. *

Büttner, (J. C. A.,) die Feuerwerkerkunst, s. Feuerwerkerkunst.

– dass. s.a. Büttner, F. C. A.

Büttner, J. G., s.a. Büttner, Johann Karl

Büttner, J. G., Nordamerikanische Bilder u. Zustände. — A. u. d. T.: I. Die Enthaltsamkeits-Vereine in den Nordamerikanischen Freistaaten. Fortsetzung der Baird'schen Geschichte der Mäßigkeits-Gesellschaft in den Verein. Staaten Nord-Amerika's, bis zum Jahre 1842. gr. 12. Hamburg 842. (Bödecker.) n. 1/2 ℛ — 2. Aufl. 12. Ebend. 843, Geber. 1/2 ℛ

Büttner, (J. G., I.), nordamerikanische Bilder und Zustände. II. A. u. d. T.: Die Sclaven in den nordamerikanischen Freistaaten. Ein Zeugniß für Onkel Tom's Hütte. 8. (VIII und 152 S.) Bamberg 857, Buchner'sche Buchh. *
I. Hamburg 1842, Geber. * 15 Ngr.

Büttner, J. G.: Briefe aus und über Nordamerika *oder Beiträge zu einer richtigen Kenntniß der Vereinigten Staaten und ihrer Bewohner, besonders der deutschen Bevölkerung, in kirchlicher, sittlicher, socialer und politischer Hinsicht, und zur Beantwortung der Frage über Auswanderung, nebst Nachrichten über Klima und Krankheiten in diesen Staaten. 2 Bde. Dresden und Leipzig: Arnoldische Buchhandlung 1845. VIII, 215; VI, 225 S.*

Büttner, J. G., Briefe aus u. über Nordamerika od. Beiträge zu einer richtigen Kenntniß der Ver.-Staaten rc. 2. wohlf. Ausg. 2 Bde. (in 1 Bde.) gr. 8. (XIV u. 440 S.) Leipzig 847, Arnold. 1 ℛ 6 ngr.

—— das jedem nach den vereinigten Staaten von Nordamerika Auswandernden unentbehrl. Büchlein. Enthaltend: Die Unabhängigkeits-Erklärung, nebst der Rede des John Adams, die Verfassung der verein. Staaten, Washington's Abschiedsadresse und das Hauptsächlichste aus den Verfassungen der Staaten New-York, Pennsylvanien, Ohio, Illinois, Indiana, Missouri, Michigan, Kentucky, Maryland, Iowa und Wisconsin. 8. (X und 60 S.) Bayreuth 849, Buchner'sche Buchh.

Büttner, J. G., Die Enthaltsamkeits-Vereine in den nordamerikanischen Freistaaten. Fortsetzung der Baird'schen Geschichte der Mässigkeits-Gesellschaft in den Vereinigt. Staaten Nord-Amerikas bis zum Jahre 1842. (Der Nordamerikan. Bilder u. Zustände 1. Bd.) gr. 12°. Hamburg (Bödecker) 1842. 2. Aufl. 12°. **Hamburg, Geber, 1843.**

Büttner, J. G.: Die hochdeutsche reformirte Kirche in den Vereinigten Staaten von Nordamerika, von ihrer Gründung bis auf die neueste Zeit. Nebst vier Beilagen: Versuche, die lutherische und die hochdeutsche reformierte Synode im Osten der Vereinigten Staaten zu vereinigen. *(u. a.) . . . Schleiz: O Bockelmann's Hof-Buchhandlung 1846. IV, 5—154 S.*

—— und Tr. Bromme, Leitfaden für Auswanderer, s. Bromme.

Büttner, J. G., Nach was für Grundsätzen sollte das Erziehen und Schulen geordnet werden? Mitau 859. Reyher 8. (32 S.) n. 6 ngr.

Büttner, J. G., der Staat Ohio. Eine geographisch-statist.-topograph. Beschreibung für Einwanderer und Freunde der Länder- und Völkerkunde. br. 8. (VIII und 200 S.) Bayreuth 849, Buchner'sche Buchh. Thlr.

— s. Rackersberg, Stimmbuch.

— Die Vereinigten Staaten von Nord-Amerika. Mein Aufenthalt und meine Reisen in denselben vom Jahre 1834 bis 1841. *2 Bde. Hamburg und Leipzig: Verlag von Schuberth & Co. 1846. VI, (1), (1), 440; (1), 450 S.* [3364

Büttner, J. G., die Vereinigten Staaten von Nord-Amerika. Mein Aufenthalt u. meine Reisen in denselben v. Jahre 1834 bis 1841. 2 Bde. gr. 8. (VI, 440 u. 450 S. m. 1 Tabelle in gr. Fol.) Hamburg 847, Schuberth & Comp. 3 ℛ

Büttner, J. G., arithmet. Text- u. Rechenbüchlein. 8. Frankf. a. M. 16te Aufl. 806. 17te A. 817. Brönner. 4 g.

Büttners, J. G., arithmetisches Text- Rechenbüchlein darinnen allerhand nützliche Aufgaben und Exempel, nebst dem beygesetzten Facit derselben enthalten sind. 17te Aufl 8. Frankfurt a. M., Brönner. 817.

—— Warnungen u. Rathschläge d. deutsch. Gesellschaft in New-York an Auswanderer. Nebst den Preisen d. Inland-Passage. 8. (1 B.) Hamburg 845, Tramburgs Erben.

Büttner, J. P., de Saulo illuminato, per triduum oculorum acie destituto. Jen. 1702. 4.

Büttner, Joh.

— s. Th. v. O. Burchardt, pomolog. Bibliothek.

Büttner, Jh., († d. 11. Febr. 1814.) Chrestomathia patristica latina, chrestomath. Hieronymianam contin. 8. Halle 804. Hendel. 12 ɣ.

– s. Ehrenberger . . . , wie man mit d. Meßtisch usw.

— **Johann** (Soerneviz/Misn.), De fine rhetoricae. Präs. Christoph Friedrich Ayrmann. Wittenbg. (Chn. Schroedter) 1714. 7 Bl. (4.50) 4633

– s. Joel, vates hebr.

– s. Leichen d. Morgenländer.

Büttner, J. (Hrsg.), s. Magazin, Allgemeines homiletisches.

— Predigten über Sprüchwörter. 1s Bdchen. 8. Kob. 806. Ahl. (Riemann). 12 ɣ.

— Tabelle d. Geometrie. Fol. Kob. 784.

– s. Umfang u. Methode d. Encyklopädie.

Büttner, Joh. Georg (Hrsg.), s.a. Ansichten und Vorschläge über die Landwirthschaft f.d. Governement Kurland.

Büttner, Jh. Geo., Ansichten u. Vorschläge über d. Landwirthschaft f. das Gouvernement Kurland. (1s Heft). 8. (Jena) 818. 2s Heft u. 2n Bdes 1s Heft. 8. Mitau 823, 24.

Büttner, J. Georg (Hrsg.), s.a. Blätter, Landwirthschaftliche.

— landwirthschaftl. Blätter. 1s Heft. 8. Mitau 827.

Büttner, Johann Georg

Über die Ehescheidung (von *Joh. Georg Büttner*). Mitau 1859.
Anon.-Lex. V. p. 297 (nach Zuchold).

1682. *Johann George Büttner's* Textenrechenbüchlein. Franckfurt, 8.
1768. — Franckf. Brönner. 8. (5 gr.)

— **Johann Gottfried** (Laucha/Thür.), Fiduciam magistratus vel: Den ungerechten Obrigkeitlichen Ambts-Trotz. Präs. Georg Michael Heber. Wittenbg. (M. Henckel) 18. XII. 1684. 24 Bl. (5.20) 4635

— — Dasselbe. Wittenberg (J. G. Meyer) 1705. 48 S. (5.—) 4636

Büttner, Johann Gottlieb

Büttner, Jh. Gli., tractatio de clerico non mercatore. 4. Jena 773. Melchior. 3 ɣ.

— Comment. de clerico non mercatore. 4. Jena, Melchior. 774.

— **Johann Gottlieb**, Tractatio de clerico non mercatore. Kahla (Joh. Mart. Grunewald) 1773. 32 Seiten. (5.—) 4637
Gew.: Joh. Frh. v. Rothkirch u. Truch (Persdorf, Steudnitz . . .).

— zwei Reden. 8. Jena 779. Melchior. 4 ɣ.

Büttner, Johann Henrico. M. G. Genealogiæ Oder Stam- und Geschlecht-Register Der vornehmsten Lüneburgischen Adelichen Patricien-Geschlechter . . . In . . . Tabellen Verfasset . . . Von Johan Henrico Büttner . . . Lüneburg / Gedruckt in der Kelpischen Buchdruckerey durch Georg Friederich Schultzen / 1704.
Tit., 217 Bl.; 4 Doppeltaf. in Kupferst. 2°.

Büttner, Johann Karl, s.a. Büttner, J.G.

Buttner, Johann Carl. Briefe aus und u Na; oder Beitr zu einer richtigen Kenntnis der VS u ihrer Bewohner, besonders d dten Bevölkerung, in kirchl, sittlicher, socialer, und pol Hinsicht, u z Beantwortung der Frage über Auswanderung . . . 2v in 1. Dresden and Lpz, 1845.

Büttner, Johann Carl: Büttner, der Amerikaner. *Eine Selbstbiographie Johann Carl Büttners, jetzigen Amts-Chirurgus in Senftenberg und ehemaligen nordamerikanischen Kriegers. 2. Auflage . . . Camenz: C. S. Krausche 1828. XIX, 137 S., ill.*

Büttner, Jh. Karl, göttl. Gnadenrufe. Mit bess. Bildn. Berl., Krause. 6 ɣ.

--Der Staat Ohio. Bayreuth, 1849.

--Die VS v Nord-amerika; mein Aufenthalt und meine Reisen in denselben vom Jahre 1834-44. Hamburg, 1846.

— **Johann Paul** (Weissenfels), De modis abolendi culpam et reatum. Dissert. moralis. Präs. Joh. Jacob Müller. Jena (J. A. Müller) 26. V. 1700. 28 S. (5.—) 4638
Gew.: Joh. Casp. v. Loss (Rohrsdorf). — Widm. v.: Jo. Jac. Müller, Jo. Lauterbach, Jo. Jac. Eckenberger, Heinr. Friedr. Avemann (Eisenach).

Büttner, Johann Samuel

Büttner, J. S., Unsere Aufgabe an den Verlornen unsers Volkes. Predigt, über Lucas 15, 1—10 am 3. Sonntag nach Trinitatis in der Nicolai-Kirche zu Leipzig gehalten. 8. (21 S.) Leipzig 881, Hinrichs'sche Buchh.

Büttner, J. S., die Barmherzigkeit, dienstbar od. frei? Vortrag. 8. (40 S.) Hannover 884. Wolff & Hohorst. n. — 60

—— Gottes Befehl im Diakonissenberufe. Gesammeltes. 8. (IV, 82 S.) Hannover 883, (Feesche.)

Büttner, J. S., Gottes Befehl im Diakonissenberufe. Gesammeltes. 2. bedeutend verm. Aufl. 8. (VIII, 164 S.) Hannover 888, (Wolff und Hohorst.) *ℳ 1.20.; geb. *

— Gottes Befehl im Diakonissenberufe. 3., wiederum bedeut. verm. Aufl. gr. 8. (VIII, 216 S.) Hannover 895. (Wolff & Hohorst Nachf.) Geb. in Leinw. n.n. 2. —

[F.] Beim Beginn der Krankheit. Trostworte v. D. Joh. Sam. **Büttner**, Past. . . . zu Hannover. Hrsg. v. Evang. Trostbund. *(Berlin: Christl. Zeitschriftenver. [1896].)* (8 S.) 1 Bd 8. [97. 4550

Büttner, Johs. Sam., Ein Blick in unsere Armenhäuser. Vortrag auf der Pastoral-Konferenz zu Hannover gehalten. gr. 8°. Hannover (Meyer), 1869.

— — (Stade), De demonstratione dei ex motu. Sched. philos. Präs. Theod. Horn. Greifswald (G. H. Adolphi) 23. XII. 1705. 20 S. (5.—) 4640
Gew.: Jo. Fried. Mayer.

— Die Diakonie Christi. »Allgem. evang.-luther. Kirchenzeitung. 146—148, 174—177.« Leipzig 1900. Dörffling u. Franke.

— Diakonissen-Unterricht. 8. (59 S.) Hannover 891. Henriettenstift. — 50

— Diakonissen-Unterricht. 2. durchges. u. erweit. Aufl. (92 S.) 8. Hannover 897. Henriettenstift. (Nur direkt.) Geb. in Leinw. u. durchsch. n. 1. 50

Büttner, J. S., das Gebet und die Naturgesetze. Ein Vortrag im evangel. Verein zu Hannover gehalten. 16. (34 S.) Hannover 869, Meyer.

— das Geheimnis Christi, gepredigt auf den Dächern. Predigt, bei der Eröffng. der 60. luth. Pfingstkonferenz in der Gartenkirche zu Hannover üb. Matth. 10, 26—27 geh. gr. 8. (8 S.) Hannover 892. H. Feesche. n. —25

[F.] Genesen. Mahng z. Danken v. D. Joh. Sam. **Büttner**, Pastor ... zu Hannover. Hrsg. v. Evang. Trostbund. *(Berlin: Christl. Zeitschriftenvr. [1896].)* (8 S.) 1 Bd 8. [97. 7139

—— das Henriettenstift und seine Arbeitsgebiete. Jubelbüchlein, zu dessen 25. Jahresfeste den Gliedern und Freunden desselben dargeboten. gr. 8. (72 S. mit Illustr.) (Ebendas.) 885. **

—— dass. — 2. durch einen Anhang verm. Aufl. gr. 8. (96 S. mit eingedr. Holzschn.) (Ebendas.) 885. **

—— Herrschen und Dienen. Vortrag, gehalten im Evangel. Verein zu Hannover am 3. Januar 1883. 8. (40 S.) Hannover, Wolff und Hohorst.

— **Ich erinnere euch des Evangelii von Christo. Acht Predigten der Gemeine Daverden bei seinem Scheiden aus derselben geboten. Verden 866. Steinhöfel in Comm.** 8. (IV, 84 S.) n. 7½ ngr

— Krankenseelsorge. Vorlesgn. a. d. Lehrkonferenz z. Mölln. geh. [Aus: „Allg. ev.-luth. Kirchenztg."] gr. 8. (28 S.) Leipzig 897. Dörffling & Franke. n. — 50

Büttner, Joh. S., lasset uns halten am Bekenntnis. Predigt, in der Kirche d. Henriettenstiftes zu Hannover am Reformationsfeste, 30. Oktbr. 1892, geh. gr. 8. (18 S.) Hannover 892. H. Feesche. n.n. — 15

Büttner, Joh. Sam., **das innere Leben des Christen** u. die Kirche. Vortrag, am 7. XII 1901 geh. gr. 8. (19 S.) Leipzig 902. Dörffling & Franke. n. — 40

—— die Lehre von der Heilsgewißheit und ihre Bedeutung für die Seelenpflege. Vortrag, am 2. Tage der luther. Pfingstconferenz zu Hannover 24. Mai 1883 gehalten. gr. 8. (15 S.) Hannover 883, Feesche.
Aus: Hannoversche Pastoral-Correspondenz, besonders abgedruckt.

Büttner, J. S., Paul Gerhardt's Lieder. Vortrag am 7. Juni 1876, als am 200jähr. Todestage des Sängers, im Evangel. Vereine zu Hannover gehalten. gr. 8. (30 S.) Hannover 876, Wolff.

Büttner, Joh. Sam., mit Christo verborgen in Gott. Ein Jahrgang Predigten. (VIII, 748 S.) gr. 8. Hannover 906. H. Feesche. n. 7. —; geb. in Leinw. n. 8. —

[F.] Vor der Operation. Trostworte v. D. Joh. Sam. **Büttner**, Pastor ... zu Hannover. Hrsg. v. Evang. Trostbund. *(Berlin: Christl. Zeitschriftenver. [1896].)* (8 S.) 1 Bd 8. [97. 6333

— vor der Operation. Trostworte. Hrsg. v. evang. Trostbund. 8. (8 S.) Berlin 897. Verlag d. christl. Zeitschriftenvereins. — 15

— **Passionsbetrachtungen. (IV, 442 S. m. Bildnis.) gr. 8. Hannover 906. (H. Feesche.) Geb. in Leinw. n. 5. —**

—— Die Pflege der Siechen u. Krüppel, s.a. Zimmer's Handbibliothek der praktischen Theologie.

— Die Pflege der Siechen und Krüppel. (37 S.) Gotha 1890. F. A. Perthes.

— **pastorale Seelenstudien. (VII, 207 S.) 8. Ebd. 905. n. 2. 80; geb. n. 3. —**

—— die Stellung d. Pfarramtes zum Diakonissenamte. Vortrag, am 2. Tage der luth. Pfingst-Conferenz zu Hannover, 27. Mai 1875 geh. [Aus: „Hannov. Pastoral-Correspondenz".] gr. 8. (21 S.) Hannover 875. Feesche. n. — 50

—— suchet in der Schrift. Tägl. Andachten für das ganze Kirchenjahr aus den Texten des in der luther. Landeskirche Hannovers gebräuchl. Lektionars. gr. 8. (VIII, 628 S.) Ebendas. 887. *
geb. in Halbfrz. *ℳ 7.50.; mit Goldschn. *

—— Suchet in der Schrift. Tägliche Andachten f. das ganze Kirchenjahr aus den Texten d. in der luth. Landeskirche Hannovers gebräuchlichen Lektionars. 2. Aufl. gr. 8. (IV, 628 S.) Hannov. 892, Wolff u. Hohorst Nachf. geb. in Leinw. * 6 —

— Suchet in der Schrift. Tägliche Andachten f. das ganze Kirchenjahr aus den Texten des in der luther. Landeskirche Hannovers gebräuchl. Lektionars. 3. Aufl. gr. 8. (VIII, 646 S.) Hannover 902. H. Feesche. n. 4. —; geb. in Halbfrz. n. 5. —; m. Goldschn. n. 6. —

— **Texte u. Fragen zu Bibelbesprechgn. 2. Afl. (56) 8° Hannov., Buchdr. d. Stephansstifts '01. Kart. — 40 d**

— **Texte u. Fragen zu Bibelbesprechungen. Neue Folge u. 3. Heft. 8. Hannover, Henriettenstift. Kart. n. 1. 20**
Neue Folge. Evangelium St. Luca Cap. 1–14. (56 S.) 903. n. — 60
3. Dasselbe. Kap. 15–24. 904. n. — 60

[F.] Ungeheilt! Unheilbar? Trostwort v. D. Joh. Sam. **Büttner**, Pastor ... zu Hannover. Hrsg. v. Evang. Trostbund. *(Berlin: Christl. Zeitschriftenver. [1896].)* (8 S.) 1 Bd 8. [97. 7140

Büttner, (Jos.,) Anweisung, wie jeder Organist verschiedene bei der Orgel vorkommende Fehler selbst verbessern kann. 8. Glogau 827, Neue Günthersche Buchh.

Büttner, J(ulius): Die farbigen Flagellaten des Kieler Hafens. Kiel 1910: Schmidt & Klaunig. 14 S. 4° ¶ (Aus: Wissensch. Meeresuntersuchungen. Abt. Kiel. Bd 12.)
Kiel, Phil. Diss. v. 2. Juni 1910, Ref. Reinke
[Geb. 7. März 73 Beuthen O.-S.; Wohnort: Posen; Staatsangeb.: Preußen; Vorbildung: Realgymn. Posen Reife O. 95; Studium: Berlin 4, Kiel 4 S.; Rig. 12. Febr. 10.] [U 10. 2493

Büttner, Julius: Die Verwendung technologischer Exkursionen im naturkundlichen Unterricht an den höheren Schulen. Nakel 1906: W. Brewing. (14 S.) 4° [F.]
Nakel, k. G OP 1906 (203)

Büttner, K., unser Lieben Frauen Kirche u. Gemeinde zu Bremen vor e. Jahrhundert. Ein Gemeindeabend-Vortrag am 26. II. 1908. (31 S.) 8. Bremen 908. J. Morgenbesser. nn — 50

Geschichtliche Nachrichten über die Familie Büttner. Gesammelt von Karl **Büttner**. Ostrowo, 1896. Duisburg 1896: M. Mendelssohn. (124 S.) 4° [06. 20030

— **Carl Friedrich** (Potsdam), De summo gradu amoris quo deum prosequi obligamur. Dissert. philos. Präs. Georg Friedrich Meier. Halle (J. Chn. Hendel) Juli 1764. 24 S. (5.—) 4611
Widm. v.: Präs., Joh. Martin Hehn (Hildburghausen), Chn. Ernst Kühze.

Buettner, Car. Frid. Franc. (geb. Minden in Westf. 15. 11. 1807): Dissertatio sistens hydroencephalocele casum singularem. Berolini (1832). (20 S.) 4°
Berlin, Med. Diss. v. 13. Sept. 1832

Büttner, Carl Jul., die Cholera asiatica, deren Ursachen, Behandlung und Verhütung auf Grund der während der 1866er Epidemie in der Seidau bei Budissin gemachten Erfahrungen. Monographisch dargestellt. gr. 8. (X und 173 S. mit eingedr. Holzschn. und 2 Stnt. in Fol.) Leipzig 868, Duncker und Humblot. *

— **Carl Julius** (Bautzen), De ossium sclopetis vulneratorum laesionibus. Diss. med.-chir. Lpz. (C. W. Vollrath) 18. VIII. 1855. 32 S., mit Biogr. (M.: E. Heinrich.) u. 1 Tfl. Abb. (4.—) 4612
Gew.: Friedr. Herberg, Armin Oppenheimer.

Buettner, Car. Ludov. Ferd. (geb. Jauer 16. 8. 1809): De nova specie anginae gangraenosae. Berolini (1839). (37 S.) 8°
Berlin, Med. Diss. v. 7. Sept. 1839

Büttner, Kurt, Medizinal-Prakt. a. Leipzig: Ueber die Behandlung der Komplikation der Geburt mit Ovarialtumoren. Leipzig 1906: B. Georgi. (28 S.) 8°
Leipzig, Med. Fak., Ref. Zweifel, Diss. v. 17. Febr. 1906
[Geb. 14. Febr. 81 Leipzig; Wohnort: Zwickau; Staatsangeb.: Sachsen; Vorbildung: Nikolai-Gymn. Leipzig Reife O. 00; Studium: Würzburg 1, Leipzig 4, München 2, Leipzig 4 S.; Coll. 17. Febr. 06; Approb. 27. Juli 05.]

Büttner, C(urt), approb. Arzt aus Mosel i. Sachs.: Ueber die direkte Heilung der Vesico-cervicalfistel. *München 1901: Kastner & Lossen.* (28 S.) 8°
München, Med. Diss. v. 1901

Büttner, L. W., s.: Miller, Phil., Gärtnerkalender.

Judas Ischarioth. Ein psychol. Problem. Vortrag von M[artin] Büttner, Pfarrer in Minden i. W. *Minden i. W.: W. Köhler [1902].* (35 S.) 8° [F.] [03. 3356

Büttner, M., der Große Kurfürst, s.a. Flugschriften des evangel. Bundes. Nr. 212.

Der Große Kurfürst. Ein Beitrag zu s. Charakterbild. Von M[artin] Büttner, Pfarrer in Minden i. W. *Leipzig: C. Braun 1903.* (22 S.) 8° [F.]
= Flugschriften d. Evangel. Bundes. 212. ⟨18. Reihe, 8.⟩ [03. 6139

— Luther u. Tetzel, s.a. Flugschriften des evangel. Bundes. Nr. 229.

Luther und Tetzel. Von M[artin] Büttner, Pfarrer. Leipzig: C. Braun 1905. (23 S.) 8° [F.]
= Flugschriften d. Evangel. Bundes. 229. [05. 2616

Büttner, Mathilde, 42 französ. Kindergeschichten u. e. Kinderkomödie, gesammelt u. mit kurzen Anmerkn. u. ein. Vocabulaire versehen. 8. (10¾ B.) Stettin 840. (Weiss.) •

Büttner, Mathilde, lectures faciles et agréables pour les enfants tirées des ouvrages de Chr. Schmid, Berquin, Madame le Prince de Beaumont etc. Ouvrage suivi d'un vocabulaire complet et enrichi de notes de grammaire. 8. (10¾ B.) Anclam 844, Dietze.

Die Beleuchtung von Eisenbahn-Personenwagen mit bes. Berücks. d. Elektricität. Von Dr. Max Büttner. Mit 60 Fig. *Berlin: J. Springer; München: R. Oldenbourg 1901.* (134 S.) 8° [01. 7131

Büttner, Max: Die Beleuchtg v. Eisenbahn-Personenwagen m. bes. Berücks. d. elektr. Beleuchtg. 2. Afl. (5, 235 m. Abb.) gr8° Berl., J Springer '12. L 7 —

Büttner, Max [diplom. Chemiker aus Chemnitz]: Zur Kenntnis einiger Pyridin- und Piperidin-Verbindungen. . . . Dresden, Druck d. Albanus'schen Buchdr., 1890; 48 S. 8°
Tübingen, Naturw. Fak., Inaug.-Diss. v. 1890

Büttner, Max Jul., Chronik der alten Bergstadt Lauenstein, nebst e. Geschichte der Burg u. ihrer Besitzer u. der Beschreibg. des Gotteshauses u. seiner Kunstschätze (m. 30 Abbildgn.) Festschrift zum 300. Gedächtnistage des Festes der Kirchenweihe vom J. 1602. (VII, 118 S. m. 1 Stammtaf.) 8. Lauenstein 902. Leipzig, A. Strauch. n. 2. —

Büttner, Max Jul.: Grundz. d. Gesch. u. d. Unterscheidgslehren d. evang.-protestant. u. röm.-kathol. Kirche, s: Stiller, Erich.

Büttner, Osk., u. Kurt Müller, Technik u. Verwertung der Röntgen'schen Strahlen im Dienste der ärztlichen Praxis u. Wissenschaft, s.a. Encyklopädie der Photographie. 28. Hft.

Büttner O u K Müller, Technick u Verwertung d Röntgen'schen Strahlen im Dienste der ärztlichen Praxis und Wissenschaft. (146 S 5 T) Halle 1887

Technik und Verwerthung der Röntgen'schen Strahlen im Dienste der ärztlichen Praxis und Wissenschaft. Von Dr. Oskar Büttner, Spezialarzt . . ., u. Dr. Kurt Müller, Spezialarzt . . ., zu Erfurt. M. 29 in d. Text gedr. Abb. u. 5 Taf. *Halle a. S.: W. Knapp 1897.* (IV S., 1 Bl., 146 S., 5 Taf.) 1 Bd 8.
= Encyklopädie d. Photographie. H. 28. [97. 2141

Technik und Verwertung der Röntgen'schen Strahlen im Dienste der ärztlichen Praxis und Wissenschaft. Von Oskar Büttner u. Kurt Müller. Mit 51 Abb. u. 8 Taf. 2. verb. u. verm. Aufl. *Halle a. S.: W. Knapp 1899.* (VI, 254 S.) 8°
= Encyklopädie d. Photographie. H. 28. [0 …3

Büttner, Otto, Dr. med., 1. Assistenzarzt a. d. Univ.-Frauenklinik: Die Eklampsie im Grossherzogthum Mecklenburg-Schwerin während der Zeit vom 1. Juli 1885 bis zum 31. December 1891. *Berlin 1902: L. Schumacher.* (39 S.) 8° ¶ (Aus: Archiv f. Gynäkol., Bd 65. H. 2.)
Rostock, Med. Hab.-Schr. v. [22. Apr.] 1901

Büttner, (Car. Frid.) Otto (geb. Berlin 6. 6. 1842): De haemorrhagiis pulmonum. Berolini (1867). (32 S.) 8°
Berlin, Med. Diss. v. 11. Mai 1867

Büttner, Otto *Friedrich Carl* [app. Arzt. Curonus]: Ueber retroperitoneale Lipome . . . Leipzig, Druck v. Hesse & Becker, 1894; 95 S. 8.
Leipzig. Med. Fak., Inaug.-Diss. v. [3.] Okt. 1864

Büttner, Otto, Dr., Gymnasialassistent: Quaestiones Curtianae criticae et grammaticae. *München 1903: J. B. Lindl.* (47 S.) 8°
München, k. Luitpold-G. P 1903'

Büttner, Otto, u. J. W. Schmidtler, lateinisches Übungsbuch f. die 2. Klasse des Gymnasiums. (IV, 142 S.) gr. 8. Nürnberg 909. F. Korn. Geb. 1. 35

Büttner, über das Wesen u. die Behandlung der Eklampsie, s.a. Klinik, Berliner. 208. Hft.

Über das Wesen und die Behandlung der Eklampsie. ⟨Aus d. Univ.-Frauenklinik zu Rostock.⟩ Von Privatd. Dr. [Otto] Büttner. Berlin: Fischer 1905. (28 S.) 8°
= Klinik, Berliner. H. 208. [05. 11777

Büttner, Otto (Red.), s. Centralblatt für Glas-Industrie und Keramik.

v. Büttner, P., Licht- u. Schattenlehre für Zeichner u. Maler. 8. Leipz. 805. Gräff (Wienbrack). 4 gl.

Büttner, Paul, reglementarische Bestimmungen für die königl. preussischen Strafanstalten, unter Zugrundelegung des Strafanstalts-Reglements für den prakt. Dienstgebrauch zusammengestellt. 4. (VIII, 221 S.) Anklam 880. (Krüger.) *

Büttner, Paul, die reglementarischen Bestimmungen f. die königl. preussischen Strafanstalten. Nachtrag. 4. (XVI, 91 S.) Anclam 885. (Krüger.) n. 4. — (Hauptwerk u. Nachtrag: n. 12. —)

Büttner, Paul, reglementarische Bestimmungen f. die königl. preuß. Strafanstalten, unter Zugrundelegg. d. Strafanstaltsreglements f. den prakt. Dienstgebrauch zusammengestellt. 2., umgearb. u. vervollständ. Aufl. 4. (XVI, 407 S.) Rawitsch 890 Birkenstock. n. 9. —

Büttner, Paul, Referendar: Die Haftung des Bürgen nach gemeinem Rechte und dem Rechte des Bürgerlichen Gesetzbuchs. *Greifswald 1899: J. Abel.* (44 S.) 8°
Greifswald. Jur. Diss. v. 1899

Büttner, Paul, Referendar aus Coschütz: Lagerhaus und Lagergeschäft nach dem Handelsgesetzbuch für das Deutsche Reich vom 10. Mai 1897. *Leipzig 1902: W. Wigand.* (70 S.) 8°
Leipzig, Jur. Diss. v. 1902

Büttner, Paul *Adolph* [aus Posen]: Ueber acute gangränöse Periproctitis ... Greifswald, Druck v. J. Abel, 1892; 29 S. 8.
Greifswald, Med. Fak., Inaug.-Diss. v. 29. Juli 1862

— Pet. (Frankfurt/M.), Collationem juris civilis Romani, cum statutario Francofurtensi, circa successionem conjugum. Diss. jur. Rector Jo. Joach. Hahn. Erfurt (Grosch) 20. V. 1722. 24 S. (5.—) 4641
Gew.: Joh. Heinr. Werlin, Joh. Gg. Orth, Joh. Conr. Sondershaussen, Joh. Gottfr. Burck, Joh. Adolf Brüger.

Büttner, Phil. v., Gesundheitserhaltung des Gesichtes, od.: Eine faßl. Anweisung, sich d. Glückes e. guten u. gesunden Gesichtes bis ins höchste Alter zu erfreuen. gr. 8. ... Prag 828, Enders. Thlr.

v. Büttner, Phil., Gesundheitspflege od. Diätetik. 8. Prag 823. Neureutter. (Leipz., Fr. Fleischer). 16 gl. (Vergl. v. Büttner, Edler.)

— Glückseligkeitslehre, od. Anleit., schon in d. ersten u. dann fernern Erziehung d. Kinder d. phys. u. moral. Wohl zu begründen rc. gr. 8. Prag 825. Enders. 16 gl.

Büttner, Ph. v. (Hrsg.), s. Volksfreund, Der neueste Prager, eine vaterländische Zeitschrift.

Büttner, R., Erläutergn. zu Shakespeares Julius Cäsar, } s.: König's, Wilh., Erläutergn. zu den Klassikern.
— dasselbe zu „Coriolan",
— dasselbe zu „Macbeth".

Büttner, R: Der engl. Unterr. im Sinne moderner Bestrebgn auf Grund d. Lese- u. Lehrb. d. engl. Sprache v. R Büttner. Nach e. Vortr. bearb. (36) 8° Lpzg, W Schunke '11. — 60

Büttner, R., Die Verwandlungen d. Kirke. E. Beitr. z. Erkl. u. Krit. v. Homer Od. X 212 bis 445. Gel. 1883. 9 S. 4°.

Büttner, Rhard., Deutschland zur See, s.: Festspiele Nr. 3.

Büttner, R., s.: **Deutschland, das überseeische.**

— Gebreilt od. Die wilde Jagd, s.: **Pantomimen** Nr. 1.

Büttner, Reinhard: Max u. Moritz, d. beiden Rangen od. Das geheimnisvolle Fass, s: Pantomimen.

— Kriegers Nachtwache, s.: **Bilder, lebende,** Nr. 3.

— Turnerfrühling od. Die deutsche Turnerei seit 100 Jahren, s.: **Festspiele** Nr. 2.

— Die Turnerin, s: Bilder, Lebende.

— Turnerinnen-Reigen. (16 m. Fig.) 8° Lpzg, G Richter ('12). 1.50 d

— Der Veteran, s: Bilder, Lebende.

— Im Wald, s.: **Pantomimen** Nr. 2.

[F.] **Büttner,** *Richard* [Prof. Dr.]: Kurzer Abriss der Lebensgeschichte des Hofrat Prof. Dr. *Karl Theodor* Liebe. Gera, Druck v. Th. Hofmann, 1895; 23—25 S. 4.
Gera, fürstl. G Rutheneum u. VS, OP 1895 (739)

Büttner, Richard: Sophokles' Aias und Shakespeares Koriolan. S. 21—33. 4.
In: Festschrift zum 70. Geburtstage des reg. Fürsten Fürstl.
Progr. Gymn. Rutheneum *Gera* 1902.

Büttner, *August* Richard Augustissimo ac serenissimo Ruthenorum j. st. principi Henrico XIV. dominationis quinque lustra d. XII. m. Julii a. MDCCCXCII prospere peracta summa pietate et veneratione interprete Ricardo B. congratulantur Gymnasii Gerani director et collegae. 8 (5 S.).
Progr. Fürstl. G. Rutheneum u. Vsch. *Gera* 1892.
Nicht im Tauschverkehr.

Büttner, Richard [app. Arzt aus Stettin]: Beitrag zur Beurtheilung des therapeutischen Werthes des Curettements bei Metrorrhagien nach Abort oder Geburt ... Kiel, Druck v. P. Peters, 1896; 30 S., 1 Bl. 8.
Kiel, Med. Fak., Inaug.-Diss. v. [15. Juni] 1896

Büttner, Richard: Einige Ergebnisse meiner Reise in Westafrika in den Jahren 1884—1886 insbesondere des Landweges von San Salvador über den Quango nach dem Stanleypool (S-A); Mittheilungen der Afrikanischen Gesellschaft. Bd. 5 Heft 4 S. 168–271; Berlin 1889 104 S. 2 Kt 8°.

Büttner (vielmehr: **Büttner**), (Alexand. Osc.) Rich. (geb. Brandenburg a. H. 28. 9. 1858): Flora advena marchica. Berlin: Mesch & Lichtenfeld (1883). (32 S.) 8° Vollst. ersch. in: Verhandlungen d. Botan. Vereins d. Prov. Brandenburg Jg 25 1883.
Berlin, Phil. Diss. v. 14. März 1883

Büttner, Richard [Apotheker, aus Schreibendorf]: Ueber Gerbsäure-Reactionen in der lebenden Pflanzenzelle. ... Schotten, Druck W. Engel, *1890*: 63 S. 8°
Erlangen, Phil. Fak., Inaug.-Diss. v. 4. März 1890

Büttner, Richard: Geschichte des Fürstlichen Gymnasiums zu Gera. Festschrift zur Feier des 300jährigen Bestehens des Gymnasiums. IV S., 2 Bl., 231 S., 3 Bl. ungez. 8.
Progr. Fürstl. Gymn. Rutheneum *Gera* 1908.

Geschichte des Fürstlichen Gymnasiums Rutheneum zu Gera von Prof. Dr. R(ichard) **Büttner.** Festschrift z. Feier d. 300jähr. Bestehens d. Gymn. Gera 1908: Geraer Verl.-Anst. IV, 231 S. 4°(8°) fes. 15882

Büttner, R: Gesch. d. fürstl. Gymnasiums Rutheneum zu Gera. Festschrift z. Feier d. 300jähr. Bestehens d. Gymnasiums. (234 m. Abb. u. 1 Taf.) Lex 8° Gera, (H Kaultz' V.)'08. nn 4.50

Büttner, Rich., Porcius Licinus u. der litterarische Kreis d. Q. Lutatius Catulus. Ein Beitrag zur Geschichte u. Kritik der röm. Litteratur. gr. 8. (III, 206 S.) Leipzig 893. B. G. Teubner. n. 5. -

Büttner, Richard, Rektor Joh. Seb. Mitternacht und seine Wirksamkeit am Geraer Gymnasium 1646—1667. Ein Beitrag zur Geschichte der Pädagogik. 4. (24 S.) Gera 888, (Nugel.)

Büttner, Rich. Quaestiones aeschineae. De codicum Aeschinis auctoritate et generibus. 38 S. **Progr.** G. *Gera* 1878.

Büttner, Ricardus, quaestiones Aeschineae. De codicum Aeschinis generibus et auctoritate. Inaugural-Dissertation. 4. (38 S.) Berlin 878. Mayer & Müller. 1.20

Büttner, Rich. Reisen im Kongolande. Ausgeführt im Auftrage d. Afrikanischen Gesellschaft in Deutschland. 1.—4. Aufl. gr. 8. (XII, 283 S. m. 1 Karte v. R. Kiepert.) Lpz. 890, Hinrichs' Verlag. * 3 —; geb. * 3 60

Büttner, Rich., der jüngere Scipio, s.a. **Gymnasial-Bibliothek.**

[F.] Der jüngere Scipio ... Von Dr. Richard **Büttner,** Prof. ... zu Gera. M. 1 Pl. v. Karthago. *Gütersloh: C. Bertelsmann 1897.* (76 S., 1 Sk.) 1 Bd 8.
— Gymnasial-Bibliothek. H. 26. [98. 1516

Büttner, Rosalie, Hilfsbüchlein zur Einübung der englischen Laute. Eine Vorbereitung f. den Gebrauch engl. Lesebücher u. Grammatiken. 2. veränd. Aufl. des „Lesestoffes". (29 S.) gr. 8. Leipzig 907. Roeder & Schunke. — 70

Büttner, Rosalie, die Lehrerin. Forderg., Leistgn., Aussichten i. dies. Berufe, s.a. **Frauenberufe. 2.**

Büttner, Rosalie: Die Lehrerin. Forderungen, Leistungen, Aussichten in diesem Berufe. — Leipzig: Kempe 1899. 61 S. 8° (Frauen-Berufe. [2.])

Büttner, Rosalie, Lese- u. Lehrbuch d. englischen Sprache in Anlehnung an die direkte Methode. 3 Tle. 8. Leipzig, Roeder & Schunke. Geb. u. geh. 10. 20
I. Mit 9 Abbild. u. 1 Karte. Nebst: Deutsche Übungsstücke. (207 u. 43 S.) 908. Geb. u. geh. 2. 65
II. Mit 14 Abbild. im Text, 16 Ansichten, 1 Plan v. London u. 1 Karte. Nebst: Deutsche Übungsstücke. (235 u. 39 S.) 908. Geb. u. geh. 3. 35
III. Mit 13 Abbild. u. 1 farb. Karte. (XVI, 378 S.) 909. Geb. 4. 20

Büttner, Rosalie, Lesestoff zur Einübung der englischen Laute. Für die 4. Klasse der städt. höheren Schule f. Mädchen zusammengestellt. (8 S.) 8. Leipzig (905). (Rossberg'sche Buchh.) n. — 30

— dasselbe. Wörterbuch zum 1—3. Tl. (140 S.) 8. Ebd. 909. Geb. 1. 30

— Der Frauen Pflicht in eigener Sache. (32 S.) Zürich 1894. C. Schmidt. —.50

Büttner, Rosalie, u. Käthe Windscheid: Auguste Schmidt. 2 Reden. — Leipzig: Frauen-Gewerbeverein 1902. 24 S. 8°

Anläßl. der Trauerfeier am 13. Juli 1902 in Leipzig: 1. Büttner: Auguste Schmidt als Lehrerin. — 2. Windscheid: Auguste Schmidt als Führerin der Frauenbewegung.

Büttner, Rud., Hülfstabellen für den prakt. Cursus in der qualitativ-chem. Analyse. br. 8. (IX und 102 S. mit 5 Tab. in Fol.) Breslau 817, Hirt's Verlag. *

Büttner, Rudolf, Referendar: Das Recht der Zwangsetatisierung in Preußen. Borna-Leipzig 1909: Noske. IX, 80 S. 8°
Marburg, Jur. Diss. v. 15. Juni 1909, Ref. Schücking
[Geb. 27. Juni 85 Fulda; Wohnort: Fulda; Staatsangeh.: Preußen; Vorbildung: Oberrealsch. Fulda Reife O. 04; Studium: Leipzig 1, München 1, Marburg 4 S.; Rig. 27. April 09.] [U 09. 3118

Büttner, Sigismund: Cantuale Augustiniano-romanum ad usum fratrum ordinis eremitarum S. P. Augustini jussu M. F. Sigismundi Büttner . . . provinciae rhenosuevicae prioris provincialis concinnatum . . . Konstanz: Joseph Anton Labhart 1736. 354 S. 8°

Büttner, Sigismund. Scientia media. Freiburg i. B. 1719. 8. P

– Tastatura quinqueformis panarmonico-metathetica, suis quibusdam virtutibus adumbrata. Durlach: Theodor Hecht 1711. 4 f. 8°

– Fünfffaches vollständiges Transponier Clavier, in einigen seinen Tugenden vorgestellt, . . . Durlach: Theodor Hecht (1711). 12 S. 8°

Büttner, T. Ueber die Concurrenz der beiden Genitivformen im Englischen. Königsberg i/P., R. auf der Burg, 1873. 27 S. 4. Progr.

Buettner, (Ern. Guil. Car.) Theod. (geb. Salzwedel 4. 9. 1819): De scirrho et carcinomate uteri. Berolini (1844). (39 S.) 8°
Berlin, Med. Diss. v. 17. Aug. 1844

Büttner, Waldemar, preuss. Referendar: Die deutsche 'Staatssprache' in ihren Beziehungen zum Versammlungs- und Vereinswesen. Nach preuss. u. Reichsrecht. Greifswald 1909: Abel. 62 S. 8°
Greifswald, Jur. Diss. v. 15. Juli 1909, Ref. Hubrich
[Geb. 26. Sept. 80 Melbourne; Wohnort: Greifswald; Staatsangeh.: Preußen: Vorbildung: Gymn. Bremen Reife O. 01; Studium: Leipzig 1, Berlin 4, Greifswald 2 S.; Rig. 7. Febr. 06.] [U 09. 1445

Büttner, Wilhelm [app. Arzt aus Hannover]: Ueber die operative Behandlung der Empyeme des Thorax. Bericht über 75 Fälle von Empyem des Thorax aus der chirurgischen Klinik zu Göttingen. . . . Göttingen, Druck d. Dieterichschen Univ.-Buchdr., 1891; 48 S. 8°
Göttingen, Med. Fak., Inaug.-Diss. v. [5. März] 1891

Büttner, Wilh., üb. die operative Behandlung der Empyeme d. Thorax. Bericht üb. 75 Fälle v. Empyem d. Thorax aus der chirurg. Klinik zu Göttingen. Diss. gr. 8. (48 S.) Göttingen 891. (Vandenhoeck & Ruprecht.) n. 1. —

Büttner, Wilh. Vom Optativus und Koniunktivus. I. 18 S. Progr. *Schweidnitz* 1879.

Buettner, Guilelmus *(geb. Metschkau in Schles. 12. 1. 1845)*: De ratione, qua Sophocles adjectiva consociaverit cum casibus. Vratislaviae (1869). (52 S.) 8°
Breslau, Phil. Diss. v. 24. März 1869

Büttner, Wilhelm: Hermann Samuel Reimarus als Metaphysiker. Paderborn 1909: Schöningh. VIII, 170 S. 8°
Würzburg, Phil. Diss. v. 23. Juli 1909, Ref. Stölzle
[Geb. 12. Aug. 85 Waldaschaff: Wohnort: Würzburg; Staatsangeh.: Bayern; Vorbildung: Gymn. Aschaffenburg Reife Juli 05; Studium: Würzburg 7 S.: Rig. 20. Febr. 09.] [U 09. 4156

Büttner, Wilhelm: Shakespeares Stellung zum Hause Lancaster. *Offenbach a. M. 1904: C. Forger.* (106 S.) 8°
Freiburg i. B., Phil. Diss. v. 1904

Büttner & Meyer: Die Rübenschnitzeltrocknung und deren Bedeutung für die Zuckerindustrie und die Landwirthschaft. 2. Aufl. Uerdingen 1900

Büttner Pfänner zu Thal, Franz Friedrich Ernst

Büttner, Frans [sic!]: Adam und Eva in der bildenden Kunst bis Michel Angelo . . . . Leipzig, Gustav Wolf, Verlagsbuchh. 1887; 2 Bl. + 66 + 1 S. 8°.
Jena. Phil. Fak., Inaug.-Diss. v. 1887.

Büttner, Frans, Adam und Eva in der bildenden Kunst bis Michel Angelo. 2. Aufl. gr. 8. Leipzig 887, Verlag zum Greifen. *

Büttner Pfänner zu Thal, Frz., Adam u. Eva in der bildenden Kunst bis Michel Angelo. 3. (Titel-)Aufl. 8. (67 S.) Leipzig 889. Verlag zum Greifen. n. 1. —

Anhalts Bau- und Kunst-Denkmäler (nebst Wüstungen). Mit Ill. hrsg. u. bearb. von Dr. [Franz Friedr. Ernst] Büttner Pfänner zu Thal. (Vorr.: Th[eodor] Stenzel.) (In 11 H.) [Nebst] Archiv. Dessau-Leipzig: R. Kahle 1892–[95.] 2 Bde 4°(8°)
Bau- u. Kunst-Denkmäler. 1892[–95]. Archiv. [1895]. [95. 2779

Büttner Pfänner zu Thal, Anhalts Bau- u. Kunstdenkmäler. M. Illustrat. i. Lichtdruck, Phototyp. u Zinkogr. gr. 4. (XVI, 552 S. m. 54 Taf. u. 1 Karte.) Dessau 895. [R. Kahle.] C. Dünnhaupt. Geb. 30. —

— dasselbe. Ausg. in 5 Kreisen. gr. 4. Ebd. 896. n. 30. —
Ballenstedt. (64 S. m. 8 Taf.) n. 3. —
Bernburg. (100 S. m. 18 Taf.) n. 7. 50
Dessau. (96 S. m. 11 Taf.) n. 6. —
Köthen. (96 S. m. 8 Taf.) n. 6. —
Zerbst. (136 S. m. 14 Taf.) n. 7. 50

Büttner Pfänner zu Thal, Fr., deutsche Dichter. 4. (263 S. mit Bildern berühmter Meister.) Leipzig 888, Wolf, Verlag. geb. *

—— Deutsche Dichter. Mit Bildern berühmter Meister. 2. (Titel-) Aufl. gr. 4. (264 S.) Ebd. 889. geb. * 10 —

—— Frohna. Eine Hallorensage. 8. (118 S.) Ebendas. 888.

Büttner Pfänner zu Thal, Frz., Frohna. Eine Hallorensage. 1. u. 2. (Titel-)Aufl. 8. (118 S. m. Illustr.) Leipzig 889. Verlag zum Greifen. 1. 80; geb. n. 2. 40

— Handbuch üb. Erhaltg, Reinigg. u. Wiederherstellg. d. Oelgemälde n. d. neuesten Forschungen. [Aus: „Techn. Mitteilgn. f. Malerei".] 8. (60 S.) München 897. Staegmeyr. n. 1. —

— Handbücher. I. u. III. Bd. 12. Leipzig, Verlag zum Greiffen. n. 1. 75
I. Praktisches Handbuch d. Jagdgesetzes. Alphabet. Sammlung aller das Jagdrecht betreff. Bestimmungen, nebst Entscheidgn. der obersten Verwaltungs- u. Gerichtsbehörden, insbesondere des Reichsgerichts. Von e. Praktikus. (III, 86 S.) 890. n. – 75; geb. n. 1. 15
II. Erschien noch nicht.
III. Receptbuch f. Photographie. Eine Zusammenstellg. aller bei der modernen Photographie zur Anwendg. komm. Recepte m. kurzen Anleitgn. Von e. Praktikus. (64 S.) 892. n. 1. —

—— Der Harnisch Herzog Bernhard's v. Weimar, s. Festschrift zur Goldenen Hochzeitsfeier Sr. königl. Hoheit Carl Alexander Grossherzog v. Sachsen etc.

— aus der Heimat. Sagen u. Märchen der Halloren. 1.—3. verm. (Titel-)Aufl. 8. (VII, 119 S. m. Illustr.) Ebd. 888. 889. 1. 80; geb. n. 2. 40

Büttner, Frz., Herbstzeitlosen. Gedichte. Mit Illustr. v. Paul Thumann. 8. (76 S.) Leipzig 886. G. Wolf n 1. 80; geb. n.n. 2. 30

—— Herbstzeitlosen. Gedichte. Mit Illustr. v. P Thumann. 8. (76) Ebd. 88. n. 1. 80; geb. n n 2 30

—— Literaturführer. 1.—6. Abtl. 8. Lpz., Verlag zum Greiffen. geb. ** 3 70
1. Sämmtl. literar. Erscheingn. auf dem Gebiete der Mathematik aus den J. 1884—1889, alphabet. u. system. nach Schlagwörtern geordnet. (43 S.) 889. * — 40.
2. —— dass. — der Medicin aus den J. 1884—1889, alphabet. u. system. nach Schlagwörtern geordnet. (107 S.) 889. ** 1 —.
3. —— dass. — der schönen Literatur [Romane, Novellen, Erzählgn.] aus d. J. 1884—1889. (62 S.) 889. ** — 65.
4. —— dass. — der Philosophie aus d. J. 1884—1889, alphabet. u. system. nach Schlagwörtern geordnet. (31 S.) 889. * — 40.
5. —— dass. — der protestant. Theologie aus d. J. 1884—1889, alphabet. u. system. nach Schlagwörtern geordnet. (71 S.) 890. ** — 75.
6. —— dass. — Katholische Theologie aus d. J. 1884—1890. (43 S.) 890. ** — 50.

[F.] Der Deutsche St. Michael. Von Sr. Maj. Kaiser Wilhelm II. autoris. Bearbtg d. drei allegor. Zeichngn Allerhöchstdesselben zu e. Patriot. Festspiel v. [Franz Friedr. Ernst] Büttner Pfänner zu Thal. Musik v. R. Bartmuss. *Leipzig & Dessau: R. Kahle [1897].* (32 S., 3 Taf.) 1 Bd 8. [97. 3491

— Der deut. St. Michael. Von Sr. Maj. Kaiser Wilhelm II. autoris. Bearbeitg d. 3 allegor. Zeichngn Allerhöchstdesselben zu e. patriot. Festspiel. Musik v. R Bartmuss. 8° (32 m. 3 Taf.) Dess. 97. Anhalt. Verl.-Anst. 1 —; Fürstenasg. 3 —

—— Oelbilder u. ätherische Oele. 8. (13 S.) Ebd. 890. * — 50

—— Die St. Peterskirche zu Bacharach. Kunsthistorische Abhandlg. 8. (49 S. m. 2 Abbildgn.) Ebd. 890. * 1 —

— Deutsche Weisen, ausgewählt. 11. 4. (159 S. m. Abbildgn.) Ebd. 891. geb. m. Goldschn. 4 —

Büttner-Wobst, Theodor, (Prof. Dr.): **Beiträge** zu Polybios. 1. Die Anordnung d. Fragmente d. 22. Buches. 2. ... d. 24. Buches. 3. Die hs. Überlieferung d. excerpta περὶ πρέσβεων Ῥωμαίων πρὸς ἐθνικούς. *Dresden 1901: Lehmann.* (26 S.) 4°

Dresden, G zum heiligen Kreuz, OP 1901 (580)

Büttner-Wobst, Der Codex Peirescianus. Ein Beitrag zur Kenntnis der Excerpte des Konstantinos Porphyrogenetos. S.-A. 1894. 92 S. 2.—

Büttner-Wobst, T., Eine Episode aus der Belagerung von Ambrakia i. J. 189 v. Chr. S.-A. O. J. 8 S. —.75

Büttner-Wobst, Theodor, s.: Excerpta historica iussu imp. Constantini Porphyrogeniti confecta.

Büttner-Wobst, T., De legationibus reipublicae liberae temporibus Romam missis. Diss. 1876. 70 S. 1.50

Büttner-Wobst, Th., griechische Schulgrammatik, s.: Uhle, Heinr.

Büttner-Wobst, Theodorus [Oberl. Dr.]: Studia Byzantina. Particula I. Dresden, Lehmann'sche Buchdr., 1890; S. III–XXI; 4°

Dresden, G zum heiligen Kreuz, OP 1890 (520)

Buettner-Wobst, Thdr., studia Byzantina. Part. I. gr. 4. (21 S.) Dresden 890. (v. Zahn & Jaensch.) n.n. 1.20

Büttner-Wobst, Thdr., s.: Zonarae, Ioa., epitomae libri XVIII.

Büttner-Wobst, W(erner): Über die Flimmerbewegung in Trachea und Bronchien des lebenden Säugetieres. Dresden 1909: Teubner. 29 S. 8°

Jena, Med. Diss. v. 12. Okt. 1909, Ref. Lommel

[Geb. 27. April 85 Dresden; Wohnort: Dresden; Staatsangeh.: Sachsen; Vorbildung: Kreuz-Gymn. Dresden Reife O. 03; Studium: Leipzig 6, Jena 3, Leipzig 1, Jena 1 S.; Coll. 31. Jan. 09; Approb. 31. Dez. 09.] [U 10. 2282

Büttner-Handwerksgewohnheiten, s.: Volksbücher, Deutsche, v. K. Simrock, 33. Hft.

Vollkommene **Büttner** oder Küfer-Lehre. Hrsg. von einer der Künste befördernten Gesellschaft, am Mayn. Vorrede: Johann Heinrich Zang. Th. 1. o.O. 1790. 80 S., 37 Taf.
– Dass. 2., verm. Aufl. u.d.T.: Der vollkommene Büttner oder Küfer. Hrsg. von Johann Heinrich Zang. Nürnberg: Schneider & Weigel. 1804. (Des Kunst- und Handwerks-Buchs. Th. 1.)
– Dass. Ebd. 1808.
– Dass. 3. Aufl. u.d.T.: Der vollkommene Büttner oder Küfer nebst Aufgaben für Weinhändler, Keller, Wein- und Bieressigsieder, Brantwein- und Liqueurbrenner, hrsg. von Johann Heinrich Zang. Ebd. 1820. VIII, 96 S., 38 Taf.
– Dass. u.d.T.: Vollkommene Büttner- oder Küferlehre. . . . Schweinfurth: Riedel 1794. 80 S., 37 Taf.
– Dass. Neue, verb. u. verm. Aufl. Ebd. 1800. 95 S., 37 Taf.
– Dass. 3. Aufl. . . . Von einem praktischen Technologen durchaus verb. u. verm. Franckfurt a.M.: Jäger 1812. 88 S., 38 Taf.
– Dass. 3. Aufl. [!] Ebd. o.J. [um 1812]. 88 S., 38 Taf.

Büttner- u. Kieferlehre, vollkommene, nebst Anleit. zc. verdorbene u. geringe Weine zu verbessern, desgl. wie Wein- u. Bier-Essig gesotten u. verdorbener wieder verbessert werden kann zc. Mit Kpf. 8. Frankf. a. M. 807. 2e A... 3e A., mit 38 Kpft. 812. 4e A. 830. Jäger. 16 gr.

Büttner's Schicksale u. Leiden in Rußland, s. Beschreibung d. Schicksale zc.

Büttner's Winter-Fahrplan der oldenburgischen Eisenbahnen nebst sämmtlichen Eisenbahn- u. Post-Anschlüssen zc. Gültig vom I. X. 1899 ab. gr. 16. (48 S.) Oldenburg, F. Büttner. —20

Buttron, Hermann, pr. Tierarzt: Über die Umsetzung von Cyankalium in tierischen Organen. Giessen 1909: v. Münchow. 24 S. 8°

Gießen, Veterinär-Med. Diss. v. 24. März 1909, Ref. Geppert

[Geb. 10. Sept. 86 Hungen; Wohnort: Gießen; Staatsangeh.: Hessen; Vorbildung: Realgymn. Gießen Reife O. 05; Studium: Gießen 4, Berlin Tierärztl. Hochsch. 1, Gießen 2 S.; Rig. 26. Febr. 09.] [U 09. 1141

Butts, William Henry, aus Ann Arbor, Mich.: The elliptic cylinder function of class K. Synthetic treatment and computation of tables. Baltimore 1908. 29 S. 4°. [26. III. 08.]

Zürich. Phil. Diss. II. S. 1907/08.

Buttschardt's Wegweiser in der musikalischen Unterrichtslitteratur. I. Pianofortemusik zu 2 Hdn. Führer durch die Klavier-Unterrichtslitteratur. Eine progressiv geordnete Zusammenstellg. bewährter Stücke jeglicher Richtg. f. den Klavierunterricht. 12. (32 S.) Stuttgart 888. Greiner & Pfeiffer. n. —50

Buttschardt's Wegweiser in der musikalischen Unterrichts-Litteratur. II. 12. Stuttgart 891. Greiner & Pfeiffer. n. — 50

Führer durch die Violin-Unterrichts-Litteratur. Eine progressiv geordnete Zusammenstellg. bewährter Stücke jegl. Richtung f. den Violinunterricht. Ein Ratgeber f. Lehrer u. Schüler. (29 S.)

Buttschardt, Carl, praktisches Lehrbuch der Musikwissenschaft. Eine Abhandlg. des gesamten musiktheoret. Stoffes zum speziellen Gebrauch beim höh. Klavierunterricht. Unentbehrlich f. jeden, e. gewisses techn. Können besitz. Spieler zur Gewinng. e. umfass. Wissens auf musikalisch-theoret. Gebiet. Op. 60. 2 Bde. hoch 4. (67 u. 92 S.) Braunschweig (902). H. Litolff. à 2.50

Buttstädt (Schlagwort)

Buttstädt, s.: Preussen. Messtischblätter.

Buttstedt, A[lbertus]: *De Elihui sermonibus auctori libri Iobi abjudicandis. 54 Bl. 4° (2°)

Halle-Wittenberg, Phil. Diss v. 4. Juli 1845

Geb. [Kochstedt (Kr. Aschersleben) 10. 6. 1822]

Buttstedt, J. A., de adparitionibus Deorum gentilium. Ger. 1741. 4.

Buttstedt, J. A., de veris causis, cur Jesus hostibus suis non apparuerit? Cob. 1751. 4.

Buttstedt, J. A., de Judaeo, obtrectatore, vindice ac teste resurrectionis Chr. I–VII. Ger. 1748 ss. 4.

Buttstedt, J. A., quid roboris ex custodiae sepulcri Christi rationibus resurrectionis Christi veritati accedat. Cob. 1761. 4.

Buttstedt, J. A., C. Suetonius Tranq., testis veritatis religionis christ. Ger. 1780. 4.

Buttstedt, Joh. Andr., s.a. Buttstett, Joh. Andr.

— Abhandl. v. d. freyen Willen d. Mensch. gr. 8. Ebend. 752.

Buttstedt, J. And., v. d. Ausgang d. heil. Geist. v. Vater u. Sohne. gr. 8. Wolfenb. Meißner. 749.

Buttstedt, Joh. Andr. Betrachtungen über die Staatsfehler des römischen Kaisers Galba. 2 Th. 4. Coburg 1756. 57.

— Betr. üb. d. Unempfindlichk. d. Glaubens. 8. Braunschweig. 732.

— Gedank. v. d. Glaub. d. ungetauften Christ. Kind. gr. 8. Wolfenb. Meißner. 748.

— Gedank. v. d. Gnadenwahl. 3 Thle. 8. Ebend. 753.

— vernünft. Gedank. üb. d. Geheimnisse d. Christ. zc. 8. Ebend. 735.

— üb. d. Natur Gottes. 8. Ebend. 736.

— üb. d. Schöpf. d. Mensch. 8. Wolfenb. Meißner. 738.

— üb. d. Schöpf. d. Welt überh. 8. Ebend. 757.

— Specim. philologiae sacrae s. observ. in N. Test. 8. Wolfenb. 740.

— üb. d. Ursprung d. Bösen. 8. Ebend. 747.

— üb. d. Vorsehung Gottes in Anseh. ihr. Erhalt. u. Mitwirk. 8. Ebend. 742.

— üb. d. Vorseh. Gottes in Regier. d. Welt. 8. Ebend. 745

—— s. Vorträge, sechs und sieben.

Buttstett, Joh. Andr., s.a. Buttstedt, Joh. Andr.

— Abhandl. v. d. Freiheit d. menschl. Willens in d. Bekehrung. gr. 8. Wolfenb. 752. Meißner. 14 gr.

Buttstett, Jh. Andr., († d. 14. März 1765.) Abhandl. von d. Gnadenwahl. 3 Thle. 8. Wolfenb. 753—57. Meißner. 1 ℛ 18 gr.

Buttstett, Jo. Andr.: Ludovicus IV. augustus, vulgo Bavarus dictus, in augustissimo Carolo Alberto redivivus. Hildesiae 1742.

Buttstett, Joh. Andreas, De Platonicorum reminiscentia optima sanctioris doctrinae methodo. Erlangen (J. D. M. Camerarius) 21. XII 1761. 16 S. (4.—) 4837

Buttstett, Joh. Heinrich

– Der wieder das beschützte Orchestre ergangenen oeffentlichen Erklärung zweyte Auflage. – [Erfurt 1718]. 8°

Buttstett, Johann Heinrich. Ut, Mi, Sol, Re, Fa, La, tota musica et harmonia aeterna. Erfurt [1716].

Buttstett, Johann Heinrich: Ut, mi, sol, re, fa, la, tota musica et harmonia aeterna, oder neu-eröffnetes, altes, wahres, eintziges und ewiges fundamentum musices, entgegen gesetzt dem neueröffneten Orchestre, und in zweene Partes eingetheilet. . . Erfurt: Otto Friedrich Werther; Leipzig (Johann Herbord Kloss) [c. 1717]. 1765. 8°

Buturas, Ath., ein Kapitel der histor. Grammatik der griechischen Sprache. Über die gegenseit. Beziehgn. der griech. u. der fremden Sprachen, besonders üb. die fremden Einflüsse auf das Griechische seit der nachklass. Periode bis zur Gegenwart. (112 u. 8 S.) gr. 8. Leipzig 910. Dieterich. 3.—

(Buturlin.) Darstellung des Feldzuges im Spätjahr 1813 in Deutschland vom Bruch des Waffenstillstandes bis zum Uebergang der französischen Armee über den Rhein. Aus d. Frz. von F. v. Kausler. (XVI. 167.) 8. Mit 1 Karte. Stuttgart 1819. 3,00.

Butz, Grundriss der mathematischen Geographie. Elbing. 1867.
Schul-/Univ.-Schrift

Die Gesetze über Ruhegehalt, Diensteinkommen und Hinterbliebenenversorgung der preussischen Volksschullehrer nebst den dazu ergang. Ausführungsbestimmungen sowie den einschläg. Minist.-Erl. u. gerichtl. Entscheidungen. Hrsg. von A[nton] **Butz**, Lehrer in Koblenz. *Neuwied, Berlin, Leipzig: Heuser 1901.* (IV, 90 S.) 8° [J.] [01. 1291 6

Butz, A., Falks Verdienste um die preuss. Volksschule u. ihren Lehrerstand. Gedenkrede auf den verstorbenen ehemal. Kultusminister in der Hauptversammlg. des rhein. Prov.-Lehrervorbandes zu Remscheid am 29. V. 1901. gr. 8. (15 S.) Neuwied 902. Heuser's Verl. n. —50

Butz, Ernst [cand. med. aus Augsburg]: Störungen der Sensibilität durch Traumen ... Würzburg, kgl. Universitätsdr. v. H. Stürtz, 1892; 40 S. 8.
Erlangen, Med. Fak., Inaug.-Diss. v. 1892

Butz, Frdr. Carl: Die Gesch. d. kleinen Mizzl Golatti. Erzählg. (114) kl8° Berl., J Ladyschnikow '11. 1 —: geb. 2 — d

Friedrich Carl **Butz**. Lieder eines Mannes. Frankfurt a. M.: Mayer [1909]. 64 S. 8° [11. 12121

— Moloch Theater. Bühnenroman. (125 S.) 8. Ebd. (909.) 2.—; geb. 3.—

Butz, Friedrich (Rudolf), Lehramtspraktikant a. Karlsruhe: Schillers Beredsamkeit in seinen Jugenddramen. Waldshut 1906: H. Zimmermann. (55 S.) 8°
Freiburg i. B., Phil. Fak., Ref. Woerner, Diss. v. 1906
[Geb. 3. Juli 82 Karlsruhe i. B.; Wohnort: Waldshut; Staatsangeh.: Baden; Vorbildung: Gymn. Karlsruhe Reife Juli 06; Studium: Freiburg i. B. 3, München 1, Freiburg i. B. 4 S.; Rig. 14. Juli 06.]

Butz, Gustav, Referendar in Hagen in Westfalen: Die Bekämpfung des Mädchenhandels im internationalen Rechte. Hagen i. W. 1908: G. Butz. (III, 85, XV S.) 8°
Leipzig, Jur. Fak., Diss. v. 30. Jan. 1908
[Geb. 31. Jan. 84 Hagen; Wohnort: Hagen; Staatsangeh.: Preußen; Vorbildung: Gymn. Hagen Reife O. 02; Studium: Grenoble 1, München 2, Berlin 1, Münster 2 S.; Rig. 6. Juli 05.]

Butz, Gust., die Bekämpfung des Mädchenhandels im international. Rechte. (VII, 85 u. XV S.) gr. 8. Berlin 908. Puttkammer & Mühlbrecht. 1.80

Butz, Jos., Alters- u. Invaliditäts-Versicherung nach dem Gesetz vom 13. VII. 1899 in Mustern, Erläutergn. u. Aufgaben. Zum Gebrauch beim Unterricht in den Fortbildungsschulen, Handwerkerschulen u. zum Selbstunterricht. 2. Aufl. gr. 8. (12 S.) Halle (901). H. Gesenius. n. —20
Sonderabdruck aus: „Butz, Jos., u. Jost, der gewerbl. Aufsatz".

Praktische Anleitung zur Einfachen Buchführung für Gewerbetreibende. Zum Gebr. beim Unterr. in d. Fortbildungsschulen ... u. z. Selbstunterr. bearb. von **Joseph Butz**, Hauptlehrer, u. Gg. Frz. Jost, Lehrer. Mit prakt. Übungsheft. *Halle: H. Gesenius 1901.* 2 Bde 8° [Umschlagt. J.]
Aus: Butz, Der gewerbl. Aufsatz. 3. Aufl. [01. 8407

Butz, Joseph u. Gg. Frz. Jost:

— — der gewerbliche Aufsatz. Musterbeispiele zur Anfertigg. v. Geschäftsaufsätzen, Briefen u. Eingaben an Behörden, m. Erläutergn. u. Aufgaben, nebst prakt. Anleitung zur einfachen Buchführg. f. Gewerbetreibende. Anh.: Alters- u. Invaliditätsversicherg. nach dem Gesetz vom 13. VII. 1899. Zum Gebrauche beim Unterricht in den Fortbildungsschulen, Handwerkerschulen u. zum Selbstunterricht. 3. Aufl. gr. 8. (VII, 159 S.) Ebd. 901. n. 1.—; geb. in Leinw. n. 1.50

Butz, Karl

Butz, Carl, Referendar a. Borbeck: Der gute Glaube auf dem Gebiete des Liegenschaftsrechts. Heidelberg 1906: J. Hörning. (53 S.) 8°
Heidelberg, Jur. Fak., Ref. Endemann, Diss. v. 6. Aug. 1906
[Geb. 3. Dez. 79 Lindenhorst, Westf.; Wohnort: Borbeck; Staatsangeh.: Preußen; Vorbildung: Gymn. Essen Reife O. 00; Studium: Freiburg i. B. 1, München 2, Berlin 3 S.; Rig. 25. April 06.]

Butz, Karl: Allgemeine angeborene Muskelhypoplasie. *München 1898: Kastner & Lossen.* (19 S. mit Taf.) 8°
München, Med. Diss. v. 1898

Butz, Casp., Gedichte eines Deutsch-Amerikaners. 8. (VIII, 312 S.) Chicago 879. New-York, Steiger in Comm. geb. m. Goldschn. n. 9.—

Butz, Caspar. Grossvaterlieder. Chicago, 1887. UC

Butz, O: Merkb. üb. d. Fütterg d. landwirtschaftl. Nutztiere, s: Schaper's landwirtschaftl. Unterr.-Bibliothek.

Butz, Otto, a. Honnef a. Rhein: Die Landwirtschaft des Kreises Rees am Niederrhein unter besonderer Berücksichtigung der natürlichen, wirtschaftlichen und sozialen Verhältnisse. Halle a. S. 1905: O. Thiele. (114 S.) 8°
Jena, Phil. Fak., Ref. Edler, Diss. v. 6. März 1905
[Geb. 5. Okt. 76 M.-Gladbach; Wohnort: Merseburg; Staatsangeh.: Preußen; Vorbildung: Landw. Schule Bitburg Einj.-Freiw.-Zeugn. M. 98; Studium: Bonn-Poppelsdorf 5, Jena 4 S.; Rig. 6. März 05.]

Butz, Petr. Car. Armin. (geb. Mülheim an d. Ruhr 20. 5. 1834): De uteri polypis. Berolini (1861). (32 S.) 8°
Berlin, Med. Diss. v. 30. Juli 1861

Butz, Philipp, der Ritter v. der Bettenburg. Erinnerung an Christian v. Truchseß, den Förderer deutscher Dichter. (48 S. m. 8 Abbildgn.) 8. Heidelberg 906. O. Petters. Kart. n. 2. —

Butz, Richard

Butz, Rich., Untersuchungen über die physiolog. Functionen der Peripherie der Netzhaut. Inaugural-Dissertation. gr. 8. (144 S. mit 3 lithogr. Curventaf.) Dorpat 883, (Karow.) *

BUTZ, Sebastian (Augsburg): Statistik der Typhusbewegung auf der II. medicinischen Klinik des Herrn Geheimrath Dr. von Ziemssen zu München für die Jahre 1878-1883 (incl.).- Leipzig: Hirschfeld 1885. 2 Bl.,17 S.
6.8.1884 - Urk (Titel: De numeris crescentibus et decrescentibus morbi typhii in clinica II medica nosocomii Monacensis annis 1879-1883 observatis.); Chr 1884/85,19
Diss. Ingolst.-Landsh.-Mchn.

Butz, Theodor, Rechtspraktikant: Die Editionspflicht an Sachen. Freiburg i. B. 1906: H. Grimm. (67 S.) 8°
Freiburg i. B., rechts- u. staatsw. Fak., Ref. R. Schmidt, Diss. v. 1906
[Geb. 27. Nov. 80 Karlsruhe, Baden; Wohnort: Karlsruhe; Staatsangeh.: Baden; Vorbildung: Gymn. Karlsruhe Reife Juli 99; Studium: Freiburg i. B. 2, München 1, Freiburg i. B. 4 S.; Rig. Okt. 05.]

Butz, W., Anfangsgründe der darstellenden Geometrie, der Axonometrie, der Linear-Perspektive u. der Schattenconstruction für den Schul- u. Selbst-Unterricht [Ergänzungsbd. zu Koppe's Lehrbüchern der Mathematik.] bearb. Mit 16 (lith.) Fig.-Taff. (in 4.) Essen 870. Bädeker. gr. 8. (X, 110 S.) n. 24 ngr.

Butz, Walther, pract. Arzt aus Schönebeck a. d. Elbe: **Über Duodenalkrebs und seine Komplikationen (Pankreatitis).** *Greifswald 1900: J. Abel.* (38 S.) 8°
Greifswald, Med. Diss. v. 9. Okt. 1900

Butz, W(erner). 14tägige Fusswanderung von Zürich in die Alpen und zurück mit 25 frs. Reisegeld. Ausgeführt und beschrieben von W. Butz.... 8. (Darmstadt [1899].)

Butz, Wilhelm [Dir.]: Beiträge zur Geschichte der ersten 25 Jahre der Albinusschule (Realprogymnasium) zu Lauenburg a. d. Elbe. Lauenburg, Druck v. Gebr. Borchers, 1890; S. 3–48; 8°
Lauenburg a. d. Elbe, Albinus-S (RPG), Festschr. 1890 (287)

[F. u. Ant.] **Butz,** *Wilhelm* [Dir.]: *Bericht über die Feier des 25-jährigen Bestehens der Albinusschule.* Lauenburg, Druck v. Gebr. Borchers, 1891; S. 13–16; 4°
Lauenburg a. d. E., Albinus-S (RPG), OP 1891 (286)

14. Ostern 1887. Zu der Feier des Geburtstages Sr. Majestät des Kaisers . . . ladet ein Wilhelm **Butz.** Lauenburg a. d. Elbe. 1887. 4°.

Albinus-Schule (vollberechtigte höhere Bürgerschule) in Lauenburg a. d. Elbe . . . Programm. 8. Ostern 1881. Zu der öffentlichen Prüfung . . . ladet ein Wilhelm **Butz.** Lauenburg a. d. Elbe. 1881. 4°.

Kurze Skizze der Entstehungs- und Entwickelungsgeschichte der Realschule (in Lauenburg a. d. Elbe). Von Wilhelm **Butz.** Lauenburg a. d. Elbe. 1873. 4°. Realsch.-Progr.

Butz, *Wilhelm* Über Wert, Ziel und Methode des Zeichenunterrichtes an höheren Lehranstalten. 4 (25 S.).
Progr. Albinus-Sch. *Lauenburg a. d. E.* 1887 (276).

Butzbach (Schlagwort)

Butzbach, s.: Deutschland. Kürschner-Pelz.

Butzbach (Verfasser)

Butzbach, Gustav, aus Friedberg (Hessen): Beiträge zur Kenntnis der Jodvanadate und Perjodvanadate. Bern 1905. 44 + 2 S. 8°. [13. VII. 05.]
Bern. Phil. Diss. 1905/1906.

Butzbach, Gustav. Beiträge zur Kenntnis der Jodvanadate und Perjodvanadate. Diss. Phil. Bern. 45 S. 8. Bern, Neukomm & Zimmermann, 1905.

Butzbach, Heinrich [app. Arzt aus Husum]: Beitrag zur pathologischen Anatomie der Kiefergeschwülste. (Eine Unterkiefergeschwulst mit hyaliner Degeneration.) . . . Würzburg, P. Scheiner's Buchdr., 1890; 35 S. 8°
Würzburg, Med. Fak., Inaug.-Diss. v. 1890

Butzbach, Des Johs, Wanderbüchl. Chronika e. fahr. Schülers, s. a. Insel-Bücherei.

Butzbach, Johs., Chronica eines fahrenden Schülers oder Wanderbüchlein. Aus der latein. Handschrift übersetzt und mit Beilagen verm. von D. J. Becker. 8. (XVI, 300 S.) Regensburg 869, Manz.

Butzbach, Wilhelm [app. Arzt aus Husum (Schleswig-Holstein)]: Histologische Differential-Diagnose von Lebergeschwülsten. . . . Würzburg, Paul Scheiner's Buchdr., 1890; 32 S. 8°
Würzburg, Med. Fak., Inaug.-Diss. v. 1890

Bützberger, o. m. der Theorie algebraischer Flächen zusammenhängendes planimetrisches Problem. gr. 8. (31 S.) Bern 889. (Jent & Reinert.) n. — 80

Bützberger. F[riedrich]. Zum 100. Geburtstage Jakob Steiners. SA. 8. (Leipzig [1896].)

Bützberger, F[ritz]. Lehrbuch der ebenen Trigonometrie mit vielen angewandten Aufgaben für Gymnasien und technische Mittelschulen. 2. umgearbeitete und erweiterte Aufl. [Mit 27 Figuren im Text.] VIII + 62 S. 8. Zürich, Art. Institut Orell Füssli, 1901. [cart. fr. 2. —]

Bützberger, F., Lehrbuch der ebenen Trigonometrie m. vielen Aufgaben u. Anwendungen f. Gymnasien u. technische Mittelschulen. 3. Aufl. (X, 68 S. m. Fig.) 8. Zürich (904). Art. Institut Orell Füssli. Geb. n. 2. —; Resultate u. Auflösungen (24 S.) n. 1. 50

Bützberger, F., Lehrbuch der ebenen Trigonometrie m. vielen Aufgaben u. Anwendungen f. Gymnasien, Seminarien u. techn. Mittelschulen, sowie zum Selbstunterricht. 4., verb. u. verm. Aufl. (XII, 84 S. m. Fig.) 8. Zürich 909. Art. Institut Orell Füssli. Geb. 2. —; Resultate der Aufgaben. (35 autogr. S. m. 41 Fig.) (910.) Geb. nn 2—;

Bützberger, F: Lehrb. d. ebenen Trigonometrie. Resultate d. Aufg. (35 autogr. S. m. Fig.) 8° Zür., Art. Instit. Orell Füssli ('10). geb. nn 1.60 (Hauptw. u. Resultate: nn 3.60)

Bützberger, F., kurzer Lehrgang d. eben. Trigonometrie m. vielen Aufgaben u. Anwendgn. gr. 8. (III, 38 S. m. 26 Fig.) Bern 895. K. J. Wyss. Kart. n. 1. 20

Bützberger, F[ritz]. Resultate und Auflösungen zu den Aufgaben und Anwendungen im Lehrbuch der ebenen Trigonometrie. [Mit Figuren.] 24 S. 8. Zürich, Orell Füssli, [1905]. [fr. 1. 50]

Bützberger, F[ritz]. Prof. Dr. Georg Sidler (1831—1907. Mit Porträt). Sonderabdruck aus der Schweiz. Pädagog. Zeitschrift, [Jahrg. 18,] Heft 2, 1908. II + 16 S. 8. Zürich, Orell Füssli.

(Bützberger, J[aco]b.) Bericht des Handwerker- und Gewerbevereins des Amtes Aarwangen zum 50-jährigen Jubiläum, 1852—1902. II + 52 S. 8. Langenthal, G. Matthys-Geiser, 1903.

(Bützberger, [Johann].) Antwort der Regierung des Kantons Basel-Stadt gegen die Regierung des Kantons Basel-Landschaft, betreffend die Ansprüche der Letztern an den Festungswerken der Stadt Basel und deren Zubehörden. (Verfasst... [von] B', Fürsprech.) 8. Langenthal 1862.

Butze, Frdr.: Zeppelin kommt!, s: Martin, Emilie.

Butze, Carl Ad., poetische Gedanken üb. den Bergmannsstand. 8. (2 B.) Freiberg 843. (Craz u. Gerlach.) *

Butze, Rob. Ueber kirchliches Orgelspiel. gr. 8. (IV, 72 S.) Lpz. 889, Klinkhardt. * 1 —

Butzer, Adelbert, appr. Arzt aus München: Ein **Fall von Sublimat-Intoxikation.** *München 1899: Kastner & Lossen.* (31 S.) 8°
München, Med. Diss. v. 1899

Butzer, H., Quellenbuch f. d. griech. Geschichte, f.: Schul-Ausgaben, deutsche.

Butzer, Heinrich Über Strabos Geographica, insbesondere über Plan und Ausführung des Werkes und Strabos Stellung zu seinen Vorgängern. (Umschlagtitel: . . . Geographica.) 4 (S. 3—36). Progr. Wöhlersch. *Frankfurt a. M.* 1887

Butzer, Heinrich: Der Jonicus a maiore. Frankfurt a. M., Druck v. A. Mahlau (Fa. Mahlau & Waldschmidt), 1889; S. 8—20; 4°
Frankfurt a. M., Wöhler-S (RG), OP 1889 (878)

Butzer, Heinr., f.: Lesebuch, deutsches, f. höh. Lehranstalten.

Butzer, Martin

—— f. Erichson, Alfr. — Kannengießer, Paul.

Butzer, Mart. An ein christlich Rath vnd Gemeyn der stat Weissenburg Summary seiner Predig daselbst gethon, f. Zur 400jähr. Geburtsfeier Martin Butzers.

Butzer, Martin, le réformateur de l'Alsace par Th. G. A l'école du dimanche de Saint-Nicolas souvenir du 1. novembre 1891. 8. (18 S. m. 1 Bildnis.) Strassburg i/E. 891. J. H. E. Heitz. n. — 20

– s. Reuß, Rud.

– s. Stern, Eug.

Butzer, Otto: „Morgenglocken". Gedichte. (4, 35) kl8° Dresd., E Pierson '11. 1 —; geb. n 2 —

Bützer, H., s.: Finanz-Jahrbuch, schweizerisches.

Bützer, Joh. Valent. (Kiel), De scepticorum praecipuis hypothesibus, secund. constitut. Fridericianam. Präs. Georg Pasch. Kiel (Barth. Reuther) Nov. 1706. 24 S. (5.—) 4642

SCH—EREIEN und A—wische ausgemistet von einem Schissmatiker. (Sotad. Poesien, von *G. Butziger?*) Erster und zweiter Haufen. Mit obscöner Titelvignette. Haarburg, b. A. R. Schloch u. Comp. (Leipzig, Michelsen) 1834—35. 8°. (In Wien, Stadtbibl., 2 Expll.: Secr. A 83.)
68 u. 86 SS. Wird auch dem bekannten Komiker *Beckmann* zugeschrieben. (1—2: 10 Rthl.: 2 apart: 6 Rthl. Scheible; jetzt theurer!) Der zweite Theil nahezu unauffindbar.

— — Dasselbe. VIIIte (??) mit einem Anhange von Klabusterbeeren gesammelt auf Sch. . . . häusern vermehrte Auflage. Haarburg 1846. 12°.
Graesse, Trésor VII. p. 466: Recueil rarissime des plus sales obscénités, fait p. *Beckmann*, acteur comique célèbre Berlinois. (Selon Weller, Die falschen und fingirten Druckorte p. 145 l'auteur serait *G. Butziger* et le lieu d'impression: Leipzig, Michelsen.)

Butziger, Gustav, D. u. T. od. Durst u. Tod, oder Naß u. Blaß, od. Sitis u. Satis. Faßliches. Mit einem nichtfaßlichen Anhange. 1. u. 2. Aufl. 8. (à 10¼ B.) Leipzig 843, 47. [Kößling'sche Buchh.] à

Butziger, Gust., Grabschrift d. Censors. Nachgelassenes Gedicht. gr. 8. (8 S.) Leipzig 848, Literar. Antiquarium. 1½ ngr

—— das 19. Jahrhundert des Thierreichs, f. Jahrhundert.

Butzke, Adolf: Die volkswirtschaftliche Bedeutung der deutschen Schrauben- und Mutternindustrie. Halle a. S. 1910: Kaemmerer. VI, 102 S. 8°
Halle, Phil. Diss. v. 22. Juli 1910, Ref. Conrad
[Geb. 10. Juli 86 Berlin; Wohnort: Halle a. S.; Staatsangeh.: Preußen; Vorbildung: Realgymn. Malchin Reife O. 07; Studium: Rechtswiss. u. Nationalökon. München 2, Halle 5 S.; Rig. 28. Juni 10.] [U 10. 1716

Butzke, E. L., Denkschrift über den Weichselzopf. Ein Beitrag zur Begründung einer rationellen Pathologie und Therapie desselben (für Aerzte und gebildete Nichtärzte). Thorn 858. Lambeck in Comm. gr. 8. (VI, 242 S.) n. 1 ₰ 15 ngr

—— dass. — Neuer (Titel-)Abdr. Lex.-8. (VI und 242 S.) Berlin 858, Th. Grieben. *

Butzke, E. L., Denkschrift über den Weichselzopf. Ein Beitrag zur Begründung einer rationellen Pathologie und Therapie desselben. Neuer Abdr. Berlin 859. Th. Grieben. gr. 8. (VI, 242 S.) n. 20 ngr

Butzke, Ludolph Ernst (Brandenburg a. H.), De efficacia bromi interna experimentis illustrata. Diss. med. Bln. (A. Petsch) 25. VIII. 1829. 36 S. mit Biogr. (M.: Litzmann). (4.50) 4838
Oppon.: W. Holthoff, W. Schultz, G. Richter. — Gew.: G. Wagner.

Butzke, Paul, z. Zt. Volontärass. am pathol.-hygien. Institut d. Stadt Chemnitz. Aus d. pathol.-hygien. Institut d. Stadt Chemnitz. Zur pathologischen **Anatomie** der Möller-Barlow'schen Krankheit. *Leipzig 1904: B. Georgi.* (40 S.) 8°
Leipzig, Med. Diss. v. (2. Juli) 1904

Butzke, W. R.: Der Kampf mit dem Alkoholismus und die Heilanstalten für Alkoholiker. (Russisch.) Vortr. i. d. Moskauer Gesellsch. f. Psychiatr. Moskau. 1895.

Butzki, Carolus: De *Ἕξει* Aristotelea. Halis 1881: (Friese in Magdeburg). 35 S. 8°
Halle-Wittenberg, Phil. Diss. v. [5. Mai] 1881
Geb. Prausnitz (Schles.) 13. 1. 1846. V.
Der Name des Verf. lautete richtig: Butzky.

Butzky, Alfred, Referendar: Die **Bedeutung** der Inventarerrichtung im Erbrecht des Bürgerlichen Gesetzbuchs für das Deutsche Reich. *Greifswald 1901: J. Abel.* (50 S.) 8°
Greifswald, Jur. Diss. v. [8. März] 1901

Bützler, Carl *Hubert:* Beiträge zur vergleichenden Osteologie des Schafes und der Ziege ... M. 5 Lichtdr.-Taf. Leipzig, Druck v. C. G. Naumann, 1890; 29 S., 1 Bl., 5 Taf. 8.
Leipzig, Phil. Fak., Inaug.-Diss. v. [12. Jan.] 1897

Bützler, Thdr: Kleine Geschichte v. Cöln u. Umgebg, s: Bender, Frz.

Bützler, Thdr., Verfassungskunde in der Volksschule, f. a. Abhandlungen, pädagogische. XII, 11.

Verfassungskunde in der Volksschule. Von Theodor **Bützler**. Bielefeld: A. Helmich [1907]. (15 S.) 8° [Umschlagt. F.]
— **Abhandlungen**, Pädagogische. N. F. Bd 12, H. 11, [1.] 08. 7109

Bützow (Schlagwort)

Bützow, s.: **Deutschland**. Kürschner-Pelp.

Bützow (Verfasser)

Bützow, Carl Friedrich (Rug. Swant.), Examen poenitentiae civilis. Präs. Pet. Mascov. Greifswald (Dan. Benj. Starck) 14. VIII. 1708. 46 Seiten. (5.20) 4643

van Büüren, Hermann Bernhard [app. holländ. Arzt aus Leyden]: Ueber Behandlung frischer Patellarfrakturen. . . . Freiburg i. B., Univ.-Buchdr. v. Chr. Lehmann. 1888: 34 S. 8°
Freiburg i. B., Med. Fak., Inaug.-Diss. v. 1888

Buurendochter, de, in 't Penfion; of: dat har'k man eerder weeten must. Ein Bild aus dem Landleben von H. D. S. gr. 8. (27 S.) Emden 857(60), Woortmann. *

Buurman, Ulr., Erläutergn. u. Aufsätze zur Einführg. in Goethes Faust f. Lehrer u. den Gebildeten. 12. (XI, 115 S.) Leipzig 901. Renger. Kart. n. 1.50

Buurman's, Ulr., kurze Repetitorien f. das Einjährig-Freiwilligen-Examen nebst Musterprüfungen. Hrsg. unter Mitwirkg. des Lehrerkollegiums. 1.—3. u. 9. Bdchn. 8. Leipzig, Renger. In Leinw. kart. à n. 1.50
1. Die Entwicklung der deutschen Literatur in ihren Hauptmomenten. Nebst Anh., enth. Themata zu Aufsätzen, welche im J. 1903 v. 25 Prüfungskommissionen gegeben worden sind. (VI, 55 S.) 904.
2. Hauptregeln der lateinischen Syntax in übersichtlicher Darstellung. (IV, 48 S.) 905.
3. Zusammenfassende Darstellung der griechischen Formenlehre u. Syntax in übersichtlicher Form. (IV, 64 S.) 905.
9. Physik. (IV, 70 S.) 905.
4—8. Bdchn. Ebd. 899—901. à n. 1.50.

— kurze Repetitorien f. das Einjährig-Freiwilligen-Examen. Hrsg. unter Mitwirkg. des Lehrerkollegiums. 4.—8. Bdchn. 8. Ebd. In Leinw. kart. à n. 1.50
4. Kurzer Abriß der französischen Formenlehre in Verbindg. m. der Syntax in übersichtl. Form. (IV, 35 u. 4 S.) 899.
5. Kurzer Abriß der englischen Formenlehre in Verbindg. m. der Syntax in tabellar. Form. (IV, 42 S.) 900.
6. Geschichtstabelle in zusammenhängender Darstellung. (IV, 80 S.) 901.
7. Das wichtigste aus der mathematischen, physischen u. politischen Geographie. (V, 81 u. 4 S.) 900.
8. Kurzer Überblick üb. die Hauptlehren der Arithmetik u. Algebra, der Planimetrie u. Stereometrie. (IV, 29 S.) 900.
1.—3. sind noch nicht erschienen.

Buurmann's, Ulr., kurze Repetitorien f. d. Einj.-Freiw.-Examen nebst Musterprüfgn. 1., 6. u. 7. Bdchn. kl8° Lpzg, Renger. Kart. je 1.50 d
1. Die Entwicklg d. deut. Lit. in ihren Hauptmomenten. Nebst Anh., enth. Themata zu Aufsätzen, welche im J.°03 v. 25 Prüfgskommissionen gegeben worden sind. 2. Afl. (55) 10. ‖ 6. Geschichtstab. in zusammenhäng. Darstellg. 3. Afl. (88) 10. ‖ 7. Das Wichtigste a. d. mathemat., phys. u. polit. Geogr. 3. Afl. (78 u. 4) 10.

Buurman's, Ulr., kurze Repetitorien f. d. Einj.-Freiw.-Examen. 1. u. 4—8. Bdchn. kl8° Lpzg, Renger. geb. je 1.50 d
1. Die Entwicklg d. deut. Lit. in ihren Hauptmomenten. Nebst Anh., enth. Themata zu Aufsätzen, welche im J '03 v. 25 Prüfgskommissionen gegeben worden sind. 3. Afl. (6, 55) '12. ‖ 4. Kurzer Abriss d. französ. Formenlehre in Verbindg m. d. Syntax in übersichtl. Form. 2. Afl. (38 u. 4) '10. ‖ 5. Kurzer Abriss d. engl. Formenlehre in Verbindg m. d. Syntax in tabellar. Form. 2. Afl. (42) '11. ‖ 6. Geschichtstab. in zusammenhäng. Darstellg. 4. Afl. (4, 88) '12. ‖ 7. Das Wichtigste a. d. mathemat., phys. u. polit. Geogr. 5. Afl. (4, 78 u. 4) '13. ‖ 8. Kurzer Überblick üb. d. Hauptlehren d. Arithmetik u. Algebra, d. Planimetrie u. Stereometrie. 2. Afl. (4, 29) '10.

— Kurzer Wegweiser durch Goethes Faust. (81) gr8° Brem., Rühle & Schl. '11. — 75

Buurmann's, U.: Kurze Repetitorien..., s. Buurman's, Ulr.

Buus, N. P. J., die Behandlung des Milchviehes Sommer und Winter. Ausgearb. im Auftrage der königl. dän. Landhaushaltsgesellschaft. Mit Bewilligung des Verf. aus dem Dän. übertr. und mit Anmerkungen versehen von Chrn. Jenssen. gr. 8. (XVI, 175 S.) Kiel 876, Universitäts-Buchh. *

Buus, N. P. J, die Behandlung des Milchviehes im Sommer u. Winter. Ausgearb. im Auftrage der königl. dänischen Landhaushalts-Gesellschaft. Mit Bewilligung d. Verf. nach der 2. Aufl. aus dem Dänischen übertr. u. m. Anmerkungen versehen v. Chrn. Jenssen. 2. Aufl. gr. 8. (XXIV, 152 S.) Bremen 880. Heinsius. n. 2.50; geb. n. 3.50

Bueus, Jac., siehe: Acta sanctorum.

Bueve de Hantone, Der festländ., hrsg. v. Alb. Stimming, s: Gesellschaft f. roman. Lit.

Buvry, L., Anbauversuche mit ausländischen Nutzpflanzen in Deutschland, angestellt auf Veranlassung des Akklimatisations-Vereins in Berlin. gr. 8. (VIII, 131 S.) Berlin 868, Wiegandt, Hempel und Parey. *

Buvry, L. (Hrsg.), s. Mittheilungen des Central-Instituts für Akklimatisation in Deutschland zu Berlin über sämtliche das Gebiet der Eingewöhnung betr. Gegenstände.

Buvry, L. (Hrsg.), s. Zeitschrift für Akklimatisation.

Buvry, Leopold: De Algeriae incolis eorumque situ, origine et moribus. Berolini (1854). 31 S. 8°

Buvry, L., Algerien und seine Zukunft unter französischer Herrschaft. Nach eigener Anschauung und autent. Quellen, namentlich auch in Rücksicht auf deutsche Auswanderung bearb. gr. 8. (XX und 200 S.) Berlin 855, Schindler. *

Buwinghausen-Wallmerode, Des herzogl. württemb. Generaladjutanten Frhrn v., Tageb. üb. d. „Landreisen" d. Herzogs Karl Eugen v. Württemberg in d. Zeit v. 1767—73. Hrsg. v. Frhrn Ernst v. Ziegesar. (313) gr8° Stuttg., A Bonz' Erben '11. 5 —

Bux, Karl: Ein Beitrag z. Kritik d. Pilotballonvisiergn. [Aus: „Beobachtgn d. meteorol. Stat. im Kgr. Bayern".] (5 m. 2 Taf.) 33×25 cm. Münch., A Buchholz '12. nn — 50

— Münchener Pilotballonbeobachtgn, s: Höllerer, J.

Bux, Theob., Theses canonicas ex libris decretalium Gregorii IX. concinnavit, in quibus librum de statu Ecclesiae et potestate Rom. Pontificis ad reuniendos dissidentes compositum in statera iuris canonici appendit et minus habentem ostendit. München 1765. 4°.

Büx, Joseph [Assistenzarzt 1. Kl. im kgl. 9. Infant.-Regim. Wrede aus Würzburg]: Aus d. bakteriolog. Untersuchungsstation d. kgl. Garnisonlazaretes Würzburg. Ein Beitrag zur bakteriologischen Typhus-Diagnose ... Würzburg, P. Scheiner's Buchdr., 1895; 35 S. 8.
Würzburg, Med. Fak., Inaug.-Diss. v. 1895

Buxbaum, Alexander Julius (Merseburg), Quibus rebus catarrhus et rheumatismus inter se conveniant, quibus differant. Diss. pathol. Bln. (Friedlaender) 18. VII. 1835. 32 S. mit Biogr. (M.: Heubner.) (4.50) 4839
Oppon: R. Sachse, J. Barth, Alex. Dittmar. — Gew.: E. D. A. Bartels, J. F. Niemann.

Buxbaum, B: Abhärtg, s: Zeitfragen, Hygienische.

Buxbaum, Béni

Buxbaum, B., s.: Fortschritte d. Hydrotherapie.

Buxbaum, Béni, Kompendium der physikalischen Therapie f. praktische Ärzte u. Studierende. Mit Beiträgen v. Ludw. Herzl u. Ferd. Winkler. (VII, 462 S. m. 73 Abbildgn.) Lex.-8. Leipzig 906. G. Thieme. n. 8. —; geb. n. 9. —

Buxbaum, B., Lehrbuch der Hydrotherapie. Mit e. Vorworte v. W. Winternitz. gr. 8. (XI, 881 S.) Leipzig 900. G. Thieme. n. 8. —; geb. n. 9. —

Lehrbuch der Hydrotherapie von Dr. B. Buxbaum, Assist., Wien. Mit e. Vorw. d. Hofr. Prof. Dr. W[ilhelm] Winternitz. Mit 34 Abb. u. 24 Tab. 2. verm. Aufl. *Leipzig: G. Thieme 1903.* (XIII, 405 S.) 8° [03. ...

— Technik der Wasseranwendungen. Belehrung f. Badewärter, Krankenpfleger etc. gr. 8. (VII, 78 S. m. 36 Abbildgn.) Ebd. 901. n. 2. 20; geb. in Leinw. n. 3. —

— physikalische Therapie der Erkrankungen der Verdauungsorgane, s.a. Therapie, physikalische, in Einzeldarstellungen.

Physikalische Therapie der Erkrankungen der Verdauungsorgane. Bearb. von Dr. B. Buxbaum, Wien. Stuttgart: F. Enke 1906. (100 S.) 8°
= Therapie, Physikalische, in Einzeldarstellungen. H. 12. [07. 5588

Die bayerische Reiterei im Kriege 1870 71. (Von E. Buxbaum.) München 1895. 25 S.

Buxbaum, Emil, die Chevaulegers, s. Laverrenz, V., das deutsche Heer in Einzeldarstellung.

Diez. — Buxbaum, Emil, Rittmeister à l. s. k. bayer. 3. Cheveauxlegers-Reg. Carl Philipp Freiherr v. ....., k. bayer. charakt. General der Cavallerie. 1769—1850. Aus dem Werke: „Biographische Denkmale bayerischer Reiterführer". (Mit Portrait.) 8. Berlin 1893.

Buxbaum, Emil, Carl Philipp Frhr. v. Diez, kgl. bayr. charakt. General der Kavallerie (1769—1850). gr. 8. (VIII, 80 S. m. Bildnis.) Berlin 893. R. Siegismund. n. 2. —

— Der deutschen Reiter-Regimenter Ehrentage, s.: Kaisenberg, Mor. v.

Buxbaum, Emil: Kavallerie voran! (132) 8° Lpzg, F Engelmann '11. 2 — d

Buxbaum, Emil, Kavalleristen-Träume. (128 S.) 8. Leipzig 909. F. Engelmann. 2. —

– dass., s.a. Kavalleristen-Träume.

Buxbaum, Emil, Secondlieut. im Reg. Das königl. bayer. 3. Chevaulegers-Reg. „Herzog Maximilian" 1724—1884. Auf Befehl des königl. Regiments-Commandos bearbeitet. 1. Th. Organisation und Formation. Mit 1 Titelbild in Lichtdruck nach einem Oelgemälde und 6 farbigen Uniformtafeln nach Zeichnungen des Majors a. D. v. Nagel. 2. Th. Feldzüge. (2 Bde.) gr. 8. München 1884.

Buxbaum, E. Das 3. Chevaulegers-Reg. Herzog Maximilian 1724—1885. Bearbeitet für Unteroffiziere und Mannschaften. Mit Bld. München 1885. 116 S.

— s: Monatshefte. Kavalleristische.

— Reitergeist u. Reitertat in deutscher Dichtung. (XXIV, 887 S.) 8. Halle (910). O. Hendel. 8.—; geb. 4.—

Ruhmestage der deutschen Reiter-Regimenter, deren Errichtung, Benennung u. Feldzüge v. Gen.Maj. Emil **Buxbaum** (u. Mitarb. d. Obstlts. M[oritz] v. Kaisenberg). Oldenburg i. Gr.: Stalling (1910). 410 S. 8° [10. 1, 5]

Seydewitz. — **Buxbaum**, Emil. Rittmeister à l. s. k. bayer. 3. Chevaulegers-Regiments. — Curt Friedrich August Graf v. ....., kgl. bayr. General Major 1769—1816. Aus dem Werke: „Biographische Denkmale bayerischer Reiterführer". (Mit 1 Portrait.) 8. Berlin 1893.

Buxbaum, Emil, Curt Friedrich August Graf v. Seydewitz, kgl. bayr. Generalmajor (1769—1816). gr. 8. (VII, 68 S. m. Bildnis.) Berlin 893. K. Siegismund. n. 1. 50

— Friedrich Wilhelm v. Seydlitz, königlich preussischer General der Cavallerie (1721—1773). Der deutschen Reiterei gewidmet von einem deutschen Reiterofficier. (Mit 8 Bildern und 3 Karten.) 8. Kassel 1882.

Buxbaum, E., Friedrich Wilhelm Freiherr v. Seydlitz, Königl. preußischer General der Kavallerie. [1721—1773.] Neue Aufl. gr. 8. (VI, 166 u. XXVI S. m. 1 Portr. in Farbendr. u. 3 Karten.) Rathenow 890. Babenzien. n. 4.—

Buxbaum, Emil, Seydlitz. Den deutschen Reitern zugeeignet. 3. Aufl. (258 S. m. 1 farb. Bildnis.) 8. Rathenow 905. M. Babenzien. Kart. n. 4.—

— Seydlitz. 4. Aufl. (Vermehrt durch Beiträge des Frhrn. Rud. v. Seydlitz-Kurzbach.) (XI, 217 S. m. 5 [3 farb.] Taf. u. 3 Plänen.) gr. 8. Leipzig 907. G. Wigand. Geb. 7. 50

Buxbaum, Emil, Thatenbuch der deutschen Reiterei. Den deutschen Reitern gewidmet. gr. 8. (IX, 258 S.) Leipzig 900. F. Luckhardt. n. 3.—; geb. in Leinw. n. 4.—

Buxbaum, Heinr., Adolf Dux' Geburtsstätte: das Merleche-Dux-Haus in Preßburg. Zur Enthüllungsfeier des Adolf-Dux-Ehrendenkmals. gr. 8. (11 S.) Preßburg 882, (Stampfel.) *

Buxbaum, Herm., Geschichte der israelitischen öffentlichen Gemeinde-Primär-Hauptschule und des Hermann Todesco'schen Stiftungsgebäudes in Preßburg. Von ihrem Entstehen bis auf den heutigen Tag [1820—1884]. gr. 8. (62 S.) Preßburg 884, (Steiner's Buchh.) *

Buxbaum, Johann Christian

Buxbaum, I. C., Plantar. min. cognitar. Centur. V. etc. V Vol. c. fig. 4. Petrb. (Hartknoch, Lips.) 728—40.

Buxbaum, Johann Christian: Enumeratio plantarum accuratior in agro Hallensi locisque vicinis crescentium . . ., qua variae nunquam antea descriptae exhibentur. Cum praef. Friderici Hoffmanni [Hoffmann 1660–1742]. Halae Magd.: Renger 1721. 342 S. 8°

Buxbaum, Philipp

Buxbaum, Ph., Bauernbrot, s.: Bibliothek vaterländischer Sagen u. Erzählungen.

Bilder aus dem Odenwälder Volksleben von Ph[ilipp] **Buxbaum.** ([1–]3.) Gießen: E. Roth [1906]. 3 Bde 8° [F.]
[1] — Hauswirken. [2] — Wildhecken. (3) — Werktagsgestalten. [07. 7791]

— Dorfstücke. Liederspiele aus dem Odenwälder Volksleben. (IV, 144 S.) 8. Gießen (908). E. Roth. 1. 50

Buxbaum, Phpp., die Fortbildungsschule im Großherzogth. Hessen nach ihrer äußeren u. inneren Organisation. Ein Referat, erstattet in der ersten General-Versammlg. der Lehrer d. Kreises Erbach am 29. Septbr. 1875. gr. 8. (42 S.) Darmstadt 876. (Leipzig, Siegismund & Volkening.) n. — 40

— mathematische Geographie für deutsche Schulen. Nach unterrichtl. Grundsätzen bearb. gr. 8. (VIII, 100 S. mit 43 in den Text eingedr. Holzschn.) Bensheim 879, Lehrmittel-Anstalt von Ehrhard und Comp. *

Buxbaum, Ph., Hauswirken. Bilder aus dem Odenwälder Volksleben. (150 S.) 8. Gießen (906). E. Roth. n. 1. 50; geb. n. 2.—

— Von Jägern u. Wildschützen. I. Bd. Die Heckenrose; II. Bd. Der Goldvogel, s.: Bibliothek vaterländischer Sagen u. Erzählungen.

Buxbaum, P., d. Kleegrasbau nach d. im östl. Odenwalde gemachten Erfahrgn f. d. prakt. Landwirth bearb. 8. (89) Darmst. 75. Schorkopf. n. 1.—

— Lampyris, die Lichtelfe, e. Märchenspiel m. Gesang u. Reigen. (IV, 42 S. m. 1 Fig.) 8. Gießen (909). E. Roth. 1.—

— der Moosbauer, s.: Bibliothek vaterländischer Sagen u. Erzählungen. 5. Bd.

— Stilübungen f. den Selbst-Unterricht, für Volks- u. Fortbildungsschulen rc. Nebst einem Anh., enth.: 1) Das Postwesen; 2) Das Pfandrecht; 3) Die Verfassung u. organisatorische Einrichtung des Deutschen Reiches u. d. Großherzogthums Hessen. Nach unterrichtlichen Grundsätzen bearb. 8. (VIII, 188 S.) Darmstadt 877. Schmitt. n. 1. 50

— Werktagsgestalten. Bilder aus dem Odenwälder Volksleben. (III. Bd.) Mit Orig.-Zeichngn. v. A. Buxbaum. (178 S.) 8. Gießen (906). E. Roth. n. 1. 50; geb. n. 2.—

Wildhecken. Jagd- u. Wilddiebsgeschichten aus d. Odenwald von Ph[ilipp] **Buxbaum.** Mit Orig.-Zeichn. von A. Buxbaum. Gießen: E. Roth [1906]. (154 S.) 8° [F.]
— **Buxbaum**: Bilder aus d. Odenwälder Volksleben. [2.] [07. 7790]

— Im Windstüb'l, s.: Bibliothek vaterländischer Sagen u. Erzählungen.

Buxenstein, Geo. W., s.: Kaiser, unser.

Buxhoewden, Lottie v., die Kreuzenten. — Tabea. 2 Erzählgn. aus balt. Landen. Für die Jugend. 12. (126 S.) Dresden (900). C. Tittmann. Geb. in Leinw. n. 1. 80

v. Buxhöwden, Pet. Wlh. Baron, Beiträge zur Geschichte der Provinz Oesell. Mit ill. Wappen von Oesell (u. Titelvign.) gr. 8. Riga 838. Götschel. 2 ₰ (Ist e. Fortsetzung der Luce-schen Beiträge zur Oesellschen Geschichte, Pernau 817.)(19 ¾ B.)

Buxmann, K[arl] Fr[iedrich] (Königstädten)
Beiträge zur Kenntnis des Prostatasaftes.
Giessen: Brühl 1864. 27 S.
Diss. med. 30.4.1864. vorh. 26. 7.

Buxtehude (Schlagwort)

Buxtehude, s.: Deutschland. Karte. (Abt. Preussen.) — **Preussen. Messtischblätter.**

Buxtehude (Verfasser)

Dietrich Buxtehude. Abendmusiken und Kirchenkantaten. Hrsg. von Max Seiffert. *Leipzig: Breitkopf & Härtel 1903.* (177 S.) 2°(4°)
— Denkmäler deutscher Tonkunst. Bd 14. [04. 5357]

Dietrich Buxtehudes Instrumentalwerke. Sonaten f. Violine, Gambe u. Cembalo. Hrsg. von Carl Stiehl. *Leipzig: Breitkopf & Härtel 1903.* (VII, 185 S.) 2°(4°)
— Denkmäler deutscher Tonkunst. Bd 11. [03. 2800]

Buxton, B. H., great Grenfell Gardens, s. Collection of British Authors.

Buxton, B. H., Nell s. Collection of British Authors.

—— the Ordeal of Fay. We three L.'s. Violet and her lovers, s. Asher's Continental Library.

– on and off the Stage, s. Collection of British Authors.

– from the wings, s.: Collection of british authors.

Burton, Ch., das Leben des Sir Thomas Fowell Burton, s. Lebensbilder aus der Geschichte der inneren Mission.

Buxton EN, the ABC of free trade. Kassel 1882

Buxton, F.: Der afrik. Sklavenhandel und s. Abhülfe, s. Buxton, Thomas Fowell

Buxton, Joan. (geb. London 14. 6. 1819): De colica saturnina ex usu medicamentorum plumbeorum therapeutico. Berolini (1842). (32 S.) 8°
Berlin, Med. Diss. v. 27. Juli 1842

Buxton, Isaac (Anglus), Ruminationis humanae casum. Diss. phys. Göttingen (Rosenbusch) 12. IV. 1802. 16 S. (4.—) 4840

Buxton, T. F. Notizen über Gefängnisse in der Schweiz. *Genf, Paschoud.* 1820.

Buxton, Thomas F.

— Biographie von A. Treskow. Berlin 1853. 8.

Buxton, Thomas Fowell

Burton, Thom. Fowell, der afrikan. Sklavenhandel u. seine Abhülfe. A. d. Engl. übers. v. G. Julius. Mit e. Vorr.: Die Nigerexpedition u. ihre Bestimm., v. Carl Ritter. M. 1 Karte. gr. 8. (33 B.) Leipzig 841, Brockhaus. *

Buxtorf. Baslerische Stadt- und Landgeschichten. Basel 1863—75. 2 Bde.

Burtorf, A. J., der betende Christ, oder Gebetbuch. gr. 8. Basel 805. (Flick). 10 gr

Buxtorf, Anna Bachofner-, s. Bachofner-Buxtorf

Buxtorf, August [aus Basel]: Beiträge zur Kenntnis der Sedimente im Basler Tafeljura. (Mit 1 Profiltafel.) Bern 1901. 6 + 65 S. 4°.
Basel. Phil. Diss. 1901/1902.

Buxtorf, August. Beiträge zur Kenntnis der Sedimente im Basler Tafeljura. ⟨Mit einer Profiltafel [und 1 Figur im Text].⟩ Diss. Phil. Basel. VI + 65 S. 4. Bern, Stämpfli & Cie., 1901.

Buxtorf, Aug., Bemerkungen üb. die Stratigraphie der analogen Schichten der Zentralschweiz, s.: Baumberger, Ernst, u. Arnold Heim, palaeontologisch-stratigraphische Untersuchung zweier Fossilhorizonte usw.

Buxtorf, Aug., E. **Künzli**, L. **Rollier**, geologische Beschreibung des Weissensteintunnels u. seiner Umgebung, s.a. Beiträge zur geologischen Karte der Schweiz.

Geologische Beschreibung des Weissensteintunnels und seiner Umgebung. A. Stratigraphie u. Tektonik. Von Dr. August **Buxtorf**. B. Temperaturen u. Wasserverhältnisse. Von Dr. E[mil] Künzli. C. Geolog. Karte u. Profile. Von Dr. L(ouis) Rollier. Mit 2 geolog. Spezialkarten in 1:25,000, 6 Profiltaf. u. vielen Clichés. Bern: A. Francke in Komm. 1908. (XII, 147 S.) 4°
= **Beiträge** z. geolog. Karte d. Schweiz. N. F. Lfg 21. 08. 7600 2

Buxtorf, A(ug[ust]). Erläuterungen zur geologischen Karte des Bürgenstocks ⟨Spezialkarte Nr. 27a mit Profiltafel Nr. 27b⟩ ⟨Blatt II der geol. Karte der Pilatus-Bürgenstock-Rigihochfluhkette⟩ in 1 : 25,000. Mit einer geotektonischen Skizze des Alpenrandes am Vierwaldstättersee, einem stratigraphischen Detailprofil und einer Textfigur. Den speziellen Erläuterungen ist vorausgeschickt ein Überblick über den Gebirgsbau der P'-B'-R'. 48 S. 8. Bern, Komm. A. Francke, Juni 1910; Basel, Buchdr. Emil Birkhäuser, 1910.
Geologische Karte der Schweiz ....' [Erläuterungen] Nr. 9.

Buxtorf, Aug., Geologie d. Umgebg. v. Gelterkinden im Basler Tafeljura, s.a. Beiträge zur geolog. Karte d. Schweiz. N. F. 11.

Buxtorf, August. Geologie der Umgebung von Gelterkinden im Basler Tafeljura. Mit 2 Textfiguren, einer geolog. Karte 1 : 25,000, einer stratigraphischen und einer tektonischen Profiltafel. X + 106 S. 4. Bern, Komm. Schmid & Francke, 1901. (fr. 10. —; Karte mit 2 Profiltafeln *sep.* fr. 5. —)
Beiträge zur geologischen Karte der Schweiz.... Neue Folge, Liefg. 11; des ganzen Werkes Liefg. 41.
S. VII–IX u. 11–72 = Text der Diss. Buxtorf's, s. Bulletin 1902, S. 73: № 850[38]

Buxtorf, A: Geolog. Kte d. Pilatus-Bürgenstock-Rigihochfluhkette, s: Spezialkarte, Geologische, d. Schweiz.

Buxtorf, A[ugust]. Geologische Prognose für den nördlichen Teil des neuen Trace des Lötschbergtunnels, bis Kilometer 8 vom Nordportal. Hiezu einige Bemerkungen über den bisherigen Befund. Mit 3 Tafeln und 1 Texfigur. Separatabdruck aus den Verhandlungen der Naturforschenden Gesellschaft in Basel. Band 21. III S. + S. 222—244. 8. Basel, Emil Birkhäuser, 1910.

Buxtorf, A[ugust]. Zur Tektonik des Kettenjura. [Mit 1 Tafel.] Sonderabdruck aus dem Bericht über die 40. Versammlung des Oberrheinischen geologischen Vereins zu Lindau 1907. II + 10 S. 8. [Karlsruhe i. Baden, J. Lang, 1907.]

Buxtorf, Aug. Jak., s. Buxtorf, Johann

Buxtorf. August Johann s.a. Beck, Jacob Christoph, und Buxtorf, August Johann.

Buxtorf, August Joh.: De officiis erga mortuos ratione sepulturae atque famae. (Resp.: Andreas Weiss). 12 S.– Basel, Jur. Diss. v. 24. Okt. 1727.

Buxtorf. August Joh[ann]. Die Reise nach der Birs-Quelle, samt einer kurzen Beleuchtung der ohnferne von dar befindlichen Römischen Steinschrift auf Pierre-Pertuis oder dem Durchbrochenen Felse. [Mit Vignetten und 4 Tafeln. SA.] 8. [Basel] 1756.

Burtorf, C. Was heißt tolerant? Vortrag. 8. (24 S.) Basel 890, [Spittler.] Jaeger u. Kober. * — 25

Buxtorf, Johann

Buxtorf, I., de abbreviaturis hebraicis etc. 8. Francf. Andreae.

— Catalecta philol. theologica. Bas. 1707. 8.

Buxtorfi, Joa., concordantiae bibliorum hebraicae et chaldaicae. Editore Bernh. Baer. 12 Partes. 4. (XXXI und 2046 S.) Berlin 862,63, Ad. Cohn. à Pars * 25 Ngr. * Schreibpap. à Pars * 1 Thlr. 5 Ngr. *

Buxtorf, Joh., concordantiae bibliorum hebraicae et chaldaicae. Editore Bernh. Baer. Berlin 863. Adolf & Co. 4. (XXXI, 2046 S.) n. 10 ₰; Schreibpap. n. 14 ₰

— dissertat. var. argum. 8. Bas. Koenig. 725.

— epitome grammatic. hebr. 8. Basel, Schweighäuser. 8 gr id. lib. 8. Leyd. 761. Luchtmans. 4 gr

—— idem liber. 8. Bas. Tourneysen. 710.

—— lexicon chaldaicum, talmudicum et rabbinicum denuo edidit et annotatis auxit B. Fischer. Fasc. 1—8. hoch 4. (S. 1—820.) Leipzig 866—68, M. Schäfer. à Fasc. * 15 Ngr. *

Buxtorfii, Joa., Lexicon chaldaicum, talmudicum et rabbinicum. Denuo ed. et annotatis auxit Bern. Fischer. Fasc. 9—34. (Schluss.) hoch 4. (XXIV, S. 321—1322.) Leipzig 868—74, M. Schäfer. à Fasc. * Subscr.-Pr. compl. * M 51.; Laden-Pr. *
Fasc. 1—8. Ebendas. 1866—68. * M 12.

Buxtorf, I., Lexicon hebraic. et Chald. 8. Bas. König. 755. Rthlr.

— Lexicon hebr. et chald. biblicum. dig. Montaldi. 4 Tmi. 8. Romae, de la Molliere. 791.

Buxtorf, Jh., liber Gosri, cont. colloquium de religione habitum ante XC ann. int. regem Cosareor. et R. Isaac Sangarium Ind. 4. Basel 760, Schweighäuser. 1 ₰

— Specim. Phraseol. Vet. Test. hebr. 8. Francf. Andreae. 717.

Buxtorf, Jo., Synagoga Judaica noviter restaurata: Das ist: *Erneuerte Jüdische Synagog, od. Juden-Schul.* Darinnen der gantze jüdische Glaube, und Glaubens-Uebung, mit allen Ceremonien, Satzungen, Sitten u. Gebräuchen . . . gründlich erkläret . . . . Mit TKpf. (in Doppelformat) u. vielen Kpfrn. im Texte. Franckfurt u. Leipzig, zu finden bey Joh. Paul Kraussen, Buchh. (in Wien). 1738. 8°. Schönes unbeschn. Expl. in Hpgmtb.

12 Bll. (incl. roth u. schwarz gedr. Tit. in Doppelformat), 608 S., 16 Bll. Reg., 4 Bll. Krauss'sche Verlags-Anzeigen. — Frühere Ausg. ibid. 1729. 8°.

— Synagoge judaica. 8. Bas. Tournoysen. 712.

— jüdische Synagoge. 8. Frankf. 738.

— thesaurus grammat. hebr. adjecta prosodia metrica etc. 8. Basel, Schweighäuser, 1 ₰ 8 gr

Buxtorf, Joh., als Bewerber um die anatom.-bot. Professur. — Geymüller, Joh. Rud., [Basel]. Theses anatomico-botanicae. 1447
Basel, med. Diss. 1733.

Buxtorf, Joh., als Bewerber um die anatom.-bot. Professur. — Geymüller, Joh. Rud., [Basel]. Theses anatomicae. 1432
Basel; med. Diss. 1731.

— Tiberias, s. commentarius masoreticus triplex etc. 4. Basel, Schweighäuser. 16 gr

Buxtorf, Joh., Basel. Dissertatio inauguralis medica de visu. 1418
Basel; med. Diss. 1725.

Buxtorf, J., De visu. c. tab. Bas. 4°. (Cum experimento *Mariotti.*)
1728

Buxtorf, Johann Ludwig

— cura valetudinis religiosor, 8maj. Basel... Ed. II. 771. Schweighäuser, 6 gr

Buxtorf, Joh. Ludw., als Bewerber um die Professur f. prakt. Medizin. — Wolleb, Dan., Basel. Dissertatio medica de curatione morborum individuali. 1602
Basel; med. Diss. 1777.

Buxtorf, Joh. Ludw., Basel. Dissertatio inauguralis medica de inhalatione. 1553
Basel; med. Diss. 1758.

Buxtorf, Jh. Ldw., Pflege d. Gesundheit, beim Gebrauch e. Gesundbrunnens. 8. Basel 772. Schweighäuser. 3 gr

Buxtorf, Joh. Rud., Basel. Animadversiones quaedam medicae speciminis loco propositae. (I. An carnes animalium, morbo epidemico demortuorum, in cibum adhibitae, noxiae? Videtur. II. An foetus vivus aliquid contribuere potest ad partum facilitandum et promovendum? Videtur. III. Empyrici male creduntur omnem indagationem causae morbi neglexisse.) 1611
Basel; med. Diss. 1786.

Buxtorf der Aeltere, Jos., s.: Kautzsch, E.

Buxtorf, K., die dringendsten Aufgaben der protestantischen Apologetik in der Gegenwart. Referat, der thurgauischen Section der schweizer. Predigergesellschaft vorgetragen. gr. 8. (29 S.) Basel 875, Bahnmaier's Verlag. *

Buxtorf, K., Reformationschronik, die, des Karthäusers Georg, s. Reformationschronik.

Buxtorf-Falkeisen, Johannes Buxtorf Vater, Prof. ling. hebr. 1564 1629, erkannt aus seinem Briefwechsel. Basel 860. Bahnmaier. 8. (IV, 46 S.) n. 8 ngr

Buxtorf-Falkeisen, Carl s. (Arnold, Heinrich, [und Carpentarii,] Georg.) Die Chronik von der Stiftung der Karthause im Minderen Basel. Basel — [Carpentarii], Georg. Die Reformationschronik des Karthäusers Georg. Basel 1849 — Gast, (Joh[annes]). Gast's Tagebuch. Basel 1856.

[Buxtorf-Falkeisen, Carl.] Basel im Burgunderkriege, 1473–1479. [Mit 1 Tafel.] (Njbl. Basel 1864.) 4. [Basel.]

Buxtorf-Falkeisen, Carl. Sechs Originalbriefe von C(hr[istian]) F(ürchtegott) Gellert an Emanuel Falkner, des Raths zu Basel. Von Dr. Karl B'-F', Hauptlehrer. [Mit 1 Tafel.] (Progr.) 8. (Basel 1859.) A 779[10]

Buxtorf-Falkeisen, [Carl]. Baslerische Stadt- und Landgeschichten (*Heft 1–3:* aus dem Sechszehnten Jahrhundert). 4 Hefte. 8. Basel 1863–1868. A 1343

Heft 1: 1863 — Heft 2: 1865. — Heft 3: 1868. — Heft 4. Basler Zauberprocesse aus dem 14. und 15. Jahrhundert. 1868.

Buxtorf-Falkeisen, Baslerische Stadt- und Landgeschichten aus dem 16. Jahrhundert. 1.—3. Abthl. gr. 8. (XIX, 370 S.) Basel 868, Schweighauser'sche Verlagsh. *

Buxtorf Falkeisen, baslerische Stadt- u. Landgeschichten aus dem 17. Jahrh. 1. u. 2. Hft. 1600–1661. gr. 8. (XII, 164 u. IV, 135 S.) Basel 872. 75. Schweighauser. n. 5. 40

Buxtorf-Falkeisen, Baslerische Stadt- u. Landgeschichten aus dem 17. Jahrh. 3. Hft. 1662—1700. gr. 8. (IV, 144 S.) Basel 877. Schweighauser. n. 2. 60 (cplt.: n. 8. —)

[Buxtorf-Falkeisen, Carl.] Die Theilnahme der Basler an den italienischen Feldzügen. 1503–1525. [Mit 1 Tafel.] (Njbl. Basel 1867.) 4. [Basel.] P[4]

Buyer—American and Foreign: vol. 1—10, no. 3, July 1898—Mar. 1907. **New York, NY**
Monthly trade journal. Sub-title: A Monthly Journal of Foreign Commercial Information Published in English. Two editions were published: 1) Domestic Edition: For subscribers in America, containing commercial news, editorials, addresses of foreign buyers and importers, transportation information, etc., 2) Export Edition: Published in German, French, Spanish. Contains all the text of the Domestic Edition. No copies sold or distributed in the U.S. Few issues of the German Export Edition were seen, but these bear a New York imprint, and bear title: The Foreign Buyer und Handels-Revue; the text is wholly in German; apparently the German issue came out "alternately" with that of other languages. English Edition absorbed Handels-Revue. Large quarto, each 12–32 pages. Circulation of the English Edition: 1903, *2011*. Published by The Foreign Buyer Publishing Co., 1898–1907.

Buynand des Echelles, J. F. A., s. Triumph des Evangeliums.

Buynand des Echelles, J. F. A., Triumph des Evangeliums oder Memoiren eines von d. Verirrungen der heut. Philosophie zurückgekehrten Weltmenschen. Nach d. Span. (in 4 Bdn.) bearb. 1r 2r Bd. 8. Regensb. 1845—46, Manz. 1 Thlr. 20 ggr. — 3 fl.

Buys, Horaz u. die Natur. Beitrag z. Untersuch. üb. das Naturgefühl der Alten. Pr. 1872. 24 S. 4°. 2.—

Buys Ballot

— Beiträge zur Vorhersage von Witterungs-Erscheinungen, namentlich von Windrichtung und Windkraft.

Buys Ballot, C. H. D., les changemens périodiques de température, dépendants de la nature du soleil et de la lune mis en rapport avec le pronostic du temps, déduits des observations Neerlandaises de 1729 à 1846. gr. 4. (132 S., 8 Tab. und 3 Stnt.) Utrecht 847, Kemink et fils. *

— Repertorium corporum organicorum, quae secundum atomisticam, procenticam et relativam compositionem, annot. propr. physicis et praecipuis, e quibus cognoscantur, fontibus, in ordinem disposita, addita praefatione G. J. Mulder, collegit et tab. exhibuit. gr. 4. ibid. 846. n. 3⅔ ₰

— Repertorium corporum organicorum, quae secundum atomisticam, procenticam et relativam compositionem, annotatis proprietatibus physicis et praecipuis, e quibus cognoscantur, fontibus, in ordinem disposita, addita praefatione G. J. Mulder. Collegit et tab. exhibuit. 4maj. (XXIV, 134 und 94 S.) Trajecti ad Rh. 847, Kemink et filius. *

Buys Ballot, C. H. D., tabulae repertoriae chemicae quas, brevi addita annotatione, in usum chemicorum practicorum collegit. 8 maj. (4 B.) Trajecti ad Rhenum 843, Kemink et filius. *

Buyser, Johann (Vlissingen/Zelandus), De tutelis. Diss. jur. Rector Jacob Perizon. Leyden (Abr. Elzevier) 28. XI. 1707. 11 S. (4.50) 4841
Gew.: Lorenz Buyser (Hulstout, Bruder). — Widm. v.: P. v. Bye.

Buysse, Cyriel: Holländ. Dorfgesch., s. o. Kürschner's Bücherschatz 655.

Holländische Dorfgeschichten. Von Cyriel **Buysse**. Autor. Übers. aus d. Holländ. von Rhea Sternberg. Berlin, Leipzig: Hillger [1900]. 95 S. 8°
(Kürschners Bücherschatz. Nr 655.) 109. 6624

Buysson, R. du, sur quelques Chrysidides du musée de Vienne. Lex.-8. (S. 97—104.) Wien 901. A. Hölder. n. — 40
Sonderabdruck aus „Annalen d. k. k. naturhist. Hofmuseums".

Buytenheim, J. D. v. De gabella emigrationis, q. j. pat. vocatur Exu-geld. 4°. Traj. 1757.

Buyx, M. Charte des Kreises Geldern. 1:75000. Mainz. 1 Bl. c. I.

ALLERLEI, Ein, im Taschenformat (von *Erhard Baz*). O. O. 1781.
Anon.-Lex. I. p. 38 (nach Meusel). — Rar!

Buz, Erhrd., († d. 4. Oct. 1802.) Predigten auf alle Sonntage u. Hauptfeste. 4 Thle. gr. 8. Passau 792. Ambrosi. 1 ₰ 16 ℊ

Buz, Erh., Predigten auf alle S. u. Hauptfeste. 4 Thle. gr. 8. Passau, Ambrosi. (Mayr, Salzb.) 792.

— s. Rede v. d. Pflichten d. Unterthanen gegen ihre Regenten.

ALLERLEI, Unterhaltendes, zu Vertreibung müssiger Stunden bey langen Winterabenden (von *Heinrich Georg Baz*). Brünn 1778.
Anon.-Lex. I. p. 39 (nach Kayser u. Meusel).

Buzárovits, G., s.: Adressen, 5000, der wohlhabendsten u. intelligentesten Kreise v. Ungarn u. dessen Nebenländern.

Buzau (Schlagwort)

Buzau, s.: Europa. Generalkarte.

Büsberger. Antwort betreffend ein von der Centralbahngesellschaft in Anspruch genommenes Ausschlussrecht für eine Eisenbahn Biel-Landeron. 1858.

Buzello, Herb.: Krit. Untersuchg v. Ernst Mach's Erkenntnistheorie, s: Kantstudien.

Buzello, J., deutsches Lesebuch f. höhere Lehranstalten, s.: Meyer, Alfr. G.

— Deutsches Lesebuch f. Realschulen, s.: Meyer, Alfr. G.

Bużello, *Justus* [Dr.]: Bedeutung und Stellung des deutschen Unterrichts an der Realschule. Magdeburg, Druck v. E. Baensch jun., 1893; 1 Bl., 18 S. 4.
Magdeburg, st. R, OP 1893 (277)

Bużello, Justus, Dr.: Gedanken über den Religionsunterricht an der Realschule. *Magdeburg 1900: E. Baensch jun.* (S. 1—16.) 4°
Magdeburg, st. R, OP 1900 (287)

Buzello, J., Jung Deutschlands Huldigung an Kaiser Wilhelm I. Festsp. f. Schulen. gr. 8. (16 S.) Magdeburg 897. W. Niemann. n. — 60

Buzello, Just.: Jung Deutschland huldigt Kaiser Wilhelm d. Gr. Festsp. f. Schulen. (16) 8° Magdebg, (K Peters) ('12). — 40 d

— Leben, Kunst, Vaterland, Amt. Gedichte. (139) kl8° Ebd. '12. 2.50 d

Bużello, Justus [Posnaniensis]: De oppugnatione Sagunti quaestiones chronologicae. . . . Regim., ex offic. Liedtkiana, 1886; 45 S. 8°.
Königsberg, Phil. Fak., Inaug.-Diss. v. 23. Jan. 1886.

Buzello, Just., de oppugnatione Sagunti quaestiones chronologicae. gr. 8. (42 S.) Königsberg 886. (Koch & Reimer.) n. 1. —

Bużello, Just., de oppugnatione Sagunti quaestiones chronologicae. Dissertatio inauguralis historica. gr. 8. (42 S.) Königsberg i. Pr. 886. (Nürnberger's Buchh.)

Bużello, Justus, Dr.: Welche Anregungen gewährt Berthold Ottos Hauslehrer auch für den Schulunterricht? Magdeburg 1904: E. Baensch. (S. 1—22.) 4°
Magdeburg, st. R OP 1904 (310)

Buzello, Kurt: Stellvertretung f. d. Reich-kanzler. 1910
Jur. Diss.

Buzello-Stuermer, H[edwig]: Der Frauen Pflicht in eigener Sache. 〈Vortr.〉 — Zürich: C. Schmidt 1894. 32 S. 8°

Buzello-Stürmer, H. Wahrheiten für Frauen, s. Bibliothek d. Frauenfrage.

— Wahrheiten für Frauen. (Bibliothek der Frauenfrage, H. 4.) gr. 8°. Weimar 1891.

Buzello-Stürmer, H., Wahrheiten für Frauen! (32 S.) Weimar 1892. Weimarer Verl.-Anstalt. —.35

Buzengeiger, Karl, leichte u. kurze Darstell. d. Differentialrechnung. 4. Anšb. 809. Gassert. 9 ℊ

Buzengeiger, Karl, Elemente der Differential- und Integralrechnung vorgetragen an der zweiten mathemat. Classe der polytechn. Schule zu Carlsruhe. gr. 4. (56 lithogr. S.) Karlsruhe 878, Bielefeld's Hofbuchh. cart.

— s. K. W. Feuerbachs Eigenschaften.

Buzengeiger, Karl, Lehrbuch der ebenen Trigonometrie u. Polygonometrie. Mit 2 (lith.) Figurentaf. (in Fol.) gr. 8. (VIII u. 207 S.) Karlsruhe 847, Groos. 27 ℊ

Buzer, Ant., Handbuch der Zahnheilkunde. Mit 90 in den Text eingedr. Holzschn. Berlin 867. Hirschwald. gr. 8. (XII, 340 S.) n. 2 ₰ 10 ℊ

Buzer, Ant., das Casino in Meiningen. Histor. Skizze als Festschr. z. 100jähr. Jubelfeier am 15. Febr. 1896. N. d. Tode d. Verf. hrsg. v. Vorstande d. Gesellschaft. Mit 5 Portr. u. 2 Ansichten in Lichtdr. gr. 8. (XV, 112 S.) Meiningen 896. (Brückner & Renner.) n. 2. —

[F.] Das Casino in Meiningen. Histor. Skizze als Festschr. z. 100j. Jubelfeier am 15. Febr. 1896 v. Medicinalr. Dr. (Anton) **Buzer**, Archiv. . . . d. Ges. Nach d. Tode d. Vfs hrsg. v. Vorstande d. Ges. M. 5 Portr. u. 2 Ans. in Lichtdr. . . . *Meiningen: Dr. d. Keyssnerschen Hofbuchdr. (1896).* (IV, 112 S., 5 Portr., 2 Taf.) 1 Bd 8. [96. 5775

— das Medizinal- u. Sanitätswesen i. Herzogt. Sachsen-Meiningen, s.: Schriften d. Vereins f. Sachsen-Meining. Geschichte u. Landeskunde.

Buzon, L: 400 Briefaufg., gesammelt im Kreise Zabern. (100) 8° Zab., A Fuchs '11. 1.25 d

— et P **Olinger: Exercices élémentaires de langue franç. à l'usage des écoles d'Alsace-L. 5. éd. (94) 8° Ebd.'08.** Geb. — 60

— u. P Olinger: Exercices élémentaires de langue franç. à l'usage des écoles d'Alsace-L. 7. éd. (94) 8° Ebd. '12. geb. — 70

Buzon, L., Geographie f. die elsaß-lothr. Schulen, s.: Buhr.

Buzon, L. u. P. Olinger:

— — Das Linear-Zeichnen in d. Volks- u. Mittelsch., sowie Lehrerbildgsanst. (3, 32 m. Fig. u. 33 [10 farb.] Taf.) Lex8° Gebw., J Boltze '12. HL nn 8 —

Buzon, L., et P. Oetlinger, premier livre de lecture et d'écriture à l'usage des écoles de langue française en Alsace-Lorraine. gr. 8. (90 S.) Metz 893. P. Even. Kart. n. — 50

– u. P. Olinger: Premier livre de lecture et d'écriture à l'usage des écoles de langue franç. en Alsace-L. 11. éd. Metz: P. Even 1903. 92 S. 8°

— u. P. Olinger, premier livre de lecture et d'écriture à l'usage des écoles de langue française en Alsace-Lorraine. 18. éd. (72 S. m. Abbild.) gr. 8. Metz 910. P. Even. Geb. — 60

— — 1. livre de lecture et d'écriture à l'usage des écoles de langue franç. en Alsace-L. 20. éd. (9, 72) gr8° Metz, P Even '12. geb.— 70
2. livre, s: Buzon, Hocquard, Olinger.

— et J **Hocquard**: 2. livre de lecture franç. à l'usage des écoles de langue franc. 2. éd. (172) 8° Metz, P Even '09. Geb. — 90

— J **Hocquard**, P **Olinger**: 2. livre de lecture franç. à l'usage des écoles de langue franç. 4. éd. (7, 182) 8° Metz, P Even '12. geb. 1 —
1. livre, s: Buzon u. Olinger.

Buzon, L., der Unterricht im freien Zeichnen, s.: Löhle, M.

Buzorini, F. J., s. Buzorini, Mx. Fr. J.

Buzorini, Ludw., Grundzüge e. Pathologie u. Therapie d. psychischen Krankheiten, mit krit. Rückblicke auf d. bisher bestand. Lehren. gr. 8. (11¼ B.) Stuttgart 832, Cotta.

Buzorini, Ludw., Luftelectricität, Erdmagnetismus u. Krankheitsconstitution. M. 1 Charte. Lex.-8. (15 B.) Belle-Vue b. Constanz 841. (Leipzig. Fr. Fleischer.) •

Buzorini, Ldw., der Typhus u. dessen Erscheinungen, oder die Typhoseptosen, pathogenetisch u. therapeut. erläut. 8. Stuttgart 836. Rieger u. Comp. 1½ ₰

—— der Typhus u. dessen Erscheinungen, od. d. Typhoseptosen, pathogenet. u. therapeut. erläutert. 8. (20 B.) Stuttgart 836, [Scheible, Rieger u. Sattler.]

Buzorini, Ludwig: Untersuchungen über die körperlichen Bedingungen der verschiedenen Formen von Geisteskrankheiten. Eine weitere Ausarbeitung einer von der medizinischen Fakultät zu Tübingen gekrönten Preisschrift. 157 S., gbd.

Ulm: Stettin 1824

Buzorini, **Mx. Fr. J.**, index rerum et verb. ad Jul. Fr. Malblanc, s. J. F. *Malblanc*.

Buzzi, Andreas v.

Empfindungen am 8. May 1821 bey dem Jubelfeste der fünfzigjährigen Staatsdienste Sr. Excellenz des Herrn Franz Reichsgrafen von Enzenberg. (Klgft.), Leon, (1821.) Quart. 4 S. (Verf.: Buzzi, Andreas R. v.)

Buzzi, Andreas Ritter v., dramatischer Nachlaß. 8. (V. u. 373 S.) Wien, Wallishausser'sche Buchh. (Josef Klemm.) 2 fl.

Buzzi, F., Beitrag zur Würdigung der medikamentösen Seifen, s. a. Monatshefte f. praktische Dermatologie.

— dasselbe, s. a. Studien, dermatologische.

Buzzi, F: Beitrag zur Würdigung der medikamentösen Seifen unter Zugrundelegung von Seifen in flüssiger und weicher Form. Hamburg und Leipzig 1891

— die Fettsucht, s.: Schweninger.

Buzzi, F., Schemata z. Einzeichnen v. Untersuchungsbefunden bei Hautkrankheiten. gr. 8. (42 lith. Bl.) Berlin 890. [Bons & Hesse.] S. Karger. n. 1. 50

Buzzi, Francesco (Übers.):

s.: Brambilla, Gio(vanni) Alessandro (de): Orazione sulla preminenza ed utilità della chirurgia. (Oratio habita Vindobonae cum...Academia medico-chirurgica ...solemniter aperiretur. Ital.) Milano: 1787

Buzzi, G, s: Regesta chartarum Italiae.

Byach, Max (Red.), s. Rundschau, Die zahntechnische.

Byam, Georg

— wildes Leben im Innern v. Central-Amerika.
s. a. Jenseits des Oceans.

Byam, Georg: Wildes Leben im Innern von Central-Amerika. Aus dem Englischen von M. B. Lindau. Th. 1, 2. Dresden 1850. 1851. (IV), 208; VI, 275 S. 8°.

Byam, Geo., wildes Leben im Innern von Central-Amerika. Aus d. Engl. v. M. B. Lindau. 8. (VI u. 208 S.) Dresden 850, Kuntze. 1 ₰

– Wanderungen durch Chile u. Peru, s. a. Jenseits des Oceans.

Byam, Georg: Wanderungen durch Chile und Peru. Aus dem Englischen von M. B. Lindau. Mit 3 Abbildungen. Dresden 1852. VI, 275 S., 3 Tf. 8°.

—— Wanderungen durch südamerikanische Republiken. Aus dem Engl. von M. B. Lindau. 8. (VI und 275 S.) Dresden 851, Kuntze. –

Bybeles, s. a. Biblia [litauisch]

Bybeles, tai esti: Wisas Szwentas Rásztas senojo ir naujojo Testamento i lietuwiszkaję Kalba iszwerstas. Halle 869. v. Canstein'sche Bibel-Anst. gr. 8. (VIII, 1448 S.) n. 20 ngr.

Bybilakis, E., neugriech. Leben, verglichen mit d. Altgriechischen; zur Erläuter. beider. 8. (5⅓ B.) Berlin 840, Besser.

Bybliotoka Katolicka, s. Biblioteka.

Bychower, Victor [aus Feodosia (Krim)]: Ein Beitrag zur Kenntniss der Verbreitungsweise der Hautnerven beim Menschen. . . . Strassburg, Univ.-Buchdr. v. J. H. Ed. Heitz (Heitz & Mündel), 1888; 29 S. u. 1 Taf. 8°
Strassburg, Med. Fak., Inaug.-Diss. v. 1888

Bychowskaja, Michla, aus Tschernigow (Russland): Untersuchungen über die Verteilung von Farbstoffen in der Leber. ⟨Aus dem physiologischen Institut Zürich.⟩ Zürich 1910. 20 S. 8°. [4. VII. 10.]
Zürich. Univ. Med. Diss. 1909/10.

Bychowskaja, Michla. Untersuchungen über die Verteilung von Farbstoffen in der Leber. Aus dem physiologischen Institut Zürich. Diss. Med. Univ. Zürich. 20 S. 8. Zürich, Hensler & Co., 1910.
V Zür

BYCZKOWSKI, HEINRICH. Das Verhältniss der Pflanzen zur Atmosphäre. Dorpat, 1846. Diss.

Byern, E. v., Bilder aus Griechenland u. d. Levante. Mit e. Vorw. v. Zeune. 8. (22 B.) Berlin 833, Haude u. Spener.

Byern, Georg v.

Byern, v., Anhaltspunkte f. die Ausbildung als Schütze, der Rotte u. der Gruppe. 12. (VII, 59 S.) Berlin 902. E. S. Mittler & Sohn. Kart. n. 1. —

Anhaltspunkte für die Ausbildung als Schütze, der Rotte und der Gruppe. Von [Georg] v. **Byern**, Hauptm. im Garde-Gren.-Reg. No 4. 2. Aufl. *Berlin: E. S. Mittler & Sohn 1902.* (VI, 66 S.) 8° [F.] 02. 8671

Anhaltspunkte für die Ausbildung als Schütze, der Rotte und der Gruppe. Von [Georg] v. **Byern**, Hauptm. im Garde Gren.-Reg. Nr. 4. 3. verm. u. verb. Aufl. *Berlin: E. S. Mittler & Sohn 1903.* (VI, 74 S.) 8° [F.] 03. 11407

Anhaltspunkte für die Ausbildung als Schütze, der Rotte und der Gruppe. Von [Georg] v. **Byern**, Hauptm. im Garde-Gren.-Reg. No 4. 4., umgearb. Aufl. *Berlin: E. S. Mittler & Sohn 1904.* (VIII, 177 S.) 8° [F.] 04. 7777

Anhaltspunkte für die Ausbildung als Schütze, der Rotte und der Gruppe. Von [Georg] v. **Byern**, Hauptm. 5., vollst. umgearb. u. erw. Aufl. Berlin: E. S. Mittler & Sohn 1905. (VIII, 243 S.) 8° [F.] 05. 11407

Anhaltspunkte für die Ausbildung als Schütze, der Rotte und der Gruppe. Von [Georg] v. **Byern**, Maj., aggr. d. Gren.-Regt No 2. Auf Grund d. Schießvorschrift ⟨Entwurf⟩ v. 2. 11. 05 u. d. Exerzier-Reglem. v. 29. 5. 06 umgearb. 6. Aufl. Berlin: E. S. Mittler & Sohn 1906. (VIII, 154 S.) 8° [F.] 06. 11486

Byern, v., Anhaltspunkte f. die Ausbildung als Schütze, der Rotte u. der Gruppe f. Infanterie u. Kavallerie. 7. Aufl. 19.—21. Taus. (VI, 142 S.) kl. 8. Berlin 908. E. S. Mittler & Sohn. 1. 50

Ausbildung des Infanterie-Rekruten in den verschiedenen Anschlagsarten. Von [Georg] v. **Byern**, Major. Berlin: E. S. Mittler & Sohn 1907. (VI, 41 S.) 8° [F.] 07. 14931

— dasselbe des Kavallerie-Rekruten in den verschiedenen Anschlagsarten. (VI, 40 S.) kl. 8. Ebd. 907. — 50

Die Ausbildung der Kompagnie und Eskadron im Entfernungsschätzen und Entfernungsmessen. Bearb. von [Georg] v. Byern, Hauptm. Berlin: E. S. Mittler & Sohn 1905. (VII, 79 S.) 8° [F.] [05. 11408

Fehlerprozent-Berechnungstabelle für das Entfernungsschätzen und Entfernungsmessen. Zsgest. von [Georg] v. Byern, Major aggr. d. Gren.-Regt No 2. Berlin: E. S. Mittler & Sohn 1906. (2 Bl.) 8° [F.] [06. 10000

Manöverbestimmungen für den Infanteristen. Zur Belehrung d. Unteroffiziere u. Mannschaften vor d. Ausrücken zu d. Herbstübungen bearb. von [Georg] v. Byern, Hauptm. im Garde-Gren.-Reg. Nr. 4. *Berlin: E. S. Mittler & Sohn 1902.* (123 S.) 8° [F.] [02. 1319

Obliegenheiten der Zugführer, Gruppenführer, Entfernungsschätzer und Entfernungsmesser im Gefecht. Bearb. von [Georg] v. Byern, Major. Berlin: E. S. Mittler & Sohn 1908. (23 S.) 8° [F.] [08. 10180

Ratschläge um die Ausbildung einer Kompagnie ⟨Eskadron⟩ im Schul- und gefechtsmäßigen Schießen zu fördern. Bearb. von [Georg] v. Byern, Major. Berlin: E. S. Mittler & Sohn 1908. (70 S.) 8° [F.] [08. 11380

Der Schießbetrieb innerhalb der Kompagnie und Eskadron. Anhaltspunkte u. Bestimmungen f. s. Regelung unter besond. Berücks. der dem Schießunteroffizier hierbei zufallenden Obliegenheiten. Auf Grund d. maßgebenden Bestimmungen bearb. von [Georg] v. Byern, Hauptm. *Berlin: E. S. Mittler & Sohn 1904.* (VIII, 115 S.) 8° [F.] [04. 13...

— Schieß- u. Gefechtsdienst des Infanteristen u. Kavalleristen. (VI, 45 S.) kl. 8. Ebd. 910. — 75

Vorbereitende Übungen für das Zug- und Kompagnieschießen. Bearb. von [Georg] v. Byern, Major. Berlin: E. S. Mittler & Sohn 1908. (65 S.) 8° [F.] [08. 11381

Veranlagung, Durchführung und Beurteilung gefechtsmäßiger Abteilungsschießen und des Prüfungsschießens für Infanterie und Kavallerie. Bearb. von [Georg] v. Byern, Major. Berlin: E. S. Mittler & Sohn 1908. (104 S.) 8° [F.] [08. 11382

Byern, Henriette v., Fremdes und Eigenes für Geist und Herz in Gedichten und Prosa. Halle 860. (Buchhdlg. des Waisenhauses.) 8. (VIII, 355 S.) n. 1 ℛ𝓅

— (Neue Ausg. u. d. T.:) Glaube und Erquickung in Gedichten und Prosa. Ebend. 862. 8. (VIII, 355 S.) n. 1 ℛ𝓅

Byern, H. v., Gedichte, Skizzen u. Anderes. (157 S.) kl. 8. Leipzig 907. Verlag f. Literatur, Kunst u. Musik. 2.—; geb. n 3. —

Byern, H v., Glaube u. Erquickg in Gedichten u. Prosa 2. Afl. 8. (355) Halle 62, Bh. d. Wais. *n.* 1. —
1. Afl. ersch. 60 u. d. T.: Fremdes u. Eigenes f. Geist u. Herz.

— Ilka. Novellistischer Roman. (71 S.) kl. 8. Ebd. (907). 2.—; geb. n 3. —

— Novellen u. Anderes. (53 S.) kl. 8. Ebd. 907. 1.50; geb. 2. —

Byers, Samuel Hawkins Marshall

Byers, S. H. M., Florence, s.: Europe, illustrated. — L'Europe illustrée.

— Florenz, s. a. Wanderbilder, europäische.

Byers. S[amuel] H[awkins] M[arshall]. Florenz. Mit 13 Illustrationen von J[ohann] Weber [wovon 3 Tafeln] und einem Verzeichniss der berühmtesten (* *Umschlag:* vorzüglichsten) Gemälde. (Europäische Wanderbilder. № 17.) 8. Zürich. (Paris. London [1881]). P

[Byers. Samuel Hawkins Marshall.] Switzerland and the Swiss. By an American Resident. [With illustrations, maps and 2 plates.] 8. Zurich. London... 1875.

—— Switzerland and the Swiss. 2d edit. 8. (XXVI, 203 S. mit eingedr. Holzschn. und 1 color. Holzschn.-Taf.) Zürich 881, Orell, Füssli und Comp. geb. *
1. Aufl. erschien 1875 anonym.

Byeus, Corn., s.: Acta sanctorum.

Byhan, Arthur
Byhan, A: Die Polarvölker, s. a. Wissenschaft u. Bildung 63.

Die Polarvölker. Von Dr. A[rthur] Byhan. Mit 16 Taf. u. 2 Kt. Leipzig: Quelle & Meyer 1909. 148 S. 8°
(Wissenschaft u. Bildung. 63.) [09. 16275

— s.: Völkerkunde, illustrierte.

Byhan, *Woldemar* Arthur: Die Entwicklung von e vor Nasalen in den lateinischen Elementen des Rumänischen ... (Aus: Jahresber. d. Inst. f. rumän. Sprache zu Leipzig, III.) Leipzig, J. A. Barth, 1896; 4 Bl., 70 S. 8.
Leipzig, Phil. Fak., Inaug.-Diss. v. [17. Apr.] 1896

Byk, Alfr.: Einführg in d. kinet. Theorie d. Gase, s. a. Schriften, Mathematisch-physikal., f. Ingenieure u. Studierende.

Einführung in die kinetische Theorie der Gase. Von Dr. Alfred Byk, Privatd. Bdch. 1. Leipzig & Berlin: Teubner 1910. 8°
(Mathemat.-physikal. Schriften für Ingenieure u. Studierende. 10, 1.) [11. 7333 11

Byk, Alfred, aus Berlin: Zur Kenntnis einiger Pyrimidinderivate. *Berlin 1902: A. W. Schade.* (49 S.) 8°
Berlin, Phil. Diss. v. 17. Mai 1902

Byk Edgar: Hugo von Hofmannsthal „Der Tor und der Tod“.
M. 1910 PN 3087 Diss. Innsbruck, Univ. 386

Byk, Edg., das Jahr der Liebe. Eine Folge Gedichte. (84 S.) 8. Berlin-Charlottenburg 910. A. Juncker Verl. 3. —

BYK, HEINRICH. Die isomeren Bernsteinsäuren. Leipzig, *n. d.*
Diss. G. S., S. I.

Byk, Rudolf, Referendar: Wesen des Schiffsgläubigerrechts, insbesondere am eigenen Schiffe. Potsdam 1910: Hayn. 48 S. 8°
Jena, Jur. Diss. v. 17. Febr. 1910, Ref. Fehr
[Geb. 16. Nov. 87 Berlin; Wohnort: Königswusterhausen; Staatsangeh.: Preußen; Vorbildung: Wilhelms-Gymn. Berlin Reife O. 06; Studium: Berlin 1, München 1, Berlin 4 S.; Rig. 14. Dez. 09.] [U 10. 2231

Byk, S. A., der Hellenismus und der Platonismus. gr. 8. (45 S.) Leipzig 870, Pernitzsch. *

Byk, S. A., die vorsokratische Philosophie der Griechen in ihrer organischen Gliederung. 2 Thle. gr. 8. Leipzig, M. Schäfer. à Thl. * ℳ 5. k
Inhalt:
Thl. 1. Die Dualisten. (VI, 270 S.) 876.
» 2. Die Monisten. (VII, 239 S.) 877.

— die Physiologie d. Schönen. gr. 8. (287 S.) Ebend. 878. n. 6. —

Byk, S. A., Rechtsphilosophie. Der letzte Grund des Rechts und seine pract. Consequenzen, bearb. unter Berücksicht. der Möglichkeit ihrer Verwirklichung. gr. 8. (XII, 244 S.) Leipzig 882, M. Schäfer. k

BYK, SIEGMUND. Ueber Entschwefelung von Rhodanguanidin. Leipzig, 1879. Diss. G. S.

Byla, Joachim Friedrich von, Disputationis I themata de justitia et jure. Präs. Arnold v. Reyger. Helmstedt (Jacob Lucius) 28. VI. 1587. 4 Blatt. (4.—) 4845
Widm. v.: Heinr. Albert Mynsinger v. Frundeck, Julius v. Marenholt.

Byland, August [aus Othmarsingen, Aargau]: Das Patois der „Mélanges vaudois“ von Louis Favrat. Berlin 1902. 91 S. 8°.
Zürich. Phil. Diss. I. S. 1902/1903.

Byland, August. Das Patois der « Mélanges Vaudois » von Louis Favrat. Diss. Phil. I. Univ. Zürich. [Mit 1 Kartenskizze.] (Aus der Zeitschrift für französische Sprache und Litteratur Bd. 25.) IV + 91 S. 8. Berlin, Wilhelm Gronau, 1902. N 1293—V Zür

Byland, Hans. Der Wortschatz des Zürcher Alten Testaments von 1525 und 1531 verglichen mit dem Wortschatz Luthers. VI + 84 S. 8. (Naumburg a/S., Dr. von Lippert & Co.)
Ausg. A: Diss. Phil. Basel. Basel 1903.
Ausg. B: Eine sprachliche Untersuchung. Berlin, C. A. Schwetschke & Sohn, 1903. [M. 5. 50]

Byland, Hans, der Wortschatz des Züricher Alten Testaments v. 1525 u. 1531 verglichen m. dem Wortschatz Luthers. Eine sprachl. Untersuchg. (VI, 84 S.) gr. 8. Berlin 908. [C. A. Schwetschke & Sohn.] Leipzig, M. Heinsius Nachf. n. 5. 50

Bylandt, A., s. Bylandt-Rheidt, Arthur

Bylandt, Ernst Graf von (Köln), Disquisitio circa telam cellulosam anatomica, physiologica et pathologica. Diss. med. Bonn-Bln. (Nietack) 4. I. 1838. 69 S. u. Biogr. (4.20) 4816
Oppon.: F. Xav. Melicher, J. Sels, Ph. Sauer. — Gew.: Friedr. Nasse, Frh. v. Zuylen v. Nyvelt.

Bylandt, H. Graf v., Hunderassen. Beschreibung ihrer Points, Typen, Eigenschaften u. Fehler. (In französ., engl., deutscher u. holländ. Sprache.) 2 Bde. 4. Wien (905). L. Weiss. Geb. in Leinw. n. 60. —
1. Jagdhunde. 1000 Illustr., 2150 Hundeportr. (XVI, 804 S.) 2. Luxushunde. 1300 Illustr., 1950 Hundeportr. (805 u. XXVIII S.)

Bylandt, H. A. v., s. Bylandt, H. v.

de Bylandt Palstercamp, Comte A, Théorie des Volcans. III Tomes. Lex.-8. (Mit 1 Tab. u. 1 großen Atlas von 17 lithogr. Bl.) Paris et Strasb. 835, 36. Levrault. n. 13 ℔

Bylandt-Rheidt, Arthur Graf, Schiessen u. Werfen aus Feld- u. Gebirgs-Kanonen, s.: Handbuch f. die k. k. Artillerie.

Bylandt-Rheidt, Arthur Graf, der indirecte Schuss mit Hohlgeschossen. gr. 8. (50 S. mit 11 Fig., Holzschn., im Texte.) Teschen 874, Prochaska. **
Aus: Mittheilungen über Gegenstände des Artillerie- und Genie-Wesens, besonders abgedruckt.

Bylandt-Rheidt, A. v. Der indirekte Schuß mit Hohlgeschossen. Mit Fig. Wien 1874. 50 S.

— u. Otto **Maresch**, Wirkung u. Gebrauch der k. k. österr. Feld- u. Gebirgs-Geschütze. Mit 2 (lith.) Taf. (in qu. gr. 4.) u. 12 Figuren im Texte. 8. (VIII, 149 S.) Wien 872. Seidel & Sohn. n. 3. —

Bylaert, J. J., neue Manier, Kupferstiche v. Farb. z. verfert. m. K. 8. Amstd. Schreuter. (Günther, Glog.) 773.

Bylaert, Johann Jacob. Neue Manier Kupferstiche von verschiedenen Farben zu verfertigen nach Art der Zeichnungen. Aus dem Französischen und Holländischen übersetzt. Amsterdam und Leipzig 1773. 8°.

Bylart, J. J., neue Manier, Kupferstiche von verschied. Farben zu fertigen, nach Art d. Zeichn. 8. Amsterd. 773. Schreuter. (C. F. Günther in Glogau). 8 gl.

By-laws of the lodge, constituted under the authority of the United Grand Lodge of England, and on the register No. 238, as the regular and perfect St. John's Lodge „The Pilgrim", in London. Printed by order of the lodge in June, 1876. [London 1876: Siegle.] 27 S. 4° [Nebentit.:] Gesetze der unter der Constitution der Gr. □ von England arbeitenden und in deren Matrikeln unter No. 238 eingeschriebenen, ger. und vollk. St. Johannis-□ zum Pilger im Or. von London. Gedr. auf Anordnung der □ im Juni 1876.
Deutsch u. engl. Beigefügt: Armenlied von G. W. C. Starke.

Byler, H. C. von, Libellorum rarior. fasc. I. 8. Groning. (F. C. W. Vogel in Lips.) 733.

— Tractatus Cabbalist.-Chym.-Philos. magicus c. tab. col. 4. 729.

Bylicki, Frz., die Musik in Polen. Skizze. Das Theater in Polen. Skizze v Alfr. Szczepański. gr. 8. (89 S.) Wien 892. (L. Weiss.) n. — 90

Byloff, Fritz

Byloff, F., Gerichtsordng., s. Forschgn. z. Verfassgsgesch. d. Steiermark.

Byloff, Fritz, die Land- u. peinliche Gerichtsordnung Erzherzog Karls II. f. Steiermark vom 24. XII. 1574, s. a. Forschungen zur Verfassungs- u. Verwaltungsgeschichte der Steiermark. VI, 3.

Die Land- und peinliche Gerichtsordnung Erzherzog Karls II. für Steiermark vom 24. Dez. 1574; ihre Geschichte u. ihre Quellen. Von Dr. Fritz **Byloff**, Privatd. Graz: Styria 1907. (111 S.) 8° [F.]
= **Forschungen** z. Verfassungs- u. Verwaltungsgeschichte d. Steiermark. Bd 6, H. 3. [07. 9991

Byloff, Fritz, das Verbrechen der Zauberei (crimen magiae). Ein Beitrag zur Geschichte der Strafrechtspflege in Steiermark. gr. 8. (VIII, 440 S.) Graz 902. Leuschner & Lubensky. n. 8. —

Byloff, Fritz, Vertragsbruch u. Strafrecht. Eine kriminalpolit. Studie aus dem österreich. Rechte. (X, 174 S.) gr. 8. Graz 905. Leuschner & Lubensky. n. 3. —

Byloff, Karl, ein Beitrag zur Kenntnis der Rattentrypanosomen. (28 S. m. 2 Taf.) gr. 8. Wien 904. (A. Hölder.) n. 1. 10
Sonderabdruck aus: „Sitzungsber. d. k. Akad. d. Wiss."

Byloff, Karl, Studien üb. Trypanozoon Lewisi u. Brucei. (62 S. m. 2 Fig. u. 3 Taf.) gr. 8. Wien 907. (A. Hölder.) 2. 85
Sonderabdruck aus „Sitzungsber. d. k. Akad. d. Wiss."

Bymholt, Joh. Fried. (Groningen), Virgo Florentina. Präs. A. A. Pagenstecher. Groningen (Corn. Barlinck-Hof) Mai 1707. 10 Bl. (5.—) 4817
Gew.: Joh. d'Drews, Corn. Schay, Joh. Viglio v. Heeck.

Bynkershoek, Corn.: Observatt. jur. Rom. libb. IV. (*L. B.* 710.) *ib.* 735. 4. — c. praef. Heineccii. *Frcf.* et *Lips.* (723.) 739. 4.
— libb. IV. quatuor prioribus additae. *L. B.* 733. 4.
— c. praef. Heineccii. *Frcf.* et *Lips.* 739. 4.

Bynckershoek, Corn. v., Observationes juris rom. II part. 4. Leid. (F. C. W. Vogel in Lips.) (Hemmerde et Schw. in Halle.) 739

— observationes juris Romani. 4 Leyd. 752. Luchtmans. 2 ℔ 4 gl.

van Bynkershoek, Corn., opera omnia juridica ed. Vicat. II Tom. Fol. maj. Basel 761. Schweighäuser. 6 ℔

— opera omnia ed. Vicat. II Tmi. Fol. Col. Bousquet. 761.

— opera omnia. II Voll. Fol. Leyd. 766. Luchtmans. 3 ℔ id. lib. Fol. charta maj. 6 ℔ 12 gl.

— opuscula varii argumenti. 4. Leyd., Luchtmans. 1 ℔ 4 gl.

— Opuscula varii argumenti. Lugd. B. 719. 4. 1 rthl. 12 gr. Cura F. C. Conradi. Hal. 729. 2 Tom. 4. Lugd. B. 752. 4.

— quaestiones juris publici. 4. Leyd., Luchtmans. 18 gl.

Bynum, Ernest T(aylor): Das Leben des M. Junius Brutus bis auf Caesars Ermordung. *Halle a. S. 1897: Waisenhaus.* (35 S.) 8° ¶ [Erschien vollständig 1898 bei M. Niemeyer in Halle.]
Halle, Phil. Diss. v. [8. Jan.] 1898

Bynwalth, Matthias, das Vaterunser, ausgelegt durch B., Prediger zu Gdanzk (1525). Hrsg. v. Herm. Freytag, s. a. Flugschriften aus den ersten Jahren der Reformation. IV, 2.

Das Vaterunser, ausgelegt durch Matthiam **Bynwalth**, Pred. zu Gdantzk ⟨1525⟩. Hrsg. von Hermann Freytag. Leipzig: Haupt 1910. 23 S. 8°
(Flugschriften aus d. ersten Jahren d. Reformation. Bd 4, H. 2, [1.]) lio. 776· 3

Byr, C., s. Beyer, C.

Byr, C., Erzherzog Karl's Liebe u. der Kampf um den Niederwald. Roman. 2 Bde. 1.–3. Aufl. gr. 8. (XI, 324 u. 298 S.) Stuttgart 888—890. Süddeutsches Verlags-Institut. n. 8. —; geb. n. 10. —
s.: Beyer, C.

Byr, Conr., römisches Schattenspiel. Drama in 5 Akten. Aus der Zeit d. deutsch-französ. Krieges. 2. Aufl. 8. (78 S.) Leipzig 875. Theile. n. 2. –

Byr, Conr., römisches Schattenspiel. Drama in 5 Akten. Aus der Zeit des deutsch-französ. Krieges. 1. und 2. Aufl. 8. (78 S.) Leipzig 876, Theile. *

Byr, Robert [Pseud.]
s. Bayer, Karl Emmerich Robert von [Wirkl. Name]

Byr, Rob., Alprösslein. Prag 860. Bellmann. 16. (IV, 122 S.) n. 10 ngr

Byr, Rob., Andor. Roman. 3 Bde. 8. (283; 287; 307 S.) Jena 883, Costenoble.

— einige Ansichten über leichte Reiterei. gr. 8. (87 S.) Prag 861, Bellmann's Verlag. *

Byr, Rob. [K. R. E. von Bayer]. Die Antwort Alfred Meißner's, s. Bayer.

Bayer, [Rob. Byr], die Antwort Alfred Meißner's. gr. 8. (67 S.) München 889. (Franz' Sort.) n. 1. —
s.: Byr, Rob.

— Aquarelle. 2 Bde. 8. (V, 381; V, 370 S.) Jena 892, Costenoble. * 8 —

Byr, Rob., auf abschüssiger Bahn. Roman. 4 Bde. br. 8. (318; 319; 311; 346 S.) Berlin 872, Hausfreund-Expedition.

Byr, Rob., auf abschüssiger Bahn. Roman. 4 Bde. br. 8. (318, 319, 311 u. 346 S.) Berlin 872. Posen, Merzbach. 16 —

Byr, Rob., eine geheime Depesche. Roman. 3 Bde. 8. (316, 327 u. 364 S.) Jena 880. Costenoble. 15. —

— Dora. Roman. 2 Bde. 8. (260; 315 S.) Ebendas. 886. *

Byr, Rob., Edwiesen, Roman. 2 Bde. 8. (262 u. 266 S.) Jena 888. Costenoble. n. 8. –

— die Einnahme der Stadt, d. Passes u. Schlosses Bregenz durch die Schweden im J. 1647. Mit e. (lith.) Plane derselben (in qu. gr. 4.) u. e. Anh. bisher unveröffentlich gebliebener Documente. gr. 8. (16 S.) Lindau 873. Stettner. n. — 50

— der Eisenwurm. Roman. 2 Bde. 8. (269 u. 311 S.) Stuttgart 894. Deutsche Verlags-Anstalt. n. 6. —

Byr, Rob. (K. Rob. Em. v. Bayer), der Eisenwurm. Roman. (Neue wohlf. [Titel-]Ausg.) 2 Tle. in 1 Bde. 8. (269 u. 311 S.) Stuttgart (894) 898. Deutsche Verlags-Anstalt. n. 2. —; geb. n. 2. 25

Byr, Rob., österreichische Garnisonen. Roman aus dem Militairleben. 4 Bde. Hamburg 863. Hoffmann & Campe. 8. (907 S.) 4 ℛ

— der heimliche Gast, s. Collection Spemann.

— Gita. Roman. 4 Bde. 8. (255, 323, 310 S.) Leipzig 877. Berlin, Vorstell & Reimarus. n. 15. —

Byr, Rob., Gita. Roman. 4 Bde. 8. (255; 323; 310; 310 S.) [Leipzig 877, E. J. Günther.] Berlin, Nicolai'sche Buchh. *

— Lady Gloster, s.: Universal-Bibliothek.

Bayer, Karl Emmerich Robert von
Ein deutsches Grafenhaus. Roman. Von Robert Byr [d.i. Karl Emmerich Robert von Bayer]. Berlin 1865.
In: Roman-Zeitung, Deutsche. Bd 3.

— ein deutsches Grafenhaus. Roman. 3 Bde. Berlin 866. Janke. 8. (872 S.) 4 ℛ 15 ngr

— 24 Stunden Hausarrest, s. Eckstein's humoristische Bibliothek.

Byr, Rob. [K. R. E. von Bayer]. Ein stolzes Herz. Roman. 8. (346 S.) Jena 891, Costenoble. * 5 –

— Irrwische. Roman. 3 Bde. 8. (279; 269; 308 S.) Ebendas. 887. *

— der Kampf um's Dasein. Roman. 5 Bde. Jena 869. Costenoble. 8. (255; 255; 257; 254; 272 S.) 6 ℛ

— der Kampf um's Dasein. 2. Aufl. 5 Bde. gr. 8. (XII, 255, 255, 257, 254 u. 272 S.) Jena 872. Costenoble. 18. —

— Cantonirungs-Bilder. 2 Bde. Prag 860. Bellmann. gr. 8. (315 S.) n. 1 ℛ 10 ngr

Bayer, Karl Emmerich Robert von
Larven. Roman. Von Robert Byr [d.i. Karl Emmerich Robert von Bayer]. Bd 1-4.
Leipzig: Günther 1876. 8°

Bayer, Karl Emmerich Robert von
Larven. Roman. Von Robert Byr [d.i. Karl Emmerich Robert von Bayer]. Bd 1.3.
Leipzig: Günther 1876–1878. 8°

— Larven. Roman. 4 Bde. 8. (295, 299, 308 u. 290 S.) Ebend 877. n. 15. —

— Lydia. Roman. 8. (308 S.) Stuttgart 883, Deutsche Verlags-Anstalt. *

— Lydia. Roman. 2. Aufl. 8. (316 S.) Stuttg. 885, Deutsche Verlags-Anstalt. * 5 –; geb. * 6 –

— Villa Mirasior. Roman. 8. (359 S.) Ebend. 886. n. 5. —

Byr, Rob., Villa Miraflor. Roman. 8. (350 S.) Jena 887, Costenoble. *

— Nachruhm. Eine Erzählg. 2 Bde. 8. (241 u. 242 S.) Berlin 875. Wedekind & Schwieger. 9. —

— Zwischen zwei Nationen. Roman. 3 Bde. 8. (216; 221; 224 S.) Berlin 871, Janke.

Byr, Robert, Anno Neun und Dreizehn. Biographisches Gedenkblatt aus den deutschen Freiheitskämpfen. 2 Thle. in 1 Bde. 8. (290 u. 262 S.) Innsbruck, Wagner'sche Univ.-Buchh. 1864. 3 ℛ

Byr, Rob., Anno Neun u. Dreizehn. Biografisches Gedenkblatt aus den deutschen Freiheitskämpfen. Innsbruck 865. Wagner. 8. (554 S.) 2 ℛ

Byr, Rob. (Carl Emmerich Rob. v. Bayer), Anno Neun u. Dreizehn. Biographisches Gedenkblatt aus den deutschen Freiheitskämpfen. 2 Tle. in 1 Bd. 2. Aufl. (XIII, 284 S.) 8. Innsbruck 906. Wagner. n. 4. —

— Nomaden. Roman. 5 Bde. 8. (III, 214, 201, 220, 209 u. 248 S.) Leipzig 871. E. J. Günther. 12. —

Byr, R.: Parodien. München: A. Schupp (Leipzig: F. Förster) 1902. 25 S. 4°

Bayer, Karl Emmerich Robert von
Quatuor. Novellen. Von Robert Byr [d.i. Karl Emmerich Robert von Bayer]. Bd 1-4.
Leipzig: Günther 1875. 8°

Ein Reiterschwert. Hist. Charakterbild von Robert **Byr** [d. i. Karl Robert Emmerich v. Bayer]. Jena: Costenoble 1894. 270 S. 8°
A 12. 3551

— Kutschepeter. Roman. 2 Bde. 8. (280 u. 296 S.) Stuttgart 892. Deutsche Verlags-Anstalt. n. 6. —

— Kutschepeter. Roman. 2 Tle. in Bde. (Neue [Titel-] Ausg.) 8. (280 u. 296 S.) Ebd. (892) 897. n. 2. —; geb. n. 2. 25

— Sesam. Roman. 3 Bde. 8. (275, 267 u. 235 S.) Stuttgart 881. Deutsche Verlags-Anstalt. n. 10. —

—— Sesam. Roman. 3 Bde. 8. (275; 267; 235 S.) Stuttgart 881, Hallberger. *

—— dass. — 2. (Titel-)Aufl. 3 Bde. 8. (275; 267; 235 S.) Stuttgart 883, Deutsche Verlags-Anstalt. *

—— Soll ich? Roman. 2 Bde. 8. (240; 220 S.) Jena 884, Costenoble. *

Bayer, Karl Emmerich Robert von

Sphinx. Roman. Von Robert Byr [d.i. Karl Emmerich Robert von Bayer]. Berlin 1870.
In: Roman-Zeitung, Deutsche. Bd 1.2.

—— Sphinx. Roman. 3 Bde. 8. (318; 314; 343 S.) Berlin 870, Janke.

— Auf der Station. Skizzen und Novellen aus dem Soldaten-Leben. 1. Bdchn. Berlin 865. Gerschel. 16. (VIII, 183 S.) n. 20 ngr.

Byr, Robert, Auf der Station. Skizzen und Novellen aus dem Soldaten-Leben. 2 Bdchn. 12. (133 S.) Wien, Dirnböck's Buchh. (Georg Draudt.) 1866. 1 fl.

Byr, Robert, Auf der Station. Skizzen und Novellen aus dem Soldatenleben. 2. Aufl. 1870. 12. 133 S. Wien, Dirnböck's B. (G. Draudt.) 1 fl.

— Sternschnuppen. Roman. 2 Bde. 8. (330 u. 365 S.) Jena 897. H. Costenoble. n. 8. —

Bayer, Karl Emmerich Robert von

Mit eherner Stirn. Roman. Von Robert Byr [d.i. Karl Emmerich Robert von Bayer]. Berlin 1867.
In: Roman-Zeitung, Deutsche. Bd 3.4.

— mit eherner Stirn. Roman. 4 Bde. Berlin 868. Janke. 8. (1043 S.) 4 ₰ 15 ngr.

— Unversöhnlich. Roman. 3 Bde. 8. (246, 245 u. 242 S.) Jena 882. Costenoble. n. 12. —

Byr, Rob., Castell Ursani. Roman. 3 Bde. 8. (296; 318; 332 S.) Jena 885, Costenoble. *

— Waisenmädchenhaar. Roman. 2 Bde. 8. (292 u. 288 S.) Berlin 891. Fontane & Co. n. 9. —; in 1 Bd. geb. n. 10. 50

— Waldidyll. Roman. 8. (232 S.) Stuttgart 889 Deutsche Verlags-Anstalt. n. 3. —

— Waldidyll. Roman. (Neue Titel-Ausg.) 8. (232 S.) Stuttgart 893. Deutsche Verlags-Anstalt. n. 1. —; geb n. 1. 25

— der Weg zum Glück. Roman. 3 Bde. 8. (263, 256 u. 272 S.) Stuttgart 890. Deutsche Verlags-Anstalt. n. 9. —

— der Weg zum Glück. Roman. 3 Tle. in 2 Bdn. (Neue Titel-Ausg.) 8. (263, 256 u. 272 S.) Stuttgart (890) 895. Deutsche Verlags-Anstalt. n. 2. 50; geb. n. 3. —

—— der Weg zum Herzen. Erzählung. 8. (223 S.) Leipzig 881, Reißner. *ℳ 1,50.; geb. *

— am Wendepunkt des Lebens. Roman. 3 Bde. 8. (285, 290 u. 296 S.) Jena 881. Costenoble. 13.50

— wie es weiter noch kam. Roman. 8. (311 S.) Jena 888. Costenoble. n. 4. —

Bayer, Karl Emmerich Robert von

Wozu? Roman. Von Robert Byr [d.i. Karl Emmerich Robert von Bayer]. Bd 1.2.
Stuttgart, Leipzig,
Berlin, Wien: Dt. Verl.-Anst. 1891. 8°

— wozu? Roman. 2 Tle. in 1 Bd. (Wohlf. [Titel-] Ausg.) 8. (292 u. 303 S.) Ebd. (891) 896. n. 2. – ; geb. n. 2. 25

— Wrack. 2 Erzählgn. 4 Bde. 8. Ebend. 873. 10. – –
1. 2. Trümmer. Zwei Tage aus e. Menschenleben. (193 u. 188 S.)
3. 4. Der Tuwan v. Panawang. (197 u. 203 S.)

Byrd, Wm. Neu gefundenes Eden ... In Druck verfertigt durch Befehl der Helvetischen Societät, 1737. Repr: Der Westen (Chi), Nov 6, 1892, Jan 29, 1893.

William **Byrd**. 'In fields abroad'. 'Wenn laut der Ruf'. Fünfstimmiges Lied aus 'Psalmes, Sonets and Songs of Sadnes and Pietie' ⟨London 1588⟩. Deutscher Text von John Bernhoff. Hrsg. von W[illiam] Barclay Squire. ⟨Leipzig: Breitkopf & Härtel [1905].⟩ (9 S.) 4° [Kopft.]
— **Madrigale**, Ausgewählte, u. mehrstimmige Gesänge berühmter Meister d. 16. u. 17. Jhs. N. F. 27. [07. 13725

ô-Byrn, Fr. Aug. Johann George, Chevalier de Saxe, kursächsischer General-Feldmarschall. Als Manuskr. gedr. (179) 8. Dresden 1876.

Byrne, das Neueste aus der Logarithmotechnik, s. a. Loroy, A.

Byrne und **Koralek**. Das Neueste und Interessanteste aus der Logarithmotechnik und der Anwendung der Logarithmen auf das Leben. Nach der englischen Schrift etc. übertragen von A. Lorey, Director der Secundar- und ersten Bürgerschule in Eisenach. 8. Weimar 1852.

Byrne, O. Andr., Diss. de podagra. 8 Prag 773. Gerle. 4 ₰

Byron, Lord, Autobiographie, s. Engel, Ed.

Byron, s. Blumberg.
Rötscher, Heinrich Theodor.
Röver, Friedrich.
Schmidt, Otto.

Byron, George Gordon Lord

Byron, Lord, s. a. Elze, K.

— **die Belagerung v. Korinth, s. a. Bibliothek der Gesamtlitteratur.**

— die Belagerung von Corinth. Aus d. Engl. v. A. Wollheim. 12. Hamb. 807. (Lübbers u. Schubert.) 7 ₰

— Dass. übers. v. G. F. Schumann. 8. Hamb. 827. Nestler. 8 ₰

Die Belagerung von Korinth. Beppo. Von (George Gordon) Lord **Byron**. Übers. u. mit e. Vorw. versehen von Alexander Neidhardt. Mit e. Bilde d. Dichters. *Halle a. S.: O. Hendel (1903).* (VIII, 57 S.) 8° [J.]
(Bibliothek d. Gesamtlitteratur d. In- u. Auslandes. No 1689.) [03. 10057

— **Beppo. s. a. Bibliothek der Gesamtlitteratur.**

Byron, G. N. G. Lord. Die Braut von Abydos; aus dem Englischen. Frankfurt 1819. V: *Adrian, Joh. Valent.* (Ky)

—— **Braut von Abydos; Maseppa u. Lebensklänge, deutsch v. W. Gerhard. gr. 12. (1⅓ B.) Leipzig 840, Barth.**

— die Braut v. Abydos. — Der Traum. Zwei Gedichte. Im Versmaß d. Orig. übertragen v. Otto Riebel. 16. (80 S.) Hamburg 872. Grüning. 1. 50; geb. m. Goldschn. 2. – –

Byron, Lord, die Braut von Abydos. Aus der engl. in freie, deutsche Dichtung übertragen von Friedr. Klep. 8. (62 S.) Halle 881, Schmidt's Verlagsb. *

—— the Bride of Abydos. — Die Braut von Abydos, eine türkische Sage. Getreu in's Teutsche übers. u. seinen Schülern gewidm. v. Finck de Bailleul. (Engl. u. deutsch.) gr. 8. (9⅞ B.) Landau 843. (Speyer. Lang.)

— Briefe, ausgewählt v. Jarno Jessen, s.a. Universal-Bibliothek.

— Briefe u. Tagebücher mit Notizen aus seinem Leben von Thomas Moore. In 4 Bden. Aus d. Engl. 8. Braunschw. 830. Meyer. 8 Rthlr. Fein Velinp. 9 Rthlr.

—— Briefe u. Tagebücher, mit Notizen aus sein. Leben v. Th. Moore. 4 Bde. (à 2 Abthln.) A. d. Engl. 8. (173⅛ B.) Braunschweig 831—33, G. C. E. Meyer. 8 Thlr., f. Vlnp.

— Briefwechsel mit e. Freunde u. seiner Mutter, in d. J. 1809—11; nebst Erinnerungen u. Beobachtt. v. R. C. Dallas. Aus d. Französ. v. M. S. Meyer. Mit Byrons Bildn. u. dessen Familiensitz Newstead-Abthey. 3 Abtheill. gr. 8. Stuttg. 825. Brodhag. 2 Rthlr. 15 gr.

— Briefwechsel mit e. Freunde u. seiner Mutter, in d. Jahren 1809—11.; nebst Erinnerungen u. Beobachtungen von R. C. Dallas. Aus d. Französ. von M. S. Meyer. Mit Byrons Bildn. u. dessen Familiensitz Newstead-Abtey. 3 Abtheill. gr. 8. Stuttgart 825. Frankh.

Byron, [George Gordon] Lord: Lord Byron. Eine Autobiographie nach Tagebüchern und Briefen. Mit Einl. u. Erl. Von Eduard *Engel*. Erg.-Bd zu Byrons Werken. Berlin 1876. 8°

—— Cain, s.a. Universal-Bibliothek Nr. 779.

Byron, G. N. G. Lord. Cain, ein Mysterium. Aus d. Engl. Berl. 1831 Ü: *Parthey, Gust. Frdr. Conr.* (Koner (Mitth. A. Rosenbaum.)

—— Cain, ein Mysterium. A. d. Engl. gr. 12. (5⅛ B.) Berlin 831, Nicolai.

Byron, George Noel Gordon Lord. Cain a Mystery. Breslau 1840. H: *Behnsch, Hermann Edmund Ottomar.* (Nowack, Schles. Schriftst.-Lex. Bresl. 1836—43. VI, 12.)

—— Cain, a Mystery. gr. 16. (3¼ B.) Breslau 840, Kern. *

— Cain, a mystery. With introduction, notes and appendix by B. Uhlemayr. (XVIII, 74 u. 33 S.) kl. 8. Nürnberg 907. C. Koch. Kart. 1. —

—— the corsair, s. Rauch's English Readings.

— Denkmäler. Eine Samml. Charakterportr. der Damen aus Lord Byron's poet. Werken, mit 45 Kpfrn. gr. 8. London ... Black u Armstrong. 11 Rthlr. 1 gr.

Byron, George Gordon
Brittische Dichter-Proben. No. II. Nach Lord Byron und Georg Crabbe.
Leipzig: Brockhaus 1820. 211 S. 8°

—— Dichtungen, s.a. Bibliothek ausländischer Klassiker.

— Dichtungen, } s.a. Meyer's Volksbücher.

— Dichtungen, s.a. Moore, Th., u. Lord Byron, Dichtungen.

— siehe a. Selections.

— Dichtungen. Aus d. Engl. v. G. Pfizer. 1e—4e Samml. 8. Stuttgart 835—40. Liesching. 7 Rthlr.

—— Dichtungen. A. d. Engl. v. Gust. Pfizer. 1—4. Samml. 8. Stuttgart, S. G. Liesching. [1. (20 B.) 836. 1½ Thlr., 2. (27¼ B.) 837. 1¾ Thlr., 3. (31 B.) 838. 2 Thlr., 4. (33 B.) 839. 1¾ Thlr.]

— Dichtungen. Aus d. Engl. mit Hinzufügung der Anmerkungen der Londoner u. Pariser Original-Ausgaben. Von A. Nolein. 8. Crefeld 841, Funcke'sche Buchh. ⅛ Rthlr.

—— Dichtgn. A. d. Engl. v. G Pfizer. 2. Afl. 16. (396) Stuttg. 51. (Güterel., Bertelsmann's V.) 1. 10; geb. 1. 24

— Dichtungen. Aus d. Engl. v. Gust. Pfizer. 2. erweiterte Aufl. gr. 16. (VIII u. 396 S.) Stuttgart 851, S. G. Liesching. 1⅓ Rthlr. In Engl. Einb. 1 Rthlr. 24 ngr.

— ausgewählte Dichtungen, hrsg. v. Herm. Jantzen, s.a. Perthes' Schulausgaben englischer u. französischer Schriftsteller 52.

—— ausgewählte Dichtungen. A. d. Engl. übertr. 1. Bd. (1. Hft.) 8. (7¼ B.) Leipzig 838, Wienbrack.

— kleinere erzählende Dichtungen. Übers. v. Ad. Böttger. Hrsg. v. Wilh. Wetz. 12. (242 S.) Ebd. (902).
Geb. in Leinw. 1. —

— der Doge v. Venedig; Trauersp. Uebers. v. Th. Hell. 2 Bdchn. mit 2 Kpfrn. 16. Zwickau 822, Schumann.

— Dramen, } s.: Meyer's Volksbücher.

— the dream, s.: Authors, modern English.

— Erzählungen (in Versen u. Prosa) mit e. Versuch über des Dichters Leben u. Schriften, v. J. V. Adrian. 8. Frankf. a. M. 819. Sauerländer. 1 Rthlr. 8 gr.

—— poetische Erzählungen, s.a. Meyer's Volksbücher.

— poetische Erzählungen. Uebers. u. m. e. Vorwort versehen v. Alex. Neidhardt. (VIII, 74, 90, 58 u. 66 S. m. Bildnis.) 8. Halle (903). O. Hendel.
Geb. in Leinw. m. Goldschn. n. 2. —

Byron's, Lord, Marino Faliero, s.a. Repertoir d. herzogl. Meiningen'schen Hof-Theaters.

—— Marino Faliero. Erklärt von F. Brockerhoff, s.a. Sammlung englischer Schriftsteller, hrsg. von Herrig.

— Marino Faliero Doge von Venedig. Geschichtliches Trauerspiel, mit vielen dazu gehörigen Noten u. krit. Urtheilen, aus d. Engl. Im Versmaaß des Originals übers. v. Carl Desahna. gr. 8. (XVI u. 248 S.) Bayreuth 850, Buchner in Comm. n. ⅔ Rthlr.

—— Marino Faliero, Doge von Venedig. Geschichtliche Tragödie. Freie Uebersetzung von Thierry Preyer. 4. (VIII, 147 S.) Frankfurt a. M. 883, Neumann. *
—— dass. — s.a. Schüler-Bibliothek, englische.

—— Marino Faliero. Für das herzogl. Sachsen-Meiningen'sche Hoftheater übers. und bearb. von A. Fitger. gr. 8. (IV, 84 S.) Oldenburg 886, Schulze'sche Buchh. *
geb. *

– Marino Faliero, Doge v. Venedig, s.a. Bibliothek der Gesamtlitteratur.

Marino Faliero, Doge von Venedig. Geschichtl. Tragödie in 5 Akten. Von [George Gordon] Lord Byron. Übers. u. mit e. Vorw. vers. von Alexander Neidhardt. Mit d. Bilde d. Dichters. *Halle a. d. S.: O. Hendel [1903].* (VIII, 106 S.) 8° [F.]
= Bibliothek d. Gesamtlitteratur d. In- u. Auslandes. No 1710. 1711. [04. 1379

– die beiden Foscari, s.a. Bibliothek der Gesamtlitteratur.

Die beiden Foscari [The two Foscari]. Ein geschichtl. Trauerspiel in 5 Akten von [George Gordon] Lord Byron. Übers. u. mit e. Vorw. versehen von Alexander Neidhardt. Mit d. Bilde d. Dichters. *Halle a. d. S.: O. Hendel [1904].* (VIII, 65 S.) 8° [F.]
(Bibliothek d. Gesamtlitteratur d. In- u. Auslandes. No 1753) [04. 1476

– Gallerie zu Byron's Werken, s.a. Gallerie.

(——) Gallerie zu Byron's Werken. 3. (letzte) Lfg. (7 Bl. Stahlst.) 8. Frankfurt a. M. 837, Sauerländer. 6
1. u. 2. Lfg. Ebendas. 1837. * 1 Thlr. 20 Gr.

— lyrische Gedichte, } s.a. Bibliothek ausländ. Classiker.

— lyrische Gedichte. Uebers. von Frz. Kottenkamp. 3. verb. Aufl. Mit Byron's Portrait u. Wohnsitz in Stahlst. Stuttgart 853. Rieger. gr. 16. (302 S.) 27 ngr.

— sämtliche Gedichte in 2 Bdn. Übers. v. Ad. Böttger. Hrsg. v. Wilh. Wetz. 12. (183 u. 192 S.). Ebd. (902). Geb. in 1 Leinw.-Bd. 1.50

—— sämmtl. lyrische Gedichte. Uebers. v. Ernst Ortlepp. (Mit B's. Bildn.) 8. (21 ½ B.) Stuttgart 839, Hoffmann'sche Vrlsbuchh.

– vermischte lyrische Gedichte, s.a. Bibliothek der Gesamtlitteratur.

Vermischte lyrische Gedichte von (George Gordon) Lord Byron. Übers. u. mit e. Vorw. versehen von Alexander Neidhardt. Mit d. Bilde d. Dichters. Halle a. S.: O. Hendel (1905). (VIII, 130 S.) 8° [F.]
(Bibliothek d. Gesamtlitteratur d. In- u. Auslandes. No 1891. 1892.)

— der Gefangene v. Chillon. Parisina, s.a. Bibliothek der Gesamt-Litteratur d. In- u. Auslandes. 422.

—— der Gefangene von Chillon, s.a. Universal-Bibliothek.

— der Gefangene von Chillon. Dichtung. In deutscher Uebersetzung mit historischer Einleitung von M. v. der Marwitz. Vevey 865. Lesser. 8. (XI, 10 S. u. 1 Photogr.) n. 10 ngr.

—— der Gefangene von Chillon. Eine Fabel. Wortgetreu nach H. R. Mecklenburg's Grundsätzen in deutsche Prosa übers. und eingehend erläut. von R. T. 32, (46 S.) Berlin 886, H. R. Mecklenburg. *

— der Gefangene v. Chillon. Uebers. v. J. G. Hagmann. 16. (29 S. m. 1 Titelbild.) St Gallen 892. Busch & Co. n. — 40

— Gefangener von Chillon u. Parisina, nebst e. Anh. feiner lyrischen Gedichte, übers. durch Paul Graf v. Haugwitz. 8. Bresl. 821. W. G. Korn. 8 gr.

— Genius der Frauen. Wahrheit u. Dichtung weibl. Schönheiten. Eine Reihe v. Portraits aus dessen poet. Werken, nach Origin.-Zeichnungen in Stahl gestochen von E. u. W. Finden. Hft 1. — 15., jedes mit 3 Stahlst. London 835 u. ff. Black u. Armstrong. à ⅔ rℓ

—— erster Gesang des Childe Harald. Freie Uebertragung in Reimen v. C. D. 12. (2½ B.) Ansbach 845, Dollfuß'sche Bh.

Byron, Lord Geo. Noël Gord., hebr. Gesänge. Aus d. Engl. von F. Theremin. Mit d. engl. Text zur Seite. 12. Berl. 820. Dunker u. H. 12 gr.

—— hebräische Gesänge. A. d. Engl. übers. v. Jos. Emm. Hilscher. Mit gegenüberssteh. Originale. 8. (4¼ B.) Laibach 833. (Augsburg, Kollmann; Leipzig, Wenaand.)

— hebräische Gesänge. Aus dem Engl. übertragen und mit sachlichen Einleitungen und Bemerkungen versehen von Ed. Nickles. Karlsruhe 863. Gutsch. 8. (112 S.) 15 ngr.

— hebräische Gesänge. Aus d. Engl. übers. von Heinr. Stadelmann. Memmingen 866. Hartwig in Comm. 16. (40 S.) n. 7½ ngr.

—— der Gjaur, s.a. Universal-Bibliothek Nr. 669.

Byron, George Noel Gordon Lord. Der Gjaur, Bruchstücke einer türkischen Erzählung; aus dem Engl. übersetzt ... Leipzig 1818. Ü: *Nostitz und Jänkendorf, Gottlob Adolph Ernst von.* (MGT) (NN)

Byron, G. N. G. Lord. Der Gjaur. Bruchstück einer türkischen Erzählung, . . . metrisch bearbeitet. Berl. 1819. Ü: *Schöller, Moritz Ldw. Wilh. v.* (KONER) (Mitth. A. Rosenbaum.)

— der Gjaur. In deutsche Verse übersetzt v. Arthur v. Nordstern. Mit d. engl. Text zur Seite. 8. Leipz. 820. Göschen. 1 rℓ

— der Gjaur, Bruchstück e. türkischen Erzähl.; aus d. Engl. v. Hnr. Döring. 16. Zwickau 828. Gebr. Schumann. 8 gr.

— der Giaur. — Hebräische Gesänge. Aus dem Engl. übers. von Friederike Friedmann. Leipzig 854. Brockhaus. 16. (3 Bl., 111 S.) n. 20 ngr.

– der Giaur. Die Braut v. Abydos, s.a. Bibliothek der Gesamtlitteratur.

Der Giaur. Fragment einer türkischen Geschichte. Die Braut von Abydos. Eine türk. Geschichte. Von [George Gordon] Lord Byron. Übers. u. mit e. Vorw. versehen von Alexander Neidhardt. Mit d. Bilde d. Dichters. *Halle a. S.: O. Hendel (1903).* (VIII, 74 S.) 8° [F.]
(Bibliothek d. Gesamtlitteratur d. In- u. Auslandes. No 1668.) 3

— — deutsch von A. H. Janert, s.a. Bibliothek ausländischer Klassiker.

– Ritter Harald, s. Byron: Ritter Harold.

— Auswahl: Childe Harold (III u. IV), Prisoner of Chillon, Mazeppa, s.a. Textausgaben französischer u. englischer Schriftsteller f. den Schulgebrauch.

—— Childe Harold hrsg. v. A Mommsen. 8. (189) Hamb. 53. (Halle, Gesenius.) — 18

—— Childe Harold hrsg. von Aug. Mommsen. 8. (IV und 189 S.) Hamburg 853, Th. Niemeyer.

—— Childe Harold. Hrsg. mit erläut. Noten von Aug. Mommsen. 2. (Titel-)Ausg. 8. (IV, 189 S.) Hamburg 869, Verlags-Comptoir. [Halle, Gesenius.] ℳ 1,80.; geb.

— Ritter Harald, von Ad. Böttger. Diamantausg. Mit 1 Stahlst. 16. Leipzig 846, O. Wigand. In Leinw. geb. n. 1⅓ rℓ

—— Ritter Harold von Adolf Böttger. Diamantausg. 16. (104 S. und 1 Stahlst.) Leipzig 847, O. Wigand. *

— Harold, der Verwiesene. Aus d. Engl. v. Karl Baldamus. 3 Thle. 8. Leipzig 835. Hartmann (jetzt Klinkhardt). 3 rℓ (41 B.)

– Himmel u. Erde, s.a. Bibliothek der Gesamtlitteratur.

Himmel und Erde [Heaven and Earth]. Ein Mysterium. Von [George Gordon] Lord Byron. Übers. u. mit e. Vorw. versehen von Alexander Neidhardt. Mit d. Bilde d. Dichters. *Halle a. d. S.: O. Hendel [1904].* (VIII, 34 S.) 8° [F.]
(Bibliothek d. Gesamtlitteratur d. In- u. Auslandes. No 1785.)

— die Insel, oder Christian u. seine Kameraden. Aus d. Engl. (v. F. L. Breuer). Mit gegenübersteh. Originaltext. 8. Leipz. 827. Brockhaus. 1 rℓ 6 gr.

— Irner od. die Wiedersprüche d. Liebe; bearb. v. G. Jördens. 2 Bde. 8. Leipz. 823, Lauffer.

— Don Juan, s.: Bibliothek der Gesamtlitteratur.

—— Don Juan, s. Bibliothek ausländ. Klassiker.

— Don Juan, s.a. Meyer's Volksbücher.

Byron, Lord, Don Juan, übersetzt von Wilhelm Reinhold (ps.). 1822.
Weller, Lex. Ps. p. 474. — Selten!

—— Don Juan in 16 Cantos. small 12. (18½ B.) Nuremberg 832, Campe.

—— Don Juan. (Mit Bildn.) gr. 16. (47 B.) Mannheim 838, Hoff.

— Don Juan. Aus d. Engl. Im Versmaaß des Originals übersetzt v. Ad. v. Marées. gr. 12. Essen 839. Bädeker. 1 rℓ

—— Don Juan, übers. von Otto Gildemeister. 2 Thle. gr. 8. (37½ B.) Bremen 845, Schünemanns Vrlsb.

— Don Juan v. Adf. Böttger. Diamantausg. 8. (413 S. u. 1 Stahlst.) Leipzig 849, O. Wigand. 1½ rℓ

— Don Juan von Adf. Böttger. Diamantausg. 2. (Titel-) Aufl. Leipzig (849.) 858. O. Wigand. 8. (413 S. u. 1 Stahlstich.). 1 ₰ 15 ngr

— Don Juan. Übers. v. Ad. Böttger. Hrsg. v. Wilh. Metz. 2 Tle. 12. (216 u. 222 S.) Ebd. (902). Geb. in 1 Leinw.-Bd. 1.50

Don Juan. Episches Gedicht in 16 Gesängen. Von [George Gordon] Lord Byron. Übers. u. mit e. Vorw. versehen von Alexander Neidhardt. Mit d. Bilde d. Dichters. *Halle a. d. S.: O. Hendel [1904].* (VIII, 526 S.) 8° [F.]
(Bibliothek d. Gesamtlitteratur d. In- u. Auslandes. No 1792–1798.)

– Kain, s.a. Bibliothek der Gesamtlitteratur.

— Kain. Ein Mysterium. — Mazeppa. — Aus dem Engl. übers. von Friederike Friedmann. Leipzig 855. Brockhaus. 16. (5 Bl., 154 S.) n. 24 ngr

Kain. Ein Mysterium. Von [George Gordon] Lord Byron. Übers. u. mit e. Vorw. vers. von Alexander Neidhardt. Mit d. Bilde d. Dichters. *Halle a. d. S.: O. Hendel [1903].* (VIII, 59 S.) 8° [F.]
= Bibliothek d. Gesamtlitteratur d. In- u. Auslandes. No 1721.

— der Korsar, s.a. Universal-Bibliothek.

Byron, G. N. G. Lord. Der Korsar. Eine Erzählung aus dem Engl. Berlin 1816. Ü: *Tschirschky und Bögendorf auf Wanscha, Friedrich Ludwig von.* (EE) (GGr) (Ky)

— Dass. v. Elise v. Hohenhausen. 8. Altona 820. Hammerich. 16 gl

— Dass. aus d. Engl. v. Karol. Pichler. Mit 1 Kpf. 8. Wien 820. Pichler. 1 ₰ 4 gl

—— der Corsar. Gedicht. Aus dem Engl. von Vict. v. Arentsschild. 16. (130 S.) Mainz 851(52), v. Zabern. *

— der Korsar. Erzählung. Aus d. Engl. übers. v. Friederike Friedmann. 16. (90 S.) Leipzig 852, Brockhaus. In Engl. Einb. m. Goldschn. n. ⅔ ₰

– Der Korsar. Lora, s.a. Bibliothek der Gesamtlitteratur.

Der Korsar. Lara. Von (George Gordon) Lord Byron. Übers. u. mit e. Vorw. vers. von Alexander Neidhardt. Mit d. Bilde d. Dichters. *Halle a. S.: O. Hendel (1903).* (VIII, 90 S.) 8° [F.]
(Bibliothek d. Gesamtlitteratur d. In- u. Auslandes. No 1669.)

— Landschaften, oder Abbildd. der ausgezeichnetsten Ansichten aus dessen poet. Werken, nach Original-Zeichnungen in Stahl gestoch. von E. u. W. Finden, herausg. von Brockedon. Hft. 1.—20., jedes mit 3 Stahlstichen. London 835. Black u. Armstrong. à ⅓ ₰

—— Lara, s.a. Library, English.

—— Lara, s.a. Universal-Bibliothek Nr. 681.

— Lara; e. Erzähl. im Versmaße d. Originals v. Dr. Adrian. 8. Frankf. 819. Sauerländer. 8 gl

Byron's Lebensbeschreib., nebst Analyse u. Beurtheil. s. Schriften. Aus d. Engl. Mit Byron's Bildn. 8. Lpz. 825. Dyck. 1 ₰

—— Ein Lebensbild, s. Eberty, Fel.

—— Letters and Journals of Lord Byron: with notices of his life by Th. Moore. Complete in one Volume. Lex.-8. (40½ B.) Francfort o. M. 831, Brönner.

Byron's Liebes-Abenteuer, s. Liebes-Abenteuer.

—— Liebes-Abenteuer. Aus dem Engl. übers. von Fritz Reiter. 2 Bde. 16. (812 S.) Sondershausen 862. [Thonberg vor Leipzig.] Neuse. *

— Lieder. Aus d. Engl. von A. Friederich. 8. Karlsr. 820. Müller. 12 gl

—— Manfred, s. Breitkopf und Härtel's Text-Bibliothek Nr. 65 und 66.

— dasselbe, s. a. Bibliothek der Gesamtlitteratur.

— dasselbe, s.a. Elzevier-Ausgaben, illustrierte. 10.

— Manfred, s. Taschenbibliothek d. ausländ. Classiker,

—— Manfred, s. Universal-Bibliothek.

Byron, G. N. G. Lord. Manfred [übersetzt] ... [Dresden 1817.] Ü: *Trummer, Carl.* (GGr)

Byron, George Gordon
Manfred. Trauerspiel. Teutsch von Adolf Wagner. Leipzig: Brockhaus 1819. 259 S. 8

—— Manfred. — Die Finsterniß. — Der Traum. A. d. Engl. übers. v. Ernst Köpke. 8. (6 B.) Berlin 835, Schroeder.

—— Manfred, übers. v. Theod. Armin. gr. 12. (4 B.) Göttingen 830, (Kübler.) *

—— Manfred. Einleit., Uebersetz. u. Anmerkn. Ein Beitr. z. Kritik d. gegenwärt. deutsch. dramat. Kunst u. Poesie, v. † Posgaru. 8. (13¼ B.) Breslau 839, Max u. Komp.

—— Manfred. Ein dramat. Gedicht, übers. v. D. E. Seemann. gr. 12. (3½ B. u. 1 Stnt.) Berlin 843. [Hirsch u. Comp.] *

— Manfred. Ein dramat. Gedicht, übers. v. D. S. Seemann. gr. 12. Berlin 843, Weidle. n. ½ ₰

—— Manfred. Ein dramat. Gedicht. Aus dem Engl. übers. 8. (VIII und 60 S.) Leipzig 853, Brockhaus.

—— Manfred, der Gefangene von Chillon, hebräische Gesänge und lyrische Gedichte. Deutsch von A. R. Nielo. 2. Aufl. 16. (VIII und 249 S.) Münster 857, Coppenrath'sche Buchh. * geb. *

— Manfred. Deutsch von Hermann von Kösen. Leipzig 858. Voigt u. Günther. 16. (VIII, 86 S.) n. 20 ngr

— Manfred. Erklärt u. übersetzt v. L. Freytag. gr. 16. (158 S.) Berlin 872. Gebr. Paetel. 2. —; geb. m. Goldschn. n. 3. —

—— Manfred. Ein dramat. Gedicht. Freie Übersetzung von Thierry Preyer. 2. Aufl. 4. (59 S.) Frankfurt a. M. 883, Neumann. *

Manfred. Ein dramat. Gedicht von [George Gordon] Lord Byron ... neu übertr. von Freifrau Josephine Knorr. Mit e. Einl. u. d. Bilde d. Dichters. *Halle a. S.: O. Hendel (1900).* (46 S.) 8° [F.]
(Bibliothek d. Gesamtlitteratur d. In- u. Auslandes. No 1422.)

— Manfred. Dramatisches Gedicht. (Einleitg. u. Textbearbeitg. v. Ludw. Wüllner. Illustrationen v. Walt. Tiemann.) gr. 8. (69 S.) Leipzig 900. H. Seemann Nachf. n. 4.—

Manfred. Dramat. Gedicht in 3 Abt. von Lord [George Gordon] Byron. Musik von Robert Schumann (op. 115) f. Soli, Chor, Orchester u. Orgel. Verbindender Text f. d. Konzertaufführung nach d. Übers. von Adolf Böttger eingerichtet von Ernst v. Possart. Cöln: Ahn 1909. 28 S. 8°
(Ahns Operntext-Bibliothek. Nr 138.)

— Manfred. Dramat. Gedicht. (Deutsch u. engl.) (Übertr. v. Woldem. Starke.) (4. Hyperiondr.) (7, 140) Lex8° Münch., Hyperionverl. '12. kart. 24 —; Perg.-Broschur 30 —; geb. in Perg. 35 —; auf Perg. 320 —

— Manfred and Heaven and Earth. Für d. Schulgebr. hrsg. v. Frz Eigl. (107) 8° Wien, F Tempsky. — Lpzg, G Freytag '13. geb. 1.20

Mazepa. Poemat. Przeklad wolny na wiersz polski przez Michała Chodźke. Halle 860. Schmidt's Verlag. 8. (39 S.) n. 12 ngr

— Mazeppa, s.a.Authors, English.

— Mazeppa, } s.a.Universal-Bibliothek.

— Mazeppa. Ein Gedicht. Aus d. Engl. treu übertragen v. Th. Hell. Nebst beigedr. Urschrift. 8. Leipz. 820. Hinrichs. 10 ngl.

— Mazeppa, a Poem. Mit Worterklärung u. e. Lebensskizze d. Dichters, v. H. M. Melford. 12. (3¼ B.) Braunschweig 834, Vieweg.

— Mazeppa, übers. im Versmaaße d. Orig. v. Eberh. Brauns. Hrsg. v. Engelbrecht. 8. (4 B.) Göttingen 836, (Kübler.) *

— Mazeppa, a poem. Mit Worterklärung, eine Lebensskizze des Dichters und Hinweisungen sowohl auf sein synonymisches als auch auf sein phraseologisches Handwörterbuch der englischen Zeit-, Haupt- und Eigenschaftswörter rc. von H. M. Melford. 2., verb. und verm. Aufl. gr. 16. (XX und 69 S.) Braunschweig 856, Vieweg und Sohn.

— Mazeppa, Korsar und Beppo. In das Deutsche übertragen von Wilh. Schäffer. Leipzig 864. Brockhaus. 8. (2 Bl., 138 S.) n. 20 ngr.; geb. n. 1 rℬ

Mazeppa. Von Lord [George Gordon] Byron. Frei übers. von Adolf Seubert. In vereinf. deutscher Stenogr., System Stolze-Schrey. *Berlin: F. Schulze (1902).* (31 S.) 8° [Text stenogr.]

— Unterhaltungsblätter, Schulzes Illustrierte, f. Stenographen. [1, Beil. 1.] 04. 9410

— Mazeppa. Die Insel, s.a. Bibliothek der Gesamtlitteratur.

Mazeppa. Die Insel. Von (George Gordon) Lord Byron. Übers. u. mit e. Vorw. vers. von Alexander Neidhardt. Mit d. Bilde d. Dichters. *Halle a. d. S.: O. Hendel [1903].* (VIII, 66 S.) 8° [J.]

— Bibliothek d. Gesamtlitteratur d. In- u. Auslandes. No 1697. 04. 1364

Byron, Hebräische Melodien. Nachdichtungen der „Hebrew Melodies" ... von M. S. Rabener. Czernowitz 1864.

— s. Th. Moore, Lettres.

— Parisina; übers. v. J. W. Cirkel, s.a. J. W. Cirkels Gedichte.

— Parisina. A. d. Engl. v. Ludw. Aug. Frankl. gr. 12. (1¼ B.) Wien 830, (Kupffer u. Singer; Leipzig, Kummer.)

— Harold's Pilgerfahrt. Aus d. Engl. Uebers. von Erich v. Monbart. Köln 865. (Leipzig, E. H. Mayer.) gr. 8. (2 Bll., 143 S.) n. 1 rℬ

— Childe Harolds Pilgerfahrt, s.a. Bibliothek der Gesamtlitteratur d. In- u. Auslandes.

— dass. — deutsch von A. H. Janert, s.a. Bibliothek ausländischer Klassiker.

— Childe Harolds Pilgerfahrt, s.a. Meyer's Volksbücher.

— Childe Harold's Pilgerfahrt. Aus dem Engl. im Versmaß des Originals übers. von Alex. Büchner. Frankfurt a. M. 853. Meidinger. 16. (XXIII, 342 S.) 1 rℬ 3 ngr

— Childe Harolds Pilgerfahrt. A. d. Engl. v. A Büchner. 16. (342) Frankf. 55. (Halle, Gesenius.) — 18; geb. — 27

Byron's Childe Harold's Pilgerfahrt. Aus dem Engl. im Versmaß des Originals übers. von Alex. Büchner. (Wohlf. Ausg.) Frankfurt a. M. 855. Meidinger. 16. 18 ngr

— dass. A. d. Engl. v. E v. Monbart. 8. (143) Köln 65. (Lpzg, Mayer.) n. 1. —

— Jung Harold's Pilgerfahrt. Aus dem Engl. metrisch übersetzt von Ferd. Schmidt. 16. (IV, 134 S.) Berlin 869, Stempelmann.

— Junkherrn Harold's Pilgerfahrt. A. d. Engl. in's Deutsche übers. v. Hermann v. Pommer Esche. gr. 8. (13 B.) Stralsund 839, Löffler'sche Buchh.

— Ritter Harold's Pilgerfahrt, s.a. Universal-Bibliothek.

— Ritter Harold's Pilgerfahrt. A. d. Engl. Im Versmaß d. Orig. übers. v. Zedlitz. gr. 8. (25 B.) Stuttgart u. Tübingen 836, Cotta'sche Buchh.

— Ritter Harolds Pilgerfahrt. — Der Korsar. — Lara. Drei erzähl. Dichtgn. Übers. v. Ad. Böttger. Hrsg. v. Wilh. Wetz. 12. (252 S.) Ebd. (902). Geb. in Leinw. 1.—

— Childe Harold's pilgrimage, hrsg. v. Mart. Krummacher, s.a. Authors, English.

Byron, (Geo. Noël Gord.), Childe Harold's pilgrimage, s.a. Sammlung englischer Schriftsteller.

— Childe Harold's pilgrimage, s.a. Sammlung gediegener u. interessanter Werke der engl. Literatur.

— Childe Harold's pilgrimage, s.a. XVIII. Bd. 2. Abthl. S. 531: Schulbibliothek, französische u. englische.

— Childe Harold's Pilgrimage etc. in II Voll. 8. Leipz. 820. Brockhaus. 2 rℬ

— Childe Harold's Pilgrimage. A Romaunt. small 12. (14 B.) Nuremberg 831, Campe.

— Childe Harold's Pilgrimage. 8. (22½ B.) Mannheim 837, Hoff.

— Childe Harold's pilgrimage. A romaunt. 16. (205 S. mit 1 Holzschntaf.) Leipzig 862, B. Tauchnitz. geb. mit Goldschn. *

— Childe Harold's pilgrimage. A romaunt. Erklärt v. Aug. Mommsen. gr. 8. (XXXVI, 367 S.) Berlin 885. Weidmann. 3. —

— dasselbe. gr. 16. (192 S.) Leipzig 886. Grossner & Schramm. n. — 80

— Poesien, s.a. Taschen-Bibliothek No. 121.

— Poesien. 29—31. Bdchn., s.a. Taschenbibliothek d. ausländ. Klass. No. 225, 26, 32.

Byron, George Gordon

Lord Byron's Poesien. Aus d. Engl. (von Wilhelm Reinhold, August Schumann, J.L. Witthaus, Karl Meissner, Theodor Hell, Wilhelm v. Lüdemann.). Bd. 2.6. 4.9. 1o.11. 12.5. 7.8. 15. 16.
Zwickau: Schumann 1821 - 1825. 8°

2.6.	Don Juan. Gesang 1.2. (Reinhold).	1821.
4.	Ritter Harold's Pilgerfahrt. Ges. 1. (Schumann).	1821.
9.	Ritter Harold's P. Ges. 2. (Schumann).	1822.
1o-12.	Ritter Harold's P. Ges. 3-5. (Witthaus).	1822.
5.	Mazeppa.- Der Vampyr. (Meissner).	1821.
7.8.	Der Doge v. Venedig. Abth. 1.2. (Hell).	1822.
15.	Die beiden Foscari. (Lüdemann).	1825.
16.	Werner. Trauerspiel. (Lüdemann).	1825.

(Taschenbibl. der ausländ. Klassiker. Nr. .17.15.23. 24.25.26.16.21,22.121.126.)

Byron, George Gordon

Lord Byron's Poesien. Übersetzt von Wilhelm Reinhold. [1 Stahlstich jd. Bd.] . Bd. 2.6.13. 22.23.29. 3o.31.
Zwickau: Schumann 1821 - 1828. 8°

2.6.	Don Juan. Gesang 1.2.	1821.
13.	Don Juan. Ges. 3.4.	1824.
22.23.	Don Juan. Ges. 5 - 8.	1827.
29.	Don Juan. Ges. 9 - 11.	1828.
3o.31.	Don Juan. Ges. 12 - 14. 15.16.	1828.

— the prisoner of Chillon, } s.a. Authors, English. 19.

— dass. — s.a. Library, English.

— the prisoner of Chillon, hrsg. v. A. Bromer, s.a. Schulausgaben engl. u. französ. Schriftsteller. 2.

— The prisoner of Chillon, hrsg. v. Eug. Kölbing, s.a. Textbibliothek, englische.

— prisoner of Chillon. A poem with an historical introduction a. french a. german notes. 2. ed. 8. (XXVIII, 25 S.) Genf 874. Müller-Darier. n. 1. —

— prisoner of Chillon. A poem. 2. ed. 8. (25) Genf 75, Müller-D. n. 1. —

— the prisoner of Chillon. A fable. Hrsg. u. mit Anmerkungen versehen v. F. Fischer. gr. 8. (20 S.) Berlin 877. Weidmann. —30

Byron, Lord, the Prisoner of Chillon. Mit einer Lebensbeschreibung des Dichters, einer Einleitung und erklärenden Anmerkungen. Von Karl Meurer. 8. Köln 881. Leipzig, H. Bredt. *

— dasselbe. Mit einer Lebensbeschreibung d. Dichters, einer Einleitung u. erklärenden Anmerkungen. Hrsg. von Karl Meurer. 8. (26 S.) Köln 881. Roemke & Co. n. — 35

— the prisoner of Chillon. A fable. Erklärt v. F. Fischer. 2. verb. Aufl. gr. 8. (24 S.) Berlin 884. Weidmann. — 30

Byron, Lord. The prisoner of Chillon. A fable. Erklärt v. F. Fischer. 3. verb. Aufl. 8. (24 S.) Berl. 891, Weidmann. * — 50

The Prisoner of Chillon by [George Gordon] Lord Byron. Krit. Text mit Einl. u. Anm. hrsg. von Eugen Kölbing. *Weimar: E. Felber 1896.* (XXIV, 97 S.) 8°
— Textbibliothek, Englische. 1. [64. 136. 5

— The prisoner of Chillon. A fable. Erklärt v. F. Fischer. 4. verb. Aufl., besorgt v. F. Ost. (85 S. m. 2 Taf.) 8. Berlin 910. Weidmann. Geb. — 80

— Prisoner of Chillon und Siege of Corinth, s. Materialien für das neuenglische Seminar.

— Reise nach Corsika u. Sardinien, während des Sommers u. Herbstes 1821. Aus d. Französ. 8. Leipz. 826. J. Müller. 9 gr.

— Sardanapal, s. a. Bibliothek der Gesamtlitteratur.

—— Sardanapal, s. a. Meyer's Volksbücher.

— Sardanapal. Trauerspiel in fünf Akten. Aus dem Engl. übers. von Emma Hertz. Posen 854. Merzbach. 16. (214 S.) 1 ₰

Byron, Lord. Sardanapal. Bühnenbearbeitg. nach der Übersetzg. von Adf. Böttger. 8. Jena 888. Lpz., Deutscher Verlag. [* 3 —] 2 80

— Sardanapal. Trauerspiel in 5 Aufzügen. Bühnen-Bearbeitg. nach der Übersetzg. v. A. Böttger m. e. Vorspiel v. M. Zerbst. 8. (117 S.) Jena 888. Mauke. n. 2. 80

Byron's, Lord, Sardanapal. E. Tragödie. Frei übertr. u. f. d. Bühne bearb. v. Jos. Kainz. 8. (V, 214 S.) Berlin 897. F. Fontane & Co. n. 3. —

Sardanapal. Tragödie in 5 Akten. Von [George Gordon] Lord Byron. Übers. u. mit e. Vorw. versehen von Alexander Neidhardt. Mit d. Bilde d. Dichters. *Halle a. d. S.: O. Hendel [1904].* (VIII, 90 S.) 8° [F.]
(Bibliothek d. Gesamtlitteratur d. In- u. Auslandes. Nr. 1754.) [64. 1476

—— Sardanapalus, s. a. Sammlung englischer Schauspiele.

— Sardanapalus. A tragedy, in 5 acts. Zum Privat- u. Schulgebrauch mit deutschen u. engl. Noten, so wie mit Hinweisungen auf sein „synonymisches Handwörterbuch" v. H. M. Melford. 8. (X u. 198 S.) Leipzig 848, G. Mayer. ½ ₰

Byron, (Lord,) Schauspiele, übers. v. G. tor Hardt. 16 Bdchn. A. u. d. T.: Marino Faliero, Trauersp. in 5 Aufz. 8. Paderborn 827, Wesener.

Selection from (George Gordon Lord) Byron. Ed. with explan. notes by Prof. Dr. J[osef] Klapperich. [Text.] Glogau: C. Flemming (1906). 8°
— Schriftsteller, Englische u. franz., d. neueren Zeit. Bdch. 41. B. [07. 4367

— Selections, s. a. Meisterwerke, Englische, (Richter).

— Selections, hrsg. v. J. Klapperich, s. a. Schriftsteller, englische u. französische, der neueren Zeit.

— Selections from Lord Byrons poems. Für den Schulgebrauch hrsg. v. Alb. Herrmann. (185 S.) 8. Leipzig 907. G. Freytag. — Wien, F. Tempsky. Geb. 1. 50

Byron, Lord, the siege of Corinth, hrsg. v. K. Bandow, s. a. Authors, English.

— the siege of Corinth. Für den Schul- u. Privatgebrauch abgedr. nach der Pariser Ausg. (1835, Galignani.) Lüneburg 854. Engel. 8. (51 S.) n. 5 ngr

— Siege of Corinth. Mit Einleitg. u. Anmerkgn. hrsg. v. Eug. Kölbing. 8. (IX, 165 S.) Berlin 893. Weimar, E. Felber. n. 3 —

(——) Stahlstiche zu Lord Byron's sämmtl. Werken in 1 Bde. 2 Lfgn. (10 Bl.) Lex.-8. Stuttgart, [Scheible, Rieger u. Sattler.] [1. (4 Bl.) 839. * ⅓ Thlr., 2. (6 Bl.) 840. * ½ Thlr.] *

(——) dies. zur Taschenausg. 3 Lfgn. (10 Bl.) 16. Ebds. 839, 40. [1. u. 2. (à 3 Bl.) à * ¼ Thlr., 3. (4 Bl.) * ⅓ Thlr.] *

— Донъ-Жуанъ. (Don Juan.) Сочиненіе. Глава первая. Переводъ Н. А. Марковича. Leipzig 862. Brockhaus. 16. (164 S.) n. 1 ₰

— Tagebücher u. Briefe, v. Eduard Engel, s. a. Renaissance-Bibliothek, 1. Bd.

Byron, (George Gordon, Lord.) Byrons Tagebücher und Briefe. (Deutsch) Von Eduard Engel. 4. Aufl. Neue völlig umgearbeitete und verdoppelte Ausgabe. [Mit Porträt-Tafel.] VI + 196 S. 8. Berlin, Leonhard Simion Nf., 1904. [M. 3. —]
Renaissance-Bibliothek. Hrg. von Dr. Hans Landsberg. Band 1.
Darin S. 82. 53—56. 74. 105. 110. 112. 125. 133. 168. 188 f. 192—194 etc. die Schweiz, Madame de Staël, Rousseau *etc. betr.*

— tales and poems. Leipzig 857. Brockhaus. 8. (3 Bl., 359 S.) n. 1 ₰

— der Vampyr, s. a. Vampyr.

— der Vampyr; aus d. Engl. 8. Leipz. 819. Voß. 10 gr.

Byron, G. N. G. Lord. Ritter Haralds Wanderungen; aus dem Engl. [in Versen] übersetzt. Leipzig 1821. Ü: *Nostitz und Jänkendorf, Gottlob Adolph Ernst von.* (MGT)

—— Werke, s. a. Collection Spemann.

Byron's Werke. Uebs. v. Mehreren. Mit Stahlstichen. 12 Thle. in 3 Bdn. Stuttg. 1856. Lnwdbde. 12. 5. —

— Werke. Uebers. von Otto Gildemeister. (In 6 Bdn.) 1. u. 2. Bd. Berlin 864. G. Reimer. 8. (XIV, 547 S.) n. 1 ₰ 10 ngr.

Byron's, Lord, Werke. Uebers. von Otto Gildemeister. 3—6. Bd. Berlin 865. G. Reimer. 8. (IX, 1184 S.) Jeder Bd. n. 20 ngr.

— — 6 Bde. 2. Aufl. Ebend. 866. 8. (XXVI, 1777 S.) n. 4 ₰

Byron's, Lord, Werke. Uebers. v. Otto Gildemeister. 6 Bde. 3. Aufl. 8. (XIV, 257, 292; VI, 328, 323, 283 u. 294 S.) Berlin 867. G. Reimer. à n. 2. —

Byron's, Lord, Werke. Uebersetzt von Otto Gildemeister. 6 Bde. 3. Aufl. 8. (XIV, 257; 292; VI, 328; 323; 283; 294 S.) Berlin 877. G. Reimer. à Bd. * M 2. *

Byron's, Lord, Werke. Uebers. v. O. Gildemeister. 6 Bde. 4. Aufl. gr. 8. (XIV, 257; III, 292; VI, 328; III, 323; 285 u. 296 S.) Berlin 888. G. Reimer.
n. 12. —; in 3 Bde. geb. n. 15. —

— dasselbe. Von Adf. Böttger. 7. Aufl. 8 Bde. 8. (292, 290, 251, 276, 245, 268, 254 u. 317 S.) Leipzig 891. O. Wigand.
12. —; geb. n. 18. —

Byron's, Lord, Werke. In krit. Texten m. Einleitgn. u. Anmerkgn. hrsg. v. Eug. Kölbing. 1. u. 2. Bd. 8. Weimar 896. E. Felber.
n. 10. —
1. The siege of Corinth. (V, 156 S.) n. 3. —
2. The prisoner of Chillon and other poems. (IX, 450 S.) n. 7. —

Byron's, Lord, Werke. 6 Bde. Uebers. u. m. Einleitg. u. Anmerkgn. versehen v. Adalb. Schroeter. (Neue Ausg.) (307, 178, 196, 212, 208 u. 190 S.) kl. 8. Stuttgart (900). Union.
In 2 Leinw.-Bdn. (urspr. Pr. 6. —)

Byron's, Lord, Werke. Uebers. v. Otto Gildemeister. 6 Bde. 5. Aufl. (XIV, 257; III, 291; VI, 328; III, 323; 285 u. 296 S.) gr. 8. Berlin 903. G. Reimer.
In 3 Bdn. n. 12. —; geb. in Leinw. n. 15. —; in Halbfrz. n. 18. —

Byron, George Gordon Lord: Werke. Übers. v. A Böttger, W Grüzmacher, R Imelmann, AH Janert, W Schäffer, H Stadelmann, A Strodtmann. Hrsg. v. Frdr. Brie. Kritisch durchgeseh. u. erläuterte Ausg. 4 Bde. (102, 397; 420; 404 u. 444 m. 4 Bildn. u. 1 Fksm.) 8° Lpzg, Bibliograph. Instit. ('12).
L 8 —; HLdr 12 — d

—— dramatische Werke, s. Bibliothek ausländischer Klassiker.
Vgl.: Elze, K.

— poetische Werke, s. a. Bibliothek, Cotta'sche, der Weltlitteratur.

— poetische Werke in 8 Bdn. In älteren Uebertraggn. Eingeleitet durch e. Studie v. Henry T. Tuckerman. 8. (215, 212, 222, 240, 364, 376, 278 u. 250 S. m. Bildnis.) Stuttgart 893. J. G. Cotta Nachf. In 4 Leinwbdn.
n. 8. —

— sämmtliche Werke. Deutsch von A. Neidhardt, s. a. Classiker des In- u. Auslandes.

— sämmtl. Werke. 1r—32 Bd. Taschenausg. Zwickau 825—27, Schumann. (à 8 gr geh. à 9 gr) Hbg. Pr. 6 ℛ

— sämmtl. Werke. Herausg. v. J. V. Adrian. 12 Thle. gr. 12. Frankf. 829—30. Sauerländer. 6 ℛ 18 gr Velinp. 8 ℛ 12 gr

Byron, G. N. G. Lord. Sämmtliche Werke. Hsg. von Dr. Adrian. Frankfurt a. M. 1830—31. Ü: *Bärmann, Georg Nicolaus, Oscar Ludwig Bernhard Wolff, Carl Ludwig Kannegiesser, Anton Hungari, Peter v. Haugwitz, Philipp Anton Guido v. Meyer & Johann Valentin Adrian.* V (Leben): *Meyer, P. A. G. v.* (BrMm)

—— sämmtl. Werke. Hrsg. v. Joh. Val. Adrian. 12 Thle. Mit d. (v. T. Phillips gez. u. v. C. Barth gest.) Bildniß, Facsimile d. Handschrift, u. d. Abbild. d. Stammsitzes Lord Byron's. gr. 12. (157 B.) Frankfurt a. M. 830, 31, Sauerländer.
6 Thlr 18 Gr., Vlnpap.

—— sämmtl. Werke. Hrsg. v. Adrian. 12 Bde. Ausg. m. 28 Stahlst. gr. 12. (156⅓ B. u. 1 Facsim.) Frankfurt a. M. 837, Sauerländer.
* 6 Thlr. 16 Gr., f. Ausg. *
Die Stahlstiche einzeln vgl. unten.

— sämmtl. Werke, deutsch v. Adolf Böttger. Mit des Dichters Leben u. Bildniß. Ausg. in 1 Bde. (4 Lfrgg.) Lex.-8. Leipzig 839, 40. Otto Wigand. n. 4 ℛ

— sämmtl. Werke. Nach den Anforderungen unserer Zeit neu übersetzt von Mehreren. 10 Bde. 16. Stuttgart 839. Hoffmann. 2½ ℛ — 2e Abthl. in 3 Bdn.; enth. Byron's Lebensgeschichte, Briefwechsel, Gespräche u. Vermischtes nach Lytton Bulwer, Thom. Moore, Medwin u. Dallas v. Er. Ortlepp. 1r — 3r Bd. (in 6 Thln.) (Mit Titelkpfr. u. Facsimile.) 16. Stuttgart 839, 40. Scheible's Buchh. (à ½ ℛ) 1½ ℛ

— sämmtliche Werke. Deutsche Ausgabe in 1 Bande von Ad. Böttger. 4. u. letzte Liefg. Lex.-8. Leipzig 841, O. Wigand. compl. 4 ℛ

—— ders. 2. Aufl. (6 Lfgn.) M. 12 Stahlst. Lex.-8. (43⅓ B.) Ebds. 841. *
Stahlstiche hierzu, vgl. auch unten.

—— sämmtl. Werke v. Ado. Böttger. (Neue Ausg.) 12 Bde. M. 12 Stahlst. 16. (218⅓ B.) Leipzig 841. Otto Wigand. *

—— ders. 13 — 15. Bd. — A. u. d. T.: Byron's Briefe u. Tagebücher. Nach Th. Moore. 3 Bde. 16. (45 B.) Leipzig 842, T. O. Weigel.
Stahlstiche hierzu, vgl. auch unten.

—— sämmtl. Werke. Nach d. Anforderungen uns. Zeit neu a. d. Engl. übers. v. Mehreren. 10 Bde. 1. Aufl. Stuttgart 839., 2., unveränd. Ausg. 16. (à 15¼ B.) Pforzheim 842, 43, Dennig, Finck u. Comp. à 6 Gr.

—— sämmtl. Werke, deutsch v. Adolf Böttger. Ausg. in 1 Bd. 3. Aufl. Mit 12 Prachtstahlst. Lex.-8. (53⅓ B.) Leipzig 844, Otto Wigand.

— dies. 3. Aufl. 1. Bd. Mit 12 Prachtstahlst. Lex.-8. Ebend. 844, O. Wigand. 4 ℛ — dies. Mit 1 lith. Portr. Lex.-8. Ebend. 845. 1½ ℛ

——. dieselben. Ausgabe für die Besitzer v. Bulwer's Werken. 20 Thle od. 10 Bde. mit 10 Stahlst. 16. (120 B.) Ebds. 845 à * 2½ Ngr. *

—— sämmtl. Werke deutsch v. Adolf Böttger. 3. Ausg. Lex.-8. (53⅓ B. u. 1 lith. Portr.) Leipzig 845, Otto Wigand.

—— sämmtl. Werke. Neu übers. v. Mehreren. 10 Bde. 2., verb. Aufl. 16. (120 B. u. 10 Stahlst.) Stuttgart 845, Scheible, Rieger u. Sattler. à * 5 Ngr. *

— sämmtliche Werke v. Adf. Böttger. Diamantausg. 12 Bde. 16. (148. 132. 112. 114. 198. 218. 186. 191. 232. 182. 122 u. 123 S. m. 12 Stahlst.) Leipzig 850, O. Wigand. — (3. Abdr.) 12 Bde. 16. Ebd. 852. n. 2 ℛ

—— sämmtliche Werke von Adf. Böttger. 4., revid. und verb. Aufl. 8 Bde. gr. 8. (1—5. Bd. XIX und 1761 S.) Leipzig 854, O. Wigand. *

—— dass. — Diamantausg. 3. Abdr. 1852. und 4. Abdr. 12 Bde. 16. (1958 S. mit 12 Stahlst.) Ebds. 855. *

—— sämmtliche Werke. Ins Deutsche übers. von Mehreren. In 12 Thln. mit 11 Stahlst. 3. Aufl. Gänzlich umgearb., verb. und vervollständigt von Frz. Kottenkamp. 1—12. Thl. gr. 16. (XXXII und 2306 S. mit 11 Stahlst.) Stuttgart 855(56,) Rieger'sche Vrlgsb. à Thl. 6 Ngr.

Byron's sämmtliche Werke von Adf. Böttger. Diamantausg. 12 Bde. 4. Abdr. 856. — 5. Abdr. Leipzig 858. O. Wigand. 16. (148; 132; 112; 114; 198; 218; 186; 191; 232; 182; 122; 123 S. mit 11 Stahlst. u. Bildniß in Stahlst.)
n. 2 ℛ

Byron's sämmtliche Werke von Adf. Böttger. Diamantausgabe. 12 Bde. 6. Abdr. 860. — 7. Abdr. Leipzig 861. O Wigand. 16. (1958 S. u. 12 Stahlst.)
n. 2 ℛ

Byron's sämmtliche Werke (übers.) von Adf. Böttger. 8 Bde. 5., revid. und verb. Aufl. gr. 8. (XXVIII und 2619 S.) Leipzig 863, O. Wigand.

— — 8 Bde. 6., revid. u. verb. Aufl. Ebend. 864. 8. (2118 S. u. 8 Stahlst.)
n. 2 ℛ; Velinpap. n. 2 ℛ 15 ngr.

—— dass. — Uebers. von Otto Gildemeister. 6 Bde. 8. (XXIII und 1731 S.) Berlin 864,65, G. Reimer. *

—— dass. — 2. Aufl. gr. 8. (XXVI und 1777 S.) Ebendas. 866. *

Byron's, Lord, sämmtliche Werke in 3 Bdn. Frei übersetzt v. Adf. Seubert. gr. 16. (587, 592 u. 682 S.) Leipzig 874. Ph. Reclam jun. n. 4. 50; geb. n. 6. —

Byron's, Lord, sämmtliche Werke. Deutsch, nebst einleit. Vorwort üb. die Byron'sche Dichtg. v. Alex. Neidhardt. 8 Bde. 12. (XXI, 326; 251; 224; 378; 318; 283; 526 S.) Berl. 882. (Lpz., Fock.) geb. in 4 Leinw.-Bde. 9 —

—— dass. Uebers. v. O Gildemeister. 6 Bde. 4. Afl. 8. (1781) Berl. 88, G Reimer. n. 12. —; in 3 Bde. geb. n. 15. —

—— dass. — Von Adf. Böttger. 7. Aufl. 8 Bde. 8. (292; 290; 251; 276; 245; 268; 251; 317 S.) Lpz. 891, O. Wigand. 12 geb. 18 —

Byron's, Lord, sämmtliche Werke. Deutsch, nebst einleit. Vorwort üb. die Byron'sche Dichtg. v. Alex. Neidhardt. 8 Bde 12. (XXI, 326; 251, 224, 378, 318, 283 u. 526 S.) Berlin 892. (Leipzig, G. Fock.) Geb. in 4 Leinw.-Bde. n. 9 —

[George Gordon Lord] Byrons Sämtliche Werke in 9 Bden. Übers. von Ad[olf] Böttger. Hrsg. u. aus anderen Übers. erg. von Prof. Dr. Wilhelm Wetz. Mit 3 Bildn., Abb. von Byrons Stammsitz, 1 Faks. u. e. biogr.-krit. Einl. v. Hrsg. Bd 1–9 [in 3 Bden]. Leipzig: Hesse (1901). 8° [illegible]

Byron's, Lord, sämtliche Werke. Von Adf. Böttger. 8. [Titel-]Aufl. 8 Bde. gr. 8. (202, 290, 251, 276, 245, 268, 254 u. 317 S.) Leipzig [891]. 901. O. Wigand. 6. —; in 4 Bde. geb. 9. —

[George Gordon] Lord Byrons Sämtliche Werke in 12 Büchern mit Bildn. u. Autogr. sowie Abb. d. Grabmals. Vollst. Ausg. Unter Benutzung d. Uebertragungen von Adolf Böttger, Ernst Ortlepp, Bern. v. Guseck, J. C. v. Zedlitz, J. F. Hilscher u. a. neu bearb., sowie mit Biogr., Einl., Anm. u. Namens- u. Sachreg. vers. von Walter Heichen. Bd 1–4. (In 12 Büchern.) *Berlin: A. Weichert [1901].* 4 Bde 8° [F.]
1. Buch 1. Lord Byrons Leben. 2. Mussestunden. Engl. Barden u. Schott. Kritiker. 3. Verm. Gedichte. Hebr. Melodien. 4. Junker Harolds Pilgerfahrt.
2. Buch 5. Satiren. Oden. Rhapsodien. Pamphlete. Prosaische Aufsätze. 6. 7. Poet. Erzählungen.
3. Buch 8. 9. Don Juan. 10. Hist. Dramen.
4. Buch 11. 12. Dramen. [illegible]

— dasselbe in 12 Büchern, m. Bildnis u. Autogramm des Dichters, sowie Abbildg. des Grabmals in der Kirche zu Hucknall. Vollständige Ausg. Unter Benutzg. der Uebertragn. v. Adf. Böttger, Ernst Ortlepp, Bernd v. Guseck, J. C. v. Zedlitz, J. E. Hilscher u. a. neu bearb., sowie m. Biographie, Einleitgn., Anmerkgn. u. Namen- u. Sachregister versehen v. Walt. Heichen. 12. (163, 172, 166, 240, 197, 229, 163, 240, 243, 263, 343 u. 212 S.) Berlin (902). A. Weichert. In 4 Leinw.-Bdn. n. 6. —

— sämtliche Werke. Deutsch nebst einleit. Vorwort üb. die Byronschen Dichtgn. v. Alex. Neidhardt. Neue sorgfältig verb. Aufl. 3 Bde. (XX, 726; III, 592 u. IV, 874 S. m. Bildnis.) kl. 8. Halle (905). O. Hendel. Geb. in Leinw. n. 8. —; in Halbfrz. n. 10. —

—— dass. — Deutsch von A. Neidhardt, s.a. Classiker des In- und Auslandes.

– dass. – s.a. Collection Spemann.

— sämtliche dramatische Werke in 3 Bdn. Übers. v. Ad. Böttger. Hrsg. v. Wilh. Wetz. 12. (171, 183 u. 164 S.) Ebd. (902). Geb. in 1 Leinw.-Bd. 1. 50

Byron's, (Lord,) Werner, als Novelle: aus d. Engl. v. G. Lotz. A. u. d. T.: „Werner, der Verirrte;" 8. Hamb. 823, Herold. Rthlr.

— Werner od. Die Erbschaft, s.a. Bibliothek der Gesamtlitteratur.

Werner, oder die Erbschaft [Werner; or the inheritage]. Tragödie in 5 Akten. Von [George Gordon] Lord Byron. Übers. u. mit e. Vorw. versehen von Alexander Neidhardt. Mit d. Bilde d. Dichters. *Halle a. d. S.: O. Hendel [1904].* (VIII, 104 S.) 8° [F.]
(Bibliothek d. Gesamtlitteratur d. In- u. Auslandes. No 1810. 1811.) [illegible]

—— works, s.a. Collection of British authors.

— Works, complete in 1 vol., with all the Notes of Thomas Moore, Lord Jeffrey, Sir W. Scott, J. G. Lockhart, Bishop Heber, Sam. Rogers, George Ellis, H. Milman etc., with a beautiful portr. and vign. title, engraved by Finden, handsomely printed in a new type, roy.-8vo. Ebd. Für England 7 Thlr. herabgesetzt für Deutschland auf $4^{11}/_{12}$ Thlr.

— Works. Vol. XXXIII. 16. Zwickau... (Leipzig, Gebr. Schumann.) à $^{1}/_{8}$ Thlr. (Alle 33 Vol. kosten $4^{1}/_{8}$ Thlr., mit 33 Kpfrn. $5^{1}/_{2}$ Thlr.

— the Works of, with his Letters, Journals. and Life, by Thomas Moore, 17 vols. 12mo. cloth, with engravings. London... Black et Armstrong. $29^{3}/_{4}$ Thlr.

— — (Pocket edit.), complete in 10 vols., neatly bound and gilt. London, Black et Armstrong. $8^{3}/_{4}$ Thlr.

— Works. XIII Vols. 8. Leipz. 818—22. Er. Fleischer. 10 Thlr. 8 Gr.

Byron. The works. Zwickau 1818—22. 32 vol. 16.

— Works complete. 32 Voll. 16. Zwickau 825—27. Schumann. (à 8 Gr. geh. à 9 Gr.) Hbg. Pr. 6 Thlr.

Byron, the works complete in one volume. Frcf. 1826. cart. gr. 8. (20 Fr.) 5. —

Byron, Lord Geo. Noël Gord., Works complete in one volume. Lex. 8. Mit Titelvign. 8. Frankf. 827. Ed. II. 829. Brönner. 5 Thlr.

Byron, Lord Geo. Noël Gord., Works, complete in one Volume. II. edit., consider. augmented. Lex.-8. ($53^{1}/_{2}$ B. u. Titvign.) Francfort o. M. 829, Brönner.

—— Works. Published by A. Demmler. Vol. I—IV. 16. (25 B.) Stuttgart 829, Brodhag. à 4 Gr.
Enth.: Childe Harold's Pilgrimage, with Notes.

Byron, Lord (Geo. Noël Gord.), Works, complete in one Vol. III edit., considerably augmented. gr. Lex.-8. (51 B., B's. Bildn. u. Titvign.) Frankfort o. M. 837, Broenner.

— Compl. Works, with Notes, 8 vols. 8vo. the same. $29^{1}/_{2}$ Thlr.

— — s.a. Library of British poets.

—— complete Works. 7 Vol. (od. 31 Nrn.) 16. ($198^{1}/_{8}$ B. u. B's. Bildn.) Mannheim 837—39. Hoff. à Nr. 4 Gr.

Byron, (Geo. Noël Gord.), the complete works reprinted from the last London edition; containing besides the Notes and Illustrations by Moore, Walter Scott, Campbell, Jeffrey, etc. Considerable additions and original notes; the which is prefixed a life by Thomas Moore. In one volume, with a Portrait. Lex.-8. ($65^{1}/_{2}$ B.) Frankfurt a. M. 840, Jos. Baer. *

Byron, Lord (George Noel Gordon), complete works reprinted from the last London edition; cont. besides the notes and illustrations by Moore, Walter Scott, Campbell etc. considerable additions and original notes; to which is prefixed a life by Thom. Moore. With a portrait. 2. Edition. gr. Lex. 8. (LII u. 1004 S. m. 1 Stahlst.) Frankfort o. M. 852, J. Baer. n. 2 Thlr. $8^{1}/_{2}$ Ngr.

Byron, Lord, poetical works. Collected and arranged with notes by Sir Walter Scott, Lord Jeffrey, Wilson, Thomas Moore, Will. Gifford etc. New and complete edition. Lex.-8. (X und 828 S. mit Portr.) London 860. Leipzig, B. Tauchnitz. *

Vgl.: Library of british poets.

—— the poetical works. 8 Vols. New edit. 8. (XVII und 1770 S.) Leipzig 867, Brockhaus' Sortiment und Antiquarium. 1 Thlr. 15 Ngr.; geb. *

—— select Works. Vol. I. Contains: Beppo and Don Juan. gr. 12. (18½ B.) Francfort o. M. 831, Brönner.

—— the same Vol. II. Cont.: Romances and Tales. — Childe Harold's pilgrimage. — The Giaour. — The Bride of Abydos. — The Corsair. — Lara. — The siege of Corinth. — Parisina. — Mazeppa. gr. 12. (19½ B.) the same 832.

—— the same Vol. III. Cont.: Select Drames, Satires and miscellaneous Poems: the Island. — Prophecy of Dante. — Manfred. — Cain. — Heaven and Earth. — The deformed transformed. — Satirical Poems. Miscellaneous Poems. gr. 12. (22¾ B.) the same 832.

—— the same Vol. IV. Cont: Notices on the life of Lord Byron, by Thomas Moore. gr. 12. (23⅙ B.) the same 833.

—— the same Vol. V and VI. Cont.: Letters, Journals and Conversations. II Vols. gr. 12. (44½ B.) the same 833, 84.

— select Works. Consisting of Cain a mystery; Hours of Idlenes; english bards and scotch reviewers; with occasional pieces, and life of the author. 32 (Mit Bildniß und 1 Holzschnitt-Vign.) London and Berlin 837. Asher. n. ¾ ℛ

Byron, (George Noël Gordon), select works, with an appendix contain. songs and ballads for the use of schools edited by Fr. Breier. 8. (141 S.) Oldenburg 848, Schulze'sche Buchh.

— select poetical Works, containing the Corsair, Lara, the Giaour, the Siege of Corinth, the Bride of Abydos, Parisina, Mazeppa, the Prisoner of Chillow etc. 12. Paris and Lyons 835. (Leipzig, Hinrichs.) ⅚ ℛ

Byron, H. J., „our boys", } s.: Theatre, English.
— Cyril's success, }

Byron, H. J., married in haste, s.: Theatre, English.

— Gesch. d. Seereisen, s. J. Havkesworth.

Byron, John. Reise um die Welt, nebst einem Anhang, welcher eine genaue Beschreibung von Patagonien enthält. Stuttgart 1769. Ü: *Korn*, *Christoph Heinrich*. (ML)

Byron, John, Reise um d. Welt. gr. 8. Stuttg. 769. Metzler. 16 𝒦

— Schiffbruch u. Drangsale; neu erzählt (v. J. Chr. L. Haken). 8. Berl. 793. (Rücker). 1 ℛ

— Schiffbruch u. Drangsale. 8. Berl. Unger. 793.

Byron-Denkmaeler. Eine Samml. Charakterporträts d. Damen aus Lord Byron's poet. Werken. gr. 8. (45 Stahlst. u. 52 Bl. Text.) London 838, [A. Black.] *

Ist eine neue Titelausg. v.: Byron's Genius d. Frauen.

Byron-Gallerie. 12 Pracht-Stahlst. zu Byron's Werken. Gest. v. A. H. Payne. 4 Lfgn. (à 3 Bl.) Lex.-8. Leipzig 841, Otto Wigand. à * 8 Gr. Thlr. *

Byroniana u. anderes a. d. engl. Seminar in Erlangen. Zur Begrüssg d. 7. Hauptversammlg d. bayer. Neuphilologen-Verbandes. (87 m. 1 Fksm.) gr8° Erl., M Mencke '12. 1.60

Abenteuer in den Felsenbergen. Eine Erzählung aus d. Leben d. kanad. Pelzjäger von Mac Byrow. *Berlin: A. Weichert [1901].* (31 S.) 8° [J.] = Indianer- u. Volksbibliothek. 338.

Byrsopolias. Ein Cyclus humorist. Gedichte. Aus dem Tagebuche e. Gesellen. Hrsg. v. Jocundus Klappermund. 8. (109 S.) Basel 874. Meyri. n. 1. 20

Bysang, Jos. (✝ 1827), s. 1) ABC-Buch; 2) Abécédaire; 3) Bilderalphabet; 4) Bilderbuch, moralisches; 5) Elementarbuch; 6) Kinderbibliothek.

BYSCHL, August (Garmisch): De morbo hysterico.- Augustae Vindelicorum: Neunerdt 1841. 18 S. 13.7.1840 - Urk; F 64

Diss. Ingolst-Landsh-Mchn.

Bysen, W. G., die Konkursordnung nebst den zugehörigen Nebengesetzen. Mit Erläutergn. u. Formularen f. Juristen u. Laien. 8. (IV, 182 S.) Gr. Lichterfelde 901. Leipzig, Gesetzverlag Schulze & Co. Geb. n. 2. 70

Die Familie Byss in Solothurn. Neujahrsblatt d. Solothurnischen Kunstvereins. Solothurn 1854.

Byss. Joh. Rud. Byss. Maler. (Solothurn) s. [Winistörfer, r. Urban].

Bystron, J., Lessing's Epigramme u. seine Arbeiten zur Theorie d. Epigramms. gr. 8. (56 S.) Krakau 889. (Leipzig, Fock.) n. 1. 20

Bystrow, A., die Elemente der russischen Formenlehre, nebst Uebgn. zum Uebersetzen. 2., verb. Aufl. gr. 8. (IV, 141 S.) Mitau 885. (F. Besthorn.) Geb. n. 1. 80

Bystrow, A., Regeln üb. den Accent in der russischen Sprache. 8. (IV, 43 S.) Mitau 884. Felsko. n.n. — 60

Bystrow, Peter: Aus d. Kgl. chirurg. Universitätsklinik zu Königsberg i. Pr. Über die angeborene Trichterbrust. Wiesbaden: J. F. Bergmann 1907. (21 S.) 4° ¶(Aus: Archiv f. Orthopädie, Mechanotherapie u. Unfallchirurgie Bd 6 H. 1.)

Königsberg, Med. Fak., Ref. Lexer, Diss. v. 2. Aug. 1907

[Geb. 22. Febr. a. St. 81 Tambow (Rußland); Wohnort: Königsberg i. Pr.; Staatsangeh.: Rußland; Vorbildung: Geistl. Seminar Tambow Reife Juli 01; Studium: Dorpat 6, Königsberg 4 S.; Rig. 25. Juni 07.]

v. Bystrzonowsky, Szafraniek, L., Serbien, seine europäischen Beziehungen u. die oriental. Frage. Aus dem Französ. 8. Leipzig 845. (Berger's Buchh.) 1 ℛ

Bytemeister, Heinrich Johann: Appendix bibliothecae Henr[ici] Jo[annis] Bytemeister, sive Catalogus apparatus curiosorum artificialium et naturalium subjunctis experimentis a possesore ed. in usum praelectionum academicarum experimentalium . . . (Helmstadii:) Verf. 1731. 46 S. 8°

Bytemeister, Heinrich Johann: Bibliothecae Appendix sive Catalogus apparatus curiosorum artificalium et naturalium subjunctis experimentis a possessore ed. Ed. altera, auct. [Helmstedt:] Verf. 1735. 58 S., 28 Taf. 4°

Bytemeister, Heinrich Johann: Auctarium curiosorum artificialium et naturalium, quae museo ipsius hoc anno acc., in usum praelectionum mathematico-physico experimentalium con tinuandarum ed. Helmstadii: Verf. 1732. 13 S. 8°

Bytemeister — Delineatio rei numismaticae. Helmstad. 737. 8.

— delineatio rei numismaticae antiquae et recentioris etc. 8. Tübingen, Harbrand. 744.

Bytemeister, Jo. Henr.: Commentarius histor. de augustae domus Brunsvigio-Luneburgensis meritis in rem literariam (Helmstadii 1730.)

Bytemeister, Heinrich Johann: De P r e t i o compendiorum quorundam ad juvandas arithmeticae decimalis pragmatias aevo recentiori excogitatorum. [Resp.:] Augustus Wilhelmus Reinhartus.Wittembergae (1719): Creusig. 16 S. 8°
Wittenberg, Phil. Disp. v. Jan. 1719

Bytemeister, Heinr. Joh., Commentarius historicus de vita, scriptis et meritis supremorum praesulum in ducatu Lunaeburgensi. Viro Philipp Ludwig Boehmer . . habita ab eodem Cellis dom. V. p. Trinit. a. g. r. 1726 concione inaug. in gratulat. et observ. pignus dicatus. — Accedunt mantissae loco epistolae et documenta quoad maximam partem inedita historiam ecclesiasticam et literariam illorum temporum illustr. Sumtibus auctoris. Helmstedt (P. D. Schnorr) 1728. 157 S., z. gr. Tl. dtsch. Mit Bio- u. Bibliographien. (10.—) 4849

Bytemeister, H. I., commentar. de domus Brunsvigo-Luneburgens. praesulib. etc. c. Suppl. 4. Helmst. Meisner. 729.

Bytkowski, Sigm., Gerhart Hauptmanns Naturalismus u. das Drama, s.a. Beiträge zur Ästhetik. XI.

Gerhart Hauptmanns Naturalismus und das Drama. Von Sigmund **Bytkowski**. Hamburg & Leipzig: L. Voss 1908. (208 S.) 8°
= Beiträge z. Ästhetik. No 11. 108. 630

Bytschkow, Gedeon v., Wesen, Bedeutung u. Anwendbarkeit der „freien Wirthschaft“. Inaugural-Dissertation. gr. 8. (46 S.) Göttingen 879. (Vandenhoeck & Ruprecht). n. 1,20

Bywaters, Hubert William, aus London: Ueber die Einwirkung von Hydrazinen auf Formylessigester. *Würzburg 1903: C. J. Becker.* (54 S.) 8°
Würzburg, Phil. Diss. v. 1902

Bysantios, Alex. S., l'insurrection de Candie et le gouvernement français. gr. 8. (24 S.) Leipzig 867, (Pernitzsch.) *

Byzantios, Skarl.

—— λεξικὸν γαλλο-ἑλληνικὸν πρόχειρον. — Dictionnaire de poche français-grec. gr. 16. Ebds. 840. *

Βυζάντιος, Σκαρλ., καὶ Α. Κορομήλας, λεξικὸν ἑλληνικὸν καὶ γαλλόν. Lex.-8. (676 S.) Ἀθήνησιν 840, (Nast.) *

BZ am M i t t a g. –
Berlin. 22.X.1904–18.XI.1953.
Fortges. u.d. T.: BZ.

Bzovius, F. Abraham, Tutelaris Silesiae seu de vita rebusque praeclare gestis Beati Ceslai Odrovansii, ordinis praedicatorum, commentarius, ex fragmentis variarum antiquitatum, praesertim vero Vratislaviensis monasterii S. Adalberti, summa fide collectus et a. 1703 a Fr. Floriano denuo editus. Accedit officium B. Ceslai vetustissimum. Tertio ed. Jos Nep. Ceslaus de Montbach. gr. 8. (VII und 48 S.) Breslau 862, Gosohorsky's Buchh. *

MIX
Papier | Fördert gute Waldnutzung
FSC® C083411

Kolibri 360 GmbH
Ferdinand-Jühlke-Straße 7
99095 Erfurt, Deutschland
produktsicherheit@kolibri360.de